EUROPA LEHRMITTEL

Werkstofftechnik Maschinenbau

Theoretische Grundlagen
und praktische Anwendungen

3. aktualisierte Auflage

VERLAG EUROPA-LEHRMITTEL · Nourney, Vollmer GmbH & Co. KG
Düsselberger Straße 23 · 42781 Haan-Gruiten

Europa-Nr.: 52611

Autoren:

Läpple, Volker	Prof. Dr.-Ing.	Schorndorf
Drube, Berthold	Dr.-Ing., Priv.-Doz.	Eschweiler
Wittke, Georg	Prof. Dr. rer. nat.	Linden
Kammer, Catrin	Dr.-Ing.	Goslar

Lektorat:

Läpple, Volker	Prof. Dr.-Ing.	Schorndorf

Illustrationen:

Zeichenbüro des Verlags Europa-Lehrmittel, Ostfildern

Das vorliegende Buch wurde auf der **Grundlage der neuen amtlichen Rechtschreibregeln** erstellt.

3. Auflage 2011
Druck 5 4 3 2 1
Alle Drucke derselben Auflage sind parallel einsetzbar, da sie bis auf die Behebung von Druckfehlern untereinander unverändert sind.

ISBN 978-3-8085-5263-6

http://www.europa-lehrmittel.de
Umschlaggestaltung: Michael M. Kappenstein, 60594 Frankfurt, unter Verwendung eines Fotos der Firma TRUMPF Werkzeugmaschinen GmbH & Co.KG, Ditzingen, Grafik und Sound, 50697 Köln
Layout und Satz: G:L WERBEAGENTUR, Axel Ladleif, 41061 Mönchengladbach
Druck: Media Print Informationstechnologie, 33100 Paderborn

Vorwort

Werkstoffe hatten zu allen Zeiten eine wichtige Bedeutung für den Menschen. Dies zeigt sich unter anderem daran, dass ganze Zeitepochen, wie die Stein-, Bronze- und Eisenzeit, nach den hauptsächlich benutzten Werkstoffen benannt wurden. Ohne die Verfügbarkeit geeigneter Werkstoffe wären technologisch hoch entwickelte Produkte im Maschinen- und Anlagenbau, im Automobilbau, in der Luft- und Raumfahrttechnik sowie in der Medizintechnik und Biotechnologie nicht denkbar. Erst die Verfügbarkeit leistungsfähiger Werkstoffe mit geeigneten Eigenschaften sowie die Fähigkeit zu ihrer wirtschaftlichen Bearbeitung ermöglichen technische Produktinnovationen.

Das vorliegende Lehrbuch **„Werkstofftechnik Maschinenbau"** gibt einen umfassenden Überblick über die wichtigsten metallischen und nichtmetallischen Werkstoffe, wie

- Stähle und Eisengusswerkstoffe,
- Nichteisenmetalle und deren Legierungen,
- Kunststoffe,
- Keramische Werkstoffe sowie
- Verbundwerkstoffe.

Das Lehrbuch ist nach drei thematischen Schwerpunkten gegliedert:

1. **Aufbau und Eigenschaften von Werkstoffen:** Ein beanspruchungsgerechter und wirtschaftlicher Werkstoffeinsatz erfordert das Wissen um die Zusammenhänge von Struktur, Gefüge, Eigenschaften und die daraus resultierenden Anwendungsgrenzen von Werkstoffen sowie die Kenntnis des Werkstoffverhaltens unter den gewählten Betriebsbedingungen. Der Werkstoffaufbau sowie die daraus resultierenden typischen Werkstoffeigenschaften werden daher ebenso im Buch erläutert, wie die vielfältigen Möglichkeiten ihrer gezielten Veränderung. Besonderer Wert wird auf eine anschauliche Vermittlung des Lehrstoffes gelegt. Mit zahlreichen neu entwickelten Abbildungen und Tabellen soll diesem Anspruch Rechnung getragen werden.
2. **Wechselwirkungen zwischen Werkstoffeigenschaften und Fertigungsverfahren:** Technische Produkte müssen nicht nur ihre Funktion sicher erfüllen, in zunehmendem Maße kommt auch der Wirtschaftlichkeit der Fertigung eine wesentliche Bedeutung zu. Daher müssen die Fertigungsverfahren optimal auf die eingesetzten Werkstoffe abgestimmt werden. Im Lehrbuch werden daher die wichtigsten Fertigungsverfahren sowie ihre Anwendbarkeit auf bestimmte Werkstoffgruppen behandelt. Darüber hinaus wird aufgezeigt, welche Auswirkungen die Verarbeitung, wie z.B. das Schweißen, auf die Werkstoffeigenschaften haben kann.
3. **Werkstoffprüfung:** Im Rahmen der Qualitätssicherung und Qualitätsverbesserung, zur regelmäßigen Überwachung von Bauteilen und Anlagen, zur Ermittlung von Werkstoffkennwerten sowie zur Klärung von Schadensfällen stehen heute vielfältige Werkstoffprüfverfahren zur Verfügung. Die wesentlichen in der Praxis angewandten Prüfverfahren für metallische und nichtmetallische Werkstoffe stellen daher den dritten Schwerpunkt des Buches dar. Das Kapitel Werkstoffprüfung soll es insbesondere dem Praktiker ermöglichen, Versuche optimal zu planen und Prüfergebnisse differenziert zu bewerten.

Das Lehrbuch wurde auf das Studium abgestimmt. Aufgrund der gut verständlichen Darstellung des werkstoffkundlichen Basiswissens, der anschaulichen Vermittlung auch komplexer Zusammenhänge, des breiten Themenspektrums und seiner Praxisnähe, dient es aber auch dem Industriemeister und Techniker sowie dem Ingenieur in der Praxis als wertvolles Nachschlagewerk und kann darüber hinaus in der technischen Aus- und Weiterbildung eingesetzt werden. Es kann sowohl den Unterricht bzw. die Vorlesung begleitend als auch im Selbststudium eingesetzt werden. Das **Verzeichnis englischer Fachbegriffe** trägt zur Erweiterung des englischen Fachwortschatzes bei. Die ausführliche **Aufgabensammlung** sowie zwei **Musterklausuren** mit ausführlichen **Lösungen** auf der CD unterstützen den Lernerfolg. Darüber hinaus enthält die CD das gesamte **Bildmaterial** des Buches. Der Leser soll dazu befähigt werden, selbst abzuschätzen, ob die geplante Werkstoffauswahl sowie das angestrebte Fertigungsverfahren eine wirtschaftliche Herstellung und die sichere Funktion des technischen Produktes erlauben.

Die **3. Auflage** wurde auf den **aktuellen Stand der Normung** abgestimmt und um neue Bilder erweitert.

Kritische Hinweise und Vorschläge, die zur Weiterentwicklung des Buches beitragen, nehmen wir unter der Verlagsadresse oder per E-Mail (lektorat@europa-lehrmittel.de) dankbar entgegen.

März 2011, Autoren und Verlag

Inhaltsverzeichnis

6 Eisenwerkstoffe

7 Nichteisenmetalle

8 Normung und Benennung metallischer Werkstoffe

9 Kunststoffe

10 Keramische Werkstoffe

11 Korrosion und Korrosionsschutz metallischer Werkstoffe

12 Tribologie

13 Werkstoffprüfung

1 Werkstofftechnologie in Industrie und Wirtschaft

1.1 Werkstoffe und Werkstofftechnik

Werkstoffe haben zu allen Zeiten eine sehr wichtige Bedeutung für den Menschen gehabt. Dies zeigt sich daran, dass ganze Zeitepochen nach Werkstoffen benannt werden, wie die Stein-, die Bronze- oder die Eisenzeit (Bild 1).

Werkstoffe müssen aus Rohstoffen gewonnen und zu Werkstücken oder Bauteilen verarbeitet werden. Einsatz und Anwendung von Werkstoffen sind vor allem von deren technologischen Eigenschaften sowie vom Preis und der Verfügbarkeit abhängig. Dabei ist es wichtig, dass mehrere Eigenschaften günstig oder optimal sind. Ein typisches Beispiel ist das Aluminium: Dieser Werkstoff hat eine niedrige Dichte bei gleichzeitig hoher Festigkeit. Daher ist er im Fahr- und Flugzeugbau sowie in der Raumfahrttechnik unverzichtbar.

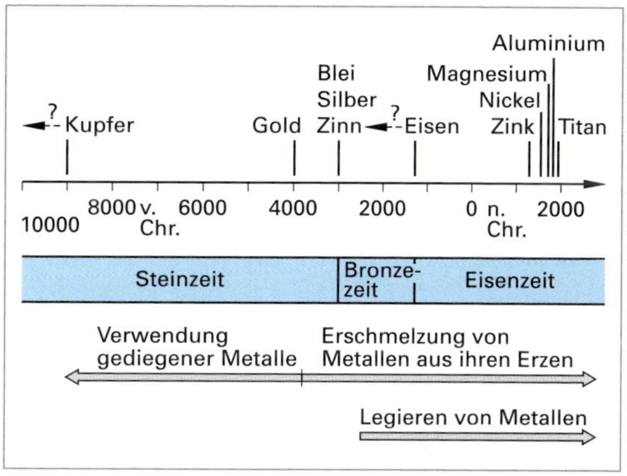

Bild 1: Nutzung wichtiger metallischer Werkstoffe

Werkstofftechnik ist derjenige Zweig der technischen Wissenschaften, der sich mit der Gewinnung, den Eigenschaften und der Verwendung der Werkstoffe befasst. Nach dieser Definition ist die Werkstofftechnik eine sehr alte Disziplin. Die moderne Werkstofftechnik bedient sich heute wissenschaftlicher Methoden, um die Eigenschaften der Werkstoffe zu bestimmen und zu deuten, neue Werkstoffe zu entwickeln oder bestehende zu verbessern. Die Werkstofftechnik ist eine wichtige Basistechnik unserer Zeit. Wissenschaftliche Untersuchungen der Werkstoffe haben erheblich zum Verständnis des Werkstoffverhaltens, d. h. der Werkstoffeigenschaften beigetragen. Theoretische Erkenntnisse werden in die Praxis umgesetzt, wodurch die Werkstoffe wesentliche Verbesserungen erfahren.

Auch künftige technische Entwicklungen sind abhängig von der Schaffung neuer und der Verbesserung bestehender Werkstoffe. Die Werkstofftechnik gehört daher zur Hochtechnologie. Werkstofftechnik und -wissenschaft gehören zu den Schlüsseltechnologien für andere technische Bereiche, wie Verkehrs-, Energie- und Kommunikationstechnik. Die Umsetzung technischer Entwicklungen ist oft nur mit geeigneten Werkstoffen möglich. Manchmal müssen vorhandene Werkstoffe den Anforderungen angepasst oder sogar neue entwickelt werden. Man spricht dann von maßgeschneiderten Werkstoffen.

1.2 Bedeutung der Werkstofftechnik

Bild 2 zeigt, dass der Verbrauch wichtiger Werkstoffe ständig zunimmt. Verfügbarkeit und Kenntnis geeigneter Werkstoffe hat die Entwicklung der Technik erst ermöglicht, dies gilt genauso für die Erfindung der Dampfmaschine wie für die Luft- und Raumfahrt oder die Computertechnik. Andererseits gehen von technischen Fragestellungen Impulse aus, welche die Werkstoffentwicklung stark beeinflussen. Es gibt

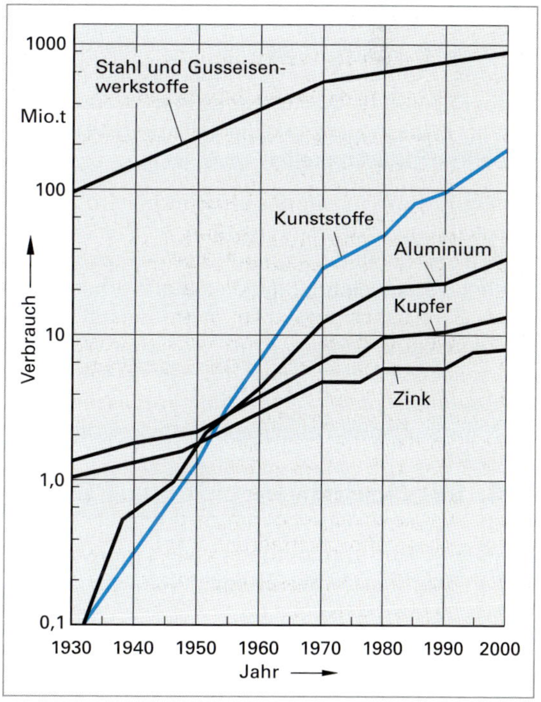

Bild 2: Weltverbrauch wichtiger Werkstoffe

Wechselbeziehungen mit der Praxis und mit anderen technischen Disziplinen. Der Konstrukteur muss für sein Bauteil einen aufgrund seiner Eigenschaften geeigneten Werkstoff auswählen und ein geeignetes wirtschaftliches Fertigungsverfahren finden.

Die Entdeckung von technisch bedeutsamen Eigenschaften, wie z.B. die **Hochtemperatursupraleitung (HTSL)** bei einigen keramischen Stoffen, führt nicht unmittelbar zu neuen Werkstoffen. Es ist vielmehr notwendig, weitere Eigenschaften, insbesondere die Verarbeitbarkeit, so zu verbessern, dass **HTSL-Werkstoffe** entstehen. Die technische und wirtschaftliche Bedeutung solcher Werkstoffe wird so hoch eingeschätzt, dass Firmen zur Entwicklung von Hochtemperatursupraleitern gegründet wurden. Die Entwicklung der Werkstoffe ist so schwierig, dass zu Beginn des neuen Jahrtausends nur sehr wenige Anwendungen von Hochtemperatursupraleitern bekannt sind, wie z. B. ein 120 m langes Kabel zur Stromversorgung oder ein Elektromotor (380 kW) mit einer HTSL-Wicklung. Aber auch altbekannte Werkstoffe werden ständig weiterentwickelt und verbessert, um die Verwendungsmöglichkeiten zu erweitern und die Sicherheit und Verfügbarkeit technischer Systeme zu erhöhen.

Information

Supraleitung und Supraleiter

Der Stromtransport ist in einem elektrischen leitenden Festkörper (z. B. Metall) überwiegend an die Bewegung von Elektronen gebunden. Die Wechselwirkung der Elektronen mit den Atomrümpfen des Kristallgitters (Kollisionen) äußert sich dabei insgesamt als elektrischer Widerstand. Bei tiefen Temperaturen beobachtet man jedoch eine verlustfreie Leitung des elektrischen Stromes, die **Supraleitung.** Supraleitung findet erst unterhalb einer für den jeweiligen Stoff charakteristischen Temperatur, der **Sprungtemperatur,** statt.

Die Sprungtemperaturen der metallischen Supraleiter (MSL) wie Nb oder Nb_3Sn liegen im Bereich des flüssigen Heliums (Siedetemperatur 4,2 K). Die Erzeugung und Aufrechterhaltung derart niedriger Temperaturen erfordert einen hohen technischen Aufwand und hohe Kosten. Die Materialforschung bemüht sich daher bereits seit längerem um die Entwicklung von Werkstoffen mit höheren Sprungtemperaturen, den **Hochtemperatursupraleitern (HTSL).** Erst dadurch kann die Supraleitung auf breitem Gebiet wirtschaftlich eingesetzt werden. Heute kennt man über 100 HTSL-Verbindungen (Kapitel 10.8.1.6).

Der Einsatz von HTSL-Werkstoffen führt zu einer starken Verringerung von Baugrößen, Gewichten und Verlusten bei elektrischen Betriebsmitteln (z. B. Kabel, Elektromotoren, Generatoren, Transformatoren usw.).

1.3 Wirtschaftliche Aspekte der Werkstofftechnik

Der Preis eines Werkstoffes entscheidet maßgeblich über seinen Einsatz und mögliche Anwendungen. So werden für Massenanwendungen meist preiswertere Werkstoffe den technisch überlegenen aber teureren vorgezogen. Beispielsweise kann eine elektrische Leitung aus Silber nicht mit einer aus Aluminium konkurrieren. Der hohe Preis des Silbers liegt vor allem in seiner begrenzten Verfügbarkeit begründet. Dagegen ist der Rohstoff für Silicium günstiger Quarz. Die Herstellung von hochreinem Silicium ist jedoch sehr aufwändig. Insbesondere sind die Reinigungsverfahren relativ kosten- und energieintensiv, sodass der Halbleiterwerkstoff Silicium relativ teuer ist.

Der Preis eines Werkstoffes muss immer im Zusammenhang mit seinem Nutzen gesehen werden. Für die Entscheidung über den Einsatz eines Werkstoffes sind in zunehmendem Maße dessen Umweltverträglichkeit und damit die Kosten für seine Entsorgung von Bedeutung. Obwohl die bereits erwähnten supraleitenden Stoffe als künftige Werkstoffe erheblich teurer sein werden als Kupfer, könnten sie trotzdem Kupfer in Generatoren ersetzen. Denn dieser Mehrpreis wird in kurzer Zeit durch die erheblich höhere Stromausbeute wettgemacht. Neu- oder Weiterentwicklungen von Werkstoffen bleiben häufig nicht begrenzt auf das Einsatzgebiet, für das sie einmal entwickelt wurden. So werden einige Werkstoffe, die für die Raumfahrt entwickelt wurden, inzwischen auch im Alltag eingesetzt. Ein typisches Beispiel dafür ist die Kunststoffsorte Polytetrafluorethylen, die auch unter dem Handelsnamen Teflon® bekannt wurde.

1.4 Werkstoffbegriff und Werkstoffeinteilung

Der Begriff Stoff wird mitunter auch synonym gebraucht für Werkstoffe, sodass eine Unterscheidung der beiden Begriffe erforderlich ist.

1.4.1 Stoffe und Werkstoffe

Der Zusammenhang zwischen verschiedenen Stoffen wird durch menschliche und maschinelle Arbeit und durch verschiedene Produktions- und Fertigungsprozesse hergestellt und ist in Bild 1, Seite 13, dargestellt.

Am Anfang stehen die **Naturstoffe**, die durch den Menschen genutzt und dabei verändert werden. Aus den Naturstoffen werden **Rohstoffe** gewonnen, die zu **Werkstoffen** weiterverarbeitet werden. Werkstoffe sind die Basis für die Herstellung von Fertigprodukten und Gebrauchsgütern. Die Mehrzahl der Produktionsprozesse erfordert den Einsatz von **Hilfsstoffen**, die im Fertigprodukt jedoch nicht mehr enthalten sind. In Tabelle 1 werden die Begriffe erläutert und einige Beispiele genannt.

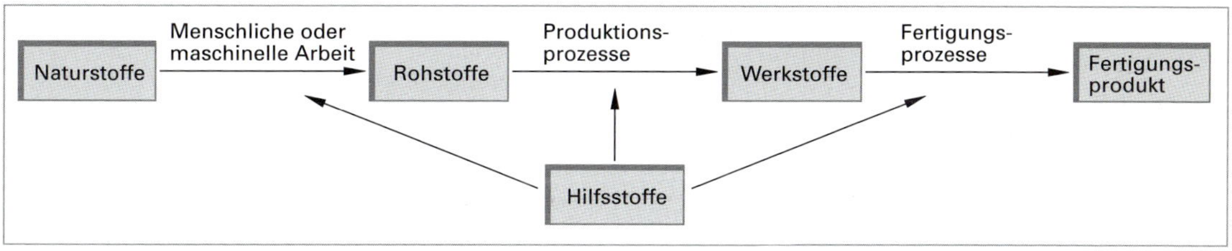

Bild 1: Zusammenhang zwischen den Begriffen „Naturstoff" „Rohstoff" „Werkstoff" und „Hilfsstoff"

Tabelle 1: Stoffe in Industrie und Technik

Stoffe	Erklärung	Beispiele
Naturstoffe	In der Natur vorkommende Stoffe	Holz, Erdöl, Kohle, Wolle, gediegene Metalle wie Gold, Silber, Kupfer
Rohstoffe	Ausgangsstoffe für den Herstellungsprozess von Werkstoffen	Geschlagenes Holz, abgebaute Kohle, gefördertes Erdöl, abgebaute gediegene Metalle und Erze, Altstoffe (Schrott)
Werkstoffe	Stoffe zur Herstellung von Werkstücken, Werkzeugen und Halbzeugen	Metalle, Nichtmetalle, Verbundwerkstoffe, Kunststoffe, keramische Werkstoffe
Fertigprodukte	Werkstücke, Werkzeuge, Halbzeuge	Motorblock, Hammer, Rohr, Blech
Hilfsstoffe	Stoffe, die den Prozess vom Naturstoff zum Fertigprodukt aufrecht erhalten, aber nicht in das Fertigprodukt eingehen	Schmierstoffe, Schleifmittel, Schneidöle und Kühlmittel, Treib- und Brennstoffe, Härtemittel, Reinigungsmittel

Werkstoffe sind für die Konstruktion nützliche, feste Stoffe. In manchen Fällen macht eine besondere physikalische Eigenschaft, einen Feststoff, zum Werkstoff. So ist beispielsweise die hohe elektrische Leitfähigkeit des Kupfers die Ursache für seine bevorzugte Verwendung als Leiterwerkstoff. Für Konstruktionen, die auf dem Erdboden ruhen, ist aufgrund seiner Druckfestigkeit Beton der günstigste Werkstoff. Treten Zugspannungen auf, dann ist Stahl wegen seiner hohen Zugfestigkeit besonders geeignet.

Ein Stoff muss verschiedene Voraussetzungen erfüllen, um als Werkstoff Verwendung zu finden:

1. **Günstige Kombination physikalischer bzw. mechanischer Eigenschaften.** So ist beispielsweise bei der Konstruktion von Fahrzeug- oder Flugzeugteilen das Verhältnis von Festigkeit zu Dichte (spezifisches Gewicht) die bestimmende Werkstoffeigenschaft.
2. **Gute Verarbeitbarkeit.** Es muss auf einfache Weise möglich sein, den Stoff durch plastisches Umformen, Gießen, Sintern oder Zerspanen in die gewünschte Form zu bringen. Darüber hinaus ist es oft erforderlich, einzelne Teile durch geeignete Fügeverfahren wie Schweißen, Löten oder Kleben miteinander zu verbinden.
3. **Wirtschaftlichkeit.** Ein Stoff kann trotz guter physikalischer oder mechanischer Eigenschaften als Werkstoff nicht in Frage kommen, wenn er zu teuer ist. Dabei müssen die eigentlichen Werkstoffkosten von den Kosten der Verarbeitung und – in zunehmendem Maße – auch der Entsorgung bzw. Wiederverwertung unterschieden werden. Ein preiswerter Stoff, der nur durch teure Formgebungsverfahren (z. B. Schleifen) in die endgültige Form gebracht werden kann oder der nicht schweißbar ist, muss gegebenenfalls durch einen teureren Stoff ersetzt werden, der sich jedoch preiswerter (z. B. durch Gießen) in die gewünschte Form bringen lässt.

1.4.2 Einteilung der Werkstoffe

In der Natur kommen Stoffe vor, die aufgrund ihrer Eigenschaften von Menschen schon immer benutzt wurden, wodurch sie zu Werkstoffen wurden. Zu diesen **natürlichen Werkstoffen** gehören Steine, Hölzer und Wolle sowie im weiteren Sinne auch die gediegen (d. h. elementar) vorkommenden Metalle Gold, Silber und Kupfer. Durch den Umgang mit diesen Stoffen wurden Erfahrungen gesammelt über deren Eigenschaften und die sich daraus ergebenden Verwendungsmöglichkeiten. Außerdem gelang es, diese Stoffe und ihre Eigenschaften zu verändern und zu verbessern. Diese Entwicklung führte schließlich zu neuen Werkstoffen. Dazu gehörten zunächst aus Erzen gewonnene Metalle wie Kupfer und Eisen sowie die als Bronze bezeichneten Kupfer-Zinn-Legierungen.

> **ⓘ Information**
>
> **Werkstoffe**
>
> Werkstoffe sind für die Konstruktion nützliche feste Stoffe. Damit ein Stoff als Werkstoff verwendet wird, muss er eine günstige Kombination physikalischer Eigenschaften aufweisen, gut zu verarbeiten und wirtschaftlich zu beschaffen, sowie gut zu entsorgen sein.

Die Anzahl der verfügbaren Werkstoffe nimmt ständig zu. Daraus erwächst die Notwendigkeit einer ordnenden und systematischen Betrachtung. Die Werkstoffe werden daher üblicherweise in drei Gruppen eingeteilt: metallische Werkstoffe, nichtmetallische Werkstoffe und Verbundwerkstoffe.

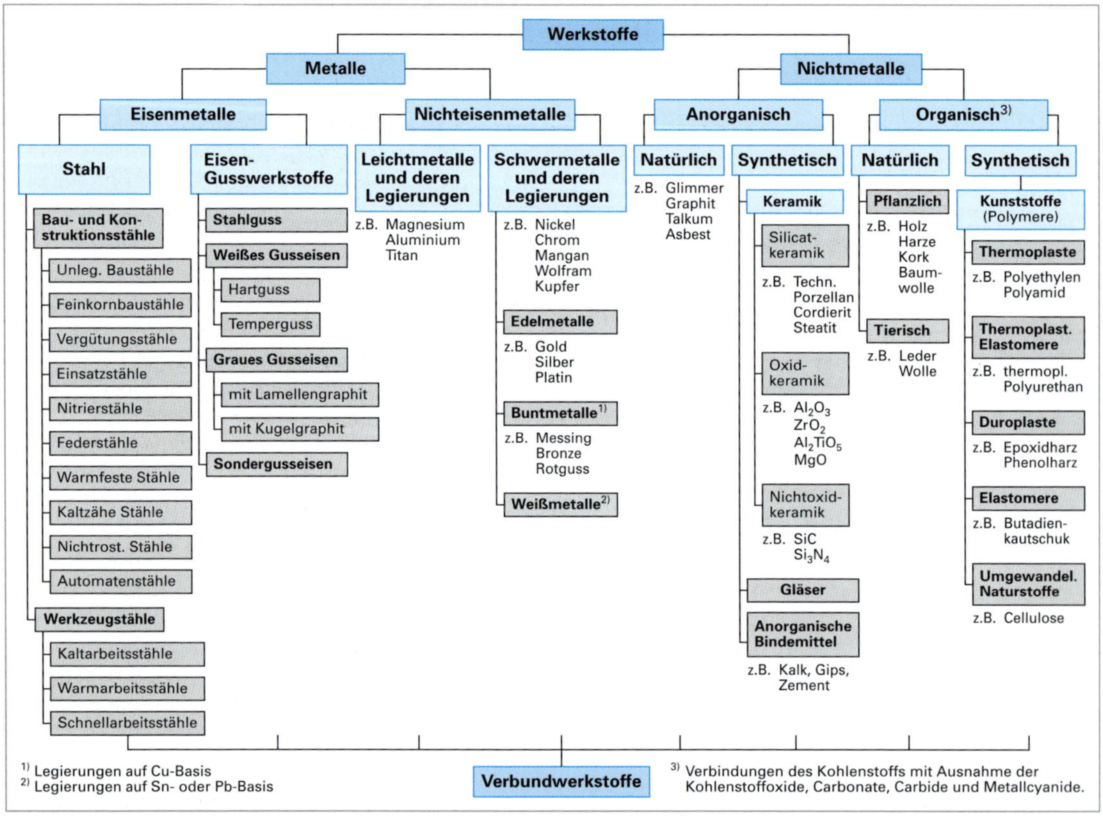

Bild 1: Einteilung der Werkstoffe

In Bild 1 ist eine umfassende Einteilung der Werkstoffe dargestellt. Die größte technische Bedeutung besitzen die **Metalle**, insbesondere aufgrund ihrer in der Regel hohen Festigkeit und ihres plastischen Verformungsvermögens. Wie Bild 2, Seite 11 zeigt, sind Stahl und Eisen, hier als Eisenmetalle oder häufig auch als Eisenwerkstoffe bezeichnet, wiederum die am häufigsten eingesetzten metallischen Werkstoffe. Üblicherweise unterteilt man die Metalle in die **Eisen-** und **Nichteisenmetalle**. Mitunter wird auch eine Einteilung in Reinmetalle und Legierungen oder in Guss- und Knetlegierungen vorgenommen. Die Nichteisenmetalle werden üblicherweise in die Leichtmetalle (Dichte ≤ 4,5 g/cm³) und Schwermetalle (Dichte > 4,5 g/cm³) unterteilt.

Die **nichtmetallischen Werkstoffe** werden eingeteilt in die organisch-nichtmetallische und die anorganisch-nichtmetallische Werkstoffgruppe. Die wichtigste Gruppe innerhalb der organisch-nichtmetallischen Werkstoffe sind die **Kunststoffe**. Von den anorganisch-nichtmetallischen Werkstoffen haben die **Keramiken** die größte Bedeutung. In der zweiten Hälfte des 20. Jahrhunderts hat der Einsatz von Kunststoffen stark zugenommen und derzeit ist diese Tendenz bei den Keramiken und Verbundwerkstoffen festzustellen.

Verbundwerkstoffe entstehen durch eine Kombination von mindestens zwei Werkstoffen aus gleichen oder unterschiedlichen Gruppen. Dadurch sollen Eigenschaften erreicht werden, die ein Werkstoff alleine nicht oder nur nach einem wesentlich höheren Verarbeitungsaufwand aufweist. Ein Beispiel für einen Verbundwerkstoff ist Stahlbeton, der durch die Kombination von Stahl (gute Zugfestigkeit) und Beton (gute Druckfestigkeit) entsteht. Weitere Beispiele für Verbundwerkstoffe sind faserverstärkte Kunststoffe, Hartmetalle bzw. Cermets oder metalldrahtverstärktes Glas. Die Kombinationsmöglichkeiten für Verbundwerkstoffe sind überaus vielfältig.

1.4.3 Entwicklung der Werkstofftechnik

Die **Werkstofftechnik** hat sich in vielen Jahrtausenden entwickelt. Zunächst wurde das Wissen über die Werkstoffe, ihre Herstellung, Verarbeitung und ihren Gebrauch nur mündlich weitergegeben. Es ist jedoch erstaunlich, dass Bronzegeräte bereits im 3. Jahrtausend v. Chr. in Ägypten oder Mesopotamien erzeugt wurden. Mit der Niederschrift dieses Wissens entwickelte sich die Werkstofftechnik zu einer Wissenschaft. 1556 erschien das erste bedeutende Buch über metallische Werkstoffe von ***Georgius Agricola*** (1474 ... 1555) **De re metallica**.

Die Beschreibung der Werkstoffe und deren Klassifizierung wurde ergänzt durch Messgrößen, wie beispielsweise die Festigkeit. Diese quantitativen Größen ermöglichen direkte Vergleiche verschiedener Werkstoffe, sodass die Auswahl eines geeigneten Werkstoffes erleichtert wird. Aus den Messgrößen werden Belastungsgrenzen für den jeweiligen Werkstoff abgeleitet, der Werkstoff wird berechenbar. Die Ermittlung der Messgrößen ist Aufgabe der **Werkstoffprüfung**.

Die moderne Werkstofftechnik geht über das Erfassen von Messwerten hinaus, Werkstoffeigenschaften und -verhalten werden wissenschaftlich untersucht und gedeutet. Aufgrund der dabei gewonnenen Erkenntnisse können gezielt Verbesserungen oder Neuentwicklungen vorgenommen werden. Steigende Anforderungen an die Leistungsfähigkeit der Werkstoffe erfordern eine schnelle Werkstoffentwicklung. Die Entwicklung neuer Werkstoffe bis zur Marktreife benötigt heute 10 bis 15 Jahre, da umfangreiche Testreihen, Pilotversuche und Prozessoptimierungen erforderlich sind. Somit müssen die bisher üblichen empirischen Methoden der Werkstoffentwicklung und -verbesserung durch leistungsfähigere ersetzt werden, welche die Entwicklungszeiten erheblich reduzieren. Dafür ist es erforderlich, aussagefähigere Werkstoffmodelle zu entwickeln. Um die Eigenschaften eines herzustellenden Werkstückes möglichst genau vorhersagen zu können, muss der gesamte Produktionsweg über das Gießen und Erstarren, Umformen und Wärmebehandeln sowie die weiteren Fertigungsschritte erfasst werden. Die Vorgänge und deren Einfluss auf die Eigenschaften müssen mikroskopisch exakt beschrieben werden und die aufeinander folgenden Prozessstufen durch eine Modellierung miteinander verknüpft werden, sodass mit Hilfe moderner Computer die Werkstoffentwicklung optimiert werden kann. Das Ergebnis könnten **Virtuelle Werkstoffe** sein, also durch Simulation am Computer verbesserte oder neu entwickelte Werkstoffe. In der modernen Werkstofftechnik werden aus diesem Grund bereits Methoden der Informatik genutzt. Dies wird zu einer kürzeren Entwicklungsdauer für neue Werkstoffe führen.

1.4.4 Werkstoffprüfung

Die Qualität eines Werkstoffes muss gewährleistet und Aussagen über seine Leistungsfähigkeit müssen dokumentiert sein. Die Eigenschaften von Werkstoffen werden bereits bei der Gewinnung sowie bei der Be- und Verarbeitung und auch noch beim Gebrauch beeinflusst. Ungünstige Veränderungen müssen vermieden, günstige Einflussmöglichkeiten genutzt werden. Die Eigenschaften der Werkstoffe müssen für den jeweiligen Anwendungsfall durch einen genau gesteuerten Fertigungsprozess optimiert werden.

Da jeder Werkstoff natürliche Belastungsgrenzen besitzt, müssen bei Bedarf neue Werkstoffe entwickelt und die konstruktive Gestaltung der Bauteile optimiert werden. Im Maschinen- und Stahlbau, bei der Neuentwicklung oder Verbesserung von Geräten, Anlagen oder Verfahren, muss für die Auswahl geeigneter Werkstoffe deren Verhalten unter künftigen Betriebsbedingungen vorhersagbar sein. Es muss

ⓘ **Information**

Aufgaben der Werkstoffprüfung
- Ermittlung von Werkstoffeigenschaften und -kennwerten
- Kontrolle und Überwachung von Bauteilen und Anlagen
- Klärung von Schadensursachen
- Gütekontrolle und Gütesteigerung im Rahmen der Qualitätssicherung

zum einen bekannt sein, in welcher Weise das Material beansprucht wird und zum anderen welche Beanspruchungsgrenzen das Material aufweist, damit eine sichere und zuverlässige Nutzung gewährleistet ist. Eine wichtige Aufgabe der **Werkstoffprüfung** (Kapitel 13) ist daher die Bereitstellung von Werkstoffkennwerten. Die Hersteller garantieren mithilfe dieser Kennwerte bestimmte Werkstoffeigenschaften und fassen in Werkstoffblättern die Eigenschaften und Anwendungsgebiete für die betreffenden Werkstoffe zusammen. Die technisch wichtigsten Werkstoffe werden außerdem in Normen beschrieben.

Die zweite Aufgabe der Werkstoffprüfung ist die Bereitstellung von Verfahren zur regelmäßigen Überwachung von Bauteilen und Anlagen. Beispielsweise dienen die Eindring- und die Ultraschallprüfung zum Nachweis von Rissen, die durch die Verarbeitung (z. B. Schweißen) oder den Betrieb (z. B. Korrosion) entstehen können.

Eine dritte Aufgabe der Werkstoffprüfung ist es, die Ursachen von Schäden zu finden, damit künftig ähnliche Schäden vermieden werden. Zu diesem Zweck stellt die Werkstoffprüfung Präparationsverfahren (z. B. Herstellung metallographischer Schliffe), Analysemethoden und mikroskopische Auswerteverfahren zur Verfügung.

Letztlich wird die Werkstoffprüfung zur Gütekontrolle und Gütesteigerung im Rahmen der Qualitätssicherung angewandt

1.5 Eigenschaften der Werkstoffe

Eigenschaften kennzeichnen einen Werkstoff und entscheiden über seine Einsatz- und seine Verwendungsmöglichkeiten. Daher ist die Kenntnis der **Werkstoffeigenschaften** von fundamentaler Bedeutung. Die Eigenschaften der Werkstoffe hängen vom inneren Aufbau ab. Der innere Aufbau kann durch das Herstellungsverfahren und die Verarbeitung verändert, aber auch gezielt beeinflusst werden. Einige wichtige Werkstoffeigenschaften sind in der folgenden Tabelle 1 zusammengestellt.

Tabelle 1: Wichtige Werkstoffeigenschaften

physikalisch	mechanisch	chemisch	technologisch	umweltrelevant
• Dichte • Wärmedehnung • Wärmeleitfähigkeit • elektr. Leitfähigkeit • Dielektrizität • Optische Eigenschaften	• Festigkeit – statisch – Warmfestigkeit – Schwingfestigkeit • Verformbarkeit – elastisch – plastisch • Härte • Zähigkeit	• Korrosionsbeständigkeit • Hitzebeständigkeit • Reaktionsfähigkeit • Entflammbarkeit	• Gießbarkeit • Umformbarkeit • Schweißbarkeit • Härtbarkeit • Zerspanbarkeit	• Recycelbarkeit • Toxizität

Die **mechanischen Eigenschaften** von Werkstoffen werden durch genormte Werkstoffprüfverfahren ermittelt (Kapitel 13). Bei statischer Beanspruchung und normalen Temperaturen sind als Festigkeitswerte beispielsweise die Zugfestigkeit sowie die Streck- bzw. Dehngrenze von Bedeutung.

Die **Zugfestigkeit** ist die höchste ertragbare Spannung. Mit Überschreiten der Zugfestigkeit tritt der Bruch ein. Die **Streck-** oder **Dehngrenze** ist hingegen derjenige Kennwert, nach dessen Überschreitung die plastische Verformung des Werkstoffs einsetzt.

Bei zeitlich veränderlicher Beanspruchung dient unter anderem die **Dauerfestigkeit** als maßgeblicher Werkstoffkennwert. Die Dauerfestigkeit ist dabei diejenige Spannungsamplitude, die vom Werkstoff beliebig oft ertragen werden kann.

Für den Einsatz von Werkstoffen bei erhöhten Temperaturen ist die **Warmfestigkeit** von Bedeutung. Als Kenngrößen dienen die Zeitstandfestigkeit und die Zeitdehngrenze. Die **Zeitstandfestigkeit** ist diejenige Spannung, die bei vorgegebener Temperatur nach einer bestimmten Zeit zum Bruch führt. Unter der **Zeitdehngrenze** versteht man einen Spannungskennwert, der bei vorgegebener Temperatur und Dauer eine bestimmte bleibende Dehnung im Werkstoff hervorruft.

Bei der Verformbarkeit unterscheidet man zwischen der elastischen Verformbarkeit **(Elastizität)** und der plastischen Verformbarkeit **(Plastizität).** Alle Werkstoffe besitzen eine elastische Verformbarkeit, eine ausgeprägte plastische Verformbarkeit weisen hingegen nur die Metalle und einige Kunststoffe auf. Sowohl der Kennwert der elastischen Verformbarkeit (Elastizitätsmodul) als auch der der plastischen Verformbarkeit (Bruchdehnung) werden im Zugversuch (Kapitel 13.5.1) ermittelt.

Für den Einsatz eines Werkstoffs bei tiefen Temperaturen und/oder schlagartiger Beanspruchung muss dessen **Zähigkeit** bekannt sein, während das Verschleißverhalten u. a. durch die **Härte** gekennzeichnet wird.

Die **technologischen Eigenschaften** (Tabelle 1, Seite 16) sollen die Eignung von Werkstoffen oder Halbzeugen für die Verarbeitung beschreiben. Untersucht werden unter anderem die Gieß-, die Umformeigenschaften und die Eignung zum Schweißen, Löten oder Härten. Die Ergebnisse dieser technologischen Prüfverfahren können einfache Ja-Nein-Aussagen oder auch Zahlenwerte sein (Kapitel 13.6). Die **physikalischen** und **chemischen Eigenschaften** werden häufig auch in genormten Versuchen ermittelt; sie werden im Rahmen dieses Lehrbuches jedoch nicht näher erläutert.

> **Information**
>
> **Anforderungen an Werkstoffe**
> - Die besonderen Eigenschaften von Werkstoffen müssen für eine vorgegebene oder vereinbarte Zeit eingehalten werden.
> - Werkstoffe müssen preiswert sein.
> - Werkstoffe müssen gut und ökonomisch bearbeitbar sein.
> - Werkstoffe müssen recycelbar sein.

1.6 Werkstoffauswahl

Bei der **Werkstoffauswahl** sind in der Regel mehrere für den Verwendungszweck günstige Eigenschaften ausschlaggebend. Dabei müssen häufig Kompromisse eingegangen werden. So lässt sich die Festigkeit der reinen Metalle durch Legieren verbessern, dadurch verschlechtern sich jedoch die Verformbarkeit, die elektrische Leitfähigkeit des Stoffes und häufig die Korrosionsbeständigkeit.

Werden aus Werkstoffen Bauteile konstruiert, so sind die mechanischen Eigenschaften die wichtigsten Kriterien bei der Werkstoffauswahl, da die Werkstücke vor allem den mechanischen Beanspruchungen standhalten müssen. Gute mechanische Eigenschaften sind aber meist nur ein Kriterium, fast immer werden weitere Anforderungen gestellt, beispielsweise gute Verarbeitbarkeit und häufig auch ein günstiger Preis. Auch die Lebensdauer des Bauteils wird bei der Auswahl eines geeigneten Werkstoffes berücksichtigt (Bild 1).

Von der richtigen Werkstoffwahl hängen nicht nur die Funktion und Beanspruchbarkeit des späteren Bauteils sondern auch die zu verwendenden Fertigungsverfahren, die Dauer und Kosten der Fertigung, die Konstruktion und das Design (werkstoffgerechtes Konstruieren) sowie nicht zuletzt die Sicherheit und Verfügbarkeit des Bauteils ab (Bild 2).

Aufgrund der begrenzten Ressourcen und des zunehmenden Umweltbewusstseins erlangt das **Recycling von Werkstoffen** eine wachsende Bedeutung. Metallische Werkstoffe wurden schon immer wieder verwertet und sind daher meistens unproblematisch zu recyceln. Kunststoffe bereiten schon größere Schwierigkeiten, besonders wenn diese mit anderen Stoffen oder untereinander vermischt sind. Am schwierigsten sind Verbundwerkstoffe wieder zu verwerten, sodass diese bisher seltener eingesetzt werden.

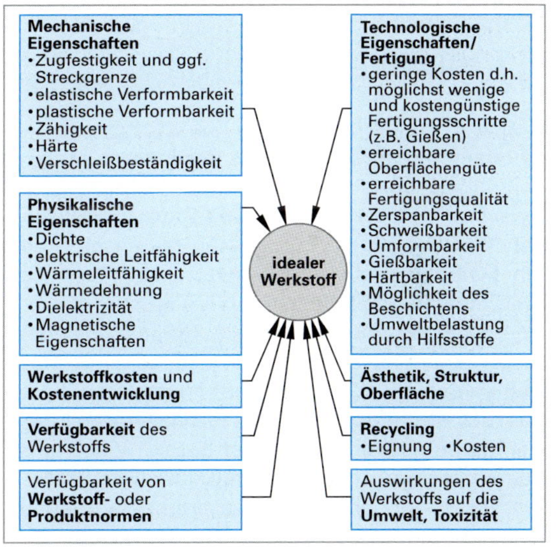

Bild 1: Kriterien zur Werkstoffauswahl

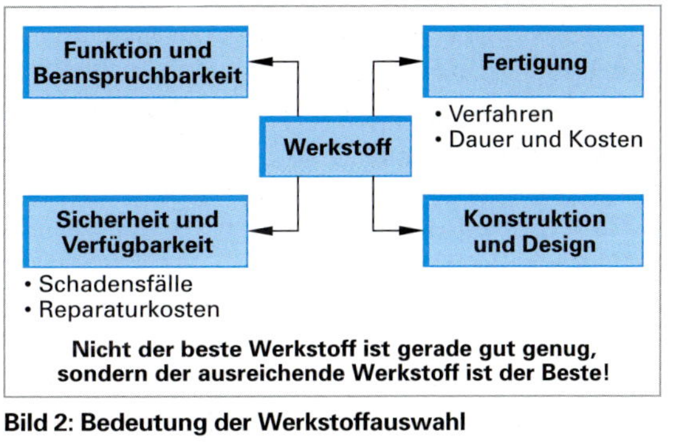

Bild 2: Bedeutung der Werkstoffauswahl

2 Grundlagen der Metallkunde

Schon seit vielen Jahrtausenden gibt es praktische Erfahrungen mit Metallen. Die dabei gewonnenen Erkenntnisse über die Metallgewinnung, -bearbeitung und -verarbeitung entstanden zunächst durch zufällige Beobachtungen und erst später durch planmäßige Untersuchungen. Es gab bereits eine hochentwickelte Metalltechnik, bevor die chemischen und physikalischen Zusammenhänge verstanden wurden. Die eigentliche wissenschaftliche Erforschung der Metalle begann erst vor etwa 120 Jahren, wobei die Wissenschaft zunächst hinter der Praxis zurückblieb. Erst im 20. Jahrhundert hat die wissenschaftliche Metalltechnik die praktische überholt, sodass Werkstoffe gezielt verbessert oder neue Werkstoffe entwickelt werden konnten.

Die Metalltechnik wird unterteilt in Metallurgie und Metallkunde. In der **Metallurgie** sind die Gewinnungsverfahren zusammengefasst, in der **Metallkunde** werden die Eigenschaften der Metalle beschrieben. In der allgemeinen Metallkunde werden die in verschiedenen Metallen gemeinsamen Zustände und Vorgänge beschrieben und in der speziellen Metallkunde werden die Besonderheiten von bestimmten Metallen und Legierungen verdeutlicht. Die theoretische Metallkunde wird auch als Metallphysik (Teilgebiet der Festkörperphysik) bezeichnet, da diese eine enge Verflechtung mit der Physik aufweist.

2.1 Aufbau der Metalle

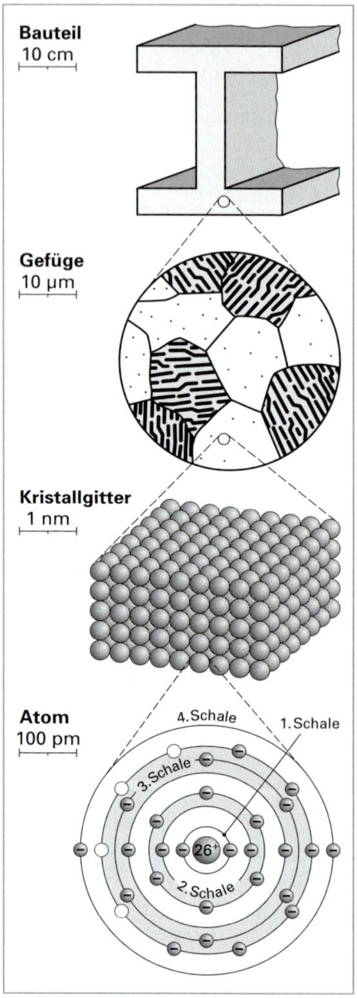

Bild 1: Strukturebenen eines Metalls

Um die Besonderheiten eines Werkstoffes und dessen Eigenschaften zu verstehen, ist es notwendig, den inneren Aufbau zu kennen. Bereits bei makroskopischer Betrachtung werden wesentliche Unterschiede zwischen Metallen und anderen Stoffen deutlich: Metalle weisen einen für sie typischen Glanz auf, haben eine gute elektrische Leitfähigkeit und sind plastisch verformbar. Aber allein aus der Betrachtung eines Bauteils (Bild 1, oben) können keine Rückschlüsse über seinen inneren Aufbau erfolgen. Mikroskopische Aufnahmen (Bild 1, Mitte) zeigen das so genannte **Gefüge** eines Metalls, das aus vielen kleinen Bereichen, den **Körnern** (**Kristalliten**) besteht. Das Gefüge eines metallischen Werkstücks, die Gesamtheit der im Lichtmikroskop sichtbaren Körner, beeinflusst dessen Eigenschaften, sodass Gefügeuntersuchungen von großer Bedeutung für die Metalltechnik sind. Die Körner wiederum sind aus Atomen aufgebaut, die in Form eines Kristallgitters regelmäßig angeordnet sind (Bild 1, unten). Der kristalline Aufbau eines metallischen Werkstoffs kann mithilfe von Röntgenfeinstrukturuntersuchungen betrachtet werden.

Zwischen den einzelnen Körnern befinden sich die **Korngrenzen,** die in der Gefügeaufnahme als dunkle unregelmäßige Linien erscheinen. Die Korngrenzen erscheinen aufgrund der Größenverhältnisse als unregelmäßige Linien, da die Korndurchmesser etwa 10 000 Atomdurchmessern entsprechen und daher die atomaren Begrenzungen der Körner nicht zu sehen sind.

Metalle sind polykristallin, sie bestehen aus vielen Körnern. Nur unter bestimmten Erstarrungsbedingungen können Einkristalle, also Werkstücke ohne Korngrenzen, hergestellt werden, wie z. B. Silicium-Einkristalle für die Halbleitertechnik.

2.2 Atombau und Periodensystem der Elemente

Zur Erklärung und zum Verständnis der Werkstoffe ist es notwendig, einige chemische Grundlagen zu betrachten.

2.2.1 Bau der Atome

Die ersten Überlegungen zum Aufbau der Materie stellten griechische Philosophen bereits im Altertum an. ***Demokrit*** (460 bis 371 v. Chr.) entwickelte aus den Ideen seines Lehrers ***Leukipp*** (ca. 450 bis 370 v. Chr.) die Vorstellung, Materie ist nicht beliebig teilbar. Die Teilung von Materie führt schließlich zu nicht mehr zerlegbaren Urbestandteilen, den **Atomen** (griech.: atomos = unteilbar). Diese Vorstellungen wurden zu Beginn der Neuzeit zur Erklärung physikalischer und chemischer Vorgänge und Reaktionen zuerst von ***John Dalton*** (1766 ... 1844) wieder herangezogen.

Dalton stellte durch verschiedene Experimente fest, dass sich bei einer chemischen Reaktion zwei Stoffe immer in einem bestimmten konstanten Massenverhältnis verbinden (z. B. 2 g Wasserstoff + 16 g Sauerstoff zu 18 g Wasser). Dieses **Gesetz der konstanten Proportionen** erklärte er mit Hilfe seiner Atomhypothese. Zum besseren Verständnis und zur Beschreibung dieser Hypothese entwickelte er ein Atommodell. Danach entsprechen Atome Kugeln mit einem für jedes Element bestimmten, konstanten Durchmesser und spezifischer Masse **(Dalton'sches Atommodell)**.

Die Atome wurden bis zum Ende des 19. Jahrhunderts als unteilbar angesehen. Als aber Teilchen entdeckt wurden, die offensichtlich Bestandteile der Atome sind, musste die Dalton'sche Atomhypothese weiterentwickelt werden. So entstanden im Laufe der Zeit beispielsweise die Atommodelle von Rutherford, Bohr und Sommerfeld. Aber das einfache Daltonmodell kann zur Veranschaulichung von einigen atomaren Phänomenen, wie beispielsweise der Kristallstruktur von Metallen, immer noch benutzt werden. Andere Erscheinungen erfordern modernere Atommodelle.

Das **Rutherford'sche Atommodell *(Sir Ernest Rutherford,*** 1871 ... 1957) (Bild 1) ist anschaulich und gestattet es, die Werkstoffeigenschaften und die Bindungsverhältnisse zwischen Atomen zu erklären. Es soll daher näher erläutert werden. Atome bestehen nach dieser einfachen Modellvorstellung aus Elementarteilchen: den **Protonen**, **Neutronen** und **Elektronen**. Die elektrisch positiv geladenen Protonen und die neutralen Neutronen bilden den Kern eines Atoms **(Atomkern)** und die negativ geladenen Elektronen die Hülle **(Elektronenhülle)**. Im Kern ist nahezu die gesamte Masse des Atoms konzentriert: Protonen und Neutronen besitzen fast die gleiche Masse, die Elektronen hingegen nur 1/1836 der Masse eines Protons (Tabelle 1).

Nach dem Atommodell von Rutherford bewegen sich die Elektronen auf Kreisbahnen um den Atomkern, vergleichbar mit der Bewegung der Planeten um die Sonne. Das Atommodell von Rutherford wird daher auch als **„Kern-Hülle-Modell"** bezeichnet.

Jedes Element hat eine spezifische Atommasse und eine bestimmte Anzahl von Elektronen, die bei neutralen Atomen gleich der Anzahl der Protonen ist. Bei positiv geladenen Atomen **(Kationen)** ist die Elektronenzahl kleiner als die Protonenzahl und bei einem negativ geladenen Atom **(Anion)** ist sie größer. Die Protonenzahl oder Kernladungszahl wird auch als **Ordnungszahl** bezeichnet (siehe Periodensystem).

Die Zahl der Neutronen eines Atoms kann unterschiedlich sein. Atome eines Elementes unterschiedlicher Neutronenzahl werden als **Isotope** bezeichnet. Eine einfache Schreibweise besteht aus dem chemischen Zeichen (oder Elementnamen)

ⓘ Information

Verschiedene Atommodelle

Im Bereich der Werkstofftechnik können zur Deutung von verschiedenen Phänomenen unterschiedliche Atommodelle eingesetzt werden:

- Atommodell von Dalton: Kristallstruktur
- Atommodell von Bohr: Bindungsarten (Kapitel 2.3)
- Atommodell von Sommerfeld: elektrische Leitfähigkeit

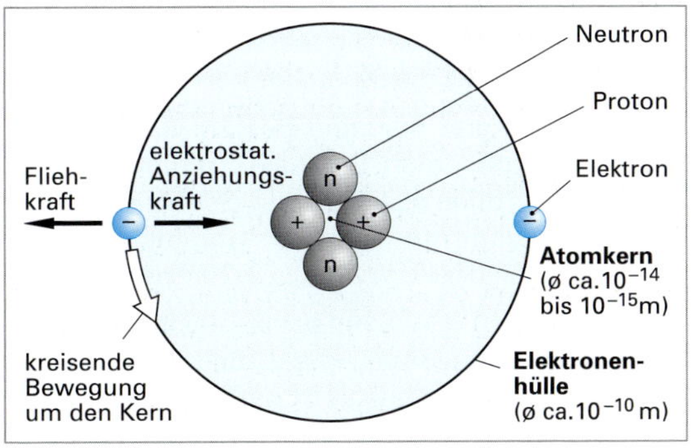

Bild 1: Atommodell nach Rutherford (die Neutronen wurden erst 1930 entdeckt)

Tabelle 1: Eigenschaften der Elementarteilchen

	Elektron (e)	**Proton (p)**	**Neutron (n)**
Ladung	negativ (– e) $-1{,}602 \cdot 10^{-19}$ As	positiv (+ e) $+1{,}602 \cdot 10^{-19}$ As	neutral 0 As
Ruhemasse[1]	$9{,}11 \cdot 10^{-31}$ kg = 0,00055 u	$1{,}6725 \cdot 10^{-27}$ kg = 1,00728 u	$1{,}6748^{-27}$ kg = 1,00867 u

[1] 1 *u* = atomare Masseneinheit. Sie ist festgelegt als 1/12 der absoluten Masse des Kohlenstoffisotops ^{12}C (1 *u* = $1{,}6606 \cdot 10^{-27}$ kg).

und der **Massenzahl** (Zahl der Protonen und Neutronen im Atomkern), die vor- und hochgestellt wird, wie z. B. ^{60}Co. Die **Atommasse** eines Elements ergibt sich aus der Summe der prozentualen (konstanten) Anteile der Isotopen als Dezimalzahlen. So beträgt beispielsweise die Atommasse von Kohlenstoff 12,011 u, da Kohlenstoff immer die gleichen Anteile der Isotope ^{12}C, ^{13}C und ^{14}C enthält. Elemente unterscheiden sich dadurch, dass ihre Atommasse und Ordnungszahl (Protonenzahl) verschieden sind.

Bei chemischen Vorgängen treten stets nur Veränderungen in der Elektronenhülle der Atome ein, während die Atomkerne völlig unverändert bleiben. Der Bau und das Verhalten der Elektronenhülle ist daher für die Chemie und somit auch für die Werkstoffkunde von besonderer Bedeutung. Der Feinbau der Elektronenhülle kann durch das einfache **Bohr'sche Atommodell** als auch durch das moderne und leitungsfähigere **wellenmechanische Modell** oder **Orbitalmodell** beschrieben werden.

Für den Feinbau der Elektronenhülle wurde im Jahr 1913 von dem dänischen Physiker ***Nils Bohr*** (1885 ... 1962) das nach ihm benannte „Bohr'sche Atommodell" entwickelt. Nach dieser Modellvorstellung bewegen sich die Elektronen auf räumlichen **Schalen** um den Atomkern, ähnlich wie die Planeten unseres Sonnensystems um die Sonne. Das Modell wird daher mitunter auch als **„Planetenmodell"** bezeichnet.

Die Elektronenbahnen entsprechen bestimmten Energieniveaus, wobei die äußeren Schalen energiereicher sind als die inneren.

Jede Schale kann nur eine bestimmte Zahl von Elektronen aufnehmen. Die maximal mögliche Anzahl der Elektronen e_{max} auf der *n*. Schale (n = Schalennummer vom Atomkern aus gezählt, s. Bild 1) lässt sich nach der Formel: $e_{max} = 2\,n^2$ berechnen.

Die 1. Schale ($n = 1$) kann somit maximal $2 \cdot 1^2 = 2$ Elektronen aufnehmen, die 2. Schale $2 \cdot 2^2 = 8$ Elektronen, die 3. Schale $2 \cdot 3^2 = 18$ Elektronen usw. Ein besonders stabiler Zustand wird erreicht, wenn die äußere Schale mit acht Elektronen besetzt ist. Dies ist der Fall bei den Edelgasen, wie Helium, Neon, Argon, Krypton, Xenon und Radon, die aus dem genannten Grund nur in Ausnahmefällen chemische Verbindungen eingehen. Auch die anderen Elemente streben diesen **Edelgaszustand** an.

ⓘ Information

Atombau

Atome bestehen aus Protonen (p), Neutronen (n) und Elektronen (e). Protonen und Neutronen bilden den Atomkern, die Elektronen die Atomhülle.

Protonen sind positiv und Elektronen negativ geladen. Im elektroneutralen Atom kompensieren sich die Ladungen. Neutronen besitzen keine Ladung.

Atome werden zu Ionen, wenn sie Elektronen abgeben (Kationen, positiv geladen) oder aufnehmen (Anionen, negativ geladen).

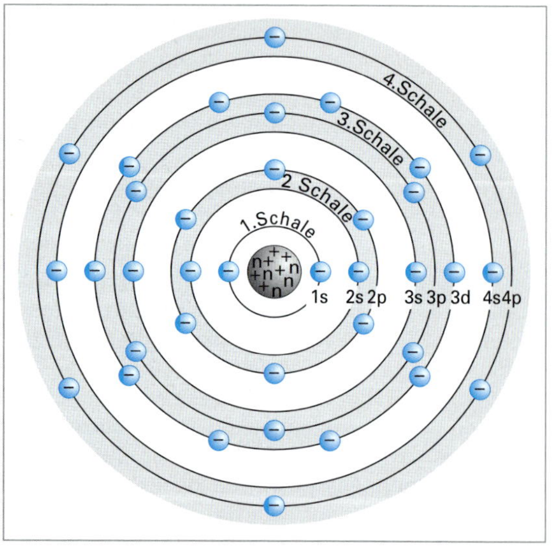

Bild 1: Bohr'sches Modell der Elektronenhülle (bis zur 4p-Unterschale dargestellt

ⓘ Information

Ordnungszahl, Massenzahl, Isotop

Die **Ordnungszahl** gibt die Anzahl der Protonen im Atomkern an.

Die **Massenzahl** (m) ist die Summe der Protonen (p) und Neutronen (n) im Atomkern: $m = p + n$

Isotope sind Atome des gleichen Elementes mit unterschiedlicher Neutronenzahl bzw. Massenzahl, wie z. B.: **^{12}C ^{13}C ^{14}C oder ^{235}U ^{238}U.**

Zur Deutung von komplexen Bindungsverhältnissen reicht auch das Bohr'sche Atommodell nicht mehr aus; man muss stattdessen das weniger anschauliche wellenmechanische Modell oder Orbitalmodell verwenden. Hierauf soll jedoch nicht näher eingegangen werden.

2.2.2 Periodensystem der Elemente (PSE)

Die Ähnlichkeiten zwischen einzelnen Elementen und die Kenntnisse über den Atomaufbau sind Grundlage für ein Ordnungssystem der Elemente, das **Periodensystem der Elemente,** abgekürzt als PSE (Bild 1, Seite 21). Im Periodensystem werden alle bisher bekannten Elemente nach steigender Ordnungszahl angeordnet. Beispielsweise hat das Element Gold die Ordnungszahl 79; ein Goldatom besitzt somit 79 Protonen und 79

- 28 Ni 58,7 – Metalle
- 5 B 10,8 / 6 C 12,0 – Halbmetalle
- 10 Ne 12,2 – Nichtmetalle
- 4 Be 9,0 – Metalle, supraleitend
- 14 Si 28,1 – Halbmetalle, supraleitend
- 55 Cs 132,9 – Metalle, supraleitend bei hohen Drücken (2,5 … 15 GPa)
- 26 Fe 55,8 – Metalle, ferromagnetisch (Tb bis Er: Übergang zum Antiferromagnetismus)

Ordnungszahl → 26
Elementsymbol → Fe
Atommasse → 55,8

	Haupt-		Lanthanoide und Actinoide														Nebengruppen										-gruppen					
	I	II															IIIb	IVb	Vb	VIb	VIIb	VIIIb			Ib	IIb	III	IV	V	VI	VII	VIII
1. Periode	1 H 1,0																															2 He 4,0
2. Periode	3 Li 6,9	4 Be 9,0																									5 B 10,8	6 C 12,0	7 N 14,0	8 O 16,0	9 F 19,0	10 Ne 12,2
3. Periode	11 Na 22,9	12 Mg 24,3																									13 Al 27,0	14 Si 28,1	15 P 30,9	16 S 32,1	17 Cl 35,5	18 Ar 39,9
4. Periode	19 K 39,1	20 Ca 40,1															21 Sc 45,0	22 Ti 47,9	23 V 50,9	24 Cr 52,0	25 Mn 54,9	26 Fe 55,8	27 Co 56,9	28 Ni 58,7	29 Cu 63,5	30 Zn 65,4	31 Ga 69,7	32 Ge 72,6	33 As 74,9	34 Se 78,9	35 Br 79,9	36 Kr 83,3
5. Periode	37 Rb 85,5	38 Sr 87,6															39 Y 88,9	40 Zr 91,2	41 Nb 92,9	42 Mo 95,9	43 Tc (98)	44 Ru 101,1	45 Rh 102,9	46 Pd 106,4	47 Ag 107,9	48 Cd 112,4	49 In 114,8	50 Sn 118,7	51 Sb 121,8	52 Te 127,6	53 I 126,9	54 Xe 131,3
6. Periode	55 Cs 132,9	56 Ba 137,3	57 La 138,9	58 Ce 140,1	59 Pr 140,9	60 Nd 144,2	61 Pm (147)	62 Sm 150,4	63 Eu 152,0	64 Gd 157,2	65 Tb 158,9	66 Dy 162,5	67 Ho 164,9	68 Er 167,3	69 Tm 168,9	70 Yb 173,0	71 Lu 175,0	72 Hf 178,5	73 Ta 180,9	74 W 183,9	75 Re 186,2	76 Os 190,2	77 Ir 192,2	78 Pt 195,1	79 Au 197,0	80 Hg 200,6	81 Tl 204,4	82 Pb 207,2	83 Bi 209,0	84 Po (209)	85 At (210)	86 Rn (222)
7. Periode	87 Fr (223)	88 Ra (226)	89 Ac (227)	90 Th (232)	91 Pa (231)	92 U (238)	93 Np (237)	94 Pu (244)	95 Am (243)	96 Cm (247)	97 Bk (247)	98 Cf (251)	99 Es (252)	100 Fm (257)	101 Md (258)	102 No (259)	103 Lr (260)	104 Rf (261)	105 Ha (262)	106 Sg (266)	107 Ns (264)	108 Hs (269)	109 Mt (268)	110 (271)	111 (272)	112 (277)						

1 Wasserstoff	H	21 Scandium	Sc	41 Niob	Nb	61 Promethium*	Pm	81 Thallium	Tl	101 Mendelevium**	Md
2 Helium	He	22 Titan	Ti	42 Molybdän	Mo	62 Samarium	Sm	82 Blei	Pb	102 Nobelium**	No
3 Lithium	Li	23 Vanadium	V	43 Technetium*	Tc	63 Europium	Eu	83 Bismut	Bi	103 Lawrencium**	Lr
4 Beryllium	Be	24 Chrom	Cr	44 Ruthetium	Ru	64 Gadolinium	Gd	84 Polonium	Po	104 Rutherfordium	Rf
5 Bor	B	25 Mangan	Mn	45 Rhodium	Rh	65 Terbium	Tb	85 Astat*	At	105 Hahnium**	Ha
6 Kohlenstoff	C	26 Eisen	Fe	46 Palladium	Pd	66 Dysprosium	Dy	86 Radon*	Rd	106 Seaborgium**	Sg
7 Stickstoff	N	27 Cobalt	Co	47 Silber	Ag	67 Holmium	Ho	87 Francium*	Fr	107 Nielsbohrium**	Ns
8 Sauerstoff	O	28 Nickel	Ni	48 Cadmium	Cd	68 Erbium	Er	88 Radium*	Ra	108 Hassium**	Hs
9 Fluor	F	29 Kupfer	Cu	49 Indium	In	69 Thulium	Tm	89 Actinium*	Ac	109 Meitnerium**	Mt
10 Neon	Ne	30 Zink	Zn	50 Zinn	Sn	70 Ytterbium	Yb	90 Thorium*	Th	110 Eka-Platin***	
11 Natrium	Na	31 Gallium	Ga	51 Antimon	Sb	71 Lutetium	Lu	91 Protactinium*	Pa	111 Eka-Gold***	
12 Magnesium	Mg	32 Germanium	Ge	52 Tellur	Te	72 Hafnium	Hf	92 Uran*	U	112 Eka-Quecksilber***	
13 Aluminium	Al	33 Arsen	As	53 Iod	I	73 Tantal	Ta	93 Neptunium*	Np		
14 Silicium	Si	34 Selen	Se	54 Xenon	Xe	74 Wolfram	W	94 Plutonium*	Pu		
15 Phosphor	P	35 Brom	Br	55 Cäsium	Cs	75 Rhenium	Re	95 Americium**	Am		
16 Schwefel	S	36 Krypton	Kr	56 Barium	Ba	76 Osmium	Os	96 Curium**	Cm		
17 Chlor	Cl	37 Rubidium	Rb	57 Lanthan	La	77 Iridium	Ir	97 Berkelium**	Bk		
18 Argon	Ar	38 Strontium	Sr	58 Cer	Ce	78 Platin	Pt	98 Californium**	Cf		
19 Kalium	K	39 Yttrium	Y	59 Praseodym	Pr	79 Gold	Au	99 Einsteinium**	Es		
20 Calcium	Ca	40 Zirconium	Zr	60 Neodym	Nd	80 Quecksilber	Hg	100 Fermium**	Fm		

*Radioaktives Element

**Radioaktives Element, nur künstlich erzeugt

***Radioaktives Element, nur künstlich erzeugt, Name noch nicht festgelegt

Bild 1: Periodensystem der Elemente (PSE)

Elektronen. Die Atommasse von Gold ist 197 u. Die Anzahl der Neutronen beträgt daher: 197 u – 79 u (Masse der Protonen) = 118 u (Masse der Neutronen).

Ein weiteres Ordnungskriterium im PSE ist die Anzahl der besetzten Schalen. Entsprechend sind die Elemente in Zeilen, als **Perioden** bezeichnet, angeordnet. Bei Elementen der 1. Periode ist nur die 1. Schale mit Elektronen besetzt, bei Elementen der 5. Periode sind die Elektronen auf fünf Schalen verteilt.

Die Ordnung in Gruppen (entspricht den Spalten) erfolgt entsprechend der Anordnung der Elektronen. Hierbei werden Hauptgruppen, Nebengruppen, Lanthanoide und Actinoide unterschieden. Alle Elemente einer **Hauptgruppe** haben die gleiche Anzahl an **Valenzelektronen** (Außenelektronen, d. h. Elektronen auf der äußersten Schale). Beispielsweise haben die Elemente der 6. Hauptgruppe, Sauerstoff, Schwefel, Selen usw., sechs Außenelektronen. Sie haben das Bestreben zwei weitere Elektronen aufzunehmen und reagieren daher ähnlich.

Alle Elemente der **Nebengruppen** haben ein oder zwei Außenelektronen. Nebengruppen gibt es nur bei Elementen, die mindestens 4 Perioden aufweisen. Sie unterscheiden sich von den Hauptgruppenelementen dadurch, dass die zweitäußerste Schale nicht vollständig mit Elektronen gefüllt ist. Auch in diesem Fall weisen die zu einer Nebengruppe gehörenden Elemente ähnliche Eigenschaften auf, z. B. die Metalle Kupfer, Silber und Gold. Elemente der 6. oder 7. Periode haben auf noch weiter innen liegenden Schalen Lücken, die noch mit Elektronen aufgefüllt werden können. Diese Elemente werden als **Lanthanoide** und **Actinoide** in besonderen Gruppen zusammengefasst. Auch diese Elemente haben ähnliche Eigenschaften, ihre technische Bedeutung ist aber gering.

Bild 1, Seite 21, zeigt das vollständige Periodensystem der Elemente. In diesem Bild sind zwei stufenförmige Diagonalen eingezeichnet. Links einer Linie Bor – Astat stehen die Metalle, rechts davon die Nichtmetalle. Zwischen beiden Treppen befinden sich die Halbmetalle, wie Silicium und Germanium, die auch als Halbleiter bezeichnet werden. Ein Vergleich mit den Ordnungsprinzipien des PSE zeigt, dass typische Metalle wenige Valenzelektronen besitzen, typische Nichtmetalle zeichnen sich dagegen durch viele, maximal acht Valenzelektronen aus.

2.3 Chemische Bindungen

Durch chemische Bindungen entstehen aus den Elementen Millionen unterschiedlicher Verbindungen und aus diesen schließlich die unendlich vielseitigen Erscheinungsformen der belebten und unbelebten Natur. Auch die charakteristischen Eigenschaften eines Stoffes (Werkstoffes) werden von der Art der Bindung seiner Atome maßgeblich beeinflusst.

Man unterscheidet grundsätzlich zwischen den **primären chemischen Bindungen,** zu ihnen gehören die:

- Ionenbindung (auch als heteropolare Bindung bezeichnet)
- Metallbindung
- Kovalente Bindung (auch als Atombindung, Elektronenpaarbindung oder homöopolare Bindung bezeichnet)

und den **sekundären chemischen Bindungen,** zu ihnen zählt man die:

- Dispersionsbindungen
- Dipol-Ion-Bindungen
- Wasserstoffbrückenbindungen
- Dipol-Dipol-Bindungen
- Induktionsbindungen

Das Zustandekommen primärer chemischer Bindungen erfolgt durch eine teilweise oder vollständige Abgabe von Elektronen bzw. durch einen Austausch von Elektronen, während die sekundären chemischen Bindungen elektrostatischer Natur sind.

2.3.1 Primäre chemische Bindungen

Bekanntlich streben alle Atome eine mit acht Elektronen besetzte äußere Schale an, da dieser Zustand besonders stabil ist. Diese bevorzugte Elektronenkonfiguration besitzen jedoch nur die Edelgase. Sie gehen daher nur unter besonderen Bedingungen mit anderen Elementen chemische Verbindungen ein. Alle anderen Elemente, die nur mehr oder weniger voll besetzte äußere Elektronenschalen aufweisen, versuchen durch Ausbildung einer chemischen Bindung zu anderen Elementen einen stabileren Zustand zu erreichen.

Allen interatomaren Bindungen liegt das Bestreben zugrunde, durch Vereinigung mit anderen Atomen eine den Edelgasen ähnliche Elektronenstruktur (**„Edelgaskonfiguration“**) zu erlangen. Damit erhält das

Gesamtsystem einen insgesamt energieärmeren und damit stabileren Zustand.

Die Anzahl der Elektronen auf der äußeren Schale d.h. die Valenzelektronen (bei den Nebengruppenelementen zusätzlich auch die Elektronen der unvollständigen zweitäußersten Schale) hat dabei eine entscheidende Auswirkung auf die Art der Bindung und auf die Reaktionsfähigkeit eines chemischen Elements.

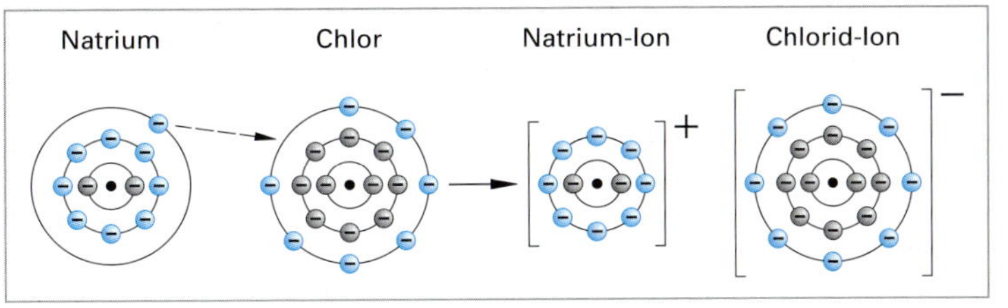

Bild 1: Entstehung einer Ionenbindung am Beispiel Natriumchlorid (schematisch)

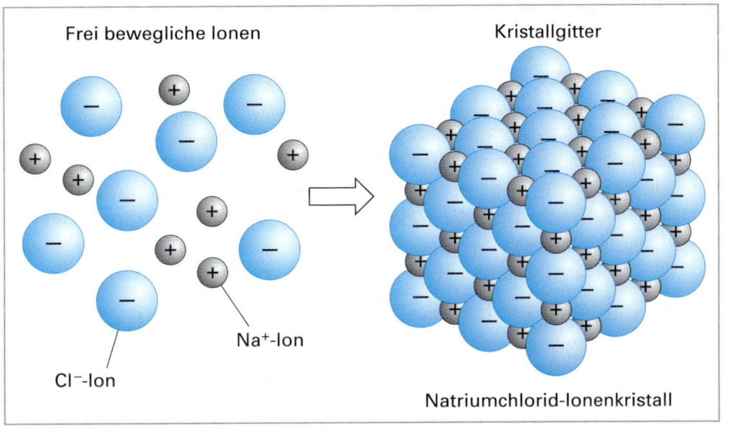

Bild 2: Bildung eines Ionenkristalls am Beispiel Natriumchlorid (NaCl)

2.3.1.1 Ionenbindung

Elemente, denen nur wenige Elektronen zum Edelgaszustand (Elektronenoktett auf der Außenschale) fehlen, entziehen anderen Elementen Elektronen. Chlor besitzt beispielsweise sieben Valenzelektronen. Es hat somit ein starkes Bestreben, ein weiteres Elektron aufzunehmen. Daher ist Chlor ein sehr reaktionsfähiger Stoff, ein typisches Nichtmetall. Dagegen hat das Metall Natrium nur ein Valenzelektron. Es erreicht den Edelgaszustand am einfachsten, indem es dieses Elektron abgibt. Aus dem Chloratom wird dadurch ein negativ geladenes Chlorid-Ion, aus dem Natriumatom ein positiv geladenes Natriumion. Beide Ionen haben jeweils ein (äußeres) Elektronenoktett und sind besonders stabil. Die beiden Ionen verbinden sich zu einem neuen kristallinen Stoff, dem Kochsalz bzw. Natriumchlorid. Die Reaktion von Chlor mit Natrium zum Chloranion und Natriumkation ist in Bild 1 dargestellt.

Zwischen Anionen und Kationen bestehen starke elektrostatische Anziehungskräfte. Daher umgeben sich Anionen mit Kationen und Kationen mit Anionen. Auf diese Weise entsteht ein Ionenverband, ein Ionenkristallgitter mit einer regelmäßigen Anordnung der Ionen, wie in Bild 2 dargestellt. Die starken Anziehungskräfte zwischen den Ionen beeinflussen die Eigenschaften des neuen Stoffes: hohe Schmelz- und Siedetemperatur, große Härte und Festigkeit, sehr hohe Sprödigkeit.

2.3.1.2 Atombindung

Eine zweite Art der chemischen Bindung findet man hauptsächlich bei Nichtmetallen: die **Atombindung**, **Elektronenpaarbindung** oder **kovalente Bindung**. Diese Stoffe besitzen relativ viele Valenzelektronen und sie erreichen durch Aufnahme weiterer Elektronen das angestrebte Elektronenoktett. Da kein Elektronen abgebender Stoff vorhanden ist, überlappen sich Teile der äußeren Schale von zwei Atomen, indem Elektronen gemeinsam von zwei Atomen beansprucht werden. Bild 3 zeigt die Bildung eines solchen Elektronenpaars am Beispiel des Wasserstoffs (H). Hierbei bilden zwei H-Atome eine gemeinsame Elektronenhülle, analog dem Edelgas Helium.

Die Bindung der beiden Atome beruht auf dem gemeinsamen Elektronenpaar und dessen Wechselwirkung mit den beiden Protonen (Atomkernen).

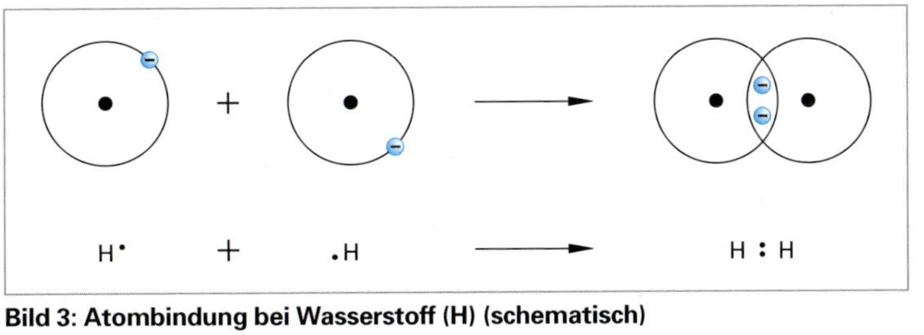

Bild 3: Atombindung bei Wasserstoff (H) (schematisch)

Sauerstoff erreicht durch Aufnahme von zwei Elektronen das Elektronenoktett. Wie Bild 1 zeigt, führt der gleiche Mechanismus zur Atombindung: Zwei O-Atome haben zwei gemeinsame Elektronenpaare und jedes Atom quasi die Elektronenhülle von Neon, dem nächsten Edelgas.

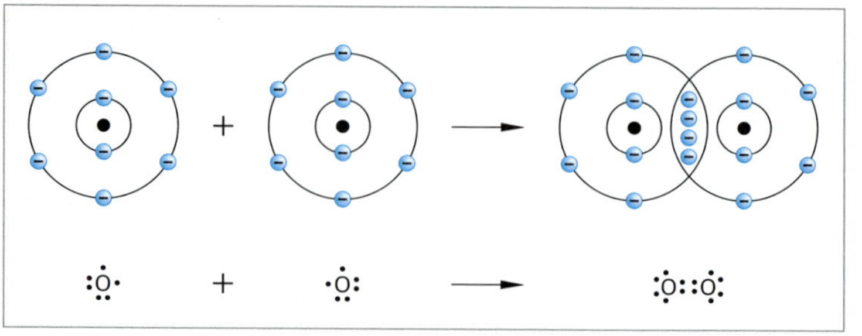

Bild 1: Atombindung bei Sauerstoff (O) (schematisch)

Atombindungen haben in der Werkstofftechnik Bedeutung wie beispielsweise bei den Halbleitern Silicium oder Germanium. Diese besitzen vier Valenzelektronen (sie stehen in der 4. Gruppe des PSE) und entsprechend bilden sich auch vier Elektronenpaare (Bild 2 a). Jedes Si-Atom ist durch kovalente Bindungen von vier anderen Si-Atomen umgeben und mit diesen verbunden. Es entsteht eine räumliche Anordnung der Atome, ein Tetraeder (Bild 2 b). Räumliche Atomanordnungen werden als **Raumgitter** bezeichnet (Bild 2 c zeigt das Raumgitter von Diamant). Neben Silicium und Germanium gehen auch andere Halbleiter kovalente Bindungen ein und bilden kovalente Raumgitter. Auch in den Molekülketten der Kunststoffe sind die Atome kovalent aneinander gebunden.

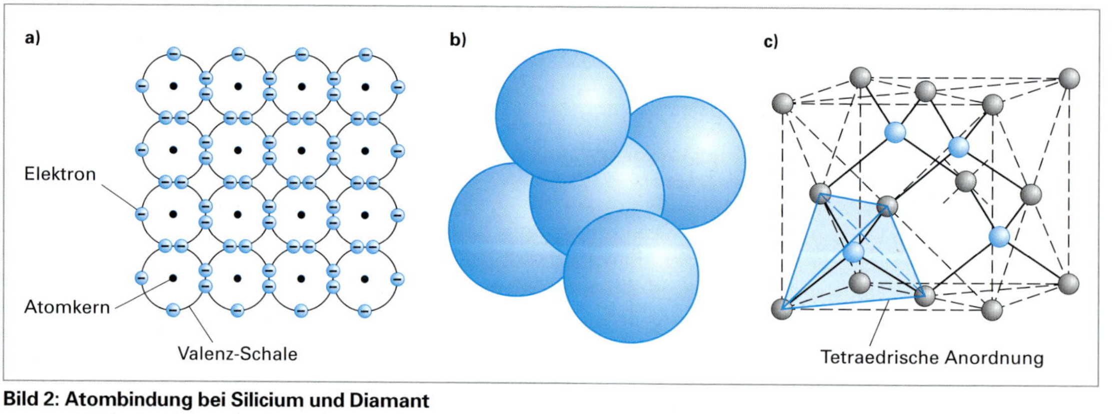

Bild 2: Atombindung bei Silicium und Diamant
a) Zweidimensionale Darstellung b) Räumliche Darstellung (tetraedrische Atomanordnung) c) Diamantgitter

2.3.1.3 Metallbindung

Metalle haben nur wenige (ein bis vier) schwach gebundene Valenzelektronen, die relativ leicht abgegeben werden können, da eine mit wenigen Elektronen besetzte äußere Schale energetisch gesehen sehr ungünstig ist.

Geben Metallatome ihre Valenzelektronen ab, so entstehen positive Metallrümpfe (Me^{Z+}) und freie Elektronen ($z \cdot e^-$). So werden z. B. aus den Eisen-Atomen Eisenionen (Fe^{2+}) und frei bewegliche Elektronen. Diese frei beweglichen Elektronen besitzen keinerlei Zuordnung mehr zu bestimmten Atomen, sie bilden gemeinsam ein **Elektronengas** (Bild 3). Dieses Elektronengas steht jedoch in Wechselwirkung mit den verbleibenden Metallionen, denn durch die Abgabe der Valenzelektronen erhalten die Atomreste eine positive Ladung und das Elektronengas ist negativ geladen. Aufgrund der unter-

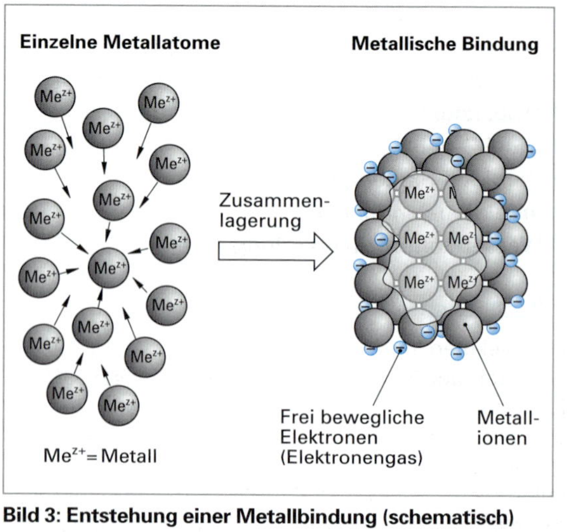

Bild 3: Entstehung einer Metallbindung (schematisch)

schiedlichen Ladung entstehen zwischen den Atomrümpfen und dem Elektronengas anziehende Kräfte und zwischen den einzelnen Atomrümpfen wegen der gleichen positiven Ladung abstoßende Kräfte. Würde man versuchen, den Abstand zweier Metallatome zu verringern, so ist dies aufgrund der abstoßenden Kräfte zwischen den Atomrümpfen nicht möglich und ebenso kann der Abstand wegen der anziehenden Kräfte durch das Elektronengas nicht vergrößert werden. Zwischen jeweils benachbarten Atomen stellt sich also ein Gleichgewichtsabstand der Atome ein.

2.3.2 Sekundäre chemische Bindungen

Neben den in Kapitel 2.3.1 besprochenen primären chemischen Bindungen existieren zwischen Atomen bzw. Molekülen weitere, auf elektrostatischen Anziehungskräften beruhende Bindungen. Diese Bindungen werden zusammenfassend als **sekundäre chemische Bindungen** bezeichnet. Mitunter spricht man auch von **Nebenvalenzbindungen, zwischenmolekularen Bindungen, Restvalenzbindungen** oder **Van-der-Waals-Bindungen** (benannt nach dem niederländischen Physiker ***Johannes Diderik van der Waals,*** 1837...1923).

Die sekundären chemischen Bindungen beruhen auf gegenseitigen Anziehungskräften ungleicher Ladungen. Im Vergleich zu den primären chemischen Bindungen sind diese Anziehungskräfte jedoch deutlich schwächer ausgeprägt (Tabelle 1).

Tabelle 1: Bindungsenergien und Bindungsabstände (ausgewählte Beispiele)

Bindungsart/Beispiele	Bindungsenergie kJ/mol	Bindungsabstand pm[1]
Primäre chemische Bindungen		
Ionenbindung	650 ... 4000	150 ... 250
KCl	705	
NaCl	788	
NaF	909	
MgO	3931	
Atombindung	150 ... 1000	100 ... 240
H–H	436	
O–H	464	
C–C	346	
C=C	611	
O=O	498	
C≡C	835	
N≡C	945	
Metallbindung	80 ... 850	400 ... 500
Rb-Rb	81	
Mg-Mg	148	
Al-Al	327	
Fe-Fe	416	
Mo-Mo	658	
W-W	849	
Sekundäre chemische Bindungen		
Dispersionsbindung	0,3 ... 4	300 ... 1000
Dipol-Dipol-Bindung **Dipol-Ion-Bindung** **Induktionsbindung**	2 ... 12	300 ... 1000
Wasserstoffbrückenbindungen	3 ... 25	≈ 170

[1] Abstand zwischen den Kernen der gebundenen Atome. 1 pm = 10^{-12} m

Sekundäre chemische Bindungen besitzen trotz ihrer relativ niedrigen Bindungsenergie in der Werkstofftechnik eine große Bedeutung. So beruhen beispielsweise der Zusammenhalt zwischen den Makromolekülen der Kunststoffe und damit deren mechanisch-thermische Eigenschaften auf der Wirkung von sekundären Bindungen. Auch die Tatsache, dass Edelgase und kovalent gebundene Gasmoleküle (O_2, H_2 usw.) in den flüssigen bzw. festen Zustand übergehen (Ausnahme: Helium), basiert auf der Wirkung dieser Bindungen. Die sekundären Bindungen können entsprechend ihrer Bindungsstärke eingeteilt werden in:

- **Dispersionsbindungen**
- **Dipol-Dipol-Bindungen**
- **Dipol-Ion-Bindungen**
- **Induktionsbindungen**
- **Wasserstoffbrückenbindungen**

2.3.2.1 Dispersionsbindungen

In Molekülen (und auch in Atomen) beobachtet man eine ständige Schwankung der Ladungsdichte. Dies führt zu einer momentanen Asymmetrie der Ladungsverteilung, d. h. die Zentren der Ladungsdichte der Elektronen und die positiven Atomkerne fallen nicht zusammen. Es bildet sich ein **momentaner Dipol.** Das Molekül wird polarisiert. Weiterhin

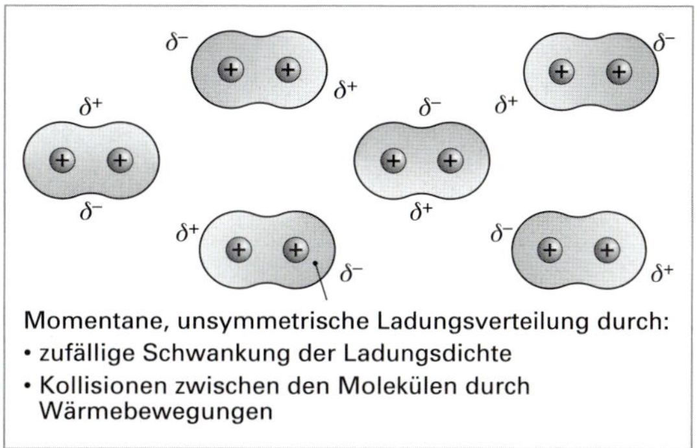

Bild 1: Dispersionsbindung zwischen momentanen Dipolen unpolarer Moleküle

führen Wärmebewegungen zu einer ständigen Kollision zwischen den Molekülen und damit ebenfalls zu einer temporären Ladungsverschiebung.

Ein momentaner Dipol induziert im Nachbarmolekül (oder Nachbaratom) einen weiteren Dipol. Zwischen diesen momentan polarisierten Dipolen existieren schwache ungerichtete Anziehungskräfte, die als **Dispersionskräfte** bezeichnet werden (Bild 1, Seite 25).

Die Vielzahl dieser ungerichteten Wechselwirkungen führt schließlich zum Zusammenhalt der beteiligten Moleküle. Die Polarisierbarkeit der Moleküle wächst mit zunehmender Größe der Elektronenhülle, die Stärke der Dispersionsbindung steigt also mit dem Molekulargewicht. Entsprechend steigen die Schmelz- und Siedepunkte.

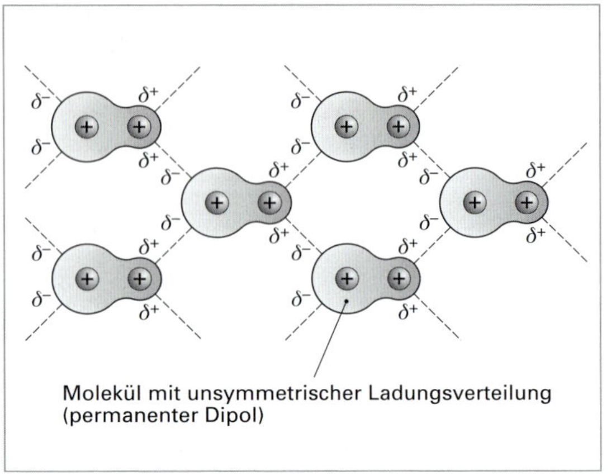

Bild 1: Dipol-Dipol-Bindung zwischen den permanenten Dipolen polarer Moleküle

Nur aufgrund dieser Dispersionsbindungen findet bei unpolaren Molekülen, wie O_2, H_2 oder CO_2, bei tiefen Temperaturen eine Verflüssigung bzw. der Übergang zum Festkörper statt (bei – 78 °C wird gasförmiges CO_2 zu festem Trockeneis).

2.3.2.2 Dipol-Dipol-Bindungen

Moleküle mit asymmetrischer Ladungsverteilung (polare Moleküle) sind **permanente Dipole.** Zwischen den Dipolen existieren gerichtete intermolekulare Anziehungskräfte (Bild 1). Die Bindungskräfte werden als **Dipol-Dipol-** oder **Orientierungskräfte** bezeichnet. Die Orientierungskräfte sind sehr stark von der Temperatur abhängig, da die überlagerte Wärmeschwingung die gerichtete Anordnung der Dipole stört.

2.3.2.3 Dipol-Ion-Bindungen

Die elektrostatischen Wechselwirkungen können nicht nur zwischen zwei polaren Molekülen (permanenten Dipolen), sondern auch zwischen einem permanenten Dipol und einem geladenen Atom (Ion) auftreten. Die Bindungskräfte werden dann als **Dipol-Ion-Kräfte** und die Bindung als Dipol-Ion-Bindung bezeichnet.

2.3.2.4 Induktionsbindungen

Treten zwischen permanenten Dipolen (polare Moleküle) und den von diesen induzierten Dipolen (polarisierbare Atome bzw. Moleküle) elektrostatische Anziehungskräfte **(Induktionskräfte)** auf, dann spricht man von einer Induktionsbindung.

Die Bindungsenergie nimmt von der Dipol-Dipol-Bindung über die Dipol-Ion-Bindung zur Induktionsbindung ab.

2.3.2.5 Wasserstoffbrückenbindungen

Wasserstoffbrückenbindungen bilden sich zwischen Molekülen, in denen Wasserstoffatome an stark elektronegative Atome gebunden sind (z. B. F, O, N und teilweise auch Cl). Da die Bindung zwischen zwei Molekülen jeweils über ein Wasserstoffatom als Brücke erfolgt, spricht man von einer Wasserstoffbrückenbindung (oder kurz **H-Brückenbindung**). Beispiele sind O-H...O-Bindungen (Bild 2), C-H...O-, N-H...O- und N-H...N-Bindungen.

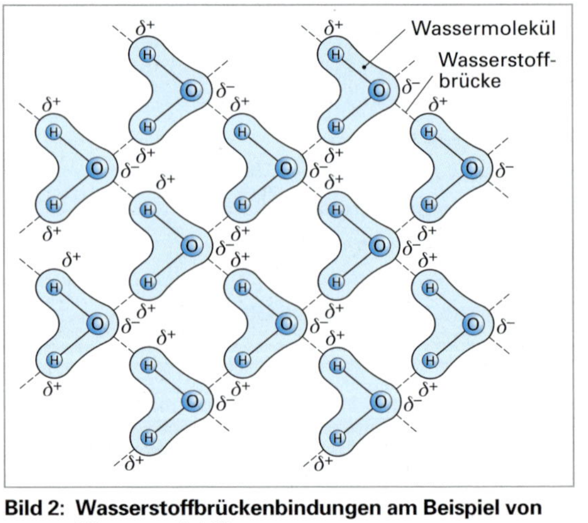

Bild 2: Wasserstoffbrückenbindungen am Beispiel von Wassermolekülen

H-Brücken können sich innerhalb eines Moleküls ausbilden, wie z. B. im Molekül der Salicylsäure

(intramolekulare Wasserstoffbrückenbindung), oder zwischen den Molekülen, wie z. B. zwischen Wassermolekülen **(intermolekulare Wasserstoffbrückenbindung).**

Die Stärke der H-Brücken liegt etwa um den Faktor 10 über der Stärke einer Dispersionsbindung (Tabelle 1, Seite 25). Im Vergleich zu einer primären chemischen Bindung (Kapitel 2.3.1) beträgt die Bindungsstärke jedoch nur etwa 1 % bis 10 %.

2.4 Gitteraufbau der Metalle

Wie im vorhergehenden Kapitel gezeigt wurde, stellen sich aufgrund der Wechselwirkung von anziehenden und abstoßenden Kräften zwischen den Metallatomen bestimmte Gleichgewichtsabstände ein. Dies führt zur Ausbildung einer inneren Ordnung, dem **Kristallgitter.** Die Kristallstruktur kann man bei Mineralien mitunter bereits makroskopisch an der äußeren Gestalt erkennen, bei Metallen jedoch nicht ohne Hilfsmittel wie Röntgen- oder elektronenmikroskopischen Beugungsaufnahmen. Zum besseren Verständnis und zur anschaulichen Beschreibung des Kristallaufbaus metallischer Werkstoffe nimmt man Modelle zu Hilfe.

2.4.1 Kristallgittermodelle

Die Kristallstruktur wird als ein dreidimensionales Punktgitter beschrieben, in dem jeder Gitterpunkt den Mittelpunkt eines Atoms darstellt (Bild 1). Dieses Modell ist nur ein kleiner Ausschnitt der realen Metallkristalle, in denen das Gitter sich über einige tausend Gitterpunkte bis zu natürlichen (Wachstums-)Grenzen fortsetzt, das heißt bis zu einer Gefäß- oder Kokillenwand oder aber auch nur bis zu einem benachbarten Kristallit.

Die Gesetzmäßigkeit der Atomanordnung kann am Beispiel des in Bild 1 dargestellten kubisch-primitiven Gitters bereits durch die acht besonders markierten Metallionen beschrieben werden. Diese acht Mittelpunkte begrenzen die **Elementarzelle,** die kleinste Einheit des Raumgitters. Die Elementarzelle beschreibt die Gesetzmäßigkeit der Atomanordnung in den drei Raumrichtungen und ist für die weiteren Betrachtungen meist ausreichend. Diese Elementarzelle ist geometrisch beschrieben ein Würfel (lat. Ku-

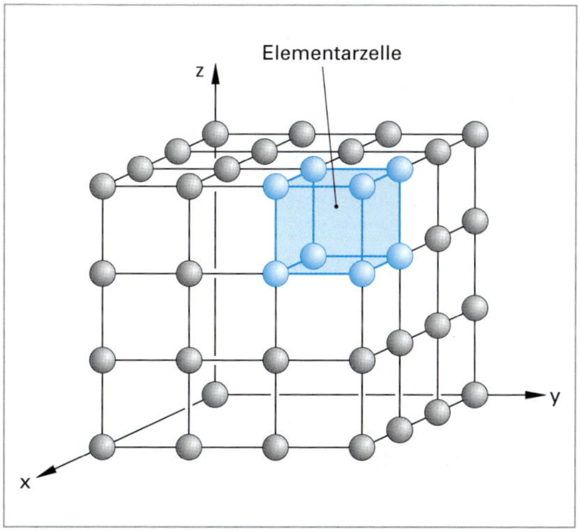

Bild 1: Elementarzelle im kubisch-primitiven Gitter

Tabelle 1: Kennwerte ausgewählter Gebrauchsmetalle

Metall	**Chemisches Symbol**	**Atommasse** u	**Gitter**[1]	**Atomdurchmesser** nm [2]	**Gitterkonstante *a* bzw. *a*/*c***[7] nm	**Elastizitätsmodul** GPa [3]	**Schmelztemperatur** °C	**Dichte** kg/dm^3
Aluminium	Al	26,98	kfz	0,2864	0,4049	60 ... 80	660	2,69
Kupfer	Cu	63,55	kfz	0,2556	0,3615	125	1083	8,94
Nickel	Ni	58,69	kfz	0,2492	0,3524	214	1453	8,90
Blei	Pb	207,19	kfz	0,3500	0,4950	14	327	11,35
Chrom	Cr	51,99	krz	0,2498	0,2884	160	1860	7,21
α-Eisen[4]	α-Fe	55,85	krz	0,2483	0,2867	210	1536	7,86
Magnesium	Mg	24,31	hdP	0,3209	0,3209/0,5211	40 ... 45	649	1,74
α-Titan[5]	α-Ti	47,88	hdP	0,2896	0,2950/0,4679	112 ... 130	1670	4,51
Zink	Zn	65,39	hdP[6]	0,2615	0,2665/0,4947	100	419	7,13

[1] (Kristall-)Gitter: kfz = kubisch-flächenzentriert, krz = kubisch-raumzentriert, hdP = hexagonal dichteste Packung
[2] nm = Nanometer, 1 nm = 10^{-9} m
[3] GPa = Gigapascal., 1 GPa = 10^9 Pa = 1000 MPa
[4] bis 911 °C
[5] bis 882 °C
[6] vom geometrisch regelmäßigen Aufbau abweichend (gestreckt).
[7] siehe Seite 28, Bild 2 und 3

bus). Die jeweils zu einem Punkt gehörenden Metallionen sind außerdem Teil der angrenzenden Elementarzellen, das bedeutet, sie gehören nur zu einem Achtel zu jeder Elementarzelle.

Die Gleichgewichtsabstände zwischen den Metallionen sind sehr stabil, sodass diese durch mechanische Einwirkung von außen kaum geändert werden können. Die Atomabstände (wie in Bild 1, Seite 27) werden als **Gitterkonstante** bezeichnet und entsprechen hier geometrisch der Länge der Würfelkanten. Die Größe der Gitterkonstanten beträgt für die Mehrzahl der Metalle $2{,}5 \cdot 10^{-10}$ m bis $5 \cdot 10^{-10}$ m. In Tabelle 1, Seite 27, sind die Gitterkonstanten sowie einige weitere Kennwerte ausgewählter Gebrauchsmetalle zusammengestellt.

2.4.2. Entwicklung von einfachen (primitiven) Kristallgittern

Zur (geometrischen) Entwicklung von Kristallgittern genügt die Vorstellung, dass reine Metalle gleiche Metallionen besitzen, daher müssen auch deren Modelle, die Kugeln, gleich groß sein (Dalton'sches Atommodell). Der kürzeste Abstand zwischen zwei Kugeln und somit auch zwischen zwei Atomen bzw. Metallionen liegt dann vor, wenn diese sich berühren. Dies entspricht der Tatsache, dass sich aufgrund des Gleichgewichts zwischen anziehenden und abstoßenden Kräften diese Atomabstände einstellen.

Wie man aus Erfahrung weiß, kann man mit Kugeln ein Gefäß nicht vollständig füllen, es verbleiben Hohlräume zwischen den einzelnen Kugeln (Metallionen). Bereits in einer Ebene (Bild 1) sind zwischen vier Kreisen Lücken (nach dem Modell sind diese Kreise die Draufsicht einer Atomebe-

ⓘ Information

Richtungen und Flächen in Kristallen

Neben den Würfelkanten sind auch die Flächen- und Raumdiagonalen wichtige kristallographische Richtungen, darauf ergeben sich jedoch andere Atomabstände. Daher sind viele Eigenschaften auch richtungsabhängig, (Kapitel 2.7). Ebenso gibt es außer den Würfelflächen noch weitere kristallographisch bedeutsame Ebenen (vgl. Kapitel 2.8.2.2 Gleitsysteme), in denen sich eine andere Atomanordnung ergibt.

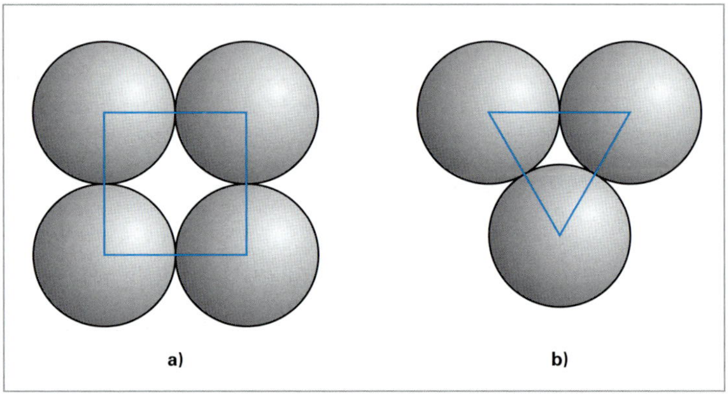

Bild 1: Modelle von Atomebenen
a) Quadratische Atomanordnung, b) Dreieckige Atomanordnung

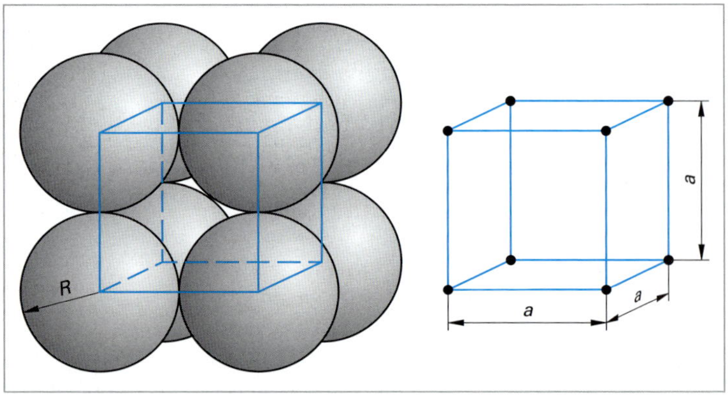

Bild 2: Kubisches Kristallsystem

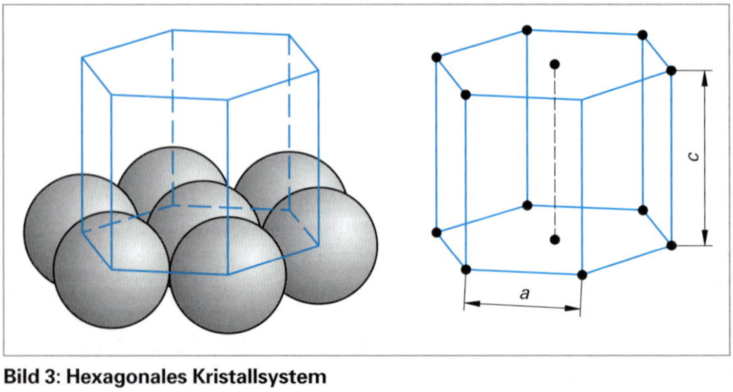

Bild 3: Hexagonales Kristallsystem

ne mit vier dargestellten Atomen), wobei die Mittelpunkte der vier Kreise die Eckpunkte eines Quadrates bilden. In der sechseckigen Atomanordnung entsprechen drei Kreise den Ecken eines gleichseitigen Dreieckes (Bild 1b, Seite 28). Ordnet man zwei „Quadrate" senkrecht übereinander an, erhält man einen Würfel (Bild 2, Seite 28). Ersetzt man die Kugeln durch Atome, erhält man einen kubischen Kristallaufbau. Das hier gezeigte Kristallgitter wird als **kubisch-primitiv** bezeichnet, da es im kubischen System noch andere Kristallgitter gibt (siehe unten). In Bild 2, Seite 28, bedeuten *a* = Gitterkonstante (Kantenlänge des Würfels) und *R* = Atomradius (Kugelradius). Kubisch-primitive Kristalle haben keine praktische Bedeutung für metallische Werkstoffe, deren Modelle sind aber für das weitere Verständnis oft recht nützlich.

Bild 1: Modell eines kubisch-primitiven Gitters

Auch aus dem Modell der sechseckigen Atomordnung in Bild 3, Seite 28, kann ein weiteres Kristallsystem entwickelt werden. Werden zwei Sechsecke übereinander gelegt, so entsteht ein sechsseitiges oder hexagonales Prisma. Im rechten Teil des Bildes sind wieder nur die Kugelmittelpunkte des Prismas, die hexagonale Elementarzelle, gezeichnet.

Bild 2: Entstehung einer stabileren kubischen Atomanordnung

Außer dem kubischen und dem hexagonalen System gibt es noch fünf weitere Kristallsysteme (Anhang Tabelle A4: Elementarzellen der 14 Bravais-Gitter), die allerdings wegen der geringen Bedeutung für Metalle hier nicht besprochen werden. Die oben beschriebenen kubisch-primitiven und hexagonalen Kristallsysteme treten bei Metallen sehr selten auf. Begründen kann man dies u.a. mit der schlechten Raumerfüllung (Packungsdichte) dieser Kristallgitter. So beträgt der von Materie erfüllte Raum im kubisch-primitiven Gitter nur 52 % (Kapitel 2.4.3.4). Es entsteht vor allem in der Mitte dieser Raumzelle eine Gitterlücke. Auch im hexagonalen Prisma (Bild 3, Seite 28) ist wegen der vielen Hohlräume im Inneren der Elementarzelle die Raumerfüllung ungünstig. Eine schlechte Raumausnutzung ist energetisch ungünstig, und es ist ein Naturgesetz, dass Elementarzellen möglichst einen Zustand niedriger Energie, also eine höhere Packungsdichte, zu erreichen versuchen.

2.4.3 Kristallgitter von Metallen

Der Aufbau eines energetisch günstigeren Kristallgitters lässt sich mit Hilfe eines Baukastens gut demonstrieren. Es werden zweimal vier gleich große Kugeln zu je einem Quadrat zusammengesteckt und senkrecht übereinander gestapelt, so dass sich ein kubisch-primitives Gittermodell ergibt (Bild 1).

2.4.3.1 Kubisch-flächenzentriertes Gitter (kfz)

Die Anordnung der beiden (Kugel-)Quadrate senkrecht übereinander ist instabil, da schon durch eine geringe seitliche Kraft das obere Quadrat verschoben wird. Die vier Kugeln nehmen dann eine neue, stabilere Lage ein, die durch eine Erweiterung der unteren Kugelebene von vier auf neun Kugeln besser zu demonstrieren ist (Bild 2). In der neuen Lage befinden sich die Kugeln der oberen Ebene jeweils senkrecht über den großen Lücken der unteren Ebene, die zwischen vier Kugeln (Schnittpunkt der Diagonalen) bestehen. Dabei verringert sich die Höhe (Abstand der beiden Ebenen), was auf eine bessere Raumausnutzung hinweist.

Diese Gesetzmäßigkeit der Anordnung der Kugeln führt wieder zu einem Würfel, wenn die untere Würfelebene auf ein Quadrat aus fünf Kugeln reduziert wird, wobei sich auf den Flächendiagonalen jeweils drei Kugeln berühren. Darüber wird ein Quadrat aus vier Kugeln stabil über die Lücken gelegt und in einer dritten Ebene darüber wieder ein Quadrat aus fünf Kugeln wie unten (Bild 1). Der so entstandene Würfel besteht also aus 14 Kugeln und diese Anordnung der Kugeln (Atome) wird als **kubisch-flächenzentriert (kfz)** bezeichnet, denn im Zentrum jeder Würfelfläche befindet sich ein Metallion. Die Atome dieses Kristallgitters berühren sich nicht mehr auf den Würfelkanten, sondern auf den Diagonalen der Würfelflächen.

Die Entstehung des kubisch-flächenzentrierten Kristallgitters aus dem primitiven kann auch so beschrieben werden, dass in alle (sechs) Lücken der Würfelflächenmitten eine gleich große Kugel eingefügt wird, sodass die Eckatome auseinander rücken müssen. Dies führt ebenfalls dazu, dass die Kugeln sich auf den Flächendiagonalen berühren.

Bild 1: Modell eines kubisch-flächenzentrierten Gitters

2.4.3.2 Hexagonales Gitter dichtester Kugelpackung (hdP)

Auch das oben beschriebene sechsseitige Prisma ist instabil. Legt man zwischen die beiden Sechsecke ein Dreieck, so ergibt sich eine stabile Lage, sofern die Atome der mittleren Ebene (Dreieck) über den Lücken, gebildet von jeweils drei Kugeln der unteren Ebene, angeordnet sind (Bild 2). Das zweite Sechseck befindet sich dann in einer stabilen Lage genau senkrecht über der untersten Ebene. Dies lässt sich entsprechend mit Kugeln aus dem Baukasten demonstrieren. Die Höhe zwischen zwei Ebenen nimmt ebenso ab, die Raumerfüllung wird verbessert, das Modell ist mechanisch stabil. Das diesem Modell entsprechende Kristallgitter wird als **hexagonal dichteste Kugelpackung (hdP)** bezeichnet.

Bild 2: Modell einer hexagonal dichtesten Kugelpackung

2.4.3.3 Kubisch-raumzentriertes Gitter (krz)

Im kubisch-primitiven Gitter ist, wie bereits erwähnt, in der Raummitte eine große Gitterlücke. Wenn nun in die Raummitte ein weiteres gleich großes Metallion eingebaut wird, so müssen alle übrigen ein klein wenig auseinander rücken. Die Atome berühren sich nicht mehr entlang den Würfelkanten, sondern auf den Raumdiagonalen (Bild 3). Auf diese Weise entsteht ein **kubisch-raumzentriertes** Kristallgitter **(krz),** das ebenfalls zahlreiche Gitterlücken enthält, beispielsweise auf den Würfelkanten, wobei die Lücken nicht von Materie ausgefüllt sind.

Bild 3: Modell eines kubisch-raumzentrierten Gitters

2.4.3.4 Packungsdichte der Kristallgitter

Mit **Packungsdichte *(P)*** oder **Raumerfüllung *(RE)*** bezeichnet man das von Materie ausgefüllte Volumen bezogen auf das Gesamtvolumen der Elementarzelle.

Die Raumerfüllung im kubisch-flächenzentrierten Gitter und in der hexagonal dichtesten Kugelpackung beträgt 74%, im kubisch-raumzentrierten Gitter 68%. Eine bessere Raumausnutzung als 74% ist bei gleich großen Kugeln oder Atomen nicht möglich. Auch das kubisch-flächenzentrierte Gitter wird daher häufig als dichteste Kugelpackung bezeichnet. Die ungünstige Raumerfüllung im kubisch-raumzentrierten Gitter beruht vor allem darauf, dass die Zahl der Gitterlücken größer ist als in den beiden anderen Gittern.

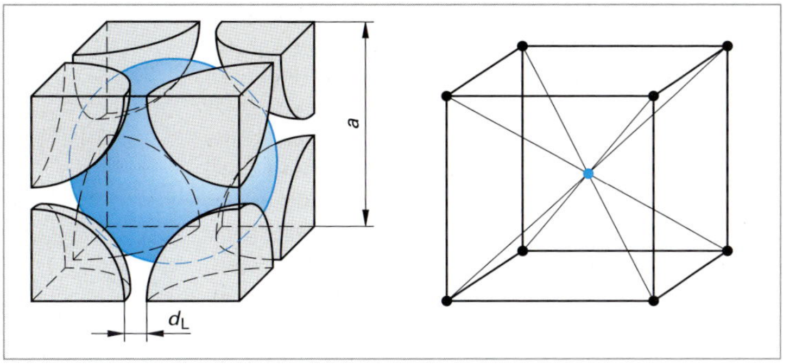

Bild 1: Elementarzelle des kubisch-raumzentrierten Gitters

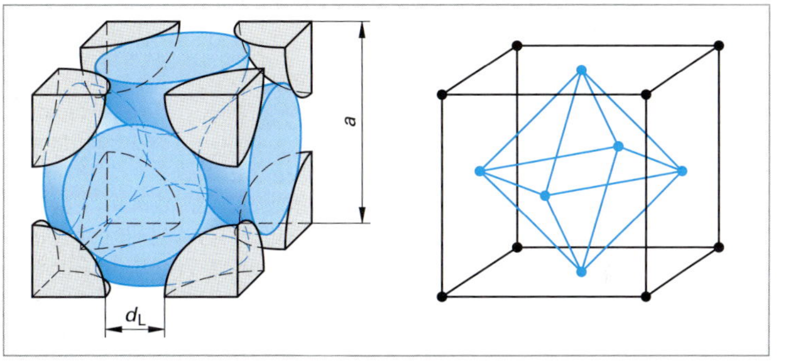

Bild 2: Elementarzelle des kubisch-flächenzentrierten Gitters

Die **kubisch-primitive Elementarzelle** enthält acht Atome auf den Ecken eines Würfels. Jedes Eckatom gehört jedoch zu acht verschiedenen Elementarzellen, sodass nur $\frac{1}{8}$ seines Volumens zu einer Elementarzelle gehört. Die Anzahl der (vollständigen) Metallionen pro Elementarzelle beträgt demnach:

$$n = 8 \cdot \frac{1}{8} = 1 \qquad \text{(Anzahl der Metallionen im kubisch-primitiven Gitter)}$$

Die **kubisch-raumzentrierte Elementarzelle** besitzt ebenfalls acht Metallionen an den Würfelecken, die zu $\frac{1}{8}$ ihres Volumens zur Elementarzelle gehören. Zusätzlich befindet sich noch ein Metallion im Zentrum. Die Anzahl der Metallionen pro Elementarzelle beträgt dementsprechend:

$$n = 8 \cdot \frac{1}{8} + 1 = 2 \qquad \text{(Anzahl der Metallionen im krz-Gitter)}$$

Im **kubisch-flächenzentrierten Gitter** (Bild 2) ergibt sich auf analoge Weise:

$$n = 8 \cdot \frac{1}{8} + 6 \cdot \frac{1}{2} = 4 \qquad \text{(Anzahl der Metallionen im kfz-Gitter)}$$

Die Packungsdichte *P* wird berechnet, indem man das Produkt aus Atomvolumen V_A und Anzahl der Atome pro Elementarzelle *n* durch das Volumen der Elementarzelle V_Z dividiert :

$$P = \frac{n \cdot V_A}{V_Z} \qquad \text{mit } V_A = \frac{4}{3} \cdot \pi \cdot R^3 \text{ und } V_Z = a^3$$

Für das **kubisch-primitive Gitter** ergibt sich dann mit $n = 1$ und $a = 2R$ (Atome berühren sich auf der Würfelkante):

$$P = \frac{\frac{4}{3} \cdot \pi \cdot R^3}{a^3} = \frac{\frac{4}{3} \cdot \pi \cdot R^3}{(2\,R)^3} = \frac{\pi}{6} \approx \mathbf{52\ \%}$$

Für das **kubisch-raumzentrierte Gitter** folgt mit $n = 2$ und $a = 4\,R/\sqrt{3}$ (Atome berühren sich auf der Raumdiagonalen):

$$P \approx \mathbf{68\ \%}$$

Für das **kubisch-flächenzentrierte Gitter** folgt mit $n = 4$ und $a = 4\,R/\sqrt{2}$ (Atome berühren sich auf der Flächendiagonalen):

$$P \approx \mathbf{74\ \%}$$

Wie auf den Bildern 1 und 2, Seite 31, zu erkennen ist, sind auf den Würfelkanten der beiden kubischen Gitter Lücken vorhanden. Der Durchmesser d_L dieser **Gitterlücken** beträgt zwar formelmäßig in beiden Gittern $d_L = a - 2\,R$, die Berechnung der relativen Größe ergibt aber große Unterschiede:

Für das **kubisch-raumzentrierte Gitter** ergibt sich mit $a = 4\,R/\sqrt{3}$:

$$d_L = a - 2\,R = \frac{4\,R}{\sqrt{3}} - 2\,R = \mathbf{0{,}309}\ \boldsymbol{R}$$

Für das **kubisch-flächenzentrierte Gitter** folgt hingegen mit $a = 4\,R/\sqrt{2}$:

$$d_L = a - 2\,R = \frac{4\,R}{\sqrt{2}} - 2\,R = \mathbf{0{,}828}\ \boldsymbol{R}$$

Bild 1: Entfernung eines Eckatoms im kubisch-flächenzentrierten Gitter; Sichtbarmachung einer Oktaederebene

Die unterschiedliche Größe der Gitterlücken hat bedeutende Auswirkungen auf die Löslichkeit von Fremdatomen. So kristallisiert beispielsweise reines Eisen bei niedrigen Temperaturen krz und bei hohen Temperaturen kfz. Die größere Gitterlücke im kubisch-flächenzentrierten Gitter ist der Hauptgrund für die erheblich bessere Löslichkeit von Kohlenstoff im kubisch-flächenzentrierten γ-Eisen (Austenit) (Kapitel 6.2.1.1).

In Tabelle 1 sind die wichtigsten Metalle der drei Gittertypen zusammengestellt. Über 80 % aller Metalle kristallisieren entweder kfz, krz oder in Form von hexagonal dichtester Kugelpackung (hdP).

Tabelle 1: Kristallgitter der wichtigsten Metalle

Kubisch-flächenzentriert (kfz)	Kubisch-raumzentriert (krz)	Hexagonal dichteste Kugelpackung (hdP)
Ag, Al, Au, Ca, α-Co, Cu, γ-Fe, Ni, Pb, Pd, Pt	Ba, Cr, α-Fe, K, Li, Mo, Nb, Ta, β-Ti, V, W	Be, Cd, Mg, Re, α-Ti, Zn

2.4.3.5 Vergleich von kubisch-flächenzentriertem Gitter und hexagonal dichtester Kugelpackung

Die Packungsdichte P der hexagonal dichtesten Kugelpackung ist mit 74% genauso groß wie die Packungsdichte der kfz-Kristalle. Die gleiche Raumausnutzung beider Kristallgitter lässt vermuten, dass diese Kristallgitter ähnlich aufgebaut sind. Dies lässt sich besonders gut zeigen, wenn man beim kubisch-flächenzentrierten Gitter ein Eckatom der Elementarzelle entfernt (Bild 1). Dann wird eine **Oktaederebene** sichtbar, die von den Atomen aus den drei sichtbaren Flächendiagonalen gebildet wird. Die Oktaederflächen des kubisch-flächenzentrierten Gitters sind genauso aufgebaut wie die Basisflächen des hexagonalen Kristallgitters.

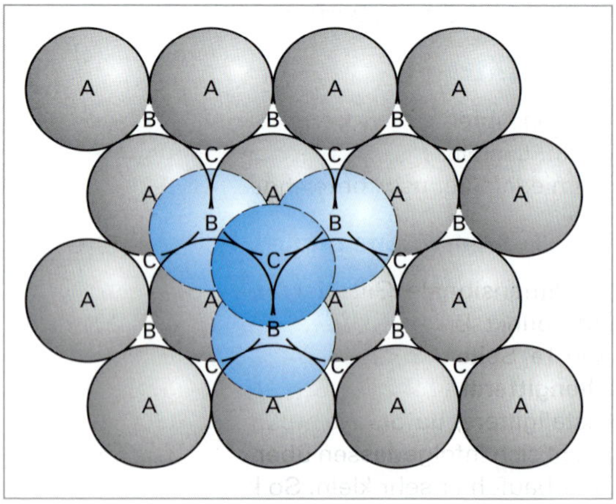

Bild 2: Anordnung von Atomen und Lücken in Basis- und Oktaederebenen (schematisch)

Der entscheidende Unterschied zwischen beiden Gittern ist die **Stapelfolge** dieser gleich aufgebauten Kristallebenen (Bild 2, Seite 32). Die Atome einer Basis- oder Oktaederebene sind mit A bezeichnet. Jedes Atom ist von 6 Lücken umgeben, dabei sind die Abstände zwischen den übernächsten Lücken, also zwischen B und B sowie C und C gleich den Atomabständen A-A, zwischen B und C ergibt sich dagegen ein kürzerer Abstand. Daraus folgt, dass in der darüber liegenden Ebene die Atome entweder die Lage B oder C besetzen. Bei einer Stapelung AB kann die dritte Ebene dann entweder die Lage A (Stapelung ABAB... → hexagonal dichteste Kugelpackung) oder C (Stapelung ABCABC... → kubisch-flächenzentriertes Gitter) einnehmen.

2.5 Realkristalle und Gitterbaufehler

Der reale Gitteraufbau (**Realkristall**) unterscheidet sich teilweise erheblich vom bislang beschriebenen idealen Aufbau (**Idealkristall**). Unter anderem enthalten Realkristalle eine Vielzahl eigenschaftsbestimmender Gitterbaufehler.

2.5.1 Realkristalle

Die Erläuterungen in Kapitel 2.4 zur Kristallstruktur beziehen sich auf Idealkristalle. Reale Kristalle zeigen jedoch Abweichungen von der Idealgestalt. Bauteile aus metallischen Werkstoffen bestehen aus einer Vielzahl von **Körnern (Kristalliten)**, die durch **Korngrenzen,** die als unregelmäßige Linien im Lichtmikroskop erscheinen, voneinander getrennt sind (Bild 1). Die Gesamtheit der Körner wird als **Gefüge** bezeichnet.

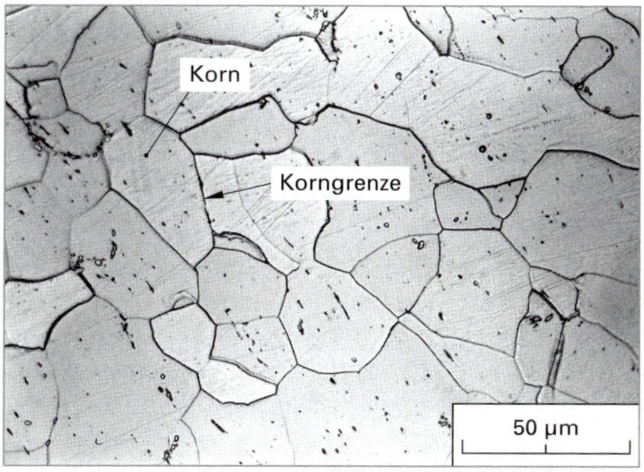

Bild 1: Lichtmikroskopische Gefügeaufnahme von Reineisen

Korngrenzen entstehen durch Kristallisation aus dem schmelzflüssigen Zustand. Da die Kristallisation der Schmelze an verschiedenen Stellen gleichzeitig beginnt (z. B. an Fremdelementen oder an der kalten Wand der Gussform), ist es höchst unwahrscheinlich, dass zwei benachbarte Körner dieselbe räumliche Orientierung ihrer Kristallgitter aufweisen. Ihre Elementarzellen sind vielmehr gegeneinander geneigt, ihre Würfelflächen schließen größere Winkel zueinander ein. In den Korngrenzen ist somit der regelmäßige Atombau unterbrochen, zwischen den Kristallen bestehen jedoch weiterhin Bindungskräfte, welche den Zusammenhalt der Materie sicherstellen.

Neben den Korngrenzen enthalten Realkristalle noch weitere Abweichungen von der idealen Gitterstruktur. Diese Abweichungen werden zusammenfassend als **Gitterbaufehler** bezeichnet. Sie entstehen beispielsweise beim Erstarrungsvorgang, bei der plastischen Verformung oder bei Wärmebehandlungen.

2.5.2 Gitterbaufehler

Aufgrund ihrer geometrischen Gestalt werden Gitterbaufehler in null-, ein- und zweidimensionale Fehler eingeteilt. Dreidimensionale Fehler betreffen ganze Werkstücke und werden entsprechend als Gieß-, Walz-, Schmiedefehler usw. bezeichnet.

2.5.2.1 Nulldimensionale Gitterbaufehler

Nulldimensionale Gitterfehler werden auch als **Punktfehler** bezeichnet, denn sie entsprechen einem Gitterpunkt. Bleibt in einem Kristallgitter ein regulärer Gitterplatz unbesetzt, dann entsteht eine **Leerstelle** (Bild 1a, Seite 34). Befindet sich hingegen ein Gitteratom in einer Gitterlücke, spricht man von einem **Zwischengitteratom** (Bild 1b, Seite 34). Punktfehler führen stets zu einer lokalen elastischen Verzerrung des Kristallgitters, da die Nachbaratome geringfügig auseinander rücken müssen. Ein einziger Punktfehler macht sich infolgedessen über viele Atomabstände hin bemerkbar. Aus diesem Grund ist die Zahl solcher Gitterbaufehler sehr klein. So kommt auf 10 000 Atome nur 1 Leerstelle, die Leerstellenkonzentration beträgt also maximal $1/10\,000 = 10^{-4}$. Meistens liegen jedoch erheblich weniger Leerstellen vor (bis zu 10^{-12}). Die Leerstellenkonzentration nimmt mit steigender Temperatur zu.

Anstelle von Leerstellen und Zwischengitteratomen können auch **Fremdatome** in das Kristallgitter eingebaut werden (Bild 1c und 1d), es entstehen **Mischkristalle.** Die Mischkristallbildung hat sehr große Bedeutung für die Legierungsbildung (Kapitel 3.3). Falls die Fremdatome sich auf Zwischengitterplätzen befinden (Bild 1c) spricht man von **Einlagerungsmischkristallen,** befinden sie sich hingegen auf regulären Gitterplätzen, dann spricht man von **Substitutionsmischkristallen** (Bild 1d).

Nulldimensionale Gitterfehler wirken sich in der Regel nicht negativ auf die Eigenschaften metallischer Werkstoffe aus. Vielmehr ermöglichen sie erst wichtige Wärmebehandlungen, da alle thermisch aktivierten Prozesse, insbesondere die Diffusion, durch die Leerstellenkonzentration entscheidend beeinflusst werden.

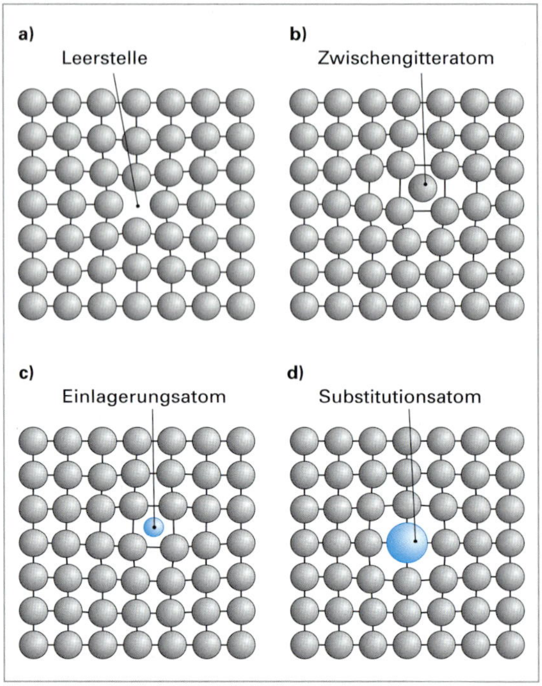

Bild 1: Nulldimensionale Gitterbaufehler (Punktfehler)
a) Leerstelle
b) Zwischengitteratom
c) Fremdatom auf Zwischengitterplatz (Zwischengitter- oder interstitielles Atom)
d) Fremdatom auf regulärem Gitterplatz(Substitutions- oder Austauschatom)

2.5.2.2 Eindimensionale Gitterbaufehler

Eindimensionale Gitterbaufehler oder Linienfehler, d.h. Störungen des Gitteraufbaus entlang von Linien, werden als **Versetzungen** bezeichnet.

Stufenversetzungen

Stellt man sich eine in den Kristall eingeschobene Halbebene vor, dann bezeichnet man die dadurch entstandene Gitterstörung als **Stufenversetzung** (Bild 2). Die Linie, längs derer die Gitterstörung verläuft, nennt man **Versetzungslinie** (der Stufenversetzung) und kennzeichnet sie mit dem Symbol ⊥. In der Umgebung der Versetzungslinie ist das Kristallgitter elastisch verformt. Versetzungen sind die Ursache für die plastische Verformbarkeit metallischer Werkstoffe (Kapitel 2.8.2).

Als Maß für die Richtung und Größe der Gitterverzerrung dient der **Burgersvektor.** Man erhält den Burgersvektor, indem man um die positive Richtung der Versetzungslinie einen geschlossenen Umlauf im Uhrzeigersinn (Rechtsschraube bzw. Rechte-Hand-Regel) von Atom zu Atom durchführt (**Burgersumlauf**). Führt man durch Abtragung von Strecken gleicher Länge denselben Umlauf in einem ungestörten Gitterbereich (Bildgitter) durch, dann erhält man den Burgersvektor *b* als Wegdifferenz, die zur Schließung des Umlaufs erforderlich ist. Bild 1, Seite 35, zeigt die Ermittlung des Burgersvektors am Beispiel einer Stufenversetzung. Der Burgersvektor ändert sich längs der Versetzungslinie nicht. Bei der Stufenversetzung stehen Burgersvektor und Versetzungslinie senkrecht und legen die **Gleitebene** fest. Eine Stufenversetzung wird dementsprechend auch als **90°-Versetzung** bezeichnet.

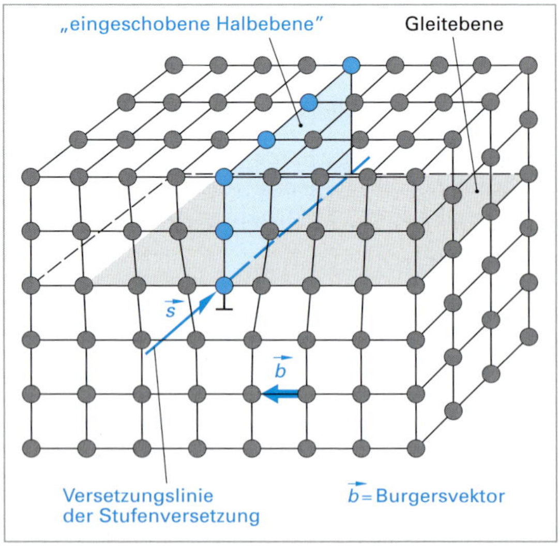

Bild 2: Atomanordnung um eine Stufenversetzung im kubisch-primitiven Gitter

Schraubenversetzungen

Eine weitere Versetzungsart ist die **Schraubenversetzung** (Bild 2, Seite 35). Bei einer Schraubenversetzung stehen Burgersvektor und Versetzungslinie parallel zueinander. Man spricht mitunter auch von einer **0°-Versetzung.**

Die Gitterebenen sind so verzerrt, dass sie die Versetzungslinie auf einer Schraubenfläche umlaufen. Umfährt man die Versetzungslinie, dann bewegt man sich auf einer Schraubenlinie mit der Ganghöhe eines Burgersvektors. Als Symbol für eine Schraubenversetzung wird entweder ⊙ falls die Versetzungslinie aus der Zeichenebene heraus weist, oder ⊗ falls die Versetzungslinie in die Zeichenebene hinein zeigt, verwendet.

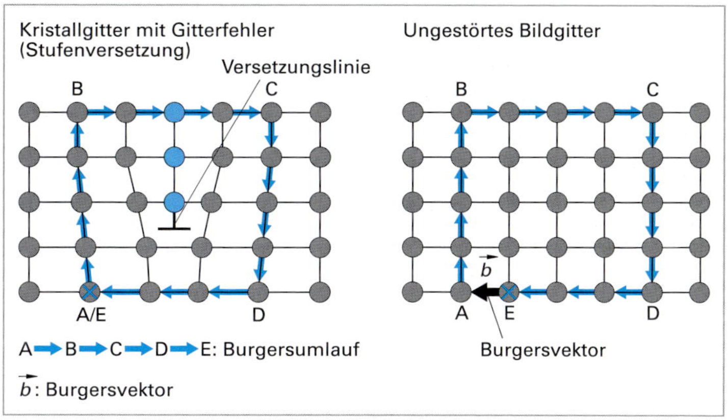

Bild 1: Beispiel zur Bestimmung des Burgers-Vektors (Burgers-Umlauf)

Gemischte Versetzungen

Bei gemischten Versetzungen können Versetzungslinie und Burgersvektor jeden beliebigen Winkel bilden, Stufen- und Schraubenversetzungen sind dementsprechend Sonderfälle. Bild 3 zeigt eine **gemischte Versetzung**, die an bestimmten Stellen auch Anteile von Stufen- und Schraubenversetzungen enthält.

Längs einer gemischten Versetzung hat die Versetzungslinie einen gekrümmten Verlauf. Der Burgersvektor einer Versetzung muss hingegen über ihre gesamte Länge hinsichtich Richtung und Betrag konstant bleiben.

Breitet sich eine gemischte Versetzung radial durch das Kristallgitter aus (Bild 1 a und 1b, Seite 36), dann erhält man schließlich eine Gleitstufe vom Betrag des Burgersvektors (Bild 1 c, Seite 36).

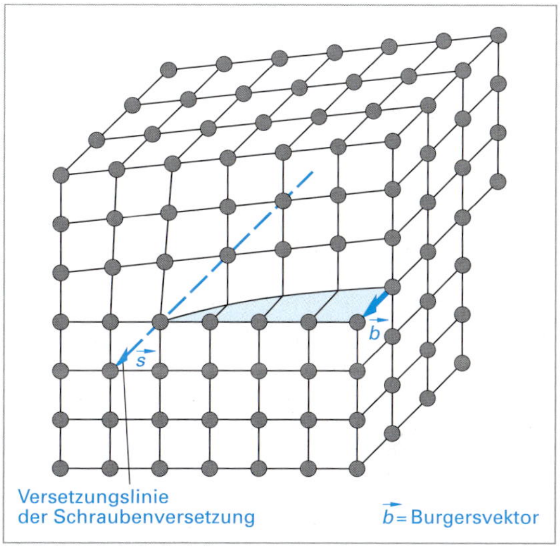

Bild 2: Atomanordnung um eine Schraubenversetzung im kubisch-primitiven Gitter

Eine Versetzung kann aus geometrischen Gründen nicht einfach im Inneren eines Kristalliten beginnen oder enden, sondern vielmehr nur an Fehlstellen oder Grenzflächen, wie zum Beispiel Korngrenzen. Außerdem können Versetzungen im Inneren eines Kristalliten auch geschlossene Ringe bilden, ohne eine Grenz- oder Oberfläche zu berühren. Derartige **Versetzungsringe** (Bild 2, Seite 36) werden insbesondere bei plastischer Verformung erzeugt und tragen maßgeblich für das Verformungs- und Verfestigungsverhalten eines Metalls bei (siehe Frank-Read-Quelle, Seite 37). Da für einen Versetzungsring der Burgersvektor konstant

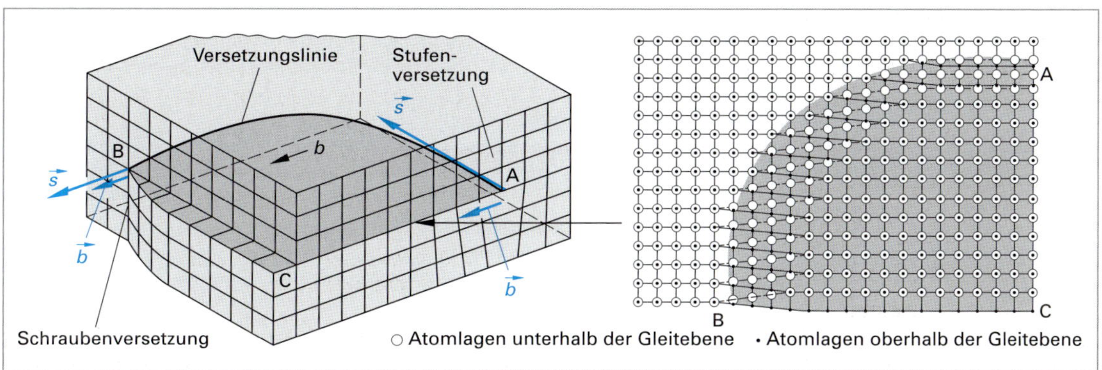

Bild 3: Gemischte Versetzung im kubisch-primitiven Gitter

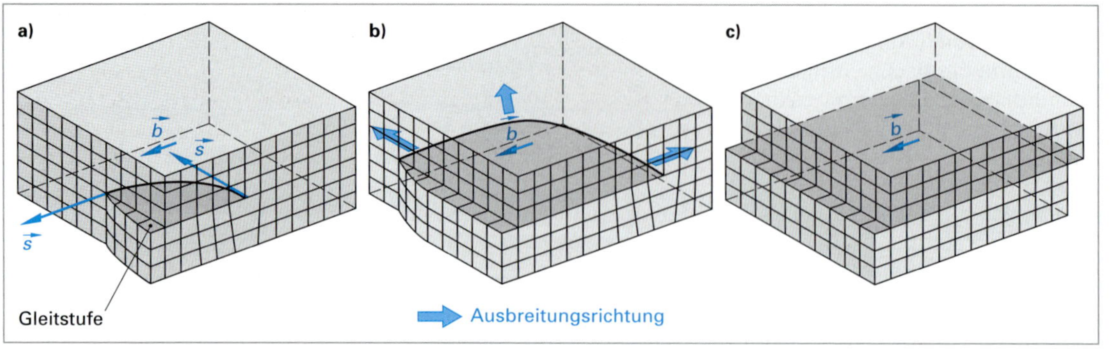

Bild 1: Mechanismus der Ausbreitung einer gemischten Versetzung

bleiben muss, kann ein Versetzungsring jeweils nur an zwei Stellen einen reinen Stufen- bzw. einen reinen Schraubencharakter aufweisen (Bild 2).

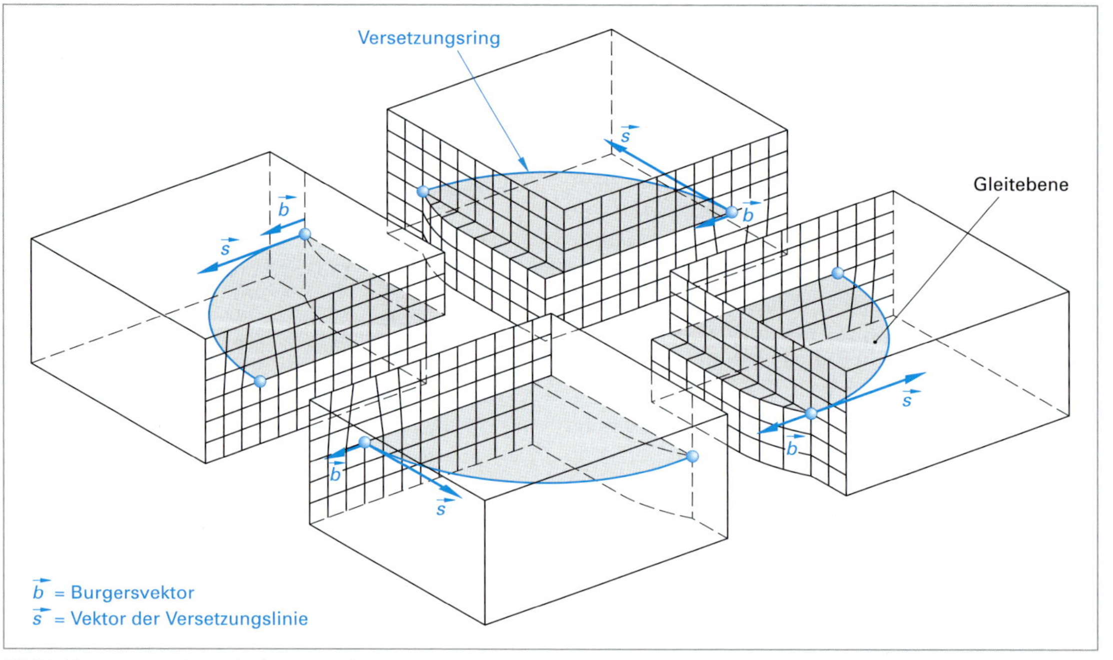

Bild 2: Versetzungsring mit Burgersvektor

Die Zahl der Versetzungen in Metallen reicht von 10^5 cm^{-2} in weich geglühten Einkristallen bis zu 10^{12} cm^{-2} in stark kalt verformten polykristallinen metallischen Werkstoffen. Die Zahl der Versetzungen wird als **Versetzungsdichte** angegeben (siehe Infokasten).

ⓘ Information

Versetzungsdichte

Die Versetzungsdichte ist definiert als die Gesamtlänge aller Versetzungslinien (in cm) pro Volumeneinheit (in cm^3). Durch Kürzen ergibt sich daraus die Einheit cm^{-2}. Die Versetzungsdichte wird u. a. metallographisch bestimmt: Durch spezielle metallographische Methoden gelingt es, die Durchstoßpunkte von Versetzungen in einer Schliffebene anzuätzen und danach mikroskopisch auszuzählen. Die so ermittelte Zahl der Versetzungen einer bestimmten Fläche wird auf einen Quadratzentimeter umgerechnet und ergibt dann die Versetzungsdichte in cm^{-2}. Eine Versetzungsdichte von 10^6 cm^{-2} bedeutet also, dass auf ein cm^2 10^6 = 1 Million Durchstoßpunkte von Versetzungen vorhanden sind. Durch eine Kaltverformung wird die Versetzungsdichte eines Metalls stark erhöht (max. 10^{12} cm^{-2}, danach Bruch des Metalls).

Versetzungen entstehen bei der Bildung von Körnern, also bei Erstarrung und Kornwachstum sowie bei der Rekristallisation. Außerdem werden Versetzungen bei der plastischen Verformung gebildet. Es ist schwierig Kristalle mit einer Versetzungsdichte herzustellen, die kleiner als 10^5 cm^{-2} ist. Nur die so genannten **Whiskers,** das sind sehr kleine Haarkristalle mit einem Durchmesser von einigen wenigen μm und einer Länge von wenigen mm, sind frei von Versetzungen. Da diese Whiskers versetzungsfrei sind, erreichen diese extrem hohe Festigkeitswerte. Denmach muss es einen Mechanismus für die Bildung von Versetzungen durch äußere Spannungen geben. Hierbei handelt es sich u. a. um **Versetzungsquellen,** die nach ihren Entdeckern als **Frank-Read-Quellen** bezeichnet werden. Als weitere Möglichkeit für die Entstehung von Versetzungen gelten auch Korngrenzen.

Die Wirkungsweise einer Frank-Read-Quelle zeigt Bild 1. In Bild 1 ist der in der Gleitebene (Papierebene) gleitfähige Teil der Versetzungslinie gezeichnet, der übrige Teil liegt nicht in der Gleitebene (man könnte auch sagen, die Versetzungslinie ist an den gezeichneten Endpunkten verankert). Durch die Einwirkung einer äußeren Spannung τ beginnt die Versetzungslinie zu gleiten. Da dies an den Endpunkten (Ankerpunkte A und B) nicht möglich ist, erhält die Versetzungslinie zunächst die in Bild 1 b und c, gezeigte Form und unter der weiteren Einwirkung der Spannung die Form entsprechend Bild 1 c und d. Dabei gleiten Teile der Versetzung aufeinander zu, die sich schließlich gegenseitig aufheben und auslöschen (Versetzungsannihilation, Bild 1 f). Damit entsteht ein geschlossener Versetzungsring mit der Versetzungsquelle im ursprünglichen Zustand (Bild 1 g). Der Vorgang kann von neuem beginnen, die Versetzungsquelle erneut betätigt werden. Auf diese Weise können bis zu einige tausend Versetzungen aus einer Quelle entstehen.

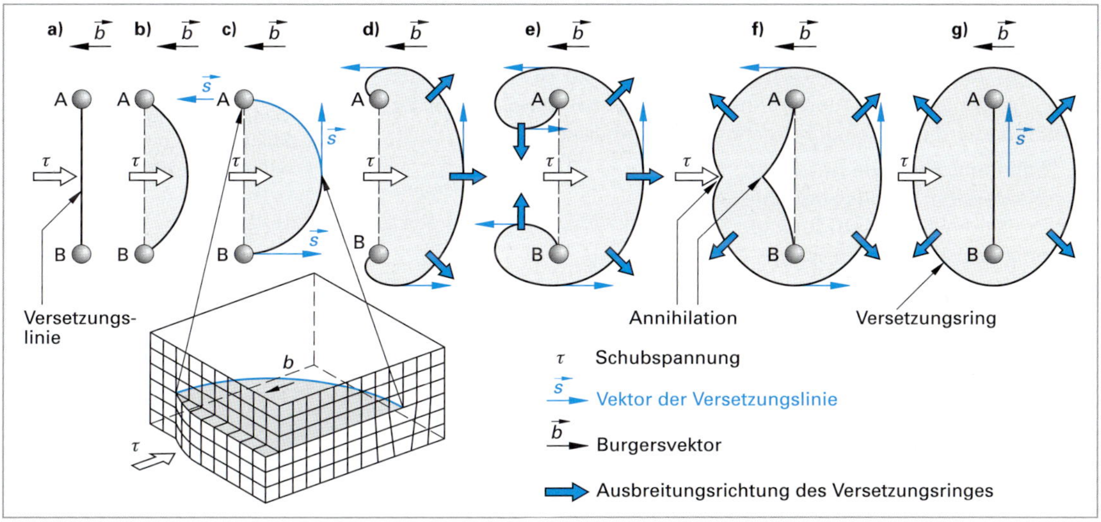

Bild 1: Versetzungsmultiplikation bei plastischer Verformung nach dem Frank-Read-Mechanismus (Frank-Read-Quelle)

a) Versetzung ist an den Punkten A und B (Ausscheidung, Einschlüsse, andere Versetzungslinien, usw.) verankert.

b) Ausbauchen der Versetzungslinie unter Einwirkung der Schubspannung τ.

c) Mit Erreichen einer halbkreisförmigen Kontur sind Stufen- und Schraubenversetzungsanteile in der Versetzungslinie enthalten

d)+e) Versetzungslinie „krümmt" sich um die Verankerungspunkte A und B. Hierdurch entstehen entgegengesetzt gerichtete Versetzungen

f) Entgegengesetzt gerichtete Versetzungsanteile nähern sich an und löschen sich gegenseitig aus (Versetzungsannihilation).

g) Entstehung eines sich radial weiter ausbreitenden Versetzungsringes sowie einer neuen an den Punkten A und B verankerten Versetzungslinie. Der Vorgang beginnt erneut.

2.5.2.3 Zweidimensionale Gitterbaufehler

Zweidimensionale oder flächenförmige Baufehler sind Stapelfehler, Zwillingsgrenzen und Korngrenzen.

Stapelfehler sind Fehler in der Stapelfolge des hdP- oder des kfz-Gitters. Im Bereich eines Stapelfehlers ist die reguläre Schichtenfolge des Kristalls gestört. In kfz-Metallen ist die Schichtenfolge der Oktaederflächen ABCABABCABC. Der Kristall ist an der Stelle des Stapelfehlers also hexagonal (Bild 1b). Stapelfehler in hdP-Gittern entsprechen dann einer kubisch-flächenzentrierten-Schicht.

Stapelfehler können entstehen:

- während der Kristallisation,
- durch Ausscheidung von Überschussleerstellen in einer Gitterebene. Der hierbei entstehende Versetzungsring **(Frank-Versetzung)** umrandet einen Stapelfehler (Bild 1),
- durch Aufspaltung einer Versetzung in **Teilversetzungen.**

Bei der Aufspaltung einer Versetzung haben die beiden Teilversetzungen gleiches Vorzeichen und stoßen sich daher gegenseitig ab, sodass sich der Stapelfehler verbreitert. Zur Erzeugung eines Stapelfehlers ist Energie, die **Stapelfehlerenergie** γ, erforderlich. Aus energetischen Gründen wird sich ein Gleichgewichtsabstand der beiden Teilversetzungen einstellen, die **Aufspaltungsweite** (Breite des Stapelfehlers).

Die Stapelfehlerenergie ist für metallische Werkstoffe eine charakteristische Größe. Je niedriger die Stapelfehlerenergie eines Metalls, umso weiter spalten sich die Teilversetzungen auf. So ist beispielsweise die Aufspaltungsweite beim Silber ($\gamma \approx 20$ mJ/m^2) deutlich größer in Vergleich zum Aluminium ($\gamma \approx 180$ mJ/m^2). Durch Mischkristallbildung wird die Stapelfehlerenergie weiter erniedrigt.

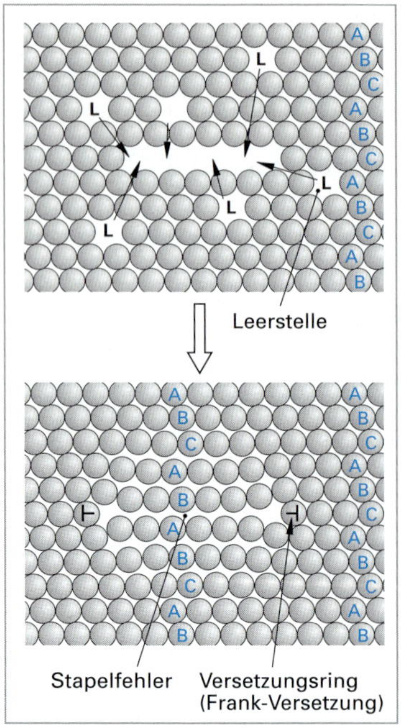

Bild 1: Entstehung eines von einem Versetzungsring umrandeten Stapelfehlers durch Ausscheidung von Überschussleerstellen

Die Stapelfehlerenergie hat einen entscheidenden Einfluss auf die mechanischen Eigenschaften eines metallischen Werkstoffs.

Festigkeit: Versetzungsbewegungen können nur stattfinden, falls die Teilversetzungen vorher zu vollständigen Versetzungen rekombinieren. Hierfür ist eine mechanische Spannung bzw. Energie notwendig, die bei Werkstoffen mit geringer Aufspaltungsweite (große Stapelfehlerenergie wie z. B. Al) geringer ist, als bei Werkstoffen mit großer Aufspaltungsweite (geringe Stapelfehlerenergie wie z. B. Ag). Aus diesem Grund hat beispielsweise Aluminium mit $R_{p0,2}$ = 20 ... 30 MPa eine geringere Festigkeit im Vergleich zum Silber ($R_{p0,2}$ = 55 MPa).

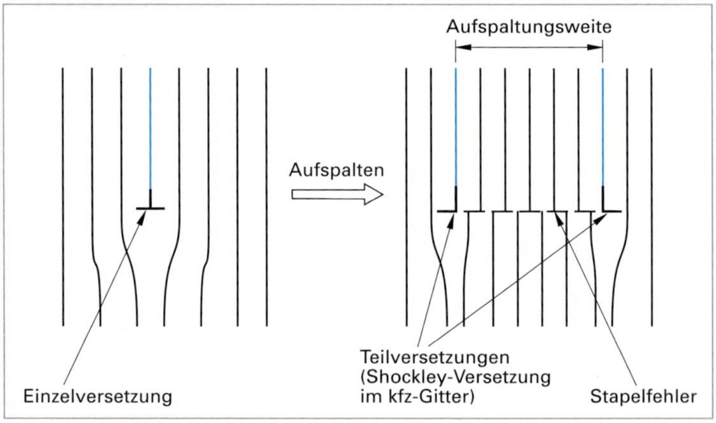

Bild 2: Aufspaltung einer Versetzung in zwei Teilversetzungen (schematisch). Die Teilversetzungen werden im kfz-Gitter als Shockley-Versetzungen bezeichnet.

Warmfestigkeit: Abgleitvorgänge, wie Quergleiten von Schraubenversetzungen und Klettern von Stufenversetzungen, setzen die Rekombination von Teilversetzungen zu einer vollständigen Versetzung voraus. Dies kann u. a. auch thermisch aktiviert erfolgen. Da bei Metallen mit großer Aufspaltungsweite (geringer Stapelfehlerenergie wie z. B. Ag) eine höhere thermische Aktivierung erfolgen muss, weisen diese Werkstoffe eine bessere Warmfestigkeit (höherer Kriechwiderstand bzw. geringere Neigung zur Entfestigung durch Erholung und Rekristallisation) auf.

Eine Steigerung der Warmfestigkeit kann dementsprechend durch Verminderung der Stapelfehlerenergie wie z. B. durch Mischkristallbildung erfolgen. Typische Beispiele sind die austenitischen CrNi-Stähle, CuZn- sowie Nickellegierungen, die aus diesem Grund eine hohe Warmfestigkeit aufweisen.

- **Kaltverfestigung:** Stapelfehler erschweren die Versetzungsbewegungen. Eine große Aufspaltungsweite (geringe Stapelfehlerenergie) führt zu einer hohen Verformungsverfestigung d. h. es ist ein erhöhter Kraftbedarf zur Kaltumformung erforderlich. Aus diesem Grund weisen beispielsweise die austenitischen Cr-Ni-Stähle eine ausgeprägte Kaltverfestigung auf.

Information

Stapelfehlerenergie

Die Stapelfehlerenergie γ wird in mJ/m² oder J/m² angegeben. Die verschiedenen Literaturwerte streuen jedoch stark, sodass nur einige wenige Beispiele angegeben werden. An den Beispielen Cu – CuZn und Ag – AgZn kann man sehen, dass durch Mischkristallbildung die Stapelfehlerenergie vermindert wird. Auch austenitischer Stahl hat aus diesem Grund eine sehr niedrige Stapelfehlerenergie.

Werkstoff	Au	Ag	Cu	Ni	Al	Pd[1]	Pt[1]	Zr[1]	AgZn9	CuZn30	Cr-Ni-Stahl[2]
Stapelfehler-energie (mJ/m²)	10 … 60	20	40 … 100	150 … 180	180 … 250	214	374	440	16	7 … 15	7

[1] ältere Zahlenwerte [2] CrNi-Stahl mit 8 % Ni und 18 % Cr

Zwillingsgrenzen sind Großwinkelkorngrenzen mit einem ungestörten Gitteraufbau. An einer Zwillingskorngrenze ist die Stapelfolge ABCA<u>B</u>ACBA. An einer Schicht B, der Zwillingsgrenze, ist der Kristall gespiegelt (Bild 1, Seite 47). Da Zwillingskorngrenzen einem halben Stapelfehler entsprechen, beträgt ihre Energie die Hälfte der Stapelfehlerenergie. Zwillingskorngrenzen treten daher bevorzugt in Kristallen mit niedriger Stapelfehlerenergie auf (z. B. Kupfer, Kupfer-Zink-Legierungen, austenitische Stähle). Bild 1 zeigt Zwillingskorngrenzen in Reinkupfer. Zwillingskorngrenzen entstehen während der Kristallisation oder durch mechanische Spannungen. Durch Zwillingsbildung verbessert sich die plastische Verformbarkeit eines Metalles. Die erreichbaren Verformungsbeträge sind jedoch im Vergleich zur Abgleitung wesentlich geringer. Der Mechanismus der Zwillingsbildung gewinnt daher erst dann an Bedeutung, wenn nur wenige Abgleitmöglichkeiten vorhanden sind (hdP-Gitter) oder für Abgleitvorgänge ungünstige Bedingungen vorliegen (tiefe Temperaturen, hohe Verformungsgeschwindigkeiten), siehe auch Kapitel 2.8.2.2.

Korngrenzen sind die wichtigsten zweidimensionalen Baufehler. Im Bereich von Korngrenzen ist die regelmäßige Atomanordnung unterbrochen (Bild 2a). Streng genommen sind Korngrenzen räumliche Gebilde. Da die Dicke der Korngrenzen aber meist nur wenige Atomdurchmesser beträgt, kann sie vernachlässigt werden. Korngrenzen können daher als flächenförmige Kristallfehler aufgefasst werden. Mikroskopisch erscheinen Korngrenzen nach entsprechender Präparation als dunkle Linien (Bild 2b).

Korngrenzen beeinflussen die Werkstoffeigenschaften. So wird durch Kornfeinung, also durch eine Erhöhung der Zahl der Korngrenzen, die Festigkeit und die Zähigkeit verbessert. Andererseits werden durch Korngrenzengleitung bei höheren Temperaturen unerwünschte Kriechvorgänge (Kapitel 2.10.3) hervorgerufen.

In Abhängigkeit von der Größe des Orientierungsunterschieds zweier benachbarter Kristallite (Körner) unterscheidet man zwischen **Kleinwinkelkorngrenzen** (auch als **Subkorngrenzen** bezeichnet) und **Großwinkelkorngrenzen.**

Von Kleinwinkelkorngrenzen spricht man, falls der Orientierungsunterschied benachbarter Gitterbe-

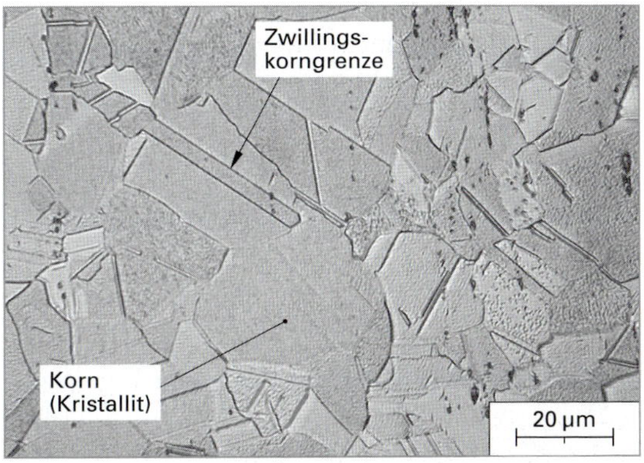

Bild 1: Gefüge von Reinkupfer mit Zwillingskorngrenzen

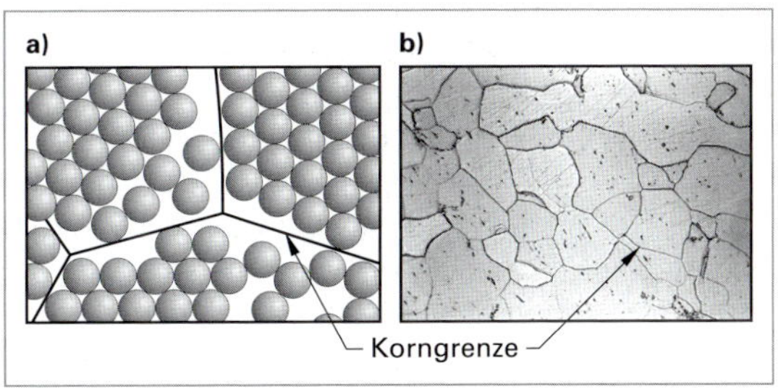

Bild 2: Großwinkelkorngrenze
a) Atomanordnung b) Mikroskopisches Schliffbild

reiche weniger als 15° beträgt. Sie werden aus flächig angeordneten Versetzungen aufgebaut. Im Falle übereinander angeordneter Stufenversetzungen entsteht eine **Kipp**- oder **Neigungsgrenze** (Bild 2, Seite 626). Falls hingegen parallel angeordnete Schraubenversetzungen vorliegen, werden die Gitterbereiche gegeneinander verdreht und man spricht von **Drehgrenzen.** Falls der Orientierungsunterschied benachbarter Gitterbereiche mehr als 15° beträgt, dann liegt eine Großwinkelkorngrenze vor. Wird in der Werkstoffkunde von einer Korngrenze gesprochen, ist stets die Großwinkelkorngrenze gemeint.

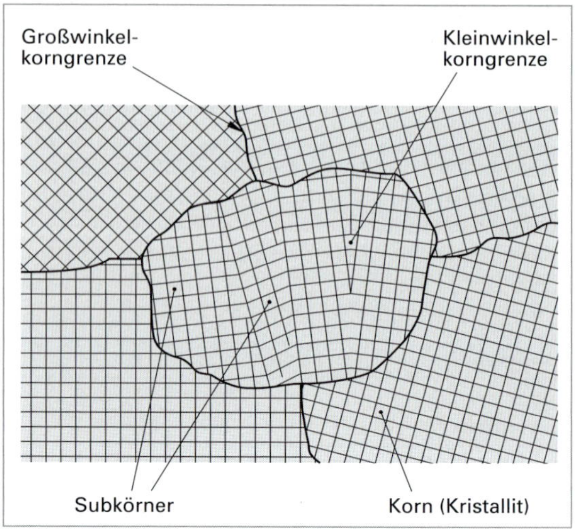

Bild 1: Groß- und Kleinwinkelkorngrenzen

Korngrenzen entstehen bei der Erstarrung einer Metallschmelze (Bild 2) und bei bestimmten Wärmebehandlungsverfahren. In Metallschmelzen bilden sich zunächst Keime, aus denen durch Kristallwachstum feste Kristalle entstehen. Die Keimbildung setzt in der Regel an mehreren Stellen in der Schmelze gleichzeitig ein, sodass infolgedessen auch mehrere Kristalle gebildet werden, die in der Metallographie **Körner** oder **Kristallite** genannt werden. Zwischen den Körnern befinden sich die Korngrenzen.

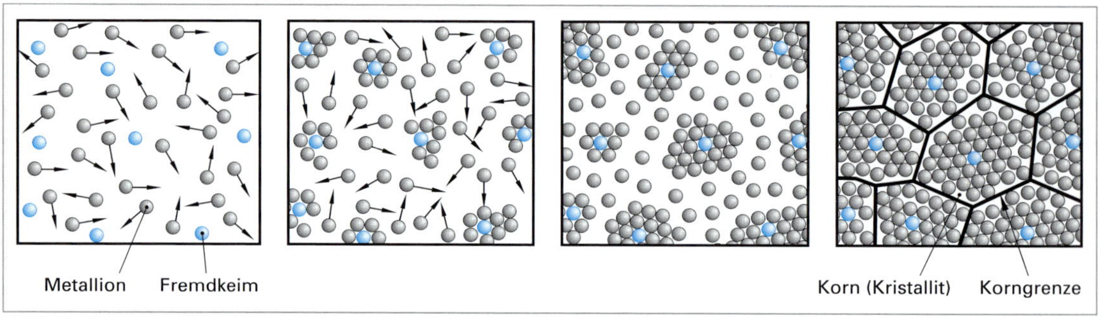

Bild 2: Gefügebildung bei der Erstarrung

2.6 Gefüge

Als **Gefüge** bezeichnet man im Allgemeinen die metallographisch sichtbare Struktur eines Werkstoffs. In einphasigen Werkstoffen (z. B. reinen Metallen) umfasst der Gefügebegriff die Kornstruktur. In mehrphasigen Werkstoffen (z. B. Stählen) wird das Gefüge zusätzlich durch die Phasengrenzen charakterisiert. Phasengrenzen trennen dabei die Kristallite verschiedener Phasen (z. B. Ferrit und Zementit in Stählen) oder kristalline und amorphe Bereiche (z. B. bei einigen keramischen Werkstoffen).

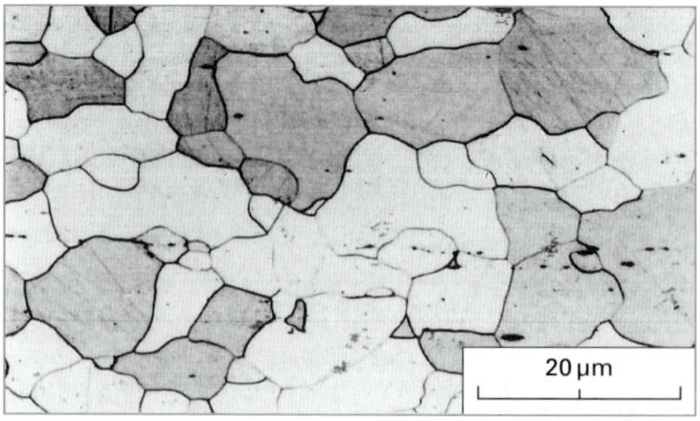

Bild 3: Homogenes Gefüge am Beispiel von Reineisen

Neben den Korn- und Phasengrenzen enthält das Gefüge vieler technischer Werkstoffe auch Verunreinigungen, die sich an den Korngrenzen ablagern oder als Einschlüsse im Korninneren ausscheiden und dabei zusätzliche Phasengrenzen bilden.

Letztlich umfasst der Gefügebegriff auch die Grenzen innerhalb der Kristalle, dies sind die bereits besprochenen Kleinwinkelkorngrenzen sowie die Antiphasengrenzen.

Hinsichtlich der Anzahl der Phasen unterscheidet man zwischen einem homogenen und einem heterogenen Gefüge. Von einem **homogenen Gefüge** (Bild 3, Seite 40) spricht man, sofern der Werkstoff aus Kristallen oder Mischkristallen einer Art besteht. Die reinen Metalle sowie einphasige Metalllegierungen sind Beispiele für Werkstoffe mit homogenem Gefüge. Enthält das Gefüge hingegen mehrere chemisch unterschiedliche Phasen, liegt ein **heterogenes Gefüge** vor (Bild 1). Die unlegierten Stähle mit ihrem ferritisch-perlitischen Gefüge sind ein typisches Beispiel für einen Werkstoff mit einem heterogenen Gefüge (Kapitel 6.2).

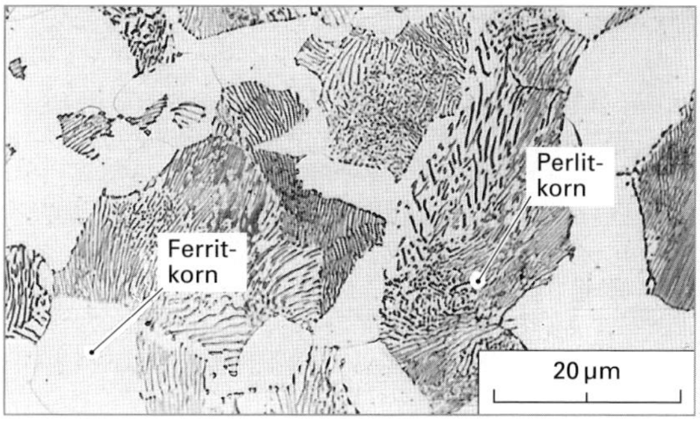

Bild 1: Heterogenes Gefüge am Beispiel eines unlegierten Stahls mit etwa 0,45 % Kohlenstoff

Im Hinblick auf den Zeitpunkt der Entstehung eines Gefüges im Verlauf des Herstellungs- oder Verarbeitungsprozesses unterscheidet man zwischen einem Primärgefüge und einem Sekundärgefüge. **Primärgefüge** bilden sich während der Kristallisation aus dem schmelzflüssigen Zustand. Das **Sekundärgefüge** entsteht durch Kristallisation in festem Zustand durch eine thermische (z. B. Normalglühen) oder thermomechanische Behandlung.

Letztlich unterscheidet man noch zwischen einem Makro- und einem Mikrogefüge. Von einem **Makrogefüge** spricht man, wenn die Gefügebestandteile bereits mit bloßem Auge oder mit der Lupe erkennbar sind, z. B. Blockseigerungen oder Gasblasen. Sind die Gefügebestandteile hingegen erst bei höherer Vergrößerung (z. B. im Licht- oder Elektronenmikroskop) sichtbar, dann spricht man von einem **Mikrogefüge**. Typische Beispiele sind Kristallite oder Ausscheidungen an den Korngrenzen.

Einkristalle, also Körper aus einem einzigen Kristall und ohne Korngrenzen, sind nur unter besonderen Bedingungen herstellbar. Im Allgemeinen sind die metallischen Werkstoffe jedoch **polykristallin** (Bild 3, Seite 40 und Bild 1).

Die Körner eines Werkstückes haben ungefähr die gleiche Größe, auch wenn diese z. B. in Bild 3, Seite 40 unterschiedlich erscheint. Diese Unterschiede ergeben sich dadurch, dass die einzelnen Körner unterschiedlich angeschnitten sind. Die mittlere Korngröße der meisten metallischen Werkstoffe beträgt zwischen 0,01 mm und etwa 0,25 mm.

Entscheidend für die Korngröße des entsprechenden Gefüges ist die Anzahl der Keime. Bei der in Metallschmelzen üblichen Erstarrung durch heterogene Keimbildung wird die Korngröße des Gefüges durch die Zahl der Keime und damit im Wesentlichen durch die Anzahl der in der Schmelze befindlichen Fremdkeime bestimmt. Analog zur Anzahl dieser Fremdkeime setzt der Kristallisationsvorgang an mehreren Stellen gleichzeitig ein (Bild 2, Seite 40). Je größer die Anzahl der Kristallisationskeime ist, desto mehr Körner wachsen gleichzeitig und desto feinkörniger wird das Gefüge. Sind dagegen wenige Keime in der Schmelze vorhanden, dann wachsen die wenigen Körner so lange, bis sie aneinander stoßen. Das Gefüge wird grobkörnig.

Die Korngröße hat, bei gleicher chemischer Zusammensetzung des Werkstoffs, einen entscheidenden Einfluss auf die mechanischen Eigenschaften eines Metalles:

- **Feinkörnige Gefüge** besitzen eine höhere Festigkeit sowie eine bessere Zähigkeit und Verformbarkeit. Nach einer Verformung weisen feinkörnige Werkstoffe eine bessere Oberflächenqualität auf. Grobkörnige Werkstoffe werden häufig narbig (sog. **„Orangenhaut"** z. B. nach dem Tiefziehen).
- **Grobkörnige Gefüge** weisen sowohl eine geringe Festigkeit als auch eine geringere Zähigkeit auf und verspröden bei sinkender Temperatur schneller. Grobkörnige Gefüge sind allerdings besser zerspanbar.

Ein feinkörniges Gefüge kann durch Zugabe von Fremdkeimen, bei Stählen beispielsweise Aluminium oder Seltene Erdmetalle wie Cer, erzielt hergestellt werden. Man spricht vom **Impfen** der Schmelze. Sieht man von einigen Besonderheiten gegossener Werkstücke ab, dann ist die Kornform für die Eigenschaften metallischer Werkstoffe weniger bedeutsam.

2.7 Anisotropie und Textur

Unter **Anisotropie** versteht man die Richtungsabhängigkeit der mechanischen und physikalischen Eigenschaften eines Kristalls oder Kristallverbandes. Die Ursache für ein anisotropes Werkstoffverhalten ist beispielsweise ein Umformungsvorgang unterhalb der Rekristallisationstemperatur des Werkstoffs (Kaltumformung). Das ursprünglich globulitische Gefüge wird dabei in Verformungsrichtung gestreckt (Gefügeanisotropie). Auch eine Warmumformung (z. B. Walzen, Schmieden) kann zu einer gerichteten (zeiligen) Anordnung bestimmter Gefügebestandteile (z. B. MnS-Einschlüssen in Stählen) und damit zu einem anisotropen Werkstoffverhalten führen. Ohne eine vorausgegangene Umformung sind in den meisten technischen metallischen Werkstoffen die Eigenschaften in allen Richtungen gleich. Lediglich bei Einkristallen wird eine Richtungsabhängigkeit vieler Eigenschaften beobachtet, da die Atomabstände unterschiedlich sind, wenn man z. B. Würfelkante mit Flächen- oder Raumdiagonalen vergleicht.

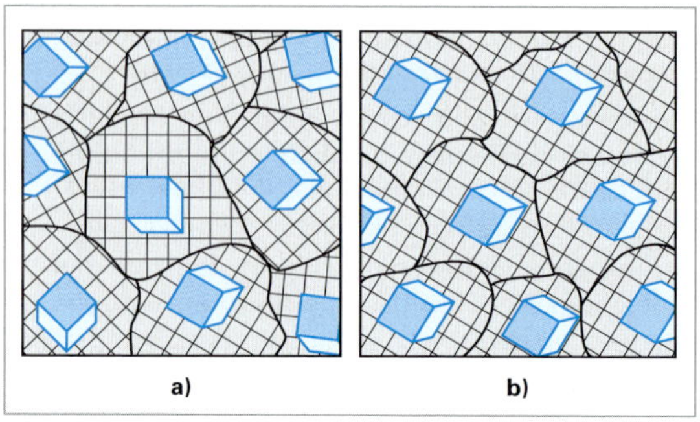

Bild 1: Ausrichtung von Kristallen in Werkstoffen
a) Ungeordnete (statistische) Verteilung, quasiisotrop
b) Ausgerichtete Kristalle = Textur, anisotrop

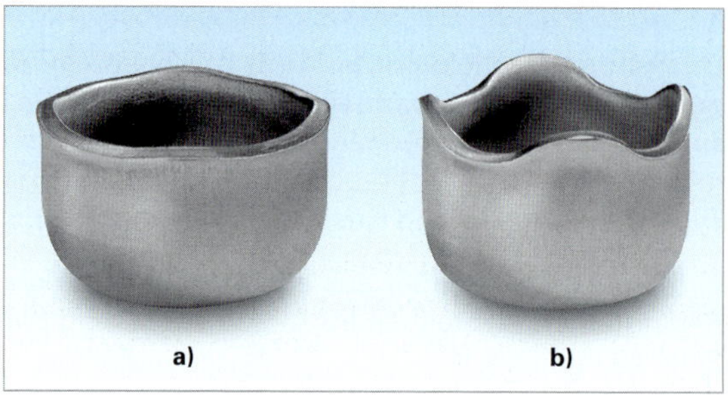

Bild 2: Tiefziehverhalten von Blechen
a) Keine Zipfelbildung (texturlos)
b) Starke Zipfelbildung, da ausgeprägte Textur

Die Anisotropie macht sich dann nicht bemerkbar, wenn die verschiedenen Körner in einem Werkstoff regellos ausgerichtet sind. Die Anisotropie der einzelnen Kristalle hebt sich gegenseitig auf, der Werkstoff ist dann **quasi-isotrop** (Bild 1 a).

Als **Textur** eines polykristallinen Werkstoffs bezeichnet man alle Abweichungen von der regellosen (statistischen) Orientierung der Kristallite. Texturen können unter anderem entstehen:

- bei der Kristallisation aus der Schmelze, z. B. durch stängelförmiges Kristallwachstum **(Wachstumstextur)**,
- durch eine Kaltumformung, wie z. B. Kaltwalzen oder Tiefziehen **(Verformungstextur)**,
- bei Rekristallisationsvorgängen nach einer Kaltumformung,
- bei Phasenumwandlungen.

Beim Vorhandensein einer Textur haben die einzelnen Körner also bestimmte Vorzugslagen zur äußeren Form des Werkstückes oder Halbzeuges (z. B. Blech). Beispielsweise sind Würfelflächen der Kristalle parallel zur Blechoberfläche und Würfelkanten parallel zur Walzrichtung (Würfeltextur) (Bild 1b). Texturen werden technisch absichtlich erzeugt und genutzt bei weichmagnetischem Material (geringere Wirbelstromverluste). Dagegen werden bei der Herstellung von Tiefziehblechen Texturen vermieden, da an Blechen mit einer Textur beim Tiefziehen größere Zipfel (Abfälle) entstehen. In Bild 2 sind zwei verschiedene Blechronden zu Näpfchen (in einem Tiefziehversuch) tiefgezogen worden: Bild 2a zeigt ein Näpfchen ohne und 2b ein solches mit starker Zipfelbildung. Die Ursache für das unterschiedliche (anisotrope) Verformungsverhalten des Bleches in Bild 2b ist eine stark ausgeprägte Textur.

2.8 Elastische und plastische Verformung

Wirken an einem Festkörper äußere Kräfte oder Momente, dann führt dies zu Formänderungen. Prinzipiell können diese Formänderungen eingeteilt werden in:

- elastische (reversible) Verformung
- plastische (irreversible) Verformung

2.8.1 Elastische Verformung

Für die **elastische Verformung** ist kennzeichnend, dass die Formänderung nur so lange erhalten bleibt, wie die äußere Beanspruchung wirkt. Bei Entlastung nimmt der Körper wieder seine ursprüngliche Gestalt an. Elastische Formänderungen erfolgen beispielsweise bei Federn, die unter Einwirkung von Kräften ihre Form verändern und bei Aufhebung der Kraftwirkung wieder ihre ursprüngliche Gestalt annehmen. Bei der Verarbeitung von Blechen wird die elastische Verformung mitunter als **Rückfederung** bezeichnet und muss beispielsweise bei der Festlegung des Biegewinkels berücksichtigt werden. Da alle Werkstoffe eine gewisse Elastizität besitzen, verformen sich auch alle Bauteile und technischen Konstruktionen unter der Einwirkung einer äußeren Belastung elastisch und nehmen nach einer Entlastung wieder ihre Ausgangsform an.

Die Ursache der elastischen Eigenschaften metallischer Werkstoffe lässt sich anhand der Metallbindung (Kapitel 2.3.1.3) verstehen. Zwischen benachbarten Gitteratomen (Metallionen) einer metallischen Bindung wirken abstoßende elektrostatische Kräfte, zwischen den Metallionen und dem Elektronengas hingegen anziehende Kräfte. Wie Bild 1 zeigt, stellt sich damit zwischen den einzelnen Atomen aufgrund der inneren Kräfte ein bestimmter Gleichgewichtsabstand r_0 ein. Eine elastische Verformung wird dementsprechend durch eine begrenzte Entfernung der Gitteratome aus ihrer Ruhelage hervorgerufen.

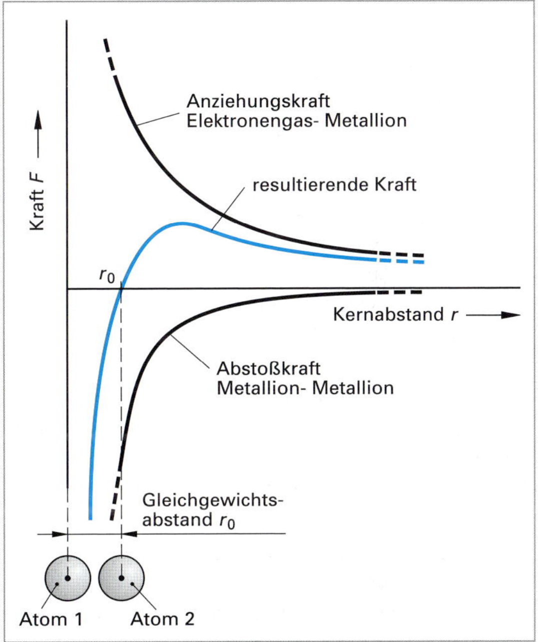

Bild 1: Bindungskraft *F* zwischen benachbarten Atomen als Funktion des Bindungsabstandes *r*

Für kleine Auslenkungen aus der Ruhelage ist die Rückstellkraft proportional zur Auslenkung. Dies gilt nicht nur für einzelne Atombindungen, sondern auch für makroskopische Körper. Dementsprechend sind im Bereich der elastischen Verformung die Spannung σ (Spannung σ = Kraft F/Querschnittsfläche S) und die Dehnung ε (Dehnung ε = Verlängerung ΔL / Ausgangslänge L_0) einander proportional $\sigma \sim \varepsilon$. Der Proportionalitätsfaktor ist eine Werkstoffkonstante und wird als **Elastizitätsmodul *E*** (kurz: **E-Modul**) bezeichnet (Kapitel 13.5.1.5). Hieraus ergibt sich das im Bereich der elastischen Verformung bei einachsiger Beanspruchung gültige **Hooke'sche Gesetz:**

$$\sigma = E \cdot \varepsilon \qquad (2.1)$$

Die Steigung der Summenkurve im Gleichgewichtsabstand r_0 (Bild 1) ist proportional zum Elastizitätsmodul. Mit zunehmender Bindungsenergie steigt damit auch der Elastizitätsmodul. Dementsprechend haben Metalle mit hoher Schmelztemperatur (hoher Bindungsenergie) in der Regel auch einen hohen Elastizitätsmodul (Tabelle 1). Da die Atomabstände und mit ihnen die Bindungsenergie mit steigender Temperatur abnehmen, besitzt auch der Elastizitätsmodul eine fallende Tendenz mit zunehmender Temperatur.

Tabelle 1: Schmelztemperatur und Elastizitätsmodul ausgewählter Metalle

Metalle	Schmelztemperatur °C	E-Modul (Mittelwerte) GPa
Zinn	232	41
Aluminium	660	70
Silber	961	73
Kupfer	1083	125
Eisen	1536	210
Chrom	1860	248
Osmium	3045	570

2.8.2 Plastische Verformung

Im Anschluss an eine elastische Verformung beobachtet man entweder eine **plastische Verformung** oder die Bindungen im Festkörper werden zerstört, sodass der **Bruch** eintritt. Eine plastische Verformung ist für die meisten metallischen Werkstoffe charakteristisch, während spröde Werkstoffe wie z. B. viele keramische Werkstoffe am Ende der elastischen Verformung brechen. Für eine plastische Verformung werden größere Kräfte als für eine elastische Formänderung benötigt. In der Regel erfolgt eine plastische Verformung erst nach einer vorausgehenden elastischen Verformung.

Plastische Verformungen sind irreversibel, d. h. nach einer Entlastung wird die ursprüngliche Gestalt nicht mehr angenommen. Plastische Verformungen treten erst nach Überschreiten eines bestimmten Schwellenwertes der Belastung auf (Elastizitätsgrenze, Kapitel 13.5.1.4 und 13.5.1.5). Falls das Auftreten einer irreversiblen Verformung allerdings nicht an einem bestimmtem Schwellenwert der Belastung gebunden ist, dann spricht man von **viskoser Verformung,** die hier jedoch nicht behandelt werden soll.

2.8.2.1 Mechanismus der plastischen Verformung

Die plastische Verformung eines metallischen Werkstoffs ist eine irreversible Verschiebung benachbarter Atomschichten längs bestimmter kristallographischer Ebenen und Richtungen. Man könnte zunächst annehmen, dass bei einer plastischen Verformung ein simultanes Abgleiten aller Atome einer Schicht gemäß Bild 1 stattfindet. Vergleicht man jedoch die aus der Bindungsenergie im Kristallgitter berechnete **theoretische Schubspannung** τ_{th} zur Auslösung eines derartigen Abgleitvorganges mit experimentell ermittelten Werten für die **kritische Schubspannung** τ_{krit}, so stellt man fest, dass die kritische Schubspannung um einen Faktor 100 ... 1000 niedriger ist (Tabelle 1).

Die Erklärung für den Unterschied zwischen berechneten und experimentell ermittelten Festigkeitswerten liegt darin, dass die Bewegung der Atome einer Gitterebene nicht gleichzeitig, sondern zeitlich versetzt erfolgt. Im Kristallgitter wird dieser Mechanismus durch Bewegung von Versetzungen ermöglicht (Bild 1, Seite 45). Ein versetzungsfreier Einkristall wäre demnach nicht plastisch verformbar, er würde spröde brechen. Bildhaft kann man sich die Versetzungsbewegung analog der Verschiebung eines Teppichs durch Weiterschieben einer Falte vorstellen (Bild 2).

Die Bewegung einer Versetzung erfordert einen deutlich geringeren Energiebetrag im Vergleich zur Verschiebung benachbarter Gitterebenen als Ganzes.

Um eine Abgleitung, d. h. eine plastische Verformung herbeizuführen, muss in einem ungestörten Gitter lediglich die „Gitterreibung" überwunden werden. Der hierfür erforderliche Energiebetrag wird als **Peierls-Energie** E_P, die entsprechende Mindestspannung als **Peierls-Spannung** τ_p bezeichnet. Da die Versetzungsbewegung in Einkristallen auch von Art und Anzahl weiterer Gitterbaufehler abhängt, ist die kritische Schubspannung τ_{krit} (Tabelle 1) um einen Betrag $\Delta\tau_F$ größer als die Peierls-Spannung, so dass gilt:

$$\tau_{krit} = \tau_p + \Delta\tau_F \tag{2.2}$$

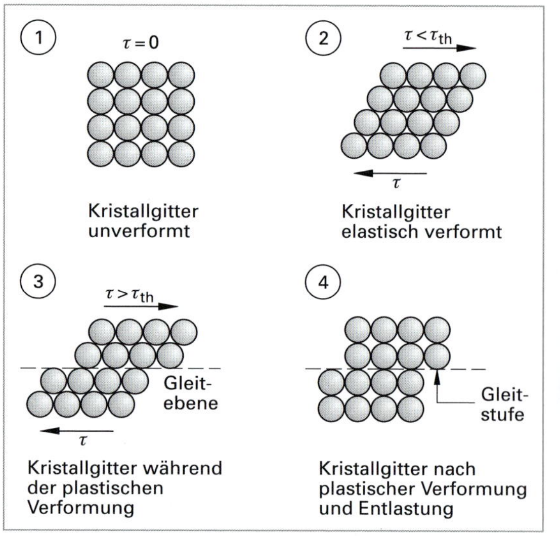

Bild 1: Plastische Verformung eines Metalles durch Abgleiten benachbarter Atomschichten

Tabelle 1: Theoretische Schubspannung und experimentell ermittelte kritische Schubspannung ausgewählter Metalle

Metalle	Theoretische Schubspannung τ_{th} MPa	Kritische Schubspannung τ_{krit} MPa
Silber	1000	0,37
Aluminium	900	0,78
Kupfer	1400	0,49
Nickel	2600	3,2
α-Eisen	2600	27,5

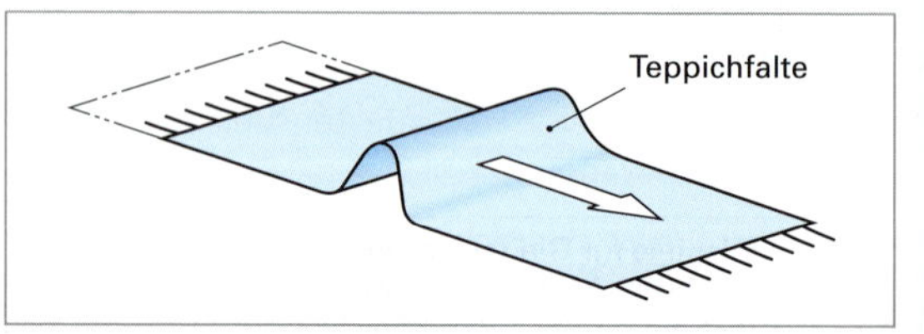

Bild 2: „Teppichfaltenmodell"

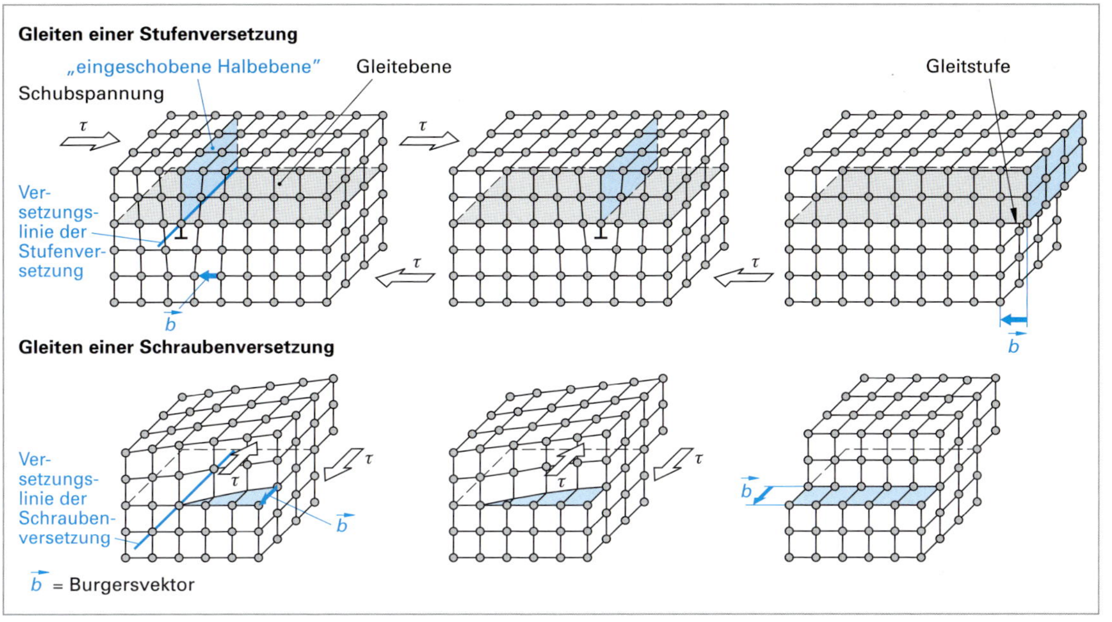

Bild 1: Mechanismus der plastischen Verformung metallischer Werkstoffe durch Versetzungsbewegung

2.8.2.2 Gleitebenen und Gleitsysteme

Versetzungsbewegung und damit eine plastische Verformung findet statt, sobald die kritische Schubspannung τ_{krit} überschritten wird. Die kritische Schubspannung ist im Wesentlichen von der Peierls-Spannung anhängig (Gleichung 2.2). Obwohl weder eine zuverlässige theoretische Abschätzung noch eine experimentelle Ermittlung der Peierls-Spannung bislang möglich ist, so lässt sich dennoch zeigen, dass τ_p proportional zum Betrag des Burgers-Vektors b (Kapitel 2.5.2.2) ist, also $\tau \sim b$. Aus diesem Grund erfolgt die Versetzungsbewegung in der Regel in kristallographischen Ebenen mit dichtester Atombesetzung und dort wiederum längs dichtest besetzter kristallographischer Richtungen.

Kristallographische Ebenen (Gitterebenen), in denen diese Abgleitungsvorgänge stattfinden, werden als **Gleitebenen,** die Richtung des Abgleitens innerhalb der Gleitebene als **Gleitrichtung** bezeichnet. Die Anzahl der Gleitmöglichkeiten ergibt sich als Produkt aus der Anzahl der Gleitebenen und der Gleitrichtungen, man nennt sie **Gleitsysteme.**

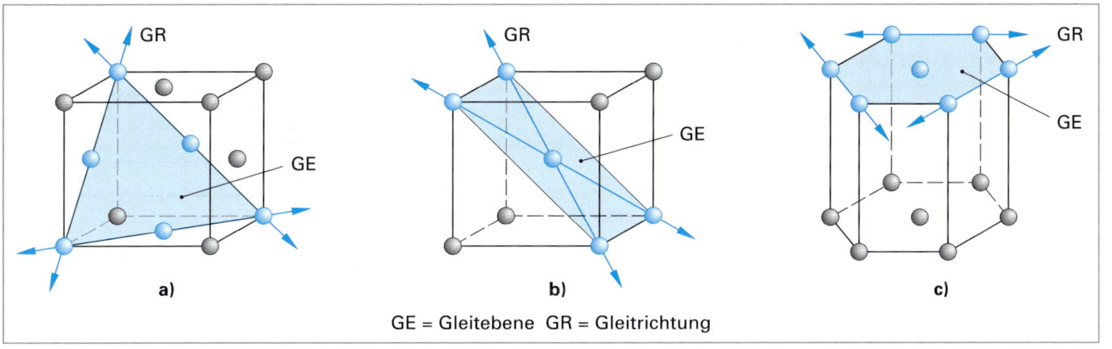

Bild 2: Beispiele für Gleitsysteme in kubischen und hexagonalen Kristallgittern

a) kubisch-flächenzentriert
Gleitebene: Oktaederebene
Beispiel: Aluminium

b) kubisch-raumzentriert
Gleitebene: Dodekaederebene
Beispiel: α-Eisen

c) hexagonal-dichtestgepackt
Gleitebene: Basisebene
Beispiel: Zink

Die Anzahl der Gleitsysteme und deren Belegungsdichte mit Gitteratomen bestimmt in entscheidender Weise das plastische Verformungsverhalten eines metallischen Werkstoffs. Im **kfz-Gitter** erfolgt das Abgleiten längs der Oktaederebenen (Bild 2a, Seite 45). In jeder dieser Gleitebenen existieren drei voneinander unabhängige Gleitrichtungen, so dass ein kfz-Kristall insgesamt 3 × 4 = 12 Gleitsysteme besitzt. Das Vorhandensein von 12 Gleitsystemen sowie die Tatsache, dass die atomare Belegungsdichte in den Gleitebenen des kfz-Gitters die größtmögliche ist, führt zu der hervorragenden plastischen Verformbarkeit der kfz-Metalle wie z. B. Kupfer, Aluminium, Nickel, aber auch der austenitischen Stähle (Kapitel 6.5.10.4).

Im **krz-Gitter** sind die Gleitverhältnisse weniger eindeutig. Zwar wirkt als Gleitrichtung stets die Würfeldiagonale, jedoch sind verschiedene Gleitebenen möglich. Die maßgebliche Gleitebene ist die Dodekaederebene (Bild 2b, Seite 46). Hiervon existieren in jeder Elementarzelle 6 Ebenen, dies ergibt mit 2 Gleitrichtungen (Würfeldiagonale) je Ebene zunächst 6 × 2 = 12 Gleitsysteme. Im krz-Gitter existieren jedoch noch weitere (in Bild 2b, Seite 45 nicht dargestellte) Gleitebenen, sodass insgesamt 48 Gleitsysteme vorliegen. Da die Belegungsdichte mit Atomen in diesen Gleitebenen jedoch weniger dicht gepackt ist im Vergleich zur Oktaederebene des kfz-Gitters, ist die plastische Verformbarkeit des krz-Kristalls trotz seiner 48 Gleitsysteme schlechter. Außerdem kann während der Verformung ein Wechsel der Gleitebenen stattfinden und zu unregelmäßigen und gewellten Gleitbändern führen. Der Vergleich des kfz- mit dem krz-Gitter zeigt, dass die Anzahl der Gleitebenen nur einen ersten Anhaltspunkt zur Beurteilung der plastischen Verformbarkeit eines Metalles geben kann, da noch weitere Faktoren wie die atomare Belegungsdichte der Gleitebenen oder die Aufspaltung von Versetzungen (Kapitel 2.5.2.2) eine Rolle spielt.

Im **hdp-Gitter** hängt die betätigte Gleitebene vom Achsverhältnis c/a ab. Bei großem c/a-Verhältnis (z. B. Zn oder Cd) stellen die Basisebenen die bevorzugten Gleitebenen dar (Bild 2c, Seite 45). Innerhalb dieser Basisebenen kommen drei Gleitrichtungen in Betracht, so dass insgesamt 1 × 3 = 3 Gleitsysteme vorhanden sind. Mit kleiner werdendem Achsverhältnis (z. B. Ti) gewinnen auch die Prismen- und die Pyramidenebenen (in Bild 2c, Seite 45 nicht dargestellt) für das Abgleiten an Bedeutung. Da in den Prismen- und Pyramidenebenen jedoch nicht alle Atome exakt in der Gleitebene angeordnet sind (wellige Gleitebenen), ist die kritische Schubspannung zur Auslösung einer Abgleitung in diesen Ebenen höher, im Vergleich zur Basisebene. Da im hdp-Gitter nur sehr wenige Gleitebenen vorhanden sind und teilweise erhöhte Schubspannungen für ein Abgleiten erforderlich sind, besitzen Metalle mit hdp-Gitter nur eine beschränkte plastische Verformbarkeit bei Raumtemperatur.

2.8.2.3 Schmid'sches Schubspannungsgesetz

Eine Versetzungsbewegung gemäß Bild 1, Seite 45, und damit die plastische Verformung, kann erst stattfinden, falls die wirkende Schubspannung τ in einem Gleitsystem die kritische Schubspannung τ_{krit} überschreitet.

Die in einer kristallographischen Ebene auftretende Schubspannung τ kann unter einachsiger Zugbeanspruchung in Abhängigkeit der äußeren Kraft F mit Hilfe des Schmid'schen Schubspannungsgesetzes ermittelt werden.

Zur Herleitung des Schmid'schen Schubspannungsgesetzes (für einachsige Zugbeanspruchung) betrachtet man die Normale n zur Gleitebene, die mit der Richtung der Kraft F einen Winkel φ einschließt. Weiterhin soll innerhalb der Gleitebene die Gleitrichtung g betrachtet werden. Sie schließt mit der Kraft F den Winkel ψ ein.

Für den Betrag der Kraftkomponente F_g in der Gleitebene in Gleitrichtung ergibt sich:

$$F_g = F \cdot \cos\psi$$

Damit folgt für die Schubspannung τ in Gleitrichtung:

$$\tau = \frac{F_g}{A} = \frac{F \cdot \cos\psi}{\frac{A_0}{\cos\varphi}} = \frac{F}{A_0} \cdot \cos\psi \cdot \cos\varphi$$

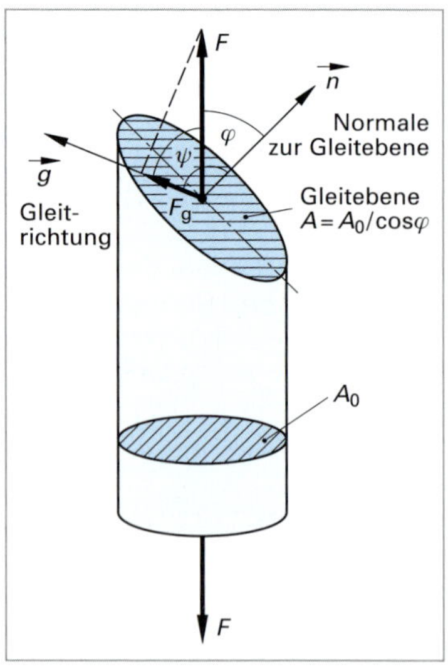

Bild 1: Lage von Gleitebene und Gleitrichtung in einem einachsig beanspruchten Zugstab

Mit $\sigma = \frac{F}{A_0}$ ergibt sich dann das **Schmid'sche Schubspannungsgesetz:** $\tau = \sigma \cdot \cos\psi \cdot \cos\varphi$ (2.3)

Mit Hilfe dieser Gesetzmäßigkeit kann bei vorgegebener Zugkraft F bzw. Zugspannung σ für jede beliebige Gitterebene bzw. Gitterrichtung die für die Aktivierung eines Gleitsystems erforderliche Schubspannung ermittelt werden. Das Produkt $\cos\psi \cdot \cos\varphi$ wird als **Orientierungsfaktor** bezeichnet. Da $\vec{g}$ und $\vec{n}$ stets senkrecht aufeinander stehen, kann der Orientierungsfaktor für $\psi = \varphi = 45°$ maximal einen Wert von 0,5 annehmen, d. h. $\tau_{max} = 0{,}5 \cdot \sigma$. Für weniger günstig orientierte Gleitsysteme sind entsprechend höhere Normalspannungen σ (äußere Beanspruchungen) erforderlich (Kapitel 2.8.2.4).

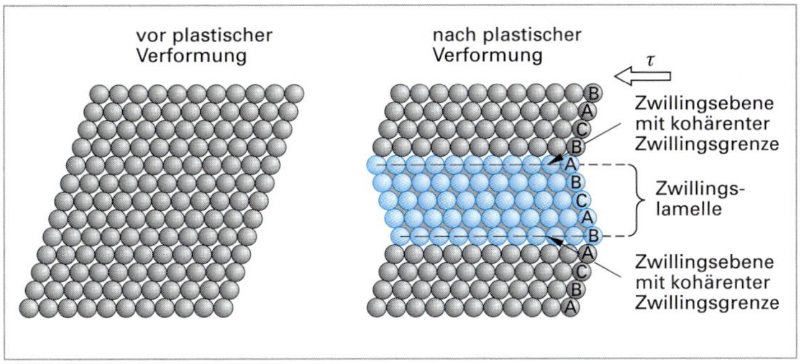

Bild 1: Mechanismus der plastischen Verformung durch Bildung von Zwillingsgrenzen im kfz-Gitter (kohärente Zwillingsgrenze)

Eine plastische Verformung kann nicht nur auf Grundlage von Versetzungsbewegungen (Abgleiten, Bild 1, Seite 45), sondern auch durch **mechanische Zwillingsbildung** erfolgen. Bei der Zwillingsbildung werden die Gitterebenen unter Wirkung von Schubspannungen durch einen Schervorgang in eine spiegelbildliche Anordnung überführt. Die durch Zwillingsbildung erreichbaren plastischen Verformungen sind jedoch wesentlich geringer im Vergleich zum Abgleiten, sodass dieser Verformungsmechanismus nur bei eingeschränkten Gleitmöglichkeiten wie z. B. im hdP-Gitter oder innerhalb intermetallischer Phasen eine bedeutende Rolle spielt. Auch durch niedrige Temperaturen oder hohe Verformungsgeschwindigkeiten wird ein Abgleiten erschwert, so dass eine nennenswerte plastische Verformung im Wesentlichen durch mechanische Zwillingsbildung erfolgt.

Eine dritte Möglichkeit für eine plastische Verformung ist das **Korngrenzengleiten**. Dieser Mechanismus besitzt insbesondere beim Kriechen (Kapitel 2.10.3) sowie bei superplastischem Werkstoffverhalten eine Bedeutung.

2.8.2.4 Plastische Verformung von Vielkristallen

Bislang wurde nur das plastische Verformungsverhalten eines Einkristalls betrachtet. Reale (technische) Werkstoffe sind jedoch polykristallin, d.h. jeder Kristallit (Korn) hat eine andere Orientierung zur äußeren Beanspruchung. Außerdem wird die freie Versetzungsbewegung durch die Korngrenzen behindert (Kapitel 2.9.1). Während das Verformungsverhalten von Einkristallen mit Hilfe der (hier nicht näher erläuterten) Schubspannungs-Abgleitungs-Kurve beschrieben wird, erfasst man das Verformungsverhalten polykristalliner Werkstoffe mit Hilfe der Spannungs-Dehnungs-Kurve (Spannungs-Dehnungs-Diagramm, Kapitel 13.5.1.4).

Diejenige Spannung, die bei einachsiger Zugbeanspruchung eines polykristallinen Metalls zu einer makroskopischen Verformung führt, wird als Streckgrenze R_e bzw. als Dehngrenze R_p bezeichnet (Kapitel 13.5.1.5). Eine plastische Verformung (Versetzungsbewegung) tritt ein, sobald die kritische Schubspannung τ_{krit} (Gleichung 2.2) überschritten wird. Die hierfür erforderliche kritische Normalspannung σ_0 (Fließspannung) ist sehr stark von der Orientierung des Kristallgitters zur äußeren Spannungsrichtung abhängig und lässt sich bei einachsiger Zugbeanspruchung mit Hilfe des Schmid'schen Schubspannungsgesetzes ermitteln. Im günstigsten Fall, also für $\psi = \varphi = 45°$ gilt: $\sigma_0 = 2 \cdot \tau_{krit}$ (Kapitel 2.8.2.3). Bei einer weniger günstigen Orientierung des Gleitsystems sind entsprechend höhere Spannungen σ_0

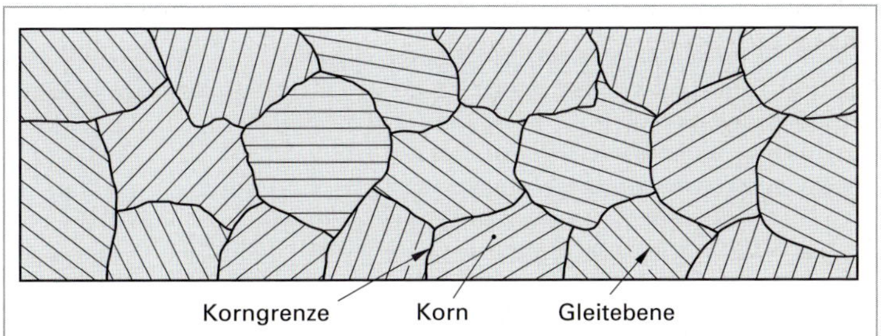

Bild 2: Lage der Gleitebenen in einem Vielkristall

erforderlich. Bei Einkristallen ist die Fließspannung dementsprechend sehr stark von der Gitterorientierung relativ zur äußeren Beanspruchungsrichtung abhängig. Einkristalle verhalten sich daher in Bezug auf den Fließbeginn stark anisotrop.

Bei polykristallinen Werkstoffen (Vielkristallen) wird die Fließspannung aufgrund der regellosen Orientierung der einzelnen Kristallite (Körner) „ausgemittelt". Unter der Annahme gleicher Häufigkeit aller Kornorientierungen relativ zur äußeren Beanspruchung und dem Vorhandensein einer homogenen Legierung, errechnet sich die **Fließspannung** σ_0 eines polykristallinen Werkstoffs in Abhängigkeit der kritischen Schubspannung zu:

$$\sigma_0 \approx 3 \cdot \tau_{krit} \qquad (2.4)$$

Die Fließspannung σ_0 entspricht jedoch nicht der Streck- bzw. Dehngrenze R_e bzw. R_p wie sie im Zugversuch an realen Werkstoffen ermittelt wird, da wesentliche Einflüsse wie zum Beispiel die Auswirkung der im Vielkristall vorhandenen Korngrenzen auf die Versetzungsbewegung und damit die plastische Verformungsfähigkeit noch nicht berücksichtigt sind (Kapitel 2.9.5).

In einem polykristallinen Werkstoff treten mit steigender Beanspruchung plastische Verformungen zunächst in einzelnen günstig zur äußeren Beanspruchung orientierten Körnern auf (mikroplastische Deformationen). Eine makroskopische plastische Verformung erfordert im polykristallinen Verband jedoch die Plastifizierung aller, auch der weniger günstig orientierten Körner. Dies ist in einfacher Weise nur dann möglich, falls in einen Korn mindestens fünf Gleitsysteme betätigt werden können. Man spricht von **Mehrfachgleitung**.

2.9 Verfestigungsmechanismen

Mit Beginn der plastischen Verformung eines metallischen Werkstoffs, d. h. einer ausgeprägten Versetzungsbewegung, sollte man erwarten, dass der Abgleitvorgang bei etwa gleichbleibender Schubspannung τ_{krit} so lange aufrecht erhalten bleibt, bis die Versetzungen den Kristallit durchquert und an seiner Oberfläche (Korngrenze, Werkstoffoberfläche) eine Gleitstufe hinterlassen haben. Tatsächlich wird die Versetzungsbewegung jedoch durch verschiedene Einflüsse behindert. Eine plastische Verformung des Werkstoffs kann dann nur durch höhere Spannungen erreicht werden, die statische Festigkeit des Werkstoffs steigt. Dieser Effekt wird als **Verfestigung** bezeichnet.

Als Hindernisse für eine Versetzungsbewegung wirken insbesondere:

- Korngrenzen (Korngrenzenverfestigung)
- Fremdatome (Mischkristallverfestigung)
- Fremdphasen (Teilchenverfestigung)
- Versetzungen (Verformungsverfestigung)

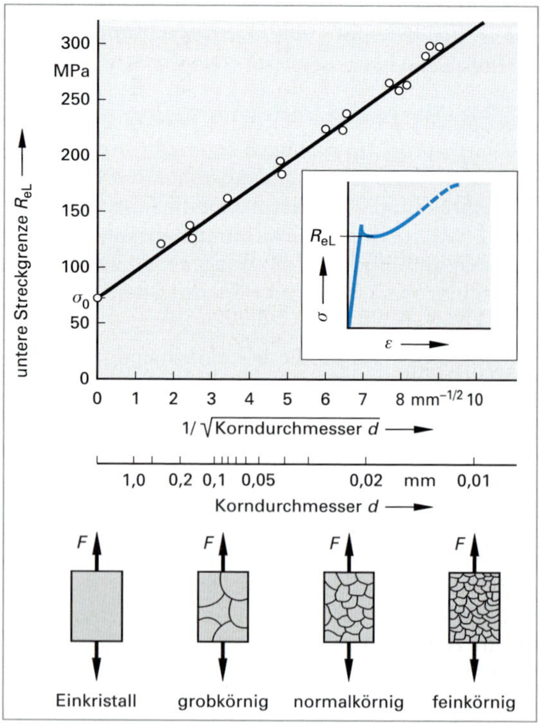

Bild 1: Abhängigkeit der unteren Streckgrenze R_{eL} vom mittleren Korndurchmesser eines niedriglegierten Stahls

2.9.1 Korngrenzenverfestigung

Während die Versetzungen in einem Einkristall unter Bildung einer Gleitstufe an dessen freier Oberfläche austreten können, muss in einem polykristallinen Werkstoff die Verformung eines einzelnen Kornes mit den Nachbarkörnern verträglich sein. Die Korngrenzen stellen damit Hindernisse der Versetzungsbewegung dar, die Versetzungen werden vor einer Korngrenze aufgestaut.

Die Spannungsfelder der aufgestauten Versetzungen reichen weit in das Korninnere und beeinträchtigen auch dort die Versetzungsbewegungen. Der Einfluss ist dabei umso größer, je kleiner der Korndurchmesser ist. Mit abnehmendem Korndurchmesser, also feiner werdendem Korn erhöht sich dementsprechend die Festigkeit (genauer die Streck- bzw. Dehngrenze, Kapitel 13.5.1.5) eines metallischen Werkstoffs. Die untere Streckgrenze R_{eL} eines polykristallinen Werkstoffs lässt die Abhängigkeit des mittleren Korndurchmessers *d* mit Hilfe der **Hall-Petch-Beziehung** analytisch formulieren:

$$R_{eL} = \sigma_0 + \frac{k}{\sqrt{d}} \tag{2.5}$$

R_{eL} untere Streckgrenze

d mittlerer Korndurchmesser bzw. mittlere freie Weglänge der Versetzungsbewegung

σ_0 Fließspannung. Spannung die zur Bewegung einer Versetzung in einem versetzungsarmen Einkristall mit mittlerer Orientierung zur äußeren Beanspruchung benötigt wird

k Widerstand der Korngrenze auf die Versetzungsbewegung (Konstante)

Beispiele: α-Fe: $k = 19\ \text{N/mm}^{3/2}$
Al: $k = 3{,}5\ \text{N/mm}^{3/2}$
Cu: $k = 5{,}5\ \text{N/mm}^{3/2}$

Bild 1, Seite 48, zeigt die Abhängigkeit der unteren Streckgrenze R_{eL} vom mittleren Korndurchmesser am Beispiel eines niedriglegierten Stahles bei Raumtemperatur.

Für die Versetzungsbewegung über eine Korngrenze hinweg, wurden verschiedene Modelle entwickelt, die hier im einzelnen nicht beschrieben werden können. Da ein feineres Korn die Festigkeit und auch die Zähigkeit erhöht, wird bei den Konstruktionswerkstoffen stets ein feinkörniges Gefüge angestrebt (z.B. Feinkornbaustähle, Kapitel 6.5.3).

2.9.2 Mischkristallverfestigung

Fremdatome haben in der Regel einen von den Atomen des Wirtsgitters unterschiedlichen Atomdurchmesser. Die Einlagerung von Fremdatomen auf regulären Gitterplätzen unter Bildung eines Substitutionsmischkristalls bzw. auf Zwischengitterplätzen unter Bildung eines Einlagerungsmischkristalls verursacht eine lokale, symmetrische Verzerrung des Wirtsgitters (Bild 1, Seite 34). Gelangt eine gleitende Stufenversetzung in das Zug- bzw. Druckspannungsfeld eines Fremdatoms, dann besteht die Tendenz, dieses Fremdatom in die Halbebene der Versetzung einzubauen. Hierdurch wird die elastische Verzerrung des Gitters insgesamt verringert.

Da bei Raumtemperatur im Allgemeinen die Geschwindigkeit der Versetzungsbewegung höher ist als die Diffusionsgeschwindigkeit des Fremdatoms, ist ein zusätzlicher Spannungsbetrag zur Lösung der Versetzung vom Fremdatom erforderlich. Die Versetzungsbewegung wird dadurch behindert. Die Mischkristalle von Legierungen haben aus diesem Grund stets eine höhere Festigkeit im Vergleich zu den reinen Metallen (Bild 1).

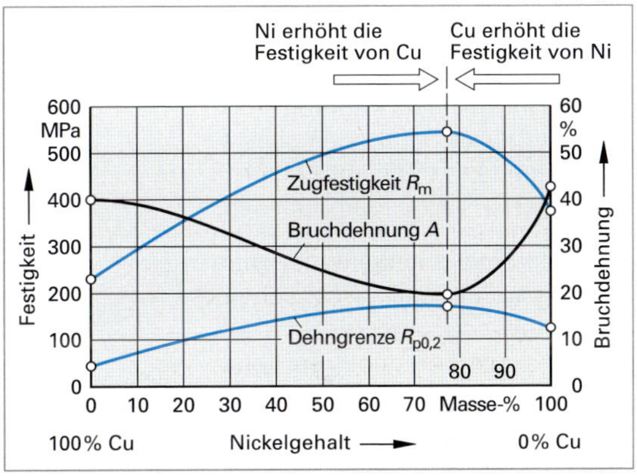

Bild 1: Mischkristallverfestigung am Beispiel von Cu-Ni-Legierungen

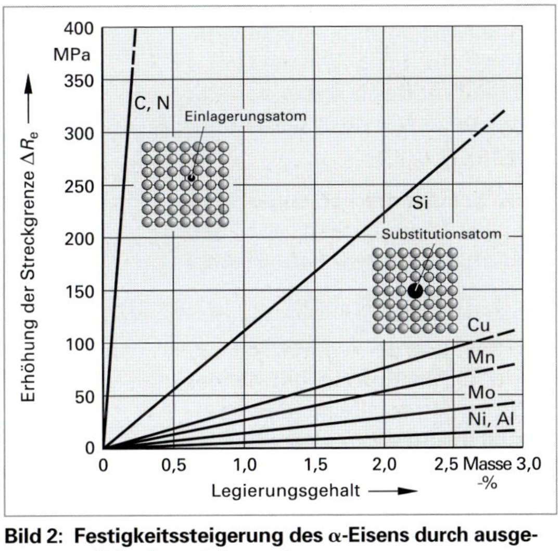

Bild 2: Festigkeitssteigerung des α-Eisens durch ausgewählte Fremdelemente

Einlagerungsmischkristalle führen zu einer stärkeren Verfestigung im Vergleich zu Substitutionsmischkristallen. Die Ursache liegt darin begründet, dass Substitutionsatome ein symmetrisches Normalspannungsfeld besitzen und somit das Schubspannungsfeld von Schraubenversetzungen nicht beeinflussen. Das Normal- und Schubspannungsfeld von Zwischengitteratomen kann hingegen mit Stufen- und Schraubenversetzungen in Wechselwirkung treten. So bewirkt beispielsweise die Einlagerung von Kohlenstoff auf den Zwischengitterplätzen des Eisens (Stahl) eine Festigkeitssteigerung von etwa 100 MPa je 0,1 % Kohlenstoff während auf regulären Gitterplätzen eingelagerte Fremdatome eine deutlich geringere Festigkeitssteigerung bewirken (Bild 2, Seite 49).

Der festigkeitssteigernde Effekt $\Delta\sigma_{MK}$ infolge von Fremdatomen ist proportional zur Quadratwurzel der Konzentration c:

$$\Delta\sigma_{MK} \sim \sqrt{c} \tag{2.6}$$

2.9.3 Teilchenverfestigung

Fremdphasen geeigneter Größe und Verteilung können die Versetzungen sehr wirkungsvoll behindern und dadurch zu einer hohen Festigkeitssteigerung führen. Voraussetzung für eine wirkungsvolle Behinderung der Versetzungsbewegung sind kleine (50 nm ... 100 nm), feindispers verteilte Fremdphasen.

Grundsätzlich unterscheidet man zwei verschiedene Wechselwirkungsmechanismen zwischen den Versetzungen und den Fremdphasen: den Schneidmechanismus und den Umgehungsmechanismus. Durch beide Mechanismen wird die Versetzungsbewegung behindert, so dass ein weiteres Abgleiten der Versetzung eine höhere Spannung erfordert. Welcher der beiden Mechanismen zur Anwendung kommt, hängt von der Größe bzw. vom Abstand sowie von der Härte und der Struktur der Fremdphasen ab.

Beim **Schneidmechanismus** werden die Fremdphasen von den Versetzungen abgeschert. Hierbei werden die beiden Teilchenhälften irreversibel gegeneinander verschoben (Bild 1). Da der verfestigend wirkende Teilchenquerschnitt kleiner wird, werden nachfolgende Versetzungen in ihrer Bewegung weniger beeinträchtigt, so dass eine Entfestigung beobachtet wird. Da sich die Versetzungsbewegung bevorzugt auf Gleitebenen mit geschnittenen

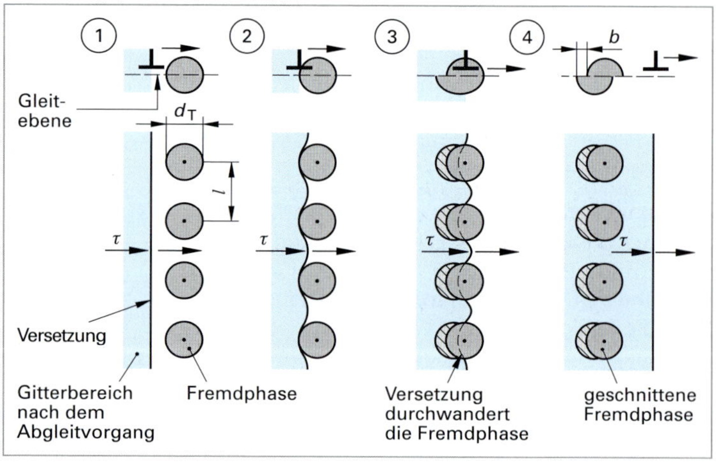

Bild 1: Schneiden von Fremdphasen durch Versetzungen (Schneidmechanismus)
b Betrag des Burgersvektors
l mittlerer Teilchenabstand
d_T mittlerer Teilchendurchmesser

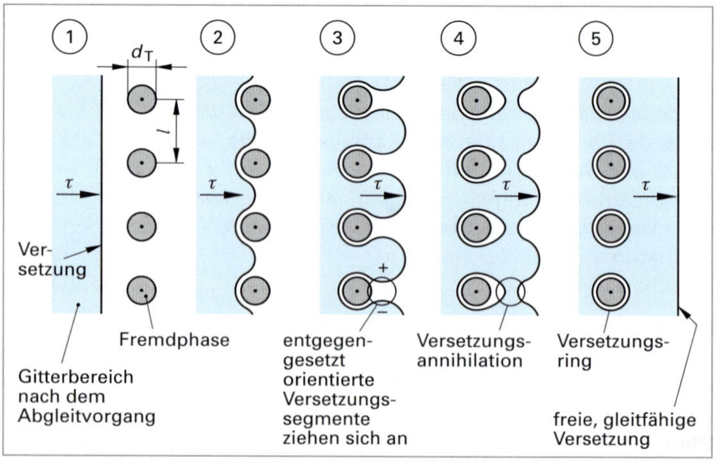

Bild 2: Umgehen von Fremdphasen durch Versetzungen (Umgehungs- oder Orowanmechanismus)

Fremdphasen konzentriert, beobachtet man an der Werkstückoberfläche wenige, jedoch große Gleitstufen **(Grobgleitung).** Der Schneidmechanismus wird insbesondere bei kleinen Teilchen bevorzugt, die an die Matrix noch weitgehend angepasst sind (kohärente oder teilkohärente Fremdphasen).

Mit zunehmender Teilchengröße d_T wird das Schneiden zunehmend erschwert, so dass zwischen der Festigkeitssteigerung $\Delta\sigma_{TS}$ und der Teilchengröße d_T sowie ihrem Volumenanteil f in der Matrix der folgende Zusammenhang besteht:

$$\Delta\sigma_{TS} \sim \sqrt{f} \cdot \sqrt{d_T} \quad (2.7)$$

Fremdphasen, die mit der Matrix nicht mehr verbunden sind (inkohärente Fremdphasen), können nicht geschnitten werden. Die abgleitende Versetzung muss das Teilchen umgehen (Bild 2, Seite 50).

Beim **Umgehungs-** oder **Orowan-Mechanismus** dehnt sich die Versetzung zwischen zwei Teilchen so weit aus, bis sich die Segmente mit entgegengesetztem Vorzeichen anziehen und annihilieren. Auf diese Weise wird das Hindernis unter Bildung eines Versetzungsringes umgangen. Der hinterlassene Versetzungsring wirkt auf nachfolgende Versetzungen abstoßend, so dass eine zunehmende Verfestigung beobachtet wird. Da ein Umgehen der Fremdphase dadurch schwieriger wird, weichen die Versetzungen auf andere Gleitebenen aus, so dass an der Werkstoffoberfläche eine Vielzahl von Gleitstufen mit geringer Stufenhöhe beobachtet werden **(Feingleitung).**

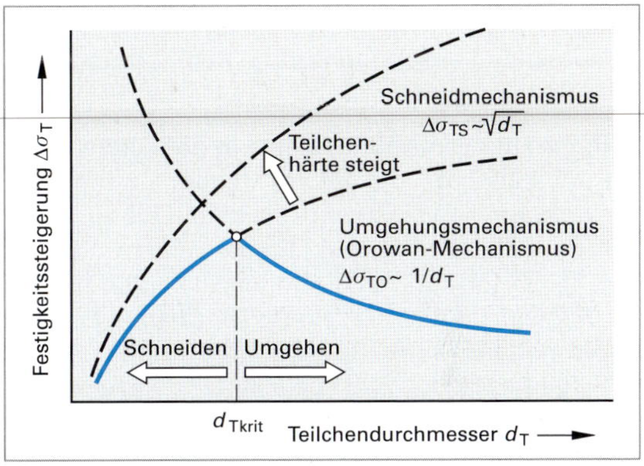

Bild 1: Einfluss der Teilchengröße auf den Mechanismus der Wechselwirkung zwischen Versetzung und Teilchen (kohärente Teilchen)

Beim Orowan-Mechanismus ist die Festigkeitssteigerung $\Delta\sigma_{TO}$ umgekehrt proportional zum Teilchenabstand l:

$$\Delta\sigma_{TO} \sim \frac{1}{l} \quad (2.8)$$

Da zwischen dem Teilchenabstand l, dem Durchmesser d_T der Teilchen und deren Volumenanteil f näherungsweise der folgende Zusammenhang gilt:

$$l \sim \frac{d_T}{\sqrt[3]{f}} \quad (2.9)$$

ist die Spannungserhöhung $\Delta\sigma_{TO}$ auch umgekehrt proportional zur Teilchengröße d_T:

$$\Delta\sigma_{TO} \sim \frac{\sqrt[3]{f}}{d_T} \quad (2.10)$$

Bei kleinen Teilchendurchmessern und damit geringen Teilchenabständen (gleichbleibender Volumenanteil der Teilchen vorausgesetzt), erfordert das Umgehen eine zunehmend größere Schubspannung, da der Versetzungsbogen einen sehr geringen Krümmungsradius aufweisen muss. Mit zunehmender Teilchengröße wird hingegen das Schneiden erschwert. Dies bedeutet, unter der Voraussetzung schneidbarer, also kohärent mit der Matrix zusammenhängender Teilchen, dass sich im Falle eines Teilchenwachstums, mit Erreichen eines kritischen Durchmessers $d_{T\,krit}$, der Wechselwirkungsmechanismus zwischen Versetzung und Teilchen von Schneiden in Umgehen ändert (Bild 1).

Die Fremdphasen können auf unterschiedliche Weise in die Matrix gebracht werden. Am häufigsten nutzt man die Ausscheidung von Fremdphasen aus einem übersättigten Mischkristall. Man spricht dann von **Ausscheidungshärtung.** Auf diesem Mechanismus beruht beispielsweise die technisch außerordentlich wichtige Festigkeitssteigerung **aushärtbarer Aluminiumlegierungen** (Kapitel 7.1.5) sowie der **mikrolegierten Stähle** (Kapitel 6.5.14.1) und der **martensitaushärtenden Stähle** (Kapitel 6.5.10.3). Auch die mit dem **Vergüten** von Stählen (Kapitel 6.4.5.4) einher gehende Festigkeitssteigerung beruht auf der Ausscheidung fein verteilter Fremdphasen (Carbide).

Eine weitere Möglichkeit fein verteilte Fremdphasen in einer Matrix zu verteilen, stellt die **Dispersionshärtung** dar. Hierbei werden unlösliche Fremdphasen pulvermetallurgisch in ein Matrixmetall oder galvanisch in einen Beschichtungsstoff eingebracht. Technische Beispiele hierfür sind Aluminiumlegierungen mit Al_2O_3-Teilchen oder auf galvanischem Wege aufgebrachte Nickelüberzüge mit SiC- oder Al_2O_3-Teilchen.

2.9.4 Verformungsverfestigung (Kaltverfestigung)

Werden metallische Werkstoffe unterhalb ihrer Rekristallisationstemperatur plastisch verformt (Kaltverformung), dann beobachtet man eine mit steigendem Umformgrad zunehmende Festigkeit des Werkstoffs (Bild 1, Seite 57). Dieser Effekt wird als **Verformungsverfestigung** oder **Kaltverfestigung** bezeichnet. Die Ursache für diesen Effekt ist eine Erhöhung der Versetzungsdichte mit zunehmender Verformung und dementsprechend eine gegenseitige Behinderung der Versetzungsbewegungen (gegenseitige Beeinflussung ihrer Spannungsfelder).

Während die Versetzungsdichte in geglühten metallischen Werkstoffen etwa 10^5 cm^{-2} bis 10^8 cm^{-2} beträgt, kann eine starke plastische Verformung die Versetzungsdichte auf bis zu 10^{12} cm^{-2} erhöhen. Eine einfache Modellvorstellung für die Versetzungsmultiplikation bei plastischer Verformung ist die bereits in Kapitel 2.5.2.2 beschriebene Versetzungsquelle nach ***Dr. Frederick Charles Frank*** (1911 ... 1998) und ***Thorton Read*** (Frank-Read-Quelle).

Der mit einer Kaltverformung einher gehende Festigkeitsanstieg $\Delta\sigma_V$ ist proportional zur Versetzungsdichte ϱ:

$$\Delta\sigma_V \sim \sqrt{\varrho} \qquad (2.11)$$

Bild 1 zeigt am Beispiel des α-Eisens die Erhöhung der Festigkeit (Dehngrenze) in Abhängigkeit der Versetzungsdichte ϱ.

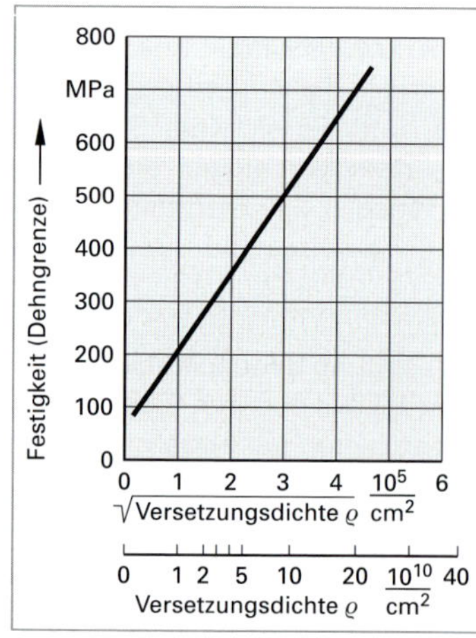

Bild 1: Erhöhung der Dehngrenze von α-Eisen in Abhängigkeit der Versetzungsdichte ρ

Der Effekt der Verformungsverfestigung wird technisch zur Festigkeitssteigerung metallischer Werkstoffe genutzt, jedoch muss dabei beachtet werden, dass mit zunehmendem Umformgrad die plastische Verformbarkeit des Metalls sehr stark abnimmt (Bild 1, Seite 57). Bei entsprechend hohen Umformgraden besteht daher die Gefahr der Rissbildung. Sieht man von einer Veränderung der Korngröße ab, dann kann bei einphasigen Metallen (z. B. reine Metalle) eine Festigkeitssteigerung nur durch eine Kaltverfestigung erreicht werden.

Bei der Festigkeitssteigerung durch Kaltverformung ist zu beachten, dass die Streck- bzw. Dehngrenze nur dann erhöht wird, falls die Beanspruchungs- und die Verformungsrichtung gleich sind. Bei Umkehrung der Verformungsrichtung beobachtet man jedoch eine Erniedrigung. Dieser, insbesondere bei mehrphasigen Legierungen besonders ausgeprägte Effekt, wird nach seinem Entdecker als **Bauschinger-Effekt** (***Johann Bauschinger***, 1834 ... 1893) bezeichnet (Bild 2). Bei der Erstverformung tritt eine plastische Verformung mit Erreichen der Streck- oder Dehngrenze ($R_{p0,2}$) ein. Der Spannungs-Dehnungs-Verlauf einer anschließenden Entlastung aus dem überelastischen Bereich erfolgt parallel zur Hooke'schen Geraden. Bei einer anschließenden Belastung in den Druckbereich, erfolgt die Plastifizierung mit Erreichen der Druckfließgrenze σ_{dF} die betragsmäßig kleiner als die Streck- bzw. Dehngrenze ist $|\sigma_{dF}| < R_{p0,2}$ (Bild 2). Ursache des Bauschinger-Effektes sind Eigenspannungen, die nach der Entlastung im Werkstück zurückbleiben. Bei einer erneuten, umgekehrten Beanspruchung bewirken dann diese Eigenspannungen eine Aktivierung der Versetzungsbewegung bei einer niedrigeren Spannung.

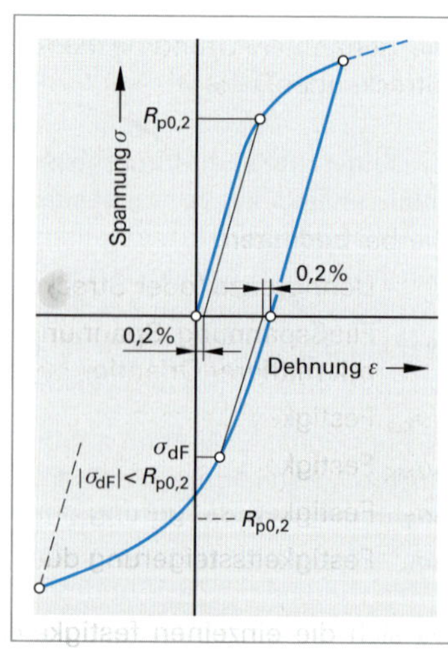

Bild 2: Bauschinger-Effekt

2.9.5 Überlagerung der Verfestigungsmechanismen

Die Beanspruchbarkeit technischer Bauteile endet mit dem Auftreten makroplastischer Verformungen. Die Spannungen im Bauteil dürfen dementsprechend die Streck- bzw. Dehngrenze R_e bzw. R_p nicht überschreiten bzw. man beschränkt sich auf zulässige Spannungen, die mit einer bestimmten Sicherheit unterhalb von diesen Werkstoffkennwerten liegen. Die Streck- bzw. Dehngrenze sind dementsprechend die zur Dimensionierung technischer Bauteile relevanten Werkstoffkennwerte. Eine Erhöhung dieser Festigkeitskennwerte erhöht die Beanspruchbarkeit eines Bauteils bzw. erlaubt bei gleicher Beanspruchung die Verminderung der tragenden Querschnittsfläche. Dadurch werden das Bauteilgewicht sowie die Werkstoff- und Fertigungskosten reduziert. Eine Erhöhung des Widerstandes gegen plastische Verformung, eine Steigerung der Streck- bzw. Dehngrenze also, kann entsprechend dem bisher Gesagten durch eine Behinderung der Versetzungsbewegung erreicht werden. Hierfür stehen die folgenden Möglichkeiten zur Verfügung:

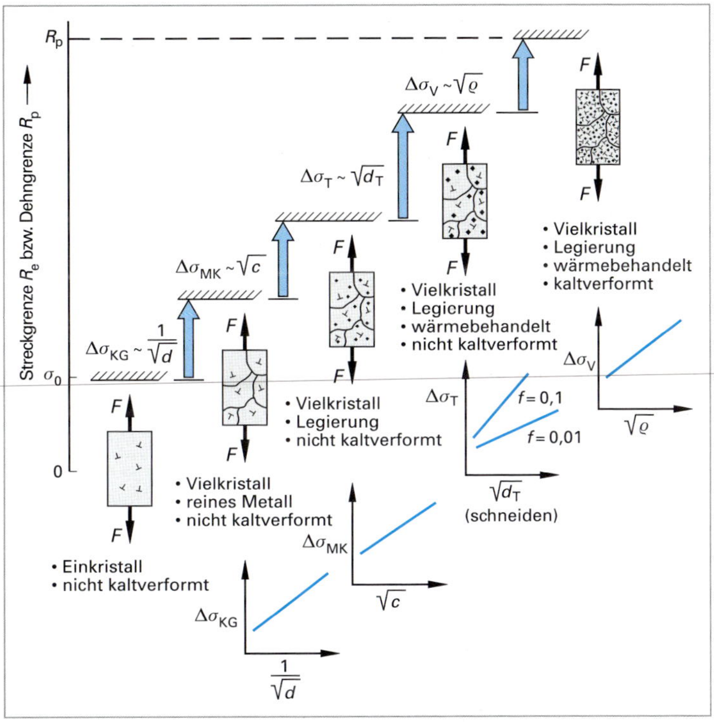

Bild 1: Überlagerung der Verfestigungsmechanismen

- Erhöhung der Anzahl an Korngrenzen (Kornfeinung)
- Lösen von Fremdatomen im Kristallgitter des Basismetalls (Legieren)
- Erzeugung von Fremdphasen (Wärmebehandlung)
- Erhöhung der Versetzungsdichte (Kaltumformung)

Die genannten Grundmechanismen lassen sich miteinander kombinieren, so dass sich die Festigkeit (Streck- oder Dehngrenze) formal nach der folgenden Beziehung ergibt (Bild 1):

$$R_p = \sigma_0 + \Delta\sigma_{KG} + \Delta\sigma_{MK} + \Delta\sigma_T + \Delta\sigma_V \quad (2.12)$$

Hierbei bedeuten:

R_p Dehngrenze (oder Streckgrenze R_e)

σ_0 Fließspannung. Spannung die zur Bewegung einer Versetzung in einem versetzungsarmen Einkristall mit mittlerer Orientierung zur äußeren Beanspruchung benötigt wird.

$\Delta\sigma_{KG}$ Festigkeitssteigerung durch Korngrenzenverfestigung (Gleichung 2.5)

$\Delta\sigma_{MK}$ Festigkeitssteigerung durch Mischkristallverfestigung (Gleichung 2.6)

$\Delta\sigma_T$ Festigkeitssteigerung durch Teilchenverfestigung (Gleichung 2.7 bzw. 2.10)

$\Delta\sigma_V$ Festigkeitssteigerung durch Kaltumformung (Gleichung 2.11)

Da sich die einzelnen festigkeitssteigernden Mechanismen gegenseitig beeinflussen, ist eine lineare Addition der Beträge der Streck- bzw. Dehngrenzenerhöhung allerdings nicht immer möglich.

2.10 Thermisch aktivierte Prozesse

Unter einem thermisch aktivierten Prozess versteht man Platzwechselvorgänge von Atomen, Ionen oder niedermolekularen Verbindungen infolge thermischer Anregung. Thermisch aktivierte Vorgänge laufen in der Regel von einem weniger stabilen zu einem stabileren Zustand ab.
Von technischer Bedeutung in der Metallkunde sind die folgenden thermisch aktivierten Prozesse:

- Diffusion bei Vorhandensein eines Konzentrationsgefälles
- Erholung und Rekristallisation verformter Gefüge
- Kriechen
- Sinterprozesse

2.10.1 Diffusion

Die Atome in einem Festkörper wie zum Beispiel im Kristallgitter eines Metalles sind nie völlig in Ruhe, sondern sie führen vielmehr unregelmäßige Schwingungen um ihre Gleichgewichtslage aus. Mit zunehmender Temperatur nimmt dabei die Schwingungsamplitude zu. Hierbei kommt es zwischen den Atomen zu ständigen Stößen, die dazu führen können, dass ein Gitteratom bzw. Substitutionsatom von seinem regulären Gitterplatz zu einer nahegelegenen Leerstelle bzw. ein Zwischengitteratom auf einen benachbarten Zwischengitterplatz gelangt.

Diese Wanderung der Atome im festen Zustand durch das Kristallgitter wird als **Diffusion** bezeichnet. Die Platzwechselvorgänge bewirken einen Materietransport und sind für alle Gefüge- und Zustandsänderungen notwendig, ausgenommen bei der Martensitbildung (Kapitel 6.4.4.5).

Damit eine Diffusion stattfindet, muss eine treibende Kraft vorhanden sein, d.h. es muss eine Verringerung der inneren Energie stattfinden. Solch treibende Kräfte sind z. B. der Abbau von Konzentrationsunterschieden oder die Verminderung von Gitterbaufehlern, die durch eine Kaltverfestigung entstanden sind.

Die Diffusion von Atomen in Festkörpern wird durch die Wärmebewegung der Atome und deren Nachbarteilchen ermöglicht. Dies bedeutet, dass durch die Zufuhr thermischer Energie die Atome aus ihrem Bindungszustand herausgelöst werden und nach Überwindung eines Hindernisses (Energieberg) einen neuen Gitterplatz erreichen. Bild 1, zeigt den Vorgang der Diffusion eines Atoms in die benachbarte Leerstelle in einer Oktaederebene

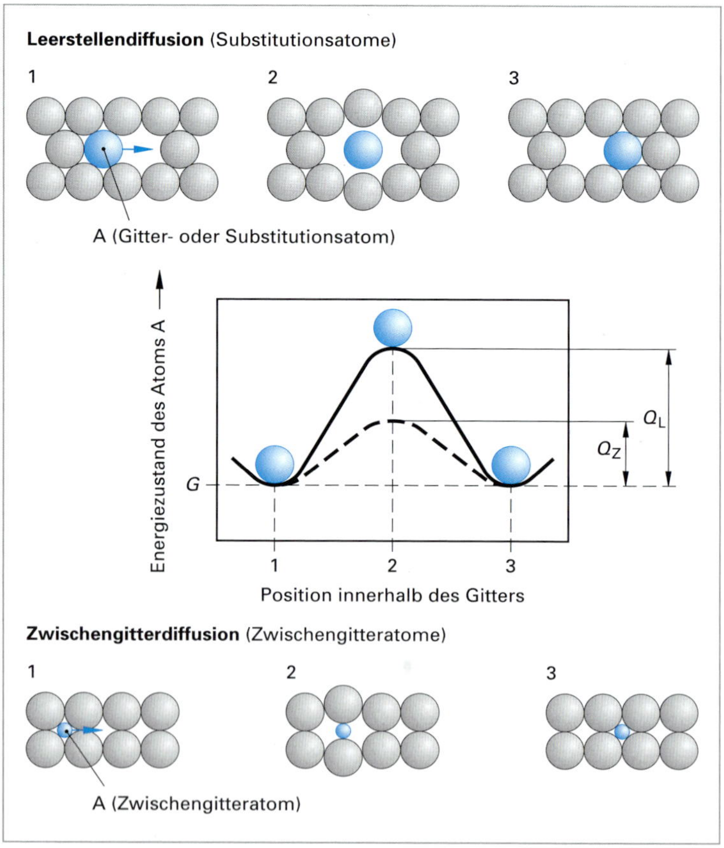

Bild 1: Wanderung eines Atoms in einer Ebene sowie Änderung seines Energiezustandes
G = Grundenergiezustand
Q_L = Aktivierungsenergie für Leerstellendiffusion
Q_Z = Aktivierungsenergie für Zwischengitterdiffusion

(kfz). Um aus dem Zustand 1 den Platz der Leerstelle (Zustand 3) zu erreichen, muss das Atom A im Zwischenzustand 2 die beiden Nachbaratome aus deren Ruhelage ein wenig beiseite schieben. Dabei durchläuft das wandernde Atom die darunter gezeigten Energiezustände. Die Höhe des Energieberges im Zustand 2 wird als **Aktivierungsenergie** Q (in der Zeichnung Q-G) bezeichnet. Das bedeutet, für Diffusionsvorgänge ist immer eine bestimmte Aktivierungsenergie notwendig. Meistens erreicht das Atom im Zustand 3 jedoch eine niedrigere Energie als im ursprünglichen Zustand 1, der Diffusionsvorgang ist dann mit einer Verringerung der inneren Energie verbunden. Es ist ein Naturgesetz, Zustände niedrigerer Energie zu erreichen. Die Aktivierungsenergie Q ist eine charakteristische Größe, die von den vorliegenden Bindungsverhältnissen abhängig ist und experimentell bestimmt werden kann (z. B. C-Atome in γ-Fe: Q = 138 kJ/mol Tabelle 1, Seite 56). Die Diffusion ermöglicht beispielsweise den Konzentrationsausgleich in Mischkristallen, die Erholung und Rekristallisation kaltverformter Werkstoffe oder das Sintern von Metallpulvern. Sie bewirkt aber auch unerwünschte Kriechvorgänge bei höheren Temperaturen.

Früher wurde vermutet, dass die Diffusion auf dem direkten Platzwechsel beruhe, dass also zwei benachbarte Atome ihre Gitterplätze tauschen würden. Wie sollen aber die beiden Atome aneinander vorbeikommen? Die Atome müssten dazu sehr weit auseinanderrücken, d. h. es müsste sehr viel (Aktivierungs)-Energie aufgewendet werden. Inzwischen ist bekannt, dass bei regulären Gitteratomen bzw. Substitutionsatomen die Diffusion vor allem auf der Wanderung von Leerstellen beruht (**Leerstellendiffusion**), Bild 1, Seite 54. Für einen solchen Prozess der **Selbstdiffusion** von regulären Gitteratomen bzw. Diffusion von Substitutionsatomen (**Fremddiffusion**) sind genügend Leerstellen vorhanden, zumal deren Anzahl mit steigender Temperatur noch zunimmt.

Bei Einlagerungsmischkristallen findet die Fremddiffusion über Zwischengitterplätze statt (**Zwischengitterdiffusion**), Bild 1, Seite 54. Da solche Legierungen meist nur eine geringe Konzentration gelöster Fremdatome wie H, C, N, O oder B enthalten können, stehen immer genügend leere Zwischengitterplätze in der Nachbarschaft zur Verfügung. Aufgrund der großen Anzahl von Zwischengitterplätzen und der Tatsache, dass keine Leerstellen benötigt werden, verläuft die Zwischengitterdiffusion sehr schnell.

An der Werkstoffoberfläche **(Oberflächendiffusion)** können sich die Atome leichter als im Inneren eines Korns bewegen **(Volumendiffusion)**. Der Energieaufwand für eine Diffusion entlang einer Korngrenze **(Korngrenzendiffusion)** ist ebenfalls geringer als für eine Diffusion im Korninnern, jedoch größer als für eine Oberflächendiffusion (Bild 1, Seite 56). Innerhalb eines Korns ist jedes Atom in allen Richtungen meist von anderen Atomen umgeben, an der Oberfläche oder Korngrenze jedoch nicht. Im Allgemeinen ist dennoch der Einfluss der Volumendiffusion vorherrschend, obwohl der Energieaufwand größer ist als für die beiden anderen Mechanismen. Nur bei sehr feinkörnigem Gefüge ist ein größerer Anteil von Korngrenzendiffusion zu beobachten.

Bei stationären Diffusionsvorgängen wird der Zusammenhang zwischen Massenstrom ($\mathrm{d}m/\mathrm{d}t$) und Konzentrationsgefälle ($\mathrm{d}c/\mathrm{d}x$) mithilfe des **ersten Fick'schen Gesetzes** (benannt nach ***Adolf Eugen Fick,*** 1829 … 1901) beschrieben:

$$\frac{1}{A} \cdot \frac{\mathrm{d}m}{\mathrm{d}t} = -D \cdot \frac{\mathrm{d}c}{\mathrm{d}x} \quad \text{bzw.} \quad J = -D \cdot \frac{\mathrm{d}c}{\mathrm{d}x} \tag{3.1}$$

mit A Fläche senkrecht zum Diffusionsstrom (cm^2)

$\mathrm{d}m/\mathrm{d}t$ Massenstrom (g/s oder mol/s)

D Diffusionskoeffizient (cm^2/s)

$\mathrm{d}c/\mathrm{d}x$ Konzentrationsgefälle ($\mathrm{d}c$ in $\mathrm{g/cm}^3$ oder $\mathrm{mol/cm}^3$; $\mathrm{d}x$ in cm)

J Diffusionsstrom ($\mathrm{g/(cm^2 \cdot s)}$ bzw. $\mathrm{mol/(cm^2 \cdot s)}$)

Die Diffusion ist in starkem Maße temperaturabhängig und kann durch eine besondere Gleichung (**Arrhenius-Gleichung**) für den Diffusionskoeffizienten beschrieben werden.

ⓘ Information

Bestimmung der Aktivierungsenergie Q und der Diffusionskonstante D_0

Durch Logarithmieren der Gleichung

$$D = D_0 \cdot e^{-Q/(R \cdot T)}$$

folgt:

$$\ln D = -\frac{Q}{R} \cdot \frac{1}{T} + \ln D_0$$

Aus der Steigung im $\ln D$-$\frac{1}{T}$-Diagramm kann damit die Aktivierungsenergie Q berechnet werden. Aus dem Ordinatenabschnitt kann theoretisch (kein Messpunkt für $T = \infty$) die Diffusionskonstante D_0 ermittelt werden.

$$D = D_0 \cdot e^{-Q/(R \cdot T)} \qquad (3.2)$$

mit D = Diffusionskoeffizient (cm²/s)
D_0 = Diffusionskonstante oder Frequenzfaktor (cm²/s)
Q = Aktivierungsenergie (J/mol)
R = allgemeine Gaskonstante
$R = 8{,}314$ J/(mol · K)
T = absolute Temperatur (K)

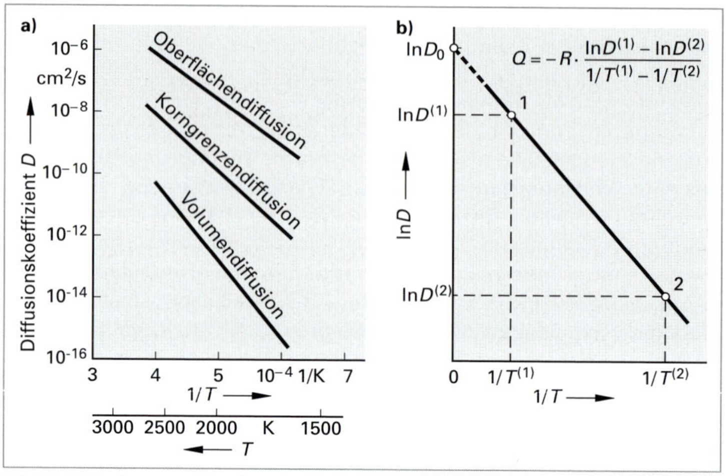

Bild 1: Diffusion von Thorium in Wolfram
a) Experimentelle Ergebnisse
b) Ermittlung der Aktivierungsenergie Q sowie der Diffusionskonstante D_0 (1 und 2 sind experimentell zu ermittelnde Stützpunkte)

Bild 1 zeigt beispielhaft die Diffusion von Thorium in Wolfram für unterschiedliche Diffusionsmechanismen sowie die Ermittlung der Aktivierungsenergie. Bei nicht stationären Diffusionsvorgängen stellt das **zweite Fick'sche Gesetz** einen Zusammenhang zwischen den zeitlichen und örtlichen Konzentrationsunterschieden her:

$$\frac{\partial c}{\partial t} = D \cdot \frac{\partial^2 c}{\partial x^2} \qquad (3.3)$$

Zwar gibt es keine allgemeine Lösung dieser partiellen Differentialgleichung 2. Ordnung, jedoch lassen sich für bestimmte Diffusionssysteme spezielle Lösungen herleiten. So erhält man beispielsweise für die Verfahren des thermochemischen Behandelns (z. B. Aufkohlen, Nitrieren, Borieren, siehe Kapitel 6.4.6.3) für den mittleren Randabstand x_m (die Konzentration der diffundierenden Elemente wie C, N oder B ist auf die Hälfte gesunken) in Abhängigkeit der Diffusionsdauer t ein **parabolisches Zeitgesetz:**

$$x_m^2 = D \cdot t \qquad (3.4)$$

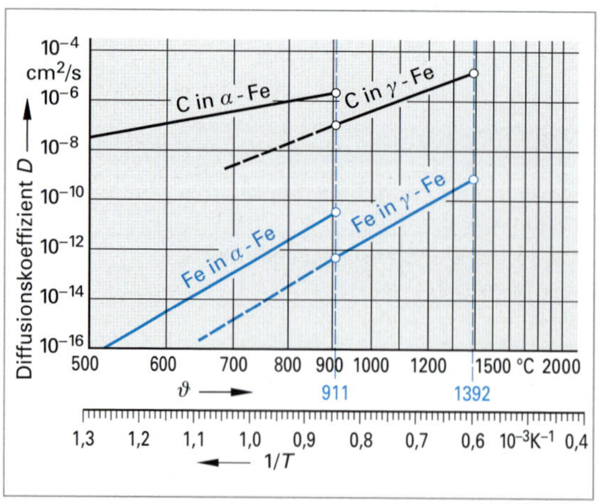

Bild 2: Temperaturabhängigkeit der Selbst- und Fremddiffusion in Eisen

Tabelle 1: Diffusionskennwerte ausgewählter Stoffe

Diffusionspaar		Aktivierungsenergie Q	Diffusionskonstante D_0
Element	Matrix	kJ/mol	cm²/s
Leerstellendiffusion (Selbstdiffusion)			
Fe	α-Fe (krz) [1]	247	4,10
Fe	γ-Fe (krz) [2]	279	0,65
Pb	Pb	109	1,27
Cu	Cu	208	0,36
Al	Al	135	0,10
Zn	Zn	91,3	0,10
Mg	Mg	135	1,00
W	W	600	1,88
Leerstellendiffusion (Fremddiffusion)			
Ni	Cu	243	2,30
Cu	Ni	258	0,65
Zn	Cu	184	0,78
Ag	Au	168	0,072
Au	Ag	191	0,26
Zwischengitterdiffusion			
C	α-Fe (krz) [1]	87,6	0,011
C	γ-Fe (kfz) [2]	138	0,23
N	α-Fe (krz) [1]	76,7	0,0047
N	γ-Fe (kfz) [2]	145	0,0034
H	α-Fe (krz) [1]	15,1	0,0012
H	γ-Fe (kfz) [2]	43,2	0,0063

[1] bis 911 °C [2] 911 °C … 1392 °C

Man erkennt, dass bei gleichbleibender Temperatur für eine Verdoppelung der mittleren Eindringtiefe die vierfache Glühdauer erforderlich ist.

In Tabelle 1, Seite 56 sind Diffusionskennwerte ausgewählter Stoffe zusammengestellt. Bild 2, Seite 56 zeigt beispielhaft die Temperaturabhängigkeit der Selbst- und Fremddiffusion in Eisen.

2.10.2 Erholung und Rekristallisation

Eine Kaltverformung metallischer Werkstoffe (z.B. Biegen, Kaltwalzen, Tiefziehen) führt zu einer Störung des Ordnungszustandes im Kristallgitter. Hierbei wird insbesondere die Versetzungsdichte um mehrere Größenordnungen erhöht. Mit zunehmendem Umformgrad nimmt die Festigkeit (Zugfestigkeit und Dehngrenze) zu, die plastische Verformbarkeit (Bruchdehnung) hingegen ab (Verformungsverfestigung, Kapitel 2.9.4), bis schließlich das Verformungsvermögen erschöpft ist und Risse entstehen. Infolge der Zunahme der inneren Energie befindet sich der Werkstoff nicht mehr im thermodynamischen Gleichgewicht, wodurch z.B. die elektrische Leitfähigkeit sinkt und die Korrosionsanfälligkeit zunimmt.

Durch eine im Anschluss an die Kaltverformung durchgeführte Wärmebehandlung (z. B. Rekristallisationsglühen, Kapitel 6.4.3.4) können die ursprünglichen Eigenschaften teilweise oder vollständig wiederhergestellt werden. In Abhängigkeit von Umformgrad und Temperatur können dabei zwei unterschiedliche Vorgänge im Gefüge ablaufen: die **Erholung** und die **Rekristallisation**.

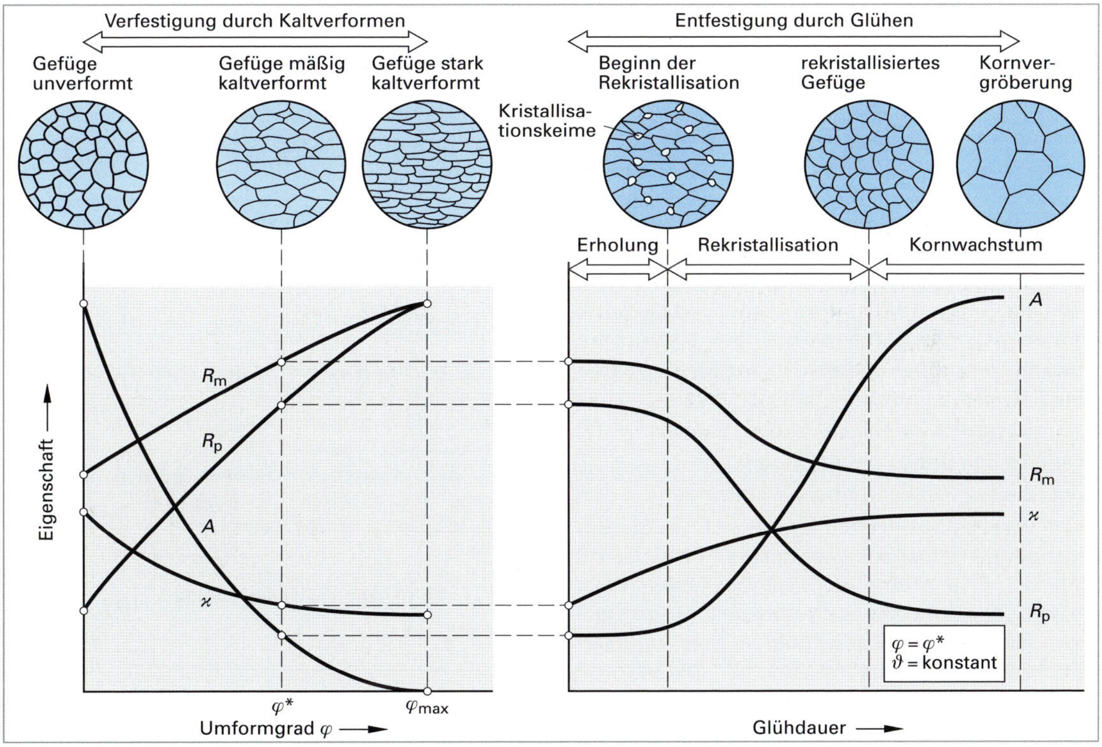

Bild 1: Veränderung der Werkstoffeigenschaften durch eine Kaltverformung und anschließende Glühung
(R_m = Zugfestigkeit, R_p = Dehngrenze, A = Bruchdehnung, $\varkappa$ = elektrische Leitfähigkeit)

2.10.2.1 Verformungsstrukturen

Durch eine plastische Verformung bei niedrigen Temperaturen (Kaltverformung) entsteht in den Körnern ein Netzwerk miteinander verknäuelter und verhakter Versetzungen. Die Versetzungsdichte nimmt dabei mit zunehmendem Umformgrad zu. Dadurch werden die Versetzungen weniger beweglich, so dass die Festigkeit des Metalls steigt, seine Plastizität und Zähigkeit hingegen abnimmt (Bild 1).

Die weitgehend bewegungsunfähigen Versetzungen sind häufig nicht gleichmäßig verteilt, sondern wie zum Beispiel in kaltverformtem α-Eisen, in sogenannten **Zellwänden** konzentriert. Das Mikrogefüge eines kaltverformten Werkstoffs zeigt dementsprechend Bereiche mit relativer geringer Versetzungsdichte **(Zellen)** und Bereiche (Bänder) mit hoher Versetzungsdichte (Zellwände), Bild 1 und Bild 2. Die Erscheinungsform bzw. die Ausbildung einer derartigen **Zellstruktur** bei der Kaltumformung bzw. während Erholung ist werkstoffabhängig und wird durch die Stapelfehlerenergie, den Umformgrad und die Umformtemperatur bestimmt.

Da sich die Gitterbaufehler nicht im thermodynamischen Gleichgewicht befinden, also die innere Energie des Festkörpers erhöhen (insbesondere durch die elastische Verzerrungsenergie der Versetzungen), haben sie das Bestreben „auszuheilen", um dadurch einen insgesamt energieärmeren und damit stabileren Zustand zu erreichen. Da diese Vorgänge an die Diffusion von Atomen (Kapitel 2.10.1) gebunden sind, laufen sie erst bei höheren Temperaturen ab und führen dann zu einer Entfestigung und einer damit einher gehenden Erhöhung von Plastizität und Zähigkeit des Metalls (Bild 1, Seite 57). In Abhängigkeit der Höhe der Glühtemperatur kommt es dabei zur Umordnung von Gitterdefekten (Erholung) oder zur Kornneubildung (Rekristallisation).

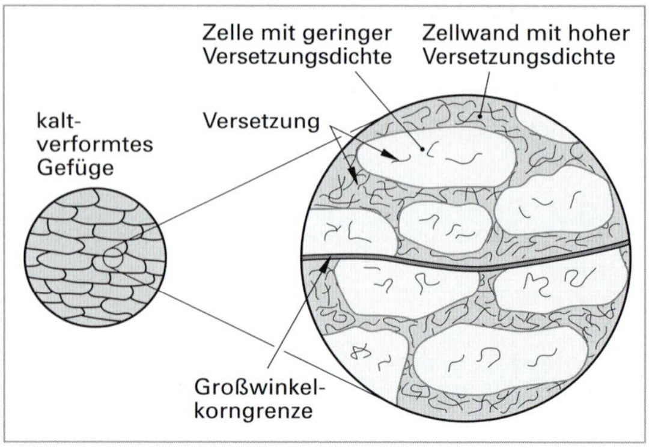

Bild 1: Zellstruktur nach einer Kaltverformung bzw. während der Erholung

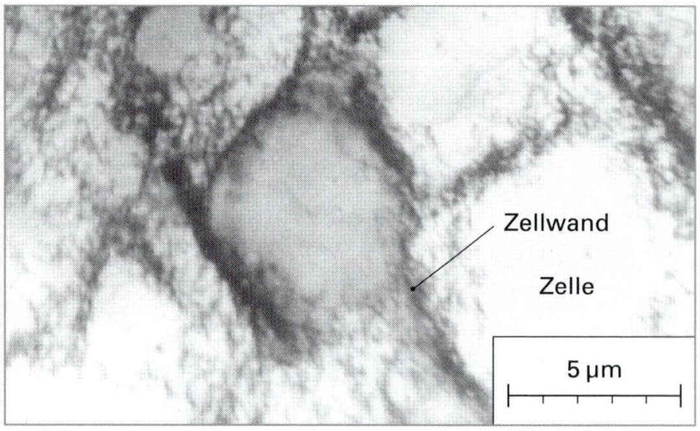

Bild 2: Zellstruktur am Beispiel einer Kupferprobe (300 °C; Umformgrad φ = 100 %)

2.10.2.2 Erholung

Eine Kaltverformung führt zu einer starken Erhöhung der Versetzungsdichte. Da die Verformung jedoch bei relativ niedrigen Temperaturen erfolgt, bleibt der verformte Zustand erhalten und die Struktur stabil. Die Versetzungen befinden sich im mechanischen Kräftegleichgewicht. Der verformte Zustand ist jedoch thermodynamisch instabil.

Voraussetzungen für eine Erholung sind:

- Klettern von Stufenversetzungen
- Quergleiten von Schraubenversetzungen

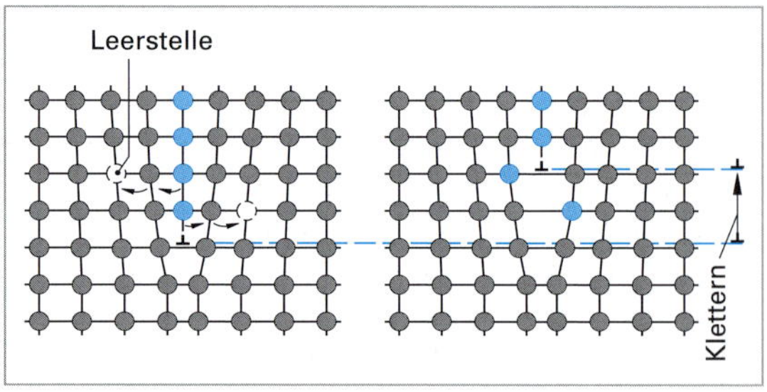

Bild 3: Klettern einer Stufenversetzung

Beim **Versetzungsklettern** lagern sich an die eingeschobene Halbebene Leerstellen an bzw. es diffundieren Gitteratome weg. Hierbei verkürzt sich die Halbebene um einen Gitterabstand je Leerstelle und gelangt dabei nacheinander in über ihr liegende (parallele) Gleitebenen (Bild 3). Der Vorgang kann auch umgekehrt ablaufen, d. h. es lagern sich Zwischengitteratome an die Versetzung an. Die Versetzung „klettert nach unten". Damit ist es der Versetzung möglich, ihre Blockierung zu überwinden und auf eine andere Gleitebene zu wechseln. Das Versetzungsklettern ist aufgrund der notwendigen Diffusion von Gitteratomen ein thermisch aktivierter Vorgang, welcher mit der Temperatur exponentiell und mit der Zeit linear zunimmt.

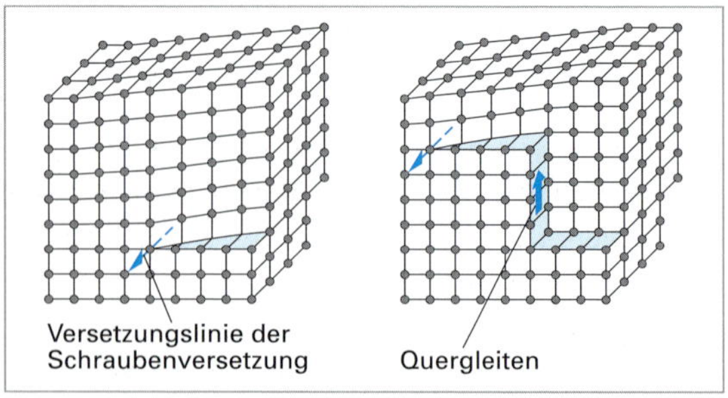

Bild 4: Quergleiten einer Schraubenversetzung

Bei einer Schraubenversetzung spannen Burgersvektor und Versetzungslinie keine Ebene auf, so dass **Schraubenversetzungen quergleiten** (Bild 4) und damit ebenfalls energetisch günstigere Positionen annehmen können.

Durch Klettern bzw. Quergleiten können zwei für die Erholung entscheidende Prozesse ablaufen:

- **Annihilation** (Auslöschung) von Stufen- bzw. Schraubenversetzungen mit ungleichem Vorzeichen (Bild 1).
- Anordnung von Stufenversetzungen mit gleichem Vorzeichen in Kleinwinkelkorngrenzen **(Polygonisation)**.

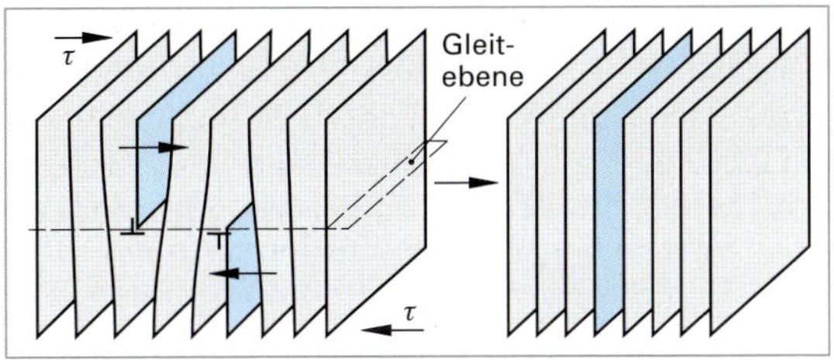

Bild 1: Annihilation (Auslöschung) von Stufenversetzungen

Während mit Beginn der Erholung insbesondere das Quergleiten von Schraubenversetzungen und die damit mögliche Versetzungsannihilation für die Ausbildung einer ausgeprägten Zellstruktur verantwortlich ist, findet bei höheren Temperaturen durch einsetzende Diffusion zusätzlich das Klettern von Stufenversetzungen statt. Hierbei wird eine zunehmend schärfere Ausprägung der Zellwände erreicht, bis die Zelle gegenüber ihren benachbarten Zellen schließlich einen kleinen Orientierungsunterschied von wenigen Grad aufweist. Aus dem Zellbereich entsteht ein Subkorn und aus der Zellwand eine Subkorngrenze. Dieser Vorgang wird auch als Polygonisation bezeichnet. Er führt zu einer deutlichen Verminderung der inneren Energie, da sich die Versetzungen räumlich übereinander anordnen, so dass sich ihre Spannungsfelder teilweise aufheben (Bild 2). Die Polygonisation geht auch mit dem Abbau von Eigenspannungen einher und wird in der Praxis beim Spannungsarmglühen (Kapitel 6.4.3.3) genutzt.

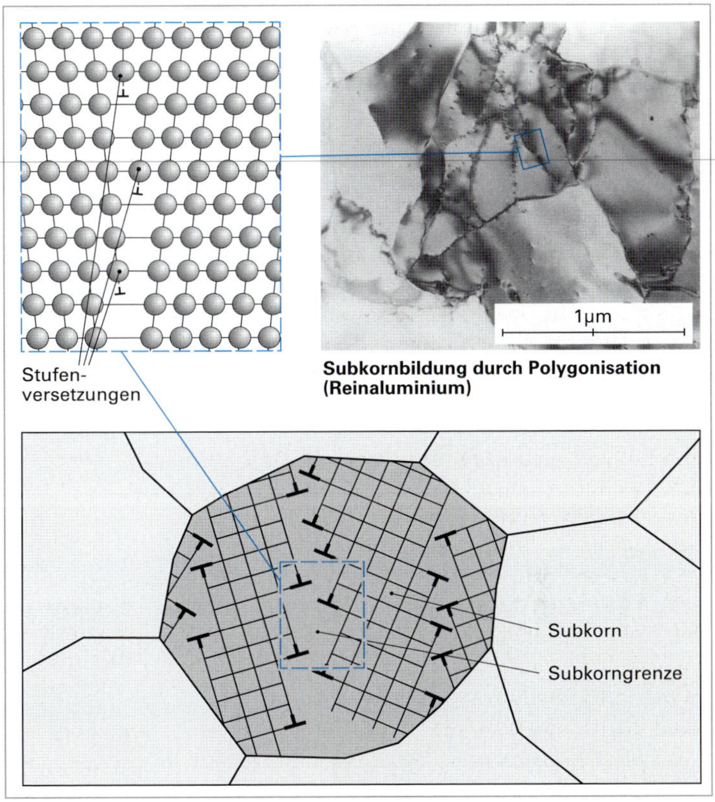

Subkornbildung durch Polygonisation (Reinaluminium)

Bild 2: Entstehung von Subkörnern und Subkorngrenzen (Polygonisation)

Metalle mit geringer Stapelfehlerenergie (Kapitel 2.5.2.3) wie Cu, Co, Ag oder die austenitischen CrNi-Stähle neigen relativ wenig zur Erholung im Vergleich zu Metallen mit hoher Stapelfehlerenergie wie α-Eisen, Al oder Ni. Der Grund ist darin zu sehen, dass

1. ein Quergleiten nur möglich ist, falls die Aufspaltung der Teilversetzung aufgehoben wird. Bei geringer Stapelfehlerenergie liegen jedoch große Aufspaltungsweiten vor,
2. die Wahrscheinlichkeit für Versetzungsklettern mit zunehmender Aufspaltungsweite (abnehmender Stapelfehlerenergie) sinkt.

Im Gegensatz zur Rekristallisation (Kapitel 2.10.2.3) ist die Erholung ein kontinuierlich ablaufender Prozess ohne Keimbildung. Sie ist daher nicht an einen Mindestumformgrad gebunden.

Bei der Erholung wird die Kornstruktur nicht verändert d. h. im Schliffbild sind keine Gefügeveränderungen sichtbar. Die Erholung führt außerdem nur zu einer mäßigen Entfestigung d. h. die Kaltverfestigung wird nur zu einem Teil (bis ca. 50 %) rückgängig gemacht. Die physikalischen Eigenschaften wie z. B. die elektrische Leitfähigkeit werden allerdings bereits deutlich verändert (Bild 1, Seite 57).

Da die Erholung den Geschwindigkeit bestimmenden Schritt beim Kriechen (Kapitel 2.10.3) darstellt, haben Werkstoffe mit niedriger Stapelfehlerenergie wie zum Beispiel die austenitischen CrNi-Stähle einen höheren Widerstand gegenüber dem Kriechen.

2.10.2.3 Rekristallisation

Im Gegensatz zur Erholung findet bei der **(primären) Rekristallisation** eine vollständige Gefügeneubildung statt, d.h. aus den in Walzrichtung gestreckten Körnern bildet sich ein völlig neues Gefüge mit rundem Korn. Ursprünglich glaubte man, dass durch eine starke Kaltverformung die Kristallite zerstört und durch das Glühen wieder neue Kristalle gebildet werden. Man nannte daher diesen Vorgang Rekristallisation. Heute weiß man, dass durch eine Kaltverformung die Körner zwar stark verändert (Kapitel 2.10.2) nicht aber zerstört werden. Der Name „Rekristallisation" ist jedoch erhalten geblieben und bezeichnet heute die Kornneubildung durch eine Glühbehandlung nach einer vorausgegangenen Kaltverformung.

a) Innere Vorgänge bei einer Rekristallisation

Während bei der Kristallerholung vor allem Versetzungen wandern, erfolgt bei der Rekristallisation ein Wandern von Korngrenzen aus versetzungsarmen in versetzungsreiche Gebiete. Dadurch bilden sich neue, versetzungsarme Körner und das Gefüge entspannt sich.

Das Kornwachstum beginnt an Rekristallisationskeimen, die meist durch das Wachstum oder die Vereinigung von Subkorngrenzen oder aber (bei niedrigen Verformungsgraden) durch Bewegung eines metastabilen Teilstücks einer Großwinkelkorngrenze entstehen. Die Orientierungsunterschiede benachbarter Subkörner werden dabei so groß, dass ihre Begrenzung einer Großwinkelkorngrenze entspricht. Diese Großwinkelkorngrenze bewegt sich dabei in ein versetzungsreiches Gebiet hinein. Die Atome dieses Gebietes werden dann von der Korngrenze aufgenommen und auf der Rückseite in ein neues Kristallgitter mit erheblich geringerer Versetzungsdichte eingebaut. Dieser Prozess läuft so lange ab, bis sich die von verschiedenen Keimen aus vorrückenden Korngrenzen berühren (Bild 1).

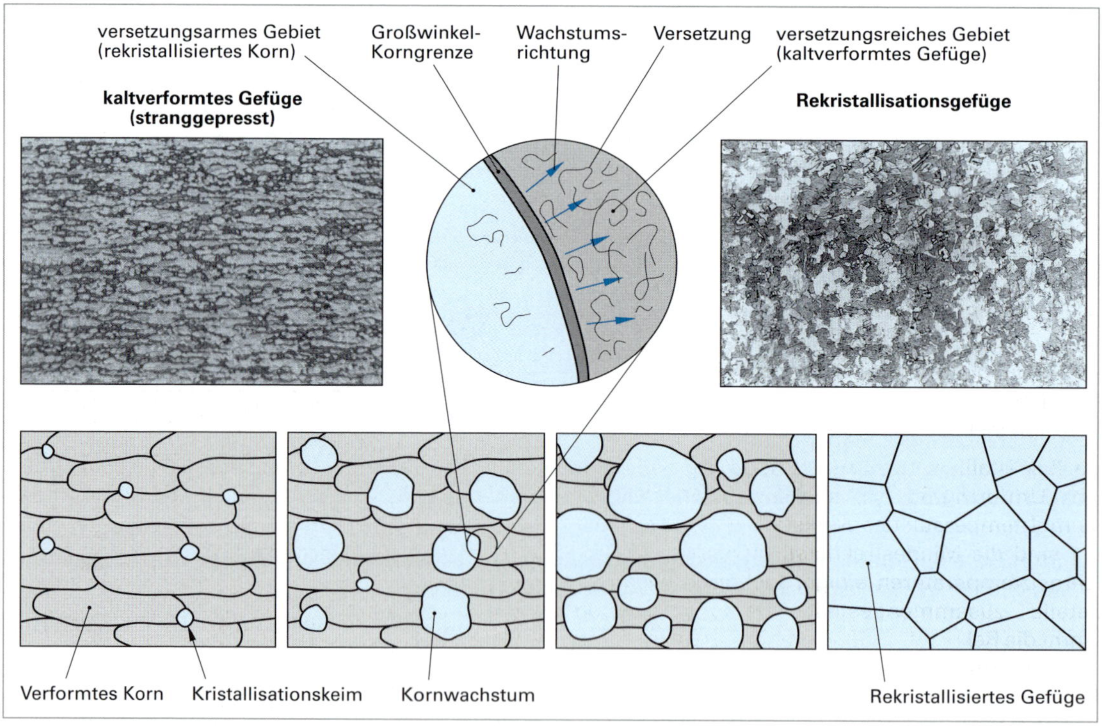

Bild 1: Prinzip der (primären) Rekristallisation

b) Rekristallisationstemperatur

Das Einsetzen der Erholung ist weder an eine definierte Temperaturschwelle, noch an eine kritische Fehlstellendichte d.h. an einen Mindestverformungsgrad gebunden. Das Einsetzen der Rekristallisation erfor-

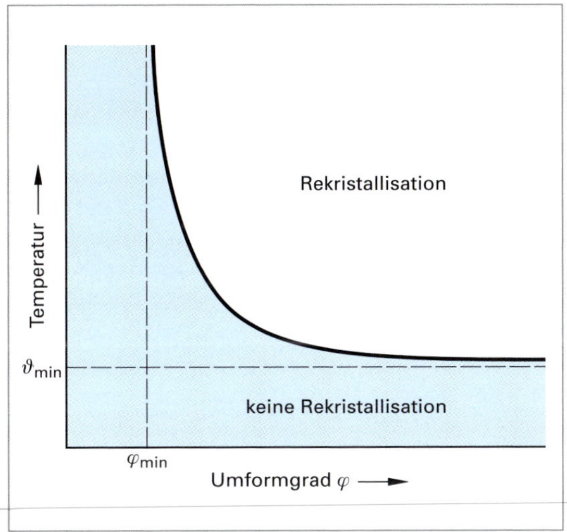

Bild 1: Abhängigkeit der Rekristallisationstemperatur vom Umformgrad

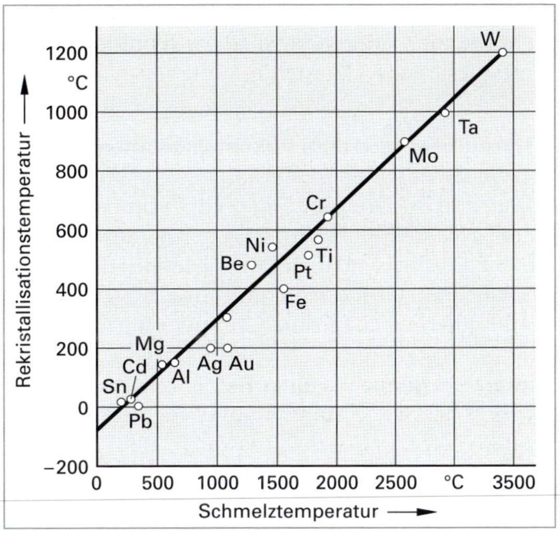

Bild 2: Abhängigkeit der Rekristallisationstemperatur von der Schmelztemperatur

dert jedoch einen kritischen Verformungsgrad sowie das Überschreiten einer bestimmten Temperatur, der **Rekristallisationstemperatur**. Sie ist diejenige Glühtemperatur, die bei einem kaltverformten Gefüge mit vorgegebenem Verformungsgrad in einem begrenzten Zeitraum (z. B. eine Stunde) zu einer vollständigen Rekristallisation führt.

Die Rekristallisationstemperatur eines Werkstoffs hat keinen konstanten Wert, sondern ist abhängig von:
1. der Höhe der vorangegangenen Kaltverformung,
2. der Schmelztemperatur des Werkstoffs.

Bild 1 zeigt den prinzipiellen Zusammenhang zwischen Rekristallisationstemperatur und Umformgrad. Demnach ist die Rekristallisation an einen **Mindestumformgrad** φ_{min} gebunden. Diese Beobachtung lässt sich einfach verstehen, zumal mit zunehmendem Umformgrad die Anzahl der Gitterfehler und damit die im Kristallgitter gespeicherte Verformungsenergie zunimmt. Mit zunehmender Gitterverspannung bedarf es daher einer verminderten Zufuhr zusätzlicher Energie von Außen (durch Erwärmung) um den Rekristallisationsvorgang auszulösen. Die Rekristallisationstemperatur sinkt dementsprechend mit steigendem Umformgrad. Die unterste Temperaturgrenze bei der eine Rekristallisation noch stattfindet, wird als **Mindestrekristallisationstemperatur** ϑ_{min} bezeichnet. Unterhalb der Mindestrekristallisationstemperatur findet auch bei höchsten Umformgraden keine Rekristallisation mehr statt.

Die Rekristallisationstemperatur hängt nicht nur vom Umformgrad (φ), sondern auch von der Schmelztemperatur des Werkstoffs (ϑ_S) ab. In Tabelle 1 sind die Mindestrekristallisations- sowie die Schmelztemperaturen einiger technisch wichtiger Metalle zusammengestellt. Dementsprechend nimmt die Rekristallisationstemperatur mit steigender Schmelztemperatur zu, wie auch Bild 2 zeigt. Die Ursache für diese Beobachtung ist ein mit steigender Schmelztemperatur zunehmender Zusammenhalt zwischen den Atomen, sodass Platzwechselvorgänge der Metallatome zunehmend erschwert werden und die Rekristallisationstemperatur dementsprechend steigt.

Tabelle 1: Rekristallisationstemperaturen stark kaltverformter Metalle bzw. un- und niedriglegierter Stähle

Metall	Chem. Symbol	Rekristallisationstemperatur °C[1)]	Schmelztemperatur °C
Blei	Pb	0	327
Zinn	Sn	0 … 30	232
Cadmium	Cd	10	321
Zink	Zn	10 … 80	419
Aluminium	Al	150	660
Silber	Ag	200	960
Gold	Au	200	1063
Kupfer	Cu	250	1083
Eisen	Fe	400	1536
Nickel	Ni	550	1452
Molybdän	Mo	900	2600
Wolfram	W	1200	3380
Stähle[2)]	–	550 … 700	1141 … 1536

1) Entspricht etwa der Mindestrekristallisationstemperatur
2) Un- und niedriglegierte Stähle. Temperaturen sind abhängig vom Kohlenstoffgehalt des Stahles

Zwischen der absoluten Rekristallisdationstemperatur T_R (in K) und der absoluten Schmelztemperatur T_S (in K) besteht näherungsweise der empirische Zusammenhang:

$$T_R = 0{,}4 \cdot T_s \tag{3.3}$$

c) Korngröße nach dem Rekristallisationsglühen

Von entscheidender Bedeutung für das Glühergebnis ist die Korngröße nach dem Glühen. Die entstehende Korngröße ist dabei abhängig vom vorausgegangenen Umformgrad, der Glühtemperatur und der Glühdauer. Dieser Einfluss von Glühtemperatur und Umformgrad auf die Korngröße nach dem Glühen (Glühdauer konstant) wird in **Rekristallisationsdiagrammen** dargestellt. Bild 1 zeigt den grundsätzlichen Aufbau eines Rekristallisationsdiagrammes. Meist wird nach dem Glühen ein feinkörniges Gefüge mit entsprechend guten mechanischen Kennwerten (Festigkeit, Zähigkeit) angestrebt.

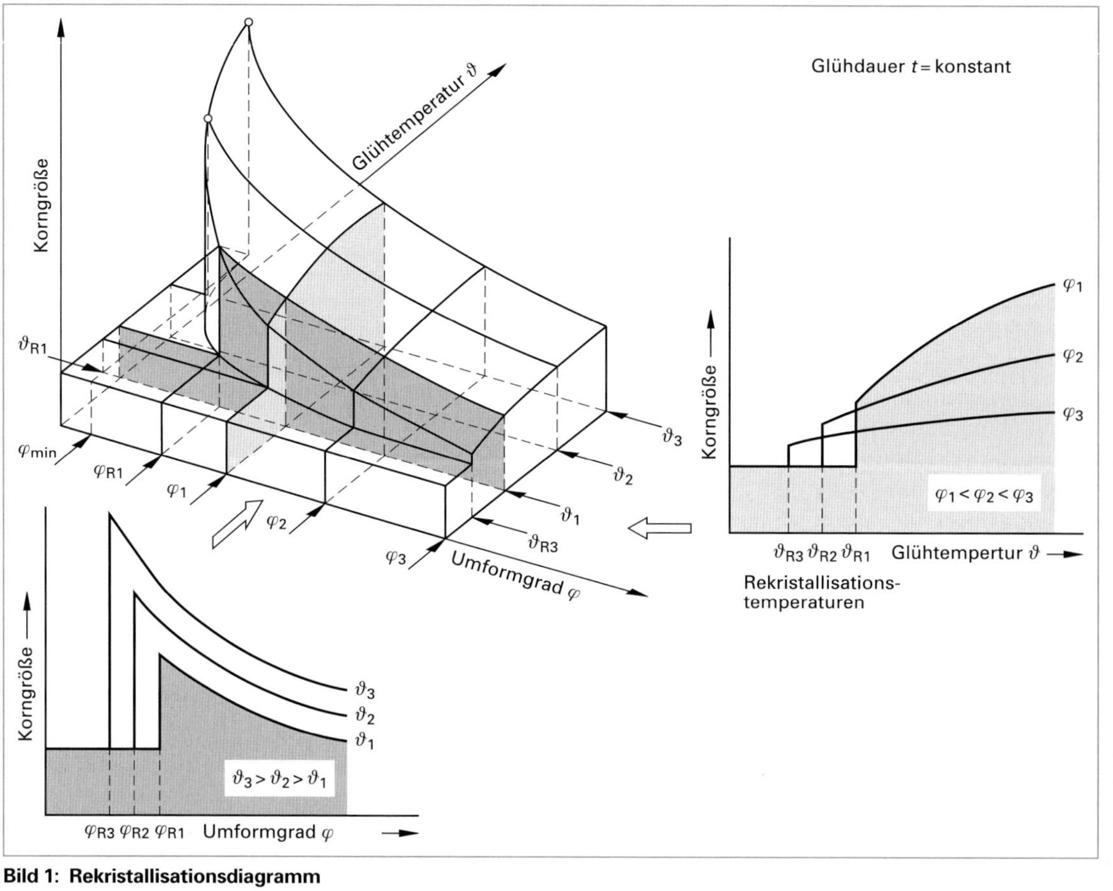

Bild 1: Rekristallisationsdiagramm

Abhängigkeit der Korngröße vom Verformungsgrad bei konstanter Glühtemperatur

Aus Bild 1 ist zu entnehmen, dass bei vorgegebener Glühtemperatur (z. B. ϑ_1 = konstant, jedoch $\vartheta_1 > \vartheta_{min}$) erst nach Überschreiten eines bestimmten Mindestumformungsgrades φ_{R1} eine Rekristallisation des Gefüges erwartet werden kann (Bild 1, unteres Teilbild). Mit steigender Glühtemperatur ($\vartheta_2 > \vartheta_1$) beginnt die Rekristallisation des Gefüges bereits bei einem geringeren Umformgrad φ_{R2} ($\varphi_{R2} < \varphi_{R1}$). Sofern, bei vorgegebener Glühtemperatur der Mindestverformungsgrad φ_{min} (z. B. φ_{R1} bei ϑ_1) nur geringfügig überschritten wird, muss nach Beendigung der Rekristallisation mit einem relativ groben Korn und dementsprechend schlechten Festigkeits- und Verformungseigenschaften gerechnet werden. Verformungsgrade, die jedoch deutlich über diesem Schwellenwert φ_{min} liegen, führen nach dem Rekristallisationsglühen wieder zu einem relativ feinen Korn. Die Ursache hierfür liegt in einer mit steigendem Verformungsgrad zunehmenden Anzahl stark verformter und damit als Kristallisationskeime wirkender Bereiche im Gefüge.

In Bild 1 wird dieser wichtige Sachverhalt veranschaulicht: Bei geringer Kaltverformung (linke Bildreihe) entstehen im Kristallgitter nur wenige, als Keime für die Rekristallisation wirkende, stark verformte Gitterbereiche. Die Kornneubildung findet also an wenigen Keimen statt, das Gefüge wird grobkörnig. Bei starker Verformung bilden sich dementsprechend viele Keime, die nach der Rekristallisation zu einem feineren Korn führen.

Abhängigkeit der Korngröße von der Glühtemperatur bei konstantem Verformungsgrad

Bei vorgegebenem Umformgrad (z. B. φ_1 = konstant, jedoch $\varphi_1 > \varphi_{min}$) ist erst nach Überschreiten einer bestimmten Glühtemperatur ϑ_{R1} mit einer Rekristallisation des Gefüges zu rechnen (Bild 1, Seite 62). Mit steigendem Umformgrad ($\varphi_2 > \varphi_1$) beginnt der Rekristallisationsvorgang bereits bei tieferen Glühtemperaturen ϑ_R ($\vartheta_{R2} < \vartheta_{R1}$). Mit zunehmender Überschreitung der für den jeweiligen Umformgrad mindestens erforderlichen Glühtemperatur ϑ_R nimmt die Korngröße des rekristallisierten Gefüges stetig zu.

Um eine ausgeprägte Grobkornbildung und damit verbunden eine unzulässige Herabsetzung der Festigkeit, Zähigkeit und Verformbarkeit des Werkstoffs durch das Rekristallisationsglühen zu verhindern, müssen folgende Regeln beachtet werden:

1. Die Glühung soll erst nach Erreichen eines ausreichend hohen Verfomungsgrades durchgeführt werden.
2. Die für diesen Verformungsgrad erforderliche Rekristallisationstemperatur ϑ_R darf nicht zu weit überschritten werden.
3. Die Glühdauer t muss möglichst kurz sein, sonst Gefahr der Kornvergrößerung oder gar der sekundären Rekristallisation.

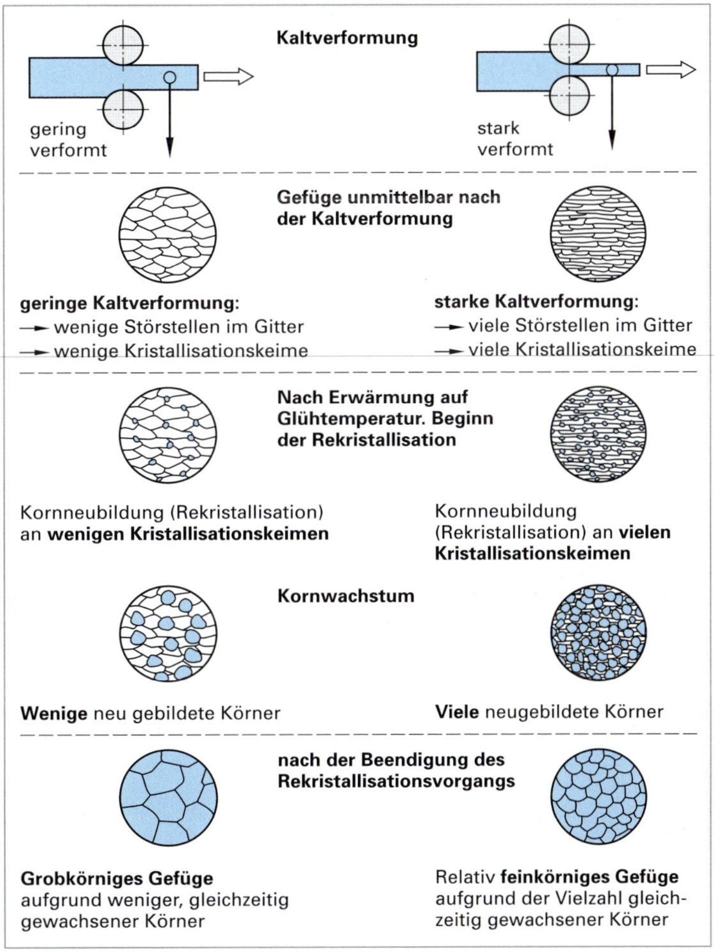

Bild 1: Abhängigkeit der Korngröße vom Umformgrad nach einer Rekristallisationsglühung

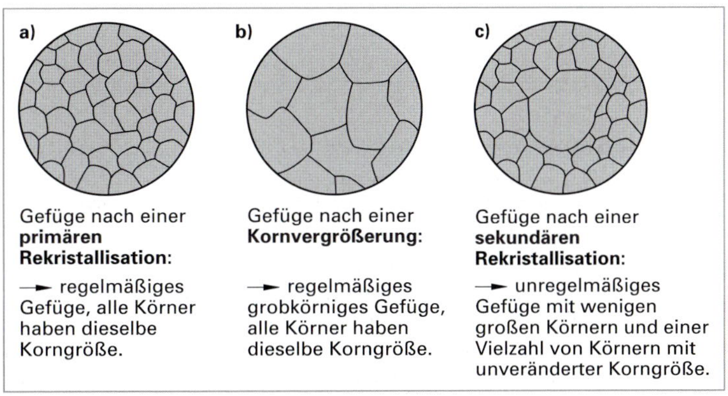

Bild 2: Veränderungen im rekristallisierten Gefüge bei einer (gleichmäßigen) Kornvergrößerung sowie bei einer sekundären Rekristallisation

2.10.2.4 Kornvergrößerung und sekundäre Rekristallisation

Bei Glühtemperaturen oberhalb der Rekristallisationstemperatur tritt nach Abschluss der primären Rekristallisation des Gefüges (Bild 2a) eine **Kornvergrößerung** ein. Bei der Kornvergrößerung werden einige Körner im Gefüge von ihren Nachbarkörnern „aufgezehrt" (vgl. Grobkornglühen, Kapitel 6.4.3.6). Dadurch entsteht ein grobkörniges, jedoch regelmäßiges Gefüge (Bild 2b). Die Haltezeiten sollten daher nicht zu lang gewählt werden.

Bei stark überhöhter Glühtemperatur und/oder längerer Glühdauer sowie insbesondere nach starker Verformung kann bei einer Reihe von Metallen (z. B. Aluminium), ausgehend vom bereits rekristallisierten Gefüge, eine **sekundäre Rekristallisation** eintreten. Bei der sekundären Rekristallisation wachsen einige wenige Körner auf Kosten ihrer Nachbarkörner um ein Vielfaches an. Dadurch entsteht ein (unerwünschtes) unregelmäßiges Gefüge mit einigen sehr großen Körnern sowie einer Reihe von Körnern mit unveränderter Größe (Bild 2c, Seite 63).

Als treibende Kraft für die Kornvergrößerung sowie die sekundäre Rekristallisation kann das Bestreben nach Verringerung der Oberflächenenergie angesehen werden.

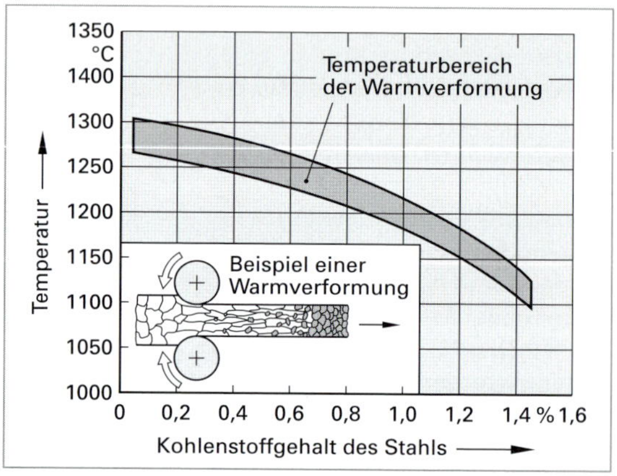

Bild 1: Temperaturbereich für das Warmverformen unlegierter Stähle

2.10.2.5 Kalt- und Warmverformung

Wird ein metallischer Werkstoff bei einer Temperatur unterhalb der Rekristallisationstemperatur verformt (z. B. **Tiefziehen**), dann spricht man von **Kaltverformung**. Bei der Kaltverformung ist die Verformbarkeit begrenzt, da infolge Verformungsfestigung Zähigkeit und Verformbarkeit mit steigendem Verformungsgrad abnehmen. Eine zu starke Verformung (ohne Zwischenglühung) kann daher zu einer Rissbildung oder gar zu einem Bruch führen.

Wird der Werkstoff bei einer Temperatur oberhalb der Rekristallisationstemperatur verformt, dann spricht man von **Warmverformung** (Kapitel 4.2.2). Die wichtigsten Verfahren der Warmverformung von Stählen sind das **Schmieden** (Freiform- oder Gesenkschmieden) und das **Warmwalzen** (Bild 1).

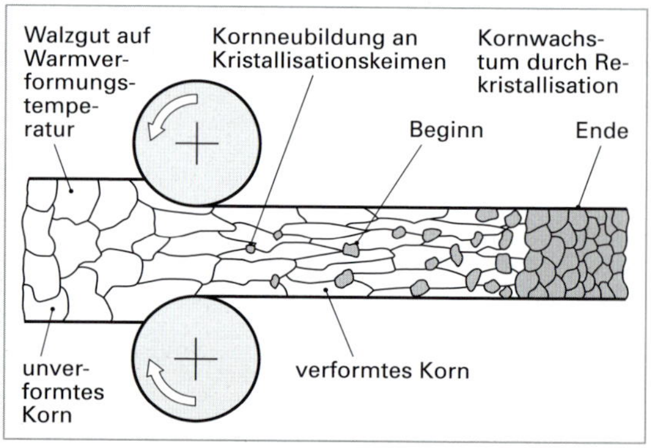

Bild 2: Verformungssimultane Rekristallisation bei der Warmverformung eines metallischen Werkstoffs

Die Warmverformung ist dadurch gekennzeichnet, dass bereits während der Verformung oder unmittelbar danach, Erholungs- und/oder Rekristallisationsvorgänge einsetzen und der Werkstoff damit seine ursprünglichen Eigenschaften wieder zurück erhält (Bild 2). Der Werkstoff lässt sich bei der Warmverformung praktisch unbegrenzt verformen, ohne dass eine Rissbildung oder gar ein Bruch auftritt. Da der momentane Verformungsgrad während des Warmverformens nicht genau bekannt ist und demzufolge auch die (vom Verformungsgrad abhängige) Rekristallisationstemperatur nicht genau angegeben werden kann, ist es günstig, bei der Warmverformung eine relativ hohe Umformtemperatur zu wählen.

2.10.2.6 Teilentfestigte Zustände

Teilentfestigte oder teilharte Materialzustände weisen eine mittlere Festigkeit und Verformbarkeit auf (z. B. 3/4-, 1/2-, 1/4- oder 1/8-harte Zustände). Sie sind für Einsatzfälle notwendig, bei denen eine gute Festigkeit bei gleichzeitig ausreichender Zähigkeit gefordert wird. Derartige Werkstoffe sind noch ausreichend verformbar um beispielsweise stoßartige Belastungen im Crashfall gut aufnehmen zu können. Andererseits besitzen sie auch eine ausreichende Bauteilfestigkeit, um sie als Konstruktionswerkstoffe einzusetzen. Teilharte Werkstoffzustände lassen sich prinzipiell auf zwei unterschiedliche Weisen einstellen:

1. Teilrekristallisation (Rückglühen)

   Die Rekristallisationsglühung (Kapitel 6.4.3.4) des ausreichend kaltverformten Werkstoffs wird nicht vollständig durchgeführt, sondern die Glühung wird vorher beendet (Bild 1, Seite 65). Im Bereich des Steilabfalls werden dann mittlere Festigkeiten und Verformbarkeiten des geglühten Werkstoffs erreicht. Bei teilrekristallisierten Werkstoffzuständen ist stets zu beachten, dass die Betriebstemperatur die Glühtemperatur nicht überschreitet, da sonst eine Entfestigung des Materials durch Rekristallisation eintritt.

2. Nachwalzen
   Werden vollständig rekristallisierte Zustände bei mittleren Umformgraden nachgewalzt, dann können ebenfalls mittlere Festigkeiten und Verformbarkeiten erreicht werden (Bild 2). Diese Methode führt jedoch häufig zu einer geringeren plastischen Verformbarkeit im Vergleich zur Teilrekristallisation.

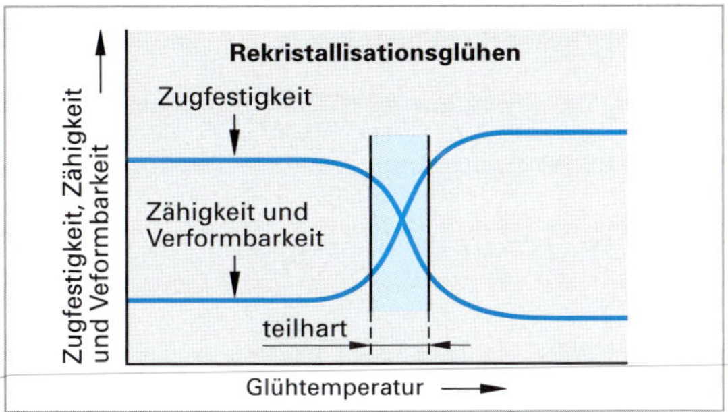

Bild 1: Teilrekristallisation zur Einstellung teilharter Werkstoffzustände (schematisch)

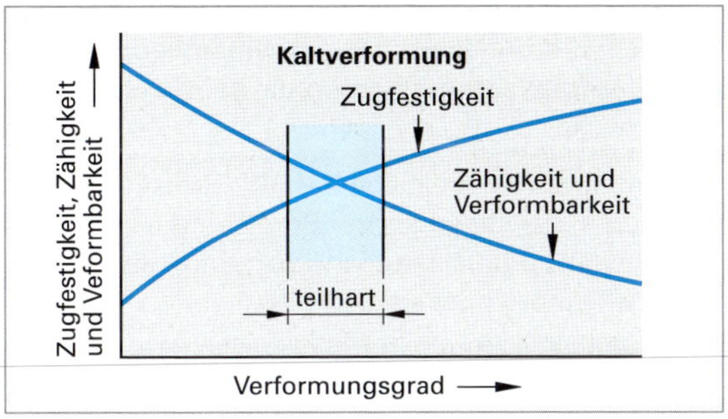

Bild 2: Nachwalzen zur Einstellung teilharter Werkstoffzustände (schematisch)

Tabelle 1 zeigt am Beispiel von Reinaluminium sowie ausgewählter Al-Legierungen übliche Werkstoffzustände sowie deren mechanische Eigenschaften.

Tabelle 1: Werkstoffzustände und mechanische Eigenschaften ausgewählter Aluminiumbleche nach DIN EN 485-2

Werkstoffzustand[1)]		**EN AW-Al 99,5** (EN AW-1050A)		**EN AW-Al Mn1Cu** (EN AW-3003)		**EN AW-Al Mg1** (EN AW-5005)		**EN AW-Al Mg4** (EN AW-5086)	
		R_m MPa	A %	R_m MPa	A %	R_m MPa	A %	R_m MPa	A %
O	weichgeglüht	65	20	95	15	100	15	240	11
H12	kaltverfestigt, 1/4-hart	85	2	120	3	125	2	275	3
H14	kaltverfestigt, 1/2-hart	105	2	145	2	145	2	300	2
H16	kaltverfestigt, 3/4-hart	120	1	170	1	165	1	325	1
H18	kaltverfestigt, 4/4-hart	140	1	190	1	185	1	345	1
H22	kaltverfestigt und rückgeglüht, 1/4-hart	85	4	120	6	125	4	275	5
H24	kaltverfestigt und rückgeglüht, 1/2-hart	105	3	145	4	145	3	300	4
H26	kaltverfestigt und rückgeglüht, 3/4-hart	120	2	170	2	165	2	325	2
H28	kaltverfestigt und rückgeglüht, 4/4-hart	140	2	190	2	185	1	k.A.	k.A.

[1)] Zustandsbezeichnungen nach DIN EN 515, Kapitel 8.3.1   k.A. = keine Angabe

2.10.3 Kriechen

Unter Kriechen versteht man irreversible (plastische) Verformungsprozesse unter konstanter äußerer Belastung, die bis zum Bruch des Bauteils führen können. Kriechvorgänge sind in hohem Maße von der Temperatur abhängig. Kriechen ist ein kontinuierlicher, zeitabhängiger Vorgang: Die Dehnung ε, die üblicherweise nur von der Spannung σ abhängt, ist im Bereich des Kriechens auch eine Funktion der Zeit t und der Temperatur ϑ, also $\varepsilon = f(\sigma, t, \vartheta)$.

Kriechvorgänge sind bereits seit vielen Jahrhunderten bekannt und wurden zuerst als Fließen von Bleieinfassungen der Kirchenfenster als Folge des Eigengewichts beobachtet. Von entscheidender Bedeutung sind Kriechvorgänge insbesondere dort, wo technische Bauteile längerfristig erhöhten Temperaturen und mechanischen Beanspruchungen ausgesetzt sind, so zum Beispiel im Reaktor- und Gasturbinenbau, in der Triebwerks- und Raketentechnik sowie im Bau von Hochtemperaturöfen.

2.10.3.1 Kriechen und Werkstoffschädigung

Kriecherscheinungen treten bei metallischen Werkstoffen erst oberhalb der Kristallerholungstemperatur und in besonderem Maße oberhalb der Rekristallisationstemperatur auf ($T > 0{,}3 \dots 0{,}4 \cdot T_S$; T_S = absolute Schmelztemperatur). So ist beispielsweise bei Eisen und Stahl erst bei Temperaturen über 500 °C mit ausgeprägten Kriecherscheinungen zu rechnen, während Blei aufgrund seiner niedrigen Rekristallisationstemperatur bereits bei Raumtemperatur kriecht.

Für Temperaturen deutlich über $0{,}4 \cdot T_S$ lässt sich das Kriechen in der Regel in drei Bereiche einteilen, die durch jeweils unterschiedliche Vorgänge im Kristallgitter gekennzeichnet sind:

- **Primäres Kriechen** (Übergangskriechen)
- **Sekundäres Kriechen** (stationäres Kriechen)
- **Tertiäres Kriechen** (beschleunigtes Kriechen)

Bild 1 zeigt eine typische Kriechkurve eines niedriglegierten Stahls bei 500 °C und einer Spannung von 180 MPa. Die drei genannten Bereiche sind deutlich voneinander zu unterscheiden. Bestimmt man durch zeitliche Differentiation die Kriechgeschwindigkeit in Abhängigkeit von der Belastungsdauer (unteres Teilbild), dann treten die drei Bereiche noch deutlicher in Erscheinung.

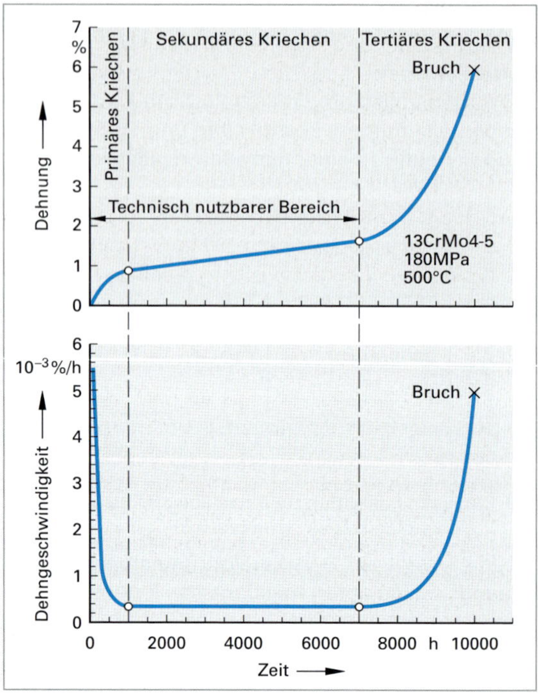

Bild 1: Kriechkurve eines niedriglegierten Stahles

Auch bei Temperaturen um $0{,}3 \dots 0{,}4 \cdot T_S$ beobachtet man bereits Kriecherscheinungen, die jedoch im Bereich des sekundären Kriechens durch eine abnehmende Kriechgeschwindigkeit gekennzeichnet sind. Man spricht auch vom **Niedertemperaturkriechen.**

2.10.3.2 Primäres Kriechen (Übergangskriechen)

Das Verformungsverhalten metallischer Werkstoffe unmittelbar nach einer Belastung ist zunächst durch eine stetig abnehmende Verformungsgeschwindigkeit gekennzeichnet (Bild 1). Man spricht vom primären Kriechen bzw. vom Übergangskriechen.

Die Ursache für dieses Werkstoffverhalten liegt in einem Aufstau von Versetzungen an Gitterfehlern (z. B. Ausscheidungen oder Korngrenzen) sowie in einer gegenseitigen Behinderung der Versetzungsbewegung. Dieser Kriechmechanismus ist bei niedrigen Temperaturen (etwa $0{,}3 \dots 0{,}4 \cdot T_S$) entscheidend für das Verformungsverhalten.

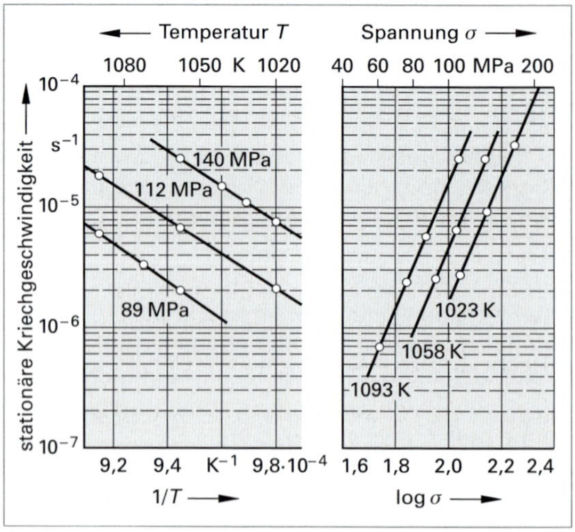

Bild 2: Abhängigkeit der stationären Kriechgeschwindigkeit von der Temperatur und der angelegten Spannung (NiCr80-20)

2.10.3.3 Sekundäres Kriechen (stationäres Kriechen)

Dem primären Kriechen schließt sich bei ausreichend hoher Temperatur bzw. Belastung das sekundäre Kriechen an. Es ist durch ein dynamisches Gleichgewicht zwischen verformungsbedingten Verfestigungs- und thermisch aktivierten Entfestigungsvorgängen gekennzeichnet. Die Kriechgeschwindigkeit ist im Bereich des sekundären Kriechens konstant (Bild 1, Seite 66).

Für die Entfestigung sind verschiedene Mechanismen verantwortlich, die abhängig von Temperatur und Belastung in unterschiedlichem Maße zum Kriechprozess beitragen. Im Wesentlichen handelt es sich dabei um:

- Versetzungsklettern (Versetzungskriechen)
- Leerstellendiffusion (Nabarro-Herring- und Coble-Kriechen)
- Korngrenzengleiten

Beim sekundären Kriechen nimmt die Kriechgeschwindigkeit mit steigender Spannung zu, während eine sinkende Temperatur dagegen zu einer Verringerung der stationären Kriechgeschwindigkeit führt. Bild 2, Seite 66, veranschaulicht diesen Sachverhalt am Beispiel einer Nickel-Chrom-Legierung.

2.10.3.4 Tertiäres Kriechen (beschleunigtes Kriechen)

Bei mäßigen Temperaturen ($T = 0{,}3 \ldots 0{,}4 \cdot T_S$) führt eine Kriechbeanspruchung gegen Ende des sekundären Kriechens im Korninnern zur Bildung und zum Wachstum von Hohlräumen durch plastische Verformung. Der Versagensmechanismus ist dem eines Zähbruchs vergleichbar (Bild 2, Seite 605). Man beobachtet einen **transkristallinen Zeitstandbruch** mit Verformungswaben, dem eine relativ große Dehnung vorausgeht (Bild 1a).

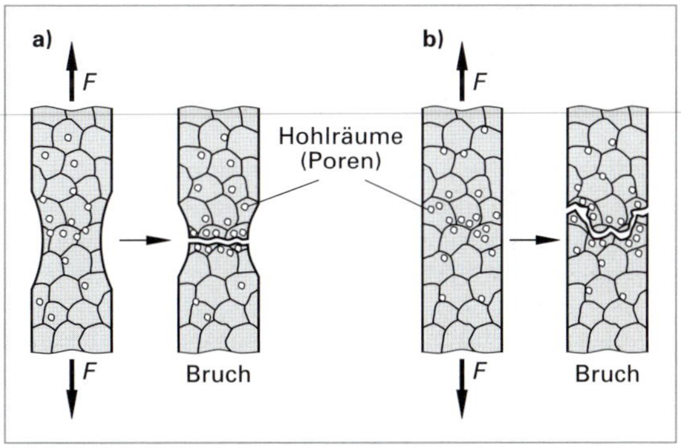

Bild 1: a) transkristalliner Zeitstandbruch
b) interkristalliner Zeitstandbruch

Bei höheren Temperaturen ($T > 0{,}4 \cdot T_S$) ändert sich der Bruchmechanismus. Ausgeprägte Korngrenzendeformationen und Anhäufungen von Leerstellen im Bereich der Korngrenzen führen zur Bildung von Korngrenzenrissen und Poren, die rasch zu interkristallinen Rissen zusammenwachsen (Bild 1b). Der tragende Querschnitt wird dadurch zunehmend kleiner und die Spannung im Restquerschnitt steigt. Dies führt wiederum zu einer Erhöhung der Dehngeschwindigkeit (Bild 1, Seite 66), bis die Probe schließlich bricht **(interkristalliner Zeitstandbruch)**. Dieser, für das Kriechen eher typischen Bruchform, geht nur eine verhältnismäßig geringe Dehnung voraus.

Der Bereich des tertiären Kriechens ist technisch nicht mehr nutzbar. Für die Lebensdauer eines Bauteils ist daher die Zeitdauer des primären und besonders des sekundären Kriechens ausschlaggebend (Bild 1, Seite 66). Die Ermittlung von Werkstoffwerten unter Kriechbeanspruchung erfolgt im Zeitstandversuch (Kapitel 13.5.9).

2.10.3.5 Warmfeste und hochwarmfeste Stähle und Legierungen

Für Bauteile und Anlagen, die längerfristig einer mechanischen Beanspruchung bei höheren Temperaturen ausgesetzt sind, stehen eine Reihe besonderer Konstruktionswerkstoffe zur Verfügung: die warmfesten und hochwarmfesten Stähle und Legierungen. Zur den wichtigsten Vertretern gehören:

- Warmfeste ferritische Stähle
- Warmfeste martensitische Chromstähle
- Hochwarmfeste austenitische Stähle
- Hochwarmfeste Nickel- und Cobaltlegierungen

Die genannten Werkstoffe werden in Kapitel 6.5.8 näher beschrieben.

2.10.4 Sintern

Unter **Sintern** versteht man ein Verfahren, bei dem ein aus pulvrigem oder körnigem Material hergestellter, stark poriger Körper unter dem Einfluss von erhöhter Temperatur und ggf. erhöhtem Druck zu einem festen, kompakten Körper (Formteil oder Halbzeug) umgewandelt wird.

Das Sintern hat für eine Reihe von Anwendungen besondere Vorteile:

1. Herstellung von Bauteilen aus Werkstoffen, die sich schmelzmetallurgisch schwer oder überhaupt nicht gewinnen lassen. Dies ist der Fall bei:
   - hoch- und höchstschmelzenden Metallen oder Nichtmetallen wie zum Beispiel Wolfram oder keramischen Werkstoffen,
   - Metalllegierungen, die im flüssigen Zustand nicht mischbar sind, wie zum Beispiel Wolfram und Zink.
2. Herstellung von Werkstücken mit im Vergleich zur schmelzmetallurgischen Herstellung verbesserten Eigenschaften. Als Beipiel können die **Schnellarbeitsstähle** genannt werden (Kapitel 6.5.16.7).
3. Herstellung von **Verbundwerkstoffen** durch Einlagerung keramischer Fasern oder Teilchen in eine metallische Matrix, wie zum Beispiel Aluminium mit SiC- bzw. Borfasern oder Hartmetallen bzw. Cermets (Kapitel 10.7.2).
4. Herstellung poröser Formteile, die eine bestimmte Funktion übernehmen müssen:
   - zur Aufnahme von Schmierstoffen für **selbstschmierende Gleitlager** (z. B. CuSn-Pb-C oder Fe-Mo-C).
   - für **Filterwerkstoffe** mit einer bestimmten Durchlässigkeit für Flüssigkeiten oder Gase (z. B. Cu-Sn-Legierungen oder nichtrostende Stähle).
5. Bauteile, die einen konstanten, von den Betriebsbedingungen unabhängigen Reibungsbeiwert aufweisen müssen und gleichzeitig einem hohen Verschleiß ausgesetzt sind, wie Kupplungen oder Bremsen. Hierfür verwendet man **Friktionswerkstoffe** wie zum Beispiel Cu-Sn-Sinterwerkstoffe mit Zusätzen an Graphit, Blei, SiO_2 oder Al_2O_3.
6. Kostengünstige Herstellung geometrisch komplexer Bauteile, die kaum oder nicht mehr nachbearbeitet werden müssen **(near net shape production).**

Grundsätzlich ist sind die folgenden technischen Sinterprozesse zu unterscheiden:

- Festphasensintern einphasiger Pulver
- Festphasensintern zwei- oder mehrphasiger Pulver
- Flüssigphasensintern
- Reaktionssintern

2.10.4.1 Festphasensintern einphasiger Pulver

Die Sintertemperaturen einphasiger Pulvermischungen betragen in der Regel zwischen 0,70 ... 0,80 · T_S der Schmelztemperatur des Stoffes (T_S = absolute Schmelztemperatur in K).

Zu Beginn des Sinterprozesses werden die Pulverteilchen fest aneinander gepresst. Aufgrund des noch relativ großen Abstandes der Teilchen erfolgt der Zusammenhalt nur durch Adhäsionskräfte. Chemische Bindungskräfte werden noch nicht wirksam (Bild 1a).

Durch die Wärmezufuhr werden an den Berührungsflächen der Teilchen durch Diffusions- sowie Verdampfungs- und Kondensationsvorgänge Werkstoffbrücken **(Kontakthälse)** ausgebildet (Bild

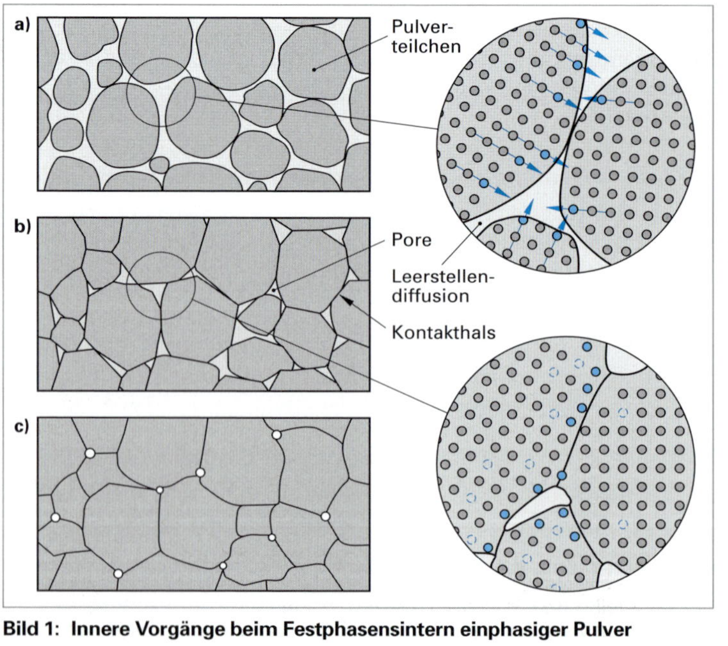

Bild 1: Innere Vorgänge beim Festphasensintern einphasiger Pulver

1b, Seite 68). Mit der Entstehung und Ausbreitung weiterer Werkstoffbrücken entstehen aus den ursprünglich kanalartigen Hohlräumen zwischen den Pulverteilchen porenartige Hohlräume. Dieses erste Stadium des Sinterprozesses ist mit einer noch vernachlässigbaren Schrumpfung verbunden.

Im weiteren Verlauf des Sintervorgangs werden die Poren, insbesondere durch Leerstellendiffusion an die Oberfläche des Sinterkörpers so weit vermindert, bis schließlich ein dichtes Gefüge mit geringem Porenvolumen entstanden ist (Bild 1c, Seite 68). Diese Stufe ist mit einem erheblichen Schrumpfen des Werkstücks verbunden, da sich das Porenvolumen im Mittel von etwa 40 % auf 5 % … 10 % verringert. Mit Erreichen dieses Porenvolumens kommt der Sintervorgang weitgehend zum Stillstand. Ursache sind unter anderem die in den Poren eingeschlossenen und von der Matrix nicht löslichen Gase, die nicht mehr entweichen können und somit eine weitere Reduktion des Porenvolumens verhindern. Durch ein Sintern im Vakuum kann in diesem Fall allerdings Abhilfe geschaffen werden.

Das mit dem Sintern einher gehende Vereinigen von Pulverteilchen hat seine Ursache in der Verminderung der Oberflächenspannung und damit der freien Enthalpie des Phasensystems.

Mit dem Sintern kann auch eine Wanderung der Korngrenzen und damit eine Kornvergröberung eintreten. In diesem Zusammenhang ist besonders wichtig, dass ein Kornwachstum nur langsam erfolgt, um ausreichend Zeit für die Verminderung des Porenvolumens zur Verfügung zu stellen. Ist dies nicht der Fall, dann werden die Poren im Korninnern eingeschlossen und können dann weder über eine erhöhte Sintertemperatur noch über eine verlängerte Sinterdauer beseitigt werden.

Zur Erzeugung einer möglichst geringen Restporosität bedient man sich häufig sogenannter **Sinterhilfsmittel**. Diese Stoffe bilden teilweise an den Korngrenzen eine flüssige Phase oder deren Atome reichern sich dort an und nehmen dadurch Einfluss auf das Kornwachstum und die Leerstellendiffusion.

2.10.4.2 Festphasensintern zwei- bzw. mehrphasiger Pulver

Beim Festphasensintern zwei- oder mehrphasiger Pulver wird als Sintertemperatur etwa die Schmelztemperatur der am niedrigsten schmelzenden Komponente gewählt. Bei völliger Unlöslichkeit der Komponenten im festen Zustand ist für die Kontaktbildung der Teilchen (A und B) die Oberflächenspannung (γ_{AB}) im Kontaktbereich entscheidend. Ist γ_{AB} kleiner als die Summe der Oberflächenspannungen der Teilchen A und B ($\gamma_{AB} < \gamma_A + \gamma_B$), dann sintern A- und B-Teilchen zusammen. Ist hingegen $\gamma_{AB} > \gamma_A + \gamma_B$, dann sintern hingegen nur A-Teilchen und nur B-Teilchen zusammen.

Bei vollständiger oder teilweiser Löslichkeit der Komponenten im festen Zustand diffundieren im Kontaktbereich A-Atome in die B-Teilchen und umgekehrt. Bei vollständiger Löslichkeit bilden sich dabei Mischkristalle aus A- und B-Atomen (Bild 1a) und bei teilweiser Löslichkeit α- bzw- β-Mischkristalle (Bild 1b). Weiterhin können sich zwischen den Atomen der Komponenten A und B intermetallische Phasen bilden (Bild 1c).

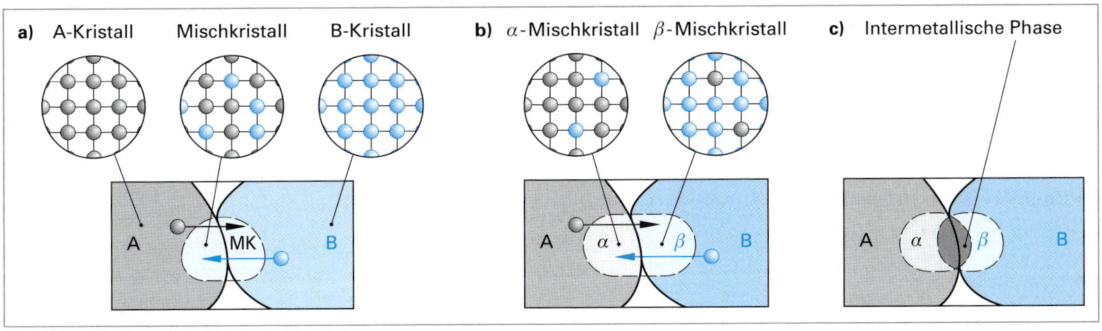

Bild 1: Phasenbildung beim Sintern zweiphasiger Pulver
a) vollständige Löslichkeit im festen Zustand
b) teilweise Löslichkeit im festen Zustand
c) teilweise Löslichkeit im festen Zustand mit Bildung einer intermetallischen Phase

Ein Problem beim Festphasensintern zwei- bzw. mehrphasiger Pulver stellen die in der Regel unterschiedlichen Diffusionskoeffizienten der am Sintervorgang beteiligten Stoffe dar. Liegen die Diffusionskoeffizienten weit auseinander (z.B. Zn und Cu oder Fe und Ti), dann bildet sich in der Komponente mit dem höheren Diffusionskoeffizienten ein Leerstellenüberschuss der zu einer vermehrten Porenbildung führen kann, während die Komponente mit dem niedrigeren Diffusionskoeffizienten eine Volumenzunahme erfährt, Bild 1. Dieser Effekt wird als **Kirkendall-Effekt** bezeichnet (***Ernest Kirkendall,*** 1914 ... 2005).

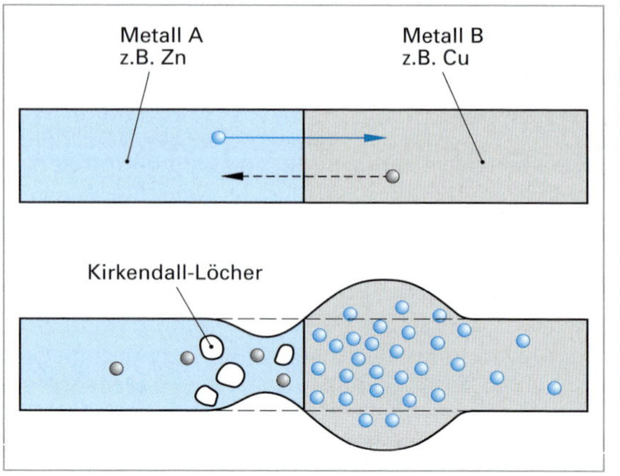

Bild 1: Zur Veranschaulichung des Kirkendall-Effektes (schematisch)

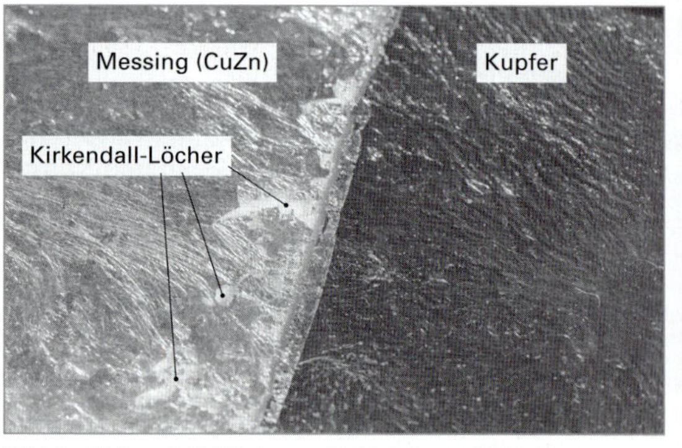

Bild 2: Kirkendall-Effekt am Beispiel von Messing (Cu-Zn-Legierung) und Kupfer

2.10.4.3 Flüssigphasensintern

Beim Flüssigphasensintern wird die höher schmelzende und damit feste Komponente von einer flüssigen Phase aus einer niedriger schmelzenden Komponente umgeben. Die beim Festkörpersintern beschriebenen Mechanismen treten hier in den Hintergrund, vielmehr kommt bei Flüssigphasensintern der stoffliche Zusammenhang durch Lösungs- und Wiederausscheidungsvorgänge an der Phasengrenze flüssig/fest sowie durch Eindringen der flüssigen Phase in die Porenhohlräume (Kapillarwirkung) zustande.

Gegenüber dem Festkörpersintern erfordert das Flüssigphasensintern eine niedrigere Sintertemperatur sowie eine kürzere Sinterdauer und führt insgesamt zu einem porenärmeren Gefüge. Besonders porenarme Gefüge (Porenvolumen < 5 %) entstehen bei sehr feinkörnigen Festteilchen (Teilchengrößen von 1 µm ... 5 µm), einem relativ hohen Anteil an flüssiger Phase sowie einer Sinterung im Vakuum unter zusätzlicher Anwendung von Druck.

Das Flüssigphasensintern kommt insbesondere dann zur Anwendung, falls die Komponenten im festen Zustand nicht oder nur teilweise löslich sind wie zum Beispiel W-Cu oder Fe-Cu.

2.10.4.4 Reaktionssintern

Das Reaktionssintern wird zur Herstellung von Werkstücken aus keramischen Werkstoffen angewandt, die unter normalen Sinterbedingungen kein dichtes Gefüge bilden.

Im Unterschied zum Festkörper- oder Flüssigphasensintern entsteht der keramische Werkstoff erst während des Sinterns durch eine chemische Reaktion. Eine Komponente wird dabei aus der flüssigen oder aus der Gasphase zugeführt.

Das Reaktionssintern findet unter anderem Anwendung bei der Herstellung von Bauteilen aus Siliciumcarbid (SiSiC – reaktionsgebundenes, siliciuminfiltriertes Siliciumcarbid) oder Siliciumnitrid (RBSN – reaktionsgesintertes Siliciumnitrid). Die Verfahren werden in Kapitel 10.7.3.1 und 10.7.3.2 beschrieben. Da beim Reaktionssintern kaum Schwindung auftritt, können Werkstücke mit relativ hoher Maßgenauigkeit hergestellt werden.

3 Grundlagen der Legierungskunde

Legierungen sind metallische Werkstoffe, also Stoffe mit überwiegend metallischen Eigenschaften, wobei mindestens ein Stoff (Metall oder Nichtmetall) einem Metall absichtlich zugesetzt worden ist. Legierungen werden im schmelzflüssigen Zustand hergestellt, da sich die meisten Metalle in diesem Aggregatzustand vollständig oder teilweise ineinander lösen. Hierbei beobachtet man einige bemerkenswerte Effekte: So löst sich beispielsweise in Eisenschmelzen von 1600 °C Wolfram, das mit 3410 °C eigentlich eine erheblich höhere Schmelztemperatur aufweist. Blei lässt sich dagegen auch im flüssigen Zustand mit einigen Metallen, insbesondere mit Eisen, nicht mischen. Solche Legierungen müssen vor der Erstarrung gut gerührt werden, damit das Blei im Stahl nach der Erstarrung gut verteilt ist.

3.1 Aggregatzustände und Phasen

Im festen Zustand sind die Atome eines Metalls regelmäßig in einem Kristallgitter angeordnet, sie haben demnach feste Plätze im Raum. Exakt gilt dies jedoch nur bei einer Temperatur von 0 K. Bei jeder Temperaturerhöhung nimmt ein Stoff Wärmeenergie auf, dies führt zu einem Schwingen der Atome um Ihre Ruhelage. Jede Wärmezufuhr führt somit zu einer Verstärkung der Schwingungsamplituden der Atome bzw. Ionen. Mit Erreichen der **Schmelztemperatur** sind die Schwingungen so groß geworden, dass die Bindungskräfte zwischen benachbarten Atomen überwunden werden und das Metall schmilzt. Die Schmelztemperaturen der Metalle liegen zwischen – 39 °C (Quecksilber) und 3410 °C (Wolfram). Mitunter wird die Schmelztemperatur als Einteilungskriterium für Metalle benutzt, man spricht dann von hoch- und niedrigschmelzenden Metallen.

Bei genauer Messung stellt man fest, dass beim Aufschmelzen eines Stoffes trotz Zufuhr von Wärme die Temperatur so lange konstant bleibt, bis der ganze Stoff aufgeschmolzen ist. Es wird also Wärme zum Aufschmelzen eines Stoffes benötigt. Diese Wärme wird als **Schmelzwärme** bezeichnet. In Tabelle 1 sind Schmelztemperatur, Schmelzwärme und spezifische Wärmekapazität einiger Stoffe zusammengestellt. Danach werden bei der Erstarrung von 1 kg Stahl 276 kJ Wärme frei, dies ist die gleiche Wärmemenge, die bei der Abkühlung von 1 kg Stahl um etwa 600 K freigesetzt wird. Diese Vorgänge sind umkehrbar (reversibel) d. h. einem festen Metall muss die Schmelzwärme bei der Schmelztemperatur von außen zugeführt werden. Eine Metallschmelze erstarrt bei der Schmelztemperatur, dabei muss die Schmelzwärme abgeführt werden. Der feste Aggregatzustand wird auch als **feste Phase** und entsprechend die Schmelze als **flüssige Phase** bezeichnet. Demnach ist eine **Phasenumwandlung** fest-flüssig gleichbedeutend mit dem Aufschmelzen eines festen Metalls.

Ein ähnlicher Vorgang erfolgt auch beim Übergang vom flüssigen zum gasförmigen Zustand, beim Verdampfen. Misst man die Temperatur von kochendem Wasser, so bleibt diese trotz Wärmezufuhr solange konstant bei 100 °C, bis die gesamte Wassermenge verdampft ist (Verdampfungswärme). Der gasförmige Zustand eines Stoffes wird entsprechend auch als **gasförmige Phase** bezeichnet. Treten bei einem Metall in Abhängigkeit von der Temperatur unterschiedliche Kristallsysteme auf, so werden diese auch als Phasen bezeichnet. Ein typisches Beispiel stellt das Eisen dar. Hier unterscheidet man die kubisch-raumzentrierte α-Phase (α-Eisen) und die kubisch-flächenzentrierte γ-Phase (γ-Eisen).

Tabelle 1: Schmelztemperatur, Schmelzwärme und spezifische Wärme einiger Stoffe

Stoff	Schmelztemperatur °C	Spez. Schmelzwärme kJ/kg	Spez. Wärmekapazität kJ/(kg · K)
Stahl	1400 ... 1500	276	0,458
Aluminium	660	323	0,979
Blei	327	26,4	0,129
Wolfram	3410	193	0,142
Wasser	0	333	4,167

ⓘ Information

Phase

Eine **Phase** ist eine einheitliche Substanz hinsichtlich der atomaren Zusammensetzung und Atomanordnung und besitzt gleiche chemische, physikalische und kristallographische Eigenschaften.

3.2 Phasenumwandlungen

Die Phasenumwandlung fest-flüssig hat technische Bedeutung bei der Legierungsherstellung, bei der Herstellung von Gussstücken sowie beim Schweißen und Löten. Insbesondere sind die Vorgänge bei der

Erstarrung bedeutsam, da durch diese die Eigenschaften im festen Zustand stark beeinflusst werden. Der Vorgang der Erstarrung wird in die Bildung von Kristallkeimen und das Kristallwachstum eingeteilt. Kristallkeime können sich spontan durch eine entsprechende Zusammenlagerung von Atomen bilden. Diese Keime müssen jedoch eine Mindestgröße erreichen, um weiterwachsen zu können, sonst werden sie wieder in der Schmelze aufgelöst. Man spricht in diesem Fall von **Eigenkeimbildung.** Keime können sich leichter an Oberflächen und an den Gefäßwänden sowie an in der Schmelze vorhandenen festen Teilchen bilden, sodass auch die Kristallbildung häufig dort beginnt. Man bezeichnet letztere auch als **Fremdkeimbildung** oder **heterogene Keimbildung** (Bild 2, Seite 40). Kornfeinungsmittel, die meist absichtlich Legierungen zugesetzt werden, bewirken eine solche Fremdkeimbildung, aber auch andere feste Teilchen wie Oxide und Carbide. Allgemein bewirken viele Keime ein feinkörniges Material.

Die Bedeutung der **Phasenumwandlung gasförmig-flüssig** für die Werkstofftechnik ist gering. Metallschichten können durch Aufdampfen erzeugt werden. Dabei ist das gewünschte Produkt jedoch eine feste Metallschicht, sodass die flüssige Phase hierbei keine Rolle spielt.

Von großer technischer Bedeutung sind die **Phasenumwandlungen im festen Zustand.** Hierzu gehören beispielsweise die Gitterumwandlungen von α- in γ-Fe oder von α- in β-Ti bei einer bestimmten Gleichgewichtstemperatur. In metallischen Legierungen wird die Phasenumwandlung sowie die Umwandlungstemperatur insbesondere durch die Konzentration der Legierungselemente sowie durch die Abkühlgeschwindigkeit beeinflusst. Diese Vorgänge werden beim Härten von Stahl (Kapitel 6.4.4) näher erläutert. Zu den Phasenumwandlungen im festen Zustand zählen auch Vorgänge in Legierungen, bei denen sich im festen Zustand aus einer Phase eine zweite bei tieferer Temperatur ausscheidet. Ähnlich wie bei der Erstarrung müssen auch bei der Phasenumwandlung im festen Zustand zunächst Keime gebildet werden, bevor neue Kristalle oder Ausscheidungen wachsen können.

3.3 Mischkristalle und Kristallgemische

Auch im festen Zustand mischen sich die Bestandteile vieler Legierungen, man spricht dann von festen Lösungen; es werden **Mischkristalle** gebildet. Liegt keine Mischbarkeit vor, entsteht ein **Kristallgemisch.** Eine dritte Möglichkeit ist die der Verbindungsbildung. Da diese Verbindungen nicht identisch sind mit chemischen Verbindungen, werden sie als **intermetallische Verbindungen** bezeichnet. Sie weisen meistens eine andere Gitterstruktur als die Matrix auf. Häufig gelten die genannten drei Möglichkeiten der Legierungsbildung nur für einen bestimmten Konzentrationsbereich.

3.3.1 Mischkristalle

Von Mischkristallen spricht man, wenn die (gelösten) Legierungsatome in das Wirtsgitter des lösenden Metalls eingebaut werden. Die Legierungsatome können dabei entweder auf regulären Gitterplätzen oder auf Zwischengitterplätzen eingebaut werden. Sind die regulären Gitterplätze des lösenden Metalls durch die fremden Atome des gelösten Stoffes besetzt, so spricht man von **Austausch**- oder **Substitutionsmischkristallen** (Bild 1a, Seite 73). Befinden sich die Fremdatome auf Zwischengitterplätzen, so erhält man **Einlagerungsmischkristalle** (Bild 1b, Seite 73). Schon bei Betrachtung der Gittergeometrie zeigen sich die wichtigsten Bedingungen, die für die Bildung der unterschiedlichen Mischkristalle erfüllt sein müssen: Substitutionsmischkristalle können in der Regel nur entstehen, wenn beide Atomsorten ungefähr gleich groß (R = Atomradius) sind. Kupfer (R = 0,127 nm) und Nickel (R = 0,124 nm) erfüllen beispielsweise diese Bedingung recht gut und bilden daher bei allen Konzentrationsverhältnissen Substitutionsmischkristalle.

Zur Bildung von Einlagerungsmischkristallen ist es notwendig, dass die gelösten Atome erheblich kleiner als die Wirtsatome sind; das Atomradienverhältnis $f = R_B/R_A$ sollte kleiner als 0,41 sein. Solche kleinen Atomradien (R_B) besitzen die Nichtmetalle Wasserstoff, Stickstoff, Kohlenstoff und Bor. Technisch bedeutsam sind insbesondere die Einlagerungsmischkristalle, die aus Kohlenstoff und Eisen gebildet werden: im kubischflächenzentrierten γ-Eisen beträgt die maximale Löslichkeit von Kohlenstoff (Austenit) 2,06 %, im kubischraumzentrierten α-Eisen (Ferrit) hingegen nur 0,02 %. Wichtig für die Bildung von Einlagerungsmischkristallen ist die Größe der vorhandenen Gitterlücken, die, wie in Kapitel 2.4.3.4 gezeigt wurde, im kfz-Gitter (0,828 · R) erheblich größer als im krz-Gitter (0,309 · R) sind.

Auch bei den Substitutionsmischkristallen ist die Mischbarkeit häufig auf einen kleinen Konzentrationsbereich begrenzt. Es gibt immer Unterschiede im Atomdurchmesser, was zu elastischen Verspannungen des Gitters führt. Dadurch wird allerdings auch die Festigkeit des Metalls gesteigert (Mischkristallverfestigung, Kapitel 2.9.2). Die Gitterverspannungen nehmen mit dem Größenunterschied der Atome sowie der Konzentration der Legierungsatome bis zur Löslichkeitsgrenze zu. Wenn diese Löslichkeitsgrenze überschritten wird, muss eine zweite Kristallart gebildet werden, es entsteht ein **Kristallgemisch.**

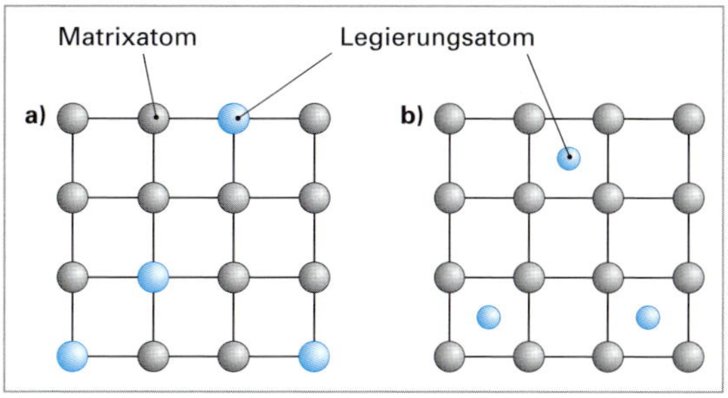

Bild 1: Atomanordnung in Mischkristallen
a) Substitutionsmischkristall
b) Einlagerungsmischkristall

Eine begrenzte Löslichkeit liegt auch dann vor, wenn wie im Fall von Kupfer (kubisch-flächenzentriert) und Zink (hexagonal) trotz ähnlich großer Atomradien die Kristallgitter verschieden sind. Außer den genannten geometrischen und kristallographischen Bedingungen müssen auch noch chemische Bedingungen erfüllt sein, damit zwei Metalle im festen Zustand sich völlig mischen, also Mischkristalle bei allen möglichen Zusammensetzungen bilden können. Eine solche Bedingung ist die Valenzelektronenzahl: Kupfer besitzt zwei und Aluminium drei Valenzelektronen, sodass die Löslichkeit von Kupfer in Aluminium bei 547 °C nur 5,7 % und bei Raumtemperatur sogar nur 0,2 % beträgt.

3.3.2 Kristallgemische

Bilden sich in einer Legierung mehrere Kristallarten, spricht man von einem Kristallgemisch. Das Gefüge wird als heterogen bezeichnet **(heterogene Lösung),** denn die verschiedenen Gefügebestandteile (Phasen) können im Lichtmikroskop meist einfach unterschieden werden.

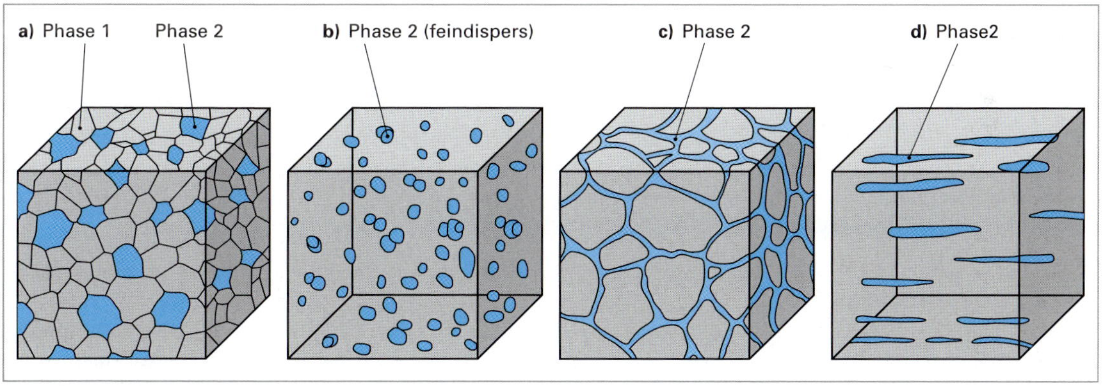

Bild 2: Heterogenes Gefüge
a) Ähnlich große Körner (Duplexgefüge)
b) Feindispers verteilte Zweitphase
c) Zweitphase an den Korngrenzen (netzartig) ausgeschieden
d) Langgestreckte Zweitphase

In heterogenen Lösungen können die unterschiedlichen Phasen verschiedene Eigenschaften, Größe und Form besitzen. In Bild 2a sind beide Gefügebestandteile ähnlich groß und in Bild 2b ist die Zweitphase sehr klein. Ein Gefüge entsprechend Bild 2a **(Duplexgefüge)** findet sich beispielsweise bei den austenitisch-ferritischen Chrom-Nickel-Stählen (Kapitel 6.5.10.1). Feindispers verteilte Phasen gemäß Bild 2b werden beim Vergüten (Kapitel 6.4.5) oder beim Aushärten (Kapitel 7.1.5) absichtlich erzeugt und führen zu beträchtlichen Festigkeitssteigerungen dieser Legierungen. Ein Netzgefüge an den Korngrenzen entsprechend Bild 2c findet sich beispielsweise bei den übereutektoiden, unlegierten Stählen als Sekundärzementit (Kapitel 6.2.2.4) und bewirkt, dass diese Stähle nicht mehr kaltumformbar sind. Langgestreckte Zweitphasen (Bild 2d) finden sich unter anderem in den Automatenstählen als Mangansulfide und können beim Schweißen einen Terrassenbruch verursachen (Kapitel 6.3.1.9).

3.4 Intermetallische Phasen und Überstrukturen

Der Hauptunterschied zwischen intermetallischen Phasen und chemischen Verbindungen besteht darin, dass die **intermetallischen Phasen** über einen größeren Konzentrationsbereich gebildet werden, die chemischen Verbindungen hingegen ein bestimmtes feststehendes (chem.: stöchiometrisches) Gewichtsverhältnis besitzen. Es entstehen quasi Mischkristalle auf der Basis der intermetallischen Verbindung. So kristallisieren Kupfer-Zink-Legierungen mit ca. 46 bis 51 Masse-% Zn in einer krz-Phase, dem β-Messing. Auch bei den intermetallischen Phasen gibt es größere Gemeinsamkeiten hinsichtlich der Gitterstruktur. In der Metallphysik unterscheidet man beispielsweise die **Hume-Rothery-, Laves-** oder **Zintl-Phasen**. Bei den Hume-Rothery-Phasen, dazu gehört beispielsweise das kubisch-raumzentrierte β-Messing (die intermetallische Phase CuZn), ist der metallische Charakter am stärksten ausgeprägt.

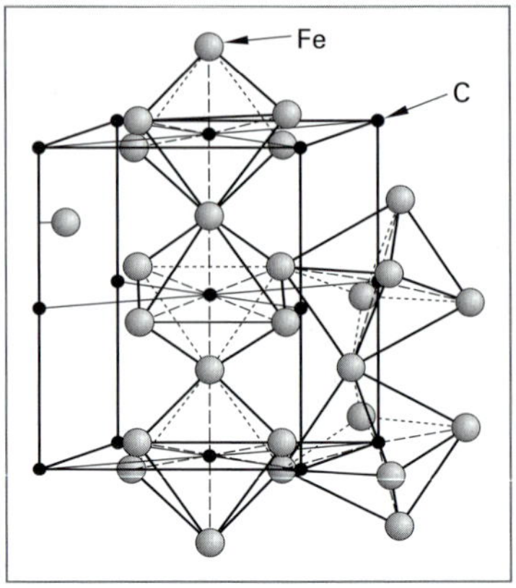

Bild 1: Kristallgitter des Zementits (vereinfacht)

3.4.1 Intermetallische Phasen

In intermetallischen Phasen entstehen völlig neue Kristallstrukturen (siehe hierzu auch Kapitel 6.3.2.1). Der Kristallaufbau ist oft kompliziert, wie Bild 1 für **Zementit** (Fe_3C) zeigt. Zementit hat noch größere Ähnlichkeiten mit einer chemischen Verbindung (= 6,67 Masse-%). Bei anderen intermetallischen Phasen wie β-Messing (CuZn) oder Kupfer-Beryllium (CuBe) gibt es größere Abweichungen von den stöchiometrischen Zusammensetzungen. So tritt die intermetallische Phase CuBe im Bereich 40 bis 60 Atom-% (stöchiometrisch = rechnerisch 50 Atom-%) auf. Vergleichbar mit den Mischkristallen können im Wirtskristallgitter dieser Phasen noch zusätzlich Cu- oder Be-Atome eingebaut werden.

Information

Atomprozent

Atomprozent (Atom-%) gibt die prozentuale Anzahl einer Atomsorte in einer Legierung an. Somit bedeutet 40 Atom-% Be: in der Legierung CuBe sind die Cu- und Be-Atome im Verhältnis 60 : 40 gemischt. Der Massenanteil des Berylliums beträgt dagegen nur 8,64 %.

Aufgrund ihres meist komplizierten Gitteraufbaus sind viele intermetallische Phasen hart und spröde. Die große Härte kann technisch genutzt werden, beschränkt sich jedoch meist nur auf Gewichtsanteile von einigen Zehntel Prozent der intermetallischen Verbindung am Gesamtgefüge. Die Verformbarkeit metallischer Werkstoffe mit intermetallischen Verbindungen ist eingeschränkt und häufig nur bei hohen Temperaturen durchführbar (Warmumformen, Kapitel 2.10.2.5).

3.4.2 Überstrukturen

In Mischkristallen sind die gelösten Atome meistens statistisch (regellos) verteilt. Da es jedoch neben den Unterschieden in der Atomgröße auch Unterschiede in den Bindungskräften gibt, entstehen Abweichungen von der zufälligen Verteilung der verschiedenen Atome im Mischkristallgitter. Bild 2 a zeigt eine statistische Verteilung und Bild 2 b eine geordnete Verteilung der Atome B im A-Gitter. Im Falle von Bild 2a gibt es keine unterschiedlichen Wechselwirkungen zwischen den beiden Atomsorten, in Bild 2b herrschen zwischen A

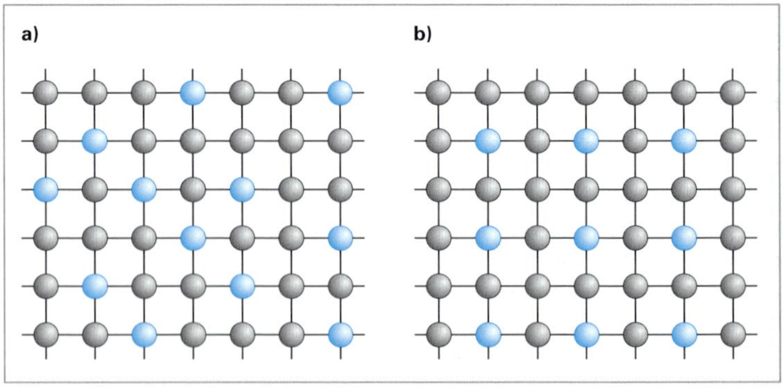

Bild 2: Atomanordnung in Substitutionsmischkristallen
a) Statistische Verteilung der B-Atome im A-Gitter b) Überstruktur
● = A-Atom ● = B-Atom

und B stärker anziehende Kräfte als zwischen A und A oder B und B. Man spricht im Falle von Bild 2b, Seite 74, von einer **Überstruktur.** Bild 1, zeigt dreidimensional die Elementarzelle der Überstrukturphase Cu_3Au. Die Ecken der kubisch-flächenzentrierten Elementarzelle sind von Au- und die Flächenmitten von Cu-Atomen besetzt. Solche Ordnungsphasen stellen sich nur bei langsamer Abkühlung ein und führen zu einer größeren Härte und Sprödigkeit des Werkstoffes. Diese Überstrukturen können zu den oben genannten intermetallischen Verbindungen führen.

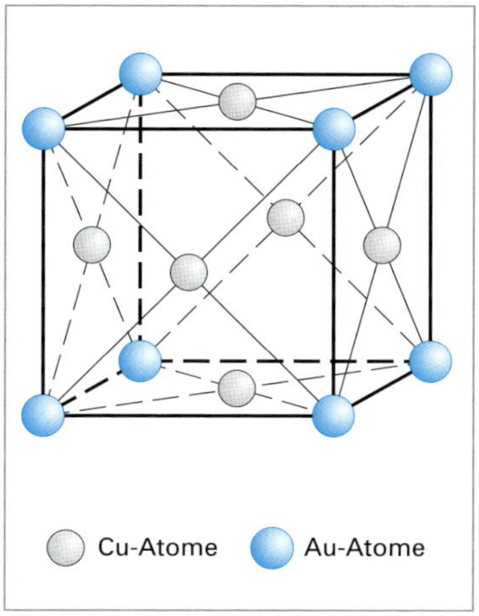

Bild 1: Elementarzelle von Cu_3Au (Überstruktur)

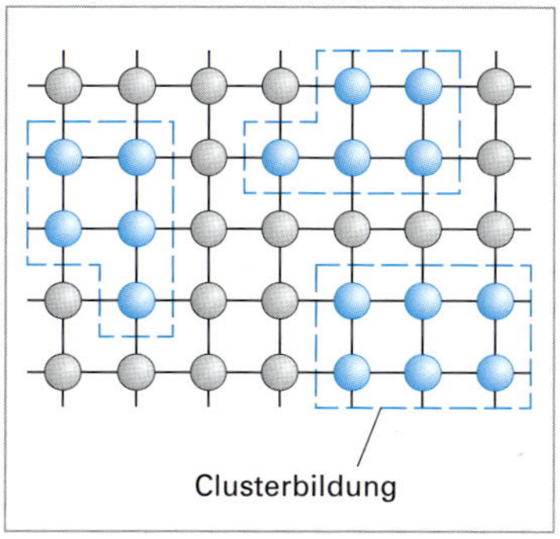

Bild 2: Clusterbildung
= A-Atom = B-Atom

Bestehen zwischen B-Atomen größere Anziehungskräfte als zwischen A und B, so führt dies zu **Entmischungen** oder **Cluster-Bildung** (Bild 2). Man spricht von einphasiger Entmischung, da noch kein eigener (neuer) Kristall entstanden ist. Diese Entmischungen können zu **kohärenten Ausscheidungen** führen, die als **Guinier-Preston-Zonen** bezeichnet werden (Bild 2, Seite 365). Dabei gehen die beiden Gitter, Wirts- und Ausscheidungsgitter, ineinander über. Diese Vorgänge sind wichtig für das Ausscheidungshärten von Legierungen (Kapitel 7.1.5).

3.5 Zustandsdiagramme

Der Einfluss von Wärme auf die Zustandsänderung von Metallen und deren Legierungen wird mithilfe der **thermischen Analyse** untersucht. Das Ergebnis wird in Abkühlungskurven (Temperatur-Zeit-Diagrammen) dargestellt (Bild 3). Beispielsweise zeigt die Abkühlungskurve von reinem Eisen bei 1536°C, 1392°C und 911°C einen waagrechten Verlauf, so genannte **Haltepunkte,** da trotz Wärmeabfuhr die Temperatur konstant bleibt. Diese Haltepunkte treten dann auf, wenn eine Phasenumwandlung stattfindet, also bei der Änderung des Aggregatzustandes, z. B. Schmelze → kubisch-raumzentrierter Kristall) und auch bei den Phasenumwandlungen im festen Zustand, (z. B. kubisch-raumzentriert → kubisch-flächenzentriert). Der Haltepunkt der

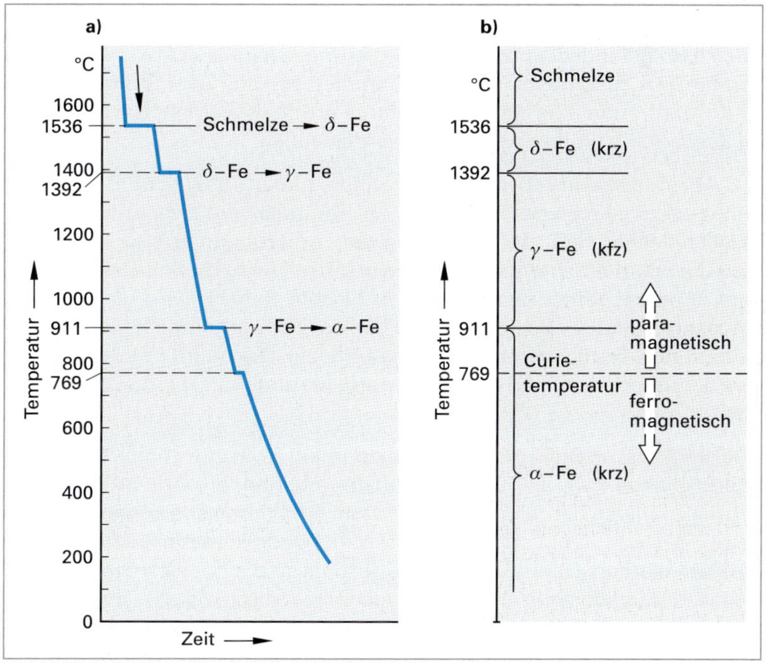

Bild 3: Abkühlungskurve und Zustandsdiagramm von reinem Eisen
(thermische Analyse)

Abkühlungskurve entsteht, da die Schmelzwärme, oder allgemein ausgedrückt die Umwandlungswärme, erst vollständig abgeführt werden muss, also die gesamte Schmelze erstarrt ist, ehe eine weitere Temperaturabnahme des Stoffes erfolgen kann. Aus dem gleichen Grund wird auch beim Erwärmen, also in Aufheizkurven, ein Haltepunkt gefunden. Meistens werden jedoch bei thermischen Analysen Abkühlungskurven aufgenommen.

Die Phasen eines Stoffes werden durch die Temperatur, den Druck und durch andere Stoffe beeinflusst. Da aber meistens bei normalem Druck (Atmosphärendruck) gearbeitet wird, wird dieser Einfluss in den üblichen Diagrammen nicht angegeben. Der Einfluss von Temperatur und chemischer Zusammensetzung auf die Phasen von Stoffen wird in **Zustandsdiagrammen** dargestellt. Das Zustandsdiagramm reiner Stoffe ist eine senkrechte Temperaturachse, auf der die Umwandlungstemperaturen aus der Abkühlungskurve unter Hinzufügung der entsprechenden Phasenbezeichnungen (Bild 3b, Seite 75) eingetragen sind. Man kann aus dem Zustandsdiagramm ablesen, welche Phase bei einer bestimmten Temperatur auftritt. Einschränkend muss jedoch erwähnt werden, dass Zustandsdiagramme nur für das **thermodynamische Gleichgewicht** gelten, das bedeutet bei unendlich langsamer Abkühlung. Wie später gezeigt wird, können bei sehr schneller Abkühlung von Legierungen auch andere Phasen oder Umwandlungstemperaturen auftreten, da insbesondere für die Phasenumwandlungen in Legierungen, bedingt durch die dafür notwendige Wanderung von Atomen, eine längere Zeit benötigt wird, die mit abnehmender Temperatur noch zunimmt (Diffusion, Kapitel 2.10.1). Dieser Zeiteinfluss hat nur bei einigen Legierungen größere technische Bedeutung und wird in besonderen **ZTU-Diagrammen** (**Z**eit-**T**emperatur-**U**mwandlungsdiagramme) dargestellt (Kapitel 6.4.4.13).

3.5.1 Binäre Zustandsdiagramme

3.5.1.1 Erstellung binärer Zustandsdiagramme

In Legierungen muss das Zustandsdiagramm erweitert werden, da der Einfluss der chemischen Zusammensetzung ebenfalls dargestellt werden soll, denn Phasenumwandlungen werden durch fremde Stoffe oder Atome beeinflusst. Dazu wird auf der Abszisse (waagrechte Achse) die Konzentration (Bild 1, Seite 77) aufgetragen, also der Anteil des Legierungselementes in Masse-, Gewichts- oder Atomprozent (Kapitel 3.4). Auf der linken Diagrammseite beträgt der Anteil A 100 % und der von B 0 %. Geht man weiter nach rechts, dann nimmt der Anteil von B auf Kosten von A zu (es gilt immer: A + B = 100 %), bis auf der rechten Diagrammseite der Anteil von A 0 % und der von B 100 % beträgt.

Auch das Zustandsdiagramm von Legierungen kann aus Abkühlungskurven ermittelt werden. Man spricht von **binären Zustandsdiagrammen,** wenn diese aus zwei Stoffen bestehen. Hier muss theoretisch für jede Konzentration eine Abkühlungskurve ermittelt werden, da die Zustände aller möglichen Legierungen im Zustandsdiagramm abgelesen werden sollen.

Die Abkühlungskurven der Legierungen haben, abweichend von denen der reinen Metalle, keinen Haltepunkt mehr. Es treten in jeder Abkühlungskurve zwei **Knickpunkte** auf, zwischen denen die Kurven deutlich flacher sind, die Abkühlung der Legierungen erfolgt in diesem Temperaturbereich also langsamer. Die Schmelzen der Legierungen erstarren nicht mehr bei einer bestimmten Schmelztemperatur, sondern in einem Temperaturbereich. In diesem Bereich wird die Schmelzwärme frei, so dass die Abkühlungskurve deutlich flacher wird. In diesem Schmelzbereich haben Legierungen einen teigigen Zustand, sie sind zum Teil flüssig und zum anderen fest. Der obere Knickpunkt der Abkühlungskurve ist der Beginn und der untere das Ende der Erstarrung. Man nennt sie **Liquidus-** (d. h. flüssig) und **Soliduspunkte** (d. h. fest).

Überträgt man Halte- und Knickpunkte in ein **Konzentrations-Temperatur-Diagramm** und verbindet alle Soliduspunkte bzw. alle Liquiduspunkte miteinander und verlängert außerdem beide Linien bis zu den Schmelzpunkten der reinen Metalle, dann erhält man das Zustandsdiagramm für alle Legierungen (Bild 1, Seite 77). Der Kurvenverlauf wird umso genauer, je mehr Abkühlungskurven verschiedener Legierungen ermittelt werden. Oberhalb der **Liquiduslinie** sind alle Legierungen flüssig (Bereich S = Schmelze) und unterhalb der **Soliduslinie** alle fest (Bereich MK = Mischkristall). Zwischen Solidus- und Liquiduslinie (Bereich S+MK) liegen die beiden Phasen Schmelze und Mischkristalle (Zweiphasengebiet) im Gleichgewicht nebeneinander vor. Die Kristalle werden mit MK bezeichnet, da es Mischkristalle sind, die trotz unterschiedlicher Zusammensetzung den gleichen Kristallaufbau zeigen.

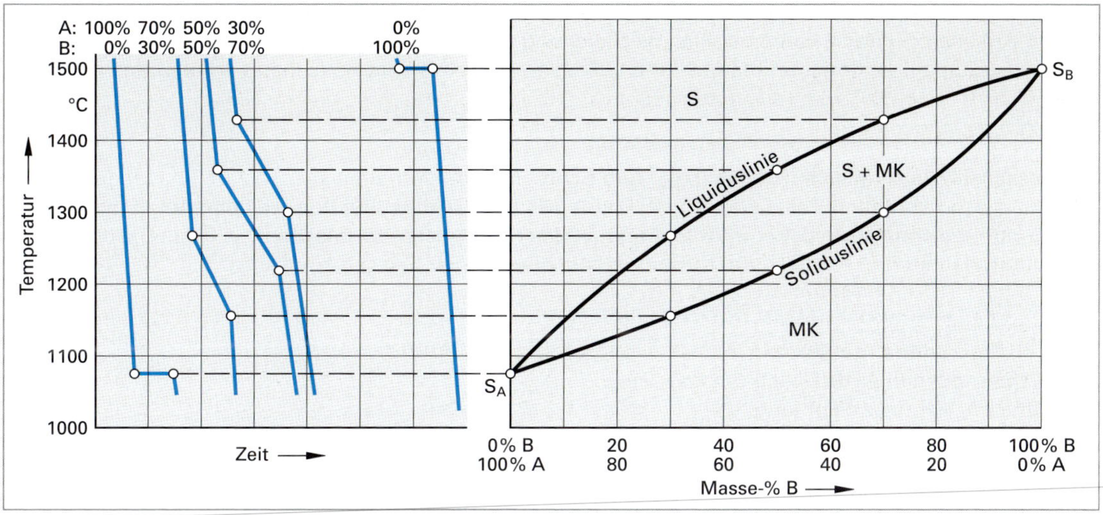

Bild 1: Abkühlungskurven und binäres Zustandsdiagramm für vollständige Löslichkeit flüssig, fest am Beispiel von Cu-Ni-Legierungen (A = Cu und B = Ni) S = Schmelze MK = Mischkristall

3.5.1.2 Lesen binärer Zustandsdiagramme

Die genauen Anteile von Schmelze und Mischkristallen bei einer bestimmten Temperatur ϑ_1 im Zweiphasengebiet lassen sich durch das **Gesetz der abgewandten Hebelarme** (kurz: **Hebelgesetz**, Bild 2) ermitteln. Der Teil der isothermen Linie im Zweiphasengebiet wird als **Konode** bezeichnet. Die Konode schneidet die Liquiduslinie bei der Konzentration c_2 und die Soliduslinie bei c_1. Das bedeutet, die (Rest-) Schmelze hat bei der Temperatur ϑ_1 einen Anteil c_2 an B und der entstehende Mischkristall einen Anteil c_1 an B.

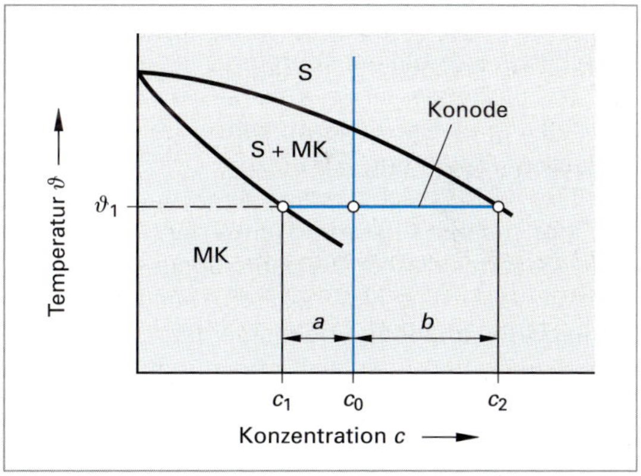

Bild 2: Zur Herleitung des Hebelgesetzes

m Gesamtmasse der Legierung
m_{MK} Kristallmasse
m_S Masse der Schmelze
c Konzentration (Anteil an Komponente B)
c_0 Anteil von B in der betrachteten Legierung
c_1 Anteil von B im Mischkristall
c_2 Anteil von B in der Schmelze
$a = c_0 - c_1$ Hebelarmlänge a
$b = c_2 - c_0$ Hebelarmlänge b

Bei der Temperatur ϑ_1 gilt:

- für die Gesamtmasse: $m = m_{MK} + m_S$ oder $m_S = m - m_{MK}$ (3.1)
- für den Gehalt an B-Atomen: $m_{MK} \cdot c_1 + m_S \cdot c_2 = m \cdot c_0$ (3.2)
- (3.1) eingesetzt in (3.2): $m_{MK} \cdot c_1 + m \cdot c_2 - m_{MK} \cdot c_2 = m \cdot c_0$

$$m \cdot (c_2 - c_0) = m_{MK} \cdot (c_2 - c_1) \quad (3.3)$$

- (3.3) aufgelöst nach m_{MK}: $m_{MK} = m \cdot \frac{(c_2 - c_0)}{(c_2 - c_1)}$ (3.4)
- a und b in (3.4) eingesetzt: $m_{MK} = m \cdot \frac{b}{a + b}$ (3.5)
- (3.5) in (3.1) eingesetzt: $m_S = m \cdot \frac{a}{a + b}$ (3.6)

Mithilfe von Gleichung (3.5) lässt sich der Massenanteil m_{MK} der Mischkristalle im Zweiphasengebiet ermitteln. Auf analoge Weise kann mithilfe von Gleichung (3.6) der Massenanteil m_S der Schmelze ermittelt werden. Setzt man die Gleichungen (3.5) und (3.6) zueinander ins Verhältnis, dann erhält man:

$$\frac{m_{MK}}{m_S} = \frac{b}{a} \tag{3.7}$$

Die Massenanteile an Mischkristallen (m_{MK}) und Schmelze (m_S) verhalten sich im Zweiphasengebiet (MK + S) also wie das Verhältnis der zur jeweiligen Phase (MK bzw. S) abgewandten „Hebelarme" *a* und *b*. Diese Beziehung bezeichnet man daher in Anlehnung an das Hebelgesetz der Mechanik, als das Gesetz der abgewandten Hebelarme. Anstelle von Kräften werden hier jedoch Massen eingesetzt.

3.5.1.3 Kristallseigerung und Zonenmischkristall

Zustandsdiagramme gelten nur für das **thermodynamische Gleichgewicht,** d. h. bei unendlich langsamer Abkühlung. Die Erstarrung eines technischen Metalles erfolgt in der Regel jedoch nicht unendlich langsam ($d\vartheta/dt \approx 0$), sondern mit messbarer Abkühlgeschwindigkeit ($d\vartheta/dt > 0$). Eine derartige gleichgewichtsferne (technische) Erstarrung führt dabei stets zu Konzentrationsunterschieden innerhalb der Kristallite. Bild 1 veranschaulicht diesen Sachverhalt. Wird eine Legierung *L* abgekühlt, dann bilden sich bei der Temperatur ϑ_1 Kristallkeime mit der Zusammensetzung c_1. Bei weiterer, sehr langsamer Abkühlung ändern die um diese Keime wachsenden Kristalle ihre Zusammensetzung längs der Soliduslinie (A-B-D). So sollte beispielsweise bei einer Temperatur ϑ_2 die Gesamtheit aller bis dahin ausgeschiedenen Kristalle die Zusammensetzung c_2 aufweisen. Hierzu müssen jedoch die zuvor (bei $\vartheta > \vartheta_2$) ausgeschiedenen Kristalle eine bestimmte Menge an Atomen der Sorte A (z. B. Fe) abgeben und eine entsprechende Menge B-Atome (z. B. C, P, S, Mn usw.) aufnehmen. Dieser Konzentrationsausgleich kann nur durch Diffusion erfolgen und erfordert eine entsprechend lange Zeit. Bei „technischer" Abkühlung ($d\vartheta/dt > 0$) steht die für einen vollständigen Konzentrationsausgleich entlang der Soliduslinie erforderliche Zeit nicht mehr zur Verfügung. Es kommt daher zu einem unvollständigen Konzentrationsausgleich. Ein bei ϑ_1 mit der Zusammensetzung c_1 erstarrender Kristall würde dementsprechend seine Zusammensetzung längs der Kurve A-E verändern. Nach Abschluss der Erstarrung bei ϑ_4 besitzt er demnach die Zusammensetzung c^*_1. Die Zusammensetzung der Gesamtheit aller Mischkristalle folgt dann der Linie A-F (Mittelwertskurve). Die Soliduslinie wird daher mit zunehmender Abkühlgeschwindigkeit nach unten verschoben (Linie A-F). Bei ϑ_2 erstarrende Kristalle besitzen dann die Zusammensetzung c'_2, die sich während der Abkühlung nach c^*_2 ändert (Linie in Bild 1 nicht eingezeichnet). Da durch den unvollständigen Konzentrationsausgleich die Schmelze B-reicher ist, wird die Liquiduslinie entsprechend nach oben verschoben.

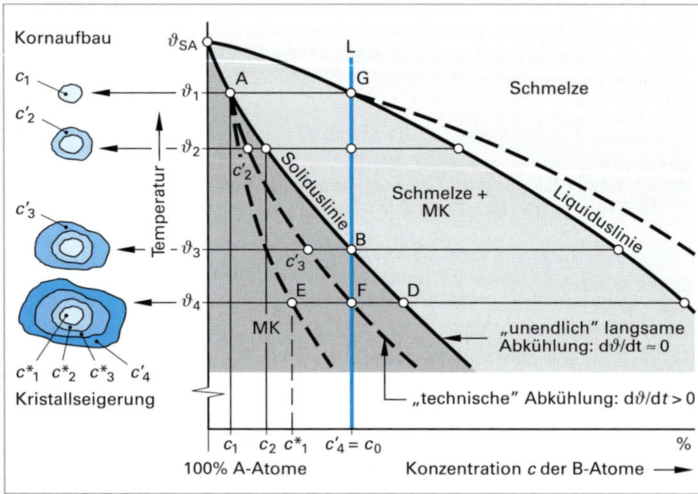

Bild 1: Prinzip der Entstehung eines Zonenmischkristalls (Kristallseigerung) in einer Zweistofflegierung

Während bei sehr langsamer Abkühlung die Erstarrung mit Erreichen der Temperatur ϑ_3 (Punkt B) abgeschlossen wäre, liegt bei technischer Abkühlung in diesem Punkt noch Restschmelze vor, die weiter abkühlen kann. Die Erstarrung ist daher erst abgeschlossen, sobald die Mittelwertskurve A-F (verschobene Soliduslinie) die Ausgangszusammensetzung *L* der Schmelze erreicht (Temperatur ϑ_4). Die zuletzt mit Erreichen von ϑ_4 ausgeschiedenen Mischkristalle haben dabei die Zusammensetzung c'_4. Das Ergebnis sind schichtförmig aufgebaute Körner mit einem sich vom Kern zum Rand hin kontinuierlich verändernden B-Gehalt (Bild 1). Diese Erscheinung bezeichnet man als **Kristall-, Korn-** oder **Mikroseigerung** und den dabei entstehenden Kristall als **Zonenmischkristall.**

Die Kristallseigerung ist umso ausgeprägter:

- je höher die Abkühlgeschwindigkeit,
- je kleiner die Diffusionsgeschwindigkeit der beteiligten Elemente,
- je ausgedehnter das Erstarrungsintervall (Differenz zwischen Liquidus- und Solidustemperatur) der Legierung.

Kristallseigerungen führen nach einer Warmumformung meist zu einem zeiligen Sekundärgefüge und dadurch zu einer Reihe unerwünschter Eigenschaften von Legierungen, sowohl im Mikro- als auch im Makrobereich (z. B. Verschlechterung des Korrosionsverhaltens, Beeinflussung des Aufschmelzverhaltens, Verschlechterung von Festigkeit und Zähigkeit).

Kristallseigerungen müssen durch eine nachfolgende Verarbeitung, insbesondere durch Wärmebehandlungen, beseitigt werden (Diffusionsglühen; Kapitel 6.4.3.5).

3.5.2 Grundtypen binärer Zustandsdiagramme

Abhängig von der gegenseitigen Löslichkeit der verschiedenen Legierungsbestandteile im flüssigen und festen Zustand unterscheidet man unterschiedliche Grundtypen binärer Zustandsdiagramme (Tabelle 1).

Tabelle 1: Grundtypen binärer Zustandsdiagramme

Bezeichnung des Legierungssystems	Löslichkeit der Komponenten		Beispiele
	im festen Zustand	im flüssigen Zustand	
–	unlöslich	unlöslich	Fe-Pb, Ag-Ni, Al-Pb
Grundsystem I	vollkommen löslich	vollkommen löslich	Ag-Au, Cu-Ni, Cr-Mo, Mo-W
Grundsystem II oder eutektisches System	unlöslich	vollkommen löslich	Bi-Cd, Pb-Sb
Eutektisches System mit Mischungslücke	begrenzt löslich	vollkommen löslich	Ag-Cu, Al-Cu, Pb-Sn
Grundsystem III oder peritektisches System	begrenzt löslich Schmelztemperaturen der Komponenten liegen weit auseinander	vollkommen löslich	Pt-Ag, Cd-Hg

3.5.2.1 Vollkommene Unlöslichkeit im festen und flüssigen Zustand

Vollkommene Unlöslichkeit im flüssigen und festen Zustand bedeutet, dass sich die beiden Stoffe gegenseitig nicht beeinflussen (Bild 1). Die Komponente A (z. B. Fe) erstarrt bei der Schmelztemperatur ϑ_{SA} unabhängig von ihrer Konzentration und die Komponente B (z. B. Pb) entsprechend bei ϑ_{SB}. Bei hoher Temperatur liegen zwei Schmelzen vor und bei tiefer zwei Kristallarten. Zwischen beiden Schmelztemperaturen ist der Anteil der höher schmelzenden Komponente völlig erstarrt und der Anteil der Komponente mit niedriger Schmelztemperatur flüssig. Eine solche Legierung, wie beispielsweise eine Eisen-Blei-Legierung, darf bei Temperaturen über 327 °C, der Blei-Schmelztemperatur, keiner mechanischen Belastung ausgesetzt werden.

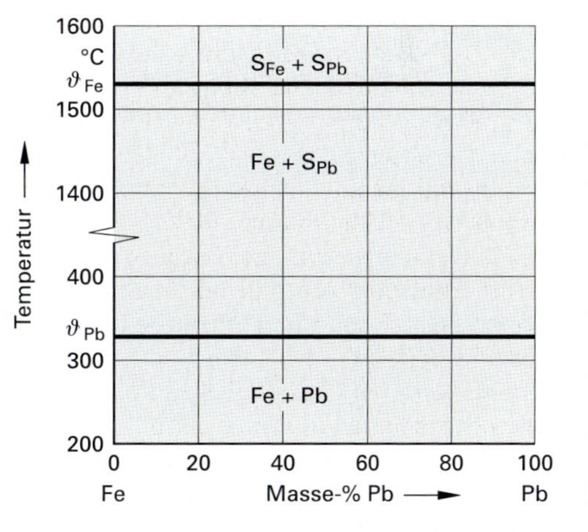

Bild 1: Zustandsdiagramm mit vollständiger Unlöslichkeit im flüssigen und festen Zustand. Beispiel: Eisen – Blei

3.5.2.2 Vollkommene Löslichkeit im festen und flüssigen Zustand (Linsendiagramm)

Ein Linsendiagramm entsteht bei vollkommener Löslichkeit im flüssigen und im festen Zustand. Im schmelzflüssigen Zustand liegt eine homogene Schmelze aus A- und B-Atomen vor. Im festen Zustand bilden beide Legierungskomponenten (A und B) ein gemeinsames Raumgitter. Es entstehen Mischkristalle, deren Zusammensetzung dem prozentualen Anteil der Legierungskomponenten entspricht.

Die Abkühlungskurven der unterschiedlichen Legierungszusammensetzungen zeigen bei den jeweiligen Schmelztemperaturen der reinen Komponenten (100 % A bzw. 100 % B) Haltepunkte im Temperatur-Zeit-Verlauf (Bild 1, Seite 77). Die Legierungen (z. B. L_1 mit 70 % A und 30 % B) zeigen dagegen einen Erstarrungsbereich mit jeweils einem Knickpunkt im Temperatur-Zeit-Verlauf bei Kristallisationsbeginn und Kristallisationsende. Überträgt man die Haltepunkte- und Knickpunkte der Abkühlkurven in ein Temperatur-Konzentrations-Diagramm und verbindet die Punkte miteinander, dann erhält man das Zustandsdiagramm der untersuchten Legierung (Bild 1, Seite 77). Entsprechend seiner Form wird dieses Zustandsdiagramm auch als **Linsendiagramm** bezeichnet.

Liquidus- und Soliduslinie schließen den Erstarrungsbereich mit flüssigen und festen Anteilen ein. Mit Unterschreiten der Liquiduslinie beginnen sich Mischkristalle aus der Schmelze auszuscheiden, die mit sinkender Temperatur wachsen, bis mit Erreichen und Unterschreiten der Soliduslinie schließlich nur noch Mischkristalle vorliegen. Die Gefüge aller Legierungen dieses Systems bestehen bei Raumtemperatur nur noch aus einer Phase, den Mischkristallen. Es liegt eine lückenlose Mischkristallreihe vor. Dies ist jedoch nur möglich, falls die Legierungskomponenten Substitutionsmischkristalle (Kapitel 2.5.2.1) bilden (Beispiel: Cu und Ni).

3.5.2.3 Vollkommene Löslichkeit im flüssigen und vollkommene Unlöslichkeit im festen Zustand (eutektisches Legierungssystem)

Die Entwicklung eines Zustandsdiagramms von zwei Stoffen, die sich im flüssigen Zustand völlig mischen und im festen Zustand nicht, soll am Beispiel Bismut – Cadmium (Bi-Cd) aufgezeigt werden. In Bild 1 sind Abkühlungskurven von Bismut-Cadmium-Legierungen unterschiedlicher Zusammensetzung bzw. Konzentration wiedergegeben. Alle Abkühlungskurven, also auch die der Bi-Cd-Legierungen, zeigen einen Haltepunkt bei der gleichen Temperatur (144 °C). Weiterhin fällt auf, dass die Abkühlungskurven der Legierungen nur einen und in einem Fall sogar keinen Knickpunkt aufweisen. Dieses Abkühlungsverhalten kann dadurch gedeutet werden, dass bei der Temperatur des Knickpunktes die Erstarrung beginnt (Liquiduspunkt) und bei der Temperatur des Haltepunktes (Soliduspunkt) die Erstarrung endet. Die Erstarrung der mit L_3 bezeichneten Legierung erfolgt wie die eines reinen Metalls bei einer festen Schmelztemperatur (144 °C). Im Unterschied dazu werden in vorliegendem Fall jedoch aus der Schmelze gleichzeitig zwei verschiedene Kristallarten, hier Cd- und Bi-Kristalle, ausgeschieden. Man spricht von einer **eutektischen Reaktion.** Das Gefüge dieser Legierung L_3 (Bild 1, Seite 81) nennt man **Eutektikum** (das **„gut gebaute"** oder **„wohl geformte"),** die Legierung L_3 wird als **eutektische Legierung** bezeichnet.

Zur weiteren Verdeutlichung soll beispielhaft eine Legierung mit 80 % Cd betrachtet werden (Legierung L_1). Die Abkühlungskurve schneidet bei ca. 280 °C die Liquiduslinie und es scheiden sich zunächst nur Cd-

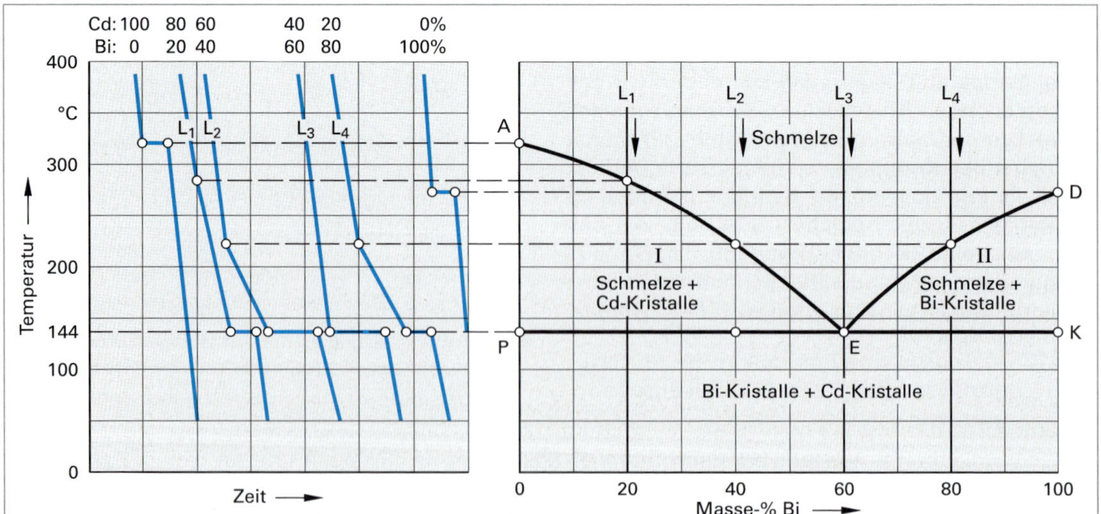

Bild 1: Abkühlungskurven und Zustandsdiagramm (eutektisch) von Bismut-Cadmium-Legierungen

Kristalle aus der Schmelze aus. Bei weiterer Abkühlung verarmt infolgedessen die Schmelze an Cd und reichert sich mit Bi an. Bei 144 °C beträgt der Cd-Gehalt der Restschmelze nur noch 40 %, dies entspricht genau der eutektischen Legierung. Es setzt dann die eutektische Reaktion ein: S → A + B, also gleichzeitige Ausscheidung von Cd- und Bi-Kristallen.

Bild 1 zeigt das Gefüge einer eutektischen Legierung (z.B. Cd-Bi). Typisch für eutektische Legierungen ist das streifige Aussehen des Gefüges, hervorgerufen durch die abwechselnde Ausscheidung der beiden Komponenten. Diese Art der Ausscheidung der beiden Legierungsmetalle erfolgt immer dann, wenn die Restschmelze die Zusammensetzung des Eutektikums erreicht hat. So werden beispielsweise aus einer Legierung, die mehr Bismut als die eutektische Legierung L_3 hat (z. B. Legierung L_4), zunächst nur Bismutkristalle ausgeschieden. Dadurch nimmt der Bi-Gehalt der Restschmelze ab. Bei einer Temperatur von 144 °C hat die restliche Schmelze die gleiche Zusammensetzung wie das Eutektikum, und sie erstarrt dann auch in der gleichen Weise.

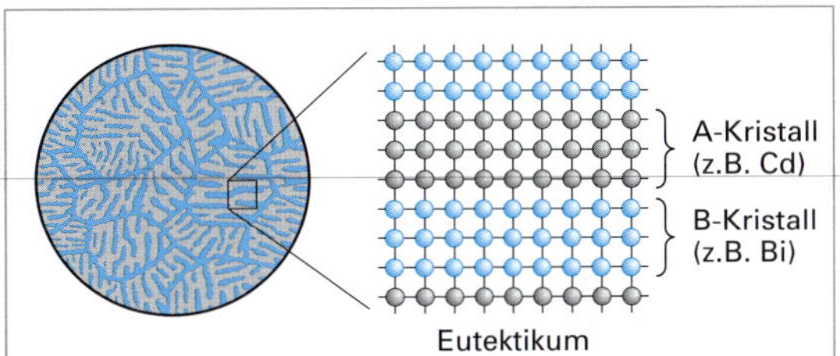

Bild 1: Gefüge einer eutektischen Legierung (Eutektikum)

Damit sind nun alle Phasengebiete des Zustandsdiagramms bekannt: im flüssigen Zustand eine Schmelze und im festen Zustand zwei Kristallarten. Im teigigen Zustand (Zweiphasengebiete) sind auf der Bi-Seite Bi-Kristalle + Schmelze und auf der Cd-Seite Cd-Kristalle + Schmelze vorhanden. Auffällig ist noch die niedrige Schmelztemperatur der eutektischen Legierung, die mit 144 °C fast 180 °C unterhalb der Schmelztemperatur von Cadmium und 127 °C unter der von Bismut liegt. Dieser Effekt der Temperaturerniedrigung des Schmelzpunktes wird beispielsweise bei Eis durch Zugabe von Kochsalz zum Auftauen oder bei der Schmelzflusselektrolyse von Aluminiumoxid zur Gewinnung von Aluminium durch die Zugabe von Kryolith genutzt.

3.5.2.4 Vollkommene Löslichkeit im flüssigen und begrenzte Löslichkeit im festen Zustand (eutektisches Legierungssystem mit Mischungslücke)

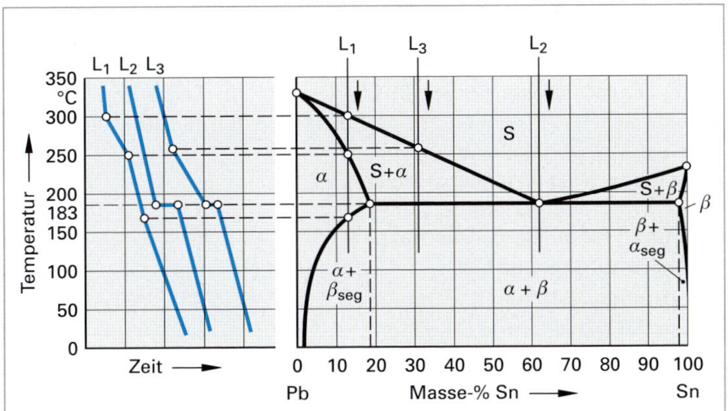

Bild 2: Eutektisches Zustandsdiagramm mit Mischungslücke (Beispiel Pb-Sn)

Das Zustandsdiagramm Bi-Cd ist vereinfacht worden, da in Wirklichkeit in geringem Umfang auch Mischkristalle gebildet werden. Die dazu notwendigen Korrekturen sind jedoch unbedeutend. Deutlicher ausgeprägt ist diese teilweise Mischbarkeit beispielsweise bei Legierungen zwischen Blei und Zinn. Bild 2 zeigt das Zustandsdiagramm dieser beiden Metalle. Aus Pb-reichen Schmelzen werden bleireiche α-Mischkristalle (Pb-Sn-Mischkristalle) ausgeschieden. Bei Sn-Gehalten zwischen 19,5 Masse-% und 97,5 Masse-% erfolgt eine eutektische Erstarrung bei 183°C, es werden bleireiche α-Mischkristalle und zinnreiche β-Mischkristalle gleichzeitig ausgeschieden. Die Löslichkeit von Sn in Pb im festen Zustand nimmt mit fallender Temperatur ab, so dass bei tieferen Temperaturen aus zinnreichen Pb-Mischkristallen noch Sn-Mischkristalle (β_{seg}) ausgeschieden werden. Das Entsprechende gilt auch für Sn-Mischkristalle (α_{seg}). Die Löslichkeitsgrenzen sind im Diagramm eingezeichnet, welche die homogenen Bereiche α und β vom heterogenen Bereich ($\alpha + \beta$) des Gefüges trennen. Derartige Zustandsdiagramme kommen in der Praxis häufig vor. Man spricht von **eutektischen Zustandsdiagrammen mit Mischungslücke.**

3.5.2.5 Peritektisches Zustandsdiagramm

Zwei Metalle, die im flüssigen Zustand vollständig, im festen Zustand jedoch nur teilweise löslich sind, haben entweder ein eutektisches Zustandsdiagramm mit Mischungslücke (s. o.) oder ein **peritektisches Zustandsdiagramm.** Letzteres beobachtet man häufig bei weit auseinander liegenden Schmelztemperaturen.

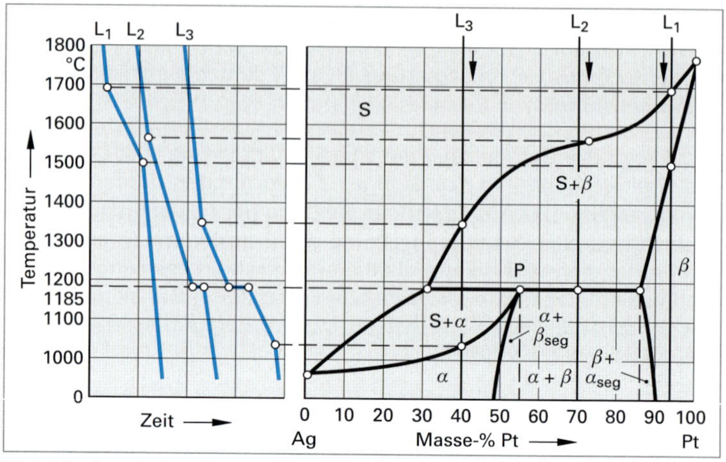

Bild 1: Peritektisches Zustandsdiagramm (Beispiel: Ag – Pt)

Bild 1 zeigt beispielhaft das peritektische Zustandsdiagramm zwischen Silber und Platin. Aus einer homogenen Schmelze der Legierung L_3 werden zunächst bei hoher Temperatur platinreiche β-Mischkristalle ausgeschieden. Bei weiterer Abkühlung reichert sich die Schmelze mit Ag an. Bei der **peritektischen Temperatur** (1 185 °C) reagieren Schmelze und β-Mischkristalle miteinander unter Bildung von Ag-reichen α-Mischkristallen, also $S + \beta \rightarrow \alpha$. Nach Abschluss der Reaktion liegen noch Schmelze und α-MK vor. An dieser **peritektischen Reaktion** sind, ähnlich der eutektischen Reaktion, eine flüssige und zwei feste Phasen beteiligt. Die Reaktion findet in diesem Beispiel zwischen 31 und 86 Masse-% statt, der **peritektische Punkt P** liegt bei 54 Masse-% Pt. Links vom peritektischen Punkt (Ag-Seite) treten unterhalb der peritektischen Temperatur keine β-Mischkristalle (Zweiphasengebiet S + α) mehr auf und rechts davon keine Schmelze (Zweiphasengebiet $\alpha + \beta$). Im Zustandsdiagramm ist die peritektische Reaktion eine Isotherme und in den Abkühlungskurven erscheint sie, wie Legierung L_2 und L_3 zeigt, als Haltepunkt. Zwischen den beiden Zweiphasengebieten liegt das Einphasengebiet α, das mit abnehmender Temperatur sich zu Ag-reicheren Mischkristallen erweitert und bei der Schmelztemperatur des Silbers die Konzentration von 100 % Ag erreicht.

Legierungen mit einem Pt-Gehalt über 90 Masse % (z. B. Legierung L_1) durchlaufen beim Erstarrungsvorgang zunächst das Zweiphasengebiet S + β und nach dem Schneiden der Soliduslinie das Einphasengebiet β. Entsprechendes zeigen auch die Abkühlungskurven von Legierungen mit Pt-Gehalten zwischen 87 und 90 Masse-% Pt (z.B. Legierung L_1). Sie scheiden allerdings mit abnehmender Temperatur noch α-MK (α_{seg}) aus.

Legierungen zwischen 54 und 86 Masse-% Pt (z. B. Legierung L_2) scheiden beim Erstarren zunächst β-Mischkristalle aus. Mit Erreichen der peritektischen Temperatur reagiert die Restschmelze mit den primär gebildeten β-Mischkristalle unter Bildung von α-Mischkristallen. Diese Reaktion läuft bei konstanter Temperatur so lange ab, bis die Restschmelze aufgebraucht ist.

Legierungen zwischen 31 und 54 Masse-% Pt (Legierung L_3) bilden primär ebenfalls β-Mischkristalle. Bei der peritektischen Temperatur werden aber die β-Mischkristalle aufgebraucht und es wird das Zweiphasengebiet S + α erreicht, aus dem sich bei weiterer Abkühlung α-Mischkristalle ausscheiden, bis auch die Restschmelze erstarrt ist und nur noch α-Mischkristalle vorliegen (Legierung L_3).

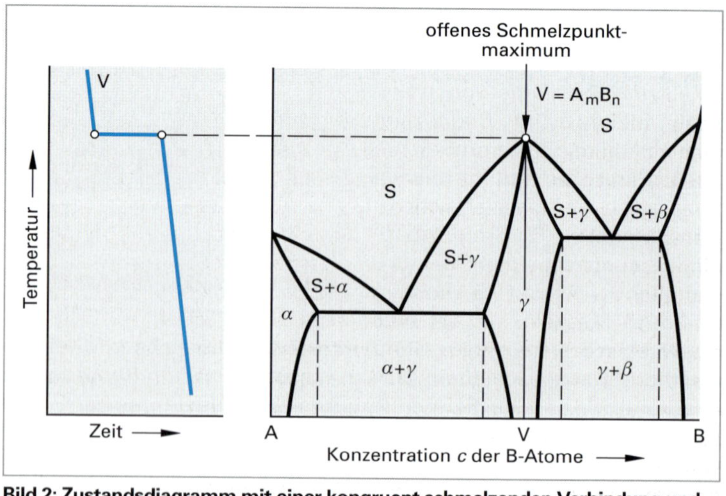

Bild 2: Zustandsdiagramm mit einer kongruent schmelzenden Verbindung und begrenzter Löslichkeit der Komponenten im festen Zustand (schematisch)

Legierungen mit einem Pt-Gehalt unter 31 Masse-% erstarren unter

Bildung von α-Mischkristallen bis die gesamte Schmelze aufgebraucht ist und nur noch α-MK vorliegen.

3.5.3 Zustandsdiagramme mit Verbindungsbildung

Neben den beschriebenen binären Zustandsdiagrammen kennt man noch **Zustandsdiagramme mit Verbindungsbildung.** In Bild 2, Seite 82 ist ein derartiges Zustandsdiagramm dargestellt. Es entsteht, indem zwei eutektische Diagramme A-V und V-B gleichsam zusammengefügt wurden. Voraussetzung ist allerdings, dass die intermetallische Phase V bis zu ihrem Schmelzpunkt beständig ist, sich also vorher nicht zersetzt (kongruent schmelzende Verbindung). Die intermetallische Phase V (Kapitel 3.4) verhält sich dann wie ein reines Metall, wie die Abkühlungskurve (Bild 2, Seite 82, links) mit einem Haltepunkt zeigt. Außerdem bilden die meisten intermetallischen Phasen (V) auch Mischkristalle (γ), indem sie eine bestimmte Menge A-bzw. B-Atome lösen sowie B-Atome durch A-Atome ersetzen (und umgekehrt) ohne Verlust der Stabilität des Gitters. Es entsteht über einen Konzentrationsbereich ein homogenes Gefüge. Im binären System Kupfer-Beryllium wird beispielsweise bei 12,42 Masse-% Be die Phase Cu-Be gebildet, die im Bereich von 40 bis 60 Atom-% Be, entsprechend dem gezeigten Diagramm, γ-Mischkristalle bildet. Ähnlich verhält sich auch die intermetallische Phase Al_2Cu (54 Masse-% Cu), die aber zusammen mit α-(Al-) Mischkristallen über einen sehr großen Konzentrationsbereich ein heterogenes Gefüge bildet. Diese Zustandsdiagramme werden auch als **Diagramme mit offenem Schmelzpunktmaximum** oder **Diagramme mit kongruent schmelzender Verbindung** bezeichnet.

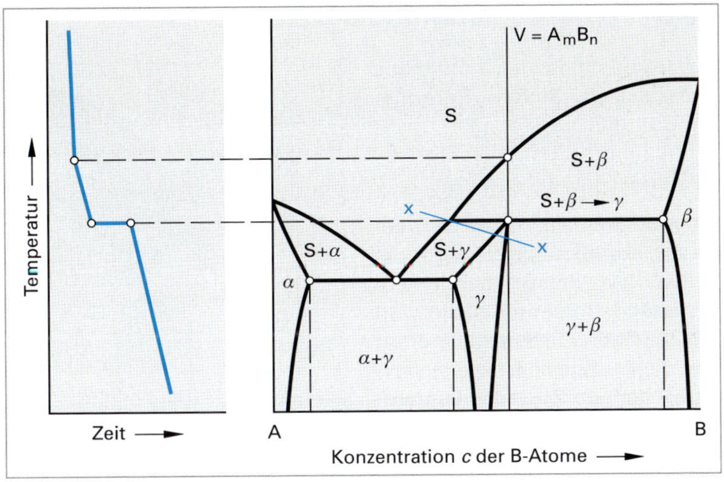

Bild 1: Zustandsdiagramm mit einer inkongruent schmelzenden Verbindung und begrenzter Löslichkeit der Komponenten im festen Zustand (schematisch)

In Bild 1 ist das Legierungssystem einer **inkongruent schmelzenden Verbindung,** ein **Diagramm mit verdecktem Schmelzpunktmaximum** dargestellt. In diesem Fall ist die Verbindung (γ-Phase) nicht beständig, sondern zerfällt beim Erhitzen. Durch einen „Schnitt" an der Stelle x-x lässt sich das Zustandsdiagramm in zwei Teildiagramme α-γ (eutektisch mit Mischungslücke) und γ-β (peritektisch) zerlegen.

3.5.4 Reale Zustandsdiagramme

Reale, meist komplexe Zustandsdiagramme kann man sich häufig aus den beschriebenen einfachen Zustandsdiagrammen zusammengesetzt denken. Dazu gehören beispielsweise die binären Zustandsdiagramme Kupfer-Zink (Bild 2) oder Kupfer-Zinn. Technisch bedeutsam ist jedoch häufig nicht das gesamte Diagramm, sondern wie im Beispiel Cu-Zn, nur Legierungen bis maximal 44 % Zn. Bei ca. 37 Masse-% Zn erfolgt eine peritektische Umwandlung (S + $\alpha \rightarrow \beta$) und bei ca. 74 Masse-% Zn eine eutektoide Umwandlung. In Kapitel 6.2.2 wird das technisch bedeutsame Eisen-Kohlenstoff-Zustandsdiagramm beschrieben. Auch dieses Diagramm kann man sich aus einfachen Zustandsdiagrammen zusammengesetzt denken.

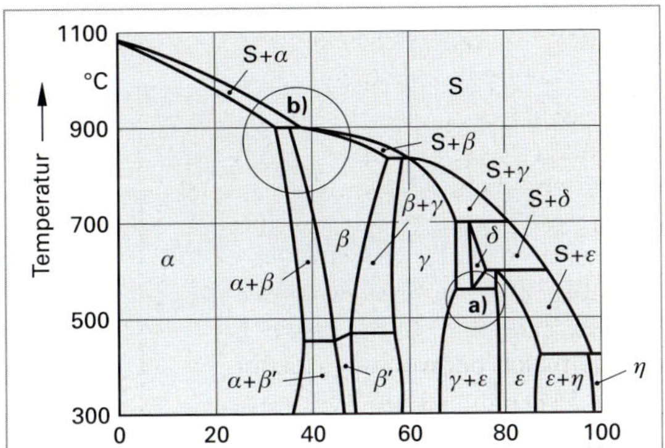

Bild 2: Zustandsdiagramm Kupfer-Zink
a) Eutektoide Umwandlung
b) Peritektische Umwandlung

3.5.5 Ternäre Zustandsdiagramme

Legierungen bestehen häufig aus mehr als zwei Stoffen. Derartige Legierungen lassen sich nicht durch binäre Zustandsdiagramme darstellen oder erklären.

Mit zunehmender Anzahl von Legierungskomponenten wird es schwieriger, entsprechende Zustandsdiagramme aufzustellen. Ein vollständiges Zustandsdiagramm lässt sich nur noch für Dreistoffsysteme, **ternäre Zustandsdiagramme,** als dreieckiges Prisma zeichnen. Bild 1a zeigt ein Beispiel einer räumlichen Darstellung eines ternären Zustandsdiagramms. Die Zusammensetzung wird in einem **Konzentrationsdreieck** (Bild 1b) (Grundfläche des Prismas) angegeben, die Temperatur wird senkrecht über der Dreiecksfläche abgetragen. Es entstehen flächenhafte Begrenzungen, also beispielsweise **Liquidus-** und **Solidusflächen.** Zusätzlich zu eutektischen Punkten treten beispielsweise

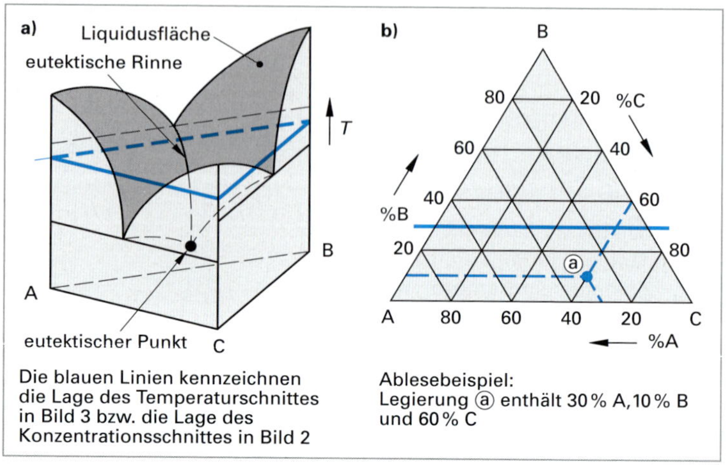

Bild 1: Ternäres Zustandsdiagramm
a) Räumliche Darstellung
b) Konzentrationsdreieck mit Ablesebeispiel

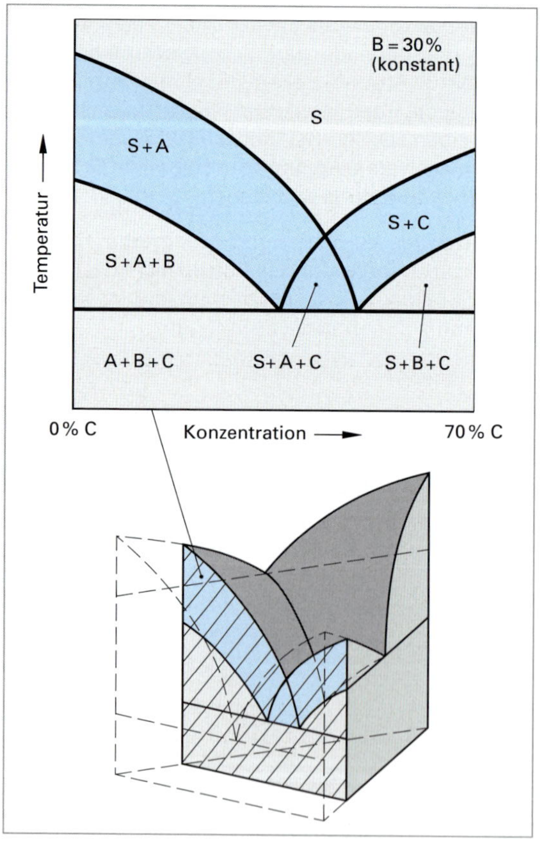

Bild 2: Konzentrationsschnitt bei B = 30 %
(Lage siehe Bild 1b)

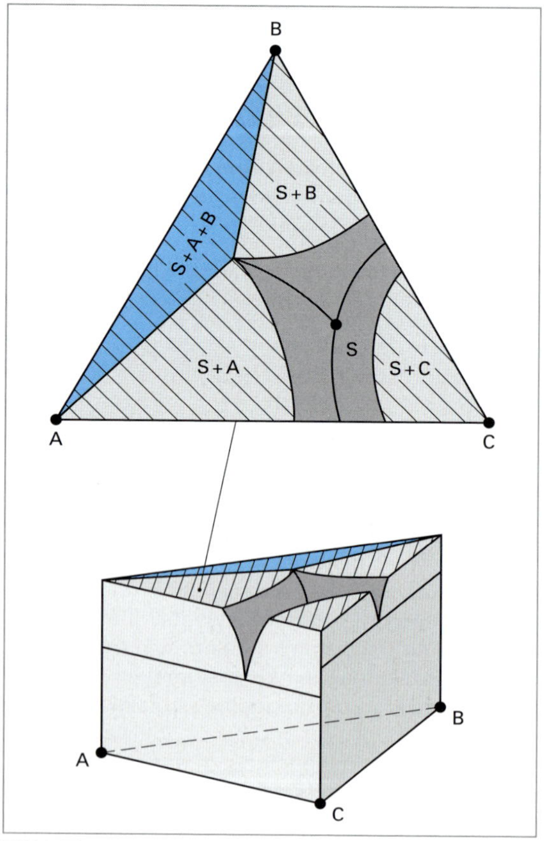

Bild 3: Temperaturschnitt
(Lage siehe Bild 1a)

eutektische Rinnen auf und neben Ein- und Zweiphasengebieten gibt es auch Dreiphasengebiete. Es sind alle Kombinationen der oben beschriebenen binären Systeme, die dann **Randsysteme** bilden, denkbar. Zusätzlich können auch noch weitere Phasen gebildet werden. Da diese dreidimensionalen Gebilde schwierig darzustellen sind, wird auf eine Wiedergabe der unterschiedlichen ternären Diagramme verzichtet.

Oft interessieren nur bestimmte Bereiche solcher ternärer Zustandsdiagramme, falls Legierungen in diesem Konzentrationsbereich technische Bedeutung haben. Zu diesem Zweck wird dann nicht das gesamte ternäre Zustandsdiagramm betrachtet, sondern nur ein Ausschnitt desselben, meistens ein so genannter **Konzentrationsschnitt** (z. B. alle Legierungen mit 30 % B und A + C = 70 %, also Anteile von A und C jeweils zwischen 0 % und 70 %). Ein solcher Konzentrationsschnitt (Bild 2, Seite 84) durch ein ternäres Zustandsdiagramm ist einem binären Zustandsdiagramm ähnlich, es treten jedoch auch Dreiphasengebiete auf. Auf der Abszisse nimmt hier der Gehalt von C von 0 % auf 70 % zu auf Kosten von A, dessen Gehalt dabei von 70 % auf 0 % abnimmt. Der Gehalt (Konzentration) von B ist konstant 30 %. Auf der Ordinate ist die Temperatur wie in einem binären System aufgetragen. Es gibt ein-, zwei- und dreiphasige Felder, die durch Linien gegeneinander abgegrenzt sind. Es bedeutet beispielsweise, dass in dem Gebiet S + A + B nebeneinander die Kristallarten A und B sowie Schmelze vorkommen.

Außer den Konzentrationsschnitten werden auch **Temperaturschnitte** durch ternäre Zustandsdiagramme dargestellt, um die verschiedenen Zustände bei einer vorgegebenen Temperatur zu veranschaulichen. In Bild 3, Seite 84, ist ein Horizontal- oder isothermer Schnitt wiedergegeben, wobei die Schnitttemperatur in Bild 1a, Seite 84 (blaue Linien) eingezeichnet ist. Es ist zu erkennen, dass im mittleren Bereich des Dreiecks alle Legierungen noch schmelzflüssig sind. Alle übrigen Gebiete (Legierungen) befinden sich im teigigen Zustand als Zweiphasenfelder (S + A; S + B; S + C) oder Dreiphasenfelder (S + A + B).

Bild 1 zeigt beispielhaft einen Vertikalschnitt durch das ternäre System Al-Fe-Si bei einem konstanten Eisengehalt von 0,5 Masse-%.

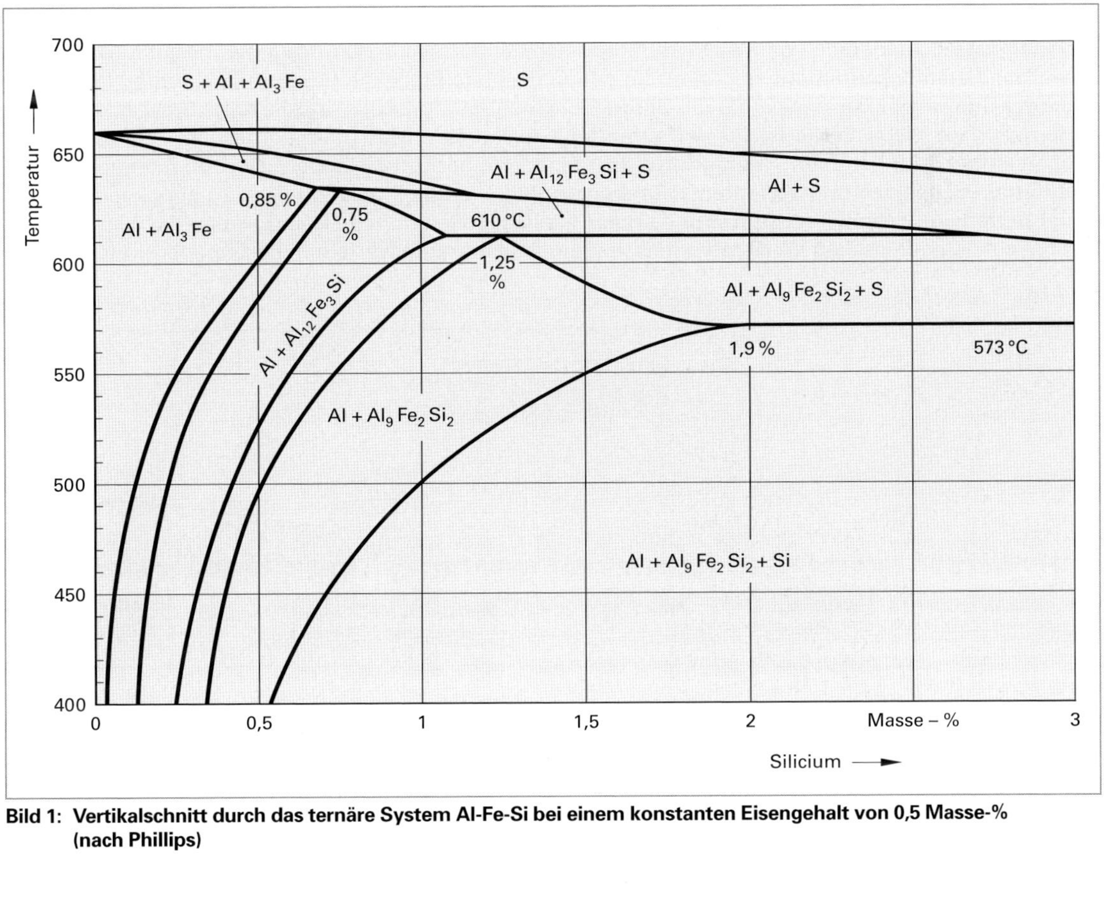

Bild 1: Vertikalschnitt durch das ternäre System Al-Fe-Si bei einem konstanten Eisengehalt von 0,5 Masse-% (nach Phillips)

4 Wechselwirkungen zwischen Werkstoffeigenschaften und Fertigungsverfahren

Hauptaufgabe der **Fertigungstechnik** ist es, Werkstücke mit geometrisch bestimmter Gestalt herzustellen sowie deren Stoffeigenschaften oder Oberflächenbeschaffenheit zu verändern. Die Einzelheiten über das Werkstück und seine Bearbeitung hat der Konstrukteur in einer technischen Zeichnung oder anderen Informationsträgern festgelegt. Bei der Vielfalt der technischen Möglichkeiten der Fertigung muss der Konstrukteur immer die Wirtschaftlichkeit sowie die Forderung des Fertigungstechnikers nach möglichst unkomplizierter Bearbeitung berücksichtigen, er muss **fertigungsgerecht konstruieren.** Etwa 80 % der Herstellungskosten eines Produkts entstehen in den Bereichen Fertigung und Montage. Für die Auswahl geeigneter Werkstoffe muss er auch deren Eigenschaften kennen, um Bauteile richtig dimensionieren und die Werkstoffe durch adäquate Fertigungsverfahren optimal nutzen zu können, also **werkstoffgerecht konstruieren.**

Die Eigenschaften von Werkstoffen hängen von deren Zusammensetzung sowie der Herstellung und Verarbeitung ab. Die Fertigungsverfahren beeinflussen also in starkem Maße die Werkstoffeigenschaften, es besteht jedoch auch eine Wechselwirkung zwischen Fertigungstechnik und Werkstoffentwicklung. So hat die thermomechanische Behandlung von Werkstoffen (Kombination aus Wärmebehandlung und Umformung) zu einer Verbesserung der Eigenschaften und Erweiterung der Einsatzgebiete von Stählen beigetragen. Fortschritte in der Fertigungstechnik führen somit häufig auch zu Verbesserung von Werkstoffen, wie im Folgenden gezeigt wird.

ⓘ Information

Werkstoffeigenschaften

Die Eigenschaften der Werkstoffe hängen von Zusammensetzung und Verarbeitung ab.

Die große Anzahl der Fertigungsverfahren erfordert es, eine Systematik zu schaffen, in der alle Fertigungsverfahren, auch zukünftige, eingeordnet werden können. Von den vielen diesbezüglichen Vorschlägen hat sich derjenige von ***Kienzle*** durchgesetzt, der aus sechs **Hauptgruppen** besteht, (DIN 8580). Es wurden **Ordnungsnummern** eingeführt, in denen die erste Stelle die Hauptgruppe angibt. Die zweite Stelle der Ordnungsnummern betrifft die Unterteilung der Hauptgruppen und die dritte Stelle gibt das Verfahren an. Eine vierte Stelle ist für verfahrenskennzeichnende Merkmale vorgesehen. Beispiel: Ordnungsnummer 3.2.1 bedeutet: Hauptgruppe 3: Trennen mit der Untergruppe 2: Spanen mit geometrisch bestimmten Schneiden und Verfahren 1: Drehen. In Bild 1 ist die Einteilung der Fertigungsverfahren in Hauptgruppen dargestellt. In den nachfolgenden Kapiteln sollen für jede Hauptgruppe die wesentlichen Wechelwirkungen zwischen Werkstoffeigenschaften und Fertigungsverfahren beschrieben werden.

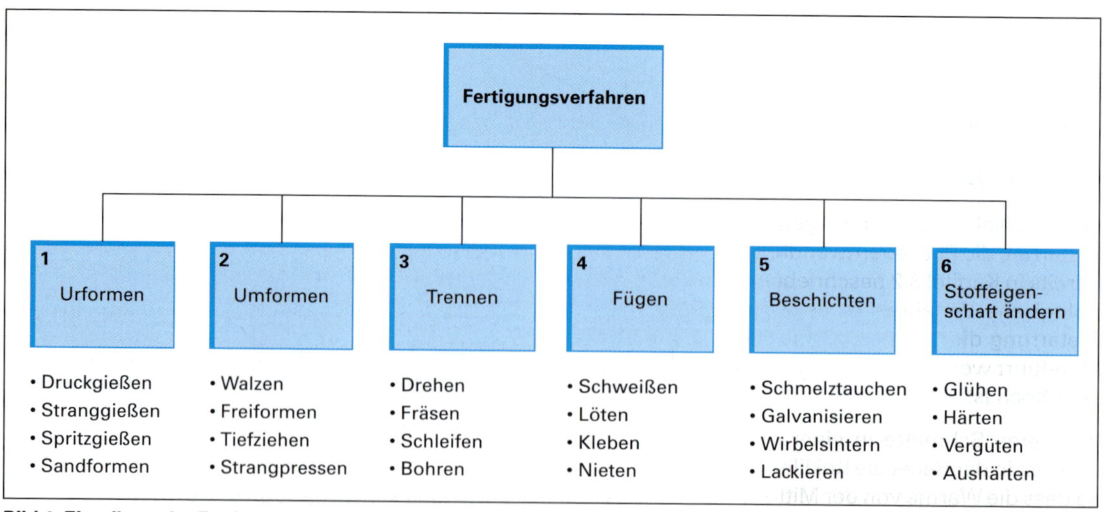

Bild 1: Einteilung der Fertigungsverfahren nach DIN 8580 mit Beispielen

4.1 Urformen

ⓘ Information

Urformen

Durch Urformen wird aus einem formlosen Stoff ein geometrisch bestimmter fester Stoff.

Durch das **Urformen** wird aus einem formlosen Stoff, Gas oder Dampf, Schmelze, Lösung oder Pulver, ein geometrisch bestimmter fester Stoff hergestellt. Bild 1 gibt einen Überblick über die Fertigungshauptgruppe des Urformens. Das technisch wichtigste Fertigungsverfahren des Urformens ist das Gießen. Durch **Gießen** kann eine große Vielfalt von Werkstückformen erzeugt werden. Die meisten metallischen Werkstoffe und Kunststoffe werden auf diese Weise verarbeitet. Die nachfolgenden Ausführungen sollen sich daher auf das Gießen beschränken.

Beim Gießen metallischer Werkstoffe wird unterschieden zwischen **Formguss** (Kapitel 5.5.1.1) zur Herstellung von Werkstücken und **Formate**- oder **Halbzeugguss** (Kapitel 5.5.1.2) zur Herstellung des Vormaterials zum Umformen. In der Werkstofftechnik wurden für den Formguss **Gusslegierungen** und für den Halbzeugguss **Knetlegierungen** entwickelt, da unterschiedliche Eigenschaften der Werkstoffe beim Gießen und Erstarren und bei der Umformung (Kneten) im Vordergrund stehen. Gusslegierungen sollen vor allem ein gutes Fließvermögen und hohes Formfüllungsvermögen zeigen, Knetlegierungen sollen gut warm- und möglichst auch kaltumformbar sein. Häufig sind Gusslegierungen, ein gutes Beispiel ist graues Gusseisen mit Lamellengraphit, zwar sehr gut gießbar, aber spröde und damit nicht plastisch verformbar. Dagegen ist es erheblich schwieriger und komplizierter aus Stahl durch Gießen fertige Werkstücke herzustellen als aus Gusseisen.

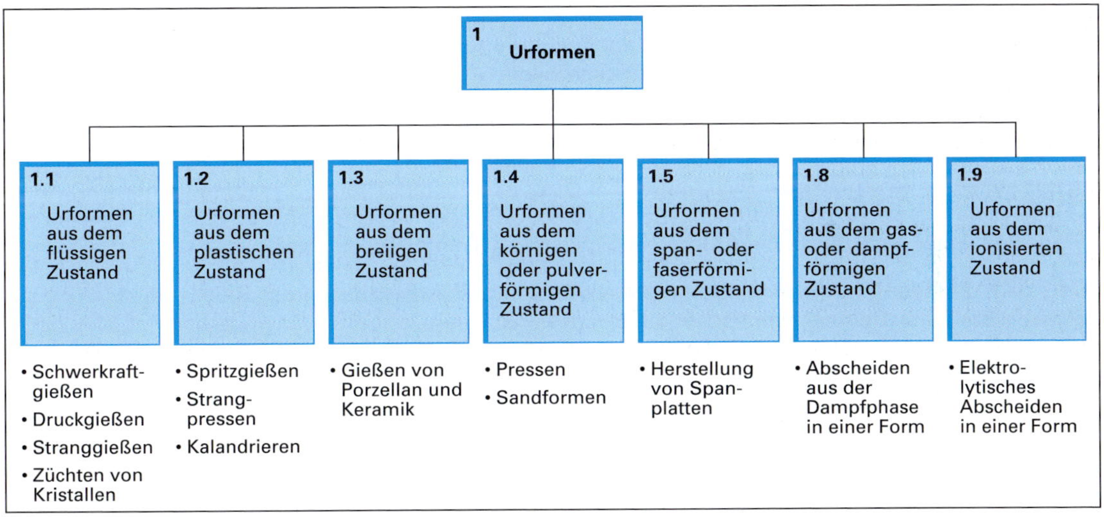

Bild 1: Einteilung der Urformverfahren nach DIN 8580 mit Beispielen

4.1.1 Kristallisation und Gefüge

Die physikalischen Grundlagen von Schmelzen und Erstarren, die Phasenumwandlung fest-flüssig, sind bereits in Kapitel 3.2 beschrieben worden. Für technologische Verfahren ist es wichtig, dass bei der Erstarrung die Schmelzwärme (Tabelle 1, Seite 71) abgeführt werden muss, die für die meisten Stoffe sehr hoch ist.

Wird eine Schmelze in einer Kokille abgegossen, dann ist in der Regel die Kokillenwand am kältesten, so dass die Wärme von der Mitte zur Wand fließt. An der Kokillenwand setzt dann zuerst die Keimbildung

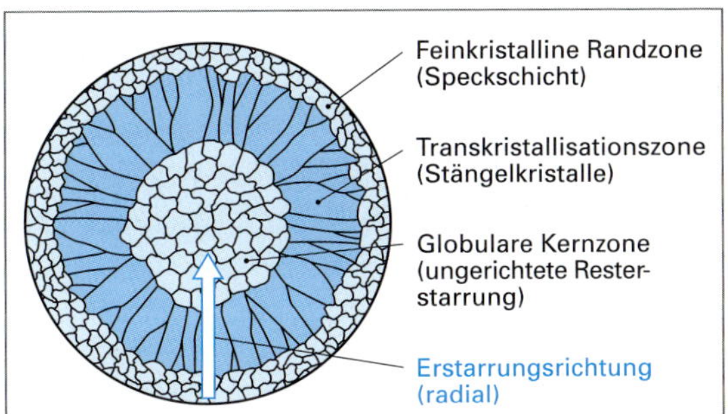

Bild 2: Schnitt durch einen Gussblock, Schema der Kristallisation

ein. Es bilden sich viele relativ kleine Kristalle, die sich im Wachstum gegenseitig behindern. Diese bilden eine Schicht fast kugelförmiger Kristalle, die auch als **Speckschicht** bezeichnet wird (Bild 2, Seite 87). Durch die frei werdende Schmelzwärme wird die Kokille erwärmt, infolgedessen nimmt die Bildung neuer Keime stark ab. Aus den wenigen noch vorhandenen Keimen können Kristalle kaum gestört in Richtung Blockmitte weiterwachsen. Sie erhalten eine langgestreckte Form und werden **Stängelkristalle** genannt. In Blockmitte ist die Wärmeabfuhr nahezu gleich nach allen Seiten, und es bilden sich dann wieder gleichachsige Kristalle. Das Gussgefüge von Reinaluminium, Gießtemperatur 1000 °C, zeigt in starkem Maße Stängelkristallbildung (Bild 1a). Wird die Gießtemperatur auf 700 °C gesenkt, wird ein gleichmäßigeres feinkörniges Gefüge gebildet (Bild 1 b). Meistens ist ein Gussgefüge durch ungleichmäßige und oft sehr große Körner gekennzeichnet.

Das Gussgefüge vieler Legierungen ist häufig heterogen und besitzt daher ungünstige Werkstoffeigenschaften. Im Vergleich zum Verformungsgefüge gleicher chemischer Zusammensetzung weisen Werkstücke mit **Gussgefüge** niedrigere Festigkeits- und Zähigkeitswerte auf, so dass für viele Verwendungszwecke nur umgeformtes Material mit einem gleichmäßigen Gefüge verwendet wird.

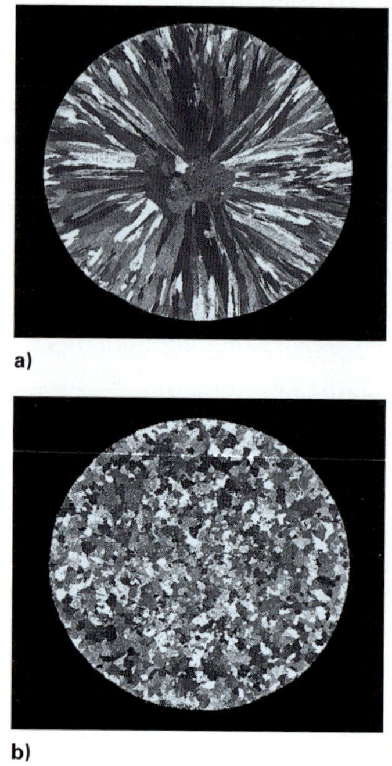

Bild 1: Einfluss der Gießtemperatur auf das Gefüge von Reinaluminium. Gießtemperatur:
a) 1000 °C, b) 700 °C

Neben dem heterogenen Aufbau der Gusskörner, der unterschiedlichen Kornformen und -größen, sind im Gussgefüge Verunreinigungen (nichtmetallische Einschlüsse) häufig unregelmäßig verteilt. Hieraus bilden sich beim Walzen so genannte **Schlackenzeilen.** Grobe und stängelige Kristalle sowie die zeilige Anordnung der Verunreinigungen (Schlackenzeilen) führen zu einem anisotropen Verhalten der Werkstücke, also beispielsweise zu unterschiedlichen mechanischen Eigenschaften in verschiedenen Richtungen. Da diese nichtmetallischen Einschlüsse (Schlacken) meist nicht als reine chemische Verbindungen wie z. B. MnO, SiO_2 oder MnS im Stahl vorliegen, werden nur die Menge und Anordnung dieser Einschlüsse in (Schlacken-) Richtreihen ermittelt.

Bild 2 zeigt die Auswirkung von Einschlüssen am Beispiel des Mangans auf das Bruchverhalten und die Zähigkeit von Stahl. Demnach entspricht die Zähigkeit nach dem Walzen in Querrichtung nur 30 % derjenigen in Längsrichtung. Diese starke Anisotropie wird beispielsweise durch die Zugabe von 0,08 % Zirkonium auf etwa 50 % vermindert. Eine analoge Wirkung besitzen auch Titan oder Cer. Die genannten Elemente ersetzen das Mangan teilweise oder vollständig. Dadurch entstehen anstelle des MnS nahezu

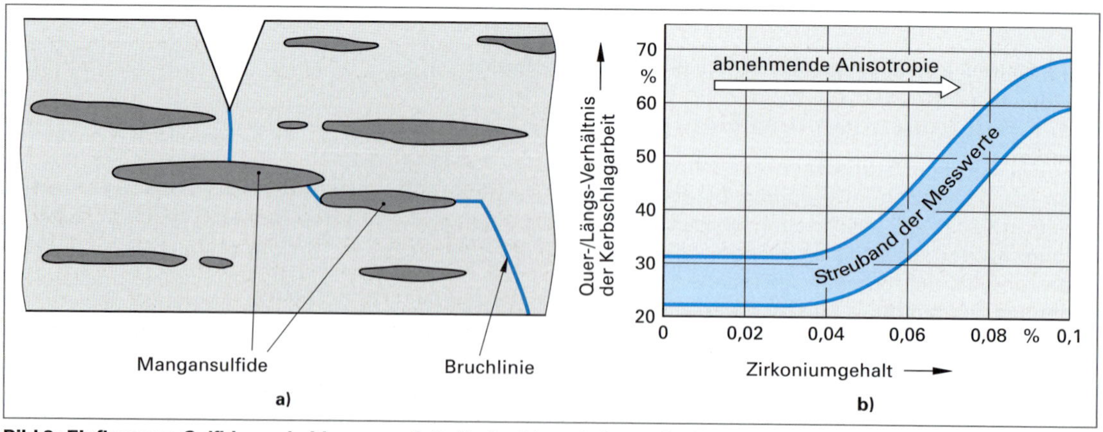

Bild 2: Einfluss von Sulfidausscheidungen auf die Kerbschlagarbeit von Stahl
a) Bruchverlauf in einer Kerbschlagbiegeprobe b) Zähigkeitsverhältnis quer/längs verbessert durch Zirkonium

unverformbare Misch- oder Sondersulfide wie z. B. (Mn, Me)S mit Me = Ti, Zr oder Ce und damit ein globulisiertes Einschlussbild. Außerdem bewirken diese Stoffe eine Erhöhung der Kerbschlagarbeit und eine Verschiebung der Übergangstemperatur der Kerbschlagarbeit (Kapitel 13.5.7) zu tieferen Temperaturen. Die Ursache der verminderten Zähigkeit in Querrichtung zeigt Bild 2 a, Seite 88 : Der Bruch folgt den langgestreckten Mangansulfid-Ausscheidungen, die wie eine innere Kerbe wirken. Für die Herstellung von Stählen folgt daraus, den Schwefelgehalt noch weiter zu reduzieren und geringe Zusätze von Titan oder Zirkonium einzubringen. Dies wird beispielsweise bei den Feinkornbaustählen realisiert (Kapitel 6.5.3).

Auch durch Schweißen metallischer Werkstoffe werden Strukturen gebildet, die einem Gussgefüge ähnlich sind (Bild 2, Seite 106). Neben dem Gefüge des Schweißguts muss allerdings auch die wärmebeeinflusste Zone beachtet werden.

Durch veränderte Gieß- und Erstarrungsbedingungen kann das Gussgefüge gezielt verändert werden, d. h. es wird ein anderes Gießverfahren wie zum Beispiel das Stranggieß- oder als neueste Entwicklung das Bandgießverfahren angewandt. Auch eine Beheizung der Kokillen oder die Realisierung eines bestimmten Temperaturverlaufes bei der Abkühlung können das Gefüge in der gewünschten Weise verändern. Auch durch geeignete Wärmebehandlungsverfahren, wie z. B. das Normalglühen beim Stahlguss (Kapitel 6.4.3.1), wird das Gussgefüge gezielt verändert und die Eigenschaften verbessert. Eine größere Feinkörnigkeit des Gefüges wird auch durch Impfen (Keimbildung) erreicht.

ⓘ Information

Vorteile des Stranggießens
- Endloser Strang
- Ausbringen über 95 %
- Gleichmäßige Erstarrung
- Keine Seigerungen
- Schneller Abguss
- Größere Wirtschaftlichkeit, da weniger Arbeitsgänge

4.1.2 Gussfehler

Durch Gießfehler können die Eigenschaften von Gussstücken teilweise beträchtlich verschlechtert werden. In Tabelle 1, Seite 90, sind typische Gussfehler sowie deren Ursachen zusammengestellt.

a) Dendriten

Eine besondere Erscheinung, die bei der Erstarrung von Schmelzen beobachtet wird, sind **Dendriten** (Bild 1). Dendriten sind verästelte Kristalle, deren Aussehen Tannenbäumen ähnelt. In den Dendriten entsprechen die Achsen den Richtungen des größten Kristallwachstums. Zwischen den Dendritenästen erstarrt die Restschmelze, die oft verstärkt Verunreinigungen enthalten (Kapitel 6.3.1.3 und Bild 1, Seite 186). Ein dendritisches Erstarrungsgefüge entsteht durch eine hohe Erstarrungsgeschwindigkeit bevorzugt in eine Richtung, z. B. bei dünnwändigen Bauteilen. Dendritische Strukturen weisen schlechtere Festigkeits- und Zähigkeitseigenschaften auf.

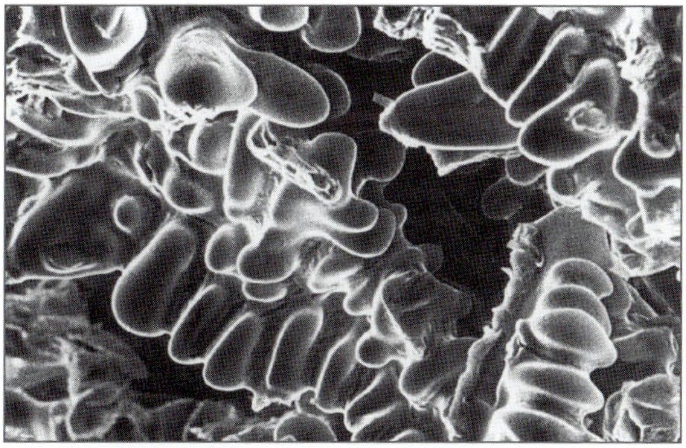

Bild 1: Gefüge und Struktur von Dendriten

b) Lunker

Die Volumenabnahme beim Übergang flüssig-fest bezeichnet man als **Erstarrungsschwindung** (Kapitel 4.1.3). In ungünstigen Fällen kann die Erstarrungsschwindung zu schädlichen Hohlräumen, den **Lunkern** führen. Man unterscheidet hierbei zwischen **Außenlunkern** (Bild 1, Seite 90) und **Innenlunkern** (Bild 1, Seite 91). Bei Gussblöcken entstehen häufig trichterförmige **Kopflunker** (Bild 1 a, Seite 90) am oberen Ende des Gussblockes. Durch wärmeabgebende Hauben wird dieser verkleinert (Bild 1 b, Seite 90). Die Kopflunker müssen vor der Weiterverarbeitung abgeschnitten werden, da die oxidierten Oberflächen nicht zusammenschweißen können. Beim Gießen von Werkstücken muss der Lunker, wenn dieser anders nicht zu vermeiden ist, in ein zusätzliches Teil, den Speiser (konstruktiv), verlegt werden. Beide Teile werden ebenfalls abgetrennt. Lunker im Blockinnern (Innenlunker), können, falls sie klein sind, durch Umformen zusammenschweißen und sind dann nicht mehr schädlich. Bei Legierungen, die nur geringe Volumenveränderungen bei der Erstarrung zeigen, wie graues Gusseisen, treten in der Regel keine Lunker auf.

c) Seigerungen

Seigerungen sind Entmischungen (Konzentrationsunterschiede) der Legierungselemente im Gussstück. Im Hinblick auf die Ausdehung der Seigerungen unterscheidet man zwischen Blockseigerung und Kristall- bzw. Kornseigerungen.

Eine **Blockseigerung** ist eine Entmischung der Legierung in verschiedene Bestandteile, die sich über den gesamten Querschnitt oder die Länge des Gussblockes, wie in Bild 2 am Beispiel des Kohlenstoffs und des Schwefels zu sehen ist, erstreckt. Ein weiteres Beispiel für eine Seigerung ist die **Schwereseigerung**. Sie tritt dann auf, wenn eine Gefügeart eine merklich andere Dichte als die andere hat. So werden beispielsweise im übereutektischen Gusseisen zuerst leichte Graphitkristalle ausgeschieden, die dann auf der Schmelze als **Garschaum** schwimmen.

Da Legierungsschmelzen meist einen Schmelzbereich aufweisen, entstehen bei der Erstarrung ebenfalls Seigerungen. Diese Konzentrationsunterschiede werden als **Kristall-** oder **Kornseigerung** (Bild 1, Seite 78) bezeichnet. Die Entstehung von Kornseigerungen wurde bereits in Kapitel 3.5.1.3 erläutert.

Seigerungen werden begünstigt durch ein großes Erstarrungsintervall, eine hohe Gießtemperatur sowie eine langsame Abkühlung, z. B. durch große Wanddicken.

In der Schmelze gelöste Gase verursachen ebenfalls Entmischungen. Bei der Abkühlung bildet sich in Gasblasen ein Unterdruck, die an Verunreinigungen angereicherte Restschmelze wird angesaugt. So findet man beispielsweise bei Stählen an solchen Stellen verstärkt Phosphid- und Sulfidausscheidungen. Ansonsten bleiben Poren zurück, die meistens bei der Warmumformung verschweißen, falls die Poren unmittelbar unter der Oberfläche entstehen. Die Porenbildung verhindert auch die Lunkerbildung.

Um die Ausscheidung der Gase bei der Erstarrung zu verhindern, werden der Schmelze Stoffe zugesetzt, die zu festen Verbindungen führen. So wird beispielsweise Stahl durch Silicium oder Aluminium beruhigt. Zum Desoxidieren von Kupfer und Kupferlegierungen wird häufig Mangan oder Phosphor verwendet.

d) Warmrisse

Warmrisse sind Werkstofftrennungen, die während der Erstarrung der Schmelze zwischen Liquidus- und Soliduslinie auftreten. Sie entstehen kurz vor dem Ende der Erstarrung. Ursache der Warmrissbildung ist eine große Erstarrungsschwindung des

Tabelle 1: Typische Gussfehler und mögliche Ursachen

Gussfehler	mögliche Ursachen
dendritisches Erstarrungsgefüge	• große Erstarrungsgeschwindigkeit in eine Richtung • großes Erstarrungsintervall
Lunker (Außen- und Innenlunker)	• schlechtes Fließ- und Formfüllungsvermögen der Schmelze • große Erstarrungsgeschwindigkeit • ungünstig gestaltetes Speisersystem
Seigerungen	• großes Erstarrungsintervall • hohe Gießtemperatur • langsame Abkühlung
Warmrisse	• große Erstarrungsgeschwindigkeit • unterschiedliche Wanddicken • hohe Abkühlgeschwindigkeit

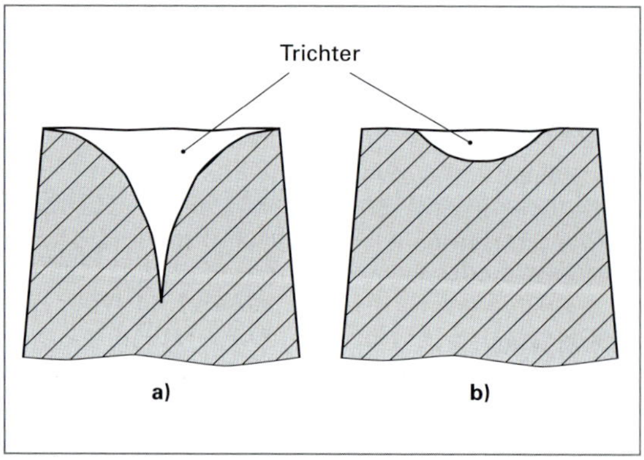

Bild 1: Lunkerbildung (Außenlunker)
a) Starke Trichterbildung,
b) Verminderung der Trichterbildung durch wärmeabgebende Haube

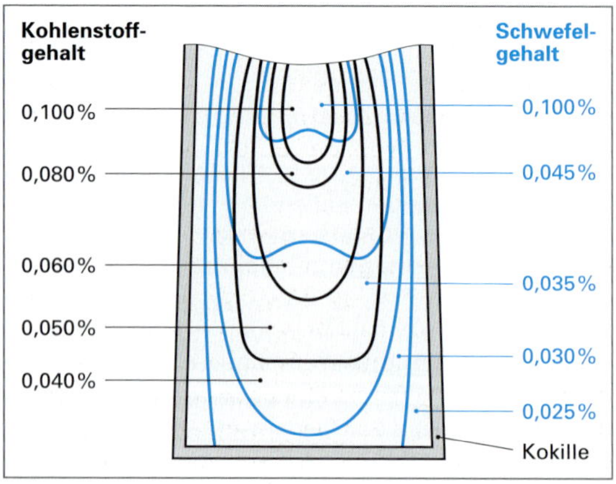

Bild 2: Seigerung in einem Gussblock (Blockseigerung)

Gusswerkstoffs in Verbindung mit unterschiedlichen Wanddicken des Bauteils. Hierdurch wird die freie Kontraktion behindert und es entstehen Spannungen, die zur Überschreitung der relativ niedrigen Warmstreckgrenze des Gusswerkstoffs und damit zu Werkstofftrennungen führen können. Neben unterschiedlichen Wanddicken können auch die Gussform sowie Kerne das freie Schwinden behindern. Auch eine hohe Abkühlgeschwindigkeit begünstigt die Warmrissbildung (Bild 1).

Weitere Gussfehler sind **Penetrationen** (Oberflächenfehler, bei denen sich die Schmelze mit dem Formsand verbunden hat) sowie **Schülpen** (Abplatzungen durch Ausdehnung des Formsandes).

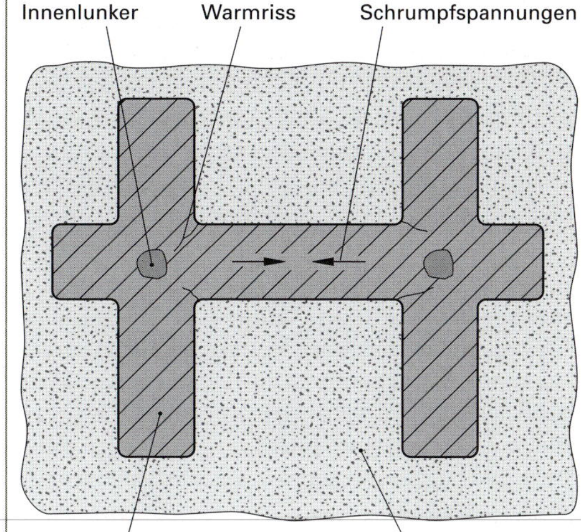

Bild 1: Prinzip der Entstehung von Warmrissen und Innenlunkern

4.1.3 Gießbarkeit metallischer Werkstoffe

Die Gießbarkeit metallischer Werkstoffe wird im wesentlichen beeinflusst vom:

- Fließ- und Formfüllungsvermögen der Schmelze
- Schwindung (Erstarrungsschwindung des Gusswerkstoffs)
- Schmelzverhalten des Gusswerkstoffs

4.1.3.1 Fließ- und Formfüllungsvermögen

Fließvermögen ist die Eigenschaft einer Legierung unter ganz bestimmten Bedingungen ein geometrisch bestimmtes waagrechtes Formsystem auszufüllen, so dass beim Auslaufen eine bestimmte Fließlänge erreicht wird. Die **Fließlänge** ist ein Maß für das Fließvermögen einer Legierung, das meist in Form einer **Gießspirale** (Bild 2) überprüft wird. Eine große Auslauflänge deutet auf ein hohes Fließvermögen hin.

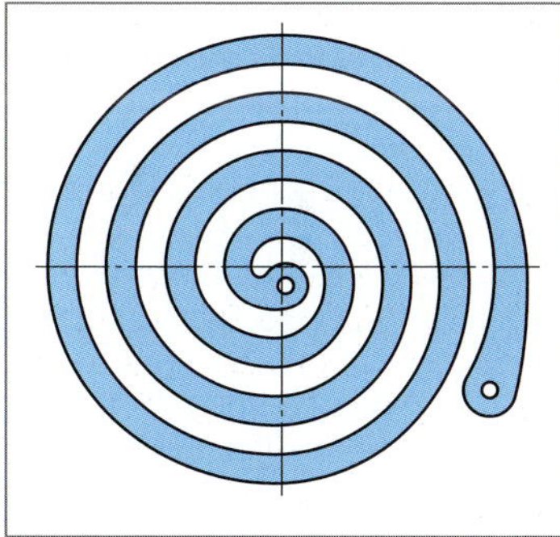

Bild 2: Gießspirale

Das Fließvermögen einer Schmelze hängt hauptsächlich von der dynamischen Zähigkeit oder Viskosität und dem Erstarrungsverhalten ab. Das Erstarrungsverhalten ist abhängig von der Zusammensetzung einer Legierung. Je niedriger der Erstarrungspunkt und je kleiner das Erstarrungsintervall, (Differenz zwischen Liquidus- und Solidustemperatur Kapitel 3.5) einer Legierung ist, desto günstiger wird deren Fließvermögen. Daher zeigen reine Metalle und eutektische Legierungen das beste Fließvermögen. Die technisch wichtigsten Gusslegierungen wie graues Gusseisen (Fe-C) und Aluminium-Silicium-Gusslegierungen (Al-Si) haben eine nahezu eutektische Zusammensetzung. Eine Reihe von Al-Si-Legierungen weichen von dieser allgemeinen Regel ab. Obwohl das Eutektium bei einem Al-Gehalt von 12 % liegt, tritt das maximale Fließvermögen bei etwa 18 % auf.

Die Eigenschaft eines Gusswerkstoffes, einen Formhohlraum konturengetreu wiederzugeben, wird als **Formfüllungsvermögen** bezeichnet. Das Formfüllungsvermögen einer Legierung wird ebenfalls mit Hilfe der Gießspirale ermittelt. Dazu wird derjenige Punkt der Gießspirale bestimmt, von dem ab die Kontur des Auslaufkanals nicht mehr richtig wiedergegeben wird. Der nun folgende nicht konturengetreue Teil der Gießspirale wird **Vorlauflänge** genannt. Eine kurze Vorlauflänge wird als gutes Formfüllungsvermögen gedeutet. Auch das Formfüllungsvermögen ist von der Legierungszusammensetzung abhängig und liegt bei den Al-Si-Legierungen bei der eutektischen Zusammensetzung (12 %) am höchsten. Die hervorragende Gießbarkeit dieser eutektischen Legierung ist somit vor allem auf das hohe Formfüllungsvermögen zurückzuführen. Ungünstig auf das Formfüllungsvermögen wirkt sich die Dicke und Festigkeit einer Oxidhaut aus.

Durch Überhitzung der Schmelze und geeignete Verschlackungsmaßnahmen lassen sich jedoch diese Einflüsse vermindern. Weitere Gießeigenschaften sind Warmrissneigung, Lunker- und Seigerverhalten, Schwindung oder Klebneigung.

4.1.3.2 Schwindung

Alle Metalle und deren Legierungen erfahren bei der Abkühlung eine temperaturabhängige Volumenverminderung, die **Schwindung.** Man unterschiedet drei verschiedene Schwindungsbereiche (Bild 1):

- **flüssige Schwindung:** Volumenkontraktion der flüssigen Schmelze zwischen Gießtemperatur und Erstarrungsbeginn. Die flüssige Schwindung führt lediglich zu einer Abnahme der Gießhöhe, die jedoch durch nachfließende Schmelze innerhalb des Eingusssystems ausgeglichen wird (Bereich 1 in Bild 1).
- **Erstarrungsschwindung:** Volumenkontraktion vom Erstarrungsbeginn bis zum Erstarrungsende. Die Erstarrungsschwindung kann zur Bildung von Hohlräumen (Lunkern) führen. Durch gießtechnische Maßnahmen, wie das Verlegen des Lunkers außerhalb des Gussteils, sowie durch möglichst gleichmäßige Wanddicken, kann eine Lunkerbildung vermieden werden (Bereich 2 in Bild 1).
- **feste Schwindung:** Volumenkontraktion zwischen Erstarrungsende und Abkühlung auf Raumtemperatur (Bereich 3 in Bild 1). Die feste Schwindung muss durch Aufmaße am Modell, den so genannten **Schwindmaßen,** ausgeglichen werden. In Tabelle 1 sind die Schwindmaße wichtiger Gusswerkstoffe zusammengestellt.

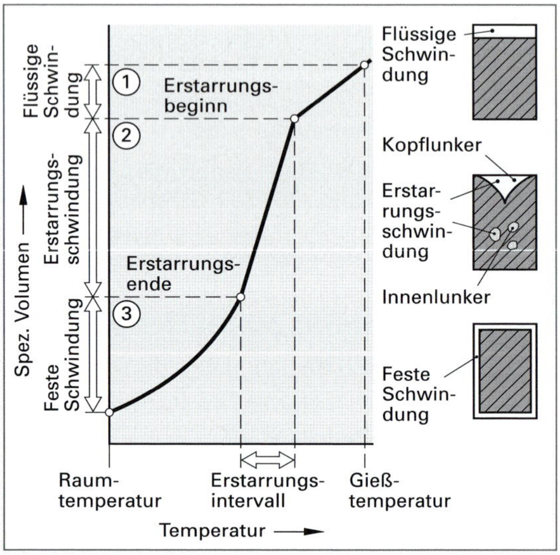

Bild 1: Schwindung bei der Abkühlung von Metallschmelzen

Tabelle 1: Schwindmaße wichtiger Gusswerkstoffe

Gusswerkstoff	Schwindmaß %	Richtwert %
Graues Gusseisen		
• mit Lamellengraphit	0,5 ... 1,3	1,0
• mit Kugelgraphit	0,8 ... 1,6	1,2
Stahlguss	1,5 ... 2,5	2,0
Temperguss		
• weiss	1,0 ... 2,0	1,6
• schwarz	0,0 ... 1,5	0,5
Al-Gusslegierungen[1]		
• Al-Si	0,9 ... 1,1	1,2
• Al-Mg	1,0 ... 1,5	1,2
Mg-Gusslegierung[1]	1,0 ... 1,5	1,2
Cu-Gusswerkstoffe		
• unlegiertes Kupfer	1,5 ... 2,1	1,9
• Cu-Sn (Bronze)	0,8 ... 2,0	1,5
• Cu-Zn (Messing)	0,8 ... 1,6	1,3
• Cu-Sn-Zn (Rotguss)	0,8 ... 1,8	1,2
• Cu-Al		
Zn-Gusslegierungen	1,1 ... 1,5	1,3

[1] Werte gültig für Sandguss. Bei Kokillen- oder Druckguss geringere Werte (starre Gussformen)

[2] Allgemeiner Richtwert für Al-Gusslegierungen

4.1.3.3 Schmelzverhalten von Gusswerkstoffen

Auch das Schmelzverhalten hat einen entscheidenden Einfluss auf die Gießbarkeit. Je geringer das Erstarrungsintervall einer Legierung umso besser ist die Gießbarkeit im Hinblick auf die Entstehung von Kristallseigerungen (Kapitel 3.5.1.3). Dementsprechend sind insbesondere Legierungen mit eutektischer Zusammensetzung besonders gut gießbar.

4.1.4 Beeinflussung der Werkstoffeigenschaften beim Gießen

Beim Gießen werden die Werkstoffeigenschaften in hohem Maße von der Abkühlgeschwindigkeit der Schmelze sowie vom Gießverfahren beeinflusst.

a) Abkühlgeschwindigkeit

Einen entscheidenden Einfluss auf die mechanischen Eigenschaften von Gusswerkstücken nimmt die Abkühlgeschwindigkeit.

Mit zunehmender Abkühlgeschwindigkeit (z. B. Kokillen- statt Sandguss oder dünnwandige Bauteile) erhöht sich die Anzahl der Kristallisationskeime und das Gefüge wird feinkörniger. Hierdurch werden Festigkeit und plastische Verformbarkeit bzw. Zähigkeit günstig beeinflusst.

Besonders stark wirkt sich die Abkühlgeschwindigkeit auf die Festigkeit von Grauguss aus (Kapitel 6.6.3.3).

Wie Bild 1 zeigt, nimmt die Festigkeit mit zunehmendem Durchmesser ab. Dünne Gussstücke erstarren schneller als dickere, was dazu führt, dass weniger Graphit ausgeschieden wird, der außerdem fein verteilt ist. Die günstigeren Diffusionsbedingungen bei der langsameren Abkühlung führen hingegen zu einer verstärkten Graphitbildung mit gröberen Graphitlamellen. Bei der schnellen Erstarrung nimmt der Perlitanteil zu. Bei gleicher Zusammensetzung und langsamerer Erstarrung wird anstelle des Perlits der Anteil an Graphit und Ferrit erhöht, was zu einer Verminderung der Festigkeit führt. Beim Kokillenguss wird die Wärme schneller abgeführt als beim Sandguss, so dass die Ausbildung von Perlit auf Kosten von Graphit gefördert wird und infolgedessen höhere Festigkeits- und Härtewerte erreicht werden.

ⓘ Information

Abkühlgeschwindigkeit und Korngröße

Schnelle Abkühlung bewirkt die Bildung vieler Kristallkeime und infolgedessen wird ein feinkörniges Gefüge gebildet. Umgekehrt entsteht bei langsamer Abkühlung ein grobkörniges Gefüge.

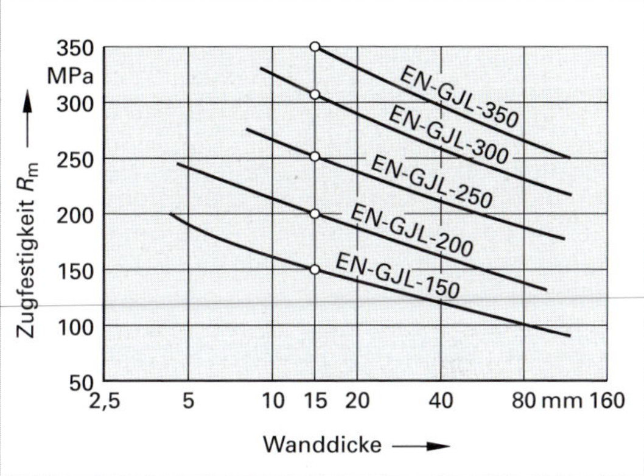

Bild 1: Wanddickenabhängigkeit der Festigkeit unterschiedlicher Graugusssorten. Die im Kurznamen genannten Festigkeitswerte beziehen sich auf eine maßgebliche Wanddicke von 15 mm

b) Gießverfahren

Die meisten Gusslegierungen sind für alle Gießverfahren geeignet. Es sind aber auch für den Sand-, Kokillen- und Druckguss entsprechend der durch das Gießverfahren bedingten Anforderungen spezielle Gusslegierungen entwickelt worden. Bei den **Sandgussverfahren (S)** (Kapitel 5.5.1.1) werden die Formen zum Freilegen des Gussteils zerstört, daher auch die Bezeichnung Gießen in verlorene Formen. Die Formfüllung erfolgt durch die Schwerkraft, so dass die Werkstoffeigenschaften nur in geringem Maße beeinflussbar sind. In Abhängigkeit vom Gießverfahren ergeben sich unterschiedliche mechanische Eigenschaften einer Legierung (Tabelle 1). In allen gezeigten Beispielen ist die Festigkeit der Werkstücke bei Anwendung des einfachen (Sand-) Gießverfahrens am niedrigsten.

Tabelle 1: Eigenschaften von Gusslegierungen in Abhängigkeit vom Gießverfahren

Werkstoff	G[2]	Zugfestigkeit MPa	Bruchdehnung %
AC-AlSi12[1]	S	150	5
AC-AlSi12	K	170	6
AC-AlSi10Mg	S	150 ... 220	2
AC-AlSi10Mg	D	240	2
MC-MgAl8Zn1[1]	S	160 ... 240	2 ... 8
MC-MgAl8Zn1	K	160 ... 240	2 ... 8
MC-MgAl8Zn1	D	200 ... 250	1 ... 7
G-ZnAl6Cu1	S	180 ... 230	1 ... 3
GK-ZnAl6Cu1	K	220 ... 260	1,5 ... 3
GD-ZnAl4Cu3	D	220 ... 260	0,5 ... 2
GK-ZnAl4Cu3	K	240 ... 280	1 ... 3
GD-ZnAl4Cu1	D	280 ... 350	2 ... 5

[1] Vollständige Bezeichnung erhält Vorsatz: EN AC-...; EN-MC...
[2] Gießverfahren: S = Sandguss, K = Kokillenguss, D = Druckguss

Aluminium- und auch Zinklegierungen haben bei Anwendung von **Kokillenguss (K)** (Kapitel 5.5.1.1) höhere Festigkeitswerte als bei Sandguss. Kokillen sind meist aus Stahl oder Gusseisen hergestellt und besitzen verglichen mit den Sand- oder keramischen verlorenen Formen eine höhere Wärmeleitfähigkeit. Dadurch wird die Abkühlgeschwindigkeit erhöht, was zu einer erhöhten Keimbildung und damit zu einem feinkörnigerem und gleichmäßigerem Gefüge mit einer erhöhten Zugfestigkeit führt. Mitunter erhöht sich auch die Bruchdehnung durch Kokillenguss verglichen mit Sandguss.

Auch beim **Druckguss (D)** (Kapitel 5.5.1.1) erhöht sich die Festigkeit von Legierungen im Vergleich zum Sandgussverfahren.

Die Ablösung des Blockgusses durch den **Strangguss** (Kapitel 5.5.1.2) für das Halbzeugvormaterial hat zu einer Verminderung von Gießfehlern und größerem Ausbringen (> 95 %) geführt. Die Fortschritte, die durch die Einführung der Sauerstoffblasverfahren bei der Stahlerzeugung erreicht wurden, wären ohne die gleichzeitige Einführung der Stranggießverfahren nicht möglich gewesen. Der nach dem Sauerstoffblasverfahren erzeugte Stahl hat eine höhere Reinheit, insbesondere ist der Gehalt an gasförmigen Stoffen in der Schmelze durch Sekundärmaßnahmen, wie beispielsweise Vakuumentgasen und Spülen mit Argon, stark reduziert. Solche Stähle lassen sich erheblich schwieriger durch Blockgussverfahren vergießen als unberuhigte Stähle, die in geringerem Maße zu Lunkerbildung und anderen Gießfehlern neigen. Beim Strangguss werden diese Gießfehler weitgehend vermieden. Aber auch bei anderen metallischen Werkstoffen wurde auf diese Weise die Qualität der Gussblöcke und -barren sowie das Ausbringen entscheidend verbessert. Neben der Verminderung der eigentlichen Gussfehler wie Lunker, Poren und Seigerungen werden durch Stranggießverfahren verglichen mit Blockguss auch wesentlich gleichmäßigere und häufig auch feinkörnigere Gefüge erzeugt, was eine Verbesserung der Eigenschaften bewirkt. Durch diese Verbesserungen der Gussqualität konnte der Warmumformprozess erheblich reduziert werden. Bei Stahl entfällt das so genannte Blockbrammenwalzen, die Primärumformung des Blockgusses auf eine Dicke, die derjenigen des heutigen Stranggusses entspricht. Außerdem wird keine Tiefofenanlage mehr benötigt. Beides führt zu erheblichen Kostenverminderungen bei der Herstellung von Stahlhalbzeug.

4.1.5 Herstellung (Züchten) von Einkristallen

Bei der Herstellung von **Einkristallen** aus einer Schmelze darf nur ein Keim wachsen und keine Korngrenze entstehen, also entweder nur ein Keim gebildet werden oder nur ein Keim weiterwachsen. Die Schmelze muss daher langsam abgekühlt werden oder genauer gesagt, die Kristallwachstumsgeschwindigkeit muss klein sein. Für Grundlagenuntersuchungen werden Einkristalle meistens nach dem **Czochralski-Verfahren** langsam aus einer Schmelze (heraus-) gezogen. Eine exakte Temperaturführung ist für den Kristallisationsvorgang erforderlich (Bild 1).

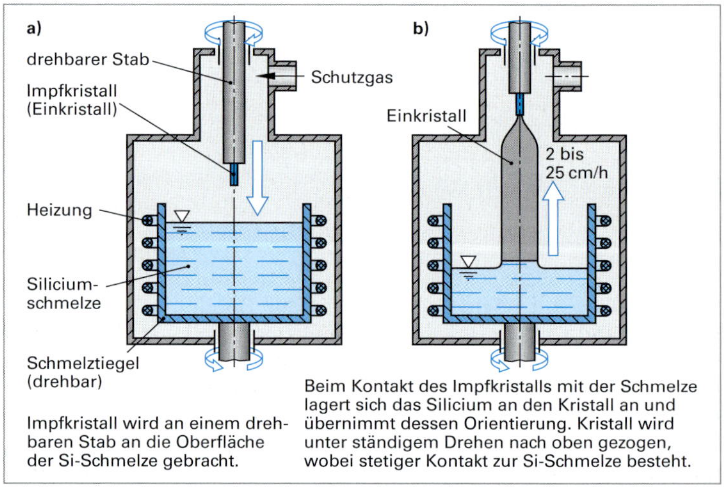

Bild 1: Kristallziehverfahren nach Czochralski am Beispiel von Silicium

Beim tiegelfreien **Zonenziehverfahren** (Bild 1, Seite 95) wird ein kleines, einkristallines Stück (Keim oder Impfkristall) an einen polykristallinen Stab des gleichen Werkstoffs angeschmolzen. Ausgehend vom Einkristall wird die Schmelzzone nach unten bewegt, so dass der gesamte Stab zu einem Einkristall wird.

Beim **Bridgman-Verfahren** befindet sich der feste polykristalline Werkstoff in einer Form oder Tiegel. Die Form wird mit dem Werkstoff erwärmt, wobei allerdings nur in einem sehr schmalen Bereich die Schmelztemperatur überschritten wird. Es liegt ein bei höher schmelzenden Metallen wie Kupfer oder Nickel sehr großer Temperaturgradient von einigen 100 K/cm vor. Das untere Ende des Vormaterials wird aufgeschmolzen und danach die Form langsam abgesenkt, so dass die Schmelzzone durch den Werkstoff wandert. Bedingt durch die langsame Erstarrungs- bzw. Absenkgeschwindigkeit enstehen im Anguss nur wenige Kristalle. Durch die anschließende Verengung wächst (meist) nur ein Kristallit durch, der dann auch im Schaufelfuß und in der Turbinenschaufel weiterwächst (Bild 2, Seite 95). Die Absenkgeschwindigkeit (einige cm/min. oder cm/h) muss kleiner als die Kristallisationsgeschwindigkeit sein, damit bei der Erstarrung ein die gesamte Form ausfüllender Einkristall entsteht. Nach diesem Prinzip werden beispielsweise einkristalline Turbinenschaufeln für Gasturbinen und Flugtriebwerke hergestellt, d. h. herkömmlich gegossene Schaufeln werden nach dem Bridgman-Verfahren zu Einkristallen umgeschmolzen.

Durch das Fehlen von Korngrenzen bei einkristallinen Werkstücken soll Kriechen (Kapitel 2.10.3) verhindert werden, (keine Korngrenzendiffusion, Kapitel 2.10.3). Damit wird die Einsatzfähigkeit von Turbinenschaufeln zu höheren Temperaturen erweitert. Das Fehlen von Korngrenzen führt bei der Verwendung von Einkristallen auch in der Halbleitertechnik zu einer bedeutenden Verbesserung der elektrischen Eigenschaften.

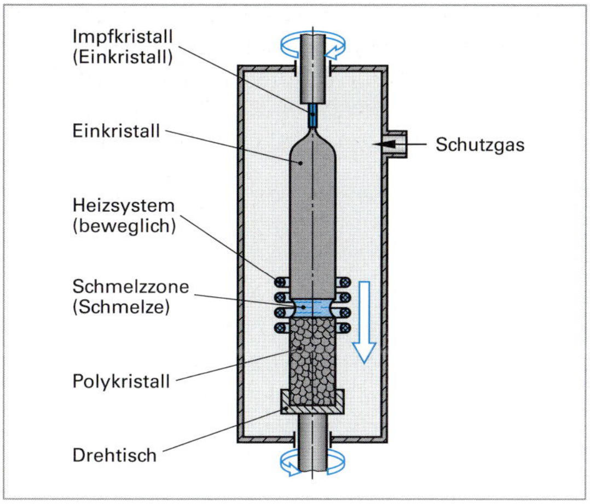

Bild 1: Zonenziehverfahren (Zonenschmelzen)

4.2 Umformen

Umformen ist das Ändern der äußeren Form eines festen Körpers unter Beibehaltung des Stoffzusammenhangs. Bild 3 gibt einen Überlick über die Fertigungshauptgruppe des Umformens. Die Einleitung der Umformverfahren erfolgt dabei nach dem Gesichtspunkt der in der Umformzone wirksamen Spannungen.

In der Fertigungstechnik wird bei der Formänderung fester Körper unterschieden zwischen **Umformung,** der Änderung der Form mit Beherrschung der Geometrie, und der **Verformung,** dem Ändern der Form ohne Beherrschung der Geometrie. So wird durch Umformen aus einem Blech ein Karosserieteil hergestellt und bei einem Unfall das gleiche Teil verformt. Physikalisch gesehen besteht aber kein Unterschied zwischen Umformen und Verformen.

Die älteste Umformtechnik ist das **Schmieden,** in Bild 3 als Freiformen bezeichnet. Schon in den alten Kulturen des Orients wurden Kupfer, Gold und Bronze geschmiedet, um Gebrauchsgegenstände und Schmuck herzustellen. Außerdem wurden durch Schmieden in der Eisenzeit und vor Erfindung des Frischens von Eisen Oxid- und Schlacken-

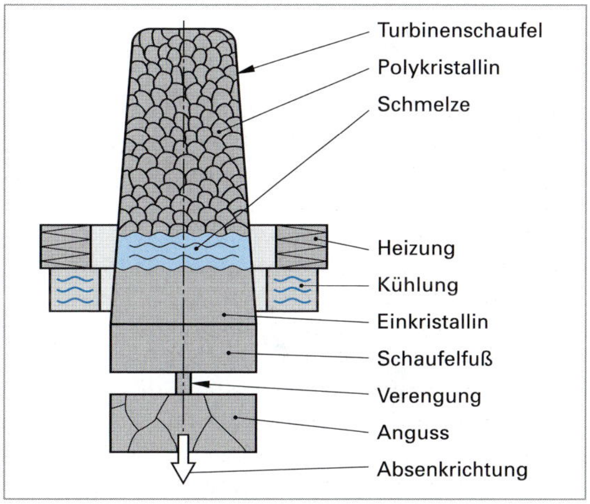

Bild 2: Prinzip der Herstellung einkristalliner Turbinenschaufeln nach dem Bridgman-Verfahren

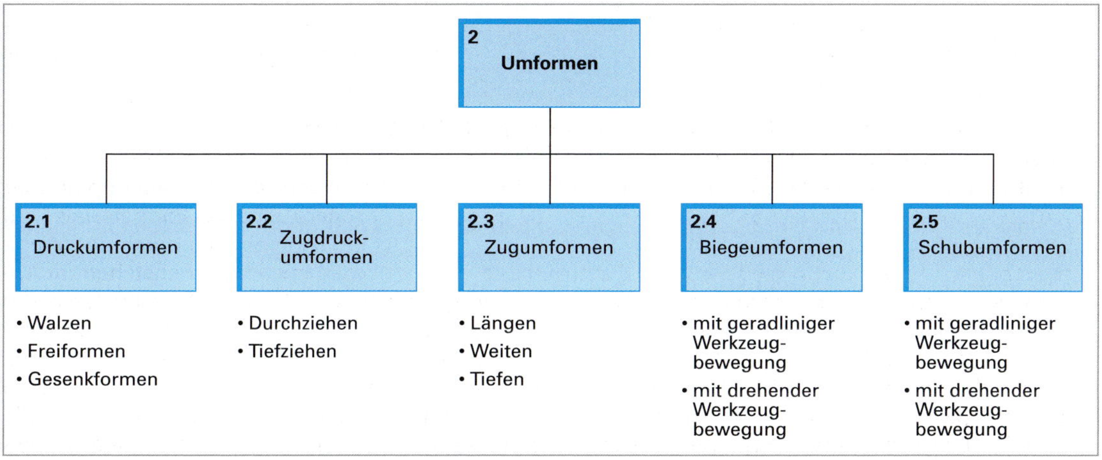

Bild 3: Einteilung der Umformverfahren nach DIN 8580 mit Beispielen

reste aus dem Roheisen herausgetrieben und somit erst ein gebrauchsfertiger und hochwertiger Werkstoff hergestellt. Heute wird auf großen Pressen, Schmiedehämmern oder Schmiedemaschinen weiterhin geschmiedet, außerdem werden Metalle aber auch gewalzt, gepresst, gedrückt, gezogen oder auch nur gebogen, um diesen eine andere Form zu verleihen.

Die Durchführbarkeit bestimmter Umformverfahren hängt von den Werkstoffeigenschaften ab. Die metallischen Knetwerkstoffe sind häufig so entwickelt worden, dass sie gut umformbar sind. Die Bezeichnung **„Knetlegierung"** kennzeichnet Werkstoffe mit guter Verformbarkeit. **Gusslegierungen** lassen sich oft überhaupt nicht umformen. Verformbarkeit wurde früher insbesondere bei Stählen häufig auch als Schmiedbarkeit bezeichnet.

Metallische Werkstoffe werden im schmelzflüssigen Zustand erzeugt, die Gusslegierungen zu Werkstücken und die Knetlegierungen zu Blöcken, Brammen, Knüppel o.Ä. vergossen. Die sich beim Gießen und Erstarren bildende Gefügestruktur führt zu mechanischen Eigenschaften der Metalle und Legierungen, die nicht allen Beanspruchungen genügen. Zur Weiterverarbeitung und Herstellung von **Halbzeug** werden die gegossenen Blöcke zunächst warmumgeformt, um das Gussgefüge in ein gleichmäßiges Gefüge überzuführen mit dem Ziel, die mechanischen Eigenschaften zu verbessern. Durch eine anschließende Kaltumformung werden vor allem die Maßhaltigkeit und Oberflächengüte verbessert. Durch Umformen und Glühen wird vor allem ein gleichmäßigeres Gefüge erzeugt, Konzentrationsunterschiede ausgeglichen und Mikroporen verschweißt. Die daraus sich ergebende Verbesserung der mechanischen Eigenschaften, die Erhöhung von Festigkeit, Zähigkeit und plastische Verformbarkeit, ist insbesondere bei dynamisch beanspruchten Werkstücken von größter Bedeutung.

> **ⓘ Information**
>
> **Umformen**
>
> Durch Umformen entsteht ein gleichmäßiges Verformungsgefüge. Es hat gegenüber dem Ausgangszustand (Gussgefüge) verbesserte mechanische Eigenschaften (z.B. Festigkeit).

Die Eigenschaften von Werkstücken und Halbzeug werden durch Umformen in hohem Maße beeinflusst. Umformverfahren dienen somit neben der Formgestaltung auch der Erzielung bestimmter Eigenschaften. Grundsätzlich unterscheidet man dabei zwischen Kalt- und Warmumformung.

> **ⓘ Information**
>
> **Halbzeug**
>
> Mit **Halbzeug** werden umgeformte Werkstoffe mit meist konstantem Querschnitt und großer Länge bezeichnet. Aus diesen werden in weiteren Arbeitsgängen, häufig durch spanende Bearbeitung oder Umformung, fertige Werkstücke hergestellt.
>
> **Beispiele:** Blech, Band, Draht

4.2.1 Kaltumformung

Durch Kaltumformen, wie zum Beispiel Walzen oder Ziehen, wird eine größere Maßgenauigkeit und eine bessere Oberflächenqualität (geringere Rautiefe, frei von Zunder oder Oxiden, u. a. m.) im Vergleich zu einer Warmumformung erzielt. Eine Kaltumformung führt bei metallischen Werkstoffen stets zu einer Kaltverfestigung, also zu einem Festigkeitsanstieg bei gleichzeitig abnehmender plastischer Verformbarkeit Bild 1, Seite 57. Ursache einer Kaltverfestigung ist eine Zunahme der Versetzungsdichte und eine damit verbundene gegenseitige Behinderung der Versetzungen (Kapitel 2.9.4). Mit zunehmendem Umformgrad steigt bei einer Kaltumformung die Gefahr der Rissbildung. Diese Gefahr kann durch Zwischenglühen beherrscht werden. Die Kaltverfestigung kann durch Glühen und die damit verbundene Erholung oder Rekristallisation (Kapitel 2.10.2) wieder aufgehoben werden.

Die Kaltverfestigung ist auch Ursache für **Eigenspannungen** (Kapitel 6.4.3.3), die bei der Weiterverarbeitung oder beim Einsatz beachtet werden müssen. Eigenspannungen können beispielsweise zu Korrosionsrissen führen, da in diesem Fall das Gefüge unterschiedliches elektrochemisches Potenzial besitzt (Kapitel 11.2.2). Beim Schweißen oder Löten kann in der wärmebeeinflussten Zone Rekristallisation (Kapitel 2.10.2.3) eintreten. Der elektrische Widerstand kaltgezogener Drähte wird durch eine Kaltverfestigung beträchtlich erhöht und durch Glühen wieder auf seinen Nennwert gebracht.

Die mit einer Kaltverformung einher gehende Kaltverfestigung ist häufig erwünscht, so dass neben weichen auch harte oder teilharte Qualitäten bei Halbzeug gehandelt werden (Bild 1 und 2, Seite 65). Bei Federwerkstoffen werden auch federhart gezogene Drähte oder federhart gewalzte Bänder eingesetzt.

Wenn die Federeigenschaften auf der Kaltverfestigung beruhen, darf allerdings eine werkstoffabhängige Betriebstemperatur (Rekristallisationstemperatur) nicht überschritten werden, um eine Entfestigung durch Erholung oder Rekristallisation zu vermeiden.

4.2.2 Warmumformung

Fast alle metallischen Werkstoffe müssen warm verformt werden, um das bei der Kristallisation entstandene oft ungleichmäßige Gussgefüge **(Primärgefüge)** in ein homogenes Verformungsgefüge **(Sekundärgefüge)** umzuwandeln, verbunden mit einer beträchtlichen Verbesserung der mechanischen Eigenschaften. Insbesondere die so genannten Superlegierungen, sehr komplexe hochwarmfeste Legierungen sowie hexagonale Knetlegierungen, sind ohne eine geeignete Warmumformung nicht einsetzbar.

Bei der Warmumformung von Werkstoffen mit heterogenem (mehrphasigem oder verunreinigtem) Gefüge bilden sich aufgrund des unterschiedlichen Verformungsverhaltens häufig so genannte Fasern aus. Bei der Verwendung solcher Werkstücke sollte die Hauptbeanspruchung in Richtung der Faser verlaufen, da in Querrichtung Zähigkeit und Festigkeit geringer sind.

Durch Warmumformung hergestellte Werkstücke sind solchen, die nur durch Gießen hergestellt wurden, insbesondere bei dynamischen Belastungen überlegen. Sogar Turbinenwellen von mehr als einem Meter Enddurchmesser werden aus diesem Grund geschmiedet.

Das Formänderungsvermögen metallischer Werkstoffe ist bei höheren Temperaturen stark verbessert und die für die Umformung erforderlichen Kräfte sind erheblich geringer. Als Warmumformung bezeichnet man heute alle Umformungen oberhalb der Rekristallisationstemperatur (Kapitel 2.10.2.5) der jeweiligen Legierung. Daraus kann man schließen, dass die durch das Walzen hervorgerufene Verfestigung bei oder direkt nach jedem Walzstich durch Rekristallisation oder Erholung wieder abgebaut wird, so dass beim darauffolgenden Stich wieder weiches Material zur Verfügung steht. Dieser Effekt wird als **dynamische Erholung** bezeichnet. Hierbei wird insbesondere bei Werkstoffen mit hoher Stapelfehlerenergie wie z. B. Kupfer bereits während der Verformung eine Subkornstruktur gebildet, so dass eine Entfestigung eintritt und die verbleibende treibende Kraft für eine Rekristallisation nicht mehr ausreicht (siehe auch Kapitel 2.10.2.2). Bei niedriger Stapelfehlerenergie kann die durch eine dynamische Erholung gebildete Subkonstruktur auch zu einer **dynamischen Rekristallation** (Bild 1, Seite 58) führen.

Dieses Verhalten kann auch anhand einer **Warmfließkurve** (Bild 1b, Seite 98) gezeigt werden. Nach einem ansteigenden (Anfangs-)Teil der Kurve, also einer Verfestigung, folgt ein Abfall der benötigten Spannung, eine Entfestigung wie bei einer Warmumformung. In Bild 1, Seite 98, sind zwei Fließkurven von Kupfer dargestellt, die mit Hilfe von Torsionsversuchen ermittelt wurden. Die bei Raumtemperatur aufgenommene Fließkurve (Bild 1a, Seite 98) zeigt das auch von Zugversuchen her bekannte Verhalten: Anstieg der Spannung mit zunehmender Verformung (Dehnung), also Verfestigung, bis zum Bruch. Die Warmverformung wurde bei 300 °C, also knapp über der theoretischen Rekristallisationstemperatur von 270 °C, durchgeführt. Die Warmfließkurve zeigt ein anderes Verhalten des Werkstoffes: Die Spannung steigt zunächst an, durchläuft ein Maximum und erreicht schließlich einen konstanten Wert der Spannung für die nachfolgende weitere Verformung. Auch die Warmfließkurven von Kupfer bei höheren Temperaturen oder die anderer metallischer Werkstoffe, wie Aluminium, Nickel, Silber oder Stahl, zeigen prinzipiell dasselbe Verhalten, also leichter Anstieg, Maximum und konstante Spannung in Abhängigkeit von der Verformung.

Die wichtigsten **Warmumformverfahren** sind das Walzen, Schmieden und Strangpressen. Beim **Walzen** unterscheidet man zwischen Flachwalzen zur Herstellung von Bändern und Blechen, Kaliberwalzen zur Herstellung von Drähten und Profilen und

ⓘ Information

Ermittlung von Fließkurven

Das Formänderungsvermögen, d. h. die Fließkurve eines Werkstoffes lässt sich in Druck- oder Torsionsversuchen (Kapitel 13.5.2 und Kapitel 13.5.4) ermitteln. Die Bruchdehnung des Zugversuches ist hingegen keine geeignete Größe zur Vorhersage des Formänderungsvermögens eines Werkstoffes für technische Umformverfahren, da infolge einer Probeneinschnürung nur geringe Verformungsgrade erreicht werden. Dagegen wird im Torsionsversuch ein Verformungsgrad von 700% und mehr erreicht. Vergleichbare Werte erreicht man auch in der Umformtechnik.

Rohrwalzen für die Produktion nahtloser Rohre. Auch durch **Strangpressen** werden Drähte, Profile und Rohre hergestellt, in der Hauptsache jedoch nur bei tieferen Temperaturen, also nicht aus Stahl, sondern aus Cu- und Al-Legierungen. **Schmieden** wird bei der Primärumformung, d. h. von gegossenen Bauteilen, als **Freiformschmieden** z. B. von Wellen für Großkraftwerke angewendet. Geschmiedete Wellen ertragen die dynamischen Belastungen erheblich besser als nur gegossene, haben also eine bedeutend höhere Lebensdauer. Beim **Gesenkschmieden** wird meist Halbzeug eingesetzt, um Werkstücke großer Stückzahl zu erzeugen, die eine hohe Lebensdauer insbesondere bei dynamischen Belastungen aufweisen.

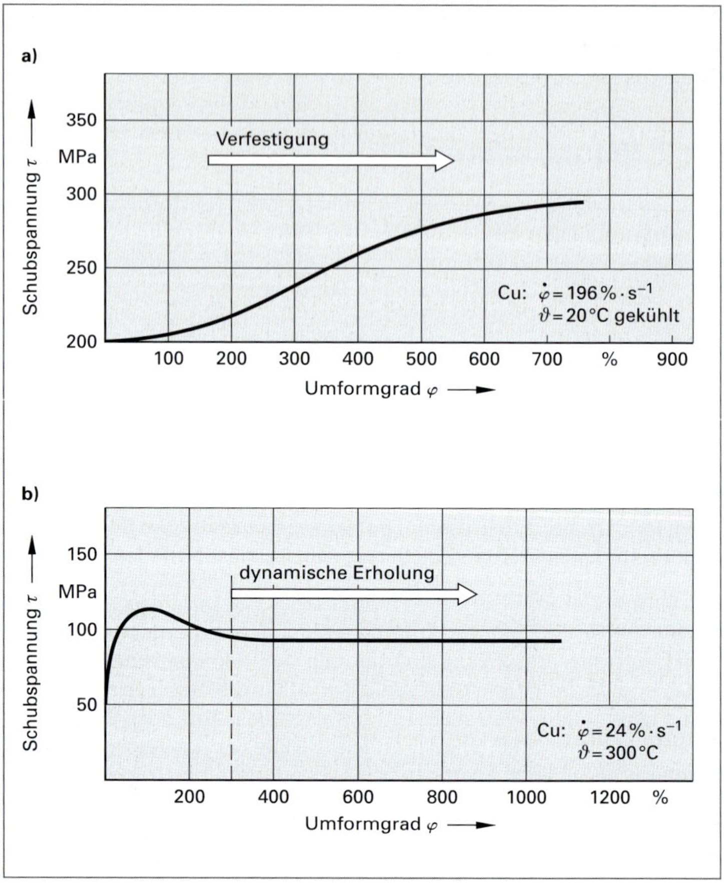

Bild 1: Fließkurven von Kupfer (aus Torsionsversuchen)
a) Bei 20 °C; b) bei 300 °C

Die Warmumformverfahren sind in letzter Zeit erheblich verfeinert worden, um gezielt bestimmte Werkstoffeigenschaften zu erreichen. Die Verbesserungen und Verfeinerungen betreffen vor allem Temperatur, Umformgrad und Abkühlungsbedingungen, um eine bestimmte Struktur, Gefüge und Textur zu erzeugen. Das Ziel ist dabei, die Werkstoffeigenschaften für den jeweiligen Anwendungszweck zu optimieren. Diese Entwicklung ist noch nicht abgeschlossen und betrifft neben neuen auch altbekannte Werkstoffe.

4.2.3 Neue Umformverfahren

Die Eigenschaften metallischer Werkstoffe werden bestimmt durch deren Zusammensetzung, die vorangegangene Umformung und Wärmebehandlung. Durch Veränderung der Zusammensetzung entstehen Legierungen mit unterschiedlichem Kristallaufbau und durch Wärmebehandlungen neue Gefüge. Hierbei werden die mechanischen, physikalischen und chemischen Werkstoffeigenschaften teilweise erheblich verändert. Durch Warmumformen werden metallische Werkstoffe duktiler, so dass sie insbesondere dynamischen Belastungen erheblich besser standhalten. Durch Kaltumformen werden Maßhaltigkeit und Oberflächengüte verbessert sowie Härte und Festigkeit infolge der damit verbundenen Kaltverfestigung erhöht.

Die Einflüsse von Umformung und Wärmebehandlung auf das Gefüge, vor allem auf die Korngröße (Kapitel 2.10.2.3), sind schon lange bekannt. Wichtig ist der damit verbundene Einfluss auf die mechanischen Eigenschaften. Durch die Erzeugung eines feinkörnigen Gefüges ist es gelungen, gleichzeitig die Festigkeit und Zähigkeit zu verbessern. Versucht man die Festigkeit metallischer Werkstoffe nur durch Erhöhung des Legierungsgehaltes zu verbessern, so ist diese Maßnahme immer verbunden mit einer Verschlechterung der Duktilität (plastische Verformbarkeit) und auch der Zähigkeit. Die Einstellung eines bestimmten Gefüges ist möglich durch eine Kaltumformung und anschließende Glühung, bei Stählen insbesondere durch ein Normalglühen (Kapitel 6.4.3.1) oder durch eine geregelte Warmumformung, die als thermomechanische Behandlung bezeichnet wird.

Bei der **thermomechanischen Behandlung** (siehe auch Kapitel 6.5.3.2) werden Verformung, Temperatur und deren Dauer genau aufeinander abgestimmt, um ein bestimmtes Gefüge zu erzielen. In Bild 1, Seite 280, ist der Verlauf einer thermomechanischen Behandlung zum Walzen von Bändern oder Blechen aus mikrolegiertem Feinkornbaustahl in einem Temperatur-Zeit-Diagramm (ohne Zeitmaßstab) dargestellt. Im ersten Verfahrensschritt erfolgt eine Erwärmung auf 1150 °C und damit die Lösung der Mikrolegierungselemente. Höhere Glühtemperaturen und längere Glühzeiten sollten vermieden werden, da dies zu einer Vergröberung der Austenitkörner und letztlich Verschlechterung der Zähigkeit führt. Das Vorwalzen erfolgt bei einer niedrigeren Temperatur von 1020 °C bis 1050 °C. Dabei werden feinkörnige Austenitkörner erzeugt, wobei die niedrigere Walztemperatur sich günstig auswirkt. Bei dieser Temperatur kann bereits ein Teil des Mikrolegierungselementes Niob wieder ausgeschieden werden, was zu einer gewünschten Behinderung von Rekristallisation und Kornvergröberung führt. Das Fertigwalzen erfolgt bei einer so niedrigen Temperatur (etwa 750 °C), dass keine Rekristallisation mehr erfolgen kann. Unmittelbar nach der Verformung erfolgt eine beschleunigte Abkühlung auf etwa 560°C mit anschließender Luftabkühlung. Aus den verfestigten Austenitkörnern werden sehr feine Ferritkörner gebildet, welche die günstige Eigenschaftskombination Festigkeit/Zähigkeit bewirken. Außerdem werden die restlichen noch gelösten Mikrolegierungselemente ausgeschieden, also durch eine Ausscheidungshärtung eine weitere Steigerung der Festigkeit erreicht. Der Betrag dieser Härtung darf jedoch nicht zu groß werden, da sonst wieder die Zähigkeit vermindert werden könnte. Liegt die Fertigwalztemperatur im Ferrit-Bereich, also unterhalb der Umwandlungstemperatur, dann tritt wieder eine Verschlechterung der Zähigkeit ein.

Die erste große Anwendung fanden thermomechanisch behandelte Stahlbleche in den geschweißten Rohren der **Transalaska-Pipeline,** da sie die Forderung nach Schweißbarkeit, hoher Festigkeit und Zähigkeit bei tiefen Temperaturen erfüllten. Inzwischen sind so behandelte Stähle genormt und werden vielseitig eingesetzt. So besitzen beispielsweise die thermomechanisch erzeugten Feinkornbaustähle verglichen mit den normalgeglühten Sorten einen geringeren C-Gehalt (ca. 0,15 %), die gleichen Festigkeitswerte sowie bessere Zähigkeitswerte. Auch die Übergangstemperatur für Sprödbruch wird zu tieferen Werten verschoben. Bei der Weiterverarbeitung thermomechanisch behandelter Stähle sollten längere und größere Erwärmungen (Grenze: 0,5 h bei 650 °C) vermieden werden, da sonst der thermomechanische Zustand wieder aufgehoben wird. Auch andere metallische Werkstoffe werden thermomechanisch behandelt, wie beispielsweise aushärtbare Aluminium-Knetlegierungen zur Verbesserung der plastischen Verformbarkeit bei hoher Festigkeit.

Bild 1: Transalaska-Pipeline

Einige Legierungen zeigen bei bestimmten Warmverformungen **superplastisches Verhalten:** stark erhöhte Verformbarkeit ohne die Gefahr von Einschnürungen beim Zugversuch und auch bei technischen Umformverfahren. Da die Legierungen in diesem Zustand zum Kriechen neigen, muss die Einsatztemperatur deutlich unter der Umformtemperatur liegen. Im superplastischen Zustand können komplizierte Bauteile in einem oder sehr wenigen Arbeitsgängen erzeugt werden, eine erhebliche Einsparung gegenüber herkömmlichen Verfahren. So werden beispielsweise Flugzeugteile aus Titanlegierungen superplastisch verformt.

4.3 Trennen

Für das Ändern der Form von Körpern, wobei der Stoffzusammenhalt örtlich aufgehoben wird, ist in der Fertigungstechnik der Begriff **Trennen** festgelegt worden. Bild 1 gibt einen Überblick über die Fertigungshauptgruppe des Trennens.

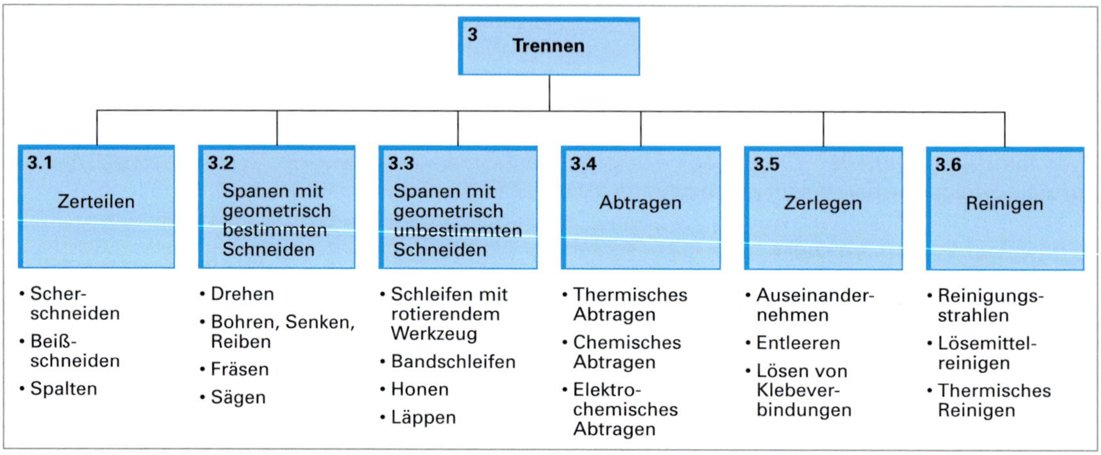

Bild 1: Einteilung der Fertigungshauptgruppe „Trennen" nach DIN 8580 mit Beispielen

4.3.1 Zerteilen und Zerspanen

Beim **Zerteilen** können in unmittelbarer Umgebung der Schnittkante Kaltverfestigung, insbesondere durch Abscheren oder Stanzen, oder ein wärmebehandelter Bereich beim Brennschneiden, Plasmaschneiden oder Laserbrennschneiden auftreten. Meist muss aus Gründen der Maßhaltigkeit eine Nachbearbeitung durch Spanen durchgeführt werden, bei dem auch die kaltverfestigten oder wärmebehandelten Bereiche entfernt werden. Eine kaltverfestigte Kante kann aufgrund der höheren Festigkeit allerdings auch erwünscht sein. Die höhere Energiedichte (Kapitel 6.4.6.2) beim Plasma- und Laserbrennschneiden, im Vergleich zum autogenen Brennschneiden, führt zu wesentlich schmäleren Wärmeeinflusszonen. Falls diese schmalen Bereiche dennoch stören, muss anschließend eine Wärmebehandlung, meist des gesamten Werkstückes, durchgeführt werden.

Beim **Zerspanen** wird vor allem das Schneidwerkzeug mechanisch und thermisch stark beansprucht und die zum Schneiden notwendige Energie wird zum größten Teil in Form von Wärme mit dem Span abgeführt. Der Einfluss des Trennens auf die Eigenschaften des Werkstückes ist somit von geringerer Bedeutung. Indirekte Einflüsse können ausgehen von Bearbeitungsriefen, die eine Kerbwirkung und damit eine Verschlechterung der Schwingfestigkeit verursachen. Eine geringe plastische Verformung in unmittelbarer Umgebung der Bearbeitungsschicht ist möglich und kann durch eine Feinbearbeitung beseitigt werden. So muss beispielsweise nach dem Schneiden von Einkristallen die Schnittfläche chemisch abgetragen werden. Durch eine vorschriftsmäßige Kühlung bei der spanenden Fertigung kann auch der Einfluss einer Erwärmung vermieden werden. So wird beispielsweise beim Schleifen ein trockenes Schleifen durch nasses Schleifen ersetzt.

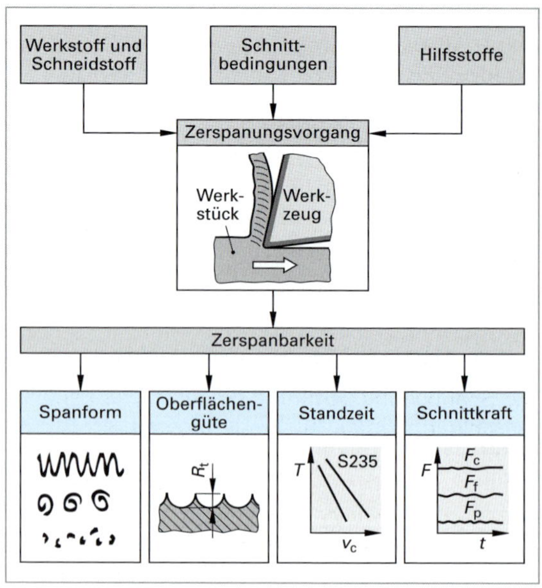

Bild 2: Einflussfaktoren und Bewertungsgrößen der Zerspanbarkeit

4.3.2 Zerspanbarkeit

Die **Zerspanbarkeit** eines Werkstoffes wird im wesentlichen durch die Spanform, die Oberfllächengüte, die Standzeit des Werkzeugs und durch die Schnittkraft gekennzeichnet (Bild 2, Seite 100). Die Zerspanbarkeit wird beeinflusst von der Art des Werkstoffs (Festigkeit, Gefüge usw.), des Schneidstoffs (z. B. Werkzeugstahl, Hartmetall, Schneidkeramik), den Schnittbedingungen (Schnittgeschwindigkeit, Vorschub, Zustellung, Werkzeuggeometrie) sowie von der Art des Hilfsstoffes (z. B. Kühlschmiermittel).

Einen rechnerischen Zusammenhang zwischen den mechanischen Kennwerten und der Zerspanbarkeit gibt es nicht, da sie außerdem noch durch Schneidwerkstoff, Schnittgeschwindigkeit und Spantiefe beeinflusst wird. Es ist jedoch naheliegend, dass infolge größerer Härte und Festigkeit eines Werkstoffes der Verschleiß eines Werkzeuges größer und damit dessen Standzeit kleiner wird. Daher wird von den Werkstoffherstellern gefordert, dass Festigkeit und Härte von Halbzeug einen maximalen Wert nicht überschreiten sollen.

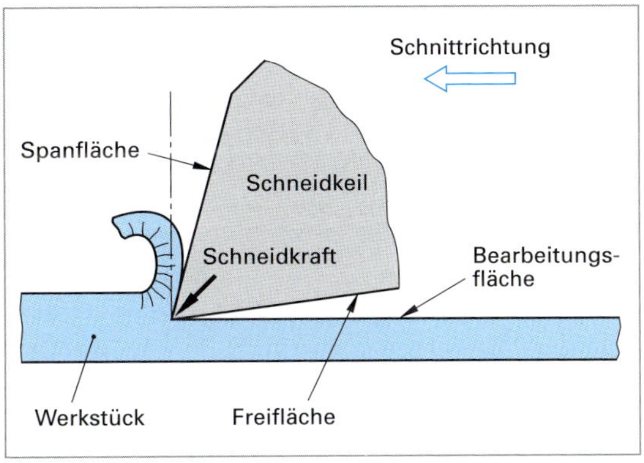

Bild 1: Spanbildung an der Werkzeugschneide

4.3.3 Spanformen

Spanwerkzeuge haben eine Keilform, wobei auf der Spanfläche der eigentliche Span abläuft (Bild 1). Die entstehenden Späne können sehr unterschiedliche Form aufweisen (vgl. VDI-Richtlinie 3332). Nach der Art ihrer Entstehung wird zwischen Reiß-, Scher- und Fließspänen unterschieden (Bild 2). Der Keil des Werkzeuges dringt ein und staucht dabei den Werkstoff vor der Spanfläche, der dann als Span abfließt. Dies führt zu starker lokaler Erwärmung. Infolgedessen unterscheidet sich der Werkstoff im Span (umgeformt) gegenüber dem sonst nicht veränderten Werkstoff im Werkstück. Die entstehende Spanform hängt von der Schnittgeschwindigkeit und dem Vorschub, aber auch von der Zähigkeit und dem Gefügeaufbau des zu zerspanenden Werkstoffs ab.

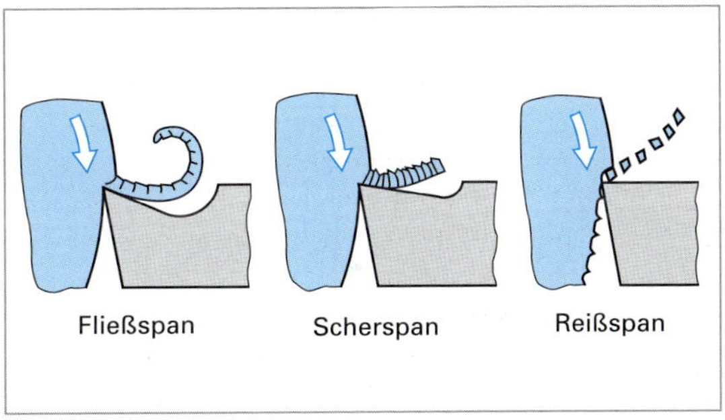

Bild 2: Spanarten

Bei duktilen Werkstoffen mit gleichmäßigem Gefügeaufbau wird der Span durch eine plastische Verformung gebildet, es entstehen **Fließspäne**. Bei Werkstoffen mittlerer Duktilität spricht man von **Scherspänen:** umgeformte Spanteile brechen zunächst schuppenförmig, können dann jedoch wieder zu einem Span verschweißen. Spröde Werkstoffe lassen sich kaum umformen und bilden beim Zerspanen **Reißspäne,** d. h. es werden kleine Spanteilchen aus der Werkstoffoberfläche herausgerissen. Gusseisen neigt beispielsweise zur Reißspanbildung. Mit steigender Duktilität von Werkstoffen werden sauberere Oberflächen und höhere Maßhaltigkeit beim Zerspanen erreicht.

4.3.4 Automatenlegierungen

Die Spanbildung ist für die automatische Zerspanung besonders wichtig, denn automatisch arbeitende Maschinen werden nur in geringerem Maße überwacht. Es können daher nur Werkstoffe guter Zerspanbarkeit bearbeitet werden. Daher sind besondere **Automatenlegierungen** wie beispielsweise die Automatenstähle (Kapitel 6.5.13) entwickelt worden. Solche Werkstoffe mit kurzbrechenden Spänen werden durch Hinzufügen geringer Mengen niedrig schmelzender und im Grundwerkstoff nicht löslicher Metalle wie Blei, Cadmium, Bismut oder Tellur erzeugt. Die Späne brechen wegen der geringeren Festigkeit dieser Zusätze schon bei geringer Stauchung und außerdem vermindern sie die Reibung, da diese Zusätze durch die Erwärmung aufgeschmolzen werden. Zusätze von Schwefel, Tellur oder Selen bilden häufig mit den Basismetallen nichtmetallische Einschlüsse, die zu einem leichterem Spanbruch führen. In Automatenstählen wird der Schwefelgehalt bis zu 0,37 % erhöht, wobei jedoch auf einen ausreichenden Mangangehalt zu achten ist. Unter diesen Bedingungen bildet sich Mangansulfid (MnS), das spanbrechend wirkt. Zur Verbesserung der Zerspanbarkeit wird den Automatenstählen oft noch Blei zugesetzt (z. B. 11SMnPb37). Aluminiumwerkstoffen wird zur Verbesserung der Zerspanbarkeit ebenfalls Blei zulegiert, wie in AW-Al MgSiPb oder AW-Al CuPbMgMn. Die am besten zerspanbaren Messinge enthalten bis zu 2 % Blei wie CuZn40Pb2. Im Automatenkupfer CuTe wird anstelle von Blei bis zu 0,5 % Tellur zugesetzt.

4.4 Fügen

Mit **Fügen** wird das Zusammenbringen von zwei oder mehreren Werkstücken oder von Werkstoffen mit einem formlosem Stoff bezeichnet (DIN 8580). Füge- oder Montageaufgaben ergeben sich, wenn bestimmte Teilsysteme zu einem System höherer Komplexität zusammengebaut werden sollen. Es gibt mehrere Untergruppen des Fügens, die in Bild 1 zusammengestellt sind. Üblich sind auch die Einteilungskriterien kraftschlüssiges, formschlüssiges und stoffschlüssiges Verbinden.

Größere Wechselwirkungen des Fügens mit den Werkstoffeigenschaften ergeben sich vor allem bei den stoffverbindenden (stoffschlüssigen) Verfahren Löten und Schweißen, da diese Verfahren in der Wärme durchgeführt werden und zu Veränderungen in Gefüge und Zusammensetzung der zu verbindenden Werkstoffe führen können. Die nachfolgenden Ausführungen sollen sich daher auf diese Verfahen beschränken. Das Kleben (Klebstoff) wird in Kapitel 9.9.4.2 beschrieben.

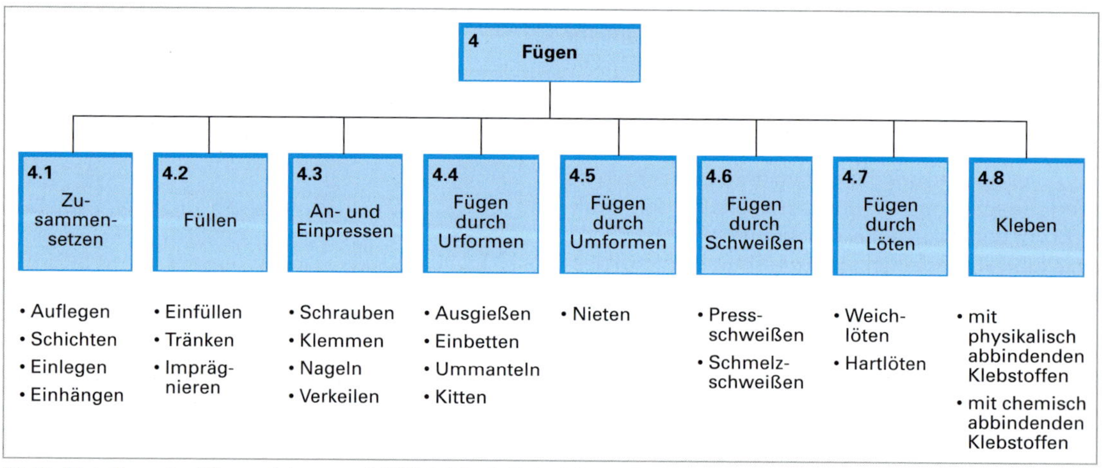

Bild 1: Einteilung der Fügeverfahren nach DIN 8580 mit Beispielen

4.4.1 Schweißen

Schweißen ist das Vereinigen von Grundwerkstoffen oder das Beschichten eines Grundwerkstoffes unter Anwendung von Wärme oder von Druck oder von beiden ohne oder mit Schweißzusatzwerkstoffen (DIN EN 24 063). Es entsteht eine unlösbare Verbindung.

Das Verschweißen verschiedener Metalle gelingt am einfachsten, wenn diese miteinander völlig mischbar sind. Dagegen lassen sich Metalle, die intermetallische Verbindungen miteinander bilden, nicht gut durch Schmelzschweißen verbinden, da die entstehenden Verbindungen zu spröde sind. Es kann ein Zwischenwerkstoff eingebracht werden, der mit den beiden anderen Werkstoffen Mischkristalle bildet. Meistens werden jedoch bei solchen verschiedenen Werkstoffen Pressschweißverfahren angewendet, die zu guten Schweißverbindungen führen.

4.4.1.1 Schweißbarkeit

Der Begriff **Schweißbarkeit** ist komplex und sollte durch die Teilbegriffe **Schweißeignung, Schweißsicherheit** und **Schweißmöglichkeit** ersetzt werden, die, wie Bild 1, Seite 103, zeigt, sich gegenseitig beeinflussen. Die Schweißeignung ist die bestimmende werkstoffabhängige Größe. Eine gute Schweißeignung besitzen Werkstoffe mit ausreichender Zähigkeit. Das Gefüge muss in der Umgebung der Schweißnaht noch ausreichend verformbar bleiben, da sonst die Gefahr eines Sprödbruches gegeben ist. Die Wahrscheinlichkeit für das Auftreten von Sprödbrüchen wird also umso geringer, je zäher ein Werkstoff ist.

Bei der Auslegung geschweißter Bauteile ist somit die enge Verknüpfung bzw. Wechselwirkung zwischen Werkstoff, Konstruktion und Fertigung zu berücksichtigen. Werkstoff, konstruktive Ausbildung und Fertigungsverfahren müssen aufeinander abgestimmt werden.

Die Wahl des Werkstoffes muss sich nach der Grundlage seiner mechanischen, physikalischen und chemischen Eigenschaften ausrichten und hat den zu erwartenden Betriebsbeanspruchungen in der gewählten Konstruktion zu genügen. Dabei sind jedoch die Auswirkungen der Erwärmung und Abkühlung im Bereich der Schweißung auf Gefügeänderungen und Eigenspannungen zu berücksichtigen.

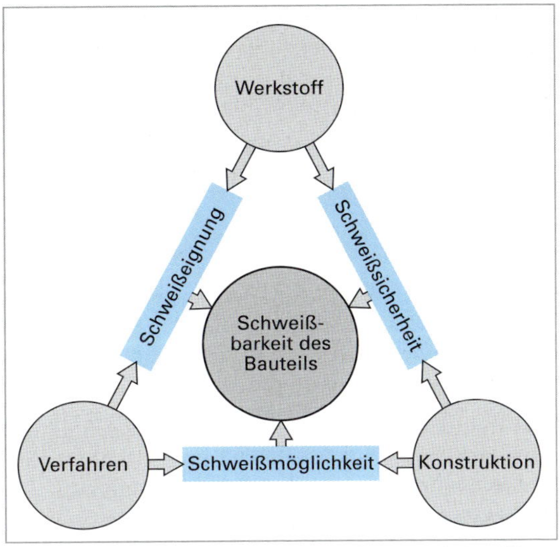

Bild 1: Abhängigkeit der Schweißbarkeit von Schweißeignung, -sicherheit und -möglichkeit

Die konstruktive Gestaltung des Bauteiles muss so ausgeführt werden, dass bei dem gewählten Werkstoff das vorgesehene Schweißverfahren ohne Schwierigkeiten anwendbar ist.

Die Fertigungsverfahren, insbesondere die Schweißverfahren, beeinflussen sowohl die konstruktive Gestaltung des Bauteiles als auch die Eigenschaften des Werkstoffes; sie können eine grundlegende Änderung der Werkstoffeigenschaften bewirken.

4.4.1.2 Einteilung der Schweißverfahren

Im Hinblick auf den Ablauf des Schweißens unterscheidet man

- Schmelzschweißen
- Pressschweißen

Als **Schmelzschweißen** bezeichnet man alle Prozesse, bei denen das Schweißen bei örtlich begrenztem Schweißfluss ohne Anwendung von Kraft mit oder ohne Schweißzusatz erfolgt. Bild 2 gibt einen Überblick

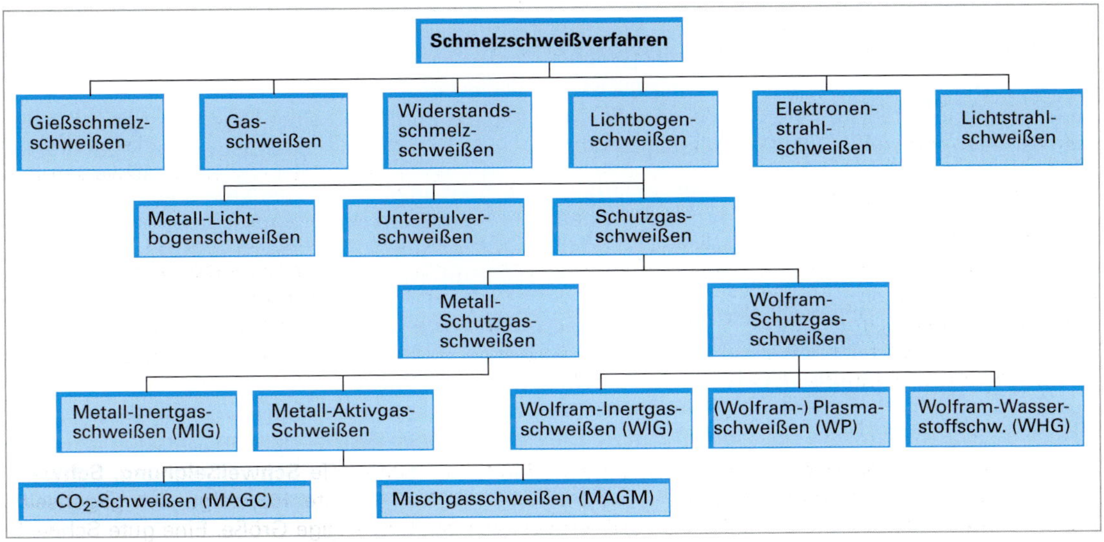

Bild 2: Einteilung der Schmelzschweißverfahren (nach *Killing*)

über die Einteilung der Schmelzschweißverfahren. Die größte technische Bedeutung haben das Gasschweißen sowie die Verfahren des Lichtbogenschweißens.

Bei allen Schmelzschweißverfahren muss das schmelzflüssige Schweißbad besonders geschützt werden, um eine Reaktion mit dem Sauerstoff oder Stickstoff der Luft zu vermeiden. Außerdem besteht die Gefahr der Gasaufnahme bei einigen Werkstoffen.

Zum **Pressschweißen** gehören unter anderem das Feuerschweißen, bei dem früher der Schmied zwei rotglühende Stahlteile auf dem Amboss durch Schmieden verbinden konnte, sowie das Abbrennstumpfschweißen und das elektrische Widerstandsschweißen. Zu Letzterem gehört das Punktschweißen, das im Automobilbau beispielsweise sehr große Bedeutung erlangt hat.

Während früher Schweißungen stark vom Geschick des Schweißers abhängig waren, sind diese Abhängigkeiten durch den Einsatz von Schweißmaschinen und -automaten, wie Lichtbogen- oder Punktschweißmaschinen, gering geworden.

Beim Schweißprozess muss besonders auf gut gereinigte oxidfreie Oberflächen geachtet werden. Oxidschichten können auch durch eine plastische Verformung zerstört (z. B. Feuerschweißen, Punktschweißen), in einer reduzierenden Atmosphäre abgebaut (Schutzgasschweißen) oder mit einem Flussmittel verschlackt werden.

4.4.1.3 Beeinflussung der Werkstoffeigenschaften durch das Schweißen

Beim Schweißen werden sehr konzentrierte (punktförmige) Wärmequellen benutzt, so dass die Werkstoffe örtlich an der Schweißstelle aufgeschmolzen werden und damit die Werkstoffeigenschaften in erheblicher Weise verändert werden. Da die Schweißzeiten nur wenige Sekunden betragen, entstehen extrem hohe Aufheiz- und Abkühlgeschwindigkeiten von bis zu 1000 K/s. Dies führt in der Schweißnaht benachbarten Bereichen häufig zu unvollständigen Gefügeumwandlungen, zu Grobkornbildung verbunden mit gefährlichen Eigenspannungszuständen und Verzug der Bauteile. Bei Stählen können außerdem örtliche Härtespitzen infolge von Martensitbildung (Kapitel 6.4.4.5) auftreten. Auch vielfältige Arten der Rissbildung im Schweißgut sowie in den der Schweißnaht benachbarten Bereichen können beim Schweißen auftreten. Die wichtigsten Probleme sollen nachfolgend beschrieben werden.

a) Wärmeeinflusszone

Der Bereich der Schweißverbindung reicht vom Grundwerkstoff bis zur eigentlichen Schweißnaht, die aus dem aufgeschmolzenen Werkstoff bzw. Zusatzwerkstoff besteht (Bild 1, Seite 105). Dazwischen ist ein Bereich, in dem meist Gefüge- und damit auch Eigenschaftsänderungen stattfinden. Diese Umgebung der Schweißnaht, die durch den Schweißprozess eine Gefügeänderung erfahren hat, wird als **Wärmeeinflusszone (WEZ)** bezeichnet. Der Werkstoff wird an der Schweißstelle örtlich aufgeschmolzen. Dabei sind Aufheiz- und Abkühlgeschwindigkeit sehr groß, es findet eine örtliche Wärmebehandlung statt. Die Ausbildung der WEZ kann sehr unterschiedlich sein. Sie ist abhängig von der Werkstoffart, dem Behandlungszustand und dem Schweißverfahren. In Bild 1, Seite 105, ist als Beispiel des schematischen Gefügeaufbaus die WEZ eines unlegierten Stahls mit 0,2 % C dargestellt. Diese beginnt immer mit einer Grobkornzone (nach der Schmelzzone), die in diesem Beispiel allmählich in das unveränderte Gefüge des Grundwerkstoffs übergeht.

Die in der WEZ eintretenden Eigenschaftsänderungen bestimmen in erheblichem Maße die Funktionssicherheit von Schweißkonstruktionen. Stark ausgeprägte Wärmeeinflusszonen treten bei den Schmelzschweißverfahren auf. Bei Schmelzschweißverfahren mit geringer Energiedichte (z. B. Gasschmelzschweißen) sind die WEZ breiter als bei solchen hoher Dichte, wie z. B. Plasma-, Elektronenstrahl- und Laserstrahlverfahren.

b) Eigenspannungen

Die großen Temperaturunterschiede im Bereich der Schweißnaht führen häufig zu Verzug und **Eigenspannungen.** Die Eigenspannungen können so groß werden, dass in Schweißkonstruktionen kein Verformungsbruch, sondern Sprödbruch auftritt. Die Neigung eines Werkstoffes zum Sprödbruch ist dabei umso geringer, je größer dessen plastische Verformbarkeit ist. Die Verhinderung oder Beseitigung des Verzugs ist ein fertigungstechnisches Problem. Es sind besondere Fertigungstechniken oder aber Nacharbeit erforderlich. Eigenspannungen und die damit verbundene Rissneigung und Sprödbruchgefahr können durch weitere Wärmebehandlungen (z. B. Spannungsarmglühen, Kapitel 6.4.3.3) abgebaut werden.

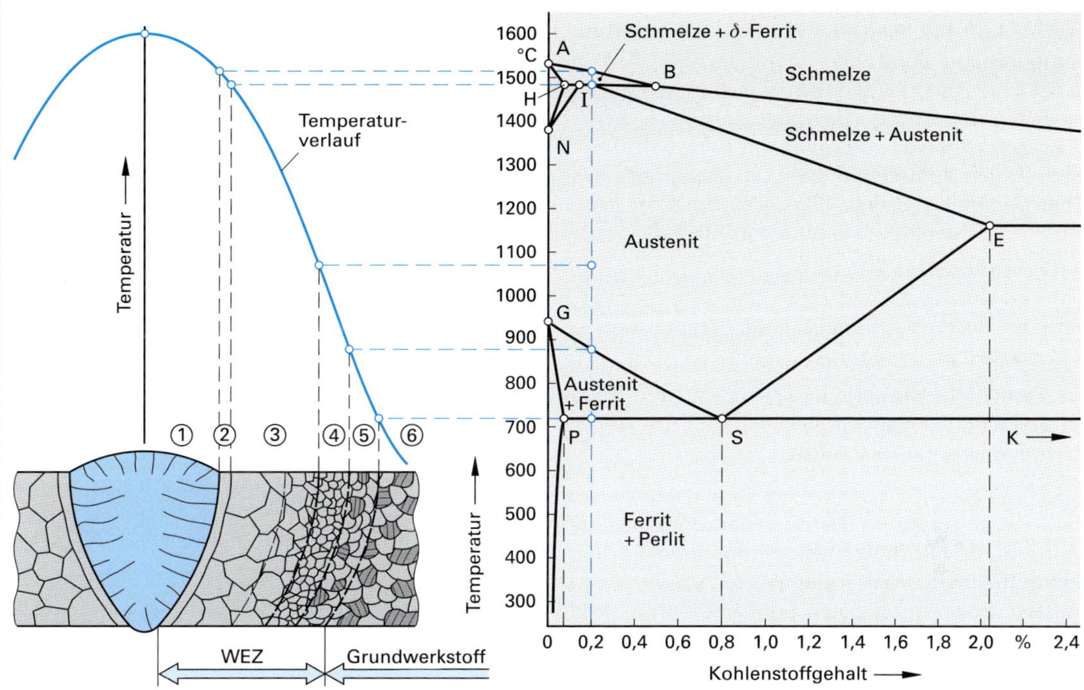

① Schmelzzone
② Zone unvollständigen Aufschmelzens
③ Grobkorn- bzw. Überhitzungszone
④ Feinkorn- bzw. Normalisierungszone
⑤ Zone unvollständiger Perlitauflösung bzw. Umkristallisation
⑥ Grundwerkstoff

Bild 1: Temperaturverlauf und Gefügeausbildung im Bereich einer Schweißnaht

c) Rissbildungen

Zu den gefährlichsten Problemen beim Schweißen gehört die Rissbildung im Schweißgut und in der WEZ. Diese Rissbildungen lassen sich teilweise nur schwer vermeiden, da die Mechanismen ihrer Entstehung komplex und die Ursachen häufig nur ungenügend bekannt sind. Bild 2 zeigt die wichtigsten Entstehungsorte von Rissen beim Schweißen.

In Abhängigkeit des Temperaturbereichs der Rissentstehung unterscheidet man:

- Heißrisse (Erstarrungs- und Aufschmelzrisse)
- Kaltrisse (Aufhärtungsrisse, wasserstoffinduzierte Risse, Terrassenbrüche, Ausscheidungsrisse)

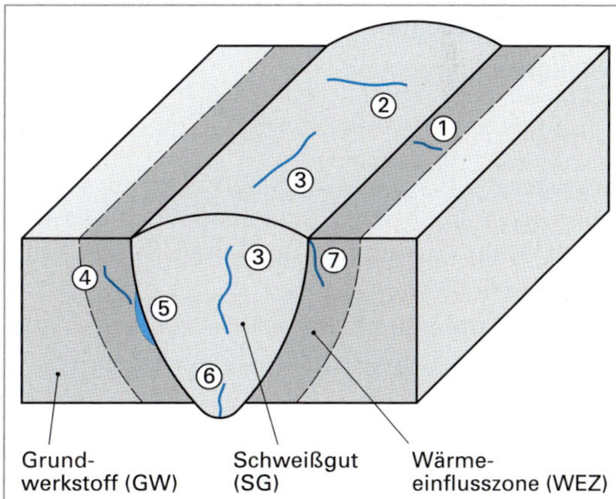

① Querriss in der WEZ
② Querriss im SG
③ Längsrisse im SG
④ Kaltriss in der WEZ
⑤ Bindefehler
⑥ Wurzelriss
⑦ Kantenriss

Bild 2: Rissbildungen in Schweißnähten

Heißrisse

Heißrisse sind interkristalline oder interdendritisch verlaufende Werkstofftrennungen, die im Temperaturbereich zwischen der Solidus- und der Liquiduslinie entstehen. Im Hinblick auf ihre Entstehungsursache wird zwischen Erstarrungs- und Aufschmelzrissen unterschieden.

Erstarrungsrisse entstehen während der Kristallisation des Schweißgutes. Insbesondere bei krz-Metallen (z. B. Eisen) bilden sich bei der Erstarrung häufig schmale, lange Stängelkristalle deren Kristallisationsfronten Restschmelze vor sich herschieben. Diese Restschmelze ist stark mit Begleitelementen, im Falle von Stählen insbesondere Schwefel und Phosphor, angereichert und hat eine niedrigere Erstarrungstemperatur im Vergleich zu den Dendriten. Am Ende der Erstarrung kann daher zwischen den bereits erstarrten Dendriten noch Restschmelze eingeschlossen sein, die beim Abkühlen keine Schrumpfspannungen aufnehmen kann, so dass Risse zwischen den Dendriten sowie an ihrer Stoßfront in der Mitte des Schweißgutes entstehen (Bild 1).

Mit der Bildung von Erstarrungsrissen ist insbesondere bei Werkstoffen mit großem Erstarrungsintervall ($\Delta T > 100$ K), bei hohem Schwefel- und Phosphorgehalt sowie bei einer verminderten Zähigkeit des Werkstoffs zu rechnen. Mit einer Heißrissbildung ist daher beispielsweise bei Stählen sowie bei Cu-Zn-Legierungen zu rechnen.

Aufschmelzrisse entstehen, im Gegensatz zu den Erstarrungsrissen, im Bereich der Schmelzlinie. Während der Aufheizphase findet eine Verflüssigung niedrigschmelzender Phasen an den Korngrenzen oder an mit Legierungselementen angereicherten Seigerungszonen im Grundwerkstoff statt. Thermische Ausdehnung und Kornwachstum führt dann zu einer Benetzung der Kornflächen. Die bei der anschließenden Abkühlung auftretenden Zugeigenspannungen bewirken noch vor der Erstarrung ein Aufreissen des Werkstoffs längs des flüssigen Korngrenzenfilmes. Bild 2 zeigt den Mechanismus der Entstehung von Aufschmelzrissen. Aufschmelz- und Erstarrungsrisse können dabei ineinander übergehen.

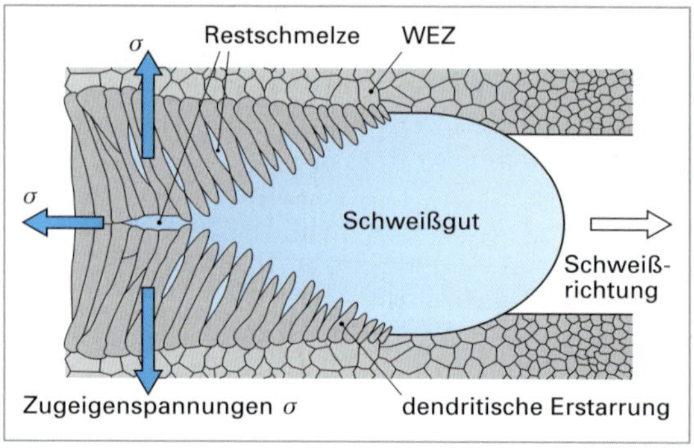

Bild 1: Mechanismus der Entstehung von Erstarrungsrissen

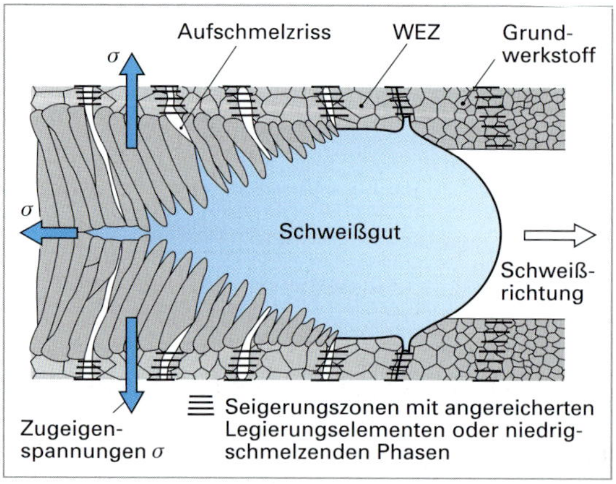

Bild 2: Mechanismus der Entstehung von Aufschmelzrissen

Kaltrisse

Kaltrisse sind Risse, die im festen Zustand des Werkstoffs entstehen. Kaltrisse können sehr unterschiedliche Ursachen besitzen, ihnen ist jedoch gemeinsam, dass sie bei schweißgerechter Konstruktion und fachgerechter Ausführung der Schweißung vermeidbar sind. Im wesentlichen unterscheidet man die folgenden Kaltrisse:

- Aufhärtungsrisse
- wasserstoffinduzierte Risse
- Terrassenbrüche
- Ausscheidungsrisse (Unterplattierungsrisse)

Aufhärtungsrisse entstehen nur beim Schweißen von Stählen. Ursache der Entstehung von Aufhärtungsrissen ist eine zur Stahlhärtung analoge Martensitbildung (Kapitel 6.4.4). Während des Aufheizens wird der unmittelbar an die Schmelzlinie angrenzende Bereich der WEZ austenitisiert. Aufgrund der beim Schweißen typischen raschen Abkühlung können im Bereich der WEZ mehr oder weniger hohe Martensitanteile entstehen (vgl. ZTU-Diagramme, Kapitel 6.4.4.13). Da Martensit praktisch keine Verformungsfähgkeit besitzt, können die Schweißeigenspannungen nicht mehr durch eine plastische Verformung abgebaut werden. Der Werkstoff reisst transkristallin durch die WEZ (Bild 1, Seite 107).

Während unlegierte Stähle mit einem C-Gehalt unter 0,22 % nur unwesentliche Aufhärtungen zeigen, steigt die Aufhärtungsrissgefahr mit zunehmendem Kohlenstoffgehalt bzw. mit zunehmendem Legierungsgehalt, aufgrund der Diffusionsbehinderung der Kohlenstoffatome (siehe auch Kapitel 6.4.4.6).

Um bei niedriglegierten Stählen die Neigung zur Bildung von Aufhärtungsrissen in Abhängigkeit der chemischen Zusammensetzung zu quantifizieren, wurde bereits Mitte der vierziger Jahre von ***Dearden*** und ***O'Neill*** das **Kohlenstoffäquivalent** (CEV) vorgeschlagen. Mit Hilfe des Kohlenstoffäquivalentes ist es möglich, die rissbegünstigende Wirkung von Legierungselementen in eine äquivalente Kohlenstoffmenge umzurechnen und damit zu bewerten. Für die Berechnung des Kohlenstoffäquivalentes existieren mehr als zwei Dutzend ähnlicher, auf empirischer Basis abgeleitete Beziehungen. Für $t_{8/5}$-Abkühlzeiten (Abkühlzeit zwischen 800 °C und 500 °C) von mehr als 10 s wird häufig die folgende Beziehung des internationalen Schweißinstituts (IIW) angewandt (siehe auch DIN EN 10025-1):

$$\mathrm{CEV} = \mathrm{C} + \frac{\mathrm{Mn}}{6} + \frac{\mathrm{Cr} + \mathrm{Mo} + \mathrm{V}}{5} + \frac{\mathrm{Ni} + \mathrm{Cu}}{15}$$

CEV: Kohlenstoffäquivalent in Masse-%

C, Mn, Cr, usw.: Kohlenstoffgehalt bzw. Legierungskonzentration, jeweils in Masse-%

Eine gute Schweißbarkeit, ohne die Gefahr der Bildung von Aufhärtungsrissen, ergibt sich für ein Kohlenstoffäquivalent unter 0,40 %. Bei höheren Kohlenstoffäquivalenten muss zwecks Verminderung der Abkühlgeschwindigkeit vorgewärmt werden.

Durch das **Vorwärmen** wird das Temperaturgefälle zwischen Schweißgut und Grundwerkstoff verringert und damit der Anteil an Martensit in der Wärmeeinflusszone vermindert (Bild 1). Außerdem werden durch das Vorwärmen die Eigenspannungen reduziert. Die erforderlichen **Vorwärmtemperaturen** sind in Tabelle 1 zusammengestellt. Hierbei handelt es sich lediglich um Anhaltswerte, die unter anderem von der Materialdicke sowie von der Nahtart und der eingebrachten Streckenenergie des angewandten Schweißverfahrens abhängig sind.

Als Maß für die Rissneigung dient in der Praxis bei un- und niedriglegierten Stählen die Maximalhärte in der WEZ. Mit zunehmender Härte und damit abnehmender plastischer Verformungsfähigkeit des Werkstoffs wird die Wahrscheinlichkeit der Bildung von Aufhärtungsrissen größer, d. h. Schweißeigenspannungen können nicht mehr durch plastische Verformungen abgebaut werden. Tabelle 2 zeigt für un- und niedriglegierte Stähle den Zusammenhang zwischen Höchsthärte in der WEZ und der Neigung zur Bildung von Aufhärtungsrissen. Da Wasserstoff eine spröde Rissbildung begünstigt (s. u.), wird die Gefahr der Bildung von Aufhärtungsrissen zusätz-

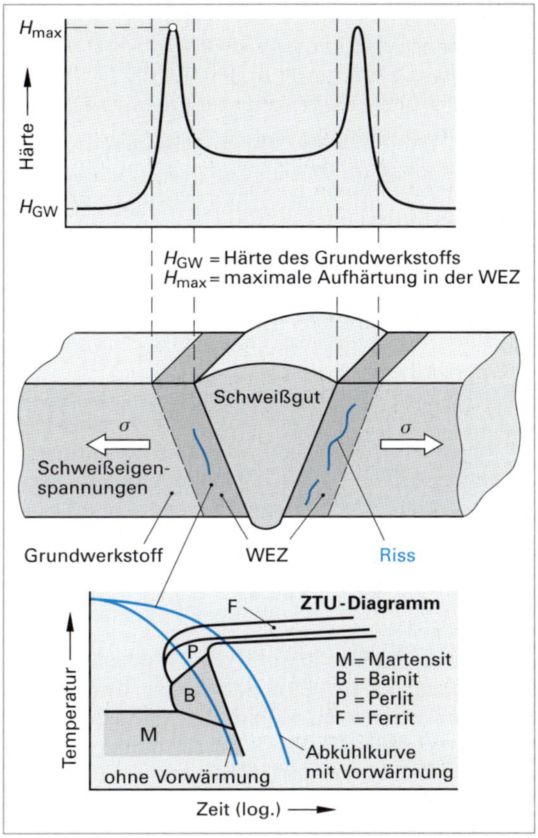

Bild 1: Prinzip der Entstehung von Aufhärtungsrissen

Tabelle 1: Empfohlene Vorwärmtemperaturen in Abhängigkeit des Kohlenstoffäquivalents

Kohlenstoffäquivalent %	**Vorwärmtemperatur** °C
< 0,40	keine Vorwärmung
0,40 ... 0,50	100 ... 200
0,50 ... 0,55	200 ... 300
0,55 ... 0,60	300 ... 400

Tabelle 2: Zusammenhang zwischen Höchsthärte in der WEZ, maximalem Martensitgehalt und der Neigung zur Bildung von Aufhärtungsrissen

Höchsthärte in der WEZ HV 10	**Martensitgehalt** %	**Neigung zur Bildung von Aufhärtungsrissen**
< 280	< 30	unwahrscheinlich[1)]
280 ... 350	30 ... 50	unwahrscheinlich
350 ... 450	50 ... 70	möglich
> 450	> 70	wahrscheinlich

1) ausreichende Betriebssicherheit auch ohne Wärmenachbehandlung

lich vom Schweißverfahren und dem damit verbundenen Wasserstoffangebot bestimmt. Die Angaben in Tabelle 2, Seite 107, sind daher lediglich als Anhaltswerte zu verstehen.

Wasserstoffinduzierte Risse entstehen beim Schweißen, sofern Wasserstoff in das Schweißgut und in die Wärmeeinflusszone gelangen kann. In Bild 1 sind am Beispiel einer Kehlnaht, typische Lagen wasserstoffinduzierter Risse dargestellt. Entsprechend ihrer Lage unterscheidet man dabei **Kerbrisse, Wurzelrisse, Unternahtrisse** und **Querrisse.**

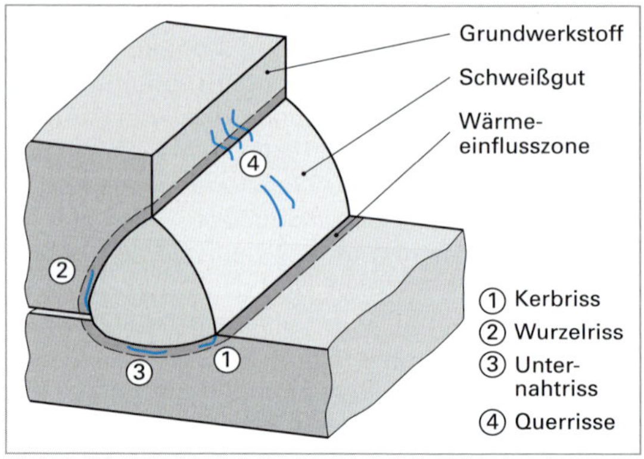

Bild 1: Lage wasserstoffinduzierter Kaltrisse am Beispiel einer Kehlnaht

Die Quelle des Wasserstoffs ist häufig eine feuchte Elektrodenumhüllung, ein feuchtes Schweißpulver oder feuchte Schweißgase, aber auch die Luftfeuchtigkeit muss mitunter berücksichtigt werden. Verunreinigungen wie Rost, Farben und Fette können außerdem als Wasserstofflieferanten dienen.

Gelangen das Wasser oder die Verunreinigungen in den Lichtbogenbereich, dann erfolgt eine Aufspaltung unter Freisetzung von Wasserstoff, der dann atomar oder in ionisierter Form in das Schmelzbad gelangt. Bei zügiger Erstarrung kann der Wasserstoff nicht mehr entweichen.

Für die Werkstoffschädigung durch Wasserstoff gibt es mehrere, teilweise komplexe Vorstellungen (siehe auch Kapitel 6.3.1.7). Eine der ältesten Theorien besagt, dass atomar eindiffundierter Wasserstoff an inneren Fehlstellen rekombiniert und hohe Drücke erzeugt, die zu Werkstofftrennungen führen können. Diese Theorie wurde allerdings durch zahlreiche Berechnungen zwischenzeitlich widerlegt.

In guter experimenteller Übereinstimmung steht hingegen die Vorstellung, dass sich Wasserstoff in elastisch bzw. plastisch verformten Gitterbereichen von Fehlstellen (Risse, Mikroporen, Einschlüsse, usw.) anreichert, die Bindungsenergie zwischen den Metallatomen vermindert und somit einen spröden Rissfortschritt begünstigen kann (Dekohäsionstheorie, Kapitel 6.3.1.7). Befindet sich im Zentrum des wasserstoffversprödeten Bereiches eine Pore oder ein Einschluss, dann entstehen kreisrunde Bruchflächen, die als **Fischaugen** bezeichnet werden.

Da die Rissentstehung eine Diffusion des Wasserstoffs voraussetzt, treten wasserstoffinduzierte Kaltrisse nicht unmittelbar nach dem Schweißen sondern oftmals erst mit einer zeitlichen Verzögerung auf, die bis zu mehreren Tagen betragen kann. Man spricht daher auch von **verzögerter Rissbildung.**

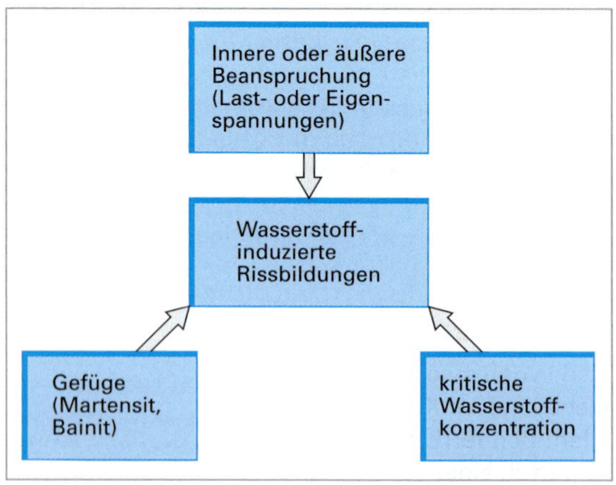

Bild 2: Voraussetzungen für die Entstehung wasserstoffinduzierter Risse

Für die Entstehung wasserstoffinduzierter Kaltrisse sind neben einer entsprechenden Wasserstoffkonzentration auch innere oder äußere mechanische Spannungen wie z. B. Eigenspannungen und das Gefüge (Bainit oder Martensit) im Schweißgut bzw. in der WEZ entscheidend (Bild 2).

Zur Vermeidung wasserstoffinduzierter Rissbildungen muss die aufgenommene Wasserstoffmenge reduziert werden. Dies kann u. a. durch Trocknung der Elektroden sowie des Schweißpulvers sowie durch Entfernung von Rost, Fetten und Lackresten erfolgen. Auch eine unmittelbar im Anschluss an das Schweißen durchgeführte Spannungsarmglühung oder ein ein- bis mehrstündiges **Wasserstofffreiglühen (soaking)** bei etwa 250 °C, kann die Gefahr der Rissbildung infolge einer Verminderung der Eigenspannungen stark reduzieren. Eine zusätzliche Vorwärmung der Werkstücke vor dem Schweißen vermindert die Abkühlgeschwindigkeit und begünstigt damit die Wasserstoffeffusion. Außerdem wird die Gefahr der Entstehung von Aufhärtungsrissen deutlich vermindert.

Terrassenbrüche (Lamellenrisse) entstehen, falls Schweißkonstruktionen wie z. B. T-Stöße in Dickenrichtung auf Zug beansprucht werden. Die Risse liegen dabei nicht in einer Ebene, sondern sie verlaufen parallel zur Blechoberfläche und werden durch kurze, annähernd senkrechte Rissumlenkungen unterbrochen (Bild 2, Seite 194).

Ursache derartiger Risse sind nichtmetallische Einschlüsse wie z. B. Mangansulfide (MnS), die durch Walz- oder Schmiedevorgänge abgeflacht und langgestreckt wurden und somit als flächenförmige Fehlstellen eine Zähigkeitsverminderung in Dickenrichtung bewirken. Dementsprechend ist mit dem Auftreten von Terrassenbrüchen bevorzugt in Walz- oder Schmiedeerzeugnissen zu rechnen, die senkrecht zur Faserrichtung beansprucht werden.

Terrassenbrüche können werkstoffbezogen durch Verminderung des Schwefelgehalts vermieden werden. Auch konstruktiv kann der Entstehung von Terrassenbrüchen vorgebeugt werden. In Bild 1 sind eine Reihe üblicher Maßnahmen zusammengestellt.

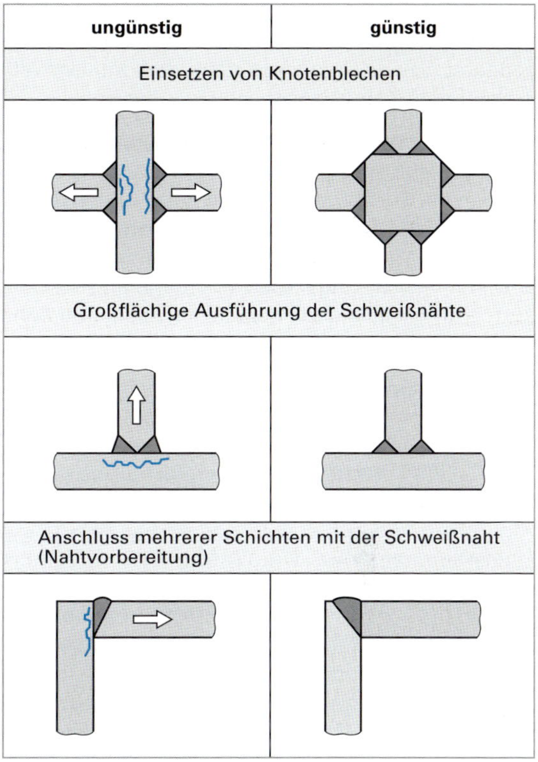

Bild 1: Konstruktive Maßnahmen zur Vermeidung von Terrassenbrüchen

Ausscheidungsrisse sind interkristalline Risse in der WEZ nahe der Schmelzlinie. Sie entstehen durch die Ausscheidung spröder Phasen während des Schweißens oder bei einer nachfolgenden Wärmebehandlung (z. B. Spannungsarmglühung). Besonders betroffen sind hierbei Stähle mit leicht löslichen Carbiden wie zum Beispiel TiC, NbC, VC.

Während des Schweißens lösen sich diese Carbide auf und werden bei der anschließenden Abkühlung nur teilweise wieder ausgeschieden, so dass ein übersättigter Mischkristall vorliegt. Während einer nachfolgenden Spannungsarmglühung werden diese Elemente dann vollständig ausgeschieden und führen zu einer Verfestigung des Kornes. Dabei können entlang der Korngrenzen ausscheidungsfreie Zonen entstehen. Da der Formänderungswiderstand der Korngrenzen hierdurch erheblich geringer ist im Vergleich zum Korn selbst, laufen die mit einer Spannungsarmglühung einher gehenden plastischen Verformungen bevorzugt im Korngrenzenbereich ab, so dass dort eine Rissbildung begünstigt wird. Besonders gefährdet sind dementsprechend Stähle, die infolge ihrer Legierungszusammensetzung zur Ausscheidungshärtung durch Carbide neigen.

d) Korrosionsbeständigkeit

Neben den mechanischen werden auch andere Eigenschaften durch das Schweißen ungünstig beeinflusst. Insbesondere Korngrenzenausscheidungen wie die **Chromcarbide** in den austenitischen Cr-Ni- und vor allem den ferritischen bzw. martensitischen Cr-Stählen, verschlechtern die Korrosionsbeständigkeit und führen zu einer der gefährlichsten Korrosionsformen überhaupt, der interkristallinen Korrosion. Aufgrund ihrer außerordentlich großen Bedeutung sowie der Gefahr, die von dieser Form der Korrosion ausgeht, sollen der Entstehungsmechanismus sowie die möglichen Abhilfemaßnahmen nachfolgend beschrieben werden.

Die **interkristalline Korrosion (IK),** die in der Praxis auch als **Kornzerfall** bezeichnet wird, zählt zu den gefährlichsten Korrosionsformen und kann unter anderem nach dem Schweißen oder Wärmebehandeln (z. B. Spannungsarmglühen) kohlenstoffreicher austenitischer Cr-Ni-Stähle bzw. ferritischer oder martensitischer Cr-Stähle auftreten. Obwohl diese Werkstoffe die Gruppe der nichtrostenden Stähle bilden, bedeutet dies nicht zwangsläufig, dass sie eine allgemein gute Korrosionsresistenz aufweisen.

Die Passivität der nichtrostenden Stähle ist nur gegeben, sofern mehr als etwa 12 % Chrom mit Eisen einen Substitutionsmischkristall bilden (Kapitel 6.5.10). Werden diese Stähle auf höhere Temperaturen erwärmt, dann finden im Stahl ausgeprägte Diffusionsvorgänge statt. Für die interkristalline Korrosion ist dabei die Diffusion der Eisen- und Kohlenstoffatome von Bedeutung.

Unter dem Einfluss einer Wärmeeinwirkung scheiden sich im Temperaturbereich zwischen etwa 350 °C und 800 °C chromreiche Sondercarbide vom Typ $(Cr,Fe)_{23}C_6$ bevorzugt an den Korngrenzen aus, da dort ihre Keimbildung aber auch die Diffusion von Chrom und Kohlenstoff gegenüber dem Korninnern erleichtert ist. Die Matrix verarmt zunehmend an Chrom, da der Chromgehalt der Carbide weit über 50 % beträgt. Fällt der Chromgehalt unter die Resistenzgrenze von 12 %, dann bildet sich im Bereich der an Chrom verarmten Korngrenze keine Schutzschicht mehr aus und der Stahl verliert dort seine chemische Beständigkeit. Bei Zutritt eines wässrigen Mediums beobachtet man dann eine verstärkte selektive Auflösung der nunmehr gegenüber dem Korn unedlen Korngrenze (Bild 1). Der beschriebene Mechanismus wird auch als **Chromverarmungstheorie** bezeichnet.

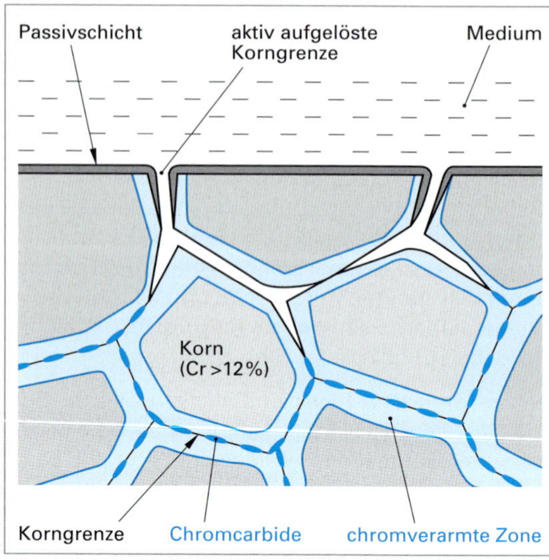

Bild 1: Interkristalline Korrosion an einem nichtrostenden Cr- oder Cr-Ni-Stahl

Da die Auflösung der unedlen Korngrenze besonders schnell voranschreiten kann und die Korrosionsprodukte aufgrund ihrer geringen Menge praktisch nicht sichtbar sind, bleibt, sofern keine zerstörungsfreie Rissprüfung stattfindet, der Verlust des Kornzusammenhaltes in der Regel unbemerkt.

Für das Schweißen und Wärmebehandeln der nichtrostenden Stähle ist die Frage nach Höhe und Dauer einer Temperatureinwirkung, die zur Auslösung von interkristalliner Korrosion führt, von besonderer Bedeutung, da eine Chromcarbidbildung noch nicht zwangsläufig zur interkristallinen Korrosion führen muss. Hierfür gibt es zwei Gründe:

1. Ist der Kohlenstoffgehalt des Stahles gering, dann ist die verfügbare Kohlenstoffmenge nicht ausreichend, um durch Chromcarbidbildung eine zusammenhängende chromverarmte Zone im Korngrenzenbereich auszubilden. Chromcarbide finden sich nur vereinzelt längs der Korngrenze und eine Chromverarmung findet nur lokal statt. Mit interkristalliner Korrosion muss nicht gerechnet werden (Bild 1, Seite 111, Teilbild oben links).

2. Bei Stählen mit höheren Kohlenstoffgehalten findet die Chromcarbidbildung in deutlich größerem Umfang statt, so dass sich eine zusammenhängende chromverarmte Zone ausbilden kann (Bild 1, Seite 111, Teilbild oben rechts). Sobald der Chromgehalt in diesem Bereich unter die Resistenzgrenze von ca. 12 % abgesunken ist, muss mit Anfälligkeit gegenüber interkristalliner Korrosion gerechnet werden. Man spricht auch von **Sensibilisierung** des Stahles. Bei längeren Glühzeiten diffundiert jedoch Chrom aus dem Korninnern an die Korngrenzen nach, ohne dass sich weitere Chromcarbide bilden, da der interstitiell gelöste Kohlenstoff bereits in den vorhandenen Chromcarbiden abgebunden wurde. Der Chromgehalt an der Korngrenze kann dann wieder über die Resistenzgrenze von 12 % steigen. Mit interkristalliner Korrosion muss dann nicht mehr gerechnet werden.

Um in der Praxis die Höhe und Dauer einer zur interkristallinen Korrosion führenden Wärmeeinwirkung abschätzen zu können, wurden **Zeit-Temperatur-Ausscheidungs-Diagramme** entwickelt, die in der Praxis auch als **Kornzerfallschaubilder** bezeichnet werden.

Bild 1, Seite 111, (unteres Teilbild) zeigt beispielhaft das Kornzerfallschaubild eines ferritischen Chrom- und eines austenitischen Cr-Ni-Stahls. Innerhalb der markierten Kornzerfallsfelder besteht grundsätzlich die

Gefahr der interkristallinen Korrosion. Die Abbildung zeigt auch, dass ein Auftreten von Chromcarbiden noch nicht gleichbedeutend mit einer Anfälligkeit gegenüber interkristalliner Korrosion sein muss, da erst ein durch die Carbidbildung bedingtes Absinken des Chromgehaltes unter die Resistenzgrenze eine Anfälligkeit für interkristalline Korrision (IK) hervorruft.

Oberhalb der temperaturabhängigen Löslichkeitsgrenze für Kohlenstoff im Austenitgitter (etwa 950 °C) findet keine Ausscheidung von Chromcarbiden mehr statt.

Ferritische Cr-Stähle und austenitische Cr-Ni-Stähle verhalten sich hinsichtlich ihrer IK-Empfindlichkeit völlig unterschiedlich. Bild 1 zeigt, dass die Kornzerfallsfelder ferritischer Cr-Stähle zu deutlich kürzeren Zeiten verschoben und für eine interkristalline Korrosion daher deutlich anfälliger sind. Dies hat zwei Gründe:

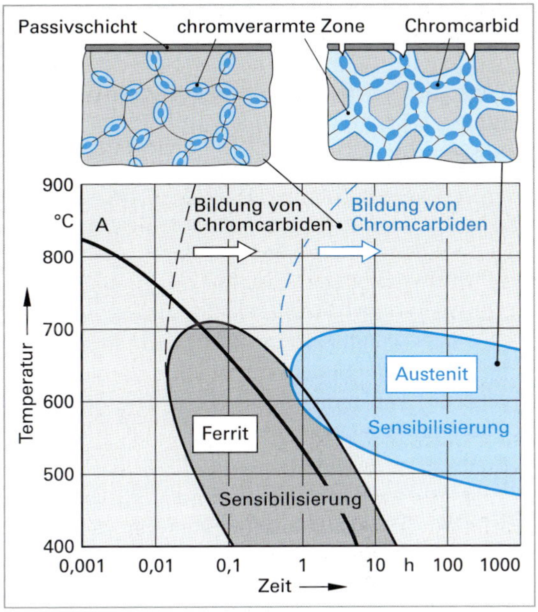

Bild 1: Kornzerfallschaubilder für ferritische Cr- und austenitische Cr-Ni-Stähle

1. Das krz-Gitter des Ferrits hat eine deutlich geringere Löslichkeit für Kohlenstoffatome (Kapitel 6.2.1.1). Damit ist die Tendenz zur Chromcarbidbildung deutlich erhöht.
2. Die Diffusionsgeschwindigkeit des Kohlenstoffs ist im krz-Gitter des Cr-Stahls deutlich höher im Vergleich zum kfz-Gitter des Cr-Ni-Stahls (Bild 2, Seite 56). Eine zur interkristallinen Korrosion führende Sensibilisierung erfolgt daher bereits bei tieferen Temperaturen und kürzerer Glüh- bzw. Haltedauer.

Dieser grundsätzliche Unterschied in der IK-Empfindlichkeit macht sich vor allem beim Schweissen bemerkbar. Die in Bild 1 mit eingezeichnete Abkühlkurve (A) könnte dem Temperatur-Zeit-Verlauf in der Wärmeeinflusszone (WEZ) nach einer Schweissung entsprechen. Die Abbildung verdeutlicht, dass bei den ferritischen Stählen eine Chromcarbidbildung und damit eine IK-Anfälligkeit in der WEZ praktisch nicht zu umgehen ist, während ein austenitischer Stahl, sofern die Wärmeeinbringung begrenzt wird (dünnere Bleche, keine Mehrlagenschweissungen), keine IK-Anfälligkeit zeigt.

Zur Vermeidung von interkristalliner Korrosion oder zur Erhöhung der IK-Beständigkeit gibt es auf Basis des geschilderten Mechanismus verschiedene Möglichkeiten:

1. Verminderung des Kohlenstoffgehaltes. Eine Verminderung des Kohlenstoffgehaltes führt zu einer Verschiebung der Kornzerfallsfelder zu tieferen Temperaturen und längeren Glühzeiten und vermindert damit die Gefahr der interkristallinen Korrosion deutlich (Bild 2). Sehr beständige Stahlsorten erhält man, falls der Kohlenstoffgehalt unter die temperaturabhängige Löslichkeitsgrenze abgesenkt wird. Bei den krz Cr-Stählen etwa unter 0,01 % und bei den kfz Cr-Ni-Stählen unter 0,03 %.

   Von besonderer technischer Bedeutung sind die austenitischen Cr-Ni-Stähle mit Kohlenstoffgehalten unter 0,03 %. Sie sind gegen interkristalline Korrosion sehr beständig und erlauben daher auch das Verschweißen dicker Bleche (größere Wärmeeinbringung, langsamere Abkühlung im Innern), die Durchführung einer Mehrlagenschweißung oder einer Spannungsarmglühung. Diese Cr-Ni-Stähle werden auch als **ELC-Stähle** bezeichnet (ELC = extra low carbon).

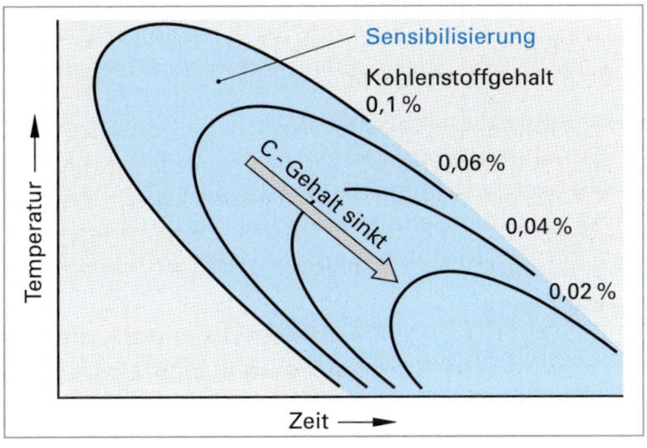

Bild 2: Einfluss des Kohlenstoffgehalts auf die Lage des Kornzerfallsfeldes (Cr-Ni-Stähle)

Beispiele: X2CrNi19-11 (Wst.-Nr. 1.4306) mit etwa 0,02 % C

X2CrNiMo17-12-2 (Wst.-Nr. 1.4404) mit etwa 0,02 % C

Zwar besitzen die ELC-Stähle eine gute Beständigkeit gegenüber interkristalliner Korrosion, jedoch aufgrund des geringen Kohlenstoffgehaltes auch niedrige Dehngrenzen im Bereich von etwa 200 MPa. Durch Legieren mit Stickstoff (in der Regel 0,1 % ... 0,3 %) kann dieser Nachteil ausgeglichen werden. Analog dem Kohlenstoff, lagert sich auch Stickstoff auf Zwischengitterplätzen in das Kristallgitter ein und erhöht damit, je nach Stahlsorte, insbesondere die Dehngrenze auf 270 MPa ... 400 MPa, in Einzelfällen auch etwas höher.

Beispiel: X2CrNiN18-10 (Wst.-Nr. 1.4311) mit 0,12 bis 0,22 % N

2. Zugabe stabilisierender Legierungselemente **(Stabilisierung)**. Legierungselemente wie Titan oder Niob (seltener Tantal) besitzen eine besonders hohe Affinität zum Kohlenstoff. Anstelle von Chromcarbiden bilden sich die besonders stabilen Carbide wie TiC, NbC oder TaC. Um die interkristalline Korrosion zu unterdrücken muss mindestens eine dem stöchiometrischen Verhältnis entsprechende Legierungsmenge zugesetzt werden (bei TiC: Ti/C = 4/1, bei NbC: Nb/C = 7,7 : 1). Da die Stähle auch etwas Stickstoff enthalten, die mit beiden Elementen Nitride bilden und die Legierungselemente daher in gewissen Umfang binden, wird in der Praxis höher legiert. Die üblicherweise verwendete Mindestmenge beträgt:

   $\mathrm{Ti} \geq 5 \cdot \mathrm{C}$ bzw. $\mathrm{Nb\ (oder\ Ta)} \geq 10 \cdot \mathrm{C}$

   Typische Vertreter sind die titanstabilisierten oder die niobstabilisierten Cr-Ni-Stähle:

   Beispiele: X6CrNiTi18-10 (Wst.-Nr. 1.4541) mit etwa 0,4 % ... 0,8 % Ti

   X6CrNiMoTi17-12-2 (Wst.-Nr. 1.4571) mit etwa 0,4 % ... 0,8 % Ti

   Beispiele: X6CrNiNb18-10 (Wst.-Nr. 1.4550) mit 0,4 % ... 0,8 % Nb

   X6CrNiMoNb17-12-2 (Wst.-Nr. 1.4580) mit 0,4 % ... 0,8 % Nb

   Die titanstabilisierten Cr-Ni-Stähle besitzen allerdings die unangenehme Eigenschaft, dass sich die Titancarbide in Schlierenform ausscheiden. Dies kann nicht nur zu einer optischen Schattierung der Oberfläche **(„Holzmaserung")** führen, auch die mitunter geforderte gute Schleif- und Polierbarkeit des Materials kann dadurch negativ beeinträchtigt werden. In Extremfällen ist gar mit einem Aufbrechen der Oberfläche oberhalb der Titanschlieren zu rechnen. Ist diese Eigenschaft unerwünscht, so muss auf die mit Niob stabilisierten Qualitäten zurückgegriffen werden. Nicht nur die austenitischen Cr-Ni-Stähle, auch die ferritischen Chromstähle können mit Hilfe der genannten Legierungselemente (Ti, Nb, Ta) stabilisiert werden. Die Legierungsgehalte sind den Austeniten vergleichbar.

3. Zugabe von Legierungselementen, die das Sensibilisierungsverhalten beeinflussen. Neben Ti, Nb oder Ta können auch andere Legierungselemente die Beständigkeit gegenüber interkristalliner Korrosion verbessern. Vom Molybdän ist bekannt, dass es die Kornzerfallsfelder zu höheren Temperaturen verschiebt, und Stickstoff verzögert den Beginn der Chromcarbidbildung.

4. Lösungsglühen und Abschrecken. Eine bereits aufgetretene Chromcarbidbildung kann durch Lösungsglühen bei etwa 1050 °C ... 1150 °C wieder rückgängig gemacht werden, da sich bei dieser Temperatur die Chromcarbide wieder auflösen. Im Anschluss ist jedoch eine schnelle Abkühlung (Abschrecken) aus der Glühtemperatur erforderlich, um eine erneute Chromcarbidbildung zu vermeiden. Die austenitischen Cr-Ni-Stähle werden daher generell im lösungsgeglühten und abgeschreckten Zustand angeliefert.

Da die vielfältigen Veränderungen der Werkstoffeigenschaften durch das Schweißen im Rahmen dieses Lehrbuches nicht umfassend beschrieben werden können, muss an dieser Stelle auf die weiterführende Literatur verwiesen werden.

Trotz der genannten Probleme in Zusammenhang mit dem Schweißen, wächst seine Bedeutung ständig. Schweißverbindungen sind anderen Fügeverfahren wie Schraub- oder Nietverbindungen wirtschaftlich und technisch überlegen. Die Fehlermöglichkeiten beim Schweißen sind weitgehend bekannt und werden durch entsprechend entwickelte Verfahren minimiert. Außerdem ist es durch die Entwicklung und den Einsatz von Schweißrobotern gelungen, die Fehlermöglichkeiten weiter zu reduzieren, also den Einfluss des Menschen auszuschalten. Auch beim Handschweißen, das für Einzelfertigungen und kleine Serien sowie bei Reparaturen weiterhin eine große Bedeutung besitzt, sind die Fehlermöglichkeiten deutlich verringert worden. Zur Sicherstellung einer gleichbleibenden Schweißqualität, müssen die Schweißer in regelmäßigen Abständen Schweißeignungsprüfungen ablegen. Außerdem können Verbesserungen erreicht werden, falls nach dem Schweißen Wärmebehandlungen wie zum Beispiel eine Spannungsarm- oder Normalglühung durchgeführt werden.

4.4.2 Löten

Löten ist ein thermisches Verfahren zum stoffschlüssigen Fügen und Beschichten von Werkstoffen, wobei eine flüssige Phase durch Schmelzen eines Lots oder durch Diffusion an den Grenzflächen entsteht. Die Schmelztemperatur des Grundwerkstoffs wird dabei nicht erreicht.

Aufgrund seiner Vorteile wird das Löten zum Verbinden unterschiedlicher Werkstoffe in allen Bereichen der Industrie, insbesondere zum Fügen dünnwandiger Bauteile und bei beschränkter Zugänglichkeit der Fügestelle, erfolgreich eingesetzt.

4.4.2.1 Vor- und Nachteile des Lötens

Das Löten hat gegenüber dem Schweißen (Kapitel 4.4.1) oder dem Kleben eine Reihe verfahrenstypischer Vor- aber auch Nachteile. Die Vorteile des Lötens sind:

- Relativ einfache Mechanisierbarkeit bzw. Automatisierbarkeit.
- Geringere thermische Belastung der zu fügenden Teile, insbesondere bei niedrigschmelzenden Lotwerkstoffen (Weichlöten). Damit ist auch mit geringem Verzug und nur geringfügigen Gefügeveränderungen zu rechnen.
- Metallurgische Reaktionen (s. u.) treten nur in sehr geringem Umfang auf. Damit kann die Wahl des Lotwerkstoffs nahezu unabhängig von den zu verbindenden Grundwerkstoffen erfolgen.
- Lötverbindungen sind elektrisch und thermisch leitfähig.

Demgegenüber hat das Löten die folgenden Nachteile:

- Geringe Festigkeit der Lötverbindungen gegenüber einer Schweißverbindung, jedoch im allgemeinen höhere Festigkeit als Klebeverbindungen.
- Elektrochemische Korrosion durch Flussmittelreste möglich.
- Teilweise hohe Kosten für die Lotwerkstoffe.

4.4.2.2 Einteilung der Lötverfahren

Im Hinblick auf die Arbeitstemperatur des Lotwerkstoffs unterscheidet man das **Weichlöten, Hartlöten** und **Hochtemperaturlöten** (Bild 1).

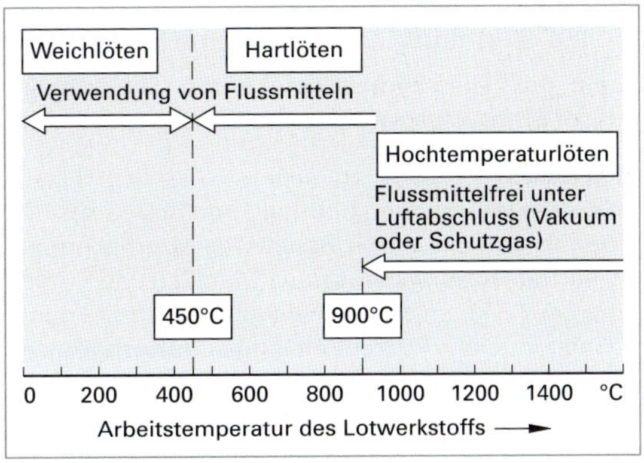

Bild 1: Einteilung der Lötverfahren

4.4.2.3 Lötmechanismus

Der Lötvorgang kann in drei Abschnitte unterteilt werden.

1. Benetzung des Grundwerkstoffs durch das flüssige Lot. Auf der oxidfreien Oberfläche des Grundwerkstoffs breitet sich das Lot aus und benetzt den Grundwerkstoff (Bild 1a, Seite 114).
2. Eindringen des flüssigen Lotes in den (richtig dimensionierten) Lötspalt aufgrund der **Kapillarwirkung.** Das Flussmittel wird dabei verdrängt (Bild 1b, Seite 114). Da mit abnehmender Spaltbreite *b* der **kapillare Fülldruck** steigt, dringt das flüssige Lot besser in den Spalt ein. Die optimalen Spaltbreiten liegen zwischen 0,05 mm und 0,5 mm. Unterhalb einer Spaltbreite von 0,05 mm ist ein Eindringen nicht mehr möglich, oberhalb von 0,5 mm ist hingegen der kapillare Fülldruck zu gering (Bild 1c, Seite 114).

3. Ausbildung einer Diffusions- oder Legierungszone. Ist die Temperatur ausreichend hoch, so kommt es durch atomare Platzwechselvorgänge in der Randschicht zu Diffusionsvorgängen. Durch gegenseitige Diffusion von Atomen des Grundwerkstoffs (A_{GW}) in das Lot bzw. (in geringerem Umfang) von Atomen des Lots (A_L) in den Grundwerkstoff, bildet sich bei ausreichend hoher Temperatur eine **Diffusions-** oder **Legierungszone** ($D = D_L + D_{GW}$) die primär aus Mischkristallen besteht (Bild 2).

   Die Dicke D dieser Zone ist für die mechanische Festigkeit einer Lötverbindung von entscheidender Bedeutung. Sie hängt vom System Grundwerkstoff/Lot, der Lötzeit und von der Löttemperatur ab. Für die verschiedenen Verfahren ergeben sich die folgenden Anhaltswerte:

   - Hochtemperaturlöten: ≥ 100 µm
   - Hartlöten: ≈ 10 µm
   - Weichlöten: ≤ 0,5 µm (kaum feststellbar)

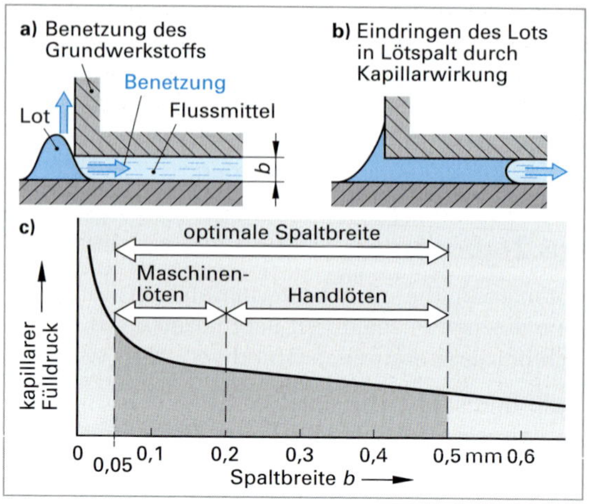

Bild 1: Benetzung des Grundwerkstoffs und Eindringen des flüssigen Lots in den Lötspalt

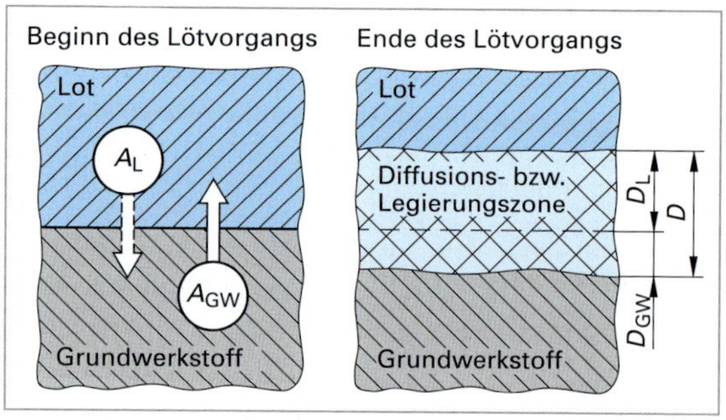

Bild 2: Ausbildung einer Diffusionszone beim Löten

Neben der Ausbildung einer Diffusionszone ist allerdings auch die Bildung intermetallischer Verbindungen möglich. Diese sind in der Regel zwar hart und spröde, sie beeinträchtigen die Qualität der Lötverbindung jedoch nur in untergeordnetem Maße. Damit sind, im Gegensatz zu Schweißverbindungen, metallurgische oder werkstoffliche Überlegungen bei der Auswahl geeigneter Lote im allgemeinen von untergeordneter Bedeutung. Benetzt das Lot den Grundwerkstoff, dann ist eine Lötung prinzipiell möglich. Diese geringen metallurgischen Schwierigkeiten haben den großen Vorteil, dass sie das Verbinden artverschiedener (unverträglicher) Werkstoffe erleichtern.

4.4.2.4 Metallurgische Probleme beim Löten

In einigen Fällen können beim Löten metallurgische Probleme auftreten. Am weitesten verbreitet ist dabei der Lötbruch sowie die Ausbildung spröder Eisenphosphidschichten.

a) Lötbruch

Im Temperaturbereich oberhalb von 850 °C können Oberflächenrisse durch Benetzung oberflächennaher Korngrenzen mit flüssigen Metallen wie Kupfer, Zinn oder Zink entstehen. Die genannten Elemente können in relativ kurzer Zeit längs der Korngrenzen in den Grundwerkstoff eindiffundieren, den Kornzusammenhalt zerstören und zu interkristalliner Rissbildung führen (Bild 3). Voraussetzung für das Auftreten von Lötbruch sind innere und/oder äußere Zugspannungen (z. B. Wärmespannungen oder Eigenspannungen). Lötbruch tritt bevorzugt bei Verwendung kupferhaltiger Lote auf.

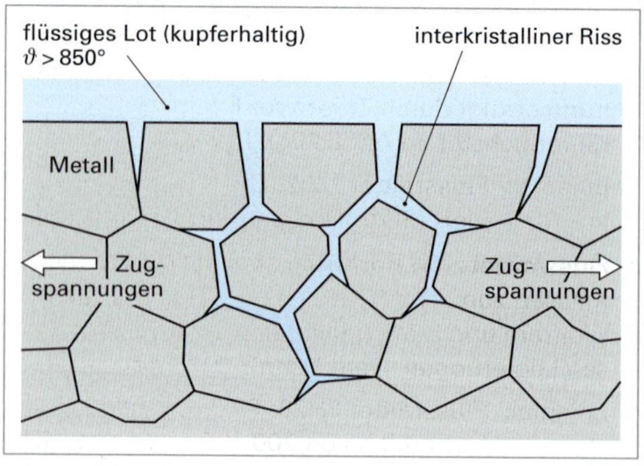

Bild 3: Lötbruch

Zur Vermeidung von Lötbruch müssen konstruktive Voraussetzungen geschaffen werden, die eine Dehnungsbehinderung bei Temperaturänderungen ausschließen und vorhandene Eigenspannungen müssen vor dem Lötvorgang beseitigt werden. Besonders günstig ist ein spannungsarm- oder normalgeglühter Ausgangszustand des Grundwerkstoffs sowie eine langsame und gleichmäßige Erwärmung (Vermeidung von Wärmespannungen durch ungleichmäßige Wärmezufuhr).

b) Ausbildung von Eisenphosphidschichten

Beim Löten von Stahl mit phosphorhaltigen Loten wie z. B. CP202 (L-CuP7) entsteht eine nur wenige µm dicke, extrem spröde und damit schlagempfindliche Eisenphosphidschicht (Fe_3P). Die phosphorhaltigen Lotsorten sind zum Löten von Stählen daher nicht geeignet.

4.4.2.5 Flussmittel, Lötatmosphären und Vakuum

Voraussetzung für eine einwandfreie Lötverbindung ist ein rein metallischer Kontakt zwischen schmelzflüssigem Lot und festem Metall. Da Oxidschichten auf der Metalloberfläche den beim Löten erforderliche Kontakt verhindern, müssen sie vor dem Löten entfernt werden. Dies geschieht in der Regel (ggf. nach einer Vorreinigung) mit Hilfe von Flussmitteln, Schutzgasen oder Vakuum.

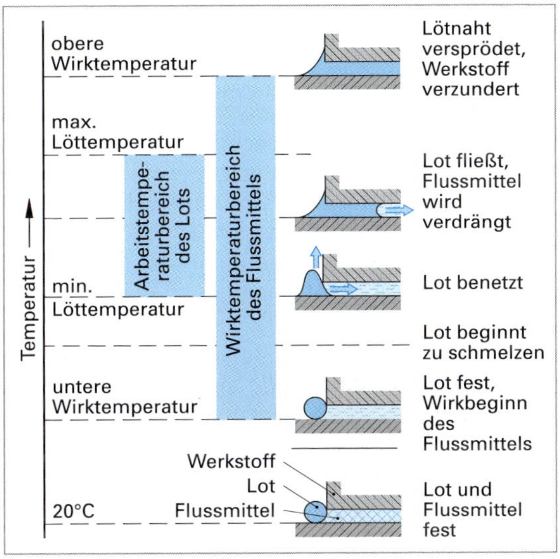

Bild 1: Wirk- und Arbeitstemperatur beim Löten

a) Flussmittel

Aufgabe der Flussmittel ist es, sowohl die Oxidschicht zu reduzieren als auch deren Neubildung zu verhindern und die Reaktionsprodukte abzutransportieren. Flussmittel sind überwiegend Salzgemische in Pulver-, Pasten- oder flüssiger Form.

Die Wahl eines geeigneten Flussmittels hängt von drei wesentlichen Faktoren ab:

1. Der Art der zu lösenden Oxide (schwer löslich z. B. bei Titan, Aluminium und Chrom, leicht löslich z. B. bei Kupfer und Stahl).
2. Der Arbeitstemperatur des Lotes. Die Wirkung des Flussmittels muss unterhalb der **Arbeitstemperatur** des Lotes einsetzen und über die maximale Löttemperatur hinaus reichen d. h. die Arbeitstemperatur des Lots muss im **Wirktemperaturbereich** des Flussmittels liegen (Bild 1). Flussmittel und Lot müssen daher unbedingt aufeinander abgestimmt sein. Dementsprechend gibt es kein universelles Flussmittel, das zum Löten aller Grundwerkstoffe geeignet wäre.
3. Das Flussmittel muss einen gleichmäßigen, dichten Überzug bilden, dessen Wirksamkeit bei der Löttemperatur über die Dauer der Lötzeit erhalten bleibt. Die Wirkzeit des Flussmittels beträgt bei Löttemperatur nur etwa 4 ... 5 min.

Flussmittelreste wirken zum Teil stark korrosiv und müssen daher nach dem Löten häufig entfernt werden. Dies führt jedoch zu einer Verminderung der Wirtschaftlichkeit des Verfahrens.

- **Flussmittel zum Weichlöten** sind in DIN EN 29454 genormt. Die heute international gültige Kennzeichnung erfolgt durch Ziffern für Flussmitteltyp, Flussmittelbasis und Flussmittelaktivator sowie durch die Kennbuchstaben A (flüssig), B (fest) und C (pulverförmig).

  Beispiel: Flussmittel 1.2.2. C: Flussmittel von Typ „Harz“ (1), ohne Kolophonium mit Halogenen aktiviert (2) und in Pastenform (C) geliefert.

- **Flussmittel zum Hartlöten** sind in DIN EN 1045 genormt. Die Norm unterscheidet zwei unterschiedliche Klassen zum Hartlöten: Klasse FH zum Hartlöten von Schwermetallen (z. B. Kupfer, Nickel, Molybdän, Wolfram und Edelmetalle) sowie von Stählen und die Klasse FL zum Hartlöten von Aluminium und dessen Legierungen. Dem Kennbuchstaben folgt eine zweistellige Ziffer (Ordnungszahl).

  Beispiel: Flussmittel FH20: Flussmittel zum Hartlöten (Vielzweckflussmittel) mit einem Wirktemperaturbereich von 700 °C bis 1000 °C. Das Flussmittel enthält Borverbindungen, sodass die korrosiven Rückstände entfernt werden müssen.

b) Schutzgase

Anstelle von Flussmitteln können auch Schutzgase oder Vakuum verwendet werden. Man unterscheidet zwischen reduzierend wirkenden und inerten Schutzgasen.

- **Reduzierend wirkende Schutzgase** enthalten reduzierende Bestandteile wie H_2 oder CO. Mit zunehmender Stabilität der Oxide muss allerdings die Löttemperatur ansteigen, damit deren chemische Reduktion erfolgen kann. Schwer lösliche Oxide wie die des Titans oder Aluminiums, lassen sich in reduzierenden Schutzgasatmosphären bei noch beherrschbaren Temperaturen nicht mehr lösen und sind daher unter Schutzgas nicht lötbar.
- **Inerte Schutzgase** wie Argon werden zum Löten hochlegierter Stähle verwendet. Gegenüber den reduzierend wirkenden Schutzgasen sind sie explosionssicher.

Das Löten unter Schutzgas geschieht ausschließlich in teueren Ofenlötanlagen und ist daher nur für die Serienfertigung wirtschaftlich.

c) Vakuum

Auch Vakuum hat die Eigenschaft, Oxide während des Lötens zu lösen, wenngleich der Wirkmechanismus noch nicht genau bekannt ist. Löten im Vakuum erfordert sehr teure Anlagen, man erhält jedoch Lötverbindungen deren mechanische Gütewerte von keinem anderen Lötverfahren erreicht werden. Im Vakuum wird bei Temperaturen oberhalb von 600 °C und mit Drücken zwischen 10^{-10} ... 10^{-5} MPa (entspricht 10^{-9} ... 10^{-4} bar) gearbeitet. Das Verfahren wird bei der Fertigung von Elektronen- und Senderöhren sowie im Turbinenbau erfolgreich angewandt

4.4.2.6 Lotwerkstoffe

Als Lote verwendet man meist Legierungen, seltener reine Metalle, deren Schmelztemperatur jedoch unter dem Schmelzpunkt der zu verbindenden Metalle liegt. Die Lote werden in Form von Blöcken, Bändern, Folien, Stangen, Drähten, Fäden, als Lotformteile sowie in Pulver- und Pastenform geliefert. Üblicherweise unterscheidet man zwischen Weich- und Hartloten.

Tabelle 1: Weichlote auf Blei-Zinn-Basis nach DIN EN 29 453 (Auswahl)

Legierungsgruppe	Legierungs-Nr.	Legierungskurzzeichen (neu)	Kurzzeichen DIN 1707 (alt)	Arbeitstemperatur °C	Anwendungsbeispiele
Zinn-Blei	1	S-Sn63Pb37	L-Sn63Pb	183	Feinwerktechnik
	1a	S-Sn63Pb37E	L-Sn63Pb	183	Elektronik, gedruckte Schaltungen
	2	S-Sn60Pb40	L-Sn60Pb	183...190	gedruckte Schaltungen
	3	S-Pb50Sn50	L-Sn50Pb	183...215	Elektroindustrie, Verzinnung
	5	S-Pb60Sn40	L-PbSn40	183...235	Feinblechpackungen, Metallwaren
	7	S-Pb70Sn30	–	183...255	Klempnerarbeiten, Zink, Zinklegierungen
	10	S-Pb98Sn2	L-PbSn2	320...325	Kühlerbau
Zinn-Blei mit Antimon	11	S-Sn63Pb37Sb	–	183	Feinwerktechnik
	12	S-Sn60Pb40Sb	L-Sn60Pb(Sb)	183...190	Feinwerktechnik, Elektroindustrie
	14	S-Pb58Sn40Sb2	L-PbSn40Sb	185...231	Kühlerbau
	16	S-Pb74Sn25Sb1	L-PbSn25Sb	185...263	Bleilötungen
Zinn-Blei-Bismut	19	S-Sn69Pb38Bi2	–	180...185	Feinlötungen
	21	S-Bi57Sn43	–	138	Schmelzsicherungen
Zinn-Blei-Cadmium	22	S-Sn50Pb32Cd18	L-SnPbCd18	145	Thermosicherungen, Kabellötungen
Zinn-Blei-Kupfer	24	S-Sn97Cu3	L-SnPbCu3	230...250	Elektrogerätebau, Feinwerktechnik
	25	S-Sn60Pb38Cu2	L-Sn60Cu	183...190	
	26	S-Sn50Pb49Cu1	L-Sn50PbCu	183...215	
Zinn-Blei-Silber	28	S-Sn96Ag4	–	221	Kupferrohrinstallation
	31	S-Sn60Pb36Ag4	L-Sn60PbAg	178...180	Elektrogeräte, gedruckte Schaltungen
	33	S-Pb95Ag5	L-PbAg5	304...365	für hohe Betriebstemperaturen
	34	S-Pb93Sn5Ag2	–	296...301	Elektromotore, Elektrotechnik

a) Weichlote

Weichlote zeichnen sich durch eine niedrige Arbeitstemperatur (< 450 °C) aber auch durch eine geringe Festigkeit der Lötverbindung aus. Sie bestehen meist aus Blei und Zinn **(Zinnlote)**, denen je nach Verwendungszweck noch Antimon, Bismut, Cadmium, Kupfer oder Silber zulegiert wird (Tabelle 1, Seite 116). Der Zinngehalt liegt zwischen 2 % und 90 %. Die Hauptanwendungsgebiete der Zinnlote sind die Elektro- und Installationstechnik sowie Dachdecker- und Klempnerarbeiten. Blei-Zinn-Weichlote besitzen bei einem Massenanteil von 61,9 % Zinn einen eutektischen Schmelzpunkt von 183 °C sowie eine hohe Viskosität (Bild 2, Seite 81) und sind daher besonders zur Herstellung gut leitfähiger Verbindungen geeignet. Lote mit einem höheren Bleigehalt haben entsprechend dem Zustandsdiagramm ein Schmelzintervall (teigiger Zustand) und lassen sich daher gut verstreichen **(Schmierlote)**. Sie sind außerdem erheblich preiswerter, da Zinn etwa zehnmal teurer ist im Vergleich zu Blei (siehe auch Kapitel 7.8.2).

Für spezielle Anwendungen wurden auf Basis anderer niedrigschmelzender Metalle (Bi, In oder Cd) weitere Weichlote entwickelt. So besitzen beispielsweise die **bismuthaltigen Lote** eine sehr niedrige Schmelz- und damit Löttemperatur (47 °C bis 144 °C). **Indiumhaltige Weichlote** sind zum Löten edelmetallbeschichteter Oberflächen geeignet, da sie Silber und Gold weniger schnell lösen. Sie werden auch in der Halbleiterfertigung sowie zum Löten von Glas- und Keramikteilen eingesetzt und sind in der Vakuum- und Tieftemperaturtechnik einsetzbar. **Cadmiumhaltige Weichlote** (Cd-Zn- oder Cd-Zn-Sn-Legierungen) werden zum Weichlöten von Reinaluminium und einigen seiner Legierungen verwendet. **Silberhaltige Cadmiumlote** werden zum Löten von Kupfer- und Eisenwerkstoffen eingesetzt, falls eine erhöhte Betriebstemperatur gefordert wird, der Einsatz von Hartloten aufgrund ihrer hohen Schmelztemperatur jedoch nicht möglich ist. **Goldhaltige Weichlote** mit Zusätzen an Silicium, Zinn, Antimon oder Germanium werden schließlich bei der Fertigung von Halbleiterbauelementen verwendet und besitzen eine hervorragende Temperatur(wechsel)beständigkeit sowie eine hohe Zugfestigkeit.

b) Hartlote

Hartlote sind in DIN EN 1044 genormt und werden in unterschiedliche Gruppen eingeteilt (Tabelle 1, Seite 118). Die Schmelztemperaturen der Hartlote (600 °C ... 1100 °C) sowie die erzielbare Festigkeit liegen höher im Vergleich zu den Weichloten. Die verschiedenen Hartlote sind im wesentlichen abgestimmt auf die zu lötenden Grundwerkstoffe.

- **Kupferbasislote** bestehen aus sauerstofffreiem Kupfer oder Kupferlegierungen mit Zink oder Zinn. Sie werden vorzugsweise zum Hartlöten von Eisen- und Nickelwerkstoffen sowie von Kupfer verwendet. Die Arbeitstemperaturen liegen etwa zwischen 640 °C und 1100 °C. Die phosphorhaltigen Sorten CP101 bis CP302 wie z. B. CP202 (L-CuP7) sind zum Löten von Stählen nicht geeignet, da sie eine dünne, extrem spröde Eisenphosphidschicht (Fe_3P) bilden würden (s.o.).
- **Silberhaltige Hartlote** haben niedrigere Arbeitstemperaturen als Hartlote auf Kupferbasis und erlauben somit ein werkstoff- und werkstückschonendes Löten. Die Lote werden zum Löten von Stählen und Temperguss sowie von Kupfer, Nickel und deren Legierungen eingesetzt. Auch Chrom, Cr-Ni-Stähle, Wolfram- und Molybdän-Werkstoffe sowie Hartmetalle auf Stahl können mit einigen Loten aus dieser Gruppe gefügt werden. Im Umgang mit den cadmiumhaltigen Universalloten dieser Gruppe wie AG301 (L-Ag50Cd) müssen aufgrund der Toxizität des Cadmiums Sicherheitsvorschriften beachtet werden.
- **Aluminiumbasislote** eignen sich für das Löten von Aluminiumwerkstoffen. Das wichtigste Lot ist die eutektische Legierung AL104 (L-AlSi12). Mit diesen Loten lassen sich vor allem Reinaluminiumsorten gut Hartlöten. Mg- und Si-haltige Aluminiumlegierungen vermindern die Benetzbarkeit und senken die Solidustemperatur des Grundwerkstoffs bis in die Nähe der Arbeitstemperatur der eingesetzten Lote.
- **Nickelbasislote** werden vorwiegend zum Hochtemperaturlöten von un- und niedriglegierten Stählen sowie von Nickel, Cobalt und deren Legierungen verwendet.
- **Vakuumhartlote** dienen zum Hartlöten hochreaktiver Werkstoffe wie Titan, Zirkonium und Beryllium im Vakuum. Sie bestehen aus Edelmetallen wie Gold, Silber oder Platin und ggf. Kupfer und sind dementsprechend sehr teuer. Die Arbeitstemperaturen liegen zwischen 720 °C und 1770 °C (reines Platin). Die Verwendung von Flussmitteln ist aufgrund der Abwesenheit einer oxidierenden Umgebung nicht erforderlich. Die Lötflächen müssen jedoch sorgfältig gereinigt und nach dem Löten nachbehandelt werden (spülen und trocknen). Der Vorteil der sehr teuren Vakuumhartlote liegt in einer deutlichen Verbesserung der mechanischen Gütewerte.

Tabelle 1: Hartlote nach DIN EN 1044 (Auswahl)

Bezeichnung[1]			max. Arbeitstemp. °C	Lötbare Grundwerkstoffe
DIN EN 1044 (neu)	**DIN 8513** (alt)	**Wst.-Nr.** (alt)		
			Kupferbasislote	
CU 104	L-SFCu	2.0091	1085	• Cu und Cu-Legierungen • Ni und Ni-Legierungen • Stähle und Temperguss • Gusseisenwerkstoffe[2]
CU 201	L-CuSn6	2.1021	1040	
CU 202	L-CuSn12	2.1055	990	
CU 305	L-CuNi10Zn42	2.0711	920	
CU 301	L-CuZn40	2.0367	895	
CP 202	L-CuP7	2.1463	820	
			Silberbasislote[3]	
AG 104	L-Ag45Sn	2.5158	680	• Stähle (unlegiert und legiert) • CrNi-Stähle • Temperguss • Cu und Cu-Legierungen • Ni und Ni-Legierungen • Cr-, W- und Mo-Werkstoffe • Hartmetalle auf Stahl, Edelmetalle
AG 106	L-Ag34Sn	2.5157	730	
AG 205	L-Ag25	2.1216	790	
AG 207	L-Ag12	2.1207	830	
AG 301	L-Ag50Cd	2.5143	640	
AG 309	L-Ag20Cd	2.1215	765	
AG 403	L-Ag56InNi	2.5162	710	
AG 502	L-Ag49	2.5156	705	
			Aluminiumbasislote	
AL 102	L-AlSi7,5	2.2280	615	Al und Al-Legierungen der Typen AlMn, AlMgMn und AlSi. Bedingt für: AlMg und AlMgSi bis 2%Mg
AL 103	L-AlSi10	2.2282	590	
AL 104	L-AgSi12	2.2285	585	
			Nickelbasislote	
NI 101	L-Ni1	2.4140	1060	• Ni und Ni-Legierungen • Co und Co-Legierungen • Stähle (unlegiert und legiert)
NI 103	L-Ni3	2.4143	1040	
NI 105	L-Ni5	2.4148	1135	
NI 107	L-Ni7	2.4150	890	

[1] Nach DIN EN ISO 3677 werden die Kurzzeichen der Hartlote aus einem vorangestellten B, der Zusammensetzung und dem Schmelzbereich gebildet also: L-Ag50Cd (nach DIN 8513) entspricht B-Ag50CdZnCu-620/640 (nach DIN EN ISO 3677).

[2] Die phosphorhaltigen Sorten (CP101 bis CP302) sind zum Löten von Stählen, Temperguss oder Gusseisenwerkstoffen ungeeignet.

[3] Die weitere Einteilung der Silberbasislote kann in die AgCuCdZn-Gruppe, AgCuZn(Sn)-Gruppe mit > 20% Ag, in Ag-Lote mit < 20 % Ag und in die Sonderhartlote auf Silberbasis erfolgen.

4.5 Beschichten

Beschichten ist nach DIN 8580 Fertigen durch Aufbringen einer fest haftenden Schicht aus formlosem Stoff auf ein Werkstück. Die Einteilung der Beschichtungsverfahren geschieht dabei unter dem Gesichtspunkt des Aggregatzustandes des Beschichtungsstoffes (Bild 1, Seite 119). In den nachfolgenden Kapiteln sollen die technisch wichtigsten Beschichtungsverfahren aus werkstofftechnischer Sicht besprochen werden. Von besonderer Bedeutung sind dabei die spezifischen Eigenschaften des Beschichtungsstoffes sowie die Wechselwirkungen zwischen Grundwerkstoff (Substrat) und dem Beschichtungsstoff.

Das Beschichten dient

- zur Verbesserung der Korrosionsbeständigkeit,
- zur Verbesserung der Oberflächenhärte und Verschleißbeständigkeit,
- zum Erzielen bestimmter physikalischer Eigenschaften wie elektrische Isolation oder elektrische Leitfähigkeit, Wärmeisolation sowie Verminderung des Reibungsbeiwertes,
- zur Reparatur von Verschleißschäden,
- zur Metallisierung (z. B. Kunststoffe),
- zum Aufbringen von Haftgrundschichten,
- für dekorative Zwecke.

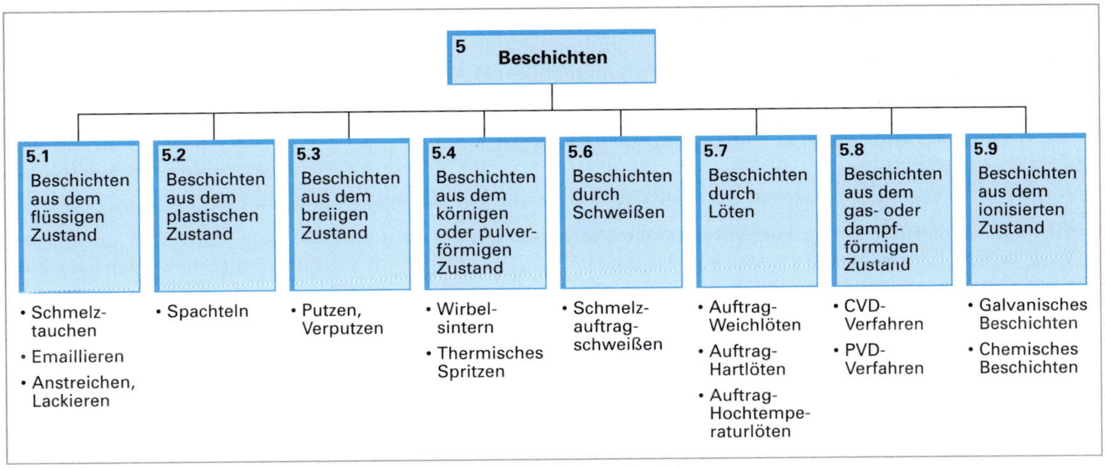

Bild 1: Einteilung der Beschichtungsverfahren nach DIN 8580 mit Beispielen

4.5.1 Beschichten aus dem flüssigen Zustand

Zu den technisch wichtigsten Verfahren des Beschichtens aus dem flüssigen Zustand gehören das **Schmelztauchen** und das **Emaillieren.** Sie sollen nachfolgend besprochen werden.

4.5.1.1 Schmelztauchen

Das Eintauchen eines Werkstücks in ein flüssiges Überzugsmetall (Schmelztauchen) ist das am häufigsten angewandte Verfahren zum Aufbringen eines metallischen Überzugs. Das Überzugsmetall diffundiert dabei in die oberflächennahe Schicht des Werkstücks ein und bildet mit dem Basismetall Mischkristalle oder intermetallische Phasen, die **Legierungszone.** Beim Herausziehen des Werkstücks aus dem Bad bleibt außerdem eine Deckschicht des Überzugsmetalls auf der Oberfläche haften.

Die Badtemperatur sowie die Verweilzeit des Werkstücks im Bad bestimmen die Schichtdicke und mitunter auch das Gefüge der Legierungsschicht. Im Gegensatz zum Galvanisieren (Kapitel 4.5.5.1) können beim Schmelztauchen dickere und damit gegenüber Korrosion besser schützende Schichten erzeugt werden.

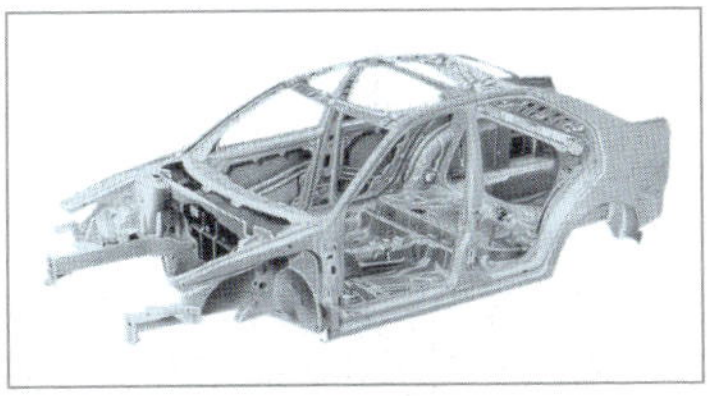

Bild 2: PKW-Karosserie als Beispiel eines verzinkten Bauteils

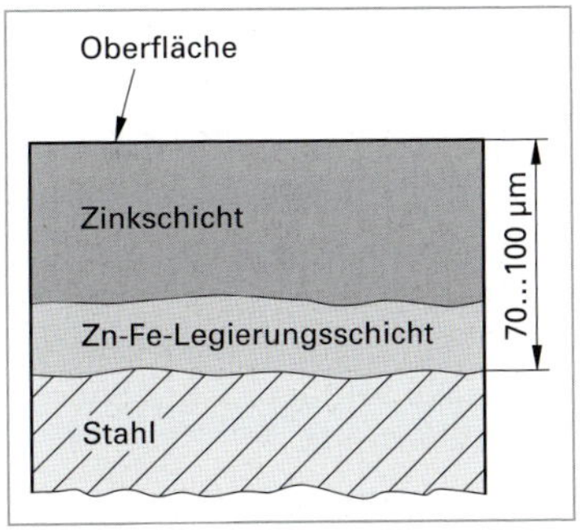

Bild 3: Aufbau einer Zinkschicht auf Stahloberflächen

Die Hauptanwendung des Schmelztauchens ist die Beschichtung von Stahlblechen und Stahlprofilen im Sinne eines Korrosionsschutzes. Das bekannteste Beispiel ist das **Feuerverzinken** von Stahlteilen (Bild 2). Im Zinkbad diffundiert ein Teil des Zinks in die Oberfläche des zu behandelnden Bauteils ein und bildet dort eine Zink-Eisen-Legierungsschicht, auf der sich beim Herausziehen aus dem Zinkbad die Reinzinkschicht ablagert (Bild 3).

Neben dem Feuerverzinken können auch andere Metalle, insbesondere solche mit niedriger Schmelztemperatur wie Blei **(Feuerverbleien)** oder Aluminium **(Feueraluminieren)** auf Stahloberflächen aufgebracht werden. Aufgrund des hohen Zinnpreises wird das **Feuerverzinnen,** beispielsweise für die Herstellung von beschichteten Verpackungsblechen **(Weißbleche),** nicht mehr angewandt. Es wurde durch das Galvanisieren (Kapitel 4.5.5.1) verdrängt, da Letzteres das Aufbringen dünnerer Schichten erlaubt.

4.5.1.2 Emaillieren

Das Emaillieren eignet sich zur Erzeugung von dauerhaften, witterungsbeständigen Schutzschichten auf metallischen Grundwerkstoffen wie Stahl oder Aluminium. Eine Emailschicht ist ein anorganisch-nichtmetallischer, sehr harter und fester Überzug, der einen guten Schutz gegenüber Korrosion bietet, indem er den Zutritt des korrosiv wirkenden Umgebungsmediums zur Metalloberfläche unterbindet. In der Chemietechnik kann die Lebensdauer einer Emailschicht bei alkalischem Angriff 2 bis 3 Jahre, bei saurem Angriff 18 bis über 36 Jahre betragen. Emailschichten sind allerdings spröde und dementsprechend empfindlich gegenüber Stößen und Schlägen. Abgeplatzte Stellen lassen sich nicht ausbessern.

Zum Emaillieren wird die Grundmasse, im Wesentlichen eine Mischung aus 30...70 % SiO_2 (Quarz), 5 ... 30 % B_2O_3, 3 ... 20 % Al_2O_3, 2 ... 20 % TiO_2 (als Trübungsmittel), 15 ... 30 % R_2O (R = Na, K, usw.), 2 ... 10 % CaO, 0,5...3 % Haftoxide, 1 ... 10 % Farbkörper, in Breiform auf die fertig bearbeitete, sauber gebeizte oder sandgestrahlte Oberfläche aufgetragen und bei 780 °C bis 900 °C etwa 10 Minuten eingebrannt.

Das Grundemail enthält im Falle des Emaillierens von Eisenwerkstoffen Haftoxide, die durch elektrochemische Reaktionen an der Metalloberfläche die Haftung bewirken. Auf die Grundglasur werden anschließend auf die gleiche Weise noch ein oder zwei Deckemailschichten aufgebracht, die in den gewünschten Farben eingefärbt werden können und für die Gebrauchseigenschaften der Emailschicht verantwortlich sind.

Emaillierte Erzeugnisse werden nicht nur im Bereich Heizung und Sanitär (z.B. Herde, Gasgeräte, Wannen) eingesetzt, sondern wegen ihrer Verschleiß- und chemischen Beständigkeit auch im Fahrzeugbau, in der chemischen Industrie und im Bauwesen. Spezialemails können außerdem Metalle bis zu einer Temperatur von 1000 °C ... 1200 °C gegen Oxidation schützen.

4.5.1.3 Anstreichen und Lackieren

Durch das Anstreichen und Lackieren werden organische Beschichtungen aufgebracht, die überwiegend dem Korrosionsschutz dienen. Verwendung finden Ölfarben und Öllacke sowie Kunststofflacke.

Ein Schutz des Grundmetalls durch **Ölfarben** oder **Öllacke** ist nur dann zu erwarten, falls die Schicht das Werkstück vollständig einhüllt und die Schicht an keiner Ecke oder Kante unterbrochen oder so dünn ist, dass sie leicht beschädigt werden kann.

Der Vorteil der **Kunststofflacke** gegenüber den Öllacken ist die erhöhte Witterungsbeständigkeit. Man unterscheidet thermoplastische und duroplastische Kunststofflacke. Die thermoplastischen Kunststofflacke enthalten an Luft verdunstende Lösungsmittel und sind nach dem Härten elastisch. Duroplastische Kunststofflacke müssen eingebrannt werden.

4.5.2 Beschichten aus dem körnigen oder pulverförmigen Zustand

Zu den technisch wichtigsten Verfahren des Beschichtens aus dem körnigen oder pulverformigen Zustand gehören das **Wirbelsintern** sowie die Verfahren des **thermischen Spritzens.**

4.5.2.1 Wirbelsintern

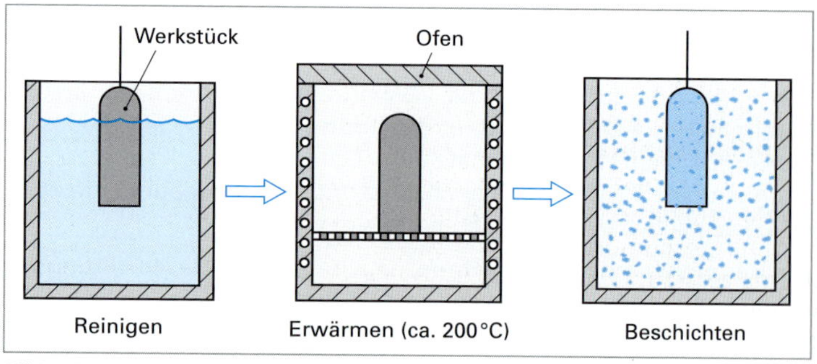

Bild 1: Wirbelsintern (schematisch)

Das Wirbelsintern ist ein Verfahren zur Oberflächenbeschichtung von Metallen mit thermoplastischen oder duroplastischen Kunststoffen. Nach Reinigung der Oberfläche wird das zu beschichtende Werkstück auf ca. 200 °C (oberhalb der Fließ- bzw. Vernetzungstemperatur des Kunststoffes) erwärmt und einige Sekunden in das durch Druckluft aufgewirbelte Pulver getaucht. Der Kunststoff schmilzt bzw. vernetzt auf der Oberfläche und bildet dabei einen homogenen und glatten Überzug (Bild 1).

4.5.2.2 Thermisches Spritzen

Thermische Beschichtungsverfahren sind Techniken zum Beschichten von Bauteilen mit Materialien unterschiedlicher Art zum Schutz gegen Korrosion, Verschleiß, zum Erzielen bestimmter elektrischer oder magnetischer Eigenschaften, u.v.m. Bild 1, Seite 121, zeigt die Einteilung der heute gebräuchlichen Verfahren.

Mit Hilfe des thermischen Spritzens können nahezu alle Basis- und Überzugsmetalle miteinander kombiniert werden. Als Überzugsmetalle bzw. Legierungen verarbeitet man häufig (Beispiele):

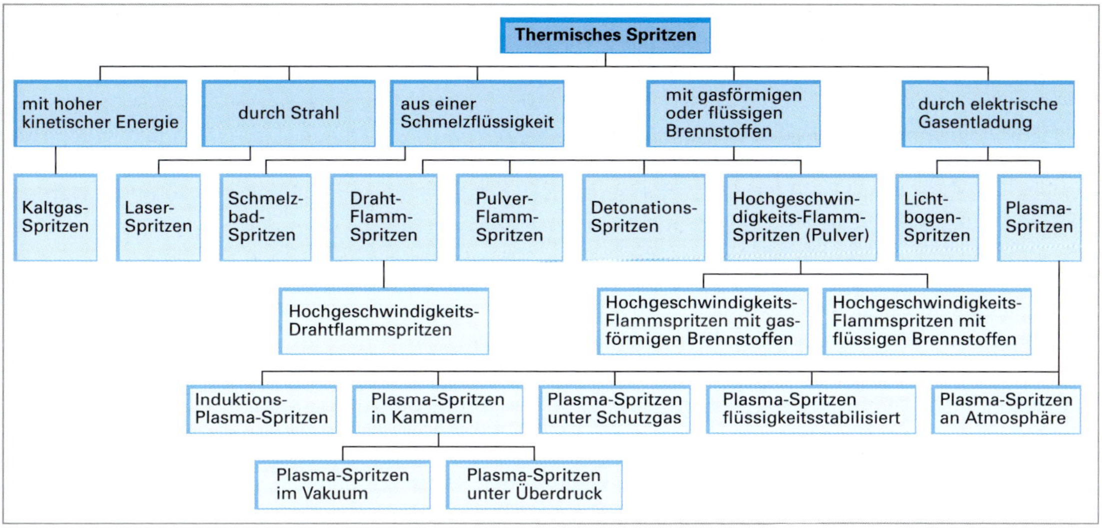

Bild 1: Einteilung der Verfahren des thermischen Spritzens

- Cr- und Cr-Ni-Stähle (als Korrosionsschutz)
- NE-Metalle wie Zn, Al, Ti, Mo, AlMg-, ZnAl- und NiCr-Legierungen (als Korrosionsschutz)
- Cu- und Sn-Lagermetalle (zur Verbesserung der Gleiteigenschaften)
- Molybdän (als Verschleißschutzschicht)

Auch keramische Werkstoffe (z. B. Al_2O_3, Cr_2O_3, Carbide, Nitride usw.) können durch thermisches Spritzen verarbeitet werden, bevorzugt jedoch als Verschleißschutzschichten.

a) Flammspritzen

Beim Flammspritzen, das bereits im Jahre 1912 entwickelt wurde, wird das Deckmetall meist als Draht **(Drahtflammspritzen,** Bild 2, DIN EN 657) oder Pulver **(Pulverflammspritzen,** Bild 3) einer Spritzpistole zugeführt, in einer Brenngas-Sauerstoff-Flamme geschmolzen, mittels eines starken Luftstroms zerstäubt und auf die Werkstückoberfläche aufgeschleudert. Auf diese Weise werden nicht nur Korrosionsschutzschichten (Zink, Reinaluminium, Al-Mg-Legierungen), sondern auch Verschleißschutzschichten (Molybdän, unlegierte und legierte Stähle, WCo, Cr_3C_2-Ni, TiC-Co und TiC-Ni) oder Gleitschichten aufgebracht. Auch abgenutzte Teile können durch das Metallspritzen wieder auf ihre Gebrauchsmaße gebracht werden.

b) Lichtbogenspritzen

Das Lichtbogenspritzen wurde bereits im Jahr 1915 beschrieben. Eine industrielle Anwendung fand es jedoch erst in den 50er-Jahren. Beim Lichtbogenspritzen werden zwei Metalldrähte gleicher oder unterschiedlicher Art mit geregeltem Drahtvorschub in eine Spritzpistole eingeführt. Die stromführenden

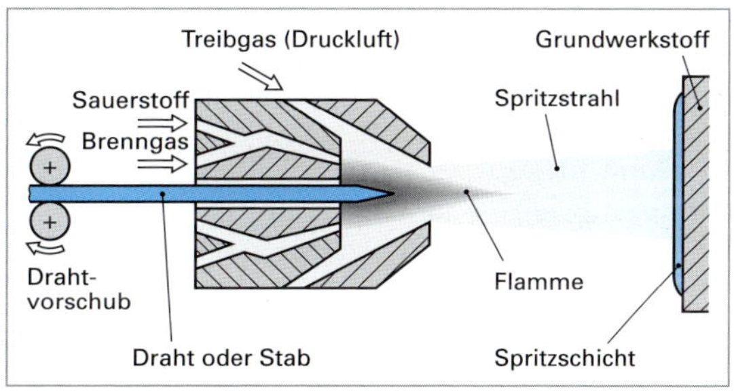

Bild 2: Drahtflammspritzen

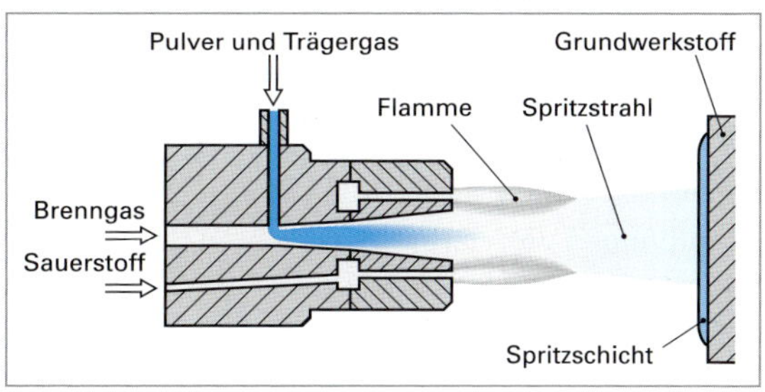

Bild 3: Pulverflammspritzen

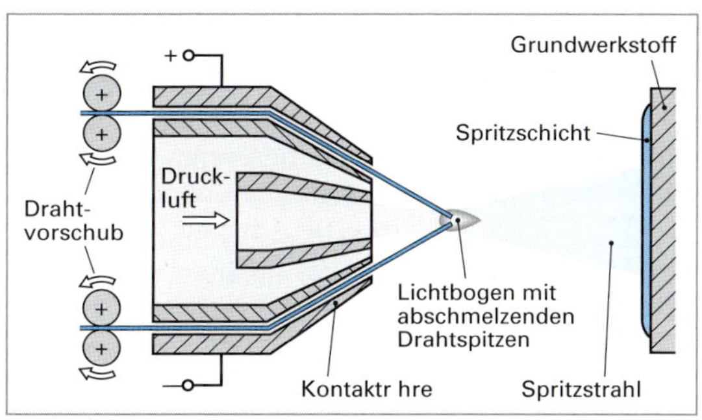

Bild 4: Lichtbogenspritzen

Spritzdrähte laufen anschließend bis zur Berührung aufeinander zu. Der entstehende Lichtbogen erreicht Temperaturen bis zu 6500 °C, wobei die Metalldrähte aufgeschmolzen werden. Mit Hilfe eines Gasstromes (in der Regel Druckluft) wird das flüssige Metall auf die Werkstückoberfläche aufgeschleudert (Bild 4, Seite 121).

Das Lichtbogenspritzen ist ein sehr wirtschaftliches Verfahren und besitzt durch eine vielfältige Anlagentechnik sowie durch ein großes Angebot an Beschichtungswerkstoffen ein breites Anwendungsspektrum. Da eine Flamme fehlt, können mit diesem Verfahren auch Kunststoffe oder sogar Papiere beschichtet werden.

Wichtige Anwendungen und Beschichtungsstoffe sind:

- Korrosionsschutz (Zink, Reinaluminium, Al-Mg- und Cu-Al-Legierungen)
- Verschleißschutz (Molybdän, un- und hochlegierte, insbesondere nichtrostende Stähle)
- Reparatur von Verschleißschäden (Reinaluminium, Al-Mg-Legierungen, un- und hochlegierte Stähle)
- Metallisierung von Kunststoffgehäusen (Kupfer)
- Aufbringen von Haftgrundschichten (Molybdän, Ni-Cr- und Ni-Al-Legierungen)

Durch das gleichzeitige Verspritzen zweier (oder mehrerer) unterschiedlicher Metalle (z. B. Stahl und Cu-Sn-Legierung) entstehen so genannte **Pseudo-Legierungen.** Diese werden u. a. bei hoch beanspruchten Gleitlagern eingesetzt.

c) Plasmaspritzen

Beim Plasmaspritzen, das erstmals im Jahre 1939 Anwendung fand, wird ein Arbeitsgas (z. B. Ar oder N_2) zwischen einer anodisch gepolten Plasmadüse und einer Wolframkatode in den Plasmazustand überführt. In den etwa 15 000 K heißen Plasmastrahl wird der in der Regel pulverförmige Spritzzusatzwerkstoff injiziert, aufgeschmolzen und auf den Grundwerkstoff aufgeschleudert (Bild 1).

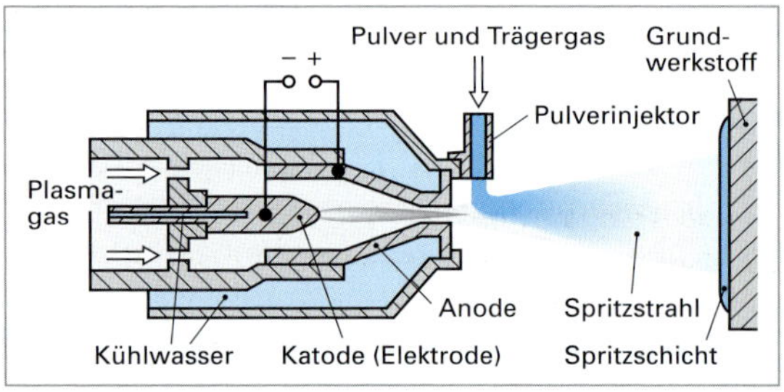

Bild 1: Plasmaspritzen

Wichtige Anwendungen und Beschichtungsstoffe sind:

- Korrosionsschutz (Zink, Aluminium, Titan, Molybdän, Zn-Al-, Al-Mg- und Ni-Cr-Legierungen)
- Verschleißschutz (Molybdän, Ni-Cr-, Ni-Cr-Al- und CoCrWC-Legierungen, Al_2O_3, Cr_2O_3, Cr_3C_2, WC, TiC, AlN und CrN)
- Elektrische Leitung (Wolfram)
- Elektrische Isolation (Al_2O_3)
- Wärmeisolation (Al_2O_3, ZrO_2, $ZrO_2 \cdot 7\ Y_2O_3$)
- Aufbringen von Haftgrundschichten (Nickel, Zn-Al-, Ni-Cr- und Ni-Cr-Al-Legierungen)

4.5.3 Beschichten durch Schweißen

Zum Beschichten durch Schweißen zählt man nur das **(Schmelz-)Auftragschweißen.** Falls von der Auftragschicht spezielle Gebrauchseigenschaften gefordert werden, verwendet man artfremde Zusatzwerkstoffe. Das Auftragschweißen wird aus folgenden Gründen angewandt:

- Auftragschweißen von Panzerungen mit einem gegenüber dem Grundwerkstoff verschleißfesten Auftragwerkstoff wie zum Beispiel Molybdän.
- Auftragschweißen von Plattierungen (Schweißplattieren) mit einem gegenüber dem Grundwerkstoff chemisch beständigen Auftragwerkstoff, insbesondere Cr-Ni-Stähle und Nickelbasislegierungen.
- Auftragschweißen von Pufferschichten, um eine beanspruchungsgerechte Verbindung zwischen Grund- und Beschichtungsstoff herzustellen. Die Pufferschichten müssen dabei gute Zähigkeitseigenschaften aufweisen.
- Auftragschweißen von durch Verschleiß beeinträchtigten Werkstoffbereichen zur Wiederherstellung der ursprünglichen Werkstückform. Bei diesem Verfahren werden vorzugsweise schweißgeeignete Zusatzwerkstoffe verwendet.

4.5.4 Beschichten aus dem gas- oder dampfförmigen Zustand

Das Abscheiden aus der Gasphase dient dem Aufbringen sehr dünner (< 20 µm) Korrosions- oder Verschleißschutzschichten auf Werkstückoberflächen. Mit diesen Verfahren können sowohl reine Metalle aber auch Hartstoffschichten aufgebracht werden. Für den Korrosionsschutz, insbesondere in der chemischen Industrie, haben sich Hartstoffschichten auf Titanbasis wie TiC, TiN, Ti(C,N) sehr gut bewährt. Ein großer Vorteil dieser Dünnschichten besteht darin, dass die beschichteten Werkstücke nicht mehr nachbearbeitet werden müssen.

Bei der Gasphasenabscheidung unterscheidet man:

- Chemische Abscheidung aus der Gasphase (**C**hemical **V**apour **D**eposition, **CVD**)
- Physikalische Abscheidung aus der Gasphase (**P**hysical **V**apour **D**eposition, **PVD**)

4.5.4.1 CVD-Verfahren

Ein CVD-Verfahren ist ein Prozess, bei dem die Beschichtungswerkstoffe gasförmig zur Werkstückoberfläche geführt werden. Lange Zeit war für die Beschichtung das Hochtemperatur-CVD-Verfahren üblich. Seit einigen Jahren wird mit neuen Prozessvarianten auch bei niedrigen Temperaturen beschichtet. Heute unterscheidet man im Wesentlichen drei verschiedene Varianten der CVD-Beschichtung:

- Hochtemperatur-CVD-Verfahren (HT-CVD) bei 900 °C bis 1100 °C
- Mitteltemperatur-CVD-Verfahren (MT-CVD) bei 700 °C bis 900 °C
- Plasmaaktivierte-CVD-Verfahren (P-CVD) bei 450 °C bis 650 °C

a) Hochtemperatur-CVD-Verfahren

Bei Temperaturen von etwa 900 °C bis 1100 °C wird die Mischung aus einem Prozessgas (z. B. ein Metallhalogenid wie $TiCl_4$) und einem reaktiven Gas (z. B. CH_4) in den nahezu evakuierten und beheizten Reaktionsraum eingeleitet (Bild 1). An der Werkstückoberfläche findet dann die gewünschte schichtbildende Reaktion durch Zersetzung des Prozessgases und Umsetzung mit dem reaktiven Gas statt.

Beispiel: $TiCl_4 + CH_4 \rightarrow TiC + 4\,HCl$

Reaktionsgase (z.B. HCl) sowie Nebenprodukte werden kontinuierlich abgesaugt. Die Beschichtungsdauer kann, je nach gewünschter Schichtdicke, bis zu 10 Stunden betragen.

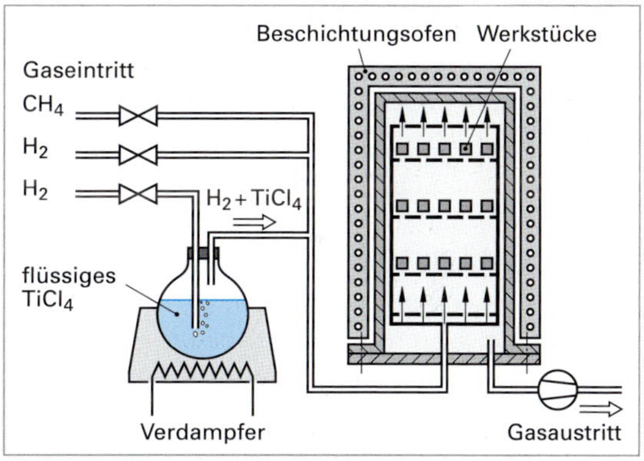

Bild 1: CVD-Beschichtungsanlage

Die Vorteile des Verfahrens sind:

- HT-CVD-Schichten haben aufgrund ihrer Dicke eine hohe Verschleißbeständigkeit.
- Die Haftfestigkeit zwischen Hartstoff und Substrat (z. B. Hartmetall) ist sehr hoch.
- Aufgrund der diffusen Teilchenbewegung in der Gasatmosphäre erhält man eine gleichmäßige, von der Werkstückgeometrie nahezu unabhängige Schichtdicke.

Diesen Vorteilen steht jedoch der Nachteil gegenüber, dass aufgrund der hohen Prozesstemperatur unerwünschte Gefügeveränderungen (z. B. Grobkornbildung) oder Ausscheidungsvorgänge auftreten können. Außerdem ist nach der Beschichtung von Werkzeug- und Vergütungsstählen eine erneute Wärmebehandlung (Härten bzw. Vergüten) erforderlich.

b) Mitteltemperatur-CVD-Verfahren

Da die hohen Prozesstemperaturen zu unerwünschten Gefügeveränderungen oder Ausscheidungsvorgängen führen können, ist man bestrebt, CVD-Beschichtungen auch bei tieferen Temperaturen durchzuführen. Durch Veränderung der Zusammensetzung des Reaktionsgases ist es zwischenzeitlich möglich, CVD-Beschichtungen bei 700 °C ... 900 °C aufzubringen. Diese Verfahren werden als Mitteltemperatur-CVD-Verfahren (MT-CVT-Verfahren) bezeichnet.

c) Plasmaaktiviertes-CVD-Verfahren

Im P-CVD-Verfahren erfolgt die Abscheidung der Hartstoffschichten bei Temperaturen zwischen 450 °C und 650 °C. Abgeschieden werden Hartstoffschichten wie:

- Titancarbid (TiC)
- Titannitrid (TiN)
- Titancarbonitrid (Ti(C,N))
- Aluminiumoxid (Al_2O_3)
- Mehrlagige Schichten in beliebiger Reihenfolge

Aufgrund der niedrigen Temperatur reicht die thermische Energie alleine nicht mehr aus, um eine chemische Reaktion zur Bildung der Hartstoffphase aus der Gasphase einzuleiten. Deshalb wird dem Prozess durch ein gepulstes Plasma einer Niederdruckglimmentladung zusätzlich Energie zugeführt. Auf diese Weise werden chemische Reaktionen möglich, die im thermodynamischen Gleichgewicht nur bei wesentlich höheren Temperaturen ablaufen können. Durch die niedrige Temperatur bleiben die Eigenschaften des Substrats weitgehend unbeeinflusst.

4.5.4.2 PVD-Verfahren

Anfang der achtziger Jahre folgte dem CVD-Verfahren der bei 200 °C bis 600 °C arbeitende PVD-Prozess, da die hohen Arbeitstemperaturen zumindest des HT- und MT-CVD-Verfahrens zu einer Reihe unerwünschter Veränderungen des Basiswerkstoffs führen können.

Mit den PVD-Verfahren wird der Beschichtungswerkstoff durch einen Elektronenstrahl, einen Lichtbogen oder durch Katodenzerstäubung (Sputtern) zunächst verdampft. Auf der Werkstückoberfläche scheidet sich dann das reine Metall ab oder die Schicht entsteht auf der Werkstückoberfläche durch Reaktionen von in der Gasphase anwesenden Bestandteilen. Im letzteren Fall spricht man vom **reaktiven PVD-Beschichten,** das streng genommen nicht mehr als rein physikalisch, sondern als Mischform von CVD- und PVD-Verfahren angesehen werden muss.

Zwischen dem PVD-Verfahren und dem HT- bzw. MT-CVD-Verfahren gibt es wesentliche Unterschiede:

- Die Prozesstemperatur ist mit 200 °C bis 600 °C beim PVD-Verfahren relativ niedrig, so dass die Temperaturbelastung des zu beschichtenden Werkstücks gering ist. Damit lassen sich auch temperaturempfindliche Substratwerkstoffe (z. B. Kunststoffe) sowie hartgelötete Bauteile beschichten.
- PVD-Schichten weisen Druckeigenspannungen auf, welche die Gefahr einer Rissbildung bei stoßartiger Beanspruchung vermindern. Andererseits begrenzen sie jedoch die Schichtdicken auf derzeit 3 µm bis 5 µm.
- Im PVD-Verfahren zu beschichtende Werkstücke bedürfen einer sehr sorgfältigen Oberflächenvorbehandlung und Prozessführung, um eine ausreichende Schichthaftung zu gewährleisten. CVD-Beschichtungen weisen hingegen eine vergleichsweise bessere Schichthaftung auf.
- Aufgrund von Abschattungseffekten können bei der PVD-Beschichtung gleichmäßige Schichtdicken zum Teil nur durch sehr aufwändige Vorrichtungen für die Rotation der zu beschichtenden Teile erreicht werden. Innenkonturen sind grundsätzlich nur bis zu einem Tiefen/Durchmesserverhältnis von 1 beschichtbar, da sich die Schichtdicke mit zunehmender Tiefe verringert.
- Mit dem PVD-Verfahren können eine hohe Anzahl von Schichtsystemen realisiert und viele Substratwerkstoffe beschichtet werden.

Um die Beschichtungsmetalle in die Gasphase zu überführen, stehen bei den PVD-Verfahren drei verschiedene Möglichkeiten zur Verfügung:

- Katodenzerstäuben (Sputtern)
- Ionenplattieren (Ion-Plating)
- Vakuumverdampfen

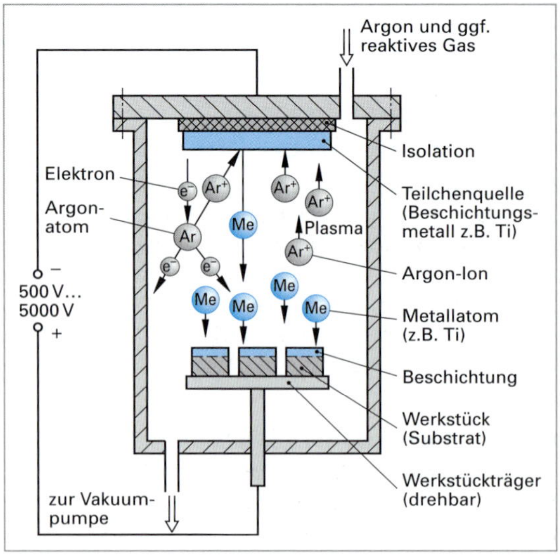

Bild 1: Prinzip der PVD-Beschichtung mittels Katodenzerstäubung

a) Katodenzerstäuben (Sputtern)

Beim auch als Sputtern bezeichneten Katodenzerstäuben wird zwischen dem Beschichtungsmaterial (z. B. Ti) und dem Werkstück eine hohe Spannung (500 V bis 5000 V) angelegt. Im dabei entstehenden starken elektrischen Feld werden die im Reaktionsraum befindlichen Gasmoleküle (meist Argon) über Stoßprozesse ionisiert (Glimmentladung). Die dadurch erzeugten positiven Ionen (Argon-Ionen) werden auf das negativ gepolte Blech des Beschichtungsmaterials hin beschleunigt und schlagen dort mit hoher Energie ein. In unmittelbarer Umgebung der Aufprallstelle kann dann ein neutrales Atom des Beschichtungsmetalls (Me) die Katodenoberfläche verlassen und sich geradlinig auf die Werkstückoberfläche zubewegen. Dort scheidet es sich dann in elementarer Form ab oder es reagiert mit einer genau dosierten Menge eines reaktiven Gases (z. B. N_2, O_2, H_2, CH_4) unter Bildung des gewünschten Hartstoffes (z. B. TiN, TaC, Al_2O_3). Die auf diese Weise erzeugten Schichten besitzen eine gute Haftfähigkeit (Bild 1, Seite 124).

b) Ionenplattieren (Ion-Plating)

Beim Ionenplattieren wird das Beschichtungsmaterial mittels eines Lichtbogens (Arc-Ion-Plating), eines Elektronenstrahls oder einer Widerstandsheizung verdampft. Beim Verdampfen durch einen Lichtbogen oder einem Elektronenstrahl reicht die zugeführte Energie bereits aus, um die ausgelösten Atome des Beschichtungsmetalles zu ionisieren. Beim widerstandsbeheizten Verdampfen reicht die zugeführte Energie für eine Ionisation des Beschichtungsmetalles allerdings nicht aus. Die verdampften Metallteilchen werden hier zusätzlich durch in der Beschichtungskammer angebrachte Elektroden ionisiert. Da das zu beschichtende Substrat mit einer hohen negativen Spannung (Bias-Spannung) beaufschlagt ist, werden die Ionen des Beschichtungsmetalles auf das Substrat hin beschleunigt, treffen dort mit hoher kinetischer Energie auf und scheiden sich als Schicht ab. Zur Herstellung von Hartstoffschichten muss auch hier ein reaktives Gas in den Reaktionsraum eingeleitet werden. Man spricht dann von **reaktivem Ionenplattieren.**

c) Vakuumverdampfen

Beim Vakuumverdampfen wird das Beschichtungsmetall mit einer Widerstandsheizung oder einem Elektronenstrahl verdampft. Da dieses Verfahren im Hochvakuum abläuft, kollidieren die ausgelösten Metallatome selten mit Gasatomen. Die freie Weglänge der Metallatome reicht damit aus, um bis zum Substrat zu gelangen. Aufgrund des geradlinigen Teilchenfluges muss der Substratwerkstoff in der Beschichtungskammer bewegt werden, um Abschattungseffekte und ungleichmäßige Schichtdicken zu vermeiden.

Zur Bildung von Hartstoffschichten aus Carbiden, Nitriden oder Oxiden wird das Substrat mit Hilfe eines Reaktionsgases (N_2, C_2H_2 usw.) reaktiv bedampft. So bildet sich beispielsweise eine TiC-Schicht gemäß:

$$2\,Ti + C_2H_2 \rightarrow 2\,TiC + H_2$$

Dieses einfache Bedampfen im Hochvakuum wird in großem Maßstab bei der Metallisierung von Folien, Kunststoffteilen und Papier angewandt. Für die Beschichtung von Werkzeugen mit Hartstoffschichten hat das Verfahren wegen der geringen Haftfestigkeit der Schicht (geringe Teilchenenergie) eine untergeordnete Bedeutung.

4.5.5 Beschichten aus dem ionisierten Zustand

Das Beschichten aus dem ionisierten Zustand wird nach DIN 8580 in **galvanisches Beschichten** und **chemisches Beschichten** eingeteilt. Wichtige galvanische Beschichtungen sind das Verchromen, Verzinnen, Verkupfern, Vernickeln, Versilbern oder Vergolden, die stets unter äußerer Stromzufuhr ablaufen. Beim chemischen Beschichten erfolgt die Metallabscheidung hingegen stromlos.

4.5.5.1 Galvanisches Beschichten

Beim **galvanischen Beschichten** oder **Galvanisieren** (z. B. **Verchromen, Verkupfern, Vernickeln, Versilbern** oder **Vergolden)** wird das Werkstück in einen Elektrolyten getaucht, in dem sich die Kationen des gewünschten Überzugsmetalls (z. B. $CuSO_4$, $NiSO_4$)

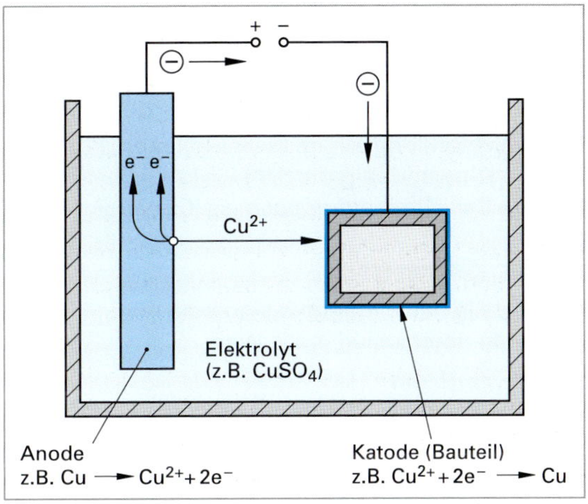

Bild 1: Galvanisieren am Beispiel des Verkupferns (schematisch)

sowie ggf. das Überzugsmetall (z. B. Cu, Ni) selbst als lösliche Elektrode befindet. Das Werkstück wird mit der Katode, das Überzugsmetall mit der Anode einer Gleichspannungsquelle verbunden. Die Metallionen des Überzugsmetalls (z.B. Cu^{2+}, Ni^{2+}) gehen dann verstärkt in Lösung (z. B. $Cu \rightarrow Cu^{2+} + 2\,e^-$) und scheiden sich anschließend auf der negativen Werkstückoberfläche wieder ab (z. B. $Cu^{2+} + 2\,e^- \rightarrow Cu$). Das Galvanisierbad (z. B. $CuSO_4$-Lösung) erneuert sich stetig, während sich das als Anode gepolte Überzugsmetall (z. B. Cu) auflöst (Bild 1, Seite 125 und Bild 3, Seite 550).

4.5.5.2 Chemisches Beschichten

Beim **chemischen Beschichten** oder **chemischen Metallisieren** werden, im Gegensatz zum Galvanisieren, auf der Werkstückoberfläche Metallschichten ohne äußere Stromzufuhr abgeschieden. Das chemische Metallisieren beruht darauf, dass die Beschichtungsmetalle aus einer Metallsalzlösung unter Wirkung von starken Reduktionsmitteln auf der Werkstückoberfläche abgeschieden werden. Als wichtiges Anwendungsbeispiel kann das **chemische Vernickeln** dienen. Hierbei wird eine Nickelschicht unter der Wirkung von Hypophosphit als Reduktionsmittel abgeschieden ($Ni^{2+} + H_2PO_2^- + 3\,H_2O \rightarrow Ni + H_2PO_3^- + 2\,H_3O^+$). Die reduktive Metallabscheidung ist allerdings auf wenige Metalle wie Nickel, Kupfer, Cobalt, Silber und Zinn beschränkt.

Von technischer Bedeutung ist das chemische Metallisieren auch für die Aufbringung von **Dispersionsschichten.** Hierbei werden Feststoffe in sehr fein verteilter Form (Teilchengrößen von 0,1 µm bis 30 µm) in das Matrixmetall eingelagert. Als Feststoffteilchen **(Dispersanten)** werden sowohl Hartstoffe wie SiC, Cr_3C_2, Al_2O_3, SiO_2, Cr_2O_3, kubisches Bornitrid (CBN) oder Diamant, aber auch Festschmierstoffe wie Polytetrafluorethylen (PTFE), Graphit oder MoS_2 in die Metallmatrix eingelagert. Technische Anwendungen sind Zylinderlaufbuchsen von Verbrennungsmotoren (Ni/P-SiC-Schicht) oder Ventilkugeln (Ni-PTFE-Schicht).

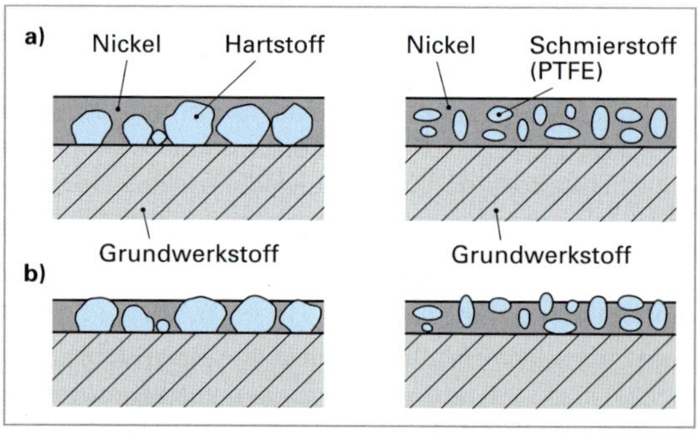

Bild 1: Wirkungsweise von Hart- und Schmierstoffen in Dispersionsschichten
a) Ungebrauchte Schicht
b) Gebrauchte Schicht

Die Wirkungsweise derartiger Dispersionsschichten beruht darauf, dass nach einem nur geringfügigen Abtrag der Schicht die Dispersanten freigelegt werden (Bild 1). Sie bestimmen dann die Eigenschaften der Schicht wie zum Beispiel Verschleißschutz bei Hartstoffen oder Trockenschmierung bei Festschmierstoffen. Um die Feststoffpartikel einbauen zu können, müssen diese in der Metallsalzlösung dispergiert und homogen verteilt werden.

4.5.6 Weitere Verfahren zur Erzeugung einer Oberflächenschicht

Das Plattieren (mit Ausnahme des Schweißplattierens), die anodische Oxidation (Eloxieren), das Brünieren sowie das Phosphatieren, werden nach DIN 8580 nicht dem Beschichten zugeordnet, da die Schicht definitionsgemäß nicht aus formlosem Stoff erzeugt wird. Da jedoch durch die genannten Verfahren eine Schicht an der Bauteiloberfläche erzeugt wird, sollen sie dennoch an dieser Stelle beschrieben werden.

Die Schichtbildung erfolgt beim Eloxieren, Phosphatieren, Chromieren und beim Brünieren durch eine chemische Umwandlung der Metalloberfläche in einer wässrigen Lösung. Man bezeichnet die dabei entstehenden Schichten daher auch als **Konversionsschichten.**

4.5.6.1 Plattieren

Die Vorteile des Plattierens sind eine völlige Porenfreiheit und nahezu beliebige Dicken der Beschichtungen. Man unterschiedet das Walz-, Schweiß- und Sprengplattieren.

a) Walzplattieren

Das in Blechform vorliegende Beschichtungsmetall wird bei Raumtemperatur oder erhöhter Temperatur unter Anwendung hoher Flächenpressungen auf den Grundwerkstoff aufgewalzt. Die unlösbare Verbindung beruht auf mechanischer Verklammerung und Diffusionsprozessen. Auf diese Art plattiert man häufig Bleche aus festen, aber nicht besonders korrosionsbeständigen Aluminium-Kupfer-Legierungen mit einer dünnen Schicht aus reinem Aluminium (beispielsweise für Rumpf- und Flügelbeplankungen von Flugzeugen).

Das plattierte Blech hat dann die Festigkeit des Grundmetalls und die Oberflächeneigenschaften (z. B. chemische Beständigkeit) der Deckschicht. Auch Stahlbleche werden durch Walzplattieren mit Aluminium, Titan, Kupfer oder Kupferlegierungen beschichtet. Bekannte Beispiele waren die Ein- und Zweipfennigstücke der alten DM-Währung, die einen Kern aus Stahl und eine aufgewalzte Schicht aus Kupfer hatten.

b) Schweißplattieren (Auftragschweißen)

Eine Oberflächenschutzschicht kann auch aufgeschweißt werden, man spricht dann vom Schweißplattieren (Auftragschweißen). Das Verfahren wurde bereits in Kapitel 4.5.3 beschrieben.

c) Sprengplattieren

Beim Sprengplattieren wird eine Sprengstoffschicht auf das Beschichtungsblech aufgebracht und gezündet. Durch die bei der Detonation frei werdende Energie wird das Beschichtungsmetall mit dem Grundwerkstoff durch mechanische Verklammerung verbunden (Bild 1). Das Verfahren wird bevorzugt für Werkstoffpaarungen angewandt, die auf keine andere Art verbunden werden können (z. B. Titan oder Aluminium auf Stahl).

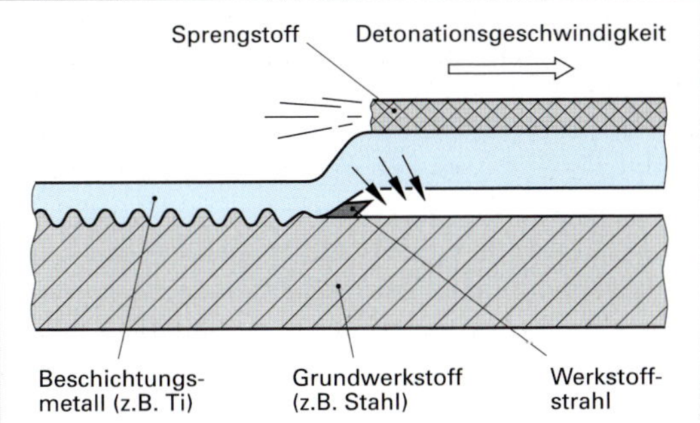

Bild 1: Sprengplattieren

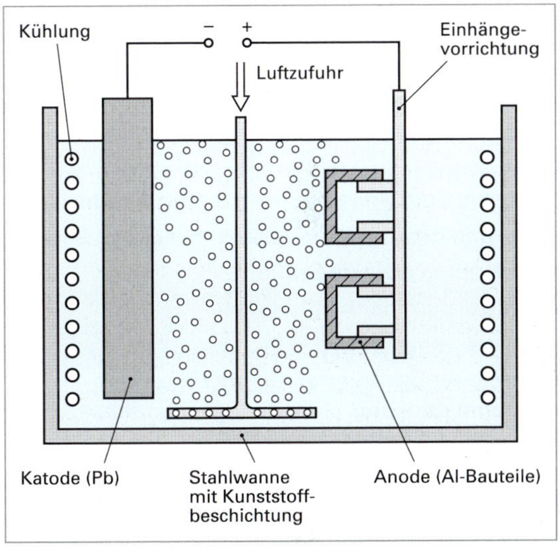

Bild 2: Prinzip der anodischen Oxidation von Aluminium

4.5.6.2 Anodische Oxidation (Eloxieren)

Bei der anodischen Oxidation (auch als **Anodisieren** oder **elektrolytisches Oxidieren** bezeichnet) erfolgt eine Verstärkung der natürlichen Passivschicht des Aluminiums auf elektrochemischem Wege. Eine besondere Bedeutung hat das Verfahren bei Aluminium-Werkstoffen und wird dort auch als **Eloxieren** bezeichnet. Die Schichten sind nach der anodischen Oxidation mit 10 µm bis 30 µm durchschnittlich etwa 1000-mal dicker als die natürliche Oxidschicht und besitzen dementsprechend einen deutlich verbesserten Korrosionsschutz, eine relativ hohe Härte sowie ein gutes elektrisches Isolationsvermögen.

Bei der anodischen Oxidation von Aluminium wird das Werkstück als Anode (Pluspol) in eine saure Lösung von 18 °C ... 25 °C (Chrom-, Schwefel- oder Oxalsäure und deren Mischungen) eingetaucht (Bild 2). Beim Einschalten des elektrischen Stromes werden dem Aluminium-Bauteil Elektronen entzogen. Die dabei entstehenden Al^{3+}-Ionen wandern durch die bereits vorhandene dünne Oxidschicht. An der Grenzfläche zum Elektrolyten reagieren die Aluminiumionen mit dem Sauerstoff zu Aluminiumoxid (Al_2O_3). Die dabei auf der Aluminiumoberfläche entstehende Sperrschicht wird im Elektrolyten gelöst und anschließend als poröse Deckschicht wieder ausgefällt (Bild 3).

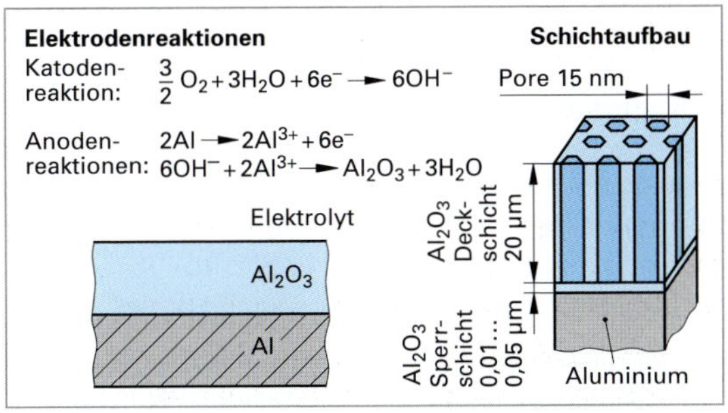

Bild 3: Entstehung und Aufbau einer Oxidschicht bei der anodischen Oxidation von Aluminium

ⓘ Information

Eloxieren

Der Begriff **„Eloxieren"** ist eine Abkürzung für „**el**ektrolytische **Ox**idation von **Al**uminium" und als Eloxalverfahren gesetzlich geschützt. Eloxal und die davon abgeleiteten Begriffe sind aber inzwischen in der Literatur so verbreitet, dass „Eloxalqualität" ein feststehender Begriff für Aluminium-halbzeug geworden ist, das für eine anodische Oxidation geeignet ist.

In den Porenraum können durch eine Nachbehandlung organische oder anorganische Farbstoffe eingelagert und die Schicht auf diese Weise eingefärbt werden **(Tauchfärbung)**. Weitere Möglichkeiten der Einfärbung von Eloxalschichten sind die **Farbanodisation** (Farbton wird bestimmt von der Elektrolyt- und Legierungszusammensetzung sowie den Anodisierbedingungen) und die **elektrolytische Einfärbung** (Metallabscheidung aus wässriger Metallsalzlösung in den Poren der Schicht).

Die Umwandlung des Aluminiums zu Aluminiumoxid ist mit einer Gewichts- und Dickenzunahme verbunden. Etwa 30 % ... 50 % der Schichtdicke wächst daher nach außen. Dies muss bei Bauteilen mit hoher Maßgenauigkeit berücksichtigt werden.

Besonders harte und verschleißbeständige Oxidschichten für technische Anwendungen wie Hydraulikzylinder, Gleitlager, Fahrgestelle von Flugzeugen usw., werden durch **Hartanodisation** erzeugt. Harte Oxidschichten bilden sich durch Anwendung geeigneter Elektrolyte (Schwefelsäure bzw. Schwefel- und Oxalsäure) und angepasster Arbeitsbedingungen (höhere Stromdichte, niedrigere Elektrolyttemperatur).

4.5.6.3 Phosphatieren

Unter **Phosphatieren** (DIN 50 942 und DIN EN ISO 3892) versteht man die Abscheidung einer Phosphatschicht auf Eisen-, Zink- oder Aluminiumwerkstoffen zur Verbesserung des Korrosionsschutzes, der Haftfähigkeit organischer Beschichtungen oder zur Verbesserung der Gleiteigenschaften.

Phosphatschichten haften sehr gut auf dem Grundwerkstoff, da sie unmittelbar auf dem Kristallgitter aufwachsen. Zum Phosphatieren eignen sich insbesondere die folgenden Werkstoffe:

- un- und niedriglegierte Stähle mit einem Legierungsanteil bis etwa 5 %,
- Zink oder verzinkte Stoffe,
- einige Aluminiumlegierungen.

Beim Phosphatieren wird das Werkstück im Tauch- oder Spritzverfahren mit Hilfe einer Phosphatierlösung (Tabelle 1) behandelt. Im sauren Phosphatierbad (pH3,5 ... pH6,0) gehen (im Falle von Eisenwerkstoffen) zweiwertige Eisenionen (Fe^{2+}) zunächst in Lösung **(Beizreaktion)** und bilden in einer Folgereaktion mit den Anionen der Phosphorsäure und den zugesetzten Metallionen (z. B. Zn^{2+}) schwer lösliche Eisenphosphate (z. B. $Zn_xFe_y(PO_4)_z \cdot 4H_2O$), die sich an der Werkstückoberfläche abscheiden. Die Behandlungsdauer für Eisenwerkstoffe beträgt üblicherweise bis zu 3 min. im Spritzverfahren bzw. bis zu 5 min. im Tauchverfahren (siehe auch Kapitel 11.5.1.1).

Tabelle 1: Zusammensetzung von Phosphatierlösungen für Stähle nach *Hofmann* und *Spindler*

Bestandteil	Anteile in g/l	
	Kaltphosphatierung (< 40 °C)	**Heißphosphatierung** (95 °C ... 98 °C)
Phosphorsäure (H_3PO_4)	45 ... 70	25 ... 30
Zinkcarbonat ($ZnCO_3$)	20	3
Mangancarbonat ($MnCO_3$)	–	10 ... 15
Natriumfluorid (NaF)	0,2	–
Natriummethanat	–	0,8
Org. Stickstoffverbindungen	2	0,08

Die Schichtdicken der (auf Eisenwerkstoffen) amorphen Eisenphosphatschicht liegt in der Regel in der Größenordnung der Lichtwellenlänge, also etwa zwischen 0,4 µm und 0,8 µm. Aufgrund von Interferenzen erscheinen dünnere Phosphatschichten daher in Abhängigkeit ihrer Schichtdicke in verschiedenen Farben. Dickere Schichten (> 0,8 µm) erscheinen einheitlich grau.

Das Phosphatieren wird aus den folgenden Gründen angewandt:

- Als Korrosionsschutz, insbesondere bei einer nachfolgenden organischen Beschichtung. Die Phosphatschicht dient in diesem Fall als Dampfsperre für den Wasserdampf, der durch die organische Beschichtung diffundiert. Die Schichtdicken betragen (bei der Zinkphosphatierung) dabei bis zu 15 µm.
- Als Haftgrund für organische Beschichtungen (Lackiervorbehandlung). Übliche Schichtdicken liegen zwischen 0,5 µm und 2 µm.
- Zur Verbesserung der Gleiteigenschaften bei schweren Umformvorgängen. Die Phosphatschicht zeigt sowohl ein nennenswertes Eigenschmierverhalten als auch ein gutes Adsorptionsvermögen für Öle und Festschmierstoffe (Schmiermittelträger).

4.5.6.4 Chromatieren

Unter Chromatieren (DIN EN ISO 3892) versteht man die Behandlung von Werkstücken in Chrom(VI)-haltigen sauren Chromatierlösungen. Die sich dabei bildenden Chromatschichten dienen

- zur Verbesserung des Korrosionsschutzes,
- zur Verbesserung der Haftfähigkeit organischer Beschichtungen,
- dekorativen Zwecken.

Das Chromatieren wird angewandt bei:

- Zinkwerkstoffen,
- Stählen mit Zn-Legierungsschichten (Zn-Ni, Zn, Fe, Zn-Co, Zn-Fe-Co),
- Aluminiumwerkstoffen.

Taucht man Werkstücke aus Zinkwerkstoffen oder Stahl mit Zn-Legierungsschichten in eine Chromatierlösung, dann gehen zunächst zweiwertige Zinkionen (Zn^{2+}) in Lösung. Die dabei freigesetzten Elektronen führen einerseits zu einer Wasserstoffreduktion und andererseits zur Reduktion von Cr^{6+} zu Cr^{3+} (Bild 1). In einer Sekundärreaktion entsteht u. a. schwer lösliches Zinkchromat ($ZnCrO_4$), das sich auf der Werkstückoberfläche abscheidet. Weiterhin kommt es zur Ausfällung von Chromoxiden und Chromhydroxiden auf der Werkstückoberfläche. Auf diese Weise bildet sich schließlich die gewünschte Chromatschicht.

In Abhängigkeit der Zusammensetzung der Chromatierlösung sowie der Verfahrensparameter bilden sich Schichten mit unterschiedlicher Dicke und Eigenfarbe. Man unterscheidet daher die in Tabelle 1 zusammengestellten Chromatierverfahren.

ⓘ Information

Chrom(VI)-haltige Beschichtungen

Chrom(VI) ist extrem giftig, Erbgut schädigend und daher als gefährlicher Arbeitsstoff klassifiziert. Es ist in den Chromatierschichten mit bis zu 350 mg/m² enthalten (Tabelle 1). Da ein Haut-, oraler oder inhalativer Kontakt bei Verarbeitung und Gebrauch nicht auszuschließen ist, sind Cr(VI)-haltige Beschichtungen seit einigen Jahren z. B. im Fahrzeugbau oder in Elektrogeräten verboten (z. B. EU-Altauto-Verordnung oder RoHS-Richtlinie zur Beschränkung gefährlicher Stoffe in Elektro- und Elektronikgeräten). Zwischenzeitlich wurden Cr(VI)-freie Oberflächenbeschichtungen mit vergleichbaren Eigenschaften entwickelt.

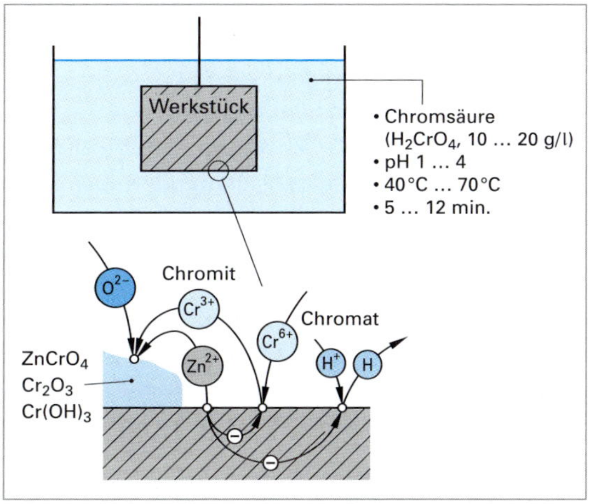

Bild 1: Prinzip der Entstehung von Chromatschichten am Beispiel von Zinkwerkstoffen bzw. Stählen mit Zn-Legierungsschichten

Tabelle 1: Chromatierverfahren

Verfahren[1]	Schichtdicke µm	Auflagengewicht mg/m²	Chrom (VI)-Gehalt mg/m²	Besonderheiten	Bemerkungen
Gelb-chromatieren	0,1 … 1,0	100 … 250	100 … 250	• hoher Korrosionsschutz	–
Transparent Chromatieren	< 0,05	≤ 50	< 10	• geringer Korrosionsschutz • als Vorbehandlung für farblose Lacke	• Zusatz von NaF (≈ 0,8 g/l)
Blau-chromatieren	0,05 … 0,08	50 … 100	10 … 25	• geringer Korrosionsschutz	• Zusatz von NaF • gute Blautöne durch Fe oder Zn in der Schicht
Grün-/Oliv-chromatieren	1,25 (Zn) 2,5 … 10 (Al)	bis 2000 (Zn)	250 … 350	• hoher Korrosionsschutz • für Einbrennlacke nur bis 200 °C	–
Schwarz-chromatieren	0,1 … 1,0	200 … 2000	≤ 300	–	• Schwarze Farbe durch Ag(I) (1 … 5 g/l) bzw. Cu(II)Ionen (5 … 10 g/l)

k. A. = keine Angabe
[1] Farbe der Schicht durch Interferenz des reflektierten sichtbaren Lichts an der Schicht- und Metalloberfläche.

4.5.6.5 Brünieren

Beim **Brünieren** werden Eisenwerkstoffe in stark oxidierende Lösungen getaucht. Dadurch entsteht eine dichte Eisenoxidschicht (z. B. Fe_3O_4), die zu einer Verbesserung der Korrosionsbeständigkeit führt. Das Brünieren kann in sauren Lösungen (anorganische Säuren und Schwermetallsalze), in alkalischen Lösungen (Brüniersalze in wässriger Lösung bei ca. 150 °C) sowie in oxidierenden Salzschmelzen (Nitrate und Nitrite bei 320 °C ... 360 °C, Verzugsgefahr!) durchgeführt werden. Durch das Brünieren wird allerdings ein im Vergleich zu anderen Maßnahmen geringer Korrosionsschutz erreicht.

4.6 Stoffeigenschaften ändern

Die Eigenschaften eines Metalles lassen sich durch verschiedene Wärmebehandlungs- und Umformverfahren bzw. durch geeignete Kombinationen beider Verfahren teilweise erheblich verändern.

Stoffeigenschaftändern ist nach DIN 8580 die sechste Fertigungshauptgruppe. Darunter wird das Fertigen eines festen Körpers durch Verändern der Stoffeigenschaften durch Umlagern, Aussondern oder Einbringen von Stoffteilchen verstanden. Die dabei eventuell auftretenden Formänderungen gehören nicht zum Wesen dieser Fertigungshauptgruppe. Auch ist zu beachten, dass einzelne Formänderungsverfahren der Hauptgruppe 2 (Umformen), 3 (Trennen), 4 (Fügen) und 5 (Beschichten) als Nebenwirkungen ebenfalls Änderungen der Stoffeigenschaften der Randschicht zu Folge haben können.

Die Hauptgruppe Stoffeigenschaftändern beinhaltet die in Bild 1 dargestellten Untergruppen.

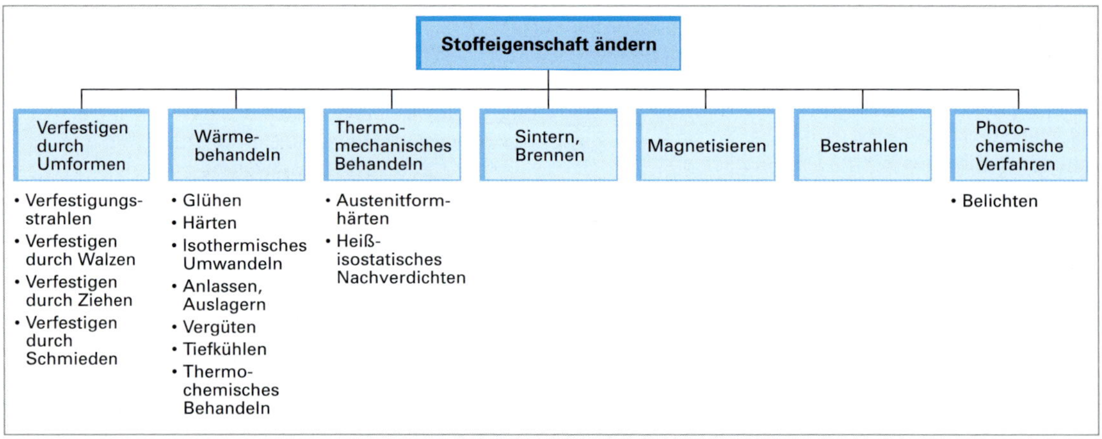

Bild 1: Einteilung der Fertigungshauptgruppe Stoffeigenschaftändern

4.6.1 Verfestigen durch Umformen

Die Verfahrensgruppe Verfestigen durch Umformen steht in engem Zusammenhang mit der Hauptgruppe 2 (Umformen). Dies kommt insbesondere bei den Untergruppen Verfestigen durch Walzen, Ziehen oder Schmieden zum Ausdruck.

4.6.1.1 Verfestigen durch Walzen

Das Verfestigen durch Walzen erfolgt in der Praxis meist durch das **Glattwalzen** (Feinwalzen der Oberfläche) von Stäben oder Rohren im Durchlaufverfahren (Bild 2) oder durch das **Profilglattwalzen** (Bild 1, Seite 131). Der Umformvorgang beschränkt sich dabei auf eine dünne Werkstoffschicht im Bereich der Werkstückoberfläche.

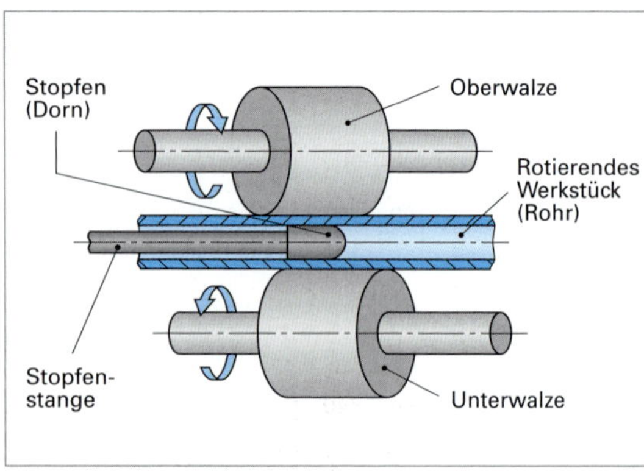

Bild 2: Glattwalzen von Rohren

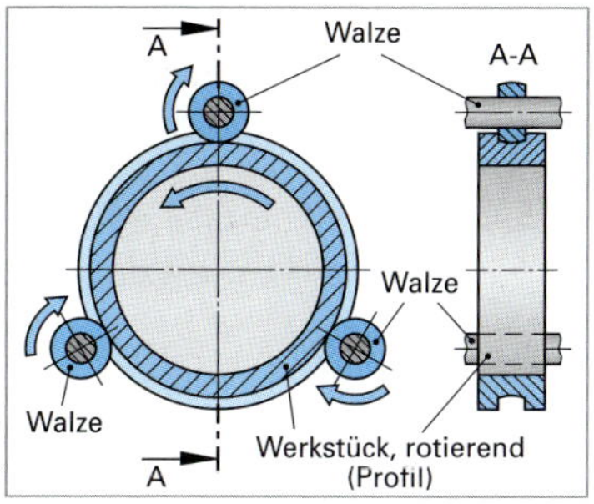

Bild 1: Profilglattwalzen

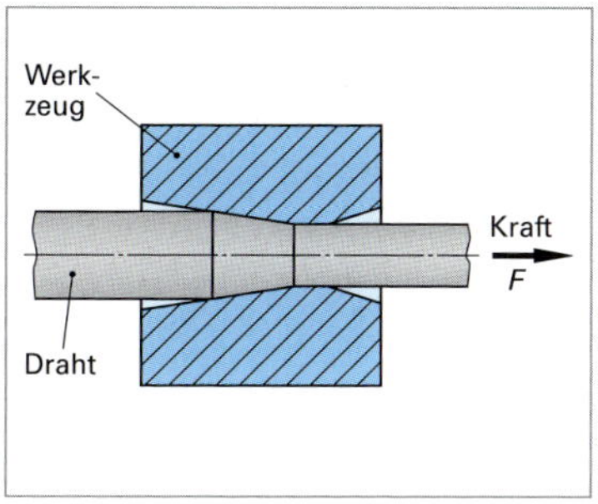

Bild 2: Drahtziehen

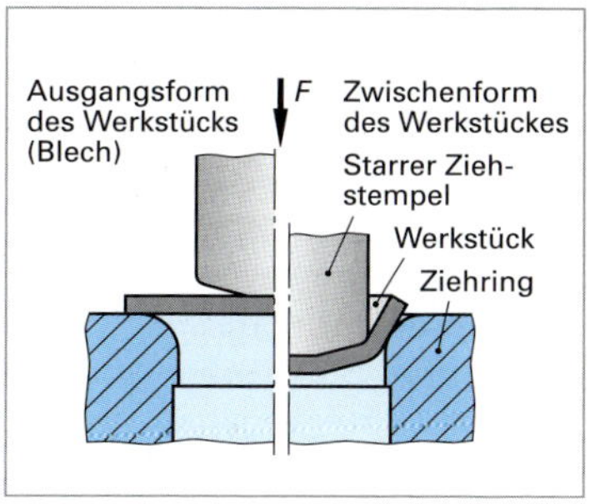

Bild 3: Tiefziehen (ohne Niederhalter)

Beim Verfestigen durch Walzen tritt eine **Kaltverfestigung** ein (Bild 1, Seite 57). Die Kaltverfestigung des Werkstoffs beruht auf der Erhöhung von Kristallfehlern (Versetzungen, Leerstellen usw.) bzw. in der Veränderung der Kristallform (Kapitel 2.9.4) und äußert sich in einer erwünschten Erhöhung der Festigkeit (Zugfestigkeit und Streck- bzw. Dehngrenze) sowie der Härte.

4.6.1.2 Verfestigen durch Ziehen

Beim Verfestigen durch Ziehen wird das Werkstück durch eine sich in Ziehrichtung verengende Werkzeugöffnung gezogen **(Durchziehen,** z. B. Drahtziehen, Bild 2) oder es wird ein Hohlkörper aus einem Blechzuschnitt oder aus einem anderen Hohlkörper mit größerem Umfang ohne beabsichtigte Blechdickenänderung hergestellt **(Tiefziehen).** Insbesondere beim Tiefziehen ist zu beachten, dass mit zunehmendem Umformgrad die Zähigkeit und Verformbarkeit stark abnimmt. Ein zu hoher Kaltverformungsgrad kann daher zu einer unerwünschten Rissbildung führen. Tabelle 1 gibt Anhaltswerte über die maximal erreichbaren Umformgrade in Abhängigkeit der Werkstoffsorte. Ist das Verformungsvermögen eines Werkstoffs erschöpft, ehe die Endabmessungen erreicht werden, dann kann durch eine Normalglühung (Kapitel 6.4.3.1, nur bei Stählen möglich) oder durch eine Rekristallisationsglühung (Kapitel 6.4.3.4) die mit einer Kaltumformung einhergehende Verfestigung wieder rückgängig gemacht werden. Im Anschluss an das Glühen ist eine weitere Umformung möglich. Durch mehrmaliges Zwischenglühen ist es gegebenenfalls möglich, auch größere Umformgrade durch Kaltumformung zu realisieren.

Tabelle 1: Erreichbares Ziehverhältnis bei Stählen

Werkstoff	Zugfestigkeit MPa	Ziehverhältnis β Erstzug[1]	Ziehverhältnis β 1. Weiterzug ohne Zwischenglühung	Ziehverhältnis β 1. Weiterzug mit Zwischenglühung
Unlegierte weiche Stähle				
DC01	270 ... 410	1,90	1,20	1,60
DC03	270 ... 370	2,00	1,25	1,65
DC04	270 ... 350	2,10	1,30	1,70
Nichtrostende Stähle				
ferritisch: X8Cr17	450 ... 600	1,55	–	1,25
austenitisch: X15CrNi18-9	500 ... 700	2,00	1,20	1,80
Hitzebeständige Stähle				
ferritisch: X10CrAl13	500 ... 650	1,70	1,20	1,60
austenitisch: X15CrNiSi25-20	590 ... 740	2,00	1,20	1,80

Tabelle 2: Erreichbares Ziehverhältnis bei Nichteisenmetallen und deren Legierungen

Werkstoff[3]	Zugfestigkeit MPa	Ziehverhältnis β Erstzug[1]	Ziehverhältnis β 1. Weiterzug ohne Zwischenglühung	Ziehverhältnis β 1. Weiterzug mit Zwischenglühung
Nickellegierungen				
NiCr20Ti	685 ... 880	1,70	1,20	1,60
Kupfer und Legierungen				
unlegiertes Cu[2]	215 ... 255	2,10	1,30	1,90
CuZn40-R350	345	2,10	1,40	2,00
CuZn37-R300	295 ... 370	2,10	1,40	2,00
CuZn28-R280	275 ... 350	2,20	1,40	2,00
CuZn10-R240	235 ... 295	2,20	1,30	1,90
CuNi12Zn24	340 ... 410	1,90	1,30	1,80
Aluminium und Legierungen				
EN AW-Al 99,5-O	70	2,10	1,60	2,00
EN AW-Al 99,5-H14	100	1,90	1,40	1,80
EN AW-Al 99,0-O	80	2,05	1,60	1,95
EN AW-Al 99,5Mg0,5-O	70	2,05	1,60	1,95
EN AW-AlMgSi-O	145	2,05	1,40	1,90

[1] Das Ziehverhältnis β kennzeichnet die Formänderung eines Bleches beim Tiefziehen und ist definiert als Verhältnis von Ausgangsdurchmesser d_1 vor dem Ziehen zu Enddurchmesser d_2 nach dem Tiefziehen, also $\beta = d_1/d_2$; [2] Sauerstofffrei, z. B. Cu-PHC oder Cu-DLP
[3] Für Cu und Al mit Angabe des Werkstoffzustandes

4.6.1.3 Verfestigen durch Schmieden

Das Verfestigen durch Schmieden erfolgt durch Druckumformen im plastischen Zustand durch die Verfahren **Freiformen** (z. B. Recken) oder **Gesenkformen** (z. B. Gesenkschmieden) Bild 1. Der Umformvorgang erfolgt dabei deutlich oberhalb der Rekristallisationstemperatur und ist dementsprechend eine Warmumformung. Durch die verformungssimultane Rekristallisation können nahezu beliebige Umformgrade bei, im Vergleich zur Kaltumformung, geringeren Umformkräften erreicht werden (Kapitel 2.10.2.5). Bei der Warmumformung tritt keine Verfestigung ein.

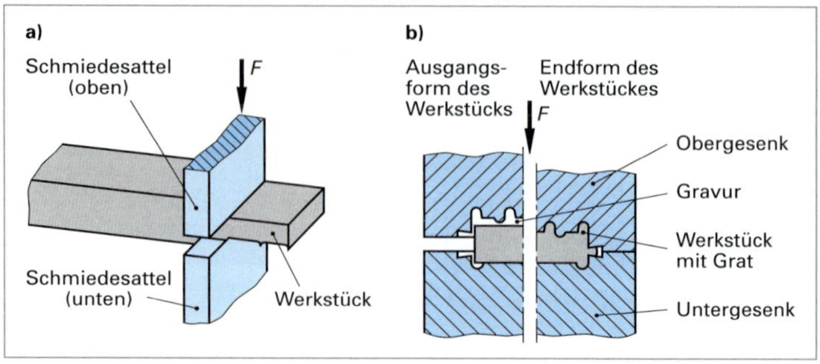

Bild 1: Verfestigen durch Schmieden
a) Freiformen (hier: Recken)
b) Gesenkformen (hier: Gesenkschmieden)

4.6.2 Wärmebehandeln

Unter Wärmebehandlung versteht man nach DIN EN 10 052 Verfahren (oder Verfahrenskombinationen), bei denen Werkstücke oder Halbzeuge bestimmten Temperatur-Zeit-Folgen unterworfen werden, um eine Änderung ihres Gefüges und/oder ihrer Eigenschaften herbeizuführen. Bei einigen Verfahren wird während der Wärmebehandlung zusätzlich die chemische Zusammensetzung des Werkstoffs geändert.

Die Ziele einer Wärmebehandlung sind:

- Verbesserung der mechanischen Eigenschaften wie Festigkeit oder Zähigkeit und damit auch der Gebrauchseigenschaften (z. B. Normalglühen, durchgreifendes Härten, Vergüten)
- Verbesserung der Eigenschaften der Werkstückoberfläche im Hinblick auf Verschleiß-, Gleit- und Reibwiderstand (z. B. Einsatzhärten, Nitrieren, Flamm- oder Induktionshärten)
- Schaffung optimaler Bearbeitungsmöglichkeiten zur Zerspanung oder Kaltumformung (z. B. Weichglühen, Grobkornglühen)
- Abbau innerer Spannungen (z. B. Spannungsarmglühen)
- Beseitigung einer Kaltverfestigung (z. B. Rekristallisationsglühen)
- Beseitigung von Seigerungen (z. B. Diffusionsglühen)

4.6.2.1 Glühen

Unter dem Begriff Glühen fasst man alle Verfahren der Wärmebehandlung zusammen, die das Erwärmen des Werkstücks auf eine bestimmte Temperatur (Glühtemperatur), das kurz- oder längerfristige Halten auf Glühtemperatur sowie schließlich die langsame Abkühlung zur Grundlage haben. Das Ziel des Glühens besteht in der Veränderung der Werkstoffeigenschaften im gesamten Werkstückquerschnitt bzw. im Auslösen bestimmter Vorgänge im Gefüge, um nachteilige Eigenschaften des Werkstoffs zu beseitigen bzw. bestimmte Verarbeitungs- und Gebrauchseigenschaften herbeizuführen.

4.6.2.2 Härten

Unter Härten versteht man bei Stählen das Erwärmen auf Härtetemperatur (auch als Austenitisieren bezeichnet) und nachfolgendem Abkühlen mit solcher Geschwindigkeit, dass oberflächlich oder durchgreifend eine erhebliche Härtesteigerung durch Martensitbildung eintritt. Das Härten wird in Kapitel 6.4.4 besprochen.

4.6.2.3 Isothermisches Umwandeln

Eine Reihe von Wärmebehandlungsverfahren erfordern ein Abschrecken mit anschließender isothermer Umwandlung. Hierzu gehören insbesondere das **Bainitisieren** und das **Patentieren** (Kapitel 6.4.5.4).

Grundlage für das Verständnis der bei isothermer Umwandlung ablaufenden Gefügeveränderungen sind die isothermen Zeit-Temperatur-Umwandlungsdiagramme (Kapitel 6.4.4.13). Ein isothermisches Umwandeln erfolgt meist in geeignet temperierten Metall- oder Salzschmelzen.

4.6.2.4 Anlassen und Auslagern

Nach DIN EN 10 052 versteht man unter **Anlassen** (Kapitel 6.4.5) das Erwärmen eines (in der Regel) martensitisch gehärteten Werkstücks auf eine Temperatur unter P-S-K (Ac_1-Temperatur), das Halten bei dieser Temperatur sowie das nachfolgende zweckentsprechende Abkühlen. Das Anlassen kann aus verschiedenen Gründen durchgeführt werden. Hinsichtlich des späteren Verwendungszwecks des Werkstücks unterscheidet man:

- Anlassen auf niedrige Temperaturen (etwa 100 °C bis 250 °C) mit dem Ziel der Verminderung der Sprödigkeit und dem Abbau innerer Spannungen. Behandelt werden auf diese Weise insbesondere gehärtete unlegierte und legierte Kaltarbeitsstähle, gehärtete niedriglegierte Warmarbeitsstähle (NiCrMoV-Sorten) sowie Wälzlagerstähle (durchhärtende Sorten)
- Anlassen auf höhere Temperaturen (etwa 500 °C bis 680 °C) mit dem Ziel der Verbesserung der Zähigkeit bzw. um ein gewünschtes Verhältnis zwischen Festigkeit und Zähigkeit einzustellen. Das Verfahren ist unter dem Begriff **Vergüten** bekannt. Behandelt werden auf diese Weise insbesondere Bau- und Konstruktionsstähle (vergütbare Sorten) sowie Wälzlagerstähle (vergütbare Sorten)
- Anlassen auf höhere Temperaturen (etwa 500 °C bis 650 °C) mit dem Ziel der Verbesserung der Warmhärte bzw. Warmfestigkeit sowie der Verschleißbeständigkeit **(Sekundärhärtung).** Behandelt werden auf diese Weise insbesondere hochlegierte Warmarbeitsstähle (CrMoV-Sorten), Schnellarbeitsstähle und Wälzlagerstähle (warmharte Sorten)

Auslagern findet in Verbindung mit einer Aushärtung (Kapitel 7.1.5) nach dem Lösungsglühen und Abschrecken statt und wird in großem Umfang zur Festigkeitssteigerung von Aluminiumlegierungen eingesetzt. Das Auslagern erfolgt entweder bei Raumtemperatur **(Kaltauslagerung)** oder bei erhöhten Temperaturen **(Warmauslagerung)**.

4.6.2.5 Vergüten

Vergüten (Kapitel 6.4.5.4) ist ein kombiniertes Wärmebehandlungsverfahren aus Härten mit nachfolgendem Anlassen auf höhere Temperaturen (etwa 450 °C bis 650 °C). Die Anlassdauer beträgt in der Regel eine Stunde bis drei Stunden. Vergütet werden nur Stähle. Das Vergüten dient im Wesentlichen zur Erhöhung der Zähigkeit bei gegebener Festigkeit bzw. zur Einstellung eines günstigen Verhältnisses von Festigkeit und Zähigkeit zur optimalen Anpassung der Werkstoffeigenschaften an die jeweiligen betrieblichen Anforderungen.

4.6.2.6 Tiefkühlen

Tiefkühlen ist ein Nachbehandlungsverfahren martensitisch gehärteter Stähle zur weitgehenden Umwandlung von Restaustenit in Martensit (Kapitel 6.4.4.9). Das Tiefkühlen erfolgt bei Temperaturen bis etwa –200 °C und ist erforderlich, falls höchste Härtewerte durch ein restaustenitfreies Gefüge (z. B. für Werkzeugschneiden) oder höchste Maßstabilität der gehärteten Werkstücke (z. B. für Messmittel) gefordert werden.

4.6.2.7 Thermochemisches Behandeln

Unter **thermochemischem Behandeln** versteht man nach DIN EN 10 052 eine Wärmebehandlung in einem geeigneten Behandlungsmittel, um eine Änderung der chemischen Zusammensetzung der Randschicht durch Stoffaustausch mit dem Mittel zu erreichen. Auch die Beeinflussung der randnahen Werkstoffschichten durch wärmebehandlungsbedingte Oberflächenreaktionen werden den thermochemischen Verfahren zugeordnet.

Zu den wichtigsten thermochemischen Oberflächenhärteverfahren gehören das **Einsatzhärten** bzw. **Carbonitieren** (Kapitel 6.4.6.3) sowie das **Nitrieren** bzw. **Nitrocarburieren** (Kapitel 6.4.6.3). In untergeordnetem

Maße werden auch das **Borieren** sowie eine Reihe von **Metall-Diffusionsverfahren** (Aluminieren, Chromieren, Silicieren oder Titanieren) angewandt.

4.6.2.8 Aushärten

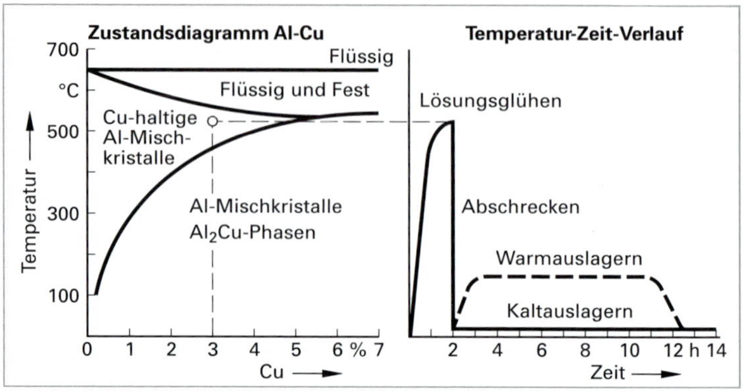

Bild 1: Prinzip des Aushärtens am Beispiel einer Aluminiumlegierung mit 3 % Kupfer

Das Aushärten (Kapitel 7.1.5) ist eine Wärmebehandlung, die aus den Teilvorgängen Lösungsglühen, Abkühlen und Auslagern besteht (Bild 1). Das Aushärten wird in großem Umfang zur Festigkeitssteigerung von Aluminiumlegierungen eingesetzt. Das Aushärten beginnt mit dem **Lösungsglühen** um bestimmte Legierungselemente in feste Lösung zu bringen (Bildung einer homogenen Mischkristallphase). Das anschließende **Abkühlen** muss mit einer solchen Geschwindigkeit erfolgen, dass die gelösten Legierungsbestandteile das Wirtsgitter nicht verlassen können und dort zunächst in Zwangslösung verbleiben. Das **Auslagern** (s. o.) dient der Herbeiführung von Entmischungen und/oder der Ausscheidung fester Phasen aus dem übersättigten Mischkristall. Die Entmischungszonen bzw. die ausgeschiedenen Phasen führen zu einer Behinderung der Versetzungsbewegung und damit zu einer Festigkeitssteigerung.

Die beim Aushärten geeigneter Aluminiumlegierungen auftretenden Verfestigungseffekte werden auch zur Festigkeitssteigerung anderer Legierungen genutzt, z. B. für Ti-, Ni- und Cu-Legierungen sowie für ausscheidungshärtbare Stähle. Sofern die Verfestigung über die Ausscheidung einer Gleichgewichtsphase abläuft, spricht man häufig auch von **Ausscheidungshärtung**.

4.6.3 Thermomechanisches Behandeln

Das thermomechanische Behandeln ist eine kombinierte Wärme- und Umformbehandlung, bei der sowohl Temperatur als auch Umformung in ihrem zeitlichen Ablauf so gesteuert werden, dass ein Werkstoffzustand eintritt, der durch konventionelle Fertigungsschritte mit diesem Werkstoff nicht erreichbar wäre und auch nicht wiederholbar ist (siehe Kapitel 4.2.3 und 6.5.3.2). Man unterscheidet.

- **Umformen vor der Austenitumwandlung** (auch als **Austenitformhärten** oder **Ausforming** bezeichnet)
- **Umformen während der Austenitumwandlung** (z. B. **Isoforming** oder **Zerorolling)**
- **Umformen nach der Austenitumwandlung**

4.6.4 Sintern und Brennen

Unter **Sintern** versteht man ein Verfahren, bei dem ein aus pulvrigem oder körnigem Material hergestellter, stark poriger Körper unter dem Einfluss von erhöhter Temperatur und ggf. Druck zu einem festen, kompakten Körper umgewandelt wird. Man unterscheidet dabei das **Sintern fester Phasen,** das **Sintern mit flüssiger Phase** und das **Reaktionssintern** (Kapitel 2.10.4 und 10.9.6). Sintern wird beispielsweise bei der Herstellung keramischer Bauteile angewandt. Unter **Brennen** versteht man die Verfestigung tonkeramischer Stoffe durch Sinterung bei geeigneter Brenntemperatur und die letzte Stufe bei der Herstellung einer Emailschicht.

4.6.5 Magnetisieren

Beim Magnetisieren werden die magnetischen Momente ferromagnetischer Werkstoffe (Eisen, Cobalt oder Nickel) sowie ferrimagnetischer Werkstoffe (bestimmte oxidische Stoffe wie Fe_2O_3) ausgerichtet. Das Magnetisieren dient beispielsweise der Herstellung von Dauermagneten.

4.6.6 Bestrahlen

Bestrahlen ist ein Fertigungsverfahren, bei dem ein Strahlmittel in fester, körniger, flüssiger oder gemischter Form durch Druckluft, Wasser oder Schleuderräder beschleunigt und zum Aufprall auf die zu bearbeitende Oberfläche gebracht wird. Das Bestrahlen kann erfolgen als:

- **Reinigungsstrahlen**
- **Oberflächenveredelungsstrahlen**
- **Verfestigungsstrahlen**
- **Umformstrahlen**

4.6.7 Fotochemische Verfahren

Fotochemische Verfahren werden in großem Umfang in der Halbleitertechnik angewandt. Siliciumscheiben erhalten dabei eine lichtempfindliche Schicht, die durch eine Maske belichtet und anschließend entwickelt wird. Dabei lassen sich entweder die belichteten oder die unbelichteten Bereiche entfernen. Die freigelegten Zonen werden anschließend geätzt oder dotiert.

5 Gewinnung, Formgebung und Recycling metallischer Werkstoffe und Legierungen

Die Gewinnung metallischer Werkstoffe aus den entsprechenden Rohstoffen wird als **Metallurgie** bezeichnet. Bereits die Verfahren der Metallgewinnung beeinflussen die späteren Werkstoffeigenschaften in entscheidender Weise. Die Metallurgie gehört zum Bereich der Verfahrenstechnik, während die Weiterverarbeitung, wie das Gießen oder die Formgebung, der Fertigungstechnik zugeordnet wird.

5.1 Überblick zur Gewinnung metallischer Werkstoffe

Mit Ausnahme der Edelmetalle kommen die meisten Metalle in der Natur nur in Verbindungen vor. Die Rohstoffe der Metalle werden als **Erze** bezeichnet. Erze sind häufig Oxide, also Sauerstoffverbindungen des Metalls (z.B. Fe_2O_3), vermischt mit anderen Stoffen (**Gangart**). Neben oxidischen Verbindungen werden auch Sulfide, wie PbS (Bleiglanz), seltener Carbonate oder Chloride zur Metallgewinnung genutzt.

Nach der bergmännischen Gewinnung der Erze müssen die **Begleitstoffe** weitgehend abgetrennt werden (Aufbereitung), um aus dem angereicherten Erz, dem **Konzentrat**, mit geringerem Energieaufwand das **Rohmetall** gewinnen zu können. Auch verfahrenstechnische Gründe erfordern mitunter die Abtrennung der Begleitstoffe, wie im Falle der Aluminiumgewinnung, bei der aus dem Rohstoff Bauxit zuerst reines Aluminiumoxid gewonnen werden muss, um anschließend die Schmelzflusselektrolyse durchführen zu können.

Der Metallgehalt der Erze reicht in den abbaufähigen Lagerstätten von weniger als 1 % bei Kupfer bis über 60 % bei Eisen. Ob der Abbau von Erzen einer Lagerstätte wirtschaftlich ist, hängt vom jeweiligen Metall, Umfang und Abbaumöglichkeiten der Lagerstätte (z. B. Tage- oder Tiefbau) und den übrigen Vorkommen des Metalls ab. Die Gewinnung der metallischen Werkstoffe erfolgt in mehreren Schritten:

1. Abbau der Erze
2. Aufbereitung der Erze zu Konzentraten
3. Verhüttung der Konzentrate, Reduktion der Verbindungen zum Rohmetall
4. Raffinieren und Umschmelzen des Rohmetalls, Legieren
5. Verarbeitung der metallischen Werkstoffe zu Halbzeug und Werkstücken.

5.1.1 Gewinnung metallischer Rohstoffe

Der Abbau der Erze und deren bergmännische Gewinnung gehört nicht zum Bereich der Werkstofftechnik. Die Rohstoffgewinnung und Verarbeitung der Erze zu Konzentraten hat sich in Entwicklungsländer verlagert, da dort die Förderkosten – häufig können die Erze im Tagebau gewonnen werden – geringer sind. Der Metallgehalt der Erze liegt höher als bei den Erzen aus deutschen Lagerstätten. Der Eisenerzimport betrug 1950 in Westdeutschland 34 %, seit Beginn der 90er-Jahre 100 %. Die deutschen Hütten beziehen Eisenerze zurzeit hauptsächlich aus Brasilien.

Um Transportkosten zu minimieren, werden die Erze meist auf dem Grubengelände aufbereitet. Durch die Aufbereitung der Erze, dies sind meist physikalische Verfahren, wird die Gangart (andere störende Stoffe) weitgehend abgetrennt und damit der Metallgehalt erhöht. Dazu ist es notwendig, gröbere Erzstücke zu zerkleinern. Das gewonnene feinkörnige Konzentrat muss wieder stückig gemacht werden durch **Pelletieren**, also Formen und Pressen zu Kugeln unmittelbar nach der Aufbereitung, oder durch **Sintern**. Gesinterte Stücke sind porös, sie besitzen daher eine große Oberfläche, was eine Verbesserung des Verhüttungsprozesses bewirkt, da gasförmige Reduktionsstoffe wie Kohlenmonoxid oder Wasserstoff besser reagieren können. Sulfidische Erze müssen geröstet, d. h. der Schwefel muss abgetrennt werden, da Schwefel den weiteren Reduktionsprozess stört. Dies gilt beispielsweise für das wichtigste Bleierz, den Bleiglanz (chemische Bezeichnung: Bleisulfid):

$$2\,PbS + 3\,O_2 \rightarrow 2\,PbO + 2\,SO_2$$

Das dabei gebildete Bleioxid wird mit Koks zu Blei reduziert und das Schwefeldioxid wird zu Schwefelsäure weiterverarbeitet.

5.1.2 Verfahren der Metallgewinnung

Die eigentliche Metallgewinnung, die **Verhüttung** der Erze und Konzentrate durch chemische Reduktion, und die Gewinnung der Rohmetalle erfolgt nach verschiedenen metallurgischen Verfahren:

- Pyrometallurgie
- Hydro- oder Nassmetallurgie
- Elektrolyse (Elektrometallurgie)

Ähnliche Verfahren werden auch bei der Raffination der Rohmetalle angewandt.

Die größte Bedeutung hat die **Pyrometallurgie**, d. h. die Gewinnung der Metalle auf trockenem Wege bei höheren Temperaturen durch chemische und physikalische Verfahren. Der **Hochofenprozess,** bei dem aus Eisenerzkonzentraten Roheisen gewonnen wird, ist ein pyrometallurgischer Prozess. Die Wärme wird hauptsächlich aus der Verbrennung von Koks erzeugt und die Reduktion der Eisenoxide erfolgt durch Kohlenstoff bzw. Kohlenmonoxid zu metallischem Eisen. Die allgemeine typische chemische Reaktion der Metallgewinnung (Me = Metall) lautet:

$$2\,MeO + C \rightarrow 2\,Me + CO_2$$

Neben Eisen können auch andere Rohmetalle, wie Kupfer, Blei, Zinn und Zink, auf diese Weise gewonnen werden.

Die Reduktion von Metallverbindungen durch Koks ist nicht immer möglich. Dies ist der Fall, falls ein Metall eine größere Affinität zu Sauerstoff hat als zu Kohlenstoff (z. B. Aluminium) oder falls ein Metall mit Kohlenstoff in großen Mengen Carbide bildet (z. B. Chrom oder Wolfram). So enthält durch Reduktion mit Koks gewonnenes Rohchrom über 5 % Kohlenstoff. Ein solches Rohchrom lässt sich nicht wirtschaftlich zu reinem Chrom verarbeiten. Andere Verfahren haben sich trotz möglicher Reduktion mit Koks durchgesetzt, falls dadurch das Ausbringen erhöht oder die Reinheit des Rohmetalls verbessert wird, so dass eine größere Wirtschaftlichkeit der Metallgewinnung erreicht wurde. So werden bei der Zink- und Kupfergewinnung häufig Elektrolyseverfahren angewandt.

Es gibt auch pyrometallurgische Verfahren, bei denen andere Reduktionsmittel als Koks eingesetzt werden. Am bekanntesten ist die **Aluminothermie**, bei der Aluminiummetall zum Reduzieren von Metallverbindungen unter Erzeugung hoher Temperaturen benutzt wird, beispielsweise zur Gewinnung von Mangan oder Chrom:

$$3\,MnO_2 + 4\,Al \rightarrow 3\,Mn + 2\,Al_2O_3$$

Ein wichtiges Reduktionsmittel ist auch Wasserstoff, dessen Bedeutung noch erheblich gesteigert werden könnte, wenn preiswerter (mit Hilfe von Solarenergie erzeugter) Wasserstoff zur Verfügung stünde. Beispiel:

$$WO_3 + 3\,H_2 \rightarrow W + 3\,H_2O$$

Ein altes hydro- oder **nassmetallurgisches Verfahren**, das Abtrennen von Metallverbindungen mit wässrigen Aufschlussmitteln, ist die Trennung von Gold und Silber durch Salpetersäure (Scheidewasser). Denn nur Silber wird durch Salpetersäure gelöst und Gold bleibt ungelöst zurück. Bei anderen nassmetallurgischen Verfahren werden die vorher gelösten Stoffe durch Zusätze getrennt, wie Blei und Zink durch verdünnte Schwefelsäure. Im weiteren Sinne gehört auch die bereits erwähnte Gewinnung von reinem Aluminiumoxid aus Bauxit durch heiße Natronlauge dazu. Auch so genannte Zementationsverfahren, bei dem gelöste Metallverbindungen durch Zementation, d. h. Verdrängung aus der Verbindung mittels eines unedleren Metalls, gewonnen werden, wie die Gewinnung von Kupfer aus Lösungen durch Eisen, sind nassmetallurgische Verfahren:

$$Cu^{2+} + Fe \rightarrow Cu + Fe^{2+}$$

Bei dieser Reaktion fällt Kupfer als Pulver aus und das Eisenpulver wird gelöst.

Die **Elektrolyse** hat sowohl bei der Rohmetallgewinnung als auch bei der Raffination in den letzten Jahrzehnten erheblich an Bedeutung gewonnen. Zur Elektrometallurgie gehören außer den Elektrolyseverfahren noch Elektroöfen zum Schmelzen. Dabei werden die Metalle auf elektrochemischem Wege aus den Verbindungen hergestellt. Dies geschieht entweder aus (wässrigen) Lösungen oder aus Schmelzen von Metallverbindungen. Bedingung ist in beiden Fällen: Metalle liegen als Ionen vor und werden elektrolytisch an dem elektrisch negativen Pol – der Katode – abgeschieden, da die Metallionen positiv geladen sind. Aus wässrigen Lösungen werden Kupfer und Zink häufig durch Elektrolyse gewonnen. Die wichtigste **Schmelzflusselektrolyse** wird bei der Aluminiumgewinnung durchgeführt, bei der zur Schmelzpunkterniedrigung und Ionisierung des Aluminiumoxids Kryolith (Na_3AlF_6) zugesetzt wird.

Viele Erze sind komplex und nur durch die Kombination verschiedener Verfahren auf reine Metalle zu verarbeiten. Welches Verfahren jeweils zum Einsatz kommt hat chemische und wirtschaftliche Gründe. Aluminium kann beispielsweise nicht durch Koks gewonnen werden, da dies aus chemischen Gründen nicht möglich ist. Dagegen wird Kupfer, je nach Art und Zusammensetzung der Erze und den übrigen örtlichen Bedingungen, pyrometallurgisch, hydrometallurgisch oder elektrolytisch aus Lösungen gewonnen. Bei der Zinkgewinnung haben elektrolytische Verfahren die Reduktion von Zinkoxid durch Koks weitgehend verdrängt, da bei der Elektrolyse bereits ein sehr reines Metall anfällt. Somit sind weitere Raffinationsverfahren nicht nötig und außerdem liegt das Ausbringen bei der Elektrolyse erheblich höher, so dass die Elektrolyse wirtschaftlicher ist, im Vergleich zur Reduktion mit Koks.

5.1.3 Raffinationsverfahren

Die bei der Verhüttung gewonnenen Rohmetalle sind oft noch in unerwünschter Weise durch andere Elemente verunreinigt. So ist das Roheisen des Hochofens wegen des zu hohen Kohlenstoffgehaltes derart spröde, dass es nicht umgeformt werden kann. Rohblei hat oft einen nicht geringen Anteil an Edelmetallen, besonders an Silber, der gewinnbringend abgetrennt wird. Aus den Rohmetallen werden durch **Raffinationsverfahren** (Reinigung) entsprechend den jeweiligen Ansprüchen die gebrauchsfähigen Metalle hergestellt. Die Raffination der Rohmetalle erfolgt durch ähnliche Prozesse wie die Rohmetallgewinnung. Roheisen wird beispielsweise auf thermischem Wege (Kapitel 5.2.1.2) zu Stahl weiterverarbeitet, dabei ist eine wichtige chemische Reaktion:

$$FeO + CO \rightarrow Fe + CO_2$$

Neben pyrometallurgischen Verfahren wird auch die Elektrolyse häufig zur Raffination von Rohmetallen angewandt. Die **Raffinationselektrolyse** unterscheidet sich grundsätzlich von der Gewinnungselektrolyse. Bei der Raffinationselektrolyse werden die Metalle anodisch aufgelöst und an der Katode abgeschieden. Bei der Gewinnungselektrolyse sind die Anoden unlöslich, die Metalle sind als Ionen im Elektrolyt von Beginn an vorhanden. Die elektrolytische Raffination von Rohkupfer ist dann nötig, wenn einige Verunreinigungen aus der Schmelze sich gar nicht oder nur teilweise entfernen lassen.

Der Raffination, die thermisch meist in so genannten Konvertern durchgeführt wird, schließt sich oft noch ein weiterer Verfahrensschritt an, die so genannte **Pfannen-** oder **Sekundärmetallurgie**, d. h. die Behandlung der Metallschmelzen vor dem Abgießen. Besonders wichtig sind dabei Desoxidationsverfahren, dabei wird der Restsauerstoff (in der Schmelze) entfernt. Auch gelöste Gase und weitere schädliche Stoffe werden häufig durch Vakuumbehandlung oder Spülen mit anderen Gasen entfernt.

5.1.4 Metallische Werkstoffe und deren Handelsformen

Metalle, die im geschmolzenen Zustand raffiniert wurden, werden direkt zu den gewünschten Gussblöcken vergossen und Metallkatoden, d. h. durch elektrolytische Raffination gewonnene Metallplatten, müssen umgeschmolzen werden. Die Herstellung von Legierungen erfolgt meistens im schmelzflüssigen Zustand, also vor dem Gießen und Erstarren. Speziallegierungen, die nur in geringen Mengen benötigt werden, werden meist aus Vorlegierungen und geeignetem Schrott erschmolzen. Vorlegierungen enthalten neben dem Grund- oder Legierungsmetall noch ein, seltener auch zwei Legierungselemente, jedoch mit einem höheren Anteil als in der angestrebten Legierung, so dass durch Verdünnen der Vorlegierung mit dem reinen Metall die gewünschte Legierungszusammensetzung sehr genau erreicht wird.

Metallische Werkstoffe werden in unterschiedlichen Handelsformen angeboten. Dabei ist zu unterscheiden zwischen **Guss-** und **Knetlegierungen**, wobei Gusslegierungen gut gießbar und Knetlegierungen gut verformbar sein müssen. Die Gusslegierungen werden hauptsächlich als **Masseln** geliefert, das sind Stäbe mit einem nahezu trapezförmigen Querschnitt. Die Abmessungen sind unterschiedlich, oft sind Einkerbungen zur leichteren Zerkleinerung angebracht. Diese Werkstoffe werden in Gießereien zu Werkstücken weiterverarbeitet.

Knetlegierungen werden als **Halbzeug** in Form von Bändern, Blechen, Drähten, Profilen u. a. geliefert. Dieses Halbzeug wird durch plastische Umformung von Gussblöcken hergestellt. Die Primärumformung, bei der das Gussgefüge zerstört wird, erfolgt durch Walzen, Schmieden oder Strangpressen bei höheren Temperaturen. Das zu wählende Umformverfahren hängt vom Werkstoff und der gewünschten späteren Halbzeugform (Blech, Band, Stange, Profil, Draht) ab.

5.2 Eisen- und Stahlerzeugung

Die Gewinnung von Eisen und Stahl aus Erzen sind die wichtigsten und bekanntesten pyrometallurgischen Verfahren der Metallgewinnung. Meistens werden oxidische Erze wie Fe_2O_3 (Hämatit, Bild 1), Fe_3O_4 (Magneteisenstein) und $FeO \cdot H_2O$ (Brauneisenstein oder Minette) eingesetzt. Andere Erze und Verbindungen wie $FeCO_3$ (Spateisenstein) oder FeS_2 (Pyrit) werden heute aus technischen Gründen nur noch selten genutzt, diese Erze müssten zuerst geröstet werden (in Oxide überführt werden), da sie ansonsten den Hochofenprozess stören würden.

Bild 1: Hämatit oder Roteisenstein

Eisenerzhauptlieferländer sind seit Beginn der 90er-Jahre Brasilien, Kanada, Schweden, Australien und Liberia. Der Abbau deutscher Eisenerze ist aus wirtschaftlichen Gründen eingestellt worden, da die Gewinnungskosten wegen der ungünstigen Bedingungen der Lagerstätten zu hoch sind. Importiert werden nicht die rohen Erze, sondern meist Konzentrate und Pellets, um die Frachtkosten zu senken.

In den **Erzaufbereitungsanlagen** (Bild 1, Seite 140), die in der Regel den Abbaubetrieben und Gruben angeschlossen sind, werden für die verschiedenen Trennverfahren feinkörnige Erze benötigt. Für den Hochofenprozess sind jedoch feinkörnige Erze sehr ungünstig, da diese die Gasdurchströmung behindern oder sogar verhindern können. Aus diesem Grunde müssen die feingemahlenen Erze, die man nach dem Aufbereitungsprozess **Konzentrate** nennt, stückig gemacht werden. Dies geschieht teilweise direkt nach der Erzaufbereitung, dabei werden aus dem feinkörnigem Erz und Bindemittel so genannte **Pellets** (Konzentratkugeln) hergestellt. Der größere Teil der Eisenerzkonzentrate wird aber zu den Hüttenbetrieben transportiert und dort zu **Sinter** verarbeitet. In den Sinteranlagen der Hüttenbetriebe wird das Feinerz mit Zuschlägen und Koksgrus vermischt zu größeren porösen Stücken bei hoher Temperatur zusammengebacken und erst danach als so genannter Sinter in den Hochofen eingesetzt. Die Pellets werden meistens auch im gesinterten Zustand in den Hochofen eingesetzt, so dass der Anteil des Stückerzes unter 20 % liegt. Durch diese und weitere Maßnahmen konnte der Koksverbrauch der Hochöfen von ca. 1000 kg/t (1950) Roheisen auf weniger als die Hälfte gesenkt werden, da die indirekte Reduktion durch Gase (s. u.) verbessert werden konnte. Dies wird begründet durch die größere Oberfläche der porösen Stücke, die Reduzierung des Wassergehaltes, den Abbau höherer Oxide sowie die Einleitung der Schlackenbildung bei den Sintervorgängen.

5.2.1 Hochofenprozess

Die **Roheisengewinnung** erfolgt hauptsächlich in Großhochöfen mit einer Kapazität von über 10 000 t/Tag. Mit der Verlagerung der Eisenerzgewinnung, die meist in Lagerstätten durch einen Tagebau abgebaut werden können, hat auch eine Verlagerung der Eisen- und Stahlerzeugung in außereuropäische Länder stattgefunden. In Deutschland führte diese Entwicklung zu einer starken Konzentrierung der Hochofenstandorte auf wenige verkehrsgünstig gelegene Hüttenwerke. So werden beispielsweise die Eisenerzkonzentrate aus Brasilien mit Schiffen, die über 300 000 t fassen, zum Europort Rotterdam gebracht, dort in Schubleichter umgeladen und zum werkseigenen Hafen in Duisburg transportiert, so dass nur geringe Transportkosten entstehen.

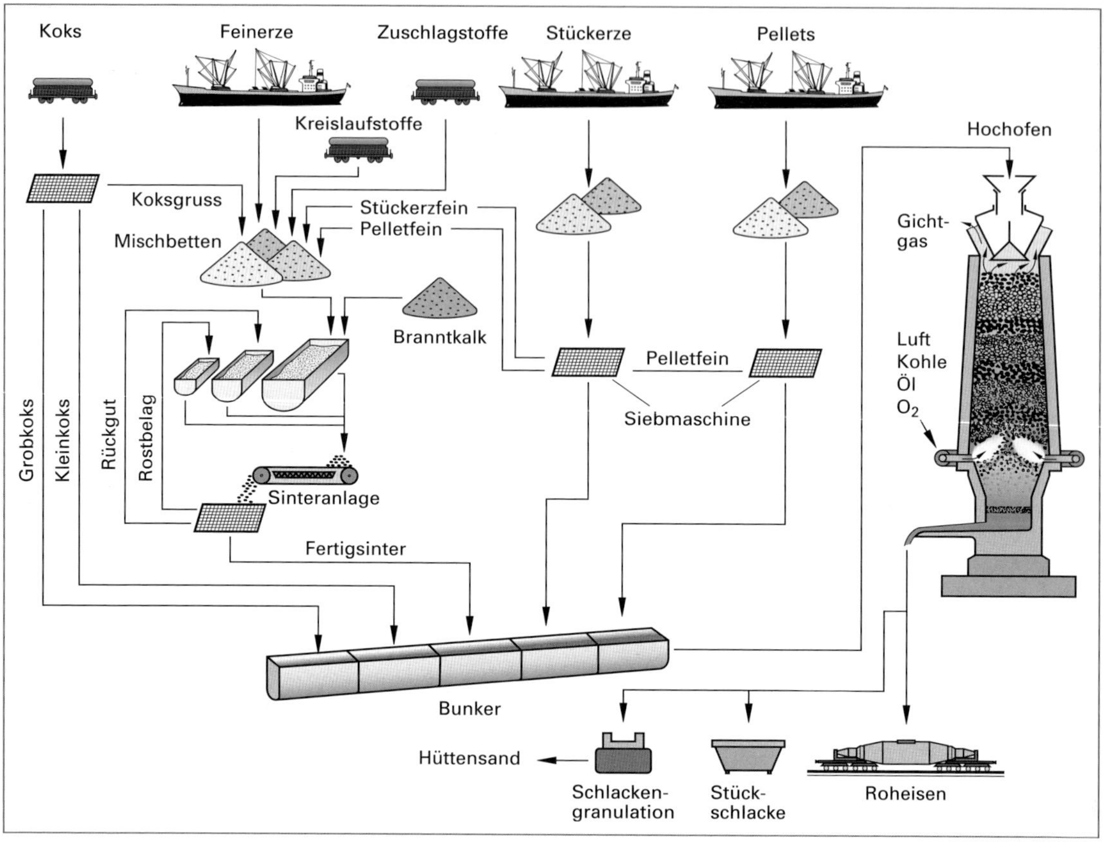

Bild 1: Materialfluss und Vorbereitung der Einsatzstoffe für den Hochofenprozess

Für den **Hochofenprozess** werden neben den eisenhaltigen Rohstoffen und Konzentraten noch Koks und Zuschläge benötigt. Erze und Zuschläge bilden zusammen den **Möller.**

Die **Zuschläge** sind Flussmittel für die im Erz noch enthaltenen tauben Oxide, wie SiO_2, CaO, MgO und Al_2O_3. Die Zuschläge, die genannten Oxide der Erze sowie die Koksasche sollen zusammen eine leichtflüssige Schlacke (niedriger Schmelzpunkt) bilden, die vom erschmolzenen Metall wegen der geringeren Dichte und der fehlenden Mischbarkeit getrennt wird. Die Zuschläge sind hauptsächlich Kalkstein oder Dolomit, mitunter auch Bauxit, Ilmenit, Flussspat oder Quarz. Menge und Art der Zuschläge werden aufgrund der im verwendeten Erz enthaltenen Oxide und der anzustrebenden Schlacke berechnet. Die Schlacke muss außerdem die schädlichen Stoffe und Verunreinigungen, vor allem auch Schwefel, aufnehmen. Ein Überschuss an CaO gegenüber SiO_2 verbessert die Entschwefelung, erhöht jedoch den Schmelzpunkt der Schlacke. In der Schlacke sind auch immer noch geringe Anteile an FeO (0,2...2,0 %) und MnO (0,2...5 %) enthalten. Die Zuschläge werden zum großen Teil schon mit dem Feinerz zusammen gesintert.

Als **Reduktionsmittel** und Wärmelieferant wird hauptsächlich metallurgischer Koks oder Hochofenkoks (durch Erhitzen unter Luftabschluss werden die flüchtigen Bestandteile der Fettkohle entfernt und die festen Bestandteile zu Koks verbacken) verwendet. Der Koks muss genau wie der Möller eine gewisse Festigkeit aufweisen, damit er nicht durch das Gewicht der Hochofenfüllung (Schüttsäule) fein zerbröckelt und dadurch reaktionsträge wird. Zwischen den Hüttenwerken und Kokereien werden daher Vereinbarungen hinsichtlich der Festigkeit, Zusammensetzung und Größe des Kokses abgeschlossen. So soll der Schwefelgehalt nicht über 1,2 %, der Aschegehalt nicht über 9,8 % und der Wassergehalt je nach Stückgröße nicht über 3 % bzw. 5 % liegen. Um den Koksverbrauch zu senken, wird zusammen mit dem Heißwind Heizöl oder Kohlenstaub in den Hochofen eingeblasen.

Die Erwärmung der Luft, die für den Hochofenprozess benötigt wird, ist eine weitere Maßnahme zur Senkung des Energie- und Koksverbrauchs. Die Erwärmung der Luft auf etwa 1 300 °C in den so genannten **Winderhitzern** oder **Cowpern** bei modernen Hochöfen führt zu einer Reduzierung des Koksverbrauchs von über 30 % (Bild 1, Seite 142). Als Wärmelieferant dient das so genannte Gichtgas, das Abgas des Hochofens, das in den Winderhitzern verbrannt wird. Im Gichtgas ist als Energieträger vor allem Kohlenmonoxid enthalten, das bei der Verbrennung zu Kohlendioxid Wärme abgibt. Winderhitzer werden meist nach dem **Regenerativ-Prinzip** betrieben. Das bedeutet: während ein Winderhitzer aufgeheizt wird, gibt ein zweiter seine gespeicherte Wärme an die durchströmende Luft ab. Jeder Hochofen hat drei Winderhitzer, wobei der dritte als Reserve vorgesehen ist. Die Winderhitzer müssen so bemessen sein, dass ständig genügend Warmluft zur Verfügung steht. Eine weitere Steigerung der Hochofenleistung wird durch Erhöhung des Gasdruckes (auf ca. 0,4 MPa) an der Gicht (Gegendruckhochöfen) sowie durch Anreicherung des Sauerstoffgehaltes der Luft erreicht. Die benötigte Luftmenge beträgt bei den Großhochöfen über 15 Mio. m^3/Tag.

5.2.1.1 Hochofen

Der **Hochofen** ist ein kontinuierlich arbeitender Schachtschmelzofen, der im Gegenstromprinzip arbeitet, von unten wird Luft eingeblasen und von oben werden feste Einsatzstoffe, Möller und Koks eingebracht. Der **Ofenmantel** oder Hochofenpanzer besteht aus Stahl. Um dessen Temperatur niedrig halten zu können, wird er mit Wasser gekühlt. Die Kühlung erfolgt durch Berieselung sowie über Kühlvorrichtungen wie Kühlsegmente oder Kühlkästen. Nach innen ist der Hochofen feuerfest mit Schamott- oder ähnlichen feuerfesten Steinen ausgemauert. Der innere Querschnitt (Großhochofen mit größtem Durchmesser von 14,9 m) ist kreisförmig, aber mit veränderlichem Durchmesser (Bild 1, Seite 142). Das oberste Stück ist zylindrisch und geht in einen sich erweiternden kegelförmigen Abschnitt über. Diese Querschnittserweiterung trägt der Temperaturerhöhung und der damit verbundenen thermischen Ausdehnung Rechnung. Es soll also verhindert werden, dass die sich ausdehnenden Einsatzstoffe verklemmen. Im unteren Teil vermindert sich der Querschnitt, da der Hochofeneinsatz schmilzt und so die Hohlräume zwischen den vorher festen Stücken sich füllen und daher weniger Raum benötigt wird.

Die einzelnen Abschnitte des Hochofens haben zur Kennzeichnung besondere Namen erhalten, wie sie in Bild 1, Seite 142, angegeben sind. Die **Gicht** mit Gichtverschluss hat zwei Aufgaben: Durch diese erfolgt die Zugabe der festen Stoffe, also Möller und Koks, sowie die geführte Abgabe der gasförmigen Reaktionsprodukte und der unverbrauchten Luft. Diese **Gichtgase** enthalten daher 50 % bis 60 % Stickstoff, ca. 20 % Kohlendioxid, 25 % Kohlenmonoxid, Wasserdampf und Wasserstoff. Im Gichtgas sind auch noch bis zu 20 kg Staub je 1 t Roheisen enthalten. Die Zahlenangaben sind als Mittelwerte anzusehen. Die Abweichungen davon sind in den letzten Jahren geringer geworden, da auch die Zusammensetzung des Möllers gleichmäßiger geworden ist. Der Staub im Gichtgas muss vor dessen Verbrennung entfernt und aufbereitet dem Hochofenprozess wieder zugeführt werden. In den letzten Jahren wurden so wirkungsvolle Verschlüsse entwickelt, dass Überdrücke von 0,4 MPa ermöglicht wurden.

An die Gicht schließt sich der kegelförmige nach unten verbreiternde **Ofenschacht** an. Der zylindrische **Kohlensack** ist nicht bei allen Hochöfen vorhanden. In der darunter liegenden **Rast** verengt sich das Profil des Hochofens wieder. Am Übergang von der Rast zum zylindrischen **Gestell** wird über eine Ringleitung durch bis zu 42 Blasformen Heißwind mit Kohlenstaub oder Heizöl eingeblasen. Das Gestell steht auf dem Hochofenherd, der aber nicht mehr zum eigentlichen Prozessraum des Hochofens gehört. Der Herd ruht auf dem Fundament, welches das gesamte Gewicht des Hochofens einschließlich des Nutzinhaltes aufnehmen muss. Die Fundamente des Hochofens ragen je nach örtlichen Bedingungen bis zu einer Tiefe von 35 m und mehr in den Boden mit einem Durchmesser von über 20 m.

5.2.1.2 Reduktionsvorgang

Im Hochofen (Bild 1, Seite 142) herrschen Temperaturen von 200 °C bis über 2 000 °C. Die höchsten Temperaturen entstehen im Verbrennungsraum unmittelbar hinter den Windformen im Hochofen mit ca. 2 200 °C. Der glühende Koks verbindet sich mit dem Sauerstoff der Luft zu Kohlendioxid (CO_2) und gibt Wärme ab. Der Heizwert des Hüttenkokses beträgt im Mittel 3 300 kJ/kg. Das entstehende CO_2 reagiert mit weiterem Koks zu Kohlenmonoxid (CO):

1. $C + O_2 \rightarrow CO_2$
2. $CO_2 + C \leftrightarrows 2\,CO$ (Boudouard-Reaktion)

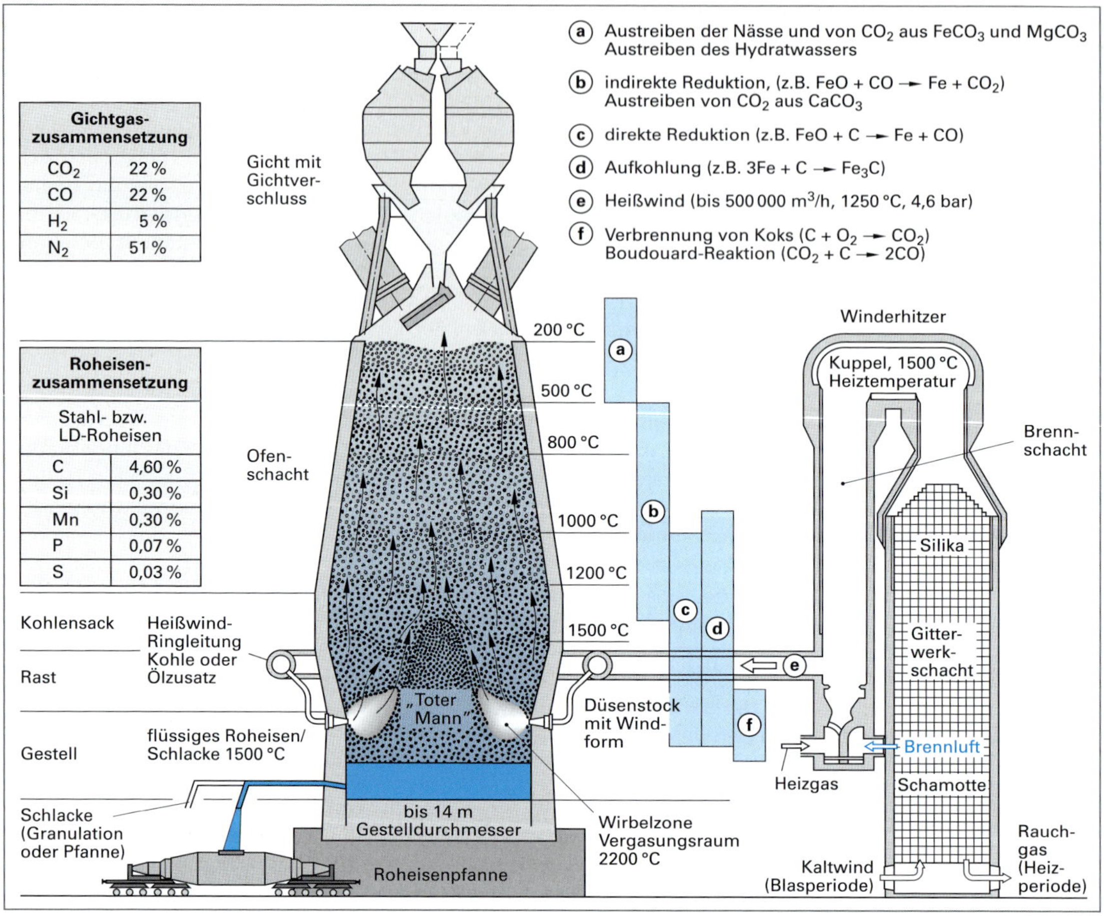

Bild 1: Querschnitt durch einen Hochofen und Winderhitzer

Diese **Boudouard-Reaktion** verläuft bei den im Hochofen herrschenden Temperaturen von links nach rechts, also Bildung von CO, und bei niedrigen Temperaturen (< 700 °C) überwiegend von rechts nach links, also Bildung von CO_2 und Kohlenstoff (Bild 2). Die erste Reaktion, die Verbrennung von Koks zu Kohlendioxid, ist exotherm, es wird Wärme frei, und die zweite Reaktion, die Bildung von Kohlenmonoxid aus Koks und Kohlendioxid, ist endotherm, es wird also Wärme aufgenommen. Diese Wärme ist im Kohlenmonoxid gespeichert und gebunden und wird später noch im Hüttenwerk genutzt.

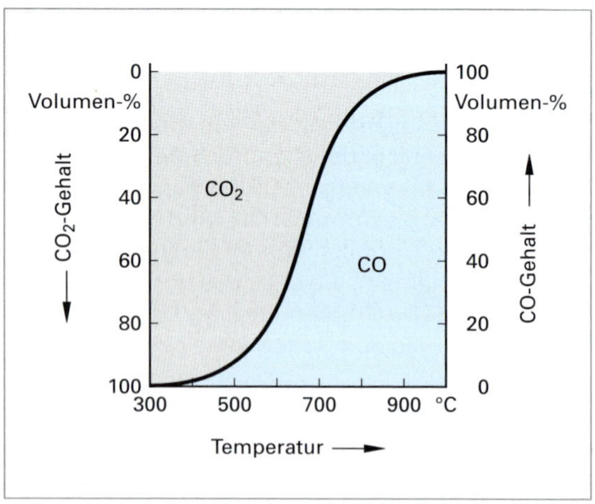

Bild 2: Boudouard-Gleichgewicht

Die heißen Gase, Luftrest und Kohlenmonoxid, geben auf dem Weg zur Gicht Wärme ab und reagieren mit den Erzen im Hochofen. Die Reduktion der Erze durch das gasförmige Kohlenmonoxid wird als **„indirekte Reduktion"** bezeichnet. Dafür ist es günstig, dass große Reaktionsflächen zur Verfügung stehen, wie es bei dem porösen gesinterten Möller der Fall ist. Beispiel der indirekten Reduktion im Hochofen:

$$FeO + CO \rightarrow Fe + CO_2.$$

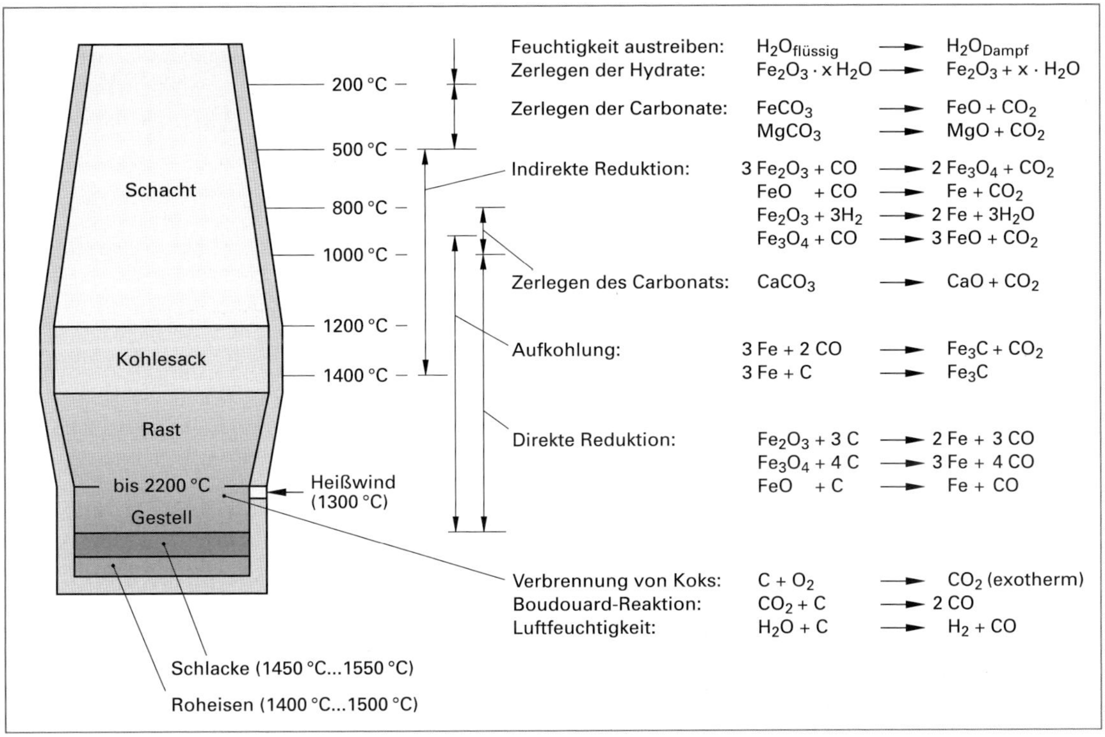

Bild 1: Chemische Reaktionen im Hochofen

Im Hochofen wird bei den dort herrschenden Bedingungen auch Wasser in Wasserstoff und Sauerstoff aufgespalten. Der gebildete Wasserstoff ist auch ein Reduktionsmittel, kann also ebenfalls Eisenoxid zu Eisen reduzieren und somit zur indirekten Reduktion beitragen. Ein Teil des Roheisens wird durch **direkte Reduktion** mit Koks gewonnen, wie zum Beispiel:

$$2\,FeO + C \rightarrow 2\,Fe + CO_2 \quad \text{oder} \quad FeO + C \rightarrow Fe + CO$$

Ein großer Anteil der indirekten Reduktion ist günstig für einen geringen Koksverbrauch.

In Bild 1 ist der Reaktionsweg des Möllers im Hochofen von oben nach unten ausführlich angegeben. Auf dem Wege von oben nach unten wird der Möller durch die entgegenströmenden heißen Gase erwärmt und zunächst das anhaftende oder gebundene Wasser (Hydratwasser) ausgetrieben (Bild 1). Der Trocknungszone folgen die Bereiche der Zersetzung der Carbonate, der indirekten und danach der direkten Reduktion und der Schmelzung. Dabei können die einzelnen Bereiche nicht immer streng voneinander getrennt werden, sondern sie überschneiden sich. Das vor dem Schmelzen gebildete Eisen (**Eisenschwamm**) kann bis zu 0,8 % Kohlenstoff aufnehmen, im flüssigen Zustand dann sogar bis über 4 %. Diese Vorgänge werden als **Aufkohlung** bezeichnet und bewirken eine Herabsetzung der Schmelztemperatur (bei 4,3 % C auf 1 147 °C).

Die meisten Reaktionen und Vorgänge im Hochofen sind temperaturabhängig. Der Trocknung folgt die Austreibung des chemisch gebundenen Hydratwassers und erst zwischen 400 °C und 500 °C beginnt die indirekte Reduktion durch Kohlenmonoxid im mittleren Bereich des Ofenschachtes. Da diese Reduktion bei niedrigen Temperaturen stattfindet, bildet sich festes schwammartiges Eisen, jedoch noch mit Gangart vermischt. Die direkte Reduktion der Eisenoxide setzt bei etwa 1 000 °C ein und endet nach dem Aufschmelzen, verbunden mit einer weiteren Kohlenstoffaufnahme bis zu 4 % im flüssigen Zustand. Bei den Begleitstoffen wie $CaCO_3$ setzt ab 800 °C die Zersetzung der Carbonate zu Oxiden unter Abgabe von Kohlendioxid ein. Bei 1 100 °C beginnt die Erweichung dieser Oxide. Dieser Vorgang verstärkt sich mit steigender Temperatur, insbesondere bedingt durch den Effekt der Schmelzpunkterniedrigung durch Lösen. Zwischen 1 450 °C und 1 600 °C liegt eine vollständig flüssige **Schlacke** vor mit (meist oxidischen) Verbindungen des Aluminiums, Eisens, Mangans, Magnesiums und weiterer Metalle. Außerdem soll die Schlacke möglichst viel Schwefel, der aus dem Koks herrührt, aufnehmen.

Mit dem Roheisen werden auch so genannte Eisenbegleiter reduziert, wie Mangan, Silicium und Phosphor, die dann im Roheisen neben Eisen und Kohlenstoff sowie einem geringen Teil des Schwefels enthalten sind.

Tabelle 1: Stoffbilanz zur Erzeugung von Roheisen (nach Stahlfibel)

	Masse pro Tag für den 11 000-Tonnen-Hochofen	**Masse für die Erzeugung von 1 Tonne Roheisen**
Zugeführte Stoffe:		
Erz und Zuschläge	18 000 t	1,65 t
Koks	5 000 t	0,45 t ... 0,5 t
Heißwind	15 000 t ... 20 000 t (≅ 13,2 Mio. m³)	1,5 t ... 2,5 t
Abgeführte Stoffe:		
Roheisen	11 000 t	1,0 t
Schlacke	3 500 t	0,31 t
Gichtgas und Staub	20 000 t ... 30 000 t (≅ 16,8 Mio. m³)	3,0 t ... 3,5 t (≅ 1 600 m³ ... 3 000 m³)
Abluft für die Gießhallenentstaubung	22 Mio. ... 33 Mio. m³	2 000 ... 3 000 m³
Kühlwasser	96 000 t	20 t

Im Gestell des Hochofens sammelt sich das flüssige Roheisen, auf dem die spezifisch leichtere flüssige Schlacke schwimmt. Der Hochofen wird in regelmäßigen Zeitabständen abgestochen. Dazu wird an besonderen Stellen die feuerfeste Schicht durchbohrt, so dass die Schmelze ausfließen kann. Durch eine mit Sand ausgekleidete Rinne gelangt das Roheisen in eine so genannte Torpedopfanne. Die Schlacke wird durch eine besondere Vorrichtung, den Fuchs, vom Roheisen abgetrennt und in die Schlackenpfanne geleitet. Das flüssige Roheisen (> 1400 °C) wird in den Pfannen zum Stahlwerk transportiert und dort weiterverarbeitet.

In Tabelle 1 ist die Stoffbilanz eines modernen Hochofens zusammengestellt. Dabei ist der Einsatz von Öl oder Kohle nicht enthalten, die zur Einsparung von Koks mit der Heißluft eingeblasen werden. In den Großhochöfen können stündlich zusammen mit ca. 500 000 m³ Heißluft (1300 °C) maximal 88 t Feinkohle eingeblasen werden. Die theoretische Mindestmenge an Koks wird mit 300 kg/t Roheisen angegeben. Neben den verfahrenstechnischen sind es oft auch ökonomische Gründe, die den Anteil an Heizöl bestimmen. So wurde zurzeit der ersten Ölkrise auf den Heizölzusatz gänzlich verzichtet. In letzter Zeit wird meist Kohlenstaub eingeblasen, da dieses Verfahren inzwischen störungsfrei beherrscht wird und preisgünstig ist.

5.2.1.3 Produkte des Hochofenprozesses

In der Tabelle 1 sind die wichtigsten Produkte (siehe abgeführte Stoffe) des Hochofens enthalten. Wirtschaftlich bedeutsam sind neben dem Roheisen noch Schlacke und Gichtgas.

Entsprechend dem Verwendungszweck können verschiedene **Roheisensorten** erzeugt werden. Falls aus dem Roheisen graues Gusseisen hergestellt werden soll, ist es günstig, ein **„graues" Roheisen** zu erzeugen, das verglichen mit dem **weißen (Stahl-)Roheisen** einen erhöhten Silicium-Gehalt aufweist. Dies wird erreicht durch den Einsatz unterschiedlicher Rohstoffe und eine veränderte Ofenführung. Die Farben grau und weiß kennzeichnen das Aussehen der Bruchfläche von Proben aus den beiden Roheisensorten. Eine graue Bruchfläche entsteht, wenn der Kohlenstoff im festen Zustand als Graphit vorliegt, und eine weiße, wenn der Kohlenstoff im festen Zustand mit Eisen Zementit (Fe_3C) bildet. Meist wird so genanntes (weißes) Stahl- oder LD-Roheisen erzeugt, eine typische Analyse ist in Bild 1, Seite 142, angegeben. **Thomas-Roheisen** wird praktisch nicht mehr erzeugt, weil auch das Thomas-Stahlerzeugungsverfahren in den Industrieländern verschwunden ist und phosphorreiche Erze kaum mehr eingesetzt werden.

Zur Steigerung der Wirtschaftlichkeit eines Hochofens müssen neben dem Roheisen auch die übrigen Produkte genutzt werden. Gichtgas wird, wie bereits erwähnt, gereinigt und als Energieträger benutzt. Neben der Nutzung in Winderhitzern wird das gereinigte Gichtgas auch in betriebseigenen Kraftwerken, vermischt mit anderen gasförmigen Brennstoffen, wie Kokereigas, Erdgas oder auch die bei der Stahlerzeugung entstehenden Abgase, zur Wärme- oder Stromerzeugung eingesetzt. Die Hochofenschlacke wird hauptsächlich (aus dem flüssigen Zustand) granuliert und als Schlackensand zur Herstellung von Zement verarbeitet. Schlackensand oder Stückschlacke werden ebenso in der Bauindustrie verwertet.

Das Hochofenverfahren arbeitet wegen des Gegenstromprinzips sehr wirtschaftlich. Weitere Entwicklungen sind denkbar. Höhere Tagesleistungen und größere Hochöfen bringen jedoch technische Probleme mit sich, die aus der Größe der Einheiten sowie den veränderten Umweltbedingungen herrühren.

In metallurgischer Sicht stellt das Hochofenverfahren jedoch einen Umweg dar, denn das eigentliche Ziel, Stahl und damit einen einsetzbaren Werkstoff zu erhalten, wird erst durch mehrere nachgeschaltete Verfahrensschritte erreicht.

5.2.2 Direktreduktionsverfahren

Alternativen zum klassischen Hochofenverfahren stellen die Verfahren der Direktreduktion und der Schmelzreduktion dar. Beide Verfahren erfordern jedoch noch technische Weiterentwicklungen, die auch möglich sind. Beim Neubau von kleinen Einheiten zur Produktion von Eisen und Stahl sind **Schmelzreduktionsverfahren** wegen der erheblich geringeren Investitionskosten preisgünstiger, obwohl die Roheisenerzeugung in zwei Schritten erfolgt: die Erzeugung von **Eisenschwamm** und die Endreduktion und das Aufschmelzen zu Roheisen. Durch die Verfahren der Direktreduktion können bereits 5 % bis 7 % des Roheisens in der Welt durch Eisenschwamm ersetzt werden.

Allen Direktreduktionsverfahren (Bild 1) ist die Reduktion der Erze im festen Zustand zu Eisenschwamm gemeinsam. Der Eisenschwamm enthält noch einen Anteil von 5 % bis 20 % an Oxiden (Metallisierungsgrad also 80 % bis 95 %), vergleichbar mit den Erzeugnissen der historischen Rennöfen. Dieser Eisenschwamm wird meist in Elektroöfen zu Stahl weiterverarbeitet oder als Schrottersatz bei der Stahlerzeugung eingesetzt.

Die Hauptvorteile der Direktreduktionsverfahren gegenüber dem Hochofenverfahren sind die geringen Investitionskosten und die Verwendung von preiswerter Primärenergie anstelle von teurem Koks.

Die verschiedenen Direktreduktionsverfahren werden eingeteilt nach den verwendeten Reduktionsmitteln oder den Reaktionsgefäßen. Die Einteilung der Direktreduktionsverfahren nach den Reaktionsgefäßen zeigt Bild 1. Verfahren im Schachtofen, die häufig kontinuierlich ablaufen, haben einen Anteil von über 50 % erlangt. Aufgrund der Reduktionsmittel wird unterschieden zwischen **Gasreduktionsverfahren** und Feststoffreduktionsverfahren, wobei der Anteil der Gasreduktionsverfahren ca. 90 % erreicht. Als Reduktionsgase dienen bei den Gasreduktionsverfahren Wasserstoff und Kohlenmonoxid, die meistens aus Erdgas gewonnen werden.

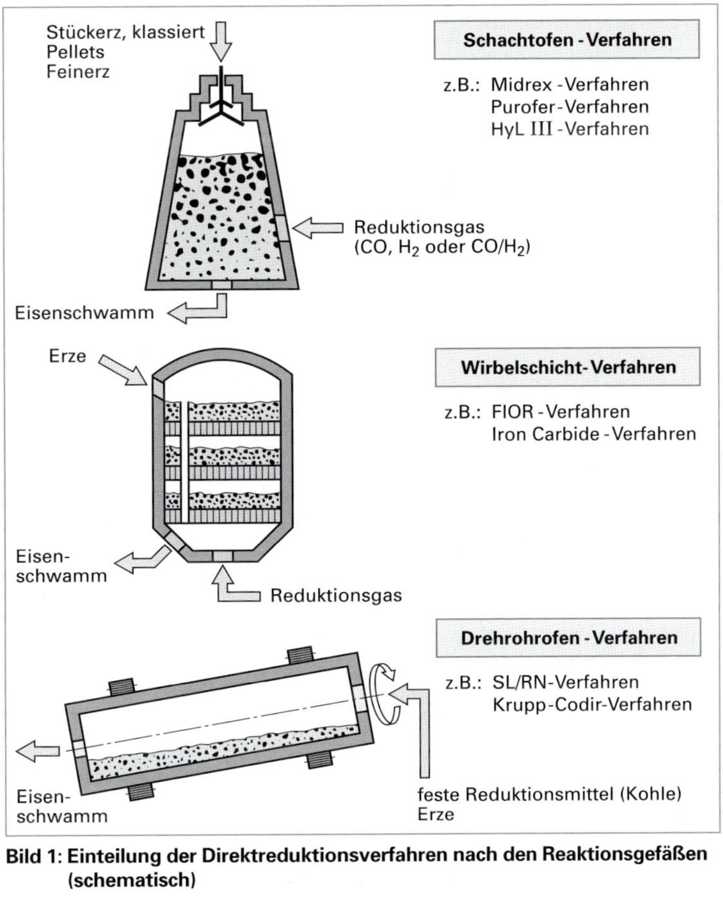

Bild 1: Einteilung der Direktreduktionsverfahren nach den Reaktionsgefäßen (schematisch)

Künftige Alternativen zur Primärenergie Erdgas könnten Verfahren der Kohlevergasung und der Wasserstoffgewinnung mit Hilfe von Solarenergie werden. Billiges Erdgas kann eine Basis zur Errichtung einer Anlage nach dem Direktreduktionsverfahren sein. So arbeitet seit 1981 eine Anlage an der deutschen Nordseeküste mit billigem norwegischen Erdgas. Bei den **Feststoffreduktionsverfahren** werden anstelle von Koks Kohlen beliebiger Körnung und Zusammensetzung, ja sogar Braunkohle verwendet.

Die Anforderungen an die eingesetzten Erze wie hoher Eisengehalt und geringer Anteil an Gangart sind bei den Direktreduktionsverfahren hoch. Aus diesem Grund werden häufig Pellets verwendet.

Der entstehende Eisenschwamm hat verfahrensbedingt einen unterschiedlich hohen Metallisierungsgrad, der Kohlenstoffgehalt liegt meist bei 0,8 %. Bei Lagerung und Transport von Eisenschwamm besteht die Gefahr der Reoxidation. Um dies zu verhindern, werden Schutzschichten (aus Kalk, Wasserglas o. Ä.) aufgebracht oder eine Brikettierung durchgeführt. Alternativen zu Lichtbogenöfen, in denen die Weiterverarbeitung des Eisenschwamms erfolgt, könnten künftig Plasmaöfen oder bodenblasende Konverter sein.

5.2.3 Stahlerzeugung

Das im Hochofen erzeugte Roheisen lässt sich nicht zur Herstellung gebrauchsfähiger Werkstücke verwenden, da viele Verunreinigungen, vor allem der hohe Kohlenstoffgehalt, bewirken, dass Roheisen sich nicht umformen lässt. Roheisen wird zu Stahl oder Gusseisen weiterverarbeitet. Die Hauptunterschiede dieser beiden Werkstoffgruppen sind im Kohlenstoffgehalt begründet. So enthalten z. B. Stähle weniger als 2 % Kohlenstoff und Gusseisen 2,8 % bis 4 % Kohlenstoff. Außerdem liegt der Kohlenstoff im Stahl hauptsächlich an Eisen gebunden als Zementit Fe_3C (Eisencarbid) vor, in vielen Gusseisensorten auch als Graphit (Kapitel 6.2.1.3). Die Hauptmenge des Roheisens wird in Stahlwerken durch so genanntes **Frischen** (Kapitel 5.2.3.1) zu Stahl weiterverarbeitet.

Bei der Stahlerzeugung gibt es viele Verfahren, die im Laufe der Zeit einander ablösten. Bild 1 zeigt die geschichtliche Entwicklung der Eisen- und Stahlerzeugung. So wurde vor über 100 Jahren das **Puddel-**

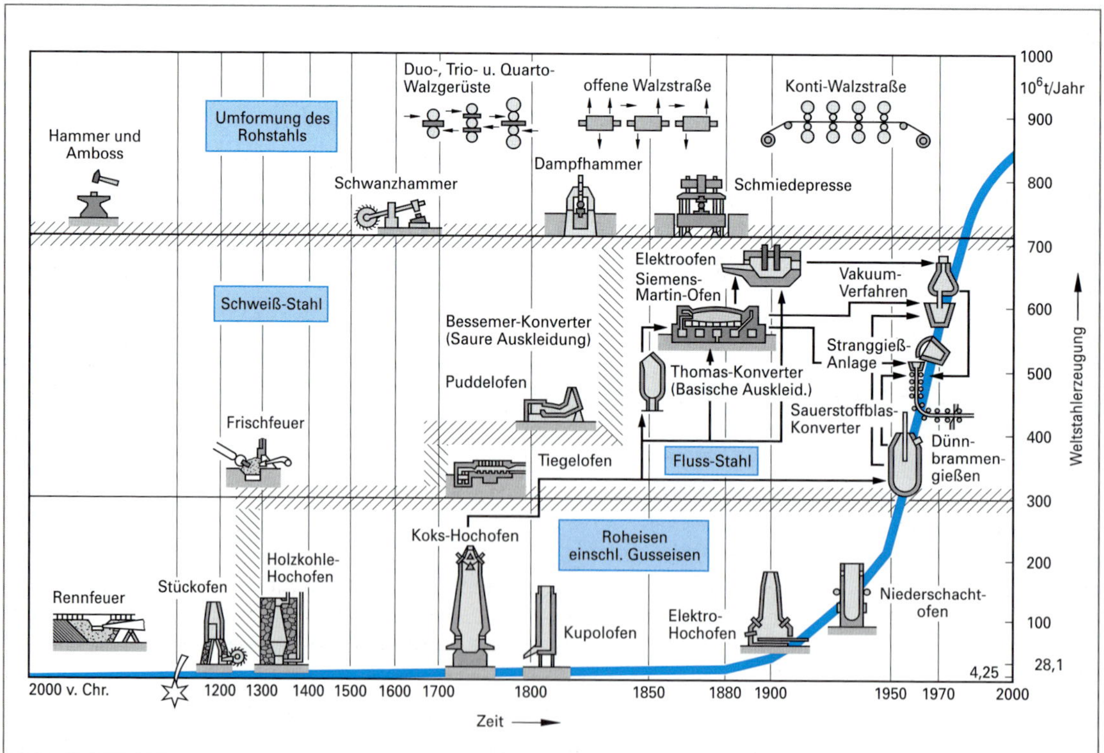

Bild 1: Geschichte der Stahlerzeugungs- und Umformverfahren

verfahren durch das **Bessemer-Verfahren** verdrängt, das wiederum bereits um 1900 durch das **Siemens-Martin-Verfahren** ersetzt wurde. Auch das Siemens-Martin-Verfahren wird seit 1982 in Deutschland nicht mehr angewendet. Außerdem hat in der Zeit zwischen 1890 und 1970 das **Thomas-Verfahren** große Bedeutung besessen, die inzwischen auch nur noch historisch zu nennen ist.

5.2.3.1 Sauerstoffblasverfahren

Die weitaus größte Menge von Stahl wird heute durch **Sauerstoffblas-Verfahren** aus dem flüssigen Roheisen des Hochofens erzeugt. Diese Verfahren variieren geringfügig zwischen den verschiedenen Stahlerzeugern, gemeinsam verwenden jedoch alle reinen Sauerstoff, so dass der für die mechanischen Eigenschaften ungünstig wirkende Stickstoff der Luft älterer Verfahren nicht mehr in die Schmelze gelangen kann (Kapitel 6.3.1.5). Bei der Stahlerzeugung aus dem Eisenschwamm der Direktreduktionsverfahren (Kapitel 5.2.2) werden elektrisch beheizte Öfen benutzt. Der Transport des flüssigen Roheisens wird vom Hochofen zum Stahlwerk in gut wärmegedämmten Behältern, meist in so genannten Torpedopfannen, durchgeführt. Der Temperaturverlust ist dabei so gering, dass keine weitere Wärmezufuhr erfolgen muss.

Bevor die Stahlerzeugung beginnt, wird das Roheisen entschwefelt und bei Bedarf auch entphosphort bzw. entsiliciert. Die **Entschwefelung** wird durch den Zusatz calciumhaltiger Verbindungen, wie CaO, CaF_2, CaC_2 u. a. erreicht. Das hierbei entstehende Calciumsulfid (CaS) wird im Stahlwerk mit der Roheisenschlacke entfernt. Das Roheisen wird im Stahlwerk in großen Sammelbehältern oder Mischern gefüllt, um die Schwankungen zwischen Roheisenanlieferung und -bedarf und die Unterschiede in der Zusammensetzung der einzelnen Roheisenanlieferungen auszugleichen.

Neben dem Roheisen und reinem Sauerstoff werden noch Schrott, Zuschläge und Legierungszusätze für die Stahlerzeugung benötigt. Der Einsatz von Schrott bei der Stahlherstellung stellt eines der ältesten Recyclingverfahren dar. Bei den Sauerstoffblasverfahren wird durch die Zugabe des kalten Schrottes ein unerwünschter stärkerer Temperaturanstieg vermieden, der sich sonst aufgrund des Frischprozesses ergeben würde. Wie beim Hochofenprozess sollen auch bei der Stahlerzeugung die Zuschläge, wie Kalk, Bauxit, Flussspat u.a., eine reaktionsfähige dünnflüssige Schlacke ergeben, die einen Teil der unerwünschten Begleitelemente des Roheisens aufnimmt. Legierungselemente sind meist (genormte) **Ferrolegierungen**, also Vorlegierungen mit einem bestimmten Eisenanteil. So enthält Ferrochrom FeCr70 (niedrig C; andere Bezeichnung: Ferrochrom suraffiné) zwischen 25 % und 35 % Fe und Ferrochrom FeCr70 (hoch C; andere Bezeichnung: Ferrochrom carburé) bei entsprechend geringerem Fe-Gehalt außerdem noch 4,0 % bis 6,0 % C. Auch **Desoxidationsmittel**, die zur Entfernung des Restsauerstoffs dienen, werden häufig den Legierungsmitteln zugerechnet.

Die Stahlerzeugung in modernen Stahlwerken erfolgt in zwei Verfahrensschritten, dem Frischprozess und der Sekundärmetallurgie. Der **Frischprozess** erfolgt in Konvertern nach Sauerstoffblasverfahren und die **Sekundärmetallurgie** wird danach in Pfannen oder Spezialkonvertern durchgeführt. Beim Frischen werden die unerwünschten, schädlichen Beimengungen des Roheisens verbrannt, also oxidiert. Die wichtigsten chemischen Reaktionen beim Frischen sind in Tabelle 1 zusammengestellt.

Tabelle 1: Chemische Reaktionen beim Frischen von Stahl

Chemische Reaktion	Reaktionsgleichung
Entkohlung	$2\,C + O_2 \rightarrow 2\,CO$
Entsilicierung	$Si + O_2 + 2\,CaO \rightarrow 2\,CaO \cdot SiO_2$
Manganreaktion	$2\,Mn + O_2 \rightarrow 2\,MnO$
Entphosphorung	$4\,P + 5\,O_2 + 6\,CaO \rightarrow 6\,CaO \cdot P_4O_{10}$
Entschwefelung	$2\,S + 2\,CaO \rightarrow 2\,CaS + O_2$
Desoxidation	$4\,Al + 3\,O_2 \rightarrow 2\,Al_2O_3$
Desoxidation	$Si + O_2 \rightarrow SiO_2$

Bei der **Entkohlung** (Tabelle 1) reagiert der eingeblasene Sauerstoff mit dem Kohlenstoff des Roheisens zu Kohlenmonoxid, das gasförmig entweicht. Es wird meistens ein bestimmter C-Gehalt im Rohstahl angestrebt (Analysenvorgabe). Aufgrund der geringeren Affinität der Begleitelemente zu Sauerstoff als die von Kohlenstoff erfolgt die Verschlackung der Begleitelemente erst nach der Entkohlung. Dies bedeutet auch, dass die Reaktionsprodukte dieser Stoffe sich in flüssiger Form bilden und mit der Stahlschlacke entfernt werden müssen.

In den 40er Jahren des 20. Jahrhunderts wurde das **Sauerstoffaufblasverfahren** als so genanntes **LD-Verfahren** entwickelt (**L** steht für Linz und **D** für Donawitz, zwei Stahlstandorte in Österreich). Für phosphorreiche Roheisensorten wurde in Belgien und Luxemburg das LD- zum **LDAC-Verfahren** modifiziert, bei dem neben dem Sauerstoff noch Kalkstaub eingeblasen wird. Diese Sauerstoffaufblasverfahren wurden von den verschiedenen Stahlherstellern weiterentwickelt. Heute spricht man meistens von **Sauerstoffblasverfahren**, da der Sauerstoff auf unterschiedliche Weise in die Schmelze eingebracht wird.

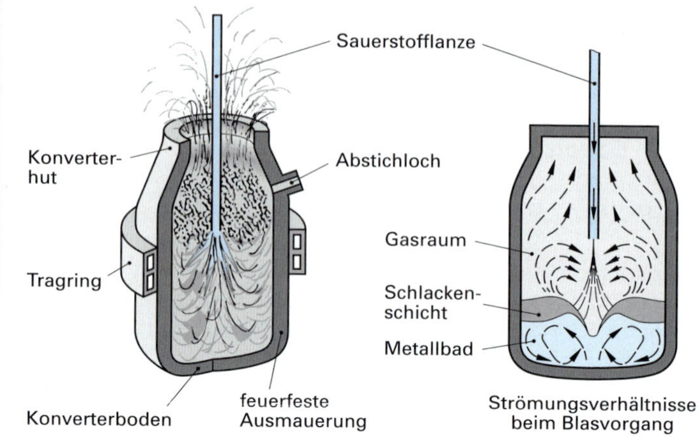

Bild 1: Frischen von Stahl im Sauerstoffaufblaskonverter

Bild 1 zeigt einen Konverter für das Sauerstoffaufblasverfahren. Moderne Konverter besitzen ein Fassungsvermögen von bis zu 500 t Schmelze. Reiner Sauerstoff wird mit einer gekühlten verstellbaren Lanze aus Kupfer mit einem Druck von bis zu 1,2 MPa auf die Schmelze aufgeblasen. Infolge der heftigen Reaktion entstehen am so genannten Brennfleck, dem Reaktionszentrum, Temperaturen bis zu 3000 °C sowie eine sehr starke Badbewegung, was auch einen größeren Reaktionsraum (Bild 1) erfordert.

In den leeren aber noch heißen Konverter wird zuerst der Schrott eingefüllt. Dadurch können eventuell anhaftende Fremdstoffe verdampfen oder verbrennen, die in der heißen Schmelze zu starken Verpuffungen oder Explosionen führen könnten. Die Zuschläge werden zu Beginn oder während des Blasvorganges zugegeben. Der Blasvorgang dauert zwischen 10 und 20 Minuten. Danach wird die Legierungszusammensetzung und die Temperatur kontrolliert. Die **Abstichtemperatur** sollte 1600 °C bis 1650 °C betragen. Die Zusammensetzung kann bei Bedarf durch Nachblasen oder Zugabe weiterer Zusätze korrigiert werden. Eine hohe Gleichmäßigkeit der Zusammensetzung der Schmelze wird durch **Spülgase**, insbesondere Argon, erreicht, die über den Konverterboden nach Beendigung des Blasvorgangs eingebracht werden.

Das **Abgießen** des Rohstahls erfolgt durch Kippen des Konverters, wobei die Schmelze so durch das Abstichloch fließt, dass die auf dem Stahl schwimmende Schlacke im Konverter zurückbleibt. Die Schlacke wird häufig nicht vollständig abgezogen, um für den folgenden Blasvorgang bereits einen Teil der notwendigen Schlacke vorzuhalten. Desoxidationsmittel, die den überschüssigen Sauerstoff abbinden, werden während des Absticheszugegeben. Insgesamt ergeben sich Folgezeiten für die Schmelzen von 30 bis 50 Minuten. Das entstehende Produkt wird **Rohstahl** genannt und in den Pfannen noch weiterbehandelt.

Die in den verschiedenen Stahlwerken entwickelten Sauerstoffblasverfahren können in drei Gruppen zusammengefasst werden: Sauerstoffaufblasverfahren, Sauerstoffbodenblasverfahren und kombiniertes Blasverfahren. In Bild 2 werden zunächst **Sauerstoffaufblasverfahren** und **Sauerstoffbodenblasverfahren** miteinander verglichen. Der Hauptnachteil der Sauerstoffaufblasverfahren ist die geringere Baddurchmischung und die damit verbundene überhöhte Sauerstoffzufuhr. Bei den **Bodenblasverfahren** können nur

Sauerstoffaufblasverfahren	Sauerstoffbodenblasverfahren	Kombiniertes Blasverfahren
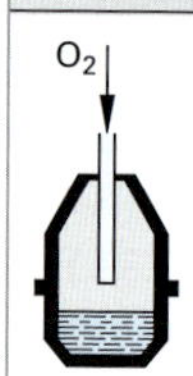 **Vorteile:** • Hohe Flexibilität • Gute Schlackenbildung **Nachteile:** • Starke Überoxidation • Schlechte Metall-Schlacken-Reaktionen • Schlechte Baddurchmischung	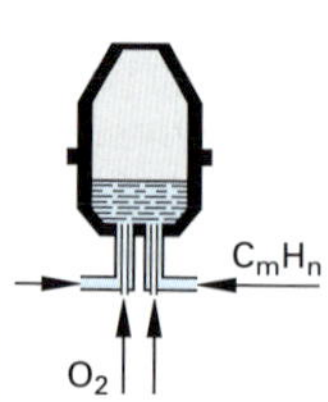 **Vorteile:** • Geringe Überoxidation • Gute Baddurchmischung • Gute Metall-Schlacken-Reaktionen **Nachteile:** • Schlechte Schlackenbildung • Geringer Schrotteinsatz	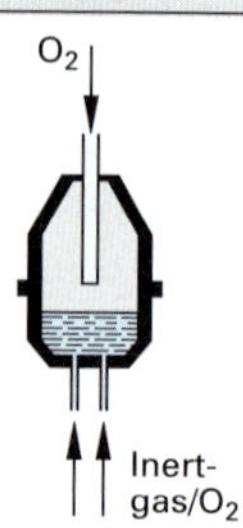 **Vorteile:** • Geringe Überoxidation • Gute Baddurchmischung • Gute Metall-Schlacken-Reaktionen • Hohe Flexibilität • Gute Schlackenbildung

Bild 2: Vergleich der Sauerstoffblasverfahren

geringere Mengen Schrott eingesetzt werden. Im rechten Teil des Bildes sind die Vorteile der **kombinierten Blasverfahren** zusammengestellt. Bei den kombinierten Verfahren wird neben der besseren Baddurchmischung auch im Vergleich zu den Bodenblasverfahren ein höherer Schrotteinsatz ermöglicht. Die vielen Varianten des kombinierten Blasens unterscheiden sich bezüglich der Form und Zahl der Lanzen und Düsen, der Inertgase und des Schrottzusatzes.

Die Verbindung von kombiniertem Blasstahlverfahren mit der Sekundärmetallurgie ermöglicht unterschiedliche Stahlgüten optimal und wirtschaftlich herzustellen. Dies ist bisher mit keinem anderen Verfahrensweg erreichbar. Die kombinierten Blasverfahren sind verfahrenstechnisch und metallurgisch sogar noch entwicklungsfähig.

5.2.3.2 Elektrolichtbogenofen-Verfahren

Neben den Sauerstoffblasverfahren besitzen **Elektrolichtbogenofen-Verfahren** ebenfalls eine große Bedeutung für die Stahlerzeugung. Etwa 90 % des Elektrostahls wird in Lichtbogenöfen, der Rest hauptsächlich in **Induktionsöfen** erzeugt.

Bild 1 zeigt, dass zwischen den drei Graphitelektronen des **Lichtbogenofens** und dem metallischen Einsatz ein Lichtbogen entsteht mit Temperaturen von nahezu 3500 °C. Dies wirkt sich günstig beim Einsatz hochschmelzender Legierungsbestandteile aus. Es werden sehr unterschiedliche Stahlgüten in Verbindung mit der Schrottmetallurgie sowie Edelstähle erschmolzen. Als Eisenträger werden Schrott oder Eisenschwamm eingesetzt. Zusätzlich werden Erze, Zuschläge (Kalk), Reduktionsmittel (Koks) und Legierungsmittel (Ferrolegierungen) vor oder während des

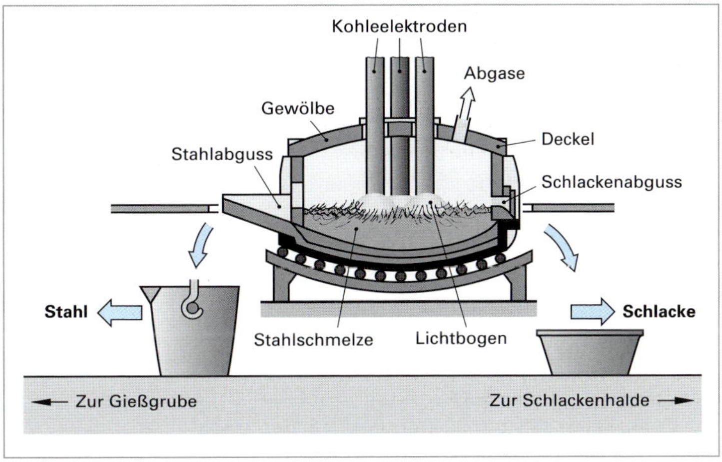

Bild 1: Elektrolichtbogenofen zur Stahlerzeugung

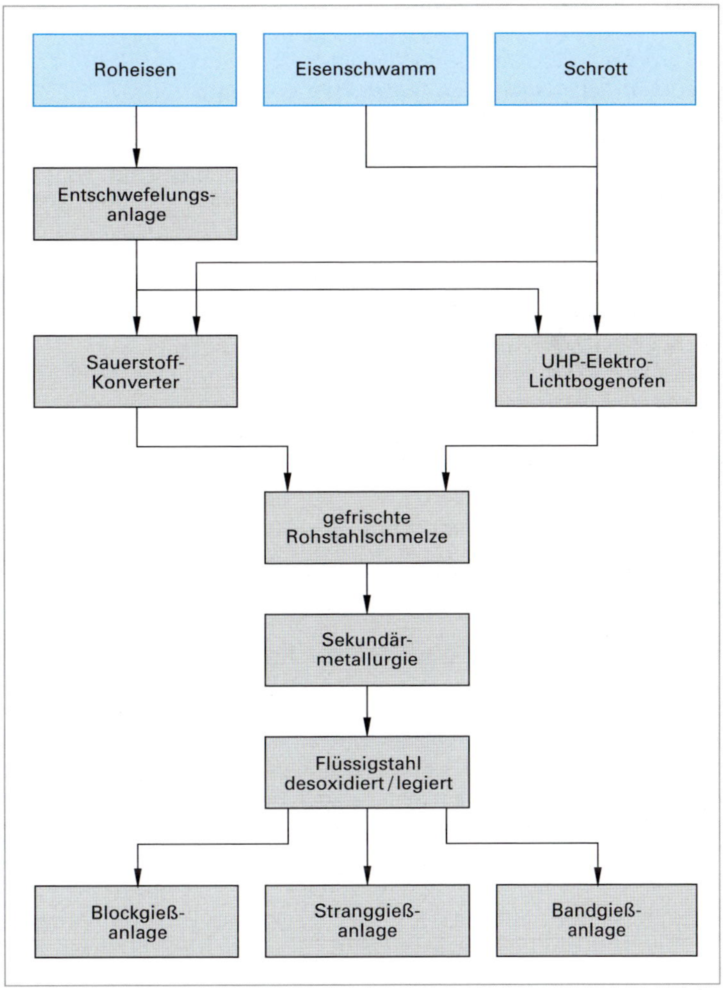

Bild 2: Verfahrenslinien der modernen Stahlerzeugung

Frischprozesses eingesetzt. Zuerst wird der Lichtbogen gezündet und nach Aufschmelzen des Schrottes kann weiterer Schrott eingesetzt werden. Die modernen **UHP-Öfen (Ultra-High-Power)** ermöglichen Schmelzfolgezeiten von ca. 40 bis 70 Minuten bei maximalen Abstichgewichten von 300 t. Die Leistungsfähigkeit dieser Öfen wird als die spezifische Transformatorscheinleistung je Tonne Einsatz angegeben und liegt zwischen 300 und 1000 kVA/t. Dabei wird mit sehr hohen Stromstärken und niedrigen Spannungen gearbeitet. Die Hauptvorteile des Elektrolichtbogenofen-Verfahrens sind: Erschmelzung jeder Stahlsorte hoher Reinheit, Erschmelzung aller legierten Stähle, Automatisierbarkeit, hoher Wirkungsgrad bei der Nutzung der elektrischen Energie, niedrige Investitionskosten. Außerdem sind sie als **Ministahlwerke** geeignet. Mögliche Alternativen zu diesen Lichtbogenöfen, die mit Wechselstrom betrieben werden, sind Gleichstrom-Lichtbogenöfen und Plasmaöfen.

5.2.3.3 Stahl-Sekundärmetallurgie

Die extrem kurzen Folgezeiten beim Sauerstoffblasverfahren (30 bis 50 Minuten) und beim UHP-Lichtbogenofen (45 bis 70 Minuten) reichen nicht immer für alle metallurgischen Vorgänge aus. Der Rohstahl muss daher nachbehandelt werden. Alle Verfahren und Maßnahmen außerhalb des Konverters oder Lichtbogenofens werden unter dem Begriff **Sekundärmetallurgie** zusammengefasst. Bild 2, Seite 149, zeigt die Hauptverfahrenslinien der modernen Stahlerzeugung, in deren Ablauf die Sekundärmetallurgie einen festen Platz einnimmt. Der hohe Entwicklungsstand der Sekundärmetallurgie ermöglicht es, dass fast alle Anforderungen hinsichtlich der Stahlzusammensetzung und Stahlqualität erfüllt werden können. Das ist möglich, unabhängig davon nach welchem Verfahren der Rohstahl hergestellt wurde. Die Entwicklung einiger neuer Stähle ist erst durch die Verfahren der Sekundärmetallurgie möglich geworden. Insbesondere können durch die Anwendung sekundärmetallurgischer Verfahren die in der Tabelle zusammengestellten sehr niedrigen Grenzkonzentrationen der schädlichen Begleitelemente des Stahls eingestellt werden. So verschlechtert beispielsweise der Kohlenstoff vor allem in den hochlegierten nichtrostenden Stählen die Korrosionsbeständigkeit und die Zähigkeit bei tiefen Temperaturen, ist also ein schädliches Begleitelement für diese Stähle.

Tab. 1: Mögliche Grenzkonzentrationen der Begleitelemente von Stahl

Begleitelement	Grenzkonzentration
Kohlenstoff	10 bis 20 ppm
Phosphor	20 bis 30 ppm
Schwefel	5 bis 10 ppm
Stickstoff	15 bis 20 ppm
Wasserstoff	1 bis 1,5 ppm
Sauerstoff	5 bis 10 ppm

ppm = parts per million = 10^{-6} = g/t = Gramm pro Tonne Rohstahl, z. B. 10 ppm Schwefel bedeutet: 10 g Schwefel in 1 t Rohstahl

Es gibt viele (betriebseigene) Verfahren der Sekundärmetallurgie, die je nach Aufgabenstellung modulartig zusammengestellt werden können. Dabei wird die Sekundärmetallurgie begünstigt durch die verbesserte Mess- und Analysentechnik, verbunden mit der Weiterentwicklung der Prozesssteuerung und Vakuumtechnik. Vor allem die folgenden Wirkprinzipien werden in der Sekundärmetallurgie genutzt:

- Behandlung mit Spülgas, Reaktionsgas, Vakuum, Schlackenbehandlung u. a.
- Induktives Rühren, Eintauch- und Injektionsverfahren
- Aufheizen oder Kühlen, keramische Filter u. a. m.

Die Behandlung der Stahlschmelzen mit Spülgas und Vakuum wird am meisten angewandt. Als **Spülgas** wird hauptsächlich Argon verwendet. Das Spülgas dient dem Ausgleich von Temperatur- und Konzentrationsunterschieden. Es beschleunigt metallurgische Prozesse, da es die Reaktionsprodukte und gelöste Gase schnell aus dem Metallbad abtransportiert. Die **Vakuumbehandlung** diente ursprünglich der Absenkung des Wasserstoff-Gehaltes der Schmelze, sie vermindert aber auch den Stickstoff-Gehalt und begünstigt die so genannte Tiefentkohlung und Tiefentschwefelung. Vor allem zur Entkohlung von Stählen mit hohem Chrom-Gehalt wird eine **Reaktionsgasbehandlung** mit einem Argon/Sauerstoff- oder Wasser/Sauerstoff-Gemisch durchgeführt. **Schlackenbehandlungen** werden zur Verringerung des Schwefel-, Phosphor- und Sauerstoffgehaltes durchgeführt. Bevor die reaktionsfähige Schlacke eingebracht werden kann, muss die Schlacke vorangegangener Prozesse entfernt werden, da die Grenzschicht Metall-Schlacke für die Wirksamkeit des Prozesses besonders wichtig ist. Günstig wirken sich hohe Schlackentemperaturen, große Flächen und eine intensive Badbewegung aus. Aus diesem Grund sind Schlackenbehandlungsverfahren häufig kombiniert mit Rühr- und Vakuumbehandlungsverfahren. Schlacken werden auch als Abdeck- bzw.

Isolierschlacken eingesetzt, um das Metallbad vor Sekundäroxidation, Gasaufnahme und großen Temperaturverlusten zu schützen.

Für das **induktive Rühren** sind besonders gebaute Pfannen notwendig. Durch das induktive Rühren kann die Badbewegung auf das Metallbad begrenzt werden und infolgedessen werden die Reaktionsprodukte effektiver abgeschieden. Auch in der Stranggusskokille wird induktiv gerührt, wodurch die Primärkristallstruktur wesentlich verbessert wird.

Aufheizen und **Kühlen** wird angewandt, um die für die metallurgischen Prozesse optimalen Temperaturen einzustellen. **Keramische Filter** kommen im Bereich des Gießsystems zum Einsatz.

Durch geeignete Wahl und Anwendung sekundärmetallurgischer Verfahren können die Anforderungen an den Werkstoff Stahl optimal erfüllt werden. Häufig und schnell durchgeführte Analysen bestimmen Art und Dauer der geeigneten sekundärmetallurgischen Maßnahmen und Zusätze. Neue Aufgaben ergeben sich bei der Entwicklung neuer oder verbesserter Stähle sowie im Zusammenhang mit der Einführung des endabmessungsnahen Vergießens von Stahl (Bandgießen).

5.3 Erzeugung von Nichteisenmetallen

Neben pyrometallurgischen Verfahren, wie beispielsweise dem Hochofenprozess, werden vor allem **Elektrolyse-Verfahren** für die Gewinnung von Metallen angewendet. So wird Roh- oder Schwarz-Kupfer aus den meist sulfidischen Erzen pyrometallurgisch gewonnen und elektrolytisch zu Elektrolyt-Kupfer raffiniert. Die Gewinnung von Zink erfolgt hauptsächlich elektrolytisch aus wässrigen Lösungen und von Aluminium durch eine Schmelzflusselektrolyse.

5.3.1 Gewinnung von Aluminium

Die Gewinnung von Aluminium, dem zweitwichtigsten Metall nach Eisen, unterscheidet sich ganz wesentlich von der Eisen- und Stahlgewinnung, so dass diese kurz beschrieben werden soll. Eine **Aluminium-Gewinnung** mit Koks ist nicht möglich, da sich dabei Aluminiumcarbid bilden würde. Eine Elektrolyse in wässriger Lösung würde nur zur Abscheidung von Wasserstoff führen. In Schmelzen zerfallen (ionische) Verbindungen in ihre Ionen, so dass eine elektrolytische Gewinnung von Aluminium aus Schmelzen möglich ist. Daher ist billige elektrische Energie oft die wichtigste Voraussetzung für die Standorte von Aluminiumgewinnungshütten. Wasserkraftwerke (Bild 1) werden daher bevorzugt, in Deutschland stehen die Aluminiumhütten auch unmittelbar neben Braunkohlenkraftwerken.

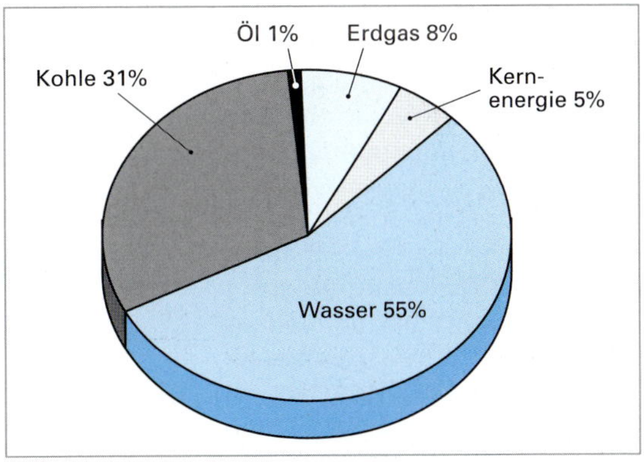

Bild 1: Energiequellen zur Herstellung von Primäraluminium (1998), weltweit

Der wichtigste Rohstoff für die Aluminiumgewinnung ist **Bauxit**, ein Mineral mit den Hauptbestandteilen Al_2O_3 (ca. 60 %), Fe_2O_3, SiO_2 und TiO_2. Die wichtigsten Abbaustätten befinden sich in Australien, Brasilien, Guinea, Jamaika, Russland und Surinam. Die übrigen aluminiumhaltigen Mineralien, wie Ton, Kaolin u. a., haben meist einen geringeren Al_2O_3- und höheren SiO_2-Gehalt, so dass diese aus wirtschaftlichen Gründen nicht in Frage kommen. Aus dem Bauxit wird zunächst hochreines Al_2O_3 (mind. 99,5 %) hergestellt, da aus den aluminiumhaltigen Erzen sonst zuerst die anderen Metalle reduziert würden.

Die Al_2O_3-Gewinnung erfolgt meistens nach dem **BAYER-Verfahren** (Bild 1, Seite 152). Dazu wird Bauxit mit heißer Natronlauge (100 °C bis 360 °C) behandelt und Aluminium als **Natriumaluminat** ($NaAl(OH)_4$) herausgelöst.

$$Al_2O_3 + 2\,NaOH + 3\,H_2O \rightarrow 2\,NaAl(OH)_4$$

Zurück bleibt der so genannte **Rotschlamm**, der die übrigen nicht gelösten Oxide des Bauxits enthält. Nach dieser Trennung wird die Lösung abgekühlt und mit festen Aluminiumhydroxid-Kristallen ($Al(OH)_3$)) geimpft, so dass auch das Natriumaluminat in Aluminiumhydroxid und Natronlauge zerfällt:

$$NaAl(OH)_4 \rightarrow Al(OH)_3 + NaOH$$

Das **Aluminiumhydroxid** wird abfiltriert und bei 1000 °C bis 1300 °C zu hochreinem Aluminiumoxid gebrannt (calciniert):

$$2\,Al(OH)_3 \rightarrow Al_2O_3 + 3\,H_2O$$

Dieses hochreine Aluminiumoxid ist das Ausgangsprodukt für die **Schmelzflusselektrolyse** (Bild 2).

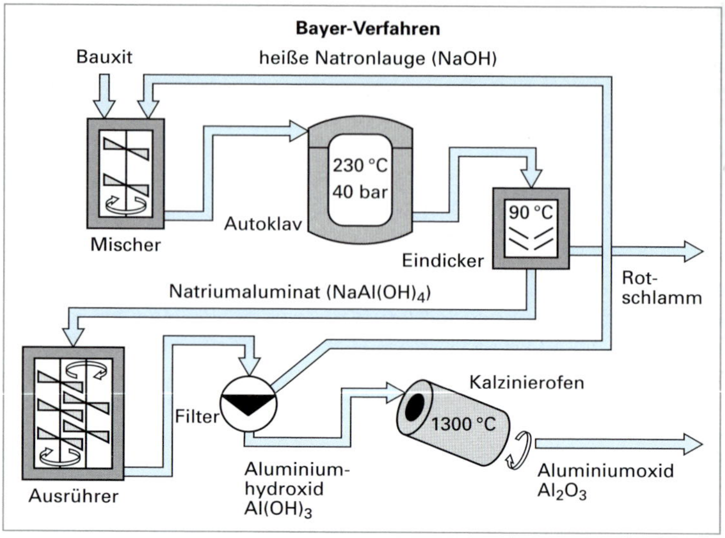

Bild 1: Aluminiumoxid-Gewinnung (schematisch)

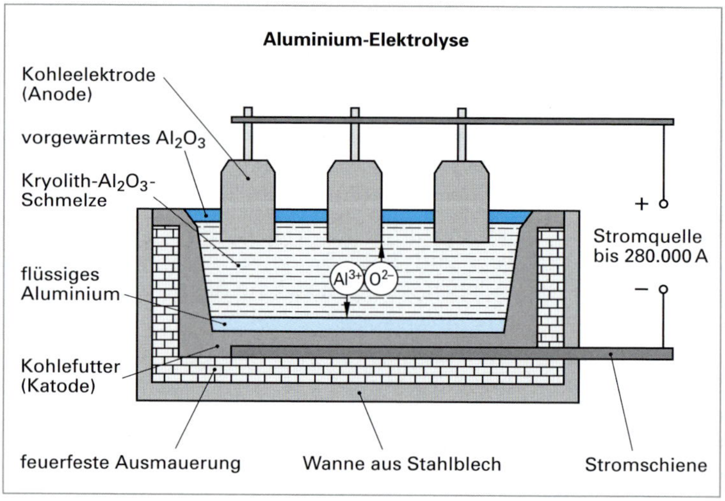

Bild 2: Schmelzflusselektrolyse von Al_2O_3 zur Aluminiumgewinnung (schematisch)

Die Schmelztemperatur von reinem Aluminiumoxid liegt über 2000 °C. Durch den Zusatz von **Kryolith** (Na_3AlF_6) wird die Schmelztemperatur so weit herabgesetzt, dass die Elektrolyse bei 950 °C bis 980 °C durchgeführt werden kann. Kryolith bewirkt eine Schmelztemperaturerniedrigung auf 962 °C. Der Al_2O_3-Gehalt in der Schmelze wird auf 2 % bis 5 % gehalten. Wenn die Schmelze an Al_2O_3 zu stark verarmt, steigt die Spannung stark an und es muss Aluminiumoxid hinzugegeben werden. Die Schmelze ist sehr korrosiv, so dass nur Graphit als Elektrodenwerkstoff benutzt werden kann. Die Katode (Bild 2) ist wannenförmig ausgebildet, so dass sich am Boden das reduzierte schwerere Aluminium ansammelt. An der Anode verbindet sich der primär gebildete Sauerstoff mit der Anodenkohle zu CO oder CO_2:

Katode: $Al^{3+} + 3\,e^- \rightarrow Al$

Anode: $C + O^{2-} \rightarrow CO + 2e^-$ oder

$C + 2\,O^{2-} \rightarrow CO_2 + 4e^-$

Das entstehende **Hüttenaluminium** wird abgesaugt und hat eine Reinheit von 99,6 % bis 99,9 %. Um zu einer guten Ausbeute zu kommen, müssen hohe Stromstärken von 100 kA bis 280 kA bei Zellspannungen von 4 V...5 V aufgewandt werden. In den Aluminiumhütten sind die einzelnen Zellen hintereinandergeschaltet, so dass Gesamtspannungen von über 1 000 V üblich sind. Für die Gewinnung von 1 kg Aluminium werden derzeit etwa 13 kWh bis 14 kWh elektrische Energie (Bild 1, Seite 153), 0,5 kWh Hilfsenergie sowie 1,9 kg Al_2O_3, 30 g bis 50 g Kryolith, 0,45 kg bis 0,47 kg Anodenkohle u. a. benötigt. Bei der Erzeugung von 1 t Aluminium müssen 105 m^3 Abgase abgesaugt, gereinigt und insbesondere Fluoride entfernt werden.

Die Weiterverarbeitung des Rohaluminiums erfolgt in **Hüttengießereien**. Die Gewinnung von **Reinstaluminium** (99,99 % Al, häufig auch als **Vier-Neuner-Aluminium** bezeichnet) wird meist als **Dreischichtenraffination**, ebenfalls eine Schmelzelektrolyse durchgeführt.

Das flüssige Aluminium neigt stark zur Gasaufnahme, insbesondere wird Wasserstoff leicht gelöst, der die Eigenschaften im festen Zustand verschlechtert und zu Spannungsrisskorrosion führen kann. Die dafür notwendige Raffination erfolgt in Vakuumöfen oder durch Spülen mit Chlor. Günstig wirkt sich auch eine Abdeckung der Schmelzen aus. Das meiste Aluminium wird auf kontinuierlich oder diskontinuierlich arbeitenden Strangguss- oder Bandgussanlagen verarbeitet. Die Primärumformung erfolgt durch Walzen oder Strangpressen in der Wärme.

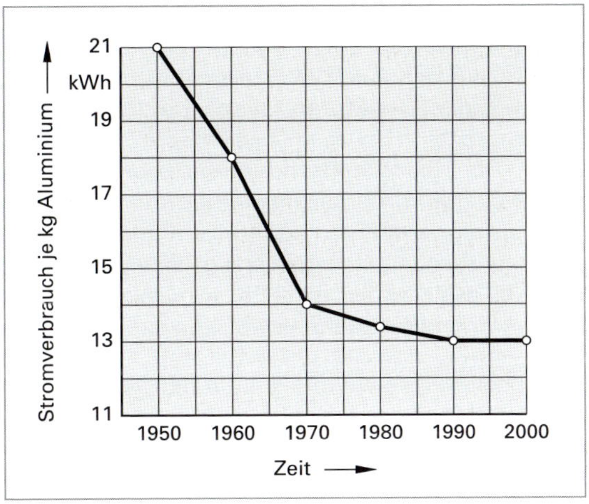

Bild 1: Sinkender Stromverbrauch bei der Aluminiumschmelzflusselektrolyse

5.3.2 Gewinnung weiterer Nichteisenmetalle

Die Gewinnung von **Kupfer** ist abhängig von den verwendeten Rohstoffen. Nach oft sehr aufwändiger Aufbereitung der meist armen Kupfererze (ab 0,3 % Cu) erhält man Kupferkonzentrate mit einem Kupfergehalt von 20 % bis 30 %, manchmal sogar bis zu 50 %. Aus den sulfidischen Erzen wird nach verschiedenen Methoden pyrometallurgisch Rohkupfer gewonnen. Oxidische Erze werden nassmetallurgisch verarbeitet. Dabei wird durch Laugen mit Schwefelsäure Kupfer herausgelöst und durch anschließende Extraktion ausgefällt. Oft wird danach noch eine elektrolytische Raffination durchgeführt.

Zink wird in großem Maße elektrolytisch gewonnen. Aber auch pyrometallurgische Verfahren sind noch üblich. Dabei bereitet die sehr niedrige Siedetemperatur von Zink mit 906 °C Schwierigkeiten. **Blei** lässt sich leicht aus Erzen durch Rösten und Reduktion mit Koks gewinnen. Da außerdem die meisten Bleierze auch Edelmetalle, vor allem Silber enthalten, wird die Bleigewinnung aus diesen Erzen erst durch die Abtrennung und anschließende Aufarbeitung von Edelmetallkonzentraten wirtschaftlich. Auch **Zinn** wird durch Reduktion mit Koks aus oxidischen Erzen gewonnen. **Magnesium** wird ähnlich wie Aluminium durch Schmelzflusselektrolyse gewonnen. Der Gewinnungsprozess von **Titan** ist recht kompliziert und aufwändig und ist somit auch ein Grund für den hohen Preis dieses Metalls. Die Reduktion wird beispielsweise mit Magnesium durchgeführt. Einzelheiten der Gewinnungsprozesse von weiteren Metallen sollten den entsprechenden Fachbüchern entnommen werden.

5.4 Legieren von Metallen

In den vorangegangenen Kapiteln wurde die Gewinnung metallischer Werkstoffe beschrieben. In der Regel werden jedoch nicht die reinen Metalle, sondern zur Erzielung bestimmter Eigenschaften, Metalllegierungen eingesetzt. Durch **Legierungsbildung** können die Eigenschaften von Metallen in weiten Grenzen verändert werden. Hierfür werden gezielt einem Metall andere Stoffe, meistens andere Metalle, zugesetzt. Die älteste Legierung ist Bronze, die durch Legieren von Kupfer mit Zinn entsteht. Während in früherer Zeit Legierungen das Ergebnis zufälliger Mischungen waren, werden heute gezielt den metallischen Werkstoffen andere Stoffe zugesetzt, um bestimmte Eigenschaften zu erreichen. Dabei werden metallkundliche Erkenntnisse angewandt und ausgenutzt. Die grundlegenden Eigenschaftsveränderungen sind bekannt, wie Zunahme der Festigkeit, Abnahme der Verformbarkeit, Zunahme des elektrischen Widerstandes, Abnahme der Korrosionsbeständigkeit u. a. m. Der Grad der Veränderung hängt stark von den atomaren und kristallographischen Vorgängen oder Gefügeveränderungen ab. Für die Werkstoffentwicklung sind meistens nicht eine, sondern die Kombination mehrerer Eigenschaften erforderlich. Bei willkürlicher Auswahl eines Legierungszusatzes erhält man häufig unerwünschte Veränderungen.

Die Herstellung von Legierungen erfolgt überwiegend im schmelzflüssigen Zustand **(Schmelzmetallurgie)**. Ein Element muss dabei ein Metall sein, so dass die Legierung die typischen metallischen Eigenschaften aufweist. Die Einflüsse einzelner Legierungselemente sind unterschiedlich und hängen außerdem noch von der zugesetzten Menge, der **Konzentration** ab. Die Konzentration wird in der Technik meist in **Massenprozent** (früher in Gewichtsprozent) und in der Wissenschaft in **Atomprozent** (Kapitel 3.4) angegeben. Die Eigenschaftsänderungen durch Legieren können sehr unterschiedlich sein, so dass sie nicht ohne weiteres vorhergesagt werden können. Dies kann man bereits an dem Beispiel der Abhängigkeit der Schmelztemperatur von der Konzentration (Kapitel 3.5) ersehen. In jedem Fall gibt aber das entsprechende Zustandsschaubild einen ersten Hinweis darauf, ob bestimmte Legierungen technisch sinnvoll sind. So schließt bespielsweise die β-Phase (β-Messing) im Zustandsdiagramm CuZn wegen ihrer Sprödigkeit Kupferlegierungen mit mehr als 46 % Zn aus.

Viele Legierungselemente sind in der Schmelze gut mischbar. Selbst hochschmelzende Stoffe, wie zum Beispiel Wolfram oder Kohlenstoff, werden bei Temperaturen weit unter deren Schmelztemperatur in flüssigem Eisen gelöst. Die Temperatur der Schmelze muss jedoch über der Liquidustemperatur der herzustellenden Legierung liegen. Dies kann anhand des Zustandsdiagrammes überprüft werden. Die Legierungszusätze können als reine Metalle oder auch in Form von **Vorlegierungen** eingebracht werden. Durch Vorlegierungen, die einen höheren Gehalt am Legierungselement aufweisen als die künftige Legierung, können die geforderten Legierungsgehalte besser eingestellt werden.

Bilden sich bei der Erstarrung von Legierungen nur Mischkristalle, so entsteht eine **homogene Legierung.** Festigkeit und Härte werden, verglichen mit dem reinen Metall, erhöht, die plastische Verformbarkeit hingegen herabgesetzt. Die chemischen Eigenschaften, insbesondere die Korrosionsbeständigkeit, werden nur gering verschlechtert. Der elektrische Widerstand wird deutlich erhöht. Dies wird beispielsweise in elektrischen Widerstandslegierungen genutzt (Kapitel 7.5.6).

Entsteht bei der Legierungsbildung eine neue (zweite) Phase dann spricht man von einer **heterogenen Legierung**. Für die Eigenschaftsänderungen sind Kristallstruktur, Form, Größe, Menge und Verteilung der Teilchen von Einfluss. Diese Ausscheidungen führen immer zu größerer Festigkeit und Härte sowie zu einer Verschlechterung der plastischen Verformbarkeit. Besonders feinverteilte kleine Teilchen führen zu größten Festigkeitssteigerungen. Dies wird beispielsweise bei der Ausscheidungshärtung genutzt (Kapitel 4.6.2.8). So wird beispielsweise die Zugfestigkeit der Aluminiumlegierung EN AW-AlCu4Mg1 durch Warmaushärten von 150 auf über 400 MPa gesteigert. Die elektrische Leitfähigkeit nimmt im Falle der Bildung einer neuen Phase in geringerem Maße als bei der Mischkristallbildung ab. So wird Kupfer mit Magnesium legiert, um einen Werkstoff mit guter elektrischer Leitfähigkeit und hoher Zugfestigkeit zu erhalten. Die Korrosionsbeständigkeit derartiger heterogener Legierungen ist schlechter, da die verschiedenen Phasen ein unterschiedliches elektrochemisches Potenzial besitzen. Daher müssen beispielsweise heterogene Aluminiumlegierungen, dies gilt insbesondere für die aushärtbaren Legierungen, zur Vermeidung von Korrosion häufig durch eine Plattierung mit Reinaluminium geschützt werden.

Technische Entwicklungen in Bereichen außerhalb der Werkstofftechnik haben auch dazu geführt, dass die Entwicklung von Legierungen verfeinert und verbessert werden konnte. Die Erhöhung der Analysengenauigkeit ermöglicht die Legierungsgehalte genauer einzugrenzen und den Einfluss geringer Verunreinigungen zu ermitteln. So durften nach den früheren Normvorschriften Baustähle bis zu 0,050 % S enthalten. Gehalte von < 0,010 % S verschlechtern aber bereits die Zähigkeit von Stählen. Mit Hilfe von **sekundärmetallurgischen Verfahren** ist es heute möglich, den S-Gehalt auf < 10 ppm (< 0,001 %) zu senken. Ähnliches gilt für die anderen schädlich wirkenden Stoffe im Stahl (Tabelle 1, Seite 150), wie Phosphor, Stickstoff, Wasserstoff, Sauerstoff und auch Kohlenstoff.

Neben der Verbesserung der Analysengenauigkeit tragen auch andere Maßnahmen wie Prozessüberwachung und Automation zu einer Steigerung der Qualität metallischer Werkstoffe bei. Die Einstellung einer exakten Zusammensetzung der Legierungen, die Eliminierung schädlicher Stoffe, die Verbesserung der Gießverfahren, wie z. B. Strang- und Bandgießen anstelle von Kokillenguss, der in Bezug auf Stichabnahme und Verformungstemperatur gesteuerte Walzprozess verbunden mit definierten Abkühlungsbedingungen, hat zu stark verbesserten metallischen Werkstoffen geführt. Dies lässt sich gut an den thermomechanisch behandelten (sehr exakte Wärmebehandlungen und Umformungen mit dem Ziel der

Erzeugung besonderer Eigenschaften, Kapitel 4.2.3 und 6.5.3.2) Stählen zeigen, die eine relativ hohe Festigkeit und Zähigkeit bei guter Schweißbarkeit aufweisen.

In geringem Maße werden Legierungen auch im festen Zustand **(Pulvermetallurgisch)** hergestellt. Die Legierungselemente werden pulverförmig vermischt, gepresst und anschließend gesintert (Kapitel 2.10.4). Mitunter werden solche Werkstoffe auch noch umgeformt. Für die Herstellung von Wolframdrähten zu Glühfäden in Lampen ist beispielsweise ein solcher Prozess notwendig, da bei der Reduktion von Wolframoxid durch Wasserstoff Wolframmetall pulverförmig, da nicht aufgeschmolzen, entsteht. Aus Stahlpulver werden beispielsweise Gleitlager (Sinterstahl) gesintert. Auch Hartmetalle werden meist durch Sintern hergestellt.

5.5 Formgebungsverfahren für metallische Werkstoffe

Werkstoffe sind feste Stoffe, aus denen durch sehr unterschiedliche Verfahren und Prozesse Werkstücke hergestellt werden. Die metallischen Werkstoffe werden hauptsächlich im schmelzflüssigen Zustand erzeugt und müssen erstarren, damit Bauteile oder Werkstücke daraus hergestellt werden können.

Die wichtigsten Formgebungsverfahren für metallische Werkstoffe sind dabei das Urformen, insbesondere das Gießen, sowie das Umformen.

Während im vorangegangenen Kapitel 4 die Auswirkungen des angewandten Fertigungsverfahrens auf den Werkstoff und damit auf die Werkstoffeigenschaften besprochen wurden, sollen nachfolgend die wichtigsten Ur- und Umformverfahren beschrieben werden.

5.5.1 Gießen

Zum Vergießen von metallischen Werkstoffen sind besondere Techniken entwickelt worden. Es wird unterschieden zwischen Form- und Formateguss sowie dem Gießen von Masseln. Durch **Formguss** werden aus Gusslegierungen Werkstücke hergestellt, die nicht mehr umgeformt, häufig jedoch noch spanend bearbeitet werden. Aus Knetlegierungen werden unterschiedliche Gussbarren gegossen, die mit dem Begriff **Formate** zusammengefasst werden. Die Formate werden durch Walzen, Pressen oder Schmieden zu Halbzeug (Bleche, Bänder, Stangen, Profile, Drähte und Rohre) umgeformt, um ein gleichmäßiges, homogenes Gefüge zu erhalten. **Masseln** werden hauptsächlich in Formgießereien zur Legierungsherstellung wieder eingeschmolzen.

5.5.1.1 Formgießen

Beim **Formgießen** erstarrt eine metallische Schmelze in einer bestimmten Form, die der äußeren Kontur des herzustellenden Werkstückes entspricht. Es sind besondere Gusslegierungen und Gießverfahren entwickelt worden, um Werkstücke zu erhalten, die den geforderten Eigenschaften und Belastungen weitgehend entsprechen. So sollten die Gusslegierungen bei den Gießbedingungen eine niedrige Viskosität aufweisen, also gut in alle Teile der Form hineinfließen, eine geringe Erstarrungskontraktion und einen kleinen Temperaturbereich der Erstarrung besitzen. Dies trifft beispielsweise für nahezu alle eutektischen Legierungen wie Al-Si(12,5 % Si) oder Gusseisen (4,3 % C) zu. Zusätze von Keimbildnern oder Kornfeinungsmitteln sowie eine beschleunigte Abkühlung bewirken eine erwünschte Kornfeinung.

Die Einführung von Verfahren, die Strömungskräfte im erstarrenden Metall bewirken (Thixotropie), wie magnetische Drehfelder oder Vibrationen, fördern eine Vermischung von kälteren und wärmeren Teilchen, so dass die Spitzen von gerade entstandenen Dendriten (Bild 1, Seite 89) abbrechen und diese Bruchstücke als Kristallisationskeime wirken. Dadurch wird die Keimzahl beträchtlich erhöht und es entsteht ebenfalls ein feinkörniges Gefüge.

Vor dem Gießen muss die Schmelze desoxidiert und die Schlacke entfernt werden. Die Gießtemperatur sollte nicht zu hoch gewählt werden, um Veränderungen der Zusammensetzung der Schmelze vor und während des Gießvorgangs zu vermeiden. Die Form ist gießgerecht herzustellen, wobei es günstig ist, dass die Formfüllung steigend erfolgt. Bild 1 gibt einen Überblick der Formgießverfahren.

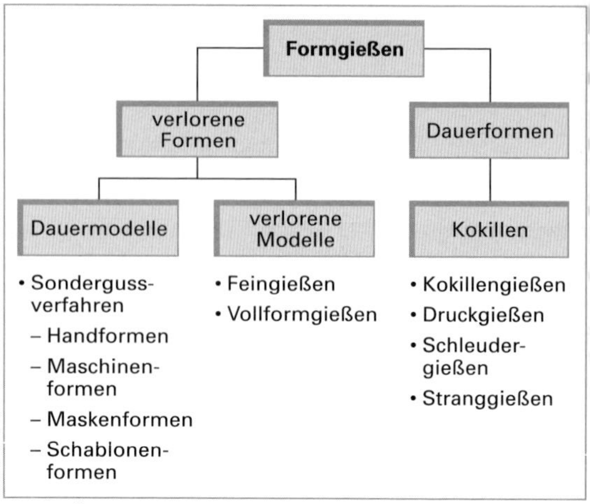

Bild 1: Überblick der Formgießverfahren mit Beispielen

In Formgussstücken ist die Gefahr von Gussfehlern zu beachten. Es treten Lunker, Seigerungen, Poren und Warmrisse auf, die durch verschiedene Maßnahmen verhindert werden müssen (Kapitel 4.1.2). Die Volumenänderung bei der Erstarrung von der Gießtemperatur bis Raumtemperatur sowie die temperaturabhängige Löslichkeit für Gase sind die Hauptursachen für die Entstehung dieser Fehler. Die Volumenänderungen wird als Schwinden (Kapitel 4.1.3.2) bezeichnet und ist die Hauptursache für die Bildung von Lunkern und auch von Warmrissen. Die Erstarrungsschwindung bei grauem Gusseisen (z. B. Grauguss) ist besonders niedrig, ein Grund für die hervorragende Gießeignung von grauem Gusseisen. Außerdem muss die Form um das Schwindmaß größer als das fertige Gussstück sein. Daneben gibt es gießtechnische Maßnahmen, um diese Probleme zu beherrschen. Durch geeignete Behandlungen der Schmelzen, wie Desoxidieren, Spülen oder Vakuumbehandlung, kann der Gasgehalt auf ungefährliche Werte abgesenkt werden. Auch bei der Formgebung und Konstruktion von Gussstücken müssen form- und gießtechnische Zugaben und Bedingungen berücksichtigt werden.

Sandguss

Am meisten durchgeführt werden **Sandgussverfahren**, bei denen mit Hilfe eines **Modells** im Modellsand die Formen erzeugt werden. Meist besteht die Form aus zwei Hälften, um nach dem Abbilden und Einformen das Modell wieder entfernen zu können. Zur Erzeugung von Hohlräumen in den Gussstücken werden ebenfalls aus Sand geformte, jedoch festere **Kerne** eingesetzt. Es werden unterschiedliche Formsande verwendet. Dem eigentlichen Formstoff werden noch Bindemittel zugesetzt. Die entstehende Gießform muss eine ausreichende Festigkeit und Gasdurchlässigkeit aufweisen.

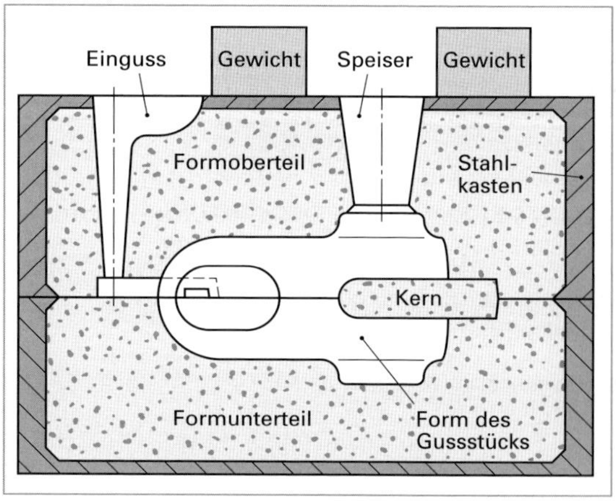

Bild 2: Schema der Form vor dem Abguss

Bild 2 zeigt schematisch die für das Gießen fertige Form. Diese befindet sich in einem zweigeteilten **Formkasten** aus Stahl, wobei die beiden Hälften genau aufeinander gepasst und geklammert oder durch Gewichte beschwert werden, damit keine vertikalen oder horizontalen Verschiebungen der beiden Formhälften auftreten können.

Beim Abgießen wird über einen **Einguss** die Schmelze in der Mitte der Form zugeführt. Der **Speiser** liefert bei der Erstarrung zusätzlich Schmelze nach, um die Volumenverluste infolge Schwindung auszugleichen und die Bildung von Lunkern (Hohlräumen) zu verhindern. Dagegen sollen Kerne erwünschte Hohlräume im Gussstück erzeugen.

Nach Abkühlen des erstarrten Gussstückes wird die Gussform aus Sand zerstört, daher spricht man auch vom Gießen in verlorener Form. Alle Rohgussstücke müssen geputzt, also vom anhaftenden Sand befreit, sowie nachbearbeitet werden, Anguss und Speiser sind abzutrennen, exakte Abmessungen, die durch Gießen nicht zu erreichen sind, werden durch spanende Nachbearbeitung erzielt. Beim Gießen können zahlreiche Fehler auftreten (s.o.), so dass Gusserzeugnisse sorgfältig kontrolliert und geprüft werden müssen.

Kokillenguss

Dauerhafte Gießformen aus Gusseisen oder Stahl werden vor allem beim **Kokillenguss**, Druckguss und Schleuderguss verwendet. Infolge der besseren Wärmeabfuhr entsteht bei diesen Verfahren ein feinkörnigeres Gefüge als beim Sandguss. Die Herstellungskosten dieser Gießformen liegen erheblich über den Sandgussformen, so dass Dauergießformen nur bei größeren Serien zum Einsatz kommen.

Insbesondere Legierungen der niedrig schmelzenden Metalle Aluminium, Magnesium und Zink sowie Kupfer-Zink-Legierungen (Messinge) werden in größerem Maße in Kokillen vergossen, während Gusseisen häufiger in Sandgussverfahren verarbeitet wird. Neben dem gleichmäßigeren und feinkörnigerem Gefüge, was zu besseren mechanischen Eigenschaften führt, zeigen Kokillengussstücke auch höhere Maßgenauigkeit und Oberflächengüte als Sandgussstücke. Alle Gussformen, insbesondere aber die metallischen Formen, müssen geschlichtet werden, d.h. es muss eine Trennschicht zwischen der Form und dem Gussstück aufgebracht werden, um ein Verschweißen mit der Form zu vermeiden. Außerdem wird bei den meisten Gießverfahren die Form oder Kokille vorgewärmt.

Druckguss

Beim **Druckgießen** (Bild 1) wird die Schmelze unter hohem Druck (10 MPa bis zu einigen 100 MPa) in eine Kokille gefüllt. Die niedrigschmelzenden Metalle, insbesondere Zinklegierungen (die wichtigste Zinkdruckgusslegierung ist GD-ZnAl4Cu1), werden auf **Warmkammermaschinen** (Gießbehälter mit Gießkammer in der Schmelze) und die höherschmelzenden Metalle, vor allem Aluminium-Legierungen, werden auf **Kaltkammermaschinen** (gesamte Gießgarnitur außerhalb der Schmelze) vergossen. Druckgießverfahren für Gusseisenwerkstoffe werden derzeit entwickelt. Die wichtigsten Vorteile des Druckgießens sind:

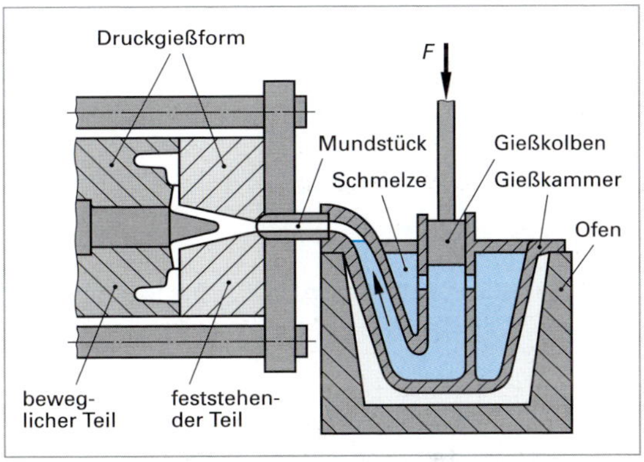

Bild 1: Druckguss, Prinzip des Warmkammergießverfahrens

- Hohe Maßgenauigkeit und keine oder nur geringe Nacharbeit
- Glatte Oberflächen und dünnwandige Werkstücke realisierbar
- Eingießen von Buchsen für Gewinde oder Lager möglich
- Automatisierung möglich und hohe Stückzahlen erzielbar

Bild 2, zeigt ein kompliziertes Kurbelgehäuse aus Aluminiumdruckguss. Die Druckgussformen werden jedoch thermisch und mechanisch stark beansprucht, so dass nur Gusslegierungen mit niedrigen Gießtemperaturen für Druckgießverfahren geeignet sind. Dies kann man gut an der Zahl der Abgüsse je Form, den **Formstandzeiten**, ablesen. Diese beträgt im Mittel für Zinklegierungen 500 000, für Magnesium-Legierungen 100 000, für Aluminium-Legierungen 80 000 und für Messingdruckguss nur 10 000 Abgüsse je Form. Daher ist es auch leicht erklärbar, warum es bisher kaum Druckguss für Gusseisenwerkstoffe gibt.

Bild 2: Motorblock aus Aluminiumdruckguss

Schleuderguss

Beim **Schleuderguss** bewirkt die Zentrifugalkraft ebenfalls eine Füllung unter erhöhtem Druck. Durch das Rotieren der meist metallischen Formen wird die flüssige Schmelze an die Formwand, die meist wassergekühlt ist, geschleudert und erstarrt dort. Nach diesem Verfahren werden Rohre, Räder und Ringe hergestellt. Zum Vergießen von Gusseisen zur Herstellung von Rohren wird eine Speziallegierung mit einem erhöhten Phosphorgehalt eingesetzt, die sich durch eine besonders hohe Viskosität auszeichnet.

5.5.1.2 Gießen von Knetlegierungen

Gießverfahren für Knetlegierungen und Metalle, d. h. Werkstoffe, die durch Umformen weiterverarbeitet werden, sind vor allem der Block- oder Kokillenguss sowie der Strangguss. Im **Kokillenguss** (Bild 1a) wird die Metallschmelze in ein Gefäß, die Kokille, gegossen und erstarrt dort. Dabei entsteht ein Knüppel entsprechend dem Hohlraum der Kokille. In diesem Bild sind auch die wichtigsten Gießfehler, Lunker, am Kopfende eingezeichnet. Die eigentliche Kokille ist nach oben um eine Haube erweitert, damit der bei der Resterstarrung sich bildende Kopflunker möglichst flach wird. Dazu sollte die Haube Wärme abgeben und dadurch die Erstarrung in diesem Bereich verzögern (Kapitel 4.1.2).

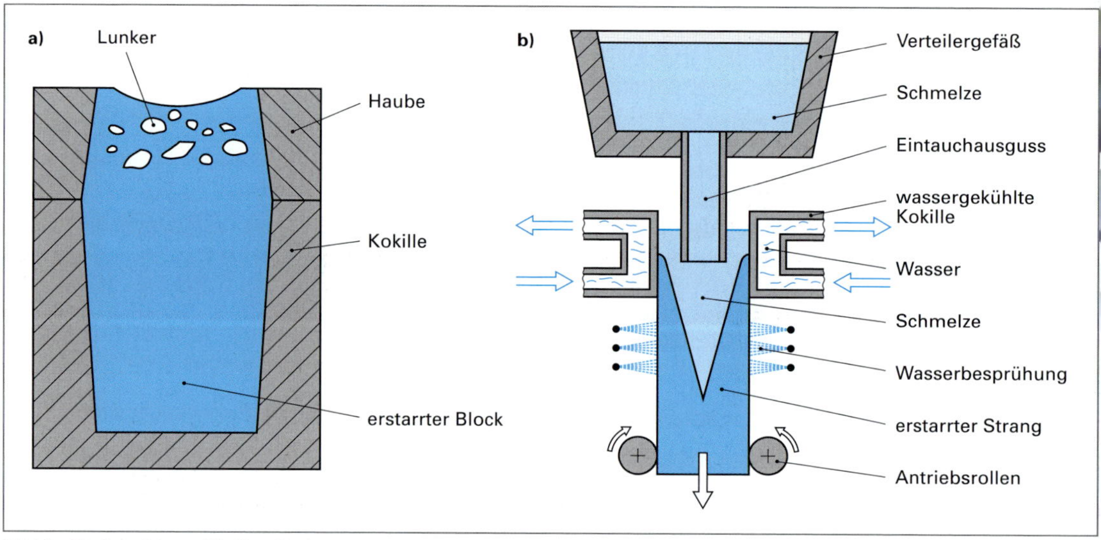

Bild 1: Gießverfahren für Knetlegierungen (schematisch)
a) Block- oder Kokillenguss b) Senkrechter Strangguss

Durch die Einführung des **Stranggusses** konnten viele Gussfehler des Blockgusses beseitigt und die Gussstruktur erheblich verbessert werden. Das Stranggussverfahren hat erst dazu geführt, dass die technologischen Verbesserungen der Stahlschmelzen in fast fehlerfreien Gussblöcken genutzt werden konnten. Dabei wurde das Ausbringen erheblich erhöht und der Schrottanteil entsprechend verringert. Beim Strangguss (Bild 1b) ist die Kokille nach unten geöffnet. Bei Gießbeginn wird die Kokille von unten durch einen „Stopfen“ verschlossen und wenn dort und der sich anschließenden Wand die Schmelze erstarrt ist, wird dieser „Strang“ langsam abgesenkt, so dass letztendlich ein beliebig langer Strang entsteht. Dabei müssen die Temperatur der Schmelze, die Kühlung von Kokille und Strang und die Absenkgeschwindigkeit so aufeinander abgestimmt werden, dass genügend Material erstarrt ist und keine Schmelze mehr austreten kann. In der Stahlindustrie werden die Blöcke um einen Viertelkreis umgelenkt und mit Hilfe von mitfahrenden Schneidbrennern in die gewünschte Länge abgeschnitten. Neben diesen kontinuierlich arbeitenden Anlagen gibt es auch diskontinuierliche, wobei die Länge der einzelnen Stränge (z. B. 10 m) von der Tiefe der Grube o. Ä. abhängt. Meistens wird eine ganz bestimmte äußere Querschnittsform des Metallblocks gewünscht. Will man z. B. Bleche oder Bänder herstellen, dann werden heute Blöcke nach dem Stranggussverfahren gegossen, die geringfügig breiter sind wie die gewünschte Blechbreite. Gussblöcke für die Profil- oder Drahterzeugung haben beispielsweise quadratischen oder runden Querschnitt.

In der NE-Metallindustrie sind auch **Horizontalstranggießverfahren** (Bild 1) eingeführt. Diese Verfahren sollten jedoch nicht bei Legierungen angewendet werden, die zu Schwereseigerung neigen, weil dann in diesem Fall die chemische Zusammensetzung von Ober- und Unterseite unterschiedlich sein kann. Auch in der Stahlindustrie wird die Einführung solcher Verfahren angestrebt. Die Hauptvorteile des Stranggusses sind auf Seite 89 (Infokasten) zusammengefasst.

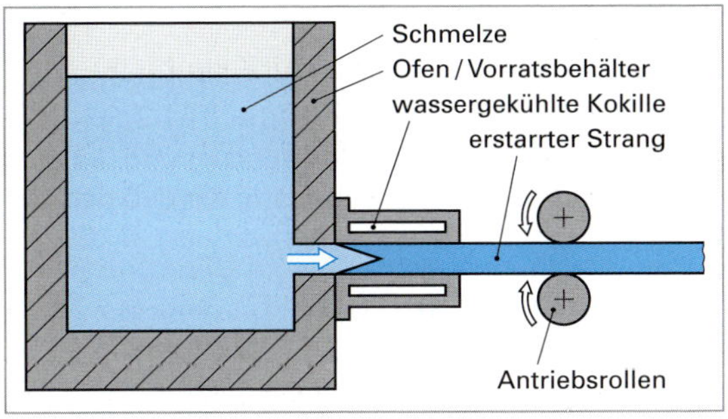

Bild 1: Prinzip des horizontalen Stranggusses

Stranggießverfahren werden zu (Dünn-)-**Bandgießverfahren** weiterentwickelt, wobei ein nur wenige Milli- oder Zentimeter dickes Band aus der Gießwärme direkt zu einem dünnen Warmband ausgewalzt wird. Dadurch werden die früher erforderlichen Warmumformverfahren erheblich reduziert. Diese Verfahren werden vor allem bei Zink- und Aluminium-Legierungen bereits in großem Maße genutzt, bei Stählen ist erst damit begonnen worden.

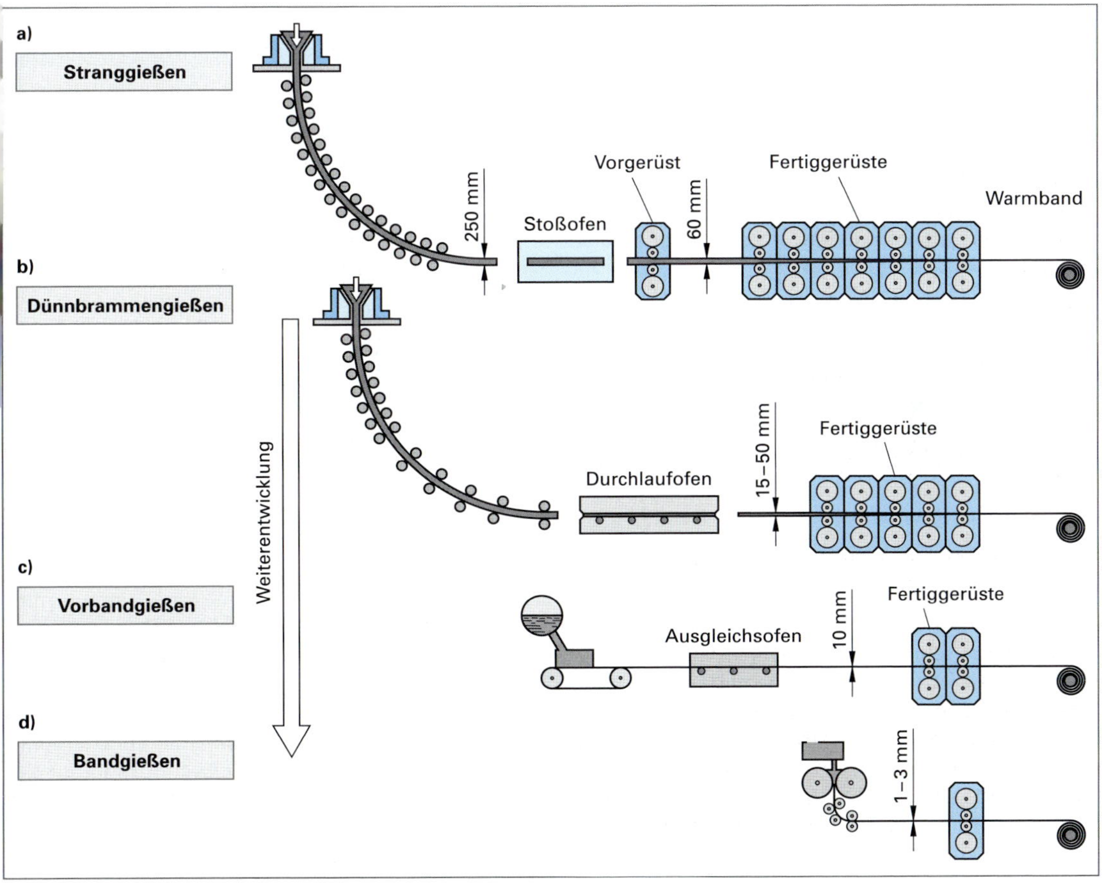

Bild 2: Weiterentwicklung der Stranggießverfahren

Bild 2 zeigt schematisch die Weiterentwicklung des Stranggießens zum Gießen von Dünnband. Während beim konventionellen Strangguss (Bild 2a) die Brammen nach dem Erstarren noch abgekühlt werden, um Gießfehler durch Flämmen (Ausbrennen) zu beseitigen, werden bei den beiden folgenden Verfahren Öfen nur noch zum Temperaturausgleich benötigt (Bild 2b und c), die dann beim Gießen von Dünnband (1 mm bis 3 mm) auch noch entfallen (Bild 2d). Die Einführung dieser Verfahren setzt voraus, dass völlig gießfehlerfreies Band erzeugt wird.

5.5.2 Umformen

Die metallkundlichen Grundlagen des Umformens sind bereits in den Kapiteln 2.8.2 und 4.2 beschrieben worden. Durch Umformen werden die mechanischen Eigenschaften der Werkstoffe, insbesondere Festigkeit und ggf. auch die plastische Verformbarkeit und die Zähigkeit, erheblich verbessert. Auch Bauteile, die dynamischen Belastungen ausgesetzt sind, werden durch Umformen hergestellt, um die Lebensdauer zu erhöhen.

Die Einteilung des Umformens in Untergruppen erfolgt nach DIN 8582 aufgrund der wirksamen Spannungen in der Umformzone (Bild 3, Seite 95). Die Bezeichnungen dieser fünf Gruppen Druck-, Zugdruck-, Zug-, Biege- und Schubumformen sind jedoch nicht sehr geläufig, bekannter sind deren Untergruppen wie Walzen, Gesenkformen oder Tiefziehen. Druckumformen beim Walzen bedeutet: die Werkzeuge, also die beiden (Arbeits-)Walzen, drücken auf das Werkstück, das Band oder Blech.

Die Untergruppen werden noch in mehr als 200 Grundverfahren eingeteilt. So werden beim Walzen Längs-, Quer- oder Schrägwalzen eingesetzt und es werden Halbzeuge wie Bänder und Bleche, Profile, Drähte u.a.m. hergestellt, ebenso Rohre, Ringe und Gewinde, also auch Werkstücke durch Walzverfahren erzeugt. Häufig werden zwei oder mehrere Umformverfahren kombiniert, so können beim Schmieden Richtungsänderungen durch Biegen oder Verdrehen erreicht werden.

Durch das Umformen werden die meisten Gießfehler beseitigt, das Gefüge wird gleichmäßig, seigerungsarm und feinkörnig und die Verunreinigungen sind homogen verteilt. Durch verbesserte Gießverfahren und Gusslegierungen kann ein Teil dieser Nachteile der **Gussstruktur** abgebaut werden. Außerdem werden durch Weiterentwicklung der Umformverfahren die Eigenschaften von umgeformtem Material noch gleichmäßiger und besser (Kapitel 4.2.3).

ⓘ Information

Der Begriff **Verformungsgefüge** oder **Umformgefüge** ist umfassend gemeint und schließt das Gefüge von umgeformten und geglühtem, sowie Rekristallisationsgefüge, ein. Auch das reine Gussgefüge, insbesondere Stahlguss, kann durch weitere thermische Behandlungen verbessert werden.

Durch Verbesserung der Gießverfahren und die damit verbundene Verringerung von Gießfehlern ist es gelungen, zu immer dünneren Gussblöcken überzugehen, so dass insbesondere der Aufwand und Umfang an **Warmumformung** ständig reduziert worden ist und auch weiter verringert werden wird. Die Stranggussblöcke sind dünner als die früheren Brammen des Blockgusses und das **Walzvormaterial** aus endabmessungsnahem Gießen führt zu einer weiteren Abnahme des Warmwalzvorgangs bei Stahl. Auch bei anderen metallischen Werkstoffen und auch bei anderem Halbzeug, wie Draht, wird durch neue Gießverfahren (Drahtgießverfahren) der Umfang der Warmumformung reduziert. So haben bei der Herstellung von Walzdraht Gussverfahren wie das **Drahtgießwalzen,** am bekanntesten ist das **Properzi-Gießverfahren,** zu einer erheblichen Abnahme des Warmwalzens geführt.

Bei allen Umformverfahren tritt auch **Reibung** auf, die meist durch eine geeignete Schmierung vermindert wird. Reibung führt zu Energieverlusten und Verschleiß, manchmal sogar zu Materialschäden an Werkzeugen aber auch an Werkstücken. Beim Walzen ermöglicht die Reibung erst den Werkstücktransport und beim Gesenkschmieden ist eine gute Schmierung Voraussetzung für eine vollständige Formfüllung. **Schmierstoffe** sollen auch für eine Kühlung der Werkzeuge sorgen, Korrosion verhindern und die Oberflächenausbildung günstig beeinflussen. Als Schmiermittel werden Fette, Öle, Seifen, aber auch Graphit, Molybdändisulfid, Sägemehl und geschmolzenes Glas eingesetzt. Diese Schmiermittel müssen auf der Werkstückoberfläche eine dünne Schicht oder einen Schmiermittelfilm bilden. Meist sind die eingesetzten Schmiermittel Stoffkombinationen, wie beispielsweise Lösungsmittel und Schmierstoff und außerdem von Betrieb zu Betrieb verschieden.

Die Wahl des Umformverfahrens hängt vom zu erzeugenden Produkt und in geringerem Maße vom eingesetzten Werkstoff ab. Zunächst wird eine Warmumformung durchgeführt, das heißt eine Umformung bei Temperaturen über der Rekristallisationstemperatur, da bei diesen Bedingungen Inhomogenitäten und andere kleine Gießfehler wie Mikroporen meist ausheilen können. Je größer die Zahl der Gießfehler und Inhomogenitäten ist, desto stärker ist die notwendige Warmumformung. Werkstoffe mit hexagonalem Kristallgitter werden häufig nur warm zu Halbzeug verarbeitet, so wird Zinkblech oder -band auf das gewünschte Endmaß, meistens zwischen 0,5 mm und 1,0 mm, nur warmgewalzt. Die meisten anderen metallischen Werkstoffe, wie Stähle, Aluminiumlegierungen und Kupferlegierungen, werden zusätzlich kaltgewalzt, um eine bessere Oberfläche und höhere Maßgenauigkeit zu erzielen.

Bei schwierig umzuformenden Werkstoffen müssen Warmumformverfahren zur Primärumformung eingesetzt werden, die einer hydrostatischen Beanspruchung entsprechen. Bei solchen Umformverfahren kann das im Querschnitt reduzierte Material nur nach einer Seite aus dem Werkzeug austreten. So wird die Primärumformung von Superlegierungen auf Spezialschmiedemaschinen durchgeführt, aber auch beim Strangpressen liegen nahezu hydrostatische Spannungsverhältnisse vor, so dass bei diesen Verfahren sehr große Formänderungen in einem Arbeitsgang möglich sind.

5.5.2.1 Walzen

Bänder und Bleche werden auf **Flachwalzen** hergestellt. In modernen Walzwerken sind mehrere Walzgerüste hintereinander angeordnet, die das Walzgut durchläuft. Man spricht von kontinuierlich arbeitenden Walzstraßen. Bild 1 zeigt das Schema einer Warmbreitbandstraße für Stahl. Bei der Erzeugung von so genanntem **Warmbreitband** aus Stahl ist der Fertigstraße noch ein Vorgerüst vorgeschaltet, um aus den Stranggussbarren, meist reversierend in mehreren Stichen vorgewalzt, geeignetes Material für die Fertigstraße zu erzeugen.

> **ⓘ Information**
>
> **Stich**
>
> Mit **Stich** wird der einmalige Durchgang des Walzgutes durch ein Walzenpaar bezeichnet.
>
> **Reversierendes Walzen** bedeutet, dass nach jedem Stich die Walzrichtung umgekehrt und gleichzeitig der Walzenabstand verringert wird.

Neben den Walzgerüsten sind auch noch die wichtigsten Hilfseinrichtungen und Öfen eingezeichnet. Nicht zu sehen sind die vielen Mess- und Kontrolleinrichtungen, die bei modernen Anlagen üblich sind, so dass auch bei der Erzeugung von „normalem" Warmbreitband von einer thermomechanischen Behandlung (Kapitel 4.2.3 und 6.5.3.2) gesprochen werden könnte, bei der ein ganz bestimmter Gefügezustand erreicht wird. Diese Vorgänge und Verfahrensänderungen können entsprechend auch auf andere metallische Werkstoffe übertragen werden.

Während beim Walzen von Bändern und Blechen zylindrische (oder leicht ballige) Walzenpaare eingesetzt werden, benötigt man zur Herstellung von Drähten und Profilen so genannte **Kaliberwalzen** (Bild 1, S. 162). Im gezeigten Beispiel ist das Kaliber rund, es sind aber auch andere Formen üblich. Das Kaliberwalzen wird in der Regel in der Wärme durchgeführt und die Produkte, Profile und Draht, dann zusätzlich kalt gezogen.

Große Bedeutung besitzt auch die Herstellung nahtloser Rohre aus Stahl durch Warmwalzen. Hauptsächlich wird das **Schrägwalzverfahren** (Mannesmannverfahren) zur Herstellung der Rohlinge angewendet, die durch das **Pilgerschrittverfahren** auf den gewünschten Außendurchmesser weitergewalzt werden.

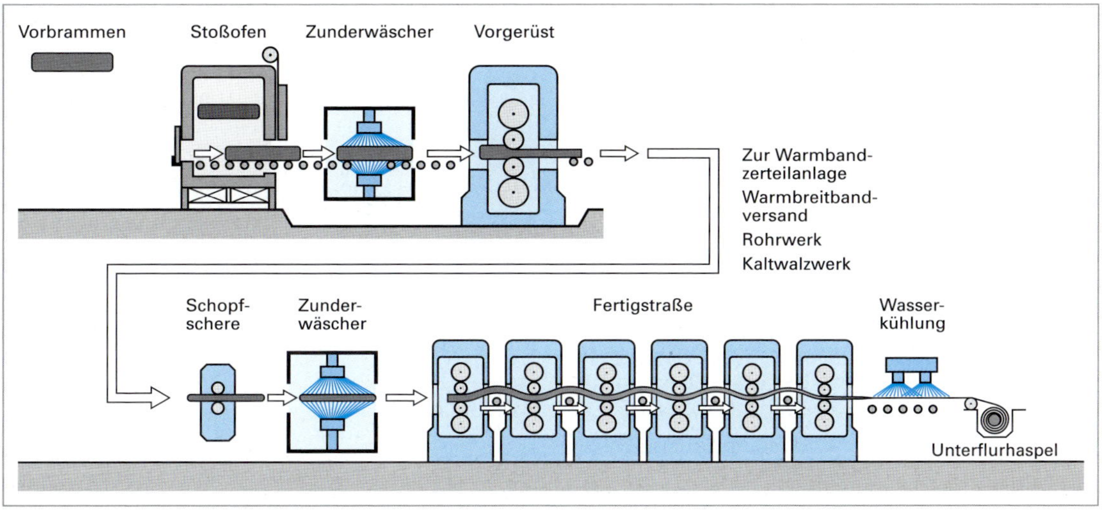

Bild 1: Warmbreitbandstraße zur Stahlverarbeitung

Zur Erzielung größerer Maßgenauigkeit und Oberflächengüte werden die warmgewalzten oder gepressten Rohre noch kaltgezogen. Weitere Walzverfahren, wie die Oberflächenwalzverfahren oder das Gewindewalzen, werden nicht behandelt.

5.5.2.2 Durchdrücken

Die wichtigsten Durchdrückverfahren sind das **Strangpressen** und das Fließpressen. Insbesondere Legierungen des Aluminiums und des Kupfers werden durch Strangpressen (Bild 2) zu Stangen und Profilen, bei dem zusätzlichen Einsatz von Dornen auch zu Hohlprofilen wie Rohre verarbeitet. Es werden meistens stranggegossene erwärmte Blöcke eingesetzt, die mit Hilfe eines Stempels durch das Werkzeug (Matrize) gepresst werden. Es können auf diese Weise sehr komplizierte Profile in einem Arbeitsgang erzeugt werden, wie z. B. Fensterprofile aus Aluminium.

Wegen der hohen Presskräfte und -temperaturen ist die Herstellung von Stahlprofilen durch Strangpressen schwierig. Beim **Ugine-Séjournet-Verfahren** wird geschmolzenes Glas als Schmiermittel zum Strangpressen von Stahl verwendet.

Fließpressen ist dem Strangpressen ähnlich, es werden jedoch nur einzelne Werkstücke oder Bauteile meistens durch Kaltverformung hergestellt. Auf diese Weise werden aus Platinen Hülsen, Dosen, Tuben, Gehäuse für Kondensatoren, Trockenbatterien u.a.m. hergestellt (Bild 3).

5.5.2.3 Freiform- und Gesenkschmieden

Schmieden wird unterteilt in Freiform- und Gesenkschmieden. Beide Verfahren werden in der Wärme durchgeführt und sind manchmal kombiniert mit anderen Umformverfahren. Beim **Freiformschmieden** wird meistens gegossenes Material eingesetzt, das durch diesen Umformvorgang ein gleichmäßiges Umformgefüge erhalten soll. Das Freiformschmieden wird abschnittsweise mit einfachen Werkzeugen, meist im Prinzip Hammer und Amboss, durchgeführt. Es werden häufig sehr große Teile mit einfacher Geometrie hergestellt, wie Wellen für große Turbinen mit einem Enddurchmesser von mehr als einem Meter. Diese geschmiedeten Wellen haben gegenüber gegossenen Wellen eine erheblich erhöhte Lebensdauer, da sie dynamische Belastungen, die bei allen sich drehenden Teilen auftreten, besser standhalten. Freiformschmieden wird als Vorstufe für das Gesenkschmieden angewendet.

Große Bedeutung besitzt das Schmieden mit Formwerkzeugen, die als Gesenke bezeichnet werden

> **ⓘ Information**
>
> **Mehrfachwalzgerüste**
>
> Aufgrund der Anzahl der Walzen in einem Gerüst unterscheidet man zwischen Duo-, Trio- und Quartowalzwerken oder Zwei-, Drei-, Vier- und Zwölfwalzengerüst. Mehrwalzengerüste sind notwendig, wenn große Formänderungswiderstände hohe spezifische Walzdrücke erfordern, wie beispielsweise beim Kaltwalzen. Bei dünnen Walzen sind die Drücke auf kleinere Kontaktzonen konzentriert, so dass die spezifischen Walzdrücke erhöht werden. Das Durchbiegen dieser dünneren Arbeitswalzen wird durch dickere Stützwalzen (Quartogerüst) vermieden oder stark vermindert.

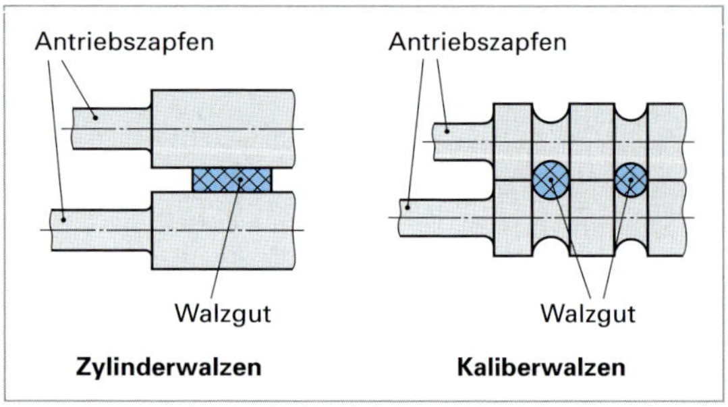

Bild 1: Schema von Zylinder- und Kaliberwalzen

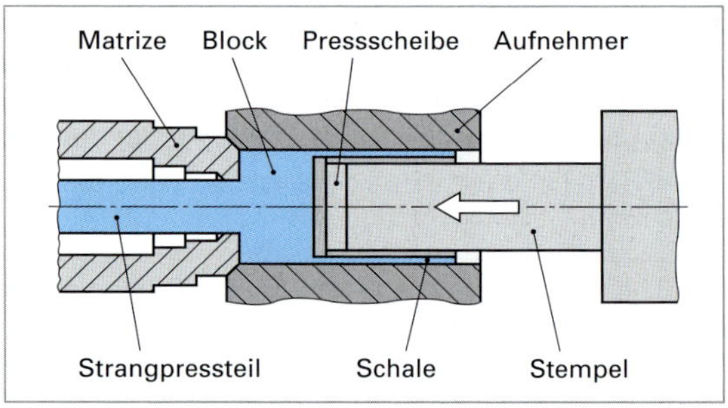

Bild 2: Prinzip des direkten Strangpressens

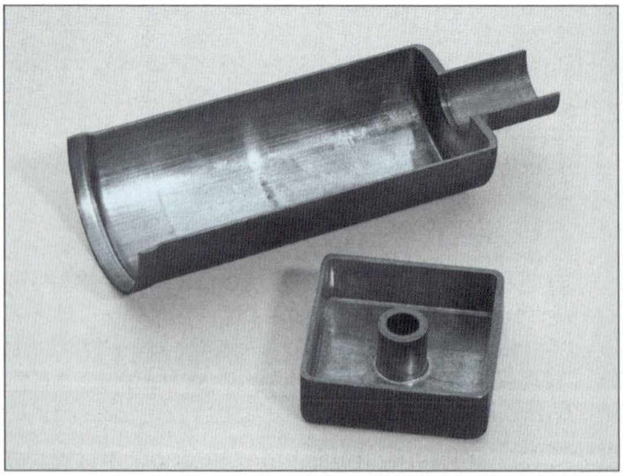

Bild 3: Fließpressteile

(Gesenkschmieden). In das Untergesenk (Bild 1) wird der auf Schmiedetemperatur erhitzte Rohling eingelegt und durch Zusammenpressen oder -schlagen der beiden Gesenkhälften in die Form gepresst. Meistens wird mit einem geringen Materialüberschuss gearbeitet, um eine vollständige Formfüllung zu erreichen. Der überschüssige Werkstoff bildet einen Grat, der in der Gravur (Gesenkform) vorgesehen ist. Die Entfernung des Grates erfolgt häufig als letzter Arbeitsgang in einer besonderen Vorrichtung oder Form beim Gesenkschmieden.

Es werden verschiedene Stähle, aber auch Titan-, Nickel- und Aluminium- und Magnesium-Legierungen eingesetzt. Die Schmiederohlinge sind meistens erwärmte Abschnitte von Halbzeugen, wie beispielsweise Stangen. Sie werden in der Regel in mehreren Schritten, wie Bild 2 zeigt, in die endgültige Form gebracht. Dies führt zu einer besseren Werkstoffausnutzung, die Umformkräfte und der Gesenkverschleiß sind geringer. Im ersten Schritt wird eine auf das Werkstück ausgerichtete Masseverteilung angestrebt, im zweiten die erwünschten Winkel eingestellt und im dritten die Querschnitte der Endform gebildet. Ähnlich wie Gusswerkstücke müssen Schmiedestücke meistens noch spanend nachbearbeitet werden. Höhere Maßgenauigkeiten werden bei der **Präzisionsschmiedetechnik** erreicht, die jedoch sehr hohe Anforderungen in Richtung konstante und exakte Schmiedetemperaturen stellt. Besonders günstig zum Genauschmieden haben sich Werkstoffe im superplastischen Zustand (Kapitel 4.2.3) erwiesen.

Die Herstellung der Schmiedegesenke ist teuer, so dass eine Voraussetzung für den Einsatz von Gesenkschmieden große Stückzahlen sind. Sehr günstig und auch meistens der Hauptgrund für die Herstellung von Schmiedewerkstücken sind deren hervorragende mechanische Eigenschaften aufgrund ihres gleichmäßigen feinkörnigen Gefüges. Dies wirkt sich insbesondere bei dynamischen Belastungen aus. Viele Bauteile an Automobilen und Turbinen, beispielsweise Kurbelwellen und große Turbinenschaufeln, werden im Gesenk geschmiedet.

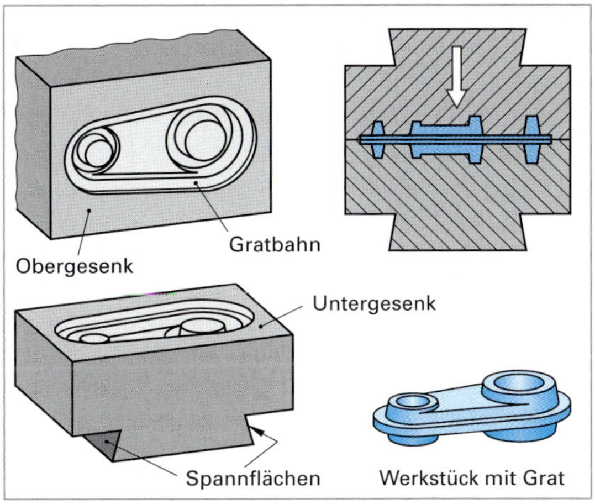

Bild 1: Schmiedegesenk

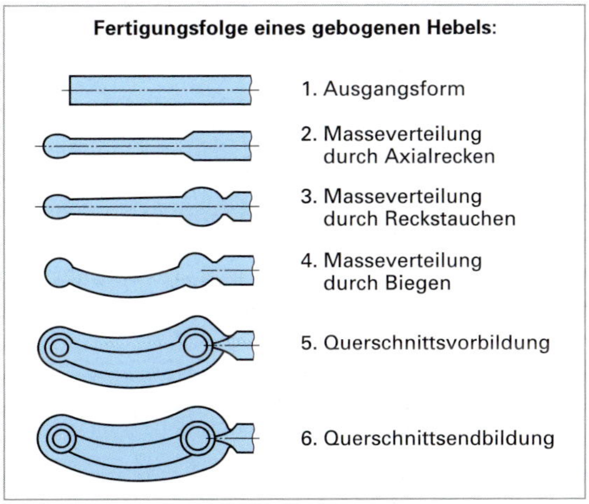

Bild 2: Zwischenformen und Vorgänge beim Gesenkschmieden (Beispiel: Hebel)

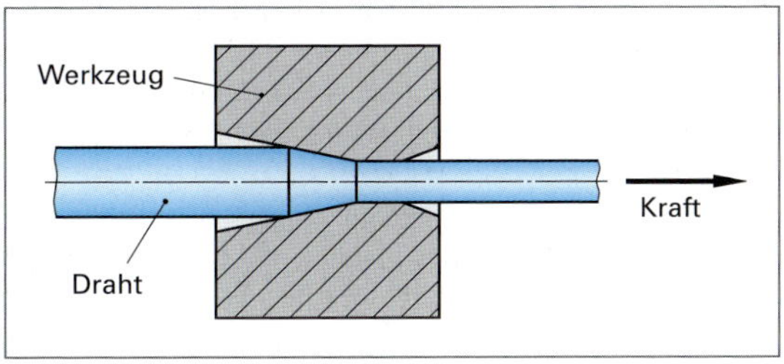

Bild 3: Prinzip des Drahtziehens

5.5.2.4 Ziehen

Neben Kaltwalzen und Fließpressen werden metallische Werkstoffe häufig kalt umgeformt durch Ziehen und Tiefziehen. Beim **Durchziehen** von Drähten, Stangen, Rohren und Profilen wird das ursprünglich warmverformte Halbzeug durch ein sich verengendes Werkzeug, Ziehstein oder Matrize, gezogen (Bild 3). Dabei vermindert sich der Querschnitt und es entsteht eine gleichmäßige Oberfläche. Die Werkzeuge für die Drahtherstellung sind aus Hartmetall oder bei sehr dünnen Drähten (0,5 mm bis 1,5 mm) sogar aus Diamant hergestellt.

Das Einsatzmaterial muss eine saubere Oberfläche haben, notfalls muss dieses entzundert oder geschält werden. Der Ziehvorgang erfolgt meistens in mehreren Stufen. Bei zu starker Kaltverfestigung muss zwischengeglüht werden. Für die Drahtherstellung werden Drahtziehmaschinen oder Ziehbänke eingesetzt, in denen mehrere Ziehstufen hintereinandergeschaltet sind. Die Zwischenglühung erfolgt in Durchlauföfen, so dass eine kontinuierliche Drahtherstellung möglich ist.

Bild 1: Tiefziehteile

Tiefziehen ist das wichtigste Verfahren zur Verarbeitung von Blechen (Bild 1). Je nach Werkstoff und Werkstück erfolgt das Tiefziehen auch in mehreren Schritten. Bei großen Serien, wie bei der Herstellung von Karosserieteilen, ist das Tiefziehen weitgehend automatisiert. Bild 2 zeigt das Prinzip des Tiefziehens: Ein Blechabschnitt wird mit Hilfe eines Ziehstempels durch einen Ziehring zu einem Hohlkörper gezogen (Kapitel 13.6.2, Tiefziehprüfung). Meistens werden weichgeglühte Blechabschnitte eingesetzt, wobei das Material möglichst texturlos sein sollte. Bleche mit einer ausgeprägten **Textur** (Kapitel 2.7) führen beim Tiefziehen zu einer starken Zipfelbildung (Bild 2b, Seite 42), da das Material in verschiedenen Richtungen unterschiedlich fließt. Dies ist unerwünscht, da diese Zipfel abgeschnitten werden müssen und der Schrottanteil groß wird. Durch abgestimmte Umform- und Glühverfahren bei der Blechherstellung kann ein texturloses oder -armes Vormaterial erzeugt werden. Bei Stählen mit ausgeprägter Streckgrenze treten infolge lokalisierter Fließvorgänge so genannte **Fließfiguren** auf, die unerwünscht sind. Zur Vermeidung solcher Fließfiguren wird das weiche Blech durch einen so genannten **Dressierstich** geringfügig kaltverfestigt, so dass die Streckgrenze verschwindet und beim Tiefziehen Fließfiguren nicht mehr auftreten können.

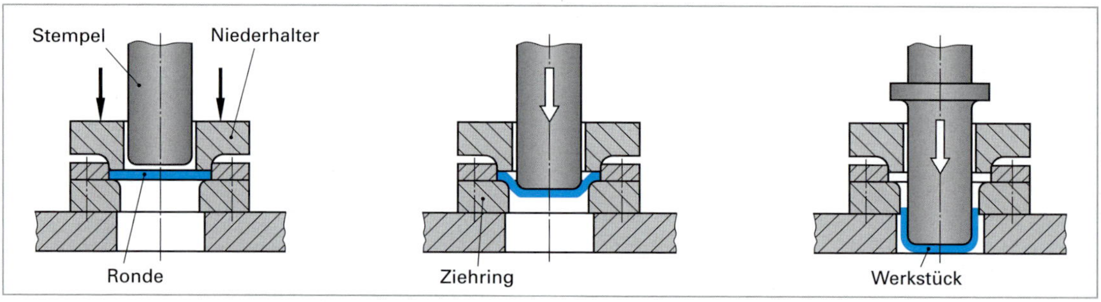

Bild 2: Verfahrensprinzip des Tiefziehens, von der Ronde zum Werkstück

5.6 Recycling von metallischen Werkstoffen

Die Rückführung und Aufarbeitung von Alt- und Abfallmaterial ist für die meisten metallischen Werkstoffe wirtschaftlich bedeutsam und wird schon erheblich länger durchgeführt als es den Begriff Recycling gibt. Beispielsweise war Schrott der wichtigste Einsatzstoff zur Herstellung von Stahl in dem bis etwa 1980 gebräuchlichen Siemens-Martin-Verfahren. Auch heute wird im Elektrolichtbogenofen nahezu beliebig viel Schrott zu hochwertigem Stahl recycelt. Im Unterschied zum Recyceln anderer Altstoffe, werden beim Recyceln von Altmetallen wieder vollständig verwendbare Produkte von höchster Qualität gewonnen.

Wie auch bei allen anderen Recycling-Prozessen ist die Schrottqualität von größter Bedeutung. Um Schrott gezielt einsetzen zu können, muss dessen Zusammensetzung bekannt sein, sodass oft größere Schrottmengen umgeschmolzen und analysiert werden müssen. Zum Einsatz kommt der bei der Herstellung von Halbzeug entstehende Abfall (Kreislaufschrott) aus den hütteneigenen Betrieben, wie Stranggießanlagen, Walzwerken und Schmieden, aber auch Fremdschrott aus dem Handel. Altschrotte werden von den Schrotthändlern sortiert und klassifiziert, sodass eine effektive und wirtschaftliche Produktion von Sekundärmetallen stattfinden kann.

5.6.1 Recycling von Stahl und Gusseisen

Für die Stahlherstellung in Elektroöfen werden meist gasbeheizte Schrottvorwärmöfen eingesetzt und der Schrott auf 300 °C bis 600 °C erhitzt. Durch die Beschickung der Schmelzöfen mit vorgewärmten Schrott wird deren Schmelzleistung erhöht. Anhaftende Fremdstoffe, wie Wasser, Öl und Lacke, können dabei verdampfen oder verbrennen.

Viele Produkte, Werkstücke und Bauteile sind aus verschiedenen Werkstoffen zusammengesetzt, die für die Wiederverwertung getrennt werden müssen. Aufbereitungsverfahren der Erze sind für diesen Zweck weiterentwickelt worden. Für die Verschrottung von alten Autos werden Schredderanlagen eingesetzt. Nach dem mechanischen Zerkleinern kann erst eine magnetische Trennung durchgeführt werden. Blechteile aus Stahlschrott werden aus Transportgründen häufig paketiert. Die Entfernung von Kupfer, Nickel, Zinn, Molybdän, Cobalt, Arsen und Antimon ist auch mit den Verfahren der Sekundärmetallurgie schwierig, so dass man sich beispielsweise bemüht, kupferhaltigen Schrott (wie Schredderschrott) so zu verdünnen, dass ein bestimmter Grenzgehalt (0,15 %) nicht überschritten wird. Höhere Kupfer- und auch Zinngehalte führen leicht zu Rissen bei der Warmumformung. Stark verunreinigter oder Schrott unbekannter Zusammensetzung kann ebenfalls umgeschmolzen, gereinigt (raffiniert) und anschließend analysiert werden.

Bei der Erschmelzung von Gusseisen wird neben Schrott aus Gusseisen auch solcher aus Stahl eingesetzt. Die zu erschmelzenden Gusseisenchargen werden **gattiert**, das heißt, die erforderlichen Eisensorten und Zuschläge werden genau berechnet, abgewogen und dann erschmolzen. Solche Gattierungsanlagen sind bei größeren Eisengießereien zum Teil automatisiert.

5.6.2 Recycling von Nichteisenmetallen

Die Rückführung und Aufarbeitung von Alt- und Abfallmaterial ist auch für die meisten Nichteisenmetalle wirtschaftlich bedeutsam. Wie Bild 1 zeigt, ist die Produktion von Sekundäraluminium in Deutschland fast genauso hoch wie von Primäraluminium, weltweit wird etwa ein Drittel des Aluminiumbedarfs durch Sekundäraluminium abgedeckt. Sekundäraluminium entsteht durch Umschmelzen von Aluminiumschrott. Der besondere Anreiz für das Recyceln von Altmaterial liegt darin, dass zur Herstellung von Sekundäraluminium nur etwa 5 % der Energie im Vergleich zu Primäraluminium benötigt wird. Auch der Kapitalaufwand für die Anlagen ist beträchtlich niedriger. Sekundäraluminium und Sekundäraluminium-Legierungen werden hauptsächlich zu Aluminium-Formguss weiterverarbeitet. Die Produktion von Sekundäraluminium wird noch zunehmen, da bisher die Erfassung von Verpackungsaluminium unzureichend war. Eine einwandfreie Aufbereitung von Aluminiumschrott wird in besonders eingerichteten Schmelzhütten durchgeführt. Auf die einzelnen Arbeitsgänge der Aufbereitung von Aluminiumschrott wird nicht eingegangen.

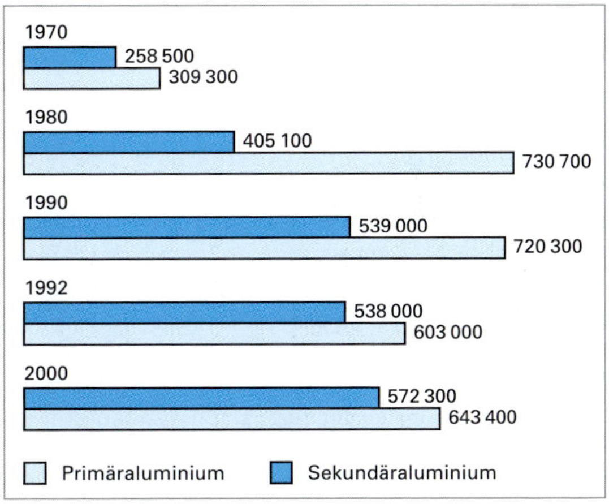

Bild 1: Produktion von Primär- und Sekundäraluminium in Deutschland in Tonnen

Auch bei den übrigen technisch bedeutsamen Gebrauchsmetallen, wie Kupfer, Blei und Zink, hat die Sekundärmetallurgie große Bedeutung. So stammt über 50 % des in Deutschland erzeugten Kupfers aus Kupferschrott. In Sekundär-Bleihütten werden nach unterschiedlichen Verfahren hauptsächlich Altbatterien (Bleiakkumulatoren) zu Werkblei recycelt, um preisgünstige Ausgangsstoffe für die Neuproduktion zu erhalten. In Umschmelzwerken werden ausgediente Regenrinnen und -fallrohre sowie Druckgussteile aus Zinkwerkstoffen wieder dem Produktionsprozess zugeführt. Selbst der bei der Aufarbeitung von verzinktem Stahlschrott frei werdende Flugstaub wird wegen seines hohen Zink-Gehaltes für die Zinkgewinnung wieder aufgearbeitet.

6 Eisenwerkstoffe

Als **Eisenwerkstoffe** bezeichnet man alle Stahlsorten einschließlich Stahlguss sowie die Gusseisenwerkstoffe.

6.1 Reines Eisen

Eisen ist mit einem Anteil von etwa 5,1 % in der Erdkruste das nach Aluminium (7,5 %) am häufigsten vorkommende Metall (Bild 1). Reines Eisen ist sehr weich und daher als Konstruktionswerkstoff für technische Bauteile nicht verwendbar. Es wird jedoch in großem Umfang in der Elektrotechnik zur Herstellung von Blechpaketen für Joche, Polschuhe, Ständer und Rotorkörper verarbeitet. Bild 2 zeigt ein Schliffbild von reinem Eisen. In Tabelle 1 sind ausgewählte Kennwerte von reinem Eisen zusammengestellt.

Eisen ist ein **polymorphes Metall** (Bild 2, Seite 167). Es kristallisiert in Abhängigkeit von der Temperatur (und vom Druck) in unterschiedlichen Kristallgittern. Bei Erwärmung oder Abkühlung finden bei bestimmten Temperaturen Gitterumwandlungen statt.

Bei Temperaturen unter 911 °C besitzt das reine Eisen ein kubisch-raumzentriertes Kristallgitter **(α-Eisen)**. Zwischen 911 °C und 1392 °C liegt eine kubisch-flächenzentrierte Gitterstruktur vor **(γ-Eisen)**. Oberhalb von 1392 °C bis zum Schmelzpunkt bei 1536 °C beobachtet man wiederum ein kubisch-raumzentriertes Kristallgitter **(δ-Eisen)**. Die Gitterkonstante ist im δ-Eisen mit $a = 2{,}932 \cdot 10^{-10}$ m (bei 1392 °C) allerdings etwas größer als im α-Eisen ($a = 2{,}867 \cdot 10^{-10}$ m bei 20 °C) (Tabelle 1). Das kfz-Gitter ist dichter gepackt (Kapitel 2.4.3.4). Die Umwandlung des α-Eisens zu γ-Eisen führt damit zu einer Volumenkontraktion, die mit Hilfe eines Dilatometers (Längenmessgerät) als Längenänderung nachweisbar wird (Bild 1, Seite 167). Diese Modifikationswechsel sind für Bauteile aus reinem Eisen unerwünscht. Bei Erwärmung bildet sich auf der Bauteiloberfläche eine Oxidschicht (Zunder), die durch einen fortwährenden Modifikationswechsel gelockert wird und schließlich abplatzt. Das Bauteil erleidet einen zunehmenden Masseverlust. Reines Eisen ist daher nicht hitzebeständig.

Bild 2, Seite 167, zeigt die Abkühlungs- und Erwärmungskurve von reinem Eisen sowie die zum jeweiligen Temperaturintervall gehörende Gitterstruktur. Bei der Erstarrungstemperatur von 1536 °C geht das Eisen unter Bildung eines kubisch-raumzentrierten

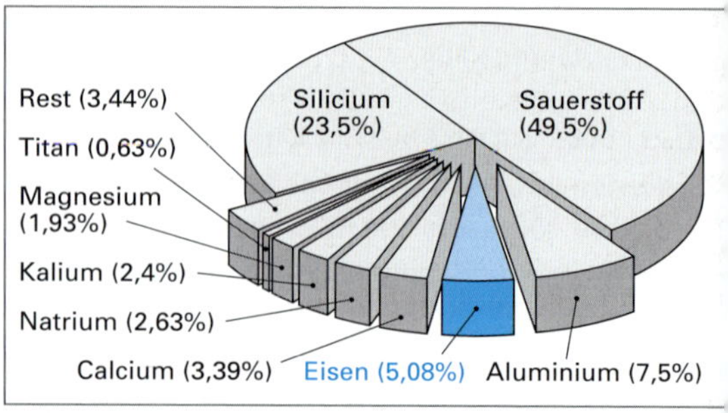

Bild 1: Anteile der wichtigsten Elemente in der Erdkruste

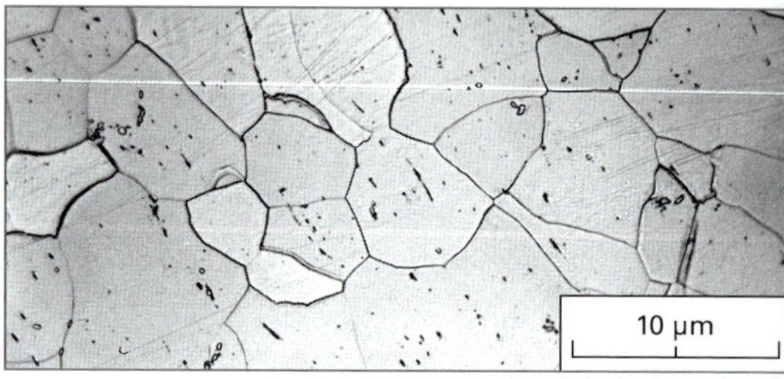

Bild 2: Gefügebild von reinem Eisen

Tabelle 1: Ausgewählte Kennwerte von reinem Eisen

Atomare Daten	
Ordnungszahl Atommasse Atomdurchmesser Kristallgittertyp[1]	26 55,85 u $2{,}483 \cdot 10^{-10}$ m α-Fe (< 911 °C): krz γ-Fe (911 ... 1392 °C): kfz δ-Fe (1392 ... 1536 °C): krz
Physikalische Kennwerte (20 °C)	
Dichte ϱ Schmelztemperatur ϑ_S Wärmedehnung α Wärmeleitfähigkeit λ Elektr. Leitfähigkeit $\varkappa$	7,86 kg/dm^3 1536 °C $12 \cdot 10^{-6}$ 1/K (bei 20 °C) 80,3 W/(m · K) 10,3 m/(Ω · mm^2)
Mechanische Kennwerte[2]	
Zugfestigkeit R_m Dehngrenze $R_{p0,2}$ Bruchdehnung A Elastizitätsmodul E	200 ... 300 MPa 50 ... 120 MPa 40 ... 50 % 197 GPa

[1] krz = kubisch-raumzentriert; kfz = kubisch-flächenzentriert
[2] Die Kennwerte sind von der chemischen Zusammensetzung (Reinheit) sowie vom Gefügezustand (z. B. geglüht, kaltverfestigt, usw.) abhängig. Die Angaben sind daher als Orientierungswerte zu verstehen.

Tabelle 2: Modifikationen des Eisens

Bezeichnung der Modifikation	Beständigkeit °C	Gitterkonstante[1] 10^{-10} m	Gittertyp
α-Eisen (α-Fe)	< 911	2,867	krz
γ-Eisen (γ-Fe)	911 ... 1392	3,646	kfz
δ-Eisen (δ-Fe)	1392 ... 1536	2,932	krz

[1] Für α-Fe bei 20 °C, für γ-Fe bei 911 °C und für δ-Fe bei 1392 °C

Kristallgitters (krz) vom flüssigen in den festen Aggregatzustand über (δ-Eisen). Die dabei frei werdende Kristallisationswärme wird als Haltepunkt in der Abkühlkurve sichtbar. Die Länge der Haltepunkte gibt dabei einen Hinweis auf den Betrag der frei werdenden bzw. aufgenommenen Wärmemenge. Bei weiterer Abkühlung wandelt sich das kubisch-raumzentrierte Kristallgitter des δ-Eisens bei einer Temperatur von 1392 °C in das kubisch-flächenzentrierte Kristallgitter (kfz) des γ-Eisens um. Da bei dieser Umgitterung ebenfalls Wärme frei wird, tritt ein weiterer, mit Ar_4 bezeichneter Haltepunkt in Erscheinung. Bei einer Temperatur von 911 °C wandelt sich das kubisch-flächenzentrierte Kristallgitter des γ-Eisens in das kubisch-raumzentrierte Kristallgitter des α-Eisens um. Die dabei frei werdende Wärme macht sich ebenfalls wieder als Haltepunkt (Ar_3) in der Abkühlungskurve bemerkbar. Am vierten Haltepunkt (Ar_2) bei 769 °C **(Curietemperatur)** findet keine Gitterumwandlung statt. Hier wird das bislang ferromagnetische Eisen unmagnetisch (paramagnetisch).

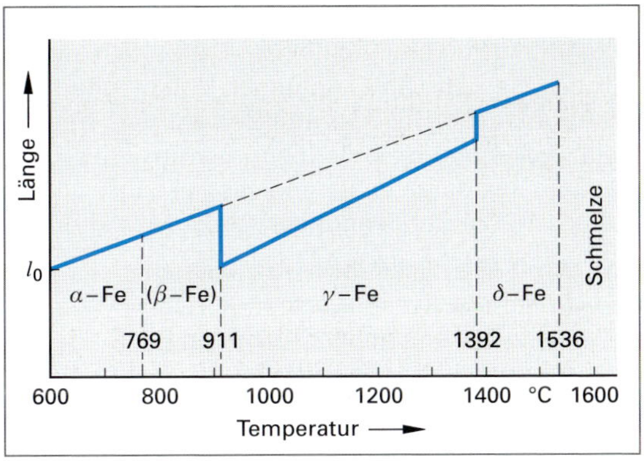

Bild 1: Ausdehnungsverhalten von reinem Eisen bei Erwärmung

Die Unterscheidung in α-Eisen (< 769 °C) und β-Eisen (769 °C ... 911 °C) ist historisch bedingt und geht auf eine Zeit zurück, als noch nicht bekannt war, dass sich das ferro- und paramagnetische Eisen in ihren übrigen Eigenschaften nicht unterscheiden. Heute wird bis 911 °C die Bezeichnung α-Eisen verwendet. Die frei werdende Wärme entstammt Veränderungen in der Elektronenhülle. Der Haltepunkt Ar_4 ist jedoch nur wenig ausgeprägt, da relativ wenig Wärme frei wird. Bei einer Erwärmung laufen die beschriebenen Vorgänge in umgekehrter Reihenfolge ab.

Die Umwandlungstemperaturen sind keine Materialkonstanten, sondern hängen vielmehr von der Geschwindigkeit der Temperaturänderung ab. Die angegebenen Werte gelten nur für das thermodynamische Gleichgewicht, also für unendlich langsame Abkühlung bzw. Erwärmung. Schnellere Temperaturänderungen verschieben diese Umwandlungstemperaturen (Kapitel 6.4.4.13). In der älteren Literatur finden sich daher häufig abweichende Werte.

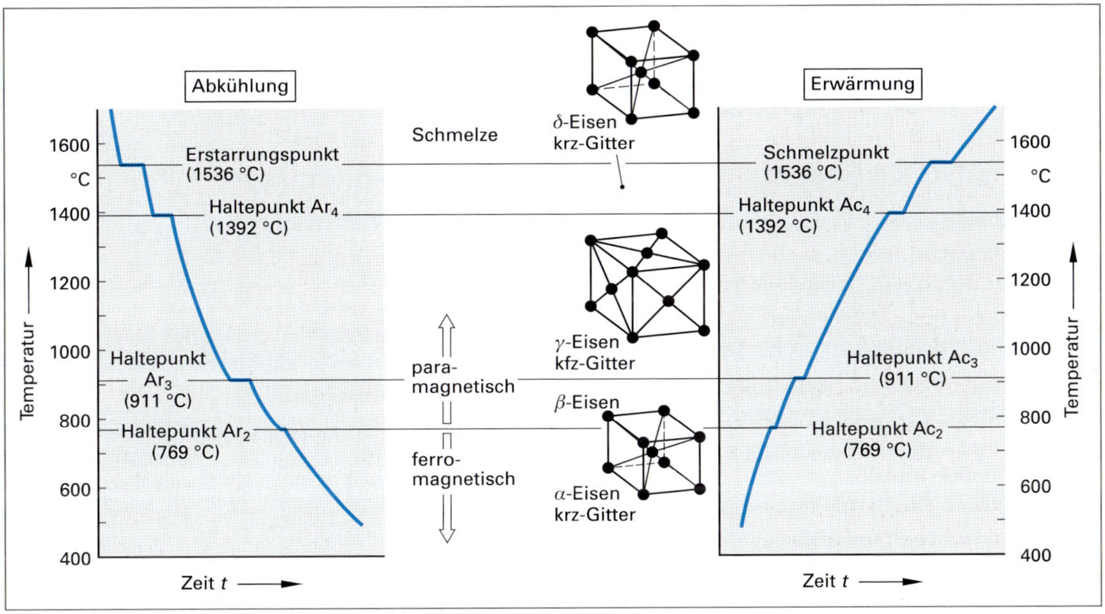

Bild 2: Abkühlungs- und Erwärmungskurven sowie Haltepunkte des reinen Eisens

Um die Beschreibung der Vorgänge bei der Wärmebehandlung zu vereinheitlichen, hat es sich eingebürgert, die den Umwandlungen entsprechenden Haltepunkte der Temperatur-Zeit-Kurven mit *Ar* (beim Abkühlen) bzw. *Ac* (beim Erwärmen) zu bezeichnen und durch Zahlenindices zu kennzeichnen (Tabelle 1). Die Bezeichnungen bedeuten dabei:

A: *Arrêt* (frz.: Halte- oder Knickpunkt)
c: *Chauffage* (frz.: Erwärmung)
r: *Refroidissement* (frz.: Abkühlung)
cm: *Cémentite* (frz.: Zementit)

Der Vollständigkeit halber sind in Tabelle 1 auch die mit Ac_1 bzw. Ar_1 sowie Ac_{cm} bzw. Ar_{cm} bezeichneten Haltepunkte aufgeführt. Die dort ablaufenden Vorgänge im Kristallgitter bzw. im Gefüge (Austenitzerfall bzw. Ausscheidung von Sekundärzementit) treten nur bei Stählen, nicht jedoch beim reinen Eisen in Erscheinung. Diese Vorgänge werden in Kapitel 6.2.2.5 besprochen.

Tabelle 1: Bezeichnungen für die wichtigsten Umwandlungstemperaturen[1)]

Umwandlung	bei Abkühlung	bei Erwärmung
Schmelze ⟷ δ-Eisen	Ar	Ac
δ-Eisen ⟷ γ-Eisen	Ar_4	Ac_4
γ-Eisen ⟷ α-Eisen	Ar_3	Ac_3
β-Eisen (paramagn.) ⟷ α-Eisen (ferromagn.)	Ar_2	Ac_2
Austenit ⟷ Perlit (Austenitzerfall)	Ar_1	Ac_1
Beginn der Ausscheidung bzw. Ende der Auflösung von Sekundärzementit	Ar_{cm}	Ac_{cm}

1) Die Bezeichnungen werden teilweise auch bei den Fe-C-Legierungen verwendet (Kapitel 6.2.2.5).

Eisen enthält meist Verunreinigungen von C, Mn, P, S, Si, Cu und Ni. Eine Reinheit von 99,9 % ist bereits sehr gut (z. B. **ARMCO-Eisen** mit 98,8 % Fe, benannt nach **A**merican **R**olling **M**ill **Co**rporation).

Eisen wird in der Regel gezielt mit verschiedenen Elementen, insbesondere mit Kohlenstoff (Kapitel 6.2) legiert, um bestimmte Eigenschaften wie Festigkeit, Hitzebeständigkeit usw. deutlich zu verbessern. Die auf diese Weise erzeugten **Eisenbasis-Legierungen** sind aufgrund der in weiten Grenzen einstellbaren Eigenschaften sowie der Möglichkeit die Eigenschaften durch eine Wärmebehandlung gezielt zu verändern, sehr zahlreich. Die größte Bedeutung besitzen dabei die **Eisen-Kohlenstoff-Legierungen,** zu denen die **Stähle** sowie die Eisengusswerkstoffe wie **Stahlguss** oder **Grauguss** gehören.

6.2 Eisen-Kohlenstoff-Legierungen

Das wichtigste Legierungselement für das Eisen ist der Kohlenstoff. Er verändert bereits in sehr kleinen Mengen die Eigenschaften des reinen Eisens bzw. der Eisen-Kohlenstoff-Legierungen. So bewirkt bereits ein Kohlenstoffgehalt von 0,1 % eine durchschnittliche Steigerung der Zugfestigkeit um rund 100 MPa und der Streck- bzw. Dehngrenze um etwa 45 MPa. Auch die Härtbarkeit und die Vergütbarkeit eines Stahles ist an eine bestimmte Mindestkohlenstoffmenge gebunden (Kapitel 6.4.4. und Kapitel 6.4.5).

6.2.1 Phasenausbildungen in Eisen-Kohlenstoff-Legierungen

Der Kohlenstoff kann in Fe-C-Legierungen in unterschiedlicher Form vorliegen:

- im Kristallgitter unter Bildung von Mischkristallen interstitiell gelöst, Kapitel 6.2.1.1,
- als Verbindungsphase chemisch an das Eisen gebunden (z.B. als Eisencarbid (Fe_3C) oder ε-Carbid ($Fe_{2...3}C$), Kapitel 6.2.1.2 und Kapitel 6.4.5.1),
- als stabile Phase in Form von elementarem Kohlenstoff mit Graphitstruktur (Kapitel 6.2.1.3).

6.2.1.1 Mischkristalle (Ferrit, Austenit und δ-Ferrit)

Die Kristallgitter des Eisens bieten für kleine Fremdatome (z. B. Kohlenstoff) verschiedene Einlagerungsmöglichkeiten auf Zwischengitterplätzen. Aus dem Verhältnis der Größe der Fremdatome zur Grö-

Tabelle 2: Kohlenstofflöslichkeit des Eisens und metallographische Bezeichnung der Mischkristalle

Kristall-gitter	Kohlenstofflöslichkeit	Metallograph. Bezeichnung
α-Eisen	0,02 % bei 723 °C < 0,00001 % bei 20 °C	**(α-)Ferrit** oder α-Mischkristall
γ-Eisen	2,06 % bei 1147 °C 0,8 % bei 723 °C	**Austenit** oder γ-Mischkristall
δ-Eisen	0,1 % bei 1493 °C	**δ-Ferrit** oder δ-Mischkristall

ße der verfügbaren Gitterlücken ergeben sich unterschiedliche Löslichkeiten (Kapitel 2.4.3.4), die für eine Reihe von Wärmebehandlungsverfahren des Stahls eine sehr große Rolle spielen (Kapitel 6.4).

Gitterlücken im α- und δ-Eisen

Das kubisch-raumzentrierte α-Eisen bzw. δ-Eisen weist zwei Typen von Zwischengitterplätzen auf, in die kleinere Atome wie H, B, C oder N eingelagert werden können. Die größere Lücke im krz-Gitter befindet sich an der Würfeloberfläche im Innern eines aus vier Eisenatomen gebildeten unregelmäßigen Tetraeders (Bild 1, oberes Teilbild), den **Tetraederlücken**. Der Abstand zu den vier nächstgelegenen Gitteratomen beträgt jeweils $a \cdot \sqrt{5}/4$ ($0{,}559 \cdot a$), wobei a die Gitterkonstante ist (bei α-Eisen: $a = 2{,}867 \cdot 10^{-10}$ m = 0,2867 nm bei 20 °C). Die zweite, kleinere Gitterlücke, befindet sich in der Mitte eines unsymmetrischen (eingedrückten) Oktaeders bzw. geometrisch gleichwertig auf den Mitten der Würfelkanten (Bild 1, unteres Teilbild), den **Oktaederlücken**. Der Abstand zu den nächsten Gitteratomen ist nur in eine Richtung minimal (Abstand $a/2$). In die beiden anderen Richtungen beträgt er $a/\sqrt{2}$ ($= 0{,}707 \cdot a$).

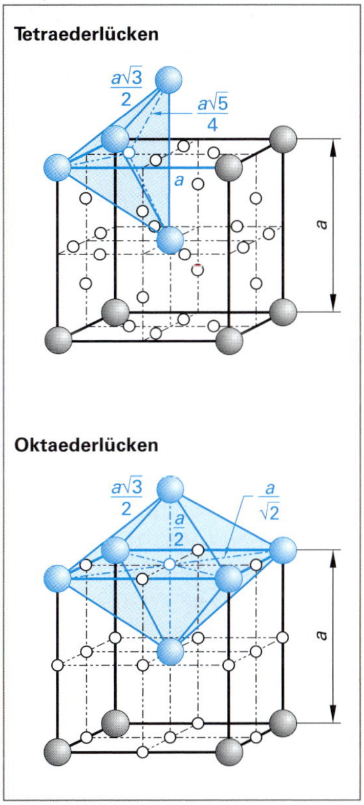

Bild 1: Tetraeder- und Oktaederlücken im krz-Kristallgitter

In die Oktaederlücke eines kubisch-raumzentrierten Kristallgitters kann ein Fremdatom nur bis zu einem maximalen Durchmesser von $d_{O\,krz} = d \cdot (2/\sqrt{3} - 1) = 0{,}155 \cdot d$ (mit d = Durchmesser des Gitteratoms), im Falle des α-Eisens also bis zu $d_{O\,krz} = 0{,}038$ nm (bei 20 °C) eingelagert werden, ohne das Gitter zu verzerren. Die Tetraederlücke hingegen erlaubt, im Falle des α-Eisens, die Einlagerung eines Fremdatoms bis zu einem maximalen Durchmesser von $d_{T\,krz} = 0{,}065$ nm (bei 20 °C). Dennoch werden im krz-Gitter vorzugsweise die Oktaederlücken von den einzulagernden Fremdatomen (z. B. vom Kohlenstoff) besetzt. Die Ursache ist darin zu sehen, dass die Einlagerungsatome, deren Atomdurchmesser stets etwas größer ist als die Lücke selbst (Kohlenstoff: $d_C = 0{,}155$ nm, Bor: $d_B = 0{,}159$ nm, Wasserstoff: $d_H = 0{,}074$ nm, Stickstoff: $d_N = 0{,}140$ nm), die am nächsten liegenden Gitteratome zur Seite schieben müssen, das Kristallgitter also verzerren. Auf den Oktaederplätzen müssen nur zwei Atome im nächsten Abstand (und vier zweitnächste Nachbarn in größerem Abstand) verschoben werden, auf den Tetraederplätzen hingegen vier Gitteratome in gleichem Abstand. Die interstitielle Einlagerung auf Oktaederplätzen führt daher zu einer insgesamt geringeren Gitterverzerrung, da nur zwei Gitteratome eine nennenswerte Lageverschiebung erleiden. Dies ist im Falle des α-Eisens die Erklärung, weshalb Kohlenstoff in die kleineren Oktaederlücken und nicht in die größeren Tetraederlücken eingelagert wird.

Gitterlücken im γ-Eisen

Das kubisch-flächenzentrierte Kristallgitter weist ebenfalls Oktaeder- und Tetraederlücken zur Einlagerung kleinerer Fremdatome auf (Bild 2). In die Oktaederlücke lassen sich Fremdatome bis zu einem maximalen Durchmesser von $d_{O\,kfz} = d \cdot (2/\sqrt{2} - 1) = 0{,}414 \cdot d$, im Falle des γ-Eisen also etwa bis zu $d_{O\,kfz} = 0{,}103$ nm einlagern. In die Tetraederlücke können Fremdatome hingegen nur bis zu einem maximalen Durchmesser von $d_{T\,kfz} = 0{,}058$ nm eingelagert werden, ohne das Kristallgitter zu verzerren. Die Einlagerung kleinerer Fremdatome in das kfz-Gitter des γ-Eisens erfolgt daher mit Ausnahme des Wasserstoffs stets auf Oktaederplätzen.

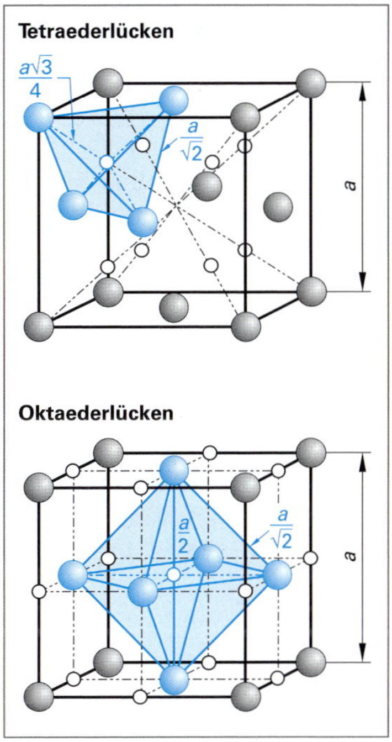

Bild 2: Tetraeder- und Oktaederlücken im kfz-Kristallgitter

Kohlenstofflöslichkeit des Eisens

Vergleicht man den Atomdurchmesser des Kohlenstoffs (d_C = 0,155 nm) mit der Größe der Oktaederlücken im krz α-Eisen ($d_{O\ krz}$ = 0,038 nm), dann wird deutlich, dass seine Einlagerung zu erheblichen Gitterverzerrungen führen muss, d.h. seine Löslichkeit entsprechend gering ist. Tatsächlich kann das krz α-Eisen bei 723 °C nur 0,02 % und bei 20 °C sogar weniger als 0,00001 % Kohlenstoff lösen. Der dabei entstehende α-Mischkristall wird metallographisch als **(α-)Ferrit** (*ferrum*, lat.: Eisen) bezeichnet. Im δ-Eisen ist die maximale Kohlenstofflöslichkeit mit 0,1 % bei 1493 °C nur wenig größer. Der entstehende Mischkristall wird als **δ-Ferrit** bezeichnet (Tabelle 2, Seite 168).

Das kubisch-flächenzentrierte Gitter des γ-Eisens kann hingegen aufgrund seiner größeren Oktaederlücken ($d_{O\ kfz}$ = 0,103 nm) deutlich mehr Kohlenstoffatome lösen (2,06 % bei 1147 °C; 0,8 % bei 723 °C). Damit klärt sich auch der scheinbare Widerspruch, dass die kfz-Modifikation des Eisens mit der höheren Packungsdichte (74 %) mehr Kohlenstoff lösen kann, im Vergleich zur krz-Modifikation (Packungsdichte 68 %). Der dabei entstehende γ-Mischkristall wird metallographisch als **Austenit** bezeichnet (benannt nach dem englischen Forscher ***W.C. Roberts-Austen***). Diese unterschiedliche Kohlenstofflöslichkeit ist für eine Reihe technisch bedeutender Wärmebehandlungsverfahren (z. B. Härten, Vergüten) von grundlegender Bedeutung (Kapitel 6.4.4 und Kapitel 6.4.5).

6.2.1.2 Verbindungsphasen (Zementit und ε-Carbid)

Wird mit der Abkühlung die Lösungsfähigkeit der Fe-C-Legierung für Kohlenstoffatome unterschritten, dann scheidet sich entweder eine stabile Phase in Form von elementarem Kohlenstoff mit Graphitstruktur (Kapitel 6.2.1.3) oder eine metastabile Verbindungsphase zwischen Eisen und Kohlenstoff (Carbide) aus. Das wichtigste Eisencarbid, das Fe_3C, wird metallographisch als **Zementit** bezeichnet.

Zementit ist eine metastabile Verbindungsphase zwischen Eisen- und Kohlenstoffatomen mit stöchiometrischer Zusammensetzung und überwiegend metallischem Bindungscharakter. Zementit besitzt ein kompliziertes, rhomboedrisches Kristallgitter mit 12 Fe und 4 eingelagerten C-Atomen je Elementarzelle (Bild 1). Als Verbindungsphase ist der Zementit hart (etwa 1100 HV 10) und praktisch nicht verformbar (sehr hohe Sprödigkeit). Unterhalb von 210 °C ist Zementit ferromagnetisch. Zementit besitzt einen Kohlenstoffgehalt von rund 6,67 % (siehe Infokasten).

Zementit ist keine chemisch stabile Verbindung. Bei hohen Temperaturen und insbesondere bei Eisen-Kohlenstoff-Legierungen mit höherem Kohlenstoffgehalt zerfällt Zementit und es wird Graphit ausgeschieden (Temperkohle). Daher auch die Bezeichnung metastabil. Da der Zementit bei höheren Temperaturen zerfällt, ist auch seine genaue Schmelztemperatur nicht bekannt, sie wird in der Regel mit etwa 1320 °C angenommen (Tabelle 1, Seite 173 und Bild 1, Seite 172).

Eisen-Kohlenstofflegierungen, in denen der Kohlenstoff in chemisch gebundener Form als Zementit vorliegt (weißes Roheisen), sind die Grundlage für die Erzeugung von Stahl, Stahlguss und einer Reihe von Gusseisensorten (z. B. Temperguss oder perlitischer Hartguss).

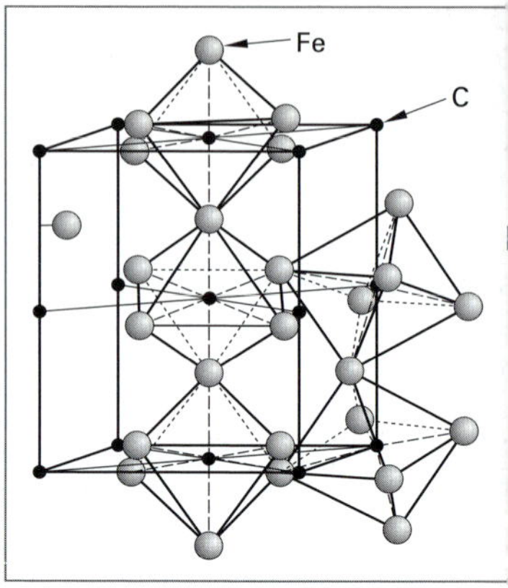

Bild 1: Kristallgitter des Zementits (vereinfacht)

ⓘ Information

Ermittlung des Massenanteils Kohlenstoff in Zementit:

Die Molmasse von Zementit (Fe_3C) beträgt:

3 · 55,85 g + 1 · 12,01 g = 179,56 g

In 1 mol Fe_3C sind 12,01 g Kohlenstoff enthalten. Der prozentuale Massenanteil beträgt also:

12,01 g / 179,56 g = 0,0669 (6,69 %)

In der Literatur wird der Zahlenwert **6,67 %** angegeben.

ⓘ Information

Zementit und Carbid

Zementit (Fe_3C) tritt streng genommen nur bei reinen Fe-C-Legierungen auf. Da Stähle, auch die unlegierten Sorten, jedoch immer eine bestimmte Menge an Fremd- bzw. Legierungselementen enthalten, müsste eigentlich allgemein von **Carbiden** gesprochen werden. An dieser Stelle soll jedoch der Einfachheit halber darauf verzichtet werden (Kapitel 6.4.4.13).

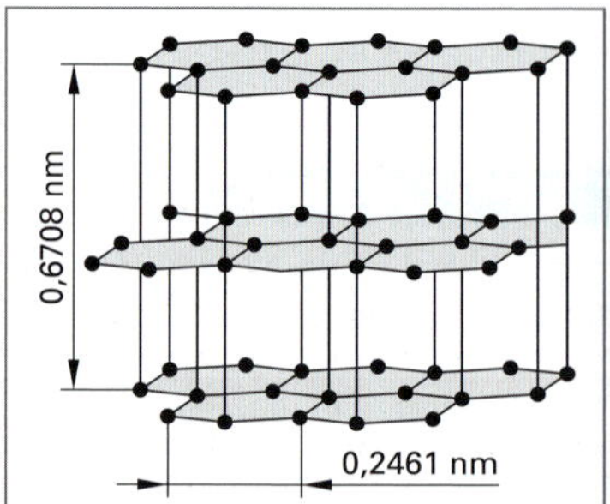

Bild 2: Schichtgitter des Graphits

Die Anwesenheit carbidbildender Elemente (Mn, Mo, Zr, V) sowie eine rasche Abkühlung aus dem schmelzflüssigen Zustand begünstigen die Zementitbildung und unterdrücken die Graphitbildung (Kapitel 6.3.2.1 und 6.6.3.2).

Neben dem Zementit ist das ε-**Carbid** ein weiteres wichtiges Eisencarbid. Es besitzt eine hexagonale Gitterstruktur und liegt in seiner Zusammensetzung zwischen Fe_2C und Fe_3C. Das ε-Carbid ist ein Übergangscarbid, das sich bei Temperaturen über 200 °C in Zementit (Fe_3C) umwandelt. Diese Tatsache ist beispielsweise beim Anlassen bzw. Vergüten (Kapitel 6.4.5) von Bedeutung.

6.2.1.3 Stabile Phase (Graphit)

Unter bestimmten Bedingungen bildet der Kohlenstoff mit dem Eisen kein Eisencarbid (Zementit), sondern er liegt in elementarer Form als stabile Phase mit hexagonalem Schichtgitter vor und wird als **Graphit** bezeichnet (Bild 2, Seite 170). Eisen-Kohlenstoff-Legierungen, in denen der Kohlenstoff als Graphit vorliegt (graues Roheisen), sind die Grundlage für die Erzeugung einiger Gusseisenwerkstoffe (z. B. Grauguss). Die Anwesenheit graphitstabilisierender Elemente (Si, Al, Ti, Ni) sowie eine langsame Abkühlung aus dem schmelzflüssigen Zustand begünstigen die Graphit- und unterdrücken die Zementitbildung (Kapitel 6.6.3.2).

Ist die Schmelzenzusammensetzung im Hinblick auf zementit- oder graphitstabilisierende Elemente nicht eindeutig, dann entscheidet letztlich die Abkühlgeschwindigkeit über die sich ausbildende Phase. In dickwandigen Gussstücken kann daher im Inneren (langsame Abkühlgeschwindigkeit) Graphit auftreten, an der Außenseite (kalte Gießform) hingegen Zementit. Einerseits können dadurch die Festigkeitseigenschaften negativ beeinflusst werden, andererseits kann die metastabile Erstarrung der Randschicht eine Härtung überflüssig machen (z. B. Schalenhartguss, Kapitel 6.6.3.8).

6.2.2 Eisen-Kohlenstoff-Zustandsdiagramm

Die Eigenschaften eines metallischen Werkstoffs werden in hohem Maße von seinem Gefüge bestimmt. Das Gefüge selbst kann sich aus unterschiedlichen Gefügebestandteilen (Phasen) zusammensetzen. Die Art dieser Phasen, ihr mengenmäßiger Anteil und ihre Verteilung bestimmen letztlich das Erscheinungbild und die Eigenschaften des Gefüges und damit des gesamten Werkstoffs. Die unterschiedlichen Gefügeausbildungen, ihre Entstehung (ausgehend vom schmelzflüssigen Zustand) sowie die beim Abkühlen (oder Erwärmen) stattfindenden Gefügeumwandlungen lassen sich in übersichtlicher Form anhand eines Zustandsdiagramms darstellen (Kapitel 3.5).

Für die Legierung Eisen-Kohlenstoff ist das **Eisen-Kohlenstoff-Zustandsdiagramm** (Bild 1, Seite 172) aus den folgenden Gründen von grundlegender Bedeutung:

1. In jedem Phasengebiet liegen bestimmte, für dieses Gebiet charakteristische Kristallsorten vor, die, abhängig vom Kohlenstoffgehalt, in der Regel unterschiedliche Gefüge ausbilden können. Dem Diagramm können daher in Abhängigkeit des Kohlenstoffgehalts sowie der Temperatur, die miteinander im Gleichgewicht stehenden Phasen entnommen werden. Im Falle des festen Zustands können mit Hilfe des Zustandsdiagramms die **Gefügeausbildungen** ermittelt werden.
2. Bei Erwärmung oder Abkühlung werden verschiedene Phasengrenzen überschritten, an denen sich bestimmte physikalische Vorgänge abspielen (z.B. Kristallisations- oder Ausscheidungsvorgänge). Dem Eisen-Kohlenstoff-Zustandsdiagramm kann dementsprechend das Verhalten der Legierung bei Erwärmung oder Abkühlung und damit die auftretenden **Gefügeumwandlungen** entnommen werden.

ⓘ Information

Zustandsdiagramm Eisen-Kohlenstoff

Das Zustandsdiagramm Eisen-Kohlenstoff ist die Grundlage für das Verständnis der bei Stählen und Gusseisenwerkstoffen bei bestimmten Temperaturen vorliegenden Gefügeausbildungen bzw. der bei langsamer Erwärmung oder Abkühlung auftretenden Gefügeumwandlungen. Streng genommen gilt das Eisen-Kohlenstoff-Zustandsdiagramm jedoch nur für reine $Fe\text{-}Fe_3C$-Legierungen, da bereits die unlegierten Stähle außer Fe und C noch weitere Elemente enthalten (Tabelle 1, Seite 272). Auf die damit verbundenen Veränderungen im Eisen-Kohlenstoff-Diagramm soll jedoch erst in Kapitel 6.4.4.13 eingegangen werden.

6.2.2.1 Erstarrungsformen von Eisen-Kohlenstoff-Legierungen

In Eisen-Kohlenstoff-Legierungen liegt der in den Kristallgittern nicht mehr lösbare Kohlenstoff entweder als stabile Phase in Form von Graphit (C) oder als metastabile Verbindungsphase in Form von Zementit (Fe_3C) vor. Man unterscheidet dementsprechend zwei verschiedene Erstarrungsformen von Eisen-Kohlenstoff-Legierungen und dementsprechend zwei verschiedene Zustandsdiagramme:

- **Zustandsdiagramm Fe-Fe_3C (metastabiles System):**
  Im metastabilen System ist der im Kristallgitter des α-, γ- oder δ-Eisens nicht mehr lösbare Kohlenstoff in Form von Zementit (Fe_3C) chemisch an das Eisen gebunden. Zementit ist thermisch weniger stabil als Graphit und zerfällt beim Glühen bei höheren Temperaturen in Eisen und Graphit. Derartige, über einige Zeit beständige Phasen bezeichnet man als **metastabil** (*meta*, griech.: zwischen, d. h. zwischen dem stabilen und dem instabilen Zustand). Hat sich bei der Erstarrung einer Eisen-Kohlenstoff-Legierung Zementit (Fe_3C) gebildet, dann zerfällt er unter gewöhnlichen Bedingungen jedoch nicht mehr. Erst eine lange Glühdauer (abhängig von Kohlenstoffgehalt und Glühtemperatur) kann zu einem Zerfall des Zementits führen. Die metastabile Erstarrung wird begünstigt durch eine rasche Abkühlung und die Anwesenheit erhöhter Gehalte an carbidbildenden Elementen (z. B. Mangan, Kapitel 6.6.3.2).
- **Zustandsdiagramm Fe-C (stabiles System):**
  Im stabilen System liegt der nicht mehr im Kristallgitter lösbare Kohlenstoff in Form von Graphit (C) vor. Das stabile System bildet sich bei langsamer Abkühlung und erhöhtem Gehalt an carbidzerlegenden Elementen (z. B. Silicium, Kapitel 6.2.1.3 und 6.6.3.2).

Das metastabile (Fe-Fe_3C) und das stabile (Fe-C) Zustandsdiagramm unterscheiden sich hinsichtlich der Lage der Phasengebiete und Phasengrenzen nur geringfügig voneinander (Bild 1). Das metastabile System

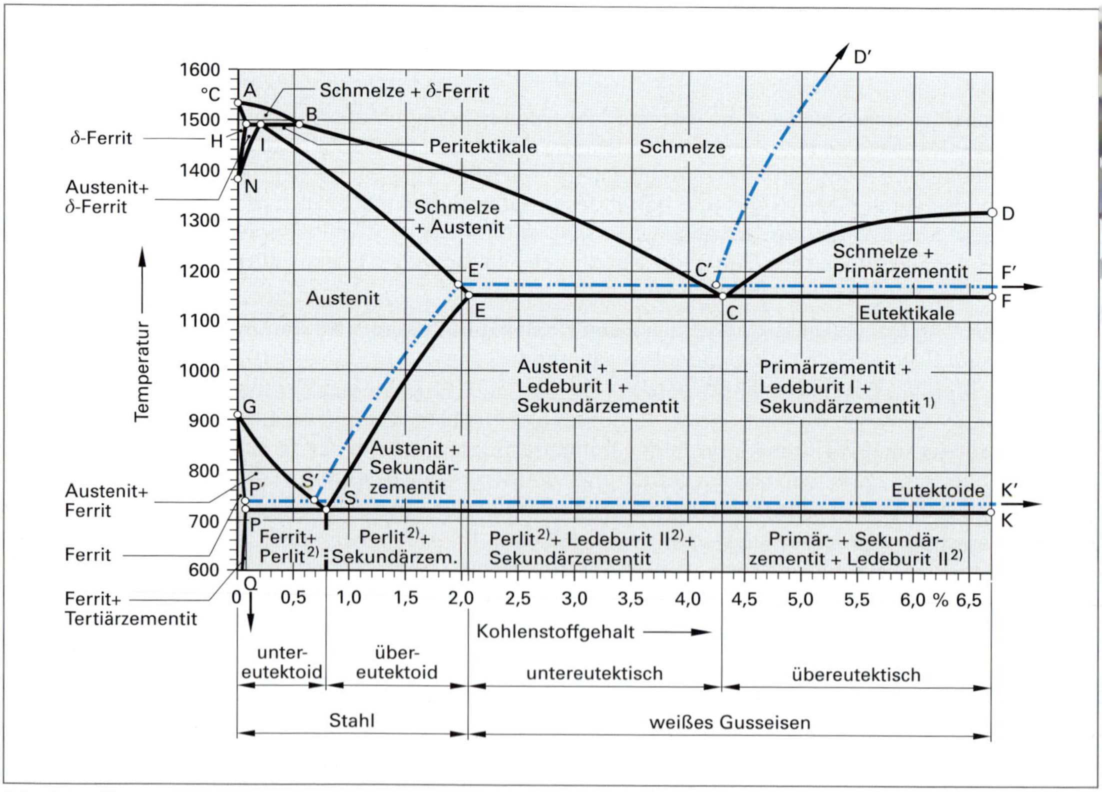

[1] Der Sekundärzementit kristallisiert in diesem Bereich an den bereits vorhandenen Zementit an und tritt daher nicht in Erscheinung.

[2] Aus dem Ferrit des Perlits bzw. des Ledeburits scheiden sich unterhalb der Eutektoiden P-S-K noch geringe Mengen Tertiärzementit aus, der jedoch an den bereits vorhandenen Zementit ankristallisiert und daher im Gefüge nicht in Erscheinung tritt.

Bild 1: Metastabiles (Fe-Fe_3C, durchgezogene schwarze Linien) und stabiles (Fe-C, gestrichelte blaue Linien) Eisen-Kohlenstoff-Zustandsdiagramm

ist das technisch wichtigere, da die Stähle und eine Reihe von Eisengusswerkstoffen (Stahlguss, Temperguss, perlitischer Hartguss) danach erstarren. Die Gefügeausbildungen des stabilen Systems sollen im Rahmen der Gusseisenwerkstoffe (Kapitel 6.6.3) besprochen werden.

6.2.2.2 Aufbau des metastabilen Eisen-Kohlenstoff-Zustandsdiagramms

Im metastabilen Eisen-Kohlenstoff-Zustandsdiagramm ist auf der Abszisse der Kohlenstoffgehalt zwischen 0 % (reines Eisen) und 6,67 % (entspricht 100 % Fe_3C, also reinem Zementit) aufgetragen. Auf der Ordinate wird die Temperatur abgetragen. Da die Kohlenstoffgehalte der technischen Fe-C-Legierungen (Stähle, Gusseisen) unter 6,67 % liegen, wird auf die Darstellung des technisch unbedeutenden Konzentrationsbereiches über 6,67 % C stets verzichtet.

Da zwischen Raumtemperatur und 723 °C keine Änderungen im Gefügeaufbau stattfinden, wird das Diagramm, der Übersichtlichkeit halber, in der Regel erst beginnend bei einer Temperatur von 400 °C ... 600 °C gezeichnet. Auf der linken Seite (bei 0 % C) finden sich die Temperaturen der allotropen Phasenumwandlungen des reinen Eisens (bei 911 °C und 1392 °C) sowie sein Schmelzpunkt (1536 °C), auf der rechten Seite (6,67 % C) die Zerfallstemperatur des reinen Zementits (bei etwa 1320 °C).

a) Phasengrenzen und Phasengebiete

In Bild 1, Seite 172, sind zunächst eine Reihe von Linien, die **Phasengrenzen**, eingezeichnet. Die an diesen Phasengrenzen ablaufenden Vorgänge sowie die innerhalb der Grenzlinien, also in den **Phasengebieten** vorliegenden Phasen (im festen Zustand die Gefügeformen oder Kristallarten), sollen nachfolgend erläutert werden. Zur eindeutigen Kennzeichnung der einzelnen Phasengrenzen und Phasengebiete werden die Endpunkte üblicherweise mit Großbuchstaben bezeichnet (z. B. A, B, C usw.). Die Temperaturen und Konzentrationen dieser ausgezeichneten Punkte sind in Tabelle 1 sowohl für das metastabile als auch für das stabile System zusammengestellt. Zu berücksichtigen ist dabei allerdings, dass die Werte von der genauen Legierungszusammensetzung beeinflusst werden. So werden beispielsweise in unlegierten Stählen (metastabiles System) alleine durch die üblichen Gehalte an Mangan, die Temperaturen um 10 °C und mehr gesenkt und die Konzentrationen um 0,05 % und mehr erniedrigt.

Tabelle 1: Temperaturen und Konzentrationen ausgezeichneter Punkte im Eisen-Kohlenstoff-Diagramm

Metastabiles System			Stabiles System		
Punkt	Temp. °C	C-Gehalt Masse-%	Punkt	Temp. °C	C-Gehalt Masse-%
A	1536	0	A′ = A	1536	0
B	1493	0,53	B′ = B	1493	0,53
C	1147	4,30	C′	1153	4,25
D	1320	6,67	D′	3760[1]	100
E	1147	2,06	E′	1153	2,03
F	1147	6,67	F′	1153	100
G	911	0	G = G′	911	0
H	1493	0,10	H′ = H	1493	0,10
I	1493	0,16	I′ = I	1493	0,16
K	723	6,67	K′	738	100
N	1392	0	N′ = N	1392	0
P	723	0,02	P′	738	0,019
S	723	0,80	S′	738	0,68
Q	20	0[2]	Q ≈ Q′	20	0[2]

[1] sublimiert [2] < 0,00001 %

b) Liquidus- und Soliduslinie

Oberhalb der Linie A-B-C-D liegt nur Schmelze vor, die Eisen-Kohlenstoff-Legierungen sind dort flüssig. Unterhalb dieser Linie beginnt die Legierung zu erstarren. Die Linie A-B-C-D wird daher als **Liquiduslinie** bezeichnet. Im flüssigen Zustand besitzen Eisen und Kohlenstoff (bei allen Konzentrationen) eine vollständige gegenseitige Löslichkeit.

Reines Eisen schmilzt bei 1536 °C. Durch den gelösten Kohlenstoff wird jedoch die Schmelztemperatur des Eisens erniedrigt (ähnlich wie beispielsweise Salz den Gefrierpunkt des Wassers herabsetzt). Daher ergibt sich von links nach rechts (Linie A-B-C) bis zu einem Kohlenstoffgehalt von 4,3 % eine stetig sinkende Liquiduslinie. Reiner Zementit (Fe_3C) zerfällt andererseits bei etwa 1320 °C. Durch die Anwesenheit des Eisens wird mit zunehmendem Eisengehalt der Schmelz- bzw. Zerfallspunkt des Zementits von rechts nach links (längs der Linie D-C) bis zu einem Kohlenstoffgehalt von 4,3 % ebenfalls stetig erniedrigt. Abgesehen von der Legierung mit genau 4,3 % C, die mit 1147 °C zugleich die tiefste Schmelztemperatur des gesamten Legierungssystems hat und als **eutektische Legierung** bezeichnet wird, tritt stets ein Erstarrungsbereich auf, also ein Temperaturbereich in dem Schmelze und Kristalle stabil nebeneinander vorliegen (Phasengebiete A-B-H, I-B-C-E und C-D-F).

Der Linienzug A-H-I-E-C-F wird als **Soliduslinie** bezeichnet. Mit Erreichen der Soliduslinie ist der Kristallisationsvorgang abgeschlossen, die Schmelze also vollständig erstarrt. Mit Annäherung an die Soliduslinie (von oben) steigt der bereits kristallisierte Legierungsanteil. In abgeschlossenen Phasengebieten kann bei vorgegebener Temperatur der jeweilige Massenanteil an Schmelze und Feststoff sowie die Zusammensetzung dieser Phasen, wie in Kapitel 3.5.1.2 beschrieben, ermittelt werden.

6.2.2.3 Bezeichnungen im metastabilen System

Für die Legierungen im metastabilen System werden die folgenden Begriffe eingeführt:

C < 0,80 %:	Untereutektoide Eisen-Kohlenstoff-Legierungen oder **untereutektoide Stähle**. Bei Kohlenstoffgehalten unterhalb etwa 0,01 % ... 0,02 % spricht man jedoch nicht mehr von Stählen. Mitunter wird dann von **Weicheisen** gesprochen.
C = 0,80 %:	Eutektoide Eisen-Kohlenstoff-Legierung oder **eutektoider Stahl**.
0,80 % < C ≤ 2,06 %:	Übereutektoide Eisen-Kohlenstoff-Legierungen oder **übereutektoide Stähle**.
2,06 % < C < 4,30 %:	Untereutektische Eisen-Kohlenstoff-Legierungen oder **untereutektisches (weißes) Gusseisen**.
C = 4,3 %:	Eutektische Eisen-Kohlenstoff-Legierung oder **eutektisches (weißes) Gusseisen**.
4,30 % < C ≤ 6,67 %:	Übereutektische Eisen-Kohlenstoff-Legierungen oder **übereutektisches (weißes) Gusseisen**.

6.2.2.4 Erstarrungsvorgänge im metastabilen System

Die unterschiedlichen Gefüge von Eisen-Kohlenstoff-Legierungen und deren Umwandlungen veranschaulicht man vorzugsweise, indem man, im Hinblick auf den Kohlenstoffgehalt, das Eisen-Kohlenstoff-Diagramm in verschiedene Abschnitte einteilt. Innerhalb dieser Abschnitte sind bei Abkühlung aus dem schmelzflüssigen Zustand die Gefügeausbildungen und die an den Phasengrenzen ablaufenden Phasenumwandlungen bzw. Gefügeveränderungen der Eisen-Kohlenstoff-Legierungen ähnlich.

Die Gültigkeit des Eisen-Kohlenstoff-Diagramms setzt eine (unendlich) langsame Abkühlung voraus, so dass sich gleichgewichtsnahe Gefüge ausbilden können. Die mit erhöhter Abkühlgeschwindigkeit auftretenden gleichgewichtsfernen (ungleichgewichtigen) metastabilen Gefügeformen werden in Kapitel 6.4.4.13 besprochen.

Eisen-Kohlenstoff-Legierungen mit 0 % ≤ C ≤ 0,1 %

Die Erstarrung dieser Eisen-Kohlenstoff-Legierungen, die bei Kohlenstoffgehalten über 0,01 % als Stähle bezeichnet werden, beginnt mit Erreichen des Abschnitts A-B der Liquiduslinie unter Ausscheidung von δ-Ferrit. Im Phasengebiet A-B-H liegt dann δ-Ferrit und Schmelze vor. Mit Erreichen des Abschnitts A-H der Soliduslinie ist der Erstarrungsvorgang abgeschlossen und das Gefüge besteht ausschließlich aus δ-Ferrit. Wird bei weiterer Abkühlung die Phasengrenze H-N unterschritten, dann scheidet sich aus den δ-Ferritkristallen in zunehmendem Maße Austenit (γ-Mischkristalle) aus. Unterhalb der Phasengrenze I-N (Austenitgebiet) besteht das Gefüge ausschließlich aus Austenitkristallen (Bild 1). Die mit einer weiteren Abkühlung einhergehenden Gefügeveränderungen werden in Kapitel 6.2.2.5 besprochen.

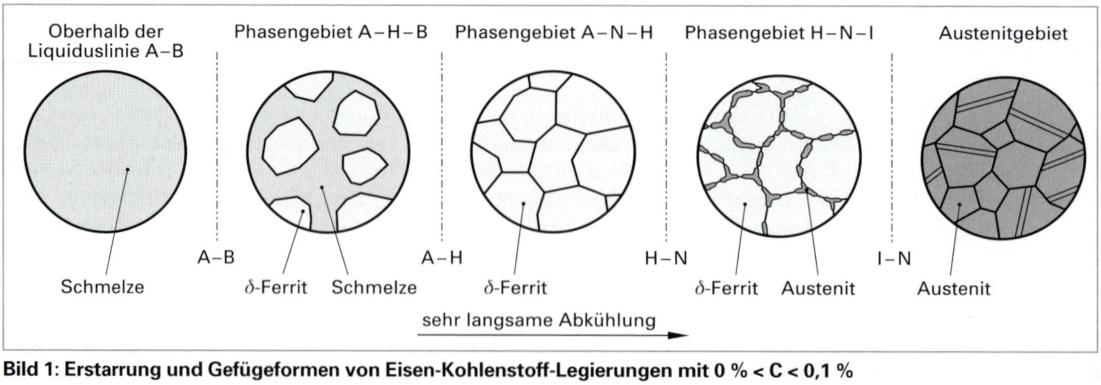

Bild 1: Erstarrung und Gefügeformen von Eisen-Kohlenstoff-Legierungen mit 0 % < C < 0,1 %

Eisen-Kohlenstoff-Legierungen mit 0,1 % < C < 0,16 %

Fe-C-Legierungen mit Kohlenstoffgehalten zwischen 0,1 % und 0,51 % besitzen bei einer Temperatur von 1493 °C eine als **Peritektikale** bezeichnete horizontale Phasengrenze (H-I-B). Für Legierungen mit Kohlenstoffgehalten 0,1 % < C < 0,16 % beobachtet man mit Erreichen des Abschnitts H-I der Peritektikalen eine **peritektische Phasenreaktion** (Kapitel 3.5.2.5):

$$\delta\text{-Ferrit} + \text{Schmelze} \xrightarrow[\text{Phasenreaktion}]{\text{peritektische}} \text{Austenit}$$

Die bereits kristallisierten δ-Ferritkristalle reagieren dementsprechend mit der noch vorhandenen Schmelze unter Bildung von Austenit. Diese peritektische Reaktion setzt sich so lange fort, bis die gesamte Schmelze aufgebraucht ist. Aufgrund der insgesamt geringen Menge an Schmelze, werden während der peritektischen Reaktion nicht alle δ-Ferritkristalle in Austenit umgewandelt, so dass unterhalb von H-I, δ-Ferrit und Austenit stabil nebeneinander vorliegen. Bei weiterer Abkühlung wandeln sich die noch verbliebenen δ-Ferritkristalle in Austenit um, bis mit Erreichen der Phasengrenze I-N ein ausschließlich austenitisches Gefüge vorliegt (Bild 1). Die weitere Abkühlung wird ebenfalls in Kapitel 6.2.2.5 erläutert.

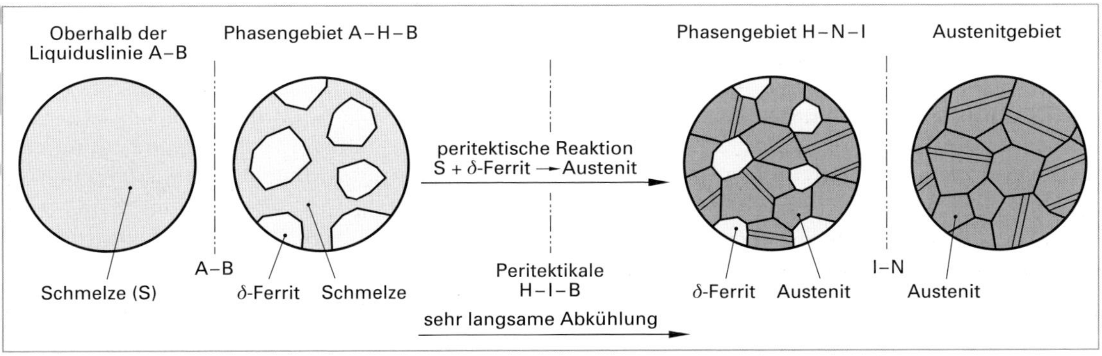

Bild 1: Erstarrung und Gefügeformen von Eisen-Kohlenstoff-Legierungen mit 0,1 % < C < 0,16 %

Eisen-Kohlenstoff-Legierungen mit 0,16 % ≤ C < 0,51 %

Für Legierungen mit 0,16 % ≤ C < 0,51 % beobachtet man mit Erreichen des Teilabschnitts I-B der Peritektikalen ebenfalls eine peritektische Reaktion. Aufgrund des erhöhten Anteils an Schmelze werden die δ-Ferritkristalle nicht nur vollständig in Austenit umgewandelt, sondern nach Abschluss der Reaktion ist auch noch Restschmelze vorhanden (Ausnahme: die Legierung mit einem Kohlenstoffgehalt von genau 0,16 %). Unterhalb der Phasengrenze I-B liegen also Schmelze und Austenit stabil nebeneinander vor. Bei weiterer Abkühlung dieser Legierungen ist mit Erreichen des Abschnittes I-E der Soliduslinie auch die Restschmelze zu Austenit erstarrt. Es liegt dann ein ausschließlich austenitisches Gefüge vor (Bild 2). Die weitere Abkühlung dieser Legierungen wird in Kapitel 6.2.2.5 besprochen.

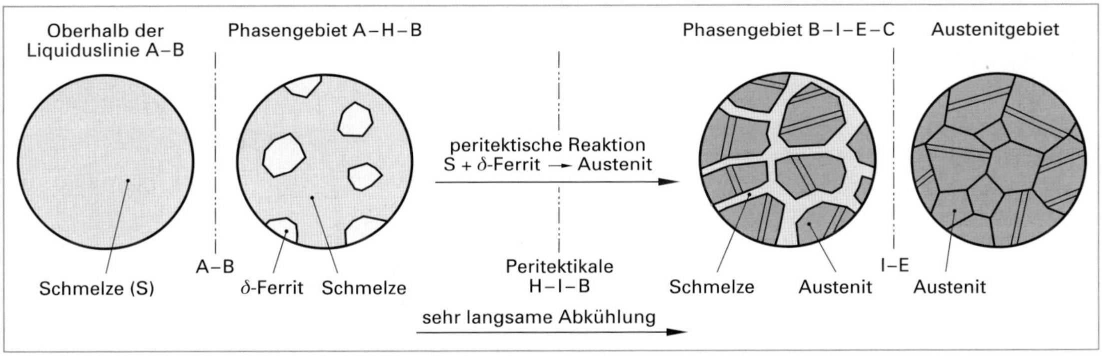

Bild 2: Erstarrung und Gefügeformen von Eisen-Kohlenstoff-Legierungen mit 0,16 % < C < 0,51 %

Eisen-Kohlenstoff-Legierungen mit 0,51 % ≤ C < 2,06 %

Im Phasengebiet unterhalb des Abschnitts B-C sind Austenitkristalle und Schmelze im Gleichgewicht. Mit zunehmender Abkühlung nimmt der Anteil an Austenit stetig zu, bis mit Erreichen der Phasengrenze I-E die gesamte Schmelze erstarrt ist und das Gefüge ausschließlich aus Austenitkristallen besteht (Bild 1). Die mit einer weiteren Abkühlung einhergehenden Gefügeveränderungen werden in Kapitel 6.2.2.5 besprochen.

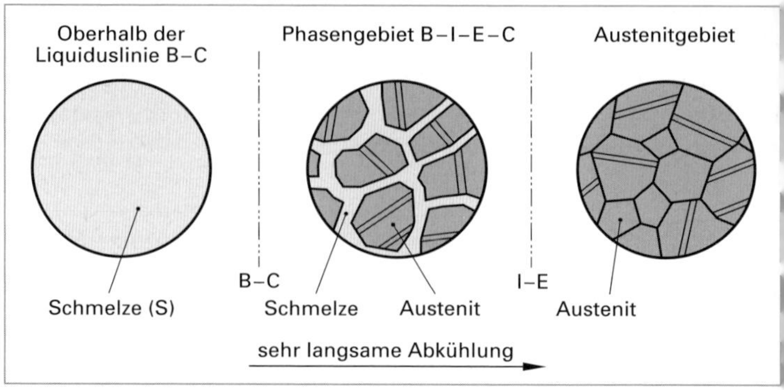

Bild 1: Erstarrung und Gefügeformen von Eisen-Kohlenstoff-Legierungen mit 0,51 % < C < 2,06 %

Eisen-Kohlenstoff-Legierungen mit 2,06 % ≤ C < 4,3 %

Mit Erreichen des Abschnitts B-C der Liquiduslinie scheiden sich zunächst kohlenstoffarme Austenitkristalle aus der Schmelze aus. Mit Erreichen der Eutektikalen (Abschnitt E-C-F der Soliduslinie bei 1147 °C) ist noch Restschmelze mit nunmehr eutektischer Zusammensetzung (C = 4,3 %) vorhanden. Sie befindet sich in einem an Kohlenstoff gesättigten Zustand. Eine weitere Abkühlung führt zur Übersättigung der Schmelze. Die Restschmelze erstarrt in einer **eutektischen Phasenreaktion** zu einem **Eutektikum** aus Zementit (mit 6,67 % C) und gesättigten Austenitkristallen (mit 2,06 % C):

$$\text{Schmelze} \xrightarrow[\text{Phasenreaktion}]{\text{eutektische}} \text{Austenit} + \text{Zementit}$$

Dieses eutektische Kristallgemisch aus Austenit und Zementit wird nach dem Freiberger Metallkundler ***Adolf Ledebur*** (1837...1906) als **Ledeburit I** bezeichnet. Das Gefüge besteht unterhalb des Abschnitts E-C der Eutektikalen also aus primär ausgeschiedenen Austenitkristallen und Ledeburit I.

Bei weiterer Abkühlung nimmt die Kohlenstofflöslichkeit der Austenitkristalle längs der Linie E-S stetig ab. Der überschüssige Kohlenstoff scheidet sich als **Sekundärzementit** (Fe_3C) sowohl aus den primären Austenitkörnern als auch aus dem Austenit des Ledeburits aus. Die Ausscheidung des Sekundärzementits aus den primären Austenitkörnern erfolgt teilweise netzartig an deren Korngrenzen. Der aus dem Austenit des Ledeburits ausgeschiedene Sekundärzementit kristallisiert an die im Ledeburit bereits enthaltenen Zementitkristalle an und wird daher mikroskopisch im Gefüge nicht sichtbar.

Mit Erreichen der **Eutektoiden** (Phasengrenze P-S-K[1] bei 723 °C) ist der noch verbliebene Austenit auf einen Kohlenstoffgehalt von 0,8 % verarmt und besitzt damit die eutektoide Zusammensetzung, d. h. er befindet sich in einem an Kohlenstoff gesättigten Zustand. Eine weitere Abkühlung führt zur Übersättigung des Mischkristalls (Austenit). Der Austenit zerfällt in einer **eutektoiden Phasenreaktion** in ein feines Kristallgemisch aus Zementit (Fe_3C) und Ferrit (α-Mischkristalle):

$$\text{Austenit} \xrightarrow[\text{Phasenreaktion}]{\text{eutektoide}} \text{Zementit} + \text{Ferrit}$$

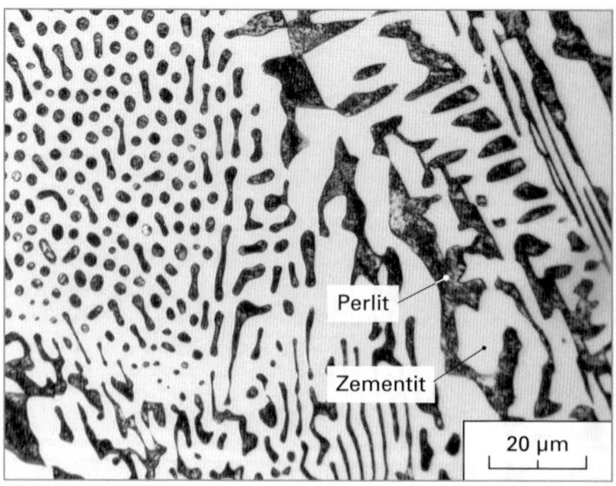

Bild 2: Gefügebild von Ledeburit II („Tigerfell"-Gefüge)

[1] Die Linie P-S-K (Eutektoide) wird mitunter auch als Ac_1-Linie (bei Erwärmung) bzw. Ar_1-Linie (bei Abkühlung) und die zugehörigen Temperaturen als Ac_1- bzw. Ar_1-Temperaturen bezeichnet (Tabelle 1, Seite 168).

Das hierbei entstehende charakteristische Gefüge wird als **Perlit** bezeichnet (zur Perlitbildung siehe auch Kapitel 6.2.2.5). Mit Erreichen der Eutektoiden zerfallen jedoch nicht nur die primär aus der Schmelze ausgeschiedenen Austenitkristalle in Perlit, sondern auch die feinen Austenitkristalle des Ledeburits. Das dabei aus dem Ledeburit entstehende feine Kristallgemisch aus nunmehr Perlit (anstelle von Austenit) und Zementit bezeichnet man als **Ledeburit II**. Seine Struktur erinnert an ein Tigerfell (Bild 2, Seite 176).

Bei weiterer Abkühlung im Gebiet unterhalb der Eutektoiden sinkt die Kohlenstofflöslichkeit des im Perlit und im Ledeburit II enthaltenen Ferrits kontinuierlich. Der überschüssige Kohlenstoff wird als **Tertiärzementit** (Kapitel 6.2.2.5) ausgeschieden. Dieser Tertiärzementit tritt bei diesen Legierungen aber mikroskopisch im Gefüge nicht in Erscheinung, da er an die bereits vorhandenen Zementitkristalle ankristallisiert.

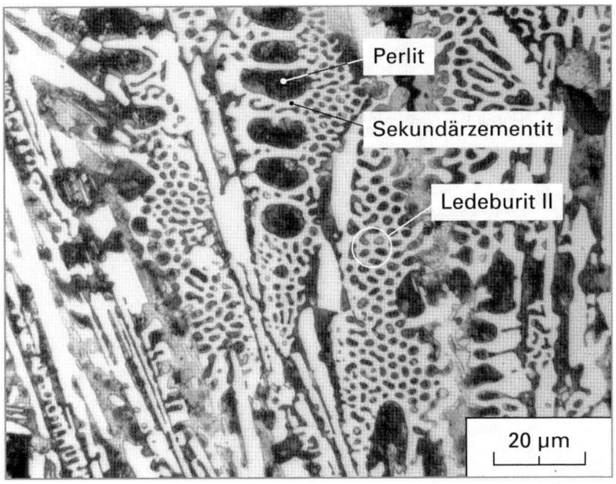

Bild 1: Gefüge eines untereutektischen Gusseisens (C = 3,4 %): Ledeburit II („Tigerfell"), Perlit und Sekundärzementit

Bei Raumtemperatur besteht das Gefüge einer untereutektischen Eisen-Kohlenstoff-Legierung (untereutektisches weißes Gusseisen) somit aus Perlit, Sekundärzementit und Ledeburit II. Die aus den primär ausgeschiedenen Austenitkörnern entstandenen Perlitkörner werden vom Sekundärzementit netzförmig umgeben (Bild 1 und Bild 2).

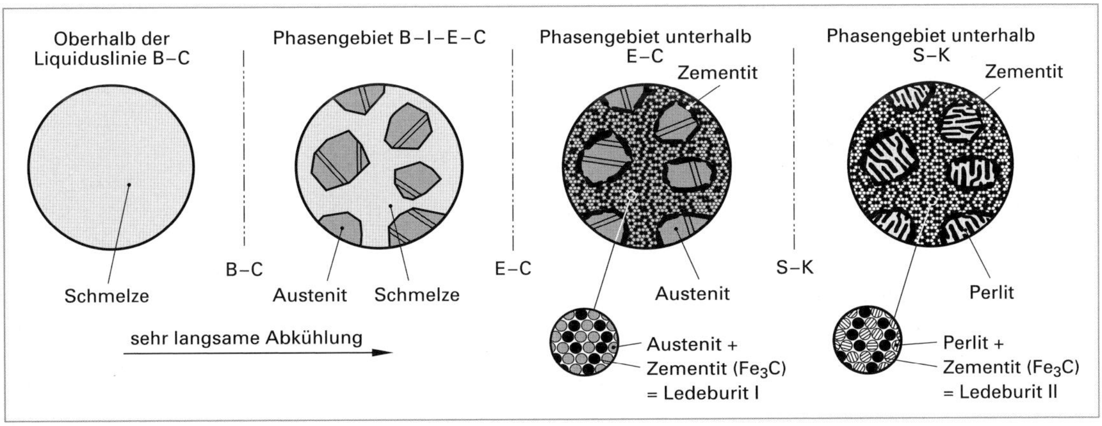

Bild 2: Erstarrung und Gefügeformen von Eisen-Kohlenstoff-Legierungen mit 2,06 % < C < 4,3 %

Eisen-Kohlenstoff-Legierungen mit 4,3 % ≤ C < 6,67 %

Die Erstarrung übereutektischer Eisen-Kohlenstoff-Legierungen (übereutektisches weißes Gusseisen) beginnt mit dem Unterschreiten der Liquiduslinie (Abschnitt C-D) mit der Ausscheidung nadelförmiger Zementitkristalle (Fe_3C) aus der Schmelze, dem **Primärzementit**. Dabei verarmt die Schmelze kontinuierlich an Kohlenstoff und erreicht schließlich bei 1147 °C die eutektische Zusammensetzung mit 4,3 % C. Die Restschmelze erstarrt unter Bildung des Eutektikums Ledeburit I. Unmittelbar unterhalb des Abschnitts C-F der Eutektikalen besteht das Gefüge also aus Ledeburit I mit eingelagerten, nadelförmigen Primärzementitkristallen.

Bei weiterer Abkühlung scheidet sich aus den Austenitkristallen des Ledeburits Sekundärzementit aus, der sich jedoch an die bereits vorhandenen Zementitkristalle anlagert und daher im Gefüge nicht sichtbar wird. Wird bei einer Temperatur von 723 °C schließlich die Eutektoide (P-S-K) erreicht, dann zerfallen die Austenitkristalle des Ledeburits eutektoid zu Perlit. Bei Raumtemperatur besteht das Gefüge somit aus Primärzementit (Fe_3C) in Ledeburit (Bild 1, Seite 178).

Sämtliche nach dem metastabilen System erstarrenden Eisen-Kohlenstoff-Legierungen bestehen nur aus den beiden Phasen Ferrit und Zementit (Fe_3C). Lediglich die Form, die gegenseitige Anordnung sowie die Mengenanteile dieser beiden Kristallarten unterscheiden sich und führen somit zu unterschiedlichen Erscheinungsformen der Gefüge (Bild 1, Seite 174 bis Bild 1, Seite 178) und damit auch zu unterschiedlichen Eigenschaften (Festigkeit, Verformbarkeit usw.) der entsprechenden Stähle und Gusseisensorten.

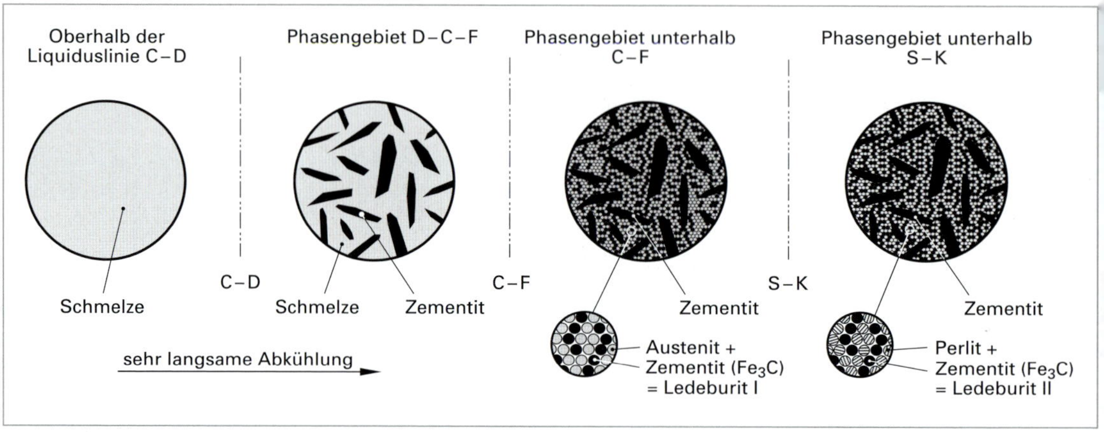

Bild 1: Erstarrung und Gefügeformen von Eisen-Kohlenstoff-Legierungen mit 4,3 % < C < 6,67 %

6.2.2.5 Stahlecke des metastabilen Systems

Der linke untere Teil des metastabilen Systems (etwa C ≤ 2,06 % und ϑ ≤ 1200 °C) wird als **Stahlecke** bezeichnet (Bild 2). Im Bereich der Stahlecke ist die Legierung bereits vollständig erstarrt, jedoch treten gerade dort Gefügeumwandlungen auf, die für die Anwendbarkeit und den Erfolg vieler Wärmebehandlungen (z. B. Normalglühen, Härten, Vergüten) entscheidend sind.

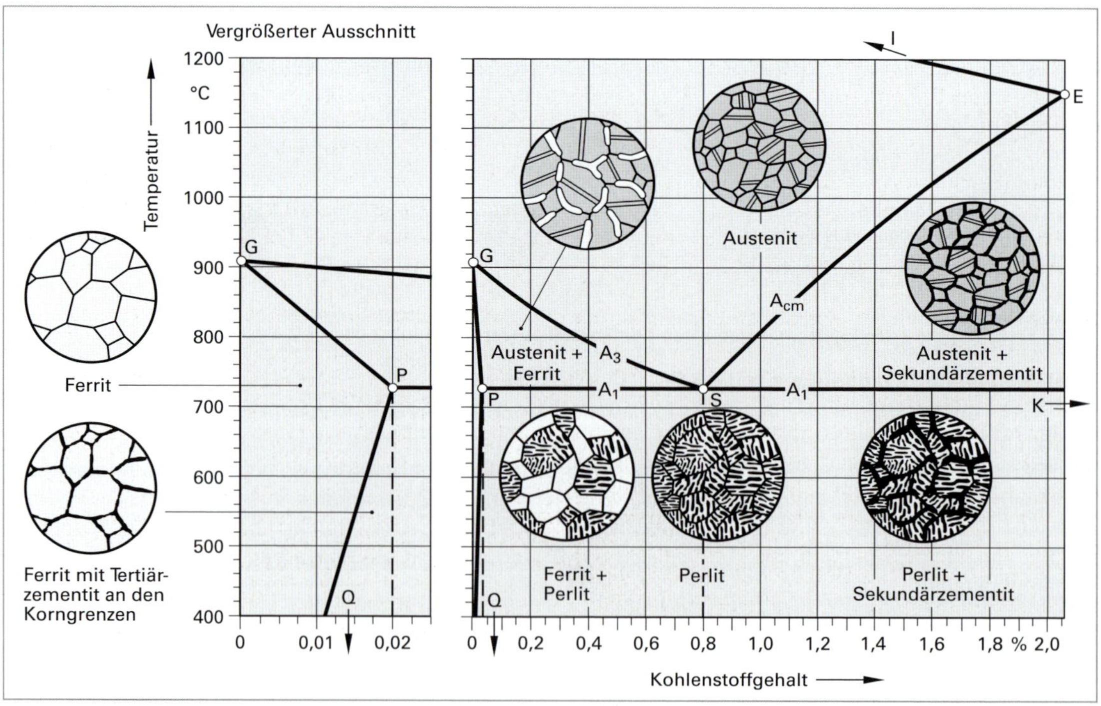

Bild 2: Stahlecke des metastabilen Eisen-Kohlenstoff-Zustandsdiagramms (Fe-Fe_3C) mit typischen Gefügedarstellungen

Das Gefüge eines Stahles besteht oberhalb der Linie G-S-E ausschließlich aus Austenit. Der gesamte Kohlenstoff des Stahls ist auf Zwischengitterplätzen in das kubisch-flächenzentrierte Kristallgitter des γ-Eisens eingelagert (Bild 1). Das Gebiet oberhalb der Linie G-S-E wird daher zutreffenderweise auch als **Austenitgebiet** bezeichnet. Die ausgehend vom Austenitgebiet bei der Abkühlung des Stahles ablaufenden Vorgänge im Gefüge sind von dessen Kohlenstoffgehalt abhängig und sollen nachfolgend besprochen werden.

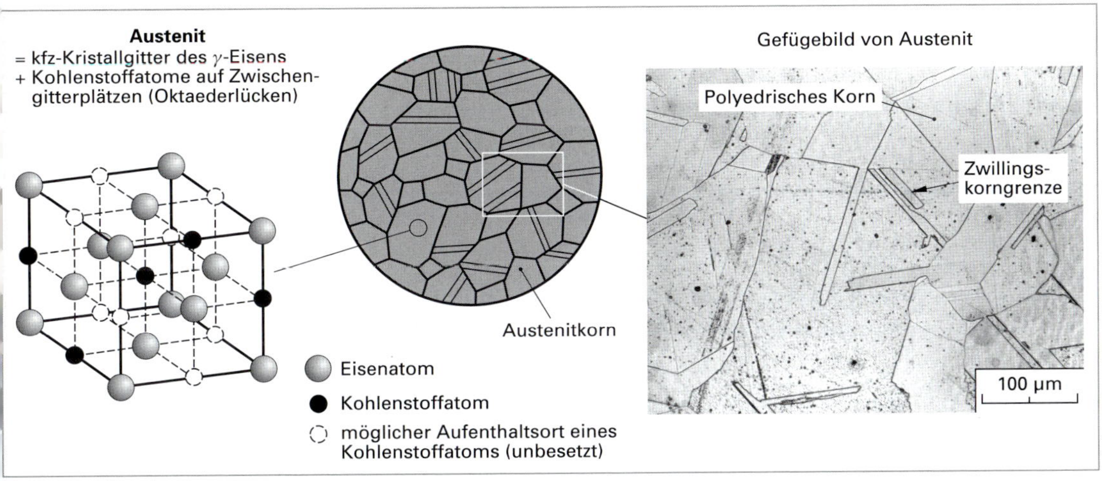

Bild 1: Austenitisches Gefüge eines Stahls oberhalb G-S-E

Eisen-Kohlenstoff-Legierungen mit C ≤ 0,02 %

Kühlt man eine Eisen-Kohlenstoff-Legierung mit C < 0,02 % aus dem Austenitgebiet langsam ab, dann wandelt sich mit Erreichen der Phasengrenze G-S der Austenit in Ferrit um.

Der Umwandlungsvorgang beginnt bevorzugt an den Austenitkorngrenzen (Bild 1, Seite 180) und ist mit Erreichen von G-P abgeschlossen. Das Gefüge besteht dann ausschließlich aus Ferrit. Die Umwandlung des Austenit ist jedoch erst möglich, nachdem die Kohlenstoffatome in die benachbarten Austenitbereiche diffundiert sind. Erst dann kann sich das Gitter von kubisch-flächenzentriert (Austenit) nach kubisch-raumzentriert (Ferrit) umwandeln (Bild 1, Seite 180). Die Linie G-S wird mitunter auch als Ac_3- bzw. Ar_3-Linie und die zugehörigen Temperaturen als Ac_3- bzw. Ar_3-Temperaturen bezeichnet (Tabelle 1, Seite 168), da an dieser Phasengrenze die Umwandlung des Austenits in Ferrit beginnt bzw. bei sehr langsamer Erwärmung die Auflösung des Ferrits abgeschlossen ist.

Bei weiterer Abkühlung nimmt die Löslichkeit des Ferrits für Kohlenstoffatome aufgrund des sich vermindernden Atomabstandes stetig ab. Mit Erreichen der **Löslichkeitslinie** P-Q muss ein Teil der Kohlenstoffatome schließlich das Kristallgitter des α-Eisens verlassen. Diese Kohlenstoffatome bilden an den Ferritkorngrenzen Zementitausscheidungen, den **Tertiärzementit**. Stähle mit Kohlenstoffgehalten unter 0,02 % zeigen daher bei Raumtemperatur ein ferritisches Gefüge mit Tertiärzementit an den Ferritkorngrenzen. In Tabelle 1 sind die unterschiedlichen Bezeichnungen für den Zementit, abhängig von der Art der Phase seiner Herkunft (Schmelze, Austenit oder Ferrit), zusammengestellt.

Tabelle 1: Bezeichnungen für Zementit (Fe_3C)

Primärzementit	Bildung von Zementit (Fe_3C) aus der Schmelze (bei Eisen-Kohlenstoff-Legierungen mit C > 4,3 %)
Sekundärzementit	Ausscheidung von Zementit aus übersättigten Austenitkristallen (bei Eisen-Kohlenstoff-Legierungen mit C > 0,8 %)
Tertiärzementit	Ausscheidung von Zementit aus übersättigten Ferritkristallen (bei Eisen-Kohlenstoff-Legierungen mit C > 0,00001 %)

Für Eisen-Kohlenstoff-Legierungen mit C < 0,00001 % wird die Löslichkeitslinie P-Q nicht unterschritten, so dass deren Gefüge bei Raumtemperatur ausschließlich aus Ferrit besteht (Bild 2, Seite 166).

Eisen-Kohlenstoff-Legierungen mit 0,02 % ≤ C ≤ 0,8 % (untereutektoide Stähle)

Eisen-Kohlenstoff-Legierungen mit Kohlenstoffgehalten zwischen 0,02 % und 0,8 % werden als untereutektoide Stähle bezeichnet (Kapitel 6.2.2.3). Kühlt man einen untereutektoiden Stahl aus dem Austenitgebiet langsam ab, dann beginnt mit Erreichen von G-S, ausgehend von den Austenitkorngrenzen, die bereits beschriebene Umwandlung des Austenits in Ferrit. Es bildet sich dadurch ein mehr oder weniger ausgeprägtes Ferritnetz, während sich der Austenit (aufgrund der geringen Kohlenstofflöslichkeit des Ferrits) zunehmend mit Kohlenstoff anreichert.

Mit Erreichen bzw. Unterschreiten des Abschnitts P-S der Eutektoiden bei 723 °C (eutektoide Temperatur) ist die Aufnahmefähigkeit des Austenits für Kohlenstoff erschöpft. Der noch vorhandene Austenit zerfällt in einer eutektoiden Phasenreaktion (Kapitel 6.2.2.4) in Perlit, einem Kristallgemisch aus plattenförmig nebeneinander angeordneten Ferrit- und Zementitkristallen. Dieser auch als **Austenitzerfall** bezeichnete Vorgang der Perlitbildung ist in Bild 1, Seite 181, dargestellt. Die Bezeichnung Perlit geht auf den engl. Naturforscher ***H. C. Sorby*** (1826 ... 1908) zurück, da die Gefügestruktur an die Streifen der Schale einer Perlmuschel erinnert. Später wurde der perlmutterähnliche Glanz geätzter Schliffe mit perlitischem Gefüge als Begründung für die Bezeichnung genannt.

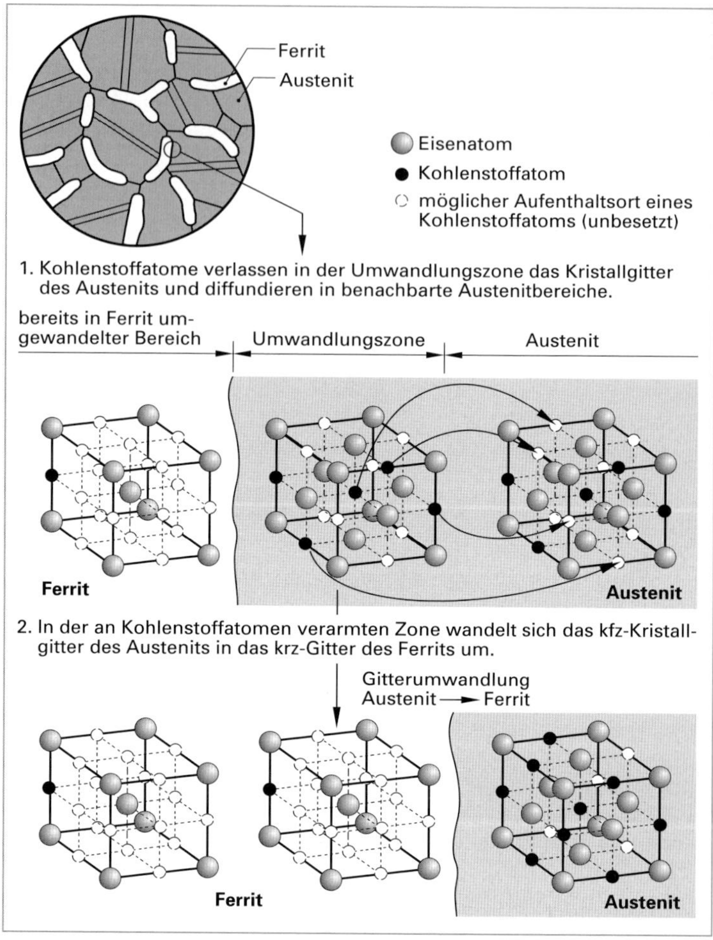

Bild 1: Ferritbildung im Phasengebiet zwischen G-S und P-S (schematisch)

Bei weiterer Abkühlung finden keine weiteren Gefügeumwandlungen mehr statt, so dass bei Raumtemperatur schließlich ein ferritisch-perlitisches Gefüge vorliegt (Bild 2, Seite 181). Der sich bei Abkühlung unterhalb der Eutektoiden (723 °C) aus dem Ferrit ausscheidende Tertiärzementit kristallisiert für C > 0,02 % an die bereits vorhandenen Zementitkristalle des Perlits an und tritt daher mikroskopisch im Gefüge nicht in Erscheinung.

Je höher der Kohlenstoffgehalt des Stahles ist, desto größer wird der Anteil der Perlitkörner im Gefüge. Bei einem Kohlenstoffgehalt von 0,8 % (eutektoider Stahl) findet keine voreutektoide Ferritbildung mehr statt und man erhält ein rein perlitisches Gefüge.

Eisen-Kohlenstoff-Legierungen mit 0,8 % ≤ C ≤ 2,06 % (übereutektoide Stähle)

Wird ein Stahl mit einem Kohlenstoffgehalt über 0,8 % (übereutektoider Stahl) aus dem Austenitgebiet langsam abgekühlt, dann scheiden sich bei Unterschreiten der Phasengrenze S-E Zementitkristalle (Sekundärzementit) an den Austenitkorngrenzen aus. Da diese Zementitausscheidungen die Austenitkörner schalenförmig umgeben, spricht man auch von **Schalenzementit**. Dieser Schalenzementit ist unerwünscht, da er im Stahl versprödend wirkt. Stähle mit Kohlenstoffgehalten über 0,8 % sind daher nicht mehr kaltverformbar.

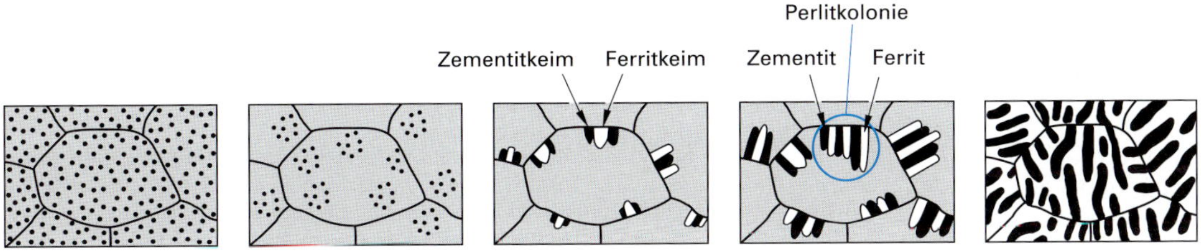

Bild 1: Perlitbildung durch Austenitzerfall (schematisch)

Die Linie S-E wird mitunter auch als Ac_{cm}- bzw. Ar_{cm}-Linie und die zugehörigen Temperaturen als Ac_{cm}- bzw. Ar_{cm}-Temperaturen bezeichnet (Tabelle 1, Seite 168). Wird beim Abkühlen die Ar_{cm}-Linie unterschritten, dann scheidet sich Sekundärzementit an den Austenitkorngrenzen aus. Bei langsamer Erwärmung hat sich der Sekundärzementit mit Erreichen der Ac_{cm}- Linie vollständig aufgelöst.

Unmittelbar vor Erreichen der Eutektoiden (Linie S-K) besteht das Gefüge aus Austenit und Sekundärzementit. Mit Unterschreiten der Eutektoiden zerfallen die noch vorhandenen Austenitkörner in der bereits beschriebenen Weise in Perlit. Bei weiterer Abkühlung finden, abgesehen von einer mikroskopisch nicht sichtbaren Ausscheidung von Tertiärzementit, keine weiteren Gefügeveränderungen mehr statt, so dass Stähle mit Kohlenstoffgehalten über 0,8 % ein perlitisches Gefüge mit (Sekundär-) Zementit (Schalenzementit) an den Korngrenzen aufweisen (Bild 3).

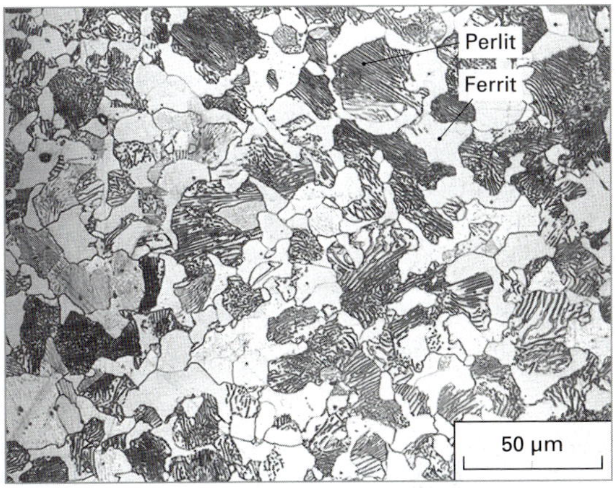

Bild 2: Ferritisch-perlitisches Gefüge eines unlegierten Stahles mit 0,45 % C

Bild 3: Perlitisches Gefüge mit Sekundärzementit (Schalenzementit, hell; unlegierter Stahl mit 1,05 % C)

6.3 Eisenbegleiter und Legierungselemente

Stähle enthalten neben Kohlenstoff und ggf. bewusst zugegebenen **Legierungselementen** noch weitere, unerwünschte Elemente, die als **Begleitelemente** bezeichnet werden. Legierungs- und Begleitelemente beeinflussen nicht nur die Gleichgewichtstemperaturen (Eisen-Kohlenstoff-Zustandsdiagramm) und das Umwandlungsverhalten des Stahles, sondern auch seine mechanischen (Festigkeit, Härte, Zähigkeit usw.), physikalischen und chemischen Eigenschaften. Außerdem gehen viele Werkstoffschädigungen auf die Wirkung von Begleitelementen oder nichtmetallischen Einschlüssen zurück.

6.3.1 Begleitelemente und nichtmetallische Einschlüsse

Wesentliche Begleitelemente im Stahl sind:

- Mangan
- Silicium
- Phosphor
- Schwefel
- Stickstoff
- Sauerstoff
- Wasserstoff
- Zinn
- Arsen

> **ⓘ Information**
>
> **Begleitelemente**
>
> Begleitelemente sind bereits im Erz bzw. Stahlschrott vorhanden oder gelangen unbeabsichtigt während der Stahlherstellung (z.B. durch die Ofenausmauerung) in die Schmelze. Eine vollständige Entfernung ist technisch teilweise nicht möglich und wirtschaftlich häufig auch nicht vertretbar. Begleitelemente sind in der Regel unerwünscht, da sie ungünstige Erscheinungen wie Versprödung oder Verminderung der Festigkeit hervorrufen. Für die Stahlqualität sind daher häufig diese unerwünschten Stahlbegleiter maßgebend. Die zulässigen Gehalte der wichtigsten Stahlbegleiter sind deshalb in den entsprechenden Normen festgelegt.

Einige Elemente, wie Mangan, Silicium und Schwefel, können sowohl den Legierungs- als auch den Begleitelementen zugeordnet werden. Hier hängt es von der jeweiligen Stahlsorte ab, ob man das entsprechende Element im Stahl toleriert bzw. ob es gezielt zur Herbeiführung bestimmter Eigenschaften zugesetzt wurde, oder ob es soweit als möglich aus dem Stahl entfernt werden soll.

Neben Begleitelementen enthalten Stähle auch **nichtmetallische Einschlüsse** oxidischer (Al_2O_3, MnO), sulfidischer (z. B. MnS, FeS) oder silicatischer (z. B. SiO_2) Art, die im Wesentlichen die Reaktionsprodukte einer Desoxidation bei der Stahlherstellung darstellen.

Je nach Erschmelzungsart und Stahlsorte ist der Gehalt an Eisenbegleitern und anderen Verunreinigungen unterschiedlich. Aufgrund der Anwesenheit von Begleitelementen bzw. nichtmetallischen Einschlüssen ist es möglich, dass zwei Stähle gleicher Zusammensetzung, die aber nach unterschiedlichen Verfahren erschmolzen wurden, sich bei einer Wärmebehandlung oder in ihrem Alterungsverhalten deutlich voneinander unterscheiden können.

In Bild 1 sind kennzeichnende Gehalte wichtiger Stahlbegleiter sowie ihre Auswirkungen auf die Eigenschaften des Stahles zusammengestellt.

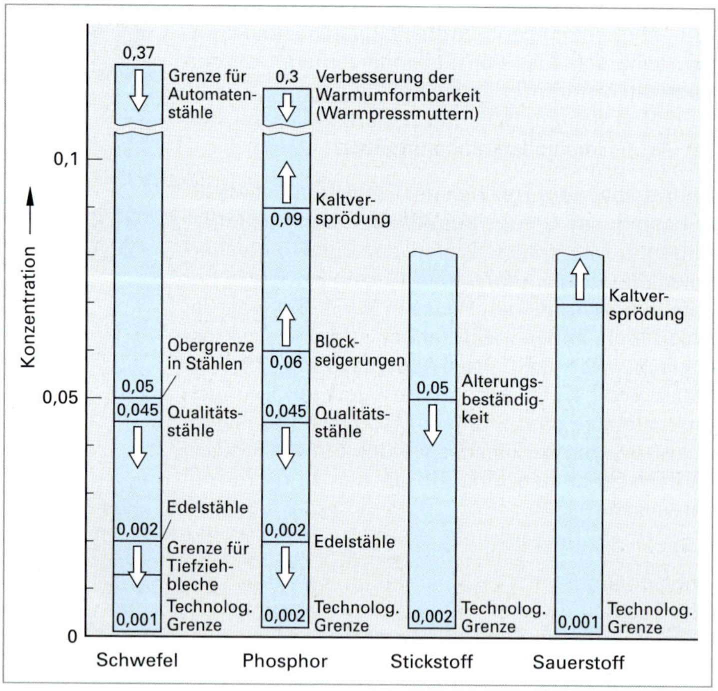

Bild 1: Kennzeichnende Gehalte und Auswirkungen wichtiger Stahlbegleiter (Auswahl)

6.3.1.1 Mangan (Mn)

Mangan gelangt durch manganhaltiges Eisenerz in das Roheisen, wird aber auch als wirksames Desoxidationsmittel und zur Bindung von Schwefel bei der Stahlerschmelzung als Legierungselement beispielsweise in Form von Ferro-Mangan bewusst zugesetzt (Kapitel 5.2.3 und Tabelle 1, Seite 183).

Durch die Abbindung von Schwefel, d.h. Bildung von Mangansulfid (MnS) anstelle von Eisensulfid (FeS), wird bei einem Mn : S-Verhältnis über 1,72 eine Versprödung bei der Warmumformung (**Rot-** oder **Heiß-**

bruch, Kapitel 6.5.13) oder eine **Heißrissbildung**, z. B. nach dem Schweißen oder Gießen (siehe Infokasten), wirkungsvoll vermieden.

Durch die Abbindung von Sauerstoff, d.h. Bildung von Manganoxid (MnO) anstelle von Eisenoxid (FeO), wird außerdem die versprödende Wirkung des Sauerstoffes im Stahl weitgehend aufgehoben (Tabelle 1). Mangansulfide und Manganoxide sind weitgehend unschädliche nichtmetallische Einschlüsse, die bei der Warmumformung mitverformt werden und dem Stahl eine **Faserstruktur** geben. Dadurch weist der Stahl jedoch verminderte Festigkeits- und Zähigkeitskennwerte quer zur Walzrichtung auf (Kapitel 6.3.1.9).

Mangan stellt auch ein wichtiges Legierungselement dar. Bei Mangangehalten über 1,65 % spricht man dabei vom Legierungselement Mangan (DIN EN 10 020, Tabelle 1, Seite 272). Seine diesbezügliche Wirkungsweise wird in Kapitel 6.3.2.2 detaillierter besprochen.

ⓘ Information

Heißrisse

Als **Heißrisse** werden allgemein Rissbildungen bezeichnet, die bei höheren Temperaturen entstehen (im Gegensatz zu den **Kaltrissen**). An der Entstehung von Heißrissen sind häufig Eisenbegleiter wie S oder P beteiligt.

Eine typische Versagensform ist dabei der **Erstarrungsriss** in einem erstarrenden Gussstück oder dem erstarrenden Schmelzbad einer Schweißverbindung. Die Primärkristalle können dabei mit einem dünnen Film niedrig schmelzender Verbindungen (z. B. FeS) belegt sein. Da dieser Film keine Spannungen übertragen kann, treten unter Einwirkung der mit der Abkühlung einhergehenden Schrumpfkräfte interkristalline Risse in der Schweißnaht- oder Gussstückmitte auf.

Eine weitere typische Form der Heißrisse sind die **Aufschmelzrisse** in der Wärmeeinflusszone (WEZ) einer Schweißnaht. Auch hier führen Schrumpfkräfte einer erstarrenden Schweißnaht zu interkristallinen Rissen, da niedrig schmelzende, d.h. aufgeschmolzene Verbindungen an den Korngrenzen (z. B. FeS), keine Spannungen übertragen können (siehe auch Kapitel 4.4.1.3).

Tabelle 1: Desoxidation von Stählen

Merkmale	Art des Vergießens[1]		
	unberuhigt (FU)	**beruhigt (FR)** (unberuhigter Stahl nicht zulässig)	**besonders beruhigt (FF)** (vollberuhigter Stahl)
Desoxidationsmittel	Mn: 0,2 ... 0,4 % Si: geringe Anteile C_{max}: 0,25 %	Mn: 0,2 ... 0,6 % Si: 0,2 ... 0,4 %	Mn: 0,2 ... 0,6 % Si: 0,2 ... 0,4 % $Al_{metallisch}$ > 0,02 %
Desoxidations-reaktionen	$2\,FeO + Si \Rightarrow SiO_2 + 2\,Fe$ $FeO + Mn \Rightarrow MnO + Fe$	$2\,FeO + Si \Rightarrow SiO_2 + 2\,Fe$ $FeO + Mn \Rightarrow MnO + Fe$	$2\,FeO + Si \Rightarrow SiO_2 + 2\,Fe$ $FeO + Mn \Rightarrow MnO + Fe$ $3\,FeO + 2\,Al \Rightarrow Al_2O_3 + 3\,Fe$

[1] Unberuhigter Stahl ist in DIN EN 10025-2 (Ausgabe 12/2000) nicht mehr vorgesehen. Neue Bezeichnungen der Desoxidationsart in Klammern

6.3.1.2 Silicium (Si)

Ungewollt gelangt das Silicium durch die Gangart der Erze, durch Zuschläge sowie durch die feuerfeste Ofenausmauerung bei der Erschmelzung in den Stahl. Es wird dem Stahl aber auch bewusst zugegeben, da es in Form von Ferro-Silicium neben Mangan und Aluminium als wichtigstes Desoxidationsmittel den Sauerstoff abbindet bzw. zur Reduktion des im Stahl vom Frischen herrührenden FeO beiträgt. Derart behandelte Stähle werden als beruhigt bezeichnet (Tabelle 1). Bei Siliciumgehalten von mehr als 0,6 % spricht man vom Legierungselement Silicium (DIN EN 10 020, Tabelle 1, Seite 272).

Da das α-Eisen bis etwa 14 % Silicium aufnehmen kann und mit Silicium Substitutionsmischkristalle bildet, tritt im Gefüge keine gesonderte Phase auf. Wegen der großen Affinität zum Sauerstoff bildet das Silicium in Verbindung mit anderen Oxiden im Stahl auch nichtmetallische Einschlüsse in Form von hochschmelzenden, harten und spröden Silicaten wie z. B. $(FeO)_2 \cdot SiO_2$ oder $2\,MnO \cdot SiO_2$. Beim Auswalzen des Stahles werden diese Silicate zerbrochen und zeilenförmig gestreckt (Fasergefüge siliciumhaltiger Stähle). In kohlenstoffreichen Stählen liegt das Silicium auch in Form von Carbiden vor.

Durch das Silicium wird die Carbidstabilität vermindert. Es fördert daher die Erstarrung nach dem stabilen System (Graphit, Kapitel 6.2.1.3). Eine verminderte Carbidstabilität führt beim Glühen von Stählen mit höherem Siliciumgehalt außerdem zum Zerfall des Zementits in Eisen und Graphit (Temperkohle) und kann unter Umständen zum **Schwarzbruch** führen. Siliciumreiche Stähle neigen außerdem beim Glühen zur **Randentkohlung**.

Silicium führt weiterhin infolge Abschnürung des Austenitgebietes zu einer Erhöhung der Umwandlungstemperaturen von Ferrit zu Austenit (etwa 50 K je 1 % Si). Dadurch wird die **Grobkornbildung** bei einer Wärmebehandlung (Glühen, Härten usw.) begünstigt.

Silicium nimmt weiterhin Einfluss auf die folgenden Eigenschaften:

- **Festigkeit**
  Die Zugfestigkeit und die Streck- bzw. Dehngrenze erhöhen sich um etwa 90 MPa je 1 % Si ohne die Bruchdehnung wesentlich zu vermindern (bis etwa 2 % Si). Die Warmfestigkeit wird durch das Silicium ebenfalls verbessert. Silicium ist daher u.a. bei der Herstellung von **Federstahl** erwünscht (z. B. 38Si3 oder 61SiCr7), da es durch Mischkristallbildung insbesondere die Dehngrenze deutlich erhöht, ohne die Zähigkeit zu stark negativ zu beeinflussen.

Information

Silicium (Si)
Vorteilhafte Eigenschaften:

- Verbessert Festigkeit (Zugfestigkeit und Streck-/ Dehngrenze) sowie die Warmfestigkeit
- Verbessert die Korrosionsbeständigkeit
- Verbessert die Zunderbeständigkeit
- Senkt die kritische Abkühlgeschwindigkeit und erhöht dadurch die Einhärtungstiefe
- Erhöht den elektrischen Widerstand

Nachteilige Eigenschaften:

- Fördert Schwarzbruch und Randentkohlung
- Begünstigt Grobkornbildung
- Verschlechtert die Zerspanbarkeit
- Verschlechtert Verformbarkeit und Zähigkeit
- Verschlechtert die Schweißbarkeit

Verwendungsbeispiele:

- Federstähle
- Werkzeugstähle (Schnellarbeitsstähle)
- Transformatorbleche

- **Härte und Verschleißbeständigkeit**
  Durch die Bildung harter Silikate wird die Härte und damit auch die Verschleißbeständigkeit verbessert. In Verbindung mit einer verbesserten Härtbarkeit (s. u.) spielt das Silicium daher bei der Entwicklung der Werkzeugstähle eine bedeutende Rolle (z. B. 125CrSi 5 oder 45SiCrV6). Aufgrund des relativ niedrigen Preises wird Silicium in zunehmendem Maße als Ersatz für die höherwertigen Legierungszusätze (z. B. Wolfram und Vanadium) in Schnellarbeitsstählen eingesetzt.

- **Kritische Abkühlgeschwindigkeit und Einhärtungstiefe**
  Silicium senkt die kritische Abkühlgeschwindigkeit deutlich und verbessert dadurch die Einhärtungstiefe (Kapitel 6.4.4.6).

- **Korrosionsbeständigkeit**
  Unter atmosphärischen Bedingungen entsteht eine Schutzschicht aus Eisensilicaten und Oxiden, die das Korrosionsverhalten insbesondere in Säuren verbessert. So ist beispielsweise die gute Korrosionsbeständigkeit von Grauguss auf seinen erhöhten Siliciumgehalt zurückzuführen (Kapitel 6.6.3.3).

- **Zunderbeständigkeit:**
  Silicium verbessert die Zunderbeständigkeit durch Ausbildung siliciumreicher Oxidschichten. Durch die erhöhte Zunderbeständigkeit, insbesondere bei zusätzlicher Anwesenheit von Chrom und Aluminium, werden siliciumreiche Stähle für die Herstellung von hitzebeständigen Werkzeugen (z. B. Glühofenrollen aus X10CrSi6) oder hitzebeständigen Bauteilen (z. B. Ventile aus X45SiCr4) verwendet.

- **Elektrische Eigenschaften:**
  In Transformatorenblechen ist Silicium erwünscht und bis zu 4,3 % enthalten (z. B. 5Si17), da es den spezifischen elektrischen Widerstand des Eisens erhöht (reines Fe: $\varrho = 0{,}1\ \Omega \cdot mm^2 \cdot m^{-1}$; Fe mit 4 % Si: $\varrho = 0{,}6\ \Omega \cdot mm^2 \cdot m^{-1}$) und damit die Energieverluste aufgrund von Wirbelströmen deutlich verringert. Die Bearbeitung der Bleche wird jedoch mit steigendem Siliciumgehalt zunehmend schlechter.

- **Zerspanbarkeit:**
  Durch die steigende Festigkeit wird die Zerspanbarkeit siliciumhaltiger Stähle verschlechtert.

- **Verformbarkeit und Zähigkeit**
  Durch das Silicium wird die Kalt- als auch die Warmumformbarkeit (Schmiedbarkeit) des Stahles, insbesondere bei höheren Konzentrationen, teilweise erheblich verschlechtert. Bei Siliciumgehalten über 3% sind Stähle nicht mehr kaltumformbar und über 7 % nur noch schwer warmumformbar. Dann ist eine Formgebung nur noch durch Gießen möglich. Über 2 % Si fällt in Baustählen außerdem die Kerbschlagarbeit stark ab. Wird eine gute Verformbarkeit oder Tiefziehfähigkeit des Stahles verlangt, so sind erhöhte Siliciumgehalte zu vermeiden. Tiefziehbleche dürfen daher maximal 0,2 % Si aufweisen.

- **Schweißbarkeit:**
  Silicium verschlechtert die Schweißbarkeit, da die zähflüssige Haut aus Silikaten eine saubere metallische Verbindung der Teile verhindert.

6.3.1.3 Phosphor (P)

Phosphor gelangt ebenso wie Schwefel über das Erz und die Zuschläge (z. B. phosphorhaltiger Kalkstein) in das Roheisen und schließlich in den Stahl. Phosphor bildet mit Eisen Substitutionsmischkristalle und nimmt daher durch Mischkristallbildung Einfluss auf die Eigenschaften des Stahles. In Stählen bildet Phosphor im Allgemeinen keine separate Phase. Bei Grauguss tritt allerdings bei höheren Phosphorgehalten ein hartes, ternäres **Phosphideutektikum (Steadit)** an den Korngrenzen auf, und verbessert dadurch die Verschleißbeständigkeit (Kapitel 6.6.3.3).

> **ⓘ Information**
>
> **Seigerung**
> Seiger (früher: Saiger) bedeutet in der Bergmannssprache senkrecht. Der Begriff wurde ursprünglich für Schwerkraftseigerungen verwendet. Heute bezeichnet man unter Seigerung jede Entmischung einer ursprünglich homogenen Schmelze.

Phosphor neigt ebenso wie Schwefel (Kapitel 6.3.1.4) aufgrund seiner geringen Diffusionsgeschwindigkeit im Eisen sowie der großen Temperaturdifferenz zwischen Solidus- und Liquiduslinie außerordentlich stark zur Bildung unerwünschter **Kristallseigerungen** (Kapitel 3.5.1.3). Dies führt dazu, dass die zuerst erstarrten Austenitkristalldendriten einen sehr geringen Phosphorgehalt (Konzentration c_1, Bild 1, Seite 186), die zuletzt erstarrte Restschmelze in den Restfeldern zwischen den Dendritenästen und -stämmen hingegen einen hohen Phosphorgehalt (Konzentration c_2, Bild 1, Seite 186) besitzt. Durch eine anschließende Warmformgebung werden diese Dendriten je nach Verformungsgrad mehr oder weniger stark gestreckt bzw. parallel ausgerichtet. Es entsteht das so genannte **Primärzeilengefüge** (Bild 1, Seite 186). Da Phosphor (wie auch Schwefel) die Kohlenstofflöslichkeit im Austenit vermindert, findet bereits im Austenit eine Kohlenstoffentmischung statt. Bei der anschließenden Abkühlung scheidet sich der (voreutektoide) Ferrit dann bevorzugt an den kohlenstoffarmen, d. h. phosphorreichen Stellen, aus und der zeitlich später kristallisierende Perlit in den kohlenstoffreichen, d. h. phosphorarmen Bereichen. Dadurch entsteht das für untereutektoiden Walz- und Schmiedestahl typische **Sekundärzeilengefüge**.

Das inhomogene Sekundärzeilengefüge führt zu anisotropen Werkstoffeigenschaften und ist daher unerwünscht. Außerdem haben auch die Gefügebereiche mit verschiedenem Phosphorgehalt unterschiedliche mechanische Eigenschaften (Festigkeit, Härte, Zähigkeit usw.). Dies kann zwischen den Gefügebereichen zu inneren Spannungen und schließlich sogar zum Aufreißen des Stahles führen **(Seigerungsrisse)**.

> **ⓘ Information**
>
> **Kristallseigerung und Zonenmischkristall**
> Mit Hilfe eines Zustandsdiagrammes lässt sich leicht zeigen, dass die aus dem schmelzflüssigen Zustand zuerst erstarrten Kristalle einen sehr geringen, die zuletzt erstarrte Restschmelze jedoch einen sehr hohen Schwefel- bzw. Phosphorgehalt besitzen. Das Ergebnis sind schichtförmig aufgebaute Körner mit einem sich vom Kern zum Rand hin kontinuierlich verändernden Schwefel- bzw. Phosphorgehalt. Diese Erscheinung bezeichnet man als **Kristall-** oder **Mikroseigerung** und den dabei entstehenden Kristall als **Zonenmischkristall** (Kapitel 3.5.1.3).

Außer an der Kristallseigerung und der (hier nicht besprochenen) **Gasblasenseigerung** nimmt Phosphor auch an der **Blockseigerung** (siehe auch Kapitel 4.1.2) teil. Bei der Erstarrung eines Gussblockes werden Legierungs- und Begleitelemente wie Phosphor von der Erstarrungsfront weggedrängt und reichern sich in der Restschmelze an. Daher kann der Kern bzw. der Kopf des Blockes zwei- bis dreimal phosphorreicher sein als der Rand bzw. der Fuß des Blockes (Bild 2, Seite 186). Ein Auswalzen des Blockes zu Profilstählen kann beim Schweißen zu erheblichen Problemen führen. Falls die Seigerungszone angeschmolzen wird und sich mit dem Schweißgut vermischt (Bild 1, Seite 187). Im Falle von Schwefelseigerungen ist primär mit Heißrissen und im Falle von Phosphorseigerungen mit einer Versprödung des Schweißgutes zu rechnen. Seit Mitte der achtziger Jahre werden Stähle nach dem Stranggussverfahren vergossen. Diese Stähle sind nicht mehr geseigert, da sie beruhigt vergossen werden müssen.

Da sich diese unerwünschten Seigerungen nur durch eine lange Diffusionsglühung dicht unterhalb der Solidustemperatur ausgleichen lassen, ist es erheblich wirtschaftlicher und technisch einfacher, den Phosphorgehalt im Stahl von vorne herein auf maximal 0,06 % zu beschränken.

Phosphor nimmt weiterhin Einfluss auf die folgenden Eigenschaften:

- **Festigkeit, Härte, Verschleißbeständigkeit**
  Phosphor erhöht die Festigkeit (Zugfestigkeit und Streck- bzw. Dehngrenze), die Härte und die Verschleißbeständigkeit. Erhöhte Phosphorgehalte werden daher beim Grauguss zur Verbesserung der Verschleißbeständigkeit eingesetzt (Phosphideutektikum, Kapitel 6.6.3.3).

- **Rostbeständigkeit**
  Phosphor verbessert bei gleichzeitiger Anwesenheit mit Kupfer die Rostbeständigkeit von Stahl an Luft um das Zwei- bis Dreifache.

- **Warmumformbarkeit**
  Stahl für Warmpressmuttern wird bewusst Phosphor bis etwa 0,3 % zugesetzt, da dies zu einer Verbesserung der Fließeigenschaften oberhalb von 1000 °C führt und beim Schneiden des Gewindes kein Schmieren auftritt. Zum Begriff „Schmieren" siehe Infokasten Seite 187.

- **Zerspanbarkeit**
  Ein erhöhter Phosphorgehalt vermindert bei der Zerspanung die Neigung zum Schmieren und verbessert dadurch die Oberflächenqualität.

- **Zähigkeit, Verformbarkeit und Kaltumformbarkeit**
  Trotz der genannten vorteilhaften Eigenschaften zählt der Phosphor ebenso wie der Schwefel zu den unerwünschten Begleitelementen im Stahl, da Phosphor (neben Zinn) die Zähigkeit des Stahles von allen Elementen am stärksten vermindert **(Kaltversprödung).** Bereits bei Phosphorgehalten über etwa 0,09 % tritt Kaltbrüchigkeit ein, d. h. der Werkstoff ist nicht mehr kaltumformbar und daher als Konstruktionswerkstoff unbrauchbar (Korngrenzenbrüche). Außerdem fördert Phosphor eine Grobkornbildung.

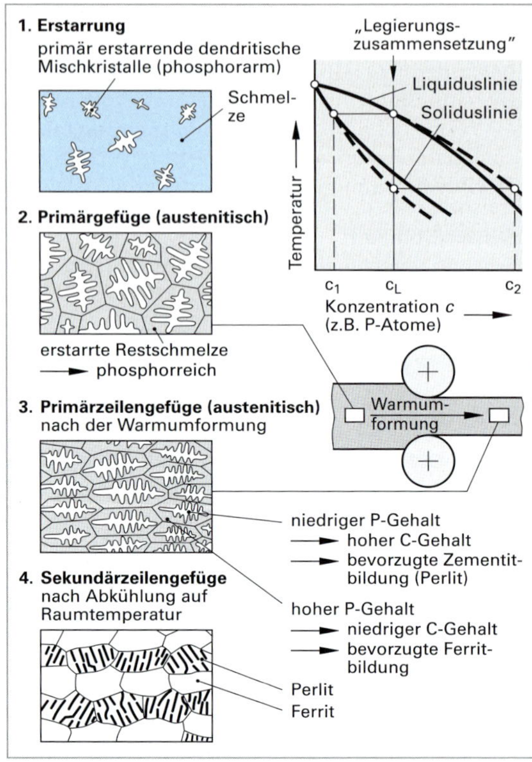

Bild 1: Entstehung von Sekundärzeilengefüge durch Phosphorseigerungen

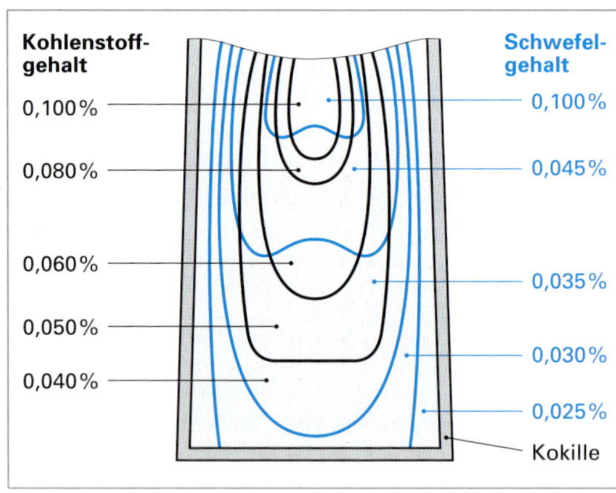

Bild 2: Blockseigerung in einem Stahlblock am Beispiel von Kohlenstoff und Schwefel

- **Alterungsbeständigkeit und Anlassversprödung**
  Phosphor verstärkt die durch den Stickstoff verursachte **Alterungsanfälligkeit** (Kapitel 6.3.1.5) und verschiebt die Übergangstemperatur der Kerbschlagarbeit zu höheren Temperaturen. Auch an der **300 °C-**

Versprödung sowie an der **Anlassversprödung** ist Phosphor mit beteiligt (Kapitel 6.4.5.3).

- **Viskosität von (Gusseisen-)Schmelzen**

  Phosphor erhöht die Viskosität von (Gusseisen-) Schmelzen. Phosphorzusätze werden daher beispielsweise zur Herstellung von Rohren aus Gusseisen nach dem Schleudergussverfahren verwendet.

6.3.1.4 Schwefel (S)

Schwefel gelangt über sulfidische Erze, Koks und eventuell durch schwefelhaltige Brenngase in das Roheisen und damit in den Stahl und bestimmt neben den P- und N-Gehalten den Reinheitsgrad, d. h. die Stahlqualität in entscheidender Weise (Kapitel 6.5.1.1). Der Schwefelgehalt in Stählen ist in der Regel auf maximal 0,050 %, bei hochwertigen Edelstählen sogar auf 0,020 % beschränkt. Durch verbesserte sekundärmetallurgische Maßnahmen ist es heute bei entsprechendem Aufwand möglich, den Schwefelgehalt bis auf 0,001 % zu senken und damit die Zähigkeit des Stahles deutlich zu verbessern (Bild 2).

Da die Schwefellöslichkeit im Ferrit sehr gering ist, bildet Schwefel mit dem Eisen eine zweite Phase und zwar in Form von nichtmetallischem Eisensulfid (FeS). Sofern keine besonderen Maßnahmen wie das Legieren mit Mn getroffen werden, bildet das FeS mit dem Eisen ein **entartetes Fe-FeS-Eutektikum** mit FeS an den Korngrenzen. Dies ist unerwünscht, da der niedrige Schmelzpunkt des FeS (985 °C) zur Heißrissbildung (z. B. nach dem Schweißen, Kapitel 6.3.1.1) oder zu Versprödungserscheinungen bei einer Warmumformung (Rot- oder Heißbruch) führen kann (Kapitel 6.3.1.1 und 6.5.13). Daher ist es erforderlich, Schwefel auch bei geringen Gehalten in eine ungefährliche Form zu überführen (Abbinden mit Mangan, Kapitel 6.3.1.1) oder bereits bei der Stahlherstellung zu entfernen.

Schwefel kann ebenso wie Phosphor zur Ausbildung eines Sekundärzeilengefüges (Kapitel 6.3.1.3) beitragen, da der voreutektoide Ferrit bevorzugt an die Mangansulfide ankristallisiert. Da Schwefel ähnlich stark seigert wie Phosphor (Bild 1, Seite 188), kommen Phosphor und Schwefel in denselben Zeilen vor.

Ebenso wie Phosphor neigt auch Schwefel zur Blockseigerung (Bild 2, Seite 186) mit den bereits in Kapitel 6.3.1.3 besprochenen Folgen für die Schweißbarkeit (Heißrissbildung). Bei einem beruhigt vergossenen Stahl tritt dieses Problem nicht in Erscheinung.

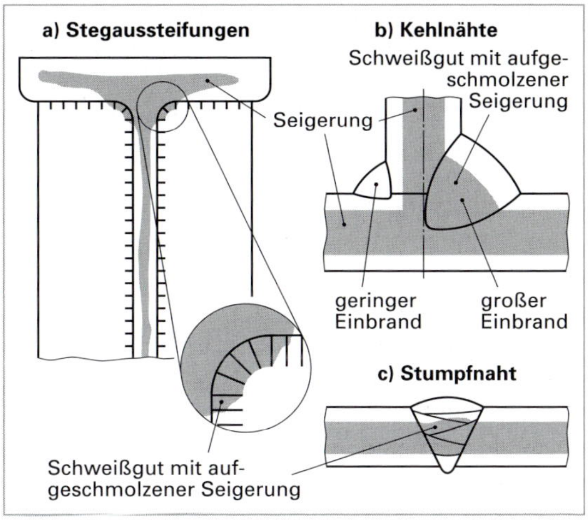

Bild 1: Aufschmelzen geseigerter Bereiche während des Schweißens

> **(i) Information**
>
> **Schmieren**
>
> Unter Schmieren versteht man beim Zerspanen eine Zusetzung der Spanräume (z. B. Schleifscheiben) sowie eine Aufbauschneidenbildung bei Werkzeugen mit geometrisch bestimmter Schneide.

> **(i) Information**
>
> **Phosphor (P)**
>
> **Vorteilhafte Eigenschaften:**
> - Verbessert Festigkeit, Härte und Verschleißbeständigkeit
> - Verbessert (mit Cu) die Rostbeständigkeit
> - Verbessert Zerspanbarkeit
> - Erhöht die Viskosität von (Gusseisen-)Schmelzen
>
> **Nachteilige Eigenschaften:**
> - Führt zu einer Kaltversprödung
> - Begünstigt Grobkornbildung
> - Verschlechtert Alterungsbeständigkeit
> - Begünstigt 300 °C- und Anlassversprödung
>
> **Verwendungsbeispiel:**
> - Grauguss

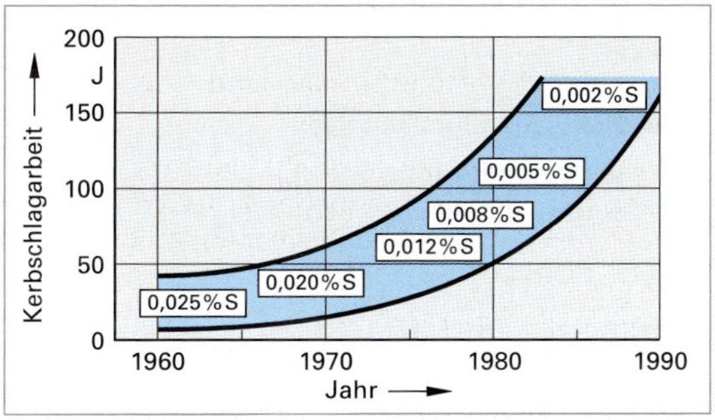

Bild 2: Zeitliche Entwicklung der erreichbaren Grenzgehalte für Schwefel und damit verbundene Zähigkeitsverbesserung von Stählen

Metallographisch können Schwefelseigerungen (Blockseigerungen) oder schwefelreiche Gebiete in einem Bauteil durch den **Baumann-Abdruck** nachgewiesen werden.

Schwefel beeinflusst weiterhin die folgenden Eigenschaften:

- **Zerspanbarkeit**

  Bei der automatischen Zerspanung von Stahl (z. B. in Drehautomaten) sind kurze, leicht abführbare Späne erwünscht, da sie den Produktionsprozess weniger behindern oder unterbrechen. Ein erhöhter Schwefelgehalt führt infolge Gefügeunterbrechungen durch Mangansulfide zu einer verminderten Festigkeit und trägt damit zur Bildung von kurzbrüchigen Spänen bei. Gleichzeitig wird dadurch der Werkzeugverschleiß vermindert bzw. es kann die Schnittgeschwindigkeit deutlich erhöht werden. Außerdem entstehen saubere und glatte Oberflächen. Dafür nimmt man die etwas schlechteren mechanischen Eigenschaften des schwefelhaltigen Stahles in Kauf. **Automatenstähle** setzt man daher bis zu 0,37 % Schwefel zu (Kapitel 6.5.13).

- **Festigkeit**

  Die nichtmetallischen Sulfideinschlüsse bewirken eine Gefügeunterbrechung und führen daher zu einer Verminderung der Festigkeit bei Knetwerkstoffen insbesondere quer zur Walzrichtung. Auch ein eventuell vorhandenes Sekundärzeilengefüge (s. o.) trägt zur Anisotropie der Werkstoffeigenschaften bei (Kapitel 6.3.1.3).

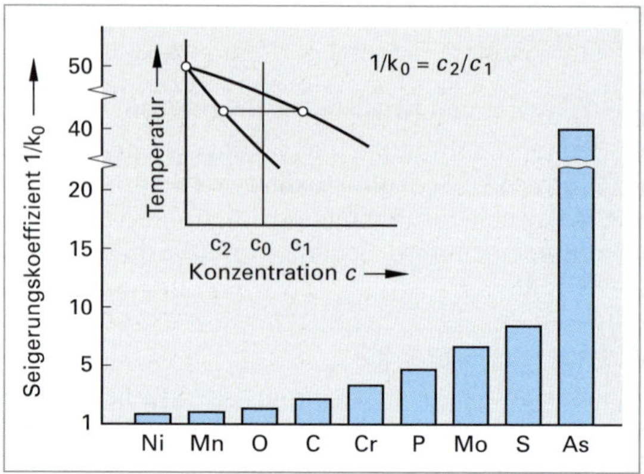

Bild 1: Seigerungsneigung ausgewählter Elemente in Eisen

> **Information**
>
> **Schwefel**
>
> **Vorteilhafte Eigenschaften:**
> - Verbessert die Zerspanbarkeit
>
> **Nachteilige Eigenschaften:**
> - Verschlechtert Festigkeit
> - Verschlechtert Verformbarkeit und Zähigkeit
> - Führt zu anisotropen Werkstoffeigenschaften
> - Begünstigt Rot- und Heißbruch
> - Verschlechtert Schweißbarkeit (begünstigt die Bildung von Heiß- und Aufschmelzrissen)
> - Verschlechtert die magnetischen Eigenschaften
>
> **Verwendungsbeispiele:**
> - Automatenstähle

- **Verformbarkeit und Zähigkeit**

  Analog zur Festigkeit vermindern die Sulfideinschlüsse auch das plastische Verformungsvermögen sowie die Zähigkeit quer zur Walzrichtung. Falls Schwefel nicht durch Mangan abgebunden wird, ist bei der Warmumformung zusätzlich mit einem Rot- oder Heißbruch zu rechnen.

- **Schweißbarkeit**

  Die Anwesenheit von Schwefel verschlechtert die Schweißbarkeit (Bildung von Heiß- und Aufschmelzrissen).

- **Magnetische Eigenschaften**

  Wegen des sehr schlechten Einflusses des Schwefels auf die magnetischen Eigenschaften, soll bei Transformatorenstählen der Schwefelgehalt auf unter 0,01 % begrenzt werden.

6.3.1.5 Stickstoff (N)

Stickstoff gelangte früher durch das Frischen mit Luft in den Stahl. Stähle, die nach anderen Verfahren (z. B. Sauerstoffaufblas- und Elektrostahlverfahren; Kapitel 5.2.3.1 und 5.2.3.2) erschmolzen wurden, haben daher geringere Stickstoffgehalte. Stickstoff führt in der Regel zu einer starken Verminderung der Zähigkeit des Stahles und ist daher ein guter Maßstab für die Beurteilung der Stahlqualität.

Stickstoff kann bei Raumtemperatur praktisch nicht im α-Eisen bzw. im Ferrit gelöst werden (Bild 1). Überschüssige Stickstoffatome werden daher bei der Abkühlung des Eisens in Form von sehr harten, spröden **Eisennitriden** (Fe_4N) ausgeschieden. Diese Eisennitride stellen die Hauptursache für die Veränderung der mechanischen Eigenschaften bei Anwesenheit von Stickstoff dar. Ebenso können weitere, zur Nitridbildung neigende Elemente wie Aluminium, Chrom, Niob, Titan und Vanadium, in Verbindung mit Stickstoff, harte und spröde Nitride bilden. Dennoch bleiben selbst bei langsamer Abkühlung des Stahles (beispielsweise nach der Erschmelzung) Stickstoffatome unter Bildung von Mischkristallen im Gitter zwangsgelöst. Diese Zwangslösung bildet die Hauptursache für die **Alterung** des Stahles.

Abschreckalterung

Selbst bei normalem Abkühlen des Stahles bleiben Stickstoffatome im Metallgitter zwangsgelöst. Durch ein nachträgliches Erwärmen auf höhere Temperaturen scheidet sich jedoch der Stickstoff in Form von nadelförmigen Eisennitriden (Fe_4N) aus und bewirkt die genannten Änderungen der Eigenschaften des Stahles, insbesondere jedoch eine starke Herabsetzung der Zähigkeit: der Stahl wird spröde. Je höher die Temperatur, desto schneller verändern sich dabei die Eigenschaften des Stahles.

Reckalterung

Eine plastische Verformung des Stahles ist an die Bildung und Bewegung von Versetzungen gebunden. Durch Kaltverformung entstehen eine Vielzahl von Versetzungen an die sich der im Metallgitter zwangsgelöste Stickstoff bevorzugt anlagert. Dadurch wird die Versetzung weitgehend bewegungsunfähig. Dies führt zwar zu einer Erhöhung von Streckgrenze und Zugfestigkeit, jedoch auch zu einer sehr gefährlichen Verminderung der Zähigkeit, der Stahl versprödet. Dieser Versprödungsvorgang tritt bei Raumtemperatur erst Wochen, Monate oder Jahre nach der Kaltverformung ein **(natürliche Alterung)**. Durch ein Erwärmen (200 °C ... 300 °C) wird dieser Alterungsvorgang jedoch stark beschleunigt und kann durch die erhöhte Diffusionsgeschwindigkeit der Stickstoffatome dann bereits nach wenigen Minuten eintreten **(künstliche Alterung)**. Kaltverformte Bleche und Profile aus stickstoffhaltigem Stahl verspröden durch eine Wärmeeinwirkung (z. B. Schweißen) an den verformten Stellen, abhängig vom Stickstoffgehalt des Stahles, mehr oder weniger stark (Bild 2). Durch Schrumpfspannungen kann an diesen Stellen bereits beim Abkühlen ein plötzlicher Sprödbruch eintreten.

ⓘ Information

Alterung

Unter Alterung versteht man eine sehr langsame Verschlechterung der Eigenschaften, insbesondere der Zähigkeit des Stahles im Laufe der Zeit. Stickstoff bewirkt in besonderem Maße eine Alterung des Stahles. Man unterscheidet dabei die **Abschreckalterung** und die wesentlich gefährlichere **Reckalterung**.

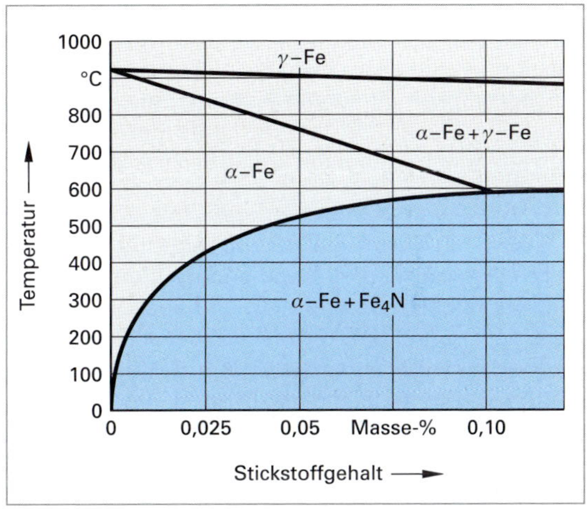

Bild 1: Löslichkeit von α-Eisen für Stickstoff

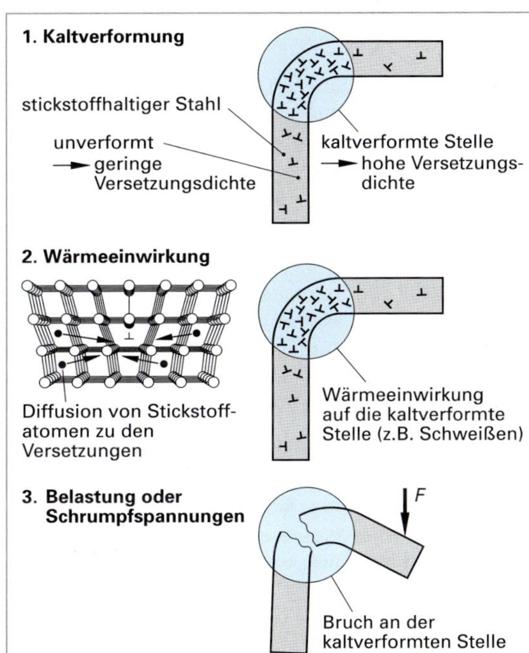

Bild 2: Mechanismus der Reckalterung

Auch eine Umformung stickstoffhaltiger Stähle im Temperaturbereich zwischen 200 °C und 300 °C kann zu einem Bruch führen. Wegen der blauen Anlassfarbe der Bruchfläche in diesem Temperaturbereich spricht man vom **Blaubruch** bzw. von der **Blausprödigkeit**.

Bei höheren Glühtemperaturen, die zu einer Rekristallisation des Gefüges führen, sinkt infolge Kornneubildung die Anzahl der Versetzungen auf den Wert des unverformten Gefüges und der Stickstoff wird wieder gleichmäßig verteilt. Auf diese Weise kann eine bereits eingetretene Versprödung wieder beseitigt werden bzw. es muss nicht mehr mit einer Blausprödigkeit gerechnet werden. Eine Ausscheidung von Eisennitrid tritt im Laufe der Zeit allerdings dennoch wieder auf (vgl. Abschreckalterung).

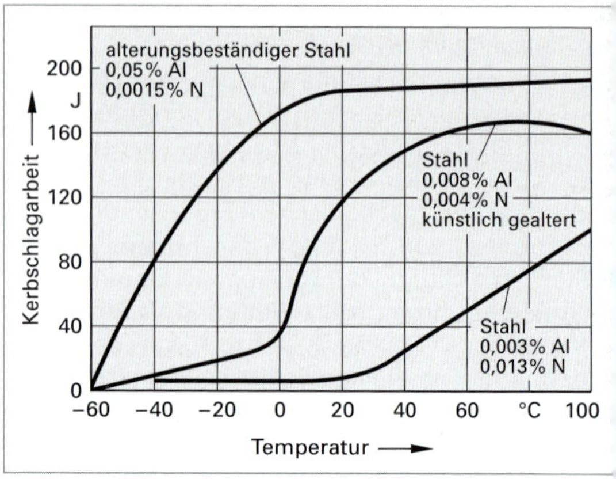

Bild 1: Kerbschlagarbeit-Temperaturkurven von Stählen mit unterschiedlichem Stickstoffgehalt

Stickstoff kann durch Legieren mit Aluminium (> 0,02 %) in Form von AlN abgebunden werden (FeN + Al ⇒ AlN + Fe). Auch andere Elemente, die zum Stickstoff eine hohe Affinität haben, wie Titan, Niob oder Vanadium, kommen dabei in Frage. Man erhält dann **alterungsbeständige Stähle** mit entsprechend hoher Zähigkeit (Bild 1). Da heute im Rahmen der Stahlherstellung nicht mehr mit Luft, sondern mit technisch reinem Sauerstoff gefrischt wird, tritt das Problem der Alterung seltener auf.

Stickstoff besitzt nicht nur nachteilige Eigenschaften. Kohlenstoffarmen, **austenitischen Cr-Ni-Stählen** wird Stickstoff zur Erhöhung der Dehngrenze bewusst zulegiert (Kapitel 6.5.10.4).

ⓘ Information

Stickstoff

Vorteilhafte Eigenschaften:

- Erhöht die Dehngrenze in kohlenstoffarmen, austenitischen Stählen

Nachteilige Eigenschaften:

- Verschlechtert die Zähigkeit
- Führt zu einer Alterung (Abschreck- und Reckalterung) und begünstigt die Blausprödigkeit

Verwendungsbeispiele:

- Austenitische Cr-Ni-Stähle

6.3.1.6 Sauerstoff (O)

Sauerstoff gelangt insbesondere bei der Stahlherstellung durch das Frischen in den Stahl und liegt dort nach der Erstarrung als kubisches FeO vor. Es wird metallographisch als Eisenoxidul, als Gefügebestandteil als **Wüstit** bezeichnet. FeO ist aus den folgenden Gründen unerwünscht:

1. FeO macht den Stahl, vergleichbar dem FeS, rotbrüchig. Zusammen mit FeS bildet sich außerdem ein niedrigschmelzendes (930 °C) Eutektikum (Bild 2), wodurch die versprödende Wirkung noch verstärkt wird.
2. FeO führt, vergleichbar dem Stickstoff oder dem Wasserstoff, bereits in geringen Mengen zu einer ausgeprägten Kaltversprödung des Stahles. Der Sauerstoffgehalt sollte deshalb auf 0,07 % begrenzt werden. Einen besonders hohen Sauerstoffgehalt weisen kohlenstoffarme Stähle auf, da in der Schmelze die Gesetzmäßigkeit C · O = konstant gilt (Bild 1, Seite 191).

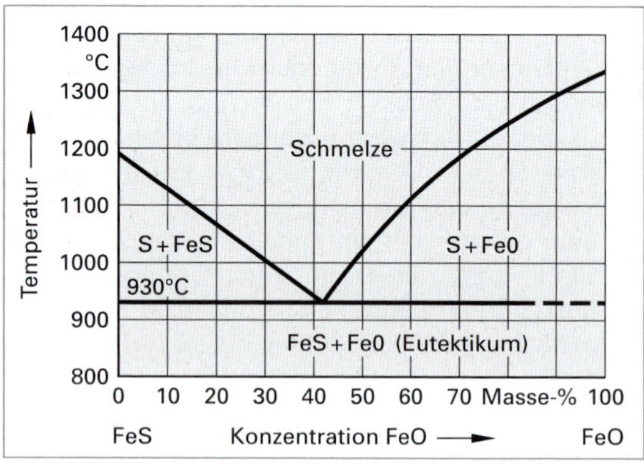

Bild 2: Zustandsdiagramm FeS-FeO

Durch einen ausreichenden Manganzusatz wird sowohl der Schwefel zu MnS als auch der Sauerstoff zu MnO abgebunden und in eine unschädliche Form überführt. Eine weitere Desoxidation kann durch Legieren mit Silicium oder Aluminium erfolgen. Die dabei entstehenden Oxide (Al_2O_3 bzw. SiO_2) werden zum größten Teil in die Schlacke überführt. Ein kleiner Teil bleibt im Stahl zurück.

Sauerstoff kann auch bei höheren Temperaturen und langen Glühzeiten längs der Korngrenzen in den Stahl eindiffundieren und zu einer erheblichen Versprödung führen. Ein derartig **verbrannter Stahl** muss verschrottet werden.

6.3.1.7 Wasserstoff (H)

Im Zuge einer weltweit stärkeren Nutzung des Wasserstoffs als umweltverträglichen Energieträger für Heizzwecke und als Treibstoff für Land- und Luftfahrzeuge, kommt der Lagerung und dem Transport von Wasserstoff sowohl im flüssigen als auch im gasförmigen Zustand eine immer größer werdende Bedeutung zu.

Das Wasserstoffatom hat den kleinsten Atomdurchmesser überhaupt. Es kann daher in atomarer Form leicht in das Metallgitter eindringen und sich dort relativ schnell durch Diffusion fortbewegen. Bild 2 zeigt die Wasserstofflöslichkeit der verschiedenen Kristallgitter des Eisens in Abhängigkeit von der Temperatur. Die Diffusionsgeschwindigkeit von Wasserstoff ist dabei bereits bei Raumtemperatur größer als diejenige von Kohlenstoff dicht unterhalb der Solidustemperatur. Wasserstoff lässt sich daher nicht direkt im Gefüge nachweisen, sondern nur anhand seiner schädigenden Wirkung.

Durch Wasserstoff werden zwar die Festigkeitseigenschaften etwas erhöht, die Zähigkeit und Verformungsfähigkeit des Stahles wird jedoch stark herabgesetzt. Bei Temperaturen unter etwa 200 °C sind für die **Wasserstoffversprödung** des Stahles hauptsächlich drei Wirkmechanismen verantwortlich:

1. Dekohäsionstheorie

Wasserstoff diffundiert in Gefügebereiche mit hoher Fehlstellendichte (z. B. Mikrorisse im Bereich von Einschlüssen) und reichert sich in den elastisch verformten Gitterbereichen vor der Rissspitze an. Durch Chemisorption wird die Trennfestigkeit zwischen den Gitteratomen vermindert und damit ein Risswachstum begünstigt. Voraussetzung für diesen Schädigungsmechanismus ist ein hinreichend defektreiches und wenig verformungsfähiges Gefüge (mehrachsiger Spannungszustand). Besonders betroffen sind demnach hochfeste oder martensitisch gehärtete Stähle. Es entstehen auf diese Weise **wasserstoffinduzierte Kaltrisse** (Kapitel 4.4.1.3)

Eine Schädigung stellt sich jedoch nur ein, falls eine kritische Kombination von Wasserstoffgehalt und Beanspruchung vorliegt. Dementsprechend wird eine Schädigung weder bei ho-

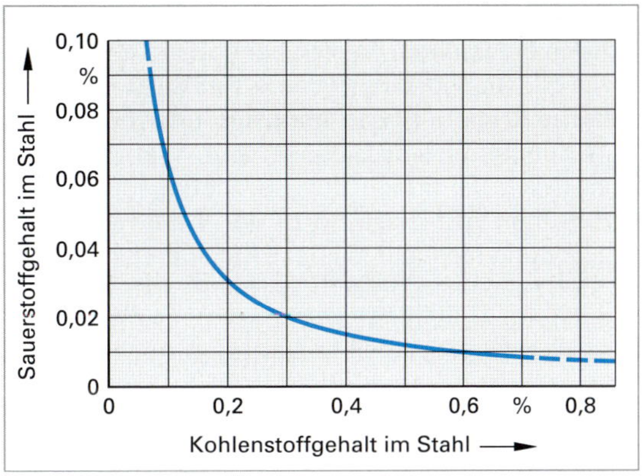

Bild 1: Abhängigkeit zwischen Sauerstoff- und Kohlenstoffgehalt in einer Stahlschmelze

Information

Sauerstoff

Sauerstoff ist in Stählen stets unerwünscht, da er zu einer ausgeprägten Versprödung des Stahles führt.

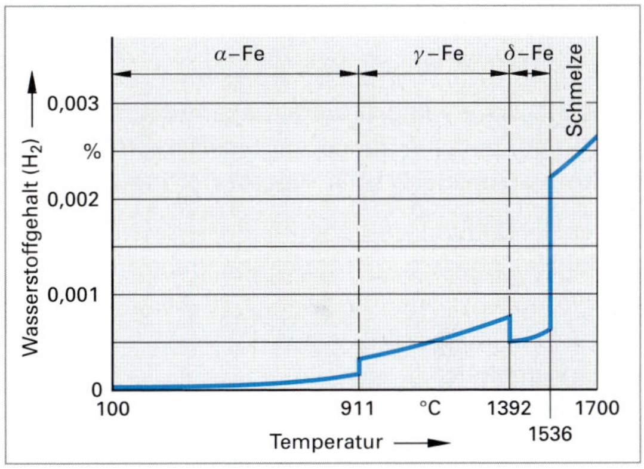

Bild 2: Wasserstofflöslichkeit von Eisen (bei 1 bar)

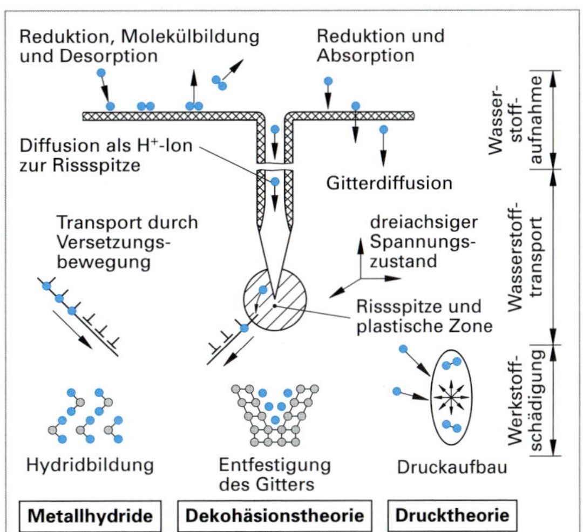

Bild 3: Mechanismen der Wasserstoffversprödung

hen (> 50 °C) noch bei tiefen (< −30 °C) Temperaturen beobachtet, da sich bei hohen Temperaturen diffusionsbedingt keine kritische Wasserstoffkonzentration einstellen kann und bei tiefen Temperaturen eine Diffusion kaum mehr möglich ist. Auch bei hohen Beanspruchungsgeschwindigkeiten tritt diese Form der Wasserstoffversprödung nicht auf, da der Bruch bereits einsetzt noch bevor eine kritische Wasserstoffkonzentration erreicht wird. Dementsprechend lässt sich eine Wasserstoffversprödung im Kerbschlagbiegeversuch nicht nachweisen. Geeignet sind Zugversuche mit gekerbten Proben bei sehr langsamer Belastungsgeschwindigkeit.

> **ⓘ Information**
>
> **Wasserstoff**
>
> Wasserstoff ist in Stählen stets unerwünscht, da er, analog zum Sauerstoff, zu einer ausgeprägten Versprödung des Stahles führt (wasserstoffinduzierte Kaltrisse). Wasserstoff ist auch für die Beizsprödigkeit und die Entstehung von Flockenrissen verantwortlich.

Durch Vakuumentgasen oder Glühen **(Effusionsglühen)** bei 200 °C ... 300 °C diffundiert der Wasserstoff wieder aus dem Gefüge heraus, bevor er im Bereich von Gitterdefekten eine kritische Konzentration erreichen kann. Mit einer Versprödung muss dann nicht mehr gerechnet werden.

2. **Drucktheorie**

   Wasserstoff rekombiniert im Bereich von Einschlüssen und Poren (Entstehung von Wasserstoffgas aus zwei Wasserstoffatomen). Dadurch können Gasdrücke von mehreren 1000 bar entstehen, die zu einer Trennung der Metallbindung führen können.

3. **Bildung von Metallhydriden**

   Wasserstoff bildet im Stahl mit bestimmten Legierungselementen (z. B. Titan, Zirkonium und Tantal) spröde **Hydridphasen** (Hydrid = Wasserstoff-Metallverbindung), die bei mechanischer Belastung leicht getrennt werden können.

Die genannten Versprödungsmechnismen können insbesondere bei zusätzlicher Anwesenheit von Zugspannungen zu einer ausgeprägten Werkstoffschädigung (Rissbildung) führen. Man spricht dann von **Wasserstoffversprödung** oder **wasserstoffinduzierter Spannungsrisskorrosion**.

Neben der Bildung wasserstoffinduzierter Kaltrisse kann die Anwesenheit von Wasserstoff weiterhin zur Beizsprödigkeit sowie zur Flockenrissbildung führen. Beide Schädigungen lassen sich mit der Drucktheorie erklären.

Beizsprödigkeit

Stahlblech wird häufig mit verdünnter Salz- oder Schwefelsäure gebeizt, um eine Zunderschicht zu entfernen. Nach Entfernen der Zunderschicht kann die verbliebene Säure mit dem Eisen reagieren (z. B. $Fe + H_2SO_4 \rightarrow FeSO_4 + 2\,H$). Dabei entsteht atomarer Wasserstoff, der größtenteils als H_2-Gas entweicht, zum Teil aber auch in das Kristallgitter diffundiert. Dabei kann der Stahl einerseits verspröden, andererseits kann der eingedrungene Wasserstoff an Fehlstellen, Hohlräumen oder Einschlüssen in der Nähe der Oberfläche rekombinieren und hohe Drücke erzeugen. Dies kann in zähen Stählen zu Aufwölbungen, den so genannten **Beizblasen** führen. Beizblasen lassen sich nachträglich nicht mehr entfernen. Um ihre Entstehung zu verhindern, werden der Säure Inhibitoren zugesetzt, die eine Reaktion der Säure mit dem Eisen unter Bildung von Wasserstoff verhindern. Auch die Verwendung schwefelarmer Stähle verringert die Gefahr der Beizblasenbildung, da schwefelhaltige Verbindungen als Katalysatoren wirken und die Entstehung von Wasserstoff beim Beizen fördern.

Flockenrisse

Bestimmte Legierungselemente, wie Mangan oder Nickel, fördern die Wasserstoffaufnahme bei höheren Temperaturen. Werden Schmiedestücke insbesondere aus Cr-Ni- oder Cr-Mn-Stählen nach der Warmumformung (Schmieden) im Temperaturbereich zwischen 200 °C und 300 °C zu schnell abgekühlt, dann kann der aufgenommene Wasserstoff nicht entweichen und bleibt zunächst übersättigt in Lösung. Im Werkstoffinnern kann er sich dann anreichern, infolge lokaler Druckerhöhung die Trennfestigkeit des Werkstoffs überschreiten und Risse bilden. In aufgebrochenen Werkstücken sind diese Risse als helle, mattglänzende, kreisrunde oder elliptische Stellen zu erkennen und werden als **Flockenrisse** oder **„Fischaugen"** bezeichnet. Begünstigt wird die Flockenrissbildung durch Spannungen (Abkühl-, Umwandlungs- oder Verformungsspannungen) sowie durch Seigerungen und Schlacken.

Bei Temperaturen oberhalb 200 °C und hohen Wasserstoffdrücken tritt eine völlig andere Schädigungsform auf. Unter diesen Bedingungen werden die im Stahl vorhandenen Carbide (z. B. Zementit) in Methan und Ferrit zersetzt (Entkohlung) und der Kornzusammenhalt im Gefüge vermindert. Da das Methan nicht aus dem Stahl herausdiffundiert, können hohe Drücke entstehen, die eine Rissbildung zusätzlich begünstigen (Kapitel 6.5.12).

6.3.1.8 Zusammenfassung der Wirkungsweisen von Begleitelementen in Stählen

Tabelle 1: Wirkungsweise von Kohlenstoff und Begleitelementen in Stählen

Eigenschaften	C	Mn	Si	P	S	N	O	H
Streckgrenze	↑↑	↑↑	↑↑	↑	↓	↑	0	0
Zugfestigkeit	↑↑	↑↑	↑↑	↑	↓	↑↑	0	0
Bruchdehnung	↓	0	0	↓↓	↓↓	↓↓	↓	↓↓
Härte	↑	↑	↑	↑	0	0	0	0
Verschleißbeständigkeit	↑	↑	↑↑	↑	0	0	0	0
Kerbschlagarbeit	↓	↓	↓↓	↓↓	↓↓	↓↓	↓↓	0
Schweißbarkeit	↓↓	↑	↓	↓↓	↓↓	↓	↓	↓↓
Rostbeständigkeit	0	0	↑	↑	0	0	0	0
Seigerungsneigung	↑	0	0	↓↓	↓↓	0	0	0
Zerspanbarkeit	↓	↓	↓	↑	↑↑	0	0	0
Sonstige	—	—	• Schwarzbruch • Randentkohlung • Grobkornbildung	• Sekundärzeilengefüge • Blockseigerungen	• Rotbruch • Heißbruch • Sekundärzeilengefüge • Blockseigerungen	• Abschreckalterung • Reckalterung • Blausprödigkeit	• Rotbruch	• Beizsprödigkeit • Flockenrisse

↑↑ Eigenschaft wird stark verbessert
↑ Eigenschaft wird etwas verbessert
0 Eigenschaft wird nicht verändert
↓ Eigenschaft wird etwas verschlechtert
↓↓ Eigenschaft wird stark verschlechtert

6.3.1.9 Nichtmetallische Einschlüsse

Stähle enthalten stets eine mehr oder weniger große Menge an Einschlüssen. Man spricht von **nichtmetallischen Einschlüssen** oder **Schlacken**, falls diese Phasen einen nichtmetallischen Charakter besitzen und von **metallischen Einschlüssen**, falls es sich um metallische Fremdphasen handelt. Weiterhin unterscheidet man exogene und endogene Einschlüsse.

Exogene Einschlüsse werden von außen in die Schmelze eingetragen, etwa durch abgeriebene Teilchen der feuerfesten Ofen- oder Pfannenausmauerung, aus Ofenschlacken die während der Stahlerzeugung das Schmelzbad abdecken und unerwünschte Bestandteile des Stahles aufnehmen sollen. Sie treten jedoch relativ selten auf.

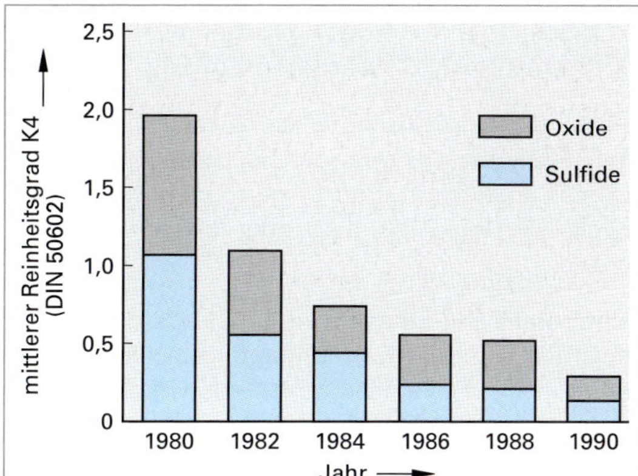

Bild 1: Entwicklung des Reinheitsgrades am Beispiel von Wälzlagerstahl (K = Verfahren K; 4 = Zählung von Einschlüssen ab Größenkennziffer 4 nach DIN 50602)

Endogene Einschlüsse entstehen durch metallurgische Reaktionen beim Schmelzen oder Vergießen des Stahles in der Schmelze selbst. Typische Beispiele sind die Desoxidation des Stahles mit Silicium, Mangan und Aluminium oder das Entschwefeln des Stahles mit Calcium. Die dabei entstehenden Reaktionsprodukte werden in der Regel nicht vollständig von der Badschlacke abgebunden.

Endogene nichtmetallische Einschlüsse besitzen einen erheblichen Einfluss auf die Eigenschaften des Stahles. Durch gezielte metallurgische Maßnahmen, die hier nicht besprochen werden sollen, ist es jedoch in den letzten Jahren gelungen, die Reinheitsgrade der Stähle deutlich zu erhöhen (Bild 1, Seite 193).

Die Prüfung auf nichtmetallische Einschlüsse erfolgt an mindestens sechs Proben einer Schmelze am Metallmikroskop bei 100facher Vergrößerung und einem anschließenden Vergleich mit Bildreihen nach DIN 50 602.

Art, Zusammensetzung und Verteilung der nichtmetallischen Einschlüsse sind u. a. abhängig von:

- Stahlzusammensetzung
- Erschmelzungsverfahren
- Desoxidation
- Gießtechnik
- Formgebung

Die Zusammensetzung der oxidischen, sulfidischen oder silicatischen nichtmetallischen Einschlüsse ist meist sehr komplex. Reine chemische Verbindungen wie MnS, MnO, Al_2O_3, SiO_2, usw. gibt es streng genommen nicht, obwohl diese Bezeichnungen der Einfachheit halber häufig verwendet werden (auch im Rahmen dieses Buches). Zumeist handelt es sich um:

- Mischkristalle (z. B. FeO-MnO)
- Eutektika (z. B. FeS + FeO; FeS + MnS)
- Komplexe Verbindungen der Kieselsäure SiO_2 (Silicate), der Tonerde Al_2O_3 (Spinelle) oder des Chromoxids Cr_2O_3 (Chromite).

Weiche nichtmetallische Einschlüsse, wie Sulfide (MnS, FeS) oder MnO, werden bei einer Umformung zu Zeilen ausgewalzt (Bild 1), während harte, spröde Einschlüsse, wie Al_2O_3, FeO oder TiN, zertrümmert werden.

Nichtmetallische Einschlüsse können sich je nach Art, Größe, Form und Verteilung unterschiedlich auf die Eigenschaften eines Stahles auswirken:

- Nichtmetallische Einschlüsse unterbrechen den metallischen Zusammenhang der Grundmasse und führen in der Regel zu einer Verschlechterung der Festigkeit und Zähigkeit.
- Harte und spröde Einschlüsse wie das Al_2O_3 können in größeren Mengen einen erheblichen Werkzeugverschleiß bei der spanenden Bearbeitung verursachen.

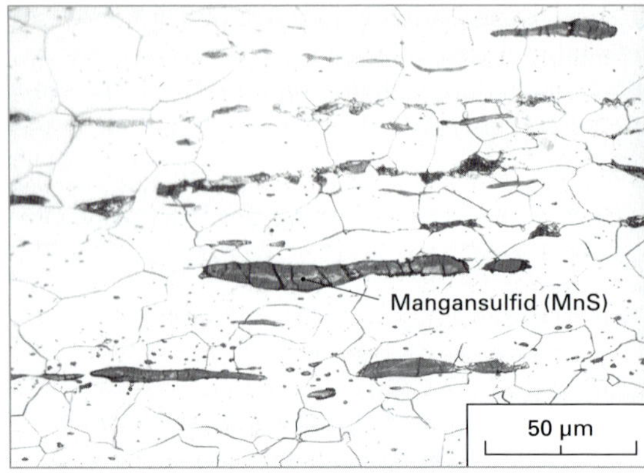

Bild 1: In Walzrichtung gestreckte Mangansulfide in einem Automatenstahl (9SMn28)

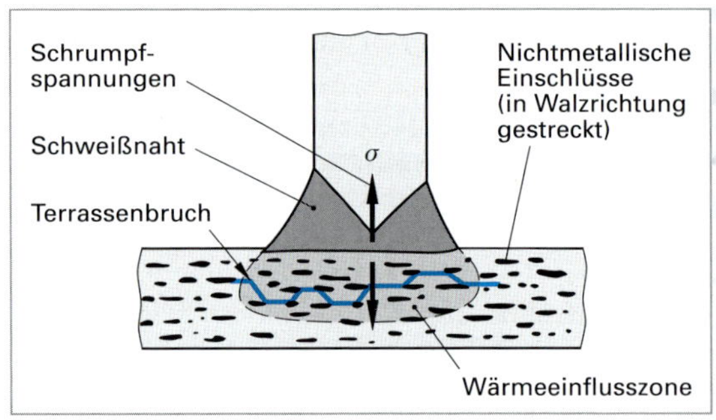

Bild 2: Entstehung eines Terrassenbruches

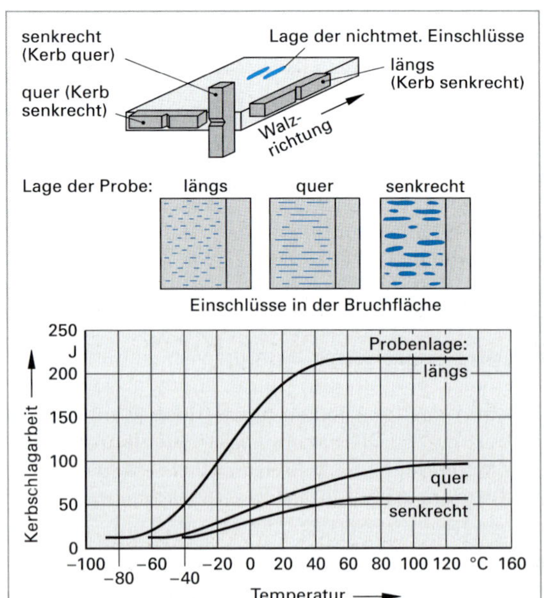

Bild 3: Kerbschlagarbeit-Temperatur-Kurven in Abhängigkeit der Probenlage am Beispiel S355J0 mit 0,15 % S

- Nichtmetallische Einschlüsse verschlechtern die Polierbarkeit eines Stahles, die beispielsweise für die Herstellung bestimmter Formwerkzeuge von Bedeutung ist.
- Nichtmetallische Einschlüsse können beim Schweißen zur Ausbildung von **Terrassenbrüchen** führen (Bild 2, Seite 194). Aufgrund einer verminderten Zähigkeit in Dickenrichtung können Schrumpfspannungen zur Ausbildung längerer, parallel zur Oberfläche verlaufender Risse beitragen, die von kurzen, nahezu senkrecht zu diesen verlaufenden Risssprüngen terrassenartig unterbrochen werden (siehe auch Kapitel 4.4.1.3).
- Zeilenförmig gestreckte Einschlüsse (z.B. MnS) führen zu einer mitunter starken Anisotropie der Werkstoffeigenschaften. Die zeilige Anordnung der Einschlüsse in Walzrichtung führt zu einer deutlichen Verschlechterung der Festigkeit und Zähigkeit quer zur Walzrichtung (Bild 3, Seite 194). Mitunter können zeilenförmig gestreckte Einschlüsse in Walzrichtung jedoch auch zu einer Erhöhung der Zähigkeit führen, da ein bereits entstandener Riss durch die Einschlüsse abgelenkt wird und an anderer Stelle neu entstehen muss. Die dafür erforderliche Energie wird der Schlagenergie entnommen (Bild 1).

Sofern eine ausgeprägte Anisotropie unerwünscht ist (z.B. Druckbehälter oder Druckleitungen), kann eine Angleichung der Werkstoffeigenschaften durch Legieren mit schwefelaffinen Metallen (Me), wie Zirkonium, Titan oder Selten Erdmetalle (z.B. Cer), die das Mangan teilweise oder vollständig ersetzen können, erzielt werden. Dadurch entstehen anstelle des MnS nahezu unverformbare Misch- oder Sondersulfide wie z.B. (Mn,Me)S und damit ein globulisiertes Einschlussbild (Bild 2).

Während Metalle wie Titan oder Zirkonium erst nach Überschreiten eines bestimmten Grenzgehaltes die Warmverformbarkeit der Sulfide vermindern, führen die Selten Erdmetalle bereits bei geringsten Zusätzen zu einer deutlichen Hemmung der Sulfidverformbarkeit (Bild 2a).

Auch die Anwesenheit von Sauerstoff, etwa bei unberuhigten Stählen, kann zur Ausbildung von Mischsulfiden wie z.B. (Mn,Fe)(S,O) mit geringerer Verformungsfähigkeit führen (Bild 2b).

Eine weitere Möglichkeit zur Verbesserung der Zähigkeit in Querrichtung ist eine konsequente Verringerung des Schwefelgehaltes (Bild 3). Bei entsprechendem Aufwand sind heute, wie bereits erwähnt, Schwefelgehalte von minimal 0,001% erreichbar.

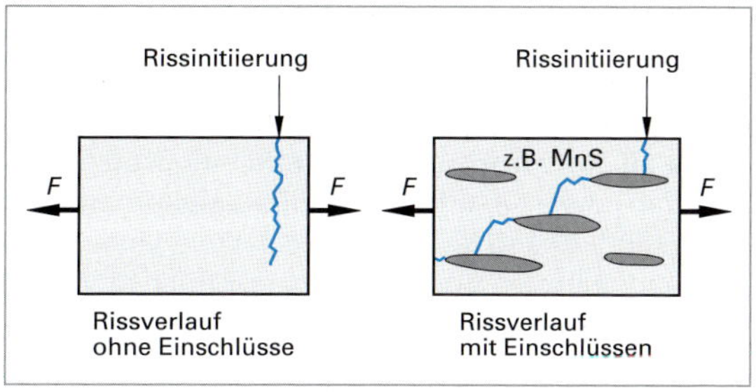

Bild 1: Rissverlauf in Abwesenheit und bei Anwesenheit zeilenförmig gestreckter Einschlüsse

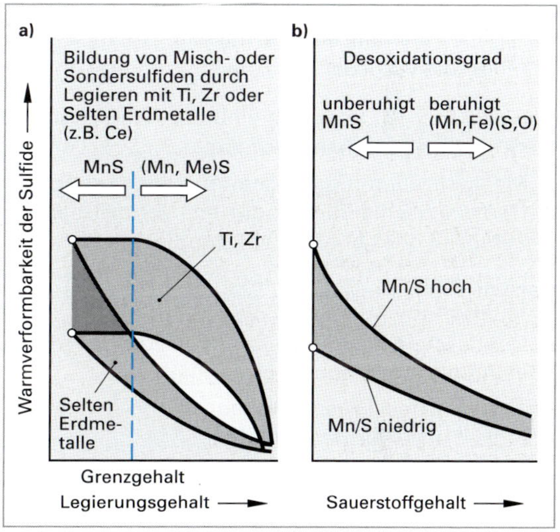

Bild 2: Beeinflussung der Verformbarkeit nichtmetallischer Sulfideinschlüsse

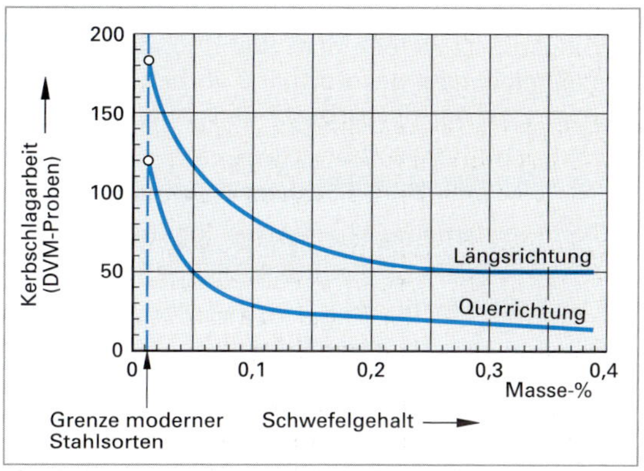

Bild 3: Zähigkeit in Längs- und Querrichtung in Abhängigkeit des Schwefelgehaltes

6.3.2 Legierungselemente

Am häufigsten werden unlegierte und darum preiswerte Massenstähle erzeugt, die aufgrund ihrer mechanischen und chemischen Eigenschaften unter normalen Betriebsbedingungen und unter normalem Klima als Konstruktionswerkstoffe eingesetzt werden können. Unlegierter Stahl besteht, abgesehen von Mangan sowie einer Reihe von Begleitelementen (z.B. S, P), im Wesentlichen aus den beiden Komponenten Eisen (Fe) und Kohlenstoff (C). Unlegierte Stähle haben jedoch Anwendungsgrenzen. Sie können unter den folgenden Bedingungen nur noch eingeschränkt oder überhaupt nicht mehr eingesetzt werden:

- Hohe Beanspruchungen (z.B. hochbeanspruchte Stahlkonstruktionen wie Brücken und Kräne, Druckbehälter)
- Tiefe Temperaturen in Verbindung mit der Forderung nach ausreichender Zähigkeit (z.B. Tanks für die Lagerung und den Transport von Flüssiggasen)
- Hohe Temperaturen (z.B. Druckbehälter und druckführende Rohrleitungen von Kraftwerksanlagen)
- Korrosive Umgebung (z.B. Chemieanlagen, Bauteile von Schiffen und Off-Shore-Strukturen, Geräte und Implantate in der Medizintechnik, Anlagen für die Verarbeitung und Lagerung von Lebensmitteln)

In den genannten Fällen müssen geeignete Legierungselemente in den entsprechenden Konzentrationen zugegeben werden, um ggf. mit einer auf die Legierungselemente abgestimmten Wärmebehandlung, den Stahl für die vorgesehene Anwendung brauchbar zu machen.

Von praktischem Interesse sind die Auswirkungen der Legierungselemente auf die:

- Mechanischen Eigenschaften, wie Festigkeit, Härte, Verschleißbeständigkeit, Verformbarkeit, Zähigkeit oder Alterungsbeständigkeit
- Elektrischen Eigenschaften, wie elektrische Leitfähigkeit oder magnetische Eigenschaften
- Chemischen Eigenschaften, wie Korrosionsbeständigkeit und Zunderbeständigkeit
- Thermischen Eigenschaften, wie Wärmeleitfähigkeit und Wärmedehnung
- Verarbeitungseigenschaften, wie Schweißeignung, Härtbarkeit, Zerspanbarkeit sowie Kalt- und Warmumformbarkeit

> ⓘ **Information**
>
> **Legierungselemente**
>
> Legierungselemente sind erwünscht und werden dem Stahl bewusst zugegeben, um bestimmmte Eigenschaften gezielt zu verbessern (Erhöhung von Festigkeit, Härte, Verformbarkeit, Verbesserung der Anlassbeständigkeit usw.), neue Eigenschaften hervorzurufen (Korrosionsbeständigkeit, Kaltzähigkeit usw.) oder ungünstige Eigenschaften auszugleichen (Neigung zur Alterung, Kalt- und Heißrissbidung usw.). Durch Zugabe von Legierungselementen kann der Stahl damit optimal an den späteren Einsatzzweck angepasst werden. Bei keinem anderen Werkstoff lassen sich die Eigenschaften durch Legieren in einem so großen Umfang verändern wie bei Stahl.

Mitunter werden die legierten Stähle aus praktischen Gründen in niedriglegierte und hochlegierte Stähle eingeteilt. Von einem **niedriglegierten Stahl** spricht man, sofern keines seiner Legierungselemente einen Gehalt von 5 % überschreitet. Niedriglegierte Stähle haben häufig vergleichbare Eigenschaften wie unlegierte Stähle mit gleichem Kohlenstoffgehalt. Von einem **hochlegierten Stahl** spricht man, sofern mindestens eines seiner Legierungselemente einen Massenanteil von 5 % oder mehr aufweist. Durch den Legierungszusatz werden dem Stahl Sondereigenschaften verliehen, die bei den un- oder niedriglegierten Stählen nicht oder unzureichend vorhanden sind. Ein typisches Beispiel ist eine deutlich verbesserte Witterungs- und Korrosionsbeständigkeit bei Chromgehalten über 12 % (Kapitel 6.5.10).

6.3.2.1 Allgemeine Wirkungsweisen von Legierungselementen in Stählen

Legierungselemente können die Eigenschaften eines Stahles auf verschiedene Weisen beeinflussen. Zu den wichtigsten Wirkungsweisen gehören:

- Mischkristallbildung
- Bildung intermetallischer Phasen
- Bildung nichtmetallischer Einschlüsse
- Beeinflussung der Austenitumwandlung
- Verschiebung der Phasengrenzen im Eisen-Kohlenstoff-Diagramm
- Kornfeinung

a) Mischkristallbildung

Die Löslichkeit der Legierungselemente im Kristallgitter des Eisens ist sehr unterschiedlich und vom Verhältnis der Atomdurchmesser sowie vom Kristallgitter der beteiligten Atomsorten abhängig. Die Legierungselemente können daher in unterschiedlicher Form im Eisen bzw. Stahl vorliegen.

In elementarer Form (also nicht im Kristallgitter des Eisens gelöst) kommen in technischen Eisenlegierungen nur Blei und Kupfer vor. Blei bildet in Stählen eine eigenständige, niedrigschmelzende Phase (327 °C), die bei der Zerspanungstemperatur bereits flüssig wird. Das Blei übt eine Schmierwirkung aus und vermindert die Reibung zwischen Werkzeug und Werkstoff. Blei spielt in Automatenstählen (Kapitel 6.5.13) neben oder anstelle des Schwefels die bedeutendste Rolle.

Eine große Anzahl von Legierungselementen können sich im kubisch-raumzentrierten oder kubisch-flächenzentrierten Gitter des Eisens in mehr oder weniger großem Umfang lösen und **Mischkristalle** bilden (Kapitel 3.3.1). Diese Mischkristallbildung ist eine Ursache für die vielfältigen und unterschiedlichsten Eigenschaften der technischen Eisenlegierungen. Haben die Fremdatome einen gegenüber den Eisenatomen kleinen Atomdurchmesser, so können sie unter Bildung eines Einlagerungsmischkristalls auf Zwischengitterplätzen eingelagert werden (z. B. C, B). Haben die Fremdatome hingegen einen dem Eisenatom vergleichbaren Durchmesser und kristallisieren sie darüber hinaus in derselben Gitterstruktur wie das Wirtsgitter, so werden sie anstelle eines Eisenatoms auf regulären Gitterplätzen eingebaut (z. B. Mn, Cr, Ni, Mo, Si). Es entsteht dabei ein Substitutions- oder Austauschmischkristall (Kapitel 3.3.1).

Die eingelagerten Fremdatome verursachen eine Gitterverspannung und führen zu einer Behinderung der Versetzungsbewegung, die sich makroskopisch in einer Erhöhung der Festigkeit sowie der Härte bemerkbar macht (Bild 1). Man spricht daher auch von Mischkristallverfestigung (Kapitel 2.9.2). Während Legierungselemente, die zur Bildung von Substitutionsmischkristallen führen, die Festigkeitseigenschaften bei üblichem Legierungsgehalt (1 % ... 2 %) in der Regel nur unwesentlich erhöhen, führen Legierungselemente, die sich auf Zwischengitterplätzen in das Kristallgitter des Eisens einlagern (z. B. C, B) zu einer deutlichen Festigkeitssteigerung.

Durch die Mischkristallbildung erhöht sich zwar die Härte und die Festigkeit der Legierung, die plastische Verformbarkeit und die Zähigkeit der Legierung verschlechtert sich jedoch.

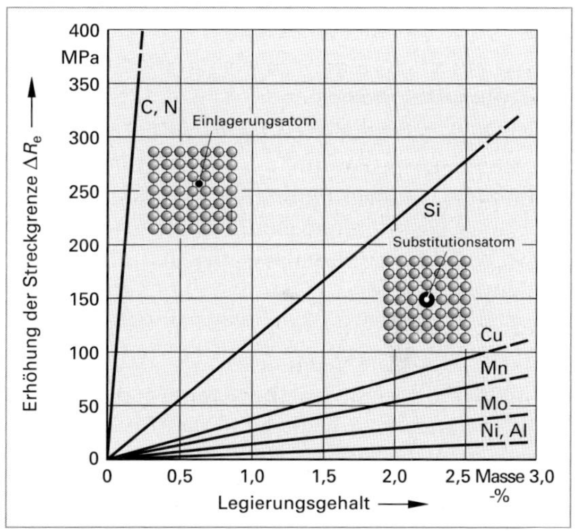

Bild 1: Festigkeitssteigerung des α-Eisens durch ausgewählte Fremdelemente

b) Bildung intermetallischer Phasen

Wird in Legierungssystemen mit beschränkter Löslichkeit über die Löslichkeitsgrenze hinaus legiert oder findet eine Entmischung infolge Abkühlung unter die Löslichkeitsgrenze statt, dann treten **intermetallische Phasen** auf, die sich zwischen oder in den (Wirts-)Mischkristallen ausscheiden können (siehe auch Kapitel 3.4.1). Intermetallische Phasen (mitunter auch als **Metallide** oder **intermediäre Phasen** bezeichnet) kristallisieren nicht mehr im Gittertyp einer der Komponenten, sondern sie besitzen ein eigenes für die jeweilige Verbindung charakteristisches Kristallgitter. Vorherrschender Bindungstyp ist die Metallbindung, jedoch mit Anteilen einer kovalenten Bindung oder einer Ionenbindung.

Die Bezeichnung intermetallische Phase wurde bislang nur verwendet, falls ausschließlich Metalle an der Verbindungsbildung teilnehmen (klassische intermetallische Phasen, s. u.). Verbindungen zwischen Metallen und Nichtmetallen werden zwischenzeitlich jedoch auch zu den intermetallischen Phasen gerechnet. Die Zusammensetzung der intermetallischen Phasen wird durch Formeln angegeben, wie sie für chemische Verbindungen bekannt sind (z. B. Fe_2W, Al_2Cu usw). Entgegen den Vorstellungen der Chemie für chemische Verbindungen, sind die intermetallischen Phasen jedoch nicht stöchiometrisch zusammengesetzt, sondern die Anteile der einzelnen Komponenten variieren innerhalb eines bestimmten Homogenitätsbereiches. Die Formel hat also nur den Charakter eines Mittelwertes. Mitunter wird auch die Bezeichnung **intermetallische Verbindung** anstelle intermetallische Phase verwendet. Sie ist jedoch irreführend, da sie analog den chemischen Verbindungen eine streng stöchiometrische und wertigkeitsgerechte Zusammensetzung assoziiert.

Die Kristallstrukturen der intermetallischen Phasen ergeben sich aus der Größe und aus der Bindung der beteiligten Atome. Aufgrund der vielfältigen Bindungsmöglichkeiten und Atomgrößen wurden alleine von den aus zwei Atomen bestehenden intermetallischen Phasen bisher 5000 Verbindungen identifiziert.

ⓘ Information

Intermetallische Phasen

Intermetallische Phasen lassen aufgrund ihres zumeist komplizierten Gitteraufbaus Versetzungsbewegungen nicht zu und sind daher meist sehr hart und spröde. Sie übertragen diese Eigenschaft bereits in sehr geringen Gehalten (weniger als 0,1 %) auf die gesamte Legierung. In Werkstoffen, die plastisch verformt werden sollen, darf ihr Anteil daher nicht zu groß sein. Intermetallische Phasen bewirken bei feindisperser Verteilung in den weicheren Mischkristallphasen eine Erhöhung der Festigkeit sowie der Verschleißbeständigkeit (z. B. Ausscheidungs- bzw. Sekundärhärtung, Kapitel 6.4.5.2).

Die intermetallischen Phasen werden in unterschiedliche Gruppen eingeteilt, zu den wichtigsten gehören:

- Einlagerungsphasen
- Klassische intermetallische Phasen (z. B. Laves-Phasen, Hume-Rothery-Phasen, s.u.)

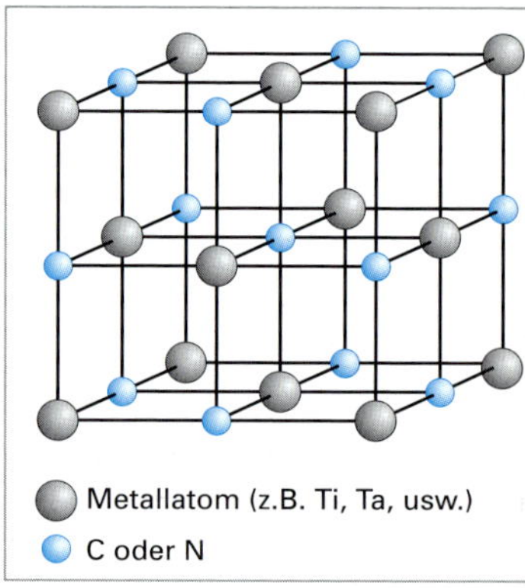

Bild 1: Einlagerungsphase vom Typ NaCl (z. B. TiC, TaC, TiN)

Einlagerungsphasen

Die Übergangsmetalle, wie Fe, Cr, Mo, V, Nb, Ta, W, Ti, Zr und Hf, bilden mit Nichtmetallatomen, wie C, N oder B **Einlagerungsphasen,** die als **Carbide, Nitride, Carbonitride** oder **Boride** bezeichnet werden. Für die Stähle besitzen insbesondere die Carbide eine außerordentlich große Bedeutung. Verglichen mit den überwiegend ionischen Verbindungen (z. B. Mg_2C) oder den überwigend kovalenten Verbindungen (z. B. SiC) besitzen die Einlagerungsphasen noch metallähnliche Eigenschaften wie metallischer Glanz oder elektrische Leitfähigkeit.

Bei Metallatomen mit großem Atomdurchmesser d_M, wie Mo, Ti, Nb, W, d.h. falls $\boldsymbol{d_X/d_M < 0{,}59}$, stehen große Lücken im Kristallgitter des Metalls zur Verfügung, so dass die kleinen Nichtmetallatome (Atomdurchmesser d_X) dort eingelagert werden können. Im Unterschied zu den Einlagerungsmischkristallen entspricht das Matrixgitter dabei oft nicht dem Gitter der reinen Komponente. Es entstehen vielmehr relativ einfache Kristallstrukturen der Zusammensetzung MeX, Me_2X oder Me_4X (Me = Metallatom, X = Nichtmetallatom) mit kubisch-flächenzentriertem oder hexagonalem Kristallgitter. Die beschriebenen Verbindungen sind chemisch, thermisch und mechanisch sehr stabil, sie haben hohe Schmelzpunkte und eine teilweise gute Korrosionsbeständigkeit. Sie haben als Beschichtungswerkstoffe für Werkzeugstähle (z. B. TiC oder TiN, Bild 1) oder als Hartstoffphase in Hartmetallen und Cermets (z. B. WC, TiC, TaC, TiN) eine große technische Bedeutung. Auch das Eisennitrid Fe_4N (Bild 2), das beim Nitrieren von Stählen eine bedeutende Rolle spielt (Kapitel 6.4.6.3), gehört zu dieser Gruppe von Einlagerungsphasen.

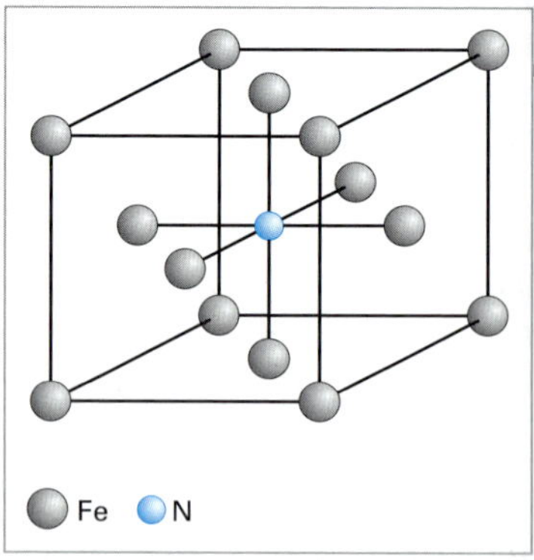

Bild 2: Elementarzelle des Fe_4N

Bei Metallen mit kleinerem Atomdurchmesser, d. h. falls $\boldsymbol{d_X/d_M < 0{,}59}$ ist, stehen bedeutend kleinere Einlagerungslücken zur Verfügung. Fremdatome können über die Mischkristalllöslichkeit hinaus nicht aufgenommen werden. Es entstehen Verbindungen mit komplexem Kristallgitter, die jedoch eine geringere chemische und thermische Stabilität besitzen. Hierzu gehören beispielsweise die Carbide des Fe, Cr, Cu, Mn und Ni.

Die Neigung der Legierungselemente zur Bildung von **Carbiden** ist sehr unterschiedlich. Sie nimmt in folgender Reihenfolge zu:

Fe – Mn – Cr – Mo – W – Ta – V – Nb – Ti – Zr
→ Zunehmende Neigung zur Carbidbildung

Mit der Neigung eines Legierungselementes zur Carbidbildung nimmt auch die thermodynamische und chemische Stabilität sowie die Härte der gebildeten Carbide zu:

Fe_3C – $Cr_{23}C_6$ bzw. Cr_7C_3 – Mo_2C bzw. MoC – W_2C bzw. WC – VC – NbC – TaC – TiC – ZrC
→ Zunehmende thermodynamische und chemische Stabilität, zunehmende Härte der Carbide

Schwächere Carbidbildner, wie Mangan und Chrom, werden in Stählen im Allgemeinen vom Zementit (Fe_3C) aufgenommen, wobei **Mischcarbide** der Form $(Fe,Cr)_3C$ bzw. $(Fe,Mn)_3C$ entstehen. Starke Carbidbildner wie Ti oder V oder höhere Konzentrationen eines schwächeren Carbidbildners, wie Mn oder Cr, bilden im Allgemeinen **Sondercarbide** (z. B. Mo_2C, TiC, VC) mit einer von Fe_3C abweichenden Kristallstruktur und Zusammensetzung. Mitunter bilden sich auch **Doppelcarbide** (z. B. Fe_3W_3C). Durch die thermodynamische und chemische Stabilität sowie die hohe Härte, insbesondere der Sonder- und Doppelcarbide, werden die Verschleiß- und Festigkeitseigenschaften der Stähle vor allem bei höheren Temperaturen deutlich verbessert.

Tabelle 1: Bedeutende Carbidtypen in Stählen

Carbidtyp[1]	Gittertyp	Beispiele
Me_3C	orthorhombisch	$(Fe,Cr)_3C$
Me_2C	hexagonal	$(Mo,W)_2C$
Me_7C_3	hexagonal	$Cr_3Fe_4C_3$ $Cr_5Fe_2C_3$ $(Cr,Fe)_7C_3$
$Me_{23}C_6$	kubisch	$Fe_{21}W_2C_6$ $Cr_{15}Fe_8C_6$ $(Mo,Fe)_{23}C_6$
Me_6C	kubisch	Fe_3W_3C Fe_2Mo_4C $(W,Fe)_6C$ $(Mo,W)_6C$
MeC	kubisch	(V,W)C (Ti,W)C (Ti,Nb,W)C (Ti,Zr)C

[1] Me = carbidbildendes Metallatom

Je nach Zusammensetzung und Bildungstemperaturen können durch vielfältige Lösungs- und Austauschmöglichkeiten komplex zusammengesetzte Carbide entstehen, die häufig nur Übergangscharakter besitzen und nach längeren Glühzeiten bei den entsprechenden hohen Temperaturen in stabilere Carbidphasen übergehen. Häufig können sie den in Tabelle 1 zusammengestellten Carbidtypen zugeordnet werden.

Die harten **Nitride** (bis etwa 1200 HV) sind ebenfalls von großer Bedeutung. Sie werden beispielsweise beim Nitrieren der Stähle zur Erzeugung einer harten und verschleißbeständigen Oberfläche technisch genutzt (Kapitel 6.4.6.3). Die Neigung zur Nitridbildung nimmt in der folgenden Reihenfolge zu:

Fe – Mo – Al – Cr – Zr – Nb – V – Ti – Zr
→ Zunehmende Neigung zur Nitridbildung

Analog zu den Carbiden nimmt dementsprechend auch die thermodynamische und chemische Stabilität sowie die Härte der gebildeten Nitride zu:

Fe_4N – Mo_4N – Ce_4N – AlN – NbN – VN – TaN – TiN – ZrN
→ Zunehmende thermodynamische und chemische Stabilität, zunehmende Härte der Nitride

Klassische intermetallische Phasen

Als **klassische intermetallische Phasen** bezeichnet man solche, an deren Gitteraufbau nur Metallatome beteiligt sind. Intermetallische Phasen spielen beispielsweise bei den **hochwarmfesten Nickellegierungen** eine bedeutende Rolle. Diese Legierungen können durch Al- oder Ti-Zusätze ausgehärtet werden (**Ausscheidungshärtung**, Kapitel 7.1.5). Die entstehenden Phasen (Ni_3Al bzw. $Ni_3(AlTi)$) sind dabei für die außergewöhnliche Bedeutung dieser Werkstoffe als hochwarmfeste Legierungen verantwortlich. Auch das Aushärten von **Aluminiumlegierungen** (Kapitel 7.1.5) beruht auf der Wirkung dieser Phasen. Bei den **aushärtbaren Cr-Ni-Stählen** mit niedrigem Ni- und C-Gehalt können durch Ausscheidung feindisperser intermetallischer Phasen deutlich höhere Dehngrenzen erzielt werden. Schließlich sind auch die besonderen mechanischen Eigenschaften der **martensitaushärtenden Chromstähle** auf intermetallische Phasen zurückzuführen (Kapitel 6.5.10.3). Intermetallische Phasen können aber auch zu einer unerwünschten Versprödung führen wie etwa die **σ-Phase** (FeCr) in Stählen mit hohem Cr-Gehalt (z. B. Cr- oder Cr-Ni-Stähle, Kapitel 6.5.10.2).

Die zahlenmäßig stärkste Gruppe der klassischen intermetallischen Phasen stellen mit einigen hundert Vertretern die **Laves-Phasen** dar. Laves-Phasen sind bei Raumtemperatur nicht plastisch verformbar, sie besitzen jedoch eine den Metallen vergleichbare hohe elektrische Leitfähigkeit. Auch die **Hume-Rothery-Phasen** gibt es häufig. Die Existenz dieser Phasen ist an ein bestimmtes Zahlenverhältnis von Valenzelektronen e zu Atomen a in der Elementarzelle geknüpft. Diese „magischen" Zahlenverhältnisse sind: $e/a = 3/2$ (= 21/14), $e/a = 21/13$ und $e/a = 7/4$ (= 21/12). Für jede dieser drei e/a-Verhältnisse ist eine bestimmte Gitterstruktur typisch. Beispiele sind das β-Messing (CuZn mit e/a = 3/2), das γ-Messing (Cu_5Zn_8 mit $e/a = 21/13$ und 52 Atomen in der kubischen Elementarzelle) sowie das ε-Messing ($CuZn_3$ mit $e/a = 7/4$). Hume-Rothery-Phasen sind nicht exakt an eine der chemischen Formel entsprechende Zusammensetzung gebunden.

c) Bildung nichtmetallischer Einschlüsse

Eine Reihe von Begleit- bzw. Legierungselementen bilden **nichtmetallische Einschlüsse**, deren Wirkungsweise bereits in Kapitel 6.3.1.9 besprochen wurde.

d) Beeinflussung der Austenitumwandlung

Eine der wichtigsten Wirkungsweisen der Legierungselemente vor allem in Zusammenhang mit einer Wärmebhandlung (z. B. Härten oder Vergüten), ist die Verringerung der Diffusionsgeschwindigkeit des Kohlenstoffs in den Kristallgittern des α- und γ-Eisens. Die Elemente nehmen daher einen direkten Einfluss auf das Umwandlungsverhalten des Stahles (Bild 1). Besonders wirksam sind dabei die Elemente:

Cr, Ni, Mo, Mn

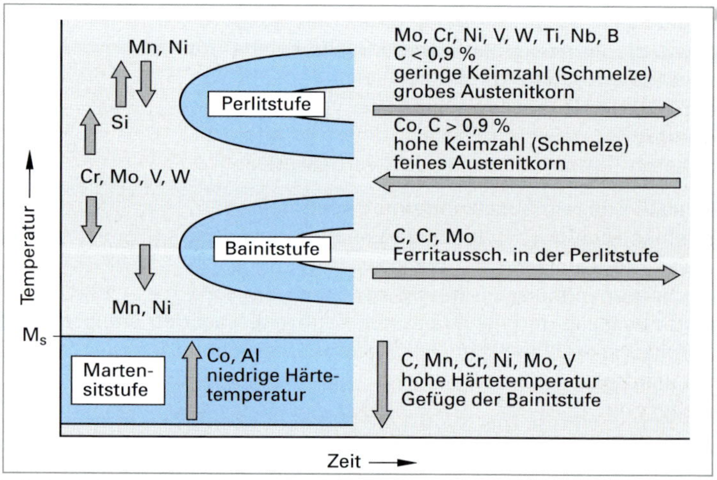

Bild 1: Einfluss ausgewählter Legierungselemente auf das Umwandlungsverhalten des Austenits (schematisch)

Durch die Anwesenheit derartiger Legierungselemente wird die kritische Abkühlgeschwindigkeit deutlich herabgesetzt. Bei entsprechend hohen Legierungsgehalten wird somit einerseits die Einhärtbarkeit des Stahls verbessert, andererseits kann bereits eine Abkühlung an ruhender Luft genügen, um die Umwandlung in Perlit oder Bainit zu unterdrücken und ein martensitisches Härtegefüge zu erzeugen. Stähle die aufgrund ihrer Legierungszusammensetzung an Luft härtbar sind (Lufthärter) neigen dabei besonders wenig zu Verzug. Auf die angedeuteten Zusammenhänge wird in Kapitel 6.4.4.13 ausführlich eingegangen.

e) Verschiebung der Phasengrenzen im Eisen-Kohlenstoff-Diagramm

Wird Stahl legiert, dann ändert sich nicht nur dessen Schmelztemperatur, sondern es verschieben sich auch die Umwandlungspunkte im Eisen-Kohlenstoff-Diagramm in für die Art und Menge des Legierungselementes typischer Weise. Grundsätzlich bewirkt die Anwesenheit von Legierungselementen eine Verschiebung der A_3 und der A_4-Temperaturen sowie der Punkte S und E im Eisen-Kohlenstoff-Diagramm (Bild 1, Seite 201). So befindet sich in den unlegierten Stählen der eutektoide Punkt bei 0,8 % C, d.h. Stähle über 0,8 % C sind übereutektoid. Unter dem Einfluss eines Chromgehaltes von beispielsweise 9 % verschiebt sich der eutektoide Punkt zu etwa 0,3 % C, so dass Stähle mit Kohlenstoffgehalten über 0,3 % bereits übereutektoid sind (Bild 1b, Seite 201). Analog kann bei entsprechendem Legierungsgehalt (z.B. Cr) bereits bei relativ niedrigen C-Gehalten Ledeburit entstehen (Bild 1, Seite 201 und Bild 1, Seite 204).

Nach der Art der Beeinflussung lassen sich zwei Gruppen von Legierungselementen unterscheiden:

- Legierungselemente, die das Austenitgebiet erweitern oder öffnen.
- Legierungselemente, die das Austenitgebiet verengen bzw. abschnüren.

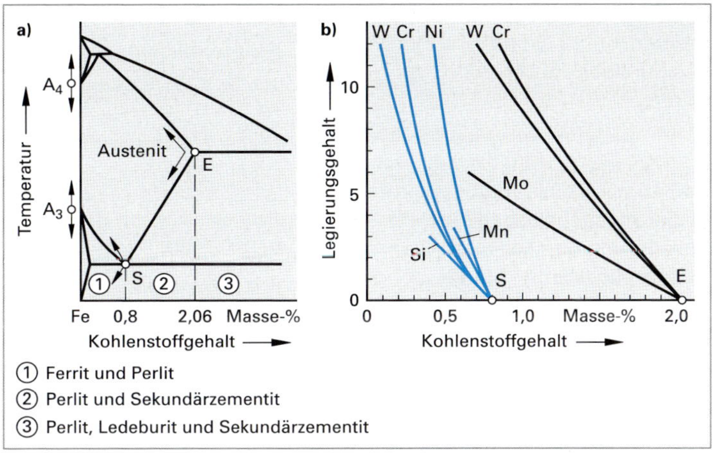

Bild 1: Verschiebung der Umwandlungspunkte im Eisen-Kohlenstoff-Diagramm durch Legierungselemente
a) Allgemeine Wirkung auf die Punkte A_3, A_4, S und E.
b) Verschiebung der Punkte S und E

Elemente, die sich bevorzugt im Kristallgitter des γ-Eisens unter Substitution von Eisenatomen lösen, erniedrigen den A_3-Punkt und erhöhen den A_4-Punkt des Eisens mit zunehmender Konzentration und führen somit zu einer Erweiterung des Stabilitätsbereichs des γ-Eisens bzw. beim Stahl zu einer Erweiterung oder gar zu einer Öffnung des Austenitgebietes. Man nennt sie daher auch **Austenitbildner.**

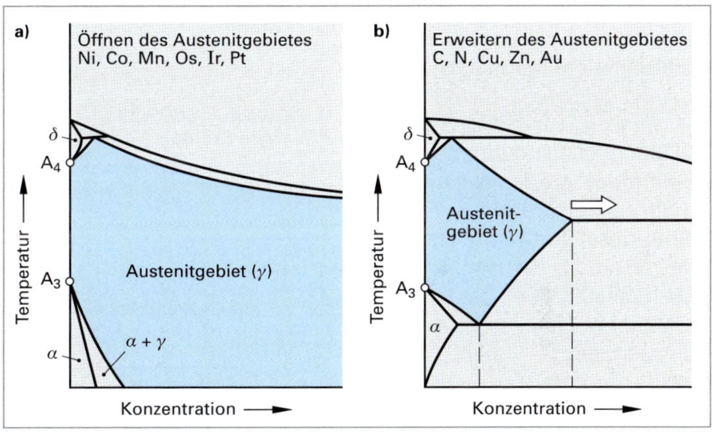

Bild 2: Einfluss von austenitstabilisierenden Legierungselementen auf die Lage der Umwandlungspunkte im Eisen-Kohlenstoff-Diagramm

Legierungselemente, die dabei im Kristallgitter des γ-Eisens vollkommen löslich sind, bewirken ein offenes γ-Feld, das sich bei genügend hohem Gehalt an diesen Legierungselementen bis zur Raumtemperatur und darunter ausdehnt (Bild 2a). Hierzu zählen insbesondere:

Ni, Co, Mn, Os, Ir, Pt

Erweitert sich der Beständigkeitsbereich des Austenits durch entsprechende Legierungsgehalte bis hinab zur Raumtemperatur, dann findet die γ-α-Umwandlung nicht mehr statt. Es entstehen die technisch wichtigen **austenitischen Stähle** (Kapitel 6.5.10.4). Austenitische Stähle besitzen aufgrund ihres homogenen austenitischen Gefüges eine Reihe besonderer Eigenschaften (Tabelle 1, Seite 202).

Einige Elemente, die nur in begrenztem Umfang im γ-Eisen löslich sind, führen nicht zu einer Öffnung, sondern lediglich zu einer Erweiterung des Beständigkeitsgebiets des γ-Eisens bzw. des Austenitgebietes bei Stählen (Bild 2b). Zu ihnen gehören beispielsweise:

C, N, Cu, Zn, Au

Diese Legierungselemente führen zu Zustandsdiagrammen, die bei erhöhten Legierungskonzentrationen durch heterogene Zustandsfelder begrenzt werden. Das bekannteste Zustandsdiagramm dieser Art ist das Eisen-Kohlenstoff-Diagramm.

Legierungselemente, die sich bevorzugt im Kristallgitter des α-Eisens lösen, führen zu einer Erhöhung der A_3-Temperatur bzw. zu einer Verringerung der A_4-Temperatur und verringern somit den Stabilitätsbereich des γ-Eisens bzw. führen in Stählen zu einer Verengung oder gar zu einer Abschnürung des Austenitgebietes. Man nennt sie daher auch **Ferritbildner**.

Zu den wichtigsten Legierungselementen, die zu einer Abschnürung des γ-Feldes führen (Bild 1a), gehören:

Cr, Al, Ti, Si, V, Mo

Bild 1b zeigt, dass von bestimmten Legierungsgehalten an die α-Phase bei der Abkühlung keine Umwandlung mehr erfährt. Stähle, bei denen sich das krz-Kristallgitter im festen Zustand nicht mehr umwandelt, werden als **ferritische Stähle** bezeichnet. Von technischer Bedeutung sind dabei die **ferritischen Chromstähle** (Kapitel 6.5.10.2). Sie entstehen jedoch nur bei sehr niedrigen Kohlenstoffgehalten bzw. entsprechend hohen Chromgehalten. Bei höheren Kohlenstoffgehalten dehnt sich das Austenitgebiet aus, so dass neben Ferrit in zunehmendem Maße auch wieder Austenit im Gefüge erscheint. Dieser Austenit wandelt sich je nach Abkühlungsbedingungen in Perlit, Bainit oder Martensit um. Man erhält die umwandlungsfähigen **halbferritischen Chromstähle** (Kapitel 6.5.10.2). Ferritische Stähle haben, analog den austenitischen Stählen, ein charakteristisches Eigenschaftsprofil (Tabelle 1, Seite 203).

Zu den Legierungselementen, die lediglich zu einer Verengung des Austenitgebietes führen (Bild 1b), gehören beispielsweise:

Ta, B, S, Zr, Ce

In der Regel heben sich die ferrit- und austenitstabilisierenden Legierungselemente in der Beeinflussung der Gitterstruktur gegenseitig auf. Diese Regel gilt jedoch nicht allgemein. Ein wichtiges Beispiel sind die austenitischen Cr-Ni-Stähle. Während ein metastabil austenitisches Gefüge erst bei Nickelgehalten über 30 % erreicht wird, kann sich in Anwesenheit einer hinreichend hohen Menge von an sich ferritstabilisierendem Chrom (16 % ... 24 %) bereits bei Nickelgehalten von rund 8 % ... 12 % ein austenitisches Gefüge einstellen. Derartige Stahlsorten besitzen große technische Bedeutung, da sie die Vorteile eines austenitischen Gefüges (hohe Zähigkeit, Warmfestigkeit und Paramagnetismus) mit einer sehr hohen Witterungs- und Korrosionsbeständigkeit kombinieren (**nichtrostende austenitische Cr-Ni-Stähle**, Kapitel 6.5.10.4).

Tabelle 1: Eigenschaftsprofil der austenitschen Stähle

Eigenschaften/ Stahlsorten	Ursachen/Bedeutung
Niedrige Streckgrenze bei hoher Zugfestigkeit	Für hohe Beanspruchungen nicht einsetzbar. Festigkeitssteigerung durch Aushärten oder Legieren mit Stickstoff möglich.
Hohe Zähigkeit und hervorragende plastische Verformbarkeit → **Kaltzähe Stähle**	kfz-Gitter haben maximale Gleitmöglichkeiten, daher hohe Bruchdehnungen und im Kerbschlagbiegeversuch teilweise kein Steilabfall.
Hohe Kaltverfestigung	Kaltumformen kann eine Umwandlung zu Martensit auslösen: steigende Umformkräfte, Abstumpfung von Zerspanungswerkzeugen.
Umwandlungsfrei → **Warmfeste Stähle** → **Hitzebeständige Stähle**	Stähle sind nicht härtbar, vergütbar oder normalisierbar. Einsatz jedoch für hohe Temperaturen geeignet, da keine Gefüge-/ Volumenveränderungen.
Chemische Beständigkeit → **Nichtrostende Cr-Ni-Stähle**	Homogene Gefüge ohne unedle Phasen.
Paramagnetisch → **Nichtmagnetisierbare Stähle**	Vermeidung von Wirbelstromverlusten in magnetischen Wechselfeldern.

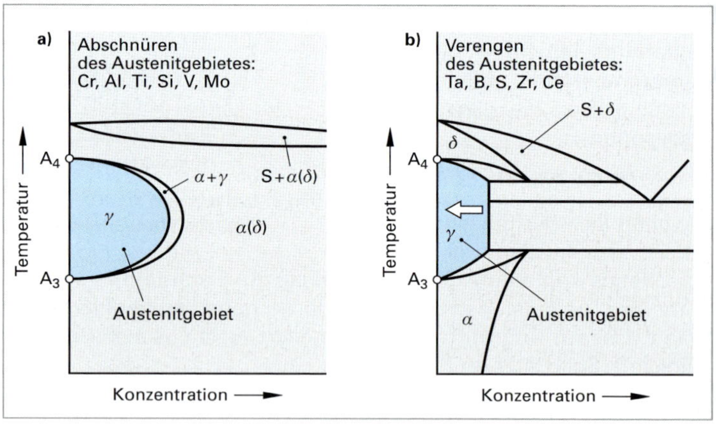

Bild 1: Einfluss von ferritstabilisierenden Legierungselementen auf die Lage der Umwandlungspunkte im Eisen-Kohlenstoff-Diagramm
a) Abschnüren des Austenitgebietes: Cr, Al, Ti, Si, V, Mo
b) Verengen des Austenitgebietes: Ta, B, S, Zr, Ce

) Kornfeinung

Feinkörnige Stähle bzw. feinkörnige metallische Werkstoffe weisen im Vergleich zu den grobkörnigen bei gleicher chemischer Zusammensetzung eine höhere Festigkeit, eine bessere Verformbarkeit und eine verbesserte Zähigkeit auf. Legierungselemente können im Wesentlichen auf zwei Arten zu einer Kornfeinung beitragen:

1. Durch Zugabe von Aluminium bilden sich in der Stahlschmelze feinverteilte Kristallisationskeime, insbesondere Aluminiumoxide und ggf. Aluminiumnitride (beruhigter Stahl). Die Vielzahl dieser Keime bewirkt eine feinkörnige Erstarrung des Metalles. Außerdem wirkt das Aluminium im Verbund mit abgestimmten Stickstoffgehalten als Keimbildner einer α-γ-Umwandlung.
2. Legierungselemente, wie Vanadium, Niob und Titan, aber auch das Aluminium, bilden feinverteilte Ausscheidungen in Form von Carbiden, Nitriden und Oxiden, die das Kristallwachstum im Austenitgebiet behindern und damit zu einem feinkörnigen Gefüge beitragen.

Tabelle 1: Eigenschaftsprofil ferritischer Stähle im Vergleich zu den austenitischen Stählen

Eigenschaft	Austenitischer Stahl	Ferritischer Stahl
Streckgrenze	niedrig	höher
Zugfestigkeit	hoch	hoch
Zähigkeit und Kaltumformbarkeit	hoch, aber stark verfestigend	mäßig, wenig verfestigend
Hitzebeständigkeit und Warmfestigkeit	hoch → Warmfeste Stähle → Hitzebeständige Stähle	
Korrosionsbeständigkeit[1)]	anfällig gegenüber TK-SpRK	anfällig gegenüber IK
Schweißbarkeit	gut	schlecht[2)]
Magnetische Eigenschaften	Paramagnetisch	Ferromagnetisch

[1)] TK-SpRK = transkristalline Spannungsrisskorrosion
IK = Interkristalline Korrosion (Kornzerfall)

[2)] Gefahr von interkristalliner Korrosion, σ-Phasenbildung, 475 °C-Versprödung und Grobkornbildung

6.3.2.2 Wirkungsweisen ausgewählter Legierungselemente

Neben den beschriebenen allgemeinen Wirkungsweisen (Kapitel 6.3.2.1) haben Legierungselemente abhängig von Art und Menge auch besondere Wirkungsweisen, die nachfolgend für eine Reihe ausgewählter Elemente besprochen werden sollen.

a) Chrom (Cr)

Chrom gehört zu den wichtigsten Legierungselementen der Stähle. Das Legierungselement Chrom wird neben Mangan und Molybdän am häufigsten zur Verbesserung der Gebrauchseigenschaften von Maschinenbaustählen eingesetzt.

Chrom verändert die Eigenschaften des Stahles hauptsächlich durch die Bildung harter Chromcarbide und in untergeordnetem Maße auch durch die Mischkristallbildung. Weiterhin bewirkt Chrom in Gehalten über 12 % die Bildung submikroskopisch dünner, selbstheilender oxidischer Schutzschichten (Passivschichten) auf der Stahloberfläche und verbessert dabei die Korrosions- und Zunderbeständigkeit dieser Stähle erheblich.

Chrom verringert die Lösungsfähigkeit des Austenits für Kohlenstoff. Bereits geringere Chromgehalte führen dabei zu einer Verschiebung der Punkte S und E im EKD nach links, so dass, abhängig vom Chromgehalt, ein Stahl bereits bei Kohlenstoffgehalten unter 0,8 % übereutektoid ist und infolge der Chromcarbide eine höhere Verschleißbeständigkeit hat. Auch das Auftreten von Ledebu-

ⓘ Information

Chrom (Cr)

Vorteilhafte Eigenschaften:
- Verbessert Festigkeit (Zugfestigkeit und Streck-/ Dehngrenze sowie die Warm- und Zeitstandfestigkeit
- Verbessert die Korrosionsbeständigkeit erheblich
- Verbessert die Zunderbeständigkeit
- Senkt die kritische Abkühlgeschwindigkeit und erhöht dadurch die Einhärtungstiefe

Nachteilige Eigenschaften:
- Begünstigt interkristalline Korrosion
- Begünstigt 475 °C-Versprödung
- Führt zur Bildung spröder σ-Phase (FeCr)

Verwendungsbeispiele:
- Warmfeste Stähle
- Nichtrostende Stähle
- Zunderbeständige Stähle
- Werkzeugstähle
- Vergütungsstähle
- Einsatzstähle
- Nitrierstähle
- Druckwasserstoffbeständige Stähle

riteutektikum wird zu niedrigeren Kohlenstoffgehalten hin verschoben. So enthält ein Stahl mit etwa 10 % Cr bereits bei einem Kohlenstoffgehalt von rund 1 % Ledeburit (Bild 1, Seite 201 und Bild 1). Dies führt zu den **ledeburitischen Kaltarbeitsstählen** (Kapitel 6.5.16.5). Bei höheren Gehalten schnürt Chrom das Austenitgebiet ab. Von technischer Bedeutung sind dabei auch die **ferritischen** und **halbferritischen Chromstähle** (Kapitel 6.5.10.2).

In hochchromhaltigen Stählen führt Chrom jedoch auch zu einer Reihe unerwünschter Erscheinungen wie Begünstigung von interkristalliner Korrosion und 475 °C-Versprödung sowie zur Ausscheidung spröder, intermetallischer σ-Phase (Kapitel 6.5.10.2).

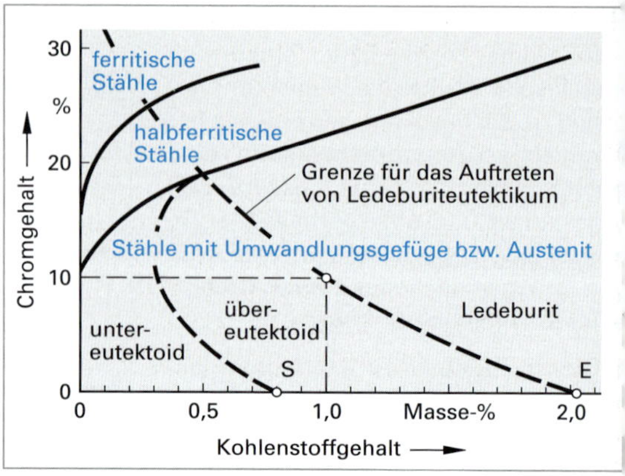

Bild 1: Gefügeausbildungen der Chromstähle

- **Festigkeit**

  Die Zugfestigkeit steigt um rund 90 MPa je 1 % Chrom und wird dadurch erheblich verbessert, bei einer nur geringen Verminderung der Verformbarkeit bzw. der Zähigkeit. Auch die Streck- bzw. Dehngrenze wird durch das Legierungselement Chrom erhöht.

- **Warm- und Zeitstandfestigkeit**

  Chrom bewirkt durch Mischkristallbildung und Carbidausscheidung eine erhebliche Verbesserung der Warm- und Zeitstandfestigkeit. Deshalb sind **warmfeste Stähle** auf Chrom-Molybdän-Basis aufgebaut (Kapitel 6.5.8).

- **Härte und Verschleißbeständigkeit**

  Chrom bildet in Verbindung mit Kohlenstoff feinverteilte, harte Chromcarbide und verbessert auf diese Weise die Härte und Verschleißbeständigkeit des Stahles. Auch die Härte von Nitrierschichten wird durch die Bildung von Chromnitriden verbessert. Chrom findet sich daher auch in **Nitrierstählen** (Kapitel 6.5.7).

- **Kritische Abkühlgeschwindigkeit und Einhärtungstiefe**

  Ebenso wie Mangan verringert Chrom die kritische Abkühlgeschwindigkeit erheblich und erhöht dadurch die Einhärtungstiefe (Kapitel 6.4.4.6). Bereits geringe Chromkonzentrationen reichen dabei aus, um eine tiefere Einhärtung zu erreichen. Chromlegierte Vergütungsstähle werden daher bis etwa 250 mm Dicke verwendet. Chrom ist deshalb ein wichtiges Legierungselement in **Vergütungsstählen** (Kapitel 6.5.5) und **Einsatzstählen** (Kapitel 6.5.6) sowie in **Werkzeugstählen** (Kapitel 6.5.16).

- **Korrosions- und Zunderbeständigkeit**

  Stähle mit einem Chromgehalt über 12 % sind in Verbindung mit einem niedrigem Kohlenstoffgehalt rost- und korrosionsbeständig (Bild 2). Chrom ist daher das wichtigste Legierungselement der **nichtrostenden Stähle** (Kapitel 6.5.10). Chrom verbessert außerdem die Zunderbeständigkeit des Stahles erheblich, insbesondere bei zusätzlicher Anwesenheit von Aluminium und Silicium. Chrom stellt dabei das wichtigste Legierungselement für **zunderbeständige Stähle** (Kapitel 6.5.11) dar.

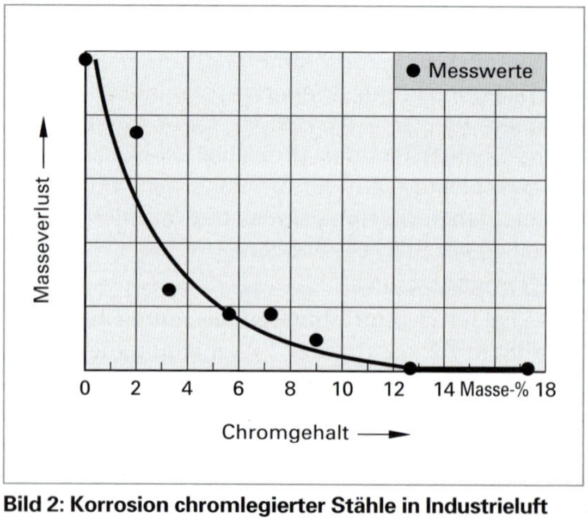

Bild 2: Korrosion chromlegierter Stähle in Industrieluft

- **Druckwasserstoffbeständigkeit**

  Chrom ist das wichtigste Legierungselement für **druckwasserstoffbeständige Stähle** (Kapitel 6.5.12). Bei höheren Temperaturen und Drücken diffundiert Wasserstoff in den Stahl und entkohlt ihn unter Bildung von Methan (CH_4). Methan lockert den Kornzusammenhang und führt insbesondere bei zusätzlicher Anwesenheit von Zugspannungen zu einer Zerstörung des Bauteils. In Anwesenheit von fein verteilten Chromcarbiden findet dieser Schädigungsmechanismus nicht mehr statt.

b) Nickel (Ni)

Nickel neigt nicht zu einer Carbidbildung, daher sind diesbezügliche Veränderungen der mechanischen Eigenschaften nicht zu erwarten. Eine Veränderung der mechanischen Eigenschaften kann vorwiegend durch eine Mischkristallbildung erklärt werden.

Nickel erweitert das Austenitgebiet und führt bei höheren Konzentrationen zu einem austenitischen Gefüge bereits bei Raumtemperatur (Bild 2a, Seite 201). Die nickellegierten Stähle haben nur als nickellegierte perlitische Stähle (z. B. kaltzähe nickellegierte Stähle) und als austenitische Cr-Ni-Stähle eine Bedeutung (Bild 1). Martensitische Nickelstähle finden wegen der schwierigen Bearbeitung kaum Anwendung.

- **Festigkeit**

  Sowohl die Zugfestigkeit als auch die Streck- bzw. Dehngrenze wird durch das Legieren mit Nickel verbessert. Nickel steigert die Zugfestigkeit und die Streckgrenze um etwa 40 MPa je 1 % Ni. In gleichem Maße verbessert Nickel auch die Warmfestigkeit. Nickel ist daher neben Chrom und Molybdän ein weiteres wichtiges Legierungselement der **warmfesten Stähle** (Kapitel 6.5.8).

- **Verformbarkeit und Zähigkeit**

  Nickel verbessert die Verformbarkeit und Zähigkeit von Stahl. **Kaltzähe Stähle** sind daher stets nickellegiert. Für Einsatztemperaturen bis –200 °C können die **nickellegierten kaltzähen Stähle** mit perlitischem Gefüge und bis zu 9 % Nickel eingesetzt werden, unter –200 °C kommen die **kaltzähen, austenitischen Cr-Ni-Stähle** zum Einsatz (Kapitel 6.5.9).

Information

Nickel (Ni)

Vorteilhafte Eigenschaften:

- Verbessert Festigkeit (Zugfestigkeit und Streck-/Dehngrenze sowie die Warmfestigkeit
- Verbessert die Zähigkeit erheblich
- Verbessert die Zunderbeständigkeit
- Senkt die kritische Abkühlgeschwindigkeit und erhöht dadurch die Einhärtungstiefe
- Verändert die Wärmedehnung erheblich
- Erhöht den elektrischen Widerstand

Verwendungsbeispiele:

- Warmfeste Stähle
- Kaltzähe Stähle
- Nichtrostende Cr-Ni-Stähle
- Werkzeugstähle
- Vergütungsstähle
- Einsatzstähle
- „Invarstähle" (z. B. Thermo-Bimetalle)
- Heizleiterdrähte

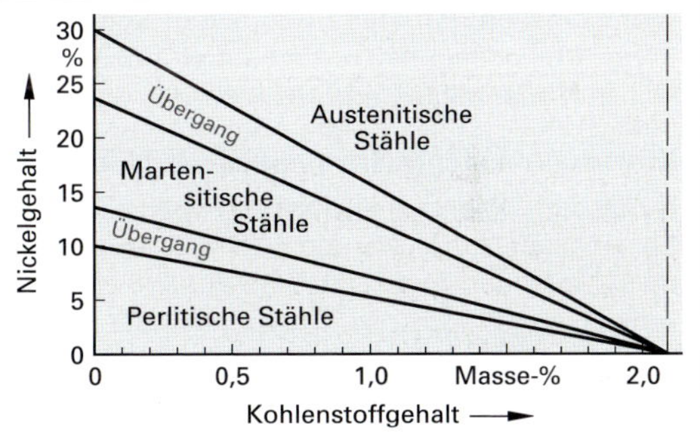

Bild 1: Gefügeausbildungen der Nickelstähle

- **Kritische Abkühlgeschwindigkeit und Einhärtungstiefe**

  Nickel verringert die kritische Abkühlgeschwindigkeit und erhöht damit die Einhärtungstiefe. Damit wird die Vergütbarkeit insbesondere größerer Bauteile verbessert. Stähle für große Schmiedestücke (bis etwa 250 mm Durchmesser) werden dabei bevorzugt auch mit Nickel legiert. Nickel findet sich daher ebenso wie Chrom in **Vergütungsstählen, Einsatzstählen** und **Werkzeugstählen.**

- **Wärmedehnung**

  Nickel hat den größten Einfluss auf die Wärmedehnung von Stählen. Bei einem Nickelgehalt von 36 % erreicht der lineare Wärmeausdehnungskoeffizient α mit $1{,}5 \cdot 10^{-6}\ K^{-1}$ seinen niedrigsten Wert. Derartige **Invarstähle** (*invariabilis,* lat.: unveränderlich) finden beispielsweise Verwendung in Thermo-Bimetallen.

- **Elektrische Leitfähigkeit**

  Nickel erhöht den elektrischen Widerstand von Stählen. Es wird daher u. a. als Legierungselement in Heizleiterdrähten eingesetzt.

c) Molybdän (Mo)

Molybdän wird häufig als Legierungselement für Stähle eingesetzt und entwickelt seine günstigen Eigenschaften durch Bildung von Sondercarbiden (Kapitel 6.3.2.1) meist gemeinsam mit Chrom, Vanadium und Wolfram. Weiterhin nimmt Molybdän auch durch Mischkristallbildung Einfluss auf die Eigenschaften der Stähle. Molybdän lässt sich mit einem hohen Wirkungsgrad aus Stahlschrott zurückgewinnen.

> **ⓘ Information**
>
> **Molybdän (Mo)**
>
> **Vorteilhafte Eigenschaften:**
> - Verbessert Festigkeit (Zugfestigkeit und Streck-/Dehngrenze sowie die Warm- und Zeitstandfestigkeit
> - Verbessert Härte und Verschleißbeständigkeit
> - Senkt die kritische Abkühlgeschwindigkeit und erhöht dadurch die Einhärtungstiefe
> - Verbessert die Anlassbeständigkeit
> - Erhöht die Korrosions- und Zunderbeständigkeit
>
> **Verwendungsbeispiele:**
> - Warmfeste Stähle
> - Werkzeugstähle
> - Vergütungsstähle
> - Nitrierstähle
> - Nichtrostende Cr-Ni-Stähle

- **Festigkeit**

  Durch die Bildung von Sondercarbiden sowie durch Mischkristallbildung wird die Festigkeit des Stahls erhöht ohne jedoch die Zähigkeit nachteilig zu beeinflussen.

- **Warm- und Zeitstandfestigkeit**

  Die Warm- und Zeitstandfestigkeit eines Stahles wird durch das Legieren mit Molybdän aufgrund der Sondercarbidbildung erheblich verbessert. **Warmfeste Stähle** sind daher auf Chrom-Molybdän-Basis aufgebaut.

- **Härte und Verschleißbeständigkeit**

  Die Härte und der Verschleißwiderstand werden durch die harten Sondercarbide deutlich verbessert. Molybdän findet sich daher häufig im Verbund mit Chrom, Vanadium und Wolfram in vielen **Werkzeugstählen**. In Schnellarbeitsstählen kann das Wolfram in seiner Wirkungsweise durch Molybdän ersetzt werden. Aufgrund der geringeren Dichte des Molybdäns (Mo: 10,22 g/cm^3; W: 19,26 g/cm^3) ist es bei gleichen Gewichtsanteilen, d.h. etwa doppeltem Volumen deutlich wirksamer im Vergleich zum Wolfram. Der erhöhte Molybdängehalt fördert außerdem die Entstehung feiner Carbide und verbessert dadurch die Zähigkeit. In **Nitrierstählen** erhöht Molybdän die Härte der Nitrierschicht durch Bildung von Mo-Nitriden.

- **Kritische Abkühlgeschwindigkeit und Einhärtungstiefe**

  Durch das Legieren mit Molybdän wird die kritische Abkühlgeschwindigkeit erniedrigt und damit die Einhärtungstiefe erhöht. Sofern Werkstücke mit größerer Wanddicke vergütet werden sollen, wird dem Stahl auch Molybdän zugesetzt. Eine Zugabe von 1 % Molybdän hat dabei denselben Einfluss wie das Legieren mit etwa 2 % Chrom. Molybdän findet sich daher häufig in **Vergütungsstählen** und **Werkzeugstählen**.

- **Anlassbeständigkeit**

  Cr-, Mn-, CrMn- und CrNi-haltige **Vergütungsstähle** neigen im Temperaturbereich um 500 °C zur Anlassversprödung. Bereits ein Molybdängehalt von 0,05 % ... 0,4 % bindet die hierfür verantwortlichen, schädlichen Elemente (P, S, Sb, As, Sn) und verhindert deren Anreicherung an den Korngrenzen. Molybdän ist daher das wirkungsvollste Legierungselement zur Beseitigung einer Anlassversprödung (Kapitel 6.4.5.3).

- **Korrosions- und Zunderbeständigkeit**

  Molybdängehalte bis etwa 5 % verbessern insbesondere bei den **nichtrostenden Cr-Ni-Stählen** die Beständigkeit gegenüber Lochkorrosion und transkristalliner Spannungsrisskorrosion in chloridhaltigen Medien, vor allem bei erhöhter Temperatur (Bild 1). Auch die Zunderbeständigkeit wird bei höheren Temperaturen durch die Anwesenheit von Molybdän verbessert.

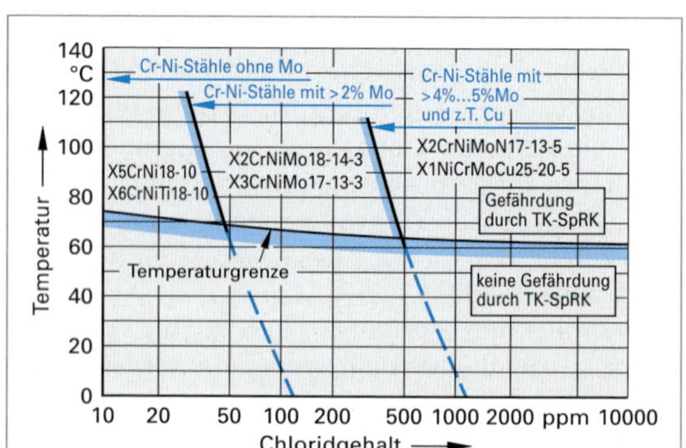

Bild 1: Temperaturgrenze für das Auftreten transkristalliner Spannungsrisskorrosion (TK-SpRK) austenitischer Cr-Ni-Stähle (mit Beipielen)

d) Mangan (Mn)

Mangan hat auch als Legierungselement eine große Bedeutung für die Stähle. Ferrit kann bei Raumtemperatur bis zu 10 % Mangan lösen, so dass ein manganlegierter Stahl keine eigenständige Phase ausbildet und daher im Wesentlichen nur durch Mischkristallbildung eine Änderung seiner Eigenschaften bewirkt.

Mangan öffnet das Austenitgebiet (Bild 1), so dass Fe-Mn-Legierungen mit mehr als 35 % Mn bei Raumtemperatur nach sehr langsamer Abkühlung demnach rein austenitisch sein müssten. In Eisen-Mangan-Legierungen mit Mn > 5 % wandelt sich der Austenit bei üblicher Abkühlung allerdings nicht mehr in Ferrit um, sondern es erfolgt, in ähnlicher Weise wie beim Abschrecken von C-Stählen (Kapitel 6.4.4.5), eine diffusionslose Umwandlung in Martensit. Da keine C-Atome eingelagert sind, tritt der Martensit allerdings in kubischer und nicht in tetragonaler Form auf.

Einen groben Überblick über die Gefügeausbildungen in ternären Fe-Mn-C-Legierungen gibt das **Guillet-Diagramm** (Bild 2). Demnach lassen sich im Wesentlichen drei Gruppen von Manganstählen unterscheiden:

1. Perlitische Bau- und Werkzeugstähle mit geringem Mangangehalt (Mn < 4 %). Sie finden beispielsweise Anwendung als Einsatzstähle (z. B. 16MnCr4), Vergütungsstähle (z. B. 28Mn6) oder Werkzeugstähle für einfache Beanspruchung (z. B. 90MnV8).
2. Martensitische Manganstähle mit mittlerem Mangangehalt von 4 %...12 %. Aufgrund ihrer Sprödigkeit sowie der schwierigen Bearbeitbarkeit finden diese Sorten praktisch keine Anwendung.
3. Austenitische Stähle bei hohem Mangangehalt. Der wichtigste austenitische Manganstahl ist der **Mangan-Hartstahl** mit einem Verhältnis Mn : C = 10 : 1 und 1,2 %...1,4 % C sowie 12 %... 20 % Mn. Durch Abschrecken von 950 °C...1050 °C entsteht ein carbidfreies homogenes austenitisches Gefüge mit hoher Verformbarkeit (*A* = 50 % ... 80 %) und Zähigkeit. Es kann durch Kaltverformung sehr stark verfestigt werden. Die Festigkeit und Härte kann dabei infolge niedriger Stapelfehlerenergie und durch spannungsinduzierte Martensitbildung bis auf den dreifachen Wert steigen bei gleichzeitiger hoher Zähigkeit im Kern. Mangan-Hartstähle erreichen jedoch nur dann einen hohen Verschleißwiderstand, falls die Beanspruchung zu einer starken Verfestigung der Oberfläche führt.

ⓘ Information

Mangan (Mn)

Vorteilhafte Eigenschaften:
- Verbessert Festigkeit (Zugfestigkeit und Streck-/Dehngrenze) sowie die Warmfestigkeit
- Verbessert Härte und Verschleißbeständigkeit
- Verbessert die Warmumformbarkeit (Verhindert Rot- und Heißbrüchigkeit)
- Senkt die kritische Abkühlgeschwindigkeit und erhöht dadurch die Einhärtungstiefe

Nachteilige Eigenschaften:
- Verschlechtert die Zerspanbarkeit
- Führt zu anisotropen Werkstoffeigenschaften und verschlechtert insbesondere die Zähigkeit quer zur Walzrichtung
- Fördert die Grobkornbildung
- Fördert die Anlassversprödung

Verwendungsbeispiele:
- Mangan-Hartstähle
- Werkzeugstähle
- Vergütungsstähle

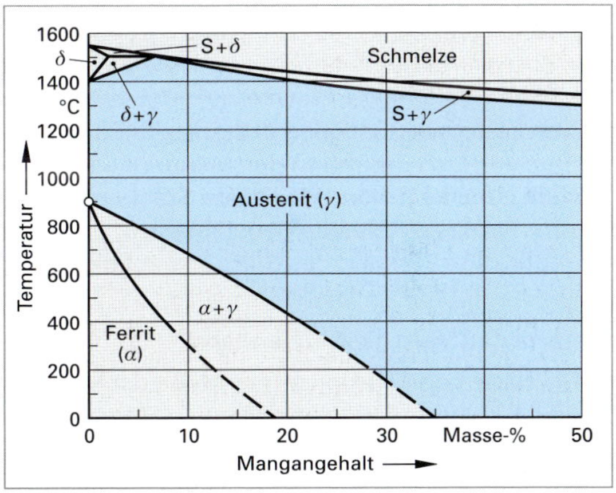

Bild 1: Zustandsdiagramm Eisen-Mangan (nur gültig für sehr langsame Abkühlung)

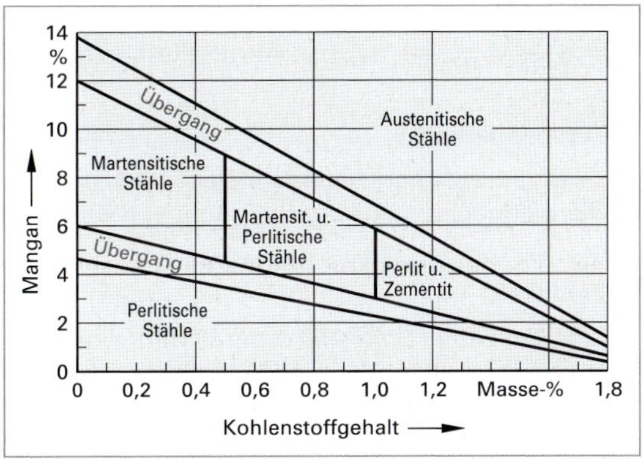

Bild 2: Gefüge der Manganstähle (Guillet-Diagramm)

Ein hochverschleißfester Vertreter dieser Gruppe ist der Stahl X120Mn12, der jedoch, wie alle Mangan-Hartstähle spanend nur sehr schwer zu bearbeiten ist. Formteile werden daher durch Gießen, Schmieden oder Brennschneiden hergestellt.

Anwendung finden diese Stähle bei hoher schlagartiger, drückender, rollender oder gleitender Beanspruchung, wie zum Beispiel Brecherbacken, Baggerzähne, Glieder für Fahrzeugketten, Herzstücke von Schienenkreuzungen oder Stahlhelme, die nach dem Tiefziehen eine gute Durchschusssicherheit aufweisen. Wegen seiner hohen Zähigkeit wird dieser Stahl auch für Panzerplatten in Geldschränken oder für Gitterstäbe eingesetzt.

Mangan nimmt außerdem Einfluss auf die folgenden Eigenschaften:

- **Festigkeit**

  Die Festigkeitssteigerung (Zugfestigkeit und Streckgrenze) beträgt infolge Mischkristallbildung etwa 100 MPa je 1 % Mn bei nur geringer Verminderung der Bruchdehnung.

- **Warmfestigkeit**

  Durch das Mangan wird die Warmfestigkeit verbessert.

- **Warmumformbarkeit**

  Durch die Abbindung von Schwefel (Bildung von MnS statt FeS) und Sauerstoff (Bildung von MnO oder 2 MnO · SiO_2 statt FeO) erhöht Mangan indirekt die Warmumformbarkeit (Schmiedbarkeit) des Stahles durch Verhinderung von Rot- und Heißbrüchigkeit (Kapitel 6.3.1.1 und 6.5.13).

- **Schweißbarkeit**

  Auf die Schweißbarkeit von Stählen wirkt Mangan ebenfalls indirekt. Wird die erwünschte Festigkeit des Stahles durch Erhöhung des Mangangehaltes (1 %...2,5% Mn) anstelle des Kohlenstoffgehaltes eingestellt, so erhält man höherfeste Stähle mit guter Schweißbarkeit (da niedriger C-Gehalt). Als Beispiel können die höherfesten Baustähle (z. B. S355J0 mit 1,60 % Mn und C $\leq$ 0,20 %) dienen. Mangan hebt die ungünstige Wirkung des Siliciums auf die Schweißbarkeit des Stahles auf.

- **Härte und Verschleißwiderstand**

  Die Härte und in besonderem Maße der Verschleißwiderstand werden durch das Legieren mit Mangan deutlich verbessert (siehe Mangan-Hartstahl).

- **Kritische Abkühlgeschwindigkeit und Einhärtungstiefe**

  Mangan ist eines der preiswertesten und wirkungsvollsten Legierungselemente zur Herabsetzung der kritischen Abkühlgeschwindigkeit und damit zur Verbesserung der Einhärtbarkeit. Manganlegierte Stähle werden daher bevorzugt für Vergütungsteile **(Vergütungsstähle)** bis etwa 250 mm Dicke verwendet (z. B. 30Mn5). Bei dünnen Abmessungen ist ein Stahl mit 2 % Mn bereits lufthärtend.

- **Zerspanbarkeit**

  Da die Zerspanbarkeit eng mit der Festigkeit zusammenhängt, verschlechtert sie sich mit zunehmendem Mangangehalt aufgrund der damit verbundenen Festigkeitssteigerung.

- **Zähigkeit**

  Mangan bindet Schwefel unter Bildung von Mangansulfiden, die beim Walzen zeilenförmig in Walzrichtung gestreckt werden und dabei insbesondere die Zähigkeitseigenschaften quer zur Walzrichtung verschlechtern. Diese Einschlüsse unterbrechen den metallischen Zusammenhang und bilden daher bei Belastung bevorzugt Ansatzpunkte für eine Rissbildung (Bild 1, Seite 195). Eine Ausnahme bilden die Mangan-Hartstähle mit austenitischem Gefüge und einer dementsprechend guten Zähigkeit.

- **Überhitzungsempfindlichkeit und Anlassbeständigkeit**

  Manganhaltige Stähle sind überhitzungsempfindlich (Grobkornbildung), da sich die $(Fe,Mn)_3C$-Mischcarbide schneller im Austenit lösen, als Zementit (Fe_3C). Mn-legierte Stähle neigen außerdem zur Anlassversprödung (Kapitel 6.4.5.3). Nach einer Wärmebehandlung sollte daher schnell abgekühlt werden.

e) Titan (Ti) und Niob (Nb)

Titan und Niob nehmen durch Mischkristallbildung Einfluss auf die Eigenschaften des Stahles. Die besondere Bedeutung dieser Legierungselemente liegt jedoch in ihrer sehr ausgeprägten Neigung zur Carbidbildung. Diese Eigenschaft wird insbesondere zur Verbesserung der Korrosionsbeständigkeit (interkristalline Korrosion) in Chrom- und Chrom-Nickel-Stählen ausgenutzt (s. u.). Niob und Titan werden in geringen Mengen auch den **Feinkornbaustählen** zur Kornfeinung (Mikrolegierungselemente) zugesetzt, da sie eine Rekristallisation sowie ein Austenitkornwachstum wirkungsvoll behindern und durch Fremdkeimbildung zu einer feinkörnigen Austenitumwandlung beim Abkühlen führen (Kapitel 6.4.4.14 und 6.5.3).

ⓘ Information

Titan (Ti) und Niob (Nb)

Vorteilhafte Eigenschaften:
- Verbessern Festigkeit (Zugfestigkeit und Streck-/Dehngrenze) sowie die Warmfestigkeit geringfügig
- Verbessern die Schweißbarkeit durch desoxidierende und denitrierende Wirkung
- Tragen zur Kornfeinung bei
- Verbessern Beständigkeit gegenüber interkristalliner Korrosion bei hochlegierten Cr- und Cr-Ni-Stähle

Verwendungsbeispiele:
- Feinkornbaustähle
- Hochlegierte Cr- und Cr-Ni-Stähle

Titan und Niob beeinflussen insbesondere die folgenden Eigenschaften:

- **Festigkeit und Warmfestigkeit**

  Titan und Niob bewirken eine geringe Steigerung der Festigkeitseigenschaften sowie der Warmfestigkeit ohne dabei die Zähigkeit negativ zu beeinflussen.

- **Schweißbarkeit**

  Durch Titan und Niob wird die Schweißbarkeit der Stähle günstig beeinflusst, da durch die desoxidierende (Bildung von Oxiden) und denitrierende (Bildung von Nitriden) Wirkung die Aufnahme von Sauerstoff und Stickstoff in die Schweißnähte unterdrückt wird. Titan ist daher ein häufig verwendetes Element in Schweißdrähten.

- **Korrosionsbeständigkeit**

  In hochlegierten **ferritischen Chromstählen** bzw. **austenitischen Chrom-Nickel-Stählen** (Kapitel 6.5.10) entstehen bei erhöhten Temperaturen (z. B. Schweißen) chromarme Zonen durch die Bildung von Chromcarbiden. Diese chromarmen Zonen haben eine wesentlich höhere Korrosionsanfälligkeit als die benachbarten chromreichen Werkstoffbereiche und sind daher anfällig gegenüber **interkristalliner Korrosion**. Durch das Zulegieren von Titan oder Niob in einem bestimmten Verhältnis zum Kohlenstoffgehalt ($Ti \geq 5 \cdot C$ bzw. $Nb \geq 10 \cdot C \ldots 12 \cdot C$) wird die Bildung und Ausscheidung dieser Chromcarbide vermieden, da Titan und Niob eine größere Affinität zum Kohlenstoff besitzen als das Chrom selbst. Daher reagiert der Kohlenstoff nicht mit dem Chrom, sondern mit Niob (NbC) oder Titan (TiC). Eine Bildung dieser Chromcarbide und damit die Entstehung chromarmer, korrosionsanfälliger Zonen findet nicht statt. Die Korrosionsbeständigkeit dieser Stähle wird dadurch verbessert (siehe auch Kapitel 4.4.1.3).

f) Wolfram (W)

Wolfram ist ein sehr starker Carbidbildner. Seine Wirkungsweise beruht auf der Bildung sehr harter Sondercarbide, die sich günstig auf die Festigkeit (Zugfestigkeit und Streck- bzw. Dehngrenze) sowie auf die Warmfestigkeit, aber auch auf die Härte, die Verschleißbeständigkeit und die Anlassbeständigkeit (Sekundärhärtung, Kapitel 6.4.5.2) auswirken. Wolfram bildet daher die Grundlage für viele **Werkzeugstähle**. Nachteilig wirkt sich das Wolfram auf die Zerspanbarkeit, die Verformbarkeit und die Schweißbarkeit aus.

g) Vanadium (V)

Vanadium ist ein relativ starker Carbidbildner und wirkt sich daher günstig auf die Festigkeit, Warmfestigkeit sowie auf die Härte und die Verschleißbeständigkeit aus. Vanadium verbessert durch Sekundärhärtung (V_4C_3) die Anlassbeständigkeit bis etwa 600 °C und hat eine kornfeinende Wirkung durch Hemmung des Kornwachstums im Austenitgebiet. Seine Wirkungsweise ist jedoch, verglichen mit Titan oder Niob deutlich geringer. Vanadium ist daher, ebenso wie das Wolfram ein wichtiges Legierungselement der **Werkzeugstähle**. Vanadium hat weiterhin eine größere Affinität zum Stickstoff als Eisen. Vanadiumlegierte Stähle sind daher alterungsbeständiger. Die Verformbarkeit und Schweißbarkeit wird durch das Vanadium verschlechtert. Aufgrund von Bearbeitungsproblemen (selbst beim Schleifen) sollte der Vanadiumgehalt 5 % nicht überschreiten.

h) Cobalt (Co)

Cobalt ist mit einem Legierungsanteil von bis zu 10 % ein wichtiges Legierungselement der **Schnellarbeitsstähle** (z. B. HS 10-4-3-10, Kapitel 6.5.16.7). Cobalt verbessert die Anlassbeständigkeit (Sekundärhärtemaximum wird zu höheren Temperaturen verschoben) und die Warmhärte durch eine erschwerte Koagulationsfähigkeit der Carbide (Behinderung der Diffusion des Kohlenstoffs und der Legierungselemente). Mit cobaltlegierten Schnellarbeitsstählen sind daher höhere Schnittgeschwindigkeiten möglich und sie sind für schwer zerspanbare Werkstoffe wie austenitische Chrom-Nickel-Stähle oder Ti-Legierungen geeignet. Allerdings führt Cobalt zu einer Verminderung der Zähigkeit (Entstehung von Eigenspannungen durch Ausscheidung von Co_7W_6).

i) Aluminium (Al)

Aluminium ist neben Silicium das wichtigste **Desoxidationsmittel** in Stählen. Es wird außerdem zur **Denitrierung** zugesetzt und verbessert dadurch die Alterungsbeständigkeit des Stahles. Beruhigt vergossene Stähle enthalten daher bis zu 0,02 % Aluminium (Tabelle 1, Seite 183). In **Feinkornbaustählen** wirkt Aluminium im Verbund mit abgestimmten Stickstoffgehalten als Keimbildner einer α-γ-Umwandlung und hemmt außerdem das Kornwachstum im Austenitgebiet. Hierdurch wird die Feinkörnigkeit dieser Stähle verbessert.

Weiterhin beeinflusst das Aluminium die folgenden Eigenschaften:

- **Korrosions- und Zunderbeständigkeit**

  In Gegenwart von Chrom und Silicium erfährt der Stahl durch die Anwesenheit des Aluminiums eine erhebliche Verbesserung der Korrosions- und Zunderbeständigkeit. Aluminium wird daher bis zu 1,5 % den **ferritischen Chromstählen** zur Erhöhung ihrer Zunderbeständigkeit zugesetzt.

- **Härte**

  Als starker Nitridbildner (AlN) verbessert das Aluminium in Nitrierstählen die Härte der Nitrierschicht (z. B. 34CrAlNi7).

- **Magnetische Eigenschaften**

  In **Dauermagnetlegierungen** ist Aluminium (neben Cobalt, Nickel und Kupfer) zur Verbesserung der magnetischen Eigenschaften mit bis zu 13 % enthalten.

j) Kupfer (Cu)

Kupfer wird vorwiegend durch Schrott und andere Beimengungen in das Stahlbad eingebracht und kann beim Frischvorgang nicht wieder entfernt werden, da Kupfer weniger als das Eisen oxidiert wird.

Die Lösungsfähigkeit von Eisen für Kupfer ist sehr gering (< 0,1 % bei 20 °C). Aufgrund von Ausscheidungsvorgängen kann durch die Zugabe von Kupfer bei beschleunigter Abkühlung die Festigkeit erhöht werden. Hiervon wird jedoch noch kaum Gebrauch gemacht.

In unlegierten Baustählen führt Kupfer in Verbindung mit Phosphor und ggf. Chrom zu einer Verbesserung der Witterungsbeständigkeit. Dabei wird nicht die Korrosionsbeständigkeit der Stähle erhöht, sondern es bildet sich eine kupferreiche Rostschicht aus, die dichter und festhaftender ist, als eine gewöhnliche braune Eisenrostschicht. Zu erwähnen sind hierbei insbesondere die **wetterfesten Baustähle** nach

DIN EN 10025-5 (z. B. S235J0**W** oder S355J0**WP**), die neben einem P-Gehalt von bis zu 0,15 % (zusätzlicher Kennbuchstabe **P** im Kurznamen) einen erhöhten Kupfergehalt von 0,25 % ... 0,55 % sowie einen erhöhten Chromgehalt von 0,30 % bis 1,25 % aufweisen. Diese Stähle werden meist ohne zusätzliche Korrosionsschutzmaßnahmen eingesetzt.

Bei Kupfergehalten über 0,5 % erhöht sich bei Stählen die Gefahr einer **Lötbrüchigkeit** (Kapitel 4.4.2.4). Diese dem Rotbruch (Kapitel 6.3.1.1 und 6.5.13) vergleichbare Auflösung des Kristallzusammenhangs längs der Korngrenzen tritt auf, falls bei einer Warmumformung die Schmelztemperatur des Kupfers (1 083 °C) überschritten wird.

6.3.2.3 Wirkungsweise mehrerer Legierungselemente im Stahl

Bei keinem anderen Werkstoff lassen sich die Eigenschaften durch Legieren in einem so großen Umfang ändern wie bei Stahl. Der legierte Stahl enthält außer Eisen und Kohlenstoff im Allgemeinen meist mehrere Legierungselemente. In Ergänzung zu den besprochenen Wirkungsweisen der Legierungselemente muss jedoch stets berücksichtigt werden:

1. Die Eigenschaften eines Stahles ändern sich nicht proportional mit der Menge eines Legierungselementes. Häufig tritt die erwünschte Wirkung erst nach Überschreiten eines bestimmten Grenzgehaltes auf. Dies ist beispielsweise bei der korrosionshemmenden Wirkung des Chroms der Fall (Kapitel 6.3.2.2).

2. Bei Anwesenheit mehrerer Legierungselemente addieren sich die Wirkungsweisen der einzelnen Elemente in der Regel nicht. So müssen sich die Wirkungsweisen von Legierungselementen mit gegensätzlichen Eigenschaften nicht zwangsläufig aufheben, sondern man beobachtet mitunter eine gegenseitige Verstärkung ihrer Wirkungsweisen. Ein typisches Beispiel stellt die Beeinflussung der Austenitstabilität durch Chrom und Nickel dar (Bild 2, Seite 201 und Bild 1, Seite 202).

Aus den genannten Gründen ist eine quantitative Vorhersage über die zu erwartende Eigenschaftsänderung eines Stahles bei Zugabe von Legierungselementen niemals möglich, denn auch in den einfachsten Fällen handelt es sich um eine Legierung aus drei Stoffen: Eisen – Kohlenstoff – Legierungselement. Die Kenntnis von der Wirkung der Legierungselemente im Stahl erlaubt nur die Erwartung gewisser Eigenschaftsänderungen bei Anwesenheit bestimmter Legierungselemente.

Weiterhin ist zu berücksichtigen, dass eine Reihe von Legierungselementen im abgegossenen oder im gewalzten Zustand häufig nicht voll zur Wirkung kommen. Vielmehr sind die verbesserten Eigenschaften eines Stahles, der Legierungselemente enthält, häufig die Folge von Gefügeveränderungen (z. B. andere Korngröße, andere Zusammensetzung des Gefüges, neue Gefügebestandteile usw.). Diese Gefügeveränderungen werden in der Regel erst durch eine auf die gewünschten Eigenschaften des Stahles bzw. die im Stahl enthaltenen Legierungselemente abgestimmte Wärmebehandlung hervorgerufen. Legierte Stähle werden daher fast nur wärmebehandelt verwendet.

6.4 Wärmebehandlung der Stähle

Die überragende technische Bedeutung der Stähle beruht unter anderem darauf, dass ihre Eigenschaften durch eine Wärmebehandlung in weiten Grenzen verändert und an die jeweiligen Betriebsbedingungen angepasst werden können.

> **Information**
>
> **Wärmebehandlung**
>
> Durch eine **Wärmebehandlung** können die Eigenschaften metallischer Werkstoffe in weiten Grenzen so verändert werden, dass das wärmebehandelte Bauteil seine spätere Funktion optimal erfüllen kann. Durch eine Wärmebehandlung können die an ein Bauteil gestellten Aufgaben länger und besser erfüllt werden. Schließlich sind manche Werkstücke, wie z.B. Werkzeuge, überhaupt erst nach einer Wärmebehandlung (Härten) einsatzfähig.

Unter Wärmebehandlung versteht man nach DIN EN 10 052 Verfahren (oder Verfahrenskombinationen), bei denen Werkstücke oder Halbzeuge bestimmten Temperatur-Zeit-Folgen unterworfen werden, um eine Änderung ihres Gefüges und/oder ihrer Eigenschaften herbeizuführen. Bei einigen Verfahren wird während der Wärmebehandlung zusätzlich die chemische Zusammensetzung des Werkstoffs geändert.

Die Ziele einer Wärmebehandlung sind:

- Verbesserung der mechanischen Eigenschaften wie Festigkeit oder Zähigkeit und damit auch der Gebrauchseigenschaften (z. B. Normalglühen, durchgreifendes Härten, Vergüten),
- Verbesserung der Eigenschaften der Werkstückoberfläche im Hinblick auf Verschleiß-, Gleit- und Reibwiderstand (z. B. Einsatzhärten, Nitrieren, Flamm- oder Induktionshärten),
- Schaffung optimaler Bearbeitungsmöglichkeiten zur Zerspanung oder Kaltumformung (z. B. Weichglühen, Grobkornglühen),
- Abbau innerer Spannungen (z. B. Spannungsarmglühen),
- Beseitigung einer Kaltverfestigung (z. B. Rekristallisationsglühen),
- Beseitigung von Seigerungen (z. B. Diffusionsglühen),
- Legierungselemente zur Wirkung bringen.

6.4.1 Prinzip einer Wärmebehandlung

Die Behandlung eines Stahls bzw. eines metallischen Werkstoffs durch Wärme besteht in der Regel aus drei Schritten (Bild 1):

1. **Erwärmen** auf eine bestimmte Temperatur abhängig vom:
   - Wärmebehandlungsverfahren,
   - Kohlenstoffgehalt des Stahls,
   - Anwesenheit von Stahlbegleitern und Legierungselementen.

   Diese Temperatur wird als Glühtemperatur (beim Glühen) bzw. Härtetemperatur (beim Härten bzw. beim Vergüten) bezeichnet. Die Zeitspanne vom Beginn des Erwärmens bis zum Erreichen der Glüh- bzw. Härtetemperatur an der Oberfläche des Werkstücks wird als **Anwärmzeit** bezeichnet. Die dann noch erforderliche Zeit bis zum Erreichen der Glüh- bzw. Härtetemperatur im Kern des Werkstücks bezeichnet man als **Durchwärmzeit**.

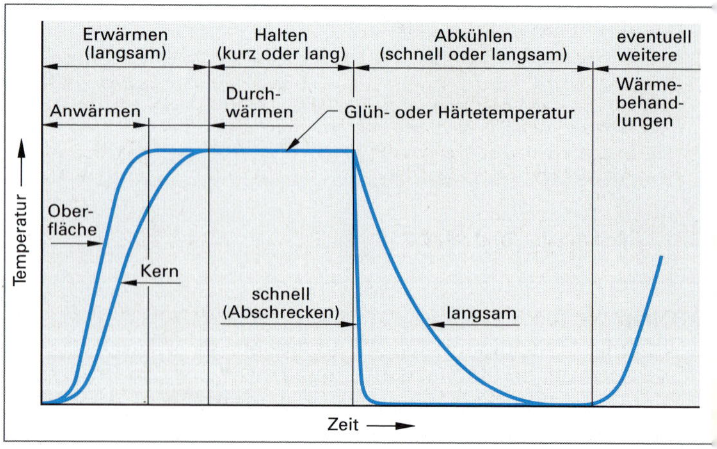

Bild 1: Temperatur-Zeit-Verlauf bei der Wärmebehandlung eines Stahls

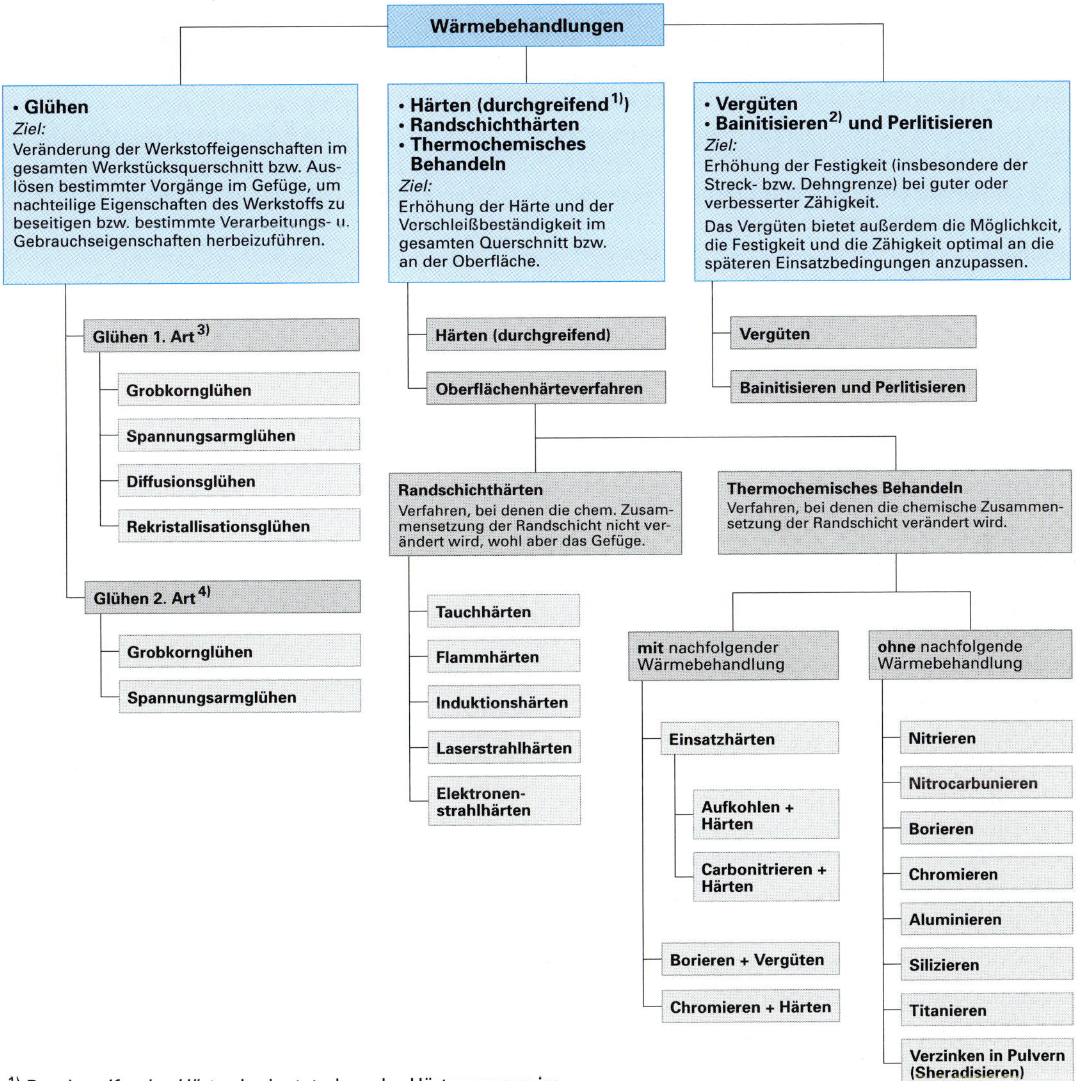

[1] *Durchgreifendes Härten* bedeutet, dass der Härtevorgang im gesamten Werkstücksquerschnitt abläuft.

[2] *Bainitisieren* wurde früher auch als **Zwischenstufenvergüten** bezeichnet.

[3] *Glühen 1. Art* bedeutet, dass es sich um ein **werkstoffunabhängiges Glühverfahren** handelt, d.h. unter den entsprechenden Voraussetzungen im allgemeinen bei allen Metallen bzw. Metalllegierungen angewandt werden kann.

[4] *Glühen 2. Art* bedeutet, dass das Glühverfahren ganz bestimmte Eigenschaften eines Metalls bzw. einer Metalllegierung ausnützt und damit **werkstoffabhängig** ist.

Bild 1: Einteilung der Wärmebehandlungsverfahren hinsichtlich der verfolgten Ziele

2. **Halten** der Temperatur für eine bestimmte Zeit. Die Dauer der **Haltezeit** ist vom Wärmebehandlungsverfahren abhängig. Bei einigen Verfahren, wie z. B. dem Normalglühen von Stählen (Kapitel 6.4.3.1) oder dem Härten (Kapitel 6.4.4), wird unmittelbar nach Erreichen der Glüh- bzw. Härtetemperatur (im Innern des Werkstücks) abgekühlt. Bei anderen Wärmebehandlungsverfahren, wie z. B. dem Weichglühen von Stählen (Kapitel 6.4.3.2), kann die Haltedauer auf Glühtemperatur bis zu 100 Stunden betragen.

3. **Abkühlen**. Das Abkühlen kann unterschiedlich schnell erfolgen. So wird bei allen Glühverfahren langsam abgekühlt (meist im Ofen), so dass keine unbeabsichtigte Veränderung des Glühergebnisses mehr eintritt. Beim Härten und Vergüten hingegen wird das Werkstück schnell abgekühlt (abgeschreckt).

6.4.2 Einteilung der Wärmebehandlungsverfahren

Heute finden eine Vielzahl verschiedener Wärmebehandlungsverfahren Anwendung. Die Verfahren lassen sich unter verschiedenen Gesichtspunkten einteilen. Bild 1, Seite 213, zeigt die Möglichkeit der Einteilung der Wärmebehandlungsverfahren hinsichtlich der verfolgten Ziele. Es werden in der Regel vier Hauptgruppen unterschieden:

- Glühen,
- Härten (durchgreifendes Härten und Oberflächenhärteverfahren),
- Vergüten (Anlassvergüten), Bainitisieren und Perlitisieren.
- weitere Wärmebehandlungsverfahren (z.B. Ausscheidungshärten)

6.4.3 Glühen

Unter dem Begriff **Glühen** fasst man alle Verfahren der Wärmebehandlung zusammen, die das Erwärmen des Werkstücks auf eine bestimmte Temperatur (Glühtemperatur), das kurz- oder längerfristige Halten auf Glühtemperatur sowie schließlich die langsame Abkühlung zur Grundlage haben. Die einzelnen Glühverfahren unterscheiden sich im Wesentlichen hinsichtlich der Temperatur, auf die erwärmt wird, sowie in der Dauer des Haltens auf dieser Temperatur.

Das Ziel des Glühens besteht in der Veränderung der Werkstoffeigenschaften im gesamten Werkstückquerschnitt bzw. im Auslösen bestimmter Vorgänge im Gefüge, um nachteilige Eigenschaften des Werkstoffs zu beseitigen bzw. bestimmte Verarbeitungs- und Gebrauchseigenschaften herbeizuführen.

Beim Glühen werden die folgenden wichtigen Verfahren unterschieden:

Werkstoffunabhängige Glühverfahren (auch als **Glühen 1. Art** bezeichnet):

- Grobkornglühen (Hochglühen),
- Spannungsarmglühen,
- Diffusionsglühen (Homogenisierungsglühen),
- Rekristallisationsglühen.

Werkstoffabhängige Glühverfahren (auch als **Glühen 2. Art** bezeichnet):

- Normalglühen von Stählen,
- Weichglühen von Stählen (Glühen auf kugelige Carbide).

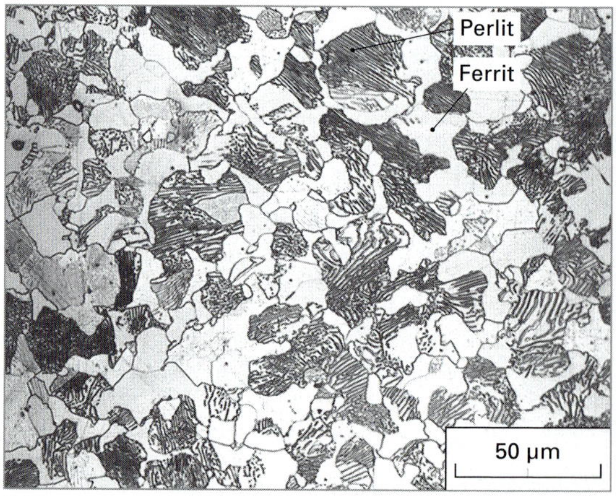

Bild 1: Gefüge eines Baustahls im normalgeglühten Zustand (Beispiel: C45)

6.4.3.1 Normalglühen von Stählen

Das Normalglühen ist neben dem Spannungsarmglühen eines der wichtigsten Wärmebehandlungsverfahren für Stähle und Stahlguss.

Verfahren

Untereutektoide unlegierte Stähle werden beim Normalglühen vollständig austenitisiert, d. h. abhängig vom Kohlenstoffgehalt auf eine Glühtemperatur von 30 °C bis 50 °C oberhalb Ac_3 (Linie G-S) erwärmt (Bild 1, Seite 215). Untereutektoide legierte Stähle werden etwa 50 °C bis 100 °C über Ac_3 erwärmt.

Information

Normalglühen

Das **Normalglühen** hat die Bildung eines von der Vorbehandlung (Gießen, Schmieden, Härten, Überhitzen usw.) unabhängigen, gleichmäßigen und möglichst feinkörnigen Gefüges mit rundlichem Korn, d. h. das nach dem metastabilen System zu erwartende Gleichgewichtsgefüge, zum Ziel (Bild 1). Dieses Gefüge besitzt, zumindest bei den unlegierten Stählen, die beste Kombination von Festigkeits- und Zähigkeitseigenschaften. Dieser Normalzustand und damit verbunden die ursprüngliche Festigkeit und Zähigkeit des Stahls, lässt sich durch das Normalglühen immer wieder herstellen.

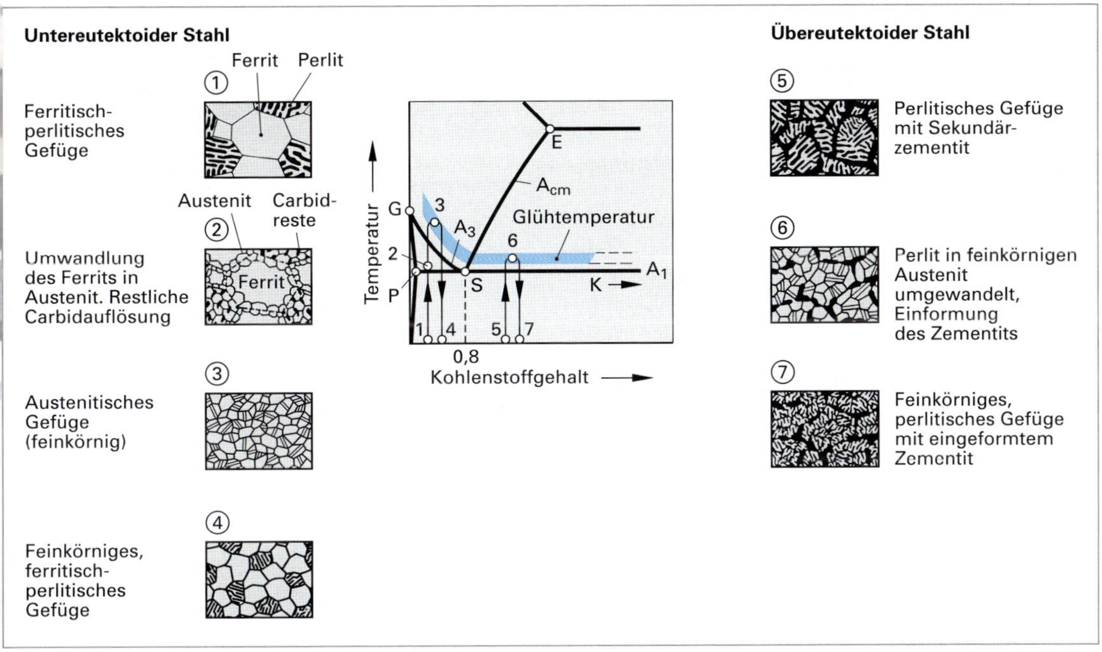

Bild 1: Glühtemperaturen und Gefügeveränderungen beim Normalglühen am Beispiel zweier unlegierter, grobkörniger Stähle

Die erforderliche Haltedauer (in Minuten) beträgt beim Normalglühen etwa: 60 + maximaler Werkstückdurchmesser (in mm). Ist die Haltedauer zu kurz, dann werden die Gefügeunregelmäßigkeiten infolge einer unvollkommenen Gefügeneubildung nicht oder nur unvollständig beseitigt. Bei zu langer Haltedauer muss insbesondere bei unlegierten Stählen mit Grobkornbildung gerechnet werden. Die Abkühlung erfolgt beim Normalglühen mit Hilfe von Druckluft, an ruhender Luft oder im Ofen.

Bei der Erwärmung dieser Stähle wandelt sich mit Erreichen der Ac_1-Temperatur (Linie P-S-K) zunächst der Perlit in Austenit um. Die Korngrenzen zwischen den einzelnen Lamellen des Perlits stellen dabei Kristallisationskeime der Austenitkornbildung dar. Da im Perlit solche als Kristallisationskeime wirkenden Korngrenzen reichlich vorhanden sind, beginnt der Umwandlungsvorgang an sehr vielen Stellen gleichzeitig und führt schließlich zu einem feinkörnigen austenitischen Korn. Mit Erreichen der Glühtemperatur wenig oberhalb G-S (Ac_3-Temperatur) hat sich schließlich auch der Ferrit in feinkörnigen Austenit umgewandelt. Es liegt dann ein feinkörniges, ausschließlich austenitisches Gefüge vor.

Bei langsamer Abkühlung bildet sich nach Unterschreiten von G-S (Ar_3-Temperatur) ein feinmaschiges Ferritnetz auf den Grenzen der nunmehr reichlich vorhandenen Austenitkörner. Die Austenitkörner zerfallen schließlich mit Erreichen der Eutektoiden (Linie P-S-K) in Perlit. Bei Raumtemperatur liegt somit ein feinkörniges, ferritisch-perlitisches Gefüge vor (Bild 1).

Übereutektoide Stähle werden wegen der Gefahr des Grobkornwachstums nicht vollständig austenitisiert, d. h. auf Temperaturen oberhalb der Linie S-E erwärmt, sondern nur etwa 30 °C bis 60 °C über den Abschnitt S-K der Eutektoiden. Der Korngrenzenzementit bleibt dabei weitgehend erhalten, er wird lediglich eingeformt (Bild 1).

Anwendung

Das Normalglühen kann bei allen Stählen angewandt werden, die eine Ferrit-Austenit-Umwandlung aufweisen. Einige typische Anwendungsbeispiele für das Normalglühen sind (Bild 1, Seite 216):

1. Beseitigung eines kaltverformten Gefüges mit richtungsabhängigen mechanischen Eigenschaften **(Walztextur)**. Diese teilweise unerwünschten Walzstrukturen können durch Walz-, Schmiede- oder Ziehvorgänge entstehen. Ein kaltverformtes Gefüge besitzt eine deutlich schlechtere Zähigkeit und Verformbarkeit sowie unterschiedliche mechanische Eigenschaften in Quer- und Längsrichtung (Anisotropie).

2. Beseitigung von grobkörnigem Gefüge mit seiner verminderten Festigkeit und Zähigkeit. Ein grobkörniges Gefüge kann entstehen durch:
   - vorausgegangene Wärmeeinflüsse (z. B. Schweißen, Grobkornglühen),
   - Kornwachstum eines kaltverformten Gefüges nach dem Rekristallisationsglühen.

3. Beseitigung von **Widmannstättenschem Gefüge,** wie es beispielsweise bei Stahlguss mit 0,15 % C bis 0,35 % C und erhöhten Abkühlgeschwindigkeiten nach dem Gießen oder im Bereich der Wärmeeinflusszonen (WEZ) von Schweißnähten auftreten kann. Beim Widmannstättenschen Gefüge, das nach dem österreichischen Naturforscher ***A. Beck von Widmannstätten*** (1753 ... 1849) benannt wurde, scheidet sich der Ferrit beim Abkühlen des Stahles nicht nur an den Korngrenzen der Austenitkörner, sondern auch plattenförmig im Korninnern aus. Zwischen diesen Ferritplatten befindet sich (nach Abkühlung auf Raumtemperatur) Perlit. Stahlguss mit Widmannstättenschem Gefüge besitzt eine nachteilig schlechte Zähigkeit.

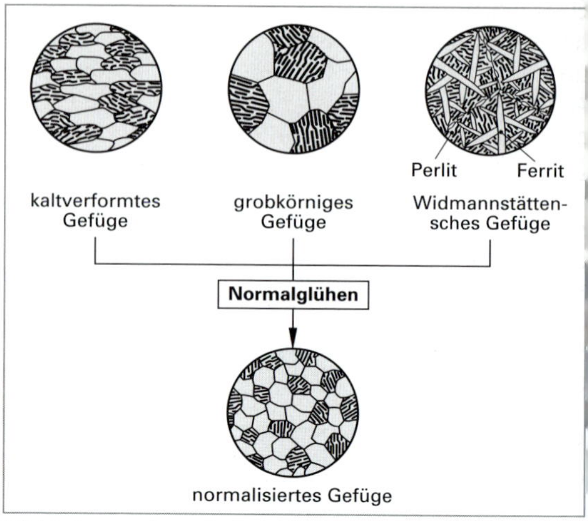

Bild 1: Anwendungsbeispiele für das Normalglühen

4. Verbesserung der Festigkeit und der Zähigkeit bei Baustählen (falls ein Vergüten nicht in Frage kommt).

Falls ein erstes Normalglühen nicht zum gewünschten Erfolg führt, ist auch ein zweites Normalisieren möglich. Dabei sollte jedoch, falls in Luft geglüht wird, die Gefahr einer **Randentkohlung** beachtet werden.

6.4.3.2 Weichglühen von Stählen (Glühen auf kugelige Carbide)

Verfahren

Stähle mit C < 0,8 % (untereutektoide Stähle) werden beim Weichglühen auf Temperaturen dicht unterhalb der Ac_1-Temperatur (Linie P-S) erwärmt. Stähle mit C > 0,8 % (übereutektoide Stähle) werden kurz oberhalb Ac_1 (Linie S-K) oder pendelnd um Ac_1 geglüht (Bild 1, Seite 223). Die Glühdauer beträgt bis zu 100 h. Eine signifikante Gefügeveränderung und damit eine Veränderung der Korngröße tritt beim Weichglühen infolge der niedrigen Glühtemperaturen nicht ein. Der Effekt des Weichglühens beruht vielmehr darauf, dass die im Perlit enthaltenen Zementitplatten bzw. bei übereutektoiden Stählen (C > 0,8%) zusätzlich die Zementitausscheidungen an den Korngrenzen die Bestrebung haben, sich in die kugelige Form umzuwandeln. Dieses **Einformen** des Zementits führt zu einem insgesamt energetisch günstigeren Zustand des Gefüges (Bild 1 und 2, Seite 217).

> **ⓘ Information**
>
> **Weichglühen**
>
> Durch das **Weichglühen** soll der Stahl eine möglichst geringe Festigkeit und eine geringe Härte bei gleichzeitig hoher Verformbarkeit erhalten. Weichgeglühte Stähle lassen sich einfacher und wirtschaftlicher zerspanen und umformen. Außerdem lässt sich eine bessere Oberflächenqualität bei der Zerspanung erzielen. Durch das Weichglühen lässt sich auch ein für das nachfolgende Härten optimaler Gefügezustand einstellen.

Mit zunehmender Einformung sinkt die Festigkeit und die Härte, während die Verformbarkeit steigt (Tabelle 1, Seite 217). Durch ein Pendeln bei einer Glühtemperatur um Ac_1 wird bei den übereutektoiden Stählen die Einformung schneller erreicht und damit die Glühdauer deutlich reduziert. Bei untereutektoiden Stählen verzichtet man in der Regel auf das Pendeln um Ac_1 und glüht stattdessen dicht unterhalb dieser Temperatur. Bei diesen Stählen besteht sonst die Gefahr der Anlagerung von Zementit an den Ferritkorngrenzen und damit einer deutlichen Herabsetzung der Zähigkeit des Stahles.

Übereutektoide Stähle werden vor dem Weichglühen häufig noch einer Normalglühung unterzogen, um ein gleichmäßiges Gefüge einzustellen und eine Auflösung des Schalenzementits zu erreichen. Andernfalls besteht die Gefahr, dass nach dem Weichglühen aus dem Schalenzementit grobe Carbidkörner oder -stäbchen, aus dem Zementit des Perlits hingegen feine Carbidkörner entstehen. Ein ungleichmäßiges Weichglühgefüge kann dann beim Härten zu einem spröden Gefüge führen, da die aus den groben Carbidkörnern bzw. -stäbchen entstandenen spröden Carbidadern die martensitische Grundmasse unterbrechen.

Anwendung

Weichglühen wird in folgenden Fällen angewandt:

1. Zur Herstellung eines günstigen Ausgangszustands für eine spanlose Weiterverarbeitung (Umformung), da das weichgeglühte Gefüge eine deutlich verbesserte Verformbarkeit bzw. Zähigkeit besitzt (Tabelle 1). Die Zementitteilchen wirken im eingeformten Zustand nicht mehr als bevorzugte Stellen einer Rissentstehung. Außerdem wird der Materialfluss von der weichen, ferritischen Grundmasse übernommen. Die Carbide behindern das Fließen kaum mehr.

2. Zur Verbesserung der Zerspanbarkeit, da die Werkzeugschneide nur noch den weichen Ferrit zu schneiden braucht (geringerer Werkzeugverschleiß). Die Zementitkörnchen werden hingegen zur Seite gedrückt oder herausgerissen, nicht aber zerschnitten. Für eine spanende Weiterverarbeitung werden allerdings nur Stähle mit Kohlenstoffgehalten über 0,5 % C weichgeglüht. Stähle mit geringeren Kohlenstoffgehalten würden nach dem Weichglühen bei einer Zerspanung schmieren (Zusetzen der Spanräume sowie Bildung von Aufbauschneiden) sowie unerwünschte Fließspäne bilden. Andererseits besteht die Gefahr, dass der Zementit während des Glühens an die Korngrenzen wandert, dort den Zusammenhalt der Körner beeinträchtigt und der Stahl damit versprödet. Für diese Stähle bietet sich das oben beschriebene Grobkornglühen an.

3. Zur Herstellung eines optimalen Gefügezustands für ein nachfolgendes Härten (bei Werkzeugstählen). Die fein verteilten Zementitkristalle des weichgeglühten Gefüges lösen sich bei Erreichen der Härtetemperatur aufgrund der großen Oberflächen schneller auf (Bild 1). Außerdem wirkt sich der nach dem Härten noch verbliebene (nicht aufgelöste) Zementit nicht nachteilig auf die Gebrauchseigenschaften der gehärteten Werkstücke aus.

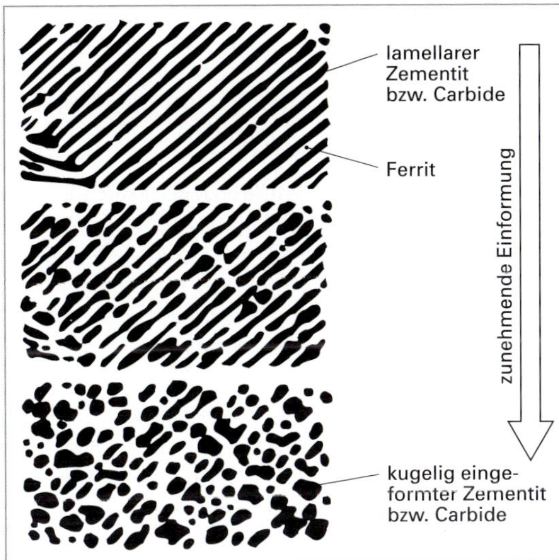

Bild 1: Einformen des Zementits

Tabelle 1: Mechanische Eigenschaften eines Stahles am Beispiel von C80

Eigenschaft		**normalgeglüht** (lamellarer Perlit)	**weichgeglüht** (globularer Perlit)
R_e	MPa	600	280
R_m	MPa	1050	550
A	%	8	25
Z	%	15	60
Härte	HB	300	155

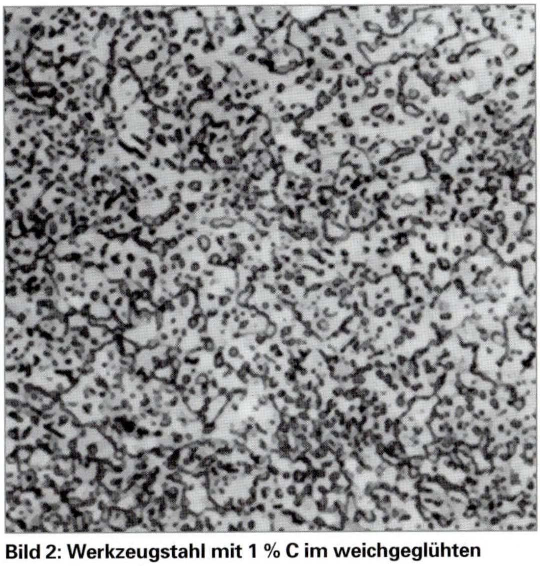

Bild 2: Werkzeugstahl mit 1 % C im weichgeglühten Zustand

6.4.3.3 Spannungsarmglühen

Eigenspannungen

Eigenspannungen sind Spannungen, die ohne das Vorhandensein von äußeren Kräften oder Momenten im Innern eines Werkstücks oder Bauteils auftreten. Ein typisches Merkmal von Eigenspannungen ist, dass sie im Innern eines Werkstücks stets das Gleichgewicht halten. Zug- und Druckeigenspannungen treten deshalb immer gemeinsam auf. Hinsichtlich ihrer räumlichen Ausdehnung unterscheidet man Eigenspannungen erster, zweiter und dritter Art. Eigenspannungen (erster und zweiter Art) können auf unterschiedliche Weise entstehen:

- Ungleichmäßige Abkühlung und behinderte Schrumpfung nach dem Schweißen (Bild 1). Man spricht von **Wärmespannungen**,
- Bei der Abkühlung von Gussstücken infolge fester Schwindung **(Gusseigenspannungen)**,
- Kaltverformung, z. B. Biegen, Hämmern, Richten oder andere Arten der Kaltverformung,
- Spanabhebende Bearbeitung, z. B. Fräsen, Hobeln, Drehen **(Bearbeitungseigenspannungen)**,
- Gefügeumwandlung, die nicht in allen Bereichen des Werkstücks auftritt (z. B. beim Oberflächenhärten). Auch hier treten Wärmespannungen auf.

Information

Spannungsarmglühen

Unter **Spannungsarmglühen** versteht man ein Glühen bei einer Temperatur unterhalb Ac_1 (Linie P-S-K im EKD) mit anschließender langsamer Abkühlung, zum Abbau innerer Spannungen (Eigenspannungen). Die übrigen Werkstoffeigenschaften sollen durch das Spannungsarmglühen möglichst unverändert bleiben.

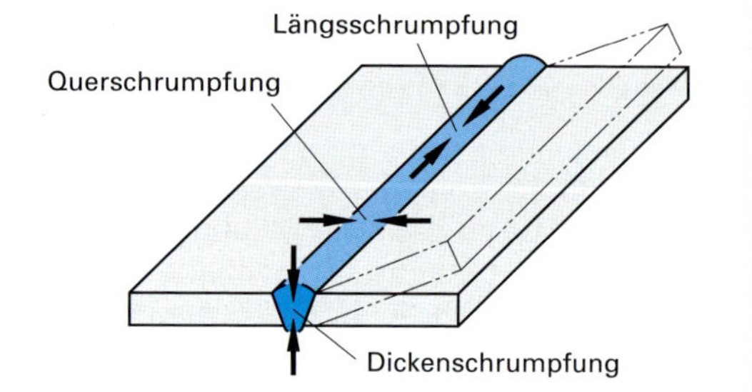

Bild 1: Schrumpfvorgänge in einer Schweißverbindung

Tabelle 1: Glühtemperaturen für das Spannungsarmglühen

Werkstoff	**Glühtemperatur** °C
Stähle (nicht warmfest)	600 ... 650
Warmfeste Stähle Mikrolegierte, thermomechanisch behandelte Feinkornbaustähle	< 580
Vergütete Stähle	< Anlasstemperatur
Gehärtete Stähle	Spannungsarmglühung nicht zulässig
Gusseisen unlegiert niedrig legiert hoch legiert	 500 ... 550[1)] 570 ... 580[2)] 560 ... 600 600 ... 650[3)]

1) niedrigfeste Sorten 2) hochfeste Sorten
3) z. B. austenitisches Gusseisen

Eigenspannungen 1. Art (teilweise auch 2. Art) sind in der Regel aus folgenden Gründen unerwünscht:

1. Eigenspannungen können in ungünstigen Fällen die Höhe der Streck- bzw. Dehngrenze erreichen. Sie überlagern sich den Betriebskräften, so dass unter ungünstigen Umständen bereits bei verhältnismäßig niedrigen zusätzlichen äußeren Belastungen eine Rissbildung oder gar ein Bruch eintreten kann.
2. Eigenspannungen vermindern die plastischen Verformungsreserven eines Werkstoffs teilweise erheblich. Insbesondere kann sich im Bereich von Schweißnähten ein sprödbruchbegünstigender dreiachsiger Spannungszustand ausbilden.
3. Eigenspannungen können während einer spanenden Bearbeitung zu unerwünschten Maß- und Formänderungen und demzufolge zu einer teuren Nacharbeit führen. Da durch eine spanende Bearbeitung die Eigenspannungen nur teilweise beseitigt werden, wird das vorherige Gleichgewicht der Zug- und Druckspannungen zerstört.

Verfahren

Durch das Spannungsarmglühen sollen Eigenspannungen 1. Art und teilweise auch 2. Art weitgehend abgebaut oder zumindest vermindert werden.

Beim Spannungsarmglühen von Stählen wird langsam auf Temperaturen zwischen 550°C und 650°C erwärmt (Tabelle 1, Seite 218) und diese Temperatur, abhängig von der Bauteildicke, 1...2 Stunden gehalten. Eine der wichtigsten Regeln für ein wirksames Spannungsarmglühen, insbesondere bei kompliziert geformten Bauteilen, besteht in der Wahl einer sehr geringen Wärm- und Abkühlgeschwindigkeit, so dass alle Bereiche des Werkstücks stets die gleiche Temperatur haben, damit keine neuen Eigenspannungen entstehen.

Die beim Spannungsarmglühen ablaufenden Vorgänge im Kristallgitter sind der Kristallerholung zuzuordnen (Kapitel 2.10.2.2). Gefügeveränderungen sind im Schliffbild noch nicht erkennbar.

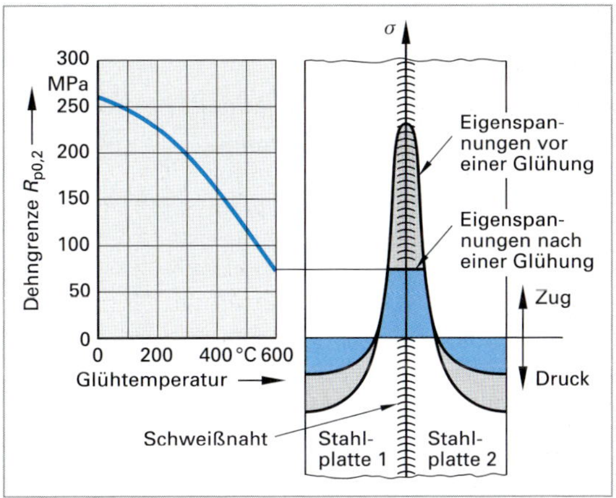

Bild 1: Verteilung der Eigenspannungen in einer Schweißnaht vor und nach einer Spannungsarmglühung (Beispiel)

Anwendungsgrenzen

Durch das Spannungsarmglühen können Eigenspannungen erster Art nur bis zur Höhe der Warmstreck- bzw. Dehngrenze (Streck- bzw. Dehngrenze bei Glühtemperatur) abgebaut werden. Ein vollständiger Spannungsabbau ist nicht möglich. Die mitunter verwendete Bezeichnung **„Spannungsfreiglühen"** ist daher nicht korrekt. Bild 1 verdeutlicht diesen Effekt anhand zweier Stahlplatten, die mittels einer Schweißnaht gefügt wurden.

6.4.3.4 Rekristallisationsglühen

Wird ein metallischer Werkstoff kalt verformt (z. B. gewalzt, gebogen usw.), dann tritt in der Regel eine **Verformungsverfestigung (Kaltverfestigung)** ein (Kapitel 2.9.4). Die Verformungsverfestigung des Werkstoffs beruht auf der Erhöhung von Kristallfehlern (Versetzungen, Leerstellen usw.) und in der Veränderung der Kristallform. Eine Verformungsverfestigung äußert sich in einer Erhöhung der Festigkeit (Zugfestigkeit und Streck- bzw. Dehngrenze) und der Härte, sowie in einer Herabsetzung der Zähigkeit und der Verformbarkeit (Bruchdehnung und Brucheinschnürung). Auch die physikalischen Eigenschaften, wie zum Beispiel die elektrische Leitfähigkeit, ändern sich mit dem Umformgrad (Bild 1, Seite 57). Dieser Effekt ist aus der Praxis bekannt: Wird zum Beispiel ein Stück Blech oder ein Rohr aus Aluminium kalt gebogen, dann muss hierfür eine bestimmte Kraft aufgewandt werden. Soll das Blech bzw. das Rohr anschließend weiter verformt oder wieder in die Ausgangslage zurückgebogen werden, dann sind deutlich höhere Kräfte erforderlich. Die Festigkeit des Werkstoffs hat sich offensichtlich beim ersten Biegevorgang infolge einer Verformungsverfestigung erhöht. Die Zähigkeit und die Verformbarkeit des Werkstoffs wurde durch die Verformungsverfestigung allerdings deutlich vermindert. Bei weiterer Verformung ist daher mit Rissen oder gar mit einem Bruch zu rechnen.

> **ⓘ Information**
>
> **Rekristallisationsglühen**
>
> **Rekristallisationsglühen** ist ein Glühen bei Temperaturen oberhalb der Rekristallisationstemperatur des betreffenden Werkstoffs (Kapitel 2.10.2.3), um die mit einer Kaltverformung einhergehende Kaltverfestigung ohne Phasenumwandlung zu beseitigen und damit die plastische Verformbarkeit wieder herzustellen.

Durch das Rekristallisationsglühen sollen die mit einer Verformungsverfestigung einhergehenden Veränderungen der Werkstoffeigenschaften beseitigt werden. Beim Rekristallisationsglühen entsteht ein völlig neues, ungestörtes Gefüge, das vergleichbare Eigenschaften (hinsichtlich Festigkeit, Härte, Verformbarkeit und Zähigkeit) besitzt, wie das ursprünglich unverformte Gefüge (Bild 1, Seite 57). Die bei einer Rekristallisation im Gefüge ablaufenden Vorgänge wurden bereits in Kapitel 2.10.2 besprochen.

Verfahren

Beim Rekristallisationsglühen muss das Metall bzw. die Legierung auf eine Temperatur oberhalb der Mindestrekristallisationstemperatur ϑ_{Rmin} (s. u.) erwärmt werden. So beträgt beispielsweise für un- und niedriglegierte Stähle die Rekristallisationstemperatur, abhängig von der vorangegangenen Kaltverformung und der chemischen Zusammensetzung des Stahles, 550 °C bis 700 °C (Bild 1). Die Haltezeit ist im Wesentlichen abhängig von der Glühtemperatur und kann wenige Minuten bis zu einigen Stunden betragen. Abgekühlt wird, wie für das Glühen üblich, langsam.

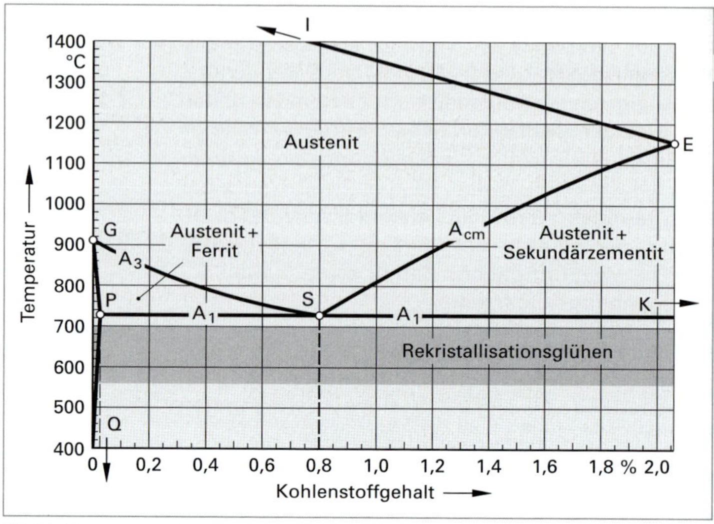

Bild 1: Temperaturbereich für das Rekristallisationsglühen von un- und niedriglegierten Stählen

Anwendung

Das Rekristallisationsglühen kann im Wesentlichen auf alle Metalle und Metalllegierungen angewandt werden, sofern das Gefüge im kaltverformten Zustand vorliegt. Bei Stählen ist zu beachten, dass verformte Carbide allerdings erst oberhalb von Ac_1 wieder ihre globulare Form erhalten. Diese Temperatur wird jedoch nicht erreicht. Eine Rekristallisationsglühung wird besonders in den folgenden Fällen durchgeführt:

1. Für Halbzeuge mit kleinen Querschnitten und engen Toleranzen, wie z. B. Feinblech, Draht, Präzisionsrohre usw, die durch Kaltverformung hergestellt werden müssen. Bei starker Umformung ist häufig die Fließfähigkeit des Werkstoffs erschöpft, ehe die Endabmessungen erreicht sind. Eine weitere Verformung würde infolge der deutlich verminderten Zähigkeit und Verformbarkeit des kaltverformten Gefüges zur Rissbildung oder zum Bruch führen. Daher wird zwischen den einzelnen Verformungsstufen sowie gegebenenfalls am Ende der Bearbeitung eine Rekristallisationsglühung durchgeführt, um die plastische Verformbarkeit wieder herzustellen.
2. Für Fertigteile, die durch Tiefziehen oder Massivumformung hergestellt werden, und im Anschluss an die Umformung wieder eine bestimmte plastische Verformbarkeit aufweisen sollen.
3. Zur Herstellung teilharter Zustände durch eine Teilrekristallisation (Kapitel 2.10.2.6)

Bei Stählen kann alternativ zum Rekristallisationsglühen auch das Normalglühen angewandt werden. Dabei ist jedoch zu berücksichtigen:

1. Stähle mit C ≤ 0,2 % weisen bei Umformgraden von 5 ... 15 % nach dem Rekristallisationsglühen ein grobes Gefüge auf. Hier sollte das Normalglühen vorgezogen werden.
2. Das Rekristallisationsglühen hat gegenüber dem Normalglühen eine Reihe von Vorteilen:
   - Keine oder nur geringe Gefahr einer Verzunderung
   - Geringerer Energieverbrauch
   - Höhere Maßhaltigkeit der geglühten Teile, da keine Gefügeumwandlungen auftreten.

6.4.3.5 Diffusionsglühen (Homogenisierungsglühen)

Die Erstarrung eines technischen Metalles erfolgt in der Regel nicht unendlich langsam, sondern mit messbarer Abkühlgeschwindigkeit. Eine derartige gleichgewichtsferne (technische) Erstarrung führt dabei zu Konzentrationsunterschieden innerhalb der Kristalle. Es entstehen schichtförmig aufgebau-

ⓘ Information

Diffusionsglühen

Unter **Diffusionsglühen** von Stählen versteht man ein Glühen bei hohen Temperaturen (im Bereich zwischen 1050 °C und 1300 °C) mit ausreichend langem Halten (bis zu 50 h), um örtliche Unterschiede der chemischen Zusammensetzung (Seigerungen) auszugleichen, lösliche, versprödend wirkende Phasen von der Korngrenze in das Korninnere zu transportieren und unlösliche Verbindungen in eine weniger schädliche, globulare Form zu überführen (Koagulation).

e Körner mit einer sich vom Kern zum Rand hin kontinuierlich verändernden Zusammensetzung. Diese Erscheinung bezeichnet man als **Kristall-** oder **Mikroseigerung** und den dabei entstehenden Kristall als **Zonenmischkristall** (Kapitel 3.5.1.3 bzw. Bild 1, Seite 78).

Die Kristallseigerung ist umso ausgeprägter, je höher die Abkühlgeschwindigkeit, je kleiner die Diffusionsgeschwindigkeit der beteiligten Elemente und je ausgedehnter das Erstarrungsintervall der Legierung ist. Kristallseigerungen führen nach dem Walzen meist zu einem zeiligen Sekundärgefüge (Kapitel 6.3.1.3) und dadurch zu einer Reihe unerwünschter Eigenschaften des Stahles sowohl im Mikro- als auch im Makrobereich.

Mikrobereich:

- Beeinflussung des Kornwachstums,
- Veränderung der Umwandlungstemperaturen bei einer Wärmebehandlung,
- Beeinflussung des Aufschmelzverhaltens,
- Verschlechterung des Korrosionsverhaltens.

Makrobereich:

- Ausbildung eines Sekundärzeilengefüges mit anisotropen Werkstoffeigenschaften (Kapitel 6.3.1.3),
- Verschlechterung des Umformverhaltens (Rissbildung),
- Verschlechterung der statischen Festigkeit sowie der Schwingfestigkeit, insbesondere quer zur Verformungsrichtung,
- Veränderung des thermischen Ausdehnungsverhaltens und der Zerspanungseigenschaften.

Neben Kristallseigerungen treten nach dem Gießen auch **Block-** oder **Makroseigerungen** auf, die sich über einen Kristalliten (Korn) hinaus erstrecken. Sie führen zu Konzentrationsunterschieden zwischen unterschiedlichen Bereichen des Gussstückes (Bild 2, Seite 186). Zur Blockseigerung in Stählen neigt vor allem Schwefel, gefolgt von Phosphor, Kohlenstoff, Sauerstoff und Mangan (Bild 1, Seite 188). Besonders ausgeprägt waren Blockseigerungen beim heute nicht mehr angewandten unberuhigten Vergießen des Stahles. Blockseigerungen führen zu einer erheblichen Verschlechterung der Schweißbarkeit (Terrassenbrüche, Kapitel 6.3.1.9).

Verfahren

Das Diffusionsglühen von Stählen wird bei Temperaturen zwischen 1050 °C und 1300 °C durchgeführt (Bild 1, Seite 223). Die Glühtemperatur wird über eine längere Zeit (bis zu 50 h) gehalten. Anschließend wird langsam abgekühlt. Die notwendige Glühdauer hängt von den folgenden Faktoren ab:

- Seigerungsgrad
- Ertragbarer Restseigerungsgrad nach der Glühung.
- Diffusionsgeschwindigkeit der am Konzentrationsausgleich beteiligten Elemente. Lange Glühzeiten ergeben sich insbesondere bei diffusionsträgen Elementen wie z. B. Phosphor.
- Diffusionsweg und damit vom Verformungsgrad des Gefüges.

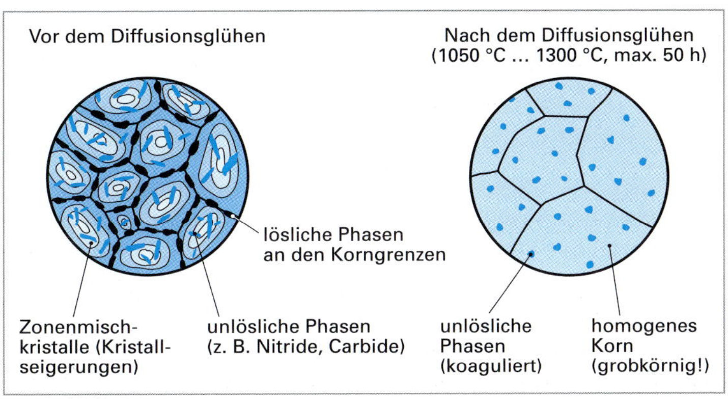

Bild 1: Ausgleich von Gefügeinhomogenitäten durch das Diffusionsglühen am Beispiel eines Stahles mit 0,5 % C

Bei der hohen Glühtemperatur des Diffusionsglühens liegt ein austenitisches Gefüge vor. Das kubisch-flächenzentrierte Kristallgitter des Austenits kann Fremdatome nicht nur besser aufnehmen (lösen), auch deren Fortbewegung (Diffusion) ist dort deutlich erleichtert. Daher wandern die Fremdatome aus Bereichen mit hoher Konzentration in Bereiche mit niedriger Konzentration, wodurch die erwünschte gleichmäßige Verteilung über den Querschnitt eintritt. Weiterhin diffundieren lösliche Gefügebestandteile in das Korninnere (Bild 1, Seite 221) während die unlöslichen Gefügebestandteile (Carbide, Nitride, Oxide) aufgrund der hohen Glühtemperatur in eine globulare Form überführt werden **(Koagulation)** (Bild 1, Seite 221). Auch die mechanischen Eigenschaften werden durch eine Diffusionsglühung verbessert. Inbesondere beobachtet man eine Angleichung der Rand- und Kerneigenschaften.

Anwendung

Diffusionsgeglüht werden in der Regel abgegossene oder warmgeformte Stahlblöcke, nicht die fertigen Bauteile. Dadurch ist es möglich, in nachfolgenden Bearbeitungsschritten die negativen Begleiterscheinungen des Diffusionsglühens (z. B. Verzunderung, Entkohlung der Oberfläche und Grobkornbildung) wieder zu beseitigen. Durch das Diffusionsglühen können nur Kristallseigerungen und Konzentrationsunterschiede von direkt benachbarten Kristallen ausgeglichen werden, dagegen ist die Beseitigung von Blockseigerungen aufgrund der großen Diffusionswege in wirtschaftlich tragbarer Zeit nicht möglich.

Das Diffusionsglühen ist teuer und wird daher in der Regel nur für hochwertige Bauteile und Werkstoffe angewandt, wie z.B. hoch beanspruchte legierte Stahlgussteile zur Verbesserung der Zähigkeit oder schwer zu homogenisierende, hochlegierte Werkzeugstähle.

6.4.3.6 Grobkornglühen (Hochglühen)

Das Grobkornglühen ist werkstoffunabhängig und kann damit im Prinzip auf alle Metalle bzw. Metalllegierungen angewandt werden. In der Regel werden jedoch nur un- und niedriglegierte Stähle mit Kohlenstoffgehalten unter 0,5 % (z. B. Baustähle oder Einsatzstähle) grobkorngeglüht. Diese Stähle zeichnen sich aufgrund ihres geringen Kohlenstoffgehaltes durch eine niedrige Festigkeit verbunden mit einer erhöhten Zähigkeit aus und können daher bei der Zerspanung die genannten Probleme verursachen. Grobkorngeglühte Stähle finden auch als weichmagnetische Werkstoffe (z. B. Dynamoblech) in der Elektrotechnik Anwendung.

> **ⓘ Information**
>
> **Grobkornglühen**
>
> Das **Grobkornglühen** ist ein Glühverfahren, das vorzugsweise der Einstellung einer zerspanungstechnisch günstigen Gefügestruktur dient (Fein- oder Feinstbearbeitung).

Stähle werden beim Grobkornglühen vollständig austenitisiert, d.h. im Mittel etwa 150 °C über Ac_3 erwärmt (Bild 1, Seite 223). Die Glühtemperatur wird über mehrere Stunden (1 h ... 4 h) hinweg gehalten. Die anschließende Abkühlung erfolgt bis zum Umwandlungspunkt Ar_1 (723 °C) langsam, danach kann schneller abgekühlt werden.

Das Grobkornglühen ist aufgrund der hohen Glühtemperatur verhältnismäßig teuer. Da grobkorngeglühte Werkstoffe außerdem eine geringere Festigkeit und Zähigkeit sowie eine deutlich schlechtere Härtbarkeit aufweisen, wird das Verfahren relativ selten angewandt.

6.4.4 Härten

Unter **Härten** versteht man das Erwärmen auf Härtetemperatur (auch als Austenitisieren bezeichnet) und nachfolgendem Abkühlen mit solcher Geschwindigkeit, dass oberflächlich oder durchgreifend eine erhebliche Härtesteigerung durch Martensitbildung eintritt.

6.4.4.1 Geschichte der Stahlhärtung

Die Geschichte der Stahlhärtung ist bereits sehr alt. Heute nimmt man an, dass die Stahlhärtung bereits vor 3500 Jahren im Vorderen Orient praktiziert wurde. Es wurde bereits sehr früh erkannt und durch die Erfahrung vieler Generationen erweitert und verbessert, dass sich nur Eisen und sonst kein anderes Metall härten lässt. Das Eisen musste außerdem eine bestimmte Menge an Kohlenstoff enthalten und aus der

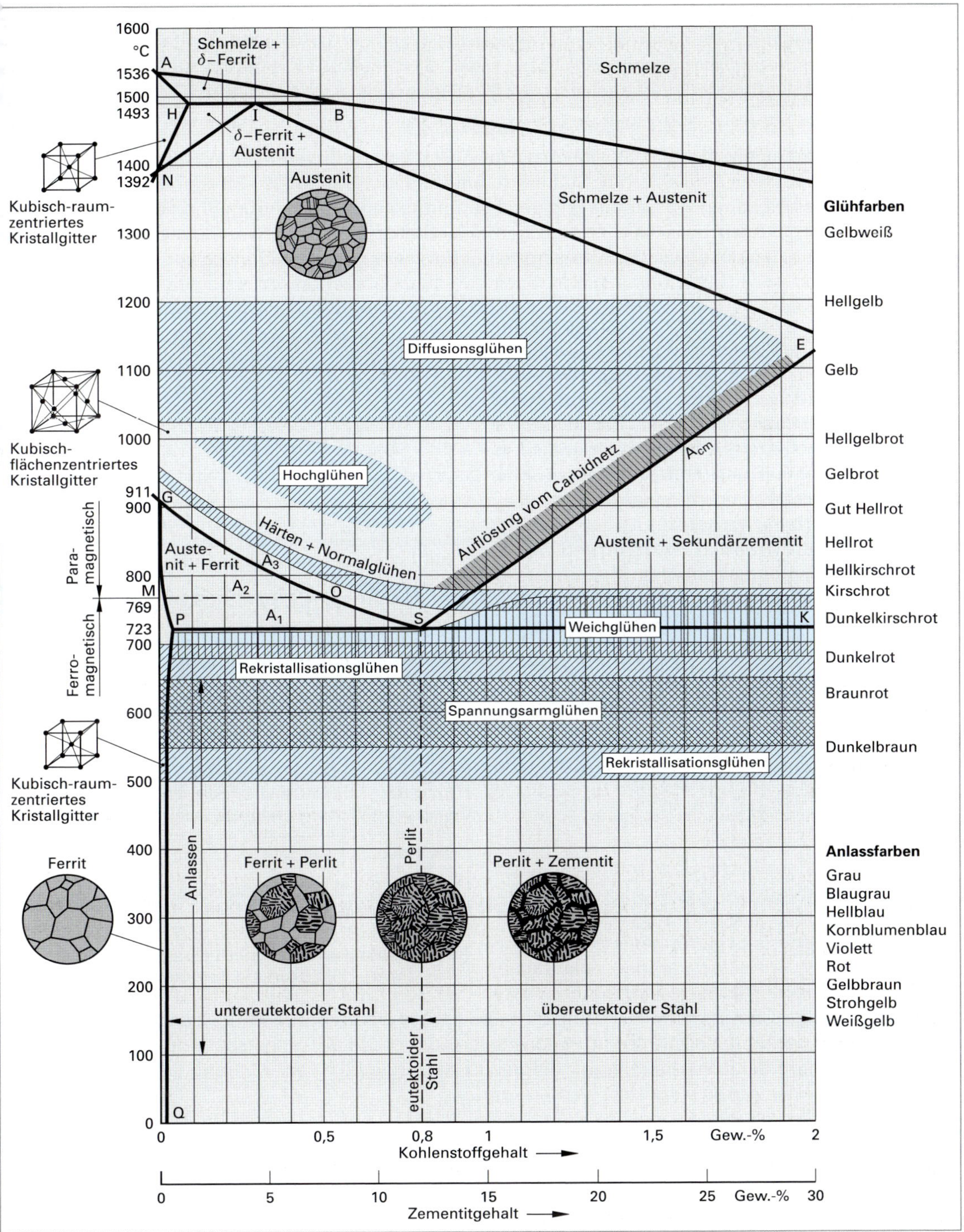

Bild 1: Eisen-Kohlenstoff-Zustandsdiagramm mit Glühtemperaturen wichtiger Glühverfahren

Rotglut in Wasser abgeschreckt werden. Kühlt man es langsamer ab, dann bleibt es weich. Die metallkundliche Erklärung des Härtungsprozesses ist angesichts der langen Geschichte der Stahlhärtung erst seit Beginn des 20. Jahrhunderts bekannt. Ein Problem war, dass die Kenntnis der Härtung von Waffen und Werkzeugen über Jahrhunderte hindurch von den jeweiligen Meistern als Arkanum (Geheimvorschriften) gehütet wurde.

Lange Zeit nahm man an, dass die Qualität des zum Abschrecken verwendeten Wassers einen entscheidenden Einfluss auf die zu erreichende Stahlhärte hat (Bild 1). Noch im 19. Jahrhundert transportierte daher ein Schiff eine Ladung Wasser aus Englands berühmtestem Stahlzentrum Sheffield nach Amerika. Die Auftraggeber glaubten, dass die Güte des Sheffielder Stahls vom dort verwendeten Wasser abhängig war. Heute weiß man jedoch, dass die Wasserqualität nur einen geringen Einfluss auf den Härteprozess besitzt.

Der Beginn der wissenschaftlichen Untersuchung der Stahlhärtung geht auf den Engländer ***F. Osmond*** zurück, der in den Jahren 1885 und 1887 zwei umfangreiche Arbeiten zur chemischen Zusammensetzung, Gefügeausbildung und zu den mechanischen Eigenschaften gehärteter Stähle veröffentlichte. Das bei der Stahlhärtung entstehende typische Gefüge wurde seinerzeit noch als **Hardenit** bezeichnet. Der heutige Name **Martensit** folgte erst später. Erst im Jahre 1922 wurde von ***Westgren*** und ***Phragmen*** mit Hilfe röntgenographischer Methoden der Modifikationswechsel des Eisens entdeckt. 1927 konnte dann nachgewiesen werden, dass Martensit ebenfalls kristallin aufgebaut ist. Weitere Untersuchungen von ***Edgar C. Bain*** (1924) sowie von ***Kurdjumov*** und ***Sachs*** (1930) führten schließlich zur Erstellung erster Modelle zur Kristallographie der martensitischen Umwandlung. Sie wurden später von ***Nishijama*** und ***Schumann*** noch weiter verfeinert. Die Stahlhärtung ist also heute kein Geheimnis mehr.

> **Wie man Eisen und Stahl auf das beste haerten und wieder entlassen solle.**
>
> Man nimmt bey anbrechenden Tage frisches Eisen-Kraut aus der Erden / schneidet die Wurzel darvon ab / zerschneidet solches klein / und stoe et es in einem steinernen Moersel zu einem Mus / dann presset man den Saft darvon aus / durch ein reines Tuechlein / auf das beste / und verwahret solchen in einen saubern Glas wohl. Wann man nun etwas sonderliches haerten will / so nimmt man lesselben Safftes ein halb Seidlein.
>
> Maenner- oder Knaben-Urin ein halb Seidlein.
>
> Engerling- oder Regenwuermer-Safft ein achtel Maas.
>
> Mischet diese drei Saeffte untereinander. So man nun haerten will / so laesset man dasjenige Instrument / oder was es seyn mag / zimlich erhitzen / stoesset es dann alsobald in diese Mixtur, nur so weit / als es hart seyn solle / und laesset die Hitze von sich selbsten vergehen / biss es Gold-Farbe Flecklein gewinnet / dann kuehlet man es folgends in besagter Mixtur oder Wasser ab. Wann es aber zu sehr blau wird / so ist es noch zu weich / so wohl in acht zu nehmen.
>
> NB. Der Urin muss von einem seyn der stets Wein trincket / sonst ist er nicht gut.

Bild 1: Prinzip des Härtens nach *Georgius Agricola* (1474 … 1555). Aus: De Re Metallica

Heute haben martensitische Umwandlungen nicht nur in Fe-C-Legierungen, sondern auch in anderen Legierungssystemen wie den **Shape-Memory-Alloys (Formgedächtnis-Legierungen)** eine zunehmende Bedeutung. Mit Hilfe derartiger Legierungen ist es möglich, durch Rückumwandlung des martensitischen Gefüges bei bestimmten Temperaturen wieder die ursprünglich vorhandene Form einzunehmen. Solche Legierungen könnten im Automobilbau oder auch als Zahnersatz eine Bedeutung erlangen. Letztere nimmt bei Körpertemperatur die genau passende Form an, während es vorher aufgrund kleiner Abmessungen genau eingesetzt werden kann.

6.4.4.2 Ziele der Stahlhärtung

Das Härten ist ein bei Stählen weit verbreitetes Wärmebehandlungsverfahren. Es wird in der Regel in Verbindung mit einem nachfolgenden Wiedererwärmen, dem Anlassen (Kapitel 6.4.5), angewandt. Das Härten kann aus verschiedenen Gründen durchgeführt werden:

1. Bei Werkzeugstählen, durchhärtenden Wälzlagerstählen sowie anderen härtbaren Stählen, dient das Härten in Verbindung mit einem nachfolgenden Erwärmen (Anlassen) einer Erhöhung der Härte und Verschleißbeständigkeit des Stahles. Abhängig von der Stahlsorte erfolgt die Wiedererwärmung auf niedrige Temperaturen etwa zwischen 100 °C und 250 °C (Erhöhung der Zähigkeit und Abbau innerer Spannungen) oder auf höhere Temperaturen etwa zwischen 500 °C und 650 °C (Sekundärhärtung).

2. Bei härtbaren bzw. vergütbaren Konstruktionsstählen dient das Härten in Verbindung mit einem nachfolgenden Erwärmen (Anlassen) auf höhere Temperaturen (zwischen 450 °C und 680 °C) einer Erhöhung der Festigkeit bei angemessener Zähigkeit bzw. der Einstellung eines vorgegebenen Verhältnisses von Zähigkeit und Festigkeit. Man spricht in diesem Fall vom Vergüten (Kapitel 6.4.5.4).

6.4.4.3 Verfahren

Der Härtevorgang eines Werkstücks lässt sich in drei verfahrenstechnische Schritte gliedern (Bild 1, Seite 212): Erwärmen auf Härtetemperatur, kurzes Halten (wenige Minuten bis etwa eine Stunde), Abschrecken mit einer Abkühlgeschwindigkeit, die größer ist als die kritische Abkühlgeschwindigkeit (Kapitel 6.4.4.6). Das Abschrecken aus der Härtetemperatur kann kontinuierlich oder zur Verminderung innerer Spannungen stufenweise erfolgen (Kapitel 6.4.4.11).

6.4.4.4 Härtetemperatur

Die erforderliche Härtetemperatur hängt in hohem Maße von der chemischen Zusammensetzung des Stahles, also von seinem Kohlenstoffgehalt sowie von Art und Menge eventuell vorhandener Legierungselemente ab.

Unlegierte, untereutektoide Stähle (C < 0,8 %) werden durch Erwärmen auf Temperaturen zwischen 30 °C bis 60 °C oberhalb G – S (Ac_3-Temperatur) vollständig austenitisiert, während die unlegierten, übereutektoiden Stähle (C > 0,8 %) auf etwa 780 °C bis 820 °C erwärmt werden (Bild 1). Die Härtetemperaturen der unlegierten Stähle entsprechen damit etwa den Glühtemperaturen beim Normalglühen (Bild 1, Seite 215).

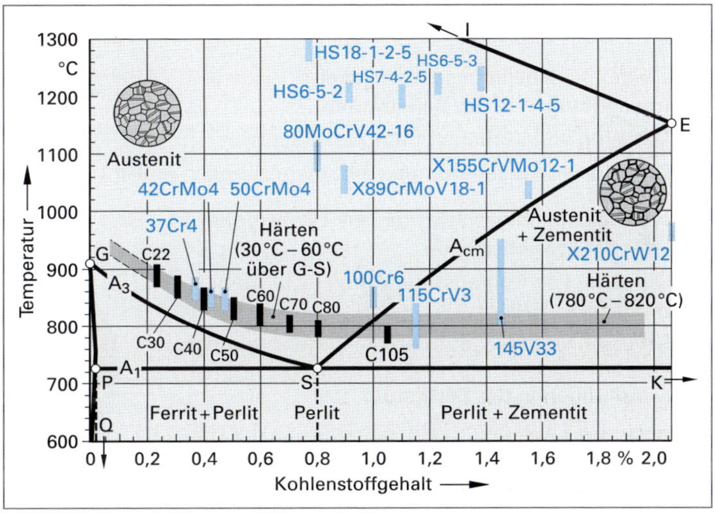

Bild 1: Härtetemperaturen unlegierter Stähle sowie ausgewählter legierter Stähle (mit Beispielen)

Legierte Stahlsorten müssen, abhängig von Art und Menge der Legierungselemente, auf deutlich höhere Temperaturen erwärmt werden, um eine vollständige bzw. ausreichende Zementit- bzw. Carbidauflösung sicherzustellen und alle Legierungsbestandteile in Lösung zu bringen. Die in der Praxis bewährten Austenitisierungstemperaturen können in der Regel entsprechenden Normen oder Werkstoffdatenblättern entnommen werden (z. B. Vergütungsstähle: DIN EN 10083, Werkzeugstähle: DIN EN ISO 4957).

Die in Bild 1 angegebenen Temperaturen gelten nur bei langsamer Erwärmung (z. B. im Ofen). Bei erhöhter Erwärmungsgeschwindigkeit (z. B. induktive Erwärmung) verschieben sich die Umwandlungslinien (Ac_1, Ac_3 und Ac_{cm}) zu höheren Temperaturen, so dass in der Praxis durchschnittlich etwa 50 °C...100 °C höhere Austenitisierungstemperaturen angewandt werden müssen (Kapitel 6.4.4.14).

6.4.4.5 Abkühlgeschwindigkeit und Gefügeausbildung

Eisen ist das Basismetall der technisch wichtigsten Legierungen, der Stähle. Eisen ist ein polymorphes Metall, d. h. es kristallisiert, abhängig von der Temperatur, in unterschiedlichen Kristallgittern (Bild 2, Seite 167).

Kühlt man einen (unlegierten) Stahl aus dem Austenitgebiet ab, dann muss aufgrund der Polymorphie des Eisens eine Gitterumwandlung von kubisch-flächenzentriert nach raumzentriert stattfinden. Ob nun vor bzw. bei dieser Gitterumwandlung eine Diffusion von Eisen- bzw. Kohlenstoffatomen möglich ist, hängt in hohem Maße von der Abkühlgeschwindigkeit ab. Mit zunehmender Abkühlgeschwindigkeit steht für eine Diffusion weniger Zeit zur Verfügung, der Austenitkristall wird in zunehmendem Maße unterkühlt. Die

Umwandlung findet damit bei tieferen Temperaturen und unter zunehmend schlechteren Diffusionsbedingungen statt. Der Umwandlungsmechanismus und die sich ausbildenden Gefügeformen verändern sich (Bild 1).

Hinsichtlich des Umwandlungsmechanismus und der sich ausbildenden Gefügeformen unterscheidet man drei Umwandlungsstufen des unterkühlten Austenits:

- Bei langsamer Abkühlgeschwindigkeit: Umwandlungen in der **Perlitstufe.**
  - Diffusion von Kohlenstoffatomen möglich
  - Diffusion von Eisenatomen möglich
- Bei erhöhter Abkühlgeschwindigkeit: Umwandlungen in der **Bainitstufe.**
  - Diffusion von Kohlenstoffatomen erschwert
  - Diffusion von Eisenatomen nicht mehr möglich
- Bei hoher Abkühlgeschwindigkeit: Umwandlungen in der **Martensitstufe.**
  - Diffusion von Kohlenstoffatomen nicht mehr möglich
  - Diffusion von Eisenatomen nicht mehr möglich

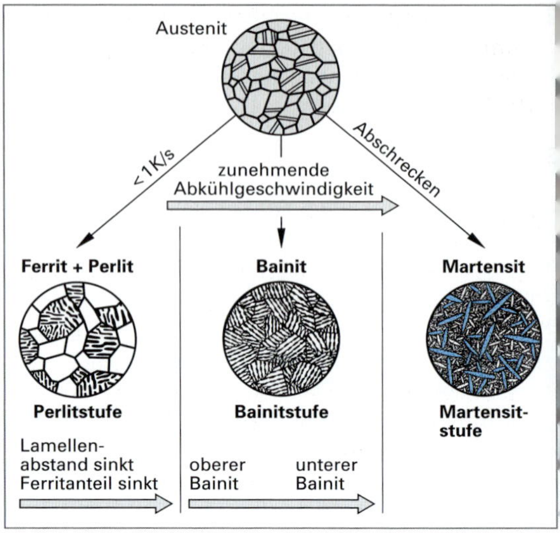

Bild 1: Einfluss der Abkühlgeschwindigkeit auf die Gefügeausbildungen am Beispiel von C45 (vereinfacht)

Umwandlungen in der Perlitstufe

Bei langsamer Abkühlung eines Stahls aus der Härtetemperatur bilden sich die bereits in Kapitel 6.2.2 beschriebenen Gefügeformen (Bild 2). Voraussetzung ist die Möglichkeit einer Diffusion der Eisen- und der Kohlenstoffatome. Bei langsamer Abkühlung (< 1 K/s) steht für die notwendigen Diffusionsvorgänge genügend Zeit zur Verfügung. Mit zunehmender Abkühlgeschwindigkeit, also mit zunehmender Entfernung vom Gleichgewicht, werden die aus dem Eisen-Kohlenstoff-Diagramm bekannten Umwandlungen zu tieferen Temperaturen verschoben, da die Zeit zum Ablauf aller notwendigen Diffusionsvorgänge nicht mehr zur Verfügung steht. Dabei treten beträchtliche Änderungen im Ablauf der Umwandlungen sowie in der Art, Menge und Verteilung der sich bildenden Gefügebestandteile bzw. Gefügearten auf. Das Eisen-Kohlenstoff-Zustandsdiagramm verliert zunehmend seine Aussagekraft.

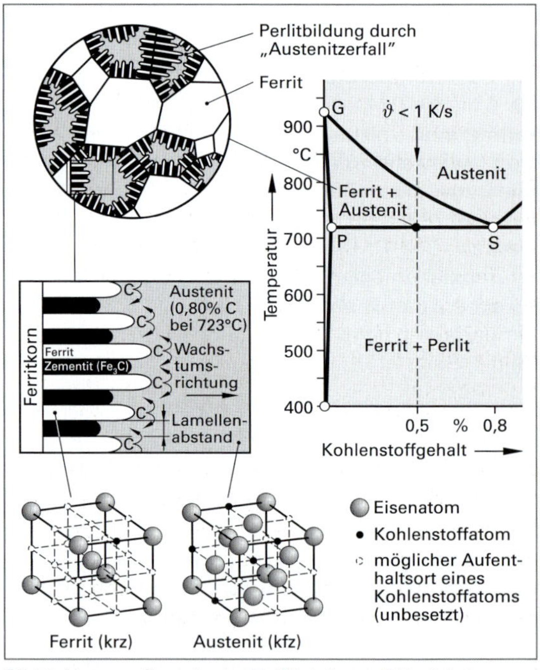

Bild 2: Umwandlung in der Perlitstufe am Beispiel eines unlegierten Stahles mit 0,5 % C

Bei beschleunigter Abkühlung aus dem Austenitgebiet (z. B. durch Abkühlung an bewegter Luft) beobachtet man im Wesentlichen drei bedeutende Veränderungen im Eisen-Kohlenstoff-Zustandsdiagramm (Bild 1, Seite 227):

1. Die Ar_3-Temperatur (Linie G – S) und auch die Ar_1-Temperatur (Linie P – S) der Perlitbildung sinken mit zunehmender Abkühlgeschwindigkeit. Für Stähle mit Kohlenstoffgehalten über etwa 0,2 %...0,3 % findet bei beschleunigter Abkühlung (> 50 K/s) keine voreutektoide Ferritausscheidung mehr statt.
2. Der Perlitanteil nimmt stetig zu, da dem diffusionsgesteuerten Ferritkornwachstum im Temperaturbereich zwischen der Ar_3-Temperatur (Linie G – S) und der Ar_1-Temperatur (Linie P – S) in zunehmendem

Maße weniger Zeit zur Verfügung steht. Außerdem nimmt die Keimbildungsgeschwindigkeit und damit die Anzahl der Kristallisationskeime der Perlitbildung zu.

3. Die Lamellenbreite des Perlits nimmt stetig ab, da einerseits die Diffusionsgeschwindigkeit und damit der durch Diffusion zurücklegbare Weg mit zunehmender Abkühlgeschwindigkeit geringer wird und andererseits die Keimbildungsgeschwindigkeit, d.h. die Anzahl der Kristallisationskeime der Perlitbildung, zunimmt. Dieses feinlamellare perlitische Gefüge wurde früher auch als **Sorbit** bezeichnet (benannt nach dem englischen Naturforscher ***Henry Clifton Sorby***, 1826...1908) (Bild 2a). Neben dem feinstreifigen Sorbit unterscheidet man einen noch feinstreifigeren, meist rosettenförmig angeordneten Perlit, der nach dem Engländer ***Louis-Joseph Troost*** früher auch als **Troostit** bezeichnet wurde (Bild 2b). Diese Bezeichnungen sind heute nicht mehr gebräuchlich.

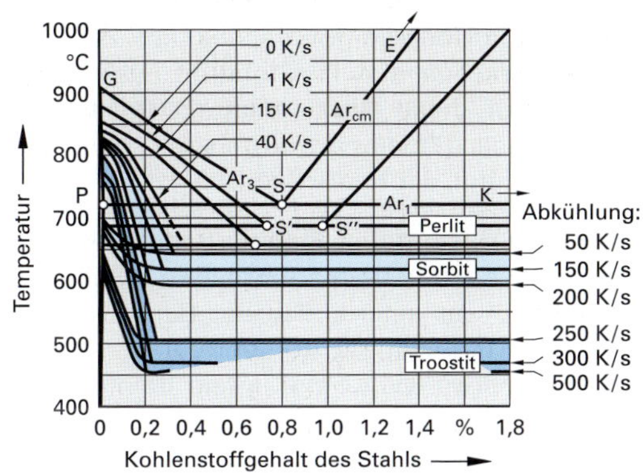

Bild 1: Einfluss der Abkühlgeschwindigkeit auf die Umwandlungslinien im EKD

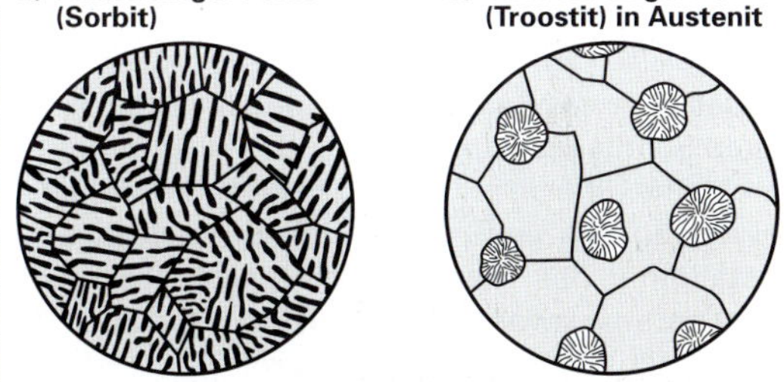

Bild 2: Feinstreifiger Perlit (früher: Sorbit) und feinstreifiger Perlit (früher: Troostit) in Restaustenit

Umwandlungen in der Bainitstufe

In der Bainitstufe ist aufgrund der bereits deutlich verminderten Umwandlungstemperatur nur noch eine beschränkte Diffusion der im Vergleich zu den Eisenatomen relativ kleinen Kohlenstoffatome möglich. Eisenatome können bei diesen relativ niedrigen Temperaturen praktisch nicht mehr diffundieren. Der bereits deutlich unterkühlte Austenit wandelt sich in den nach dem amerikanischen Metallkundler ***Edgar C. Bain*** benannten **Bainit** um. Bainit wird im älteren Schrifttum als **Zwischenstufengefüge** bezeichnet. Entsprechend der Stellung der Bainitstufe zwischen der Perlit- und Martensitstufe, weist die Bainitbildung sowohl Merkmale der Perlitbildung (beschränkte Möglichkeit der Diffusion von Kohlenstoffatomen) als auch der Martensitstufe (diffusionsloses „Umklappen" des Austenitgitters) auf. Hinsichtlich der Bildungsmechanismen unterscheidet man zwischen dem **oberen Bainit** und dem **unteren Bainit**.

ⓘ Information

Der obere und der untere Bainit gehören ebenso wie der hier nicht näher beschriebene **kohlenstoffarme Bainit** zur Gruppe des **nadeligen Bainits,** der sich sowohl bei isothermer Umwandlung als auch bei kontinuierlicher Abkühlung ausbildet. Daneben tritt im obersten Temperaturbereich der Bainitstufe und fast nur bei kontinuierlicher Abkühlung der hier nicht näher beschriebene **körnige Bainit** auf. Die Gefügeerscheinungen im Gebiet der Bainitstufe sind vielfältig und häufig nur mit elektronenmikroskopischen Untersuchungen eindeutig voneinander zu unterscheiden.

Das Gefüge des **oberen Bainits** ähnelt in seiner Erscheinungsform dem Perlit, hat jedoch eine weniger regelmäßige Anordnung. Oberer Bainit bildet sich im oberen Teil der Bainitstufe etwa zwischen 350 °C und 570 °C.

Der obere Bainit besteht aus bündelweise nebeneinander angeordneten, länglichen Platten aus bainitischem Ferrit. Typisch für den oberen Bainit sind die zwischen diesen Ferritplatten ausgeschiedenen stäbchenförmigen Zementitkristalle (Bild 2a, Seite 228).

Bei der Bildung des oberen Bainits wachsen lanzett- oder plattenförmige Bereiche aus Ferritkristallen, in der Regel nach einer von den Austenitkorngrenzen ausgehenden Keimbildung, nach und nach in den Austenitkristall hinein. Ein paralleles Wachstum mehrerer Ferritplatten führt schließlich dazu, dass Kohlenstoffatome vor der Phasengrenze Ferrit-Austenit immer weiter in die Bereiche zwischen den Ferritplatten hineindiffundieren und sich dort soweit anreichern, bis sich nach Übersättigung schließlich Zementitkristalle zwischen den Ferritplatten ausscheiden (Bild 1). Auf diese Weise entsteht letztlich ein hauptsächlich diffusionskontrolliertes, quasi perlitnahes Gefüge, der obere Bainit.

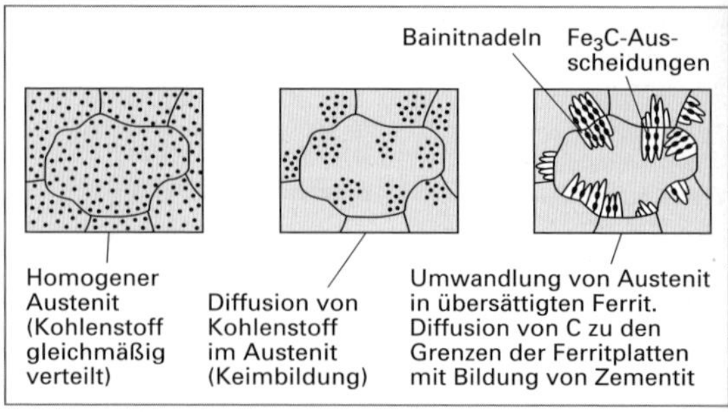

Bild 1: Bainitbildung (schematisch)

Das Gefüge des **unteren Bainits** (Bild 2b) hat sehr viel Ähnlichkeit mit dem Martensit (Bild 1, Seite 230). Er bildet sich im unteren Teil der Bainitstufe zwischen der Martensit-Starttemperatur M_S (Kapitel 6.4.4.8) und etwa 350 °C. Der untere Bainit besteht ebenfalls aus Ferritplatten, die überwiegend in Form verzweigter Gruppen unter bestimmten Winkeln zueinander angeordnet sind. Typisch für den unteren Bainit sind die stäbchenförmigen Zementitkristalle, die sich innerhalb der Ferritplatten unter einem Winkel von 50° bis 60° zur Hauptachse der Ferritnadeln ausscheiden.

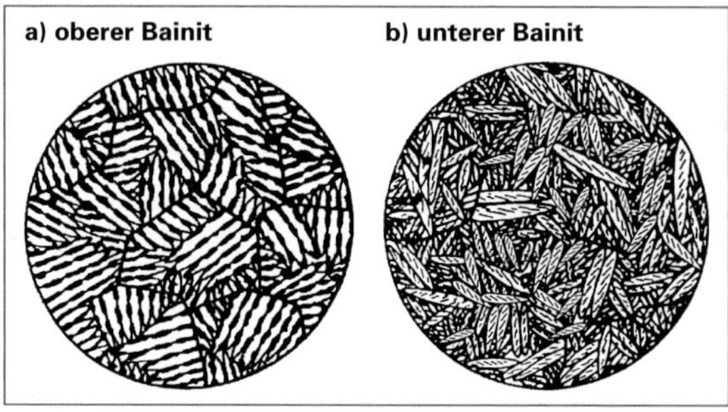

Bild 2: Erscheinungsformen des oberen und des unteren Bainits

Bei der Bildung des unteren Bainits findet in einem ersten Schritt ein „Umklappen" des Austenitgitters durch eine diffusionslose, gekoppelte, koordinierte Bewegung ganzer Gruppen von Eisenatomen im Kristallgitter des Austenits statt, wobei die Kohlenstoffatome zwangsgelöst bleiben. Da aber das krz-Kristallgitter des Ferrits im Vergleich zum kfz-Austenit bessere Diffusionsbedingungen für Kohlenstoffatome bietet, ist nach dem „Umklappen" des Austenitgitters die Kohlenstoffdiffusion in den krz-Ferritplatten wieder insoweit erleichtert, dass in einem zweiten Schritt die Kohlenstoffatome aus ihrer Zwangslösung im Kristallgitter der Ferritplatten entkommen und sich in fein verteilter Form innerhalb der Ferritmatrix ausscheiden können. Dabei bilden sich innerhalb der Ferritplatten die o. g. stäbchenförmigen Zementitkristalle.

Das Gefüge der (unteren) Bainitstufe besitzt eine hohe Festigkeit bei gleichzeitig ausgezeichneter Zähigkeit und ist in seinen mechanischen Eigenschaften den Vergütungsgefügen (Bild 1, Seite 251) oftmals überlegen. Rein bainitische Gefüge können bei der als **Bainitisieren** bezeichneten Wärmebehandlung gezielt erzeugt werden (Kapitel 6.4.5.4). Als Gefügebestandteil kommt der Bainit sehr häufig auch im Kernbereich von gehärteten Werkstücken mit größerem Durchmesser vor, da dort die obere kritische Abkühlgeschwindigkeit, die zur vollständigen Martensitbildung erforderlich ist, nicht mehr überschritten wird (Kapitel 6.4.4.6).

Umwandlungen in der Martensitstufe

Die Martensitbildung liegt im untersten Temperaturbereich der Umwandlung des Austenits. Der noch verbliebene, nicht in Perlit oder Bainit umgewandelte und nunmehr stark unterkühlte Austenit wandelt sich bei Temperaturen unterhalb der Martensit-Starttemperatur (M_S-Temperatur, Kapitel 6.4.4.8) in den nach dem deutschen Metallforscher ***Adolf Martens*** (1850 ... 1914) benannten **Martensit** um. Gefüge der Martensitstufe besitzen eine sehr hohe Härte und Festigkeit. Die Zähigkeit und Verformbarkeit ist demgegenüber jedoch äußerst gering. Es ist im Wesentlichen dieser äußerst harte und praktisch nicht mehr verformungsfähige Martensit, der für eine deutliche Härtesteigerung des Gefüges verantwortlich ist. Martensitische Gefüge werden beim Härten gezielt erzeugt.

Die Bildung des Martensits stellt einen besonderen Umwandlungstyp dar, der dadurch gekennzeichnet ist, dass sich das kfz-Austenitgitter durch eine diffusionslose, gekoppelte, koordinierte Bewegung ganzer Atomgruppen (und nicht durch Diffusion einzelner Atome!) in eine raumzentrierte Gitterstruktur umwandelt. Im Gegensatz zur Bainitbildung können die Kohlenstoffatome dabei das Kristallgitter nicht mehr rechtzeitig verlassen, sie bleiben in Zwangslösung und führen zu einer starken Übersättigung des nunmehr raumzentrierten Kristallgitters. Ein Verlassen dieses Zwangszustandes ist aufgrund der fehlenden Diffusi-

Information

Martensit

Im Martensitkristall sind Versetzungsbewegungen, die ja die Grundlage für eine plastische Verformbarkeit darstellen, nahezu unmöglich. Martensit besitzt daher eine außerordentlich hohe Härte und Festigkeit, andererseits ist der Martensitkristall jedoch auch sehr spröde und plastisch nicht mehr verformbar.

onsmöglichkeit ebenfalls nicht mehr möglich. Diese zwangsgelösten Kohlenstoffatome führen zu einer hohen tetragonalen Gitterverspannung und zu einer hohen Gitterfehlerdichte (Bild 1).

m Wesentlichen können vier Ursachen für die Behinderung von Versetzungsbewegungen im Martensitkristall genannt werden:

- Hohe tetragonale Verzerrung durch zwangsgelöste Kohlenstoffatome, dadurch Aufbau starker Spannungsfelder im Kristall.
- Zwangsgelöster Kohlenstoff wirkt mischkristallverfestigend und führt dabei zu einer weiteren Verspannung des Kristallgitters.
- Infolge der Umwandlungsvorgänge entstehen, ähnlich einer Kaltverformung, sehr viele neue Gitterbaufehler, insbesondere Versetzungen.
- Bei der martensitischen Umwandlung entstehen eine Vielzahl neuer, innerer Grenzflächen, die ebenfalls Hindernisse für eine Versetzungsbewegung darstellen.

Abhängig vom Kohlenstoffgehalt des Stahls unterscheidet man zwei sich hinsichtlich Bildungsmechanismus und Erscheinungsform voneinander unterscheidende Martensitsorten, **Massivmartensit** (auch als Lanzett- bzw. früher Lattenmartensit bezeichnet) und **Plattenmartensit**. Massivmartensit bildet sich bei kohlenstoffarmen Stählen (C < 0,4%), Plattenmartensit hingegen bei Kohlenstoffgehalten über 1,0%. Zwischen etwa 0,4% C und 1,0% findet sich Massiv- und Plattenmartensit nebeneinander im Gefüge (Tabelle 1 und Bild 1, Seite 230).

Ursprünglich wurde die Bezeichnung Martensit nur für die sich in Eisen-Kohlenstoff-Legierungen (Stählen) bei hinreichend hohem Kohlenstoffgehalt und hinreichend hoher Abkühlgeschwindigkeit bildende, äußerst harte und spröde Phase benutzt. Die Namensgebung erfolgte aufgrund eines von ***F. Osmond*** (1895) gemachten Vorschlags, das damals lichtmikroskopisch schon recht gut untersuchte Abschreckprodukt zu Ehren des deutschen Werkstoffforschers *Adolf Martens* als Martensit zu bezeichnen.

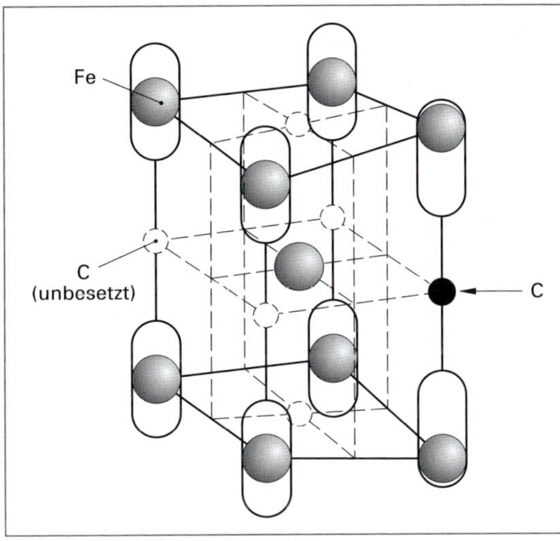

Bild 1: Tetragonal-raumzentrierte Elementarzelle des Martensits mit zwangsgelöstem Kohlenstoffatom (Verzerrungsdipol)

Tabelle 1: Vergleich von Massiv- und Plattenmartensit

Massivmartensit	Plattenmartensit
C < 0,4 %[1]	C > 1,0 %[1]
Kein Restaustenit im Gefüge	Restaustenit zwischen den Martensitplatten
• Bündel parallel angeordneter lattenförmiger Martensitkristalle. • Innerhalb der Bündel viele Zwillingskorngrenzen. • Lattenbreiten 0,1 ... 0,5 μm bei einer Länge von mehreren μm.	• Linsenförmige Martensitplatten mit unterschiedlicher Größe. • Benachbarte Platten schließen häufig Winkel von 60° und 120° ein. • Zwischen den Platten Restaustenit.
Martensitische Umwandlung des gesamten Gefüges.	Martensitplatte wächst durch das Korn bis zur Korngrenze, kann diese jedoch nicht überwinden (Mittelrippe). Weitere Kristalle wachsen unter bestimmten Winkeln von der Mittelrippe zur Korngrenze, dadurch zunehmende Verfeinerung der Platten.
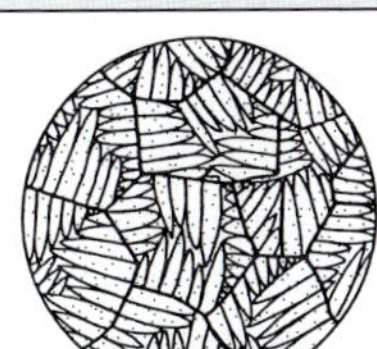	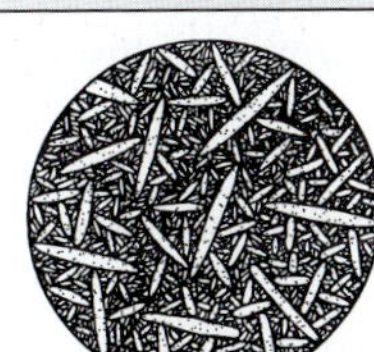

[1] Zwischen 0,4 % C und 1,0 % C findet sich Massiv- und Plattenmartensit nebeneinander im Gefüge

Heute weiß man, dass martensitische Umwandlungen (s.u.) nicht nur in Stählen, d.h. in Eisen-Kohlenstoff-Legierungen auftreten können, sondern auch in einer Vielzahl weiterer Eisenbasis-Legierungen (z.B. Fe-Co, Fe-Cr usw.). Auch bei einer Reihe Nichteisenmetall-Basislegierungen (z.B. Cu-Al, Cu-Sn, Au-Cd usw.) wurden martensitische Umwandlungen beobachtet. Man bezeichnet daher heute alle durch martensitische Umwandlungen entstandenen Tieftemperaturphasen, unabhängig vom speziellen Legierungssystem, als Martensite.

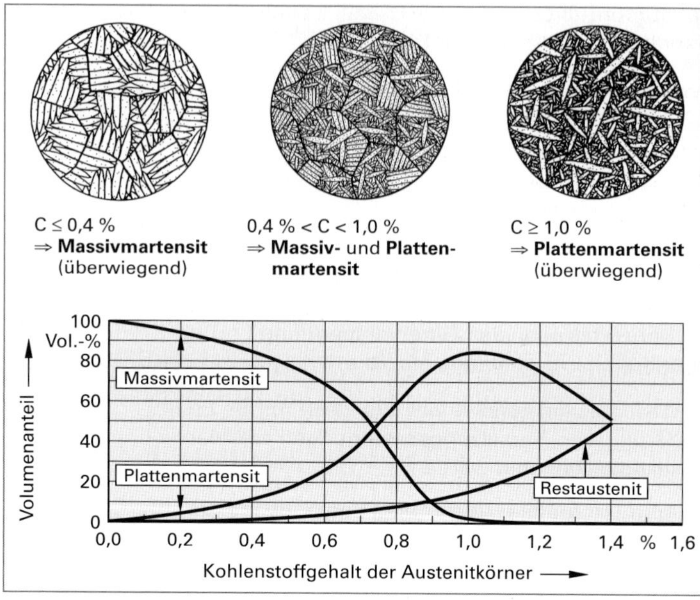

Bild 1: Morphologische Erscheinungsformen des Martensits

Die martensitische Umwandlung ist ein relativ komplexer Vorgang. Er wird am einfachsten verständlich, wenn man ihn in verschiedene Teilschritte zerlegt. Ein erster wichtiger Beitrag zum Verständnis der bei der Martensitbildung ablaufenden Vorgänge im Kristallgitter wurde bereits 1924 von *Edgar C. Bain* geleistet. Betrachtet man nämlich zwei kubisch-flächenzentrierte Elementarzellen des Austenits, dann ist ersichtlich, dass aus geometrischen Gründen das kubisch-flächenzentrierte Gitter des Austenits bereits eine tetragonal-raumzentrierte Elementarzelle (virtuelle Martensitelementarzelle) beinhaltet. Diese unterscheidet sich von der tetragonal-raumzentrierten Elementarzelle des Martensits nur durch die Gitterparameter, also die Abstände zwischen den Mittelpunkten der Eisenatome (Bild 2).

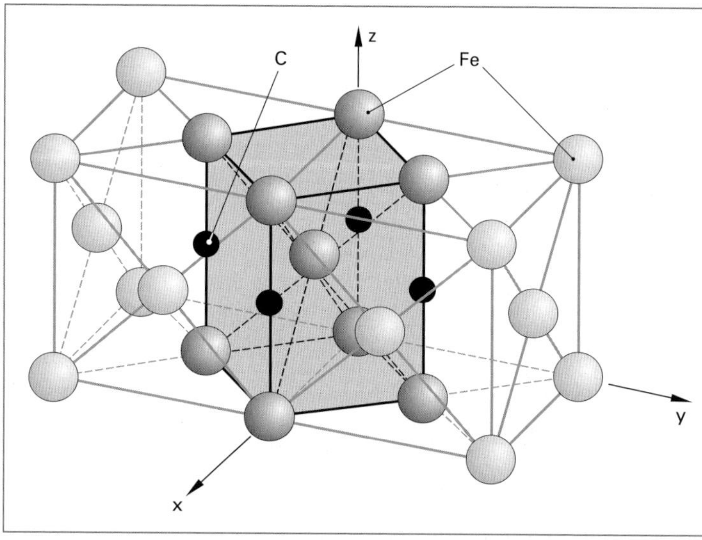

Bild 2: kfz-Kristallgitter des Austenits und virtuelle Martensitelementarzelle

Zur Umwandlung des kubisch-flächenzentrierten Austenits in den tetragonal-raumzentrierten Martensit ist daher nur eine Stauchung in z-Richtung um etwa 20 % sowie eine Dehnung in x- und y-Richtung um rund 12 % erforderlich. Diese auch als **Bain-Deformation** bezeichnete Gitterumwandlung macht nur kleine Verformungen notwendig, um das kubisch-flächenzentrierte Kristallgitter des Austenits in das tetragonal-raumzentrierte Kristallgitter des Martensits zu überführen. Die Eisenatome müssen dabei in einer koordinierten Bewegung nur Wege zurücklegen, die kleiner als der Atomabstand sind, eine Diffusion ist also voraussetzungsgemäß nicht erforderlich.

Detaillierte mikroskopische Untersuchungen haben jedoch gezeigt, dass zwischen dem Austenitgitter und dem Martensitgitter eine gemeinsame Ebene existieren muss, die bei der Gitterumwandlung weder verformt noch gedreht wird. Die Existenz einer solchen gitterinvarianten Ebene, die als **Habitusebene** bezeichnet wird, führt bei der Umwandlung zu einer minimalen elastischen Gitterverzerrung. Die alleinige

Bain-Deformation konnte die Existenz einer solchen Ebene nicht erklären. Es sind daher zusätzliche Umwandlungsschritte erforderlich.

Bei einem solchen zweiten Umwandlungsschritt handelt es sich um eine Scherung. Durch Überlagerung der Bain-Deformation mit der Scherung ist es grundsätzlich denkbar, dass die durch die Bain-Deformation verursachte Verzerrung zumindest in einer Richtung wieder rückgängig gemacht werden kann. Dann entsteht die geforderte unverzerrte Ebene. Kristallographisch werden Scherungen durch Gleitung oder durch Zwillingsbildung erzeugt.

Schließlich ist ein dritter Umwandlungsschritt erforderlich, der das Kristallgitter (durch eine starre Drehung) so umformt, dass die durch die Bain-Deformation sowie durch die gitterinvariante Scherung unverzerrt gebliebene Ebene wieder in ihre ursprüngliche Lage gebracht wird.

Die geschilderte Theorie sagt nichts darüber aus, wie und in welcher Reihenfolge die einzelnen Umwandlungsschritte ablaufen. Sie trägt lediglich den gestellten Forderungen Rechnung:

1. Überführung vom kubisch-flächenzentrierten in das tetragonal-raumzentrierte Kristallgitter.
2. Vorhandensein einer kristallographisch unverzerrt und ungedreht bleibenden Ebene, damit minimale elastische Gitterverzerrungen.

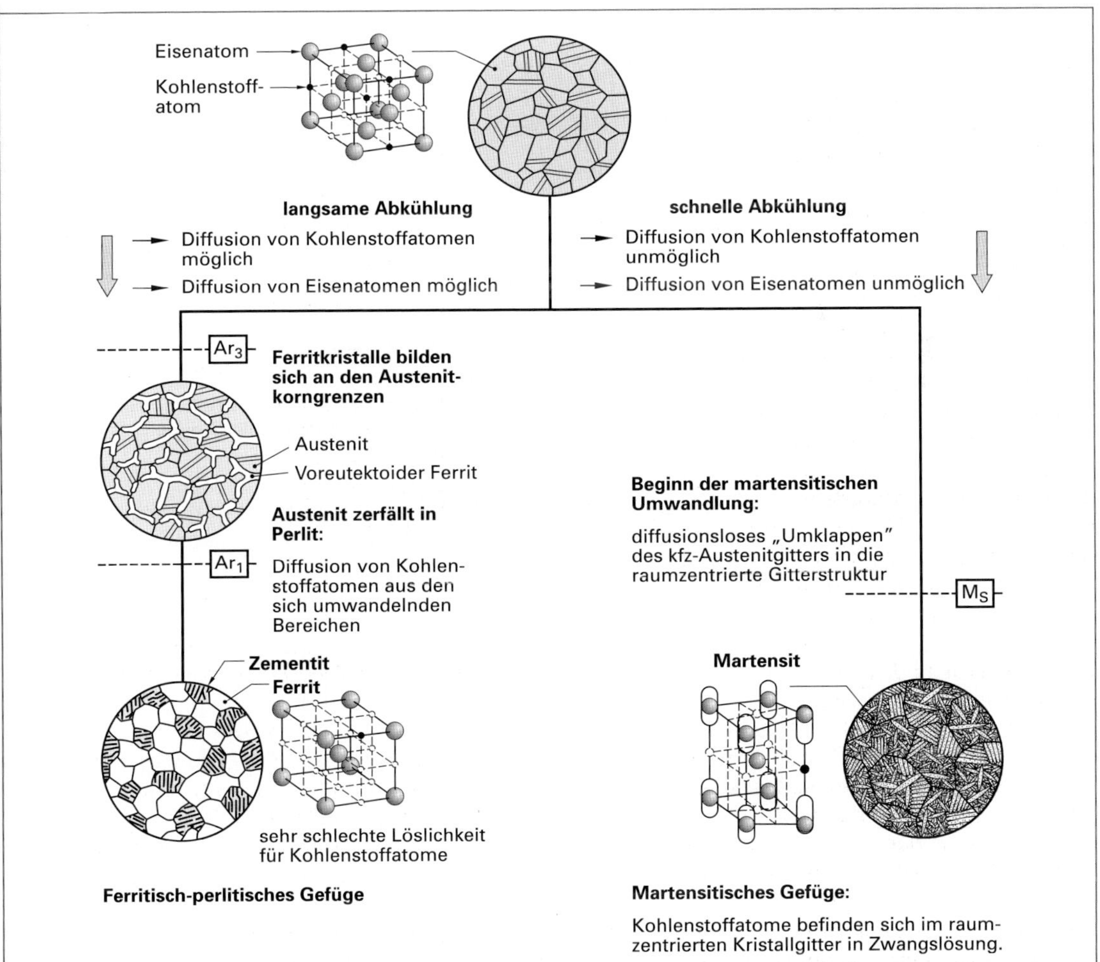

Bild 1: Gefügeveränderungen bei langsamer und schneller Abkühlung eines unlegierten Stahles (0,5 % C) aus der Härtetemperatur

Der beschriebene Umwandlungsmechanismus gilt für Plattenmartensit. Stähle mit niedrigem Kohlenstoffgehalt (C < 0,4 %) weisen Massivmartensit auf (s. o.). Ein Modell für die Entstehung von Massivmartensit konnte bislang allerdings noch nicht entwickelt werden.

Bild 1, Seite 231, zeigt abschließend die wichtigsten Veränderungen im Gefüge bei langsamer und schneller Abkühlung eines Stahles.

6.4.4.6 Kritische Abkühlgeschwindigkeit

Nach Überschreiten der **unteren kritischen Abkühlgeschwindigkeit** (v_{uk}) tritt erstmals Martensit im Gefüge auf. Mit zunehmender Abkühlgeschwindigkeit nimmt der Martensitanteil stetig zu, bis letztlich nach Überschreiten der **oberen kritischen Abkühlgeschwindigkeit** (v_{ok}) das Gefüge vollständig aus Martensit besteht. Die untere und die obere kritische Abkühlgeschwindigkeit haben keine festen Werte, sondern sind in erster Linie vom Kohlenstoffgehalt des Stahls sowie von der Art und Konzentration eventuell im Stahl vorhandener Legierungselemente abhängig.

Unlegierte Stähle

Bild 1 zeigt die untere und die obere kritische Abkühlgeschwindigkeit in Abhängigkeit des Kohlenstoffgehalts eines unlegierten Stahls. Mit steigendem Kohlenstoffgehalt nimmt die kritische Abkühlgeschwindigkeit zunächst deutlich ab, da sich die Kohlenstoffatome in ihrer Diffusionsfähigkeit gegenseitig behindern. Die Abbildung verdeutlicht außerdem, dass bei (unlegierten) Stählen mit Kohlenstoffgehalten unter 0,2 % die kritische Abkühlgeschwindigkeit im praktischen Härtebetrieb nicht mehr oder nur noch mit sehr großem Aufwand realisiert werden kann. Hohe Abkühlgeschwindigkeiten können außerdem bei unsymmetrischen Werkstücken aufgrund eines ungenügenden Temperaturausgleichs zwischen Rand und Kern zu Maß- und Formänderungen (Verzug) oder gar zu Rissen führen. Der Kohlenstoffgehalt der härtbaren Stähle muss daher mehr als 0,2 % betragen.

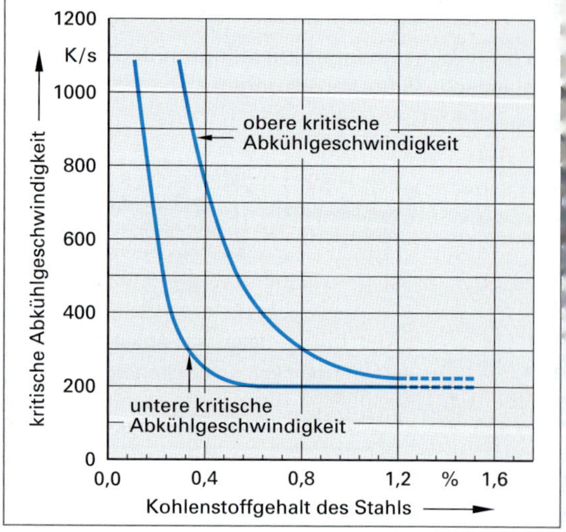

Bild 1: Untere und obere kritische Abkühlgeschwindigkeit in Abhängigkeit des Kohlenstoffgehalts unlegierter Stähle

Legierte Stähle

Bei legierten Stählen hängt die untere und die obere kritische Abkühlgeschwindigkeit nicht nur vom Kohlenstoffgehalt, sondern auch von der Art und Menge der Legierungszusätze ab. Legierungselemente, wie Chrom, Molybdän, Nickel oder Mangan, setzen sie teilweise deutlich herab, da sie die Diffusionsfähigkeit

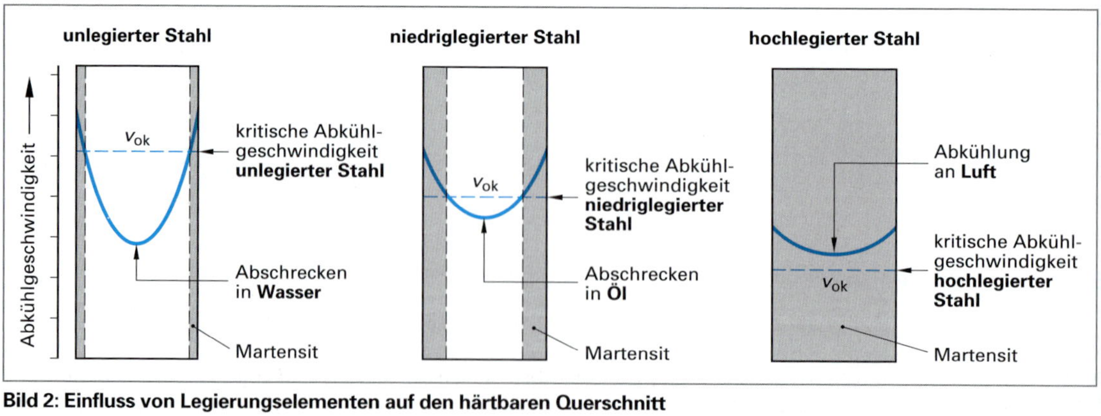

Bild 2: Einfluss von Legierungselementen auf den härtbaren Querschnitt

der Kohlenstoffatome hemmen. Mit derartigen Legierungszusätzen in den entsprechenden Konzentrationen kann bei nicht zu dickwandigen Bauteilen sogar mit Luft als Abschreckmittel eine vollkommene Durchhärtung erzielt werden.

Um bei den unlegierten Stählen eine vollständige Martensitbildung zu erreichen, sind relativ hohe kritische Abkühlgeschwindigkeiten und dementsprechend schroffe Abkühlmedien (z. B. Wasser) erforderlich (Bild 2, Seite 232). Eine derart schroffe Abkühlung birgt jedoch die Gefahr des Verzugs oder gar der Rissbildung. Weiterhin verdeutlicht der eingezeichnete steile Temperaturgradient (linkes Teilbild), dass bereits wenig unterhalb der Oberfläche die Abkühlgeschwindigkeit unter dem kritischen Wert liegt und somit eine vollständige Martensitbildung nicht mehr möglich ist. Die Tiefe der vollmartensitischen Randschicht beträgt bei den unlegierten Stählen daher maximal 5 mm bis 7 mm.

Geeignete Legierungselemente vorausgesetzt (z. B. Cr, Ni, Mo oder Mn), weisen die legierten Stähle günstigere Verhältnisse auf. Da die Legierungselemente die kritische Abkühlgeschwindigkeit vermindern, kann bereits mit milderen Abschreckmitteln (z. B. Öl oder Luft) die kritische Abkühlgeschwindigkeit in großen Bereichen oder gar in der gesamten Querschnittsfläche überschritten werden. Die milderen Abschreckmittel führen außerdem zu einem geringeren Verzug bzw. verringern die Rissgefahr.

6.4.4.7 Kohlenstofflöslichkeit des Austenits

Bei übereutektoiden Stählen (C > 0,8 %) kann sich der Kohlenstoffgehalt des Stahls vom Kohlenstoffgehalt der in den Austenitkörnern gelöst ist, unterscheiden. Wird ein übereutektoider Stahl aus dem Gebiet des homogenen Austenits langsam abgekühlt, dann scheiden sich mit Erreichen der A_{cm}-Temperatur (Linie S-E im Eisen-Kohlenstoff-Zustandsdiagramm) Zementitkristalle an den Austenitkorngrenzen aus, da der Austenitkristall die Vielzahl der Kohlenstoffatome nicht mehr zu lösen vermag. Bei weiterer Abkühlung ändert sich der Kohlenstoffgehalt der Austenitkörner längs der Phasengrenze S-E. Die Phasengrenze S-E gibt also bei gegebener Temperatur die maximale Kohlenstofflöslichkeit des Austenits an. Diese Kohlenstoffmenge ist geringer im Vergleich zum Kohlenstoffgehalt des Stahles. Die Differenz zwischen dem Kohlenstoffgehalt des Stahles und der im Austenit gelösten Menge wird als Sekundärzementit ausgeschieden (Bild 1).

Damit ergibt sich eine wichtige Erkenntnis: Der in den Austenitkörnern übereutektoider Stähle bei Temperaturen zwischen A_1 und A_{cm} gelöste Kohlenstoff ist nur von der Temperatur und nicht vom Kohlenstoffgehalt des Stahls abhängig.

Beispiel:

Bei einem Stahl mit 1,55 % Kohlenstoff ist bei einer Temperatur von 1000 °C der gesamte Kohlenstoff (noch) im Austenit gelöst. Bei Abkühlung auf 900 °C sind im Austenitkristall noch etwa 1,2 % Kohlenstoff in Lösung. Der restliche Kohlenstoff (0,35 %) wurde als Sekundärzementit ausgeschieden. Bei einer Temperatur von 760 °C sind im Austenit noch etwa 0,9 % Kohlenstoff gelöst, während in den Zementitausscheidungen 0,65 % des Kohlenstoffs gebunden sind (Bild 1).

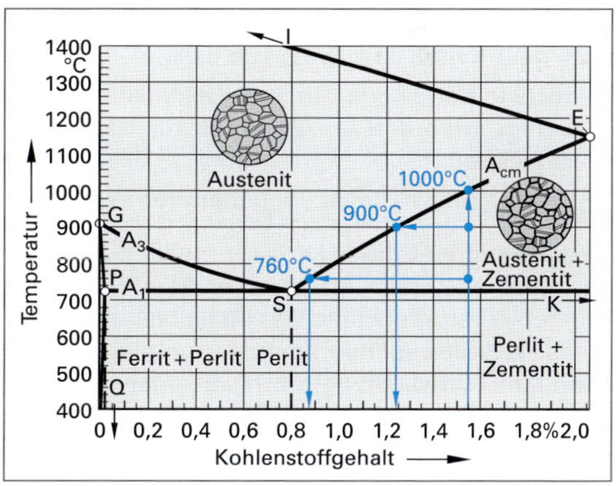

Bild 1: Bestimmung des Kohlenstoffgehalts des Austenits übereutektoider Stähle

6.4.4.8 Temperaturbereich der Martensitbildung

Die diffusionslose Umwandlung von Austenit zu Martensit erfolgt nicht bei einer festgelegten Temperatur, sondern aufgrund der unterschiedlichen Stabilität der einzelnen Austenitkörner über einen Temperaturbereich. Für unlegierte Stähle kann der Beginn und das Ende der Martensitbildung (M_s- bzw. M_f-Temperatur) aus Bild 1, Seite 234 abgeschätzt werden. Voraussetzung für die Anwendbarkeit dieses Bildes, ist eine Abkühlgeschwindigkeit die größer ist, als die obere kritische Abkühlgeschwindigkeit. Die Temperatur, bei der sich der Martensit in Austenit umzuwandeln beginnt, wird als **Martensit-Startpunkt** (M_s-Temperatur; **s** = start, *engl.:* Beginn) bezeichnet. Mit Erreichen des **Martensit-Endpunktes** (M_f-Temperatur; **f** = finish, *engl.:* Ende) hat sich der Austenit vollständig in Martensit umgewandelt. Bei höheren Kohlenstoffgehalten wandelt sich allerdings auch nach Unterschreiten der M_f-Temperatur der Austenit nicht mehr vollständig in Martensit um.

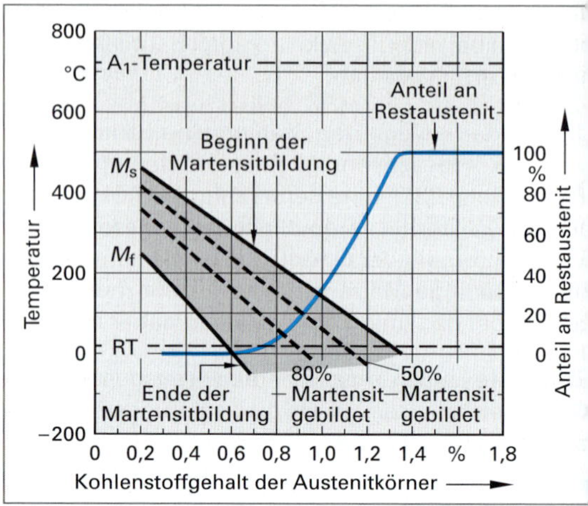

Bild 1: Beginn und Ende der Martensitbildung sowie Restaustenitgehalt unlegierter Stähle

6.4.4.9 Restaustenit und Tiefkühlung

Haben die Austenitkörner unmittelbar vor dem Abschrecken einen Kohlenstoffgehalt von mehr als 0,6 %, dann ist die Martensitbildung mit Erreichen der Raumtemperatur noch nicht abgeschlossen, d. h. die M_f-Temperatur wurde noch nicht unterschritten (Bild 1). Diese Stähle enthalten daher bei Raumtemperatur noch eine bestimmte Menge an nicht umgewandeltem Austenit, den so genannten **Restaustenit** (Bild 2). Restaustenit ist sehr weich und gibt dem gesamten Gefüge eine insgesamt geringere Härte. Weiterhin kann sich der Restaustenit im Gefüge unter gewissen Bedingungen (tiefe Temperaturen, erhöhte Temperaturen über 150 °C, Druck oder Verformung) nachträglich in Martensit umwandeln und infolge des unterschiedlichen Volumens von Restaustenit und Martensit zu unerwünschten Spannungen sowie zu Maßänderungen führen. Restaustenit ist daher in der Regel unerwünscht. Eine Beseitigung des Restaustenits nach dem Härten ist erforderlich, falls:

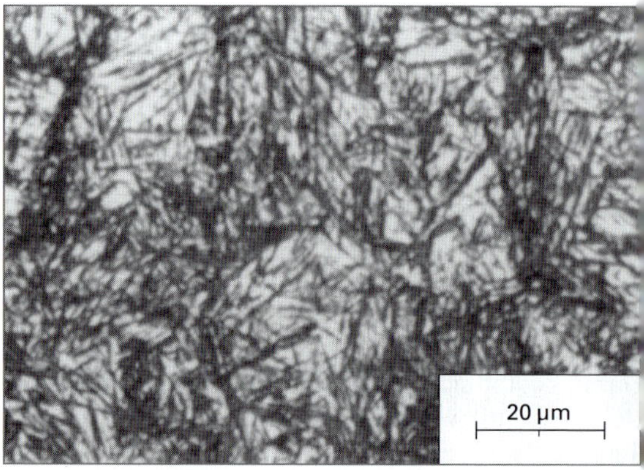

Bild 2: Martensitnadeln (dunkel) in weichem Restaustenit (hell) am Beispiel von C80

- höchste Härtewerte durch ein restaustenitfreies Gefüge gefordert werden (z. B. für Werkzeugschneiden),
- höchste Maßstabilität der gehärteten Werkstücke gefordert wird (z. B. für Messmittel).

Restaustenit im Gefüge kann weitgehend beseitigt, d. h. in Martensit umgewandelt werden, indem man den Stahl nach dem Abschrecken kurzzeitig auf Temperaturen unterhalb der Martensit-Endtemperatur (M_f-Temperatur) abkühlt. Das Tiefkühlen muss unmittelbar nach dem Abschrecken erfolgen, da ein längeres Verweilen auf Raumtemperatur (einige Stunden) zu einer Stabilisierung des Restaustenits führt und dann eine Umwandlung erschwert oder gar unmöglich macht. Die Abkühlgeschwindigkeit spielt dabei keine Rolle mehr, da der Kohlenstoff bei bzw. unterhalb Raumtemperatur sowieso nicht mehr diffusionsfähig ist. Das **Tiefkühlen** kann in gewöhnlichen Tiefkühltruhen oder -schränken erfolgen (bis – 60 °C, in Sonderfällen bis – 140 °C). Für die Erzeugung tieferer Temperaturen (unter – 60 °C) muss auf spezielle Kältemischungen (z. B. Alkoholmischungen), Trockeneis oder auf flüssige Gase (z. B. flüssiger Stickstoff mit – 196 °C) zurückgegriffen werden.

6.4.4.10 Abschreckhärte

Martensit hat im Vergleich zu allen anderen Gefügebestandteilen die weitaus höchsten Härtewerte. Maßgebend für die Härte des Martensits ist ausschließlich die Menge des zwangsgelösten Kohlenstoffs und damit der Kohlenstoffgehalt der Austenitkörner unmittelbar vor dem Abschrecken. Dies ist leicht verständlich, da mit steigendem Kohlenstoffgehalt die mit einer Härtesteigerung einhergehende Verzerrung des Kristallgitters zunimmt (Bild 1, Seite 229). Die bei härt- oder vergütbaren Stählen üblichen Legierungselenente (z. B. Cr, Ni, Mo, Mn) haben praktisch keinen Einfluss auf die Martensithärte, da sie sich auf regulären Gitterplätzen befinden und dort unter Bildung von Substitutionsmischkristallen zu relativ geringen Gitterverspannungen führen.

Die durch Martensitbildung (100 % Martensit) erreichbare Härte in Abhängigkeit des Kohlenstoffgehalts eines unlegierten Stahls ist in Bild 1 dargestellt. Die Abbildung zeigt, dass die Härte des Stahles mit zunehmendem Kohlenstoffgehalt, infolge einer zunehmenden tetragonalen Verzerrung des Martensits, kontinuierlich steigt. Bei Stählen mit Kohlenstoffgehalten über 0,6 % sind drei Härteverläufe möglich:

- **Kurve 1:** Abschrecken aus einer Temperatur oberhalb S-E auf Raumtemperatur führt zu einer kontinuierlich abnehmenden Härte. Die Gründe liegen in einem zunehmenden Restaustenitgehalt (Bild 1, Seite 234) sowie in einem die Restaustenitbildung begünstigenden groben Austenitkorn.
- **Kurve 2:** Abschrecken aus den üblichen Härtetemperaturen 30 °C ... 50 °C oberhalb G-S-K auf Raumtemperatur führt aufgrund einer gleichbleibenden Kohlenstoffmenge im Austenitkorn zu einer vom C-Gehalt des Stahles unabhängigen Härte.
- **Kurve 3:** Abschrecken aus einer Temperatur oberhalb S-E und anschließendes Tiefkühlen auf eine Temperatur unterhalb M_f ergibt die theoretisch maximal erreichbare Härte eines martensitischen Gefüges.

Tabelle 1: Vickers-Härten unterschiedlicher Gefügebestandteile eines unlegierten Stahls mit 0,45 % C

Gefüge		Vickers-Härte
Perlit	groblamellar	200
	feinlamellar (Sorbit)	250
	feinstlamellar (Troostit)	350
Bainit	oberer	350 ... 450
	unterer	450 ... 550
Martensit		> 550

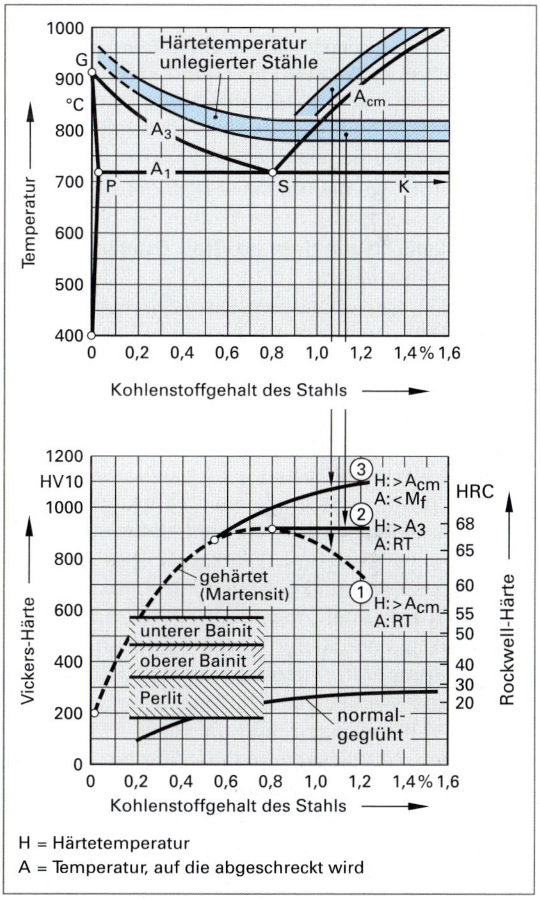

Bild 1: Durch Martensitbildung erreichbare Härte eines unlegierten Stahls

6.4.4.11 Härtespannungen

Das Härten stellt für den Stahl eine sehr hohe mechanische Belastung dar. Nach dem Abschrecken zeigen insbesondere Werkstücke mit unsymmetrischer Geometrie Maß- und Formänderungen **(Härteverzug)**. Falls die inneren Spannungen gar die Kohäsionsfestigkeit des Stahles übersteigen, treten Risse auf **(Härterisse)**. Für das Auftreten von Härteverzug oder Härterissen gibt es im Wesentlichen zwei Ursachen:

1. **Wärmespannungen** (thermische Spannungen):
   Während des Abschreckens kühlen die äußeren Bereiche des Werkstücks schneller ab als der Kern. Da das Schrumpfen der Randzone durch den noch heißen Kern behindert wird, können Risse in radialer Richtung entstehen (Bild 1a, Seite 236). Anschließend kühlt auch der Kern bei bereits erkalteter Oberfläche ab, wobei dessen Schrumpfung durch die kalten und damit bereits starren Oberflächenbereiche behindert wird und zu einer Rissbildung in Umfangsrichtung führen können (Bild 1b, Seite 236).
2. **Umwandlungsspannungen**
   Martensit hat mit seinem tetragonal-raumzentrierten Kristallgitter ein um etwa 1 % größeres Volumen als der Austenit, aus dem er gebildet wird. Wird das Werkstück nicht vollständig durchgehärtet, dann tritt nur in den äußeren Bereichen des Werkstücks eine Volumenzunahme infolge Martensitbildung ein.

Die Nacharbeit eines gehärteten Werkstücks ist mit hohen Kosten verbunden, da ein martensitisches Gefüge in der Regel nur noch durch Schleifen bearbeitet werden kann. Eine wirtschaftliche Fertigung verlangt daher ein **verzugsarmes Härten**. Dies kann auf unterschiedliche Weise erreicht werden:

1. Verwendung von legierten Stählen in Verbindung mit milden Abschreckmitteln (Kapitel 6.4.4.6).
2. Richtiges Eintauchen des Werkstücks sowie richtiges Bewegen in der Abschreckflüssigkeit. Auf diese Weise kann eine rasche Ablösung der Dampfblasen auf der Werkstückoberfläche erreicht werden (Bild 1, Seite 237). Anhaftende Dampfblasen wirken wärmedämmend und verhindern dadurch eine gleichmäßige Abkühlung. Für das richtige Eintauchen in die Abschreckflüssigkeit gelten die folgenden Regeln (Bild 2):
   - Stabförmige Bauteile in Längsrichtung eintauchen,
   - Werkstücke mit dem größten Querschnitt voraus eintauchen,
   - Werkstücke mit Grundbohrungen müssen mit der Öffnung nach oben eingetaucht werden, damit die Dampfblasen entweichen können,
   - flache Werkstücke werden mit der schmalen Seite voraus eingetaucht.
3. Wahl eines geeigneten Härteverfahrens:
   Beim normalen Härten (auch als **kontinuierliches Härten, einfaches Härten** oder **direktes Härten** bezeichnet) wird das Werkstück aus der Abschrecktemperatur kontinuierlich abgekühlt (Bild 3a). Dabei können insbesondere bei hohen Abkühlgeschwindigkeiten durch einen unvollständigen Temperaturausgleich zwischen Rand und Kern des Werkstücks Wärmespannungen und damit Verformungen oder gar Risse (Härterisse) auftreten. Mit diesem Verfahren sollen daher nur geometrisch einfache Werkstücke gehärtet werden bzw. es muss auf legierte Stähle zurückgegriffen werden, da bei diesen Stählen die notwendige Abkühlgeschwindigkeit zur Martensitbildung niedriger ist.

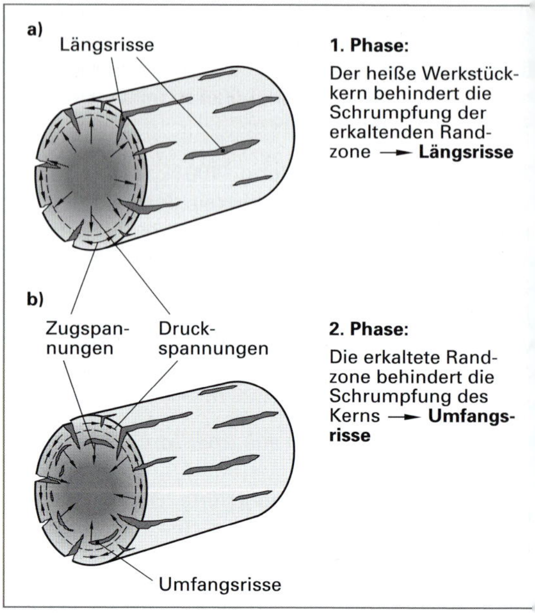

Bild 1: Entstehung von Härterissen

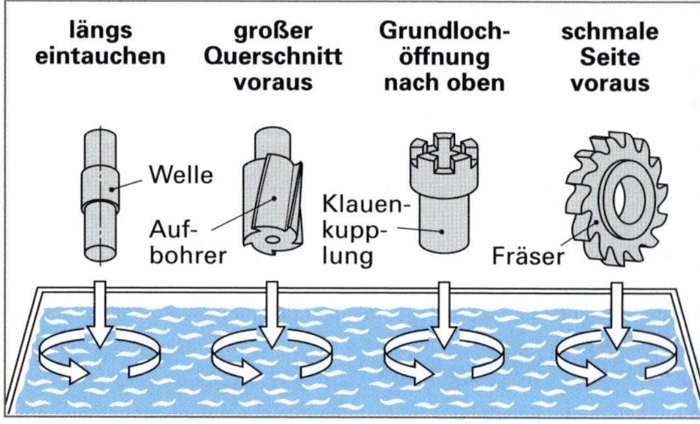

Bild 2: Richtiges Eintauchen beim Abschrecken

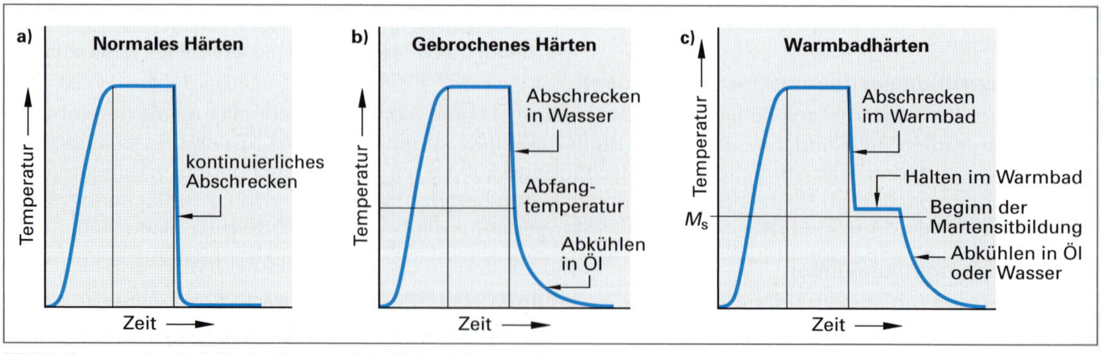

Bild 3: Temperatur-Zeit-Verlauf unterschiedlicher Härteverfahren

Beim **gebrochenen Härten** wird der Stahl zuerst schroff (meist in Wasser) abgeschreckt. Nach Erreichen einer bestimmten Abfangtemperatur (etwa 300 °C bis 400 °C) wird das Werkstück entnommen und in Öl weiter bis auf Raumtemperatur abgekühlt (Bild 3b, Seite 236). Das gebrochene Härten verbindet die Vorteile des schnellen Abkühlens (führt zu mehr oder weniger vollständiger Martensitbildung) mit einer geringen Verzugs- und Rissneigung, da unterhalb der Abfangtemperatur langsam abgekühlt wird und damit ein besserer Temperaturausgleich zwischen Rand und Kern stattfinden kann.

Beim **Warmbadhärten**, auch als **isothermes Härten** bezeichnet, wird der Stahl zunächst in einem Warmbad (Warmbadhärteöle, Salz- oder Metallschmelzen, Wirbelbetten), dessen Temperatur geringfügig über der Temperatur des Martensit-Startpunktes (M_S-Temperatur) liegt, abgeschreckt. Nach einer gewissen Haltezeit auf Badtemperatur, die dem Temperaturausgleich zwischen Rand und Kern des Werkstücks dient, erfolgt die mit einer Martensitbildung verbundene weitere Abkühlung an ruhender Luft oder in Öl bis auf Raumtemperatur (Bild 3c, Seite 236). Für das Warmbadhärten sind in der Regel nur Werkstücke mit kleinen Querschnitten geeignet, da das Warmbad dem Werkstück die Wärme wesentlich langsamer entzieht als beispielsweise Öl oder Wasser.

6.4.4.12 Abschrecken und Abschreckmittel

Nach dem Austenitisieren und einem zweckentsprechenden kurzen Halten wird das Werkstück mit einer für die geforderte Härtung entsprechenden Geschwindigkeit abgekühlt. Die Abkühlung muss dabei so erfolgen, dass die Perlit- und Bainitbildung unterdrückt wird und eine weitgehende Umwandlung des Austenits in der Martensitstufe erfolgt. Hierzu muss die Abkühlgeschwindigkeit in den betreffenden Bereichen des Werkstücks größer sein als die obere kritische Abkühlgeschwindigkeit (Kapitel 6.4.4.6). Erfolgt die Abkühlung schneller als an ruhender Luft, dann spricht man nach DIN EN 10052 von **Abschrecken**.

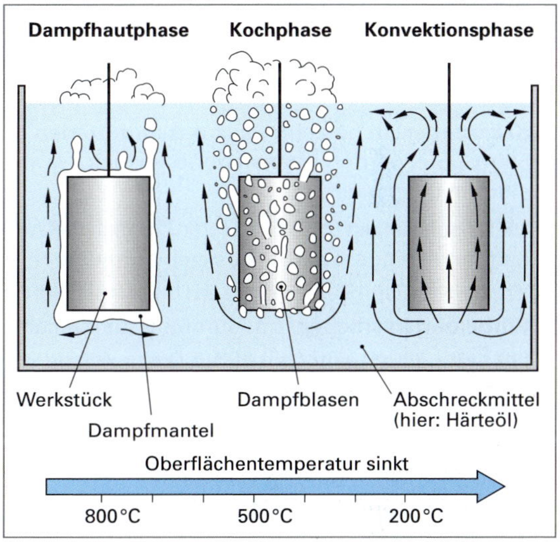

Bild 1: Abkühlphasen in flüssigen Abschreckmitteln

Die am häufigsten verwendeten flüssigen Abschreckmittel (z. B. Wasser oder Öl) entziehen dem Bauteil die Wärme nicht gleichmäßig. In flüssigen Abschreckmitteln, deren Siedetemperatur unterhalb der Härtetemperatur liegt, läuft der Abkühlvorgang in drei Phasen ab (Bild 1):

1. Dampfhautphase: Unmittelbar nach dem Eintauchen bildet sich auf der Werkstückoberfläche ein wärmeisolierender Dampfmantel **(Leidenfrost-Phänomen)**. Die Abkühlwirkung ist dementsprechend gering,
2. Kochphase,
3. Konvektionsphase.

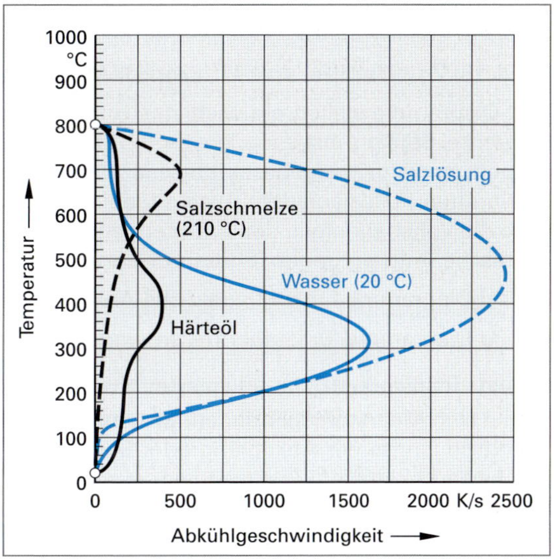

Bild 2: Vergleich der Abschreckwirkung flüssiger Abschreckmittel

Bild 2 zeigt, dass mit der Wahl des Abschreckmittels der Temperaturbereich der drei Abkühlphasen (Bild 1), insbesondere die Lage der maximalen Abschreckgeschwindigkeit, festgelegt wird. Mit Hilfe der verfügbaren Abschreckmittel (s. u.) können Abschreckgeschwindigkeiten im Bereich von etwa 2 K/s bis zu 3000 K/s nahezu beliebig eingestellt werden. Das optimale Abschreckmittel sollte bei Temperaturen im Bereich der Perlitstufe (etwa

450 °C bis 720 °C) die Wärme möglichst schnell abführen, im Bereich der Martensitstufe zur Verringerung der Härterissgefahr hingegen langsam.

Das Abschreckmittel ist der Werkstoffsorte und den Abmessungen des Werkstücks anzupassen. Als Abschreckmittel dienen gasförmige oder flüssige Medien. Üblicherweise verwendet man:

- **Wasser**: Mit Wasser als Abschreckmittel können sehr hohe Abkühlgeschwindigkeiten erzielt werden (Bild 2, Seite 237). Durch Zusätze (NaOH, NaCl usw.) lässt sich das Maximum der Abschreckwirkung verschieben oder erweitern. Mit Wasser als Abschreckmittel werden unlegierte Stähle (z. B. C80U) und eine Reihe legierter Stähle (z. B. 38Cr2) gehärtet bzw. vergütet. Ohne Zusätze wird Wasser bis zu einer Arbeitstemperatur von 25 °C eingesetzt, mit Zusätzen bis etwa 70 °C.
- **Wässrige Polymerlösungen** (z. B. Wasser mit Polyetherglykol) werden aufgrund einiger Vorteile in industriellen Wärmebehandlungsanlagen in zunehmendem Maße als Ersatz für Wasser oder Härteöle eingesetzt.
- **Härteöle**: Die Abschreckwirkung von Härteölen ist aufgrund ihrer verminderten Wärmeleitfähigkeit deutlich geringer im Vergleich zu Wasser. Das Maximum der Abkühlgeschwindigkeit liegt dabei etwa zwischen 400 °C und 500 °C. Mit Härteölen als Abschreckmittel werden überwiegend legierte Stähle (z. B. 60WCrV7, X32CrMoV3-3) gehärtet bzw. vergütet.
- **Salzschmelzen** bestehen aus geschmolzenen Salzen mit Badtemperaturen etwa zwischen 180 °C und 580 °C. Sie werden überwiegend für das Warmbadhärten von riss- oder verzugsempfindlichen Werkstücken verwendet.
- **Metallschmelzen** (z. B. Blei- oder Zinnschmelzen) werden neben Salzschmelzen bevorzugt beim Warmbadhärten eingesetzt. Sie besitzen zwar eine relativ hohe Wärmeleitfähigkeit (hohe Abschreckwirkung), verursachen jedoch deutlich geringere Umweltprobleme.
- **Wirbelbetten** arbeiten mit Aluminiumoxidteilchen, die mit dem einströmenden Gas (Luft oder Stickstoff) ein Fluid bilden und sich somit quasi wie eine Flüssigkeit verhalten. Durch Heizen des Gases können Wirbelbetten auch für das Warmbadhärten von Stählen mit mittleren bis hohen Legierungsgehalten verwendet werden. Die Arbeitstemperaturen betragen zwischen 20 °C bis über 600 °C. Gegenüber den Salzschmelzen kann mit dem Wirbelbettverfahren eine gleichmäßige Temperaturverteilung (gleichmäßige Abschreckwirkung) erzielt werden.
- **Gase** wie trockene oder feuchte Luft, Stickstoff oder Schutzgase (z. B. Helium), können ebenfalls zum Abschrecken verwendet werden. Wird mit Luft abgeschreckt, dann ist mit einer Verzunderung sowie einer geringfügigen Entkohlung der Randschicht zu rechnen. Mit Gasen (z. B. ruhende Luft) härtet man überwiegend bestimmte hochlegierte Stahlsorten (z. B. X38CrMoV5-3 oder HS18-1-2-5). Die Arbeitstemperaturen betragen in der Regel um 25 °C.

6.4.4.13 Zeit-Temperatur-Umwandlungsdiagramme (ZTU-Diagramme)

ZTU-Diagramme stellen ein wichtiges Hilfsmittel für die technische Durchführung von Wärmebehandlungen bei Stählen, insbesondere für die Stahlhärtung, dar. Mit Hilfe von ZTU-Diagrammen ist es möglich, die auftretenden Gefügebestandteile in Abhängigkeit des Temperatur-Zeit-Verlaufs beim Abkühlen eines bestimmten Stahls aus dem Austenitgebiet zu ermitteln. Aus den Diagrammen lassen sich in der Regel auch die Volumenanteile der auftretenden Gefügebestandteile sowie die Härte des Gefüges abschätzen. Praktische Anforderungen führten zur Entwicklung zweier unterschiedlicher Diagrammformen:

- ZTU-Diagramme für kontinuierliche Abkühlung **(kontinuierliche ZTU-Diagramme)**
- ZTU-Diagramme für isotherme Umwandlung **(isotherme ZTU-Diagramme)**

a) Zustandsdiagramm der unlegierten Stähle

Stähle sind Mehrstofflegierungen, für die auch bei unendlich langsamer Abkühlung oder Erwärmung das Eisen-Kohlenstoff-Zustandsdiagramm (Bild 1, Seite 172) nur noch eine beschränkte Gültigkeit besitzt. Daher sollen an dieser Stelle die wichtigsten Veränderungen im **Zustandsdiagramm der unlegierten Stähle,** gegenüber den reinen Fe-Fe_3C-Legie-

> **ⓘ Information**
>
> **ZTU-Diagramm**
>
> Ein ZTU-Diagramm hat nur für einen Stahl bestimmter Zusammensetzung Gültigkeit. Es werden also für jeden härtbaren Stahl gesonderte ZTU-Diagramme erstellt.

rungen besprochen werden. Außerdem soll künftig dort wo erforderlich von Carbiden anstelle von Zementit gesprochen werden, da auch bereits bei unlegierten Stählen zumindest die Carbid bildenden Legierungselemente (z. B. Mn, Cr usw.) im Zementit einen Teil der Eisenatome ersetzen (Kapitel 6.3.2.1).

Im Mehrstoffsystem der unlegierten Stähle erfolgt der Übergang aus dem Zweiphasengebiet Ferrit und Carbid nach Ferrit und Austenit (bei den untereutektoiden Stählen) bzw. Austenit und Carbid (bei den übereutektoiden Stählen) nicht wie aus Bild 1, Seite 172, bekannt an der Eutektoiden P-S-K, sondern über ein Dreiphasengebiet Ferrit, Austenit und Carbid. Für niedrige Erwärmungs- bzw. Abkühlgeschwindigkeiten (unter etwa 3 K/s) und einen nicht zu hohen Legierungsgehalt zeigt Bild 1 das Zustandsdiagramm der unlegierten Stähle, d. h. einen Schnitt durch das Dreistoffsystem Fe-Me-C .

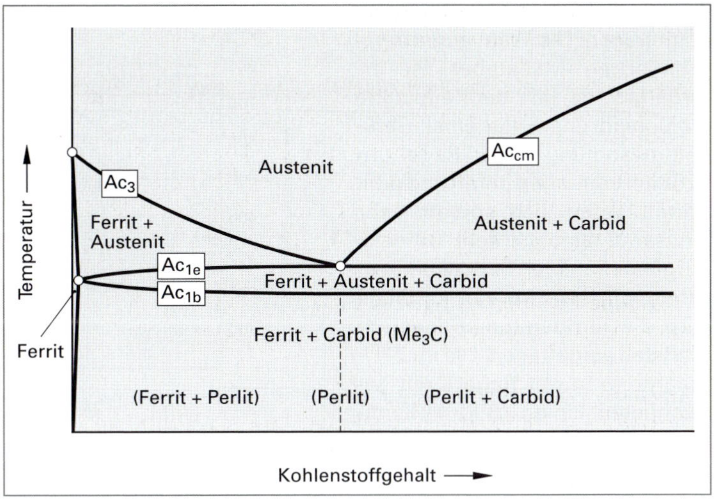

Bild 1: Zustandsdiagramm der unlegierten Stähle (Schnitt durch das Dreistoffsystem Fe-Me-C bei nicht zu hohem Legierungsgehalt Me (schematisch)

Mit Erreichen der Phasengrenze Ac_{1b} (b = Beginn der Austenitbildung) beginnt die Umwandlung der Ferritlamellen des Perlits in Austenit sowie die Auflösung der Carbidlamellen des Perlits. Mit Erreichen der Phasengrenze Ac_{1e} (e = Ende der Perlitumwandlung bzw. Ende der Carbidauflösung) ist bei den untereutektoiden Stählen die Carbidauflösung abgeschlossen, d.h. der gesamte Perlit hat sich zu Austenit umgewandelt, jedoch sind noch größere Mengen an Ferrit im Gefüge vorhanden. Oberhalb von Ac_{1e} sind daher die Phasen Ferrit und Austenit im Gleichgewicht. Bei den übereutektoiden Stählen hingegen hat sich mit Erreichen von Ac_{1e} der gesamte Ferrit in Austenit umgewandelt und ein Teil der Carbide ist aufgelöst. Oberhalb von A_{c1e} stehen Austenit und Carbide im Gleichgewicht. Alle weiteren Umwandlungsschritte verlaufen wie bereits in Kapitel 6.2.2.4 beschrieben.

b) Kontinuierliche ZTU-Diagramme

Kontinuierliche ZTU-Diagramme sind die Grundlage zur Beurteilung des von Temperatur und Zeit abhängigen Umwandlungsverhaltens von Stählen bei kontinuierlicher Abkühlung aus der Behandlungstemperatur (z.B. Härtetemperatur). Man kann sich ein kontinuierliches ZTU-Diagramm aus dem Eisen-Kohlenstoff-Zustandsdiagramm (EKD) entstanden denken, falls man Letzteres um eine Achse mit der Abkühlzeit erweitert (Bild 2). Andererseits kann das EKD als Grenzfall eines ZTU-Diagrammes für unendlich langsame Abkühlung bzw. unendlich lange Haltedauer angesehen werden.

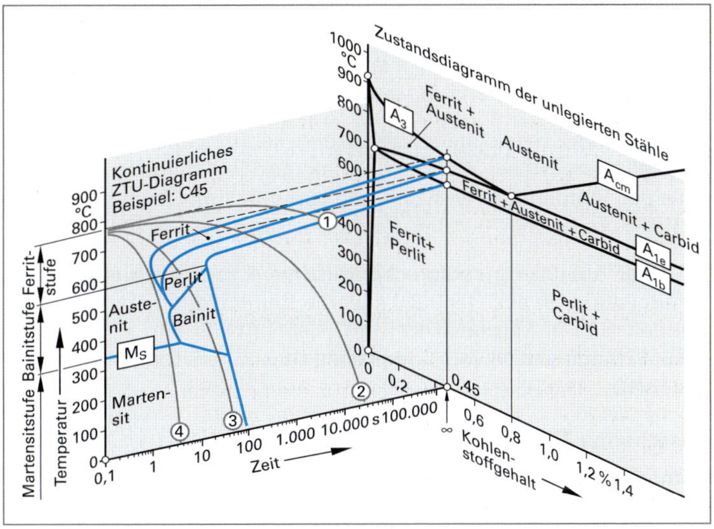

Bild 2: Zusammenhang zwischen ZTU-Diagramm und Eisen-Kohlenstoff-Zustandsdiagramm (EKD)

Auf der Abszisse der ZTU-Diagramme (Bild 1, Seite 240) ist die

Zeit in logarithmischem Maßstab aufgetragen. Die Wahl eines logarithmischen Maßstabes ist erforderlich, da sich die Zeitpunkte für Beginn und Ende einer Gefügeumwandlung in der Regel um Größenordnungen unterscheiden. Damit lassen sich sowohl sehr langsame als auch sehr schnelle Vorgänge in einer Darstellung zusammenfassen. Auf der Ordinate wird die Temperatur in linearem Maßstab aufgetragen. Die im ZTU-Diagramm in der Regel breit gezeichneten Linien (Bild 1) kennzeichnen den Beginn und ggf. das Ende einer Umwandlung und werden als Umwandlungslinien bezeichnet. Die schmalen, als Abkühlkurven bezeichneten Linien, kennzeichnen unterschiedliche Temperatur-Zeit-Verläufe des Abkühlvorgangs. Entlang dieser Abkühlkurven lässt sich der Ablauf der Gefügeumwandlungen gut verfolgen. Die kontinuierlichen ZTU-Diagramme dürfen nur entlang der jeweils eingezeichneten Abkühlkurven gelesen werden!

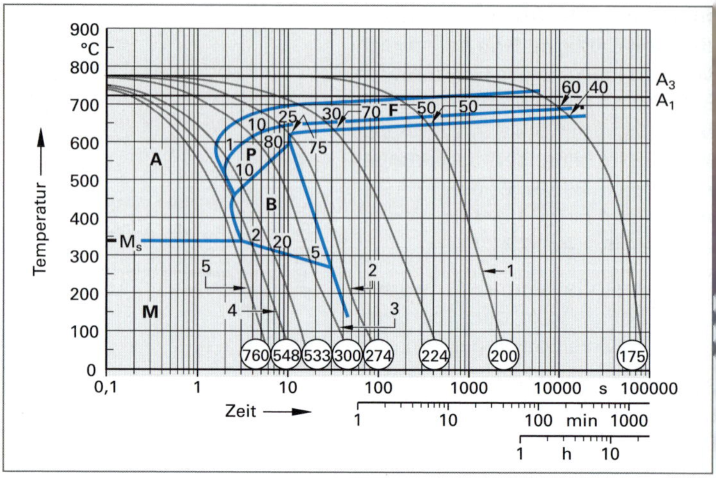

Bild 1: ZTU-Diagramm für kontinuierliche Abkühlung des unlegierten untereutektoiden Stahls C45E

- Austenitisierungstemperatur: 880 °C
- Aufheizdauer: 2 min
- Haltedauer: 10 min
- Härteangaben in HV10

A = Austenit
M = Martensit
B = Bainit
F = Ferrit
P = Perlit

Am Ende einer Abkühlkurve wird in der Regel ein Zahlenwert angegeben. Er kennzeichnet den nach der Abkühlung erreichten Härtewert (in der Regel Vickers-Härte HV1 bzw. HV10 oder Rockwell-Härte HRC). An den Kreuzungspunkten einer Abkühlkurve mit einer Umwandlungslinie sind mitunter ebenfalls Zahlenwerte eingetragen. Sie geben die Volumenanteile der jeweiligen Gefügebestandteile (Gefügemengen) an.

Ablesebeispiele:

Verfolgt man zunächst die in Bild 1 mit **Kurve 1** gekennzeichnete Abkühlkurve, so wird nach etwa 160 s bei einer Temperatur von rund 710 °C die erste Umwandlungslinie geschnitten (die Zeitzählung beginnt mitunter erst nachdem die entsprechenden Abkühlkurven die Ac_3-Temperatur durchlaufen haben). Es bilden sich Ferritkristalle (F) an den Austenitkorngrenzen. Nach insgesamt 300 s erreicht die Abkühlkurve den Bereich der Perlitbildung (P). Hier beginnt die Perlitbildung, nachdem sich zwischenzeitlich bereits 50 Vol.-% Ferrit gebildet hat. Nach 330 s ist die Perlitbildung abgeschlossen und es liegt ein Gefüge aus 50 Vol.-% Ferrit und 50 Vol.-% Perlit mit einer Härte von 200 HV10 vor.

Die mit **Kurve 2** bezeichnete Abkühlkurve kennzeichnet eine schnellere Abkühlung im Vergleich zu Kurve 1. Hier setzt bereits nach 4 s die voreutektoide Ferritbildung ein. Nach 8 s bildet sich Perlit und nach 10 s ist bei einer Temperatur von 620 °C die Umwandlung bereits abgeschlossen. Das Gefüge besteht dann aus 25 Vol.-% Ferrit und 75 Vol.-% Perlit. Die Härte beträgt 274 HV10.

Bei einer Abkühlung entsprechend **Kurve 4** setzt nach etwa 2,3 s bei einer Temperatur von 450 °C die Bainitbildung (B) ein. Nach 3,8 s ist die Bainitbildung abgeschlossen. Der noch vorhandene Austenit (A) wandelt sich in Martensit (M) um. Nach Abkühlung auf Raumtemperatur setzt sich das Gefüge aus 2 Vol.-% Bainit und 98 Vol.-% Martensit zusammen. Die Härte beträgt aufgrund des hohen Martensitanteils 548 HV10.

c) Isotherme ZTU-Diagramme

Isotherme ZTU-Diagramme sind die Grundlage zur Beurteilung des von Temperatur und Zeit abhängigen Umwandlungsverhaltens der Stähle bei schneller umwandlungsfreier Abkühlung aus der Behandlungstemperatur (z. B. Härtetemperatur) und anschließendem isothermem Halten zwischen etwa 300 °C und 700 °C.

Bei isothermer Umwandlung laufen dieselben Vorgänge im Gefüge ab, wie bei einer kontinuierlichen Abkühlung. Lediglich die Temperaturen bei bzw. die Zeiten, nach denen ein bestimmter Umwandlungsvorgang stattfindet, sowie die Volumenanteile der dabei entstehenden Gefügebestandteile unterscheiden sich. In Bild 1 ist beispielhaft das isotherme ZTU-Diagramm des Stahls C45E dargestellt. Im Gegensatz zu den kontinuierlichen ZTU-Diagrammen werden die isothermen ZTU-Diagramme stets längs der Isothermen gelesen.

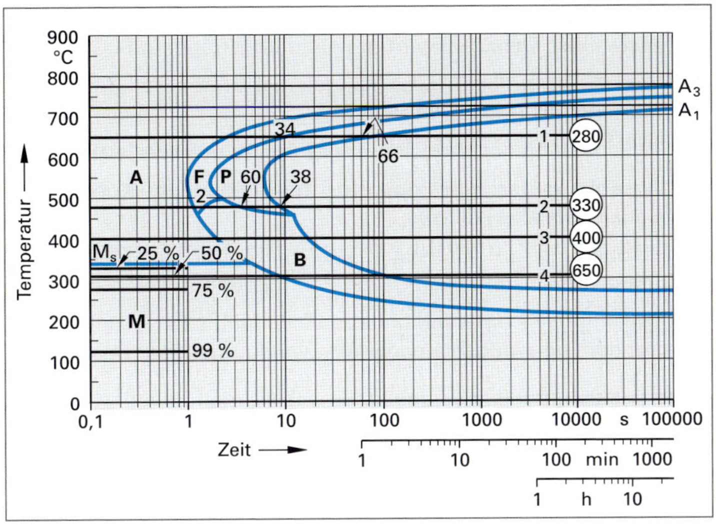

Bild 1: ZTU-Diagramm für isotherme Umwandlung des Stahls C45E

- Austenitisierungstemperatur: 850 °C
- Aufheizdauer: 1 min
- Haltedauer: 15 min
- Härteangaben in HV1

A = Austenit
M = Martensit
B = Bainit
F = Ferrit
P = Perlit

Ablesebeispiele:

Wird der in Bild 1 zugrunde liegende Stahl C45E aus der Austenitisierungstemperatur sehr schnell auf 660 °C abgeschreckt und anschließend bei dieser Temperatur gehalten, dann setzt nach etwa 2,5 s die Bildung von voreutektoidem Ferrit an den Austenitkorngrenzen ein. Nach 10 s beginnt und nach 70 s endet die Perlitbildung. Das entstandene ferritisch-perlitische Gefüge besteht dann zu 34 Vol.-% aus Ferrit und zu 66 Vol.-% aus Perlit. Die Härte des Gefüges beträgt 280 HV1.

Wird der gleiche Stahl aus der Austenitisierungstemperatur dagegen auf 400 °C abgeschreckt und anschließend auf dieser Temperatur gehalten, dann setzt nach etwa 2 s zunächst die Bainitbildung ein. Nach 18 s ist die Umwandlung abgeschlossen, es liegt ein rein bainitisches Gefüge mit einer Härte von 400 HV1 vor.

Abschrecken auf eine Temperatur von etwa 300 °C mit anschließendem isothermem Halten führt zur Bildung eines Gefüges mit 60 Vol.-% Martensit und 40 Vol.-% Bainit.

d) Einfluss von Legierungselementen auf die Austenitumwandlung

Die Beeinflussung des Umwandlungsverhaltens von Stählen durch Legierungselemente ist vielfältig. Sie hängt nicht nur vom Kohlenstoffgehalt des Stahles, sondern auch von der Anzahl, Art, Menge und Kombination eventuell vorhandener Legierungselemente ab. Eine Vielzahl kontinuierlicher und isothermer ZTU-Diagramme legierter Stähle sind in der Literatur zusammengestellt.

Gegenüber den ZTU-Diagrammen unlegierter Stähle zeigen die entsprechenden Diagramme der legierten Stähle die folgenden signifikanten Unterschiede (Bild 2):

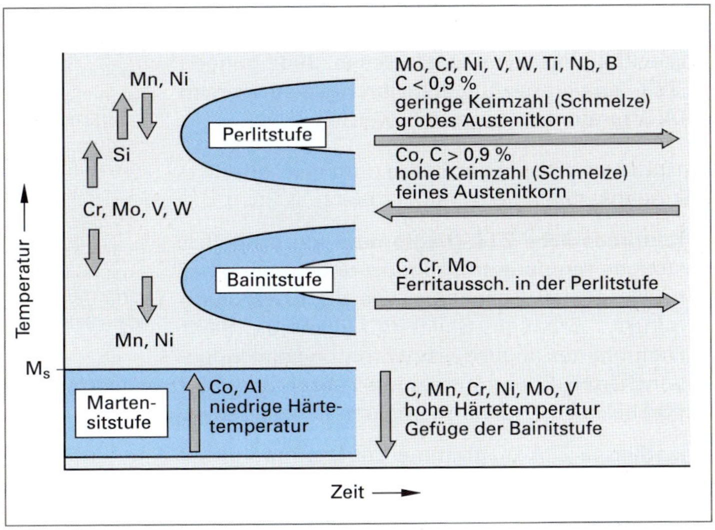

Bild 2: Einfluss von Legierungselementen auf das Umwandlungsverhalten des Austenits am Beispiel eines (isothermen) ZTU-Diagrammes (vereinfacht)

1. Legierungselemente vermindern die Diffusionsfähigkeit des Kohlenstoffs und erhöhen damit die Austenitstabilität. Der Stahl wird umwandlungsträger (z.B. C, Cr, Mo, B, Ni, B, V und W), dadurch:
   - Verschiebung der Umwandlungslinien zu höheren Zeiten. Die kritische Abkühlgeschwindigkeit der Martensitbildung nimmt also ab.
   - Verschiebung der Umwandlungslinien zu tieferen Temperaturen.
   - Absenkung der M_s-Temperatur mit steigendem Kohlenstoff- und Legierungsgehalt (Ausnahme Cobalt und Aluminium).
2. Carbidbildung (z.B. Cr, Mo, V, W, Nb, Ti). Dadurch Verschiebung des Bereichs der Perlitbildung zu längeren Zeiten, da ja gerade die Perlitbildung mit starker Carbidbildung einher geht.
3. Aufspaltung der Umwandlungsbereiche für die Perlit- und Bainitbildung bei sehr hohem Gehalt Carbid bildender Legierungselemente (umwandlungsträger Bereich).

Die o.g. Ausführungen zeigen, dass sich bei den unlegierten Stählen überwiegend nur ferritisch-perlitische oder martensitische Gefüge erzeugen lassen. Die Anteile an Bainit sind in der Regel gering. Bei Verwendung legierter Stähle können zusätzlich beliebige Anteile an Bainit, mit seinen zum Teil hervorragenden mechanischen Eigenschaften (Kapitel 6.4.4.5) erzeugt werden. Durch eine geeignete Temperaturführung kann also bei den legierten Stählen ein viel größeres Gefügespektrum erzeugt und ihre Eigenschaften damit optimal an die späteren Betriebsbedingungen angepasst werden.

6.4.4.14 Zeit-Temperatur-Austenitisierungsdiagramme (ZTA-Diagramme)

Eine Reihe wichtiger Wärmebehandlungsverfahren, wie das durchgreifende Härten (Kapitel 6.4.4), die Randschichthärteverfahren (Kapitel 6.4.6.2) oder das Normalglühen (Kapitel 6.4.3.1), erfordern eine Erwärmung des Stahles bis in das Austenitgebiet. Die Austenitbildung geht mit der Ferrit- und Carbidauflösung einher und benötigt wegen der zugrunde liegenden Diffusionsvorgänge eine gewisse Zeit. Da eine technische Erwärmung häufig mit erhöhter Geschwindigkeit abläuft, können sich die aus dem Zustandsdiagramm des Stahles bekannten Umwandlungstemperaturen zu höheren Temperaturen verschieben und damit das Ergebnis einer Wärmebehandlung erheblich beeinflussen. Die Kinetik der Austenitbildung kann unter diesen Bedingungen in **Zeit-Temperatur-Austenitisierungsdiagrammen (ZTA-Diagrammen)** dargestellt werden.

> ⓘ **Information**
>
> **Austenitisieren**
>
> Unter **Austenitisieren** versteht man nach DIN EN 10052 einen Einzelschritt einer Wärmebehandlung, in dessen Verlauf das Werkstück auf eine Temperatur gebracht wird, bei der die Matrix austenitisch wird. Sofern die Umwandlung von Ferrit bzw. Perlit in Austenit nicht vollständig erfolgt, wird von unvollständigem Austenitisieren gesprochen.

> ⓘ **Information**
>
> **ZTA-Diagramme**
>
> Der Erfolg einer Wärmebehandlung hängt nicht nur von der Abkühlgeschwindigkeit sondern auch von der Erwärmung in das Austenitgebiet ab. Um in Abhängigkeit von Erwärmungsgeschwindigkeit und Haltedauer, Aufschluss über den Ablauf der Austenitbildung zu erhalten, wurden die **ZTA-Diagramme** entwickelt. ZTA-Diagramme sind mit den ZTU-Diagrammen vergleichbar, entgegen diesen gelten sie jedoch bei Erwärmung.
>
> ZTA-Diagramme zeigen abhängig von der Erwärmungsgeschwindigkeit (kontinuierliche ZTA-Diagramme) bzw. der Haltedauer bei einer vorgegebenen Temperatur (isotherme ZTA-Diagramme) die jeweils vorliegenden Phasen des Gefüges.

Entsprechend den in der Praxis durchgeführten Erwärmungsarten unterscheidet man:

- **Kontinuierliche ZTA-Diagramme** bei schneller, stetiger Temperaturerhöhung und unmittelbar nachfolgender Abkühlung, wie z.B. Erwärmung mittels Brenngas-Sauerstoff-Flamme beim Flammhärten, induktive Erwärmung beim Induktionshärten, Erwärmung mittels Laser- oder Elektronenstrahl beim Laser- oder Elektronenstrahlhärten (Kapitel 6.4.6.2), Erwärmen durch Schweißen usw.
- **Isotherme ZTA-Diagramme** bei Erwärmung auf eine vorgegebene Temperatur mit anschließendem Halten auf dieser Temperatur, wie z.B. Erwärmen in Salzbädern oder Erwärmung im Ofen beim Härten (Kapitel 6.4.4).

Im Rahmen dieses Buches soll beispielhaft nur das kontinuierliche ZTA-Diagramm der untereutektoiden Stähle besprochen werden.

Kontinuierliche ZTA-Diagramme untereutektoider Stähle

Die kontinuierlichen ZTA-Diagramme geben Aufschluss über den Ablauf des Austenitisierens bei schneller Erwärmung und unmittelbar anschließender Abkühlung (z. B. Erwärmung mittels Brenngas-Sauerstoff-Flamme, induktives Erwärmen, Erwärmung mittels Laser- oder Elektronenstrahl, Schweißen usw.) und stellen damit die Grundlage für die Ermittlung der optimalen Austenitisierungstemperatur, Abschreckhärte und Austenitkorngröße unter diesen Bedingungen dar. Man unterscheidet aufgrund der unterschiedlichen Temperaturbereiche für das Austenitisieren ZTA-Diagramme für unter- und übereutektoide Stähle. Analog den kontinuierlichen ZTU-Diagrammen werden die kontinuierlichen ZTA-Diagramme stets längs den (steil verlaufenden) Linien konstanter Erwärmungsgeschwindigkeit gelesen.

Die Austenitbildung der untereutektoiden Stähle (Bild 1) beginnt nach Überschreiten der Ac_{1b}-Umwandlungstemperatur. Nach einer Inkubationszeit entstehen Austenitkeime an der Grenzfläche zwischen Ferrit und Carbid (Bild 1, Teilbild 1) . Der Austenitkeim enthält dabei mehr Kohlenstoff als das ursprüngliche Ferritgitter, da im α-Eisen bekanntlich weniger als 0,00001 % Kohlenstoff löslich ist. Das Wachsen der Austenitkeime in die umgebende ferritische Matrix, die weitere α-γ-Umwandlung also, erfordert, dass die notwendige Kohlenstoffmenge durch Diffusion an die Wachstumsfront des Austenitkeims gebracht wird (Bild 1, Teilbild 2). Die Austenitbildung beginnt daher zunächst dort, wo Ferrit und Carbide dicht beieinander liegen, die Diffusionswege also kurz sind. Bei einer Erwärmung findet deshalb zuerst die Umwandlung des Perlits statt. Da die Austenitkeimbildung an vielen Stellen gleichzeitig beginnt, entsteht ein feinkörniges, austenitisches Gefüge.

Mit Erreichen von Ac_{1e} ist (definitionsgemäß) die Carbidauflösung abgeschlossen bzw. sind Carbide metallographisch nicht mehr nachweisbar und das Gefüge besteht nur noch aus Ferrit und Austenit. Da die Carbidauflösung etwa die 100fache Zeit verglichen mit der Ferritumwandlung benötigt und zudem viele legierte Stähle Carbid bildende Legierungselemente wie Mn, Cr usw. (z. B. 34CrMo4, 15CrNi6) enthalten, weisen die Gefüge einer Reihe von Stählen auch oberhalb von Ac_{1e} noch Carbide im Gefüge auf. Erst oberhalb von Ac_3 sind die Carbide dann metallographisch nicht mehr nachweisbar. In der Literatur sind dann zwei verschiedene Darstellungsarten üblich. Entweder wird die Linie Ac_{1e} nicht mehr einge-

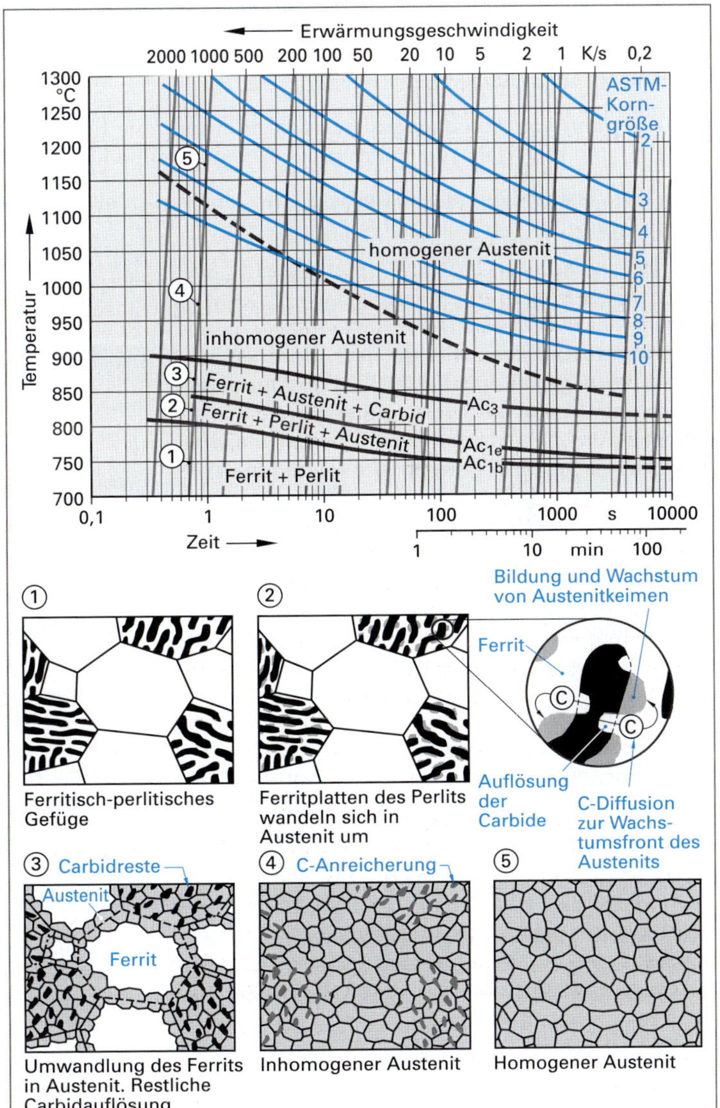

Bild 1: Kontinuierliches ZTA-Diagramm mit Veränderungen im Gefüge während der Erwärmung (Stahl 34CrMo4)

zeichnet (d. h. sie fällt mit Ac_3 zusammen) oder es werden auch im Gebiet zwischen Ac_{1e} und Ac_3 Carbide erwähnt. In diesem Fall soll die Linie Ac_{1b} dann nicht das (definitionsgemäße) Ende der Nachweisbarkeit von Carbiden, sondern die Auflösung von Ferrit-Carbid-Strukturen, die kennzeichnend für den Perlit sind markieren. In Bild 1, Seite 243, wurde die letztgenannte Darstellungsart gewählt. Bei sehr schneller Erwärmungsgeschwindigkeit (> 1000 K/s) ist das Ende der Perlitumwandlung nicht mehr zu erfassen, so dass eine Trennung von Ac_{1b} und Ac_{1e} nicht mehr möglich ist.

Zwischen Ac_{1e} und Ac_3 erfolgt die Umwandlung des Ferrits in Austenit sowie die restliche Auflösung der Carbide (Bild 1, Seite 243, Teilbild 3). Oberhalb von Ac_3 hat sich der Ferrit vollständig in Austenit umgewandelt und auch die eventuell noch vorhandenen Carbide sind nunmehr vollständig in Lösung gegangen bzw. sie sind mikroskopisch nicht mehr nachweisbar. Der Kohlenstoff hat sich allerdings noch nicht gleichmäßig im Austenit verteilt, sondern ist an Stellen, an denen sich vormals die Carbide befanden, angereichert. Man spricht von **inhomogenem Austenit** (Bild 1, Seite 243, Teilbild 4). Erst oberhalb der in Bild 1, Seite 243, gestrichelt dargestellten Linie hat sich der Kohlenstoff gleichmäßig im Austenitgitter verteilt, so dass nunmehr ein **homogener Austenit** vorliegt (Bild 1, Seite 243, Teilbild 5).

Ein homogenes austenitisches Gefüge mit gleichmäßig verteiltem Kohlenstoff ist insbesondere beim Härten nicht immer erwünscht:

- Die Bildung von homogenem Austenit erfordert eine höhere Austenitisierungstemperatur und/oder -dauer und kann daher zu einem grobkörnigen Gefüge führen.
- Nicht vollständig aufgelöste Carbide üben eine verschleißhemmende Wirkung aus und sind damit beispielsweise bei Werkzeugstählen erwünscht.

Andererseits kann ein inhomogenes austenitisches Gefüge nach dem Härten zur **Weichfleckigkeit,** d. h. weicher Restaustenitinseln, in einer ansonsten martensitischen Matrix führen (siehe Infokasten).

Eingeformte Carbide, wie sie nach dem Weichglühen vorliegen (Kapitel 6.4.3.2), beschleunigen das beschriebene Umwandlungsverhalten aufgrund großer Carbidoberflächen. Legierungselemente hingegen verzögern die Umwandlung infolge Bildung thermisch beständiger Carbide.

Mit zunehmender Verweildauer im Austenitgebiet (z. B. bei langsamer Erwärmung oder längerer Haltedauer) findet ein Wachstum der Austenitkörner statt. Ein grobes Austenitkorn ist jedoch unerwünscht, da es beispielsweise beim Härten zu einem erhöhten Restaustenitgehalt führt oder die mit dem Normalglühen einhergehende Kornverfeinerung wieder zunichte machen kann. Die ZTA-Diagramme werden daher häufig durch **Korngrößenlinien** ergänzt (Bild 1, Seite 243). Man spricht dann auch von **ZTA-Austenitkorngrößen-Diagrammen**.

Stähle mit starker Neigung zum Kornwachstum werden als **überhitzungsempfindlich** bezeichnet. Ein unerwünschtes Wachstum der Austenitkörner kann durch Legieren mit geringen Mengen Al, Ti und teilweise auch Nb wirkungsvoll gehemmt werden, da diese Elemente mit dem Kohlenstoff und Stickstoff des Stahles thermisch beständige Phasen (Carbide, Nitride oder Carbonitride) bilden. Sie stellen Hindernisse für die Bewegung der Korngrenzen dar und hemmen auf diese Weise das Austenitkornwachstum (siehe Infokasten).

ⓘ Information

Weichfleckigkeit

Eine inhomogene Kohlenstoffverteilung im Austenit (inhomogener Austenit) kann nach dem Härten zu einer **Weichfleckigkeit,** d.h. zu weichen Restaustenitinseln in einer harten Martensitmatrix führen. An Stellen lokaler Kohlenstoffanreicherung im inhomogenen Austenit kann die Martensit-Starttemperatur bzw. die Martensit-Endtemperatur so weit abgesenkt sein, dass beim Abschrecken auf Raumtemperatur noch keine martensitische Umwandlung des Austenits eintritt (Bild 1, S. 234).

ⓘ Information

Hemmung des Austenitkornwachstums

AlN-Phasen können ein Wachstum des Austenitkorns bis zu einer Temperatur von etwa 1050 °C wirkungsvoll hemmen. Über 1050 °C koaguliert das AlN und löst sich schließlich auf, so dass seine Wirkung im Hinblick auf die Hemmung des Austenitkornwachstums verloren geht.

TiN, TiC und Ti(C,N) bleiben hingegen bis zu einer Temperatur von etwa 1350 °C stabil, sie hemmen jedoch das Kornwachstum bei tieferen Temperaturen kaum. Am wirkungsvollsten ist daher die Kombination aus AlN mit TiN bzw. TiC oder Ti(C,N).

Unlegierte Stähle, die zur Hemmung des Austenitkornwachstums mit Legierungselementen wie Ti, Nb, V oder Zr und Gehalten unter etwa 0,5 % legiert wurden (die Legierungselemente treten in der Kurzbezeichnung nicht in Erscheinung), werden als **mikrolegiert** bezeichnet.

Praktische Hinweise für das Austenitisieren

Aus den ZTA-Diagrammen lassen sich eine Reihe praktischer Hinweise für ein werkstoffgerechtes und wirtschaftliches Austenitisieren ableiten:

- Je höher die Austenitisierungstemperatur über Ac_1 bzw. Ac_3 liegt, desto kürzer kann die Haltezeit gewählt werden, um das angestrebte Gefüge zu erhalten. Umgekehrt muss bei kurzer Haltedauer höher erwärmt werden.
- Wärmebehandlungen mit rascher Erwärmung auf Austenitisierungstemperatur und unmittelbar anschließendem Abschrecken (z. B. Flamm- und Induktionshärten, Schweißen usw.) benötigen höhere Austenitisierungstemperaturen, um die gewünschte Gefügezusammensetzung zu erhalten, da mit zunehmender Erwärmungsgeschwindigkeit die Phasenumwandlungen zu höheren Temperaturen verschoben werden.
- Bei hoher Austenitisierungstemperatur und/oder langer Haltedauer ist insbesondere bei den unlegierten, untereutektoiden Stählen mit einem Kornwachstum zu rechnen. Ein grobes Korn führt zu einem erhöhten Restaustenitgehalt, der auch durch eine Tiefkühlung nicht vollständig beseitigt werden kann. Die maximal mögliche Härte wird nicht erreicht. Stähle, die mit Elementen wie Al oder Ti legiert sind (z. B. mikrolegierte Stähle), weisen eine deutlich geringere Neigung zum Kornwachstum auf.
- Der Temperaturbereich zwischen 680 °C und Ac_3 sollte mit möglichst hoher Erwärmungsgeschwindigkeit (> 4 K/s) durchlaufen werden, da sich dann ein besonders feines Austenitkorn bildet.
- Die Haltedauer auf Härtetemperatur sollte nur so lange erfolgen, bis der Ferrit vollständig aufgelöst ist. Entsprechend den (hier nicht besprochenen) isothermen ZTA-Diagrammen also wenige Sekunden bis etwa 30 min.
- Legierungselemente verzögern die Diffusionsvorgänge und erhöhen die Stabilität der Carbide. Legierte Stähle benötigen daher, im Vergleich zu den unlegierten Stählen, im Allgemeinen höhere Austenitisierungstemperaturen und/oder längere Haltezeiten.
- Für unlegierte, untereutektoide Stähle liegt die optimale Härtetemperatur etwa 30 °C bis 60 °C über Ac_3, für unlegierte übereutektoide Stähle zwischen 780 °C und 820 °C. Für legierte Stähle gelten abhängig von Art und Menge der Legierungselemente höhere Härtetemperaturen, die in der Regel entsprechenden Werkstoffnormen oder Werkstoffdatenblättern entnommen werden können.

> **ⓘ Information**
>
> **Härtefehler beim Austenitisieren**
>
> Bei zu hoher Glühtemperatur und/oder zu langer Glühdauer:
>
> - Grobes Austenitkorn, insbesondere bei unlegierten Stählen. Damit grobnadeliger Martensit mit erhöhtem Restaustenitanteil. Gefahr von Härterissen.
> - Gefahr einer Oberflächenentkohlung, sofern an Luft erwärmt wird. Damit geringere Oberflächenhärte.
>
> Bei zu niedriger Glühtemperatur und/oder zu kurzer Glühdauer:
>
> - Inhomogene Kohlenstoffverteilung im Austenit und damit Gefahr der Weichfleckigkeit nach dem Härten.
> - Neben Martensit können noch Bainit oder Perlit im Gefüge vorliegen und zusätzliche Spannungen verursachen, die durch das Anlassen nicht beseitigt werden können.

6.4.5 Anlassen und Vergüten

Nach DIN EN 10 052 versteht man unter **Anlassen** das Erwärmen eines (in der Regel) martensitisch gehärteten Werkstücks auf eine Temperatur unter P-S-K (Ac_1-Temperatur), das Halten bei dieser Temperatur sowie das nachfolgende zweckentsprechende Abkühlen.

Das Anlassen kann aus verschiedenen Gründen durchgeführt werden. Hinsichtlich des späteren Verwendungszwecks des Werkstücks unterscheidet man (Bild 1, Seite 246):

1. Anlassen auf niedrige Temperaturen (etwa 100 °C bis 250 °C) mit dem Ziel der Verminderung der Sprödigkeit und dem Abbau innerer Spannungen. Behandelt werden auf diese Weise insbesondere:
   - gehärtete unlegierte und legierte Kaltarbeitsstähle,
   - gehärtete niedriglegierte Warmarbeitsstähle (NiCrMoV-Sorten),
   - Wälzlagerstähle (durchhärtende Sorten).
2. Anlassen auf höhere Temperaturen (etwa 500 °C bis 680 °C) mit dem Ziel der Verbesserung der Zähigkeit bzw. um ein gewünschtes Verhältnis zwischen Festigkeit und Zähigkeit einzustellen. Das Verfahren ist unter dem Begriff **Vergüten** bekannt. Behandelt werden auf diese Weise insbesondere:

- Bau- und Konstruktionsstähle (vergütbare Sorten),
- Wälzlagerstähle (vergütbare Sorten).

3. Anlassen auf höhere Temperaturen (etwa 500 °C bis 650 °C) mit dem Ziel der Verbesserung der Warmhärte bzw. Warmfestigkeit sowie der Verschleißbeständigkeit **(Sekundärhärtung)**. Behandelt werden auf diese Weise insbesondere:
   - hochlegierte Warmarbeitsstähle (CrMoV-Sorten),
   - Schnellarbeitsstähle,
   - Wälzlagerstähle (warmharte Sorten).

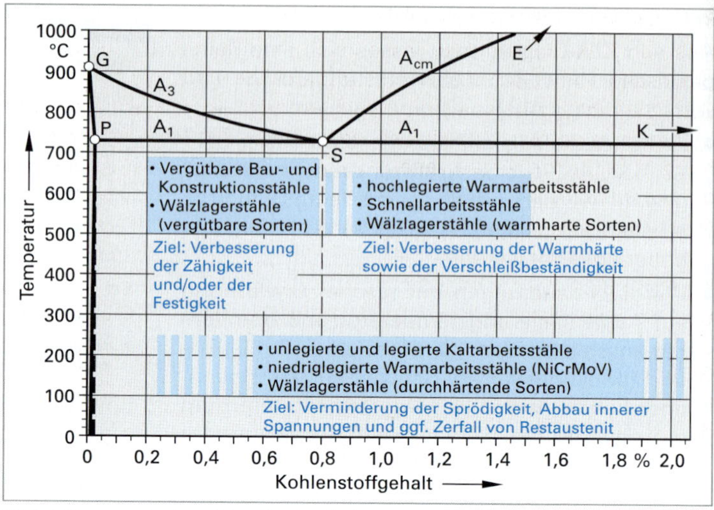

Bild 1: Temperaturbereiche für das Anlassen von Stählen

6.4.5.1 Innere Vorgänge beim Anlassen

Die im Gefüge beim Anlassen ablaufenden Vorgänge hängen in erster Linie von der gewählten Anlasstemperatur ab, da mit steigender Temperatur die Beweglichkeit der (zunächst noch zwangsgelösten) Kohlenstoffatome sowie der Eisenatome zunimmt. Die Anlassdauer ist dabei von untergeordneter Bedeutung. Man unterscheidet vier Anlassstufen:

1. Anlassstufe (100 °C bis 200 °C)

Die erste Anlassstufe umfasst den Temperaturbereich etwa zwischen 100 °C und 200 °C. Bei Stählen mit Kohlenstoffgehalten über 0,2 % beginnen bei diesen Temperaturen bereits einzelne Kohlenstoffatome aus ihrer Zwangslösung im Martensit zu entweichen. Dabei geht die starke Verspannung des Martensitgitters zurück, das Kristallgitter entspannt sich in einem gewissen Umfang. Aus dem tetragonalen Martensit entsteht der weniger stark verzerrte **kubische Martensit.** Die aus der Zwangslösung entkommenden Kohlenstoffatome werden als feinste, nur elektronenmikroskopisch sichtbare Eisencarbidteilchen der Zusammensetzung Fe_xC mit $x \approx 2{,}4$ (**ε-Carbid**), die noch kohärent mit dem Kristallgitter verbunden sind, ausgeschieden. Bei Stählen mit höheren Kohlenstoffgehalten treten zusätzlich die Übergangscarbide Fe_2C (**η-Carbid**) und $Fe_{2,5}C$ (**χ-Carbid**) hinzu. Dabei können die beschriebenen Vorgänge bereits deutlich unter 100 °C ablaufen.

Bei Stählen mit Kohlenstoffgehalten unter 0,2 % findet im Temperaturbereich zwischen 100 °C und 200 °C die Bildung von ε-Carbid noch nicht statt, da der Aufenthalt der Kohlenstoffatome im verzerrten Kristallgitter in der Umgebung von Versetzungen noch immer energetisch günstiger ist, als die Bildung des ε-Carbids. Martensit mit Kohlenstoffgehalten unter 0,2 % ist außerdem nicht tetragonal verzerrt und wird daher beim Anlassen zunächst auch nicht verändert.

Durch ein Anlassen im Temperaturbereich der 1. Anlassstufe erhält der unmittelbar nach dem Härten äußerst spröde Stahl wieder einen Teil seiner ursprünglichen Zähigkeit und Verformbarkeit zurück. Die Härte bleibt weitgehend erhalten, die Rissgefahr infolge der hohen Spannungen wird jedoch erheblich vermindert und die Gebrauchseigenschaften des Stahles werden deutlich verbessert (die Glashärte wird in der 1. Anlassstufe beseitigt). Ein Anlassen in der ersten Anlassstufe ist besonders für unlegierte und legierte Kaltarbeitsstähle, für niedriglegierte Warmarbeitsstähle (NiCrMoV-Sorten) sowie für durchhärtende Wälzlagerstähle von Bedeutung.

2. Anlassstufe (200 °C bis 320 °C)

Über 200 °C wird die Beweglichkeit der zwangsgelösten Kohlenstoffatome im Martensitkristall zunehmend größer, d.h. die Carbidbildung wird verstärkt und ein eventuell vorhandener Restaustenit zerfällt. Der Temperaturbereich zwischen 250 °C und 400 °C (obere 2. bzw. 3. Anlassstufe) wird in der Regel gemieden, da bei Stählen in diesem Temperaturbereich ausgeprägte Versprödungserscheinungen auftreten (300 °C-Versprödung, Kapitel 6.4.5.3).

3. Anlassstufe (320 °C bis 400 °C)

In dieser Stufe entweichen praktisch alle Kohlenstoffatome aus ihrer Zwangslösung. Der kubische Martensit verarmt zunehmend an Kohlenstoff und erreicht schließlich die Zusammensetzung des Ferrits. Der Stahl besteht letztlich nur noch aus Ferrit mit feinsten eingelagerten Zementitkörnchen (Fe_3C), die bereits im Lichtmikroskop sichtbar sind. Die vom Martensit herrührende nadelige Struktur des Gefüges bleibt (zumindest bei kurzen Anlasszeiten) noch erhalten. Auch in der oberen 3. Anlassstufe (bis hinein in den Bereich der 4. Anlassstufe) können bei bestimmten Stahlsorten Versprödungserscheinungen auftreten. Man spricht von der 500 °C-Versprödung oder Anlassversprödung (Kapitel 6.4.5.3).

4. Anlassstufe (400 °C bis Ac_1)

Der Temperaturbereich der 4. Anlassstufe ist bei den unlegierten Stählen nicht mehr mit signifikanten Gefügeveränderungen verbunden, die einer definierten Anlassstufe zugeordnet werden können. Die in der Ferritmatrix zunächst noch fein verteilten Zementitausscheidungen ballen sich zu größeren Körnchen zusammen. Das Gefüge nähert sich allmählich dem des weichgeglühten Zustands. Bei Temperaturen ab etwa 550 °C bis 600 °C wird schließlich durch Rekristallisation die nadelförmige, vom Martensit herrührende Struktur allmählich aufgelöst. Das Gefüge besteht letztlich aus einer ferritischen Grundmasse mit eingelagerten Carbiden (Bild 1, Seite 251). Bei den legierten Stählen wird das Anlassverhalten in charakteristischer Weise verändert (Kapitel 6.4.5.2).

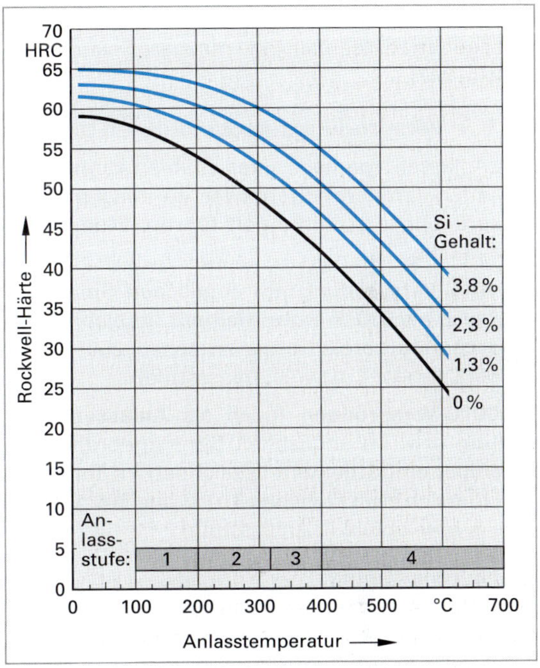

Bild 1: Einfluss von nicht Carbid bildenden Legierungselementen auf den Härteverlauf am Beispiel des Siliciums (Stahl mit etwa 0,5 % C)

6.4.5.2 Anlassen der legierten Stähle

Das Anlassen der legierten Stähle unterscheidet sich von den unlegierten Stählen aufgrund des Einflusses der Legierungselemente durch:

- Verschiebung der Temperaturlage der Anlassstufen,
- Verzögerung des Härteabfalls mit zunehmender Anlasstemperatur,
- Bildung von Sondercarbiden, die zu einer Härtesteigerung, der Sekundärhärtung (s. u.), führen können.

Das Verhalten der legierten Stähle beim Anlassen wird vorwiegend durch die Art der Legierungselemente bestimmt. Hinsichtlich der Wirkungsweise der Legierungselemente ist zu unterscheiden zwischen nicht Carbid bildenden und Carbid bildenden Legierungselementen.

Anlassen von Stählen mit nicht Carbid bildenden Elementen

Elemente wie Si, Ni oder Mn, die keine Sondercarbide bilden, verzögern lediglich den Härteabfall mit zunehmender Anlasstemperatur und erhöhen die Härte der ferritischen Grundmasse. Die Härte im abgeschreckten und nicht angelassenen Zustand wird durch diese Elemente nur unwesentlich verändert (Bild 1).

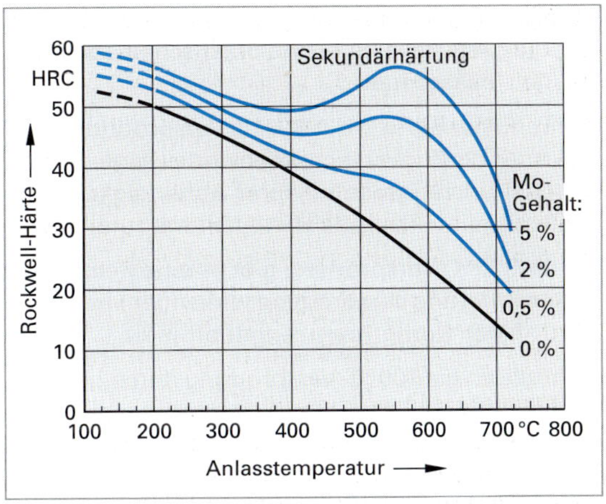

Bild 2: Einfluss von Carbid bildenden Legierungselementen auf den Härteverlauf am Beispiel des Molybdäns (Stahl mit etwa 0,35 % C)

Anlassen von Stählen mit Carbid bildenden Elementen

Die Carbid bildenden Legierungselemente, wie Cr, Mo, V, Ti und W, verschieben einerseits den Festigkeitsabfall zu höheren Temperaturen und längeren Zeiten (analog den nicht Carbid bildenden Elementen), andererseits führen sie bei Anlasstemperaturen zwischen 400 °C und 600 °C zu einem Wiederanstieg der Festigkeit und der Härte. Dieser Effekt wird als **Sekundärhärtung** bezeichnet und beispielsweise bei den Schnellarbeitsstählen sowie bei vielen Warmarbeitsstählen, die bei Arbeitstemperaturen bis 600 °C noch nicht erweichen dürfen, genutzt (Bild 2, Seite 247).

Die Erscheinung der Sekundärhärtung beruht auf einer fein verteilten Ausscheidung von härtesteigernden und im Vergleich zum Eisencarbid Fe_3C thermisch wesentlich stabileren **Sondercarbiden,** wie z. B. Mo_2C, V_4C_3, TiC und W_2C. Um allerdings eine ausreichende Sekundärhärtung zu erhalten, bedarf es teilweise höherer Konzentrationen. So bewirkt das Molybdän in Gehalten von nur einigen Prozenten lediglich einen verzögerten Härteabfall. Eine nutzbare Sekundärhärtung tritt erst bei Molybdängehalten über 5 % auf (Bild 2, Seite 247).

6.4.5.3 Versprödungserscheinungen beim Anlassen von Stählen

Das Anlassen von gehärteten Stählen kann in bestimmten Temperaturbereichen zu ausgeprägten Versprödungserscheinungen führen. Man unterscheidet die:

- **300 °C-Versprödung** (im englischen Sprachgebrauch als **500 °F-embrittlement** bezeichnet) im Temperaturbereich etwa zwischen 250 °C und 400 °C (obere 2. bzw. 3. Anlassstufe)
- **500 °C-Versprödung** (auch als **Anlassversprödung** bzw. im englischen Sprachgebrauch als **temper embrittlement** bezeichnet) im Temperaturbereich etwa zwischen 370 °C und 500 °C (obere 3. bzw. untere 4. Anlassstufe).

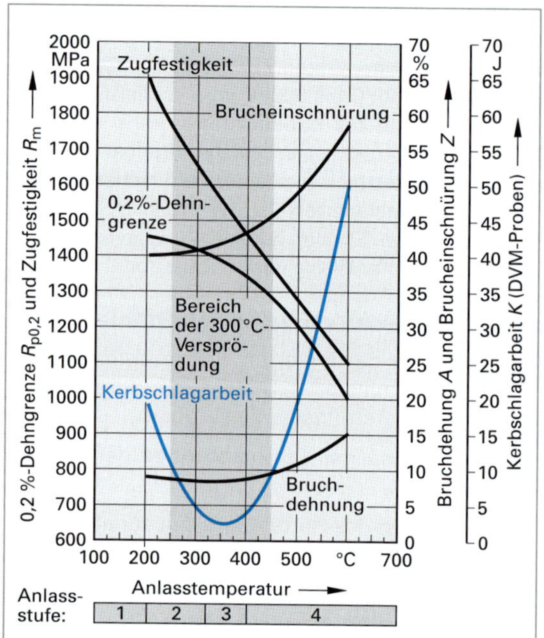

Bild 1: Verminderung der Zähigkeit im Bereich der 300 °C-Versprödung (40NiCrMo6)

300 °C-Versprödung

Die 300 °C-Versprödung macht sich beim Anlassen im Temperaturbereich zwischen 250 °C und 400 °C (also in der oberen 2. bzw. in der 3. Anlassstufe) bei vielen Stählen durch eine deutliche Verminderung der Zähigkeit (Bild 1) sowie in einer Verschiebung der Übergangstemperatur der Kerbschlagarbeit zu höheren Temperaturen bemerkbar. Die 300 °C-Versprödung ist irreversibel und praktisch unabhängig von der Anlassdauer.

Während der Bereich der 300 °C-Versprödung durch einen signifikanten Zähigkeitsverlust gekennzeichnet ist, lassen die Zugversuchskennwerte (Zugfestigkeit, Dehngrenze, Bruchdehnung und Brucheinschnürung) keinerlei Unstetigkeiten in ihrer Abhängigkeit von der Anlasstemperatur erkennen. Auch die eng mit der Zugfestigkeit verknüpfte Härte fällt mit zunehmender Anlasstemperatur stetig ab (Bild 1).

Für die 300 °C-Versprödung gibt es eine Reihe unterschiedlicher Ursachen. Unter anderem wird eine starke Anreicherung versprödend wirkender Verunreinigungen, insbesondere Phosphor, Arsen, Antimon und Zinn, an den Korngrenzen angenommen.

Wenngleich die 300 °C-Versprödung durch Legieren beispielsweise mit Aluminium oder Nickel ggf. in Verbindung mit der Verringerung versprödend wirkender Elemente weitgehend vermieden werden kann, so wird der Temperaturbereich der 2. und 3. Anlassstufe in der Praxis dennoch gemieden.

500°C-Versprödung (Anlassversprödung)

Beim Halten bzw. bei langsamer Abkühlung (z. B. im Ofen) tritt im Bereich der oberen 3. bzw. der unteren 4. Anlassstufe bei Temperaturen zwischen rund 370 °C und 500 °C (mitunter bis 570 °C) bei bestimmten anlassempfindlichen Stahlsorten die **500 °C-Versprödung,** die auch als **Anlassversprödung** bezeichnet wird, auf. Gefährdet sind insbesondere Cr-, Mn-, CrMn- und Cr-Ni-Stähle ohne einen bestimmten Zusatz an Molybdän, sofern sie im Gebiet der 500 °C-Versprödung angelassen werden oder bei Abkühlung dieses Gebiet langsam durchlaufen.

Auch die 500 °C-Versprödung macht sich in einer deutlichen Verringerung der Zähigkeit sowie in einer Verschiebung der Übergangstemperatur der Kerbschlagarbeit zu höheren Temperaturen bemerkbar. Die übrigen Kennwerte wie Zugfestigkeit, Dehngrenze oder Bruchdehnung zeigen hingegen keine Unstetigkeiten.

Als maßgebliche Ursache für die 500 °C- oder Anlassversprödung wird angenommen, dass Phosphor, Schwefel oder Spurenelemente wie Antimon, Arsen und Zinn zu den Korngrenzen diffundieren, sich dort anreichern und zu einer Herabsetzung der Kohäsionskräfte führen. So können bereits Phosphorgehalte von 0,008 % die Neigung zur Anlassversprödung deutlich erhöhen.

Die Anlassversprödung kann durch die folgenden Maßnahmen gemildert bzw. vermieden werden:

- Erhöhung des metallurgischen Reinheitsgrades, d. h. geringere Konzentration der schädlichen Elemente.
- Legieren mit Molybdän. Molybdän bindet den Phosphor und behindert die Diffusion der schädlichen Elemente zu den Korngrenzen. Bei Gehalten zwischen 0,2 % bis 0,6 % (und teilweise auch höher) kann die Anlassversprödung vollständig unterdrückt werden. Vergütungsstähle, die auf höhere Temperaturen angelassen werden, enthalten daher häufig Molybdängehalte zwischen 0,4 % bis über 1 % (z. B. 42CrMo4).
- Abschrecken nach dem Anlassen in Öl oder Wasser, so dass für die Diffusion des Phosphors und anderer versprödend wirkender Elemente im kritischen Temperaturbereich keine Zeit zur Verfügung steht. Bei großen Vergütungsquerschnitten reicht allerdings die Abkühlgeschwindigkeit im Kern nicht mehr aus, um die Anlassversprödung zu unterdrücken. Außerdem besteht die Gefahr der Entstehung von Eigenspannungen. In diesen Fällen ist auf molybdänlegierte Stähle wie z. B. 42CrMo4 zurückzugreifen.
- Kornverfeinerung (z. B. Legierungen mit Aluminium) wirkt der Anlassversprödung entgegen, da mit zunehmender Feinkörnigkeit die Kornoberfläche erhöht und damit die Anreicherung vermindert wird.

Da die Anlassversprödung reversibel ist, kann sie durch eine Glühung bei Temperaturen über 650 °C und eine anschließende schnelle Abkühlung im kritischen Temperaturbereich wieder beseitigt werden.

6.4.5.4 Vergüten

Vergüten ist ein kombiniertes Wärmebehandlungsverfahren aus Härten mit nachfolgendem Anlassen auf höhere Temperaturen (4. Anlassstufe zwischen etwa 450 °C bis 650 °C). Die Anlassdauer beträgt in der Regel 1 h bis 3 h. Bild 1 zeigt den Temperatur-Zeit-Verlauf während des Vergütens.

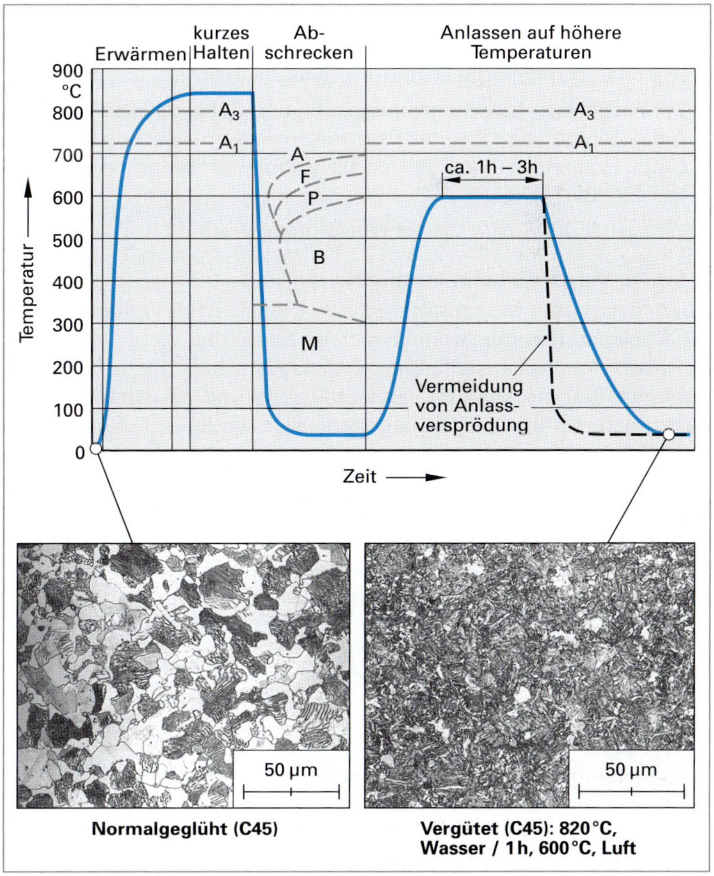

Bild 1: Temperatur-Zeit-Verlauf beim Vergüten sowie typische Gefügebilder

In Abhängigkeit des beim Härten verwendeten Abschreckmediums spricht man von **Wasser-, Öl-** oder **Luftvergütung.** Neben diesem früher auch als **Anlassvergüten** bezeichneten Verfahren unterscheidet man noch die Sonderformen **Bainitisieren** und **Patentieren** (s. u.).

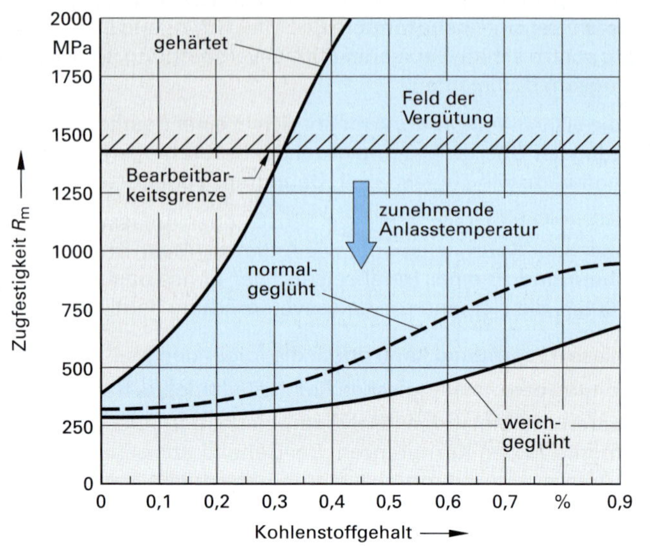

Bild 1: Veränderung der mechanischen Eigenschaften durch das Vergüten am Beispiel der Zugfestigkeit

a) Sinn und Zweck des Vergütens

Stähle werden aus den folgenden Gründen vergütet:

1. Das Vergüten führt bei entsprechender Wahl der Anlasstemperatur zu einer Erhöhung der Zähigkeit. Durch das Vergüten wird die Sicherheit gegen Sprödbruch, insbesondere bei tieferen Temperaturen, schlagartiger Beanspruchung oder ausgeprägter Kerbwirkung (z. B. Schweißnähte) deutlich erhöht.
2. Die Abwesenheit von voreutektoidem Ferrit verbessert die Schwingfestigkeit.
3. Sofern eine hohe Festigkeit gefordert wird, kann bei geeigneter Wahl der Anlasstemperatur die Festigkeit (insbesondere die Dehngrenze) deutlich erhöht werden.
4. Die Festigkeits- bzw. Verformbarkeits- und Zähigkeitskennwerte können durch entsprechende Wahl der Anlasstemperatur in weiten Grenzen, im Prinzip zwischen dem martensitischen und dem weichgeglühten Gefügezustand variiert und damit optimal an die jeweiligen betrieblichen Anforderungen angepasst werden (Bild 1).
5. Weitgehender Ausgleich der Werkstoffeigenschaften zwischen Rand und Kern.

b) Innere Vorgänge beim Vergüten

Durch das Härten wird zunächst ein martensitisches Gefüge (ggf. mit Anteilen von Restaustenit) erzeugt. Die Kohlenstoffatome befinden sich im tetragonal verzerrten Kristallgitter in Zwangslösung (Bild 1, Seite 251). Während des anschließenden Anlassens bei höheren Temperaturen (4. Anlassstufe) entweichen die Kohlenstoffatome aus ihrer Zwangslösung und es entstehen über verschiedene Zwischenstufen feindisperse Zementitausscheidungen, die sich schließlich zu größeren Körnchen zusammenballen. Aus dem tetragonal-raumzentrierten Martensit entsteht dadurch schließlich Ferrit. Nach der Anlassbehandlung liegt somit ein feinkörniges Gefüge mit mehr oder weniger fein verteilten Zementitausscheidungen in ferritischer Matrix vor (Bild 1, Seite 251). Die fein verteilten Zementitausscheidungen in einer ferritischen Matrix führen zu einer wirkungsvollen Behinderung der Versetzungsbewegung und erhöhen auf diese Weise die Festigkeit, insbesondere die Streck- bzw. Dehngrenze. Mit steigender Anlasstemperatur nimmt allerdings die Größe der Zementitteilchen zu und die Festigkeit sinkt (Bild 1, Seite 251).

Die verbesserte Zähigkeit eines Vergütungsgefüges lässt sich durch die feinkörnige, homogene ferritische Matrix erklären.

c) Vergütungstiefe

Die Tiefe des vergütbaren Querschnitts ist in der Regel größer als die vollmartensitische Werkstoffschicht unmittelbar nach dem Härten, da bereits das in tieferen Werkstoffschichten vorliegende bainitische Gefüge genügt, um nach dem Anlassen auf erhöhte Temperaturen ein ferritisches Gefüge mit feinverteilten Zementitausscheidungen zu erzeugen. Sogar die fein- bzw. feinststreifigen perlitischen Gefüge (früher: Sorbit und Troostit) zeigen nach dem Anlassen ebenfalls feinen, körnigen Zementit in ferritischer Grundmasse und sind in ihren Zähigkeitseigenschaften dem Anlassgefüge des Martensits bzw. Bainits ähnlich.

Bei den legierten Stählen werden die mechanischen Eigenschaften im vergüteten Zustand bis zu einem Durchmesser von etwa 250 mm gewährleistet, obwohl bereits in einem Abstand von rund 50 mm von der abgeschreckten Oberfläche die Härte und damit der Martensitanteil stark abgefallen ist.

d) Anlassschaubilder für das Vergüten

Die große Bedeutung des Vergütens besteht darin, dass in Abhängigkeit der gewählten Anlasstemperatur die Festigkeits- und Verformbarkeitskennwerte in weiten Grenzen variiert und an die jeweiligen Anforderungen angepasst werden können (Bild 1, Seite 252).

Die Veränderung der mechanischen Kennwerte in Abhängigkeit von der Anlasstemperatur wird üblicherweise in **Anlassschaubildern** dargestellt. In Zusammenhang mit dem Vergüten spricht man mitunter auch von **Vergütungsschaubildern.** Anlassschaubilder finden sich u. a. in den Werkstoffdatenblättern der Stahlhersteller sowie in der (zwischenzeitlich zurückgezogenen) DIN 17 200. Die Nachfolgenorm DIN EN 10 083 enthält keine Anlassschaubilder mehr.

Jeder Werkstoff besitzt sein eigenes, typisches Anlassschaubild. Bild 1, Seite 252, zeigt beispielhaft das Anlassschaubild des Stahles C45E. Mit steigender Anlasstemperatur nimmt die Zähigkeit sowie die Verformbarkeit (Bruchdehnung A und Brucheinschnürung Z) zu, die Festigkeit (Zugfestigkeit R_m bzw. Dehngrenze $R_{p0,2}$) nimmt hingegen ab.

e) Vergütungsstähle

Vergütungsstähle sind un- und niedriglegierte Maschinenbaustähle mit Kohlenstoffgehalten zwischen 0,2 % und 0,7 %, die sich zum Härten eignen und im vergüteten Zustand eine gute Zähigkeit bei gegebener Zugfestigkeit bzw. eine deutlich erhöhte Festigkeit bei ausreichender Zähigkeit aufweisen.

Kohlenstoffgehalte über 0,7 % sind bei Vergütungsstählen nicht üblich, da der damit verbundene erhöhte Zementitanteil im Gefüge zu einer nachteiligen Verminderung der Zähigkeit führen würde. Ein großer Teil der Vergütungsstähle ist legiert, um u. a. bei größeren Werkstückquerschnitten eine Durchvergütung sicher zu stellen und die unerwünschte Anlassversprödung (Kapitel 6.4.5.3) zu vermeiden.

Zur Verminderung der Gefahr von Härterissen weisen die Vergütungsstähle eine hohe metallurgische Reinheit auf und werden daher als Qualitäts- oder als Edelstähle (Kapitel 6.5.1.1) erschmolzen.

Hinsichtlich der chemischen Zusammensetzung lassen sich fünf Vergütungsstahlgruppen unterscheiden:

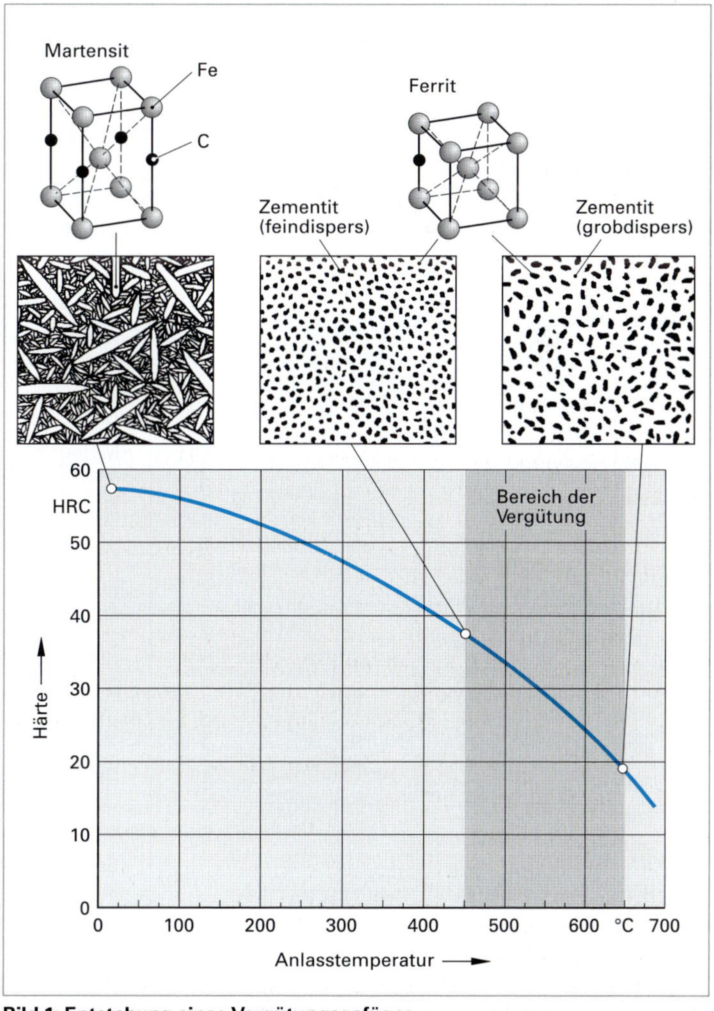

Bild 1: Entstehung eines Vergütungsgefüges

- unlegierte Vergütungsstähle (z.B. C45)
- Mn-legierte Vergütungsstähle (z.B. 28Mn6)
- Cr-legierte Vergütungsstähle (z.B. 41Cr4)
- Cr-Mo-legierte Vergütungsstähle (z.B. 42CrMo4)
- Cr-Ni-Mo-legierte Vergütungsstähle (z.B. 34CrNiMo6)

Unlegierte Vergütungsstähle haben nur eine begrenzte Einhärtbarkeit und die Festigkeit (0,2 %- Dehngrenze) ist mit maximal etwa 600 MPa ebenfalls begrenzt.

Mn-legierte Vergütungsstähle weisen eine verbesserte Einhärtbarkeit auf, jedoch sind diese Sorten überhitzungsempfindlich d. h. sie neigen zur Grobkornbildung. Ein Wasserabschrecken kann außerdem zur Bildung von Härterissen führen.

Cr-legierte Vergütungsstähle weisen ebenfalls eine deutlich verbesserte Einhärtbarkeit auf, außerdem erreicht die 0,2-%- Dehngrenze im vergüteten Zustand bereits Werte von bis zu 800 MPa.

Durch das zusätzliche Legieren mit Molybdän besitzen die **Cr-Mo-Vergütungsstähle** eine nochmals deutlich verbesserte Einhärtbarkeit. Molybdän verbessert außerdem die Warmfestigkeit. Durch Abbindung von Phosphor sowie eine Behinderung der Diffusion versprödend wirkender Elemente (Pb, As oder Sn) zu den Korngrenzen verhindert das Molybdän außerdem eine Anlassversprödung. Gegenüber den Cr-legierten Sorten wird eine Steigerung der 0,2-%- Dehngrenze auf bis zu 900 MPa erreicht.

Durch das Legieren mit Nickel wird bei den **Cr-Ni-Mo-legierten Vergütungsstählen** eine weitere Verbesserung der Einhärtbarkeit sowie eine Verbesserung der Zähigkeit erreicht. Mit diesen Sorten können außerdem die höchsten Dehngrenzen innerhalb der Vergütungsstähle (bis etwa 1100 MPa) erreicht werden.

Vergütungsstähle werden im vergüteten Zustand überall dort eingesetzt, wo Bauteile höheren mechanischen und thermischen Beanspruchungen ausgesetzt sind und zudem hohe sicherheitstechnische Anforderungen gestellt werden. Einige Beispiele sind in Tabelle 1 zusammengestellt.

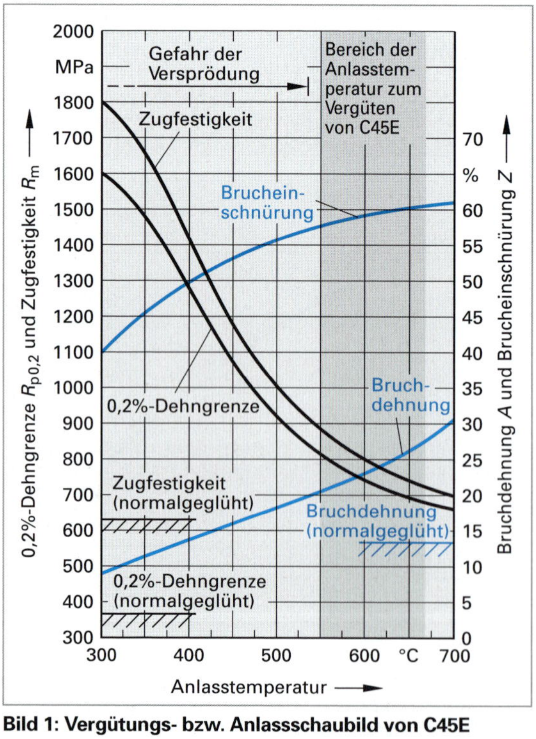

Bild 1: Vergütungs- bzw. Anlassschaubild von C45E

Tabelle 1: Verwendung von Vergütungsstählen

Gründe für den Einsatz von Vergütungsstählen	Beispiele für Bauteile und Werkstoffe
Hoch beanspruchte Bauteile → Materialeinsparung, → Sicherheit gegen Versagen	Schrauben, Radreifen, Gasflaschen, Hochdruckbehälter, Turbinenteile, Flugzeugteile z. B.: C45, C56, 36Mn4, 20MnMoNi4-5, X41CrMoV5-1
Schlag- und stoßartig beanspruchte Bauteile → Sprödbruchsicherheit	Stanzwerkzeuge, Schneidwerkzeuge z. B.: X35CrMo17, G47CrMn6
Kompliziert gestaltete Bauteile (technische Kerben) → Sprödbruchsicherheit	Kurbelwellen, Zahnräder, Ritzelwellen, Getriebeteile z. B.: 34CrMo4, 41Cr4, 40NiMoCr10-5
Bauteile, die tiefen Temperaturen ausgesetzt sind → Sprödbruchsicherheit	Stahlkonstruktionen, Kälteanlagen z. B.: S460QL, 26CrMo4, 12Ni19, X7Ni9
Schwingend beanspruchte Bauteile → Sicherheit gegen Schwingbruch	Federn, Federdrähte, Federbänder z. B.: C55E, C60E, 38Si7, 51CrV4

Vergütungsstähle finden sich in einer Vielzahl von Werkstoffnormen. Die bekannteste Norm ist DIN EN 10 083. Tabelle 1 zeigt eine Zusammenstellung der Wärmebehandlung sowie die im vergüteten Zustand erreichbaren mechanischen Eigenschaften dieser Stähle.

Neben den Vergütungsstählen nach DIN EN 10 083 werden auch viele andere Stahlsorten zur Verbesserung ihrer Gebrauchseigenschaften vergütet. So erhalten Federstähle teilweise erst durch eine Vergütung die für ihre Verwendung erforderlichen hohen Dehngrenzen (Kapitel 6.5.4). Bei den kaltzähen, nickellegierten Stählen kann durch eine Vergütung die Übergangstemperatur der Kerbschlagarbeit zu tieferen Temperaturen verschoben werden, so dass für einige Stahlsorten ein Einsatz bis etwa –200 °C möglich wird (Kapitel 6.5.9). Die hochfesten, schweißgeeigneten Feinkornbaustähle erhalten durch eine Vergütung Dehngrenzen von bis zu 1000 MPa bei guter Zähigkeit (Kapitel 6.5.3).

Tabelle 1: Vergütungsstähle nach DIN EN 10 083-1 und -2 (Auswahl)

Stahlsorte			C-Gehalt	Vergüten		mech. Eigenschaften (vergütet) [1]				
Kurzname [2]		Wst.-Nr.	Masse-%	Härten[3]	Anlassen[4] °C	R_m MPa	$R_{p0,2}$ MPa	A %	Z %	KV[5] J
neu	alt									
Unlegierte Vergütungsstähle										
C22E	Ck22	1.1151	0,17 ... 0,24	860 ... 900 / W		500 ... 650	340	20	50	50
C25E	Ck25	1.1158	0,22 ... 0,29	860 ... 900 / W		550 ... 700	370	19	45	45
C30E	Ck30	1.1178	0,27 ... 0,34	850 ... 890 / W		600 ... 750	400	18	40	40
C35E	Ck35	1.1181	0,32 ... 0,39	840 ... 880 / W,Ö		630 ... 780	430	17	40	35
C40E	Ck40	1.1186	0,37 ... 0,44	830 ... 870 / W,Ö	550...660	650 ... 800	460	16	35	30
C45E	Ck45	1.1191	0,42 ... 0,50	820 ... 860 / W,Ö		700 ... 850	490	14	35	25
C50E	Ck50	1.1206	0,47 ... 0,55	810 ... 850 / Ö,W		750 ... 900	520	13	30	–
C55E	Ck55	1.1203	0,52 ... 0,60	805 ... 845 / Ö,W		800 ... 950	550	12	30	–
C60E	Ck60	1.1221	0,57 ... 0,65	800 ... 840 / Ö,W		850 ... 1000	580	11	25	–
28Mn6		1.1170	0,25 ... 0,32	830 ... 870 / W,Ö	540 ... 680	800 ... 950	590	13	40	35
Legierte Vergütungsstähle										
38Cr2		1.7003	0,35 ... 0,42	830 ... 870 / Ö,W		800 ... 950	550	14	35	35
46Cr2		1.7006	0,42 ... 0,50	820 ... 860 / Ö,W		900 ... 1100	650	12	35	30
34Cr4		1.7033	0,30 ... 0,37	830 ... 870 / W,Ö		900 ... 1100	700	12	35	35
37Cr4		1.7034	0,34 ... 0,41	825 ... 865 / Ö,W		950 ... 1150	750	11	35	30
41Cr4		1.7035	0,38 ... 0,45	820 ... 860 / Ö,W	540 ... 680	1000 ... 1200	800	11	30	30
25CrMo4		1.7218	0,22 ... 0,29	840 ... 880 / W,Ö		900 ... 1100	700	12	50	45
34CrMo4		1.7220	0,30 ... 0,37	830 ... 870 / Ö,W		1000 ... 1200	800	11	45	35
42CrMo4		1.7225	0,38 ... 0,45	820 ... 860 / Ö,W		1100 ... 1300	900	10	40	30
50CrMo4		1.7228	0,46 ... 0,54	820 ... 860 / Ö		1100 ... 1300	900	9	40	30
36CrNiMo4		1.6511	0,32 ... 0,40	820 ... 850 / Ö,W		1100 ... 1300	900	10	45	35
34CrNiMo6		1.6582	0,30 ... 0,38	830 ... 860 / Ö	540 ... 660	1200 ... 1400	1000	9	40	35
30CrNiMo8		1.6580	0,26 ... 0,34	830 ... 860 / Ö		1250 ... 1450	1050	9	40	30
36NiCrMo16		1.6773	0,32 ... 0,39	865 ... 885 / L,Ö	550 ... 650	1250 ... 1450	1050	9	40	30
51CrV4		1.8159	0,47 ... 0,55	820 ... 860 / Ö	540 ... 680	1100 ... 1300	900	9	40	30

[1] Werte gültig für maßgebliche Wärmebehandlungsdurchmesser oder Nenndurchmesser $d \leq 16$ mm. Bei Flacherzeugnissen für Blechdicken $t \leq 8$ mm. Für größere Durchmesser gelten andere Werte (DIN EN 10083).

[2] Kurzname (neu) nach DIN EN 10027-1, Kurzname (alt) nach DIN 17006 (zurückgezogen).

[3] W = Abschrecken in Wasser, Ö = Abschrecken in Härteöl, L = Abkühlung an Luft.

[4] Anlassdauer mindestens 60 min.

[5] Für ISO-Spitzkerbproben bei Raumtemperatur (Längsproben, Mittelwert aus 3 Einzelmessungen).

f) Sonderverfahren des Vergütens

Neben dem Anlassvergüten werden für bestimmte Anwendungen auch die Sonderverfahren Bainitisieren und Patentieren eingesetzt.

Das Gefüge des unteren Bainits hat eine große Ähnlichkeit mit einem Vergütungsgefüge (feine Zementitausscheidungen in ferritischer Matrix). Seine mechanischen Eigenschaften (hervorragende Zähigkeit bei guter Festigkeit) sind daher mit denen eines Vergütungsgefüges vergleichbar. Es liegt daher nahe, alternativ zum normalen Vergüten, den Stahl so zu behandeln, dass sich ein rein bainitisches Gefüge ausbildet. Diese Sonderform des Vergütens bezeichnet man als **Bainitisieren** bzw. **isothermes Vergüten** (Bild 1). Früher wurde auch vom **Zwischenstufenvergüten** gesprochen.

Beim Bainitisieren wird der austenitisierte Stahl im Salz- oder Metallbad, dessen Temperatur T_B im Bereich der Bainitbildung liegt, abgeschreckt und dort bis zur vollständigen Umwandlung isothermisch gehalten. Anschließend wird an Luft abgekühlt. Die Abkühlgeschwindigkeit von der Austenitisierungstemperatur auf die Bainitisiertemperatur T_B muss dabei so schnell erfolgen, dass sich der Austenit bis zum Erreichen von T_B noch nicht umwandelt (Kurve 1 in Bild 1). Da bereits geringe Mengen von Ferrit, Perlit oder Martensit die Zähigkeitseigenschaften deutlich verschlechtern, ist das Bainitisieren nur dann erfolgreich, falls sich ein reines Bainitgefüge ausbildet. Ein rein bainitisches Gefüge kann aber nur durch eine isotherme und nicht durch eine kontinuierliche Temperaturführung eingestellt werden.

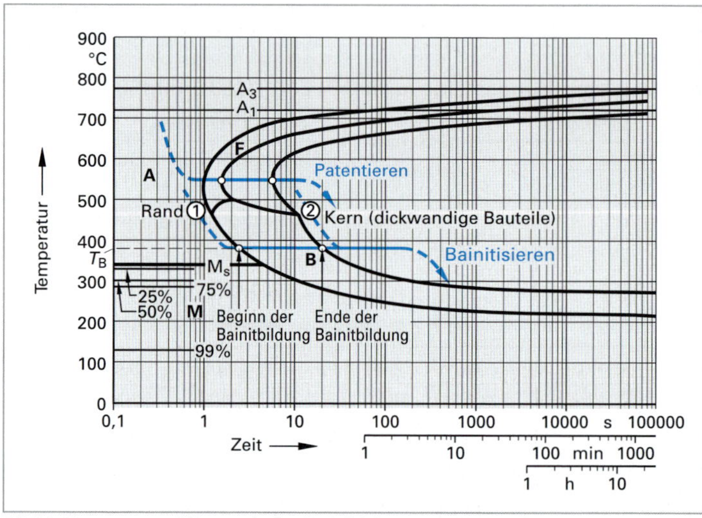

Bild 1: Temperaturführung beim Bainitisieren und beim Patentieren

Mit zunehmender Bauteildicke kühlt der Kern langsamer ab, so dass vor Erreichen der Bainitisiertemperatur T_B eine teilweise Umwandlung in der Perlitstufe erfolgt (Kurve 2 in Bild 1). Dadurch vermindert sich insgesamt die Zähigkeit des Bauteils. Das Bainitisieren wird daher nur für kleinere bzw. dünnwandige Werkstücke angewandt.

Das Bainitisieren bietet im Vergleich zum **Anlassvergüten** eine Reihe von Vorteilen, auf die jedoch nicht näher eingegangen werden soll.

Ziel des **Patentierens** ist es, ein sehr feinstreifiges perlitisches Gefüge (früher als Sorbit oder Troostit bezeichnet) zu erzeugen. Dieses Gefüge lässt sich sehr gut kalt verformen, weshalb das Patentieren fast ausschließlich bei der Federdrahtherstellung angewandt wird. Der Ablauf des Patentierens ist dem Bainitisieren sehr ähnlich. Nach dem Austenitisieren wird der Werkstoff beim Patentieren entsprechend dem isothermen ZTU-Schaubild auf Temperaturen im Bereich der Perlitbildung (450 °C bis 600 °C) in Salz- oder Metallschmelzen abgeschreckt und bis zum vollständigen Ablauf der isothermen Umwandlung bei diesen Temperaturen gehalten (Bild 1). Danach wird langsam abgekühlt. Nach dem anschließenden Kaltverformen durch Drahtziehen können die dabei entstehenden Drähte infolge Kaltverfestigung, je nach Werkstoff und Durchmesser, Zugfestigkeiten von 1000 MPa bis 3000 MPa erreichen. Bei geringeren Drahtdurchmessern (< 12 mm) kann das Patentieren im Durchlaufverfahren angewandt werden.

6.4.6 Verfahren des Oberflächenhärtens

Für eine große Zahl von Maschinenteilen werden vom Werkstoff widersprüchliche Eigenschaften gefordert:

- Hohe Härte der Oberfläche und damit gute Verschleißbeständigkeit.
- Hohe Zähigkeit im Kern, häufig in Verbindung mit guten Festigkeitseigenschaften.

Diese, insbesondere an hochwertige und hoch belastete Maschinenteile gestellten Forderungen, können nur durch die verschiedenen Verfahren des Oberflächenhärtens in befriedigender Weise gleichzeitig erfüllt werden. Beispiele derart beanspruchter Teile sind Kurbelwellen, Nocken- und Keilwellen, Zahnräder, Bolzen, Achsen, Kupplungsteile, Kettengetriebe, Seilrollen, Kurvenscheiben, Laufräder, Führungsbahnen, Umformgesenke usw.

ⓘ Information

Oberflächenhärten

Sinn und Zweck aller Verfahren des Oberflächenhärtens ist es, Bauteilen oder Werkzeugen eine harte und verschleißbeständige Oberfläche zu verleihen, bei gleichzeitig hoher Festigkeit und Zähigkeit des Kerns. Durch die Oberflächenhärteverfahren, wie z.B. das Flamm- oder Induktionshärten, entstehen im Regelfall in der Randschicht zusätzlich Druckeigenspannungen, die sich günstig auf die Schwingfestigkeit auswirken.

6.4.6.1 Einteilung der Oberflächenhärteverfahren

Die Oberflächenhärteverfahren werden eingeteilt in (Bild 1):

- Randschichthärteverfahren
- Thermochemisches Behandeln

Bei den Verfahren der **Randschichthärtung** (Kapitel 6.4.6.2) wird die chemische Zusammensetzung der Randschicht nicht verändert, wohl aber der Werkstoffzustand, d.h. das oberflächennahe Gefüge (Martensitbildung).

Beim **thermochemischen Behandeln** (Kapitel 6.4.6.2) erfolgt ebenfalls eine Änderung des Werkstoffzustands in der Randschicht, jedoch unter gleichzeitiger Änderung der chemischen Zusammensetzung, mit oder ohne nachfolgende Wärmebehandlung.

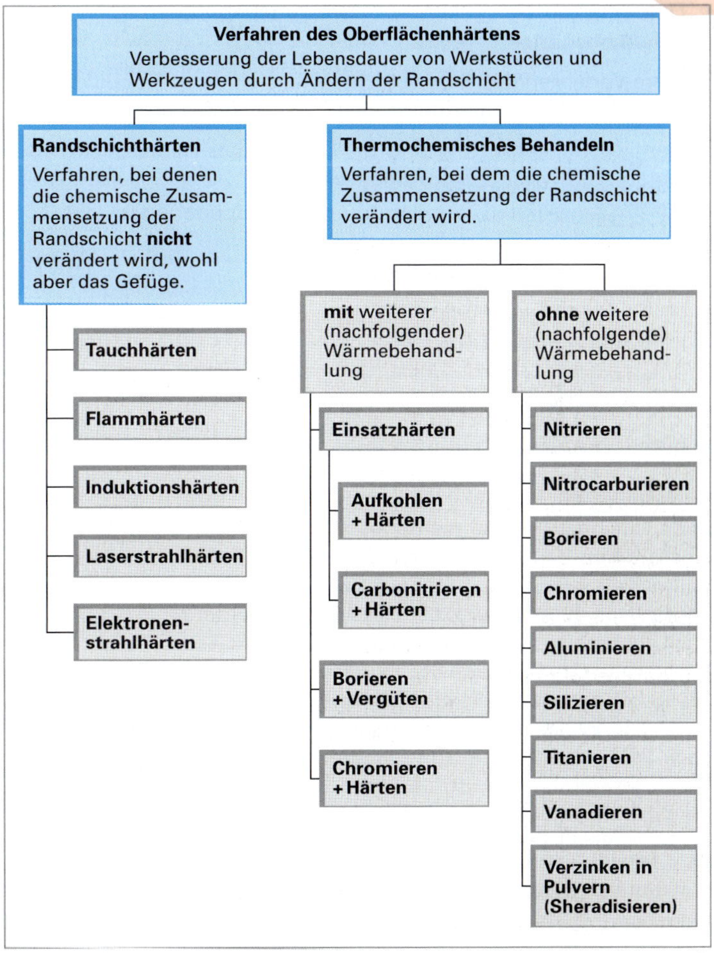

Bild 1: Einteilung der Oberflächenhärteverfahren

6.4.6.2 Randschichthärteverfahren

Bei allen Verfahren des Randschichthärtens wird die oberflächennahe Schicht durch eine intensive Energieeinwirkung auf Härtetemperatur erwärmt (austenitisiert). Für die Verfahren des Randschichthärtens (außer dem Tauchhärten) ist es dabei kennzeichnend, dass mit hoher Geschwindigkeit erwärmt und unmittelbar anschließend abgeschreckt wird. Um eine ausreichende Austenitisierung sicherzustellen, müssen daher gegenüber einer langsamen Erwär-

ⓘ Information

Randschichthärten

Die Verfahren des Randschichthärtens haben alle das Ziel, dem Werkstoff eine harte und verschleißbeständige Oberfläche zu verleihen. Die chemische Zusammensetzung der Randschicht wird bei diesen Verfahren nicht verändert, wohl aber das Gefüge. Verfahrensweisen beim Randschichthärten und Hinweise zu deren Anwendung und Durchführung bei Werkstücken aus Stahl, Gusseisen oder Sinterteilen aus Stahlpulver sind in DIN 17022-5 zusammengestellt.

mung (z.B. im Ofen) die üblichen Härtetemperaturen um 50 °C bis 100 °C überschritten werden. Die unte diesen Bedingungen optimalen Härtetemperaturen können den **kontinuierlichen Zeit-Temperatur-Austenitisierungs-Diagrammen (ZTA-Diagrammen)** entnommen werden (Kapitel 6.4.4.14).

Nach dem angewandten Wärmverfahren unterscheidet man die folgenden Randschichthärteverfahren:

- **Tauchhärten**
- **Flammhärten**
- **Induktionshärten**
- **Laserstrahlhärten**
- **Elektronenstrahlhärten**

Weitere Verfahren des Randschichthärtens sind das **Konduktions-, Plasmastrahl-** und **Reibhärten.** Diese Verfahren sollen hier allerdings nicht besprochen werden.

Wesentlich für den Erfolg und die Dauer einer Randschichthärtung ist die Leistungsdichte des angewandten Wärmverfahrens (Anhaltswerte):

- durch Konvektion (Wärmeströmung) in Luft oder Gas: 0,5 W/cm²
- durch Strahlung: 10 W/cm²
- durch Konvektion in Salzschmelzen: 20 W/cm²
- durch Kontakt (Wärmeleitung): 20 W/cm²
- mittels Brennerflamme: 1000 ... 6000 W/cm²
- durch Induktion: 1000 ... 10000 W/cm²
- durch Laser- oder Elektronenstrahl: 1000 ... 10000 W/cm²
- durch Plasmastrahl: > 10000 W/cm²

a) Tauchhärten

Beim Tauchhärten wird die Randschicht des Werkstücks durch Eintauchen in ein Metallbad (Cu-Sn-Schmelze) oder Salzbad ($BaCl_2$, KCl) mit einer Temperatur von 1000 °C bis 1250 °C rasch erwärmt und nach Tauchzeiten von 1 s ... 100 s abgeschreckt. Die Temperatur des Salzbades sollte dabei mindestens 100 °C höher sein, als die erforderliche Härtetemperatur. Die Randschichthärtungstiefe lässt sich je nach Stahlzusammensetzung, Badtemperatur und Tauchzeit variieren. Aufgrund der geringen Leistungsdichte (etwa 20 W/cm²) hat sich das Verfahren in der Praxis nicht bewährt.

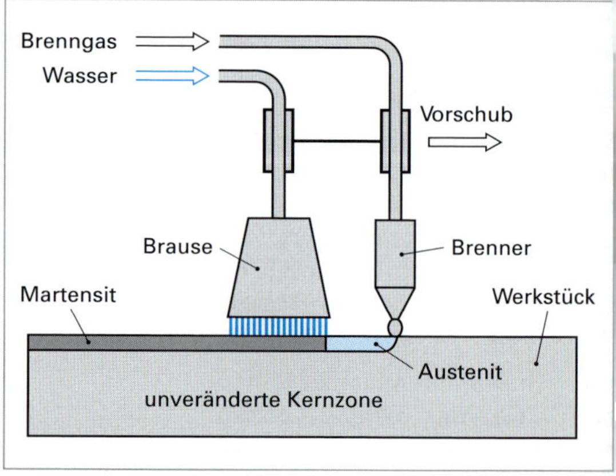

Bild 1: Prinzip des Flammhärtens nach dem Vorschubprinzip (Vorschub-Flammhärten)

b) Flammhärten

Beim Flammhärten, dem ältesten noch heute angewandten Verfahren des Randschichthärtens, wird die oberflächennahe Schicht mittels einer Brenngas-Sauerstoff-Flamme kurzzeitig auf Härtetemperatur erwärmt. Als Brenngas wird Ethin (technische Bezeichnung: Acetylen), seltener Stadtgas, Methan oder Propan verwendet. Unmittelbar nach Erreichen der Härtetemperatur wird mit Hilfe einer Wasserbrause abgeschreckt, so dass sich die austenitisierte Randschicht weitgehend in Martensit umwandelt (Bild 1).

Für das Abschrecken eignet sich Wasser mit einer Temperatur von 15 °C ... 40 °C (ggf. mit die Abschreckintensität mindernden Zusätzen). Abschrecköle sind aufgrund der damit verbundenen Brandgefahr schwieriger zu handhaben und können insbesondere für das Vorschub-Flammhärten nicht eingesetzt werden. Auch ruhende oder bewegte Luft oder Stickstoff können zum Abschrecken verwendet werden.

Nach dem Härten wird üblicherweise etwa 1 h auf Temperaturen zwischen 180 °C und 220 °C angelassen, um die Rissgefahr bei einem eventuellen Richten oder Schleifen zu vermindern. Das Anlassen erfolgt häufig in Öfen. Ein eventuell vorhandener Restaustenitgehalt kann durch ein nachfolgendes Tiefkühlen (Kapitel 6.4.4.9) oder Anlassen verringert werden.

Beim Flammhärten können Randschichthärtungstiefen (Bild 1, Seite 259) von 1,5 mm bis 15 mm realisiert werden. Die maximale Randschichthärtungstiefe wird dabei nur durch das Einhärteverhalten des Werkstoffs begrenzt. Um eine optimale Härtung zu erreichen, sind Brenner und Abschreckbrause an die Werkstückform angepasst.

Hinsichtlich des örtlichen und zeitlichen Ablaufs können beim Flammhärten, das zu einem hohen Grad automatisierbar ist, unterschiedliche Arbeitsweisen angewandt werden. Grundsätzlich unterscheidet man zwischen dem **Vorschub-** oder **Linien-Flammhärten** und dem **Gesamtflächen-** oder **Stand-Flammhärten.**

c) Induktionshärten

Aus der Physik ist bekannt, dass ein zeitlich verändertes Magnetfeld **Wirbelstöme** in metallischen Werkstoffen induziert. Die von Wirbelströmen durchflossenen Bereiche des Werkstücks erwärmen sich dabei aufgrund ihres Ohm'schen Widerstands. Bei ferromagnetischen Metallen (z. B. Fe, Co, Ni unterhalb ihrer Curietemperatur) findet zusätzlich eine Erwärmung aufgrund von Hysteresisverlusten statt. Die Wirbelströme konzentrieren sich mit steigender Frequenz zunehmend auf die Leiteroberfläche. Diese Stromverdrängung wird als **Skineffekt** (*skin*, engl.: Haut) bezeichnet. Aufgrund des Skineffektes sowie der Tatsache, dass die Stärke des Magnetfeldes mit zunehmendem Abstand vom Induktor abnimmt, bleiben die Wirbelströme auf eine oberflächennahe Schicht beschränkt, daher wird beim Induktionshärten in der Regel nur die Randschicht des Werkstücks auf Härtetemperatur erwärmt.

Ein Hauptvorteil der induktiven Erwärmung besteht in der Möglichkeit, die Randschichthärtungstiefe (s. u.) über die Wahl der Frequenz zu beeinflussen. Mit steigender Frequenz des Wechselfeldes beschränken sich die Wirbelströme aufgrund des Skineffektes in zunehmendem Maße auf die oberflächennahen Bereiche des Werkstücks. Die Breite der erwärmten Randschicht und demzufolge die Randschichthärtungstiefe nehmen ab. Hinsichtlich der gewählten Frequenz unterscheidet man beim Induktionshärten das **Mittelfrequenz-** und **Hochfrequenzhärten** sowie das **Hochfrequenz-Impulshärten** (Tabelle 1).

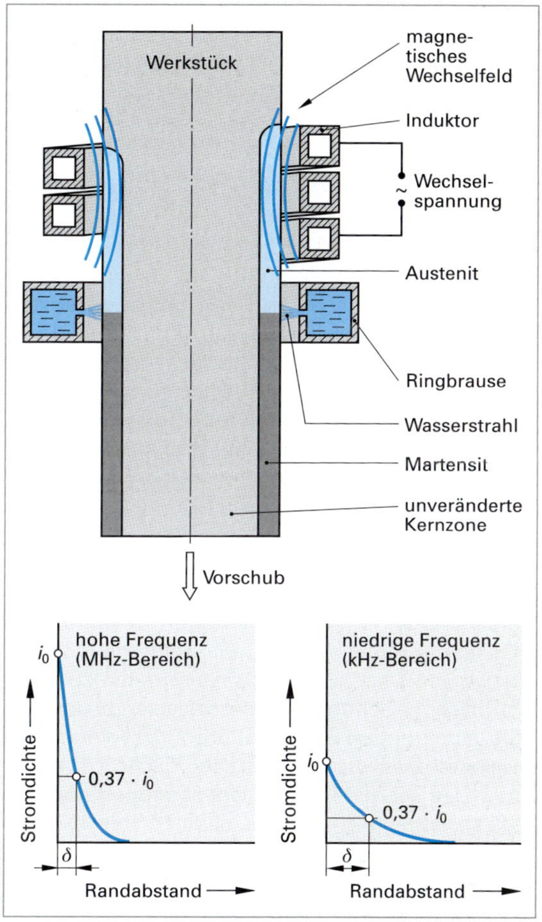

Bild 1: Prinzip des Induktionshärtens (schematisch)

Tabelle 1: Untergruppen des Induktionshärtens

Untergruppe	Frequenzbereich kHz	Randschichthärtungstiefe (SHD)[1] mm
Mittelfrequenzhärten	3...10	2...8
Hochfrequenzhärten	400...2500	0,1...2
Hochfrequenz-Impulshärten	27000	0,05...0,5

[1] Bild 1, Seite 259

Bild 1 zeigt das Prinzip des Induktionshärtens. Nach der elektroinduktiven Erwärmung der Randschicht auf Härtetemperatur wird mit Hilfe einer Wasserbrause abgeschreckt oder das erwärmte Teil in ein geeignetes Abschreckmittel getaucht. Auch Öl oder Druckluft können zur Abschreckung verwendet werden. Beim Hochfrequenz-Impulshärten (s. o.) arbeitet man mit der **Eigen-** oder **Selbstabschreckung,** d. h. die Wärmeleitung zum kalten Kern ist ausreichend, um eine martensitische Umwandlung hervorzurufen. Mit Eigen- oder Selbstabschreckung kann grundsätzlich gearbeitet werden, sofern die Werkstückabmessungen (z. B. die Bauteildicke) etwa 10-mal größer sind im Vergleich zur Randschichthärtungstiefe. Im Anschluss an das Abschrecken wird üblicherweise noch auf Temperaturen zwischen 150 °C und 200 °C angelassen.

Das Induktionshärten ist verfahrenstechnisch mit dem Flammhärten vergleichbar, nur tritt anstelle des Brenners der **Induktor**. Der Induktor ist in der Regel ein kupferner, wassergekühlter Hohlkörper mit rechteckiger Querschnittsfläche. Seine Form wird der Größe und Gestalt der zu behandelnden Werkstücke angepasst (Bild 1). Das Induktionshärten kann ebenso wie das Flammhärten als Vorschub- oder als Gesamtflächenhärten durchgeführt werden.

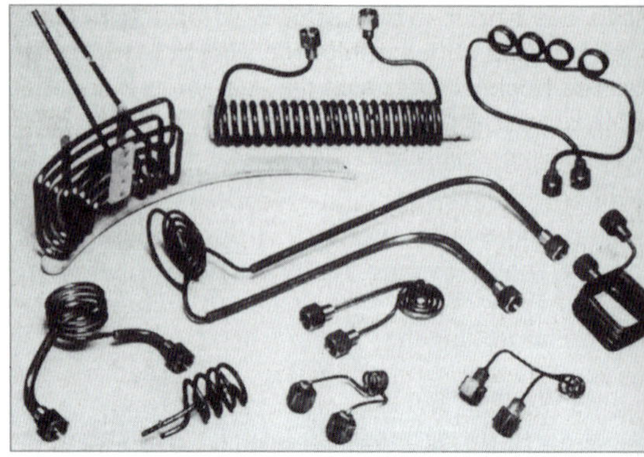

Bild 1: Verschiedene Formen von Induktoren

Durch Induktion können sehr hohe Leistungen übertragen werden (bis 10 000 W/cm²), da die Wärme dem Werkstück nicht von außen zugeführt, sondern in seinem Innern erzeugt wird. Im Gegensatz zum Flammhärten kann daher beim Induktionshärten die angestrebte Härtetemperatur sehr viel schneller erreicht werden (beim Hochfrequenz-Impulshärten bereits innerhalb weniger Millisekunden!). Die Gefahr einer unerwünschten Grobkornbildung, einer Randentkohlung sowie einer zu starken Oxidation der Oberfläche (Verzunderung) tritt daher nicht auf. Aufgrund der schnellen Erwärmung müssen jedoch höhere Austenitisierungstemperaturen gewählt werden (Kapitel 6.4.4.14).

d) Laserstrahlhärten

Beim Laserstrahlhärten wird mittels eines Laser-Gerätes (**Laser** = **l**ight **a**mplification by **s**timulated **e**mission of **r**adiation) ein Laserstrahl mit einheitlicher Wellenlänge (monochromatisch) und konstanter Phasenbeziehung (Kohärenz) erzeugt und mit Hilfe eines optischen Strahlführungssystems (Fokussierlinse) auf die Werkstückoberfläche fokussiert. Durch den von der Randschicht absorbierten Anteil der Laserstrahlung wird eine etwa 10^{-6} bis 10^{-4} mm tiefe Schicht erwärmt. Tiefere Zonen werden durch Wärmeleitung austenitisiert (Bild 2). Da etwa 90 % der Strahlung reflektiert werden, müssen meist zusätzliche Absorptionsschichten auf die zu behandelnde Oberfläche aufgebracht werden. Üblicherweise geschieht dies durch Oxidieren, d. h. Glühen im Temperaturbereich zwischen 450 °C und 550 °C in Wasserdampf.

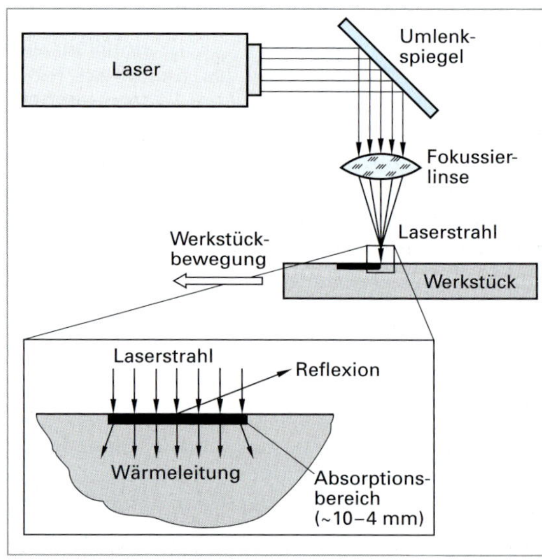

Bild 2: Prinzip des Laserstrahlhärtens

Auf ein dem Flamm- oder Induktionshärten vergleichbares Abschrecken kann verzichtet werden, da die Wärmeleitung zum Kern ausreicht, um extrem hohe Abkühlgeschwindigkeiten (bis 10^6 K/s !) in der dünnen, austenitisierten Randschicht hervorzurufen **(Eigen-** oder **Selbstabschreckung)**. Eine martensitische Umwandlung tritt hier selbst bei sehr niedrigem Kohlenstoffgehalt des Stahls ein (Bild 1, Seite 232).

Das Laserstrahlhärten arbeitet nach dem Vorschubprinzip, wobei sich durch spezielle Formung und/oder Oszillation des Laserstrahls Spurbreiten zwischen 1 mm und 20 mm erzeugen lassen. Zur Behandlung kleiner Flächen wird ein Impulsbetrieb des Lasers realisiert.

e) Elektronenstrahlhärten

Beim Elektronenstrahlhärten werden Elektronen in einem Strahlerzeugungssystem stark beschleunigt und prallen mit hoher kinetischer Energie auf die Werkstückoberfläche. Diese Energie wird dort in Wechselwirkung mit den Metallatomen teilweise in Wärme umgewandelt. Die Eindringtiefe der Elektronen beträgt nur etwa 0,01 mm bis 0,05 mm, so dass tiefere Werkstoffschichten auch hier durch Wärmeleitung austenitisiert werden.

Beim Elektronenstrahlhärten wird ebenfalls nicht abgeschreckt, da auch hier die Wärmeleitung zum Kern so hoch ist, dass sich die austenitisierte Randschicht martensitisch umwandelt (Eigen- oder Selbstabschreckung).

Die Größe der härtbaren Werkstücke ist beim Elektronenstrahlhärten begrenzt, da sich das Werkstück oder zumindest die zu härtende Oberfläche im Vakuum befinden muss.

f) Oberflächenhärte und Einhärtungstiefe

Die wichtigsten Prüfgrößen nach erfolgter Randschichthärtung sind die:

- Oberflächenhärte
- Randschichthärtungstiefe

Die maximal erreichbare **Oberflächenhärte** ist im Wesentlichen nur von der Menge des im Austenit gelösten Kohlenstoffs, also vom Kohlenstoffgehalt des Stahls sowie von den Austenitisierungsbedingungen (Härtetemperatur und Aufheizgeschwindigkeit) abhängig (Kapitel 6.4.4.14).

Zur Bestimmung der **Randschichthärtungstiefe (SHD)**[1] ist an einem Querschliff eine Härteverlaufskurve aufzunehmen. Die Randschichthärtungstiefe ist nach DIN EN 10328 derjenige senkrechte Abstand von der Oberfläche, bei dem die gemessene Härte die **Grenzhärte** erreicht. Die Grenzhärte beträgt 80 % der in den Fertigungsunterlagen vorgeschriebenen Oberflächen-Mindesthärte und wird in der Regel als Vickershärte HV 1 (Kapitel 13.5.6.2) angegeben (Bild 1). Auf Vereinbarung kann auch HV 0,5 bis HV 5 angewandt werden.

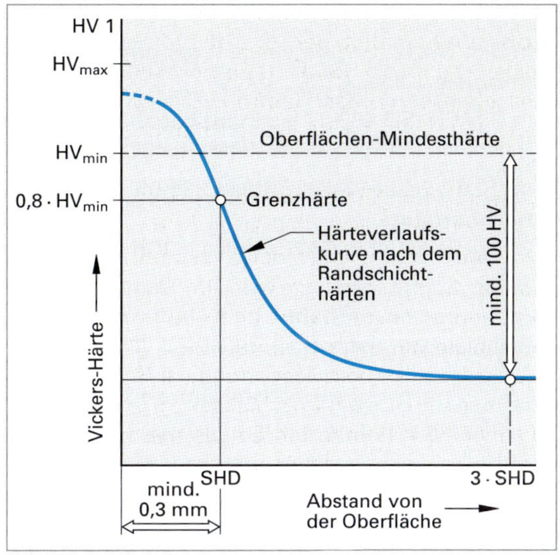

Bild 1: Ermittlung der Randschichthärtungstiefe (SHD) nach DIN EN 10328

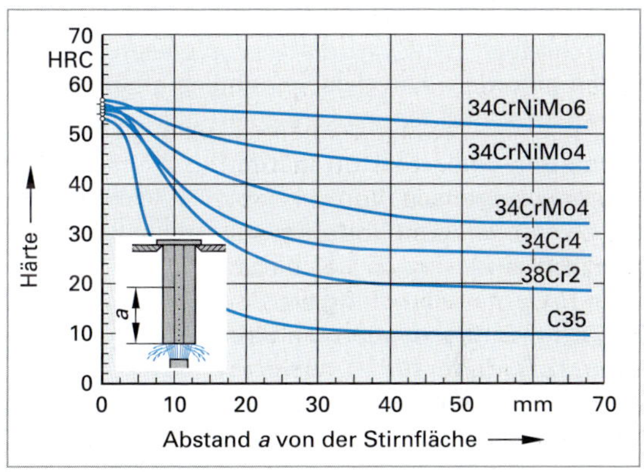

Bild 2: Härteverlaufskurven von Vergütungsstählen mit annähernd gleichem Kohlenstoffgehalt

Für die Gültigkeit muss die Randschichthärtungstiefe (SHD) mindestens 0,3 mm betragen und die Härte in einem Abstand von 3 · SHD mindestens 100 HV 1 niedriger sein als die Oberflächen-Mindesthärte. Werden diese Bedingungen nicht erfüllt, dann muss die Festlegung der Randschichthärtungstiefe separat vereinbart werden.

Im Gegensatz zur Oberflächenhärte, die im Wesentlichen von der Menge des im Austenit gelösten Kohlenstoffs abhängt, nimmt mit zunehmendem Gehalt bestimmter Legierungselemente, wie Mn, Cr, Mo, Ni und V, die Härte in einer bestimmten Tiefe, die Randschichthärtungstiefe zu. Bild 2 veranschaulicht diesen wichtigen Sachverhalt am Beispiel unlegierter und legierter Stähle mit annähernd gleichem Kohlenstoffgehalt.

g) Stähle und Eisengusswerkstoffe für das Randschichthärten

Das Randschichthärten kann prinzipiell auf alle Eisenwerkstoffe, die einen Mindestkohlenstoffgehalt von 0,2 % bis 0,3 % und eine γ-α-Umwandlung aufweisen, angewandt werden. Hierzu zählen beispielsweise die unlegierten Baustähle, Vergütungsstähle, Werkzeugstähle und der Stahlguss. Auch die verschiedenen Gusseisensorten, wie Temperguss und graues Gusseisen mit Lamellen- oder Kugelgraphit, können unter gewissen Voraussetzungen randschichtgehärtet werden. Der maximale Kohlenstoffgehalt sollte 0,75 % jedoch nicht überschreiten, da sonst die Rissneigung sowie die Gefahr der Bildung von Restaustenit zunimmt.

[1] SHD = Surface Hardening Depth. Alte Bezeichnungen: Einhärtungstiefe DS nach DIN EN 10328 bzw. Rht nach DIN 50190-2 (zurückgezogen).

Besonders geeignet für eine Randschichthärtung sind die folgenden Eisenwerkstoffe:

- In DIN 17 212 (zurückgezogen) genormte **Stähle für das Flamm- und Induktionshärten**
  Beispiele: C35G, C70G, 45Cr2
- In DIN EN ISO 683-17 als **induktionshärtende Wälzlagerstähle** bezeichnete Stähle
  Beispiele: C56E2, 56Mn4, 70Mn4, 43CrMo4
- Im Stahl-Eisen-Werkstoffblatt 835-96 (kurz: SEW 835-96) genormter **Stahlguss für Flamm- und Induktionshärtung.**
  Beispiele: GC45E, G42CrMo4, G50CrMo4
- In der Stahl-Eisen-Liste oder im Stahlschlüssel als oberflächen-, randschicht- oder induktionshärtbar gekennzeichnete Stähle.
  Beispiele: 40Mn4, 44Cr2, 48CrMo4, 37CrB1, 58CrV4

6.4.6.3 Thermochemisches Behandeln

Zu den wichtigsten Verfahren des thermochemischen Behandelns gehören das **Einsatzhärten** bzw. **Carbonitrieren** sowie das **Nitrieren** bzw. **Nitrocarburieren.** In untergeordnetem Maße werden auch das **Borieren** sowie eine Reihe von **Metall-Diffusionsverfahren** (Aluminieren, Chromieren, Silicieren oder Titanieren) angewandt. Das Borieren sowie die Metall-Diffusionsverfahren sollen nicht besprochen und stattdessen auf die Literatur verwiesen werden.

a) Einsatzhärten und Carbonitrieren

Kohlenstoffarme Stähle (C ≤ 0,25 %) sind zäh, gut zerspanbar und gut schweißbar, jedoch nicht (martensitisch) härtbar. Häufig wird aber von diesen Stählen zusätzlich eine harte und verschleißbeständige Oberfläche gefordert. Um diese eigentlich einander widersprechenden Forderungen nach harter Oberfläche aber festem und zähem Kern zu erfüllen, eignet sich das **Einsatzhärten** (Bild 1).

Durch das Einsatzhärten werden Werkstückeigenschaften erreicht, die keinem anderen Verfahren zugänglich sind. Das Einsatzhärten ist ein Wärmebehandlungsverfahren, um hochbeanspruchten Bauteilen (z. B. Zahnrädern) hervorragende Gebrauchseigenschaften zu verleihen. Das Einsatzhärten ist in DIN 17 022-3 genormt.

Das Einsatzhärten besteht in der Regel aus den in Bild 1, Seite 261, dargestellten Arbeitsschritten.

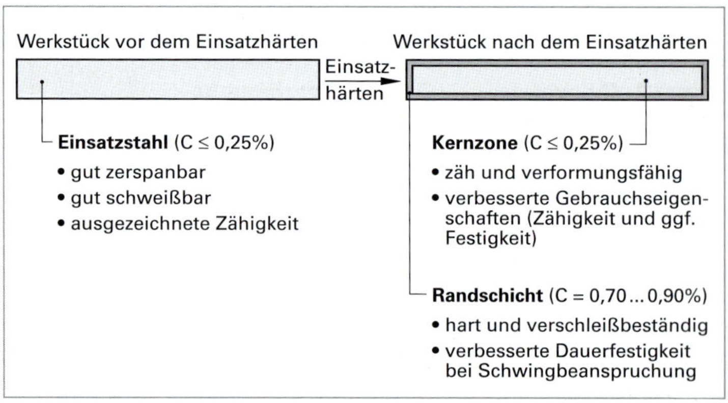

Bild 1: Veränderung der Werkstoffeigenschaften durch das Einsatzhärten (schematisch)

Beim **Aufkohlen** (früher als **Einsetzen** bezeichnet, daher der Begriff Einsatzhärten) wird das Werkstück in kohlenstoffabgebender Umgebung längere Zeit (einige Stunden bis max. 200 h) bei Temperaturen oberhalb Ac_3 (vorzugsweise zwischen 850 °C und maximal 1050 °C) geglüht, da bei diesen Temperaturen der Stahl aufgrund seines austenitischen Gefüges erheblich mehr Kohlenstoffatome lösen kann. Bei unlegierten Stählen beträgt die maximale Kohlenstofflöslichkeit des Austenits zwischen 1,1 % (bei 850 °C) und 1,7 % (bei 1050 °C), wie längs der Linie S-E im Eisen-Kohlenstoff-Zustandsdiagramm abgelesen werden kann (Bild 2, Seite 178).

Während des Aufkohlens diffundiert Kohlenstoff aus dem umgebenden Medium in das Innere des Stahls. Der Kohlenstoffgehalt steigt dabei, zumindest in der Randschicht, von 0,1 %...0,25 % (Kohlenstoffgehalt der zum Einsatzhärten geeigneten Stähle) auf 0,7 %...0,9 % (optimaler Kohlenstoffgehalt der aufgekohlten Randschicht) kontinuierlich an. Bei Kohlenstoffgehalten unter 0,7 % verringert sich die Oberflächenhärte mit abnehmendem Kohlenstoffgehalt deutlich (Bild 1, Seite 235). Bei Kohlenstoffgehalten über 0,9 % kann hingegen bereits versprödend wirkender Sekundärzementit (Fe_3C) schalenförmig an den Korngrenzen auftreten. Durch das Aufkohlen wird die Randschicht gut härtbar, während der Kern aufgrund eines nach wie vor niedrigen Kohlenstoffgehalts zäh und verformungsfähig bleibt.

Das Aufkohlen kann in unterschiedlichen Medien erfolgen. Man unterscheidet daher verschiedene Aufkohlungsverfahren. Trotz des unterschiedlichen Aggregatzustandes der Aufkohlungsmittel erfolgt der Übergang der Kohlenstoffatome vom Aufkohlungsmittel auf die Randschicht des Werkstückes grundsätzlich über die Gasphase **(Boudouard-Reaktion)**.

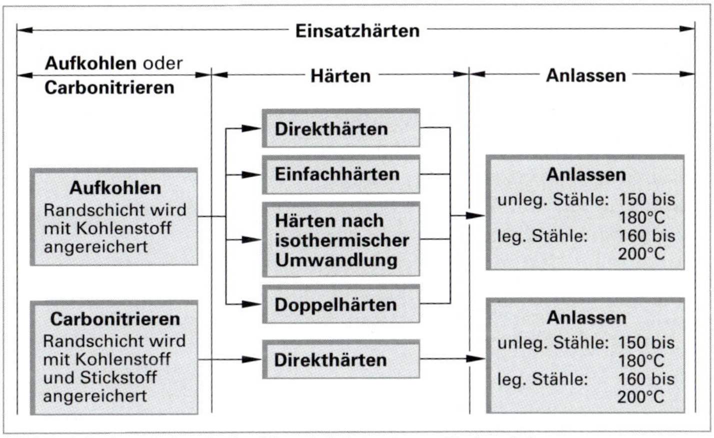

Bild 1: Arbeitsschritte beim Einsatzhärten bzw. Carbonitrieren

- **Aufkohlen in festen Aufkohlungsmitteln**

Historisch gesehen ist das **Aufkohlen in festen Aufkohlungsmitteln** das älteste Verfahren des Einsatzhärtens. Das Aufkohlen in festen Aufkohlungsmitteln erfolgt bei Temperaturen zwischen 870 °C und 930 °C. Als **Aufkohlungsmittel** dient eine Mischung aus einem **Kohlenstoffträger** (60 ... 80 Vol.-%; Holzkohle oder bestimmte Kokssorten), einem **Aktivierungsmittel** zur Beschleunigung der Kohlenstoffaufnahme (10 ...15 Vol.-%, Alkali- oder Erdalkalicarbonate wie z. B. $BaCO_3$) sowie einem **Bindemittel** (wenige Vol.-%). Das Bindemittel soll eine Entmischung zwischen Kohlenstoffträger und Aktivierungsmittel beim Transport oder bei der betrieblichen Handhabung vermeiden. Alle drei Komponenten sind miteinander vermischt und zu feinkörnigen Stücken verpresst.

Die durch das Einsatzhärten zu behandelnden Werkstücke, die metallisch blank sein müssen, werden vollständig in das als Pulver oder Granulat zur Verfügung stehende Aufkohlungsmittel eingepackt und samt Einsetzkasten in den Ofen gestellt. Die aufzukohlenden Werkstücke sollten mit einer mindestens 10 mm dicken Pulver- bzw. Granulatschicht bedeckt bzw. umgeben sein (Bild 2).

Die Kohlungszeiten hängen überwiegend vom Werkstoff sowie vom verwendeten Kohlungsmittel ab. Als grober Erfahrungswert kann eine Aufkohlungstiefe von etwa 0,1 mm je Stunde angesehen werden. Die Aufkohlungstiefe liegt in der Regel bei etwa 1 mm. Sie sollte einen Wert von 0,6 mm ... 0,8 mm jedoch nicht unterschreiten. Die gesamte Aufkohlungsdauer beträgt somit bei Verwendung von festen Aufkohlungsmitteln etwa 8 h ... 12 h.

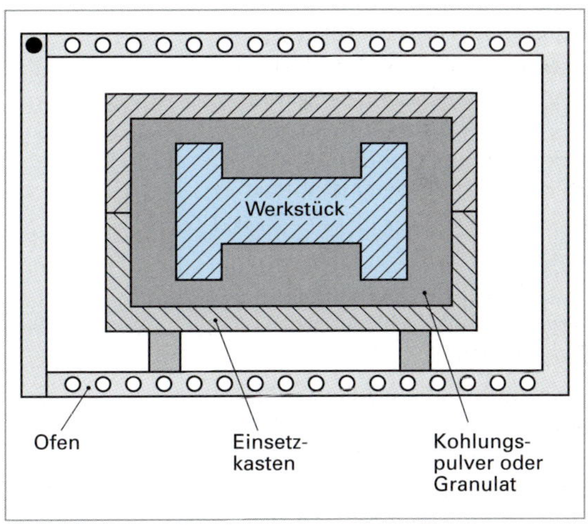

Bild 2: Prinzip der Aufkohlung in festen Aufkohlungsmedien (schematisch)

- **Aufkohlen in flüssigen Aufkohlungsmitteln (Salzschmelzen)**

Das Aufkohlen in flüssigen Medien erfolgt praktisch ausschließlich in Salzschmelzen, bevorzugt bei Temperaturen zwischen 900 °C und 930 °C (max. 950 °C). Bei höheren Temperaturen sollte auf Stähle zurückgegriffen werden, die mit Elementen legiert sind, die das Kornwachstum im Austenitgebiet hemmen. Bei den flüssigen Aufkohlungsmitteln dienen als Kohlenstofflieferant in der Regel Alkalicyanide wie z. B. Natriumcyanid (NaCN) oder seltener auch Kaliumcyanid (KCN). Als Aktivatoren zur Beschleunigung der Kohlenstoffaufnahme werden Erdalkalichloride (überwiegend $BaCl_2$ oder $SrCl_2$) zugesetzt. Weitere

Zusätze, wie z. B. Alkalichloride, dienen der Verbesserung des Schmelzverhaltens sowie der Viskosität. Salzschmelzen sind giftig.

Da der Wärmeübergang von einer Flüssigkeit (hier: Salzschmelze) auf einen Festkörper (Werkstück) wesentlich schneller erfolgt, als beispielsweise von einem Gas oder Pulver, erfordert das Aufkohlen in Salzschmelzen kürzere Aufkohlungszeiten. So wird beispielsweise der angestrebte Randkohlenstoffgehalt von rund 0,8 % bei einer Kohlungstemperatur von 950 °C bereits nach rund 3 h erreicht.

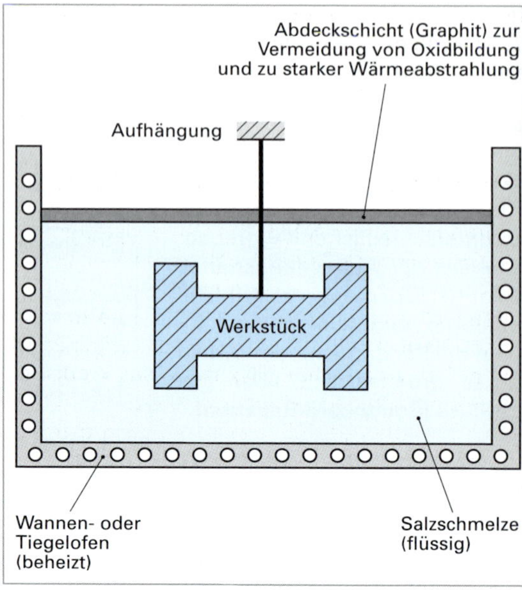

Bild 1: Prinzip der Aufkohlung in flüssigen Aufkohlungsmedien (schematisch)

- **Aufkohlen in gasförmigen Aufkohlungsmitteln**
  Beim Aufkohlen in gasförmigen Aufkohlungsmitteln kommen prinzipiell alle kohlenstoffhaltigen Gase in Frage. Auch Flüssigkeiten, die nach Verdampfung kohlenstoffhaltige Gase freisetzen, können zur Gasaufkohlung herangezogen werden. Seltener werden Granulate, die nach Erwärmung kohlenstoffhaltige Gase freisetzen, eingesetzt. Die Kohlungstemperaturen können bis zu 1050 °C betragen, sie liegen jedoch üblicherweise zwischen 850 °C und 950 °C. Aufkohlungsatmosphären bestehen im Wesentlichen aus den Bestandteilen Kohlenmonoxid (CO), Kohlendioxid (CO_2), Wasserstoff (H_2), Wasserdampf (H_2O), Sauerstoff (O_2) und ggf. Methan (CH_4) in sehr unterschiedlichen Konzentrationen.

  Die Vorteile des Gasaufkohlens liegen in einem hohen Mechanisierungs- bzw. Automatisierungsgrad, einer schnellen Schichtbildung sowie günstigen Arbeitsbedingungen. Außerdem lässt sich der Aufkohlungsprozess (Kohlenstoffpegel) besser kontrollieren und regeln. Nachteilig sind allerdings die hohen Anlagenkosten.

Beim **Carbonitrieren** wird das Werkstück längere Zeit bei Temperaturen oberhalb Ac_3 zum Teil auch unterhalb Ac_3 in Mitteln geglüht, die sowohl Kohlenstoff als auch Stickstoff abgeben können. Beide Elemente diffundieren dabei gleichzeitig in die Randschicht des Werkstoffs ein und führen, je nach Behandlungstemperatur, nach einem anschließenden Härten zu einer harten und verschleißbeständigen Randschicht.

Das Carbonitrieren verläuft verfahrenstechnisch analog zum Aufkohlen. Als Behandlungsmittel kommen entweder Salzschmelzen oder Gasmischungen in Frage.

- Die Salzschmelzen beim Carbonitrieren unterscheiden sich nur unwesentlich von denjenigen beim Aufkohlen, sie sind lediglich weniger stark aktiviert und enthalten häufig höhere Cyanidgehalte (20 % ... 40 %), um die Stickstoffaufnahme zu verstärken.

- Die Gasatmosphären für das Carbonitrieren unterscheiden sich von denen für das Aufkohlen durch eine zusätzlich vorhandene Stickstoff abgebende Komponente. Sie bestehen in der Regel aus einem Trägergas (z. B. Methanol), einer kohlenstoffabgebenden Komponente (z. B. Erdgas, Methan, Propan, Butan) und einer stickstoffabgebenden Komponente, üblicherweise 0,7 ... 10 Vol.-% wasserfreies Ammoniak (NH_3). Das Ammoniak spaltet sich dabei in Stickstoff und Wasserstoff auf.

Im Anschluss an das Carbonitrieren wird zumindest die Randschicht des Werkstücks gehärtet. Als Härteverfahren kommt dabei nur das Direkthärten (Bild 2, Seite 263) in Betracht, um eine unkontrollierte Bildung von Nitriden und Carbonitriden bei langsamer Abkühlung zu vermeiden.

Nach dem Aufkohlen bzw. Carbonitrieren besteht das Werkstück im Prinzip aus zwei Stählen mit unterschiedlichem Kohlenstoffgehalt:

- Der kohlenstoffreichen, aufgekohlten oder carbonitrierten Randschicht (C = 0,7 % ... 0,9 %).
- Der kohlenstoffarmen Kernzone (C ≤ 0,25 %).

Aufgrund des unterschiedlichen Kohlenstoffgehalts von Kernzone und Randschicht würde man grundsätzlich zwei unterschiedliche Härtetemperaturen benötigen, um gleichzeitig sowohl eine harte Randschicht, als auch verbesserte Gebrauchseigenschaften im Kern zu erhalten (Bild 1). Da das Werkstück jedoch nur auf *eine* Temperatur erwärmt werden kann, muss man beim Einsatzhärten grundsätzlich entscheiden, welchem Bauteilbereich Vorrang gegeben werden soll. Die Entscheidung hängt im Wesentlichen von der späteren Bauteilbeanspruchung ab.

Wird aus einer für den kohlenstoffarmen Kern optimalen Temperatur (geringfügig oberhalb G-S) abgeschreckt, dann spricht man vom **Kernhärten.** Das Kernhärten führt zu einer optimalen Härtung des Kerngefüges und damit zu einer deutlich verbesserten Kernfestigkeit. Andererseits ist die Härtetemperatur für die aufgekohlte Randschicht zu hoch, sie wird überhitzt gehärtet (Grobkornbildung). Dies führt zu erhöhten Restaustenitgehalten und dementsprechend zu geringeren Härtewerten der Randschicht.

Wird hingegen von der optimalen Härtetemperatur der aufgekohlten (oder carbonitrierten) Randschicht (geringfügig oberhalb P-S) abgeschreckt, dann spricht man vom **Randhärten.** Beim Randhärten wird aus einer für die (aufgekohlte) Randschicht optimalen Härtetemperatur (in der Regel 780 °C bis 820 °C) abgeschreckt. Gegenüber dem Kernhärten führt das Randhärten zu geringeren Restaustenitgehalten und einer dementsprechend höheren Härte der Randschicht. Das Kerngefüge wird dabei jedoch aus einer zu niedrigen Temperatur abgeschreckt. Dort findet daher eine unvollständige Martensitumwandlung statt, so dass mehr oder weniger große Mengen an weichem Ferrit im Gefüge auftreten. Das unterhärtete Kerngefüge besitzt außerdem schlechtere Festigkeitseigenschaften. Allerdings muss beim Randhärten weniger Wärme abgeführt werden, so dass die Verzugsgefahr im Vergleich zum Kernhärten geringer ist.

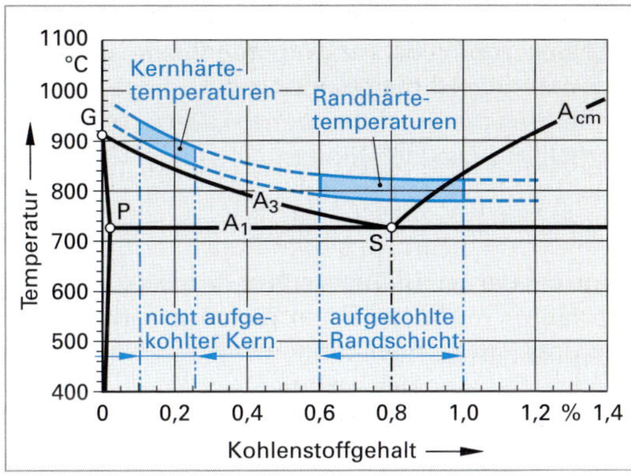

Bild 1: Eisen-Kohlenstoff-Zustandsdiagramm (Stahlseite) mit optimalen Härtetemperaturen von Kernzone und aufgekohlter Randschicht

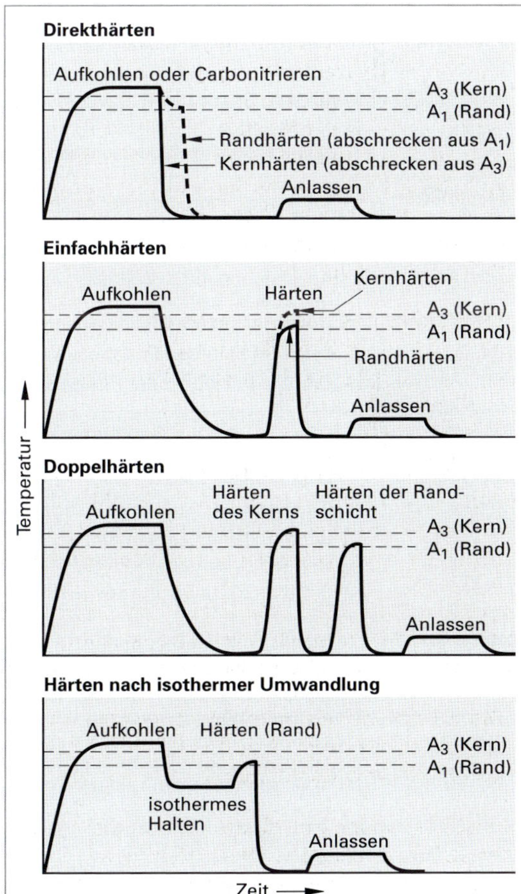

Bild 2: Härteverfahren beim Einsatzhärten

Im Anschluss an das Aufkohlen bzw. Carbonitrieren wird so schnell abgekühlt, dass eine Härtung durch Martensitbildung eintritt. Da die Behandlungstemperatur bereits im Bereich der Härtetemperatur liegt, ist eine direkte Härtung aus der Kohlungstemperatur möglich (Bild 2). Dieses Verfahren wird daher als **Direkthärten** bezeichnet.

Wird direkt aus der Kohlungstemperatur abgeschreckt, dann ist für die aufgekohlte Randschicht jedoch eine Grobkornbildung mit erhöhten Restaustenitgehalten zu erwarten, während für den kohlenstoffarmen Kern optimale Härtebedingungen vorliegen. Ist dies unerwünscht, dann kann die Direkthärtung auch als Randhärten durchgeführt werden. Dabei wird das Werkstück erst langsam bis auf eine Temperatur wenig oberhalb P-S (Ac_3 der Randschicht) abgekühlt und dann abgeschreckt. Dadurch wird das Gefüge der Randschicht zwar optimal gehärtet, d.h. es ist mit deutlich geringeren Restaustenitgehalten als beim Kernhärten zu rechnen, im Kern findet jedoch nur eine unvollständige Martensitumwandlung statt.

Aufgrund der geschilderten Problematik wurden in der Praxis neben dem Direkthärten noch weitere Härteverfahren mit spezifischen Vorteilen entwickelt (Bild 2, Seite 263):

- **Einfachhärten**
- **Härten nach isothermer Umwandlung**
- **Doppelhärten**

In Tabelle 1 sind die Vor- und Nachteile der genannte Härteverfahren zusammengestellt.

Tabelle 1: Vergleich der Härteverfahren beim Einsatzhärten

Härteverfahren	Vor- und Nachteile
Direkthärten	+ Einfaches und schnelles Verfahren, geringer Energieaufwand. – Gefahr der Grobkornbildung mit einer Verschlechterung der Zähigkeit des Kerngefüges und der Bildung von grobnadeligem Martensit mit erhöhten Restaustenitgehalten. Vermeidung der Grobkornbildung durch Verwendung von Feinkornbaustählen. – Keine Möglichkeit der Kornfeinung.
Einfachhärten	+ Werkstück kann nach der ersten (langsamen) Abkühlung (noch kein Härten) bearbeitet (Abdrehen überkohlter oder oxidierter Randschichten, Einbringen von Gewinden usw.), gerichtet oder zwischengeglüht (Abbau von Eigenspannungen) werden. + Kornfeinung durch Wiedererwärmung auf die optimale Härtetemperatur des Kerns (Kernhärten) oder der aufgekohlten Randschicht (Randhärten). Dadurch erhöhte Zähigkeit des Kerns sowie feinnadeliger Martensit ohne Restaustenitgehalt in der Randschicht. – Erhöhter Zeit- und Energieaufwand. – Erhöhte Verzugs- oder Rissgefahr.
Härten nach isothermer Umwandlung	+ Abschrecken auf Badtemperatur (500 °C ... 650 °C, z.B. Salzbad) führt zur Verbesserung der Eigenschaften des Kerns durch Bildung von feinstreifigem Perlit (früher: Sorbit oder Troostit) oder oberem Bainit. + Geringere Verzugs- oder Rissgefahr. + Bildung feiner Zementitausscheidungen, die zu einer Erhöhung der Verschleißbeständigkeit sowie zu einem geringeren Restaustenitgehalt der Randschicht führen. – Erhöhter Zeitaufwand sowie Notwendigkeit der Einrichtung eines Warmbades.
Doppelhärten	+ Möglichkeit der Bearbeitung nach der ersten langsamen Abkühlung (siehe Einfachhärten). + Erste Wiedererwärmung auf optimale Härtetemperatur des Kerns, dadurch zunächst feinkörniges Kerngefüge mit hoher Zähigkeit (vgl. Effekt beim Normalglühen). Abschrecken führt zu einem relativ feinkörnigen (kohlenstoffarmen) Martensit im Kern, jedoch zu einer noch nicht optimal gehärteten Randschicht (unterhärtet). Zweite Wiedererwärmung auf optimale Härtetemperatur der aufgekohlten Randschicht führt zu einer Vergütung des Kerns (Anlassen auf höhere Temperaturen) mit einer Verbesserung der Festigkeit bzw. Zähigkeit (Kapitel 6.4.5.4) und in der Randschicht zu einem feinnadeligen Martensit ohne Restaustenit. – Erhöhte Verzugs- oder Rissgefahr. – Sehr hoher Zeit- und Energieaufwand, daher nur für hochwertige Werkstücke.

Das **Anlassen** ist der letzte Arbeitsschritt des Einsatzhärtens. Üblicherweise wird das Werkstück im Anschluss an das Härten (und ggf. Tiefkühlen) der Randschicht auf Temperaturen zwischen 150 °C und 180 °C (unlegierte Stähle) bzw. 160 °C und 200 °C (legierte Stähle) in Öl, Warmbädern oder erhitzter Luft angelassen. Die Vorgänge im Gefüge entsprechen dabei der ersten Anlassstufe (Kapitel 6.4.5.1). Die Anlassdauer beträgt mindestens 1 h, üblicherweise 2 h bis maximal 4 h. Das Anlassen hat zum Ziel:

- dem Stahl wieder einen Teil seiner ursprünglichen Zähigkeit zurückzugeben,
- die höchsten Spannungen im Gefüge zu reduzieren, ohne hingegen den Eigenspannungszustand oder die Härte in der Randschicht nennenswert abzubauen,
- den eventuell vorhandenen Restaustenitgehalt zu verringern und damit die Schleifrissempfindlichkeit zu vermindern, d.h. die Schleifbarkeit zu verbessern.

Die **Einsatzhärtungstiefe** (kurz: **CHD**)[1] ist eine wichtige Messgröße des einsatzgehärteten Zustandes. Zu ihrer Bestimmung wird an einem Querschliff zunächst eine Härteverlaufskurve aufgenommen.

Die Einsatzhärtungstiefe ist nach DIN EN ISO 2639 derjenige senkrechte Abstand von der Oberfläche, bei dem die Härte auf einen Wert von 550 HV 1 (Grenzhärte) abgefallen ist (Bild 1). Dieses Kriterium ist nur anwendbar, sofern die Härte im dreifachen Abstand der Einsatzhärtungstiefe von der Probenoberfläche kleiner als 450 HV 1 ist. Wird dieses Kriterium nicht erfüllt, dann kann nach Vereinbarung eine Grenzhärte, die größer ist als 550 HV1 (in Stufen von 25 Einheiten) angewandt werden.

Die normgerechte Angabe der Einsatzhärtungstiefe z. B. in Fertigungsunterlagen besteht aus dem Kurzzeichen CHD und dem Betrag der Einhärtungstiefe in mm.

Einsatzstähle sind unlegierte oder legierte (hauptsächlich Cr, Ni, Mo, Mn) Maschinenbaustähle mit verhältnismäßig niedrigem Kohlenstoffgehalt (0,1% bis etwa 0,25%), deren Randschicht vor dem Härten aufgekohlt (0,7%...0,9% C) oder carbonitriert wird. Einsatzstähle sind im Wesentlichen in DIN EN 10084 genormt (Tabelle 1, Seite 266). Für einfache und mäßig beanspruchte Konstruktionsteile im Fahrzeug- und allgemeinen Maschinenbau (z.B. kleinere Zahnräder, Bolzen usw.) genügen unlegierte Einsatzstähle. Für kompliziert gestaltete, hoch beanspruchte Bauteile und große Werkstücke im Fahrzeug-, Flugzeug- oder Maschinenbau, die außerdem stoß- oder schlagartigen Beanspruchungen ausgesetzt sein können, ist auf legierte Einsatzstähle zurückzugreifen.

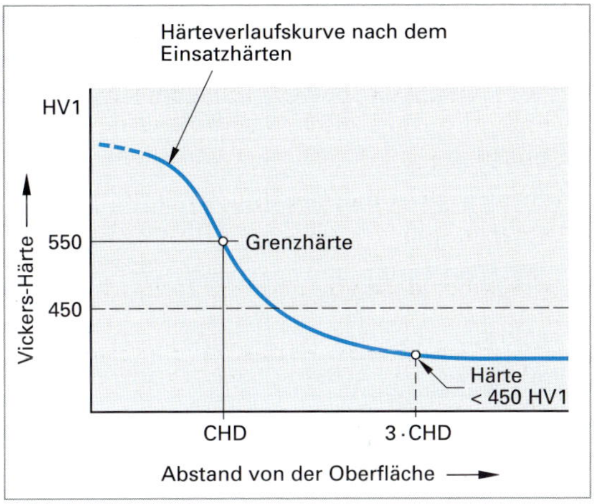

Bild 1: Ermittlung der Einsatzhärtungstiefe (CHD) nach DIN EN ISO 2639

Information

Bezeichnungsbeispiel zur Einsatzhärtungstiefe
(Grenzhärte 550 HV1)

$CHD = 0{,}8^{+0{,}4}_{0}$

Die Einsatzhärtungstiefe muss zwischen 0,8 mm und 1,2 mm liegen. Zweckmäßige Stufung der CHD-Werte und obere Grenzabweichung (hier: 0,4 mm) ist DIN ISO 15787 zu entnehmen.

Information

Einsatzstähle

Einsatzstähle sind aufgrund ihres niedrigen Kohlenstoffgehaltes vor dem Einsatzhärten gut zerspanbar und gut schweißbar. Die Stähle weisen nach dem Einsatzhärten in der Randschicht eine relativ hohe Härte (etwa 610 HV bis 800 HV nach dem Anlassen) und eine hohe Verschleißbeständigkeit auf, während sich der Kern, abhängig vom gewählten Härteverfahren, durch eine gute Zähigkeit auszeichnet. Einsatzgehärtete Werkstücke besitzen außerdem eine verbesserte Schwingfestigkeit.

b) Nitrieren und Nitrocarburieren

Nitrieren ist eine thermochemische Behandlung eines Stahls in stickstoffabgebender Umgebung zur Erzeugung einer hochharten, verschleißbeständigen Randschicht. Beim Nitrieren werden die Werkstücke (Bauteile und Werkzeuge) in stickstoffabgebender Umgebung (im Nitriermittel) auf Temperaturen zwischen 500 °C und 550 °C erwärmt und wenige Minuten bis zu 100 h auf Temperatur gehalten. Anschließend wird langsam, bei unlegierten Stählen auch schnell abgekühlt.

Nitrocarburieren ist eine thermochemische Behandlung eines Stahls in stickstoff- und kohlenstoffabgebender Umgebung zur Erzeugung einer harten und verschleißbeständigen Oberfläche. Beim Nitrocarburieren werden die Werkstücke in stickstoff- und kohlenstoffabgebender Umgebung auf Temperaturen zwischen 500 °C und 590 °C erwärmt und wenige Minuten bis etwa 5 h (max. 10 h) gehalten. Die Schichten bauen sich beim Nitrocarburieren, verglichen mit dem Nitrieren, in kürzerer Zeit auf und

[1] CHD = Case Hardening Depth. Alte Bezeichnung: Eht nach DIN 50190-1 (zurückgezogen).

Tabelle 1: Einsatzstähle nach DIN EN 10 084 (Auswahl)

Werkstoffbezeichnung		C-Gehalt	Wärmebehandlung		Härtewerte	
Kurzname	Werkstoff-Nr.	%	Aufkohlungstemperatur °C	Anlasstemperatur °C	weichgeglüht HB/HV 10	einsatzgehärtet HRC/HV 10
C10E	1.1121	0,07 ... 0,13	880 ... 980	150...200	131 / 138	–
C15E	1.1141	0,12 ... 0,18	880 ... 920	150...200	143 / 150	–
17Cr3	1.7016	0,14 ... 0,20	880 ... 980	150...200	174 / 183	39-47 / 382 ... 471
28Cr4	1.7030	0,24 ... 0,31	880 ... 980	150...200	217 / 228	45-53 / 448 ... 560
16MnCr5	1.7139	0,14 ... 0,19	880 ... 980	150...200	207 / 218	39-47 / 382 ... 471
20MnCr5	1.7147	0,17 ... 0,22	880 ... 980	150...200	217 / 228	41-49 / 402 ... 499
18CrMo4	1.7243	0,15 ... 0,21	880 ... 980	150...200	207 / 218	39-47 / 383 ... 471
20MoCr4	1.7321	0,17 ... 0,23	880 ... 980	150...200	207 / 218	41-49 / 422 ... 499
16NiCr4	1.5714	0,13. .. 0,19	880 ... 980	150...200	217 / 228	39-47 / 382 ... 471
18NiCr5-4	1.5810	0,16 ... 0,21	880 ... 980	150...200	223 / 235	41-49 / 402 ... 499
14NiCrMo13-4	1.6667	0,11 ... 0,17	880 ... 980	150...200	241 / 254	39-47 / 383 ... 471
20NiCrMo2-2	1.6523	0,17 ... 0,23	880 ... 980	150...200	212 / 223	41-49 / 402 ... 499

Weitere zum Einsatzhärten geeignete Stähle finden sich in DIN EN ISO 683-17 (Werkzeugstähle), DIN EN 10263-3 (Kaltstauch- und Kaltfließpressstähle) und DIN EN 10087 (Automatenstähle).

besitzen teilweise bessere Gleiteigenschaften, höhere Verschleißbeständigkeit, höhere Duktilität und damit geringere Neigung zum Abplatzen bei stoßartiger Beanspruchung sowie eine bessere Korrosionsbeständigkeit.

Beim Nitrieren diffundiert Stickstoff (und beim Nitrocarburieren zusätzlich Kohlenstoff) aus dem Behandlungsmittel in den Werkstoff. Dadurch bildet sich an der Werkstückoberfläche eine in der Regel aus zwei Teilschichten bestehende Nitrierschicht. Die äußere Schicht wird als Verbindungsschicht, die innere Schicht als Diffusionsschicht bezeichnet (Bild 1 und Bild 1, Seite 267).

Am äußersten, stickstoffreichen Rand des Werkstücks bildet sich eine geschlossene, sehr harte (aber auch spröde!) Schicht aus Eisennitriden oder Nitriden der Legierungselemente. Sie wird als **Verbindungsschicht** bezeichnet (Bild 1 und Bild 1, Seite 267). Abhängig von der Stahlsorte besteht die Verbindungsschicht aus unterschiedlichen Kristallphasen (Bild 2, Seite 267). Da die Diffusionsgeschwindigkeit der Stickstoffatome in der Verbindungsschicht etwa 60-mal geringer ist als im Kristallgitter des α-Eisens, beträgt ihre Dicke je nach Behandlungsdauer üblicherweise etwa 5 µm bis 30 µm. Die strukturlose Verbindungsschicht ist bei näherer Betrachtung nicht homogen aufgebaut, sondern an ihrer Oberfläche von zahlreichen Poren durchsetzt **(Porensaum)**.

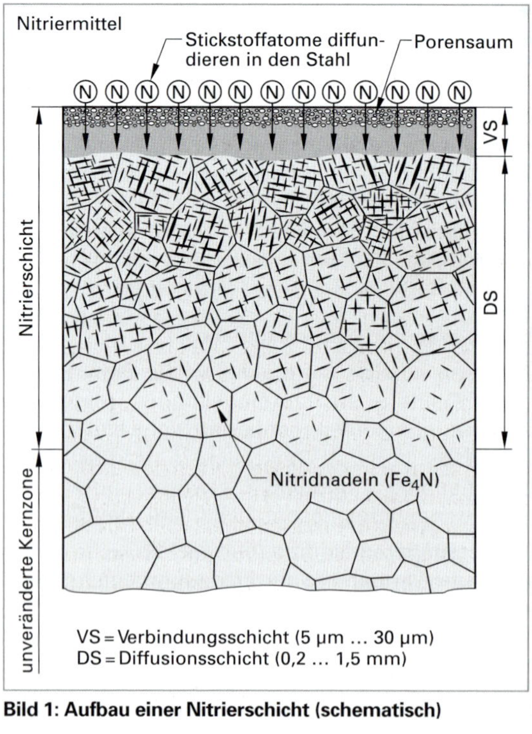

Bild 1: Aufbau einer Nitrierschicht (schematisch)

An die Verbindungsschicht schließt sich, deutlich abgegrenzt, die **Diffusionsschicht** an (Bild 1 und Bild 1, Seite 267). Die in der Praxis übliche Bezeichnung Diffusionsschicht ist eigentlich nicht korrekt, da auch die Verbindungsschicht durch Diffusion zustande kommt. In der Diffusionsschicht ist ein Teil des Stickstoffs auf Zwischengitterplätzen in den Ferritkristall eingelagert. Aufgrund abnehmender Löslichkeit des Ferritkristalls beim Abkühlen aus der Nitrier- bzw. Nitrocarburiertemperatur wird ein weiterer Teil des

Stickstoffs in Form von Nitriden in der Ferritgrundmasse sowie an den Korngrenzen ausgeschieden. Da die Nitridausscheidungen bei lichtmikroskopischer Betrachtung nadelförmig erscheinen, wird der Bereich der Diffusionsschicht mitunter auch als **Nadelschicht** bezeichnet. Die Art der sich bildenden Nitride hängt von der Zusammensetzung des Stahles sowie bei den unlegierten Stählen im Wesentlichen auch von der Abkühlgeschwindigkeit ab. Im Lehrbuch „Wärmebehandlung des Stahls"[1] wird hierauf ausführlich eingegangen.

Die Dicke der Diffusionsschicht beträgt, je nach Stahlsorte und Behandlungsdauer, zwischen wenigen 1/10 mm und etwa 1 mm (max. 1,5 mm). Ihr Stickstoffgehalt liegt zwischen 0,2 % und 5 % und nimmt zum Kern des Werkstücks hin stetig ab.

Die Härte sowie der Härteverlauf einer Nitrierschicht unterscheiden sich grundsätzlich von einer einsatzgehärteten Schicht (Bild 3). Charakteristisch für eine Nitrierschicht ist eine höhere Härte aber auch ein schroffer Härteabfall zum Kern. Damit neigt eine Nitrierschicht zum Abplatzen.

Die Härte der Verbindungsschicht wird von der Art und Menge der Nitride und Carbonitride bestimmt. Sie hängt demzufolge von der chemischen Zusammensetzung des Stahls, d. h. vom Kohlenstoffgehalt sowie von der Art und Menge der nitridbildenden Legierungselemente ab. Anhaltswerte für die Härte der Nitrierschicht sind:

- unlegierte Stähle: 700 bis 1000 HV 0,01
- legierte Stähle: 1000 bis 1500 HV 0,01

In der Diffusionsschicht sind die Stickstoffatome sowohl in das Gitter des Ferritkristalls eingelagert als auch in Form von Nitriden innerhalb der Ferritmatrix ausgeschieden. Die Härte der Diffusionsschicht wird im Wesentlichen hervorgerufen durch:

1. Lokale Gitterverzerrungen der auf Zwischengitterplätzen in den Ferritkristall eingelagerten Stickstoffatome (Mischkristallhärtung durch Behinderung der Versetzungsbewegungen).
2. In der Ferritmatrix ausgeschiedene Nitride (Nadelschicht). Diese Teilchen behindern die Versetzungsbewegungen und führen demzufolge zu einer Härtesteigerung (Ausscheidungshärtung).

Zur Bestimmung der **Nitrierhärtetiefe (NHD)**[2] wird an einem Querschliff eine Härteverlaufskurve aufgenommen. Die Nitrierhärtetiefe ist nach DIN 50 190-3 derjenige senkrechte Abstand vom Rand, bei dem die Härte die so genannte Grenzhärte (GH) erreicht. Für die Grenzhärte gilt dabei: GH = Kernhärte + 50 HV 0,5.

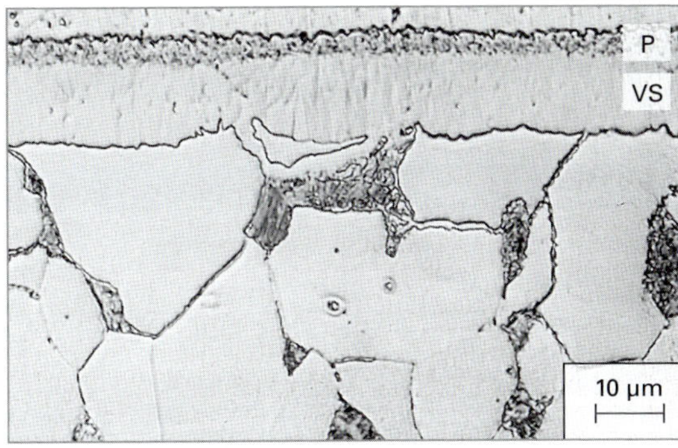

Bild 1: Gefügeaufnahme einer Nitrierschicht (X40Cr13, satzbadnitriert, 90 min. bei 570 °C)
P: Porensaum
VS: Verbindungsschicht

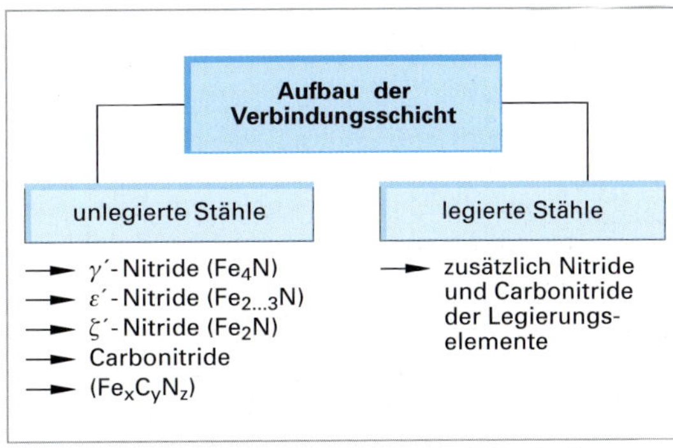

Bild 2: Aufbau der Verbindungsschicht bei unlegierten und legierten Stählen

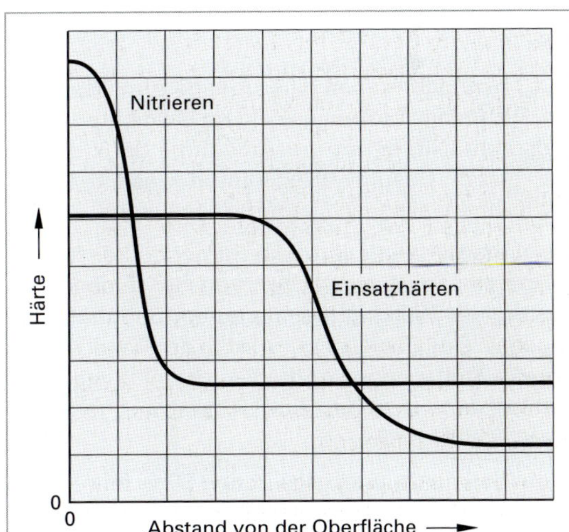

Bild 3: Härteverlaufskurven in der Randschicht nach dem Nitrieren und nach dem Einsatzhärten

[1] Läpple, V.: Wärmebehandlung des Stahls, Verlag Europa-Lehrmittel, 9. Auflage 2009
[2] NHD = Nitriding Hardness Depth. Alte Bezeichnung: Nht nach DIN 50190-3 (zurückgezogen).

Als Kernhärte ist die etwa im Abstand der dreifachen Nitrierhärtetiefe gemessene Vickers-Härte (im Regelfall HV 0,5) einzusetzen (Bild 1).

ⓘ Information

Bezeichnungsbeispiel zur Nitrierhärtetiefe

NHD = $0{,}4^{+0{,}2}_{0}$

Die Nitrierhärtetiefe muss zwischen 0,4 mm und 0,6 mm liegen. Zweckmäßige Stufung der NHD-Werte und obere Grenzabweichung (hier: 0,2 mm) aus DIN ISO 15787.

Das **Nitrieren** erfolgt in der Regel in einer stickstoffhaltigen Gasatmosphäre. Man unterscheidet im Wesentlichen zwei Nitrierverfahren:

- Gasnitrieren
- Plasmanitrieren

Das **Gasnitrieren** wurde erstmals zu Beginn der 20er-Jahre zur Erhöhung der Festigkeit und Härte von Werkstückoberflächen angewandt. Beim Gasnitrieren wird das Werkstück im Ammoniak-Gasstrom (reines Ammoniak NH_3 oder NH_3 mit Inertgaszusätzen wie z.B. Stickstoff) bei Temperaturen zwischen 500 °C und 550 °C (je nach erforderlicher Dicke der Nitrierschicht) 4 h bis 100 h behandelt. Das Ammoniak wird an der Werkstückoberfläche thermisch zersetzt. Ein Teil des dabei frei werdenden Stickstoffs diffundiert in die Oberfläche des Werkstücks ein und baut die Nitrierschicht auf (Bild 2).

Bild 3 zeigt den Aufbau einer Anlage zum Gasnitrieren. Die Anlage besteht aus einem gasdichten Reaktionsraum (Nitriertopf) zur Aufnahme der Werkstücke, einem Gasumwälzer, einem Gasleitzylinder sowie einem elektrisch beheizten Schacht.

Die Nitrierhärtetiefe (s. o.) hängt neben der Nitriertemperatur im Wesentlichen von der Zusammensetzung des Werkstoffs und von der Behandlungsdauer ab. Das Gasnitrieren wird in der Regel nur für legierte Stähle angewandt, da sich bei unlegierten Stählen eine spröde, zum Abplatzen neigende Nitrierschicht bildet.

Beim **Plasmanitrieren,** das in den 30er-Jahren entwickelt wurde und heute eine breite Anwendung findet, werden meist geringe Mengen Stickstoffgas (N_2) in einen Vakuumreaktor eingeleitet und dort unter der Wirkung eines starken elektrischen Feldes ionisiert (Bild 1, Seite 269). Mehrere chemische und physikalische Vorgänge, die an dieser Stelle nicht näher beschrieben werden sollen, führen schließlich zu einer Stickstoffaufnahme der Werkstückoberfläche und damit zur Nitridbildung.

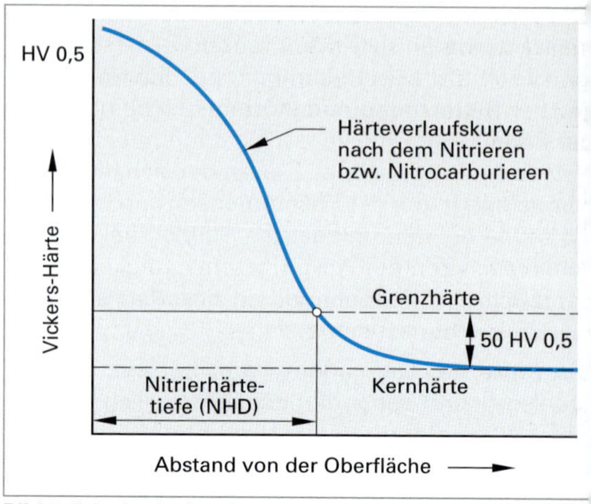

Bild 1: Prinzip der Bestimmung der Nitrierhärtetiefe (NHD) nach DIN 50 190-3

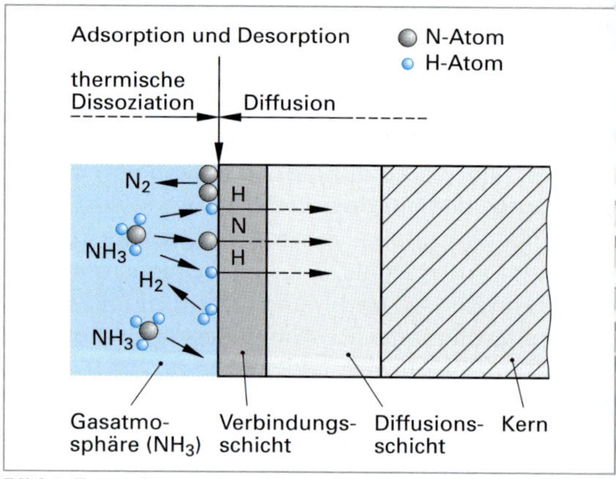

Bild 2: Entstehung einer Nitrierschicht beim Gasnitrieren mit NH_3 (schematisch)

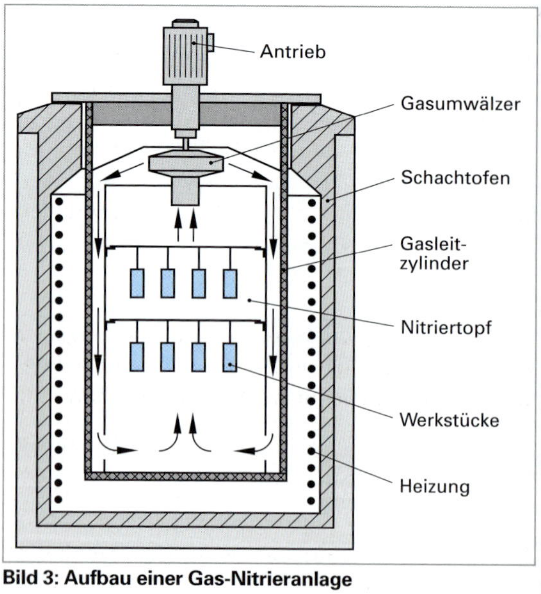

Bild 3: Aufbau einer Gas-Nitrieranlage

Die Behandlungstemperaturen des Plasmanitrierens können zwischen 350 °C und 660 °C (überwiegend 500 °C ... 550 °C) liegen. Die Nitrierdauer variiert zwischen wenigen Minuten und mehreren Stunden.

Das Plasmanitrieren bietet gegenüber anderen Nitrierverfahren eine Vielzahl von Vorteilen:

1. Große Variationsmöglichkeiten und kurze Behandlungsdauer machen das Verfahren insbesondere bei hohen Stückzahlen wirtschaftlich,
2. gezielter Schichtaufbau möglich,
3. umweltfreundliches, ungiftiges Verfahren, da die eingesetzten Gase und die erzeugten gasförmigen Verbindungen ungiftig sind,
4. praktisch alle Stähle und Gusseisenwerkstoffe können mit dieser Technik nitriert werden,
5. das Plasmanitrieren kann automatisiert und damit in Fertigungsstraßen integriert werden,
6. es können sehr kleine Teile (z. B. Kugelschreiberkugeln), aber auch sehr große Teile (derzeit bis zu 20 m Länge und einem Gewicht von über 20 t) plasmanitriert werden,
7. ein örtlich begrenztes Nitrieren ist möglich.

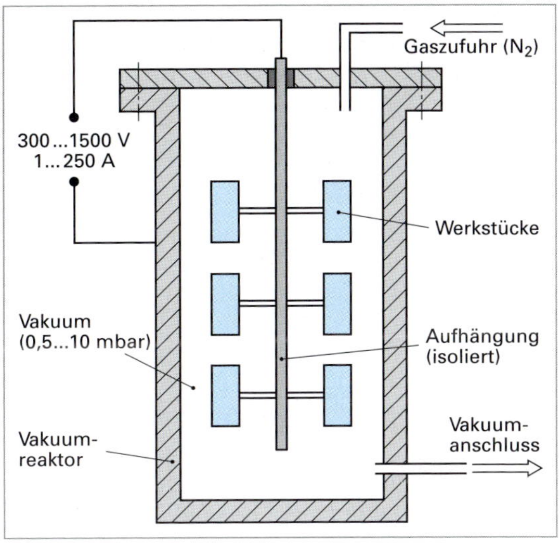

Bild 1: Aufbau einer Plasma-Nitrieranlage

Das **Nitrocarburieren** kann in festen, flüssigen oder gasförmigen Medien erfolgen. Dementsprechend unterscheidet man:

- Pulvernitrocarburieren
- Salzbadnitrocarburieren
- Gasnitrocarburieren
- Plasmanitrocarburieren

Das **Pulvernitrocarburieren** wurde in den 60er-Jahren eingeführt. Bei diesem Verfahren werden die Werkstücke, ähnlich dem Aufkohlen, in einen Kasten eingesetzt, der vollständig mit einem zum Nitrocarburieren geeigneten Pulver gefüllt ist (ähnlich Bild 2, Seite 261). Anschließend werden Kasten, Pulver und Werkstück in einem geeigneten Ofen auf Temperaturen zwischen 500 °C und 590 °C (vorzugsweise 570 °C) erwärmt. Die Behandlungsdauer beträgt etwa 4 h bis 5 h. Das Pulver ist eine Mischung aus stickstoff- und kohlenstoffabgebendem Calciumcyanamid ($CaCN_2$) und einem Aktivator zur Beeinflussung der Nitrocarburierwirkung. Durch thermischen Zerfall des Calciumcyanamids wird Kohlenstoff und Stickstoff freigesetzt, die dann in die Stahloberfläche eindiffundieren können.

Aufgrund einer Reihe von Nachteilen, wie aufwändiges Verpacken der Werkstücke, relativ hoher Energiebedarf und der Tatsache, dass das Pulver nur einmal verwendbar ist, d. h. große Abfallmengen entstehen, findet das Pulvernitrocarburieren kaum Anwendung.

Das **Salzbadnitrocarburieren** wird bereits seit 1929 erfolgreich zur Oberflächenbehandlung von Werkstücken eingesetzt. Im Vergleich zu den übrigen Nitrier- und Nitrocarburierverfahren wird das Salzbadnitrocarburieren heute am häufigsten angewandt.

Die zum Nitrocarburieren geeigneten Salzschmelzen enthalten giftige Cyanide (CN^-) und Cyanate (CNO^-), die bei der Behandlungstemperatur von rund 570 °C bis 580 °C über verschiedene Reaktionsschritte Stickstoff und Kohlenstoff abgeben (Bild 1, Seite 270). Die Salzbäder entsprechen prinzipiell denen des Aufkohlens, jedoch mit einem deutlich geringeren Cyanidgehalt. Inzwischen wird zu weitgehend cyanidfreien Salzschmelzen übergegangen. Die Behandlungszeiten betragen beim Salzbadnitrocarburieren je nach Werkstoff und erwünschter Schichtdicke etwa 1 h bis 3 h.

Die Werkstücke werden ähnlich dem Aufkohlen in das Salzbad eingebracht und zusätzlich Luftsauerstoff in die Schmelze eingeleitet (Bild 1, Seite 262 und Bild 2). Bei der Behandlungstemperatur von rund 570 °C bis 580 °C werden die Anionen (CN^- bzw. CNO^-) aufgespalten und Stickstoff sowie Kohlenstoff freigesetzt (Bild 1).

Der Vorteil des Salzbadnitrocarburierens liegt in seiner Anwendbarkeit auf praktisch alle Eisenwerkstoffe sowie auf Sinterwerkstoffe. Nachteilig ist häufig die hohe Porosität der erzeugten Schichten von teilweise über 50 % der Verbindungsschichtdicke. Verbesserungsmöglichkeiten bieten hierbei alternative Verfahren, wie das Gas- oder Plasmanitrocarburieren.

Beim **Gasnitrocarburieren** wird das Werkstück in einer Gasmischung (z.B. NH_3 und CO_2), die Stickstoff und Kohlenstoff freisetzen kann, behandelt. Die Behandlung erfolgt bei 570 °C ... 580 °C und dauert rund 5 h. Das Gasnitrocarburieren stellt daher hinsichtlich der kurzen Behandlungsdauer eine Alternative zum Salzbadnitrocarburieren dar.

Verfahrenstechnisch ist das **Plasmanitrocarburieren** mit dem Plasmanitrieren (s.o.) vergleichbar, daher gilt das bereits dort Gesagte auch hier. Beim Plasmanitrocarburieren wird ein Gasgemisch aus Stickstoff (N_2) und Kohlendioxid (CO_2) oder einem gasförmigen Kohlenwasserstoff (meist Methan, CH_4) in einen Vakuumreaktor eingeleitet (vergleichbar Bild 3, Seite 268).

Das Nitrieren und Nitrocarburieren besitzt gegenüber dem Flamm- und Induktionshärten bzw. dem Einsatzhärten eine Reihe von Vorteilen:

1. Die Oberflächen nitrierter Bauteile weisen eine deutlich höhere Härte auf, da die Nitrierschicht härter ist als Martensit.
2. Nitrierschichten haben eine hohe Verschleißbeständigkeit, die jedoch nicht, wie man vermuten könnte, durch die hohe Härte, sondern in erster Linie durch einen niedrigen Reibungsbeiwert der Schicht sowie ihre geringe Neigung zur Adhäsion (Kaltverschweißung) hervorgerufen wird.
3. Nitrierschichten haben eine hohe Warmhärte, die bis nahe der Nitriertemperatur von etwa 500 °C erhalten bleibt.
4. Nitrierschichten tragen kaum auf. Daher können die Bauteile vor dem Nitrieren bereits weitgehend fertig bearbeitet werden.
5. Es treten keine nennenswerten Maß- oder Formänderungen auf, da die Werkstücke, zumindest bei Verwendung legierter Stähle, im Ofen langsam abgekühlt und nicht abgeschreckt werden. Aufgrund der niedrigen Behandlungstemperatur (< 600 °C) treten außerdem keine Gefügeumwandlungen auf.
6. Nitrierschichten haben eine gute Korrosionsbeständigkeit.

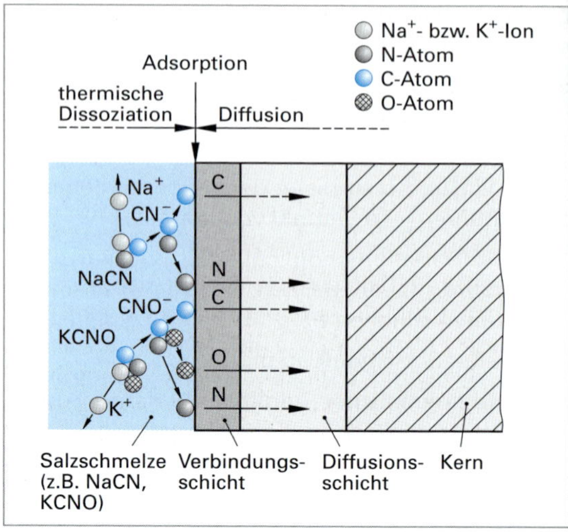

Bild 1: Entstehung einer Nitrierschicht beim Salzbadnitrocarburieren (schematisch)

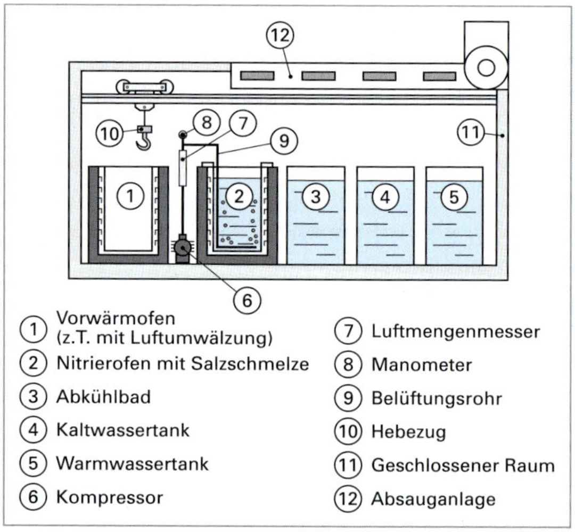

Bild 2: Anlage zum Salzbadnitrocarburieren

Information

Verschleißbeständigkeit

Die Verschleißbeständigkeit ist, im Gegensatz zur Härte, keine Werkstoffeigenschaft, sondern eine Systemeigenschaft, an der u. a. die Werkstoffpaarung, das umgebende Medium, Art und Höhe der Belastung sowie der Schmierstoff beteiligt sind. Härtewerte alleine können deshalb die Verschleißbeständigkeit nicht ausreichend kennzeichnen.

7. Nitrierschichten verbessern in der Regel die Schwingfestigkeit.
8. Aufgrund der niedrigen Behandlungstemperaturen (< 600 °C) ist ein geringerer Energieeinsatz erforderlich.

Den genannten Vorteilen stehen auch einige Nachteile gegenüber:

1. Der äußerste Teil der Nitrierschicht (Verbindungsschicht) ist verhältnismäßig spröde. Nitrierte oder nitrocarburierte Werkstücke können daher bei Überbeanspruchung (hohe Flächenpressung, schlagartige Beanspruchung) ohne nennenswerte Verformungen anreißen oder abplatzen.
2. Die teilweise langen Nitrierzeiten können erhebliche Kosten verursachen.
3. Die Schichtdicke kann kaum bzw. nur in engen Grenzen variiert werden.

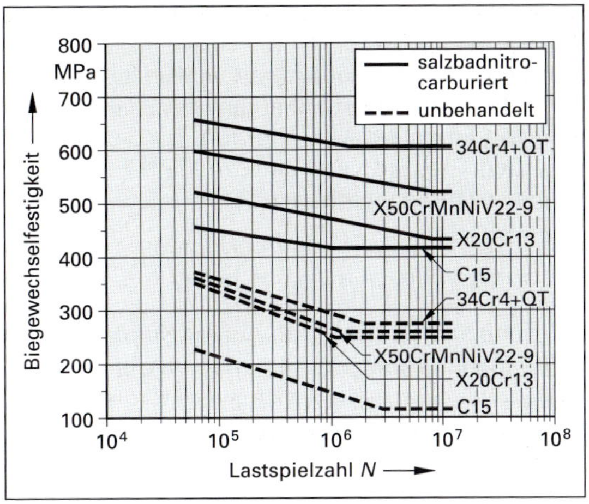

Bild 1: Wöhlerkurven für Umlaufbiegebeanspruchung unbehandelter sowie salzbadnitrocarburierter Stähle

Für das Nitrieren und Nitrocarburieren sind die **Nitrierstähle** besonders geeignet. Sie enthalten Legierungselemente wie Cr, Al, Mo, V, Ti und Nb, die besonders zur Nitridbildung neigen und außerdem Nitride mit hoher Härte bilden. Nitrierstähle sind vergütbare Stähle, sie gehören zu den legierten Edelstählen und sind in DIN EN 10 085 genormt. In Tabelle 1 sind die wichtigsten Nitrierstähle nach DIN EN 10 085 zusammengestellt.

Tabelle 1: Härtewerte (weichgeglüht und nitriert bzw. nitrocarburiert) sowie Zugversuchskennwerte (im vergüteten Zustand) von Nitrierstählen (DIN EN 10085)

Stahlbezeichnung		Härte		Mechanische Eigenschaften[1]			
Kurzname	Werkstoffnummer	weichgeglüht[2] HV 10	Randschicht[3] HV 1	R_m MPa	$R_{p0,2}$ MPa	A %	KV[4] %
24CrMo13-6	1.8516	261	–	1000 ... 1200	800	10	25
31CrMo12	1.8515	261	800	1030 ... 1230	835	10	25
31CrMoV9	1.8519	261	800	1100 ... 1300	900	9	25
32CrAlMo7-10	1.8505	261	–	1030 ... 1230	835	10	25
33CrMoV12-9	1.8522	261	–	1150 ... 1350	950	11	30
34CrAlMo5	1.8507	261	950	800 ... 1000	680	14	35
34CrAlNi7	1.8550	261	950	900 ... 1100	680	10	30
40CrMoV13-9	1.8523	261	–	950 ... 1150	750	11	25
41CrAlMo7-10	1.8509	261	950	950 ... 1150	750	11	25

[1] Zugversuchskennwerte gültig für den vergüteten Zustand und für einen Werkstückdurchmesser zwischen 16 mm und 40 mm.
[2] Maximale Härte im weichgeglühten Zustand.
[3] Anhaltswerte der Randschichthärte nach dem Nitrieren oder Nitrocarburieren. Die Werte sind abhängig vom gewählten Verfahren sowie ggf. einer vorausgegangenen Wärmebehandlung (z. B. Vergüten).
[4] ISO-Spitzkerbproben (Längsproben).

6.5 Eigenschaften und Verwendung von Stählen

Die überragende Bedeutung der Stähle als Konstruktionswerkstoffe beruht nicht nur auf der Tatsache, dass Eisen das vierthäufigste Element der Erdkruste darstellt und die Stahlherstellung einen vergleichsweise geringen Energieeinsatz erfordert, sondern vor allem auf der Möglichkeit, die Eigenschaften der Stähle in weiten Grenzen verändern zu können. Außerdem lassen sich die Stähle mit allen bekannten Fertigungsverfahren bearbeiten. Stähle werden daher auch in Zukunft die wichtigste Werkstoffgruppe darstellen.

6.5.1 Einteilung der Stähle

Aufgrund der Vielzahl verfügbarer Stähle ist eine ordnende Einteilung unverzichtbar. Stähle können nach verschiedenen Gesichtspunkten eingeteilt werden. Die beiden wichtigsten Einteilungsmöglichkeiten erfolgen nach:

- Hauptgüteklassen
- Verwendungszweck

Weitere, Einteilungsmöglichkeiten, erfolgen nach der Gefügeart oder nach der Herstellung wie zum Beispiel:

Gefügeart:
- ferritische Stähle
- ferritisch-perlitische Stähle
- austenitische Stähle
- austenitisch-ferritische Stähle
- martensitische Stähle

Herstellung:
- Sauerstoff-Aufblas-Stähle
- Elektrostähle

6.5.1.1 Einteilung der Stähle nach Hauptgüteklassen

Nach DIN EN 10 020 werden die Stähle in die folgenden **Hauptgüteklassen** eingeteilt (Bild 1, Seite 273):

- Unlegierte Stähle (unlegierte Qualitäts- und Edelstähle)
- Nichtrostende Stähle
- Andere legierte Stähle (legierte Qualitäts- und Edelstähle)

Die Zuordnung eines Stahles zu einer der genannten Hauptgüteklassen hängt im Wesentlichen von bestimmten Kriterien, wie z. B. geforderte Gebrauchseigenschaften oder Verwendungszweck, ab.

a) Unlegierte Stähle

Nach DIN EN 10 020 werden Stähle als unlegiert bezeichnet, sofern die in Tabelle 1 genannten Konzentrationen von keinem der Elemente erreicht oder überschritten wird. Sofern jedoch mindestens eines der Elemente den angegebenen Grenzgehalt erreicht oder überschreitet, spricht man von einem legierten Stahl. Bei den unlegierten Stählen unterschiedet man unlegierte Qualitätsstähle und unlegierte Edelstähle.

ⓘ Information

Unter **Stahl** versteht man eine Legierung zwischen Eisen und Kohlenstoff mit einem Kohlenstoffgehalt von etwa 0,01 % bis 2,06 % (siehe auch Kapitel 6.2.2). Stahl enthält weiterhin Anteile an Mangan (etwa 0,5 % bis 1,80 %) sowie (unerwünschte) Begleitelemente wie zum Beispiel P, S, Si und ggf. N. Legierte Stähle enthalten außerdem entsprechende Mengen an Legierungselementen wie zum Beispiel Cr, Ni, Mo, usw. um bestimmte erwünschte Eigenschaften zu erzeugen.

Die Bezeichnung „Stahl" leitet sich aus dem mittelhochdeutschen Wort *„stal"* bzw. *„stahel"* ab und ist die Substantivierung eines Adjektivs mit der Bedeutung „fest, hart".

ⓘ Information

Auswahl einer Stahlsorte und Verfügbarkeit

Für die Auswahl eines geeigneten Stahls ist es von großer Bedeutung, seine Eigenschaften und Besonderheiten zu kennen, denn im Sinne eines marktfähigen Produktes gilt letztlich der Grundsatz: **Nicht der beste Werkstoff ist gut genug, sondern der ausreichende Werkstoff ist der Beste!**

Die Anzahl der verfügbaren Stahlsorten ist nahezu unüberschaubar. Es wird geschätzt, dass derzeit für den Konstrukteur eine Auswahl von rund 40.000 (!) metallischen Werkstoffen (und ebensoviele nicht metallische Werkstoffe) zur Verfügung stehen. Die Mehrzahl der metallischen Werkstoffe sind dabei Stähle.

Tabelle 1: Grenzgehalte für unlegierte Stähle nach DIN EN 10 020 (Schmelzenanalyse)

Elemente und Grenzgehalte in Masse-%			
Aluminium (Al)	0,30	Niob (Nb)	0,06
Bismut (Bi)	0,10	Nickel (Ni)	0,30
Bor (B)	0,0008	Selen (Se)	0,10
Blei (Pb)	0,40	Silicium (Si)	0,60
Cobalt (Co)	0,30	Tellur (Te)	0,10
Chrom (Cr)	0,30	Titan (Ti)	0,05
Kupfer (Cu)	0,40	Vanadium (V)	0,10
Lanthanoide[1]	0,10	Wolfram (W)	0,30
Mangan (Mn)	1,65	Zirkonium (Zr)	0,05
Molybdän (Mo)	0,08	Sonstige[2]	0,10

[1] Lanthanoide: Die auf das Lanthan folgenden 14 Elemente. Der Grenzgehalt bezieht sich auf jedes einzelne Element.

[2] Mit Ausnahme von C, P, S und N.

Unlegierte Qualitätsstähle müssen im Allgemeinen bestimmte Anforderungen hinsichtlich Zähigkeit, Korngröße oder Umformbarkeit erfüllen. Die Anforderungen sind dabei anders, als bei den unlegierten Edelstählen (s.u.) und in der Regel in den entsprechenden Erzeugnisnormen oder Spezifikationen festgeschrieben.

Unlegierte Edelstähle haben hinsichtlich der nichtmetallischen Einschlüsse, wie MnS oder Al_2O_3, einen höheren Reinheitsgrad im Vergleich zu den unlegierten Qualitätsstählen. Sie sind in den meisten Fällen für eine Oberflächenhärtung (Kapitel 6.4.6) oder für das Vergüten (Kapitel 6.4.5.4) vorgesehen. Sie sprechen auf diese Behandlungen gleichmäßig an. An die unlegierten Edelstähle werden unter anderem eine oder mehrere der folgenden Anforderungen gestellt:

- Gehalt an S und P $\leq$ 0,020 % (Schmelzanalyse).
- Kerbschlagarbeit > 27J bei – 50 °C (ISO-V-Längsproben).
- Festgelegter Wert für die Kerbschlagarbeit im vergüteten Zustand.
- Besonders niedrige Gehalte an nichtmetallischen Einschlüssen (Festlegung in den entsprechenden Erzeugnisnormen oder Spezifikationen).
- Anforderungen an die elektrische Leitfähigkeit.

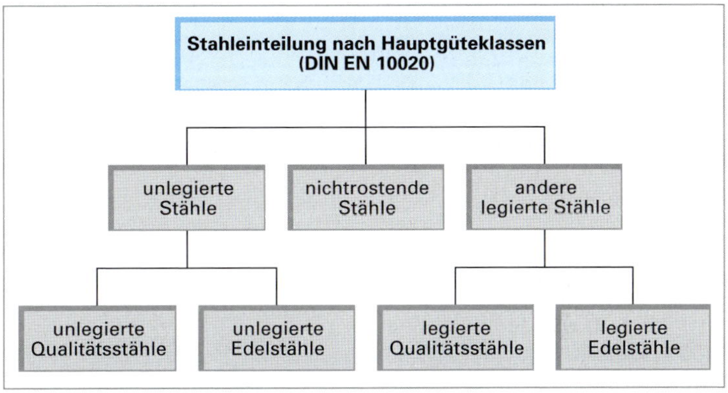

Bild 1: Einteilung der Stähle nach Hauptgüteklassen (DIN EN 10020)

b) Nichtrostende Stähle

Zur Gruppe der nichtrostenden Stähle gehören Stahlsorten mit einem Chromgehalt von mindestens 10,5 % und höchstens 1,2 % Kohlenstoff (jeweils Masse-%). Sie werden weiter unterteilt nach dem Nickelgehalt (weniger oder mehr als 2,5 % Nickel) sowie nach ihren Haupteigenschaften (korrosionsbeständig, hitzebeständig oder warmfest).

c) Andere legierte Stähle

Zu den „anderen legierten Stählen" zählen Stahlsorten, die nicht der Definition für nichtrostende Stähle entsprechen und bei denen wenigstens einer der in Tabelle 1, Seite 272 festgelegten Grenzwerte überschritten wird. Die Gruppe wird in legierte Qualitätsstähle und legierte Edelstähle unterteilt.

Legierte Qualitätsstähle müssen analog den unlegierten Sorten bestimmte Anforderungen hinsichtlich Zähigkeit, Korngröße oder Umformbarkeit erfüllen. Sie sind in der Regel nicht für eine Oberflächenhärtung oder für das Vergüten vorgesehen. Zu den legierten Qualitätsstählen gehören:

- Schweißgeeignete Feinkornbaustähle
- Legierte Stähle für Schienen, Spundbohlen und Grubenausbau
- Legierte Stähle für warm- und kaltgewalzte Flacherzeugnisse
- Stähle in denen Kupfer das einzige festgelegte Legierungselement ist
- Legiertes Elektroblech und -band

Legierte Edelstähle sind, mit Ausnahme der nichtrostenden Stähle, alle Stahlsorten, die durch eine genaue Einstellung ihrer chemischen Zusammensetzung sowie durch besondere Herstell- und Prüfbedingungen gegenüber den legierten Qualitätsstählen verbesserte Eigenschaften besitzen und nicht zu den legierten Qualitätsstählen gehören bzw. nicht ihrer Definition entsprechen. Zu den legierten Edelstählen gehören:

- Legierte Maschinenbaustähle
- Legierte Stähle für Druckbehälter
- Wälzlagerstähle
- Werkzeugstähle (Kalt-, Warm- und Schnellarbeitsstähle)
- Stähle mit besonderen physikalischen Eigenschaften (z. B. kontrollierter Ausdehnungskoeffizient)
- Stähle mit besonderem elektrischem Widerstand

In der zwischenzeitlich zurückgezogenen Ausgabe 09/1989 von DIN EN 10 020 war zusätzlich die Hauptgüteklasse der **Grundstähle** festgelegt, die jedoch nach der neuesten Ausgabe von DIN 10 020 (07/2000) entfallen ist und mit den unlegierten Qualitätsstählen zusammengelegt wurde. Da jedoch in vielen noch gültigen Erzeugnisnormen oder Spezifikationen die Grundstähle aufgeführt sind, sollen ihre wesentlichen Charakteristiken kurz beschrieben werden. Grundstähle waren unlegierte Stähle, an die keine besonderen Anforderungen hinsichtlich der Gebrauchseigenschaften gestellt wurden. Die mechanischen Eigenschaften der Grundstähle lag innerhalb bestimmter in Normen festgeschriebener Grenzwerte:

Zugfestigkeit $R_m \leq 690$ MPa
Streckgrenze $R_e \leq 360$ MPa
Bruchdehnung $A \leq 26\,\%$
Kerbschlagarbeit $K \leq 27$ J

Hinsichtlich ihrer chemischen Zusammensetzung galt für die Grundstähle (jeweils in Masse-%):

C ≥ 0,1 %
S ≥ 0,045 %
P ≥ 0,045 %

Grundstähle waren nicht für eine Wärmebehandlung vorgesehen und zu ihrer Herstellung waren auch keine besonderen Maßnahmen erforderlich.

6.5.1.2 Einteilung der Stähle nach dem Verwendungszweck

Für den Konstrukteur ist häufig eine Stahleinteilung sinnvoll, aus der weitere, für ihn wichtige Eigenschaften entnommen werden können. Unter diesem Gesichtspunkt werden Stähle daher häufig nach ihrem Verwendungszweck in die beiden folgenden Hauptgruppen eingeteilt:

- **Bau- und Konstruktionsstähle:** Stähle, die bevorzugt im Maschinen-, Fahrzeug-, Stahlbau usw. eingesetzt werden.
- **Werkzeugstähle:** Stähle für die Herstellung von Hand- und Maschinenwerkzeugen, Umform- und Gießwerkzeugen.

Diese Hauptgruppen werden gemäß Bild 1 weiter unterteilt. Die wichtigsten Stahlsorten aus beiden Hauptgruppen werden in den folgenden Kapiteln besprochen.

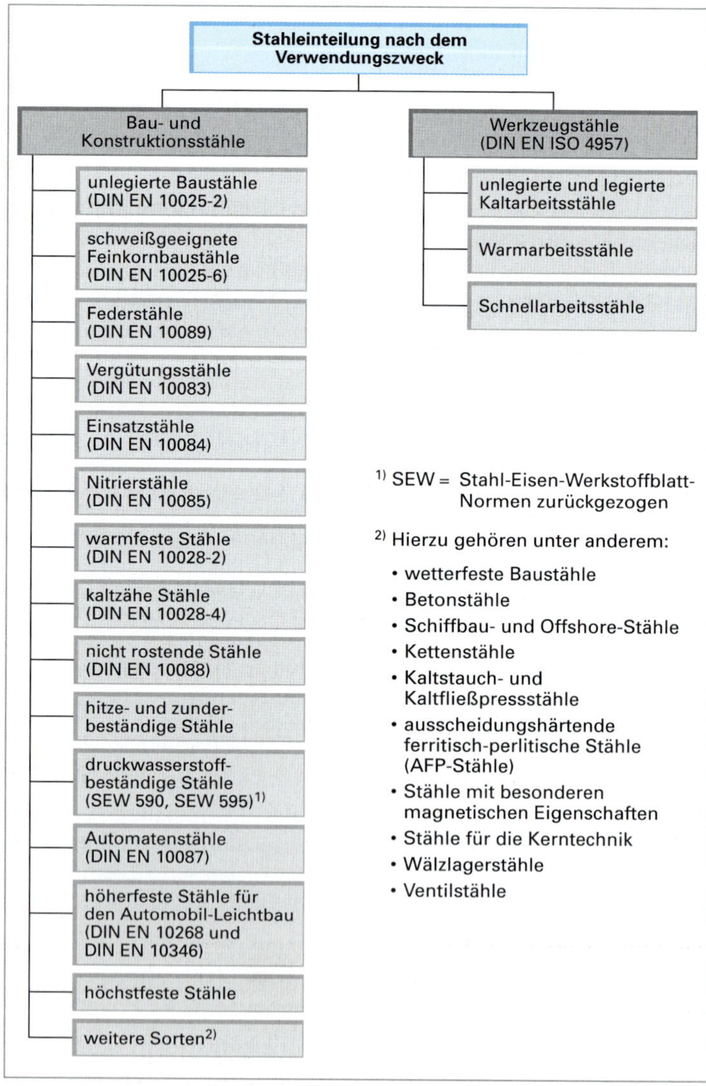

Bild 1: Einteilung der Stähle nach dem Verwendungszweck mit Auswahl wichtiger Normen (Technische Lieferbedingungen)

6.5.2 Unlegierte Baustähle

Die unlegierten Baustähle (in der Praxis z. T. auch als **„Allgemeine Baustähle“** bezeichnet) nehmen mit einem Anteil von etwa 70 % an der Weltstahlproduktion den größten Umfang ein. Ihr Preis ist relativ niedrig, da keine teuren Legierungselemente eingesetzt werden. Sie werden überwiegend im kaltumgeformten Zustand oder in Verbindung mit einer Spannungsarmglühung im warmgeformten (warmgewalzten) Zustand angeboten.

Bild 1: Beispiel für die Verwendung unlegierter Baustähle

6.5.2.1 Anwendung unlegierter Baustähle

Unlegierte Baustähle sind unlegierte Stähle mit ferritisch-perlitischem Gefüge. Sie finden vielfältige Anwendungen im:

- Maschinenbau
- Fahrzeugbau
- Hoch-, Tief-, Brücken- und Hallenbau (Bild 1)
- Behälterbau
- Schiffs- und Offshoretechnik

Sie werden in der Regel bei normalen Beanspruchungen und unter normalen klimatischen Bedingungen eingesetzt.

Beispiele (siehe auch Tabelle 1, Seite 276):

S185: Finden überwiegend in der Bauschlosserei Anwendung.

S235: Für Schweißkonstruktionen im Stahlbau, für Flansche und Armaturen.

S275 und **S355:** Für Schweißkonstruktionen mit höheren Anforderungen an die Festigkeit im Stahl- und Fahrzeugbau sowie für Kräne und Maschinengestelle.

E295 bis **E360:** Für Maschinenteile wie Wellen, Achsen, Bolzen, Hebel, Zahnräder und Stifte. Zum Schweißen ungeeignet (s. u.).

6.5.2.2 Normung und Gütegruppen unlegierter Baustähle

Die unlegierten Baustähle sind in DIN EN 10 025-2 genormt. Wetterfeste Sorten enthält DIN EN 10 025-5 (z. B. S235J2**W**). Die chemische Zusammensetzung sowie die mechanischen Eigenschaften der unlegierten Baustähle sind in Tabelle 1, Seite 276, zusammengestellt.

Die unlegierten Baustähle gehören zur Hauptgüteklasse der unlegierten Qualitätsstähle (Kapitel 6.5.1.1). Sie werden hinsichtlich ihrer Festigkeit bzw. Schweißeignung und Sprödbruchsicherheit ausgewählt. DIN EN 10 025-2 enthält die Stahlsorten S185, S235, S275, S355, S450 (neu), E295, E335 und E360, die sich u. a. in ihren mechanischen Eigenschaften unterscheiden (Tabelle 1, Seite 276).

Die Bezeichnung der Stähle erfolgt entsprechend der gewährleisteten Mindeststreckgrenze. Die Gütegruppen (J2, JR, J0, K2 usw.) kennzeichnen die Zähigkeit des betreffenden Baustahls. Es gilt die in Tabelle 1 aufgeführte Zuordnung (siehe auch Tabelle 1, Seite 427).

Beispiel:

Der Stahl S355**JR** weist bei + 20 °C eine Kerbschlagarbeit von mindestens 27 J auf, während die Stahlsorte S355**K2** bereits bei – 20 °C eine Kerbschlagarbeit von mindestens 40 J besitzt und damit deutlich zäher ist. Die Stahlsorte S355K2 ist dementsprechend besser schweißbar und besitzt eine höhere Sicherheit gegen Sprödbruch.

Tabelle 1: Gütegruppen der unlegierten Baustähle

Prüftemperatur °C	Kerbschlagarbeit		
	27 J	**40 J**	**60 J**
+ 20	JR	KR	LR
0	J0	K0	L0
– 20	J2	K2	L2
– 30	J3	K3	L3
– 40	J4	K4	L4
– 50	J5	K5	L5
– 60	J6	K6	L6

Tabelle 1: Unlegierte Baustähle nach DIN EN 10 025-2

Stahlsorte Kurzname neu[1]	alt	Desoxidationsart[2]	C	Si	Mn	P	S	N	R_e[4] MPa	R_m[5] MPa	A[6] %	KV[7] J	bei °C
			Masse-%[3]										
S185	St33	–	–	–	–	–	–	–	185	290...510	17	–	
S235JR	RSt 37-2	FN	0,17	–	1,40	0,040	0,040	0,012			26	27	20
S235J0	St 37-3 U	FN	0,17	–	1,40	0,035	0,035	0,012	235	350...500		27	0
S235J2	–	FF	0,17	–	1,40	0,030	0,030	–			24	27	–20
S275JR	St 44-2	FN	0,21	–	1,50	0,040	0,040	0,012			23	27	20
S275J0	St 44-3 U	FN	0,18	–	1,50	0,035	0,035	0,012	275	400...540		27	0
S275J2	–	FF	0,18	–	1,50	0,030	0,030	–			21	27	–20
S355JR	–	FN	0,24	0,55	1,60	0,040	0,040	0,012				27	20
S355J0	St 52-3 U	FN	0,20	0,55	1,60	0,035	0,035	0,012	355	450...600	22	27	0
S355J2	–	FF	0,20	0,55	1,60	0,030	0,030	–				27	–20
S355K2	–	FF	0,20	0,55	1,60	0,030	0,030	–			20	40	–20
S450J0	–	FF	0,20	0,55	1,70	0,045	0,035	0,025	450	530...700	17	27	0
E295[8]	St 50-2	FN	–	–	–	0,045	0,045	0,012	295	470...610	19	–	
E335[8]	St 60-2	FN	–	–	–	0,045	0,045	0,012	335	570...710	15	–	
E360[8]	St 70-2	FN	–	–	–	0,045	0,045	0,012	360	670...830	10	–	

[1] Gegenüber Ausgabe 03/94 entfallen die Gütegruppen G3 (normalgeglüht) und G4 (Behandlungszustand nicht festgelegt).
[2] FN = beruhigt vergossen; FF = vollberuhigt vergossen (mit stickstoffabbindenden Elementen wie Al).
[3] Schmelzenanalyse. Für Stückanalyse geringfügig höhere Werte zulässig (siehe DIN EN 10 025-2).
[4] Obere Streckgrenze. Werte gültig für Erzeugnisdicken ≤ 16 mm. Für dickere Erzeugnisse geringere Werte (siehe DIN EN 10 025-2).
[5] Zugfestigkeit. Werte gültig für Nenndicken 3 mm ... 100 mm, für dickere Erzeugnisse geringere Werte (siehe DIN EN 10 025-2).
[6] Bruchdehnung. Für Nenndicken 3 mm ... 40 mm. Werte gültig in Walzrichtung.
[7] Kerbschlagarbeit (ISO-Spitzkerbproben). Für Nenndicken 10 mm ... 150 mm.
[8] Stahlerzeugnisse werden in der Regel nicht für Profilerzeugnisse (I-Stahl, Winkelstahl, U-Stahl usw.) verwendet.

Stähle der unterschiedlichen Gütegruppen unterscheiden sich voneinander in der Schweißeignung (s. u.) und in den Anforderungen an die Sprödbruchsicherheit. Eine hohe **Sprödbruchsicherheit** ist besonders wichtig bei:

- Mehrachsiger Beanspruchung (z. B. technische Kerben, Schweißnähte oder dickwandige Bauteile)
- Tieferen Temperaturen
- Schlagartiger Beanspruchung

6.5.2.3 Technologische Eigenschaften unlegierter Baustähle

Für die Verarbeitung der unlegierten Baustähle sind deren technologische Eigenschaften von besonderer Bedeutung.

Wärmebehandlung unlegierter Baustähle

Die unlegierten Baustähle sind nicht für eine Wärmebehandlung vorgesehen (Ausnahme: Spannungsarmglühen bis 650 °C und Normalglühen).

Kaltverformbarkeit unlegierter Baustähle

Die unlegierten Baustähle können in der Regel bei Raumtemperatur umgeformt (kaltverformt) werden. Übliche Umformverfahren sind beispielsweise Biegen, Abkanten, Bördeln und Drücken. Nach einer stärkeren Kaltumformung kann zur Wiederherstellung der mechanischen Eigenschaften (Festigkeit, Verformbarkeit) eine Spannungsarmglühung notwendig werden.

Warmverformbarkeit unlegierter Baustähle

Eine Warmumformung der unlegierten Baustähle ist möglich und erfolgt in der Regel bei Normalglühtemperatur (Kapitel 6.4.3.1).

Schweißeignung unlegierter Baustähle

Die unlegierten Baustähle haben aus verschiedenen Gründen (z. B. nicht festgelegte Desoxidationsart, nicht festgelegte chemische Zusammensetzung, hoher Kohlenstoffgehalt usw.) keine uneingeschränkte Schweißeignung. Die Schweißeignung der unlegierten Baustähle kann wie folgt eingeteilt werden:

- S185, E295, E335, E360: Nicht schweißgeeignet, da keine Anforderungen an die chemische Zusammensetzung bestehen (Tabelle 1, Seite 276). Der Stahl E295 kann jedoch mit Einschränkungen (Vorwärmen auf 150 °C) geschweißt werden.
- S235JR, S275JR, S355JR: Mit Einschränkungen schweißgeeignet, teilweise erhöhte Kohlenstoffgehalte sowie relativ geringe Zähigkeit (JR).
- S235J0, S275J0, S355J0, S450J0: Gute Schweißeignung, da beruhigt vergossen (FN) und gute Zähigkeit (J0).
- S235J2, S275J2, S355J2, S355J2, S355K2: Beste Schweißeignung, da besonders beruhigt vergossen (FF) und beste Zähigkeit (J2 und K2).

6.5.2.4 Werkstoffkundliche Besonderheiten unlegierter Baustähle

Die unlegierten Baustähle besitzen in der Regel ein ferritisch-perlitisches Gefüge. Die unterschiedlichen Festigkeiten der Stahlsorten S235 bis E360 (Tabelle 1, Seite 276) ergeben sich durch eine Kombination aus:

- steigendem Kohlenstoffgehalt, d.h. steigender Perlitgehalt,
- Mischkristallverfestigung (Kapitel 2.9.2), insbesondere durch Elemente wie P, S, Mn und Si,
- feinkörniges Gefüge. Ein feinkörniges Gefüge ergibt sich vor allem bei besonders beruhigtem Vergießen durch fein verteilte Ausscheidungen wie AlN.

6.5.3 Schweißgeeignete Feinkornbaustähle

Für viele Anforderungen im Maschinen- und Fahrzeugbau (z. B. Mobilkräne), im Hoch-, Tief-, Brücken- und Behälterbau (z. B. Druckbehälter für Flüssiggase) sowie in der Schiffs- und Off-Shore-Technik, reichen die Festigkeiten und zum Teil auch die Zähigkeiten der unlegierten Baustähle nach DIN EN 10 025-2 bzw. -5 nicht mehr aus. Höherfeste Stähle bieten die folgenden Vorteile:

Bild 1: Mobilkran als Beispiel für die Verwendung schweißgeeigneter Feinkornbaustähle

- Geringeres Bauteilgewicht, dadurch Rohstoff- und Energieeinsparung sowie geringere Transportkosten.
- Geringere Wandstärken, dadurch geringere Eigenspannungen und höhere Sprödbruchsicherheit. Hierbei ist jedoch zu beachten, dass:
  - Sicherheitsreserven eingeplant werden müssen, da auch Materialverlust durch Korrosion eintreten kann.
  - Die Knickfestigkeit durch die höhere Festigkeit nicht verbessert wird, da diese nur von der Querschnittgeometrie und vom Elastizitätsmodul abhängt.

Gegenüber den unlegierten Baustählen ist die Verwendung der Feinkornbaustähle aus wirtschaftlichen Gründen nur dort angebracht, wo eine höhere Festigkeit und eine höhere Sicherheit gegen Versagen verlangt wird. Die hochfesten, schweißgeeigneten Feinkornbaustähle sind nicht nur in der Herstellung teurer, sondern auch das Schweißen dieser Stähle erfordert besondere Kenntnisse und einen deutlich höheren Aufwand.

6.5.3.1 Werkstoffkundliche Grundlagen schweißgeeigneter Feinkornbaustähle

Für viele Anforderung reichen die Festigkeiten und zum Teil auch die Zähigkeiten der unlegierten Baustähle nach DIN EN 10 025-2 bzw. -5 nicht mehr aus. Eine Erhöhung der Festigkeit durch einen steigenden Kohlenstoffgehalt wie etwa bei den höherfesten unlegierten Baustählen E355 und E360 (Tabelle 1, Seite 276) scheidet bei den schweißgeeigneten Feinkornbaustählen aus, da durch die Forderung nach guter Schweißbarkeit der Kohlenstoffgehalt auf unter 0,20 % begrenzt werden muss (sonst Gefahr der Bildung von Aufhärtungsrissen, Kapitel 4.4.1.3). Außerdem führt ein steigender Kohlenstoffgehalt zu einer deutlichen Verschlechterung der Zähigkeit. Bei den schweißgeeigneten Feinkornbaustählen erreicht man eine Erhöhung der Festigkeit vielmehr durch die folgenden Maßnahmen:

- **Mischkristallverfestigung**
  Durch Legieren mit Mangan, Nickel, Chrom oder Silicium tritt eine Mischkristallverfestigung und damit eine Festigkeitssteigerung ein. Bei den schweißgeeigneten Feinkornbaustählen wird die Mischkristallverfestigung vorzugsweise durch Zusatz von Mangan (bis etwa 1,70 %) erreicht. Da diese Legierungselemente jedoch auch die kritische Abkühlgeschwindigkeit herabsetzen, führen sie beim Schweißen zur Bildung unerwünschter Aufhärtungsrisse (Kohlenstoffäquivalent beachten, Kapitel 4.4.1.3). Außerdem ist es durch eine Mischkristallverfestigung alleine nicht möglich, die gewünschten hohen Festigkeiten (Streckgrenzen) zu erzielen. Die Mischkristallverfestigung ist also für sich alleine genommen keine zielführende Maßnahme.

- **Kornfeinung** (Feinkornhärtung)
  Durch Zugabe bestimmter Legierungselemente, wie Al, Nb, V und Ti, bilden sich mit dem im Stahl immer vorhandenen Kohlenstoff und Stickstoff Carbide, Carbonitride oder Nitride. Werden die Stähle vor der Auslieferung normalgeglüht oder thermomechanisch behandelt (Kapitel 6.5.3.2), dann führen diese Ausscheidungen, soweit sie sich im Austenitkristall nicht lösen, zur Bildung eines feinkörnigen, ferritisch-perlitischen Gefüges mit erhöhter Festigkeit und einer verbesserten Zähigkeit und zwar durch:
  - Hemmung des Kornwachstums im Austenitgebiet
  - Behinderung der Rekristallisation
  - Fremdkeimbildung und damit feinkörnige Austenitumwandlung beim Abkühlen

  Das zur Kornfeinung wichtigste Legierungselement ist das Aluminium. Es wird daher den Feinkornbaustählen in Gehalten bis 0,02% zugesetzt und bildet mit Stickstoff Aluminiumnitrid (AlN). Der Aluminiumgehalt muss dabei mindestens das Dreifache des Stickstoffgehaltes betragen ($Al \geq 3 \cdot N$). Falls weitere stickstoffaffine Elemente wie zum Beispiel Vanadium anwesend sind, kann der Aluminiumgehalt auch reduziert werden.

  Die Kornfeinung (Feinkornhärtung) ist die einzige festigkeitssteigernde Methode, die auch eine relativ gute Zähigkeit sicherstellt.

- **Ausscheidungshärtung** (Teilchenhärtung).
  Eine über die Kornfeinung hinaus gehende Erhöhung der Festigkeit (Streckgrenze) kann durch Ausscheidungshärtung erfolgen. Dies geschieht insbesondere durch Zugabe geringer Mengen (einige hundertstel bis zehntel Prozent) der Elemente Vanadium, Titan Niob oder Zirconium („Mikrolegieren"), Bild 1. Hierdurch bilden sich mit dem Kohlenstoff und Stickstoff des Stahles (letzterer wird auf maximal 0,008 % erhöht) fein verteilte Carbide, Nitride oder Carbonitride, die über ihre ebenfalls kornfeinende Wirkung hinaus (insbesondere durch Niob) nach einer Normalglühung oder thermomechanischen Behandlung (Kapitel 6.4.3.1 und 6.5.3.2) zu einer der Aushärtung von Aluminiumlegierungen (Kapitel 7.1.5) vergleichbaren Ausscheidungshärtung führen.

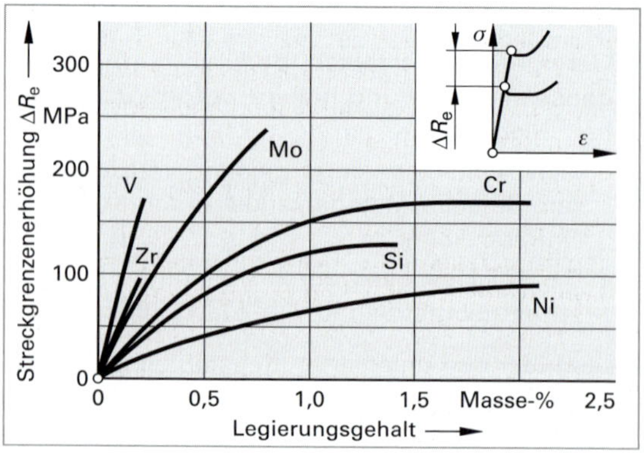

Bild 1: Einfluss verschiedener (Mikro-)Legierungselemente auf die Streckgrenzenerhöhung

6.5.3.2 Stahlsorten und Gütegruppen

Hochfeste, schweißgeeignete Feinkornbaustähle werden in zwei Gruppen eingeteilt:

- Normalgeglühte und thermomechanisch behandelte Feinkornbaustähle (R_{eH} < 500 MPa)
- Wasservergütete, hochfeste Feinkornbaustähle (R_{eH} > 500 MPa)

a) Normalgeglühte und thermomechanisch behandelte (nicht vergütete) Feinkornbaustähle

Diese Stahlsorten haben ein ferritisch-perlitisches Gefüge (ähnlich Bild 1, Seite 214, jedoch mit geringerem Perlitanteil) und Streckgrenzen bis 460 MPa. Aufgrund der Forderung nach guter Schweißbarkeit besitzen die Stähle einen Kohlenstoffgehalt von unter 0,2 % sowie einen geringen Anteil versprödend wirkender Verunreinigungen wie P, S und N. Sie kommen im normalgeglühten bzw. normalisiert gewalzten Zustand (Gütegruppen N oder NL nach DIN EN 10025-3) oder thermomechanisch gewalzten Zustand (Gütegruppen M oder ML nach DIN EN 10025-4) zum Einsatz.

Die erhöhte Festigkeit (Streckgrenze) wird durch das Normalglühen auf die folgende Weise erreicht:

1. Durch das bei der Stahlherstellung zur Desoxidation beigegebene Aluminium (bis 0,02%) wird beim Normalglühen (bei etwa 900 °C) Stickstoff abgebunden und in Form feinster Nitride ausgeschieden, die insbesondere zu einer Kornfeinung (s. o.) beitragen.
2. Die in geringen Mengen im Stahl enthaltenen Mikrolegierungselemente V, Nb, Ti und Zr wirken durch Bildung von Carbiden, Nitriden oder Carbonitriden ebenfalls kornfeinend. Aufgrund ihrer feindispersen Verteilung führen sie jedoch zusätzlich zu einer Festigkeitssteigerung durch Ausscheidungshärtung.

Da die bei der Normalglühung beschriebenen Vorgänge im Gefüge durch eine thermomechanische Behandlung (insbesondere durch die kontrollierte Temperaturführung) optimaler ablaufen können, ist es möglich, die Werkstoffeigenschaften der normalgeglühen Feinkornbaustähle **(Gütegruppen N und NL)** aufrecht zu erhalten, dabei jedoch den C-Gehalt auf deutlich unter 0,20 % abzusenken. Aufgrund des geringen C-Gehaltes (Tabelle 1, Seite 282) besitzen die thermomechanisch behandelten Stähle **(Gütegruppen M und ML)** daher kaum noch Perlit und weisen gegenüber den normalgeglühten Sorten eine deutlich verbesserte Kerbschlagarbeit und damit eine erhöhte Sprödbruchsicherheit sowie eine verbesserte Schweißbarkeit auf (Kohlenstoffäquivalent für thermomechanisch behandelte Stähle maximal 0,46 %, für normalgeglühte Sorten hingegen 0,52 %). Man spricht in diesem Fall auch von **perlitarmen, mikrolegierten Feinkornbaustählen** mit hervorragender Schweißbarkeit und Zähigkeit.

Die erzielbaren Werkstoffeigenschaften sind dabei in hohem Maße von bei der thermomechanischen Behandlung gewählten Prozessparametern wie Austenitisierungstemperatur, Abkühlgeschwindigkeit, Umformgrad und Walzend- bzw. Haspeltemperatur abhängig. Grundsätzlich ist zu beachten, dass der durch eine thermomechanische Behandlung eingestellte Gefügezustand durch eine Wärmebehandlung alleine nicht erreichbar ist und damit, sollte er bei der Verarbeitung negativ beeinflusst werden, auch nicht wieder einstellbar ist. Die durch eine thermomechanische Behandlung eingestellten Festigkeitseigenschaften werden bereits bei einer Erwärmung über 580 °C nachteilig beeinflusst.

Eine **thermomechanische Behandlung** (TMB) zur Auslösung der geschilderten metallurgischen und werkstofflichen Besonderheiten dieser Stähle erfordert eine genaue Verformungs- und Temperatur-Zeitfolge. Sie besteht im Wesentlichen aus den folgenden Schritten (Bild 1, Seite 280):

> **ⓘ Information**
>
> **Thermomechanisches Behandeln (TMB)**
>
> Unter thermomechanischem Behandeln versteht man eine Warmumformung, die durch eine gezielte Kontrolle der Temperatur und der Umformbedingungen, dem Endprodukt Werkstoffeigenschaften verleiht, die durch konventionelle Fertigungsschritte mit diesem Werkstoff nicht erreichbar wären.

1. Erwärmen der Bramme im Stoßofen auf Temperaturen, die ein ausreichendes Lösen der Mikrolegierungselemente erlauben (1150°C). Eine völlige Auflösung der Legierungselemente muss dabei vermieden werden, da dies zu einem raschen Austenitkornwachstum führen würde.
2. Vorwalzen bei Temperaturen über 950 °C. Bei diesen hohen Temperaturen ist die Ausscheidungsneigung gering, so dass eine gleichmäßige Rekristallisation des Gefüges stattfindet.
3. Fertigwalzen bei erhöhter Verformung und einer Temperatur (750°C), die keine Rekristallation mehr zulässt. Die starke Gitterverzerrung des Austenits führt zu einer Erhöhung der die Austenitumwandlung

begünstigenden Keime und damit bei weiterer langsamer Abkühlung (< 1 K/s) zu einem extrem feinkörnigen ferritisch-perlitischen Gefüge. Bei erhöhter Abkühlgeschwindigkeit durch Sprühkühlung (etwa 15 K/s) entsteht ein bainitisches Gefüge mit verbesserten mechanischen Eigenschaften.

4. Beschleunigtes Abkühlen auf Haspeltemperatur (550 °C ... 600 °C) führt zur Ausscheidung der Teilchen in der gewünschten Form, Größe und Verteilung, da aus den verfestigten Austenitkörnern sehr feine Ferritkörner gebildet werden. Außerdem werden die restlichen, noch gelösten Mikrolegierungselemente ausgeschieden, d. h. durch eine Ausscheidungshärtung eine weitere Festigkeitssteigerung erreicht.

Zwischenzeitlich haben sich eine Vielzahl thermomechanischer Verfahren entwickelt. Grundsätzlich kann man die folgenden Verfahrensgruppen unterscheiden:

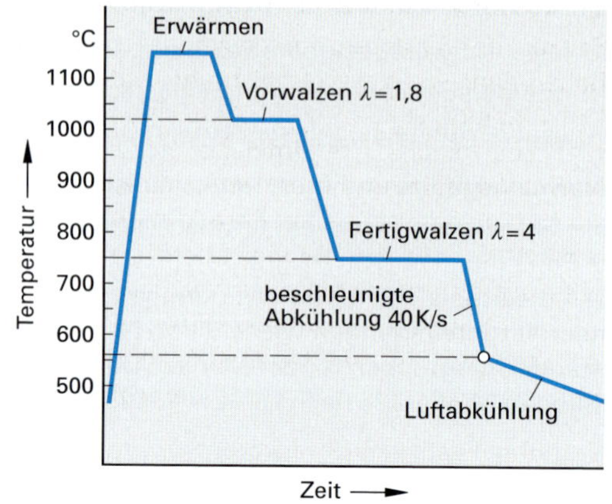

Beispiel: Vorwalzen mit $h_0 = 18$ mm und $h_1 = 10$ mm ($\lambda = 1{,}8$ bzw. $\varphi = 0{,}6$)
Fertigwalzen mit $h_1 = 10$ mm und $h_2 = 2{,}5$ mm ($\lambda = 4$ bzw. $\varphi = 1{,}4$)

Bild 1: Prinzip der thermomechanischen Behandlung von Stahl

- **Umformung vor der Austenitumwandlung**

Eine Warmumformung im Bereich des metastabilen Austenits wird als **Austenitformhärten** oder **Ausforming** (engl.: *austenite forming*) bezeichnet und stellt eines der wirksamsten thermomechanischen Verfahren zur Festigkeitserhöhung dar. Hierbei wird der Stahl während der Abkühlung im umwandlungsträgen Bereich bei der Temperatur T_m zwischen der Perlit- und Bainitstufe abgefangen (Kurvenabschnitt 1 in Bild 2) und bei gleichbleibender Temperatur verformt (Kurvenabschnitt 2). Bei der anschließenden Abkühlung (Kurvenabschnitt 3) erfolgt die Umwandlung in Martensit. Während der Umformung des Austenits wird eine große Anzahl an Versetzungen gebildet. Da die Umformtemperatur T_m unter der Rekristallisationstemperatur liegt, ist eine Rekristallisation und damit ein Ausheilen der Versetzungen (Versetzungsannihilation) nicht möglich. Die während der Umformung erzeugten Versetzungen bleiben daher im Martensit erhalten und wirken als Keime für die nachfolgende martensitische Umwandlung. Dadurch entsteht ein extrem feinnadliger Martensit mit den entsprechend herausragenden mechanischen Gütewerten. Während und nach der Umformung können sich weiterhin mit den Legierungselementen wie Cr, Mo, V usw. Carbide bilden, die über eine Ausscheidungshärtung einen zusätzlichen Beitrag zur Festigkeitssteigerung leisten.

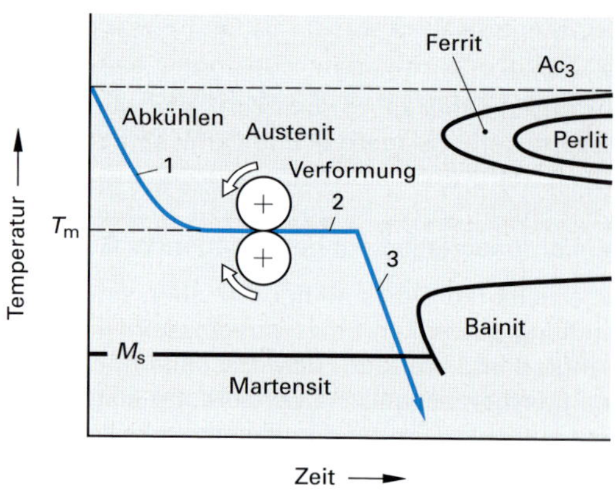

Bild 2: Prinzip des Austenitformhärtens als wichtiges Beispiel einer thermomechnanischen Behandlung mit Verformung vor der Austenitumwandlung

Mit Hilfe Austenitformhärtens erreicht man trotz sehr geringer C-Gehalte die höchsten Festigkeitswerte vielkristalliner Werkstoffe (Streckgrenzen bis 4000 MPa!). Voraussetzung für das Austenitformhärten ist allerdings ein genügend großer umwandlungsträger oder umwandlungsfreier Bereich. Die unlegierten Kohlenstoffstähle scheiden daher für diese Behandlung aus.

Neben dem Austenitformhärten gibt es noch eine Vielzahl weiterer thermomechanischer Verfahren, denen eine Umformung vor der Austenitumwandlung zugrunde legt. Hierauf soll jedoch nicht näher eingegangen werden.

- **Umformung während der Austenitumwandlung**

  Bei diesen Varianten der thermomechanischen Behandlung kann die Umformung während der Umwandlung in der Perlit-, Bainit- oder Martensitstufe erfolgen. Eine Umwandlung in der Perlitstufe **(Isoforming,** Bild 1) liefert beispielsweise ein Gefüge mit sehr feinen Ferritkörnern und eingeformten Carbiden. Es weist sehr gute Festigkeits- und Zähigkeitswerte auf. Weitere Varianten, bei denen eine Umformung während der Umwandlung in der Martensitstufe durchgeführt wird, sind ebenfalls üblich (z. B. **Zerorolling).**

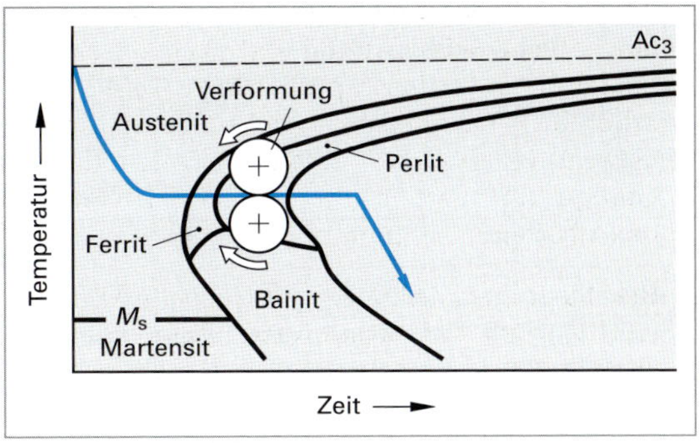

Bild 1: Thermomechanische Behandlung mit Verformung während der Umwandlung des Austenits

- **Umformung nach der Austenitumwandlung**

  Eine Umformung erfolgt bei diesen Varianten üblicherweise nach der Perlit- oder Bainitumwandlung (Kurve 1 in Bild 2) oder vor dem Anlassen eines martensitischen Gefüges (Kurve 2 in Bild 2). Umformung nach der Perlitumwandlung führt zu einem sehr feinkörnigen Gefüge mit eingeformtem Zementit. Das Gefüge lässt sich besser kaltumformen als ein weichgeglühtes Gefüge und dabei stark verfestigen. Das Verfahren findet beispielsweise Anwendung für die Herstellung von kaltstauchbaren Stählen oder Klaviersaitendrähten. Umformung vor dem Anlassen des Martensits (Kurve 2 in Bild 2) liefert ein Anlassgefüge mit feinstverteilten Carbiden.

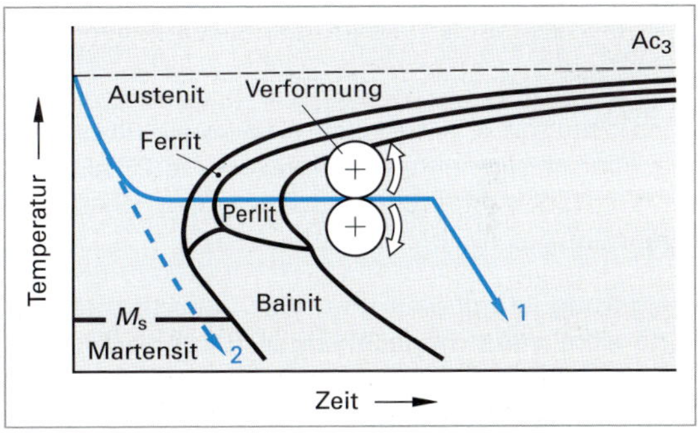

Bild 2: Thermomechanische Behandlung mit Verformung nach der Umwandlung des Austenits

Bei der Verarbeitung der thermomechanisch behandelten Stähle durch Verfahren, die zu einer Erwärmung führen (z. B. Schweißen, Glühen), ist zu beachten, dass:

1. Die kornfeinenden Ausscheidungen bei hohen Temperaturen (> 1 000 °C) in Lösung gehen, so dass mit einer kornfeinenden und das Austenitkornwachstum hemmenden Wirkung nicht mehr zu rechnen ist. Die Ausscheidungen dürfen sich daher nur in begrenztem Umfang im Austenit lösen, d. h. beim Schweißen muss die Wärmezufuhr begrenzt werden.
2. Eine thermomechanische Behandlung führt im Hinblick auf Festigkeit und Zähigkeit zu einem Werkstoffzustand, der durch eine alleinige Wärmebehandlung (z. B. Normalglühen) nicht erreicht werden kann. Werden diese Stähle im Rahmen der Bearbeitung auf Temperaturen über 580 °C erwärmt, dann muss mit einer Verschlechterung der mechanischen Eigenschaften gerechnet werden.

Wichtige normalgeglühte und thermomechanisch behandelte Feinkornbaustähle sind in DIN EN 10 025-3 und -4 (bisher DIN EN 10 113-2 und -3) genormt (Tabelle 1, Seite 282). Weitere Sorten finden sich in DIN EN 10 028-3 und -5 sowie DIN EN 10 149-2 und -3.

Die Gütegruppen NL bzw. ML (in Tabelle 1, Seite 282, nicht aufgeführt, siehe zitierte Norm) sind für den Einsatz bei tiefen Temperaturen vorgesehen. Bei diesen Sorten werden Zähigkeitswerte bis zu einer Temperatur von – 50 °C gewährleistet. Gegenüber den Gütegruppen N bzw. M, deren Zähigkeit nur bis – 20 °C garantiert ist, wird diese Eigenschaft insbesondere durch eine Verringerung der versprödend wirkenden Elemente S und P erreicht.

b) Vergütete Feinkornbaustähle

Durch Kornfeinung und Ausscheidungshärtung können bei den hochfesten Stählen Streckgrenzen bis etwa 500 MPa (bei den thermomechanisch gewalzten Stählen nach DIN EN 10 149-2 auch bis etwa 700 MPa) bei gleichzeitig hervorragender Schweißbarkeit (C < 0,12 %) erzielt werden. Eine weitere Festigkeits-

Tabelle 1: Normalgeglühte (DIN EN 10 025-3) und thermomechanisch behandelte (DIN EN 10 025-4) Feinkornbaustähle

Stahlsorte Kurzname neu	alt	C	Mn	Si	P	S	N	R_m [1)] MPa	R_e [2)] MPa	A [3)] %	KV [4)] °C
		Masse-% [5)]									
S275N	StE 285	0,18	0,50...1,40	0,40	0,035	0,030	0,015	370...510	275	24	40
S275M	–	0,13	1,50	0,50	0,035	0,030	0,015	360...520			40
S355N	StE 355	0,20	0,90...1,65	0,40	0,035	0,030	0,015	470...630	355	22	40
S355M	StE 355 TM	0,14	1,65	0,50	0,035	0,030	0,015	450...610			40
S420N	StE 420	0,20	1,00...1,70	0,50	0,035	0,030	0,025	520...680	420	19	40
S420M	StE 420 TM	0,16	1,70	0,50	0,035	0,030	0,020	500...660			40
S460N	StE 460	0,20	1,00...1,70	0,60	0,035	0,030	0,025	550...720	460	17	40
S460M	StE 460 TM	0,16	1,70	0,50	0,035	0,030	0,025	530...720			40

1) Zugfestigkeit. Werte gültig für Nenndicken ≤ 63 mm, für dickere Erzeugnisse geringere Werte (siehe DIN EN 10 025-3 und -4).
2) Obere Streckgrenze. Werte gültig für Erzeugnisdicken ≤ 16 mm. Für größere Erzeugnisdicken höhere Gehalte (siehe DIN EN 10 025-3 und -4).
3) Bruchdehnung. Werte ermittelt an Längsproben nach DIN 50 125.
4) Kerbschlagarbeit (Zähigkeit). Werte ermittelt an ISO-V-Längsproben. Werte gültig für 20 °C
5) Maximalwerte nach Schmelzenanalyse. Al: 0,02 %; Ti: 0,03 % (Sorten N und NL) bzw. 0,05 % (Sorten M und ML).

steigerung ist mit einem ferritisch-perlitischen Gefüge nicht mehr möglich, sondern nur noch durch ein angelassenes martensitisch oder martensitisch-bainitisches Gefüge (Bild 1). Dies geschieht durch Abschrecken nach der Warmumformung aus der Walzhitze oder nach einer separaten Wiedererwärmung. Aufgrund des niedrigen Kohlenstoffgehalts (C < 0,22 %) der vergütbaren Feinkornbaustähle, liegt eine hohe Martensit-Starttemperatur (um 400 °C) vor (Bild 1, Seite 234). Der Martensit wird daher während seiner Abkühlung selbstangelassen und es entsteht eine dem Vergütungsgefüge ähnliche Gefügestruktur (feindispers verteilter Zementit in ferritischer Matrix) mit den entsprechend verbesserten mechanischen Eigenschaften.

Das fachgerechte Schweißen dieser hochfesten, vergüteten Feinkornbaustähle erfordert eine kontrollierte Wärmeführung, geschultes Schweiß- und Schweißaufsichtspersonal, einen hohen Prüfaufwand sowie die Beseitigung von Nahtüberhöhungen, Einbrandkerben usw.

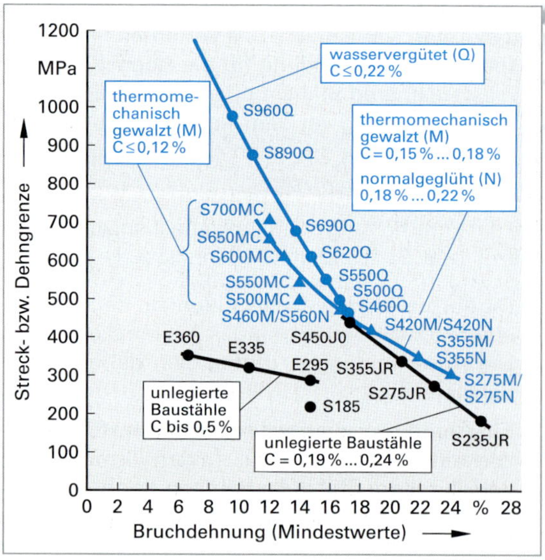

Bild 1: Vergleich der mechanischen Eigenschaften von unlegierten Baustählen (schwarze Linien) und Feinkornbaustählen (blaue Linien)

Wichtige vergütete Feinkornbaustähle sind in DIN EN 10 025-6 (bisher: DIN EN 10 137-2) genormt (Tabelle 1, Seite 283). In DIN EN 10 025-6 finden sich weitere für den Tieftemperatureinsatz geeignete Sorten mit einem Mindestwert der Kerbschlagarbeit von 27 J bei – 40 °C (Kennbuchstabe QL) bzw. – 60 °C (Kennbuchstabe QL1). Weitere vergütete Feinkornbaustähle für Druckbehälter sind in DIN EN 10 028-6 enthalten.

6.5.4 Federstähle

Federn im technischen Sinne sind Maschinenelemente, die durch Formgebung und Werkstoffwahl in der Lage sind, mechanische Arbeit aufzunehmen, sie als potenzielle Energie zu speichern und sie bei der Rückfederung wieder in mechanische Arbeit zurückzuwandeln. Federn erfüllen in der Technik vielfältige Aufgaben. In Bild 1, Seite 283, sind wichtige Metallfedern zusammengestellt.

Tabelle 1: Vergütete Feinkornbaustähle nach DIN EN 10 025-6 (Auswahl)

Stahlsorte Kurzname[1]		Chemische Zusammensetzung						Mechanische Kennwerte			
		C	Mn	Si	P	S	N	R_m[2] MPa	R_e[2] MPa	A %	KV[3] J
neu	alt	Masse-%[4]									
S460Q	–	0,20	1,70	0,80	0,025	0,015	0,015	550... 720	460	17	27
S500Q	StE 500 V	0,20	1,70	0,80	0,025	0,015	0,015	590... 770	500	17	27
S550Q	StE 520 V	0,20	1,70	0,80	0,025	0,015	0,015	640... 820	550	16	27
S620Q	StE 620 V	0,20	1,70	0,80	0,025	0,015	0,015	700... 890	620	15	27
S690Q	StE 690 V	0,20	1,70	0,80	0,025	0,015	0,015	770... 940	690	14	27
S890Q	–	0,20	1,70	0,80	0,025	0,015	0,015	940...1100	890	11	27
S960Q	–	0,20	1,70	0,80	0,025	0,015	0,015	980...1150	960	10	27

[1] Kennbuchstabe Q: Vergütet. Maximale Nenndicken S890Q: 100 mm. Maximale Nenndicken S960Q: 50 mm.
[2] Für Nenndicken zwischen 3 mm und 50 mm (R_e) bzw. zwischen 3 mm und 100 mm (R_m).
[3] Kerbschlagarbeit (Zähigkeit). Werte ermittelt an ISO-Spitzkerbproben. Werte gültig für – 20 °C.
[4] Zulässige Maximalwerte nach der Stückanalyse. Weitere Legierungselemente siehe DIN EN 10 025-6.

6.5.4.1 Anforderungen an metallische Federwerkstoffe

Von einer Feder wird eine große Federkraft (Federmoment), ein hohes Energiespeichervermögen sowie eine hohe Sicherheit gegenüber Bruch bei Überbeanspruchung und zeitlich veränderlicher (schwingender) Belastung gefordert. Als Federwerkstoffe eignen sich die Stähle in besonderem Maße. Der überwiegende Anteil aller Federn wird daher aus Stahl hergestellt. Neben einer geeigneten konstruktiven Gestaltung werden an den Federwerkstoff eine Reihe von Anforderungen gestellt:

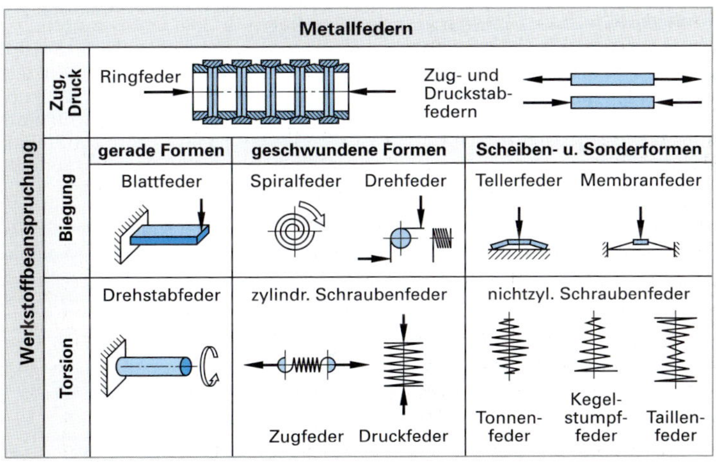

Bild 1: Einteilung von Metallfedern nach der Beanspruchung des Federwerkstoffs

1. Großer Bereich der elastischen Verformbarkeit d.h. hohe Streckengrenzen, da der Elastizitätsmodul E von Stählen durch Legieren oder Wärmebehandeln nur wenig verändert werden kann (E = 200 000 ... 210 000 MPa für ferritisch-perlitische Stähle und 190 000 ... 203 000 MPa für austenitische Stähle). Dies kann durch eine Kaltverfestigung, durch Vergüten und bei bestimmten Stählen durch eine Ausscheidungshärtung erreicht werden.
2. Plastische Verformungsreserven. Der Werkstoff muss die Fähigkeit besitzen, eine Überbeanspruchung (über die Elastizitätsgrenze hinaus) während des Betriebs sowie bei der Herstellung (z. B. durch Wickeln) durch eine plastische Verformung abzubauen. Die Bruchdehnungen A sollten daher ≥ 6 % sein.
3. Dauerfestigkeit. Federn werden häufig einer zeitlich veränderlichen Beanspruchung unterworfen und dürfen dabei nicht durch Schwingbruch versagen. Um dies zu vermeiden, müssen eine hohe Oberflächenrauigkeit, Riefen, Risse sowie Verzunderungen oder Randentkohlungen nach einer Wärmebehandlung soweit als möglich vermieden werden.

6.5.4.2 Federstahlsorten

Die genormten Stahlsorten zur Herstellung von Federn sind außerordentlich vielfältig und können an dieser Stelle nicht im Einzelnen besprochen werden. Tabelle 1, Seite 284, gibt einen Überblick über die gebräuchlichen Federstahlsorten. Weitere Informationen, z. B. über Anwendung und Eigenschaften, sind den genannten Normen zu entnehmen.

Tabelle 1: Einteilung der Federstähle

Federstahlsorte	Anwendung	Herstellung/Besonderheiten	Beispiele
Stähle für kaltgeformte Federn			
Unlegierter Walzdraht bzw. Kaltband DIN EN 10 016 DIN EN 10 139	Federn für untergeordnete Zwecke und niedrige Beanspruchungen.	Halbzeuge (Drähte, Bänder) werden im kaltgezogenen oder kaltgewalzten Zustand angeliefert und beim Verarbeiter durch Kaltumformen (z. B. Kaltwickeln) zur Feder weiterverarbeitet.	C4D C42D C80D DC01 DC06
Patentiert-gezogener, unlegierter Federstahldraht DIN EN 10 270-1	Federringe, Schraubenfedern (Zug-, Druck- und Drehfedern) und sonstige Drahtfedern.	Stahldraht wird nach dem Patentieren (Kapitel 6.4.5.4) kalt auf Maß gezogen.	SL, SM, SH, DM und DH
Ölschlussvergüteter Federdraht DIN EN 10 270-2	Federn, die überwiegend auf Torsion beansprucht werden (z. B. Schraubenfedern).	Stahldraht wird nach dem Drahtziehen im Durchlaufverfahren vergütet und anschließend durch Kaltverformung zu den Federsorten umgeformt.	FDC, TDC, VDC, VDSiCr
Warmgewalzte Stähle für vergütbare Federn[1]			
Unlegierte Sorten DIN EN 10 132-4	Federn mit niedriger Beanspruchung.	Unlegierte Vergütungsstähle mit C-Gehalten zwischen 0,4 % und 0,7 %.	C55S C125S
Si- und Si-Cr-Sorten DIN EN 10 089 DIN EN 10 132-4	Biegebeanspruchte Federn.	Silicium (1 % ... 2 %) erhöht im vergüteten Zustand die Elastizitätsgrenze. Chrom (0,20 % ... 0,40 %) wird zur Steigerung der Einhärtbarkeit und Anlassbeständigkeit (bis 300 °C) zulegiert.	38Si7 56Si7 61SiCr7
Mn-Sorten (keine Normung)	Blatt-, Teller-, Ringfedern im Fahrzeugbau (heute nur noch in geringem Umfang).	Die Mn-legierten Sorten sind überhitzungsempfindlich und damit rissanfällig.	50Mn7
Cr- und Cr-V-Sorten DIN EN 10 089 DIN EN 10 132-4	Dauerschwing- und torsionsbeanspruchte Schrauben- und Drehstabfedern, hochbeanspruchte Blatt- und Spiralfedern.	Die Stähle weisen durch das Chrom und ggf. das Vanadium eine gute und gleichmäßige Einhärtbarkeit auf.	55Cr3 60Cr3 51CrV4 80CrV2 125Cr2
Nickellegierte Federstähle DIN EN 10 132-4	Schwere Schrauben- und Blattfedern.	Nickel verbessert die Einhärtbarkeit und Zähigkeit (auch bei tiefen Temperaturen).	75Ni8
Warmfeste Federstähle			
Cr-, Si-Cr- und Cr-V-Sorten DIN EN 10 089 DIN EN 10 132-4	Federn, die bei Betriebstemperaturen bis 300 °C eingesetzt werden sollen.	siehe Si- bzw. Si-Cr- und Cr- bzw. Cr-V-Sorten	
Cr-Mo-V-Sorten DIN EN 10 089	Federn, die bei Betriebstemperaturen bis 450 °C eingesetzt werden sollen.	Bei Temperaturen über 450 °C muss auf hochwarmfeste Ni- oder Co-Basislegierungen (z. B. NiCr20TiAl) zurückgegriffen werden.	52CrMoV4

[1] Werden im endgeformten Zustand einer Vergütung unterzogen.

Tab.-fortsetzung siehe folgende Seite

6.5.5 Vergütungsstähle

Vergütungsstähle sind un- und niedriglegierte Maschinenbaustähle mit Kohlenstoffgehalten etwa zwischen 0,2 % und 0,7 %, die sich zum Härten eignen und im vergüteten Zustand eine gute Zähigkeit bei gegebener Zugfestigkeit bzw. eine deutlich erhöhte Festigkeit bei ausreichender Zähigkeit aufweisen. Sie werden in Kapitel 6.4.5.4 beschrieben.

ortsetzung von Seite 284, Tabelle 1: Einteilung der Federstähle

Federstahlsorte	Anwendung	Herstellung/Besonderheiten	Beispiele
Kaltzähe Federstähle			
Für kaltzähe Federstähle existiert keine eigenständige Norm. Abhängig von der tiefsten Einsatztemperatur kommen Ni-legierte Vergütungsstähle (s.o.) oder austenitische Federstähle (s.u.) zum Einsatz.			
Nichtrostende Federstähle			
Austenitische Federstähle[1] DIN EN 10 270-3 DIN EN 10 151	Federstahldraht (DIN EN 10 270-3) für die Herstellung von Federn oder federnden Teilen aller Art, die einer Korrosionsbeanspruchung ausgesetzt sind. Kaltband (DIN EN 10 151) für die Herstellung unterschiedlicher Federteile.	Können überwiegend nur durch Kaltziehen oder Kaltwalzen verfestigt werden, um sie dann als Federwerkstoffe einzusetzen. Einige austenitische Federstahlsorten sind ausscheidungshärtbar. Aufgrund ihrer hervorragenden Zähigkeit sind sie auch bei tiefen Temperaturen bis – 200 °C und bei erhöhten Temperaturen bis etwa 300 °C einsetzbar.	X10CrNi18-8 X5CrNiMo17-12-2 X7CrNiAl17-7
Vergütbare, nichtrostende Federstähle DIN EN 10 088-2	Höher beanspruchte Federn und Federteile bei geringer bis mäßiger Korrosionsbeanspruchung.	Geringere Korrosionsbeständigkeit als die austenitischen Sorten, jedoch deutlich höhere Elastizitätsgrenzen und damit eine deutlich bessere Eignung als Federstähle.	X20Cr13

[1] Der Begriff austenitischer Stahl wird in Kapitel 6.5.10.4 erläutert.

6.5.6 Einsatzstähle

Einsatzstähle sind unlegierte oder legierte (hauptsächlich Cr, Ni, Mo, Mn) Maschinenbaustähle mit verhältnismäßig niedrigem Kohlenstoffgehalt (0,1 % bis etwa 0,25 %), deren Randschicht vor dem Härten aufgekohlt (0,7 % ... 0,9 % C) oder carbonitriert wird. Sie werden in Kapitel 6.4.6.3 beschrieben.

6.5.7 Nitrierstähle

Nitrierstähle sind legierte Stahlsorten, die sich zum Nitrieren und Nitrocarburieren besonders eignen. Sie enthalten Legierungselemente wie Cr, Al, Mo, V, Ti und Nb, die besonders zur Nitridbildung neigen und außerdem Nitride mit hoher Härte bilden. Sie werden in Kapitel 6.4.6.3 beschrieben.

6.5.8 Warmfeste Stähle

Warmfeste Stähle sind unlegierte und legierte Stahlsorten, die in der Regel bei Betriebstemperaturen über 400 °C bis maximal 750 °C eingesetzt werden. Bauteile, die derartigen thermischen und mechanischen Belastungen ausgesetzt sind, finden sich häufig im Bereich der Energiegewinnung und -umsetzung, so beispielsweise in der Kraftwerkstechnik (Dampfkessel und Rohrleitungen, Turbinenschaufeln, Turbinenwellen und Turbinengehäuse, Ventile, Armaturen, im Heißbereich eingesetzte Schrauben).

6.5.8.1 Anforderungen an warmfeste Stähle

Warmfeste Stähle müssen nicht nur eine ausreichende Warmfestigkeit bzw. Zeitstandfestigkeit aufweisen (Kapitel 13.5.9.2), sie müssen insbesondere bei hohen Betriebstemperaturen auch eine gute Zunder- und Korrosionsbeständigkeit besitzen und dürfen nicht zur Ausbildung versprödender Ausscheidungen neigen.

6.5.8.2 Werkstoffverhalten und Werkstoffkennwerte bei erhöhter Temperatur

Mit zunehmender Temperatur nimmt die Festigkeit aller metallischer Werkstoffe ab. Bei erhöhter Betriebstemperatur sind die bei Raumtemperatur ermittelten Festigkeitskennwerte (z. B. R_m und $R_{p0,2}$) als Dimensionierungsgrundlage nicht mehr verwendbar. Vielmehr müssen nunmehr die **Warmdehngrenze $R_{p0,2}$** bzw. die **Warmzugfestigkeit R_m** herangezogen werden. Diese Kennwerte werden im Warmzugversuch ermittelt und sind in den entsprechenden Normen für warmfeste Stähle zu entnehmen (Kapitel 13.5.1.5).

Bei längerfristig erhöhten Temperaturen über etwa 400°C treten auch bei relativ niedriger Belastung zusätzlich irreversible plastische Verformungsprozesse auf, die als **Kriechen** (Kapitel 2.10.3) bezeichnet werden. Unterhalb von etwa 400°C sind diese Vorgänge vernachlässigbar. Kriechen, ein thermisch aktivierter Vorgang, der im Wesentlichen auf die Selbstdiffusion von Gitteratomen sowie auf die Entstehung neuer Gleitsysteme zurückzuführen ist, führt zu einer stetig zunehmenden bleibenden Verformung und kann schließlich bis zum katastrophalen Bruch des Bauteils führen. Die hierbei maßgeblichen Langzeitkennwerte sind die **Zeitdehngrenze** $R_{p\varepsilon/t}$ und die **Zeitstandfestigkeit** $R_{m/t}$ (Kapitel 13.5.9.2).

6.5.8.3 Warmfeste Stahlsorten

Die warmfesten Stähle lassen sich in drei Gruppen einteilen. Der Forderung nach guter Schweißbarkeit wird bei allen Sorten durch Begrenzung des Kohlenstoffgehaltes auf 0,2% ... 0,3% sowie durch eine feinkörnige Erschmelzung Rechnung getragen.

a) Un- und niedriglegierte warmfeste Stähle

Die Warmfestigkeit der unlegierten Sorten (bis etwa 450 °C einsetzbar) wird durch eine feinkörnige Erschmelzung und geringe Mo-Gehalte erreicht. Die Warmfesigkeit der legierten Sorten (bis etwa 580 °C einsetzbar) erzielt man durch Legieren mit Cr, Mo, Ni, V, W und Nb (Summe ≤ 6 %), die zur Bildung feinstverteilter Sondercarbide führen. Un- und niedriglegierte warmfeste Stähle sind in DIN EN 10 028-2, Gussstähle in DIN EN 10213-2 genormt.

b) Warmfeste Chromstähle

Die warmfesten Chromstähle (DIN EN 10269) haben Chromgehalte zwischen 9 % und 12 % und damit eine deutlich höhere Zunderbeständigkeit im Vergleich zu den un- und niedriglegierten Sorten. Ihre maximale Einsatztemperatur liegt daher bei maximal 650 °C. Die warmfesten Chromstähle werden bevorzugt in der Papier-, Chemie- und Erdölindustrie sowie insbesondere für Turbinenläufer bzw. -schaufeln und Turbinengehäuse im Kraftwerksbereich eingesetzt. Über 650 °C sind die Korrosions- sowie die Warm- und Zeitfestigkeitseigenschaften dieser Stähle nicht mehr ausreichend.

c) Hochwarmfeste austenitische Stähle

Die hohe Warmfestigkeit der austenitischen Stähle (der Begriff austenitischer Stahl wird in Kapitel 6.5.10.4 erläutert), die bis 750 °C eingesetzt werden können, ist auf die stark verminderte Beweglichkeit der Gitteratome (durch Selbstdiffusion) im (kfz) austenitischen Gefüge sowie auf eine feindisperse Ausscheidung stabiler Sondercarbide zurückzuführen. Gegenüber den nichtrostenden Cr-Ni-Stählen (Kapitel 6.5.10.4) besitzen die hochwarmfesten Sorten jedoch einen deutlich erhöhten Nickelgehalt von 13%...16% (kein δ-Ferrit im Gefüge, dadurch keine Bildung versprödender **σ-Phase)**. Sie sind in DIN EN 10028-7, DIN EN 10216-5 und DIN EN 10222-5 genormt.

Tabelle 1: Anwendung warmfester Stähle (Beispiele)

Anwendungsbereich	Werkstoffbeispiele	Maximale Anwendungstemperatur °C
Dampfleitungen	P235GH 19Mn5 16Mo3 13CrMo4-5 X3CrNiMoN17-13	480 480 520 540 620
Überhitzerrohre	16Mo3 13CrMo4-5 X8NiCrAlTi31-20	530 550 950
Turbinenschaufeln	X20Cr13 X22CrMoV12-1 X8CrNiMoNb16-16	470 550 700
Turbinenwellen	28CrMoNiV4-7 X12CrMoVNbN10-1	540 600
Schrauben	C35 25CrMoVB6-11	400 570
Große Schmiedestücke (bis 250 mm Wanddicke)	C35E 24CrMo5 21CrMoV5-11	390 480 530
Gussteile (z. B. Gehäuse)	GP240GH G17CrMoV5-10 GX17CrMoNiV12-1	470 550 580

Oberhalb von 750 °C (z. B. Laufschaufeln für Gasturbinen) sind Stähle grundsätzlich nicht mehr einsetzbar. Hier muss auf **Superlegierungen** auf Ni- oder Co-Basis zurückgegriffen werden, die bis 1100 °C eingesetzt werden können. Bei noch höheren Temperaturen kommen Legierungen der Metalle Molybdän und Niob (bis 1500 °C), Tantal (bis 2000 °C) oder Wolfram (bis 2500 °C) zum Einsatz.

Im Kraftwerksbau (z. B. Rotoren, Turbinenschaufeln usw.) werden dennoch die o. g. Stähle mit krz-Gitter bevorzugt, obwohl ihre Betriebstemperaturen mit maximal 650 °C tiefer liegen. Dies ist nicht nur auf den niedrigeren Preis, sondern vor allem auf ihre geringere Wärmedehnung und höhere Wärmeleitfähigkeit zurückzuführen.

6.5.9 Kaltzähe Stähle

Stähle müssen in vielen Bereichen der Technik bei tiefen Temperaturen, häufig im Bereich zwischen –10 °C und –200 °C, teilweise auch darunter, eingesetzt werden. Wichtige Anwendungsbeispiele sind Stahlkonstruktionen (Brücken, Kräne, Hallen), Schiffe und Off-Shore-Konstruktionen, Pipelines, Schienenfahrzeuge sowie Bauteile in der Luft- und Raumfahrt. Auch in der Kältetechnik werden kaltzähe Stähle für Anlagen zur Flüssiggasherstellung sowie zur Flüssiggasspeicherung und zum Transport benötigt (Bild 1).

6.5.9.1 Werkstoffverhalten und Kennwerte bei tiefen Temperaturen

Der Einsatz von Konstruktionswerkstoffen bei tiefen Temperaturen wird im Wesentlichen von der Zähigkeit (Kapitel 13.5.7.3) des Werkstoffs, d. h. von seiner Sprödbruchsicherheit, begrenzt. Während die Festigkeitskennwerte (R_m, $R_{p0,2}$), der Elastizitätsmodul und auch die Härte mit sinkender Temperatur steigen und damit kein Problem darstellen, kann sich die Zähigkeit, abhängig von der Werkstoffart, stark vermindern und die Auslösung eines trans- oder interkristallinen, verformungsarmen **Sprödbruches (Spaltbruch)** begünstigen (Bild 1, Seite 626). Dementsprechend ist die Zähigkeit für die Auswahl eines geeigneten Werkstoffs für tiefe Temperaturen maßgebend.

Das Zähigkeitsverhalten eines metallischen Werkstoffs wird primär von seinem Kristallgitter (kfz, krz oder hdp) bestimmt. Metalle mit kfz-Kristallgitter (z. B. Al, Cu, austenitische Stähle) zeigen nur eine geringe Abhängigkeit der Zähigkeit von der Temperatur (Bild 1, Seite 630, Typ 3), während Stähle mit ferritischem oder ferritisch-perlitischem Gefüge (z. B. unlegierte Baustähle) einen mehr oder weniger ausgeprägten Zähigkeitsverlust aufweisen (Bild 1, Seite 630, Typ 1). Das Zähigkeitsverhalten dieser Stähle ist gekennzeichnet durch einen Steilabfall der Kerbschlagarbeit-Temperatur-Kurve, der die Zähigkeitshochlage von der Zähigkeitstieflage trennt. Der sichere Einsatz dieser Stähle beschränkt sich daher im Wesentlichen auf den Temperaturbereich ihrer Zähigkeitshochlage. Die dritte Gruppe sind wiederum Werkstoffe, die nur eine geringe Abhängigkeit ihrer Zähigkeit von der Temperatur zeigen und in der Tieflage verbleiben, Bild 1, Seite 630, Typ 2 (z. B. Gläser, keramische Werkstoffe, martensitisch gehärtete Stähle oder duroplastische Kunststoffe).

Es muss an dieser Stelle nochmals erwähnt werden, dass die Sprödbruchneigung nicht nur von der Werkstoffart, sondern auch von Sprödbruch fördernden äußeren Bedingungen, wie z. B. Dehnungsbehinderung durch mehrachsige Spannungszustände (technische Kerben, dickwandige Bauteile oder Schweißnähte), sowie durch eine schlagartige Beanspruchung begünstigt werden (Kapitel 13.5.7.1).

6.5.9.2 Kaltzähe Stahlsorten

Als kaltzäh bezeichnet man Stähle, die bei –40 °C noch eine Kerbschlagarbeit von mindestens 27 J aufweisen (ISO-Spitzkerbprobe). Entsprechend dem Einsatzzweck unterscheidet man drei Gruppen kaltzäher Stähle.

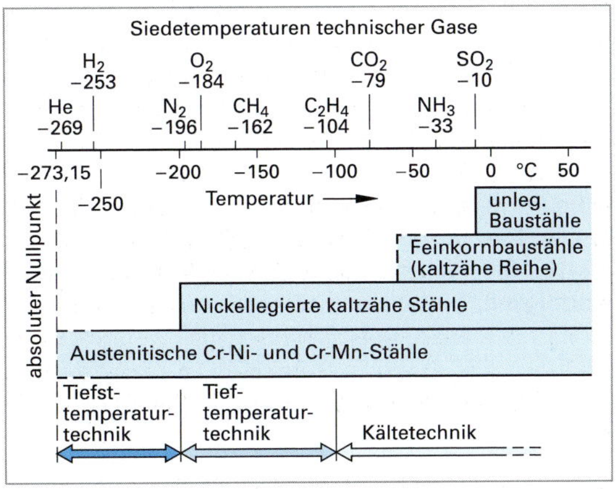

Bild 1: Anwendungsgrenzen kaltzäher Stähle

a) Un- und niedriglegierte kaltzähe Stähle

Eine Erhöhung der Zähigkeit kann bei diesen Stählen durch ein feinkörniges Gefüge (Feinkornbaustähle), einen niedrigen Gehalt versprödend wirkender Elemente (S und P), eine Vergütung sowie durch andere Maßnahmen erreicht werden. Diese Stahlsorten können bis etwa –40 °C ... –60 °C eingesetzt werden (Kerbschlagarbeit > 27J bei tiefster Einsatztemperatur). Die wichtigsten Sorten **(kaltzähe Reihen)** sind:

- Normalgeglühte Feinkornbaustähle nach DIN EN 10 025-3 (Kennzeichnung: NL, z. B. S355NL).
- Thermomechanisch gewalzte Feinkornbaustähle nach DIN EN 10 025-4 (Kennzeichnung: ML, z. B. S460ML).
- Schweißgeeignete, vergütete Feinkornbaustähle für Druckbehälter nach DIN EN 10 025-6 (Kennzeichnung: QL bis –40 °C bzw. QL2 bis –60 °C, z. B. P690QL2).

- Normalgeglühte, schweißgeeignete Feinkornbaustähle für Druckbehälter nach DIN EN 10 028-3 (Kennzeichnung: NL, z. B. S275 NL).
- Thermomechanisch gewalzte, schweißgeeignete Feinkornbaustähle für Druckbehälter nach DIN EN 10 028-5 (Kennzeichnung: ML bis –40 °C bzw. ML2 bis –50 °C, z. B. P355ML2).

b) Nickellegierte, kaltzähe Stähle

Nickel ist eines der wirksamsten Elemente zur Verbesserung der Zähigkeit von krz-Stählen bei tiefen Temperaturen. Die nickellegierten kaltzähen Stähle nach DIN EN 10 028-4 (Tabelle 1) sowie DIN EN 10 222-3 enthalten Ni-Gehalte zwischen 1,5 % und 9 % und sind dementsprechend bis – 200 °C einsetzbar. Sie finden insbesondere in der Flüssiggastechnik eine breite Verwendung.

Tabelle 1: Nickellegierte kaltzähe Stähle nach DIN EN 10 028-4 (Auswahl)

Stahlsorte Kurzname	Chemische Zusammensetzung		Mechanische Kennwerte									
	C	Ni	R_m [2] MPa	R_e [2] MPa	A %	KV in J bei einer Temperatur in °C von:[3]						
	Masse-% [1]					–60	–80	–100	–120	–150	–170	–196
11MnNi5-3	0,14	0,30 ... 0,80	420 ... 530	285	24	40	–	–	–	–	–	–
15NiMn6	0,18	1,30 ... 1,70	490 ... 460	355	22	50	40	–	–	–	–	–
12Ni14	0,15	3,25 ... 3,75	490 ... 640	355	22	50	45	40	–	–	–	–
X12Ni5	0,15	4,75 ... 5,25	530 ... 710	390	20	65	60	50	40	–	–	–
X7Ni9	0,10	8,50 ... 10,0	680 ... 820	585	18	120	120	120	120	120	110	100

[1] Schmelzenanalyse
[2] Für Nenndicken zwischen 3 mm und 50 mm (R_e) bzw. zwischen 3 mm und 100 mm (R_m).
[3] Kerbschlagarbeit (Zähigkeit). Werte ermittelt an ISO-Spitzkerbproben (Längsproben).

c) Kaltzähe austenitische Cr-Ni- oder Cr-Mn-Stähle

Bei Temperaturen unter – 200 °C werden nahezu ausschließlich austenitische Stähle (kfz-Gitter) eingesetzt, die im Wesentlichen den nichtrostenden Cr-Ni-Stählen entsprechen (Kapitel 6.5.10.4). Eine ausreichend hohe Austenitstabilität wird durch einen entsprechend hohen Ni- und Cr-Gehalt sichergestellt. Für Temperaturen unter – 200 °C muss gelten: Ni > 12 % und Cr > 21 %. Zur Einsparung von Nickel kommen auch austenitische Mn- und Cr-Mn-Stähle (z. B. X12MnCr18-12) zum Einsatz.

6.5.10 Nichtrostende Stähle

In vielen Industriezweigen, insbesondere in der Nahrungsmittel-, Textil-, Zellulose- und Papierindustrie, in der chemischen Industrie, in der Medizintechnik, im Fahrzeugbau sowie in der Meeres- und Offshore-Technik, werden nichtrostende Stähle benötigt. Die wichtigste Eigenschaft dieser Stähle ist ihre chemische Beständigkeit. Die mechanisch-technologischen Eigenschaften (z. B. Festigkeit, Zähigkeit) sind zweitrangig.

Vor mehr als 90 Jahren wurde entdeckt, dass Chrom ab einer bestimmten Konzentration im Stahl dessen Korrosionsbeständigkeit erheblich verbessert (Bild 2, Seite 204). Der erste nichtrostende Stahl mit 18 % Cr und 8 % Ni wurde im Jahre 1912 von ***Maurer*** und ***Strauss*** bei Krupp entwickelt und patentiert. Der ehemalige Markenname **V2A** ist heute noch geläufig.

Durch Zugabe weiterer Legierungselemente wurden rasch weitere nichtrostende Stahlsorten mit optimierten Eigenschaften entwickelt. Die Jahresproduktion der heute mehr als 100 verschiedenen Sorten beträgt alleine in Deutschland weit über 1,2 Mio. Tonnen.

Die nichtrostenden Stähle sind häufig unter Handels- oder Markenbezeichnungen, wie zum Beispiel **V4A, NIROSTA** oder **Chromargan,** bekannt. Die in der Praxis übliche Verwendung des Begriffes **Edelstahl** für die nichtrostenden Stähle ist nicht korrekt, da diese Bezeichnung nach DIN EN 10 020 eine Hauptgüteklasse kennzeichnet (Kapitel 6.5.1.1).

Die gute chemische Beständigkeit der nichtrostenden Stähle ist auf die Anwesenheit einer dichten, zähen, festanhaftenden und sehr dünnen (etwa 1 nm ... 20 nm) Oxidschicht bzw. adsorptiv gebundenen Sauerstoffschicht auf der Stahloberfläche zurückzuführen. Sie bildet sich auf Stahloberflächen in Anwesenheit von Sauerstoff bei Chromgehalten über 12 % **(Resistenzgrenze).** Da diese Oxid- bzw. Sauerstoffschichten das in-Lösung-gehen der Metallionen verhindern, verhält sich der Stahl aus elektrochemischer Sicht passiv. Dementsprechend werden diese Schutzschichten auch als **Passivschichten** bezeichnet. Eine Verletzung führt in Anwesenheit von Sauerstoff praktisch sofort zur Ausheilung, man spricht von **Repassivierung.** Auch andere Metalle, wie Aluminium, Titan, Nickel, Chrom und teilweise auch Kupfer, bilden ähnliche, die chemische Beständigkeit deutlich verbessernde Schutzschichten aus.

Die nichtrostenden Stähle können unter bestimmten Voraussetzungen ihre chemische Beständigkeit und damit ihre Korrosionsresistenz verlieren. Dies ist beispielsweise der Fall:

- bei erhöhter Oberflächenrauigkeit, da sich keine geschlossene Passivschicht mehr ausbilden kann,
- falls das Chrom nicht mehr homogen im Kristallgitter des Eisens verteilt ist (z. B. durch Chromcarbidbildung nach dem Schweißen). In diesem Fall muss mit der besonders gefährlichen, auch als **Kornzerfall** bezeichneten, **interkristallinen Korrosion** gerechnet werden (Kapitel 4.4.1.3). Weitere gefährliche Korrosionsformen sind die **Lochkorrosion (Lochfraß)** sowie die **Spannungskorrosion** (s.u.).

6.5.10.1 Einteilung der nichtrostenden Stähle

Die nichtrostenden Stähle werden entsprechend ihres Gefügeaufbaus und damit ihrer Gebrauchseigenschaften in vier Hauptgruppen eingeteilt:

- Ferritische und halbferritische Chromstähle: C ≤ 0,1 %; 12 % ... 30 % Cr.
- Martensitische Chromstähle: 0,15 % ... 1,2 % C; 12 % ... 18 % Cr.
- Austenitische Chrom-Nickel-Stähle: C ≤ 0,15 %; 16 % ... 28 % Cr; 6 % ... 32 % Ni.
- Austenitisch-ferritische Chrom-Nickel-Stähle: C ≤ 0,05 %; 21 % ... 29 % Cr; 4 % ... 7 % Ni.

6.5.10.2 Ferritische und halbferritische Chromstähle

Chrom, das mit einem Anteil von 12 % bis über 30 % das wichtigste Legierungselement der nichtrostenden Stähle darstellt, ist ein Ferritbildner. Chrom bewirkt eine Abschnürung des Austenitgebiets (Bild 1). Es entstehen die umwandlungsfreien **ferritischen Chromstähle.**

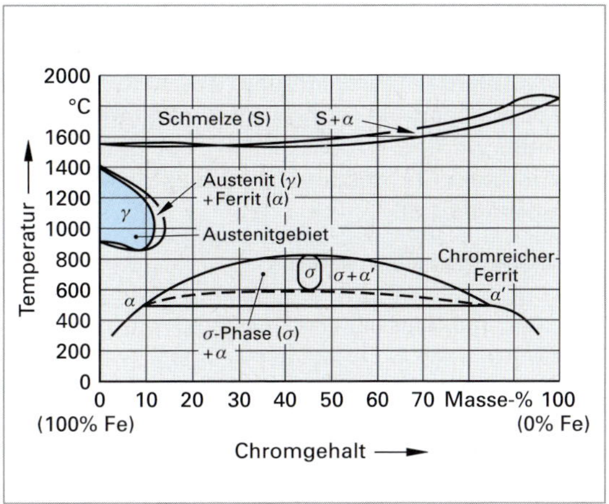

Bild 1: Zustandsschaubild Fe-Cr

Die rein ferritischen Chromstähle entstehen nur bei sehr niedrigen C-Gehalten bzw. entsprechend hohen Cr-Gehalten. Bei höheren Kohlenstoffgehalten (bzw. Stickstoffgehalten) dehnt sich das Austenitgebiet aus, so dass neben Ferrit in zunehmendem Maße auch Austenit im Gefüge in Erscheinung tritt (Bild 1, Seite 290). Der Austenit wandelt sich je nach Abkühlbedingungen in Perlit, Bainit oder Martensit um. Man erhält die umwandlungsfähigen (härt- und vergütbaren) **halbferritischen Chromstähle.** Abhängig von der vorausgegangenen Wärmebehandlung weisen diese Stähle neben Ferrit auch fein- oder feinststreifigen Perlit (früher als Sorbit bzw. Troostit bezeichnet) bzw. nach schneller Abkühlung Bainit oder Martensit auf. Durch eine Glühbehandlung bei 750 °C ... 900 °C ist es jedoch möglich, einen quasi ferritischen Gefügezustand mit Carbidausscheidungen einzustellen.

a) Mechanische Eigenschaften ferritischer Chromstähle

Die ferritischen Chromstähle haben höhere Dehngrenzen (250 MPa ... 300 MPa) im Vergleich zu den austenitischen Stählen. Auch ihre Neigung zur Kaltverfestigung ist deutlich geringer ausgeprägt.

Die Verformbarkeit der ferritischen Chromstähle ist schlecht (krz-Gitter), außerdem erreicht ihre Zähigkeit nicht die Werte der austenitischen Cr-Ni-Stähle. Aufgrund ihrer schwierigen Verarbeitbarkeit ist ihre Verwendung daher stark eingeschränkt.

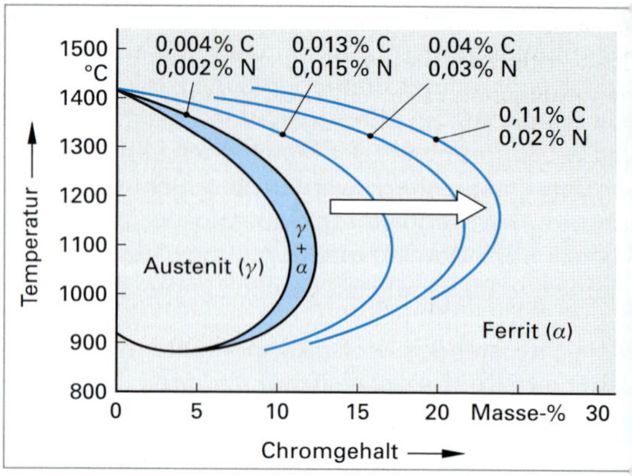

Bild 1: Verschiebung der (γ + α)/α- Grenzlinie durch steigenden Kohlenstoff- bzw. Stickstoffgehalt

b) Korrosionsbeständigkeit ferritischer Chromstähle

Die Korrosionsbeständigkeit der ferritischen Chromstähle ist im Verhältnis zum Legierungsgehalt gut und steigt allgemein mit zunehmendem Cr-Gehalt und sinkendem C-Gehalt (da Kohlenstoff durch Carbidbildung der Grundmasse Chrom entzieht). Allerdings können eine Reihe unerwünschter Korrosionserscheinungen auftreten:

- **Lochkorrosion**
  Die Gefahr der Lochkorrosion besteht in halogenidhaltigen Lösungen (z. B. Brack- oder Meerwasser), insbesondere bei erhöhten Temperaturen. Verbesserung der Beständigkeit erfolgt durch Erhöhung des Cr-Gehaltes (bis 30 %) sowie durch Legieren mit Molybdän (bis 2,5 %).
- **Interkristalline Korrosion (Kornzerfall)**
  Aufgrund der hohen Diffusionsgeschwindigkeit des Kohlenstoffs im krz-Gitter (Bild 1) kann auch bei schneller Abkühlung (nach der Herstellung, nach einer Wärmebehandlung oder nach dem Schweißen) bei Temperaturen oberhalb 750 °C eine Chromcarbidbildung nicht vollständig vermieden werden, so dass die ferritischen und halbferritischen Chromstähle prinzipiell anfällig sind (Kapitel 4.4.1.3).
- **Spannungsrisskorrosion**
  Die ferritischen Chromstähle sind, im Gegensatz zu den austenitischen Cr-Ni-Stählen (s. u.), gegenüber Spannungsrisskorrosion, insbesondere unter dem Einfluss chloridhaltiger Medien, weitgehend beständig. Die Korrosionsbeständigkeit der ferritischen und halbferritischen Chromstähle wird nicht nur von der Legierungszusammensetzung bestimmt, sondern auch von der Oberflächenrauigkeit. Je geringer die Rautiefe, desto besser kann sich eine geschlossene Passivschicht ausbilden. Die ferritischen und halbferritischen Chromstähle sollten daher feinstgeschliffen, besser sogar poliert, zum Einsatz kommen. Zunderschichten und Anlassfarben, wie sie nach einer Wärmebehandlung oder nach dem Schweißen entstehen, verhindern die Ausbildung einer stabilen Passivschicht und verschlechtern die Korrosionsbeständigkeit. Derartige Schichten sollten durch Schleifen, Bürsten oder Beizen entfernt werden.

ⓘ Information

Ferritische und halbferritische Chromstähle

Die Vorteile der ferritischen und halbferritischen Chromstähle im Vergleich zu den übrigen nichtrostenden Stahlgruppen sind ihre gute Korrosionsbeständigkeit gemessen am Legierungsaufwand und damit ihr relativ niedriger Preis.

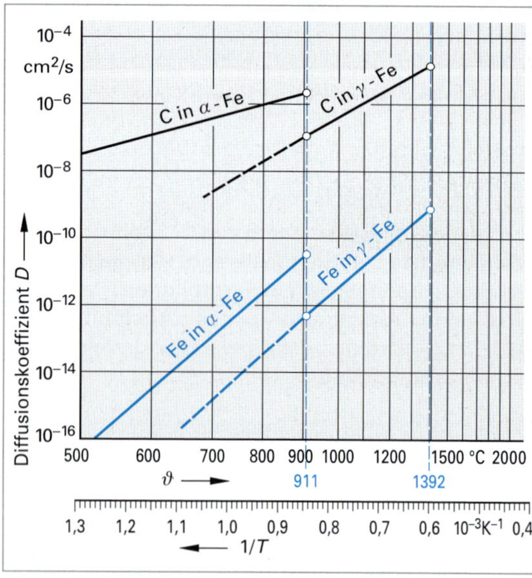

Bild 2: Diffusionsgeschwindigkeit von Eisen und Kohlenstoff in den Kristallgittern des α- und γ-Eisens

c) Versprödungserscheinungen bei ferritischen Chromstählen

Die ferritischen Stähle sind thermisch labil, da die Diffusionsgeschwindigkeit des Eisens im krz-Gitter um mehr als einen Faktor 100 höher ist im Vergleich zum kfz-Gitter (Bild 2, Seite 290) und die geringe Löslichkeit des krz-Gitters für Fremdatome Entmischungs- oder Ausscheidungsvorgänge begünstigt. Die Betriebstemperatur von Bauteilen, die aus ferritischen oder halbferritischen Chromstählen hergestellt werden, muss daher auf 250 °C beschränkt werden. Im Wesentlichen beobachtet man abhängig von Höhe und Dauer der Temperatureinwirkung (z. B. Glühen, erhöhte Betriebstemperatur, Schweißen) die folgenden nachteiligen Erscheinungen:

- **Grobkornbildung** bei erhöhten Glühtemperaturen infolge hoher Diffusionsgeschwindigkeit des Eisens im krz-Gitter. Vermeidung von Grobkorn durch Legieren mit N, Ti, Ta oder Nb. Die genannten Elemente hemmen das Kornwachstum.
- **475-°C-Versprödung** bei langer Glühdauer im Temperaturbereich zwischen 400 °C und 550 °C. Die Ursache sind einphasige Entmischungen in eine Cr-reiche α'-Phase und eine Cr-arme α-Phase. Durch Erwärmung auf 650 °C ... 750 °C und eine nachfolgende schnelle Abkühlung kann die Versprödung beseitigt werden. Das Auftreten der 475-°C-Versprödung verschlechtert die Zähigkeit und auch die Korrosionsbeständigkeit (Bild 1, Seite 289).
- Bildung spröder, intermetallischer Fe-Cr-Phasen (**Sigma-Phase** = FeCr und **Chi-Phase** = $Fe_{36}Cr_{12}Mo_{10}$) durch Ferritzerfall bei Stählen mit Cr-Gehalten über 10 % und Temperaturen unter 800 °C. Die Möglichkeit der Erhöhung der Korrosionsbeständigkeit durch Steigerung des Cr-Gehaltes ist daher beschränkt. Mit der Bildung dieser Phasen ist bei langsamer Abkühlung oder längerem Glühen bei 600 °C ... 800 °C zu rechnen (Bild 1, Seite 289). Sie machen die Legierungen technisch unbrauchbar. Durch eine rasche Abkühlung kann die Ausbildung von Sigma- oder Chi-Phase unterdrückt werden, dementsprechend sind jedoch die Fertigungsquerschnitte beschränkt.

d) Schweißbarkeit ferritischer Chromstähle

Die Schweißeignung der ferritischen und halbferritischen Chromstähle ist relativ schlecht, da sie bei Wärmeeinwirkung eine ausgeprägte Grobkornbildung zeigen sowie zur Versprödung neigen (Bildung von Sigma-Phase und 475-°C-Versprödung allerdings erst bei längeren Glühzeiten, die bei fachgerechtem Schweißen in der Regel nicht erreicht werden). Die geringe Verformbarkeit der ferritischen und halbferritischen Chromstähle begünstigt außerdem die Rissbildung. Bei den nicht stabilisierten Sorten (z. B. X6Cr13) besteht beim Schweißen außerdem die Gefahr der Chromcarbidbildung mit der Folge von interkristalliner Korrosion (Kapitel 4.4.1.3).

e) Ferritische und halbferritische Chromstahlsorten

Die ferritischen und halbferritischen Chromstähle sind, wie auch die übrigen nichtrostenden Stahlsorten, in DIN EN 10 088 genormt. Auch viele andere Werkstoffnormen, wie DIN EN ISO 4957 (Werkzeugstähle), DIN EN 10 028-7 (Flacherzeugnisse aus Druckbehälterstählen), DIN EN 10151 (Federband aus nichtrostenden Stählen) oder SEW 400 (nichtrostende Walz- und Schmiedestähle), enthalten nichtrostende Stahlsorten. Korrosionsbeständiger Stahlguss ist in DIN EN 10283 bzw. SEW 410 genormt. In Tabelle 1, Seite 292, sind Anwendungsbeispiele für ferritische und halbferritische Chromstähle zusammengestellt.

6.5.10.3 Martensitische Chromstähle

Bei Kohlenstoffgehalten zwischen 0,15 % und 1,2 % entstehen die umwandlungsfähigen martensitischen, nichtrostenden Chromstähle (Bild 1, Seite 290). Hinsichtlich des Gefügezustandes unterscheidet man die martensitischen Chromstähle im gehärteten und im vergüteten Zustand.

> **ⓘ Information**
>
> **Martensitische Chromstähle**
>
> Die Vorteile der martensitischen Chromstähle im Vergleich zu den übrigen nichtrostenden Stahlgruppen liegen in ihrer hohen Härte und Verschleißbeständigkeit (gehärteter Zustand) bzw. in ihrer hohen Festigkeit bei angemessener Zähigkeit (vergüteter Zustand).

Im gehärteten Zustand werden die martensitischen Chromstähle überwiegend für verschleißbeanspruchte, nichtrostende Schneidwerkzeuge oder Messerklingen verarbeitet. Der Standardtyp der martensitischen Chromstähle ist der Messerstahl X46Cr13, der in großem Umfang in der Schneidwarenindustrie, aber auch bei der Herstellung von Nadelventilen, Düsen und Wälzlagern Anwendung findet. Nach dem Härten wird der Stahl lediglich noch bei Temperaturen von 150 °C ... 200 °C (maximal 300 °C) angelassen (entspannt). Das Gefüge besteht dementsprechend aus Ferrit und Martensit.

Im vergüteten Zustand werden die martensitischen Chromstähle für nichtrostende Maschinenbauteile, wie Wellen oder Spindeln, an die höhere Anforderungen hinsichtlich Festigkeit und Zähigkeit gestellt werden, eingesetzt. Der Stahl wird dabei nach dem Härten auf Temperaturen über 600 °C angelassen, um einen korrosionsbeständigen Zustand zu erreichen. Wichtige Sorten sind die Stähle X20Cr13 oder X20CrMoV12-1, die nach dem Vergüten Zugfestigkeiten von 1000 MPa bis 1500 MPa erreichen können.

Tabelle 1: Anwendungsbeispiele für ferritische und halbferritische Chromstähle nach DIN EN 10 088

Sorte/Gefüge	Charakteristische Eigenschaften	Anwendungsbeispiele
X6Cr13 ferritisch/halbferritisch	Preiswert, jedoch nur beständig gegenüber Wasser und Wasserdampf.	Allgemeine Verwendung im Haushaltsbereich (z. B. Spülen), Fahrzeug-Zierteile, Bleche im Architekturwesen, Bauteile in der Nahrungsmittelindustrie.
X6Cr17 ferritisch/halbferritisch	Bessere Korrosionsbeständigkeit als X6Cr13 durch erhöhten Cr-Gehalt.	Höherwertige Küchenausstattungen, Backöfen, Waschmaschinen, Teile im Fahrzeugbau.
X6CrMoS17 ferritisch/halbferritisch	Gute Zerspanbarkeit durch Schwefel (nichtrostender Automatenstahl), jedoch bei verminderter Korrosionsbeständigkeit (infolge Schwefel).	Drehteile aller Art, Zahnräder, Schrauben, Armaturen.
X3CrTi17 ferritisch	Gute Beständigkeit gegenüber interkristalliner Korrosion (durch Ti) sowie gute Schweißbarkeit durch Ti und geringen C-Gehalt, preisgünstiger als vergleichbare Cr-Ni-Stähle.	Geschweißte Teile aller Art. Bauteile und Behälter im Molkerei- und Brauereiwesen, der Seifen- und Salpetersäureindustrie.
X2CrMoTi18-2 ferritisch	Gute Beständigkeit gegenüber interkristalliner Korrosion (durch Ti) und Lochkorrosion (durch Mo), sowie gute Schweißbarkeit durch Ti und geringen C-Gehalt, preisgünstiger als vergleichbare Cr-Ni-Stähle.	Kühlsysteme für Flusswässer, für geschweißte und ungeschweißte Bauteile in der Textil- und Fettsäureindustrie.
X1CrNiMoNb28-4-2[1)] ferritisch	Hervorragende Beständigkeit gegenüber interkristalliner Korrosion (durch Ti) und Lochkorrosion (durch Mo) sowie gute Schweißbarkeit und gute Zähigkeit (Superferrit). Als Ersatz für vergleichbare Cr-Ni-Stähle oder Titanlegierungen einsetzbar.	Rohrwärmetauscher für korrosive Medien (z. B. Kondensatoren im Kraftwerksbau mit Meerwasserkühlung), hochwertige Behälter.

1) Nicht genormte Stahlsorte.

Da die martensitischen Chromstähle auch im Anlagen- oder Kraftwerksbau eingesetzt werden (z. B. für Wellen, Spindeln, Ventile, Armaturen, Dampfturbinenschaufeln), müssen sie häufig geschweißt werden. Das Schweißen der martensitischen Chromstähle ist jedoch sehr aufwändig und die Gefahr der Rissbildung sehr groß. Der Wunsch, die Schweißeignung der vergüteten martensitischen Chromstähle zu verbessern, führte zur Entwicklung der **nickelmartensitischen Chromstähle**. Durch Absenkung des C-Gehaltes auf etwa 0,05 % und Legieren mit 3 % ... 6 % Nickel, wird ein Gefüge aus zähem kubischem Martensit und nach Anlassen auf 500 °C bis 600 °C feindispers verteiltem Austenit erzeugt. Die Stähle haben, im Gegensatz zu den martensitischen Chromstählen, eine bemerkenswerte Zähigkeit bei guter Schweißbarkeit. Die Stahlsorten haben sich beim Bau von Wellen oder Schaufeln für Wasserturbinen sowie für Pumpengehäuse betrieblich bewährt.

Durch zusätzliches Legieren mit Titan, Aluminium, Kupfer, Niob und/oder Molybdän kann der Vergütungsbehandlung noch eine Ausscheidungshärtung überlagert werden. Die Ausscheidungshärtung beruht auf der Eignung der nickelmartensitischen Gefüge, bei Warmauslagerung zwischen 400 °C und 600 °C intermetallische Phasen auszuscheiden. Man spricht dann von **martensitaushärtenden Chromstählen** (z. B. X5CrNiCuNb15-5 oder X7CrNiMoAl15-7) mit hohen Festigkeiten (0,2%-Dehngrenze: 1000 ... 1200 MPa, Zugfestigkeit: 1100 ... 1300 MPa) und guten Bruchdehnungen von etwa 10 %. Sie haben in der Luftfahrttechnik eine größere Bedeutung.

.5.10.4 Austenitische Chrom-Nickel-Stähle

Die austenitischen Cr-Ni-Stähle stellen mit einem Anteil von etwa 70 % am Gesamtverbrauch der nichtrostenden Stähle die größte Gruppe dar.

a) Werkstoffkundliche Grundlagen austenitischer Chrom-Nickel-Stähle

Der aus Gründen der Korrosionsbeständigkeit erforderliche Chromgehalt von über 12 % würde zu einem überwiegend ferritischen Gefüge führen (Bild , Seite 289). Zur Bildung eines austenitischen Gefüges mit seinen sich von den übrigen Stahlsorten stark unterscheidenden Eigenschaften müssen austenitstabilisierende Elemente geeigneter Art und Menge legiert werden. Nickel ist als starker Austenitbildner hierfür besonders gut geeignet (Bild 1). Durch Absenkung der Passivierungsstromdichte verbessert es zusätzlich die Korrosionsbeständigkeit gegenüber Säuren.

Im Bestreben, den zu erwartenden Gefügezustand der Cr-Ni-Stähle abschätzbar zu machen, wurde aufbauend auf einem Gefügediagramm von ***Strauss*** und ***Maurer*** im Jahre 1949 von ***Anton Schaeffler*** das nach ihm benannte **Schaeffler-Diagramm** entwickelt (Bild 2). Im Schaeffler-Diagramm wird der Einfluss der wichtigsten Ferrit stabilisierenden Elemente (Cr, Mo, Si, Nb) zu einem **Chromäquivalent** und alle Austenitbildner (Ni, C, N, Mn) zu einem **Nickeläquivalent** zusammengefasst. Da das Diagramm ursprünglich für niedergeschmolzenes Schweißgut von Cr-Ni-Stählen entwickelt wurde, beruht seine besondere Bedeutung allerdings darin, Gefüge von beliebigen Aufmischungen unterschiedlicher Stahlsorten im Schweißgut abschätzen zu können. Das Diagramm besitzt dementsprechend in der Schweißtechnik eine große Bedeutung.

Bild 1, Seite 294, zeigt das typische, polyedrische Gefüge eines austenitischen Cr-Ni-Stahls. Charakteristisch sind die Zwillingskorngrenzen innerhalb der einzelnen Körner.

ⓘ Information

Austenitische Cr-Ni-Stähle

Die Vorteile der austenitischen Cr-Ni-Stähle im Vergleich zu den übrigen nichtrostenden Stahlsorten, liegen in ihrer hervorragenden Korrosionsbeständigkeit (Ausnahme: Spannungsrisskorrosion), ihrer hervorragenden plastischen Verformbarkeit sowie ihrer guten Zähigkeit mitunter auch bei sehr tiefen Temperaturen.

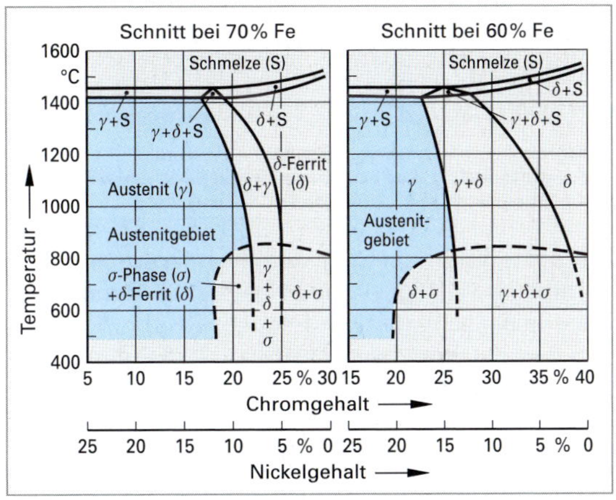

Bild 1: Schnitte durch das Zustandsdiagramm Fe-Cr-Ni bei 70 Masse-% Fe und 60 Masse-% Fe

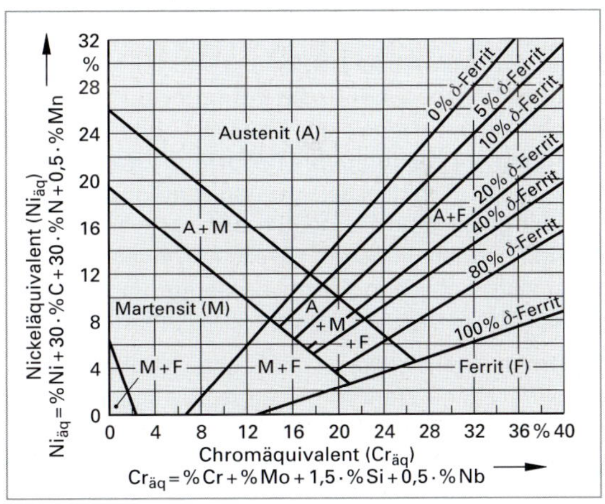

Bild 2: Schaeffler-Diagramm

b) Mechanische Eigenschaften austenitischer Chrom-Nickel-Stähle

Das austenitische Gefüge (kfz-Gitter) der Cr-Ni-Stähle besitzt eine sehr gute plastische Verformungsfähigkeit mit Bruchdehnungen bis zu 50 %. Sie liegen damit mindestens doppelt so hoch im Vergleich zu anderen Stahlsorten (Bild 2, Seite 598 und Tabelle 1, Seite 294).

Das kfz-Gitter der Cr-Ni-Stähle befindet sich nicht im thermodynamischen Gleichgewicht, da die Stähle zur Vermeidung von interkristalliner Korrosion im lösungsgeglühten und abgeschreckten Zustand eingesetzt werden. Neben diffusionsgesteuerten Vorgängen (Bildung von Carbiden, Nitriden, σ-Phase usw.) muss daher insbesondere bei einer Umformung bei Raumtemperatur bzw. tieferen Temperaturen mit einer unerwünschten Martensitbildung **(Verformungsmartensit)** gerechnet werden (Bild 2, Seite 294). Dieser so entstandene Martensit ist unerwünscht, da er bei der Umformung zur Rissbildung führen kann, die Korrosionsanfälligkeit erhöht und zu einer höheren Beanspruchung von Werkzeug und Maschine führt (siehe Praxisbeispiel im Infokasten auf Seite 295).

Tabelle 1: Mechanische Eigenschaften der austenitischen Cr-Ni-Stähle nach DIN EN 10 088

Sorte	Wärmebehandlungszustand	0,2-%-Dehngrenze[1] MPa	Zugfestigkeit MPa	Bruchdehnung[2] %	KV[3] J
X5CrNi18-10	abgeschreckt	210	520 ... 720	45	90
X5CrNiMo17-12-2	abgeschreckt	220	530 ... 680	40	90
X6CrNiMoTi17-12-2	abgeschreckt	220	540 ... 690	40	90
X2CrNi19-11	abgeschreckt	200	520 ... 670	45	90
X2CrNiMo18-14-3	abgeschreckt	220	550 ... 700	40	90
X2CrNiMoN17-13-5	abgeschreckt	270	580 ... 780	35	90
X1CrNiMoCuN25-25-5	abgeschreckt	290	600 ... 800	40	90

[1] Werte gültig für warmgewalztes Band.
[2] Für Erzeugnisdicken über 3 mm, kurzer Proportionalstab. Querproben.
[3] Kerbschlagarbeit. ISO-Spitzkerbproben, Längsrichtung.

Die austenitischen Cr-Ni-Stähle haben eine ausgezeichnete Zähigkeit, auch bei tiefen Temperaturen und bei schlagartiger Beanspruchung. Sie können dementsprechend bis etwa – 200 °C eingesetzt werden. Bei Temperaturen unter – 200 °C muss die Austenitstabilität durch Erhöhung des Cr- bzw. Ni-Gehaltes verbessert werden (siehe kaltzähe Stähle, Kapitel 6.5.9.2).

Austenitische Cr-Ni-Stähle haben niedrige Dehngrenzen (200 MPa ... 300 MPa), jedoch infolge Mischkristallverfestigung hohe Zugfestigkeiten (500 MPa ... 800 MPa) (Bild 2, Seite 598 und Tabelle 1). Die Festigkeit (insbesondere die Dehngrenze) lässt sich durch Kaltverformen sehr stark erhöhen (Kaltverfestigung und Bildung von Verformungsmartensit). Eine weitere Festigkeitssteigerung kann durch Legieren mit geeigneten Elementen erreicht werden. Insbesondere führt Stickstoff bereits in kleinen Mengen zu einer erheblichen Festigkeitssteigerung (Bild 1, Seite 295).

Die hohe Warmfestigkeit der austenitischen Cr-Ni-Stähle ist auf die stark verminderte Beweglichkeit der Gitteratome im kfz-Austenitgitter (Selbstdiffusion) zurückzuführen und wurde bereits in Kapitel 6.5.8.3 (hochwarmfeste austenitische Stähle) erläutert.

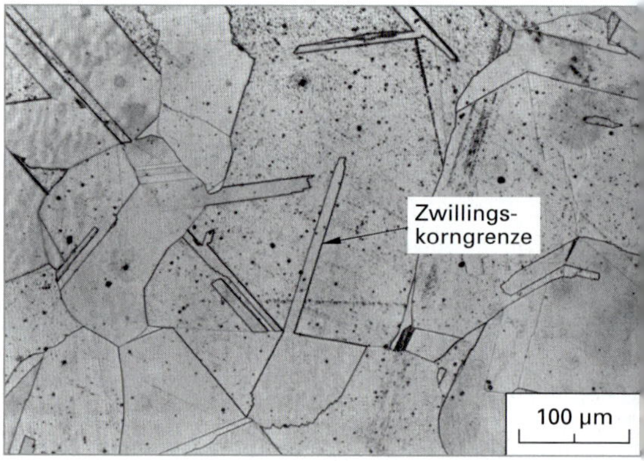

Bild 1: Gefüge eines Cr-Ni-Stahls (X5CrNi18-9). Typisch ist eine polyedrische Kornform mit Zwillingskorngrenzen

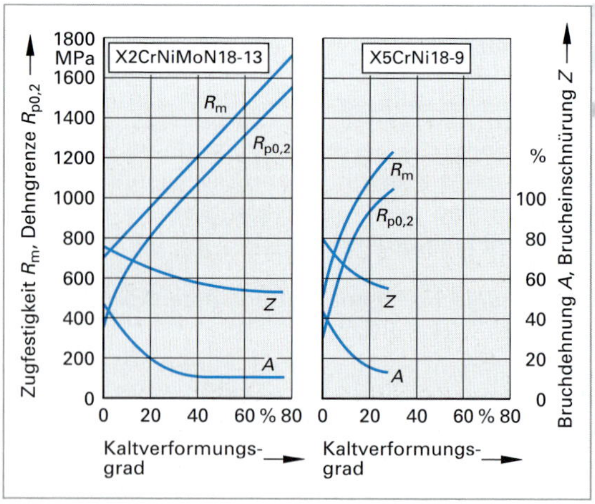

Bild 2: Einfluss einer Kaltverformung auf die mechanischen Eigenschaften austenitischer Cr-Ni-Stähle

c) Physikalische Eigenschaften austenitischer Chrom-Nickel-Stähle

Das austenitische Gefüge der Cr-Ni-Stähle besitzt die geringste Wärmeleitfähigkeit aller Stähle (Tabelle 1, Seite 295). Daher ist es beispielsweise bei Kochtöpfen aus Cr-Ni-Stählen häufig nicht notwendig, die Henkel mit einer Wärmeisolation (z. B. Kunststoff oder Holz) auszustatten, da sie sich nur mäßig erwärmen.

Gegenüber anderen Stahlsorten haben die Cr-Ni-Stähle eine um etwa 40 % erhöhte Wärmedehnung (Tabelle 1, Seite 295). Zur Vermeidung unzulässig hoher Wärmespannungen müssen daher geeignete Ausgleichsmaßnahmen wie Dehnfugen, Ausgleichsbögen in Rohrleitungen, Faltenbälge usw. vorgesehen werden.

Das austenitische Gefüge der Cr-Ni-Stähle ist unmagnetisch (paramagnetisch). Sie finden daher auch als **nichtmagnetisierbare Stähle** in der Elektrotechnik Anwendung.

d) Wärmebehandlung austenitischer Chrom-Nickel-Stähle

Die austenitischen Cr-Ni-Stähle zeigen keine γ-α-Umwandlung. Daher sind Wärmebehandlungen, wie Normalglühen, Härten oder Vergüten, nicht möglich.

e) Korrosionsbeständigkeit austenitischer Chrom-Nickel-Stähle

Das Korrosionsverhalten der Cr-Ni-Stähle ist in hohem Maße abhängig von:

- Legierungszusammensetzung
- Werkstoffzustand
- Zusammensetzung des Korrosionsmediums
- Temperatur
- Vorhandensein von Zug(eigen)spannungen

Die Korrosionsbeständigkeit kann allgemein durch Erhöhung des Cr- und Ni-Gehaltes sowie durch Legieren mit Mo und Cu verbessert werden. Bei den austenitischen Cr-Ni-Stählen sind die folgenden Korrosionsarten von Bedeutung:

- **Lochkorrosion**
  In Anwesenheit halogenidhaltiger Lösungen (z. B. Salzwasser) oder bei unterschiedlicher Belüftung (z. B. enge Spalte) kann eine nadelstichartige lokale Korrosion (Lochkorrosion, Bild 2, Seite 547) auftreten. Ein erhöhter Cr-Gehalt sowie Legieren mit Molybdän (einige %) verbessert die Beständigkeit erheblich (Kapitel 6.3.2.2).
- **Interkristalline Korrosion (Kornzerfall)**
  Die austenitischen Cr-Ni-Stähle besitzen in der Regel eine gute Beständigkeit gegenüber interkristalliner Korrosion (Kapitel 4.4.1.3) sofern keine vorausgegangene Wärmezufuhr (z. B. Schweißen) zur Sensibilisierung (Bildung von Chromcarbiden) geführt hat. Eine Verbesserung der IK-Beständigkeit kann durch Verminderung des C-Gehaltes sowie durch Legieren mit starken Carbidbildnern, wie Ti, Ta oder Nb, erreicht werden (Kapitel 6.3.2.2).

> **ⓘ Information**
>
> **Zerspanung austenitischer Cr-Ni-Stähle**
>
> **Praxisbeispiel:** Beim Bohren von austenitischen Cr-Ni-Stählen beobachtet man mitunter, insbesondere bei bereits abgestumpften Bohrwerkzeugen und dementsprechend erhöhten Vorschubkräften, eine sehr schnelle Abstumpfung und ggf. auch ein **„Ausglühen"** des Werkzeugs, da die mit den erhöhten Vorschubkräften einhergehende plastische Verformung vor der Bohrerspitze zur Bildung von schwer zerspanbarem (Verformungs-)Martensit führt.

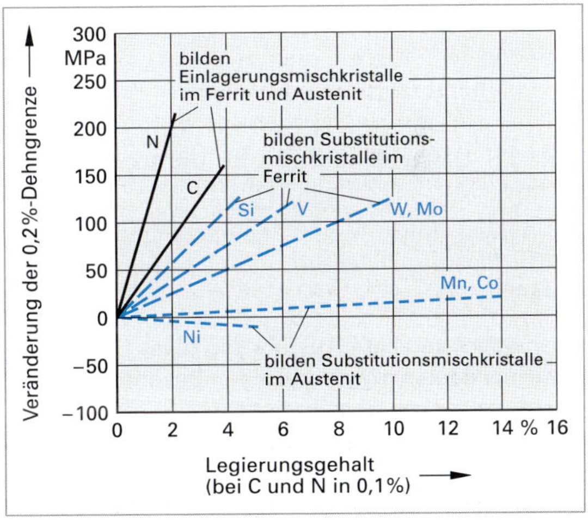

Bild 1: Einfluss wichtiger Legierungselemente auf die 0,2-%-Dehngrenze von Stählen

Tabelle 1: Physikalische Eigenschaften verschiedener Stahlsorten

Stahlsorte	Wärmeleitfähigkeit λ W/(m · K)	lin. Wärmeausdehnungskoeffizient α 10^{-6} 1/K
unlegierter Stahl	50	10...12
ferritischer Stahl	30	10...12
austenitischer Cr-Ni-Stahl	15	16...19

- **Spannungsrisskorrosion (SpRK)**
  Die austenitischen Cr-Ni-Stähle besitzen eine hohe Anfälligkeit gegenüber transkristalliner Spannungsrisskorrosion, insbesondere bei erhöhten Temperaturen bzw. Chloridgehalten sowie bei bereits vorhandener Lochkorrosion. Eine Verbesserung der Beständigkeit (z. B. für Meerwasserentsalzungsanlagen, Anlagen zur Gewinnung von Schwefelsäure usw.) kann durch Erhöhung des Ni- oder Cr-Gehaltes sowie durch Legieren mit Molybdän und Kupfer erreicht werden (z. B. X1NiCrMoCu31-27-4, Kapitel 6.3.2.2).

f) Austenitische Chrom-Nickel-Stahlsorten

In Tabelle 1, Seite 296, sind ausgewählte Cr-Ni-Stahlsorten sowie wichtige Anwendungen zusammengestellt.

Tabelle 1: Anwendungsbeispiele für austenitische Cr-Ni-Stähle nach DIN EN 10 088 (Auswahl)

Sorte	Anwendungsbeispiele
X5CrNi18-10	Bauteile im Fahrzeugbau, Haushaltsgeräte (Geschirrspülmaschinen, Kochtöpfe, Haushaltspülen, nichtschneidende Bestecke), Verbindungselemente (Schrauben).
X5CrNiMo17-12-2	Für säurebeständige Bauteile in der Textil-, Farben-, Fettsäure und Treibstoffindustrie, in der Medizintechnik und Bauindustrie. Fassadenteile (See- und Industrieluft).
X6CrNiMoTi17-12-2	Bauteile in der chemischen und pharmazeutischen Industrie, Industriefassaden.
X2CrNi19-11	Verwendung im Apparatebau und in der Behältertechnik, Verbindungselemente.
X2CrNiMo18-14-3	Verwendung beim Tankschiffbau, Bauteile, Rohrleitungen und Behälter in der chemischen Industrie.
X2CrNiMoN17-13-5	Bauteile, Rohrleitungen und Behälter in der chemischen Industrie wegen Beständigkeit gegen organische Säuren sowie gegenüber chloridhaltigen Medien.
X1CrNiMoCuN25-25-5	Bauteile und Behälter, die höchsten Korrosionsbeanspruchungen standhalten und eine gute Schweißbarkeit aufweisen müssen.

6.5.10.5 Schweißtechnische Verarbeitung nichtrostender Stähle

Die nichtrostenden Stähle lassen sich mit den üblichen Verfahren, insbesondere dem Metall-Inertgas-Schweißen (MIG), Metall-Aktivgas-Schweißen mit Mischgasen (MAGM), Wolfram-Inertgas-Schweißen (WIG), Plasmaschweißen und Unterpulverschweißen verarbeiten (Ausnahme: martensitische Chromstähle).

Für die fachgerechte Ausführung einer Schweißverbindung müssen, anhängig von der Stahlsorte, eine Reihe von legierungsspezifischen Besonderheiten, insbesondere die Entstehung von Ausscheidungen und intermetallischen Phasen beachtet werden, da sie die mechanischen und korrosionschemischen Eigenschaften dieser Stähle deutlich verschlechtern. Tabelle 2 gibt einen Überblick über die wichtigsten Probleme die beim Schweißen der nichtrostenden Stähle auftreten können. Auf Einzelheiten kann im Rahmen dieses Buches allerdings nicht näher eingegangen werden.

Tabelle 2: Vergleich der Schweißeignung der nichtrostenden Stahlsorten

Stahlsorte / Problem	ferritisch/ halbferritisch	martensitisch	austenitisch		austenitisch-ferritisch
			labil[4]	stabil[5]	
Interkristalline Korrosion[1]	↑↑	Schweißen sollte vermieden werden	↑↑	↑↑	↑↑
Messerlinienkorrosion[2]	0		↑	↑	0
σ-Phasenbindung	(↑↑)		(↑)	0	(↑↑)
475-°C-Versprödung	(↑↑)		(↑)[3]	0	(↑)
Grobkornbildung	↑↑		0	0	↑
Heißrissbildung	0		0	↑↑	0
Spannungsrisse, Verzug	0		↑	↑	0

↑↑ = Hohe Anfälligkeit ↑ = anfällig bzw. mäßige Anfälligkeit bzw. stellt ein Problem dar. 0 = In der Regel nicht anfällig.
() = Problem tritt insbesondere bei längerer Wärmeeinwirkung auf (z. B. Glühen, hohe Betriebstemperatur).
1) Bei nicht stabilisierten Sorten und/oder erhöhten C-Gehalten.
2) Nur stabilisierte Sorten.
3) Bei erhöhtem δ-Ferrit und erhöhten Cr-Gehalten.
4) **labiler Austenit** enthält einen δ-Ferritanteil bis etwa 10 %.
5) **stabiler Austenit (Vollaustenit)** besteht ausschließlich aus (kfz) γ-Mischkristallen

6.5.11 Hitze- und zunderbeständige Stähle

Stähle gelten als hitze- und zunderbeständig, sofern sich bei Temperaturen oberhalb von 550 °C eine festhaftende Oxidschicht auf ihrer Oberfläche bildet, die gegen die werkstoffschädigende Einwirkung heißer Gase oder korrosiver Salz- und Metallschmelzen schützt. Die Stähle müssen außerdem ein ausreichendes Zeitstandverhalten und eine ausreichende Gefügestabilität aufweisen.

Hitzebeständige Stähle werden vor allem in der Chemietechnik, der Petrochemie, in der keramischen Industrie sowie bei der Abgasbehandlung benötigt. Typische Beispiele sind Stütz- und Tragteile in Öfen, Schutzrohre für Temperaturfühler, Heißentstaubungsanlagen, Förderbänder sowie Abgasanlagen für Kraftfahrzeuge.

Die Forderung nach ausreichender Zunderbeständigkeit bei einer gegebenen Temperatur ist erfüllt, sofern die abgezunderte Metallmasse bei dieser Temperatur etwa 1 g/(m² · h) und bei einer um 50 °C höheren Temperatur 2 g/(m² · h) nicht überschreitet. Bild 1 zeigt die Zunderbeständigkeit üblicher hitze- und zunderbeständiger Stähle.

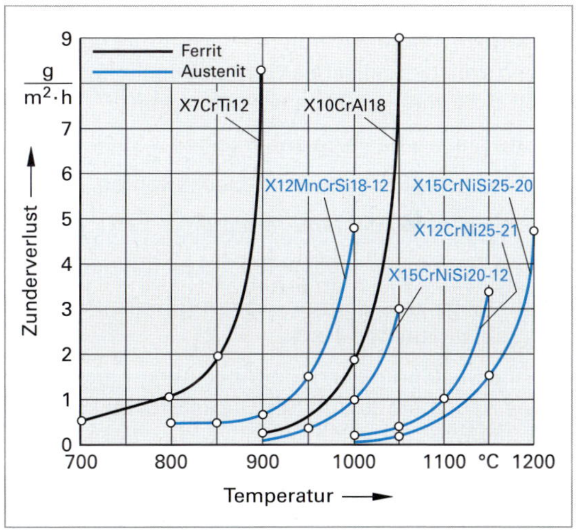

Bild 1: Zunderverlustkurven hitzebeständiger Stähle an ruhender Luft

Das wichtigste Legierungselement der zunderbeständigen Stähle ist Chrom. Es bildet auf der Stahloberfläche eine dichte, festanhaftende Oxidschicht, die eine Diffusion des umgebenden Mediums in das Werkstoffinnere verhindert oder hemmt. Die Zunderbeständigkeit nimmt mit steigendem Chromgehalt zu. Die Wirkungsweise des Chroms wird durch die gleichzeitige Anwesenheit von Silicium, Aluminium und Titan verbessert. Diese Elemente ersetzen teilweise das Chrom in der Oxidschicht und erhöhen dabei ihre Stabilität. Die Haftfähigkeit der Oxidschicht kann durch Zugabe von Cer (Ce) deutlich verbessert werden. Grundsätzlich unterscheidet man ferritische zunderbeständige Stähle und austenitische zunderbeständige Stähle bzw. Nickel-Chrom-Legierungen.

6.5.11.1 Ferritische zunderbeständige Stähle

Ferritische zunderbeständige Stähle kommen bei nicht zu hohen Anforderungen an die Eigenschaften zum Einsatz. Sie besitzen eine gute Beständigkeit unter oxidierenden Bedingungen an Luft und in schwefelhaltigen Gasen. Abhängig von der Legierungszusammensetzung zeigen die ferritischen Stähle jedoch eine Reihe nachteiliger Eigenschaften:

- Begrenzte plastische Verformbarkeit (A = 10 % ... 15 %).
- Geringe Warmfestigkeit über 600 °C (Bild 2).
- Empfindlichkeit gegenüber 475-°C-Versprödung (Kapitel 6.5.10.2).
- Ausscheidung versprödender σ-Phase (Kapitel 6.5.10.2).
- Gefahr der Grobkornbildung (Kapitel 6.5.10.2).
- Der Einsatz unter aufkohlenden Bedingungen (z. B. Kohlenmonoxid- oder Methangas) sollte vermieden werden, da die gute Diffusionsfähig-

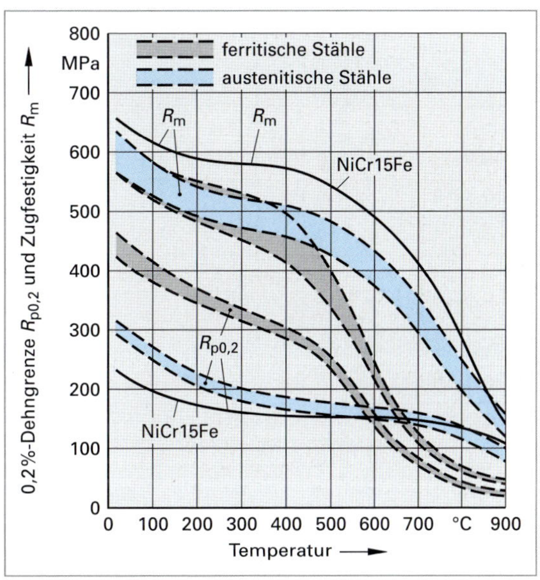

Bild 2: Festigkeitseigenschaften hitzebeständiger Stähle in Abhängigkeit der Temperatur

keit des Kohlenstoffs im krz-Gitter (Bild 2, Seite 290) sehr schnell zur Ausscheidung von Chromcarbiden an den Korngrenzen führt. Dies führt einerseits zu einer Versprödung des Stahles und andererseits zu einer Verminderung seiner Korrosionsbeständigkeit.

- Einsatz unter aufstickenden Bedingungen (z. B. stickstoffhaltige Gase) begrenzt. Die guten Diffusionsbedingungen des Stickstoffs im krz-Gitter führen rasch zur Bildung von Aluminiumnitriden, die zu einem vorzeitigen Versagen der Zunderschicht (Zunderdurchbrüche) führen.
- Beachtung werkstoffspezifischer Besonderheiten beim Schweißen (Vorwärmung, begrenzte Wärmeeinbringung, geeigneter Schweißzusatzwerkstoff, Wärmenachbehandlung).

6.5.11.2 Austenitische zunderbeständige Stähle und Nickel-Chrom-Legierungen

Die austenitischen zunderbeständigen Stähle bzw. Nickel-Chrom-Legierungen besitzen günstigere Eigenschaften und werden daher bei höheren Anforderungen eingesetzt. Den verbesserten Eigenschaften stehen jedoch, bedingt durch den erhöhten Legierungsgehalt, höhere Werkstoffkosten gegenüber. Sie besitzen ein vollaustenitisches Gefüge ohne δ-Ferrit und zeichnen sich im Vergleich zu den ferritischen Stählen durch die folgenden Eigenschaften aus:

- gute plastische Verformbarkeit (A = 30 % ... 35 %),
- verbesserte Festigkeitseigenschaften bei Temperaturen oberhalb von 600 °C (Bild 2, Seite 297),
- verbessertes Zeitstandverhalten,
- gute Temperaturwechselfestigkeit (da geringere Wärmedehnung),
- geringere Versprödungsneigung (vollaustenitisches Gefüge, d. h. kein die Ausscheidung von σ-Phase begünstigender δ-Ferrit),
- hohe Beständigkeit gegenüber Aufkohlung und Aufstickung durch schlechtere Diffusionsbedingungen des Kohlenstoffs und des Stickstoffs im kfz-Gitter,
- gute Schweißbarkeit.

Wichtige hitzebeständige Stahlsorten sind in Tabelle 1 zusammengestellt.

Tabelle 1: Chemische Zusammensetzung und mechanische Eigenschaften hitzebeständiger Stähle

Sorte	Chemische Zusammensetzung Masse-%						Zunderbeständigkeit °C[1]	Mechanische Eigenschaften[2]		
	C	Cr	Al	Ni	Si	Sonst.		$R_{p0,2}$ MPa	R_m MPa	A %
Ferritische Stähle										
X10CrAl13	0,12	13,0	1,0	–	1,0	–	850	210 ... 380	400 ... 700	10 ... 15
X10CrAl18	0,12	18,0	1,0	–	1,0	–	1000			
X10CrAl24	0,12	24,5	1,5	–	1,0	–	1150			
Austenitische Stähle										
X12CrNiTi18-9	0,12	18,0	–	10,0	1,0	Ti: 0,4	850	210 ... 330	500 ... 750	30 ... 35
X15CrNiSi20-12	0,20	20,0	–	12,0	2,0	–	1000			
X12CrNi25-21	0,15	25,0	–	20,5	0,5	–	1100			
X15CrNiSi25-20	0,20	25,0	–	20,5	2,6	–	1150			
X10NiCrAlTi32-20	0,12	21,0	0,3	32,0	0,5	Ti: 0,4	1100			
Nichteisenmetall-Legierungen										
NiCr15Fe	0,12	15,5	–	75,0	–	Ti: 0,2	1150	≥ 175	490 ... 640	≥ 35
CoCr28Fe	0,10	28,0	–	–	–	Co: 48	1250	≥ 350	650 ... 900	≥ 5

[1] An Luft [2] Bei Raumtemperatur

6.5.12 Druckwasserstoffbeständige Stähle

Stähle gelten als druckwasserstoffbeständig, sofern sie die folgenden Eigenschaften besitzen:

- Beständigkeit gegenüber Versprödung und Korngrenzenrisse.
- Keine Entkohlung durch Wasserstoff bei höheren Drücken und höheren Temperaturen.

Wasserstoff kann aufgrund seines kleinen Atomradius in atomarer Form leicht in Stähle eindringen und dort zu erheblichen Werkstoffschädigungen führen. Bei Temperaturen unterhalb 200 °C treten hierbei insbesondere die bereits in Kapitel 6.3.1.7 beschriebene **Wasserstoffversprödung** bzw. **wasserstoffinduzierte Spannungsrisskorrosion** auf.

Bei Temperaturen oberhalb 200 °C wird ein völlig anderer Schädigungsmechanismus beobachtet. Bei hohen Wasserstoffdrücken werden die im Stahl vorhandenen Carbide (z. B. Zementit) in Methan und Ferrit zersetzt (Entkohlung) und dabei der Kornzusammenhalt im Gefüge gelockert. Da das Methan nicht aus dem Stahl diffundieren kann, können hohe Drücke entstehen, die eine Rissbildung zusätzlich begünstigen. Die mechanischen Eigenschaften, wie Festigkeit, Zähigkeit und Verformbarkeit des Stahles, werden dabei erheblich verschlechtert.

Erste Schäden, die auf diesem Mechanismus zurückzuführen sind, wurden bereits im Jahre 1911 beobachtet. Der erste großtechnische Versuch der Synthese von Ammoniak aus Stickstoff und Wasserstoff nach dem Haber-Bosch-Verfahren führte seinerzeit bereits nach 80 h bei einem Wasserstoffdruck von 200 bar und einer Temperatur von 500 °C...600 °C zum Bersten zweier Rohre aus unlegiertem Stahl.

Zur Vermeidung der beschriebenen Werkstoffschädigungen werden heute druckwasserstoffbeständige Stähle eingesetzt. Sie finden nicht nur in der chemischen Industrie Anwendung, auch in Dampferzeugern kann durch Reaktion von Wasser mit Stahl bei hohen Temperaturen eine derartige Werkstoffschädigung auftreten.

Möglichkeiten zur Vermeidung von Korngrenzenschädigungen durch Druckwasserstoff sind:

- Verminderung des Kohlenstoffgehalts (wird heute nicht mehr angewandt).
- Legieren des Stahls mit starken Carbidbildnern. Insbesondere bewirken Chrom, Molybdän und Wolfram eine deutliche Steigerung der Druckwasserstoffbeständigkeit (Bild 1), wobei das Molybdän etwa die vierfache Wirkung besitzt im Vergleich zum Chrom. Auch Elemente wie Vanadium, Zirkonium, Titan und Niob verbessern die Durckwasserstoffbeständigkeit. Da die Löslichkeit dieser Elemente im Eisencarbid (z. B. Zementit) gering ist, führen sie allerdings zu einer anfänglich geringen Steigerung der Beständigkeit. Erst nach Überschreiten eines bestimmten Gehaltes bilden sich Sondercarbide, die zu einer sprunghaften Erhöhung der Beständigkeit führen.

Die heute eingesetzten druckwasserstoffbeständigen Stähle sind vorzugsweise mit Chrom (1 %...10 %) und Molybdän (0,15 %...1,1 %) legiert. Tabelle 1, Seite 300, gibt einen Überblick. Für die Auswahl eines geeigneten Stahles bei bekanntem Wasserstoffpartialdruck und bekannter Wandtemperatur hat das **Nelson-Diagramm** (Bild 2) eine erhebliche Bedeutung erlangt.

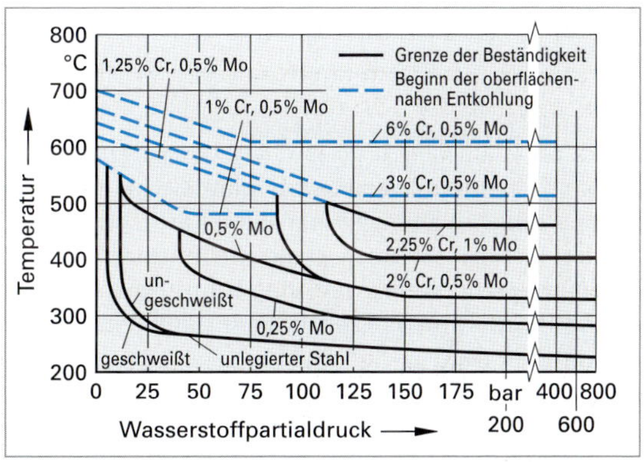

Bild 1: Einfluss carbidbildender Legierungselemente auf die Druckwasserstoffbeständigkeit (Prüfdauer: 100 h, Wasserstoffdruck: 30 MPa)

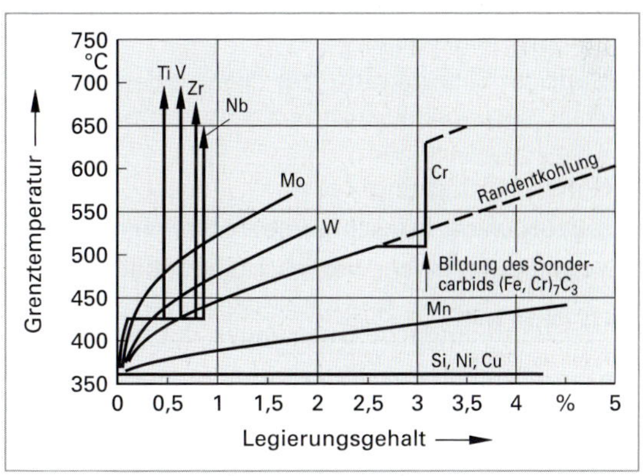

Bild 2: Grenzen der Beständigkeit von unlegierten sowie von Mo- bzw. Cr-Mo-Stählen in Druckwasserstoff (Nelson-Diagramm)

Tabelle 1: Druckwasserstoffbeständige Stähle und Stahlguss

Sorte[1)]	Chemische Zusammensetzung Masse-%			Mechanische Eigenschaften[2)]				Warmstreckgrenze[3)]	Zeitstandfestigkeit
	C	Cr	Mo	$R_{p0,2}$ MPa min.	R_m MPa	A % min.	KV J min.	MPa min.	MPa [4)]
25CrMo4	0,22...0,39	0,9... 1,2	0,15...0,30	345	540...690	18	48	185	176
12CrMo9-10	0,10...0,15	2,0... 2,5	0,90...1,10	355	540...690	20	64	275	191
12CrMo12-10	0,06...0,15	2,6... 3,4	0,80...1,06	355	540...690	20	64	275	k. A.
12CrMo19-5	0,06...0,15	4,0... 6,0	0,45...0,65	390	570...740	18	55	280	130
X12CrMo9-1	0,07...0,15	8,0...10,0	0,90...1,10	390	590...740	20	55	295	215
20CrMoV13-5	0,17...0,23	3,0... 3,3	0,50...0,60	590	740...880	17	55	420	186
G12CrMo9-10	0,08...0,15	2,0... 2,5	0,90...1,10	345	490...690	18	55	245	200
G12CrMo19-5	0,08...0,15	4,5... 5,5	0,45...0,55	410	640...840	18	34	295	145
GX12CrMo10-1	0,08...0,15	9,01... 0,0	1,10...1,40	410	640...840	18	27	295	175

1) Druckwasserstoffbeständige Stähle nach Stahl-Eisen-Werstoffblatt 590 (zurückgezogen) und druckwasserstoffbeständiger Stahlguss nach Stahl-Eisen-Werkstoffblatt 595 (zurückgezogen).
2) Kennwerte bei 20 °C. Bruchdehnung gültig für Längsproben. Kerbschlagarbeit (Mittelwert aus drei Proben), ISO-V-Längsproben bei Stählen bzw. DVM-Proben bei Stahlguss.
3) Bei 450 °C.
4) Zeitstandfestigkeit für 10^4 h bei 500 °C.
k.A. = keine Angabe.

6.5.13 Automatenstähle

Automatenstähle wurden für eine wirtschaftliche Zerspanung (Drehen, Fräsen usw.) auf schnelllaufenden Automaten entwickelt. Zur Beurteilung der Zerpanbarkeit dienen die vier Hauptbewertungsgrößen: Spanform, Oberflächengüte, Standzeit, Schnittkraft (Bild 1).

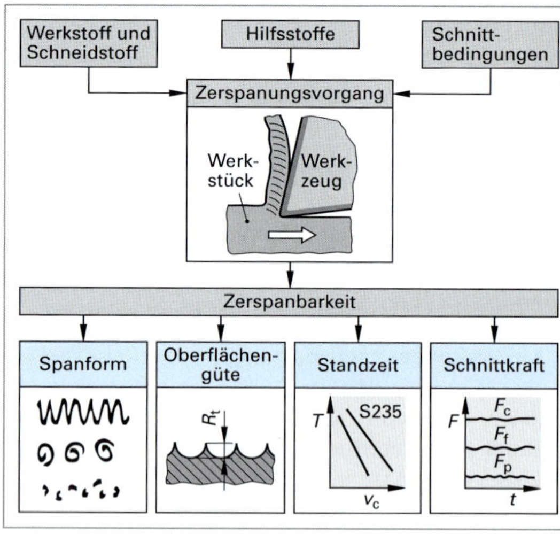

Bild 1: Definition des Begriffs Zerspanbarkeit

Im Sinne einer für die Serienfertigung notwendigen Automatisierbarkeit des Zerspanungsvorganges werden an die Automatenstähle vielfältige Anforderungen gestellt:

- Verminderter Werkzeugverschleiß (höhere Standzeit der Werkzeuge) bei möglichst hohen Schnittgeschwindigkeiten.
- Geringe Schnittkräfte zur Verminderung von Werkzeugverschleiß und Leistungsaufnahme der Werkzeugmaschine.
- Hohe Oberflächengüte.
- Kurzbrüchige, gut schaufelbare Späne mit geringer Spanraumzahl.
- Vermeidung einer Aufbauschneidenbildung.

a) Werkstoffkundliche Grundlagen der Automatenstähle

Die gute Zerspanbarkeit der Automatenstähle ist auf die Anwesenheit einer oder mehrerer Einschlussarten geeigneter Größe, Form und Verteilung zurückzuführen, die auf die Spanbildung, den Spanbruch sowie auf die Kontaktreaktionen zwischen Werkzeug und ablaufendem Span (z. B. Verminderung der Reibung) Einfluss nehmen. Bereits um 1900 wurde die zerspanbarkeitsfördernde Wirkung einer erhöhten Anzahl von Sulfideinschlüssen erkannt. Dementsprechend bildet Schwefel auch heute noch die legierungstechnische Basis vieler (nicht aller) Automatenstähle. Weitere Legierungselemente sind Mangan, Blei und Tellur.

Schwefel (0,1 % bis 0,4 %) ist das wichtigste Legierungselement der Automatenstähle. Da die Schwefellöslichkeit des α-Eisens sehr gering ist, bildet sich Eisensulfid (FeS), das mit dem Eisen des Stahls ein niedrigschmelzendes (985 °C) entartetes Eutektikum bildet. Die FeS-Komponente des entarteten FeS-Fe-Eutektikums bildet eine schalenartige Korngrenzensubstanz. FeS ist unerwünscht, da es im Temperaturbereich von 800 °C ... 1000 °C versprödet, so dass bei der Warmumformung des Stahls Risse an den Korngrenzen auftreten **(Warm-** oder **Rotbruch)**. Oberhalb von 1200 °C schmilzt das Eisensulfid und hebt den Zusammenhalt zwischen den Austenitkörnern auf, so dass bei einer Warmumformung wiederum mit Rissbildungen zu rechnen ist **(Heißbruch,** Kapitel 6.3.1.1).

Zur Beseitigung der schädlichen Wirkung des Schwefels wurde den Automatenstählen etwa seit 1965 (Standardsorte bisher: 9S20) eine erhöhte Menge Mangan zulegiert (Mn : S ≥ 1,72; in der Praxis Mn : S bis 4,5). Aufgrund seiner höheren Affinität zum Schwefel bildet sich nichtmetallisches **Mangansulfid (MnS),** das erst bei 1610 °C schmilzt und sich bereits primär aus der flüssigen Schmelze ausscheidet (Kapitel 6.3.1.1).

Mangansulfid verbessert die Zerspanbarkeit, da es die innere Reibung in der primären Scherzone sowie die Reibung in der Kontaktzone zwischen Werkzeug und ablaufendem Span herabsetzt. Dies führt zu einer besseren Oberflächenqualität und zu einer höheren Standzeit des Werkzeugs. Die Gefügeunterbrechung durch die Mangansulfideinschlüsse vermindert außerdem die Zähigkeit des Stahls und fördert dadurch die Entstehung kurzbrüchiger Späne. Nachteilig ist allerdings, dass die Mangansulfide bei der Warmformgebung des Stahls in Walzrichtung gestreckt werden und zu einer starken Anisotropie der Werkstoffeigenschaften führen (Bild 3, Seite 194). Insbesondere wird die Zähigkeit in Querrichtung dadurch stark vermindert.

Blei (0,05 % und 0,40 %) spielt in den Automatenstählen neben oder anstelle des Schwefels die bedeutendste Rolle. Blei ist in Eisen (im Ferrit) unlöslich und bildet daher feindispers verteilte Einschlüsse (< 1 µm) oder **Bleizipfel** an den Mangansulfiden. Da das Blei bei der Zerspanungstemperatur bereits flüssig ist, übt es eine Schmierwirkung aus und vermindert die Reibung zwischen Werkzeug und Werkstoff (Verbesserung der Standzeit von bis zu 70 %). Blei begünstigt auch die Bildung kurzbrüchiger Späne, verbessert die Oberflächenqualität und vermindert die Schnittkräfte, den Leistungsbedarf der Maschine sowie die Zerspanungstemperatur. Aus Gründen des Gesundheitsschutzes ist der Einsatz bleihaltiger Legierungen jedoch rückläufig. Als Ersatz dienen Bor (einige 1/1000 %) oder Bismut (bis zu 0,2 %).

Tellur (30 ppm bis 0,1 %) stabilisiert unter anderem die Sulfidform und verbessert dadurch die mechanischen Eigenschaften in Querrichtung (Bild 2, Seite 195). Vom Tellur geht allerdings auch eine stark toxische Wirkung aus.

b) Automatenstahlsorten

Automatenstähle sind in DIN EN 10 087 genormt und werden in drei Gruppen eingeteilt:

Automatenweichstähle stehen für die allgemeine Verwendung zur Verfügung. Ihre Zerspanbarkeit steigt mit zunehmendem Legierungsgehalt (Bild 1). Bei Automatenstählen, die mit Schwefel, Blei und Tellur legiert wurden, können die höchsten Zerspanungsleistungen erreicht werden **(Hochleistungs-Automatenstähle)**.

Automateneinsatzstähle unterscheiden sich von den Automatenweichstählen im Wesentlichen durch einen geringeren C- und S-Gehalt.

Automatenvergütungsstähle besitzen aufgrund der Forderung nach Vergütbarkeit einen Kohlenstoffgehalt von mindestens 0,3 %, jedoch bei den Automateneinsatzstählen vergleichbaren geringen S-Gehalten.

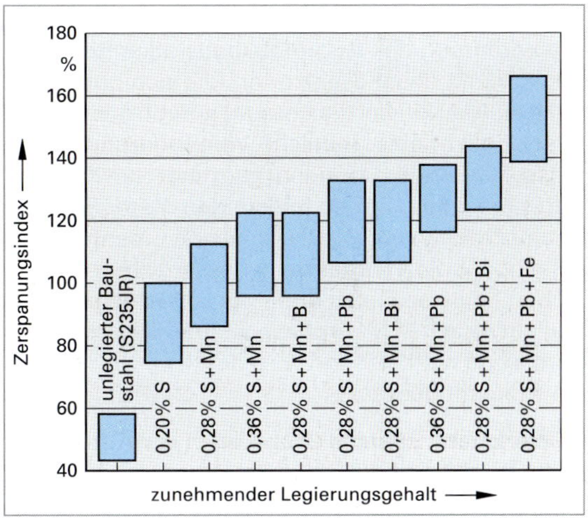

Bild 1: Zerspanbarkeit verschiedener Automatenweichstähle im Vergleich zu einem Baustahl
(Zerspanungsindex = bei einer Werkzeugstandzeit von 8 h zerspantes Volumen. Das zerspante Volumen des Stahls 9SMn28 wurde zu 100 % gewählt.)

Tabelle 1: Mechanische Eigenschaften und Wärmebehandlungsbedingungen der Automatenstähle nach DIN EN 10 087

Sorte	Streckgrenze (min.)[1] MPa	Zugfestigkeit[1] MPa	Bruchdehnung %	Härtetemperatur °C	Abschreckmedium	Anlassen (mind. 1 h) °C
Automatenweichstähle (nicht für eine Wärmebehandlung bestimmt)						
11SMn30	–	380 ... 570	–	–	–	–
11SMnPb30						
11SMn37						
11SMnPb37						
Automateneinsatzstähle						
10S20	–	360 ... 530	–	780 ... 820[2] 880 ... 920[3]	Wasser, Öl Emulsion[4]	150 ... 200
10SPb20						
15SMn13	–	430 ... 600	–			
Automatenvergütungsstähle						
35S20	430	630 ... 780	16	860 ... 890	Wasser oder Öl	540 ... 680
35SPb20						
36SMn14	460	700 ... 850	14	850 ... 880	Wasser oder Öl	540 ... 680
36SMnPb14						
38SMn28	460	700 ... 850	15	850 ... 880	Wasser oder Öl	540 ... 680
44SMn28						
38SMnPb28	480	700 ... 850	16	840 ... 870	Öl oder Wasser	540 ... 680
44SMnPb28						
46S20	490	700 ... 850	12	840 ... 870	Öl oder Wasser	540 ... 680
46SPb20						

[1] Für Automatenweich-, Automateneinsatz- und Automatenvergütungsstähle sind die Werte gültig für Durchmesser von 10 mm ... 16 mm. Für Automatenvergütungsstähle gelten die Kennwerte für den vergüteten Zustand.
[2] Kernhärtetemperatur. Aufkohlungstemperatur: 880 °C ... 980 °C.
[3] Randhärtetemperatur. Aufkohlungstemperatur: 880 °C ... 980 °C.
[4] Die Art des Abkühlmediums hängt u.a. von der Gestalt der Erzeugnisse ab.

6.5.14 Höherfeste Stähle für den Automobil-Leichtbau

Die Forderung des Automobilbaus nach Reduktion der Fahrzeugmasse führte in den letzten Jahren zur Entwicklung neuer Stahlsorten, die sich durch eine Kombination von hoher Festigkeit (Zugfestigkeit von bis zu 1200 MPa) bei gleichzeitig hervorragender Kaltumformbarkeit auszeichnen. Der Einsatz dieser Stähle ermöglicht eine deutliche Verminderung der Materialdicken und damit eine Senkung der Fahrzeugmasse, die letztlich zu einem verminderten Kraftstoffverbrauch und damit zu reduzierten Emissionen führt. Darüber hinaus können mit einigen dieser Stahlssorten (z. B. TWIP-Stähle, Kapitel 6.5.14.9) „intelligente" Knautschzonen realisiert werden. Im Crashfall verfestigt der Werkstoff mit zunehmender Umformung und kann somit die Fahrgastzelle besser schützen. Die Karosseriestrukturen moderner Fahrzeugmodelle bestehen heute schon zu mehr als 60 % aus höherfesten Stählen. Hiervon entfällt bereits die Hälfte auf die neu entwickelten Mehrphasenstähle. Berücksichtigt man, dass etwa ein Viertel der Fahrzeugmasse auf die Karosserie entfällt, dann wird deutlich, welches Einsparungspotenzial durch den Einsatz moderner Stahlkonzepte möglich ist.

Entsprechend ihrer Einsatzgebiete lassen sich die höherfesten Stähle für den Automobilbau wie folgt einteilen (Bild 1, Seite 303):

- **Mikrolegierte höherfeste Stähle**
  Beispiele: Struktur- und crashrelevante Teile wie Quer- oder Längsträger.
- **Phosphorlegierte Stähle**
  Beispiel: Bauteile die durch Umformen hergestellt werden und eine mittlere Festigkeit besitzen sollen, wie z. B. Radhaus.

- **Bake-Hardening-Stähle**
  Beispiele: Komplexe Tiefziehteile im Außenhautbereich wie Türen, Dächer oder Motorhauben.
- **Dualphasen-Stähle (DP-Stähle)**
  Beispiele: Außenteile wie Türen, Fahrzeugdächer oder Kofferraumdeckel, die eine hohe Beulfestigkeit aufweisen müssen, sowie festigkeitsrelevante Strukturteile wie Felgen und crashrelevante Strukturelemente wie Längs- und Querträger.
- **Höherfeste IF-Stähle**
  Beispiele: Komplexe Tiefziehteile mit hohen Streck- und Tiefziehbeanspruchungen wie Türinnenbleche, Radhäuser oder Kotflügel.
- **Complex-Phasen-Stähle (CP-Stähle)**
  Beispiele: Festigkeits- und crashrelevante Bauteile wie A-, B- oder C-Säule, Stoßfänger oder Seitenaufprallträger.
- **Restaustenitstähle (RA- oder TRIP-Stähle)**
  Beispiele: Strukturteile mit hohem Energieaufnahmevermögen wie A-, B oder C-Säulen sowie Längs- und Querträger.

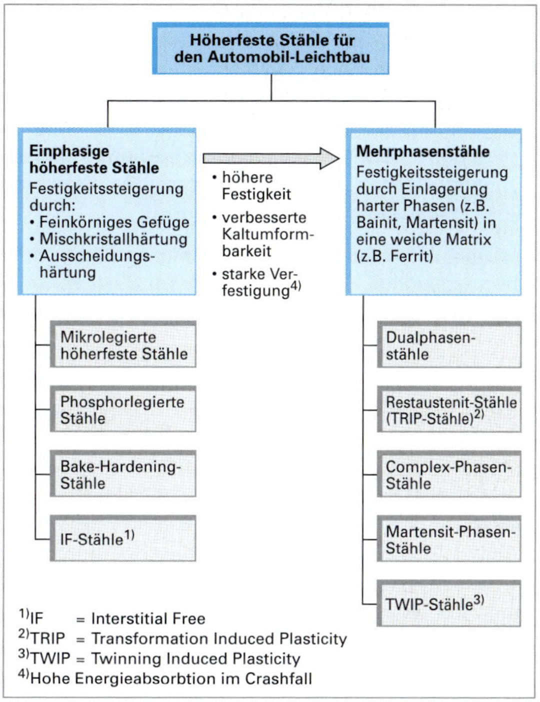

Bild 1: Einteilung der höherfesten Stähle für den Automobil-Leichtbau

6.5.14.1 Mikrolegierte höherfeste Stähle

Bedingt durch ein feinkörniges Gefüge sowie eine Ausscheidungshärtung liegt die Festigkeit der **mikrolegierten Stähle,** bei dennoch guter Kaltumformbarkeit, höher im Vergleich zu den weichen, unlegierten Stählen zum Kaltumformen (z. B. DC05). Als Mikrolegierungselemente werden Ti und/oder Nb zugegeben. Eine zusätzliche Festigkeitssteigerung erfahren diese Stähle durch eine Ausscheidungshärtung (Bildung von NbN bzw. TiN), Kapitel 6.5.3.1.

6.5.14.2 Phosphorlegierte Stähle

Phosphorlegierte Stähle besitzen ein einphasiges, ferritisches Gefüge mit mischkristallverfestigenden Elementen wie P oder Mn. Sie sind durch Tiefziehen gut kaltumformbar und besitzen eine mittlere Festigkeit ($R_{p0,2}$ = 200 ... 300 MPa).

6.5.14.3 Bake-Hardening-Stähle

Bake-Hardening-Stähle zeichnen sich gegenüber den weichen, unlegierten Stahlsorten zum Kaltumformen, wie z. B. DC05, durch einen deutlich verbesserten Widerstand gegenüber bleibenden Verformungen (Beulfestigkeit) aus und finden daher im Automobilbau vielfältige Anwendungen im Außenhautbereich (z.B. Türen, Dächer oder Motorhauben).

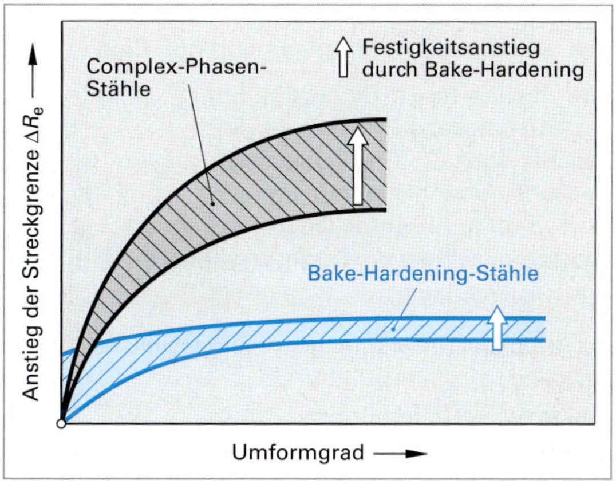

Bild 2: Streckgrenzenerhöhung durch den „Bake-Hardening-Effekt" am Beispiel der Bake-Hardening- und Complexphasen-Stähle

Bake-Hardening-Stähle besitzen eine ferritische Matrix mit gelöstem Kohlenstoff sowie Legierungselemente wie Mn und P zur Festigkeitseinstellung durch Mischkristallhärtung. Bake-Hardening-Stähle lassen sich durch Streck- und Tiefziehen gut verformen und erfahren durch das automobiltypische Lackeinbrennen nach der plastischen Verformung eine Erhöhung der Streckgrenze (Bild 2, Seite 303). Bei dieser als „Bake-Hardening" bezeichneten speziellen Form der Festigkeitssteigerung diffundieren Kohlenstoffatome zu den Versetzungen und blockieren diese (Alterungsverfestigung).

Der Bake-Hardening-Effekt wird nicht nur bei den namensgleichen Stählen genutzt, sondern verleiht auch den mehrphasigen Stählen (s. u.) eine zusätzliche Festigkeitssteigerung.

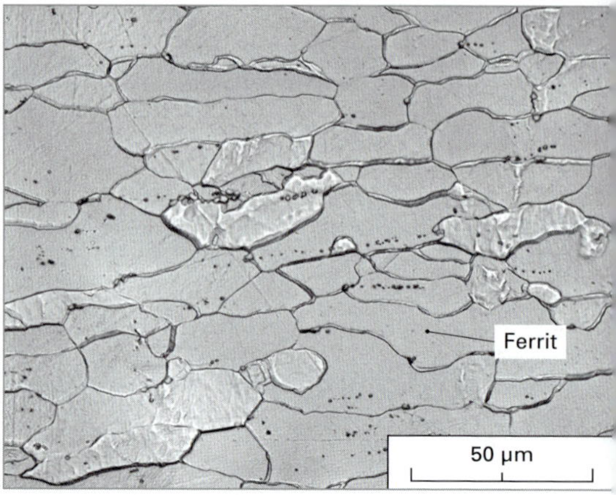

Bild 1: Ferritisches Gefüge eines IF-Stahls

6.5.14.4 IF-Stähle

IF-Stähle (IF = Interstitial Free) besitzen ein rein ferritisches Gefüge ohne interstitiell (auf Zwischengitterplätzen) gelöste Kohlenstoff- oder Stickstoffatome. Das Gefüge dieser Stähle besteht daher praktisch ausschließlich aus Ferrit (Bild 1). Die Abbindung von Kohlenstoff und Stickstoff erfolgt in der Regel durch Titan oder Niob. Aufgrund ihres Gefügeaufbaus besitzen die IF-Stähle eine niedrige Streckgrenze und daher eine extrem gute Umformbarkeit bei dennoch hoher Zugfestigkeit (starke Kaltverfestigung), Bild 1, Seite 305.

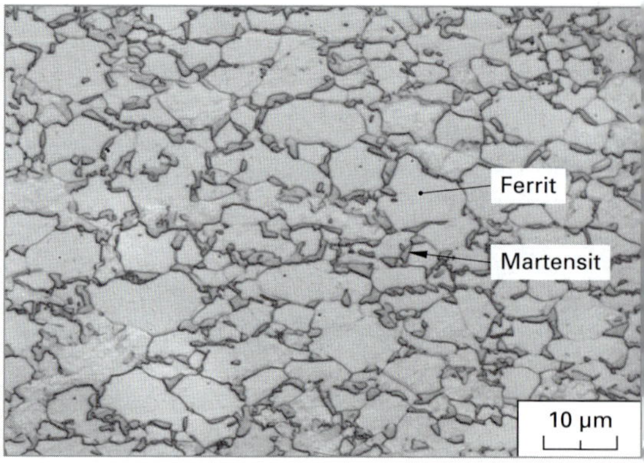

Bild 2: Gefüge eines Dualphasenstahles (DP600)

6.5.14.5 Dualphasen-Stähle (DP-Stähle)

Dualphasenstähle (DP-Stähle) sind untereutektoide Stähle mit einem Kohlenstoffgehalt von 0,02 % ... 0,1 %. Das Gefüge der Dualphasenstähle besteht aus einer ferritischen Grundmasse in die kleine Martensitinseln meist an den Tripelpunkten des Ferrits (10 Vol.-% ... 30 Vol.-%) gleichmäßig eingelagert sind (Bild 2). Die Martensitinseln haben zueinander keine Verbindung (keine netzartige Anordnung), da sonst die Verformbarkeit des Stahles herabgesetzt wäre. Neben Ferrit und Martensit können Dualphasenstähle außerdem noch geringe Mengen an Bainit und ggf. Restaustenit aufweisen.

Die Gefügeeinstellung der Dualphasenstähle erfolgt durch eine Glühung (Glühtemperatur ϑ_{DP}) im Zweiphasengebiet Austenit und Ferrit (zwischen A_1 und A_3) mit anschließendem Abschrecken. Dabei wandelt sich der Austenit in Martensit und ggf. Bainit um, während der Ferrit unbeeinflusst bleibt (Bild 3).

Die mechanischen Eigenschaften der Dualphasenstähle können einerseits über die Glühtemperatur (ϑ_{DP}) und damit die Menge an Austenit vor dem Abschrecken (Hebelgesetz) sowie über die Legierungszusammensetzung eingestellt werden. Je höher die Glühtemperatur (zwischen A_1 und A_3), umso höher der Anteil Austenit vor und damit auch der Martensitanteil nach dem Abschrecken. Die Zugfestigkeiten der Dualphasenstähle lassen sich somit zwischen etwa 400 MPa und 1000 MPa variieren.

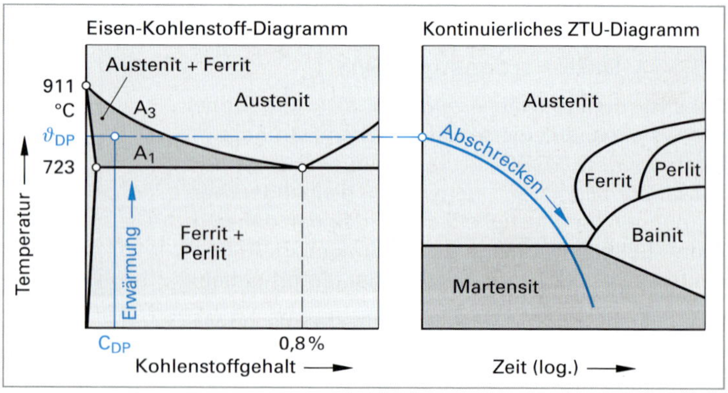

Bild 3: Einstellung des Dualphasengefüges

Die Bruchdehnungen der Dualphasenstähle sind mit 20 % ... 40 % mit denen der unlegierten Stähle niedriger Festigkeit vergleichbar, jedoch deutlich höher im Vergleich zu Feinkornbaustählen mit gleicher Zugfestigkeit (Bild 1).

Durch Legieren mit Mangan, Molybdän, Chrom oder Vanadium wird die kritische Abkühlgeschwindigkeit vermindert und damit eine Gefahr der Gefügeumwandlung in der Perlitstufe (Entstehung von Ferrit und Perlit anstelle von Martensit) vermieden. Die Ferritbildner Silicium und Phosphor beschleunigen die Diffusion von Kohlenstoff aus dem Ferrit in den Austenit und begünstigen damit ebenfalls das Umwandlungsverhalten.

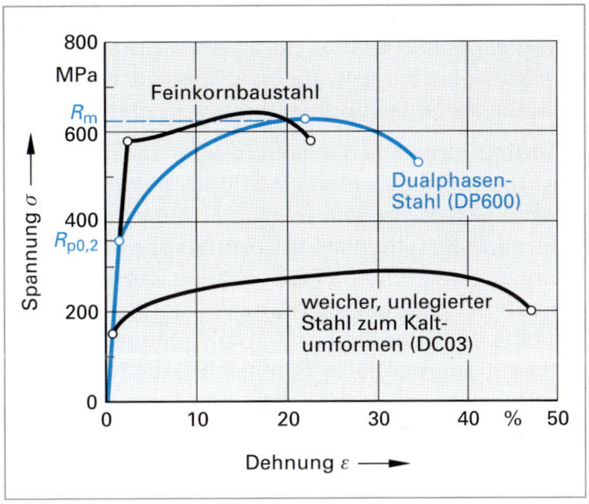

Bild 1: Spannungs-Dehnungs-Verhalten von Dualphasenstählen

Während der weiche Ferrit für die gute Verformbarkeit verantwortlich ist, steigert die hohe Härte des Martensits die Festigkeit des Dualphasenstahls. Die aufgrund der Martensitumwandlung entstehenden Eigenspannungen im Ferrit erzeugen dort (bewegliche) Versetzungen, die letztlich für das günstige Verformbarkeitsverhalten verantwortlich sind d.h. ein plastisches Fließen bereits bei niedrigen Spannungen (200 ... 500 MPa) erlauben. Andererseits besitzen die Dualphasenstähle ein starkes Verfestigungsvermögen d.h. einen hohen Verfestigungsexponenten, insbesondere bei niedrigen Umformgraden (< 5 %), sodass hohe Zugfestigkeiten erreicht werden (400 ... 1000 MPa), Bild 1. Hierdurch ist auch das extrem niedrige Streckgrenzenverhältnis ($R_{p0,2}/R_m$) der Dualphasenstähle von etwa 0,5, d. h. eine niedrige Dehngrenze bei relativ hoher Zugfestigkeit, zu erklären.

6.5.14.6 Stähle mit Restaustenit

TRIP-Stähle (TRIP = **Tr**ansformation **I**nduced **P**lasticity) besitzen ein Gefüge aus Ferrit und Bainit mit definierten Anteilen an metastabilem Restaustenit (Bild 2). Wird ein TRIP-Stahl umgeformt, dann wandelt sich der Austenit in harten Verformungsmartensit um. TRIP-Stähle weisen eine gleichmäßige Verformbarkeit auf, da örtliche Verfestigungen durch Bildung von verformungsinduziertem Martensit abgebaut werden **(TRIP-Effekt)** und somit die bislang noch nicht verformten Bereiche weiter verformt werden können.

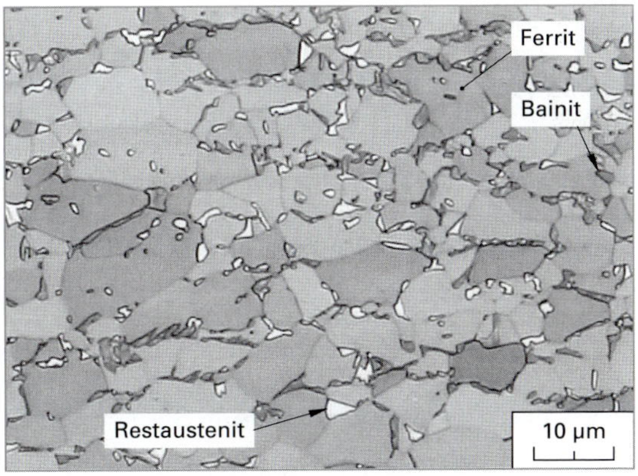

Bild 2: Gefüge eines TRIP-Stahles (TRIP 700)

TRIP-Stähle haben sehr gute Festigkeitseigenschafen (R_m bis 800 MPa) bei gleichzeitig hervorragender plastischer Verformbarkeit (A bis 35 %; Bild 1, Seite 306).

Die Herstellung der TRIP-Stähle erfolgt durch eine thermomechanische Behandlung indem ein metastabiles austenitisches Gefüge bei niedrigen Temperaturen, jedoch oberhalb der Martensitstarttemperatur für Verformungsmartensit (M_D), umgeformt und anschließend auf Raumtemperatur abgeschreckt wird.

6.5.14.7 Complexphasen-Stähle

Die **Complexphasen-Stähle (CP-Stähle)** stellen eine Weiterentwicklung der Dualphasenstähle, insbesondere im Hinblick auf die Festigkeit (R_m = 800 ... 950 MPa) dar. Das Gefüge der Complex-Phasen-Stähle besteht im wesentlichen aus sehr feinkörnigem Bainit und Martensit, mit geringen Anteilen an kohlenstoffarmem Ferrit. Zusätzlich finden sich im Gefüge sehr feine Carbid- und Nitridausscheidungen. Die Gefügebestandteile lassen sich nur noch elektronenmikroskopisch voneinander unterscheiden.

Neben ihrer hohen Festigkeit zeichnen sich die Complexphasen-Stähle durch eine gute Kaltumformbarkeit, eine gute Schweißbarkeit sowie ein sehr ausgeprägtes Verfestigungsverhalten aus.

Aufgrund ihrer mechanischen Eigenschaften werden die Complex-Phasen-Stähle bevorzugt für crashrelevante Bauteile wie Stoßfänger oder Türaufprallträger eingesetzt. Complexphasen-Stähle erfahren nicht nur eine Festigkeitssteigerung durch Kaltverfestigung beim Umformen, sondern zusätzlich eine deutliche Erhöhung der Dehngrenze beim Lackeinbrennen. Dieser bereits als Bake-Hardening beschriebene Effekt (Kapitel 6.5.14.3) wird, im Gegensatz zu den Bake-Hardening-Stähle, durch eine vorausgegangene Kaltverformung noch deutlich verstärkt (Bild 2, Seite 303).

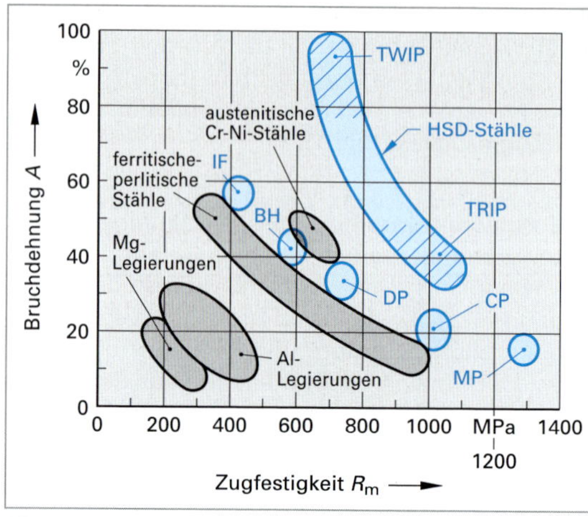

Bild 1: Vergleich der Festigkeit und der plastischen Verformbarkeit unterschiedlicher Stahlsorten
IF: IF-Stähle
BH: Bake-Hardening-Stähle
DP: Dualphasen-Stähle
CP: Complexphasen-Stähle
MP: Martensitphasen-Stähle
HSD: High Strength and Ductiliy Steels
TRIP: TRIP-Stähle (Transformation Induced Ductility)
TWIP: TWIP-Stähle (Twinning Induced Plasticity)

6.5.14.8 Martensit-Phasen-Stähle

Martensit-Phasen-Stähle (MP-Stähle) haben im wesentlichen ein sehr feinkörniges, nur noch elektronenmikroskopisch differenzierbares martensitisches Gefüge mit geringen Ferritanteilen. Diese Stähle erreichen innerhalb der Gruppe der Mehrphasenstähle die höchsten Festigkeiten (R_m bis 1400 MPa). Martensit-Phasen-Stähle werden analog zu den Complexphasen-Stählen für Bauteile mit hoher Crashrelevanz eingesetzt.

6.5.14.9 TWIP-Stähle

Bild 2: HSD-Stahl mit TWIP-Eigenschaften

Eine Weiterentwicklung der TRIP-Stähle stellen die sogenannten **TWIP-Stähle** (TWIP = **T**winning **I**nduced **P**lasticity) dar. Gemeinsam mit den oben beschriebenen TRIP-Stählen werden sie auch als **HSD-Stähle** (HSD = **H**igh **S**trength and **D**uctility) bezeichnet. Eine Umformung dieser Stähle führt zur Bildung von Zwillingskorngrenzen (Kapitel 2.5.2.3), die eine vorzeitige Verfestigung verhindern und damit Bruchdehnungen von bis zu 100 % (!) erlauben (Bild 1). Bild 2 zeigt eine Probe aus einem TWIP-Stahl, die in einem Torsionsversuch 5 mal um die eigene Achse gedreht wurde (entsprechend einer Dehnung von 100 %). TWIP-Stähle enthalten hohe Mengen an Mangan (15 % ... 25 %) sowie Anteile an Silicium und Aluminium zur Verminderung der Dichte.

Die hervorragende plastische Verformbarkeit macht die TWIP-Stähle vorallem für den Fahrzeugbau interessant, da Karosseriebleche meist durch Tief- oder Streckziehen in die gewünschte Form gebracht werden. Über ihre gute Verformbarkeit hinaus weisen die TWIP-Stähle eine starke Verfestigung auf, so dass beispielsweise im Crashfall die Insassen dadurch geschützt werden.

TWIP-Stähle stehen voraussichtlich ab dem Jahr 2006 für die Automobilindustrie zur Verfügung und erlauben eine Gewichtsreduktion von bis zu 20 % bei gleichzeitig verbesserten Gesaltungsmöglichkeiten und erhöhter Insassensicherheit.

6.5.15 Höchstfeste Stähle

Stähle mit Dehngrenzen über 1200 MPa werden als **höchstfeste Stähle** bezeichnet. Sie finden Anwendung für hoch beanspruchte Bauteile in Fahrzeugbau, in der Luft- und Raumfahrt, sowie in der Kern- und Wehrtechnik. Auch für hoch beanspruchte Werkzeuge werden bisweilen höchstfeste Stähle eingesetzt.

Die höchstfesten Stähle werden üblicherweise in zwei Gruppen eingeteilt:

- höchstfeste Vergütungsstähle
- martensitaushärtende Stähle (Maraging Steels)

6.5.15.1 Höchstfeste Vergütungsstähle

Durch Vergüten (Kapitel 6.4.5.4) kann die Festigkeit von Stählen teilweise beträchtlich erhöht werden. Um möglichst hohe Festigkeiten zu erreichen, wird die Anlasstemperatur allerdings nicht zu hoch gewählt (Bild 1, Seite 252), in der Regel etwa 200 °C ... 300 °C. Beispiele hierfür stellen die Stahlsorten 38NiCrMoV7-3 oder 41SiNiCrMoV7-6 dar (Tabelle 1).

Eine hohe Festigkeit kann bei geeigneten Vergütungsstählen (z. B. X32NiCoCrMo8-4 oder X41CrMoV5-1) auch durch eine Sekundärhärtung (Kapitel 6.4.5.2) erreicht werden. Werden diese Stähle nach der Härtung auf Temperaturen oberhalb von etwa 500°C angelassen, dann findet eine ausgeprägte Festigkeitssteigerung durch Carbidbildung statt (Bild 1).

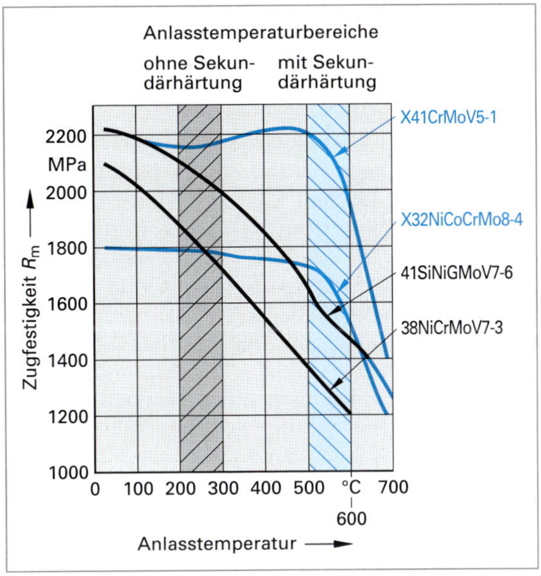

Bild 1: Abhängigkeit der mechanischen Eigenschaften höchstfester Vergütungsstähle von der Anlasstemperatur

Tabelle 1: Wärmebehandlung und mechanische Eigenschaften ausgewählter höchstfester Vergütungsstähle

Werkstoff		Wärmebehandlung		mechanische Eigenschaften[1)]				Anwendungsbeispiele
Kurzname	Wst.-Nr.	Härten	Anlassen	R_m MPa	$R_{p0,2}$ MPa	A %	KV J	
38NiCrMoV7-3	1.6926	850 ... 870 Öl	190 ... 210	1850	1550	8	35	Hoch beanspruchte Maschinenteile wie Kurbelwellen oder Schubstangen für Lokomotiven
41SiNiCrMoV7-6	1.6928	840 ... 910 Öl	280 ... 320	1950	1650	8	30	Höchst beanspruchte Maschinenteile wie Gesteinsbohrer, hochfeste Ketten, Panzerbleche
X32NiCoCrMo8-4	1.6974	840 ... 870 Öl oder Wasser	530 ... 570	1550	1350	10	50	Flugzeugteile
X41CrMoV5-1	1.7783	1000 ... 1020 Öl, Luft oder Warmbad	550 ... 630	1900	1600	8	30	Dynamisch hoch beanspruchte Maschinenteile wie Kurbelwellen, Druckgussformen, Schrauben, Ventile, Einspritzdüsen, Abschussrampen, Raketengehäuse

1) Anhaltswerte. Die Eigenschaften sind abhängig von den Wärmebehandlungsparametern

6.5.15.2 Martensitaushärtende Stähle (Maraging Steels)

Martensitaushärtende Stähle erreichen sehr hohe Festigkeiten (R_m bis 2400 MPa) bei dennoch guter Zähigkeit. Neuere höchstfeste Stahlsorten erreichen bereits Zugfestigkeiten von mehr als 2800 MPa.

Martensitaushärtende Stähle haben niedrige Kohlenstoffgehalte (C ≤ 0,2%) jedoch hohe Ni-Gehalte (bis 18%) und weitere ausscheidungsfähige Legierungselemente wie Mo, Ti oder Al, die durch Bildung von intermetallischen Phasen eine Ausscheidungshärtung bewirken.

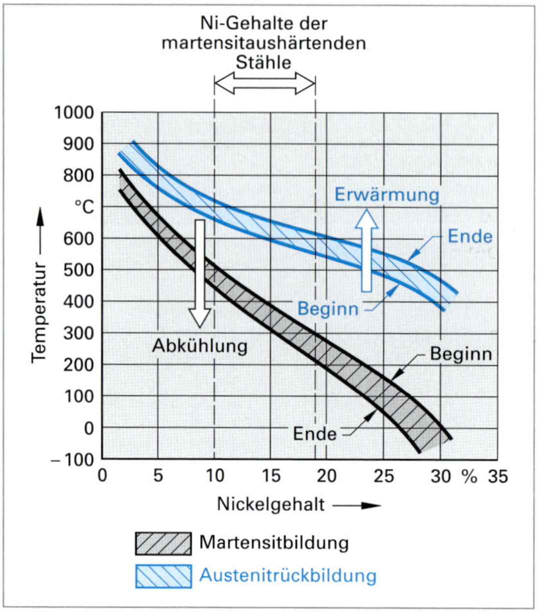

Bild 1: Zustandsdiagramm Eisen-Nickel mit Beginn und Ende der martensitischen Umwandlung bzw. der Austenitrückbildung

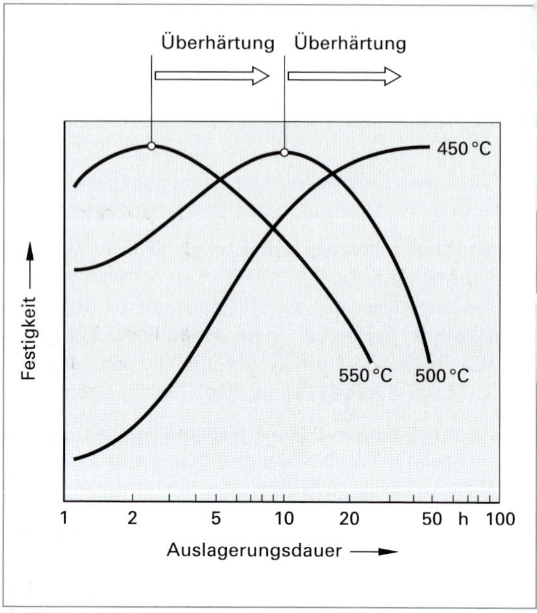

Bild 2: Festigkeitssteigerung durch Warmaushärtung in Abhängigkeit von Auslagerungsdauer und Temperatur martensitaushärtender Stähle

Bedingt durch den hohen Nickelgehalt dieser Stähle findet unabhängig von der Abkühlgeschwindigkeit aus dem Austenitgebiet (ca. 800 °C) bei einer Temperatur um 250 °C bis 450 °C eine martensitische Umwandlung statt (Bild 1). Aufgrund des geringen C-Gehaltes bildet sich jedoch nicht der tetragonal-raumzentrierte Fe-C-Martensit, sondern ein martensitisches Gefüge mit annähernd kubischer Struktur (Fe-N-Martensit). Im Vergleich zum relativ spröden Fe-C-Martensit besitzt der kohlenstoffarme Fe-N-Martensit eine gewisse Duktilität und wandelt sich außerdem erst oberhalb von etwa 500 °C bis 600 °C wieder in Austenit um **(Austenitrückbildung),** Bild 1.

Aufgrund der geringen Diffusionsgeschwindigkeit können sich die Legierungselemente wie Ti, Mo oder Al bei der Abkühlung nicht mehr ausscheiden und liegen daher nach der Abkühlung in übersättigter Lösung vor. Erst eine nachfolgende Warmauslagerung des übersättigten Martensits (450 °C ... 500 °C) führt zu einer feindispersen Ausscheidung intermetallischer Phasen wie z. B. Ni_3Mo, Ni_3Ti, Fe_2Mo, FeTi oder Fe_2Ti und damit zur eigentlichen Festigkeitssteigerung durch Ausscheidungshärtung. Lange Auslagerungszeiten bei

Tabelle 1: Wärmebehandlung und mechanische Eigenschaften ausgewählter martensitaushärtender Stähle

Werkstoff		Wärmebehandlung		mechanische Eigenschaften[1]				Anwendungsbeispiele
Kurzname	Wst.-Nr.	Lösungsglühen	Anlassen	R_m MPa	$R_{p0,2}$ MPa	A %	KV J	
X2NiCoMo18-8-5	1.6359	810 ... 860 Luft	450 ... 510 3h/Luft	1850	1750	8	35	Höchstfeste Schrauben, dünnwandige Hochdruckrohre, Fahrgestelle für Hubschrauber, Brennkammern für Raketen, Blechkörper für Geschosse, Gewehrläufe, Druckgießwerkzeuge, Schrottschermesser, Strangpresswerkzeuge
X2NiCoMo18-9-5	1.6358	820 ... 860 Luft	480 ... 500 3 ... 8h/Luft	2100	2000	7	25	
X2NiCoMoTi18-12-4	1.6356	800 ... 840 Luft	490 ... 510	2400	2300	6	15	
X1CrNiCo13-8-5	1.6360	800 ... 835 Wasser	480 6h/Luft	1650	1500	10	45	

[1] Anhaltswerte. Die Eigenschaften sind abhängig von den Wärmebehandlungsparametern

höherer Temperatur führen jedoch, ähnlich der Warmaushärtung von Al-Legierungen (Kapitel 7.1.5), zu einer Überhärtung bzw. Austentitrückbildung mit deutlichem Festigkeitsverlust (Bild 2, Seite 308). Den martensitaushärtenden Stählen wird weiterhin Cobalt zulegiert, um u. a. eine möglichst feindisperse Verteilung der intermetallischen Phasen und damit eine maximal mögliche Verfestigung zu erhalten.

Gegenüber den höchstfesten Vergütungsstählen haben die martensitaushärtenden Stähle eine Reihe vorteilhafter Eigenschaften:

- einfach und sichere Durchführbarkeit der Wärmebehandlung,
- gute Schweißbarkeit, da C < 0,2 %, (kein Vorwärmen, kein Spannungsarmglühen usw. erforderlich),
- gute Kaltumformbarkeit

Nachteilig wirkt sich allerdings das hohe Streckgrenzenverhältnis ($R_{p0,2}/R_m \approx 0{,}94$) aus, sodass bei bereits geringfügiger überelastischer Beanspruchung mit einen Bruch zu rechnen ist.

6.5.16 Werkzeugstähle

Werkzeugstähle sind nach DIN EN ISO 4957 (bisher DIN 17 350) Stähle, die zur Herstellung von Werkzeugen für die Be- und Verarbeitung von metallischen und nichtmetallischen Werkstoffen sowie für das Handhaben und Messen von Werkstücken geeignet sind. Ihr Anteil an der gesamten Stahlerzeugung beträgt in Deutschland etwa 8 %. Hinsichtlich der chemischen Zusammensetzung besteht keine eindeutige Abgrenzung zwischen Konstruktions- und Werkzeugstählen. Die Zuordnung eines Stahles zur Gruppe der Werkzeugstähle erfolgt daher nur nach dem Verwendungszweck.

6.5.16.1 Anforderungen an Werkzeugstähle

An Werkzeuge werden entsprechend ihrem Verwendungszweck vielfältige Anforderungen gestellt:

- Hohe Härte, die ggf. auch bei erhöhten Arbeitstemperaturen erhalten bleiben soll.
- Hoher Verschleißwiderstand, damit die Werkzeugoberfläche während der Verwendung möglichst lange unverändert bleibt und nicht vorzeitig abgetragen oder zerstört wird.
- Gute Festigkeit bzw. gute Warmfestigkeit (bei der unter Umständen relativ hohen Arbeitstemperatur), damit das Werkzeug durch die bei der Zerspanung auftretenden Kräfte nicht bleibend (plastisch) verformt wird oder gar bricht.
- Ausreichende Zähigkeit, damit das Werkzeug insbesondere bei stoßartiger Beanspruchung nicht bricht.
- Gute Temperaturwechselbeständigkeit.

6.5.16.2 Erschmelzung von Werkzeugstählen

Werkzeugstähle werden grundsätzlich als **Edelstähle** erschmolzen (Kapitel 6.5.1.1). Durch sekundärmetallurgische Maßnahmen, wie das **Elektroschlackeumschmelzen (ESU),** wird zusätzlich eine Verbesserung der Gefügeausbildung (Vermeidung von Blockseigerungen) sowie ein erhöhter mikroskopischer Reinheitsgrad erreicht.

6.5.16.3 Einteilung der Werkzeugstähle

Entsprechend den vielfältigen Verwendungszwecken und Anforderungen und der damit verbundenen großen Anzahl unterschiedlicher Werkzeugstähle, ist eine gewisse systematische Ordnung von großer Bedeutung. Üblicherweise werden die Werkzeugstähle nach ihrem Hauptanwendungsgebiet eingeteilt, wobei als charakteristisches Merkmal die maximale Arbeitstemperatur dient:

- **Unlegierte Kaltarbeitsstähle**
- **Legierte Kaltarbeitsstähle**
- **Warmarbeitsstähle**
- **Schnellarbeitsstähle**

6.5.16.4 Unlegierte Kaltarbeitsstähle

Unlegierte Kaltarbeitsstähle sind Werkzeugstähle, bei denen die Arbeitstemperatur im Allgemeinen unter 200 °C liegt. Bei höheren Temperaturen sinkt die Martensithärte dieser Stähle rasch ab, so dass sie als Werkzeuge unbrauchbar werden (Bild 1). Kaltarbeitsstähle werden daher bevorzugt für die Herstellung von Schnittwerkzeugen verwendet, die im Betrieb keiner allzu hohen Wärmebelastung ausgesetzt sind.

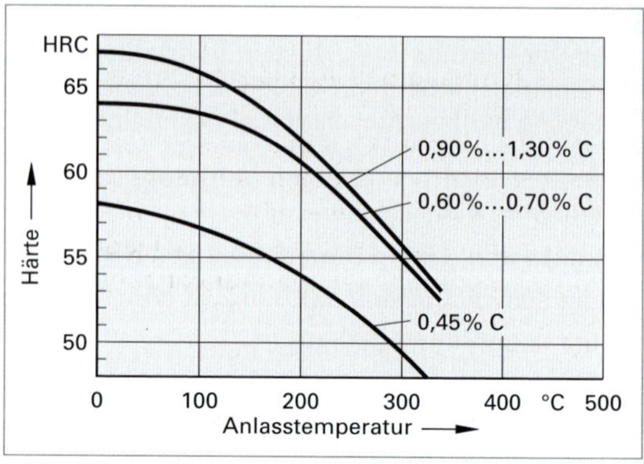

Bild 1: Härteverlust unlegierter Kaltarbeitsstähle in Abhängigkeit der Temperatur

a) Wärmebehandlung unlegierter Kaltarbeitsstähle

Unlegierte Kaltarbeitsstähle werden nach dem Abgießen und der Warmumformung (Schmieden) in der Regel einer Normal- und anschließenden Weichglühung unterzogen (Anlieferungszustand). Zur Beseitigung von Bearbeitungsspannungen werden die Stähle vor dem Härten spannungsarmgeglüht. Beim Weich- und Spannungsarmglühen ist darauf zu achten, dass keine Verzunderung oder Entkohlung auftritt.

Beim Härten wird das Werkstück zunächst langsam auf Temperaturen von 30 °C ... 50 °C über die Umwandlungstemperatur Ac_3 bzw. übereutektoide Stähle (C > 0,8 %) auf etwa 780 °C ... 800 °C erwärmt. Die Haltedauer beträgt etwa 10 min je 10 mm Werkstückdicke. Das Abschrecken erfolgt in Wasser. Zum Abbau von Umwandlungs- bzw. Wärmespannungen und zur Umwandlung von evtl. vorhandenem Restaustenit in Martensit erfolgt im Anschluss an das Härten ein Anlassen bei etwa 150 °C bis 200 °C (Bild 2). Da keine Legierungselemente vorhanden sind, beträgt die Einhärtungstiefe der unlegierten Kaltarbeitsstähle nur 2,5 mm ... 5 mm **(Schalenhärter)**. Sie sind verhältnismäßig unempfindlich gegenüber Biegung oder schlagartiger Beanspruchung (Druckeigenspannungen in der Randschicht), hohe Druckbeanspruchungen müssen jedoch aufgrund des weichen Kerns vermieden werden.

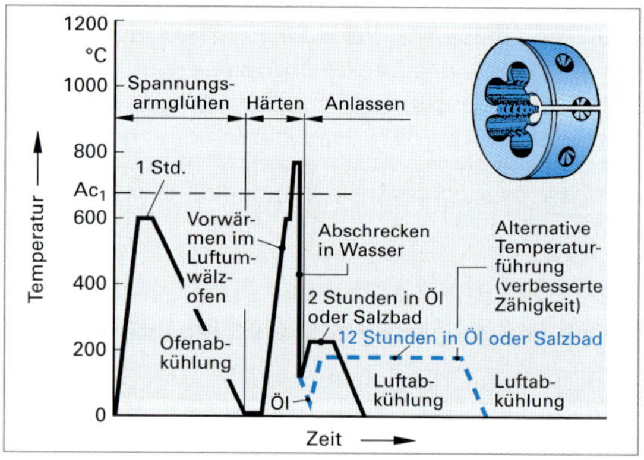

Bild 2: Wärmebehandlung eines unlegierten Kaltarbeitsstahles (Beispiel: Schneideisen aus C105U)

b) Unlegierte Kaltarbeitsstahlsorten

In Tabelle 1 sind wichtige unlegierte Kaltarbeitsstähle nach DIN EN ISO 4957 zusammengestellt.

Tabelle 1: Unlegierte Kaltarbeitsstähle nach DIN EN ISO 4957

Stahlsorte		C-Gehalt	Anwendungsbeispiele
neu[1]	alt[1]	Masse-%	
C45U	C 45 W	0,42 ... 0,50	Handwerkzeuge (Hämmer, Beile, Äxte, Scheren, Schraubendreher, Meißel) und landwirtschaftliche Werkzeuge aller Art, Zangen.
C70U	C 70 W2	0,65 ... 0,70	Drucklufteinsteckwerkzeuge im Berg- und Straßenbau.
C80U	C 80 W1	0,75 ... 0,85	Gesenke mit flachen Gravuren, Messer, Spalteisen, Handmeißel.
C90U	–	0,85 ... 0,95	Kreissägeblätter und Sägeblätter zur Holzbearbeitung, Mähmaschinenmesser, Handsägen für die Forstwirtschaft.
C105U	C 105 W1	1,00 ... 1,10	Gewindeschneidwerkzeuge, Fließpress- und Prägewerkzeuge, Endmaße, Feilen, Schaber, Stichel, Papiermesser.
C120U	–	1,15 ... 1,25	Wie C105U

[1] Neue Bezeichnung nach DIN EN 10 027-1, alte Bezeichnung nach DIN 17 006.

6.5.16.5 Legierte Kaltarbeitsstähle

Die legierten Kaltarbeitsstähle sind durch Weiterentwicklung aus den unlegierten Sorten entstanden. Im Vergleich zu den unlegierten Sorten besitzen sie einen deutlich verbesserten Verschleißwiderstand, eine erhöhte Warmfestigkeit und eine höhere Einhärtetiefe, sie sind jedoch auch nur bis zu einer Arbeitstemperatur von rund 200 °C einsetzbar.

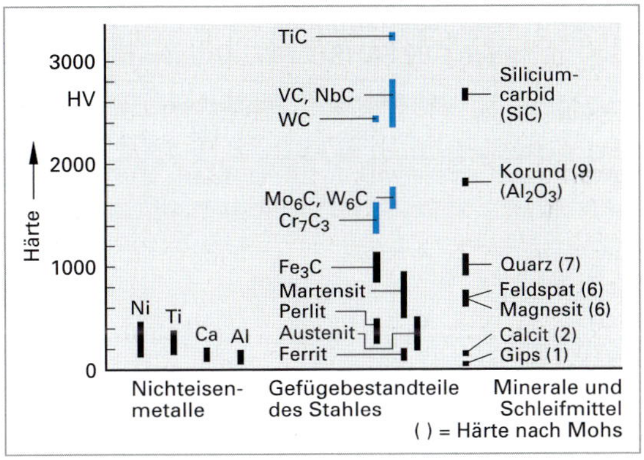

Bild 1: Härtevergleich zwischen Metallen, Carbiden und Mineralien

a) Legierungselemente in legierten Kaltarbeitsstähle

Legierte Kaltarbeitsstähle können Kohlenstoffgehalte zwischen 0,3 % und 2,9 % aufweisen. Sie sind damit gut härtbar und stellen ausreichend Kohlenstoff für die Carbidbildung zur Verfügung. Durch carbidbildende Legierungselemente wie V, Mo, W oder Cr bilden sich sehr harte und thermisch stabile Carbide, die zu einer deutlichen Verbesserung der Verschleißbeständigkeit führen (Bild 1). Der Carbidanteil kann bis zu 25 Vol.-% betragen.

Legierungselemente wie Mn, Cr, Mo und Ni vermindern außerdem die kritische Abkühlgeschwindigkeit und verbessern dabei die Durchhärtbarkeit.

b) Gefügeaufbau legierter Kaltarbeitsstähle

Entsprechend den aus der Legierungszusammensetzung resultierenden Gefügen unterscheidet man drei Gruppen von Kaltarbeitsstählen:

- **Untereutektoide Kaltarbeitsstähle** (C = 0,4 % ... 0,7 %, wie z. B. 45NiCrMo16)
  Die erzielbare Härte wird nur durch Martensitbildung erreicht und nimmt bis etwa 0,6 % mit steigendem C-Gehalt zu, um dann bei etwa 64 HRC ... 65 HRC konstant zu bleiben. Zu dieser Sorte zählt man auch die unlegierten Kaltarbeitsstähle (Kapitel 6.5.16.4).

- **Übereutektoide Kaltarbeitsstähle** (C = 0,8 % ... 1,5 %, wie z. B. 90MnCrV8)
  Der hohe Kohlenstoffgehalt ermöglicht einerseits die volle Martensithärte, andererseits tragen Sekundärcarbide zwischen Eisen, Kohlenstoff und den in geringeren Mengen vorhandenen carbidbildenden Legierungselementen mit einem Anteil von bis zu 10 Vol.-% zu einer deutlichen Verbesserung der Verschleißbeständigkeit bei.

- **Ledeburitische Kaltarbeitsstähle** (C = 1,5 % ... 2,9 %, wie z. B. X210Cr12)
  Neben einer verschleißbeständigen lederburitischen Matrix (durch Carbide des Ledeburiteutektikums) besitzt diese Stahlsorte einen Carbidanteil von bis zu 25 Vol.-% und dementsprechend eine hervorragende Verschleißbeständigkeit.

c) Wärmebehandlung legierter Kaltarbeitsstähle

Für die Wärmebehandlung der legierten Kaltarbeitsstähle gilt das bereits in Kapitel 6.5.16.4 (unlegierte Kaltarbeitsstähle) Gesagte. Im Unterschied dazu kommen als Abschreckmittel jedoch überwiegend Härteöle und mitunter auch Luft zum Einsatz.

d) Stahlsorten

Die legierten Kaltarbeitsstähle sind in Tabelle 1, Seite 312 zusammengestellt.

Tabelle 1: Wärmebehandlung, Härte und Anwendungsbeispiele für legierte Kaltarbeitsstähle nach DIN EN ISO 4957 (Auswahl)

Stahlsorte	Härtetemp. °C (±10 °C)	Abschreck-mittel	Härte HRC (min.)	Anwendungsbeispiele
105V	790	Wasser	61	Lehren, Dorne, Stempel, Holzbearbeitungswerkzeuge
60WCrV8	910	Öl	58	Scherenmesser zum Schneiden von Stahlblech bis 15 mm, Stempel, Industriemesser, Holzbearbeitungswerkzeuge, Zähne für Kettensägen.
102Cr6	840	Öl	60	Lehren, Dorne, Kaltwalzen, Holzbearbeitungswerkzeuge, Bördelrollen, Stempel.
21MnCr5	einsatzgehärtet auf 60 HRC			Werkzeuge für die Kunststoffverarbeitung, einsatzhärtbar.
90MnCrV8	790	Öl	60	Tiefziehwerkzeuge, Werkzeuge für die Kunststoffverarbeitung, Schneidwerkzeuge, Industriemesser, Messwerkzeuge.
X153CrMoV12	1020	Luft	61	Wie X210Cr12, jedoch erhöhte Zähigkeit, Scherenmesser zum Schneiden von Stahlblech bis 6 mm, Metallsägeblätter usw.
X210Cr12	970	Öl	62	Scherenmesser zum Schneiden von Stahlblech bis 3 mm, Räumnadeln, Fließpress- und Tiefziehwerkzeuge, Holzbearbeitungswerkzeuge, Gewindewalzwerkzeuge, Profilier- und Bördelrollen, Ziehkronen für Drähte, Sandstrahldüsen.
35CrMo7	vergütet auf 300 HB			Werkzeuge für die Kunststoffverarbeitung.
45NiCrMo16	850	Öl	52	Massivprägewerkzeuge, Besteckstanzen, Scherenmesser für dickes Schneidgut.
X40Cr14	1010	Öl	52	Werkzeuge für die Kunststoffverarbeitung, insbesondere bei Korrosionsbeanspruchung.
X38CrMo16	vergütet auf 300 HB			

6.5.16.6 Warmarbeitsstähle

Warmarbeitsstähle sind legierte Werkzeugstähle, die bevorzugt für die Herstellung von Werkzeugen für das Ur- und Umformen von Stählen, NE-Metallen oder keramischen Werkstoffen (z. B. Druckgussformen, Strangpresswerkzeuge oder Schmiedegesenke) bei Arbeitstemperaturen bis 600 °C eingesetzt werden. Sie eignen sich nicht für die spanabhebende Bearbeitung, da ihre Härte im Vergleich zu den Kalt- und Schnellarbeitsstählen deutlich geringer ist (Bild 1).

Entsprechend ihrer Verwendung wird von den Warmarbeitsstählen eine hohe Warmfestigkeit (bis etwa 600 °C), eine hohe Anlassbeständigkeit (Härte darf bis zur Arbeitstemperatur nur unwesentlich abfallen), ein angemessener Warmverschleißwiderstand sowie Unempfindlichkeit gegenüber Thermoschockbeanspruchung **(Brandrisse)** und Stößen gefordert.

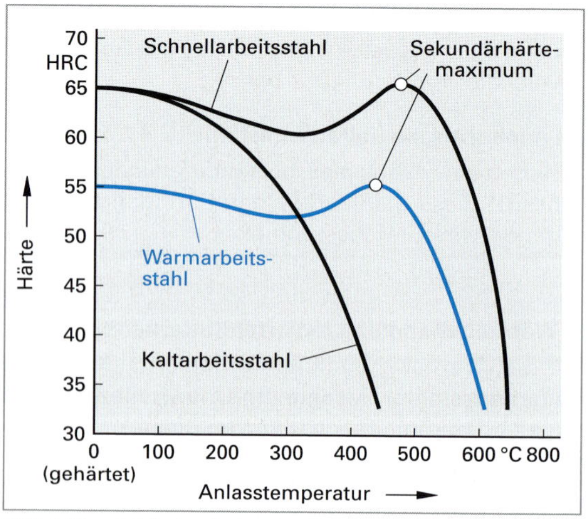

Bild 1: Vergleich der Anlasskurven unterschiedlicher Werkzeugstahlgruppen

a) Legierungselemente in Warmarbeitsstählen

Warmarbeitsstähle sind gut härtbar, da sie einen Kohlenstoffgehalt zwischen 0,4 % und 1,5 % haben. Im Vergleich zu den Kalt- und Schnellarbeitsstählen weisen die Warmarbeitsstähle eine relativ niedrige Ausgangshärte auf, die jedoch bis zur Arbeitstemperatur von bis zu 600 °C durch Sekundärhärtung (Kapitel 6.4.5.2) praktisch nicht abfällt (Bild 1, Seite 312).

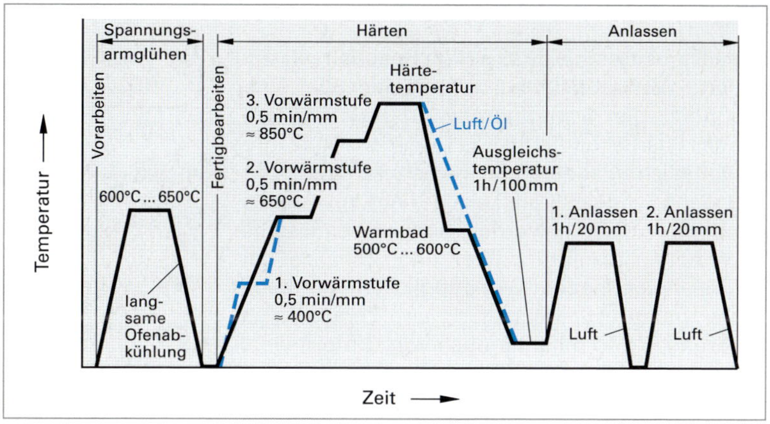

Bild 1: Wärmebehandlung von Warmarbeitsstählen

b) Wärmebehandlung von Warmarbeitsstählen

Die Warmarbeitsstähle werden im weichgeglühten Zustand angeliefert. Nach der spanenden Bearbeitung und einer anschließenden Spannungsarmglühung zum Abbau von Bearbeitungsspannungen, wird das Werkzeug zwecks Temperaturausgleich (Vermeidung von Rissen) stufenweise auf Härtetemperatur (1000 °C ... 1180 °C; Tabelle 1) erwärmt. Ein Teil der Carbide (Typ Me23C6 und Me7C3; Me steht dabei stellvertretend für carbidbildende Legierungselemente wie Cr, Mo, W oder V) geht dabei in Lösung. Die Haltedauer beträgt etwa 10 min je 10 mm Werkstückdicke. Das Abschrecken erfolgt an Luft, in Öl oder im Warmbad. Moderne Vakuumöfen erlauben ein umweltfreundliches Gasabschrecken (N2). Um Härtespannungen zu vermindern, wird nicht auf Raumtemperatur, sondern auf eine Ausgleichstemperatur von 100 °C ... 150 °C abgeschreckt (Bild 1).

An das Härten schließt sich eine Anlassbehandlung an (550 °C ... 600 °C/1 h ... 2 h). Bei Warmarbeitsstählen mit einem höheren Gehalt an sondercarbidbildenden Legierungselementen wie Cr, W, Mo und V (z.B. X38CrMoV5-1), wird beim Anlassen eine Sekundärhärtung ausgelöst (Kapitel 6.4.5.2). Hierbei steigt die Härte durch Sondercarbidbildung (MeC bzw. Me2C) wieder an (Bild 1, Seite 312). Bei Warmarbeitsstählen mit geringerem Gehalt an carbidbildenden Legierungselementen (z. B. 55NiCrMoV6) tritt beim Anlassen hingegen keine Sekundärhärtung auf. Ihre Arbeitstemperaturen liegen dementsprechend deutlich niedriger (≤ 400 °C).

Hochwertige Werkzeuge werden mindestens zweimal angelassen, um sicherzustellen, dass eine ausreichende Carbidausscheidung stattgefunden hat und kein Restaustenit oder Martensit mehr vorliegt.

c) Warmarbeitsstahlsorten

Tabelle 1: Wärmebehandlung, Härte und Anwendungsbeispiele für Warmarbeitsstähle nach DIN EN ISO 4957 (Auswahl)

Stahlsorte	Härtetemp. °C (±10 °C)[1]	Anlassen °C (±10 °C)	Härte HRC (min.)	Anwendungsbeispiele
55NiCrMoV7	850	500	42	Hammergesenke, Matrizenhalter, Kunststoff-Spritzguss- und Blasformen, Pressstempel für Strangpressen.
32CrMoV12-28	1040	550	46	Gesenkeinsätze, Werkzeuge für die Schrauben und Nietenfertigung, Druckgießformen für Messing und Leichtmetall, Strangpressmatrizen.
X37CrMoV5-1	1020	550	48	Gesenke und Gesenkeinsätze, Druckgießformen, Strangpresswerkzeuge.
50CrMoV13-15	1010	510	56	Warmwalzen.
X30WCrV9-3	1150	600	48	Rohr- und Strangpresswerkzeuge, Druckgießformen.
X35CrWMoV5	1020	550	48	Strangpress- und Schmiedewerkzeuge.
38CrCoWV18-17-17	1120	600	48	Strangpress- und Schmiedewerkzeuge.

[1] Abschrecken jeweils in Härteöl.

6.5.16.7 Schnellarbeitsstähle

Schnellarbeitsstähle **(HSS = High Speed Steel)** sind legierte Werkzeugstähle, die mit dem Ziel einer Erhöhung der Schnittgeschwindigkeit bei spanender Bearbeitung entwickelt wurden. Trotz ihrer im Vergleich zu anderen Schneidstoffen (z. B. Hartmetallen, Schneidkeramiken) geringeren Arbeitstemperatur (Bild 1) werden Schnellarbeitsstähle heute dennoch aufgrund ihrer guten Zähigkeit und den relativ geringeren Werkzeugkosten in erheblichem Umfang zur Herstellung von Zerspanungswerkzeugen und mitunter auch von Umformwerkzeugen eingesetzt.

Gegenüber den Kaltarbeitsstählen haben die Schnellarbeitsstähle eine höhere Warmhärte und Anlassbeständigkeit und können daher für Arbeitstemperaturen bis 600 °C (Dunkelrotglut) eingesetzt werden.

Aufgrund der hohen Arbeitstemperaturen werden die Schnellarbeitsstähle zur Herstellung von Hochleistungsschnittwerkzeugen für die rationelle spanabhebende Fertigung bei hohen Schnittgeschwindigkeiten eingesetzt. Die Schnittgeschwindigkeit dieser Werkzeuge beträgt im Vergleich zu den Kaltarbeitsstählen etwa das 5- bis 10fache, bei gleicher Standzeit.

a) Legierungselemente in Schnellarbeitsstählen

Schnellarbeitsstähle sind hochlegierte Stähle mit Kohlenstoffgehalten zwischen 0,6 % und 1,5 % Die wichtigsten Legierungselemente sind Wolfram (W), Molybdän (Mo), Vanadium (V), Cobalt (Co) und Chrom (Cr) (Bild 2). Der hohe Gehalt carbidbildender Legierungselemente sowie der hohe C-Gehalt der Schnellarbeitsstähle führen zu einem Carbidgehalt von bis zu 30 Vol.-% in der ansonsten metallischen Matrix.

b) Schmelzmetallurgische Herstellung und Wärmebehandlung von Schnellarbeitsstählen

Die schmelzmetallurgische Herstellung der Schnellarbeitsstähle beginnt mit dem Abgießen der Stahlschmelze (1550 °C) in Kokillen. Der Erstarrungsablauf und das Gefüge der Schnellarbeitsstähle ist komplex und kann sich in Abhängigkeit der Zusammensetzung verändern (Bild 3). Im Wesentlichen entsteht nach dem Abkühlen ein Ledeburiteutektikum aus Ferrit und Primärcarbiden (etwa 9 Vol.-% Me_6C oder Me_2C und 1 % MeC), das die Primärkorngrenzen netzartig umgibt (Bild 1, Seite 315).

Nach dem Vergießen folgt in der Regel eine **Blockglühung** bei etwa 900 °C zur Homogenisierung des

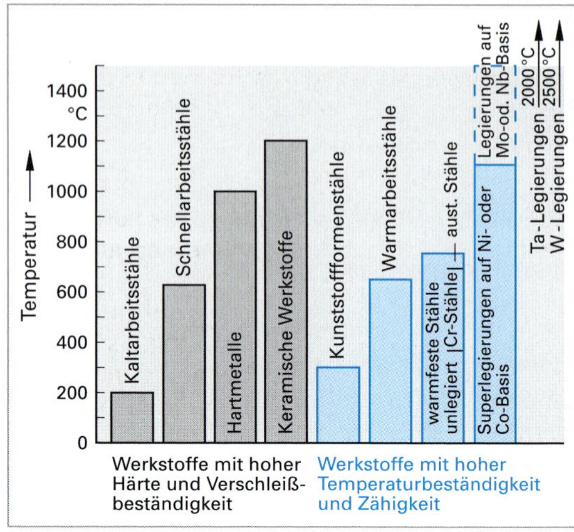

Bild 1: Vergleich der Arbeitstemperaturen verschiedener Schneidstoffe

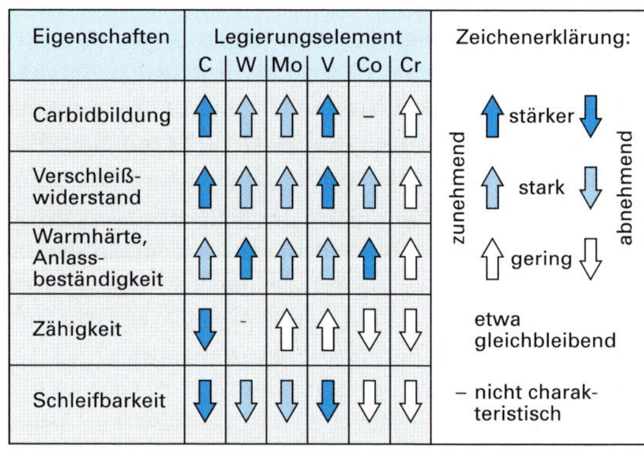

Bild 2: Einfluss der wichtigsten Legierungselemente auf die Eigenschaften der Schnellarbeitsstähle

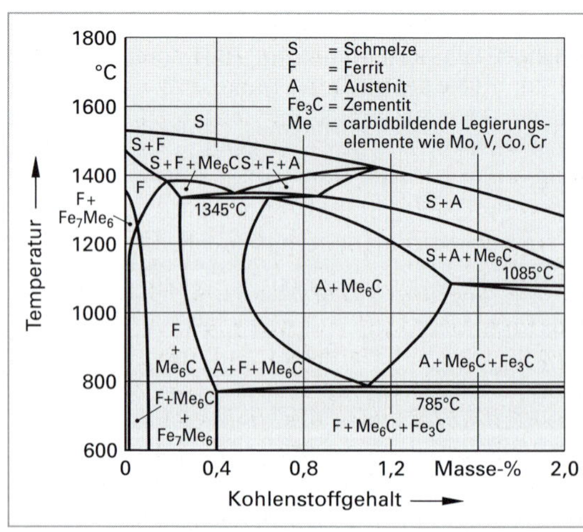

Bild 3: Fe-W-Cr-C-Zustandsdiagramm. Legierungsschnitt bei 18 % W und 4 % Cr

Gefüges. Zur Erhöhung des Reinheitsgrades und damit zur Verbesserung der Zähigkeit, bietet sich ein anschließendes **Elektroschlackeumschmelzen (ESU)** an. Dies führt jedoch auch zu höheren Herstellungskosten.

Die Gebrauchseigenschaften der Schnellarbeitsstähle sind im Gusszustand infolge des spröden Ledeburiteutektikums schlecht. Eine anschließende Warmumformung durch Schmieden oder Walzen bei 900 °C ... 1100 °C führt zu einer Auflösung bzw. Zertrümmerung des Ledeburiteutektikums. Ein gut durchgekneteter Schnellarbeitsstahl sollte idealerweise nur noch eine geringe Carbidzeiligkeit oder eine völlig gleichmäßige Verteilung der Carbide aufweisen (Bild 2). Bei Abkühlung aus der Warmumformungstemperatur scheiden sich aus der austenitischen Grundmasse Sekundärcarbide vom Typ MeC, Me_6C und $Me_{23}C_6$ mit einem Volumenanteil von ebenfalls 10 % aus.

An die Warmumformung schließt sich ein **Weichglühen** bei etwa 800 °C an. Im weichgeglühten Zustand besteht das Gefüge der Schnellarbeitsstähle aus einer kohlenstoffarmen ferritischen Grundmasse (etwa 0,3 %) mit eingelagerten Primär- und Sekundärcarbiden unterschiedlicher Größe (Bild 3). Der Kohlenstoff des Stahls ist dabei fast ausschließlich an die carbidbildenden Elemente Cr, W, Mo und V gebunden (Carbidanteil an MeC, Me_6C und $Me_{23}C_6$: 25 Vol.-% ... 30 Vol.-%). Dem Weichglühen folgt die spanende Weiterverarbeitung zum betreffenden Werkzeug und eine anschließende **Spannungsarmglühung** bei 600 °C ... 650 °C zur Beseitigung eventuell vorhandener Bearbeitungsspannungen.

Die größte Bedeutung bei der Herstellung kommt dem **Härten** mit anschließendem mehrmaligen **Anlassen** zu (Bild 1, Seite 316). Bei Härtetemperatur werden nur die Sekundärcarbide gelöst. Die noch aus dem Ledeburiteutektikum stammenden Primärcarbide lösen sich nicht im Austenit und verhindern dadurch eine übermäßige Vergröberung des Austenitkorns. Schnellarbeitsstähle sind daher weitgehend überhitzungsunempfindlich.

Aufgrund der schlechten Wärmeleitfähigkeit muss das Erwärmen auf Härtetemperatur (1120 °C ... 1250 °C) stets sehr langsam und, um eine Rissbildung zu vermeiden, in mehreren Stufen in temperierten Salzbädern oder im Vakuum erfolgen. Abhängig von der Werkstückgröße beträgt die Haltedauer 80 s ... 400 s. Die Abkühlgeschwindigkeit wird bei den Schnellarbeitsstählen um 2 K/s gewählt. Abgeschreckt wird in der Regel in Härteölen bei 50 °C ... 60 °C. Druckluft ist aufgrund einer star-

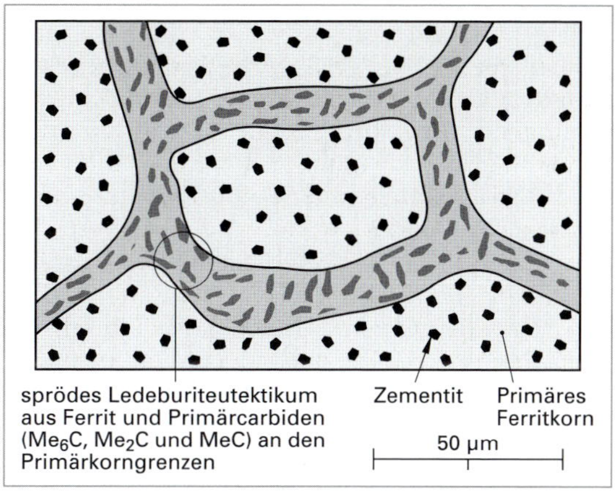

Bild 1: Schnellarbeitsstahl im abgegossenen Zustand: sprödes Ledeburiteutektikum an den Primärkorngrenzen aus Ferrit und Primärcarbiden

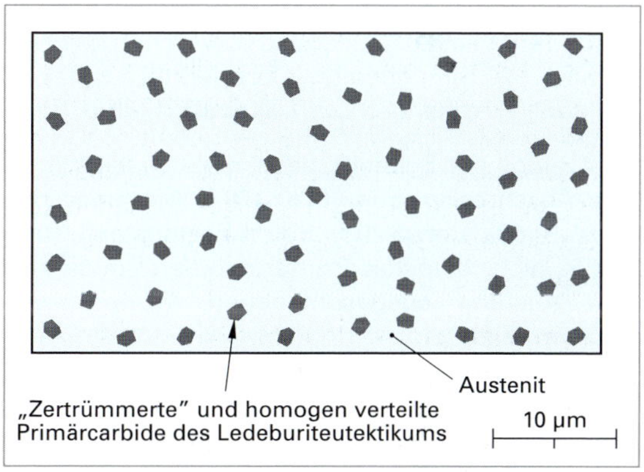

Bild 2: Schnellarbeitsstahl stark umgeformt: Homogene Verteilung der Primärcarbide des Ledeburiteutektikums in austenitischer Matrix

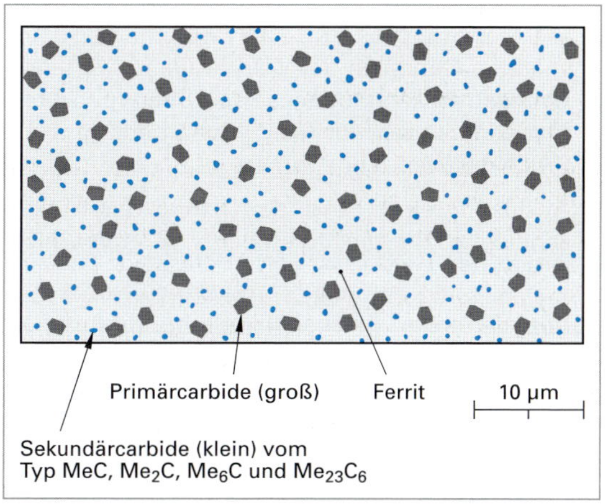

Bild 3: Schnellarbeitsstahl geschmiedet und weichgeglüht: ferritische Grundmasse mit Primärcarbiden (groß) und Sekundärcarbiden (klein)

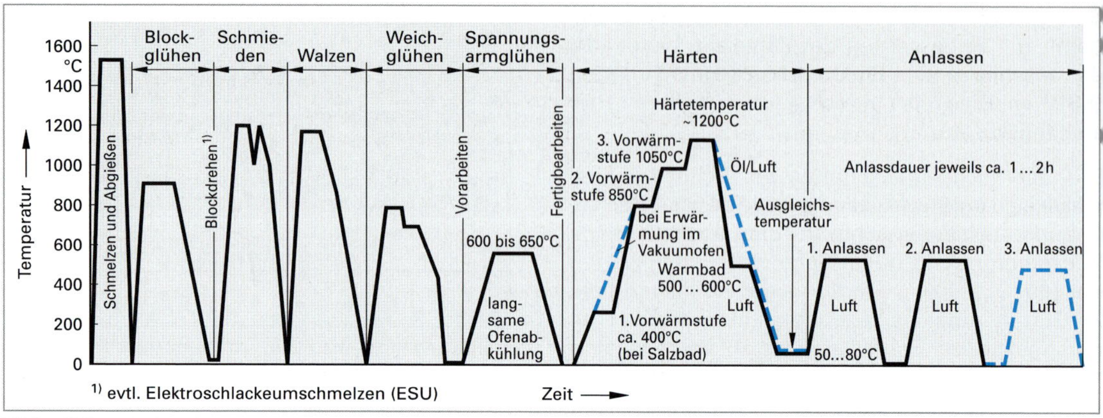

Bild 1: Wärmebehandlung der Schnellarbeitsstähle

ken Verzunderung heute kaum noch gebräuchlich. Um einen Verzug möglichst gering zu halten und der Entstehung von Härterissen vorzubeugen, wird häufig auch in Warmbädern (Salz- oder Metallschmelzen) bei 500 °C ... 550 °C abgeschreckt, etwa 10 min. ... 20 min. gehalten (Temperaturausgleich) und dann an ruhender Luft weiter abgekühlt.

Das Gefüge der Schnellarbeitsstähle besteht nach dem Abschrecken aus 60 % ... 70 % Martensit mit 0,5 % ... 0,6 % C, etwa 20 % ... 30 % Restaustenit, 10 % ... 15 % nicht gelösten Primärcarbiden sowie aus dem Austenit ausgeschiedenen Korngrenzencarbiden (Bild 2).

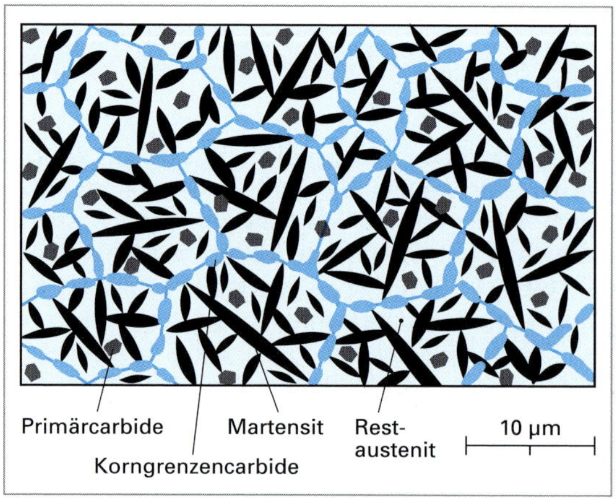

Bild 2: Schnellarbeitsstahl, gehärtet: Martensit und Restaustenit sowie nicht gelöste Primärcarbide und Korngrenzencarbide

An das Abschrecken schließt sich ein in der Regel mehrmaliges Anlassen bei Temperaturen zwischen 540 °C und 600 °C (1 h...2 h) in Salzbädern oder Vakuumöfen an. Das Anlassen hat im Wesentlichen die folgenden Aufgaben:

1. Beseitigung des noch vorhandenen Restaustenits, da dieser zu einer relativ geringen Gesamthärte führt (61 HRC ... 63 HRC) und sich beim späteren Gebrauch der Werkzeuge in Martensit umwandeln kann. Dies kann zu unerwünschten Maßänderungen, zur Rissbildung oder gar zum Bruch der Werkzeuge führen.
2. Auslösung einer Sekundärhärtung durch Ausscheidung thermisch stabiler Sondercarbide (Kapitel 6.4.5.2).

Der bei der ersten Anlassbehandlung in Martensit umgewandelte Restaustenit muss ebenfalls angelassen werden, so dass bei den Schnellarbeitsstählen mindestens eine zweite Anlassbehandlung erforderlich wird.

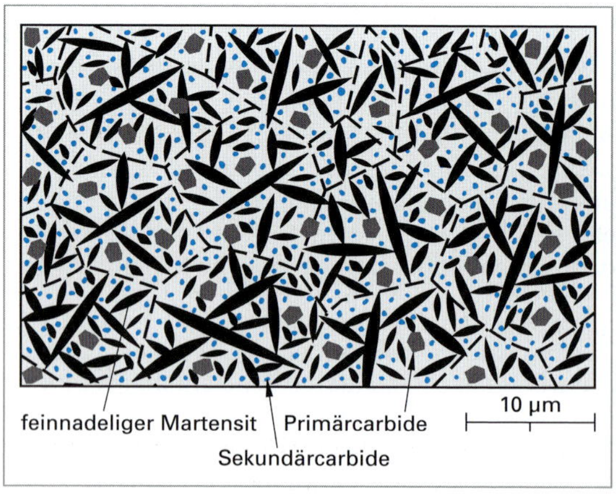

Bild 3: Gefüge eines gehärteten und zweimal angelassenen Schnellarbeitsstahles: Primär- und Sondercarbide in feinnadeliger martensitischer Matrix

Das Gefüge eines gehärteten und zweimal angelassenen Schnellarbeitsstahls besteht schließlich aus feinnadeligem Martensit ohne Korngrenzen mit feinen, gleichmäßig in der fast strukturlosen Grundmasse verteilten Carbiden (Bild 3).

c) Schnellarbeitsstahlsorten

Die Einteilung der Schnellarbeitsstähle erfolgt nach ihrem Wolfram- und Molybdängehalt in vier Legierungs- und Leistungsgruppen (Tabelle 1).

Tabelle 1: Legierungs- und Leistungsgruppen von Schnellarbeitsstählen

Stahlgruppe	Kurzname W-Mo-V-Co	Zur Bearbeitung von Stahl: bei mittlerer Beanspruchung		bei höchster Beanspruchung	
		< 850 MPa	> 850 MPa	Schruppen	Schlichten
18 % W	HS18-0-1 HS18-1-2-5	+ –	– –	– +	– –
12 % W	HS12-1-4-5 HS10-4-3-10	– –	– –	(+) (+)	+ +
6 % W + 5 % Mo	HS6-5-2 HS6-5-3 HS6-5-2-5	– – –	+ – –	– (+) +	– + –
2 % W + 9 % Mo	HS2-9-1 HS2-9-2 HS2-9-1-8	+ – –	– + –	– – +	– – –

\+ geeignet
(+) bedingt geeignet
– ungeeignet

1. Wolframstähle mit 18 % W

Diese älteste Gruppe der Schnellarbeitsstähle mit dem Grundtyp HS18-0-1 (1.3355) wird seit etwa 1900 nahezu unverändert erschmolzen und ist für die Bearbeitung von Stahl bei mittlerer Beanspruchung geeignet. Zusätzliches Legieren mit Cobalt (z. B. HS18-1-2-5) verbessert die Warmhärte und die Anlassbeständigkeit und erlaubt die Zerspanung von Werkstoffen mit höherer Festigkeit, schwer bearbeitbaren Gusseisensorten, Nichteisenmetallen oder nichtmetallischen Werkstoffen.

2. Wolframstähle mit 12 % W und etwa 4 % V

Durch partielle Substitution des Wolframs durch Vanadium erhält man Schnellarbeitsstähle, die sich durch eine verbesserte Wärmeleitfähigkeit und insbesondere eine erhöhte Verschleißbeständigkeit auszeichnen. Sie eignen sich für die Herstellung von Drehwerkzeugen und Formstählen aller Art, für Schlichtwerkzeuge sowie für Hochleistungsfräser.

3. Wolfram-Molybdän-Stähle mit etwa 6 % W und 5 % Mo

Die Gruppe stellt einen Kompromiss aus den reinen W- und Mo-W-Stählen dar. Zu dieser Gruppe gehört auch die Basislegierung HS6-5-2. Etwa 2/3 der Weltproduktion an Schnellarbeitsstählen basiert auf diesem Grundtyp. Aufgrund ihrer ausgewogenen Legierungszusammensetzung in Verbindung mit einer guten Zähigkeit und Verschleißbeständigkeit ist sie vielseitig zur Herstellung von Metallbearbeitungswerkzeugen zum Schruppen und Schlichten einsetzbar (z. B. Wendelbohrer, Fräser aller Art, Räumnadeln, Gewindebohrer oder Reibahlen).

4. Molybdän-Wolfram-Stähle

Wolfram kann in seiner Wirkungsweise durch Molybdän ersetzt werden. Aufgrund der geringeren Dichte des Molybdäns (Mo: 10,22 g/cm^3; W: 19,26 g/cm^3) ist es bei gleichen Gewichtsanteilen (d.h. etwa doppeltem Volumen) deutlich wirksamer und verbessert außerdem die Zähigkeit (feinere Carbide). Die Co-legierten Sorten aus dieser Gruppe (z. B. HS2-9-1-8) eignen sich für die Schruppbearbeitung schwer zerspanbarer Werkstoffe.

d) Oberflächenhärtung und Beschichtung von Schnellarbeitsstählen

Eine weitere Verbesserung der Verschleißbeständigkeit der Schnellarbeitsstähle kann durch eine Oberflächenhärtung oder durch eine Beschichtung erfolgen. Hierzu kommen insbesondere die folgenden Verfahren in Frage:

- **Nitrieren**

  Anreicherung der oberflächennahen Schneidstoffschicht mit Stickstoff bei Temperaturen zwischen 500 °C und 590 °C zur Bildung einer dünnen, verschleißbeständigen Nitrierschicht (Kapitel 6.4.6.3).

Tabelle 1: Wärmebehandlung, Härte und Anwendungsbeispiele für Schnellarbeitsstähle nach DIN EN ISO 4957

Stahlsorte	Werk-stoff-Nr.	C-Gehalt Masse-%	Härte		Anwendungen (Beispiele)
			weichgegl. HB (min.)	gehärtet HRC (min.)	
HS0-4-1	1.3325	0,77 ... 0,85	262	60	Gering beanspruchte Zerspanungswerkzeuge.
HS1-4-2	1.3326	0,85 ... 0,95	262	63	Wie HS0-4-1.
HS18-0-1	1.3355	0,73 ... 0,83	269	63	Kleine Wendelbohrer.
HS2-9-2	1.3348	0,95 ... 1,05	269	64	Wendel- und Gewindebohrer, Fräser, Reibahlen, Räumwerkzeuge.
HS1-8-1	1.3327	0,77 ... 0,87	262	63	Wie HS2-9-2, aber geringere Beanspruchung.
HS3-3-2	1.3333	0,95 ... 1,03	255	62	Sägeblätter für Metallhandsägen.
HS6-5-2	1.3339	0,80 ... 0,88	262	64	Standardstähle für alle Zerspanungswerkzeuge für Schrupp- und Schlichtbearbeitung.
HS6-5-3	1.3344	1,15 ... 1,25	269	64	Hochbeanspruchte Gewindebohrer und Reibahlen, Hochleistungsfräser, Wendelbohrer.
HS6-6-2	1.3350	1,00 ... 1,10	262	64	Wie HS6-5-3.
HS6-5-4	1.3351	1,25 ... 1,40	269	64	Wie HS6-5-3.
HS6-5-2-5	1.3243	0,87 ... 0,95	269	64	Hochleistungsfräs- und Bohrwerkzeuge.
HS6-5-3-8	1.3244	1,23 ... 1,33	302	65	Wie HS6-5-2-5.
HS10-4-3-10	1.3207	1,20 ... 1,35	302	66	Universeller Einsatz bei Schrupp- und Schlichtarbeiten.
HS2-9-1-8	1.3247	1,05 ... 1,15	277	66	Schaftfräser, Wendel- und Gewindebohrer, Drehwerkzeuge für Automatenarbeiten.

[1] Abschrecken in Luft, Gas oder Salzbad.

- **Verchromen**

  Abscheiden einer dünnen Chromschicht (5 µm bis 50 µm) auf der Schneidstoffoberfläche bei Temperaturen zwischen 50 °C bis 70 °C.

- **Hartstoffschichten**

  Seit den 60er-Jahren werden auch dünne Hartstoffschichten beispielsweise aus Titannitrid (TiN) oder Titanaluminiumnitrid (Ti,Al)N auf der Schneidstoffoberfläche abgeschieden. Die Verschleißbeständigkeit kann dabei deutlich erhöht werden. Die Beschichtung erfolgt aus der Dampfphase. Als Beschichtungsverfahren kommen in Frage (Kapitel 4.5.4):

  - **PVD-Verfahren** (PVD = Physical Vapour Deposition). Das Verfahren wird aufgrund der relativ niedrigen Beschichtungstemperaturen von 200 °C ... 500 °C überwiegend bei verzugsanfälligen Werkzeugen angewandt (z. B. TiN-Beschichtung von Wendelbohrer, Gewindebohrer, Schaftfräser und Verzahnungswerkzeuge).
  - **CVD-Verfahren** (CVD = Chemical Vapour Deposition). Aufgrund der höheren Beschichtungstemperaturen führt dieses Verfahren zu einer verbesserten Schichthaftung, außerdem wird eine Schattenwirkung vermieden und damit gleichmäßige Schichtdicken erzeugt. Es macht allerdings eine zusätzlich Wärmebehandlung nach dem Beschichten erforderlich. Das CVD-Verfahren wird insbesondere für die Beschichtung von Wendeschneidplatten angewandt.

e) Gesinterte Schnellarbeitsstähle

Schnellarbeitsstähle können auch auf pulvermetallurgischem Wege hergestellt werden (Bild 1), wobei der schmelzmetallurgischen Herstellung (s. o.) heute nach wie vor die größte wirtschaftliche Bedeutung zukommt.

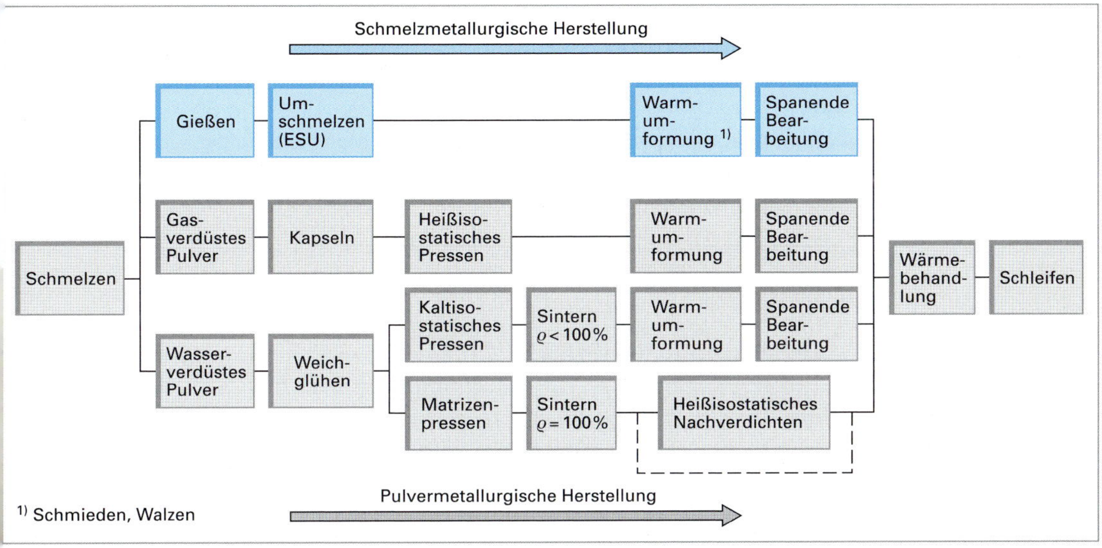

Bild 1: Verfahrensschritte bei der schmelz- (blau) und pulvermetallurgischen (grau) Herstellung von Schnellarbeitsstählen

Pulvermetallurgisch hergestellte Stähle **(PM-Stähle)** zeichnen sich durch ein homogenes Gefüge mit gleichmäßiger Verteilung feiner Carbide aus, das außerdem frei von Carbidseigerungen ist (Bild 2). Im Vergleich zu den schmelzmetallurgisch hergestellten Stählen haben die PM-Stähle in der Regel auch eine höhere Zähigkeit. Pulvermetallurgisch hergestellte Schnellarbeitsstähle sind bislang nicht genormt. Bild 3 zeigt Werkzeuge bzw. Werkstücke, die auf pulvermetallurgischem Weg hergestellt wurden.

Bild 2: Gefüge eines pulvermetallurgisch hergestellten Stahls

Bild 3: Werkzeuge bzw. Werkstücke aus pulvermetallurgisch hergestellten Stählen

Der Sintervorgang wird bei kaltisostatisch zu Halbzeugen gepressten Pulvern vor Erreichen der theoretischen Dichte (d. h. eines porenfreien Gefüges) abgebrochen. Die endgültige Verdichtung erfolgt beim nachfolgenden Schmieden. Formteile wie Wendeschneidplatten, die in Matrizenpressen geformt werden, werden hingegen bis zum Erreichen der theoretischen Dichte gesintert. Gasverdüstes Pulver wird durch heißisostatisches Pressen zu Formteilen (z. B. Werkzeugen) verarbeitet.

6.6 Eisengusswerkstoffe

Die Herstellung von Bauteilen durch Gießen ist gegenüber Schweiß- oder Schmiedekonstruktionen oft wirtschaftlicher. Der Werkstoff wird dabei im schmelzflüssigen Zustand in Formen gegossen und erhält, abgesehen von eventuellen Nachbearbeitungsschritten, bereits die Endform. Aufwändige Umformschritte sind nicht vorgesehen, die Fertigbearbeitung erfolgt in der Regel durch Zerspanung. Bei Beachtung einiger verfahrensspezifischer Grundsätze besitzt das Gießen eine Reihe von Vorteilen:

- Freizügigkeit des Gestaltens, wird mit keinem anderen Fertigungsverfahren erreicht (z. B. komplexe Gestaltung mit Hohlräumen),
- Möglichkeit der Herstellung endkonturnaher Werkstücke mit hoher Maßgenauigkeit,
- Herstellung von Integralgussteilen, dadurch Verringerung des Montageaufwandes,
- Materialeinsparung (keine Späne) und hohe Recyclingrate des Werkstoffs,
- geringer spezifischer Energieeinsatz bezogen auf die Festigkeit (beanspruchungsgerechte Bauteilgestaltung),
- Isotropie der Werkstoffeigenschaften (keine Texturen).

6.6.1 Einteilung der Eisengusswerkstoffe

Bei der Einteilung der Eisengusswerkstoffe (Bild 1) ist es zweckmäßig, zwischen dem metastabilen System Fe-Fe_3C und dem stabilen System Fe-C zu unterscheiden. Im metastabilen System wird der nicht mehr im Kristallgitter des Eisens lösbare Kohlenstoff als metastabile Verbindungsphase in Form von Carbid bzw. Zementit (Bild 1, Seite 170) ausgeschieden, im stabilen System hingegen als Graphit (Bild 2, Seite 170). Die Unterschiede im Zustandsdiagramm Eisen-Kohlenstoff bei metastabiler und stabiler Erstarrung zeigt Bild 1, Seite 172.

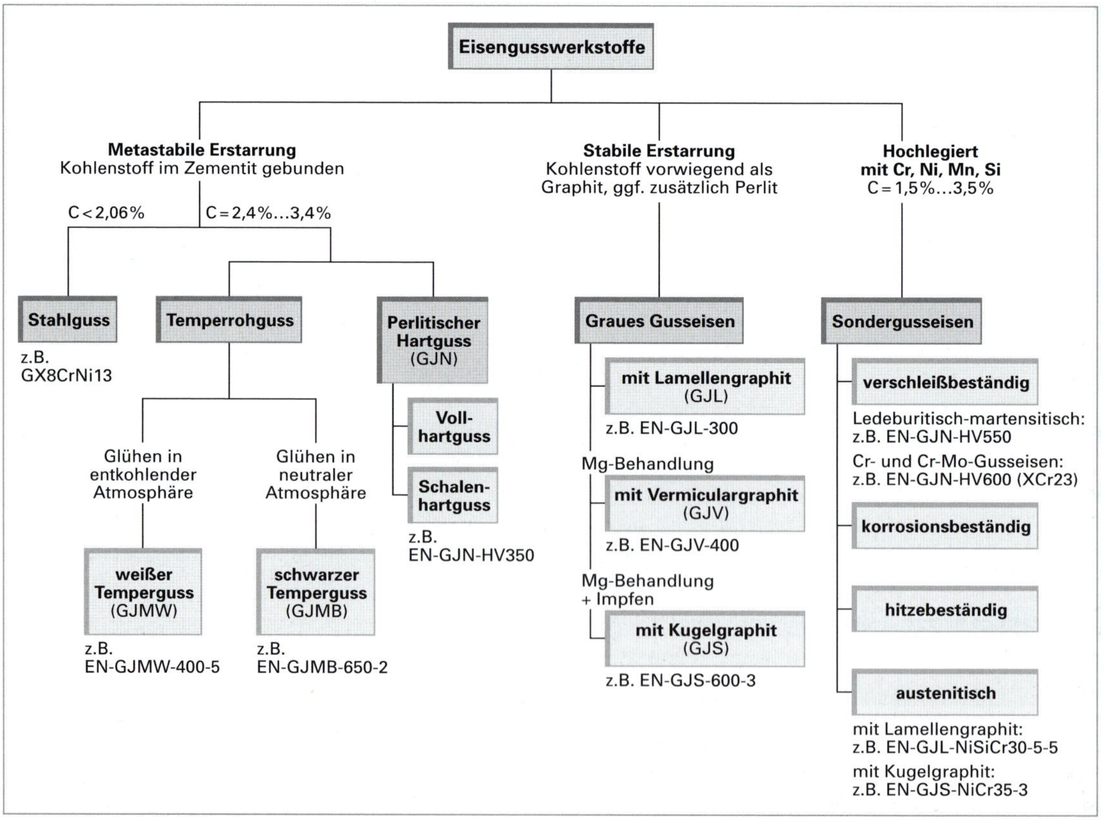

Bild 1: Einteilung der Eisengusswerkstoffe

Eisenwerkstoffe des metastabilen Systems mit C < 2,06 % werden, sofern es sich um Knetwerkstoffe handelt, als **Stähle** (Walz- oder Schmiedestähle) bezeichnet (siehe auch Kapitel 6.2.2.3). Bei gießtechnischer Verarbeitung vergleichbarer Legierungen spricht man hingegen von **Stahlguss**.

Eisenwerkstoffe mit Kohlenstoffgehalten über 2,06 % sind nicht mehr plastisch verformbar, die Formgebung ist nur noch durch Gießen möglich. Diese Werkstoffgruppe wird daher als **Gusseisen** bezeichnet. Legierungselemente wie Si oder P können die Grenze zwischen Stahl bzw. Stahlguss und Gusseisen allerdings zu niedrigeren Kohlenstoffgehalten verschieben.

Die weitere Unterteilung der Gusseisenwerkstoffe erfolgt nach dem Bruchaussehen in **weißes Gusseisen** (Kohlenstoff liegt als Zementit vor; metastabiles System) und **graues Gusseisen** (Kohlenstoff liegt als Graphit vor; stabiles System). Eine weiße Erstarrung wird durch erhöhte Mn-Gehalte (auch Cr und andere carbidbildende Elemente) und eine zügige Abkühlung, eine graue Erstarrung hingegen durch erhöhte Si-Gehalte (auch P, Cu und Ni) und eine langsame Abkühlung begünstigt (Kapitel 6.6.3.2).

Weißes Gusseisen ist durch das Ledeburiteutektikum hart, spröde und schwer bearbeitbar. Mit Ausnahme von **perlitischem Hartguss** und **verschleißbeständigem Gusseisen** (Kurzzeichen: GJN, zur Normung von Gusseisenwerkstoffen siehe Kapitel 8.2) findet es in diesem Zustand kaum Verwendung. Durch eine nachträgliche Glühung der fertigen Bauteile in neutraler Atmosphäre zerfällt der Zementit in Ferrit und Graphit (Temperkohle) und es entsteht der **schwarze Temperguss** (Kurzzeichen: GJMB). Eine Glühung in oxidierender Atmosphäre führt zu einer Entkohlung und die Bruchfläche zeigt ein stahlähnliches, hellgraues Aussehen. Die Gusseisensorte wird daher als **weißer Temperguss** (Kurzzeichen: GJMW) bezeichnet.

Beim grauen Gusseisen liegt der überwiegende Teil des Kohlenstoffs als lamellar, vermikular (würmchenförmig) oder globular (kugelförmig) ausgebildeter Graphit vor. Entsprechend der geometrischen Gestalt der Graphitkristalle im Gefüge unterscheidet man zwischen:

- **Gusseisen mit Lamellengraphit,** auch als **Grauguss** bezeichnet (Kurzzeichen: GJL)
- **Gusseisen mit Vermikulargraphit** (Kurzzeichen: GJV)
- **Gusseisen mit Kugelgraphit** (Kurzzeichen: GJS)

6.6.2 Stahlguss

Stahlguss ist in Formen gegossener Stahl, der außer einer Zerspanung keinem nachträglichen Formgebungsverfahren unterzogen wird.

Stahlguss hat im Vergleich zu den Gusseisenwerkstoffen eine Reihe von Vorteilen:

- Höhere Festigkeit und Zähigkeit im Vergleich zu den Gusseisenwerkstoffen, wie Gusseisen mit Lamellen- bzw. Kugelgraphit oder Temperguss,
- aufgrund der guten Zähigkeit, vorteilhafte Verwendung von Stahlguss bei schwingender Beanspruchung, Stoß- und Schlagbeanspruchung,
- Stahlgusssorten haben, analog den Stählen, eine gute Schweißbarkeit,
- nahezu unbegrenzte Anwendbarkeit hinsichtlich Größe und Masse der Gussstücke (Bild 1),
- Werkstoffvielfalt. Es stehen unter anderem Sorten für tiefe Temperaturen (< –10 °C), für hohe Temperaturen (> 300 °C), für korrosive Umgebung sowie für erhöhte Verschleißbeanspruchung zur Verfügung.

ⓘ Information

Stahlguss

Die Anwendung von Stahlguss ist aufgrund seiner verhältnismäßig schlechten Gießbarkeit (s. u.) nur zweckmäßig, falls die geforderten Eigenschaften (z.B. Festigkeit, Zähigkeit, Schweißbarkeit) durch andere Gusswerkstoffe nicht erreicht werden können und alternative Fertigungsmethoden wie Umformen oder Zerspanen aufgrund komplexer Werkstückgeometrien oder aus Wirtschaftlichkeitsgründen nicht in Betracht kommen.

Bild 1: Lasthaken für einen Schiffskran (Tragfähigkeit etwa 4500 Tonnen) aus GX5CrNi13-4 (Masse: 92 t)

6.6.2.1 Gießbarkeit von Stahlguss

Stahlguss kann mit allen gebräuchlichen Gießverfahren verarbeitet werden. Typische Beispiele sind der Handform- und Maschinenformguss oder der Formmaskenguss. Auch Feinguss, Vollformguss oder Schleuderguss kommen zur Anwendung (Kapitel 5.5.1). Dennoch ist Stahl kein typischer Gusswerkstoff, da seine Gießbarkeit relativ schlecht ist:

- Hohe Gießtemperatur von 1500 °C ... 1700 °C mit entsprechenden anlagentechnischen und energetischen Nachteilen.
- Erstarrung in einem Temperaturintervall, dadurch schlechtes Formfüllungs- und Fließvermögen, da ausgehend von der kalten Formwand dendritische Mischkristalle senkrecht in die Schmelze hineinwachsen und bei dünnen Querschnitten den Durchfluss sperren.
- Große Erstarrungsschwindung von etwa 2 % (Tabelle 1). Sie führt in Verbindung mit dem schlechten Formfüllungs- und Fließvermögen zur Bildung unerwünschter Warmrisse und Lunker.

Tabelle 1: Schwindmaße ausgewählter Gusswerkstoffe

Eisengusswerkstoff	Richtwert %	Streuband %
Graues Gusseisen		
• mit Lamellengraphit	1,0	0,5 ... 1,3
• mit Kugelgraphit	1,2	0,8 ... 1,6
Stahlguss	2,0	1,5 ... 2,5
Temperguss		
• weiß	1,6	1,0 ... 2,0
• schwarz	0,5	0,0 ... 1,5
Aluminium-Gusslegierungen[1]	1,2[2]	0,9 ... 1,5
Magnesium-Gusslegierungen[1]	1,2	1,0 ... 1,5
Kupfer-Gusslegierungen		
Unlegiertes Kupfer	1,9	1,5 ... 2,1
Cu-Sn (Bronze)	1,5	0,8 ... 2,0
Cu-Zn (Messing)	1,3	0,8 ... 1,6
Cu-Sn-Zn (Rotguss)	1,2	0,8 ... 1,8
Zinn-Gusslegierungen	1,3	1,1 ... 1,5

[1] Werte gültig für Sandguss. Bei Kokillen- oder Druckguss geringere Werte (starre Gussformen)
[2] Allgemeiner Richtwert

6.6.2.2 Wärmebehandlung von Stahlguss

Stahlguss wird, von wenigen Ausnahmen abgesehen, nach dem Gießen fast immer einer Wärmebehandlung unterzogen. Hauptziel einer Wärmebehandlung ist die Beseitigung von **Widmannstättenschem Gefüge.** Dieses grobnadelige ferritisch-perlitische Gefüge (Bild 1, Seite 216) ist unerwünscht, da es zu einer deutlichen Verminderung der plastischen Verformbarkeit führt. Stahlguss wird daher entweder normalgeglüht (Kapitel 6.4.3.1) oder vergütet (Kapitel 6.4.5.4).

6.6.2.3 Stahlgusssorten

Die Stahlgusssorten werden nach ihren mechanischen, technologischen oder chemischen Eigenschaften eingeteilt. Die Werkstoffpalette reicht dabei von unlegiert bis hochlegiert. Man unterscheidet üblicherweise die in Bild 1 dargestellten Gruppen. Die wichtigsten Sorten werden nachfolgend besprochen.

a) Stahlguss für allgemeine Verwendungszwecke

Stahlguss für allgemeine Verwendungszwecke ist in DIN EN 10293 und DIN EN 10213 (Stahlguss für Druckbehälter) genormt. Die Gruppe umfasst un-, niedrig- und hochlegierte Stahlsorten. Die mechanischen Eigenschaften ausgewählter Sorten sind in Tabelle 1, Seite 323 zusammengestellt. Stahlguss für allgemeine Verwendungszwecke wird, sofern die Festigkeits- und Zähigkeitseigenschaften ausreichend sind, im Temperaturbereich zwischen –10 °C und 300 °C eingesetzt. Die Bauteile dürfen außerdem nur geringen bis mittleren zeitlich veränderlichen oder schlagartigen Beanspruchungen ausgesetzt werden. Auch eine zu hohe Verschleißbeanspruchung muss vermieden werden.

Stahlguss

- **Stahlguss für allgemeine Verwendungszwecke** (DIN EN 10293)
  - mittlere bis hohe Beanspruchungen
  - Temperaturbereich –10°C... 300°C
  - mäßige Verschleißbeanspruchung
- **Hochfester Stahlguss** (SEW 520)[1]
  - vorzugsweise für Schweißkonstruktionen
  - Festigkeitseigenschaften sind mit den Feinkornbaustählen vergleichbar
- **Vergütungsstahlguss** (DIN EN10293)
  - für statisch u. dynamisch hoch beanspruchte Bauteile
  - Temperaturbereich bis 300°C
- **Warmfester Stahlguss** (DIN EN 10213)
  - bei statischer Beanspruchung bis 600°C einsetzbar
- **Kaltzäher Stahlguss** (DIN EN 10213, SEW 685)
  - Temperaturbereich –40°C... –270°C (je nach Sorte)
- **Nicht rostender Stahlguss** (DIN EN 10283, SEW 410)
  - Anwendung bei erhöhter korrosiver Beanspruchung
  - Sorten: • Martensitischer Stahlguss • Austenitischer Stahlguss • Austenitisch-ferritischer Stahlguss
- **Hitzebeständiger Stahlguss**
  - Anwendung bei Temperaturen zwischen 600°C und 1150°C sowie ggf. zusätzlich gasförmige, korrosive Medien
- **Verschleißbeständiger Stahlguss**
  - Bei hoher Verschleißbeanspruchung
  - Sorten: • Manganhartstahlguss • Verschleißfester Chromhartguss • Stahlguss für das Einsatzhärten

[1] SEW = Stahl-Eisen-Werkstoffblatt

Bild 1: Einteilung der Stahlgusssorten

Tabelle 1: Mechanische Eigenschaften der Stahlgusssorten für allgemeine Verwendungszwecke nach DIN EN 10293 (Auswahl)

Stahlgusssorte			Wärme-behand-lung[2]	Mechanische Eigenschaften[3]				
neu[1]	alt[1]	Wst.-Nr.		Wanddicke mm	$R_{po,2}$ MPa	R_m MPa	A %	KV[4] J
GE200	GS-38	1.0420	N	≤ 300	200	380 ... 530	25	35
GE240	GS-45	1.0446	N	≤ 100	240	450 ... 600	22	27
GE300	GS-60	1.0558	N	≤ 30	300	600 ... 750	15	27
G17Mn5	GS-16 Mn 5	1.1131	N	≤ 50	240	450 ... 600	24	70
G20Mn5	GS-20 Mn 5	1.6220	V	≤ 100	300	500 ... 650	22	60
G10MnMoV6-3	–	1.5410	V	≤ 50	500	600 ... 750	18	60
G42CrMo4	GS-42CrMo4	1.7231	V	≤ 100	600	800 .. 950	12	31
G30NiCrMo14	–	1.6771	V	≤ 50	1000	1100 ... 1250	7	15
G35CrNiMo6-6	GS-34CrNiMo6	1.6579	V	≤ 100	800	900 ... 1050	10	35
GX9Ni5	–	1.5681	V	≤ 30	380	550 ... 700	18	100
GX4CrNi16-4	–	1.4421	V	≤ 300	830	1000 ... 1200	10	27

[1] Neu nach DIN EN 10 027-1; alt nach DIN 17 006.
[2] N = normalgeglüht; V = vergütet (Wasser oder Öl).
[3] Werte ermittelt bei Raumtemperatur. Jeweils Mindestwerte.
[4] ISO-Spitzkerbproben. Mittelwert aus drei Proben.

b) Hochfester Stahlguss

Der Wunsch nach Stahlguss mit den Feinkornbaustählen vergleichbaren Streck- bzw. Dehngrenzen bei gleichzeitig guter Schweißbarkeit und einer hohen Zähigkeit auch bei tiefen Temperaturen führte zur Entwicklung der hochfesten Stahlgusssorten. Sie werden vorzugsweise für Schweißverbundkonstruktionen mit Walz- und Schmiedestählen auf vielen Gebieten des Maschinenbaus, im Bergbau und Brückenbau für tragende Konstruktionen sowie im Fahrzeugbau für Schwertransport- und Schienenfahrzeuge, Hebe- und Erdbewegungsmaschinen eingesetzt. Auch im Schiffsbau und in der Offshore-Technik finden die hochfesten Stahlgusssorten Verwendung. Wichtige hochfeste Stahlgusssorten sind im Stahl-Eisen-Werkstoffblatt 520 (SEW 520) genormt.

Bild 1: Zahnkranz für einen Drehofen aus Vergütungsstahlguss G34CrMo4 (Durchmesser: 9,2 m; Masse: 70 t)

c) Vergütungsstahlguss

Vergütungsstahlguss nach DIN EN 10293 wird im vergüteten Zustand bevorzugt für statisch und dynamisch hoch beanspruchte Bauteile bei Betriebstemperaturen bis 300 °C eingesetzt (Bild 1). Um eine gute Durchvergütbarkeit auch bei größeren Wanddicken zu erreichen, sind die verfügbaren Sorten nach DIN EN 10293 legiert, wobei mit zunehmendem Legierungsgehalt die vergütbare Wanddicke steigt. Unlegierte Stahlgusssorten würden sich nur bis zu einer Wanddicke von etwa 20 mm durchvergüten lassen.

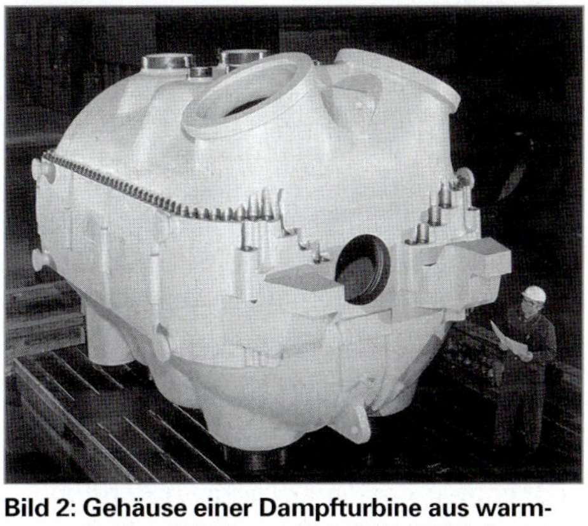

Bild 2: Gehäuse einer Dampfturbine aus warmfestem Stahlguss (G17CrMo5-5) mit einer Masse von 80 t

d) Warmfester Stahlguss

Warmfeste Stahlgusssorten nach DIN EN 10213 werden im Temperaturbereich zwischen 300 °C und 600 °C, vorzugsweise unter statischer Beanspruchung und meist im vergüteten Zustand, eingesetzt (Bild 2). Für das Werkstoffverhalten bei erhöhten Temperaturen gilt das bereits bei den warmfesten Stählen Gesagte (Kapitel 6.5.8).

e) Kaltzäher Stahlguss

Als kaltzäh bezeichnet man Stahlgusssorten, die bei Temperaturen unter –10 °C eingesetzt werden können und dabei noch ausreichende Zähigkeitseigenschaften, in der Regel eine Kerbschlagarbeit über 27 J, aufweisen. Abhängig von der Stahlgusssorte betragen die tiefsten Einsatztemperaturen der kaltzähen Stahlgusssorten – 40 °C bis – 270 °C. Die wichtigsten kaltzähen Stahlgusssorten sind im Stahl-Eisen-Werkstoffblatt 685 (SEW 685) und in DIN EN 10 213 genormt. Für das Werkstoffverhalten bei tiefen Temperaturen gilt das bereits bei den kaltzähen Stählen Gesagte (Kapitel 6.5.9).

Hauptanwendungsgebiet für den kaltzähen Stahlguss ist die industrielle Kältetechnik. Kaltzäher Stahlguss wird dort für Bauteile und Anlagen zur Verflüssigung und zum Fraktionieren von technischen Gasen, wie zum Beispiel Sauerstoff, Stickstoff, Wasserstoff oder Edelgase, eingesetzt. Auch im Schwerfahrzeugbau und im Flugzeugbau findet kaltzäher Stahlguss mitunter Verwendung.

f) Nichtrostender Stahlguss

Stahlguss gilt als nichtrostend, falls sein Cr-Gehalt die Resistenzgrenze von 12 % überschreitet (Kapitel 6.5.10). Die wichtigsten nichtrostenden Stahlgusssorten sind in DIN EN 10283 und im Stahl-Eisen-Werkstoffblatt 410 (SEW 410) genormt. Entsprechend ihres Gefügeaufbaus und damit ihrer Gebrauchseigenschaften unterscheidet man vier Hauptgruppen.

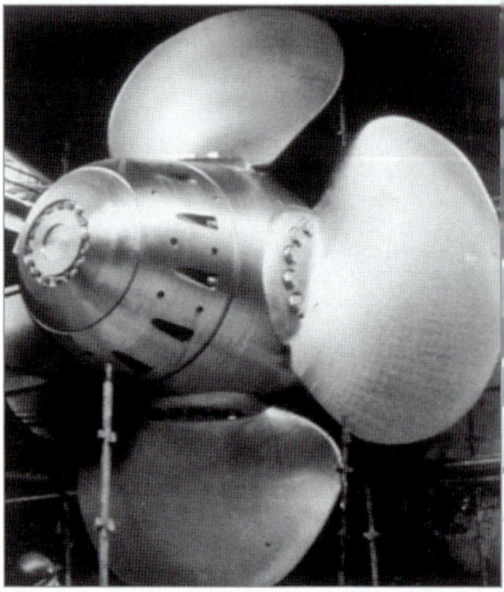

Bild 1: Schiffsschraube aus nichtrostendem, martensitischem Stahlguss (Masse: 44,3 t) Nabe: GX4CrNiMo16-5-2 Flügel: NiMo-haltiger 12 % Cr-Stahlguss

- **Ferritisch-carbidischer Chromstahlguss** eignet sich bevorzugt bei kombinierter Korrosions- und Verschleißbeanspruchung, sofern an die Zähigkeit der Bauteile keine allzu hohen Anforderungen gestellt werden. Aufgrund des hohen Chromgehaltes kann auch bei rauer Walzhaut mit guter Korrosionsbeständigkeit gerechnet werden. Die **nickelfreien ferritisch-carbidischen** Sorten (z. B. GX70Cr29, GX120Cr29 und GX120CrMo29-2) werden in der Nahrungsmittel- und chemischen Industrie sowie im Bergbau und Schiffsbau eingesetzt, die **nickelhaltigen ferritisch-carbidischen Chromstahlgusssorten** (GX40CrNi27-4 und GX40CrNiMo27-5) eignen sich für formschwierige Gussstücke wie Pumpengehäuse und Laufräder für die chemische Industrie, im Kalibergbau sowie für Bauteile von Rauchgas-Entschwefelungsanlagen.
- **Martensitischer Stahlguss** (z. B. GX12Cr12, GX7CrNiMo12-1, GX4CrNi13-4, GX4CrNiMo16-5-2) besitzt einen Cr-Gehalt von etwa 12 %...17 %. Analog den martensitischen Chromstählen wandeln sich diese Stahlgusssorten bei Abkühlung aus der Austenitisierungstemperatur in der Martensitstufe um. Anwendungen finden sich im Wasserturbinenbau sowie für Pumpen- und Gebläseräder. Für chloridhaltige Medien kommen die Mo-legierten Qualitäten (z. B. GX4CrNiMo16-5-2) in Frage (Bild 1).
- **Austenitischer Stahlguss** (z.B. GX2CrNi19-11, GX5CrNiNb19-11, GX2CrNiMoN17-13-4) besitzt einen über das Cr-Ni-Verhältnis gezielt eingestellten Deltaferritgehalt von 5% ... 20%. Bei niedrigem Deltaferritgehalt wird die Empfindlichkeit für Erstarrungs- und Aufschmelzrisse (Kapitel 4.4.1.3) z.B. beim Schweißen reduziert, bei höherem Deltaferritgehalt wird hingegen die Dehngrenze verbessert. Die **vollaustenitischen Sorten** (z. B. GX2NiCrMoCuN29-25-5, GX2NiCrMo28-20-2) werden bei sehr hoher Korrosionsbeanspruchung eingesetzt. Zur Verbesserung der Schweißbarkeit und Erhöhung der Dehngrenze sind sie zum Teil mit Stickstoff legiert.
- **Austenitisch-ferritischer Stahlguss** oder **Duplex-Stahlguss** (z. B. GX6CrNiN26-7, GX2CrNiMoN25-6-3, GX2CrNiMoCuN25-6-3-3, GX2CrNiMoN26-7-4) hat ein Gefüge aus etwa 50 % Austenit und 50 % Ferrit. Gegenüber dem austenitischen Stahlguss hat Duplex-Stahlguss eine deutlich höhere Festigkeit (0,2-%-Dehngrenzen von 420 MPa ... 480 MPa), eine verbesserte Beständigkeit gegenüber transkristalliner Spannungsrisskorrosion sowie eine hervorragende Beständigkeit gegenüber Lochkorrosion (auch in Meerwasser) und interkristalliner Korrosion. Die Einsatztemperaturen liegen zwischen – 50 °C und + 300 °C.

) Hitzebeständiger Stahlguss

Stahlguss wird als hitzebeständig bezeichnet, sofern er bei Temperaturen oberhalb 600 °C in verzundernd, d. h. oxidierend wirkenden Gasen nicht angegriffen wird. Hitzebeständige Stahlgusssorten werden für mechanisch und thermisch hoch beanspruchte Bauteile verwendet, die gasförmigen, korrosiven Medien bei Temperaturen zwischen 600 °C und 1150 °C ausgesetzt sind. Typische Einsatzgebiete sind Erzaufbereitungsanlagen (Röstöfen), Ofenanlagen in der Zement- und Erdölindustrie sowie in petrochemischen Betrieben. Die hitzebeständigen Stahlgusssorten sind in DIN EN 10295 sowie im Stahl-Eisen-Werkstoffblatt 595 (SEW 595) genormt und können in drei Gruppen eingeteilt werden: ferritische und austenitisch-ferritische Sorten, austenitische Stahlgusssorten sowie Nickel- und Cobalt-Basislegierungen.

) Verschleißbeständiger Stahlguss

Für Bauteile, die einer erhöhten Verschleißbeanspruchung ausgesetzt sind, stehen unterschiedliche verschleißbeständige Stahlgusssorten zur Verfügung.

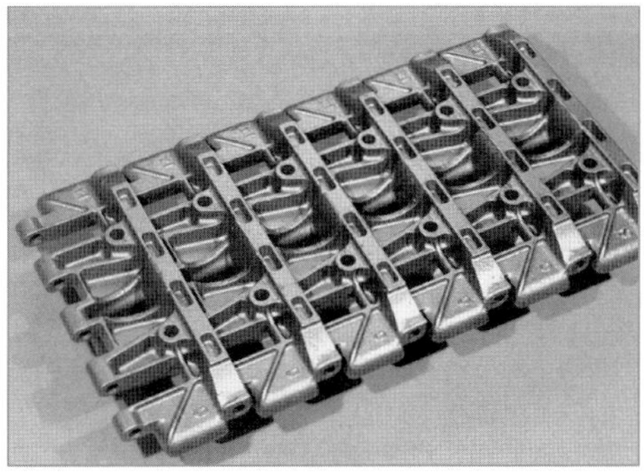

Bild 1: Kettenglied für ein Kettenfahrzeug aus Manganhartstahlguss (GX120Mn12)

- **Manganhartstahlguss** (C = 1,0 % ... 1,4 %) hat aufgrund seines hohen Mangangehaltes von bis zu 14 % ein austenitisches Gefüge bei Raumtemperatur und damit eine gute Zähigkeit. Optimale Härte (bis 550 HB) und Verschleißfestigkeit werden erst durch eine Kaltverformung der verschleißbeanspruchten Oberflächen während des Betriebs erreicht.

  Manganhartstahlguss wird bevorzugt für Bauteile verwendet, die während des Betriebs hohen Schlag- oder Stoßbeanspruchungen ausgesetzt sind. Beispiele sind Brechbacken, Hämmer, Auskleidungen von Brechern und Mühlen sowie Kettenglieder von Kettenfahrzeugen (Bild 1). Beim Fehlen von Schlag- oder Druckbeanspruchung erhöht sich die Verschleißrate von Manganhartstahlguss beträchtlich, da keine Kaltverfestigung auftritt.

- **Verschleißfester Chromhartguss** nach DIN 12513 besitzt von allen Stahlgusswerkstoffen die höchste Verschleißbeständigkeit und allerdings auch die geringste Zähigkeit. Die Stahlgusssorten mit Kohlenstoffgehalten von 2,5 % ... 3,5 % und Chromgehalten von 15 % ... 27 % erreichen ihre höchste Härte (62 HRC) und Verschleißbeständigkeit nach dem Härten (900 °C ... 1050 °C/Luft) durch einen erhöhten Gehalt an Chrommischcarbiden in weitgehend martensitischem Grundgefüge (Kapitel 6.6.3.9).

Bild 2: Zahnrad für einen Pressenantrieb (Ø 6 m, Masse: 70 t) aus einsatzhärtbarem Stahlguss (G34CrMo4)

- **Einsatzstahlguss** (z. B. GC16E, G16MnCr5, G25CrMo4, G17CrMnMo5-5, G22NiMoCr5-6) wird dort eingesetzt, wo ein zäher Kern bei gleichzeitig harter und verschleißbeständiger Oberfläche gefordert wird (z. B. für Zahnräder, Bild 2). Das Bauteil kann dabei eine hohe Verschleißbeanspruchung kombiniert mit Schlag- oder Biegebeanspruchungen ertragen.

Weitere verschleißbeständige Stahlgusssorten, die jedoch nicht näher besprochen werden sollen, sind:

- Martensitischer Stahlguss mit erhöhtem Carbidgehalt
- Stahlguss für das Nitrieren
- Stahlguss für das Flamm- und Induktionshärten

6.6.3 Gusseisenwerkstoffe

Unter Gusseisen versteht man Eisen-Kohlenstoff-Legierungen mit mehr als 2,06 % C (meis 2 %...5 %) und Siliciumgehalten mit bis zu 3 %. Auch der Phosphorgehalt ist bei einigen Sorten mit bi zu 2 % wesentlich höher im Vergleich zu den Stählen.

Gusseisenwerkstoffe zeichnen sich, im Gegensatz zu Stahlguss, durch eine teilweise hervorragend Gießbarkeit, d. h. dünnflüssige Schmelze, gutes Formfüllungsvermögen und geringe Schwindung au (Tabelle 1, Seite 322). Im festen Zustand sind viele Gusseisensorten jedoch verhältnismäßig spröde, s dass die Formgebung deshalb meist nur durch Gießen und ggf. Zerspanen, nicht jedoch durch plastische Verformung erfolgt.

6.6.3.1 Erschmelzung von Gusseisenwerkstoffen

Gusseisen wird aus gut sortiertem Stahlschrott, Kreislaufmaterial, Roheisenmasseln (Gießerei- und Hämatit-Roheisen) oder Gussbruch erschmolzen. Heute wird aus Wirtschaftlichkeitsgründen in zunehmendem Maße Stahlschrott eingesetzt. Die Erschmelzung erfolgt in gas- oder koksbeheizten Kupolöfen, mitunter kommen auch Induktionstiegelöfen, seltener Drehtrommelöfen zum Einsatz (Bild 1). Hochwertige Sorten werden häufig zum Fertigschmelzen, Nachbehandeln oder ggf. Legieren aus dem Kupolofen in den Induktionstiegelofen umgefüllt **(Duplexverfahren).**

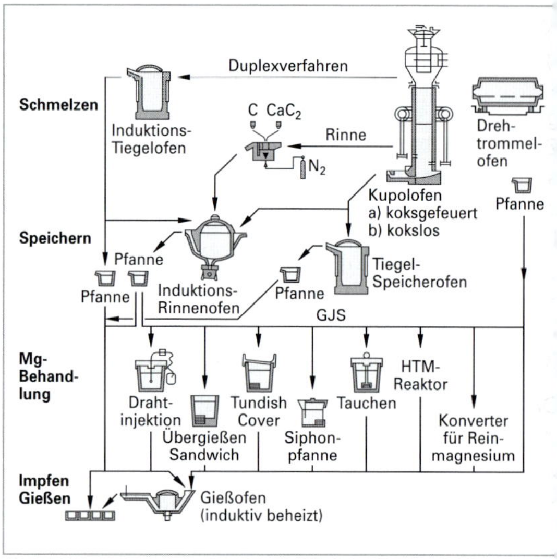

Bild 1: Verfahrensschritte bei der Erschmelzung von Gusseisen

6.6.3.2 Gusseisendiagramme

Die Gefügeausbildung und damit die Art des Gusseisens hängt ab von:

- Chemischer Zusammensetzung (insbesondere Kohlenstoff- und Siliciumgehalt).
- Abkühlgeschwindigkeit (Wanddicke und Gießart wie z. B. Sand- oder Kokillenguss).

Einen besonderen Einfluss auf die Gefügeausbildung des Gusseisens hat das Silicium, das neben Kohlenstoff das wichtigste Legierungselement für das Gusseisen darstellt. Höhere Siliciumgehalte fördern den Zerfall des Zementits, da es den Kohlenstoff im Zementit verdrängt:

$$Fe_3C + Si \rightarrow Fe_3Si + C$$

Der Einfluss des Kohlenstoff- und des Siliciumgehaltes auf die Gefügeausbildung kann in übersichtlicher Form dem **Gusseisendiagramm nach Maurer** entnommen werden (Bild 2). Man unterscheidet drei Gebiete:

Gebiet 1: Niedrige C- und Si-Gehalte begünstigen eine weiße Erstarrung, d. h. es tritt ein ledeburitisches Gefüge auf (weißes Gusseisen wie z. B. Temperguss oder perlitischer Hartguss).

Gebiet 2: Höhere Si-Gehalte begünstigen das stabile System, so dass in zunehmendem

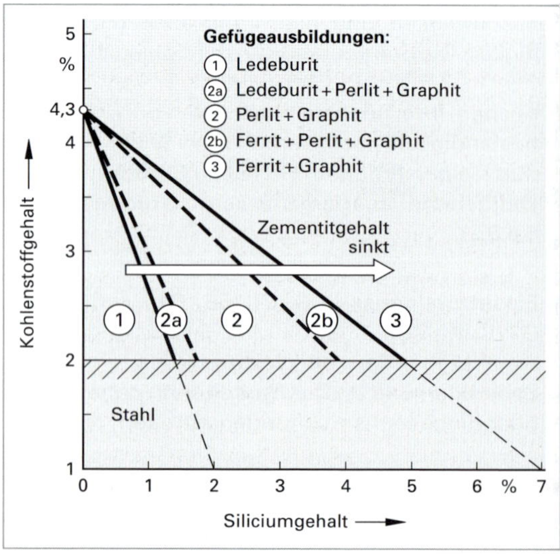

Bild 2: Gusseisendiagramm nach Maurer (Probestäbe mit Ø 30 mm, trockene Form)

Maße ein perlitisches Gefüge mit eingelagerten Graphitlamellen entsteht (graues Gusseisen mit perlitischem Gefüge).

Gebiet 3: Bei sehr hohen Si-Gehalten entsteht schließlich ein ferritisches Gefüge mit eingelagerten Graphitlamellen (graues Gusseisen mit ferritischem Gefüge).

In der Übergangszone 2a liegt ein Gemisch aus weißem und grauem Gusseisen vor, es wird auch als **meliertes Gusseisen** (oder halbgraues Gusseisen) bezeichnet. Im Bereich 2b findet sich Gusseisen mit ferritisch-perlitischem Gefüge.

Neben dem C- bzw. Si-Gehalt hat auch die Abkühlgeschwindigkeit und damit die Wanddicke des Gussteils bzw. die Gießart (z. B. Sand- oder Kokillenguss) Einfluss auf die Gefügeausbildung. Die Zusammenhänge werden anschaulich im **Gusseisendiagramm nach Greiner-Klingenstein** dargestellt (Bild 1). Eine hohe Abkühlgeschwindigkeit (z. B. geringe Wanddicke oder Kokillenguss) begünstigt demnach die weiße Erstarrung (Zementit- statt Graphitbildung), eine langsame Abkühlung (große Wanddicken bzw. Sandguss) hingegen die graue Erstarrung (Graphit- statt Zementitbildung).

Da in der Praxis die Abkühlgeschwindigkeit durch die Wanddicke (Konstruktion) und die Gießart festgelegt sind, wird die gewünschte Gefügeausbildung durch die chemische Zusammensetzung (C- und Si-Gehalt) eingestellt.

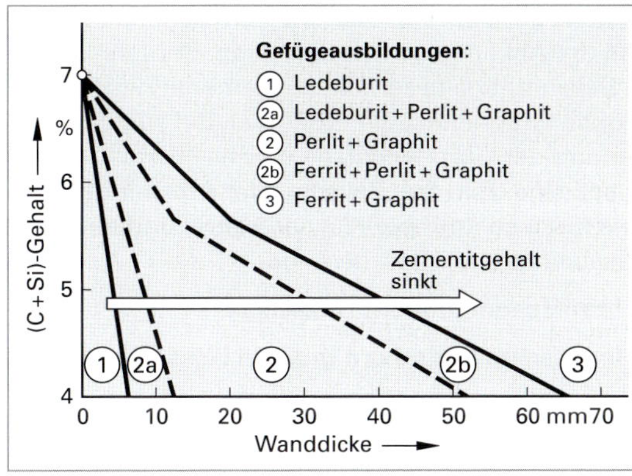

Bild 1: Gusseisendiagramm nach Greiner-Klingenstein

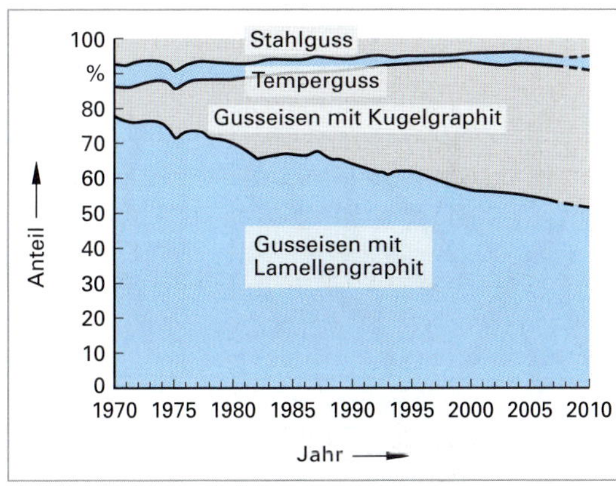

Bild 2: Anteile der einzelnen Werkstoffgruppen an der Gesamtproduktion von Eisengusswerkstoffen

6.6.3.3 Gusseisen mit Lamellengraphit

Gusseisen mit Lamellengraphit (kurz: GJL), das in der Praxis auch als **Grauguss** bezeichnet wird, besitzt von allen Eisengusswerkstoffen die größte Bedeutung, wird jedoch zunehmend vom Gusseisen mit Kugelgraphit (Kapitel 6.6.3.4) verdrängt (Bild 2). Gusseisen mit Lamellengraphit besitzt üblicherweise einen C-Gehalt von 2 % ... 4 % und einen Si-Gehalt von 0,8 % ... 3,0 %.

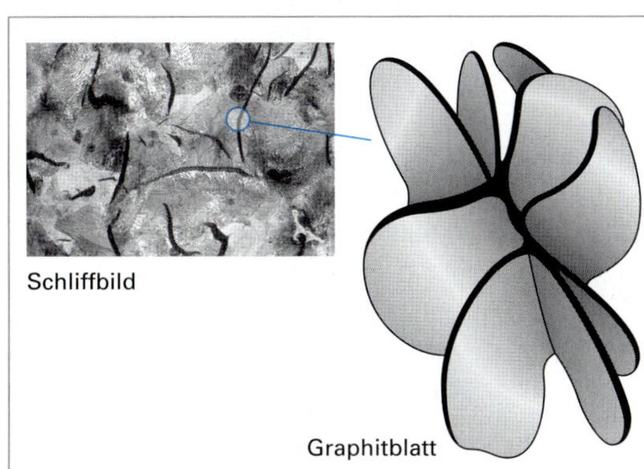

Bild 3: Modell der räumlichen Ausdehnung von Graphit in Grauguss (Graphitblätter)

a) Gefügeaufbau von Grauguss

Die Erstarrung einer Gusseisenschmelze beginnt mit der Bildung von Austenit- bzw. Graphitkristallen in der Schmelze. Mit Erreichen der Eutektikalen bei 1153 °C (Bild 1, Seite 172) bilden sich aus der Restschmelze **eutektische Zellen** durch gleichzeitiges Wachstum von Graphit und Austenit mit eutektischer Zusammensetzung. Die Graphitkristalle bleiben an der Stelle des ursprünglichen Kristallisationskeimes räumlich miteinander verbunden und bilden **Graphitblätter**, die dann im Schliffbild als Graphitlamellen in der metallischen Matrix erscheinen (Bild 3).

Mit Erreichen der eutektoiden Temperatur (738 °C) zerfällt der Austenit in Perlit (siehe Austenitzerfall, Kapitel 6.2.2.5), wobei die Zementitplatten des Perlits dicht unterhalb von 738 °C weiter zu Ferrit und elementarem Kohlenstoff zerfallen. Der Kohlenstoff kristallisiert dabei an die bereits vorhandenen Graphitkristalle an. Das Ausmaß des Perlitzerfalls hängt von der chemischen Zusammensetzung und vor allem von der Abkühlgeschwindigkeit ab. Bei sehr langsamer Abkühlung und eventuell begünstigt durch höhere Siliciumgehalte zerfällt der Zementit des Perlits vollständig und es entsteht ein ferritisches Gefüge mit groben Graphitkristallen (Bild 1a). Bei zügiger Abkühlung zerfällt der Zementit des Perlits nur in der Umgebung der Graphitkristalle und es entsteht ein Gefüge aus Graphitkristallen, die von Ferritsäumen umgeben sind (Bild 1b). Bei schneller Abkühlung findet schließlich kein Zerfall des Perlits mehr statt, so dass ein Gusseisen mit perlitischer Matrix und eingelagerten Grapitkristallen entsteht (Bild 1c). Demnach unterscheidet man zwischen:

- **ferritischem grauem Gusseisen**
- **ferritisch-perlitischem grauem Gusseisen**
- **perlitischem grauem Gusseisen**

Mit zunehmendem Perlitanteil steigen die Festigkeit, die Härte und auch die Verschleißbeständigkeit, während die plastische Verformbarkeit und die Zähigkeit sinken.

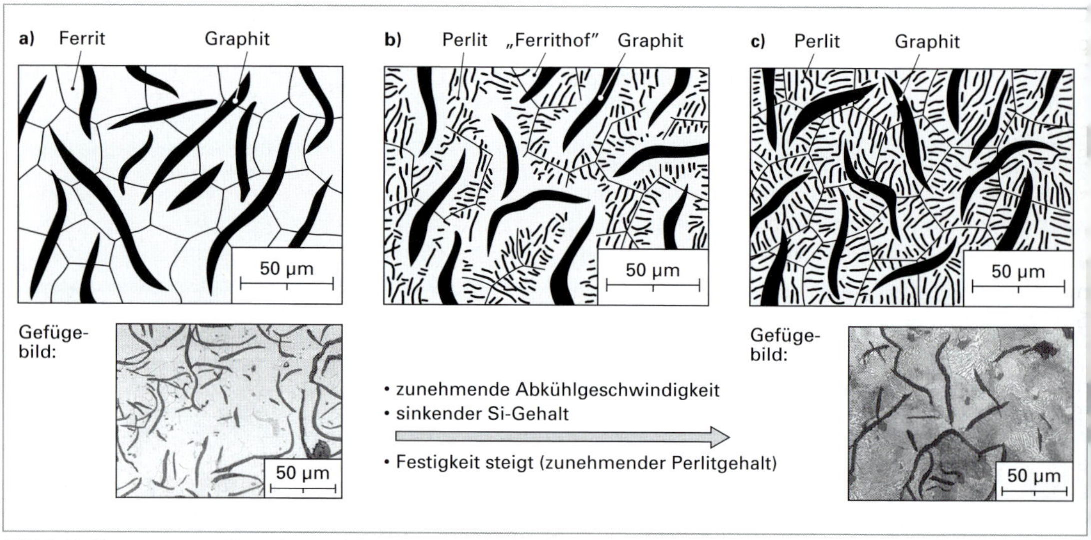

Bild 1: Gefügearten von Gusseisen mit Lamellengraphit

b) Eigenschaften von Grauguss

Aufgrund ihrer geringen Festigkeit sowie der Tatsache, dass zwischen den Graphitkristallen und der metallischen Matrix keine festen Bindungen bestehen, wirken die Graphitkristalle wie Hohlräume in der stahlähnlichen, ferritischen bis perlitischen Matrix. Aufgrund der geringen Dichte von Graphit (2,27 g/cm^3) entspricht der übliche Graphitanteil von 3 % ... 4 % dabei einem Hohlraumanteil von bis zu 10 %. Die Graphitkristalle schwächen nicht nur den tragenden Querschnitt, sondern bewirken als innere Kerben auch eine Störung des Kraftflusses durch Spannungsüberhöhung im Kerbgrund (Bild 1, Seite 335). Die Zugfestigkeit von Gusseisen mit Lamellengraphit (Grauguss) ist daher im Vergleich zu anderen Gusseisensorten oder gar zu Stahl gering (R_m = 100 MPa ... 450 MPa).

Auch die praktisch nicht vorhandene plastische Verformbarkeit von Grauguss (Bruchdehnung < 1 %) lässt sich auf das stark heterogene Gefüge und die innere Kerbwirkung zurückführen. Grauguss sollte daher weder schlagartig noch auf Biegung beansprucht werden.

Die Festigkeit und auch die Härte von Grauguss ist, im Vergleich zu anderen metallischen Werkstoffen, in hohem Maße wanddickenabhängig (Bild 1, Seite 93). Die Festigkeitswerte in den Kurzbezeichnungen beziehen sich auf Proben mit einem Rohgussdurchmesser von 30 mm d.h. einer maßgebenden Wanddicke von 15 mm. Mit zunehmender Wanddicke nimmt die Festigkeit und die Härte grundsätzlich ab, da die

Graphitlamellen gröber (stärkere Kerbwirkung) und die Matrix eher ferritisch wird (Bild 1, Seite 328). Eine zu geringe Wanddicke (z. B. Ecken, Rippen und Kanten von Gussteilen) führt andererseits zu sprödem Ledeburit im Gefüge **(Weißeinstrahlung)**.

Im Gegensatz zur Zugfestigkeit nimmt die Druckfestigkeit von Grauguss eine Sonderstellung unter allen metallischen Konstruktionswerkstoffen ein. Sie liegt um den Faktor 3 bis 4,5 über der Zugfestigkeit, da die Graphitkristalle zwar keine Zugkräfte, jedoch aufgrund ihrer Inkompressibilität Druckkräfte übertragen können. Grauguss ist daher ein idealer Konstruktionswerkstoff falls das Bauteil überwiegend Druckspannungen aufnehmen muss (Bild 1).

Grauguss hat eine nur geringe **Kerbempfindlichkeit** gegenüber äußeren, konstruktiv bedingten Kerben. Da die Graphitkristalle bereits eine sehr starke innere Kerbwirkung verursachen, wirken sich zusätzliche äußere Kerben nicht mehr so stark auf das Schwingfestigkeitsverhalten aus (Tabelle 1, Bild 1, Seite 335).

Grauguss hat ein hervorragendes **Dämpfungsvermögen** für mechanische Schwingungen und damit auch für Schall (Grauguss klingt anders als Stahl). Im Vergleich zu Stahlguss klingen mechanische Schwingungen im Grauguss bereits nach einem Viertel der Zeit ab (Bild 2). Auch tritt bei längerfristiger Schwingungsbeanspruchung keine Ermüdung des Werkstoffs auf. Die Dämpfung ist eine Folge der inneren Reibung in den Graphitkristallen sowie elastisch-plastischer Verformungen durch Spannungsspitzen im Bereich der Enden der Graphitkristalle.

Die hervorragende Schwingungsdämpfung in Verbindung mit niedrigen Werkstoffkosten machen Grauguss daher zu einem idealen Konstruktionswerkstoff für Maschinenbetten (Bild 1, Seite 330), Fundamentplatten, Zylinderblöcke für Motoren (Bild 2, Seite 330) oder Getriebegehäuse.

Grauguss zeichnet sich aus den folgenden Gründen durch eine hervorragende Gießbarkeit aus:

1. Geringe Schwindung (etwa 1 %, Tabelle 1, Seite 322), die zu geringen Maßänderungen und Spannungen im Werkstück führt. Die Gefahr einer Rissbildung ist daher im Vergleich zu anderen Gusswerkstoffen deutlich geringer.
2. Dünnflüssige, leicht gießbare Schmelze, die insbesondere bei eutektischer (4,3 %) oder leicht übereutektischer Zusammensetzung eine niedrige Gießtemperatur (etwa 1300 °C) und ein gutes Fließ- und Formfüllungsvermögen besitzt. Grauguss eignet sich daher ausgezeichnet zur Herstellung komplexer, multifunktionaler und verhältnismäßig dünnwandiger Bauteile.

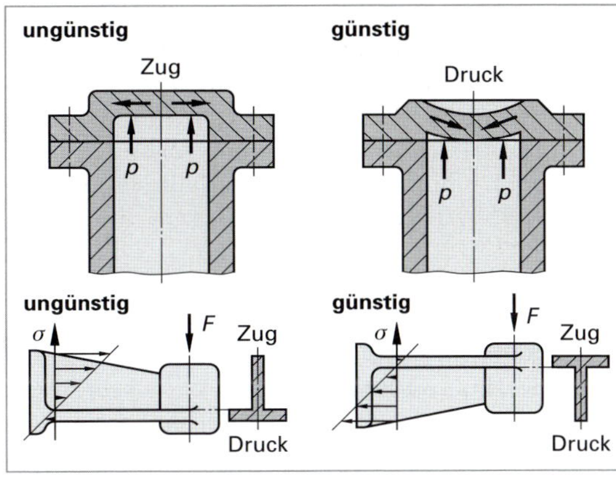

Bild 1: Beispiele für die konstruktive Gestaltung von Bauteilen aus Grauguss

Tabelle 1: Einfluss einer Kerbe auf die Zug-Druck-Wechselfestigkeit von Grauguss

Zugfestigkeit R_m MPa	ungekerbt σ_{zdW} [1] MPa	gekerbt Formzahl α_K	gekerbt σ_{zdW} [1] MPa
138	63	1,00	63
172	82	1,04	79
205	103	1,10	94
232	122	1,15	106
252	134	1,20	112
394	161	1,26	128

[1] σ_{zdW} = Zug-Druck-Wechselfestigkeit

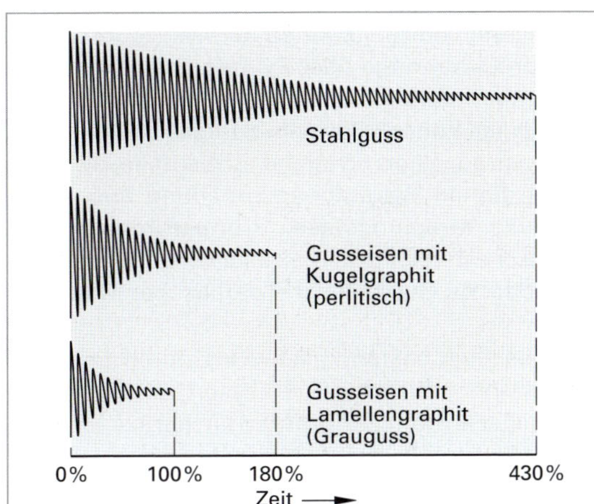

Bild 2: Dämpfungskurven von Stahlguss und grauem Gusseisen

Die Gießbarkeit kann durch Legieren mit Phosphor (0,6 % ... 1,8 %) verbessert werden. Phosphor bildet ein ternäres Phosphideutektikum (s. u.), das erst bei 950 °C aus der Restschmelze erstarrt und dadurch zu einer sehr dünnflüssigen Schmelze führt. Dies ist insbesondere für dünnwandige Bauteile von Bedeutung (Fein- und Kunstguss).

Grauguss hat gegenüber vielen wässrigen und atmosphärischen Medien eine gute Korrosionsbeständigkeit. Die Beständigkeit ist im Wesentlichen auf den erhöhten Siliciumgehalt zurückzuführen. Silicium bildet an der Bauteiloberfläche eine beständige Schicht aus Eisensilicaten und Oxiden. Diese **Gusshaut** sollte daher mechanisch möglichst nicht abgearbeitet werden. Ein Sonderfall der Korrosion von Grauguss ist die **Spongiose**.

Grauguss weist eine sehr gute Verschleißbeständigkeit auf. Die Graphitkristalle von Grauguss bewirken bei Reibbeanspruchung eine Selbstschmierung. Der Graphit wird bei Reibbeanspruchung in fein verteilter Form auf die Gleitflächen übertragen und vermindert eine adhäsive Verschleißbeanspruchung (Kaltverschweißung). Durch Aufbau eines Oberflächenfilms werden außerdem die Notlaufeigenschaften verbessert. Die an der Oberfläche durch Ausreibung des Graphits entstehenden feinen Vertiefungen dienen außerdem als Öl- oder Fettreservoire und verbessern insbesondere das Anlaufverhalten. Aufgrund des günstigen Verschleißverhaltens wird Grauguss daher häufig zur Herstellung von Gleitbahnen für Werkzeugmaschinen, für Kolbenringe oder Zylinderlaufbüchsen für Verbrennungsmotoren eingesetzt. In Verbindung mit seiner hohen Wärmeleitfähigkeit eignet sich Grauguss auch hervorragend für Bauteile, die einer lokalen hohen Wärmebeanspruchung ausgesetzt sind, wie Kupplungsteile, Bremstrommeln und Bremsscheiben (Bild 3). Die beste Verschleißbeständigkeit besitzt Gusseisen mit perlitischer Matrix.

Die Verschleißbeständigkeit wird durch Legieren mit Phosphor zusätzlich verbessert (Bild 4). Phosphor bildet an den Korngrenzen ein hartes, **ternäres Phosphideutektikum** (auch als **Steadit** bezeichnet) aus Austenit, Fe_3C und Fe_3P (Letzteres entstanden gemäß: $Fe_3C + P \rightarrow Fe_3P + C$). Bei hinreichend hohem Phosphorgehalt (> 0,4 %) bildet sich längs der Korngrenzen ein gleichmäßiges, engmaschiges Phosphidnetzwerk, das mit einer sehr guten Verschleißbeständigkeit einhergeht. Das Phosphideutektikum führt allerdings als zusammenhängendes Korngrenzennetzwerk auch zu einer deutlichen Verminderung der Zähigkeit. Für höher beanspruchte

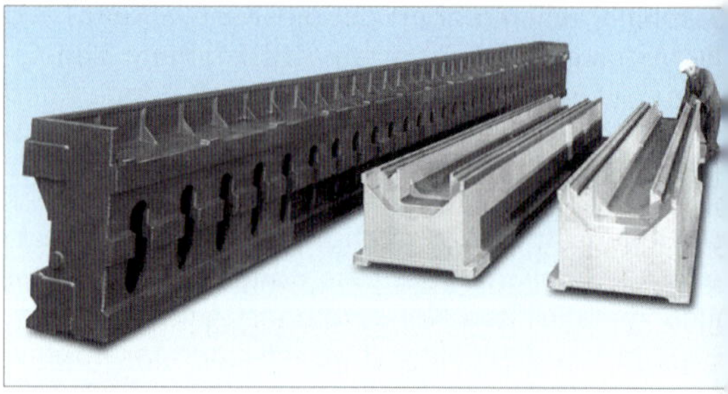

Bild 1: Betten für Werkzeugmaschinen aus Grauguss (EN-GJL-250 und EN-GJL-300)

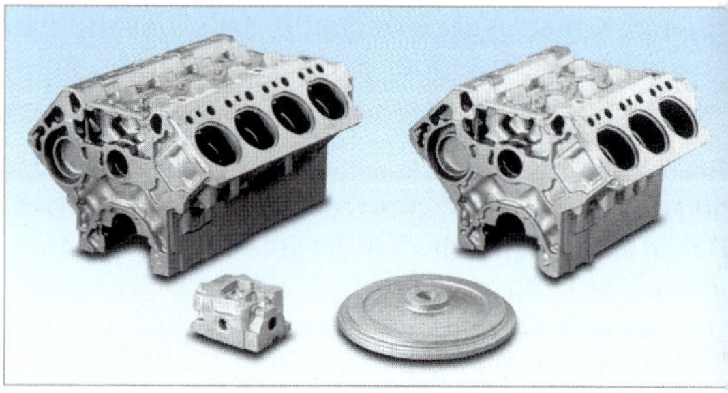

Bild 2: Zylinderblöcke aus EN-GJL-250 (niedriglegiert)

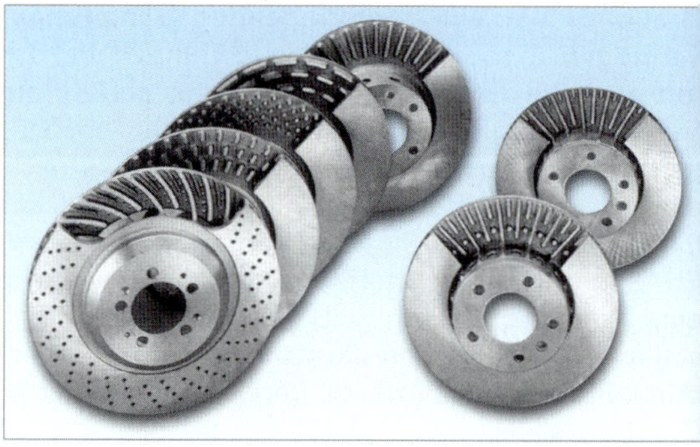

Bild 3: Kfz-Bremsscheiben aus un- und niedriglegiertem Grauguss

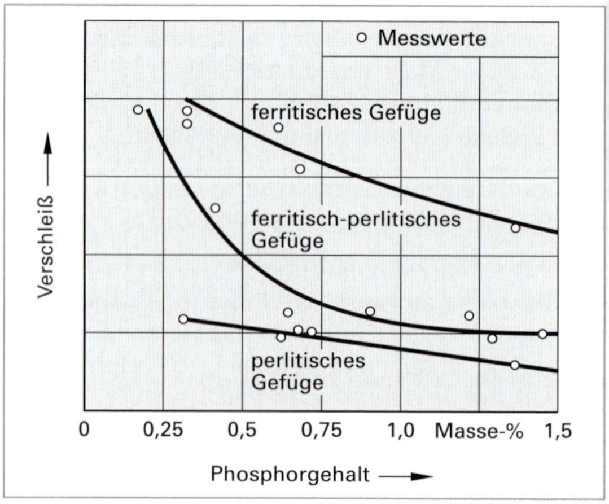

Bild 4: Verbesserung der Verschleißbeständigkeit von Grauguss durch Legieren mit Phosphor

Gussteile, bei schlagartiger Beanspruchung oder Thermoschock, sollte daher auf phosphorfreie Sorten zurückgegriffen werden.

c) Legieren von Grauguss

Durch Legieren können die Eigenschaften von Grauguss in ähnlicher Weise wie bei Stahl verbessert werden. In Tabelle 1 sind die üblichen Legierungsgehalte zusammengestellt. Das Herstellungsverfahren sowie die chemische Zusammensetzung der legierten Graugusssorten bleiben dem Hersteller überlassen. Dieser muss nur sicherstellen, dass die genormten mechanischen und physikalischen Eigenschaften erfüllt werden.

Neben einer Verbesserung der Festigkeit und der Härte können mit Hilfe von Legierungselementen auch andere Eigenschaften von Grauguss wie die Härtbarkeit oder die Zunder- und die Korrosionsbeständigkeit verbessert werden. Tabelle 2 gibt einen Überblick.

Tabelle 1: Durchschnittliche Legierungsgehalte von legiertem Grauguss

Element	Gehalt Masse-%
Chrom	0,2 ... 0,8
Kupfer	0,4 ... 1,8
Molybdän	0,2 ... 0,8
Nickel	0,5 ... 2,0
Niob	bis 0,2
Phosphor	0,2 ... 0,8
Stickstoff	bis 0,1
Titan	bis 0,1
Vanadium	bis 0,1
Zinn	0,03 ... 0,1

Tabelle 2: Wirkungsweise von Legierungselementen in legiertem Grauguss

Ziel Verbesserung von:	Element	Wirkungsweise	Nachteilige Begleiterscheinungen
Festigkeit	Kupfer, Nickel	• Erhöhung des Perlitanteils • Perlitverfeinerung • Ferritverfestigung	keine
	Molybdän	• analog zu Cu und Ni	höhere Lunkerneigung
	Stickstoff	• analog zu Cu und Ni	Gasporosität
	Chrom	• Erhöhung des Perlitanteils • Ferritverfestigung	schwierigere Bearbeitung
	Zinn	• Erhöhung des Perlitanteils	Versprödung
Warmfestigkeit	Molybdän	s. o.	s. o.
Härte und Verschleißbeständigkeit	Kupfer, Nickel, Molybdän, Chrom	s. o.	s. o.
	Zinn	s. o.	Versprödung
	Phosphor	Bildung harter Phosphidphasen	• Versprödung • Bildung von Mikrolunkern
	Vanadium, Niob, Titan	• Erhöhung des Perlitanteils • Sondercarbidbildung	schwierigere Bearbeitung
Einhärtbarkeit	Kupfer, Nickel, Molybdän	Senkung der kritischen Abkühlgeschwindigkeit	keine
Gefügestabilität	Chrom	Carbidstabilisierung	schwierigere Bearbeitung
Zunderbeständigkeit	Chrom, Silicium	Deckschichtbildung	• schwierigere Bearbeitung • starke Ferritisierung
Korrosionsbeständigkeit	Kupfer, Nickel, Chrom	Deckschichtbildung	schwierigere Bearbeitung (durch das Chrom)

d) Wärmebehandlung von Grauguss

Durch eine Wärmebehandlung kann das Anwendungsgebiet der unlegierten und legierten Gusseisenwerkstoffe deutlich erweitert werden. Gusseisen mit Lamellengraphit kann zur Optimierung seiner Gebrauchs- oder Verarbeitungseigenschaften, von einigen Besonderheiten abgesehen, grundsätzlich wie Stahl wärmebehandelt werden. Tabelle 1, Seite 332, gibt einen Überblick über die üblichen Wärmebehandlungsverfahren für Grauguss. Auf Einzelheiten kann im Rahmen dieses Buches allerdings nicht eingegangen werden.

Tabelle 1: Die wichtigsten Wärmebehandlungsverfahren für Grauguss

Wärmebehandlungsverfahren	Angestrebtes Ziel	Gusseisensorte	Glühtemperatur	Zeit[1]	Abkühlen
Spannungsarmglühen	Verminderung von Eigenspannungen	unlegiert niedriglegiert	500 ... 550 °C 560 ... 600 °C	1 h + 1 h je 25 mm Wanddicke	Ofenabkühlung, 40 K/h bis 300 °C (bis 100 °C für komplizierte Teile)
Weichglühen[2] bei niedriger Temperatur	Ferritisches Gefüge, beste Zerspanbarkeit	unlegiert niedriglegiert	700 ... 760 °C	45 min bis 1 h je 25 mm Wanddicke	Ofenabkühlung, 55 K/h zwischen 540°C und 300 °C
Weichglühen[2] bei mittlerer Temperatur	Ferritisches Gefüge, beste Zerspanbarkeit	niedriglegiert	790 ... 900 °C	> 45 min je 25 mm Wanddicke	Ofenabkühlung von Glühtemperatur bis 300 °C
Weichglühen[2] bei hoher Temperatur	Ferritisches Gefüge, beste Zerspanbarkeit	meliertes und weißes Gusseisen	900 ... 955 °C	1 h ... 3 h + 1 h je 25 mm Wanddicke	Ofenabkühlung von Glühtemperatur bis 300 °C
Weichglühen bei hoher Temperatur	Beseitigen von Carbideinschlüssen unter Beibehaltung maximaler Festigkeit und Härte	meliertes und weißes Gusseisen	900 ... 955 °C	1 h ... 3 h + 1 h je 25 mm Wanddicke[3]	Luftabkühlung bis 540 °C, dann Ofenabkühlung bis 300 °C
Perlitglühen	Perlitisches Gefüge, hohe Festigkeit	alle Sorten	850 ... 955 °C	1 h ... 3 h + 1 h je 25 mm Wanddicke	Luftabkühlung bis 540 °C, dann Ofenabkühlung bis 300 °C
Härten	Martensitisches Gefüge höchster Härte	alle Sorten	800 ... 955 °C	1 h + 1 h je 25 mm Wanddicke	Luft- oder Flüssigkeitsabschreckung auf < 200 °C
Vergüten (Härten mit nachfolgendem Anlassen)	Vermindern der Sprödigkeit des Martensits	alle Sorten	Anlasstemperatur: 150 ... 650 °C	1 h je 25 mm Wanddicke	Luft- oder Ofenabkühlung

[1] Kürzere Zeiten lassen sich bei Glühöfen mit Strahlungsbeheizung erreichen.
[2] Auch **Ferritglühen**, **Ferritisieren** oder **Graphitisieren** genannt.
[3] Die Carbide können häufig bereits in kürzerer Zeit abgebaut werden.

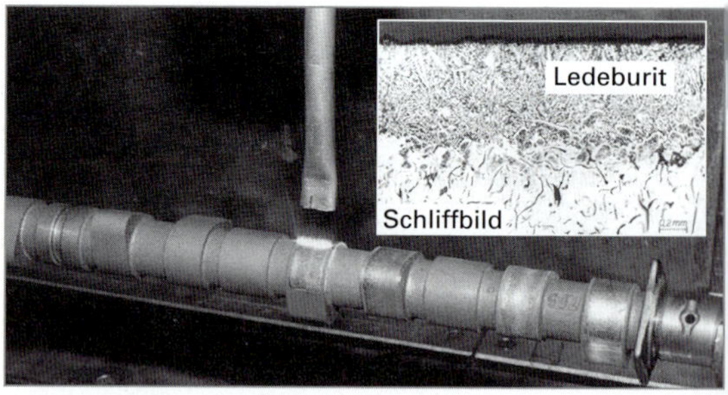

Bild 1: Ledeburitisches Härten (Umschmelzhärten) der Nocken einer Nockenwelle aus EN-GJL-300 mittels Laser

Erwähnenswert ist eine neue Variante des Randschichthärtens von Grauguss, das **ledeburitische Härten** oder **Umschmelzhärten.** Die Randschicht wird mit einem leistungsstarken (WIG-)Lichtbogen, einem Plasma-, Elektronen- oder Laserstrahl bis in eine Tiefe von 1 mm ... 2 mm aufgeschmolzen, wodurch der Kohlenstoff des Graphits in der Schmelze gelöst wird. Die anschließende schnelle Abkühlung durch Wärmeleitung zum kalten Kern (Selbstabschrecken) führt zu einer weißen Erstarrung, d. h. zur Ledeburitbildung der aufgeschmolzenen Randschichtbereiche, unabhängig von den ursprünglichen Erstarrungsbedingungen bei der Herstellung des Gussstücks. Die auf diese Weise entstehende feinkörnige Ledeburitschicht besitzt eine höhere Verschleißbeständigkeit als eine martensitisch gehärtete Randschicht (Bild 1).

e) Graugusssorten

Die mechanischen Eigenschaften von Gusseisen mit Lamellengraphit sind in Tabelle 1, Seite 333, zusammengestellt. Die Sorteneinteilung beruht entweder auf der Zugfestigkeit oder auf der Härte. Die Zweiteilung berücksichtigt, ob für die Weiterverarbeitung oder die Verwendung der Gussstücke die Zugfestigkeit oder die Härte von Bedeutung ist.

Tabelle 1: Mechanische Eigenschaften von Gusseisen mit Lamellengraphit nach DIN EN 1561

Gusseisensorte				Mechanische Eigenschaften				
neue Bezeichnung nach DIN EN 1560		alte Bezeichnung nach DIN 17 006-4 bzw. DIN 17 007-3		R_m[1] MPa	Härte[2] (max.) HB 30	Druck-festigkeit MPa	A %	E-Modul GPa
Kurzname	Numerisch	Kurzzeichen	Wst.-Nr					
Kennzeichnendes Merkmal: Zugfestigkeit								
EN-GJL-100	EN-JL1010	GG-10	0.6010	100 ... 200	–	–	–	–
EN-GJL-150	EN-JL1020	GG-15	0.6015	150 ... 250	–	600	0,3 ... 0,8	78 ... 103
EN-GJL-200	EN-JL1030	GG-20	0.6020	200 ... 300	–	720	0,3 ... 0,8	88 ... 113
EN-GJL-250	EN-JL1040	GG-25	0.6025	250 ... 350	–	840	0,3 ... 0,8	103 ... 118
EN-GJL-300	EN-JL1050	GG-30	0.6030	300 ... 400	–	960	0,3 ... 0,8	108 ... 137
EN-GJL-350	EN-JL1060	GG-35	0.6035	350 ... 450	–	1080	0,3 ... 0,8	123 ... 143
Kennzeichnendes Merkmal: Brinell-Härte								
EN-GJL-HB155	EN-JL2010	GG-150 HB	0.6012	–	155	–	–	–
EN-GJL-HB175	EN-JL2020	GG-170 HB	0.6017	–	175	–	–	–
EN-GJL-HB195	EN-JL2030	GG-190 HB	0.6022	–	195	–	–	–
EN-GJL-HB215	EN-JL2040	GG-220 HB	0.6027	–	215	–	–	–
EN-GJL-HB235	EN-JL2050	GG-240 HB	0.6032	–	235	–	–	–
EN-GJL-HB255	EN-JL2060	GG-260 HB	0.6037	–	255	–	–	–

[1] Werte gültig für getrennt gegossene Probestücke mit einem Rohgussdurchmesser von 30 mm, entsprechend einer maßgebenden Wanddicke von 15 mm.
[2] Werte gültig für eine maßgebende Wanddicke von 40 mm...80 mm

6.6.3.4 Gusseisen mit Kugelgraphit

Die Eigenschaften des grauen Gusseisens werden in erheblichem Maße von der Form, Orientierung, Größe und Verteilung der Graphitkristalle beeinflusst. Bereits in den 30er-Jahren wurden von verschiedenen Forschern die günstigen Eigenschaften eines Gusseisens mit möglichst kugeliger Graphitausbildung vorhergesagt. Die Erschmelzung gelang dann erstmals 1937. Die industrielle Fertigung von Gusseisen mit Kugelgraphit, das auch unter dem Begriff **Sphäroguss** bekannt ist und zu den **duktilen Gusseisensorten** gehört, begann Ende der 40er-Jahre in den USA und Kanada. Während 1949 erst 3500 Tonnen/Jahr Gusseisen mit Kugelgraphit hergestellt wurden, beträgt die Weltproduktion heute etwa 10 Mio. Tonnen, mit steigender Tendenz (Bild 2, Seite 327).

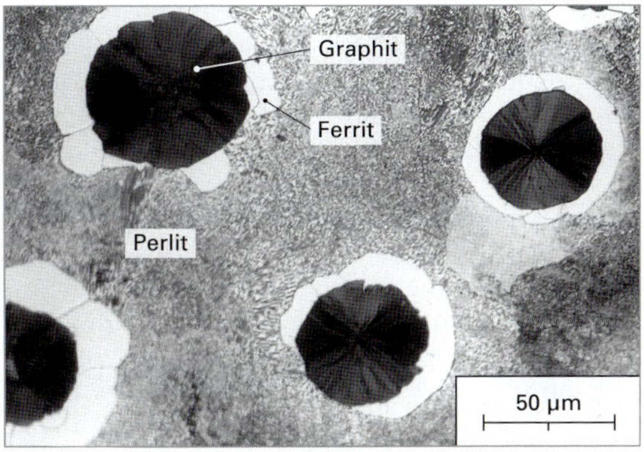

Bild 1: Gusseisen mit Kugelgraphit in perlitischer Grundmasse

a) Gefügeaufbau von Gusseisen mit Kugelgraphit

Gusseisen mit Kugelgraphit (kurz: GJS) besitzt einen C-Gehalt von 3,2 %...3,8 % und einen Si-Gehalt von 2,4 %...2,8 %. Der grundsätzliche Unterschied zwischen Gusseisen mit Lamellengraphit und Gusseisen mit Kugelgraphit besteht in der kugelförmigen Graphitausbildung in einer ferritischen, ferritisch-perlitischen oder perlitischen Matrix (Bild 1).

Die Einformung des Graphits (Bildung von **Sphärolithen)** wird erreicht durch:

- Verwendung spezieller Roheisensorten, die sich durch besonders niedrige Gehalte an Mn, P und S auszeichnen und außerdem nur geringe Mengen der Elemente Sb, Sn, Bi und Cr haben.

- **Mg-Behandlung** der Schmelze mit Mg-Vorlegierungen, wie FeSiMg oder NiMg, zumeist im **Übergieß-, Sandwich-** oder **Tundish-Cover-Verfahren** (Bild 1) bzw. von Reinmagnesium im **Konverter-Verfahren,** so dass ein Mg-Gehalt von 0,02 % ... 0,06 % in der Schmelze erzielt wird. Die Wirkungsweise des Mg (und auch anderer Elemente wie Calcium oder Seltenerdmetalle, wie Cer oder Yttrium) führen zu einer Herabsetzung der Oberflächenspannung des Graphits durch adsorbierte (Mg-)Atome sowie zu einer Blockierung des Graphitwachstums in Längsrichtung.

- **Impfen** der Schmelze im Anschluss an die Mg-Behandlung und unmittelbar vor dem Vergießen. Dadurch wird ein günstiger Keimzustand eingestellt und die Anzahl und Größe der Sphärolithen gesteuert sowie eine Verminderung der Carbidanteile im Gefüge herbeigeführt (Bild 2). Da das Magnesium carbidstabilisierend ist und zu unerwünschter Zementitbildung führen würde, muss der Impfstoff einen hohen Si-Gehalt (60 % ... 80 %) besitzen. Verwendet werden meist Impfmittel auf Ferrosilicium-Basis (z. B. FeSi75), die entweder in die Gießpfanne eingemischt **(Pfannenimpfung)** oder in den Gießstrahl eingebracht werden **(Gießstrahlimpfung)**. Bild 3 zeigt die Beeinflussung der Graphitform durch Mg und Si.

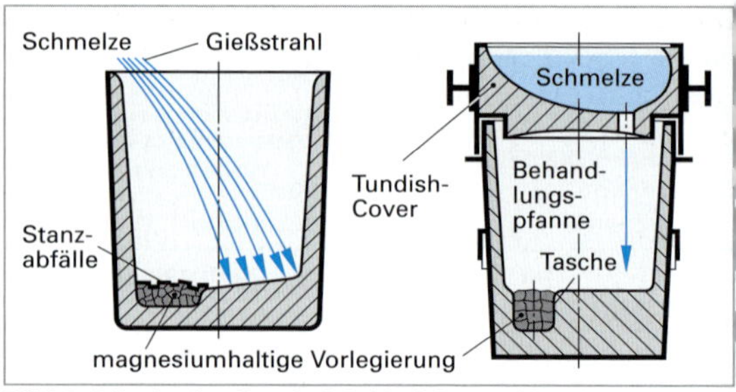

Bild 1: Prinzip des Sandwich-Verfahrens (links) sowie des Tundish-Cover-Verfahrens (rechts)

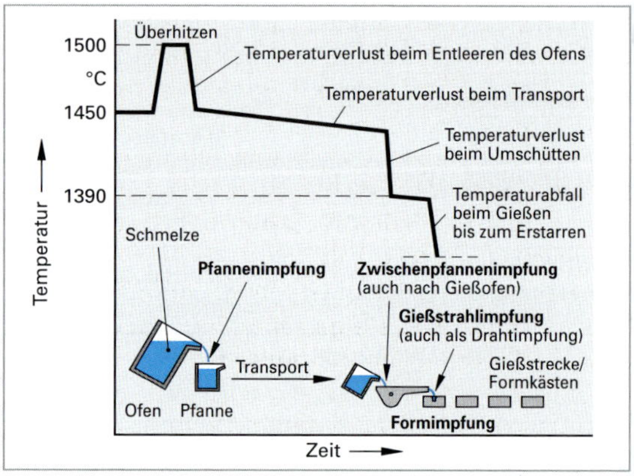

Bild 2: Impfverfahren vom Schmelzofen bis zur Form

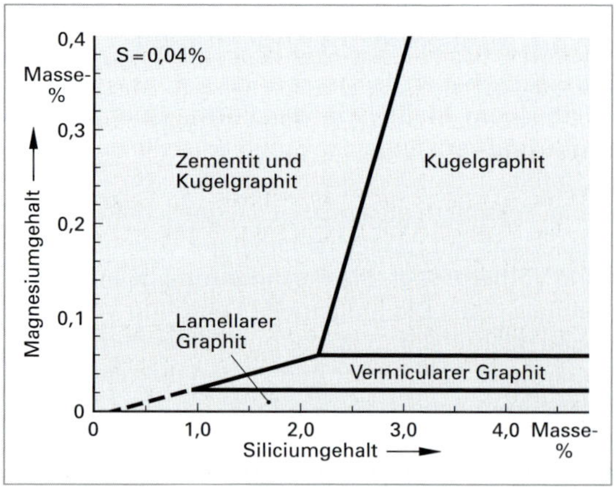

Bild 3: Beeinflussung der Form der Graphitausscheidung durch Mg und Si

b) Eigenschaften von Gusseisen mit Kugelgraphit

Der kugelig eingeformte Graphit führt nicht nur zu einer deutlich höheren Festigkeit (350 MPa bei überwiegend ferritischem Gefüge, bis 900 MPa bei perlitischem Gefüge), sondern auch zu einer guten plastischen Verformbarkeit (Duktilität) mit Bruchdehnungen bis 22 % und zu einer entsprechend hohen Zähigkeit. Gusseisen mit Kugelgraphit (GJS) hat dementsprechend stahlähnliche Eigenschaften. Die Ursache liegt, im Vergleich zu den Graphitlamellen, in einer deutlich geringeren inneren Kerbwirkung (Bild 1, Seite 335). GJS ist dementsprechend warm- und begrenzt kaltumformbar (Bild 2, Seite 335) und erträgt neben Schwing- und Biegebeanspruchungen auch stoßartige Belastungen.

Graues Gusseisen mit Kugelgraphit dringt aufgrund seiner günstigen Werkstoffeigenschaften (Festigkeit und Zähigkeit) in Verbindung mit seiner hohen Wirtschaftlichkeit (geringe Werkstoffkosten, kostengünstige Bauteilfertigung durch Gießen) zunehmend in industrielle Bereiche vor, die früher anderen Werkstoffen (z. B. Stählen) oder Herstellungsverfahren (z. B. Gesenkschmieden) vorbehalten waren. Während beispielsweise Kurbelwellen lange Zeit ausschließlich aus Stahl geschmiedet wurden, betrug 1974 der Anteil an GJS-Kurbelwellen nur 10 %. 1990 wurden bereits 75 % aller Kurbelwellen aus GJS gegossen (Bild 3, Seite 335).

Aufgrund einer verminderten inneren Kerbwirkung ist die Kerbempfindlichkeit von GJS höher im Vergleich zu GJL.

Das Dämpfungsvermögen von GJS ist um etwa einen Faktor 2 geringer im Vergleich zum GJL (Bild 2, Seite 329). Maschinenbetten oder Zylinderblöcke werden daher bevorzugt aus GJL hergestellt.

Die Gießbarkeit von GJS ist gut.

Die Korrosionsbeständigkeit von GJS ist, ebenso wie die Zunder- und Verschleißbeständigkeit, besser im Vergleich zu GJL.

c) Wärmebehandlung von Gusseisen mit Kugelgraphit

Die bereits guten mechanischen Eigenschaften von GJS können durch eine Wärmebehandlung teilweise deutlich verbessert werden. Wärmebehandlungen an Gussstücken werden mit unterschiedlichen Zielsetzungen durchgeführt. Hierzu gehört die Einstellung der Werkstoffsorte, die Gewährleistung einer vorgegebenen Zähigkeit, das Erhöhen der Festigkeit oder Zähigkeit sowie die Verbesserung von Härte und Verschleißbeständigkeit. Durch eine Wärmebehandlung steigen allerdings auch die Herstellungskosten nicht unerheblich.

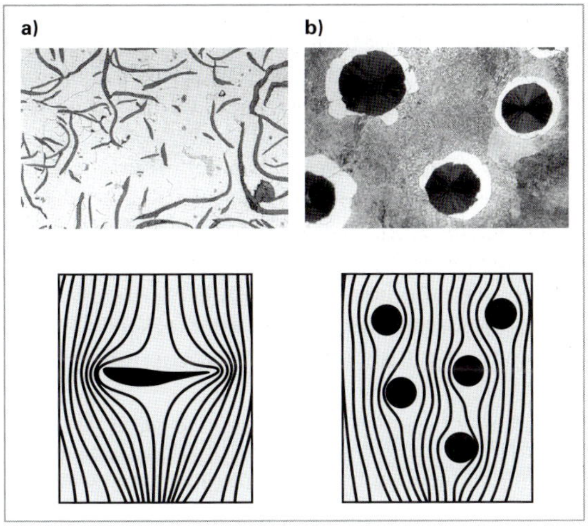

Bild 1: Vergleich der inneren Kerbwirkung a) Gusseisen mit Lamellengraphit b) Gusseisen mit Kugelgraphit

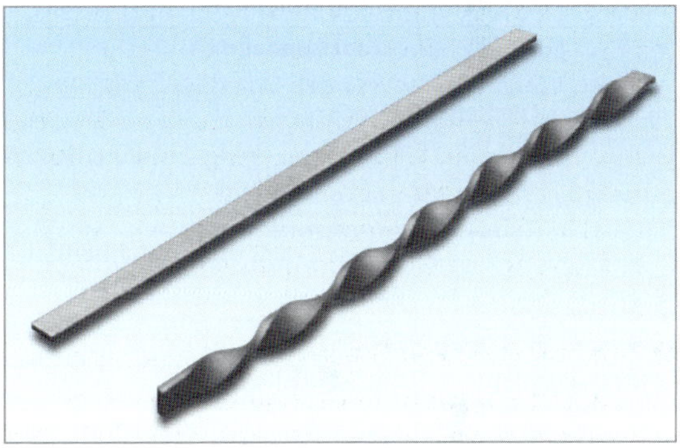

Bild 2: Beispiel für die gute plastische Verformbarkeit von GJS. Der Flachstab wurde im *kalten* Zustand verformt

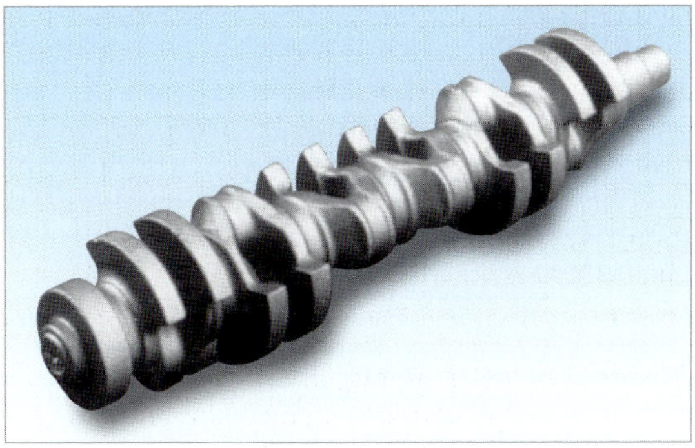

Bild 3: Kurbelwelle für einen 6-Zylinder-Ottomotor aus EN-GJS-600-3

Wichtige Wärmebehandlungsverfahren sind:

- **Spannungsarmglühen** zur Verminderung der beim Gießen entstandenen inneren Spannungen (Eigenspannungen).
- **Austenitisieren** zur Herstellung eines kohlenstoffgesättigten Austenits als reproduzierbarer Ausgangszustand für eine weitere Wärmebehandlung.
- **Weichglühen** (auch **Ferritisieren, Ferritglühen oder Graphitisieren** genannt) führt zu einer beabsichtigten Zerlegung des Perlits, um ein weitgehend ferritisches Gefüge zu erhalten. Dadurch verbessert sich die Bearbeitbarkeit und insbesondere die Zähigkeit. Eine besondere technische Bedeutung hat das Weichglühen bei der Sorte EN-GJS-400-18.
- **Perlitglühen** (auch **Normalisieren** oder **Perlitisieren** genannt) dient, unabhängig vom Ausgangsgefüge, der Einstellung eines teilweise oder vollständig perlitischen Gefüges zur Erhöhung der Festigkeit oder zur Vereinheitlichung der Werkstoffeigenschaften in unterschiedlichen Wanddickenbereichen.
- **Vergüten** (Anlassvergüten) hat die Erhöhung der Festigkeit (800 MPa ... 1600 MPa) bei angemessener Zähigkeit und Verformbarkeit (1 % ... 6 %) zum Ziel. Es führt zu einem Vergütungsgefüge mit eingelagertem Kugelgraphit. Die Anlasstemperaturen nach dem Härten liegen zwischen 400 °C und 550 °C. Oberhalb 550 °C beginnt die mit einer unkontrollierbaren Härteabnahme verbundene, unerwünschte Ausscheidung von Tertiärsphärolithen.

- **Bainitisieren** (auch **Bainitvergüten** genannt) wird ebenfalls zur Verbesserung der mechanischen Eigenschaften (Festigkeit) angewandt. Gegenüber dem Anlassvergüten besteht jedoch eine geringere Verzugs- oder Rissgefahr, außerdem erfordert das Verfahren kürzere Behandlungszeiten (Kapitel 6.4.5.4).
- **Randschichthärten** führt zur Erhöhung der Verschleißbeständigkeit bei gleichzeitig unverändertem Gefüge im Kern. Wichtige Verfahren sind das martensitische und das ledeburitische Härten (Kapitel 6.6.3.3) sowie das Nitrieren (Kapitel 6.4.6.3), Bild 1.

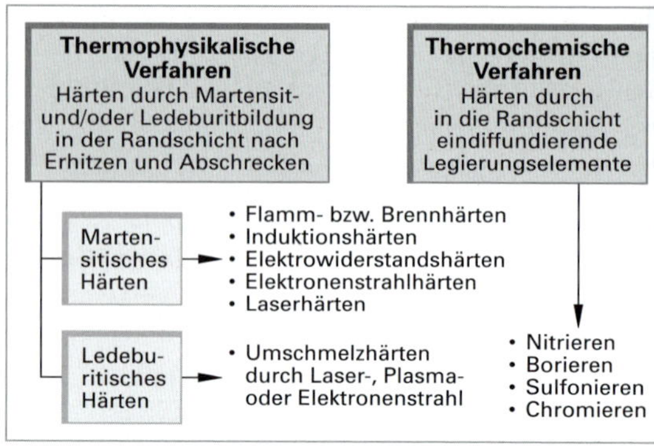

Bild 1: Randschichthärteverfahren von Gusseisen mit Kugelgraphit

d) Gusseisensorten mit Kugelgraphit

Die mechanischen Eigenschaften von Gusseisen mit Kugelgraphit sind in Tabelle 1 zusammengestellt. Die Sorteneinteilung beruht auch hier entweder auf der Zugfestigkeit oder auf der Härte. Die nach der Härte benannten Sorten (EN-GJS-HB130 bis EN-GJS-HB330) sind in Tabelle 1 nicht aufgeführt (siehe dazu DIN EN 1563).

Tabelle1: Mechanische Eigenschaften von Gusseisen mit Kugelgraphit nach DIN EN 1563

Gusseisensorte				Mechanische Eigenschaften[2]				
Neue Bezeichnung nach DIN EN 1560		Alte Bezeichnung nach DIN 17 006-4 bzw. DIN 17 007-3		R_m	$R_{p0,2}$	Druckfestigkeit	A	E-Modul
Kurzname	Numerisch	Kurzzeichen	Wst.-Nr.	MPa	MPa	MPa	%	GPa
Kennzeichnendes Merkmal: Zugfestigkeit								
EN-GJS-350-22-LT[1]	EN-JS1015	GGG-35.3	0.7033	350	220	–	22	–
EN-GJS-350-22-RT[1]	EN-JS1014	–	–	350	220	–	22	–
EN-GJS-350-22	EN-JS1010	–	–	350	220	–	22	169
EN-GJS-400-18-LT[1]	EN-JS1025	GGG-40.3	0.7043	400	240	–	18	–
EN-GJS-400-18-RT[1]	EN-JS1024	–	–	400	250	–	18	–
EN-GJS-400-18	EN-JS1020	–	–	400	250	700	18	169
EN-GJS-400-15	EN-JS1030	GGG-40	0.7040	400	250	–	15	–
EN-GJS-450-10	EN-JS1040	–	–	450	310	700	10	169
EN-GJS-500-7	EN-JS1050	GGG-50	0.7050	500	320	800	7	169
EN-GJS-600-3	EN-JS1060	GGG-60	0.7060	600	370	870	8	174
EN-GJS-700-2	EN-JS1070	GGG-70	0.7070	700	420	1000	2	176
EN-GJS-800-2	EN-JS1080	GGG-80	0.7080	800	480	1150	2	176
EN-GJS-900-2	EN-JS1090	–	–	900	600	–	2	176

[1] EN-GJS-350-22-LT: Kerbschlagarbeit 12 J bei – 40 °C. EN-GJS-400-22-LT: Kerbschlagarbeit 12 J bei – 20 °C (jeweils Mittelwerte aus drei Proben). EN-GJS-350-22-RT: Kerbschlagarbeit 17 J bei RT. EN-GJS-400-22-RT: Kerbschlagarbeit 14 J bei RT (jeweils Mittelwerte aus drei Proben).
[2] Jeweils geforderte Mindestwerte.

6.6.3.5 Bainitisches Gusseisen

Bainitisches Gusseisen ist ein Gusswerkstoff auf Eisen-Kohlenstoff-Basis mit Kugelgraphit, der jedoch im Vergleich zum Gusseisen mit Kugelgraphit nach DIN EN 1563 durch eine Wärmebehandlung (Bainitisieren) verbesserte Festigkeits- und ggf. Zähigkeitseigenschaften besitzt.

Grauguss mit Kugelgraphit kann, vergleichbar den Stählen, verschiedenen Wärmebehandlungen unterzogen werden. Von Bedeutung ist dabei insbesondere das **Bainitisieren** (Kapitel 6.4.5.4) zur Verbesserung der mechanischen Eigenschaften. Dabei werden die Gussstücke im Temperaturbereich zwischen 850 °C ...

950 °C austenitisiert und in Salzbädern oder Heißölen abgeschreckt. Die isotherme Umwandlung des Austenits in Bainit erfolgt in den Salzbädern selbst oder nach Überführung in einen Anlassofen und dauert zwischen 15 min. (unlegierte Sorten) und mehr als 1 h (legierte Sorten). Bei Umwandlungstemperaturen unterhalb von etwa 340 °C entsteht unterer Bainit mit hoher Festigkeit und Härte, bei Temperaturen oberhalb von 340 °C hingegen oberer Bainit mit geringerer Festigkeit aber erhöhter Zähigkeit. Die mechanischen Eigenschaften können durch entsprechende Wahl der isothermen Umwandlungstemperatur variiert werden (Bild 1).

Das Gefüge von bainitischem Gusseisen zeigt kugelförmige Graphitkristalle in bainitischer Matrix mit Anteilen an (die Zähigkeit verbesserndem) Restaustenit (Bild 2).

Unlegierte Sorten können infolge der schnell einsetzenden unerwünschten Perlitumwandlung nur bis zu einer Wanddicke von etwa 12 mm über den gesamten Querschnitt bainitisiert werden. Bei größeren Wanddicken setzt bereits während des Abkühlens auf Haltetemperatur eine Perlitbildung ein, so dass ein rein bainitisches Gefüge nicht mehr erreicht werden kann. Für Wanddicken über 12 mm verwendet man daher mit Mo, Ni und Cu legierte Sorten. Diese Legierungselemente verschieben u. a. den Beginn der Perlitumwandlung zu höheren Zeiten.

Die Anwendungsgebiete des bainitischen Gusseisens mit Kugelgraphit sind dem nicht wärmebehandelten Gusseisen mit Kugelgraphit nach DIN EN 1563 vergleichbar, es wird jedoch bei höheren Festigkeitsansprüchen eingesetzt. In DIN EN 1564 sind vier genormte bainitische Gusseisensorten mit Kugelgraphit zusammengestellt (Tabelle 1).

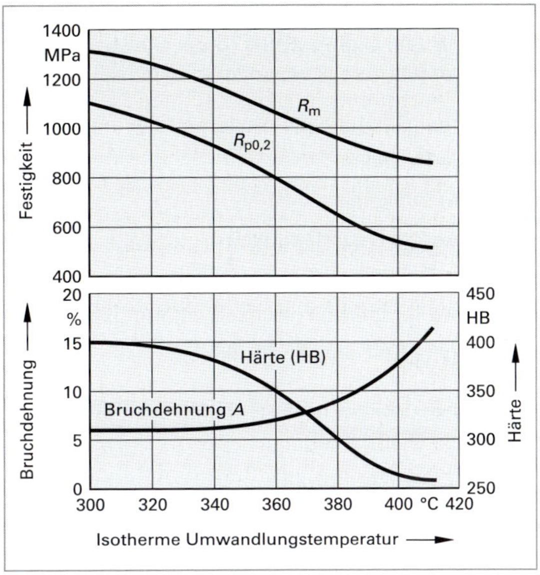

Bild 1: Mechanische Eigenschaften von bainitischem Gusseisen mit Kugelgraphit in Abhängigkeit der isothermen Umwandlungstemperatur

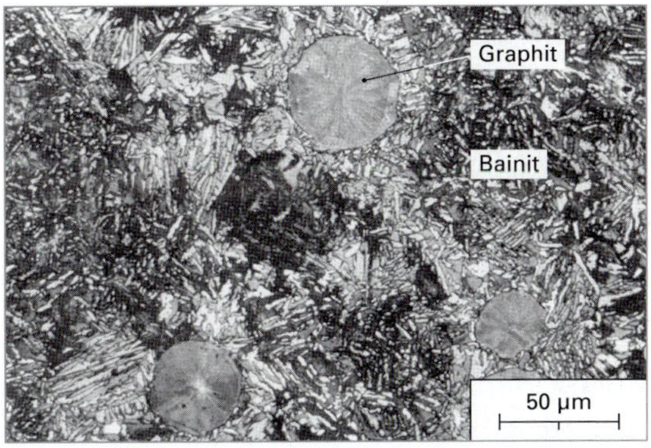

Bild 2: Gefüge von bainitischem Gusseisen mit Kugelgraphit. Graphitsphärolithen in bainitischer Matrix mit Restaustenitanteilen

6.6.3.6 Gusseisen mit Vermiculargraphit

Beim Gusseisen mit Vermiculargraphit (Würmchengraphit) scheidet sich der Graphit zwar in Lamellenform aus, jedoch sind die Enden der Graphitkristalle gegenüber Gusseisen mit Lamellengraphit (GJL) deutlich abgerundet, so dass eine geringere Kerbwirkung auftritt (Bild 1, Seite 338). Außerdem sind die Graphitkristalle deutlich kleiner im Vergleich zu GJL. Die Eigenschaften von Gusseisen mit Vermiculargraphit (GJV) liegen dementsprechend hinsichtlich Struktur und Eigenschaften zwischen denen des Gusseisens mit Kugelgraphit (GJS) und des Gusseisens mit Lamellengraphit (GJL).

Tabelle 1: Mechanische Eigenschaften von bainitischem Gusseisen nach DIN EN 1564

Gusseisensorte Bezeichnung nach DIN EN 1560		Mechanische Eigenschaften[1]			
		R_m	$R_{p0,2}$	A	Härte[2]
Kurzname	Numerisch	MPa	MPa	%	HV
EN-GJS-800-8	EN-JS1100	800	500	8	260 ... 320
EN-GJS-1000-5	EN-JS1110	1000	700	5	300 ... 360
EN-GJS-1200-2	EN-JS1120	1200	850	2	340 ... 440
EN-GJS-1400-1	EN-JS1130	1400	1100	1	380 ... 480

[1] R_m, $R_{p0,2}$ und A: Mindestwerte für in Sandformen mit vergleichbarer Wärmeleitfähigkeit vergossene Proben.

[2] Härtewerte sind abhängig von der Wanddicke.

Gusseisen mit Vermiculargraphit schließt die Lücke zwischen Gusseisen mit Lamellengraphit (gute Gießbarkeit) und Gusseisen mit Kugelgraphit (gute mechanische Eigenschaften).

Gegenüber GJL hat GJV die folgenden verbesserten Eigenschaften:

- höhere Festigkeit
- höhere Zähigkeit
- verbesserte Dauerfestigkeit
- erhöhte Oxidationsbeständigkeit
- erhöhte Temperaturwechselbeständigkeit
- geringere Kerbempfindlichkeit

Gegenüber GJS verfügt GJV über die folgenden Vorteile:

- bessere Gießbarkeit
- verbesserte Dämpfung
- bessere Zerspanbarkeit

Die Herstellung von Gusseisen mit Vermiculargraphit (GJV) erfolgt durch eine Mg-Behandlung in ähnlicher Weise wie beim Gusseisen mit Kugelgraphit, jedoch mit einem geringeren Mg-Anteil (Bild 3, Seite 334). Die Herstellung ist demnach im Vergleich zum GJS kaum kostengünstiger. Das Grundgefüge von GJV kann analog zum GJL bzw. GJS ferritisch bis perlitisch sein.

Genormt sind derzeit im VDG-Merklatt W50 (VDG = Verein Deutscher Gießereifachleute, Düsseldorf) nur die Sorten GJV-300 mit überwiegend ferritischem Grundgefüge (R_m = 300 MPa ... 400 MPa) und GJV-400 mit überwiegend perlitischem Grundgefüge (R_m > 300 MPa). Man rechnet künftig mit einer zunehmenden Verwendung von GJV für Gussteile, die bisher aus GJL hergestellt wurden, und für die jedoch eine verbesserte Festigkeit wünschenswert ist.

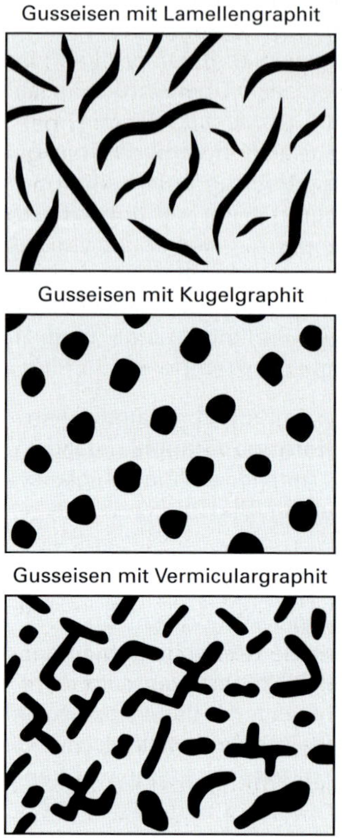

Bild 1: Graphitausbildung grauer Gusseisensorten

6.6.3.7 Temperguss

Temperguss ist eine untereutektische Fe-C-Legierung, deren Kohlenstoff- und Siliciumgehalt so eingestellt ist, dass die Gussstücke graphitfrei also ledeburitisch erstarren, der nicht im Ferrit gelöste Kohlenstoff also vollständig im Zementit (Fe_3C) gebunden ist. Graphit ist im Temperguss unerwünscht, da er sich bei der nachträglichen Wärmebehandlung (Tempern, s.u.) nicht mehr verändert und zu einer verminderten Zähigkeit führt **(Faulbruch)**.

Temperguss wird überwiegend für die Herstellung dünnwandiger und schwierig gießbarer Bauteile verwendet, für die Gusseisen mit Lamellengraphit wegen seiner Sprödigkeit und Stahlguss auf Grund seiner schlechten Gießbarkeit nicht in Frage kommen. Die Eigenschaften von Temperguss stehen hinsichtlich Festigkeit und Zähigkeit etwa zwischen Stahlguss und Grauguss mit Lamellengraphit. Gegenüber Gusseisen mit Kugelgraphit hat Temperguss geringfügig schlechtere mechanische Eigenschaften, er ist allerdings preiswerter.

a) Temperrohguss

Der Kohlenstoffgehalt von Temperrohguss zur Herstellung von weißem Temperguss beträgt 2,8 % ... 3,4 % bzw. für schwarzen Temperguss 2,4 % ... 2,8 %. Ein höherer C-Gehalt würde zwar die Gießbarkeit verbessern, jedoch müsste dann, um eine unerwünschte Graphitbildung zu vermeiden, der Si-Gehalt reduziert werden (Bild 2, Seite 326). Silicium seinerseits beschleunigt jedoch den Zerfall des Zementits beim Tempern und verbessert die Festigkeit. Sein Gehalt soll deshalb möglichst hoch sein (0,4 % ... 0,8 % bei weißem Temperguss und 0,9 % ... 1,4 % bei schwarzem Temperguss).

Die Forderung nach graphitfreier Erstarrung erfordert eine Begrenzung der Wanddicken auf etwa 40 mm. Bei größeren Wanddicken muss aufgrund der verminderten Abkühlgeschwindigkeit im Kern mit Graphitbildung gerechnet werden. Daher sind die Gussteilmassen im Vergleich zum Grauguss oder Stahlguss relativ gering (max. 100 kg). Die Hauptmenge der Tempergussteile haben Stückmassen bis etwa 1 kg. Um bei der nachfolgenden Wärmebehandlung eine möglichst gleichmäßige Gefügeausbildung sicherzustellen, sollten gleichbleibende Wanddicken der Gussteile konstruktiv vorgesehen werden.

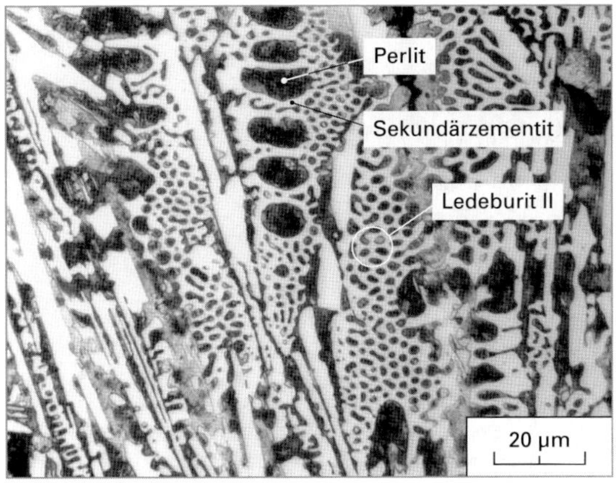

Bild 1: Temperrohguss: Perlit in ledeburitischer Matrix

Der Temperrohguss ist nach seiner Erstarrung aufgrund des vorhandenen Ledeburits hart und spröde (Bild 1) und erhält seine charakteristischen Eigenschaften erst durch eine als **Tempern** bezeichnete Wärmebehandlung, die beim Hersteller erfolgt. Der Gefügeaufbau und damit die Eigenschaften des Gussstückes hängen von der Zusammensetzung des Temperrohgusses sowie von der Temperaturführung während des Glühvorganges ab. Temperrohguss ist außerordentlich spröde und kann in diesem Zustand weder weiterverarbeitet noch eingesetzt werden.

Nach dem Bruchaussehen der getemperten Bauteile unterscheidet man den **weißen Temperguss** (weiße, metallisch glänzende Bruchfläche) und den **schwarzen Temperguss** (dunkelgraue, matte Bruchfläche).

b) Weißer Temperguss

Weißer Temperguss (GJMW) entsteht durch eine einstufige Glühbehandlung des Temperrohgusses in sauerstoffabgebenden Mitteln oder schwach oxidierenden Atmosphären bei 950 °C...1000 °C (Bild 1, Seite 340). Die Gussstücke werden dabei entweder in Tempertöpfen mit Fe_2O_3-Pulver (Roteisenstein) eingesetzt (veraltetes Verfahren) oder in gasdichten Öfen in einer CO/CO_2-Atmosphäre geglüht, die zur Regelung mit Luft, Wasserdampf und Wasserstoff versetzt wird. Die Glühdauer richtet sich nach der Wanddicke der Bauteile und beträgt etwa 2 ... 6 Tage. Durch das Glühen zerfällt zunächst der Zementit des Ledeburits bzw. Sekundärzementits in elementaren Kohlenstoff und Austenit:

$$Fe_3C \rightarrow 3\,\gamma\text{-}Fe + C$$

Der freigesetzte Kohlenstoff diffundiert zu Keimstellen und bildet dort rundliche, flockenförmige Graphitkristalle, die **Temperkohle.**

Im weiteren Verlauf des Glühvorganges findet unter Mitwirkung der entkohlenden Atmosphäre in der Randschicht des Gussteils eine Entkohlung statt:

$$C + O_2 \rightarrow CO_2$$

$$C + CO_2 \rightarrow 2\,CO$$

$$C + H_2O \rightarrow CO + H_2$$

$$C + 2\,H_2 \rightarrow CH_4$$

Das Gefüge von weißem Temperguss ist wanddickenabhängig. An die entkohlte, ferritische Randschicht (Dicke maximal 7 mm ... 8 mm) schließt sich eine Übergangszone an, die Ferrit, Perlit und ggf. bereits Temperkohle enthält. Der Kern besitzt schließlich ein weitgehend perlitisches Gefüge mit Temperkohlenestern (Bild 2, Seite 340). Hinweise auf die wanddickenabhängige Gefügeausbildung erhält man auch durch eine mit dem Gussstück gemeinsam getemperte **Gießkeilprobe** (Bild 2, Seite 341).

Weißer Temperguss ist zäh und schlagfest. Vorteilhaft ist eine mit sinkender Temperatur nur allmählich abfallende Bruchdehnung, d.h. kein Steilabfall. In vergleichbarer Weise verhält sich auch die Zähigkeit. Bauteile aus weißem Temperguss können bis etwa – 60 °C eingesetzt werden. Beispiele sind tragende Teile von Kraftfahrzeugen oder Bauteile für den Gerüst- und Schalungsbau.

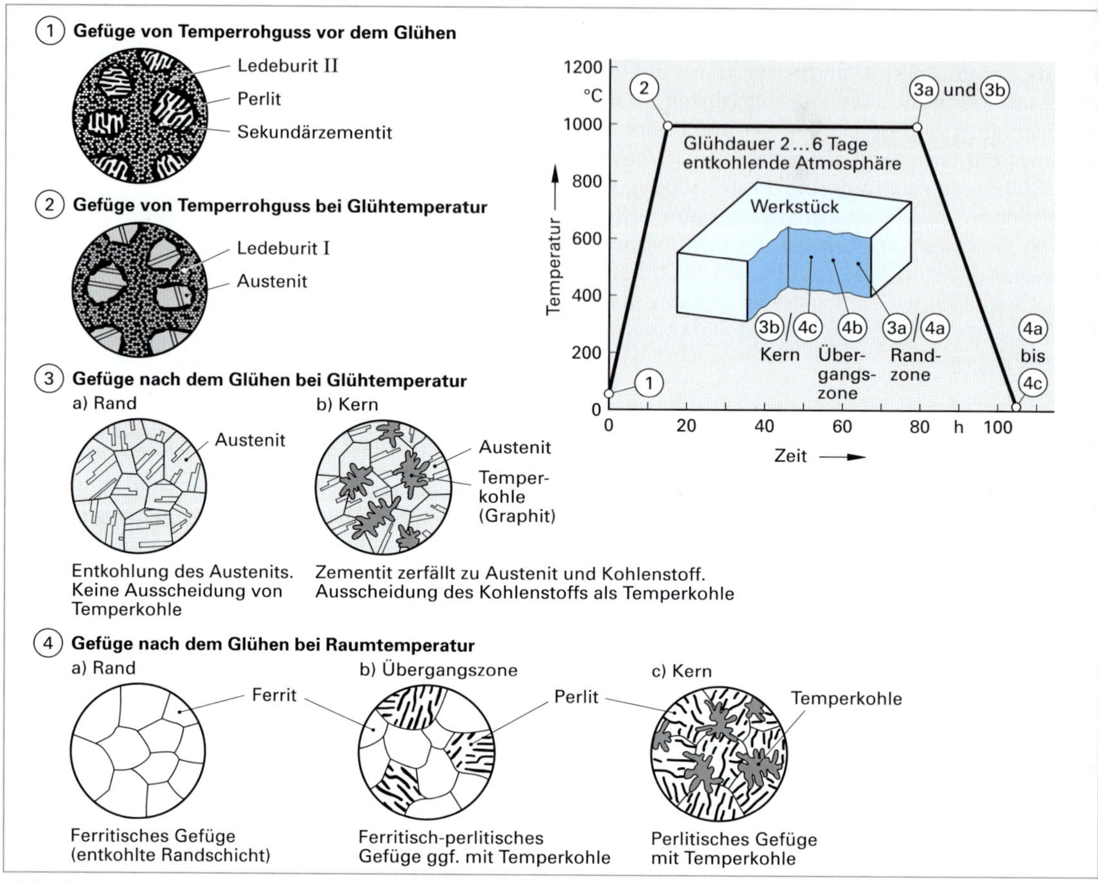

Bild 1: Wärmebehandlung zur Erzeugung von weißem Temperguss

Aufgrund der Wanddickenabhängigkeit des Gefüges (Bild 1 und Bild 2, Seite 341) sind auch die mechanischen Eigenschaften von weißem Temperguss wanddickenabhängig und werden durch die chemische Zusammensetzung sowie die Glühbehandlung eingestellt.

Die wichtigste Eigenschaft von weißem Temperguss ist seine teilweise gute Schweißbarkeit, die auf die entkohlte, ferritische Randschicht zurückzuführen ist. Eine besondere Bedeutung hat dabei die Sorte GJMW-360-12, die so legiert ist, dass sie tief entkohlt. Bild 4, Seite 341, zeigt eine hoch beanspruchte Schweißverbindung an einem Hinterachs-Schräglenker für einen Pkw der oberen Leistungsklasse. Die Lenkeraugen (links) und der Radträger (rechts) bestehen aus GJMW-360-12, die mit der Mittelschale aus Stahl verschweißt wurden.

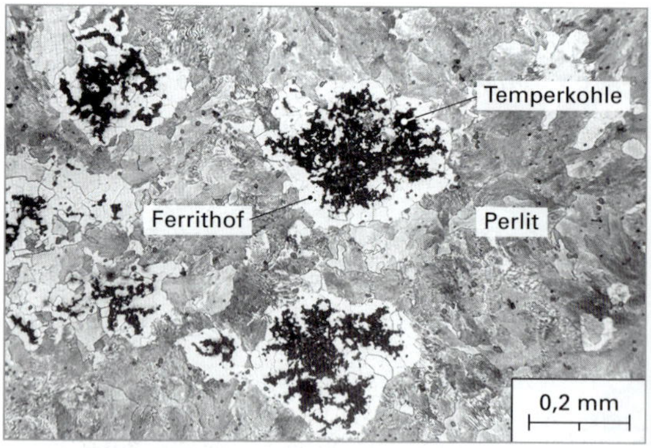

Bild 2: Weißer Temperguss (EN-GJMW-400-5). Temperkohle (schwarz) mit Ferrithöfen (weiß) in perlitischer Matrix.

Weißer Temperguss (GJMW) enthält einen etwas höheren C-Gehalt im Vergleich zu schwarzem Temperguss (GJMB), da durch die entkohlende Glühung, zumindest im Bereich der Randschicht, eine Entkohlung eintritt. Dadurch ist die Gießbarkeit von GJMW besser im Vergleich zu GJMB.

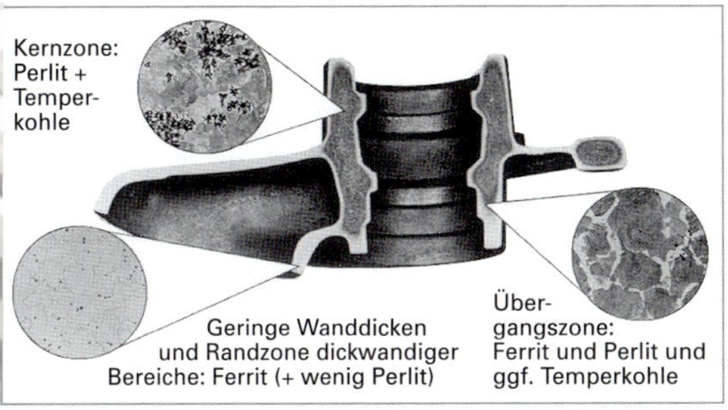

Bild 1: Schnitt durch ein Bauteil aus weißem Temperguss. Das von der Wanddicke abhängige Gefüge ist gut erkennbar.

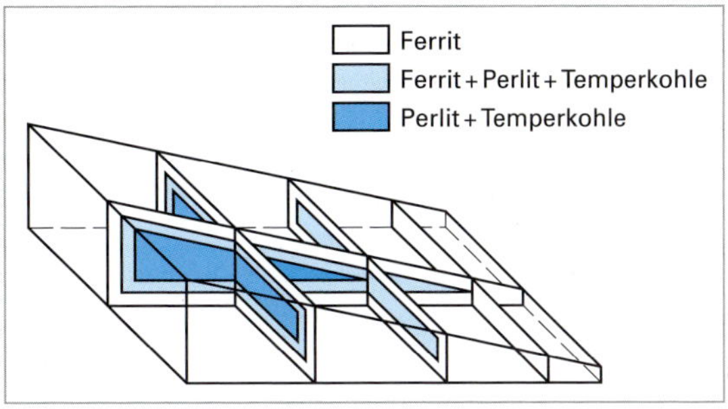

Randzone: Ferrit
Übergangszone: Perlit + Ferrit + Temperkohle
Kernzone: Perlit + Temperkohle

Bild 2: Gießkeilprobe zur Beurteilung der Wanddickenabhängigkeit der Gefügeausbildung bei GJMW

In Bild 3 ist das Eigenschaftsprofil der verschiedenen weißen Tempergusssorten vergleichend zusammengestellt.

Weißer Temperguss wird bevorzugt verwendet:

- für kleine, dünnwandige Bauteile (bis etwa 25 mm), wie zum Beispiel Rohrverbinder (Bild 5)
- falls eine gute Schweißbarkeit gefordert wird (Sorten EN-GJMW-360-12 und EN-GJMW-400-5), beispielsweise Teile für Radaufhängungen (Bild 4),
- für Bauteile, die auch bei tieferen Temperaturen eingesetzt werden (bis – 60 °C), beispielsweise tragende Teile von Kraftfahrzeugen oder Bauteile für den Gerüst- und Schalungsbau,
- falls eine gute Gießbarkeit gefordert wird,
- falls die Bauteile einer schlagartigen oder schwingenden Beanspruchung ausgesetzt sind (z. B. Pkw-Anhängerkupplung).

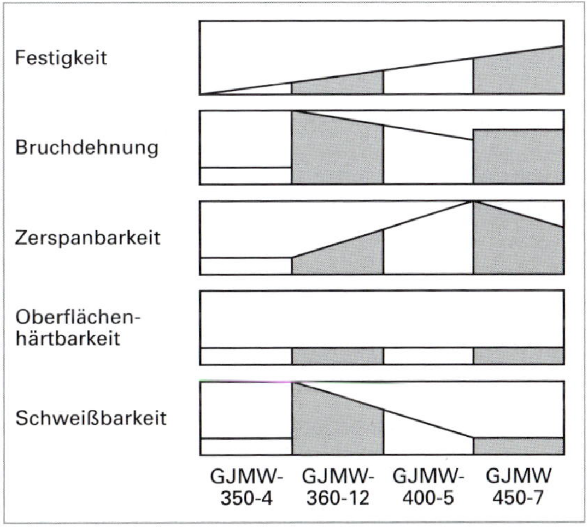

Bild 3: Eigenschaftsprofil weißer Tempergusssorten

Die wichtigsten weißen Tempergusssorten nach DIN EN 1562 sind in Tabelle 1, Seite 342, zusammengestellt.

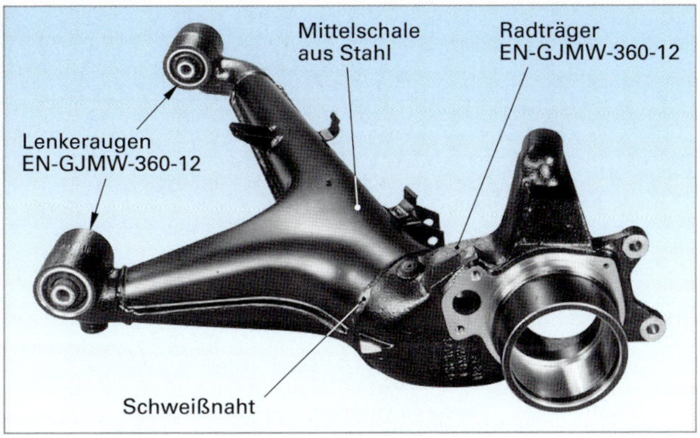

Bild 4: Schweißverbindung von weißem Temperguss (EN-GJMW-360-12) und Stahl an einem hochbeanspruchten Hinterachs-Schräglenker eines Pkw

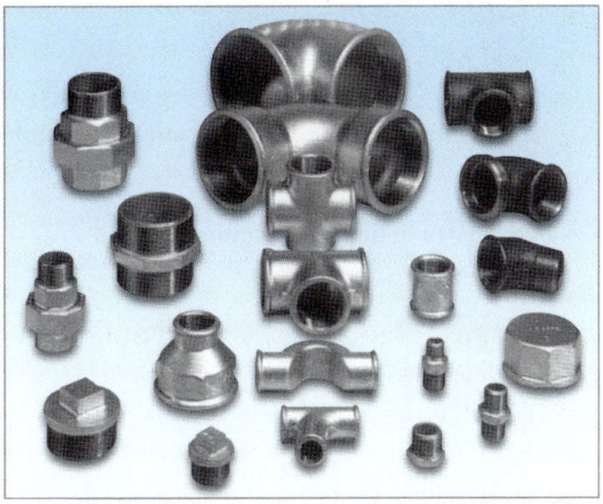

Bild 5: Rohrverbinder (Fittings) als typische Gussstücke aus weißem Temperguss (EN-GJMW-400-5)

Tabelle 1: Mechanische Eigenschaften von entkohlend geglühtem (weißem) Temperguss nach DIN EN 1562

Gusseisensorte[1)]				Mechanische Eigenschaften[2)]			
Neue Bezeichnung nach DIN EN 1560		Alte Bezeichnung nach DIN 17 006-4 bzw. DIN 17 007-3[1)]		R_m	$R_{p0,2}$	A	Härte
Kurzname	Numerisch	Kurzname	Wst.-Nr.	MPa	MPa	%	HB (max.)
EN-GJMW-350-4	EN-JM1010	GTW-35-04	0.8035	350	–	4	230
EN-GJMW-360-12	EN-JM1020	GTW-S38-12	0.8038	360	190	12	200
EN-GJMW-400-5	EN-JM1030	GTW-40-05	0.8040	400	220	5	220
EN-GJMW-450-7	EN-JM1040	GTW-45-07	0.8045	450	260	7	220
EN-GJMW-550-4	EN-JM1050	–	–	550	340	4	250

1) Sorten waren in der zurückgezogenen DIN 1692 genormt.

2) Für R_m, $R_{p0,2}$ und A jeweils geforderte Mindestwerte für Proben mit 12 mm Durchmesser.

c) Schwarzer Temperguss

Schwarzer Temperguss wird durch eine zweistufige Glühbehandlung des entsprechenden Temperrohgusses in neutraler Atmosphäre hergestellt (Bild 1). Während die Rohgussstücke früher in Tempertöpfen mit Quarzsand geglüht wurden, erfolgt das Tempern heute in gasdichten Öfen unter Schutzgas (z. B. Stickstoff). Eine Entkohlung der Randschicht tritt dabei nicht auf.

In der ersten Glühstufe bei etwa 900 °C ... 950 °C zerfallen die Zementitkristalle des Ledeburiteutektikums in Austenit und elementaren Kohlenstoff (Temperkohle). Am Ende der ersten Glühstufe wird die Temperatur bis knapp über A_1 (Ar_1) abgesenkt. In der zweiten Glühstufe wird dann das Grundgefüge der Eisenmatrix und damit die mechanischen Eigenschaften (Festigkeit) des Gussteils eingestellt.

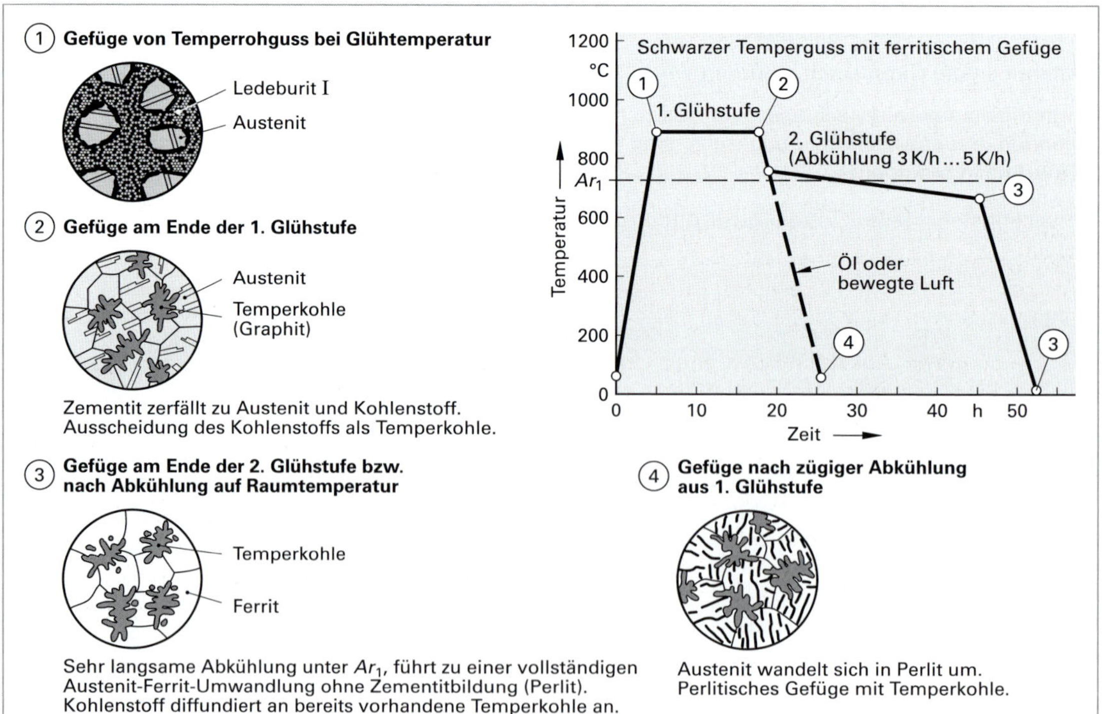

Bild 1: Wärmebehandlung zur Erzeugung von ferritischem, schwarzem Temperguss

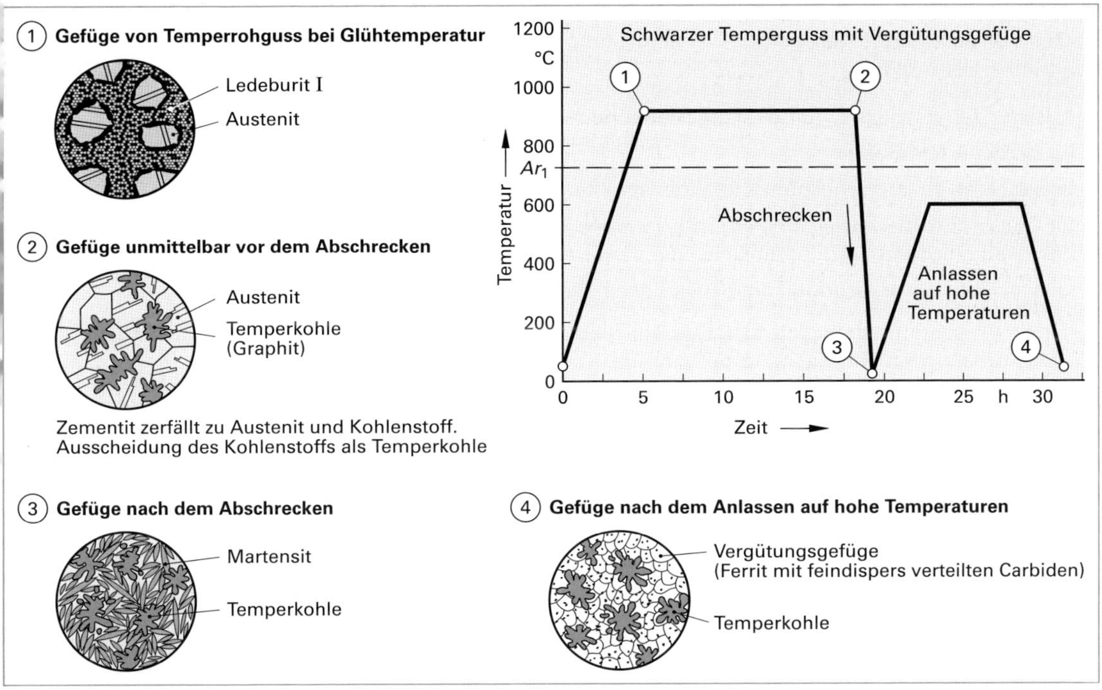

Bild 1: Wärmebehandlung zur Erzeugung von perlitischem, schwarzem Temperguss bzw. von Temperguss mit Vergütungsgefüge

Wird die Temperatur sehr langsam (3 K/h ... 5 K/h) unter A_1 abgesenkt (760 °C → 680 °C), dann wandelt sich der Austenit in Ferrit um, während der Kohlenstoff Graphitkristalle in Form von Temperkohle bildet. Die weitere Abkühlung auf Raumtemperatur kann dann beliebig erfolgen (Bild 1). Die Glühdauer beträgt einige Tage, ist jedoch aufgrund des höheren, die Graphitbildung begünstigenden Si-Gehaltes insgesamt kürzer im Vergleich zum GJMW. Am Ende der Glühbehandlung liegt ein über den Querschnitt gleichmäßiges ferritisches Gefüge mit Temperkohle vor. Es entstehen die niedrigfesten Sorten EN-GJMB-300-6 und EN-GJMB-350-10 (Tabelle 1, Seite 344).

Anstelle einer langsamen Abkühlung in der zweiten Glühstufe kann das Gussteil aus der ersten Glühstufe auch zügig an bewegter Luft oder in Öl abgekühlt werden (Bild 1). Der Austenit zerfällt dabei in Perlit. Es entsteht ein ferritisch-perlitisches oder perlitisches Gefüge mit Temperkohle, das gegenüber schwarzem Temperguss mit ferritischem Gefüge eine höhere Festigkeit und Verschleißbeständigkeit aufweist (Sorten EN-GJMB-450-6 bis EN-GJMB-650-2).

Bei sehr schneller Abkühlung (Abschrecken) findet die Austenitumwandlung in der Martensitstufe statt. Nachträgliches Anlassen bei erhöhter Temperatur führt zu einem Vergütungsgefüge mit hoher Festigkeit (Sorten EN-GJMB-700-2 und EN-GJMB-800-1). Durch entsprechende Wahl der Anlasstemperatur können die mechanischen Eigenschaften, analog dem Vergüten von Stählen (Kapitel 6.4.5.4), an die jeweiligen Betriebsbedingungen angepasst werden.

Die Festigkeit einer Reihe schwarzer Tempergusssorten ist höher im Vergleich zum weißen Temperguss (Tabelle 1, Seite 344). Die unterschiedlichen Festigkeitsklassen der GJMB-Sorten werden über

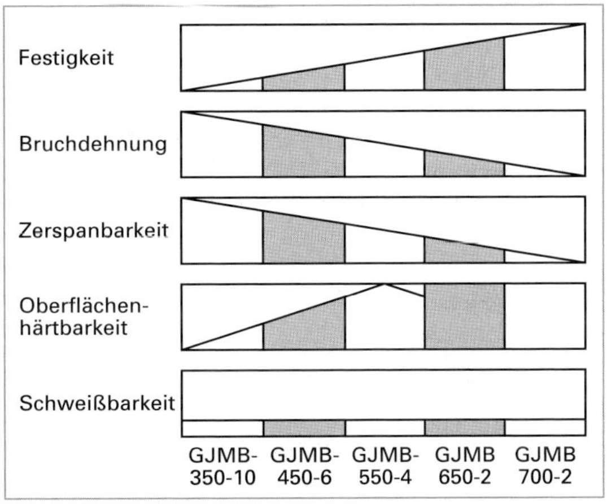

Bild 2: Eigenschaftsprofil schwarzer Tempergusssorten

die chemische Zusammensetzung und die Wärmebehandlung (Tempern, s. o.) eingestellt. Die Schweißbarkeit von schwarzem Temperguss ist aufgrund seines erhöhten Kohlenstoffgehaltes nur bedingt möglich (Bild 2, Seite 343).

Schwarzer Temperguss wird bevorzugt verwendet:

- für dickwandige Bauteile,
- falls gleichbleibende mechanische Eigenschaften über der Wanddicke gefordert werden,
- für Gussstücke, bei denen eine erhöhte Verschleißbeständigkeit in Verbindung mit einer angemessenen Zähigkeit gefordert wird (perlitisches der vergütetes Gefüge),
- falls erhöhte Anforderungen an die Festigkeit gestellt werden (Vergütungsgefüge).

Typische Anwendungsbeispiele sind Kolben, Triebwerksteile, Transportkettenglieder, Kardangabelstücke, Pleuel, Kurbelwellen, Radnaben und Zahnräder.

Die wichtigsten schwarzen Tempergusssorten nach DIN EN 1562 sind in Tabelle 1 zusammengestellt.

Tabelle 1: Mechanische Eigenschaften von nichtentkohlend geglühtem (schwarzem) Temperguss nach DIN EN 1562

Gusseisensorte				Mechanische Eigenschaften[2]			
Neue Bezeichnung nach DIN EN 1560		Alte Bezeichnung nach DIN 17 006-4 bzw. DIN 17 007-3[1]		R_m	$R_{p0,2}$	A	Härte
Kurzname	Numerisch	Kurzname	Wst.-Nr.	MPa	MPa	%	HB
EN-GJMB-300-6	EN-JM1110	–	–	300	–	6	≤ 150
EN-GJMB-350-10	EN-JM1130	GTS-35-10	0.8045	350	200	10	≤ 150
EN-GJMB-450-6	EN-JM1140	GTS-45-06	0.8145	450	270	6	150 ... 200
EN-GJMB-500-5	EN-JM1150	–	–	500	300	5	165 ... 215
EN-GJMB-550-4	EN-JM1160	GTS-55-04	0.8155	550	340	4	180 ... 230
EN-GJMB-600-3	EN-JM1170	–	–	600	390	3	195 ... 245
EN-GJMB-650-2	EN-JM1180	GTS-65-02	0.8165	650	430	2	210 ... 260
EN-GJMB-700-2	EN-JM1190	GTS-70-02	0.8170	700	530	2	240 ... 290
EN-GJMB-800-1	EN-JM1200	–	–	800	600	1	270 ... 320

[1] Sorten waren in der zurückgezogenen DIN 1692 genormt.
[2] Für R_m, $R_{p0,2}$ und A jeweils geforderte Mindestwerte von Proben mit 12 mm oder 15 mm Durchmesser.

6.6.3.8 Perlitischer Hartguss

Perlitischer Hartguss (häufig auch als **Hartguss** bezeichnet) ist, analog zum Temperguss, ein weiß erstarrtes untereutektisches Gusseisen mit Kohlenstoffgehalten zwischen 2,4 % und 3,4 %. Damit die Gussstücke graphitfrei, also ledeburitisch erstarren, ist der Siliciumgehalt mit 0,3 % ... 1,5 % relativ niedrig eingestellt, dafür liegt jedoch ein die Carbidbildung begünstigender erhöhter Mangangehalt von bis zu 1,2 % vor. Im Gegensatz zum Temperguss wird Hartguss nicht geglüht. Bild 1 zeigt das Gefüge von Hartguss.

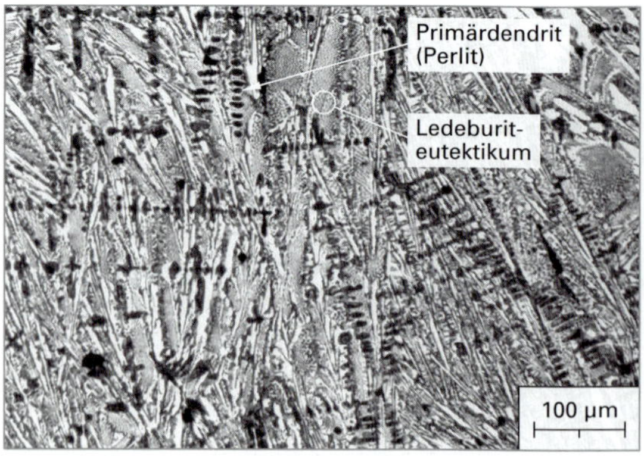

Bild 1: Gefüge von perlitischem Hartguss mit 3,6% C: Primärdendriten (Perlit) und Eutektikum (Ledeburit)

Um eine vollständig weiße Erstarrung sicherzustellen, muss die Schmelze nach dem Gießen schnell abkühlen. Dies wird durch dünne Querschnitte und durch Gießen in Kokillen oder gegen eine Abschreckplatte erreicht. Das Gefüge von perlitischem Hartguss besteht im wesentlichen aus Perlit und Ledeburiteutektikum (Bild 1).

Die Härte von perlitischem Hartguss nimmt mit zunehmendem Kohlenstoffgehalt, d. h. steigendem Zementitgehalt, zu. Der Anteil an Zementit (Fe_3C) im Grundgefüge von perlitischem Hartguss beträgt 30 Vol.-% bei 2,5 % C und 55 Vol.-% bei 3,5 % C, wobei 7 ... 12 Vol.-% Zementit im Perlit vorliegt. Mit zunehmendem Kohlenstoffgehalt und zunehmender Wanddicke nimmt allerdings auch die Neigung zur unerwünschten Graphitbildung, mit der Folge einer sich verschlechternden Zähigkeit, Festigkeit und Verschleißbeständigkeit, zu. Dem kann jedoch durch Absenken des Si-Gehaltes, Überhitzen der Schmelze oder Zugabe antigraphitisierender Elemente, vor allem Chrom, begegnet werden. Nach DIN EN 12 513 ist die perlitische Hartgusssorte EN-GJN-HV350 genormt und wird als **Vollhartguss** oder als **Schalenhartguss** hergestellt (Tabelle 1, Seite 347).

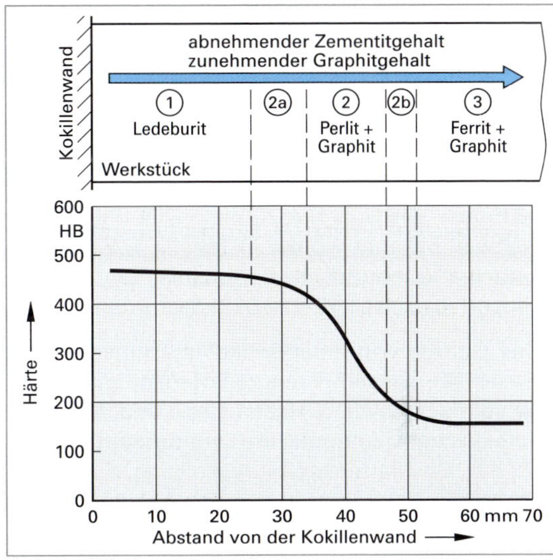

Bild 1: Härteverlauf in einer Schalenhartgussplatte mit etwa 3,5 % C

Vollhartguss

Perlitischer Hartguss ist äußerst spröde, sehr stoß- und schlagempfindlich und nur schwer bearbeitbar. Gussteile, die über ihren gesamten Querschnitt weiß erstarrt sind (Vollhartguss), werden daher nur selten verwendet. Beispiele sind Scharspitzen für landwirtschaftliche Maschinen, Mahlkörper oder Gewichte.

Schalenhartguss

Schalenhartguss kann als Verbundguss zwischen weißem (carbidischem) und grauem (graphitischem) Gusseisen betrachtet werden. Beim Schalenhartguss nutzt man die Tatsache, dass die Wirkung einer Kokille oder einer Abschreckplatte nur bis in eine bestimmten Tiefe zu einer weißen Erstarrung führt. Der Kern oder die Rückseite des Gussstückes erstarrt aufgrund der geringeren Abkühlgeschwindigkeit grau und verleiht dem Bauteil damit eine gewisse Zähigkeit und Bruchsicherheit (Bild 1). Derartige Bauteile haben somit eine harte und verschleißbeständige Oberfläche bei relativ zähem Kern. Stoß- oder Schlagbeanspruchungen können damit in höherem Maße aufgefangen werden.

Die Anwendung von Schalenhartguss beschränkt sich nicht nur auf Mahlwalzen oder verschleißbeständige Auskleidungen, sondern auch auf komplex durch Metall-Metall-Verschleiß beanspruchte Bauteile wie Walzwerkwalzen, Nockenwellen (Bild 2) und Teile für Ventiltriebe in Verbrennungsmotoren.

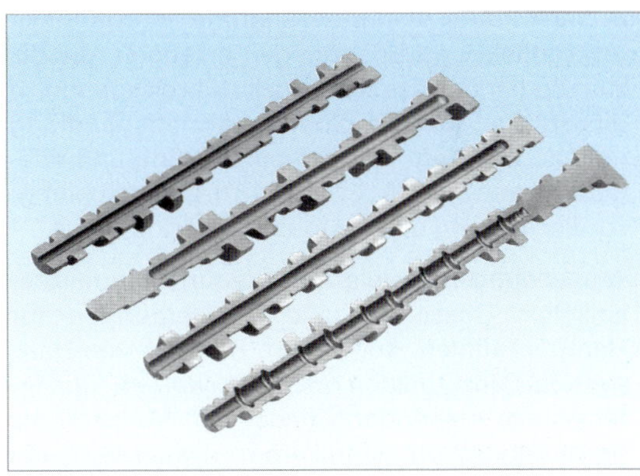

Bild 2: Hohlgegossene Nockenwellen (geschnitten) aus Schalenhartguss für PKW-Motoren

6.6.3.9 Sondergusseisen

Höher liegerte Gusseisensorten zur Erzeugung besonderer Eigenschaften, wie erhöhte Verschleiß-, Hitze- oder Korrosionsbeständigkeit sowie zur Erstellung bestimmter Gefügeausbildungen (z. B. austenitisches Gefüge), werden häufig als **Sondergusseisen** bezeichnet. Sie können weiß oder grau erstarren.

a) Verschleißbeständiges Gusseisen

Die verschleißbeständigen Gusseisensorten basieren hinsichtlich ihrer chemischen Zusammensetzung und der Gefügeausbildung auf dem perlitischen Hartguss. Zwei wichtige Gusseisengruppen sind das nachfolgend zu besprechende ledeburitisch-martensitische Gusseisen sowie das Chrom- oder Chrom-Mangan-Gusseisen.

- **Ledeburitisch-martensitisches Gusseisen**

Perlitischer Hartguss hat aufgrund der niedrigen Festigkeit und Härte des Perlits eine relativ niedrige Verschleißbeständigkeit. Eine deutliche Steigerung der Verschleißbeständigkeit kann durch Martensit (statt Perlit) bei ansonsten gleicher Ledeburitstruktur erreicht werden. Auf Basis dieser Überlegungen wurde bereits in den 20er- Jahren ein mit Nickel und Chrom im Verhältnis 2 : 1 legiertes Gusseisen entwickelt, das unter den Handelsnamen **Ni-Hard 1** (G-X330NiCr4-2 nach DIN 1695 bzw. EN-GJN-HV550 nach DIN EN 12 513) und **Ni-Hard 2** (G-X260NiCr4-2 nach DIN 1695 bzw. EN-GJN-HV520 nach DIN EN 12 513) weltweit bekannt wurde. In Tabelle 1, Seite 347, sind die ledeburitisch-martensitischen Gusseisensorten nach DIN EN 12 513 zusammengestellt.

Das Gefüge von ledeburitisch-martensitischem Gusseisen besteht aus Martensit mit etwa 20 Vol.-% ... 50 Vol.-% Restaustenit und 40 Vol.-% eutektischem Zementit im Ledeburiteutektikum (Bild 1). Die Martensitbildung soll aus Wirtschaftlichkeitsgründen bereits bei der Abkühlung des Gussstücks in der Form eintreten.

Falls keine Kaltverfestigung auftritt, ist der Restaustenit relativ unschädlich. Bei höherer Flächenpressung oder schlagartiger Beanspruchung kann er aber unter Volumenzunahme in Martensit umwandeln und Spannungen erzeugen, die bis zum Zerbersten des Gussstücks führen können. In diesem Fall ist eine Sonderwärmebehandlung (450 °C / 4 h / Luft- oder Ofenabkühlung und Wiederanlassen auf 275 °C/4 h ... 16 h/Luftabkühlung) zur Beseitigung des Restaustenits erforderlich.

Anwendungsbeispiele für ledeburitisch-martensitisches Gusseisen sind Auskleidungen für Hammermühlen, Rollen zum Brechen von Hartgestein, Panzerplatten oder Mahlwalzen. Eine interessante Anwendung findet der Werkstoff als Verbundguss mit Stahlkernen. Dabei wird ein Stahlkern in die Form eingelegt und umgossen. Bild 2 zeigt einen Tresor aus stahlarmiertem Ni-Hard-Verbundguss. Ein metallischer Verbund ist dabei nicht zwangsläufig erforderlich.

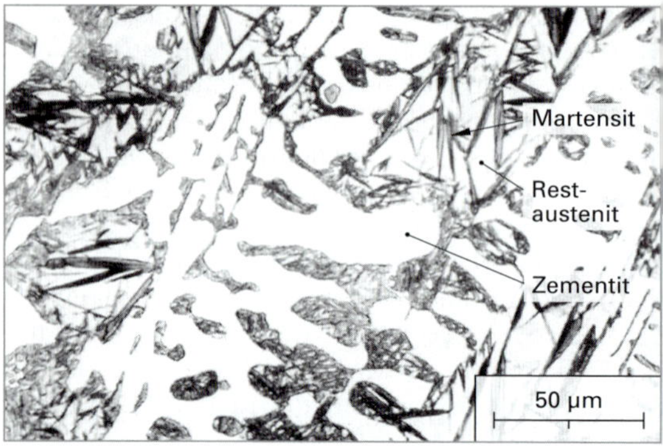

Bild 1: Gefüge von ledeburitisch-martensitischem Gusseisen Ni-Hard 1 (EN-GJN-HV 550)

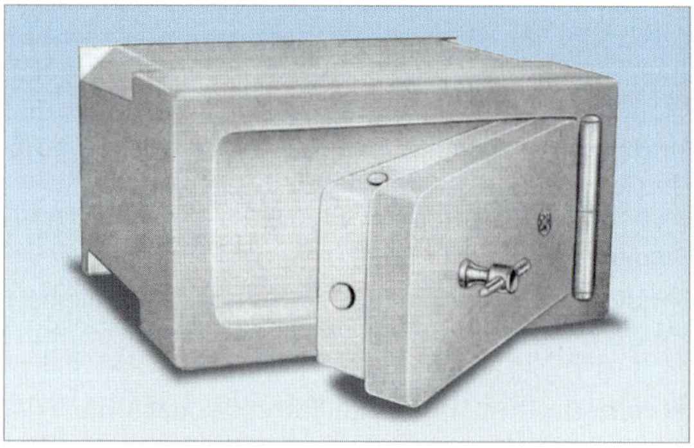

Bild 2: Tresor aus stahlarmiertem ledeburitisch-martensitischem Verbundguss

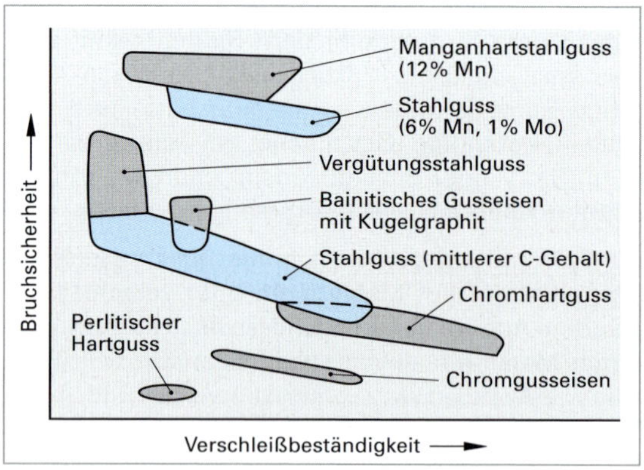

Bild 3: Qualitativer Vergleich verschleißbeständiger Eisengusswerkstoffe

- **Chrom- und Chrom-Molybdän-Gusseisen**

Chromgusseisen stehen in Konkurrenz zu den ledeburitisch-martensitischen Gusseisen (z. B. Ni-Hard 1 und Ni-Hard 2). Im Vergleich dazu besitzt das Chromgusseisen nahezu die höchste Verschleißbeständigkeit. Bei seiner Verwendung müssen jedoch auch die deutlich höheren Kosten, ggf. eine relativ komplexe Wärmebehandlung und die nicht allzu hohe Bruchsicherheit berücksichtigt werden (Bild 3). In Tabelle 1, Seite 347, sind Chromgusseisensorten nach DIN EN 12 513 zusammengestellt.

Das Gefüge des Chromgusseisens besteht aus eutektischen und sekundären Carbiden vom Typ $(Fe,Cr)_7C_3$ und $(Fe,Cr)_{23}C_6$, die wechselnde Anteile an Fe, Cr, Mo, V und anderen carbidbildenden Elementen enthalten können und im Gusszustand in eine Grundmasse aus Perlit, Bainit, Martensit und Restaustenit eingebettet sind (Bild 1). Diese Carbide treten ab 5 % Cr gemeinsam mit Zementit und ab 10 % ... 12 % Cr alleine im Gefüge auf. Um ein günstiges martensitisches Grundgefüge (ggf. mit Bainitanteilen) zu erhalten, wird eine auf den Werkstoff abgestimmte Wärmebehandlung bestehend aus Härten und Anlassen durchgeführt.

Anwendungsbeispiele sind Mahlkugeln für Kugelmühlen (Bild 2), Schlagleisten für die Gesteinsaufbereitung, verschleißbeständige Auskleidungen oder Mahlrollen.

Die wichtigsten verschleißbeständigen Gusseisensorten nach DIN EN 12 513 sind in Tabelle 1 zusammengestellt.

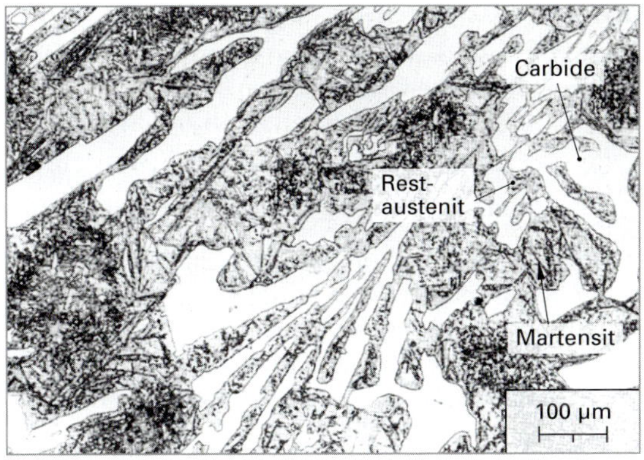

Bild 1: GJN-HV 600 (Ni-Hard 4) im gehärteten Zustand. Carbide (weiß) in einem Grundgefüge aus Martensit (dunkel) und Restaustenit (grau).

c) Korrosionsbeständiges Gusseisen

Graues Gusseisen hat gegenüber vielen wässrigen und atmosphärischen Medien eine gute Beständigkeit durch Ausbildung einer beständigen Gusshaut aus Eisensilicaten und Oxiden (Ausnahme: Spongiose von Grauguss). Eine Verbesserung der Korrosionsbeständigkeit, auch im Hinblick auf Spongiose (Kapitel 6.6.3.3), kann durch Legieren mit Nickel, Silicium und Chrom erreicht werden.

Bild 2: Mahlkugeln für Kugelmühlen aus Chromgusseisen

Tabelle 1: Mechanische Eigenschaften von verschleißbeständigem Gusseisen nach DIN EN 12 513

Gusseisensorte				Mechanische Eigenschaften		
Neue Bezeichnung nach DIN EN 1560		Bezeichnung nach DIN 17 006-4 bzw. DIN 17 007-3[1]		R_m	E-Modul	Härte
Kurzname	Numerisch	Kurzname	Wst.-Nr.	MPa	GPa	
Perlitischer Hartguss						
EN-GJN-HV350	EN-JN2019	–	–	280...460[5]	207[5]	410 ... 500 HB[5]
Ledeburitisch-martensitisches Gusseisen						
EN-GJN-HV520[2]	EN-JN2029	G-X 260 NiCr 4 2	0.9620	420 ... 530[5]	165 ... 180[5]	575 ... 675 HB[5]
EN-GJN-HV550[3]	EN-JN2039	G-X 330 NiCr 4 2	0.9625	350 ... 420[5]	165 ... 180[5]	600 ... 725 HB[5]
Chrom- und Chrom-Molybdän-Gusseisen						
EN-GJN-HV600[4]	EN-JN2049	G-X 300 CrNiSi 9 5 2	0.9630	500 ... 600[6]	190 ... 200[6]	53 ... 64 HRC[6]
EN-GJN-HV600(XCr11)	EN-JN3019	–	–	k. A.	k. A.	≥ 600[8]
EN-GJN-HV600(XCr14)	EN-JN3029	G-X 300 CrMo 15 3 G-X 260 CrMoNi 15 2 1	0.9635 0.9640	600 ... 1000[7] 600 ... 1000[7]	158 ... 190[7] 158 ... 190[7]	750 ... 940 HV30[7] 750 ... 880 HV30[7]
EN-GJN-HV600(XCr18)	EN-JN3039	G-X 260 CrMoNi 20 2 1	0.9645	600 ... 1000[7]	158 ... 190[7]	750 ... 860 HV30[7]
EN-GJN-HV600(XCr23)	EN-JN3049	G-X 260 Cr 27 G-X 300 CrMo 27 1	0.9650 0.9655	600 ... 1000[7] k. A.	k. A. k. A.	700 ... 850 HV30[7] 750 ... 940 HV30[7]

[1] Sorten waren in der zurückgezogenen DIN 1695 genormt.
[2] Markenbezeichnung: Ni-Hard 2.
[3] Markenbezeichnung: Ni-Hard 1.
[4] Markenbezeichnung: Ni-Hard 4.
[5] Mechanische Eigenschaften für Kokillenguss. Sandguss liefert niedrigere Werte.
[6] gehärtet
[7] vergütet
[8] gemäß DIN EN 12 513
k. A. = keine Angabe

d) Hitzebeständiges Gusseisen

Der Einsatz von Gusseisen mit Lamellengraphit ist nur bis etwa 350 °C, bei Gusseisen mit Kugelgraphit bis 450 °C (perlitische Grundmasse) bzw. 700 °C (ferritische Grundmasse) möglich. Bei erhöhter Temperatur sind die folgenden Besonderheiten zu beachten:

- Verschlechterung der mechanischen Eigenschaften, insbesondere der Festigkeit (Warmfestigkeit). Molybdän und Chrom verbessern die Warm- und Zeitstandfestigkeit.
- Veränderung des Gefüges. Perlit ist thermodynamisch nicht stabil und zerfällt bei höheren Temperaturen (> 400 °C) zu Ferrit und Graphit. Dadurch tritt ein deutlicher Verlust an Festigkeit und Härte ein, wobei der Härteverlust deutlich ausgeprägter ist. Der Perlitzerfall ist außerdem mit einer Volumenvergrößerung verbunden, die bis zu 8 % erreichen kann und als **Wachsen** bezeichnet wird. Das Wachsen kann zu einer unerwünschten Rissbildung führen. Chrom verzögert den Perlitzerfall.
- Verzunderung der Oberfläche. Die Bildung einer Schicht aus Oxidationsprodukten des Eisens, des Siliciums sowie der Begleit- und Legierungselemente kann bei Temperaturen über 500 °C zu erheblichen Werkstoffschädigungen führen. Besonders schädigend wirkt sich dabei die **innere Oxidation,** insbesondere bei erhöhtem Graphitgehalt bzw. gröberen Graphitkristallen aus, da die Oxidationsprodukte entlang der Kristalle in das Werkstoffinnere dringen und das Gefüge schwächen. Cr, Si und Al verbessern daher die Zunderbeständigkeit.

e) Austenitisches Gusseisen

Austenitisches Gusseisen hat eine Reihe von Eigenschaften, die es für vielfältige Anwendungen interessant machen. Zu den wichtigsten Eigenschaften gehören insbesondere:

- Korrosionsbeständigkeit gegenüber Meerwasser und alkalischen Medien,
- gute plastische Verformbarkeit und gute Zähigkeit, auch bei tiefen Temperaturen,
- hohe Warmfestigkeit,
- gute Zunderbeständigkeit,
- besonderes Wärmeausdehnungsverhalten,
- paramagnetisch, d.h. nicht magnetisierbar.

Austenitisches Gusseisen hat, wie der Name bereits besagt, ein austenitisches Gefüge mit eingelagertem lamellen- oder kugelförmigem Graphit. Gegenüber den nichtrostenden austenitischen Stählen (Kapitel 6.5.10.4) oder den nichtrostenden austenitischen Stahlgusssorten (Kapitel 6.6.2.3), weist austenitisches Gusseisen einen deutlich geringeren Chromgehalt auf (Cr < 5,5 %), da bei zu hohem Chromgehalt im graphitischen Gusseisen eine unerwünschte Carbidbildung eintreten würde. Zur Sicherstellung einer ausreichenden Austenitstabilität bei tiefen Temperaturen ist andererseits jedoch ein sehr hoher Nickelgehalt von bis zu 36 % erforderlich, da die stabilisierende Wirkung des Chroms fehlt.

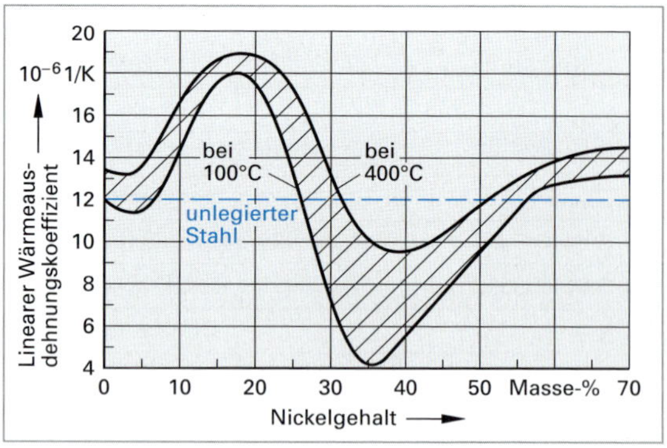

Bild 1: Einfluss des Ni-Gehaltes auf den Längenausdehnungskoeffizienten α zwischen 100 °C und 400 °C

Nickel, das Hauptlegierungselement der austenitischen Gusseisensorten, hat eine besondere Auswirkung auf den thermischen Ausdehnungskoeffizienten (Bild 1). Während der Längenausdehnungskoeffizient α bei Ni-Gehalten um 20% mit etwa 19 · 10^{-6} 1/K am größten ist (unlegierter Stahl: 12 · 10^{-6} 1/K), fällt er bei 35% auf einen extrem niedrigen Wert von etwa 4 · 10^{-6} 1/K. Damit ist es möglich, Gussteile herzustellen, bei denen Maßänderungen durch Wärmedehnung während des Betriebs unerwünscht sind. Hierzu gehören Bauteile von Werkzeugmaschinen, Pressformen für die Glas- und Kunststoffherstellung oder wissenschaftliche Instrumente.

Tabelle 1: Hitzebeständige Gusseisensorten mit Lamellen- und Kugelgraphit

Sorte	C %	Si %	Sonstige Masse-%	Anwendungs-temperatur[1] °C (max.)	Anwendungsbeispiele
Graues Gusseisen mit Lamellengraphit					
unlegiert	2,0 ... 4,0	0,8 ... 3,0	–	350[2]	Allgemeine Anwendungen.
niedriglegiert (Cr, Mo)	2,8 ... 3,4	1,5 ... 3,6	Cr: 0,5 ... 2 Mo: bis 1	750 ... (800)	Motorenteile, Kochplatten, Teile für Druckgießmaschinen, Ofenbauteile.
Si-legiert	1,8 ... 2,0	5,0 ... 7,0	Cr: bis 2	800 ... (900)	Ofenbauteile, Teile für Röstöfen.
Cr-legiert • perlitisch • ferritisch • austenitisch	 2,0 ... 3,0 1,0 ... 2,5 1,0 ... 2,5	 0,4 ... 2,0 1,0 ... 2,0 1,0 ... 2,0	 Cr: 15 ... 25 Cr: 29 ... 35 Cr: 25 ... 35 Ni: 12 ... 16 Al: bis 1	 900 ... (1000) 1050 ... (1150) 1050	 Teile für Wärmetauscher. Armaturen, Rohre, Ofenbauteile. Wie austenitisches Gusseisen.
Al-legiert • niedrig • hoch	 2,5 ... 3,5 0,8 ... 2,0	 1,5 ... 3,0 max. 0,5	 Al: 4 ... 7 Cr: bis 2,5 Al: 22 ... 30 Cr: bis 1,5	 900 1200	Schmelztiegel, Heizplatten, Apparaturen zur Schwefelherstellung, Schmelzkessel für Al-Legierungen, Teile für Röstöfen.
Austenitisches Gusseisen (DIN EN 13835)	2,5 ... 3,0[3]	1,0 ... 3,0	Ni: 12 ... 18 Cr: bis 3,5	700 ... 900 ... (1000)	Ofenbauteile, Armaturen für heiße und schwefelhaltige Gase, Ventile und Armaturen für Heißdampf, Turboladergehäuse.
Graues Gusseisen mit Kugelgraphit					
unlegiert • perlitisch	3,2 ... 3,8	2,4 ... 2,8	–	450 °C	Allgemeine Anwendungen.
unlegiert • ferritisch	3,2 ... 3,8	2,4 ... 2,8	–	700 °C	Wie niedriglegierte, ferritische Sorten.
niedriglegiert • perlitisch		bis 2,5	Cr: 0,4 Mo: 0,35	600 ... (800)	Gesenke, Motorenteile, Teile für Dampfkraftanlagen.
niedriglegiert • ferritisch	3,2 ... 3,5	3,2 ... 3,8	Mn: 0,45 ... 0,65 Mo: 0,35 ... 0,55	700	Ofenbauteile, Gasgeneratoren, Gesenke, Kokillen und Formen.
niedriglegiert • ferritisch	2,8 ... 3,2	bis 4	Mo: bis 2 Al: bis 1	820	Abgassammelleitungen, Gehäuse für Gasturbinen, Turboladergehäuse.
Al-Si-legiert		bis 5	Cr: 2,5 ... 3,0 Al: bis 2,5	900 ... 1000	Ofenteile, Formen.
Al-legiert	1,7 ... 2,5	1,5 ... 2,5	Mn: bis 0,6 Al: 20 ... 23	1200	Ofenteile, Schmelztiegel, Teile für Röstöfen.
Austenitisches Gusseisen (DIN EN 13835)	2,4 ... 3,0[3]	1,0 ... 6,0	Ni: 12 ... 36 Cr: bis 5,5	800 ... (900)	Ofenbauteile, Abgasleitungen, Turboladergehäuse, Ventile, Gasturbinengehäuse, Brennerteile.

[1] Eingeklammerte Werte gelten nur für Sonderfälle. [3] maximale Kohlenstoffgehalte.
[2] Phosphorarme Sorten (P < 0,12 %).

Austenitisches Gusseisen kann aufgrund seines austenitischen Gefüges auch bei tiefen Temperaturen eingesetzt werden. Besonders geeignet sind dabei die ohnehin relativ duktilen Sorten mit Kugelgraphit. Einige Sorten wie EN-GJSA-XNiMn23-4 zeigen auch noch bei rund –200 °C eine ausreichende Zähigkeit (Bild 1, Seite 350). Auch bei höheren Temperaturen kann austenitisches Gusseisen vorteilhaft eingesetzt werden, einige Sorten wie EN-GJSA-XNiCr30-3 bis etwa 800 °C.

Da der Chromgehalt von austenitischem Gusseisen aus den o. g. Gründen geringer ist als 12 % (Resistenzgrenze), bildet sich, im Unterschied zu den nichtrostenden Stählen, keine Passivschicht auf der Oberfläche. Die Korrosionsbeständigkeit beruht vielmehr auf der bereits relativ guten Beständigkeit der nickelhaltigen

Grundmasse sowie der Bildung von Schutzschichten aus Korrosionsprodukten. Bei atmosphärischer Korrosion ist das austenitische Gusseisen relativ gut beständig, obwohl es sich mit einer Rostschicht überzieht. Diese Schicht schützt jedoch, im Gegensatz zu unlegiertem Stahl oder Gusseisen, vor einem weiteren Korrosionsangriff. In Meerwasser und Salzlösungen ist die Korrosionsbeständigkeit von austenitischem Gusseisen deutlich besser im Vergleich zu den unlegierten Sorten. Die hervorragende Korrosionsbeständigkeit von nichtrostenden Stählen oder nichtrostenden Stahlgusssorten wird jedoch, insbesondere bei mittleren bis hohen Strömungsgeschwindigkeiten, nicht erreicht. Dennoch stellen Bauteile von Anlagen und Maschinen, die mit Meerwasser, verunreinigtem Süßwasser oder Salzlösungen in Berührung kommen (z. B. Gehäuse oder Leiträder von Meerwasserpumpen, Off-Shore-Anlagen), die wichtigste Anwendung für austenitisches Gusseisen dar (Bild 2).

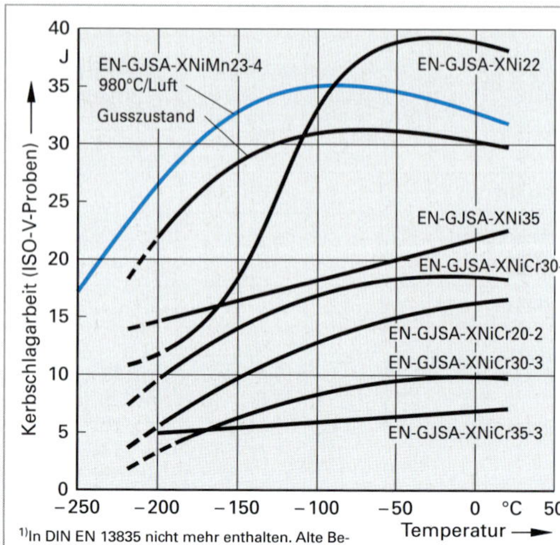

[1)] In DIN EN 13835 nicht mehr enthalten. Alte Bezeichnung in DIN 1694 (zurückgezogen): EN-GJS-NiCr30-1

Bild 1: Kerbschlagarbeit-Temperatur-Kurven unterschiedlicher austenitischer Gusseisensorten mit Kugelgraphit

Das Schweißen austenitischer Gusseisensorten ist unter Berücksichtigung werkstoffspezifischer Parameter sowie dem Einsatz geeigneter Schweißzusatzwerkstoffe als Fertigungs- und als Konstruktionsschweißung möglich. Übliche Verfahren sind das Lichtbogen-Handschweißen, das Wolfram-Inertgas-(WIG) und das Metall-Inertgasschweißen (MIG).

Austenitisches Gusseisen steht hinsichtlich der Anwendungsmöglichkeiten in Konkurrenz zu hitzebeständigen und nichtrostenden Stahlgusssorten (Kapitel 6.6.2.3). Im Gegensatz zu diesen ist jedoch die Fließfähigkeit und das Formfüllungsvermögen deutlich besser, so dass auch maßgenaue, kompliziert geformte und dünnwandige Gussstücke hergestellt werden können. Die deutlich verbesserte Gießbarkeit kommt außerdem in einer geringeren Rissgefahr zum Ausdruck. Gegenüber den unlegierten Gusseisensorten ist jedoch die erhöhte Schwindung von etwa 2,5 % ungünstig.

Bild 2: Gehäuseunterteil für eine Meerwasserpumpe aus EN-GJS-NiCrNb20-2

Austenitische Gusseisensorten werden zur Herstellung von Bauteilen für Anlagen und Maschinen, die mit Meerwasser, verunreinigtem Süßwasser oder Salzlösungen in Berührung kommen, eingesetzt (s. o.). Auch für Bauteile, die höheren Temperaturen bis 800 °C (Abgasleitungen, Kessel, Ventile, Turboladergehäuse, Teile für Industrieöfen, Gasturbinen-Gehäuseteile) und tiefen Temperaturen bis −200 °C (Gussstücke für die Kältetechnik) ausgesetzt sind, kann austenitisches Gusseisen vorteilhaft eingesetzt werden. Sorten mit Ni-Gehalten um 35 % (z. B EN-GJSA-XNi35) werden aufgrund ihres sehr niedrigen Wärmeausdehnungskoeffizienten (Bild 1, Seite 348) für die Herstellung maßgenauer Teile für Werkzeugmaschinen, Pressformen für die Glas- und Kunststoffherstellung sowie wissenschaftlicher Instrumente eingesetzt.

Nach DIN EN 13835 werden austenitische Gusseisensorten mit Lamellengraphit (2 Sorten) und mit Kugelgraphit (10 Sorten) unterschieden (Tabelle 1, Seite 351), wobei letztere infolge einer höheren Festigkeit und Zähigkeit (aber auch höheren Werkstoffkosten) eine größere Bedeutung besitzen.

Tabelle 1: Chemische Zusammensetzung und mechanische Eigenschaften von austenitischem Gusseisen nach DIN EN 13835

Gusseisensorte		Chemische Zusammensetzung				Mech. Eigenschaften[1]				Eigenschaften	Anwendungsbeispiele
Kurzname	Numerisch	C	Si	Ni	Cr	R_m	$R_{p0,2}$	A	KV[2]		
Austenitisches Gusseisen mit Lamellengraphit											
EN-GJLA-XNiMn13-7	EN-JL3021	≤ 3,0	1,5 ... 3,0	12 ... 14	≤ 0,2	140	–	–	–	• nicht magnetisierbar	Nicht magnetisierbare Gussstücke (z. B. Gehäuse für Schaltanlagen, Klemmen)
EN-GJLA-XNiCuCr15-6-2	EN-JL3011	≤ 3,0	1,0 ... 2,8	13,5 ... 17,5	1,0 ... 3,5	170	–	–	–	• gute Korrosionsbeständigkeit[3] • gute Hitzebeständigkeit • gute Gleiteigenschaften • nicht magnetisierbar[4]	Pumpen, Ventile, Buchsen, Kolbenringe für Leichtmetallkolben, nicht magnetisierbare Gussstücke
Austenitisches Gusseisen mit Kugelgraphit											
EN-GJSA-XNi22	EN-JS3041	≤ 3,0	1,0 ... 3,0	21 ... 24	≤ 0,5	370	170	20	20	• sehr gute plastische Verformbarkeit • nicht magnetisierbar	Pumpen, Ventile, Buchsen, Abgaskrümmer, Turbolader-Gehäuse, nicht magnetisierbare Gussstücke
EN-GJSA-XNi35	EN-JS3051	≤ 2,4	1,5 ... 3,0	34 ... 36	≤ 0,2	370	210	20	–	• geringste thermische Ausdehnung aller Gusseisensorten • gute Thermoschockbeständigkeit	Maßbeständige Bauteile für Werkzeugmaschinen, Glasformen, wissenschaftliche Instrumente
EN-GJSA-XNiMn13-7	EN-JS3071	≤ 3,0	2,0 ... 3,0	12 ... 14	≤ 0,2	390	210	15	16	• nicht magnetisierbar	Nicht magnetisierbare Gussstücke (z. B. Gehäuse für Schaltanlagen, Klemmen)
EN-GJSA-XNiMn23-4	EN-JS3021	≤ 2,6	1,5 ... 2,5	22 ... 24	≤ 0,2	440	210	25	24	• sehr gute plastische Verformbarkeit • Zähigkeit bis – 196 °C • nicht magnetisierbar	Gussstücke für die Kältetechnik (bis – 196 °C)
EN-GJSA-XNiCr20-2	EN-JS3011	≤ 3,0	1,5 ... 3,0	18 ... 22	1,0 ... 3,5	370	210	7	13	• gute Korrosionsbeständigkeit • gute Hitzebeständigkeit • gute Gleiteigenschaften • nicht magnetisierbar[4]	Pumpen, Ventile, Buchsen, Abgaskrümmer, Turbolader-Gehäuse, nicht magnetisierbare Gussstücke
EN-GJSA-XNiCr30-3	EN-JS3081	≤ 2,6	1,5 ... 3,0	28 ... 32	2,5 ... 3,5	370	210	7	–	• gute Korrosionsbeständigkeit[3] • gute Hitzebeständigkeit	Pumpen, Kessel, Ventile, Abgaskrümmer, Turbolader-Gehäuse
EN-GJSA-XNiCr35-3	EN-JS3101	≤ 2,4	1,5 ... 3,0	34 ... 36	2,0 ... 3,0	370	210	7	–	• geringste thermische Ausdehnung aller Gusseisensorten • gute Thermoschockbeständigkeit • sehr gute Warmfestigkeit[5]	Gehäuseteile für Gasturbinen, Glasformen
EN-GJSA-XNiCrNb20-2	EN-JS3031	≤ 3,0	1,5 ... 2,4	18 ... 22	1,0 ... 3,5	370	210	7	13	• gute Schweißbarkeit • gute Korrosionsbeständigkeit[3] • gute Hitzebeständigkeit • gute Gleiteigenschaften • nicht magnetisierbar[4]	Pumpen, Ventile, Buchsen, Abgaskrümmer, Turbolader-Gehäuse, nicht magnetisierbare Gussstücke
EN-GJSA-XNiSiCr30-5-5	EN-JS3091	≤ 2,6	5,0 ... 6,0	28 ... 32	4,5 ... 5,5	390	240	–	–	• sehr hohe Korrosionsbeständigkeit • sehr gute Hitzebeständigkeit • gute Beständigkeit gegen Erosionskorrosion	Pumpen, Abgaskrümmer, Turboladergehäuse, Fittings
EN-GJSA-XNiSiCr35-5-2	EN-JS3061	≤ 2,0	4,0 ... 6,0	34 ... 36	1,5 ... 2,5	370	200	10	–	• sehr gute Hitzebeständigkeit • hohe Duktilität • gute Kriechbeständigkeit	Gehäuseteile für Gastrubinen, Abgaskrümmer, Turbolader-Gehäuse

[1] Mindestwerte. Mechanische Eigenschaften ermittelt an getrennt gegossenen Probestücken.
[2] ISO-V-Proben (Mittelwert aus 3 Versuchen)
[3] gegenüber Alkalien, verdünnten Säuren, Meerwasser und Salzlösungen
[4] bei niedrigem Chromgehalt
[5] bei Zugabe von 1 Masse-% Mo

7 Nichteisenmetalle

Kein einziges Metall hat bisher – und wird wahrscheinlich auch nicht zukünftig – die gleiche wirtschaftliche Bedeutung wie Eisen und Stahl erhalten. Aus diesem Grund ist die Benennung der übrigen Metalle als **Nichteisenmetalle (NE-Metalle)** üblich und sinnvoll. Bei den einzelnen Nichteisenmetallen gibt es nicht die große Vielfalt von Legierungen wie beim Eisen. Aufgrund bestimmter günstiger physikalischer Eigenschaften haben jedoch einige Nichteisenmetalle große technische Bedeutung erlangt.

Häufig werden die Nichteisenmetalle in **Leicht- und Schwermetalle** unterteilt. Dabei ist Titan mit einer Dichte von etwa 4,50 kg/dm³ das Leichtmetall mit der größten Dichte, d. h. alle Metalle mit geringerer Dichte sind Leicht- und mit größerer Dichte sind Schwermetalle. Die technisch wichtigsten Leicht- und Schwermetalle sowie ausgewählte Verwendungsbeispiele sind in Tabelle 1 zusammengefasst.

Tabelle 1: Technisch bedeutsame Leicht- und Schwermetalle

Metall		Dichte kg/dm³	Schmelz-temp. °C	Verwendungsbeispiele
				Leichtmetalle ($\varrho \leq 4,5$ kg/dm³)
Lithium	Li	0,54	180	Legierungselement für Al- und Mg-Legierungen
Kalium	K	0,86	63	Findet in der Technik kaum Verwendung
Natrium	Na	0,97	98	Legierungselement, Wärmeübertragermedium
Rubidium	Rb	1,52	39	Wärmeübertragermedium, Anwendung in der Halbleitertechnik
Calcium	Ca	1,54	840	Legierungselement, Trockenmittel
Magnesium	Mg	1,74	649	Motoren- und Getriebegehäusebau, Opferanoden, Kapitel 7.2
Beryllium	Be	1,85	1285	Ni-Be-Legierung für Membranen, Injektionskanülen
Cäsium	Cs	1,87	28	Antriebsstoff für Ionenstrahltriebwerke, Photokatoden
Silicium	Si	2,33	1411	Elektronik und Computertechnik, Legierungselement, Kapitel 7.4
Strontium	Sr	2,60	769	Geringe technische Bedeutung
Aluminium	Al	2,69	660	Basiswerkstoff (Al-Legierungen), Kapitel 7.1
Titan	Ti	4,50	1670	Turbinenteile, Verkleidungsbleche im Flugkörperbau, Kapitel 7.3
				Schwermetalle ($\varrho > 4,5$ kg/dm³)
Vanadium	V	6,10	1900	Legierungselement für Stähle und Titan, Katalysator (V_2O_3)
Zirkonium	Zr	6,50	1852	Basiswerkstoff (Zr-Legierungen), Desoxidationsmittel
Antimon	Sb	6,68	630	Legierungselement für weiche Metalle wie Sn oder Pb
Zink	Zn	7,13	419	Beschichtungsmetall (Korrosionsschutz) für Stähle, Kapitel 7.7
Chrom	Cr	7,20	1860	Wichtigstes Legierungselemenent für Stähle
Zinn	Sn	7,31	232	Sn-Beschichtungen (z.B. Weißblech für Konservendosen), Kapitel 7.8
Mangan	Mn	7,44	1244	Legierungselement für Stähle, Desoxidationsmittel
Niob	Nb	8,55	2468	Legierungselement für Stähle, Basismetall für Nb-Legierungen
Nickel	Ni	8,90	1453	Legierungselement für Stähle, Basismetall für Ni-Legierungen, Kapitel 7.6
Cobalt	Co	8,90	1495	Legierungselement für Stähle, Basismetall für Co-Legierungen
Kupfer	Cu	8,94	1083	Basismetall (Cu-Legierungen), Legierungselement, Kapitel 7.5
Bismut	Bi	9,80	271	Legierungselement für Stähle, Schmelzlegierung (Feuerwarner)
Molybdän	Mo	10,23	2617	Legierungselement für Stähle, Basismetall für Mo-Legierungen
Blei	Pb	11,35	327	Basismetall für Pb-Legierungen Legierungselement, Kapitel 7.9
Silber	Ag	10,49	961	Ag-Cu-Legierungen für Münzen, Beschichtungen, Schmuck
Rhodium	Rh	12,40	1965	Thermoelemente, Drahtgitternetz für Katalysatoren, Kontakte
Tantal	Ta	16,66	2996	Legierungselement für Stähle, Gitter von Elektronenröhren
Wolfram	W	19,26	3410	Basismetall, Legierungselement für Stähle, Elektroden
Gold	Au	19,32	1063	Kontaktwerkstoff, Dentallegierungen, Schmuck
Platin	Pt	21,40	1770	Katalysatormetall, Laborgeräte, Zahnstifte, Korrosionsschutz
Iridium	Ir	22,40	2450	Katalysatormetall, Kontakte, Elektrodenwerkstoff (Pt-Ir)
Osmium	Os	22,45	3045	Federspitzen von Füllfederhaltern (Os-Ir), Kontakte (Os-Pt)

7.1 Aluminiumwerkstoffe

Das technisch wichtigste Metall nach Eisen ist Aluminium. Obwohl die großtechnische Erzeugung aus dem Erz Bauxit erst Ende des 19. Jahrhunderts begann, hat Aluminium inzwischen eine große Bedeutung erlangt.

Aluminiumwerkstoffe werden in Reinaluminium, Aluminiumlegierungen und Aluminium-Sinterwerkstoffe eingeteilt. Innerhalb der Aluminiumlegierungen werden die **Knet- und Gusslegierungen** (Bild 1) unterschieden (siehe auch Kapitel 8.3). Knetlegierungen müssen gut verformbar sein und Gusslegierungen müssen gute Gießeigenschaften aufweisen, insbesondere ein gutes Fließ- und Formfüllungsvermögen. Die Gusslegierungen sind höher legiert (12 % bis 14 %) als die Knetlegierungen (nur wenige Prozent an Legierungselementen).

7.1.1 Reinaluminium

Es erscheint zunächst erstaunlich, dass das dritthäufigste Element (7,50 %) der Erdkruste (Bild 1, Seite 166) erst so spät genutzt wurde. Begründet ist dies in der großen Affinität zu Sauerstoff und den damit verbundenen Schwierigkeiten, Aluminium wirtschaftlich herzustellen. Aluminium kann daher nur sinnvoll nach Abtrennung der leichter reduzierbaren Oxide der im Bauxit enthaltenen Metalle über eine Schmelzflusselektrolyse aus Al_2O_3 gewonnen werden (Kapitel 5.3.1). In der nebenstehenden Tabelle sind die wichtigsten physikalischen und mechanischen Eigenschaften des Aluminiums zusammengestellt.

Von besonderer technischer Bedeutung sind die geringe Dichte und die hohe elektrische Leitfähigkeit des Aluminiums. Nicht erfasst in der Tabelle sind die gute Korrosionsbeständigkeit und Umformbarkeit. Die gute Korrosionsbeständigkeit des Aluminiums beruht auf der Bildung einer festhaftenden Aluminiumoxidschicht, die eine weitere Oxidation verhindert. Das kubisch-flächenzentrierte Kristallgitter (Bild 1, Seite 354) und die hohe Stapelfehlerenergie (Kapitel 2.5.2) bewirken die gute Umformbarkeit von Aluminium und seinen Legierungen.

Aluminium findet im Gegensatz zu Eisen sowohl als reines Metall als auch in Legierungen Anwendung. Für den Einsatz von **Reinaluminium** (DIN EN 576) spielt die im Vergleich zu Eisen und Stahl geringe Festigkeit keine Rolle, sondern die gute elektrische Leitfähigkeit (je reiner desto höher), die hohe Korrosionsbeständigkeit, die Oberflächengüte und die gute Verformbarkeit. Nach DIN EN 573 sind Aluminiumsorten von EN AW-Al 99,0 bis EN AW-Al 99,99

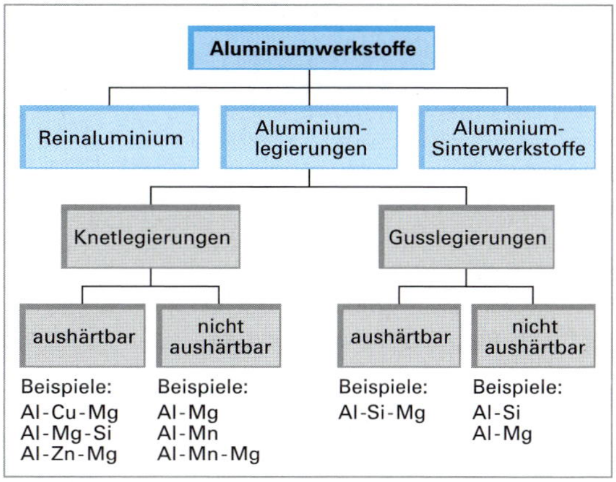

Bild 1: Einteilung der Aluminium-Werkstoffe

Tabelle 1: Physikalische und mechanische Eigenschaften von Aluminium

Atomare Daten	
Ordnungszahl	13
Atommasse	26,98 u
Atomdurchmesser	$2{,}864 \cdot 10^{-10}$ m
Kristallgittertyp[1]	kfz
Physikalische Kennwerte (20 °C)	
Dichte ϱ	2,69 kg/dm³
Schmelztemperatur ϑ_S	660 °C
Wärmedehnung α	$23{,}8 \cdot 10^{-6}$ 1/K (bei 0 °C)
Wärmeleitfähigkeit λ	237 W/m · K
Elektr. Leitfähigkeit $\varkappa$	37,8 m/(Ω · mm²)
Mechanische Kennwerte[2]	
Zugfestigkeit R_m	60 … 230 MPa
Dehngrenze $R_{p0,2}$	20 … 30 MPa
Bruchdehnung A	max. 50 %
Elastizitätsmodul E	60 … 80 GPa

[1] kfz = kubisch-flächenzentriert

[2] Die Kennwerte sind von der chemischen Zusammensetzung (Reinheit) sowie vom Gefügezustand (z. B. geglüht, kaltverfestigt, usw.) abhängig. Die Angaben sind daher als Orientierungswerte zu verstehen.

Bild 2: Reinaluminium – der Werkstoff für Verpackungen

genormt. Es gibt für Sonderanwendungen in der Elektro-, Halbleiter- und Kryoelektrotechnik noch reineres Aluminium mit einem Aluminiumgehalt bis zu 99,9999 %. Bei in der Technik üblichem Reinaluminium liegt meist ein Aluminium-Gehalt von 99,95 % oder geringfügig höher vor. Die Verunreinigungen sind hauptsächlich Silicium und Eisen, in geringerem Maße Kupfer, Titan, Mangan, Magnesium und Zink.

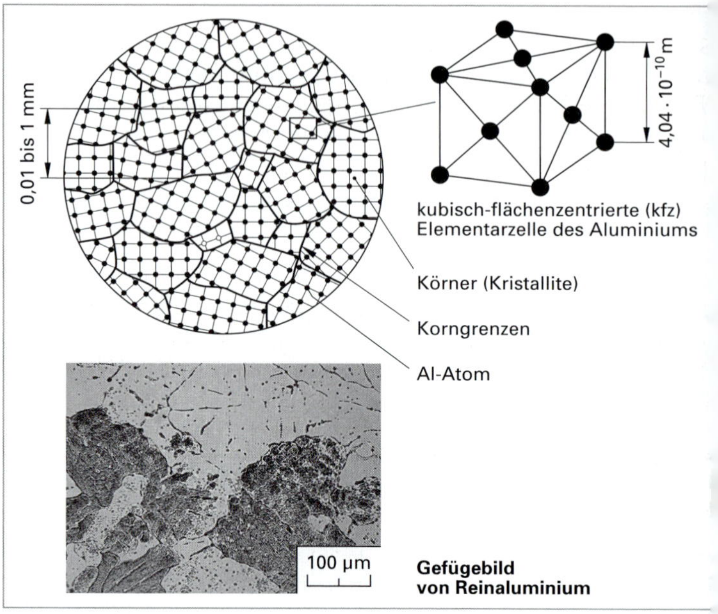

Bild 1: Kristallgitter und Gefüge von Reinaluminium

Die gute Kalt- und Warmverformbarkeit ermöglicht es, dass Aluminium zu extrem dünnen Folien gewalzt (genormt bis zu 0,007 mm), zu komplizierten Profilen in einem Arbeitsgang stranggepresst oder auch zu komplexen großen Teilen geschmiedet wird. In der Elektroindustrie wird Reinaluminium in großen Mengen zu Leitungsmaterial, aber auch zu Leitungsmänteln und Elektrolytkondensatoren verarbeitet. In der chemischen, pharmazeutischen und Lebensmittelindustrie wird es zum Behälter-, Geräte- und Apparatebau verwendet. Reinaluminium wird aber auch für Haushalt- und Campinggeschirr sowie im Bauwesen für Fensterrahmen, Verkleidungen und Dächer eingesetzt.

Ein sehr großes Einsatzgebiet für Aluminium sind Verpackungen (Bild 2, Seite 353). Neben dünnen Folien, die oft noch mit anderen Werkstoffen, hauptsächlich Kunststofffolien oder Papier kaschiert sind, bestehen Behälter aller Art, Dosen, Röhrchen, Tuben und sogar Fässer aus Reinaluminium. Dabei spielen drei Eigenschaften des Aluminiums eine wichtige Rolle: die gute Verformbarkeit, die geringe Dichte und die gute Korrosionsbeständigkeit.

Die gute Korrosionsbeständigkeit des Reinaluminiums, obwohl Aluminium zu den unedlen Metallen gehört und an der Luft sofort oxidiert, beruht auf der Dichtigkeit der Oxidschicht, die nach ihrer Entstehung jeden weiteren Korrosionsangriff verhindert. Häufig wird diese Oxidschicht elektrolytisch verstärkt. Dieses Verfahren wird als **anodische Oxidation** (Eloxieren) bezeichnet. Die dabei erzeugten Schichten bieten einen noch besseren Korrosionsschutz als die natürlichen Oxidschichten und können zusätzlich noch eingefärbt werden (Kapitel 4.5.6.2).

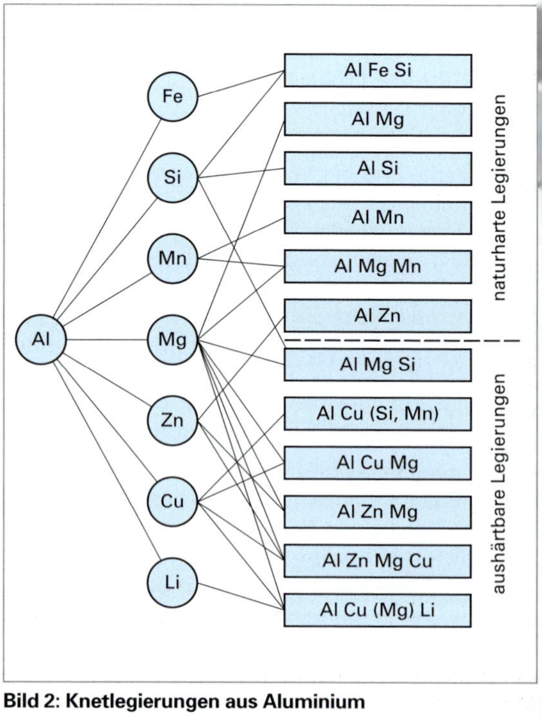

Bild 2: Knetlegierungen aus Aluminium

7.1.2 Aluminium-Knetlegierungen

Aluminium-Knetlegierungen sind in DIN EN 573 als Ersatz für DIN 1725 genormt. Während die deutsche Norm je nach Element Legierungsgehalte von 1 % bis 6 % enthielt, beinhaltet die europäische Norm mit der Legierung EN AW-Al Si10Mg und EN AW-Al Zn8MgCu sogar Legierungen mit bis zu

13 % Si bzw. bis zu 8 % Zn. Die wichtigsten Legierungselemente des Aluminiums sind Kupfer, Mangan, Silicium, Magnesium und Zink sowie in geringerem Maße noch Eisen, Blei, Nickel, Lithium, Zirkonium, Titan, Bismut und häufig 0,04 % bis 0,3 % Chrom, das aber nicht in der Normbezeichnung angegeben wird (Bild 1, Seite 354). Aluminium-Knetlegierungen werden vor allem durch Walzen, Strangpressen, Ziehen und Schmieden, also durch Umformen (= Kneten) zu Halbzeug oder Werkstücken verarbeitet.

In Bild 2, Seite 354, fällt bei den Knetlegierungen auf, dass die meisten Legierungen mehrere Legierungselemente enthalten. Außerdem wird unterschieden zwischen naturharten Legierungen und aushärtbaren Legierungen (Kapitel 7.1.5).

Zu den **naturharten Legierungen** gehören homogene Legierungen, bei denen die Atome der Legierungselemente in das Kristallgitter des Aluminiums eingebaut werden, also Substitutionsmischkristalle bilden (**homogene Legierungen**). Mischkristallbildung liegt meist nur bei geringen Legierungsgehalten vor, jedoch mit einer oft starken Temperaturabhängigkeit der Löslichkeit. Homogene Aluminiumlegierungen liegen bei einem Gehalt von 0,5 % bis 5 % Magnesium und/oder 0,5 % bis 1 % Mangan vor. Die Festigkeit der naturharten Legierungen kann durch Kaltverformen gesteigert werden. Daher haben diese Legierungen ähnliche Anwendungsgebiete wie Reinaluminium mit Ausnahme der Elektrotechnik infolge der schlechteren elektrischen Leitfähigkeit. Diese Werkstoffe erfüllen außerdem höchste Ansprüche in Bezug auf dekorative Wirkung und Reflexionsvermögen.

Aushärtbare Aluminiumlegierungen enthalten Zusätze an Magnesium + Silicium, Zink + Magnesium, Kupfer + Magnesium oder Zink + Magnesium + Kupfer. Für die Automatenbearbeitung gibt es Legierungen mit einem Zusatz an Blei zur Verbesserung der Spanbrüchigkeit ähnlich wie bei Stahl oder Cu-Zn-Legierungen (Messing). Neu entwickelte aushärtbare Aluminiumlegierungen enthalten Kupfer + Lithium + Magnesium + Zirkonium, wie z. B.: EN AW-Al Cu2Li2Mg1,5. Ein Zusatz von 3 % Li bewirkt in Aluminiumlegierungen eine Reduzierung der Dichte um ca. 10 % und eine Steigerung des Elastizitätsmoduls um ca. 15 % und führt damit zu einer Gewichtseinsparung von 14 % im Vergleich zu konventionellen Legierungen mit gleicher Festigkeit. Aushärtbare Legierungen haben ein **heterogenes Gefüge**. Dies führt zwar einerseits zu einer Festigkeitssteigerung, aber andererseits wird die Korrosionsbeständigkeit vermindert. Zwischen zwei verschiedenen Körnern besteht ein Potenzialunterschied, dies führt bei Anwesenheit eines Elektrolyten zu elektrochemischer Korrosion (Kapitel 11.2). Zum Schutz werden diese Legierungen mitunter mit Reinaluminium plattiert. Der Einsatz dieser Werkstoffe erfolgt hauptsächlich im ausgehärteten Zustand (Kapitel 7.1.5).

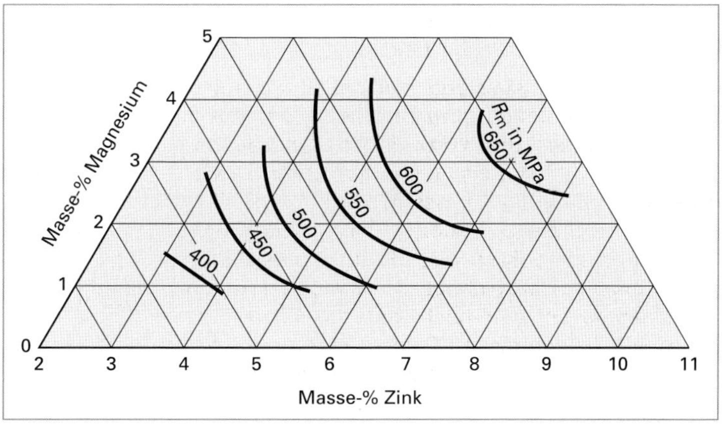

Bild 1: Einfluss von Zink und Magnesium auf die Festigkeit von AlZnMgCu-Legierungen, warmausgehärtet
(1,5 % Cu, 0,2 % Mn, 0,2 % Cr)

Die Festigkeit von Aluminiumwerkstoffen nimmt von etwa 60 MPa (AlZnMgCu-Legierungen, Bild 1) bis auf über 600 MPa zu (AlZnMgCu-Legierungen, Bild 1). Die höchsten Festigkeitswerte bei aushärtbaren Aluminiumlegierungen werden bei AlZnMgCu-Knetlegierungen erreicht. Diese Legierungen haben auch immer einen geringen Chromzusatz und sind kalt- und warmaushärtbar. Bild 1 zeigt den Einfluss von Zink und Magnesium auf die Festigkeit dieser Legierungen bei einem konstanten Gehalt von 1,5 % Cu, 0,2 % Mn und 0,2 % Cr im warmausgehärteten Zustand. Bild 1 zeigt, dass Magnesium und Zink die größten Festigkeitssteigerungen (bis auf 650 MPa) bewirken. Kupfer setzt die Gefahr der Spannungsrisskorrosion herab und erweitert die Legierungsmöglichkeit mit Zn + Mg auf 9 %, falls gleichzeitig Chrom hinzugefügt wird. Aushärtbare Aluminiumlegierungen finden Verwendung im Fahrzeugbau (Bild 1, Seite 357), Architektur und Bauwesen, Schiffbau, Flugzeugbau, Maschinenbau u. a.

Tabelle 1: Eigenschaften und Anwendungsbeispiele von Aluminium-Knetlegierungen

Legierungs-gruppe	Werkstoffbeispiele (DIN EN 573-3)	Wesentliche Legierungs-bestandteile %	Eigenschaften[1]						Anwendungsbeispiele
			R_m MPa	A %	Korrosions-beständigk.	Schweiß-barkeit	Zerspan-barkeit	Aushärtbar-keit	
AlMn (Serie 3000)	EN AW-Al Mn0,2 EN AW-Al Mn1	Mn: ≤ 1,5 %[2]	90 ... 200	21 ... 3	gut	sehr gut	bedingt	nein	Für Anwendungen, bei denen die Festigkeit von Reinaluminium nicht ausreicht, jedoch die gleiche chemische Beständigkeit und Verformbarkeit gefordert wird.
AlMg (Serie 5000)	EN AW-Al Mg1 EN AW-Al Mg2 EN AW-Al Mg5	Mg: 0,5 % ... 5,5 %	100 ... 205 160 ... 270 240 ... 385	20 ... 3 16 ... 5 13 ... 3	sehr gut, seewasserbeständig	gut	bedingt bis gut	nein	Vielseitig anwendbare Konstruktionslegierung für mechanisch mäßig beanspruchte Bauteile mit guter Korrosions- und Seewasserbeständigkeit. Beispiele: • Fassadenteile, Bedachungen, Möbel • Instrumente, Geräte • Schiffbau • Metallwaren
AlMgMn (Serie 5000)	EN AW-Al Mg2Mn0,8 EN AW-Al Mg4,5Mn0,7	Mg: 0,5 % ... 5,5 % Mn: bis 1,1 %	190 ... 305 275 ... 420	12 ... 4 11 ... 3	gut, seewasserbeständig	gut bis sehr gut	bedingt	nein	Vielseitig anwendbare Konstruktionslegierung für Bauteile mit höherer mechanischer Beanspruchung bei guter Seewasser- und Witterungsbeständigkeit. Beispiele: • Apparatebau • Schiffsbau • Chemische Industrie, Salz- und Kaliindustrie • Verkleidungen für Fahrzeuge
AlMgSi (Serie 6000)	EN AW-Al MgSi[3] EN AW-Al MgSiMn	Mg: 0,3 % ... 1,5 Si: 0,2 % ... 1,6 Mn: bis 1 % Cr: bis 0,35 %	≥ 245 ≥ 310	≥ 10 ≥ 10	gut bis sehr gut	gut bis sehr gut	mäßig bis ausreichend	meist warm bei (140 °C ... 160 °C)	Am häufigsten eingesetzte aushärtbare Al-Knetlegierung. Für Al-Bauteile bei mittlerer Festigkeit und hoher Witterungsbeständigkeit. Beispiele: • Strangpressprofile aller Art • Baubeschläge • Fassaden-, Fenster-, Türprofile • Metallwaren • Pkw-Räder und Fahrwerksteile • Elektrotechnik: Drähte und Schienen
AlCuMg[4] (Serie 2000)	EN AW-Al Cu4MgSi EN AW-Al Cu4Mg1 EN AW-Al Cu2,5Mg[5]	Cu: 3,5 % ...5,5 % Mg: 0,2 % ... 1,9 %	≥ 370 ≥ 420 ≥ 420	≥ 12 ≥ 10 ≥ 6	mäßig (Cu), schlechte Seewasserbeständigk.	gut bis sehr gut	mit Pb sehr gut zerspanbar	kalt oder warm	Vielseitige Anwendungen für Bauteile, die einer hohen mechanischen Beanspruchung unterliegen. • Drähte (< 14 mm), Niete, Schrauben • Bleche (< 25 mm) im Flugzeugbau
AlCuSiMg (Serie 2000)	EN AW-Al Cu4SiMg	Cu: 3,5 % ... 5,5 % Si: 0,5 % ... 1,2 % Mn: 0,2 % ... 0,8 %	≥ 450	≥ 7	mäßig (Cu)	nicht schweißbar	gut	kalt oder warm	Gesenk- und Freiformschmiedestücke für hohe mechanische Beanspruchung. Vielseitige Anwendungen im Fahrzeug-, Flugzeug- und Maschinenbau.
AlZnMg (Serie 7000)	EN AW-Al Zn4,5Mg1	Zn + Mg: 6 % ... 7 %	≥ 350	≥ 10	mäßig bis gut	gut	gut	kalt oder warm bei (130 °C ... 170 °C)[8]	Schweißkonstruktionen im Berg-, Fahrzeug- und Maschinenbau
AlZnMgCu[6] (Serie 7000)	EN AW-Al Zn5Mg3Cu EN AW-Al Zn5,5MgCu[7]	Cu: 0,5 % ... 2,0 % Zn + Mg: bis 9 % (Zn : Mg = 2 : 3)	≥ 470 ≥ 510 ≥ 530	≥ 8 ≥ 7 ≥ 7	mäßig (Cu)	z. T. nicht schweißbar	gut bis sehr gut		Anwendung überall dort, wo höchste Festigkeit gefordert wird. Festigkeit übersteigt teilweise diejenige der unlegierten Baustähle.

[1] Für nicht aushärtbare Legierungen: Zugfestigkeit und Bruchdehnung hängen in hohem Maße von der Nenndicke sowie vom Werkstoffzustand (Kaltverformungsgrad) ab. Der linke Zahlenwert gibt jeweils den weichgeglühten Zustand, der rechte Zahlenwert den maximal kaltverfestigten Zustand an. Werte gültig für Bleche und Bänder (DIN EN 485-2) bei Blechdicken von 1,5 ... 3 mm. Bruchdehnungswerte A_{50mm}. Für aushärtbare Legierungen: Mindestwerte für Zugfestigkeit und Bruchdehnung (A_5). Gültig für Rohre nach DIN 1746-1 im kalt- oder warmausgehärteten Zustand, der jeweils zur höchsten Festigkeit führt.

[2] Über 1,5 % Mn: Bildung spröder Al6Mn-Kristalle, daher Begrenzung des Mn-Gehaltes erforderlich.

[3] AlMgSi1 nach DIN 1790-1

[4] Auch als „Duraluminium" bezeichnet.

[5] Für Drähte nach DIN 1790-1

[6] Legierungstyp mit den höchsten erreichbaren Festigkeitswerten aller Al-Knetlegierungen.

[7] Mechanische Eigenschaften für Strangpressprofile nach DIN 1748-1 (warmausgehärtet).

[8] Kaltaushärtung liefert mittlere bis hohe Festigkeiten. Warmaushärtung führt zu höchsten Festigkeiten.

)a die Festigkeit von Aluminium-Legierungen mit steigender Temperatur rasch abnimmt, müssen ab 20 °C warmfeste Legierungen eingesetzt werden. Die Warmfestigkeit wird durch Kupfer und Nickel ·erbessert. Auch in diesen Legierungen haben die Verunreinigungen, insbesondere Eisen, häufig ·inen ungünstigen Einfluss, so dass bestimmte niedrige Grenzwerte vorgeschrieben werden müssen.)ie Korrosionsbeständigkeit von Aluminium ist umso höher, je reiner das Metall ist. Schädlich sind vor ·llem Beimengungen von Kupfer, durch Bildung ·on Lokalelementen. Unbeständig ist die schüt- ·ende Oxidhaut des Aluminiums gegen Alkalilau- ·en, beispielsweise Natronlauge, und gegen Ha- ɔgen-Wasserstoffsäuren wie Salzsäure. Hohe ;eewasserbeständigkeit besitzen Aluminium-Ma- ·nesium-Legierungen.

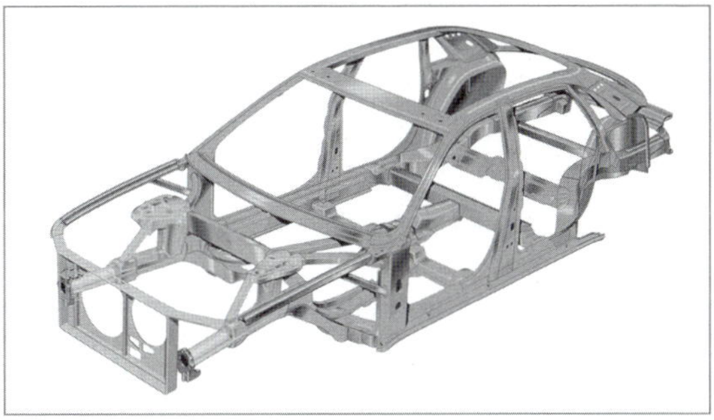

Bild 1: Ganzaluminium-Karosserie

'.1.3 Aluminium-Gusslegierungen

Gute Gießeigenschaften sind die Hauptforderun- ·en, die an Gusslegierungen gestellt werden. Sie ;ind im Vergleich zu den Knetlegierungen höher ·egiert. Die wichtigsten Legierungselemente der Al- ·minium-Gusslegierungen zeigt Bild 2. Besonders ·ünstig sind Legierungen zu gießen, in denen die .egierungselemente in Form von Eutektika vorlie- ·en. Außerdem wird die Legierungszusammenset- ·ung auf das jeweilige Gießverfahren (Kapitel 5.5.1) ıbgestimmt.

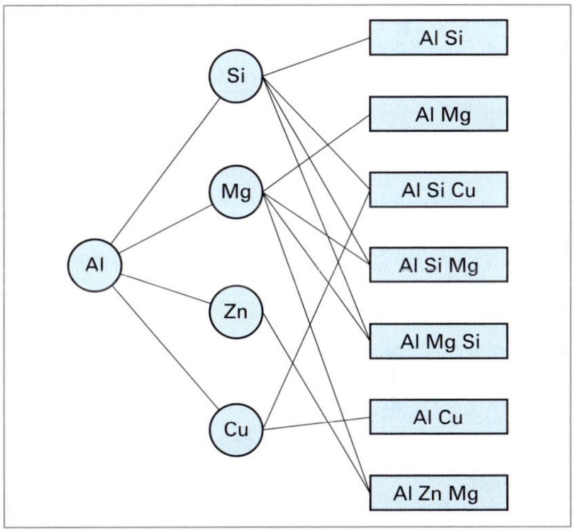

Bild 2: Gusslegierungen aus Aluminium

Günstige Gießeigenschaften zeigen insbesondere **Aluminium-Silicium-Legierungen,** da bei 12,5 % Si ein Eutektikum vorliegt (Bild 1, Seite 358). Insbesondere die eutektische Legierung EN AC-Al Si12 zeichnet sich durch sehr gute Gießbarkeit aus. Sie wird bevorzugt für dünnwandige, druck- und flüssigkeitsdichte Gussstücke im Maschinen- und Gerätebau eingesetzt. Sie zeichnet sich außerdem durch eine gute Korrosionsbeständigkeit und eine hervorragende Schweißbarkeit aus. Silicium erhöht die Festigkeit von Aluminium beispielsweise bei der Legierung EN AC-Al Si12 auf 150 MPa bis 200 MPa. Diese Legierungen eignen sich daher zur Herstellung komplizierter, dünnwandiger und druckdichter Gussstücke.

Eine langsame Abkühlung (z. B. Sandguss) führt bei Al-Si-Gusslegierungen zur Ausbildung eines versprödend wirkenden, **entarteten Al-Si-Eutektikums** mit eingelagerten, groben, platten- und nadelförmigen Si-Kristallen. Um die Ausbildung eines feinkörnigen, gleichmäßig verteilten Eutektikums (Bild 3) mit einer verbesserten Festigkeit und Zähigkeit zu erreichen, wird eine **„Veredelung"** mit geringen Natrium-, Strontium- oder Antimon-Zusätzen (bis 0,1 %) durchgeführt. Die Zugabe bewirkt eine Unterkühlung der Schmelze und Verschiebung der eutektischen Konzentration zu höheren Si-Gehalten. Durch Behinderung der Si-Diffusion und des Kristallwachstums bilden sich sehr feine, eher rundliche Kristalle.

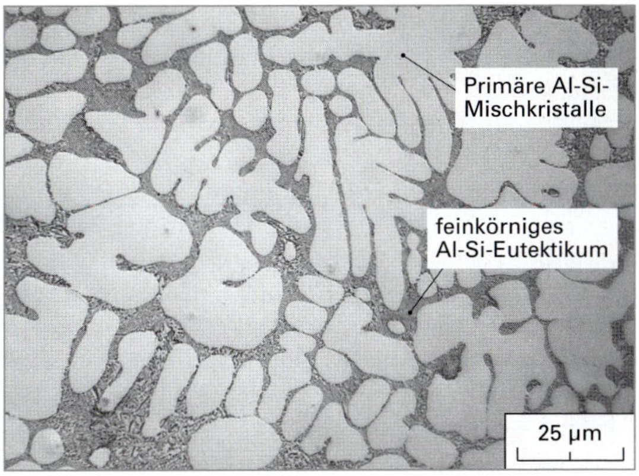

Bild 3: Gefüge einer mit Strontium (0,041 %) veredelten Al-Gusslegierung (EN AC-Al Si10Mg)

Die Abschreckwirkung von in Kokillen vergossenen Legierungen verhindert weitgehend eine Entartung des Eutektikums, so dass durch eine Veredelung das Kokillengussgefüge nur unwesentlich feiner wird. Daher verzichtet man beim Kokillenguss teilweise auf eine Veredelung.

Der Eisengehalt der Al-Si-Legierungen sollte niedrig gehalten werden, da sich sonst nadelige Körner aus β-AlFeSi bilden, die Festigkeit und Plastizität vermindern.

In übereutektischen AlSi-Gusslegierungen (max. 25 % Si) werden zur Kornfeinung der primär ausgeschiedenen Siliciumkristalle geringe Mengen von Phosphor zugesetzt. Diese Legierungen kommen vor allem als **Kolbenlegierungen** (Bild 2) zum Einsatz.

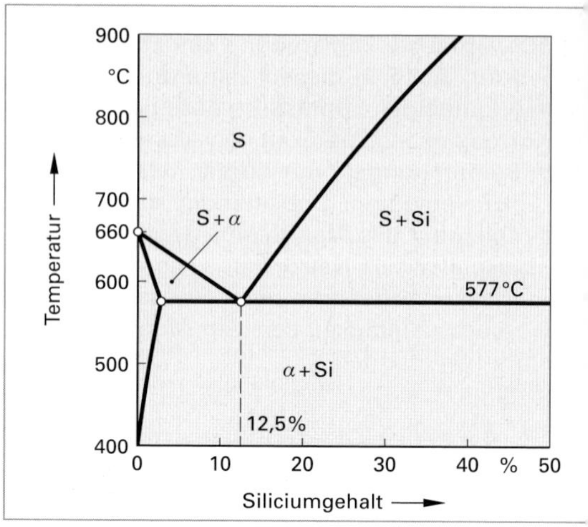

Bild 1: Zustandsdiagramm Al-Si (Al-Seite)
α: Al-Si-Mischkristalle
Si: Si-Kristalle
S: Schmelze

Untereutektische Al-Si-Legierungen werden durch Zusätze von 0,2 % bis 0,5 % Magnesium aushärtbar, der Silicium-Gehalt wird auf 10 % bzw. 5 % reduziert. So erreicht die Legierung EN AC-Al Si10Mg-T6 eine Zugfestigkeit von 300 MPa. Man benutzt diese Legierungen beispielsweise für den Motorenbau. Untereutektische Aluminium-Silicium-Gusslegierungen mit Kupferzusätzen sind nicht aushärtbar, zeigen aber eine erhöhte Warmfestigkeit. Wird diesen Legierungen Magnesium (< 0,1 %) oder Zink (max. 3 %) beigefügt, so werden diese kaltaushärtbar (selbsthärtend).

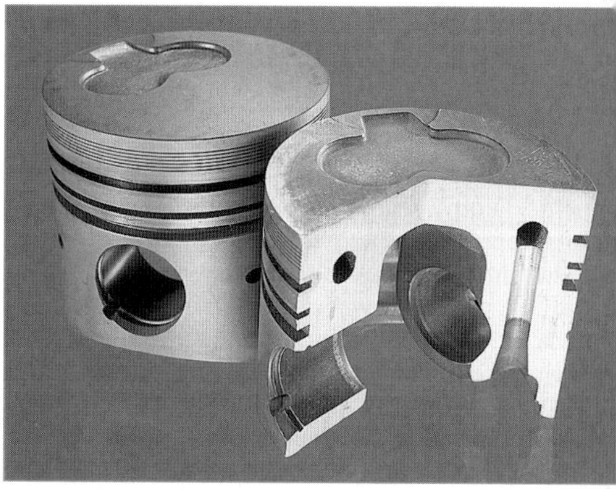

Bild 2: Gegossene Aluminium-Kolben aus einer übereutektischen Al-Si-Gusslegierung

Aluminium-Magnesium-Legierungen enthalten 3 % bis 12 % Magnesium (Eutektikum bei 34 % Mg) und sind schwieriger zu gießen als Aluminium-Silicium-Legierungen, haben dafür aber eine bessere Korrosionsbeständigkeit und sind anodisch oxidierbar. Bei Magnesium-Gehalten über 7 % wird eine Wärmebehandlung zur Homogenisierung des Gefüges durchgeführt, um dadurch auch die Festigkeitseigenschaften zu verbessern. Diese Werkstoffe werden im Schiffbau, für Armaturen und Fittings in der chemischen- und Nahrungsmittelindustrie eingesetzt. Geringe Siliciumzusätze sind insbesondere bei Legierungen mit Magnesium-Gehalten unter 5 % zur Verbesserung der Gießeigenschaften möglich und führen zur Aushärtbarkeit. Der Werkstoff EN AC-Al Mg 3Si erreicht warmausgehärtet eine Festigkeit von 200 ... 280 MPa.

Aluminium-Kupfer-Legierungen enthalten 3 % bis 10 % Kupfer und 0,1 % bis 0,3 % Titan zur Kornfeinung. Sie sind häufig nur warmaushärtbar, können aber durch Zusätze von Magnesium (> 0,5 %) kalt- bzw. selbstaushärtend werden. Diese Legierungen werden für hochbelastbare Teile des Flug- und Fahrzeugbaus eingesetzt. Legierungen des Typs AlZnMg sind gekennzeichnet durch die Möglichkeit der Kalt- und Warmaushärtung ohne vorhergehendes Lösungsglühen. Sie enthalten 4 % bis 7 % Zink und 0,3 % bis 0,7 % Magnesium. Bei höheren Magnesium-Gehalten verschlechtert sich die Bruchdehnung stark. Für Sonderanwendungen stehen noch weitere Aluminium-Gusslegierungen zur Verfügung, die hier nicht weiter besprochen werden sollten.

In Tabelle 1, Seite 359, sind Eigenschaften und Anwendungsbeispiele wichtiger Aluminium-Gusslegierungsgruppen zusammengestellt.

Tabelle 1: Eigenschaften und Anwendungsbeispiele von Aluminium-Gusslegierungen nach DIN EN 1706

Legierungsgruppe	Werkstoffbeispiele (DIN EN 1706)	Wesentliche Legierungsbestandteile %	Eigenschaften[1]						Anwendungsbeispiele
			R_m MPa	A 50 mm %	Gießverfahren[2]	Korrosionsbeständigk.	Schweißbarkeit	Aushärtbarkeit	
AlSi	EN AC-Al Si11 EN AC-SI Si12	Si: 8 ... 13,5	150 (F) 170 (F) 150 (F)	6 (F) 7 (F) 5 (F)	S K S	mäßig bis gut	sehr gut bis gut[3] schlecht[4]	nein	Komplizierte und dünnwandige Gussteile aller Art, die auch einer stoßartigen oder schwingenden Beanspruchung ausgesetzt sein können
AlSiMg	EN AC-Al Si7Mg0,3 EN AC-Al Si9Mg EN AC-Al Si10Mg(Fe)	Si: 5 ... 7 Mg: 0,3 ... 0,5	230 (T6) 290 (T6) 230 (T6) 290 (T6) 220 (T6)	2 (T6) 4 (T6) 2 (T6) 4 (T6) 1 (T6)	S K S K S	gut		kalt oder warm	Komplizierte und dünnwandige Gussteile aller Art, die höchsten Beanspruchungen ausgesetzt sind. Beispiele: • Hochfeste Motorenteile (Kurbelgehäuse, Zylinderköpfe, Motorblöcke, Getriebegehäuse) • Fahrzeugbau (Radträger, Bremssättel, Hinterachslenker) • Druckgefäße
AlSiCu	EN AC-Al Si9Cu3(Fe) EN AC-Al Si9Cu1Mg	Si: 4 ... 10 Cu: 1 ... 4 Mg: bis 0,6 Mn: bis 0,6	240 (F) 275 (T6)	< 1 (F) 1,5 (T6)	D K	schlecht bis nicht empfehlenswert	mäßig bis gut[3] nicht empfehlenswert[4]	kalt oder warm	Gussteile aller Art (auch dünnwandig), für mittlere Beanspruchung und Temperaturen bis 200 °C. Beispiele: • Haushaltsgeräte • Motorenbau (Kurbel- und Getriebegehäuse, Zylinder, Zylinderköpfe, Einspritzpumpen, Bremsbacken)
AlMg	EN AC-Al Mg3 EN AC-Al Mg5 EN AC-Al Mg9	Mg: 3 ... 12 Si: bis 1[5]	150 (F) 160 (F) 180 (F) 200 (F)	5 (F) 3 (F) 4 (F) 1 (F)	K S K D	sehr gut (auch Seewasser und andere korrosive Medien)	mäßig	ja (mit Si-Zusatz)	Gussteile aller Art (auch dünnwandig), für mittlere Beanspruchungen. Die Legierungen sind besonders für Bauteile geeignet, die Seewasser oder anderen korrosiven Medien ausgesetzt werden. Beispiele: • Apparate- und Armaturenbau • Außen- und Innenarchitektur • Beschläge für Türen, Fenster und in der Kfz-Technik • Chemieanlagen und Nahrungsmittelindustrie • Hygienisch unbedenkliche Teile für die Nahrungsmittel- und Haushaltsgeräteindustrie • Schiffsaufbauten • Feuerlöschwesen
AlCu(Ti)	EN AC-Al Cu4Ti	Cu: 4 ... 5 Ti: 0,1 ... 0,3	300 (T6) 330 (T6)	3 (T6) 7 (T6)	S K	schlecht	schlecht	vorwiegend warm	Gusslegierungen mit der höchsten Festigkeit bei guter Zähigkeit und Verformbarkeit. Anwendungen im Fahrzeug- und Flugzeugbau. Beispiele: • Waggonrahmen und Fahrgestelle
AlZnMg	EN AC-Al Zn5Mg	Zn: 4 ... 7 Mg: 0,3 ... 0,7	190 (T1) 210 (T1)	4 (T1) 4 (T1)	S K	gut	gut	kalt oder warm	Die kennzeichnende Eigenschaft dieser Legierungsgruppe ist die Fähigkeit zur Kalt- und Warmaushärtung im Gusszustand ohne vorausgehende Lösungsglühung (Selbstaushärtung). Bei nicht zu hohen Mg-Gehalten weisen diese Legierungen eine günstige Bruchdehnung auf.

[1] Die mechanischen Eigenschaften sind in hohem Maße vom Aushärtungszustand sowie vom Gießverfahren abhängig. Die Angaben in Klammern kennzeichnen den Werkstoffzustand nach DIN EN 1706 (F = Gusszustand; T1 = kontrollierte Abkühlung nach dem Guss und Kaltauslagerung; T6 = lösungsgeglüht und vollständig warmausgelagert.
[2] S = Sandguss; K = Kokillenguss; F = Feinguss; D = Druckguss [3] für Sand-, Kokillen- und Feinguss [4] für Druckguss [5] für Mg-Gehalte über 5 %

7.1.4 Aluminiumschäume

Im Zusammenhang mit neuen Leichtbaukonzepten ist ein verstärktes Interesse an Metallschäumen, insbesondere aus Aluminium und Aluminiumlegierungen, zu verzeichnen. Forschungen befassen sich auch mit Schäumen aus anderen Metallen, wie z. B. Magnesium, Eisen, Blei oder Zink. Für die Entwicklung von Metallschäumen sprechen die zu erwartenden Eigenschaften, die denen natürlicher hochporöser Materialien entsprechen sollen (Bild 1). Beispielsweise liegt die Porosität von Holz oder Knochen oberhalb von 50 %, beide besitzen eine bekanntermaßen hohe Steifigkeit bei geringem spezifischen Gewicht und ein sehr gutes Energieabsorptionsvermögen.

Mittlerweile wurden verschiedene Aufschäumprozesse entwickelt, die es gestatten, ähnlich wie bei Kunststoffen auch aus Metallen einen hochporösen metallischen Werkstoff herzustellen. Dieser Werkstoff zeichnet sich durch gute mechanische Eigenschaften in Verbindung mit einem sehr niedrigen spezifischen Gewicht aus. Dennoch ist das Material aus Kostengründen noch wenig verbreitet.

ⓘ Information

Aluminiumschäume

Aluminiumschäume vereinen geringes Gewicht mit hohem Elastizitätsmodul (hoher Steifigkeit).

a) b)

Bild 1: Poröse Strukturen
a) Aus der Natur: Holz
b) Technisch erzeugt: Aluminiumschaum

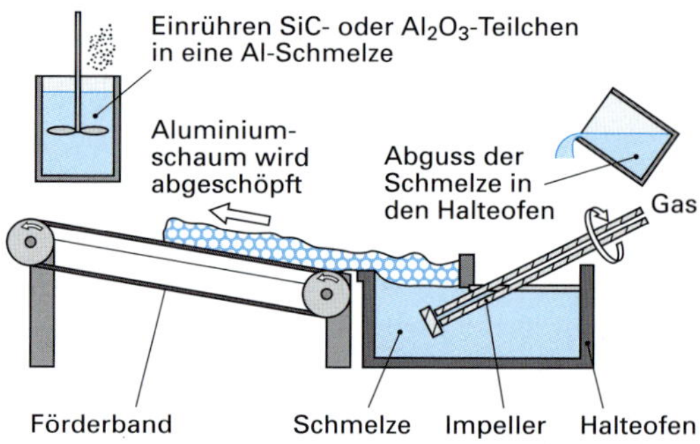

Bild 2: Schaumherstellung nach dem Norsk-Hydro-Verfahren (schematisch)

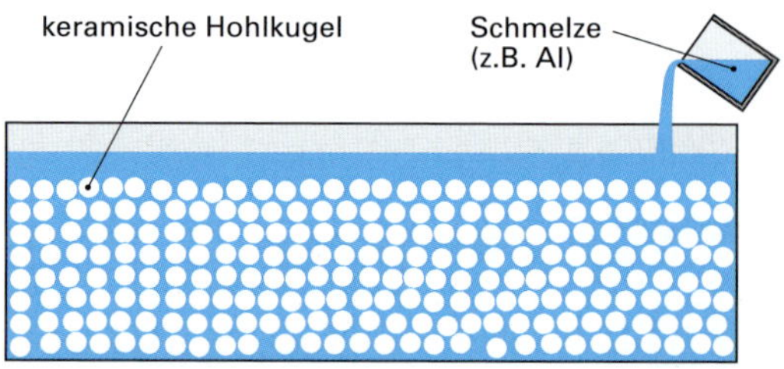

Bild 3: Herstellung eines syntaktischen Schaumes durch Eingießen von Kugeln

7.1.4.1 Aufschäumprozesse

In den letzten zehn Jahren wurde eine Vielzahl von Schaumherstellungsverfahren entwickelt, bei denen entweder eine Aluminiumschmelze oder ein Aluminiumpulver zu Schaum verarbeitet wird.

a) Schmelzmetallurgische Verfahren

Schmelzmetallurgische Verfahren beginnen mit dem Erschmelzen einer Aluminiumlegierung. Anschließend werden 5 % bis 25 % Aluminiumoxid Al_2O_3 oder Siliciumcarbid SiC in die Schmelze eingerührt. Dadurch wird die Schmelze zähflüssig (Eindicken), d. h. die Viskosität wird erhöht. Anschließend wird, wie in Bild 2, gezeigt, ein Gas mit einem rotierenden Impeller in eine Aluminiumschmelze geblasen. Der entstehende Schaum wird z. B. mit Hilfe eines Förderbandes als Platte abgeschöpft. Eine kontinuierliche Fertigung ist damit möglich. Über die Gasmenge und die Impellerdrehzahl lässt sich die Porenstruktur des entstehenden Schaumes beeinflussen. Die Porosität ist im Bereich von 80 % bis 97 % variierbar. Erste industrielle Anlagen arbeiten bereits.

b) Syntaktische Schäume

Syntaktische Schäume werden durch Umgießen von keramischen Hohlkugeln gefertigt (Bild 3). Das Verfahren hat für Aluminium allerdings eine geringere Bedeutung.

c) Pulvermetallurgische Verfahren

Die pulvermetallurgischen Verfahren arbeiten unter Verwendung eines Treibmittels, das sich bei Erwärmung unter Gasabspaltung zersetzt. Das Grundprinzip besteht darin, in ein Aluminiumpulver feinverteilt ein Treibmittel (z. B. Titandihydrid TiH_2) einzumischen (Bild 1, Seite 361). Diese Mischung wird anschließend erdichtet (z. B. durch Heißpressen, Strangpressen der kaltisostatisches Pressen). Es entsteht ein komaktes Halbzeug, das äußerlich von massivem Aluninium nicht zu unterscheiden ist.

Vird dieses Material anschließend bis dicht über en Schmelzpunkt erwärmt, zerfällt das Treibmittel nd setzt dabei Gase frei (z. B. im genannten Beipiel Wasserstoff H_2), die den Schäumprozess ausisen. Durch Abkühlung unter den Schmelzpunkt vird der Schäumprozess bei der gewünschten orosität wieder abgebrochen.

as Ergebnis ist ein Schaum mit einer überwiegend eschlossenen Porosität und einer dichten Außenaut.

rinzipiell lässt sich jede Aluminiumlegierung nach iesen Verfahren schäumen, falls die jeweiligen ompaktier- und Schäumparameter bekannt sind. eschäumt werden z. B. Knetlegierungen der Serin 1000 (Reinaluminium), 2000 (Al-Cu) und 6000 Al-Mg-Si) oder Gusslegierungen, wie beispielsveise EN AC-Al Si7 oder EN AC-Al Si12.

ormteile aus Metallschäumen lassen sich erzeuen, falls ein expandierender Schaum (aus einem ulvermetallurgisch hergestellten Halbzeug mit reibmittel) in eine bestimmte Form. Eingepresst vird (Bild 2). Der Kolben drückt den Schaum im Moment des Expandierens in eine Form, vor dem ufschäumen besteht zudem die Möglichkeit, das ufschäumbare Halbzeug umzuformen. Auf diese Veise sind eine Vielzahl von Formen herstellbar.

.1.4.2 Eigenschaften von Aluminiumschäumen

ie hochporösen Aluminiumschäume vereinigen ine Vielzahl herausragender Eigenschaften (Tabele 1). Aufgrund der geringen Dichten, die je nach orosität im Bereich von 0,3 kg/dm³ bis 0,8 kg/dm³

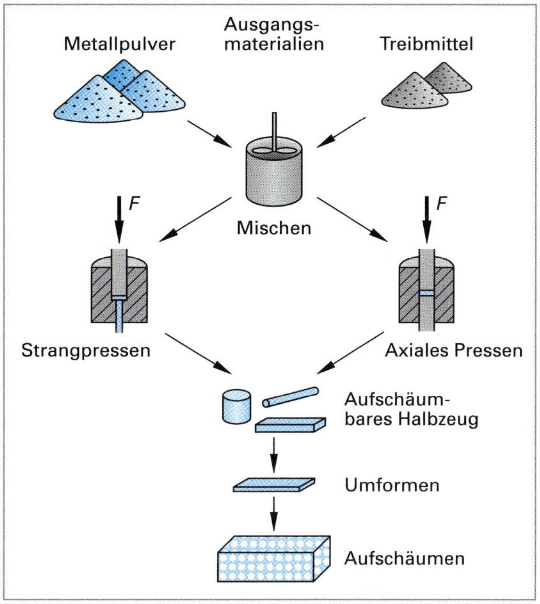

Bild 1: Pulvermetallurgische Herstellung von Metallschäumen (IFAM Bremen)

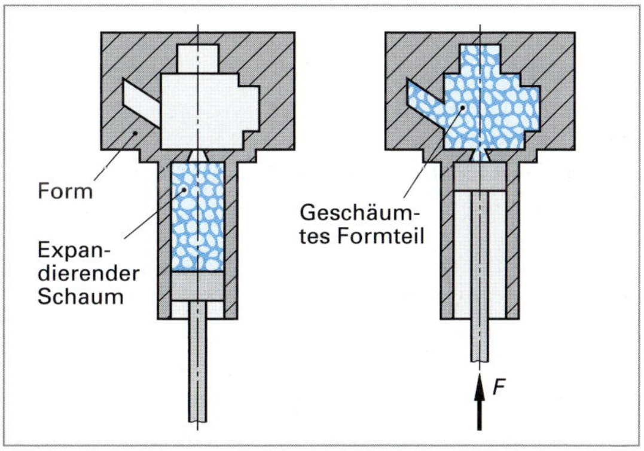

Bild 2: Herstellung von Aluminiumschaumformteilen über ein Gießverfahren

abelle 1: Werkstoffdaten von pulvermetallurgisch hergestellten Aluminiumschäumen (Zusammenstellung nach IFAM, Bremen und MEPURA, Österreich)

Legierung	Al99,5 massiv	Al99,5	EN AC-AlSi12	
Verwendetes Treibmittel	–	TiH_2	TiH_2	
Dichte in kg/dm³	2,7	0,4	0,54	0,84
Mittlerer Porendurchmesser in mm	–	4	–	–
Druckfestigkeit in MPa	–	3	7	15
Energieabsorption bei 30 % Stauchung in MJ/m	–	0,72	2	4
Elastizitätsmodul in GPa	6,7	2,4	5	14
Elektrische Leitfähigkeit in m/(Ω · mm²)	34	2,1	o. A.	o. A.
Thermische Leitfähigkeit in W/(m · K)	235	12	13	24
Thermischer Ausdehnungskoeffizient in 10^{-6} 1/K	23,6	23	o. A.	o. A.

o. A. = ohne Angabe

(eine Dichte von 0,3 kg/dm³ entspricht einer Porosität von 90 %) liegen, schwimmen die Schaumkörper auf Wasser. Sie weisen eine reduzierte Leitfähigkeit auf, sowohl für Wärme als auch für den elektrischen Strom. Die Festigkeit von Aluminiumschäumen ist geringer als vom konventionellen Metall und fällt zudem mit abnehmender Dichte ab. Schäume zeigen eine gute Dämpfung von Schallwellen. Das Material hat eine hohe Formstabilität bis zum Schmelzpunkt. Es ist unbrennbar und nicht giftig. Durch die hohe thermische Formstabilität, Feuer- und Hitzebeständigkeit ist es den Kunststoffen in bestimmten Anwendungsfällen überlegen.

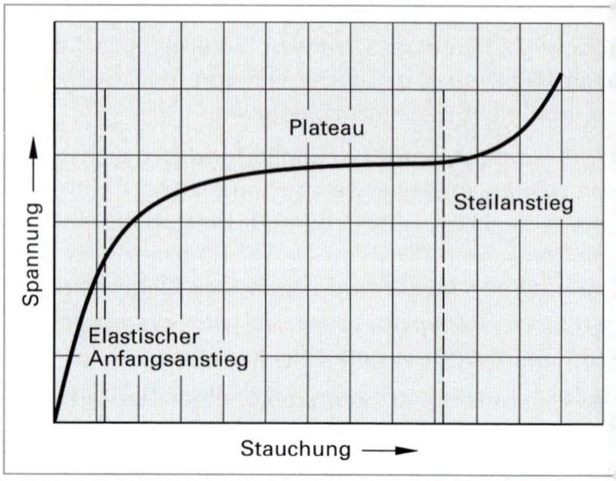

Bild 1: Typisches Verhalten eines Aluminiumschaumes im Druckversuch (schematisch)

Metallschäume weisen im Druckversuch eine typische Dreiteilung der Spannungs-Stauchungs-Kurve auf (Bild 1). Die Kurve zeigt folgende Besonderheiten:

- Eine nahezu elastische Gerade im Anfangsbereich.
- Ein Plateau nahezu konstanter Spannung mit zunehmender Dehnung (zurückzuführen auf starke plastische Verformung).
- Ein nachfolgender steiler Anstieg infolge der einsetzenden Verdichtung der Zellen mit Berührung einzelner Zellwände (Kollaps).

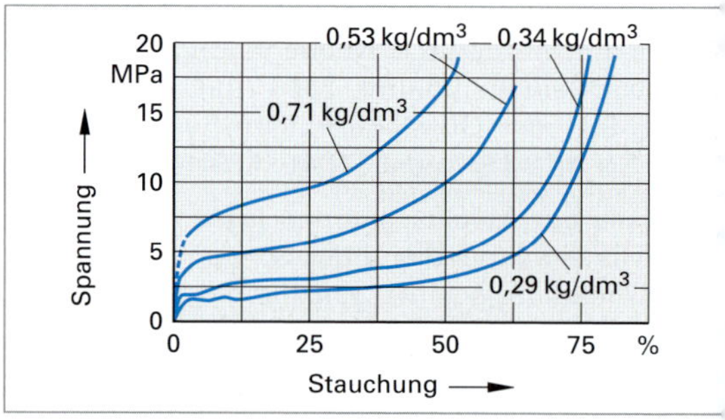

Bild 2: Druckversuche an pulvermetallurgisch hergestellten Reinaluminium-Schaumproben (schematisch; Versuche der TU Wien)

Durch diesen speziellen Verlauf der Spannungs-Stauchungs-Kurve, insbesondere durch das ausgeprägte Plateau, sind Metallschäume prädestiniert dafür, viel Energie auf einem im Vergleich zu massiven Metallen niedrigeren Spannungsniveau zu absorbieren.

In Abhängigkeit von ihrer Dichte und Zusammensetzung ist eine gewisse Variation der Kurvenverläufe möglich (Bild 2). Die Schaumproben weisen jeweils verschiedene mittlere Dichten auf, die entsprechend an den Kurven angegeben wurden. Die jeweilige Plateaulage beeinflusst dabei das Energieaufnahmevermögen.

Ein ähnlich gutes Verhalten zeigen mit Aluminiumschaum gefüllte **Sandwichbleche,** die z. B. über ein dem Walzplattieren ähnliches Verfahren hergestellt werden können.

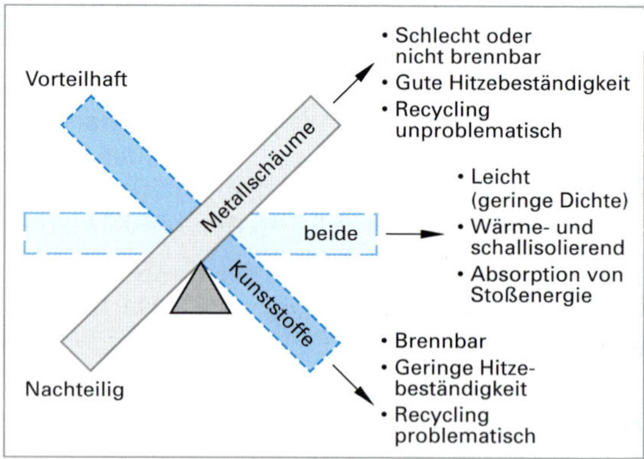

Bild 3: Vor- und Nachteile von Kunststoff- und Metallschäumen im Vergleich

Anwendungsmöglichkeiten für Aluminiumschäume bestehen in vielen Bereichen, insbesondere in der Automobilindustrie. Hier könnten mit Schaum gefüllte Rohre im Falle eines Crashs Energie absorbieren und so die Sicherheit der Insassen verbessern. Daneben ist Aluminiumschaum ein interessanter Werkstoff für die Luft- und Raumfahrttechnik, aber auch für den Maschinen- und Behälterbau, die Transporttechnik und das Bauwesen. Durch den Einsatz von Metallschaum unter wirtschaftlichen und ökologischen Gesichtspunkten können Forderungen verschiedenster Industriezweige nach Massereduzierung (Leichtbauweise) gelöst werden. Darüber hinaus ist das Material aufgrund seiner ästhetisch schönen Oberflächenstruktur auch für die Innenarchitektur und den Fassadenbau ein begehrter Werkstoff.

Für den Einsatz des Materials sprechen je nach Anwendungsfall mehrere Eigenschaften, insbesondere die im Vergleich zu massiven Metallen geringe Dichte, die für viele Anwendungen ausreichende Festigkeit sowie die guten physikalischen Eigenschaften (hohes Energieaufnahmevermögen, Schallabsorption). Auch gegenüber Kunststoffen haben Aluminiumschäume je nach Anwendungsfall viele Vorteile, wie aus Bild 3, Seite 363, ersichtlich ist.

Noch ist Aluminiumschaum ein relativ teurer Werkstoff. Die Schaumeigenschaften selbst eröffnen in ihrer Summe ein großes Konstruktionspotenzial, das aber nur sinnvoll einzusetzen ist, falls mehrere Eigenschaften gleichzeitig zum Tragen kommen.

7.1.5 Aushärten von Aluminiumlegierungen

Das auch als **Aushärten** bezeichnete **Ausscheidungshärten** stellt bei Nichteisenmetall-Legierungen die wichtigste Maßnahme zur Festigkeitssteigerung dar. Es wird zwischenzeitlich aber auch erfolgreich zur Herstellung hoch- und höchstfester Stähle genutzt, wie zum Beispiel den mikrolegierten Feinkornbaustählen (Kapitel 6.5.3.1) oder den martensitaushärtenden Stählen (Kapitel 6.5.15.2).

Der Aushärtungseffekt wurde erstmals im Jahre 1906 von ***Alfred Wilm*** an AlCuMg-Legierungen **„Duraluminium“)** entdeckt und später von weiteren Forschern an vielen anderen Legierungen wie Kupfer, Titan oder Magnesium nachgewiesen und technisch genutzt.

Die Voraussetzungen für das Ausscheidungshärten einer Metalllegierung sind:

1. Legierungselemente die bei höherer Temperatur eine größere Löslichkeit im Kristallgitter des Matrixmetalls haben als bei niedrigen Temperaturen, d.h. Vorhandensein eines homogenen Mischkristalls bei höheren Temperaturen. Im Falle des Aluminiums sind diese Legierungselemente beispielsweise Kupfer, Magnesium oder Silicium.
2. Ausscheidung einer zweiten Phase bei langsamer Abkühlung aus der Glühtemperatur. Im Falle der Aluminiumlegierungen handelt es sich dabei um Al_2Cu bei Al-Cu-Legierungen, $MgSi_2$ bei Al-Mg-Si-Legierungen oder Mg_2Zn bei Al-Mg-Zn-Legierungen.
3. Abschreckbarkeit der Legierung d.h. Beibehaltung des homogenen Mischkristalls bei schneller Abkühlung aus der Glühtemperatur.

Das Ausscheidungshärten (Aushärten) soll nachfolgend beispielhaft an einer Al-Cu-Legierung beschrieben werden.

> **ⓘ Information**
>
> **Aushärten**
>
> Das Aushärten stellt bei Nichteisenmetall-Legierungen die wichtigste Maßnahme zur Erzielung einer hohen Festigkeit dar. Im Vergleich zur Festigkeitssteigerung durch Kaltverformung ist der Verlust an Zähigkeit und Verformbarkeit deutlich geringer.
>
> Viele Nichteisenmetall-Legierungen, insbesondere Aluminiumlegierungen, hätten ohne die Möglichkeit des Aushärtens kaum eine Bedeutung als Konstruktionswerkstoffe. Die gesamte Flugzeugindustrie sowie die Raumfahrttechnik wären ohne diese Al-Legierungen nicht denkbar.

> **ⓘ Information**
>
> **Entdeckung des Aushärtungseffektes**
>
> Der Effekt des Aushärtens ist einem Zufall zu verdanken. *A. Wilm* hatte einen Laborpraktikanten beauftragt, die Festigkeitseigenschaften verschiedener AlCuMg-Legierungen zu prüfen. Da das Wochenende nahte, ließ der Praktikant die Proben bis zum Montag liegen. Als die Proben dann geprüft wurden, fand man eine ungewöhnlich hohe Festigkeit vor. Die Festigkeitssteigerung fand offensichtlich während der Lagerung bei Zimmertemperatur im Laufe des Wochenendes statt. Der Effekt wird heute als Kaltaushärtung (Kapitel 7.1.5.1) bezeichnet.

7.1.5.1 Verfahren

Der verfahrenstechnische Ablauf der Aushärtung besteht prinzipiell aus drei Schritten:

1. Lösungsglühen
2. Abschrecken
3. Auslagern (Kalt- oder Warmauslagern)

Im Zustandsdiagramm Al-Cu gibt es eine temperaturabhängige Phasengrenze $\alpha / Al_2Cu + \alpha$ (blaue Linien in Bild 1, Seite 364). Betrachtet man beispielsweise eine Al-Legierung die 4,3 % Cu enthält, dann liegen bei Raumtemperatur zwei verschiedene Phasen vor: Al-Cu-Mischkristalle (α-MK) sowie die intermetallische Al_2Cu-Verbindung (Θ-Phase, sprich: Theta-Phase). Oberhalb einer Temperatur von 500 °C wird die Θ-Phase gelöst, es liegen nur noch homogene α-Mischkristalle vor. Eine Glühbehandlung in diesem homogenen Bereich wird als **Lösungsglühen** bezeichnet. Wird eine homogenisierte Legierung schnell abgekühlt

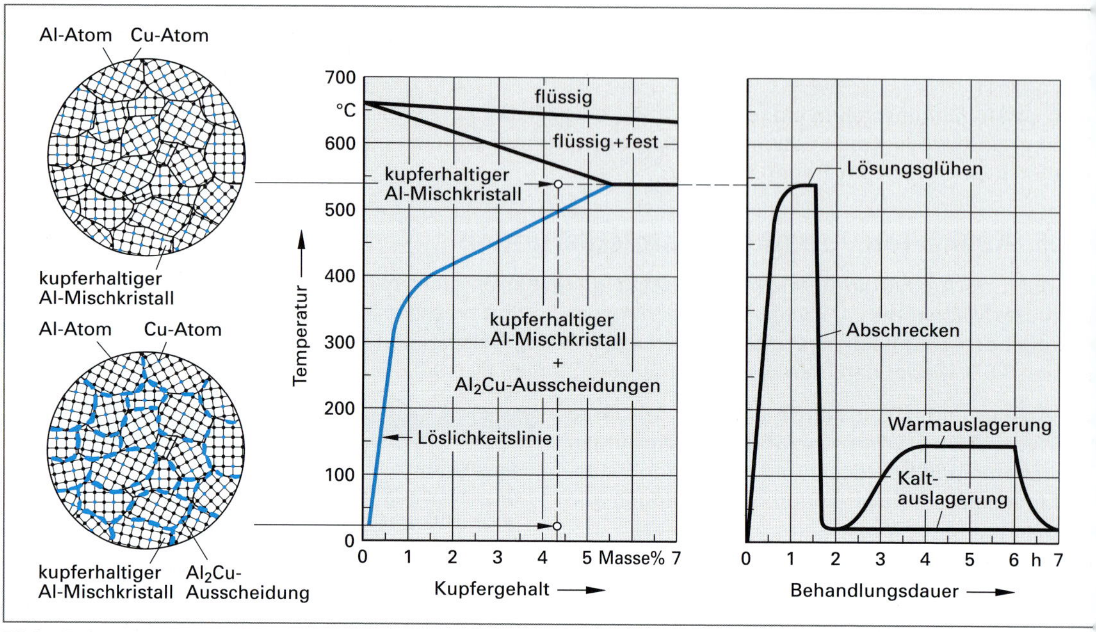

Bild 1: Zustandsdiagramm Aluminium-Kupfer (Aluminium-Seite) und Prinzip der Aushärtung einer Aluminium-Legierung

(abgeschreckt), so reicht die Zeit zur Ausscheidung der Al_2Cu-Phase nicht aus. Es entsteht ein übersättigter Mischkristall, der eine höhere Härte und Festigkeit als die unbehandelte Legierung besitzt. Nach einigen Tagen der Auslagerung nimmt die Festigkeit noch einmal deutlich zu. Man bezeichnet diesen Vorgang als **Kaltaushärtung** (Bild 1a, Seite 365), falls die Auslagerung bei Temperaturen unter ca. 80 °C (für Aluminium-Legierungen) stattfindet. Eine **Warmaushärtung** (Bild 1b, Seite 365) wird bei Temperaturen zwischen 120 °C und 250 °C durchführt. Die Warmaushärtung führt nach einer deutlich kürzeren Glühdauer zu einer Festigkeitssteigerung. Die Härte erreicht dabei in Abhängigkeit von Glühdauer und -temperatur ein Maximum und nimmt danach wieder ab (Überhärtung, s.u.). Bei mittleren Glühtemperaturen (Glühtemperatur ca. 130 °C) gibt es Aushärtungskurven, die bei kurzen Glühzeiten einer Kaltaushärtung (die Härte bleibt über eine längere Glühzeit konstant) und bei längeren Glühzeiten einer Warmaushärtung (weiterer Härteanstieg, Härtemaximum und danach Härteabfall) entsprechen.

7.1.5.2 Innere Vorgänge

Elektronenmikroskopische Untersuchungen haben gezeigt, dass im Falle der Kaltaushärtung (Bild 1a, Seite 365) keine zweite Phase entsteht, sondern nur eine Anreicherung, im gezeigten Beispiel von Kupferatomen, in bestimmten Bereichen. Diese plättchen- oder nadelförmigen Bereiche werden als **Guinier-Preston-Zonen I** oder **GP I-Zonen** (benannt nach ihren Entdeckern ***A. Guinier*** und ***G. P. Preston***) bezeichnet. GP I-Zonen sind monoatomare Schichten aus Kupferatomen in den Aluminiummischkristallen mit einem Durchmesser von etwa 10 nm und einer Dicke von etwa 0,2 nm ... 0,5 nm, die noch kohärent mit dem Al-Wirtsgitter zusammenhängen. Der Anteil an Cu-Atomen beträgt rund 90 %. GP I-Zonen bilden sich aus dem übersättigten Al-Mischkristall im Temperaturbereich zwischen Raumtemperatur und etwa 150 °C. Die Festigkeitssteigerung bei der Kaltaushärtung beruht auf die Bildung von GP-I, die ein dichtes Netz von Hindernissen für die Versetzungsbewegung darstellen (Bild 2, Seite 365). GP I-Zonen sind lichtmikroskopisch nicht und elektronenmikroskopisch nur teilweise sichtbar.

Im Falle der Warmaushärtung werden bei Temperaturen zwischen 80 °C und 200 °C zunächst in einem Zwischenstadium mehrere Atomlagen dicke, plattenförmige Schichten, die **Guinier-Preston-Zonen II** oder **GP II-Zonen** aus dem übersättigten Al-Mischkristall gebildet. Eventuell vorhandene GP-I Zonen werden bei Temperaturen über 150 °C wieder aufgelöst **(Rückbildung)**. GP II-Zonen sind zwar ebenfalls noch kohärent mit dem Wirtsgitter verbunden, sie sind jedoch im Vergleich zu den GP I-Zonen größer (Durchmesser etwa 10 ... 70 nm, Dicke etwa 1 ... 5 nm) und unterscheiden sich bereits in ihrem strukturellen Aufbau vom Wirtsgitter.

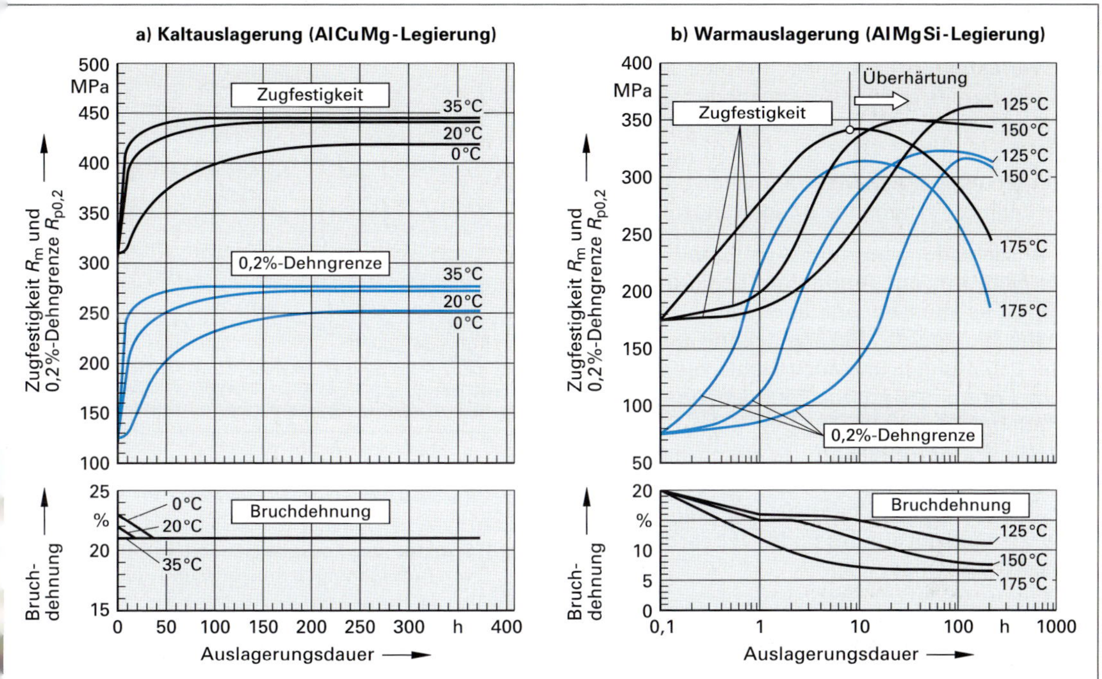

Bild 1: Aushärtungsverlauf bei der Kaltauslagerung einer AlCuMg-Legierung sowie bei der Warmauslagerung einer AlMgSi-Legierung

Mit zunehmender Auslagerungstemperatur bzw. Auslagerungsdauer entsteht oberhalb von etwa 150 °C die metastabile, teilkohärente ***Θ*′-Phase** (Bild 2c). Die *Θ*′-Phase scheidet sich entweder aus den GP II-Zonen oder direkt aus dem übersättigten Mischkristall durch Keimbildung an Versetzungen aus. Die plättchenförmige *Θ*′-Phase besitzt einen Durchmesser von 0,02 µm ... 5 µm und eine Dicke von etwa 3 ... 10 nm und ist bei Durchmessern über 1 µm bereits lichtmikroskopisch erkennbar. Das Auftreten von GP II-Zonen bzw. eines Gemisches aus GP II-Zonen und *Θ*′-Phase kennzeichnet bereits das Härtemaximum. Sobald jedoch nur noch *Θ*′-Teilchen vorliegen befindet man sich bereits in der **Überhärtung** (teilweise auch als **Überalterung** bezeichnet). Die Überhärtung ist durch einen starken Verlust von Festigkeit und Plastizität bzw. Zähigkeit gekennzeichnet (Bild 1, Seite 366).

Mit zunehmender Glühtemperatur entstehen oberhalb von etwa 300 °C aus der *Θ*′-Phase oder durch direkte Ausscheidung aus der Matrix die inkoärente, d.h. vom Al-Gitter durch Korngrenzen getrennte, intermetallische Gleichgewichtsphase Al_2Cu **(Θ-Phase)**, Bild 2d. Diese Teilchen sind mit einem Durchmesser von 0,1 µm bis 3 µm lichtmikroskopisch gut erkennbar.

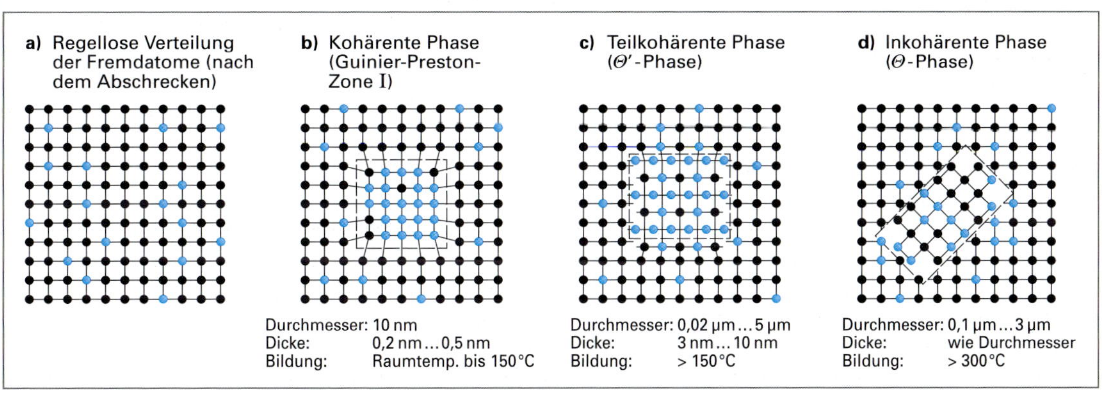

Bild 2: Anordnung und Verteilung von Fremdatomen bei Ausscheidungsvorgängen

Die beschriebenen Vorgänge werden als **Ausscheidungshärten, Teilchenverfestigung** oder **Dispersionsverfestigung** bezeichnet (Kapitel 2.9.3) und sind, wie bereits erwähnt, insbesondere bei Al-Legierungen von großer technischer Bedeutung. Bei den Al-Legierungen wird das Verfahren auch als **Aushärten** bezeichnet. Meist enthalten die aushärtbaren Legierungen mehrere Legierungselemente.

Das Ausscheidungshärten (Aushärten) ist allerdings nicht nur auf Aluminium-Legierungen beschränkt, es müssen nur ähnliche Zustandsdiagramme vorliegen. Bekannt sind aushärtbare Kupfer-Legierungen und auch Stähle, die durch das gleiche Prinzip des Ausscheidungshärtens, jedoch bei anderen Temperaturen, sehr hohe Härte- und Festigkeitswerte erreichen. Da durch das Warmaushärten keine Maßänderung oder Verzug eintritt, können diese Werkstoffe im lösungsgeglühten Zustand spanend gut auf das Endmaß bearbeitet werden.

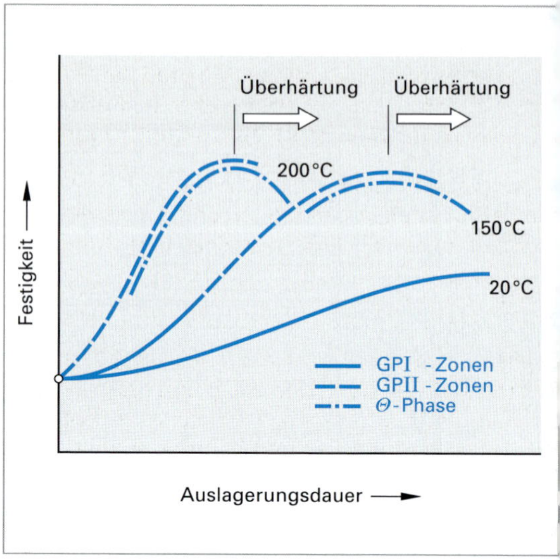

Bild 1: Struktur- und Festigkeitsänderung in Abhängigkeit von Auslagerungstemperatur und -dauer

7.1.6 Verarbeitung von Aluminiumwerkstoffen

Die wichtigsten Verarbeitungsverfahren für Aluminiumwerkstoffe sind das Gießen, Umformen, Zerspanen und Schweißen.

7.1.6.1 Gießen

Bei der Fertigung von Werkstücken durch Gießen (Formguss) werden Gusswerkstoffe aus dem flüssigen oder teilerstarrten Zustand mit Hilfe einer Gießform in ein Gussstück mit definierter Gestalt und endmaßnahen Abmessungen überführt. Der kurze und prozessstufenarme Weg sowie die relative Freiheit in der Werkstückgestaltung machen das Gießen zu einem wirtschaftlichen Fertigungsverfahren. Dies gilt insbesondere für Al-Gusswerkstoffe (Kapitel 7.1.3), die aufgrund ihrer relativ niedrigen Schmelztemperatur von etwa 660 °C (Eisen und Stahl: 1147 °C ... 1536 °C) den wirtschaftlichen Einsatz von Kokillen- und Druckgießverfahren erlauben (Kapitel 7.1.3). Der Anteil der erzeugten Gusslegierungen beträgt heute im Vergleich zu Eisengusswerkstoffen mehr als 12 % (Bild 2). Al-Gusswerkstoffe können mit allen bekannten Gießverfahren verarbeitet werden.

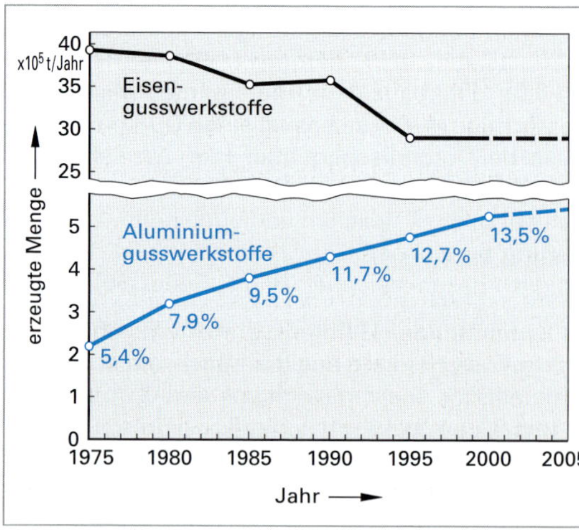

Bild 2: Erzeugung von Aluminium- und Eisengusswerkstoffen

Die Herstellung von Gussteilen geschieht im Druck-, Kokillen-, Sand- oder Feingussverfahren.

- **Sandguss** wird bei kleinen Stückzahlen, großen Gussteilen mit komplexen Hohlräumen oder bei Hinterschneidungen angewandt. Die Oberfläche ist häufig rau und die Maßgenauigkeit gering. Die langsame Erstarrung führt in der Regel zu einem groben Korn mit schlechteren mechanischen Eigenschaften, die zudem wanddickenabhängig sind. Die Mindestwanddicke beträgt 3 mm ... 5 mm.
- **Kokillenguss** in Dauerformen aus Stahl oder Gusseisen ist dem Sandgussverfahren bereits bei mittleren Stückzahlen wirtschaftlich überlegen. Kokillenguss liefert ein feinkörniges Gefüge mit höherer Festigkeit und Dichte sowie einer verbesserten Maßgenauigkeit und Oberflächenqualität. Die Mindestwanddicke beträgt 2,5 ... 3 mm.

- **Druckguss** ist für hohe Stückzahlen das wirtschaftlichste Gießverfahren überhaupt. Etwa 70 % ... 80 % der Aluminium-Gusswerkstoffe werden nach diesem Verfahren verarbeitet. Da das Metall unter Druck in die Form gespritzt wird, enthalten die Gussstücke Luft- und Oxideinschlüsse, die sich zwar kaum auf die Festigkeit auswirken, eine anschließende Wärmebehandlung jedoch verbieten (Ausdehnen der Luftblasen bei Erwärmung). Das Verfahren eignet sich bereits für Wanddicken ab 1 mm.
- **Feinguss** (Wachsausschmelzverfahren) kann für Bauteile mit kleinsten Wanddicken (0,8 mm ... 1,5 mm) und bei Hinterschneidungen eingesetzt werden. Durch eine gesteuerte Abkühlung können die Gefüge und damit die Festigkeitseigenschaften gezielt eingestellt werden.

7.1.6.2 Umformen

Die hervorragende Kalt-, Halbwarm- und Warmumformbarkeit des Aluminiums liegt in seinem kfz-Gitter begründet und ermöglicht die wirtschaftliche Herstellung von Profilen und Rohren mit nahezu beliebig komplizierten Querschnittsformen (Tabelle 1).

Von der Gesamtproduktion an Al-Werkstoffen, die in der ersten Verarbeitungstufe (vom Stranggussbarren zum Halbzeug) umgeformt werden, entfallen:

- 60 % ... 64 % auf das Walzen
- 30 % ... 33 % auf des Strangpressen
- 3 % ... 6 % auf das Schmieden (Freiform oder Gesenkschmieden, es kann bereits fertige Bauteile liefern.

In der zweiten Verarbeitungsstufe (Teilefertigung) unterscheidet man zwischen:

- Blechumformung (Tiefziehen, Streckziehen, Drücken, Profilieren, Abkanten, Biegen, usw.)
- Massivumformung (Fließpressen, Formstauchen, usw.).

Tabelle 1: Temperaturbereiche für das Umformen von Al-Werkstoffen

Umform-temperatur[1]	Kennzeichen[2]	Qualität	
		IT[3]	Rz (µm)[4]
kalt ($< 0,3\ \vartheta_s$)	• Verfestigung	(6) 9 ... 12	0,4 ... 1
halbwarm ($\approx \vartheta_R$)	• Verfestigung • statische und dynamische Erholung	10	1 ... 5
warm ($\geq \vartheta_R$)	• Verfestigung • statische und dynamische Entfestigung durch Erholung und Rekristallisation	12 ... 16	5 ... 50

[1] ϑ_s = Schmelztemperatur, ϑ_R = Rekristallisationstemperatur
[2] „dynamisch" = während der Umformung „statisch" = nach der Umformung
[3] Grundtoleranzgrad nach DIN EN ISO 286-1
[4] Rz-Werte (früher: gemittelte Rautiefe)

7.1.6.3 Zerspanen

Aluminiumwerkstoffe lassen sich im Vergleich zu anderen metallischen Konstruktionswerkstoffen relativ leicht und wirtschaftlich zerspanen. Zur Beurteilung der Zerspanbarkeit dienen die vier Hauptbewertungsgrößen: Spanform, Oberflächengüte, Standzeit und Schnittkraft (Kapitel 4.3.2). Gegenüber Stählen gleicher Festigkeit sind die Schnittkräfte und die Schnittleistungen bei Al-Werkstoffen um ein Mehrfaches günstiger. Aluminiumwerkstoffe eigenen sich auch hervorragend für die **Hochgeschwindigkeitszerspanung** mit Schnittgeschwindigkeiten über 1000 m/min. Schnittgeschwindigkeiten unter 100 m/min sollten wegen der Gefahr der Bildung von **Aufbauschneiden** vermieden werden.

Die Technologie der Al-Zerspanung unterscheidet sich zunehmend von der konventionellen Zerspanungstechnik für Eisenwerkstoffe. Für ein optimales Ergebnis müssen alle am Zerspanungsvorgang beteiligten Einflussgrößen aufeinander abgestimmt werden. Wesentliches Kennzeichen der Al-Bearbeitung sind angepasste Werkzeuge (Schneidstoffe und Werkzeuggeometrie), Schnittdaten und Maschinenauslegungen (Leistung, Drehzahl, dynamische Steifigkeit) sowie eine an die Werkstoffeigenschaften angepasste Werkstückeinspannung und Kühlschmiertechnik.

Gebräuchliche Schneidstoffe für die Al-Bearbeitung sind heute Schnellarbeitsstähle, Hartmetalle und Diamant (monokristalline Diamantschneiden und Beschichtungen). Schneidkeramik und beschichtete Hartmetalle (HM) oder beschichtete Schnellarbeitsstähle (HSS) haben sich für die Al-Bearbeitung meist als ungeeignet erwiesen, da zwischen dem Werkstoff (Al) und einigen Komponenten des Beschichtungsstoffes (z. B. Ti bzw. TiC bei beschichtetem HSS bzw. Hartmetall) sowie dem Aluminiumoxid bei Schneidkeramiken, unerwünschte chemische Reaktionen ablaufen, die zu einem überproportionalen Verschleiß führen.

Die Eignung zur Zerspanung hängt von der jeweiligen Werkstoffgruppe ab:

- **Al-Knetwerkstoffe** bereiten im harten bzw. im ausgehärteten Zustand keine Probleme bei der Zerspanung sofern die Schnittparameter an den Werkstoff angepasst werden.
- **Al-Gusswerkstoffe** ohne Silicium sind hinsichtlich der Zerspanbarkeit mit den Al-Knetwerkstoffen vergleichbar.
- **AlSi-Gusslegierungen,** die eine große technische Bedeutung besitzen, führen zu einem mit zunehmendem Si-Gehalt steigenden Werkzeugverschleiß. Eine besonders hohe Verschleißbeanspruchung geht bei den übereutektischen Gusslegierungen (Si > 12%) von den harten Al-Silicaten aus.
- **Reinaluminium** und aushärtbare Knetwerkstoffe im weichen Zustand bereiten im Hinblick auf die Oberflächengüte teilweise Schwierigkeiten. Sie müssen mit sehr scharfen Werkzeugen, hohen Schnittgeschwindigkeiten und ggf. Schmierstoff bearbeitet werden.
- **Automatenlegierungen** enthalten spanbrechende Zusätze wie Blei, Bismut, Antimon oder Zinn in feiner verteilter Form und lassen sich daher gut zerspanen. Selbst bei Schnittgeschwindigkeiten über 1000 m/min können noch gute Standzeiten erreicht werden.

7.1.6.4 Schweissen

Alle üblichen Verfahren zum Stoffverbinden sind bei Aluminiumwerkstoffen anwendbar. Schmelzschweißen erfolgt aus Wirtschaftlichkeitsgründen meist unter einer Schutzgasatmosphäre.

7.2 Magnesiumwerkstoffe

Magnesium gehört mit einem Anteil von 1,9 % an der Erdrinde ebenfalls zu den häufig vorkommenden Metallen (Bild 1, Seite 166). Als Rohstoff für die Magnesiumgewinnung dient sowohl Mg-haltiges Erz wie Carnallit als auch dem Meerwasser entzogenes Magnesiumchlorid.

7.2.1 Eigenschaften des Magnesiums

Der Gehalt an Magnesium im Meerwasser beträgt etwa 0,15 %. Magnesium ist noch unedler als Aluminium und wird daher ebenfalls durch Schmelzflusselektrolyse gewonnen. Die wichtigste Eigenschaft des Magnesiums ist seine geringe Dichte mit ϱ = 1,74 kg/dm³, Tabelle 1. Magnesium besitzt damit die niedrigste Dichte aller Gebrauchsmetalle. Lithium besitzt zwar mit ϱ = 0,534 kg/dm³ die niedrigste Dichte aller Metalle, Werkstoffe auf Lithiumbasis gibt es jedoch nicht. Außerdem sind die Werkstoffe auf Magnesiumbasis gut gießbar und zerspanbar.

Tabelle 1: Physikalische und mechanische Eigenschaften von Magnesium

Atomare Daten	
Ordnungszahl	12
Atommasse	24,31 u
Atomdurchmesser	$3{,}209 \cdot 10^{-10}$ m
Kristallgittertyp[1)]	hdP
Physikalische Kennwerte (20 °C)	
Dichte ϱ	1,74 kg/dm³
Schmelztemperatur ϑ_S	649 °C
Wärmedehnung α	$25 \cdot 10^{-6}$ 1/K (bei 0 °C)
Wärmeleitfähigkeit λ	156 W/(m · K)
Elektr. Leitfähigkeit $\varkappa$	22,5 m/(Ω · mm²)
Mechanische Kennwerte[2)]	
Zugfestigkeit R_m	80 ... 180 MPa
Dehngrenze $R_{p0,2}$	–
Bruchdehnung A	max. 12 %
Elastizitätsmodul E	45 GPa

1) hdP = hexagonales Gitter dichtester Packung

2) Die Kennwerte sind von der chemischen Zusammensetzung (Reinheit) sowie vom Gefügezustand (z. B. geglüht, kaltverfestigt, usw.) abhängig. Die Angaben sind daher als Orientierungswerte zu verstehen.

Ungünstig wirkt sich die hohe Affinität des Magnesiums zu Sauerstoff aus, so dass die natürliche Oxidschicht als Korrosionsschutz oft nicht ausreicht. Darauf beruht auch die Gefahr zum Selbstentzünden (vgl. frühere Anwendung von Magnesium als Blitzlicht beim Fotografieren, bei dem Magnesiumstreifen verbrannt wurden), so dass besondere Schutzmaßnahmen beim Schmelzen, Gießen und Zerspanen getroffen werden müssen. Zum Kühlen oder Löschen von Magnesiumbränden darf kein Wasser verwendet werden (Entstehung von H_2-Gas). Die besonderen Schutzmaßnahmen, die der Hersteller angibt, sind aber gut wirksam und damit die Gefahren beherrschbar.

Hexagonale Metalle, die technisch wichtigsten sind Titan, Zink und Magnesium, lassen sich praktisch nur warmverformen, Magnesium ab 225 °C. Magnesium wird nur in geringem Maße zu Blechen verarbeitet. Bedeutsamer ist die Umformung durch Strangpressen oder Gesenkschmieden und vor allem aber die Herstellung von Gusswerkstücken.

7.2.2 Magnesiumlegierungen

Reines Magnesium hat, außer als Reduktionsmittel bei der Herstellung anderer Metalle (Ti, Cr, Ni, Cu, Zr und U) oder als Legierungselement (z. B. Al-Legierungen oder graues Gusseisen) aufgrund seiner geringen Festigkeit und Härte technisch praktisch keine Bedeutung. In der Regel wird es in Form von Legierungen weiter verarbeitet (Bild 1).

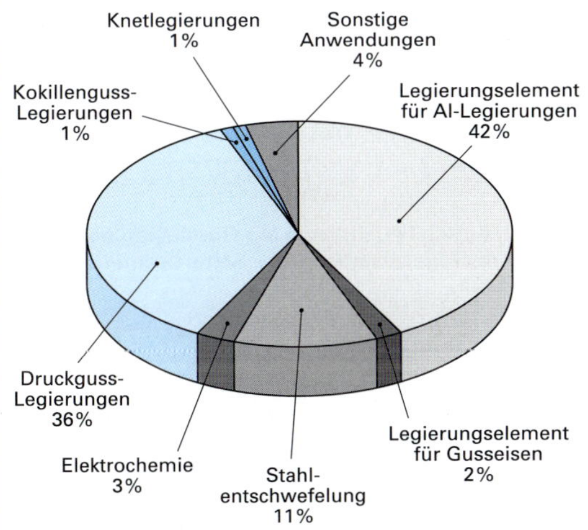

Bild 1: Verwendung von Mg und Mg-Legierungen (weltweit, Stand 1999)

Tabelle 1: Verbesserung der Eigenschaften von Mg-Werkstoffen durch Legierungselemente

Legierungs-element		Eigenschaftsverbesserung
Aluminium	Al	• Gießbarkeit • Festigkeit und Härte • Korrosionsbeständigkeit
Zink	Zn	• Gießbarkeit • Festigkeit • Korrosionsbeständigkeit • Kornfeinung
Mangan	Mn	• Festigkeit • Korrosionsbeständigkeit • Schweißeignung • Kornfeinung
Silicium	Si	• Festigkeit und Härte • E-Modul • Korrosionsbeständigkeit • Kriechbeständigkeit
Zirconium	Zr	• Verformbarkeit/Zähigkeit • Korrosionsbeständigkeit • Kornfeinung
Yttrium[1)]	Y	• Korrosionsbeständigkeit • Kriechbeständigkeit
Silber	Ag	• Warmfestigkeit (Ag und RE) • Kriechbeständigkeit (Ag und RE)
Lithium	Li	• Dichte • Festigkeit • Verformbarkeit/Zähigkeit
Cer[1)]	Ce	• Warmfestigkeit • Korrosionsbeständigkeit
Calcium	Ca	• Korrosionsbeständigkeit • Kornfeinung • Kriechbeständigkeit
Thorium[1)]	Th	• Festigkeit • Warmfestigkeit • Kriechbeständigkeit • Korrosionsbeständigkeit
Scandium	Sc	• Festigkeit • Warmfestigkeit • Kriechbeständigkeit

[1)] Zusammenfassend auch mit RE (Rare Earth = Seltenerdmetalle) bezeichnet.

Bild 1 zeigt auch, dass deutlich mehr Gusslegierungen exsitieren im Vergleich zu den Knetlegierungen. Dies lässt sich durch die guten Gießeigenschaften des Magnesiums im Druckgussverfahren begründen, das eine wirtschaftliche Herstellung von Formgussteilen erlaubt. Umformverfahren wie Schmieden oder Strangpressen erlangten aufgrund der schlechten Verformbarkeit des Magnesiums bislang nur eine untergeordnete Bedeutung.

Die Entwicklung der Magnesium-Legierungen erreichte bereits Ende der 30er-Jahre einen ersten Höhepunkt. Eine zweite Entwicklungswelle setzte in den 50er-Jahren ein. Danach wurde es um die Mg-Legierungsentwicklung wieder relativ ruhig. Erst Anfang der 90er-Jahre wurde insbesondere durch das Verlangen der Automobilindustrie nach innovativen Leichtbauwerkstoffen die intensive Entwicklung von Mg-Legierungen wieder aufgenommen.

Analog den Al-Legierungen werden auch die Mg-Legierungen in Knet- und Gusslegierungen eingeteilt. Hauptlegierungselemente sind Aluminium (4 ... 10 %, höhere Aluminiumgehalte verspröden allerdings die Legierung) sowie Zink (≤ 1 %) und Mangan (≤ 1,5 % ... 2 %). Die Verbesserung der Eigenschaften von Mg-Werkstoffen durch Legierungselemente ist in Tabelle 1 zusammengestellt. Die Legierungszusätze bilden Mischkristalle mit temperaturabhängiger Löslichkeit im festen Zustand. Magnesium-Legierungen können, analog zum Aluminium teilweise auch ausgehärtet werden.

7.2.2.1 Magnesium-Gusslegierungen

Magnesium-Gusslegierungen sind hinsichtlich der Legierungszusammensetzung auf eine gute Gießbarkeit (insbesondere gutes Formfüllungsvermögen) hin optimiert. Der überwiegende Teil der Gusslegierungen wird im Druckgussverfahren bei Temperaturen zwischen 630 °C und 720 °C verarbeitet. In Bild 1 sind die technisch wichtigsten Mg-Gusslegierungsgruppen sowie deren Eigenschaften zusammengestellt.

Bild 2 zeigt das typische Gefüge einer Magnesium-Aluminium-Zink-Druckgusslegierung (EN-MCMg Al9Zn1 bzw. AZ91). Deutlich zu erkennen sind die dendritischen Primärmagnesiumkristalle sowie die $Mg_{11}Al_{12}$-Phasen.

Die größte technische Bedeutung besitzen die Mg-Al-Legierungen AZ91, AZ81 und AM60 (die Bezeichnungen werden in Kapitel 8.3.2 erläutert). Aluminium verbessert nicht nur die mechanischen Eigenschaften sowie die Korrosionsbeständigkeit, es verbessert auch die Gießbarkeit (Fließ- und Formfüllungsvermögen der Schmelze, Oberflächengüte), Tabelle 1, Seite 369. Nachteilig wirkt sich das Aluminium, wie auch das Zink, allerdings auf das Verformungsvermögen aus. Werden höhere Anforderungen an das Verformungsvermögen der Legierung gestellt, dann muss auf Zink verzichtet und der Al-Gehalt reduziert werden. Hierfür stehen dann die Mg-Al-Mn-Legierungen (AM20, AM50 und AM60) zur Verfügung, die allerdings geringere Festigkeitseigenschaften und eine verschlechterte Gießbarkeit aufweisen (Bild 1).

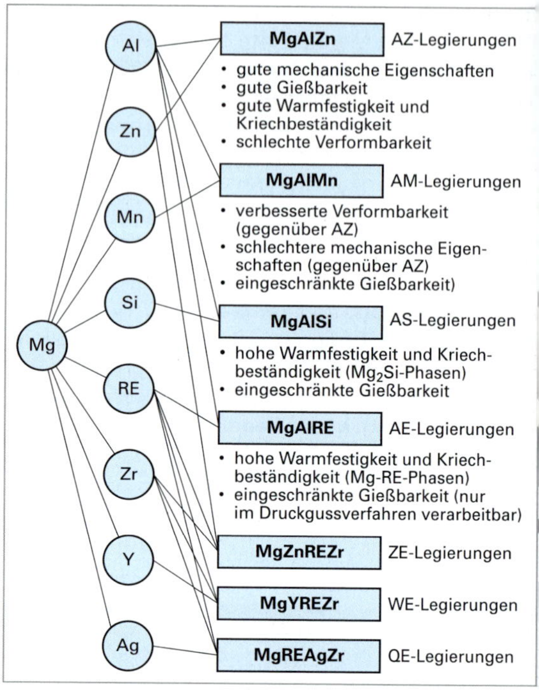

Bild 1: Technisch bedeutsame Mg-Gusslegierungen und deren Eigenschaften (RE = Seltenerdmetalle)

Bild 2: Gefüge einer Al-Zn-Druckgusslegierung (EN-MCMgAlZn1)

Zur Verbesserung der Warmfestigkeit und Kriechbeständigkeit wird der Al-Gehalt gesenkt und statt dessen Silicium legiert (z. B. AS21 oder AS41). Mg-Legierungen, die oberhalb von 200 °C eingesetzt werden sollen, werden Silber, Scandium oder Seltenerdmetalle (z. B. Yttrium, Cer oder Thorium) zulegiert. Die wichtigsten Legierungen sind ZE41, EZ33, EQ21, QE22, WE43 und WE54. Sie werden überwiegend durch Sand- oder Kokillenguss verarbeitet. Die Werkstoffkosten sind mit 12 €/kg (QE22) bis 25 €/kg allerdings sehr hoch, so dass derzeit nur Anwendungen in der Luft- und Raumfahrttechnik in Frage kommen. Hochleistungslegierungen der WE-Reihe ermöglichen Einsatztemperaturen bis 300 °C und stellen das vorläufige Ende der Mg-Werkstoffentwicklung dar (Bild 1, Seite 374). In Tabelle 1, Seite 371, sind technisch bedeutsame Magnesium-Gusslegierungen sowie deren mechanische Eigenschaften (Anhaltswerte) zusammengestellt.

7.2.2.2 Magnesium-Knetlegierungen

Bei den Magnesium-Knetlegierungen stehen die Festigkeits- und Verformbarkeitseigenschaften im Vordergrund. Die höchste Festigkeitssteigerung wird dabei durch Legieren mit Aluminium und Zink erreicht (Bild 1, Seite 371).

Tabelle 1: Mechanische Eigenschaften wichtiger Magnesium-Gusslegierungen

Bezeichnung		Gießverfahren[4]	Werkstoffzustand[5]	Mechanische Eigenschaften[1]		
ASTM[2]	DIN EN 1754[3]			R_m MPa	$R_{p0,2}$ MPa	A %
AZ81	EN-MCMgAl8Zn1	D, S, K, L	F	200 ... 250	140 ... 160	1 ... 7
AZ91	EN-MCMgAl9Zn1	D, S, K, L	F	200 ... 260	140 ... 170	1 ... 6
AM20	EN-MCMgAl2Mn	D	F	150 ... 220	80 ... 100	8 ... 18
AM50	EN-MCMgAl5Mn	D	F	180 ... 230	110 ... 130	5 ... 15
AM60	EN-MCMgAl6Mn	D	F	190 ... 250	120 ... 150	4 ... 14
AS21	EN-MCMgAl2Si	D	F	170 ... 230	110 ... 130	4 ... 14
AS41	EN-MCMgAl4Si	D	F	200 ... 250	120 ... 150	3 ... 12
AE42	–	D	F	230	145	10
ZC63	EN-MCMgZn6Cu3Mn	S, K, L	T6	195	125	2
ZE41	EN-MCMgZn4RE1Zr	S, K, L	T5	200 ... 210	135	2,5 ... 3
EQ21	EN-MCMgRE2Ag1Zr	S, K, L	T6	240	175	2
EZ33	EN-MCMgRE3Zn2Zr	S, K, L	T5	140 ... 145	95 ... 100	2,5 ... 3
QE22	EN-MCMgRE2Ag2Zr	S, K, L	T6	240	175	3
WE43	EN-MCMgY4RE3Zr	S, K, L	T6	220	170	2
WE54	EN-MCMgY5RE4Zr	S, K, L	T6	250	170	2

[1] Mechanische Eigenschaften für die Legierungen AZ81 bis AE42 gültig für das Druckgussverfahren, für die Legierungen ZC63 bis WE54 für das Sand- oder Kokillengussverfahren. Niedrigere Werte für Sandguss.
[2] Internationale Bezeichnung nach ASTM B 275.
[3] RE = Seltenerdmetalle (La, Ce, Nd, Y).
[4] Geeignete Gießverfahren. D = Druckguss; S = Sandguss; K = Kokillenguss; L = Feinguss.
[5] Werkstoffzustand: F = Herstellungszustand; O = weichgeglüht; H = kaltverfestigt; T5 = abgeschreckt aus der Warmumformungstemperatur und warmausgelagert, T6 = lösungsgeglüht und warmausgelagert.

Aufgrund des eingeschränkten Verformungsvermögens (hdP-Gitter) bilden die Knetlegierungen allerdings nur eine kleine Gruppe innerhalb der Magnesium-Legierungen (Bild 1, Seite 369).

Vier der heute üblichen Mg-Knetlegierungen sind in DIN 1729-1 genormt, einige weitere in ASTM-Normen. Die bedeutenste Rolle spielen dabei Mg-Al-Zn-Legierungen wie AZ31, AZ61 und AZ80 (Bild 1). Die übrigen Legierungen sind derzeit nur von untergeordneter Bedeutung.

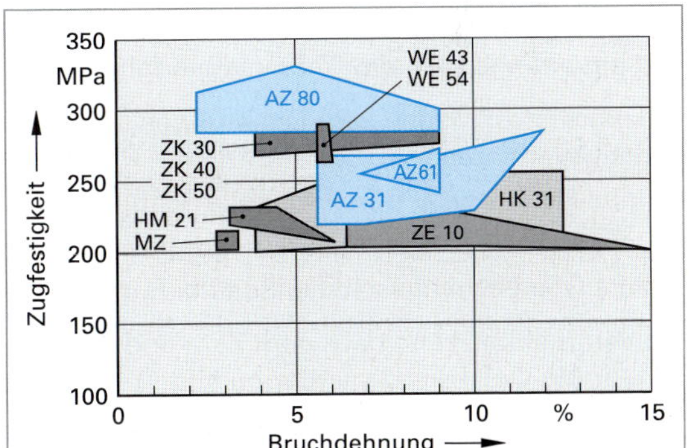

Bild 1: Mechanische Eigenschaften wichtiger Mg-Knetlegierungen

Tabelle 1, Seite 372, gibt einen Überblick über die mechanischen Eigenschaften und die chemische Zusammensetzung technisch wichtiger Mg-Knetlegierungen. Hierbei ist zu berücksichtigen, dass die mechanischen Eigenschaften in hohem Maße vom Behandlungszustand sowie vom Herstellungsverfahren (Walzen, Strangpressen, usw.) abhängig sind. Die Zahlenangaben sind daher nur als grobe Anhaltswerte zu verstehen. Insofern weichen die Tabellenwerte teilweise auch von Bild 1 ab.

Die spanlose Formgebung der Mg-Knetlegierungen erfolgt durch Warmumformung wie Warmwalzen, Strangpressen oder Schmieden bei Temperaturen oberhalb 350 °C. Eine Kaltumformung wird lediglich zur Festigkeitssteigerung (Kaltverfestigung) angewandt, da bereits bei kleinen Umformgraden mit einer Rissbildung gerechnet werden muss.

Tabelle 1: Chemische Zusammensetzung und mechanische Eigenschaften wichtiger Magnesium-Knetlegierungen (Auswahl)

Bezeichnung		Chemische Zusammensetzung Masse-%				Mechanische Eigenschaften[1]			Halbzeug[4]
ASTM[3]	DIN[2]	Al	Zn	Mn	Sonstige	R_m MPa	$R_{p0,2}$ MPa	A %	
M2	MgMn2	–	–	1,2 ... 2,0	–	200 ... 220	145 ... 165	2	R,S,SP
AZ31[5]	MgAl3Zn	2,5 ... 3,5	0,5 ... 1,5	0,05 ... 0,4	–	220 ... 275	140 ... 200	6 ... 12	R,S,SP,G
AZ61[5]	MgAl6Zn	5,5 ... 7,0	0,5 ... 1,5	0,15 ... 0,4	–	250 ... 270	175 ... 195	6 ... 10	R,S,SP,G
AZ80-T5	MgAl8Zn	7,8 ... 9,2	0,2 ... 0,8	0,12 ... 0,3	–	310 ... 330	205 ... 230	2 ... 4	S,SP,G
ZK60-T5	–	–	4,8 ... 6,2	–	Zr: 0,45	305 ... 315	230 ... 260	4	R,S
HM21-T5/T8	–	–	–	0,8	Th: 2,0	220 ... 230	145 ... 170	3 ... 6	B
HK31[5]	–	–	–	–	Th: 3,0/Zr: 1,0	205 ... 235	100 ... 180	4 ... 12	B
WE43	–	–	–	–	Y: 4,0/Nd: 4,0	k.A.	k.A.	k.A.	k.A.
WE54	–	–	–	–	Y: 5,25/Nd: 4,0	k.A.	k.A.	k.A.	k.A.

[1] Mindestwerte
[2] Kurznamen für Knetlegierungen noch nach DIN 1700 (zurückgezogen). Derzeit noch keine Benennung nach DIN EN 1754.
[3] Internationale Bezeichnung nach ASTM B 275. Werkstoffzustand: F = Herstellungszustand; O = weichgeglüht; H = kaltverfestigt; T5 = abgeschreckt aus der Warmumformungstemperatur und warmausgelagert, T8 = lösungsgeglüht, kaltumgeformt und warmausgelagert.
[4] R = Rohre/Hohlprofile; S = Stangen/Vollprofile; SP = Strangpressprofile; G = Gesenkschmiedestücke; B = Bleche/ Bänder.
[5] Werkstoffzustand von weichgeglüht bis kaltverfestigt
k.A. = keine Angaben

7.2.3 Verarbeitung von Magnesiumlegierungen

Magnesiumlegierungen können durch Gießen und durch Umformen weiter verarbeitet werden. Das Umformen wird jedoch aufgrund der schlechten plastischen Verformbarkeit des Magnesiums und seiner Legierungen (hdP-Gitter) nur in beschränktem Umfang angewandt.

7.2.3.1 Gießen von Magnesiumlegierungen

Die wichtigsten Gießverfahren für Mg-Legierungen sind der Druckguss, Sandguss, Kokillenguss, Feinguss und neuerdings auch das Thixogießverfahren.

Druckuss ist für Magnesium-Legierungen aus folgenden Gründen das mit Abstand wirtschaftlichste Formgebungsverfahren:

- Hohe Produktivität durch schnelle Schussfolge
- Doppelte Werkzeugstandzeit im Vergleich zu Aluminiumlegierungen
- Gute Oberflächenbeschaffenheit der Formgussteile

Die Verarbeitung kann nach dem Kalt- und Warmkammerverfahren erfolgen. Die wichtigsten Anwendungen für Mg-Druckgusslegierungen finden sich im Automobilbau.

Anwendungsbeispiele:

AZ91:
- Schaltgetriebe
- Lenksäulenhalterung und Konsole
- Gehäuse für Kettensägen
- Gehäuse für Notebooks,
- Gehäuse für Handys und Videocameras

AM50:
- Instrumententafelträger
- Lenkrad

AM60:
- Tankabdeckung
- Sitzschalen
- Heckklappe

Bild 1: Magnesium-Druckgussteil

Beim **Sandgussverfahren** ist die Reaktion des Magnesiums mit dem Sauerstoff der Luft und mit der Feuchtigkeit des Formsandes zu verhindern. Aus diesem Grund müssen Schutzgase oder Schutzstoffe eingesetzt werden. Im Vergleich zum Sandguss erreicht man beim **Kokillenguss** eine feinkörnigere Erstarrung und dadurch eine etwas höhere Festigkeit bei gleicher Wandstärke. Diesen Vorteilen stehen jedoch höhere Werkzeugkosten gegenüber.

Das **Thixogießen** (oder **Thixocasting**) ist ein neues, viel beachtetes, innovatives Gießverfahren, bei dem die thixotropen Eigenschaften teilflüssiger Legierungen ausgenutzt werden. Beim Thixogießen wird die Legierung in den Bereich zwischen Solidus- und Liquidustemperatur erwärmt. In diesem Temperaturintervall ist ein Teil der Legierung aufgeschmolzen (z. B. 30 %) während der Rest in noch fester Form verbleibt. Für das Thixogießen sind Legierungen, die ein ausgeprägtes Erstarrungsintervall aufweisen, gut geeignet (z. B. AZ91).

Der Prozessverlauf des Thixogießens ist schematisch in Bild 1 dargestellt. Nach dem Stranggiessen (Bild 1a) erfolgt die Aufteilung der Rundbarren in Abschnitte mit einer dem Gussteil entsprechenden Masse (Bild 1b). Anschließend folgt ein induktives Aufheizen der Barren in das Zweiphasengebiet zwischen Solidus- und Liquiduslinie (Bild 1c). Der Rohling, der sich noch wie ein Festkörper verhält, wird anschließend in die Gießkammer der Druckgießmaschine überführt und durch Druckbeaufschlagung des Gießkolbens vergossen (Bild 1d). Bei der Anwärmung und Umformung des Thixo-Rohlings sind Maßnahmen zu treffen, damit Oxidschichten von der Oberfläche des Formteils ferngehalten werden.

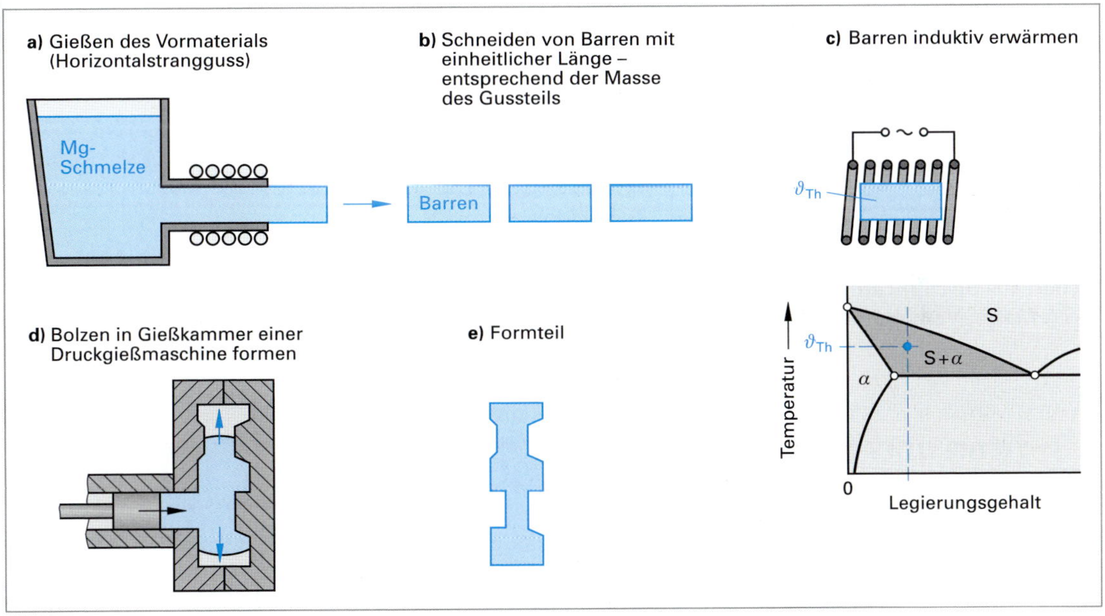

Bild 1: Prinzip des Thixogießens von Magnesiumlegierungen (schematisch)

Das Thixogießen weist bei Einhaltung geeigneter Prozessparameter eine Reihe von Vorteilen gegenüber den konventionellen Druckgießverfahren auf:

- Bedeutende Energieeinsparung, da ein Großteil der Schmelzwärme sowie die gesamte Überhitzungswärme und die Energie für das Warmhalten der Schmelze entfallen.
- Erhöhte Maßgenauigkeit aufgrund geringerer Schrumpfung. Mit Hilfe des Thixogießens ist die Herstellung endabmessungsnaher Gussstücke möglich. Dadurch verringert sich die Anzahl der nach dem Abguss erforderlichen Bearbeitungsschritte und es wird Kreislaufmaterial eingespart.
- Erhöhte Werkzeugstandzeit durch die etwa um 100 °C geringere Verarbeitungstemperatur der Schmelze.

7.2.3.2 Umformen von Magnesiumlegierungen

Magnesium und dessen Legierungen besitzen aufgrund ihres hdP-Gitters eine schlechte Umformbarkeit. Das Umformen von Magnesium-Knetlegierungen ist daher mit einen Verwendungsanteil von nur 1 % wenig verbreitet (Bild 1, Seite 369). Eine wesentliche Einflussgröße bei der Umformung ist die Umformtemperatur. Größere Formänderungen sind erst oberhalb 225 °C möglich, da sich dort das plastische Verformungsvermögen des Magnesiums durch Aktivierung neuer Gleitebenen deutlich verbessert.

Wichtige Umformverfahren für Magnesium-Knetlegierungen sind:

- Tiefziehen
- Massivumformung (Schmieden, Walzen)
- Strangpressen
- Pulverschmieden

7.2.4 Entwicklungstendenzen

Die Entwicklungstendenzen bei Mg-Legierungen gehen heute in drei Richtungen:

- Erhöhung der spezifischen Festigkeit d. h. des Verhältnisses von Festigkeit zu Dichte. Dies wird insbesondere durch Legieren mit Lithium erreicht. Bei den Magnesium-Knetlegierungen wird derzeit eine lithiumlegierte Variante erprobt (Mg-Li14Al1), deren Dichte nur noch 1,35 kg/dm³ beträgt und die ein kubisch-raumzentriertes Gitter besitzt.
- Verbesserung der Warm- und Hochtemperaturfestigkeit bzw. Kriechbeständigkeit (Bild 1).
- Erhöhung des Elastizitätsmoduls. Die Erhöhung des E-Moduls erfolgt bei neuen Magnesium-Gusslegierungen durch eingelagerte Fasern oder Teilchen aus Siliciumcarbid (SiC) **(partikelverstärkte Mg-Matrix-Verbundwerkstoffe)**.

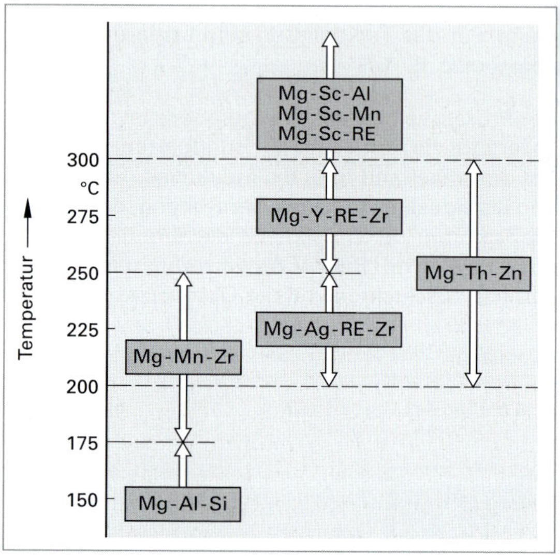

Bild 1: Anwendungstemperaturen von Mg-Legierungen

7.3 Titan und Titanlegierungen

In den letzten Jahren haben **Titan** und Titanlegierungen eine zunehmende technische Bedeutung erlangt. Tabelle 1 zeigt die wichtigsten physikalischen und mechanischen Eigenschaften von reinem (unlegiertem) Titan.

Tabelle 1: Physikalische und mechanische Eigenschaften von Titan

Atomare Daten	
Ordnungszahl	22
Atommasse	47,88 u
Atomdurchmesser	$2{,}896 \cdot 10^{-10}$ m
Kristallgittertyp[1]	α-Ti (< 882 °C): hdP β-Ti (> 882 °C): krz
Physikalische Kennwerte (20 °C)	
Dichte ϱ	4,51 kg/dm³
Schmelztemperatur ϑ_S	1670 °C
Wärmedehnung α	$8{,}6 \cdot 10^{-6}$ 1/K (bei 0 °C)
Wärmeleitfähigkeit λ	22 W/(m · K)
Elektr. Leitfähigkeit $\varkappa$	2,4 m/(Ω · mm²)
Mechanische Kennwerte[2]	
Zugfestigkeit R_m	300 ... 700 MPa
Dehngrenze $R_{p0,2}$	185 ... 580 MPa
Bruchdehnung A	max. 30 %
Elastizitätsmodul E	112 ... 130 GPa

[1] hdP = hexagonales Gitter dichtester Packung
krz = kubisch-raumzentriert

[2] Die Kennwerte sind von der chemischen Zusammensetzung (Reinheit) sowie vom Gefügezustand (z. B. geglüht, kaltverfestigt, usw.) abhängig. Die Angaben sind daher als Orientierungswerte zu verstehen.

Ausschlaggebend für wachsende Anwendungen von Titanwerkstoffen sind vor allem die guten Festigkeitseigenschaften, die geringe Dichte und die gute Korrosionsbeständigkeit. Ungünstig wirkt sich der hohe Preis dieses Metalls aus, der sich aus der aufwändigen Herstellung ergibt.

Titan kommt mit 0,57 % in der Erdrinde zwar recht häufig vor, meistens jedoch in geringen Konzentrationen. Bei der Gewinnung wirkt die chemische Reaktionsfreudigkeit bei hohen Temperaturen erschwerend, so dass der aus $TiCl_4$ gewonnene Titanschwamm im Vakuum umgeschmolzen werden muss. Titan besitzt bei Temperaturen oberhalb 882 °C eine kubisch-raumzentrierte Struktur (β-Phase) und darunter, also auch bei Raumtemperatur, eine hexagonale (α-Titan). Wegen des hexagonalen Gitters ist die Kalt- und wegen geringer Korrosionsbeständigkeit bei hohen Temperaturen ist die Warmformbarkeit erschwert. Titan löst in beträchtlichem Maße Sauerstoff bei höheren Temperaturen, es entstehen Ti-O-Mischkristalle. Daraus folgt, dass entweder Wärmebehandlungen in einer sauerstofffreien Atmosphäre durchgeführt werden müssen oder aber die entstandene sauerstoffhaltige Schicht spanend entfernt werden muss, da diese versprödend wirkt.

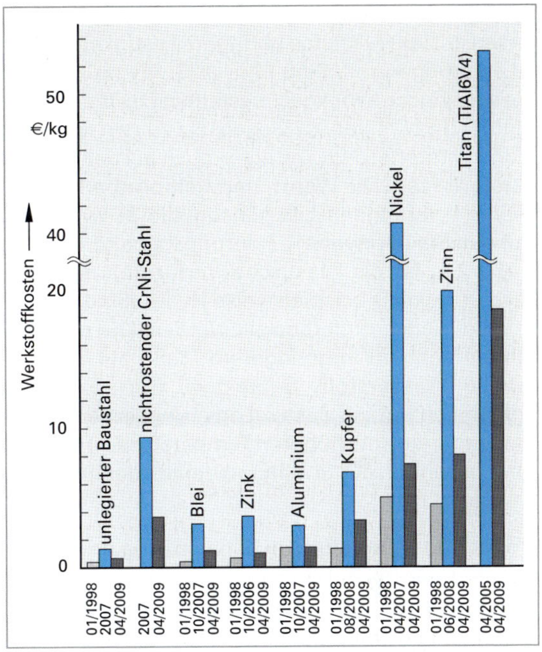

Bild 1: Werkstoffkosten wichtiger Metalle. Die Preise hängen in hohem Maße von der Erzeugnisart sowie der Abnahmemenge ab (Quellen: London Metal Exchange und andere)

Bei Raumtemperatur bildet sich auf Titan eine dünne Oxidschicht, die sehr korrosionsbeständig ist, so dass auch unlegiertes Titan ein technisch genutzter Werkstoff ist. In der Norm DIN 17 850, eine europäische Norm liegt noch nicht vor, werden vier Titansorten, Ti1 bis Ti4 (Ti > 99 %) mit zunehmendem Gehalt an Verunreinigungen (Eisen, Sauerstoff, Kohlenstoff und Wasserstoff) unterschieden. Mit steigendem Gehalt an Verunreinigungen nimmt die Festigkeit von mindestens 290 MPa auf höchstens 740 MPa zu und die Bruchdehnung von 30 % auf 15 % ab (Tabelle 1). Diese Werkstoffe werden vor allem im chemischen Apparatebau eingesetzt, da sie sogar gegen Königswasser ($HCl + HNO_3$) beständig sind. Außerdem ist Titan ein wichtiges Legierungselement für Stahl (Kapitel 4.4.1.3 und Kapitel 6.5.10.4) und in geringerem Maße für Nickel und Zink.

Titanlegierungen (Tabelle 1) werden auch im chemischen und verfahrenstechnischen Apparatebau sowie für medizinische Geräte und Implantate eingesetzt. Außerdem werden sie in der Luft- und Raumfahrt sowie in geringem Maße auch im Fahrzeugbau verwendet.

Tabelle 1: Titanlegierungen nach DIN 17 850 und 17 860

Kurzzeichen	Zugfestigkeit R_m MPa	0,2-%-Dehngrenze $R_{p\,0,2}$ MPa	Dehnung A %	Härte HB	Gefüge	Eigenschaften, Verwendung
Ti1	290...410	180	24	120	α	Sehr beständig gegen oxidierende und chloridhaltige Medien. Beispiele: Tanks, Wärmetauscher, Entsalzungsanlagen, chemische und medizinische Apparate.
Ti4	540...740	390	16	200	α	
Ti1Pd	290...410	180	24	120	α	
TiNi0,8Mo0,3	> 480	345	16	170	α	
TiAl5Sn2,5	> 830	780	10	300	α	Warmfest, kaltzäh Beispiel: Hydraulikrohre
TiAl6V4	910	840	10		$\alpha + \beta$	Wärmebehandelbar.
TiAl6V6Sn2	> 950	920...1000	10	320	$\alpha + \beta$	Wärmebehandelbar Beispiel: verfahrenstechnische Apparate.
TiV13Cr11Al3	1350	1200	5		β	Hochfeste Bauteile.

Aufgrund der unterschiedlichen Kristallstruktur werden drei verschiedene Legierungstypen unterschieden: Die beiden einphasigen α- bzw. β-Legierungen und die zweiphasigen $\alpha + \beta$-Legierungen.

Die hexagonalen **α-Legierungen**, wie TiAl5Sn2,5, haben mit 900 MPa eine geringere Festigkeit als die β-Legierungen mit 1350 MPa (z. B. TiV13Cr11Al3). Sie sind jedoch sehr kriechbeständig bis über 500 °C (Bild 1) und bleiben im Gegensatz zu den kubischraumzentrierten β-Legierungen auch bei tiefen Temperaturen zäh. Die Warm- und Kaltformbarkeit der α-Titanlegierungen ist ungünstig, die Schweißbarkeit gut. Bei geringeren Legierungsgehalten, wie in TiAl3V2,5, ist die plastische Verformbarkeit verbessert, so dass beispielsweise Hydraulikrohre aus diesem Werkstoff hergestellt werden. Die α-Legierungen nehmen in geringerem Maße als β-Legierungen Wasserstoff, Sauerstoff, Stickstoff und Kohlenstoff auf, so dass α-Legierungen besser für Anwendungen bei höheren Temperaturen geeignet sind, besonders für Strahltriebwerke oder im Turbinenbau.

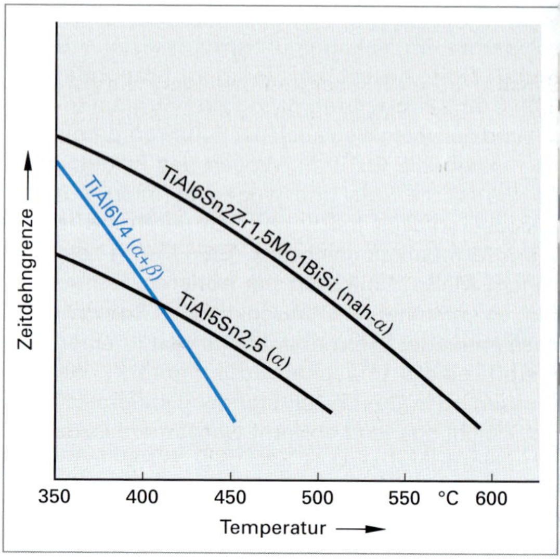

Bild 1: Kriechfestigkeit von Titanlegierungen

Einphasige **β-Legierungen** haben trotz guter Eigenschaften, wie hoher Festigkeit und guter plastischer Verformbarkeit, nur einen geringen Anwendungsbereich. Nachteilig wirkt sich die höhere Dichte, aufgrund der hohen Anteile an Vanadium und Chrom, sowie die Kaltsprödigkeit und geringe Kriechfestigkeit aus. Die β-Phase ist bei den technischen Titanlegierungen nur metastabil, d. h. die Legierungen können im lösungsgeglühten oder ausgehärtetem Zustand benutzt werden. Außerdem neigen sie dazu bei tiefen Temperaturen zu verspröden.

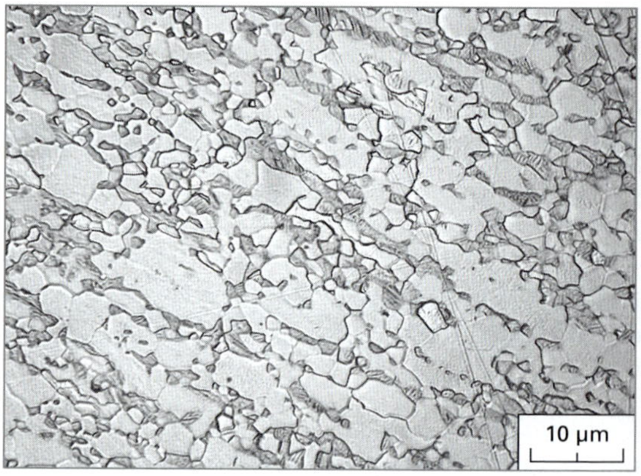

Bild 2: Gefüge der zweiphasigen Legierung TiAl6V4

Der Einfluss von Wärmebehandlungen ist bei den **α + β-Legierungen** noch größer. So kann man die wichtigste Legierung TiAl6V4 durch Wärmebehandlung dem Verwendungszweck gut anpassen, indem das Gefüge variiert wird. Sie hat mit 1100 MPa bereits eine recht hohe Festigkeit bei geringer Dichte. Eine mit 1200 MPa noch bessere Festigkeit besitzt die $\alpha + \beta$-Legierung TiAl6V6Sn2, die im Flugzeugbau eingesetzt wird. Auch die übrigen $\alpha + \beta$-Legierungen werden im Luft- und Raumfahrzeugbau, im chemischen und medizinischen Bereich sowie in der Verfahrenstechnik eingesetzt. Bild 2 zeigt das Gefüge der zweiphasigen-Titanlegierung TiAl6V4.

ⓘ Information

Memory-Effekt

Beim bereits 1962 entdeckten **Memory-Effekt** werden durch Temperaturwechsel Strukturänderungen verursacht, die zwei verschiedene Formzustände bewirken. So wird z. B. eine bei Raumtemperatur erzeugte bleibende Verformung durch Erwärmung wieder abgebaut.

Die α-reichen heterogenen Titanlegierungen, wie beispielsweise TiAl6Sn2Zr1,5Mo1Bi0,35Si0,1, werden auch als „**nah-α**“ oder „**Super-α**“ bezeichnet. Mit der genannten Legierung erschließt sich für Titanwerkstoffe ein Anwendungsbereich mit Dauertemperaturen von 600 °C. Eine als **Memory-Effekt** bezeichnete Besonderheit zeigt beispielsweise die intermetallische Verbindung NiTi55. Praktisch genutzt wird dieser Effekt bisher unter anderem in der Raumfahrt und in der Medizin (**Formgedächtnislegierung**).

7.4 Silicium

Silicium ist nach Sauerstoff das zweithäufigste Element und mit 23,5 % am Aufbau der Erdrinde beteiligt (Bild 1, Seite 166). Daher kommt es auch als Beimengung in geringen Konzentrationen in vielen Legierungen vor.

In Tabelle 1 sind die wichtigsten physikalischen und mechanischen Eigenschaften des Siliciums zusammengestellt. Als Legierungselement wird es in Stählen sowie in Aluminium-, seltener in Kupfergusslegierungen eingesetzt. Bekannt sind siliciumhaltige Stähle, die als Dynamo- und Transformatorbleche Verwendung finden. Die größte Bedeutung hat Silicium jedoch in der Halbleitertechnik erlangt. Silicium wird hauptsächlich aus Quarzit (ca. 95 % SiO_2) gewonnen. Die Gewinnung erfolgt im Lichtbogenofen mit Koks als Reduktionsmittel oder mit Aluminium, falls ein höherer Reinheitsgrad erreicht werden soll:

$$3\,SiO_2 + 4\,Al \rightarrow 3\,Si + 2\,Al_2O_3$$

Technisches Silicium (metallurgical grade) wird mit einer Reinheit von 98,5 bis 99,7 % gehandelt. In der Stahlindustrie wird Ferrosilicium mit einem Gehalt von 20% bis 95% Si eingesetzt.

Tabelle 1: Physikalische und mechanische Eigenschaften von Silicium

Atomare Daten	
Ordnungszahl	14
Atommasse	28,09 u
Atomdurchmesser	$2{,}352 \cdot 10^{-10}$ m
Kristallgittertyp[1)]	Diamantstruktur
Physikalische Kennwerte (20 °C)	
Dichte ϱ	2,33 kg/dm^3
Schmelztemperatur ϑ_S	1411 °C
Wärmedehnung α	$2{,}5 \cdot 10^{-6}$ 1/K (bei 0 °C)
Wärmeleitfähigkeit λ	83,5 W/(m · K)
Elektr. Leitfähigkeit $\varkappa$	10 m/(Ω · mm^2)
Mechanische Kennwerte[2)]	
Zugfestigkeit R_m	–
Dehngrenze $R_{p0,2}$	–
Bruchdehnung A	–
Elastizitätsmodul E	110 GPa

[1)] Weitere Modifikationen: β-Si bei Drücken über 13 000 MPa

[2)] Die Kennwerte sind von der chemischen Zusammensetzung (Reinheit) sowie vom Gefügezustand (z. B. geglüht, kaltverfestigt, usw.) abhängig. Die Angaben sind daher als Orientierungswerte zu verstehen.

Für die Halbleitertechnik wird höchstreines Silicium benötigt, so dass sich dem Gewinnungsprozess sehr aufwändige und teure Raffinationsverfahren anschließen. Dieses Halbleitersilicium hat eine Reinheit über 99,999 %. Dafür wird Rohsilicium chloriert und aus den gasförmigen Chloriden hochreines Silicium abgeschieden (fraktionierte Destillation). Das polykristalline Silicium muss erneut aufgeschmolzen werden und erstarrt unter besonderen kontrollierten Bedingungen zu einkristallinen Stäben. Hier wird ein dünner Keim- oder Impfkristall in die Schmelze eingetaucht. Sobald die Bildung des Einkristalls begonnen hat, wird dieser langsam aus der Schmelze herausgezogen. Eine exakte Temperaturführung ist für diesen Kristallisationsvorgang erforderlich (Bild 1, Seite 94).

Halbleiter leiten bei sehr tiefen Temperaturen ($\approx$ 0 K) den elektrischen Strom nicht, bei hohen Temperaturen dagegen recht gut. Siliciumatome besitzen vier Valenzelektronen und gehen wie die Nichtmetalle Atombindungen (Kapitel 2.3.1.2) ein, so dass keine freien (Leitungs-)Elektronen zur Verfügung stehen. Mit steigender Temperatur, also unter dem Einfluss von Energiezufuhr, können einzelne Elektronen sich ablösen und somit elektrische Leitfähigkeit bewirken. In der Halbleiterindustrie werden Einkristalle benötigt, da Korngrenzen, deren Bildung somit vermieden wird, die Bewegung der Elektronen zu stark behindern. Halbleiter werden mitunter wesentlich stärker als 99,999 % gereinigt, so dass auf 10^9 (1 Milliarde) oder mehr Siliciumatome nur ein Fremdatom kommt.

Die elektrische Leitfähigkeit von Halbleitern wird beträchtlich erhöht durch gezieltes Einbringen **(Dotieren)** von Fremdatomen anderer Wertigkeit. Man nennt dies **Störstellenleitung.** In Bild 1, Seite 378, ist das Prinzip des Dotierens dargestellt. Die nicht beschrifteten Kreise stellen die Silicium- (oder Germanium-)Atomrümpfe dar. Jedes einzelne Siliciumatom besitzt vier Valenzelektronen (vierwertig), die jeweils mit einem Valenzelektron des benachbarten Atoms ein Elektronenpaar bilden, so dass diese acht Elektronen eine Edelgasschale bilden und eine Atombindung bewirken und somit (bei tiefen Temperaturen) keine Leitungselektronen vorhanden sind. Werden in das Kristallgitter gezielt fünfwertige Atome wie Arsen (As), Antimon (Sb) oder Phosphor (P) eingebracht (Bild 1a, Seite 378), so kann deren fünftes Valenzelektron keine Bindung eingehen und steht daher als Leitungselektron zur Verfügung. Die Leitfähigkeit des Halbleiters wird durch den Überschuss an freien Leitungselektronen beträchtlich erhöht. Man spricht von n-Leitung (n = negative Ladungsträger). Dotiert man dagegen mit dreiwertigen Atomen wie Indium (In), Gallium (Ga) oder Bor (B) (Bild 1b), entstehen Löcher oder Defektelektronen. Auch Defektelektronen erhöhen die Leitfähigkeit, es entsteht ein p-Leiter mit umgekehrter Elektronenflussrichtung. Elektronen abgebende Fremdatome werden als **Donatoren** und Elektronen aufnehmende Fremdatome als **Akzeptoren** bezeichnet. Meistens wird eine Gasphasen-Diffusionsdotierung bei Temperaturen zwischen 800°C und 1250°C vorgenommen, wobei aus einem inerten Gas wie Argon mit Dotierungsmittel einzelne Atome in den Halbleiter eindringen, so dass in der obersten Schicht des Halbleiters auf etwa 10^5 Gitteratome ein Fremdatom kommt.

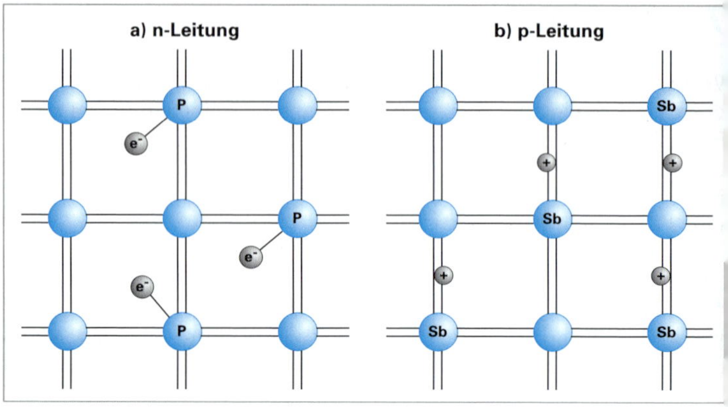

Bild 1: Dotieren von Halbleiterkristallen a) n-Leitung b) p-Leitung

n-dotierte Halbleiter haben eine größere Leitfähigkeit als p-dotierte Halbleiter und die **Fremdleitung** ist erheblich höher als die Eigenleitung des Halbleiters bei erhöhten Temperaturen. Beide Halbleitertypen haben ein breites Anwendungsfeld in der Nachrichten-, Mess- und Computertechnik gefunden bzw. haben diese Entwicklung zum Teil erst ermöglicht. Häufig wird durch die Verbindung zwischen n-Leiter und p-Leiter ein pn-Übergang geschaffen. Dies stellt die Grundlage für viele Halbleiterbauelemente, wie Diode, Solarzellen u. a. dar. Der energetische und finanzielle Aufwand bis zum fertigen Halbleiterbauelement ist sehr hoch und lässt sich auch nicht wesentlich reduzieren. So muss eine Solarzelle aus monokristallinem Silicium mehr als 5 Jahre betrieben werden, um die gleiche Energiemenge zu gewinnen, die vorher zur deren Herstellung aufgewandt worden ist (Stand 1995).

Aus wirtschaftlichen Gründen werden **Solarzellen** auch aus polykristallinem Silicium anstelle von monokristallinem hergestellt, was jedoch zu einer starken Abnahme des Wirkungsgrades führt. Die Entwicklung von Dünnschichtsolarzellen aus amorphem Silicium ist bisher noch nicht abgeschlossen.

Neben den Halbleitern auf Silicium-Basis gibt es noch solche aus dem gleichfalls vierwertigen Germanium sowie aus der Verbindung eines drei- mit einem fünfwertigen Element, wie Indiumantimonid (InSb) oder Galliumarsenid (GaAs). Auch bei diesen „Verbindungshalbleitern" sind im Mittel vier Valenzelektronen vorhanden, nämlich:

$$0{,}5 \times (3\{\text{In}\} + 5\,\{\text{Sb}\}) = 4$$

so dass auch in diesem Fall eine kovalente Bindung (s. o.) entsteht. Eine Dotierung erfolgt in diesem Fall durch einen geringen Überschuss von Indiumatomen (p-dotiert) oder Antimonatomen (n-dotiert). Solarzellen aus monokristallinen **3/5-Halbleitern** haben noch höhere Wirkungsgrade als monokristalline Siliciumsolarzellen bei der Nutzung von Sonnenenergie erreicht. Die Herstellung dieser Verbindungshalbleiter ist jedoch noch teurer.

7.4.1 Weitere bedeutsame Leichtmetalle

Magnesium und Titan sind neben Aluminium die technisch bedeutsamsten Leichtmetalle. Man kann auch Silicium (ϱ = 2,30 kg/dm^3) noch dazu rechnen, obwohl es als so genannter Halbleiter nicht mehr alle typischen Eigenschaften der Metalle aufweist. Ob andere Leichtmetalle, wie beispielsweise Natrium, einmal größere technische Bedeutung erlangen können, ist nicht mit Bestimmtheit zu verneinen. So könnte schmelzflüssiges Natrium als Arbeitsmittel in Wärmetauschern oder im festen Zustand als elektrisches Leitermaterial eingesetzt werden. Die Wahrscheinlichkeit dafür ist jedoch gering, da auf dem Gebiet der elektrischen Leiter der Einsatz anderer Werkstoffe, wie supraleitende Werkstoffe, eher zu erwarten ist.

7.5 Kupferwerkstoffe

Während Leichtmetalle aufgrund ihrer gemeinsamen Eigenschaft, der geringen Dichte, auch häufig ähnliche Einsatzgebiete haben, spielt die hohe Dichte bei Schwermetallen für deren Verwendung praktisch keine Rolle. Es sind spezielle physikalische und chemische Eigenschaften, die über den Einsatz bestimmter Schwermetalle entscheiden. Eines der ältesten und sehr vielfältig genutzten Schwermetalle ist Kupfer. Obwohl Kupfer nur zu ca. 0,01 % an der Erdrinde beteiligt ist und nicht zu den häufigsten Elementen zählt, haben Kupfer und Kupferlegierungen schon seit 6000 Jahren große technische Bedeutung für den Menschen.

7.5.1 Unlegiertes Kupfer

Kupfer wurde schon sehr früh vom Menschen verwendet.

Unlegiertes Kupfer wird vor allem wegen seiner guten elektrischen und thermischen Leitfähigkeit eingesetzt, Kupferlegierungen wegen der guten Korrosionsbeständigkeit und mechanischen Eigenschaften, verbunden mit vielfältigen Verarbeitungsmöglichkeiten (Tabelle 1). Kupfer hat ein kubisch-flächenzentriertes Gitter und lässt sich daher gut kalt- und warmverformen. Außerdem lösen sich im Kupfer viele andere Metalle im festen Zustand, so dass auch eine große Vielfalt von Kupfer-Legierungen möglich ist.

Die Kupfervorkommen, die heute ausgebeutet werden, enthalten meist schwefelhaltige Kupfererze (Cu_2S) mit einem Kupfergehalt von nur 0,5 % bis 4 % Kupfer. Diese müssen zu Konzentraten aufgearbeitet werden, aus denen in mehreren Stufen durch Rösten und Verblasen im Konverter Rohkupfer, durch Umschmelzen, weitere Raffinationsverfahren und/oder Nasselektrolyse schließlich technisch reines Kupfer gewonnen wird. Reste von Sauerstoff müssen durch Desoxidation, beispielsweise mit Phosphor im schmelzflüssigen Zustand entfernt werden.

Die unlegierten Kupfersorten können nach unterschiedlichen Gesichtspunkten eingeteilt werden. Für den Anwender ist die Unterscheidung hinsichtlich der Behandlung des geschmolzenen Kupfers vor dem Vergießen von Bedeutung. Die Einteilung erfolgt daher in:

- sauerstoffhaltiges (zähgepoltes) Kupfer
- desoxidiertes Kupfer
- sauerstofffreies Kupfer hoher Leitfähigkeit

Tabelle 1: Physikalische und mechanische Eigenschaften von unlegiertem Kupfer

Atomare Daten	
Ordnungszahl	29
Atommasse	63,55 u
Atomdurchmesser	$2{,}556 \cdot 10^{-10}$ m
Kristallgittertyp[1]	kfz
Physikalische Kennwerte (20 °C)	
Dichte ϱ	8,94 kg/dm³
Schmelztemperatur ϑ_S	1083 °C
Wärmedehnung α	$16{,}5 \cdot 10^{-6}$ 1/K (bei 0 °C)
Wärmeleitfähigkeit λ	398 W/(m · K)
Elektr. Leitfähigkeit $\varkappa$	59,8 m/(Ω · mm²)
Mechanische Kennwerte[2]	
Zugfestigkeit R_m	200 ... 250 MPa
Dehngrenze $R_{p0,2}$	40 ... 80 MPa
Bruchdehnung A	max 60 %
Elastizitätsmodul E	110 ... 130 GPa

[1] kfz = kubisch-flächenzentriert

[2] Die Kennwerte sind von der chemischen Zusammensetzung (Reinheit) sowie vom Gefügezustand (z. B. geglüht, kaltverfestigt, usw.) abhängig. Die Angaben sind daher als Orientierungswerte zu verstehen.

Tabelle 2: Spezifische elektrische Leitfähigkeit reiner Metalle (Auswahl)

Metall	Elektrische Leitfähigkeit m/(Ω · mm²)
Silber	63
Kupfer	59,8
Gold	43
Aluminium	36
Natrium	25
Magnesium	22

Die wichtigsten unlegierten Kupfersorten sowie deren Eigenschaften sind in Tabelle 1, Seite 380, zusammengestellt.

7.5.1.1 Sauerstoffhaltiges (zähgepoltes) Kupfer

Sauerstoffhaltiges (zähgepoltes) Kupfer enthält etwa 0,02 % ... 0,04 % Sauerstoff als Kupfer(I)oxid (Cu_2O) und bildet mit dem Kupfer ein die Kupferkristalle umgebendes Cu-Cu_2O-Eutektikum. Findet jedoch eine Kalt- oder Warmumformung statt, dann wird das Netz aus Eutektikum zunächst in Umformrichtung ge-

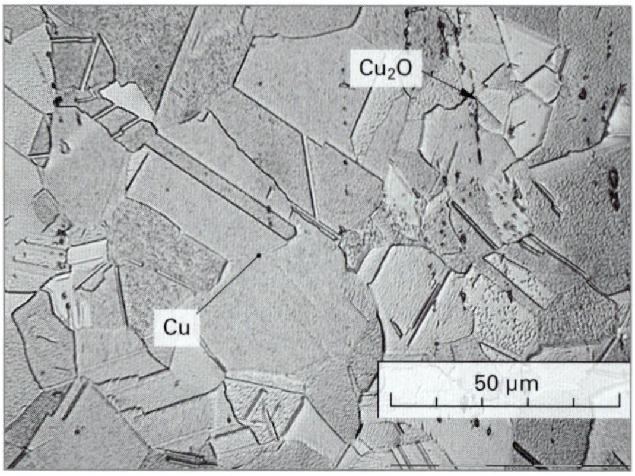

Bild 1: Sauerstoffhaltiges Kupfer nach hoher Umformung (Kupferdraht)

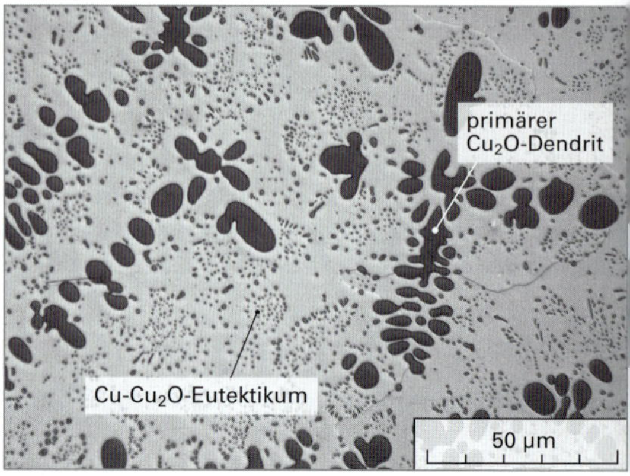

Bild 2: Kupfer mit hohem Sauerstoffgehalt im Gusszustand

streckt. Mit zunehmendem Umformgrad wird das Netzwerk weiter aufgespalten, bis schließlich in dünnen Drähten oder Blechen die Cu_2O-Phasen gleichmäßig in der Kupfermatix verteilt vorliegen (Bild 1).

Bei hohem Sauerstoffgehalt d. h. in übereutektischen Kupfer-Sauerstoff-Legierungen (O > 0,39 %) scheiden sich zunächst primäre Dendriten aus Cu_2O aus, die in ein Cu-Cu_2O-Eutektikum eingebettet sind (Bild 2).

Tabelle 1: Unlegierte Kupfersorten nach DIN EN 1976 und DIN EN 12163

Unlegierte Kupfersorten				**Mechanische Eigenschaften**[1]			**Physikalische Eigenschaften**	
DIN EN 1976[2]		**DIN 1708**[3]		$R_{p0,2}$ MPa	R_m MPa	A % (min.)	**elektrische Leitfähigkeit** m/(Ω · mm²)	**Wärmeleitfähigkeit** W/(m · K)
Kurzzeichen	Numerisch	Kurzname	Werkstoffnr.					
Sauerstoffhaltiges (zähgepoltes) Kupfer								
Cu-ETP	CR004A	E1-Cu58	2.0061	120 ... > 350	200 ... > 360	3 ... 45	≥ 58	≥ 393
Cu-ETP1	CR003A	–	–	–	–	–	≥ 58,58	–
Cu-FRHC	CR005A	E2-Cu58	2.0062	–	–	–	≥ 58	–
Cu-FRHP	CR006A	F-Cu	2.0080	–	–	–	–	–
Desoxidiertes Kupfer								
Cu-DLP	CR023A	SW-Cu	2.0076	80 ... 330	200 ... > 350	5 ... 35	≥ 52	≥ 364
Cu-DHP	CR024A	SF-Cu	2.0090	80 ... 330	200 ... > 350	5 ... 35	41 ... 52	293 ... 364
Cu-DXP	CR025A	–	–	–	–	–	–	–
Cu-PHC	CR020A	SE-Cu[4]	2.0070	120 ... > 350	200 ... > 360	3 ... 45	≥ 58	≥ 386
Cu-HCP	CR021A	SE-Cu[5]	2.0070	120 ... > 350	200 ... > 360	3 ... 45	≥ 57	≥ 386
Cu-PHCE	CR022A	–	–	–	–	–	≥ 58	–
Sauerstofffreies Kupfer hoher Leitfähigkeit								
Cu-OF	CR008A	OF-Cu	2.0040	–	–	–	≥ 58	–
Cu-OF1	CR007A	–	–	–	–	–	≥ 58,58	≥ 393
Cu-OFE	CR009A	–	–	–	–	–	≥ 58,58	–

1) Kennwerte abhängig vom Werkstoffzustand. Untergrenze der Festigkeit bzw. Obergrenze der Bruchdehnung im weichgeglühten Zustand. Obergrenze der Festigkeit bzw. Untergrenze der Bruchdehnung im kaltverfestigten Zustand.

2) Bezeichnung siehe Kapitel 8.3.3. 3) Norm zurückgezogen (alte Werkstoffbezeichnungen).

4) Falls die spezifische elektrische Leitfähigkeit mindestens 58 $m/\Omega \cdot mm^2$ beträgt, der Cu-Gehalt > 99,95 % ist und als Desoxidationsmittel Phosphor verwendet wurde.

5) Falls der Cu-Gehalt > 99,95 % ist und als Desoxidationsmittel Phosphor verwendet wurde.

Sauerstoff hat in Konzentrationen unter 0,04 % kaum Einfluss auf die physikalischen (auch elektrischen) und mechanischen Eigenschaften. Im Gegenteil: Sauerstoff oxidiert die übrigen Verunreinigungen und beseitigt dabei deren schädliche Wirkung, insbesondere im Hinblick auf die Leitfähigkeit und die Kaltumformbarkeit. Sauerstoffhaltiges Kupfer wird daher meist in der Elektrotechnik verwendet. Wird sauerstoffhaltiges Kupfer allerdings geschweißt, gelötet oder in reduzierender Atmosphäre geglüht, dann besteht die Gefahr einer Wasserstoffversprödung.

7.5.1.2 Desoxidiertes Kupfer

Desoxidiertes Kupfer besitzt eine nahezu völlige Sauerstofffreiheit durch Desoxidation, insbesondere mit P (z. T. auch Si, Li, Mg, B oder Ca). Mit den üblichen Raffinationsverfahren ist die Herstellung von sauerstofffreiem Kupfer nicht möglich. Die zugesetzten Desoxidationsmittel bilden mit dem Sauerstoff in der Schmelze Oxide, die als Schlacke das Schmelzbad verlassen. Reste der Desoxidationsmittel verschlechtern elektrische Leitfähigkeit und Wärmeleitfähigkeit. Desoxidiertes Kupfer wird daher vorzugsweise im Rohrleitungs- und Apparatebau sowie im Bauwesen eingesetzt.

7.5.1.3 Sauerstofffreies Kupfer hoher Leitfähigkeit

Nahezu völlige Sauerstofffreiheit (< 0,001 %) und höchste elektrische Leitfähigkeit erhält man durch Einschmelzen von Kupferkatoden in reduzierender Atmosphäre und Vergießen unter Schutzgas. Die Kupfersorten werden vorzugsweise in der Elektrotechnik und Elektronik eingesetzt.

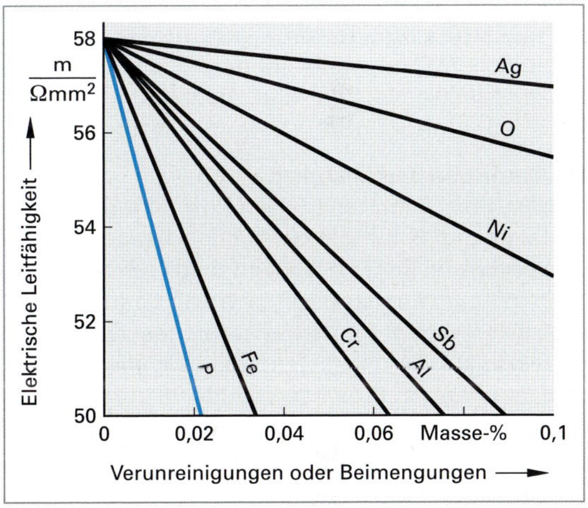

Bild 1: Einfluss von Verunreinigungen bzw. Beimengungen auf die Leitfähigkeit von Kupfer

a) Elektrische Leitfähigkeit

Die elektrische Leitfähigkeit von reinem Kupfer ist nach Silber die zweitbeste aller Metalle (Tabelle 2, Seite 379). Kupfer wird daher in großem Maße als elektrisches Leitermaterial verwendet (noch günstigere Werte zeigen supraleitende Stoffe). Durch Gitterfehler wird die Leitfähigkeit vermindert, auch bereits durch geringe Verunreinigungen oder Beimengungen (Bild 1). Dabei wirken sich Verunreinigungen oder Beimengungen, die im Kupfer löslich sind, insbesondere Phospor, besonders ungünstig aus. Während 0,04 % Phosphor die Leitfähigkeit von Kupfer auf etwa 44 m/(Ω · mm²) reduziert, ist die gleiche Menge Silber oder Sauerstoff ohne größeren Einfluss auf die elektrische Leitfähigkeit. Die Leitfähigkeit von elektrolytisch raffiniertem Kupfer hoher Reinheit (> 99,9 %) wird mit mindestens 58 m/(Ω · mm²) (Bezeichnung nach DIN EN 1976: Cu-ETP) und von CuCd 0,5 mit 48 m/(Ω · mm²) angegeben.

Ein Legierungsgehalt von 0,3 % bis 0,8 % Cd vermindert zwar die elektrische Leitfähigkeit von 58 auf 48 m/(Ω · mm²), erhöht aber die Zugfestigkeit von 200 MPa auf 390 MPa, was beispielsweise für die Verwendung als Oberleitungen genutzt wird. Die Leitfähigkeit wird auch durch eine Kaltumformung (Bild 2) und der damit verbundenen Erhöhung der Gitterfehler deutlich verschlechtert.

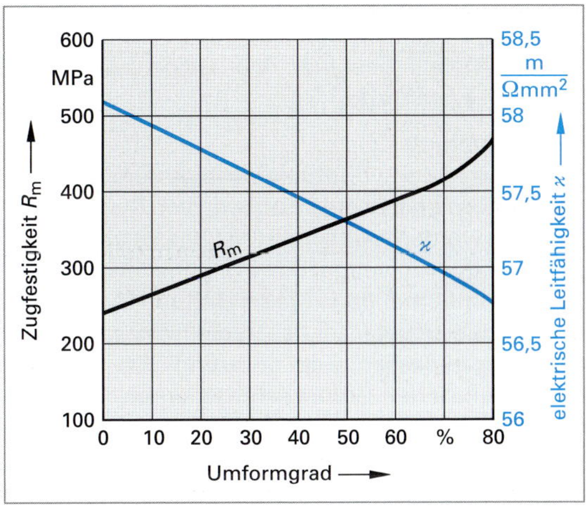

Bild 2: Einfluss einer Kaltverformung auf die Leitfähigkeit und Festigkeit von unlegiertem Kupfer

Reines Kupfer enthält häufig noch Sauerstoff in Form von Kupferoxid (Cu_2O). Dies beeinflusst die Leitfähigkeit zwar nur geringfügig, aber in wasserstoffhaltiger Umgebung ist dies die Ursache für die so genannte **Wasserstoffkrankheit**. Dabei dringt Wasserstoff in das feste Kupfer ein, reduziert Kupferoxid zu Kupfer und verbindet sich mit dem frei werdenden Sauerstoff zu Wasser:

$$Cu_2O + H_2 \rightarrow 2Cu + H_2O$$

Das entstandene Wasser kann nicht entweichen, erzeugt einen sehr hohen Druck, der die Ursache für innere Risse ist. Damit wird das Kupfer spröde und das Werkstück unbrauchbar. Falls Wasserstoffbeständigkeit gefordert wird, muss entweder Cu-DHP (alte Bez. SF-Cu = **S**auerstoff-**F**rei, DHP = **D**eoxidized **H**igh **P**hosphorus) oder Cu-OF (OF-Cu = **O**xygen-**F**ree) eingesetzt werden. Cu-DHP wird durch Desoxidieren mit Phosphor gewonnen, dabei wird die Leitfähigkeit in Abhängigkeit des Phosphorgehaltes allerdings auf 35 m/(Ω · mm²) bis 53 m/(Ω · mm²) reduziert (Bild 1, Seite 381). Cu-OF wird nicht desoxidiert, ist daher frei von Desoxidationsresten und bei einer Leitfähigkeit von 58 m/(Ω · mm²) wasserstoffbeständig.

b) Wärmeleitfähigkeit

Die Wärmeleitfähigkeit der Metalle beruht, wie die elektrische Leitfähigkeit, auf der Beweglichkeit freier Elektronen. Kupfer leitet mit 380 W/(m · K) auch die Wärme sehr gut. Durch Hinzufügen von Legierungselementen sinkt allerdings auch die Wärmeleitfähigkeit, die bei Cu-DHP je nach Phosphorgehalt nur noch 240 W/(m · K) bis 360 W/(m · K) beträgt. Die gute Wärmeleitfähigkeit des Kupfers wird beim Bau von Wärmetauschern, Kühlern, Stranggusskokillen, im Apparatebau und im Installations-, im Brennerei- und früher im Brauereigewerbe genutzt. Da beim Wärmeübergang nicht nur die Wärmeleitfähigkeit der eigentlichen Trennwand, sondern auch die Beschaffenheit der Grenzflächen von Bedeutung ist, können beispielsweise Krusten- und Oxidbildung die auf der Wärmeleitfähigkeit des Kupfers beruhende gute Wärmeübertragung stark vermindern, so dass man auf Kupfer höchster Reinheit verzichten kann.

c) Chemische Beständigkeit

Kupfer (Cu^{2+}) gehört mit einem Normalpotenzial von + 0,35 V (Tabelle 1, Seite 542) schon (fast) zu den Edelmetallen und kommt in der Natur auch gediegen (elementar) vor. Kupfer hat daher eine gute chemische Beständigkeit. Es wird nur von oxidierenden Säuren, wie Salpetersäure (HNO_3) oder Essigsäure zusammen mit Luftsauerstoff (Bildung von **Grünspan**, d. h. Kupferacetat $Cu(CH_3COO)_2$), aber auch von Ammoniak (NH_3) angegriffen. In Salzsäure löst sich dagegen nur das Kupferoxid auf, das an der Oberfläche haftet (verkalkte Warmwasserrohre aus Kupfer können mit Salzsäure gereinigt werden!). Für die Verarbeitung und Lagerung (z. B. Konservendosen) von säurehaltigen Lebens- und Genussmitteln ist Kupfer daher ungeeignet.

An der Luft bildet sich auf Kupfer eine dünne Oxidschicht, so dass die rotbraune Farbe nur ein wenig dunkler wird. Beim Erhitzen entsteht schwarzes Kupferoxid. In feuchter Luft bildet sich nach längerer Zeit eine hellgrüne Schicht, die **Patina** genannt wird. Im Binnenland besteht die Patina überwiegend aus basischem Kupfersulfat ($CuSO_4 \cdot 3\,Cu\,(OH_2)$) mit meist geringen Anteilen (ca. 2 % ... 3 %) an Kupfercarbonat ($CuCO_3 \cdot Cu\,(OH_2)$). In Städten ist der Anteil an Kupfercarbonat höher (bis 25 %). In Meeresnähe besteht die Patina überwiegend aus basischen Kupferchloriden. Die Patina schützt vor weiterer Korrosion, so dass die Verwendung von Kupfer für Dächer oder Regenrinnen sinnvoll ist. Kupfer ist auch zum Plattieren unedler Metalle geeignet, wie beispielsweise von Stahl in Centmünzen.

d) Verarbeitung

Die Verarbeitung von Kupfer erfolgt durch Gießen und Umformen. Für die Erzeugung von Blechen und Bändern werden heute meistens Blöcke im Stranggussverfahren erzeugt. Die Drahtherstellung werden in zunehmendem Maße Drahtgießverfahren angewendet. Kupfer und auch die meisten Kupferlegierungen lassen sich aufgrund des kubischflächenzentrierten Gitters sehr gut warm- und kaltumformen. Durch Kaltumformen kann die relativ geringe Festigkeit von reinem Kupfer von 200 MPa auf über 400 MPa gesteigert werden. Bei Glühtemperaturen ab 150 °C tritt jedoch in Abhängigkeit vom Umformgrad, wieder Entfestigung ein (Bild 1).

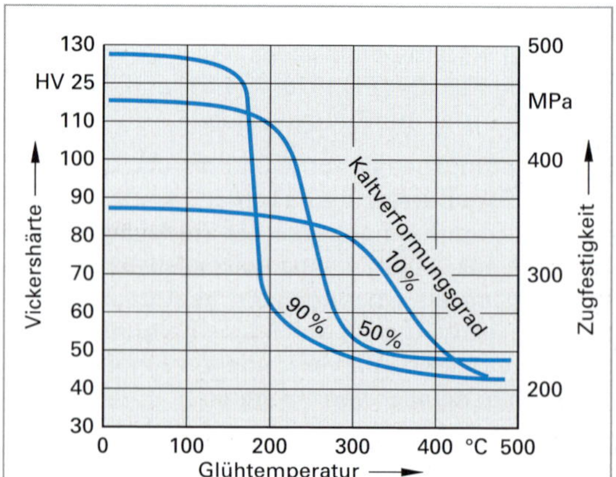

Bild 1: Entfestigung von kaltverformtem Kupfer durch Rekristallisationsglühen (Glühdauer: 1h)

7.5.2 Niedriglegierte Kupferwerkstoffe

Kupfer lässt sich mit vielen anderen Metallen legieren. Bereits durch geringe Zusätze wie zum Beispiel Silber, Magnesium, Chrom, Eisen, Cobalt, Mangan, Silicium, Tellur, Beryllium, Nickel, Zinn oder Zirkonium (alleine oder in Kombination) können eine Reihe von Eigenschaften des unlegierten Kupfers (z.B. Festigkeit oder Zerspanbarkeit) deutlich verbessert werden. Kupferlegierungen mit niedrigen Gehalten dieser Elemente werden als **niedriglegierte Kupferwerkstoffe** bezeichnet. Viele Kupferlegierungen sind homogen, bestehen also nur aus einer Kristallphase. Diese einphasigen Kupferlegierungen haben vor allem eine gute Verformbarkeit und Korrosionsbeständigkeit. Es liegt also Mischkristallbildung vor, die Festigkeitssteigerung ist zwar merklich, aber nicht so ausgeprägt im Vergleich zu den zweiphasigen Legierungen.

Im Hinblick auf die elektrische Leitfähigkeit sind die Auswirkungen bei der Legierungsbildung umgekehrt: Die Bildung von Mischkristallen führt zu einer starken Abnahme der elektrischen Leitfähigkeit, das Vorhandensein einer zweiten Phase nur zu einer geringeren Verminderung. Durch die Ausscheidung einer zweiten Phase, beispielsweise durch einen Aushärtungsvorgang, kann eine hohe Festigkeit und Härte bei guter Leitfähigkeit erreicht werden. Für bestimmte Anwendungen, wie beispielsweise für Freileitungen und Fahrdrähte (Eisen- und Straßenbahnen), sind gerade eine gute Leitfähigkeit bei hoher Festigkeit erwünscht. Man setzt dort zweiphasige Legierungen ein. Zweiphasige Kupferlegierungen sind außerdem bis zu höheren Temperaturen beständiger als Reinkupfer. Es treten wie im Falle von Cu-Cr bis 500 °C keine Festigkeitsverluste auf, falls die Glühzeiten festgelegte Grenzen nicht überschreiten. Dies ist wichtig beispielsweise für die Verarbeitung durch Löten.

Die handelsübliche Einteilung der niedriglegierten Kupferwerkstoffe erfolgt in **nicht aushärtbare Legierungen** und in **aushärtbare Legierungen.** Die Festigkeit der nicht aushärtbaren Sorten lässt sich nur durch eine Kaltumformung verbessern. Allerdings ist anzumerken, dass auch einige der nicht aushärtbaren Legierungen ausgehärtet werden können. Die legierten Kupfersorten werden einerseits in der Elektrotechnik (z. B. Kupfer-Silber, Kupfer-Tellur, Kupfer-Chrom-Zirkonium, usw.) und andererseits im Apparatebau (z. B. Kupfer-Arsen, Kupfer-Mangan, Kupfer-Silicium-Mangan, usw.) eingesetzt.

Tabelle 1: Eigenschaften von niedriglegierten Kupferwerkstoffen (Auswahl)

Legierungsgruppe	Werkstoffbeispiel		Mechanische Eigenschaften[1]			Physikalische Eigenschaften	
	Kurzname	Numerisch	$R_{p0,2}$ MPa	R_m MPa	A %	Elektr. Leitfähigkeit m/(Ω · mm²)	Wärmeleitfähigkeit W/(m · K)
Nicht aushärtbare (kaltverfestigende) niedriglegierte Kupferwerkstoffe							
Cu-S	CuSP	CW114C	50	200 ... 260	35 ... 7	54 ... 55	370 ... 375
Cu-Te	CuTeP	CW118C	50	200 ... 260	35 ... 7	≈ 54,5	≈ 368
Cu-Ag	CuAg0,1 CuAg0,1P	–	250 ... 360	250 ... 360	20 ... 2	55 ... 57 54 ... 56	≈ 385 ≈ 380
Cu-Cd	CuCd1	–	320 ... 380	340 ... 400	16 ... 10	46 ... 53	314 ... 355
Cu-Mn	CuMn5	–	160	350	35	20	126
Cu-Si-Mn	CuSi3Mn1	CW120C	260 ... 890	380 ... 900	50 ... 8	3,8 ... 4	38
Aushärtbare niedriglegierte Kupferwerkstoffe							
Cu-Be	CuBe2	CW101C	140 ... 1000	420 ... 1150	35 ... 0	8 ... 18	92 ... 125
Cu-Co-Be	CuCoBe2	CW104C	140 ... 630	250 ... 700	25 ... 5	25 ... 32	192 ... 239
Cu-Cr	CuCr1	CW105C	60 ... 360	200 ... 450	30 ... 8	26 ... 47	167 ... 314
Cu-Cr-Zr	CuCr1Zr	CW106C	60 ... 360	200 ... 450	30 ... 8	26 ... 48	167 ... 320
Cu-Ni-Si	CuNi2Si1	CW111C	90 ... 430	260 ... 550	15 ... 8	10 ... 23	67 ... 120
Cu-Zr	CuZr	CW120C	40 ... 260	180 ... 350	20 ... 18	26 ... 54	167 ... 330

[1] Mindestwerte, abhängig vom Werkstoffzustand

Tabelle 1: Anwendungsbeispiele von niedriglegierten Kupferwerkstoffen (Auswahl)

Legierungsgruppe	Umformen kalt	Umformen warm	S[1]	Löten weich	Löten hart	Zerspanen	Sonstige Eigenschaften[2]	Anwendungsbeispiele
Nicht aushärtbare (kaltverfestigte) niedriglegierte Kupferwerkstoffe								
Cu-S	+	0	–[3]	+[3]	0[3]	++[3]	• ET > 300 °C • gute Korrosionsbeständigkeit	• Klemmen in der Elektronik • Automatendrehteile • Düsen für Schweiß- und Schneidbrenner
Cu-Te	+	++	+	+	+	++	• ET > 350 °C • gute Korrosionsbeständigkeit	• Basen für Dioden und Transistoren • Schrauben, Muttern • Schweißbrennerdüsen
Cu-Ag	++	+	++	++	++	–	• ET > 350 °C • hohe Zeitstandfestigkeit	• Kommutatorlamellen • Induktoren • PKW-Kühler • Druckplatten für das graph. Gewerbe
Cu-Cd	++	+	++[3]	+	+	0	• ET > 350 °C • ausreichende elektr. Leitfähigkeit • mittlere Festigkeit	• stromführende Freileitungen • Fahrdrähte
Cu-Mn	++	+	++	+	+	0	• ET > 400 °C ... 450 °C • geringe elektr. Leitfähigkeit • gute Festigkeit • bessere Korrosionsbeständigkeit[4]	• Bauteile im chem. Apparatebau • Widerstandswerkstoff (CuMn3)
Cu-Si-Mn	++	+	++	0	+	–	• geringe elektr. Leitfähigkeit • sehr hohe Festigkeit • bessere Korrosionsbeständigkeit[4]	• Bauteile im (chem.) Apparatebau[5] • Schrauben, Bolzen, Muttern • Flansche
Aushärtbare niedriglegierte Kupferwerkstoffe								
Cu-Be	+	+	+	+	+	0	• kaltzäh bis – 200 °C • ET > 350 °C • gute Korrosionsbeständigkeit • hohe Verschleißbeständigkeit	• technische Federn und Membranen • funkensichere Werkzeuge • Zahn- und Schneckenräder • Spritzgussformen
Cu-Co-Be	+	+	+	+	+	0	• hohe Aushärtungsgeschwindigkeit • ET > 500 °C • gute elektrische und thermische Leitfähigkeit	• stromführende Federn • Schweißelektroden
Cu-Cr	++	+	0	0	0	0	• ET > 475 °C • relativ hohe Kerbempfindlichkeit	• stromführende Federn • Stranggusskokillen • Elektrodenhalter und Einblasdüsen in Elektroöfen
Cu-Cr-Zr	+	+	0	+	0	0	• ET > 500 °C • gute Zeitstandfestigkeit	• stromführende Federn • Lagerbuchsen • höherfeste, korrosionsbest. Schrauben • Oberleitungen
Cu-Ni-Si	+	+	0	+	0	0	• ET > 450 °C • gute Festigkeit • gute Verschleißbeständigkeit • hohe Korrosionsbeständigkeit	• Klemmen für Freileitungen • Widerstandswerkstoff (CuMn3)
Cu-Zr	+	+	0	0	0	0	• hohe elektrische Leitfähigkeit nach Aushärtung • gute Zeitstandfestigkeit	• Kommutatorlamellen • Elektroden für Nahtschweißmaschinen

[1] Schutzgasschweißen
[2] ET = Entfestigungstemperatur
[3] giftige Dämpfe und Stäube
[4] im Vergleich zu unlegiertem Kupfer
[5] aufgrund guter Schweißbarkeit, hoher Festigkeit und guter Korrosionsbeständigkeit

Die Legierung CuAg0,1 hat eine verbesserte Zeitstandfestigkeit und Zugfestigkeit (> 300 MPa), eine elektrische Leitfähigkeit von 56 m/(Ω · mm²) und wird bei Kommutatorlamellen in Elektromotoren und für Kontakte eingesetzt.

Von den aushärtbaren Legierungen haben neben Cu-Cr vor allem die Be-haltigen Legierungen CuBe1,7 und CuBe2 besondere Bedeutung erlangt. Die Festigkeit kann durch Warmaushärten bis auf 1300 MPa gesteigert werden, verbunden mit einer erhöhten Verschleißbeständigkeit. Der Be-Anteil von 2,0 Masse-% ist nicht so gering wie es auf den ersten Blick erscheint, denn 2 Masse-% Be entsprechen 12,5 Atom-% in CuBe2, so dass jedes 8. Atom in dieser Legierung ein Be-Atom ist. CuBe-Legierungen werden als Federwerkstoffe und zur Herstellung nicht funkender Werkzeuge verwendet. CuMn5 und CuSi3Mn werden im chemischen Apparatebau und CuAsP für Kondensatorrohre eingesetzt. Tabelle 1, Seite 383/384, gibt einen Überblick über Eigenschaften und Anwendungen niedriglegierter Kupferwerkstoffe.

7.5.3 Kupfer-Zink-Legierungen (Messing)

Kupfer-Zink-Legierungen mit einem Zinkgehalt bis zu 44 % werden in der Praxis als **Messinge** bezeichnet (frühere Normbezeichnungen z. B. Ms72). Das vollständige Zustandsdiagramm Cu-Zn wurde bereits in Kapitel 3.5.4 dargestellt. In Bild 1 ist nur die technisch wichtige Cu-Seite wiedergegeben (Cu-Ecke). Bis zu einem Zn-Gehalt von etwa 37 % sind alle Legierungen einphasig (α-Phase = Kupfermischkristalle). Die α-Phase ist kubisch-flächenzentriert, analog zum Kupfer. Bei Gehalten über 37 % Zn sind die Cu-Zn-Legierungen zweiphasig ($\alpha + \beta$), die β-Phase ist kubisch-raumzentriert. Die α-Phase lässt sich sehr gut kaltumformen, insbesondere lässt sich die Legierung CuZn28 hervorragend tiefziehen. Die β-Phase ist dagegen bei Raumtemperatur spröde und lässt sich allerdings gut warmumformen. Heterogene Legierungen ($\alpha + \beta$) haben in Abhängigkeit vom Zink-Gehalt bzw. der β-Phase eine geringere Zähigkeit, aber größere Härte, was zu einer besseren Zerspanbarkeit führt. Zur weiteren Verbesserung der Zerspanbarkeit werden noch bis zu 3 % Blei zugefügt.

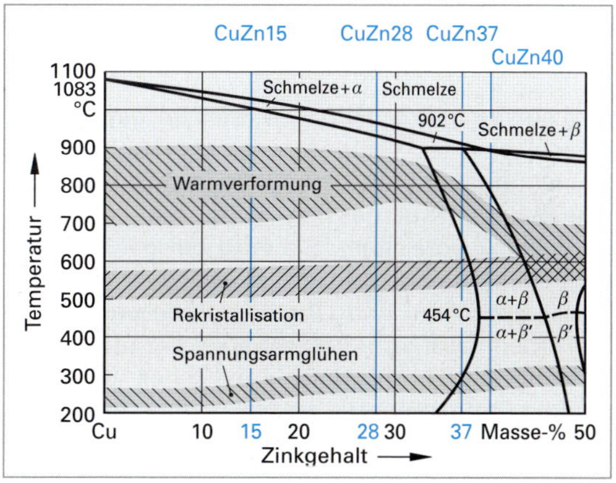

Bild 1: Zustandsdiagramm Kupfer-Zink (Cu-Ecke) mit technisch bedeutsamen Wärmebehandlungsverfahren

Die Korrosionsbeständigkeit der Cu-Zn-Legierungen nimmt bei Gehalten über 15 % Zn ab. Neben einer erhöhten Anfälligkeit für gleichmäßige Flächenkorrosion tritt die so genannte Entzinkung und Spannungsrisskorrosion auf. Bei der **Entzinkung** werden unter bestimmten Bedingungen die α-Mischkristalle aufgelöst und Kupfer danach wieder abgeschieden. In zweiphasigen Legierungen werden zuerst die unedleren β-Kristalle angegriffen. Um die Entzinkung zu vermeiden, sind Sondermessinge mit Zusätzen von Zinn oder Arsen entwickelt worden. Zur Vermeidung von **Spannungsrisskorrosion** müssen Eigenspannungen vermieden bzw. durch Spannungsarmglühen bei 200 °C bis 300 °C abgebaut werden.

Neben der guten Umformbarkeit haben vor allem auch die Korrosionsbeständigkeit und die goldähnliche Farbe den Messingen einen breiten Anwendungsbereich beschert, wobei die Zusammensetzung der genormten reinen CuZn-Legierungen (DIN EN 12 163) von CuZn5 bis CuZn40 reicht. Die wichtigste Legierung ist CuZn37 (früher Ms63), das eine schöne gelbe Farbe hat. Dagegen haben die zweiphasigen Legierungen, wie CuZn40 und auch das so genannte **Tombak** (CuZn5) einen rötlichen Schimmer. Diese Eigenschaften sind Ursache für die Verwendung von Messingen in der Kunstgewerbe- und Schmuckindustrie, für Modeschmuck und auch als **Doublé**-Unterlagelegierungen.

Die einphasigen Messinge (Zn ≤ 37 %) sind für jede Art von Halbzeug, also für Bleche, Bänder, Stangen, Drähte und Rohre geeignet. Diese Werkstoffe wer-

> **Information**
>
> **Der Begriff Doublé**
>
> Als Doublé wird im Gegensatz zu Goldschmuck (aus Goldlegierungen) Schmuck bezeichnet, der nur mit einer dünnen Goldschicht durch Plattieren versehen ist. Dabei ist es wichtig, dass die Unterlagelegierung die gleiche Farbe wie die verwendete Goldlegierung besitzt. Wenn an einer Stelle die dünne Goldschicht verschlissen ist, dann ist dies kaum zu sehen.

den wie Kupfer warmgewalzt oder stranggepresst. Die Bleche können durch Kaltwalzen, Drücken, Treiben, Tiefziehen und Bördeln weiterverarbeitet und auf Stahlbleche (entsprechend auch Messingbänder auf Stahlbänder) aufgewalzt, also plattiert werden. In dieser Weise wurde das Vormaterial für die 5- und 10-Pfennigmünzen hergestellt, aus dem dann die Münzrohlinge ausgestanzt und anschließend zu den fertigen Münzen geprägt wurden. Drähte, Stangen und Rohre werden durch Ziehen weiterverarbeitet. Bild 1 zeigt einige Anwendungsgebiete für Messinge. Eigenschaften und Anwendungsbeispiele technisch bedeutsamer Cu-Zn-Legierungen sind in Tabelle 1, Seite 392/393, zusammengestellt.

Die in Tabelle 1, Seite 392/393, zusammengestellten Kupfer-Zink-Knetlegierungen (CuZn5 bis CuZn37) sind einphasig (α) und nur die Legierung CuZn40 ist zweiphasig ($\alpha + \beta$). Manchmal tritt jedoch in der Legierung CuZn37 auch die β-Phase auf. Die Kaltverformbarkeit wird dabei erheblich verschlechtert. Die β-Phase bildet sich bei dieser Legierung beim Glühen kaltverformten Materials im Zweiphasenbereich und die Umwandlung in das dem Gleichgewicht entsprechende homogene α-Gefüge unterbleibt bei zu schneller Abkühlung auf Raumtemperatur (vgl. Zustandsdiagramm). Um die Bildung langer Späne, die auf der hohen Duktilität von α-Messing beruht, bei der Weiterverarbeitung zu vermeiden, werden den einphasigen Legierungen bis zu 3 % Blei zugesetzt. Die β-Phase in der Legierung CuZn40 bewirkt deren gute Eignung zum Drehen und Fräsen.

Die Legierung CuZn36Pb3 lässt sich bei geringfügig verschlechterter Kaltumformbarkeit sehr gut auf Drehautomaten verarbeiten. Als **Automatenmessing** oder **Uhrenmessing** wird die Legierung CuZn39Pb2 bezeichnet. Sie wird bei der Massenherstellung von Drehteilen, in der Feinmechanik, in der optischen- und Uhrenindustrie verwendet. Außerdem lässt sich dieser Werkstoff gut stanzen. Messing mit dem höchsten Zink-Gehalt ist die Legierung CuZn44Pb2, die zur Herstellung dünnwandiger Strangpressprofile verwendet wird. Dieser Werkstoff lässt sich sehr gut zerspanen, jedoch nur noch warmumformen.

Gussmessinge haben verglichen mit den umgeformten Messingen (Knetlegierungen) eine geringere Festigkeit, aber verglichen mit anderen Gusslegierungen eine recht gute Zähigkeit. Prinzipiell können die gleichen Legierungen wie die Knetlegierungen verwendet werden, sie enthalten aber meist 36 % bis 43 % Zink und bis zu 3 % Blei. Diese Legierungen besitzen ein kleines Erstarrungsintervall, so dass die Gefahr von Kristallseigerungen (Kapitel 3.5.1.3) gering ist. Cu-Zn-Gusslegierungen werden sowohl im Kokillenguss als auch im Druck- und Schleuderguss verarbeitet. Die Legierung CuZn37Pb wird zur Herstellung von Armaturen für Gas- und Wasserleitungen sowie für Beschläge und Teile in der Elektroindustrie benutzt.

Zur Verbesserung der Eigenschaften von Messing, insbesondere der Korrosionsbeständigkeit, sind **Sondermessinge** entwickelt worden. Sie enthalten neben Zink als wichtigste Legierungselemente Nickel, Zinn, Mangan, Silicium und/oder Aluminium. In Silicium- und Mangan-haltigen Messingen können diese Stoffe auch anstelle von Phosphor oder Lithium zum Desoxidieren benutzt werden. CuZn20Al1, früher als Sondermessing 76 bezeichnet, ist seewas-

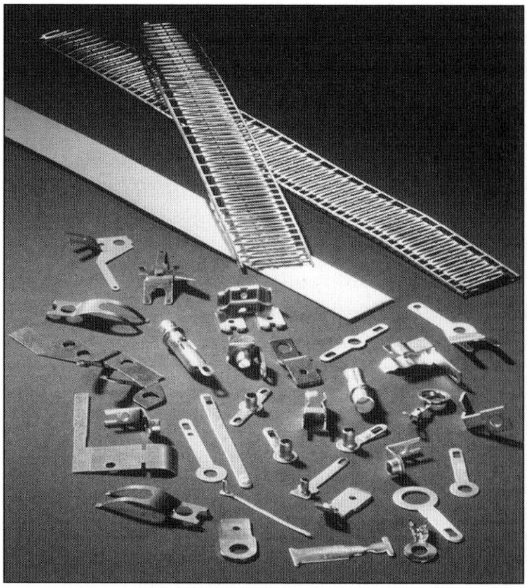

a)

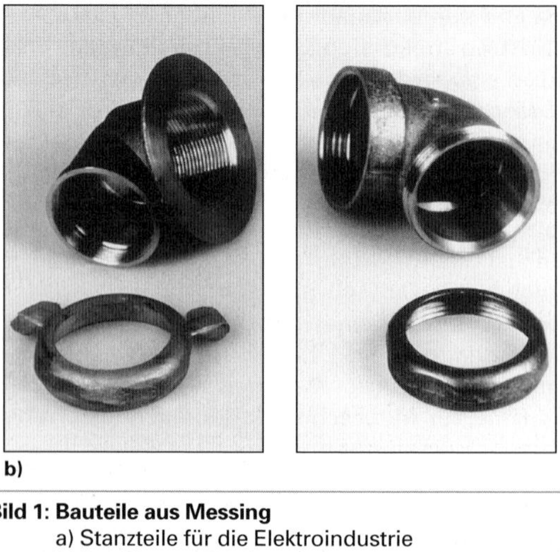

b)

Bild 1: Bauteile aus Messing
a) Stanzteile für die Elektroindustrie
b) Druckgussteile (Installationstechnik)

erbeständig und wird daher im Schiffbau, für Kühler und Kondensatoren verwendet. Auch die Legierungen CuZn35Ni und CuZn39Sn1 finden aufgrund ihrer guten Korrosionsbeständigkeit und erhöhten Festigkeit Anwendung im Schiff- und Apparatebau. Zum Pressen oder Schmieden benutzt man die Legierung CuZn40Al1, um Wellen und Gleitlager herzustellen. Guss-Sondermessinge sind meistens mit Aluminium oder Mangan legiert. Aus dem Werkstoff CuZn35Al1 werden Ventile und Steuerungsteile, aber auch Schiffsschrauben, Druckmuttern und Stopfbuchsen hergestellt. Höchste Festigkeitswerte mit 750 MPa erreicht die Legierung CuZn25Al5, ein Werkstoff mit sehr hoher statischer Belastbarkeit, der für hoch beanspruchte Schneckenräder oder Lager bei geringer Umdrehungszahl verwendet wird.

7.5.4 Kupfer-Nickel-Zink-Legierungen (Neusilber)

Mit **Neusilber** werden Cu-Ni-Zn-Legierungen (DIN EN 12 163) bezeichnet. Sie werden nicht mehr zu den Sondermessingen gezählt, weil der Nickel-Gehalt mit 10 % bis 25 % zu hoch ist. Der Zink-Gehalt liegt zwischen 15 % und 42 % und zur Verbesserung der Zerspanbarkeit können noch bis zu 2 % Blei zulegiert werden. Die gelbe Farbe des Messings geht infolge des Nickel-Zusatzes in eine silberähnliche Farbe über. Aus Neusilber hergestellte Tafelgeräte oder Bestecke werden wegen ihrer Farbe häufig versilbert und dann mit **Alpaka** bezeichnet (ähnlich wie Doublé, d.h. Gold auf Messing).

Neusilber-Legierungen zeigen verglichen mit den Messingen (Cu-Zn-Legierung) eine bessere Korrosionsbeständigkeit und sind preiswerter als Kupfer-Nickel-Legierungen. Zum Tiefziehen wird CuNi12Zn24 benutzt, um Tafelgerät oder kunstgewerbliche Gegenstände herzustellen. Für spanende Bearbeitung, zur Herstellung von feinmechanischen und optischen Bauteilen sowie von Schlüsseln wird die Legierung CuNi12Zn30Pb benutzt. Aus CuNi18Zn20 werden Federn und Reißverschlüsse hergestellt und die Legierung CuNi25Zn15 wird in der Innenarchitektur und im Apparatebau verwendet, da diese eine sehr hohe Anlaufbeständigkeit aufweist.

Cu-Ni-Zn-Legierungen werden hauptsächlich als Knetlegierungen, seltener als Gusslegierungen eingesetzt. Die Bedeutung von Cu-Ni-Zn-Legierungen ist jedoch rückläufig, anstelle dessen werden rostfreie Stähle und Nickel-Kupfer-Legierungen verwendet. Technische bedeutsame Kupfer-Nickel-Zink-Legierungen sind in Tabelle 1, Seite 392/393 zusammengestellt.

7.5.5 Kupfer-Zinn-Legierungen (Bronzen)

Die ältesten Kupferlegierungen (mind. 60 % Cu) sind **Bronzen,** deren wesentliches Legierungselement Zinn ist. Kupfer-Zinn-Legierungen wurden bereits 2500 v. Chr. vom Menschen verwendet und war der erste metallische Werkstoff, der die Entwicklung der Menschheitsgeschichte stark beeinflusste. Dementsprechend wird eine ganze Zeitepoche als **Bronzezeit** bezeichnet. Heute werden darüber hinaus mit Ausnahme der Messinge (Cu-Zn-Legierungen) auch andere Kupferlegierungen als Bronzen bezeichnet. Die heute gebräuchlichen Zinnbronzen enthalten 2 % bis 8 % Zinn (z.B. DIN EN 12167) als Knetlegierungen und 2 % bis 14 % Zinn als Gusslegierungen (DIN EN 1982). Da sie in der Regel mit Phosphor desoxidiert werden, können sie auch bis zu 0,4 % Phosphor enthalten. Außerdem wirkt Phosphor festigkeitssteigernd durch die Ausbildung einer Phase Cu_3P, was bei höheren Phosphorgehalten zu der Bezeichnung **Phosphorbronze** geführt hat. Durch Zusätze von Zink wird die Gießbarkeit von Zinnbronzen verbessert und der Preis vermindert. Weitere Legierungselemente in diesen auch als Mehrstoff-Zinnbronzen bezeichneten Legierungen sind Nickel und Blei.

Eigenschaften und Anwendungen wichtiger Kupfer-Zinn-Knetlegierung sind in Tabelle 1, Seite 392/393 zusammengestellt. Wie die Tabelle 1 zeigt, liegt die Zugfestigkeit von CuSn5 mit 330 MPa ... 540 MPa noch niedrig, erreicht aber bei CuSn8 bereits einen guten Wert von bis zu 620 MPa. Durch Kaltverfestigung kann die Zugfestigkeit auf über 800 MPa bei CuSn8 gesteigert werden (Bild 1, Seite 388). Die Festigkeit der Gussbronzen liegt meist unter 300 MPa. Neben der phosphorhaltigen Phase im Primärgefüge wird infolge von Seigerungen und eutektoidem Zerfall die spröde δ-Phase gebildet. Um eine ausreichende Zähigkeit der Bronzen zu erzielen und die genannten spröden Gefügebestandteile zu entfernen, bedarf es häufig einer Homogenisierungsglühung im α-Bereich (ca. 650 °C). In Gusslegierungen mit höheren Zinn-Gehalten ist trotz Glühung die spröde δ-Phase jedoch manchmal noch vorhanden.

Auf der starken aber nicht versprödenden Verfestigung durch eine Kaltumformung beruht der Einsatz von Zinnbronzen als Federn aller Art, insbesondere im Bereich der Elektroindustrie (Bild 2a, Seite 388).

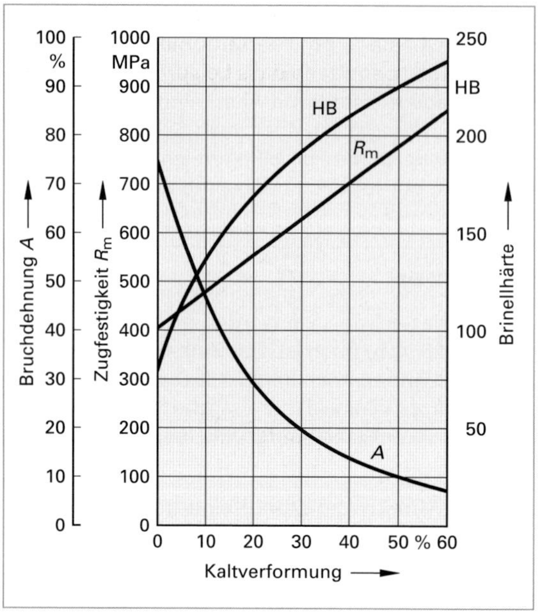

Bild 1: Einfluss der Kaltverformung auf Härte, Festigkeit und Bruchdehnung bei CuSn8

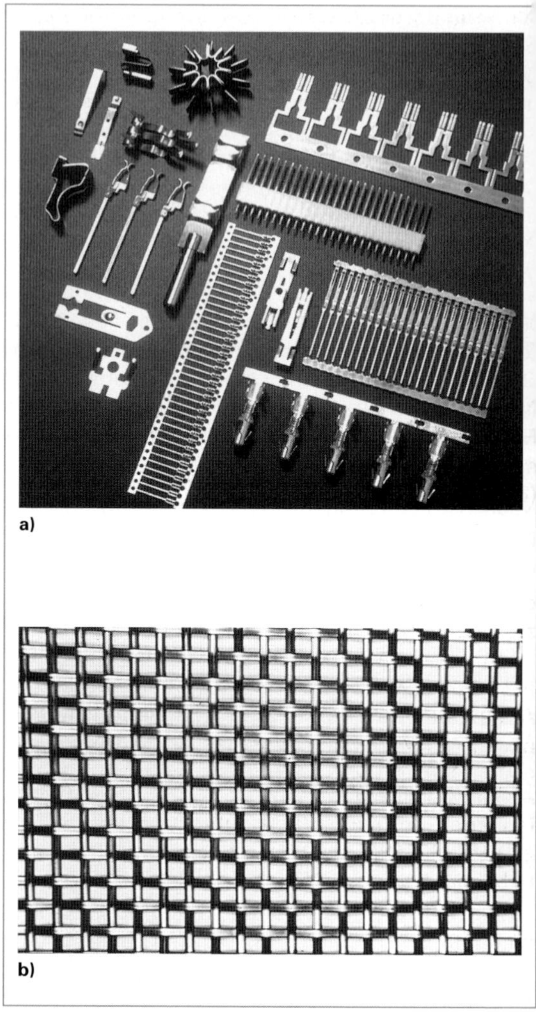

Bild 2: Bauteile aus Zinnbronze
a) Federnde Teile (Elektroindustrie)
b) Drahtgewebe (Papierindustrie)

Neben der Elektroindustrie werden Zinnbronzen noch in der chemischen- und Papierindustrie (Bild 2b) eingesetzt, als Siebdrähte und Membranen sowie als Holländermesser zum Zerkleinern von Papier. Die wichtigste Legierung dabei ist CuSn6, die in sechs verschiedenen Festigkeitsstufen von 350 MPa bis 750 MPa bei guter Korrosionsbeständigkeit geliefert werden kann. Neben Bändern, Blechen und Drähten werden Zinnbronzen auch zu Rohren und Schlauchrohren sowie zu Stäben und Schrauben verarbeitet.

Die günstigen Gleiteigenschaften und der geringe Gleitwiderstand von Zinnbronze wird für die Herstellung von hochbeanspruchten Gleitlagern ausgenutzt. Dabei werden vor allem **Gussbronzen** verwendet. Der Zinngehalt in Gussbronzen beträgt meistens 10 % bis 14 % (Tabelle 1, Seite 392/393, wie CuSn12-C). Diese Legierungen erreichen im Gusszustand maximale Festigkeit bei ausreichender Zähigkeit, so dass sogar Zahnräder oder andere hochbeanspruchte Teile aus diesen Bronzen gegossen werden können. Die wichtigste Legierung für die Herstellung von Gleitlagern ist dabei der Werkstoff CuSn11Pb2-C. Diese Legierung hat außerdem gute Notlaufeigenschaften und hohe Verschleißfestigkeit. Bronzen für Kunst- und Glockenguss enthalten 20 % bis 24 % Zinn und sind meist nicht genormt, wie die Legierung G-CuSn20. Sie sind wegen ihrer Sprödigkeit nicht für den Maschinenbau geeignet.

Viele Zinnbronzen sind meerwasserbeständig wie CuSn10-C. Sie werden daher auch für die Herstellung von Lauf- und Leitschaufeln in Pumpen und Turbinen benutzt. Die Legierung CuSn5Zn5Pb5-C kann beispielsweise bis zu einer Temperatur von 225 °C in Wasser- und Dampfarmaturen eingesetzt werden. Sie wurde früher wegen der rötlichen Farbe als **Rotguss** bezeichnet. Diese **Mehrstoffzinnbronzen** enthalten als weitere Zusatzstoffe Zink und Blei. Sie werden meist im Sandgussverfahren verarbeitet zur Herstellung von korrosionsbeanspruchten Maschinenteilen und Apparaturen sowie für Lagerschalen. Daneben gibt es noch andere Mehrstoffzinnbronzen mit Zinkgehalten zwischen 2 % und 7 % sowie zwischen 1 % und 6 % Blei, die ebenfalls noch als Rotguss bezeichnet werden.

Als **Sonderbronzen** werden Legierungen von Kupfer mit anderen Hauptlegierungselementen als Zinn, Zink oder Nickel bezeichnet. Die wichtigsten Legierungselemente sind Aluminium, Mangan, Blei oder Silicium. Die Bezeichnung dieser Legierungen als Bronzen nimmt an Bedeutung ab, so dass beispielsweise Aluminium-Bronzen besser als Kupfer-Aluminium-Legierungen bezeichnet werden.

7.5.6 Kupfer-Nickel-Legierungen

Kupfer und Nickel bilden in allen Konzentrationen (von 0 % bis 100 %) Mischkristalle (Kapitel 3.3.1), also einphasige Legierungen. Dies hat dazu geführt, dass es sowohl hoch Nickel-haltige (44 % Ni) Kupferlegierungen als auch hoch Kupfer-haltige (30 % Cu) Nickellegierungen gibt. Durch Legieren mit Nickel werden die Korrosionsbeständigkeit und die Festigkeit von Kupfer erheblich verbessert, die plastische Verformbarkeit verschlechtert sich hingegen (Bild 1).

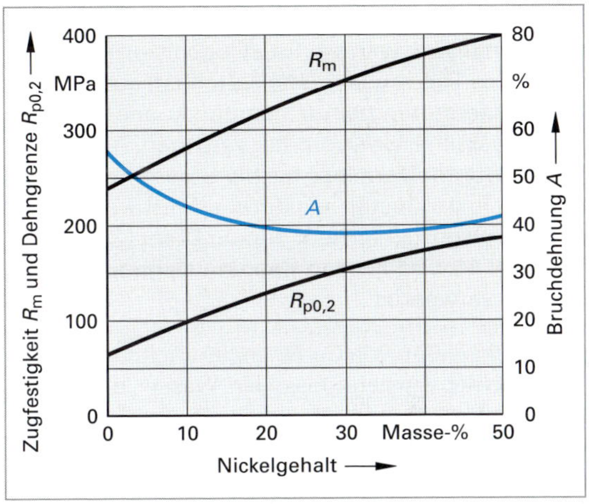

Bild 1: Mechanische Eigenschaften von Kupfer-Nickel-Legierungen in Abhängigkeit des Nickelgehaltes

Kupfer-Nickel-Knetlegierungen enthalten zwischen 5 % und 44 % Nickel und häufig 0,5 % bis 2 % Mangan, ohne dass der Mangan-Zusatz in der Normbezeichnung erscheint. Mangan verbessert vor allem die Gießbarkeit dieser Legierungen und wird häufig als Desoxidationsmittel den Schmelzen vor dem Abgießen zugesetzt, um die oxidischen Verunreinigungen der Legierungen zu reduzieren (und zu entfernen). Zusätzlich enthalten einige Kupfer-Nickel-Legierungen, wie CuNi10Fe, auch etwa 1 % Eisen.

Ab einem Nickelgehalt von etwa 15 % haben Cu-Ni-Legierungen eine silberweiße Farbe, die von der Münzlegierung CuNi25 her bekannt ist (z. B. Euromünzen). Die Zugfestigkeit nimmt von 240 MPa (CuNi5) bis 420 MPa (CuNi44Mn1) zu. Die gute Umformbarkeit der Kupfer-Nickel-Legierungen zeigt sich insbesondere bei der Legierung CuNi20Fe, die sich ausgezeichnet tiefziehen lässt.

Die herausragende Eigenschaft der Kupfer-Nickel-Legierungen ist deren chemische Beständigkeit. Insbesondere die Eisen- und Mangan-haltigen CuNi-Legierungen zeigen einen ausgezeichneten Widerstand gegen Korrosion, Erosion und Kavitation und sind bemerkenswert beständig gegen alle Wässer auch bei hoher Strömungsgeschwindigkeit und Temperatur.

Kupfer-Nickel-Legierungen werden vor allem im chemischen Apparatebau und Schiffbau sowie als Wärmetauscher, Kondensatoren und Kühler und in der Elektrotechnik eingesetzt. Die Korrosionsbeständigkeit von Kupfer-Nickel-Legierungen ist den Kupfer-Zink-Nickel-Legierungen (Neusilber) überlegen, so dass diese immer häufiger durch Cu-Ni-Legierungen wegen der besseren Beständigkeit und des dekorativeren Aussehens ersetzt werden. Kupfer-Nickel-Legierungen haben ähnlich hohe Warmfestigkeitswerte im Vergleich zu den nichtrostenden Stählen (Bild 1).

CuNi44 ist als elektrische Widerstandslegierung **Konstantan** bekannt (Tabelle 1, Seite 391). Die relativ geringe Temperaturabhängigkeit des elektrischen Widerstandes hat zu dem Namen Konstantan geführt. Sie ermöglicht den Bau von elektrischen Widerständen. CuNi44 ist der Legierung CuMn12Ni hinsichtlich der Korrosionseigenschaften überlegen, insbesondere bei höheren Temperaturen.

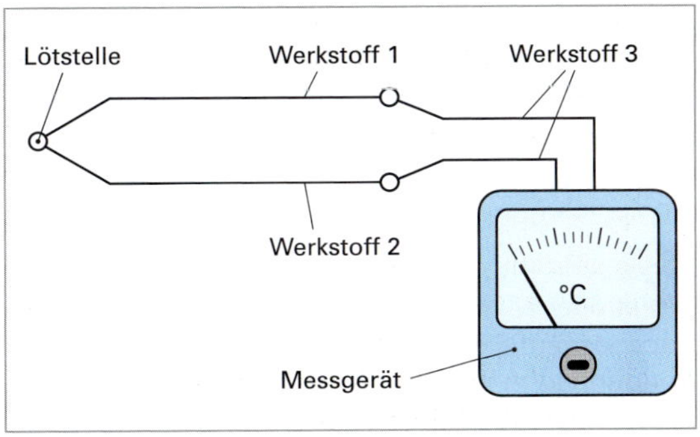

Bild 2: Prinzip Thermoelement

Ein weiteres Anwendungsgebiet für CuNi44 ist die Verwendung als **Thermoelement** (Bild 2) in Kombination mit Eisen oder Kupfer. Die Thermopaare Fe-CuNi44 und Cu-CuNi44 haben, eine relativ hohe Thermospannung. Diese beiden Thermopaare zeigen, verglichen mit den wichtigsten genormten anderen Thermopaaren, zwar relativ hohe Thermospannungen, sie können jedoch bei höheren Temperaturen vor allem wegen der ungünstigen Zunderbeständigkeit von Kupfer und Eisen nicht mehr eingesetzt werden. Es ist jedoch anzumerken, dass diese Thermoelemente vorteilhaft auch bei tiefen Temperaturen benutzt werden können, bei denen Quecksilberthermometer versagen. Außerdem liefern Thermoelemente für die Steuer- und Regelungstechnik günstige elektrische Messwerte (Sensoren). Ausgesuchter sehr dünner Draht (∅≈20 µm) aus CuNi44 wird für den Bau von **Dehnungsmessstreifen** verwendet.

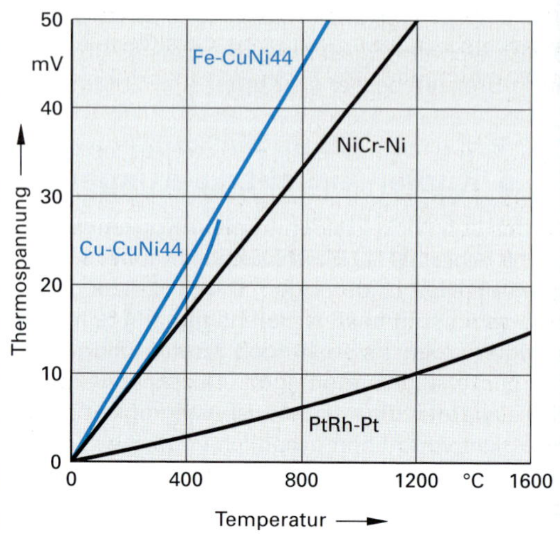

Bild 1: Kennlinien genormter Thermopaare

Beim Schweißen von Cu-Ni-Legierungen muss darauf geachtet werden, dass kein Wasser oder Wasserdampf anwesend ist, da sonst die Gefahr der Wasserstoffaufnahme besteht, was zu einer Porenbildung führt. Die Poren entstehen, da im flüssigen Schweißgut in Kupfer und in Nickel und auch beispielsweise in CuNi30 Wasserstoff gelöst wird, im festen Zustand jedoch erheblich weniger, so dass bei der Erstarrung der frei werdende Wasserstoff abgegeben wird und die Poren erzeugt. Diese Probleme sind aber zu beherrschen, so dass Kupfer-Nickel-Legierungen trotzdem als gut schweißbar bezeichnet werden. Wichtige Kupfer-Nickel-Legierungen sind in Tabelle 1, Seite 394/395, zusammengestellt.

ⓘ Information

Seebeck-Effekt

Durch Erwärmung der Verbindungsstellen (meist Lötstellen) zweier verschiedener metallischer Drähte auf unterschiedliche Temperaturen, entsteht ein von den Werkstoffpaarungen abhängiger Thermostrom (Seebeck-Effekt). Auf diesem Effekt beruht das Prinzip eines Thermoelementes (s. Bild 2, Seite 389).

7.5.7 Kupfer-Aluminium-Legierungen

Kupfer-Aluminium-Legierungen enthalten bis zu 12,5% Aluminium und daneben zum Teil noch andere Zusätze wie Arsen, Eisen, Mangan oder Nickel. Bis zu einem Gehalt von 8 % Aluminium sind diese Werkstoffe einphasig. Insbesondere bei Zusätzen von Eisen oder Nickel und Aluminium-Gehalten über 9,5 % können die dann zweiphasigen Legierungen ausgehärtet werden. Kupfer-Aluminium-Legierungen haben neben einer hohen Festigkeit von 340 MPa bis 830 MPa eine gute Korrosionsbeständigkeit, da sich an der Luft eine festhaftende Oxidschicht bildet. Sie sind auch gegen Seewasser, Salzlösungen und Schwefelsäure beständig. Aus diesem Grund werden diese Legierungen in der chemischen Industrie und im Salzbergbau eingesetzt. Die Legierung CuAl5As ist sogar gegen heiße Salzlösungen beständig. Auch Bremsbänder werden aus Kupfer-Aluminium-Legierungen hergestellt.

Aushärtbar sind beispielsweise die Legierungen CuAl10Fe, CuAl10Fe3Mn2, CuAl10Ni5Fe4 und CuAl11Fe6Ni6, die für Verschleißteile, höchstbelastbare Lagerteile, Wellen, Schrauben und Muttern sowie zunderbeständige Teile verwendet werden. Falls es bei Eisenwerkstoffen zu Problemen durch Abrieb und Aufschweißungen kommt, wie bei Laufrollen, Führungen und Werkzeugen, eignen sich diese aushärtbaren Legierungen hervorragend, um diese Probleme zu beherrschen.

Gegossene Kupfer-Aluminium-Legierungen enthalten 8 % bis 11 % Aluminium und Zusätze von Eisen, Nickel oder Mangan. Sie werden im Strang-, Kokillen- oder Schleuderguss verarbeitet. Die gute Korrosionsbeständigkeit der Nickel-haltigen Kupfer-Aluminium-Gusslegierungen, wie CuAl10Fe5Ni5, hat zu Anwendungen in der chemischen Industrie und im Schiffbau geführt. Da außerdem die Zugfestigkeit mit 600 MPa bis 700 MPa sowie die Schwingfestigkeit hoch sind, können sogar Schiffspropeller aus diesem Werkstoff hergestellt werden. Bei noch höheren Anforderungen an Kavitations- und Verschleißbeständigkeit, zur Herstellung von Turbinen- oder Pumpenlaufrädern, wird die Legierung CuAl11Fe6Ni6 empfohlen. Die Legierung CuAl8Mn zeichnet sich durch eine geringe Magnetisierbarkeit und Permeabilität sowie eine gute Korrosionsbeständigkeit aus. In Tabelle 1, Seite 394/395, sind die Eigenschaften und Anwendungen technisch bedeutsamer Kupfer-Aluminium-Legierungen zusammengestellt.

7.5.8 Kupfer-Mangan-Legierungen

Kupfer-Mangan-Legierungen werden hauptsächlich als Drähte für elektrische Widerstandslegierungen eingesetzt (Tabelle 1). So zeichnet sich die Legierung CuMn12Ni, bekannt unter dem Namen **Manganin,** durch einen hohen spezifischen elektrischen Widerstand von 0,43 $\Omega \cdot mm^2/m$ bei sehr geringer Temperaturabhängigkeit (Temperaturbeiwert des elektrischen Widerstandes $\approx 10^{-5}$/K = 10 ppm/K) aus, so dass daraus gewickelte Drahtwiderstände praktisch temperaturunabhängig sind. Einen noch geringeren Temperaturkoeffizienten des elektrischen Widerstands hat die Widerstandslegierung CuMn7Ge.

Tabelle 1: Eigenschaften elektrischer Widerstandslegierungen

Legierung	Spezifischer elektrischer Widerstand $\Omega \cdot mm^2/m$	Temperaturbeiwert 10^{-6}/K
Cu-ETP[1)]	≤ 0,0172	+ 3900
CuMn2	0,125	+ 300
CuMn12Ni	0,43	± 10
CuMn7Ge	0,43	± 5
CuNi30Mn	0,40	+ 130
CuNi44	0,49	– 80 ... + 130
NiCr20AlSi	1,32	± 50

[1)] Zum Vergleich: Alte Bezeichnung E1-Cu58

Die genannten Kupfer-Mangan-Legierungen sind einphasig, was infolge der Mischkristallbildung zu der starken Zunahme des elektrischen Widerstandes führt. Eine genaue Erklärung für den geringen Temperaturbeiwert des elektrischen Widerstands ist nicht bekannt, es gibt vermutlich mehrere Ursachen. In der Legierung CuMn12Ni wird der Temperaturkoeffizient jedoch durch geringe Silicium-Gehalte beeinflusst und in CuMn7Ge durch Germanium, zwei Halbleiterelemente. Zu beachten ist auch, dass der Temperaturbeiwert des elektrischen Widerstandes (in einem bestimmten Temperaturbereich) ähnlich wie bei Halbleitern negative Werte annehmen kann.

Die homogenen Kupfer-Mangan-Legierungen sind gut warm- und kaltumformbar sowie korrosionsbeständig. Kupfer-Mangan-Gusslegierungen werden wegen der guten Seewasserbeständigkeit außerdem im Schiffbau eingesetzt.

7.5.9 Kupfer-Blei-Legierungen (Bleibronzen)

Kupfer-Blei-Legierungen (**Bleibronzen**) enthalten bis zu 22 % Blei und meist auch Zinn bis maximal 10 %. Das Hauptanwendungsgebiet dieser Kupfer-Blei-Legierungen sind Gleitlager, bei denen hohe Flächendrücke bis 10 000 MPa auftreten können (CuPb10Sn). Diese Lager sollten als Verbundlager ausgebildet sein, d. h. es wird ein Verbundguss mit Stahl hergestellt, so dass die Bleibronze nur auf Druck bzw. Flächenpressung mechanisch beansprucht wird. Die Zugfestigkeit der CuPbSn-Legierungen ist mit 160 MPa bis 230 MPa relativ gering, so dass sich eine Biegebeanspruchung ungünstig auswirkt und im Verbundlager durch den Stahl aufgenommen werden muss. Die Korrosionsbeständigkeit der Kupfer-Blei-Legierungen ist gut. Beispielsweise ist die Legierung CuPb20Sn, ähnlich wie Blei, beständig gegen Schwefelsäure.

7.5.10 Kupfer-Silicium-Legierungen

Kupfer-Silicium-Legierungen enthalten 0,8 % bis 4,2 % Si und oft noch 0,25 % bis 1,25 % Mangan. Sie werden als Knetlegierungen oder auch als korrosionsbeständige Gusslegierungen verwendet. Sie werden wegen der höheren Festigkeit und Korrosionsbeständigkeit anstelle von Kupfer-Zinn-Legierungen eingesetzt, z. B. für Ventil- und Pumpengehäuse, druckdichte Zylinder, Armaturen u.a.m.

Tabelle 1: Eigenschaften und Anwendungsbeispiele technisch bedeutsamer Kupferlegierungen (Auswahl)

Werkstoff		Mechanische Eigenschaften[1]			Physikalische Eigenschaften[2]		
Kurzname	**Numerisch**	$R_{p0,2}$ MPa	R_m MPa (min.)	A % (min.)	κ m/(Ω·mm²)	λ W/(m·K)	α % (min.)
Kupfer-Zink und Kupfer-Nickel-Zink-Legierungen							
CuZn5	CW500L	60 ... 310	240 ... 350	5 ... 12	33,3	243	18,0
CuZn10	CW501L	80 ... 350	270 ... 380	5 ... 12	24,7	184	18,2
CuZn15	CW502L	100 ... 390	290 ...430	4 ... 8	21,1	159	18,5
CuZn28	CW504L	120 ... 420	310 ... 460	4 ... 8	16,5	130	19,7
CuZn37	CW508L	120 ... 400	310 ... 440	5 ... 10	15,5	121	20,2
CuZn40	CW509L	260	340	20	15,0	117	20,3
CuNi12Zn24	CW403J	270 ... 550	380 ... 640	0 ... 3	4,0	33	16,5
CuNi18Zn20	CW409J	280 ... 580	400 ... 650	0 ... 9	3,5	27	17,0
Kupfer-Zinn-Legierungen							
CuSn5	CW451K	220 ... 480	330 ... 540	0 ... 6	10	85	18,4
CuSn6	CW452K	230 ... 500	340 ... 550	5 ... 4	9	75	18,5
CuSn8	CW453K	260 ... 550	390 ... 620	5 ... 4	7,5	67	18,5
CuSn8P	CW459K	260 ... 550	390 ... 620	5 ... 4	k.A.	k.A.	k.A.

[1] Werkstoffkennwerte gültig für Stangen für allgemeine Anwendungen. Zahlenwerte sind abhängig vom Werkstoffzustand. Der höhere Wert für die Bruchdehnung gehört zum Werkstoffzustand mit der geringeren Festigkeit und umgekehrt.
[2] $\varkappa$ = elektrische Leitfähigkeit; λ = Wärmeleitfähigkeit; α = linearer Wärmeausdehnungskoeffizient
[3] Schutzgasschweißen (WIG-Verfahren)

Technologische Eigenschaften						Weitere Eigenschaften (Auswahl)	Anwendungsbeispiele
Umformen		S[3]	Löten		Zer-spa-nen		
kalt	warm		weich	hart			
+	0	+	++	++	–	• gute elektrische Leitfähigkeit • sehr gute Kaltumformbarkeit • gute Korrosionsbeständigkeit	• Metallwaren • Schmuck- und Uhrenindustrie • Installationsteile i. d. Elektrotechnik
+	0	+	++	++	–	• gute elektrische Leitfähigkeit • sehr gute Kaltumformbarkeit	• Metallwaren • Schmuck- und Uhrenindustrie • Geschosshülsen
+	0	+	++	++	0	• sehr gute Kaltumformbarkeit	• Metallwaren • Schmuckindustrie • Schilder, Metallschläuche
++	+	+	++	++	0	• sehr gute Kaltumformbarkeit • sehr gute Lötbarkeit	• Tiefziehteile aller Art • Autokühler, Federelemente • Musikinstrumente
++	+	0	++	+	0	• sehr gute Kaltumformbarkeit • sehr gute Löt- und Schweißbarkeit • gute Korrosionsbeständigkeit (Süßwasser)	• Metall- und Holzschrauben • Reißverschlüsse • Glühlampensockel, Kontaktfedern
0	++	0	++	+	0	• gute Warmumformbarkeit	• Warmpressteile • Beschläge und Schlösser • Kondensatorböden
++	0	++	++	++	0	• sehr gute Kaltumformbarkeit • gute Emaillierfähigkeit	• Tiefziehteile • Bestecke und Tafelgeräte • Kontaktfedern (Schwachstromtechnik)
++	0	++	++	++	0	• gute Kaltumformbarkeit • anlaufbeständig	• Brillenteile, Reissverschlüsse • Bestecke • Membranen und Kontaktfedern
++	0	+	+	+	0	• mittlere Festigkeit • gute Korrosionsbeständigkeit	• Federn, Schrauben, Muttern • Rohre und Behälter für die chemische Industrie
++	0	+	+	+	0	• gute Festigkeit • gute Korrosionsbeständigkeit	• Blatt- und Spiralfedern • Bleche und Bänder für den Schiff-, Apparate- und Maschinenbau
++	0	+	+	+	0	• gute Kaltumformbarkeit • höhere Festigkeit als CuSn6 • sehr gute chemische Beständigkeit • höhere Korrosionsbeständigkeit als CuSn6	• Federn aller Art • Bolzen und Schrauben • hoch beanspruchte Zahnräder • Schneckengetriebe
+	0	0	+	+	0	• sehr gute Gleiteigenschaften • hohe Verschleißbeständigkeit • gute Dauerfestigkeit • gute Korrosionsbeständigkeit	• Gleitlager aller Art • kleine Schneckenräder • kleine Schneckenradkränze

Tabelle 1: Eigenschaften und Anwendungsbeispiele technisch bedeutsamer Kupferlegierungen (Auswahl)

Werkstoff		Mechanische Eigenschaften[1]			Physikalische Eigenschaften[2]		
Kurzname	Numerisch	$R_{p0,2}$ MPa	R_m MPa (min.)	A % (min.)	κ m/(Ω·mm²)	λ W/(m·K)	α % (min.)
Kupfer-Nickel-Legierungen							
CuNi10Fe1Mn	CW352H	90 ... 150	280 ... 350	0 ... 10	5,3	46	17,0
CuNi30Mn1Fe	CW354H	120 ... 180	340 ... 420	0 ... 14	2,7	29	16,0
CuNi9Sn2	4)	250 ... 500	340 ... 560	0 ... 14	6,4	48	17,6
CuNi25	5)	100	290	2 ... 6	3,1	29	15,5
CuNi30Fe2Mn2	6)	k.A.	k.A.	k.A.	2,7	21	15
CuNi44Mn1	7)	150	420	5	2,04	23	14,5
Kupfer-Aluminium-Legierungen							
CuAl5As	8)	110 ... 220	350	5	10	83	18,0
CuAl10Fe1	CW305G	210 ... 480	420 ... 630	0 ... 5	k.A.	k.A.	k.A.
CuAl9Mn2	8)	200 ... 250	490 ... 590	5 ... 25	6,5	54	17,0
CuAl10Fe3Mn2	CW306G	330 ... 510	590 ... 690	2 ... 6	7	57	17,0
CuAl10Ni5Fe4	CW307G	480 ... 530	750 ... 830	0 ... 8	6	50	17,0
CuAl11Fe6Ni6	CW308G	450 ... 680	750 ... 830	0	5	40	17,0

[1] Werkstoffkennwerte gültig für Stangen für allgemeine Anwendungen. Zahlenwerte sind abhängig vom Werkstoffzustand. Der höhere Wert für die Bruchdehung gehört zum Werkstoffzustand mit der geringeren Festigkeit und umgekehrt.
[2] $\varkappa$ = elektrische Leitfähigkeit; λ = Wärmeleitfähigkeit; α = linearer Wärmeausdehnungskoeffizient
[3] Schutzgasschweißen (bei Cu-Ni-Legierungen WIG-Verfahren)
[4] in DIN 17670 (zurückgezogen) und DIN 1777 (zurückgezogen) genormt.

Technologische Eigenschaften						Weitere Eigenschaften (Auswahl)	Anwendungsbeispiele
Umformen		S[3)]	Löten		Zer-spa-nen		
kalt	warm		weich	hart			
++	+	++	++	++	–	• sehr gute Korrosionsbeständigkeit • sehr gute Kavitationsbeständigkeit • gute Schweißbarkeit	• Meerwasserleitungen • Bremsleitungen • Bauteile für Wärmetauscher
+	+	++	++	++	0	wie CuNi10Fe1Mn, jedoch verbesserte Korrosionsbeständigkeit und Festigkeit	• Rohrleitungen im Schiffbau • Ölkühler • Entsalzungsanlagen
++	+	++	++	++	–	• sehr gute Kaltumformbarkeit • anlaufbeständig	• federnde Kontakte • Steckverbinder • Schalter
+	+	++	++	++	0	• silberweiße Farbe • hohe Verschleißbeständigkeit	• Münzlegierung • Plattierungswerkstoff
+	+	++	++	++	0	wie CuNi30Mn1Fe, jedoch verbesserte Korrosionsbeständigkeit und Festigkeit	• Kondensatorrohre
+	+	++	++	++	0	• gute Kalt- und Warmumformbarkeit • gute Korrosionsbeständigkeit • gute Zunderbeständigkeit	• Thermoelemente • Heizelemente • Belastungswiderstände
+	–	0	–	–	0	sehr beständig gegen heiße Salzlösungen	Wärmetauscherrohre und Kondensatoren in der Kali-Industrie und chemischen Industrie
k.A.	k.A.	k.A.	k.A.	k.A.	k.A.	• aushärtbar • hohe Festigkeit • hohe Warmfestigkeit (bis 300 °C)	• Höchstbelastete Lagerteile • Verschleißteile • Wellen, Schrauben, Muttern
0	+	0	–	0	0	hohe Festigkeit, auch bei schlagartiger Beanspruchung	• Höchstbelastete Lagerteile • Getriebe und Schneckenräder • funkensichere Werkzeuge
–	+	0	–	0	0	• aushärtbar • hohe Festigkeit • hohe Warmfestigkeit (bis 300 °C) • hohe Korrosionsbeständigkeit	Für stoßartig, schwingend oder auf Verschleiß beanspruchte Bauteile im Motorenbau
–	+	0	–	0	0	• aushärtbar • hohe Festigkeit • hohe Warmfestigkeit (bis 300 °C) • hohe Kavitationsbeständigkeit	• Wärmeübertragerböden • Heißdampfarmaturen • Schrauben, Verschleißteile
–	+	+	–	0	0	• aushärtbar • sehr hohe Festigkeit • hohe Verschleißbeständigkeit • hohe Korrosionsbeständigkeit	• Höchstbelastete Lagerteile • Ventile und Ventilsitze • Matrizen für die Umformung

[5)] in DIN 17670 (zurückgezogen) genormt.
[6)] in DIN 17670 (zurückgezogen), DIN 17679 (zurückgezogen) und DIN 1785 (zurückgezogen) genormt.
[7)] in DIN 17670 (zurückgezogen) und DIN 17471 (zurückgezogen) genormt.
[8)] in DIN 17665 (zurückgezogen) genormt. In DIN EN 12163 nicht mehr enthalten.

++ sehr gut
+ gut
0 mittel
– schlecht
k.A. keine Angabe

7.6 Nickel

Das Metall **Nickel** wurde erst 1751 entdeckt. Dieses Metall ist eines der wichtigsten Legierungselemente für Stahl. Die Stahlindustrie nimmt mit ca. 55 % den größten Teil der Nickelproduktion auf. Nickel hat aber auch als reines Metall bzw. Basismetall für Legierungen (z.B. Kupferlegierungen) große technische Bedeutung. Ein weiteres wichtiges Anwendungsgebiet sind galvanische Überzüge, das Vernickeln, wobei Nickel den eigentlich wirksamen Korrosionsschutz unter Chromüberzügen darstellt.

7.6.1 Eigenschaften von Nickel

In den Erzen kommt Nickel häufig mit Cobalt vor, so dass viele Nickel-haltige Legierungen auch Cobalt enthalten können. Nickel wird aus sulfidischen Erzen durch Rösten und Reduktion mit Koks sowie weiteren Raffinationsverfahren gewonnen. Für die Stahlherstellung genügt meist die Aufarbeitung zu Ferronickel (FeNi25 oder FeNi55). Neben den komplizierten Trennvorgängen zur Herstellung von Reinnickel verursacht die hohe Affinität zu Schwefel und Wasserstoff zusätzliche Schwierigkeiten, die den hohen Preis von Nickel bedingen. Die Wasserstofflöslichkeit ist in schmelzflüssigem Nickel besonders hoch und muss auch beim Schweißen berücksichtigt werden.

Die beiden Metalle Nickel und Cobalt haben viele gemeinsame Eigenschaften, da sie im Periodensystem nebeneinander stehen. Der größte Unterschied zwischen Nickel und Cobalt ist die Kristallstruktur, Nickel besitzt ein kubisch-flächenzentriertes und Cobalt unterhalb von 417°C ein hexagonales Gitter. Aus diesem Grund ist Nickel auch gut kaltumformbar. Allerdings verfestigt Nickel bei Kaltverformung sehr stark. Die Kaltverfestigung lässt sich durch Rekristallisationsglühen leicht beseitigen, so dass Nickel dennoch gut kaltumformbar ist. Dies wird auch durch die hohe Bruchdehnung von 28 % bei Reinnickel und bis zu 60 % für einige Nickellegierungen (z. B. NiMn3Si) belegt.

Durch Legierungsbildung wird die Stapelfehlerenergie (Kapitel 2.5.2.2) von Nickel stark erniedrigt, so dass Nickellegierungen wie NiW11AlCr eine sehr hohe Warmfestigkeit $R_{m/1000\,h/950\,°C}$ von 170 MPa zeigen ($R_{m/1000\,h/950\,°C}$ = Zeitstandfestigkeit, d.h. max. mögliche Beanspruchung über 1000 Stunden bei 950 °C; Kapitel 13.5.9.2). Die sehr hohe Warmfestigkeit dieser Legierung (Tabelle 1, Seite 399 und Bild 1, Seite 398) wird jedoch erkauft mit einer schwierigen Warmumformbarkeit, wobei die Primärumformung aus dem Gusszustand besonders problematisch ist.

Nickel ist neben Eisen und Cobalt bei Raumtemperatur ferromagnetisch. Bei der Curietemperatur von 360 °C (Übergang vom ferro- in den paramagnetischen Zustand) zeigen auch andere physikalische Eigenschaften wie die spezifische Wärmekapazität und der Ausdehnungskoeffizient unstete Werte (Bild 1). Das kubisch-flächenzentrierte Kristallgitter bleibt aber bis zum Schmelzpunkt erhalten.

Der Einsatz von reinem Nickel beruht auf den guten mechanischen Eigenschaften und der hervorra-

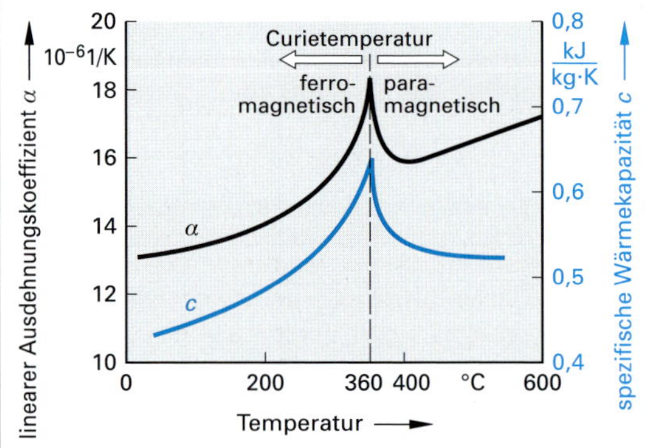

Bild 1: Temperaturabhängigkeit physikalischer Eigenschaften von Nickel

Tabelle 1: Physikalische und mechanische Eigenschaften von Reinstnickel (99,99%)

Atomare Daten	
Ordnungszahl	28
Atommasse	58,69 u
Atomdurchmesser	$2{,}492 \cdot 10^{-10}$ m
Kristallgittertyp[1]	kfz
Physikalische Kennwerte (20 °C)	
Dichte ϱ	8,90 kg/dm³
Schmelztemperatur ϑ_S	1453 °C
Wärmedehnung α	$13 \cdot 10^{-6}$ 1/K (bei 0 °C)
Wärmeleitfähigkeit λ	90,5 W/(m · K)
Elektr. Leitfähigkeit $\varkappa$	14,6 m/(Ω · mm²)
Mechanische Kennwerte[2]	
Zugfestigkeit R_m	330 MPa
Dehngrenze $R_{p0,2}$	70 MPa
Bruchdehnung A	28 %
Elastizitätsmodul E	197... 225 GPa

[1] kfz = kubisch-flächenzentriert

[2] Die Kennwerte sind von der chemischen Zusammensetzung (Reinheit) sowie vom Gefügezustand (z. B. geglüht, kaltverfestigt, usw.) abhängig. Die Angaben sind daher als Orientierungswerte zu verstehen.

genden Korrosionsbeständigkeit. Reinnickel hat mit etwa 330 MPa (Tabelle 1, Seite 396) eine höhere Zugfestigkeit als reines Eisen und ist damit vergleichbar der unlegierten Baustahlsorte S235JR.

Reines Nickel wird im chemischen Apparatebau für Reaktoren und in Laboratorien für Greifzangen und Schmelztiegel verwendet. Bei großen Apparaten werden aus wirtschaftlichen Gründen Stahlbehälter mit Nickel plattiert. Der sehr viel höhere Preis von Nickel im Vergleich zu unlegiertem Baustahl (Bild 1, Seite 375) ist der Hauptgrund dafür, dass große Apparate aus mit Nickel überzogenem Stahl und nicht aus massivem Nickel hergestellt werden können. Nickelüberzüge können auch durch Galvanisieren aufgebracht werden.

7.6.2 Nickel-Legierungen und deren Anwendungen

Die wichtigsten Legierungsmetalle für Nickel sind Kupfer, Chrom, Eisen, Cobalt und Molybdän. Außerdem werden in geringeren Mengen noch Aluminium, Niob und Wolfram häufiger den Nickel-Legierungen zugesetzt. Aufgrund der durch Legieren erzielten besonderen Eigenschaften von **Nickel-Legierungen** lassen sich vier Hauptanwendungsbereiche unterscheiden:

- Elektrotechnik: Widerstandslegierungen, Thermoelemente, magnetische Werkstoffe
- Wärmetechnik: Elektrische Heizleiterwerkstoffe
- Verfahrenstechnik: Korrosionsbeständige Legierungen
- Kraftwerksbau: Hochwarmfeste Legierungen

In der Elektrotechnik werden neben der bereits erwähnten Kupfer-Nickel-Legierung CuNi44 (Konstantan) vor allem Nickel-Chrom-Legierungen zur Herstellung von Präzisions- oder Messwiderständen (Tabelle 1, Seite 391, elektrische Widerstandslegierungen) benutzt. Legierungen auf der Basis NiCr20 haben, verglichen mit den CuMn- oder CuNi-Legierungen, mit 1,1 $\Omega \cdot mm^2/m$ bis 1,3 $\Omega \cdot mm^2/m$ einen höheren spezifischen elektrischen Widerstand und eine deutlich höhere Festigkeit, die meist über 1000 MPa liegt. Der größere Temperaturbeiwert des elektrischen Widerstandes der Legierung NiCr20 kann durch Zusätze, wie in den Legierungen NiCr20AlSi oder NiCr20Al3Cu2 geschehen, in wünschenswerter Weise verkleinert werden, so dass für Präzisionswiderstände auch geeignete NiCr-Werkstoffe zur Verfügung stehen.

Die Thermoelemente NiCr-Ni (Bild 2, Seite 389), mit der englischen Bezeichnung Chromel-Alumel (NiCr10 – NiMn3Al), sind den Konstantan-Kupfer- und auch den Konstantan-Eisen-Thermoelementen aufgrund der erheblich besseren Oxidations- und Zunderbeständigkeit überlegen. NiCr-Ni-Thermoelemente können bis zu 1 000 °C eingesetzt werden und müssen nur bei noch höheren Temperaturen durch das Edelmetallthermoelement Platin-Rhodium-Platin (PtRh-Pt) ersetzt werden. Die Thermospannung von NiCr-Ni-Themoelementen ist mit 40 μV/K nur wenig niedriger als die von Fe-Konstantan mit 53 μV/K.

Nickel-Eisen-Legierungen werden als **weichmagnetische Werkstoffe** eingesetzt. Sie lassen sich leicht, mitunter auch hoch magnetisieren und verlustarm ummagnetisieren (Bild 1, Seite 531). Daraus werden Relais, Messwandler, Abschirmungen, Fehlerstromschutzschalter und andere elektronische Bauteile hergestellt. Die Legierung FeNi75 hat die höchste relative **Permeabilität** und wird eingesetzt, wenn nur kleine magnetische Feldstärken zur Verfügung stehen.

Hartmagnetische Werkstoffe werden zur Erzeugung von Dauermagneten benutzt. Sie haben quasi gegensätzliche Eigenschaften, geringe Permeabilität und hohe Koerzitivfeldstärke. Zum Einsatz kommen FeNiCo-Legierungen mit weiteren Zusätzen wie beispielsweise FeAlNiCo (25 % Co, 20 % Ni, 10 % Al, 4 % Cu, Rest Fe), aber auch oxidische Werkstoffe wie $BaO \cdot 6\ Fe_2O_3$ (Bariumferrit).

ⓘ Information

Relative Permeabilität

Vergleicht man die magnetischen Kräfte im Inneren von stromdurchflossenen Spulen mit und ohne Kern, dann kennzeichnet die **relative Permeabilität** μ_r (auch als **Permeabilitätszahl** bezeichnet) denjenigen Faktor, um welchen die magnetische Flussdichte B im Inneren der Spule, bei gleicher magnetischer Feldstärke H, überhöht wird ($B = \mu_0 \cdot \mu_r \cdot H$).

Anhand der relativen Permeabilität μ_r unterscheidet man zwischen ferro-, para- und diamagnetischen Stoffen:

$\mu_r < 1$: **diamagnetische** Stoffe (z. B. Bismut, Blei, Kupfer)

$\mu_r > 1$: **paramagnetische** Stoffe (z. B. Aluminium, Platin, Wolfram, Tantal)

$\mu_r >> 1$: **ferromagnetische** Stoffe (z. B. Eisen, Cobalt, Nickel)

Heizleiterwerkstoffe für die Wärmetechnik sind auch elektrische Widerstandswerkstoffe. Sie müssen jedoch zusätzlich zum hohen spezifischen elektrischen Widerstand (1,1 Ω · mm²/m bis 1,3 Ω · mm²/m) eine gute Zunderbeständigkeit aufweisen. In Tabelle 1 sind die gebräuchlichsten Heizleiterwerkstoffe zusammengestellt. Die Legierung NiCr20 erfüllt diese Bedingungen bereits recht gut und kann bis etwa 1200 °C Anwendungstemperatur in elektrischen Widerstandsöfen verwendet werden.

Die Legierung FeNiCr25 20 ist zwar billiger, kann aber nur bis 1050 °C eingesetzt werden. Eine höhere Anwendungstemperatur von 1300 °C ermöglicht die Legierung FeCrAl25 5, die jedoch schwierig zu verarbeiten ist. Insbesondere wirkt die bei höherer Temperatur gebildete Schicht aus Aluminium- und Chromoxiden zwar korrosionshemmend, jedoch auch stark versprödend. Bei noch höheren Temperaturen wird Siliciumcarbid (SiC) bzw. Wolfram, Molybdän oder Graphit im Vakuum oder Schutzgas verwendet.

Tabelle 1: Heizleiterwerkstoffe

Legierung	Spezifischer elektrischer Widerstand Ω · mm²/m	maximale Temperatur °C
NiCr20	1,1	1200
NiCr25 20[1)]	1,2	1050
NiCr60 15[1)]	1,11	1075
NiCr80 20	1,3	1200
NiCr30 20[1)]	1,05	1100
CrAl 25 5[1)]	1,44	1300
SiC	nicht bekannt	1500
Platin	0,098	1600
Kohle	40 ... 100	2000
Wolfram	0,055	2560

[1)] Rest Fe; im Text z. B. als FeNiCr25 20 bezeichnet

Korrosionsbeständige Legierungen für den Bereich der Verfahrenstechnik enthalten hauptsächlich Kupfer, Chrom oder Molybdän, in geringen Mengen auch Aluminium, Eisen oder Niob. Die Legierung NiCu30, die auch geringe Anteile an Eisen enthalten kann, entsteht bei der Verhüttung kanadischer Erze und wird als **Monel** bezeichnet. Die Zusammensetzung dieser natürlichen Legierung schwankt entsprechend der Zusammensetzung des gerade eingesetzten Erzes, und sie wird heute auch aus den beiden Metallen hergestellt. Sie ist beständig gegen Salzlösungen und nicht oxidierenden Säuren wie Salzsäure, so dass sie für Rohre, Gefäße, Armaturen und Pumpen in der Meerestechnik, in der chemischen Industrie und Energieerzeugung eingesetzt wird. Die Zugfestigkeit von 550 MPa kann durch Zusätze von Aluminium im ausgehärteten Zustand bis auf 1000 MPa gesteigert werden. Dabei wird auch die Warmfestigkeit erhöht.

Nickel-Chrom-Legierungen sind korrosionsbeständiger als austenitische Stähle. Chrom erhöht die Schmelztemperatur, verbessert die Warmfestigkeit und Zunderbeständigkeit. Beispielsweise ist die Legierung NiCr22Mo9Nb nahezu gegen alle Säuren, also auch gegen Salpetersäure und Phosphorsäure, resistent. Das Hauptanwendungsgebiet ist der chemische Apparatebau. Bei der Verarbeitung ist zu beachten, dass kein Schwefel oder Wasserstoff in den Werkstoff eindringen darf, was bei Einhaltung der entsprechenden Vorschriften erreicht wird.

Für den Kraftwerksbau muss neben der Korrosionsbeständigkeit auch die Festigkeit bei hohen Temperaturen, die Warmfestigkeit, gewährleistet sein. Zusätze aus Titan und Aluminium bilden mit Nickel intermetallische Phasen $Ni_3(Ti,Al)$, die bei entsprechender Wärmebehandlung auch die Nickel-Chrom-Legierungen aushärtbar machen und damit Festigkeit und Warmfestigkeit erheblich steigern. Diese Phase ist auch für die Aushärtbarkeit einiger Stähle verantwortlich. Die Legierung NiCr20Ti kann in oxidierender und reduzierender Atmosphäre bis 1100 °C eingesetzt werden. Warmfeste und **hochwarmfeste Nickel-Chrom-Legierungen** werden zur Herstellung von Bauteilen für Wärmekraftmaschinen benutzt, die höchste Arbeitstemperaturen erreichen. Die Steigerung der Arbeitstemperaturen in Wärmekraftmaschinen führt zu einer wirtschaftlich bedeutsamen Erhöhung

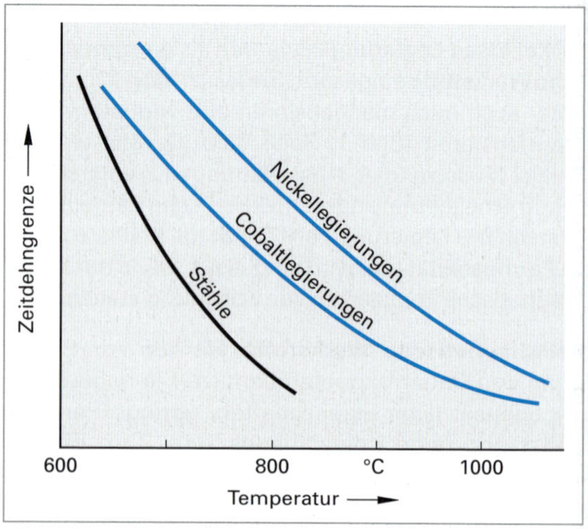

Bild 1: Warmfestigkeit von Legierungen auf Ni- und Co-Basis im Vergleich zu den Stählen (Superlegierungen)

des Wirkungsgrades und ist vom Einsatz geeigneter Werkstoffe abhängig. Gas- und Ölbrenner, aber auch Schaufeln von Gasturbinen werden daher aus Nickel-Chrom-Legierungen hergestellt.

Als **Superlegierungen** werden Werkstoffe mit besonders hoher Korrosions- und Oxidationsbeständigkeit sowie Warmfestigkeit bezeichnet. Neben Legierungen auf Nickel-Basis gehören dazu solche auf Eisen- und Cobaltbasis. Wie Bild 1, Seite 398 zeigt, übertreffen Nickel-Legierungen die anderen Legierungen hinsichtlich der Warmfestigkeit, sie sind jedoch am schwierigsten zu verarbeiten. Cobalt-Legierungen haben zwar eine geringere Oxidationsbeständigkeit, aber eine bessere Beständigkeit gegen Heißgaskorrosion in stationären Gasturbinen. Stähle (Eisen-Legierungen) sind vor allem billiger und einfacher zu verarbeiten.

Tabelle 1: Superlegierungen, Eigenschaften und Anwendungen

Werkstoff	Zugfestigkeit[1] R_m MPa	Bruchdehnung A %	Zeitstandfestigkeit $R_{m/1000\,h/950\,°C}$ MPa	Anwendungsbeispiele
Stähle				Bauteile für chemische und petrochemische Einrichtungen, für Gasturbinen und Triebwerke, Schaufeln, Düsen, Scheiben, Läufer und Wellen für Brennkammern und Nachbrenner, Warmarbeitswerkzeuge, Gasturbinen, Wärmebehandlungsanlagen.
X5NiCrTi26-15	1100	12	120 (750 °C)	
X10NiCrMo49-22-9	800	40	20	
Nickellegierungen				
NiCr20MoNb	720	10	60	
NiCr16MoAl	780	3	100	
NiW11AlCr	740	3	170	
NiCr23Co12Mo	> 700	35	10 bei 10^4 h, 1000 °C	
Cobaltlegierungen				
CoCr26Ni14Mo	840	3	70	
CoCr24Ni10W	800	4	100	

[1] bei Raumtemperatur

Die höchste Zeitstandfestigkeit hat die Nickellegierung NiW11AlCr mit 170 MPa, dagegen darf die Eisenlegierung X10NiCrMo49-22-9 bei der gleichen Temperatur (950°) und Zeit (1000 h) nur mit maximal 20 MPa belastet werden. Der Stahl X5NiCrTi26-15 sollte Dauerbelastungen nur bis maximal 750 °C ausgesetzt werden. Auffällig ist die geringe Bruchdehnung der Nickel-Legierungen, die auch deren schlechte Umformbarkeit andeutet. Die höchste Zugfestigkeit bei Raumtemperatur zeigen die Stähle (Eisenlegierungen). Es gibt allerdings auch hochwarmfeste Nickel-Legierungen, die ausgehärtet eine Festigkeit von mindestens 1290 MPa erreichen, wie z. B. die Legierung NiCr20Co16AlTi.

Beim Einsatz hochwarmfester Legierungen ist neben der Betriebstemperatur noch die Betriebsdauer wichtig (Bild 1). Während im Kraftwerksbau 100 000 Betriebsstunden (11,4 Jahre) für die Berechnung und Auswahl der Werkstoffe sinnvoll sind, genügen bei Strahltriebwerken eine Lebensdauer von einigen 100 Stunden und bei Raketen nur

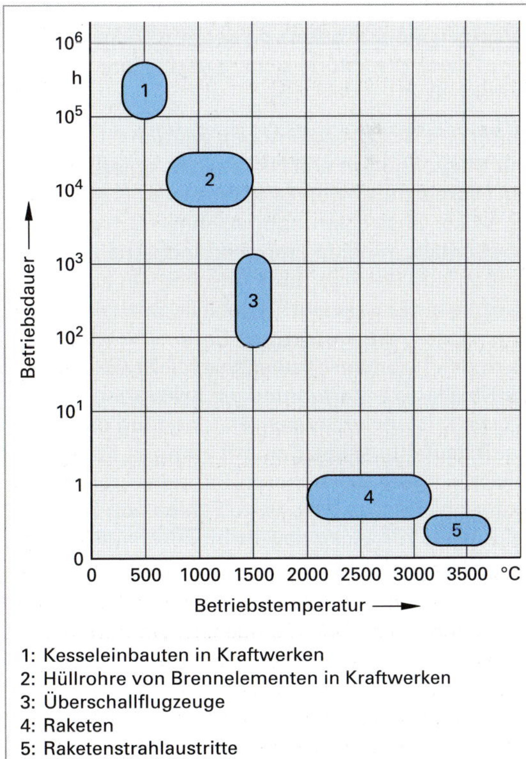

Bild 1: Betriebsdauer und Betriebstemperaturen von Bauteilen bei sehr hohen thermischen Beanspruchungen

1 oder 2 Stunden. Bei geringerer Betriebsdauer steigt die Belastbarkeit (höhere Betriebstemperatu und/oder Spannung). Eine weitere Verbesserung der Warmfestigkeit kann durch Aufbringen von nicht metallischen Schichten erreicht werden, wie es von der Raumfahrt her bekannt ist.

Besonderheiten physikalischer Eigenschaften treten nicht nur bei Reinnickel, sondern auch im Legie rungssystem **Eisen-Nickel** auf. Obwohl beide Ausgangsstoffe, Eisen und Nickel, ferromagnetisch sind, is die Legierung FeNi29 bei normalen Temperaturen nicht mehr ferro-, sondern nur noch paramagnetisch In Wirklichkeit ist jedoch die Curie-Temperatur, unterhalb der eine Magnetisierung erfolgen kann, unte Raumtemperatur gesunken. Diese Legierung wird für Teile im Elektromaschinenbau verwendet, die nich magnetisierbar sein dürfen. Die gleichen Eigenschaften besitzt jedoch auch die kostengünstigere Legie rung FeNi9Mn8Cr4. Außerdem steigt die Permeabilität von FeNi36 bei kleinen bis mittleren Feldstärker nur geringfügig an, so dass daraus verzerrungsarme Übertrager für elektroakustische Anwendungen her gestellt werden. Auch der elektrische Widerstand dieser Legierungen ist besonders hoch, was beispiels weise zu geringen Wirbelstromverlusten bei Klappankern an Relais führt.

Die Kombination zweier Werkstoffe (dünne aufeinandergewalzte Blechstreifen) mit stark unterschiedlichem thermischem Ausdehnungskoeffizient wird als **Bimetall** (Bild 1) genutzt. Einen minimalen thermischen Ausdehnungskoeffizient ($1{,}5 \cdot 10^{-6}$1/K) besitzen Legierungen des Typs FeNi36 (**Invarstahl**). In Kombination mit anderen Werkstoffen, die einen großen Ausdehnungskoeffizienten aufweisen, wird diese Legierung zu Bimetallen verarbeitet und in der Mess- und Regeltechnik und zur Temperaturmessung eingesetzt. Durch Legierungszusätze von Cobalt oder Chrom lässt sich der thermische Ausdehnungskoeffizient von diesen Fe-Ni-Legierungen den entsprechenden Werten von Keramik- oder Glaswerkstoffen anpassen, so dass durch Einschmelzen von Invar in diese Werkstoffe sichere und dichte Metalleinführungen in Vakuumgefäßen aus Glas oder Keramik möglich sind.

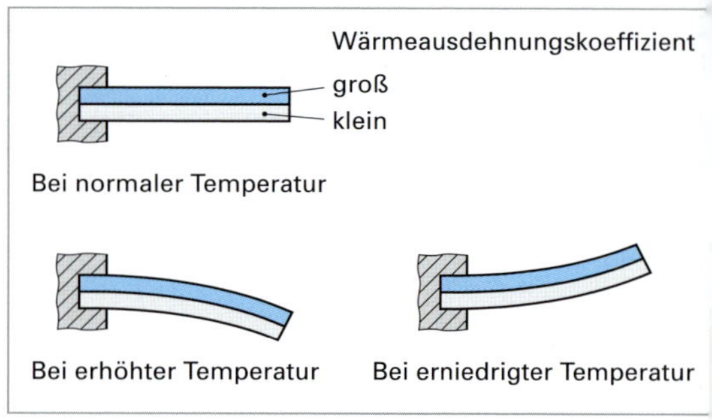

Bild 1: Bimetallprinzip

Nickel und Nickel-Legierungen werden hauptsächlich als Knetlegierungen verwendet, da die Herstellung von Massengütern aus Nickel-Gusslegierungen aufgrund der bereits erwähnten großen Affinität flüssigen Nickels zu Schwefel und Wasserstoff schwierig ist, und besondere Schutzmaßnahmen erfordert. Auch die Nickel-Gusslegierungen zeichnen sich durch hohe Korrosionsbeständigkeit und Festigkeit aus, so dass sie ebenfalls in der chemischen Industrie und für Bauteile in Wärmekraftwerken Verwendung finden. So werden zum Beispiel Turbinenschaufeln aus Nickellegierungen durch besondere Maßnahmen bei der Erstarrung als Einkristalle hergestellt. Dazu wird eine homogene Nickel-Legierung in eine keramische Kokille gegossen, die am unteren Ende eine korkenzieherförmige Verengung besitzt, der sich die eigentliche Form der Turbinenschaufel anschließt (Bild 2, Seite 95). Die Schmelze beginnt im unteren breiteren Teil der Kokille zu erstarren und die Erstarrungsfront wächst langsam nach oben. Durch die Verengung kann nur *ein* Kristall durchwachsen, der dann darüber in der vollen Breite der Schaufel weiterwächst, so dass die Schaufel quasi aus einem einzigen Kristall besteht. Durch diese Maßnahme wird insbesondere die Kriechfestigkeit (bei höheren Temperaturen) verbessert, denn Kriechen beruht in starkem Maße auf Korngrenzengleiten, so dass beim Fehlen von Korngrenzen Kriechen stark eingeschränkt wird. Dadurch wird der Einsatz von Einkristall-Turbinenschaufeln auch bei hohen Temperaturen ermöglicht (siehe auch Kapitel 2.10.3).

7.7 Zinkwerkstoffe

Zink hat mit 419 °C sowohl einen niedrigen Schmelzpunkt als auch mit 906 °C einen für Metalle sehr niedrigen Siedepunkt (Tabelle 1, Seite 401). Der niedrige Siedepunkt war der Grund dafür, dass Zink früher bei der Gewinnung durch Reduktion von Zinkoxid mit Koks in gasförmiger Form anfiel und infolgedessen das Ausbringen sehr niedrig war. Heute wird Zink hauptsächlich durch Elektrolyse aus wässrigen Lösungen gewonnen.

Bild 1: Dacheindeckung aus Zink (ZnCuTi)

Tabelle 1: Physikalische und mechanische Eigenschaften von Zink

Atomare Daten	
Ordnungszahl	30
Atommasse	65,39 u
Atomdurchmesser	$2,665 \cdot 10^{-10}$ m
Kristallgittertyp[1]	hdP
Physikalische Kennwerte (20 °C)	
Dichte ϱ	7,13 kg/dm³
Schmelztemperatur ϑ_S	419 °C
Siedetemperatur	906°C
Wärmedehnung α	$30 \cdot 10^{-6}$ 1/K (bei 0 °C)
Wärmeleitfähigkeit λ	121 W/(m · K)
Elektr. Leitfähigkeit $\varkappa$	16,9 m/(Ω · mm²)
Mechanische Kennwerte[2]	
Zugfestigkeit R_m	120 ... 160 MPa
Dehngrenze $R_{p0,2}$	–
Bruchdehnung A	max 60 %
Elastizitätsmodul E	95 GPa

[1] hdP = hexagonales Gitter dichtester Packung (gestreckt)

[2] Die Kennwerte sind von der chemischen Zusammensetzung (Reinheit) sowie vom Gefügezustand (z. B. geglüht, kaltverfestigt, usw.) abhängig. Die Angaben sind daher als Orientierungswerte zu verstehen.

Bevor das Metall Zink genutzt wurde, diente es bereits zur Erzeugung von Messing. Dafür wurde Zink in Form des Zinkerzes **Galmei** ($ZnCO_3$) in Kupferschmelzen eingebracht. Erst später gelang es, auch metallisches Zink durch Reduktion von Zinkerzen mit Koks herzustellen. Heute wird das Metall hauptsächlich durch Elektrolyse gewonnen. Die früher störenden Beimengungen an Blei und Cadmium sind im modernen **Feinzink** nur noch in unbedeutenden Mengen (< 0,005 %) enthalten. Diese Verunreinigungen führten zu interkristalliner Korrosion und werden daher heute bei der Elektrolyse abgetrennt.

Zink ist unedler als Stahl, das bedeutet in einem Elektrolyten wird Zink aufgelöst und infolgedessen Stahl geschützt (Kapitel 11.6.1.3). Hinzu kommt, dass Zink an der Luft eine dichte Schutzschicht aus Hydroxid und Carbonat bildet und dadurch eine fortschreitende Korrosion verhindert. Bauteile aus Zink und auch verzinkte Stahlteile können daher ohne Korrosionsschutz der Witterung standhalten, wie man es von alten Regenrinnen her auch kennt. Zink ist ein recht preiswertes Metall. Dies ist auch ein Grund für den häufigen Einsatz als Korrosionsschutz für Eisen und Stahl. Das meiste Zink wird daher für das **Feuerverzinken** (Kapitel 4.5.1.1), ein Eintauchen der gereinigten Bauteile oder Halbzeuge aus Stahl in eine Zinkschmelze, verbraucht. Kleinere Teile werden elektrolytisch verzinkt. Zink hat gute **Gießeigenschaften** und wird daher in großem Maße durch Gießen, insbesondere auch im Druckgießverfahren zu Werkstücken vergossen.

Tabelle 2: Zink-Gusslegierungen nach DIN EN 12 844

Werkstoff				Mechanische Eigenschaften			
Kurzname	Kurzbezeichnung	Werkstoffnummer DIN EN 12844	Werkstoffnummer DIN 1743-2[1]	R_m MPa	$R_{p0,2}$ MPa	A %	Brinell-Härte HB
GD-ZnAl4	ZP0400	ZP3	2.2140.05	280	200	10	83
GD-ZnAl4Cu1	ZP0410	ZP5	2.2141.05	330	250	5	92
G-ZnAl6Cu3 GK-ZnAl4Cu3	ZP0430	ZP2	2.2143.01 2.2143.02	335	270	5	102
G-ZnAl6Cu1 GK-ZnAl6Cu1	ZP0610	ZP6	2.2161.01 2.2161.02	k.A.	k.A.	k.A.	k.A.
–	ZP0810	ZP8	–	370	220	8	100
–	ZP1110	ZP12	–	400	300	5	100
–	ZP2720	ZP27	–	425	370	2,5	120
–	ZP0010	ZP16	–	220	k.A.	k.A.	k.A.

[1] Norm zurückgezogen k.A. = keine Angabe

7.7.1 Zink-Knetlegierungen

Hinderlich für die **Umformung** von Zink ist das hexagonale Kristallgitter, so dass zur Erzeugung von Halbzeug eine Warmumformung durchgeführt werden muss. Dabei kann die Festigkeit um einen Faktor 3 bis 5 auf ca. 140 MPa gesteigert werden. Zink mit Walzgefüge kann ohne Erwärmung, wie das Fließpressen von Batteriebechern zeigt, stark umgeformt werden. Diese Umformung wird begünstigt durch die entstehende Verformungswärme, die eine Erholung oder Rekristallisation (ab 50 °C) ermöglicht.

Neben der Herstellung von Batteriebechern werden aus Zinkblechen und -bändern Ätz- und Druckplatten für das grafische Gewerbe und in großem Maße Regenrinnen und -fallrohre, Dach- und Gesimsabdeckungen (Bild 1, Seite 401) für das Bauwesen gefertigt. Für diese Anwendung wurde eine ZnCuTi-Legierung entwickelt, die in großen Mengen durch **Bandgießen** und Walzen aus der Gießwärme zu 0,5 mm bis 1 mm dicken Bändern verarbeitet wird. Aus diesen Bändern werden durch Kaltumformung Regenrinnen und -rohre, aber auch Dachabdeckungen u. a. m. hergestellt.

7.7.2 Zink-Gusslegierungen

Als **Zink-Druckgusslegierungen** werden die Aluminium-haltigen Legierungen (DIN EN 12 844) GD-ZnAl4, GD-ZnAl4Cu1 und GD-ZnAl4Cu3 benutzt. Die Kupferzusätze bewirken eine Steigerung der Festigkeit von 280 MPa auf etwa 330 MPa (Tabelle 2, Seite 401). Dabei nimmt jedoch die Bruchdehnung von 10 % auf 5 % ab. Druckgussstücke aus GD-ZnAl4Cu3 besitzen mit HB102 die größte Härte. Zink-Legierungen sind am besten für das Druckgießverfahren geeignet, bei dem eine Metallschmelze unter hohem Druck und mit großer Geschwindigkeit in Dauerformen eingepresst wird.

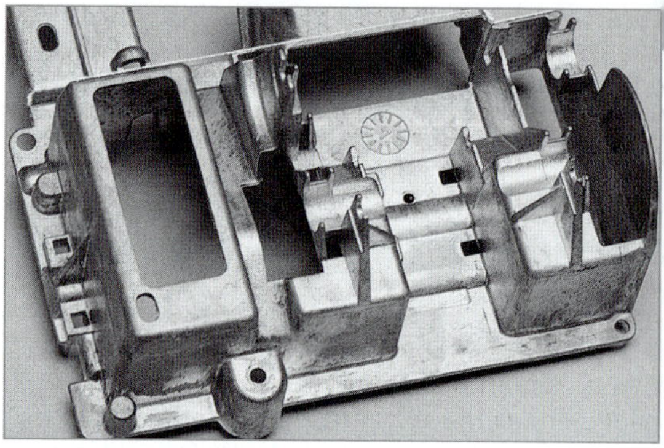

Bild 1: Druckgussteil aus Zink

Zink-Legierungen werden im Warmkammerverfahren verarbeitet, bei dem der Druckzylinder sich im Schmelzbad befindet (Bild 1, Seite 157). Es werden weitgehend fehlerfreie Werkstücke erzeugt mit z. T. sehr geringen Wanddicken (0,6 mm bis 22 mm), hoher Maßgenauigkeit, hochgenauer Konturenwiedergabe und glatter Oberfläche in großen Serien bei minimaler Nachbearbeitung (Bild 1). Bei der Gussteilkonstruktion wird eine Überdimensionierung vermieden und der Gießwerkstoff wird optimal genutzt.

Zink-Druckgussteile werden eingesetzt in der Automobil- und optischen Industrie, es werden Griffe, Kurbeln und Scharniere, Teile von Büromaschinen, Elektromotoren, Haushalts- und Küchengeräte sowie Spielzeug und kunstgewerbliche Gegenstände hergestellt. Diese können auch gut und dekorativ mit farblichen oder metallischen Überzügen (galvanisiert) versehen werden. Auf Zink haften Farben und Lacke besser, sobald sich eine Schutzschicht gebildet hat (nach etwa zwei Jahren). Im Sand- oder Kokillenguss werden die gleichen Legierungen oder solche mit 3 % Kupfer und 4 % Aluminium verarbeitet.

7.8 Zinn

Auch das Schwermetall **Zinn** hat, wie die lateinische Bezeichnung **stannum** (daher das chemische Symbol Sn) vermuten lässt, schon eine lange Geschichte. Auch heute noch sind Zinn und Zinn-Legierungen von großer technischer Bedeutung.

7.8.1 Eigenschaften von Zinn

Das bei 232 °C schmelzende Schwermetall Zinn (Tabelle 1, Seite 403) bietet für Stahl einen noch besseren Korrosionsschutz als Zink, so dass große Mengen dieses Metalls zum Feuer- oder elektrolytischen Verzinnen von Stahl verwendet werden. Verzinntes Stahlblech wird auch als **Weißblech** bezeichnet. Zinn ist edler als Eisen und Nickel, daher müssen Verletzungen der Zinnschicht vermieden werden, da sie in kürzester Zeit zur Rostbildung führen würden. Die gute Korrosionsbeständigkeit und Ungiftigkeit der meisten Zinnverbindungen erlaubt die Verwendung von Weißblech in der Lebensmittelindustrie. Der hohe Preis des Zinns (ca. das Zehnfache des Zinkpreises) hat das galvanische Verzinnen begünstigt, da auf diese Weise dünnere aber dichtere Schichten erzeugt werden können als durch Feuerverzinnen, also billiger elektrolytisch verzinnt werden kann.

Zinn ist gut gießbar und auch gut umformbar, da bereits bei Raumtemperatur Rekristallisation stattfinden kann, so dass keine Kaltverfestigung erfolgt. Die schöne Farbe und die Korrosionsbeständigkeit sowie einfache Formgebungsverfahren sind die Hauptgründe für die Verwendung von Zinn in der Schmuck- und Kunstgewerbeindustrie. Die Verarbeitung erfolgt sowohl durch Gießen als auch durch Umformen, hauptsächlich Tiefziehen oder Drücken von Blechen oder Blechabschnitten zu Gefäßen.

Zinn kommt in zwei verschiedenen Modifikationen vor: α-Zinn mit Diamantgittertyp (≤ 13,2 °C) und β-Zinn mit tetragonal-raumzentriertem Kristallgitter ($a = 5{,}832 \cdot 10^{-10}$ m und $c = 3{,}182 \cdot 10^{-10}$ m bei 20 °C). Die Umwandlungsgeschwindigkeit besitzt bei – 40 °C ein Maximum. Allerdings können bereits kleine Mengen an Verunreinigung diese Umwandlung verzögern oder gar verhindern.

Tabelle 1: Physikalische und mechanische Eigenschaften von Zinn

Atomare Daten	
Ordnungszahl	50
Atommasse	118,71 u
Atomdurchmesser	$3{,}022 \cdot 10^{-10}$ m
Kristallgittertyp[1]	α-Sn (< 13,2 °C): Diamant β-Sn (> 13,2 °C): trz
Physikalische Kennwerte (20 °C)	
Dichte ϱ	7,31 kg/dm³
Schmelztemperatur ϑ_S	232 °C
Wärmedehnung α	$27 \cdot 10^{-6}$ 1/K (bei 0 °C)
Wärmeleitfähigkeit λ	67 W/(m · K)
Elektr. Leitfähigkeit $\varkappa$	8,8 m/(Ω · mm²)
Mechanische Kennwerte[2]	
Zugfestigkeit R_m	15 MPa
Dehngrenze $R_{p0,2}$	–
Bruchdehnung A	max 55 %
Elastizitätsmodul E	42,4 GPa

[1] trz = tetragonal-raumzentriert

[2] Die Kennwerte sind von der chemischen Zusammensetzung (Reinheit) sowie vom Gefügezustand (z. B. geglüht, kaltverfestigt, usw.) abhängig. Die Angaben sind daher als Orientierungswerte zu verstehen.

α-Zinn ist ein graues Pulver, so dass bei der Umwandlung von β-Zinn in α-Zinn der Materialverbund verloren geht. Diesen Vorgang hat man früher als **Zinnpest** bezeichnet. Durch Legierungszusätze von Antimon (auch als Kaiser-Zinn bezeichnet) kann diese Umwandlung verhindert werden, durch Aluminium wird sie beschleunigt.

7.8.2 Weichlote

Die wichtigsten **Zinn-Legierungen** sind Weichlote und Lagermetalle. **Weichlote** (DIN EN 29 453) sind hauptsächlich Zinn-Blei-Legierungen, denen noch geringe Mengen an Antimon, Bismut, Cadmium, Kupfer oder Silber zugesetzt werden können (Kapitel 4.4.2.6). Der Zinngehalt liegt zwischen 2 % und 90 %.

Blei und Zinn bilden zusammen ein binäres eutektisches Phasendiagramm (Bild 2, Seite 81), wobei die eutektische Legierung mit 61,9 % Zinn bei 183 °C schmilzt. Diese Temperatur ist gleichzeitig die Solidus-Temperatur, d.h. die Temperatur der endenden Erstarrung (oder der Beginn des Aufschmelzens) für Lote mit einem Zinn-Gehalt zwischen 19,5 % und 97,5 %. Die Liquidus-Temperaturen, die Temperaturen der beginnenden Erstarrung, fallen von den Schmelztemperaturen der reinen Metalle in Abhängigkeit von der Zusammensetzung bis zur eutektischen Temperatur ab. Infolgedessen entstehen unterschiedlich große Erstarrungsintervalle (Bild 2, Seite 81). So hat das Lot S-Sn60Pb40 (60% Sn) nur ein Intervall von 7 K und das Lot S-Pb60Sn40 (40% Sn) dagegen von 52 K. Das nahezu eutektische Lot S-Sn63Pb37 hat eine Schmelztemperatur (Erstarrungsintervall = 0 K) wie ein reines Metall. Je kleiner die Erstarrungsintervalle sind, desto dünnflüssiger sind die Lote. Solche Lote werden bevorzugt in der Elektronik eingesetzt, da selbst feine Poren und Zwischenräume ausgefüllt werden. Das Lot S-Pb70Sn30 wird für Klempnerarbeiten, Kabelmäntel und für großflächige Lötungen verwendet. Der Vorteil des höheren Blei-Gehaltes liegt vor allem im niedrigeren Preis. In der Lebensmittelindustrie müssen Lote mit hohem Zinn-Gehalt (ca. 90 %) verwendet werden, da diese nicht giftig sind.

Für Leichtmetalle sind andere Weichlote entwickelt worden, beispielsweise S-Sn60Zn40. Außerdem werden **Sonderweichlote** auf Aluminiumbasis für Leichtmetalle verwendet, die aus Korrosionsgründen frei von Schwermetallen und häufig eutektische Aluminium-Silicium-Legierungen sind. Sonderweichlote auf Zinn-, Calcium- oder Bleibasis sind für spezielle Anwendungen entwickelt worden, wie das niedrig schmelzende Lot S-Sn50In50 (In = Indium) mit einem Schmelzintervall zwischen 117 °C und 125 °C.

7.8.3 Gleitlagerwerkstoffe

Gleitlagerwerkstoffe (DIN ISO 4381 bis 4383) sind Legierungen mit den Basismetallen Zinn, Blei, Kupfer oder Aluminium. Bild 1 zeigt schematisch den Aufbau von Lagerwerkstoffen: harte Körner in einer weichen, metallischen Matrix. Diese Bedingungen erfüllen Zinnlegierungen relativ gut, wobei sich in der weichen Zinngrundmasse harte intermetallische Phasen aus CuSn- und SbSn-Verbindungen bilden. Blei-Zinn-Legierungen haben besonders gute Gleit- und Notlaufeigenschaften. Zinn-haltige Lagermetalle mit Zusätzen aus Kupfer oder Antimon, wie SnSb8Cu4, haben verglichen mit den Blei-haltigen (z. B. PbSb10Sn6) eine bessere Korrosionsbeständigkeit, Gießbarkeit und Tragfähigkeit. Lagerwerkstoffe mit hohem Blei-Gehalt sind vor allem preiswerter. Lagerwerkstoffe auf Kupferbasis (wie CuPb10Sn10) erhalten zur Verbesserung der Notlaufeigenschaften Zusätze an Blei, so dass ein umgekehrtes Bild entsteht: harte Grundmasse (Kupfer) mit weichen Bleieinschlüssen. Mit **Weißmetall** wurden früher Zinn- und Bleilegierungen bezeichnet, die als Lagermetalle verwendet wurden.

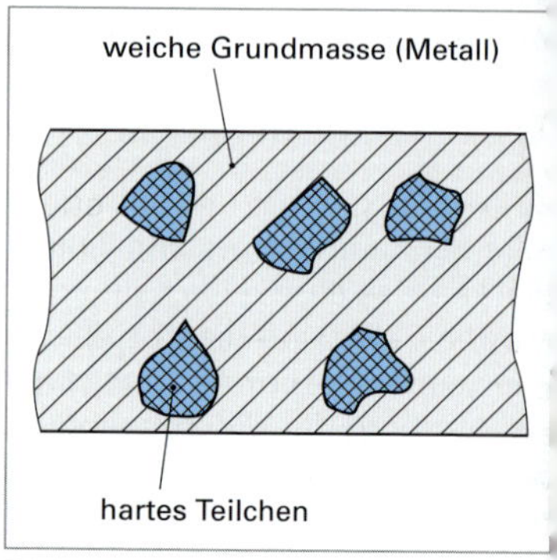

Bild 1: Schematischer Aufbau von Lagerwerkstoffen: Weiche Grundmasse mit harten Teilchen

Da die Festigkeit der genannten Legierungen gering ist, werden meist nur Schichten von bis zu 3 mm Dicke auf Stahlkörper aufgegossen. Bei noch höheren Anforderungen werden sogar Dreischicht-Verbundlager (Bild 2) hergestellt, bei denen zwischen Laufschicht und Stützschicht noch eine Gleitzwischenschicht mit erhöhter Schwingfestigkeit aufgebracht wird.

7.9 Blei

Die Bedeutung von **Blei** und Bleilegierungen ist wegen deren Toxizität rückläufig. Es wird vermutet, dass die Verwendung von Blei für Trinkwasserleitungen und Gefäße durch die Römer zu größeren Bleivergiftungen geführt und damit zum Untergang dieses Weltreiches beigetragen hat.

7.9.1 Gewinnung und Eigenschaften von Blei

Blei lässt sich leicht aus Erzen durch Rösten und Reduktion mit Koks gewinnen und wird daher schon lange genutzt. Da außerdem die meisten Bleierze auch Edelmetalle, vor allem Silber enthalten, wird die Bleigewinnung aus diesen Erzen erst durch die Abtrennung und anschließende Aufarbeitung von Edelmetallkonzentraten wirtschaftlich.

Aufgrund der kubisch-flächenzentrierten Kristallstruktur und des niedrigen Schmelzpunktes (Tabelle 1, Seite 405) lässt sich Blei ausgezeichnet durch Walzen, Pressen und Ziehen hauptsächlich zu Blechen, Bändern und Rohren sowie durch verschiedene Gießverfahren verarbeiten. Infolge der ebenfalls niedrigen Rekristallisationstemperatur findet keine Kaltverfestigung statt. Daher braucht man nicht zu glühen, kann aber die geringe Festigkeit durch Legieren, häufig mit Antimon, auf bis zu 70 MPa steigern.

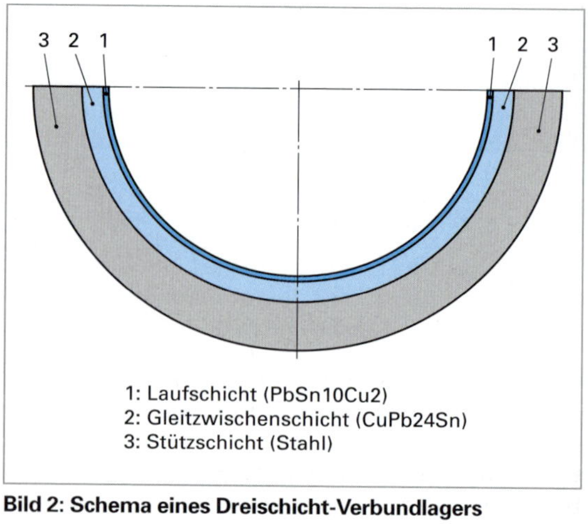

Bild 2: Schema eines Dreischicht-Verbundlagers

7.9.2 Bleiwerkstoffe

Unlegiertes Blei wird als **Weichblei,** im engeren Sinne auch als **Feinblei** (99,99 %) bezeichnet. Es werden daraus meist Bleche und Rohre für die chemische

Industrie und den Apparatebau hergestellt. Blei absorbiert gut Röntgen- bzw. Gammastrahlen und wird daher zum Strahlenschutz verwendet.

Mehr als die Hälfte des Bleis wird zur Herstellung von Akkumulatorenplatten verwendet. **Bleiakkumulatoren** sind trotz ihres hohen Gewichtes die am häufigsten eingesetzten Akkumulatoren. Sie besitzen eine lange Lebensdauer, sind leicht zu handhaben und gut zu recyceln. Bild 1, zeigt den Aufbau eines Bleiakkumulators. In einem Schwefelsäureelektrolyten (H_2SO_4) befinden sich eine Blei-(Pb) sowie eine Bleioxid(PbO_2)-Elektrode, die beim Entladevorgang:

Anode: $Pb + HSO_4^- \rightarrow PbSO_4 + H^+ + 2e^-$

Katode: $PbO_2 + HSO_4^- + 3H^+ + 2e^- \rightarrow PbSO_4 + 2H_2O$

eine Spannung von 2 Volt liefern. Beim Ladevorgang wird elektrische Energie zugeführt, die chemische Reaktion kehrt sich dabei um, der Gesamtwirkungsgrad beträgt ca. 70 %:

Anode: $PbSO_4 + H^+ + 2e^- \rightarrow Pb + HSO_4^-$

Katode: $PbSO_4 + 2H_2O \rightarrow PbO_2 + HSO_4^- + 3H^+ + 2e^-$

Tabelle 1: Physikalische und mechanische Eigenschaften von Blei

Atomare Daten	
Ordnungszahl	82
Atommasse	207,19 u
Atomdurchmesser	$3{,}500 \cdot 10^{-10}$ m
Kristallgittertyp[1]	kfz
Physikalische Kennwerte (20 °C)	
Dichte ϱ	11,35 kg/dm³
Schmelztemperatur ϑ_S	327 °C
Wärmedehnung α	$29 \cdot 10^{-6}$ 1/K (bei 0 °C)
Wärmeleitfähigkeit λ	35,2 W/(m · K)
Elektr. Leitfähigkeit $\varkappa$	4,8 m/(Ω · mm²)
Mechanische Kennwerte[2]	
Zugfestigkeit R_m	10 ... 15 MPa
Dehngrenze $R_{p0,2}$	7 ... 8 MPa
Bruchdehnung A	max 50 %
Elastizitätsmodul E	17,5 GPa

[1] kfz = kubisch-flächenzentriert

[2] Die Kennwerte sind von der chemischen Zusammensetzung (Reinheit) sowie vom Gefügezustand (z. B. geglüht, kaltverfestigt, usw.) abhängig. Die Angaben sind daher als Orientierungswerte zu verstehen.

Blei hat eine gute Korrosionsbeständigkeit durch die Bildung von Schutzschichten, die eine weitere Korrosion verhindern. Blei bildet mit Schwefelsäure eine dichte Bleisulfat- und mit Kohlensäure eine Bleicarbonatschicht. Trinkwasser enthält häufig gelöste Carbonate. Da aufgrund von Verbundnetzen die Trinkwasserzusammensetzung schwankt, kommt es durch Carbonat-armes Wasser zu einer Auflösung der bei stark Carbonat-haltigem Wasser gebildeten Bleicarbonatschicht und damit zu einer Anreicherung von Blei im Wasser in solchen Bleirohren. Da Bleiverbindungen giftig und schädlich sind, dürfen Bleirohre nicht mehr, wie früher üblich, für Trinkwasserleitungen benutzt werden.

Das wichtigste Legierungsmetall für Blei ist Antimon, das bis zu 13 % (eutektische Legierung) zugesetzt wird und als **Hartblei** bezeichnet wird. Wie der Name Hartblei andeutet, erhöht Antimon Festigkeit und Härte von Blei wie beispielsweise in der Druckgusslegierung GD-Pb80SbSn auf R_m = 74 MPa. Die Verwendung von Blei-Zinn-Legierungen als Weichlote und Lagermetalle wurden bereits erwähnt. **Bleilagermetalle** enthalten neben Zinn meistens auch Antimon und Blei-Alkali-Lagermetall neben Natrium (gelegentlich auch Barium), etwa 0,5% Calcium, das diesen Werkstoff aushärtbar macht. Als **Schriftmetall** werden Blei-Zinn-Legierungen unterschiedlicher Zusammensetzung bezeichnet, die früher im grafischen Gewerbe eingesetzt wurden. Aus Hartblei werden Rohre und Bleche für Installationen und Kabelmäntel sowie Schrot zum Jagen hergestellt.

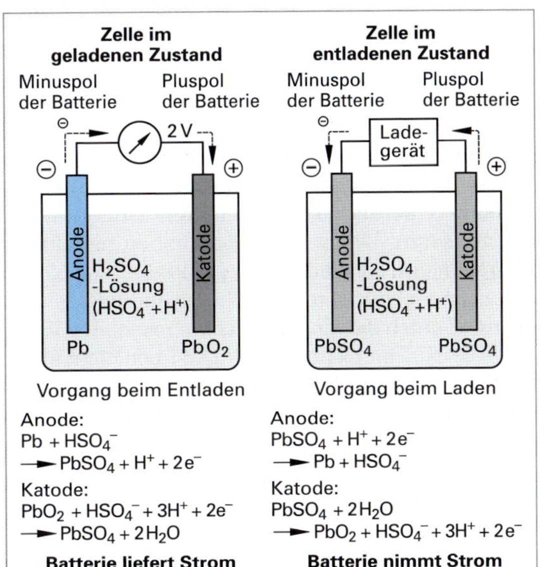

Bild 1: Aufbau und Vorgänge im Bleiakkumulator

7.10 Technisch weniger bedeutsame Metalle

Neben den bereits beschriebenen Metallen und deren Legierungen gibt es noch sehr viele Metalle, die zu Beginn des 21. Jahrhunderts (noch) keine besondere technische Bedeutung erlangt haben. Einteilung Zusammenfassung und Klassifizierung dieser Metalle ist schwierig, da heute nicht absehbare technische Entwicklungen Änderungen heutiger Klassifizierungen erfordern könnten. In Anlehnung an die Chemie wird eine Besprechung entsprechend dem Periodensystem der Elemente (Bild 1, Seite 21) vorgenommen, da die Stoffe einer Gruppe ähnliche Eigenschaften aufweisen.

7.10.1 Alkali- und Erdalkalimetalle

Die **Alkalimetalle** (Tabelle 1) haben in ihren chemischen Verbindungen große und wegen ihrer großen chemischen Reaktionsfähigkeit (insbesondere mit Wasser) als metallische Werkstoffe nur sehr geringe technische und wirtschaftliche Bedeutung. **Lithium** dient vor allem als Desoxidationsmittel in Kupferschmelzen, wodurch zusätzlich auch Wasserstoff entfernt wird. Um metallische Werkstoffe mit noch niedrigerer Dichte für die Automobilindustrie, Flugzeugindustrie oder Raumfahrt zu erhalten, wird Lithium (die Dichte von Lithium beträgt 0,534 kg/dm^3), Aluminium oder Magnesium zulegiert. Ein neues zukunftsträchtiges Anwendungsgebiet für Lithium sind Li-Ionen-Akkus. Sie werden vor allem für tragbare Geräte mit hohem Energiebedarf eingesetzt. Auch der Einsatz in Elektro- und Hybridfahrzeuge wird erwartet. **Aluminium-Lithium-Legierungen** mit 3 % Lithium bewirken eine Verminderung der Dichte um 10% sowie eine Erhöhung des Elastizitätsmoduls um 15 %, so dass durch Ausnutzen beider Eigenschaften 14 % Gewicht eingespart werden könnte. Reine AlLi-Legierungen haben sich nicht bewährt, da Sprödigkeitsprobleme auftraten und auch der deutlich höhere Preis den Einsatz dieser Legierungen behinderte. Die heutigen AlLi-Legierungen sind Mehrstofflegierungen, die vor allem noch Kupfer (0,5 % bis 3 %), Magnesium, Zirkonium, Mangan oder Cadmium enthalten (z.B. AlLi3CuMgZr), Kapitel 7.1.2.

Tabelle 1: Eigenschaften der Alkalimetalle

Element	Symbol	Kristall-gittertyp	Dichte kg/dm^3	Schmelz-temperatur °C	E-Modul GPa	Anwendungsbeispiele, Bemerkungen
Lithium	Li	krz[1)] hdP[2)]	0,534	180	11,7	Desoxidationsmittel, Legierungs-element für Al-, Mg-, Ti-, Pb-, (Cu-) Legierungen
Natrium	Na	krz	0,97	98	9,1	Legierungselement für Al-Legierungen
Kalium	K	krz	0,86	63	3,6	Flüssiges Kalium für Wärmetauscher
Rubidium	Rb	krz	1,53	39	n. b.	(Fotozellen)
Caesium	Cs	krz	1,90	28	1,75	(Fotozellen)

1) – 190 °C ... Schmelztemperatur 2) <-190°C n.b. = nicht bekannt

Eine **Magnesium-Lithium-Legierung** wie zum Beispiel MgLi14Al hat eine Dichte von 1,35 kg/dm^3 und ein kubisch-raumzentriertes Gitter und daher eine gegenüber dem reinem Magnesium verbesserte Verformbarkeit (Kapitel 7.2.4). Diese Legierung befindet sich noch in der Erprobungsphase, ebenso eine **Titan-Lithium-Legierung** mit 12 % Lithium. Lithium wird auch zu 0,04 % dem Bahnmetall, einem Blei-Lagermetall, zugesetzt. Lithium-Batterien haben bei einer recht hohen Zellenspannung von 3 V auch eine hohe Energiedichte von 300 Wh/kg verbunden mit einer geringen Selbstentladungsrate sowie einer relativ kleinen Leistungsminderung bei tiefen Temperaturen. Aus diesen Gründen, hohe Kapazität bei geringem Gewicht, könnten sie für elektrisch angetriebene Autos interessant werden. Diese hohe Energiedichte wurde in der Praxis mit bisher 100 Wh/kg noch nicht erreicht, wobei diese Zahl bereits etwa viermal so hoch wie die von herkömmlichen Blei-Batterien (20 Wh/kg... 40 Wh/kg) liegt. Wahrscheinlicher als mit Akkumulatoren angetriebene Elektroautos sind aber solche, in denen eingebaute Brennstoffzellen aus Wasserstoff elektrische Energie erzeugen und damit einen Elektromotor antreiben.

Natrium wird als Veredelungsmittel für Aluminium-Silicium-Gusslegierungen verwendet (Kapitel 7.1.3). Durch einen solchen Zusatz wird die feinkristalline Erstarrung des eutektischen Siliciums erzwungen, Natrium wirkt also wie ein Kornfeinungsmittel. Die Verwendung von Natriumdraht als elektrischer Leiterwerkstoff hat sich nicht durchsetzen können. Mögliche künftige Einsatzgebiete für flüssiges Natrium und auch **Kalium** könnte der Einsatz als Kühlmittel in Wärmetauschern bei hohen Temperaturen sein. Wichtige

Verbindungen des Natriums sind Kochsalz (NaCl) und Soda (Na_2CO_3). Das Düngemittel Kali ist meist Kalialaun, ein wasserhaltiges Kalium-Aluminium-Sulfat, wobei der Kaligehalt der prozentuale Anteil an K_2O bedeutet.

Größeren technischen Anwendungen des Erdalkalimetalls **Beryllium** (Tabelle 1) stehen vor allem der hohe Preis und die hohe Toxizität (**Berylliose**) gegenüber. Beryllium zählt auch zu den krebserzeugenden Arbeitsstoffen. Bleche aus reinem Beryllium werden als Röntgenstrahlfenster verwendet, da diese eine gute Durchlässigkeit für weiche Röntgenstrahlen aufweisen. Außerdem kann Beryllium als Neutronenquelle dienen. Die erste Erzeugung von Neutronen erfolgte durch Beschuss von Beryllium mit α-Strahlen (Helium-Atomkerne), wobei Kohlenstoff und Neutronen gebildet werden:

$$^{9}Be + {}^{4}He^{++} \rightarrow {}^{12}C + {}^{1}n + \gamma$$

Im Vergleich zu dem in der selben Gruppe stehenden Magnesium hat Beryllium mit 1285 °C einen erheblich höheren Schmelzpunkt, mit 1,85 kg/dm³ eine ähnlich niedrige Dichte. Es überzieht sich ebenfalls mit einer dichten Oxidschicht an Luft. Beryllium wird für Flugzeugbauteile bei höheren Temperaturen zwischen 600 °C und 750 °C verwendet. Häufiger werden jedoch BeAl-Legierungen mit 24 % bis 38 % Al in der Luft- und Raumfahrttechnik sowie für Präzisionsinstrumente eingesetzt.

Tabelle 1: Eigenschaften der Erdalkalimetalle

Element	Symbol	Kristallgitter-typ	Dichte kg/dm³	Schmelz-temperatur °C	E-Modul GPa[4]	Anwendungsbeispiele, Bemerkungen
Beryllium	Be	hdP[1]	1,85	1285	293	Be-Al-Legierung, Desoxidationsmittel, Al-, Mg-, Cu-Legierungen; toxisch
Magnesium	Mg	hdP	1,74	649	45	Druckgussteile (Kapitel 7.2.3.1)
Calcium	Ca	kfz[2]	1,56	840	20	Desoxidations- und Reduktionsmittel; Legierungselement für Pb, Mg
Strontium	Sr	kfz[3]	2,58	769	16	Legierungselement für Pb, Al
Barium	Ba	krz	3,58	725	9,8	Legierungselement für Pb

[1] α-Be (Niedertemperaturmodifikation) [2] < 350 °C [3] < 248 °C [4] GPa = Gigapascal = 10^9 Pa = 10^9 N/m²

Der überwiegende Anteil des Berylliums wird als Legierungszusatz zu Kupfer-Legierungen sowie in geringerem Maße bei Aluminium- und Magnesium-Legierungen verwendet. Die Be-Gehalte in Aluminium- und Magnesium-Legierungen sind niedrig (< 0,001 %) und ungefährlich, falls wirksame Absaugungen beim Schmelzen und Gießen verwendet werden. Für die Herstellung von CuBe-Legierungen mit einem Be-Gehalt von bis zu 3% müssen jedoch strenge Arbeitsschutzvorschriften eingehalten werden. In der Metallurgie wird Beryllium auch als Desoxidationsmittel verwendet.

Auch **Calcium** wird als Desoxidationsmittel für Kupfer-, Nickel-, Nickel-Chrom-Legierungen und einige Sonderstähle verwendet. Bei der Herstellung von Beryllium, Chrompulver, Zirkonium, Uran, Thorium und Titan dient Calcium als Reduktionsmittel. Als Legierungszusatz wird Calcium Blei- und Magnesium-Gusslegierungen zugesetzt. In wartungsfreien Akkumulatoren wird eine PbCaAl-Legierung verwendet. Auf die vielen bedeutsamen Calciumverbindungen, wie Kalk ($CaCO_3$), Gips ($CaSO_4$) oder Calciumcarbid (CaC_2) soll hier nicht eingegangen werden.

Noch geringere Bedeutung als Calcium haben die beiden übrigen Erdalkalimetalle Strontium und Barium. **Strontium** wird in geringen Mengen als Legierungselement in Bleiakkumulatoren und Aluminium-Silicium-Gusslegierungen eingesetzt. Bei der Kernspaltung (insbesondere bei der Explosion von Atombomben) gebildetes Sr 90-Isotop lagert sich anstelle von Calcium in den Knochen ab und kann zu einer Krebserkrankung führen. In der Pyrotechnik wird Strontiumnitrat als rotleuchtender Raketenleuchtstoff verwendet. **Barium** dient als Legierungsmetall in Bleilagermetallen (Bahnmetall). Wichtiger als das Metall sind die Verbindungen des Bariums, so als Oxid im ferrimagnetischen Werkstoff Bariumferrit ($BaO \cdot 6\,H_2O$) und Bariumtitanat ($BaTiO_3$), das den piezoelektrischen Effekt zeigt, also mechanische Schwingungen in elektrische Signale umwandeln kann und umgekehrt durch Anlegen einer Wechselspannung mechanische Schwingungen erzeugt (Kapitel 10.8.1.5). Bariumtitanat wird auch in PTC-Thermistoren (PTC = **P**ositiver

Temperatur Coeffizient) eingesetzt, die z. B. als thermischer Überlastungsschutz in Elektrogeräten verwendet werden (Kapitel 10.8.1.3). Das Sulfat $BaSO_4$, bekannt auch als Schwerspat, wird als Füllstoff oder Weißpigment in der Kunststoff-, Gummi- und Papierindustrie verwendet sowie als Kontrastmittel bei medizinischen Röntgenuntersuchungen. Bariumcarbonat ($BaCO_3$) wird als Flussmittel in der Glas- und Keramikindustrie eingesetzt.

7.10.2 Erdmetalle oder die Bor-/Aluminium-Gruppe

Von den Erdmetallen Bor, Aluminium, Gallium, Indium und Thallium hat nur Aluminium (Kapitel 7.1) als reines Metall und in Form von Legierungen größere technische Bedeutung (Tabelle 1).

Tabelle 1: Eigenschaften der Erdmetalle (Bor-/Aluminium-Gruppe)

Element	Symbol	Kristallgittertyp[1]	Dichte kg/dm³	Schmelztemperatur °C	E-Modul GPa[2]	Anwendungsbeispiele, Bemerkungen
Bor	B	rhomboedrisch[1]	2,46	2300	400	Legierungselement für Stähle, Desoxidations- und Kornfeinungsmittel, Borieren, Hartstoffe wie CBN
Aluminium	Al	kfz	2,69	660	66	Knet- und Gusslegierungen, Kapitel 7.1
Gallium	Ga	orthorhombisch	5,91	30	10	Halbleiter (GaAs)
Indium	In	tetragonal	7,31	157	10,7	Niedrig schmelzende Legierungen, Pb-, Al-, Ti-, Au-Legierungen
Thallium	Tl	hexagonal	11,85	304	8,1	Niedrig schmelzende Legierungen (Tl-Hg: – 60 °C)

[1] Beständigste Modifikation [2] GPa = Gigapascal = 10^9 Pa = 10^9 N/m²

Bor wird meistens als Halbmetall eingestuft. Metallischen Legierungen wie Stahl und Kupferlegierungen wird es nur in sehr geringen Mengen zur Desoxidation zugesetzt. In Aluminium-Legierungen dient es der Kornfeinung. Bor ist in Stahl bis zu 0,0006 % löslich und wirkt bereits in kleinsten Mengen kornfeinend und festigkeitssteigernd. Geringe Mengen von Bor werden zum Dotieren der Halbleiter Silicium und Germanium benötigt. Beim Borieren wird auf Stahl eine harte verschleißfeste Boridschicht erzeugt. Wegen des hohen Einfangquerschnitts für thermische Neutronen hat Bor in der Reaktortechnik (Borcarbid oder Kühlwasserzusatz, Borierung) eine gewisse Bedeutung. In Hartstoffen finden Borcarbid (B_4C) und kubisches Bornitrid (BN) Verwendung (Kapitel 10.7.3.3 und Kapitel 10.7.3.4).

Die Metalle **Indium** und **Thallium** werden hauptsächlich zur Herstellung niedrig schmelzender Legierungen (Tabelle 2, Seite 410) benutzt. Die eutektische Legierung Thallium-Quecksilber hat mit – 60 °C den niedrigsten Schmelzpunkt von allen metallischen Werkstoffen und wird daher für Tieftemperaturthermometer und als Kontaktflüssigkeit (anstelle von Quecksilber in Schaltröhren) benutzt. Indium hat noch eine geringe Bedeutung als Legierungsmetall für Blei, Aluminium, Titan und Gold sowie, wie bereits erwähnt, in Halbleitern wie InSb (Indiumantimonid). Der explodierende Verbrauch von Indium in Indiumzinnoxid in der Elektroindustrie hat zu einer Knappheit an Indium geführt. Indiumzinnoxid ist ein transparentes und leitfähiges Oxid (TCO-Material) und wird in Flüssigkeitsbildschirmen (LCD), Leuchtdioden, Touchscreens und Solarzellen eingesetzt. Ebenso wird hochreines **Gallium** in der Halbleiterindustrie als GaAs (Galliumarsenid) verwendet.

7.10.3 Kohlenstoff-/Silicium-Gruppe

Die beiden schwersten Elemente dieser Gruppe (Tabelle 1, Seite 409), Zinn (Kapitel 7.8) und Blei (Kapitel 7.9), sind schon lange genutzte und auch heute noch häufig verwendete Metalle, die übrigen Elemente Kohlenstoff, Silicium (Kapitel 7.4) und Germanium sind dagegen keine typischen Metalle.

Das Element **Kohlenstoff** kommt in zwei Modifikationen als Diamant oder als Graphit und daher auch in zwei unterschiedlichen Kristallgittern vor (Bild 1 und 3, Seite 520). Aufgrund dieser Unterschiede, die auf den Bindungen im Kristallgitter beruhen, ergeben sich verschiedene, fast gegensätzliche Eigenschaften und Anwendungen. Diamant ist der härteste Werkstoff und hat einen sehr hohen elektrischen Widerstand. Daher wird Diamant außer zu Schmuck hauptsächlich zum Trennen und Schleifen harter metallischer und keramischer Werkstoffe benutzt.

Tabelle 1: Eigenschaften der Elemente der Kohlenstoff/Silicium-Gruppe

Element	Symbol	Kristallgittertyp[1]	Dichte kg/dm³	Schmelztemperatur °C	E-Modul GPa[2]	Anwendungsbeispiele, Bemerkungen
Kohlenstoff	C	Hex. S.	2,27	3550		Graphit: Elektroden, Kontaktwerkstoff, Schmierstoff
		Diam.	3,51	[3]		Diamant: Hartstoff (Trennen, Schleifen)
Silicium	Si	Diam.	2,33	1411	115	Elektronikwerkstoff (Kapitel 7.4)
Germanium	Ge	Diam.	5,32	937	80	Halbleiter, Elektronikwerkstoff
Zinn	Sn	Tetrag.[4]	7,28	232	55	Knet- und Gusslegierungen (Kapitel 7.8)
Blei	Pb	kfz	11,34	327	16	Knet- und Gusslegierungen (Kapitel 7.9)

[1] Hex.S. = hexagonales Schichtgitter, Diam. = Diamantstruktur
[2] GPa = Gigapascal = 10^9 Pa = 10^9 N/m²
[3] Geht bei Erwärmung über 1500 °C (unter Luftabschluss) in Graphit über
[4] Tetragonal raumzentriert oberhalb 13,2 °C

Graphit wird vor allem für die Herstellung von Elektroden und elektrischen Kontaktwerkstoffen verwendet. Neben den Elektroden von Lichtbogenöfen oder bei der Schmelzflusselektrolyse von Aluminium werden auch Schmelztiegel, Formschwärze und Kokillenschlichte aus Graphit hergestellt. Außerdem ist Graphit ein geeigneter Festschmierstoff.

In neueren Kohlewerkstoffen, wie Graphitfolien und in den **Kohlenstofffasern,** wird die Anisotropie der mechanischen Eigenschaften ausgenutzt. Die Faserrichtung ist parallel zu den Graphitschichten. Die Zugfestigkeit (R_m) der Kohlefasern liegt zwischen 2000 MPa und 3000 MPa, der Elastizitätsmodul zwischen 200 GPa und 400 GPa. Aufgrund der geringen Dichte von 1,80 kg/dm³ ergibt sich eine maximale **Reißlänge** von 170 km, die zehnmal größer ist als die von einem hochfesten Stahl mit R_m = 1300 MPa. Diese Fasern werden zu kohlefaserverstärkten Kunststoffen verarbeitet und aufgrund ihres geringen Gewichtes u. a. in der Flugzeugindustrie (z. B. Höhenleitwerk Airbus) eingesetzt.

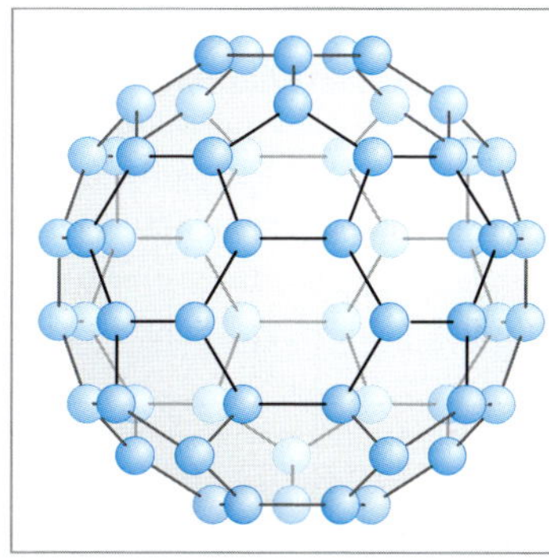

Bild 1: Molekülstruktur von C_{60} (Fulleren)

ⓘ Information

Reißlänge

Die **Reißlänge** l_r ist ein in der Textil- und Fasertechnik verbreiteter Kennwert. Die Reißlänge ist das Verhältnis aus Festigkeit R_m und Wichte γ, wobei die Wichte γ das Produkt aus Dichte ϱ und Erdbeschleunigung g ist:

$l_r = R_m / \gamma$ in m mit $\gamma = \varrho \cdot g$ in N/m³ und R_m in N/m².

Die Reißlänge gibt also an, wie lang ein Strang aus dem betreffenden Werkstoff sein könnte, bis er unter seinem Eigengewicht reißen würde.

Neue Werkstoffe könnten auch auf der Basis der so genannten **Fullerene** entwickelt werden. Fullerene sind große Kohlenstoffmoleküle (Bild 1), die beispielsweise aus 60 C-Atomen (C_{60}) bestehen, die eine Kugeloberfläche bilden. Durch Anfüllen des Innenraums mit anderen Stoffen, lassen sich verschiedene interessante Eigenschaften erzielen.

Der Halbleiter **Germanium** hat seine Bedeutung für den Bau von Transistoren an **Silicium** abgeben müssen, da Siliciumhalbleiter bis 150 °C, Germaniumhalbleiter jedoch nur bis 75 °C eingesetzt werden können. Germaniumhalbleiter sind für hochfrequente (GHz- = 10^9 Hz-Bereich) Bauelemente günstig. Die hohe Durchlässigkeit für infrarotes Licht führte zu größeren Anwendungen im Bereich der Infraoptik (Spezialgläser für Nachtsichtgeräte, Filter, Linsen u. a.). Solarzellen aus einer Silicium-Germanium-Legierung befinden sich noch in der Entwicklungsphase.

7.10.4 Metalle der 5. Hauptgruppe

Der metallische Charakter der Elemente dieser Gruppe (Tabelle 1) nimmt mit zunehmender Atommasse (oder Periode) zu. Stickstoff und Phosphor sind Nichtmetalle, Arsen wird zu den Halbmetallen, Antimon und Bismut zu den Metallen gerechnet.

Arsen hat im Halbleiter GaAs (Galliumarsenid) bereits in Handy-Chips große Bedeutung erlangt. Der Anteil von Arsen als Legierungsmetall in Kupfer- und Bleilegierungen ist gering. Von großem Nachteil für die Verwendung von Arsen ist auch dessen hohe Toxizität, die insbesondere in der Verbindung Arsenwasserstoff schon in geringen Mengen stark gesundheitsschädigend wirkt. Geringe Mengen von **Antimon** werden als Legierungselement in Blei-, Zinn- und Kupferlegierungen eingesetzt. Ob Antimon im Halbleiter InSb (Indiumantimonid) eine größere Bedeutung erlangt, lässt sich heute noch nicht sagen, zumal auch Antimon toxisch ist.

Tabelle 1: Eigenschaften der Metalle der 5. Hauptgruppe

Element	Symbol	Kristallgitter-typ	Dichte kg/dm³	Schmelz-temperatur °C	E-Modul GPa[2)]	Anwendungsbeispiele, Bemerkungen
Arsen	As	rhomboedrisch	5,73	815[1)]	–	Halbmetall, toxisch Cu-, Pb-Legierungen
Antimon	Sb	rhomboedrisch	6,69	630	56	Cu-, Pb-, Sn-Legierungen
Bismut	Bi	rhomboedrisch	9,80	271	33	Schmelzlegierungen (niedrige Schmelztemperatur)

[1)] Bei p = 2,9 MPa, Sublimationstemperatur: 633 °C. [2)] GPa = Gigapascal = 10^9 Pa = 10^9 N/m²

Bismut hat wegen seines Schmelz- und Erstarrungsverhaltens, insbesondere in Legierungen, eine gewisse Bedeutung erlangt. Man spricht daher auch von **Schmelzlegierungen**, wie **Wood'sches Metall** (BiPb25Sn13Cd10), **Rose'sches Metall** (BiPb28Sn22) u. a., deren Schmelztemperatur häufig unter 100 °C liegt, so dass sie von kochendem Wasser aufgeschmolzen werden können (Tabelle 2).

Tabelle 2: Zusammensetzung und Schmelzpunkte bismuthaltiger Schmelzlegierungen

Bezeichnung	Bi %	Pb %	Sn %	Cd %	Andere Metalle in %	Schmelztemperatur °C
CdBi	60	–	–	40	–	144
InBi	33,7	–	–	–	In: 66,3	72
BiIn	67	–	–	–	In: 33	109
PbBi	56,5	43,5	–	–	–	125
BiSn	67	–	43	–	–	139
BiPbSn	52	32	16	–	–	96
BiPbCd	52	40	–	8	–	92
BiSnCd	54	–	26	20	–	102
BiSnZn	56	–	40	–	Zn: 4	130
BiSnIn	58	–	26	–	In: 16	79
BiPbTl	55,2	33,3	-	–	Tl: 11,5	91
BiPbSnCd	50	26,7	13,3	10	–	70
BiInPbSn	49,4	18	11,6	–	In: 21	57
BiSnCdTl	49,1	–	23,5	18,2	Tl: 9,2	94,6
BiPbInSnCd	44,7	22,6	8,3	5,3	In: 19,1	47

Außerdem sind Bismut (und seine Legierungen bis ca. 50 % Bi) und Wasser die einzigen Stoffe, deren Volumen beim Erstarren zunimmt. Bismut-Legierungen werden eingesetzt als Kerne für dünnwandige Rohre oder Formstücke, als Niedertemperaturlot (S-Bi57Sn43, 138 °C) oder zur Fixierung und Halterung unregelmäßig geformter Teile für die spanende Bearbeitung. Ein weiteres Anwendungsgebiet sind Schmelzsicherungen in Feuerwarngeräten und in automatischen Berieselungsanlagen.

7.10.5 Metalle der 6. Hauptgruppe

Die Elemente dieser Gruppe des Periodischen Systems werden auch als **Chalkogene** (Erzbildner) bezeichnet, was insbesondere für die leichten Elemente Sauerstoff und Schwefel zutrifft. Diese werden zu den Nichtmetallen, Selen wird zu den Halbmetallen, Tellur und das radioaktive Polonium zu den Metallen gerechnet (Tabelle 1, Seite 411).

Tabelle 1: Eigenschaften der Metalle der 6. Hauptgruppe

Element	Symbol	Kristallgittertyp	Dichte kg/dm³	Schmelztemperatur °C	E-Modul GPa[3]	Anwendungsbeispiele, Bemerkungen
Selen	Se	hexagonal	4,80	221[1]	53,8	Graues Se: Elektronikwerkstoff für Belichtungsmesser, Gleichrichter; Halbleiter
Tellur	Te	hexagonal	6,25	449	41,2	Legierungselement für Cu, Pb; Halbleiter
Polonium	Po	kubisch[2]	9,32	254	–	Radioaktiv

[1] Schmelztemperaturen: Graues Se: 221 °C, rotes Se: 180 °C [2] α-Polonium, stabil bis 100°C [3] GPa = Gigapascal = 10^9 Pa = 10^9 N/m²

Die Elemente der 6. Gruppe des Periodischen Systems **Selen** und **Tellur** sind aufgrund ihrer Eigenschaften den Halbleitern zuzurechnen. Das „Schwermetall" Tellur hat eine geringe Bedeutung als Legierungszusatz in Kupfer- und Bleilegierungen sowie zusammen mit Magnesium in grauem Gusseisen mit Kugelgraphit. In Kopiergeräten werden Selen, Selen-Tellur-Legierungen oder As_2Se_3 eingesetzt. Tellur verbessert die spanende Bearbeitbarkeit (Bleiersatz) von Legierungen (z. B. Cu-Te) und wird wartungsfreien Bleiakkumulatoren zugesetzt. Das leichtere Selen hat als Legierungszusatz noch geringere Bedeutung als Tellur. Größere Anwendung findet jedoch (graues) Selen als Halbleiter in Gleichrichtern und Fotoelementen, Belichtungsmessern und Lichtschranken. Solarzellen aus $CuInSe_2$ nutzen den roten Teil des Lichtspektrums besser aus als Siliciumzellen.

7.10.6 Silber und Gold

Alle **Edelmetalle** gehören zu den Schwermetallen. In der 1. Nebengruppe des Periodischen Systems stehen die Metalle Kupfer (Kapitel 7.5), Silber und Gold. Das technisch bedeutsamste Edelmetall ist **Silber.** Abgesehen von der Verwendung von Silber und Silberlegierungen in der Schmuck- und Kunstgewerbeindustrie oder als Tafelsilber wird Silber in der Elektroindustrie als Kontaktmaterial wegen seiner hohen elektrischen Leitfähigkeit, der besten aller Metalle, und guten Korrosionsbeständigkeit benutzt (Tabelle 2). Die Festigkeit, Beständigkeit und Abbrandfestigkeit wird durch Zusätze, wie Cadmium, Kupfer oder Nickel, beträchtlich erhöht. Silber überzieht sich an der Luft mit einer dünnen leitenden Oxidschicht. In schwefelhaltiger Atmosphäre bildet sich auf der Oberfläche eine Schicht aus schwarzem Silbersulfid, wie es von Silberbestecken als Anlaufen bekannt ist. Bei elektrischen Kontakten wird der elektrische Widerstand durch Silbersulfid erheblich erhöht.

Tabelle 2: Physikalische und mechanische Eigenschaften von Silber

Atomare Daten	
Ordnungszahl	47
Atommasse	107,87 u
Atomdurchmesser	$2{,}889 \cdot 10^{-10}$ m
Kristallgittertyp[1]	kfz
Physikalische Kennwerte (20 °C)	
Dichte ϱ	10,49 kg/dm³
Schmelztemperatur ϑ_S	961 °C
Wärmedehnung α	$19 \cdot 10^{-6}$ 1/K (bei 0 °C)
Wärmeleitfähigkeit λ	427 W/(m · K)
Elektr. Leitfähigkeit $\varkappa$	62,9 m/(Ω · mm²)
Mechanische Kennwerte[2]	
Zugfestigkeit R_m	300 MPa
Dehngrenze $R_{p0,2}$	55 MPa
Bruchdehnung A	max 60 %
Elastizitätsmodul E	72,4 GPa

[1] kfz = kubisch-flächenzentriert
[2] Die Kennwerte sind von der chemischen Zusammensetzung (Reinheit) sowie vom Gefügezustand (z. B. geglüht, kaltverfestigt, usw.) abhängig. Die Angaben sind daher als Orientierungswerte zu verstehen.

Neben Kupfer und Kupferlegierungen werden silberhaltige **Hartlote** (Kapitel 4.4.2.6), die alte Bezeichnung lautet „Silberlote", zum Löten von Schwermetallen verwendet. Diese Silberlote (Tabelle 1, Seite 118) werden vor allem zur Herstellung von Verbindungen (höhere Festigkeit als beim Weichlöten) bei Stählen, Kupfer- und Nickellegierungen verwendet.

Gold (Tabelle 1, Seite 412) ist weich und lässt sich zu sehr dünnen Folien (Blattgold) umformen. Für Schmuck-, Münz- und Dentallegierungen wird Gold legiert mit Kupfer, Silber oder Palladium (**Zahngold**). Der Goldgehalt von Schmucklegierungen wird als Feingold oder in **Karat** (100 % Au = 1 000 Teile Feingold = 24 Karat, 750 Teile = 18 Karat) angegeben.

Neben den Metallen Silber und Quecksilber werden auch Gold und die Platinmetalle als Kontaktwerkstoffe eingesetzt. Treten, wie beispielsweise in der Nachrichtentechnik, nur geringe Schaltleistungen auf, muss die Kontaktfläche metallisch rein bleiben, es dürfen sich keine Korrosions- oder Fremdschichten bilden. Diese Eigenschaften erfüllen Edelmetalle und deren Legierungen, die aus Kostengründen oft nur als dünne Schichten aufgebracht werden.

7.10.7 Metalle der 2. Nebengruppe

In der gleichen Gruppe des Periodischen Systems wie Zink, stehen noch die Metalle Cadmium und Quecksilber (Tabelle 2). Beide sind toxisch (auch bei starken Rauchern können Cadmiumvergiftungen auftreten, da Tabak etwa 2 ppm Cd enthält). **Cadmium** besitzt ähnliche Eigenschaften wie das Metall Zink. Entsprechend hat Cadmium auch hauptsächlich metalltypische Anwendungen. Schützende Überzüge aus Cadmium auf Stahl und Eisen werden durch Galvanisieren oder Plattieren aufgebracht. Es können sehr dünne, glatte korrosionsbeständige Überzüge erzeugt werden, die entweder durch Eintauchen in verdünnte Salpetersäure oder Chromsäure passiviert werden oder als Unterlage für Nickel- oder Chromschichten dienen. Als Legierungsbestandteil wird Cadmium in Kupfer-, Silber-, Aluminium-, Zinn- und Bleilegierungen (siehe dort) eingesetzt.

Tabelle 1: Physikalische und mechanische Eigenschaften von Gold

Atomare Daten	
Ordnungszahl	79
Atommasse	196,97 u
Atomdurchmesser	$2{,}884 \cdot 10^{-10}$ m
Kristallgittertyp[1]	kfz
Physikalische Kennwerte (20 °C)	
Dichte ϱ	19,32 kg/dm³
Schmelztemperatur ϑ_S	1063 °C
Wärmedehnung α	$14 \cdot 10^{-6}$ 1/K (bei 0 °C)
Wärmeleitfähigkeit λ	315 W/(m · K)
Elektr. Leitfähigkeit $\varkappa$	42,6 m/(Ω · mm²)
Mechanische Kennwerte[2]	
Zugfestigkeit R_m	220 MPa
Dehngrenze $R_{p0,2}$	40 MPa
Bruchdehnung A	max 50 %
Elastizitätsmodul E	74,5 GPa

[1] kfz = kubisch-flächenzentriert
[2] Die Kennwerte sind von der chemischen Zusammensetzung (Reinheit) sowie vom Gefügezustand (z. B. geglüht, kaltverfestigt, usw.) abhängig. Die Angaben sind daher als Orientierungswerte zu verstehen.

Tabelle 2: Eigenschaften der Metalle der 2. Nebengruppe

Element	**Symbol**	**Kristall-gitter-typ**	**Dichte** kg/dm³	**Schmelz-temperatur** °C	**E-Modul** GPa[3]	**Anwendungsbeispiele, Bemerkungen**
Zink	Zn	hdP[1]	7,13	419	100	Guss- und Knetlegierungen (Kapitel 7.7)
Cadmium	Cd	hdP[1]	8,64	321	64	Cu-, Ag-, Al-, Sn-, Pb-Legierungen, Cadmieren, Reaktortechnik
Quecksilber	Hg	hdP[2]	13,55	– 39	–	Amalgam (Hg-Legierungen), Thermometer, Schaltröhren

[1] Vom geometrisch gleichmäßigen Aufbau abweichend (gestreckt) [2] Von der geometrisch idealen Form abweichend
[3] GPa = Gigapascal = 10^9 Pa = 10^9 N/m²

Wiederaufladbare NiCd-Batterien erlangen eine immer größere Bedeutung. In den Verbindungen CdS und CdSe stehen Halbleiter zur Verfügung, die als fotoelektrische Bauelemente (Fotowiderstände u. Ä.) verwendet werden. Cadmium wirkt stark Neutronen absorbierend (sowohl als reines Metall als auch in Lösungen oder Legierungen) und wird daher auch zum Regeln oder Abschalten von Kernreaktoren eingesetzt.

Die Bedeutung von **Quecksilber** beruht vor allem auf seinem niedrigen Schmelzpunkt (– 39 °C). Da es bei den gängigen Temperaturen flüssig ist, wird es in Thermometern und in Schaltröhren benutzt. Quecksilber löst viele Metalle, die entstehenden Legierungen werden **Amalgame** genannt. Bekannt ist Silberamalgam für Zahnfüllungen. Zinnamalgame dienen als Spiegelbelag. Aus Erzen werden Silber und Gold unter Amalgambildung herausgelöst und vom tauben Gestein abgetrennt. Danach wird das Quecksilber aus dem Amalgam durch Destillieren abgetrennt und die reinen Edelmetalle gewonnen.

7.10.8 Scandium, Yttrium und die Seltenerdmetalle

Die Elemente der 3. Nebengruppe (Tabelle 1, Seite 413), Scandium und Yttrium, werden auch als **Yttererden** bezeichnet. Im weiteren Sinn zählen sie zu den Seltenerdmetallen. Die Seltenerdmetalle werden auch **Lanthanoide** genannt und umfassen die Elemente mit den (chemischen) Ordnungszahlen 58 bis 71.

Scandium hat als Legierungselement zum Aluminium (Aluminium-Scandium-Legierungen) eine gewisse technische Bedeutung. Bei eventuell möglichen künftigen Anwendungen lässt es sich vermutlich durch das billigere **Yttrium** ersetzen. Yttrium ist nach Cer das zweithäufigste Seltenerdmetall. In keramischen Werkstoffen, insbesondere bei den so genannten **Sialon-Werkstoffen** (Silicium-Aluminium-Oxynitride), bewirken Zusätze von Yttriumoxid Steigerungen von Festigkeit und chemischer Beständigkeit.

Die **Seltenerdmetalle** haben bisher nur eine geringe technische Bedeutung erlangt. **Cer** wird auch anstelle von Magnesium bei der Erschmelzung von grauem Gusseisen mit Kugelgraphit zugesetzt, um die Ausbildung von Graphitkugeln zu bewirken (Kapitel 6.6.3.4). In Aluminium- und Magnesium-Legierungen wirken Cerzusätze kornfeinend und damit festigkeitssteigernd. Zündmetalle für Feuerzeuge oder Gasanzünder enthalten etwa 74 % Cermischmetall (Mischung von Seltenerdmetallen mit ca. 50 % Cer als Hauptbestandteil). In Form ihrer Oxide finden Seltenerdmetalle sowie Yttrium weitere Anwendungen, wie z. B. in Leuchtstoffen oder auch künftigen Hochtemperatursupraleitern.

Tabelle 1: Eigenschaften von Scandium, Yttrium und ausgewählten Seltenerdmetallen

Element	Symbol	Kristall-gittertyp	Dichte kg/dm³	Schmelz-temperatur °C	E-Modul GPa[3]	Anwendungen, Bemerkungen
Scandium	Sc	hdP[1]	2,99	1539	75,5	Legierungselement zum Aluminium
Yttrium	Y	hdP[2]	4,47	1523	63,6	Yttriumoxid in keramischen Werkstoffen
Lanthan	La	hdP[3]	6,16	920	38,4	–
Cer	Ce	kfz	6,77	798	30,6	Al-, Mg-Legierungen, Sphäroguss, Zündmetall

[1] bis 1000 °C [2] > 1478 °C: kfz [3] GPa = Gigapascal = 10^9 Pa = 10^9 N/m²

7.10.9 Metalle der 4. Nebengruppe

Die Metalle der 4. Nebengruppe (Tabelle 2) haben unterschiedliche technische Bedeutung erlangt. Das technisch wichtigste Metall Titan (Kapitel 7.3) ist noch ein Leichtmetall und das schwerere Zirconium (Zirkon ist der Name des Minerals $ZrSiO_4$) wird seit einigen Jahren in der Reaktortechnik als Hüllmaterial für Brennstäbe (Bild 1, Seite 414) eingesetzt. Hafnium hat bisher kaum technische Verwendung gefunden.

Tabelle 2: Eigenschaften der Metalle der 4. Nebengruppe

Element	Symbol	Kristallgittertyp	Dichte kg/dm³	Schmelz-temperatur °C	E-Modul GPa[1]	Anwendungsbeispiele, Bemerkungen
Titan	Ti	α-Ti (< 882 °C): hdP β-Ti (> 882 °C): krz	4,51	1670	111	Knetlegierungen (Kapitel 7.3)
Zirconium	Zr	α-Zr (< 862 °C): hdP β-Zr (> 862 °C): krz	6,41	1852	69,7	Reaktortechnik (Hüllmaterial für Brennstäbe)
Hafnium	Hf	α-Hf (< 1775 °C): krz	13,31	2227	141	(Reaktortechnik)

[1] GPa = Gigapascal = 10^9 Pa = 10^9 N/m²

Zirconium, legiert als Werkstoff ZrSn1,5 (bekannt unter dem Namen **Zircaloy 2**), hat gute Durchlässigkeit für die beim Kernspaltungsprozess benötigten thermischen Neutronen, man spricht von einem kleinen Wirkungsquerschnitt. Zirconiumerze enthalten immer Hafnium, das einen fast 500fach größeren Wirkungsquerschnitt hat, und daher aus dem Zirconium entfernt werden muss. In anderen technischen Eigenschaften ist Zirconium dem Leichtmetall Titan sehr ähnlich und übertrifft dieses sogar noch in der Korrosionsbeständigkeit. Unlegiertes Zirconium (Hf-haltig) gelangt in der chemischen Verfahrenstechnik zum Einsatz, wenn Nickellegierungen oder rostfreie Stähle nicht mehr ausreichen. Der etwa 10fache Preis verhindert jedoch weitere Anwendungsgebiete für Zirconium. Als keramischer Werk-

Information

Wirkungsquerschnitt

Der **Wirkungsquerschnitt** ist ein Maß für die Wahrscheinlichkeit des Eintritts einer Kernreaktion und gibt den Querschnitt um einen Atomkern an, in dem ein Teilchen, hier ein thermisches (= langsames) Neutron, eine Reaktion auslöst. Er wird angegeben in 10^{-30} m².

stoff kommt Zirconiumdioxid (ZrO_2) beispielsweise in Ziehringen und Strangpressmatrizen zum Einsatz (Kapitel 10.6.2).

Hafnium ist ein Abfallprodukt der Zirconiumgewinnung. Die Produktion von Hafnium übersteigt den Bedarf, da es kaum eine technische Bedeutung besitzt. Regel- oder Steuerstäbe aus Hafnium kommen in den Reaktoren von atomar angetriebenen U-Booten zum Einsatz. In Legierungen kann es andere Carbidbildner wie Tantal ersetzen (z. B. in Werkzeugstählen).

7.10.10 Metalle der 5. Nebengruppe

Die Metalle der 5. Nebengruppe (Tabelle 1), Vanadium, Niob und Tantal, haben vor allem als Legierungszusätze für Stähle Bedeutung erlangt. Sie sind kubisch-raumzentriert und bilden mit Kohlenstoff sehr stabile Carbide.

Vanadium wird als Legierungselement in geringen Mengen Stahl und Gusseisen sowie Titanlegierungen zugesetzt. Vanadiumcarbide verbessern insbesondere in Warm- und Schnellarbeitsstählen die Warmfestigkeit und vermindern den Verschleiß. Außerdem wirkt Vanadium in Stählen stark kornfeinend und wird deswegen auch in Feinkornbaustählen (Kapitel 6.5.3.1) verwendet. Vanadium begünstigt in Titanlegierungen die Ausbildung der kubisch-raumzentrierten Kristallstruktur (Werkstoffe TiV13Cr11Al13 oder TiAl6V4).

Auch **Niob** (engl. Columbium) wirkt in Stählen kornfeinend und wird daher sowohl in Feinkornbaustählen (Kapitel 6.5.3.1) als auch in ferritischen und austenitischen Stählen als Stabilisator zur Vermeidung von interkristalliner Korrosion benutzt (Kapitel 4.4.1.3). In beiden Fällen beruht dies auf der starken Affinität zu Kohlenstoff und der hohen chemischen Beständigkeit der Carbide des Niobs. Geringere Bedeutung haben Niob und Nioblegierungen in der Elektronik, Luft- und Raumfahrttechnik sowie in der chemischen Industrie (säurebeständig). Die Bedeutung der intermetallischen Verbindungen Nb_3Sn oder Nb_3Ge als Supraleiter nimmt nach der Entdeckung der keramischen Hochtemperatursupraleiter ab.

Tantal wird unter anderem für elektronische Kondensatoren verwendet. Auch in der chemischen Industrie, in der Medizintechnik (Implantate u. Ä.) sowie in der Hochtemperaturtechnik kommen Werkstoffe aus Tantal zum Einsatz.

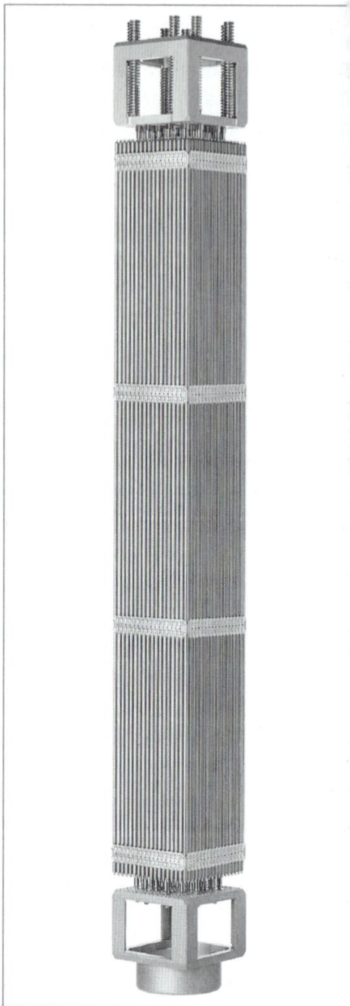

Bild 1: Brennelement für Siedewasserreaktor
Verschweißte Hüllrohre und Abstandhalter aus Zircaloy

Tabelle 1: Eigenschaften der Metalle der 5. Nebengruppe

Element	Symbol	Kristall-gitter-typ	Dichte kg/dm³	Schmelz-temperatur °C	E-Modul GPa	Anwendungsbeispiele, Bemerkungen
Vanadium	V	krz	6,09	1915[1]	130	Legierungselement für Stähle, Gusseisenwerkstoffe und Ti-Legierungen
Niob	Nb	krz	8,57	2468	160	Legierungselement für Stahl, Nb-Legierungen, Elektronik, Raumfahrt
Tantal	Ta	krz	16,68	2996	189	Legierungen für die Hochtemperaturtechnik

[1] Der Schmelzpunkt kann sich durch geringe Mengen von H, C, N oder O beträchtlich erhöhen

7.10.11 Metalle der 6. Nebengruppe

Die Metalle der 6. Nebengruppe (Tabelle 1, Seite 415), Chrom, Molybdän und Wolfram, sind kubisch-raumzentriert. Die Einordnung dieser Metalle als technisch weniger bedeutsame Metalle ist fragwürdig. Diese Metalle werden vor allem als Legierungselemente für Stähle eingesetzt, sie sind demnach bedeutend. Sie gehören zu den Carbidbildnern, d. h. sie bilden mit dem Kohlenstoff thermodynamisch stabilere Carbide ls Eisen und erhöhen dadurch die Anlassbeständigkeit der Stähle (Kapitel 6.4.5.2). Sie haben aber auch ür andere Anwendungen technische Bedeutung erlangt.

Tabelle 1: Eigenschaften der Metalle der 6. Nebengruppe

Element	Symbol	Gitter	Dichte kg/dm³	Schmelz-temperatur °C	E-Modul GPa[1)]	Anwendungsbeispiele, Bemerkungen
Chrom	Cr	krz	7,21	1860	160	Legierungselement für Stähle, Gusseisenwerkstoffe sowie für Cu-, Ni- und Ti-Legierungen
Molybdän	Mo	krz	10,22	2617	336	Heizleiter, Hochtemperaturtechnik, Legierungselement für Stähle, Gusseisenwerkstoffe und Ni-Legierungen
Wolfram	W	krz	19,26	3410	415	Heizwendel (Glühlampen u. Ä.), Legierungselement für Stähle und Co-Legierungen

[1)] GPa = Gigapascal = 10^9 Pa = 10^9 N/m²

Chrom wird hauptsächlich als Legierungsmetall für (nahezu alle legierten) Stähle und Gusseisenwerkstoffe sowie für Nickel-, Kupfer- und Titanlegierungen genutzt. In großem Maße wird Chrom elektrolytisch zum Oberflächenschutz von Stählen u. a. verwendet. Diese Überzüge sind hochglänzend, sehr hart (bis zu 70 HRC beim Hartverchromen) und äußerst korrosionsbeständig, da sie weder an Luft noch unter Wasser oxidieren. Als **Chromieren** bezeichnet man ein Metall-Diffusionsverfahren zur Verbesserung der Korrosionsbeständigkeit sowie zum Teil auch der Härte und Verschleißbeständigkeit (Stähle mit höherem C-Gehalt). Beim Chromieren diffundiert Chrom bei Temperaturen von 1000 °C ... 1150 °C/6h ... 12h in die oberflächennahe Randschicht ein.

Molybdän wird hauptsächlich als Legierungsmetall für verschiedene Stähle und Gusseisen sowie für Nickellegierungen verwendet. In der Elektroindustrie wird Molybdändraht als Stützdraht in Glühlampen sowie Molybdänbleche in Elektronenröhren und als Kontaktmaterial eingesetzt. Die Verwendung von Molybdän als Heizleiter erfordert eine Schutzgasumgebung. Molybdän-Legierungen wie TZM (0,02 % C, 0,5 % Ti, 0,1 % Zr, Rest Mo) oder Molybdän-Wolfram übertreffen Formstähle bei Kokillen- und Druckgießformen hinsichtlich der Standzeit infolge der wesentlich höheren Warmfestigkeit. Auch andere hochtemperaturbeständige Teile aus Molybdän-Legierungen werden in der Flugzeug- und Raketenindustrie benutzt. Molybdändisulfid (MoS_2) hat große Bedeutung als Trockenschmiermittel.

Tabelle 2: Zusammensetzung und Eigenschaften (Anhaltswerte) von Hartmetallen nach DIN ISO 513

Anwendungsgruppe	Eigenschaften	Zusammensetzung[1)] WC %	TiC + TaC %	Co %	Härte HV	Biegefestigkeit MPa	Druckfestigkeit MPa	Dichte kg/dm³
P02	↑ Schnittgeschwindigkeit, Verschleißbeständigkeit; ↓ Zähigkeit, Vorschub	33	59	8	1.650	800	5.100	k.A.
P10		55	36	9	1.600	1.300	5.200	10,6
P20		76	14	10	1.500	1.500	5.000	12,1
P30		82	8	10	1.450	1.800	4.800	13,0
P40		74	12	14	1.350	1.900	4.600	k.A.
P50		79,5	6,5	14	1.300	2.000	4.000	k.A.
M10		84	10	6	1.700	1.350	6.000	13,1
M15		81	12	7	1.550	1.550	5.500	13,3
M20		82	10	8	1.550	1.650	5.000	k.A.
M40		79	6	15	1.350	2.100	4.400	k.A.
K03		92	4	4	1.800	1.200	6.200	k.A.
K05		92	2	6	1.750	1.350	6.000	15,1
K10		92	2	6	1.650	1.500	5.800	14,9
K20		92	2	6	1.550	1.700	5.500	14,7
K30		92	0	7	1.400	2.000	4.600	14,5
K40		88	0	12	1.300	2.200	4.500	14,2

[1)] Angaben in Masse-% k.A. = keine Angabe

Wolfram wird hauptsächlich für **Hartmetalle** oder **Cermets** (Kapitel 10.7.2.1 und Tabelle 2, Seite 415) verwendet, in denen Wolframcarbid (WC), in geringerem Maße auch TiC und/oder TaC, als Schneidwerkstoff genutzt werden. Der hohe Schmelzpunkt von 3410 °C erschließt für dieses Metall Anwendungen im Hochtemperaturbereich. Am bekanntesten sind Drähte in Glühlampen aus Wolfram. Aber auch Katoden- oder Anodenmaterial in Glühkatoden und Röntgenröhren, elektrische Kontakte und Schweißelektroden werden aus Wolfram hergestellt. Bei der Verwendung als Heizleiter gelten für Wolfram die gleichen Bedingungen (Schutzgas) wie für Molybdän. Sinterlegierungen auf Wolframbasis (meist mit Nickel oder Kupfer) haben ebenfalls hervorragende Warmfestigkeit und Temperaturwechselfestigkeit. Wolfram wird Stählen und Superlegierungen (Kapitel 7.6.2) bzw. Cobaltlegierungen (Stellite) als Legierungselement, bei Stählen meist in Form von Ferrowolfram, zugesetzt.

7.10.12 Mangan und Cobalt

Bei den verbliebenen restlichen Metallen wird von der Einteilung und Ordnung nach den Gruppen des Periodischen Systems abgegangen, um eine den Hauptanwendungen und Eigenschaften besser entsprechende Systematisierung zu erreichen. So hat das mit Mangan in der 7. Nebengruppe stehende Metall Rhenium mehr Ähnlichkeiten mit dem in der Periode benachbarten Element Osmium. Die mit Cobalt in einer Gruppe stehenden Metalle Rhodium und Iridium werden zu den Platinmetallen gerechnet. In Tabelle 1 sind die Eigenschaften von Mangan und Cobalt zusammengestellt.

Mangan ist als so genannter Eisenbegleiter fast in allen Stählen vorhanden (Kapitel 6.2.1.2) und bildet mit Eisen Mischkristalle. Mangan verschiebt die Umwandlung $\gamma \rightleftarrows \alpha$ zu tieferen Temperaturen (austenitische Mangan-Hartstähle, Kapitel 6.3.2.2). Mangan ist auch ein wichtiges Legierungselement für Aluminium- und Kupferlegierungen. In der Stahlindustrie wird Mangan meist in Form von Ferromangan mit einem Mn-Gehalt von bis zu 90 % eingebracht. Ansonsten ist nur noch eine hoch manganhaltige (54 % Mn, 37 % Cu, u. a.) Gusslegierung bekannt, die sich durch ein hohes Dämpfungsvermögen auszeichnet und zur Herstellung von Schiffspropellern benutzt wird.

Tabelle 1: Eigenschaften von Mangan und Cobalt

Element	Symbol	Kristallgittertyp	Dichte kg/dm³	Schmelz-temperatur °C	E-Modul GPa[1]	Anwendungsbeispiele, Bemerkungen
Mangan	Mn	α/β-Mn: [2] γ-Mn (1079 ... 1143 °C): kfz δ-Mn (1143 ... 1244 °C): krz	7,21	1244	162	Legierungselement für Stähle, Cu- und Al-Legierungen
Cobalt	Co	α-Co (< 417 °C): hdP β-Co (417 ... 1495 °C): kfz	8,90	1495	210	Legierungselement für Superlegierungen, Stellite, Hartmetalle und Sähle

[1] GPa = Gigapascal = 10^9 Pa = 10^9 N/m²
[2] Kubisch verzerrt. α-Mn (< 710 °C) kubisch mit 58 Atomen je Elementarzelle bzw. β-Mn (710 °C ... 1079 °C) mit 20 Atomen je Elementarzelle

Cobalt kommt meistens zusammen mit Nickel vor und besitzt auch viele ähnliche Eigenschaften. Der Hauptunterschied zwischen beiden Metallen besteht im Kristallaufbau, Nickel kristallisiert kubisch-flächenzentriert und Cobalt hexagonal (bei Temperaturen unter 417 °C). Cobalt wird hauptsächlich als Legierungszusatz in Stählen, insbesondere in Schnellarbeitsstählen (Kapitel 6.5.16.7) und korrosionsbeständigen Nickellegierungen (Kapitel 7.6.2) verwendet. Superlegierungen (Kapitel 7.6.2) auf Cobaltbasis, wie CoCr24Ni10W, werden eingesetzt, wenn Bauteile auf Heißgaskorrosion wie in Gasturbinen beansprucht werden.

Eine Gruppe von Hartlegierungen, die als **Stellite** bezeichnet werden, enthalten 20 % bis 68 % Co sowie hauptsächlich Chrom und Wolfram. Stellite behalten auch noch bei Rotglut ihre hohe Härte, so dass sie nur durch Gießen verarbeitet werden können.

In Hartmetallen (Tabelle 2, Seite 415) wird Cobalt als Bindemetall verwendet. Cobalt verleiht den Hartmetallen die notwendige Zähigkeit. Härte und Verschleißfestigkeit liefern die Hartstoffphasen Wolframcarbid (WC), Titancarbid (TiC) und Tantalcarbid (TaC). Der Anteil von WC kann dabei 90 % überschreiten (Tabelle 2, Seite 415). Die Sinterung von einem Gemisch, beispielsweise 90 % WC + 10 % Co, erfolgt bei ca. 1400 °C, also unterhalb der Schmelztemperatur von reinem Cobalt. Da aber wie in einem eutektischen Zustandsdiagramm WC die Schmelztemperatur von Cobalt im Eutektikum um fast 200 K herabsetzt, wird ein geringer Teil des Wolframcarbids in der eutektischen Cobaltschmelze gelöst. Beim Erstarren entsteht eine γ-Phase (Cobaltmischkristalle) und an die noch vorhandenen Carbidkörner lagern sich weitere WC-Teilchen an, so dass zwischen den Carbidkörnern eine metallische Bindung entsteht. Die noch vorhandenen Poren können durch Heißpressen beseitigt werden.

7.10.13 Platinmetalle

Während Silber und Gold neben der sehr guten Korrosionsbeständigkeit auch eine hohe elektrische und thermische Leitfähigkeit aufweisen, verfügen die **Platinmetalle** (Tabelle 1) Platin, Palladium, Ruthenium, Rhodium, Iridium und Osmium zusätzlich über einen hohen Schmelzpunkt, was deren Einsatzmöglichkeiten bei höheren Temperaturen ermöglicht, zumal auch meistens gute Warmfestigkeitseigenschaften vorliegen. Auch Dichte und Elastizitätsmodul sind zum Teil sehr hoch.

Tabelle 1: Eigenschaften der Platinmetalle

Element	Symbol	Kristallgittertyp	Dichte kg/dm³	Schmelztemperatur °C	E-Modul GPa[1]	Anwendungsbeispiele, Bemerkungen
Platin	Pt	kfz	21,48	1770	173	Schmuck- und chemische Industrie, Katalysatoren
Palladium	Pd	kfz	12,03	1554	123	Legierungselement für Ag-, Cu-, Au-Legierungen, Kontakte
Ruthenium	Ru	hdP	12,45	2310	440	Legierungselement für Platin und Palladium (Festigkeitserhöhung)
Rhodium	Rh	α-Rh (≤ 1030 °C) : krz β-Rh (> 1030 °C) : kfz	12,41	1965	386	Überzüge (Rhodinieren)
Iridium	Ir	kfz	22,40	2450	538	Schreibfedern
Osmium	Os	hdP	22,61	3045	570	Legierungselement für Wolfram

[1] GPa = Gigapascal = 10^9 Pa = 10^9 N/m²

Das wichtigste und häufigste Platinmetall ist **Platin**. Die hervorragende Korrosionsbeständigkeit auch bei höheren Temperaturen ermöglicht die Verwendung für Laborgeräte und Schmuck. In Drähten und Drahtnetzen ist Platin häufig mit Rhodium, manchmal auch mit Iridium legiert, wie auch im Thermopaar Pt-PtRh. In vielen chemischen Prozessen sowie in den Autoabgasanlagen wird Platin als Katalysator eingesetzt. Platin und Palladium absorbieren bis zum Hundertfachen ihres Volumens Wasserstoff.

Palladium ist das preiswerteste Platinmetall und wird daher rein oder mit Silber oder Kupfer legiert als Kontaktwerkstoff in der Elektro- und Nachrichtentechnik eingesetzt. In der chemischen Industrie wird Palladium oft auch als Katalysator benutzt. **Iridium** wird legiert mit Osmium zu korrosions- und abriebfesten Schreibfederspitzen verarbeitet. Früher wurde auch **Osmium,** häufig legiert mit Wolfram, als Glühfäden in Lampen eingesetzt (vgl. Markenname Osram®). **Rhodium** wird galvanisch als sehr dünne hitze- und chemikalienbeständige Schicht **(Rhodinieren)** hauptsächlich auf Spiegeln, Reflektoren, Schmuck (Silber) und Kontakten aufgebracht. Rhenium ist eines der seltensten Metalle und hat geringe technische Bedeutung.

7.10.14 Thorium und Uran

Die radioaktiven Metalle **Thorium** und **Uran** werden als Kernbrennstoffe meistens in Form ihrer Oxide, als Urandioxid oder Mischoxid eingesetzt, obwohl auch ein Einsatz in metallischer Form denkbar ist (Tabelle 2). Thorium hat neben der bisherigen Bedeutung für Brennelemente des Hochtemperaturreaktors im nichtnuklearen Bereich als Legierungselement in Heizdrähten und Elektroden für Gasentladungslampen Verwendung gefunden. In Magnesium-Gusslegierungen wie MgTh3Zn2Zr1 dient Thorium der Verbesserung der Warmfestigkeit und Kriechfestigkeit. Uran und die übrigen radioaktiven Metalle haben bisher keine nennenswerte technische Bedeutung erlangt.

Tabelle 2: Eigenschaften von Thorium und Uran

Element	Symbol	Kristallgittertyp	Dichte kg/dm³	Schmelztemperatur °C	E-Modul GPa[1]	Anwendungsbeispiele, Bemerkungen
Thorium	Th	kfz	11,72	1750	72,4	Legierungselement für Mg- und W-Legierungen, Kernbrennstoff
Uran	U	orthorhombisch	19,16	1133	2046	Kernbrennstoff

[1] GPa = Gigapascal = 10^9 Pa = 10^9 N/m²

7.11 Verbundwerkstoffe

Unter Verbundwerkstoffen werden Kombinationen verschiedener Werkstoffgruppen, d. h. Metalle (einschließlich ihrer Legierungen), Kunststoffe (organische Werkstoffe) und Keramiken (anorganisch nichtmetallische Werkstoffe) verstanden (Bild 1). Durch eine solche Kombination lassen sich die für einen bestimmten Anwendungsfall vorteilhaften Eigenschaften der Verbundpartner kombinieren, beispielsweise kann einem niedrigfesten Metall wie Aluminium durch die Einlagerung härterer Fasern eine höhere Festigkeit verliehen werden.

7.11.1 Einteilung der Verbundwerkstoffe

Je nachdem, wie die Verbundpartner zueinander angeordnet sind, werden verschiedene Gruppen von Verbundwerkstoffen unterschieden (Bild 2):

- Bei **Schichtverbundwerkstoffen** liegen die einzelnen Werkstoffe schichtenförmig übereinander. Die Schichtdicke kann variabel sein. Werkstoffe dieser Gruppe werden mitunter auch als **Werkstoffverbunde** bezeichnet, um eine sprachliche Abgrenzung zu den drei anderen Verbundwerkstoffgruppen zu treffen. Im Gegensatz zu Schichtverbunden sind hierbei die einzelnen Verbundpartner jedoch nicht mit bloßem Auge zu erkennen, die Werkstoffe erscheinen makroskopisch homogen.
- Bei **Durchdringungsverbundwerkstoffen** haben die Verbundpartner einen gefügeähnlichen Zusammenhalt.
- Bei **Faserverbundwerkstoffen** werden einzelne Fasern der anderen Komponente in den Grundwerkstoff eingebracht. Hierbei können die Fasern kurz oder lang sein, sie können ausgerichtet oder regellos sein. Bild 3 zeigt einen typischen Faserverbundwerkstoff (Kohlefasern in Epoxidharzmatrix).
- Bei den **Teilchenverbundwerkstoffen** liegen Teilchen der zweiten Komponente im Grundwerkstoff vor. Je nach Teilchengröße und -verteilung sind Variationen möglich.

Es ist auch möglich, drei oder mehr Komponenten in einem Verbundwerkstoff zusammenzubringen.

Verbundwerkstoffe sind oft teurer im Vergleich zu konventionellen Werkstoffen, sie können aber dennoch in vielen Fällen der ideale Werkstoff sein, so dass sich die Anwendung dann auch unter wirtschaftlichen Gesichtspunkten rechtfertigen lässt. Immer zu beachten ist, dass das Recycling von Verbundwerkstoffen erschwert ist, da sich die einzelnen Komponenten oftmals nur schwer voneinander trennen lassen.

Nachfolgend sollen einige, insbesondere für den Maschinenbau wichtige Verbundwerkstoffe vorgestellt werden.

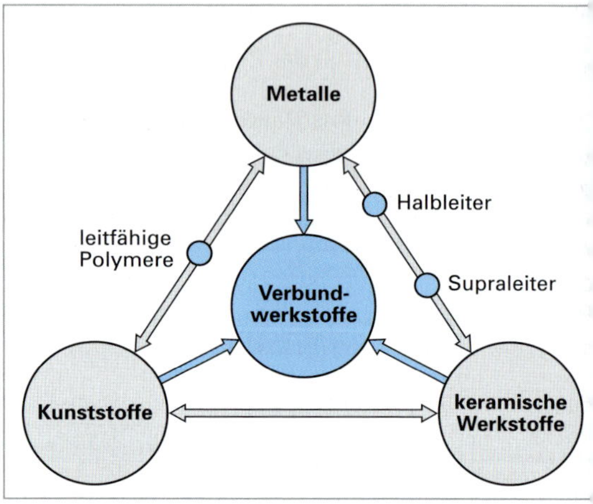

Bild 1: Möglichkeiten der Bildung von Verbundwerkstoffen (nach Hornbogen)

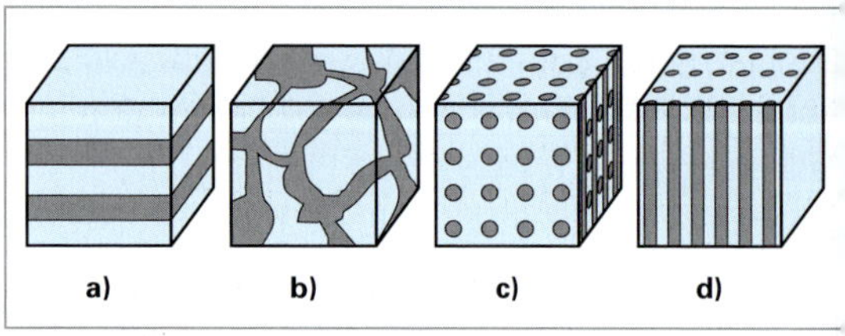

Bild 2: Einteilung von Verbundwerkstoffen
a) Schichtverbundwerkstoff
b) Durchdringungsverbundwerkstoff
c) Teilchenverbundwerkstoff
d) Faserverbundwerkstoff

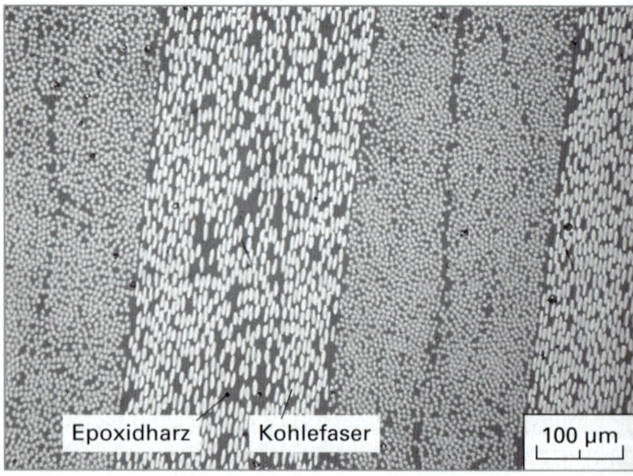

Bild 3: Kohlefasern in Epoxidharzmatrix als Beispiel eines Faserverbundwerkstoffs

7.11.2 Metal Matrix Composites (MMC)

Der Begriff **MMC** hat sich auch im Deutschen für eine verhältnismäßig neue Verbundwerkstoffgruppe durchgesetzt. MMC steht für **Metal Matrix Composites**, d. h. Metall-Matrix-Verbundwerkstoffe. Sie gehören zu den Teilchen- oder Faserverbundwerkstoffen, bei denen Verstärkungskomponenten (von außen mit bloßem Auge nicht mehr sichtbar) in die metallische Grundsubstanz (z. B. Aluminium oder Magnesium) eingebracht werden.

> **ⓘ Information**
>
> **Metal Matrix Composites (MMC)**
> MMC, Metal Matrix Composites, sind Verbundwerkstoffe, basierend auf einem Metall, in das eine Verstärkungskomponente in feiner Verteilung eingebracht wurde.

Prinzipiell lassen sich MMC mit fast allen Metallen und ihren Legierungen herstellen. Am meisten durchsetzen konnte sich diese Werkstoffgruppe bisher aber für Aluminiumlegierungen und zunehmend auch für Magnesiumlegierungen. Insbesondere bei den Leichtmetallen Aluminium und Magnesium kann eine derartige Verstärkung sinnvoll sein, da die Festigkeit und Warmfestigkeit dieser Metalle positiv beeinflusst werden. In Abhängigkeit des jeweiligen Anwendungszwecks handelt es sich bei der Verstärkungskomponente um Teilchen, Kurzfasern, Langfasern oder Whisker, eine Reihenfolge, die gleichzeitig angibt, in welcher Richtung der Preis der eingelagerten Komponente steigt. Wenngleich Teilchen billiger sind, kann die Einlagerung von Fasern oder Whiskern sinnvoll sein, falls bestimmte Eigenschaften in definierten Richtungen gefördert werden.

Als **Einlagerungskomponenten** wurden eine Vielzahl von Verbindungen und auch Metallen geprüft, aus denen sich im Laufe der Zeit vor allem Al_2O_3 und SiC als Favoriten herauskristallisierten. Der Vorteil: Beide sind von hoher Festigkeit und verleihen somit auch dem Aluminium die gewünschten Eigenschaften, wie beispielsweise eine hohe Festigkeit, Warmfestigkeit oder Verschleißbeständigkeit. Weitere Verbesserungen lassen sich beim E-Modul, der Dichte oder beim thermischen Ausdehnungsverhalten erreichen.

7.11.2.1 Herstellung von MMC

Die Einlagerung der zweiten Komponente erfolgt in der Regel auf schmelz- oder pulvermetallurgischem Weg. Bei der **schmelzmetallurgischen Herstellung** werden die Verstärkungskomponenten in eine Schmelze eingerührt (Bild 1a) oder in Form eines Vorkörpers (Bild 1b) infiltriert. Um diesen Vorkörper herzustellen, können die Verstärkungsfasern je nach Länge miteinander verwoben oder verfilzt und dann in die gewünschte Form geschnitten werden. Das Infiltrieren von Vorkörpern hat zudem einen weiteren Vorteil: Es bietet die Möglichkeit des so genannten **lokalen Werkstoffengineering,** d. h. eine Verstärkungskomponente wird nur in den Bereichen eines Gussstückes eingebracht, in denen sie unbedingt notwendig ist. Bereits in Serie gefertigte Beispiele sind die Laufflächen bestimmter Al-Motorblöcke oder der Kolbenrand eines Zylinders für Dieselmotoren.

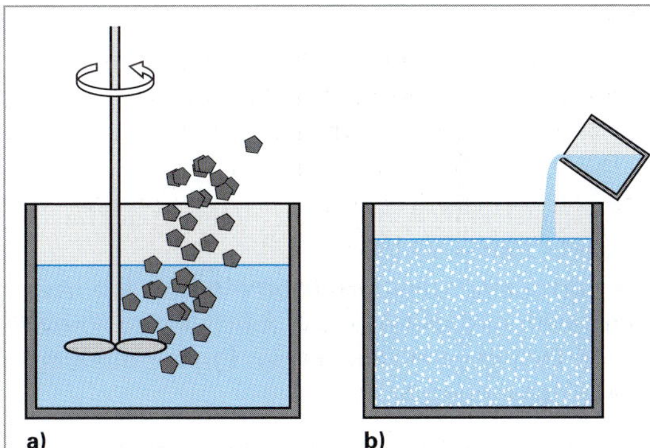

Bild 1: Schmelzmetallurgische Herstellung von MMC-Verbundwerkstoffen
a) Einrühren von Verstärkungskomponenten (Teilchen) in eine Schmelze
b) Infiltration eines vorgefertigten Faserkörpers

Bei **pulvermetallurgischer Herstellung** wird, wie aus Bild 1, Seite 420, ersichtlich, ein Metallpulver mit der jeweiligen Verstärkungskomponente gemischt und dann, wie in der Pulvermetallurgie üblich, gepresst und gesintert (wärmebehandelt). Dabei verschweißen die Metallteilchen und es entsteht ein kompakter Werkstoff.

Als Einlagerungskomponente eignen sich bei diesem Verfahrensweg Teilchen oder Kurzfasern, da sie unter der beim Pressen auftretenden Belastung nicht bzw. kaum brechen (Bild 2, Seite 420). Langfasern würden brechen, so dass ihr Einsatz nicht sinnvoll wäre. Aus demselben Grund können Werkstücke mit Teilchen oder Kurzfasern in gewissen Grenzen umgeformt werden, Verbundwerkstoffe mit Langfasern hingegen nicht.

Neben der schmelz- und pulvermetallurgischen Herstellung von MMC-Verbundwerkstoffen wurden eine Vielzahl weiterer Verfahrensvarianten entwickelt, von denen einige bereits serienreif sind, andere hingegen erprobt werden. Bei schmelzmetallurgischen Einrührvarianten besteht die Schwierigkeit, eine gleichmäßige Verteilung der Verstärkungskomponente zu erreichen. Daher ist das Verfahren genau auf den jeweiligen Anwendungsfall abzustimmen und in seinen Verfahrensparametern zu optimieren.

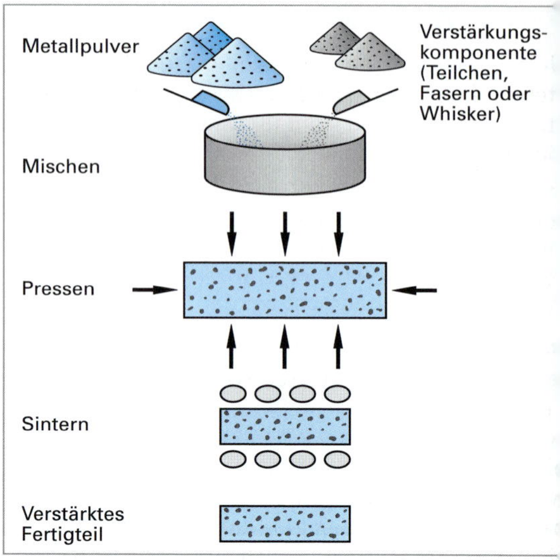

Bild 1: Pulvermetallurgische Herstellung von MMC-Verbundwerkstoffen

7.11.2.2 Eigenschaften von MMC

Im Falle der Leichtmetalle Aluminium und Magnesium lassen sich durch die Einlagerung keramischer Komponenten interessante Eigenschaften einstellen. Beispielsweise erreichen auf diese Weise hergestellte Aluminium-Basis-MMC bei Dichten von nur rund 3,0 kg/dm^3 Festigkeitswerte, die denen von Titanlegierungen entsprechen, ein z. B. für Anwendungen in der Luft- und Raumfahrt wichtiges Argument.

Allgemein gilt bei Leichtmetallbasis-MMC: Der Elastizitätsmodul, die Festigkeit, Härte und die Warmfestigkeit werden durch den Zusatz der Verstärkungskomponenten erheblich gesteigert, insbesondere bei höheren Volumenanteilen (Bild 3 und Bild 1, Seite 421). Die Bruchdehnung nimmt jedoch dementsprechend ab. Auch wird die Bearbeitbarkeit (z. B. Zerspanen oder Umformen) der MMC-Verbundwerkstoffe mit zunehmendem Anteil der Verstärkungskomponente deutlich erschwert.

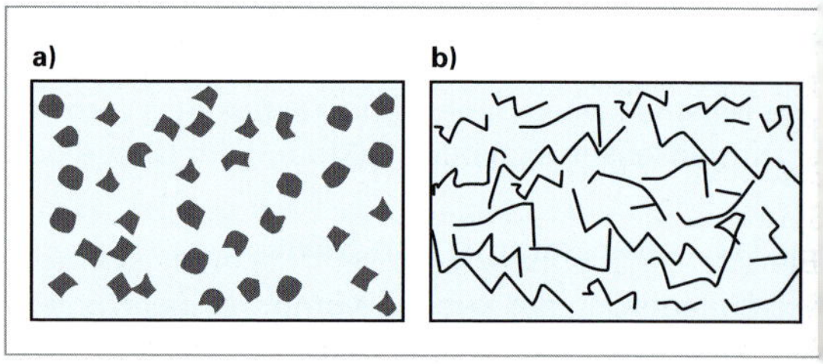

Bild 2: Gefüge von MMC (schematisch)
a) Mit Teilchenverstärkung b) Mit Faserverstärkung

Neben dem Volumenanteil beeinflusst auch die Ausrichtung der Fasern die Eigenschaften. Beispielsweise ist es möglich, durch Ausrichtung der Fasern gerade in der jeweiligen Beanspruchungsrichtung eine besonders hohe Festigkeit einzustellen. Auch ist es auf diese Weise möglich, den E-Modul und damit die Steifigkeit der jeweiligen Beanspruchungsrichtung anzupassen.

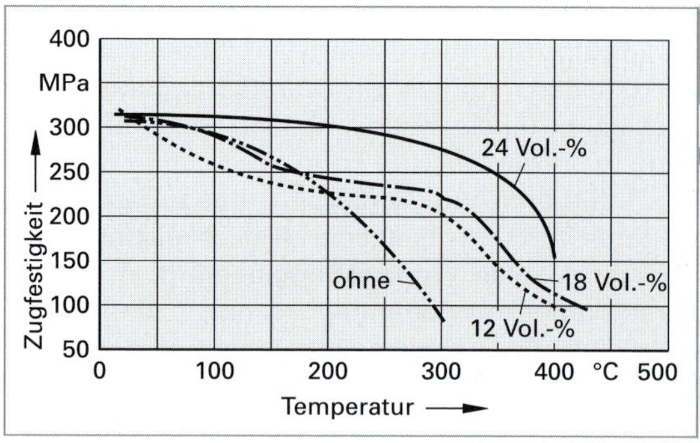

Bild 3: Mechanische Kennwerte von AlMg1SiCu in Abhängigkeit vom Volumenanteil SiC-Whisker (nach Mordike und Kainer)

Weiterhin wird mit zunehmendem Volumenanteil der Verstärkungskomponenten eine deutliche Verbesserung des Ermüdungsverhaltens sowie des Verschleißwiderstandes erreicht. Auch das thermische Ausdehnungsverhalten wird durch den Zusatz deutlich verbessert. So erreichen SiC-verstärkte Aluminiumlegierungen Ausdehnungswerte, die im Bereich von Stählen liegen. Der elektrische Widerstand nimmt durch die Verstärkung zu, da die Fasern eine Reduzierung des leitenden Querschnitts bewirken.

Bei Aluminiumlegierungen ist insbesondere der starke Anstieg der Warmfestigkeit von besonderem Interesse, so dass diese Werkstoffe auch bei höheren Temperaturen eingesetzt werden können. Erst oberhalb von 300 °C ist, wie Bild 3 zeigt, mit einem deutlichen Abfall der Warmfestigkeit zu rechnen.

MMC sind, mit Ausnahme der erwähnten Anwendungen im Motorenbereich, für Serienanwendungen noch nicht geeignet. Jedoch gibt es viele interessante Prototypen wie z. B. die Verstärkung von Pistenraupenprofilen oder der Einsatz in stark beanspruchten Teilen von Textilmaschinen.

.11.3 Werkstoffverbunde

Unter Werkstoffverbunden sind Erzeugnisse zu verstehen, bei denen Schichten verschiedener Werkstoffe (metallische, anorganische, organische) miteinander verbunden sind.

Innerhalb dieser Gruppe erfolgt eine weitere Unterscheidung in **Verbundhalbzeuge** (halbzeugähnlich, werden weiter verarbeitet) und **Verbundelemente** (fertige Bauteile). Eine klare Abgrenzung ist jedoch nicht in allen Fällen möglich.

Die bekanntesten Verbundhalbzeuge sind plattierte Werkstoffe, die über das **Walzplattieren** (Bild 2a) hergestellt werden. Hierbei werden Bänder verschiedener Metalle miteinander verwalzt, so dass ein fester Verbund entsteht. Derartige Werkstoffe werden in großem Umfang hergestellt. Sie haben bereits seit langer Zeit eine große Bedeutung, da sich auf diese Weise eine bessere Beständigkeit eines Grundmetalls erreichen lässt (z. B. Kupferplattierung von Stahlblechen).

Bei großflächigen und dicken Materialien kann auch das **Sprengplattieren** Anwendung finden, bei dem die zu verbindenden Partner, wie z.B. Aluminium- und Stahlplatten, unter der Wirkung einer explodierenden Sprengladung miteinander verschweißt werden (Bild 2b). Die auf diese Weise verschweißten Bauteile werden zersägt und die einzelnen Stücke z. B. als Schweißverbinder oder Übergangsstücke für Deckaufbauten für Schiffe verwendet.

Eine weitere Verfahrensvariante zur Herstellung von Werkstoffverbunden ist das **Verbundstrangpressen,** bei dem gemäß Bild 3 ein anderer Werkstoff während des Strangpressens eines bestimmten Metalls zu einem Profil zugefügt wird.

Beispiele für mögliche Werkstoffverbunde auf Aluminiumbasis sowie einige Anwendungen zeigt Tabelle 1.

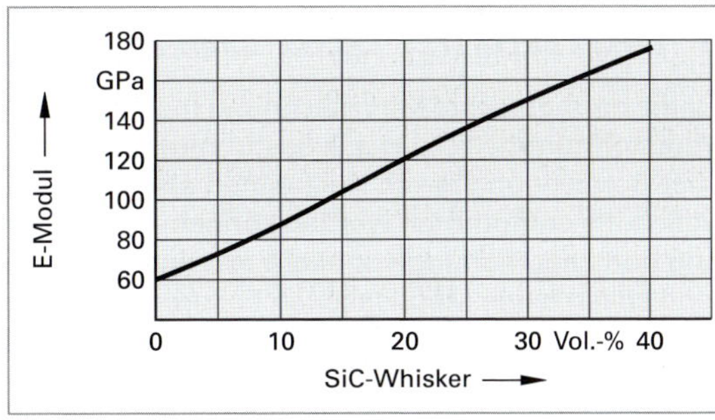

Bild 1: E-Modul von AlMg1SiCu in Abhängigkeit vom Volumenanteil SiC-Whisker (nach Mordike und Kainer)

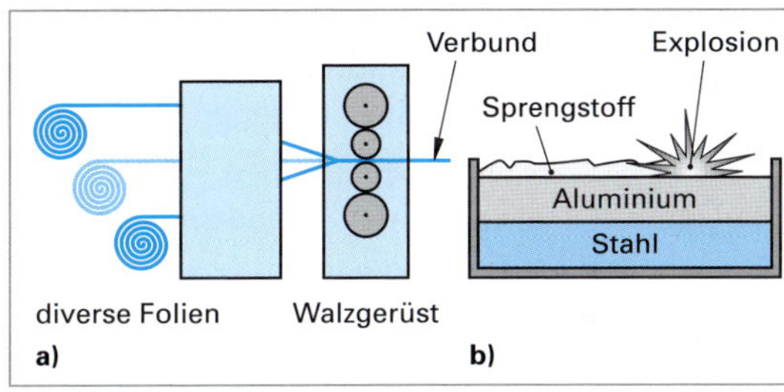

Bild 2: Herstellung von flächenhaften Werkstoffverbunden (schematisch)
a) Walzplattieren b) Sprengplattieren

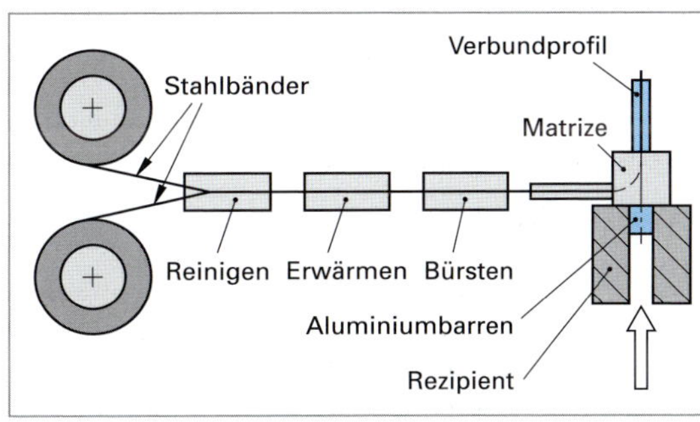

Bild 3: Verbundstrangpressen zur Herstellung von Verbundprofilen und -halbzeugen

Tabelle 1: Beispiele für Werkstoffverbunde auf Aluminiumbasis

Kombination	Vorteile	Anwendung
Aluminiumlegierungen mit Reinaluminium	• Verbesserung des Korrosionsschutzes • Verbesserung der Haftfestigkeit bestimmter Beschichtungen (z. B. Email)	• Glänzwerkstoffe • Wärmeverdampfer
Aluminiumlegierungen mit Stahl	• Erhöhung der Festigkeit elektrischer Leitungen • Verbesserung der Korrosionsbeständigkeit	• Auspuffanlagen • Gleitlager • Wärmeausgleichsböden von Kochgeschirr • Hochspannungsleitungen
Aluminiumlegierungen mit Kupfer	• Kontaktwerkstoff	• Stromschienen • Kabel und Leitungen • Batterieanschlusskabel
Aluminiumlegierungen mit Cu-Zn-Legierungen (Messing)	• Höhere Oberflächenqualität	• Kunsthandwerk • Dekoration

8 Normung und Benennung metallischer Werkstoffe

Für die normgerechte Kennzeichnung metallischer Werkstoffe bedient man sich entweder **Kurznamen** ode **Werkstoffnummern,** die nach bestimmten festgelegten (genormten) Regeln gebildet werden. Während be einer Bezeichnung durch Kurznamen alle wesentlichen Informationen über Art und Eigenschaften eine Werkstoffs entnommen werden können, ist eine Kennzeichnung durch Werkstoffnummern für die Bestellung und Lagerhaltung vor allem im Hinblick auf die Verwendung von EDV-Anlagen vorteilhaft. Nachfolgend sollen beide Möglichkeiten besprochen werden.

Ohne Verwendung einer (genormten) Kurzbezeichnung würde die Werkstoffangabe in einer Stückliste, hie am Beispiel eines Stahles, wie folgt lauten:

„Legierter Vergütungsstahl, normalgeglüht, mit einem Kohlenstoffgehalt von 0,34 %, 1,5 % Chrom sowie Anteile an Nickel und Molybdän."

Eine solche Angabe wäre nicht nur viel zu umfangreich, sondern auch unübersichtlich und würde dahe leicht zu Fehlern bei der Informationsübermittlung führen. Unter Verwendung eines Kurznamens ode einer Werkstoffnummer ist es dagegen möglich, diese Information sehr viel einfacher und kürzer auszudrücken.

In obigem Beispiel würde der Kurzname lauten: *34CrNiMo6 + N*

Die entsprechende Werkstoffnummer wäre: *1.6582*

Sinn und Zweck einer Kurzbezeichnung ist eine klare, eindeutige Verständigung in kürzester Form zwischen dem Erzeuger, Handel und Verarbeiter. Die Kurzbezeichnung muss dabei alle Angaben enthalten, die übe Art und Eigenschaften eines Werkstoffs Auskunft geben.

8.1 Stahlnormung

Die normgerechte Kennzeichnung von Stählen kann durch Kurznamen oder mit Hilfe von Werkstoffnummern erfolgen.

8.1.1 Stahlnormung durch Kurznamen

Die normgerechte Kennzeichnung von Eisen und Stahl durch Kurznamen geht im Wesentlichen auf die bereits 1949 ausgegebene DIN 17 006-1 bis DIN 17 006-3 mit dem Titel Eisen und Stahl – Systematische Benennung, zurück. Diese Norm reichte später jedoch nicht mehr aus, um alle genormten oder für eine Normung vorgesehenen Eisenwerkstoffe zu benennen. Sie wurde daher 1974 zurückgezogen.

Die 1974 als Europäische Norm unter dem Titel „Kurzbenennung von Stählen" veröffentlichte Euronorm 27-74 war die Grundlage der Bildung von Kurznamen für Stähle in Euronormen. Über DIN-EN-Normen gelangten eine Reihe von derartigen Kurznamen ins deutsche Regelwerk. Für die Bildung von Kurznamen in reinen DIN-Normen wurde EN 27-74 jedoch nicht angewandt.

Da EN 27-74 international nicht durchsetzbar war, hat sich ECISS (Europäisches Komitee für die Eisen- und Stahlnormung) 1992 dazu entschlossen, Kurznamen künftig nach DIN EN 10 027-1 zu bilden. Mit Hilfe dieser Norm ist jedoch nur eine grobe Kennzeichnung der Stähle hinsichtlich Verwendung, mechanischer bzw. physikalischer Eigenschaften oder chemischer Zusammensetzung möglich. Da die dort zur Verfügung stehenden Hauptsymbole für eine eindeutige Identifizierung der Stahlsorte oder des Stahlerzeugnisses nicht ausreichen, wurde in Deutschland zusätzlich DIN V 17 006-100 eingeführt, die auch alle notwendigen Zusatzsymbole enthält. DIN V 17006-100 wurde zwischenzeitlich in die überabreitete DIN EN 10027-1 übernommen. Die normgerechte Bezeichnung von Eisen und Stahl durch Kurznamen erfolgt daher heute auf Basis von DIN EN 10 027-1.

Kurznamen, die nach der (zurückgezogenen) DIN 17 006 gebildet wurden, findet man jedoch auch heute noch in älteren Schriftstücken und Zeichnungen sowie in zur Zeit noch geltenden Technischen Lieferbedingungen. Auch in der Praxis wird diese Art der Stahlkennzeichnung noch vielfach angewandt. Im Rahmen dieses Lehrbuches soll hierauf jedoch nicht mehr eingegangen werden.

Nach dem neuen Bezeichnungssystem für Stähle (DIN EN 10027-1) werden zwei verschiedene Kennzeichnungsarten unterschieden (Bild 1):

- Aufgrund der Verwendung und der mechanischen oder physikalischen Eigenschaften der Stähle gebildete Kurznamen für Stähle, die in der Regel nicht für eine Wärmebehandlung vorgesehen sind.
- Aufgrund der chemischen Zusammensetzung der Stähle gebildete Kurznamen für Stähle, die für eine Wärmebehandlung vorgesehen sind.

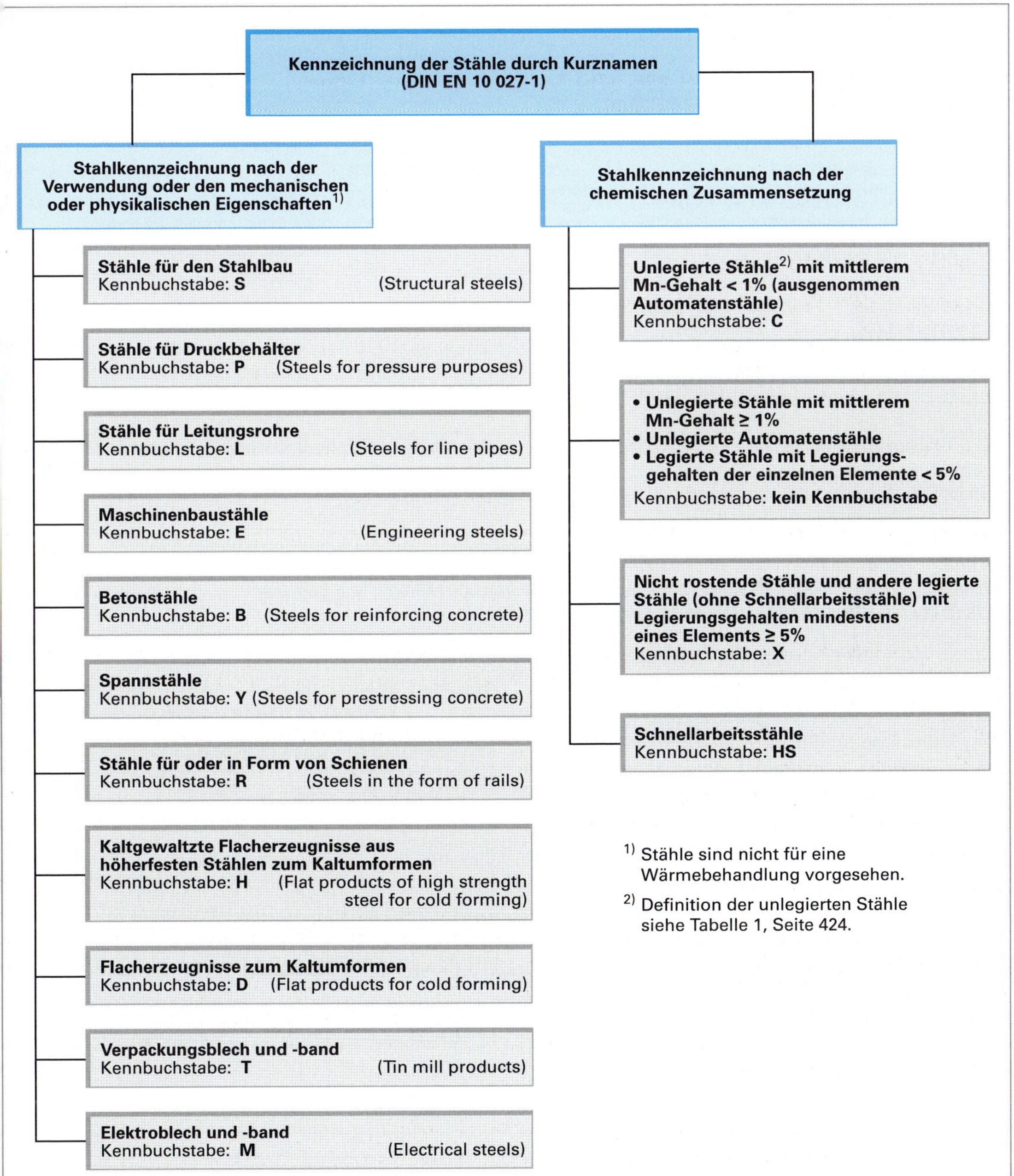

Bild 1: Zuordnung von Kennbuchstaben bei der Stahlnormung nach DIN EN 10 027-1

8.1.1.1 Kennzeichnung der Stähle nach der Verwendung oder den mechanischen oder physikalischen Eigenschaften

Nach der Verwendung, den mechanischen oder physikalischen Eigenschaften werden Stähle gekennzeichnet, die in der Regel nicht für eine Wärmebehandlung vorgesehen sind. Die Stahlkennzeichnung gibt Hinweise auf den Hauptanwendungsbereich und die wesentlichen Eigenschaften, Verwendungszwecke oder Anforderungen (Bild 1, Seite 423).

Die Stahlkennzeichnung besteht aus dem Kennbuchstaben (S, P, L, E, ...), gefolgt von einem Zahlenwert oder einer Kombination von Buchstaben und Zahlenwerten. Ferner können Zusatzsymbole für Stähle und Stahlerzeugnisse angehängt werden. Die einzelnen Symbole bzw. Ziffern werden ohne Leerzeichen hintereinander geschrieben. Die nachfolgenden Beispiele sollen diese Systematik verdeutlichen.

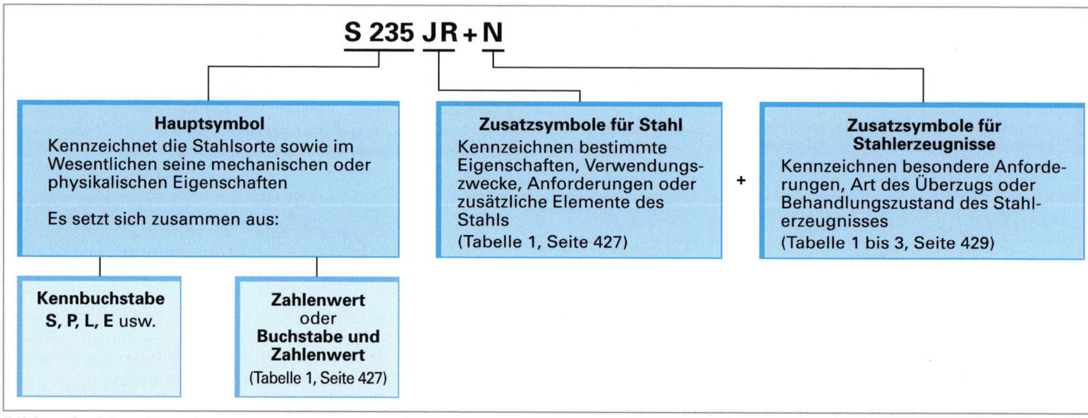

Bild 1: Stahlkennzeichnung nach der Verwendung oder den mechanischen oder physikalischen Eigenschaften (Beispiel).

Beispiele:

S355J0WP Wetterfester Spundwandstahl für den Stahlbau, Mindeststreckgrenze 355 MPa, Kerbschlagarbeit mindestens 27 J bei 0 °C.

P355NH Druckbehälterstahl, Mindeststreckgrenze 355 MPa, normalgeglüht, für Hochtemperatureinsatz.

Y1770C Spannstahl in Form eines kaltgezogenen Drahtes mit einer Nennzugfestigkeit von 1770 MPa.

R0900Mn Schienenstahl mit einer Mindestzugfestigkeit von 900 MPa mit Manganzusatz.

DX51D+Z Flachstahl für die Kaltumformung, warm- oder kaltgewalzt und feuerverzinkt.

8.1.1.2 Kennzeichnung der Stähle nach der chemischen Zusammensetzung

Die Benennung nach der chemischen Zusammensetzung ist für Stähle vorgesehen, die in der Regel einer Wärmebehandlung unterzogen werden. Abhängig von der jeweiligen Stahlsorte werden vier verschiedene Kennzeichnungsarten unterschieden (Bild 1, Seite 423).

a) Unlegierte Stähle mit Mn < 1% (ausgenommen Automatenstähle)

Stähle werden im Sinne von DIN EN 10 020 als unlegiert bezeichnet, sofern der in Tabelle 1 angegebene Grenzgehalt von keinem Element überschritten wird.

Mit Ausnahme der Automatenstähle erfolgt die Kennzeichnung der unlegierten Stähle mit mittleren Mangangehalten unter 1 % durch den Kennbuchstaben „C", gefolgt von der Kohlenstoffkennziffer, die den 100fachen Wert des mittleren prozentualen Kohlenstoffgehalts des vorgeschriebenen Bereichs angibt. Gegebenenfalls können Zusatzsymbole für Stähle oder Stahlerzeugnisse angehängt werden (Tabelle 1 bis 3, Seite 429).

Tabelle 1: Grenzgehalte für unlegierte Stähle nach DIN EN 10 020 (Schmelzanalyse)

Element und Grenzgehalt in Masse-%			
Aluminium (Al)	0,30	Niob (Nb)	0,06
Bismut (Bi)	0,10	Nickel (Ni)	0,30
Bor (B)	0,0008	Selen (Se)	0,10
Blei (Pb)	0,40	Silicium (Si)	0,60
Cobalt (Co)	0,30	Tellur (Te)	0,10
Chrom (Cr)	0,30	Titan (Ti)	0,05
Kupfer (Cu)	0,40	Vanadium (V)	0,10
Lanthanoide[1]	0,10	Wolfram (W)	0,30
Mangan (Mn)	1,65	Zirconium (Zr)	0,05
Molybdän (Mo)	0,08	Sonstige[2]	0,10

[1] Als Lanthanoide bezeichnet man die auf das Lanthan folgenden 14 Elemente. Der Grenzgehalt bezieht sich auf jedes einzelne Element.
[2] Mit Ausnahme von C, P, S und N.

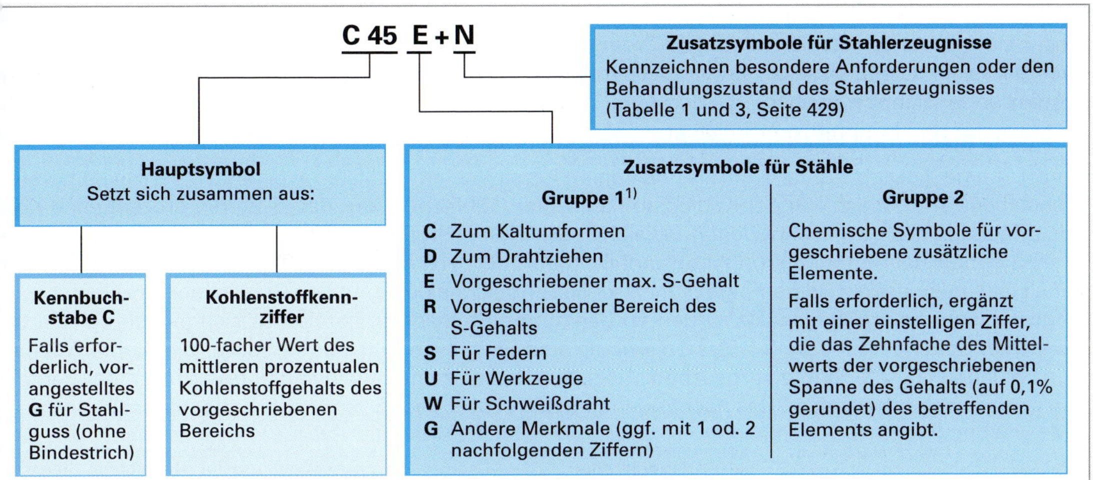

[1)] Zur Unterscheidung zweier Stahlsorten einer Gütenorm können diesen Kennbuchstaben noch ein oder zwei Ziffern angehängt werden (außer den Symbolen E und R). Den Kennbuchstaben E und R kann eine Ziffer angehängt werden, die den 100fachen Wert des (zuvor auf 0,01 % gerundeten) höchstzulässigen bzw. mittleren Schwefelgehalts kennzeichnet.

Bild 1: Kennzeichnung unlegierter Stähle mit mittlerem Mn-Gehalt < 1 % (Beispiel)

Beispiele:

C35E Unlegierter Stahl mit 0,35 % C und vorgeschriebenem maximalem Schwefelgehalt

C8E2W Unlegierter Stahl mit 0,08 % C mit einem Schwefelgehalt von maximal 0,02 %, für Schweißdraht

GC25E Unlegierter Stahlguss mit 0,25 % C und vorgeschriebenem maximalem Schwefelgehalt

b) Unlegierte Stähle mit mittlerem Mn-Gehalt ≥ 1 %, unlegierte Automatenstähle, legierte Stähle (ausgenommen Schnellarbeitsstähle) mit Legierungsgehalten der einzelnen Elemente < 5 %

Im Gegensatz zur bisherigen Systematik haben diese Stähle keinen vorangestellten Kennbuchstaben. Die Kurzbezeichnung beginnt mit der Kohlenstoffkennziffer, die ebenfalls den 100fachen Wert des mittleren prozentualen Kohlenstoffgehalts des vorgeschriebenen Bereichs angibt. Der Kohlenstoffkennziffer folgen die chemischen Symbole der Hauptlegierungsbestandteile (geordnet nach abnehmendem Gehalt bzw. bei gleichem Gehalt in alphabetischer Reihenfolge). Und schließlich die mit bestimmten Faktoren multiplizierten und durch

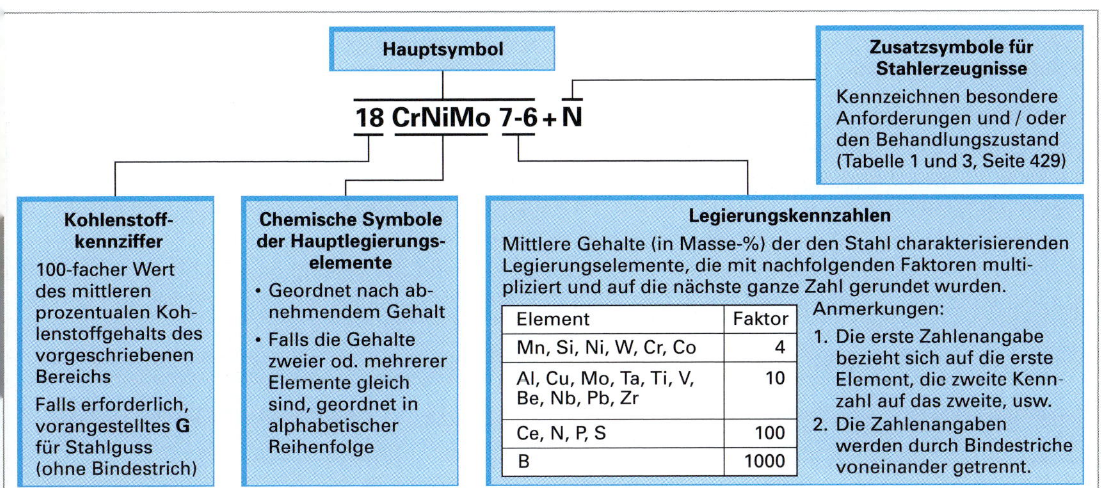

Bild 2: Kennzeichnung legierter Stähle u. a. mit Legierungsgehalten der einzelnen Elemente < 5 % (Beispiel)

Beispiele:

41CiMo4 Legierter Stahl mit 0,41 % C und 1 % Cr sowie Anteile an Mo

10MnMoCrV4-7 Legierter Stahl mit 0,10 % C und 1 % Mn, 0,7 % Mo sowie Anteile an Cr und V

15SPb22 Legierter Stahl mit 0,15 % C und 0,22 % S sowie Anteile an Pb

G12CrMo9-10 Legierter Stahlguss mit 0,12 % C und 2,25 % Cr sowie 1 % Mo

Bindestriche voneinander getrennten Legierungskennzahlen. Sinn und Zweck der Multiplikation ist es, mög lichst kleine, ganze Kennzahlen (also ohne Dezimalstellen) zu erhalten. Zusatzsymbole sind nur für die Stahl erzeugnisse, für die Stähle selbst jedoch nicht vorgesehen. Zwischen den einzelnen Buchstaben bzw. Ziffern ist kein Leerzeichen vorgesehen.

c) Legierte Stähle mit Legierungsgehalten mindestens eines Elements ≥ 5 %

Der Kurzname dieser mitunter auch als hochlegiert bezeichneten Stahlsorten beginnt stets mit dem Kenn buchstaben „X", gefolgt von der Kohlenstoffkennziffer (100facher Wert des mittleren prozentualen Koh lenstoffgehalts des vorgeschriebenen Bereichs). Der Kohlenstoffkennziffer folgen auch hier die chemi schen Symbole der Hauptlegierungsbestandteile (geordnet nach abnehmendem Gehalt bzw. bei gleichem Gehalt in alphabetischer Reihenfolge). Ihnen schließen sich die prozentualen Gehalte der einzelnen Legie rungselemente an. Im Gegensatz zu den vorgenannten Stahlsorten handelt es sich jedoch um die tat sächlichen Gehalte (in Masse-%). Zusatzsymbole sind bei diesen Stahlsorten nur für die Stahlerzeugnis se, nicht jedoch für die Stähle vorgesehen. Zwischen den einzelnen Buchstaben bzw. Ziffern ist ebenfalls kein Leerzeichen vorgesehen. Das nachfolgende Beispiel soll diese Systematik verdeutlichen.

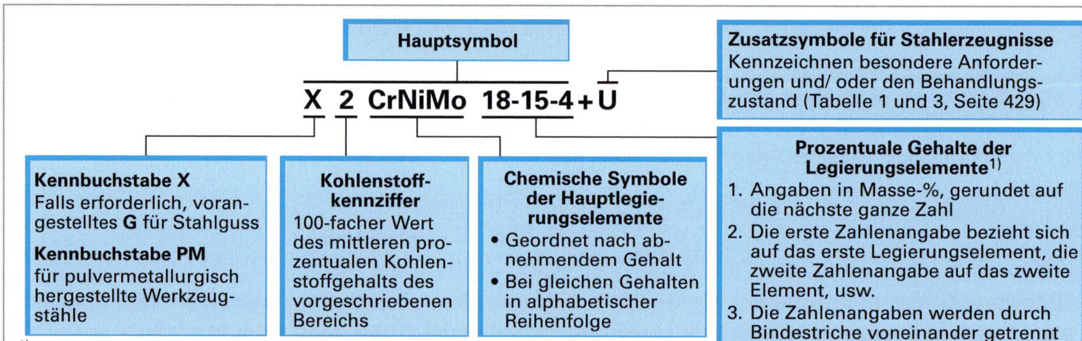

[1)] Falls erforderlich, kann den chemischen Symbolen der Hauptlegierungselemente ein weiteres chemisches Symbol für ein den Stahl charakterisierendes Element, dessen Gehalt im Bereich von 0,2 % bis 1,0 % liegt, nachgestellt werden (mit Bindestrich getrennt). Diesem chemischen Element folgt sein mit Faktor 10 multiplizierter Legierungsgehalt. Beispiel: X30NiCrN15-1-N5

Bild 1: Kennzeichnung nichtrostender Stähle und anderer legierten Stähle (ausgenommen Schnellarbeitsstähle) mit mittlerem Legierungsgehalt mindestens eines Elements ≥ 5 %

Beispiele:

X2CrAlTi18-2	Legierter Stahl mit 0,02 % C, 18 % Cr, 2 % Al und Anteile an Ti
X12CrMnNiN17-7-5	Legierter Stahl mit 0,12 % C, 17 % Cr, 7 % Mn, 5 % Ni und N
GX2CrNiMnMoNNb21-16-5-3	Legierter Stahlguss mit 0,02 % C, 21 % Cr, 16 % Ni, 5 % Mn, 3 % Mo und Anteile an N und Nb

d) Schnellarbeitsstähle

Schnellarbeitsstähle sind legierte Werkzeugstähle, die aufgrund ihrer chemischen Zusammensetzung nach einer entsprechenden Wärmebehandlung eine sehr hohe Warmhärte und Anlassbeständigkeit aufweisen. Sie werden deshalb bevorzugt für die Herstellung von Zerspanungswerkzeugen verwendet, die bis zu einer Arbeitstemperatur von 600 °C eingesetzt werden können.

Die Bezeichnung der Schnellarbeitsstähle unterscheidet sich von der bislang besprochenen Systematik. Die Kurznamen der Schnellarbeitsstähle beginnen mit dem Kennbuchstaben „HS" gefolgt von den prozentualen Gehalten der Legierungselemente Wolfram, Molybdän, Vanadium und Cobalt (in der genannten Reihenfolge). Zusatzsymbole sind bei den Schnellarbeitsstählen nur für Stahlerzeugnisse vorgesehen.

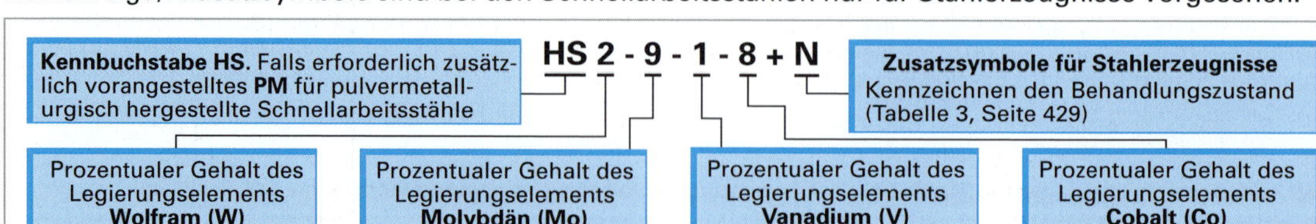

Falls erforderlich, kann den chemischen Symbolen der Hauptlegierungselemente eines oder mehrere chemische Symbole nachgestellt werden (ohne Bindestrich). Das chemische Symbol bzw. die chemischen Symbole kennzeichnen dessen erhöhten Gehalt bei einer ansonsten gleichen Stahlsorte. Beispiel: HS6-5-2C

Bild 2: Kennzeichnung von Schnellarbeitsstählen (Beispiel)

ab. 1: Kennbuchstaben, Kennziffern und Zusatzsymbole zur Kennzeichnung der nach Verwendungszweck, physikalischen oder magnetischen Eigenschaften bezeichneten Stähle (DIN EN 10027-1)

<table>
<tr><th rowspan="2">Stahlsorte</th><th rowspan="2">Kennbuchstabe oder Kennziffer für die mechanischen oder physikalischen Eigenschaften</th><th colspan="2">Zusatzsymbole für Stahl</th><th rowspan="2">Zusatzsymbole für Stahlerzeugnisse</th><th rowspan="2">Norm (Auswahl)/ Beispiele</th></tr>
<tr><th>Gruppe 1</th><th>Gruppe 2[2]</th></tr>
<tr><td>Stähle für den Stahlbau
Kennbuchstabe S
Anmerkung: falls erforderlich, zusätzlich vorangestelltes G für Stahlguss</td><td>Festgelegte Mindeststreckgrenze R_e in MPa für den kleinsten Dickenbereich (dreistellige Ziffer)</td><td>Angabe der Kerbschlagarbeit:
<table>
<tr><th colspan="3">Kerbschlagarbeit (min.)[1]</th><th>Prüftemp.</th></tr>
<tr><td>27 J</td><td>40 J</td><td>60 J</td><td>°C</td></tr>
<tr><td>JR</td><td>KR</td><td>LR</td><td>+ 20</td></tr>
<tr><td>J0</td><td>K0</td><td>L0</td><td>0</td></tr>
<tr><td>J2</td><td>K2</td><td>L2</td><td>– 20</td></tr>
<tr><td>J3</td><td>K3</td><td>L3</td><td>– 30</td></tr>
<tr><td>J4</td><td>K4</td><td>L4</td><td>– 40</td></tr>
<tr><td>J5</td><td>K5</td><td>L5</td><td>– 50</td></tr>
<tr><td>J6</td><td>K6</td><td>L6</td><td>– 60</td></tr>
</table>
A = Ausscheidungshärtend[4]
M = Thermomechanisch gewalzt[4]
N = Normalgeglüht oder normalisierend gewalzt[4]
Q = Vergütet[4]
G = Andere Merkmale (ggf. mit 1 oder 2 nachfolg. Ziffern)</td><td>C = Mit besonderer Kaltumformbarkeit
D = Für Schmelztauchüberzüge
E = Für Emaillierung
F = Zum Schmieden
H = Hohlprofile
L = Für tiefe Temperaturen
M = Thermomechanisch gewalzt
N = Normalgeglüht oder normalisierend gewalzt
P = Für Spundbohlen
Q = Vergütet
S = Für den Schiffsbau
T = Für Rohre
W = Wetterfest
Chemische Symbole[3]</td><td>Tabellen 1 bis 3, Seite 429</td><td>DIN EN 10 025-2
DIN EN 10 025-6
DIN EN 10 149-2
DIN EN 10 149-3
DIN EN 10 210-1
DIN EN 10 248-1
Beispiele:
S185
S235JRC
S275ML
S280GD+AS
S355JR
S355MC
S355J0WP
S350GD+Z100
S355J2H
S355GP
S690QL</td></tr>
<tr><td>Stähle für Druckbehälter
Kennbuchstabe P
Anmerkung: falls erforderlich, zusätzlich vorangestelltes G für Stahlguss</td><td>Festgelegte Mindeststreckgrenze R_e in MPa für den kleinsten Dickenbereich (dreistellige Ziffer)</td><td>M = Thermomechanisch gewalzt[4]
N = Normalgeglüht oder normalisierend gewalzt[4]
Q = Vergütet[4]
B = Für Gasflaschen
S = Für einfache Druckbehälter
T = Für Rohre
G = Andere Merkmale (ggf. mit 1 oder 2 nachfolg. Ziffern)</td><td>H = Hochtemperatur
L = Tieftemperatur
R = Raumtemperatur
X = Hoch- und Tieftemperatur</td><td>Tabellen 1 bis 3, Seite 429</td><td>DIN EN 10 028-2
DIN EN 10 120
DIN EN 10 207
DIN EN 10 213-2
Beispiele:
P265GH
P355NH
P265NB
GP240GH
P235S
P355Q</td></tr>
<tr><td>Stähle für Leitungsrohre
Kennbuchstabe L</td><td>Festgelegte Mindeststreckgrenze R_e in MPa für den kleinsten Dickenbereich (dreistellige Ziffer)</td><td>M = Thermomechanisch gewalzt
N = Normalgeglüht oder normalisierend gewalzt
Q = Vergütet
G = Andere Merkmale (ggf. mit 1 oder 2 nachfolg. Ziffern)</td><td>Buchstabe (A oder B) zur Kennzeichnung der Anforderungsklasse (ggf. mit einer nachfolgenden Ziffer)</td><td>Tabellen 1 bis 3, Seite 429</td><td>DIN EN 10 208-1,
DIN EN 10 208-2
Beispiel:
L360QB
L415MB</td></tr>
<tr><td>Maschinenbaustähle
Kennbuchstabe E
Anm.: falls erforderlich, zusätzlich vorangestelltes G für Stahlguss</td><td>Festgelegte Mindeststreckgrenze R_e in MPa für den kleinsten Dickenbereich (dreistellige Ziffer)</td><td>G = Andere Merkmale (ggf. mit 1 oder 2 nachfolg. Ziffern)</td><td>C = Eignung zum Kaltziehen</td><td>Tabelle 3, Seite 429</td><td>DIN EN 10 025-2
DIN EN 10 293
DIN EN 10 296-1
Beispiel:
E295GC
E360</td></tr>
<tr><td>Betonstähle
Kennbuchstabe B</td><td>Charakteristischer Wert der Streckgrenze R_e in MPa für den kleinsten Abmessungsbereich</td><td>Buchstabe zur Kennzeichnung der Duktilitätsklasse (ggf. mit 1 oder 2 nachfolgenden Kennziffern)</td><td>–</td><td>Tabelle 3, Seite 429</td><td>Beispiele:
B500A
B500B</td></tr>
</table>

Mindestwerte [2] An die Zusatzsymbole der Gruppe 2 können zur Unterscheidung zweier Stahlsorten ein oder zwei Ziffern angehängt werden. Für vorgeschriebene zusätzliche Elemente, z. B. Cu. Falls erforderlich mit einer einstelligen Zahl, die den mit 10 mulitplizierten Mittelwert der vorgeschriebenen Spanne des Gehalts des betreffenden Elements angibt. [4] Zusatzsymbole nur für Feinkornbaustähle.

Fortsetzung Tabelle 1, Seite 427:

Stahlsorte	Kennbuchstabe oder Kennziffer für die mechanischen oder physikalischen Eigenschaften	Zusatzsymbole für Stahl		Zusatzsymbole für Stahlerzeugnisse	Norm (Auswahl)/ Beispiele
		Gruppe 1[1]	Gruppe 2[2]		
Spannstähle Kennbuchstabe **Y**	Zugfestigkeit R_m in MPa (vierstellige Ziffer, bei dreistelligen Angaben ist eine Null voranzustellen)	**C** = Kaltgezogener Draht **H** = Warmgeformte oder warmgewalzte und behandelte Stäbe **Q** = Vergüteter Draht **S** = Litze **G** = Andere Merkmale[3]	–	Tabelle 3, Seite 429	DIN EN 10 138-2 bis -4 Beispiel: Y1770C Y1770S7
Stähle für oder in Form von Schienen Kennbuchstabe **R**	Festgelegte Mindesthärte nach Brinell (HBW)	**Mn** = Hoher Mn-Gehalt **Cr** = Chromlegiert **G** = Andere Merkmale[3] Chemische Symbole[4]	**HT** = Wärmebehandelt **LHT** = niedrig legiert, wärmebehandelt **Q** = Vergütet	–	DIN EN 13 674-1 Beispiel: R220 R260Mn R320Cr R350LHT
Flacherzeugnisse aus höherfesten Stählen zum Kaltumformen Kennbuchstabe **H**	**C + Ziffern** = Kaltgewalzt + Mindeststreckgrenze in MPa **D + Ziffern** = Warmgewalzt, bestimmt für die unmittelbare Kaltumformung + Mindeststreckgrenze in MPa **X + Ziffern** = Art des Walzens (kalt oder warm) freigestellt + Mindeststreckgrenze in MPa **CT + Ziffern** = Kaltgewalzt + Mindestzugfestigkeit in MPa **DT + Ziffern** = Warmgewalzt, bestimmt für die unmittelbare Kaltumformung + Mindestzugfestigkeit in MPa **XT + Ziffern** = Art des Walzens (kalt oder warm) freigestellt + Mindestzugfestigkeit in MPa	**B** = Bake hardening **C** = Complexphasenstahl **F** = Ferritisch-bainitischer-Stahl **I** = Isotroper Stahl **LA** = Niedrig legiert **M** = Martensitphasen-Stahl **P** = Phosphorlegiert **T** = TRIP-Stahl **X** = Dualphase **Y** = Interstitial free steel **G** = Andere Merkmale[3]	**D** = Für Schmelztauchüberzüge	Tabelle 2, Seite 429	DIN EN 10 268 DIN EN 10 346 Beispiel: HC180B HX260LAD+AS080 HDT580XD+Z275 HCT950CD+ZF120
Flacherzeugnisse zum Kaltumformen Kennbuchstabe **D**	**C + Ziffern** = Kaltgewalzt + zwei Kennziffern zur Unterscheidung **D + Ziffern** = Warmgewalzt, bestimmt für die unmittelbare Kaltformung + zwei Kennziffern zur Unterscheidung **X + Ziffern** = Art des Walzens (kalt oder warm) freigestellt + zwei Kennziffern zur Unterscheidung	**D** = Für Schmelztauchüberzüge **ED** = Für Direktemaillierung **EK** = Für konventionelle Emaillierung **H** = Für Hohlprofile **T** = Für Rohre **G** = Andere Merkmale[3] Chemische Symbole[4]	–	Tabellen 2 und 3, Seite 429	DIN EN 10 111 DIN EN 10 130 DIN EN 10 152 DIN EN 10 209 DIN EN 10 271 DIN EN 10 346 Beispiele: DC04 DC04EK DD14 DX56D+AS
Verpackungsblech und -band Kennbuchstabe **T**	Für kontinuierlich geglühte Sorten: Kennbuchst. H + Nennstreckgrenze R_e in MPa Für Losweise geglühte Sorten: Kennbuchst. S + Nennstreckgrenze R_e in MPa	–	–	Tabellen 2 und 3, Seite 429	DIN EN 10 202 Beispiele: TH550 TS550
Elektroblech und -band Kennbuchstabe **M**	Höchstzulässiger Ummagnetisierungsverlust in W/kg · 100 (vierstellige Ziffer) und durch Bindestrich getrennt 100 · Nenndicke in mm (zweistellige Ziffer)	Für eine magnetische Polarisation bei 50 Hz von 1,5 Tesla: **A** = Nicht kornorientiert **D** = Unlegiert (nicht schlussgeglüht) **E** = Legiert (nicht schlussgeglüht) Für eine magnetische Polarisation bei 50 Hz von 1,7 Tesla: **P** = Kornorientiert, mit hoher Permeabilität **S** = Konventionell kornorientiert			DIN EN 10 106 DIN EN 10 107 DIN EN 10 126 DIN EN 10 165 Beispiele: M400-50A M140-35S

[1] Zur Unterscheidung zwischen zwei Stahlsorten können an die Zusatzsymbole ein oder zwei Ziffern angehängt werden; [2] Verwendung von Zusatzsymbolen der Gruppe 2 nur in Verbindung mit denen der Gruppe 1 und an diese anzuhängen; [3] Gegebenenfalls mit 1 oder 2 nachfolgenden Ziffern; [4] Chemische Symbole für vorgeschriebene zusätzliche Elemente. Falls erforderlich, ergänzt mit einer einstelligen Zahl, die das Zehnfache des Mittelwertes der vorgeschriebenen Spanne des Gehalts des betreffenden Elements angibt; [5] Bestimmt für die unmittelbare Kaltumformung.

Tabelle 1: Symbole für besondere Anforderungen (DIN EN 10027-1)[1]

Symbol	Bedeutung
+ H	Mit Härtbarkeit
+ CH	Mit Kernhärtbarkeit
+ Z15	Mindest-Brucheinschnürung senkrecht zur Oberfläche 15 %
+ Z25	Mindest-Brucheinschnürung senkrecht zur Oberfläche 25 %
+ Z35	Mindest-Brucheinschnürung senkrecht zur Oberfläche 35 %

Tabelle 2: Symbole für die Art des Überzuges (DIN EN 10027-1)[1]

Symbol[2]	Bedeutung
+ A	Feueraluminiert
+ AS	Mit einer Al-Si-Legierung überzogen
+ AZ	Mit einer Al-Zn-Legierung überzogen (> 50 % Al)
+ CE	Elektrolytisch spezialverchromt (ECCS)
+ CU	Mit Kupferüberzug
+ IC	Mit anorganischer Beschichtung
+ OC	Organisch beschichtet
+ S	Feuerverzinnt
+ SE	Elektrolytisch verzinnt
+ T	Schmelztauchveredelt mit einer Blei-Zinn-Legierung (Terne)
+ TE	Elektrolytisch mit einer Blei-Zinn-Legierung überzogen
+ Z	Feuerverzinkt
+ ZA	Mit einer Zn-Al-Legierung überzogen (> 50 % Zn)
+ ZE	Elektrolytisch verzinkt
+ ZF	Diffusionsgeglühte Zinküberzüge (galvannealed, mit diffundiertem Fe)
+ ZN	Zink-Nickel-Überzug (elektrolytisch)

Tabelle 3: Symbole für den Behandlungszustand (DIN EN 10027-1)[1]

Symbol[3]	Bedeutung
+ A	Weichgeglüht
+ AC	Geglüht zur Erzielung kugeliger Carbide
+ AR	Wie gewalzt, ohne besondere Walz- und/ oder Wärmebehandlungsbedingungen
+ AT	Lösungsgeglüht
+ C	Kaltverfestigt (z. B. durch Walzen oder Ziehen)
+ C[4]	Kaltverfestigt auf die angegebene Mindestzugfestigkeit in MPa
+ CP[5]	Kaltverfestigt auf die angegebene Mindestdehngrenze (0,2 % Dehngrenze)
+ CR	Kaltgewalzt
+ DC	Lieferzustand dem Hersteller überlassen
+ FP	Behandelt auf Ferrit-Perlit-Gefüge und Härtespanne
+ HC	Warm-kalt-geformt
+ I	Isothermisch behandelt
+ LC	Leicht kalt nachgezogen bzw. leicht nachgewalzt (Skin passed)
+ M	Thermomechanisch umgeformt
+ N	Normalgeglüht oder normalisierend umgeformt
+ NT	Normalgeglüht oder angelassen
+ P	Ausscheidungsgehärtet
+ Q	Abgeschreckt
+ QA	Luftgehärtet
+ QO	Ölgehärtet
+ QT	Vergütet
+ QW	Wassergehärtet
+ RA	Rekristallisationsgeglüht
+ S	Behandelt auf Kaltscherbarkeit
+ SR	Spannungsarmgeglüht
+ T	Angelassen
+ TH	Behandelt auf Härtespanne
+ U	Unbehandelt
+ WW	Warmverfestigt

[1] Weitere Symbole sind den Technischen Lieferbedingungen für Stähle zu entnehmen
[2] Um Verwechslungen zu vermeiden (Tabelle 1 und Tabelle 3), kann der Buchstabe **S** vorangestellt werden (z. B. + SA)
[3] Um Verwechslungen zu vermeiden (Tabelle 1 und Tabelle 2), kann der Buchstabe **T** vorangestellt werden (z. B. + TA)
[4] Mit nachfolgender dreistelliger Ziffer zur Kennzeichnung der Mindestzugfestigkeit
[5] Mit nachfolgender zweistelliger Ziffer zur Kennzeichnung der Mindestdehngrenze

8.1.2 Stahlnormung durch Werkstoffnummern

Die Kennzeichnung von Stählen durch Werkstoffnummern ist in DIN EN 10 027-2 festgelegt. Werkstoffnummern werden durch die Europäische Stahlregistratur vergeben. Die Systematik gilt für Knet- und Gusslegierungen. Nach DIN EN 10 027-2 erhält jede Stahlsorte eine Werkstoffnummer, deren Aufbau in Bild 1 dargestellt ist:

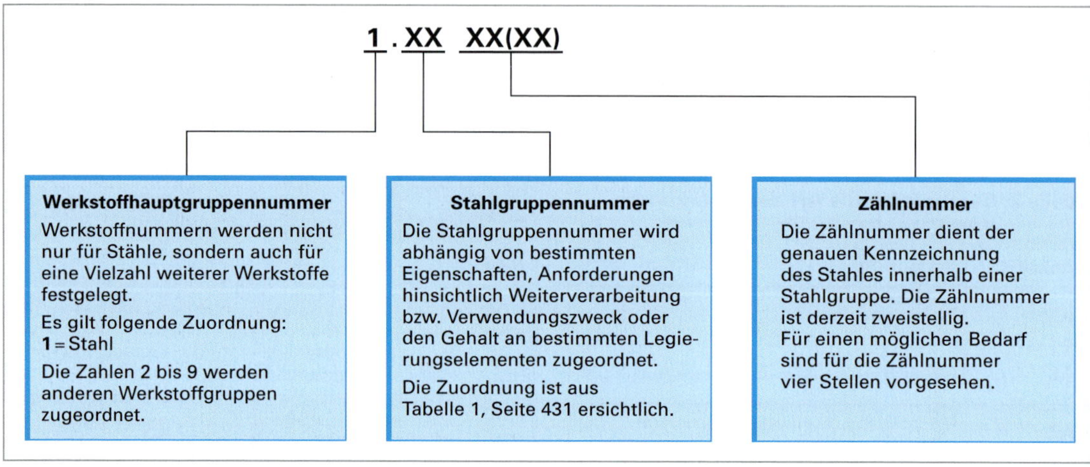

Bild 1: Prinzip der Stahlnormung durch Werkstoffnummern

Gegenüber der zurückgezogenen DIN 17 007-1 und -2 unterscheidet sich die Stahlkennzeichnung durch Werkstoffnummern nach DIN EN 10 027-2 im Wesentlichen in den folgenden Punkten:

1. Für die Zählnummer werden (für einen möglichen künftigen Bedarf) vier Stellen vorgesehen.
2. Die in DIN 17 007-2 mitunter verwendeten Anhängezahlen zur Kennzeichnung des Stahlgewinnungsverfahrens bzw. des Behandlungszustandes entfallen.
3. Geringe Modifikationen im System der Stahlgruppennummern (Tabelle 1, Seite 460) wurden durchgeführt.

Beispiele zur Anwendung des Werkstoffsystems sind in Tabelle 1 zusammengestellt.

Tabelle 1: Beispiele für die Stahlnormung durch Werkstoffnummern

Werkstoffnummer DIN EN 10 027-2	Kurzname DIN EN 10 027-1	Eigenschaften / Zusammensetzung des Werkstoffs soweit aus der Werkstoffnummer zu entnehmen
1.0546	S355NL	Unlegierter Qualitätsstahl mit 0,25 % ≤ C < 0,55 % sowie einer Zugfestigkeit zwischen 500 MPa und 700 MPa
1.1181	C35E	Baustahl (unlegierter Edelstahl) mit C < 0,5 %
1.6582	34CrNiMo6	Cr-Ni-Mo-Stahl (legierter Edelstahl) mit Mo < 0,4 % und Ni ≤ 2 %
1.4465	X1CrNiMoN25-25-2	Nichtrostender Stahl (legierter Edelstahl) mit Ni ≥ 2,5 % und mit Zusätzen an Molybdän, ohne Niob und Titan
1.3265	HS18-1-2-10	Schnellarbeitsstahl mit Zusätzen an Cobalt

abelle1 : Stahlgruppennummern nach DIN EN 10027-2

Unlegierte Stähle: Grundstähle[1]	Unlegierte Stähle: Qualitätsstähle	Unlegierte Stähle: Edelstähle	Legierte Stähle: Qualitätsstähle	Legierte Stähle, Edelstähle: Werkzeugstähle	Legierte Stähle, Edelstähle: Verschiedene Stähle	Legierte Stähle, Edelstähle: Chem. beständige Stähle	Legierte Stähle, Edelstähle: Baustähle, Maschinenbau- und Behälterstähle			
00 Grundstähle **90**		**10** Stähle mit bes. physikalischen Eigenschaften		**20** Cr	**30** —	**40** Nichtrostende Stähle mit Ni<2,5% ohne Mo, Nb, Ti	**50** Mn, Si, Cu	**60** Cr-Ni mit 2,0 ≤ Cr < 3,0%	**70** Cr Cr-B	**80** Cr-Si-Mo Cr-Si-Mn-Mo Cr-Si-Mo-V Cr-Si-Mn-Mo-V
	01 Allgemeine Baustähle mit R_m < 500 MPa **91**	**11** Bau-, Maschinenbau- u. Behälterstähle mit C < 0,5%		**21** Cr-Si Cr-Mn Cr-Mn-Si	**31** —	**41** Nicht rostende Stähle mit Ni<2,5% mit Mo, ohne Nb, Ti	**51** Mn-Si Mn-Cr	**61** —	**71** Cr-Si, Cr-Mn, Cr-Mn-B, Cr-Si-Mn	**81** Cr-Si-V Cr-Mn-V Cr-Si-Mn-V
	02 Sonstige, nicht für eine Wärmebehandlung bestimmte Stähle mit R_m < 500 MPa **92**	**12** Maschinenbaustähle mit C ≥ 0,5%		**22** Cr-V Cr-V-Si Cr-V-Mn Cr-V-Mn-Si	**32** Schnellarbeitsstähle mit Co	**42** —	**52** Mn-Cu Mn-V Si-V Mn-Si-V	**62** Ni-Si Ni-Mn Ni-Cu	**72** Cr-Mo mit Mo < 0,35% Cr-Mo-B	**82** Cr-Mo-W Cr-Mo-W-V
	03 Stähle mit im Mittel < 0,12% C oder R_m < 400 MPa **93**	**13** Bau-, Maschinenbau- u. Behälterstähle mit besonderen Anforderungen		**23** Cr-Mo Cr-Mo-V Mo-V	**33** Schnellarbeitsstähle ohne Co	**43** Nichtrostende Stähle mit Ni≥2,5% ohne Mo, Nb, Ti	**53** Mn-Ti Si-Ti	**63** Ni-Mo Ni-Mo-Mn Ni-Mo-Cu Ni-Mo-V Ni-Mn-V	**73** Cr-Mo mit Mo ≥ 0,35%	**83** —
	04 Stähle mit im Mittel 0,12% ≤ C < 0,25% oder 400 ≤ R_m < 500 MPa **94**	**14** —		**24** W Cr-W	**34** —	**44** Nichtrostende Stähle mit Ni≥2,5% mit Mo, ohne Nb, Ti	**54** Mo Nb, Ti, V W	**64** —	**74** —	**84** Cr-Si-Ti Cr-Mn-Ti Cr-Si-Mn-Ti
	05 Stähle mit im Mittel 0,25% ≤ C < 0,55% oder 500 ≤ R_m < 700 MPa **95**	**15** Werkzeugstähle		**25** W-V Cr-W-V	**35** Wälzlagerstähle	**45** Nichtrostende Stähle mit Sonderzusätzen	**55** B Mn-B Mn < 1,65%	**65** Cr-Ni-Mo mit Mo < 0,4% u. Ni ≤ 2,0%	**75** Cr-V mit Cr < 2,0%	**85** Nitrierstähle
	06 Stähle mit im Mittel C ≥ 0,55% oder R_m ≥ 700 MPa **96**	**16** Werkzeugstähle		**26** W außer Klassen 24, 25, 27	**36** Werkstoffe mit bes. magn. Eigenschaften ohne Co	**46** chemisch beständige u. hochwarmfeste Ni.-Leg.	**56** Ni	**66** Cr-Ni-Mo mit Mo < 0,4 % u. 2,0 ≤ Ni < 3,5%	**76** Cr-V mit Cr > 2,0%	**86** —
	07 Stähle mit höherem P- oder S-Gehalt **97**	**17** Werkzeugstähle		**27** mit Ni	**37** Werkstoffe mit bes. magn. Eigenschaften mit Co	**47** Hitzebeständige Stähle mit Ni < 2,5%	**57** Cr-Ni mit Cr < 1,0%	**67** Cr-Ni-Mo m.Mo<0,4% u.3,5≤Ni<5,0% od. Mo≥0,4%	**77** Cr-Mo-V	**87** 2)
		18 Werkzeugstähle	**08** Stähle mit bes. physikalischen Eigenschaften **98**	**28** Sonstige	**38** Werkstoffe mit bes. physik. Eigenschaften ohne Ni	**48** Hitzebeständige Stähle mit Ni ≥ 2,5%	**58** Cr-Ni mit 1,0 ≤ Cr < 1,5%	**68** Cr-Ni-V Cr-Ni-W Cr-Ni-V-W	**78** —	**88** 2) 3)
		19 —	**09** Stähle für verschiedene Anwendungsbereiche **99**	**29** —	**39** Werkstoffe mit bes. physik. Eigenschaften mit Ni	**49** Hoch warmfeste Werkstoffe	**59** Cr-Ni mit 1,5 ≤ Cr < 2,0%	**69** Cr-Ni außer Klassen 57 bis 68	**79** Cr-Mn-Mo Cr-Mn-Mo-V	**89** 2) 3)

[1] Die Hauptgüteklasse der Grundstähle ist nach DIN EN 10020 seit der Ausgabe 07/2000 entfallen (Kapitel 6.5.1.1)

[2] Nicht für eine Wärmebehandlung beim Verbraucher bestimmte Stähle

[3] Hochfeste, schweißgeeignete Stähle

8.2 Normung von Gusseisenwerkstoffen

Die Normung von Gusseisenwerkstoffen durch Kurzzeichen und Werkstoffnummern erfolgt nach DIN EN 1560. Die Benennung nach DIN 17 006-4 (zurückgezogen) soll nicht mehr besprochen werden.

Die Systematik nach DIN EN 1560 bezieht sich im Wesentlichen auf die verschiedenen Grauguss- und Tempergusssorten sowie auf Hartguss. Die Normung von Stahlguss wurde bereits in Kapitel 8.1 besprochen.

8.2.1 Normung durch Kurznamen

Das nachfolgende Beispiel erläutert das Prinzip der normgerechten Benennung von Gusseisenwerkstoffen durch Kurznamen.

EN-GJMW-360-12S-W

Vorsilbe EN
Darf nur für genormte Werkstoffe verwendet werden

Symbol für Gusseisen
(**G** für Guss, **J** für Eisen)

Graphitstruktur
- **L** Lamellar
- **S** Kugelig
- **M** Temperkohle[1]
- **V** Vermikular
- **N** Graphitfrei (Hartguss), ledeburitisch
- **Y** Sonderstruktur[2]

Mikro- oder Makrostruktur
- **A** Austenit
- **F** Ferrit
- **P** Perlit
- **M** Martensit
- **L** Lederburit
- **Q** Abgeschreckt
- **T** Vergütet
- **B** Nichtentkohlend geglüht[3]
- **W** entkohlend geglüht[3]

Benennung nach den mechanischen Eigenschaften

Zugfestigkeit:
Angabe des Mindestwertes in MPa
Beispiel: EN-GJL-150

Dehnung:
Angabe des Mindestwertes in %. Sie folgt (falls erforderlich) der Angabe der Mindestzugfestigkeit (durch einen Bindestrich getrennt).
Beispiel: EN-GJS-350-22

Kerbschlagarbeit:
Falls Mindestwerte für die Kerbschlagarbeit gefordert werden, sind Buchstaben zur Kennzeichnung des Prüftemperaturbereichs den mechanischen Eigenschaften (durch einen Bindestrich getrennt) nachzustellen. Der Temperaturbereich sowie die geforderten Mindestwerte sind der jeweiligen Erzeugnisnorm zu entnehmen.
- **RT** Raumtemperatur
- **LT** Tieftemperatur

Beispiel: EN-GJS-400-18S-RT

Härte:
Werden Gusseisenwerkstoffe durch die Härte (statt durch die Zugfestigkeit) klassifiziert, dann wird eines der folgenden drei Kurzzeichen angegeben:
- **HB** für Brinellhärte
- **HV** für Vickershärte
- **HR** für Rockwellhärte

Den Kurzzeichen folgen zwei oder drei Ziffern, die den Härtebereich kennzeichnen (Bedeutung siehe betreffende Erzeugnisnorm).
Beispiel: EN-GJL-HB155

Benennung nach der chemischen Zusammensetzung:
Kennbuchstabe **X** mit nachfolgender Angabe des Kohlenstoffgehalts (100-facher Wert)[4]. Daran anschließend die chemischen Symbole der wesentlichen Legierungselemente (geordnet nach abnehmendem Gehalt) sowie deren prozentuale Gehalte (auf eine ganze Zahl gerundet und durch Bindestriche voneinander getrennt).
Beispiele: EN-GJN-X300CrNiSi9-5-2
EN-GJL-XNiMn13-7

Herstellungsmethode
Die folgenden Symbole werden (falls erforderlich) den Ziffern der Mindestzugfestigkeit bzw. der Mindestdehnung angehängt (ohne Bindestrich):
- **S** Getrennt gegossenes Probestück
- **U** Angegossenes Probestück
- **C** Einem Gussstück entnommenes Probestück

Beispiele: EN-GJV-400U
EN-GJS-350-22U

Zusätzliche Anforderungen
- **D** Rohgussstück
- **H** Wärmebehandeltes Gussstück
- **W** Schweißeignung für Verbindungsschweißungen
- **Z** In der Bestellung festgelegte zusätzliche Anforderungen

[1] Entkohlend geglühter Temperguss eingeschlossen
[2] In der jeweiligen Erzeugnisnorm angegeben
[3] Nur für Temperguss
[4] Die Angabe des Kohlenstoffgehalts ist nicht unbedingt erforderlich.

Bild 1: Kennzeichnung von Gusseisenwerkstoffen durch Kurznamen nach DIN EN 1560

8.2.2 Normung durch Werkstoffnummern

Die Systematik der Normung von Gusseisenwerkstoffen durch Werkstoffnummern nach DIN EN 1560 zeigt Bild 1.

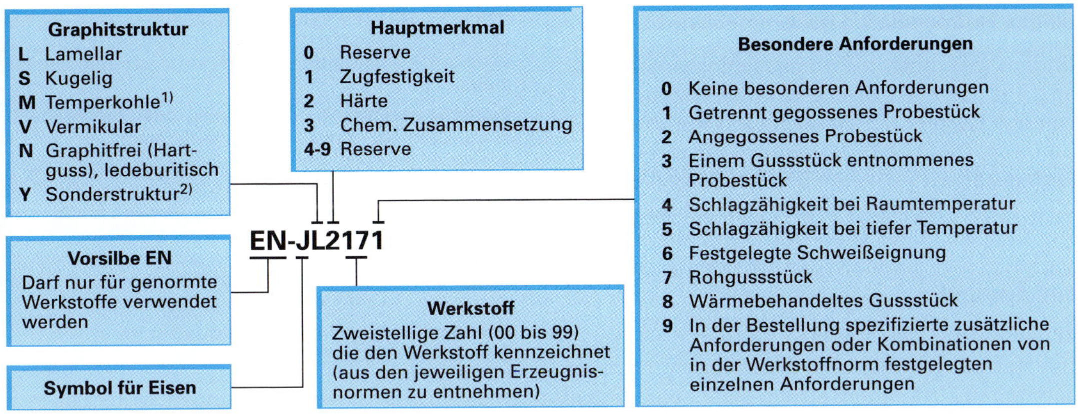

[1)] Entkohlend geglühter Temperguss eingeschlossen [2)] In der jeweiligen Erzeugnisnorm angegeben

Bild 1: Kennzeichnung von Gusseisenwerkstoffen durch Werkstoffnummern nach DIN EN 1560

Beispiele:

- **EN-GJMB-450-6** Temperguss, nichtentkohlend geglüht (schwarzer Temperguss), Mindestzugfestigkeit 450 MPa, Mindestbruchdehnung 6 %
- **EN-GJL-250C** Gusseisen mit Lamellengraphit (Grauguss), Mindestzugfestigkeit 250 MPa, einem Gussstück entnommenes Probestück
- **EN-GJMW-450-7S-D** Temperguss, entkohlend geglüht (weisser Temperguss), Mindestzugfestigkeit 450 MPa, Mindestbruchdehnung 7 %, getrennt gegossenes Probestück, Rohgussstück
- **EN-GJS-400-18-LT** Gusseisen mit Kugelgraphit, Mindestzugfestigkeit 400 MPa, Mindestbruchdehnung 18 %, geforderte Mindestwerte der Kerbschlagarbeit bei tiefen Temperaturen
- **EN-GJL-XNiMn13-7** Legiertes Gusseisen mit Lamellengraphit, wesentliche Legierungsbestandteile: 13 % Ni und 7 % Mn
- **EN-JS1100** Gusseisen mit Kugelgraphit, Hauptmerkmal: Zugfestigkeit, keine besonderen Anforderungen
- **EN-JM1010** Temperguss, Hauptmerkmal: Zugfestigkeit, keine besonderen Anforderungen
- **EN-JN2019** Hartguss, Hauptmerkmal: Härte, in der Bestellung spezifizierte zusätzliche Anforderungen oder Kombinationen von in der Werkstoffnorm festgelegten einzelnen Anforderungen

8.3 Normung von Nichteisenmetallen (NE-Metalle)

Der nicht genormte Begriff **Nichteisenmetall (NE-Metall)** umfasst alle reinen Metalle außer Eisen sowie alle Metalllegierungen, deren Hauptbestandteil nicht das Eisen ist.

In NE-Metalllegierungen kann Eisen in geringen Anteilen aus bestimmten Gründen, z. B. zur Eigenschaftsbeeinflussung, absichtlich zulegiert werden oder als Verunreinigung vorhanden sein.

Im Zuge der europäischen Harmonisierung wurde für NE-Metalle die Einführung eines europäischen Normensystems beschlossen. Diese Umstellung ist bei den meisten NE-Metallen relativ weit vorangeschritten, so dass nachfolgend nur auf die jetzt gültigen Normen Bezug genommen wird.

Mit dem (z. T. noch nicht abgeschlossenen) Übergang auf das europäische Normensystem ist das bisherige System der Bezeichnung mit Werkstoffnummern (DIN 17 007-3) ungültig. Ein direkter Vergleich der alten und neuen Bezeichnungen ist in der Regel nicht möglich. Zu beachten ist außerdem, dass zum Teil in der alten Norm enthaltene Legierungen in den europäischen Normen nicht mehr enthalten sind.

Bei den meisten NE-Metallen umfasst die europäische Normung sowohl die Bezeichnung nach der chemischen Zusammensetzung einer Legierung als auch deren Zustandsbezeichnungen. Unter Letzteren sind z. B. Wärmebehandlungs- oder Verfestigungszustände zu verstehen.

> **ⓘ Information**
>
> **Grundbegriffe**
>
> DIN EN 12258-1 definiert die folgenden Grundbegriffe:
>
> **Legierung:** Metallisches Material, makroskopisch gesehen homogen, das aus zwei oder mehreren Elementen so zusammengesetzt ist, dass diese nicht ohne weiteres wieder mit physikalischen Methoden getrennt werden können.
>
> **Legierungselement:** Metallisches oder nichtmetallisches Element, welches dem Basismetall absichtlich entweder zugesetzt wurde oder in ihm bereits enthalten ist. Sein Massenanteil liegt zwischen einer festgelegten oberen und unteren Grenze, um diesem Metall bestimmte besondere Eigenschaften zu verleihen.
>
> **Verunreinigung:** Metallisches oder nichtmetallisches Element, welches zwar im Metall vorhanden ist, diesem aber nicht absichtlich zugesetzt wurde und für welches keine untere Analysengrenze festgelegt ist.

Die Normung wird zumeist auf bestimmte Erzeugnisformen bezogen, wie z. B. Gussstücke, Blockmetalle (Anoden), Vorlegierungen (Masseln) oder bestimmte Halbzeuge. Wie beispielsweise im Falle der Leichtmetalle Aluminium und Magnesium üblich, kann auch noch eine Unterscheidung in Guss-, Knet- und Vorlegierungen erfolgen (DIN EN 12 258-1):

- **Gusslegierungen.** Die Formgebung erfolgt hauptsächlich hier durch Gießen. Die Zusammensetzung liegt meist in der Nähe eines eutektischen Punktes.
- **Knetlegierungen.** Die Formgebung erfolgt hauptsächlich durch Warm- oder Kaltumformprozesse eines bestimmten Halbzeuges (Blech, Stangen, Strangpressbolzen). Die Legierungsgehalte sind zumeist geringer als bei Gusslegierungen.
- **Vorlegierungen.** Hierbei handelt es sich um Legierungen mit einem erhöhten Gehalt von Legierungselementen. Sie werden als Zusatz beim Zusammenschmelzen einer bestimmten Legierungszusammensetzung verwendet, um den gewünschten Legierungsgehalt einzustellen oder den Gehalt der Verunreinigungen abzusenken.

Bei den meisten NE-Metallen ist eine Unterscheidung in Primär- und Sekundärmetalle üblich. **Primärmetalle** (DIN EN 12 258-1) sind die direkt aus Erzen gewonnenen Metalle, **Sekundärmetalle** hingegen die aus Schrotten gewonnenen Metalle.

Nachfolgend wird beispielhaft die Normung von Aluminium, Magnesium und Kupfer dargestellt.

8.3.1 Normung von Aluminiumwerkstoffen

Aluminiumwerkstoffe mit einer Dichte von ca. 2,70 kg/dm^3 gehören zur Gruppe der Leichtmetalle (Dichte unter 4,5 kg/dm^3).

Aluminiumlegierungen werden üblicherweise in Reinst- und Reinaluminium sowie in Aluminiumlegierungen eingeteilt. Zusätzlich werden Aluminiumlegierungen noch in aushärtbare und nicht aushärtbare Legierungen unterschieden (Bild 1, S. 353).

Aluminiumwerkstoffe werden nach ihrer chemischen Zusammensetzung oder nach einem Nummernsystem bezeichnet. Die Bezeichnungen erhal-

> **ⓘ Information**
>
> **Reinstaluminium:** Unlegiertes Aluminium, das durch besondere Raffinationsverfahren (Reinigungsverfahren) auf einen Aluminiumgehalt von ≥ 99,99 % gebracht wurde.
>
> **Reinaluminium:** Nicht legiertes Aluminium mit Reinheitsgraden von 99,0 % bis 99,9 %.
>
> Bei **aushärtbaren Legierungen** lassen sich die Festigkeitseigenschaften durch eine entsprechende Wärmebehandlung steigern (DIN EN 12 258-1).
>
> Bei **nicht aushärtbaren Legierungen** wird eine Festigkeitssteigerung nur durch Kaltumformung, nicht aber durch eine Wärmebehandlung erreicht (DIN EN 12 258-1).

en die Vorsilbe **EN** für **E**uropäische **N**orm gefolgt vom Buchstaben **A** für **A**luminium und von der Bezeichnung der Erzeugnisform (B, C, M oder W; Tabelle 1).

Tabelle 1: Kennbuchstaben zur Bezeichnung von Aluminiumlegierungen nach der Erzeugnisform

Kennbuchstaben	DIN EN	Erzeugnisform	Hinweise
EN AB	576	**B**lockmetall	–
EN AC	1706	Gusswerkstoffe bzw. Gussstücke (**C**astings)	Mitunter Vorsatzbuchstaben zum Hinweis auf ein besonderes Gussverfahren, z. B.: **G** Sandguss **GB** Blockguss **GK** Kokillenguss **GD** Druckguss **GF** Feinguss
EN AM	575	Vorlegierungen (**M**aster alloys)	Mitunter Vorsatzbuchstaben zum Hinweis auf eine besondere Reinheit, z. B. VR
EN AW	573	Knetwerkstoffe bzw. Knetlegierungen (**W**rought alloys)	Mitunter Vorsatzbuchstaben zum Hinweis auf eine besondere Verwendung, z. B.: **E** Leiterwerkstoff für die Elektrotechnik **S** Schweißzusatzwerkstoff **L** Lot

8.3.1.1 Aluminiumknetwerkstoffe

Aluminiumknetwerkstoffe werden nach ihrer chemischen Zusammensetzung oder nach einem Nummernsystem bezeichnet.

a) Bezeichnungssystem mit chemischen Symbolen

Bei der Benennung nach der chemischen Zusammensetzung entsprechend DIN EN 573-2 folgt der Vorsilbe EN AW, mit Bindestrich getrennt, das Elementsymbol für Aluminium (Al).

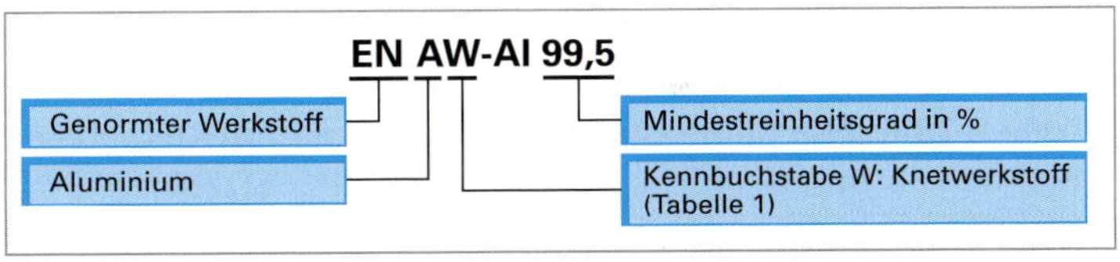

Bild 1: Bezeichnung von Reinaluminium nach der chemischen Zusammensetzung nach DIN EN 573-2 (Beispiel)

Bei **Reinaluminium** folgt (nach einer Leerstelle) die Angabe des Aluminiumgehaltes mit Kommastellen (in Masse-%). Bild 1 verdeutlicht diese Systematik anhand eines Beispiels. Falls dem Reinaluminium ein Element mit geringem Massenanteil zulegiert wird, muss dessen chemisches Symbol dem Reinheitsgrad (ohne Leerzeichen) nachgestellt werden.

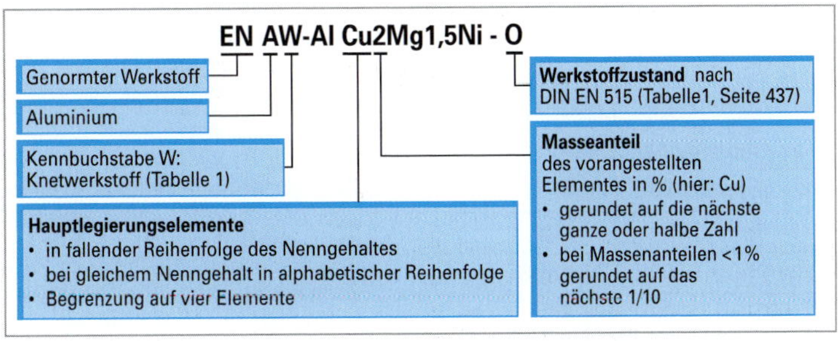

Bild 2: Bezeichnung von Aluminium-Knetlegierungen nach der chemischen Zusammensetzung nach DIN EN 573-2 (Beispiel)

Beispiel:

EN AW-Al 99,0Cu Reinaluminium-Knetwerkstoff mit einem Aluminiumgehalt von 99,0 % und Kupferanteilen

Bei **Aluminiumlegierungen** werden nach DIN EN 573-2 die einzelnen chemischen Elemente angegeben, wobei hinter dem Elementsymbol der jeweilige Legierungsgehalt in Masse-% steht. Die chemischen Symbole sind auf vier Elemente begrenzt. Bild 2 verdeutlicht diese Systematik.

Beispiele:

EN AW-Al Zn4,5Mg1 Aluminiumknetlegierung mit 4,5 % Zink und 1 % Magnesium

EN AW-Al Si1,5Mn Aluminiumknetlegierung mit 1,5 % Silicium und Anteilen an Mangan (Mangangehalt nicht angegeben)

Information

Eine Legierung, die sowohl in der alten Normung enthalten war, als auch in der neuen Normung enthalten ist, muss nicht zwangsläufig dasselbe Kurzzeichen für die chemische Zusammensetzung aufweisen.

Beispiel:

	alt DIN EN 1712-1	neu DIN EN 573-3
chemische	AlCuMg1	EN AW-AlCu4MgSi(A)
numerisch	3.1315	EN AW-2017A

b) Numerisches Bezeichnungssystem

Mit dem Übergang zur europäischen Norm DIN EN 573 für Aluminiumknetlegierungen wurde auch das System der vierstelligen Nummernkombinationen nach ISO (International Organization for Standardization) und AA (Aluminum Association = nationales amerikanisches System) übernommen.

Bei dieser numerischen Bezeichnung folgen der Vorsilbe EN AW, durch einen Bindestrich getrennt, vier Ziffern zur Charakterisierung der Sorte. Ihre Bedeutung ist Tabelle 1 zu entnehmen. Eventuell folgende Buchstaben (A bis X) kennzeichnen nationale Varianten, wie z. B. 2017**A**. Bild 1 verdeutlicht die Systematik der numerischen Bezeichnung von Al-Knetlegierungen.

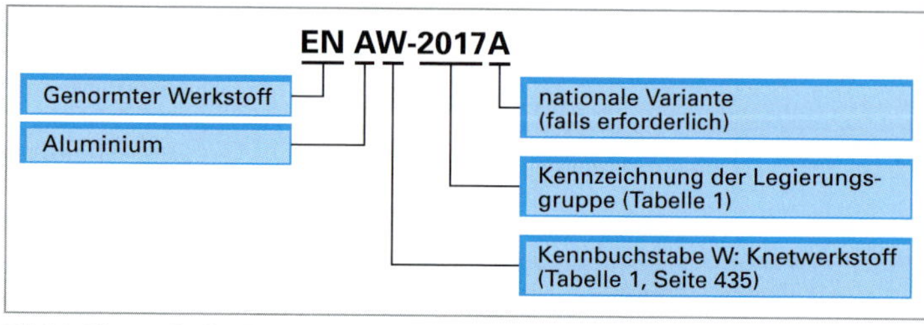

Bild 1: Numerische Bezeichnung von Aluminium-Knetwerkstoffen nach DIN EN 573-1 (Beispiele)

Aus Tabelle 1 ist ersichtlich, dass aus der numerischen Legierungsbezeichnung nicht die Legierungszusammensetzung sondern die Legierungsgruppe hervorgeht. Jedoch gibt auch die chemische Kurzbezeichnung nur einen groben Anhaltspunkt für die tatsächliche Zusammensetzung. Die genaue Zusammensetzung muss DIN EN 573-3 entnommen werden.

Tabelle 1: Ziffern zur numerischen Kennzeichnung von Al-Knetwerkstoffen nach DIN EN 573-1

1. Ziffer		2. Ziffer	3. und 4. Ziffer
1xxx (Serie 1000)	Reinaluminium mit Al > 99,00%	Bezeichnet Modifikationen der Verunreinigungsgrenzen oder auch besondere Verunreinigungen oder Legierungselemente.	Die beiden letzten Ziffern entsprechen den beiden Dezimalen nach der Kommastelle, falls der Mindestanteil an Aluminium auf 0,01% angegeben wird.
2xxx (Serie 2000)	Al-Cu	Bezeichnet Legierungsabwandlungen. Ist die zweite Ziffer eine Null, dann handelt es sich um eine Originallegierung. Die Ziffern 1 bis 9 kennzeichnen Legierungsabwandlungen.	Die beiden letzten Ziffern haben keine besondere Bedeutung, sie dienen lediglich der Bezeichnung der verschiedenen Al-Legierungen in der Serie.
3xxx (Serie 3000)	Al-Mn		
4xxx (Serie 4000)	Al-Si		
5xxx (Serie 5000)	Al-Mg		
6xxx (Serie 6000)	Al-Mg-Si		
7xxx (Serie 7000)	Al-Zn		
8xxx (Serie 8000)	sonstige		
9xxx (Serie 9000)	nicht verwendet		

c) Kennzeichnung des Werkstoffzustandes

Der Werkstoffzustand von Aluminiumknetlegierungen wird nach DIN EN 515 durch eine Kombination von einem (Groß-) Buchstaben mit Ziffern zur näheren Beschreibung bezeichnet. Diese Kombination wird, durch einen Bindestrich getrennt, an die Legierungsbezeichnung (numerisch oder mit chemischen Elementsymbolen) angehängt. Damit entfallen die bisher nach DIN 17 007 üblichen Bezeichnungen, wie z. B.

F25 wa, ka usw. Nach DIN EN 515 werden mehr als 100 verschiedene Werkstoffzustände bzw. deren Varianten unterschieden. In Tabelle 1 sind die gebräuchlichen Zustände zusammengestellt und erläutert.

Beispiele:

EN AW-Al Cu4SiMg – T6 Aluminiumknetlegierung mit 4% Kupfer und Anteilen an Silicium und Magnesium, lösungsgeglüht und warm ausgelagert

EN AW-2014 – T6 Aluminium-Kupfer-Knetlegierung, lösungsgeglüht und warm ausgelagert

Tabelle 1: Zustandsbezeichnungen für Aluminiumlegierungen nach DIN EN 515

Zustand		Beschreibung / Eigenschaften
F	Herstellungszustand	Für Erzeugnisse aus Umformverfahren, bei denen die Kaltverfestigung oder die thermischen Bedingungen keiner speziellen Kontrolle unterliegen
O	Weichgeglüht	Für Erzeugnisse, die geglüht werden, um eine möglichst geringe Festigkeit zu erlangen O1: bei hoher Temperatur geglüht und langsam abgekühlt O2: thermomechanisch behandelt O3: homogenisiert
H	Kaltverfestigt	Für Erzeugnisse, die zur Sicherstellung festgelegter mechanischer Eigenschaften nach dem Weichglühen oder Warmumformen einer Kaltumformung oder Kombination aus Kaltumformung und Erholungsglühen bzw. Stabilisieren unterzogen werden. Erste Ziffer nach dem H: Kennzeichnet die Kombination der Basisarbeitsgänge. H1x: nur kaltverfestigt H2x: kaltverfestigt und rückgeglüht (auf die gewünschte Festigkeit) H3x: kaltverfestigt und stabilisiert (damit bei Lagerung bei Raumtemperatur keine Entfestigung eintritt) H4x: kaltverfestigt und einbrennlackiert (teilweise Entfestigung beim Einbrennen) Zweite Ziffer nach dem H: Gibt den endgültigen Grad der Kaltverfestigung an, der durch den Mindestwert der Zugfestigkeit gekennzeichnet ist. Die Zahl „8“ (Hx8) gibt den härtesten, üblicherweise herstellbaren Zustand an. Die Erhöhung der Zugfestigkeit auf Zustand Hx8 kann in Abhängigkeit der Mindestzugfestigkeit im weichgeglühten Zustand aus Bild 1, Seite 438 entnommen werden. Die Zustände zwischen O (weichgeglüht) und Hx8 werden mit den Ziffern 1 bis 7 (Hx1 bis Hx7) gekennzeichnet. Dritte Ziffer nach dem H: Kennzeichnet, nur falls erforderlich, die Variante eines Zustandes mit zwei Ziffern. Mögliche Ziffern und ihre Bedeutung sind DIN EN 515 zu entnehmen. (z.B. H424).
W	Lösungsgeglüht	Kennzeichnet einen instabilen Zustand und gilt nur für Aluminiumlegierungen, die nach dem Lösungsglühen bei Raumtemperatur spontan aushärten. Der Eindeutigkeit halber wird der Bezeichnung die Zeitspanne des Kaltauslagerns nachgestellt (z. B. W 1/2h).
T	Wärmebehandelt auf andere Zustände als F, O oder H)	Die Bezeichnung wird für Erzeugnisse verwendet, die zur Erzielung stabiler Zustände wärmebehandelt werden. An den Kennbuchstaben „T“ schließen sich eine oder mehrere Ziffern an. T1: Abgeschreckt aus der Warmumformungstemperatur und kaltausgelagert auf einen weitgehend stabilen Zustand T2: Abgeschreckt aus der Warmumformungstemperatur, kaltumgeformt und kaltausgelagert auf einen weitgehend stabilen Zustand T3: Lösungsgeglüht, kaltumgeformt und kaltausgelagert auf einen weitgehend stabilen Zustand T4: Lösungsgeglüht und kaltausgelagert auf einen weitgehend stabilen Zustand T5: Abgeschreckt aus der Warmumformungstemperatur und warmausgelagert T6: Lösungsgeglüht und warmausgelagert T7: Lösungsgeglüht und überhärtet/stabilisiert T8: Lösungsgelüht, kaltumgeformt und warmausgelagert T9: Lösungsgelüht, warmausgelagert und kaltumgeformt Den Bezeichnungen T1 bis T9 können weitere Ziffern hinzugefügt werden, um eine Behandlungsvariante zu kennzeichnen, welche die Merkmale des Erzeugnisses im Vergleich zum ursprünglichen Zustand nicht unerheblich verändert. Für eine Reihe von Behandlungen sind weitere Ziffern bereits fest vergeben (siehe DIN EN 515).

Die numerische Bezeichnung von Reinaluminium-Knetwerkstoffen (Serie 1000) beinhaltet eine Besonderheit, da die beiden letzten Ziffern den beiden Dezimalen nach der Kommastelle entsprechen, falls der Mindestanteil an Aluminium auf 0,01 % angegeben wird.

Beispiel: **EN AW-1085** Reinaluminium-Knetwerkstoff mit einem Aluminiumgehalt von 99,85 %

Die Bezeichnung nach der chemischen Zusammensetzung (Bild 2, Seite 435) stellt eine Ausnahme dar. Üblicherweise sollte dem numerischen Bezeichnungssystem der Vorrang gegeben werden. Ist die Angabe der chemischen Zusammensetzung dennoch erforderlich, dann wird sie mit eckigen Klammern dem numerischen Bezeichnungssystem nachgestellt. Fall ausnahmsweise nur die Bezeichnung nach der chemischen Zusammensetzung verwendet wird, muss vor die Bezeichnung der Ausdruck „EN AW- „ gesetzt werden.

Beispiel: üblich: EN AW-5052 [Al Mg2,5]
Ausnahme: EN AW-Al Mg2,5

Von besonderer praktischer Bedeutung sind die Werkstoffzustände „H" und „T". Sie sollen daher nachfolgend detaillierter beschrieben werden.

Werkstoffzustand „H"

Eine Kaltverformung führt bei metallischen Werkstoffen zu einer Festigkeitssteigerung bei gleichzeitigem Verlust der plastischen Verformbarkeit (Kaltverfestigung, Kapitel 2.9.4). Werden Halbzeuge wie zum Beispiel Bleche durch eine Kaltverformung (z. B. Kaltwalzen) hergestellt, dann führt dies zwar einerseits zu verbesserten Festigkeitseigenschaften, andererseits jedoch zu einer Verschlechterung der Verformbarkeit (Bild 1).

Um das Ausmaß einer vorangegangenen Kaltverfestigung kenntlich zu machen, die dabei eingestellten mechanischen Eigenschaften abzuschätzen sowie die Möglichkeiten der Weiterverarbeitung beurteilen zu können, dient der Werkstoffzustand „H", gefolgt von zwei oder drei weiteren Ziffern. Die Zahl „8" (Hx8) gibt den Zustand mit der höchten, üblicherweise herstellbaren Festigkeit (Härte) an. Die Erhöhung der Zugfestigkeit (R_m) auf Zustand Hx8 kann in Abhängigkeit der Mindestzugfestigkeit im weichgeglühten Zustand aus Bild 1 entnommen werden. Die Zustände zwischen O (weichgeglüht) und Hx8 (maximale Festigkeit) werden dementsprechend mit den Ziffern 1 bis 7 (Hx1 bis Hx7) gekennzeichnet. So liegt die Zugfestigkeit des Zustandes Hx4 also in der Mitte zwischen den Zuständen „O" und „Hx8".

Die erste Ziffer nach dem Kennbuchstaben „H" (Platzhalter „x") kennzeichnet die Basisarbeitsgänge bzw. deren Kombination (siehe Tabelle 1, Seite 437).

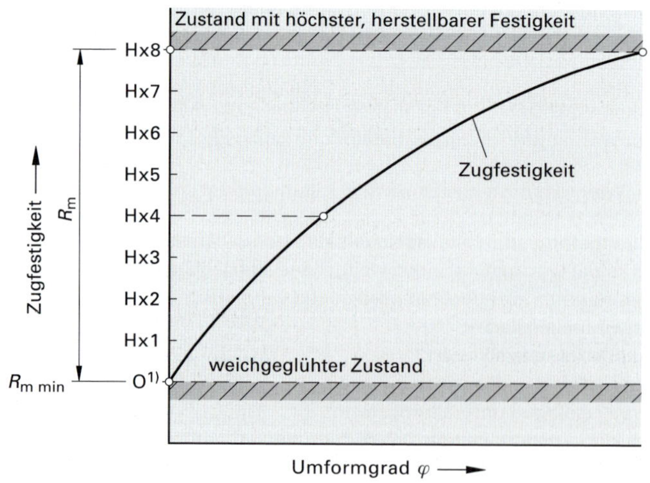

Mindestzugfestigkeit $R_{m\,min}$ im weichgeglühten Zustand MPa	Erhöhung der Zugfestigkeit R_m auf Zustand Hx8 MPa
< 40	55
45 ... 60	65
65 ... 80	75
85 ... 100	85
105 ... 120	90
125 ... 160	95
165 ... 200	100
205 ... 240	105
245 ... 280	110
285 ... 320	115
> 325	120

[1] Werkstoffzustand „O"

Bild 1: Bedeutung der Zustandsbezeichnung „H" (kaltverfestigt)

Werkstoffzustand „T"

Durch eine Wärmebehandlung können die Eigenschaften metallischer Werkstoffe in weiten Grenzen verändert werden. Von besonderer Bedeutung für Aluminiumwerkstoffe sind dabei die mit „T" bezeichneten Werkstoffzustände, da mittels geeigneter Wärmebehandlung die Eigenschaften wie zum Beispiel Festigkeit, Korrosionsbeständigkeit, usw., geeignete Al-Werkstoffe vorausgesetzt, verändert und an die jeweiligen Betriebsbedingungen angepasst werden können.

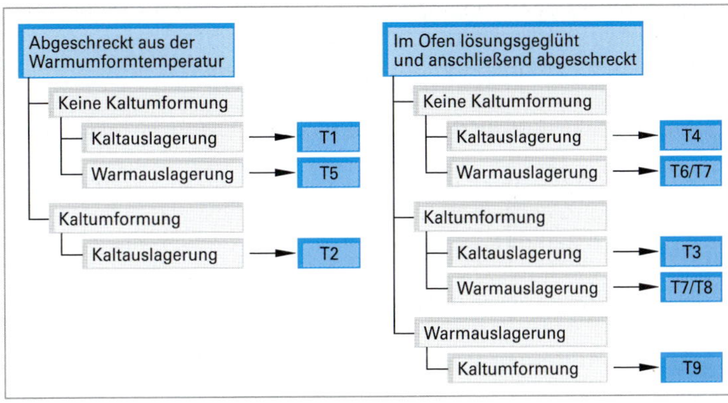

Bild 1: Übersicht der wärmebehandelten Zustände aushärtbarer Aluminiumlegierungen

Üblicherweise folgen auf den Buchstaben „T" bis zu drei nachfolgende Ziffern, deren Bedeutung Tabelle 1, Seite 437, bzw. DIN EN 515 entnommen werden kann. Bild 1 zeigt eine Übersicht der wärmebehandelten Zustände „T-Zustände" aushärtbarer Aluminiumlegierungen.

8.3.1.2 Aluminiumgusswerkstoffe

Analog zu den Aluminiumknetlegierungen kann die Legierungszusammensetzung von Aluminiumgusslegierungen ebenfalls nach der chemischen Zusammensetzung oder einer Nummernkombination erfolgen. In jedem Fall erhalten alle Bezeichnungen die Vorsilbe EN AC (**E**uropäische **N**orm **A**luminium **C**astings/Gussstücke).

a) Bezeichnungssystem mit chemischen Symbolen

Nach der Benennung entsprechend der chemischen Zusammensetzung (DIN EN 1780-2 und DIN EN 1706) werden die Legierungsbezeichnungen aus dem Elementsymbol für Aluminium mit den jeweiligen Hauptlegierungselementen gebildet, wobei der Legierungsgehalt des wichtigsten Legierungselementes (in Masse-%) angegeben wird. Bild 2 verdeutlicht diese Systematik anhand eines Beispiels.

Beispiel: **EN AC-Al Si10MgCu**

Aluminiumgusslegierung mit 10% Silicium (Hauptlegierungselement). Weitere Legierungselemente sind Magnesium und Kupfer.

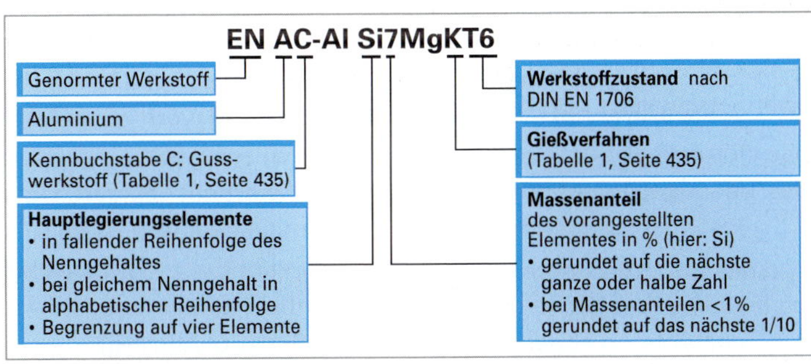

Bild 2: Bezeichnung von Aluminium-Gusslegierungen nach der chemischen Zusammensetzung nach DIN EN 1780-1 (Beispiel)

b) Numerisches Bezeichnungssystem

Die numerische Bezeichnung nach DIN EN 1780-1 sieht neben dem Vorsatz EN AC durch einen Bindestrich getrennt, eine fünfstellige Nummernkombination vor. Bild 3 verdeutlicht diese Systematik anhand eines Beispiels.

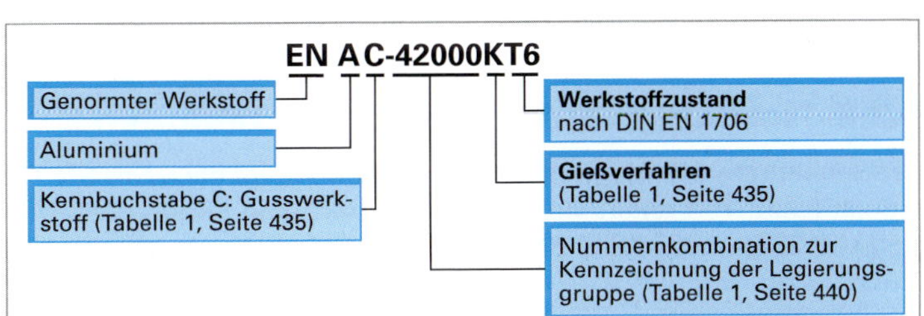

Bild 3: Numerische Bezeichnung von Aluminium-Gusslegierungen nach DIN EN 1780-2 (Beispiel)
Die Bedeutung der fünfstelligen Nummernkombination kann Tabelle 1, Seite 440, entnommen werden

Tabelle 1: Numerische Bezeichnung von Aluminiumgusswerkstoffen nach DIN EN 1780-1

<table>
<tr><th rowspan="2">Ziffer an Stelle</th><th colspan="2">Bedeutung</th></tr>
<tr><th>Bei Reinaluminium (Al ≥ 99,0 %)</th><th>Bei Aluminiumlegierungen</th></tr>
<tr><td>1</td><td>Bei Reinaluminium: 1</td><td rowspan="2">Legierungsgruppe:
21 Al Cu
41 Al SiMgTi
42 Al Si7Mg
43 Al Si10Mg
44 Al Si
45 Al Si5Cu
46 Al Si9Cu
47 AlSi (Cu)
48 Al SiCuNiMg
51 Al Mg
71 Al ZnMg</td></tr>
<tr><td>2</td><td>Bei Reinaluminium: 0</td></tr>
<tr><td>3</td><td rowspan="2">Angabe der letzten beiden Ziffern des Mindestanteils an Aluminium in % falls dieser auf 0,01 % genau ausgedrückt wird, z. B. 98 für 99,98 %</td><td>Laufende Nummer ohne Bedeutung</td></tr>
<tr><td>4</td><td>Im Allgemeinen 0</td></tr>
<tr><td>5</td><td>0 für unlegiertes Aluminium in Masseln, siehe DIN EN 576, Tabelle für allgemeine Anwendungen
1, 2 ... für unlegiertes Aluminium in Masseln, siehe DIN EN 576, Tabelle für besondere Anwendungen</td><td>0 für allgemeine Anwendung
1, 2 ... bei Legierungen für die Luft- und Raumfahrt</td></tr>
</table>

c) Kennzeichnung des Werkstoffzustandes

Die Kennzeichnung des Werkstoffzustandes von Gusslegierungen erfolgt nach DIN EN 1706 analog den Knetlegierungen. Es bedeuten:

F Gusszustand (Herstellungszustand)
O weichgeglüht
T1 kontrollierte Abkühlung nach dem Guss und kaltausgelagert
T4 lösungsgeglüht und kaltausgelagert, wo anwendbar
T5 kontrollierte Abkühlung nach dem Guss und warmausgelagert oder überaltert
T6 lösungsgeglüht und vollständig warmausgelagert
T64 lösungsgeglüht und nicht vollständig warmausgelagert, Überalterung
T7 lösungsgeglüht und überhärtet (warmausgelagert), stabilisierter Zustand

Nach der zurückgezogenen DIN 1725-2 und DIN 1725-5 wurde der Werkstoffzustand von Gusslegierungen durch an das Kurzzeichen angehängte Kleinbuchstaben bezeichnet:

g geglüht und abgeschreckt (z. B. G-AlSi12g,G-AlSi11g)
ho homogenisiert (z. B. G-AlMg10ho)
ka kaltausgehärtet (z. B. G-AlSi5Mgka; G-AlCu4Tika, G-AlCu4TiMgka)
wa warmausgehärtet (z. B. G-AlSi10Mgwa; G-AlSi7Mgwa)
ta teilausgehärtet (z. B. G-AlCu4Tita)

8.3.2 Normung von Magnesiumwerkstoffen

Die Benennung von Magnesiumwerkstoffen erfolgt nach DIN EN 1754. In der Praxis ist diese Bezeichnung jedoch kaum verbreitet, vielmehr findet dort eine Benennung entsprechend der amerikanischen Norm ASTM B 275 Anwendung. Beide Möglichkeiten sollen nachfolgend besprochen werden.

8.3.2.1 Normung von Magnesiumwerkstoffen nach DIN EN 1754

Die Bezeichnung von Magnesiumwerkstoffen nach DIN EN 1754 (Magnesium und Magnesiumlegierungen, Gussanoden, Blockmetalle und Gussstücke, Bezeichnungssystem) ähnelt im Wesentlichen der von Aluminiumlegierungen. Sie erfolgt ebenfalls numerisch oder nach der chemischen Zusammensetzung.

Beide Bezeichnungen erhalten die Vorsilbe **EN** für **E**uropäische **N**orm gefolgt vom Buchstaben **M** für **Ma**gnesium (durch einen Bindestrich von der Vorsilbe EN getrennt) und der Kennzeichnung der Erzeugnisform (Tabelle 1).

Tabelle 1: Kennbuchstaben zur Bezeichnung von Magnesiumlegierungen nach der Erzeugnisform

Kennbuchstaben	Erzeugnisform
EN-MA	**A**noden (gegossen)
EN-MB	**B**lockmetalle (Master alloys)
EN-MC	Gusswerkstoffe bzw. Gussstücke (**C**astings)
EN-MW	Knetwerkstoffe bzw. Knetlegierungen (**W**rought alloys)

a) Bezeichnungssystem mit chemischen Symbolen

Bei der Benennung nach der chemischen Zusammensetzung schließt sich an die Vorsilbe EN-MB oder EN-MC mit Bindestrich getrennt das Elementsymbol für Magnesium (Mg) an.

Bei **Reinmagnesium** folgt, ohne Leerstelle, die Angabe des Magnesiumgehaltes (in Masse-%) mit Kommastellen. Bild 1 verdeutlicht diese Systematik anhand eines Beispiels.

Bei **Magnesiumlegierungen** werden die einzelnen chemischen Elemente angegeben, wobei hinter dem Elementsymbol der jeweilige Legierungsgehalt in Masse-% steht. Bild 2 zeigt diese Systematik.

Beispiel:

EN-MBMgAl5Mn
Magnesiumlegierung (Blockmetall), Hauptlegierungselement Aluminium mit einem Gehalt von 5 % und Anteile von Mangan

b) Numerisches Bezeichnungssysstem

Eine numerische Bezeichnungsweise, wie auch schon bei Aluminiumlegierungen, ist nach DIN EN 1754 ebenfalls vorgesehen. Den jeweiligen Vorsilben (z. B. EN-MC) folgt nach diesem System eine fünfstellige Nummernkombination. Die Bedeutung der einzelnen Ziffern ist Bild 3 zu entnehmen.

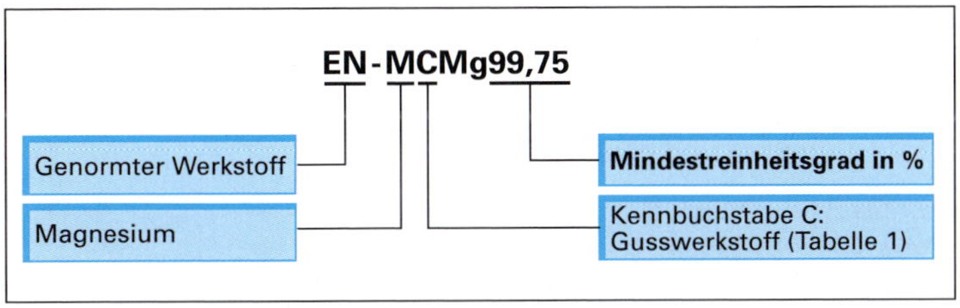

Bild 1: Bezeichnung von Reinmagnesium nach der chemischen Zusammensetzung nach DIN EN 1754 (Beispiel)

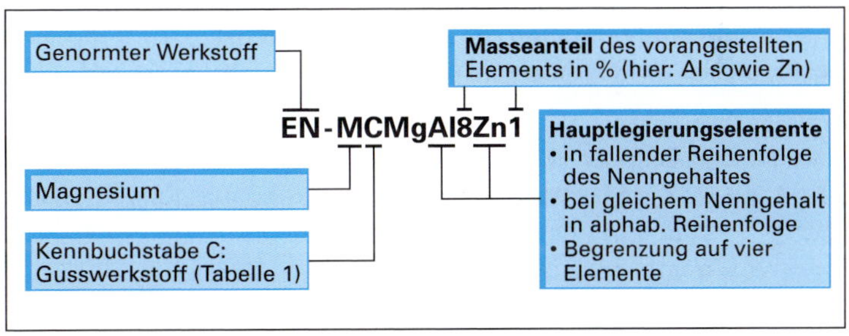

Bild 2: Bezeichnung von Magnesiumlegierungen nach der chemischen Zusammensetzung nach DIN EN 1754 (Beispiel)

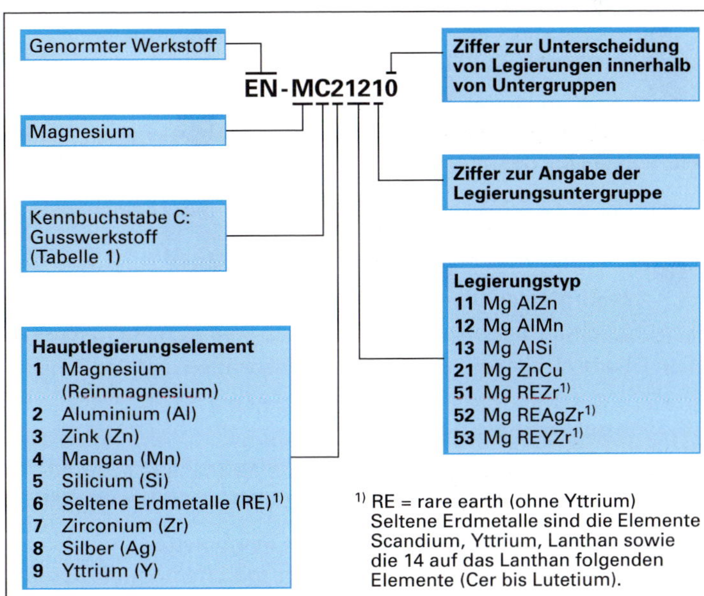

Bild 3: Numerische Bezeichnung von Magnesiumwerkstoffen nach DIN EN 1754 (Bespiel)

8.3.2.2 Normung von Magnesiumwerkstoffen nach ASTM

Die Bezeichnung nach DIN EN 1754 ist wenig verbreitet. Vielmehr wird das aus der amerikanischen Norm ASTM B275 (Practise for Codification of Certain Nonferrous Metals and Alloys, Cast and Wrought) stammende System weltweit verwendet. Hierbei werden die einzelne Hauptlegierungselemente lediglich durch Großbuchstaben entsprechend Tabelle 1 gekennzeichnet.

In nachfolgenden Zahlen werden die mittleren Legierungsgehalte der betreffenden Elemente in Masse-% abgegeben. Null steht für Gehalte unter 1%, die aber dennoch eigenschaftsbeeinflussend sind.

Beispiel
AZ91 Magnesium-Legierung mit etwa 9 % Aluminium und etwa 1 % Zink

Nachgestellt können Buchstaben folgen (A, B, C, D usw.), die verschiedene Entwicklungsstufen der Legierungen kennzeichnen. Diese Buchstaben stellen meist eine Kennzeichnung des Gehaltes an Verunreinigungen dar. So kennzeichnet der Buchstabe X eine Experimentallegierung. Die Gehalte von Fe, Cu und Ni sind streng limitiert, da sie die Korrosionsbeständigkeit stark herabsetzen.

Weitere Beispiele:

AM60 6 % Al, Mn < 1%
AM50 5 % Al, Mn < 1%
AM20 2 % Al, Mn < 1%
AS41 4 % Al, 1 % Si
AS21 2 % Al, 1 % Si
AE42 4 % Al, 2 % SE
ZC63 6 % Zn, 3 % Cu

Tabelle 1: Gebräuchliche Buchstabenbezeichnungen von Magnesiumlegierungen nach ASTM B 275

Buchstabe	Element
A	Aluminium
B	Bismut (engl. Bismuth)
C	Kupfer (engl. Copper)
E	Seltene Erdmetalle[1]
F	Eisen (lat. Ferrum)
K	Zirconium
L	Lithium
M	Mangan
N	Nickel
P	Blei (lat. Plumbum)
Q	Silber
S	Silicium
T	Zinn (engl. Tin)
W	Yttrium
Y	Antimon
Z	Zink

[1] Siehe Bild 3, Seite 441

8.3.3 Normung von Kupferwerkstoffen

Im Gegensatz zur Normung von Aluminium- und Magnesiumwerkstoffen zeigt das Bezeichnungssystem für Kupfer und seiner Legierungen erhebliche Abweichungen vom Bezeichnungssystem anderer NE-Metalle, sowohl bei den chemischen Werkstoffsymbolen als auch bei der numerischen Bezeichnung.

Im Hinblick auf die Normung ist zunächst zu unterscheiden zwischen unlegiertem Kupfer und Kupferlegierungen.

8.3.3.1 Unlegiertes Kupfer

Die Bezeichnung von unlegiertem Kupfer erfolgt nach ISO 1190-1 und DIN EN 1976. Bild 1, Seite 443, gibt einen Überblick über die Einteilung, Eigenschaften und Bezeichnung der unlegierten Kupfersorten.

8.3.3.2 Kupferlegierungen

Die normgerechte Bezeichnung von Kupferlegierungen kann, analog zu den Aluminiumlegierungen, nach ihrer chemischen Zusammensetzung oder nach einem Nummernsystem erfolgen.

a) Bezeichnungssystem mit chemischen Symbolen

Die Bezeichnung von Kupferlegierungen mit chemischen Symbolen erfolgt nach ISO 1190-1. Die Bezeichnung beginnt mit dem chemischen Symbol Cu für Kupfer. Gusswerkstoffe werden zusätzlich durch den vorangestellten Buchstaben G ggf. gefolgt von einem weiteren Buchstaben für die Art des Gusses (S, M, Z, C oder P) gekennzeichnet. Dem chemischen Symbol für Kupfer folgen in abwechselnder Reihenfol-

Unlegiertes Kupfer

Sauerstofffreies (zähgepoltes) Kupfer

- Enthält 0,02 %… 0,04 % Sauerstoff als Kupfer(I)oxid (Cu_2O).
- Sauerstoff hat in dieser Konzentration kaum Einfluss auf die physikalischen (auch elektrischen) und mechanischen Eigenschaften.
- Sauerstoff oxidiert die übrigen Verunreinigungen und beseitigt deren schädliche Wirkung:

→ Leitfähigkeit steigt
→ Kaltumformbarkeit steigt

DIN EN 1976	DIN 1708[1] Kurzname	Wst.-Nr.
Cu-ETP	E1-Cu58[2]	2.0061
Cu-ETP1	–	–
Cu-FRHC	E2-Cu58[2]	2.0062
Cu-FRTP	F-Cu	2.0080

[1]Norm zurückgezogen
[2]Leitfähigkeit > 58 m/Ω mm²

Desoxidiertes Kupfer

- Nahezu völlige Sauerstofffreiheit durch Desoxidation, insbesondere mit P (z.T. auch Si, Li, Mg, B oder Ca).
- Reste der Desoxidationsmittel verschlechtern elektrische Leitfähigkeit und Wärmeleitfähigkeit.
- Sauerstoff oxidiert die übrigen Verunreinigungen und beseitigt deren schädliche Wirkung:

→ Leitfähigkeit steigt
→ Kaltumformbarkeit steigt

DIN EN 1976	DIN 1708[1] Kurzname	Wst.-Nr.
Cu-DLP	SW-Cu	2.0076
Cu-DHP	SF-Cu	2.0090
Cu-PHC	–	–
Cu-HCP	SE-Cu	2.0070
Cu-PHCE	–	–
Cu-DXP	–	–

Sauerstofffreies Kupfer hoher Leitfähigkeit

- Nahezu völlige Sauerstofffreiheit (< 0,001 %) durch Einschmelzen von Kupferkatoden und Vergießen unter Schutzgas.

DIN EN 1976	DIN 1708[1] Kurzname	Wst.-Nr.
Cu-OF	OF-Cu	2.0040
Cu-OF1	–	–
Cu-OFE		

Bild 1: Einteilung, Eigenschaften und Bezeichnung von unlegiertem Kupfer

ge die chemischen Symbole der Hauptlegierungselemente sowie ggf. ihre auf ganze Zahlen gerundeten Massengehalte in %. Es gelten dabei die folgenden Regeln:

- Die Legierungselemente werden nach abnehmendem Gehalt sortiert (Ausnahme: falls ein Legierungselement die Eigenschaften des Cu-Werkstoffs maßgebend beeinflusst, wird sein chemisches Symbol, unabhängig von seinem Massengehalt, an die erste Stelle nach dem chemischen Symbol für Kupfer gesetzt). Es sollen maximal drei Hauptlegierungselemente genannt werden (z.B. CuZn36Pb3).

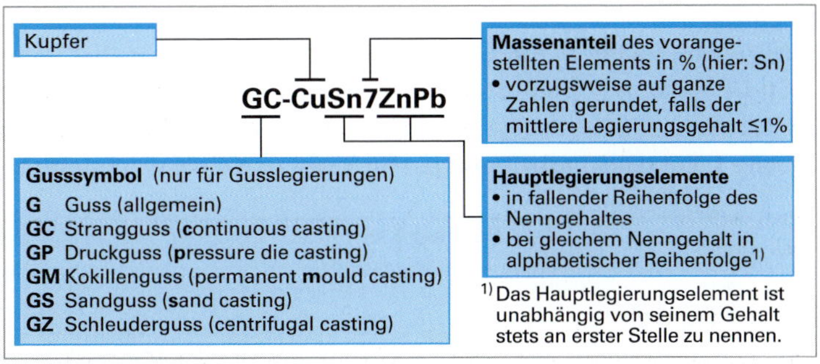

Bild 2: Bezeichnung von Knet- und Gusswerkstoffen aus Kupfer und Kupferlegierungen nach der chemischen Zusammensetzung nach ISO 1190-1 (Beispiel)

- Bei gleicher chemischer Zusammensetzung erfolgt die Ordnung in alphabetischer Reihenfolge (z.B. CuAl10Fe5Ni5).

Bild 2 verdeutlicht anhand eines Beispiels die Systematik der Benennung mit chemischen Symbolen.

b) Numerisches Bezeichnungssystem

Das numerische Bezeichnungssystem nach DIN EN 1412 (Europäisches Werkstoffnummernsystem) gilt für Knet- und Gusswerkstoffe aus unlegiertem Kupfer und Kupferlegierungen. Die Werkstoffnummer muss aus sechs Zeichen bestehen, deren Bedeutung das nachfolgende Beispiel zeigt (Bild 1, Seite 444).

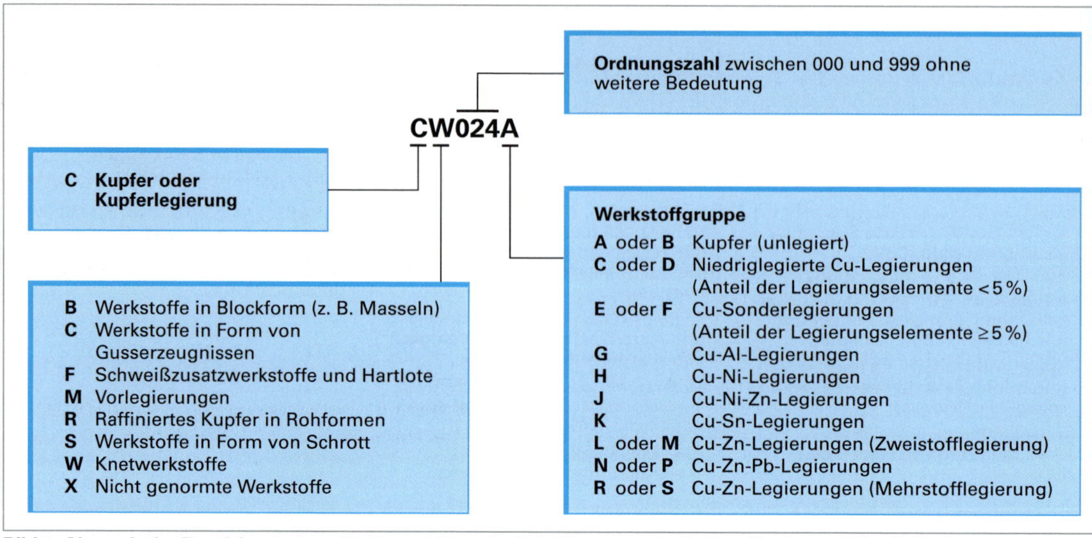

Bild 1: Numerische Bezeichnung von Knet- und Gusswerkstoffen aus unlegiertem Kupfer und Kupferlegierungen nach DIN EN 1412 (Beispiel)

c) Zustandsbezeichnungen

Für die Zustandsbezeichnung von Kupfergussstücken und Kupferhalbzeug gilt DIN EN 1173 (Kupfer und Kupferlegierungen, Zustandsbezeichnungen).

Zur Kennzeichnung einer verbindlichen Eigenschaft, der Höhe der Anforderung an diese Eigenschaft und ggf. einer zusätzlichen Behandlung stehen weitere Buchstaben und Ziffern zur Verfügung, die der Werkstoffbezeichnung mit chemischen Symbolen (ISO 1190-1), durch einen Bindestrich getrennt, nachgestellt wird.

Die Zustandsbezeichnung besteht im Normalfall aus vier Zeichen (außer D, G und M), wobei an erster Stelle ein Buchstabe und an den Stellen 2 bis 4 eine Ziffer stehen muss, deren Bedeutung aus Tabelle 1 entnommen werden kann. Die Bezeichnung kann für Knet- und Gusswerkstoffe aus Kupfer und Kupferlegierungen angewandt werden (außer Blockmetalle).

Beispiele:

CuZn39Pb3-R490 Kupferlegierung mit 39 % Zink und 3 % Blei, verbindliche Zugfestigkeit von 490 MPa
Cu-OF-A006 Sauerstofffreies Kupfer hoher Leitfähigkeit, verbindliche Bruchdehnung von 6 %

Tabelle 1: Zustandsbezeichnungen für Knet- und Gusswerkstoffe aus Kupfer und Kupferlegierungen (DIN EN 1173)

Position 1 Verbindliche Eigenschaft		**Positionen 2 bis 4**[1] Wert der Eigenschaft	**Beispiele**
A	Bruchdehnung	Zahlenwert in %[3]	Cu-OF-A007
B	Federbiegegrenze	Zahlenwert in MPa[2][3]	Cu-Sn2-B350
D	Gezogen, ohne vorgeschriebene mechanische Eigenschaften	keine weiteren Zeichen	Cu-FRTP-D
G	Korngröße	Zahlenwert in µm	CuZn37-G025
H	Härte (Brinell oder Vickers)	Zahlenwert in HB oder HV[3]	CuZn37-H180
M	Wie gefertigt, ohne vorgeschriebene mechanische Eigenschaften	keine weiteren Zeichen	CuZn39Pb3-M
R	Zugfestigkeit	Zahlenwert in MPa[2][3]	CuBe-R1200
Y	0,2 %-Dehngrenze	Zahlenwert in MPa[2][3]	CuZn30-Y460

[1] Falls Werte nur aus einer oder zwei Ziffern bestehen, ist an Positionen 2 und 3 bzw. an der Position 2 eine Null vor dem festgelegten Wert anzugeben.
[2] Falls eine hohe Zugfestigkeit (über 1000 MPa) angegeben werden muss, kann auch Position 5 belegt werden. Beispiel: CuBe-R1200
[3] Mindestwert

9 Kunststoffe

Als **Kunststoffe** werden in der Natur nicht vorkommende, sondern durch den Menschen, auf der Basis der Elemente Kohlenstoff und Silicium, künstlich hergestellte nichtmetallische organische Werkstoffe bezeichnet.

Das wichtigste chemische Element beim Aufbau der Kunststoffe ist der **Kohlenstoff,** daneben sind es **Wasserstoff, Stickstoff, Sauerstoff** und die **Halogene.** Das sind genau die Elemente, die für organische Verbindungen charakteristisch sind. Im Gegensatz zu vielen anderen Stoffen, wie Metallen, Salzen oder einfachen Verbindungen, bestehen Kunststoffverbindungen aus Riesenmolekülen, den Makromolekülen (siehe später). Ihre Molekülmasse liegt in der Regel bei $10^4...10^5$ *u* (1 *u* ist die Atommasseneinheit und entspricht 1/12 der Masse eines Kohlenstoffatoms; so beträgt z. B. die Molekülmasse von Wasser 18 *u*).

ⓘ Information

Kunststoffe
Kunststoffe sind künstlich hergestellte, nichtmetallisch-organische, makromolekulare Substanzen.

9.1 Bedeutung der Kunststoffe

In vielen Bereichen der Technik, der Landwirtschaft, des Bauwesens, des Haushalts u. a. haben Kunststoffe oft Naturprodukte wie Holz, Metalle und Wolle aus ihren Anwendungsbereichen verdrängt. Die vielseitigen Einsatzmöglichkeiten von Kunststoffen zeigt Bild 1.

Eine Einordnung der Kunststoffe in die Reihe der gesamten Werkstoffe kann wie in Kapitel 1 (Bild 1, Seite 14) vorgenommen werden.

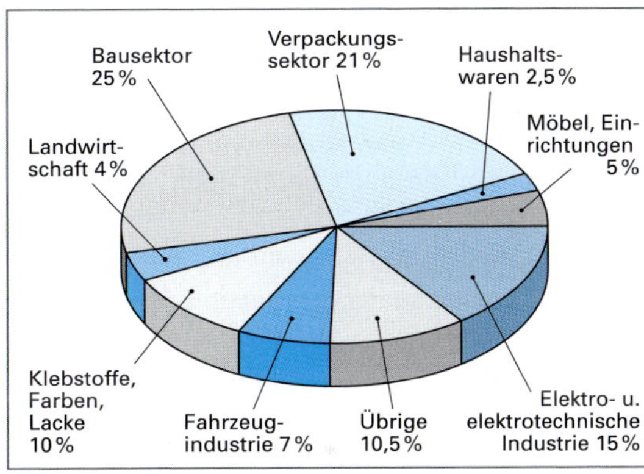

Bild 1: Einsatzgebiete von Kunststoffen

9.2 Allgemeine Eigenschaften

Gegenüber anderen Werkstoffen haben Kunststoffe eine Fülle von **Vorteilen,** die bei den unterschiedlichen Arten mehr oder weniger ausgeprägt sind, z. B.:

- geringe Dichte (zwischen 0,9 und 2,2 kg/dm³),
- ausgezeichnete Beständigkeit gegenüber vielen Chemikalien,
- Korrosionsbeständigkeit,
- gute Formbarkeit,
- hohe Zugfestigkeit bei verstärkten Kunststoffen (Bild 2),
- hervorragende elektrische Isolierwirkung,
- geringe Wärmeleitfähigkeit, damit
- gute Wärmedämmung (Bild 1, Seite 446).

Nachteilig, in Bezug auf ihre universelle Anwendung, sind ihre in der Regel

- geringe Temperaturbeständigkeit, verbunden mit einem merklichen Abfall der Festigkeit mit steigender Temperatur,
- niedrige Dauergebrauchstemperatur (Bild 2, Seite 446),
- starke Wärmeausdehnung,

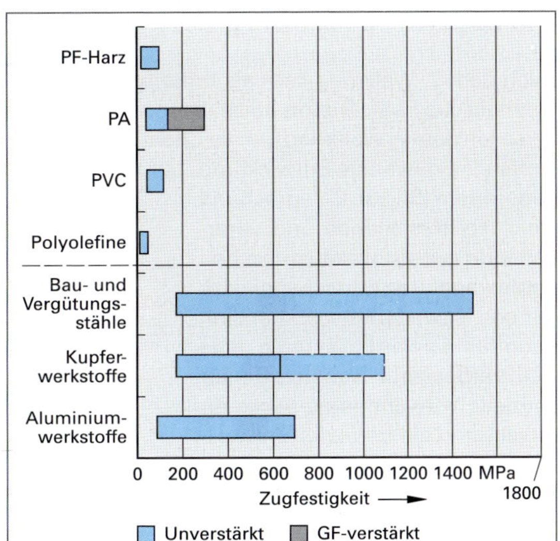

Bild 2: Zugfestigkeit einiger Kunststoff- und Metallgruppen (20 °C)

- geringe Festigkeit (unverstärkte Kunststoffe),
- Neigung zum Verspröden bei tiefen Temperaturen,
- Brennbarkeit,
- Neigung zum Quellen bei bestimmten Chemikalien,
- Unbeständigkeit gegenüber bestimmten Lösungsmitteln,
- Empfindlichkeit gegenüber UV-Licht,
- geringe Härte.

9.3 Geschichtliche Entwicklung

1908 gelang es Baekeland, den ersten vollsynthetischen Kunststoff zu entwickeln. Er stellte aus Formaldehyd und Phenol ein Harz her, das als Werkstoff verarbeitet werden konnte: **Bakelit**. Im Ersten Weltkrieg nahm die Kunststoffentwicklung und -produktion mit der Herstellung von Synthesekautschuk einen ersten Aufschwung. In den 30er Jahren wurden die auch heute noch wichtigsten Kunststoffe entwickelt:

- 1933 war die Geburtsstunde des Polyethylens, das sechs Jahre später großtechnisch hergestellt wurde.
- 1934 wurde in Deutschland als erste vollsynthetische Faser eine Kunstfaser aus PVC entwickelt.
- 1938 kamen die Polyamidfasern Nylon (von Carothers aus den USA) und Perlon (von Schlack in Deutschland entdeckt) auf den Markt. Im gleichen Jahr gab es bereits die ersten Perlonstrümpfe zu kaufen.

Nach dem 2. Weltkrieg kam als dritte wichtige vollsynthetische Faser Dralon hinzu. Besonders seit der Zeit nach dem 2. Weltkrieg hat die Chemie der Kunststoffe eine gewaltige Entwicklung genommen (Bild 3). Entsprechend stellt die herstellende und verarbeitende Kunststoffindustrie einen herausragenden Wirtschaftsfaktor dar und ist weiterhin in Expansion begriffen. Es werden ständig neue und verbesserte Kunststoffe für spezielle Verwendungszwecke erforscht und ein Ende der Entwicklung ist nicht abzusehen.

Die Vielseitigkeit in der Verarbeitung und Verwendung der Kunststoffe ist darauf zurückzuführen, dass man ganz bestimmte Eigen-

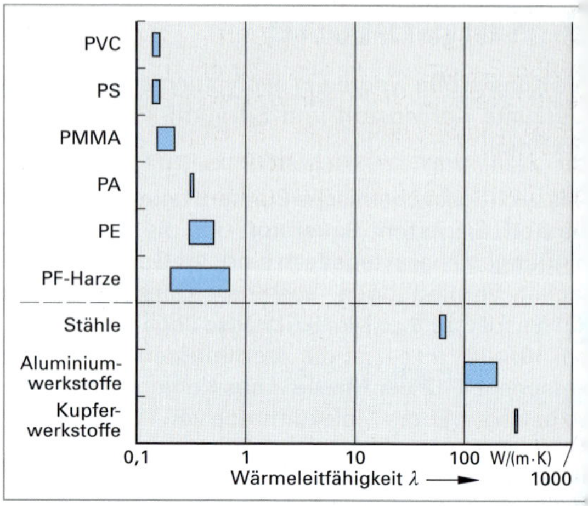

Bild 1: Wärmeleitfähigkeit von ausgewählten Kunststoffen und Metallen

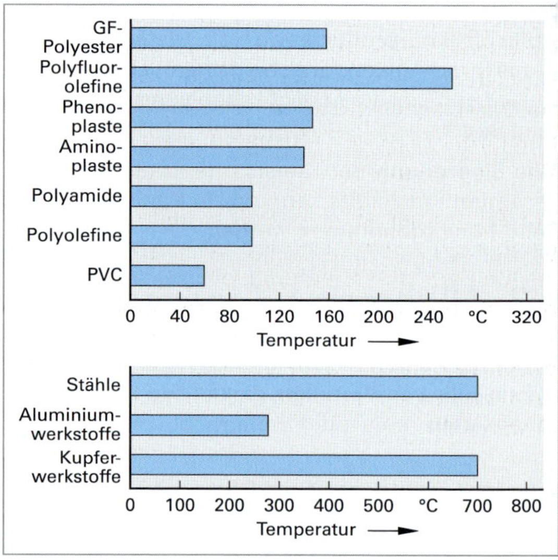

Bild 2: Vergleich der Dauergebrauchstemperaturen von Kunststoffen (ohne mechanische Beanspruchung) und Metallen

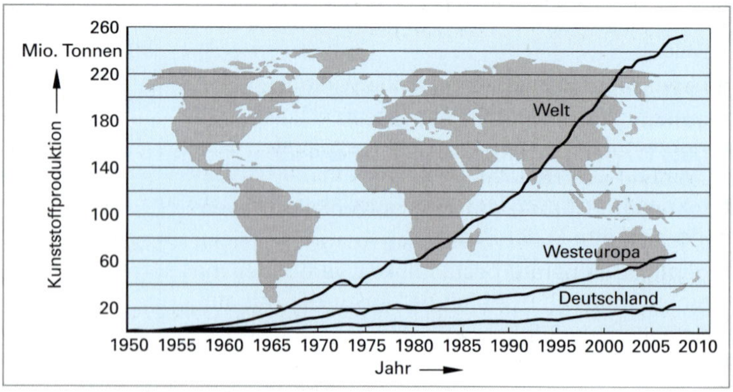

Bild 3: Entwicklung der Kunststoffproduktion (einschließlich Leime, Lacke, Dispersionen, Fasern, usw.)

schaftskombinationen herstellen kann **(maßgeschneiderte Werkstoffe).** Zudem ist ihre Herstellung relativ preisgünstig und in weitem Umfang automatisierbar. So ist der Siegeszug der Kunststoffe in alle Lebensbereiche zwangsläufig.

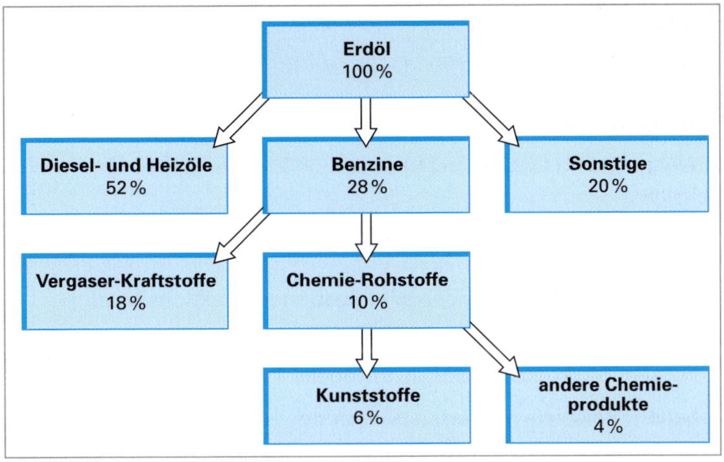

Bild 1: Produktlinien des Erdöls

9.4 Herstellung der Kunststoffe

Ausgangsbasis für die Herstellung von Kunststoffen sind Kohle, Erdgas und vor allem Erdöl, das ein vielfältiges Gemisch zahlreicher Kohlenstoffverbindungen darstellt. Durch petrochemische Verfahren gewinnt man daraus die Grundsubstanzen zur Synthese von Kunststoffen. Gleichzeitig stellt Erdöl auch eine wichtige Quelle zur Energiegewinnung dar, wobei durch Verbrennung des Erdöls zu Kohlenstoffdioxid und Wasser Wärme erzeugt wird.

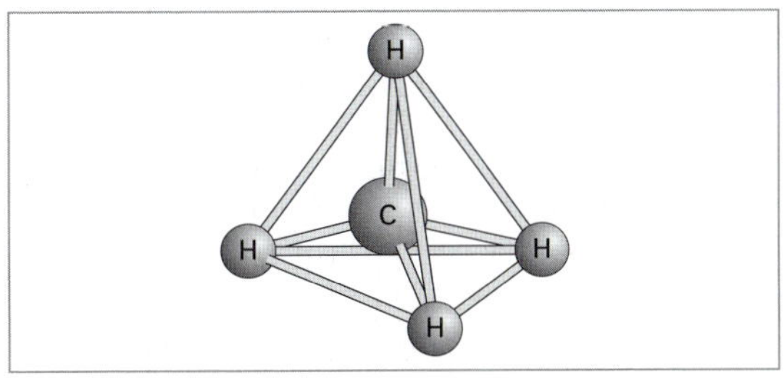

Bild 2: Tetraederstruktur des Methans (CH_4)

Zur Zeit werden etwa 90 % des Erdöls zur Energiegewinnung genutzt, lediglich 10 % dienen zur Herstellung von Chemieprodukten (Farbstoffen, Arzneimitteln und Kunststoffen), wie aus Bild 1 zu ersehen ist. Das ist insofern bedenklich, weil man davon ausgehen muss, dass die Erdölreserven nach heutigem Wissen nur noch 40 bis 60 Jahre ausreichen werden.

9.4.1 Ausgangsstoffe zur Kunststoffherstellung

An den **Kohlenwasserstoffen,** Verbindungen, die nur aus den Elementen Kohlenstoff und Wasserstoff bestehen, kann man das Charakteristische von organischen Verbindungen erkennen:

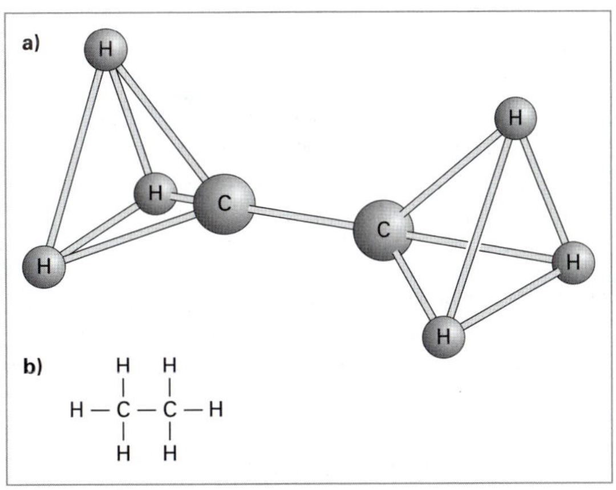

Bild 3: a) Zwei Tetraeder mit gemeinsamer Ecke (Modell eines Ethanmoleküls)
b) Strukturformel des Ethans

1. Das Kohlenstoffatom ist vierbindig, d. h. es kann maximal vier Partner binden. Die kovalenten Bindungen sind geometrisch ausgerichtet. Beim **Methan** CH_4 befindet sich das Kohlenstoffatom in der Mitte eines Tetraeders aus Wasserstoffatomen (Bild 2).

   Einer der Bindungspartner kann natürlich auch wieder ein Kohlenstoffatom sein, so dass man **Ethan** C_2H_6 erhält (Bild 3).

   Ersetzt man formal immer weiter ein Wasserstoffatom durch eine CH_3-Gruppe, erhält man eine homologe Reihe, die **Alkane.**

2. Das Kohlenstoffatom kann unter Bindung von insgesamt weniger Atomen mit weiteren Kohlenstoffatomen eine **Doppelbindung** oder eine **Dreifachbindung** ausbilden.

Ethen (ältere und technische Bezeichnung Ethylen)

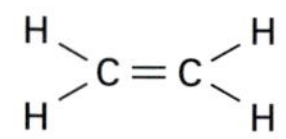

Propen (Propylen)

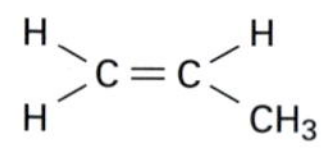

Ethin (Acetylen)

$$H-C\equiv C-H$$

Diese Mehrfachbindungen sind besonders reaktionsfreudig.

3. Werden weitere chemische Elemente in die Molekülarchitektur eingebaut, erhält man die unterschiedlichsten Stoffklassen, wie sie in Tabelle 1 aufgeführt sind.

Tabelle 1: Beispiele für Verbindungen der verschiedenen Stoffklassen

Chem. Formel	Name
C_2H_5-OH	Ethanol
$H_3C-COOH$	Essigsäure
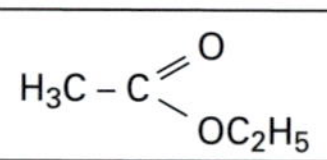	Essigsäureethylester
H_3C-NH_2	Methylamin
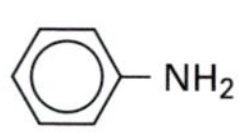	Anilin
C_2H_5-Cl	Chlorethan
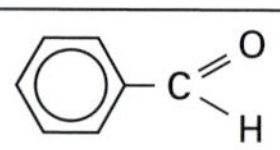	Benzaldehyd
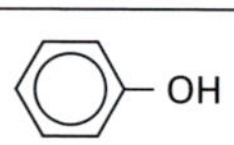	Phenol

> **ⓘ Information**
>
> **Benzol**
>
> Eine Besonderheit stellt das Benzol dar. In seinem Molekül sind sechs Kohlenstoffatome zu einem ebenen sechseckigen Ring verknüpft. Zusätzlich sind die Einfachbindungen im Kohlenstoffring noch von drei Doppelbindungen überlagert, die nicht einzelnen C-Atomen zugeordnet werden können (Bild a und b), sondern über das ganze Ringsystem verteilt (delokalisiert) sind (Bild c). An jedem einzelnen C-Atom sind nach außen jeweils ein Wasserstoffatom gebunden, das man in der Regel beim Schreiben der Formel weglässt.
>
> 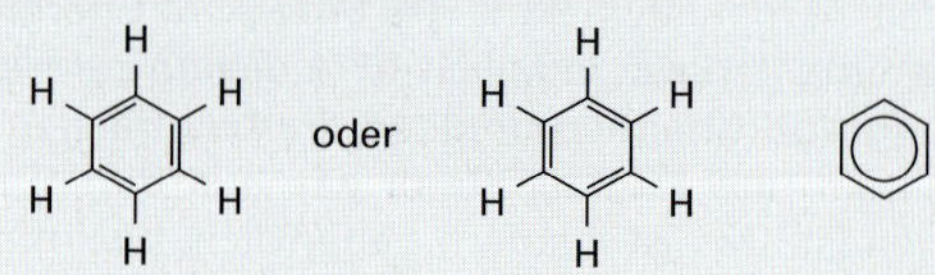
>
> a) b) c)
>
> Verbindungen, die den Benzolrest im Molekül aufweisen, werden **aromatische Verbindungen** genannt.

Die Herstellung von Kunststoffen gelingt durch Verbindung geeigneter reaktionsfähiger Ausgangsstoffe, der **Monomere** (mono, griech.: allein). Es werden Makromoleküle, **Polymere** (poly, griech.: viel) hergestellt. Dabei ist zu beachten, dass in Monomeren die Anzahl der Atome im Molekül genau festgelegt ist; bei Polymeren schwankt die Anzahl der Atome in einer gewissen Bandbreite. Man hat es also in der Praxis bei einem Kunststoff mit einem Gemisch von Substanzen gleicher Struktur aber unterschiedlicher Kettenlänge und Molekülmasse zu tun. Durch den **Polymerisationsgrad** wird die Anzahl der Grundbausteine angegeben.

9.4.2 Prinzipien der Kunststoffherstellung

Je nach Art der Verknüpfungsreaktion der Monomeren unterscheidet man die **Polymerisation,** die **Polykondensation** und die **Polyaddition**, die drei Grundreaktionen zur Kunststoffherstellung.

9.4.2.1 Polymerisation und Polymerisate

Die für die Polymerisation geeigneten Monomere besitzen eine Kohlenstoff-Kohlenstoff-Doppelbindung und leiten sich formal von Ethen ab. Die Doppelbindungen innerhalb der einzelnen Monomeren „klappen auf" und verknüpfen im Produkt die Einzelbausteine miteinander:

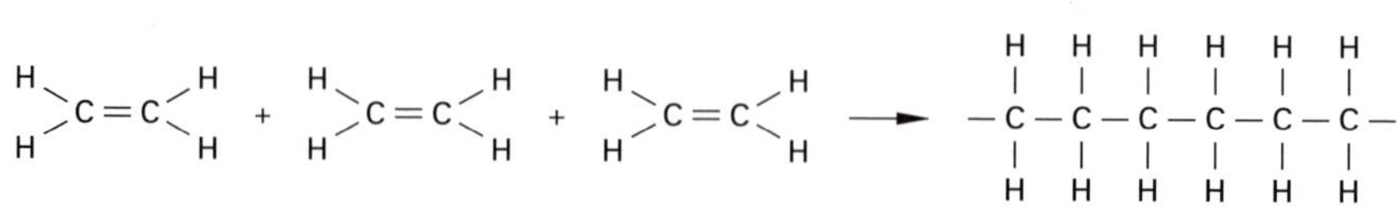

Schematisch:

Damit eine Polymerisation ablaufen kann, muss die Doppelbindung durch Zufuhr von Energie aktiviert bzw. gespalten werden. Bei einigen Ausgangssubstanzen gelingt das bereits durch Wärme- oder Lichteinwirkung, bei anderen durch Zugabe einer Startersubstanz oder durch Katalysatoren.

Bei der **radikalischen Polymerisation** wählt man als Startersubstanz eine Verbindung, die leicht in zwei Bruchstücke mit jeweils einem freien Elektron, in Radikale, zerfällt, wie zum Beispiel:

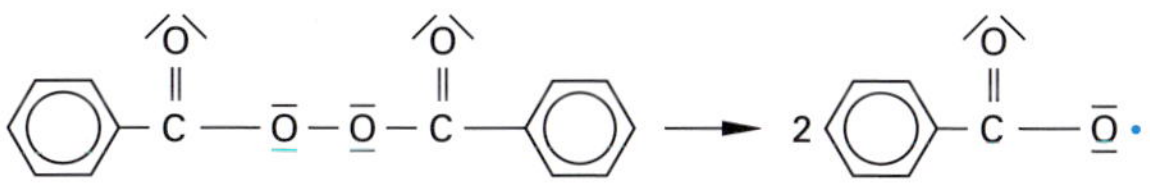

Radikalbildung (in der Folge mit R· bezeichnet)

Dibenzoylperoxid Benzoylperoxidradikal

Radikale sind sehr reaktiv und können mit einer Doppelbindung unter Bildung eines neuen Radikals reagieren:

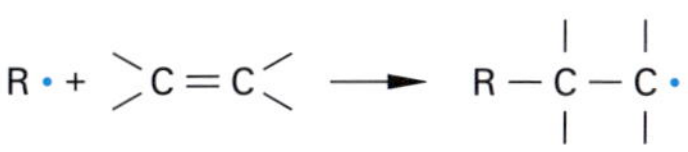

Kettenstart

Nach dem Kettenstart reagiert das gebildete Radikal weiter und die Kohlenstoffkette wächst beträchtlich an:

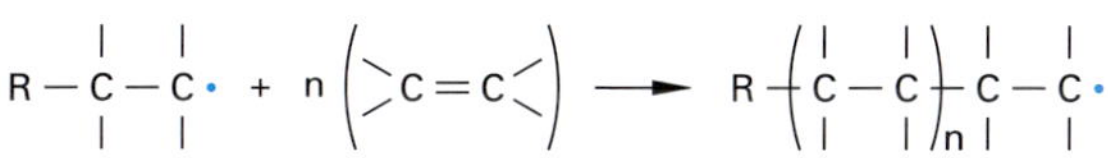

Kettenwachstum

In der Regel erfolgt ein geradliniges Anwachsen der Kohlenstoffkette und es bilden sich fadenförmige Moleküle.

Für die Beendigung der Kettenfortpflanzung bestehen verschiedene Möglichkeiten, z. B. die Kombination zweier kürzerer Radikalketten:

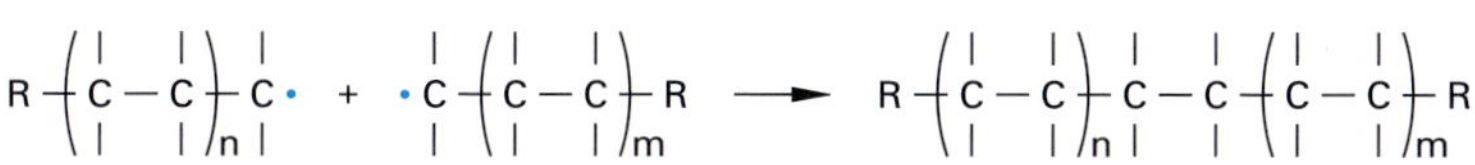

Kettenabbruch

Auch durch die Zugabe von Reglermolekülen kann man die Kettenlänge beeinflussen.

Eine Auswahl technisch wichtiger Polymerisationskunststoffe enthält Tabelle 1 auf Seite 450 (siehe auch Kapitel 9.7).

Information

Polymerisation
Unter Polymerisation versteht man die Verknüpfung von Monomeren mit einer Doppelbindung zu einem Makromolekül.

a) Polymerisationsverfahren

Je nach der technischen Durchführung unterscheidet man folgende Polymerisationsverfahren:

- Bei der **Blockpolymerisation** (Polymerisation in Substanz) verwendet man nur das reine Monomer und einen darin löslichen Starter, ohne jeglichen Zusatz von Lösungsmitteln. Es entstehen reine und einheitliche Polymerisate.
- Die **Lösungspolymerisation** erfolgt in einem Lösungsmittel, in dem sowohl das Monomer als auch das Polymer löslich sind. Das Lösungsmittel dient zum Abführen der Reaktionswärme, so dass auch größere Ansätze möglich sind. Die Produkte sind allerdings nie ganz lösungsmittelfrei und finden deshalb Verwendung in der Klebstoff- und Lackindustrie.

- Die **Fällungspolymerisation** wird ebenfalls in Gegenwart von Lösungsmitteln durchgeführt, in denen aber nur das Monomere löslich, das Polymerisat dagegen unlöslich ist. Es bildet einen Niederschlag und kann durch Filtration abgetrennt werden.
- Bei der **Emulsionspolymerisation** arbeitet man in einem Zweiphasensystem. Mit Hilfe von seifenähnlichen Substanzen, den Emulgatoren, werden die wasserunlöslichen Monomere in Wasser sehr fein verteilt. Dabei bilden sich Tröpfchen aus, in denen Monomermoleküle durch Emulgatormoleküle umhüllt werden (Bild 1). Durch Zugabe von wasserlöslichen Startersubstanzen erfolgt die Reaktion zu kleinen in Wasser verteilten festen Polymerteilchen; es entsteht eine Kunststoffdispersion.

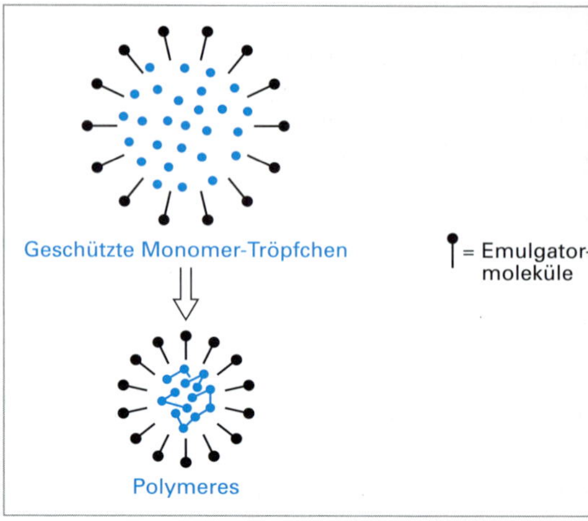

Bild 1: Prinzip der Emulsionspolymerisation

- Die **Suspensionspolymerisation** verläuft analog zur Emulsionspolymerisation, aber ohne Verwendung von Emulgatoren. Die feine Verteilung der Monomere in Wasser erfolgt durch sehr kräftiges Rühren.

Tabelle 1: Technisch wichtige Polymerisationskunststoffe

Name	Kurzzeichen (DIN EN ISO 1043-1)	Handelsnamen (Beispiele)	Wiederholungseinheit in Polymeren (in Klammer)	Monomer Formel und Name
Polyacrylnitril	PAN	Dralon® Dolan® Orlon®	$\sim CH(CN)-[CH_2-CH(CN)]-CH_2\sim$	$H_2C=CH-CN$ Acrylnitril
Polyethylen	PE	Baylon® Hostalen® Lupolen® Vestolen A®	$\sim CH_2-[CH_2-CH_2]-CH_2\sim$	$H_2C=CH_2$ Ethen
Polymethyl-methacrylat	PMMA	Plexiglas® Degalan® Resartglas®	$\sim CH-[C(CH_3)(COOCH_3)-CH_2]-C(CH_3)(COOCH_3)\sim$	$H_2C=C(CH_3)COOCH_3$ Methacrylsäure-methylester
Polypropylen	PP	Hostalen PP® Vestolen P® Luparen® Novolen®	$\sim CH_2-[CH(CH_3)-CH_2]-CH(CH_3)\sim$	$H_2C=CH-CH_3$ Propen
Polystyrol	PS	Styropor® Styrodur® Hostyren® Polystyrol® Vestyron®	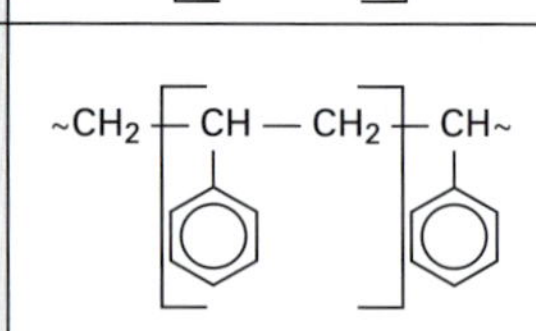	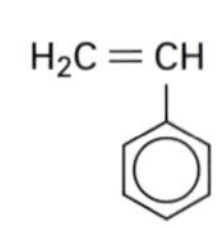 Styrol
Polytetrafluor-ethylen	PTFE	Hostaflon® Teflon® Hostaflon TF®	$\sim CF_2-[CF_2-CF_2]-CF_2\sim$	$F_2C=CF_2$ Tetrafluorethen
Polyvinylchlorid	PVC	Astralon® Hostalit® Vestolit® Vinnolit® Vinoflex® Duraflex®	$\sim CH_2-[CH(Cl)-CH_2]-CH(Cl)\sim$	$H_2C=CH-Cl$ Vinylchlorid

) Taktizität

/lit Ausnahme des Polyethylens nd des Polytetrafluorethylens esitzen die verschiedenen Polyıerisate unterschiedliche Seitenruppen im Molekül. Bei **isoaktischer** Struktur zeigen alle eitengruppen in dieselbe Richıng. Bei völlig unregelmäßiger ınordnung spricht man von **ataktischer** Struktur. Wechselt die Reienfolge regelmäßig alternierend b, handelt es sich um eine **syniotaktische** Anordnung (Bild 1).

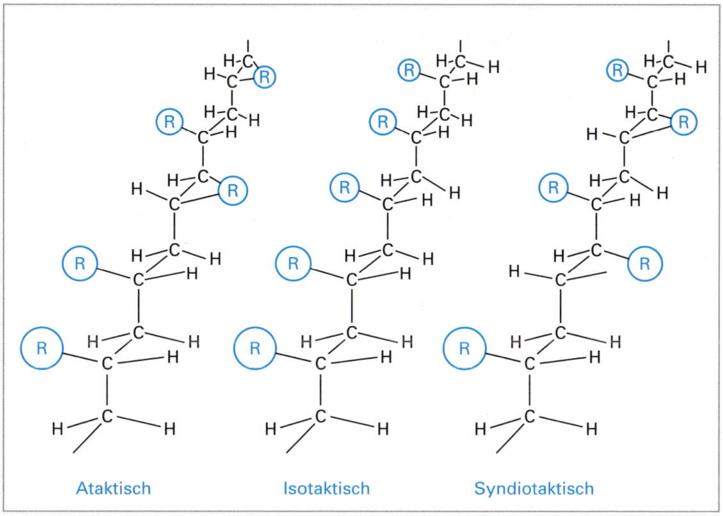

Bild 1: Konfigurationen von ataktischem, isotaktischem und syndiotaktischem Polymer

e nach Ordnung der Seitengrupen ergeben sich für die Kunsttoffe unterschiedliche Eigenchaften: allgemein kann man agen: je regelmäßiger der Aufau ist, desto höher ist die Krisıllinität und damit die Härte und Festigkeit, je unregelmäßiger, desto geringer ist die Kristallinität und deto weicher ist das Produkt.

) Technisch bedeutsame Polymerisate

lachfolgend werden technische bedeutsame Kunststoffe vorgestellt, welche durch Polymerisation herestellt werden.

olyacrylnitril (PAN)

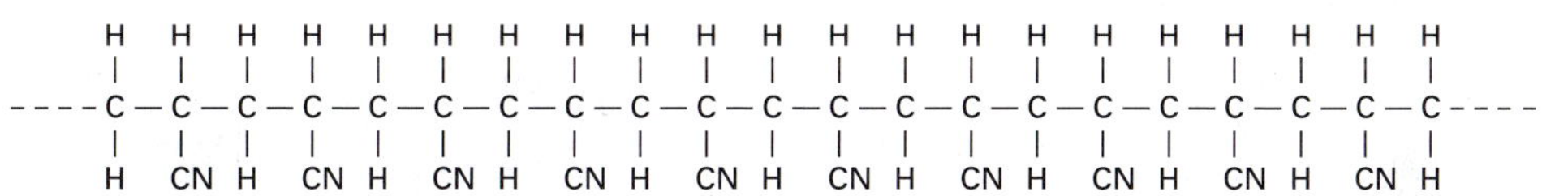

olyacrylnitril wird durch Fällungspolymerisation in wässriger Lösung hergestellt. Der Beginn der großechnischen Produktion lag im Jahre 1940. Da es vor seiner Erweichungstemperatur zersetzt wird, spielt s zur Herstellung von Kunststoffteilen keine Rolle, wohl aber als Textilfaser. Dazu wird Polyacrylnitril in imethylformamid gelöst und kann dann aus dieser Lösung versponnen werden. Die erhaltenen Synthefasern sind am wollähnlichsten, besitzen hervorragende Licht-, Wetter- und Chemikalienbeständigkeit, ind leicht waschbar und knitterfrei.

olyethylen (PE)

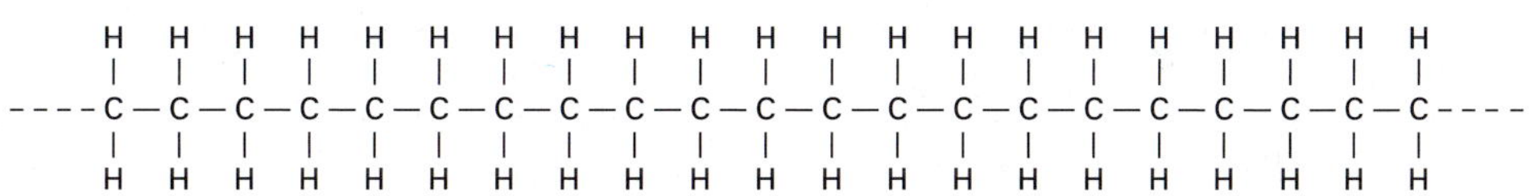

ie häufigsten Verfahren zur Herstellung von Polyethylen sind das **Hochdruckverfahren** und das **Niederruckverfahren.** Beim Hochdruckverfahren (Beginn der technischen Produktion 1936) wird sehr reines then bei Drücken von 150 MPa ... 200 MPa und Temperaturen von 180 °C ... 200 °C zu Polyethylen polyıerisiert, unter Anwesenheit von 0,02 % Sauerstoff als Radikalbildner. Man erhält ein Weich-Polyethylen .D-PE), dessen Moleküle aus langen verzweigten Ketten bestehen und eine mittlere Molekülmasse $\overline{M}$ von 0 000 *u* bis 50 000 *u* aufweisen.

eim Niederdruckpolyethylen (1953) wird unter Luftausschluss mit Hilfe von Katalysatoren Ethen bei rücken von 0,1 MPa...1 MPa und Temperaturen zwischen 40 °C und 70 °C zu Polyethylen umgesetzt. Die lakromoleküle des erhaltenen Hart-Polyethylens (HD-PE) bilden eine lineare Kette fast ohne Verzweiungen und haben eine mittlere Molekülmasse $\overline{M}$ > 100 000 *u*. Die Unterschiede in der Molekülstruktur von Niederdruck- und Hochdruckpolyethylen zeigt schematisch Bild 1, in dem nur der Verlauf der Kohlenstoffkette angedeutet ist. In Tabelle 1 ist der Einfluss der Molekülstruktur auf die Eigenschaften zusammengefasst.

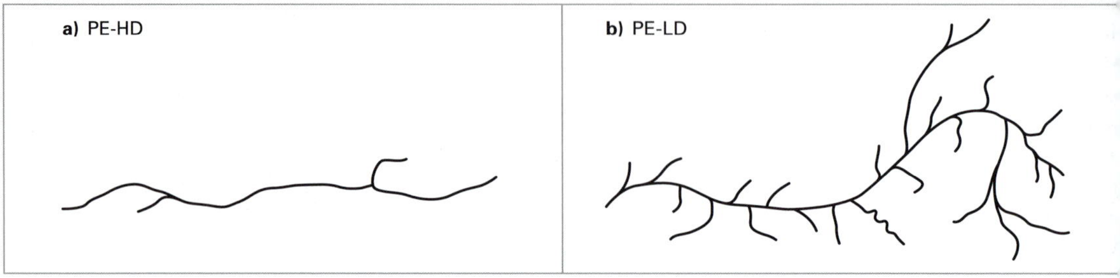

Bild 1: Molekülstruktur von a) Nieder- und b) Hochdruckpolyethylen

Tabelle 1: Einfluss der Molekülstruktur auf Eigenschaften von PE

Polyethylenart	Verzweigungsgrad (Zahl der Verzweigungen auf 1000 C-Atome)	Kristallinität %	Rohdichte kg/dm³	Streckspannung MPa	Kristallitschmelztemperatur °C	Maximale Gebrauchstemperatur °C
Hochdruck-PE (PE-LD)	ca. 30 hoch	ca. 50 niedrig	0,92 … 0,94 niedriger	8 ... 15 geringer	105 … 110 niedriger	60 … 75[1] 80 … 90[2] niedriger
Niederdruck-PE (PE-HD)	ca. 3 gering	ca. 80 ... 90 hoch	0,94 … 0,96 höher	20 ... 30 höher	130 … 135 höher	70 … 80[1] 90 … 120[2] höher

[1] langzeitig, ohne mechanische Belastung, in Luft [2] kurzzeitig, ohne mechanische Belastung, in Luft

Polyethylen hat eine wachsartige Oberfläche, ist sehr beständig gegen Säuren und Laugen, unbeständig gegenüber Kohlenwasserstoffen, ist schweißbar und schlecht klebbar. Durch Licht und Sauerstoff können Abbaureaktionen ausgelöst werden, die zur Versprödung führen. Polyethylen ist der wichtigste Massenkunststoff (Marktanteil ca. 34 %) mit einer Weltproduktion von 51 Millionen Tonnen (2000) und findet vielseitige Verwendung: Behälter für Haushalt und Labor, Formteile, Folien, Isoliermaterial für elektrische Geräte und Kabel, Verpackungsfolien, Trinkwasserdruckrohre und Abwasserrohre (Bild 2).

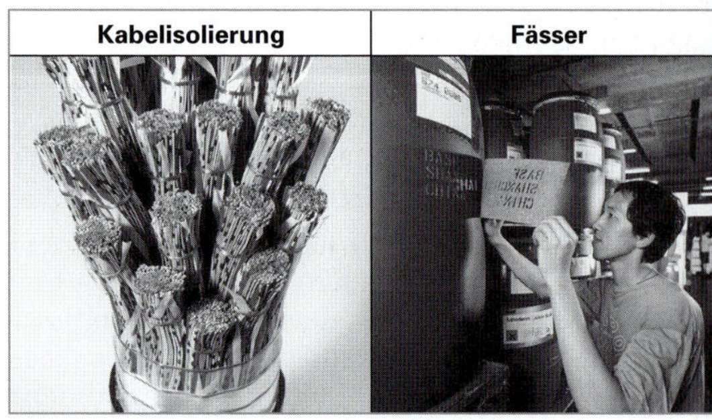

Bild 2: Produkte aus PE

ⓘ Information

Schaffung verbesserter Eigenschaften

Eine Verbesserung der anwendungstechnischen Eigenschaften erzielt man durch Copolymerisation von Ethen mit längerkettigen Monomeren: **PE-LLD** (linear low density). Es zeichnet sich durch einen höheren E-Modul und eine höhere Zugfestigkeit bei geringer Dichte aus und findet besonders Verwendung für die Herstellung von Folien und großen Formteilen (große Hohlkörper, Surfbretter).

Polymethylmethacrylat (PMMA)

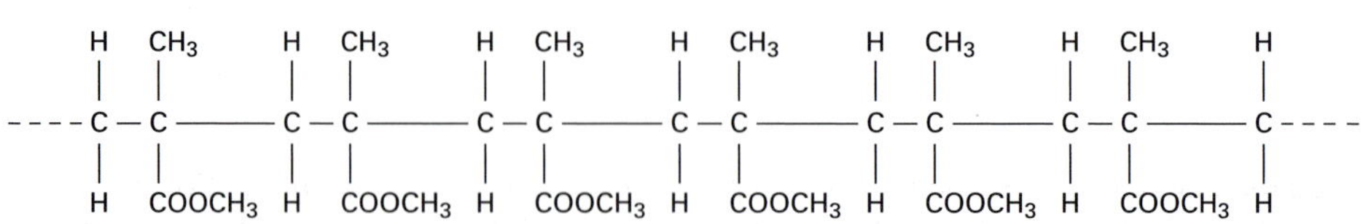

1928 gelang die wirtschaftlich verwertbare Polymerisation von Acrylsäuremethylester zu Polymethylmethacrylat (Plexiglas®), einem amorphen Kunststoff, dessen mittlere Molekülmasse je nach Herstellungsbedingungen bis zu $\overline{M}$ = 3 000 000 *u* betragen kann.

Polymethylmethacrylat ist glasklar, hat eine niedrige Dichte, ist bruchfest, besitzt gute Witterungsbeständigkeit, ist beständig gegen Säuren und Laugen, allerdings unbeständig gegen einige polare Lösungsmittel, wie Ester, Ketone und Chlorkohlenwasserstoffe sowie schweiß- und klebbar.

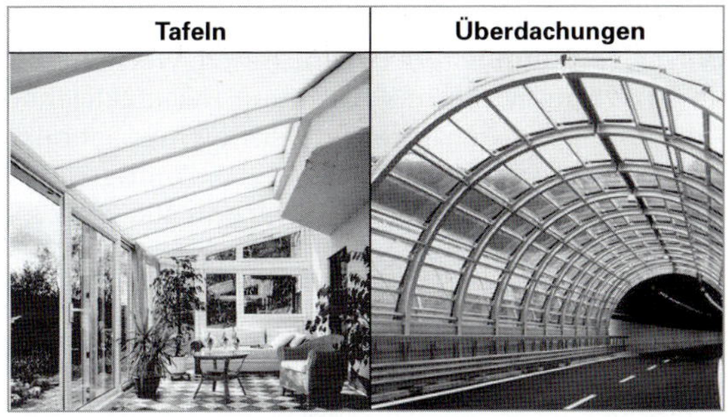

Bild 1: Produkte aus PMMA

In Form von Tafeln, Blöcken und Stäben findet Polymethylmethacrylat für viele Produkte Verwendung: Schutzscheiben, Verglasungen, Kleinmöbel, Leuchten, Lichtleitfasern und im Sanitärbereich (Bild 1). Mit einer Weltproduktion (2000) von 1,2 Millionen Tonnen gehört Polymethylmethacrylat zu den Spezialkunststoffen.

Polypropylen (PP)

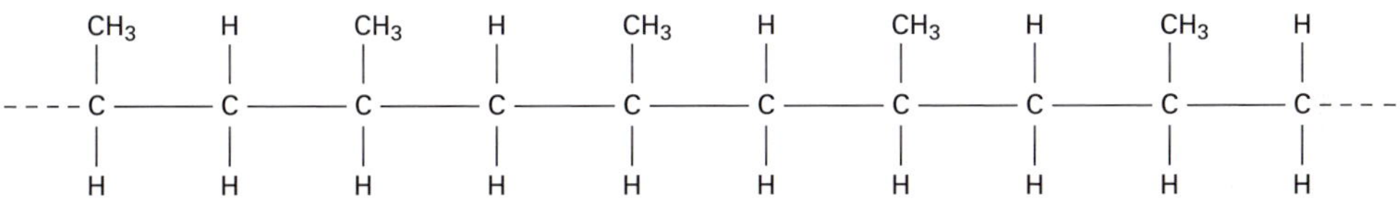

Der größte Teil des Polypropylens wird unter Verwendung von Katalysatoren durch das Niederdruckverfahren (seit 1956) analog zum Polyethylen hergestellt. Die Makromoleküle des erhaltenen Produkts sind isotaktisch aufgebaut, der Polymerisationsgrad (Kapitel 9.4.1) beträgt 3500 ... 35000, die mittlere Molekülmasse $\overline{M}$ liegt zwischen 150 000 *u* und 1 500 000 *u*. Die Kristallit-Schmelztemperatur liegt bei 160 °C ... 165 °C.

Eine durch einen radikalischen Mechanismus gesteuerte Synthese liefert ataktisches Polypropylen, das weitgehend amorph ist und eine Erweichungstemperatur von 128 °C besitzt.

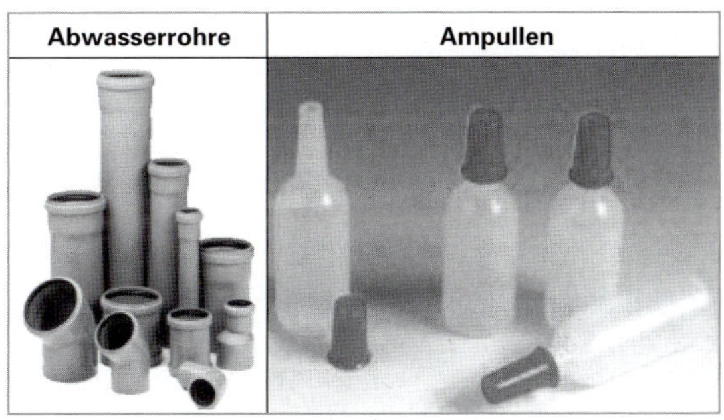

Bild 2: Produkte aus PP

Polypropylen hat die geringste Dichte aller Kunststoffe, verfügt über gute mechanische Eigenschaften und eine große Härte. Die Beständigkeit ähnelt der des Polyethylens, Polypropylen ist jedoch gegen Witterungseinflüsse weniger resistent, Härte- und Wärmeformbeständigkeit sind höher.

Die Hauptverwendung liegt in der Herstellung von Folien, Fasern für Taue sowie von hochbeanspruchten technischen Teilen und Verpackungen (Bild 2). Mit einer Weltproduktion von 27,7 Millionen Tonnen (2000) ist Polypropylen ein Massenkunststoff.

Polystyrol (PS)

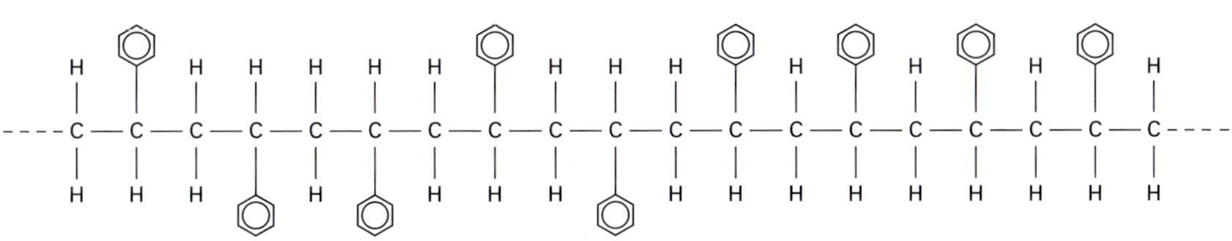

Im Werk Ludwigshafen der IG Farbenindustrie AG wurde 1930 die Produktion von Polystyrol, dem ältesten Polymerisationskunststoff aufgenommen. Durch Temperaturerhöhung oder durch Zugabe von Startersubstanzen wird die Polymerisation von Styrol zu Polystyrol eingeleitet. Es entstehen weitgehend unverzweigte Makromolekülketten mit ataktischer Anordnung der Benzolkerne. Der Polymerisationsgrad liegt zwischen 1500 und 4000, die mittlere Molekülmasse $\overline{M}$ zwischen 160 000 *u* und 400 000 *u*.

Polystyrol ist glasklar, hart, spröde, leicht brennbar und schlagempfindlich. Gegen Säuren, Laugen und Alkohol ist Polystyrol beständig, gegenüber vielen organischen Lösungsmitteln jedoch unbeständig. Außerdem ist es schweiß- und klebbar. Seine Licht- und Wetterbeständigkeit ist gering.

Bild 1: Produkte aus PS

Es wird für Folien, Gehäuse, Haushaltsgegenstände und Massenartikel verwendet (Bild 1). Durch Zumischen eines niedrigsiedenden Treibmittels kann es zu Styropor® verarbeitet werden, das als Verpackungsmaterial und zur Wärme- und Schalldämmung dient. Im Jahre 2000 betrug die Produktion 13,2 Millionen Tonnen.

Polytetrafluorethylen (PTFE)

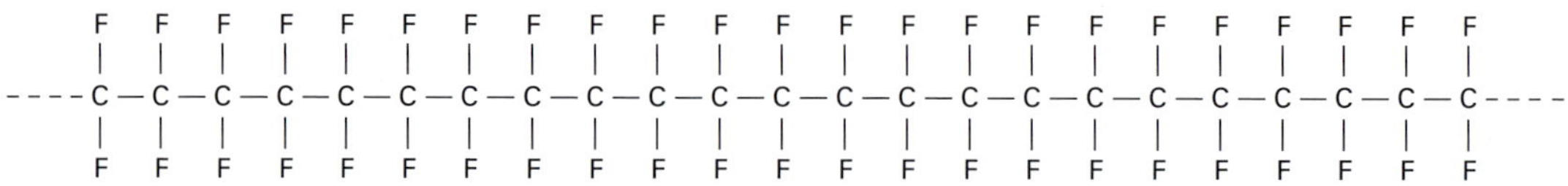

Das Monomer (Tetrafluorethen) wird unter Druck in wässriger Phase bei 20 °C ... 80 °C mit Peroxiden als Startern polymerisiert. Der völlig symmetrische Aufbau des Makromoleküls führt zu einem hohen Kristallisationsgrad. Die Folgen sind große Temperaturbeständigkeit (erst oberhalb 400 °C Zersetzung) und hohe Erweichungstemperatur, weshalb Polytetrafluorethylen plastisch nicht verformbar ist. Sein Einsatzbereich reicht von – 200 °C bis + 250 °C, kurzfristig sogar bis 300 °C.

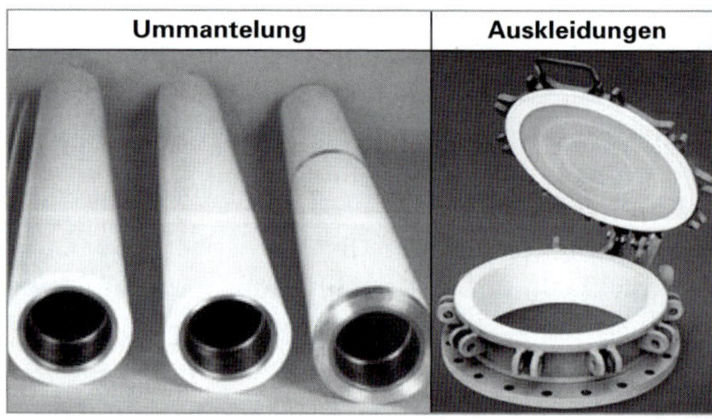

Bild 2: Produkte aus PTFE

PTFE ist unbrennbar, absolut wetterfest, lichtbeständig, in allen Lösungsmitteln unlöslich und nur bedingt schweißbar. Außerdem gilt es als gesundheitlich unbedenklich. Seine herausragende Eigenschaft ist ein ausgeprägt antiadhäsives Verhalten (klebwidrig) und sein sehr niedriger Reibungskoeffizient. Mit einem Produktionsanteil von unter 0,1 % ist Polytetrafluorethylen ein Spezialkunststoff zur Herstellung von Beschichtungen, schmierungsfreien Gleitlagern, Dichtungen, Laborgeräten, Kabelisolierungen und für Spezialanwendungen in der Luft- und Raumfahrttechnik (Bild 2).

Polyvinylchlorid (PVC)

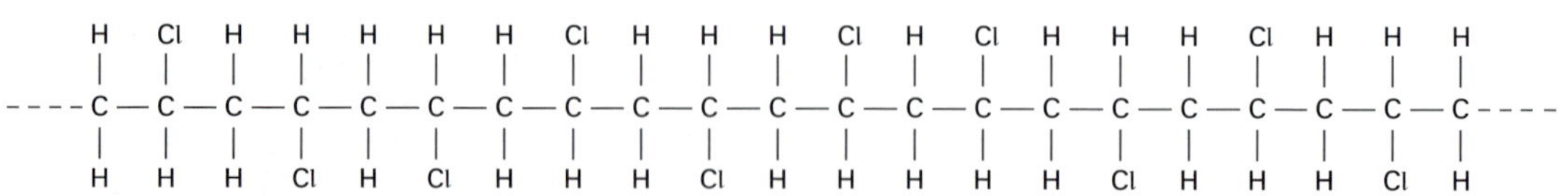

Die Verarbeitung des Monomeren muss unter besonderen Sicherheitsvorkehrungen erfolgen, da Vinylchlorid schwere Gesundheitsschäden hervorruft. Die radikalische Polymerisation (zwischen 1930 bis 1935 zur Produktionsreife entwickelt) erfolgt in geschlossenen Druckapparaturen bei 1 MPa und in einem Temperaturbereich von 40 °C ... 80 °C. Die Makromolekülketten sind wenig verzweigt, die Anordnung der Chloratome ist ataktisch. Bei einem Polymerisationsgrad von 650 bis 2500 liegt die mittlere Molekülmasse $\overline{M}$ zwischen 40 000 *u* und 150 000 *u*.

Polyvinylchlorid hat eine gute Festigkeit und zeigt gegenüber Chemikalien eine gute Beständigkeit, es ist schwer entflammbar, schweiß- und klebbar. Die Verwendung erfolgt in Form von Folien, Tafeln und Rohren für vielfältigste Anwendungen in Industrie und Haushalten. Durch Einarbeiten von **Weichmachern** (z. B. Dioctylphthalat) wird die Härte herabgesetzt, aber hohe Flexibilität und Dehnbarkeit bleiben erhalten.

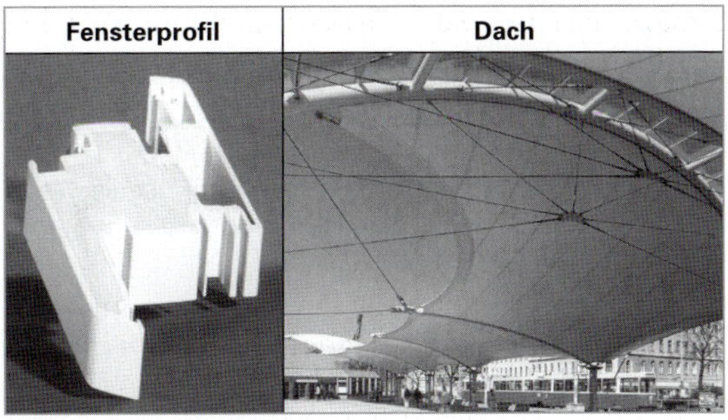

Bild 1: Produkte aus PVC

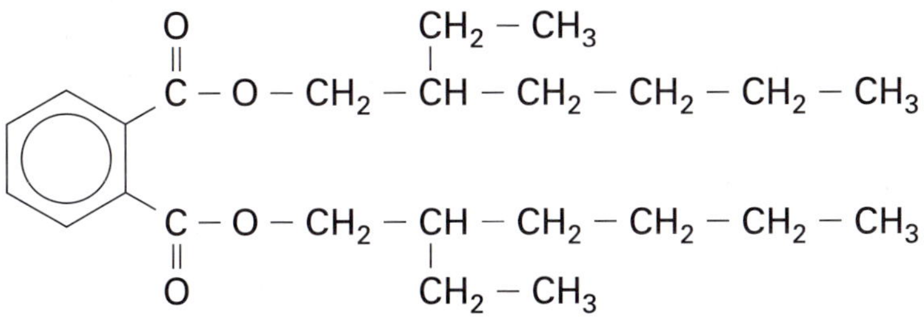

Dioctylphthalat

Je nach Weichmacherzusatz ist Weich-PVC hartelastisch bis weichgummiähnlich. Verwendung: Schläuche, Folien, Bahnen für Kabelisolierungen, Verpackungen, Fußbodenbeläge (Bild 1).

Die Weltproduktion von Polyvinylchlorid lag 2000 bei 25,7 Millionen Tonnen.

d) Copolymerisate

Bei der Copolymerisation (Mischpolymerisation) polymerisiert man ein Gemisch aus zwei oder mehreren Monomeren gemeinsam, um gezielt Stoffe mit ganz bestimmten, günstigen Eigenschaften herzustellen (in gewisser Weise kann man es mit der Legierungsherstellung bei den Metallen vergleichen). Dabei kann die Reihenfolge der Monomere wie in Bild 2 sein.

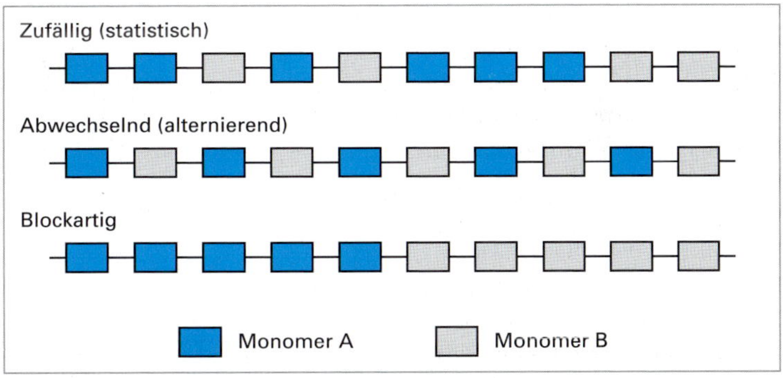

Bild 2: Unterschiedlicher Aufbau von Copolymerisaten

Mischt man beispielsweise Styrol mit Acrylnitril im Verhältnis 70 : 30, so entstehen **SAN**-Copolymere (**S**tyrol-**A**cryl**n**itril). Im Makromolekül sind die Monomere statistisch verteilt, die Seitengruppen ataktisch angeordnet. SAN ist ein amorpher Thermoplast, der sich gegenüber Polystyrol durch erhöhte Festigkeit und Dauergebrauchstemperatur auszeichnet.

ABS-Kunststoffe, die durch Copolymerisation von **A**crylnitril, **B**utadien und **S**tyrol erhalten werden, verbinden eine hohe Schlagzähigkeit und chemische Beständigkeit mit guter Wärmebeständigkeit und Reißfestigkeit. Zudem eignen sie sich besonders gut zur Metallbeschichtung durch Galvanisieren. Verwendet wird ABS z. B. für Haushaltsgeräte, Gehäuse von audio-visuellen Geräten, Möbelteile, Sitzmöbel, Sicherheitshelme, Sanitärarmaturen (Bild 3).

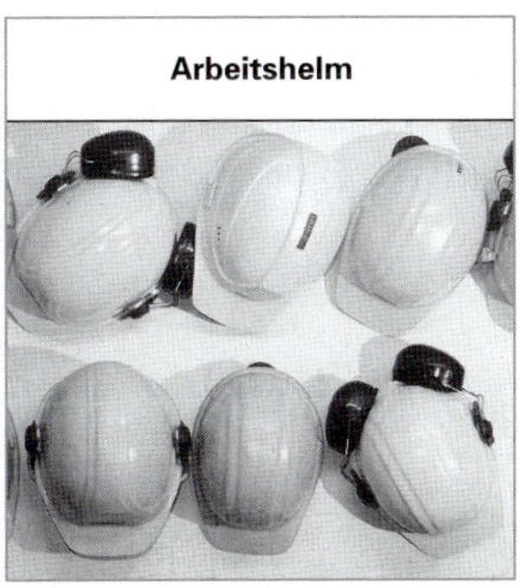

Bild 3: Produkte aus ABS

9.4.2.2 Polykondensation und Polykondensate

Bei Polykondensationen reagieren zwei Arten von Monomeren zu dem Polykondensat unter Abspaltung eines kleinen Moleküls (z. B. H_2O, HCl). Zurückführen kann man die Polykondensation auf die Modellreaktion der Esterbildung: Dabei reagiert ein Alkohol mit einer Carbonsäure zu Ester und Wasser. Am Beispiel des Essigsäureethylesters sei das Reaktionsschema erläutert:

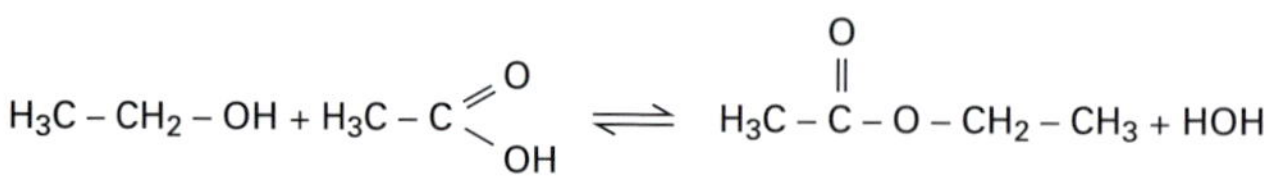

Ethanol Ethansäure (Essigsäure) Essigsäureethylester Wasser

Wählt man einen zweiwertigen Alkohol, d. h. eine Verbindung, die an beiden Enden des Moleküls über eine alkoholische OH-Gruppe verfügt, und eine Dicarbonsäure, d. h. eine Verbindung, die an Kopf und Schwanz eine COOH-Gruppe trägt, kann man durch eine analoge Kondensationsreaktion eine lange „Esterkette" herstellen:

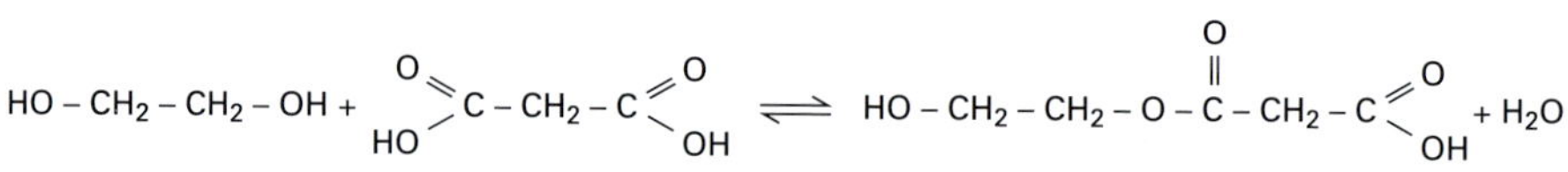

Ethylenglycol Malonsäure Malonester

Das entstandene Molekül besitzt jetzt an jedem Ende wieder eine reaktive Stelle, die jeweils mit einem weiteren Alkohol bzw. einer weiteren Carbonsäure weiterreagieren und so fort. Das erhaltene Produkt ist ein **Polyester**.

Nach dem gleichen Prinzip reagieren Diamine und Dicarbonsäuren zu **Polyamiden** und Phenole und Formaldehyd zu **Phenoplasten**.

Information

Polykondensation

Bei der Polykondensation erfolgt die Verknüpfung von Monomeren zu Makromolekülen unter Abspaltung eines niedermolekularen Stoffes.

Schematisch:

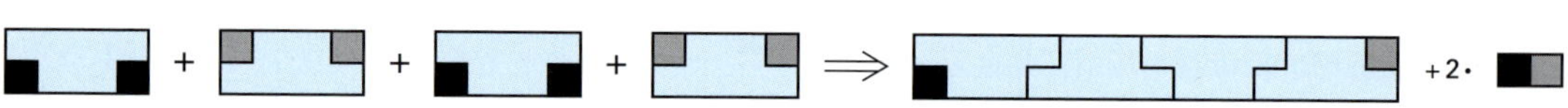

Die meisten Polykondensate werden großtechnisch durch Schmelzkondensation hergestellt. Dabei werden die sehr reinen Ausgangsstoffe unter Zusatz von Katalysatoren oberhalb der Schmelztemperatur der niedermolekularen Ausgangsstoffe bzw. der entstehenden Polykondensate umgesetzt.

) Technisch bedeutsame Polykondensate

Tabelle 1 gibt zunächst einen Überblick über technisch wichtige Polykondensationskunststoffe.

Tabelle 1: Technisch wichtige Polykondensationskunststoffe

Gruppenbezeichnung und Name	Kurzzeichen (DIN EN ISO 1043-1)	Handelsnamen (Beispiele)	Wiederholungseinheit im Makromolekül	Beispiele für Monomere Formel und Name
Aminoplaste	UF (Harnstoff-Formaldehyd-Kunststoffe) weitere Sorten: MF und MP	Resopal® Duropal® Cibamin® Bakelite UF®	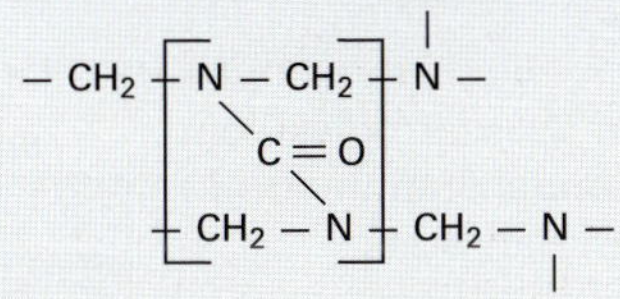	$H_2N-C(=O)-NH_2$ Harnstoff $H_2C=O$ Formaldehyd
Phenoplaste (Phenol-Formaldehyd-Kunststoffe)	PF	Bakelit® Genal®	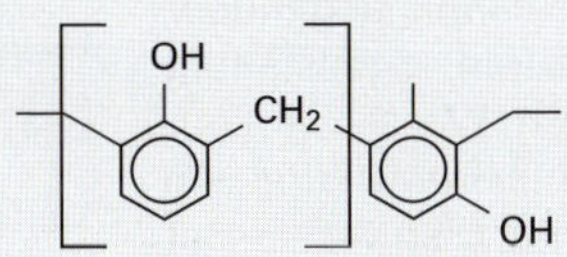	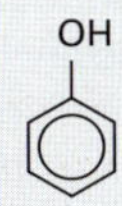 Phenol $H_2C=O$ Formaldehyd
Polyamide	PA	Grilamid®[1] DurethanB®[2] Nylon®[3] Perlon®[2] Ultramid A®[3]	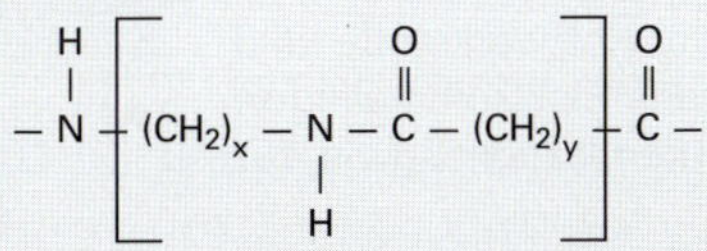	$H_2N-(CH_2)_6-C-NH_2$ Hexamethylendiamin $HOOC-(CH_2)_4-COOH$ Adipinsäure
Polyester	PET (Polyethylenterephthalat)	Rynite® Hostaphan® Hostandur E®	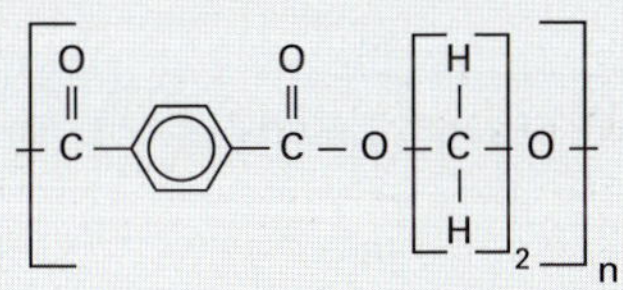	$HO-CH_2-CH_2-OH$ Glykol 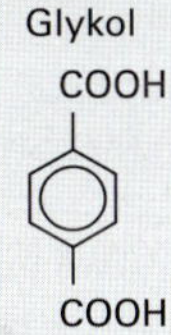 Terephthalsäure

[1] PA [2] PA6 [3] PA66

Aminoplaste (MF, MP, UF)

Unter **Aminoplasten** versteht man Polykondensate, die insbesondere aus Formaldehyd und Verbindungen mit NH-Gruppen hergestellt werden und die häufig als **Harze** bezeichnet werden, wie z. B. das nachfolgend dargestellte **Harnstoffharz (UF)**.

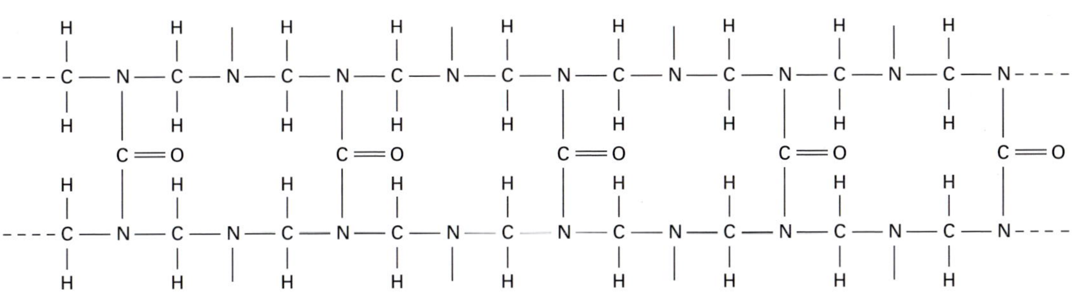

Bei der Reaktion von Formaldehyd mit Harnstoff entsteht zunächst Dimethylolharnstoff:

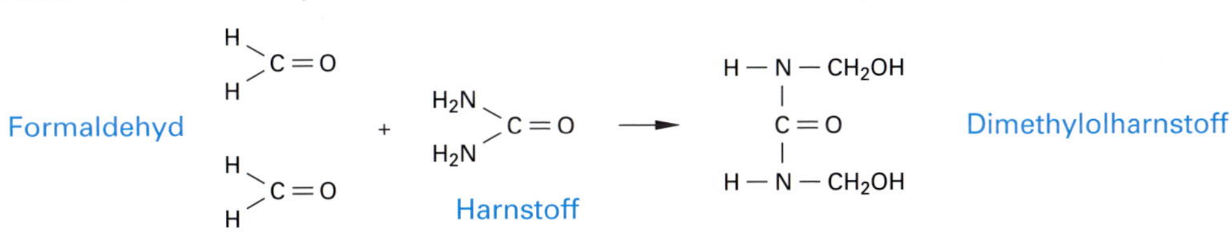

Durch Abspaltung von zwei Wassermolekülen bei der Kondensation von zwei Dimethylolharnstoffmolekülen entsteht ein Dimeres:

Durch weitere Abspaltung von Wassermolekülen findet beim Erwärmen eine Kondenstation zu einem dreidimensional vernetzten Harz statt.

Das erhaltene Harnstoffharz ist beständig gegenüber Lösungsmitteln, Wasser und Säuren, unbeständig gegenüber Laugen und kochendem Wasser. Aminoplaste sind farblos und erleiden unter Einwirkung von Licht oder Wärme keine Verfärbung. Man verwendet sie beispielsweise zur Herstellung von Lacken, als Bindemittel für Pressmassen, für Holzwerkstoffe (Bild 1) und Holzleime, für Teile der Elektroinstallation (Schalter, Steckdosen, Leuchtensockel) sowie für Kunststoffgeschirr (Bild 1).

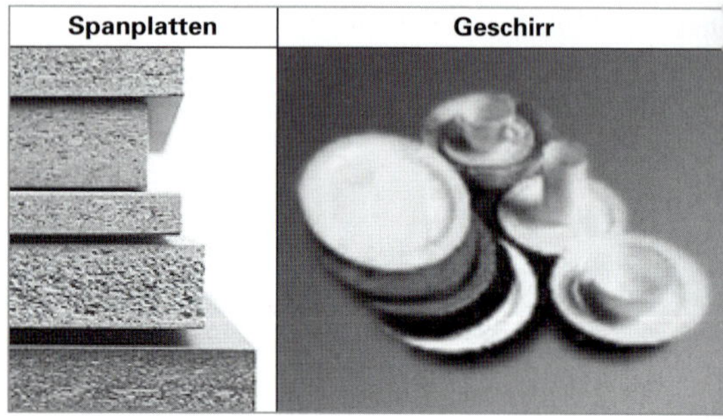

Bild 1: Produkte aus Aminoplasten

Phenoplaste (PF)

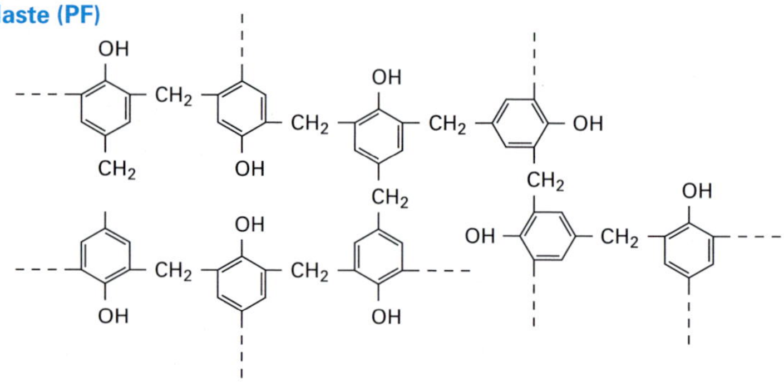

Bei der Polykondensation von Phenol mit Aldehyden erhält man Phenoplaste, die auch als **Phenolharze** bezeichnet werden.

Den ersten vollsynthetischen Kunststoff stellte 1912 der belgische Chemiker ***Leo Hendrik Baekeland*** (1863... 1944) durch Reaktion von Formaldehyd mit Phenol her. In einem ersten Schritt entsteht Methylolphenol.

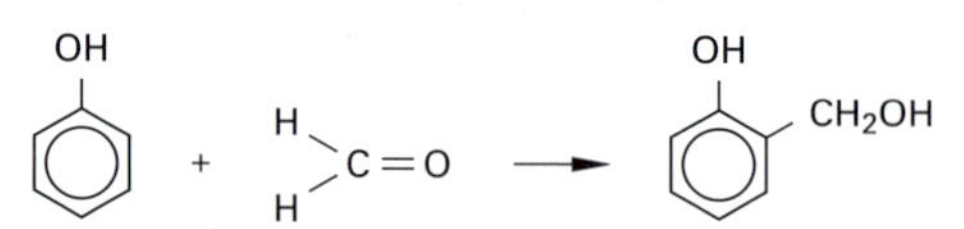

Phenol Formaldehyd Methylolphenol

Zwei Methylolphenolmoleküle kondensieren unter Abspaltung eines Wassermoleküls zu einem Dimeren.

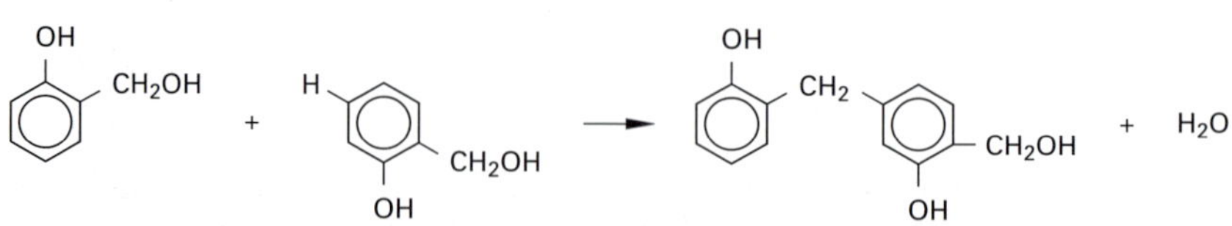

Durch analoge Reaktion weiterer Methylolphenolmoleküle erhält man als Vorkondensat **Resol,** ein sehr schwach vernetztes Makromolekül, das beim Erwärmen weiterreagiert zu **Resitol,** das aus verzweigten, schwach vernetzten Molekülen besteht und schließlich zu **Resit** führt, einem räumlich vollkommen vernetzten Makromolekül.

Resole sind wegen ihres geringen Vernetzungsgrades schmelzbar und löslich. Resitole sind schmelzbar und unlöslich und in der Wärme noch formbar.

Resit ist unschmelzbar und unlöslich, gelb gefärbt und dunkelt nach. Gegenüber verdünnten Säuren und Laugen sowie vielen organischen Lösungsmitteln ist Resit beständig. Es ist unbeständig gegenüber kochendem Wasser sowie konzentrierten Säuren und Laugen. Die Verwendung liegt in ähnlichen Bereichen wie bei den Aminoplasten.

Polyamide (PA)

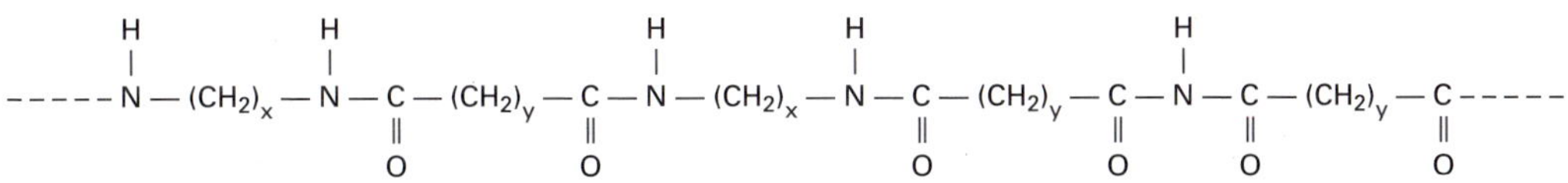

x, y = 4 … 10

Entsprechend der Vielzahl der möglichen Ausgangsverbindungen (**Dicarbonsäuren, Diamine** und **Aminocarbonsäuren,** Tabelle 1) sind die Variationsmöglichkeiten bei der Polyamidherstellung groß. Die technisch wichtigsten Polyamide, Nylon® und Perlon®, gehen von Monomeren mit sechs Kohlenstoffatomen aus.

Die Polyamide bestehen aus linearen Kettenmolekülen mit einer mittleren Molekülmasse $\overline{M}$ von 10 000 ... 20 000 *u*. Ihre Benennung erfolgt nach der Anzahl der Kohlenstoffatome links und rechts der NH-Gruppe, z. B. Polyamid 66.

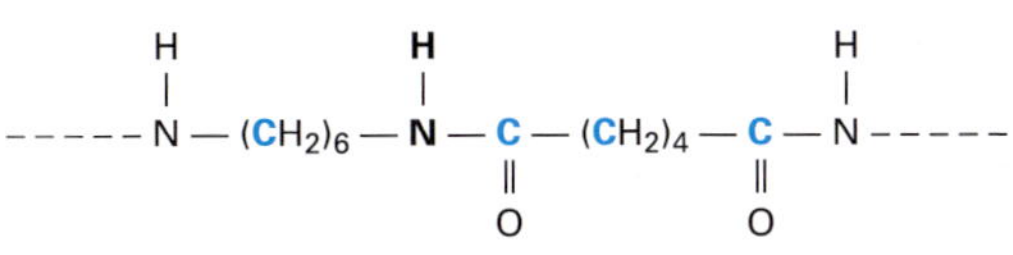

Tabelle 1: Beispiele für Edukte (Ausgangsverbindungen) bei der Herstellung von Polyamiden

Ausgangsverbindungen	Chemische Formel
Dicarbonsäuren	
Adipinsäure	$HOOC\text{-}(CH_2)_4\text{-}COOH$
Pimelinsäure	$HOOC\text{-}(CH_2)_5\text{-}COOH$
Korksäure	$HOOC\text{-}(CH_2)_6\text{-}COOH$
Sebacinsäure	$HOOC\text{-}(CH_2)_8\text{-}COOH$
Diamine	
Tetramethylendiamin	$H_2N\text{-}(CH_2)_4\text{-}NH_2$
Pentamethylendiamin	$H_2N\text{-}(CH_2)_5\text{-}NH_2$
Hexamethylendiamin	$H_2N\text{-}(CH_2)_6\text{-}NH_2$
Aminocarbonsäuren	
Aminocapronsäure	$H_2N\text{-}(CH_2)_5\text{-}COOH$
Aminononansäure	$H_2N\text{-}(CH_2)_8\text{-}COOH$
Aminoundecansäure	$H_2N\text{-}(CH_2)_{10}\text{-}COOH$

Das wesentliche Charakteristikum der Polyamide ist der Strukturteil 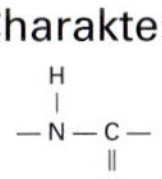 , der auch von der Natur in der Peptidbindung in Eiweißmolekülen verwirklicht ist.

Wegen ihres hohen kristallinen Anteils besitzen die Polyamide hervorragende mechanische Eigenschaften. Sie sind zäh, hart und reißfest. Außerdem sind sie schweiß- und klebbar sowie gegenüber vielen Lösungsmitteln beständig. Von

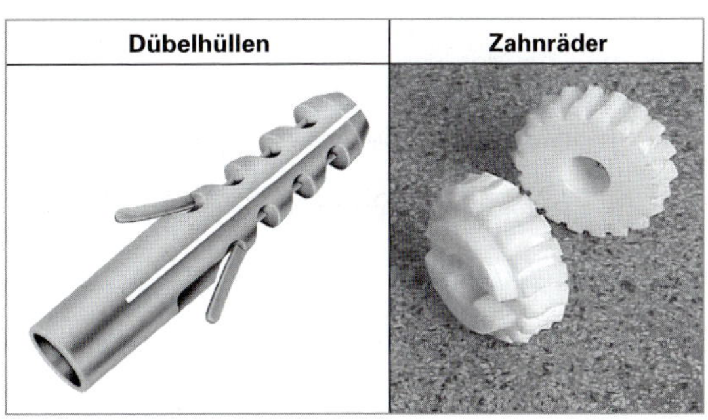

Bild 1: Produkte aus Polyamiden

konzentrierten Säuren werden sie angegriffen und bei höheren Temperaturen sind sie oxidationsempfindlich.

Polyamide werden beispielsweise zur Herstellung von Kunststoffteilen wie Rädern, Zahnrädern, Maschinenteilen und -gehäusen oder Dübeln verwendet (Bild1, Seite 459). Ein weiteres großes Einsatzgebiet liegt in der Faserherstellung für Textilfasern, Taue, Borsten u. a.

Polyester

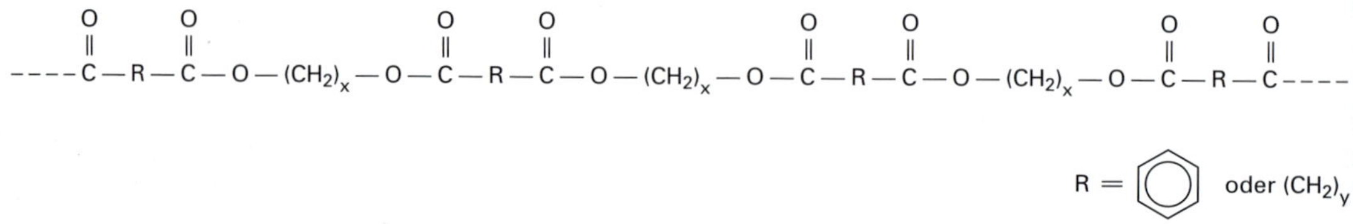

Durch Kondensation von Dicarbonsäuren und zweiwertigen Alkoholen entstehen die linearen (thermoplastischen) Polyester. Entsprechend der großen Anzahl der verfügbaren Dicarbonsäuren und mehrwertigen Alkoholen (Tabelle 1) existiert eine große Fülle von Variationsmöglichkeiten zur Herstellung von Polyestern.

Die größte wirtschaftliche und technische Bedeutung kommt dem Polyester zu, der durch Umsetzung von Glycol mit Terephthalsäure entsteht, dem **Polyethylenterephthalat** (PET). Bei einer mittleren Festigkeit besitzt das PET eine hohe Abriebfestigkeit und Härte sowie eine gute Chemikalienbeständigkeit (unbeständig gegen Laugen). Seine Schlagzähigkeit ist niedrig.

Die wichtigsten Verwendungsbereiche sind Folien (Schrumpffolien, Trägermaterial für Magnetbänder), Maschinenteile, Möbelbeschläge, Flaschen, Textilfasern u. a. (Bild1, Seite 461).

Setzt man zur Synthese Alkohole mit drei oder mehr OH-Gruppen ein, bilden sich vernetzte Makromoleküle, die in der Wärme nicht mehr plastisch verformbar sind. Diese **Alkydharze** kommen meist in flüchtigen Lösungsmitteln gelöst als Lacke zur Anwendung.

Geht man bei der Herstellung von Polyestern von ungesättigten Dicarbonsäuren aus, erhält man Makromoleküle, die über reaktionsfähige Doppelbindungen verfügen: Man spricht von einem **ungesättigten Polyester** oder **UP-Harz**. Durch Polykondensation von z. B. Maleinsäure und Glycol entsteht folgendes UP-Harz:

Tabelle 1: Beispiele für Edukte bei der Herstellung von Polyestern

Gesättigte Dicarbonsäuren	
Adipinsäure	$HOOC-(CH_2)_4-COOH$
Sebacinsäure	$HOOC-(CH_2)_8-COOH$
Phthalsäure	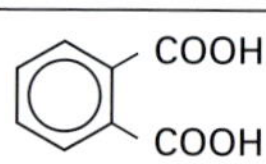
Terephthalsäure	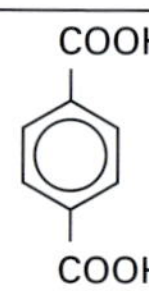
Ungesättigte Dicarbonsäuren	
Maleinsäure	$HOOC(H)C=C(H)COOH$
Fumarsäure	$HOOC(H)C=C(COOH)H$
Itakonsäure	$H_2C=C(COOH)-CH_2-COOH$
Mehrwertige Alkohole	
Glycol	$H_2C(OH)-CH_2(OH)$
Glycerin	$H_2C(OH)-CH_2(OH)-CH_2(OH)$
1,4-Butandiol	$H_2C(OH)-CH_2-CH_2-CH_2(OH)$
Pentaerythritol	$C(CH_2OH)_4$

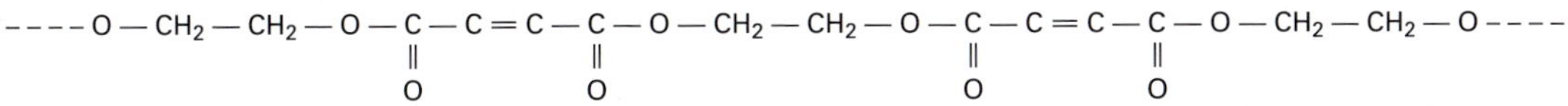

Die UP-Harze werden relativ kurzkettig hergestellt ($\overline{M}$: 2000 ... 5000 *u*). Sie sind daher weich (Handelsnamen: Leguval®, Palatal®, Vestopal®). Zur Vernetzung werden sie in geeigneten Monomeren (z. B. Styrol) gelöst. Eine Vernetzung tritt durch Erwärmen oder durch Zugabe von Peroxidkatalysatoren (Härter) ein und beruht auf der Polymerisation zwischen dem ungesättigten Polyester und Styrol. Zur Anwendung werden der in Styrol gelöste Polyester einerseits und Härter andererseits getrennt konfektioniert und dann zum Gebrauch gemischt. Anschließend steht nur noch eine begrenzte Zeitspanne (**Topfzeit**) zur Verarbeitung des Ansatzes zur Verfügung.

Die Produkte sind nach dem Aushärten spröde und hart und plastisch nicht mehr verformbar und finden Verwendung als schnellhärtende Lacke und Gießharze.

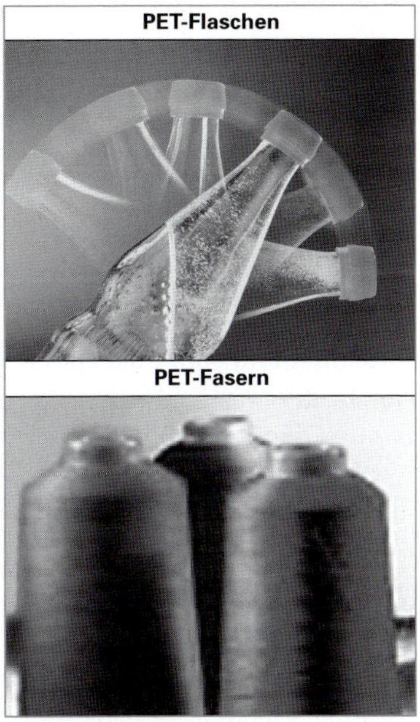

Bild 1: Produkte aus PET

9.4.2.3 Polyaddition und Polyaddukte

Das Prinzip der Polyaddition lässt sich an einer einfachen Additionsreaktion erkennen, bei der ein Alkohol mit einem Isocyanat zu einem Urethan reagiert:

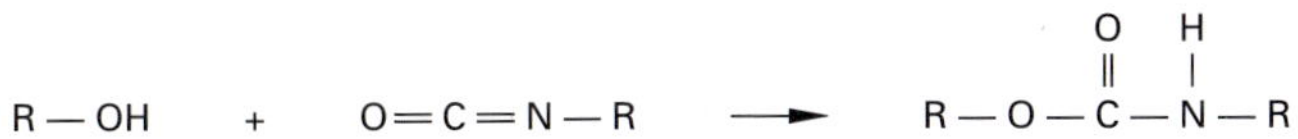

Alkoholgruppe   Isocyanatgruppe   Urethangruppe

Dabei fällt auf, dass ein Wasserstoffatom vom Sauerstoffatom der Alkoholgruppe auf das Stickstoffatom der Isocyanatgruppe übertragen wird und kein kleineres Molekül abgespalten wird. Das in der Urethangruppe enthaltene Strukturelement 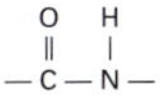 entspricht der Peptidbindung, durch die in der Natur Aminosäuren zu Eiweißen verknüpft sind und die bei den Polyamiden auftritt. Bei der Reaktion von Alkoholen und Isocyanaten mit jeweils zwei reaktiven Gruppen kann an dem jeweiligen Molekülende eine Reaktion stattfinden: man erhält ein Polyurethan.

Schematisch:

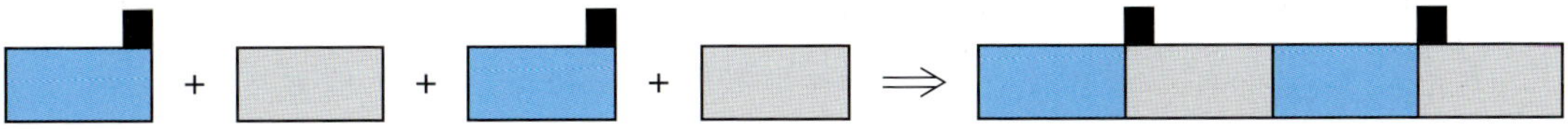

Der bedeutendste Kunststoff, der durch Polyaddition hergestellt wird, ist **Polyurethan**. In Abhängigkeit von der Anzahl der reaktionsfähigen Gruppen der Reaktionspartner erhält man lineare oder vernetzte Additionspunkte.

Wählt man als Ausgangsstoffe Diisocyanate und zweiwertige Alkohole (Glycole), entstehen linear gebaute Makromoleküle, die unter den Handelsnamen Durethan U oder Perlon U vertrieben werden. Diese Kunststoffe sind beständig gegenüber Kohlenwasserstoffen und Mineralöl, unbeständig gegenüber Säuren, Laugen und organischen Lösungsmitteln.

> **ⓘ Information**
>
> **Polyaddition**
>
> Unter Polyaddition versteht man die Verknüpfung von Molekülen ohne Abspaltung eines niedermolekularen Stoffes. In der Regel erfolgt die Reaktion unter Wanderung eines Wasserstoffatoms. Dabei erhält man kettenförmige oder auch räumlich vernetzte Produkte.

U. a. werden die Kunststoffe aus linearen Polyurethanketten zur Herstellung von Schlechtwetterkleidung, Skischuhen oder Schuhsohlen verwendet.

Werden Diisocyanate mit mehr als zwei OH-Gruppen (Polyole) umgesetzt, erhält man Polyurethanmakromoleküle, die räumlich vernetzt sind. Diese eignen sich hervorragend zur Herstellung von Schaumstoffen, die unter dem Namen Moltopren® im Handel sind (Bild 1). Als Treibmittel verwendet man entweder Wasser, das mit Isocyanaten zu Kohlenstoffdioxid reagiert und damit das Polyurethan aufschäumt, oder ein leichtsiedendes Treibmittel (FCKW!), das bei den Arbeitstemperaturen verdampft und somit die zum Schäumen notwendigen Gase liefert.

Polyurethanschaumstoffe sind beständig gegenüber Waschmittellösungen, verdünnten Säuren und Laugen, Kohlenwasserstoffen und Mineralölen. Sie sind unbeständig gegenüber konzentrierten Säuren und Laugen sowie organischen Lösungsmitteln.

In Abhängigkeit von ihrem Porengehalt und Vernetzungsgrad unterscheidet man Weich- und Hartschaumstoffe.

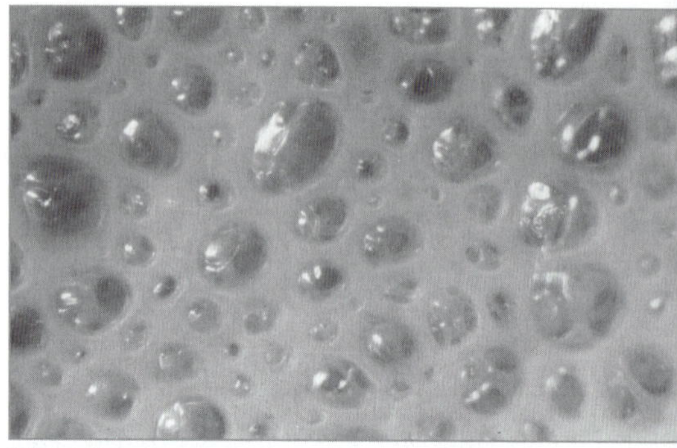

Bild 1: Schnitt durch geschlossenzelligen Schaumstoff (vergrößert)

Blockschaum	Schuhsohle

Bild 2: Produkte aus PUR

Weichschaumstoffe werden für Matratzen, Polstermöbel oder als Verpackungsmaterial verwendet. **Hartschaumstoffe** werden im Bauwesen zur Wärme- und Schalldämmung, in Fertigteilen oder zur Hohlraumausschäumung und für Bauteile im Fahrzeug- und Bootsbau sowie für Kühlgeräte eingesetzt (Bild 2).

9.4.3 Spezialkunststoffe

Zu den Spezialkunststoffen zählt man solche Kunststoffe, die in relativ geringen Mengen produziert werden, wie z. B. die Silicone oder elektrisch leitende Kunststoffe.

a) Silicone

Die langen Molekülketten der Silicone werden durch fortlaufende Verknüpfung von Silicium- und Sauerstoffatomen gebildet. Das Kohlenstoffatom ist bei den Siliconen durch das ebenfalls vierwertige Silicium ersetzt. Seitenketten bilden organische Reste, z. B. R=CH_3

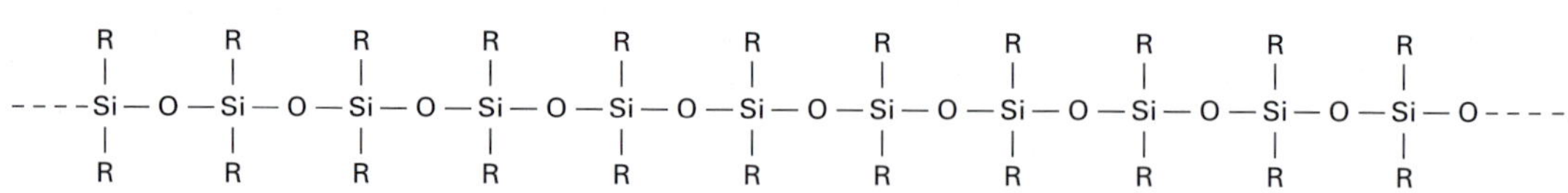

Je nach Molekülmasse und Vernetzungsgrad bilden Silicone viskose Öle, Pasten oder kautschukähnliche Massen. Sie verfügen über eine hohe Wärme- und Chemikalienbeständigkeit und sind wasserabweisend.

Silicon-Harze werden verwendet als Imprägniermittel und für Schutzanstriche, Silicon-Pasten als Abdichtmaterial und als Kautschuk für Dichtungen oder Elektroisolationen (Bild 1, Seite 463).

b) Elektrisch leitende Kunststoffe

Obwohl eine der herausragenden Eigenschaften der Kunststoffe ist, dass sie als elektrische Isolatoren wirken (daher Verwendung für Kabelisolierungen, Steckdosen usw.), ist es gelungen, Kunststoffe herzustellen, die den elektrischen Strom leiten können.

Die elektrische Leitfähigkeit eines Stoffes beruht auf seiner Fähigkeit, einen Elektronentransport zu ermöglichen, wie es die Metalle hervorragend können. Aber auch Graphit, eine Modifikation des Kohlenstoffs, leitet aufgrund seines Kristallaufbaus den elektrischen Strom.

Bei der Planung von Kunststoffen mit elektrischer Leitfähigkeit müsste ein Molekül konstruiert werden, das über leicht bewegliche Elektronen verfügt (das also das Prinzip des Graphits aufnimmt). Die Entdeckung eines solchen Makromoleküls, des Polyacetylens, gelang 1977 und wurde mit dem Chemie-Nobelpreis 2000 gewürdigt:

Bild 1: Anwendungsbeispiele für Silicone

$$---- CH = CH - CH = CH - CH = CH - CH = CH - CH = CH - CH = CH - CH = CH - CH = CH ----$$

Wegen seiner Unbeständigkeit ist es allerdings für eine technische Anwendung nicht geeignet.

Die Entwicklung weiterer elektrisch leitender Polymere führte schon zu praktischer Nutzung für elektrische Bauteile, zur Herstellung von Displays und zur Erzeugung antistatischer Beschichtungen.

9.4.4 Faserverstärkte Kunststoffe

Zur Verbesserung der mechanischen Eigenschaften wie Zug- und Biegefestigkeit (Tabelle 1, Seite 464) oder Schlagzähigkeit, werden den Kunststoffen Verstärkungsstoffe zugesetzt, die überwiegend Faserstruktur haben, insbesondere Glasfasern (Bild 2) und Kohlenstofffasern.

Bild 2: Herstellung von glasfaserverstärktem Kunststoff

Für spezielle Anwendungen setzt man eine besondere Polyamidfaser (Aramidfaser Kevlar®) ein und in sehr begrenztem Umfang werden Bor- und Siliciumcarbidfasern verwendet. Man erhält einen Verbundwerkstoff, in dem die günstigen Eigenschaften beider Komponenten vereint sind. Die Wirkung der eingelagerten Fasern macht sich besonders durch die Aufnahme der von außen angreifenden Zugkräfte bemerkbar (Bild 3). Die Verstärkungswirkung ist umso größer, je höher der Elastizitätsmodul und die Zugfestigkeit der Verstärkerfasern sind. Außerdem sind die Form (Faser, Matte, Gewebe, Roving – das sind Stränge aus einer großen Anzahl von Einzelfäden) und die Ausrichtung der Fasern von Bedeutung. Der Verbundwerkstoff besitzt seine höchste Festigkeit in Richtung der Glasfäden. Bekannte Bindemittel für faserverstärkte Kunststoffe sind ungesättigte Polyesterharze (UP), daneben Epoxid- und Phenolharze.

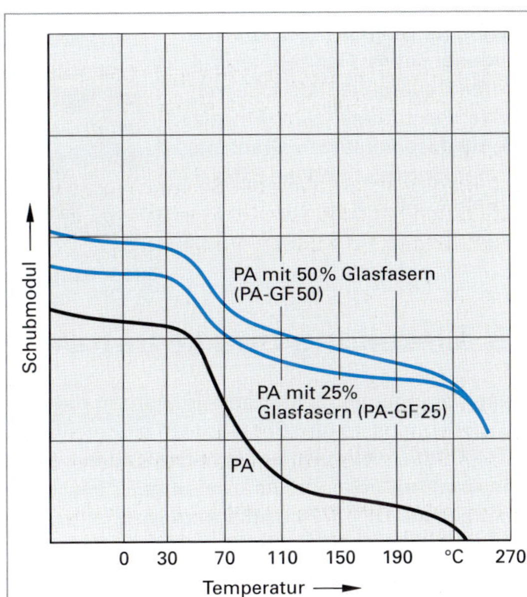

Bild 3: Abhängigkeit des Schubmoduls von der Temperatur bei verstärktem und unverstärktem Polyamid

Die Produkte sind ungewöhnlich stoß- und schlagfest. Schadhafte Stellen können unter Verwendung desselben Materials leicht ausgebessert werden. Weitere Vorteile sind geringes Gewicht, Verschleißfestigkeit, hohe Steifigkeit, hervorragendes Ermüdungs- und Dämpfungsverhalten sowie Wetter- und Korrosionsbeständigkeit. Der Anwendungsbereich von glasfaserverstärkten UP-Kunststoffen ist sehr vielfältig: Behälter, Silos, Wasserbecken, Bauteile für Fahr- und Flugzeuge, Bauelemente für den Hochbau, die Sanitär- und Beleuchtungstechnik, Haushaltsgeräte, Möbel, Sportgeräte. Neue Anwendungsgebiete für hochbeanspruchte Teile eröffnen sich durch Werkstoffe, bei denen Kohlenstofffasern zur Verstärkung verwendet werden; so werden bereits Leitwerke von Flugzeugen aus kohlenstoffverstärkten Kunststoffen hergestellt, z. B. sind beim Airbus A 340 vier Tonnen Faserverbundwerkstoffe verarbeitet.

Tabelle 1: Vergleich der Zugfestigkeitswerte ausgewählter Werkstoffe

Bindemittel	Verstärkung	Zugfestigkeit MPa
UP	–	30 ... 50
Phenolharz	Glasfaserverstärkung	35 ... 420
UP	Glasfaserverstärkung	110 ... 1180
Epoxidharz	Glasfaserverstärkung	870 ... 1560
Grauguss	–	100 ... 300
Baustähle	–	330 ... 850
Vergütungsstähle	–	800 ... 1400
Höchstfeste Stähle	–	bis 4000

Zur Herstellung und Verarbeitung von Faserverbundwerkstoffen kommen vor allem zwei Verfahren zum Einsatz: Das **Direktverfahren** und das **Halbzeugverfahren.** Zu den Direktverfahren zählen das Wickeln, das Strangziehen, die Harzinjektionstechnik und das Handlaminieren. Dabei muss das eingesetzte Kunststoffmaterial eine geringe Viskosität besitzen, um das Tränken der Faser zu ermöglichen. Bild 1 zeigt Bauteile aus glasfaserverstärkten Kunststoffen und ihre Verwendung. Bei der Halbzeugtechnik kommen ausschließlich faserverstärkte Plastomere zum Einsatz, z. B. kurzfaserverstärkte Granulate für den Spritzguss und die Extrusion (Kapitel 9.9.2.3).

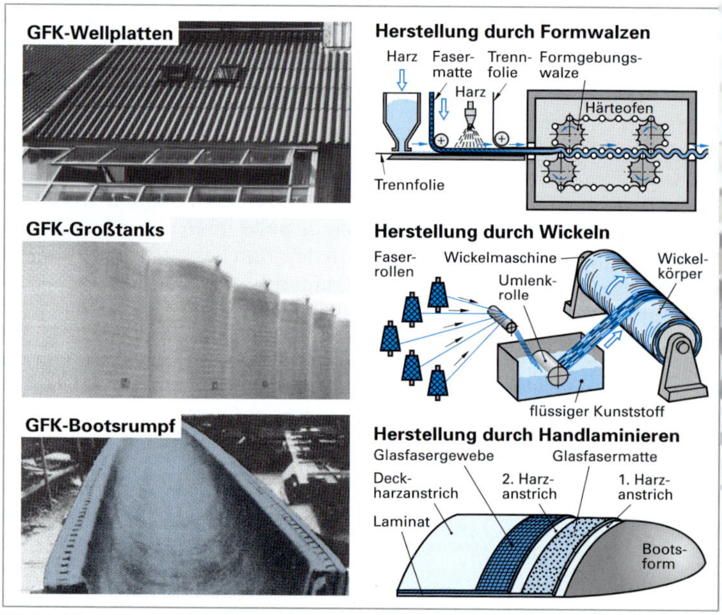

Bild 1: Bauteile aus GFK und ihre Herstellung

9.5 Einteilung und struktureller Aufbau der Kunststoffe

In den vorangegangenen Kapiteln wurden die Kunststoffe nach ihren Bildungsreaktionen in Polymerisate, Polykondensate und Polyaddukte eingeteilt. Da sich abhängig von der Molekülstruktur (lineare unvernetzte Ketten, weitmaschig vernetzte Ketten oder stark vernetzte räumliche Strukturen) sehr unterschiedliche Anwendungs- und Verarbeitungseigenschaften ergeben, ist es in der Technik üblich, die Kunststoffe entsprechend DIN 7724 nach ihrem mechanisch-thermischen Verhalten wie folgt einzuteilen:

- Thermoplaste (Plastomere)
- Duroplaste (Duromere)
- Elastomere
- Thermoplastische Elastomere

Das unterschiedliche mechanisch-thermische Verhalten der Kunststoffe liegt in ihrem strukturellen Aufbau begündet, der nachfolgend für die genannten Kunststoffgruppen beschrieben werden soll.

Bild 1 gibt zunächst einen umfassenden Überblick über die Möglichkeit der Einteilung von Kunststoffen einschließlich einiger typischer Beispiele.

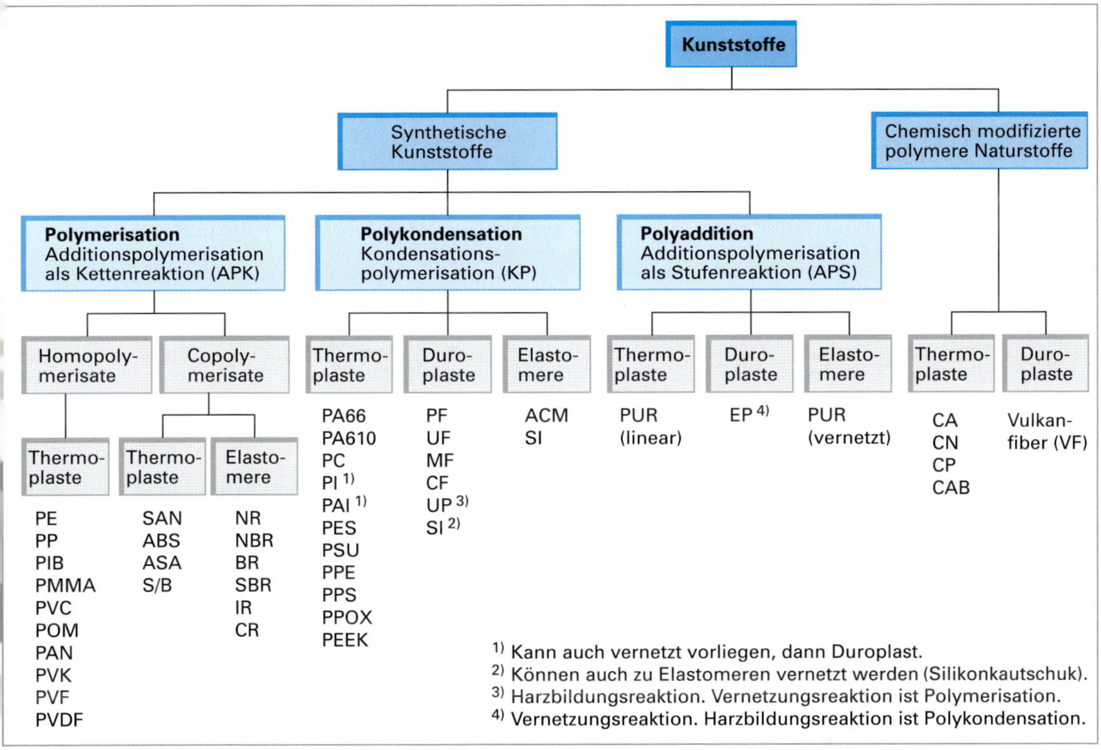

Bild 1: Einteilung der Kunststoffe mit ausgewählten Beispielen (ISO-Kurzzeichen siehe Tabelle 1, Seite 486)

9.5.1 Thermoplaste (Plastomere)

Thermoplaste (Plastomere) bestehen aus linearen oder verzweigten Molekülketten (Bild 1, Seite 452), die miteinander nicht durch chemische Bindungen vernetzt sind. Der Zusammenhalt zwischen den Molekülen erfolgt, abgesehen von Molekülverschlaufungen, durch sekundäre chemische Bindungen (Nebenvalenzbindungen, Kapitel 2.3.2).

Das typische Durchmesser-Längen-Verhältnis der Molekülketten beträgt etwa 1:10000 d.h. ein auf den Durchmesser von 1 cm vergrößertes Kettenmolekül hätte eine Länge von rund 100 m. Hinsichtlich der räumlichen Anordnung der Molekülketten unterscheidet man die amorphen und die teilkristallinen Thermoplaste.

9.5.1.1 Amorphe Thermoplaste

Die amorphen Thermoplaste bestehen aus regellos ineinander verschlauften und verknäuelten Makromolekülen ohne regelmäßige Anordnung und Orientierung (Bild 1b, Seite 466). Es fehlt jede Art von Fernordnung d. h. eine über den nächsten Nachbarn hinausgehende Ordnung der Makromoleküle bezüglich Abstand, Anordnung und Orientierung. Der Zusammenhalt zwischen den Molekülketten erfolgt durch mechanische Verschlaufungen und Verhakungen sowie durch sekundäre chemische Bindungskräfte (Nebenvalenzbindungen).

9.5.1.2 Teilkristalline Thermoplaste

Teilkristalline Themoplaste enthalten neben amorphen Bereichen auch Zonen mit einer mehr oder weniger starken Ausrichtung der Makromoleküle, die kristallinen Bereiche. Das Vorhandensein kristallartig geordneter Bereiche führte zunächst zu der Vorstellung, dass innerhalb des teilkristallinen Kunststoffs Bereiche hoher Ordnung (Kristallite) in eine Matrix aus ungeordneten (amorphen) Molekülketten eingebettet sind (Bild 1b).

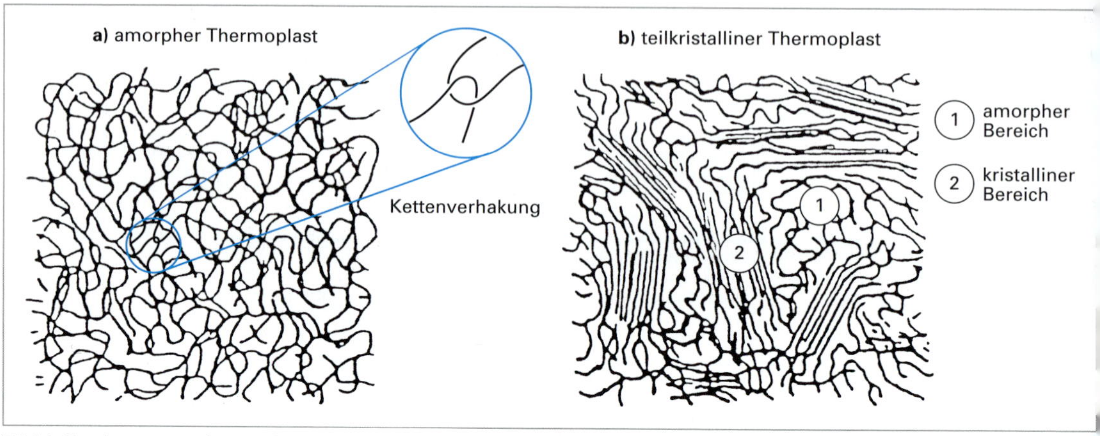

Bild 1: Struktur amorpher und teilkristalliner Thermoplaste (vereinfachte Modelle)

Das einfache sogenannte **Fransenmizellen-Modell** der teilkristallinen Thermoplaste (Bild 1b) entspricht nicht der beobachteten Realität. Bei normaler Erstarrung der Schmelze entstehen durch Kettenfaltungen geordnete Molekülbereiche die von einem gemeinsamen Kristallisationszentrum ausgehend sich in einer Art Überstruktur zusammenfügen. Der komplexe strukturelle Aufbau teilkristalliner Thermoplaste von der Molekülkette bis zum Formteil soll in Bild 1, Seite 467, am Beispiel des Polyethylens (PE) erläutert werden.

Die in der Ebene „zick-zack-förmig" gefalteten PE-Ketten ordnen sich zunächst so an, dass jede beliebige Kette von vier gleich weit entfernten Ketten umgeben ist. Es entstehen Kristallblöcke, deren Dicke der Faltungslänge entspricht und im allgemeinen etwa 5 nm … 60 nm beträgt. Die Kristallblöcke tragen an ihren beiden Deckflächen die umkehrenden Moleküle (Schlaufen). Die beiden Deckflächen sind daher mit einer Schicht amorphen Materials aus Schlaufen, Kettenenden, Verzweigungsstellen und ungeordnet durchlaufenden Molekülketten aufgebaut.

Der Zusammenhalt zwischen den einzelnen Kristallblöcken erfolgt sowohl durch Verschlaufungen als auch durch ungeordnet durchlaufende Ketten, den sogenannten **„tie-Molekülen"**. Letztere können sich über bis zu 15 Kristallblöcke erstrecken. Diese amorphe Grenzschicht stellt zwar hinsichtlich Festigkeit und Steifigkeit eine Schwachstelle im Gefüge dar, ohne sie wären die teilkristallinen Thermoplaste allerdings spröde und damit unbrauchbar.

In teilkristallinen Thermoplasten können diese Kristallblöcke geordnete Überstrukturen, bei normaler Erstarrung aus dem schmelzflüssigen Zustand meist sogenannte Sphärolithe, bilden. Die Kristallisation beginnt dabei in der Regel an Kristallisationskeimen (in handelsüblichen Polymeren meist Verunreinigungen wie z. B. Verarbeitungshilfsmittel, Farbstoffe, Füllstoffe, usw.). Durch ein bevorzugtes Wachstum der Kristallblöcke bzw. Pakete vom Kristallisationskeim weg, entstehen leicht gekrümmte Kristall-Lamellen. Durch die kugelförmige Ausbreitung dieser Kristall-Lamellen entsteht schließlich ein **Sphärolith.**

Sobald der radial wachsende Sphärolith mit benachbarten Sphärolithen zusammenstößt entsteht die aus mikroskopischen Untersuchungen bekannte polyedrische Struktur. Die Primär- oder Hauptkristallisation ist damit abgeschlossen.

Ähnlich der Korngröße bei den Metallen sind große Sphärolithen bei den Kunststoffen ebenfalls unerwünscht. Man versucht durch Impfen der Schmelze oder durch rasche Abkühlung (Unterkühlung) möglichst viele Fremdkeime zu erzeugen, so dass viele Sphärolithe gleichzeitig wachsen.

Weitere Einzelheiten über den strukturellen Aufbau der Thermoplaste sind der weiterführenden Literatur zu entnehmen.

Neben der Ausbildung der beschriebenen Sphärolithen beobachtet man bei teilkristallinen Thermoplasten auch andere Kristallisationsformen:

- **Einkristalle**
Bei einer Kristallisation in verdünnten Lösungen tritt keine gegenseitige Beeinflussung bzw. Behinderung der kristallisierenden Makromoleküle auf. Es können daher plättchenförmige, dünne Kristalle mit einheitlicher Höhe heranwachsen, die durch lamellenartige Hin- und Herfaltungen der Kettenmoleküle entstehen. Man spricht von Einkristallen.

- **Verstreckungsgefüge**
Durch gerichtete viskos-plastische Deformationen oberhalb der Glastemperatur während der Verarbeitung (bei amorphen Thermoplasten: T_g + 20K ... 40K, bei teilkristallinen Thermoplasten: T_m – 10 ... 20 K[1]) kann ein orientierter Molekülzustand erreicht werden. Man spricht von **Verstrecken**. Es erfolgt eine bevorzugte Ausrichtung der Molekülketten in ein oder zwei Richtungen. Die Eigenschaften des Bauteils werden dann richtungsabhängig **(Anisotropie)**. So beobachtet man in Streckrichtung eine beträchtliche Erhöhung der Zugfestigkeit und auch eine Erhöhung der Schlagzähigkeit. Bei teilkristallinen Thermoplasten sind dabei die erreichbaren Festigkeitssteigerungen um einen Faktor 3 bis 4 höher im Vergleich zu den amorphen Thermoplasten. Das Verstrecken wird häufig bei der Herstellung von Fasern oder Bändern angewandt.

Durch das Verstrecken wird bei den teilkristallinen Thermoplasten die Sphärolithstruktur zerstört. Es findet eine Neuordnung (Ausrichtung) der kristallinen Bereiche in Verformungsrich-

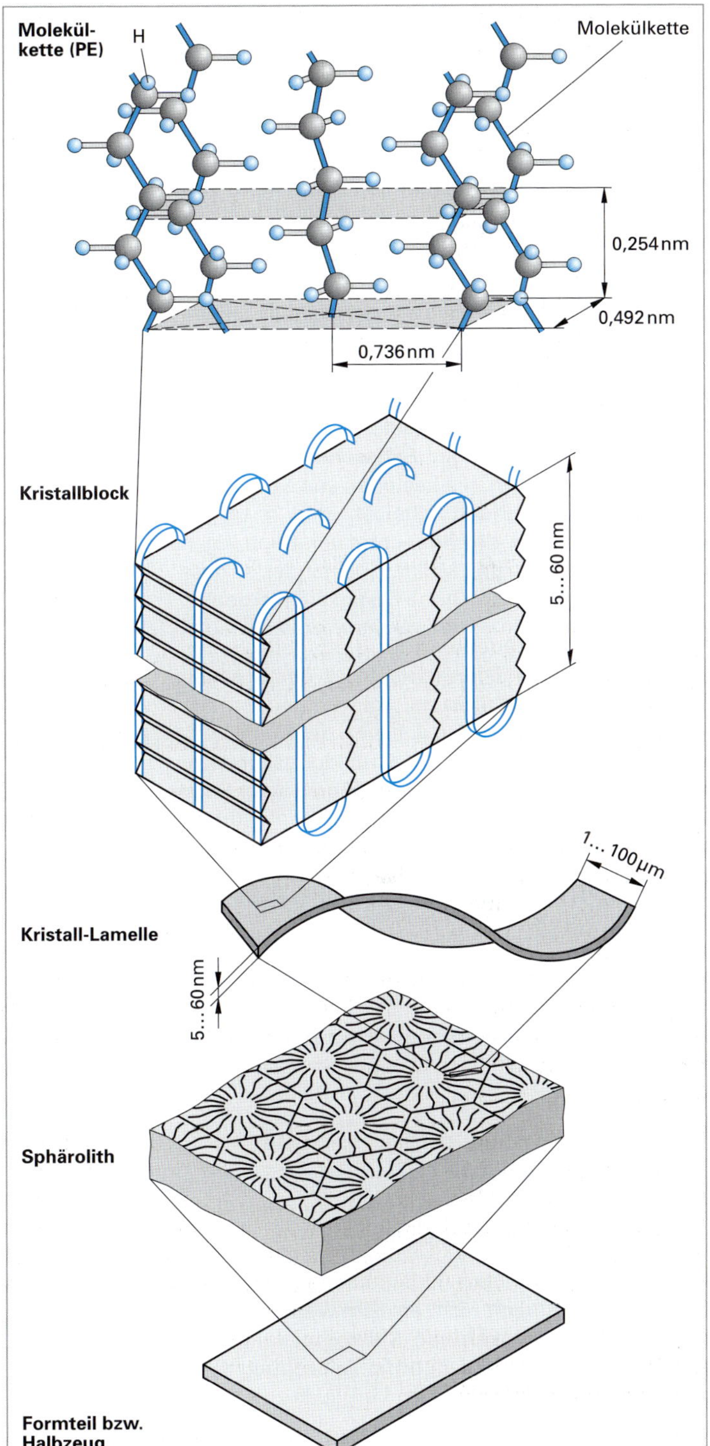

Bild 1: Struktureller Aufbau teilkristalliner Thermoplaste am Beispiel von Polyethylen (PE)

[1] T_g = Glastemperatur in K (Kapitel 9.6.1.3). T_m = Kristallitschmelztemperatur in K (Kapitel 9.6.3)

tung statt. Hierbei lösen sich einzelne Blöcke aus den Kristalllamellen und orientieren sich in Streckrichtung. Die einzelnen Blöcke werden durch eine hohe Anzahl von „tie-Molekülen“ miteinander verbunden. Es entsteht eine mikrofibrilläre Struktur mit entsprechend verbesserten Eigenschaften in Verformungsrichtung (Bild 1).

- **Andere Überstrukturen**
  Abhängig von den Abkühlbedingungen können sich anstelle der beschriebenen Sphärolithe auch andere Überstrukturen ausbilden. Ist die Schmelze bei der Abkühlung beispielsweise einer Scherung unterworfen, dann entstehen anstelle von Plättchen und Bändern, wie sie in den Sphärolithen zu finden sind, Strukturen die als **Shish-Kebab-Strukturen** oder **Schaschlik-Strukturen** bezeichnet werden. Sie bestehen aus einem Stab (Whisker) und runden Scheiben (Bild 2). Liegen diese Strukturen gleichgerichtet vor, dann legen sich die Scheiben und Mulden ineinander, so dass sich in Längsrichtung hohe Festigkeiten ergeben.

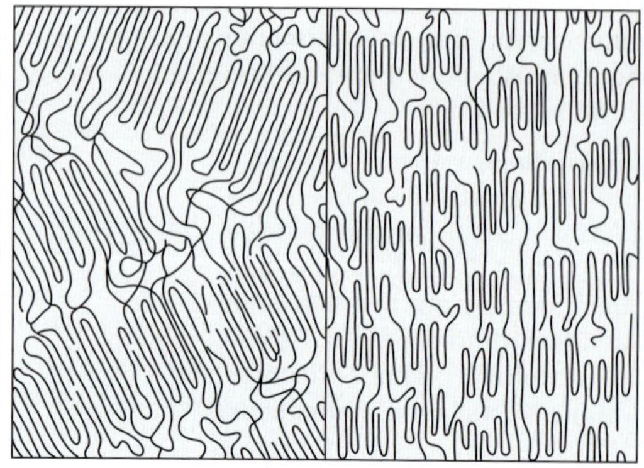

Bild 1: Versteckung eines teilkristallinen Thermoplasten

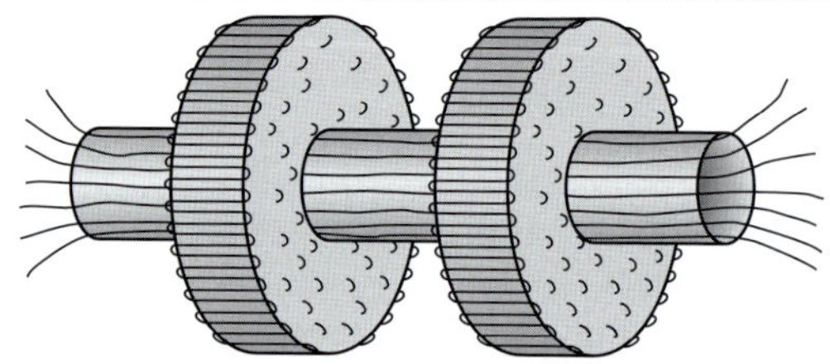
Bild 2: Shish-Kebab-Struktur (Schaschlik-Struktur)

Von besonderer Bedeutung für die Eigenschaften der teilkristallinen Thermoplaste ist der **Kristallinitätsgrad**. Er hängt nicht nur vom Aufbau und der Länge der Makromoleküle d. h. von der Kunststoffsorte, sondern auch von der Keimbildungs- und Kristallwachstumsgeschwindigkeit während der Herstellung ab. Die Kristallinität wird erhöht durch:

- Kurze Molekülketten
- Symmetrischer Molekülbau d.h. keine Verzweigungen
- Isotaktischer Bau der Makromoleküle
- Langsame Abkühlung der Schmelze
- Verstrecken

Durch eine Erhöhung der Kristallinität nehmen die zwischenmolekularen Kräfte zu. Damit steigt:

- Festigkeit
- Elastizitätsmodul
- Dichte

Hingegen nehmen ab:

- Verformungsvermögen
- Transparenz (amorphe Themoplaste ohne Farb- und Füllstoffe sind glasklar!)

Kristallinitätsgrade über 80 % können selbst unter idealen Bedingungen nicht erreicht werden, da die Kristallisationsfähigkeit von Makromolekülen bedingt durch ihre Größe und die Anordnung ihrer Atome bzw. Atomgruppen im Vergleich zu niedermolekularen Substanzen erheblichen kinetischen Einschränkungen unterliegt. Beschränkungen zu niedrigen Kristallinitätsgraden bis hin zum amorphen Zustand bestehen hingegen praktisch kaum. In Tabelle 1 sind die Kristallinitätsgrade ausgewählter teilkristalliner Thermoplaste zusammengestellt.

Tabelle 1: Kristallinitätsgrade ausgewählter teilkristalliner Thermoplaste

Kunststoff		K[1]
Polyethylen, linear	PE-HD	70 ... 80
Polyoxymethylen	POM	70 ... 80
Polytetrafluorethylen	PTFE	60 ... 80
Polypropylen, isotaktisch[2]	PP	70 ... 80
Polypropylen[3]	PP	50 ... 60
Polybutylenterephthalat	PBT	bis 50
Polyethylen, verzweigt	PE-LD	45 ... 55
Polyamide	PA	bis 60

[1] erreichbarer Kristallinitätsgrad
[2] überwiegender Anteil isotaktischer Ketten
[3] größerer Anteil ataktischer Ketten

Kristalline Anteile treten überwiegend bei den (teilkristallinen) Thermoplasten auf. Auch bei den weitmaschig vernetzten Elastomeren (Kapitel 9.5.3) kann mitunter zwischen den Vernetzungspunkten eine Kristallisation auftreten. Dort ist sie jedoch wegen der damit einher gehenden Versprödung unerwünscht. Die engmaschig, räumlich vernetzten Duroplaste weisen keine Kristallinität auf.

9.5.2 Duroplaste (Duromere)

Duroplaste bestehen aus engmaschig, räumlich vernetzten Makromolekülen (Bild 1). Im Gegensatz zu den Thermoplasten kann man nicht mehr von Molekülketten sprechen, da das räumliche Netzwerk das gesamte Bauteil durchzieht. Die räumlichen Netzwerke können durch Synthese aus entsprechenden Monomeren oder durch Vernetzen bestehender Ketten entstehen.

Nach der Vernetzung sind die Duroplaste:

- nicht warmverformbar
- nicht schmelzbar
- nicht schweißbar

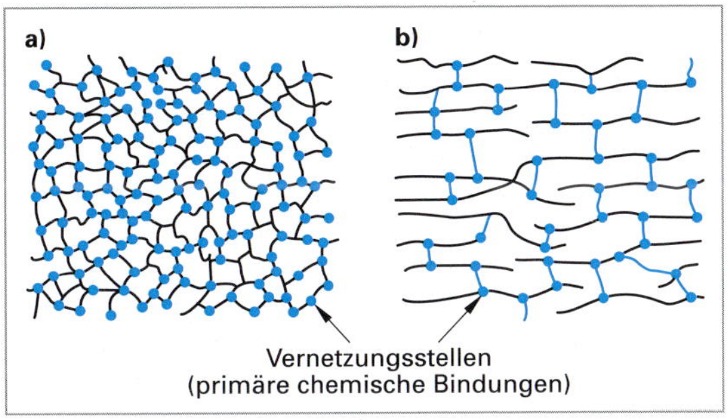

Bild 1: Molekülstruktur eines Duroplasten
a) Räumlich eng vernetzte „Einzelbausteine"
b) Quervernetzung linearer oder verzweigter Ketten

Der entscheidende, das Strukturverhalten bestimmende Parameter ist der **Vernetzungsgrad.** Er ist definiert, als das Verhältnis vernetzter Grundbausteine zu den insgesamt vorhandenen Grundbausteinen. Mit zunehmendem Vernetzungsgrad steigt die:

- Festigkeit und Härte
- Elastizitätsmodul
- Wärme(form)beständigkeit

Ein zu hoher Vernetzungsgrad würde aufgrund einer stark eingeschränkten elastischen Verformbarkeit allerdings zu einer unerwünschten Versprödung der Kunststoffe führen.

9.5.3 Elastomere

Elastomere bestehen aus Molekülketten, die untereinander nur schwach (weitmaschig) vernetzt sind (Bild 2). Die Molekülketten können bei relativ geringen äußeren Kräften gegeneinander abgleiten, sie bleiben jedoch durch die chemischen Vernetzungsstellen miteinander verbunden (Bild 1, Seite 470). Aufgrund ihrer Wärmebewegung sind die Molekülketten bestrebt den Zustand größter Unordnung (Knäuelform) und damit größter Entropie wieder einzunehmen. Dadurch entsteht eine elastische Rückstellkraft. Wirkt die äußere Kraft nicht mehr, dann nehmen die Molekülketten also wieder ihren ursprünglichen (verknäuelten) Zustand ein. Makroskopisch verhalten sich die Elastomere daher bei Raumtemperatur und höherer Temperatur entropieelastisch („gummi-elastisch").

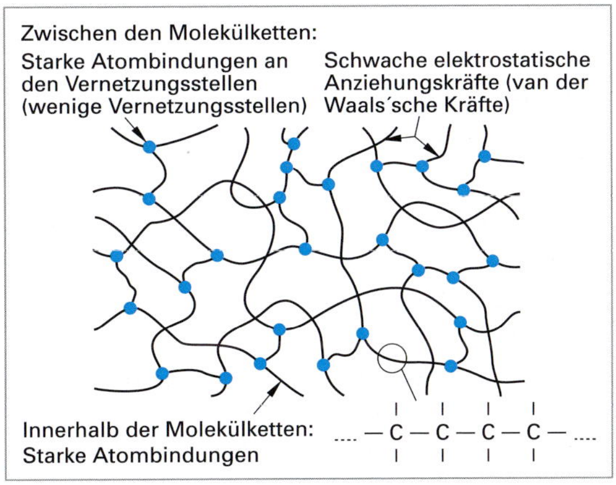

Bild 2: Molekülstruktur eines elastomeren Kunststoffs (Elastomer)

9.5.4 Thermoplastische Elastomere

Thermoplastische Elastomere (TPE), die Ende der siebziger Jahre auf den Markt kamen, sind nach DIN 7724 eine eigenständige Kunststoffgruppe und weisen im festen Zustand die Eigenschaften von Elastomeren auf. In der Wärme sind sie jedoch analog den Thermoplasten, schmelzbar, schweißbar und nach allen gebräuchlichen Methoden plastisch verformbar. Weitere Vorteile gegenüber den Elastomeren sind die Wiederverwendbarkeit von Produktionsrückständen, keine Vernetzungszeit d. h. wesentlich kürzere Verarbeitungszeiten und damit ein geringerer Energieverbrauch.

Wesentliche Grundlage für die Herstellung der TPE ist die Blockpolymerisationstechnik. Die Blockpolymere (Kapitel 9.4.2.1) bestehen innerhalb einer Kette aus alternierenden und hinreichend langen Segmenten aus „harten" Thermoplasten (amorph oder kristallin) und „weichen" Elastomeren (Bild 2). Die thermoplastischen Kettenteile bilden durch Verschlaufungen und Nebenvalenzbindungen „physikalische" Vernetzungsstellen, die bei höherer Temperatur gelöst werden.

Zu den wichtigsten Gruppen der thermoplastischen Elastomere zählen:

- polyolefinische Elastomere
- Polyester-Elastomere
- Polyurethan-Elastomere
- Polyamid-Elastomere
- TPE auf Basis Styrol/Butadien

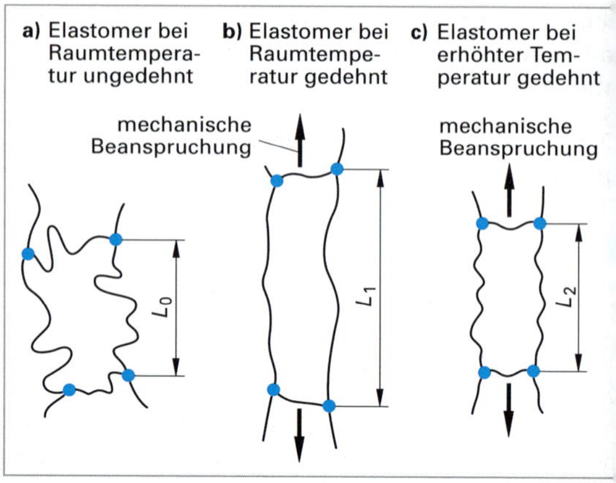

Bild 1: Längenänderung eines Elastomers unter Einwirkung einer Zugspannung

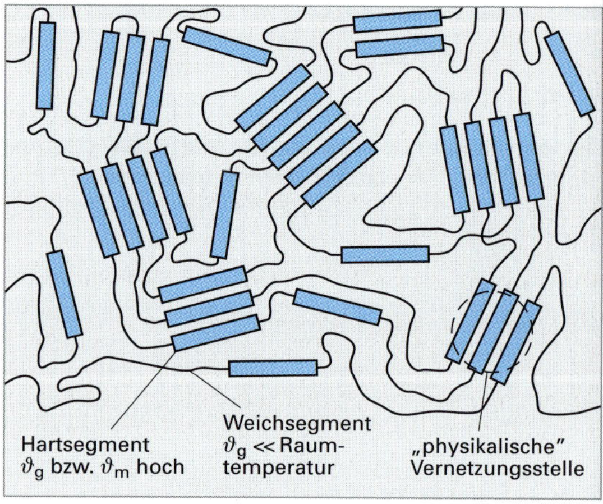

Bild 2: Struktur thermoplastischer Elastomere
ϑ_g = Glastemperatur
ϑ_m = Schmelztemperatur

9.6 Mechanisch-thermisches Verhalten der Kunststoffe

Im Gegensatz zu den Metallen oder den keramischen Werkstoffen (Kapitel 10) hängen die mechanischen und physikalischen Eigenschaften der Kunststoffe sehr stark von der Temperatur ab. Die Eigenschaften sind nur innerhalb bestimmter Zustandsbereiche hinreichend konstant. Der Übergang zwischen den verschiedenen Bereichen ist durch eine starke Änderung der Eigenschaften gekennzeichnet und kann dementsprechend durch verschiedene Methoden ermittelt werden (Messung des Schubmoduls, der spezifischen Wärme, des spezifischen Volumens, der thermischen Ausdehnung, usw.). Bei Kenntnis der Zustandsbereiche ist es möglich, die Eigenschaften verschiedener Kunststoffe miteinander zu vergleichen, den Gebrauchsbereich festzulegen und Anwendungsgrenzen zu erkennen.

9.6.1 Charakterisierung der Zustandsbereiche

Zur Charakterisierung der Zustandsbereiche des thermisch-mechanischen Verhaltens der Kunststoffe wird auf der Ordinate der entsprechenden Diagramme (z. B. Bild 3) üblicherweise der (dynami-

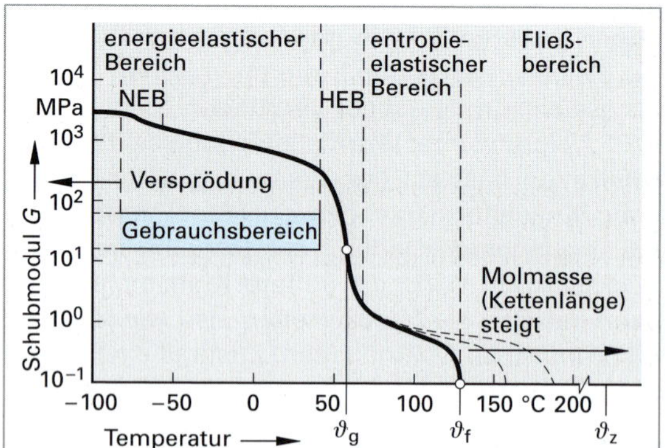

Bild 3: Charakterisierung der Zustandsbereiche von Kunststoffen am Beispiel amorpher Thermoplaste
NEB = Nebenerweichungsbereich
HEB = Haupterweichungsbereich
ϑ_g = Glastemperatur
ϑ_f = Fließtemperatur
ϑ_z = Zersetzungstemperatur

sche) Schubmodul *G* aufgetragen, da sich diese Größe im Torsionsschwingversuch nach DIN 53455 relativ einfach ermitteln lässt. Mitunter wird jedoch auch der Elastizitätsmodul oder die Festigkeit aufgetragen.

Die Charkterisierung der Zustandsbereiche soll zunächst am Beispiel der amorphen Thermoplaste erfolgen (Bild 3, Seite 470).

9.6.1.1 Energieelastischer Bereich

Energieelastisches („stahl-elastisches") Verformungsvermögen ist gekennzeichnet durch eine nicht zeitlich verzögerte Verformung unter Einwirkung einer Kraft. Bei Entlastung ist die Verformung vollständig reversibel. Die Verformungsarbeit wird als potenzielle Energie gespeichert, indem die Atomabstände und Bindungswinkel verändert werden (Bild 1). Bei nicht allzu großen Dehnungen (bis etwa 1 %) gilt bei vielen Polymeren im energieelastischen Bereich zwischen Kraft (Spannung) und Verformung (Dehnung) das Hooke'sche Gesetz ($\sigma = E \cdot \varepsilon$), Kapitel 13.5.1.4. Die Schubmodule liegen etwa zwischen 500 MPa und 10 000 MPa (die Elastizitätsmoduln etwa zwischen 2000 MPa und 50 000 MPa), die reversiblen Dehnungen betragen in der Regel 0,01 % bis 1 %.

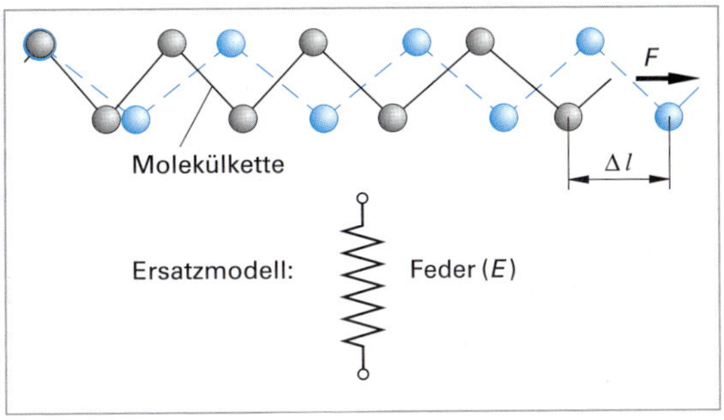

Bild 1: Energieelastische Formänderung. Reversible Veränderung der Atomabstände und Bindungswinkel (vergleichbar einer Feder)

Im energieelastischen Bereich sind Translationsbewegungen (Verschiebungen) der Molekülketten unmöglich, die Kettenbeweglichkeit ist also „eingefroren". Lediglich Kettensegmente, Kettenenden und Seitengruppen können (oberhalb des Nebenerweichungsbereiches) Rotationsbewegungen ausführen.

Der energieelastische Bereich entspricht dem Gebrauchsbereich der amorphen Thermoplaste. Allerdings führen Temperaturen unterhalb des Nebenerweichungsbereiches zu einer starken Versprödung.

9.6.1.2 Nebenerweichungsbereich (NEB)

Bereits bei tiefen Temperaturen können Kettensegmente oder Seitengruppen beweglich werden d.h. Rotationsbewegungen ausführen (Bild 2). Zwar sind die Veränderungen der Eigenschaften insgesamt gering, jedoch ermöglichen es die Platzwechselvorgänge, Spannungsspitzen bei schlagartiger Beanspruchung abzubauen. Ein Unterschreiten des Nebenerweichungsbereiches geht daher mit einer starken Versprödung des Kunststoffs einher. Der **Nebenerweichungsbereich** findet sich meist innerhalb des energieelastischen Bereichs. Abhängig vom Aufbau der Kunststoffe können auch mehrere Nebenerweichungsbereiche auftreten.

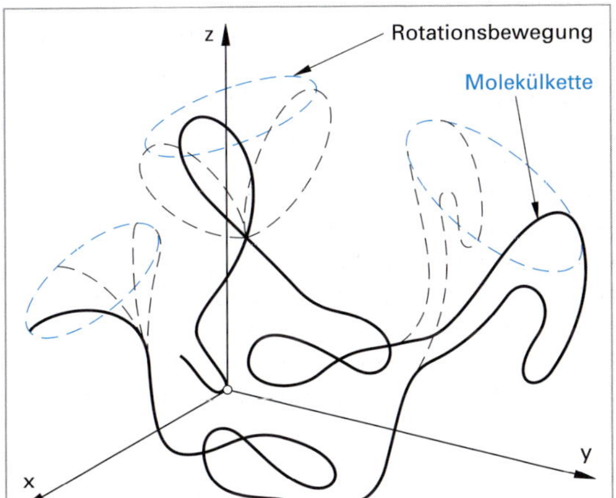

Bild 2: Rotation von Kettensegementen im entropieelastischen Bereich

9.6.1.3 Haupterweichungsbereich (HEB)

Der **Haupterweichungsbereich** kennzeichnet den Übergang vom energieelastischen in den entropieelastischen Zustand. Er existiert nur bei den amorphen Phasen und wird durch die **Glastemperatur** ϑ_g (auch Glasübergangstemperatur oder Einfriertemperatur bezeichnet) charakterisiert. Der HEB liegt je nach Kunststoffsorte zwischen – 100 °C und + 200 °C, bei den amorphen Thermoplasten in der Regel über 0 °C (Tabelle 1, Seite 472).

Die Beschreibung der Erweichung erfolgt heute nach der Theorie des freien Volumens. Die Molekülketten in Kunststoffen sind aufgrund von Kettenenden, Faltungen, Verschlaufungen, usw. nie dichtest möglich gepackt, es sind stets Leerstellen von der Größe kleiner Atome oder Moleküle vorhanden. Die Leerstellendichte steigt dabei mit der Temperatur. Erreicht das Leerstellenvolumen einen Anteil von etwa 2,5 % am Gesamtvolumen, dann können einzelne Kettensegmente neben Schwingungs- auch Rotationsbewegungen ausführen (Bild 2, Seite 471). Mit zunehmender Beweglichkeit und damit zunehmendem Schwingungsvolumen nehmen die zwischenmolekularen Bindungskräfte ab, bis die Molekülketten schließlich gegeneinander abgleiten können. Die bisher „eingefrorenen" amorphen Bereiche „tauen" auf.

Tabelle 1: Glas- (ϑ_g) und Fließtemperaturen (ϑ_f) amorpher Thermoplaste (Anhaltswerte)

Sorte	ϑ_g (°C)	ϑ_f (°C)
PS	90 ... 100	180
PVC-U	70 ... 90	150
PVC-P	< −70 ... 0	
PMMA	70 ... 120	180
PC	145 ... 160	230

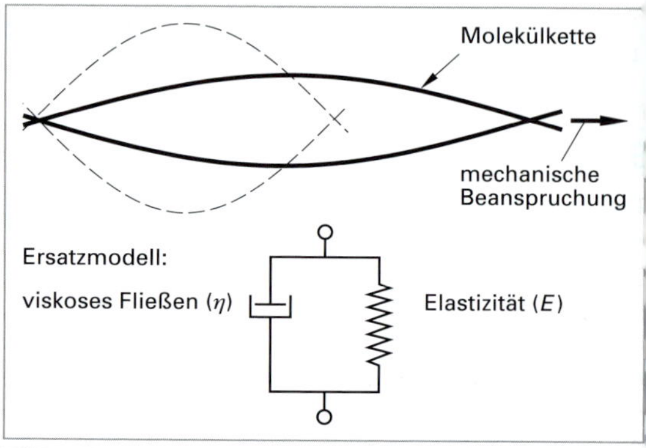

Bild 1: Entropieelastische Formänderung: Zusammenwirken von Translationsbewegungen der Molekülketten und elastischen Rückstellkräften (Feder-Dämpfer-System)

9.6.1.4 Entropieelastischer Bereich

Der **entropieelastische** („gummi-elastische") **Bereich** schließt sich an den Haupterweichungsbereich an. Im entropieelastischen Bereich sind die zwischenmolekaularen Anziehungskräfte (Nebenvalenzbindungen) so weit gelockert, dass Translationsbewegungen der Molekülketten einfach möglich sind. Unter Einwirkung einer Kraft werden nicht nur die Atomabstände und die Bindungswinkel verändert, sondern die Moleküle können nunmehr auch in Kraftrichtung gestreckt werden (Bild 1). Aufgrund ihrer Wärmebewegung sind die Molekülketten jedoch bestrebt den Zustand größter Unordnung (Knäuelform) und damit größter Entropie wieder einzunehmen. Dadurch entsteht eine elastische Rückstellkraft. Ein vollständiges Abgleiten der Molekülketten ist aufgrund der Kettenverschlaufungen und Verhakungen (Bild 1a, Seite 466) jedoch noch nicht möglich.

Ein rein entropieelastisches Verformungsvermögen ist gekennzeichnet durch eine zeitlich verzögerte Verformung unter Einwirkung einer Kraft (die zeitliche Verzögerung kann jedoch im µs-Bereich liegen) und ist vollständig reversibel. Bei realen Körpern tritt jedoch nach der Entlastung immer ein bleibender Verformungsanteil auf.

Im Gegensatz zum energieelastischen Zustand sind im entropieelastischen Zustand wesentlich höhere Dehnungen (bis 1000 % und mehr) möglich, der Elastizitätsmodul liegt hingegen um Größenordnungen niedriger.

9.6.1.5 Fließbereich

Oberhalb des entropieelastischen Bereiches beginnt mit Erreichen der **Fließtemperatur** ϑ_f der Fließbereich. Die zunehmende Schwingungsenergie ermöglicht jetzt ein Lösen der Verhakungen und Verschlaufungen und damit ein vollständiges Abgleiten der Molekülketten, sofern keine chemischen Vernetzungsstellen (vgl. Elastomere oder Duroplaste) dies verhindern (Bild 2). Der Kunststoff wird flüssig und lässt sich in diesem Zustand Urformen (z. B. Spritzgiessen, Extrudieren) oder Schweissen. Mit steigender Molekülmasse d. h. Kettenlänge erhöht

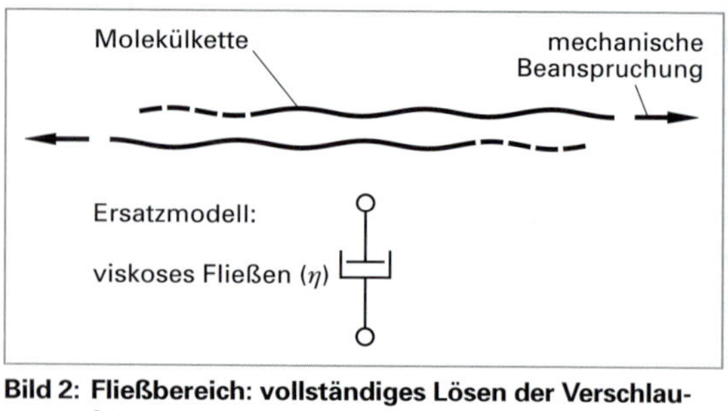

Bild 2: Fließbereich: vollständiges Lösen der Verschlaufungen und Verhakungen ermöglicht ein freies Abgleiten der Molekülketten

sich aufgrund zunehmender Nebenvalenzkräfte auch die Fließtemperatur der amorphen Thermoplaste (vgl. Bild 3, Seite 470).

Bei weiterer Erwärmung wird schließlich die **Zersetzungstemperatur** ϑ_z erreicht. Die Molekülketten zerfallen und der Kunststoff wird irreparabel zerstört.

9.6.2 Amorphe Thermoplaste

Die Veränderungen der Eigenschaften amorpher Thermoplaste mit steigender Temperatur sowie ihre charakteristischen Zustandsbereiche wurden bereits im vorangegangenen Abschnitt beschrieben (Bild 3, Seite 470).

9.6.3 Teilkristalline Thermoplaste

Teilkristalline Thermoplaste bestehen aus amorphen und kristallinen Phasen (Bild 1b, Seite 466). Das mechanisch-thermische Verhalten der amorphen Phasen wurde im vorangegangenen Abschnitt bereits beschrieben. Ein ausschließlich kristallin aufgebauter Kunststoff würde sich wegen der hohen zwischenmolekularen Kräfte innerhalb der Kristallite bis zu seiner (Kristallit-)Schmelztemperatur ϑ_m bzw. bis zum Erreichen seines Schmelzbereiches (SB) energieelastisch verhalten (Bild 1). Ein Neben- und Hauptererweichungsbereich tritt dabei ebenso wenig auf, wie ein entropieelastisches Verhalten. Das thermische Verhalten der teilkristallinen Thermoplaste kann man sich dementsprechend als Superposition des Verhaltens der amorphen und der kristallinen Phasen denken. Die Veränderung der Eigenschaften mit steigender Temperatur hängen bei den teilkristallinen Thermoplasten dementsprechend stark von Kristallinitätsgrad ab. In Bild 1 sind mögliche Kurververläufe für unterschiedliche Kristallinitätsgrade dargestellt.

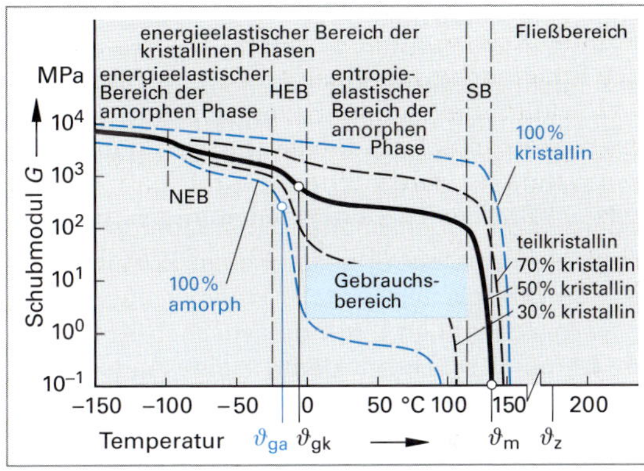

Bild 1: Mechanisch-thermisches Verhalten (Zustandsbereiche) der teilkristallinen Thermoplaste

NEB = Nebenerweichungsbereich
HEB = Haupterweichungsbereich
SB = Schmelzbereich
ϑ_{ga} = Glastemperatur des amorphen Thermoplasten
ϑ_{gk} = Glastemperatur des teilkristallinen Thermoplasten
ϑ_m = Kristallitschmelztemperatur
ϑ_z = Zersetzungstemperatur

Tabelle 1: Glas- (ϑ_{gk}) und Kristallitschmelztemperaturen (ϑ_m) teilkristalliner Thermoplaste (Anhaltswerte)

Sorte	ϑ_{gk} (°C)	ϑ_m (°C)
PE	− 110 ... −20	105 ... 110
PP	− 25 ... −5	160 ... 165
PA6	40 ... 75[1]	215 ... 225

[1] Abhängig vom Feuchtegehalt

Während die kristallinen Phasen nahezu bis zum Erreichen der **Kristallitschmelztemperatur** (ϑ_m) energieelastisch bleiben, zeigen die amorphen Phasen mit Überschreiten ihres HEB ein entropieelastisches Verhalten. Diese Kombination aus weichen amorphen und harten kristallinen Bereichen ergibt eine gute Zähigkeit, weshalb diese Kunststoffsorten häufig auch das Prädikat „unzerbrechlich" tragen.

Der Gebrauchsbereich der teilkristallinen Thermoplaste liegt dementsprechend zwischen der Glastemperatur ϑ_{gk}, die, von einigen Ausnahmen abgesehen, in der Regel unter 0 °C liegt und dem Schmelzbereich (SB), Tabelle 1.

Wegen der uneinheitlichen Größe der Kristallblöcke gibt es keine eindeutige Schmelztemperatur sondern einen eng begrenzten Schmelzbereich (SB). Vereinfacht wird dennoch von einer Schmelztemperatur (ϑ_m) gesprochen. Ein Schmelzbereich (SB) tritt nur bei den teilkristallinen Thermoplasten auf.

Mit Erreichen der **Zersetzungstemperatur** (ϑ_z) setzt schließlich auch bei den teilkristallinen Thermoplasten der Zerfall der Molekülketten ein.

In Tabelle 1,Seite 476, sind wichtige Werkstoffeigenschaften und Anwendungsbeispiele ausgewählter thermoplastischer Kunststoffe zusammengestellt.

9.6.4 Duroplaste

Das mechanisch-thermische Verhalten der Duroplaste unterscheidet sich aufgrund der engmaschigen räumlichen Vernetzung (Bild 1, Seite 469) grundlegend von den Thermoplasten.

Bis zum Erreichen der Glastemperatur (ϑ_g), die bei den Duroplasten infolge der engmaschigen Vernetzung in der Regel über 50 °C ... 100 °C liegt (Tabelle 1), verhält sich diese Kunststoffgruppe energieelastisch (stahl-elastisch). Mit Erreichen des HEB sind eingeschränkte Bewegungen (Rotationen) von Kettensegmenten möglich. Der Schubmodul (bzw. der Elastizitätsmodul oder die Festigkeit) sinkt. Die Veränderung der Eigenschaften beim Übergang vom energie- in den entropieelastischen Zustand sind bei den Duroplasten weitaus weniger ausgeprägt im Vergleich zu den thermoplastischen Kunststoffen. Mitunter treten nur derart kleine Änderungen auf, dass eine Glastemperatur überhaupt nicht angegeben wird. Ein Fließ- oder Schmelzbereich tritt, da die Ketten nicht gegeneinander abgleiten können, bei den Duroplasten nicht auf, so dass sie nach der Formgebung (Vernetzung) nicht mehr plastisch verformbar oder schmelz- bzw. schweißbar sind.

Der Gebrauchsbereich der Duroplaste erstreckt sich im Prinzip bis in die Nähe der Zersetzungstemperatur (ϑ_z). Mit abnehmender Temperatur ist im energieelastischen Zustand jedoch mit einer zunehmenden Versprödung zu rechnen.

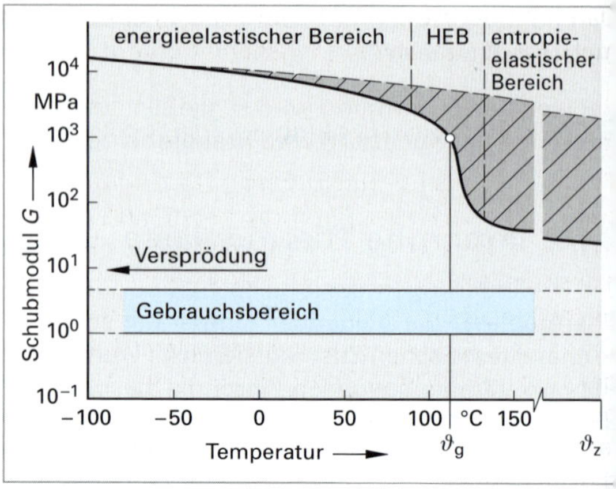

Bild 1: Mechanisch-thermisches Verhalten (Zustandsbereiche) der Duroplaste

Tabelle 1: Glas- (ϑ_g) und Zersetzungstemperaturen (ϑ_z) von Duroplasten (Anhaltswerte)

Sorte	ϑ_g (°C)	ϑ_z (°C)
UP	100	> 250
EP	120	> 250
PF	150	> 250

9.6.5 Elastomere

Elastomere verhalten sich im Gebrauchsbereich entropieelastisch. Der Schubmodul *G* (bzw. der Elastizitätsmodul oder die Festigkeit) sind verhältnismäßig niedrig (Bild 2). Mit Unterschreiten der Glastemperatur (ϑ_g), die bei den Elastomeren in der Regel unter 0 °C liegt (Tabelle 2), beobachtet man im energie-elastischen Bereich eine ausgeprägte Versprödung. Dort sind diese Kunststoffe technisch nicht mehr nutzbar. Aufgrund der chemischen Vernetzungsstellen (Bild 2, Seite 469) ist, im Gegensatz zu den amorphen Thermoplasten, kein freies Abgleiten der Molekülketten und damit auch kein Fließen möglich.

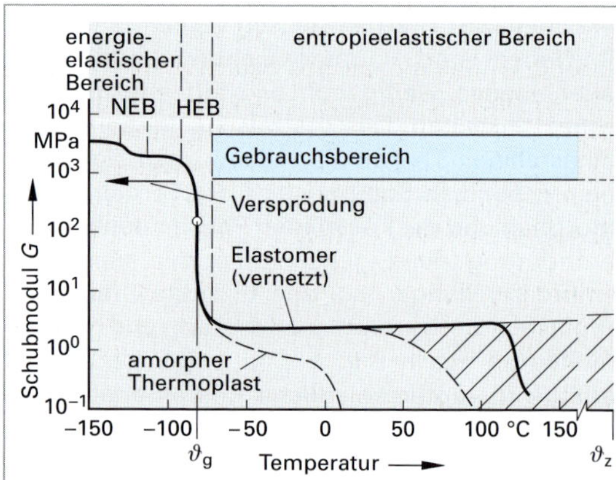

Bild 2: Mechanisch-thermisches Verhalten (Zustandsbereiche) der Elastomere

Tabelle 2: Glas- (ϑ_g) und Zersetzungstemperaturen (ϑ_z) von Elastomeren (Anhaltswerte)

Sorte	ϑ_g (°C)	ϑ_z (°C)
SBR	− 50	> 150
NBR	− 40	> 180
CR	− 40	> 150
IIR	− 40	> 150
ACM	− 20	> 200

Analog zu den Duroplasten sind auch die Elastomere nach der Formgebung (Vernetzung) nicht mehr umformbar oder schmelz- bzw. schweißbar.

Kennzeichnend für viele Elastomere ist ein mit steigender Temperatur zunehmender Schub- oder Elastizitätsmodul (bis in die Nähe der Zersetzungstemperatur ϑ_z, siehe Bild 2). Diese Beobachtung lässt sich durch eine mit steigender Temperatur zunehmende Wärmeschwingung der Molekülketten erklären.

Damit ist bei gleicher Beanspruchung eine mehr oder weniger vollständige Streckung der Ketten nicht mehr möglich (Schwingungsbehinderung)

9.6.6 Thermoplastische Elastomere

Thermoplastische Elastomere (TPE) sind Blockcopolymerisate aus Thermoplasten und Elastomeren (Kapitel 9.4.2.1). Kennzeichnend für diese Kunststoffgruppe sind zwei Haupterweichungsbereiche bei unterschiedlichen Temperaturen (Bild 1). Der erste Haupterweichungsbereich (HEB_W), der in der Regel unter 0°C liegt und durch die Glastemperatur der Weichsegmente (ϑ_{gW}) gekennzeichnet ist, ermöglicht das Abgleiten der Weichsegmente, die sich oberhalb von HEB_W im entropieelastischen Zustand befinden. Die thermoplastischen Hartsegmente befinden sich hingegen noch im energieelastischen Zustand und verhindern, analog den chemischen Vernetzungsstellen der Elastomere, ein freies Abgleiten der Molekülketten („physikalische" Vernetzungsstellen). Mit Überschreiten des Haupterweichungsbereichs der thermoplastischen Hartsegmente, gekennzeichnet durch die meist weit oberhalb von 0 °C liegende Glastemperatur der Hartsegmente (ϑ_{gH}), zeigt der Kunststoff ein vollständig entropieelastisches Verhalten. Oberhalb von HEB_H sind die zwischenmolekularen Anziehungskräfte dann so weit gelockert, dass ausgeprägte Translationsbewegungen der Molekülketten möglich sind. Ein vollständiges Abgleiten der Ketten ist dennoch aufgrund von Kettenverschlaufungen und Verhakungen (amorphe Phasen) bzw. Nebenvalenzbindungen (kristalline Phasen) der Hartsegmente noch nicht möglich. Erst mit Erreichen der Schmelztemperatur (ϑ_f bzw. ϑ_m) tritt die Verflüssigung des Kunststoffs ein.

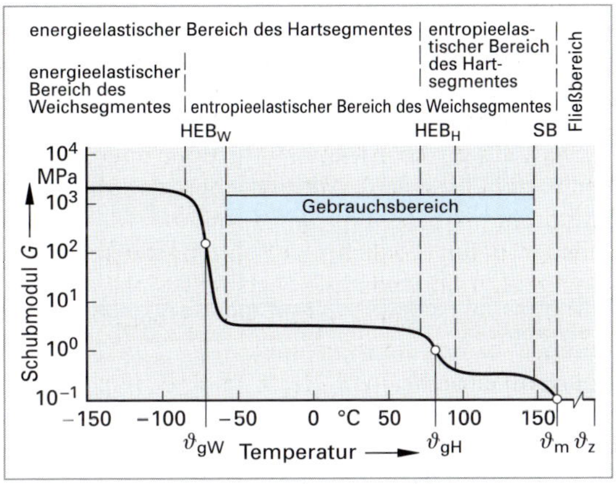

Bild 1: Mechanisch-thermisches Verhalten (Zustandsbereiche) der thermoplastischen Elastomere (TPE)
HEB_W = Haupterweichungsbereich der Weichsegmente
HEB_H = Haupterweichungsbereich der Hartsegmente
SB = Schmelzbereich
ϑ_{gW} = Glastemperatur der Weichsegmente
ϑ_{gH} = Glastemperatur der Hartsegmente
ϑ_m = Schmelztemperatur
ϑ_z = Zersetzungstemperatur

Der Gebrauchsbereich der TPE befindet sich zwischen HEB_W und der Fließ- bzw. Schmelztemperatur. Er dehnt sich im Vergleich zu anderen Kunststoffgruppen über einen sehr großen Temperaturbereich aus. Innerhalb des Gebrauchsbereichs zeigen die TPE ein den Elastomeren vergleichbares mechanisches Verhalten.

9.7 Kennwerte, Eigenschaften und Anwendungen ausgewählter Kunststoffe

Für die in den vorangegangenen Kapitel bereits beschriebenen Kunststoffe sind in den nachfolgenden Tabellen die wichtigsten Kennwerte, typische Eigenschaften sowie Anwendungsbeispiele zusammengestellt (Tabelle 1, Seite 476 bis Tabelle 1, Seite 484). Tabelle 1, Seite 485 gibt einen Überblick über die Chemikalienbeständigkeit ausgewählter Kunststoffe in unterschiedlichen Medien. Eine ausführliche Beschreibung der Eigenschaften der in den Tabellen genannten Kunststoffe findet sich in der einschlägigen Literatur.

Tabelle 1: Typische Eigenschaften (Anhaltswerte) und Anwendungen ausgewählter Thermoplaste[1]

Sorte und Strukturformel	ISO-Kurzzeichen	Dichte kg/dm³	Festigkeit[2] MPa	Dehnung[3] %	Kerbschlagzähigkeit[4] kJ/m²	Kugeldruckhärte MPa	Charakt. Temperaturen °C[5]
Teilkristalline Thermoplaste							
Polyethylen[8] (Polyethen) Strukturformel PE 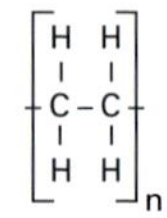	**PE-LD**	0,92 ... 0,94	σ_y: 8 ... 15	ε_y: 20 ε_B: ≈ 600	k. Br.	≈ 15[9a]	ϑ_{gK}: −110 ... −2[illegible] ϑ_m: 105 ... 110
	PE-HD	0,94 ... 0.96	σ_y: 20 ... 30	ε_y: 8 ... 10 ε_B: 400...800	6 ... k. Br.	≈ 50[9a]	ϑ_{gK}: −110 ... −2[illegible] ϑ_m: 130 ... 135
Polypropylen Strukturformel PP 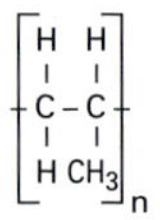	**PP**	0,90 ... 0,92	σ_y: 20 ... 35 σ_B: 40	ε_y: 10 ... 20 ε_B: 800	4 ... 12	65 ... 85[9a]	ϑ_{gK}: −25 ... −5 ϑ_m: 160 ... 170
Polytetrafluorethylen Strukturformel PTFE 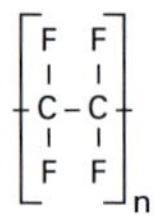	**PTFE**	2,15 ... 2,20	σ_y: 10 σ_B: 20 ... 40	ε_B: 350...550	13 ... 16	25 ... 30	ϑ_{gK}: −150 ... −11[illegible] ϑ_m: 327 ... 330
Polyamid[12] Strukturformel PA-x 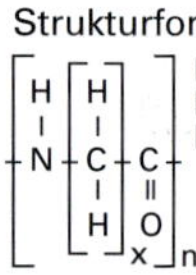 PA 6 : x = 5 PA 11: x = 10 PA 12: x = 11 PA6, PA11, PA12	**PA6**	1,13	σ_y: 35 ... 90[13]	ε_y: 6 ... 20[14] ε_B: 25 ... 50[15]	25 ... k. Br.[14]	70[9b]	ϑ_{gK}: 40 ... 75[16] ϑ_m: 215 ... 225
	PA12	1,02	σ_y: 35 ... 50[13]	ε_y: 8 ... 28[14] ε_B: 40 ... 45[15]	10 ... k. Br.[14]	70[9b]	ϑ_{gK}: ≈ 40[16] ϑ_m: 175 ... 185
	PA66	1,14	σ_y: 55 ... 90[13]	ε_y: 5 ... 20[14] ε_B: 25 ... 50[15]	3 ... 20[14]	90[9b]	ϑ_{gK}: 35 ... 90[16] ϑ_m: 250 ... 265
Polyethylenterephthalat Strukturformel PET 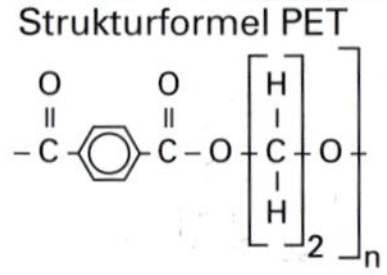	**PET**	1,38	σ_y: 50 ... 75	ε_y: 3 ... 4	3	150[9a]	ϑ_{gK}: 60 ... 90 ϑ_m: 255 ... 265

[1] Zahlenwerte sind abhängig von Art und Menge des Füll- und ggf. Verstärkungsstoffes — k.Br. = kein Bruch
[2] σ_y: Streckspannung; σ_M: Zugfestigkeit; σ_B: Bruchspannung (Kapitel 13.7.1)
[3] ε_y: Streckdehnung; ε_M: Dehnung bei Zugfestigkeit; ε_B: Bruchdehnung (Kapitel 13.7.1)
[4] nach DIN 53453 (zurückgezogen) bei 20 °C; k. Br. = kein Bruch
[5] ϑ_{gK}: Glasübergangstemperatur des teilkristallinen Thermoplasten; ϑ_m: Schmelztemperatur bzw. -bereich
[6] Linearer Wärmeausdehnungskoeffizient zwischen 20 °C und 80 °C
[7] Chemikalienbeständigkeit siehe Tabelle 1, Seite 485
[8] weitere Sorten: PE-LLD, PE-X, PE-HD-UHMW
[9a] 30s-Wert [9b] 60s-Wert

Gebrauchstemperatur °C (max)	Längendehnung[6] 10^{-6} 1/K	Wärmeleitfähigkeit W/(m · K)	Typische Eigenschaften[7]	Handelsnamen (Beispiele)	Anwendungsbeispiele
Teilkristalline Thermoplaste					
60 … 75[10] 80 … 90[11]	170	≈ 0,35	• niedrige Dichte • hohe Zähigkeit • gute Beständigkeit gegenüber verdünnten Säuren, Laugen, Salzlösungen und Benzin (nur PE-HD) • gute Chemikalienbeständigkeit • sehr gutes elektr. Isolationsvermögen • sehr geringe Wasseraufnahme • gute Ver- und Bearbeitbarkeit • relativ preiswert	• Baylon® • Hostalen® • Lupolen® • Vestolen A®	• Folien • Sektkorken • Kabelisolation • Eimer und Fässer
70 … 80[10] 90 … 120[11]	200	≈ 0,43			• Kraftstofftanks • Surfbretter • Abwasserrohre • Trinkwasserdruckrohre
100[10] 140[11]	100 … 200	≈ 0,22	• höhere Festigkeit und Härte als PE • höhere Wärmeformbeständigk. als PE • niedrigste Dichte aller Kunststoffe • gute Beständigkeit gegenüber schwachen anorganischen Säuren und Laugen, Alkohol und einigen Ölen • gutes elektrisches Isolationsvermögen	• Hostalen PP® • Vestolen P® • Luparen® • Novolen®	• Heißwasserbehälter • Infusionsbehälter • Abwasserrohre • Einweggeschirr • Faservliese • künstlicher Rasen • Folien und Säcke • Leitungen für Fußbodenheizungen • Batteriegehäuse
250[10] 300[11]	100	≈ 0,25	• beständig gegenüber nahezu allen Chemikalien • unlöslich in allen bekannten Lösungsmitteln (< 300°C) • geringe Adhäsionsneigung und niedriger Reibungsbeiwert • hohe Wärmeformbeständigkeit • kaltzäh (bis – 270°C einsetzbar) • gute Witterungsbeständigkeit • sehr gutes elektr. Isolationsvermögen	• Teflon® • Hostaflon TF®	• Kolbenringe • Kabelummantelungen • Auskleidungen • plattenförmige Gleitlager • Faltenbälge • Dichtungen • Wälzlagerkäfige • wasserabweisende Beschichtungen
80 … 100[10] 140 … 180[11]	80	0,29	• hohe Festigkeit und Härte • hoher E-Modul • hohe Beständigkeit gegenüber Lösemitteln, Kraftstoffen und Schmiermitteln • hohe Verschleißbeständigkeit, gute Gleit- und Notlaufeigenschaften • gute Wärmeformbeständigkeit • gutes elektrisches Isolationsvermögen • gesundheitlich unbedenklich	• Ultramid B® • Durethan B®	• Zahnräder • Wälzlagerkäfige • Gleitlager und Lagerbuchsen • Schrauben • Beschichtungen • Motorradhelme • Radblenden • Angelschnüre, Seile, Fasern
70 … 80[10] 140 … 150[1]	150	0,23		• Grilamid® • Vestamid®	
80 … 120[10] 170 … 200[11]	80	0,23		• Nylon® • Perlon® • Ultramid A®	
100[10] 200[11]	70	0,29	• hohe Festigkeit • hoher E-Modul • harte, polierfähige Oberfläche • günstiges Gleit- und Verschleißverhalten • gutes elektrisches Isolationsvermögen • hohe Chemikalienbeständigkeit • hohe Transparenz[17] • hohe Zähigkeit[17]	• Rynite® • Hostaphan® [18] • Hostadur E®	• Laufrollen • Gleitlager • Zahnräder • Steuer- und Kurvenscheiben • Bügeleisengriffe • glasklare Getränkeflaschen • Gehäuse für Küchengeräte

[10] dauernd, an Luft, 20 °C
[11] kurzzeitig, an Luft, 20 °C
[12] weitere Sorten: PA64; PA69; PA610; PA612; PA11
[13] luftfeucht … trocken
[14] trocken … luftfeucht
[15] trocken
[16] abhängig vom Feuchtegehalt
[17] durch Einbau comonomerer Bausteine (Senkung des Kristallinitätsgrades)
[18] Folien

Strukturformel PA-xy

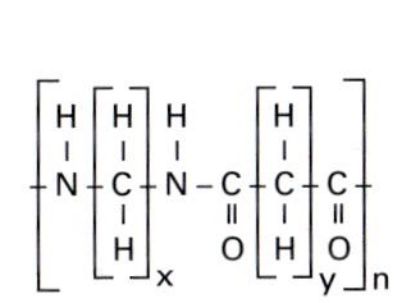

Beispiele:
PA46: x=4, y=4
PA66: x=6, y=4
PA610: x=6, y=8
PA612: x=6, y=10

PA46, PA66, PA610, PA612

Fortsetzung Tabelle 1: Typische Eigenschaften (Anhaltswerte) und Anwendungen ausgewählter Thermoplaste[1]

Sorte und Strukturformel	ISO-Kurzzeichen	Dichte kg/dm³	Festigkeit[2] MPa	Dehnung[3] %	Kerbschlagzähigkeit[4] kJ/m²	Kugeldruckhärte MPa	Charakt. Temperaturen °C[5]
Polyoximethylen (Polyacetal) Strukturformel POM 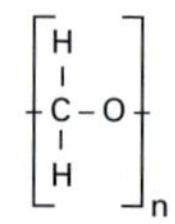	**POM**	1,41 ... 1,43	σ_y: 65 ... 70	ε_y: 8 ... 15	kein Bruch	145[9a]	ϑ_{gK}: – 85 ... – 50 ϑ_m: 175
Polyaryletherketone Strukturformel PEEK 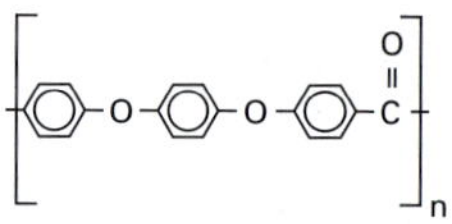	**PEEK**[12]	1,26 ... 1,32[13]	σ_B: ≈ 100[14] σ_B: ≈ 240[15]	ε_B: > 50[14] ε_B: 1,5 ... 2,0[15]	k.A.	k.A.	ϑ_{gK}: 143 ϑ_m: 340
Amorphe Thermoplaste							
Styrol-Acrylnitril-Copolymerisat Strukturformel SAN 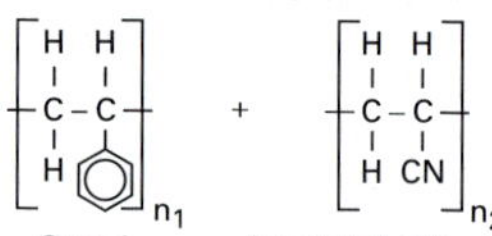 Styrol Acrylnitril (25... 30%)	**SAN**	1,08	σ_B: 70 ... 80	ε_B: 5	2 ... 3,5	160 ... 170	ϑ_g: 105
Polyimide Strukturformel PI 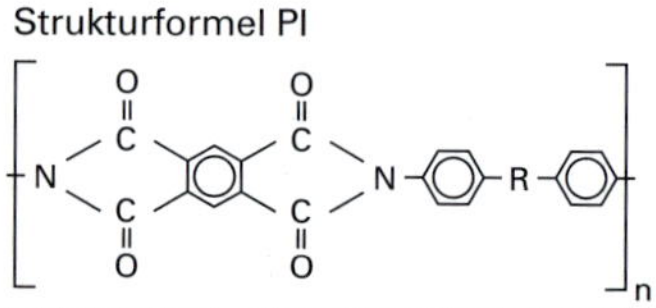	**PI**[18]	1,43	σ_B: 75 ... 100	ε_B: 2	3,8 ... 7,6	–	ϑ_g: 200 ... 220 (PEI) 275 (PAI)
Polysulfone Strukturformel PESU 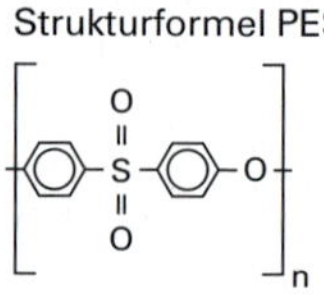	**PESU**[19]	1,37	σ_y: 90	ε_y: 5 ... 6	4 ... 5	155	ϑ_g: 210 ... 230

[1] Zahlenwerte sind abhängig von Art und Menge des Füll- und ggf. Verstärkungsstoffes
[2] σ_y: Streckspannung; σ_M: Zugfestigkeit; σ_B: Bruchspannung (Kapitel 13.7.1)
[3] ε_y: Streckdehnung; ε_M: Dehnung bei Zugfestigkeit ε_B: Bruchdehnung (Kapitel 13.7.1)
[4] nach DIN 53453 (zurückgezogen) bei 20 °C; k. Br. = kein Bruch
[5] ϑ_g: Glasübergangstemperatur
[6] Linearer Wärmeausdehnungskoeffizient zwischen 20 °C und 80 °C
[7] Chemikalienbeständigkeit siehe Tabelle 1, Seite 485
[8] POM ist geeignet zur Herstellung von kleinen Teilen mit engen Toleranzen (Präzisionsteile)
[9a] 30s-Wert

Gebrauchstemperatur °C (max)	Längendehnung[6] 10^{-6} 1/K	Wärmeleitfähigkeit W/(m · K)	Typische Eigenschaften[7]	Handelsnamen (Beispiele)	Anwendungsbeispiele
90 ... 110[10] 110 ... 140[11]	90	0,80	• hohe Festigkeit und Härte • kaltzäh (bis – 40 °C) • hohe Wärmeformbeständigkeit • gutes Gleit- und Verschleißverhalten • gutes elektrisches Isolationsvermögen • hohe Lösemittelbeständigkeit • einfache Verarbeitbarkeit, insbesondere durch Spritzgießen • hohe Maßhaltigkeit	• Delrin® • Ultraform®	Bauteile in der Feinwerktechnik[8] • Zahnräder, Lager, Gleitelemente • Reißverschlüsse • Wälzlagerkäfige • Clipse • Tür- und Fenstergriffe
260[10]	47	0,25	• hohe Zug- und Biegefestigkeit • hohe Schlagzähigkeit • hohe Schwingfestigkeit • gutes elektrisches Isolationsvermögen • hohe Chemikalien- u. UV-Beständigkeit • hohe Wärmeformbeständigkeit • gutes Gleit- und Verschleißverhalten • einfache Verarbeitbarkeit	• Declar® • Kadel® • Victrex PEEK®	Bauteile für außergewöhnlich hohe thermische, mechanische und chemische Beanspruchung[16] • Hitzeschilde • Gleitlager • Hüftgelenkprothesen (in Erprobung)
85 ... 95[10]	60 ... 80	0,15 ... 0,17	• hohe Festigkeit und Härte[17] • hohe Kratzfestigkeit[17] • hoher E-Modul[17] • hohe Zähigkeit[17] • hohe Beständigkeit gegenüber Ölen und Fetten[17] • glasklar, hoher Oberflächenglanz • sehr gutes elektr. Isolationsvermögen	• Luran® • Vestyron®	Hochwertige, transparente technische Bauteile • Schaugläser • glasklare Verpackungen • Mixbecher • Warndreiecke • Toilettensitze
260[10] 400[11]	50 ... 63	0,29 ... 0,35	• hohe Festigkeit und Härte • hohe Wärmeformbeständigkeit (kurzzeitig bis 400 °C) • günstiges Gleit- und Verschleißverhalten • hohe UV-Beständigkeit • gutes elektrisches Isolationsvermögen	• Vespel (PI)® • Torlon (PAI)®	Für Bauteile, die bei hohen Temperaturen gute mech. und elektr. Eigenschaften besitzen müssen • Kolbenringe • Ventilsitze • Lager • Dichtungen
200[10] 260[11]	55 ... 60	0,18	• hohe Festigkeit und Härte • hoher E-Modul • hohe Kaltzähigkeit • günstiges Gleit- und Verschleißverhalten • hohe Wärmeformbeständigkeit (kurzzeitig bis 260 °C) • gute Chemikalien- und UV-Beständigkeit • gute Verarbeitbarkeit • transparent	• Radel A® • Ultrason E® • Victrex®	Für (transparente) Bauteile hoher mechanischer, thermischer und elektrischer Beanspruchung • Lampenfassungen • Zahnräder • Innenausstattung im Flugzeugbau[20]

[10] dauernd, an Luft, 20 °C
[11] kurzzeitig, an Luft, 20 °C
[12] PEEK: Polyetheretherketon. Weitere Sorte: Polyetherketon (PEK)
[13] amorph ... teilkristallin. Verstärkt bis 1,49 g/cm³
[14] unverstärkt
[15] verstärkt
[16] Verwendung vielfach in der Luft- und Raumfahrttechnik sowie in der Elektronik und Automobilindustrie als Ersatz für metallische Werkstoffe
[17] höher bzw. besser im Vergleich zu Polystyrol (PS)
[18] PI: Polyarylimid. Weitere Sorten: Polymethacrylimid (PMI), Polyetherimid (PEI), Polyamidimid (PAI)
[19] PESU: Polyethersulfon (auch: PES). Weitere Sorten: Polysulfon (PSU) und Polyphenylensulfon (PPSU)
[20] geringe Rauchgasentwicklung

k.A. = keine Angabe

Fortsetzung Tabelle 1: Typische Eigenschaften (Anhaltswerte) und Anwendungen ausgewählter Thermoplaste[1)]

Sorte und Strukturformel	ISO-Kurzzeichen	Dichte kg/dm³	Festigkeit[2)] MPa	Dehnung[3)] %	Kerbschlagzähigkeit[4)] kJ/m²	Kugeldruckhärte MPa	Charakt. Temperature °C[5)]
Polyvinylchlorid Strukturformel PVC 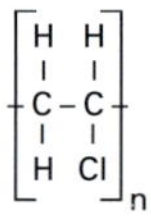	**PVC-U**	1,38 ... 1,40	σ_M: 50 ... 60	ε_B: 10 ... 50	2 ... 5	100 ... 130[9a)]	ϑ_g: 70 ... 90
	PVC-P[8)]	1,20 ... 1,39	σ_B: 15 ... 35	ε_B: 190 .. 375	–	≈ 50 ... 97[9b)]	ϑ_g: < 0 ... 70
Polystyrol Strukturformel PS 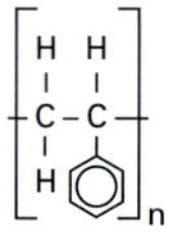	**PS**	1,05	σ_B: 45 ... 65	ε_B: 3 ... 4	2 ... 3	1100[9c)]	ϑ_g: 90 ... 100
Polymethylmethacrylat Strukturformel PMMA 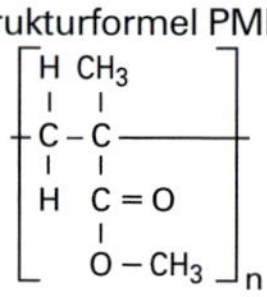	**PMMA** Spritzgusstypen	1,18	σ_M: 70 ... 75	ε_B: 3 ... 4,5	2	180 ... 200[9d)]	ϑ_g: 70 ... 120
	PMMA glasklar	1,12 ... 1,17	σ_M: 20 ... 55	ε_B: 20 ... 50	2 ... 7	40 ... 125[9d)]	–
Polycarbonat Strukturformel PC 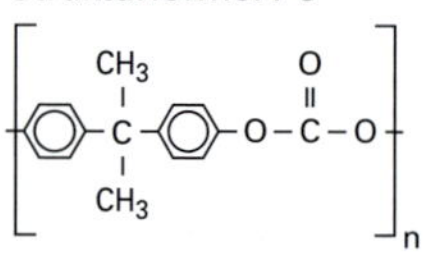	**PC**	1,20	σ_y: 45 ... 70	ε_y: 6 ε_B: 110	> 30	110[9d)]	ϑ_g: 145 ... 160
Acrylnitril-Butadien-Styrol Strukturformel ABS 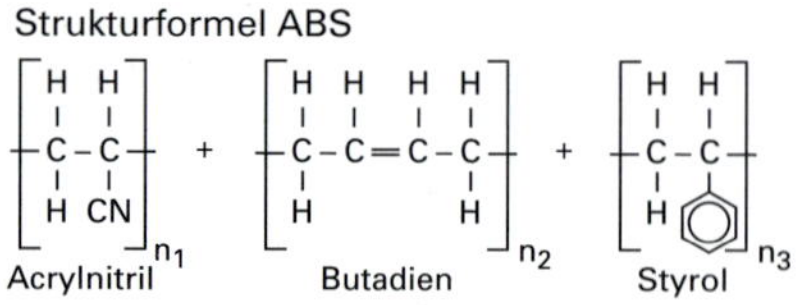	**ABS**	1,03 ... 1,07	σ_y: 45	ε_y: 2 ... 3 ε_B: 10 ... 25	kein Bruch	60 ... 135	ϑ_g: 105 ... 125

1) Zahlenwerte sind abhängig von Art und Menge des Füll- und ggf. Verstärkungsstoffes
2) σ_y: Streckspannung; σ_M: Zugfestigkeit; σ_B: Bruchspannung (Kapitel 13.7.1)
3) ε_y: Streckdehnung; ε_M: Dehnung bei Zugfestigkeit; ε_B: Bruchdehnung (Kapitel 13.7.1)
4) nach DIN 53453 (zurückgezogen) bei 20°C; k. Br. = kein Bruch
5) ϑ_g: Glasübergangstemperatur
6) Linearer Wärmeausdehnungskoeffizient zwischen 20°C und 80°C

Gebrauchs-temperatur °C (max)	Längen-deh-nung[6] 10^{-6} / K	Wärme-leitfähig-keit W/(m · K)	Typische Eigenschaften[7]	Handels-namen (Beispiele)	Anwendungsbeispiele
65[10] 75[11]	70 ... 80	0,17	• hohe Festigkeit und Härte • gutes elektrisches Isolationsvermögen (Niederspannungsbereich) • hohe Chemikalienbeständigkeit • selbsterlöschend	• Astralon® • Hostalit® • Vestolit® • Vinnolit® • Vinoflex® • Duraflex®	• Fenster- und Türrahmen • Dachrinnen • Rolladenstäbe • Schallplatten
50 ... 60[10]	180 ... 210	0,12 ... 0,15	• gute UV-/Witterungsbeständigkeit • gutes elektrisches Isolationsvermögen (Niederspannungsbereich) • teilweise gute Chemikalienbeständigkeit • Flexibilität einstellbar		• Kabelummantelungen/Drahtisolation • Schlauchboote • Bodenbeläge • Schuhsohlen
60 ... 80[10] 75 ... 90[11]	70	0,18	• hohe Festigkeit und Härte • sehr gutes elektr. Isolationsvermögen • hoher Oberflächenglanz • glasklar (Achtung: Vergilbung!) • geringe Wasseraufnahme • sehr gute Verarbeitbarkeit • sehr schlag- und kerbempfindlich[12] • nicht UV-beständig	• Styropor® • Styrodur® • Hostyren® • Polystyrol® • Vestyron®	• Spielzeug (z. B. LEGO-Steine) • Duschkabinen • Trinkbecher • Dämmplatten • Schaugläser • Einmalspritzen • Leuchten mit Kristallglaseffekt
80 ... 100[10] 90 ... 110[11]	70	0,19	• hohe Festigkeit und Härte • kratzfeste, glänzende Oberfläche • helle Transparenz und hohe optische Qualität • hohe Wärmeformbeständigkeit • gutes elektrisches Isolationsvermögen • hohe Witterungsbeständigkeit • beständig gegen Fette, Öle, unpolare Lösungsmittel, schwache Säuren und Laugen	• Plexiglas® • Degalan® • Resartglas®	• optische Linsen/Brillengläser • Lichtleitfasern • Schaumodelle • Lichtkuppeln • Flugzeugkanzeln • Schüsseln, Becher • KFZ-Rückleuchten
68 ... 95[10] 75 ... 100[11]	90	0,10			
150[10]	65	0,21	• hohe Festigkeit und Härte • kaltzäh bis – 150 °C • hoher E-Modul • niedrige Dichte • glasklar, hoher Oberflächenglanz • gutes elektrisches Isolationsvermögen • hohe UV- und Witterungsbeständigkeit • selbsterlöschend • begrenzte Chemikalienbeständigkeit	• Makrolon® • Durolon® • Lexan®	• Schalt- und Sicherungskästen • Flaschen • Ampullen • Schaugläser • Sicherheitsverglasungen • Visiere • Schutzhelme und Schutzbrillen
< 100[10]	85 ... 100	0,15 ... 0,17	• hohe Festigkeit und Härte • hohe Kratzfestigkeit • hohe Kaltzähigkeit • hohe Wärmeformbeständigkeit • gute Beständigkeit gegenüber Benzin, Mineralölen, verdünnten Säuren und Laugen, wässrigen Salzlösungen • nicht witterungsbeständig	• Terluran® • Lubrilon® • Elacalite®	• Sitzschalen, Stühle, Hocker, Armlehnen • Schutzhelme • Surfbretter • Batteriekästen • Kofferschalen • Telefonkarten

[7] Chemikalienbeständigkeit siehe Tabelle 1, Seite 485
[8] Eigenschaften stark abhängig von Art und Menge (20 % ... 50 %) des Weichmachers
[9a] 10s-Wert [9b] Shore A [9c] 100s-Wert [9d] 30s-Wert
[10] dauernd, an Luft, 20 °C
[11] kurzzeitig, an Luft, 20 °C
[12] Ausnahme: schlagzäh modifizierte Sorten wie z. B. SB

Tabelle 1: Typische Eigenschaften (Anhaltswerte) und Anwendungen ausgewählter Duroplaste[1)]

Sorte und Strukturformel	ISO-Kurzzeichen	Dichte kg/dm³	Zugfestigkeit MPa	Bruchdehnung[3)] %	Kerbschlagzähigkeit[2)] kJ/m²	E-Modul (Biegung) MPa	Kugeldruckhärte MPa
Phenoplaste (Phenolharze) Strukturformel PF 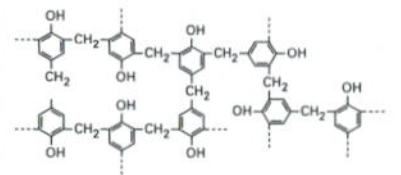	**PF**	1,4 ... 1,9	20 ... 25	0,4 ... 0.8	1,5 ... 15	4 ... 16	160 ... 380[4)]
Melaminharze Strukturformel MF 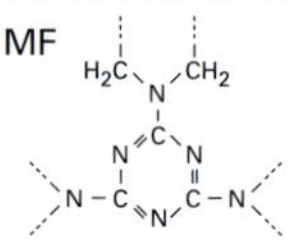	**MF**	1,50 ... 1,55	30 ... 50	0,6 ... 0,9	1,5 ... 6	6 ... 10	230 ... 320
Melamin-Phenol-Harze	**MP**	1,5	30 ... 50	k.A.	1,5	7 ... 10	230 ... 290
Harnstoffharze Strukturformel UF 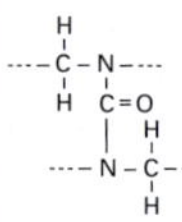	**UF**	1,5	30 ... 50	0,5 ... 1,0	1,5	6 ... 11	215 ... 350
Ungesättigte Polyesterharze 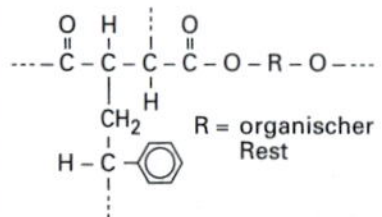 Strukturformel UP (mit Styrol vernetzt)	**UP** Gießharze	1,2	30 ... 55	2	1,5 ... 2,5	3,5	–
	UP verstärkte Formmassen[10)]	1,8 ... 2,1	40 ... 100 bis 1000[11)]	0,6	3 ... 22 bis 60[11)]	10 ... 15	220 ... 400
Epoxidharze	**EP**[10)]	1,8 ... 1,9	25 ... 80 bis 1000[11)]	2 ... 5	1,5 ... 15 bis 60[11)]	12 ... 25	150 ... 340

[1)] Zahlenwerte sind abhängig von Art und Menge des Füll- und ggf. Verstärkungsstoffes
[2)] nach DIN 53453 (zurückgezogen) bei 23 °C
[3)] Chemikalienbeständigkeit siehe Tabelle 1, Seite 485
[4)] Sonderformmassen; 450 MPa ... 700 MPa
[5)] Sonderformmassen, dauernd: 160 °C ... 180 °C; kurzzeitig: 260 °C ... 280 °C
[6)] dauernd, ohne mechanische Belastung, in Luft
[7)] kurzzeitig, ohne mechanische Belastung, in Luft

Gebrauchs-temperatur °C (max)	Längen-dehnung[6] 10^{-6} 1/K	Wärme-leitfähig-keit W/(m · K)	Typische Eigenschaften[3]	Handels-namen (Beispiele)	Anwendungs-beispiele
100 ... 150[5][6] 130 ... 170[5][7]	15 ... 50	0,30 ... 0,80	• hohe Festigkeit und Härte • gute Wärmeformbeständigkeit • schwer entflammbar • relativ preiswert • dunkle Eigenfarbe • Lebensmittelkontakt nicht zugelassen	• Bakelite® • Genal®	• Steckdosen • Pfannengriffe • Zahnräder • Lagerschalen • Spulenkörper • Klemmbretter • Stuhlsitze
80[6] 120[7] 250[8]	30 ... 60	0,40 ... 0,50	• hohe Oberflächenhärte und Kratzfestigkeit • hoher Oberflächenglanz • gute Wärmeformbeständigkeit • schwer entflammbar, selbstverlöschend • helle Eigenfarbe • keine Verfärbung (lichtecht) • Lebensmittelkontakt nicht zugelassen • beständig gegenüber Wasser, organischen Lösungsmitteln, Ölen, Fetten, Benzin und Alkohol	• Bakelite MF® • Supraplast® • Ultrapas®	• Hellfarbiges Elektroinstallationsmaterial wie Schalter, Stecker, Klemmen usw. • Griffe für Bestecke sowie für Kochtöpfe, Grills, Waffeleisen usw. • Gehäuse für Haus- und Küchengeräte
80[6] 120[7]	15 ... 60	0,40		• Bakelite MP® • Supraplast®	
70[6] 100[7]	40 ... 60	0,40	• hohe Festigkeit und Oberflächenhärte • hoher E-Modul • hohe Beständigkeit gegen Lösemittel, Öle, Fette, schwache Säuren und Laugen • hoher Oberflächenglanz • gutes elektrisches Isolationsvermögen • Lebensmittelkontakt nicht zugelassen • schwer entflammbar, selbstverlöschend	• Resopal® • Duropal®[9] • Cibamin® • Bakelite UF®	• Steckdosen • Schaltergehäuse • Toilettensitze • Haartrocknerhauben • Geschirr • Spanplatten
120 ... 140[6] 160 ... 180[7]	60 ... 80	k.A.	• hohe Festigkeit und Härte (verstärkt) • hohe Wärmeformbeständigkeit • gutes elektrisches Isolationsvermögen • gute Witterungsbeständigkeit • durchscheinend bzw. transparent (unverstärkt) • relativ niedriger Preis	• Bakelite UP® • Vestopal® • Palatal®	• Bootskörper • Lichtkuppeln • Badewannen • KFZ-Karosserien • Verteilerkappen
150 ... 160[6] 200[7]	10 ... 50	0,4 ... 0,8			
130[6] 180[7] 250[12]	15 ... 35	0,6	• hohe Festigkeit und Härte (verstärkt) • gute Verschleißbeständigkeit • gutes elektrisches Isolationsvermögen • gute Wärmeformbeständigkeit • günstiges Alterungsverhalten • geruchs- und geschmacksneutral • gute Witterungs- und UV-Beständigkeit	• Epikote®[13] • Araldit®[13] • Duralit®	• Ski und Angelruten • Hochsprungstäbe • Flugmodelle • Höhen- und Seitenruder, Triebwerkverkleidungen • Bootsrümpfe

8) Sonderformmassen, kurzzeitig
9) Schichtpressstoff
10) Verstärkt mit Glasfasern (kurz oder lang) bzw. Gesteinsmehl
11) Laminate
12) Spezialsorten
13) Gießharz
k.A. = keine Angaben

Tabelle 1: Eigenschaften und Anwendungen ausgewählter Elastomere

Kunststoff (Elastomer)	ISO-Kurzzeichen	Gebrauchstemperaturbereich °C	Typische Eigenschaften	Anwendungsbeispiele
Naturkautschuk (Isoprenkautschuk, natürlich)	NR	– 40 ... + 80	• gute Abriebfestigkeit • hohe Elastizität • schlechte Witterungsbeständigkeit • quillt in Mineralölen, Fetten und Treibstoffen	• LKW-Reifen • Motorlager • Gummifedern
Acrylnitril-Butadien-Kautschuk	NBR	– 30 ... + 100	• gute Abriebfestigkeit • gute Alterungsbeständigkeit • sehr hohe Beständigkeit gegen Treibstoffe, Öle und Fette • unbeständig gegenüber Bremsflüssigkeit	• Wellendichtringe • Kraftstoffschläuche
Styrol-Butadien-Kautschuk	SBR	– 50 ... + 100	• sehr gute Abriebfestigkeit • ausreichende Witterungsbeständigkeit • geringere Elastizität im Vergleich zu NR • quillt in Mineralölen, Fetten und Treibstoffen	• PKW-Reifen • Kabelisolation • Förderbänder
Chloropren-Kautschuk	CR	– 30 ... + 100	• gute Witterungsbeständigkeit • ausreichende Beständigkeit gegen Öle und Fette • unbeständig gegen heißes Wasser • Versprödung bei niedrigen Temperaturen	• Bautenabdichtungen • Kabelummantelungen • Beschichtungen für textile Gewebe
Ethylen-Propylen-Dien-Kautschuk	EPDM	– 40 ... + 80	• gute Witterungsbeständigkeit • gute Alterungsbeständigkeit • beständig gegen heißes Wasser und schwache Laugen • quillt in Mineralölen, Fetten und Treibstoffen	• Fensterdichtungen • Kühlwasser- und Heizungsschläuche für PKW • Dichtungen und Schläuche für Waschmaschinen, Trockner und Geschirrspülmaschinen
Methyl-Vinyl-Kautschuk **Fluor-Silicon-Kautschuk**	VMQ FMQ	– 50 ... + 120	• sehr gute UV-Beständigkeit • sehr gute Beständigkeit bei hohen/tiefen Temperaturen • keine Quellung in Ölen und Fetten • gesundheitlich unbedenklich • sehr gutes elektisches Isolationsvermögen	• künstliche Herzklappen und Adern • Membranen für künstliche Nieren • Isolation für Zündkabel

Tabelle 1: Chemikalienbeständigkeit ausgewählter Kunststoffe in unterschiedlichen Medien (Anhaltswerte)

Kunststoff[1]	Wasser		Säuren				Laugen		Alkohol[6]	Benzin	Mineralöle Mineralfette	Speiseöle und -fette	Wasseraufnahme (%)[7]
	kalt	heiß	schwach[2]	stark[3]	oxidierend[4]	organisch[5]	schwach	stark					
Teilkristalline Thermoplaste													
PE-LD	●	●	●	◐	○	●	●	●	◐	○	◐	◐	0,002
PE-HD	●	●	●	●	○	●	●	●	●	◐	●	●	0,002
PP	●	●	●	◐	○	◐	●	●	●	◐	●	●	0,1
PTFE	●	●	●	●	●	●	●	●	●	●	●	●	0
PA6	●	◐	○	○	○	◐	●	◐	●	●	●	●	2,5 ... 3,2
PA66	●	◐	○	○	○	◐	●	◐	●	●	●	●	2,5 ... 3,0
PA12	●	◐	○	○	○	◐	●	◐	●	●	●	●	0,8 ... 1,1
PET	●	◐	●	◐	◐	●	◐	○	●	●	●	●	0,1
POM	●	●	◐	○	○	●	●	●	●	●	●	●	0,2 ... 0,3
Amorphe Thermoplaste													
SAN	●	●	●	◐	○	◐	●	●	●	●	●	●	0,2 ... 0,3
PI	●	◐	●	○	●	●	●	○	●	●	●	●	1,25
PESU	●	◐	●	●	●	◐	●	●	◐	●	●	●	0,7
PVC-U	●	◐	●	●	◐	◐	●	●	●	●	●	●	0,03
PVC-P	●	◐	●	○	○	◐	●	○	◐	◐	◐	◐	0,15 ... 0,75
PS	●	●	●	◐	◐	◐	●	●	●	◐	◐	●	0,1
PMMA	●	●	◐	○	○	○	●	◐	●	●	●	●	0,2 ... 0.4
PC	●	◐	●	◐	◐	◐	○	○	●	●	●	●	0,3 ... 0,4
ABS	●	●	●	◐	○	●	●	●	◐	●	●	●	0,3 ... 0,4
Duroplaste													
PF	●	◐	◐	○	○	◐	●	○	●	●	●	●	0,1 ... 0,2
MF	●	◐	◐	○	○	◐	●	○	●	●	●	●	0,3 ... 0,7
MP	●	●	◐	○	◐	◐	●	◐	●	●	●	●	0,2 ... 1,2
UF	●	◐	◐	○	○	◐	●	◐	●	●	●	●	0,4 ... 0,8
UP	●	◐	◐	○	○	○	○	○	●	●	●	●	0,2 ... 0,6
EP	●	◐	●	○	●	●	●	◐	●	●	●	●	0,1 ... 0,5

[1] Kurzzeichen nach DIN EN ISO 1043-1 [2] z. B. Essigsäure [3] z. B. HCl [4] z. B. HNO_3 oder H_2SO_4 [5] z. B. Essigsäure [6] Ethylalkohol [7] bei Sättigung unter Normalklima (23 °C/50 % relative Luftfeuchtigkeit

● = beständig ◐ = mäßig beständig ○ = unbeständig

9.8 Normung und Bezeichnung von Kunststoffen

Die Normbezeichnung der Kunststoffe basiert im wesentlichen auf den folgenden Normen:
DIN EN ISO 1043: Kunststoffe – Kennbuchstaben und Kurzzeichen (4 Teile)
DIN EN ISO 1872-1: Kunststoffe – Polyethylen(PE)-Formmassen
DIN EN ISO 1873-1: Kunststoffe – Polypropylen(PP)-Formmassen
DIN EN ISO 1874-1: Kunststoffe – Polyamid(PA)-Formmassen
DIN EN ISO 14526-1: Kunststoffe – Rieselfähige Phenol-Formmassen (PF-PMC)
DIN EN ISO 14528-1: Kunststoffe – Rieselfähige Melamin-Formaldehyd-Formmassen (MF-PMC)
DIN EN ISO 14530-1: Kunststoffe – Rieselfähige ungesättigte Polyester-Formmassen (UP-PMC)
DIN EN ISO 3672-1: Kunststoffe – Ungesättigte Polyesterharze (UP-R)
DIN ISO 1629: Kautschuk und Latices – Einteilung, Kurzzeichen

9.8.1 Allgemeine Kennzeichnung von Kunststoffen

Hinsichtlich der allgemeinen Kennzeichnung von Kunststoffen ist zu unterscheiden zwischen Homopolymeren bzw. chemisch modifizierten polymeren Naturstoffen und den Copolymerisaten.

9.8.1.1 Kurzzeichen für Homopolymere und chemisch modifizierte polymere Naturstoffe

Homopolymere und chemisch modifizierte polymere Naturstoffe werden nach DIN EN ISO 1043-1 durch Kurzzeichen gekennzeichnet (Tabelle 1). Die Kurzzeichen können für eine einfache Benennung von Formmassen in Halbzeugen und Formteilen dienen (z. B. ABS-Formmassen, PVC-Rohre, usw.).

Tabelle 1: Kurzzeichen für Homopolymere und chemisch modifizierte polymere Naturstoffe nach DIN EN ISO 1043-1 (Auswahl)

Kurzzeichen[1)]	Bedeutung	Kurzzeichen[1)]	Bedeutung
AB	Acrylnitril-Butadien Copolymerisat	PF	Phenol-Formaldehyd
ABS	Acrylnitril-Butadien-Styrol Copolymerisat	PI	Polyimid
AMMA	Acrylnitril-Methylmethacrylat Copolymerisat	PIB	Polyisobutylen
ASA	Acrylnitril-Styrol-Acrylat Copolymerisat	PIR	Polyisocyanurat
CA	Celluloseacetat	PMI	Polymethacrylimid
CAB	Celluloseacetatbutyrat	PMMA	Polymethylmethacrylat
CAP	Celluloseacetatpropionat	PMP	Poly-4-methylpenten-(1)
CEF	Cellulose-Formaldehyd Harz	PMS	Poly-α-Methylstyrol
CF	Cresol-Formaldehyd Harz	POM	Polyoximethylen[2)]
CMC	Carboxymethylcellulose	PP	Polypropylen
CN	Cellulosenitrat	PPE	Polyphenylenether
CP	Cellulosepropionat	PPOX	Polypropylenoxid
CTA	Cellulosetriacetat	PPS	Polyphenylensulfid
EC	Ethylcellulose	PPSU	Polyphenylensulfon
EP	Epoxid Harz	PS	Polystyrol
MC	Methylcellulose	PSU	Polysulfon
MF	Melamin-Formaldehyd	PTFE	Polytetrafluorethylen
PA [1)]	Polyamid	PUR	Polyurethan
PAI	Polyamidimid	PVAC	Polyvinylacetat
PAN	Polyacrylnitril	PVAL	Polyvinylalkohol
PB	Polybuten	PVB	Polyvinylbutyrat
PBAK	Polybutylacrylat	PVC	Polyvinylchlorid
PBT	Polybutylenterephthalat	PVDC	Polyvinylidenchlorid
PC	Polycarbonat	PVDF	Polyvinylidenfluorid

ortsetzung Tabelle 1, Seite 486

Kurzzeichen[1]	Bedeutung	Kurzzeichen[1]	Bedeutung
PCTFE	Polychlortrifluorethylen	PVF	Polyvinylfluorid
PDAP	Polydiallylphthalat	PVFM	Polyvinylformaldehyd
PE	Polyethylen	SAN	Styrol-Acrylnitril Copolymerisat
PEI	Polyetherimid	SB	Styrol-Butadien Copolymerisat
PEOX	Polyethylenoxid	SI	Silicon Kunststoff
PEEK	Polyetheretherketon	UF	Harnstoff-Formaldehyd Harz
PESU	Polyethersulfon	UP	Ungesättigter Polyester
PET	Polyethylenterephthalat	VCE	Vinylchlorid-Ethylen Copolymerisat

[1] Zahlenangaben in der Kurzbezeichnung des Polymeren weisen auf verschiedene Ausgangsprodukte bei Herstellung hin. Von wirtschaftlicher Bedeutung derart bezeichneter Kunststoffe sind die Polyamide (z. B. PA 66 oder PA 610). [2] Andere Bezeichnung: Polyformaldehyd

Für die Kennzeichnung von Polymeren, die aus verschiedenen Kondensationseinheiten hergestellt sind werden Zahlen bzw. Buchstaben dem Kurzzeichen nachgestellt. Bei den Polyamiden (PA) kennzeichnet die erste Ziffer die Anzahl der C-Atome in der Monomereinheit (z. B. PA6). Falls zwei Monomere vorliegen, bezieht sich die erste Ziffer auf die Anzahl der C-Atome im Amin und die zweite Ziffer auf die Anzahl der C-Atome in der Säure (z. B. PA610), Kapitel 9.4.2.2.

9.8.1.2 Copolymere und Polymergemische

Bei **Copolymerisaten** (Kapitel 9.4.2.1) werden die Kurzzeichen aus den Angaben der monomeren Komponenten (Tabelle 1, Seite 486/487) von links nach rechts in der Regel in der Reihenfolge abnehmender Massenanteile aufgebaut. Die Kurzzeichen können durch einen Schrägstrich getrennt werden, falls das Weglassen zu Verwechslungen führen würde.

Beispiel: **E/P** für Ethylen-Propylen Copolymer

Der Schrägstrich ist im Beispiel erforderlich, da sonst Verwechslungsgefahr mit EP (Epoxidharz) besteht. Besteht keine Verwechslungsgefahr, dann kann der Schrägstrich entfallen.

Beispiel: **AMMA** für Acrylnitril-Methylmethacrylat Kunststoff

Für **Polymergemische** oder **Polymerblends** werden die Kurzzeichen der Basis-Polymere durch ein Pluszeichen (ohne Leerstelle) getrennt. Die Hauptkomponente steht dabei an erster Stelle.

Beispiele:

PMMA+ABS Polymergemisch aus Polymethylmethacrylat und Acrylnitril-Butadien-Styrol

PBT+PC Polymergemisch aus aus Polybutylenterephthalat und Polycarbonat

PPE+SB Polymergemisch aus Polyphenylenether und Styrol-Butadien Kunststoff

9.8.1.3 Kennzeichnung besonderer Eigenschaften

In Verbindung mit dem Kurzzeichen des Basispolymeren nach Tabelle 1, Seite 486/487 können nach DIN EN ISO 1043-1 wesentliche Eigenschaften mit

Tabelle 1: Kennbuchstaben für besondere Eigenschaften nach DIN EN ISO 1043-1

Zeichen	Bedeutung(en)
A	Säure (modifiziert), amorph
B	biaxial, Block, bromiert
C	chloriert, kristallin, isotaktisch
D	Dichte
E	verschäumt, verschäumbar, epoxidiert, Elastomer
F	flexibel, flüssig, fluoriert
H	hoch, homo
I	schlagzäh
L	linear, niedrig
M	mittel, molekular
N	normal, Novolak
O	orientiert
P	weichmacherhaltig, thermoplastisch
R	erhöht, random, Resol, hart
S	gesättigt, duroplastisch, sulfoniert, syndiotaktisch
T	Temperatur (beständig)
U	ultra, weichmacherfrei, ungesättigt
V	sehr
W	Gewicht
X	vernetzt, vernetzbar

Buchstaben gekennzeichnet werden (Tabelle 1, Seite 487). Die Buchstaben sollen dem Kurzzeichen mit Bindestrich (ohne Leerzeichen) nachgestellt werden.

Beispiele:

PVC-C Chloriertes Polyvinylchlorid
PVC-HI Polyvinylchlorid, hochschlagzäh
PVC-P Polyvinylchlorid, weichmacherhaltig
PE-LLD Lineares Polyethylen niedriger Dichte
PE-UHMW Ultrahochmolekulares Polyethylen
PE-X Vernetztes Polyethylen

9.8.1.4 Kennzeichnung von Zusatzstoffen

Zur Verbesserung der Eigenschaften werden Kunststoffe mit Zusätzen versehen. Die Bezeichnung des Zusatzes wird dem Kurzzeichen des Basispolymers nach Tabelle 1, Seite 486/487, mit Bindestrich nachgestellt. Mögliche Bezeichnungen nach DIN EN ISO 1043-2 sind in Tabelle 1 zusammengestellt.

Beispiele:

UP-GF
Glasfaserverstärkter ungesättigter Polyester

PP-MD20
Polypropylen mit 20 % Mineralstoffpulver

POM-GB30
Polyoximethylen mit 30 % Glaskugeln

PA610-(GF30 + MD15)
Polyamid 610 mit Gemisch aus 30 % Glasfasern und 15 % Mineralstoffpulver

PA610-(GF + MD)45
Polyamid 610 mit einem Gemisch aus Glasfasern und Mineralstoffpulver. Gesamtmenge 45 %.

Tabelle 1: Kennbuchstaben und Kennziffern für Art, Form bzw. Struktur der Füll- und Verstärkungsstoffe nach DIN EN ISO 1043-2

Art		Form und Struktur	
B	Bor	**B**	Kugeln, Perlen, Bällchen
C	Kohlenstoff	**C**	Schnitzel, Chips
D	Aluminiumtrihydrat	**D**	Pulver
E	Ton	**E**	–
F	–	**F**	Fasern
G	Glas	**G**	Mahlgut
H	–	**H**	Whisker
J	–	**J**	–
K	Calciumcarbonat (Kreide)	**K**	Wirkwaren
L	Cellulose	**L**	Lagen
M	Mineral, Metall[1]	**M**	Matte (dick)
N	organische Naturstoffe[2]	**N**	Faservlies (dünn)
P	Glimmer	**P**	Papier
Q	silikatische Füllstoffe	**Q**	–
R	Aramid	**R**	Roving
S	synthetische org. Stoffe[3]	**S**	Schalen, Flocken
T	Talk	**T**	Cord
U	–	**U**	–
V	–	**V**	Furnier
W	Holz	**W**	Gewebe
X	nicht spezifiziert	**X**	nicht spezifiziert
Y	–	**Y**	Garn
Z	andere[4]	**Z**	andere[4]

[1] Die Art des Metalls muss durch das chemische Symbol angegeben werden.
[2] z. B. Baumwolle, Flachs usw.
[3] z. B. PTFE
[4] sollten genauer angegeben werden

9.8.2 Kennzeichnung thermoplastischer Formmassen

Damit ein Kunststoffrohstoff verarbeitet werden kann, muss er zu einer **Kunststoff-Formmasse** aufbereitet werden. Hierfür werden dem Kunststoffrohstoff unterschiedliche Zusatzstoffe (z. B. Weichmacher, Haftvermittler, Verdünner, Gleitmittel, Verstärkungsstoffe usw.) zugegeben.

Die Normbezeichnung von thermoplastischen Formmassen sind zwar lang und unübersichtlich, sie erlauben jedoch eine verhältnismäßig genaue Beschreibung der Formmasse.

Die Bezeichnung erfolgt nach einem Blocksystem, das aus einem Benennungsblock und einem Identifizierungsblock besteht. Der Identifizierungsblock setzt sich seinerseits wieder aus dem internationalen Normnummerblock und Merkmaldatenblöcken zusammen (Bild 1).

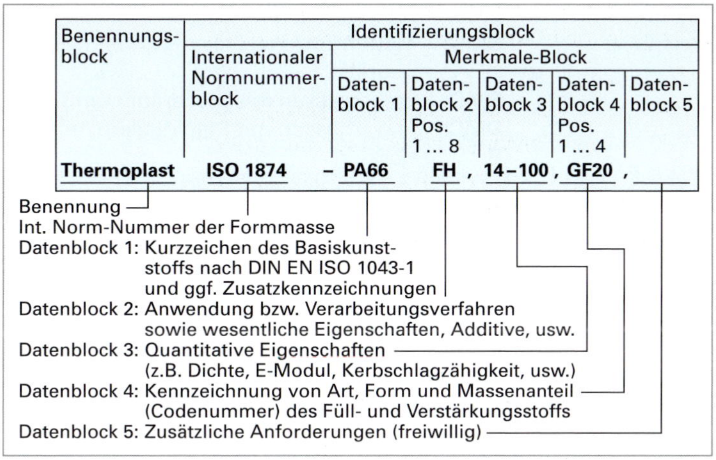

Bild 1: Bezeichnungssystem für thermoplastische Formmassen mit Beispiel

Datenblock 1 enthält das Kurzzeichen des Basiskunststoffs (bzw. die Kurzzeichen bei Polymergemischen) nach DIN EN ISO 1043-1 (Tabelle 1, Seite 486/487), von der internationalen Norm-Nummer mit Bindestrich getrennt. Gegebenenfalls können, ebenfalls durch Bindestrich getrennt, Kennbuchstaben für besondere Eigenschaften nach DIN EN ISO 1043-1 (Tabelle 1, Seite 487) nachgestellt werden (z. B. PA6-HI).

Datenblock 2 enthält an Position 1 Informationen über die vorgesehene Anwendung bzw. das Verarbeitungsverfahren. An Position 2 bis 8 werden wesentliche Eigenschaften, Additive, usw. genannt. Die Bedeutung ist den entsprechenden Formmassenormen (z. B. DIN EN ISO 1874-1 für PA-Formmassen) zu entnehmen. Die Bezeichnungen sind bei allen thermoplastischen Formmassenormen identisch.

Datenblock 3 enthält quantitative Eigenschaftsangaben wie Dichte, E-Modul (bei Zugbeanspruchung), Kerbschlagzähigkeit, Viskositätszahl oder Schmelze-Massenflussrate. Die Bedeutung sowie die Quantifizierung ist den jeweiligen Formmassenormen (z. B. DIN EN ISO 1874-1 für PA-Formmassen) zu entnehmen.

Datenblock 4 enthält an Position 1 und 2 Angaben über Art und Form von Füll- und Verstärkungsstoffen entsprechend DIN EN ISO 1043-2 (Tabelle 1, Seite 488) und an Position 3 und 4 ggf. den Massengehalt. Die Zuordnung der Codenummern zum Massegehalt ist den jeweiligen Formmassenormen wie z. B. DIN EN ISO 1874-1 für PA-Formmassen, zu entnehmen.

Datenblock 5 (in obigem Beispiel nicht vorhanden) kann zusätzliche, freiwillige Anforderungen enthalten.

9.8.3 Kennzeichnung von Duroplasten

In Analogie zur Kennzeichnung thermoplastischer Formmassen (Kapitel 9.8.2), erfolgt auch die Kennzeichnung von Duroplasten nach einem Blocksystem. Die Bezeichnung nach DIN 7708 ist nicht mehr gültig.

Das Bezeichnungssystem für Duroplaste besteht ebenfalls aus einem Benennungs- und einem Identifizierungsblock. Der Identifizierungsblock setzt sich seinerseits aus einem Normnummernblock und einem Merkmaldatenblock zusammen (Bild 2).

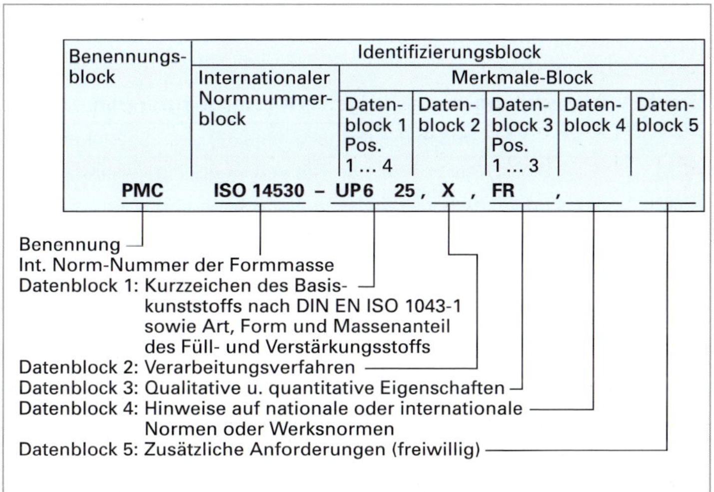

Bild 2: Bezeichnungssystem für duroplastische Formmassen mit Beispiel

Benennungsblock: (Beispiele)		
	PMC:	Rieselfähige Spritzgießmasse (engl.: Pourable Moulding Compound)
	SMC:	Mattenförmige (vorimprägnierte) Prepregs (engl.: Sheet Moulding Compounds)
	BMC:	Pressmassen mit geschnittenem Textilglas (engl.: Bulk Moulding Compound)
	DMC:	Pressmassen mit Stapelfasern (engl.: Dough Moulding Compound)
	R:	Harz

Datenblock 1 enthält an Position 1, von der internationalen Norm-Nummer mit Bindestrich getrennt, das Kurzzeichen des Basiskunststoffs nach DIN EN ISO 1043-1 (Tabelle 1, Seite 486/487). Der Buchstabe an Position 2 kennzeichnet die Art des Füll- und Verstärkungsstoffes ggf. ergänzt um weitere Kennzeichen (Tabelle 1, Seite 488). Position 3 kennzeichnet die Form bzw. Struktur des Füll- und Verstärkungsstoffes (Tabelle 1, Seite 488). Die Zahl (Codenummer) an Position 4 kennzeichnet schließlich den Massengehalt des Füll- und Verstärkungsstoffes. Die Zuordnung der Codenummern zum jeweiligen Massegehalt ist den entsprechenden Formmassenormen zu entnehmen (z. B. DIN EN ISO 14530 für UP-Formmassen). Ihre Bedeutung ist für alle duroplastischen Formmassen identisch.

Datenblock 2 enthält Codebuchstaben über das Verarbeitungsverfahren der duroplastischen Massen. Die Bedeutung ist den entsprechenden Formmassenormen zu entnehmen (z.B. DIN EN ISO 14530 für UP-Formmassen). Die Bedeutung der Buchstaben ist für alle duroplastischen Formmassen identisch.

Datenblock 3 enthält an Position 1 Angaben über qualitative Eigenschaften (für alle duroplastischen Formmassen identisch) und an Position 2 und 3 Angaben über quantitative Eigenschaften in Form von Codenummern (z. B. Schlagzähigkeit und Formbeständigkeitstemperatur). Die Bedeutung ist den jeweiligen Formmassennormen zu entnehmen.

Datenblock 4 (in obigem Beispiel nicht vorhanden) kann Hinweise auf weitere, nationale oder internationale Normen oder Werksnormen enthalten.

Datenblock 5 (in obigem Beispiel nicht vorhanden) kann zusätzliche, freiwillige Anforderungen enthalten.

9.8.4 Kennzeichnung von Elastomeren

Elastomere werden nach DIN ISO 1629 bezeichnet. Dem Bezeichnungssystem liegt die Kennzeichnung der chemischen Zusammensetzung der Polymerkette zugrunde. Die Bezeichnung gilt sowohl für die festen Kautschuke als auch für Latices (wässrige Dispersionen). Der letzte Buchstabe gilt als Gruppenkennzeichen (M-Gruppe, O-Gruppe, usw.) und kennzeichnet die chemische Zusammensetzung der Polymerkette. Die vorangestellten Buchstaben kennzeichnen hingegen die Monomere, die den Kautschuk aufbauen. Je weiter links der Buchstabe dabei steht, desto geringer ist sein Anteil am gesamten Elastomer. Tabelle 1 stellt die wichtigsten Kautschukgruppen zusammen. Weitere in der Tabelle nicht aufgeführte Gruppen sind die T- Gruppe (Kautschuke mit Schwefel in der Polymerkette) und die Z-Gruppe (Kautschuke mit Phosphor und Stickstoff in der Polymerkette).

Tabelle 1: Bezeichnung der wichtigsten Kautschukgruppen nach DIN ISO 1629 (Auswahl)

M-Gruppe (Kautschuke mit einer gesättigten Kette vom Polymethylen-Typ)	
ACM	Copolymer aus Ethylacrylat und einem die Vulkanisation erleichterndem Monomer
ANM	Copolymer aus Ethylacrylat und Acrylnitril
CM	chloriertes Polyethylen [1)]
CFM	Polychlortrifluorethylen
EPDM	Terpolymer aus Ethylen, Propylen und einem Dien (ungesättigter Teil des Diens in der Seitenkette)
EAM	Ethylen-Vinylacetat-Copolymer [2)]
EPM	Ethylen-Propylen-Copolymer
IM 3)	Polyisobuten [3)]
O-Gruppe (Kautschuke mit Sauerstoff in der Polymerkette)	
CO	Epichlorhydrin-Kautschuk
ECO	Epichlorhydrin-Ethylenoxid-Copolymer

ortsetzung Tabelle 1: Bezeichnung der wichtigsten Kautschukgruppen nach DIN ISO 1629 (Auswahl)

R-Gruppe (Kautschuke mit einer ungesättigten Kohlenstoffkette)	
ABR	Acrylat-Butadien-Kautschuk
BR	Butadien-Kautschuk
CR	Chloropren-Kautschuk
IR	Isopren-Kautschuk (synthetisch)
NBR	Acrylnitril-Butadien-Kautschuk (Nitrilkautschuk)
NR	Isoprenkautschuk (natürlich) oder Naturkautschuk
PBR	Vinylpyridin-Butadien-Kautschuk
SBR	Styrol-Butadien-Kautschuk
SIR	Styrol-Isopren-Kautschuk
Q-Gruppe (Kautschuke mit Siloxangruppen in der Polymerkette)	
VMQ	Siliconkautschuk mit Methyl- und Vinyl-Gruppen an der Polymerkette
FMQ	Siliconkautschuk mit Methyl- und Fluor-Gruppen an der Polymerkette
PMQ	Siliconkautschuk mit Methyl- und Phenyl-Gruppen an der Polymerkette
U-Gruppe (Kautschuke mit Kohlenstoff, Sauerstoff und Stickstoff in der Polymerkette)	
AU	Polyesterurethan
EU	Polyetherurethan

[1] in DIN EN ISO 1043-1 als PE-C bezeichnet
[2] in DIN EN ISO 1043-1 als E/VAC bezeichnet
[3] in DIN EN ISO 1043-1 als PIB bezeichnet

Die Kennzeichnung der thermoplastischen Elastomere (TPE) erfolgt nur teilweise nach DIN ISO 1629. Mit dieser Norm können nicht alle Gruppen erfasst werden, so dass die TPE künftig eine eigenständige Norm erhalten sollen.

9.9 Verarbeitung von Kunststoffen

Kunststoffe finden als Werkstoffe eine breite Verwendung. Je nach Verwendungszweck und den Eigenschaften des eingesetzten Kunststoffes wird die dafür am besten geeignete Verarbeitungslösung gewählt. Im Folgenden können die wichtigsten Verarbeitungsverfahren nur allgemein behandelt werden.

9.9.1 Zuschlagstoffe

Vor der eigentlichen Verarbeitung wird das Kunststoffmaterial mit diversen Zusätzen gemischt. Um die Kunststoffprodukte gegen Angriffe von Wärme, Licht oder Sauerstoff zu schützen, werden **Stabilistatoren** zugesetzt. **Gleitmittel** werden zugemischt, um eine einwandfreie Füllung komplizierter Formen bei der Verarbeitung zu gewährleisten. Meist handelt es sich um feste Wachse, die bei höherer (Verarbeitungs-)Temperatur flüssig werden und dadurch die Gleitfähigkeit der Kunststoffmasse erhöhen. Zur Einfärbung der Kunststoffe in praktisch jedem gewünschten Farbton werden feinkörnige **Pigmente** (das sind feste Farbpartikel) in die Kunststoffmasse eingebracht. **Füll-** und **Verstärkungsstoffe** (Holzmehl, Gesteinsmehl, Kreide, Ruß, Glasfasern u. a.) dienen der Verbesserung der mechanischen Eigenschaften, wie Erhöhung der Festigkeit und des Elastizitätsmoduls, sowie Verminderung der Sprödigkeit.

Alle diese Zusatzstoffe können in fast beliebiger Mischung dem Kunststoff zugemischt werden, um dadurch gezielt Eigenschaften des Produktes für vielfältige Anwendungen zu optimieren.

9.9.2 Urformen und Umformen

Bei der Verarbeitung von Kunststoffen unterscheidet man, analog zu den metallischen Werkstoffen u. a. das **Urformen** und das **Umformen.** Urformen ist das Fertigen von festen Körpern aus formlosem Stoff durch Schaffen eines Zusammenhalts. Umformen ist die Weiterverarbeitung von Halbzeug zu Formteilen. Entscheidend für die Verarbeitungsmöglichkeiten von Kunststoffen ist ihr Verhalten beim Erwärmen (Kapitel 9.6).

9.9.2.1 Formpressen

Vom konstruktiven Aufwand her das einfachste Verfahren zum Urformen von Kunststoffen ist das Pressen. Dabei wird das zu verarbeitende Kunststoffmaterial in eine beheizbare zweiteilige Form eingebracht. Thermoplaste (Plastomere) werden in der Regel in Form von Pulver oder Granulat in abgewogener Menge eingefüllt, in der Form erwärmt und unter Druck verformt. Das Fertigteil wird ausgeworfen oder entnommen (Bild 1).

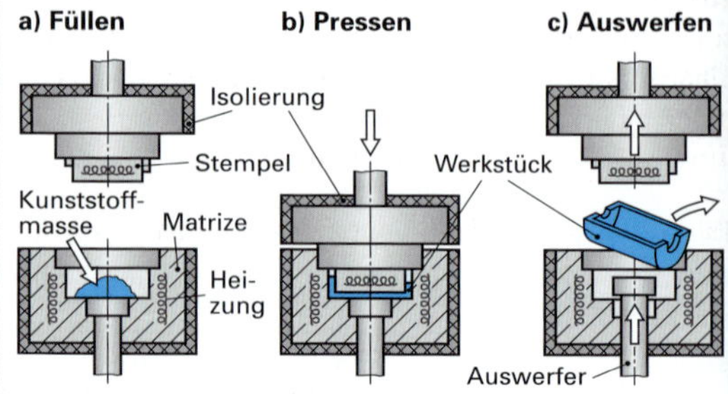

Bild 1: Prinzip des Formpressens

Besonders häufig wird das Formpressen auch zur Formgebung von Duroplasten (Duromeren) benutzt. Dabei werden die Pressmassen in das Werkzeug eingefüllt, wo sie dann unter Druck- und Temperatureinwirkung aufschmelzen, vernetzen und aushärten.

Bei den folgenden beschriebenen Verfahren erfolgt die Plastifizierung (Aufschmelzung) und die Formgebung in getrennten Maschinenteilen.

Strangpressen

Das am häufigsten eingesetzte Maschinenteil zur Plastifizierung von Thermoplasten ist die Strangpresse (ein Zylinderraum mit Schnecke, Bild 2). Über einen Einfülltrichter wird das Plastomergranulat eingebracht, durch die Schnecke transportiert, erwärmt, homogenisiert, plastifiziert und über eine Düse aus dem Spritzkopf gepresst. Durch die Verminderung des Gangvolumens der Schnecke wird eine Verdichtung der Formmasse erreicht und Druck aufgebaut

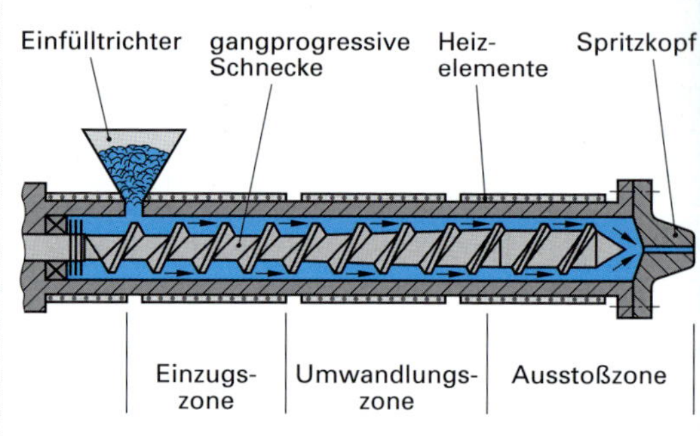

Bild 2: Strangpresse mit gangprogressiver Schnecke

9.9.2.2 Spritzgießen

DIN 16 700 definiert Spritzgießen als das Umformen der Formasse derart, dass die in einem Massezylinder für mehr als einen Spritzvorgang enthaltene Masse unter Wärmeeinwirkung plastisch erweicht und unter Druck durch eine Düse in den Hohlraum eines vorher geschlossenen Werkzeuges einfließt. Früher setzte man zum Vortrieb der plastifizierten Kunststoffmasse Kolbenmaschinen ein, heute sind es Schneckenmaschinen. Dabei dient die Schnecke sowohl zum Einziehen, Fördern, Erwärmen und Plastifizieren des Kunststoffes als auch zum Ausspritzen der im Schneckenvorraum angesammelten plastischen Kunststoffmasse.

Das Verfahren arbeitet diskontinuierlich, wobei die Kunststoffmasse aus dem Vorratsraum über eine Düse in die nachgeschaltete Form eingespritzt wird. Die verschließbare stählerne Form ist zweiteilig und besteht aus Gesenk und Kern.

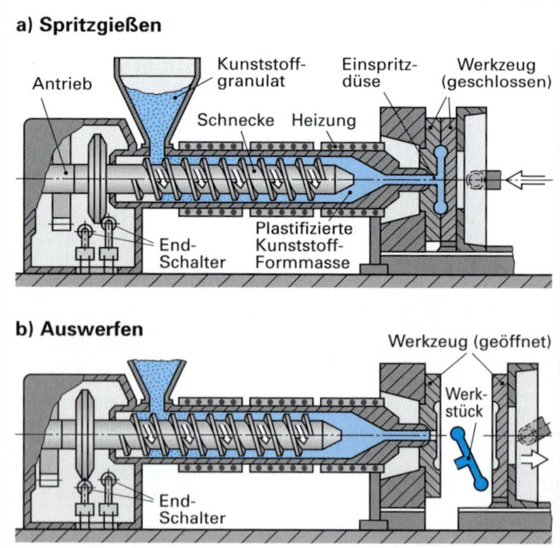

Bild 3: Spritzgießen

Durch den Einspritzdruck verteilt sich die zähflüssige Masse vollständig in dem zur Verfügung stehenden Hohlraum der geschlossenen Form. Während das Formteil abkühlt, fördert die Schnecke den Kunststoff für das nächste Spritzgussteil in den Vorratsraum vor die Schneckenspitze. Durch Öffnen der Form kann das fertige Werkstück entnommen werden (Bild 3). Das Spritzgießen ist das bedeutendste Verfahren zur Herstellung von Formteilen aus Thermoplasten, aber auch für Duroplaste und Elastomere wird es gleichermaßen eingesetzt. Bei Thermoplasten wird das Werkzeug in der Regel gekühlt. Für die Verarbeitung von Duroplasten und Elastomeren wird das Werkzeug beheizt, um die Aushärtung des Materials in der Form zu ermöglichen. Tabelle 1 gibt eine Übersicht über wichtige im Spritzgießverfahren verarbeitbare Kunststoffe und Verarbeitungskenndaten (Anhaltswerte).

Tabelle 1: Übersicht über die im Spritzgießverfahren verarbeitbaren Kunststoffe

	Formmasse	Kurzzeichen	Verarbeitungstemperatur °C	Werkzeugtemperatur °C	Schwindung %	Einspritzdruck MPa
Plastomere	Polystyrol	PS	180 ... 280	10 ... 40	0,3 ... 0,6	100 ... 130
	LD-Polyethylen	PE-LD	160 ... 260	50 ... 70	1,5 ... 5,0	100 ... 120
	HD-Polyethylen	PE-HD	260 ... 300	30 ... 70	1,5 ... 3,0	
	Polypropylen	PP	250 ... 270	50 ... 75	1,0 ... 2,5	
	Polypropylen GF	PP-GF	260 ... 280	50 ... 80	0,5 ... 1,2	
	Polymethylmethacrylat	PMMA	210 ... 240	50 ... 70	0,1 ... 0,8	120 ... 150
	Polyethylenterephthalat	PET	260 ... 290	140	1,2 ... 2,0	
	Polyamid 6	PA 6	240 ... 260	70 ... 120	0,5 ... 2,2	110 ... 140
	Polyamid 6-GF	PA 6-GF	270 ... 290	70 ... 120	0,3 ... 1,0	
	thermoplastisches Polyurethan	PUR	195 ... 230	20 ... 40	0,9	
Duromere	Phenolharze	PF	60 ... 80	170 ... 190	1,2	140 ... 175
	Melaminharze	MF	70 ... 80	150 ... 165	1,2 ... 2,0	
	Polyesterharze	UP	40 ... 60	150 ... 170	0,5 ... 0,8	
	Epoxidharze	EP	ca. 70	160 ... 170	0,2	

Durch Gestaltung der eingesetzten Formen sind praktisch alle Größen und Formen von Spritzgussteilen produzierbar, wie zum Beispiel Gehäuse von Elektrogeräten, Tassen, Becher, Schüsseln, Spielzeuge, Compact Discs, Schalter, Zahnräder usw.

9.9.2.3 Extrudieren

Das Extrudieren arbeitet kontinuierlich. Dabei fördert die Schnecke der Plastifiziereinheit die Kunststoffmasse direkt zur Spritzdüse, über die sie in das formgebende Werkzeug gelangt. Aus diesem tritt das abgekühlte Fertigprodukt als Endlosstrang aus (Bild 1). Je nach eingesetzter Form erhält man verschiedene Produkte (Tabelle 2).

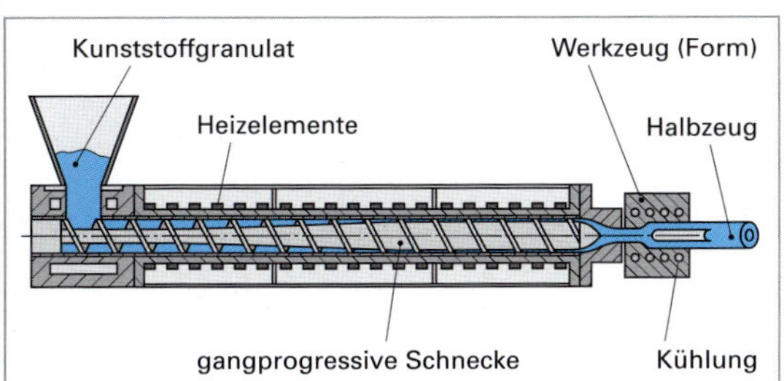

Bild 1: Extrudieren

Tabelle 2: Produkte beim Extrudieren

Formgebendes Werkzeug	Produkte (Beispiele)
Breitschlitzdüse	Folien, Tafeln
Lochdüse	Stangen, Stäbe
Ringdüse	Schlauchfolien, Rohre, Schläuche
Profildüse	Profile

9.9.2.4 Kalandrieren

Kontinuierlich gelangt die zähe Kunststoffschmelze aus dem Extruder auf eine temperierte Walzenanlage. Am gebräuchlichsten sind Einheiten mit vier Walzen, die je nach ihrer Anordnung als I-, F-, Z- oder S-Kalander (Bild 1, Seite 494) bezeichnet werden. Die Walzen dienen gleichzeitig als Druckgeber, Transportmittel und formende Oberfläche. Produkte sind je nach Einstellung der Walzenspalten des Kalanders Platten, Tafeln oder Folien.

9.9.2.5 Umformen

Beim Umformen von thermoplastischen Halbzeug geht man z. B. von Tafeln oder Rohren aus, die durch Einfluss von Wärme erweichen, d. h. in den thermoplastischen Zustand gebracht und dann einer Formgebung unterworfen werden **(Warmformung).** Zur Formung ist meist nur ein Halbwerkzeug (eine Halbform) erforderlich. Beim Verwenden einer Positivform wird das erwärmte Halbzeug, z. B. eine Kunststofftafel, in einer Halterung fixiert und durch Einwirkung der Positivform in die fertige Gestalt gebracht. Nach dem Abkühlen erfolgt die Entnahme des Fertigteils (Bild 2).

Beim **Vakuumformen** arbeitet man mit einer Negativform (Hohlform), in die durch Anlegen eines Unterdrucks das erweichte Kunststoffmaterial eingesogen wird (Bild 3). Bekannte Kunststoffteile, die durch Vakuumformen hergestellt werden, sind Lebensmittelverpackungen, Trinkbecher, Schubkasteneinsätze u. a.

Zur Herstellung von z. T. kompliziert geformten Hohlkörpern (Flaschen, Kraftstofftanks) eignet sich das **Blasformen.** Der aus einem Extruder gelangende, warme Schlauch wird in eine geöffnete zweiteilige Form geleitet und abgeschnitten. Nach dem Schließen der Form wird der plastische Kunststoffschlauch durch Druckluft über einen Blasdorn an die Innenfläche der Form gelegt, dort ausgeformt und abgekühlt. Durch Öffnen der Form wird das Fertigteil ausgeworfen (Bild 1, Seite 495). Die Kühlung ist notwendig, damit das Produkt seine Form nicht verliert.

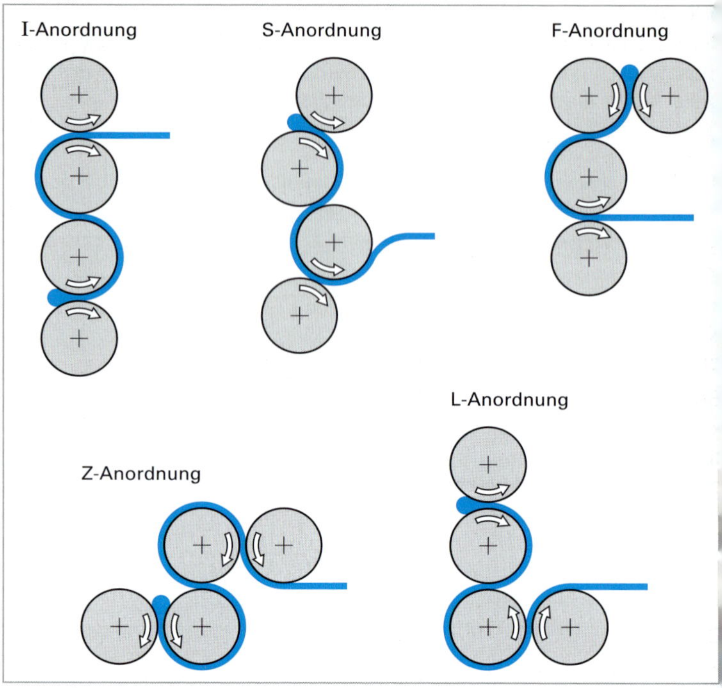

Bild 1: Unterschiedliche Walzenanordnungen beim Kalandrieren

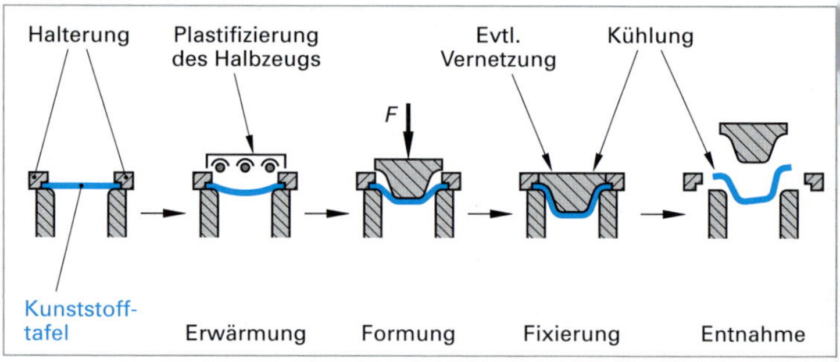

Bild 2: Arbeitsgänge beim Warmformen

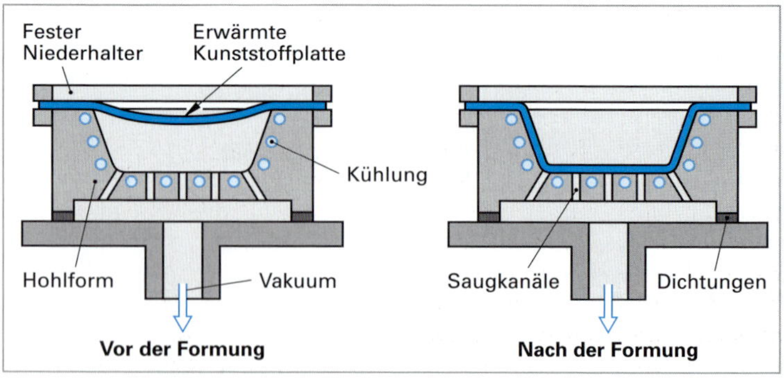

Bild 3: Prinzip des Vakuumformens

9.9.3 Mechanische Bearbeitung

Der große Vorteil bei der Herstellung von Kunststoffprodukten besteht darin, dass durch die einzelnen formgebenden Verfahren das Endprodukt praktisch ohne weitere Bearbeitung direkt verwendet werden kann. Häufig ist es aber doch notwendig, Kunststoffteile oder -halbzeug mechanisch zu bearbeiten. Die Arbeitsgänge ähneln den im Metall- und Holzbereich gängigen Verfahren:

- **Trennen:** Bohren, Drehen, Fräsen, Sägen, usw.
- **Zerteilen:** Schneiden, Stanzen
- **Oberflächenbearbeitung:** Schleifen, Polieren
- **Fügen:** Kleben, Schweißen.

Bei den **trennenden** und **zerteilenden Verfahren** muss das Werkzeug sehr scharf sein, da sonst der Kunststoff durch Reibungswärme plastisch verformt werden kann.

Beim **Schleifen** und **Polieren** kommt es neben einem abtragenden Effekt von Unebenheiten auf dem Kunststoffteil zu einer glättenden Wirkung durch kurzzeitige Plastifizierung und Zerfließen der Unebenheiten durch örtliche Erwärmung.

Da viele für die Teileherstellung verwendeten Kunststoffe selbst Grundlage für Klebstoffe sind, genügt es beim **Kleben** häufig, die Klebestellen durch schnell wirkende Lösungsmittel anzulösen. Die plastisch gewordenen Klebeflächen fügt man durch Druck aneinander. Nach dem Verdunsten des Lösungsmittels erhält man eine in der Regel sehr feste Verbindung. Wichtig ist die Wahl des geeigneten Lösungsmittels, das den Klebstoff lösen kann, aber nicht mit den zu fügenden Teilen reagiert.

Voraussetzung für das **Schweißen** ist die Schweißbarkeit des Werkstoffs. Unter den Kunststoffen erfüllen nur die Thermoplaste diese Bedingung. Sie werden bei Anwendung von Wärme plastisch und können durch Aneinanderpressen miteinander verbunden werden. Dabei verbinden sich die Kunststoffteile durch gegenseitige Diffusionsprozesse der Makromoleküle. Je nach Art der Wärmezufuhr unterscheidet man:

- Warmgasschweißen
- Direktes Erwärmen auf einem Heizelement (z. B. Kunststofffolien auf Heizdraht)
- Ultraschallschweißen

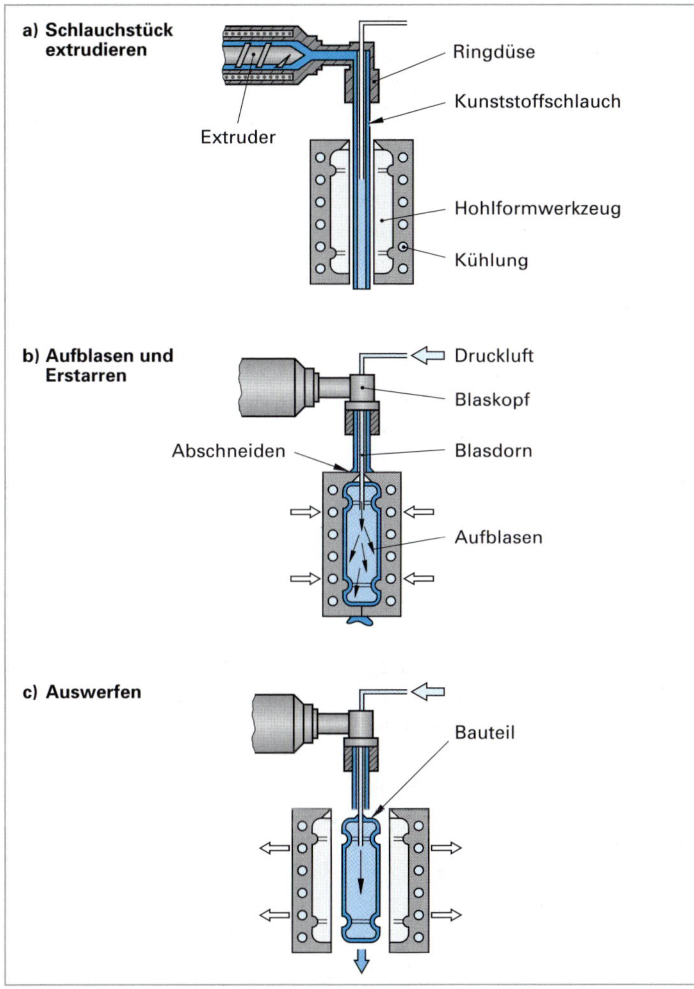

Bild 1: Arbeitsgänge beim Blasformen

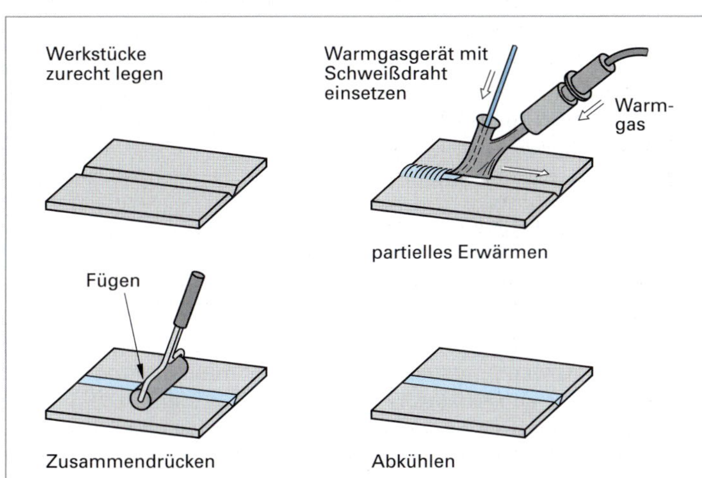

Bild 2: Arbeitsgänge beim Warmgasschweißen

- Hochfrequenzschweißen
- Reibschweißen

Beim Warmgasschweißen (Bild 2, Seite 495) leitet man durch eine Düse Warmgas auf die zu fügenden Flächen und den Schweißdraht aus dem gleichen Plastomer. Durch Einwirken von Druck zerfließen die plastisch gewordenen Kunststoffe ineinander und bewirken nach dem Abkühlen die Fügung.

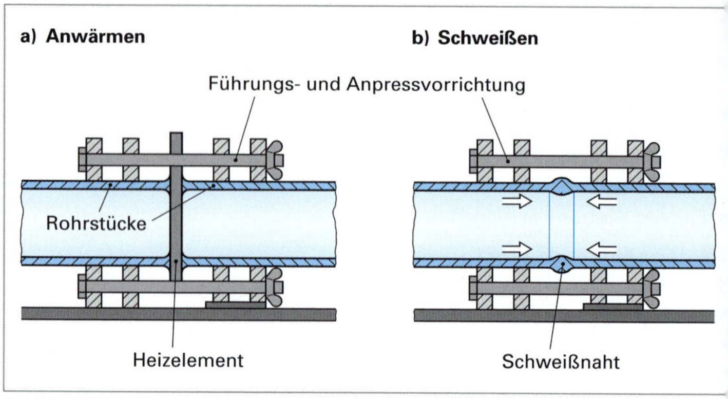

Bild 1: Heizelementschweißen

Beim Heizelementschweißen (Bild 1) werden die zu fügenden Teile durch Anlegen an ein Heizelement so weit erwärmt, dass der Kunststoff plastisch wird. Das Heizelement wird entfernt und die Teile werden sofort zum Verschweißen aneinandergepresst.

Ultraschall- und Hochfrequenzschweißen werden vorwiegend zum Schweißen von Folien und Bahnen eingesetzt. Die notwendige Erwärmung wird dabei einmal durch energiereiche Ultraschallwellen, zum anderen durch Anlegen eines elektrischen Hochfrequenzfeldes erreicht (Bild 2).

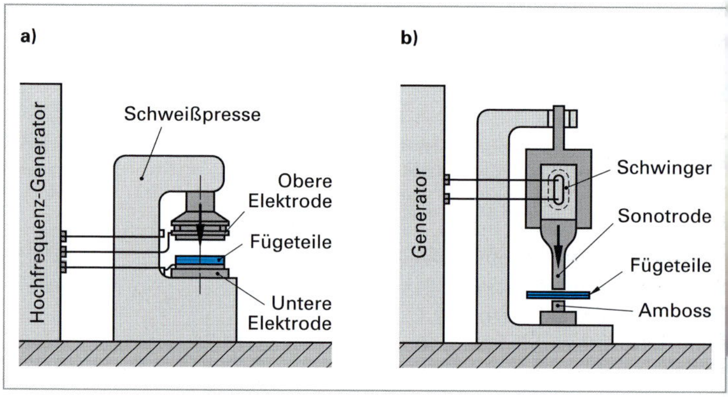

Bild 2: a) Hochfrequenzschweißen b) Ultraschallschweißen

Durch Reibschweißen werden Rohre und Stangen verbunden (Bild 3). Dabei wird ein Rohrteil fest eingespannt, das andere Fügeteil wird in einer Halterung befestigt, die in Rotation versetzt werden kann. Sobald durch die entstehende Reibungswärme an den Berührungsflächen die Schweißtemperatur erreicht ist, wird das rotierende Rohrstück rasch abgebremst und weiter an das stillstehende Fügeteil gepresst, bis die Schweißverbindung erfolgt ist.

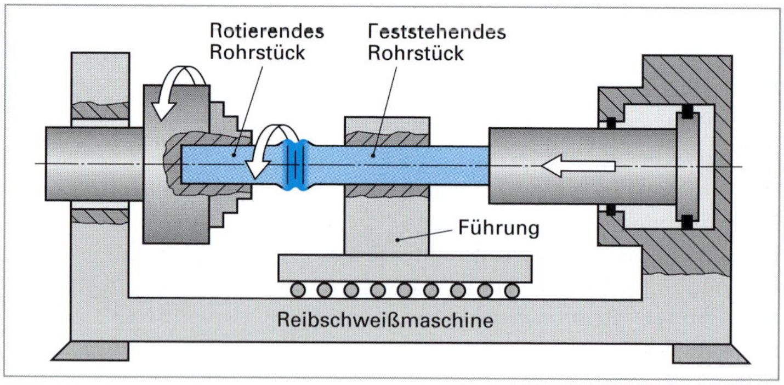

Bild 3: Reibschweißen

9.9.4 Verarbeitung aus Lösungen und Dispersionen

Bedeutende Anwendungsgebiete für die Verarbeitung von Kunststoffen in gelöster oder dispergierter Form sind **Lacke** und **Klebstoffe**. Für beide Verwendungszwecke ist es nötig, dass die eingesetzten Kunststoffe in der Lage sind, eine zusammenhängende dünne Schicht, d. h. einen Film zu bilden (Bild 1, Seite 497). Während es bei der Verwendung als Lack darauf ankommt, Oberflächenschutz mit Ästhetik zu kombinieren, ist es bei der Verwendung als Klebstoff nötig, zwei Körper über ihre Oberfläche dauerhaft miteinander zu verbinden.

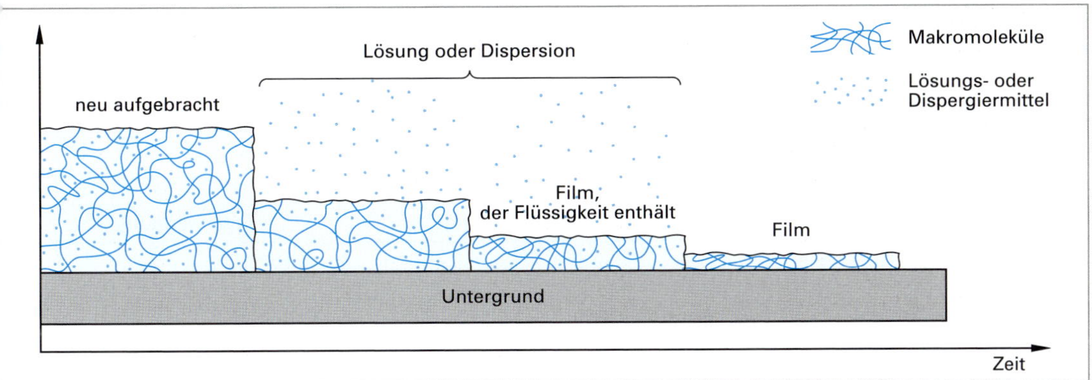

Bild 1: Physikalische Stoffbildung: Vorgang der Filmbildung aus Lösungen, Dispersionen (schematische Darstellung)

Zur Bereitung von Lösungen eignen sich insbesondere unvernetzte Kunststoffe, wobei mit steigender Moleküllänge der Makromoleküle die Löslichkeit abnimmt. Bei einer Dispersion wird der Kunststoff in kleinste, möglichst gleichmäßige Teilchen zerteilt und in Wasser feinst verteilt.

9.9.4.1 Lacke

Zur Herstellung von Lacken wird der Kunststoff (das Bindemittel) mit Füllstoffen und Pigmenten gemischt und in einem geeigneten organischen Lösungsmittel gelöst oder in Wasser dispergiert. Prinzipiell lassen sich mit Lacklösungen dünnere Schichten erzielen als mit Dispersionslacken. Außerdem ist die erzielte Dicke der Lackschicht abhängig vom Anteil der gelösten Bestandteile im Lösungsmittel. Nach dem Verdunsten des Lösungs- bzw. Dispergiermittels bildet sich der Lackfilm auf der Oberfläche aus (Bild 1). Bei der Gruppe der Duroplaste kommt es neben dem Trocknen zu einer Vernetzung der Makromoleküle untereinander (Aushärtung). In der Tabelle 1 sind die wichtigsten zur Lackherstellung verwendeten Kunststoffe zusammengefasst.

Tabelle 1: Kunststoffe für die Lackherstellung

Name	Anwendungsform
Alkydharze	aus Lösung
Aminoplaste	aus Lösung
Epoxidharze	aus Lösung
Phenolharze	aus Lösung
Polyacrylate	aus Dispersion und Lösung
Polyamide	hauptsächlich aus Lösung
Polyester	aus Lösung
Polyurethane	aus Lösung

9.9.4.2 Klebstoffe

Als Ausgangsstoffe für die Herstellung von Klebstoffen kann man neben natürlichen Materialien (Casein, Stärke usw.) synthetische Produkte, d. h. Polymere verwenden (Tabelle 1, Seite 498). Eine ausführliche Übersicht über Klebstoffe findet sich in DIN 16 920.

Für eine dauerhafte Verklebung muss der Klebstoff das Material gut benetzen und dann aushärten. Dabei bildet sich ein makromolekularer Klebstofffilm, der die zu fügenden Teile durch **Oberflächenhaftung** (**Adhäsion**) und **innere Festigkeit** (**Kohäsion**) zusammenhält (Bild 2). Das Entstehen des Klebstofffilms und die Aushärtung können durch **physikalisches** oder **chemisches Binden** erfolgen.

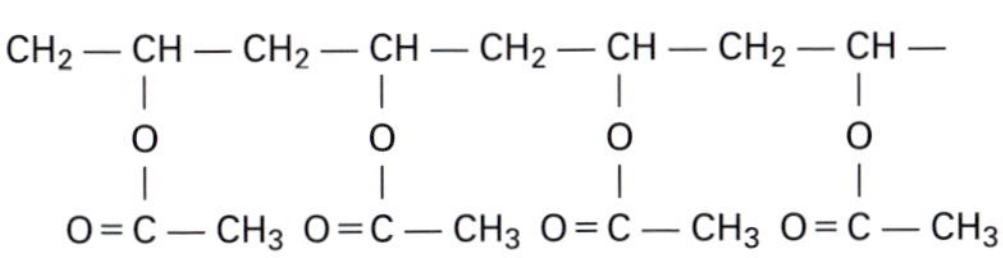

Polyvinylacetat

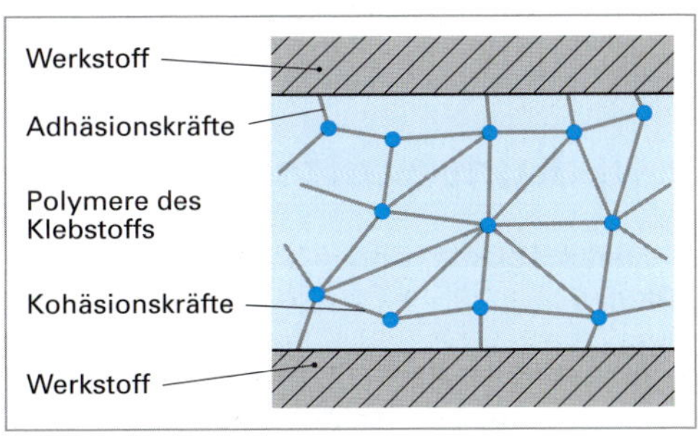

Bild 2: Kräfte beim Kleben

Bei physikalischem Binden kann die Bildung des Kunststofffilms durch Verdampfen des Lösungsmittels erfolgen, in dem der Klebstoff bereits als Makromolekül vorliegt, oder durch Abkühlen einer Schmelze. Zur ersten Gruppe gehören z. B. **Alleskleber** (Polyvinylacetat in Aceton oder Essigester gelöst) oder die **Haft-** und **Kontaktkleber,** bei denen das Lösungsmittel vor der Verklebung verdampft und der Klebevorgang durch Druck bewirkt wird.

Tabelle 1: Auswahl von Kunststoffen, die als Basis für Klebstoffe dienen

Name	Art der Verfestigung	Verwendung
Copolymerisate des Butadiens mit Acrylnitril und Styrol Polyacrylate Polyester Polyvinylacetat	durch Trocknen	Kontaktkleber Dispersionskleber Dispersionskleber Alleskleber
Ethencopolymerisate Polyamide	durch Abkühlen	Schmelzkleber Schmelzkleber
Aminoplaste Cyanacrylate Epoxidharze Phenoplaste Polyurethane Silicone	durch chemische Reaktion	Spanplattenherstellung Sekundenkleber Metallklebstoffe, Zweikomponentenkleber Holzklebstoffe Zweikomponentenkleber für hochelastische und wärmebeständige Verklebungen

Schmelzkleber werden durch Erwärmen erweicht und verfestigen sich wieder beim Abkühlen.

Beim chemischen Binden bilden und vernetzen sich Makromoleküle erst während des Härtens aus Monomeren in einer Polyreaktion und bilden dann den Haftfilm. Die chemisch bindenden Klebstoffe heißen auch **Reaktionsklebstoffe.** Sie besitzen z. T. außerordentliche Klebeleistungen:

- Bei Zweikomponentenklebern reagieren durch die Polyadditions- oder Polykondensationsreaktion zwei Komponenten zu einem dreidimensionalen Netzwerk, das weder löslich noch schmelzbar ist. Vor Gebrauch wird der eigentliche Klebstoff durch Mischen zweier Substanzen hergestellt und steht dann für eine kurze Zeitspanne (Topfzeit) zum Gebrauch zur Verfügung.
- Ein hervorragender Einkomponentenklebstoff ist das Cyanacrylat (Sekundenkleber). Die Polymerisation der Ausgangssubstanz Cyanacrylsäuremethylester wird durch die Feuchtigkeit der Luft in Gang gesetzt.

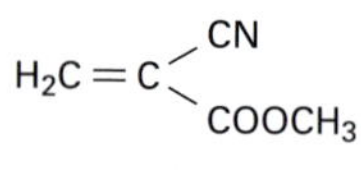

Cyanacrylsäuremethylester

9.10 Kunststoffe und Umwelt

Umweltprobleme können bei der Herstellung, der Verwendung und der Entsorgung von Kunststoffen auftreten.

Umweltprobleme bei der Kunststoffherstellung

Eine ganze Reihe von Monomeren, die für die Kunststoffherstellung benötigt werden, sind giftig oder krebserregend. Die Tabelle 1, Seite 499 enthält eine Auswahl technisch bedeutender Monomere.

Tabelle 1: Auswahl problematischer Ausgangsstoffe für die Kunststoffherstellung

Monomer	Toxikologische Bewertung	Emissionen bei der Herstellung des Polymeren
Vinylchlorid	giftig, krebserregend	0,1 ... 0,5 kg Vinylchlorid/t PVC Abwasser: 0,1 ... 2 kg/t PVC
Acrylnitril	giftig, krebserregend	k. A.
Formaldehyd	giftig, Verdacht: krebserregend	k. A.
Methacrylsäuremethylester	giftig	k. A.
Phenol	giftig, Verdacht: krebserregend	k. A.
Styrol	gesundheitsschädlich, Verdacht: krebserregend	0,05...0,2 kg Styrol/t Polystyrol

Bevor die Gefährlichkeit dieser Stoffe bekannt war, wurden bei der Kunststoffproduktion große Mengen von ihnen frei: Noch 1974 wurden bei der Produktion von einer Tonne PVC 25 kg Vinylchlorid in die Luft abgegeben. Durch Verfahrensänderungen, Arbeiten in geschlossenen Kreisläufen und Verwendung von Filtern ist es gelungen, die Gefährdung für die Beschäftigten und die Umweltbelastungen deutlich herabzusetzen. Um darüber hinaus den Anteil an gelöstem Vinylchlorid (Rest-VC) im fertigen PVC zu senken, wurde eine Intensiventgasung entwickelt. Nach der alten Verfahrenstechnik hergestelltes PVC enthielt bis zu 0,01 % Vinylchlorid. Heute ist es möglich, den Anteil an Rest-VC im Fertigprodukt auf 0,0001 % zu senken.

Umweltprobleme bei der Verwendung von Kunststoffen

Die zu Gebrauchsgegenständen verarbeiteten Kunststoffe enthalten neben Restmonomeren auch Weichmacher, Stabilisatoren und andere Zusatzstoffe, die gesundheitsschädlich sein können. Bei Lebensmittelverpackungen und -behältern können Schadstoffe in die Lebensmittel eindringen.

Baumaterialien, die unter Verwendung von Kunststoffen gefertigt sind, geben geringe Mengen von Monomeren an die Luft ab. So ist die Belastung von Innenräumen durch Formaldehyd aus Spanplatten bekannt geworden, in denen Formaldehydharze als Bindemittel verwendet wurden. Durch die Schaffung von Grenzwerten soll eine gesundheitliche Beeinträchtigung des Menschen vermieden werden.

Umweltprobleme bei der Entsorgung von Kunststoffen

Durch die immer vielfältigeren Verwendungsmöglichkeiten der Kunststoffe im täglichen Leben und die Zunahme im Verpackungsbereich, steigt ihr Anteil an Müll stark an und liegt in der Bundesrepublik Deutschland bei etwa 1 Million t pro Jahr. Hierbei treten zwei Probleme auf: zum einen fallen große Mengen an, zum anderen haben die Abfälle ganz unterschiedliche Zusammensetzungen. Daneben ergeben sich zusätzlich Schwierigkeiten aus der Tatsache, dass die Kunststoffe eine große Beständigkeit besitzen, die entweder grundsätzlich vorhanden ist oder durch die Verwendung von Stabilisatoren erreicht wird. Die Anforderungen an Kunststoffe (Beständigkeit gegen Licht, Feuchtigkeit und mikrobiellen Abbau) stehen damit einer einfachen Beseitigung der Kunststoffabfälle entgegen.

Für die meisten Kunststoffe ist die Verbrennung in einer Müllverbrennungsanlage die einzig wirksame Art der Beseitigung. Neben Wasser und Kohlenstoffdioxid treten in den Verbrennungsgasen jedoch z. T. giftige Verbindungen auf. Wichtiger Bestandteil einer modernen Müllverbrennungsanlage ist daher eine Rauchgasreinigung, in der die Abluft wirkungsvoll entgiftet wird. Trotz der gewonnenen Heizenergie ist die Müllverbrennung eine teure Beseitigung des Kunststoffmülls.

Zur Wiederverwertung (Recycling) sind zwei Verfahren besonders wichtig: das **Umschmelzen** und die **Pyrolyse**. Zum Umschmelzen sind alle Thermoplaste geeignet, sofern sie sortenrein und in größerer Menge anfallen. Das ist praktisch nur bei Abfällen aus Kunststoffherstellungs- und Fertigungsbetrieben gegeben. Je unsortierter und damit unreiner das Kunststoffgemisch ist, umso minderwertiger ist das erhaltene Produkt. Bei der Pyrolyse werden die Kunststoffe durch Erhitzen in Abwesenheit von Sauerstoff in ihre chemischen Bausteine zerlegt. Dabei entstehen flüssige und gasförmige Pyrolyseprodukte, die als Brennstoffe oder als Chemierohstoffe verwendet werden können.

10 Keramische Werkstoffe

Der Begriff **Keramik** ist eine Ableitung aus dem griechischen Wort „*keramos*" und bedeutet soviel wie To oder Töpferware. Keramische Werkstoffe sind die ältesten von Menschen erzeugten und genutzten Werkstoffe. Sie wurden bereits vor etwa 15000 Jahren zur Herstellung von Nutzgefäßen und figürlichen Darstellungen und vor etwa 10000 Jahren zur Herstellung von Ziegelsteinen verwendet. Der Ursprung der Keramik reicht damit weit vor die Nutzbarmachung von Kupfer (vor etwa 9000 Jahren) oder Bronze (vor etwa 5000 Jahren) zurück. Obwohl Keramik der älteste von Menschenhand geschaffene synthetische Werkstof ist, fand er zu Beginn nur in Form von Bau- und Gebrauchskeramiken eine breite Anwendung. Erst gegen Ende des 19. Jahrhunderts führten Fortschritte in der Werkstoffwissenschaft zu ersten technischen Anwendungen, wie zum Beispiel Isolatoren für Strom- und Telegrafenleitungen.

Keramiken können die herkömmlichen Werkstoffe wie etwa die Metalle oder die Kunststoffe nicht verdrängen. Durch den sinnvollen Einsatz von Keramiken ist es jedoch möglich, maßgeschneiderte Produkte herzustellen, die völlig neue Problemlösungen ermöglichen.

> **ⓘ Information**
>
> **Einsatz von Keramiken**
>
> Der Einsatz keramischer Werkstoffe hat sich heute bereits in einer Vielzahl von Anwendungen gerade dort bewährt, wo eine hohe Härte, große Verschleißbeständigkeit, hohe Korrosionsresistenz und gute Temperaturbeständigkeit bei geringem Gewicht gefordert werden. Voraussetzung für den erfolgreichen Einsatz von Keramiken ist allerdings eine werkstoffgerechte Konstruktion und Fertigung sowie eine keramikgerechte Anwendung.

10.1 Einordnung keramischer Werkstoffe

Keramiken gehören zur Gruppe der nichtmetallisch-anorganischen Werkstoffe (Bild 1). Sie haben ein meist heterogenes, polykristallines Gefüge, das gewisse amorphe Anteile als bindende Phase aufweist. Der kristalline Anteil beträgt mindestens 30 %. Keramische Werkstoffe sind durch Atombindungen und/oder Ionenbindungen gekennzeichnet. Im englischen Sprachgebrauch umfasst der Begriff **ceramics** zusätzlich auch Glas, Glaskeramik und anorganische Bindemittel (Zement, Kalk, Gips).

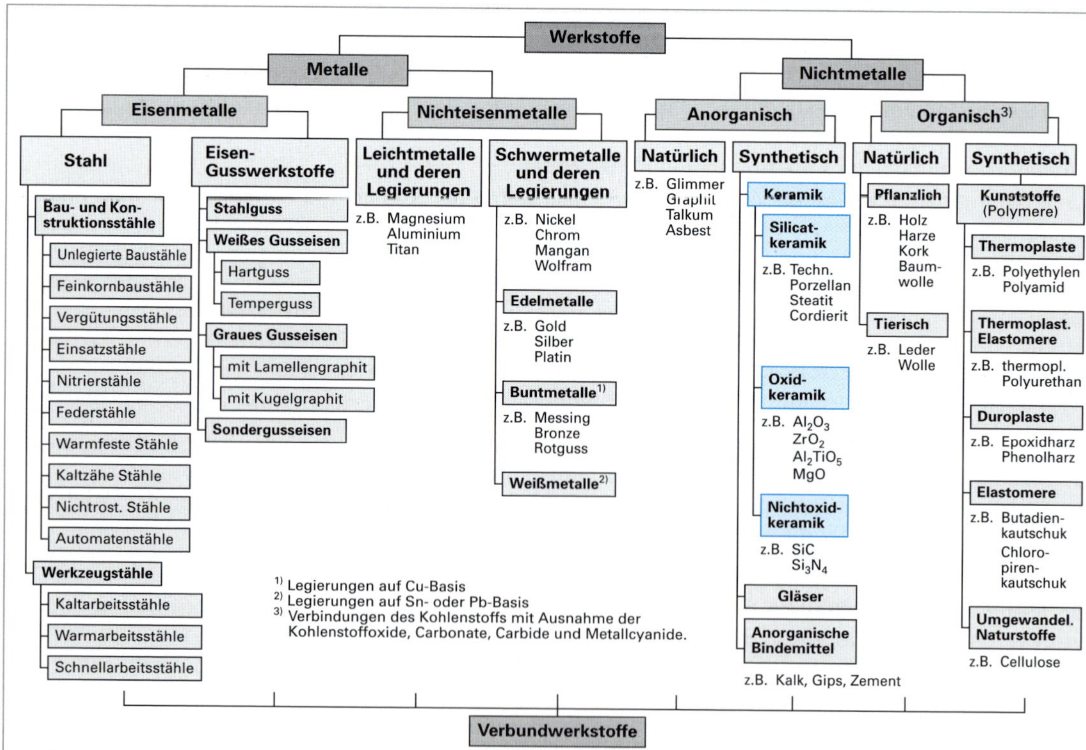

Bild 1: Einordnung keramischer Werkstoffe

10.2 Eigenschaften keramischer Werkstoffe

Die Eigenschaften der keramischen Werkstoffe und damit ihre Verwendung, unterscheiden sich grundlegend von anderen Werkstoffgruppen, wie etwa den Metallen oder den Kunststoffen. Nachfolgend sollen die Besonderheiten im Eigenschaftsprofil der keramischen Werkstoffe herausgestellt werden.

	Keramik	Metall
Hochtemperaturfestigkeit	↑	↓
Härte	↑	↓
Verschleißbeständigkeit	↑	↓
Dichte	↓	↑
Verformbarkeit / Zähigkeit	↓	↑
Thermische Ausdehnung	↓	↑
Wärmeleitfähigkeit	↑↓	↑
Elektrische Leitfähigkeit	↑↓	↑
Korrosionsbeständigkeit	↑	↓
Verschleißbeständigkeit	↑	↓

↑ Tendenz zu hohen Werten
↓ Tendenz zu niedrigen Werten

Bild 1: Vergleich der Eigenschaften keramischer und metallischer Werkstoffe

10.2.1 Allgemeine Eigenschaften

Keramische Werkstoffe haben gegenüber anderen Werkstoffgruppen eine Reihe vorteilhafter Eigenschaften. Zu ihnen gehören:

- Hohe Härte
- Hohe Verschleißbeständigkeit
- Hochtemperaturfestigkeit
- Hohe Beständigkeit gegen korrosive Medien
- Hohe Temperaturbeständigkeit
- Teilweise geringes spezifisches Gewicht
- Geringe thermische Ausdehnung
- Hoher Elastizitätsmodul
  (Ausnahme: Silicatkeramiken und Aluminiumtitanat)

Nachteilige Eigenschaften der keramischen Werkstoffe sind:

- Keine plastische Verformbarkeit
- Teilweise hohe Fertigungskosten

Bild 1 zeigt einen qualitativen Vergleich der Eigenschaften keramischer und metallischer Werkstoffe.

Keramische Werkstoffe haben vielfältige Eigenschaften, die man sich für zahlreiche technische Anwendungen zunutze macht. Anwendungsrelevante Eigenschaften der keramischen Werkstoffe sind in Tabelle 1 zusammengestellt.

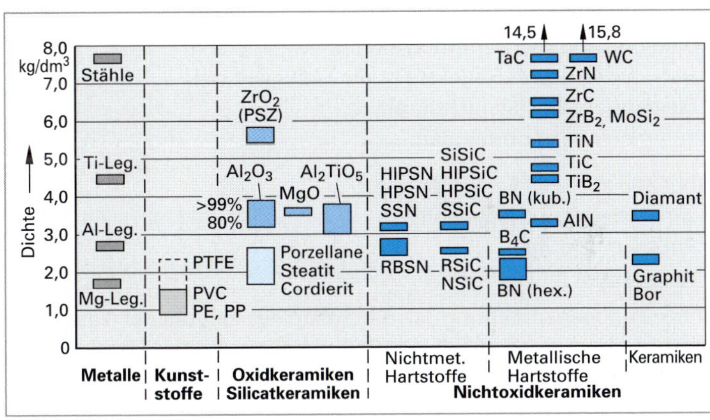

Bild 2: Dichten unterschiedlicher Werkstoffe (Anhaltswerte)

Tabelle 1: Anwendungsrelevante Eigenschaften keramischer Werkstoffe

Anwendung	Relevante Eigenschaft
Mechanisch	Festigkeit, Härte, Verschleißbeständigkeit, Dichte, Steifigkeit (E-Modul). *Beispiele:* Wendeschneidplatten, Gleit- und Wälzlager, Schleif- und Poliermittel
Thermisch	Wärmeausdehnung, Temperaturwechselbeständigkeit, Hochtemperaturbeständigkeit, Alterungsbeständigkeit. *Beispiele:* Schweiß- und Brennerdüsen, Kolbenböden
Chemisch Biologisch	Korrosionsbeständigkeit, Biokompatibilität, Inertheit; *Beispiele:* Implantate und Prothesen
Elektrisch	Elektrischer Widerstand, Durchschlagfestigkeit, dielektrische Eigenschaften. *Beispiele:* Zündkerzen, Langstabisolatoren
Elektromechanisch	Piezoeffekt. *Beispiele:* Tongeber, Schwingquarze
Elektrochemisch	Ionenleitfähigkeit. *Beispiele:* Lambda-Sonde, Sauerstoffmesssonden
Kerntechnisch	Strahlungsresistenz. *Beispiel:* Absorberwerkstoff in der Kerntechnik

10.2.2 Physikalische Eigenschaften

Die Dichte vieler keramischer Werkstoffe beträgt etwa 20 % bis 70 % der Dichte von Stahl (Bild 2, Seite 501). Durch den Einsatz keramischer Werkstoffe besteht damit die Möglichkeit zur Massereduktion. Dies ist sowohl für bewegte Teile im Maschinenbau, insbesondere aber auch im Fahrzeugbau sowie in der Luft- und Raumfahrttechnik von großem Interesse (z. B. Treibstoffeinsparung).

10.2.3 Mechanische Eigenschaften

Zu den wichtigsten mechanischen Eigenschaften keramischer Werkstoffe gehören die Festigkeit und Härte, die mitunter bis in den Bereich hoher Temperaturen erhalten bleiben. Charakteristisch ist jedoch auch eine sehr hohe Sprödigkeit.

10.2.3.1 Festigkeit und Hochtemperaturfestigkeit

Die Festigkeit der Keramiken ist eine Größe, die im Gegensatz zu den Metallen einerseits sehr großen Streuungen unterliegt (Bild 1) und andererseits in hohem Maße von vielfältigen Einflussgrößen abhängt, die ihrerseits wieder vom Herstellungsverfahren und von den Fertigungsbedingungen beeinflusst werden. In der Regel steigt die Festigkeit mit

- steigendem Kristallinitätsgrad,
- zunehmender Kornfeinheit.

Hingegen sinkt die Festigkeit mit

- zunehmendem Glasgehalt,
- Poren im Gefüge,
- Mikrorissen im Gefüge.

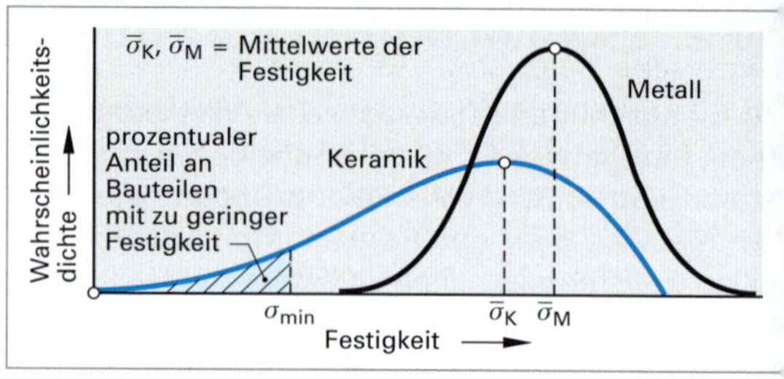

Bild 1: Wahrscheinlichkeistverteilung der Festigkeit metallischer und keramischer Werkstoffe

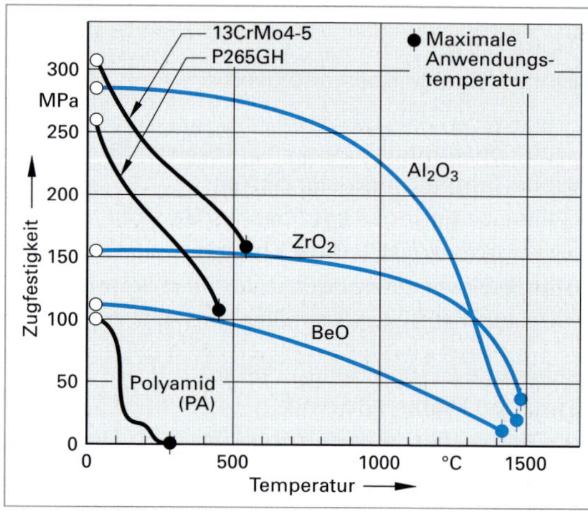

Bild 2: Temperaturabhängigkeit der Festigkeit ausgewählter Konstruktionswerkstoffe

Unter Zugbeanspruchung ist die Festigkeit zahlreicher keramischer Werkstoffe mit den Stählen vergleichbar. Herausragend ist jedoch ihre hervorragende Druckfestigkeit, die ein Vielfaches der Zugfestigkeit erreichen kann, sowie ihre sehr gute Hochtemperaturfestigkeit (Bild 2).

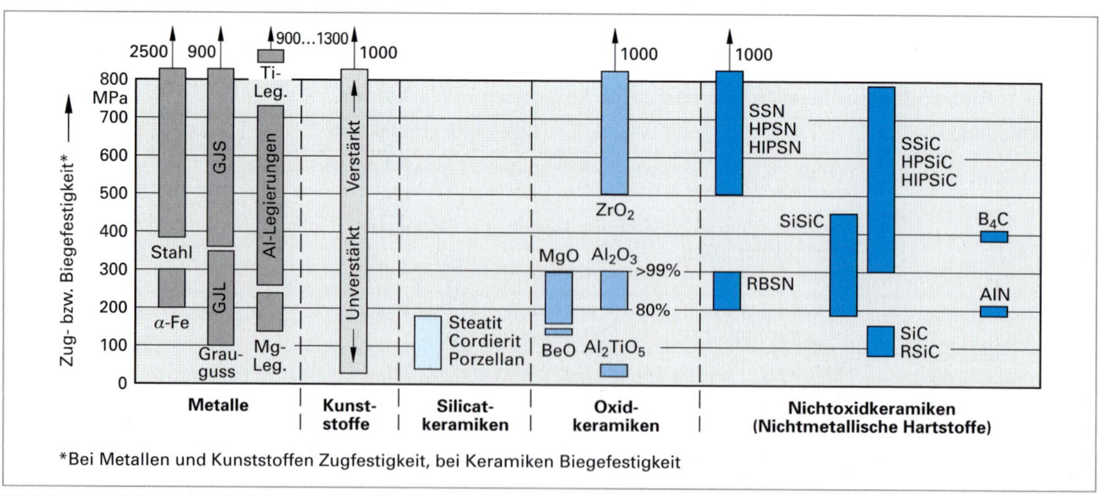

Bild 3: Vergleich der Festigkeiten unterschiedlicher Werkstoffe (Anhaltswerte)

Aufgrund ihrer Hochtemperaturfestigkeit sind die keramischen Werkstoffe für den Einsatz bei hohen Temperaturen geradezu prädestiniert. Dennoch muss bei den keramischen Werkstoffen beachtet werden, dass die Festigkeit mit der Temperatur sinkt, jedoch nicht in gleichem Ausmaß, verglichen mit vielen metallischen Werkstoffen wie z. B. den Stählen. Unter dem Einfluss von Zug- oder Scherspannungen sowie durch das Vorhandensein der in der Regel ungeordneten (amorphen) Korngrenzensubstanz, kann ein Festigkeitsverlust allerdings bereits bei Temperaturen deutlich unterhalb der maximalen Anwendungstemperatur eintreten. Einen Festigkeitsvergleich zeigt Bild 3, Seite 502.

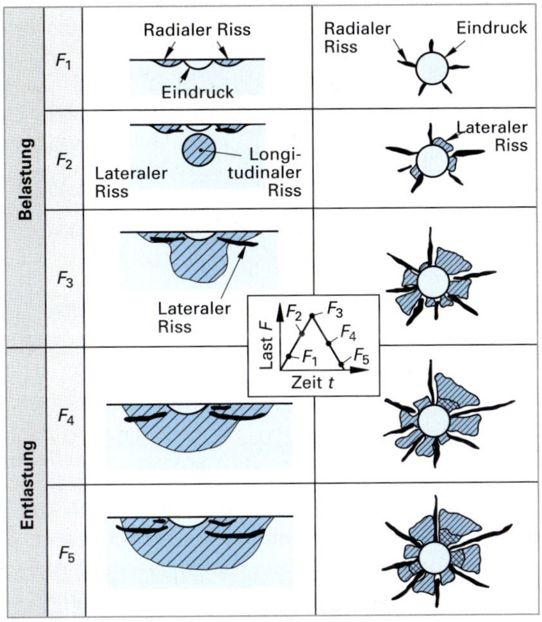

Bild 1: Entstehung eines Eindrucks bei der Härtemessung an Keramiken

10.2.3.2 Härte

Die Härte keramischer Werkstoffe wird häufig nach Vickers (Mikrohärte) gemessen. Während bei metallischen Werkstoffen die Härte in der Regel durch Ausmessen eines bleibenden Eindrucks ermittelt wird (Kapitel 13.5.6.2), treten bei keramischen Werkstoffen bei Raumtemperatur allerdings keine plastischen Verformungen auf. Dennoch ergibt sich bei der Härteprüfung an Keramiken ein messbarer Eindruck, der jedoch von einer starken Rissbildung in radialer und lateraler Richtung sowie in die Tiefe begleitet wird (Bild 1).

Verglichen mit anderen Werkstoffgruppen haben viele Keramiken eine außerordentlich hohe Härte, die primär von der Art des Werkstoffs sowie von dessen Gefüge bestimmt wird. Da eine hohe Härte in der Regel

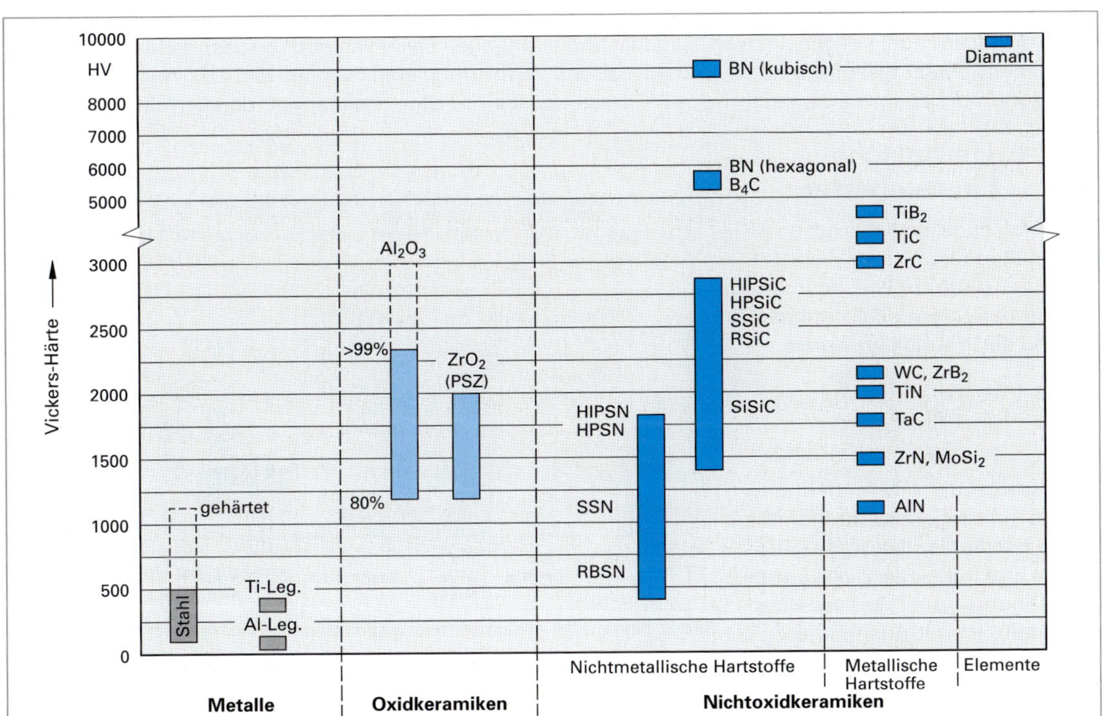

Bild 2: Vickers-Härte unterschiedlicher Werkstoffe (Anhaltswerte)

auch zu einem günstigen Verschleißwiderstand führt, können viele keramische Werkstoffe vorteilhaft unter Reibungs- und Verschleißbedingungen eingesetzt werden. Allerdings ist es bislang noch nicht gelungen, einen Zusammenhang der Werkstoffeigenschaft Härte mit der Systemeigenschaft Verschleißbeständigkeit zu finden.

Bild 2, Seite 503, zeigt die Härte technisch wichtiger Keramiken im Vergleich zu anderen Werkstoffgruppen.

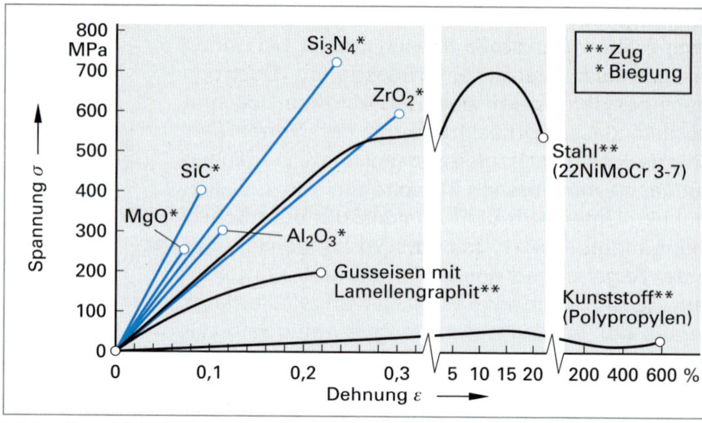

Bild 1: Vergleich der Spannungs-Dehnungs-Diagramme keramischer Werkstoffe mit Metallen und Kunststoffen

10.2.3.3 Verformbarkeit und Zähigkeit

Die plastische Verformbarkeit eines Werkstoffs ist an die Bewegung von Versetzungen gebunden. Da keramische Werkstoffe im Vergleich zu den Metallen nur sehr wenige Versetzungen mit darüber hinaus beschränkten Gleitmöglichkeiten aufweisen (z. B. Al_2O_3: $10^2 \ldots 10^4/cm^2$, Stahl: $10^5 \ldots 10^{12}/cm^2$), zeigen keramische Werkstoffe eine ausgeprägte Sprödbruchneigung. Eine den metallischen Werkstoffen vergleichbare Umformung ist daher nicht möglich. Dieses spröde Werkstoffverhalten wird besonders beim Vergleich der Spannungs-Dehnungs-Diagramme keramischer Werkstoffe mit Metallen deutlich (Bild 1).

Unter punkt- oder linienförmiger Druckkrafteinleitung entstehen unterhalb der Bauteiloberfläche Risse, die bei genügend großen Kräften zu Abplatzungen oder zum Bruch führen können. Ausgangspunkte für die Rissentstehung in keramischen Werkstoffen sind in der Regel kleine Defekte wie Poren, Verunreinigungen oder Mikrorisse. Unter mechanischer Beanspruchung beobachtet man an diesen inneren Kerbstellen eine starke Spannungsüberhöhung (Kerbwirkung), die zu einem Aufbrechen der chemischen Bindungen führen kann. Es entsteht ein Riss, der sich sehr schnell durch die Keramik hindurch ausbreiten und einen Bruch auslösen kann. Bei den duktilen Metallen findet hingegen an diesen hoch beanspruchten Stellen ein Abbau der Spannungsspitzen durch mikroplastische Verformung statt (Kapitel 13.5.7.2). Auch die Schlag- und Stoßempfindlichkeit der keramischen Werkstoffe ist eine Folge der mangelnden Duktilität.

10.2.4 Thermische Eigenschaften

Zu den wichtigsten thermischen Eigenschaften keramischer Werkstoffe gehören die Wärmeausdehnung, die Temperaturwechselbeständigkeit und die Wärmeleitfähigkeit.

10.2.4.1 Wärmeausdehnung und Temperaturwechselbeständigkeit

Die Ursache der Wärmedehnung ist eine mit steigender Temperatur zunehmende Oszillation der Atome um ihre Ruhelage. Die Wärmeausdehnung der keramischen Werkstoffe ist mit Ausnahme von Zirconiumdioxid (ZrO_2) und Magnesiumoxid (MgO) geringer im Vergleich zu Stahl oder grauem Gusseisen (Bild 2).

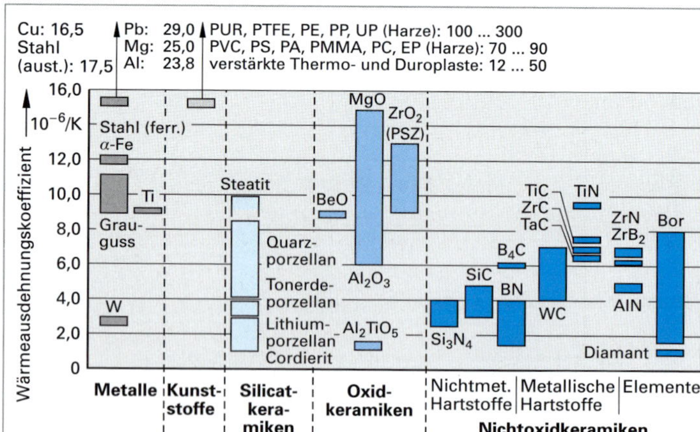

Bild 2: Linearer Wärmeausdehnungskoeffizient verschiedener Werkstoffe (Anhaltswerte)
Metalle: Werte gültig für 20 °
Kunststoffe: Mittelwerte zwischen 23 °C und 55 °C
Silicatkeramiken: Mittelwerte zwischen 30 °C und 600 °C
Übrige Keramiken: Mittelwerte zwischen 30 °C und 1 000 °C

Eine geringe Wärmeausdehnung begünstigt die Temperaturwechselbeständigkeit, also die Widerstandsfähigkeit gegenüber schnellen und großen Temperaturänderungen. Die Temperaturwechselbeständigkeit ist jedoch keine Werkstoffeigenschaft, da sie unter anderem in hohem Maße von der Bauteilgröße und von der Bauteilgeometrie abhängt.

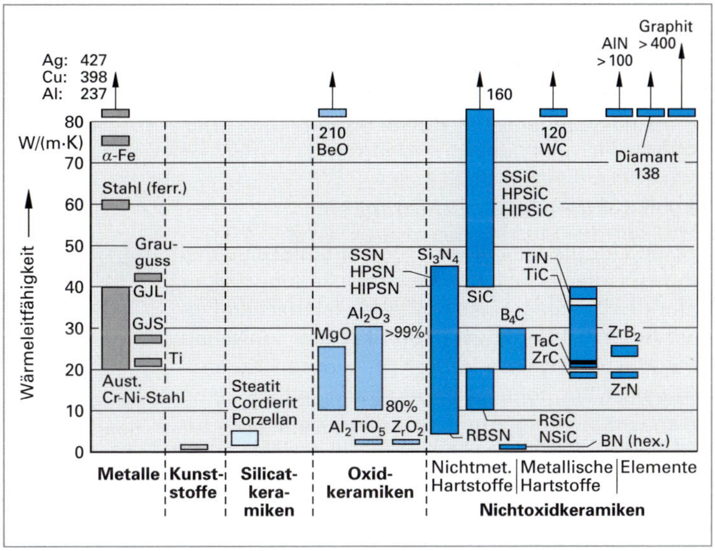

Bild 1: Wärmeleitfähigkeiten unterschiedlicher Werkstoffe (Anhaltswerte zwischen 30 °C und 100 °C)

10.2.4.2 Wärmeleitfähigkeit

Wärmeleitung erfolgt sowohl durch freie Elektronen als auch durch Gitterschwingungen. Während die gute Leitfähigkeit der Metalle auf das Vorhandensein von freien Elektronen zurückzuführen ist (Metallbindung, Kapitel 2.3.1.3), kann in nichtmetallischen Werkstoffen die Wärmeleitung nur durch Gitterschwingungen erfolgen. Nichtmetallische Werkstoffe, und damit auch die Keramiken, sind daher in der Regel schlechte Wärmeleiter. Die Wärmeleitfähigkeit keramischer Werkstoffe ist im Allgemeinen geringer im Vergleich zu Stahl, Aluminium- oder Kupferwerkstoffen (Bild 1). Eine Ausnahme stellt beispielsweise das Aluminiumnitrid (AlN) dar, welches u. a. für Wärmeleitzwecke in der Elektronik oder in der Computertechnik eingesetzt wird. Auch das Siliciumcarbid weist relativ hohe Wärmeleitfähigkeit auf.

Die Wärmeleitfähigkeit hängt von verschiedenen Faktoren ab. In der Regel sinkt sie mit

- steigender Temperatur,
- zunehmender Atommasse,
- zunehmendem Porenanteil im Gefüge.

Zahlenwerte zur Wärmeleitfähigkeit sind daher nur in engen Temperaturintervallen hinreichend konstant. Bei Angabe von Zahlenwerten muss bei keramischen Werkstoffen stets auch der Temperaturbereich für deren Gültigkeit mit angegeben werden.

10.2.5 Elektrische und magnetische Eigenschaften

Die elektrischen und die magnetischen Eigenschaften der keramischen Werkstoffe hängen in erster Linie von deren Kristallstruktur sowie vom Gefügeaufbau ab. Von besonderem Interesse für den Einsatz keramischer Werkstoffe in der Elektrotechnik, in der Elektronik und in der Computertechnik sind:

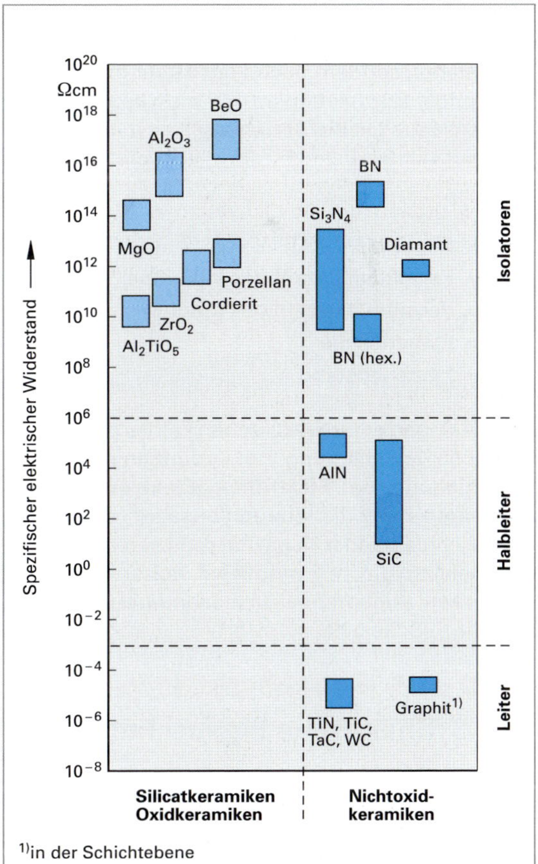

Bild 2: Spezifischer elektrischer Widerstand keramischer Werkstoffe

- Elektrische Leitfähigkeit
- Dielektrisches Verhalten
- Magnetisches Verhalten
- Besondere Eigenschaften wie Supraleitung oder Piezoelektrizität

10.2.5.1 Elektrische Leitfähigkeit

Ursache für die gute elektrische Leitfähigkeit eines Stoffes ist die Verschiebbarkeit freier Ladungsträger unter der Wirkung eines äußeren elektrischen Feldes. Aufgrund der kovalenten und/oder ionischen Bindungsverhältnisse haben die meisten Keramiken selbst bei hohen Temperaturen jedoch keine freien Ladungsträger und sind daher Isolatoren für den elektrischen Strom. Ihr spezifischer elektrischer Widerstand ist (bei Raumtemperatur) größer als 10^6 Ωcm (Bild 2, Seite 505).

Information

Halbleiter

Halbleiter sind kristalline Festkörper, deren spezifischer elektrischer Widerstand bei Raumtemperatur zwischen 10^{-3} und 10^6 (bis 10^9) Ωcm liegt. Eine Reihe keramischer Werkstoffe, wie etwa das Siliciumcarbid (SiC), zeigen unter bestimmten Voraussetzungen Halbleitereigenschaften (1 Ωcm = 10^4 Ωmm²/m).

10.2.5.2 Dielektrisches Verhalten

Die Kapazität eines Kondensators, also seine Fähigkeit elektrische Ladungen zu speichern, hängt nicht nur von seiner Geometrie (Plattengröße und Plattenabstand), sondern auch vom Medium zwischen den Kondensatorplatten ab. Für die Kapazität eines Kondensators gilt die Beziehung:

Information

Permittivitätszahl und Dielektrikum

Der Medieneinfluss zwischen den Kondensatorplatten wird durch die **Permittivitätszahl** ε_r (früher **Dielektrizitätszahl)** quantitativ erfasst. **Dielektrika** sind dabei Materialien mit geringer elektrischer Leitfähigkeit (spezifischer elektrischer Widerstand > 10^8 Ωm), die zwischen den Platten eines Kondensators angeordnet werden, um dessen Kapazität zu erhöhen. Je größer die Permittivitätszahl, desto kleiner können die Abmessungen eines Kondensators bei gleicher Kapazität gewählt werden.

$$C = \varepsilon_0 \cdot \varepsilon_r \cdot \frac{A}{d}$$

C = Kapazität
ε_0 = Permittivitätszahl des Vakuums
ε_r = Permittivitätszahl des Mediums zwischen den Kondensatorplatten
A = Plattenfläche
d = Plattenabstand

Beim Anlegen eines elektrischen Feldes an einen Kondensator tritt keine Wanderung von Elektronen, so dern eine Verschiebung von Ladungen ein **(Polarisation)**. Diese Polarisation umfasst hauptsächlich d Verschiebung von Elektronen **(Elektronenpolarisation)** oder von Ionen **(Ionenpolarisation)**. Bei de Keramiken spielt die Ionenpolarisation die wichtigste Rolle. Um die Abmessungen eines Kondensato bei gleichbleibender Kapazität reduzieren zu können, ist man bestrebt, zwischen den Kondensatorplatte ein Dielektrikum mit möglichst hoher Permittivitätszahl anzubringen. Aus der Werkstoffgruppe d Keramiken zeigen dabei insbesondere die Titanate ($MeTiO_3$ mit Me = Ba, Ca, Sr) die höchsten Wer (Tabelle 1, Seite 529).

10.2.6 Chemische Eigenschaften

Keramische Werkstoffe haben allgemein eine gute chemische Beständigkeit gegenüber vielen sauren ur alkalischen Medien, die bis zu hohen Temperaturen hin erhalten bleibt. Tabelle 1, Seite 507, gibt einen Übe blick über die Beständigkeit keramischer Werkstoffe in einer Reihe unterschiedlicher Medien. Grundsät lich hängt die Beständigkeit der Keramiken in hohem Maße vom Medium, von der Temperatur, von d Art der Keramik sowie von der Porosität des Gefüges und damit auch von der Herstellungsart ab. Mit z nehmender Porosität und damit erhöhter spezifischer Oberfläche sinkt grundsätzlich die Beständigkeit.

Tabelle 1: Chemische Beständigkeit keramischer Werkstoffe (nach Brevier Technische Keramik)

Medium		Silicatkeramik			Oxidkeramik		Nichtoxidkeramik			
		Hartporzellan	Steinzeug	Steatit	Al_2O_3	ZrO_2	Siliciumcarbid		Siliciumnitrid	
							SSiC	RBSiSiC	SSN	HPSN
Salzsäure HCl	verd.	+[1]	+[1]	+[1]	+[1]	–	+	+ (100)	+[1]	k. A.
	konz.	+[1]	+[1]	+[1]	+[1]	○	+[1]	+	–	+
Salpetersäure HNO_3	verd.	+[1]	+[1]	+[1]	+	k. A.	+	+[1]	+[1]	+
	konz.	+	+	+	+[1]	○	+[1]	+[1]	k. A.	k. A.
Schwefelsäure H_2SO_4	verd.	+[1]	+[1]	+[1]	+	k. A.	+[1]	+ (100)	+	k. A.
	konz.	+[1]	+[1]	+[1]	+[1]	–[1]	k. A.	+	k. A.	k. A.
Phosphorsäure	H_3PO_4	+[1,2]	+[1,2]	+[1,2]	+ (20)	○[1]	– (250)	+	○	+
Flusssäure	HF	–	–	–	–	– (20)	+	+	–	–
Natronlauge	NaOH	–[1]	–[1]	–[1]	○[1]	k. A.	+[1]	○ (100)	+	+
Kalilauge	KOH	k. A.	k. A.	k. A.	+[1]	+[1]	+[1]	○ (80)	+[1]	+
Natriumchlorid	NaCl	+[1]	+[1]	+[1]	+[1]	k. A.	k. A.	+	k. A.	k. A.
Kaliumchlorid	KCl	+	k. A.	k. A.	k. A.	k. A.	k. A.	+	k. A.	k. A.
Kupferchlorid	$CuCl_2$	+	+	+	k. A.	k. A.	k. A.	k. A.	k. A.	k. A.

+ beständig ggf. nur bis zur angegebenen Temperatur (in °C) ○ keine Reaktion [1] in siedender Lösung [2] beständig bis 80% H_3PO_4
– unbeständig ggf. oberhalb der angegebenen Temperatur (in °C) k.A. keine Angabe

10.3 Einteilung keramischer Werkstoffe

Die keramischen Werkstoffe können nach unterschiedlichen Gesichtspunkten eingeteilt werden.

Unter anwendungstechnischen Gesichtspunkten lassen sich die Keramiken in die folgenden Hauptgruppen einteilen (Bild 1):

- Gebrauchskeramik
- Baukeramik
- Technische Keramik

Anstelle des Begriffs **Technische Keramik** werden mitunter auch die Bezeichnungen **Ingenieurkeramik** oder **Hochleistungskeramik** verwendet.

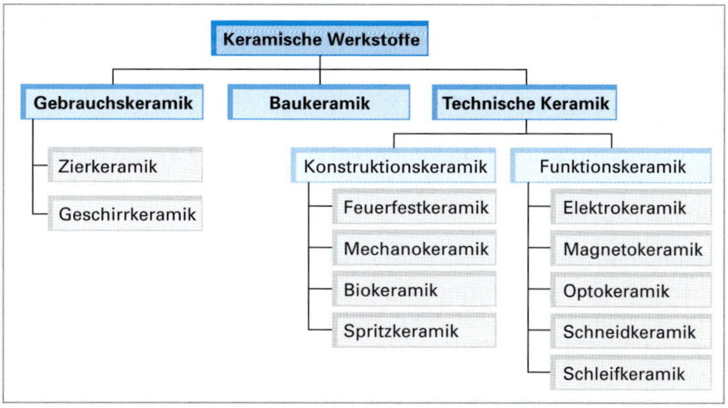

Bild 1: Einteilungsmöglichkeit keramischer Werkstoffe nach anwendungstechnischen Gesichtspunkten

Da sich die in Bild 1 genannten Begriffe teilweise stark überschneiden, d. h. dieselbe Keramik mehreren Gruppen zugeordnet werden kann, ist eine eindeutige Klassifizierung danach nicht sinnvoll.

Vorteilhafter ist eine Einteilung der Keramiken entsprechend ihrer mineralogischen bzw. chemischen Zusammensetzung (Bild 1, Seite 508) in:

- Silicatkeramische Werkstoffe
- Oxidkeramische Werkstoffe
- Nichtoxidkeramische Werkstoffe

Eine weitere Unterteilung erfolgt dann häufig noch in **Grobkeramik** und **Feinkeramik.** Als Unterscheidungsmerkmal dient die Größe der Körner, Poren oder Kristalle. Sind sie größer als 0,1 mm ... 0,2 mm, dann spricht man von Grobkeramik, andernfalls von Feinkeramik.

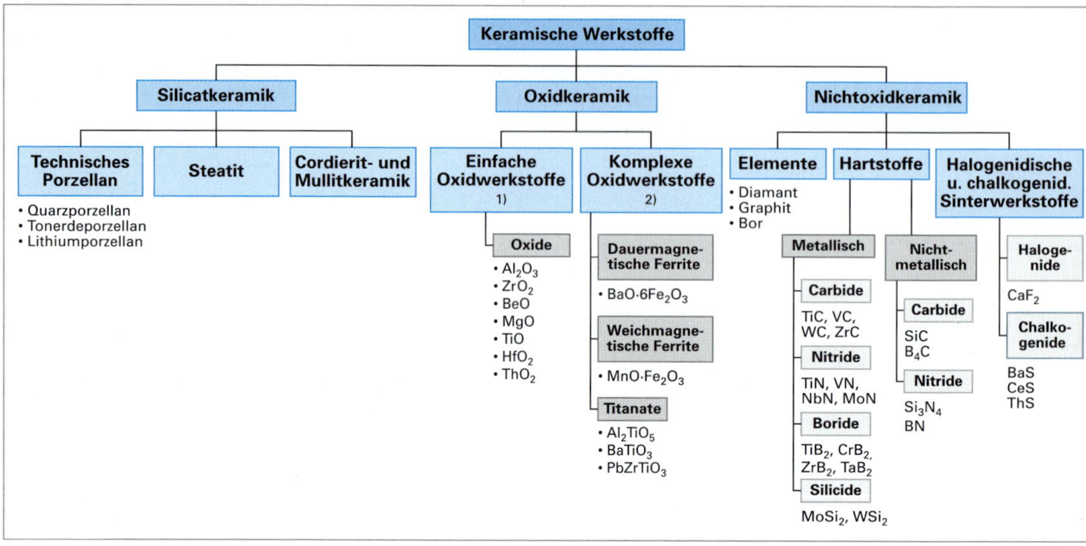

Bild 1: Einteilung der keramischen Werkstoffe gemäß ihrer mineralogischen bzw. chemischen Zusammensetzung (mit Beispielen)

[1] Basieren auf dem Oxid eines einzigen Elementes.

[2] Enthalten in ihrem Kristallgitter neben Sauerstoffionen auch Kationen verschiedener Elemente.

10.4 Innere Struktur und Gefüge keramischer Werkstoffe

Die charakteristischen Eigenschaften eines keramischen Werkstoffs werden einerseits von seiner Struktur (auf atomarer Ebene) und andererseits von seinem Gefüge (Art und Größe der Körner, Porenanteil) bestimmt. Auf atomarer Ebene treten bei den Keramiken zwei Bindungsarten auf: die **Ionenbindung** (Kapitel 2.3.1.1) und die **Atombindung** (Kapitel 2.3.1.2), wobei in der Regel Mischformen beider Bindungsarten vorliegen.

Unabhängig davon, welche Bindungsart vorherrscht, können sich die Teilchen auf regelmäßige Weise anordnen. Diese Regelmäßigkeit setzt sich häufig über größere Bereiche fort, so dass ein **Kristallgitter** entsteht (Bild 2). Zeigt die Atomanordnung hingegen keine Regelmäßigkeit über größere Bereiche (Fernordnung), dann liegt eine **amorphe Netzwerkstruktur** vor (Bild 3).

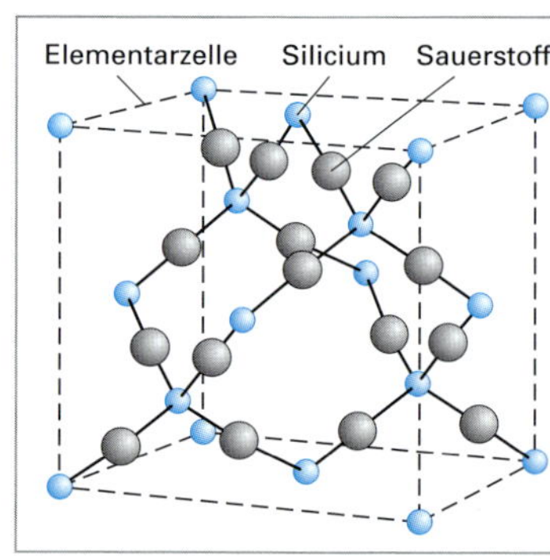

Bild 2: Kristallgitter von SiO_2

Bei den nichtmetallisch-anorganischen Werkstoffen können dieselben Atomkombinationen vielfach eine kristalline oder eine amorphe Struktur ausbilden, je nachdem, ob während der Abkühlung nach der Erschmelzung genügend Zeit für eine periodische Anordnung zur Verfügung steht. Daher findet man in vielen keramischen Werkstoffen kristalline und amorphe Bereiche (teilkristalline Struktur). Wird beispielsweise Siliciumdioxid (SiO_2) nach der Erschmelzung langsam abgekühlt, dann können die Silicium- bzw. Sauerstoffionen ein Kristallgitter ausbilden (Bild 2). Wird dagegen rasch abgekühlt, dann steht nicht mehr genügend Zeit zum Aufbau eines Kristallgitters zur Verfügung. Die SiO_2-Moleküle werden in einer unregelmäßigen Anordnung „eingefroren“ und es entsteht eine amorphe Substanz, das **Glas** (Bild 3).

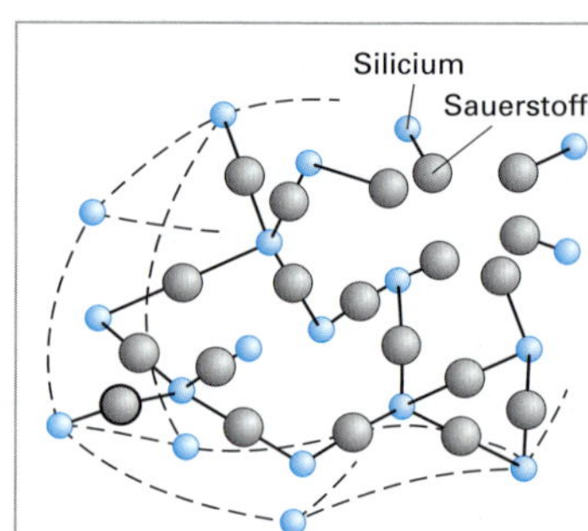

Bild 3: Amorphe Struktur von SiO_2 (Glas)

Die Bindungsverhältnisse in keramischen Werkstoffen, insbesondere der kovalente Bindungsanteil, verleiht den Keramiken zwar eine hohe Festigkeit und Härte, verhindert jedoch auch, dass sich die ohnehin wenigen Versetzungen durch das Kristallgitter bewegen können. Keramische Werkstoffe lassen sich daher durch äußere Kräfte nicht (plastisch) verformen, sondern bewahren ihre Form, bis nach Überschreiten der Festigkeitsgrenze ein Sprödbruch eintritt (Bild 1, Seite 504).

Bei keramischen Gefügen wird zwischen einphasigen und mehrphasigen (polykristallinen) Gefügen unterschieden, wobei die mehrphasigen Gefüge dominieren. Typische Erscheinungsformen keramischer Gefüge zeigt Bild 1.

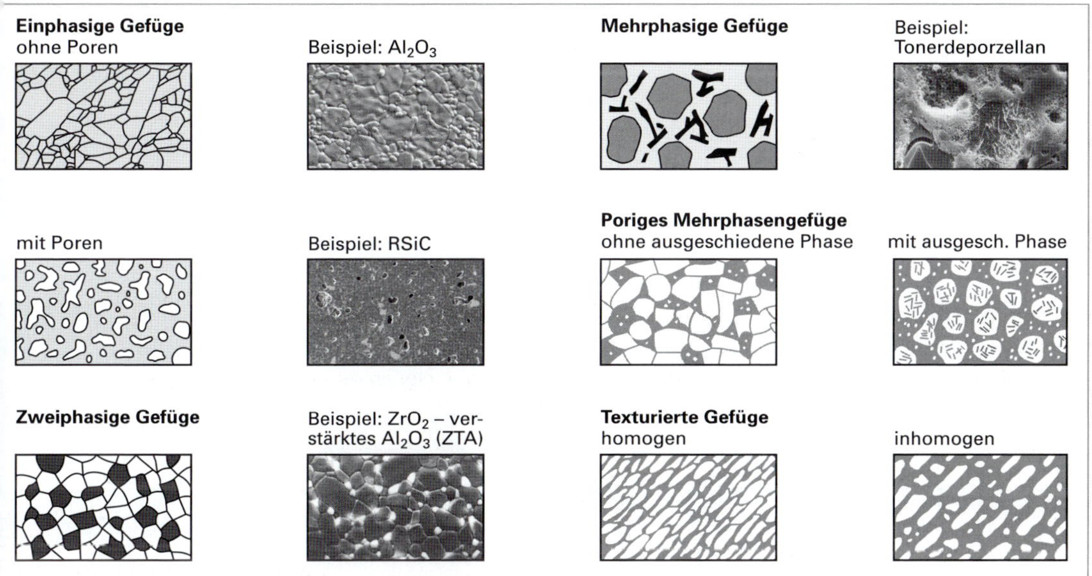

Bild 1: Gefügearten keramischer Werkstoffe (Auswahl) mit Beispielen

10.5 Silicatkeramische Werkstoffe

Die Silicatkeramiken sind die älteste Keramikgruppe. Während für die Herstellung von oxid- und nichtoxidkeramischen Werkstoffen synthetisch hergestellte, hochreine Ausgangsstoffe mit genau festgelegter chemischer Zusammensetzung und Teilchengröße Verwendung finden, werden Silicatkeramiken in der Regel aus aufbereiteten Naturstoffen wie Quarzsand, Ton, Kaolin, Feldspat, Speckstein, Talk usw. hergestellt. Dementsprechend sind die chemische Zusammensetzung, die Reinheit und die Teilchengröße nicht konstant. Aufgrund der relativ niedrigen Sintertemperatur, der guten Beherrschbarkeit des Herstellungsprozesses sowie der guten Verfügbarkeit der natürlichen Rohstoffe, sind die Silicatkeramiken wesentlich kostengünstiger im Vergleich zur Oxid- und Nichtoxidkeramik. Silicatkeramiken haben mehrphasige, komplexe Gefüge mit einem hohen Anteil amorpher (Glas-)Phase (meist SiO_2).

Zur den in der Technik genutzten Silicatkeramiken zählt man im Wesentlichen:

- Technisches Porzellan
- Steatit
- Cordieritkeramik
- Mullitkeramik

Die silicatkeramischen Werkstoffe lassen sich entsprechend Bild 2 einteilen.

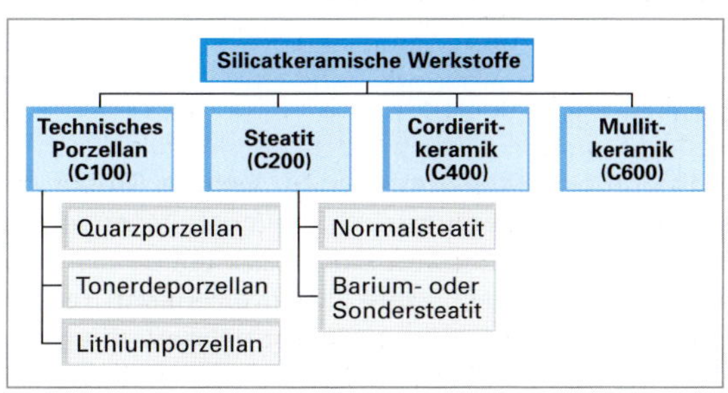

Bild 2: Einteilung der silicatkeramischen Werkstoffe für technische Anwendungen

10.5.1 Technisches Porzellan

Technisches Porzellan, das bereits Mitte des 19. Jahrhunderts zur Isolation von Telegrafenleitungen eingesetzt wurde, ist ein dichtgebrannter, keramischer, **alkali-aluminiumsilicatischer Werkstoff** der Gruppe C 100 (nach DIN EN 60 672-1). Technische Porzellane gehören rohstoffseitig in das Dreistoffsystem Ton/Kaolin – Feldspat ($K_2O \cdot Al_2O_3 \cdot 6\,SiO_2$) – Quarz ($SiO_2$) und chemisch in das System K_2O – Al_2O_3 – SiO_2. Lithiumporzellane (s.u.) gehören zum System Li_2O – SiO_2 – Al_2O_3.

Technische Porzellane haben die folgenden herausragenden Eigenschaften (Tabelle 1, Seite 511):

- gute mechanische Festigkeit,
- sehr gutes Isolationsvermögen,
- sehr gute chemische Beständigkeit.

Aufgrund ihres hervorragenden Isolationsvermögens haben die (technischen) Porzellane vielfältige Anwendungen in der Elektrotechnik, besonders in der Herstellung von Isolatoren.

Bei den technischen Porzellanen unterscheidet man hinsichtlich mechanischer und chemischer Gesichtspunkte im Wesentlichen:

- Tonerdeporzellan
- Quarzporzellan
- Lithiumporzellan

Information

Ton und Kaolin

Ton entsteht als Verwitterungsprodukt über einen sehr langen Zeitraum (mehrere Millionen Jahre) aus feldspathaltigem Urgestein (Granit, Gneis, Quarzporphyr) unter dem Einfluss von Wasser und Kohlendioxid. Der Unterschied zwischen Ton und Kaolin besteht darin, dass sich Kaolinvorkommen noch am Ort ihrer Entstehung (Primärlagerstätte) befinden. Von Tonen spricht man dagegen, wenn die Kaoline aus ihrer Primärlagerstätte durch Wasser forttransportiert und durch Sedimentation an einer anderen Stelle (Sekundärlager) wieder abgesetzt wurden. Bei ihrem Transport zum Sekundärlager nehmen die Tone dabei häufig Eisenoxide (Fe_2O_3), Titandioxid (TiO_2) oder andere Verunreinigungen auf, die beim Brennen bestimmte Färbungen (braun, gelb, rot oder grau) erzeugen. Die Teilchengröße von Tonen ist meist geringer als die von Kaolinen.

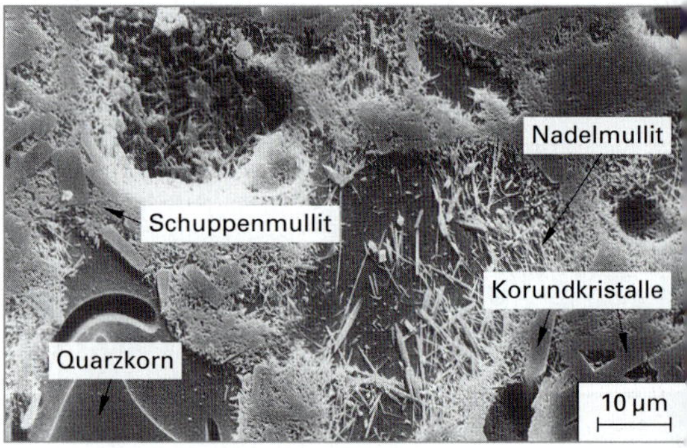

Bild 1: Gefüge von Tonerdeporzellan (Mullit = $3Al_2O_3 \cdot 2SiO_2$)

Quarzporzellane sind kostengünstige, technische Porzellane, die insbesondere aufgrund ihres guten elektrischen Isolationsvermögens sowie der guten chemischen Beständigkeit Anwendung finden. Die mechanische Beanspruchbarkeit der Quarzporzellane ist jedoch begrenzt.

Tonerdeporzellane haben im Vergleich zu den Quarzporzellanen einen höheren Anteil des teureren Rohstoffs Al_2O_3, dementsprechend sind die Werkstoffkosten der Tonerdeporzellane höher. Im Gegensatz zu den Quarzporzellanen haben die Tonerdeporzellane eine deutlich verbesserte Festigkeit auch bei hohen und tiefen Temperaturen sowie bei Thermoschockbeanspruchung. Darüber hinaus zeichnen sich die Tonerdeporzellane durch eine verbesserte chemische Beständigkeit, insbesondere Alterungsbeständigkeit aus. Ein typisches Anwendungsbeispiel für Tonerdeporzellane sind Langstabisolatoren für Freileitungen (Bild 2).

Bild 2: Langstabisolatoren aus Tonerdeporzellan

Lithiumporzellane enthalten im **Versatz** (Rohstoffmischung vor dem Brennen bzw. Sintern) Lithium anstelle anderer Alkalimetalle (wie z. B. Kalium). Lithiumporzellane zeichnen sich durch eine geringere Dichte und insbesondere durch eine sehr geringe Wärmedehnung (Tabelle 1, Seite 511) aus. Damit haben Lithiumporzellane eine hohe Thermoschock- und Temperaturwechselbeständigkeit. Sie werden daher als elektrische Isolationswerkstoffe insbesondere dort eingesetzt, wo schnelle Temperaturänderungen zu erwarten sind.

10.5.2 Steatit

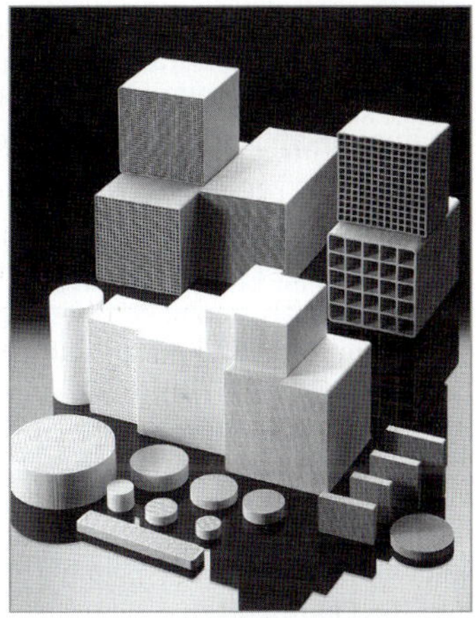

Bild 1: Werkstücke aus Steatit

Die seit den 60er-Jahren eingesetzten Steatite gehören zu den **magnesiumsilicatischen Werkstoffen** der Gruppe C 200 (DIN EN 60 672-1). Steatit setzt sich etwa aus 60 % … 65 % SiO_2, 30 % MgO und 5 % … 10 % Al_2O_3 zusammen. Rohstoff für die Herstellung von Steatit ist das Magnesiumhydrosilicat (3 MgO · 4 SiO_2 · H_2O bzw. $Mg_3(OH)_2(Si_4O_{10})$), das sich in der Natur in Form von Talk oder Speckstein findet. Mischt man es mit 5 % bis 10 % Ton (als Bindemittel) und 5 % bis 10 % Feldspat (als Flussmittel), dann entsteht eine Masse, die sich für eine Formgebung mittels Trockenpressen (Kapitel 10.9.3) besonders eignet. Während des Brennens (Sintern) bei 1 300 °C bis 1 400 °C bilden sich Magnesiumsilicatkristalle ($MgSiO_3$), die in eine Glasphase eingebettet sind.

Ersetzt man den Feldspat durch Bariumcarbonat ($BaCO_3$), dann entsteht der **Barium-** oder **Sondersteatit,** der im Vergleich zum **Normalsteatit** eine höhere Festigkeit und bessere elektrische Eigenschaften besitzt und heute fast ausschließlich eingesetzt wird.

Steatit wird wegen seines hervorragenden elektrischen Isolationsvermögens bevorzugt in der Elektrotechnik und Elektronik beispielsweise für Grundplatten, Sockel oder allgemeine Isolationsteile eingesetzt (Bild 1) und steht dort in direkter Konkurrenz zum Porzellan. Aufgrund seiner geringen Schwindung beim Brand dient der Steatit auch zur Herstellung von Bauteilen mit engen Toleranzen.

10.5.3 Cordieritkeramik

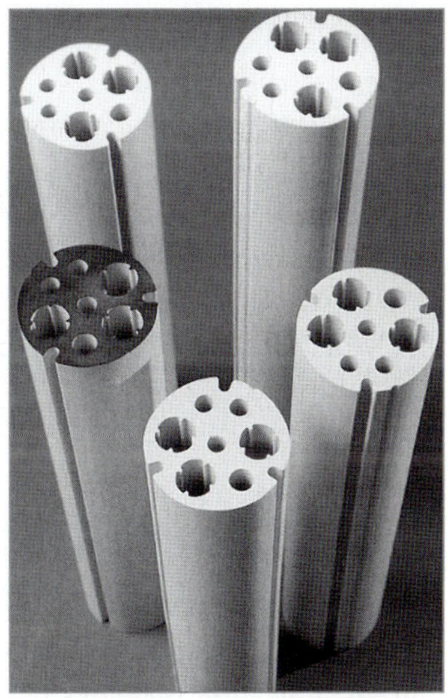

Bild 2: Isolierrohre aus Cordieritkeramik für Durchlauferhitzer

Cordierit ist ein **magnesium-aluminiumsilicatischer Werkstoff** der Gruppe C 400 (DIN EN 60 672-1) mit einer Zusammensetzung von etwa 55 … 60 % SiO_2, 10 … 20 % MgO und 20 … 35 % Al_2O_3. Ein Versatz von Speckstein und Ton oder Kaolin führt beim Sintern zur Bildung von Cordierit (2 MgO · 2 Al_2O_3 · 5 SiO_2) als vorherrschende Kristallphase im festen Werkstoff.

Cordieritkeramik hat aufgrund ihres niedrigen Wärmeausdehnungskoeffizienten eine gute Temperaturwechselbeständigkeit und wird daher in vielfältiger Weise in der Wärmetechnik beispielsweise für die Herstellung von Gasbrennereinsätzen, Heizleiterrohren oder Isolier-

Tabelle 1: Mechanische und physikalische Eigenschaften silicatkeramischer Werkstoffe
(Quelle: Brevier Technische Keramik)

Eigenschaften		Technische Porzellane			Steatit	Cordierit-Keramik
		Quarz-Porzellan	Tonerde-Porzellan	Lithium-Porzellan		
Bezeichnung nach DIN EN 60672-1		C110	C130	C140	C220	C520
Offene Porosität	Vol-%	0,0	0,0	0,5	0,0	20
Dichte	kg/dm³	2,2	2,4	**2,0**	2,6	**1,9**
Biegefestigkeit σ_{bB} [1]	MPa	60	**160**	60	120	30
Elastizitätsmodul E	GPa	60	100	k. A.	80	k. A.
Wärmedehnung [2]	10^{-6} 1/K	4,0 … 7,0	5,0 … 7,0	**1,0 … 3,0**	7,0 … 9,0	**2,0 … 4,0**
Wärmeleitfähigkeit [3]	W/(m · K)	1,0 … 2,5	1,5 … 4,0	1,0 … 2,5	2,0 … 3,0	1,3 … 1,8
spez. elektr. Widerstand [4]	Ωcm	10^{12}	$\mathbf{10^{13}}$	$\mathbf{10^{13}}$	$\mathbf{10^{13}}$	k. A.

[1] Dreipunktbiegefestigkeit, glasiert [2] Mittelwert zwischen 30 °C und 600 °C [3] Mittelwert zwischen 30 °C und 100 °C
[4] Bei 20 °C k. A. = keine Angabe

rohren für elektrische Durchlauferhitzer eingesetzt (Bild 2, Seite 511). In der Fahrzeugtechnik verwende man Cordierit als Katalysatorträger für PKW. Cordieritkeramik stellt auch die Grundlage für flammfeste und temperaturwechselbeständiges Geschirr dar. Wichtige mechanische und physikalische Eigenschaften ausgewählter Silicatkeramiken zeigt Tabelle 1, Seite 511. Die herausragenden Eigenschaften sind fet gedruckt.

10.6 Oxidkeramische Werkstoffe

Oxidkeramische Werkstoffe sind im Gegensatz zu den Silicatkeramiken (z. B. Porzellan oder Steatit) nahez oder gar völlig frei von SiO_2 und bestehen im Wesentlichen nur aus einem Metalloxid. Außerdem dominiert bei den **Oxidkeramiken** die kristalline Phase. So beträgt beim Aluminiumoxid (Al_2O_3) der kristalline Anteil zwischen 80 % und 99 %. Oxidkeramische Werkstoffe werden ausschließlich aus synthetischen Rohstoffen hergestellt.

Die oxidkeramischen Werkstoffe zeigen allgemein die folgenden vorteilhaften Eigenschaften:

- Hohe Festigkeit
- Hohe Temperaturbeständigkeit
- Hohe Härte und Verschleißbeständigkeit
- Chemische Resistenz
- Gute elektrische Isolationsfähigkeit

10.6.1 Aluminiumoxid (Al_2O_3)

Aluminiumoxid ist aufgrund seiner universellen Eigenschaften und seines guten Preis-Leistungsverhältnisses der technisch wichtigste oxidkeramische Werkstoff. Bei den Aluminiumoxiden unterscheidet man nach DIN EN 60 672-1 vier genormte Werkstoffgruppen:

C 780: 80 ... 86 % Al_2O_3
C 786: 86 ... 95 % Al_2O_3
C 795: 95 ... 99 % Al_2O_3
C 799: > 99 % Al_2O_3

↓ Festigkeit steigt, Wärmeleitfähigkeit steigt

Der Rest sind Verunreinigungen wie SiO_2, Fe_2O_3 und Na_2O. Weitere, nicht genormte Al_2O_3-Werkstoffe sind verfügbar.

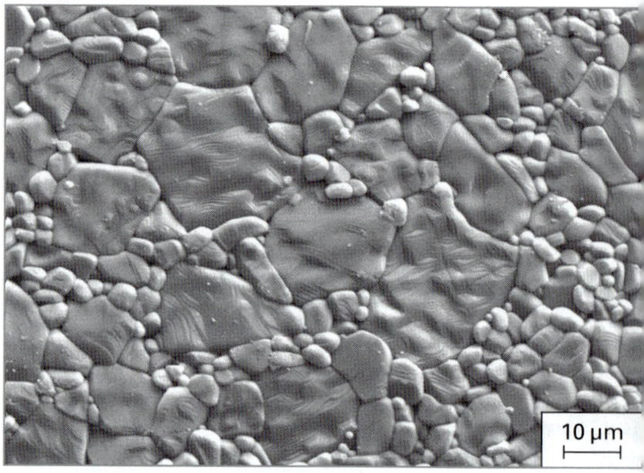

Bild 1: Gefüge von Aluminiumoxid

Zur Herstellung von Bauteilen aus Aluminiumoxid wird das entsprechende Al_2O_3-Pulver mit geeigneten Plastifizierungsmitteln wie Ton bzw. Kaolin bei niedrigem und Mg-Verbindungen bei hohem Al_2O_3-Gehalt sowie mit Sinterhilfsmitteln (zur Verringerung der Porosität) versetzt. Nach der Formgebung erfolgt dann bei 1500 °C bis 1700 °C die Sinterung.

Aluminiumoxid-Keramiken haben üblicherweise ein einphasiges Gefüge mit Korngrößen von 10 µm ... 30 µm (Bild 1). Durch Verringerung der Korngröße auf 1 µm ... 3 µm kann eine deutliche Festigkeitssteigerung (z. B. Biegefestigkeit σ_{bB} von unter 300 MPa auf bis zu 800 MPa) erreicht werden.

Dicht gesintertes Aluminiumoxid hat eine Reihe vorteilhafter Eigenschaften (Tabelle 1, Seite 513):

- Hohe Festigkeit und Härte, die über einen großen Temperaturbereich annähernd konstant bleibt (Bild 2, Seite 502)
- Gute Temperaturbeständigkeit (z. T. bis 1950 °C). Damit 3- bis 10-fach höher im Vergleich zu den Fe- und Ni-Basiswerkstoffen

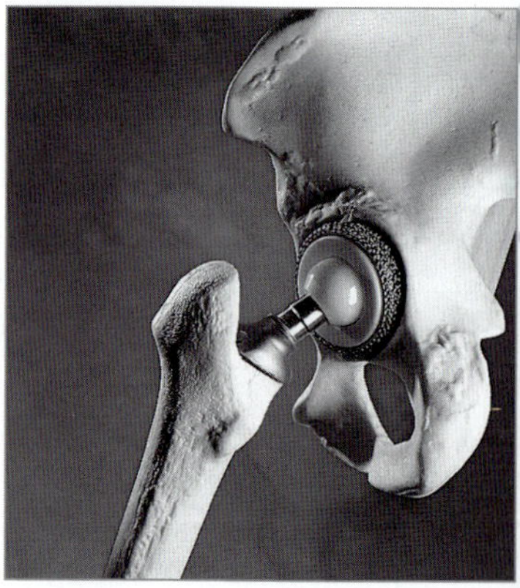

Bild 2: Kugelkopf und Pfanneninsert aus Al_2O_3 einer Hüftgelenkprothese

- Hohe Wärmeleitfähigkeit
- Hohe Verschleißbeständigkeit. Daher beispielsweise Anwendung als Kugelkopf und Pfanneninsert für Hüftgelenkprothesen (Bild 2, Seite 512), anstelle von verschleißanfälligem Polyethylen (PE-UHMW)
- Gute Korrosionsbeständigkeit (Tabelle 1, Seite 507)
- Günstige elektrische Eigenschaften wie hohe Durchschlagfestigkeit (20 ... 30 kV/mm) und sehr niedrige dielektrische Verlustfaktoren bei Wechselspannung
- Metallisier- und damit lötbar

Nachteilig ist die mäßige Temperaturwechselbeständigkeit und damit die Rissempfindlichkeit bei Thermoschockbeanspruchung.

Die Eigenschaften von Aluminiumoxid-Keramiken sind in hohem Maße vom Reinheitsgrad sowie vom Gefügeaufbau, insbesondere von der Korngröße sowie vom Anteil an Glasphase ahängig.

Tabelle 1: Mechanische und physikalische Eigenschaften von Aluminiumoxid
(Quelle: Brevier Technische Keramik)

Eigenschaften		Aluminiumoxid (Al_2O_3)			
		80 % ... 86 %	86 % ... 95 %	95 % ... 99 %	> 99 %
Bezeichnung nach DIN EN 60672-1		C780	C786	C795	C799
Offene Porosität (max.)	Vol.-%	0	0	0	0
Dichte	kg/dm³	3,2	3,4	3,5	3,7
Biegefestigkeit σ_{bB} [1]	MPa	200	250	280	300
Elastizitätsmodul E	GPa	200	220	280	300
Wärmedehnung[2]	10^{-6} 1/K	6,0 ... 8,0	6,0 ... 8,0	6,0 ... 8,0	7,0 ... 8,0
Wärmeleitfähigkeit[3]	W/(m · K)	10 ... 16	14 ... 24	16 ... 28	19 ... 30
spez. elektr. Widerstand[4]	Ωcm	10^{14}	10^{14}	10^{14}	10^{14}
Max. Anwendungstemperatur	°C	1200 ... 1400	1400	1400 ... 1500	1400 ... 1700

[1] Vierpunktbiegefestigkeit [2] Mittelwert zwischen 30 °C und 600 °C [3] Mittelwert zwischen 30 °C und 100 °C
[4] Bei 20 °C k. A. = keine Angabe

Aluminiumoxid findet in der Technik vielfältige Anwendungen:

- Elektrotechnik: Isolationsteile aller Art, Zündkerzen
- Elektronik: Substratwerkstoff bei der Herstellung hybrider Schaltkreise
- Maschinen- und Anlagenbau: Verschleißschutzteile, Teile die hohen Temperaturen ausgesetzt sind
- Chemische Industrie: Korrosionsfeste Bauteile (auch bei hohen Temperaturen)
- Medizintechnik: Implantate
- Hochtemperaturtechnik: Brennerdüsen und Schutzrohre
- Zerspanungstechnik: Schneidwerkzeuge (z. B. Wendeschneidplatten) für Schnittgeschwindigkeiten bis zu 500 m/min (Bild 1)

Bild 1: Wendeschneidplatten aus Al_2O_3

Die Eigenschaften der Aluminiumoxidkeramik lassen sich durch Einlagerung von teilchen- und/oder faserförmigen Hilfswerkstoffen verbessern. Die auf diese Weise entstehenden Kompositwerkstoffe gewinnen zunehmend an Bedeutung. Besonders zu erwähnen ist das **zirconiumverstärkte Aluminiumoxid (ZTA** = Zirconia Toughened Alumina), welches durch Zugabe von Zirconiumdioxid (ZrO_2) zur Aluminiumoxidmatrix (Al_2O_3) entsteht. Da das tetragonale ZrO_2 während der Abkühlung bei etwa 1 150 °C eine mit einer Volumenzunahme einhergehende Gitterumwandlung in die monokline Phase erfährt, ent-

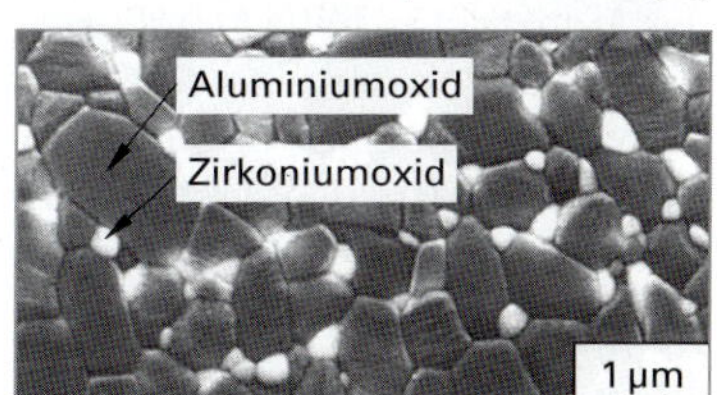

Bild 2: Gefüge von zirconiumverstärktem Aluminiumoxid (ZTA)

stehen im Gefüge Druckspannungen, die eine weitere Gitterumwandlung hemmen. Entfallen jedoch diese Druckspannungen z. B. an der Spitze eines Risses, dann findet eine weitere Umwandlung des tetragonalen ZrO_2 in die monokline Phase und damit eine Volumenvergrößerung statt. Hierbei werden Risse geschlossen, verlangsamt oder verzweigt und dem keramischen Werkstoff somit eine höhere Festigkeit und Zähigkeit verliehen (Kapitel 10.6.2). ZTA-Werkstoffe werden derzeit vorzugsweise als Schneidkörper in der Zerspanungstechnik eingesetzt. Bild 2, Seite 513 zeigt das Gefüge einer ZTA-Keramik.

10.6.2 Zirconiumdioxid (ZrO_2)

Das **Zirconiumdioxid,** mitunter auch als **Zirconoxid** bezeichnet, hat aufgrund seiner vielfältigen, hervorragenden Eigenschaften in den letzten Jahren zunehmend an Bedeutung gewonnen. ZrO_2 hat gegenüber anderen Oxidkeramiken die Eigenschaft, dass es abhängig von der Temperatur in drei unterschiedlichen Gittermodifikationen auftritt:

$$ZrO_2\,(\text{monoklin}) \xleftrightarrow{1150\,°C} ZrO_2\,(\text{tetragonal}) \xleftrightarrow{2350\,°C} ZrO_2\,(\text{kubisch})$$

Für den technischen Einsatz ist allerdings die mit der martensitischen Umwandlung von der tetragonalen in die monokline Gittermodifikation einhergehende Volumenzunahme (etwa 3 % ... 5 %) nachteilig, da sie einen Sinterkörper aus reinem ZrO_2 zerstören würde (Bild 1). Man versucht daher die sonst nur oberhalb 2350 °C existierende kubische Modifikation durch Zugabe von MgO, CaO, Y_2O_3 oder CeO zu stabilisieren.

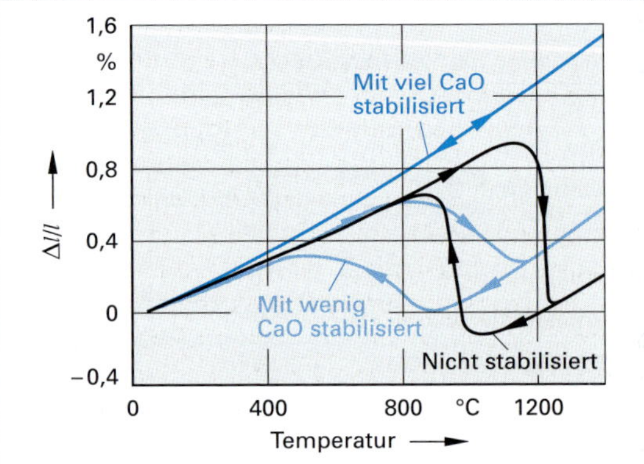

Bild 1: Dilatometerkurven von ZrO_2

In Abhängigkeit von Art und Menge der stabilisierenden Elemente unterscheidet man die folgenden ZrO_2-Keramiken:

- Vollstabilisiertes ZrO_2 (CSZ = Cubic Stabilized Zirconia)
- Teilstabilisiertes ZrO_2 (PSZ = Partially Stabilized Zirconia)
- Polykristallines tetragonales ZrO_2 (TZP = Tetragonal Zirconia Polycrystal)

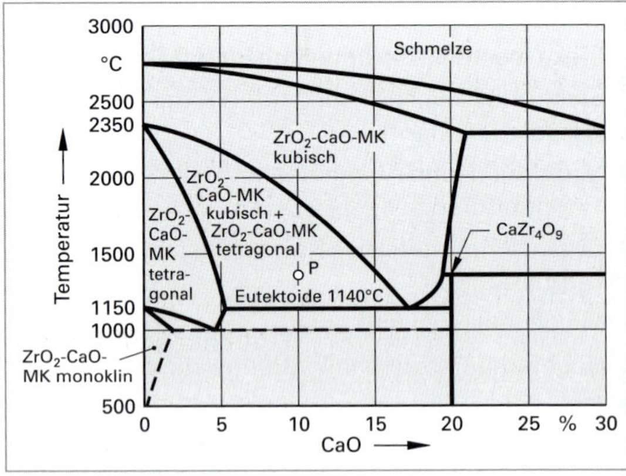

Bild 2: Zustandsdiagramm ZrO_2 – CaO

Vollstabilisiertes ZrO_2 (CSZ)

Durch Zusätze wie zum Beispiel CaO oder MgO wird durch Mischkristallbildung der Existenzbereich der kubischen Phase erweitert. Bild 2 zeigt am Beispiel des binären Zustandsdiagrammes ZrO_2-CaO, dass bei CaO-Gehalten über etwa 20 % die kubische Phase erhalten bleibt. Zwar müsste mit Unterschreiten der Eutektoiden bei 1 140 °C eine Umwandlung in einen tetragonalen ZrO_2-CaO-Mischkristall und die Verbindung $CaZr_4O_9$ erfolgen, diese Umwandlung unterbleibt jedoch aufgrund der sehr niedrigen Umwandlungsgeschwindigkeit, so dass die kubische Phase auch bei Raumtemperatur vorliegt.

Bild 1, Seite 515 (linkes Teilbild), zeigt die Struktur der kubischen Modifikation des ZrO_2-Kristallgitters. Die Zirconiumionen (Zr^{4+}) bilden dabei ein kubisch-flächenzentriertes Kristallgitter (Zr^{4+}-Kationenteilgitter), in das ein kubisch-primitives Gitter aus Sauerstoffionen (O^{2-}-Anionenteilgitter) hineingestellt ist. Da die zwei- oder dreiwertigen Kationen der zur Stabilisierung zugegebenen Oxide (z. B. Mg^{2+}, Ca^{2+}, Y^{3+}, Ce^{2+}) weniger Sauerstoff binden als das vierwertige Zr^{4+}, entstehen aufgrund der Einhaltung der Elektroneutralität im

Anionenteilgitter Leerstellen (Bild 1, rechtes Teilbild). Diese Leerstellen führen auch dazu, dass abhängig vom Sauerstoffpartialdruck der Umgebung, Sauerstoffionen aufgenommen oder abgegeben werden. Dies wiederum führt zu messbaren Veränderungen der **Sauerstoffionenleitfähigkeit,** so dass man das kubisch stabilisierte ZrO_2 zur Messung von Sauerstoffpartialdrücken (z. B. **Y_2O_3-stabilisiertes ZrO_2 für Lamda-Sonden** für die Abgasregelung von Ottomotoren) einsetzt.

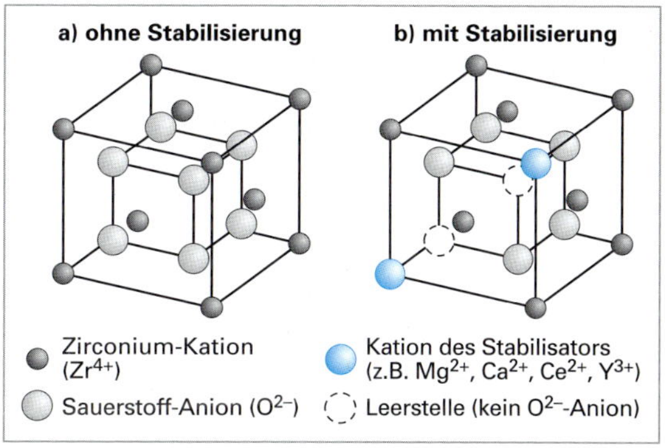

Bild 1: Kristallgitter des kubischen ZrO_2 a) ohne Stabilisierung b) mit Stabilisierung

Teilstabilisiertes ZrO_2 (PSZ)

Geringe Gehalte stabilisierender Elemente und (am Beispiel des CaO-stabilisierten ZrO_2) eine Anlassbehandlung im Zweiphasengebiet ZrO_2-CaO kubisch/ZrO_2-CaO tetragonal (z. B. Punkt P in Bild 2, Seite 514) führt zu tetragonalen Ausscheidungen in der kubischen Matrix. Die mit der Abkühlung einher gehende Umwandlung der tetragonalen in die monokline Phase und die damit verbundene Volumenvergrößerung führt zum Aufbau von Druckeigenspannungen. Diese Druckeigenspannungen hemmen die weitere Umwandlung, so dass die tetragonale Phase im metastabilen Zustand erhalten bleibt. Entfallen jedoch diese Druckspannungen z. B. an der Spitze eines Risses oder werden sie durch Zugbeanspruchung kompensiert, dann tritt an diesen Stellen die martensitische Umwandlung in die monokline Phase ein. Die hierdurch verursachte Volumenzunahme kann vorhandene Risse schließen, verlangsamen oder verzweigen, so dass PSZ-Keramiken eine deutlich höhere Festigkeit und vor allem eine gewisse Zähigkeit aufweisen. Der beschriebene Effekt wird als **Umwandlungs-** oder **Transformationsverfestigung** bezeichnet (Bild 2).

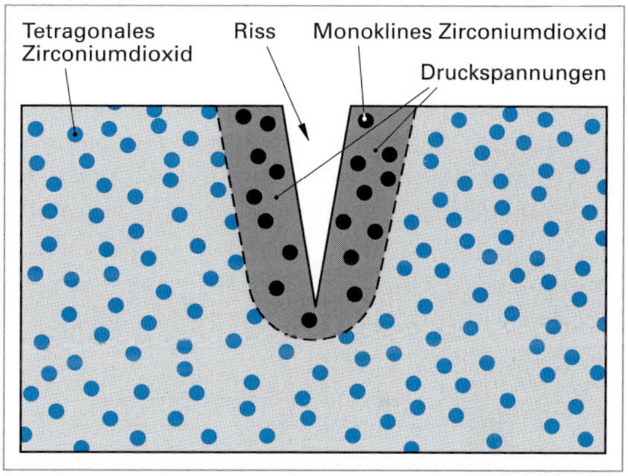

Bild 2: Erhöhung der Zähigkeit durch Transformationsverfestigung (schematisch)

Lagert man tetragonale ZrO_2-Partikel in die Matrix einer anderen Keramiksorte wie zum Beispiel Al_2O_3 ein, dann führt die beschriebene Transformationsverfestigung auch dort zu einer deutlichen Verbesserung der Zähigkeit und der Festigkeit. Ein typisches Beispiel stellt das **zirconiumverstärkte Aluminiumoxid** (ZTA), Kapitel 10.6.1, dar.

Polykristallines tetragonales ZrO_2 (TZP)

Für die Herstellung von TZP-Keramiken werden sehr feinkörnige ZrO_2-Pulver verwendet und niedrige Sintertemperaturen angewandt. TZP-Keramiken besitzen ein feinkörniges (Korngröße < 100 µm, Bild 3) metastabiles Gefüge und dementsprechend, analog zum PSZ, eine außerordentlich hohe Festigkeit und eine gewisse Zähigkeit (Tabelle 1, Seite 517).

Herausragende Eigenschaften von Zirconiumdioxid sind (Tabelle 1, Seite 517):

- Höchste Zug- und Biegefestigkeit (PSZ und TZP)
- Hohe Bruchzähigkeit (PSZ und TZP)
- Hohe Verschleißbeständigkeit

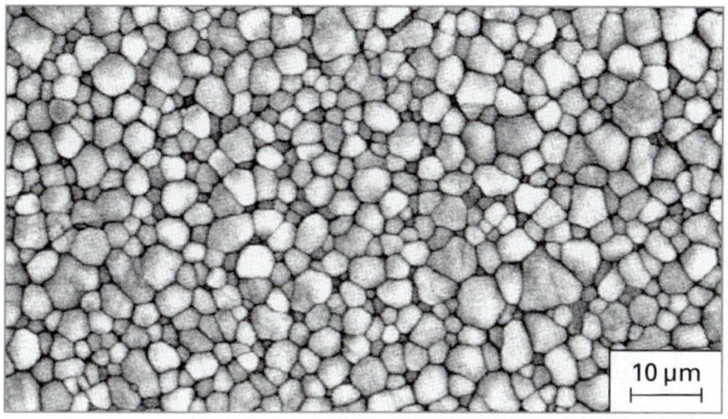

Bild 3: Gefüge von polykristallinem, tetragonalem Zirconiumdioxid (TZP)

- Hohe Korrosionsbeständigkeit
- Geringe Wärmeleitfähigkeit
- Mit Metallen vergleichbare Wärmeausdehnung
- Sehr gute tribologische Eigenschaften (z. B. für Gleitpaarungen)
- Leitfähigkeit für Sauerstoffionen (CSZ)

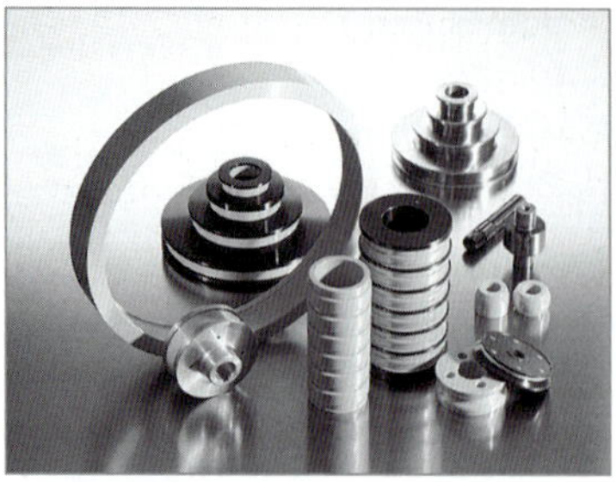

Bild 1: Drahtziehkonen aus ZrO_2

Bild 2: Schweißrollen zum Längsnahtschweißen von Rohren mit induktiver Erwärmung
Hell: ZrO
Dunkel: Si_3N_4

Zirconiumdioxid wird aufgrund seiner Eigenschaften in der Technik für eine Reihe wichtiger Anwendungen eingesetzt:

- Teilstabilisierte ZrO_2-Keramiken werden aufgrund ihrer hohen Festigkeit, ihrer hohen Verschleißbeständigkeit, ihrer geringen Wärmeleitfähigkeit in Verbindung mit ihrer den Metallen ähnlichen Wärmeausdehnung häufig im Verbund mit Metallen eingesetzt. Anwendungsbeispiele sind Zylinderkopfplatten und Kolbenböden (zur Wärmeisolation), Zylinderlaufbuchsen und Ventilsitzringe (als Verschleißschutz) sowie Hitzeschutzschilde (z. B. Raumfähren).
- Aufgrund seiner hohen Verschleißfestigkeit findet ZrO_2 für Drahtziehkonen (Bild 1), Schweißrollen (Bild 2), Fadenführungen in der Textilindustrie (Bild 3), Schneidwerkzeuge (Bild 4), Mahlkörper sowie für Inlays und Kronen (Bild 5) in der Zahnmedizin eine breite Anwendung.
- Die gute Sauerstoffionenleitfähigkeit des Y_2O_3-stabilisierten Zirconiumdioxids wird in Sonden zur Bestimmung des Sauerstoffpartialdruckes genutzt (z. B. Lambda-Sonden für die Abgasregelung von Ottomotoren sowie für Sonden zur Regelung der Gaszusammensetzung in Wärmebehandlungsöfen).

Bild 3: Fadenführungen aus ZrO_2-Schneiden

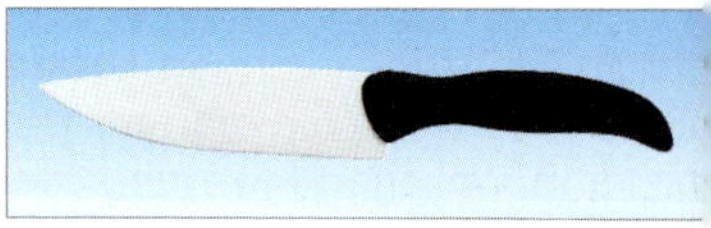

Bild 4: Messer mit ZrO_2-Schneide

10.6.3 Aluminiumtitanat (Al_2TiO_5)

Aluminiumtitanat (Al_2TiO_5) ist eine Mischkeramik aus Aluminiumoxid (Al_2O_3) und Titandioxid (TiO_2), die in zunehmendem Maße technische Anwendungen findet. Damit es nach dem Sinterprozess während des Abkühlens im Temperaturbereich zwischen 800 °C und 1300 °C nicht in die Ausgangskomponenten (Al_2O_3 und TiO_2) zerfällt, muss es durch geeignete Zugaben wie MgO oder SiO_2 stabilisiert werden.

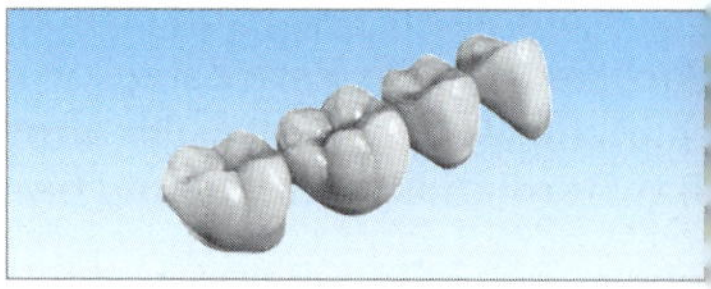

Bild 5: Zahnbrücke aus ZrO_2-Keramik

Aluminiumtitanat hat eine ausgeprägte Anisotropie der Wärmedehnung, also unterschiedliche (positive und negative) Wärmeausdehnungskoeffizienten in den drei Kristallachsen. Dies führt bei Temperaturänderungen zu Spannungen im Gefüge und damit zu Riss- und Porenbildung (Bild 6). Dieses ausgeprägte Rissgefüge verleiht dem Aluminiumtitanat einen niedrigen Elastizitätsmodul und damit eine für keramische Werkstoffe hohe Elastizität **(Quasi-Elastizität),** da bei Wärmeausdehnung zuerst die Risse geschlossen werden.

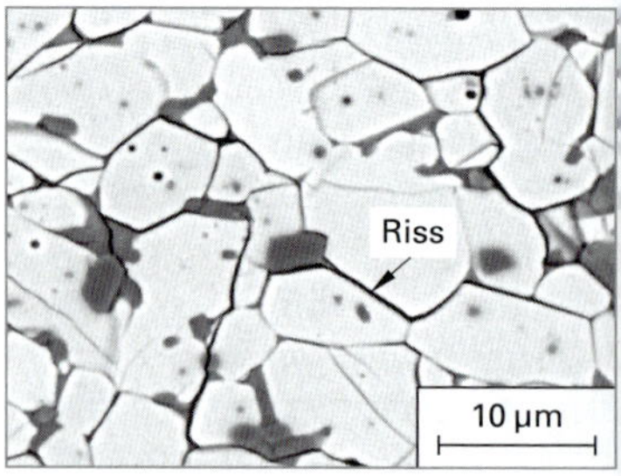

Bild 6: Gefüge von Aluminiumtitanat

Herausragende Eigenschaften von Aluminiumtitanat sind (Tabelle 1, Seite 517):

- Niedriger Elastizitätsmodul (Quasi-Elastizität)
- Hohe Einsatztemperatur
- Niedrige Wärmeleitfähigkeit, d. h. sehr gute Wärmeisolation
- sehr niedriger Wärmeausdehnungskoeffizient und damit sehr gute Temperaturwechselbeständigkeit
- Gute Korrosionsbeständigkeit gegenüber metallischen Schmelzen

Aufgrund seiner Eigenschaften hat das Aluminiumtitanat eine Reihe wichtiger Anwendungen:

- Komponenten im Automobilbau zur Wärmeisolation heißer Motorbereiche. Wegen der geringen mechanischen Festigkeit des Aluminiumtitanats allerdings nur im Verbund mit Metallen (z. B. Auskleidung des Auslasskanals im Zylinderkopf)
- Bauteile für die Förderung, den Transport und zum Gießen von Metallschmelzen (z. B. für Aluminiumschmelzen, Bild 1)
- Ofenschieber

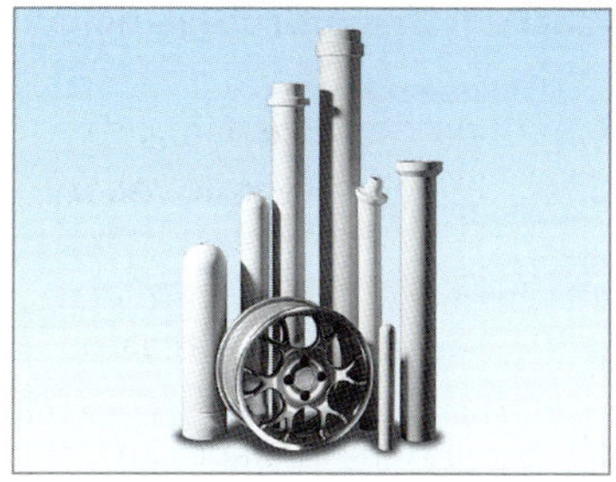

Bild 1: Al_2TiO_5-Bauteile für die Al-Druckgusstechnik Größenvergleich: PKW-Felge

10.6.4 Magnesiumoxid (MgO)

Die besonderen Eigenschaften des Magnesiumoxids (Periklas) sind einerseits seine hohe Schmelztemperatur (2840 °C), die Anwendungen bis rund 2400 °C zulässt, sowie andererseits der relativ hohe spezifische elektrische Widerstand (Tabelle 1). Keramische Werkstoffe auf MgO-Basis finden daher in Form von Magnesia- oder Chrommagnesiasteinen als feuerfestes Material Verwendung. Feinkeramische Werkstoffe mit MgO-Gehalten zwischen 98 % ... 99 % finden in der Hochtemperatur- und Labortechnik sowie aufgrund des hohen spezifischen elektrischen Widerstandes auch in der Elektrotechnik Anwendung (Bild 2).

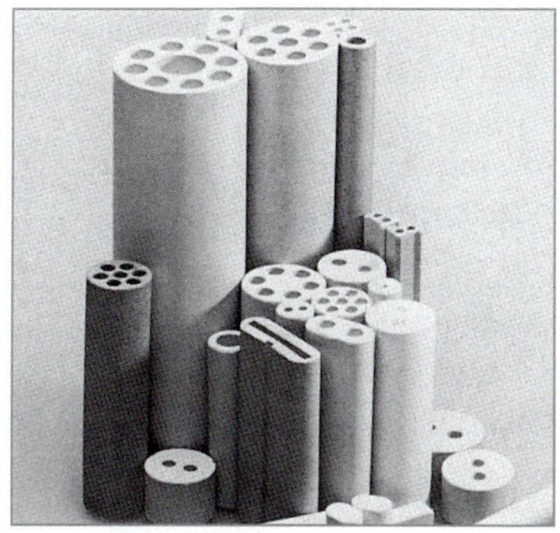

Bild 2: MgO-Heizleiterrohre (z. B. für Tauchsieder)

Tabelle 1: Mechanische und physikalische Eigenschaften von Zirconiumdioxid, Aluminiumtitanat und Magnesiumoxid (Quelle: Brevier Technische Keramik und andere)

Eigenschaften		Zirconiumdioxid (ZrO_2)		Aluminium-titanat (Al_2TiO_5)	Magnesiumoxid (MgO)[2]
		PSZ[1]	TZP[1]		
Bezeichnung nach DIN EN 60672-1		nicht genormt		nicht genormt	nicht genormt
Offene Porosität (max.)	Vol.-%	0,0		10 ... 16	0,0
Dichte	kg/dm³	5,8	5,9 ... 6,1	3,0 ... 3,7	3,4
Biegefestigkeit σ_{bB}[3]	MPa	**300 ... 800**	**900 ... 1500**	15 ... 100	165
Elastizitätsmodul E	GPa	100 ... 200	140 ... 200	**10 ... 50**	250
Wärmedehnung[4]	10^{-6} 1/K	**9,0 ... 10,6**	**10,0 ... 11,0**	**0,5 ... 2,0**	13,5
Wärmeleitfähigkeit[5]	W/(m · K)	**1,5 ... 3,0**		**1,5 ... 3,0**	**711**
spez. elektr. Widerstand[6]	Ωcm	$10^{15}/10^{11}$	k. A.	$10^{16}/10^{11}$	**$10^{16}/10^{11}$**
max. Anwendungstemperatur	°C	800 ... 1600	k. A.	900 ... 1600	**2400** [7]

[1] PSZ = teilstabilisiertes ZrO_2
TZP = polykristallines, tetragonales ZrO_2
[2] dichtes Gefüge
[3] Vierpunktbiegung
[4] Mittelwert zwischen 30 °C und 1000 °C
[5] Mittelwert zwischen 30 °C und 100 °C
[6] erste Zahlenangabe für 20 °C, zweite Zahlenangabe für 600 °C
[7] Schmelztemperatur bei 2840 °C
k. A. = keine Angabe

10.6.5 Weitere oxidkeramische Werkstoffe

Neben den genannten oxidkeramischen Werkstoffen gibt es noch eine Reihe weiterer Oxidkeramiken, die jedoch nur für spezielle Anwendungen zum Einsatz kommen. Tabelle 1, Seite 518, gibt einen Überblick.

Tabelle 1: Besondere Eigenschaften und Anwendungen weiterer oxidkeramischer Werkstoffe

Oxidkeramik	Eigenschaften	Anwendungen
Berylliumoxid (BeO) (Kapitel 10.8.1.1)	• Niedrige Dichte (3,01 kg/dm^3) • Gute Wärmeleitfähigkeit (210 W/(m · K) bei 100 °C) • Gute Temperaturwechselbeständigkeit • Hoher elektrischer Widerstand (10^{14} Ωcm bei 225 °C) • Toxisch (Lungen- und Herzschädigung). MAK: 0,002 mg/m^3	• Diverse Anwendungen in der Elektronik • Moderatorwerkstoff in der Kerntechnik
Yttriumoxid (Y_2O_3)	Lässt sich porenfrei Sintern. Damit steht eine transparente Keramik zur Verfügung	Aus Kostengründen noch keine technischen Anwendungen
Hafniumdioxid (HfO_2)	HfO_2 zeigt, vergleichbar dem Zirconiumdioxid (ZrO_2), bei einer Temperatur von 1540 °C bis 1650 °C eine Gitterumwandlung von der monoklinen in die tetragonale Gittermodifikation	Als Verstärkungskomponente für andere Keramiken (analog zum ZrO_2)
Thoriumdioxid (ThO_2)	• Zeigt Anionenleitfähigkeit (vergleichbar ZrO_2) • Höchste Schmelztemperatur aller Oxidkeramiken (3220 °C)	• Festkörperbrennstoffzellen • Hochtemperaturwerkstoff

10.7 Nichtoxidkeramische Werkstoffe

Die Nichtoxidkeramiken werden üblicherweise in drei Gruppen eingeteilt:

- Keramische Werkstoffe aus elementaren Stoffen (Graphit, Diamant und Bor)
- Hartstoffe (metallisch und nichtmetallisch)
- Salzartige Halogenide und Chalkogenide

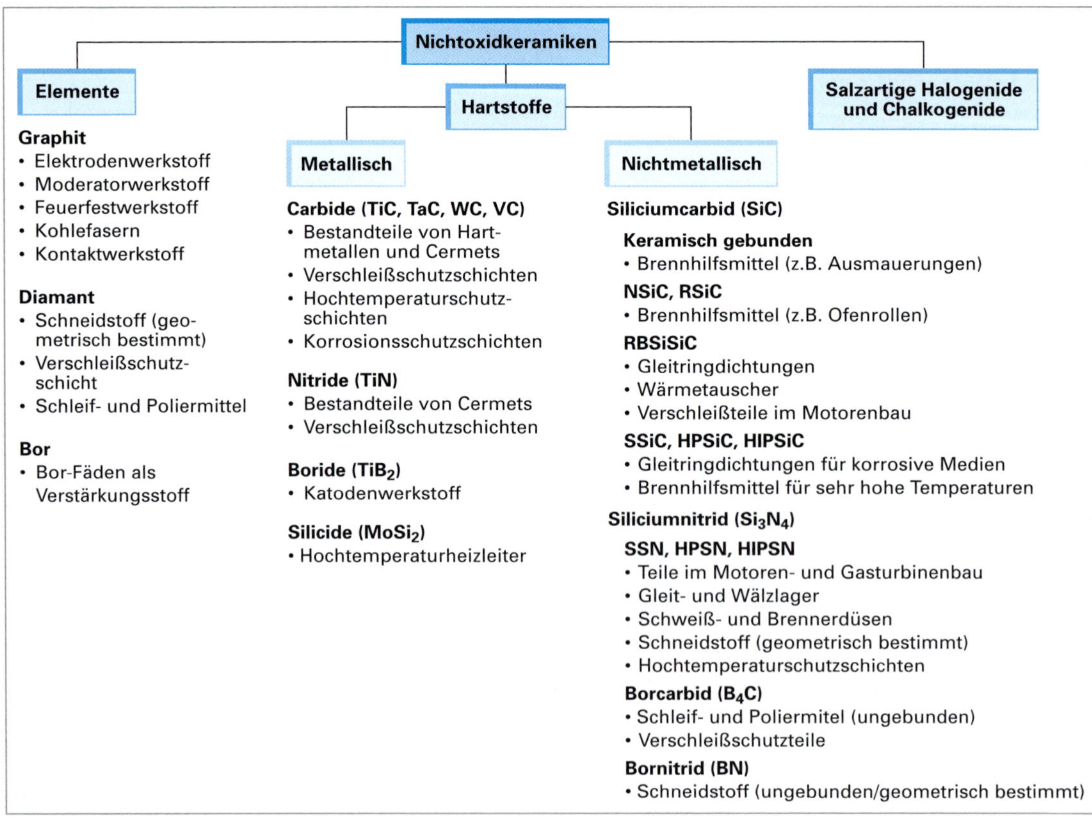

Bild 1: Einteilung der Nichtoxidkeramiken, technisch bedeutende Keramiksorten sowie typische Anwendungsbeispiele

Die Entwicklung der nichtoxidkeramischen Werkstoffe wurde in den vergangenen Jahren sehr stark vorangetrieben. In dieser Stoffklasse existiert zwar eine große Anzahl von Verbindungen, allerdings haben nur diejenigen eine technische Anwendung gefunden, die sich durch besondere Eigenschaften wie Hochtemperaturfestigkeit oder hohe Härte auszeichnen. Hierbei handelt es sich insbesondere um die Carbide und Nitride. Nachfolgend sollen nur die technisch bedeutsamen Stoffe näher beschrieben werden.

Analog zu den Oxidkeramiken werden auch die nichtoxidkeramischen Werkstoffe aus synthetischen Rohstoffen gefertigt. Die Rohstoffe müssen zum Teil extrem fein gemahlen werden und der Sinterprozess erfordert eine absolut sauerstofffreie Atmosphäre (Vakuum oder Inertgas). Die anfänglichen Schwierigkeiten, insbesondere aus Carbid- oder Nitridpulvern durch Sintern dichte Keramiken herzustellen, haben gerade in der letzten Zeit zur Entwicklung innovativer Sintertechniken geführt.

Die Einteilung technisch bedeutender nichtoxidkeramischer Werkstoffe sowie einige charakteristische Anwendungsbeispiele zeigt Bild 1, Seite 518. In Tabelle 1 sind die mechanischen und physikalischen Eigenschaften technisch bedeutender Nichtoxidkeramiken zusammengefasst.

Tabelle 1: Mechanische und physikalische Eigenschaften nichtoxidkeramischer Werkstoffe (Anhaltswerte)

Nichtoxid-keramik	Schmelz-temperatur °C	Dichte[1] kg/dm³	E-Modul[1] GPa	Wärmedeh-nung[2] 10^{-6} 1/K	Wärmeleit-fähigkeit[1] W/(m · K)	spez. elektr. Widerstand[1] Ωcm	Härte[3] HV
Elemente							
Diamant	3800 (subl.)	3,5	900 ... 1200	1,0	138	10^{12}	10000
Graphit[4]	3800 (subl.)	2,2	1000	– 1,5	> 400	$5 \cdot 10^{-5}$	k.A.
Bor	2150	2,3	k. A.	1,5 ... 8,0	k. A.	k. A.	> 2000
Metallische Hartstoffe							
TiC	3140	14,9	300 ... 450	7,5	20 ... 35	$7 \cdot 10^{-5}$	3200
TaC	3880	14,5	290	6,3	21	$3 \cdot 10^{-5}$	1790
WC	2780	15,8	730	4,0 ... 7,0	120	$2 \cdot 10^{-5}$	2180
HfC	3890	12,3	400	6,4	13	$4 \cdot 10^{-5}$	k.A.
ZrC	3420	6,6	390	6,7	19	$6 \cdot 10^{-5}$	3000
TiN	2950	5,4	260	9,4	20 ... 40	$3 \cdot 10^{-5}$	2000
ZrN	2980	7,3	k. A.	6,5 ... 7,0	19	$2 \cdot 10^{-5}$	1500
AlN	1000[5]	3,0...3,3	320	4,5 ... 5,6	180 ... 220	10^{15}–10^{16}	1100
TiB_2	2900	4,5	370 ... 540	7,4	27 ... 80	10^{-5}	3500
ZrB_2	2990	6,1	350	6,8	23	10^{-5}	2200
$MoSi_2$	2030	6,2	380	5,0 ... 8,5	30 ... 50	$2 \cdot 10^{-5}$	1500
Nichtmetallische Hartstoffe							
SiC	2300 (Zers.)	siehe Tabelle 1, Seite 524				10^{3} ... 10^{6}	Tab. 1, S. 524
Si_3N_4	1900 (subl.)	siehe Tabelle 1, Seite 526				10^{13} ... 10^{15}	Tab. 1, S. 526
B_4C	2450	2,5	390 ... 440	6,0	20 ... 30	10^{2} ... 10^{4} [6]	5500
BN (hex.)	2730	2,0 ... 2,1	30 ... 90	2,2 ... 4,4	0,7 ... 1,0	10^{9}	5500
BN (kub.)	3300	3,5	590	0,5 ... 1,5	k. A.	10^{15}	9000
Halogenide und Chalkogenide							
CaF_2	1360	3,2	150	25	8	$>10^{15}$	1500
BaS	> 2200	4,3	k. A.	12	k. A.	10^{6}	k. A.
CeS	2450	5,9	k. A.	k. A.	20	$6 \cdot 10^{-5}$	k. A.

[1] Bei 20 °C
[2] Mittelwert zwischen 30 °C und 1000 °C
[3] Vickers-Mikrohärte
[4] Eigenschaften in der Schichtebene
[5] Maximale Anwendungstemperatur. Zersetzung bei 2300 °C
[6] Werte stark schwankend zwischen 1 Ωcm und 10^{10} Ωcm
k. A. = keine Angabe

10.7.1 Keramische Werkstoffe aus elementaren Stoffen

Unter den elementaren keramischen Werkstoffen haben nur Kohlenstoff (in den beiden kristallinen Modifikationen Graphit und natürlicher oder synthetischer Diamant) sowie Bor eine technische Bedeutung.

Graphit ist die unter Normalbedingungen vorliegende stabile Phase. Graphit kristallisiert in einem hexagonalen Schichtgitter (Bild 1). Innerhalb einer Schicht ist jedes Kohlenstoffatom durch kovalente Bindungen mit seinen jeweils drei Nachbarn verbunden, während zwischen den Schichten nur schwache Bindungen herrschen.

Die technischen Anwendungen des Graphits sind vielfältig:

- Elektrodenwerkstoff für elektrothermische und elektrochemische Verfahren (z. B. Elektroden für die Schmelzflusselektrolyse bei der Aluminiumerschmelzung, Elektroden für Lichtbogenöfen bei der Stahlerzeugung)
- Kohlenstoff-Feuerfestkeramik (Kohlenstoff- und Feuerfeststeine) für die feuerfeste Ausmauerung von Hochöfen
- Kontaktwerkstoff für elektrische oder mechanische Schleifkontakte (Bürsten, Kolbenringe, Gleitringe usw.)
- Kohlefasern in kohlefaserverstärkten Kunststoffen (CFK)
- Moderatorwerkstoffe in Kernreaktoren

Diamant ist im Vergleich zum Graphit metastabil und kann aus diesem bei einem Druck über 6000 MPa (60 000 bar), einer Temperatur von 1400 °C bis 1500 °C (Bild 2) und Zusätzen von Metallkatalysatoren synthetisch hergestellt werden. Diamant bildet ein kubisch-flächenzentriertes Kristallgitter, wobei vier weitere Kohlenstoffatome je Elementarzelle abwechselnd die Tetraederlücken (d. h. die Mitten der Achtelwürfel) besetzen. Jedes Kohlenstoffatom wird damit tetraedrisch von vier nächsten Nachbarn umgeben. Zwischen den Kohlenstoffatomen herrscht eine reine kovalente Bindung, die für die hohe Härte des Diamants verantwortlich ist (Bild 3).

Als technischer Stoff hat Diamant aufgrund seiner sehr hohen Härte als Polier-, Schleif- und Schneidstoff eine große Bedeutung erlangt (Bild 4).

Bor hat nur in der kristallinen Modifikation als Verstärkungswerkstoff (Bor-Fäden) eine nennenswerte technische Bedeutung.

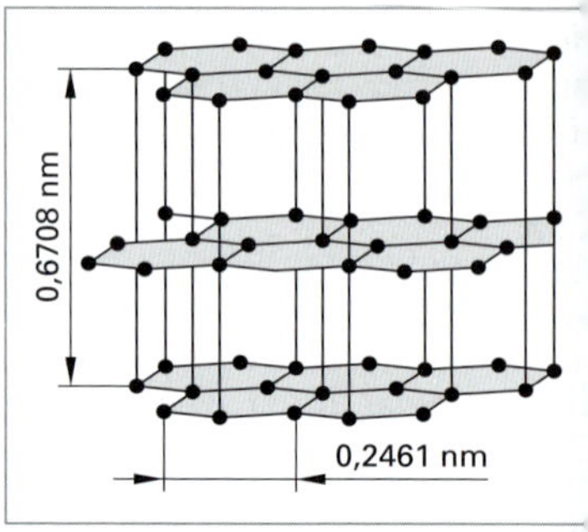

Bild 1: Hexagonales Schichtgitter von Graphit

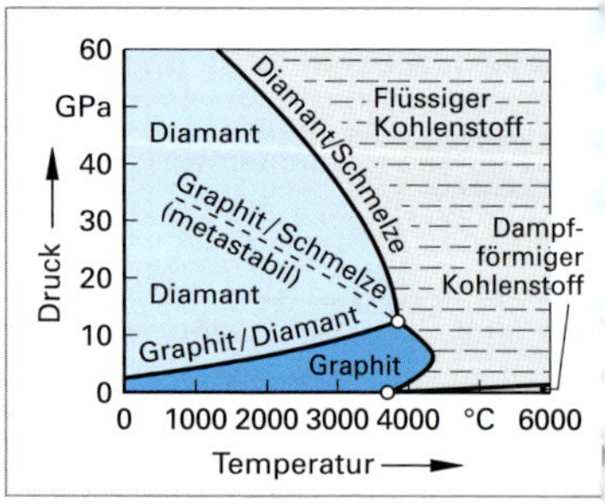

Bild 2: Zustandsdiagramm des Kohlenstoffs

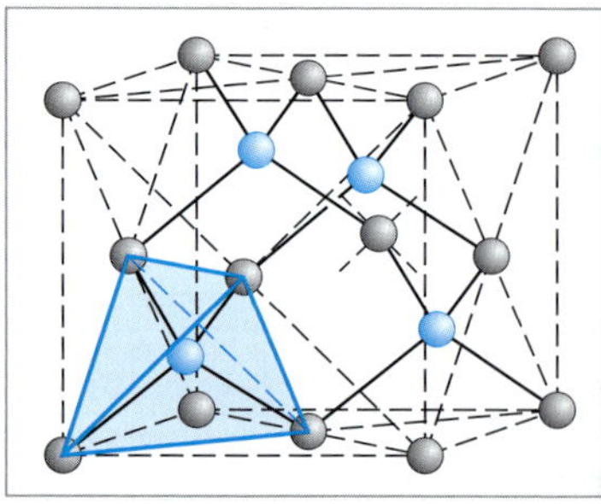

Bild 3: Kristallgitter von Diamant

Bild 4: Industriediamant in Cobaltbindung

10.7.2 Metallische Hartstoffe

Die Hartstoffe bilden keine einheitliche Werkstoffgruppe, aber dennoch besitzen sie eine Reihe gemeinsamer charakteristischer Eigenschaften. Die charakteristischen Eigenschaften wie hohe Schmelztemperatur, hoher Elastizitätsmodul und hohe Härte, resultieren aus der überwiegend kovalenten Bindung und dem Vorhandensein mindestens eines Elementes mit einem kleinen Atomdurchmesser wie B,

Information

Diamantwerkzeuge

Diamantwerkzeuge können nicht für die Zerspanung von Stählen und Gusseisenwerkstoffen verwendet werden. Aufgrund der bei der Zerspanung auftretenden hohen Temperaturen würde sich der Diamant in Graphit umwandeln und mit dem Eisen reagieren. Die Folge wäre ein sehr hoher Werkzeugverschleiß.

C, N oder S (hohe Bindungsenergie). Charakteristisch für die Hartstoffe ist aber auch ein niedriger Wärmeausdehnungskoeffizient und eine ausgeprägte Sprödigkeit. Neben der kovalenten Bindung treten außerdem metallische und ionische Bindungsanteile auf, die letztlich für die Variation der Eigenschaften verantwortlich sind. Da ein Teil der Hartstoffe aufgrund ihrer metallischen Bindungsanteile metallische Eigenschaften haben, hat man zwischen metallischen und nichtmetallischen Hartstoffen unterschieden, obwohl es nicht möglich ist, scharfe Grenzen zu ziehen.

Die Gruppe der **metallischen Hartstoffe** umfasst eine Vielzahl von Carbiden, Nitriden, Boriden und Siliciden der Übergangsmetalle (Ti, V, W, Zr, Hf, Nb, Ta, Cr, Mo), wobei nur eine relativ kleine Anzahl für technische Anwendungen von Interesse sind. Zu ihnen gehören die

- Carbide
- Nitride
- Boride
- Silicide

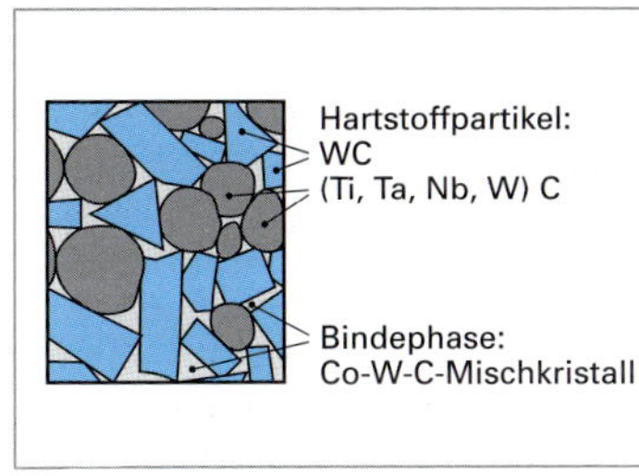

Bild 1: Gefüge von Hartmetallen

Bild 2: Bruchbild eines WC-Co-Hartmetalls

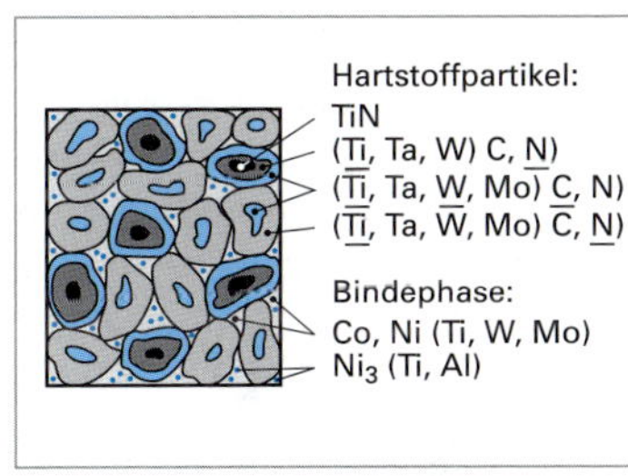

Bild 3: Gefüge von Cermets mit typischer Kern-Mantel-Struktur

10.7.2.1 Carbide

TiC, VC, WC, TaC, ZrC, HfC, NbC, Cr_3C_2 sowie Mischcarbide. Besonderes Merkmal dieser Keramikgruppe sind sehr hohe Schmelztemperaturen sowie die große Härte (Tabelle 1, Seite 519). Carbide finden eine weit verbreitete Verwendung:

- als Bestandteile von Metall-Hartstoff-Kompositen wie **Hartmetallen** oder **Cermets** (Cermet = **Cer**amic **met**als). Dort kommen insbesondere WC, TiC und TaC zum Einsatz (Bild 1 und Bild 2)
- für Hochtemperatur-, Korrosions- und Verschleißschutzschichten.

10.7.2.2 Nitride

TiN, ZrN, NbN, MoN und VN. Die Eigenschaften der Nitride sind mit denen der Carbide vergleichbar. Die Nitride sind bei hohen Temperaturen im Allgemeinen weniger beständig im Vergleich zu den Carbiden. Auch ist ihre Oxidationsbeständigkeit nicht sehr hoch. Bei TiN und ZrN tritt bei tiefen Temperaturen Supraleitung auf. Die Sprungtemperatur liegt bei 15 K (TiN) bzw. 5 K (ZrN).

Von besonderer Bedeutung in der Zerspanungstechnik ist das **Titannitrid** (TiN). Es ist ein wichtiger Bestandteil der Cermets (Bild 3) und bestimmt in besonderem Maße deren Eigenschaften. Gegenüber den Carbiden wie WC, TiC und TaC ist die Löslichkeit und damit auch die Diffusionsneigung des TiN im zu bearbeitenden Werkstoff gering. TiN wird außerdem zur Beschichtung von Schnellarbeitsstählen und Hartmetallen verwendet (Bild 4).

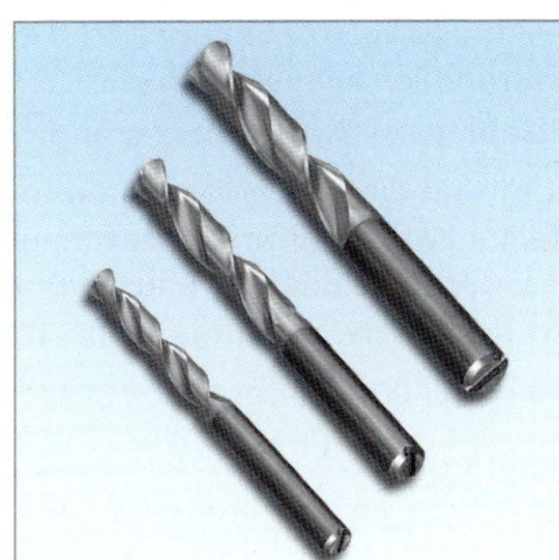

Bild 4: TiN-beschichtete Werkzeuge

10.7.2.3 Boride

TiB_2, CrB_2, ZrB_2, TaB_2, NbB_2 und HfB_2. Von den Metallboriden haben nur die Diboride der Übergangsmetalle eine technische Bedeutung. Ihre charakteristischen Eigenschaften sind eine hohe Schmelztemperatur, eine gute elektrische Leitfähigkeit sowie eine hervorragende Korrosionsbeständigkeit gegenüber Aluminiumschmelzen. Sinterkörper aus Titanborid (TiB_2) finden daher ein steigendes Interesse als Katodenwerkstoff bei der Schmelzflusselektrolyse des Aluminiums.

10.7.2.4 Silicide

Von Bedeutung sind die Disilicide $MoSi_2$ und WSi_2, da sie eine gute chemische Beständigkeit, eine hohe Wärmeleitfähigkeit und eine gute Temperaturwechselbeständigkeit haben. Die größte technische Bedeutung besitzt das $MoSi_2$ als Werkstoff für Hochtemperaturheizleiter.

10.7.3 Nichtmetallische Hartstoffe

Nichtmetallische Hartstoffe, insbesondere Verbindungen der Halbmetalle Bor und Silicium mit den Nichtmetallen Kohlenstoff und Stickstoff, haben als Werkstoffe für Sinterprodukte, als Bestandteile von Metall-Hartmetall-Kompositen (z. B. Hartmetalle), als Hochtemperatur-, Korrosions- und Verschleißschutzschichten sowie als Werkstoffe für Schleifmittel und Schleifkörper eine große technische Bedeutung. Die wichtigsten nichtmetallischen Hartstoffe sind:

- Siliciumcarbid (SiC)
- Siliciumnitrid (Si_3N_4)
- Bornitrid (BN)
- Borcarbid (B_4C)

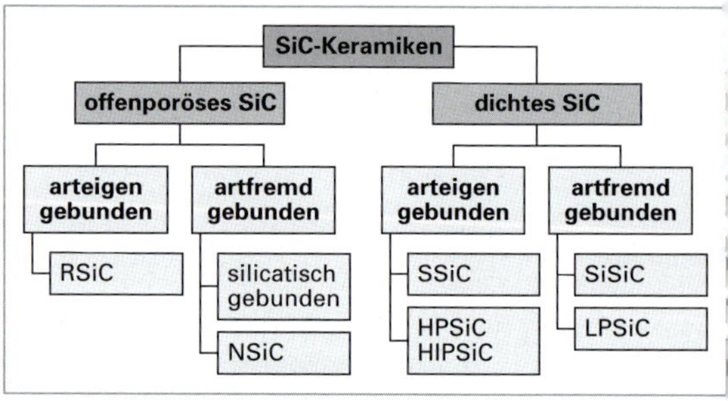

Bild 1: Einteilung der SiC-Keramiken

10.7.3.1 Siliciumcarbid (SiC)

Keramiken auf Basis von Siliciumcarbid sind die mit Abstand wichtigsten carbidischen Keramiken. Siliciumcarbid wurde erst in jüngster Zeit als Konstruktionswerkstoff für den Maschinenbau und für Anwendungen in der Energietechnik entdeckt, obwohl es in der Feuerfestindustrie (z. B. als Brennhilfsmittel) und in der Elektroindustrie (z. B. als Heizleiter) schon lange bekannt war.

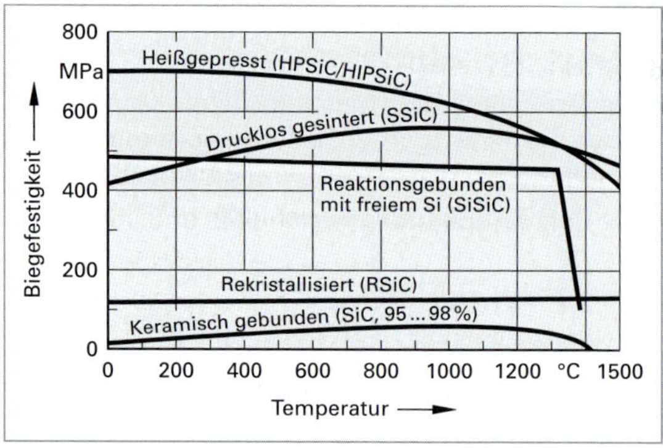

Bild 2: Abhängigkeit der Eigenschaften von SiC von den Herstellungsbedingungen am Beispiel der Biegefestigkeit

SiC-Werkstoffe haben die folgenden herausragenden Eigenschaften:

- Hohe Festigkeit
- Hohe Wärmeleitfähigkeit (bei Raumtemperatur bis zu zweimal höher als Stahl!)
- Geringe Wärmedehnung und damit gute Temperaturwechselbeständigkeit
- Sehr gute Korrosionsbeständigkeit

Aufgrund dieses Eigenschaftsprofils ist das SiC ein idealer Werkstoff für thermisch und chemisch hoch beanspruchte Bauteile und gewinnt daher für Hochtemperaturanwendungen eine immer größere Bedeutung.

Die Einteilung der SiC-Keramiken erfolgt üblicherweise entsprechend dem Gefüge (offenporös oder dicht) und der Bindungsart zwischen den SiC-Körnern (arteigen oder artfremd gebunden). Bild 1 gibt einen Überblick.

Wenngleich das Siliciumcarbid die einzige Verbindung im System Silicium-Kohlenstoff ist, so unterscheidet man aufgrund der unterschiedlichen Herstellungsarten verschiedene SiC-Varianten, die aufgrund ihres unterschiedlichen SiC-Gehalts und der variierenden Porosität jeweils andere Eigenschaften besitzen (Bild 2). Die technisch wichtigsten SiC-Sorten sollen nachfolgend besprochen werden.

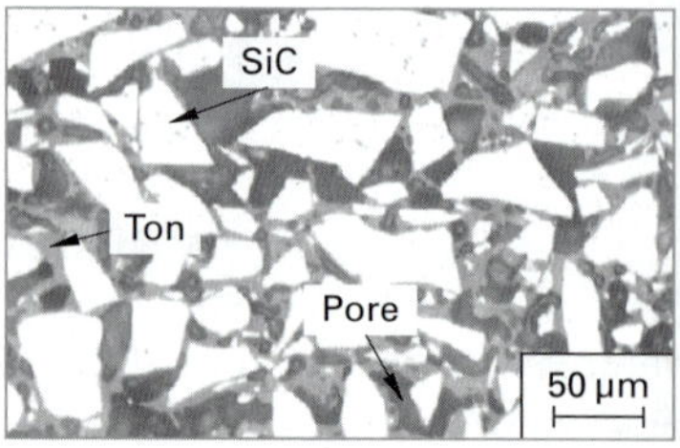

Bild 3: Silicatisch gebundenes SiC

a) Silicatisch gebundenes SiC

Silicatisch gebundene SiC-Keramiken sind aufgrund ihrer hohen Feuerbeständigkeit, der hohen Härte sowie der guten Wärmeleitfähigkeit und Temperaturwechselbeständigkeit wichtige Werkstoffe in der Feuerfesttechnik. Man verwendet sie als Brennhilfsmittel (Ausmauerungen), Brennerteile, Schmelztiegel, Verschleißteile und Heizstäbe. Silicatisch gebundenes SiC besteht aus SiC-Körnern, die in eine aluminosilicatische Bindematrix (Ton) eingelagert sind (Bild 3, Seite 522). Zur Herstellung dieses Werkstoffs wird gewöhnlich eine Mischung aus SiC und Ton (5 ... 20 Masse-%) zu Formkörpern verarbeitet und bei etwa 1400 °C gebrannt.

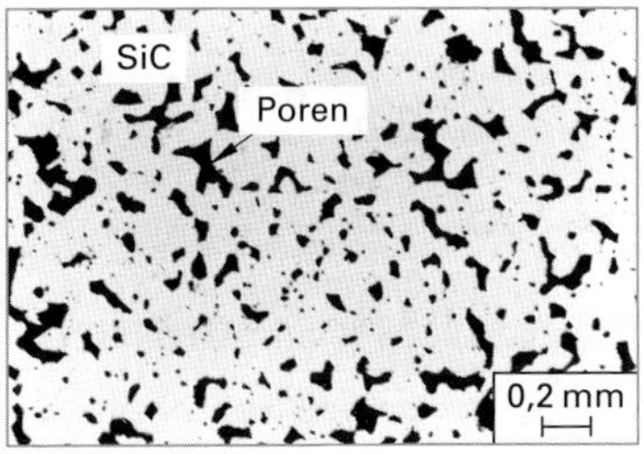

Bild 1: Gefüge von RSiC

b) Rekristallisiertes Siliciumcarbid (RSiC)

RSiC ist ein reiner SiC-Werkstoff mit einem Porenvolumen von 10 % ... 15 % (Bild 1). Bei der Herstellung von Bauteilen aus RSiC tritt praktisch keine Schwindung auf, so dass sich auch große Werkstücke herstellen lassen. Durch seine offene Porosität hat das RSiC im Vergleich zu den dichtgesinterten Varianten (SSIC, HPSiC, HIPSiC) eine geringere Festigkeit (Tabelle 1, Seite 524) und ist nicht dauerhaft oxidationsbeständig. RSiC wird vorwiegend als Brennhilfsmittel (z. B. Ofenrollen) mit Anwendungstemperaturen bis etwa 1650 °C eingesetzt.

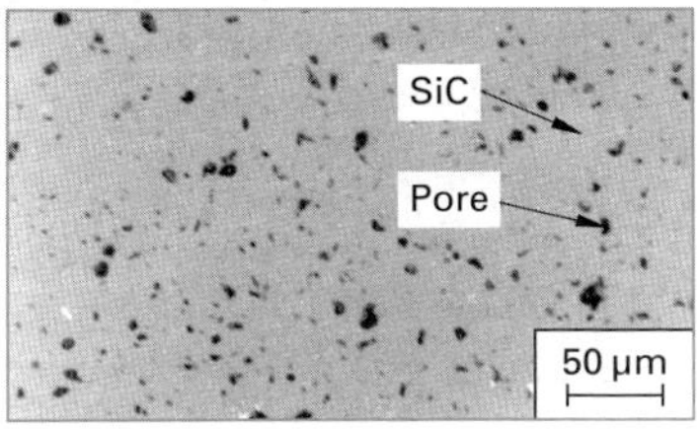

Bild 2: Gefüge von SSiC

c) Nitridgebundenes Siliciumcarbid (NSiC)

Bei der Herstellung von NSiC werden SiC-Körner und Si-Metallpulver in einer Stickstoffatmosphäre gesintert. Das metallische Si-Pulver wandelt sich dabei zu Siliciumnitrid (Si_3N_4) um und bildet auf diese Weise die Bindematrix zu den SiC-Körnern. NSiC hat ein feinporöses Gefüge mit einem Porenanteil von 10 % ... 15 %. Aufgrund der geringen Porengröße hat das NSiC im Vergleich zum RSiC eine höhere Festigkeit und eine verbesserte Oxidationbeständigkeit. NSiC wird analog zum RSiC als Brennhilfsmittel mit Anwendungstemperaturen bis 1450 °C eingesetzt.

d) Drucklos gesintertes SiC (SSiC)

SSiC wird aus SiC-Feinstpulver mit Zusätzen von Sinteradditiven (Bor, Kohlenstoff) bei Temperaturen zwischen 2000 °C und 2200 °C im Schutzgas gesintert (Kapitel 10.9.6). Das Gefüge von SSiC zeigt ein einheitliches Erscheinungsbild mit einem geringen Porenanteil (Bild 2). SSiC zeichnet sich durch eine Reihe hervorragender Eigenschaften aus:

- Hohe Festigkeit, die auch bei hohen Temperaturen (1600 °C) nahezu konstant bleibt (Bild 2, Seite 522)
- Sehr hohe Korrosionsbeständigkeit in sauren und alkalischen Medien (Tabelle 1, Seite 507)
- Hohe Härte (diamantähnliche) und Verschleißbeständigkeit

Das SSiC ist für extreme Beanspruchungen wie Gleitringdichtungen in Laugenpumpen für Gleitlager, Hochtemperaturbrennerdüsen oder Brennhilfsmittel für sehr hohe Temperaturen geeignet.

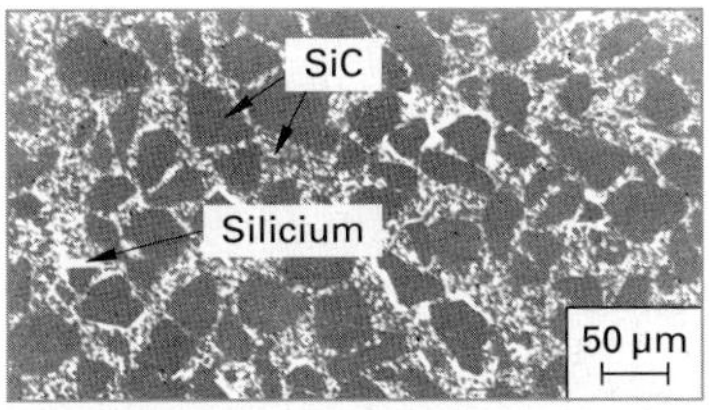

Bild 3: Gefüge von SiSiC

e) Heiß gepresstes Siliciumcarbid (HPSiC) und **heiß isostatisch gepresstes Siliciumcarbid (HIPSiC)**

Gegenüber dem drucklos gesinterten SSiC werden die Bauteile beim HPSiC bzw. HIPSiC bei Drücken von bis zu 100 MPa nahezu porenfrei gesintert (Kapitel 10.9.6). Dadurch können die ohnehin schon hervorragenden mechanischen Kennwerte des SSiC noch weiter verbessert werden. Aufgrund der hohen Schwindung während des Sinterns (18 % ... 20 %) können im Bauteil Spannungen entstehen, so dass bei diesem Verfahren die Bauteilgröße begrenzt werden muss. Die Anwendung von HPSiC bzw. HIPSiC ist dem SSiC vergleichbar, beschränkt sich allerdings auf kleine und geometrisch einfache Bauteile.

Bild 4: Gleitringe und Gleitlager aus SiSiC

f) Reaktionsgebundenes siliciuminfiltriertes Siliciumcarbid (SiSiC)

Zur Herstellung von Bauteilen aus SiSiC wird zunächst SiC- und Graphitpulver gemischt. Unter Zugabe formgebungsspezifischer organischer Sinteradditive wird der Festkörper z. B. durch Trockenpressen, isostatisches Pressen, Extrudieren, Schlickergießen oder Spritzgießen (Kapitel 10.9) hergestellt. Nach dem Ausheizen der organischen Additive wird dem Grünkörper metallisches Silicium über die flüssige oder über die Gasphase zugeführt **(Silicieren)**. Das Silicium dringt in den noch porösen Formkörper ein und wandelt sich mit dem Kohlenstoff des Graphitpulvers in **sekundäres SiC** um. Die verbleibenden Poren füllen sich schließlich mit metallischem Silicium, so dass ein zweiphasiger Werkstoff entsteht, der zu 85 % ... 94 % aus SiC und zu 6 % ... 15 % aus metallischem Silicium besteht (Bild 3, Seite 523).

Das Gefüge des SiSiC zeichnet sich dadurch aus, dass durch das Silicieren das Porenvolumen mit sekundärem SiC bzw. mit metallischem Silicium ausgefüllt wird, so dass praktisch keine bzw. nur eine sehr geringe Schwindung auftritt. SiSiC wird daher bevorzugt zur Herstellung maßgenauer Bauteile mit geringem Nachbearbeitungsaufwand eingesetzt. Die Schmelztemperatur des metallischen Siliciums (1380 °C) begrenzt jedoch die Anwendung dieser SiC-Variante.

Technisch wichtige Anwendungen für SiSiC sind:

- Gleitringdichtungen für rotierende Wellen (Bild 4, Seite 523)
- Pumpenlager
- Verschleißbeanspruchte Bauteile im Motorenbau wie z. B. Ventilstößel, Schwing- und Kipphebel, Nocken und Lager (derzeit in Erprobung)
- Keramische Wärmetauscher in Brennwertheizsystemen für Einfamilienhäuser

g) Flüssigphasen gesintertes Siliciumcarbid (LPSiC)

LPSiC (**L**iquid **P**hase **S**intered **S**ilicon **C**arbide, auch LPS-SiC) ist eine relativ neue SiC-Keramiksorte. Ihr Hauptvorteil besteht in der Beibehaltung der sehr guten Eigenschaften der SiC-Keramiken (hohe Festigkeit und Härte, hervorragende Korrosions- und Temperaturwechselbeständigkeit sowie relativ geringe Werkstoffkosten) bei gleichzeitig deutlicher Verbesserung der Bruchzähigkeit (SiC-Keramiken sind gewöhnlich sehr spröde).

Die Herstellung von LPSiC erfolgt durch Sinterung von SiC-Pulver mit oxidkeramischen Pulvern auf Al_2O_3-Basis bei 2000 °C und 20 ... 30 MPa. Hierdurch entsteht ein feinkörniges (< 2 µm), porenfreies Gefüge mit SiC-Kern, umgeben von einer SiC-Mischphase und einer oxidischen Sekundärphase (Bild 1). LPSiC besitzt derzeit noch keine nennenswerten technischen Anwendungen.

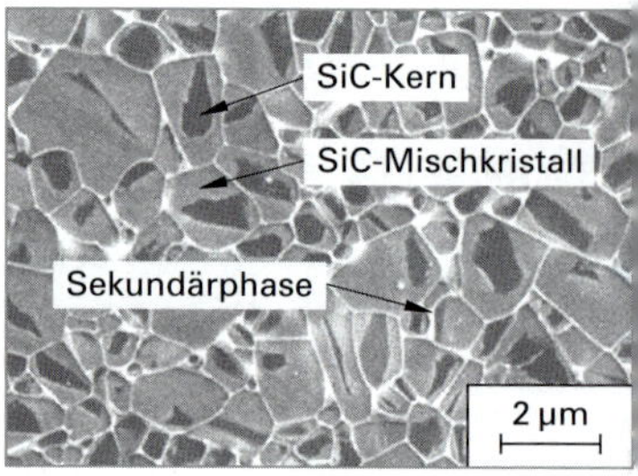

Bild 1: Gefüge von Flüssigphasen gesintertem Siliciumcarbid (LPSiC)

Tabelle 1: Mechanische und physikalische Eigenschaften von SiC-Werkstoffen

SiC-Keramik	Dichte kg/dm³	Porosität Vol.- %	Härte (HV10) GPa	E-Modul GPa	Biegefestigkeit[1] MPa	Wärmedehnung[2] 10^{-6} 1/K	Wärmeleitfähigkeit[3] W/(m · K)
offenporöses SiC							
SiC 75 ... 90 %	2,6	15 ... 18	k. A.	k. A.	150	4,0 ... 6,0	10
SiC 90 %[5]	2,5	18 ... 25	k. A.	100	80 ... 100	4,5	10 ... 20
SiC 95 ... 98 %[5]	2,6	15 ... 20	k. A.	90 ... 240	50 ... 100	4,5	15
RSiC	2,70 ... 2,82	10 ... 15	k. A.	230 ... 280	80 ... 120	4,7 ... 4,8	14 ... 15
NSiC	2,60 ... 2,80	10 ... 15	[4]	150 ... 240	180 ... 200	4,5	14 ... 15
dichtes SiC							
SSiC	3,08 ... 3,15	0	23 ... 26	350 ... 450	260 ... 500	4,0 ... 4,8	40 ... 120
HPSiC	3,0	0	23 ... 26	440 ... 450	500 ... 800	3,9 ... 4,8	80 ... 145
HIPSiC	3,0	0	23 ... 26	440 ... 450	640	3,5	80 ... 145
SiSiC	3,05 ... 3,12	0	14 ... 15	270 ... 400	180 ... 450	4,0 ... 4,8	100 ... 160
LPSiC	3,20 ... 3,24	< 1	22	420	600	4,1	100

[1] Vierpunktbiegung (Vierpunktbiegefestigkeit bei 20 °C) [2] Mittelwert zwischen 30 °C und 1000 °C [3] Mittelwert zwischen 30 °C und 100 °C
[4] Angabe nicht üblich [5] silicatisch gebundenes SiC k.A. = keine Angabe

10.7.3.2 Siliciumnitrid (Si_3N_4)

Unter den Nitridkeramiken besitzt das Siliciumnitrid (Si_3N_4) derzeit die dominierende Rolle. Siliciumnitrid verfügt über eine von anderen Keramiksorten bislang unerreichte Kombination hervorragender Werkstoffeigenschaften und wird daher den extremsten thermischen und mechanischen Einsatzbedingungen gerecht.

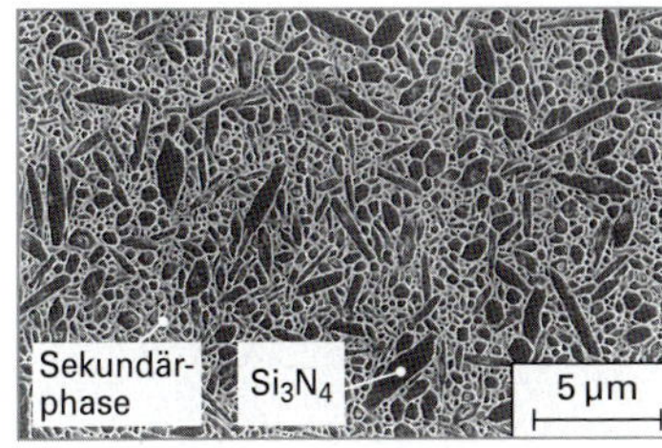

Bild 1: Gefüge von Si_3N_4 (gasdruckgesintert)

Zu den herausragenden Eigenschaften der Si_3N_4-Keramiken gehören:

- Hohe chemische Beständigkeit gegenüber Säuren und NE-Metallschmelzen
- Niedriger Wärmeausdehnungskoeffizient und damit hohe Temperaturwechselbeständigkeit
- Gute Zeitstandfestigkeit
- Hohe Festigkeit, die bis etwa 800 °C erhalten bleibt
- Hohe Härte und hoher Verschleißwiderstand
- Niedriger Reibbeiwert (μ = 0,1 ... 0,2)

Bild 2: Motorenbauteile aus Si_3N_4

Siliciumnitrid findet aufgrund seiner Eigenschaften vielfältige Anwendungen vor allem dort, wo hochwarmfeste metallische Legierungen bei den erforderlichen Betriebstemperaturen an der Grenze ihrer Leistungsfähigkeit angelangt sind oder wo eine hohe Wärmebeständigkeit und chemische Resistenz gefordert wird.

Bild 3: Wälzkörper für Kugellager aus Si_3N_4

Die Herstellung von Festkörpern aus Siliciumnitrid kann grundsätzlich auf zwei verschiedene Arten erfolgen:

- Sintern von Si_3N_4-Pulvern **(SSN, GPSSN, HPSN,** und **HIPSN)**
- Reaktionssintern von Si-Pulvern in N_2- oder NH_3-Atmosphäre **(RBSN)**

Die erste Herstellungsvariante geht von einem sehr feinen Si_3N_4-Pulver aus, welches zunächst mit Sinteradditiven (Al_2O_3, Y_2O_3 oder MgO) vermischt und bei Temperaturen von 1750 °C ... 1950 °C gesintert wird. Um der Zersetzung des Si_3N_4 zu Si und N_2 bei Temperaturen oberhalb etwa 1700 °C entgegenzuwirken, muss während des Sinterns ein zusätzlicher Druck (10 MPa bis 100 MPa) auf das Bauteil aufgebracht werden.

Vergleichbar dem Siliciumcarbid hängen die Eigenschaften des Siliciumnitrids in hohem Maße vom Sinterverfahren, d. h. von der Dichte bzw. Porosität des Sinterteils ab. Im Wesentlichen unterscheidet man (Kapitel 10.9):

- **Normal-** oder **niederdruckgesintertes Siliciumnitrid (SSN).** Das Niederdrucksintern liefert preisgünstige Siliciumnitrid-Keramiken mit mittlerer Festigkeit.
- **Gasdruckgesintertes Siliciumnitrid (GPSSN).** Das Si_3N_4-Pulver wird bei N_2-Überdrücken bis 10 MPa gesintert und führt gegenüber der SSN-Keramik zu einer höheren Festigkeit. Bild 1 zeigt das Gefüge von GPSSN.
- **Heißgepresstes Siliciumnitrid (HPSN)** und **heißisostatisch gepresstes Siliciumnitrid (HIPSN).** Der Sintervorgang des Si_3N_4-Pulvers erfolgt bei N_2-Drücken bis 200 MPa und liefert nahezu porenfreie Gefüge. HPSN bzw. HIPSN haben gegenüber dem GPSSN eine erhöhte Festigkeit.

Wichtige technische Anwendungen sind:

- gesinterte Formteile wie:
  - Thermoelementschutzrohre bei der Aluminiumerschmelzung
  - Motoren- und Gasturbinenteile (Bild 2)
  - Gleit- und Wälzlager (Bild 3)
  - Schweiß- und Brennerdüsen
  - Schneidstoff, bevorzugt für die Zerspanung von grauem Gusseisen und Nickelbasislegierungen
  - Hochtemperaturschutzschichten

Anwendungen für den Bau von Industrie-, Fahrzeug- und Flugzeugturbinen (z. B. Turbinenschaufeln) befinden sich derzeit noch im Entwicklungsstadium. So kann im Gasturbinenbau durch eine Erhöhung der Betriebstemperatur (1400 °C anstelle von etwa 1050 °C bei metallischen Bauteilen) der Wirkungsgrad deutlich erhöht werden. Dennoch ist derzeit eine Serienfertigung nicht nur wegen der noch nachteilig hohen Sprödigkeit, sondern auch infolge der noch unzureichend reproduzierbaren Eigenschaften und der noch verbesserungsbedürftigen zerstörungsfreien Prüfverfahren zur Qualitätsüberwachung, nicht möglich.

Nach einer völlig anderen Herstellungsvariante wird das **reaktionsgesinterte** (oder **reaktionsgebundene**) **Siliciumnitrid (RBSN)** hergestellt. Beim Reaktionssintern wird das preiswerte Si-Pulver (anstelle des teuren Si_3N_4-Pulvers) nach einem der üblichen Verfahren (Trockenpressen, Strangpressen, isostatisches Pressen oder Schlickerguss; Kapitel 10.9.3) geformt und anschließend in einer N_2- oder NH_3-Atmosphäre bei etwa 1200 °C ... 1400 °C und einem Druck von etwa 10 MPa (Normalsintern) bzw. bis zu 100 MPa (Heißpressen oder isostatischem Heißpressen) schwindungsfrei zu Si_3N_4-Formkörper gesintert. Hierdurch entsteht eine Keramik mit hervorragenden mechanischen Eigenschaften, deren Porosität jedoch nachteilig sein kann (z. B. Hochtemperaturoxidation).

RBSN-Keramiken werden vorzugsweise für die Herstellung von Brennhilfsmitteln und Schmelztiegeln verwendet.

Tabelle 1: Mechanische und physikalische Eigenschaften von Si_3N_4-Werkstoffen
(Quelle: Brevier Technische Keramik)

Si_3N_4-Keramiken	Dichte kg/dm³	Porosität Vol.-%	Härte (HV10) GPa	E-Modul GPa	Biegefestigkeit[1] MPa	Wärmedehnung[2] 10^{-6} 1/K	Wärmeleitfähigkeit[3] W/(m · K)
SSN	3,2 ... 3,3	k. A.	14 ... 16	290 ... 330	700 ... 1000	2,5 ... 3,5	15 ... 40
HIPSN	3,2 ... 3,3	0	15 ... 17	290 ... 330	800 ... 1100	3,1 ... 3,3	15 ... 50
RBSN	1,9 ... 2,5	k. A.	8 ... 10	80 ... 180	200 ... 300	2,1 ... 3,0	4 ... 15

[1] Vierpunktbiegung (Vierpunktbiegefestigkeit bei 20 °C) [2] Mittelwert zwischen 30 °C und 1000 °C [3] Mittelwert zwischen 30 °C und 100 °C
k.A. = keine Angabe

10.7.3.3 Bornitrid (BN)

Bornitrid, die einzige Verbindung im System B-N, tritt in drei unterschiedlichen Modifikationen auf: als hexagonales Bornitrid mit Graphit bzw. Wurtzit-Struktur und als kubisches Bornitrid (Bild 1).

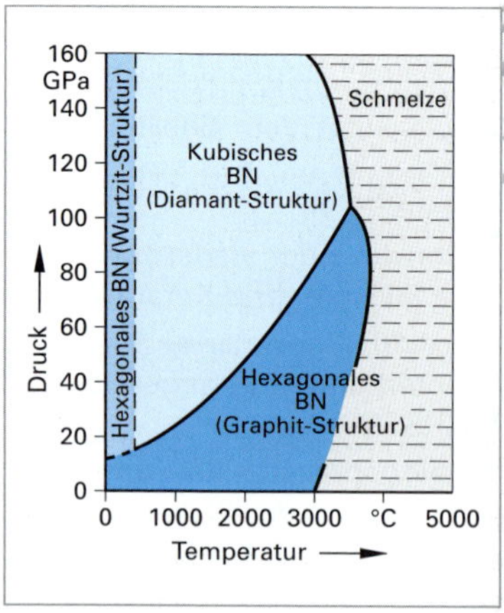

Bild 1: Phasendiagramm von Bornitrid

a) Hexagonales Bornitrid mit Graphitstruktur

Das durch Umsetzung von B_2O_3 mit gasförmigem NH_3 oder organischen Stickstoffverbindungen (z. B. Harnsäure) leicht herstellbare hexagonale Bornitrid besitzt Graphitstruktur (Bild 1, Seite 520) und ähnelt dementsprechend in seinen mechanischen und thermischen Eigenschaften dem Graphit (Kapitel 10.7.1). Wegen seiner hervorragenden Beständigkeit gegenüber korrosiven Schmelzen, seiner hohen Oxidationsbeständigkeit sowie seiner sehr guten elektrischen Isolationseigenschaften, wird das hexagonale Bornitrid zur Herstellung von Tiegeln, Ofenbauteilen und Schutzrohren in der Hochtemperaturtechnik, als Dielektrikum in Kondensatoren, als Isolatorwerkstoff in der Elektrotechnik sowie als Neutronenabsorber in der Kerntechnik eingesetzt.

b) Hexagonales Bornitrid mit Wurtzitstruktur

Das Wurtzit-Gitter ist ein Kristallgitter mit hexagonaler Symmetrie, jedoch anderer Atomanordnung im Vergleich zum Graphitgitter. Die Eigenschaften dieser BN-Modifikation liegen zwischen denen des hexagonalen BN mit Graphitstruktur und des kubischen Bornitrids. Technische Anwendungen sind bislang nicht bekannt.

c) Kubisches Bornitrid

Kubisches Bornitrid (CBN) lässt sich, vergleichbar dem Diamant, bei sehr hohen Temperaturen und hohen Drücken synthetisch herstellen (Bild 1, Seite 526). Seine Herstellung gelang allerdings erst im Jahre 1957. Nach Diamant ist das kubische Bornitrid der härteste bekannte Stoff überhaupt und wird dementsprechend als **hochharter Schneidstoff** in loser und gebundener Form eingesetzt. Zwar erreicht das Bornitrid nicht die Härte von Diamant, in seiner chemischen Beständigkeit ist es diesem jedoch weit überlegen. Es ist bis rund 2000 °C stabil, während bei Diamant eine Graphitisierung bereits bei etwa 900 °C eintritt.

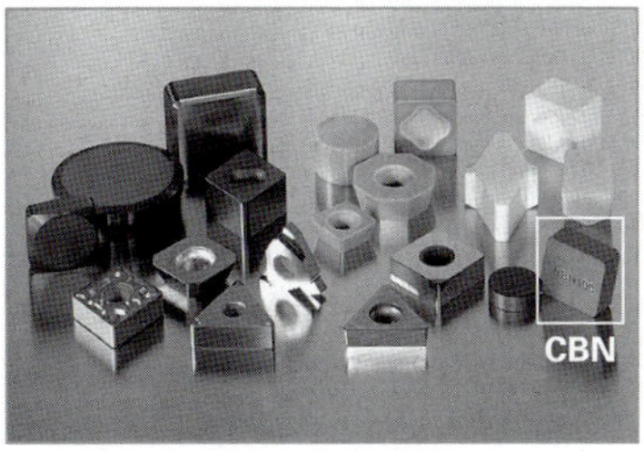

Bild 1: Wendeschneidplatten

In gebundener Form wird das kubische Bornitrid häufig in Form von Wendeschneidplatten (Bild 1) bevorzugt für die Zerspanung von gehärtetem (> 45 HRC) und vergütetem Stahl, Schnellarbeitsstählen sowie hochwarmfesten Nickel- und Cobalt-Basislegierungen eingesetzt. Diese Werkstoffe lassen sich mit Hartmetallen nur sehr schwer, mit Diamantschneidstoffen dagegen überhaupt nicht bearbeiten. Werkstoffe, die als Gefügebestandteile Ferrit oder Austenit enthalten, können allerdings nicht bearbeitet werden.

10.7.3.4 Borcarbid (B_4C)

Die mechanischen Eigenschaften des Borcarbid entsprechen etwa denen von Siliciumcarbid. Borcarbid ist nach Diamant und kubischem Bornitrid der härteste bisher bekannte Stoff. Herausragend ist daher die sehr hohe Härte und die damit einhergehende hohe Verschleißbeständigkeit sowie die für keramische Werkstoffe geringe Dichte.

Aufgrund seiner besonderen Eigenschaften findet das Borcarbid technische Anwendungen als:

- Schleif- und Poliermittel (Ersatz für Diamant)
- Gesinterte Formkörper für Verschleißteile (z. B. Sandstrahldüsen, Abrichtwerkzeuge, Auskleidungen von schusssicheren Westen)
- Absorberwerkstoff in der Kerntechnik
- Verschleißschutzschichten

Borcarbid-Keramiken werden, ähnlich den SiC-Keramiken, aus einem sehr feinen B_4C-Pulver unter Inertgasatmosphäre bei Temperaturen über 2000 °C verarbeitet. Man unterscheidet dementsprechend die folgenden Borcarbid-Keramiken:

- Drucklos gesintertes Borcarbid (SBC)
- Heißgepresstes Borcarbid (HPBC)
- Heißisostatisch gepresstes Borcarbid (HIPBC).

10.8 Elektro- und Magnetokeramik

Elektro- und Magnetokeramiken lassen sich im Wesentlichen der Oxidkeramik zuordnen. Aufgrund ihrer speziellen Anwendungen, vorwiegend in der Elektrotechnik, der Elektronik und der Computertechnik, sollen sie jedoch in einem separaten Kapitel besprochen werden. Um den Rahmen dieses Kapitels nicht zu sprengen, soll auf die Deutung der physikalischen Effekte wie Piezoelektrizität oder Supraleitung an dieser Stelle weitgehend verzichtet werden.

Die elektrischen, dielektrischen und magnetischen Eigenschaften von keramischen Werkstoffen werden von ihrer Struktur und von ihrem Gefüge bestimmt. Aufgrund der vielfältigen Variationsmöglichkeiten dieser beiden Größen konnte eine Vielzahl neuer keramischer Werkstoffe mit breitem Anwendungsfeld entwickelt werden. Die Einteilungsmöglichkeiten für die wichtigsten elektro- und magnetokeramischen Werkstoffe zeigt Bild 1, Seite 528.

10.8.1 Elektrokeramik

Elektrokeramiken werden überwiegend in der Elektrotechnik und Elektronik eingesetzt und wie nachfolgend beschrieben differenziert.

10.8.1.1 Trägerkörper

In der Elektronik und in der Computertechnik verwendet man Trägerkörper einerseits als Substrate (Platinen) und andererseits als Gehäuse für Integrierte Schaltungen (Chipgehäuse).

An die zum Einsatz kommenden Werkstoffe werden die folgenden Anforderungen gestellt:

- Hohe Wärmeleitfähigkeit (damit keine Überhitzung der Schaltung eintritt)
- Geringer Wärmeausdehnungskoeffizient und damit gute Temperaturwechselbeständigkeit
- Hervorragendes elektrisches Isolationsvermögen
- Gute mechanische Eigenschaften
- Gute Verbindung mit Metallen
- Chemische Resistenz

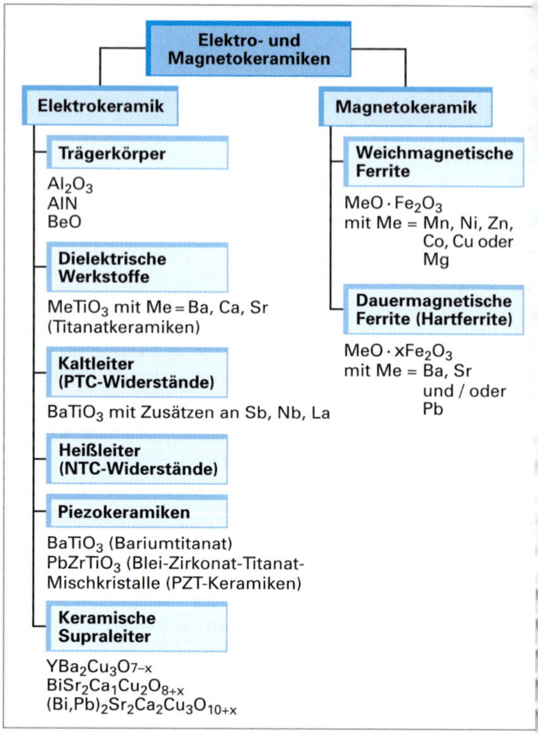

Bild 1: Einteilungsmöglichkeit elektro- und magnetokeramischer Werkstoffe

Unter den keramischen Werkstoffen erfüllen insbesondere **Berylliumoxid (BeO,** Kapitel 10.6.5) und **Aluminiumnitrid (AlN)** die geforderten Eigenschaften. Die herausragende Eigenschaft des Aluminiumnitrids ist seine sehr hohe Wärmeleitfähigkeit von über 100 W/(m · K) (Bild 2) und sein sehr hohes elektrisches Isolationsvermögen von bis zu 10^{10} Ωcm. Außerdem entspricht seine Wärmedehnung etwa derjenigen des Siliciums. Daher ergeben sich bei festen AlN-Si-Verbindungen nur sehr geringe mechanische Spannungen. AlN wird daher bevorzugt als Substratwerkstoff für Halbleiterbauelemente sowie für Gehäuse und Kühlkörper in der Leistungselektronik eingesetzt. Nachteilig ist allerdings, analog dem BeO, sein sehr hoher Preis. Als Alternative, insbesondere für einfache Anwendungen, verwendet man daher häufig Kunststoffe, bei höheren technischen Anforderungen jedoch auch Aluminiumoxid (Al_2O_3).

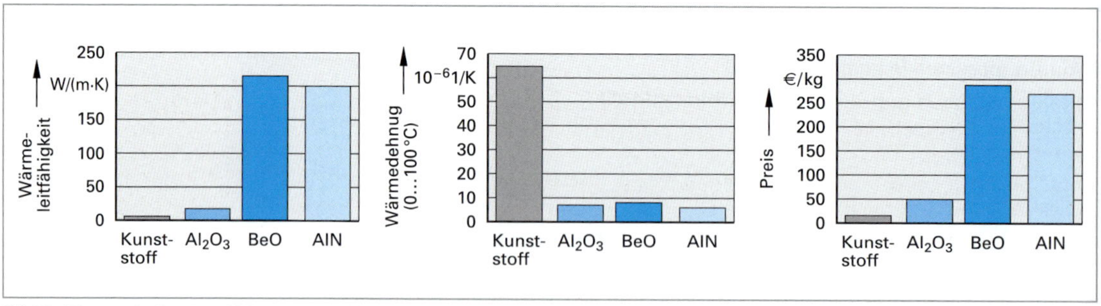

Bild 2: Eigenschaften und Kosten von Trägerwerkstoffen für Elektronik und Computertechnik (Anhaltswerte)

10.8.1.2 Dielektrische keramische Werkstoffe

Aus Kapitel 10.2.5.2 ist bereits bekannt, dass die Kapazität eines Kondensators einerseits von seiner Geometrie, andererseits vom Medium zwischen den Kondensatorplatten abhängt. Um bei gleichbleibender Kapazität möglichst kleine Kondensatoren bauen zu können, muss zwischen den Kondensatorplatten eine Isolierschicht mit möglichst hoher Permittivitätszahl eingebracht werden.

Sehr hohe Permittivitätszahlen ε_r lassen sich mit **Titanatkeramiken** ($MeTiO_3$ mit Me = Ba, Ca, Sr) erreichen (Tabelle 1, Seite 529). Dabei ist allerdings zu beachten, dass die Permittivitätszahl ε_r eine ausgeprägte Temɔeraturabhängigkeit aufweist. Durch geeignete Maßnahmen, wie Verminderung der Korngröße ɔder Zugabe anderer Stoffe wie Eisen- oder Nickel- ɔxid, kann diese unerwünschte Temperaturabhän- ɡigkeit vermindert werden. Andererseits steigt ε_r nit steigender Frequenz der angelegten Spannung.

10.8.1.3 Kaltleiter

Kaltleiter sind elektrische Widerstände mit einem ɔositiven Temperaturkoeffizienten **(PTC-Widerstände)**. Der Widerstand eines Kaltleiters ist bis zu einer bestimmten Temperatur, der **Curietemperatur** ϑ_C, konstant und steigt dann relativ rasch um mehrere Zehnerpotenzen an (Bild 1).

Als keramischer Kaltleiterwerkstoff dient häufig Bariumtitanat ($BaTiO_3$), dessen Barium- oder Titan-ionen teilweise durch höherwertige Ionen wie Sb, Nb, oder La ersetzt sind (etwa 0,1 Masse-%). PTC-Widerstände werden u.a. als Temperaturfühler oder Temperaturregler eingesetzt.

10.8.1.4 Heißleiter

Heißleiter sind Widerstände mit negativem Temperaturkoeffizienten **(NTC-Widerstände)** (Bild 1). Da mit Hilfe von NTC-Widerständen Temperaturen schnell und genau gemessen werden können, setzt man sie vorteilhaft als Temperaturfühler ein. Heißleiter sind vorwiegend aus Übergangsmetalloxiden aufgebaut, wobei meistens eine Komponente Eisen-, Cobalt-, Nickel- oder Manganoxid ist. Anwendung finden aber auch NTC-Widerstände auf Al_2O_3/Cu_2O-Basis, da sie aus relativ billigen Rohstoffen hergestellt werden können.

10.8.1.5 Piezokeramik

Werden piezokeramische Werkstoffe, die beidseitig mit einer leitenden Metallschicht versehen wurden, mechanisch verformt, dann treten an ihrer Oberfläche messbare elektrische Ladungen auf. Diese bereits 1883 von ***P. Curie*** entdeckte Erscheinung wird als **direkter piezoelektrischer Effekt** (*piezein* [griech.] = drücken) bezeichnet (Bild 1, Seite 530). Umgekehrt bewirkt das Anlegen einer elektrischen Spannung an einen **Piezokristall** eine Längenänderung. Man spricht vom **umgekehrten** (oder **reziproken) piezoelektrischen Effekt** (Bild 2, Seite 530).

Der direkte piezoelektrische Effekt wird unter Verwendung der entsprechenden Werkstoffe (s. u.) zur Umwandlung von mechanischen Schwingungen in elektrische Signale (z. B. in Tonabnehmern, Ultraschallprüfköpfen zum Empfang von Ultraschallwellen, Mikrofonen und Beschleunigungsmessern) genutzt.

Tabelle 1: Permittivitätszahlen ausgewählter Stoffe

Werkstoffe		Permittivitätszahl ε_r [2]
Keramiken [1]		
Porzellan	C110, C112, C130, C140	5 ... 7,5
Steatit	C210, C220, C221	6
Cordieritkeramik	C410	5
Al_2O_3	C780, C786, C795, C799	8 ... 9
BeO	C810	7
MgO	C820	10
Si_3N_4	C935	8 ... 12
ZrO_2 (PSZ) [3]		22
TiO_2	C310	40 ... 100
$MgTiO_3$	C320	12 ... 40
$MeO/Bi_2O_3/TiO_2$ [4]	C340	100 ... 700
$BaTiO_3$	C350	350 ... 3000
	C351	> 3000
Andere Stoffe (zum Vergleich)		
Glas		5 ... 16
Kunststoffe, unpolar (z. B. PE, PS, PTFE)		2,0 ... 2,5
Kunststoffe, polar (z. B. PA, PVC)		2,5 ... 6,0
Isolieröle		2,0 ... 2,8
Luft (Normalbedingungen)		1,00058
Wasser		≈ 80

[1] Benennung nach DIN EN 60 672-1
[2] Bei 48 ... 62 Hz
[3] Teilstabilisiert
[4] Me = Sr oder Ca

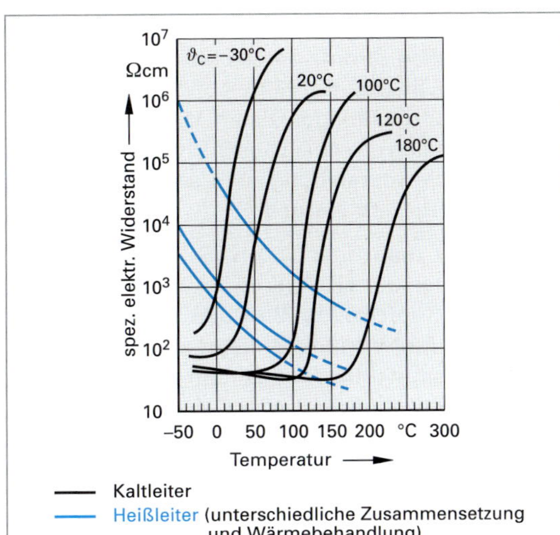

Bild 1: Widerstands-Temperatur-Kennlinien von Kalt- und Heißleitern

Eine weitere Anwendung findet der piezoelektrische Effekt zum Zünden von Gasgemischen z. B. in Verbrennungsmotoren. Werden beispielsweise Stäbchen aus Bariumtitanat (s. u.) entsprechend hohen Drücken ausgesetzt, dann können dabei Spannungen von bis zu 20kV erzeugt werden.

Wichtige technische Anwendungen des umgekehrten piezoelektrischen Effekts sind die Erzeugung von Ultraschallwellen bei der zerstörungsfreien Werkstoffprüfung (Kapitel 13.4.3) als Tongeber, Stellglieder oder Schwingquarze (z. B. in Quarzuhren).

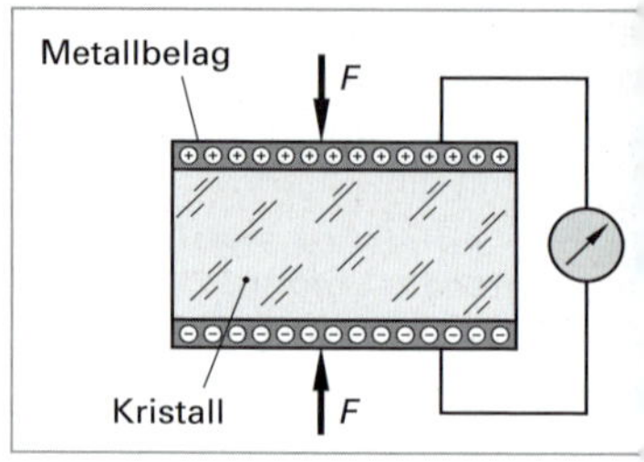

Bild 1: Direkter piezoelektrischer Effekt

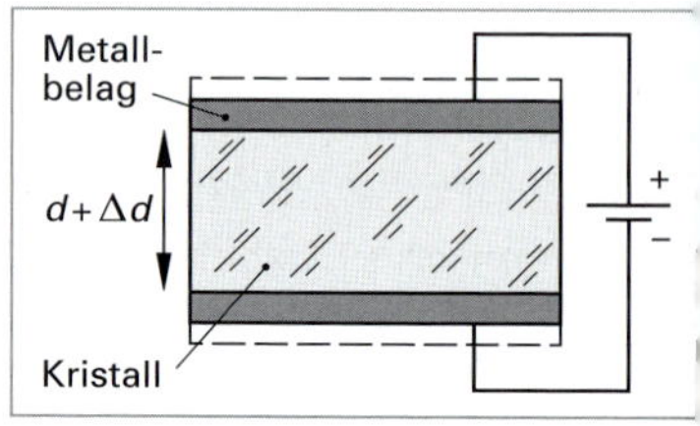

Bild 2: Umgekehrter piezoelektrischer Effekt

Als piezoelektrische Keramiken verwendet man heute vorwiegend:

- **Bariumtitanat ($BaTiO_3$)**
- **Bleititanat ($PbTiO_3$)**
- **Blei-Zirconat-Titanat-Mischkeramiken ($PbZrTiO_3$).** Letztere werden auch als **PZT-Keramiken** bezeichnet. Sie stellen eine feste Lösung zu fast gleichen Anteilen aus $PbZrO_3$ und $PbTiO_3$ dar.

Die genannten Piezokeramiken haben die früher verwendeten Quarze (SiO_2) abgelöst, da sie in beliebiger Form hergestellt werden können und zudem bessere Eigenschaften haben.

10.8.1.6 Keramische Supraleiter

Der Stromtransport in einem elektrischen Leiter ist an die Bewegung von Elektronen gebunden. Die Wechselwirkung der Elektronen mit dem Kristallgitter (Kollisionen) äußert sich dabei insgesamt als elektrischer Widerstand. Bei tiefen Temperaturen beobachtet man jedoch eine verlustfreie Leitung des elektrischen Stromes, man spricht von **Supraleitung.** Supraleitung findet erst unterhalb der **Sprungtemperatur T_S** statt (Tabelle 1, Seite 531).

Die Sprungtemperaturen der klassischen **metallischen Supraleiter (MSL)** wie NbTi oder Nb_3Sn liegen im Bereich des flüssigen Heliums (Siedetemperatur 4,2 K). Die Erzeugung und Aufrechterhaltung derart niedriger Temperaturen erfordert einen hohen technischen Aufwand und dementsprechend hohe Kosten. Die Materialforschung bemüht sich daher bereits seit längerem um die Entwicklung von Werkstoffen mit höheren Sprungtemperaturen, den **Hochtemperatur-Supraleitern (HTSL).** Aus dem Bereich der Keramiken wurden solche Werkstoffe 1986 und 1988 entdeckt (Bild 3). Diese Hochtemperatur-Supraleiter ermöglichen einen praktisch verlustfreien Transport des elektrischen Stroms bereits bei der Temperatur des flüssigen Stickstoffs (77 K). Auf diese Weise können nicht nur die Anlagenkosten, sondern auch die Kühlmittelkosten erheblich gesenkt werden. Erst dadurch kann die Supraleitung auf breitem Gebiet wirtschaftlich eingesetzt werden.

Heute kennt man über 100 HTSL-Verbindungen. Hauptvertreter der HTSL-Keramiken ist das **Yttrium-Barium-Kupferoxid** ($YBa_2Cu_3O_{7-x}$ mit x = Sauerstoffdefizit). Das Yttrium (Y) kann auch durch Lanthan (La), Bismut (Bi) oder Thallium (Tl), das Barium (Ba) durch Strontium (Sr) oder Calcium (Ca) vertreten sein. Die am weitesten verbreiteten keramischen Supraleiter sind in Tabelle 1, Seite 531, zusammengestellt.

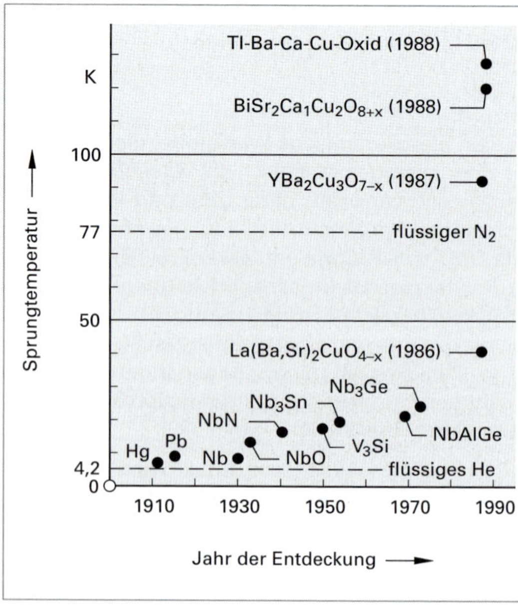

Bild 3: Jahr der Entdeckung und Sprungtemperaturen supraleitender Materialien

Der Einsatz von Supraleitung führt ganz allgemein zu einer starken Verringerung von Baugrößen, Gewichten und Verlusten bei elektrischen Betriebsmiteln (z. B. Kabel, Elektromotoren, Generatoren, ransformatoren usw.)

upraleiter, insbesondere HTSL-Keramiken, finden eute die folgenden Anwendungen:

- Supraleitende Beschichtungen (Dicke nur etwa 0,01 µm) auf Substrat (z.B. Silicium) finden bei der Herstellung elektrischer Schaltungen in der Elektronik und in der Computertechnik (schnelle Rechner) Anwendung.
- Magnetschwebebahnen und magnetische Lager. Bringt man einen Supraleiter bei einer Temperatur unterhalb der Sprungtemperatur in ein magnetisches Feld, dessen magnetische Induktion *B* kleiner ist als die kritische Induktion B_k (hier verschwindet die Supraleitung wieder), dann treten an der Oberfläche des Supraleiters Abschirmströme auf, die das Magnetfeld im Innern des Supraleiters kompensieren. Diese als **Meissner-Ochsenfeld-Effekt** bekannte Erscheinung führt zu einer abstoßenden Kraft zwischen Supraleiter und Magnet (Schwebeeffekt), die beispielsweise für Magnetschwebebahnen oder für magnetische Lager genutzt werden kann.
- HTSL-Energiekabel als Ersatz konventioneller Kupferkabelstrecken. Dabei muss allerdings berücksichtigt werden, dass die Stromtragfähigkeit der Keramik begrenzt ist. Bei zu hoher Stromdichte verliert die Keramik ihre supraleitende Eigenschaft und kehrt zur Normalleitung mit dem entsprechenden elektrischen Widerstand zurück.
- HTSL-Motoren: Anstelle der konventionellen Kupferwicklungen verwendet man HTSL-Spulen. Auf diese Weise kann die Baugröße und das Gewicht des Motors reduziert und sein Wirkungsgrad deutlich gesteigert werden.
- HTSL-Generatoren und HTSL-Transformatoren: Auch bei Generatoren und Transformatoren kann durch Einsatz von Hochtemperatur-Supraleitern anstelle von Kupfer der Wirkungsgrad gesteigert sowie Baugröße und Gewicht reduziert werden.

10.8.2 Magnetokeramik

Bei den magnetokeramischen Werkstoffen unterscheidet man zwei Gruppen:

- Dauermagnetische Ferrite (Hartferrite)
- Weichmagnetische Ferrite

10.8.2.1 Dauermagnetische Ferrite (Hartferrite)

Dauer- oder Permanentmagnete werden in der Elektrotechnik in vielfältiger Weise eingesetzt, beispielsweise in Elektromotoren, Kleingeneratoren und Messwerken. Dauermagnetwerkstoffe sollen

Tabelle 1: Keramische Supraleiter

Keramische Supraleiter	T_s in K[1]
$YBa_2Cu_3O_{7-x}$	92
$BiSr_2Ca_1Cu_2O_{8+x}$	120
$(Bi, Pb)_2Sr_2Ca_2Cu_3O_{10+x}$	125
$La(Ba, Sr)_2CuO_{4-x}$	30 ... 50
Tl-Ba-Ca-Cu-Oxid	128
$LaSr_2Cu_2O_7$	156
La-Sr-Nb-Oxid	255

[1] Sprungtemperatur

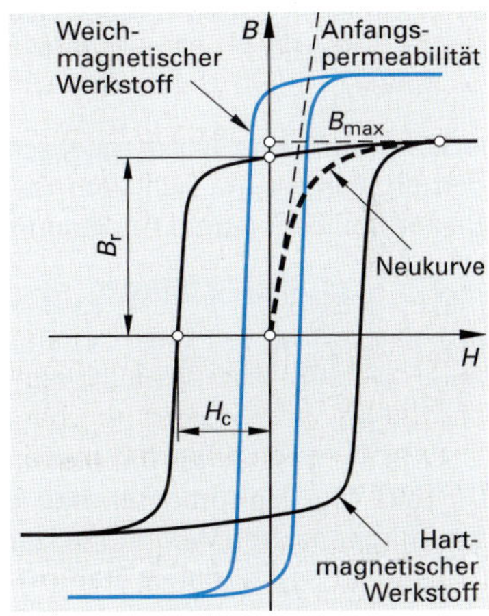

H = Magnetische Feldstärke
B = Magnetische Flussdichte
H_c = Koerzitivfeldstärke
B_r = Remanenzflussdichte
B_{max} = Sättigungsflussdichte

Bild 1: Hysteresekurven hart- und weichmagnetischer Werkstoffe

ⓘ Information

Remanenzflussdichte und Koerzitivfeldstärke

Verringert sich die magnetische Feldstärke *H* und erreicht schließlich den Wert Null (z. B. Ausschalten des Erregerstromes), dann kann im Magnetwerkstoff dennoch ein magnetisches Feld zurückbleiben. Diese Erscheinung nennt man **Remanenz** (*remanere* [lat.] = zurückbleiben). Die dabei messbare Flussdichte *B* des Magnetfeldes bezeichnet man als **Remanenzflussdichte B_r**. Die Einheit der magnetischen Flussdichte ist das Tesla T (1 T = 1 Vs/m²).

Die zur völligen Aufhebung der Magnetisierung erforderliche, der Magnetisierungsrichtung entgegengesetzte magnetische Feldstärke *H* nennt man **Koerzitivfeldstärke H_c** (*coercere* [lat.] = in Schranken halten, zusammenhalten). Je größer die Koerzitivfeldstärke, desto schlechter kann ein Dauermagnet durch äußere Einflüsse entmagnetisiert werden. Die Einheit der magnetischen Feldstärke *H* ist A/m bzw. kA/m (oder A/cm).

nach ihrer Magnetisierung im Luftspalt ihres Magnetsystems eine hohe bleibende magnetische Flussdichte aufweisen, die gegen äußere, entmagnetisierende Felder beständig ist. Erwünscht ist also eine möglichst hohe **Remanenzflussdichte B_r** sowie eine hohe **Koerzitivfeldstärke H_c**. Dauermagnetwerkstoffe haben entsprechend ihrer Koerzitivfeldstärke eine breite **Hysteresekurve** (Bild 1, Seite 531).

Neben metallischen, hartmagnetischen Werkstoffen wie Aluminium-Nickel-Cobalt-Magnete (AlNiCo), Platin-Cobalt-Magnete (PtCo) und Eisen-Cobalt-Vanadium-Chrom-Magnetwerkstoffe (FeCoVCr) sowie Seltenerdemetall-Magnete (SmCo- und NdFeB-Legierungen) kommen in zunehmendem Maße auch keramische, hartmagnetische Werkstoffe, die **Hartferrite,** zum Einsatz.

Grundlage der keramischen, hartmagnetischen Werkstoffe bilden die **Ferrite,** die sich vom $BaO \cdot Fe_2O_3$ ableiten (Ba-Ferrite). Bevorzugte Anwendung finden:

- $BaO \cdot 6\,Fe_2O_3$
- $BaO \cdot 2\,MeO \cdot 8\,Fe_2O_3$
- $BaO \cdot 2\,MeO \cdot 12\,Fe_2O_3$
- $2\,BaO \cdot 2\,MeO \cdot 6\,Fe_2O_3$

Das Symbol Me steht dabei für die Metalle Mn, Ni, Zn, Co, Cu und Mg. Hauptbestandteil der keramischen hartmagnetischen Werkstoffe ist mit bis zu 80 % das Eisenoxid Fe_2O_3 (daher stammt auch die Bezeichnung Hartferrit).

Hartferrite haben hohe Koerzitivfeldstärken H_c und sind daher sehr beständig gegenüber magnetischen Fremdfeldern. Weitere Vorteile der Hartferrite gegenüber den metallischen Dauermagneten ist die deutlich geringere Dichte von etwa 5 kg/dm^3 sowie die preisgünstige Herstellung. Die wichtigsten Eigenschaften der Hartferrite sind in Tabelle 1 zusammengestellt. Nachteilig ist das stark temperaturabhängige magnetische Verhalten sowie die für keramische Werkstoffe übliche hohe Sprödigkeit (bei den gesinterten Hartferriten). Die gegenüber den Seltenerdemetall-Magneten niedrigere Remanenzflussdichte B_r bedingt außerdem größere Polflächen.

Hartferrite werden insbesondere für Magnetsysteme für Kleinmotoren (Stator, Rotor, Magnetringe für Schrittmotoren), Fahrraddynamos, Relais, Lautsprechermagnete, Impulsgeber zur Drehzahlbestimmung sowie als Haftmagnete eingesetzt.

10.8.2.2 Weichmagnetische Ferrite

Werden Magnetwerkstoffe fortwährend ummagnetisiert (z. B. in Transformatoren oder in umlaufenden elektrischen Maschinen), dann treten **Ummagnetisierungsverluste** auf, die zu einer unerwünschten

Tabelle 1: Magnetische Eigenschaften hartmagnetischer Werkstoffe (Permanentmagnete)

Werkstoffe	Remanenzflussdichte B_r T	Koerzitivfeldstärke H_c kA/m
Metallische hartmagnetische Werkstoffe		
AlNiCo[1]		
– isotrop[2]	0,55 ... 0,65	44 ... 85
– anisotrop[2]	0,65 ... 1,25	45 ... 140
– kunststoffgebunden	0,28 ... 0,38	37 ... 78
PtCo[3]	0,60 ... 0,64	350 ... 400
FeCoVCr[4]	0,80 ... 1,00	5 ... 26
FeCoV[5]	0,80 ... 1,20	9 ... 30
FeCrCo[6]	0,80 ... 1,30	32 ... 60
Seltenerdemetall-Magnete		
SmCo-Legierungen[7]	0,80 ... 1,10	450 ... 700
NdFeB-Legierungen[8]	1,10 ... 1,30	750 ... 900
SmCo und NdFeB kunststoffgebunden	0,45 ... 0,65	320 ... 500
Keramische hartmagnetische Werkstoffe		
isotrop	0,2	130
isotrop, kunststoffgeb.	0,15	90
anisotrop	0,35 ... 0,38	170 ... 330
anisotrop, kunststoffgeb.	0,20 ... 0,28	150 ... 175

[1] 6 ... 13 % Al, 13 ... 20 % Ni, 15 ... 40 % Co, 0 ... 8 % Ti
[2] Dauermagnete, die ohne magnetische Vorzugsrichtung, also isotrop, hergestellt werden, haben eine frei wählbare Magnetisierungsrichtung. Anisotrope Magnetwerkstoffe werden mit magnetischer Vorzugsrichtung hergestellt und in dieser Richtung auch magnetisiert.
[3] Etwa 78 % Pt, Rest Co
[4] 51 ... 54 % Co, 3 ... 15 % V, 4 ... 6 % Cr, Rest Fe
[5] 50 ... 52 % Co, 8 ... 15 % V, Rest Fe
[6] 10 ... 30 % Cr, 10 ... 15 % Co, Rest Fe
[7] Etwa 25 % Sm (Samarium), 50 % Co, 15 % Fe, Cu und Zr
[8] 30 ... 35 % Nd (Neodym), 1 % B, Rest Fe

Tabelle 2: Eigenschaften von metallischen und keramischen weichmagnetischen Ferriten

Spezifischer elektrischer Widerstand Ωcm	Sättigungsflussdichte[1] B_{max} T	Curietemperatur °C
Keramische weichmagnetische Ferrite		
$10^2 \ldots 10^7$	0,2 ... 0,5	100 ... 500
Weichmagnetische Metalle und Legierungen		
$10^{-5} \ldots 10^{-4}$	0,6 ... 2,4	250 ... 950

[1] Eine Steigerung der magnetischen Feldstärke H führt nur noch zu einer geringfügigen Zunahme der magnetischen Flussdichte B. Sie nähert sich der Sättigungsflussdichte B_{max}

Erwärmung führen und durch eine erhöhte Leistungsaufnahme gedeckt werden müssen. Ummagnetisierungsverluste setzen sich aus Hystereseverlusten und Wirbelstromverlusten zusammen.

Als weichmagnetische metallische Werkstoffe werden neben dem reinem Eisen (Magnetreineisen mit Fe > 99,95 %), Eisen-Silicium-, Eisen-Cobalt- und Eisen-Nickel-Legierungen eingesetzt. Eine große Bedeutung besitzen aber auch die weichmagnetischen Ferrite, das sind oxidkeramische Werkstoffe, die allgemein durch die Formel $MeO \cdot Fe_2O_3$ (worin Me eines oder mehrere der Metalle Mn, Ni, Zn, Co, Cu und Mg bedeutet) beschrieben werden können. Weichmagnetische Ferrite bestehen also aus Mischkristallen oder Verbindungen von Eisenoxid (Fe_2O_3) mit einem oder mehreren Oxiden zweiwertiger Metalle (z. B. MnO, NiO, ZnO, CoO, CuO oder MgO).

Bevorzugte Anwendung finden:

- Mangan-Zink-Ferrite mit der ungefähren Zusammensetzung $(Mn_{0,6}Zn_{0,35}Fe_{0,05}{}^{2+}) \cdot Fe_2{}^{3+}O_4$
- Nickel-Zink-Ferrite $(Ni_xZn_{1-x}) \cdot Fe_2O_4$
- Mangan-Magnesium-Ferrite

Kennzeichnend für einen guten weichmagnetischen Werkstoff sind:

- Schmale Hystereseschleife
- Hoher spezifischer elektrischer Widerstand
- Niedrige Koerzitivfeldstärke H_c
- Hohe Anfangspermeabilität μ_A (gemäß $B = \mu \cdot H$ ist μ_A die Steigung der Tangente an die Neukurve im Koordinatenursprung, siehe Bild 1, Seite 531.

Gegenüber den metallischen weichmagnetischen Werkstoffen besitzen die weichmagnetischen Ferrite einen etwa um 10 Zehnerpotenzen (!) höheren spezifischen elektrischen Widerstand. Dadurch bleiben die (mit dem Quadrat der Frequenz ansteigenden) Wirbelstomverluste so klein, dass sie bis zu hohen Frequenzen hin vernachlässigt werden können. Weichmagnetische Ferrite verwendet man daher in der Hochfrequenztechnik, der Nachrichtentechnik und in der Unterhaltungselektronik z. B. für Übertrager, Impulstransformatoren, Bandfilter und Antennen. Nachteilig gegenüber den metallischen weichmagnetischen Werkstoffen ist jedoch die niedrige Curietemperatur (Verlust der magnetischen Eigenschaften) sowie die geringere Sättigungsflussdichte B_{max} (Tabelle 2, Seite 532 und Bild 1, Seite 531). Die wichtigsten Eigenschaften der Mn-Zn- und der Mn-Mg-Ferrite sind in Tabelle 1 zusammengestellt.

Weichmagnetische Ferrite werden durch Sintern hergestellt. Die magnetischen Eigenschaften lassen sich je nach Mischung der Metalloxide und Höhe der Sintertemperatur (1100 °C ... 1400 °C) verändern.

Tabelle 1: Eigenschaften von Magnetokeramiken (nach Petzold)

Eigenschaften		Weichmagnetische Ferrite		Hartmagnetische Ferrite
		Mn-Zn-Ferrite	Mn-Mg-Ferrite	Ba-Ferrite
Dichte	kg/dm^3	3,8 ... 5,0		4,5 ... 5,0
Elastizitätsmodul E	GPa	140		k. A.
Zugfestigkeit	MPa	10 ... 20		k. A.
Druckfestigkeit	MPa	50 ... 80		k. A.
Wärmedehnung[1]	10^{-6} 1/K	6,0		9,0 ... 12,0
Wärmeleitfähigkeit[2]	W/(m · K)	6,0	k. A.	k. A.
spez. elektr. Widerstand[2]	Ωcm	$10^2 ... 10^3$	10^7	$10^3 ... 10^8$
Curietemperatur[3]	°C	100 ... 150	> 300	450
Anfangspermeabilität μ_A		500 ... 20 000	50 ... 2000	k. A.
Sättigungsflussdichte B_{max}	T	< 0,5	0,2	k. A.
Remanenzflussdichte B_r	T	k. A.	k. A.	0,15 ... 0,38
Koerzitivfeldstärke H_c	kA/m	0,01 ... 0,1	0,05 ... 0,1	90 ... 330

[1] Zwischen 25 °C und 1000 °C [2] Bei 20 °C [3] Verlust der magnetischen Eigenschaften k.A. = keine Angabe

10.9 Herstellungs- und Bearbeitungsverfahren für keramische Werkstoffe

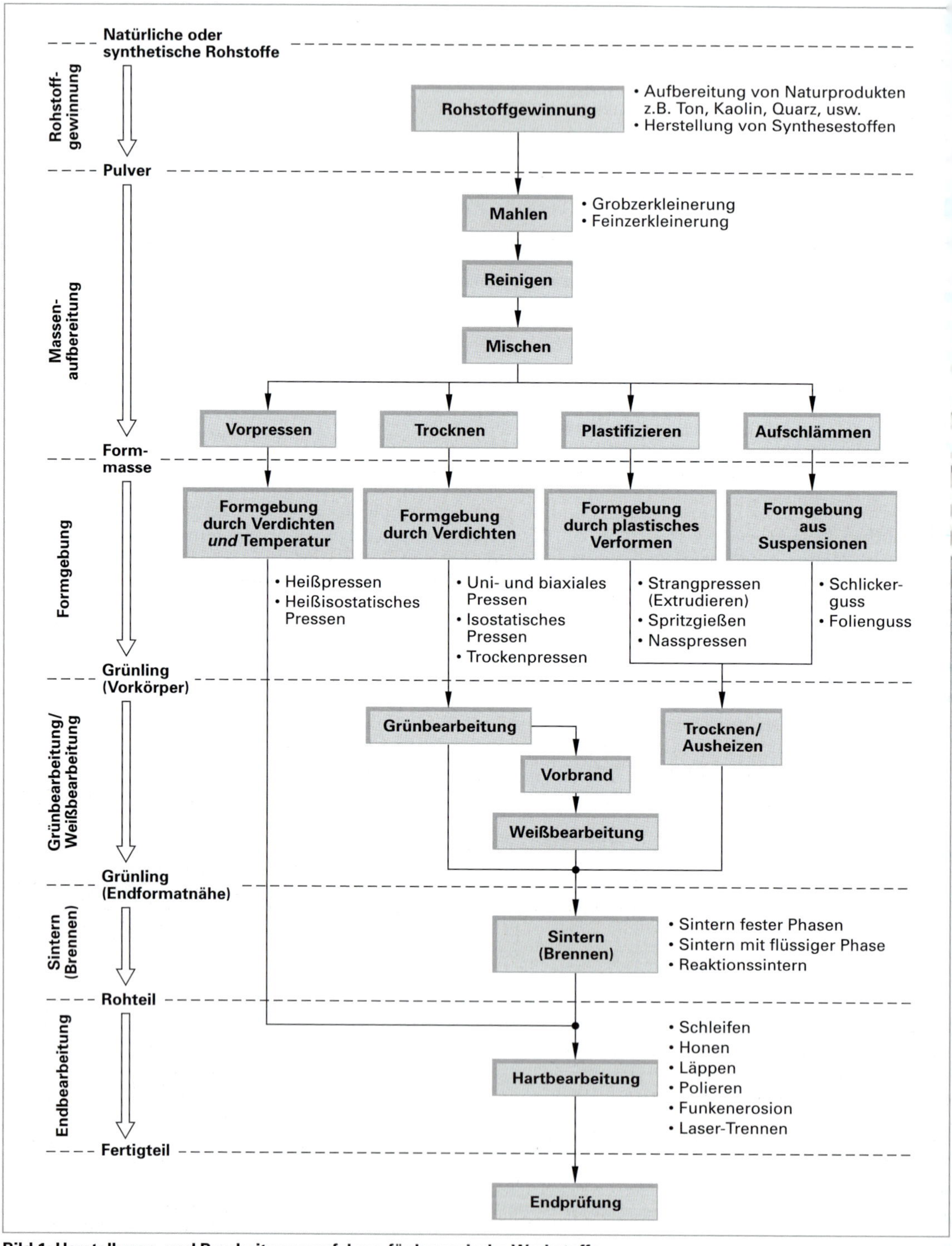

Bild 1: Herstellungs- und Bearbeitungsverfahren für keramische Werkstoffe

Die Eigenschaften eines keramischen Bauteils werden in hohem Maße von den ausgewählten Rohstoffen (chemische Zusammensetzung, mineralogischer Aufbau, Reinheit, Korngröße usw.) und dem Herstellungsverfahren beeinflusst. Der Herstellungprozess für keramische Bauteile ist in Bild 1, Seite 534, wiedergegeben.

10.9.1 Rohstoffgewinnung

Die Rohstoffe zur Herstellung von Keramiken werden entweder aus Naturstoffen (z. B. Ton, Kaolin, Feldspat, Sand, Talk, Speckstein usw.) durch Aufbereitungsprozesse oder als Synthesestoffe (z. B. Aluminiumoxid, Zirconiumdioxid, Siliciumcarbid, Siliciumnitrid usw.) durch chemische Verfahren gewonnen und meist in Pulverform zur Weiterverarbeitung zur Verfügung gestellt. In den letzten Jahren hat sich der Trend hin zu immer feineren (bis in den nm-Bereich) und reineren Pulvern verstärkt.

10.9.2 Massenaufbereitung

Für die unterschiedlichen Formgebungsverfahren (Kapitel 10.9.3) müssen spezifische Ausgangsmassen bereitgestellt werden:

- Suspensionen für das Gießen
- Bildsame Massen für das Extrudieren
- Granulate bzw. Pulver für das Pressen

Zur Massenaufbereitung zählt man bei der Keramikherstellung alle Verfahren, die zwischen der Rohstoffgewinnung und der Formgebung liegen. Im Wesentlichen sind dies:

- **Grobzerkleinerung**
  Eine Grobzerkleinerung ist erforderlich, um die Rohstoffe in eine für die Weiterverarbeitung günstige Korngröße zu bringen.
- **Feinzerkleinerung**
  Eine Feinzerkleinerung ist erforderlich, da die Qualität einer Keramik in hohem Maße von der Korngröße der eingesetzten Rohstoffe abhängt. Man unterscheidet mitunter:
  - Grobkeramik: Körner, Poren oder Kristalle > 0,1 … 0,2 mm
  - Feinkeramik: Körner, Poren oder Kristalle < 0,1 … 0,2 mm
- **Reinigung** zur Entfernung von eisenhaltigem Abrieb (üblicherweise durch Magnetabscheidung)
- **Trocknung**
  Eine Trocknung wird erforderlich, falls eine Formgebung durch Verdichten vorgesehen ist. Dies geschieht entweder als Gefriertrocknung (das feuchte Gut wird tiefgefroren, anschließend findet unter Vakuum eine Sublimation des Eises statt) oder als Sprühtrocknung (das in einer Flüssigkeit suspendierte Pulver wird versprüht und dabei in einem heißen Luftstrom getrocknet). Die Sprühtrocknung liefert besonders feinkörnige und homogene Pulver.
- **Plastifizierung**
  Mischung der keramischen Rohstoffe mit Wasser oder organischen Plastifizierungsmitteln (z. B. Thermoplaste), so dass eine plastische Masse entsteht.

10.9.3 Formgebung

Bei der Formgebung werden die Pulverteilchen verdichtet und in eine zusammenhängende Form gebracht. Das bei der Formgebung entstehende, noch ungebrannte (ungesinterte) Teil bezeichnet man als **Grünling** oder **Grünkörper** (Bild 1).

Bild 1: Fertigungsstadien eines Hüftgelenkkugelkopfs
Links: Grünling
mitte: gesinterter Kugelkopf
rechts: Kugelkopf nach der Hartbearbeitung

Die Auswahl eines geeigneten Fomgebungsverfahrens richtet sich im Wesentlichen nach:

- Art und Zusammensetzung der keramischen Masse
- Größe und Geometrie des zu formenden Bauteils
- Stückzahl (Einzelstücke oder Großserie)

Zu den wichtigsten Formgebungsverfahren gehören:

- **Schlickerguss:**

  Eine Aufschlämmung keramischer Komponenten in wässriger Suspension (30 ... 35 % H_2O), der **Schlicker,** wird in eine Gipsform vergossen. Die Gipsform entzieht der Suspension das Wasser, so dass sich der Feststoffanteil der Suspension an der Wandung der Gipsform niederschlägt. Die Gipsform kann nach dem Entformen und Trocknen wieder verwendet werden.

- **Folienguss**

  Beim Folienguss wird der Schlicker auf ein horizontal umlaufendes, endloses Band (meist poliertes Stahlblech) gegossen und mittels eines engen Spaltes gleichmäßig auf dem Band verteilt. Durch Variation der Spalthöhe können Dicken zwischen 0,2 mm und 1,5 mm eingestellt werden. Während des Transports zum anderen Ende des Gießbandes strömt warme Luft über die Folie hinweg, die am Ende des Bandes abgezogen und aufgewickelt werden kann.

- **Spritzguss**

  Das keramische Pulver wird bis zu 20 % mit organischen Plastifizierungsmitteln angereichert und anschließend durch das aus der Kunststoffindustrie bekannte Spritzgießen (Kapitel 9.9.2.2) verarbeitet (Bild 1). Der Kunststoff wird nach dem Spritzgießen durch sehr langsames Hochheizen wieder ausgetrieben. Geformt werden auf diese Weise sowohl Oxid- als auch Nichtoxidkeramiken.

- **Strangpressen (Extrudieren)**

  Beim Strangpressen wird die plastische Masse (etwa 20 % H_2O sowie diverse organische Binde- und Gleitmittel) durch eine Form (Matrize) hindurchgedrückt. Auf diese Weise können unterschiedliche Profile wie Rohre, Stäbe oder Wabenkörper hergestellt werden. Durch anschließendes Walzen ist auch die Herstellung von Platten möglich.

- **Nasspressen**

  Beim Nasspressen wird ein Überschuss an plastischer Masse (8 % ... 12 % H_2O) in die Form gefüllt und auf hydraulischen Pressen bei Drücken zwischen 1 MPa und 20 MPa in die Form gepresst.

- **Trockenpressen**

  Beim Trockenpressen wird ein rieselfähiges, feines Pulver im Presswerkzeug bei etwa 30 MPa soweit verdichtet, dass das Korn zerdrückt und eine Volumenminderung um mehr als 50 % eintritt. Um eine gleichmäßige Verdichtung zu erhalten, muss jeder unterschiedliche Querschnitt durch einen beweglichen Stempel geformt werden (Bild 2).

1. Einspritzen
(Werkzeug teilweise gefüllt)

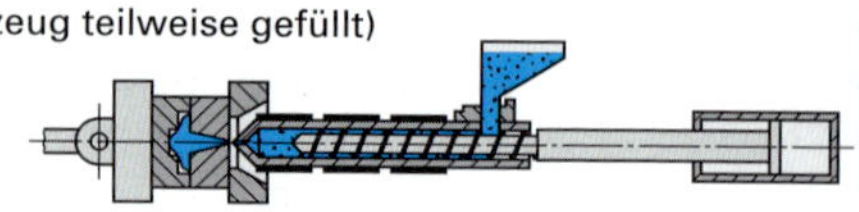

2. Nachdrücken
(zum Ausgleich der Erstarrungsschwindung)

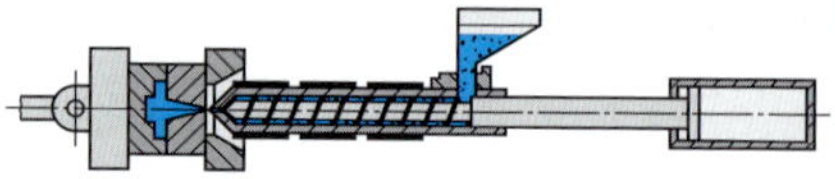

3. Plastifizieren und Dosieren
(Schnecke wird aus dem Zylinder gedrückt; ohne Darstellung)

4. Auswerfen, Dosierung beendet

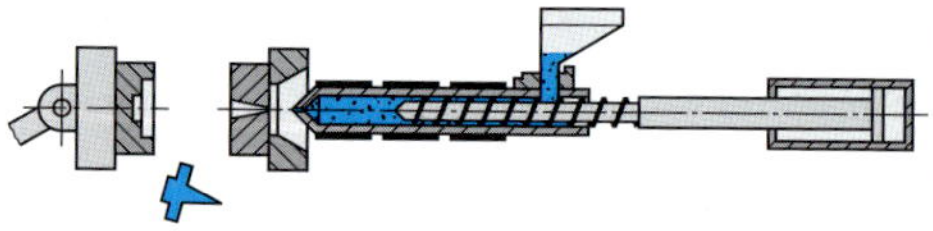

Bild 1: Spritzgießen keramischer Bauteile

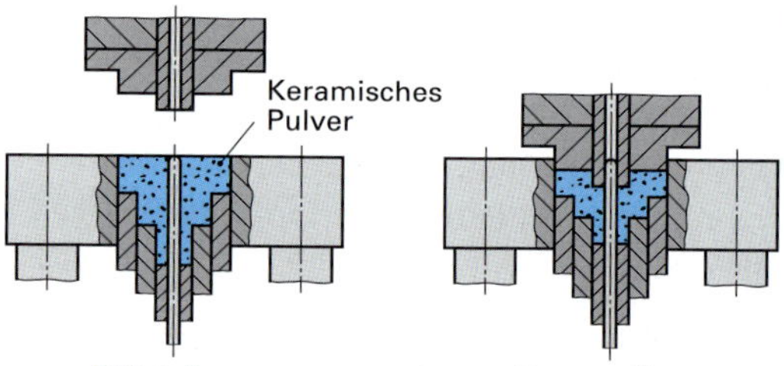

Bild 2: Trockenpressverfahren

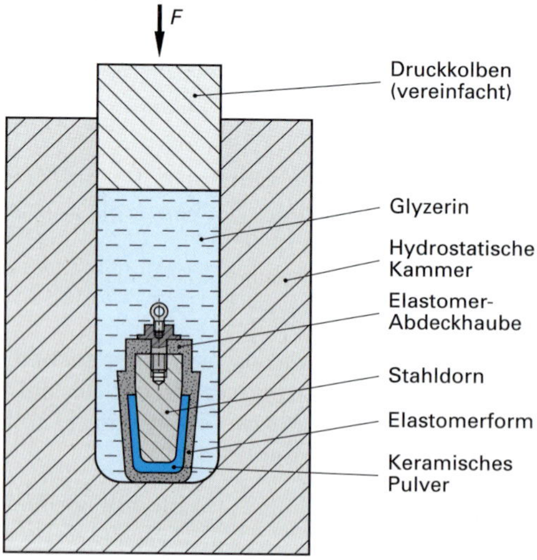

Bild 3: Beispiel einer Vorrichtung für das isostatische Pressen

- **Isostatisches Pressen**

Zur Herstellung von gleichmäßig verdichteten Rohlingen sowie von geometrisch einfachen keramischen Großkörpern eignet sich das isostatische Pressen. Beim isostatischen Pressen wird das zu verdichtende Granulat von einer elastischen Form umhüllt, auf die von außen über eine Flüssigkeit ein hydrostatischer Druck von bis zu 400 MPa aufgebracht wird. Bild 3, Seite 536, zeigt eine Vorrichtung für das isostatische Pressen.

- **Heißpressen und heißisostatisches Pressen**

Das Heißpressen (HP) sowie das heißisostatische Pressen (HIP) nehmen bei den Formgebungsverfahren eine Sonderstellung ein, da sie die beiden Herstellungsschritte Formgebung und Sintern in einem Arbeitsschritt vereinigen.

Das uni- oder biaxiale **Heißpressen** (auch als **Drucksintern** bezeichnet) wird je nach Art der Keramik bei einer Temperatur von 500 °C bis 1800 °C und Drücken von bis zu 170 MPa durchgeführt (Bild 1).

Durch die Kombination von Druck und Temperatur werden die Sinterzeiten stark verkürzt. Dies hat den Vorteil, dass während des Sinterns ein nur geringes Kornwachstum auftritt und die entsprechenden feinkörnigen Keramiken daher eine gute Festigkeit aufweisen. Mit Hilfe des Heißpressens können allerdings nur einfache Geometrien hergestellt werden.

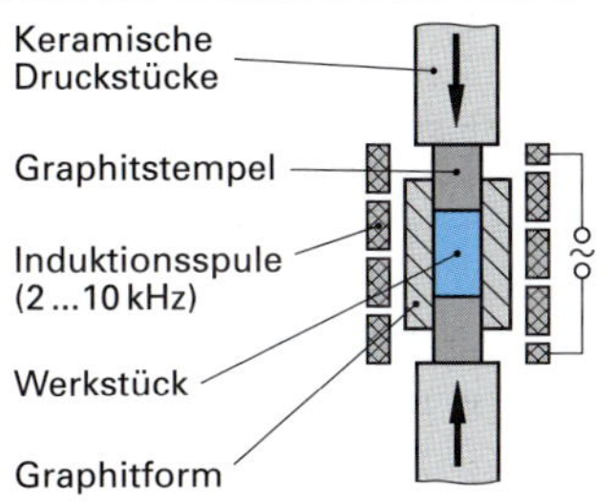

Bild 1: Prinzip des Heißpressens

Tabelle 1: Vergleich der wichtigsten Formgebungsverfahren für keramische Werkstoffe (nach Brevier Technische Keramik)

Formgebungsverfahren und Anwendungsbeispiele	Vorteile	Nachteile
Schlickerguss Geschirr und Sanitärwaren sowie allgemein für Bauteile mit komplexer Geometrie	• Für kompliziert geformte Bauteile (dünnwandig, unsymmetrisch) • Geringer Materialaufwand	• Raue Oberflächen • Schwierige Formenherstellung • Eingeschränkte Formtoleranz • Für Massenfertigung ungeeignet
Folienguss Substrate und Vielschichtkondensatoren	• Kontinuierliche Produktion • Dünne Schichten herstellbar • Gute Maßhaltigkeit • Hohe Fertigungskapazität	• Beschränkte Bauteilgeometrie • Hohe Investitionskosten • Notwendigkeit der Trocknung
Spritzguss Feinkeramische Kleinteile und Fadenführer in der Textilindustrie	• Komplexe Geometrien realisierbar • Kleine Toleranzen realisierbar • Gute Reproduzierbarkeit • Hohe Oberflächengüte • Konturschärfe • Geeignet für hohe Stückzahlen	• Hohe Werkzeugkosten • Hoher Werkzeugverschleiß • Begrenzte Bauteilgröße • Aufwändiges Entbinden/Ausbrennen • Vorhandensein von Dichtegradienten
Strangpressen (Extrudieren) Rohre, Stäbe, Vollteile und Wabenkörper, Hohllochziegel	• Kontinuierliche Produktion • Hohe Fertigungskapazität • Große Bauteillängen realisierbar • Preiswerte Herstellung	• Ausgeprägte Texturen • Notwendigkeit der Trocknung
Nasspressen Komplizierte Bauteilgeometrien[1], aufgrund des relativ guten Fließverhaltens der Formmasse	• Gleichmäßige Dichteverteilung • Komplexe Bauteilgeometrien realisierbar[1]	• Notwendigkeit der Trocknung • Geringere Maßhaltigkeit
Trockenpressen (uni- u. biaxial) Teile mit einfacher Geometrie	• Gute Automatisierbarkeit • Gute Reproduzierbarkeit • Gute Maßhaltigkeit • Geeignet für große Stückzahlen	• Beschränkungen bei der Bauteilgeometrie • Mögliche Dichtegradienten • Teuere Werkzeuge • Aufwändige Pulveraufbereitung
Isostatisches Pressen Zündkerzen, Mahlkugeln, kleinere Kolben und Schweißdüsen	• Hohe Dichte ohne Textur (gleichmäßige Verdichtung) • Innengewinde und Hinterstiche herstellbar • Für dünnwandige Formteile geeignet • Gleichmäßigere Schwindung und geringere Rissgefahr beim anschließenden Sintern	• Hohe Kosten

[1] Im Vergleich zum Trockenpressen

Beim **heißisostatischen Pressen** (HIP) wird das Pulver in eine dehnfähige und druckbeständige Hülle eingebracht, in einen Autoklaven (beheizbarer Druckbehälter) eingeschlossen und bei Temperaturen bis zu 2000 °C und Drücken von bis zu 300 MPa gesintert. Zur Druckübertragung können Edelgase dienen. Neben einer ebenfalls kurzen Sinterzeit hat das HIP außerdem den Vorteil, dass auch komplexe Geometrien hergestellt werden können. Diesen Vorteilen stehen jedoch hohe Anlagenkosten gegenüber.

Die üblichen Verfahren der Formgebung keramischer Werkstoffe sowie ihre Vor- und Nachteile sind in Tabelle 1, Seite 537, zusammengestellt. Tabelle 1 vergleicht die Charakteristiken einiger Formgebungsverfahren.

Tabelle 1: Vergleich wichtiger Formgebungsverfahren

Verfahren	Komplexität der Bauteile[1]	Oberflächen-qualität[2]	Textur[1]	Serien-tauglichkeit[2]	Werkzeug-kosten[1]
Schlickerguss	◕	○	◕	○	○
Spritzguss	●	●	◑	◕	●
Folienguss	◔	◑	◔	◔	◑
Strangpressen	○	◔	●	●	◕
Isostatisches Pressen	◑	○	○	○	○

[1] ○ = gering ● = hoch [2] ○ = sehr schlecht ● = sehr gut

10.9.4 Trocknen und Ausheizen

Der nach einem der genannten formgebenden Verfahren hergestellte Grünkörper enthält, abgesehen von der Pulvermischung sowie permanenten Additiven, noch Feuchte und zumeist auch organische Verflüssigungs-, Plastifizierungs- und Bindemittel oder Hilfsstoffe. Aufgabe der Brandvorbereitung (Trocknen und Ausheizen) ist es, alle flüchtigen oder verbrennenden Anteile vor dem Brennen aus dem Grünkörper zu entfernen, um Risse während des Sinterns (Brennen) durch plötzliches Verdampfen zu vermeiden.

10.9.5 Grün- und Weißbearbeitung, Vorbrand

Die Grün- und die Weißbearbeitung dienen der Erzeugung komplexer, endformnaher Werkstücke aus einfachen Vorkörpern, die mit den genannten Formgebungsverfahren hergestellt wurden.

Während die **Grünbearbeitung** unmittelbar im Anschluss an die Formgebung und zwar am getrockneten aber noch organische Hilfsstoffe enthaltenden Bauteil erfolgt, versteht man unter der **Weißbearbeitung** die Bearbeitung eines nach dem Vorbrand verfestigten Bauteils, dessen Brennschwindung noch nicht abgeschlossen ist (Bild 1).

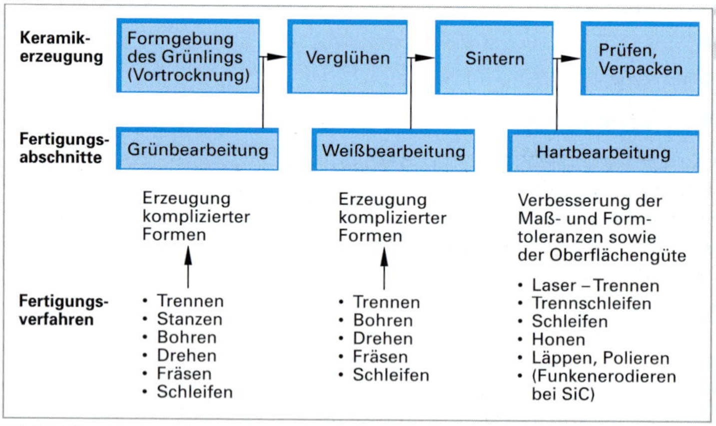

Bild 1: Einordnung der Grün- und Weißbearbeitung in den Produktionsablauf für Keramiken

Ziel der Grün- sowie der Weißbearbeitung ist es, möglichst endformnahe Konturen zu erzeugen. In der Regel weisen die Rohlinge nach der Formgebung, abhängig vom gewählten Formgebungsverfahren, Toleranzen zwischen ± 1 % ... 5 % (mit Präzisionsverfahren etwa ± 0,5 % ... 1,5 %) auf. Nach der Bearbeitung betragen die Toleranzen noch ca. ± 3 % (mit Präzisionsverfahren ±1 %). Die Angaben beziehen sich auf das fertige, gebrannte Teil.

10.9.6 Sintern (Brennen)

Von wenigen Ausnahmen abgesehen, entsteht ein keramisches Gefüge (Bild 1, Seite 509) und damit der eigentliche keramische Werkstoff durch einen Sinterprozess. Dieser Vorgang hat von allen Prozessschritten den größten Einfluss auf die späteren Eigenschaften des Bauteils und muss dementsprechend mit der größten Sorgfalt durchgeführt werden.

Die Vorgänge beim Sintern keramischer Körper sind komplex und laufen je nach Reinheit und Korngröße der Ausgangsstoffe, der gewählten Sinterparameter (Temperatur und ggf. Druck) sowie der Art des Umgebungsmediums (Brennatmosphäre) unterschiedlich ab. Im Wesentlichen unterscheidet man die folgenden Verfahren:

- Sintern fester Phasen (Festphasensintern)
- Sintern mit flüssiger Phase (Flüssigphasensintern)

> **ⓘ Information**
>
> **Sintern**
>
> Unter Sintern versteht man ein Verfahren, bei dem ein aus pulvrigem oder körnigem Material hergestellter, stark poriger Körper unter dem Einfluss von erhöhter Temperatur und ggf. Druck zu einem festen, kompakten Körper umgewandelt wird.

Sintern fester Phasen

Der üblicherweise bei oxidkeramischen Werkstoffen angewandte Sinterprozess von festen Phasen **(Festphasensintern),** der bei einphasigen Substanzen üblicherweise bei etwa 0,8 · T_m (T_m = Schmelztemperatur in K) abläuft, wurde bereits in Kapitel 2.10.4.1 besprochen.

Durch die Vorgänge beim Sintern (Brennen) findet eine Verfestigung und Verdichtung und damit auch eine Abnahme der Porosität statt. Das ursprüngliche Porenvolumen von etwa 40 % geht dabei auf eine Restporosität von 5 % ... 10 % zurück. Günstige mechanische Eigenschaften erhält man bei feinkörnigen, porenarmen Gefügen. Porengehalte unter 5 % können jedoch nur durch Anwendung besonderer Maßnahmen erreicht werden. Hierzu gehören:

- Sintern unter Vakuum
- Verwendung von Sinterhilfsmitteln
- Einsatz feinkörniger Rohstoffe
- Flüssigphasensintern (s. u.)
- Heißpressen oder heißisostatisches Pressen

Dem Sinterprozess liegt als treibende Kraft eine Verringerung der freien Enthalpie des Phasensystems zugrunde (Erzielung eines Energieminimums). Die Enthalpieverminderung resultiert dabei vorwiegend aus einer Verminderung der Oberfläche der Pulverteilchen sowie aus einer Verringerung der Gitterdefekte.

Tabelle 1: Sintertemperaturen

Keramik	Sintertemperatur °C
Tonerdeporzellan	1250
Quarzporzellan	1300
Steatit	1300
Cordierit	1350 ... 1450
Al_2O_3	1600 ... 1800
SSiC	1900 ... 2000
RSiC	2300 ... 2500
Si_3N_4	1700

Tabelle 2: Schwindmaße

Keramiken	
Tonerdeporzellan	13 % ... 16 %
Cordierit (porös)	3 %
Aluminiumoxid	18 %
Zirconiumdioxid	25 %
Siliciumcarbid[1]	18 % ... 20 %
Siliciumcarbid[2]	≈ 0 %
Metalle (Auswahl)	
Grauguss	0,5 % ... 1,0 %
Stahlguss	1,5 % ... 2,5 %
Al-Gusslegierungen	0,8 % ... 1,5 %
Mg-Gusslegierungen	1,0 % ... 1,5 %
Cu-Sn (Bronzen)	0,8 % ... 2,0 %

[1] Drucklos gesintert (SSiC)
[2] Reaktionsgebunden, siliciuminfiltriert (SiSiC) bzw. rekristallisiert (RSiC)

Sintern mit flüssiger Phase

Bei einigen keramischen Systemen tritt während des Sinterns eine flüssige Phase auf **(Flüssigphasensintern),** die meist durch eine Phasenreaktion, seltener durch Aufschmelzen einer Komponente entsteht. Beim Sintern mit flüssiger Phase liegen dem Sinterprozess viskose Teilchenumlagerungen, Lösungs- und Wiederausscheidungsvorgänge an der Grenzfläche flüssig/ fest sowie Eindringvorgänge der flüssigen Phase in den Porenraum (Kapillarwirkung) zugrunde (Kapitel 2.10.4.3). Das Sintern in flüssiger Phase unterscheidet sich damit hinsichtlich des Mechanismus grundsätzlich vom Festkörpersintern.

Vor dem Hintergrund des beschriebenen Mechanismus ist es auch verständlich, dass Sintern mit flüssige Phase eine kürzere Sinterdauer und niedrigere Sintertemperaturen erfordert und auch zu porenärmerer Gefügen führt (insbesondere bei kleinem Korn und hohem Anteil an flüssiger Phase). Derartige Sinter bedingungen liegen beispielsweise bei den Silicatkeramiken vor. In Tabelle 1, Seite 539, sind die Sinter temperaturen einiger Keramiken zusammengestellt.

Reaktionssintern

Das Reaktionssintern wird für Keramiksysteme angewandt, die unter normalen Sinterbedingungen keine dichten Gefüge bilden. Beim Reaktionssintern entsteht die keramische Substanz erst während des Sinter vorgangs durch eine chemische Reaktion (Kapitel 2.10.4.4).

Typische Beispiele für das Reaktionssintern sind die Herstellung von reaktionsgebundenem, siliciuminfil triertem Siliciumcarbid (SiSiC) und reaktionsgesintertem Siliciumnitrid (RBSN). Die Verfahren wurden am Beispiel des SiC bereits in Kapitel 10.7.3.1 erläutert.

Die Herstellung keramischer Bauteile ist mit einer unerwünschten, jedoch meist unvermeidlichen Volumenabnahme **(Schwindung)** verbunden (Tabelle 2, Seite 539). Die Formgebungswerkzeuge müssen daher mit einem Aufmaß gegenüber der endgültigen Bauteilgeometrie versehen werden, um die Bauteilschwindung zu kompensieren.

10.9.7 Endbearbeitung (Hartbearbeitung)

Nach Möglichkeit sollte das Bauteil durch die Formgebung sowie durch die Grün- oder Weißbearbeitung möglichst nahe an die Endabmessungen herangeführt werden. Durch die meist unvermeidliche Schwindung beim Sintern, sowie mitunter durch die Forderung nach engen Toleranzen, ist jedoch eine auch als **Hartbearbeitung** bezeichnete Endbearbeitung nicht immer zu umgehen. Infolge der hohen Härte der keramischen Werkstoffe kommen allerdings nur teure Diamantwerkzeuge (mit losem oder mit gebundenem Korn) zum Einsatz. Die Hartbearbeitung verursacht etwa 60 % ... 70 % der gesamten Herstellungskosten.

Übliche Endbearbeitungsverfahren für keramische Werkstoffe sowie die dabei erreichbaren Toleranzen und Oberflächengüten sind in Tabelle 1 zusammengestellt.

Tabelle 1: Hartbearbeitungsverfahren für Keramiken, erreichbare Toleranzen und Oberflächengüten

Verfahren	Toleranz	Oberflächengüte (Ra-Wert)
Nach dem Sintern	± 1,0 ... 5,0 % ± 0,5 ... 1,5 %[1]	1 ... 5 µm
Grün- oder Weißbearbeitung	3 % 1 %[1]	1 ... 5 µm
Sägen	± 2 ... 10 µm	–
Schleifen	± 1 ... 20 µm	0,2 ... 4 µm
Honen	± 2 ... 10 µm	0,3 ... 1 µm
Läppen	± 1 ... 5 µm	0,02 ... 0,5 µm
Polieren	–	< 0,05 µm
Funkenerosion	–	< 2 µm
Laser-Trennen[2]	10 ... 30 µm	–

[1] Mit Präzisionsverfahren [2] CO_2-Laser

10.10 Künftige Entwicklungen

Für künftige Entwicklungen sind die **Nanokeramiken** von Interesse. Bei den Nanokeramiken haben die Grundstoffe eine Korngröße im Nanometer-Bereich (anstatt im Mikrometer-Bereich, 1 nm = 10^{-9} m). Nanokeramiken bieten den Vorteil, dass sie bereits bei niedrigen Temperaturen (um 180 °C) formbar sind, eine Eigenschaft, die gewöhnliche Keramiken erst in der Nähe ihres Schmelzpunktes besitzen. Durch Verwendung von Nanokeramiken könnte künftig eine Verarbeitung in Strangpressen möglich sein. Auch ein Ausrollen oder Auswalzen zu Platten könnte mit Hilfe dieser neuartigen Keramiken möglich werden. Die Herstellung von Nanokeramiken befindet sich jedoch derzeit noch im Stadium der Grundlagenforschung.

11 Korrosion und Korrosionsschutz metallischer Werkstoffe

Unter Korrosion versteht man den Vorgang, durch den ein Werkstoff aus dem Zwangszustand, in den ihn der Mensch gebracht hat, in seinen in der Natur vorhandenen Ausgangszustand zurückkehrt. Korrosionsvorgänge folgen dem Naturgesetz, dass Zustände niedriger Energie angestrebt werden. Sie sind daher immer mit Energieabgabe verbunden. Der Angriff auf den Werkstoff erfolgt durch Reaktion mit der Umgebung, durch den die für den Menschen sinnvollen Werkstoffeigenschaften gemindert werden.

> **ⓘ Information**
>
> **Korrosion**
>
> Unter Korrosion versteht man nach DIN EN ISO 8044 die Reaktion eines Werkstoffs mit seiner Umgebung, die eine messbare Eigenschaftsveränderung des Werkstoffs bewirkt und zu einem Korrosionsschaden d. h. zu einer Beeinträchtigung der Funktion des Bauteils führen kann.
>
> Diese Reaktion ist in den meisten Fällen elektrochemischer Art, mitunter handelt es sich aber auch um eine chemische oder physikalische Korrosion.

Diese Definition ist zunächst auf metallische Werkstoffe begrenzt, doch kann man auch nichtmetallische Werkstoffe wie Glas, Keramik und Kunststoffe mit einbeziehen.

Für die Metalle bedeutet dies, dass sie durch die Einflüsse aus ihrer Umgebung oxidiert, in Metallverbindungen umgewandelt und dadurch als Werkstoff zerstört werden.

Der volkswirtschaftliche Schaden durch Reibung, Verschleiß und Korrosion ist enorm und beträgt alleine für Deutschland pro Jahr zwischen 40 und 45 Milliarden Euro.

11.1 Einteilung und Übersicht

In Abhängigkeit von Werkstoffart sowie Art des Korrosionsmediums können Korrosionsvorgänge in verschiedene Gruppen eingeteilt werden. Bild 1 gibt einen Überblick. Die Mehrzahl der Korrosionsvorgänge sind elektrochemischer Art. Sie sollen daher in Kapitel 11.2 ausführlicher besprochen werden.

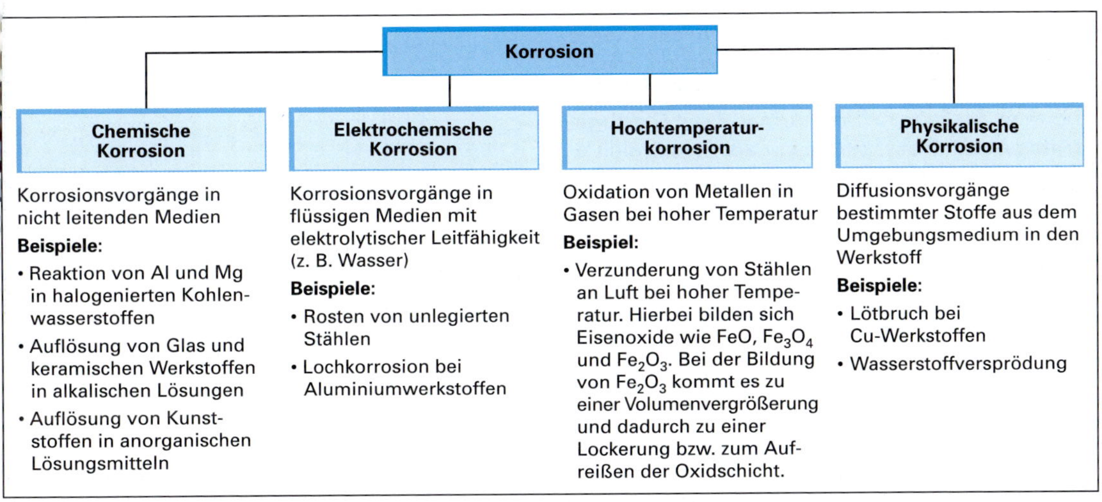

Bild 1: Einteilungsmöglichkeit der Korrosion in Abhängigkeit von Werkstoff und Korrosionsmedium

11.2 Elektrochemische Korrosion

Die Mehrzahl der Korrosionsvorgänge findet unter Beteiligung von wässrigen Lösungen statt. Es dominieren dann elektrochemische Vorgänge unter Bildung galvanischer Elemente (Kapitel 11.2.2). Zum besseren Verständnis der bei der elektrochemischen Korrosion stattfindenden Vorgänge werden zunächst elektrochemische Grundlagen und Begriffserklärungen behandelt.

11.2.1 Lösungstension

Taucht man ein Metall (z. B. Eisen) in eine wässrige Lösung **(Elektrolyt)**, dann haben die Metall-Ionen (Me) das Bestreben, das Metallgitter zu verlassen und in Lösung zu gehen. Dieser Metallauflösungsprozess ist die **anodische Teilreaktion** der elektrochemischen Korrosion und wird als **Lösungstension** bezeichnet (Bild 1).

Die Ionen verschiedener Metalle haben eine unterschiedliche Tendenz in Lösung zu gehen d. h. eine unterschiedliche Lösungstension.

Durch das in-Lösung-gehen positiver Metall-Ionen bleibt eine äquivalente Anzahl Elektronen im Metallgitter zurück. Das Metall lädt sich zunehmend negativ auf. Aufgrund elektrostatischer Anziehungskräfte zwischen Metallgitter und positiv geladenen Metall-Ionen können jedoch zunehmend weniger Ionen das Gitter verlassen. Gleichzeitig scheiden sich auf der Metalloberfläche in zunehmendem Maße Metall-Ionen aus der Lösung wieder ab so dass sich letztlich zwischen diesen beiden Vorgängen ein **dynamisches Gleichgewicht** einstellt (Bild 1):

$$Me \rightleftharpoons Me^{z+} + z \cdot e^-$$

Beispiel: $Fe \rightleftharpoons Fe^{2+} + 2 \cdot e^-$

Der anodische Teilstrom der Metallauflösung d. h. der Oxidationsreaktion (I_A) entspricht dem katodischen Teilstrom (I_K) aus der Reduktionsreaktion.

Durch die im Mittel im Kristallgitter verbleibenden Elektronen lädt sich das Metall negativ auf. Dieses Gleichgewichtspotenzial lässt sich messen. Hierzu verbindet man die Probe (Arbeitselektrode) über ein Voltmeter mit einem Prüfnormal. Das **Gleichgewichtspotenzial** lässt sich dann als Potenzialdifferenz (Spannung) zu diesem Prüfnormal ermitteln. Um die Messungen zu standardisieren, verwendet man als Prüfnormal in der Regel eine **Normalwasserstoffelektrode** (mit Wasserstoffgas umspültes Platinblech (Bild 2). Der dort ablaufenden Reaktion:

$$2\,H_2O + H_2 \rightleftharpoons H_3O^+ + 2\,e^-$$

hat man aus praktischen Gründen willkürlich das **Normal-** oder **Standardpotenzial** $E° = 0$ V zugeordnet.

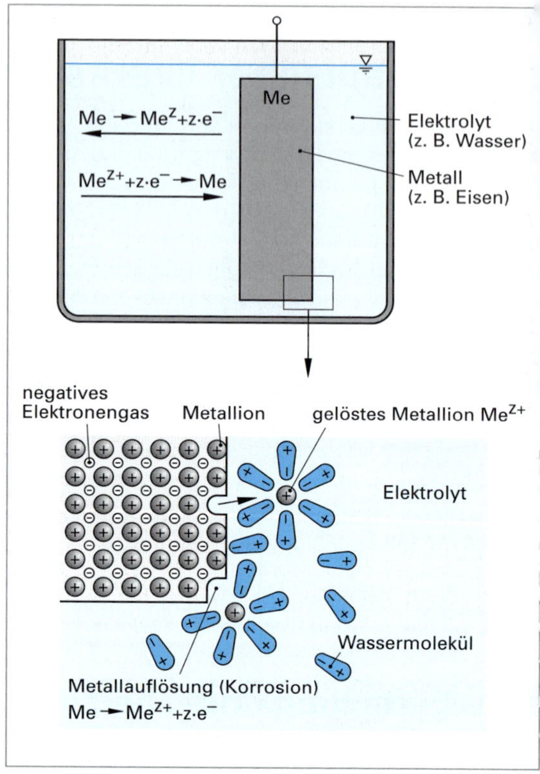

Bild 1: Anodische Teilreaktion (Metallauflösung) der elektrochemischen Korrosion

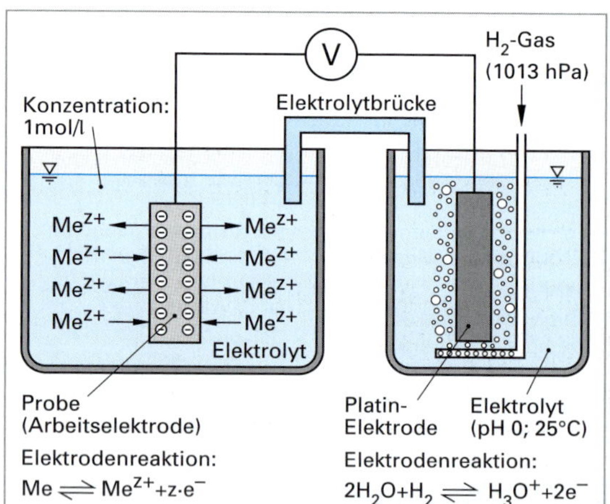

Bild 2: Prinzip der Messung von Gleichgewichtspotenzialen mit Hilfe einer Normalwasserstoffelektrode

11.2.2 Elektrochemische Spannungsreihe

Führt man die beschriebene Messung des Normalpotenzials mit vielen Metallen durch und ordnet die gegen Normalwasserstoffelektrode ermittelten Potenzialdifferenzen der Größe nach, dann erhält man die **elektrochemische Spannungsreihe der Metalle** (Tabelle 1, Seite 543). Sie hat eine große Bedeutung für das Verständnis und die Vorhersage von Korrosionsprozessen. Je höher das Normalpotential eines Metalls, desto edler ist es, desto weniger unterliegt es der Korrosion.

Alle Metalle mit negativem Normalpotenzial werden als unedel, diejenigen mit positivem Normalpotenzial werden als edel bezeichnet.

Tabelle 1: Elektrochemische Spannungsreihe der Metalle (1 bar, 25 °C, Lösung des Metallsalzes mit einer Konzentration von 1 mol/l)

Element	Reaktionsgleichung	Normalpotential $E°$ V[1]		Element	Reaktionsgleichung	Normalpotential $E°$ V[1]	
Lithium	$Li \rightleftharpoons Li^{+} + e^{-}$	– 3,04		**Cadmium**	$Cd \rightleftharpoons Cd^{2+} + 2\,e^{-}$	– 0,40	
Cäsium	$Cs \rightleftharpoons Cs^{+} + e^{-}$	– 2,92		**Cobalt**	$Co \rightleftharpoons Co^{2+} + 2\,e^{-}$	– 0,28	
Barium	$Ba \rightleftharpoons Ba^{2+} + 2\,e^{-}$	– 2,92		**Nickel**	$Ni \rightleftharpoons Ni^{2+} + 2\,e^{-}$	– 0,23	unedel
Calcium	$Ca \rightleftharpoons Ca^{2+} + 2\,e^{-}$	– 2,90		**Zinn**	$Sn \rightleftharpoons Sn^{2+} + 2\,e^{-}$	– 0,14	
Natrium	$Na \rightleftharpoons Na^{+} + e^{-}$	– 2,71		**Blei**	$Pb \rightleftharpoons Pb^{2+} + 2\,e^{-}$	– 0,13	
Magnesium	$Mg \rightleftharpoons Mg^{2+} + 2\,e^{-}$	– 2,40	unedel	**Wasserstoff**	$H_2 \rightleftharpoons 2\,H^{+} + 2\,e^{-}$	0,00	
Aluminium	$Al \rightleftharpoons Al^{3+} + 3\,e^{-}$	– 1,69		**Kupfer**	$Cu \rightleftharpoons Cu^{2+} + 2\,e^{-}$	+ 0,35	
Titan	$Ti \rightleftharpoons Ti^{2+} + 2\,e^{-}$	– 1,63		**Silber**	$Ag \rightleftharpoons Ag^{+} + e^{-}$	+ 0,80	
Mangan	$Mn \rightleftharpoons Mn^{2+} + 2\,e^{-}$	– 1,18		**Quecksilber**	$Hg \rightleftharpoons Hg^{2+} + 2\,e^{-}$	+ 0,81	edel
Zink	$Zn \rightleftharpoons Zn^{2+} + 2\,e^{-}$	– 0,76		**Fe^{2+}/Fe^{3+}**	$Fe^{2+} \rightleftharpoons Fe^{3+} + 2\,e^{-}$	+ 0,77	
Chrom	$Cr \rightleftharpoons Cr^{2+} + 2\,e^{-}$	– 0,56		**Gold**	$Au \rightleftharpoons Au^{3+} + 3\,e^{-}$	+ 1,38	
Eisen	$Fe \rightleftharpoons Fe^{2+} + 2\,e^{-}$	– 0,44		**Platin**	$Pt \rightleftharpoons Pt^{2+} + 2\,e^{-}$	+ 1,60	

1) gegen Normalwasserstoffelektrode (NHE) gemessen

Interpretiert man die Normalpotenziale, so bedeutet: Je negativer ein Normalpotenzial ist, desto eher ist dieses Metall bereit, bei einer chemischen Reaktion Elektronen abzugeben d. h. als Reduktionsmittel zu wirken. Umgekehrt ist ein Metallion mit positiverem Standardpotenzial in der Lage, Elektronen aufzunehmen, also als Oxidationsmittel zu wirken.

ⓘ Information

Unter einer **Oxidation** versteht man allgemein die Elektronenabgabe eines Atoms, Ions oder Moleküls. An Oxidationsreaktionen müssen nicht zwangsläufig Sauerstoff oder Sauerstoff abspaltbare Stoffe beteiligt sein. **Oxidationsmittel** sind dementsprechend Stoffe (Atome, Ionen, Moleküle), die Elektronen aufnehmen und daher andere Stoffe oxidieren.

Unter einer **Reduktion** versteht man die Elektronenaufnahme eines Atoms, Ions oder Moleküls. Eine Reduktionsreaktion muss zwangsläufig nicht mit der Abspaltung von Sauerstoff einher gehen. **Reduktionsmittel** sind dementsprechend Stoffe (Atome, Ionen, Moleküle), die Elektronen abgeben oder denen Elektronen entzogen werden können.

Beispiele zur Anwendung der elektrochemischen Spannungsreihe:

1. Taucht man ein Zinkblech in eine Kupfersalzlösung ein, werden entsprechend der Voraussage der elektrochemischen Spannungsreihe, bei der Oxidationsreaktion des Zinks Elektronen frei: $Zn \rightarrow Zn^{2+} + 2\,e^{-}$
   Die freigesetzten Elektronen werden von den Kupferionen der Lösung aufgenommen und bewirken die Reduktion zu elementarem Kupfer, gemäß: $Cu^{2+} + 2\,e^{-} \rightarrow Cu$
2. Taucht man ein Kupferblech in eine Eisen(II)salzlösung ein, müssten folgende Reaktionen ablaufen, die zur Bildung von elementarem Eisen führen:
   $Cu \rightarrow Cu^{2+} + 2\,e^{-}$ und $Fe^{2+} + 2\,e^{-} \rightarrow Fe$
   Aus der elektrochemischen Spannungsreihe kann man entnehmen, dass die entsprechenden Reaktionen nicht ablaufen werden. Ein System kann nur dann reduzierend wirken, wenn sein Potenzial negativer ist als das des Reaktionspartners. Bei Kenntnis der Normalpotenziale kann man also für ein beliebiges Redoxsystem die Wahrscheinlichkeit der Reaktionsrichtung abschätzen.

ⓘ Information

Rost ist edler als Kupfer

Mit dieser Überschrift soll zum Ausdruck kommen, dass das Normalpotenzial von Fe^{2+}/Fe^{3+} einen höheren positiven Wert als das des Cu/Cu^{2+} aufweist (siehe Tabelle 1): $Fe^{2+} \rightarrow Fe^{3+} + e^{-}$ ($E° = +0{,}77$ V)

Für die Praxis bedeutet dies:

- Kommt elementares Eisen mit metallischem Kupfer (unter Einfluss von Feuchtigkeit) in Berührung, bildet sich zunächst verstärkt Rost, der Fe^{3+}-Ionen enthält. In einer Folgereaktion bewirkt dann der entstandene Rost die Korrosion des Kupfers. Beispiele: Eisennagel auf Kupferdach; Heizungsrohre (Kupfer) und Leitungswasserrohre (Eisen), die sich nach der Installation berühren.
- Nutzbar macht man sich diese Reaktion beim „Entwickeln" von Leiterplatinen in der Elektroindustrie. Dabei verwendet man eine Eisen(III)chloridlösung als Oxidationsmittel für Kupfer.

Kombiniert man bewusst zwei Metalle, die in der Spannungsreihe weit auseinander stehen (z.B. Zn und Cu), kann man das zur Stromerzeugung nutzen. Eine mögliche Versuchsanordnung eines solchen **galvanischen Elements** zeigt Bild 1.

Ein Kupferblech (bildet die Katode) taucht in eine Kupfersulfatlösung und ein Zinkblech (Anode) taucht in eine Zinksulfatlösung. Die Salzlösungen werden als Elektrolyte bezeichnet, die einen Ladungstransport über Ionen ermöglichen. Durch eine poröse Wand sind die Elektrolyte der beiden Halbzellen verbunden, durch die die Ionen wandern können. Bei Verbindung der Metallelektroden über einen Draht fließt ein elektrischer Strom, der dadurch erzeugt wird, dass sich die Zinkelektrode allmählich auflöst: $Zn \rightarrow Zn^{2+} + 2\,e^-$

An der Katode erfolgt die Reduktion, d. h. am Kupferblech schlägt sich metallisches Kupfer aus der Kupfersulfatlösung nieder: $Cu^{2+} + 2\,e^- \rightarrow Cu$ Die dazu nötigen Elektronen liefert das Zink über den Verbindungsdraht.

In der Praxis kommt es häufig zur unerwünschten Bildung von galvanischen Elementen, die man dann **Lokalelement** oder **Korrosionselement** nennt.

Treten in Verbindung mit einem natürlichen Elektrolyten (wässrige Lösung) zwei verschiedene Metalle Me_1 und Me_2 (Me_1 unedler als Me_2) in Kontakt, dann treten infolge ihrer unterschiedlichen Stellung in der elektrochemischen Spannungsreihe elektrische Spannungen auf, die zu Reaktionen, wie in Bild 2, führen können. Das unedle Metall (Me_1) wird hierbei rasch aufgelöst. Man spricht von **Kontaktkorrosion**.

11.2.3 Stromdichte-Potenzial-Kurven

Stromdichte-Potenzial-Kurven[1] beinhalten wichtige Informationen über das Korrosionsverhalten metallischer Werkstoffe in wässrigen Medien.

Zur Messung von Stromdichte-Potenzial-Kurven verbindet man eine in einem Elektrolyten befindliche Elektrode (Probe bzw. Arbeitselektrode) mit einer Gleichspannungsquelle, deren Spannung sich variabel einstellen lässt (Bild 3) und **polarisiert** auf diese Weise die Probe.

Betrachtet man gemäß Bild 4 zunächst eine metallische Einzelelektrode an der nur die Metallauflösung gemäß $Me \rightarrow Me^{z+} + z{\cdot}e^-$ bzw. die Abscheidung der Metallionen gemäß $Me^{z+} + z \cdot e^- \rightarrow Me$ ablaufen kann, dann wird infolge der Polarisierung das in Kapitel 11.2.1 beschriebene dynamische Gleichgewicht zwischen Metallauflösung und Metallabscheidung

[1] **Stromdichte** = auf die Elektrodenfläche bezogene Stromstärke

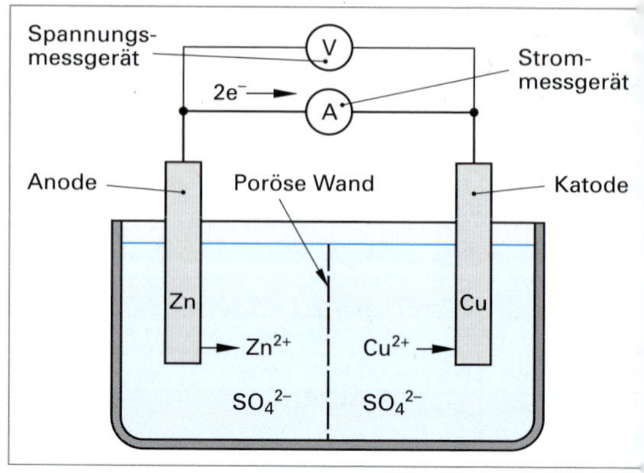

Bild 1: Galvanisches Element

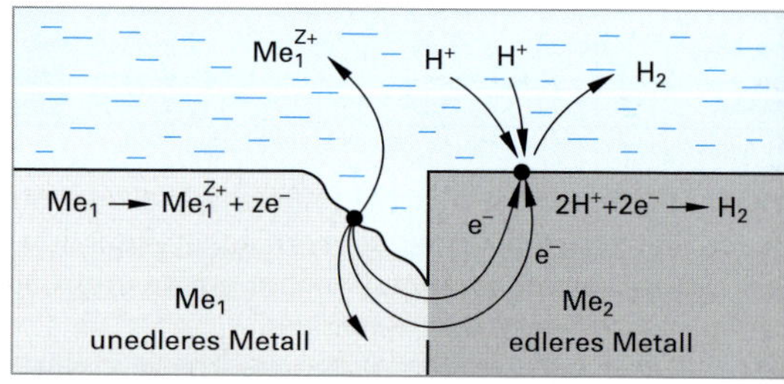

Bild 2: Lokalelement mit Wasserstoffkorrosion

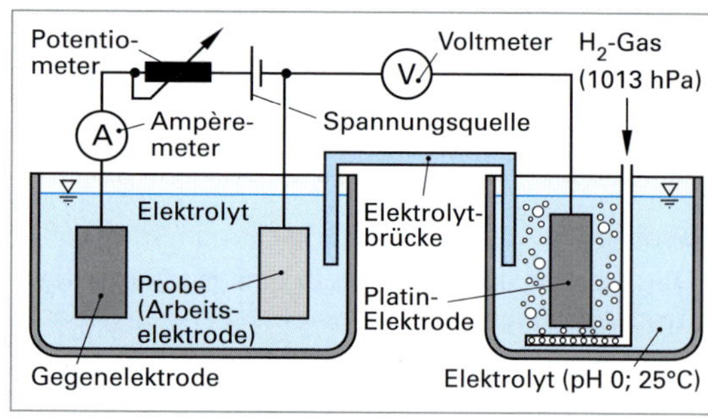

Bild 3: Versuchsanordnung zur Messung von Stromdichte-Potenzial-Kurven

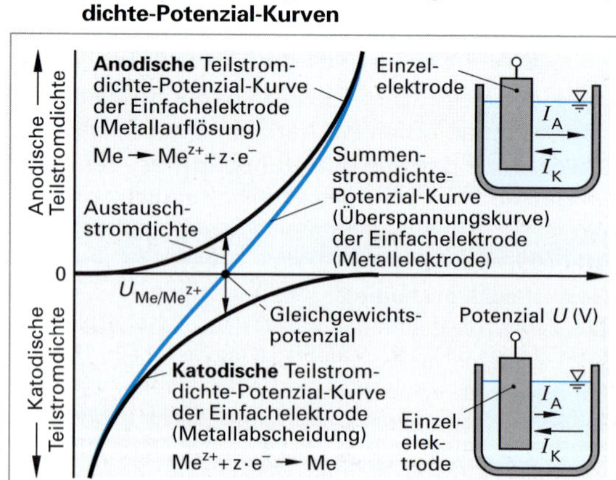

Bild 4: Stromdichte-Potenzial-Kurve (Überspannungskurve) einer nicht passivierbaren Metallelektrode (Einfachelektrode)

gestört. Mit zunehmend positiver Polarisierung gehen mehr Metall-Ionen in Lösung im Vergleich zur Anzahl an Metall-Ionen, die sich zeitgleich auf der Metalloberfläche wieder abscheiden. Dies führt zu einer allmählichen Auflösung der Elektrode (Korrosion). Mit zunehmend negativer Polarisierung scheiden sich hingegen mehr Metall-Ionen auf der Metalloberfläche ab, im Vergleich zur Anzahl an Metall-Ionen, die zeitgleich in Lösung gehen. Die Überlagerung der beiden **Teilstromdichte-Potenzial-Kurven** ergibt die **Summenstromdichte-Potenzial-Kurve (Überspannungskurve)** der Einzelelektrode (Bild 4, Seite 544).

Voraussetzung für das Vorhandensein der katodischen Teilstromdichte-Potenzial-Kurve und damit des katodischen Astes der Summenstromdichte-Potenzial-Kurve ist allerdings eine ausreichende Konzentration reduzierbarer Metall-Kationen (Me^{z+}). Dies ist in realen Elektrolyten in der Regel nicht der Fall. Allerdings laufen bei realen Korrosionsprozessen eine Reihe von **katodischen Teilreaktionen** an der Metalloberfläche ab, bei denen Elektronen in den Elektrolyten übertreten und damit ebenfalls reduzierend wirken. Hierbei handelt es sich im Wesentlichen um:

- **Wasserstoffreduktion** (Wasserstoffkorrosion) in sauren Elektrolyten,
- **Sauerstoffreduktion** (Sauerstoffkorrosion) bei Anwesenheit sauerstoffhaltiger Elektrolyte.

11.2.4 Wasserstoffkorrosion

Saure Lösungen enthalten Wasserstoffionen (H_3O^+-Ionen). Im sauren Bereich nehmen diese Ionen an der Metalloberfläche ein Elektron auf und werden zu elementarem Wasserstoff reduziert. Die Summengleichung dieser Reaktion lautet für pH < 7:

$$2\,H_3O^+ + 2\,e^- \rightarrow 2\,H + 2\,H_2O \rightarrow H_2 + 2\,H_2O$$

Bild 1 zeigt die entsprechenden katodischen Teilstromdichte-Potenzial-Kurven der Wasserstoffreduktion. Überlagert man ihnen die anodischen Teilstromdichte-Potenzial-Kurven der Metallauflösung (Bild 4, Seite 544), dann erhält man die (messbaren) Summenstromdichte-Potenzial-Kurven der Wasserstoffkorrosion. Die anodische Stromdichte entspricht dabei der Metallauflösung **(Korrosionsstromdichte)**.

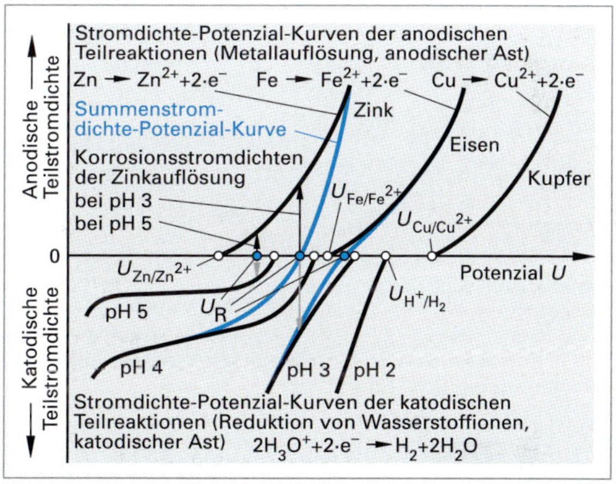

Bild 1: Stromdichte-Potenzial-Kurven der Wasserstoffkorrosion

Am Schnittpunkt der Summenstromdichte-Potenzial-Kurven mit der Abszisse liegt ein Gleichgewichtszustand zwischen dem anodischen und dem katodischen Teilstrom vor. Das zugehörige Potenzial wird bei homogenen Elektrodenverhältnissen als **Ruhepotenzial** U_R bezeichnet. Es ist das **freie Korrosionspotenzial,** das sich in einem Korrosionselement einstellt.

Bei Verringerung des pH-Wertes wird die katodische Teilstromdichte-Potenzial-Kurve zu höheren Potentialen verschoben. In diesem Fall können auch noch edlere Metalle korrodiert werden. Bei pH > 5 fließt hingegen nur noch ein sehr geringer Katodenstrom **(Diffusionsgrenzstrom)**. Es ist dann keine nennenswerte Metallauflösung (Korrosion) mehr beobachtbar. Eine zusätzliche Schädigung des Werkstoffs kann jedoch durch Eindiffundieren des entstehenden Wasserstoff in das Kristallgitter des Werkstoffs eintreten (**Wasserstoffversprödung,** Kapitel 6.3.1.7).

11.2.5 Sauerstoffkorrosion

In allen wässrigen Medien die mit der Atmosphäre in Verbindung stehen, löst sich Sauerstoff aus der Luft (etwa 8 mg je Liter Wasser bei 20 °C) und wird an der Metalloberfläche zu Hydroxid-Ionen (OH^-) reduziert **(Sauerstoffreduktion)**. Die Summenformel dieser Reaktion lautet:

$$O_2 + 2\,H_2O + 4\,e^- \rightarrow 4\,OH^- \qquad \text{(für pH} \geq 7\text{) bzw.}$$

$$O_2 + 4\,H^+ + 4\,e^- \rightarrow 2\,H_2O \qquad \text{(für pH} < 7\text{)}$$

Auffallend ist hierbei, dass die katodischen Teilströme vom vorhandenen Sauerstoffgehalt abhängen und über einen weiten Potenzialbereich nahezu konstant sind (Bild 1, Seite 546). Dies hat zur Folge, dass mit einer großen Anzahl metallischer Werkstoffe freie Korrosionspotenziale ausgebildet und dadurch sogar edle Metalle wie das Kupfer korrodiert werden können.

Aus Bild 1 entnimmt man auch, dass mit zunehmendem Sauerstoffgehalt der anodische Teilstrom und damit die Metallauflösung (Korrosionsstromdichte) zunimmt. Aus diesem Grund versucht man beispielsweise Kraftwerke mit einem möglichst sauerstoffarmen Prozesswasser zu betreiben.

Ändert sich die Sauerstoffkonzentration, dann kommt es (auch bereits bei Metallen mit homogener Zusammensetzung) zur Ausbildung von Konzentrationselementen. Zwei anschauliche Beispiele sind die Korrosion von Stahl unter einem Wassertropfen sowie die **Spaltkorrosion**. Am sauerstoffreichen Rand des Wassertropfens bzw. des Spaltes findet die katodische Teilreaktion der Sauerstoffreduktion statt, während im sauerstoffarmen Innern des Tropfens bzw. des Spalts die anodische Teilreaktion (Korrosion) stattfindet.

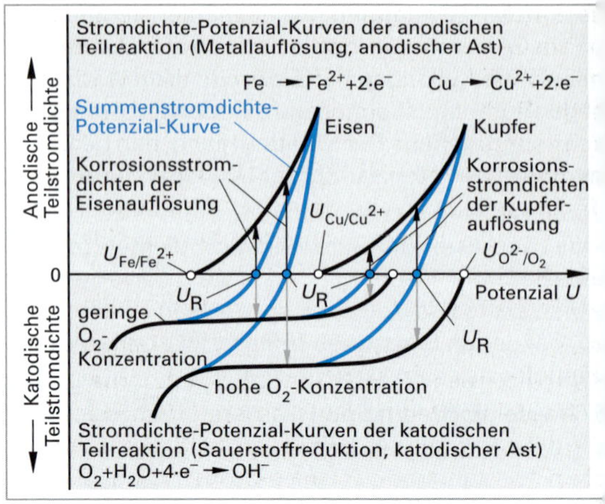

Bild 1: Stromdichte-Potenzial-Kurve der Sauerstoffkorrosion

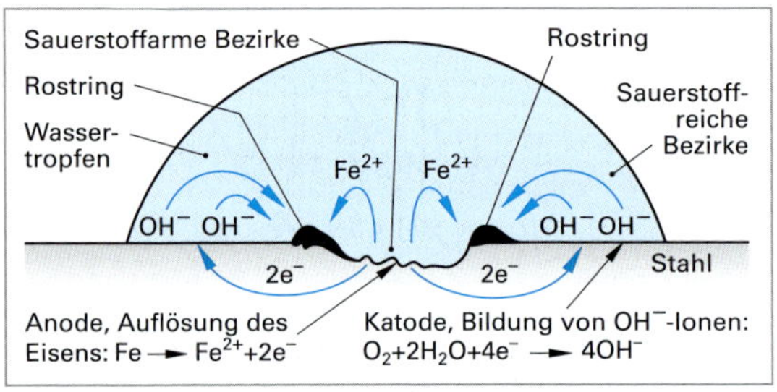

Bild 2: Korrosion von Stahl unter einem Wassertropfen

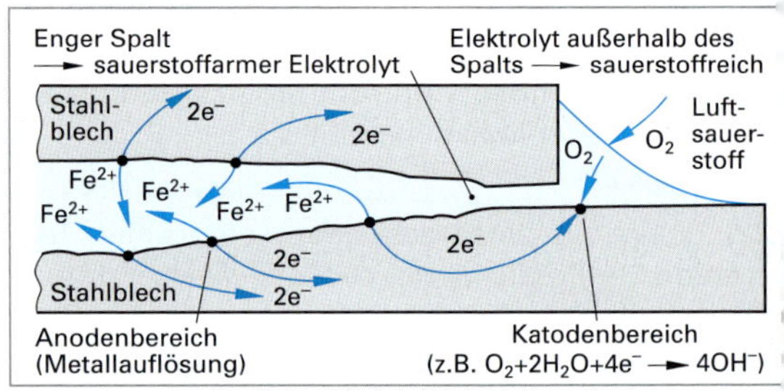

Bild 3: Spaltkorrosion am Beispiel zweier Stahlbleche

11.3 Rost

Das quantitativ bedeutsamste Korrosionsprodukt ist der braune Eisenrost. Rosten ist eine typische Folge der Sauerstoffkorrosion an Eisenwerkstoffen und gehört zur Flächenkorrosion (Kapitel 11.4).

Die chemische Zusammensetzung von Rost variiert je nach den Bedingungen unter denen er entstanden ist. Es sind jedoch immer dreiwertige Eisenionen, Sauerstoffionen und unterschiedlich viel Wasser enthalten, sodass man Rost allgemein als wasserhaltiges Eisenoxid ($Fe_2O_3 \cdot n\ H_2O$) bezeichnen kann. Bild 4 verdeutlicht die Entstehung von braunem Eisenrost.

Aus der chemischen Analyse ergeben sich zwangsläufig die Bedingungen für Rostbildung: Eisen, Sauerstoff bzw. Luft und Wasser. An trockener Luft findet praktische keine Rostbildung statt. So hat man nahezu unversehrte Eisenwerkzeuge aus dem alten Ägypten gefunden, die in der trockenen Atmosphäre der Pharaonengräber nicht rosteten.

Eine Verbesserung der Beständigkeit kann man bei Eisenwerkstoffen durch Legieren mit Kupfer, Phosphor, Chrom oder Nickel erreichen. In Dehli steht

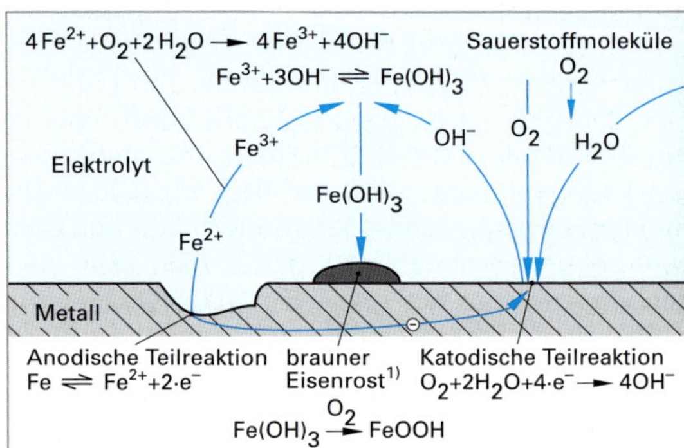

[1] Das Eisenhydroxid ($Fe(OH)_3$) geht unter Sauerstoffaufnahme in Rost (FeOOH) über, der sich auf der Bauteiloberfläche absetzt.

Bild 4: Prinzip der Entstehung von braunem Eisenrost

Tabelle 1: Materialabtrag von Stahl in unterschiedlichen Medien

Medium	Abtragungsrate (µm/Jahr)
Innenräume[1]	≈ 0
Landluft	4 … 60
Stadtluft	30 … 70
Industrieluft	40 … 160
Meeresluft	60 … 230

1) relative Luftfeuchtigkeit < 60 %

eine etwa 1600 Jahre alte Eisensäule, die durch erhöhte Gehalte insbesondere an Cu und P keine nennenswerte Korrosion aufweist. Genauso wenig entsteht Rost in sauerstofffreiem Wasser (praktisch keine Rostbildung in abgeschlossenen Zentralheizungsrohren). Stark gefördert wird die Rostbildung durch den Gehalt an Verunreinigungen in der Luft (Tabelle 1, Seite 546) oder durch im Elektrolyt gelöste Ionen, die den Stromtransport in der Lösung erleichtern (Meerwasser, Salzstreuen im Winter).

Auch Begleitelemente des Stahls beeinflussen die Korrosionsgeschwindigkeit. Im Stahl vorhandener Schwefel wirkt korrosionsfördernd, dagegen wirkt Chrom bei einem Massenanteil > 12 % ausgesprochen rosthemmend (nichtrostende Stähle, Kapitel 6.5.10) durch Bildung einer dichten Passivschicht aus Eisenchromoxiden.

Rost ist porös, platzt von der Oberfläche ab und ermöglicht so ein Fortschreiten der Korrosion in tiefe Bereiche des Werkstücks.

11.4 Erscheinungsformen der Korrosion

Korrosion kann in verschiedenen Erscheinungsformen auftreten. Findet eine ebenmäßige Korrosion parallel zur Oberfläche des Werkstoffs statt, spricht man von **Flächenkorrosion**. Schreitet die Oberflächenkorrosion ungleichmäßig fort, kommt es zu muldenförmigen Vertiefungen **(Muldenkorrosion).** Beide Korrosionsformen (Bild 1) sind verhältnismäßig harmlos, da sie leicht erkennbar und kontrollierbar sind und ihnen durch entsprechende Dimensionierung der korrosionsgefährdeten Bauteile begegnet werden kann.

Eine lokalisierte Korrosion, die u.a. durch Verletzung einer Schutzschicht wirksam werden kann, führt zur **Lochkorrosion** (Lochfraß), einem tiefen Eindringen der Korrosion in das Werkstück. Sie ist charakterisiert durch eine tiefe Abtragung mit steilen Rändern und Unterhöhlungen, die zu Durchbrüchen im Werkstück führen können.

Lochkorrosion beobachtet man beispielsweise bei einer Reihe nichtrostender Stähle oder Aluminiumlegierungen in chloridhaltigen Medien. Chloride führen zur Zerstörung vorhandener Schutzschichten und hemmen die Repassivierung (Bildung neuer Schutzschichten). Der Wirkungsmechanismus ist noch nicht vollständig geklärt. In Bild 2 sind zwei unterschiedliche Cr-Ni-Stahlrohre abgebildet, von denen das rechte Lochkorrosion zeigt, das linke nicht.

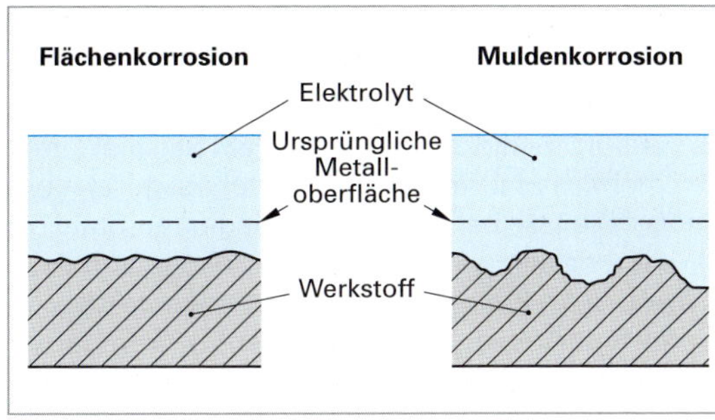

Bild 1: Flächen- und Muldenkorrosion

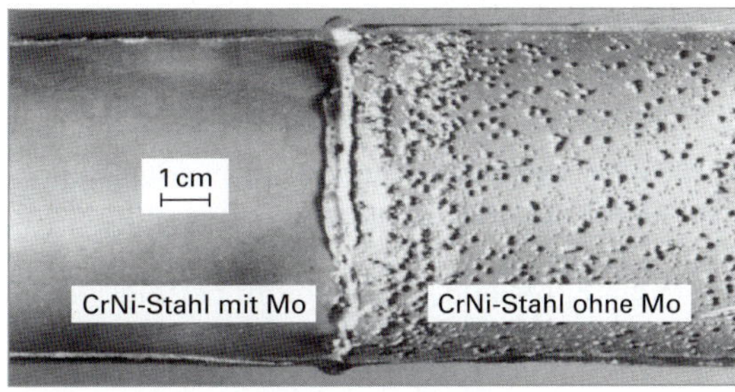

Bild 2: Lochkorrosion an Cr-Ni-Stählen

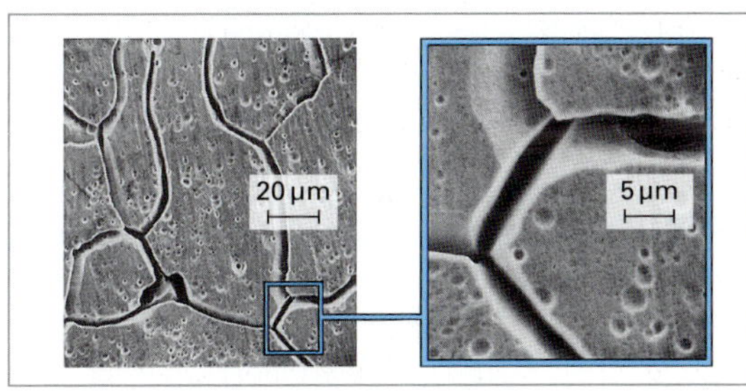

Bild 3: Interkristalline Korrosion an Titan

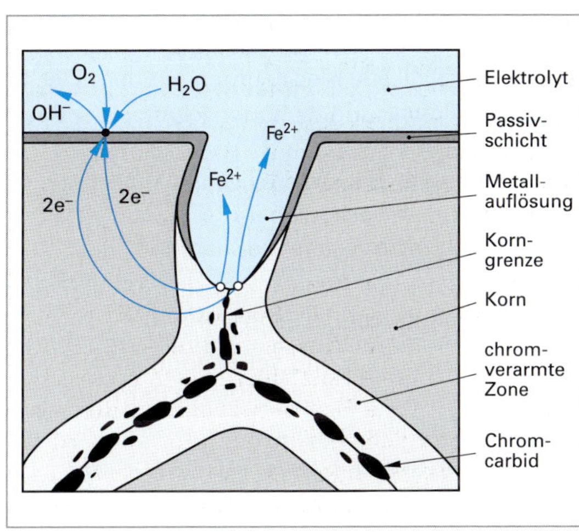

Bild 4: Mechanismus der interkristallinen Korrosion hochlegierter Cr- und Cr-Ni-Stähle

Der Unterschied resultiert aus einem zusätzlichen Molybdängehalt im Falle der linken Legierung, der die Beständigkeit gegen Lochkorrosion deutlich verbessert (Kapitel 6.3.2.2).

Eine weitere Korrosionsart stellt die **interkristalline Korrosion** dar, die entlang der Korngrenzen der Kristallite verläuft. In Bild 3, Seite 547, ist ein Beispiel interkristalliner Korrosion an einer Titanprobe dokumentiert, die einem salzsauren Lösungsmittel ausgesetzt war. Man erkennt deutlich die korrodierten Korngrenzen. Die Verhältnisse bei einem chromlegierten Stahl zeigt schematisch Bild 4, Seite 547, in dem der Fortschritt der interkristallinen Korrosion ausgehend von der schützenden Deckschicht dargestellt ist. Unter Wärmeeinwirkung (z. B. Schweißen) kommt es zur Ausscheidung chromreicher Sondercarbide, bevorzugt entlang der Korngrenzen und damit zu einer Chromverarmung in der Nachbarschaft. Der Korngrenzenbereich wird unedler im Vergleich zum Korn selbst. Unter Einwirkung eines Elektrolyten beobachtet man eine selektive Auflösung der Korngrenzen und damit kommt es zur Ausbildung sehr feiner Korrosionsrisse, die in relativ kurzer Zeit zum Bruch führen können. Da sich die interkristalline Korrosion der Beurteilung von außen entzieht, stellt sie eine sehr gefährliche Art der Korrosion dar (Kapitel 4.4.1.3).

Eine besondere Gefährdung eines Werkstoffs ergibt sich, wenn korrodierende Wirkungen gemeinsam mit mechanischer Belastung auftreten und diese sich gegenseitig unterstützen. Hierzu zählen insbesondere die Spannungsrisskorrosion sowie die Schwingungsrisskorrosion.

Die **Spannungsrisskorrosion** (SpRK) verläuft unter Rissbildung meistens interkristallin entlang der Korngrenzen, seltener transkristallin durch die Kristallite hindurch (Bild 1) und betrifft beispielsweise austenitische Stähle in chloridhaltigen (und damit fast allen) Wässern. Ausgelöst wird sie durch Zugspannung aufgrund der Einwirkung äußerer Kräfte oder durch Eigenspannungen, die durch plastische Verformung oder nach dem Schweißen entstehen.

Bild 1: Transkristalliner Bruch infolge Spannungsrisskorrosion

Schwingbeanspruchungen können in Verbindung mit normalerweise nur schwach korrodierend wirkenden Bedingungen zur gefährlichen **Schwingungsrisskorrosion** (SwRK) führen, die bei fast allen metallischen Werkstoffen auftreten kann. Besonders betroffen sind Bauteile, die gleichzeitig einer zeitlich veränderlichen Beanspruchung und Korrosion ausgesetzt sind, wie zum Beispiel Wellen, Achsen, Federn, Flugzeug- und Automobilteile.

11.5 Korrosionsschutz

Wegen des hohen volkswirtschaftlichen Schadens durch Korrosionsvorgänge, ist es dringend nötig, Korrosion zu vermeiden bzw. zu verringern. Dazu dient der **Korrosionsschutz.** Unter Korrosionsschutz versteht man nach DIN 50 900 Maßnahmen mit dem Ziel, Korrosionsschäden zu vermeiden:

- Durch Beeinflussung der Eigenschaften der Reaktionspartner und/oder durch Änderung der Reaktionsbedingungen.
- Durch Trennung des metallischen Werkstoffs vom korrosiven Mittel mit Hilfe aufgebrachter Schutzschichten.
- Durch elektrochemische Maßnahmen.

Eine andere Art der Einteilung von Korrosionsschutzmaßnahmen unterscheidet aktiven und passiven Korrosionsschutz (Bild 1, Seite 549).

Je nach Einsatzgebiet und Verwendungszweck der Metalle kommen unterschiedliche, auch kombinierte Verfahren des Korrosionsschutzes in Betracht.

11.5.1 Passiver Korrosionsschutz

Durch Trennung des Werkstoffs und des Korrosionsmittels voneinander durch Überzüge bzw. Deckschichten, die den unmittelbaren Kontakt der Reaktionspartner verhindern, erzielt man einen **passiven Korrosionsschutz.**

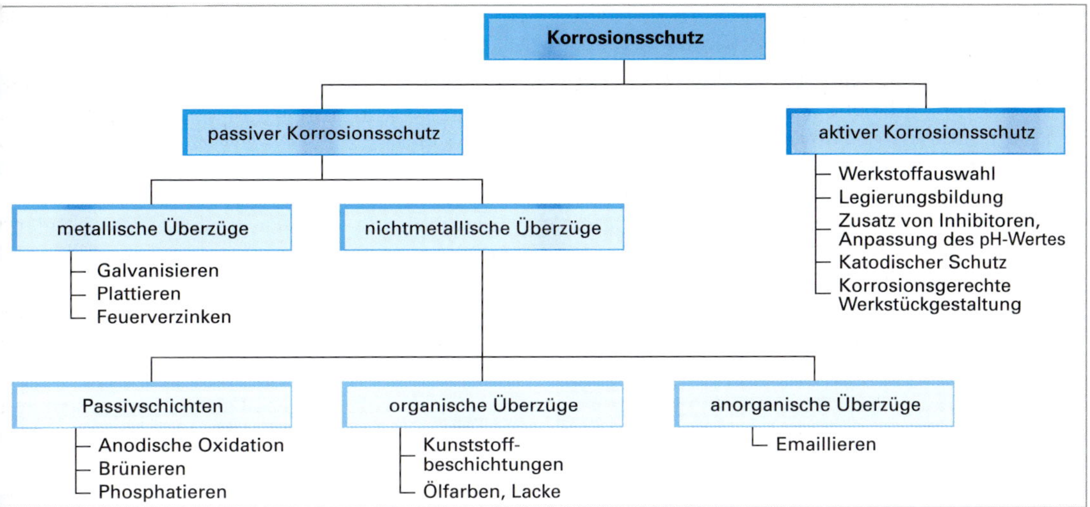

Bild 1: Übersicht wichtiger Korrosionsschutzmaßnahmen

Dazu ist zunächst eine Vorbehandlung und Reinigung der Oberfläche notwendig. Durch mechanische Verfahren wie Bürsten, Schleifen usw., werden Fremdpartikel sowie die Oxide des Metalles entfernt. Um eine hohe Haftfähigkeit der Überzugsschicht zu ermöglichen, ist zudem meistens noch ein Entfetten der Oberfläche durch Behandeln mit organischen Lösungsmitteln erforderlich.

1.5.1.1 Überzüge mit Metalloxiden

Einige Metalle (Chrom oder Aluminium) umgeben sich mit einer dichten Oxidschicht (Passivierung), die das darunterliegende Metall vor weiterer Zersetzung schützt. Bei der **anodischen Oxidation** von Aluminium wird die vorhandene Aluminiumoxidschicht elektrochemisch verstärkt (Kapitel 4.5.6.2). So wird ihre Schutzwirkung erhöht.

Beim **Brünieren** werden Eisenwerkstoffe in stark oxidierende Lösungen getaucht. Dadurch entsteht eine sehr dünne (≈ 1 µm) aber dichte Eisenoxidschicht (z.B. Fe_3O_4), die zu einer Verbesserung der Korrosionsbeständigkeit führt (Kapitel 4.5.6.5).

Beim **Phosphatieren** wird das Werkstück mit einer Lösung von Phosphaten und Metallsalzen (z.B. Zn oder Mn, Tabelle 1, Seite 128) in verdünnter Phosphorsäure behandelt. Dabei wird durch eine Beizreaktion die Metalloberfläche insbesondere an den Korngrenzen angegriffen (Bild 2). Durch die Reaktion des gebildeten Fe^{2+}-Ions mit den Phosphationen und den zugesetzten Me^{2+}-Ionen (hier Zn^{2+}) bildet sich ein gemischtes Phosphat, das schwer löslich ist und zu einer dünnen (1 ... 30 µm) Schicht an der Grundmetalloberfläche aufwächst (Bild 1, Seite 550). Die gebildete Schicht bewirkt einen gewissen Korrosionsschutz und begünstigt durch ihre Porosität das Haftungsvermögen für Korrosionsschutzöle bzw. aufzubringende Lacküberzüge. Außerdem verbessert eine Phosphatschicht die Gleiteigenschaft bei schweren Umformvorgängen (Kapitel 4.5.6.3).

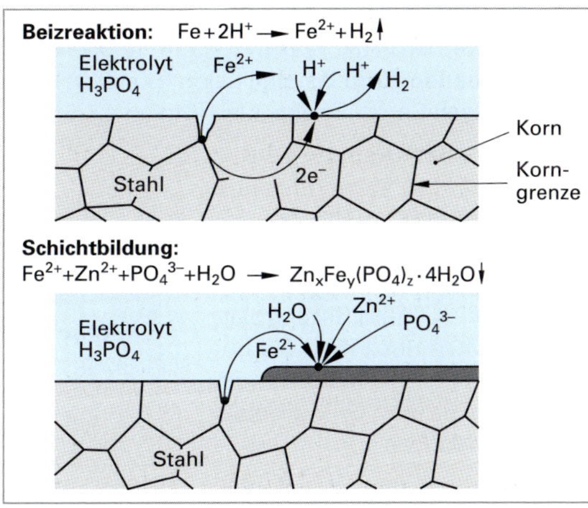

Bild 2: Chemische Prozesse bei der Zinkphosphatierung von Stahl

Der während des Beizvorgangs gebildete elementare Wasserstoff (H_2) bleibt zum Teil in Form von Gasblasen auf der Metalloberfläche haften und würde durch Verminderung der Reaktionsgeschwindigkeit den Aufbau der schützenden Phosphatschicht stören. Durch Zusatz von Oxidationsmitteln (z.B. Nitride bzw. Nitrate in Form ihrer Natriumsalze oder organische Stickstoffverbindungen) wird die Oberfläche des Grundwerkstoffs de-

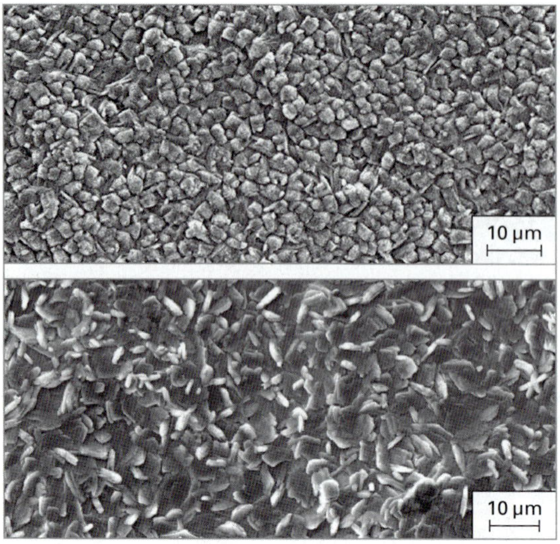

Bild 1: Phosphatierung von Stahl (REM-Aufnahmen)

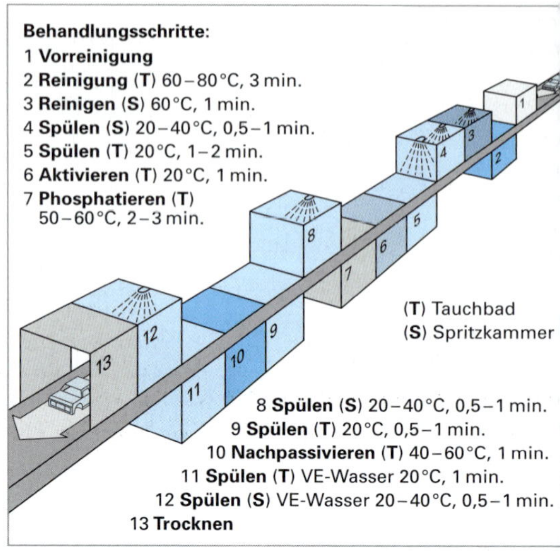

Bild 2: Phosphatierung von Karosserien (Tauchverfahren)

polarisiert und damit die störende Wasserstoffbildung unterdrückt bzw. gebildeter gasförmiger Wasserstoff sofort entfernt. In Bild 2 ist das Phosphatieren einer PKW-Karosserie schematisch dargestellt.

11.5.1.2 Überzüge mit edleren Metallen

Aufgrund der höheren Korrosionsbeständigkeit erscheinen edlere Metalle geeignet, in Form dünner Überzüge als Schutzschicht zu dienen. Verfahren des Aufbringens sind Galvanisieren und Plattieren mit z. B. Kupfer, Nickel, Chrom, Silber oder Zinn.

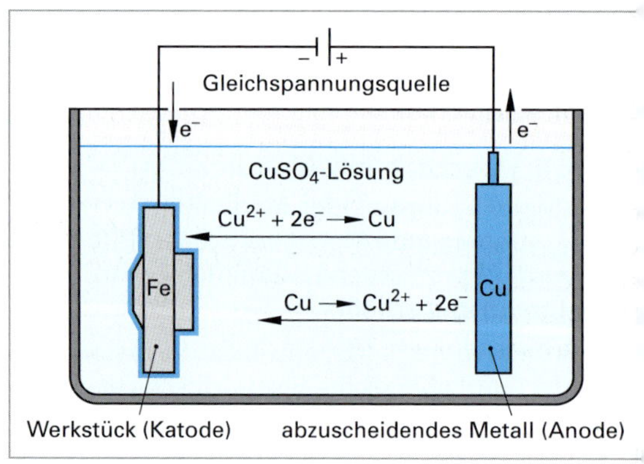

Bild 3: Verkupfern

Beim **Galvanisieren** wird das blanke Werkstück nach sorgfältiger Vorreinigung in eine Salzlösung des aufzubringenden Metalls gehängt und über eine äußere Gleichspannungsquelle als Katode geschaltet. Als Anode wird entweder eine unlösliche oder eine lösliche Elektrode aus dem abzuscheidenden Metall verwendet (Bild 3). Um glänzende, glatte Schichten zu erzielen, muss das auf der Katode aufwachsende Metall möglichst feinkörnig sein, was man durch verschiedene Zusätze und Verfahrenstechniken anstrebt. Um die Schutzwirkung zu verbessern und für eine bessere Haftung zu sorgen, werden in der Praxis oft mehrere Schichten aus verschiedenen Metallen nacheinander aufgebracht: z. B. wird auf dem Grundmetall Eisen (Stahl) galvanisch Kupfer abgeschieden, dann folgt eine Nickelschicht und schließlich Chrom (siehe auch Kapitel 4.5.5.1).

Beim **Plattieren** (Kapitel 4.5.6.1) werden auf das zu schützende Grundmetall dünne Bleche des Überzugsmaterials unter Druck warm aufgewalzt und dadurch fest verbunden (beim Sprengplattieren mit Titan nutzt man die hohen Drücke einer Explosion für die Verbindung mit dem Grundmetall, Bild 1, Seite 127).

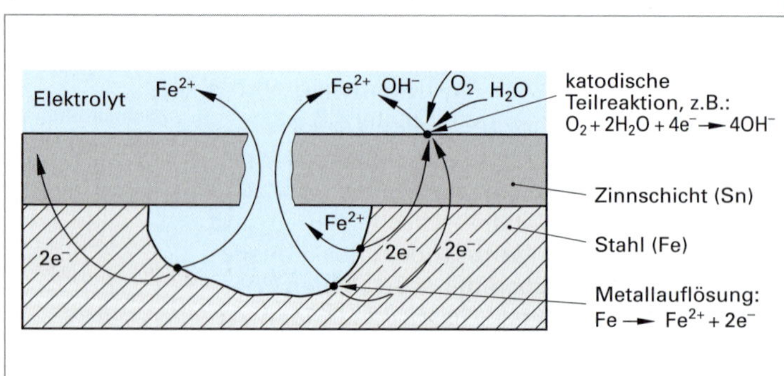

Bild 4: Korrosion an einem verzinnten Stahlblech

Der Schutz durch das edlere Metall besteht aber nur so lange, wie die Schicht unversehrt ist. Wird die

Schicht mechanisch verletzt, chemisch durchbrochen oder ist sie bereits beim Aufwachsen örtlich gestört, führt dies zur beschleunigten Korrosion. In dem dabei ausgebildeten Lokalelement wirkt das edlere Metall als Katode, und das Grundmetall wird anodisch oxidiert (Bild 4, Seite 550).

11.5.1.3 Überzüge mit unedleren Metallen

Insbesondere Zink wird als geeignete unedle Schicht auf Eisenwerkstücken eingesetzt. Durch Bedampfen mit Zink oder durch Eintauchen in eine Zinkschmelze (**Feuerverzinken,** Bild 1 und Kapitel 4.5.1.1) erzeugt man die gewünschte Schutzschicht in entsprechenden Dicken. Beim Verletzen der Schutzschicht wird das Grundmetall vor weiterer Korrosion geschützt, weil hier das unedlere Schutzmetall die Anode bildet (Bild 2). Der Korrosionsschutz von Stahl durch Zink wird verbessert, wenn die Zinkschicht elektrolytisch aufgebracht wird, was aber erheblich teurer ist.

Bild 1: Feuerverzinken durch Tauchen in eine Zinkschmelze

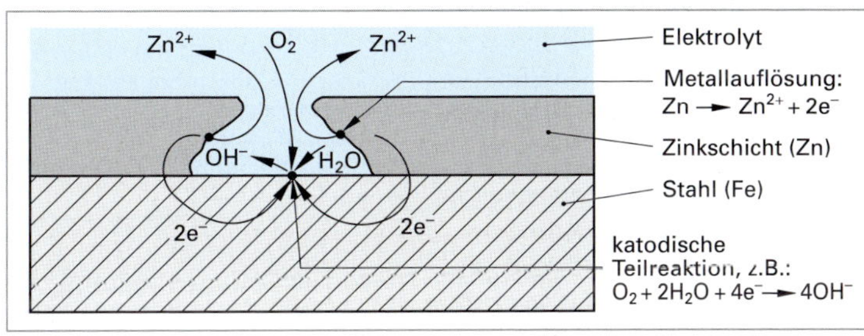

Bild 2: Korrosion an einem verzinkten Stahlblech

11.5.1.4 Überzüge mit Nichtmetallen

Überzüge aus keramischen Werkstoffen, Kunststoffen, Ölfarben und Lacken schützen die Metalle gut vor Korrosion, da ein direkter Kontakt mit Wasser oder Luft verhindert wird.

- **Email** ist eine keramische bzw. glasartige Masse, die aus Metallsilicaten und Aluminiumoxid besteht. Die Einbrenntemperaturen liegen bei 780 °C ... 900 °C. Deckschichten aus Email sind im sauren und neutralen Bereich sowie gegen organische Stoffe, Lösungsmittel u.a. sehr beständig. Nachteilig sind die Schlagempfindlichkeit und die Empfindlichkeit gegen Temperaturwechsel (Kapitel 4.5.1.2).
- Ein Verfahren zum Aufbringen von **Kunststoffüberzügen** auf Metalle ist das Wirbelsintern. Dabei wird das heiße Metallteil in Kunststoffpulver eingetaucht, das durch eingeblasene Luft verwirbelt ist (Kapitel 4.5.2.1).
- **Lacke** und **Ölfarben** bestehen aus einem Bindemittel und Pigmenten (Farbteilchen) sowie gegebenenfalls einem Lösungsmittel. Der Überzug ist aus mehreren Schichten aufgebaut: Grundschicht und Deckschicht. Der Grundlack übernimmt die Hauptrolle des Korrosionsschutzes durch die Pigmente Mennige, Chromate, Zinkoxide und -phosphate, die als Passivatoren dienen. Die Deckschicht schließt durch ihre glatte Oberfläche nach außen porenfrei ab und besitzt dazu dekorative Funktion durch ihre farbgebenden Pigmente. Der Auftrag der Schichten kann durch Pinsel, Spritzen, Tauchen oder Kataphorese (das Werkstück wird als Katode geschaltet, an die die positiven Lackteilchen im Farbbad wandern) erfolgen (Kapitel 4.5.1.3).

11.5.2 Aktiver Korrosionsschutz

Unter aktivem Korrosionsschutz versteht man Änderungen vom Werkstoff und/oder Korrosionsmittel, katodischen Korrosionsschutz sowie konstruktive Vorbeugemaßnahmen. Möglichkeiten für **aktiven Korrosionsschutz** sind:

Tabelle 1: Korrosionsverhalten metallischer Werkstoffe

Werkstoffe	Korrosionsverhalten	Einsatz/Beispiele
Unlegierte und niedriglegierte Stähle	Wenig korrosionsbeständig	In Innenräumen mit weniger als 65 % Luftfeuchtigkeit. Für Außenanwendungen zusätzlicher Korrosionsschutz notwendig
Nichtrostende Stähle	Bei Cr-Gehalten über 12 % in Reinluftgebieten korrosionsbeständig. Erhöhte Korrosionsbeständigkeit durch Zusatz von Molybdän für Einsatz in Industrie- oder Meerluft. Gefahr der interkristallinen Korrosion nach Wärmeeinwirkung. Abhilfe durch Verminderung des C-Gehaltes (<0,03%) und/oder Legieren mit Ti oder Nb.	X6Cr13: Essbestecke X6Cr17: Waschmaschinen X6CrNiTi18-10: Chem. Apparate X6CrMo17: Kfz-Teile wie Zierleisten
Aluminium und Aluminiumlegierungen	Gute Korrosionsbeständigkeit, die durch anodische Oxidation noch verbessert wird.	Auch in Industrie- und Meerluft einsetzbar (außer Cu-haltige Al-Legierungen)
Kupfer und Kupferlegierungen	Gegenüber atmosphärischen Einflüssen gute Korrosionsbeständigkeit. Im Laufe der Zeit Schutzschichtbildung (Patina) auf der Oberfläche. Cu-Ni-Legierungen besonders korrosionsfest.	Elektrotechnikteile, Bauprofile
Zink	An der Atmosphäre auf der Oberfläche Bildung einer schützenden Schicht aus Zinkcarbonat (aber unbeständig gegen sauren Regen).	Schutzüberzug für Stahlbauteile, Dachrinnen
Chrom	An der Atmosphäre Bildung einer harten, blanken Schutzschicht.	Legierungselement für Stähle, Schutzüberzüge (Verchromen)

- Wahl des Werkstoffs, der für den gewünschten Verwendungszweck auf Grund seines Korrosionsverhaltens am besten geeignet ist. Tabelle 1 gibt einen Überblick über ausgewählte metallische Werkstoffe, ihr Korrosionsverhalten und mögliche Anwendungen.

- Durch **Legierungsbildung** werden gezielt bestimmte Werkstoffe für besondere Verwendungszwecke hergestellt. Durch Legieren von Eisen mit passiven Metallen wie Chrom kann eine Übertragung der Passivität der Legierungsbestandteile auf die Gesamtlegierung erfolgen. Das erklärt den hohen Anteil von Chrom (> 12 %) in den nichtrostenden Cr- und Cr-Ni-Stählen. Um der Gefahr der interkristallinen Korrosion vorzubeugen, können Cr-Stählen stabilisierende Elemente wie Titan, Niob oder Tantal zulegiert werden (Kapitel 6.3.2.2) oder der C-Gehalt auf unter 0,03 % (extra low carbon) abgesenkt werden (Bild 1, Seite 111). Zur Vermeidung der Spannungsrisskorrosion versucht man u. a. innere Spannungen möglichst klein zu halten bzw. durch eine auf die Stahlsorte abgestimmte Wärmebehandlung abzubauen.

- Veränderungen am **Korrosionsmittel** sind nur bedingt möglich. Durch Zugabe geringer Mengen von **Inhibitoren** (Hemmstoffe) gelingt es jedoch, die Korrosionsreaktion zu verlangsamen. Inhibitoren lagern sich bevorzugt an der Grenzfläche Metall-Korrosionsmittel an und behindern dadurch Grenzflächenvorgänge. Für neutrale Lösungen (Wasser, Kühlmittel) werden Natriumbenzoat, Thioharnstoff, Phosphate, Silikate u. a. eingesetzt. Inhibitoren für alkalische Lösungen sind Natriumnitrit und Trinatriumphosphat. Für nichtwässrige Systeme (Kraftstoffe, Schmiermittel, Lösungsmittel) wirken Carbonsäureamide oder Carbonsäureester korrosionshemmend.

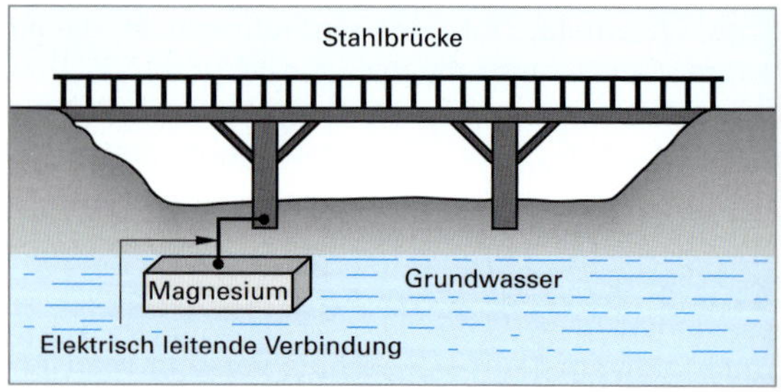

Bild 1: Opferanode aus Magnesium an einer Stahlbrücke (schematisch)

- Bei **katodischem Korrosionsschutz** wird das zu schützende Werkstück elektrisch so geschaltet, dass es zur Katode wird und damit geschützt bleibt. Man kann hierzu elektrische Eigenspannungen oder Fremdspannungen verwenden:

Elektrische Eigenspannung

Durch Bildung eines künstlichen Lokalelementes aus zu schützendem Metall (Katode) und einem unedleren Partner (Zink, Magnesium) als Anode erzwingt man eine elektrochemische Oxidation des bewusst zugesetzten Partners, der im Interesse der Erhaltung des Bauteils geopfert wird. Durch den Einsatz solcher **„Opferanoden"** werden z. B. Brücken oder Schiffe geschützt (Bild 1, Seite 552).

Elektrische Fremdspannung

Durch Anlegen einer Gleichspannung mit Hilfe einer äußeren Gleichstromquelle macht man das zu schützende Objekt zur Katode und schützt es somit vor Korrosion, während die Anode aus Eisenschrott oder einem sich nicht auflösenden Material (z. B. Graphit) besteht. Dieses Verfahren wird zum Schutz von Hafenanlagen, unterirdischen Rohrleitungen oder Tanks verwendet (Bild 1).

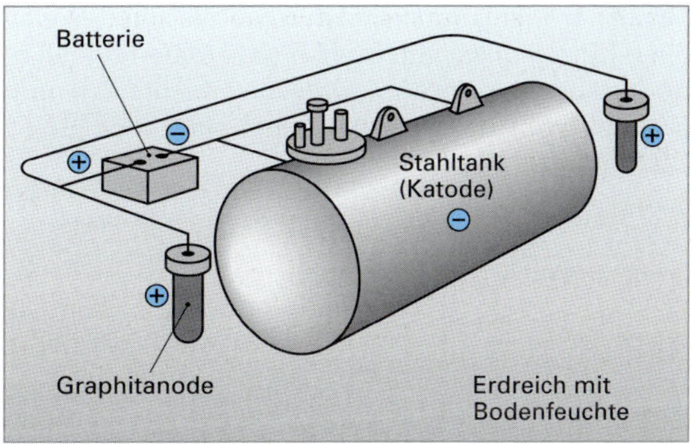

Bild 1: Katodischer Korrosionsschutz mit Spannungsquelle

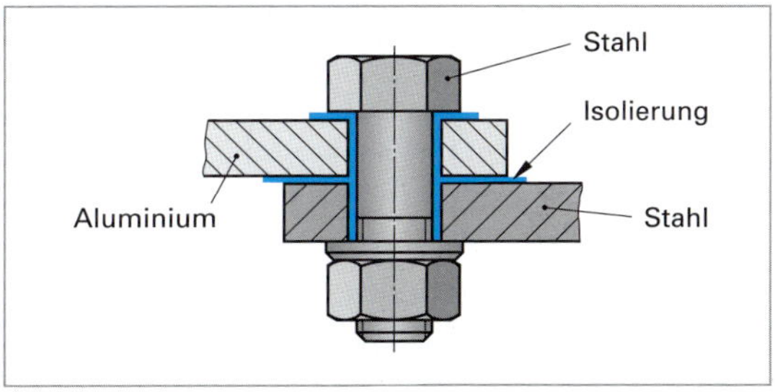

Bild 2: Beispiel der Isolierung einer Schraubenverbindung

11.5.3 Konstruktive Maßnahmen

Besondere Bedeutung für den Korrosionsschutz kommt auch konstruktiven Maßnahmen bei der Gestaltung und Herstellung von Geräten und Produkten zu. Ist es beispielsweise notwendig, Werkstoffe zu kombinieren, die unterschiedliche elektrochemische Eigenschaften haben, unterbindet eine wirksame Isolierung die Bildung eines Lokalelementes. In Bild 2 ist die Schutzwirkung einer Kunststoffisolierung dargestellt, die die Metalle Stahl und Aluminium wirksam voneinander trennt und so eine Lokalelementbildung verhindert.

Beim Fertigen von z. B. Fahrzeugteilen ist darauf zu achten, dass Spalte vermieden werden, in die Feuchtigkeit eindringen kann und die Korrosion ermöglicht (Bild 3a). Korrosion kann weiterhin durch eine geeig-

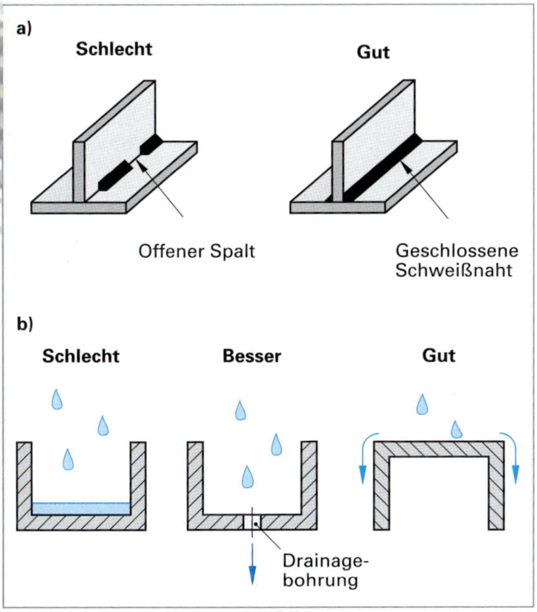

Bild 3: Vermeiden von Spalten

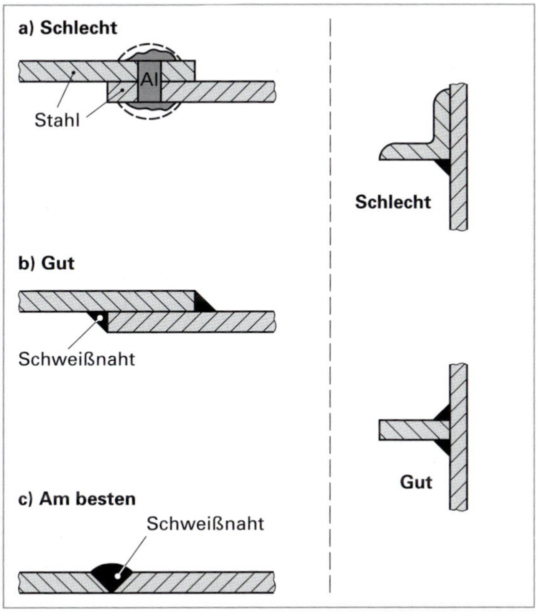

Bild 4: Verschiedene Fügetechniken

nete Anordnung von Profilen sicher vermieden werden (Bild 3b, Seite 553). Weitere Beispiele für konstruktiven Korrosionsschutz stellen geeignete Fügetechniken dar (Bild 4, Seite 553). Durch die Gestaltung von Böden kann der Ansammlung von Feuchtigkeit und Schlamm dadurch wirksam begegnet werden, dass ein optimaler Ablauf konstruktiv eingeplant wird (Bild 1).

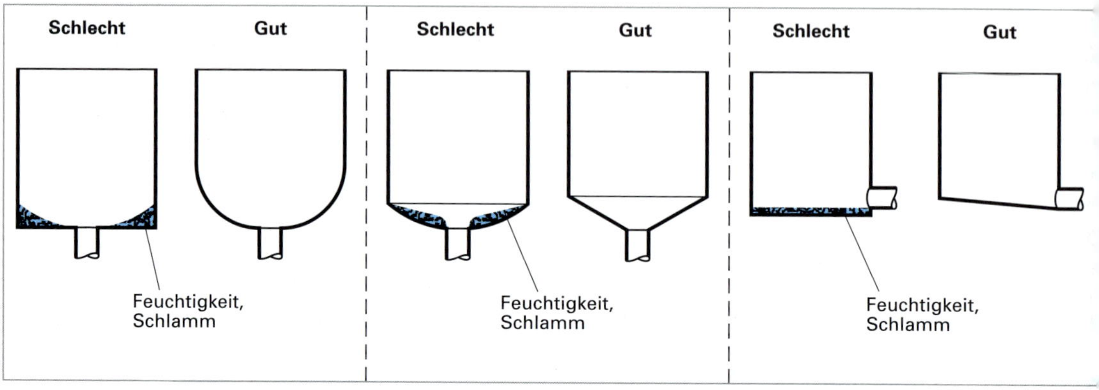

Bild 1: Flüssigkeitsablauf zur Vermeidung von Wasser- und Schlammansammlungen

Tabelle 1: Normen bezüglich der Korrosion metallischer Werkstoffe

Norm	Erläuterung
DIN 50 016	Werkstoff-, Bauelemente- und Geräteprüfung; Beanspruchung im Feucht-Wechselklima
DIN 50 018	Prüfung im Kondenswasser-Wechselklima mit schwefeldioxidhaltiger Atmosphäre
DIN 50 021	Sprühnebelprüfungen mit verschiedenen Natriumchloridlösungen
DIN 50 900	Korrosion der Metalle
DIN 50 905	Korrosion der Metalle; Korrosionsuntersuchungen
DIN 50 916	Prüfung von Kupferlegierungen; Spannungsrisskorrosionsversuch mit Ammoniak
DIN 50 918	Prüfungen im Kondenswasser-Wechselklima mit schwefeldioxidhaltiger Atmosphäre
DIN 50 919	Korrosion der Metalle; Korrosionsuntersuchungen der Kontaktkorrosion in Elektrolytlösungen
DIN 50 920-1	Korrosion der Metalle; Korrosionsprüfung in strömenden Flüssigkeiten
DIN 50 921	Sprühnebelprüfungen mit veschiedenen Natriumchlorid-Lösungen
DIN 50 922	Korrosion der Metalle; Untersuchung der Beständigkeit von metallischen Werkstoffen gegen Spannungsrisskorrosion
EN 18-79	Entnahme und Vorbereitung von Probeabschnitten und Proben aus Stahl und Stahlerzeugnissen
DIN EN ISO 196	Kupfer und Kupferlegierungen. Auffinden von Restspannungen. Quecksilber-(I)-Nitratversuch
DIN EN ISO 3651	Ermittlung der Beständigkeit nichtrostender Stähle gegen interkristalline Korrosion
DIN EN ISO 6270-2	Bestimmung der Beständigkeit gegen Feuchtigkeit
DIN EN ISO 8565	Korrosionsversuch in der Atmosphäre. Allgemeine Anforderungen an Freibewitterungsversuche
DIN EN ISO 11306	Korrosion von Metallen und Legierungen. Richtlinien für die Auslagerung von Metallen und Legierungen in oberflächennahem Meerwasser und für die Auswertung

12 Tribologie

Durch Reibung, Verschleiß und Korrosion entstehen Verluste an Rohstoffen und Energie, die in den Industrieländern rund 4,2 % des Bruttosozialprodukts betragen. Bezogen auf Deutschland bedeutet dies einen jährlichen volkswirtschaftlichen Verlust von rund 40 bis 45 Mrd. €. Die Zahlen verdeutlichen, welches enorme Einsparungspotenzial durch eine intensive Forschung auf dem Gebiet der Tribologie und durch die konsequente Anwendung tribologischer Erkenntnisse möglich ist.

> **ⓘ Information**
>
> **Tribologie**
>
> Tribologie ist die Wissenschaft, die sich mit Reibung und Verschleiß (mit oder ohne Schmierung) von gegeneinander bewegten Körpern beschäftigt. Hierzu zählen auch die entsprechenden Wechselwirkungen von Grenzflächen sowohl zwischen Festkörpern als auch zwischen Festkörpern und Flüssigkeiten oder Gasen. Das Wissensgebiet der Tribologie leistet einen wichtigen Beitrag zur Verminderung reibungs- und verschleißbedingter Energie- und Stoffverluste.

Der Begriff **Tribologie** (griech.: Reibungslehre) wurde erstmalig 1966 vom britischen Erziehungsministerium in einem Bericht unter dem Titel „Lubrication (Tribology)" benutzt und hat sich inzwischen weltweit durchgesetzt. Tribologie steht heute als Oberbegriff für das Gesamtgebiet Reibung – Schmierung – Verschleiß.

12.1 Tribosysteme

Zur Untersuchung eines technischen Systems in dem Reibungs- und Verschleißprozesse ablaufen und zur Ordnung der relevanten Einflussgrößen, grenzt man die zu untersuchenden Bauteile einer Maschine oder Anlage räumlich von den anderen Bauteilen ab. Dazu legt man in geeigneter Weise eine Einhüllende um die zu untersuchenden Bauteile und um die anderen am Vorgang beteiligten Partner (z. B. Schmierstoff). Diese abgegrenzten Bauteile einschließlich der stofflichen Partner bezeichnet man als **Tribosystem.**

Ziele einer tribologischen Betrachtungsweise eines Systems sind:

- Verminderung von Reibung und Verschleiß
- Senkung des Schmiermittelverbrauchs
- Bauteile von Maschinen und Anlagen möglichst so zu konstruieren, dass sie im Betrieb einem möglichst geringen Verschleiß unterliegen

12.1.1 Aufbau eines Tribosystems

Bild 1 zeigt den Aufbau eines Tribosystems: Die von außen auf die Struktur des Tribosystems einwirkenden Eingangsgrößen (das Beanspruchungskollektiv) werden über die Struktur in Nutzgrößen umgewandelt. Als Verlustgrößen treten dabei Reibung, Verschleiß, Temperaturerhöhung usw. auf.

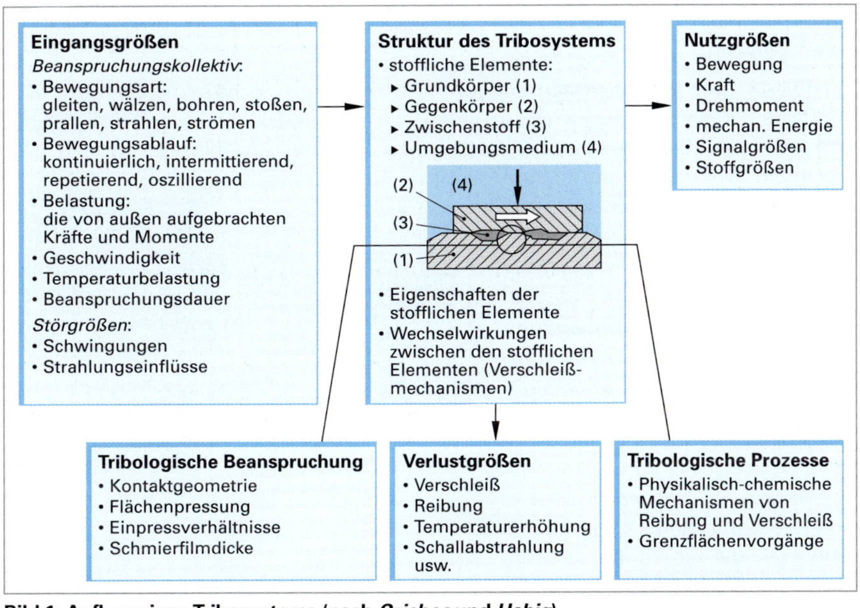

Bild 1: Aufbau eines Tribosystems (nach *Czichos* und *Habig*)

12.1.2 Funktion eines Tribosystems

Tribosysteme werden in der Technik zur Verwirklichung unterschiedlicher Funktionen eingesetzt. Entspre chend ihrer hauptsächlichen Funktion unterscheidet man energiedeterminierte, stoffdeterminierte und in formationsdeterminierte Systeme. In Tabelle 1 sind wichtige Funktionsbereiche von Tribosystemen ge meinsam mit einigen technischen Anwendungsbeispielen zusammengestellt. Die Anwendungsbeispiel verdeutlichen, dass zahlreiche Funktionen nur durch aufeinander einwirkende und gegeneinander be wegte Oberflächen, also durch Tribosysteme, ausgeführt werden können.

Tabelle 1: Beispiele für Tribosysteme in der Technik

Tribosystem	Hauptfunktion	Beispiele
Energiedeterminiert	Bewegungsübertragung	Getriebe, Riementrieb, Führungen, Gleitlager, Wälzlager
	Bewegungshemmung	Bremsen, Stoßdämpfer
	Kraftübertragung	Kupplungen
	Urformen von Bauteilen	Gieß-, Press-, Extrudierwerkzeuge
Stoffdeterminiert	Materialumformung	Biege-, Walz-, Schmiede-, Ziehwerkzeuge
	Materialtrennung	Bohr-, Dreh-, Fräs-, Schleifwerkzeuge
	Materialzerkleinerung	Kugelmühle, Drucklufthammer, Schredderanlage
	Aufbringen von Beschichtungen	Spritzdüsen
	Materialtransport	Rad und Schiene, Reifen und Straße, Förderband, Pipeline, Materialrutsche
	Fügen von Bauteilen	Passungen, Reibschweißen
Informationsdeterminiert	Informationsspeicherung	Plattenspieler, Diskette
	Informationsübertragung	Relais
	Informationsausgabe	Drucker, Audio/Video-Abtast-/Leseköpfe

12.2 Hauptgebiete der Tribologie

Die Hauptgebiete der Tribologie sind:

- Reibung
- Schmierung
- Verschleiß

Verschleiß und Reibung können durch Schmierung vermindert werden. Während eine Verschleißminderung meist immer erstrebenswert ist, ist eine niedrige Reibung häufig nicht erwünscht oder zulässig (z. B. Bremsen). Es muss dann ein bestimmter Verschleiß zugelassen werden, der jedoch durch geeignete konstruktive oder werkstofftechnische Maßnahmen in Grenzen gehalten werden muss.

12.2.1 Reibung

Reibung ist eine Wechselwirkung zwischen sich berührenden Stoffbereichen von Körpern. Sie verhindert entweder eine Relativbewegung (Haftreibung oder statische Reibung) oder sie wirkt einer Relativbewegung entgegen (Bewegungsreibung oder dynamische Reibung). Die Einteilung der Reibungsbegriffe nach (der zurückgezogenen) DIN 50 323-3 zeigt Bild 1.

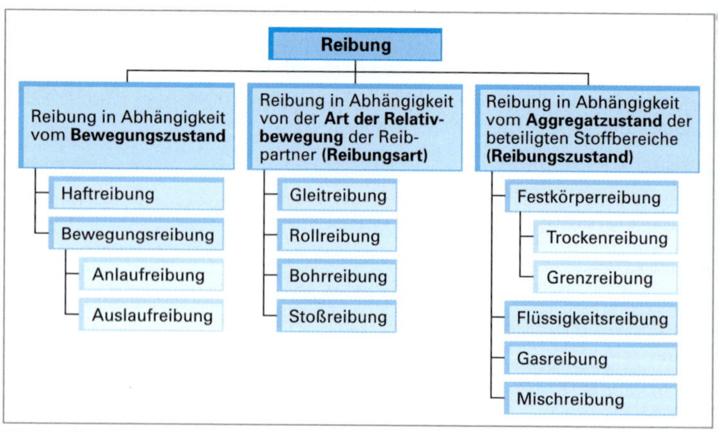

Bild 1: Einteilung der Reibungsbegriffe nach DIN 50 323-3 (zurückgezogen)

Um den Rahmen dieses Kapitels nicht zu sprengen, sollen nachfolgend neben einem kurzen Überblick über die unterschiedlichen Reibungsarten nur die technisch wichtigsten Zusammenhänge der Reibung, nämlich die Reibungsmechanismen bei Festkörperreibung und die Reibungszustände in geschmierten Gleitpaarungen erläutert werden.

12.2.1.1 Reibungsarten

Für tribotechnische Anwendungen ist eine Unterteilung der Reibung nach der Kinematik gebräuchlich. In Abhängigkeit von der Art der Relativbewegung der Reibpartner unterscheidet man die Hauptreibungsarten:

- Gleitreibung
- Rollreibung
- Bohrreibung

Außerdem wird in DIN 50 323-3 noch die Stoßreibung erwähnt. In technischen Anwendungen finden sich außerdem Überlagerungen dieser drei Hauptreibungsarten, die in grafischer Form in einem Reibungsdreieck dargestellt werden können (Bild 1).

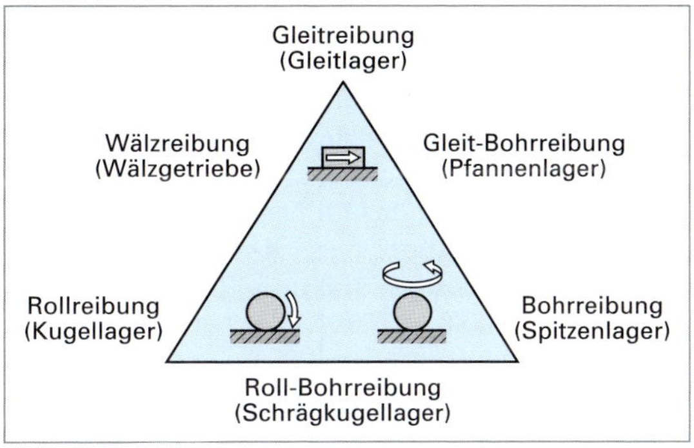

Bild 1: Einteilung der Reibungsarten sowie Beispiele für tribotechnische Maschinenelemente (nach *Czichos* und *Habig*)

12.2.1.2 Reibungsmechanismen bei Festkörperreibung

Im Kontaktbereich eines tribologischen Systems treten bewegungshemmende, energiedissipierende Prozesse auf. Die Reibungsmechanismen bei Festkörperreibung (also ohne Schmierung) sollen am Beispiel einer Gleitpaarung erläutert werden, da in der Technik die Gleitreibung für die Funktion zahlreicher tribotechnischer Systeme (z.B. Radial- oder Axialgleitlager, Schubführung oder Drehgelenk) von grundlegender Bedeutung ist. Der Festkörperreibung von Gleitpaarungen liegen die folgenden Reibungsmechanismen zugrunde (Bild 2):

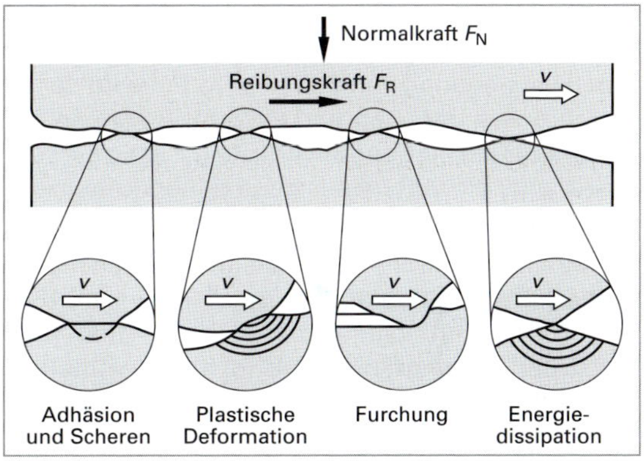

Bild 2: Grundlegende Reibungsmechanismen bei Festkörperreibung (vereinfacht)

- **Adhäsion und Scheren:**
  An den Kontaktflächen der Reibpartner kann es nach der Zerstörung der an der Oberfläche haftenden Adsorptions-, Oxid- oder Reaktionsschichten zu einem atomaren Kontakt der beiden Körper und damit zur Ausbildung chemischer Bindungen kommen (Kapitel 12.2.3.1). Physikalische Ursache der Adhäsionskomponente der Reibung ist im Falle der Trockenreibung das Zerstören dieser chemischen Bindungen (Abscheren) in der wahren Kontaktfläche bzw. in den angrenzenden Oberflächenbereichen (Bild 3, Seite 563). Bei Grenzreibung erfolgt die Abscherung in den adsorbierten Schmierstoffmolekülen.

- **Plastische Deformation**:
  Eine tangentiale Relativbewegung sich berührender Körper ist stets mit der plastischen Deformation von „Rauheitshügeln“ verbunden.

- **Furchung:**
  Besitzen die Reibpartner eine unterschiedliche Härte, dann dringen die härteren Rauheitshügel in die weichere Oberfläche des Gegenkörpers ein. Die Furchungskomponente der Reibung entsteht nunmehr durch den Widerstand des weicheren Materials gegenüber der Furchung durch den härteren Gegenkörper bei einer Tangentialverschiebung. Man spricht in diesem Fall auch von **Gegenkörperfurchung**. Wird die Furchung dagegen durch eingebettete härtere Verschleißpartikel verursacht, dann spricht man von **Teilchenfurchung.**

- **Energiedissipation:**
  Die physikalischen Prozesse der reibungsbedingten Energiedissipation sind komplex. Im Wesentlichen handelt es sich dabei um die Erzeugung von Gitterschwingungen, reibungsbedingte Schallemission, Photonenemission (Tribolumineszenz) sowie einer Ionen- und Elektronenemission. Eine detaillierte Beschreibung der dabei ablaufenden Prozesse sei der Fachliteratur vorbehalten.

Die genannten Prozesse gehen von den örtlich und zeitlich stochastisch verteilten Mikrokontaktflächen aus. Da mit zunehmender Normalkraft F_N die Anzahl der Mikrokontaktstellen und damit die Reibungskraft F_R etwa linear zunimmt, gilt: Normalkraft F_N ~ Anzahl der Mikrokontaktstellen ~ Reibungskraft F_R. Hieraus resultiert das für Festkörperreibung bekannte Reibungsgesetz nach ***Amontons-Coulomb (Guillaume Amontons,*** 1663 ... 1705; ***Charles August Columb,*** 1736 ... 1806): $F_R = f \cdot F_N$

Tabelle 1: Reibungszahl für unterschiedliche Reibungsarten und -zustände

Reibungsart	Reibungszustand[1]	Reibungszahl f
Gleitreibung	Festkörperreibung	0,1 ... > 1,0
	Grenzreibung	0,01 ... 0,2
	Mischreibung	0,01 ... 0,1
	Flüssigkeitsreibung	0,001 ... 0,01
	Gasreibung	0,0001
Rollreibung	Mischreibung	0,001 ... 0,005

1) Erklärung der Begriffe siehe Kapitel 12.2.1.3

Der Proportionalitätsfaktor f wird als **Reibungszahl** oder **Reibungsbeiwert** bezeichnet. Die Größe der Reibungszahl hängt wesentlich von der Art der Relativbewegung der Reibpartner (d. h. von der Reibungsart) sowie vom Aggregatzustand der beteiligten Stoffbereiche (d. h. vom Reibungszustand) ab. Tabelle 1 gibt für einige ausgewählte Reibungsarten und Reibungszustände einen Überblick über die Größenordnung der Reibungszahlen.

12.2.1.3 Reibungszustände in geschmierten Gleitpaarungen

Durch Verwendung von Schmierstoffen wird der unmittelbare Kontakt zwischen Grund- und Gegenkörper unterbrochen. Reibung und Verschleiß können dadurch stark vermindert, die Lebensdauer der Reibpartner erhöht und die Energieverluste gesenkt werden. Eine große technische Bedeutung besitzen dabei Gleitpaarungen, die durch flüssige Schmierstoffe geschmiert werden.

Zur Beschreibung des Reibungs- und Verschleißverhaltens von geschmierten Gleitpaarungen hat die **Stribeck-Kurve** ***(Richard Stribeck,*** dt. Ingenieur, 1861 ... 1950) eine grundlegende Bedeutung (Bild 1). In ihr ist der Reibungskoeffizient (d. h. das Verhältnis aus Reibungs- zu Normalkraft) über einer Parameterkombination aus Viskosität, Gleitgeschwindigkeit und Normalkraft aufgetragen. Der Stribeck-Kurve liegt ein Gleitsystem zugrunde, das aus einem Grund- und Gegenkörper mit (messbarer) Oberflächenrauigkeit und einem flüssigen Schmierstoff (Schmieröl) besteht. Außerdem muss die Anordnung der Kontaktpartner einen sich in Strömungsrichtung verengenden Schmierspalt zulassen. Die Stribeck-Kurve unterscheidet die Reibungszustände der Grenz-, der Misch- und der Flüssigkeitsreibung:

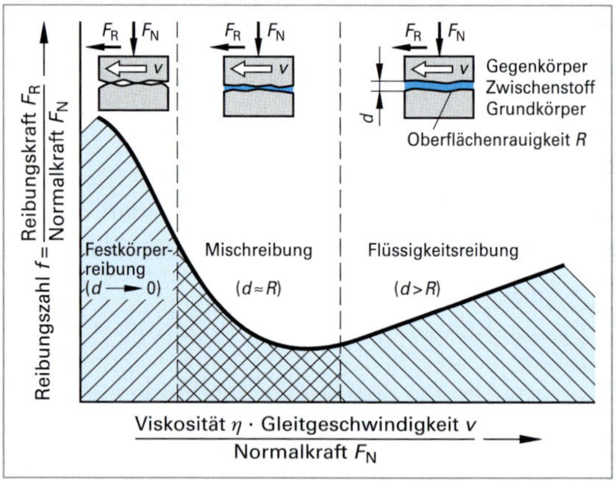

Bild 1: Stribeck-Kurve (nach *Czichos* und *Habig*)

- **Flüssigkeitsreibung**
  Im Zustand der Flüssigkeitsreibung ist die Summe der Rautiefe von Grund- und Gegenkörper kleiner als die Schmierfilmdicke. Die Kontaktpartner sind also vollständig durch einen Flüssigkeitsfilm getrennt. Um Grund- und Gegenkörper voneinander zu trennen, muss im Schmierfilm ein bestimmter Druck herrschen der über die Fläche der Gleitkörper eine der Normalkraft entgegenwirkende Kraft erzeugt. Der Druckaufbau kann entweder durch eine äußere Druckpumpe oder durch einen sich in Strömungsrichtung verengenden Schmierspalt erfolgen. Im ersten Fall spricht man von einem **hydrostatischen Schmierfilm** im zweiten Fall von einer **hydrodynamischen Schmierung.**

  Eine hydrodynamische Schmierung kann nur bei bei hohen Gleitgeschwindigkeiten, hoher Viskosität des Schmierstoffs und niedriger Normalkraft realisiert werden. Außerdem müssen Grund- und Gegenkörper konstruktiv so gestaltet werden, dass sich der bereits erwähnte, verengende Schmierspalt ausbildet. Im Zustand der Flüssigkeitsreibung ist die äußere Reibung zwischen den Gleitpartnern aufgehoben, d. h. in den Schmierstoff verlegt. Reibung findet also nur im Innern dieses Schmierstoffs statt.

In geschmierten Gleitlagern lässt sich durch einen die Gleitpartner vollständig voneinander trennenden hydrostatischen oder hydrodynamischen Schmierfilm der Verschleiß nahezu vollständig vermeiden, da die Mechanismen der Adhäsion und der Abrasion sowie tribochemische Reaktionen (Kapitel 12.2.3.1) völlig ausgeschaltet werden. Allerdings zeigt die Stribeck-Kurve auch, dass im Falle der hydrodynamischen Schmierung beim Anfahren und auch beim Auslauf, infolge der geringen Gleitgeschwindigkeit, die Gebiete der Misch- und Grenzreibung (s. u.) durchlaufen werden müssen, so dass letztlich auch in derart geschmierten Gleitlagern mit Verschleiß zu rechnen ist.

- **Mischreibung**
Verringert sich mit abnehmender Gleitgeschwindigkeit oder mit zunehmender Normalkraft die Dicke des Schmierfilms soweit, dass die Gesamtrautiefe von Grund- und Gegenkörper erreicht wird, dann wird die Belastung nicht mehr vollständig durch den Schmierfilm aufgenommen, sondern auch durch unmittelbaren Kontakt der Rauheitshügel der Gleitpartner. Es tritt jetzt sowohl Flüssigkeits- als auch Festkörperreibung (Grenzreibung), die so genannte **Mischreibung,** in Erscheinung. Diese Form der Reibung macht sich in einem kontinuierlichen Anstieg des Reibungskoeffizienten bemerkbar und ist durch einen merklichen Verschleiß der Gleitpartner gekennzeichnet.

- **Grenzreibung**
Verschwindet schließlich der hydrodynamische Traganteil, dann gelangt man in das Gebiet der **Grenzreibung.** Die Grenzreibung ist ein Sonderfall der Festkörperreibung. Bei Grenzreibung wird die Belastung vollständig von den kontaktierenden Rauheitshügeln aufgenommen, die Scherung erfolgt aber überwiegend in den adsorbierten Schmierstoffmolekülen und nicht in den an die Kontaktflächen angrenzenden Werkstoffbereichen, wie dies bei der Trockenreibung der Fall ist. Unter Grenzreibung ist zwar die Schmierstoffviskosität bedeutungslos, adsorbierte Schmierstoffmoleküle üben aber dennoch eine reibungs- und verschleißmindernde Wirkung aus.

12.2.2 Schmierung und Schmierstoffe

Von allen Möglichkeiten, die zu einer Verminderung des Verschleißes führen, steht an erster Stelle die Schmierung. Schmierung vermindert nicht nur den Verschleiß, sondern sie führt auch zu einer Verminderung der Reibung und den damit verbundenen Energieverlusten. Werden von der Funktion des Tribosystems allerdings hohe Reibungskräfte gefordert (z. B. Bremsen oder kraftschlüssige Kupplungen), dann ist von einer Schmierung abzusehen. In diesen Fällen kann der Verschleiß nur durch konstruktive oder werkstofftechnische Maßnahmen in Grenzen gehalten werden.

Schmierstoffe haben die Aufgabe, den Reibungswiderstand zwischen den reibenden Flächen herabzusetzen und dadurch Material- und Energieverluste zu vermindern. Schmierstoffe können flüssig, fest oder plastisch verformbar sein. Bei den Schmierstoffen unterscheidet man im Wesentlichen **Schmieröle, Schmierfette** und **Festschmierstoffe.** Gelegentlich werden auch Wasser, flüssige Metalle oder Gase als Schmierstoffe eingesetzt. Bild 1 zeigt die Einsatzbereiche der verschiedenen Schmierstoffe in Abhängigkeit von der Belastung und der Relativbewegung der Gleitpartner.

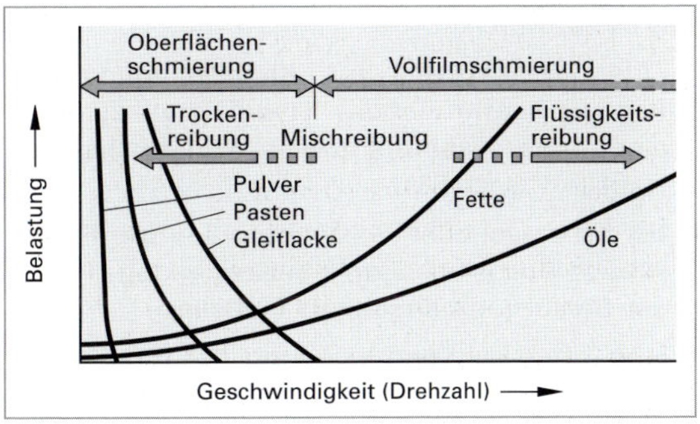

Bild 1: Einsatzbereiche unterschiedlicher Schmierstoffe

12.2.2.1 Schmieröle

Schmieröle werden in der Regel zur Schmierung von Maschinenteilen in geschlossenen Gehäusen eingesetzt. Zur Abführung der Reibungswärme werden sie meist im Umlauf geführt und gegebenenfalls gekühlt. Anforderungen an Schmieröle sind:

- gleichbleibendes Viskositäts-Temperatur-Verhalten
- ausreichende Fließfähigkeit bei tiefen Temperaturen
- ausreichende Schmierfähigkeit

- keine Verdampfung bei höheren Temperaturen (besonders niedermolekularer Bestandteile)
- geringe Oxidationsneigung bei höheren Temperaturen (durch Oxidation bilden sich korrosiv wirkende Säuren)
- geringe Korrosionswirkung auf die zu schmierenden Bauteile

Bei den Schmierölen unterscheidet man die **mineralischen Schmieröle** (Mineralöle), die **synthetischen Schmieröle** (Syntheseöle) sowie die **tierischen** und **pflanzlichen Öle.**

Mineralöle sind die am häufigsten verwendeten Schmieröle. Vereinfacht handelt es sich dabei um Kohlenwasserstoffverbindungen unterschiedlicher Molekülform und -länge, die überwiegend aus Erdöl durch Destillation und Reinigung gewonnen werden. Syntheseöle sind auf chemischem Wege erzeugte Flüssigkeiten mit Schmierstoffeigenschaften. Da Syntheseöle relativ teuer sind, werden sie in der Regel nur dort eingesetzt, wo Mineralöle nicht mehr verwendbar sind (z. B. hohe oder tiefe Temperaturen, hohe Verschleißbeanspruchung oder spezielle Anforderungen wie schwere Entflammbarkeit).

Damit die Schmieröle über einen längeren Zeitraum unter hohen komplexen Beanspruchungen ihre Funktion sicher erfüllen können, werden ihnen **Additive** zugesetzt. Als Additive kennt man Reibungsminderer (vermindern die Gleitreibungszahl), Detergentien (verhindern Ablagerungen auf Werkstoffoberflächen), Korrosionsinhibitoren (schränken die Korrosion metallischer Werkstoffe ein), Oxidationsinhibitoren (vermindern die Oxidationsneigung der Schmierstoffe) u.a.

Die Kennzeichnung der Schmieröle erfolgt nach DIN 51 502 durch:

- Einen Buchstaben zur Kennzeichnung der Schmierölsorte (Tabelle 1) ggf. ergänzt durch einen oder mehrere Zusatz-Kennbuchstaben (Tabelle 1, Seite 561).
- Bei Synthese- oder Teilsyntheseölen werden zusätzlich Buchstaben zur Kennzeichnung der Art des Syntheseöls angehängt (Tabelle 1).
- Eine Ziffer zur Kennzeichnung der ISO-Viskositätsklasse[1].
- Mineralische Schmieröle erhalten als Symbol ein Quadrat, synthetische Schmieröle dagegen ein Quadrat mit Querstrich (Tabelle 1).

Tabelle 1: Kennbuchstaben zur Kennzeichnung der Schmieröle nach DIN 51 502 (Auswahl)

Art des Schmieröls	Kennbuchstabe	Symbol
Mineralöle		
Normalschmieröle	AN	
ATF-Öle (Automatic Transmission Fluid)	ATF	
Bitumenhaltige Schmieröle, bevorzugt für offene Schmierstellen	B	
Umlaufschmieröle	C	
Schmieröle für druckluftgetriebene Maschinen und Werkzeuge	D	
Luftfilteröle	F	
Formen-Trennöle	FS	
Hydrauliköle	H, HV	
Motoren-Schmieröle	HD	
Schmieröle für KFZ-Getriebe	HYP	
Isolieröle (elektrisch)	J	
Kältemaschinen-Schmieröle	K	
Härte- und Vergüteöle	L	
Wärmeträgeröle	Q	
Korrosionsschutzöle	R	
Kühlschmieröle (nicht wassermischbar)	S	
Schmier- und Regleröle	TD	
Luftverdichter-Schmieröle	V	
Walzöle	W	
Dampfzylinderöle	Z	
Schwer entflammbare Hydraulikflüssigkeiten		
Öl-in-Wasser-Emulsionen	HFA	
Wasser-in-Öl-Emulsionen	HFB	
Wässrige Polymerlösungen	HFC	
Wasserfreie Flüssigkeiten	HFD	
Synthese- oder Teilsyntheseöle Die Bezeichnung erfolgt analog den Schmierölen auf Mineralölbasis jedoch durch Ergänzung der folgenden Kennbuchstaben:		
Ester, organisch	E	
Perfluor-Flüssigkeiten	FK	
Synthetische Kohlenwasserstoffe	HC	
Ester der Phosphorsäure	PH	
Polyglykolöle	PG	
Silikonöle	SI	
Sonstige	X	

[1] Die ISO-Viskositätsklasse gibt die (kinematische) Viskosität des Schmieröls bei 40 °C an. Die Viskositätsklassen sind gestuft und reichen von 2 (wasserähnliche Viskosität) bis 1500 (honigartige Viskosität).

- Für die Kennzeichnung von Schmierölen für Verbrennungsmotoren und Kraftfahrzeuggetriebe gelten andere Grundsätze, die ebenfalls in DIN 51 502 beschrieben werden. Hierauf soll jedoch nicht näher eingegangen werden.

Beispiele:

HLP 320

- Schmieröl auf Mineralölbasis (Hydrauliköl).
- Mit Wirkstoffen zum Erhöhen des Korrosionsschutzes und/oder der Alterungsbeständigkeit.
- Mit Wirkstoffen zur Herabsetzung der Reibung und des Verschleißes im Mischreibungsgebiet und/oder zur Erhöhung der Belastbarkeit.
- ISO-Viskositätsklasse 320, d. h. kinematische Viskosität[1)] von 320 mm²/s bei 40 °C.

CLP PG 320

- Synthetisches Schmieröl auf Polyglykolbasis (Umlaufschmieröl).
- Mit Wirkstoffen zum Erhöhen des Korrosionsschutzes und/oder der Alterungsbeständigkeit.
- Mit Wirkstoffen zur Herabsetzung der Reibung und des Verschleißes im Mischreibungsgebiet und/oder zur Erhöhung der Belastbarkeit.
- ISO-Viskositätsklasse 320, d. h. kinematische Viskosität[1)] von 320 mm²/s bei 40 °C.

12.2.2.2 Schmierfette

Im Gegensatz zu den Schmierölen werden Schmierfette in der Regel überall dort eingesetzt, wo kein Schmierkanalsystem vorhanden ist (z.B. für die Schmierung einfacher Lagerstellen sowie von Wälz- und Gleitlager). Außerdem dienen sie häufig auch der Abdichtung gegen Wasser und Fremdpartikel.

Schmierfette sind Schmierstoffe, die bei Raumtemperatur eine pastöse Beschaffenheit besitzen. Sie bestehen im Wesentlichen aus einem Mineral- oder Syntheseöl (mit oder ohne Additive) und einem Dickungsmittel. Das Dickungsmittel liegt in der Regel faserförmig als Gerüst vor, in dem dann das Schmieröl festgehalten wird. Nach der Art des Dickungsmittels unterscheidet man zwischen Natrium-, Lithium-, Calcium-, Aluminium-, Barium- und Komplexfetten. Für Sonderanwendungen stehen außerdem Fette mit organischen, aschehaltigen Eindickern (organische Bentonite) und aschefreie Polyharnstoffe zur Verfügung.

[1)] Die Viskosität ist ein Maß für die innere Reibung des Schmierstoffs. Man unterscheidet die **dynamische Viskosität** η (Einheit Pa · s) und die **kinematische Viskosität** ν (Einheit mm²/s). Die kinematische Viskosität ν ist der Quotient aus dynamischer Viskosität η und Dichte ϱ, also $\nu = \eta / \varrho$.

Tabelle 1: Zusatz-Kennbuchstaben für Schmieröle und Schmierfette nach DIN 51 502

Zusatz-Kennbuchstabe	Bedeutung
D	Für Schmieröle mit detergierenden Zusätzen
E	Für Schmieröle, die in Mischung mit Wasser zum Einsatz kommen (z. B. Kühlschmierstoffe)
F	Für Schmierstoffe mit Festschmierstoff-Zusatz (z.B. Graphit, Molybdändisulfid)
L	Für Schmieröle mit Wirkstoffen zum Erhöhen des Korrosionsschutzes und/oder der Alterungsbeständigkeit
M	Für wassermischbare Kühlschmierstoffe mit Mineralölanteilen
S	Für wassermischbare Kühlschmierstoffe auf synthetischer Basis
P	Für Schmierstoffe mit Wirkstoffen zum Herabsetzen der Reibung und des Verschleißes im Mischreibungsgebiet und/oder zur Erhöhung der Belastbarkeit
V	Für Schmierstoffe, die mit Lösemitteln verdünnt sind

Tabelle 2: Kennbuchstaben zur Kennzeichnung der Schmierfette nach DIN 51 502

Art des Schmierfetts	Kennbuchstabe	Symbol[1)]
Schmierfette auf Mineralölbasis		
Schmierfette für Wälzlager, Gleitlager und Gleitflächen	K	△
Schmierfette für geschlossene Getriebe	G	
Schmierfette für offene Getriebe, Verzahnungen (Haftschmierstoffe ohne Bitumen)	CG	
Schmierfette für Gleitlager und Dichtungen[2)]	M	
Schmierfette auf Syntheseölbasis Die Bezeichnung erfolgt analog den Schmierfetten auf Mineralölbasis jedoch unter Hinzufügung der folgenden Kennbuchstaben:		
Ester, organisch	E	◇
Perfluor-Flüssigkeiten	FK	
Synthetische Kohlenwasserstoffe	HC	
Ester der Phosphorsäure	PH	
Polyglykolöle	PG	
Silikonöle	SI	
Sonstige	X	

[1)] Schmierfette auf Mineralölbasis erhalten als Symbol ein Dreieck, solche auf Syntheseölbasis einen Rhombus.
[2)] Geringere Anforderungen im Vergleich zu Schmierfetten der Gruppe K.

Während des Betriebs erwärmt sich die Schmierstelle und damit auch das an der Schmierstelle befindliche Schmierfett. Dadurch tritt Schmieröl aus dem Schmierfett aus und sorgt auf diese Weise für die Schmierung der Lagerstelle.

Die Kennzeichnung der Schmierfette erfolgt ebenfalls nach DIN 51 502 durch:

- Einen Kennbuchstaben entsprechend Tabelle 2, Seite 561, ggf. ergänzt durch einen oder mehrere Zusatz-Kennbuchstaben (Tabelle 1, Seite 561).
- Bei Schmierfetten auf Syntheseölbasis werden zusätzlich Buchstaben zur Kennzeichnung der Art des Syntheseöls angehängt (Tabelle 2, Seite 561).
- Eine Konsistenzkennzahl nach Tabelle 1 (NLGI-Klasse; NLGI = **N**ational **L**ubrication **G**rease **I**nstitute).
- Einen Zusatz-Kennbuchstaben (C ... U) zur Kennzeichnung der oberen Gebrauchstemperatur sowie des Verhaltens gegenüber Wasser (Bedeutung siehe DIN 51 502).
- Einer Ziffer zur Kennzeichnung der unteren Gebrauchstemperatur (Tabelle 2).

Tabelle 1: Konsistenzkennzahlen nach DIN 51 502

Konsistenzkennzahl	Konsistenzbeschreibung (Verformbarkeit)
000	sehr weich
00	salbenartig weich
0	salbenartig
1	salbenartig fest
...	...
5	zähpastös
6	hartpastös

Tabelle 2: Kennzeichnung der unteren Gebrauchstemperatur von Schmierfetten nach DIN 51 502

Kennziffer	untere Gebrauchstemperatur
– 10	– 10 °C
– 20	– 20 °C
– 30	– 30 °C
– 40	– 40 °C
– 50	– 50 °C
– 60	– 60 °C

Beispiele:

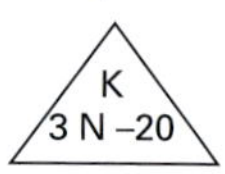

- Schmierfett auf Mineralölbasis für Wälzlager, Gleitlager und Gleitflächen
- Konsistenzkennzahl 3
- Obere Gebrauchstemperatur + 140 °C (siehe DIN 51 502)
- Untere Gebrauchstemperatur – 20 °C

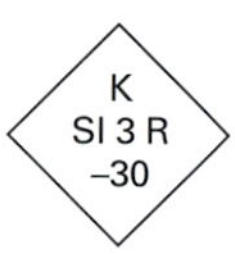

- Schmierfett auf Syntheseölbasis (Silikonölbasis) für Wälzlager, Gleitlager und Gleitflächen
- Konsistenzkennzahl 3
- Obere Gebrauchstemperatur + 180 °C (siehe DIN 51 502)
- Untere Gebrauchstemperatur – 30 °C

12.2.2.3 Festschmierstoffe

Festschmierstoffe werden vor allem dort eingesetzt, wo hohe oder tiefe Temperaturen, aggressive Medien oder die Forderung nach Ölfreiheit den Einsatz von Schmierfetten oder Schmierölen verbietet (z.B. Auspuffanlagen, Maschinen und Anlagen in der Lebensmittelindustrie usw.). Auch im Gebiet der Grenz- und Mischreibung, z. B. bei kleinen Gleitgeschwindigkeiten oder häufigem Anfahren unter Belastung, lassen sich Festschmierstoffe vorteilhaft verwenden. Festschmierstoffe können in die folgenden Gruppen eingeteilt werden:

- Verbindungen mit Schichtgitterstruktur, z. B. Molybdändisulfid (MoS_2), Graphit.
- Oxidische und fluoridische Verbindungen der Übergangs- und Erdalkalimetalle, z. B. Bleioxid, Molybdänoxid, Wolframoxid, Zinkoxid, Cadmiumoxid, Kupferoxid, Titandioxid, Calciumfluorid.
- Weiche Metalle, z. B. Blei, Indium, Silber
- Polymere, z. B. Polytetrafluorethylen (PTFE), Polyimide u. a.

Die Schmierwirkung von Festschmierstoffen soll am Beispiel der Verbindungen mit Schichtgitterstruktur (Molybdändisulfid, Graphit u. a.) erläutert werden. Das gute Schmiervermögen der Schmierstoffe mit Schichtgitterstruktur liegt in ihrem Molekülgitter begründet: Durch den schichtartigen Aufbau, d. h. kleine Atomabstände und damit hohe Anziehungskräfte innerhalb der Schichten (Basisflächen) bzw. große Abstände und damit schwache Kräfte zwischen den Schichten führen

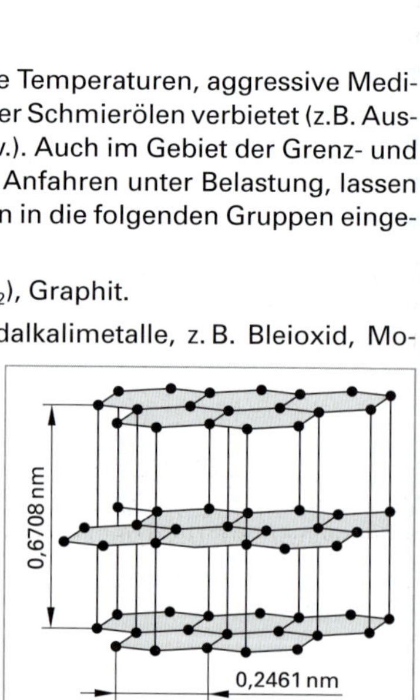

Bild 1: Schichtgitter von Graphit

zu einem leichten Abgleiten (Abscheren) der Basisflächen. Die abgescherten Teilchen glätten außerdem die Oberfläche und verhindern die Bildung von Mikrokontakten. Bild 1, Seite 562, veranschaulicht diesen Sachverhalt am Beispiel des Kristallgitters von Graphit.

12.2.3 Verschleiß

Nach DIN 50 320 versteht man unter Verschleiß den fortschreitenden Materialverlust aus der Oberfläche eines festen Körpers, hervorgerufen durch mechanische Ursachen, d.h. Kontakt und Relativbewegung eines festen, flüssigen oder gasförmigen Gegenkörpers. Verschleiß ist somit ein Zerstörungsvorgang, der die Oberflächen von Werkstoffen angreift. Verschleiß ist in der Regel unerwünscht, da er die Funktionsfähigkeit von Bauteilen herabsetzt und insgesamt zu einer Wertminderung führen kann. Nur in wenigen Ausnahmefällen, wie beispielsweise bei Einlaufvorgängen, üben Verschleißvorgänge erwünschte Wirkungen aus.

Bearbeitungsvorgänge gelten nicht als Verschleiß, obwohl im Bereich der Grenzfläche zwischen Werkzeug und Werkstück tribologische Vorgänge ablaufen. Verschleiß und Bearbeitung unterscheiden sich dadurch, dass letzterer nicht zu einer Herabsetzung der Funktionsfähigkeit des Bauteils führt.

Der Verschleißvorgang und das Verschleißergebnis werden als gemeinsame Wirkung von fünf Einflussgrößen betrachtet (Bild 1):

- Grundkörper
- Gegenkörper bzw. Gegenstoff
- Zwischenstoff
- Umgebungsmedium
- Beanspruchungskollektiv (Belastung, Bewegung)

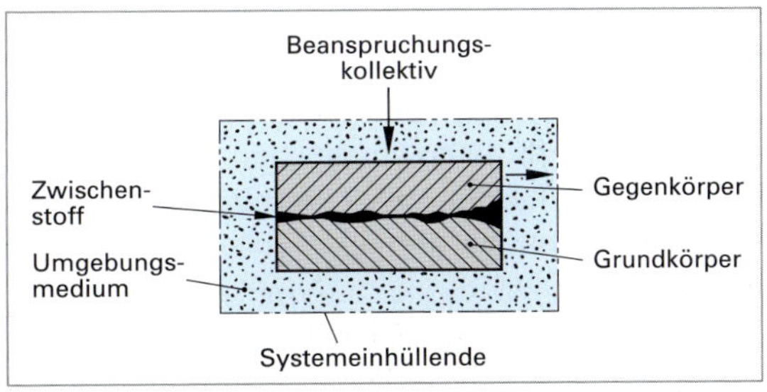

Bild 1: Einflussgrößen beim Verschleißvorgang nach DIN 50 320 (zurückgezogen)

12.2.3.1 Verschleißmechanismen

Als Verschleißmechanismen werden die im Kontaktbereich eines tribologischen Systems auftretenden physikalischen und chemischen Elementarprozesse bezeichnet, die zu Stoff- und Formänderungen der Kontaktpartner führen. Heute unterscheidet man in der Regel vier verschiedene Mechanismen des Festkörperverschleißes (Bild 2):

- Adhäsionsverschleiß (Haft- oder fressender Verschleiß)
- Tribochemische Reaktionen
- Abrasivverschleiß (Furchungsverschleiß)
- Oberflächenzerrüttung

Welche Verschleißmechanismen auftreten, hängt vom Beanspruchungskollektiv und den Eigenschaften aller am Verschleiß beteiligten Elemente ab.

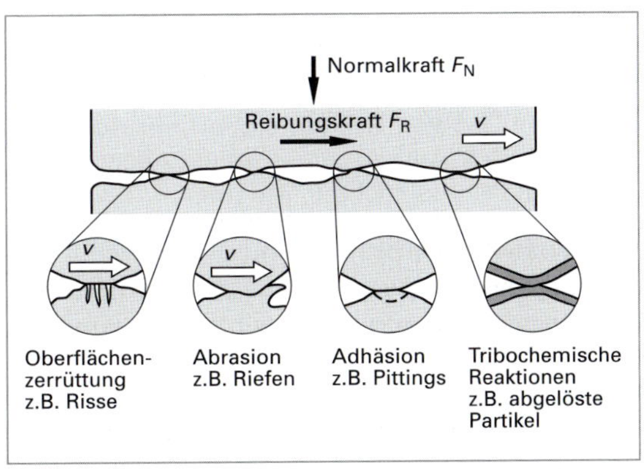

Bild 2: Grundlegende Verschleißmechanismen

a) Adhäsionsverschleiß

Die Oberflächen von Werkstoffen sind nie vollkommen eben, sondern sie weisen, selbst in poliertem Zustand, immer eine gewisse Rauigkeit auf. Die eigentliche Berührung der Werkstücke erfolgt daher nicht großflächig, sondern nur an diesen **Mikrokontaktflächen.** Unter Einwirkung äußerer Kräfte treten im Bereich dieser Mikrokontaktflächen erhebliche mechanische Spannungen auf, die durch tangentiale Relativbewegungen noch verstärkt werden. Dadurch können die auf den Oberflächen

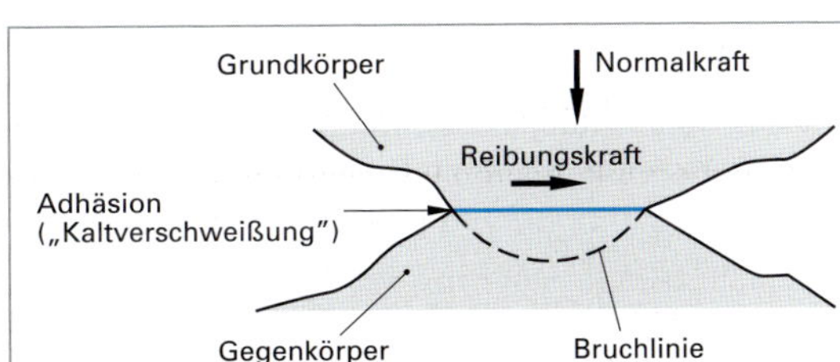

Bild 3: Modell der Adhäsionskomponente des Verschleißes

haftenden Adsorptions- und Oxid- oder Reaktionsschichten zerstört werden. Dies führt zu einem atomare Kontakt zwischen den beiden Körpern und damit zur Ausbildung chemischer Bindungen[1], also zu einen örtlichen **Verschweißen (Kaltverschweißung)** der Kontaktflächen.

Bewegen sich diese an den Mikrokontaktstellen verschweißten Werkstücke relativ zueinander, dann müssen die atomaren Bindungen wieder gelöst werden. Für den Verschleiß ist es nun von Bedeutung, das die Abscherung nicht immer in den ursprünglichen Mikrokontaktflächen, sondern auch in den angrenzenden Oberflächenbereichen der Kontaktpartner stattfinden kann. Auf diese Weise kann Werkstoff von einem Partner auf den anderen übertragen werden. Man spricht von **Materialübertragung,** die in der Rege vom weichen auf den harten Partner erfolgt (Bild 3, Seite 563). Im Verlauf des Verschleißvorgangs werden diese aufgetragenen Materialpartikel nunmehr stärker belastet, so dass sie schließlich abgetrennt werden können.

Adhäsiver Verschleiß tritt häufig auf bei:

- Gleit- oder Wälzpaarungen (z. B. Gleitlager, Getriebe, Kolben/Zylinder), die nicht geschmiert wurden ode bei denen der Schmierfilm infolge Überbelastung unterbrochen wurde.
- Elektrischen Kontakten.
- Aufbauschneiden bei Zerspanungswerkzeugen.

Um adhäsiven Verschleiß zu vermeiden, sind folgende Gegenmaßnahmen denkbar:

- Vermeidung mechanischer und thermischer Überbeanspruchungen der Oberflächenbereiche der Kontaktpartner.
- Trennung der Kontaktpartner durch einen Schmierfilm zur Verminderung der Reibung (nur möglich, falls eine niedrige Reibung erwünscht ist).
- Vermeidung metallischer Werkstoffpaarungen, insbesondere solche mit kubisch-flächenzentriertem Kristallgitter (austenitische Stähle). Artfremde Paarungen wie Metall/Keramik oder Metall/Kunststoff sollten bevorzugt werden.
- Verwendung von Schmierstoffen mit Additiven welche den Aufbau schützender Adsorptions- oder Reaktionsschichten fördern.

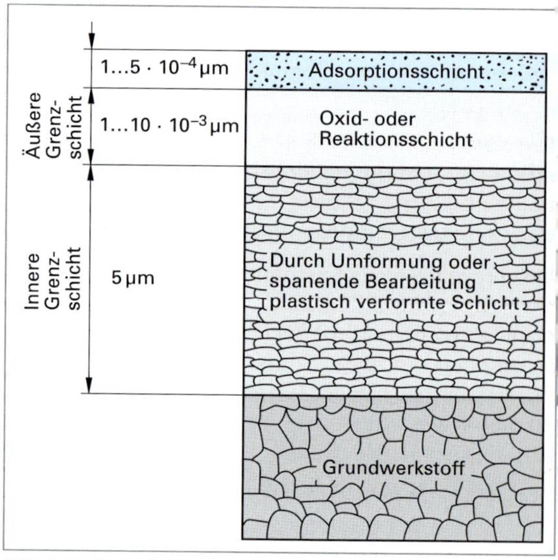

Bild 1: Aufbau der Randschicht metallischer Werkstoffe

b) Tribochemische Reaktionen

Grundkörper, Gegenkörper, Zwischenstoff und Umgebungsmedium können miteinander chemische Reaktionen eingehen. Durch tribochemische Reaktionen werden Aufbau und Eigenschaften der äußeren Grenzschicht (Bild 1) der Oberfläche verändert.

Infolge thermischer und mechanischer Aktivierung besitzen die an diese Mikrokontaktstellen angrenzenden Oberflächenbereiche eine erhöhte chemische Reaktionsbereitschaft, so dass chemische Reaktionen bevorzugt dort ablaufen. Es bilden sich Reaktionsschichten, die, abhängig von Schichtdicke und Härte, eine verschleißsteigernde oder auch eine schützende Wirkung besitzen können (Bild 2).

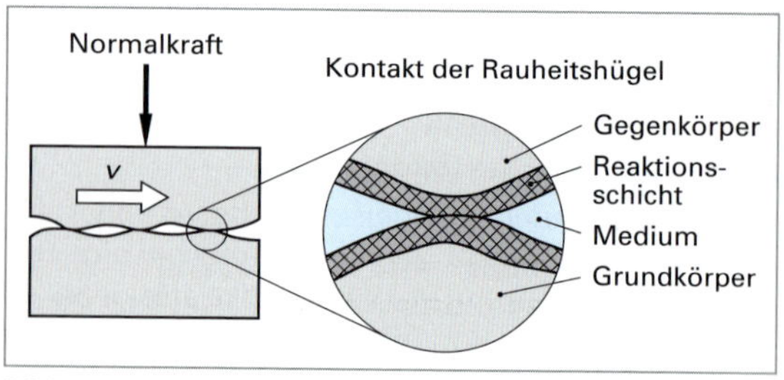

Bild 2: Modell der tribochemischen Komponente des Verschleißes

Eine schützende Wirkung ist vor allem dann zu erwarten, falls die Schichten auf einem harten Un-

[1] Hierbei kann es sich, abhängig von der Art der Kontaktpartner, um starke **Hauptvalenzbindungen** (Ionenbindung, Atombindung, Metallbindung) oder um schwache **Nebenvalenzbindungen** (Van-der-Waals-Bindungen) handeln.

ergrund (z. B. auf einer borierten Stahloberfläche) aufwachsen, der verhindert, dass die Reaktionsschichten bei der tribologischen Beanspruchung eingedrückt und damit zerstört werden.

Eine Erhöhung des Verschleißes durch tribochemisch gebildete Reaktionsschichten ist dann gegeben, falls die Schichten aufgrund ihrer Sprödigkeit abplatzen und harte Oxidpartikel, die ihrerseits abrasiv wirken, gebildet werden. Außerdem kann an den dabei freigelegten Oberflächen adhäsiver Verschleiß auftreten.

Tribochemische Reaktionen machen sich auf den Oberflächen von Eisenwerkstoffen durch eine rotbraune (α-Hämatit) oder schwarze Schicht (Magnetit) bemerkbar. Sie sind an der Bildung von **Reib-** oder **Passungsrost** beteiligt, der insbesondere bei Gleitlagern das Lagerspiel vermindern und somit einen Totalausfall des Lagers herbeiführen kann. Maßnahmen zur Einschränkung tribochemischer Reaktionen sind nicht immer sinnvoll, da in vielen Fällen die Reaktionsprodukte den Verschleiß erheblich mindern können. Tribochemische Reaktionen müssen jedoch unterbunden werden, falls durch die Reaktionsprodukte Lagerspiele verkleinert oder völlig zugesetzt werden, so dass der Bewegungsablauf behindert wird. Ebenso dürfen auf Kontakten keine isolierenden Deckschichten gebildet werden. Zu den wichtigsten Maßnahmen zur Verhinderung tribochemischer Reaktionen gehören:

- Vermeidung metallischer Werkstoffe durch Verwendung von Keramik oder hochpolymeren Werkstoffen.
- Einsatz von Edelmetallen, die keine Reaktionsschichten bilden (z. B. Vergolden elektrischer Kontakte).
- Verwendung von Umgebungsmedien, die mit den übrigen stofflichen Elementen des Tribosystems keine störenden Reaktionen eingehen.
- Hydrodynamische Schmierung, sofern eine niedrige Reibung zulässig ist (Kapitel 12.2.1.3).

c) Abrasion

Der abrasive Verschleiß tritt auf, wenn Rauigkeitshügel des Gegenkörpers oder Partikel aus dem Zwischenstoff bzw. dem Gegenkörper in die Oberfläche des Grundkörpers eindringen und gleichzeitig eine Tangentialbewegung ausführen, so dass Riefen oder Mikrospäne gebildet werden. Voraussetzung ist dabei, dass der Abrasivstoff eine im Vergleich zum Grundkörper höhere Härte aufweist.

Die Abrasion kann zu einem sehr großen Verschleiß führen und tritt besonders bei der Gewinnung, Förderung und Verarbeitung von Rohstoffen (z.B. Zerkleinerungs-, Misch- und Transportprozesse, Erdbewegungen usw.) als beträchtlicher Kostenfaktor in Erscheinung. Auch beim Eindringen von Sand- oder Staubpartikel in Gleit- oder Wälzflächen von Bauteilpaarungen ist, wie die Erfahrung lehrt, mit einem erheblichen abrasiven Verschleiß zu rechnen.

Das mikroskopische Erscheinungsbild der Abrasion ist durch Krater, Riefen und Mulden gekennzeichnet, in denen sich vielfach Mikrospäne befinden. Bei spröden Werkstoffen kommen außerdem Ausbröckelungen hinzu. Mögliche Schädigungsmechanismen des Werkstoffs beim Abrasivverschleiß zeigt Bild 1. Demnach kann man unterscheiden zwischen:

- **Mikropflügen:**
  Beim Mikropflügen tritt in der Ritzfurche eine plastische Verformung verbunden mit der Ausbildung seitlicher Verformungswälle auf. Ein Materialverlust ist hierbei nicht zu beobachten. Mikropflügen tritt bei duktilen Werkstoffen auf.

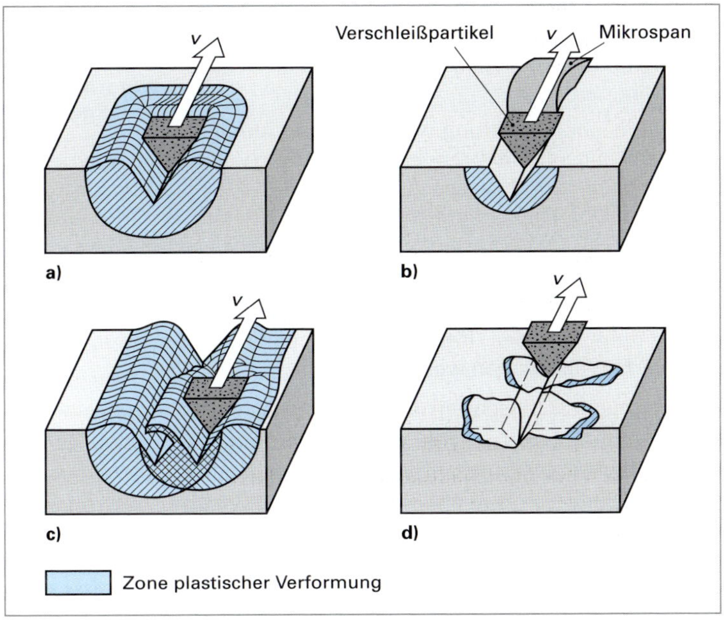

Bild 1: Mechanismen der Werkstoffschädigung beim Abrasivverschleiß
a) Mikropflügen b) Mikrospanen c) Mikroermüden d) Mikrobrechen

- **Mikrospanen:**
  Wird durch das Eindringen des Abrasivstoffs das Verformungsvermögen des Werkstoffs überschritten dann beobachtet man die Bildung eines Mikrospanes, dessen Volumen idealerweise gleich dem Volumen der entstehenden Verschleißfurche ist.
- **Mikroermüden:**
  Unterliegen die verformten Bereiche einer wiederholten Abrasivbeanspruchung, dann ist ein Materialabtrag infolge Ermüdung des Werkstoffes zu beobachten. Dieser Teilprozess ist eigentlich der Oberflächenzerrüttung zuzuordnen.
- **Mikrobrechen:**
  Vorzugsweise bei spröden Werkstoffen beobachtet man muldenförmige Ausbrüche entlang der Ritzspur. Diese Erscheinung wird als Mikrobrechen bezeichnet und führt ebenso wie das Mikrospanen bzw. das Mikroermüden zu unerwünschten Verschleißteilchen.

Wenngleich für manche Werkstoffgruppen eine lineare Beziehung zwischen Härte und Abrasivverschleiß besteht, so darf die Härte keinesfalls als Maß für den Abrasivverschleiß dienen. Werkstoffe können durchaus dieselbe Härte besitzen (z. B. ein vergüteter und ein kaltverformter Stahl), aufgrund der unterschiedlichen Gefügestruktur aber einen völlig unterschiedlichen Widerstand gegen abrasiven Verschleiß aufweisen.

Um den Abrasionsverschleiß möglichst niedrig zu halten, sind die folgenden Maßnahmen denkbar:
- Verwendung von Werkstoffen die härter sind als der Abrasivstoff bzw. der tribologisch beanspruchte Gegenkörper.
- Einsatz gummielastischer Werkstoffe bei Spül- und Strahlverschleiß mit überwiegendem Prallstrahlanteil.

d) Oberflächenzerrüttung

Tribologische Beanspruchungen sind meist mit einer Kräfteübertragung an den Mikrokontaktstellen (bei Trocken-, Grenz- und Mischreibung) bzw. über den Schmierfilm (bei Flüssigkeitsreibung) und somit mit der Erzeugung zeitlich und örtlich wechselnder mechanischer Spannungen in den oberflächennahen Werkstoffschichten verbunden. Dort laufen dann prinzipiell der Werkstoffermüdung (Kapitel 13.5.8.1) vergleichbare Vorgänge ab. Diese Erscheinungsform des Verschleißes wird als Oberflächenzerrüttung bezeichnet.

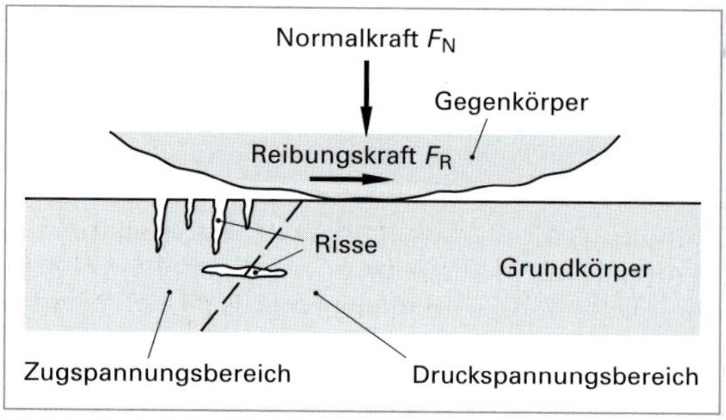

Bild 1: Modell der Oberflächenzerrüttungskomponente des Verschleißes

Die Oberflächenzerrüttung weist gewisse Ähnlichkeiten mit der volumenbezogenen Ermüdung von Massivmaterialien auf. Sie äußert sich in einem allmählichen Entstehen und Wachsen von Rissen, die schließlich zum Abtrennen ganzer Partikel aus den beanspruchten Oberflächenbereichen führen. Es entstehen Grübchen oder Löcher.

Die Oberflächenzerrüttung kann prinzipiell an allen Werkstoffen auftreten. Besonders Wälzlager und Zahnräder unterliegen diesem Verschleißmechanismus (Grübchenbildung) und werden dadurch in ihrer Gebrauchsdauer begrenzt. Die Oberflächenzerrüttung kann auch bei hydrodynamisch geschmierten Gleitlagern zum Schaden führen, da mechanische Spannungen wechselnder Größe auch durch den Schmierfilm übertragen werden können.

Maßnahmen zur Einschränkung der Oberflächenzerrüttung sind:
- Verwendung von Werkstoffen mit hoher Härte und großer Zähigkeit. Da mit steigender Werkstoffhärte die Zähigkeit aber in aller Regel abnimmt, ist man auf einen Kompromiss angewiesen.
- Verwendung möglichst homogener Werkstoffe bzw. heterogener Werkstoffe sofern sie feinkörnige und fein verteilte Phasen enthalten.
- Einbringung von Druckeigenspannungen (z. B. durch Aufkohlen, Nitrieren oder Kaltverfestigung). Dadurch kann der Widerstand gegen Werkstoffzerrüttung erhöht werden.
- Vermeidung inhomogener Spannungsverteilungen (z. B. durch Einschlüsse oder innere Kerben) sowie Realisierung möglichst geringer Oberflächenrauigkeiten.

Tabelle 1: Wichtige Verschleißarten in Abhängigkeit der tribologischen Beanspruchung (nach *Czichos* und *Habig*)

Verschleiß-partner	Verschleißart	Beanspruchung	Wirksame Verschleißmechanismen: Ad-häsion	Ab-rasion	Ober-flächen-zerrütt.	Tribo-chem. Reakt.	Beispiele
Festkörper auf Festkörper mit vollständiger Filmtrennung	———		○	○	◑	◑	• Gleitlager • Führungsbahnen
Festkörper auf Festkörper bei Trockenreibung, Grenzreibung o. Mischreibung	Gleitverschleiß	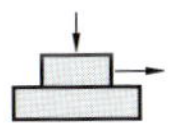	◔	◔	◔	◔	• Gleitlager • Drehmeißel • Führungsbahnen
	Wälzverschleiß Rollverschleiß[1]	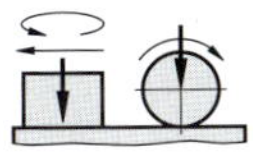	◔	◔	◕	◔	• Wälzlager • Zahnflanken
	Prallverschleiß Stoßverschleiß	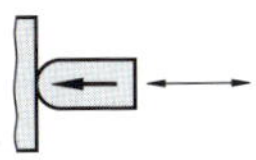	◔	◔	◑	◔	• Stanzwerkzeuge • Stößel
	Schwingungs-verschleiß	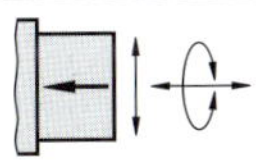	◔	◔	◔	◔	• Fügeverbindungen, die locker sitzen
Festkörper und Festkörper mit Partikeln	Korngleit-verschleiß	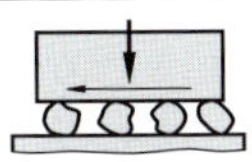	◔	◕	○	◔	• Schmutzpartikel an Gleitlagerstellen
	Kornwälz-verschleiß		◔	○	◕	◔	• Laufflächen von Schienenfahrzeugen
Festkörper und Flüssigkeit mit Partikeln	Spülverschleiß (Erosionsverschleiß)	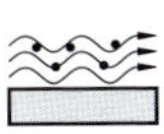	○	◕	◔	◔	• Hydraul. Förderung von Feststoffen
Festkörper und Gas mit Partikeln	Gleitstrahlverschleiß	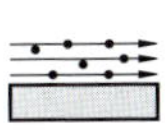	○	◕	◔	◔	• Pneum. Förderung von Feststoffen • Sandstrahlen • Glasperlenstrahlen
	Schrägstrahl-verschleiß	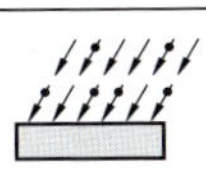	○	◑	◑	◔	
	Prallstrahlverschleiß	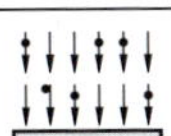	○	◔	◕	◔	
Festkörper und Flüssigkeit	Flüssigkeitserosions-verschleiß Kavitationsverschleiß	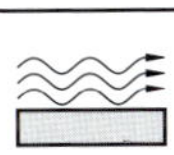	○	○	◕	◔	• Antriebsschrauben von Wasserfahr-zeugen
	Tropfenschlag-verschleiß	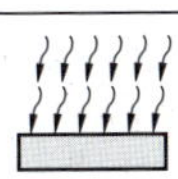	○	○	◕	◔	———
Festkörper und Gas	Gaserosion	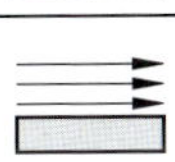	Tribosublimation[2]				———

[1] Gegenüber dem Wälzverschleiß tritt beim Rollverschleiß Schlupf auf

[2] Unter Tribosublimationen versteht man die Ablösung von Atomen oder Molekülen aus der Werkstoffoberfläche. Die Tribosublimation tritt in nennenswertem Umfang erst dann auf, wenn die Oberflächentemperatur erheblich ansteigt (z.B. Eintritt eines Flugkörpers in die Erdatmosphäre)

Anteiliges Auftreten: ○ 0% ● 100%

12.2.3.2 Verschleißarten

Nach DIN 50 320 (zurückgezogen) unterscheidet man in Abhängigkeit des zeitlichen Verlaufs der äußeren Belastung sowie der zwischen den Verschleißpartnern auftretenden Relativbewegungen die in Tabelle 1, Seite 567, zusammengestellten Verschleißarten. Bei den meisten Verschleißarten können mehrere Verschleißmechanismen gleichzeitig wirksam werden. Da mehrere Verschleißarten nebeneinander auftreten und außerdem innerhalb einer Verschleißart unterschiedliche Verschleißmechanismen aktiv sein können, ist in der Praxis die eindeutige Zuordnung eines bestimmten Erscheinungs- oder Schadensbildes zu einer Verschleißart häufig schwierig.

12.3 Verschleißbeständige (tribotechnische) Werkstoffe

Bereits zu Beginn dieses Kapitels wurde auf die enormen volkswirtschaftlichen Verluste durch Reibung Verschleiß und Korrosion hingewiesen. Diese Verluste können unter anderem durch Verwendung verschleißbeständiger (tribotechnischer) Werkstoffe vermindert werden. Nachfolgend werden eine Reihe ausgewählter verschleißbeständiger Werkstoffe bzw. Maßnahmen zur Verbesserung der Verschleißbeständigkeit vorgestellt.

12.3.1 Verwendung von Stählen bzw. Stahlguss mit hoher Verschleißbeständigkeit

Stähle bilden in der Technik die wichtigste Werkstoffgruppe. Ihre Eigenschaften hängen im Wesentlichen vom Kohlenstoffgehalt, von der Art und Menge der Legierungselemente sowie vom Gefüge ab. Das Gefüge kann dabei durch eine Wärmebehandlung gezielt verändert werden. Der Verschleißwiderstand von Stählen wird dabei entscheidend von der Art und vom Gehalt an Carbiden geprägt.

Durch das Legieren mit carbidbildenden Legierungselementen wie Chrom, Molybdän, Wolfram und Vanadium kann bei entsprechender Erhöhung des Kohlenstoffgehalts über die Steigerung der Carbidhärte und der Carbidmenge der Verschleiß des Werkstoffs deutlich vermindert werden. In Tabelle 1 sind eine Reihe technisch wichtiger, verschleißbeständiger Stähle und Stahlgusssorten zusammengestellt.

Tabelle 1: Zusammenstellung technisch wichtiger, verschleißbeständiger Stähle und Stahlgusssorten

Werkstoff	Beispiele	Anwendung
Vergütungsstahl bzw. Vergütungsstahlguss	34CrNiMo6 42CrMo4 50Mn7	• Schmirgelnder Verschleiß • Mittlere Schlagbeanspruchung
Höherfeste Stähle bzw. Stahlguss	22NiMoCr5-6 G22NiMoCr5-6	• Schmirgelnder Verschleiß • Mittlere Schlagbeanspruchung
Legierte Kaltarbeitsstähle	145V33 X38CrMoV5-1 X40CrMoV5-1 X155CrVMo12-1 X165CrMoV12	• Schmirgelnder Verschleiß • Mittlere Schlagbeanspruchung
Warmarbeitsstähle	56NiCrMoV7	• Schmirgelnder Verschleiß • Mittlere Schlagbeanspruchung
Schnellarbeitsstahle	HS12-1-4-5 HS10-4-3-10	• Schmirgelnder Verschleiß • Mittlere Schlagbeanspruchung
Manganhartstähle	X120 Mn12 X110 Mn14 X90 Mn18	• Geringer schmirgelnder Verschleiß • Hohe Druck- und Schlagbeanspruchung

Bild 1, Seite 569, zeigt den Zusammenhang zwischen Verschleiß und Carbidmenge am Beispiel verschiedener Stähle im gehärteten Zustand. Nicht nur die Art und die Menge der Carbide hat einen Einfluss auf das Verschleißverhalten des Werkstoffs, sondern auch deren Verteilung und Größe. Zunehmende Abstände zwischen den Carbiden sowie eine fallende Carbidgröße verschlechtern dabei den Verschleißwiderstand.

2.3.2 Oberflächenschutzschichten

Tribologische Beanspruchungen werden primär in den Oberflächenbereichen von Werkstoffen wirksam, daher kommt den Oberflächenschutzschichten zur Verminderung von Reibung und Verschleiß eine große Bedeutung zu. Zur Erzeugung von Oberflächenschutzschichten stehen eine große Anzahl unterschiedlicher Verfahren zur Verfügung, die in Tabelle 1, Seite 570, zusammenfassend dargestellt sind. Voraussetzung für eine Verbesserung des Verschleißwiderstandes ist allerdings die Verwendung von für das jeweilige Verfahren geeigneter Werkstoffe (Bild 1).

Bild 2 zeigt den prinzipiellen Aufbau von beschichteten Werkstoffen. Die äußere Grenzschicht wird durch eine nur wenige nm dicke Adsorptionsschicht sowie durch eine Oxid- oder Reaktionsschicht gebildet. Ihnen schließt sich die eigentliche Oberflächenschutzschicht und letztlich der durch die Beschichtung beeinflusste Bereich des Grundwerkstoffs an. Die Dicke der Oberflächenschutzschichten reicht, je nach Verfahren, von 0,01 µm beim Ionenimplantieren, bis in den Bereich einiger Zentimeter beim Auftragschweißen oder Plattieren.

Die Härte einer Oberflächenschutzschicht (Tabelle 1, Seite 570) wird vielfach als eine wichtige Größe zur Beurteilung von deren Verhalten unter tribologischer Beanspruchung herangezogen, obwohl zwischen Härte und Verschleißwiderstand kein allgemeingültiger Zusammenhang besteht. Bild 3 verdeutlicht am Beispiel einer unbehandelten, einer einsatzgehärteten und einer nitrierten Stahloberfläche die mögliche Verbesserung der Verschleißbeständigkeit (hier: Abrasivverschleiß) durch eine Oberflächenschutzschicht.

Im Hinblick auf eine Erhöhung des Verschleißwiderstandes haben in den vergangenen Jahren insbesondere CVD- und PVD-Verfahren (Kapitel 4.5.4) ein große Bedeutung gewonnen (Tabelle 1, Seite 570). Bei Werkzeugen lassen sich durch diese Verfahren die Standzeiten vervielfachen. Durch die CVD- bzw. PVD-Verfahren werden dünne Hartstoffschichten (unter 10 µm) bevorzugt aus Titannitrid (TiN), Titancarbid (TiC) aber auch anderen Carbiden, Nitriden, Carbonitriden, Boriden, Oxiden und auch reinen Metallen auf den verschleißgefährdeten Oberflächen abgeschieden.

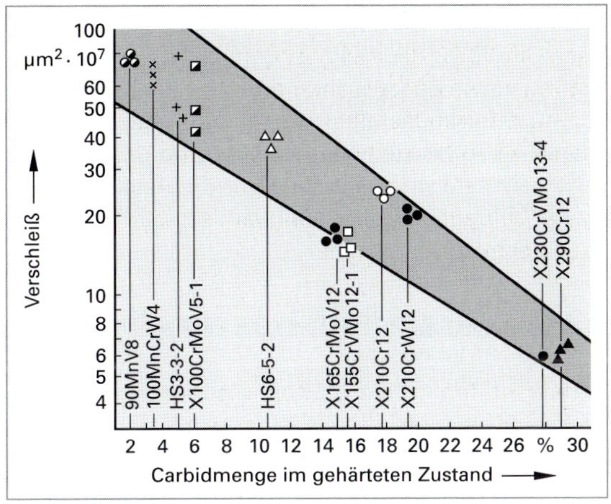

Bild 1: Abhängigkeit von Verschleiß und Carbidmenge ausgewählter Stähle im gehärteten Zustand

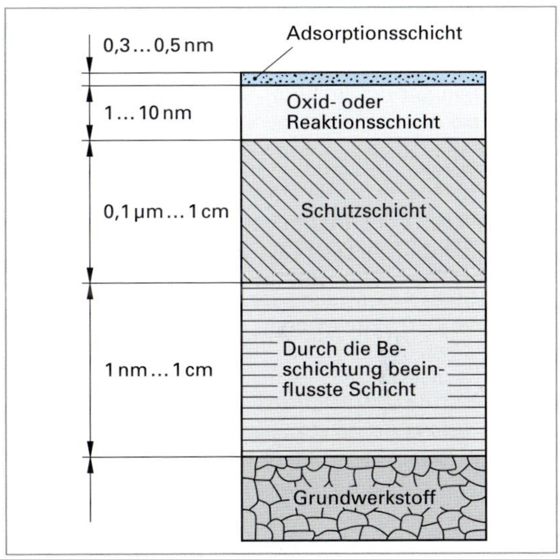

Bild 2: Aufbau eines beschichteten Werkstoffs

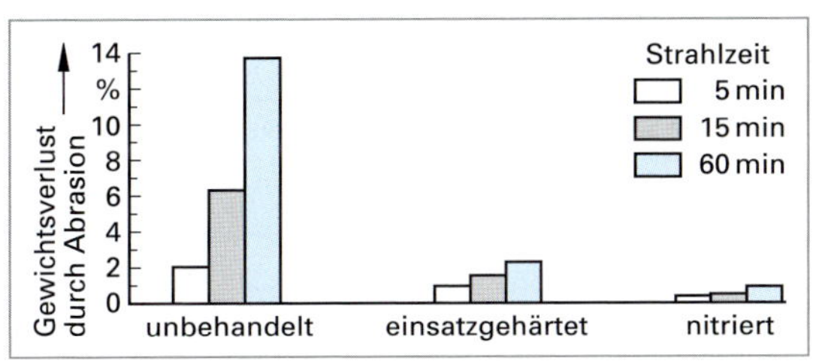

Bild 3: Gewichtsverlust durch Abrasivverschleiß (Stahlkiesbestrahlung)

Tabelle 1: Wichtige Verfahren zum Aufbringen von Oberflächenschutzschichten sowie qualitative Bewertung ihres funktionellen Verhaltens (nach *Czichos* und *Habig*)

Verfahren	Funktionelles Verhalten	Art/Erzeugung der Schutzschicht	Härte der Schutzschichten[1]
Mechanische Oberflächenverfestigung • Strahlen • Festwalzen • Druckpolieren	Einlaufverschleiß ↓ Schwingfestigkeit ↑	Gefügemäßige Veränderung der Eigenschaften der Oberflächenbereiche.	–
Randschichthärten: • Flammhärten • Induktionshärten • Elektronenstrahlhärten • Laserstrahlhärten	Abrasion ↓ Schwingfestigkeit ↑		750 ... 1200
Randschichtumschmelzen: • Lichtbogenumschmelzen • Elektronenstrahlumschmelzen • Laserstrahlumschmelzen	Oberflächenzerrüttung ↓ Abrasion ↓ Adhäsion ↓		1000 ... 1900
Ionenimplantieren	Oberflächenzerrüttung ↓ Adhäsion ↓ Korrosion ↓ Schwingfestigkeit ↑	Bildung von Oberflächenschutzschichten, die aus Bestandteilen des Behandlungsmediums und des Grundwerkstoffs zusammengesetzt sind.	–
Thermochemische Verfahren: • Einsatzhärten • Borieren • Nitrieren • Chromieren • Vanadisieren • Titanieren	Je nach Verfahren: Verschleiß ↓ Korrosion ↓ Schwingfestigkeit ↑		1000 ... 1900
Physikalische Abscheidung aus der Gasphase (PVD-Verfahren)	Je nach Schicht: Reibung ↓ Abrasion ↓ Adhäsion ↓ Oxidation ↓	Bildung artfremder Schichten.	1700 ... 3500
Chemische Abscheidung aus der Gasphase (CVD-Verfahren)	Je nach Schicht: Reibung ↓ Abrasion ↓ Adhäsion ↓ Oxidation ↓		1800 ... 3500
Beschichten aus dem ionisierten Zustand: • Galvanisches Beschichten • Chemisches Beschichten	Je nach Schicht: Abrasion ↓ Adhäsion ↓ Korrosion ↓ Schwingfestigkeit ↓		500 ... 1200 600 ... 1000
Schmelztauchen	Korrosion ↓		–
Aufgießen Aufsintern	Bei Gleitlagern: Notlaufverhalten ↑		–
Thermisches Spritzen: • Flammspritzen • Lichtbogenspritzen • Plasmaspritzen • Detonationsspritzen	Je nach Schicht: Verschleiß ↓ Korrosion ↓ Hochtemperaturoxidat. ↓		Keramik: 800 ... 1700 Metalle: 500 ... 1100
Auftragschweißen/Schweißplattieren	Abrasion ↓ Korrosion ↓		800 ... 1800
Plattieren: • Walzplattieren • Sprengplattieren	Abrasion ↓ Korrosion ↓		–

[1] HK 0,025 = Knoop-Härte mit einer Prüfkraft von 0,245 N ↑ Zunahme / Erhöhung ↓ Abnahme/Verminderung

12.3.3 Verwendung verschleißbeständiger Werkstoffe

Sofern der Einsatz von Stählen bzw. Stahlguss aus werkstofftechnischen, fertigungstechnischen oder wirtschaftlichen Gründen nicht möglich ist (Kapitel 12.3.1), kann auf eine Reihe weiterer „tribotechnischer" Werkstoffe zurückgegriffen werden. Wichtige Werkstoffsorten sind in Tabelle 1 zusammengestellt.

Tabelle 1: Zusammenstellung wichtiger, verschleißbeständiger (tribotechnischer) Werkstoffe

Werkstoff/Beispiele	Anwendung	Bemerkungen
	Gusseisenwerkstoffe	
Gusseisen mit Lamellengraphit z. B. EN-GJL-250 EN-GJL-350	• Günstiges Verschleißverhalten bei Gleitbeanspruchung	Graphitlamellen wirken als Festschmierstoff. Grauguss wird daher u. a. für Zylinderlaufbahnen von Verbrennungsmotoren oder für Führungen von Werkzeugmaschinen vorteilhaft eingesetzt.
Perlitischer Hartguss z. B. EN-GJN-350	• Schmirgelnder Verschleiß • Geringe bis mäßige Druck- und Schlagbeanspruchung	Perlitischer Hartguss besitzt aufgrund seines hohen Zementitanteils eine relativ hohe Verschleißbeständigkeit aber auch eine nachteilige Stoß- und Schlagempfindlichkeit. Hartguss verwendet man für Bauteile, die bei hohem Druck auf Reibung beansprucht werden, z. B. für Sandstrahldüsen, Verschleißplatten in Mahlwerken, Walzenwerkstoff zum Walzen und Richten von Flacherzeugnissen und zum Walzen von Draht.
Ledeburitisch-martensitisches Gusseisen z. B. EN-GJN-HV550 Chrom- und Chrom-Molybdän-Gusseisen z. B. EN-GJN-HV600 (XCr23)	• Starker schmirgelnder Verschleiß • Geringe Druck- und Schlagbeanspruchung	Durch Zusatz von Legierungselementen wie Cr, Ni oder Mo ergibt sich eine Verfeinerung des Perlits, der schließlich ganz durch Martensit ersetzt wird. Beim Cr- bzw. Cr-Mo-Gusseisen sind in die martensitische Matrix zudem harte Carbide eingelagert. Die Gusseisensorten besitzen einen außerordentlich hohen Verschleißwiderstand bei mahlender Beanspruchung. Sie werden daher in Mühlen bei der Zerkleinerung mineralischer Stoffe aber auch für Baggerzähne, Backenbrecher und Rutschenauskleidungen vorteilhaft eingesetzt.
	Hartmetalle	
WC-6Co WC-15Co WC-0,5Co-6Ni	• Starker schmirgelnder Verschleiß • Mittlere Druckbeanspruchung • Geringe Schlagbeanspruchung	Hartmetalle sind Verbundwerkstoffe aus Hartstoffen und Bindemetallen. Für technische Anwendungen werden als Hartstoffe meist Carbide der Übergangsmetalle der Nebengruppen IV bis VI (Ti, V, W, ...), insbesondere Wolframcarbid (WC) verwendet. Als Bindemittel dienen die Metalle der Nebengruppe VIII (Co, Ni, ...), insbesondere Cobalt. Hartmetalle werden für Zerspanungs- und Umformwerkzeuge, aber auch für tribologisch hoch beanspruchte Bauteile wie Lagerschalen, Dichtringe, Ventilkörper, Führungsbuchsen, Zylinder und Kolben in Hochdruckpumpen usw. eingesetzt.
	Keramische Werkstoffe	
Aluminiumoxid (Al_2O_3) Zirconiumdioxid (ZrO_2) Siliciumcarbid (SiC) Siliciumnitrid (Si_3N_4) Titandioxid (TiO_2)	• Schmirgelnder Verschleiß • Hohe Druckbeanspruchung • Geringe Schlagbeanspruchung	Keramische Werkstoffe auf Basis von Aluminiumoxid, Zirconiumdioxid, Siliciumcarbid- und -nitrid besitzen eine hohe Verschleißbeständigkeit. Sie werden daher für tribologisch hoch beanspruchte Werkzeuge (z. B. Wendeschneidplatten, Schleifscheiben, Pressmatrizen) und Bauteile (z. B. Düsen, Gleitlager, Hüftgelenkprothesen, Ventilführungen, Nocken, Kolbenringe, Pleuellager usw.) eingesetzt.

13 Werkstoffprüfung

Die Werkstoffprüfung ist ein wichtiges Teilgebiet der Werkstoffkunde. In den nachfolgenden Kapiteln sollen die wichtigsten mechanischen und zerstörungsfreien Prüfverfahren für metallische Werkstoffe besprochen werden. Aufgrund der zunehmenden Bedeutung von Kunststoffen werden weiterhin ausgewählte mechanische Verfahren der Kunststoffprüfung vorgestellt. Das Kapitel schließt mit einer Einführung in die metallographischen Untersuchungsmethoden ab.

13.1 Einführung

Seit Menschengedenken prüft jeder Handwerker den zu verarbeitenden Werkstoff (Stein, Holz, Leder, Metall usw.), ob sich das Material für den vorgesehenen Zweck eignet und wie es sich verarbeiten lässt.

Mit Beginn der industriellen Produktion Anfang des 19. Jh. stiegen die Anforderungen an die Werkstoffprüfung deutlich. So erforderte beispielsweise die Entwicklung der Dampfmaschine genauere Kenntnisse über das Festigkeits- und Verformungsverhalten der eingesetzten Werkstoffe. Die Bedeutung der Werkstoffprüfung nahm rasch zu. Aus dem ursprünglichen Probieren entwickelte sich eine Vielzahl praktischer Versuche, die nicht selten Einzug in die Normung fanden und häufig auf eine wissenschaftliche Basis gestellt wurden.

In der zweiten Hälfte des 19. Jh. entstanden die ersten Materialprüfungsanstalten. So wurde bereits 1871 von ***Johann Bauschinger*** an der Technischen Hochschule in München die erste deutsche Materialprüfungsanstalt gegründet. Im gleichen Jahr gründete ***Adolf Martens*** in Berlin-Dahlem das Materialprüfungsamt, aus dem später die heutige Bundesanstalt für Materialforschung und -prüfung (BAM) hervorging. Weitere Materialprüfungsanstalten, wie die 1884 von ***Carl von Bach*** an der Technischen Hochschule in Stuttgart gegründete Staatliche Materialprüfungsanstalt Stuttgart folgten.

Im Jahr 1898 veröffentlichte *Adolf Martens* das **Handbuch der Materialienkunde für den Maschinenbau.** In diesem Buch wurde erstmals der zum damaligen Zeitpunkt erreichte Wissenstand in der Werkstoffprüfung zusammenfassend dokumentiert.

Neben der Durchführung von mechanischen oder zerstörungsfreien Prüfverfahren zur Ermittlung von Werkstoffkennwerten, ist es in der modernen Werkstoffprüfung heute üblich, Funktions- bzw. Belastungsprüfungen am kompletten, montierten System vorzunehmen. Als Beispiel sind Fahrwerksprüfstände in der Automobilindustrie zu nennen. Mit diesen Prüfanlagen können Betriebsbeanspruchungen wirklichkeitsnah simuliert werden und man erhält Auskunft über das Verhalten des Systems im Ganzen. Computersimulationen wie zum Beispiel Festigkeits- und Verformungsanalysen an Bauteilen oder ganzen Systemen, beispielsweise mit Hilfe der Methode der Finiten-Elemente (FEM), tragen heute dazu bei, die Anzahl teurer und aufwändiger Prüfungen zu reduzieren.

13.2 Aufgaben der Werkstoffprüfung

Das Prüfen von Werkstoffen und Bauteilen hat eine große Bedeutung für die Werkstoffentwicklung, für die Optimierung der Werkstoffeigenschaften, für den rationellen Einsatz von Werkstoffen und nicht zuletzt auch für die Sicherheit und Zuverlässigkeit der Produkte. Im Allgemeinen genügt nicht die reine Beobachtung, sondern es sind experimentelle Messungen durchzuführen, um objektive Kenngrößen zu ermitteln.

Die wichtigsten Aufgaben der heutigen Werkstoffprüfung sind:

- Ermittlung von Werkstoffkennwerten,
- Regelmäßige Überwachung von Bauteilen und Anlagen,
- Gütekontrolle und Gütesteigerung im Rahmen der Qualitätssicherung,
- Klärung von Schadensfällen,
- Entscheidung der Einsatzfähigkeit eines bestimmten Werkstoffs.

Die bei der Werkstoffprüfung eingesetzten Prüfverfahren sollen einerseits möglichst einfach durchführbar sein, andererseits aber den Betriebsbedingungen weitgehend entsprechen. Zwischen diesen Grenzen muss ein Kompromiss gefunden werden, der von den Herstellern, den Verarbeitern und den Anwendern in gleichem Maße getragen wird.

n die Ergebnisse, die ein Werkstoffprüfverfahren liefert, werden grundsätzlich drei Forderungen gestellt. ie müssen übertragbar, reproduzierbar und repräsentativ sein. Übertragbarkeit bedeutet, dass mehrere ersuche, die beispielsweise an unterschiedlichen Werkstoffen durchgeführt wurden, zu vergleichbaren rgebnissen führen müssen. Reproduzierbarkeit beinhaltet die Forderung, dass die gleiche Prüfung zu einem späteren Zeitpunkt zum gleichen Ergebnis führen muss. Repräsentativ bedeutet, dass die Ergebnisse ir das gesamte Werkstück gelten müssen.

3.3 Einteilung der Werkstoffprüfverfahren

ach den zu ermittelnden Eigenschaften des Werkstoffs bzw. den bei der Prüfung angewandten Methoden, können die Werkstoffprüfverfahren in verschiedene Gruppen eingeteilt werden (Bild 1).

Einteilung der Werkstoffprüfverfahren

Mechanische Prüfverfahren

Beispiele:

- **Zugversuch** zur Ermittlung von Festigkeits- und Verformungskennwerten (z.B. Zugfestigkeit, Streckgrenze, Bruchdehnung, Elastizitätsmodul)
- **Kerbschlagbiegeversuch** zur Ermittlung von Zähigkeitskennwerten (z.B. Kerbschlagarbeit)
- **Härteprüfverfahren** zur Ermittlung der Härte

Zerstörungsfreie Prüfverfahren

Beispiele:

- **Eindringverfahren** zum Nachweis von Oberflächenrissen
- **Ultraschallverfahren** zum Nachweis von Rissen, Poren, Lunker, Einschlüssen im Bauteilinnern, usw.
- **Durchstrahlungsverfahren** zm Nachweis von Rissen, Poren, Lunker, Einschlüssen im Bauteilinnern, Bindefehler in Schweißnähten, etc.

Metallographische Untersuchungen

Beispiele:

- Untersuchung der **Gefügestruktur**
- Nachweis von **Seigerungen**
- zur **Schadensfallanalyse**

Physikalische Untersuchungen

Beispiele:

- Ermittlung der **Wärmeleitfähigkeit** und **Wärmedehnung**
- Bestimmung der **elektrischen** und **magnetischen Eigenschaften**
- Messung der **Schallausbreitungsgeschwindigkeit**

Chemische Untersuchungen

Beispiele:

- Bestimmung der **chemischen Zusammensetzung**
- Prüfung des **Korrosionsverhaltens**

Technologische Prüfungen

Beispiele:

- Prüfung der **Umformbarkeit**
- Prüfung der **Schweißbarkeit**
- Prüfung der **Härtbarkeit**

Bild 1: Einteilung der Werkstoffprüfverfahren

13.4 Zerstörungsfreie Werkstoffprüfverfahren

Die zerstörungsfreien Werkstoffprüfverfahren sind aus der modernen Technik nicht mehr wegzudenken. Man findet sie nahezu überall in der industriellen Fertigung, sowohl im Fahrzeug-, Schiffs- und Flugzeugbau wie auch im Behälter-, Rohrleitungs- und Kraftwerksbau. Auch im Hoch- und Tiefbau sind sie in sicherheitstechnischer Hinsicht unverzichtbare Bestandteile. Die zerstörungsfreien Werkstoffprüfverfahren eignen sich zur Überwachung von Maschinen, Anlagen und Bauteilen, die sich in Betrieb befinden sowie zur Überwachung des Fertigungsprozesses. Ohne diese Verfahren wäre weder eine Qualitätssicherung noch eine Produkthaftung möglich. Die zerstörungsfreien Werkstoffprüfverfahren haben den Vorteil, dass keine Proben entnommen werden müssen, eine Beschädigung des Prüflings also nicht auftritt. Für eine umfassende Beurteilung des Zustands eines Prüflings müssen häufig verschiedene Prüfverfahren miteinander kombiniert werden.

Die Einteilung der zerstörungsfreien Werkstoffprüfverfahren kann entsprechend Bild 1 erfolgen.

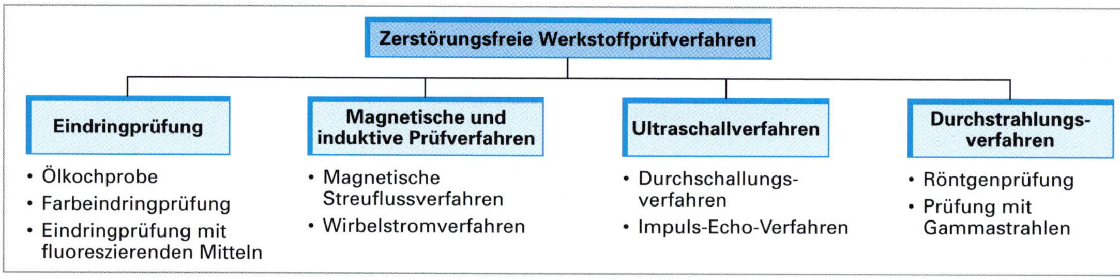

Bild 1: Einteilung der zerstörungsfreien Werkstoffprüfverfahren mit Beispielen

13.4.1 Eindringprüfung

Bauteile, die einer längeren Betriebsbeanspruchung ausgesetzt sind, können im Laufe der Zeit Risse an der Oberfläche aufweisen. Für die Entstehung derartiger Risse gibt es verschiedene Ursachen. Im Falle einer rotierenden Welle können sie durch Materialermüdung infolge einer Schwingbeanspruchung entstehen. Bei mediumsberührten, druckführenden Bauteilen wie Druckbehälter und Rohrleitungen in der Kraftwerkstechnik ist eine Rissentstehung unter der Mitwirkung eines korrosiven Mediums möglich. Oberflächenrisse können außerdem bereits während der Herstellung durch Schweißen, Härten oder Kaltverformen entstehen.

> **Information**
>
> **Eindringprüfung**
>
> Die Eindringprüfung ist ein weit verbreitetes, einfaches und wirtschaftliches, zerstörungsfreies Werkstoffprüfverfahren zum Nachweis von zur Bauteiloberfläche hin geöffneten Fehlstellen im Werkstoff. Je nach Oberflächenrauigkeit des Prüflings können unter günstigen Bedingungen mit diesem Verfahren Oberflächenfehler mit einer Rissöffnung von 0,1 µm ... 1 µm noch nachgewiesen werden.

a) Historisches

Der Ursprung der Eindringprüfung liegt bereits mehr als 70 Jahre zurück. Seinerzeit wurde überwiegend die **Ölkochprobe** in Gießereien zum Nachweis von Gussfehlern angewandt. Bei diesem Vorläufer der heutigen Eindringprüfung wurden die Werkstücke etwa 10 min bis 20 min in heißes Öl von ca. 150 °C getaucht, wobei das dünnflüssige Öl in vorhandene Oberflächenfehler eindringen konnte. Die so behandelten Teile wurden anschließend gereinigt und in eine Aufschlämmung von Kreide und Spiritus getaucht. Nach rascher Verdunstung des Spiritus blieb auf der Oberfläche eine weiße Kreideschicht zurück, die das in den Fehlern befindliche Öl aufsog. Im Bereich von Oberflächenfehlern bildeten sich dunkle Linien oder Flächen auf der ansonsten weißen Kreideschicht. Risse in der Bauteiloberfläche wurden dadurch sichtbar. Dieses aufwändige und wenig empfindliche Verfahren wird heute nicht mehr angewandt, zeigt aber die wesentlichen Merkmale der heutigen Eindringprüfung.

b) Prinzip der Eindringprüfung

Die heutige Vorgehensweise bei der Bauteilprüfung mit Hilfe des Eindringverfahrens ist in DIN EN 571-1 genormt und besteht aus mehreren Arbeitschritten (Bild 1, Seite 575).

1. Vorreinigung und Trocknung der zu prüfenden Oberflächen:
   Durch die Vorreinigung soll erreicht werden, dass das Eindringmittel in eventuell vorhandene Fehler eindringen kann. Verunreinigungen wie z. B. Rost oder galvanische Schichten, Farbanstriche, Öl- und Fett-

filme müssen dabei sorgfältig entfernt werden. Die Vorreinigung kann mechanisch (Schmirgeln, Schleifen), chemisch (mit Löse- oder Beizmitteln) oder mittels Heißdampfentfettung erfolgen.

2. Aufbringen des Eindringmittels:

Auf die gereinigte, zu prüfende Oberfläche wird ein geeignetes, stark färbendes oder fluoreszierendes Eindringmittel aufgetragen (z.B. durch Sprühen, Streichen oder Spülen). Aufgrund der Kapillarwirkung dringt diese Flüssigkeit innerhalb kurzer Zeit (5 min. ... 30 min.) in eventuell vorhandene Fehler ein und verbleibt dort. Bei den Eindringmitteln unterscheidet man:

- **Farbeindringmittel:** Beinhalten bei Tageslicht sichtbare, meist rote Farbstoffe.
- **Fluoreszierende Eindringmittel:** Beinhalten unter UV-Licht sichtbare, fluoreszierende Farbstoffe.
- **Fluoreszierende Farbeindringmittel:** Besitzen Zusätze, die unter UV-Licht als auch bei Tageslicht sichtbare Farbstoffe enthalten.

3. Zwischenreinigung und Trocknung:

Nach Abschluss des Eindringvorgangs wird das überschüssige Prüfmittel entfernt. Die Zwischenreinigung ist sorgfältig durchzuführen, so dass das eingedrungene Prüfmittel keinesfalls wieder herausgewaschen wird (Gefahr bei flachen, breiten Fehlern).

4. Entwicklungsvorgang:

Nach Zwischenreinigung und Trocknung wird ein **Entwickler** aufgetragen. Bei den Farbeindringmitteln besitzt dieser (mit dem Farbeindringmittel kontrastierende) Entwickler die Eigenschaft, das in den Oberflächenfehlern befindliche Eindringmittel herauszusaugen. Auf der Oberfläche des Prüflings entsteht dadurch eine stark vergrößerte Farbanzeige, die auch feine Risse sichtbar macht. Bei den fluoreszierenden Eindringmitteln dient der Entwickler der verbesserten Sichtbarmachung der fluoreszierenden Anzeige. Als Entwickler dienen Nass- oder Trockenentwickler.

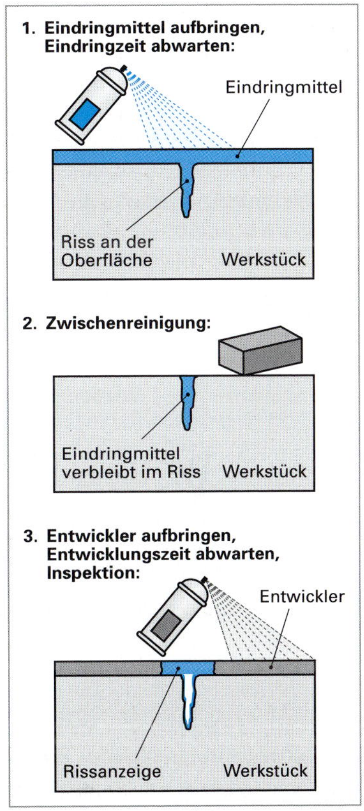

Bild 1: Prinzip der Eindringprüfung

Nassentwickler sind Pulverpartikel, die in einer Trägerflüssigkeit auf Wasser- oder Lösemittelbasis aufgeschwemmt sind und durch Sprühen oder Tauchen aufgebracht werden. Sie kommen bei Farb- und fluoreszierenden Eindringmitteln zum Einsatz.

Trockenentwickler sind Pulverpartikel, die durch gleichmäßiges Aufstäuben auf die Oberfläche aufgebracht werden. Das trockene Pulver bleibt bevorzugt an Fehlstellen haften, da dort das bereits herausgetretene Eindringmittel einen Feuchtigkeitsfilm bildet. Die Fehlerstelle wird gut sichtbar. Trockenentwickler kommen nur bei fluoreszierenden Eindringmitteln zum Einsatz.

5. Inspektion:

Die Inspektion sollte unmittelbar nach Ablauf der Entwicklungsdauer (etwa 10 min. ... 30 min.) erfolgen. Bei Farbeindringmitteln unter hellem, weißem Licht, bei fluoreszierenden Eindringmitteln unter UV-Licht.

c) Vor- und Nachteile der Eindringprüfung

Vorteile:
- einfache Anwendung und preiswertes Verfahren
- unabhängig von Größe und Geometrie des Werkstücks
- vollständige Bauteilprüfung möglich
- Fehler sind direkt sichtbar
- Verfahren ist automatisierbar (dann jedoch teuer)
- niedriger Schulungsaufwand und kurze Einarbeitung des Prüfpersonals

Nachteile:
- nur offene Oberflächenfehler auffindbar und Prüfbereich muss zugänglich sein
- Abschätzung der Fehlertiefe kaum möglich
- zeitintensiv (Personalkosten)

13.4.2 Magnetische und induktive Prüfverfahren

Zum wirtschaftlichen Nachweis von Fehlstellen an oder unmittelbar unterhalb der Bauteiloberfläche kön-nen magnetische oder induktive Prüfverfahren eingesetzt werden. Zu ihnen zählt man die magnetischen Streuflussverfahren und die Wirbelstromverfahren.

13.4.2.1 Magnetische Streuflussverfahren

Die zerstörungsfreie Werkstoffprüfung mit Hilfe magnetischer Streuflussverfahren ist eine einfache und wirtschaftliche zerstörungsfreie Werkstoffprüfung zum Nachweis von Rissen an oder dicht unterhalb der Bauteiloberfläche.

a) Prinzip und physikalische Grundlagen

Bei den magnetischen Streuflussverfahren nach DIN 54 130 wird der Prüfling von einem starken Magnetfeld durchsetzt oder von einem starken Strom durchflossen (das Magnetfeld wird dann innerhalb des Prüfkörpers erzeugt). Durch Risse, Lunker, Schlackeneinschlüsse, Bindefehler o. Ä. an oder dicht unterhalb der Oberfläche des Prüflings (2 bis 3 mm) werden die magnetischen Feldlinien (Kraftlinien) gebrochen und können aus dem Werkstück austreten. Es entstehen **magnetische Streufelder** (Bild 1).

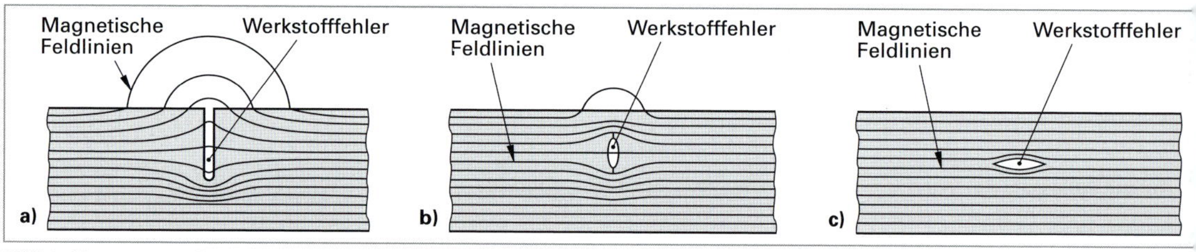

Bild 1: Erzeugung eines magnetischen Streufeldes durch Fehlstellen an oder dicht unterhalb der Werkstückoberfläche am Beispiel eines Risses
a) Oberflächenriss senkrecht zur Magnetfeldrichtung (gut nachweisbar)
b) Riss unterhalb der Oberfläche senkrecht zur Magnetfeldrichtung (nachweisbar)
c) Riss unterhalb der Oberfläche parallel zur Magnetfeldrichtung (nicht nachweisbar)

b) Nachweis magnetischer Streufelder

Eine Nachweismöglichkeit für magnetische Streufelder besteht darin, die Bauteiloberfläche mittels **Magnetfeldsensoren** abzutasten (DIN 54 136-1). Sehr empfindliche Messgeräte sind die an dieser Stelle nicht näher beschriebene Differenzsonden.

Das in der Praxis mit Abstand am häufigsten eingesetzte Verfahren zum Streufeldnachweis ist das **Magnetpulverprüfung** (DIN EN ISO 9934). Die Streufelder werden in diesem Fall durch feine ferromagnetische Partikel, wie zum Beispiel Eisenoxid-Teilchen (Fe_2O_3 oder Fe_3O_4) nachgewiesen, die auf die Oberfläche des Prüfkörpers aufgebracht werden. In der Nähe von Fehlstellen sammelt sich dabei das Magnetpulver in Form von Pulverraupen, d. h. die Pulverteilchen ordnen sich längs der austretenden Feldlinien an und zeichnen dadurch ein Bild des Fehlers. Da Streufluss und Pulverraupe breiter sind als die Rissoberkante, entsteht eine für das menschliche Auge sichtbare Rissanzeige (Bild 2).

Für eine hohe Nachweisempfindlichkeit werden mitunter eingefärbte Pulver verwendet, d. h. die Teilchen bestehen aus einem ferromagnetischen Kern mit einer farbigen, z. T. auch fluoreszierenden Umhüllung. Beim Betrachten mit ultraviolettem Licht heben sich die Risse als leuchtende Konturen deutlich ab.

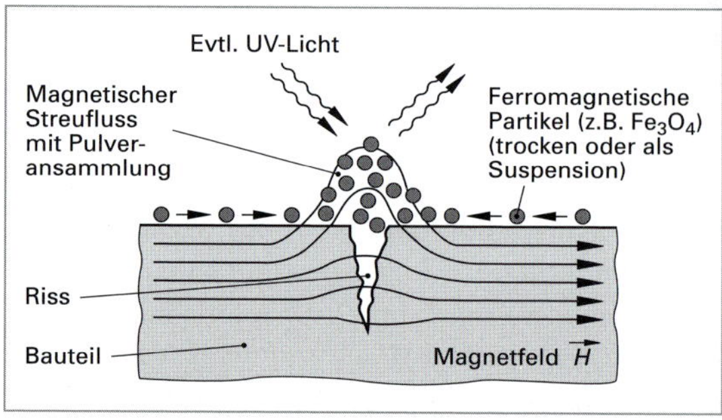

Bild 2: Nachweis eines magnetischen Streufeldes auf der Werkstückoberfläche mithilfe ferromagnetischer Partikel

ⓘ Information

Magnetpulverprüfung

Mit der Magnetpulverprüfung können sehr feine Oberflächenrisse mit Tiefen im µm-Bereich noch sicher angezeigt werden, selbst dann noch, wenn sie mit Öl, Schmutz oder Korrosionsprodukten gefüllt sind. Mit der Methode können auch Risse dicht unterhalb der Oberfläche oder unter einer dünnen Lack- oder Galvanikschicht nachgewiesen werden. Das Verfahren ist allerdings auf ferromagnetische Werkstoffe wie z. B. Stahl (außer austenitischer Stahl), Nickel oder Cobalt beschränkt.

Das über einem Riss entstehende magnetische Streufeld kann auch indirekt abgetastet werden, indem man ein Magnetband auf die Oberfläche des Prüflings legt, man spricht dann von **Magnetographie.** Anschließend wird das Magnetband durch Magnetköpfe (ähnlich einem Tonbandgerät oder einem Videorecorder) abgetastet und mögliche Risse auf einem Bildschirm dargestellt.

c) Magnetisierungsmethoden

Die Nachweisbarkeit einer Fehlstelle hängt von ihrer Lage in Bezug auf die Magnetfeldrichtung ab (Bild 1). Sofern die Feldlinien senkrecht zur Fehlstelle verlaufen, lassen sich mithilfe des Magnetpulververfahrens Risse bis zu einer Breite von 1 µm und einer Tiefe von 10 µm noch nachweisen (sofern die Risstiefe groß gegenüber der Rautiefe der Oberfläche ist). Man unterscheidet verschiedene Magnetisierungsmethoden.

Bei der **Jochmagnetisierung** wird der Prüfling mit den Polen eines Elektromagneten in Berührung gebracht. Der Prüfling ist damit ein Teil des magnetischen Kreises. Die magnetischen Feldlinien verlaufen in Längsrichtung des Werkstücks und erzeugen ein axiales Magnetfeld. Fehler im Werkstoff, die quer zur Magnetisierungsrichtung liegen, erzeugen dabei ein gut nachweisbares Streufeld. Mit diesem Verfahren lassen sich daher bevorzugt Fehlstellen quer zur Feldrichtung (z. B. Querrisse) sichtbar machen (Bild 2).

Bei der **Spulenmagnetisierung** wird der Prüfling von einem starken Magnetfeld durchsetzt, das in der Regel von einer stromdurchflossenen Spule erzeugt wird. Auch bei diesem Verfahren laufen die magnetischen Feldlinien in Längsrichtung des Werkstücks, so dass sich bevorzugt Fehlstellen quer zur Magnetfeldrichtung sichtbar machen lassen (Bild 3).

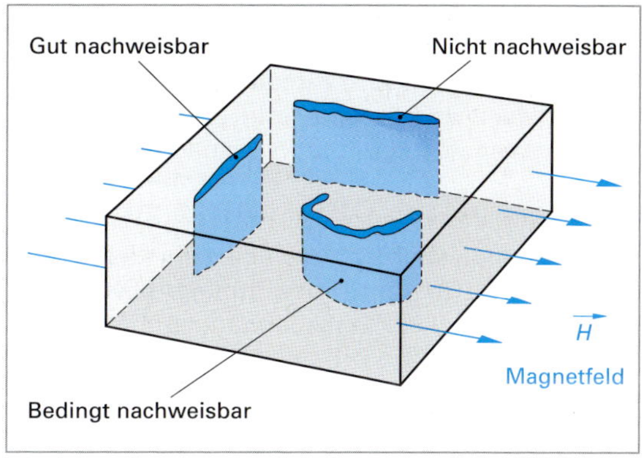

Bild 1: Nachweisbarkeit einer Fehlstelle

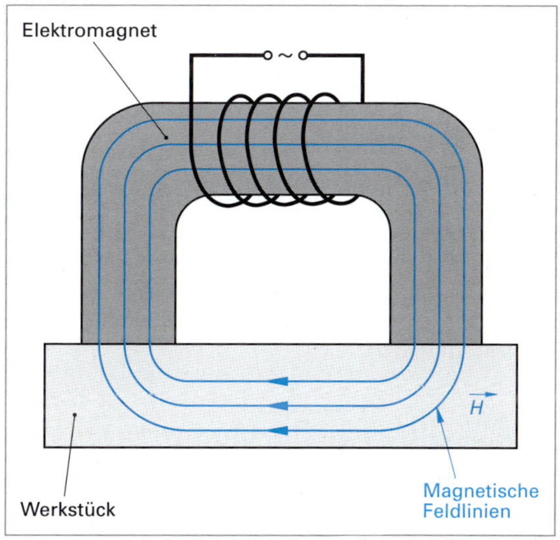

Bild 2: Jochmagnetisierung zum Nachweis von Querfehlern

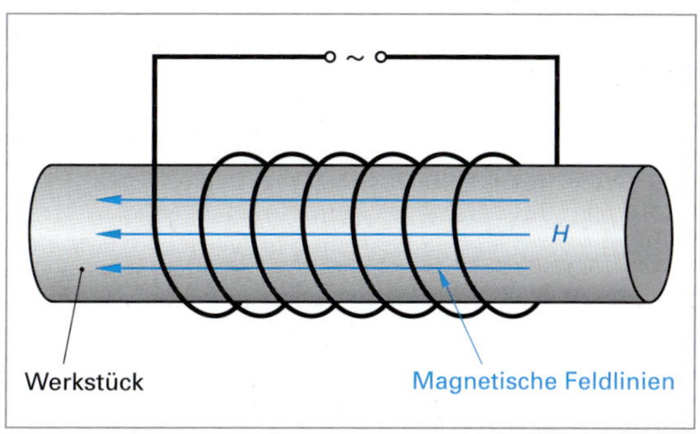

Bild 3: Spulenmagnetisierung zum Nachweis von Querfehlern

13.4.2.2 Wirbelstromverfahren

Das **Wirbelstromverfahren** nach DIN EN 12 084 und DIN 54 140-3 gehört neben der Magnetpulver-, der Durchstrahlungs- und der Ultraschallprüfung zu dem am häufigsten eingesetzten Verfahren der zerstörungsfreien Werkstoffprüfung. Das Wirbelstromverfahren lässt sich nicht nur zur Fehlererkennung (Inhomogenitäten, Werkstofftrennungen), sondern auch zur Werkstoffcharakterisierung für alle leitfähigen Werkstoffe, zur Schichtdickenmessung und zur Feststellung von Formabweichungen und Abmessungen einsetzen. Außerdem ist das Verfahren gut automatisierbar.

a) Physikalische Grundlagen

Beim Wirbelstromverfahren wird der (elektrisch leitfähige) Prüfling in ein von einer Erregerspule erzeugtes magnetisches Wechselfeld (H_0) gebracht. Hierdurch werden im Prüfling Wirbelströme induziert, die ihrerseits wieder ein dem Erregerfeld entgegen gerichtetes magnetisches Wechselfeld (H_W) zur Folge haben. In einer zur Erregerspule koaxial angeordneten Prüfspule wird dann eine der Differenz beider Magnetfelder proportionale Messspannung (U_m) induziert (Bild 1 und 2, Seite 578).

Ändert sich die Leitfähigkeit des Prüflings, beispielsweise durch das Vorhandensein eines oberflächennahen Risses, dann verändert sich auch die Intensität der Wirbelströme und damit die in der Empfängerspule induzierte Messspannung (U_m).

b) Messverfahren

Beim **Tastspulverfahren** wird eine sehr kleine Prüfspule über die Oberfläche des Prüflings bewegt und die Veränderung der Messspannung ermittelt. Wurde das Gesamtsystem beispielsweise mit einem fehlerfreien Werkstück kalibriert, so kann man Aussagen über spezielle Werkstoffeigenschaften oder Fehler im Werkstück machen (Bild 1). Das Verfahren eignet sich besonders für ebene Werkstücke. Mit dem Tastspulverfahren ist auch eine Schichtdickenmessung möglich: Ändert sich der Abstand der Tastspule zur Werkstückoberfläche (bedingt durch eine veränderliche Schichtdicke), dann ändert sich ebenfalls die Messspannung in der Prüfspule.

Das **Durchlaufspulverfahren** eignet sich insbesondere für die Durchlaufprüfung langgestreckter Teile wie Wellen, Rohre usw. Bei diesem Verfahren wird der Prüfling durch eine Prüfspule bewegt. Ändern sich die Eigenschaften des Prüflings (z. B. durch innere Fehler), dann liefert die Prüfspule eine Messspannung (Bild 2).

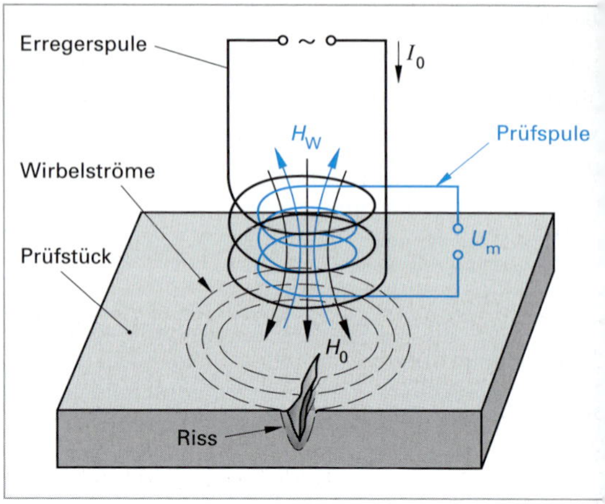

Bild 1: Prinzip des Tastspulverfahrens

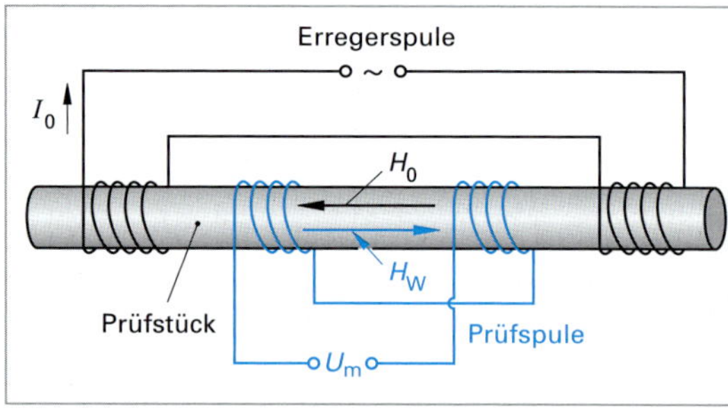

Bild 2: Prinzip des Durchlaufspulverfahrens

13.4.3 Ultraschallprüfungen

Die Ultraschallprüfung ist ein zerstörungsfreies Werkstoffprüfverfahren, um Bauteile aus schallleitfähigen Werkstoffen (z.B. Metall, Kunststoff, Keramik oder Beton) auf innere und äußere Fehler sowie Inhomogenitäten aller Art (Risse, Schlackeneinschlüsse, Lunker, Dopplungen usw.) zu untersuchen. Auch Wanddickenmessungen können mit diesem Verfahren durchgeführt werden. Voraussetzung für die Prüfbarkeit ist lediglich eine ausreichende Transparenz des jeweiligen Werkstoffs für Ultraschall.

Aufgrund der einfachen und universellen Anwendbarkeit sowie der Tatsache, dass für das Prüfpersonal keine Strahlenbelastung entsteht, sind die Ultraschallprüfverfahren die am häufigsten eingesetzten zerstörungsfreien Werkstoffprüfverfahren. Die Ultraschallprüfung wird unter anderem in DIN EN 583, DIN EN 1714 und DIN EN 10160 beschrieben. Für besondere Anwendungen stehen noch eine Reihe weiterer Normen zur Verfügung.

a) Historisches

Bereits im Jahre 1883 wurde durch ***P. Curie*** der für die Ultraschallprüfung wichtige piezoelektrische Effekt (s.u.) entdeckt. Die erste praktische Anwendung von Ultraschall wurde von ***Richardson*** (1912) zur Früherkennung von Eisbergen vorgeschlagen, jedoch erst einige Jahre später von ***Chilkowsky*** und ***Langevin*** zur Ortung von U-Booten eingesetzt. In den Jahren nach dem Ersten Weltkrieg wurde diese Ortungstechnik zur Beschreibung der Meerestopologie weiterentwickelt. Erst im Jahre 1928 schlug der Russe ***Sokolow*** erstmals vor, Ultraschall zur Werkstoffprüfung einzusetzen. In den Jahren zwischen 1940 und 1943 wurde dann die Ultraschallprüfung in den USA von ***Firestone,*** in Deutschland von ***Trost*** und in England von ***Sproule*** zum Nachweis von Dopplungen in Panzerplatten (Werkstofftrennung in Blechen, die durch Auswalzen eines Lunkers entsteht) sowie von feinen Lunkern in Halbzeugen eingesetzt. Diese Prüfprobleme waren bis dahin mit keinem bekannten zerstörungsfreien Werkstoffprüfverfahren lösbar. Ende der vierziger Jahre begann die Entwicklung von Ultraschallprüfgeräten. Die Entwicklung der Prüfverfahren dauert bis heute an.

b) Ultraschall

Schall ist die mechanische Bewegung von Materie. Ohne Materie gibt es keinen Schall. Die Schallausbreitung erfolgt in Form einer elastischen Welle, die im Gegensatz zu elektromagnetischen Wellen (z. B. sichtbares Licht), an das Vorhandensein von Materie gebunden ist. Es kann sich dabei um einen festen, flüssigen oder gasförmigen Stoff handeln.

Bei der Schallausbreitung wird keine Materie transportiert, vielmehr schwingen die Materieteilchen (Atome, Ionen oder Moleküle) des jeweiligen Ausbreitungsmediums an ihrem Aufenthaltsort periodisch um ihre Ruhelage und übertragen dabei ihre Bewegung auf benachbarteTeilchen. Auf diese Weise breitet sich der Schwingungsvorgang mit einer für das Ausbreitungsmedium charakteristischen **Schallgeschwindigkeit** *c* aus (Tabelle 1).

Für das ungeschädigte menschliche Ohr sind bestenfalls Frequenzen zwischen 16 Hz und 20 kHz wahrnehmbar. Dieser Frequenzbereich wird als **Hörschall** bezeichnet. Schall mit Frequenzen über 20 kHz nennt man **Ultraschall,** unterhalb 16 Hz spricht man von **Infraschall** (Bild 1). Für das menschliche Ohr sind weder Ultra- noch Infraschall wahrnehmbar.

Der kleinste, mittels der Ultraschallprüfung noch nachweisbare Fehler liegt in der Größenordnung der Wellenlänge des verwendeten Schalls. Als „Faustformel" für den Zusammenhang zwischen Prüffrequenz *f*, Schallgeschwindigkeit *c* und dem kleinsten noch nachweisbaren Fehlerdurchmesser d_{min} (Fehlergröße) findet man: $f > c / 4 \cdot d_{min}$. Bei einer Schallgeschwindigkeit *c* von etwa 6000 m/s für Stahl sind mit üblichen Prüffrequenzen von einigen wenigen MHz damit Fehler im mm-Bereich noch nachweisbar. Mit steigender Prüffrequenz können kleinere Fehler nachgewiesen werden.

c) Erzeugung von Ultraschall

Die Erzeugung von Ultraschall kann auf unterschiedliche Weise erfolgen. In der zerstörungsfreien Werkstoffprüfung benutzt man vorwiegend den piezoelektrischen Effekt, in untergeordnetem Maße auch den (hier nicht besprochenen) magnetostriktiven Effekt.

Werden bestimmte Kristalle beidseitig mit einer Metallschicht versehen und auf Zug oder Druck beansprucht, dann werden an ihrer Oberfläche messbare elektrische Ladungen influenziert. Diese 1883 von *P. Curie* entdeckte Erscheinung wird als **direkter piezoelektrischer Effekt** bezeichnet (*piezein*, griech.: drücken).

Tabelle 1: Schallausbreitungsgeschwindigkeiten in ausgewählten Medien

Medium und Schallgeschwindigkeit c[1] (m/s)	
Kohlendioxid (0 °C)	259
Luft (0 °C)	331
Helium (0 °C, trocken)	965
Benzin (17 °C)	1.166
Wasser, destilliert (25 °C)	1.497
Biologisches Gewebe	1.450 … 1.750
Thermoplastische Kunststoffe	1.800 … 2.700
Gips	2.310
Beton	3.000 … 4.830
Holz (Faserrichtung)	4.100 … 5.400
Glas	4.200 … 5.900
Graues Gusseisen	3.500 … 5.800
Stahl	5.500 … 6.200
Aluminium	6.200 … 6.400
Titancarbid	8.270
Aluminiumoxid	9.000 … 11.000
Diamant	17.500

[1] Schallgeschwindigkeit einer Longitudinalwelle. Transversalwellen haben geringere Ausbreitungsgeschwindigkeiten.

ⓘ Information

Ultraschall

Unter Ultraschall versteht man elastische Schwingungen von Materieteilchen mit Frequenzen oberhalb von 20 kHz. Ultraschall kann mit dem menschlichen Ohr nicht mehr wahrgenommen werden. Für die Werkstoffprüfung mit Ultraschall kommt der Frequenzbereich zwischen 0,5 MHz und 15 MHz in Frage. Für konventionelle Prüfungen, z. B. an Schweißnähten, wählt man üblicherweise Frequenzen zwischen 2 MHz und 5 MHz. Bei grobkörnigen Gefügen sind auch niedrigere Frequenzen üblich. So verwendet man beispielsweise bei der Prüfung von Beton Frequenzen um 100 kHz.

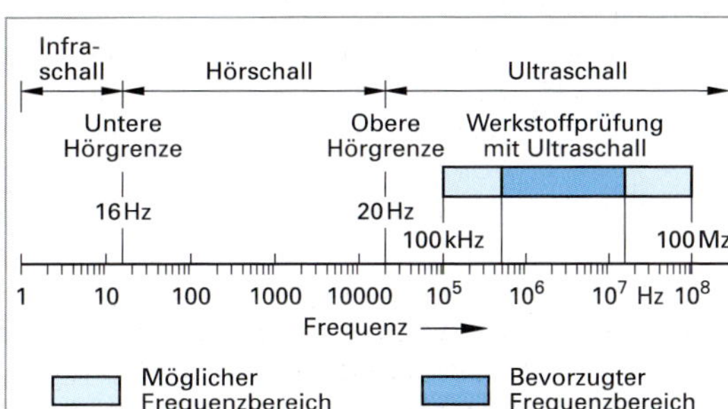

Bild 1: Frequenzbereiche für die Werkstoffprüfung mit Ultraschall

Der piezoelektrische Effekt (Bild 1) ist umkehrbar: Bringt man eine elektrische Ladung auf die Kristalloberfläche auf, dann dehnt sich der Kristall aus oder er zieht sich zusammen, je nach Vorzeichen der Ladung. Eine elektrische Wechselspannung an den Kristalloberflächen erzeugt dementsprechend eine mechanische Schwingung des Kristalls. Diese Erscheinung wird als **umgekehrter** (oder reziproker) **piezoelektrischer Effekt** bezeichnet (Bild 2). Nach dem Prinzip des umgekehrten piezoelektrischen Effektes können Ultraschallwellen erzeugt und nach dem piezoelektrischen Effekt wieder empfangen werden.

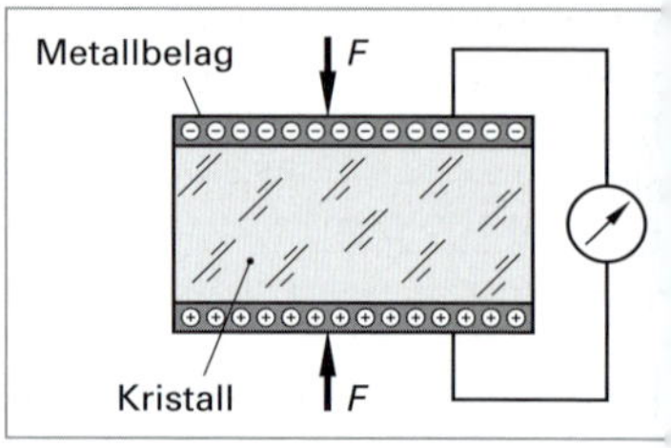

Bild 1: Direkter piezoelektrischer Effekt

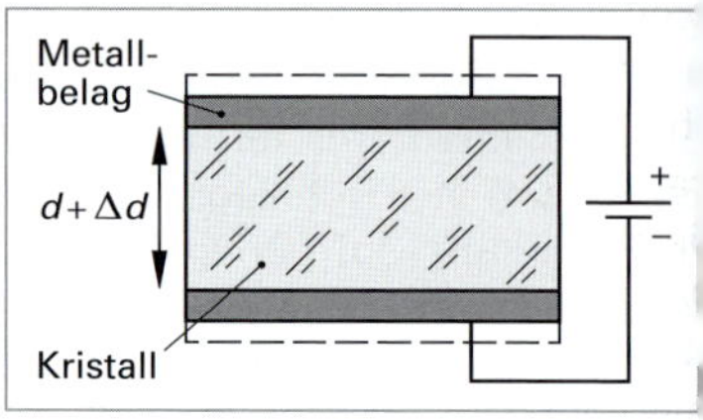

Bild 2: Umgekehrter piezoelektrischer Effekt

Den piezoelektrischen Effekt zeigen nicht nur natürliche Mineralien wie Quarz oder Turmalin, sondern auch Sinterkeramiken wie Bariumtitanat, Lithiumsulfat, Bleizirconat-Titanat und Bleimetaniobat nach einer entsprechenden Behandlung (Abkühlen von einer hohen Temperatur unter Anlegen einer hohen elektrischen Spannung). Letztere besitzen gegenüber den natürlichen Mineralien eine wesentlich größere technische Bedeutung (Kapitel 10.8.1.5.). Bei Überschreiten einer materialabhängigen Grenztemperatur, der **Curie-Temperatur,** geht der piezoelektrische Effekt jedoch verloren.

Die Ursache der **Piezoelektrizität** liegt, wie sich am Beispiel eines Quarzkristalls anschaulich zeigen lässt, in der Asymmetrie des Kristallaufbaus. Das Kristallgitter des Quarzes (SiO_2) besteht aus positiv geladenen Silicium-Ionen (Si^{4+}) und negativ geladenen Sauerstoff-Ionen (O^{2-}). Solange der Quarz unbelastet ist, fallen die Ladungsschwerpunkte aus Symmetriegründen zusammen. Die Influenzwirkungen der positiv und negativ geladenen Ionen auf der metallisierten Plattenoberfläche neutralisieren sich (Bild 3a). Übt man jedoch eine Druckkraft auf den Quarz aus, dann wird das Kristallgitter so deformiert, dass sich (im dargestellten Beispiel) die positiven Ionen der unteren Elektrode und die negativen Ionen der oberen Elektrode nähern. Aufgrund der nunmehr unsymmetrischen Ladungsverteilung werden auf der metallisierten Plattenoberfläche Ladungen influenziert, die sich als messbare elektrische Spannung abgreifen lassen (Bild 3b). Bei Zugbelastung kehren sich die Verhältnisse um: jetzt nähern sich die negativen Ionen der unteren Elektrode und die positiven Ionen der oberen Elektrode und influenzieren entsprechend gleiche Ladungen in der Plattenoberfläche. Die zwischen den Platten abgreifbare Spannung ändert ihr Vorzeichen (Bild 3c).

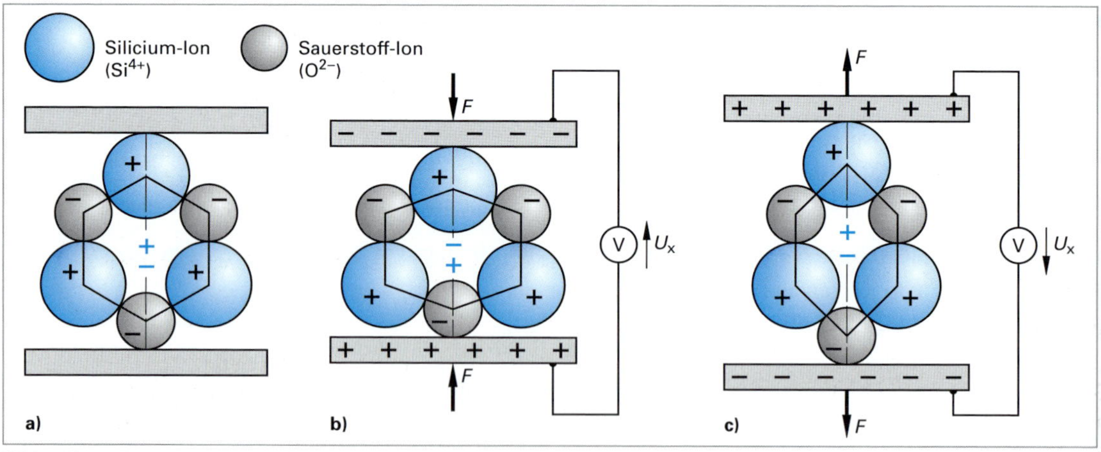

Bild 3: Entstehung von Piezoelektrizität am Beispiel eines Quarzkristalls (vereinfacht)

a) Kristall unbelastet: Keine influenzierten Ladungen, da symmetrische Ladungsverteilung

b) Kristall unter Druckbelastung: Ladungen werden auf den Plattenoberflächen influenziert

c) Kristall unter Zugbelastung: Influenzierte Ladungen kehren ihr Vorzeichen um

d) Ultraschallprüfköpfe

Die in der Praxis der zerstörungsfreien Werkstoffprüfung verwendeten Ultraschallprüfköpfe arbeiten alle nach dem piezoelektrischen Effekt. Der Prüfkopf kann daher als Sender und als Empfänger für Ultraschallellen dienen. Kernstück eines Ultraschallprüf-opfes ist der als **Schwinger** bezeichnete piezoelek-ische Kristall, an dessen Oberfläche Metallelektro-en aufgedampft sind, die ihrerseits an ein ltraschallgerät angekoppelt werden. Der Schwing-istall erhält einen kurzen elektrischen Impuls und chwingt dann, ähnlich einer kurz angeschlagenen locke, langsam aus. Der Schwinger selbst ist auf inen **Dämpfungskörper** aufgeklebt, der die ange-egten Schwingungen nach möglichst kurzer Zeit vieder zum Abklingen bringen soll. Die Anschluss-rähte der metallisierten Schwingerplatten führen ber eine elektronische Anpassung (Spule) zum Ul-raschallgerät. Schwinger und Dämpfungskörper ind zusammen im **Prüfkopfgehäuse** untergebracht.)er Ultraschall muss über ein **Kopplungsmedium,** blicherweise Wasser oder Öl, in den Prüfling einge-eitet werden, da bereits ein sehr schmaler Luftspalt en Ultraschall nahezu nicht mehr durchlässt.

n der Praxis verwendet man je nach Anwendungs-all unterschiedliche Prüfköpfe:

- **Normal- oder Senkrechtprüfkopf:**
  Für Prüfungen, die ein senkrechtes Einleiten der Schallwellen in den Prüfling erfordern (z. B. zum Nachweis von Dopplungen in Blechen) (Bild 1).
- **Winkelprüfkopf:**
  Für besondere Prüfzwecke wie z. B. Schweiß-nahtprüfungen (Stumpfnähte) verwendet man Winkelprüfköpfe. Mit ihrer Hilfe ist die Einschallung unter einem bestimmten Winkel (in der Regel 45° bis 70°) möglich (Bild 2).
- **Sende-Empfangs-Prüfkopf:**
  Zum Nachweis von Fehlern, die dicht unterhalb der Oberfläche liegen, sind Normalprüfköpfe ungeeignet, weil das Ultraschallgerät eine gewisse Zeit benötigt, um von Sendebetrieb auf Empfangsbetrieb umzuschalten. In diesem Fall verwendet man Sende-Empfangs-Prüfköpfe (S-E-Prüfkopf, schematisch) mit einem Piezoschwinger für die Schallerzeugung und einem zweiten für den Schallempfang (Bild 3).

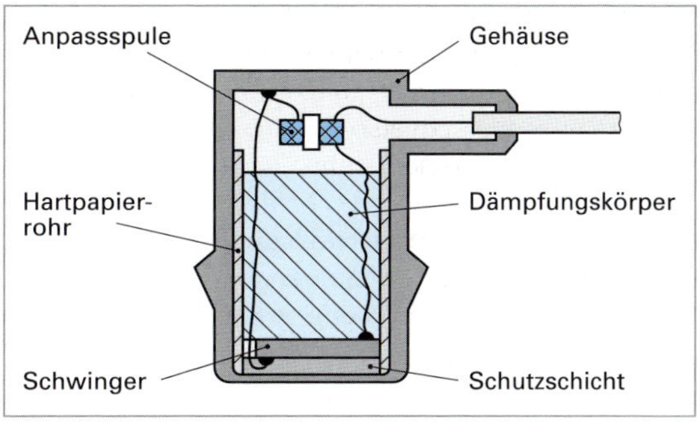

Bild 1: Aufbau eines Senkrechtprüfkopfes

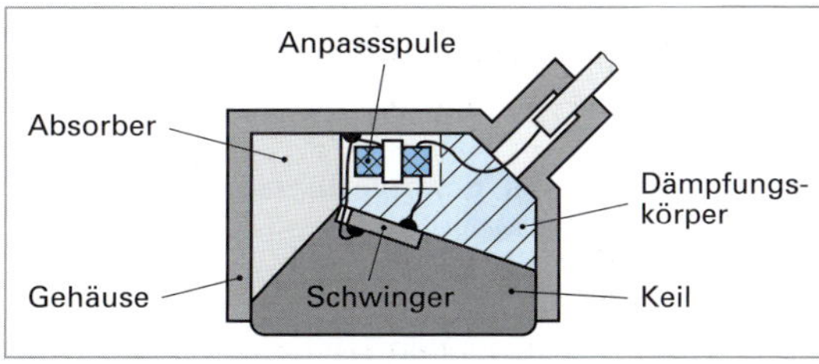

Bild 2: Aufbau eines Winkelprüfkopfes

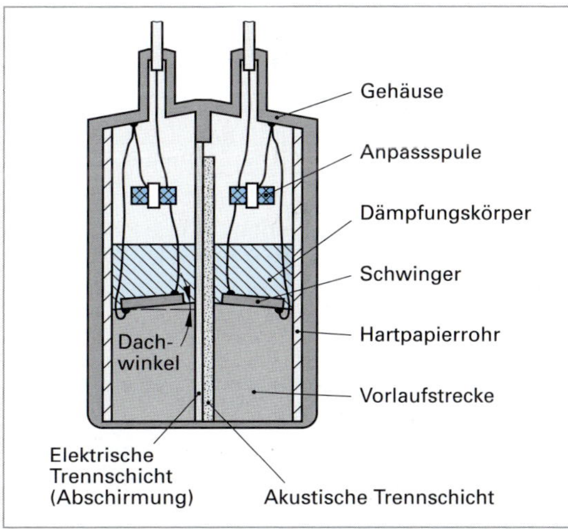

Bild 3: Aufbau eines Sende-Empfangs-Prüfkopfes

e) Ultraschallprüfverfahren

Ultraschallwellen breiten sich geradlinig aus. Treffen sie aber beim Durchgang durch den Prüfling auf Grenzflächen (z. B. Poren, Lunker, Risse oder Schlackeneinschlüsse), dann gehen sie über diese Fehlstelle nicht einfach hinweg, sondern werden an ihnen mehr oder weniger stark reflektiert. Dadurch tritt eine Verminderung der Schallintensität ein.

Das Prinzip der Ultraschallprüfung beruht darauf, dass entweder der durchgelassene oder der reflektierte Schallanteil gemessen wird. Daraus ergeben sich unterschiedliche Prüfverfahren, das:

- **Durchschallungsverfahren**
- **Reflexions-** oder **Echo-Verfahren** (Impuls-Echo-Verfahren)

Weitere Prüfverfahren wie das **Resonanzverfahren** sowie das **Frequenz-Modulationsverfahren** sollen hier nicht angesprochen werden.

Beim **Durchschallungsverfahren** leitet man mit Hilfe des Prüfkopfes auf einer Seite des Prüflings Ultraschallwellen ein. Auf der gegenüberliegenden Seite misst man mittels eines baugleichen Schallempfängers die ankommende Schallintensität. Bei Vorhandensein eines inneren Fehlers werden die Schallwellen teilweise oder vollständig reflektiert. Der Empfänger registriert dann nur noch ein geschwächtes oder überhaupt kein Signal mehr (Bild 1).

Das Durchschallungsverfahren hat eine Reihe von Nachteilen (s. u.) aufgrund derer es gegenüber dem Impuls-Echo-Verfahren nur selten eingesetzt wird. Der einzige Vorteil des Durchschallungsverfahrens besteht darin, dass nur der einfache Schallweg zurückzulegen ist und somit unter Umständen auch ein Prüfen stark schallschwächender Materialien ermöglicht wird.

Das **Reflexions-** oder **Echo-Verfahren** (die Bezeichnung **Impuls-Echo-Verfahren** ist überflüssig, da alle Ultraschall-Prüfgeräte mit Schallimpulsen arbeiten) arbeitet nur mit einem Prüfkopf, der sowohl als Schallsender als auch als Empfänger dient. Der Prüfkopf arbeitet zunächst im Sendebetrieb und sendet etwa 50-mal je Sekunde kurzzeitig (1 µs ... 10 µs) eine Ultraschallwelle in den Prüfling. Sobald die Schallwelle auf eine Grenzfläche trifft, wird sie teilweise reflektiert. Sowohl die Rückwand, als auch ein innerer Fehler können eine solche, den Ultraschall reflektierende Grenzfläche darstellen. Während sich die Ultraschallwelle im Werkstück ausbreitet, wird der Prüfkopf auf „Empfangsbetrieb" umgeschaltet und registriert nach einer gewissen Zeit den an der Rückwand sowie gegebenenfalls an einem inneren Fehler reflektierten Schallanteil. Diese elektrischen Impulse können schließlich auf einem Bildschirm sichtbar gemacht werden und man erhält ein **Rückwandecho** sowie ggf. ein **Fehlerecho** (Bild 2).

Aus der Dicke des Prüflings und der Schallausbreitungsgeschwindigkeit des Materials lässt sich errechnen, nach welcher Zeit das an der Rückwand des Prüflings reflektierte Schallsignal (Rückwandecho) zu erwarten ist. Registriert der Sender bereits nach kürzerer Zeit ein Signal, so kann dies nur von einer Reflexion an einem inneren Fehler stammen. Das Fehlerecho liegt zeitlich zwischen Sendeimpuls und Rückwandecho. Je nach Zeitdauer zwischen Sendeimpuls und Fehlersignal kann die Tiefenlage des Fehlers ermittelt werden. Die vom Fehler oder von der Rückwand zurücklaufende Schallwelle wird jedoch an der Grenzfläche Werkstück-Prüfkopf nicht vollständig in elektrische Energie umgewandelt, sondern es findet eine erneute Reflexion statt, so dass ein kleiner Schallanteil das Werkstück ein zweites Mal usw. durchläuft. Auf diese Weise beobachtet man in der Praxis daher eine mehrfache Echofolge.

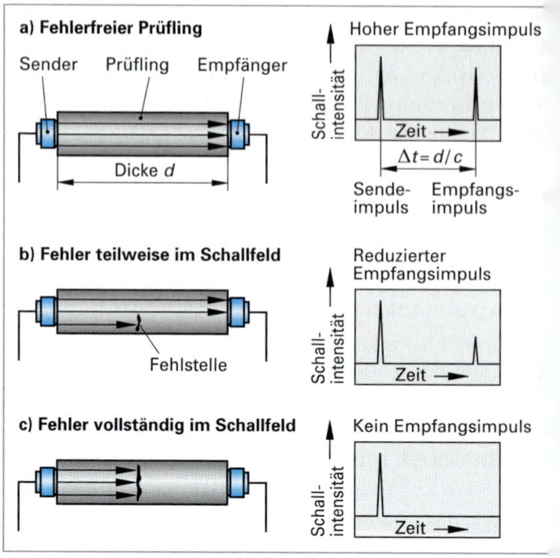

Bild 1: Durchschallungsverfahren mit Bildschirmanzeige eines fehlerfreien bzw. fehlerbehafteten Werkstücks

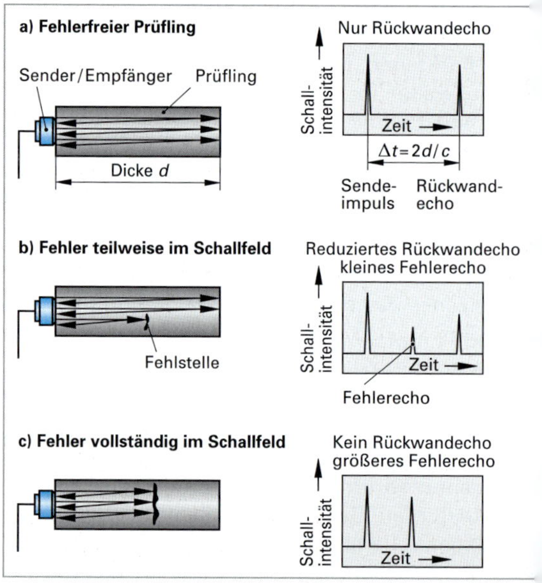

Bild 2: Reflexions- oder Echo-Verfahren mit Bildschirmanzeige eines fehlerfreien bzw. fehlerbehafteten Werkstücks

ⓘ Information

Reflexions- oder **Echo-Verfahren**

Das Reflexions- oder Echo-Verfahren ist aufgrund einer Reihe bedeutender Vorteile das mit Abstand am häufigsten eingesetzte Ultraschallprüfverfahren. Die wichtigsten **Vorteile** sind:

- Tiefenlage des Fehlers kann ermittelt werden.
- Das zu prüfende Bauteil muss nur von einer Seite zugänglich sein.
- Exakte Ausrichtung zwischen Sender und Empfänger entfällt, da nur eine Ankoppelungsfläche erforderlich.
- Bessere Nachweisempfindlichkeit für kleine Fehler.

Die Ultraschallprüfung liefert im Vergleich zu anderen zerstörungsfreien Werkstoffprüfverfahren (z. B. Durchschallungs- oder Eindringprüfung) keine Prüfergebnisse, die einen direkten Rückschluss auf die Form und Größe des Fehlers zulassen. Vielmehr erscheint auf dem Leuchtschirm ein noch interpretationsbedürftiger Impuls, der entsprechend Amplitude, Form und Lage im Vergleich zum Sendeimpuls, gewisse Informationen über Größe, Form, Oberflächenbeschaffenheit und gegebenenfalls Tiefenlage des Fehlers zulässt.

Reflexionsverhalten eines Fehlers

Das Reflexionsverhalten eines Fehlers hängt in hohem Maße von dessen Oberflächenform sowie von seiner Lage relativ zur Schallausbreitungsrichtung ab. Bild 1 zeigt vereinfacht eine Reihe typischer Fehlerlagen samt den zugehörigen Bildschirmanzeigen im Vergleich zu einer fehlerfreien Prüfstelle.

1. Fehler mit glatten, geraden oder gekrümmten Oberflächen rufen regelmäßig ausgebildete Echos hervor (Bild 1b und 1c), eine zerklüftete Fehleroberfläche erzeugt hingegen unregelmäßig ausgebildete Fehlerechos (Bild 1d und 1e).
2. Mehrere, eng beieinander liegende, kleine Fehlstellen führen zu unregelmäßigen Fehleranzeigen (Bild 1f).
3. Fehler in Schallausbreitungsrichtung liefern kein Echosignal (Bild 1g). Um eine derartige Fehlerlage auszuschließen, sollte, falls es die Werkstückgeometrie zulässt, eine Messung von mehreren Seiten aus durchgeführt werden.
4. Große, schräg zur Schallausbreitungsrichtung liegende Fehler reflektieren den Schall zur Seite weg. Bei glatter Oberfläche des Fehlers liefern sie weder ein Fehler-, noch ein Rückwandecho (Bild 1h), bei zerklüfteter Oberfläche ein unregelmäßiges Fehlerecho (Bild 1i).
5. Kleine, schräg zur Schallausbreitungsrichtung liegende Fehler mit glatter Oberfläche reflektieren nur einen Teil des Schalls zur Seite weg. Sie liefern kein Fehler-, sondern nur ein Rückwandecho mit verringerter Amplitude (Bild 1k). Bei zerklüfteter Fehleroberfläche wird zusätzlich ein unregelmäßiges Fehlerecho sichtbar (Bild 1l).

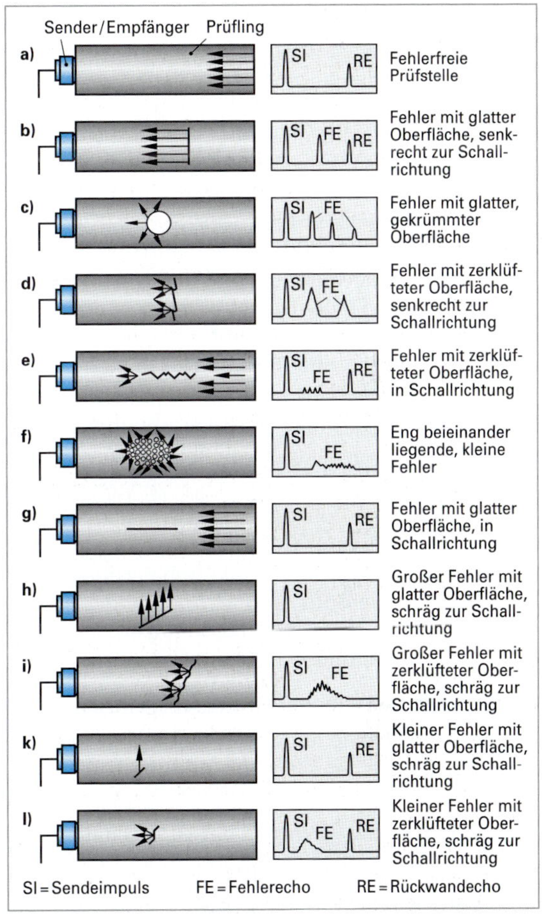

Bild 1: Reflexionsverhalten eines Fehlers in Abhängigkeit von dessen Lage und Oberflächenform (vereinfacht)

g) Prüfung von Schweißnähten mit Ultraschall

Die Prüfung von Schweißnähten ist eine der wichtigsten Aufgaben der Ultraschallprüftechnik. Charakteristische Fehlstellen in Schweißnähten sind Risse (z. B. Aufhärtungsrisse, Heißrisse), Bindefehler, ungenügende Durchschweißung sowie Hohlräume (z.B. Gasblasen und Poren).

Bei der Schweißnahtprüfung (Stumpfnähte) verwendet man Winkelprüfköpfe (Bild 2). Je nach Blechdicke sind Einschallwinkel zwischen 45° und 70° üblich. Normalprüfköpfe zur senkrechten Einschallung kön-

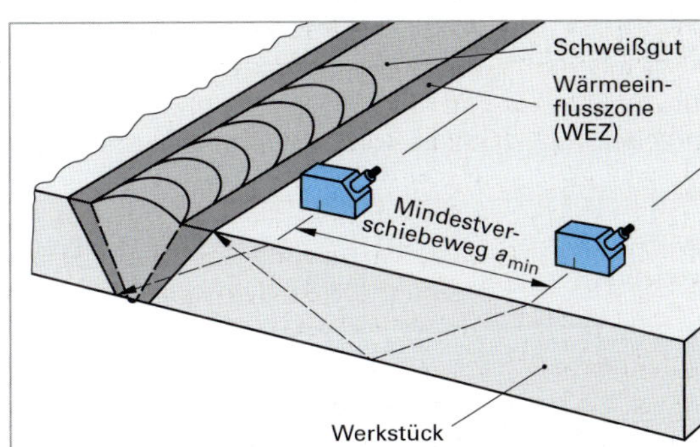

Bild 2: Mindest-Verschiebebereich des Prüfkopfes bei Schweißnahtprüfung (Beispiel: V-Naht mit WEZ)

nen wegen der Nahtüberhöhung nicht eingesetzt werden. Trifft die Schallwelle auf einen Schweißfehler, dann wird dort ein Teil reflektiert, zum Prüfkopf zurückgeworfen und registriert.

Um alle Tiefenbereiche der Schweißnaht und ggf. auch der Wärmeeinflusszone (WEZ) zu erfassen, muss der Prüfkopf um einen Mindestverschiebeweg amin bewegt werden. Der Mindestverschiebeweg ist von der zu prüfenden Nahtform abhängig. Bild 2, Seite 583, zeigt die Zusammenhänge am Beispiel einer V-Naht, einschließlich ihrer WEZ. Zur Prüfung der gesamten Nahtlänge führt man den Prüfkopf auf einer „Zickzackbahn" innerhalb des Verschiebebereichs entlang der Schweißnaht. In der Praxis hat es sich dabei bewährt, gleichzeitig kleine Schwenkbewegungen auszuführen, um auch schräg liegende Fehler besser orten zu können. Die Gesamtbewegung des Prüfkopfes bei der Schweißnahtprüfung veranschaulicht Bild 1. Um auch Querrisse zu detektieren, ist eine Einschallung in Richtung des Schweißnahtverlaufes empfehlenswert.

Schweißnähte von un- und niedriglegierten Stählen sind gut prüfbar, während bei austenitischen Stählen Probleme auftreten. Der Grund liegt einerseits im grobkörnigen Gefüge und andererseits in den zum Teil unterschiedlichen Schallimpedanzen zwischen Schweißgut und Grundwerkstoff. Dadurch kommt es an den Nahtflanken zu unerwünschten Schallreflexionen.

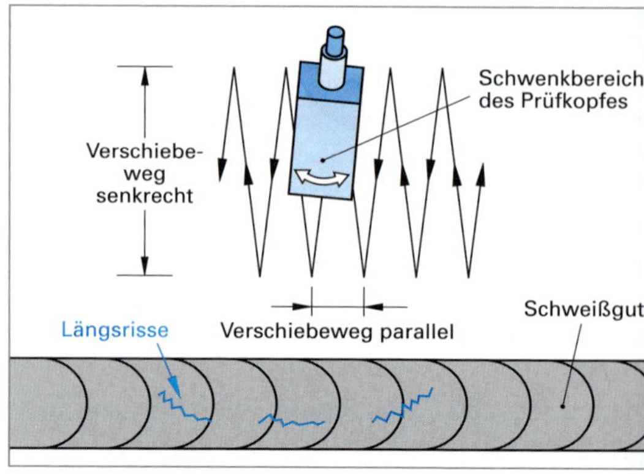

Bild 1: Gesamtbewegung des Prüfkopfes bei der Schweißnahtprüfung zum Nachweis von Längsrissen

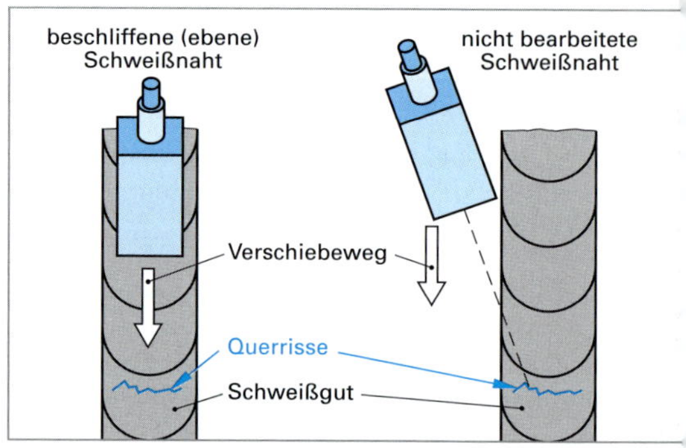

Bild 2: Nachweis von Querfehlern bei der Schweißnahtprüfung

h) Vor- und Nachteile der Ultraschallprüfung

Die Vor- und Nachteile der Ultraschallprüfung im Vergleich zu anderen zerstörungsfreien Werkstoffprüfverfahren sind in Tabelle 1 zusammengestellt.

Tabelle 1: Vor- und Nachteile der Ultraschallprüfung im Vergleich zu anderen zerstörungsfreien Werkstoffprüfverfahren (nach *Deutsch*)

Vergleich mit	Vorteile der Ultraschallprüfung	Nachteile der Ultraschallprüfung
Eindringverfahren	• Deutlich bessere Automatisierbarkeit • Gleichmäßige Prüfung der Gesamtdicke • Fehleranzeige auch bei geschlossenen und/oder korrodierten Oberflächenfehlern	• Starke Abhängigkeit von der Prüflingsgeometrie (Nahtgeometrie kann stören) • Weniger empfindlich
Magnetpulverprüfung	• Deutlich bessere Automatisierbarkeit • Gleichmäßige Prüfung der Gesamtdicke • Nicht auf ferromagnetische Metalle beschränkt	• Starke Abhängigkeit von der Prüflingsgeometrie (Nahtgeometrie kann stören) • Weniger empfindlich
Wirbelstromverfahren	• Erfassung des gesamten Prüflingsquerschnitts	• Ankopplung (Kopplungsmittel) erforderlich • geringere Durchsatzleistung
Durchstrahlungsverfahren	• Kein Strahlenschutz notwendig • Zugänglichkeit nur von einer Seite • Bessere Anzeige von Rissen, sehr schmale Risse und Dopplungen in Blechen sind nachweisbar • Schnelle Vorprüfung möglich	• Schlechtere Erkennung von Lunkern und Einschlüssen • Größere subjektive Einflüsse bei Wiederholungsprüfungen

3.4.4 Durchstrahlungsverfahren

Durchstrahlungsverfahren sind zerstörungsfreie Werkstoffprüfverfahren, die sich zur Prüfung von Werkstücken und Bauteilen auf Risse, Poren, Lunker, Einschlüsse sowie Bindefehler in Schweißnähten eignen. Haarrisse an der Oberfläche sind mit diesem Verfahren jedoch nicht nachweisbar. Bei der Durchstrahlungsprüfung metallischer Werkstoffe verwendet man überwiegend Röntgen- oder Gammastrahlen. Zur Durchstrahlung von Keramiken und Kunststoffen finden auch Mikrowellen Anwendung.

Das Prüfverfahren, die Auswertung der Durchstrahlungsbilder, die Festlegung der Bildgüte sowie die zugehörigen Filmsysteme und Betrachtungsgeräte sind in DIN EN 444, DIN EN 462, DIN EN 584, DIN EN 1435, DIN EN 12 681, DIN EN 25 580 sowie DIN 54 112 festgelegt.

3.4.4.1 Werkstoffprüfung mit Röntgenstrahlen

Die Werkstoffprüfung mit Röntgenstahlen ist bei metallischen Bauteilen sehr weit verbreitet und erlaubt die Erkennung und Dokumentation von Fehlern auch bei größeren Werkstückdicken.

a) Historisches

Röntgenstrahlen wurden bereits 1895 von dem deutschen Physiker ***Wilhelm Conrad Röntgen*** (1845 ... 1923, Nobelpreis 1909) in Würzburg bei der Untersuchung von Gasentladungen entdeckt und von ihm selbst als **X-Strahlen** bezeichnet. *Röntgen* beschrieb in drei grundlegenden Mitteilungen zwischen 1895 und 1897 nahezu alle für die Durchstrahlungstechnik wesentlichen Eigenschaften der Röntgenstrahlung. Er stellte dabei auch die ersten medizinischen und technischen Durchstrahlungsbilder her.

Während die Röntgenstrahlen in der Medizin sehr bald Eingang fanden, gab es dagegen zunächst kaum technische Anwendungen. Erst die Entwicklung der Schweißtechnik gab den hierfür erforderlichen Anstoß. Untersuchungen der Grundlagen der technischen Röntengendurchstrahlung erfolgten in den Jahren 1930 durch ***Respondek, Glocker*** und ***Berthold.*** Im gleichen Zeitraum begann auch die Deutsche Reichsbahn, zunächst zögernd, dann aber immer intensiver mit der Durchstrahlung von Schweißverbindungen. Die erste genietete Kesseltrommel wurde 1931 von ***Berthold*** und ***Kolb*** durchstrahlt und leitete den endgültigen Durchbruch zur zerstörungsfreien Werkstoffprüfung mit Röntgenstrahlen ein.

b) Eigenschaften von Röntgenstrahlen

Röntgenstrahlen sind, physikalisch betrachtet, elektromagnetische Wellen im Wellenlängenbereich zwischen 10^{-5} nm und 10 nm. Gegenüber dem sichtbaren Licht (390 nm bis 790 nm) besitzen Röntgenstrahlen also wesentlich geringere Wellenlängen (Bild 1).

Aufgrund ihrer geringen Wellenlänge besitzen Röntgenstrahlen (ebenso wie die Gammastrahlen, s.u.) die Fähigkeit, praktisch alle Stoffe zu durchdringen. Mit sinkender Wellenlänge und dementsprechend steigender Energie nimmt die Durchstrahlungsfähigkeit dieser Strahlen zu.

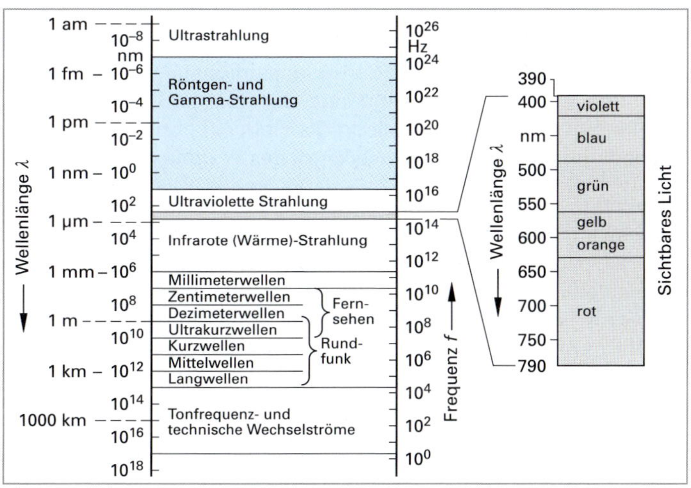

Bild 1: Das elektromagnetische Spektrum

Leichtmetalle, Kunststoffe, organische Stoffe, Beton usw. sind sehr leicht, Stoffe mit höherem Atomgewicht wie beispielsweise Blei sind dagegen schwer zu durchstrahlen.

c) Erzeugung von Röntgenstrahlen

Röntgenstrahlen werden in einer **Röntgenröhre** erzeugt. Eine Röntgenröhre ist im Prinzip ein Vakuumgefäß, in dem ein stromdurchflossener, erhitzter Heizfaden Elektronen emittiert. Zwischen Heizfaden (Katode) und einer gegenüberliegenden Anode wird eine sehr hohe elektrische Gleichspannung angelegt.

Im elektrischen Feld zwischen (dem negativ gepolten) Heizfaden und der (positiv gepolten) Anode werden die (negativ geladenen) Elektronen sehr stark beschleunigt und prallen daher mit hoher Geschwindigkeit auf die Anode. In der Elektronenhülle der Anodenatome (z.B. Wolfram) werden die Elektronen stark abgebremst (Bild 1 und Bild 2).

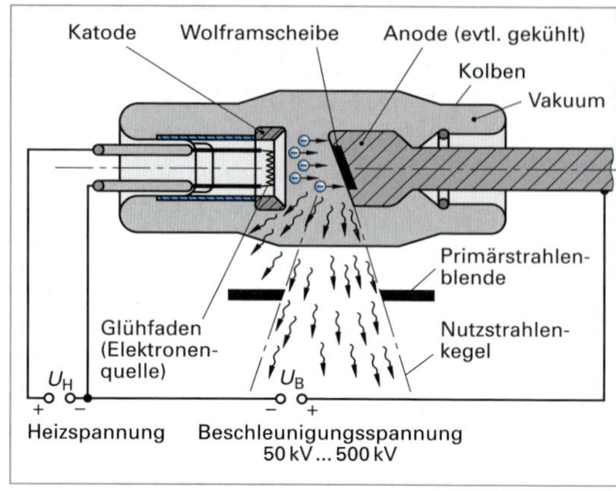

Bild 1: Prinzip der Erzeugung von Röntgenstrahlen in der Röntgenröhre

Neben einer erheblichen Wärmeentwicklung (etwa 99 % der kinetischen Energie der Elektronen wird in Wärme umgewandelt!) entsteht dabei unter anderem die für die Röntgenprüfung wichtige, als **Röntgenstrahlung** bezeichnete Bremsstrahlung. Je höher die Spannung zwischen Heizfaden und Anode gewählt wird, desto stärker werden die Elektronen beschleunigt und desto schneller treffen sie auf die Anode. Die Wellenlänge der dabei entstehenden Röntgenstrahlung sinkt, man sagt, die Strahlung wird härter. Durch entsprechende Wahl der Beschleunigungsspannung U_B (Röhrenspannung) können also Röntgenstrahlen unterschiedlicher Wellenlänge erzeugt und damit optimal an die jeweiligen Prüfbedingungen angepasst werden.

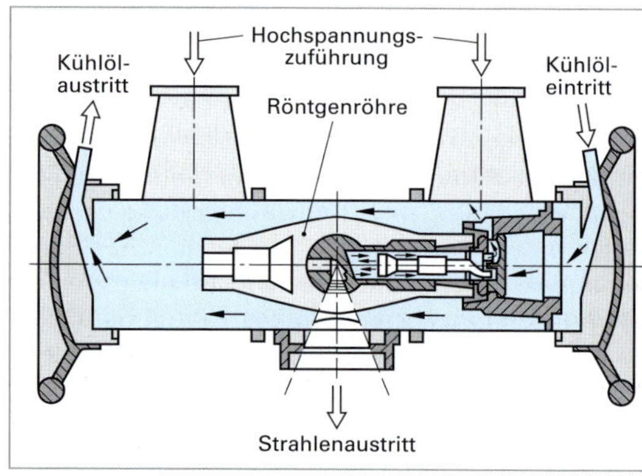

Bild 2: Prinzipieller Aufbau eines Röntgenprüfgerätes (Gleichspannungsgerät)

Je kleiner die Wellenlänge λ, desto besser können die Röntgenstrahlen in den Werkstoff eindringen, desto größer wird die prüfbare Werkstückdicke. Allerdings nimmt mit kleiner werdender Wellenlänge auch der Kontrast der Röntgenaufnahmen ab, so dass kleinere Fehler zunehmend schwieriger erkennbar werden. Die Beschleunigungsspannungen können je nach Prüfgerät zwischen 50 kV und 500 kV betragen. Durch die Regelung der Beschleunigungsspannung U_B kann die Wellenlänge der Röntgenstrahlung und durch die Regelung der Heizspannung, deren Intensität variiert und somit an die jeweiligen Prüfbedingungen (Dicke und Werkstoff des Prüflings) angepasst werden.

Während die Röntgenbremsstrahlung in der Materialprüfung für **Grobstrukturuntersuchungen** (z.B. Fehlersuche im Bauteilinnern) herangezogen wird, nutzt man die **charakteristische Röntgenstrahlung** (entsteht dadurch, dass ein von der Katode ausgesandtes, schnelles Elektron auf ein kernnahes Elektron des Anodenmaterials trifft) für **Feinstrukturuntersuchungen** wie zum Beispiel der Bestimmung von Größe und Gestalt von Kristallgittern, zum Nachweis von Texturen im Werkstoff oder zur Messung von Eigenspannungen. Auch zur Stoffanalyse zieht man das charakteristische Röntgenspektrum heran.

d) Prinzip der Röntgenprüfung

Das Prinzip der Röntgenprüfung sowie die Entstehung eines Durchstrahlungsbildes ist vereinfacht in Bild 3 dargestellt. Demnach befindet sich die Strahlenquelle auf der einen Seite des Prüflings, ein Detektor (häufig ein fotografischer Film) auf der Gegenseite. Die durch das Werkstück hindurchtretende Strahlung trifft auf den Detektor. Abhängig von der Schwächung der Strahlung auf ihrem Weg durch das Werkstück, kommt sie dort mit mehr oder weni-

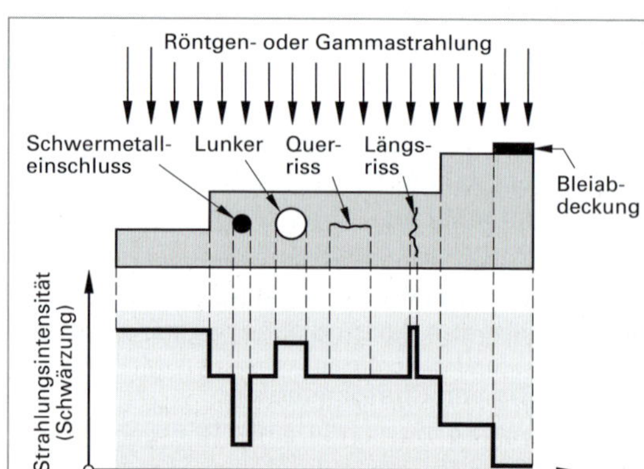

Bild 3: Prinzip der Entstehung eines Durchstrahlungsbildes

er großer Intensität an und erzeugt ein Intensitätsrelief. Handelt es sich bei den Detektoren um fotografi-che Filme, dann erkennt man diese Intensitätsunterschiede nach der Filmentwicklung als mehr oder we-iger dunkle Strukturen (Bild 3, Seite 586). Enthält das Werkstück eine Fehlstelle mit einer die Strahlung ge-nger schwächenden Substanz (eine Pore oder einen Riss mit einer gewissen Ausdehnung in trahlenrichtung), dann werden die Röntgenstrahlen beim Durchgang weniger stark geschwächt, die chwärzung des Filmes ist an dieser Stelle dementsprechend höher. Umgekehrt führt beispielsweise ein chwermetalleinschluss in einem Grundmetall mit geringerer Dichte zu einer geringeren Schwärzung des ilmes.

) Röntgenprüfgeräte

ei den Röntgengeräten unterscheidet man zwischen Wechsel- und Gleichspannungsgeräten.

Vechselspannunungsgeräte wurden für die radiographische Prüfung von Schweißnähten im Schiffs-, ohrleitungs-, Behälter- und Stahlbau entwickelt. Diese Geräte sind für den mobilen Einsatz gedacht. Wech-elspannungsgeräte bestehen aus einer Hochspannungsquelle und einer Röntgenröhre, die zumeist in inem gemeinsamen Strahlenschutzgehäuse, der Strahlereinheit, untergebracht sind. Die Strahlereinheit ist ber ein längeres Niederspannungskabel mit dem Schaltkoffer (zur Einstellung von Röhrenspannung, Röh-enstrom und Strahlzeit) verbunden. Hochspannungskabel mit den entsprechenden Steckverbindungen ent-allen bei dieser Geräteart. Die kompakte Bauweise macht eine Kühlung der Geräte schwierig, so dass Wech-elspannungsgeräte jeweils nur über kürzere Zeitabschnitte in Betrieb sind.

Gleichspannungsgeräte sind für den Dauerbetrieb bei überwiegend stationärem Einsatz gedacht (Bild 2, Sei-e 586 und Bild 1). Bei diesen Geräten sind Röntgenröhre und Hochspannungstransformator zwei getrennte Einheiten, die über ein Hochspannungskabel mitei-nander verbunden sind. Die Geräte werden, da sie ür den Dauerbetrieb konzipiert sind, mit Wasser oder Isolieröl gekühlt, so dass zusätzliche Kühlein-ichtungen erforderlich sind. Für kleinere Leistun-gen ist auch Luftkühlung ausreichend. Ebenso wie die Wechselspannungsgeräte sind auch die Gleich-spannungs-Röntgengeräte mit einer Schalteinheit zur Einstellung der Prüfparameter ausgestattet. Da Röntgenröhre und Gleichspannungstransformator getrennt sind, haben die Gleichspannungsgeräte den Vorteil, dass sie relativ klein sind und daher auch an schwer zugänglichen Stellen eingesetzt werden können.

Bild 1: Tragbare, luftgekühlte Gleichspannungs-Röntgenprüfgeräte

13.4.4.2 Werkstoffprüfung mit Gammastrahlen

Neben Röntgenstrahlen kommen bei der Durchstrahlungsprüfung für bestimmte Prüfaufgaben auch Gam-mastrahlen zum Einsatz.

a) Historisches

Gammastrahlen wurden bereits 1896 von ***Henri Antoine Becquerel*** (1852 ... 1908, Nobelpreis 1903) entdeckt. Er stellte fest, dass Uranerze in der Nähe befindliche Fotoplatten schwärzen können und zwar auch dann, wenn sich zwischen Fotoplatte und Uranerz Papier oder eine dünne Metallfolie befindet. Er stellte weiterhin fest, dass sich dickere Metallgegenstände zunehmend heller auf der Fotoplatte abzeichnen. Weiterführende Untersuchungen u. a. von ***Marie Sklodowska-Curie*** (1867 ... 1934, Nobelpreis 1903) zeigten, dass es sich bei der bislang nicht bekannten Strahlungsart um eine Strahlung aus dem Atomkern handelt.

b) Entstehung von Gammastrahlung

Anstelle der Durchstrahlung von Werkstücken mit Röntgen(brems)strahlen (Kapitel 13.4.4.1) können auch **Gammastrahlen (γ-Strahlen)** eingesetzt werden. Zwischen Röntgen- und Gammastrahlen besteht physikalisch kein Unterschied, die Eigenschaften beider Strahlenarten sind identisch. Der Unterschied besteht lediglich in der Entstehung der jeweiligen Strahlung: während die Röntgenbremsstrahlung in der Atomhülle durch Abbremsen schneller Elektronen entstehen, handelt es sich bei der γ-Strahlung um eine Strahlung aus dem Atomkern.

Gammastrahlung entsteht beim Zerfall radioaktiver Isotope bestimmter Elemente. Bei diesem radioaktiven Zerfall wird entweder **α-Strahlung** oder **β-Strahlung** emittiert. Der dabei entstehende Folgekern geht unter Aussendung der für die Werkstoffprüfung nutzbaren **γ-Strahlung** vom angeregten in einen metastabilen Zustand oder direkt in den Grundzustand über. Die γ-Strahlung tritt immer nur zusammen mit oder unmittelbar nach einer α- oder β-Emission auf.

Für die Durchstrahlungsprüfung benötigt man möglichst langlebige Isotope (Tabelle 1). Dabei handelt es sich in der Regel um β-Strahler.

Beispiel Cobalt-60 (^{60}Co):

Die Erzeugung von Cobalt-60 erfolgt, wie auch die übrigen bei der Durchstrahlungsprüfung eingesetzten radioaktiven Isotope (mit Ausnahme von Cäsium-137), in einem Kernreaktor durch Bestrahlung mit Neutronen. Wird natürliches, stabiles Cobalt-59 (27 Protonen und 32 Neutronen) mit Neutronen beschossen, dann entsteht das instabile Isotop Cobalt-60 (Bild 1):

$$^{59}_{27}\mathrm{Co} + {}^{1}_{0}\mathrm{n} \rightarrow {}^{60}_{27}\mathrm{Co} \qquad (13.2)$$

Cobalt-60 ist infolge des Neutronenüberschusses instabil geworden. Aus energetischen Gründen kann aber im Allgemeinen das überschüssige Kernteilchen (Neutron) nicht einfach wieder abgespalten werden, sondern vielmehr wandelt es sich in ein Proton um, indem es ein Elektron abspaltet und als β-Teilchen aus dem Kern schleudert. Das Radioisotop Cobalt-60 geht dabei unter Aussendung von γ-Strahlung in das Nickelisotop Ni-60 über:

$$^{60}_{27}\mathrm{Co} \rightarrow {}^{60}_{28}\mathrm{Ni} + {}^{0}_{-1}\mathrm{e} + \Delta E\,(\gamma\text{-Stahlung}) \qquad (13.3)$$

> **Information**
>
> **α-Strahlung und β-Strahlung**
>
> α-Strahlung besteht aus Teilchen mit zwei positiven Elementarladungen und der 4-fachen Masse des Wasserstoffatoms, genau wie die Kerne des Heliums. Sie werden mit Geschwindigkeiten in der Größenordnung von 10^7 m/s ausgestoßen.
>
> **β-Strahlung** besteht aus schnellen Elektronen mit Geschwindigkeiten von etwa 10^8 m/s (≈ 99,9 % der Lichtgeschwindigkeit).
>
> Bei der Emission von α-Teilchen verringert sich die Masse des Atomkerns um 2 Protonenmassen und 2 Neutronenmassen und seine positive Ladung um zwei Elementarladungen. Bei der Emission von β-Teilchen bleibt die Masse des Atomkerns praktisch konstant, seine positive Ladung erhöht sich jedoch um eine Elementarladung.

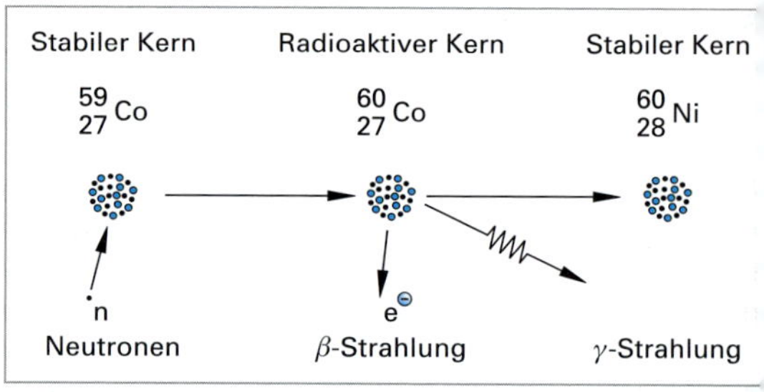

Bild 1: Prinzip der Entstehung von γ-Strahlung am Beispiel des Zerfalls des radioaktiven Isotops Cobalt-60

Die γ-Strahlung des Co-60 entspricht (bezüglich der Wellenlänge) einer Röntgenröhre mit einer Röhrenspannung von etwa 1,33 MV. Im Gegensatz zur Röntgenbremsstrahlung, die sich aus unterschiedlichen Wellenlängen zusammensetzt, besitzen γ-Strahlen diskrete Wellenlängen.

Die Eigenschaften der bei der Durchstrahlungsprüfung bevorzugt verwendeten Isotope sind in Tabelle 1 zusammengestellt. Überwiegend finden die Isotope Cobalt-60 und Iridium-192 Anwendung.

Tabelle 1: Eigenschaften der wichtigsten künstlichen Isotope der Durchstrahlungsprüfung

Isotop	Kurzzeichen	Halbwertszeit	Photonenenergie MeV	Dicke[1)] mm
Cobalt-60	^{60}Co	5,26 Jahre	1,17 und 1,33	50 bis 160
Tantal-182	^{182}Ta	117 Tage	0,046 bis 1,22	40 bis 125
Cäsium-137	^{137}Cs	30 Jahre	0,66	30 bis 100
Europium-154	^{154}Eu	16 Jahre	0,336 bis 1,116	20 bis 90
Iridium-192	^{192}Ir	74,5 Tage	0,137 bis 1,06	8 bis 50
Ytterbium-168	^{168}Yb	32 Tage	0,063 bis 0,308	1 bis 20
Thulium-170	^{170}Tm	127 Tage	0,084	bis 4

[1)] Durchstrahlbare Dicke bei Eisenwerkstoffen (Anhaltswerte)

e) Werkstoffprüfung mit Gammastrahlen

Im Gegensatz zu einer Röntgenröhre (Bild 2, Seite 586) können γ-Strahler nicht abgeschaltet werden. Gammageräte unterscheiden sich daher in ihrem konstruktiven Aufbau grundlegend von den Röntgenröhren.

Ein Gammagerät besteht üblicherweise aus einer **Strahlerkapsel,** einem **Quellenhalter** zur Aufnahme der Strahlerkapsel sowie einem **strahlendichten Behälter.** Die Strahlenquelle ist in der Regel ein sehr kleiner Zylinder (im mm-Bereich), der fest in die Strahlenkapsel integriert ist. Durch den dahinter befindlichen Uran- oder Wolframstift soll eine rückwärtige Strahlung gegen das Bedienpersonal abgeschwächt werden. Die Strahlerhülse ist fest mit dem strahlendichten Behälter verbunden.

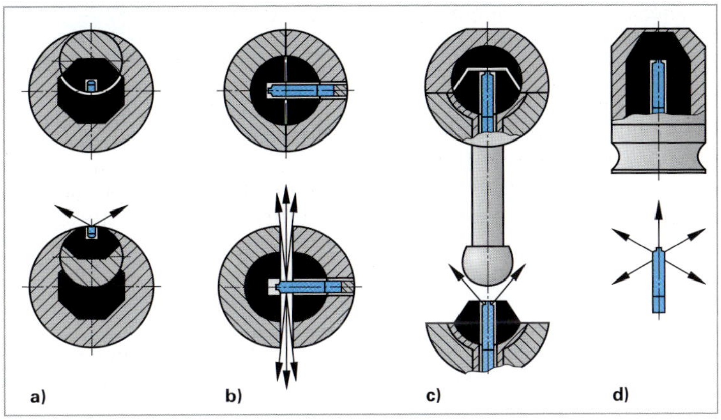

Bild 1: Die wichtigsten Gammagerätetypen
a) Exzentergerät
b) Gerät für ringförmige Abstrahlung
c) Doppelkonuskeule
d) Topfbehälter
Wolfram- oder Uranabschirmung
Bleiabschirmung

Aufgrund der vielfältigen Anwendungsaufgaben wurden eine ganze Reihe unterschiedlicher Gammageräte entwickelt (Bild 1). Das Öffnen und gegebenenfalls das Ausfahren der Strahlerkapsel kann, je nach Gerätetyp, manuell oder mittels Fernsteuerung erfolgen. Gammastrahler sind im Vergleich zu Röntgenröhren (Bild 1, Seite 587) relativ kleine Geräte. Die Durchstrahlungsprüfung mittels Gammastrahlung wird daher bevorzugt an Stellen eingesetzt, bei denen der Aufbau einer Röntgengeräte schwer oder überhaupt nicht möglich ist.

13.4.4.3 Nachweis von Röntgen- und Gammastrahlung

Zum Nachweis von Röntgen- und Gammastrahlung verwendet man die folgenden Detektoren:

- Fotografische Filme
- Leuchtschirme und Röntgenbildverstärker
- Zählrohre

Fotografische Filme

Fotografische Filme sind die am häufigsten verwendeten Detektoren für Röntgen- und Gammastrahlung. Die Fotoschicht eines Röntgenfilms besteht aus Silberbromid-Kristallen (AgBr), die in Gelatine suspendiert sind. Trifft ein Röntgen- oder γ-Quant auf einen solchen Kristall, dann wird von den betroffenen Br^--Ionen des AgBr-Kristalls ein Elektron abgespalten, das seinerseits im Kristall weitere sekundäre Elektronen freisetzen kann. Diese sekundären Elektronen können an Fehlstellen im AgBr-Kristall Silberkeime ($Ag^+ + e^- \rightarrow Ag$) erzeugen. Beim Entwicklungsvorgang des Filmes wirken diese Silberkeime als Katalysatoren, so dass dort die Bildung von metallischem Silber um Größenordnungen schneller abläuft als an den unbelichteten Stellen. Dementsprechend ist an diesen, durch ein Röntgen- oder Gammaquant getroffenen Stellen, eine erheblich stärkere Schwärzung des Filmes zu beobachten.

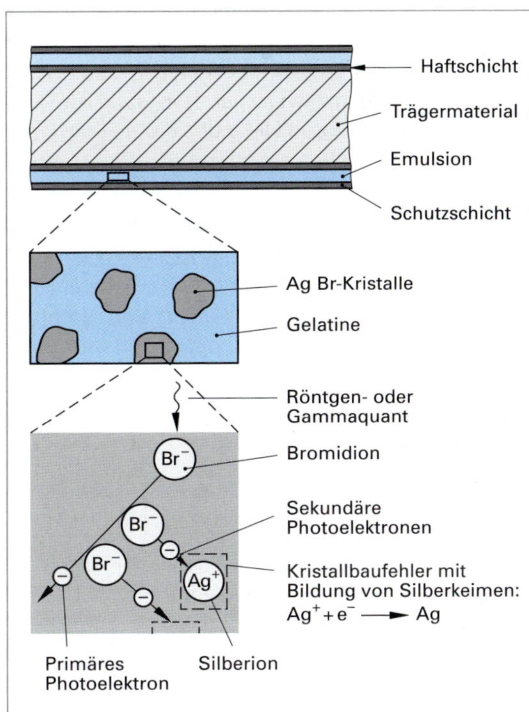

Bild 2: Aufbau eines Röntgenfilms und Prinzip der Filmbelichtung (schematisch)

Je mehr Röntgenquanten an einer Stelle auf den Film treffen, desto größer ist die beim Entwicklungsvorgang gebildete Silbermenge und damit die Schwärzung des Filmes (Bild 2, Seite 589). Die nicht von der Strahlung getroffenen AgBr-Körner werden im Zuge der Entwicklung des Filmes durch das Fixierbad entfernt. Röntgenfilme sind, im Gegensatz zu Filmen für die Lichtfotografie, beidseitig mit einer Fotoschicht versehen. Da die vordere Fotoschicht sowie die Trägerfolie die Strahlung kaum absorbieren, sind die Bilder auf der Vorder- und Rückseite des Filmes nahezu identisch. Da sich die Schwärzungen und Kontraste durch diese Maßnahme jedoch addieren, wird die Bildqualität deutlich verbessert. Je höher der **Kontrast** (Differenz zweier benachbarter Schwärzungen), desto stärker unterscheiden sich zwei benachbarte Schwärzungen, desto besser können sie voneinander unterschieden werden. Die Fehlererkennbarkeit steigt.

Information

Vorteil von Röntgenfilmen

Der Vorteil von fotografischen Filmen besteht in der Möglichkeit einer präzisen Auswertung. Außerdem sind Röntgenfilme einfacher zu handhaben und stellen Dokumente dar, die aufbewahrt werden können. Nachteilig sind die relativ hohen Kosten für das Filmmaterial bei umfangreichen Prüfungen, die schlechte Automatisierbarkeit sowie der Umgang mit Chemikalien bei der Entwicklung.

Leuchtschirme und Röntgenbildverstärker

Leuchtschirme werden überwiegend bei der Durchstrahlungsprüfung mit Röntgenstrahlen eingesetzt. Die nach Durchdringung des Prüflings auf den Leuchtschirm treffenden Strahlen regen dort, je nach Strahlungsintensität, bestimmte Kristalle zur Aussendung von sichtbarem Licht an. Es entsteht ein Fluoreszenzbild auf dem Leuchtschirm. Leuchtschirme sind billig und erlauben eine schnelle Auswertung. Man benötigt außerdem keine Dunkelkammer. Leuchtschirme sind jedoch nur bei kleinen durchstrahlten Probendicken einsetzbar und erreichen noch nicht die Bildgüte fotografischer Filme.

Zählrohre

In Zählrohren werden durch die einfallenden Röntgen- oder γ-Quanten Entladungsvorgänge ausgelöst, die als Stromimpulse registriert werden. Zählrohre werden in der Regel zum Auffinden gröberer Fehler sowie zur Wanddickenmessung eingesetzt. Sie werden auch dort verwendet, wo aus wirtschaftlichen Gründen der Einsatz von Röntgenfilmen oder Leuchtschirmen nicht in Frage kommt.

13.4.4.4 Prüfbare Probendicken

Röntgen- und γ-Strahlen können mit kleiner werdender Wellenlänge besser in den Werkstoff eindringen (Kapitel 13.4.4.1). Bild 1 zeigt am Beispiel von Stahl die durchstrahlbare Werkstoffdicke bei vorgegebener Strahlungsenergie bzw. Wellenlänge.

Bei der Durchstrahlungsprüfung mit Röntgenstrahlen sind Stahlteile bis zu einer Wandstärke von etwa 100 mm noch prüfbar. Beim Einsatz von Gammastrahlen können Wandstärken bis zu 200 mm noch durchstrahlt werden.

Mit kleiner werdender Wellenlänge steigt die prüfbare Probendicke, der Kontrast und damit die Fehlererkennbarkeit sinkt jedoch.

Um die Bildqualität zu überprüfen, verwendet man **Bildgüteprüfkörper** nach DIN EN 462-1. Hierbei handelt es sich um Drähte mit Durchmessern zwischen 0,05 mm und 3,2 mm, die auf der filmfernen Seite des Prüflings angebracht werden. In der Regel sind jeweils 7 Drähte in einem Prüfkörper vereinigt (in Kunststoff eingegossen). Der dünnste, auf dem Röntgenfilm gerade noch erkennbare Draht legt dabei die Bildgüte **(Bildgütezahl)** und damit auch den kleinsten noch erkennbaren Fehler fest.

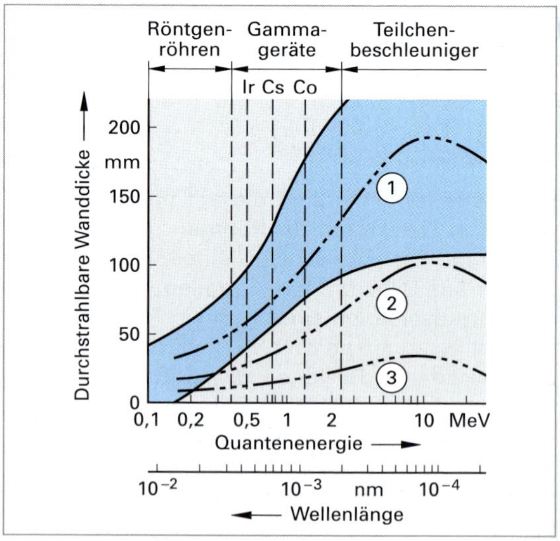

Bild 1: Prüfbare Wanddicke für Stahl
1 = **Hundertstelwertsdicke** (Strahlungsintensität auf 1 % gesunken)
2 = **Zehntelwertsdicke** (Strahlungsintensität auf 10 % gesunken)
3 = **Halbwertsdicke** (Strahlungsintensität auf 50 % gesunken)
Durchstrahlbarer Wandstärkenbereich bei Stahl

13.4.4.5 Vergleich zwischen Röntgen- und Gammastrahlen

Tabelle 1 zeigt einen Vergleich der zerstörungsfreien Werkstoffprüfung mit Röntgen- und Gammastrahlen.

Tabelle 1: Vergleich zwischen Röntgen- und Gammastrahlen

Röntgenstrahlen	Gammastrahlen
• Röntgenstrahlen können durch Regelung der Röhrenspannung optimal an die Arbeitsbedingungen angepasst werden. Durch Abschalten der Röhrenspannung kann die Röntgenstrahlung abgestellt werden. • Die Werkstoffprüfung mit Röntgenstrahlen erfordert kürzere Belichtungszeiten (nur wenige Minuten) im Vergleich zur Prüfung mit γ-Strahlen (bis zu einigen Stunden bei kleineren Präparaten).	• Gammastrahlen stammen aus dem Atomkern und sind daher weder regel- noch abstellbar. Sie können lediglich abgeschirmt werden. • Gammastrahlen besitzen eine geringere Wellenlänge, sie sind energiereicher und können daher den Werkstoff besser durchdringen (Bild 1, Seite 590). Mit γ-Strahlen können daher dickere Bauteile durchstrahlt werden. Sie liefern aber kontrastärmere Bilder und erfordern aufgrund der geringen Strahlungsintensität längere Belichtungszeiten (häufig bis zu einige Stunden). • Gammastrahler sind im Vergleich zu Röntgenröhren relativ kleine Geräte (Kapitel 13.4.4.2). Die Durchstrahlungsprüfung mittels γ-Strahlung wird daher bevorzugt an Stellen eingesetzt, bei denen der Aufbau der Röntgengeräte schwer oder überhaupt nicht möglich ist. • Gammageräte sind, im Vergleich zu Röntgengeräten, günstiger anzuschaffen und einfacher zu handhaben.

13.4.5 Vergleich der zerstörungsfreien Werkstoffprüfverfahren

Ein Vergleich der zerstörungsfreien Werkstoffprüfverfahren zeigt, dass kein Verfahren durch ein anderes völlig ersetzt werden kann, da selbst bei genau gleicher Prüfaufgabe der Informationsgehalt der Anzeigen von verschiedenen Fehlern nicht immer gleich ist. Aus diesem Grund werden heute häufig mehrere Verfahren nebeneinander eingesetzt. So ist es beispielsweise in der Schweißnahtprüfung üblich, durch eine Vorprüfung mit Hilfe von Ultraschall einen fehlerhaften Zustand festzustellen und nach der Fehlerbeseitigung mit Hilfe der Durchstrahlungsprüfung zu dokumentieren. Bei rissanfälligen Werkstoffen wird häufig noch eine Magnetpulverprüfung zum Nachweis von Oberflächenfehlern durchgeführt.

Tabelle 2: Vergleich der Verfahren der zerstörungsfreien Werkstoffprüfung (nach *Deutsch*)

Prüfverfahren	Physikalischer Effekt	Einsetzbar für die Bestimmung von:				
		Fehlern	Fehlerlage	Fehlergröße	Werkstoffeigenschaften	Dimensionen
Eindring-verfahren	Kapillarwirkung	ja	nur an der Oberfläche	an der Oberfläche, begrenzt in der Risstiefe	nein	nein
Magnetpulverprüfung	Messung des magnetischen Streuflusses	ja	nur an der Oberfläche	an der Oberfläche, begrenzt in der Risstiefe	nein	nein
Wirbelstromverfahren	Veränderung und Störung von Wirbelstromfeldern	ja	ja	nur an der Oberfläche	Leitfähigkeit Permeabilität	Schichtdicken
Ultraschallprüfung (Reflexions-Verfahren)	Reflexion von Ultraschallwellen an Grenzflächen	ja	ja	nur im Vergleich zu anderen Reflektoren (Fehlern)	Schallgeschwindigkeit c Elastizitätsmodul E	Entfernungen Wanddicken
Durchstrahlungsverfahren	unterschiedliche Absorption in verschiedenen Werkstoffen	ja	nur in der Filmebene, nicht in Strahlrichtung	in Filmebene, begrenzt in Strahlrichtung	nur mit Feinstruktur-Geräten	Dickenmessung von Bändern und Folien

Tabelle 1: Gegenüberstellung der Anwendbarkeit verschiedener zerstörungsfreier Werkstoffprüfverfahren (nach *Deutsch*)

Prüfverfahren	Anwendungsbeispiele/besondere Eignung	Automatisierbar	Vorteile[1]	Grenzen des Verfahrens/Nachteile	Kosten[2]		
					A	G	D
Eindringverfahren	Oberflächenrisse und Poren	begrenzt	• keine Apparatur notwendig • unabhängig von der Geometrie des Prüflings	• Fehlstellen müssen zur Oberfläche hin offen sein • ungeeignet für poröse Werkstoffe	2	2	3
Magnetpulverprüfung	• Oberflächenrisse • Risse direkt unterhalb der Oberfläche • Risse unter dünnen Farb- und Galvanikschichten	nein[3]	• Risslage und Risslänge deutlich sichtbar • leicht auswertbar • geringer Einfluss der Werkstückgeometrie und der Oberflächenstruktur • hohe Empfindlichkeit	nur bei ferromagnetischen Werkstoffen anwendbar	4	5	5
Wirbelstromverfahren	Oberflächenrisse	ja[4]	Rissnachweis in NE-Metallen	nur bei elektrisch leitenden Werkstoffen anwendbar	7	4	6
	Schichtdickenmessung	ja	kein Koppelmittel erforderlich		2	1	1
Ultraschallprüfung (Reflexions-Verfahren)	• Nachweis von flächigen und voluminösen Innenfehlern sowie von Oberflächenfehlern • Messung von Restwanddicken	ja	• große Reichweite (keine Beschränkung durch Werkstückdicke) • vielfältige Anwendung	Fehlergröße nur im Vergleich abschätzbar, die Deutung ist schwierig	10	9	8
Durchstrahlung mit Röntgenstrahlen	Nachweis von voluminösen Innenfehlern z. B. bei: • Schweißnahtprüfung an Druckbehältern, Schiffsrümpfen und Stahlkonstruktionen • Prüfung von Turbinenschaufeln auf Risse und Korrosion • Überwachung von Triebwerken hinsichtlich Verformungen, Beschädigungen, Rissen oder gar fehlenden Teilen	nein[3]	• Dokumentation des realen Fehlerbildes auf einem Film • Verfahren eignen sich besonders für größere Fehler wie Poren, Einschlüsse, Warmrisse und Schweißfehler • Größe und Form des Fehlers ist feststellbar • Prüfbereich muss nicht direkt zugänglich sein • bei Röntgenstrahlen: bessere Detailerkennbarkeit als mit Gammastrahlen	• Fehlertiefenbestimmung ist schwierig • Fehler mit geringer Ausdehnung in Strahlrichtung sind nur schwierig oder überhaupt nicht auffindbar • hoher zeitlicher und apparativer Aufwand, daher relativ teures Verfahren • Strahlenbelastung des Prüfpersonals • Beachtung von Strahlenschutzvorschriften und intensive Schulung des Prüfpersonals erforderlich	9	8	10
Durchstrahlung mit Gammastrahlen		nein[3]	• bei Gammastrahlen: größere Werkstückdicken prüfbar als mit Röntgenstrahlen		8	7	9

[1] Besondere Vorteile gegenüber anderen, ebenfalls geeigneten Verfahren sowie allgemeine Vorteile.
[2] Relative Bewertung von 1 (niedrig) bis 10 (hoch)
A = Prüferausbildung
G = Prüfmittel und Geräte
D = Durchführung der Prüfung
[3] In Zukunft möglich
[4] Hohe Prüfgeschwindigkeiten realisierbar

13.5 Mechanische Werkstoffprüfverfahren

In der technischen Praxis werden Kennwerte zur quantitativen Beurteilung des Werkstoffverhaltens unter den verschiedensten äußeren Einflüssen (hohe oder tiefe Temperaturen, ruhende, zügige, schwingende oder schlagartige Beanspruchung usw.) benötigt. Von besonderem Interesse sind dabei die mechanischen Eigenschaften des Werkstoffs wie Festigkeit, Härte, Verformbarkeit usw. Zu ihrer Ermittlung wurden unterschiedliche **mechanische Werkstoffprüfverfahren** entwickelt.

Um die mit Hilfe der mechanischen Werkstoffprüfverfahren gewonnenen Werkstoffkennwerte miteinander vergleichen zu können, müssen die Versuche unter definierten und reproduzierbaren Bedingungen hinsichtlich Temperatur, Belastungsart- und Belastungsgeschwindigkeit sowie Form der Prüfkörper durchgeführt werden. Eine Vielzahl der Prüfverfahren wurde daher genormt. Die mit Hilfe der mechanischen Werkstoffprüfung ermittelten Werkstoffkennwerte dienen zur:

- Charakterisierung des Werkstoffs
- Werkstoffkontrolle
- Auswahl eines geeigneten Werkstoffs
- Werkstoffentwicklung
- Bauteildimensionierung

Die mechanischen Prüfverfahren können hinsichtlich des zeitlichen Verlaufs der Belastung wie folgt eingeteilt werden:

Bild 1: Einteilungsmöglichkeit der mechanischen Werkstoffprüfverfahren mit Beispielen

Die Kennwerte aus den Prüfverfahren gemäß Bild 1 sind jedoch nur mit Einschränkungen dazu geeignet, das tatsächliche Betriebsverhalten komplex gestalteter und beanspruchter Bauteile zu beurteilen. Daher sind nicht nur die mechanischen Werkstoffprüfverfahren, sondern auch Prüfverfahren am fertigen Bauteil unter betriebsähnlichen Beanspruchungen wie zum Beispiel Betriebsfestigkeitsversuche schwingend beanspruchter Komponenten von großer Bedeutung.

13.5.1 Zugversuch

Der Zugversuch nach DIN EN 10 002 ist einer der wichtigsten Versuche der mechanischen Werkstoffprüfung. Mit seiner Hilfe kann das Werkstoffverhalten unter einachsiger Zugbeanspruchung ermittelt werden. Er liefert wichtige Festigkeits- und Verformungskennwerte für den Werkstoffvergleich sowie für die Bauteildimensionierung bei statischer Beanspruchung.

13.5.1.1 Historisches

Die Prüfung der Festigkeit von Werkstoffen reicht nachweislich bis in das 15. Jahrhundert zurück. Damals beschrieb bereits ***Leonardo da Vinci*** (1452 ... 1519) die Prüfung der Festigkeit von Draht. Auch in späteren Jahren beschäftigten sich unterschiedliche Forscher immer wieder mit der Festigkeit von Werkstoffen oder dem Zusammenhang zwischen Kraft und Verlängerung. Von ***Galileo Galilei*** (1564 ... 1642) ist bekannt, dass er unter anderem die Biegefestigkeit von Holzbalken untersuchte. ***Robert Hooke*** (1635 ... 1703) beschrieb 1678 nach Beobachtungen an Uhrfedern den proportionalen Zusammenhang zwischen Kraft und Verlängerung *„ut tensio, sic vis"* (wie die Streckung, so die Kraft) und schuf damit das nach ihm benannte ***Hooke'sche Gesetz*** (Kapitel 13.5.1.4). Er erkannte allerdings noch nicht, dass es nur für den Bereich der elastischen Verformung des Werkstoffs gilt.

Wird die Kraft jedoch über einen bestimmten Punkt hinaus erhöht, dann verformt sich der Werkstoff plastisch, d.h. der Prüfling nimmt nach der Entlastung nicht mehr seine ursprüngliche Gestalt an. In der zweiten Hälfte des 19. Jahrhunderts entstanden dann die ersten Maschinen zur systematischen Prüfung der Festigkeit verschiedener Werkstoffe (z. B. Fa. Krupp 1863, Fa. Mohr & Federhaff 1870). Häufig handelte es sich dabei um **Universalprüfmaschinen** mit denen nicht nur reine Zug-, sondern auch Druck- und Biegebeanspruchungen realisiert werden konnten.

13.5.1.2 Versuchsdurchführung

Im Zugversuch wird eine in der Regel genormte, Probe des zu prüfenden Werkstoffs in eine mechanisch oder hydraulisch arbeitende Zugprüfmaschine eingespannt und mit zunehmender Zugkraft so lange verformt, bis der Bruch der Probe eintritt (Bild 1). Die erforderliche Zugkraft F wird in Abhängigkeit der Probenverlängerung ΔL kontinuierlich registriert. Man erhält das **Kraft-Verlängerungs-Diagramm.**

Sowohl die Zugkraft als auch die Probenverlängerung ist von der Abmessung der Probe abhängig. Das Kraft-Verlängerungs-Diagramm liefert daher keine Werkstoffkennwerte mit dessen Hilfe ein quantitativer Werkstoffvergleich möglich wäre.

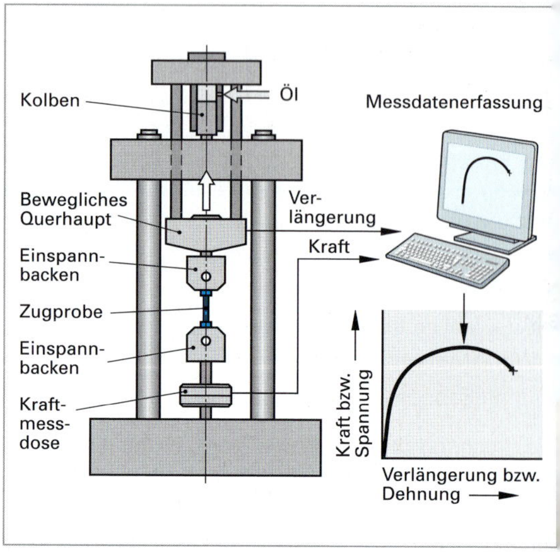

Bild 1: Zugversuch und Zugprüfmaschine

Um von der Probengeometrie unabhängige Kenngrößen zu erhalten, bezieht man die Zugkraft F daher auf die Querschnittsfläche S_0 der Probe vor der Prüfung und spricht von der (mechanischen) Spannung σ.

$$\sigma = \frac{F}{S_0} \tag{13.4}$$

σ = (Normal)Spannung (MPa)
F = Zugkraft (N)
S_0 = Querschnittsfläche der Probe vor der Prüfung (mm^2)

In analoger Weise geht man von der Probenverlängerung ΔL auf die von der Probengröße (Messlänge) ebenfalls unabhängige Dehnung ε über:

$$\varepsilon = \frac{\Delta L}{L_0} \tag{13.5}$$

ε = Dehnung (dimensionslos oder in % bzw. in ‰)
ΔL = Verlängerung der Probe (mm)
L_0 = Anfangsmesslänge der Probe vor der Prüfung (mm)

Auf diese Weise erhält man das sich vom Kraft-Verlängerungsdiagramm nur durch die Achsenmaßstäbe unterscheidende **Spannungs-Dehnungs-Diagramm,** mit dessen Hilfe wichtige Festigkeits- und Verformungskenngrößen des Werkstoffs ermittelt werden können. Sie sind Grundlage für die Berechnung und Dimensionierung statisch beanspruchter Bauteile und Konstruktionen.

13.5.1.3 Probengeometrie

Unter einer Probe versteht man denjenigen Teil des Halbzeugs oder Werkstücks, der eine festgelegte Form und Größe besitzt und zur Durchführung des Versuchs dient. Form und Maße der Proben hängen vom Erzeugnis ab, aus denen die Proben herausgearbeitet werden sollen. Die Proben können kreisrunde, quadratische, rechteckige oder ringförmige Querschnitte besitzen. Zur Prüfung metallischer Werkstoffe verwendet man überwiegend Rundzugproben (kreisrunde Querschnittsfläche), seltener Flachzugproben (rechteckige Querschnittsfläche).

Bild 1, Seite 595, zeigt verschiedene, für den Zugversuch geeignete Proben nach DIN 50 125. Sehr häufig finden Rundzugproben mit Gewindeköpfen (Form B) und einem Messlängenverhältnis $L_0/d_0 = 5$ (kurze Proportionalstäbe, Kapitel 13.5.1.5) Anwendung. In Tabelle 1, Seite 595, sind Abmessungsbeispiele dieser Proben zusammengestellt.

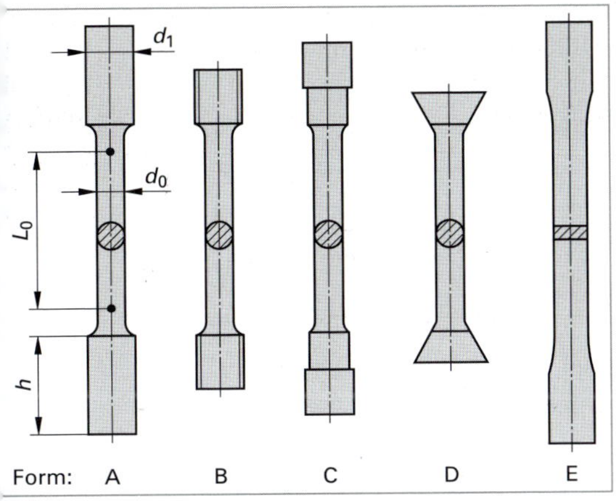

Bild 1: Zugproben nach DIN 50 125
Form A: Rundprobe mit glatten Zylinderköpfen zum Einspannen in Spannkeile
Form B: Rundprobe mit Gewindeköpfen
Form C: Rundprobe mit Schulterköpfen
Form D: Rundprobe mit Kegelköpfen
Form E: Flachprobe mit Köpfen für Spannkeile
nicht dargestellt: Form F, G und H

Tabelle 1: Rundzugproben mit Gewindeköpfen (Form B nach DIN 50 125)

d_0 mm	L_0 mm	d_1 (min.) mm	h (min.) mm
4	20	M 6	6
5	25	M 8	7
6	30	M 10	8
8	40	M 12	10
10	50	M 16	12
12	60	M 18	15
14	70	M 20	17
16	80	M 24	20
18	90	M 27	22
20	100	M 30	24
25	125	M 33	30

Die normgerechte Bezeichnung von Zugproben nach DIN 50 125 lautet:

Beispiel: **DIN 50 125 – B 12 x 60**

- 60: Anfangsmesslänge L_0 der Probe in mm
- 12: Anfangsdurchmesser d_0 der Probe in mm (Form A bis D und Form F) bzw. Probenbreite b in mm (Form E und Form H) bzw. Anfangsquerschnittsfläche S_0 in mm² (Form G)
- B: Probenform nach DIN 50 125 (Bild 1)

Zur Prüfung bestimmter Werkstoffe (z. B. Gusseisen mit Lamellengraphit) sowie von Schweiß- oder Lötverbindungen im Zugversuch wurden besondere Probenformen entwickelt, die in folgenden Normen beschrieben werden:

DIN EN 1561: Zugproben aus Gusseisen mit Lamellengraphit
DIN EN 1562: Zugproben aus Temperguss
DIN EN 1563: Zugproben aus Gusseisen mit Kugelgraphit
DIN EN 1564: Zugproben aus bainitischem Gusseisen
DIN 50148: Zugproben für Druckguss aus Nichteisenmetallen
DIN EN 895: Zugproben zur Prüfung von Schweißverbindungen metallischer Werkstoffe
DIN 50123: Zugproben zur Prüfung schmelzgeschweißter Stumpfnähte von Nichteisenmetallen
DIN 8525-1: Zugproben zur Prüfung von Hartlötverbindungen

13.5.1.4 Spannungs-Dehnungs-Diagramme

Spannungs-Dehnungs-Diagramme beinhalten grundlegende Informationen über das Festigkeits-, Verformungs- und Elastizitätsverhalten des geprüften Werkstoffs. Sie können sich, abhängig von der Werkstoffart und vom Werkstoffzustand, grundlegend voneinander unterscheiden.

a) Hooke'sches Gesetz, Elastizitätsmodul und Querkontraktionszahl

Bei vielen metallischen Werkstoffen ist mit zunehmender Belastung zunächst eine lineare Spannungs-Dehnungs-Abhängigkeit zu beobachten, die sich im Spannungs-Dehnungs-Diagramm als **Hooke'schen Gerade** darstellt (Bild 1, Seite 597). In diesem Bereich verformt sich die Probe elastisch und würde nach Entlastung wieder die Anfangslänge annehmen (elastische Rückverformung). Spannung σ und Dehnung ε sind proportional zueinander, es gilt das **Hooke'sche Gesetz:**

$\sigma = E \cdot \varepsilon$ Hooke'sches Gesetz (bei einachsiger Beanspruchung) (13.6)

Der Proportionalitätsfaktor E wird als **Elastizitätsmodul** bezeichnet. Er ist ein Maß für den Widerstand, den ein Werkstoff seiner elastischen Verformung entgegensetzt und kann beispielsweise aus der Steigung der Hooke'schen Geraden ermittelt werden. Je größer der Elastizitätsmodul E, desto geringer ist die elastische Verformung der Probe bzw. des Bauteils unter Krafteinwirkung (Tab. 1).

Das Hooke'sche Gesetz gilt nicht für alle Werkstoffe. Bei einigen Metallen (z. B. Kupfer, Reinaluminium, Grauguss oder Baustählen bei erhöhten Temperaturen) sowie bei Kunststoffen beobachtet man nicht lineare Elastizitätserscheinungen. Wichtigstes Beispiel für **nichtlineare Elastizität** bei Metallen ist das graue Gusseisen mit Lamellengraphit (E = 80.000 bis 130.000 MPa). Unter Zugbeanspruchung wird der Elastizitätsmodul mit steigender Spannung zunehmend kleiner, da die an den Enden der Graphitkristalle auftretenden Spannungsspitzen ein lokales plastisches Fließen des Werkstoffs hervorrufen. Unter Druckbeanspruchung ist der Elastizitätsmodul dagegen über einen weiten Spannungsbereich nahezu konstant. Als Maß für den Elastizitätsmodul wird bei nicht linearer Elastizität entweder die Anfangssteigung oder die jewelige Steigung $d\sigma/d\varepsilon$ in einem Kurvenpunkt angegeben (Bild 1).

Tabelle 1: Elastizitätsmodul E und Querkontraktionszahl μ ausgewählter Werkstoffe (Anhaltswerte)

	Werkstoff	Elastizitätsmodul E MPa	Querkontraktionszahl μ
Metalle	Osmium	570.000	k.A.
	Wolfram	415.000	0,35
	Molybdän	336.000	k.A.
	Nickel	213.000	0,31
	Eisen	210.000	0,29
	ferrit.-perl. Stahl	200.000 ... 216.000	0,30
	austenitischer Stahl	190.000 ... 203.000	0,30
	Gusseisen mit Kugelgraphit	169.000 ... 176.000	0,275
	Gusseisen mit Lamellengraphit	78.000 ... 143.000	0,26
	Kupfer (unlegiert)	125.000	0,34
	Cu-Sn-Legierungen	110.000 ... 125.000	0,35
	Cu-Zn-Legierungen	80.000 ... 125.000	0,35
	Titanlegierungen	112.000 ... 130.000	0,32 ... 0,38
	Aluminiumlegierungen	60.000 ... 80.000	0,33
	Magnesiumlegierungen	40.000 ... 45.000	0,30
	Blei	17.500	0,42
Kunststoffe	Duroplaste	3.000 ... 10.000[1]	k.A.
	Thermoplaste	100 ... 4.500[1]	k.A.
	Elastomere	10 ... 100[2]	0,47 ... 0,50
Sonstige	Diamant	1.000.000	k.A.
	Wolframcarbid	450.000 ... 650.000	k.A.
	Glas	70.000 ... 80.000	0,17
	Beton	25.000 ... 30.000	k.A.
	Holz[3]	9.000 ... 16.000	0,33

[1] Bei verstärkten Kunststoffen auch höher
[2] Im entropieelastischen Bereich
[3] Parallel zur Faserrichtung
k.A. = keine Angabe

Mit der Längsdehnung ε_l des Zugstabes geht im elastischen Bereich eine Querschnittsverminderung (oder Querkontraktion) einher. Für Proben mit kreisrundem Querschnitt gilt zwischen Querkontraktion ε_q und der Längsdehnung ε_l das **Poisson'sche Gesetz** (benannt nach dem frz. Mathematiker ***Siméon Denis Poisson,*** 1781 ... 1840):

$$\varepsilon_q = -\mu \cdot \varepsilon_l \quad \text{Poisson'sches Gesetz} \qquad (13.7)$$

Der Proportionalitätsfaktor μ wird als **Querkontraktionszahl,** der Kehrwert $m = 1/\mu$ als **Poisson-Zahl** bezeichnet (Tabelle 1).

Der Hooke'sche Bereich und damit das linear-elastische Werkstoffverhalten endet mit Erreichen der **Proportionalitätsgrenze** σ_p. Das Spannungs-Dehnungs-Diagramm weicht zunehmend von der Hooke' schen Geraden ab (Bild 1, Seite 597). Mit Erreichen der Elastizitätsgrenze σ_E endet schließlich das elastische Werkstoffverhalten. Entlastet man die Probe bei einer bestimmten Spannung oberhalb der **Elastizitätsgrenze,** dann würde sie ihre ursprüngliche Gestalt nicht mehr annehmen, sie hat sich plastisch (bleibend) verformt.

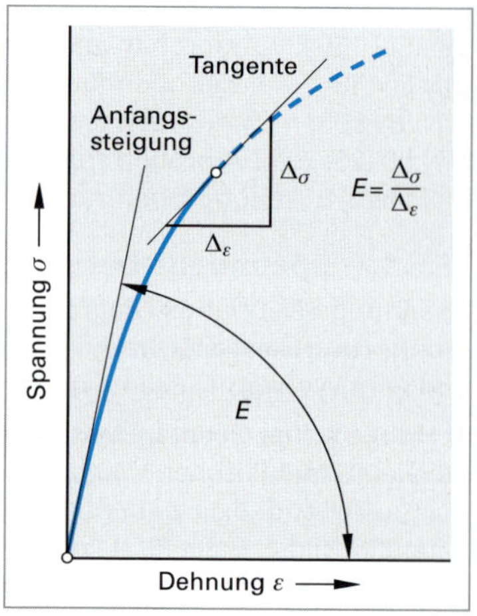

Bild 1: Nicht lineare Elastizität am Beispiel von Gusseisen mit Lamellengraphit (Grauguss)

b) Grundtypen von Spannungs-Dehnungs-Diagrammen

Der Verlauf des Spannungs-Dehnungs-Diagramms oberhalb der Elastizitätsgrenze hängt im Wesentlichen von der Art des Werkstoffs sowie vom Werkstoffzustand ab. Die drei wichtigsten Diagrammtypen sind in den Bildern 1 und 2 sowie Bild 1, Seite 598, zusammengestellt. Die Erläuterung der Formelzeichen (z.B. $R_{p0,2}$; R_m; A usw.) erfolgt in Kapitel 13.5.1.5.

Die Mehrzahl der metallischen Werkstoffe zeigt einen **Spannungs-Dehnungs-Verlauf ohne ausgeprägte Streckgrenze** (Bild 1). Er ist gekennzeichnet durch einen kontinuierlichen Übergang zwischen elastischer und plastischer Verformung. Oberhalb der Elastizitätsgrenze σ_E beobachtet man eine zunehmende Abweichung des Spannungs-Dehnungs-Diagrammes von der Hooke'schen Geraden. Im Werkstoff tritt eine makroskopisch plastische Verformung auf. In Ebenen mit der größten Schubspannung (bei einachsiger Zugbeanspruchung unter 45° zur Belastungsrichtung) finden ausgeprägte Versetzungsbewegungen statt (Kapitel 2.8.2).

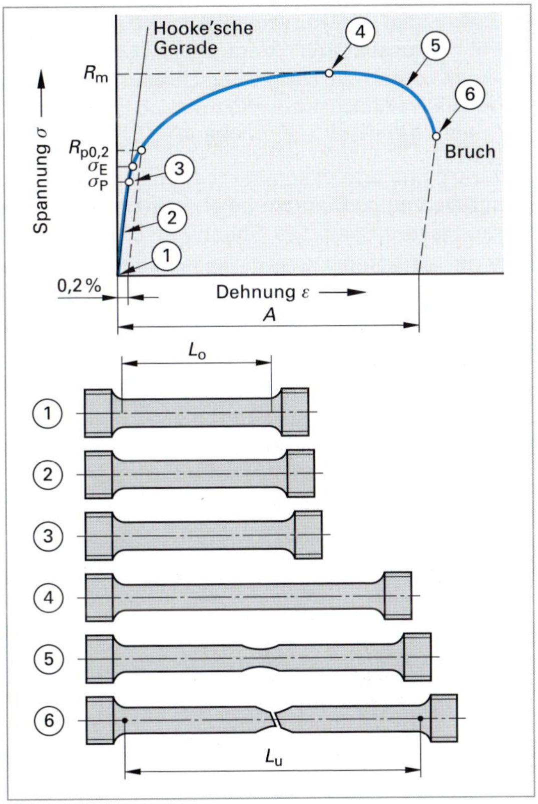

Bild 1: Spannungs-Dehnungs-Diagramm ohne ausgeprägte Streckgrenze

Mit der plastischen Verformung geht eine Erhöhung der Versetzungsdichte einher (Kapitel 2.9.4). Durch Überlagerung ihrer Spannungsfelder behindern sich die Versetzungen in ihrer Bewegung gegenseitig. Für die Aufrechterhaltung der Versetzungsbewegung, d. h. für eine weitere plastische Verformung ist eine zunehmende Spannung erforderlich. Der Werkstoff verfestigt sich (Kaltverfestigung, Kapitel 2.9.4).

Mit steigender Belastung wird der Kurvenverlauf zunehmend flacher. In Abhängigkeit des Verformungsverhaltens des Werkstoffs tritt nach einer mehr oder weniger ausgeprägten plastischen Verformung der Bruch ein. Bei stark verformungsfähigen Metallen (z. B. Reinaluminium, Baustähle) beobachtet man ein Spannungsmaximum im Spannungs-Dehnungs-Diagramm (Stelle 4 in Bild 1). Nach Überschreiten des Spannungsmaximums schnürt sich die Probe an der zufällig schwächsten Stelle innerhalb der Messlänge ein und bricht anschließend relativ rasch. Mit Beginn der Einschnürung konzentriert sich die gesamte Probendehnung auf die Einschnürstelle.

Einige Legierungen, insbesondere normalgeglühte Stähle mit niedrigem bis mittlerem Kohlenstoffgehalt (z. B. viele unlegierte Baustähle wie S235JR), besitzen ein **Spannungs-Dehnungs-Diagramm mit ausgeprägter Streckgrenze.**

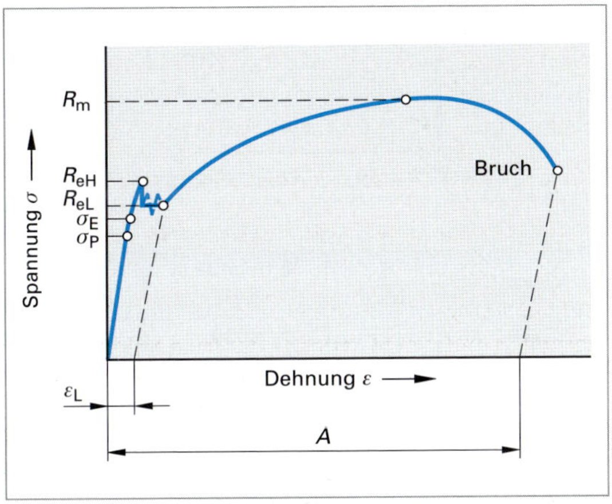

Bild 2: Spannungs-Dehnungs-Diagramm mit ausgeprägter Streckgrenze

Mit zunehmender Belastung verhalten sich Spannung und Dehnung zunächst entsprechend dem Hooke'schen Gesetz proportional zueinander. Unmittelbar oberhalb der Elastizitätsgrenze beobachtet man jedoch einen mehr oder weniger stark ausgeprägten Kraft- bzw. Spannungsabfall mit anschließender plastischer Dehnungszunahme ε_L bei konstanter Nennspannung. Die Dehnung ε_L wird als **Lüdersdehnung** bezeichnet. Sie ist u.a. von der Werkstoffart und vom Werkstoffzustand abhängig und kann Werte zwischen etwa 0,5 % und 4 % annehmen. Bei Werkstoffen, deren Spannungs-Dehnungs-Diagramm eine ausgeprägte Streckgrenze aufweist, unterscheidet man eine **obere Streckgrenze R_{eH}** (R = résistance, e = écoulement, H = higher) und eine **untere Streckgrenze R_{eL}** (L = lower). Bei heterogenen Gefügen mit weichen und harten Gefügebestandteilen können im Bereich der Lüdersdehnung Kraftschwankungen auftreten, die sich dann abhängig von der Steifigkeit der Prüfmaschine als Einschwingvorgang im Spannungs-Dehnungs-Diagramm abzeichnen können.

Um die Probe am Ende der Lüdersdehnung weiter zu verformen, ist eine zunehmende Kraft bzw. Spannung erforderlich, da sich der Werkstoff verfestigt. Der Kurvenverlauf wird jedoch, analog den Werkstoffen ohne ausgeprägte Streckgrenze, zunehmend flacher und strebt einem Maximum zu. Nach Überschreitung der Höchstlast beginnt sich die Probe ebenfalls einzuschnüren und bricht wenig später.

Spröde Werkstoffe wie Gusseisen mit Lamellengraphit, martensitisch gehärtete Stähle oder keramische Werkstoffe (Kapitel 10) zeigen **Spannungs-Dehnungs-Diagramme ohne (nennenswertes) plastisches Verformungsvermögen**. Die Spannungs-Dehnungs-Kurve weicht nicht oder nur geringfügig von der Hooke'schen Geraden ab (Bild 1). Die Proben brechen bei sehr niedriger Bruchdehnung und praktisch ohne Brucheinschnürung. Eine makroskopisch plastische Verformung ist bei diesen Werkstoffen kaum oder überhaupt nicht zu beobachten. Eine Streck- bzw. Dehngrenze wird bei diesen Werkstoffen nicht angegeben.

Die spezifischen Eigenschaften eines Werkstoffs kommen also im Zugversuch in Form des Spannungs-Dehnungs-Diagramms zum Ausdruck. In ihm spiegelt sich der Einfluss der Werkstoffeigenart auf die

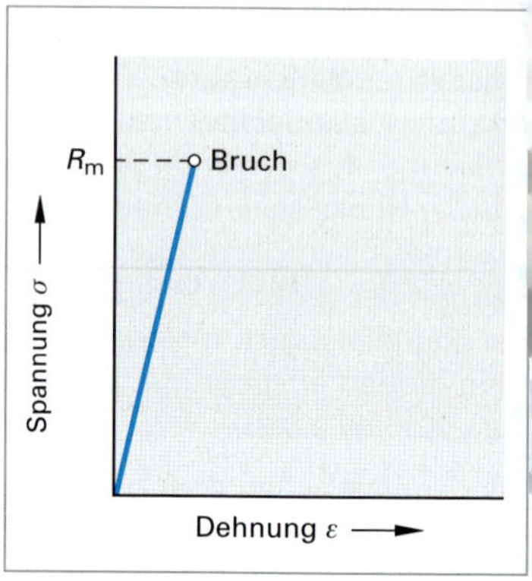

Bild 1: Spannungs-Dehnungs-Diagramm mit eingeschränktem plastischem Verformungsvermögen

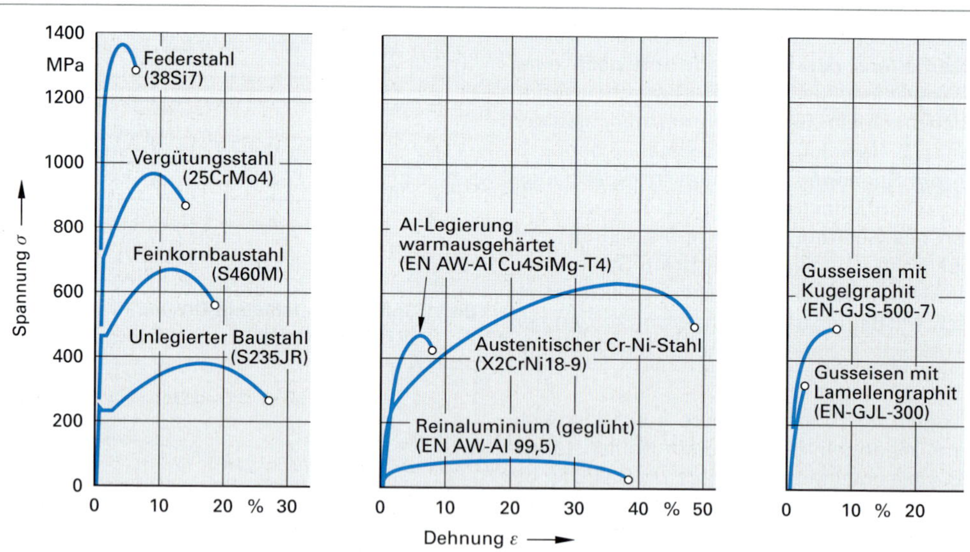

Werkstoff	R_m MPa	R_e bzw. $R_{p0,2}$ MPa	A %
38Si7[1]	1350	1030	6
25CrMo4[1]	950	720	14
S460M	680	460	18
S235JR	390	235	26
X2CrNi18-9	180	620	48

Werkstoff	R_m MPa	R_e bzw. $R_{p0,2}$ MPa	A %
EN AW-Al 99,5	20	90	38
EN AW-Al Cu4SiMg-T4	480	290	8
EN-GJS-500-7	500	320	7
EN-GJL-300	350	–	0

[1] Im vergüteten Zustand

Bild 2: Spannungs-Dehnungs-Diagramme ausgewählter Metalle bzw. Metalllegierungen (mit Beispielen)

Form des Diagramms wider. Bild 2, Seite 598, zeigt Spannungs-Dehnungs-Diagramme unterschiedlicher Metalle bzw. Metalllegierungen. Kennzeichnend ist dabei, dass mit steigender Festigkeit das plastische Verformungsvermögen abnimmt. Eine Ausnahme hiervon bilden die austenitischen Cr-Ni-Stähle, die zwar eine niedrige Dehngrenze, jedoch eine relativ hohe Zugfestigkeit und ein sehr starkes Verfestigungs- und Verformungsvermögen besitzen.

13.5.1.5 Ermittlung von Werkstoffkennwerten im Zugversuch

Aus den Spannungs-Dehnungs-Diagrammen können wichtige Werkstoffkennwerte ermittelt werden:

- Dehngrenze R_p bei Werkstoffen ohne ausgeprägte Streckgrenze
- Streckgrenze R_e (meist R_{eH}) bei Werkstoffen mit ausgeprägter Streckgrenze
- Zugfestigkeit R_m
- Bruchdehnung A und Brucheinschnürung Z (die Brucheinschnürung lässt sich allerdings nicht aus dem Spannungs-Dehnungsdiagramm ermitteln, s. u.)
- Elastizitätsmodul E
- Querkontraktionszahl μ. Die Bestimmung der Querkontraktionszahl ist nur mittels spezieller Messtechnik (z.B. Querdehnungsaufnehmern) möglich.

Information

Dehngrenze

Spannungen, die eine bestimmte bleibende Verformung hervorrufen (z. B. 0,01 % oder 0,2 %), werden allgemein als Dehngrenzen R_p bezeichnet. Die Dehngrenze R_p ist demzufolge der Werkstoffwiderstand gegen das Überschreiten einer bestimmten plastischen Verformung.

a) Dehngrenze

Die in DIN EN 10 002 nicht enthaltene Proportionalitätsgrenze σ_p und Elastizitätsgrenze σ_E (Kapitel 13.5.1.4) liegen in der Regel dicht beieinander oder fallen zusammen und sind messtechnisch nicht exakt erfassbar. Ersatzweise wird daher anstelle der Elastizitätsgrenze diejenige Spannung ermittelt, die nach einer Entlastung eine bleibende (nichtproportionale) Dehnung von 0,01 % hervorruft. Sie wird als **technische Elastizitätsgrenze** oder **0,01-%-Dehngrenze $R_{p\,0,01}$** bezeichnet und kennzeichnet den Übergang von der Mikroplastizität zum makroskopischen Fließen des Werkstoffs.

Bei Werkstoffen ohne ausgeprägte Streckgrenze bestimmt man außerdem diejenige Spannung, die eine bleibende Verformung von 0,2 % hervorruft. Man bezeichnet sie als **0,2-%-Dehngrenze $R_{p0,2}$** bzw. mitunter auch als **Ersatzstreckgrenze.** Sie dient im Maschinen- und Anlagenbau in der Regel als Berechnungsgrundlage. Im Druckbehälter- und Apparatebau ist für die austenitischen Cr-Ni-Stähle die **1-%-Dehngrenze R_{p1}** eingeführt worden, um im Sinne einer besseren Werkstoffausnutzung dem großen plastischen Verformungsvermögen dieser wichtigen Werkstoffgruppe Rechnung zu tragen.

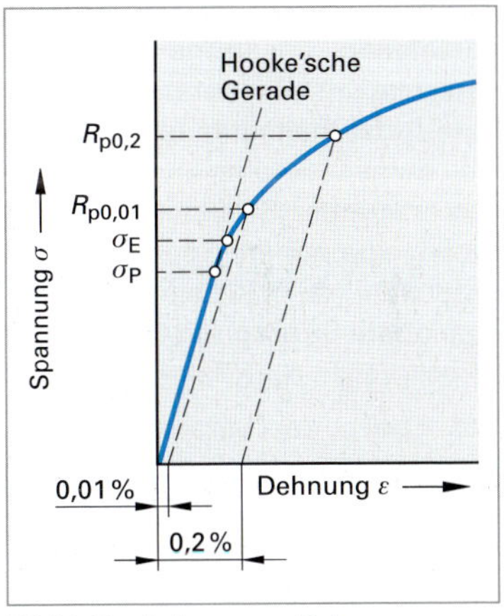

Bild 1: Ermittlung von Dehngrenzen

Das übliche Spannungs-Dehnungs-Diagramm ist zur Bestimmung von Dehngrenzen bzw. der Streckgrenze zu ungenau, da die Plastifizierung bereits bei Dehnungen von wenigen 1/10 Prozenten eintritt. Für die exakte Bestimmung dieser Kennwerte muss daher eine **Feindehnungsmessung** durchgeführt werden. Mit Hilfe einer geeigneten Messeinrichtung wird dabei die Probendehnung zu Beginn des Versuchs genau ermittelt. Trägt man die zu den jeweiligen Dehnungswerten gehörenden Spannungen über einem möglichst weit aufgespreizten Dehnungsmaßstab auf, dann erhält man das **Feindehnungsdiagramm.**

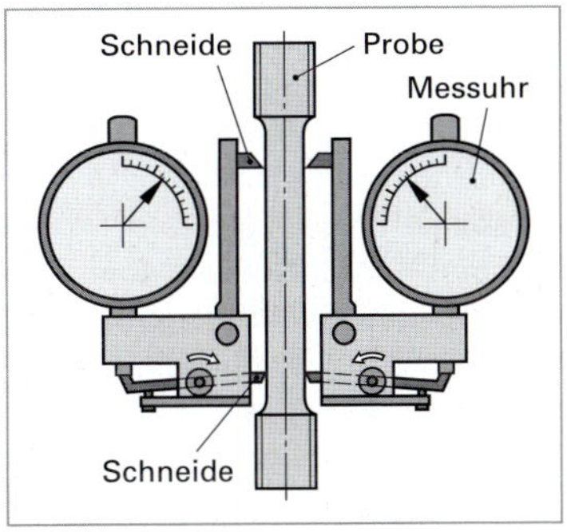

Bild 2: Mechanisches Feindehnungsmessgerät

Um die Dehngrenze zu ermitteln, konstruiert man ausgehend von einer bestimmten bleibenden Dehnung (z. B. 0,01 % oder 0,2 %) eine Parallele zur Hooke'schen Geraden. Ihr Schnittpunkt mit der Spannungs-Dehnungs-Kurve ist dann die gesuchte Dehngrenze (z. B. $R_{p0,01}$ oder $R_{p0,2}$; Bild 1).

Für die Feindehnungsmessung wurden unterschiedliche Verfahren entwickelt. Bild 1, Seite 599, zeigt beispielhaft eine Messeinrichtung die nach dem mechanischen Prinzip arbeitet: die Probendehnung wird über Hartmetallschneiden auf zwei Messuhren übertragen (zwei Messuhren sind erforderlich, um einen eventuellen Biegeanteil zu korrigieren). Die Messgenauigkeit beträgt etwa 1 µm.

b) Streckgrenze

Bei Werkstoffen mit ausgeprägter unterer und oberer Streckgrenze zeigt sich ein unstetiger Übergang vom elastischen zum elastisch-plastischen Werkstoffverhalten (Bild 2, Seite 597). Bei diesen Werkstoffen wird eine Streckgrenze R_e anstelle einer Dehngrenze R_p bestimmt. Die Streckgrenze R_e ist diejenige Spannung, bei der mit zunehmender Verlängerung der Probe die Zugkraft erstmals konstant bleibt oder abfällt. Im zweiten Fall ist zwischen einer oberen Streckgrenze R_{eH} und einer unteren Streckgrenze R_{eL} zu unterscheiden. Die obere Streckgrenze ist dabei diejenige Spannung, bei der ein erster deutlicher Kraftabfall eintritt, die untere Streckgrenze ist die kleinste Spannung im Fließbereich (Einschwingerscheinungen bleiben unberücksichtigt). Technisch gebräuchlich ist die obere Streckgrenze R_{eH}, sie entspricht etwa der 0,2-%-Dehngrenze. Es bleibt allerdings anzumerken, dass die obere Streckgrenze wesentlich stärker als die anderen im Zugversuch ermittelten Kennwerte von den Versuchsbedingungen, der Probenform sowie von der Steifigkeit der Prüfmaschine abhängt.

Das Vorhandensein einer oberen und einer unteren Streckgrenze (z. B. unlegierte Baustähle) beruht nach ***A.H. Cottrell*** auf der Blockierung von Versetzungen durch interstitiell (auf Zwischengitterplätzen) gelösten Fremdatomen, die sich in Form einer **Cottrell-Wolke** bevorzugt im Verzerrungsfeld einer Stufenversetzung ansammeln (Bild 1). Das elastisch verzerrte Kristallgitter bietet dort energetisch günstigere Aufenthaltsorte. Im Falle der Stähle handelt es sich dabei um Kohlenstoff- oder Stickstoffatome. Da das Lösen der Stufenversetzung aus ihrer Cottrell-Wolke eine höhere Spannung benötigt als das Weitergleiten, tritt im Spannungs-Dehnungs-Diagramm eine obere Streckgrenze R_{eH} (Lösen) und eine untere Streckgrenze R_{eL} (Gleiten) in Erscheinung.

Das Lösen der Versetzungen aus ihren Cottrell-Wolken beginnt zuerst in Bereichen lokaler Spannungsüberhöhung (z. B. Mikro- oder Makrodefekte). Ein Aufstau dieser Versetzungen an Hindernissen, insbesondere Korngrenzen, führt erneut zu einer Spannungskonzentration, die im Nachbarkorn weitere Versetzungsbewegungen aktiviert. Auf diese Weise breitet sich der Bereich der plastischen Verformung zunächst über den Probenquerschnitt in Richtung der maximalen Schubspannung (bei einachsiger Zugbeanspruchung also unter 45°) aus. Dieser lokal begrenzte Bereich plastischer Verformung wird als **Lüdersband** bezeichnet und ist auf einer polierten Probenoberfläche gut sichtbar. Durch das Vorhandensein des ersten Lüderbandes ist in den noch elastisch beanspruchten Nachbarbereichen die Lösung weiterer Versetzungen aus ihren Cottrell-Wolken erleichtert, so dass sich der Bereich der Lüdersdehnung bei konstanter Spannung (R_{eL}) allmählich über das gesamte Probenvolumen ausbreitet (Bild 2). Die Lüdersdehnung ε_L, d. h. der im Spannungs-Dehnungs-Dia-

ⓘ **Information**

Streckgrenze

Die Streckgrenze ist der Werkstoffwiderstand gegen einsetzende plastische Verformung, d.h. diejenige Spannung bei der trotz zunehmender Verlängerung der Probe die Zugkraft gleich bleibt oder abfällt.

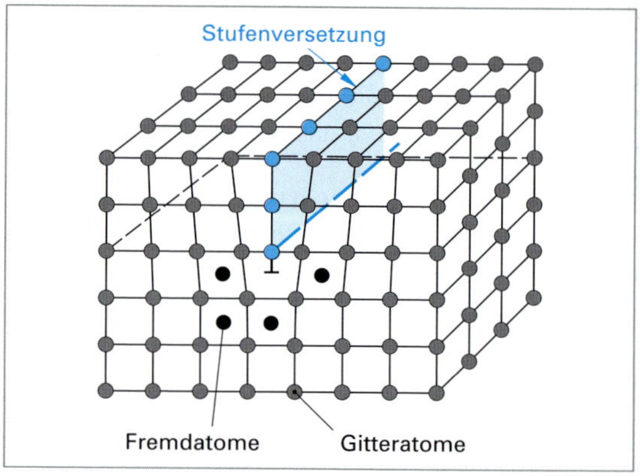

Bild 1: Blockierung einer Versetzung durch Fremdatome (Cottrell-Wolke)

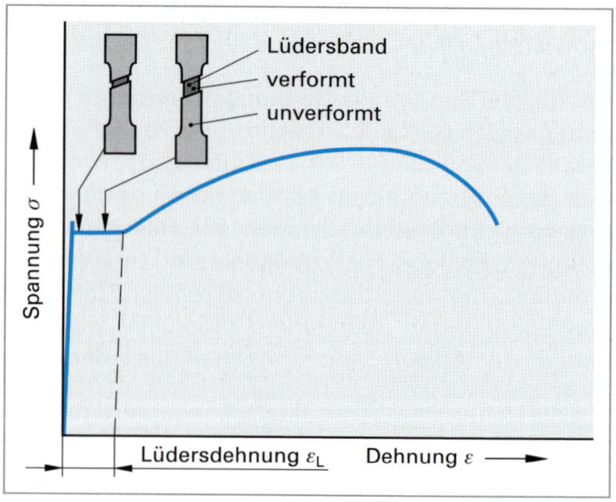

Bild 2: Probenverformung bei einachsiger Zugbeanspruchung durch Ausbildung von Lüdersbändern

gramm sichtbare Streckgrenzendehnbereich kann, wie bereits erwähnt, Werte zwischen 0,5 % und 4 % annehmen. Nachdem die Verformung schließlich das gesamte Probenvolumen erfasst hat, erfolgt eine homogene Verfestigung des Werkstoffs.

Das Auftreten der Lüdersbänder ist bei der Metallumformung unerwünscht, da sie das Aussehen der Oberfläche negativ beeinträchtigen. Durch eine der Umformung vorausgehende Kaltverformung kann die Lüdersdehnung jedoch unterdrückt werden. Das Verformungsvermögen des Werkstoffs wird dabei jedoch vermindert (Kaltverfestigung).

Die Höhe der Streck- bzw. Dehngrenze hängt in hohem Maße von der Art des Werkstoffs ab und kann bei metallischen Werkstoffen zwischen 20 MPa und etwa 1200 MPa liegen (Bild 1). Durch Kaltverformung oder durch Legieren ggf. in Verbindung mit einer Wärmebehandlung kann die Streck- oder Dehngrenze erhöht werden.

c) Zugfestigkeit

Als Zugfestigkeit R_m bezeichnet man das Spannungsmaximum im Spannungs-Dehnungs-Diagramm, d. h. die Höchstzugkraft bezogen auf den Anfangsquerschnitt S_0. Nach Überschreiten der Zugfestigkeit erfolgt der Bruch der Probe. Abhängig von Werkstoffart oder Werkstoffzustand unterscheidet man verschiedene Bruchformen (Kapitel 13.5.1.6).

d) Bruchdehnung

Unter der Bruchdehnung A versteht man die bleibende Dehnung der Probe nach dem Bruch. Zu ihrer Bestimmung werden die beiden Probenhälften nach dem Bruch sorgfältig zusammengesetzt und der Abstand L_u von Messmarken (Markierungen) ausgemessen, die vor dem Versuch im Abstand L_0 in die Probenoberfläche eingeritzt oder mit Lackstreifen auf die Oberfläche der Zugprobe aufgebracht wurden (Bild 1, Seite 597 und Bild 1, Seite 603). Die Bruchdehnung errechnet sich dann aus:

$$A = \frac{L_u - L_0}{L_0} \cdot 100\ \% \qquad (13.8)$$

A = Bruchdehnung (%)

L_u = Probenlänge nach dem Bruch (mm)

L_0 = Anfangsmesslänge (mm)

Die Bruchdehnung kann auch aus dem Spannungs-Dehnungs-Diagramm ermittelt werden, indem man eine Parallele zur Hooke'schen Geraden durch denjenigen Kurvenpunkt konstruiert, der den Probenbruch kennzeichnet. Die Bruchdehnung, also die bleibende Dehnung nach dem Bruch der Probe, kann dann im Schnittpunkt dieser Parallelen mit der Abszisse abgelesen werden (Bild 2).

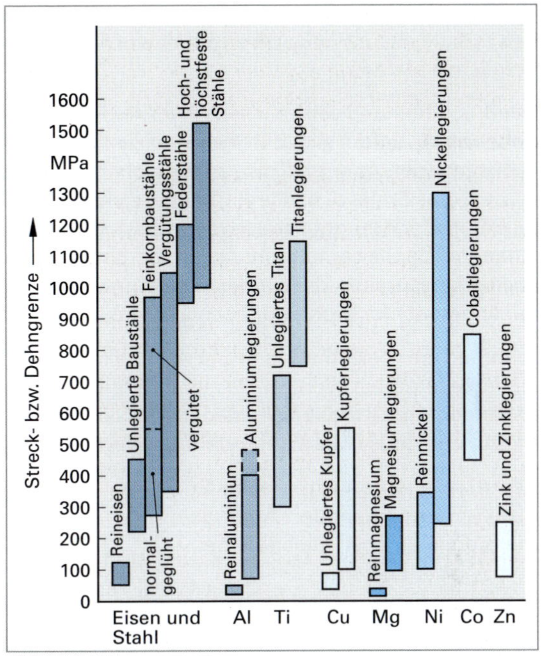

Bild 1: Streck- und Dehngrenzen verschiedener Metalle und Metalllegierungen

ⓘ Information

Zugfestigkeit

Als Zugfestigkeit (R_m) bezeichnet man das Spannungsmaximum im Spannungs-Dehnungs-Diagramm, d.h. die Höchstzugkraft bezogen auf den Anfangsquerschnitt S_0.

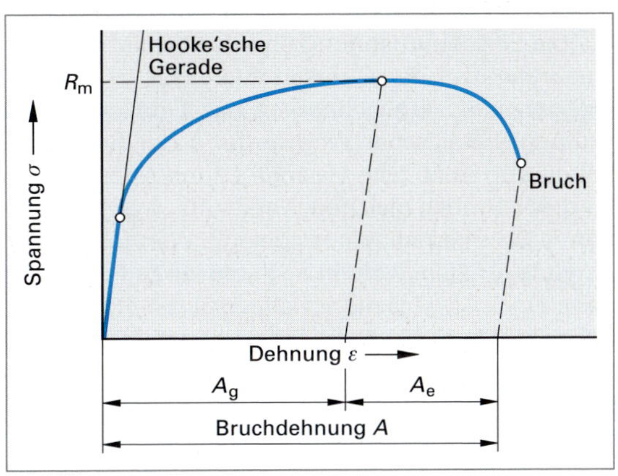

Bild 2: Bestimmung der Bruchdehnung *A*

A_g: Gleichmaßdehnung

A_e: Einschnürdehnung

ⓘ Information

Bruchdehnung

Unter der Bruchdehnung A versteht man die bleibende Dehnung der Probe nach dem Bruch.

Die Bruchdehnung A ist abhängig von der Probengeometrie. Bruchdehnungen, die an verschiedenen Proben aus gleichem Werkstoff ermittelt wurden, können nur unter bestimmten Voraussetzungen miteinander verglichen werden.

Die Bruchdehnung setzt sich aus zwei Anteilen zusammen: der **Gleichmaßdehnung A_g** und der **Einschnürdehnung A_e,** sofern sich die Probe vor dem Bruch hinreichend einschnürt (Bild 2, Seite 601). Im Bereich der Gleichmaßdehnung, also bis zum Erreichen der Zugfestigkeit, dehnt sich die Probe gleichmäßig über die gesamte Messlänge, d. h. alle Probenbereiche werden in gleichem Maße gedehnt. Die Probe wird gleichmäßig dünner und länger, Probenverlängerung (ΔL) und Anfangsmesslänge (L_0) verhalten sich proportional zueinander. Die Gleichmaßdehnung A_g ist damit unabhängig von der Ausgangslänge L_0. Schnürt sich die Probe nach Überschreiten der Zugfestigkeit innerhalb der Messlänge jedoch ein, dann findet eine weitere Längenänderung der Probe nur noch im Bereich der Probeneinschnürung statt.

Während die Gleichmaßdehnung A_g für alle Messlängen gleich ist, nimmt die Einschnürverlängerung (ΔL_e) einen bestimmten Wert an, der unabhängig von der Messlänge der Probe ist. Bezieht man die Einschnürverlängerung auf die verschiedenen Messlängen (errechnet also die Einschnürdehnung A_e), dann erhält man mit zunehmender Messlänge kleinere Werte für die Einschnürdehnung.

Bild 1 veranschaulicht diesen Effekt: Mit zunehmender Anfangsmesslänge L_0 aber gleichbleibendem Probendurchmesser d_0, d. h. mit steigendem Messlängenverhältnis L_0/d_0 erhält man kleinere Werte für die Bruchdehnung A, da der Anteil die Gleichmaßdehnung A_g zwar konstant, die Einschnürdehnung A_e jedoch mit steigender Anfangsmesslänge bzw. Messlängenverhältnis sinkt. Das Gesagte gilt nicht nur für die Bruchdehnung A, sondern für jede beliebige Dehnung im Bereich der Probeneinschnürung.

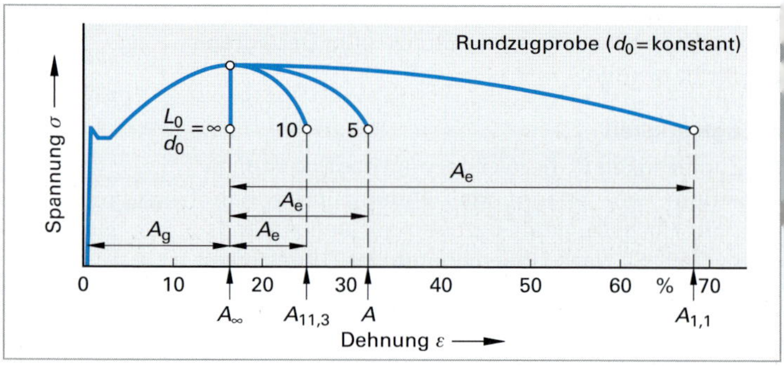

Bild 1: Spannungs-Dehnungs-Diagramme bei verschiedenen Anfangsmesslängen L_0

Für die Einschnürdehnung ergeben sich immer dann gleiche Werte, sofern sich die Messlänge L_0 und die Quadratwurzel der Querschnittsfläche $\sqrt{S_0}$ proportional zueinander verhalten, also $L_0 \sim \sqrt{S_0}$. Um eine weitgehende Vergleichbarkeit der Versuchsergebnisse sicherzustellen, verwendet man daher bei der Prüfung metallischer Werkstoffe in der Regel **proportionale Proben,** also Proben, bei denen das Verhältnis von Anfangsmesslänge L_0 und Anfangsquerschnitt S_0 durch die Gleichung $L_0 = k \cdot \sqrt{S_0}$ ausgedrückt wird. Mit Proben gleichen Werkstoffs, welche diese Bedingung erfüllen, erhält man gleiche Bruchdehnungen A. Der international festgelegte Wert für den Proportionalitätsfaktor k ist 5,65. Proben, welche diese Bedingung erfüllen, werden auch als **kurze Proportionalstäbe** bezeichnet. Bei kreisförmigem Querschnitt ist dann $L_0 = 5 \cdot d_0$ (Tabelle 1, Seite 595). Bei Proben, die diesen Bedingungen nicht gehorchen ($k \neq 5{,}65$), muss nach DIN EN 10 002-1 der Proportionalitätsfaktor k als Index dem Formelzeichen A der Bruchdehnung angehängt werden, also A_k. Dies ist beispielsweise bei den ebenfalls häufig verwendeten **langen Proportionalstäben** mit $L_0 = 11{,}3 \cdot \sqrt{S_0}$ (entsprechend $L_0 = 10 \cdot d_0$ bei kreisförmigem Querschnitt) der Fall. Als Formelzeichen der Bruchdehnung verwendet man in diesem Fall also $A_{11,3}$. Zwischen der Bruchdehnung A (kurzer Proportionalstab) und $A_{11,3}$ (langer Proportionalstab) besteht näherungsweise der Zusammenhang: $A = 1{,}2 \ldots 1{,}5 \cdot A_{11,3}$.

Beispiele:

1. Rundzugprobe mit $L_0 = 50$ mm, $d_0 = 10$ mm, $L_u = 58$ mm: $\dfrac{L_0}{\sqrt{S_0}} = 5{,}65$ (kurzer Proportionalstab)

   Berechnung der Bruchdehnung: $\dfrac{L_u - L_0}{L_0} \cdot 100\,\% = \dfrac{58\text{ mm} - 50\text{ mm}}{50\text{ mm}} \cdot 100\,\% = 16\,\%$

   Angabe des Ergebnisses: $A = 16\,\%$

2. Rundzugprobe mit $L_0 = 100$ mm, $d_0 = 10$ mm, $L_u = 112$ mm: $\frac{L_0}{\sqrt{S_0}} = 11{,}3$ (langer Proportionalstab)

Berechnung der Bruchdehnung: $\frac{L_u - L_0}{L_0} \cdot 100\,\% = \frac{112\text{ mm} - 100\text{ mm}}{100\text{ mm}} \cdot 100\,\% = 12\,\%$

Angabe des Ergebnisses: $A_{11,3} = 12\,\%$

Bei Verwendung von nicht proportionalen Proben wird die Anfangsmesslänge L_0 unabhängig vom Anfangsquerschnitt S_0 gewählt. Das Formelzeichen der Bruchdehnung wird in diesem Fall ebenfalls durch einen Index ergänzt, der die zugrundeliegende Anfangsmesslänge L_0 in mm angibt.

Beispiel: A_{80mm} = Formelzeichen der Bruchdehnung bei Verwendung einer nicht proportionalen Probe mit einer Anfangsmesslänge von $L_0 = 80$ mm.

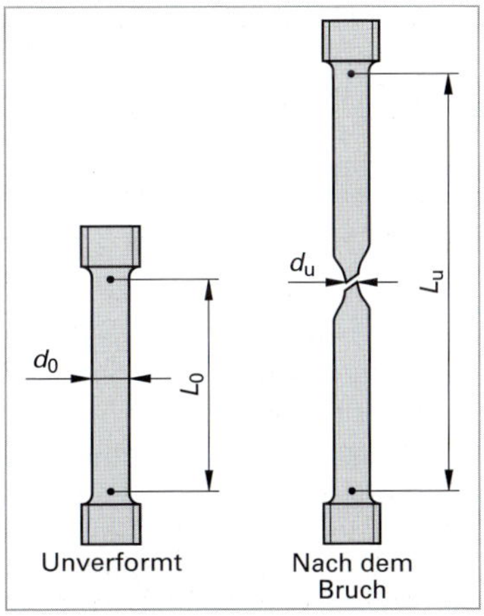

Bild 1: Ermittlung der Brucheinschnürung (Rundzugprobe)

e) Brucheinschnürung

Die Brucheinschnürung Z ist die größte bleibende Querschnittsänderung nach dem Bruch der Probe. Bei Verwendung einer Rundzugprobe beobachtet man nach Überschreiten der Höchstlast eine Einschnürung im Bereich der zufällig schwächsten Stelle innerhalb der Messlänge (Bild 1). Die Brucheinschnürung lässt sich nach dem Bruch der Probe einfach ermitteln aus:

$$Z = \frac{S_0 - S_u}{S_0} \cdot 100\,\% \qquad (13.9)$$

Z = Brucheinschnürung (%)

S_u = Querschnittsfläche nach dem Bruch der Probe an der Bruchstelle (mm^2)

S_0 = Anfangsquerschnittsfläche der Probe (mm^2)

Die Brucheinschnürung lässt sich nicht direkt aus dem Spannungs-Dehnungs-Diagramm entnehmen. Zu ihrer Bestimmung muss die Querschnittsfläche der Probe vor der Prüfung ($S_0 = \pi/4 \cdot d_0^2$) sowie nach ihrem Bruch ($S_u = \pi/4 \cdot d_u^2$) ermittelt werden.

Das Einschnürverhalten metallischer Werkstoffe ist unterschiedlich (Kapitel 13.5.1.6), dementsprechend betragen die Brucheinschnürungen zwischen 0 % und etwa 80 %.

Die Brucheinschnürung Z geht ebensowenig wie die Bruchdehnung A in eine Festigkeitsrechnung ein. Beide Kennwerte kennzeichnen jedoch die Verformungseigenschaften eines Werkstoffs.

f) Elastizitätsmodul

Zu Beginn der Probenbelastung zeigt sich bei vielen metallischen Werkstoffen ein linearer Zusammenhang zwischen Spannung σ und Dehnung ε also $\sigma = E \cdot \varepsilon$ (Hooke'sches Gesetz). Der Proportionalitätsfaktor E wird als Elastizitätsmodul bezeichnet und stellt ein Maß für den Widerstand dar, den ein Werkstoff seiner elastischen Verformung entgegensetzt (Kapitel 13.5.1.4).

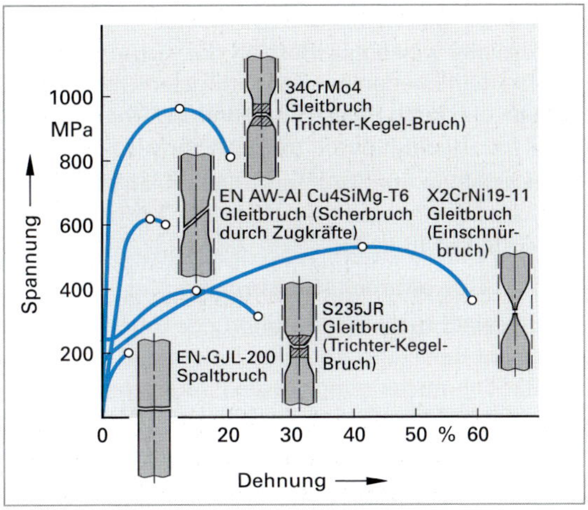

Bild 2: Spannungs-Dehnungs-Diagramme und typische Bruchformen verschiedener metallischer Werkstoffe

13.5.1.6 Bruchvorgänge, Bruchformen und Bruchflächen

Die Bruchform und das Bruchaussehen einer im Zugversuch geprüften Probe richten sich nach der Art des Werkstoffs und seiner Verformungsfähigkeit. Man unterscheidet bei den Gewaltbrüchen grundsätzlich (Bild 2):

- Zäher Gewaltbruch (Gleitbruch)
- Spröder Gewaltbruch (Spaltbruch)

a) Spröder Gewaltbruch (Spaltbruch)

Ein spröder Gewaltbruch oder Spaltbruch (früher auch als **Trennbruch** bezeichnet) ist charakteristisch für Werkstoffe oder Werkstoffzustände mit geringem oder fehlendem plastischem Verformungsvermögen wie z. B. keramische Werkstoffe, martensitisch gehärtete Stähle oder Gusseisen mit Lamellengraphit.

Das Auslösen eines spröden Gewaltbruches hängt aber auch noch von weiteren Faktoren ab:

- Spannungszustand. Ein mehrachsiger Spannungszustand (z. B. dickwandige Bauteile, Kerben) kann infolge einer Dehnungsbehinderung einen Spaltbruch begünstigen.
- Temperatur. Mit abnehmender Temperatur sinkt die Verformungsfähigkeit vieler metallischer Werkstoffe, wie zum Beispiel der ferritisch-perlitischen Stähle
- Hohe Beanspruchungsgeschwindigkeit. Die notwendigen Versetzungsbewegungen können mit zunehmender Beanspruchungsgeschwindigkeit nicht mehr vollständig ablaufen.

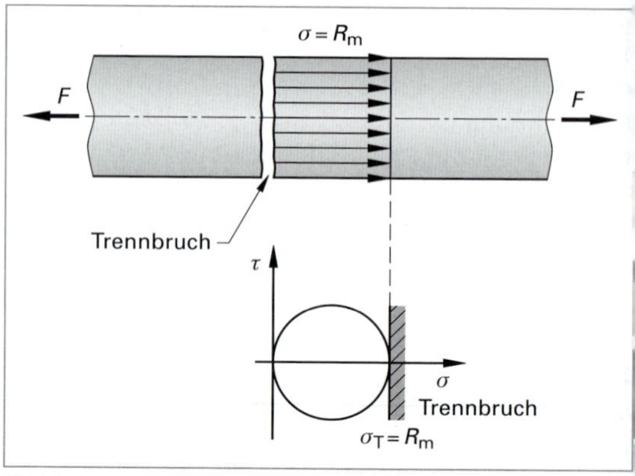

Bild 1: Spannungsverteilung und Mohr'scher Spannungskreis[1] eines Spaltbruchs bei einachsiger Zugbeanspruchung

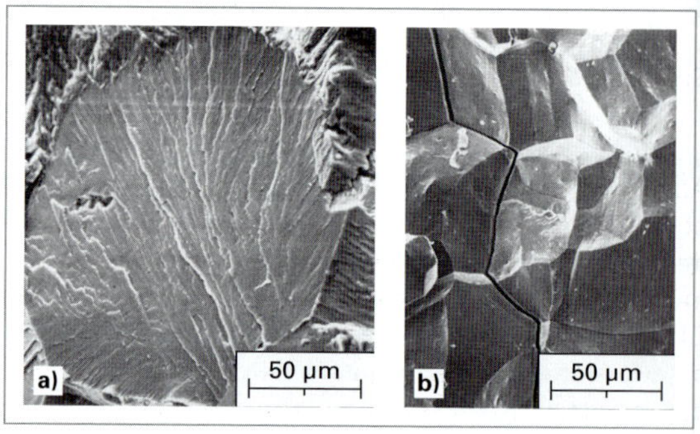

Bild 2: Spröde Gewaltbrüche a) transkristallin b) interkristallin

Ein Spaltbruch tritt auf, sobald die größte Zugnormalspannung die Trennfestigkeit σ_T des Werkstoffs übersteigt. Da im einachsigen Zugversuch die größte Normalspannung in Zugrichtung wirkt, tritt der Spaltbruch dort senkrecht zur Zugrichtung auf (Bild 1).

Spaltbrüche entstehen an Stellen im Gefüge an denen die Versetzungsbewegung oder die Zwillingsbildung blockiert ist. Die hierbei erzeugte Spannungskonzentration und die daraus resultierende Gitteraufweitung vor dem Hindernis kann als Keim eines Spaltrisses wirken. Der Riss breitet sich dann mit hoher Geschwindigkeit (bis Schallgeschwindigkeit) durch das Gefüge aus. Da die Rissspitze nicht abstumpfen kann, die lokale Spannungsüberhöhung also erhalten bleibt, tritt kein Rissstopp auf. Auch bei duktilen Werkstoffen mit spröden Phasen oder Fehlstellen (z. B. Graphitkristalle beim Gusseisen mit Lamellengraphit) treten Spaltbrüche auf. Zwar wird die Rissausbreitungsgeschwindigkeit in der duktilen Matrix durch Abrundung der Rissspitze (verminderte Kerbwirkung) verzögert, sobald sie jedoch auf ein sprödes Teilchen oder eine Fehlstelle trifft, erfolgt eine erneute Erhöhung der Rissfortschrittsgeschwindigkeit.

In spröden Metallen kann die Rissausbreitung transkristallin oder interkristallin erfolgen**. Transkristalline Spaltbrüche** weisen im Bereich der Körner glatte Bruchflächen (Spaltflächen) auf. Der Riss folgt kristallographischen Ebenen mit der geringsten Oberflächenspannung. Spaltbrüche verlaufen auf mehreren Spaltflächen, die durch Stege miteinander verbunden und durch Abscheren entstanden sind (Bild 2a). In kfz-Metallen tritt, bedingt durch die gute Verformungsfähigkeit kein Spaltbruch auf.

Interkristalline Spaltbrüche verlaufen längs der Kornflächen und werden in allen Metallen beobachtet, falls die Kohäsionsfestigkeit zwischen den Körnern z. B. durch Fremdatome oder Ausscheidung spröder Phasen vermindert ist (Bild 2b).

b) Zäher Gewaltbruch (Gleitbruch)

Zähe Gewaltbrüche oder Gleitbrüche treten grundsätzlich nur bei duktilen Metallen auf. Als Reaktion auf eine äußere Belastung treten im Innern des Bauteils Normal- und Schubspannungen auf. In Ebenen mit maximaler Schubspannung werden Versetzungsbewegungen ausgelöst, die zu einer plastischen Verformung führen. Da bei einachsiger Zugbeanspruchung die größten Schubspannungen unter 45° zur Zugrichtung auftreten, findet in diesen Ebenen eine ausgeprägte Versetzungsbewegung statt, die zu einem scheibenförmigen Abgleiten der Werkstoffbereiche führt. Ist das Verformungsvermögen schließlich erschöpft, dann tritt in diesen Richtungen auch der Bruch auf (Bild 1, Seite 605).

[1] Zum Mohr'schen Spannungskreis siehe Literatur zu Festigkeitslehre.

Ein Zähbruch kann in Abhängigkeit der Verformungsfähigkeit des Metalls (z. B. Reinheit) oder des Spannungszustandes (z. B. Probengeometrie) makroskopisch unterschiedliche Erscheinungsformen ausbilden. Man unterscheidet:

- Einschnürbruch
- Scherbruch durch Zugkräfte
- Trichter-Kegel-Bruch

Einschnürbruch: Ein reiner Einschnürbruch wird nur bei sehr reinen Metallen oder bei Einkristallen beobachtet. Da die Versetzungsbewegungen nahezu ungehindert ablaufen können, verformt sich die Einschnürzone so stark, dass sich eine feine Spitze ausbildet (Bild 2, Seite 603, Stahl X2CrNi19-11).

Scherbruch: Bei Vorhandensein eines polykristallinen Gefüges sowie von Verunreinigungen (z. B. nichtmetallische Einschlüsse, Ausscheidungen an den Korngrenzen) ist eine freie Bewegung der Versetzungen durch den gesamten Querschnitt hindurch nicht möglich. Da außerdem unterschiedliche Gleitsysteme für die Versetzungsbewegung betätigt werden, kreuzen sich die Gleitbänder, so dass auch hierdurch die freie Versetzungsbewegung behindert wird. Durch Aufstau der Versetzungen im Bereich der Einschlüsse bzw. Ausscheidungen oder durch Aufreißen der metallischen Matrix durch Versetzungsaufstau an sich kreuzenden Gleitbändern, bilden sich lange vor dem Eintritt des Bruches Mikroporen im Werkstoff, die sich mit zunehmender Belastung vergrößern. Durch Abscheren der Werkstoffbereiche zwischen den Hohlräumen tritt schließlich der Bruch ein (Bild 1). Die Bruchfläche des Scherbruches zeigt daher eine typische Wabenstruktur. Innerhalb der Waben sind die Einschlüsse bzw. Ausscheidungen vielfach noch zu erkennen (Bild 1, Seite 606). Scherbrüche beobachtet man insbesondere bei Vergütungsstählen und Aluminiumlegierungen wie AlMg, AlCu, AlCuMgPb und AlZnMg sowie bei dünnen Flachzugproben.

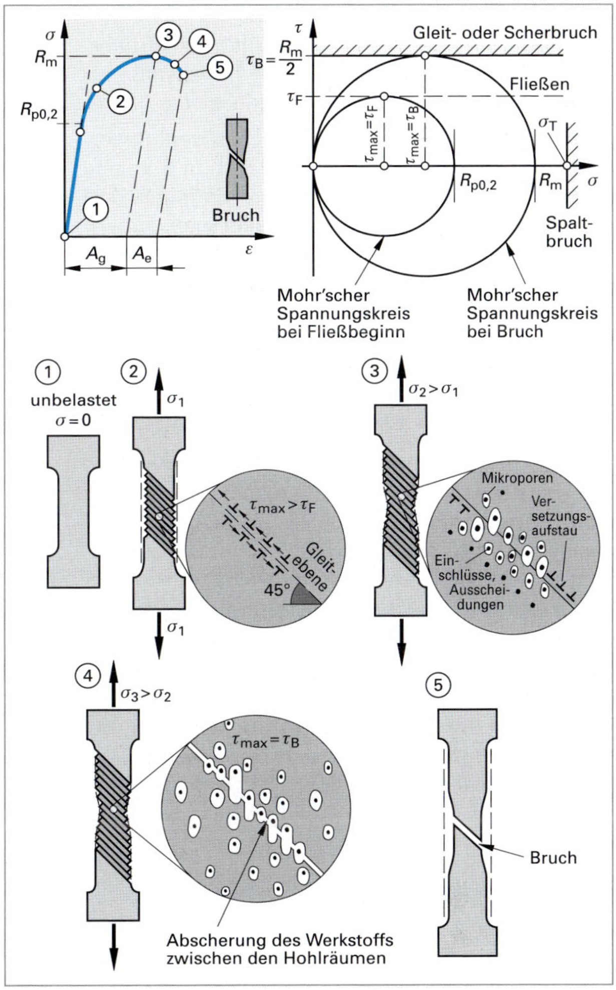

Bild 1: Mechanismus der Ausbildung eines Scherbruches durch Zugkräfte

Trichter-Kegel-Bruch: Schnürt die (Rundzug)Probe vor dem Bruch mehr oder weniger stark ein, dann beobachtet man einen Trichter-Kegel-Bruch.

Mit zunehmender Zugbeanspruchung schnürt die Probe bzw. das Bauteil an der zufällig schwächsten Stelle zunächst ein. Im Einschnürbereich beobachtet man eine Ablösung der metallischen Matrix von Einschlüssen, Ausscheidungen oder anderen Gefügeinhomogenitäten sobald ein kritischer Verformungsgrad überschritten wird (Versetzungsaufstau). Diese Ablösungen finden auf den am stärksten betätigten Gleitebenen (bei einachsiger Zugbeanspruchung unter 45° zur Zugkraft) statt (Scherflächen). Dies geschieht zuerst im Probeninnern, da der plastische Verformungsgrad dort am größten ist (Bild 1, Seite 606, oberes Teilbild).

Die zwischen den entstandenen Hohlräumen verbleibenden Wände werden unter der Wirkung der äußeren Zugbeanspruchung zu gratartigen Stegen ausgezogen. Die Stege scheren schließlich ab und bilden hierdurch die charakteristischen Waben. Durch Vereinigung mehrerer Waben entstehen kurze Risse auf den Scherflächen (z. B. 45° zur Zugkraft, bei einachsiger Zugbeanspruchung).

Diese kurzen Risse folgen zunächst den Scherflächen. Da sie hierdurch jedoch rasch in Bereiche mit geringerem plastischem Verformungsgrad und damit geringerer Vorschädigung gelangen, ändern sie ihre Richtung und bewegen sich auf um 90° gedrehten Scherebenen wieder in den Bereich mit dem engsten Querschnitt zurück. Durch Aneinanderreihung der jeweils unter 45° geneigten Rissfortschrittsebenen entsteht näherungsweise eine makroskopisch ebene Fläche in der Mitte des Stabes (Bild 1).

Je weiter sich der Riss von der Proben- bzw. Bauteilmitte her radial ausbreitet, umso mehr sinkt der Grad an Vorschädigung aufgrund eines geringeren plastischen Verformungsgrades. Damit ist die Richtung des weiteren Rissforschritts nicht mehr vorgeprägt. Weiterhin wird der Spannungszustand aufgrund einer lastfreien Bauteil- und Rissoberfläche nunmehr näherungsweise zweiachsig. Der Bruch verläuft daher in den Randbereichen längs den Gleitebenen mit der größten Schubspannung. Bei einachsiger Zugbeanspruchung beobachtet man deshalb in den Randbereichen einen Scherbruch unter 45° zur Beanspruchungsrichtung.

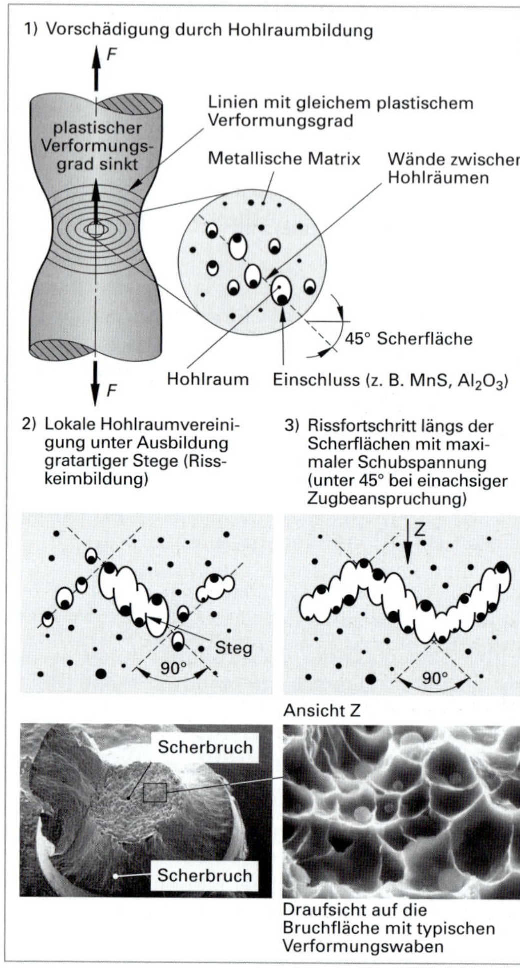

Bild 1: Mechanismus der Ausbildung eines Trichter-Kegel-Bruchs

13.5.2 Druckversuch

Der Druckversuch hat eine besondere Bedeutung für die Prüfung von Baustoffen wie Beton, Holz, Ziegel, usw. Auch metallische Werkstoffe werden im Druckversuch geprüft (DIN 50 106), überwiegend jedoch nur spröde (z. B. Gusseisen mit Lamellengraphit) oder auf Druck beanspruchte Metalle (z. B. Lagermetalle). Für Kunststoffe hat der Druckversuch dagegen kaum Bedeutung.

a) Versuchsdurchführung und Probengeometrie

Beim Druckversuch wird die Probe mit einer stetig zunehmenden Druckkraft solange belastet, bis ein Anriss bzw. Bruch eintritt oder eine bestimmte Stauchung (z. B. 10 % bei Baustoffen, 50 % bei Lagermetallen) erreicht wird. Die Probe kann sich dabei zur Seite hin frei ausdehnen. Metalle werden in der Regel in Universalprüfmaschinen (mit denen auch Zug- und Biegeversuche durchgeführt werden können), Baustoffe dagegen in besonderen mechanischen oder hydraulischen Druckpressen geprüft.

Zur Prüfung metallischer Werkstoffe verwendet man in der Regel zylindrische Proben mit einem Durchmesser von 10 bis 30 mm (bei Lagermetallen 20 mm). Wegen der Gefahr des Ausknickens sollte für das Verhältnis von Höhe h_0 und Durchmesser d_0 der Druckprobe gelten: $1 \leq h_0/d_0 \leq 2$ (Stähle $h_0/d_0 = 1{,}5$, Lagermetalle $h_0/d_0 = 1$). Für die Baustoffprüfung sind würfelförmige oder prismatische Proben üblich (Bild 1, Seite 607).

b) Werkstoffverhalten im Druckversuch

Bei verformungsfähigen Werkstoffen wird aufgrund der Reibung zwischen der Probe und ihren Auflageflächen die Querdehnung behindert und damit die Ausbildung eines mehrachsigen Spannungszustandes mit inhomogener Spannungsverteilung begünstigt. Bei duktilen Werkstoffen beobachtet man daher eine tonnenförmige Ausbauchung der Probe. Die plastische Verformung in einem gestauchten Zylinder kann in drei

Bereiche mit unterschiedlichen Spannungs- bzw. Verformungszuständen eingeteilt werden (Bild 2):

- Bereich I:
  Durch Reibung zwischen den Stirnflächen der Probe und den Auflageplatten wird die radiale Ausbreitung der Probe behindert. Diese Dehnungsbehinderung überträgt sich in das Innere der Probe und bildet dort im Bereich I so genannte **Druckkegel,** innerhalb derer nur geringe Verformungen auftreten.
- Bereich II:
  Im Bereich der seitlichen Ausbauchung der Probe beobachtet man mäßige tangentiale Zugspannungen.
- Bereich III:
  Der mittlere, auch als **Schmiedekreuz** bezeichnete Bereich der Druckprobe ist durch das Auftreten hoher Schubbeanspruchungen gekennzeichnet.

An der Oberfläche duktiler Druckproben kann man als Folge der tangentialen Zugspannungen parallel zur Probenachse verlaufende Anrisse beobachten. Ansonsten wird eine duktile Probe im Druckversuch flachgedrückt. Ein Bruch erfolgt jedoch nicht.

Die Versuchsergebnisse aus geometrisch ähnlichen Proben sind aufgrund von Reibungseinflüssen nur bei gleicher Beschaffenheit der Auflageflächen und bei gleichen Schmierungsverhältnissen miteinander vergleichbar. Die Reibung und damit auch die Ausbauchung der Probe kann jedoch vermindert werden, falls die Stirnflächen der Probe und die Auflageflächen geschmiert werden (z. B. Graphit, Talg, Öl bzw. Zwischenlagen aus Blei- oder Kunststoff).

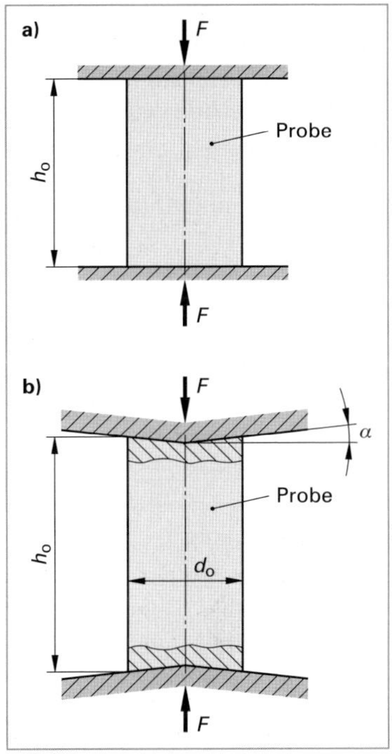

Bild 1: Druckproben
a) mit ebenen Auflageflächen
b) kegelförmigen Auflageflächen

Durch in die Probenstirnflächen eingedrehte konzentrische Rillen oder durch grobes Schleifen kann die Schmierung ebenfalls verbessert werden (bessere Schmiermittelaufnahme). Der Einfluss der Reibung an den Auflageflächen kann auch durch konische Ausbildung der Stirnflächen ($\alpha = 3 \ldots 5°$) vermindert werden (Bild 1b). Man spricht dann vom **Kegelstauchverfahren.** Das Verfahren hat jedoch, bedingt durch das Aufkommen geeigneter Schmiermittel und nicht zuletzt aufgrund der aufwändigen Probenherstellung, gegenüber dem Druckversuch an zylindrischen Proben **(Zylinderstauchversuch)** stark an Bedeutung verloren.

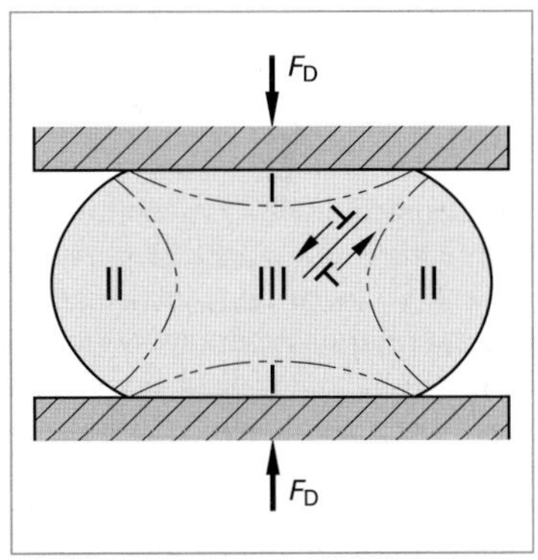

Bild 2: Verformung einer druckbeanspruchten Probe

Im elastischen Bereich stimmen die Spannungs-Dehnungs- bzw. die Druckspannungs-Stauchungs-Kurven weitgehend überein. Mit Erreichen der Proportionalitätsgrenze σ_{dP} endet das linearelastische Werkstoffverhalten und es treten erhebliche Unterschiede im Kurvenverlauf auf. Bedingt durch den mit abnehmender Höhe immer größer werdenden Durchmesser der Probe steigt die Druckspannungs-Stauchungs-Kurve des duktilen Werkstoffs stetig an, ohne dass ein Bruch eintritt (Probe wird flachgedrückt). Zähe Werkstoffe werden im Druckversuch in der Regel nur bis über die Stauchgrenze $\sigma_{d0,2}$ (bzw. Quetschgrenze σ_{dF}) bzw. bis zum Auftreten des ersten Anrisses geprüft.

Spröde Werkstoffe erfahren keine Schubverformung. Bei ihnen beobachtet man einen Bruch durch Abgleiten unter 45° zur Druckachse oder durch Absprengen der zugbeanspruchten Zonen ohne nennenswerte Ausbauchung der Probe. Auch bei spröden Werkstoffen wird die radiale Ausbreitung der Probe an ihren Stirnflächen durch die Reibung an den Druckplatten behindert und in das Innere der Probe übertragen. Daher bilden sich ebenfalls die in Bild 2, dargestellten Druckkegel aus, die sich bei spröden Proben häufig in den Bruchstücken der Probe finden lassen.

Spröde Werkstoffe können unter Druckbeanspruchung in der Regel weit höhere Belastungen ertragen als unter Zuglast. Dieses Verhalten ist beim Gusseisen mit Lamellengraphit (Grauguss) besonders ausgeprägt.

Die Druckfestigkeit σ_{dB} kann bis zum Vierfachen der Zugfestigkeit R_m betragen (Bild 1b und Tabelle 1), so dass dieser Werkstoff eine Sonderstellung unter allen metallischen Konstruktionswerkstoffen einnimmt. Grauguss ist daher ein idealer Konstruktionswerkstoff falls das Bauteil überwiegend Druckspannungen aufnehmen muss. Im Sinne eines werkstoffgerechten Konstruierens, müssen Bauteile aus Grauguss in den versagensgefährdeten Querschnitten überwiegend auf Druck beansprucht werden (Bild 2).

c) Werkstoffkennwerte

Vergleichbar dem Zugversuch kann man beim Druckversuch eine dem Spannungs-Dehnungs-Diagramm vergleichbare **Druckspannungs-Stauchungs-Kurve** aufnehmen (Bild 1). Als Kennwerte bestimmt man die:

- Druckfestigkeit σ_{dB}
- Quetschgrenze (Druckfließgrenze) σ_{dF}
- Stauchgrenze $\sigma_{d\,0,2}$ oder $\sigma_{d\,2}$
- Bruchstauchung ε_{dB}
- relative Bruchquerschnittsvergrößerung ψ_{dB}

Die Ermittlung der Werkstoffkennwerte wird in DIN 50 106 näher beschrieben.

13.5.3 Biegeversuch

Wird ein Stab auf Biegung beansprucht, dann treten in Längsrichtung Zug- bzw. Druckspannungen auf, die ausgehend von der spannungsfreien **neutralen Faser** zum Probenrand hin kontinuierlich auf einen Höchstwert ansteigen (Bild 1, Seite 609). Die Spannungsverteilung muss jedoch nicht zwangsläufig linear verlaufen. So zeigt beispielsweise Grauguss aufgrund des spannungsabhängigen Elastizitätsmoduls (Kapitel 13.5.1.4) einen nicht linearen Spannungsverlauf. Außerdem beobachtet man bei diesem Werkstoff eine Verschiebung der neutralen Faser zur Druckseite hin, da der Elastizitätsmodul bei Druckbeanspruchung größer ist als bei Zugbeanspruchung (Bild 1, Seite 609). Sobald die maximale Spannung σ_b am Probenrand die Höhe der Streck-/Dehngrenze bzw. die Quetsch-/Stauchgrenze erreicht hat, beginnt ein zäher Werkstoff zu fließen. Auf der Zugseite beobachtet man plastische Dehnungen, auf der Druckseite dagegen plastische Stauchungen. Bei weiterer Biegebelastung könnte man zunächst annehmen, dass die Probe bricht, sobald die Biegespannung σ_b am zugseitigen Probenrand die Zugfestigkeit erreicht. Zähe Werkstoffe brechen jedoch unter Biegebeanspruchung meist nicht (Kapitel 13.6.3, Falt- oder technologischer Biegeversuch), spröde Werkstoffe brechen in der Regel erst bei weit höheren Spannungen als der Zugfestigkeit.

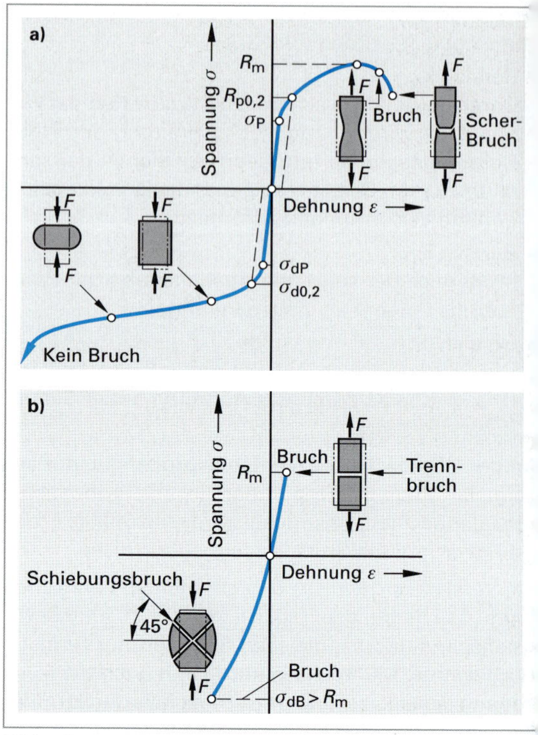

Bild 1: Spannungs-Dehnungs- und Druckspannungs-Stauchungs-Kurven
a) Baustahl
b) Gusseisen mit Lamellengraphit

Tabelle 1: Zug- und Druckfestigkeit von Grauguss

Kurzname		Zugfestigkeit MPa	Druckfestigkeit MPa
neu	alt		
EN-GJL-150	GGL-15	150 ... 250	600
EN-GJL-200	GGL-20	200 ... 300	720
EN-GJL-250	GGL-25	250 ... 350	840
EN-GJL-300	GGL-30	300 ... 400	960
EN-GJL-350	GGL-35	350 ... 450	1080

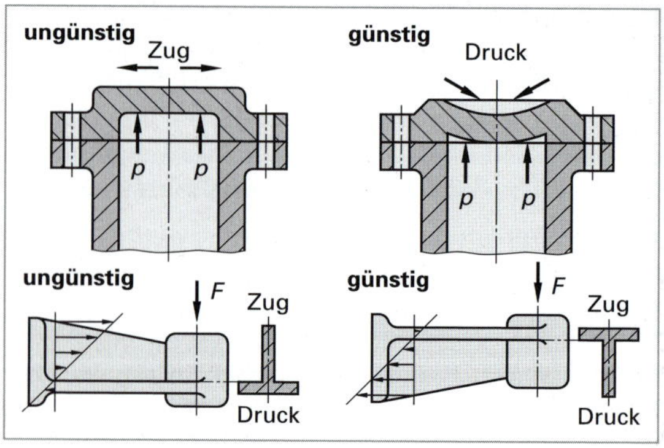

Bild 2: Beispiele für die konstruktive Gestaltung von Bauteilen aus Grauguss

Maßgeblicher Werkstoffkennwert ist die **Biegefestigkeit** σ_{bB}:

$$\sigma_{bB} = \frac{M_{bB}}{W_b} \qquad (13.10)$$

mit: σ_{bB} = Biegefestigkeit (MPa)

M_{bB} = max. Biegemoment beim Bruch (Nmm)

W_b = axiales Widerstandsmoment der Querschnittsfläche (mm^3)

- bei rechteckigem Probenquerschnitt: $W_b = b \cdot h^2/6$ (h = Höhe, b = Breite, Biegung um die Schmalseite h)
- bei Rundproben: $W_b = \pi \cdot d^3/32$

Gleichung 13.10 gilt nur unter der Voraussetzung, dass die Dehnungen proportional zum Abstand von der neutralen Faser sind (Querschnitte also eben bleiben), das Hooke'sche Gesetz Gültigkeit hat und das Werkstoffverhalten unter Zug- und Druckbelastung gleich ist. Sind diese Voraussetzungen nicht erfüllt (z. B. Grauguss), dann ist die Biegefestigkeit σ_{bB} eine reine Rechengröße. Sie entspricht dann in keiner Weise der in der Probe auftretenden maximalen Spannung und ist dementsprechend als Werkstoffkennwert nur stark eingeschränkt auf Bauteile übertragbar (Bild 1).

Der Biegeversuch hat für zähe Werkstoffe keine praktische Bedeutung, zumal sich die Kennwerte für den Beginn einer plastischen Verformung hinreichend genau aus dem Zugversuch ermitteln lassen. Der Biegeversuch wird somit in der Regel nur an spröden Werkstoffen wie Grauguss, gehärteten Stählen, gesinterten Hartmetallen, Glas oder Keramik durchgeführt. Lediglich beim Falt- oder technologischen Biegeversuch (Kapitel 13.6.3) werden zähe Werkstoffe unter Biegebeanspruchung geprüft. Hierbei werden jedoch keine Werkstoffkennwerte ermittelt.

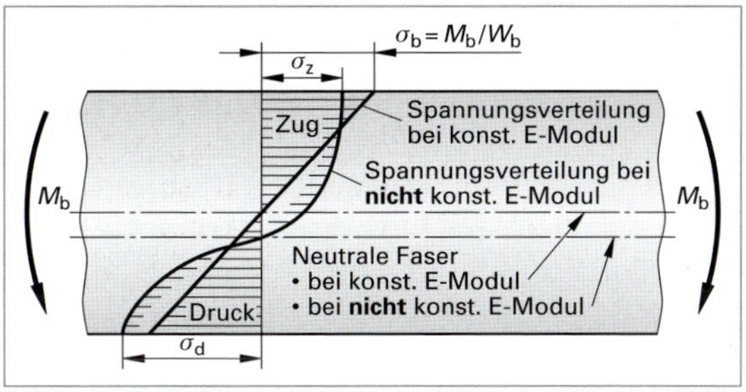

Bild 1: Spannungsverteilung in Biegeproben

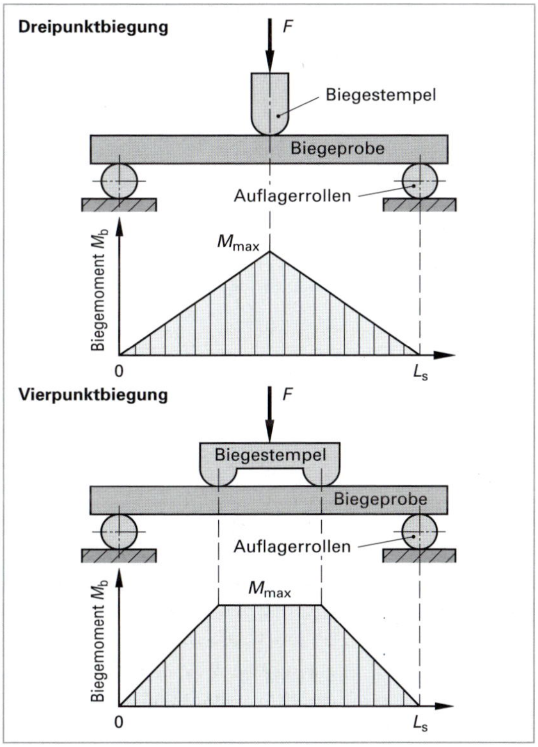

Bild 2: Biegeversuch bei Drei- und Vierpunktbiegung

Beim Biegeversuch unterscheidet man verschiedene Versuchsanordnungen: Die für die Prüfung von Gusseisen mit Lamellengraphit bevorzugte **Dreipunktbiegung** und die bei Glas und Keramik häufig angewandte **Vierpunktbiegung** (Bild 2). Während bei der Dreipunktbiegung das größte Biegemoment in der Probenmitte auftritt, bleibt das Biegemoment im Falle der Vierpunktbiegung zwischen den beiden Krafteinleitungsstellen konstant. Wegen der großen Streuung der Versuchsergebnisse müssen mindestens 10 Proben und falls eine statistische Auswertung vorgesehen ist, mindestens 30 Proben geprüft werden.

13.5.4 Torsions- oder Verdrehversuch

Beim nicht genormten Torsions- oder Verdrehversuch, der hauptsächlich zur Prüfung von Werkstoffen für Wellen, Rohre, Drähte usw. dient, wird eine meist zylindrische Probe ($L_0 = 5 \cdot d_0 \ldots 10 \cdot d_0$) durch ein um die Probenlängsachse wirkendes Torsionsmoment M_t verdreht, bis der Werkstoff zu fließen beginnt bzw. bis die Probe bricht (Bild 1, Seite 610). Ausgehend von der Stabmitte nimmt die Schubspannung dabei zum Rand hin kontinuierlich zu und ist dort am größten. Als Versagensart kommen bei zähen Werkstoffen das Fließen und der Bruch, bei spröden Werkstoffen nur der Bruch in Betracht.

Als Werkstoffkennwerte können im Torsionsversuch die **Torsionsfließgrenze** τ_{tF} und die **Torsionsfestigkeit** τ_{tB} ermittelt werden.

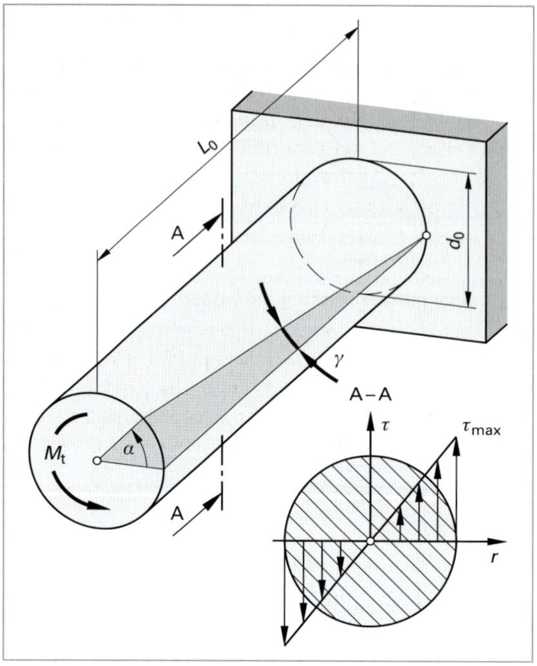

Bild 1: Torsionsversuch

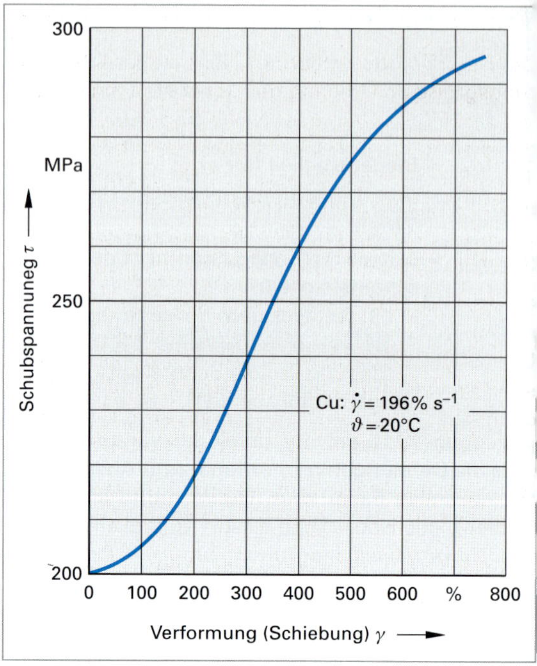

Bild 2: Fließkurve am Beispiel von Kupfer (Torsionsversuch)

Torsionsfließgrenze: $$\tau_{tF} = \frac{M_{tF}}{W_t} \quad (13.11)$$

Torsionsfestigkeit: $$\tau_{tB} = \frac{M_{tB}}{W_t} \quad (13.12)$$

τ_{tF} bzw. τ_{tB} = Torsionsfließgrenze bzw. Torsionsfestigkeit (MPa)
M_{tF} bzw. M_{tB} = Torsionsmoment bei Fließbeginn bzw. beim Bruch der Probe (Nmm)
W_t = polares Widerstandsmoment (mm^3), z. B. $W_t = \pi/16 \cdot d^3$ für Vollkreisquerschnitte

Der Torsionsversuch eignet sich auch zur Aufnahme von **Fließkurven,** da mit seiner Hilfe sehr hohe Umformgrade (bis $\varphi_{max} \approx 7{,}0$) erreicht werden können. Bild 2 zeigt die Fließkurve von Kupfer.

13.5.5 Scherversuch

Der Scherversuch nach DIN 50 141 dient zur Ermittlung der **Scherfestigkeit τ_{aB}** metallischer Werkstoffe bis zu einer Zugfestigkeit von maximal 1300 MPa. Beim Scherversuch werden genormte zylindrische Proben mit Durchmesser d_0 und einer Mindestlänge (Maße siehe DIN 50 141) in einem Schergerät nach Bild 3 zügig belastet, bis die Probe zweischnittig abschert. Das Schergerät kann beispielsweise in eine Zug- oder Universalprüfmaschine eingebaut werden. Beim Scherversuch treten neben reinen Schubspannungen zusätzlich Spannungen durch Biegung und Flächenpressung auf.

Da kein eindeutiger Spannungszustand zu erreichen ist, wird im **Scherversuch** im Allgemeinen nur die zum Abscheren erforderliche Höchstkraft F_m ermittelt, auf den Ausgangsquerschnitt S_0 der Probe bezogen und auf diese Weise die Scherfestigkeit τ_{aB} ermittelt:

$$\tau_{aB} = \frac{F_m}{2 \cdot S_0} = \frac{2 \cdot F_m}{\pi \cdot d_0^2} \quad \text{Scherfestigkeit} \quad (13.13)$$

F_m = Höchstkraft beim Abscheren der Probe (N)
S_0 = Anfangsquerschnitt der Probe (mm^2)
d_0 = Anfangsdurchmesser der Probe (mm)

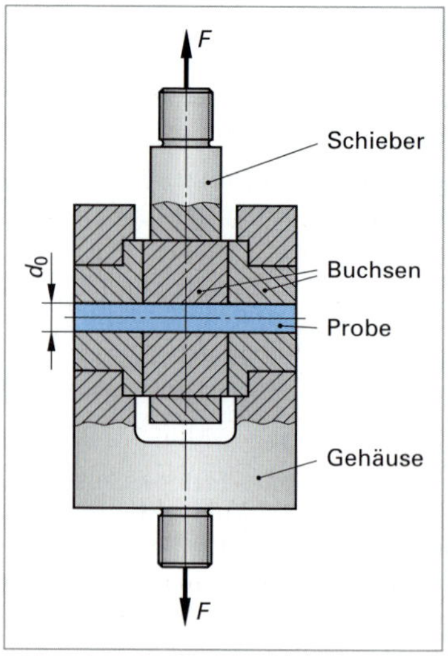

Bild 3: Schergerät für Zugprüfmaschinen nach DIN 50 141

13.5.6 Härteprüfungen

Der Begriff Härte entspringt nicht wissenschaftlichen Überlegungen, sondern er war zunächst eine Erfahrungsgröße im Umgang mit Gegenständen aus dem täglichen Leben. So kann ein Körper durch Berührung mit der Hand als hart oder weich eingestuft werden, je nachdem welchen Widerstand er der Verformung entgegensetzt. Im Hinblick auf eine quantitative Bewertung der Härte wurde erstmals von ***Mohs*** (1822) eine 10-stufige Ritzhärteskala aufgestellt. Mohs bediente sich dabei zehn Mineralien von unterschiedlicher Härte. Das Ordnungskriterium für die **Mohs'sche Härteskala** war der Umstand, ob ein Mineral durch das jeweils andere geritzt werden konnte. Dem weichsten Mineral (Talk) wurde der Wert 1, dem härtesten Mineral (Diamant) der Wert 10 zugeordnet.

Gegen Ende des 19. Jahrhunderts stiegen die Anforderungen an die Produkte in zunehmendem Maße und mit ihnen auch die Prüfbedürfnisse. Neue, bessere Prüfprinzipien wurden erforderlich und auch entwickelt. Um 1900 wurde von ***Brinell*** ein Prüfverfahren vorgestellt, das für die Härtebeurteilung nicht mehr ritzend, sondern vertikal eindrückend arbeitete. Dieses Prinzip spiegelt sich unter anderem in den heute gebräuchlichen und genormten Härteprüfverfahren nach Brinell, Vickers oder Rockwell wider. Entsprechend diesem Prüfprinzip wird der Begriff **Härte,** wie bereits von *Adolf Martens* 1896 vorgeschlagen, wie folgt definiert:

Härte ist der Widerstand, den ein Körper aus einem bestimmten Werkstoff gegen das Eindringen eines Körpers aus einem anderen (härteren) Werkstoff entgegensetzt.

Härteprüfungen haben aus folgenden Gründen in der Werkstoffprüfung eine große Bedeutung:

- Sie sind einfach und schnell durchführbar (in der Regel keine Probenentnahme) und erfordern keinen hohen apparativen Aufwand.
- Das Werkstück oder Bauteil wird durch die Prüfung in der Regel nicht unbrauchbar. Man spricht daher auch von einem **teilzerstörenden** oder **zerstörungsarmen Werkstoffprüfverfahren.**
- Sie lassen Rückschlüsse auf den Behandlungszustand des Werkstücks (z. B. Kaltverfestigung oder Wärmebehandlung) zu.
- Durch die Härtewerte können andere mechanische Kenngrößen wie Zugfestigkeit, Streckgrenze oder Verschleißwiderstand abgeschätzt werden.
- Nur mit Hilfe der Härteprüfverfahren können die mechanischen Eigenschaften einzelner Gefügebestandteile oder dünner Schichten bestimmt bzw. abgeschätzt werden.

13.5.6.1 Einteilung der Härteprüfverfahren

Die Geschwindigkeit, mit der ein Prüfkörper in den zu prüfenden Werkstoff eindringt, ist von großer Bedeutung für den Härtewert. Diese Tatsache ist aus eigener Erfahrung bekannt: taucht man die Hand langsam in Wasser ein, so erscheint es (unendlich) weich, während es bei einem stoßartigen Aufprall als hart empfunden wird.

Im Sinne einer systematischen Ordnung werden die Härteprüfverfahren daher hinsichtlich der Geschwindigkeit der Kraftaufbringung eingeteilt in (Bild 1, Seite 612):

- **Statische Härteprüfverfahren:**

  Die Prüfkraft wird stoßfrei und sehr langsam innerhalb eines bestimmten Zeitintervalls auf den Eindringkörper aufgebracht.

- **Dynamische Härteprüfverfahren:**

  Der Eindringkörper wirkt stoßartig auf den Prüfling ein. Dies kann entweder durch Einschlagen auf einen auf der Probenoberfläche ruhenden Eindringkörper (z. B. mittels Hammer) oder durch Aufprallen lassen eines Eindringkörpers auf den Prüfling geschehen.

Große technische Bedeutung besitzen die Härteprüfverfahren bei denen der Prüfkörper unter statischer Belastung in den Prüfling eindringt. Der Prüfkörper wird dabei mit einer definierten Kraft in die Oberfläche des Prüflings eingedrückt und entweder die Größe des Eindrucks oder die Eindringtiefe gemessen. Zu den wichtigsten nach diesem Prinzip arbeitenden Härteprüfverfahren gehören:

- Härteprüfung nach Brinell (DIN EN ISO 6506)
- Härteprüfung nach Rockwell (DIN EN ISO 6508 und DIN 50103-3)
- Härteprüfung nach Vickers (DIN EN ISO 6507)

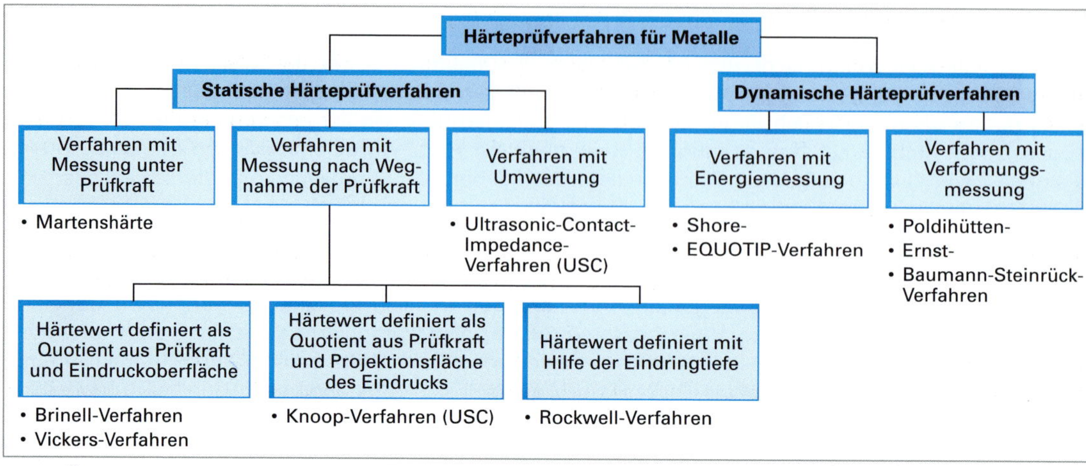

Bild 1: Übersicht und Einteilung der wichtigsten Härteprüfverfahren mit Beispielen

13.5.6.2 Statische Härteprüfverfahren

Bei allen statischen Härteprüfverfahren wird die Prüfkraft stoßfrei und sehr langsam innerhalb eines bestimmten Zeitintervalls auf den Eindringkörper aufgebracht.

a) Härteprüfverfahren nach Brinell

Im Jahre 1900 führte der Schwede ***Johann August Brinell*** (1849...1925) auf der Pariser Weltausstellung ein neues Härteprüfverfahren, die **Brinell-Härteprüfung,** erstmals vor. Heute ist das Verfahren für metallische Werkstoffe in DIN EN ISO 6506 und für metallische Sinterwerkstoffe in DIN EN ISO 4498 genormt. Auf die Härteprüfung an Sintermetallen soll allerdings nicht näher eingegangen werden.

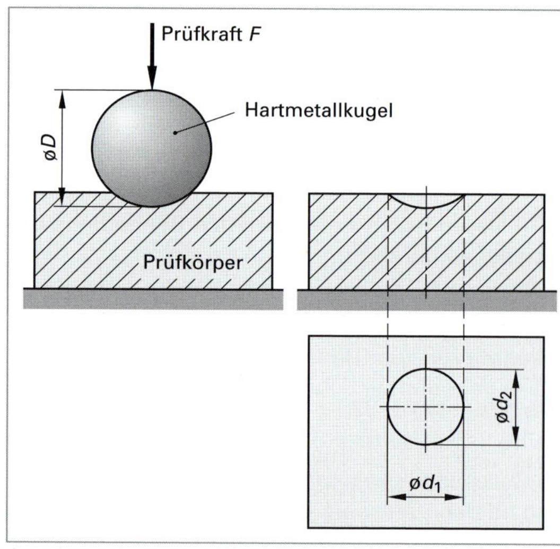

Bild 2: Prinzip der Härteprüfung nach Brinell

Bei der Härteprüfung nach Brinell wird eine Hartmetallkugel (Durchmesser 1; 2,5; 5 und 10 mm) mit einer bestimmten Prüfkraft F senkrecht in die glatte, gereinigte Probenoberfläche eingedrückt (Bild 2). Dadurch entsteht an der Probenoberfläche ein meist ovaler Eindruck. Anschließend werden die beiden Durchmesser des Eindrucks (d_1 und d_2) beispielsweise mit Hilfe eines Messmikroskops ausgemessen und der mittlere Durchmesser d mit $d = \frac{1}{2} \cdot (d_1 + d_2)$ errechnet.

Die Brinellhärte ergibt sich dann als Quotient aus Prüfkraft F und der Eindruckoberfläche A (Kugelkalotte). Sie kann mit Hilfe der nachstehenden Formel errechnet oder aus entsprechenden Tabellen in DIN EN ISO 6506-4 entnommen werden.

$$\mathrm{HBW} = 0{,}102 \cdot \frac{F}{A} = 0{,}102 \cdot \frac{2\,F}{\pi \cdot D \cdot \left(D - \sqrt{D^2 - d^2}\right)} \qquad (13.14)$$

Hierin bedeuten:

HBW = Härtewert nach Brinell (Hartmetallkugel)

F = Prüfkraft (N)

A = Eindruckoberfläche (mm^2)

D = Durchmesser der Prüfkugel (mm)

d = Mittlerer Eindruckdurchmesser (mm)

Bei der Auswahl geeigneter Prüfparameter wird wie folgt vorgegangen:

1. Da das Brinell-Verfahren bei sehr kleinen bzw. bei sehr großen Eindringtiefen der Messkugel ungenau wird, muss die Prüfkraft so gewählt werden, dass für den mittleren Eindruckdurchmesser d gilt: $0{,}24 \cdot D < d < 0{,}6 \cdot D$. Um diese Grenzen einzuhalten, muss zunächst, abhängig von der Werkstoffgruppe des zu prüfenden Werkstoffs, ein geeigneter **Beanspruchungsgrad** B ($B = 0{,}102 \cdot F/D^2$) entsprechend Tabelle 1 gewählt werden.

2. Ist der Beanspruchungsgrad B festgelegt, dann kann eine geeignete Kombination aus Prüfkraft (F) und Kugeldurchmesser (D) entsprechend ermittelt werden (Tabelle 1). Prinzipiell sollte der Kugeldurchmesser dabei so groß wie möglich gewählt werden (vorzugsweise 10 mm), um einen möglichst repräsentativen Bereich der Probenoberfläche zu erfassen.

3. Bei der Durchführung der Prüfung sind die in Bild 1, Seite 614 zusammengestellten Randbedingungen (Abstände der Prüfeindrücke zueinander bzw. zum Probenrand, Probendicke und Prüftemperatur) einzuhalten.

Tabelle 1: Geeigneter Beanspruchungsgrad und erfassbarer Härtebereich für verschiedene Werkstoffgruppen beim Härteprüfverfahren nach Brinell

Werkstoff	Beanspruchungsgrad B $B = 0{,}102 \cdot F/D^2$ N/mm^2	Kugeldurchmesser D mm	Prüfkraft F N	Erfassbarer Härtebereich[1)] HBW
Stahl und Stahlguss Nickel- und Titanlegierungen Gusseisen ≥ 140 HBW[2)] Cu- und Cu-Legierungen ≥ 200 HBW	30	1 2,5 5 10	294,2 1839 7355 29420	95 ... 650
Leichtmetalle und ihre Legierungen ≥ 35 HBW	15	1 2,5 5 10	– – – 14710	48 ... 327
Gusseisen < 140 HBW[2)] Cu- und Cu-Legierungen 35 ... 200 HBW Leichtmetalle und ihre Legierungen ≥ 35 HBW	10	1 2,5 5 10	98,07 612,9 2452 9807	32 ... 218
Cu- und Cu-Legierungen < 35 HBW Leichtmetalle und ihre Legierungen mit 35 < HBW < 80	5	1 2,5 5 10	49,03 306,5 1226 4903	16 ... 109
Leichtmetalle und ihre Legierungen < 35 HBW	2,5	1 2,5 5 10	24,52 153,2 612,9 2452	8 ... 55
Blei und Zinn	1	1 2,5 5 10	9,807 61,29 245,2 980,7	3 ... 22

1) Nach DIN EN ISO 6506
2) Für die Prüfung von Gusseisen dürfen nur Kugeldurchmesser von 2,5; 5 oder 10 mm verwendet werden.

Die in der zurückgezogenen DIN EN 10 003 noch enthaltenen Stahlkugeln (Kurzzeichen: HBS oder HB) sowie der Kugeldurchmesser 2 mm sind in DIN EN ISO 6506 nicht mehr vorgesehen. Das Ergebnis einer Härteprüfung nach Brinell zeigt Bild 2, Seite 614.

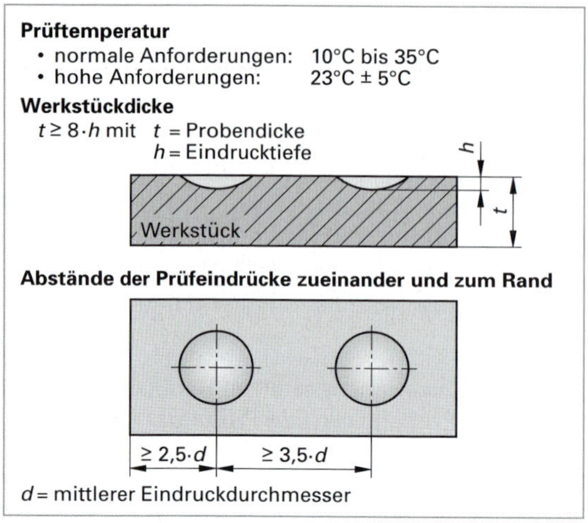

Bild 1: Randbedingungen bei der Härtung nach Brinell nach DIN EN ISO 6506-1

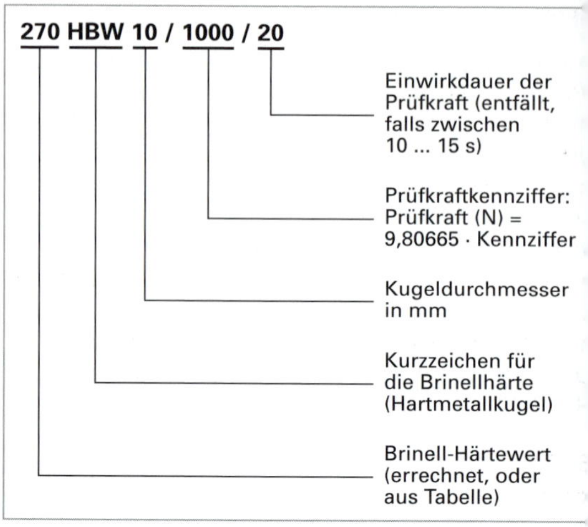

Bild 2: Normgerechte Angabe eines Brinell-Härtewertes (Beispiel)

Beim Vergleich von Härtewerten ist zu beachten, dass:

- die nach unterschiedlichen Verfahren an demselben Werkstoff ermittelten Härtewerte numerisch nicht übereinstimmen. So entspricht ein nach dem Brinell-Härteprüfverfahren ermittelter Härtewert von z. B. 185 nicht einem Härtewert von 185, der nach einem anderen Härteprüfverfahren (z. B. nach Vickers) bestimmt wurde,
- die mit verschiedenen großen Kugeln (*D*) bei gleichem Belastungsgrad (*B*) ermittelten Härtewerte nur bedingt miteinander vergleichbar sind,
- die mit gleich großen Kugeln aber unterschiedlichen Belastungsgraden (*B*) ermittelten Härtewerte grundsätzlich nicht miteinander vergleichbar sind.

Bei der Angabe eines Härtewerts müssen daher stets auch das Prüfverfahren sowie die Prüfparameter (Prüfkraft, Einwirkungsdauer der Prüfkraft usw.) mit angegeben werden.

Die Härteprüfung nach dem Brinell-Verfahren geschieht mit Hilfe eines Härteprüfgerätes (Bild 1). Diese Härteprüfgeräte können häufig auch für die Prüfung nach anderen Verfahren (z. B. nach Vickers oder Knoop) eingesetzt werden.

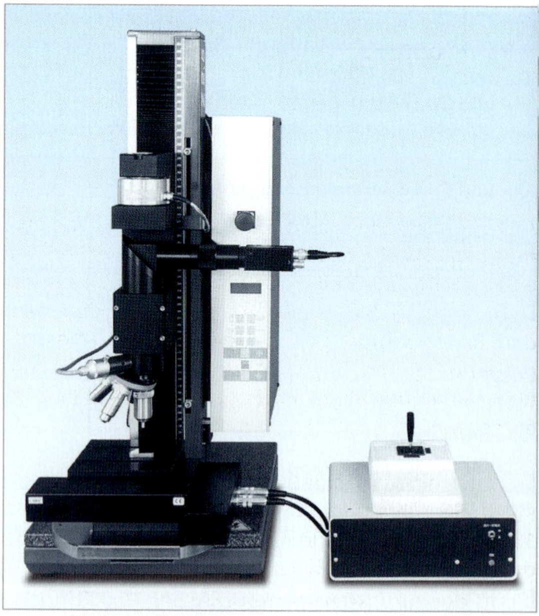

Bild 1: Prüfgerät für die Härtemessung nach Brinell, Vickers und Knoop

Während die Prüfkraft früher durch geeichte Scheibenmassen über ein Hebelsystem auf den Eindringkörper übertragen wurde, geschieht dies heute überwiegend durch elektromechanische Antriebe. Die Kraftmessung erfolgt mit Hilfe einer Kraftmesszelle und wird von der Prüfsoftware entsprechend geregelt. Die Lastaufbringung muss dabei stoßfrei innerhalb eines bestimmten Zeitintervalls (2 ... 8 s) erfolgen. Nach einer bestimmten Einwirkdauer, die beim Brinell- und beim Vickers-Verfahren in der Regel zwischen 10 ... 15 s liegt, wird entlastet und der Prüfkörper zugunsten des Objektivs weggeschwenkt. Über ein Spiegelsystem wurde der Eindruck früher auf eine Mattscheibe projiziert und dort vermessen. Moderne Härteprüfgeräte verfügen allerdings meist über eine Digitalkamera, so dass der Prüfeindruck direkt an einen Rechner übertragen und dort mit Hilfe der entsprechenden Prüfsoftware ausgewertet werden kann.

b) Härteprüfverfahren nach Vickers

Ausschlaggebend für die Entwicklung des Vickers-Verfahrens war der Umstand, dass das Brinell-Verfahren für die Prüfung harter Werkstoffe (> 350 HBS) aufgrund der Abplattung der verwendeten Stahlkugeln nicht mehr geeignet war. Hartmetallkugeln standen seinerzeit noch nicht zur Verfügung. Basierend auf Ideen von ***Smith*** und ***Sandland*** wurde 1925 in den englischen Vickers Werken ein Härteprüfverfahren entwickelt, bei dem eine Diamantpyramide (anstelle einer Stahlkugel) als Eindringkörper verwendet wird. Dieses ansonsten dem Brinell-Verfahren sehr ähnliche Härteprüfverfahren ist in DIN EN ISO 6507 genormt.

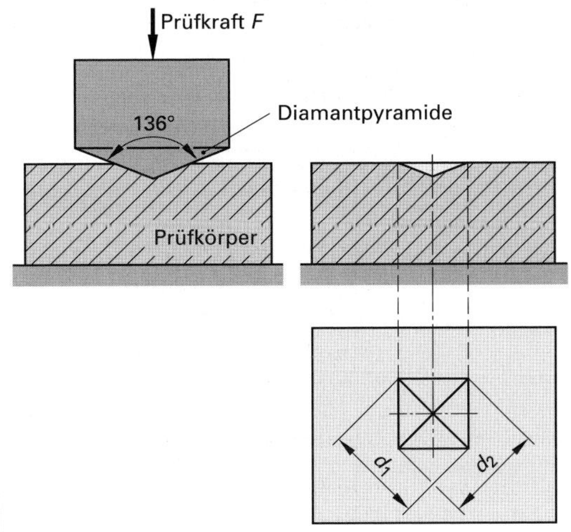

Bild 1: Härteprüfung nach Vickers

Bei der Härteprüfung nach Vickers wird als Eindringkörper eine regelmäßige vierseitige Diamantpyramide mit einem Flächenwinkel von 136° mit einer bestimmten Prüfkraft (0,098 N ... 980,7 N) senkrecht in die vorzugsweise polierte Oberfläche des Prüflings eingedrückt (Bild 1). Nach einer bestimmten Einwirkdauer wird der Prüfkörper wieder entfernt und die beiden Diagonalen des Eindrucks (d_1 und d_2) beispielsweise mit Hilfe eines Messmikroskops ausgemessen. Anschließend wird die mittlere Länge der Eindruckdiagonalen mit $d = \frac{1}{2} \cdot (d_1 + d_2)$ errechnet.

Die Vickershärte wird dann, ebenso wie die Brinellhärte, als Quotient aus Prüfkraft F und Eindruckoberfläche A (Pyramide mit quadratischer Grundfläche und einem dem Eindringkörper entsprechenden Spitzenwinkel) errechnet. Die Berechnungsformel lautet:

$$\text{HV} = 0{,}102 \cdot \frac{F}{A} = 0{,}102 \cdot \frac{2 \cdot F \cdot \sin\left(\frac{136^\circ}{2}\right)}{d^2} = 0{,}1891 \cdot \frac{F}{d^2} \qquad (13.15)$$

Hierin bedeuten:
HV = Härtewert nach Vickers
F = Prüfkraft (N)
A = Eindruckoberfläche (mm²)
d = Mittlere Länge der Eindruckdiagonalen (mm)

Alternativ zu Gleichung 13.15 können zur Bestimmung der Härtewerte auch die in DIN EN ISO 6507-4 enthaltenen Tabellen verwendet werden. Die bei der Durchführung der Härteprüfung zu berücksichtigenden Randbedingungen (Prüftemperatur, Mindestprobendicke und Abstände der Härteeindrücke untereinander und zum Probenrand) sind Bild 2 zu entnehmen.

Der pyramidenförmige Eindringkörper mit quadratischer Grundfläche und einem Flächenwinkel von 136° hat einen besonderen Vorteil. Es gilt das **Gesetz der proportionalen Widerstände.** Dies besagt, dass Prüfkraft und Eindruckoberfläche zueinander proportional sind und damit der Härtewert nach Vickers grundsätzlich von der gewählten Prüfkraft unabhängig ist. Für kleine Prüfkräfte tritt aufgrund anderer Ursachen dennoch eine Prüfkraftabhängigkeit ein (Bild 1, Seite 616).

Prüftemperatur
- normale Anforderungen: 10°C bis 35°C
- hohe Anforderungen: 23°C ± 5°C

Werkstückdicke

$t \geq 1{,}5 \cdot d$ mit t = Proben- oder Schichtdicke
d = mittl. Länge der Eindruckdiagonalen

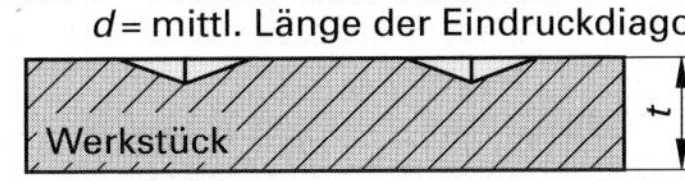

Abstände der Prüfeindrücke zueinander und zum Rand

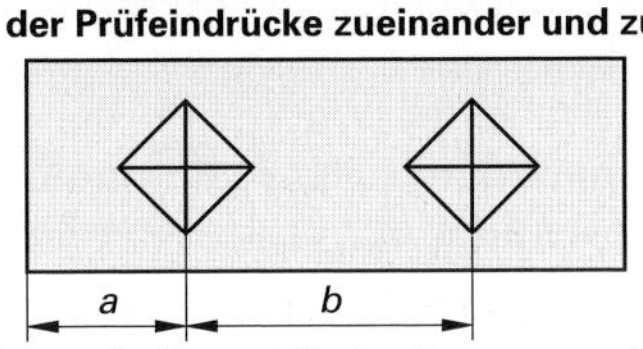

- für Stähle sowie Cu und Cu-Legierungen: $a \geq 2{,}5 \cdot d$, $b \geq 3 \cdot d$
- für Leichtmetalle, Pb und Zn sowie deren Legierungen: $a \geq 3 \cdot d$, $b \geq 6 \cdot d$

Bild 2: Randbedingungen bei der Härteprüfung nach Vickers nach DIN EN ISO 6507-1

Abhängig von der Prüfkraft unterscheidet man zwischen drei verschiedenen Prüfkraftbereichen:

- Konventioneller Härtebereich (Makrohärtebereich)
- Kleinkraftbereich
- Mikrohärtebereich

Tabelle 1: Einteilung der Vickers-Härteprüfung in Härtebereiche

Härtebereich	Empfohlene Prüfkräfte in N[1]	Bezeichnung des Härtewerts	Anwendungsbeispiele
Konventioneller Härtebereich (Makrohärtebereich)	980,70 490,30 294,20 196,10 98,67 49,03	HV 100 HV 50 HV 30 HV 20 HV 10 HV 5	Allgemeine Härteprüfungen an relativ dicken Bauteilen
Kleinkraftbereich	29,42 19,61 9,807 4,903 2,942 1,961	HV 3 HV 2 HV 1 HV 0,5 HV 0,3 HV 0,2	Härteprüfungen an dünnen Werkstücken, dünnen Oberflächenschichten und Folien
Mikrohärtebereich	0,981 0,490 0,245 0,196 0,098	HV 0,1 HV 0,05 HV 0,025 HV 0,02 HV 0,01	Härtemessungen an einzelnen Gefügebestandteilen

1) Auch Prüfkräfte über 980,70 N dürfen angewandt werden.

Im Bereich der Makrohärte, also für Prüfkräfte zwischen 49,03 N und 980,70 N, sind Prüfkraft und Eindruckoberfläche zueinander proportional, der Härtewert also unabhängig von der Prüfkraft. Jedoch bereits im Kleinkraftbereich wird für Prüfkräfte < 5 N der Härtewert von der Prüfkraft abhängig, man erhält mit abnehmender Prüfkraft in der Regel zunehmende Härtewerte. Im Bereich der Mikrohärte wird dieser Effekt besonders ausgeprägt (Bild 1). Dort sind Härtewerte, die mit unterschiedlichen Prüfkräften an ein und demselben Werkstoff ermittelt wurden, nicht mehr miteinander vergleichbar.

Das Ergebnis einer Härteprüfung nach Vickers wird wie folgt angegeben:

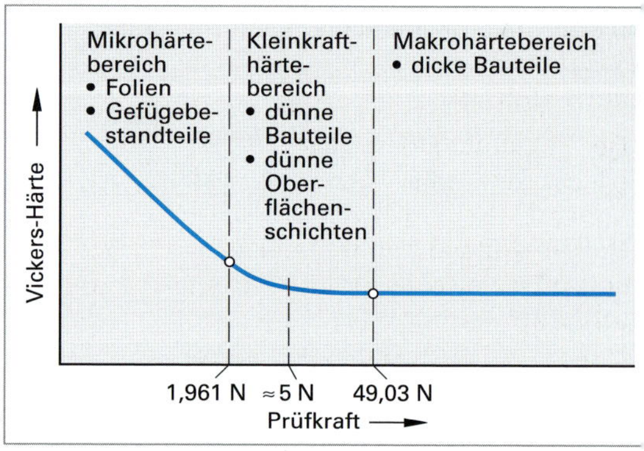

Bild 1: Abhängigkeit des Vickers-Härtewertes von der Prüfkraft (mit Anwendungsbeispielen)

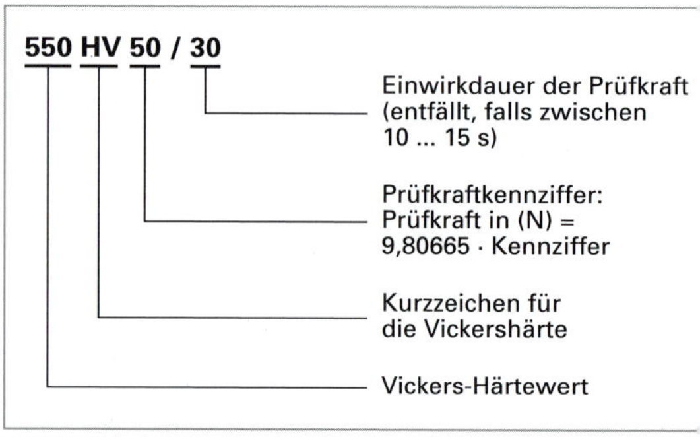

Bild 2: Normgerechte Angabe eines Vickers-Härtewertes (Beispiel)

c) Härteprüfverfahren nach Rockwell

Schon 1907 veröffentlichte ***Ludwik*** den Vorschlag, die Eindringtiefe eines Diamantkegels zur Beurteilung der Härte eines Werkstoffs heranzuziehen. Weiterhin sollte durch das Aufbringen einer Prüfvorkraft der Einfluss der Probenoberfläche ausgeschaltet werden. Erst im Jahre 1922 gelang es dem Amerikaner ***Rockwell,*** aufbauend auf der Idee von Ludwik, ein brauchbares Härteprüfverfahren zu entwickeln. Wegen der Einfachheit in der Durchführung fand die Rockwell-Härteprüfung schnell Eingang in die Industrie. Das Verfahren ist heute in DIN EN ISO 6508 bzw. für Prüfungen an Feinblechen aus Stahl in DIN 50103-3 genormt.

Das Härteprüfverfahren nach Rockwell unterscheidet sich hinsichtlich des Prüfablaufs von den bereits besprochenen Verfahren nach Brinell und Vickers. Als Eindringkörper stehen bei der Härteprüfung nach Rockwell zwei gehärtete Stahlkugeln (Durchmesser $^1/_{16}$ Zoll = 1,5875 mm oder $^1/_8$ Zoll = 3,175 mm) oder ein Diamantkegel mit einem Spitzenwinkel von 120° zur Verfügung. Stahlkugeln dürfen nur noch angewandt werden, falls dies in der Erzeugnisspezifikation gefordert oder gesondert vereinbart wird. Falls gefordert oder vereinbart, dürfen auch Hartmetallkugeln von 6,356 mm und 12,70 mm angewandt werden.

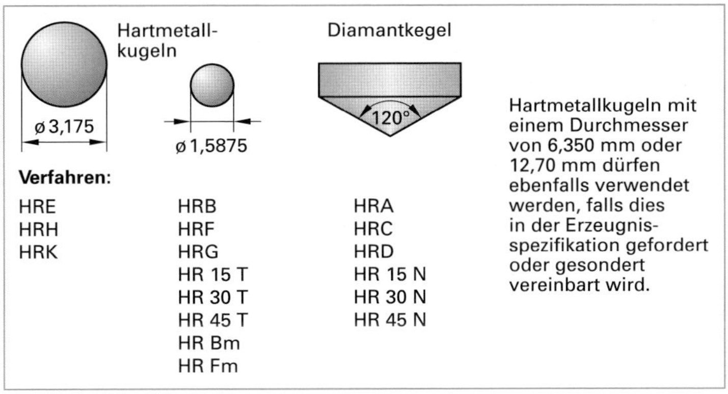

Bild 1: Eindringkörper beim Härteprüfverfahren nach Rockwell

Im Gegensatz zu den Härteprüfverfahren nach Brinell und Vickers wird beim Härteprüfverfahren nach Rockwell nicht die Größe des Eindrucks, sondern die bleibende Eindringtiefe gemessen. Die Härteprüfung nach Rockwell besteht dementsprechend aus drei Arbeitsschritten (Bild 2):

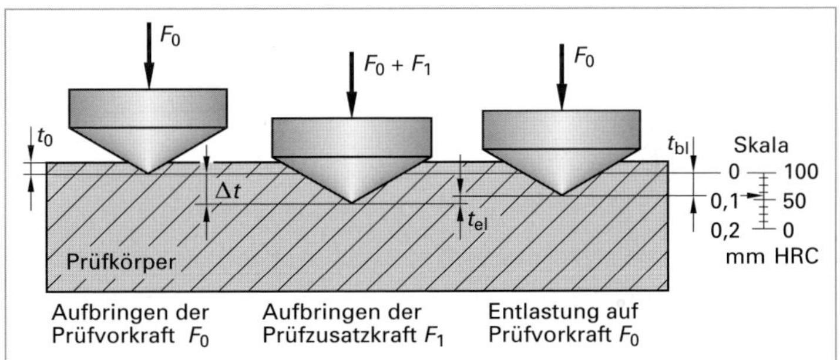

t_0 = Eindringtiefe durch die Prüfvorkraft F_0
Δt = Zusätzliche Eindringtiefe durch die Prüfzusatzkraft F_1
t_{el} = Elastische Rückverformung durch Entlastung auf die Prüfvorkraft F_0
t_{bl} = Bleibende Eindringtiefe nach Entlastung auf die Prüfvorkraft F_0

Bild 2: Härteprüfung nach dem Rockwell-Verfahren

1. Der Eindringkörper wird zunächst mit einer bestimmten Vorlast F_0 in die Oberfläche des Prüflings eingedrückt. Dadurch sollen Einflüsse der Oberfläche auf den Härtewert wie z. B. Zunderschichten, Aufhärtungen usw. ausgeschlossen werden.
   Unter dieser Vorlast dringt der Prüfkörper zunächst um die Strecke t_0 in den Prüfling ein. Zum Aufbringen der Prüfvorkraft wird der Prüfling in der Regel gegen den Eindringkörper gedrückt bis die erforderliche Prüfvorkraft anliegt.
2. In einem zweiten Schritt wird die Prüfzusatzkraft F_1 aufgebracht. Der Prüfkörper dringt jetzt um einen weiteren Betrag Δt in die Probe ein. Die Prüfzusatzkraft F_1 ist dabei (ausgehend von der Vorlast) stoß- und erschütterungsfrei und ohne Überschwingen innerhalb eines Zeitraumes von 2 ... 8 s aufzubringen und für 4 ± 2 s konstant zu halten.
3. In einem dritten Schritt wird wieder bis auf die Vorlast F_0 entlastet. Dabei bewegt sich der Eindringkörper um den elastischen Anteil der Verformung t_{el} nach oben zurück, so dass die bleibende Eindringtiefe t_{bl} ist.

Der Härtewert wird entweder direkt am Härteprüfgerät angezeigt oder er kann aus der gemessenen Eindringtiefe errechnet werden. Es gilt dabei:

$$HR = Z - \frac{t_{bl}}{\text{Skt.}} \qquad (13.16)$$

HR = Härtewert nach Rockwell
Z = Zahlenwert, der vom jeweils gewählten Rockwell-Verfahren abhängt (Tabelle 1, Seite 618)
t_{bl} = Bleibende Eindringtiefe (mm)
Skt. = Skalenteilung in mm, die ebenfalls vom gewählten Rockwell-Verfahren abhängt (Tabelle 1, Seite 618)

Beispiel: Beim Rockwell-C-Verfahren ist $Z = 100$ und die Skalenteilung Skt. = 0,002 mm (Tabelle 1). Wird eine bleibende Eindringtiefe von 0,12 mm gemessen, dann beträgt die Rockwell-C-Härte:

$$\text{HRC} = 100 - \frac{0{,}12\ \text{mm}}{0{,}002\ \text{mm}} = 100 - 60 = 40$$

Die bei der Durchführung der Härteprüfung zu berücksichtigenden Randbedingungen (Mindestprobendicke, Abstände der Härteeindrücke untereinander und zum Probenrand) sind DIN EN ISO 6508-1 zu entnehmen.

Um einen möglichst breiten Anwendungsbereich zu erhalten, wurden mehrere Rockwell-Verfahren entwickelt, die sich hinsichtlich Prüfkörper, Prüfvor- und Prüfzusatzkraft voneinander unterscheiden. Die Kennzeichnung der jeweiligen Verfahren erfolgt durch einen Großbuchstaben, der dem Kurzzeichen HR angehängt wird. Nach der heute gültigen DIN EN ISO 6508 werden 15 verschiedene Rockwell-Härteprüfverfahren unterschieden. Für die Prüfung von Feinblechen aus Stahl stehen außerdem zwei modifizierte Verfahren zur Verfügung, die in DIN 50 103-3 genormt sind (Tabelle 1).

Tabelle 1: Rockwellskalen

Härteskala (Kurzzeichen)	Art des Eindringkörpers[1]	Prüfvorkraft F_0	Prüfzusatzkraft F_1	Anwendungsbereich	Z	Skt. mm	Anwendungsbeispiele
HRA	Diamant	98,07 N	490,3 N	20 bis 88 HRA[2]	100	0,002	• wie HRC (dünnere Proben) • Sinter-Hartmetalle
HRB	Kugel, klein		882,6 N	20 bis 100 HRB[3]	130		• weicher bis mittelharter Stahl • Cu-Sn- und Cu-Zn-Legierungen • Aluminiumlegierungen
HRC	Diamant		1373,0 N	20 bis 70 HRC[4]	100		• gehärteter od. vergüteteter Stahl • verschleißfestes Gusseisen • höherfeste Baustähle
HRD	Diamant		882,6 N	40 bis 77 HRD	130		• dünne Stahlbleche • mittelharte Einsatzschichten
HRE	Kugel, groß		882,6 N	70 bis100 HRE			• Gusseisen, Lagermetalle • Aluminiumlegierungen
HRF	Kugel, klein		490,3 N	60 bis100 HRF			• Feinbleche aus Stahl • geglühte Cu-Legierungen
HRG	Kugel, klein		1.373,0 N	30 bis 94 HRG			• harte Cu-Sn-Legierungen • harte NE-Metalllegierungen
HRH	Kugel, groß		490,3 N	80 bis 100 HRH			• Aluminium, Zink, Blei
HRK	Kugel, groß		1.373,0 N	40 bis 100 HRK			• weiche (Lager-)metalle • dünne Proben
HR 15N	Diamant	29,42 N	117,7 N	70 bis 94 HR 15N	100	0,001	wie HRC und HRA, jedoch bei dünnen und kleinen Proben
HR 30N	Diamant		264,8 N	42 bis 86 HR 30N			
HR 45N	Diamant		411,9 N	20 bis 77 HR 45N			
HR 15T	Kugel, klein		117,7 N	67 bis 93 HR 15T			wie HRB und HRF, jedoch bei dünnen und kleinen Proben
HR 30T	Kugel, klein		264,8 N	29 bis 82 HR 30T			
HR 45T	Kugel, klein		411,9 N	10 bis 72 HR 45T			
HR Bm	Hartmetall	98,07 N	882,6 N	50 bis 100 HR Bm	130	0,002	5)
HR Fm	Hartmetall		490,3 N	60 bis115 HR Fm			

1) Diamant = Diamantkegel; Kugel, klein = Hartmetallkugel mit Ø 1,5875 mm; Kugel, groß = Hartmetallkugel mit Ø 3,175 mm; Eindringkörper mit einem Durchmesser von 6,350 mm oder 12,70 mm dürfen ebenfalls verwendet werden, falls dies in der Erzeugnisspezifikation gefordert oder gesondert vereinbart wird. Stahlkugeln dürfen nur noch angewandt werden, falls in der Erzeugnisform festgelegt oder gesondert vereinbart.

2) Anwendungsbereich bis 94 HRA für die Prüfung von Hartmetallen möglich.

3) Anwendungsbereich um 10 HRB erweiterbar, falls in Erzeugnisspezifikation gefordert oder gesondert vereinbart wird.

4) Anwendungsbereich kann um 10 HRC erweitert werden, falls der Eindringkörper die erforderlichen Abmessungen aufweist.

5) Diese modifizierten Verfahren werden angewandt, sofern die Proben so dünn sind, dass bei den Rockwell-Verfahren B und F sichtbare Verformungen an der Auflagefläche der Probe auftreten.

Die Härteprüfung nach dem Rockwell-C- sowie dem Rockwell-B-Verfahren wird am weitaus häufigsten angewandt. Das Rockwell-B-Verfahren kann jedoch nur für weiche bis mittelharte Werkstoffe eingesetzt werden, da sich bei härteren Werkstoffen der Prüfkörper unzulässig verformen (abplatten) würde.

Die Angabe des Prüfergebnisses nach den Härteskalen A, B, C, D, E, F, G, H, K, N und T zeigt Bild 1. Zur Angabe des Prüfergebnisses nach den Härteskalen Bm und Fm siehe DIN EN ISO 6508.

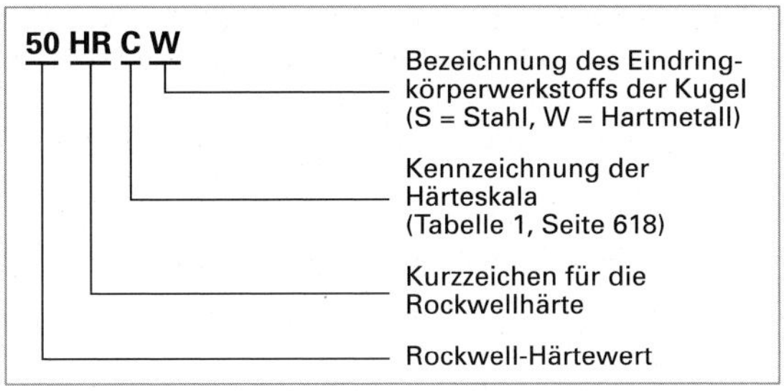

Bild 1: Normgerechte Angabe eines Rockwell-Härtewertes (Beispiel)

d) Härteprüfverfahren nach Knoop

Das 1939 von ***Knoop, Emerson*** und ***Peters*** entwickelte Knoop-Härteprüfverfahren ist der Vickers-Härteprüfung sehr ähnlich. Beim Härteprüfverfahren nach Knoop wird eine rhombische Diamantpyramide (Längskantenwinkel 172,5°, Querkantenwinkel 130°) mit einer bestimmten Prüfkraft in die Werkstückoberfläche gedrückt. Die Prüfkraft (etwa 0,01 N bis 1 N im Mikrobereich bzw. etwa 2 N bis 10 N im Kleinlastbereich) muss innerhalb eines bestimmten Zeitintervalls (2 ... 10 s) stoß- und erschütterungsfrei aufgebracht und 10 s bis 15 s konstant gehalten werden. Dann wird der Prüfling entlastet, der Prüfkörper weggeschwenkt und die lange Diagonale d_1 des Eindrucks ausgemessen (Bild 2). Das Verfahren ist heute in DIN EN ISO 4545 genormt.

Im Gegensatz zur Vickers-Härteprüfung errechnet sich die Knoop-Härte als Quotient aus Prüfkraft und Projektionsfläche des Eindrucks:

$$HK = 0{,}102 \cdot \frac{F}{A_P} = 0{,}102 \cdot \frac{2\,F \cdot \tan\left(\frac{172{,}5^\circ}{2}\right)}{d_1^2 \cdot \tan\left(\frac{130^\circ}{2}\right)} \approx 1{,}451 \cdot \frac{F}{d_1^2} \qquad (13.17)$$

Hierin bedeuten:
HK = Härtewert nach Knoop
F = Prüfkraft (N)
A_P = Projektionsfläche des Eindrucks (mm^2)
d_1 = Länge der langen Eindruckdiagonalen (mm)

Das Knoop-Härteprüfverfahren wird nur im Kleinkraft- und Mikrohärtebereich angewandt. Das Ergebnis einer Härteprüfung nach Knoop zeigt Bild 3.

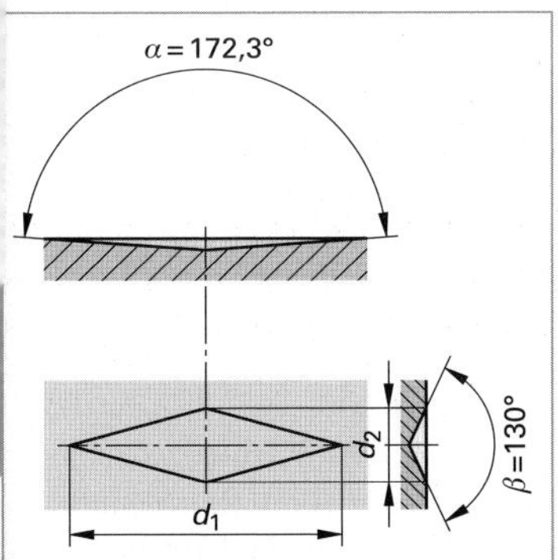

Bild 2: Härteprüfeindruck nach Knoop

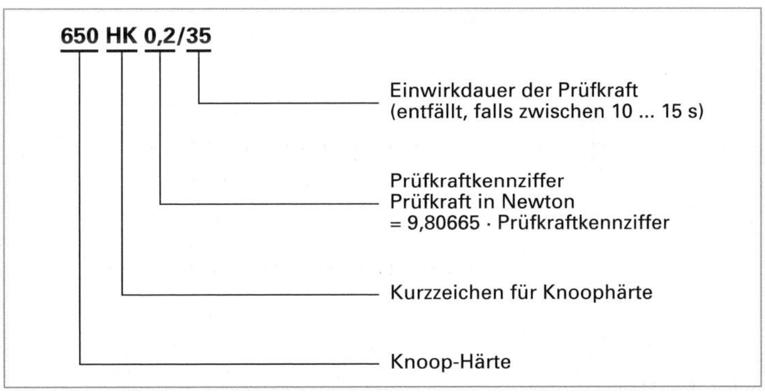

Bild 3: Normgerechte Angabe eines Knoop-Härtewertes (Beispiel)

e) Martenshärte

Die Härteprüfverfahren nach Vickers, Brinell und Rockwell sind alle vor 1930 bzw. vor 1940 (Knoop) entstanden. Sie wurden auf Basis der damaligen messtechnischen Möglichkeiten entwickelt und haben sich bis heute nicht wesentlich verändert. Zur Definition des Härtewertes benutzen alle diese Verfahren nur die plastische Deformation des Werkstoffs. Sie sind daher nur für Werkstoffe mit genügend großer Plastizität geeignet und erfüllen nicht die Definition der technischen Härte als Widerstand gegen das Eindringen eines härteren Körpers, da sie die elastische Verformung des Prüfkörpers nicht berücksichtigen.

Beispiel: Würde man mit einem der beschriebenen Härteprüfverfahren (Brinell, Vickers, Rockwell oder Knoop) die Härte von Gummi prüfen, so gäbe es praktisch keinen bleibenden Eindruck bzw. die bleibende Eindringtiefe wäre Null, da sich der Werkstoff aufgrund seines niedrigen Elastizitätsmoduls überwiegend elastisch verformen würde. Demzufolge wäre nach diesen Verfahren die Härte von Gummi unendlich.

Bei der Messung der Martenshärte umgeht man dieses Problem, indem man die Eindringtiefe h des Eindringkörpers unter der Prüfkraft misst. Die Martenshärte wird mittels instrumentierter Eindringsprüfung nach

DIN EN ISO 14 577 ermittelt. Der Messwert berücksichtigt damit die plastische und die elastische Verformung des Werkstoffs. Es ist damit erstmals in der Geschichte der Härteprüfung möglich, die Härte aller Werkstoffgruppen mit einem Verfahren zu messen und miteinander zu vergleichen (Bild 1). Das Verfahren ist derzeit im industriellen Einsatz allerdings noch wenig verbreitet. Sein Stellenwert wird jedoch in den kommenden Jahren, insbesondere durch die bessere Vergleichbarkeit unterschiedlicher Härtewerte, deutlich zunehmen.

Als Eindringkörper verwendet man u.a. die bereits vom Vickers-Härteprüfverfahren her bekannte quadratische Diamantpyramide mit einem Flächenwinkel von 136°. Sie erfüllt das Gesetz der proportionalen Widerstände, d.h. der Härtewert ist unabhängig von der Prüfkraft. Die Prüfkräfte betragen 0,01 N bis 1000 N. Neben der Diamantpyramide können auch andere Eindringskörper (siehe DIN EN ISO 14 577) verwendet werden.

Die Martenshärte HM ist definiert als Quotient aus Prüfkraft F und der aus der Eindringtiefe h berechneten Oberfläche A_S des Eindringkörpers:

$$HM = \frac{F}{A_S} = \frac{F}{26{,}43 \cdot h^2} \quad (13.18)$$

HM = Martenshärte (MPa)

F = Prüfkraft (N)

A_S = Eindruckoberfläche (mm²)

h = Eindringtiefe der Diamantspitze in mm (unter der wirkenden Prüfkraft F)

Bild 1 zeigt den Zusammenhang zwischen Eindringtiefe h, Prüfkraft F und der Martenshärte HM. Mit eingetragen sind weiterhin die Härtewerte typischer Werkstoffgruppen.

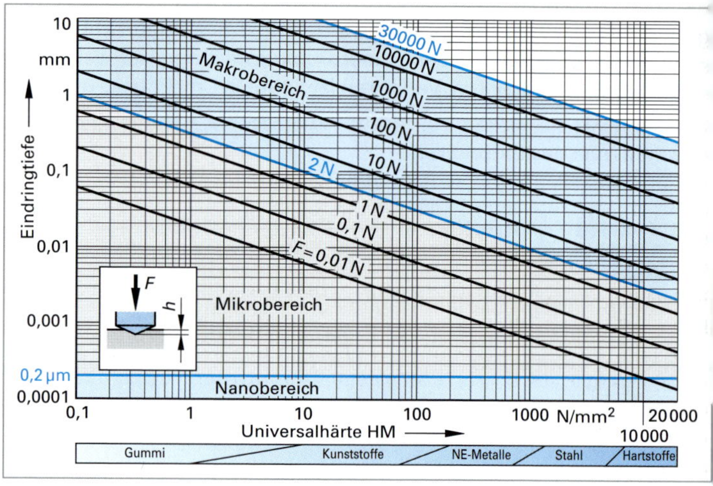

Bild 1: Zusammenhang zwischen Eindringtiefe, Prüfkraft und Martenshärte

f) Umwertung von Härtewerten

Häufig besteht der Wunsch oder die Notwendigkeit, Härtewerte, die mit unterschiedlichen Verfahren (z. B. Brinell, Vickers oder Rockwell) ermittelt wurden, miteinander zu vergleichen oder einen vorhandenen Härtewert eines bestimmten Prüfverfahrens in einen Härtewert eines anderen Prüfverfahrens zu überführen, d. h. umzuwerten. Darüber hinaus ist es mitunter auch erforderlich, aus einem Härtewert die Zugfestigkeit des Werkstoffs abzuschätzen, falls beispielsweise dem Bauteil keine Zugprobe entnommen werden kann oder falls es sich um dünne Schichten handelt. Zwischen den Härteskalen nach Brinell, Vickers und Rockwell sowie zwischen Härte und Zugfestigkeit bestehen empirische Umwertbeziehungen. In der Fachliteratur finden sich für unterschiedliche Werkstoffgruppen (z. B. Stähle und Stahlguss, Cu- und Cu-Legierugen, Al und Al-Legierungen) Umwertbeziehungen in Tabellen- oder Gleichungsform, die auf Basis einer großen Anzahl von Untersuchungen abgeleitet wurden. Allgemeingültige Umwertbeziehungen gibt es allerdings nicht.

Zwischen den Härteskalen nach Brinell (HB), Vickers (HV), Knoop (HK) und Rockwell-B bzw. Rockwell-C (HRB bzw. HRC) sind die folgenden Umwertbeziehungen bekannt:

HB ⟷ HV: $$HB \approx 0{,}95 \cdot HV \quad (13.19)$$

HRB ⟷ HB: $$HRB \approx 176 - \frac{1165}{\sqrt{HB}} \quad (13.20)$$

HRC ⟷ HV: $$HRC \approx 116 - \frac{1500}{\sqrt{HV}} \quad (13.21)$$

HV ⟷ HK: $$HV \approx HK \quad \text{(im Kleinkraftbereich)} \quad (13.22)$$

Zur Abschätzung der Zugfestigkeit R_m aus der Vickers- oder Brinellhärte wird häufig die folgende Beziehung angewandt:

$R_m \approx c \cdot$ HB (oder HV) mit: $c \approx 3{,}5$ für un- und niedriglegierte Stähle und Stahlguss (13.23)
$c \approx 3{,}7$ für Al und Al-Legierungen
$c \approx 4{,}0$ für Cu und Cu-Legierungen, kaltverformt
$c \approx 5{,}5$ für Cu und Cu-Legierungen, geglüht

Während bereits die Umwertung von Härtewerten untereinander große Streuungen und systematische Abweichungen mit sich bringen kann, muss bei der Umwertung zwischen Härte- und Zugfestigkeitswerten mit noch größeren Streuungen gerechnet werden. Ursache sind unter anderem der unterschiedliche Spannungszustand sowie die unterschiedliche Verformungsgeschwindigkeit bei Härtemessungen und im Zugversuch. Es muss daher an dieser Stelle ausdrücklich darauf hingewiesen werden, dass eine Umwertung bestenfalls eine Abschätzung darstellt, jedoch den Zugversuch oder das Zielhärteprüfverfahren keinesfalls ersetzen kann. Es wird außerdem empfohlen, die Gültigkeit der gewählten Umwertung anhand einiger Versuche zu kontrollieren. Durch Umwerten gewonnene Kennwerte müssen ausdrücklich als solche gekennzeichnet und gegeben falls durch Begleitversuche überprüft werden. Bild 1 zeigt beispielhaft für un- und niedriglegierte Stähle und Stahlguss die Umwertung zwischen den Härteprüfverfahren sowie zwischen Härtewert und Zugfestigkeit nach DIN EN ISO 18 265. Weitere Umwertetabellen sind in der genannten Norm für Vergütungs-, Kalt- und Schnellarbeitsstähle sowie für verschiedene Hartmetallsorten und Nichteisenmetalle bzw. deren Legierungen verfügbar.

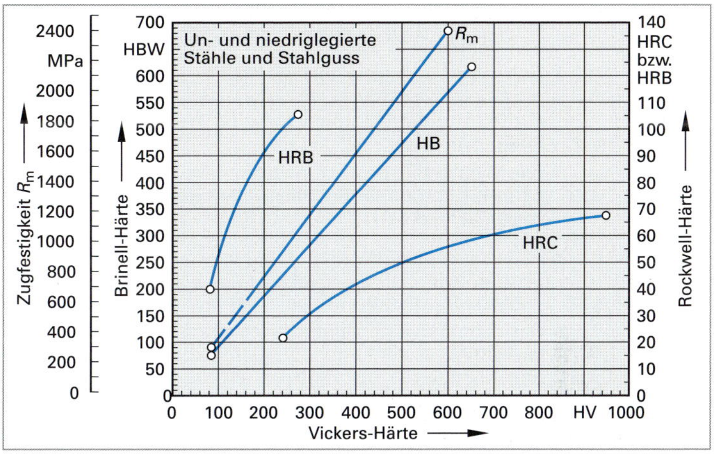

Bild 1: Vergleich von Härtewerten für un- und niedriglegierte Stähle sowie Stahlguss nach DIN EN ISO 18 265 sowie Umwertung in die Zugfestigkeit

g) Vergleich der statischen Härteprüfverfahren

Tabelle 1: Vergleich der statischen Härteprüfverfahren

Verfahren	Vorteile	Nachteile
Brinell	• Aufgrund der großen Prüfeindrücke geeignet zur Messung von Werkstoffen mit unterschiedlich harten Gefügebestandteilen. • Prüfung (großer) Guss- und Schmiedeteile sowie Rohteile möglich. • Einfacher und robuster Prüfkörper, daher geeignet für den rauen Werkstattbetrieb. • Geringe Kosten für die Prüfkugeln.	• Nur für weiche bis mittelharte Werkstoffe (< 650 HBW). • Messung kleiner und dünner Proben nicht möglich. • Relativ große Probenbeschädigung durch Prüfeindruck. • Relativ großer Aufwand für die Vorbereitung der Prüffläche und das Ausmessen der Eindruckdurchmesser.
Vickers	• Prüfung aller Werkstoffe unabhängig von deren Härte möglich. • Dünne Bauteile und dünne Galvanik- oder Härteschichten sowie Folien einzelne Gefügebestandteile prüfbar. • Sehr geringe Beschädigung der Oberfläche. • Unabhängigkeit des Härtewertes von der Prüfkraft im Makrobereich ($F \geq 49{,}03$ N).	• Härtewert ist von der Prüfkraft abhängig (im Kleinkraft- und Mikrobereich). • Relativ großer Aufwand für die Vorbereitung der Prüffläche und das Ausmessen der Eindruckdiagonalen. • Empfindlich gegenüber Erschütterungen und Stößen.
Rockwell	Schnelle und preiswerte Prüfung da: • keine aufwändige Probenvorbereitung • Direktanzeige des Härtewertes • Preiswertes Prüfgerät, da lediglich ein Längenmessgerät erforderlich ist (keine teure Optik) • Verfahren ist automatisierbar	• Ungenau, durch bleibende Verformung der Probe und anderer im Kraftfluss liegender Bauteile (Streuung der Messergebnisse). • Schlechte Differenzierung der Härte. • Empfindlichkeit des Diamant-Eindringkörpers.

Verfahren	Vorteile	Nachteile
Knoop	• Im Vergleich zum Härteprüfverfahren nach Vickers lassen sich mit dem Knoopverfahren deutlich dünnere Schichten und dünnere Folien prüfen, da die Eindringtiefe des Knoop-Diamanten in den Werkstoff außerordentlich gering ist. • Möglichkeit zur Erkennung von Werkstoffanisotropien, da die Knoop-Härte in diesen Fällen von der gewählten Richtung der langen Diagonalen abhängt. • Geringere Verletzung der Oberfläche. • Besonders geeignet für die Härteprüfung spröder Werkstoffe (geringere Neigung zur Rissbildung). • Alle Metalle sind prüfbar, insbesondere gute Eignung für spröde Werkstoffe wegen geringerer Rissanfälligkeit.	• Härtewerte sind von der Prüfkraft abhängig. • Diamant-Eindringkörper gegen Beschädigungen empfindlich. • Erheblicher Aufwand für die Prüfflächenvorbereitung und die Ausmessung der Eindruckdiagonalen (aufwändiges Ausrichten der Prüffläche zum Erreichen symmetrischer Prüfeindrücke).
Martenshärte	• Auf alle Werkstoffe (z. B. Metalle, Kunststoffe usw.) anwendbar, da Härtewert aus elastischer und plastischer Deformation bestimmt wird. • Das Verfahren liefert einen physikalisch sinnvollen Härtewert, der für Eindringtiefen über 10 µm unabhängig von der Prüfkraft ist. Stark unterschiedliche Härtewerte können damit deutlich besser miteinander verglichen werden. • Einfache Automatisierbarkeit, da die Eindringtiefe gemessen wird. • Härtemessung dünner Bleche, dünner Schichten, kleiner Proben und dünnwandiger Rohre möglich. • Durch Messung von Kraft-Eindringtiefen-Kurven erhält man zusätzliche Informationen über den Werkstoff.	• Steigende Anforderungen an die Probenoberfläche mit kleiner werdender Prüfkraft und damit kleiner werdenden Eindrücken (Eindringtiefe < 20 · arithmetischer Mittenrauwert). • Anfällig gegenüber Erschütterungen, insbesondere bei kleinen Prüfkräften (bei Eindringtiefen unter 15 µm). • Messfehler durch elastische und bleibende Verformung der Probe und der im Kraftfluss liegenden Bauteile während der Messung.

13.5.6.3 Dynamische Härteprüfverfahren

Bei den dynamischen Härteprüfverfahren wirkt der Prüfkörper stoßartig auf die Werkstückoberfläche ein. Dies kann geschehen durch:

- Aufprallen lassen eines mit dem Prüfkörper verbundenen Fallgewichts auf die Probenoberfläche und Messung der Rücksprunghöhe (**Shore**-Härteprüfverfahren) oder des Verhältnisses von Rückprall- und Aufprallgeschwindigkeit (**EQUOTIP**-Verfahren). Man spricht von Prüfverfahren mit **Energiemessung.**
- Einschlagen auf einen auf der Probenoberfläche ruhenden Prüfkörper und anschließendes Ausmessen des bleibenden Eindrucks (**Poldihütten-Verfahren, Härteprüfung nach Ernst** und **Härteprüfung nach Baumann-Steinrück).** Man spricht von Prüfverfahren mit **Verformungsmessung.**

a) Härteprüfverfahren nach Shore

Beim Shore-Härteprüfverfahren, das 1907 von ***A. F. Shore*** entwickelt wurde, lässt man einen Fallhammer mit einer bestimmten Masse m aus einer bestimmten Höhe h auf die Probenoberfläche fallen. Der Fallhammer trägt an seiner Spitze als Eindringkörper einen Naturdiamanten. Nach dem Aufprall auf die Probenoberfläche springt der Hammer (samt Eindringkörper) auf eine Höhe $h_1 < h$ zurück. Diese Höhe wird gemessen und stellt ein Maß für die Shore-Härte dar (Bild 1). Je härter der zu prüfende Werkstoff ist, desto weniger Energie wird zur Verformung der Werkstückoberfläche benötigt, desto größer ist die Rücksprunghöhe. Die Rückprall- oder Rücksprunghärtemessgeräte nach dem Fallhammer-Prinzip nach Shore werden auch als **Shore-Skleroskope** (*skleros* = hart) bezeichnet.

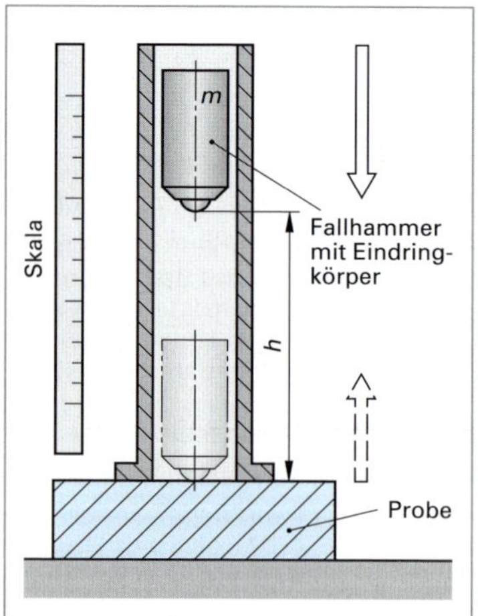

Bild 1: Shore-Härteprüfung

Man unterscheidet zwei verschiedene Modelle von Skleroskopen:

Modell C: Hammergewicht: 2,3 g, Fallhöhe: 251 mm

Modell D: Hammergewicht: 36 g, Fallhöhe: 17,9 mm

Die Härteskala wurde so gewählt, dass der Rücksprunghöhe auf einem glashart gehärteten und nicht angelassenen, perlitischen Stahl (C = 0,8 %) der Wert 100 zugeordnet wird. Die Skala wird in gleiche Teile unterteilt. Für größere Rücksprunghöhen wird beim Modell C die Skala im gleichen Teilungsmaßstab bis 140 und beim Modell D bis 120 weitergeführt. Ein Härtewert von z. B. 70 HS besagt, dass der Fallhammer nach der Prüfung auf 70 % der Höhe zurückgesprungen ist, die er auf einem gehärteten und nicht angelassenen Stahl erreicht hätte.

b) Poldihütten-Verfahren

Das **Poldihütten-Verfahren** wurde auf der Poldihütte in Kladno bei Prag entwickelt. Beim Poldi-Härteprüfverfahren wird eine gehärtete Stahlkugel mit einem Durchmesser von 10 mm gleichzeitig in die zu prüfende Oberfläche und in einen Vergleichsstab mit quadratischem Querschnitt und bekannter (statischer) Brinell-Härte (in der Regel 208 HB) eingeschlagen. Zum Einschlagen verwendet man einen Handhammer mit einer Masse von ca. 1000 g. Beide Eindringdurchmesser werden anschließend ausgemessen, miteinander verglichen und in die Brinellhärte umgewertet (Bild 1). Die Umwertung kann mit Hilfe einer Tabelle oder einer Formel erfolgen. Das Poldihütten-Verfahren liefert also keinen eigenen Härtewert, sondern es wird auf die statische Brinellhärte zurückgeschlossen. Da das Poldihütten-Verfahren nach dem Prinzip der Vergleichshärteprüfung arbeitet, d. h. nur die Eindruckdurchmesser miteinander verglichen werden, ist das Ergebnis praktisch unabhängig von der Stärke des Hammerschlages (Bild 1).

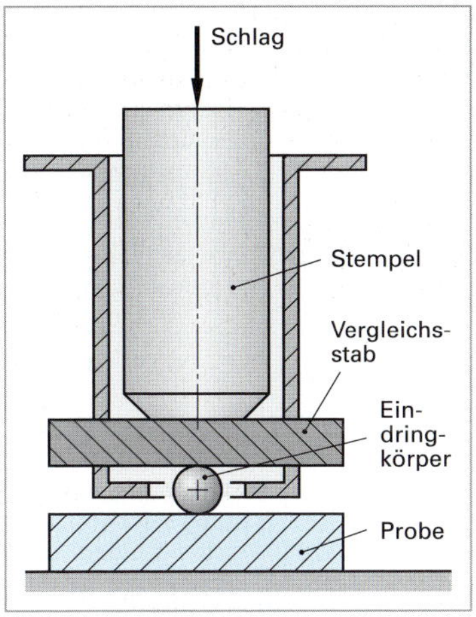

Bild 1: Poldihütten-Verfahren

c) Härteprüfverfahren nach Ernst

Beim Härteprüfverfahren nach ***Ernst*** wird der Eindringkörper (Kugelkalotte mit einem Radius von 3,58 mm) durch einen Hammerschlag ein Stück weit in den Prüfkörper eingeschlagen. Um eine definierte Schlagkraft zu gewährleisten, wird der Hammerschlag nicht direkt auf den Eindringkörper übertragen, sondern es wird ein Scherstift durch Abscheren zu Bruch gebracht. Die Scherstifte sind so bemessen, dass sie bei einer statischen Belastung von rund 15.500 N brechen. Für jede Prüfung ist ein neuer Scherstift erforderlich (Bild 2). Der Eindruckdurchmesser wird nach der Prüfung ausgemessen und in die Brinell-Härte umgewertet.

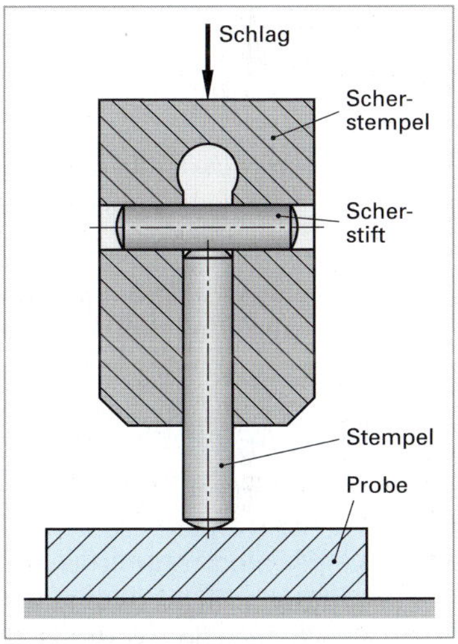

Bild 2: Härteprüfung nach *Ernst*

d) Härteprüfverfahren nach Baumann-Steinrück

Beim Härteprüfverfahren nach ***Baumann-Steinrück*** wird der an der Spitze eines Schlagbolzens befestigte Eindringkörper (Stahlkugel mit einem Durchmesser von 5 mm oder 10 mm) mittels einer gespannten Druckfeder in die Probenoberfläche eingeschlagen. Auf diese Weise kann eine stets gleich große Schlagenergie eingehalten werden. Durch das Aufdrücken des Prüfgeräts **(Baumann-Hammer)** auf die Probenoberfläche wird die Feder gespannt und nach Erreichen einer bestimmten Endstellung automatisch ausgelöst. Es stehen am Gerät zwei einstellbare Schlagstufen (halbe und volle Schlagkraft) zur Verfügung. Der Prüfeindruck wird mit Hilfe einer Lupe ausgemessen und mittels eines empirisch entwickelten Zusammenhangs in die Brinell-Härte umgewertet (Bild 3). Die Vor- und Nachteile des Verfahrens sind mit denen des Poldihütten-Verfahrens vergleichbar.

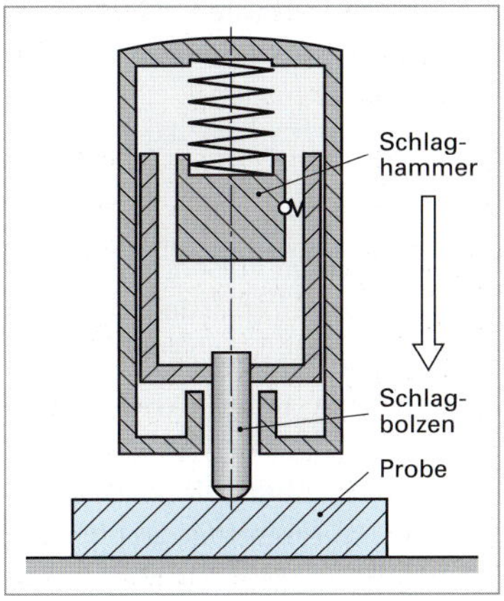

Bild 3: Härteprüfung nach *Baumann-Steinrück*

e) Vor- und Nachteile der dynamischen Härteprüfverfahren

Tabelle 1: Vor- und Nachteile ausgewählter dynamischer Härteprüfverfahren

Verfahren	Vorteile	Nachteile
Shore	• Wirtschaftliches Verfahren. • Kleine, leichte und mobile Messgräte. • Praktisch zerstörungsfrei (nur sehr kleiner Prüfeindruck).	• Aufgrund unzureichender verfahrens- und gerätespezifischer Festlegungen (keine Normung!) ergeben sich Abweichungen bei der Umwertung bzw. Probleme beim Vergleich von Shore-Härtewerten, die mit unterschiedlichen Messgeräten ermittelt wurden. • Die Härteprüfung ist nur an horizontalen Prüfflächen möglich.
Poldihütten-verfahren	• Preiswertes und schnelles Prüfverfahren. • Einfache Handhabung. • Mobil und in jeder beliebigen Lage einsetzbar.	• Nur für die Prüfung größerer Werkstücke geeignet. • Relativ starke Streuung der Messergebnisse.
Ernst	• Einfache Handhabung. • Preiswertes und schnelles Prüfverfahren. • Mobil einsetzbar. • Prüfung auch an schwer zugänglichen Stellen möglich.	• Werkstücke müssen eine bestimmte Mindestgröße bzw. Masse besitzen. • Verletzungsrisiko durch relativ starke Prüfschläge. • Scherstifte besitzen zwar eine eng tolerierte statische Prüfkraft, bei zügiger Beanspruchung ändert sich jedoch die Scherkraft und führt so zu einer Streuung des Messwerts.

13.5.7 Zähigkeitsprüfverfahren

Die Sicherheit eines Bauteils oder einer Konstruktion erfordert zunächst, dass die wirkenden Spannungen unter den Festigkeitsgrenzen des Werkstoffs bleiben. Diese Sicherheitsforderung kann trotz vielfältiger Belastungsmöglichkeiten (z. B. Eigengewicht, Innendruck, Auflagerkräfte usw.) meist mit großer Sicherheit erfüllt werden, da die auftretenden Spannungen berechnet und auch gemessen werden können und die Festigkeitsgrenzen der eingesetzten Werkstoffe (z. B. R_e, $R_{p0,2}$ oder R_m) aus zahlreichen Versuchen meist bekannt sind.

Lange Zeit galt die sorgfältige Ermittlung der Spannung und die sorgfältige Prüfung der Festigkeit und Bruchdehnung des Werkstoffs als ausreichende Garantie für die Sicherheit. Spätestens jedoch seit dem 3. Januar 1938, als in einer kalten Januarnacht innerhalb von zwei Stunden zwei tiefe Risse im geschweißten Hauptträger der Autobahnbrücke bei Rüdersdorf im Osten von Berlin auftraten (ähnliche Unfälle waren bereits vorausgegangen und zahlreiche weitere Unfälle folgten), wurde jedoch klar, dass außer der Kontrolle der Festigkeit auch eine Kontrolle der Sprödbruchsicherheit von größter Bedeutung ist. Beide Untersuchungen, sowohl der Festigkeitsnachweis als auch die Überprüfung der Sprödbruchsicherheit, stehen gleichrangig aber unabhängig nebeneinander.

13.5.7.1 Zähigkeitsbegriff

Der Begriff Zähigkeit ist schwierig zu definieren. Allgemein versteht man darunter die Fähigkeit eines Werkstoffs, von außen zugeführte Energie in plastische Verformungsarbeit umzuwandeln ohne dass ein Anriss oder Bruch eintritt.

Zähigkeit bzw. Sprödigkeit sind keine Werkstoffeigenschaften im üblichen Sinne, vergleichbar der elektrischen Leitfähigkeit, der Wärmedehnung usw., die nur durch Struktur und Gefüge bestimmt werden, sondern sie werden von einer Vielzahl äußerer Bedingungen wie Spannungszustand, Temperatur oder Beanspruchungsgeschwindigkeit beeinflusst (Kapitel 13.5.7.4).

ⓘ Information

Zähigkeit

Unter der Zähigkeit eines Werkstoffs oder eines Bauteils versteht man die Fähigkeit, von außen zugeführte Energie in plastische Verformungsarbeit umzuwandeln, ohne dass ein Anriss oder Bruch eintritt.

Die Zähigkeit ist keine Werkstoffeigenschaft, da sie in hohem Maße von äußeren Einflüssen abhängt. Diese sind insbesondere:

- mehrachsige Spannungszustände beispielsweise verursacht durch technische Kerben, große Wanddicken oder Schweißnähte,
- schlagartige Beanspruchung,
- tiefe Temperaturen.

Ein Werkstoff ist daher nicht zäh oder spröde, sondern er verhält sich zäh oder spröde!

Von einem zähen Werkstoff wird erwartet, dass er auch unter dem Einfluss dieser ungünstigen äußeren Bedingungen eine ausreichende Sprödbruchsicherheit aufweist bzw. ein bereits entstandener und fortschreitender Riss wieder zum Stillstand kommen kann, bevor ein katastrophaler Gewaltbruch eintritt.

ie Zähigkeit eines Werkstoffs oder eines Bauteils wird häufig entsprechend dem mikroskopischen oder maroskopischen Bruchbefund definiert. Ein Zähbruch unterscheidet sich hinsichtlich Entstehung und Ercheinungsbild grundlegend von einem Sprödbruch (Kapitel 13.5.7.3).

n Sinne der Sicherheitsrelevanz (Kapitel 13.5.7.2) ist jedoch letztlich die Reaktion des Bauteiles auf die elastung bis zum Bruch entscheidend, die besonders aus dem Last-Verformungs-Diagramm des Bauteils eutlich wird. Zur Definition und Quantifizierung der Zähigkeit eines Werkstoffs bzw. eines Bauteils werden aher auch, abhängig von Belastungsart und Gefährdungspotenzial, unterschiedliche Kriterien wie Enerieaufnahmevermögen bis zum Bruch oder Rissstoppvermögen herangezogen.

3.5.7.2 Sicherheitsrelevanz der Zähigkeit

ine hohe Zähigkeit des Werkstoffs bzw. ein zähes Bauteilverhalten hat aus sicherheitstechnischer Sicht größe Bedeutung:

1. Nur zähe Werkstoffe haben die Fähigkeit, eine lokale Überbeanspruchung durch plastische Verformung an den höchstbeanspruchten Stellen (Schweißnähte, abrupte Querschnittsveränderungen usw.) abzubauen. Bild 1 veranschaulicht diesen Sachverhalt anhand der Spannungs-Dehnungs-Diagramme eines spröden und eines zähen Werkstoffs:

   Wird ein Bauteil aus zähem Werkstoff über den Auslegungspunkt *A* hinaus belastet (z.B. durch stoßartige Beanspruchung), dann tritt an der höchstbeanspruchten Stelle eine plastische Verformung ein. Die Spannungsspitze wird durch lokale Plastifizierung abgebaut. Ein Anriss tritt nicht auf. Spröde Werkstoffe besitzen diese Eigenschaft nicht, bei ihnen besteht unter diesen Bedingungen die Gefahr einer Rissbildung bzw. eines Bruches. Eine ausreichende Zähigkeit stellt somit eine Sicherheitsreserve gegen Sprödbruch dar.
2. Ein Bruch tritt erst nach deutlicher plastischer Verformung ein. Damit ist eine Art „Vorwarnung" gegeben.
3. Bei schlagartiger Beanspruchung wird die kinetische Energie in plastische Verformungsarbeit umgewandelt, ohne dass ein Riss entsteht.
4. Ein sich bereits ausbreitender Riss kann im zähen Werkstoff wieder gestoppt werden, ohne dass eine vollständige Auftrennung des Bauteils eintritt (Rissauffangversuche, Kapitel 13.5.7.5).

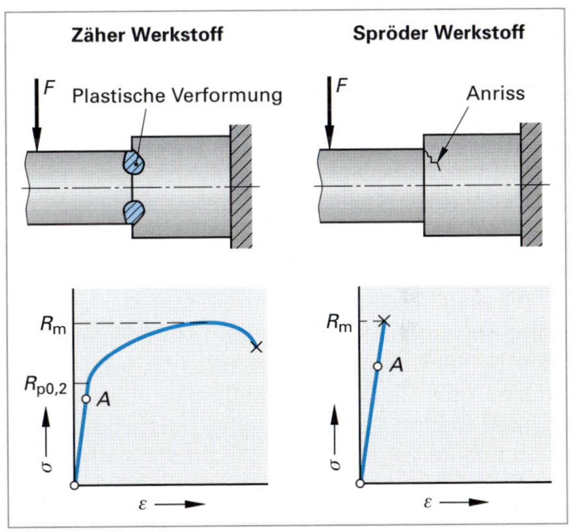

Bild 1: Verformungs- und Bruchverhalten zäher und spröder Werkstoffe

13.5.7.3 Spröder und zäher Gewaltbruch

Bei Gewaltbrüchen unterscheidet man hinsichtlich Versagensmechanismus und mikroskopischem Erscheinungsbild der Bruchfläche zwischen einem **spröden Gewaltbruch (Spaltbruch)** und einem **zähen Gewaltbruch (Gleitbruch)**. Auch Übergangsformen, die **Mischbrüche,** werden mitunter beobachtet.

Spröder Gewaltbruch

Die Voraussetzungen für die Entstehung eines spröden Gewaltbruchs (Spaltbruchs) sowie der Versagensmechanismus wurden bereits in Kapitel 13.5.1.6 beschrieben. Makroskopisch verläuft ein Spaltbruch entweder innerhalb eines Korns entlang bestimmter kristallographischer Ebenen (transkristalliner Spaltbruch, Bild 1a, Seite 626) oder der Riss folgt den Korngrenzen (interkristalliner Spaltbruch, Bild 1b, Seite 626).

Transkristalline Spaltbrüche finden sich nur bei krz- und hdP-Metallen sowie bei einer Reihe intermetallischer Phasen. Kubisch-flächenzentrierte Metalle wie z. B. Kupfer weisen, bedingt durch ihre gute plastische Verformungsfähigkeit, in der Regel keine transkristallinen Spaltbrüche auf.

Transkristalline Spaltbrüche zeigen glatte Bruchflächen. Die Risse verlaufen hierbei in mehreren parallelen Ebenen, die als **Spaltstufen** bzw. **Spaltebenen** oder **Flussmuster** bezeichnet werden (Bild 2). Sie entstehen:

- durch Zusammenlaufen von Rissen,
- falls ein Riss eine Korngrenze mit geringer Orientierungsdifferenz zwischen den Körnern **(Drehgrenze)** überschreitet,
- durch Schneiden von Spaltebenen mit Schraubenversetzungen.

Die Spaltstufen sind durch Stege miteinander verbunden, die durch Abscherung des Werkstoffs zwischen den Stufen entstehen.

Überschreitet die Rissfront eine **Kippgrenze,** dann folgt sie derjenigen Spaltebene mit der kleinsten Winkeldifferenz zur makroskopischen Bruchebene (Bild 2).

Im Unterschied zum Gleitbruch breitet sich ein Spaltbruch nacheinander von einem Korn zum Nachbarkorn durch den gesamten Querschnitt hindurch aus. Beim Gleitbruch bilden sich hingegen im Innern gleichzeitig einzelne Hohlräume nebeneinander, die sich anschließend zu einem Riss vereinigen (Bild 1, Seite 605).

Interkristalline Spaltbrüche verlaufen längs der Korngrenzen und werden in allen Metallen (kfz, krz und hdP) beobachtet.

Interkristalline Gewaltbrüche entstehen, falls die Korngrenzen durch Ausscheidungen wie zum Beispiel σ-Phase bei nicht rostenden Cr- und Cr-Ni-Stählen oder Carbidausscheidungen überhitzt gehärteter niedrig legierter Stähle, versprödet sind. Auch andere Verunreinigungen an der Korngrenze wie Seigerungen oder Korngrenzenfilme können zu einem interkristallinen Spaltbruch führen.

Damit interkristalline Spaltbrüche überhaupt entstehen können, muss die Grenzflächenenergie an der Phasengrenze zwischen Korn und Ausscheidung wesentlich kleiner sein, im Vergleich zur Oberflächenenergie der Ausscheidung.

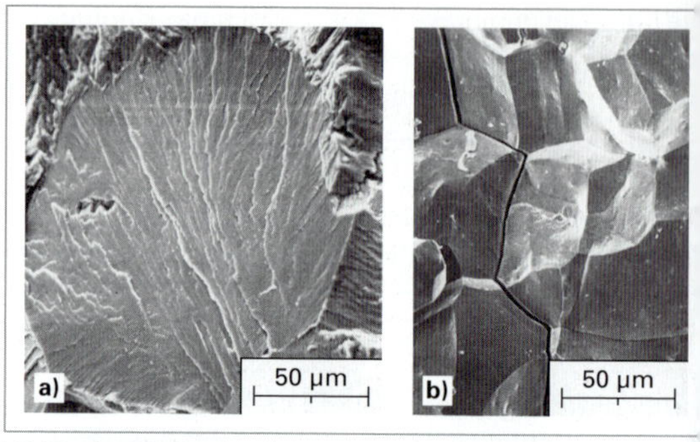

Bild 1: Spröde Gewaltbrüche a) transkristallin b) interkristallin

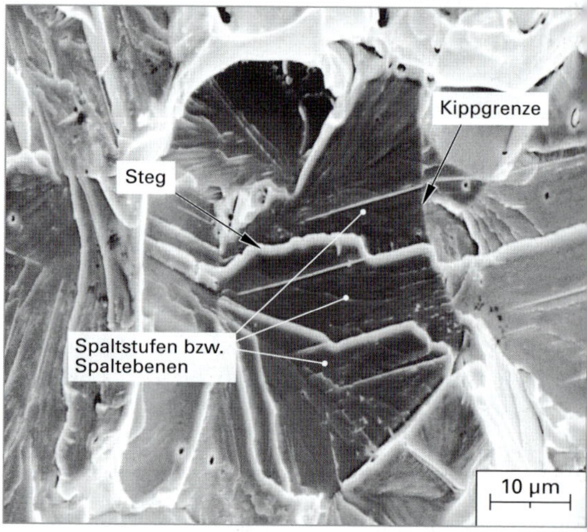

Bild 2: Typische mikrofraktographische Merkmale eines spröden Gewaltbruchs

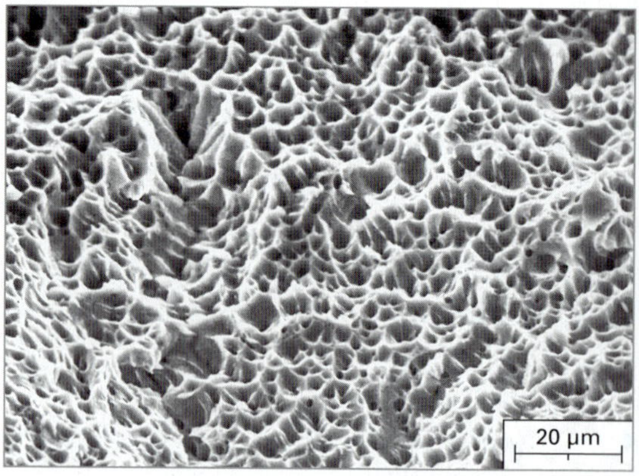

Bild 3: Zäher Gewaltbruch mit Verformungswaben

Zäher Gewaltbruch

Der Versagensablauf zähen Gewaltbruchs (Gleitbruch) ist durch das plastische Verformungsvermögen des Werkstoffs gekennzeichnet und unterscheidet sich grundsätzlich vom Sprödbruch. Der Versagensmechanismus wurde bereits ausführlich in Kapitel 13.5.1.6 beschrieben und führt zu der in Bild 3 dargestellten typischen Wabenstruktur.

13.5.7.4 Einflussfaktoren auf die Zähigkeit

Unabhängig von der jeweiligen Definition ist die Zähigkeit keine Werkstoffeigenschaft, da sie nicht nur von Art und Zustand eines Werkstoffs abhängt. Auch eine Reihe nicht werkstoffspezifischer Eigenschaften können zu einer Verminderung der Zähigkeit führen, d. h. einen Sprödbruch begünstigen. Hierzu zählen:

- Werkstoffzustand
- Temperatur
- Bauteilgeometrie (Spannungszustand)
- Beanspruchungsgeschwindigkeit

Werkstoffzustand

Zähe Werkstoffe verformen sich plastisch. Voraussetzung für eine plastische Verformung ist eine weitgehend ungehinderte Versetzungsbewegung. Durch eine Wärmebehandlung, durch Alterungsvorgänge, Kaltverformung, Neutronenbestrahlung oder durch eine ungeeignete Erschmelzung (Bildung von Seigerungen) kann sich der Werkstoffzustand derart verändern, dass die Versetzungsbewegungen bzw. die Gleitvorgänge im Werkstoff deutlich erschwert oder gar blockiert werden. Unter diesen Bedingungen kann keine plastische Verformung mehr stattfinden und es tritt ein spröder Trennbruch ein.

Temperatur

Werkstoffe mit kubisch-raumzentriertem (krz) Kristallgitter (z. B. unlegierte und legierte Stähle mit ferritisch-perlitischem Gefüge) zeigen bei hohen Temperaturen eine relativ hohe Zähigkeit, bei tiefen Temperaturen verspröden sie hingegen. Man spricht von **Temperaturversprödung**. Die Ursache liegt in einer mit sinkender Temperatur zunehmenden Blockierung der Versetzungsbewegungen auf den ohnehin wenigen Gleitebenen des krz-Kristallgitters.

Bauteilgeometrie (Spannungszustand)

Im Bereich von Kerben oder Rissen wird die freie Verformung des Werkstoffs in Ebenen senkrecht zur Belastungsrichtung eingeschränkt, man spricht von **Querdehnungsbehinderung**. Dies führt zur Ausbildung eines mehrachsigen Spannungszustandes. Eine plastische Verformung kann dann nicht mehr oder nur noch eingeschränkt stattfinden. Der Werkstoff bricht spröde (**Spannungsversprödung**).

Beanspruchungsgeschwindigkeit

Für den Ablauf von Versetzungsbewegungen ist eine bestimmte Zeit erforderlich, die mit zunehmender Beanspruchungsgeschwindigkeit jedoch nicht mehr zur Verfügung steht. Eine zügige oder gar schlagartige Belastung kann daher auch bei einem eigentlich zähen Werkstoff die Auslösung eines Sprödbruchs begünstigen. Sehr hohe Beanspruchungsgeschwindigkeiten führen gar zu einem völligen Verschwinden des plastischen Bereichs. Mitunter wird dieses Verhalten auch als **Schlagversprödung** bezeichnet.

> **ⓘ Information**
>
> **Einflüsse auf die Zähigkeit**
>
> Die Zähigkeit ist keine Werkstoffeigenschaft vergleichbar der Festigkeit, der Härte usw., da sie nicht nur vom Werkstoff bzw. Werkstoffzustand, sondern auch von nicht werkstoffspezifischen Eigenschaften wie der Temperatur, der Beanspruchungsgeschwindigkeit oder der Bauteilgeometrie (Spannungszustand) abhängt. Ein Werkstoff ist daher nicht „zäh" oder „spröde", sondern er verhält sich „zäh" oder „spröde".
>
> Die verschiedenen Zähigkeitsprüfverfahren (s.u.) liefern unter anderem deshalb auch keine für die Bauteilberechnung geeigneten Kennwerte, sondern sie erlauben lediglich eine Abschätzung der Sprödbruchneigung. Allerdings hängen die Berechnungsvorschriften oftmals davon ab, ob ein zähes oder sprödes Werkstoffverhalten vorliegt (z. B. bei der Wahl der Festigkeitshypothese in der Festigkeitsrechnung).

13.5.7.5 Verfahren der Zähigkeitsprüfung

Für die Beurteilung der Sprödbruchsicherheit müssen Prüfbedingungen gewählt werden, die einen spröden Anriss auslösen können. Solche Bedingungen sind:

- Tiefe Temperaturen (Temperaturversprödung)
- Hohe Beanspruchungsgeschwindigkeiten (Schlagversprödung)
- Mehrachsige Spannungszustände (Spannungsversprödung)
- Werkstoffbereiche, die einen spröden Riss initiieren können (z. B. ungüstige Gefügezustände oder Eigenspannungen in Schweißnahtbereichen)

Diese Prüfbedingungen (oder zumindest ein Teil davon) können durch eine Vielzahl unterschiedlicher Prüfverfahren und Probengeometrien realisiert werden. Dementsprechend wurden für die Prüfung der Sprödbruchsicherheit bzw. der Werkstoffzähigkeit verschiedene Verfahren entwickelt. Zu den wichtigsten Prüfverfahren gehören:

- Kerbzugversuch
- Kerbschlagbiegeversuch nach Charpy (DIN EN 10 045-1)
- Pellini-Versuch (Stahl-Eisen-Prüfblatt 1325)
- Robertson-Versuch

a) Kerbzugversuch

Beim nicht genormten Kerbzugversuch wird eine gekerbte Flach- oder Rundzugprobe, vergleichbar dem Zugversuch, mit stetig ansteigender Kraft F bis zum Bruch belastet. Im Kerbgrund bildet sich ein mehrachsiger Spannungszustand mit Spannungsspitze aus (Bild 1). Im Kerbzugversuch ermittelt man die Höchstlast F_{max} beim Bruch der Probe und errechnet daraus die **Kerbzugfestigkeit R_{mK}** zu:

$$R_{mK} = \frac{F_{max}}{A_K} \qquad (13.26)$$

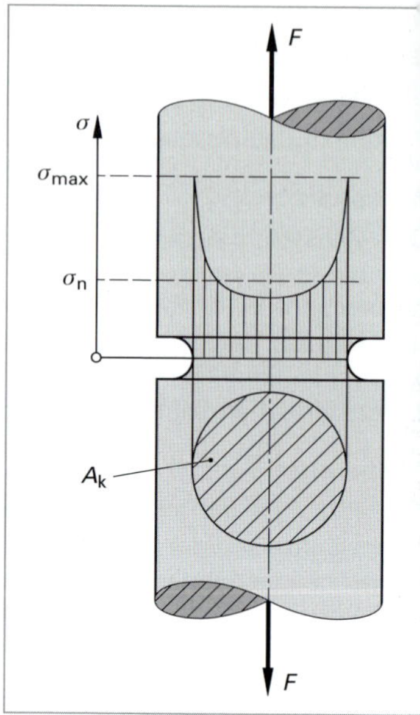

Bild 1: Spannungsverlauf in einer Kerbzugprobe

Während bei ideal-spröden Werkstoffen (z. B. martensitisch gehärtete Stähle, Keramiken) die Kerbzugfestigkeit R_{mK} deutlich kleiner ist als die im Zugversuch ermittelte Zugfestigkeit R_m, kann bei sehr zähen Werkstoffen die Kerbzugfestigkeit R_{mK} sogar deutlich über der Zugfestigkeit R_m liegen. Das Verhältnis R_{mK}/R_m kann daher als Maß für die Zähigkeit eines Werkstoffs herangezogen werden. Im Kerbzugversuch kann nur die Spannungsversprödung erfasst werden.

b) Kerbschlagbiegeversuch nach Charpy

Der Kerbschlagbiegeversuch nach **Charpy** (DIN EN 10 045-1) ist nicht nur wegen seiner einfachen und kostengünstigen Versuchsdurchführung von großer Bedeutung, sondern vor allem wegen der Erfassung der wichtigsten zähigkeitsrelevanten Parameter (mehrachsiger Spannungszustand, Temperatur, Beanspruchungsgeschwindigkeit). Wird gar ein **instrumentierter Kerbschlagbiegeversuch** durchgeführt (s. u.), dann gewinnt man zusätzliche Informationen über Bruchkraft, Bruchverformung, Brucharbeit, insbesondere aber auch über das Rissstoppverhalten.

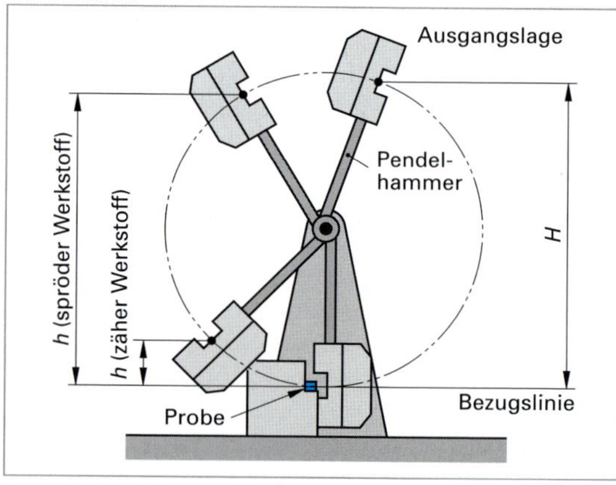

Bild 2: Pendelschlagwerk zur Durchführung eines Kerbschlagbiegeversuchs

Neben dem Zugversuch ist der Kerbschlagbiegeversuch der am häufigsten durchgeführte Versuch der mechanischen Werkstoffprüfung. Er wird sowohl zur Prüfung metallischer Werkstoffe als auch schlagzäher Kunststoffe eingesetzt. Bei der Werkstoff- und Bauteilabnahme werden neben Zugversuchen fast immer auch Kerbschlagbiegeversuche durchgeführt. Auch in Normenwerken finden sich neben Mindestanforderungen an die Festigkeit in der Regel auch Mindestwerte für die Zähigkeit (Kerbschlagarbeit).

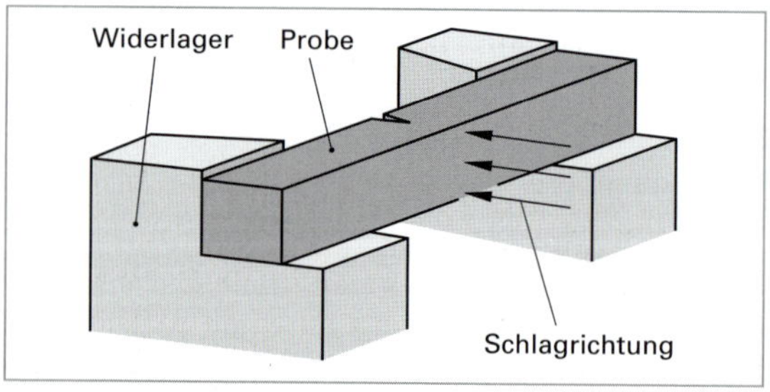

Bild 3: Probenlagerung nach Charpy

Beim Kerbschlagbiegeversuch wird mit Hilfe eines Pendelschlagwerks (Bild 2) in der Regel eine gekerbte Normprobe zerschlagen. Die Probe wird dabei mit der Kerbseite lose an zwei Widerlager angelegt **(Charpy-Anordnung,** Bild 3) oder sie wird einseitig eingespannt **(Izod-Anordnung,** weniger gebräuchlich). Der Pendelhammer des Schlagwerks wird zunächst auf eine bestimmte Höhe H angehoben und anschließend ausgeklinkt. Er fällt dabei mit vorgegebener kinetischer Energie auf die der Kerbe gegenüberliegende Seite der Probe. In Abhängigkeit der Zähigkeit des Werkstoffs wird die nur lose an die Widerlager angelegte Probe zerschlagen oder durch die Widerlager hindurchgedrückt. Da ein Teil der kinetischen Energie des Pendelhammers zur Probenverformung aufgebracht werden muss, erreicht der Pendelhammer nach dem Schlag nur noch eine Höhe $h < H$. Mit Hilfe eines Schleppzeigers oder einer anderen geeigneten Messeinrichtung an der Prüfmaschine kann der Ausschlagwinkel α des Pendelhammers und damit die Steighöhe h nach dem Schlag einfach ermittelt werden.

Die Auftreffgeschwindigkeit des Pendelhammers auf die Probe beträgt bei metallischen Werkstoffen rund 5 m/s bis 5,5 m/s. Die üblicherweise zum Einsatz kommenden Pendelschlagwerke haben ein Arbeitsvermögen von 300 J. Zur Prüfung von Kunststoffen kommen Pendelschlagwerke mit deutlich verminderter Hammermasse und Fallhöhe zum Einsatz. Ihr Arbeitsvermögen beträgt zwischen 4 J und 20 J.

Als Maß für die Zähigkeit des zu prüfenden Werkstoffs bzw. Werkstoffzustandes wird beim Kerbschlagbiegeversuch diejenige Arbeit angesehen, die zum Zerschlagen der Probe (bzw. zum Hindurchdrücken durch die Widerlager) erforderlich ist. Man bezeichnet sie als **Kerbschlagarbeit *K*** (Einheit: Joule J). Sie ist ein Maß für die Widerstandsfähigkeit des Werkstoffs gegen zügige bis schlagartige Beanspruchung.

Versuchstechnisch ergibt sich die Kerbschlagarbeit K als Differenz der potenziellen Energien des Pendelhammers (Masse m) vor und nach dem Schlag (Reibungseffekte vernachlässigt):

$$K = m \cdot g \cdot (H - h) \qquad (13.27)$$

K = Kerbschlagarbeit (J)
m = Masse des Pendelhammers (kg)
g = Erdbeschleunigung ($g = 9{,}807$ m/s^2)
H = Fallhöhe des Pendelhammers vor dem Schlag (m)
h = Steighöhe des Pendelhammers nach dem Schlag (m)

Die früher gebräuchliche **Kerbschlagzähigkeit** wird heute nicht mehr verwendet. Sie war definiert als Kerbschlagarbeit K, dividiert durch die Querschnittsfläche der Probe in der Kerbebene. Die Kerbschlagzähigkeit hatte dementsprechend die Dimension J/cm^2.

Für die Zähigkeitsprüfung duktiler metallischer Werkstoffe verwendet man stets gekerbte Proben (Bild 1), da glatte Proben durch den Pendelhammer erst bei sehr tiefen Temperaturen gebrochen werden. Damit wäre der Nachweis der Versprödungsneigung des Werkstoffs erschwert. Die Kerbe fördert die Sprödbruchneigung in zweierlei Hinsicht:

1. Sie behindert die Querkontraktion des Werkstoffs und führt zum Aufbau eines mehrachsigen Spannungszustandes.
2. Die Verformung konzentriert sich auf den Kerbgrund, so dass dort örtlich hohe Dehngeschwindigkeiten erreicht werden.

Die Bezeichnungen und Abmessungen der wichtigsten **Kerbschlagbiegeproben** sind in Tabelle 1 zusammengestellt, wobei sich für metallische Werkstoffe die **ISO-Spitzkerbprobe** (auch **ISO-V-Probe** oder **Charpy-V-Probe** genannt) durchgesetzt hat.

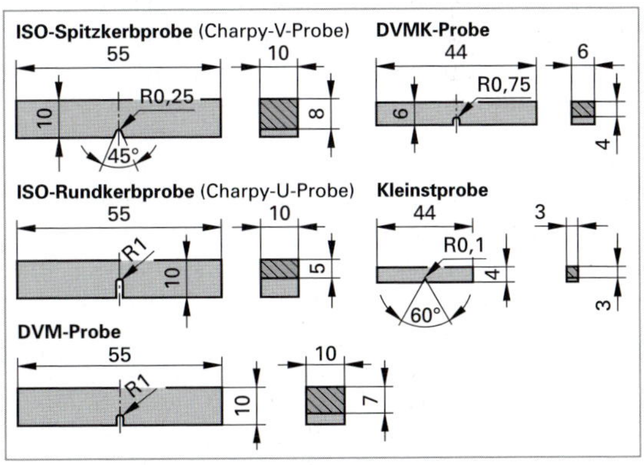

Bild 1: Gebräuchliche Kerbschlagbiegeproben

Tabelle 1: Bezeichnungen und Abmessungen wichtiger metallischer Kerbschlagbiegeproben

Probenform	Norm	Länge *l* mm	Höhe *h* mm	Höhe im Kerbgrund mm	Breite *b* mm	Kerbwinkel	Kerbradius mm
ISO-Spitzkerbprobe	DIN EN 10 045	55	10	8	10	45°	0,25
ISO-Rundkerbprobe		55	10	5	10	–	1,00
DVM-Probe	DIN 50 115	55	10	7	10	–	1,00
DVMK-Probe		44	6	4	6	–	0,75
Kleinstprobe		27	4	3	3	60°	0,10

Das Prüfergebnis des Kerbschlagbiegeversuchs wird wie folgt angegeben:

Beispiel: KV 150/7,5 = 83 J

- 83 J: Zum Bruch der Probe verbrauchte Schlagarbeit (J).
- 7,5: Probenbreite. Angabe nur, falls abweichend von der Norm.
- 150: Arbeitsvermögen des Pendelschlagwerks. Angabe ist nur erforderlich, falls abweichend von 300 J.
- KV: Kurzzeichen der Kerbschlagarbeit

KV:	ISO-Spitzkerbprobe (Charpy-V-Probe)
KU:	ISO-Rundkerbprobe (Charpy-U-Probe)
K(DVM):	DVM-Probe
K(DVMK):	DVMK-Probe
K(KLST):	Kleinstprobe

Wird die Probe bei der Prüfung nicht vollständig gebrochen, sondern durch die Widerlager hindurchgedrückt, dann ist die zum Bruch der Probe erforderliche Schlagarbeit nicht bestimmbar. Die Angabe des Prüfergebnisses im Prüfbericht lautet dann beispielsweise: bei 121 J nicht durchgebrochen.

Die Kerbschlagarbeit eines Werkstoffs kann mitunter stark von der Temperatur abhängen (s. o.). Zum Nachweis einer Sprödbruchneigung wird der Kerbschlagbiegeversuch daher häufig an gleichartigen Proben bei unterschiedlichen Prüftemperaturen durchgeführt. Die Proben werden hierzu erwärmt bzw. abgekühlt und anschließend sofort zerschlagen. Trägt man die Werte der Kerbschlagarbeit über der Prüftemperatur auf, dann erhält man die **Kerbschlagarbeit-Temperatur-Kurve** des Werkstoffs. Man unterscheidet zwischen drei charakteristischen Kurventypen (Bild 1).

Stähle mit ferritisch-perlitischem Gefüge (un- und niedriglegierte Stähle) sowie andere Metalle bzw. Legierungen mit krz-Gitter zeigen bei hohen Temperaturen relativ hohe Kerbschlagarbeiten (man spricht auch von der **Hochlage** der Kerbschlagarbeit-Temperatur-Kurve), bei tiefen Temperaturen dagegen niedrige Kerbschlagwerte **(Tieflage)**. Die Ursache liegt in einer mit sinkender Temperatur zunehmenden Blockierung der Versetzungsbewegungen auf den ohnehin wenigen Gleitebenen des krz-Gitters. Zwischen Hoch- und Tieflage liegt der Übergangsbereich **(Steilabfall)**. Dort streuen die Messwerte mitunter sehr stark, so dass mehrere Proben bei derselben Temperatur geprüft werden sollten. Bei Temperaturen im Bereich der Hochlage der Kerbschlagarbeit beobachtet man Zähbrüche.

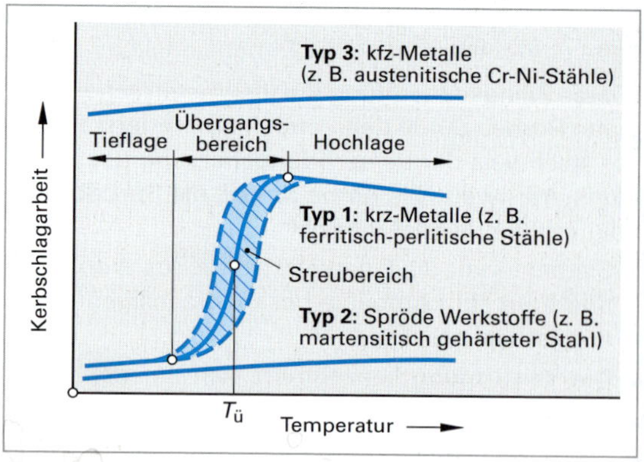

Bild 1: Typische Kerbschlagarbeit-Temperatur-Kurven

Zur Werkstoffauswahl und zum Vergleich von Werkstoffen und Werkstoffzuständen dient die **Übergangstemperatur** $T_ü$ der Kerbschlagarbeit. Sie kann auf unterschiedliche Weise definiert sein, u. a. als diejenige Temperatur bei der:

- die Kerbschlagarbeit einen bestimmten Wert (z. B. 27 J) annimmt,
- ein bestimmter Prozentsatz der Kerbschlagarbeit der Hochlage erreicht wird (z. B. 50 %),
- der spröde Trennbruchanteil verschwindet, d. h. die Hochlage erreicht wird,
- ein bestimmter Anteil an spröder oder duktiler Bruchfläche vorhanden ist (z. B. 50 %).

Die Übergangstemperatur $T_ü$ der Kerbschlagarbeit darf nicht mit der tiefsten Einsatztemperatur des Werkstoffs gleichgesetzt werden, da die Sprödbruchsicherheit realer Bauteile auch von nicht werkstoffspezifischen Einflussfaktoren, wie der Beanspruchungsgeschwindigkeit oder der Bauteilgeometrie (Risse, Querschnittsveränderungen) abhängt. Übergangstemperaturen dürfen nur dann als Kriterium für die Werkstoffauswahl bei tiefen Temperaturen dienen, falls vom Werkstoff bereits betriebliche Erfahrungen unter den geforderten Einsatzbedingungen vorliegen.

Spröde Werkstoffe wie Gusseisen mit Lamellengraphit (Grauguss) oder martensitisch gehärtete Stähle, aber auch Gläser und keramische Werkstoffe zeigen Kerbschlagarbeit-Temperatur-Kurven vom Typ 2, die selbst bei hohen Temperaturen eine relativ niedrige Kerbschlagarbeit aufweisen.

Kubisch-flächenzentrierte Metalle (z. B. Al, Cu, Ni) und ihre homogenen Legierungen sowie die austenitischen Stähle, weisen keinen signifikanten Zähigkeitsabfall aufgrund der vielfältigen Gleitmöglichkeiten im Kristallgitter auf. Der absolute Betrag der Kerbschlagarbeit hängt jedoch in hohem Maße von der Werkstoffart ab. Während die austenitischen Cr-Ni-Stähle relativ hohe Werte aufweisen, zeigen beispielsweise Aluminiumwerkstoffe eine deutlich geringere Kerbschlagarbeit.

Aufgrund der insgesamt fehlenden Versprödung, können kfz-Metalle u. a. in der Luft- und Raumfahrt (z. B. Aluminiumlegierungen) sowie in der Tieftemperaturtechnik (z. B. austenitische Cr-Ni-Stähle) sicher eingesetzt werden.

Der Absolutwert der Kerbschlagarbeit sowie die Übergangstemperatur werden von einer Reihe versuchs- und werkstoffbedingter Faktoren beeinflusst, die in Bild 1 zusammenfassend dargestellt sind.

Beim **instrumentierten Kerbschlagbiegeversuch** (Bild 2) wird die Kraft an der Schlagfinne des Pendelhammers über dem Pendelweg aufgezeichnet und man erhält dadurch zusätzliche Informationen über:

- Bruch- bzw. Maximalkraft (F_B bzw. F_{max})
- Bruchverformung
- Brucharbeit A_B
- Rissstoppverhalten

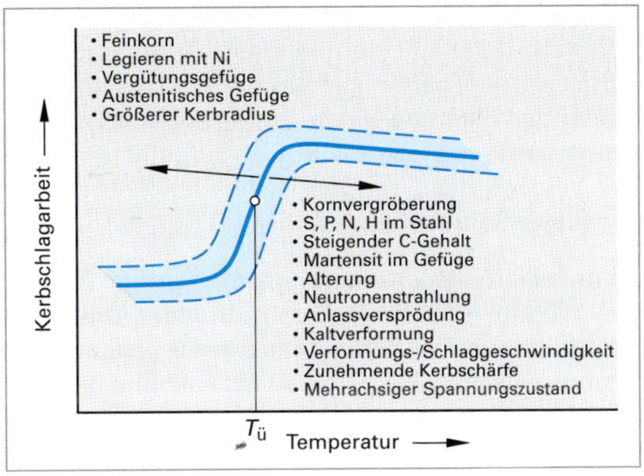

Bild 1: Einflüsse auf die Lage von Kerbschlagarbeit-Temperatur-Kurven von Stählen

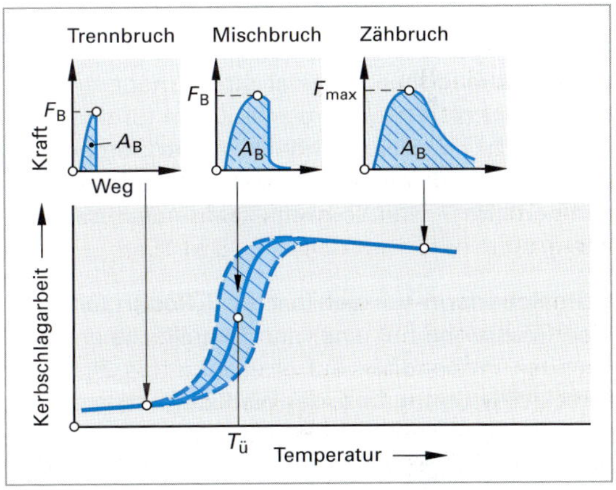

Bild 2: Kraft-Weg (Durchbiegungs)-Diagramme des instrumentierten Kerbschlagbiegeversuchs

c) Versuche mit bauteilähnlichen Proben (Rissauffangversuche)

Der Kerbschlagbiegeversuch ermöglicht es nicht, das Sprödbruchverhalten eines realen Bauteils unter Betriebsbeanspruchung exakt zu erfassen, da, wie eingangs bereits erwähnt, die Zähigkeit auch von nicht werkstoffspezifischen Eigenschaften wie etwa der Bauteilgeometrie und der Beanspruchungsgeschwindigkeit abhängt. Er erlaubt lediglich eine qualitative Klassifizierung der Werkstoffe, da die Rissausbreitung in großen Bauteilen und Konstruktionen durch die kleinen Kerbschlagbiegeproben nur ungenügend simuliert werden kann. Aus Gründen der besseren Übertragbarkeit versucht man daher möglichst große, bauteilähnliche Proben zu prüfen, um die tatsächlichen Verhältnisse im rissbehafteten Bauteil wirklichkeitsnah zu simulieren.

Sofern Versuche an kompletten Bauteilen oder Konstruktionen aus technischen Gründen oder aus Kostengründen ausscheiden, ist man wenigstens bestrebt, Großproben mit bauteilähnlichen Abmessungen zu prüfen, die zudem mit einer scharfen Kerbe oder einem Anriss versehen sind. Um die Verhältnisse im Bauteil annähernd zu erfassen, um aber auch die Fähigkeit des Werkstoffs zu prüfen, einen eingeleiteten Riss wieder aufzufangen, wurden eine Vielzahl unterschiedlicher Verfahren entwickelt. Zu den gebräuchlichsten Prüfverfahren zählen der **Pellini-Versuch** und der **Robertson-Versuch**.

Beim **Fallgewichtsversuch nach Pellini** (Stahl-Eisen-Prüfblatt 1325) soll die niedrigste Temperatur ermittelt werden, bei der sich ein zunächst instabil ausbreitender Riss von einem unter Zugspannungen stehenden Werkstoff gerade noch aufgefangen wird. Der Versuch dient zur vergleichenden Beurteilung des Rissauffangverhaltens.

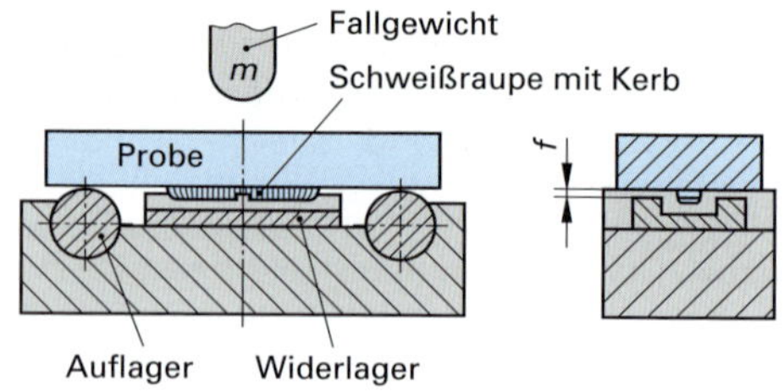

Bild 1: Fallgewichtsverlust nach *Pellini*

Beim Pellini-Versuch werden plattenförmige Proben (bis 360 mm × 90 mm × 25 mm) in einer Versuchsanordnung gemäß Bild 1 mittels eines Fallgewichts (Masse zwischen 25 kg und 50 kg, Fallhöhe bis 3,60 m) verformt. Auf die Proben wird zur Auslösung eines Sprödbruchs zuvor eine Schweißraupe aufgebracht und mittig gekerbt. Die Durchbiegung und damit die Spannungen in der Probe werden durch eine Aufnahmevorrichtung (Widerlager) auf Werte unterhalb der Streck- bzw. Dehngrenze begrenzt. Durch die schlagartige Belastung auf die der Schweißraupe abgewandte Probenseite wird im relativ spröden Schweißgut ein Riss initiiert, der in den Grundwerkstoff eindringt und dort, je nach Zähigkeit des Werkstoffs, entweder abgefangen wird oder zum Bruch der Probe führt.

Der Pellini-Versuch wird an mehreren gleichartigen Proben jedoch bei abnehmender Temperatur durchgeführt. Von besonderem Interesse ist dabei diejenige Temperatur, bei der die Probe völlig durchbricht, jedoch zwei weitere Proben bei einer um 5 K höheren Prüftemperatur nicht mehr brechen. Diese für den Pellini-Versuch kennzeichnende kritische Temperatur wird als **NDT-Temperatur** (Nil-Ductility-Transition-Temperature = Nullzähigkeits-Temperatur) bezeichnet.

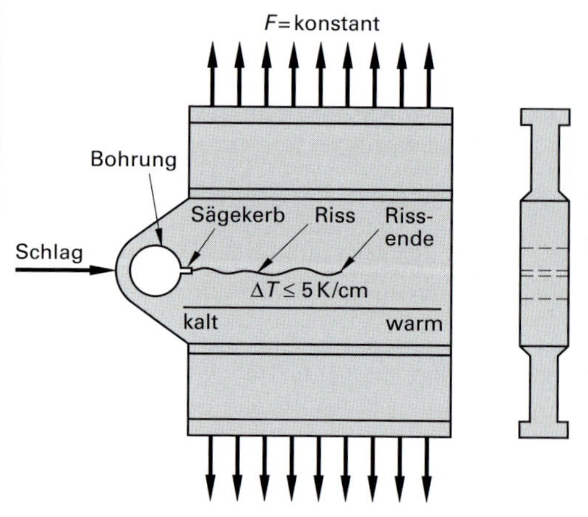

Bild 2: Probenform und Prüfprinzip des Robertson-Versuchs

Beim **Robertson-Versuch** (nach ***T.S. Robertson***) wird eine Großprobe mit einer der Bauteildicke entsprechenden Probendicke auf etwa 60 % bis 70 % der Streck- bzw. Dehngrenze des Werkstoffs statisch vorgespannt. Die Probe ist einseitig mit einer Bohrung und einem Sägekerb versehen (Bild 2). Die Bohrungsseite der Probe wird tiefgekühlt (z. B. mit flüssigem Stickstoff), während die Gegenseite erwärmt werden kann (z. B. mit Hilfe eines Gasbrenners), so dass sich ein Temperaturgradient einstellt (max. 5 K/cm). Durch einen Schlag auf die tiefgekühlte Bohrungsseite der Probe wird ein sich zunächst instabil in Richtung ansteigender Temperatur ausbreitender Riss erzeugt. Durch die mit der Temperatur zunehmende Werkstoffzähigkeit kommt der Riss nach einer bestimmten Strecke zum Stillstand. Die mittels Thermoelementen erfasste Temperatur am Ort des Rissstopps wird als **Crack-Arrest-Temperature** (Rissstopp-Temperatur) bezeichnet. Sie ist der kennzeichnende Parameter des Robertson-Versuchs.

13.5.8 Schwingfestigkeitsversuche

Nahezu alle technischen Konstruktionen unterliegen während ihres Einsatzes zeitlich veränderlichen Beanspruchungen. Die Kenntnis des Werkstoffverhaltens ist dabei von besonderer Bedeutung für die Werkstofftechnik, da Festigkeitskennwerte, die durch statische Versuche (z. B. Zugversuch) ermittelt wurden, das Werkstoffverhalten unter diesen Bedingungen nicht oder nur unzureichend beschreiben können.

Wie die Erfahrung zeigt, können Bauteile unter zeitlich veränderlicher Beanspruchung bereits bei geringeren Belastungen als der rein statisch ermittelten Zugfestigkeit zu Bruch gehen. Man spricht dann von einem **Schwingbruch** oder **Ermüdungsbruch**.

Werkstoffkennwerte die mit rein statischen Prüfverfahren ermittelt wurden, dürfen daher keinesfalls zur Dimensionierung zeitlich veränderlich beanspruchter Bauteile herangezogen werden. Derart beanspruchte Baueile müssen aus Sicherheitsgründen zusätzlich auf ıre Ermüdungsfestigkeit hin untersucht werden. Bei inem Festigkeitsnachweis muss daher zwischen sta-ischer Beanspruchung und zeitlich veränderlicher 3eanspruchung unterschieden werden (Bild 1).

)ie an Maschinenteilen oder Bauwerken auftreten-len Schwingungen können im Frequenzbereich von 0-5 Hz (Temperaturschankungen) bis 10^3 ... 10^4 Hz Resonanzschwingungen) liegen (Bild 2).

m Gegensatz zu einem Gewaltbruch, der bei einer inmaligen Überbeanspruchung auftreten kann, ist s für den Schwingbruch kennzeichnend, dass er im aufe der Zeit unter zeitlich veränderlicher Betriebs-eanspruchung entsteht. Die Zeit, die das Bauteil un-er Schwingungsbeanspruchung bis zum Bruch er-rägt, wird als **Lebensdauer** bezeichnet.

Ermüdungsrisse werden häufig erst sehr spät oder überhaupt nicht entdeckt. Brüche treten daher meist unerwartet und überraschend ein und können häu-fig katastrophale Folgen nach sich ziehen.

Schadensfälle, die durch Werkstoffermüdung aus-gelöst wurden, reichen weit in das 19. Jahrhundert zurück. Die ersten folgenschweren Ermüdungsbrü-che traten an Rädern und Achsen von Eisenbahnen auf. So wird beispielsweise von Eisenbahnunglüc-ken am 5. und 30. November 1831 auf der Strecke Li-verpool – Manchester berichtet, die durch plötzliche Achsbrüche, verursacht durch Werkstoffermüdung, ausgelöst wurden. Am 8. Mai 1842 ereignete sich auf der Versailler Bahn ein weiterer schwerer Eisenbah-nunfall, ausgelöst durch einen Bruch der vorderen Achse der Lokomotive.

Einige weitere, bekannt gewordene und auf Werk-stoffermüdung zurückzuführende Schadensfälle sind in Tabelle 1 zusammengestellt.

Bild 1, Seite 634, zeigt eine Statistik aus rund 1000 ausgewerteten Schadensfällen. Demnach ist eine er-hebliche Anzahl von Schäden auf Werkstoffermü-

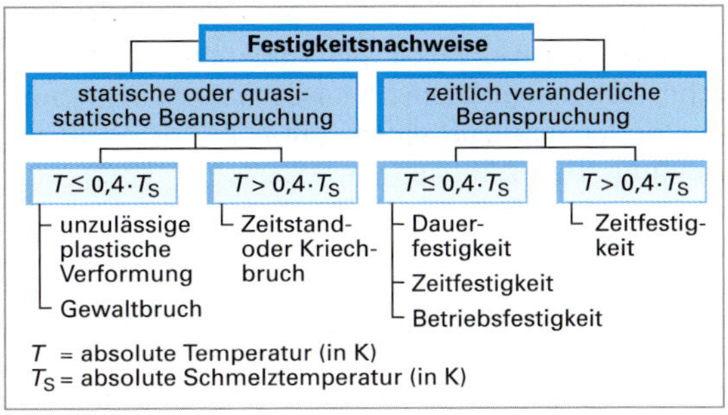

Bild 1: Festigkeitsnachweis für metallische Werkstoffe in Abhängigkeit von Beanspruchungsart und Temperatur

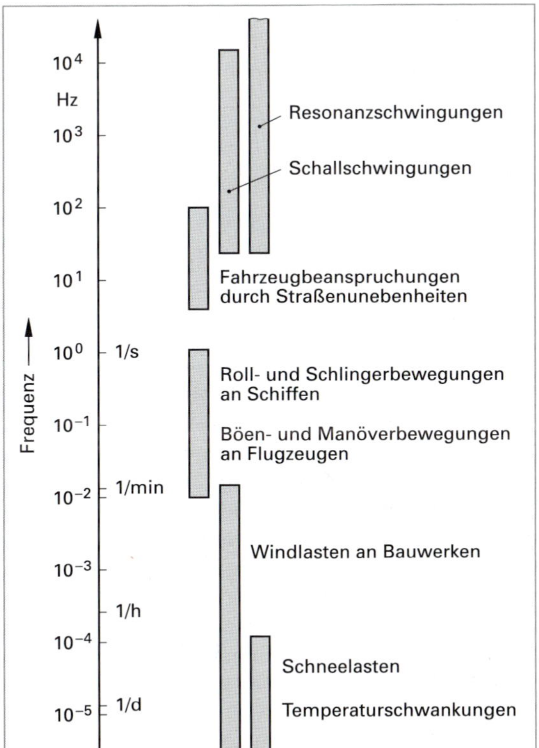

Bild 2: Frequenzbereiche schwingbruchgefährdeter Maschinenteile und Bauwerke (nach *Jacoby*)

Tabelle 1: Beispiele für katastrophale Schadensfälle infolge Materialermüdung

1927	Auf der Fahrt nach den USA fallen am Luftschiff LZ 127 („Graf Zeppelin") innerhalb von nur wenigen Stunden vier der fünf Motoren aus. Nur durch den fünften, noch intakten Motor gelingt es, Luftschiff und Passagiere zu retten. **Ursache:** Torsionsschwingungen führen zu Schwingbrüchen an den Kurbelwellen.
10.01.1954 08.04.1954	Abstürze von Passagierflugzeugen des Typs „De Havilland Comet". **Ursache:** Druckwechsel in der Flugzeugkabine während den Start- und Landephasen führten u.a. in den eingenieteten Versteifungsrahmen für die Radiokompassfenster auf der Rumpfoberseite zu Ermüdungsrissen und schließlich zu einem schlagartigen Aufreißen der Rumpfbeplankung und zum Auseinanderbrechen des Flugzeugs.
27.03.1980	Kentern der halbtauchenden, erst 1976 gebauten Bohrplattform „Alexander L. Kielland". **Ursache:** Ermüdungsbruch einer Querstrebe zwischen den Pontonsäulen, ausgehend von einem eingeschweißten Hydrophonstutzen infolge Einwirkung der Wellenbelastung.

dung zurückzuführen. Die zeitlich veränderliche Beanspruchung kann zusätzlich mit korrosionschemischer Belastung kombiniert sein, man spricht dann von **Schwingungsrisskorrosion** oder **Korrosionsermüdung**.

13.5.8.1 Entstehung von Schwingrissen

Bei erhöhter Beanspruchung treten im Werkstoff plastische Verformungen auf. Aber auch bereits relativ niedrige Belastungen, die makroskopisch lediglich zu einer elastischen Verformung führen, können im Mikrobereich irreversible Abgleitungen durch Versetzungsbewegungen auslösen und dabei mikroplastische Verformungen hervorrufen. Die Versetzungen können an die Oberfläche austreten und dort z. B. während der ersten Zugphase eine Gleitstufe erzeugen. Bei der Umkehrung der Belastungsrichtung werden in diesem Bereich erneut Versetzungsbewegungen ausgelöst, die jedoch in der Regel auf anderen Gleitebenen ablaufen. Auf diese Weise bilden sich an der Proben- oder Bauteiloberfläche **Extrusionen** und **Intrusionen** (Bild 2).

Mit steigender Schwingspielzahl entstehen mehrere µm breite **Ermüdungsgleitbänder**, die aus Extrusionen bzw. Intrusionen bestehen (Bild 3).

Intrusionen können nach einer ausreichenden Schwingspielzahl Risskeime, also Ausgangspunkte für eine Rissentstehung darstellen. Bei fortwährender Ermüdungsbeanspruchung kann sich aus diesen Risskeimen ein wachstumsfähiger Riss entwickeln, der bis zum Bruch führen kann. Ermüdungsrisse breiten sich zunächst entlang der Gleitebene aus. Stoßen sie auf ein Hindernis (in der Regel eine Korngrenze), dann erfolgt die Rissausbreitung senkrecht zur größten Normalspannung. Bei jedem Lastwechsel schreitet der Riss dann um einen bestimmten Betrag voran (Bild 3).

Da Ermüdungsrisse in der Regel an Intrusionen entstehen, gehen sie häufig von der Oberfläche aus. Auch nichtmetallische Einschlüsse (z. B. MnS, Al_2O_3), Ausscheidungen, Korngrenzen, Zwillingsgrenzen und ggf. Phasengrenzen können eine Ermüdungsrissbildung begünstigen. In diesem Fall können Risse auch unter der Oberfläche entstehen.

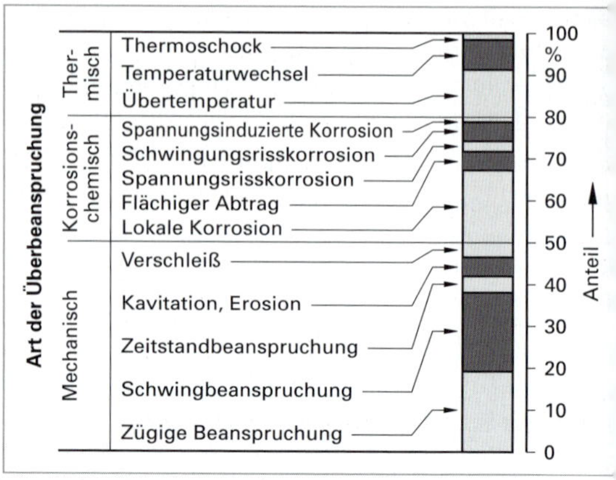

Bild 1: Ergebnis einer statistischen Auswertung von 1002 Schadensfällen nach *Hagn* und *Schüller*. Versagensfälle infolge Werkstoffermüdung sind dunkelgrau gekennzeichnet.

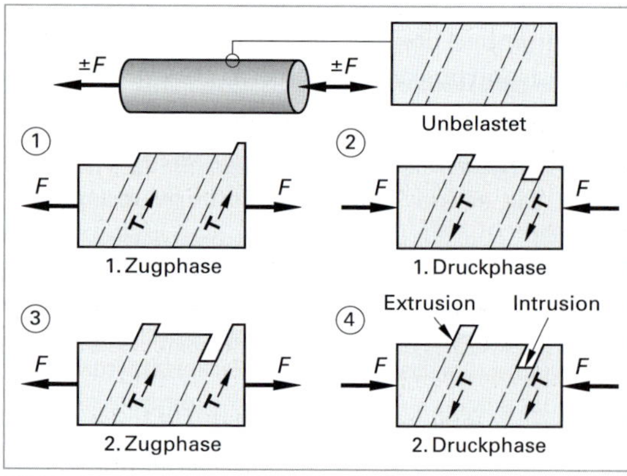

Bild 2: Mechanismus der Entstehung von Extrusionen und Intrusionen

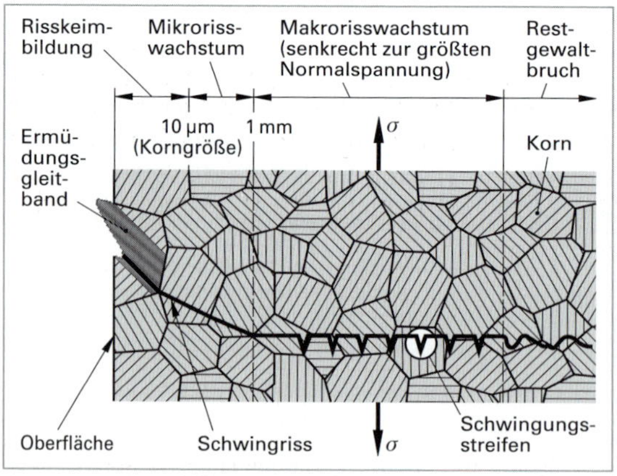

Bild 3: Schwingrissausbreitung

Betrachtet man die Zeitspannen bis zum Ermüdungsbruch, dann entfallen etwa 60 % bis 90 % der Lebensdauer auf das Wachstum des Mikrorisses, während die Zeitdauer für das Wachstum des Makrorisses (Risslänge > 1 mm) nur noch einen relativ geringen Anteil an der gesamten Lebensdauer einnimmt (Bild 3). Diese Beobachtung ist insofern von Bedeutung, als ein bereits vorhandener Riss, wie er zum Beispiel beim Schweißen entstehen kann (z. B. Aufhärtungsriss, Kapitel 4.4.1.3), die Lebensdauer eines Bauteils erheblich reduziert.

13.5.8.2 Ermüdungsbruchflächen

Schwingrisse breiten sich transkristallin (durch das Korn hindurch) aus. In der Regel erfolgt der Rissfortschritt jedoch nicht in einer Ebene, sondern aufgrund des vielkristallinen Gefüges entlang von parallel verlaufenden **Bruchbahnen** (Bild 1a). Bei mikroskopischer Betrachtung erkennt man auf der Ermüdungsbruchfläche feine, parallel zueinander verlaufende Riefen, die **Schwingungsstreifen** (Bild 1b). Anhand dieser Schwingungsstreifen können Ermüdungsbrüche in der Regel eindeutig identifiziert werden.

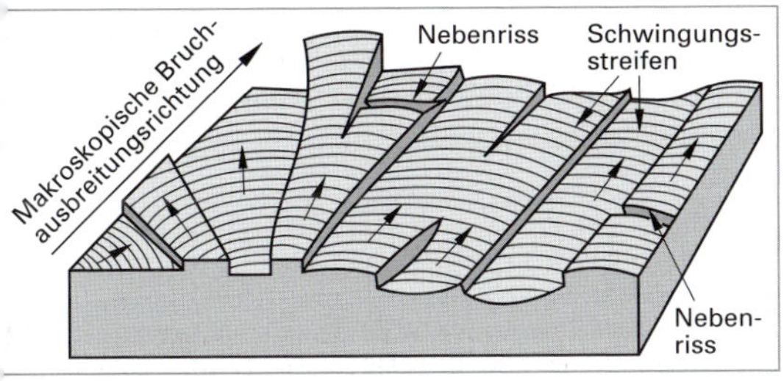

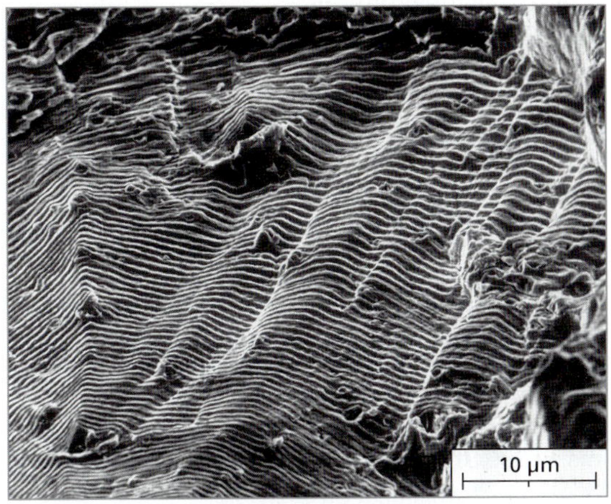

Bild 1: Ermüdungsbruchflächen
a) schematische Darstellung
b) Bruchfläche mit deutlich sichtbaren Schwingungsstreifen

13.5.8.3 Versuche zum Ermüdungsverhalten

Zur Untersuchung des Ermüdungsverhaltens von Werkstoffen, Maschinenteilen aber auch von kompletten Maschinen und Anlagen unter zeitlich veränderlicher Beanspruchung werden **Schwingfestigkeitsversuche** oder **Ermüdungsversuche** durchgeführt. Sie dienen:

- zur Ermittlung von Werkstoffkennwerten unter zeitlich veränderlicher Beanspruchung,
- zur Untersuchung der Schädigungsmechanismen bei zeitlich veränderlicher Beanspruchung,
- zum Nachweis der Haltbarkeit bei vorgegebener Betriebsdauer und einer der Betriebsbelastung mehr oder weniger vergleichbaren Beanspruchung,
- zum Auffinden von konstruktions- oder werkstoffbedingten Schwachstellen.

Entsprechend der den Versuchen zugrunde liegenden Beanspruchungs-Zeit-Funktion (BZF) können Ermüdungsversuche wie in Bild 2 dargestellt, eingeteilt werden.

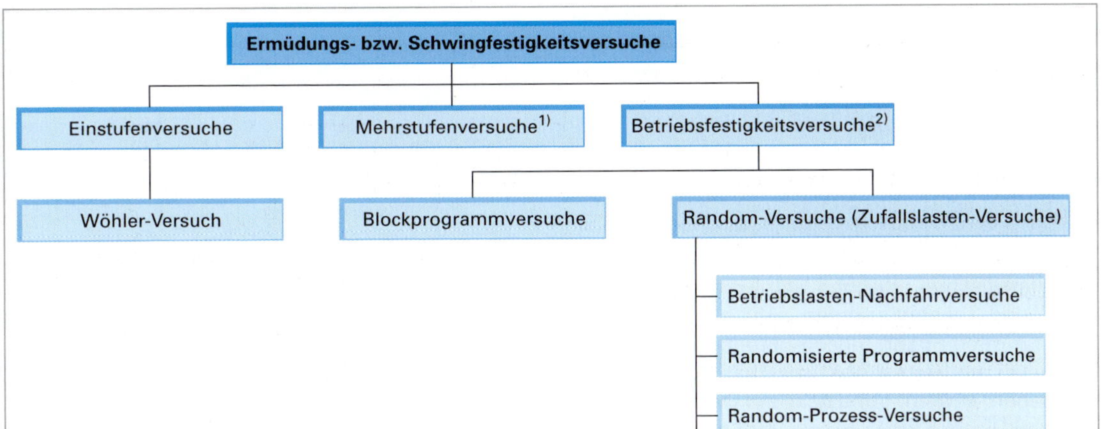

[1)] mit deterministischer (analytisch beschreibbarer) Beanspruchungs-Zeit-Funktion

[2)] mit stochastischer (zufallsartiger) Beanspruchungs-Zeit-Funktion

Bild 2: Einteilungsmöglichkeit von Schwingfestigkeits- bzw. Ermüdungsversuchen nach der zugrunde liegenden Beanspruchungs-Zeit-Funktion

13.5.8.4 Einstufige Schwingfestigkeitsversuche (Wöhlerversuche)

Versuche mit periodischer Beanspruchung und über die gesamte Versuchsdauer konstant gehaltener Last bzw. Spannungsamplitude bezeichnet man als **einstufige Schwingfestigkeitsversuche** (kurz: Einstufenversuche). Auch die Bezeichnung **Wöhlerversuche** (benannt nach ***August Wöhler*** (1819 ... 1914) ist gebräuchlich. Üblicherweise wird eine sinusförmige Schwingungsbeanspruchung gewählt, jedoch werden bisweilen auch Versuche mit dreieckigem oder trapezförmigem Belastungsverlauf durchgeführt.

a) Versuchsdurchführung

Beim Wöhlerversuch nach DIN 50 100 werden meist 6 bis 10 hinsichtlich Werkstoff, Geometrie und Bearbeitung gleichwertige Proben nacheinander, mit (für alle Proben) gleicher Mittelspannung σ_m und jeweils gestaffelter Spannungsamplitude σ_a (Bild 1) solange einer schwingenden Beanspruchung unterworfen, bis der Bruch eintritt. Mitunter werden Wöhlerversuche auch mit konstantem Spannungsverhältnis $R = \sigma_u / \sigma_o$ und gestufter Schwingbreite $\Delta\sigma = 2 \cdot \sigma_a$ durchgeführt. Sofern große Streuungen zu erwarten sind, werden in der Praxis im Hinblick auf eine statistische Auswertung der Ergebnisse (s. u.) mitunter auch deutlich mehr Proben (bis zu 200 Stück) geprüft.

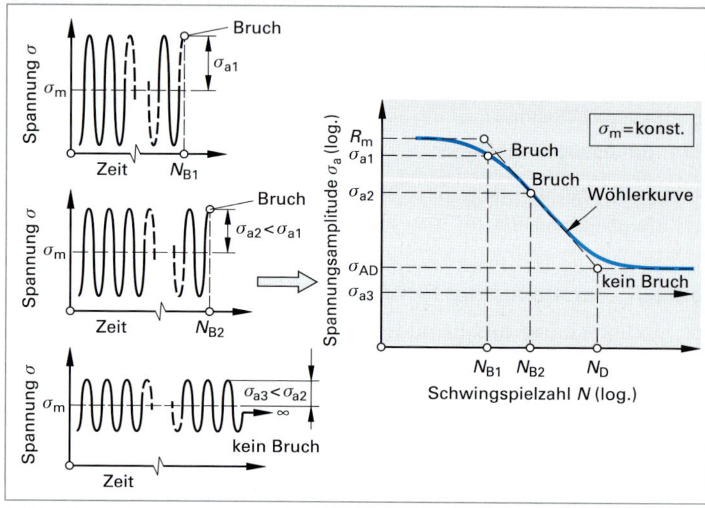

Bild 1: Ermittlung einer Wöhlerkurve am Beispiel konstanter Mittelspannung σ_m

Werden die jeweiligen Spannungsamplituden σ_a über der bis zum Bruch ertragbaren Schwingspielzahl N_B in einem Diagramm aufgetragen und eine ausreichende Anzahl von Messpunkten miteinander verbunden, dann erhält man eine Kurve, die als **Wöhlerkurve** (oder **Wöhlerlinie**) bezeichnet wird.

Anstelle der Spannungsamplitude können auch andere Belastungsgrößen wie Kraft- oder Druckamplituden aufgetragen werden. Üblicherweise trägt man den Zeitmaßstab und auch die Beanspruchungsamplitude logarithmisch auf (doppeltlogarithmische Darstellung). Eine einfachlogarithmische Auftragung (Schwingspielzahl logarithmisch, Beanspruchungsamplitude linear) ist jedoch ebenfalls möglich.

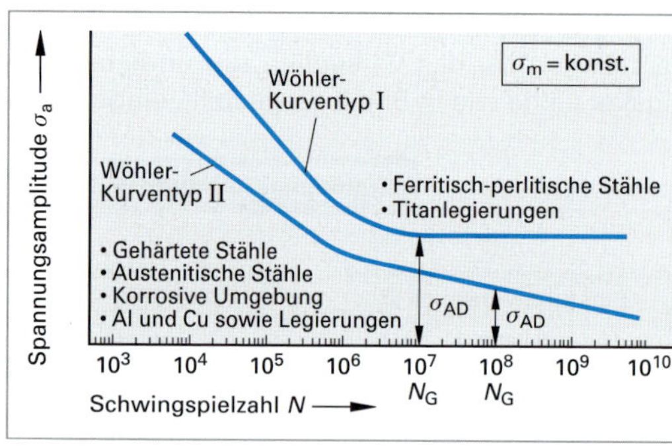

Bild 2: Wöhlerkurven verschiedener Werkstoffgruppen
(N_G = Grenzschwingspielzahl; siehe Tabelle 1, Seite 637)

Mit abnehmender Belastung kann, abhängig vom Werkstoff bzw. Werkstoffzustand, zwischen zwei Kurvenverläufen unterschieden werden:

1. Bei ferritisch-perlitischen Stählen (z. B. Baustählen) und Titanlegierungen geht unterhalb einer bestimmten Spannungsamplitude σ_{AD} die Wöhlerlinie bei etwa 10^6 bis 10^7 Schwingspielen annähernd in eine Parallele zur Abszisse über. Spannungsamplituden kleiner als σ_{AD} können demnach beliebig oft ertragen werden, ohne dass ein Bruch eintritt. Die Wöhlerkurve hat das Gebiet der **Dauerfestigkeit** erreicht. Dieser Kurvenverlauf wird auch als **Wöhler-Kurventyp** I bezeichnet (Bild 2).

2. Kubisch-flächenzentrierte Metalle wie Aluminium oder Kupfer sowie die meisten ihrer Legierungen, austenitische Stähle aber auch gehärtete Stähle sowie Werkstoffe in korrosiver Umgebung oder bei erhöhten Temperaturen weisen keine ausgeprägte (echte) Dauerschwingfestigkeit auf. Die Wöhlerkurve geht auch bei sehr niedrigen Spannungsamplituden nicht mehr in eine horizontale Linie (Dauerfestig-

keit) über, sondern fällt stetig ab. Die ertragbare Schwingspielzahl bleibt von der Spannungsamplitude abhängig. Man spricht auch vom **Wöhler-Kurventyp II** (Bild 2, Seite 636).

Werkstoffkennwerte

ie Dauerschwingfestigkeit σ_{AD} ist ein wichtiger Verkstoffkennwert, der jedoch u. a. von der Höhe er Mittelspannung σ_m abhängig ist. Mit zunehmen-er Mittelspannung (Vorspannung) sinkt die dau-rnd ertragbare Spannungsamplitude. In Werkstoff-abellen findet man in der Regel nur einen onderfall der Dauerschwingfestigkeit, die **Wech-elfestigkeit σ_W**. Eine reine Wechselbeanspruchung ritt beispielsweise bei auf Biegung beanspruchten mlaufenden Wellen auf.

ur Bestimmung der Wechselfestigkeit wird eine Reihe von Wöhlerversuchen mit unterschiedlich ıoher Spannungsamplitude σ_a aber mit Mittelspan-ıung $\sigma_m = 0$ durchgeführt (Bild 1). Diejenige Span-ıungsamplitude, die unendlich oft, d. h. praktisch ɔis zur Grenzschwingspielzahl N_G (Tabelle 1) ohne Bruch ertragen werden kann, nennt man Wechsel-estigkeit σ_W ($\sigma_W = \sigma_{AD}$ für $\sigma_m = 0$).

Die Wechselfestigkeit kann unter Zug-Druck-, Biege-ɔder Torsionsbeanspruchung ermittelt werden. Dementsprechend unterscheidet man die **Zug-Druck-Wechselfestigkeit** σ_{zdW}, die **Biegewechsel-festigkeit** σ_{bW} oder die **Torsionswechselfestigkeit** τ_{tW}. Wechselfestigkeitskennwerte bei Zug-Druck-, Biege- und Torsionsbeanspruchung für unterschiedliche Werkstoffgruppen sind in Abhängigkeit der Zugfestigkeit in Bild 2 zusammengestellt.

> **ⓘ Information**
>
> **Wechselfestigkeit**
>
> Die Wechselfestigkeit σ_W ist diejenige Spannungsamplitude σ_{AD}, die bei der Mittelspannung $\sigma_m = 0$ unendlich oft, d. h. praktisch bis zur Grenzschwingspielzahl N_G ohne Bruch ertragen werden kann. Es gilt also $\sigma_W = \pm\,\sigma_{AD}$ für $\sigma_m = 0$.

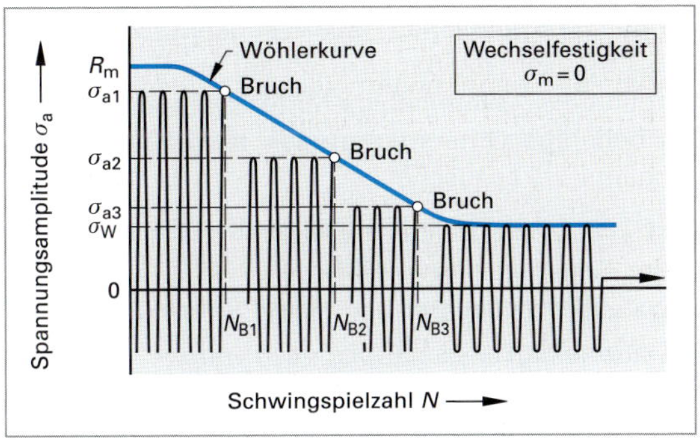

Bild 1: Prinzip der Bestimmung der Wechselfestigkeit σ_W im Wöhlerversuch

Tabelle 1: Grenzschwingspielzahlen

Medium	Werkstoff	Grenzschwingspielzahl N_G
Luft oder inerte Umgebung	• Ferritisch-perl. Stähle • Heterogene Nichteisenlegierungen	10^7
	• Austenitische Stähle • Aluminium und Aluminiumlegierungen	$10^7 \ldots 10^8$
	Kupfer und Kupferlegierungen	$5 \cdot 10^7$

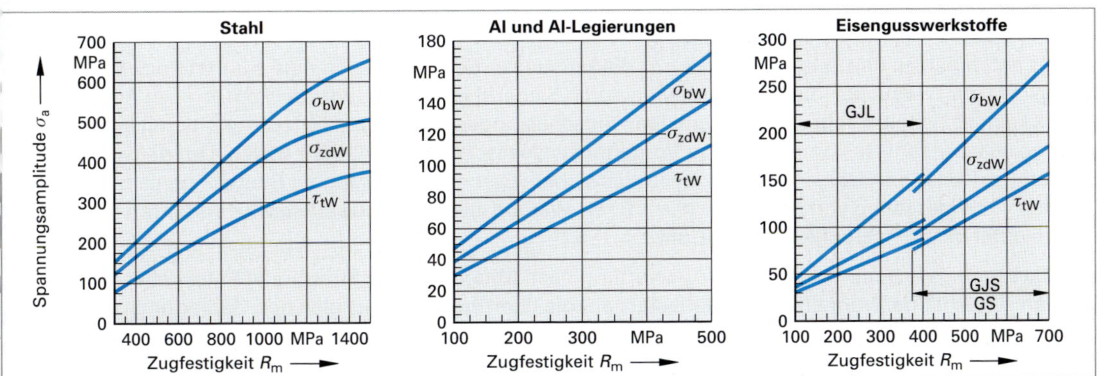

Bild 2: Zug-Druck-Wechselfestigkeit σ_{zdW}, Biegewechselfestigkeit σ_{bW} und Torsionswechselfestigkeit τ_{tW} verschiedener Werkstoffe (Anhaltswerte für eine polierte Oberfläche)
GJL = Grauguss; GJS = Gusseisen mit Kugelgraphit; GS = Stahlguss

Der aufwändige und teure Wöhlerversuch liefert jeweils nur für einen Beanspruchungsfall (z. B. für eine Mittelspannung σ_m) einen Werkstoffkennwert für die dauernd ertragbare Spannungsamplitude σ_{AD} (Dauerschwingfestigkeit). In der Regel handelt es sich hierbei um die Wechselfestigkeit (Bild 2). In der Praxis liegt häufig keine rein wechselnde Beanspruchung vor, so dass die Werkstoffkennwerte aus Bild 2, nicht direkt verwendet werden können. In diesem Fall ist es jedoch möglich, mit Hilfe eines **Dauerfestigkeitsschaubildes** die dauernd ertragbare Spannungsamplitude σ_{AD} für jede beliebige Mittelspannung σ_m abzuschätzen.

Das Dauerfestigkeitsschaubild ist die bildliche Darstellung aller aus einer Anzahl von Wöhlerkurven gewonnenen Werte der Dauerschwingfestigkeit. Es lässt auf besonders anschauliche Weise die Zusammenhänge zwischen Mittelspannung σ_m und der dauernd ertragbaren Spannungsamplitude σ_{AD} erkennen. Mit Hilfe eines Dauerfestigkeitsschaubildes ist es möglich, die dauernd ertragbare Spannungsamplitude σ_{AD} für beliebige Mittelspannungen (oder für beliebige Unterspannungen bzw. Spannungsverhältnisse) abzuschätzen.

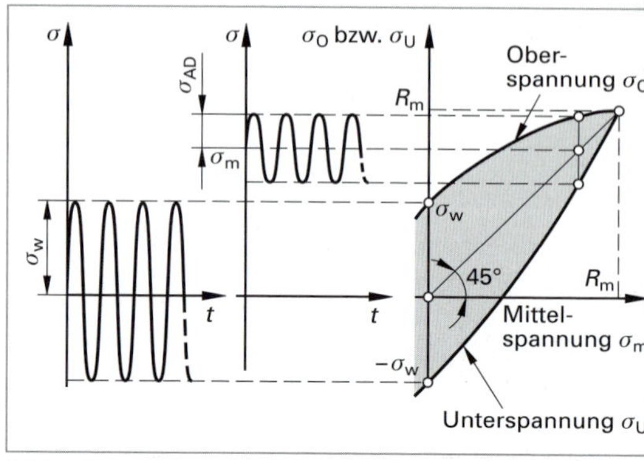

Bild 1: Dauerfestigkeitsschaubild nach *Smith* für einen duktilen Werkstoff

σ_W = Wechselfestigkeit
σ_{AD} = Dauerschwingfestigkeit
σ_m = Mittelspannung

Eine besondere Bedeutung haben drei Darstellungsarten von Dauerfestigkeitsschaubildern erlangt:

- Dauerfestigkeitsschaubild nach ***Smith*** (Bild 1)
- Dauerfestigkeitsschaubild nach ***Haigh***
- Dauerfestigkeitsschaubild nach ***FKM-Richtlinie***

Hierauf sollte jedoch nicht näher eingegangen und statt dessen auf die Literatur zur Festigkeitslehre verwiesen werden.

c) Statistische Auswertung von Wöhlerversuchen

Die praktische Durchführung von Wöhlerversuchen zeigt, dass die Bruchschwingspielzahlen im Zeitfestigkeitsgebiet, auch unter genau definierten Prüfbedingungen, erheblichen Streuungen unterliegen. Auch am Übergang zur Dauerfestigkeit beobachtet man mit sinkender Belastung keinen abrupter Wechsel von 100 % Brüchen zu 100 % Durchläufern. Vielmehr nimmt die Anzahl der Durchläufer stetig zu, bis schließlich alle geprüften Proben oder Bauteile die Grenzschwingspielzahl N_G (Tabelle 1, Seite 637) ohne Bruch erreichen (Bild 1, Seite 639).

Die Ursachen für diese Streuungen liegen einerseits in einer unvermeidlichen, zufälligen Abweichung der Prüfstücke untereinander (z. B. unterschiedliche Oberflächenrauigkeiten, Riefen, Werkstoffinhomogenitäten usw.) und andererseits in gewissen Ungenauigkeiten bei der Lastaufbringung (z. B. Einspannung und Lastregelung). Dies bedeutet, dass die Schwankungen der Versuchsergebnisse nicht das Resultat einer einzigen Veränderlichen, sondern vielmehr das Produkt einer Vielzahl von Zufallsvariablen ist, deren Beitrag zur resultierenden Streuung von Fall zu Fall sehr verschieden sein kann.

Früher entsprach es dem Stand der Technik, die Versuchsergebnisse durch eine sie mittelnde Kurve anzugeben und man versuchte, die Unsicherheiten durch Sicherheitsfaktoren abzudecken. Je nach Auswertemethodik kann es dabei zu sehr unterschiedlichen Einschätzungen des Kurvenverlaufs und damit letztlich auch der Versuchsergebnisse kommen. Diese Vorgehensweise ist heute nicht mehr üblich. Um der wachsenden Forderung nach zuverlässigen Unterlagen für die sichere Bemessung tragender Bauteile gerecht zu werden, wurden von einer Reihe von Forschern wie z. B. ***W. Weibull*** etwa ab 1950 statistische Verfahren für die Auswertung der Versuchsergebnisse eingeführt.

Um die Ergebnisse einer statistischen Auswertung nach Mittelwert und Streubreite unterziehen zu können, ist man zunächst gezwungen, eine Mindestanzahl gleicher Proben unter gleichen Bedingungen (z. B. gleicher Belastungshorizont) zu prüfen. Heute prüft man je Spannungshorizont etwa 10 bis 20 Proben, d. h. 100 bis 200 Proben für den gesamten Wöhlerversuch (DIN 50 100 fordert dagegen nur 6 bis 10 Proben für den gesamten Wöhlerversuch). Führt man mit den erhaltenen experimentellen Ergebnissen eine statistische Auswertung durch, dann gewinnt man Erkenntnisse über den prozentualen Anteil der Proben, die bei konstanten Bedingungen eine bestimmte Schwingspielzahl mindestens ertragen, man nennt sie die **Überlebenswahrscheinlichkeit** $P_Ü$ des geprüften Bauteils, den dazu komplementären Prozentsatz bezeichnet man als **Bruch-** oder **Ausfallwahrscheinlichkeit** P_A.

Es ist heute Stand der Technik, Wöhlerversuche statistisch auszuwerten und den Ergebnissen durch Angabe der Überlebenswahrscheinlichkeit $P_Ü$ (oder der Ausfallwahrscheinlichkeit $P_A = 100\,\% - P_Ü$) eine größere Ausagefähigkeit zu verleihen. Es hat ch eingebürgert, eine Ausfallahrscheinlichkeit von 10 % als untere Streugrenze und eine Ausfallwahrscheinlichkeit von 90 % als obere Streugrenze anzugeben.

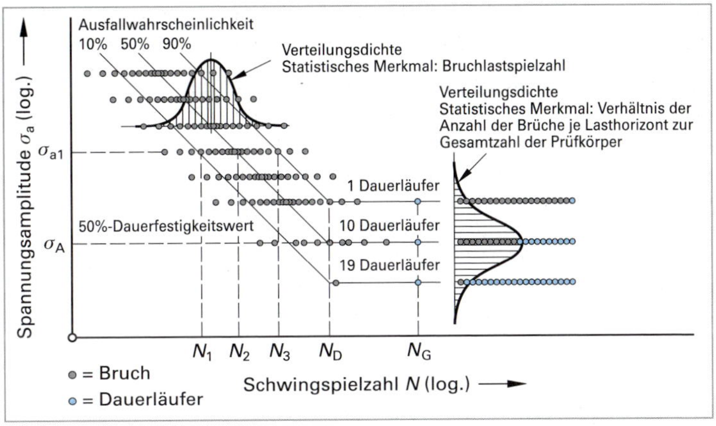

Bild 1: Statistisch ausgewertete Wählerkurve

ine entsprechende Wöhlerkurve, ie durch Angabe der Ausfallwahrscheinlichkeiten (10 %, 50 % nd 90 %) ergänzt ist, zeigt Bild 1. Demzufolge erreichen beispielsweise bei der Spannungsamplitude σ_{a1}, 90 % aller Prüflinge N_1 Schwingspiele, mit einer Wahrscheinlichkeit von 50 % können N_2 Schwingspiele ertragen werden und N_3 Lastwechsel werden bei dieser Belastungsamplitude nur noch von 10 % aller Prüflinge erreicht oder überschritten, d. h. bereits 90 % der Proben sind bis dahin gebrochen. Fehlt die Angabe der Ausfall- oder Überlebenswahrscheinlichkeit bei einer Wöhlerkurve (z. B. in älteren Veröffentlichungen), dann kann bestenfalls mit einer Überlebenswahrscheinlichkeit von 50 % gerechnet werden.

Mit sinkender Spannungsamplitude beobachtet man, dass nicht mehr alle Proben brechen, sondern in zunehmendem Maße auch Durch- bzw. Dauerläufer auftreten. Die Angabe einer Wahrscheinlichkeit hat am Übergang zur Dauerfestigkeit eine völlig andere Bedeutung. Während die prozentuale Angabe im Bereich der Zeitfestigkeit die Ausfall- oder Überlebenswahrscheinlichkeit bei einer bestimmten Schwingspielzahl kennzeichnet (das statistische Merkmal ist dort also die Bruchschwingspielzahl), gibt die Prozentzahl im Übergangsgebiet die Häufigkeit des Auftretens von Brüchen bei einem bestimmten Belastungsniveau an (als statistisches Merkmal dient hier also das Verhältnis der Anzahl der Brüche je Lastebene zur Gesamtzahl der Prüfkörper auf dieser Lastebene).

d) Anwendung des Wöhlerversuchs

Der Wöhlerversuch ist ein Schwingfestigkeitsversuch mit der einfachsten Form einer Schwingungsbeanspruchung. Er findet vorzugsweise in den folgenden Fällen Anwendung:

- Ermittlung der Zeit- und Dauerfestigkeit von Werkstoffen
- Untersuchung der Schädigungsmechanismen bei schwingender Beanspruchung
- Dimensionierung von Bauteilen nach Zeit- oder Dauerfestigkeitswerten
- Vergleich von Bauteilvarianten hinsichtlich Werkstoff oder Konstruktion
- Ermittlung von Wöhlerkurven für Schädigungsrechnungen auf Basis von Schadensakkumulationshypothesen.
- Schaffung einer Datenbasis zum Ansatz von Betriebsfestigkeitsversuchen

Als Grundlage des Betriebsfestigkeitsnachweises, also des Nachweises der Ermüdungsfestigkeit bei variabler Amplitude, eignet sich der Wöhlerversuch nicht, da er den Höchstwert der Beanspruchung über die gesamte Versuchsdauer beibehält, die meisten technischen Konstruktionen jedoch während ihres Einsatzes Beanspruchungen unterschiedlicher Größe und Häufigkeit ausgesetzt sind. Eine Bauteildimensionierung nach dem Wöhlerversuch bedeutet zwar einerseits eine auf der sicheren Seite liegende Bemessung, sie führt andererseits jedoch zu einer deutlichen Überdimensionierung und wäre daher heute mit den Grundsätzen eines wirtschaftlichen Leichtbaus nicht mehr vereinbar.

13.5.8.5 Betriebsfestigkeitsversuche

Viele technische Konstruktionen sind während ihres Einsatzes Belastungen ausgesetzt, deren Größe sich mit der Zeit in der Regel zufallsartig ändert. Das bereits von *Wöhler* eingeführte Bemessungskriterium, dass die höchste im Betrieb auftretende Spannungsamplitude unterhalb der Dauerfestigkeit des Bauteils liegen muss, eine Bauteilauslegung auf Grundlage der wenigen Spitzenwerte also, erwies sich zuerst im Flugzeugbau als nicht realisierbar. Abgesehen von einer unwirtschaftlichen Werkstoffverwendung hätten derart dauerfest ausgelegte Flugzeuge kaum noch Nutzlast tragen können.

> **Information**
>
> **Statische Bauteilauslegung**
>
> Statische Auslegung bedeutet, dass das Bauteil einer im Betrieb zu erwartenden höchsten Belastung noch widerstehen kann. Die Auslegung berücksichtigt jedoch nicht, dass wiederholt auftretende Kräfte, die weit unterhalb der statisch ertragbaren Höchstlast liegen, bereits zu einem Werkstoffversagen (Schwingbruch) führen können.

Eine Bauteildimensionierung nach dem Wöhlerversuch führt daher zu einer erheblichen Überdimensionierung und wäre daher, wie bereits oben erwähnt, mit den Grundsätzen eines wirtschaftlichen Leichtbaus nicht vereinbar. Eine **statische Bauteilauslegung** führte andererseits jedoch zu einer Reihe katastrophaler Versagensfälle, so dass diese Art der Bauteilauslegung ein unzulässig hohes Risiko beinhaltet. Es musste deshalb ein Weg gefunden werden, Bauteile so auszulegen, dass innerhalb einer endlichen Betriebszeit ein Bauteilversagen mit Sicherheit auszuschließen, d. h. über die Gebrauchsdauer ein sicherer Betrieb gewährleistet ist.

Bild 1, veranschaulicht diesen Grundgedanken einer betriebsfesten Auslegung. Bei einstufiger Schwingbeanspruchung tritt der Bruch entsprechend der Wöhlerkurve (mit einer Wahrscheinlichkeit von z. B. 50 %) bereits nach N_1 Schwingspielen ein. Unter der Wirkung der tatsächlichen, zumeist zufallsartigen Betriebsbeanspruchung kann die ertragbare Schwingspielzahl N_2 bis zum Bruch (die **Betriebslebensdauer)** die Bruchschwingspielzahl des Wöhlerversuchs N_1 mitunter um mehrere Größenordnungen übersteigen.

Eine **betriebsfeste Bauteilauslegung** wird sowohl dem Streben nach Sicherheit als auch Wirtschaftlichkeit gerecht. Hier liegt die Einsicht zugrunde, dass einerseits viele Konstruktionen nur über einen begrenzten Zeitraum und nicht auf Dauer haltbar sein müssen und andererseits die Höhe der Beanspruchung in der Regel nicht konstant, sondern zeitlich veränderlich ist. Mit Hilfe der Betriebsfestigkeitsversuche und unter Anwendung eines geeigneten Festigkeitskonzeptes ist heute nicht nur eine wirklichkeitsgetreue Prüfung schwingend beanspruchter Bauteile, sondern auch eine im Sinne wirtschaftlichen Leichtbaus sichere Auslegung schwingbruchgefährdeter Bauteile möglich.

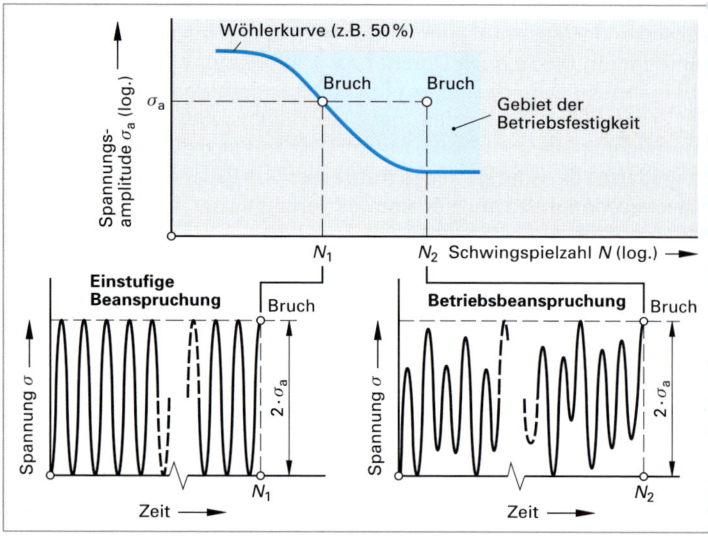

Bild 1: Grundgedanke einer betriebsfesten Bauteilauslegung (Beispiel)

Zur betriebsfesten Bauteilauslegung wurden eine Reihe von **Betriebsfestigkeitsversuchen,** also Versuchen, bei denen die Höhe der Beanspruchung nach einem bestimmten Programm oder zufallsartig verändert wird, entwickelt. Die wichtigsten Betriebsfestigkeitsversuche sollen nachfolgend kurz besprochen werden.

> **Information**
>
> **Betriebsfestigkeitsversuche**
>
> Betriebsfestigkeitsversuche sind allgemein Versuche, bei denen die Höhe der Beanspruchung nach einem bestimmten Programm oder zufallsartig verändert wird.

a) Blockprogrammversuche

Blockprogrammversuche waren die ersten Betriebsfestigkeitsversuche und wurden 1936 von ***E. Gassner*** am Institut für Festigkeit der Deutschen Versuchsanstalt für Luftfahrt in Berlin durchgeführt.

Der Blockprogrammversuch besteht aus einer Folge aneinander gereihter Einstufenversuche mit unterschiedlicher Beanspruchungsamplitude und Lastspielzahl. Die Mittelspannung bleibt in der Regel konstant

Bild 1). Der Blockprogrammversuch stellt einen Kompromiss zwischen dem die tatsächlichen Betriebsverhältnisse teilweise zu stark vereinfachenden Wöhlerversuch und den teuren und maschinentechnisch aufwändigen Random-Versuchen (Zufallslastenversuchen) dar.

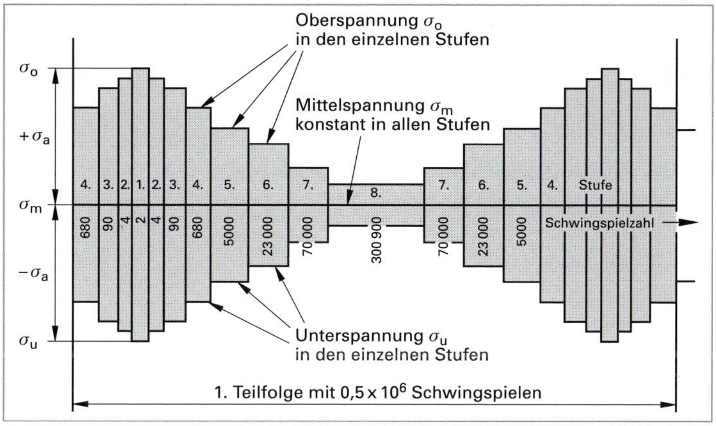

Bild 1: Blockprogrammversuch (Beispiel): mehrstufige Teilfolge von Spannungsamplituden, die bis zum Versagen des Bauteils wiederholt wird (nach *Gassner*)

b) Randomversuche (Zufallslastenversuche)

Neben Größe und Häufigkeit nimmt auch die Reihenfolge der Beanspruchungsschwankungen Einfluss auf die Lebensdauer eines Bauteils. Da bei den Blockprogrammversuchen unter anderem dieser Parameter unberücksichtigt bleibt und außerdem festgestellt wurde, dass die Lebensdauer durch den Blockprogrammversuch in der Regel überschätzt wird, muss auf dem Gebiet des Leichtbaus häufig auf andere Versuchsprinzipien, die zu einer besseren Lebensdauerabschätzung führen, ausgewichen werden. Dies führte zur Entwicklung von Versuchen mit regelloser Beanspruchung, d. h. mit stochastischer (zufallsartiger) Änderung der Spannungsamplitude und der Mittelspannung, den Random- oder Zufallslastenversuchen.

Randomversuch ist eine Sammelbezeichnung für eine Reihe verschiedener Versuche. Zu den wichtigsten gehören:

- Betriebslasten-Nachfahrversuch
- Randomisierter Programmversuch
- Random-Prozess-Versuch
- Versuch mit standardisierter Zufallslastfolge

Auf die Beschreibung der einzelnen Randomversuche kann im Rahmen dieses Buches nicht eingegangen werden. Es muss daher an dieser Stelle auf die entsprechende Literatur zur Schwing-, Ermüdungs- bzw. Betriebsfestigkeit verwiesen werden.

13.5.8.6 Schwingprüfmaschinen

Seit Beginn der systematischen Untersuchung des Ermüdungsverhaltens von Werkstoffen etwa Mitte des 19. Jahrhunderts wurden vielzählige Schwingprüfmaschinen entwickelt. Eine Einteilung der Maschinen kann nach unterschiedlichen Gesichtspunkten erfolgen. Hinsichtlich der Art der Krafterzeugung unterscheidet man im Wesentlichen:

- Schwingprüfmaschinen mit Resonanzantrieb
- Servohydraulische Schwingprüfmaschinen

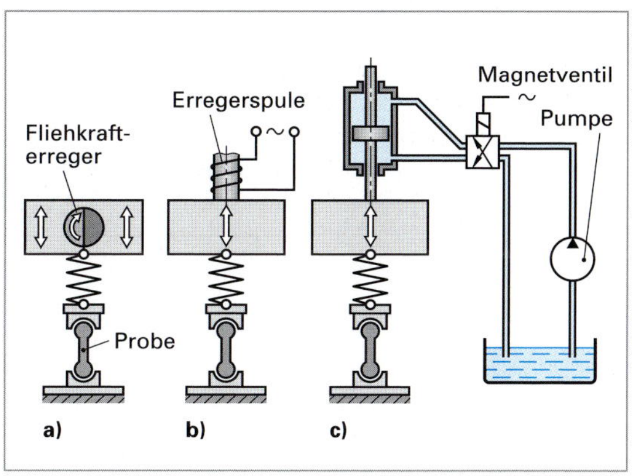

Bild 2: Funktionsprinzip von Schwingprüfmaschinen mit Resonanzantrieb
a) Mit Fliehkrafterregung
b) Mit elektromagnetischer Erregung
c) Mit elektrohydraulischer Erregung

a) Prüfmaschinen mit Resonanzantrieb

Schwingprüfmaschinen mit Resonanzantrieb bestehen im Wesentlichen aus einer Schwingmasse, die mittels einer Feder elastisch an die Probe angekoppelt ist. Die Erregung des Systems kann durch eine Fliehkraftmasse, auf elektromagnetische oder elektrohydraulische Weise erfolgen (Bild 2). In jüngerer Zeit wurden außerdem servohydraulische Resonanzmaschinen mit einem oder zwei Zylindern eingeführt. Schwingprüfmaschinen mit Resonanzantrieb zeichnen sich durch hohe Prüffrequenzen und niedrigen Energieverbrauch aus. Sie besitzen eine große Bedeutung bei der Durchführung von Einstufenversuchen (Wöhlerversuche).

b) Servohydraulische Schwingprüfmaschinen

Mit servohydraulischen Schwingprüfmaschinen, die in den sechziger Jahren entwickelt wurden, lassen sich praktisch beliebige zeitliche Prüfkraftverläufe realisieren. Bei diesen Schwingprüfmaschinen wird der Arbeitszylinder über ein Servoventil gesteuert. Das elektrohydraulische Servoventil regelt den hohen, vom Pumpenaggregat gelieferten Druck so auf die beiden Zylinderkammern, dass die auf den Prüfling übertragenen und mittels einer Kraftmessdose gemessenen Zugkräfte der Sollwertvorgabe entsprechen. Ein Regelverstärker vergleicht das Sollwertsignal mit dem von der Kraftmesseinrichtung gelieferten Istwert. Bei einer Abweichung wird ein Steuersignal an das Servoventil gegeben und dadurch der Öldruck in den beiden Zylinderkammern so eingestellt, dass sich die Differenz zwischen Sollwert und Istwert der Prüfkraft am Versuchskörper ausgleicht (Bild 1).

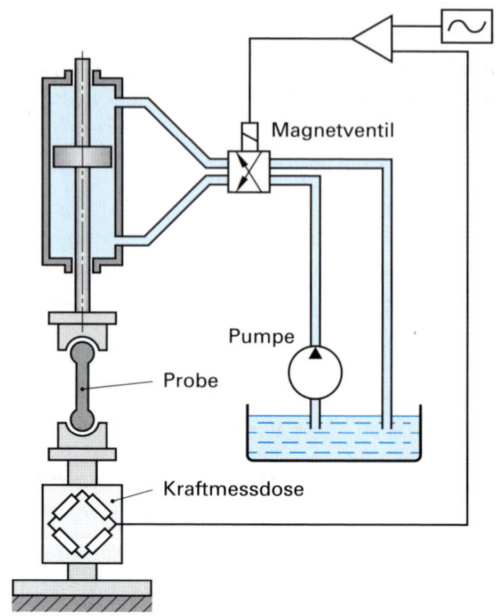

Bild 1: Servohydraulische Schwingprüfmaschine

Der Nachteil der servohydraulisch betriebenen Schwingprüfmaschinen besteht in einem hohen Energieverbrauch, der überwiegend in Wärme umgesetzt und durch Kühlung abgeführt werden muss (nahezu die gesamte zugeführte Energie wird in Wärme umgewandelt).

Servohydraulische Prüfmaschinen sind hinsichtlich Anschaffung und Unterhaltung verhältnismäßig teuer. Mit ihrer Hilfe kann jedoch auch die höchstmögliche Aussagegenauigkeit der Versuche erzielt werden.

Neben Schwingprüfmaschinen mit Resonanzantrieb sowie den servohydraulischen Schwingprüfmaschinen finden mitunter auch die hier nicht näher beschriebenen **hydraulischen Schwingprüfmaschinen** Anwendung.

13.5.9 Zeitstandversuch

Technische Konstruktionen, die längerfristig erhöhten Temperaturen ausgesetzt sind, unterliegen auch bei relativ niedriger Belastung irreversiblen, als **Kriechen** bezeichneten Verformungsprozessen (Kapitel 2.10.3). Diese Kriechvorgänge führen zu einer stetig zunehmenden bleibenden (plastischen) Verformung, die schließlich bis zum Bruch des Bauteils führen kann. Bauteile, die derartigen thermischen und mechanischen Belastungen ausgesetzt sind, finden sich häufig im Bereich der Energiegewinnung und -umsetzung, so beispielsweise in der Kraftwerkstechnik. Die dort eingesetzten Werkstoffe werden teilweise über mehrere Jahrzehnte hinweg mit hohen Drücken und Temperaturen von nicht selten über 600 °C beaufschlagt. Typische Bauteile sind unter anderem Dampfkessel und Rohrleitungen, Turbinenwellen und Turbinengehäuse, Ventile, Armaturen und nicht zuletzt auch die im Heißbereich eingesetzten Schrauben. Auch für Flugtriebwerke und im Chemieanlagenbau sind Werkstoffe erforderlich, die über längere Zeiträume Temperaturen von bis zu 1100 °C standhalten können. Ein vorzeitiges Werkstoffversagen hätte katastrophale Folgen und ist durch entsprechende Werkstoffwahl und Dimensionierung auszuschließen.

ⓘ Information

Kriechen

Unter Kriechen versteht man irreversible (plastische) Verformungsprozesse unter konstanter äußerer Belastung, die bis zum Bruch des Bauteils führen können. Kriechvorgänge sind in hohem Maße von der Temperatur abhängig.

Kriechen ist ein kontinuierlicher, zeitabhängiger Vorgang: Die Dehnung ε, die üblicherweise nur von der Spannung σ abhängt, ist im Bereich des Kriechens auch eine Funktion der Zeit t und der Temperatur ϑ, also $\varepsilon = f(\sigma, t, \vartheta)$.

3.5.9.1 Durchführung von Zeitstandversuchen

Im **Zeitstandversuch** nach DIN EN 10 291 wird das mechanische Verhalten metallischer Werkstoffe bei konstanter Belastung und erhöhter Temperatur, das **Zeitstandverhalten,** untersucht. Der Zeitstandversuch liefert wichtige Werkstoffkennwerte zur Auslegung von Bauteilen, die einer längerfristigen Belastung bei höheren Temperaturen ausgesetzt sind. Im Zeitstandversuch soll sichergestellt werden, dass der Werkstoff bei der vorgesehenen Betriebstemperatur während der Betriebszeit nicht durch einen Kriechbruch versagt.

Betriebsdauer und Betriebstemperaturen hoch beanspruchter Bauteile können sich, je nach Anwendungsgebiet, deutlich voneinander unterscheiden. Bild 1 zeigt, dass beispielsweise Bauteile von Flugzeugen oder Raketen nur relativ kurze Zeit im Einsatz sind, sie können daher thermisch und mechanisch hoch beansprucht werden. Kraftwerksstähle müssen hingegen über mehrere Jahrzehnte einen sicheren Betrieb ermöglichen. Betriebstemperaturen und Betriebsdauer sind für diese Werkstoffe daher deutlich geringer. Um letztlich jedoch die Eignung eines Werkstoffs für den vorgesehenen Anwendungsfall zu prüfen, müssen Zeitstandversuche durchgeführt werden, die mitunter in **Kurzzeitversuche** mit einer Versuchsdauer unter 100 h und **Langzeitversuche** mit einer Versuchsdauer von mehr als 1000 h unterteilt werden.

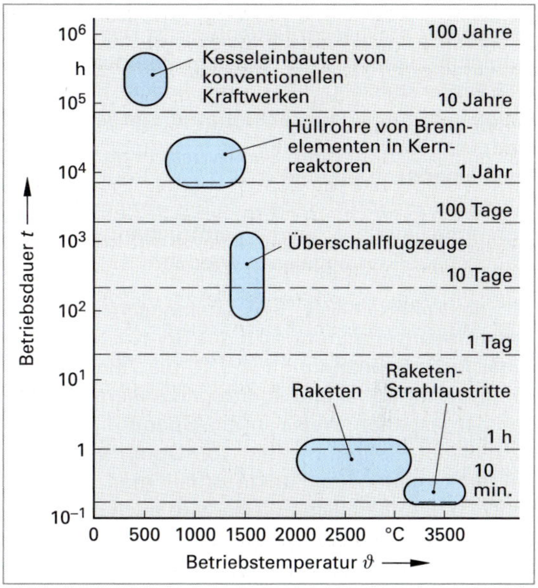

Bild 1: Betriebsdauer und Betriebstemperaturen hoch beanspruchter Bauteile

Zur Durchführung eines Zeitstandversuchs werden in der Regel genormte Rundzugproben (Durchmesser d_0 mindestens 4 mm, Messlänge $3 \cdot d_0$, besser $5 \cdot d_0$) mit Gewindeköpfen an beiden Enden bei konstanter Temperatur einer zeitlich konstanten Zugkraft ausgesetzt. Die Belastung wird üblicherweise durch Massestücke ggf. in Verbindung mit einer Hebelübersetzung aufgebracht (Bild 2). Zeitstandversuche können auch bei Druck-, Innendruck-, Biege- und Torsionsbelastung durchgeführt werden.

Die Belastungsdauer hängt vom jeweiligen Anwendungsgebiet des zu prüfenden Werkstoffs ab (Bild 1). Sie kann bis zu 100 000 h (≈ 11,4 Jahre), in Einzelfällen auch mehr betragen.

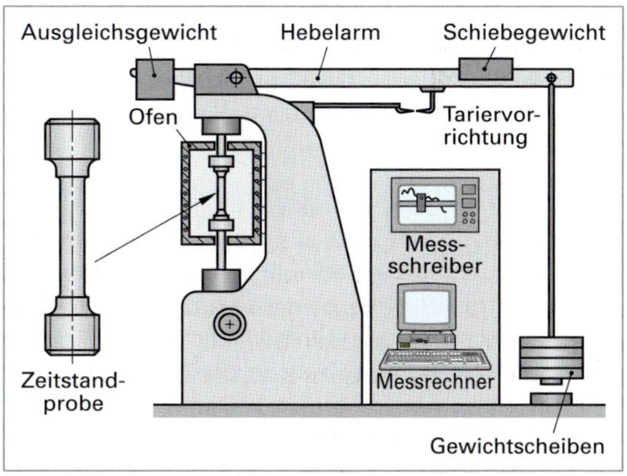

Bild 2: Versuchsanordnung beim Zeitstandversuch

Unter den Bedingungen des Zeitstandversuchs beobachtet man im Laufe der Zeit eine stetige plastische Verformung der Probe (Kriechen), die in bestimmten Zeitabständen oder auch stetig gemessen wird. Man unterscheidet dementsprechend zwischen dem nicht unterbrochenen und dem unterbrochenen Versuch:

- Beim nicht unterbrochenen Versuch wird ein Messgestänge an der Probe angebracht und aus dem Ofen herausgeführt. Die Probenverlängerung kann dann beispielsweise mit Hilfe eines Wegaufnehmers kontinuierlich verfolgt werden. Man misst in diesem Fall die Gesamtdehnung (elastischer und plastischer Anteil).
- Beim unterbrochenen Versuch wird die Probe dagegen in bestimmten Zeitabständen ausgebaut und im erkalteten Zustand vermessen. Hierbei ist es erforderlich, vor Beginn des Versuchs Messmarken (z. B in Form von Härteeindrücken) innerhalb der Messlänge der Probe anzubringen. Beim unterbrochenen Versuch misst man nur die plastische Dehnung.

Trägt man für eine Reihe von Versuchen, die bei gleicher Temperatur aber mit unterschiedlich hoch belasteten Proben durchgeführt wurden, die bleibende Dehnung der Probe über der Versuchsdauer auf, dann erhält man **Kriechkurven (Zeitdehnlinien)**. Das zugehörige Diagramm wird als **Zeitdehnschaubild** bezeichnet.

Von großer praktischer Bedeutung ist das aus dem Zeitdehnschaubild konstruierbare **Zeitstandschaubild.** Dieser Darstellung kann auf einfache Weise diejenige Belastungsdauer entnommen werden, die bei einer vorgegebenen Spannung σ zu einer bestimmten bleibenden Dehnung (z. B. 1 %) oder zum Bruch führt. Die entsprechenden Zeiten können an der **Dehngrenzlinie** bzw. an der **Zeitbruchlinie** des Zeitstandschaubildes abgelesen werden.

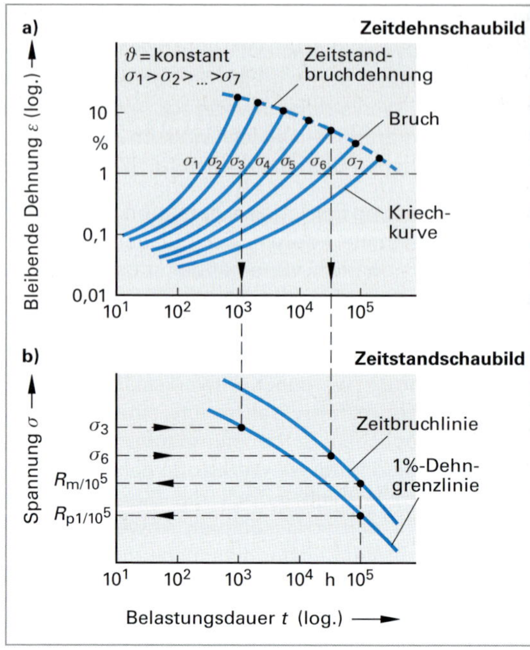

Bild 1: Ermittlung des Zeitstandschaubildes aus experimentell ermittelten Kriechkurven (Zeitdehnlinien)

Um die Zeitbruchlinie des Zeitstandschaubilds zu konstruieren, entnimmt man aus der Kriechkurvenschar für jede Spannung ($\sigma_1 \dots \sigma_7$) die Zeitdauer bis zum Bruch (Bild 1a) und überträgt die Wertepaare in der dargestellten Weise in ein Spannungs-Belastungsdauer-Diagramm (Bild 1b). Durch Verbinden der entsprechenden Punkte erhält man die Zeitbruchlinie. Auf ähnliche Weise wird auch die Dehngrenzlinie konstruiert: hierzu entnimmt man den Kriechkurven für jeden Spannungshorizont ($\sigma_1 \dots \sigma_7$) die bis zum Erreichen einer bestimmten bleibenden Dehnung (z. B. 1 %) verstrichene Zeit (Bild 1a) und trägt die Wertepaare (Spannung und Zeit) ebenfalls im Spannungs-Belastungsdauer-Diagramm (Bild 1b) auf. Durch Verbinden der entsprechenden Punkte erhält man die Dehngrenzlinie.

13.5.9.2 Werkstoffkennwerte

Aus dem Zugversuch ist bereits bekannt, dass mit steigender Temperatur die Festigkeit abnimmt, die Verformungsfähigkeit des Werkstoffs hingegen steigt. Oberhalb der Kristallerholungstemperatur, insbesondere aber oberhalb der Rekristallisationstemperatur, ist mit einem ausgeprägten Kriechen des Werkstoffs zu rechnen. Wurde der Werkstoff dabei einmal zum Fließen gebracht, dann kann sich dieser Kriechvorgang so lange fortsetzen, bis die Probe oder das Bauteil bricht.

Festigkeitskennwerte wie die Warmdehngrenze $R_{p0,2/\vartheta}$ bzw. die Warmzugfestigkeit $R_{m/\vartheta}$, die aus dem kurzzeitigen Zugversuch gewonnen wurden, dürfen bei diesen Temperaturen nicht mehr als Grundlage einer Festigkeitsbetrachtung verwendet werden. Vielmehr müssen im Langzeitversuch neue Werkstoffkennwerte ermittelt werden, die dem Einfluss der Belastungsdauer auf das Festigkeitsverhalten Rechnung tragen. Diese neuen Werkstoffkennwerte sind die **Zeitdehngrenze** und die **Zeitstandfestigkeit** (Bild 1).

Zeitdehngrenze

Die Zeitdehngrenze $R_{p\varepsilon/t/\vartheta}$ ist diejenige Spannung, die bei vorgegebener Temperatur ϑ nach einer bestimmten Zeitdauer t eine gegebene bleibende Dehnung ε hervorruft.

Beispiel: $R_{p1/10^5/350\,°C} = 130$ MPa bedeutet: eine Spannung von 130 MPa verursacht nach 10^5 Stunden (= 11,4 Jahre) bei einer Temperatur von 350 °C eine bleibende Dehnung von 1 %.

Zeitstandfestigkeit

Die Zeitstandfestigkeit $R_{m/t/\vartheta}$ ist diejenige Spannung, die bei vorgegebener Temperatur ϑ nach einer bestimmten Zeitdauer t zum Bruch der Probe führt.

Beispiel: $R_{m/10^5/350\,°C} = 250$ MPa bedeutet: bei einer Spannung von 250 MPa ist nach 10^5 Stunden bei einer Temperatur von 350 °C mit dem Bruch der Probe zu rechnen.

Für die Auslegung von Bauteilen, die niedrigen Betriebstemperaturen ausgesetzt sind, verwendet man in der Regel die Warmdehngrenze als Berechnungskennwert. Für Bauteile, die dagegen bei höheren Betriebstemperaturen eingesetzt werden, sind Zeitdehngrenze und Zeitstandfestigkeit von primärer Bedeutung. Als Grenztemperatur, ab der man von der Warmdehngrenze auf Langzeitwerte übergeht, hat sich bei Stählen aus Erfahrung der Schnittpunkt der Kurve der Warmdehngrenze mit der 100 000-h-Zeitstandfestigkeit ergeben (Bild 1).

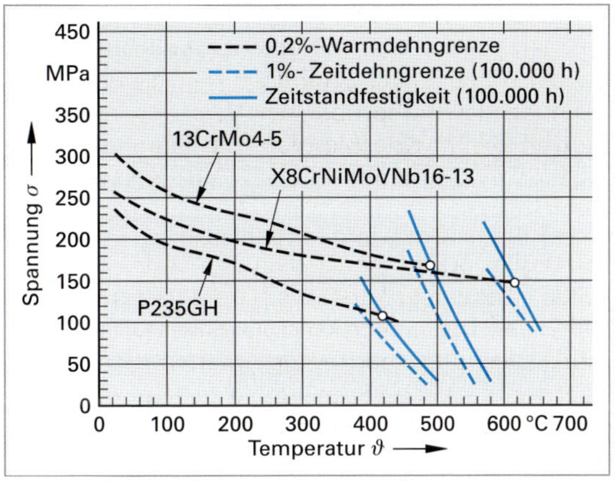

Bild 1: Temperaturabhängigkeit der 0,2 %-Warmdehngrenze, der 1 %-Zeitdehngrenze (100.000 h) sowie der Zeitstandfestigkeit (100.000 h) unlegierter und legierter Stähle

13.5.9.3 Spannungsrelaxation

Unter Zeitstandbeanspruchung nimmt bei höheren Temperaturen die Dehnung der Probe oder des Bauteils mit der Zeit kontinuierlich zu. Umgekehrt bewirken Kriechvorgänge, dass Bauteile, die zu Beginn ihres Einsatzes mit einer bestimmten plastischen Dehnung vorgespannt wurden, ihre Vorspannung allmählich verlieren. Man spricht von **Spannungsrelaxation.** Die Spannungsrelaxation ist beispielsweise der Grund dafür, weshalb Schrauben regelmäßig nachgezogen werden müssen.

Bild 2 zeigt, wie sich bei konstant gehaltener Gesamtdehnung die anfänglich rein elastische Dehnung (Vorspannung) aufgrund von Kriechvorgängen mit der Zeit in eine plastische Dehnung umwandelt. Die Spannung im vorgespannten Bauteil nimmt dabei kontinuierlich mit der Zeit ab. Die Spannungsrelaxation wird im Relaxationsversuch (Entspannungsversuch) gemessen. Dieser Versuch hat insbesondere bei der Prüfung von Kunststoffen Bedeutung und war dort in DIN 53 441 genormt (Norm zwischenzeitlich zurückgezogen).

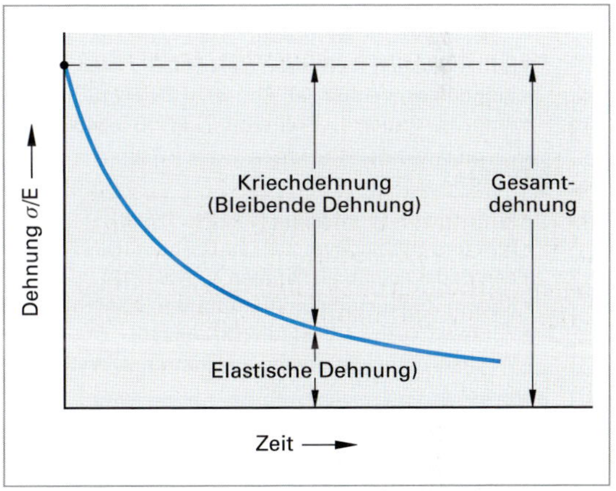

Bild 2: Zeitabhängige Umwandlung von elastischer in plastische Dehnung durch Kriechvorgänge

13.6 Technologische Prüfungen

Unter technologischen Prüfungen versteht man Prüfverfahren, die schnell und meist mit einfachen Mitteln (ohne teure Vorrichtungen und Messgeräte) durchführbar sind und Aufschluss geben über:

- die Eigenschaften und das Verarbeitungsverhalten des Werkstoffs (z. B. die Umformeigenschaften)
- das spätere Betriebsverhalten des aus dem Werkstoff gefertigten Werkstücks
- die Anwendbarkeit von Fertigungsverfahren

Bei den technologischen Prüfungen wird auf eine zahlenmäßige Feststellung bestimmter Eigenschaften des Werkstoffs weitgehend verzichtet. In der einfachsten Form stellen technologische Prüfungen lediglich eine Brauchbarkeitsprüfung dar. Um den Anforderungen der verschiedensten Fertigungsverfahren gerecht zu werden, wurden unterschiedliche technologische Prüfverfahren entwickelt und teilweise auch genormt. Bild 1, Seite 646, gibt einen Überblick über die Vielfalt dieser Verfahren. Die wichtigsten Prüfverfahren werden nachfolgend beschrieben.

Technologische Werkstoffprüfungen

Prüfung der Umformeigenschaften

Stäbe, Grob- und Mittelbleche

- Technologischer Biegeversuch
- Zipfelprüfung an Blechen und Bändern aus Aluminium und Aluminiumlegierungen (DIN EN 1669)

Feinbleche (Dicke ≤ 3 mm)

- Tiefungsversuch nach Erichsen (DIN EN ISO 20482)
- Technologischer Biegeversuch
- Näpfchen-Tiefziehprüfung nach Swift
- Hin- und Herbiegeversuch (DIN EN ISO 7799)

Rohre

- Biegeversuch an Rohren (DIN EN ISO 8491)
- Ringfaltversuch an Rohren (DIN EN ISO 8492)
- Aufweitversuch an Rohren (DIN EN ISO 8493)
- Bördelversuch an Rohren (DIN EN ISO 8494)
- Ringaufdornversuch an Rohren (DIN EN ISO 8495)
- Ringzugversuch an Rohren (DIN EN ISO 8496)

Drähte

- Prüfung von Drahtseilen (DIN EN 12385)
- Hin- und Herbiegeversuch an Drähten (DIN 51211)
- Verwindeversuch an Drähten (DIN 51212)
- Knoten-Zugversuch an Runddrähten (DIN 51214)
- Wickelversuch an Drähten (DIN 51215)
- Wechselverwindeversuch an Drähten (DIN ISO 9649)

Ketten

- Bruchversuch
- Reckversuch

Federbänder

- Bestimmung des E-Moduls und der Federbiegegrenze (für Cu und Cu-Legierungen)

Prüfung der Zerspanbarkeit

Prüfung der Verschleißbeständigkeit

Prüfung der Gießeigenschaften

Technologische Prüfungen an Gusswerkstoffen:

- Fließfähigkeit
- Formfüllungsvermögen
- Warmrissanfälligkeit
- Schwindmaßbestimmung (z.B. für metallische Werkstoffe mit Gießtemperaturen unter 700°C nach DIN 50131)

Prüfung der Härtbarkeit

- Stirnabschreckversuch (DIN EN ISO 642)

Prüfung der Schweiß- und Lötbarkeit

- Prüfung von Weich- und Hartlötverbindungen (z.B. DIN EN 12797)
- Prüfung von Schweißverbindungen aus Stahl und Nichteisenmetallen
- Prüfung von Schweißgut für das Lichtbogen- und Gasschweißen

Bild 1: Einteilungsmöglichkeit und Beispiele technologischer Werkstoffprüfverfahren

13.6.1 Tiefungsversuch nach Erichsen

Der bereits 1914 von ***A. M. Erichsen*** entwickelte Tiefungsversuch ist wohl das älteste und am weitesten verbreitete Verfahren zur Prüfung der Umformbarkeit von Blechen und Bändern. Der Versuch ist für Bleche bzw. Bänder mit einer Dicke von 0,1 mm … 2 mm in DIN EN ISO 20 482 genormt.

Beim Tiefungsversuch nach Erichsen werden streifenförmige, runde oder quadratische Blechproben zwischen einer Matrize und einem Blechhalter fest eingespannt und ein kugelförmiger, eingefetteter Stempel (∅ 20 mm) so lange eingedrückt, bis ein durch die gesamte Probendicke gehender Riss zu beobachten ist. Die Blechhaltekraft muss dabei so groß sein, dass ein Nachfließen des eingespannten Probenmaterials gehemmt wird (etwa 10 kN). In der Regel werden nacheinander drei Prüfungen an einem Blechstreifen durchgeführt.

Beim Tiefungsversuch nach Erichsen erfolgt (im Gegensatz zur Näpfchen-Tiefziehprüfung nach Kapitel 13.6.2) das Umformen aus der Blechdicke heraus. Umgeformt wird nur das Zentrum des Prüflings, während die Randbezirke, bedingt durch die feste Einspannung, unverformt bleiben (Bild 1). Das Verfahren simuliert dementsprechend eine reine Zugumformung, also im Wesentlichen einen zweiachsigen Zugspannungszustand.

Der Tiefungsversuch nach Erichsen ist ein Verfahren zur Prüfung der **Streckziehfähigkeit** des Werkstoffs. Die im Augenblick des Einreißens erreichte Eindringtiefe des Stempels, die **Erichsen-Tiefung *IE*,** stellt ein Maß für die Umformbarkeit des geprüften Werkstoffs dar. Sie muss größer sein als die in den jeweiligen Gütenormen geforderten Mindestwerte.

Die Ausbildung des Risses gibt weiterhin Aufschluss über die Struktur des Werkstoffs: Ein radialer Riss deutet auf eine **Textur** des Werkstoffs und damit auf ein wenig zum Umformen geeignetes Gefüge hin, während ein ringförmiger Riss auf ein isotropes Gefüge und damit auf gute Umformbarkeit hindeutet. Zeigt sich nach der Prüfung eine glatte Oberfläche, dann kann von einem feinkörnigen, gut umformbaren Gefüge ausgegangen werden, eine raue Oberfläche **(Apfelsinenhaut)** bedeutet dagegen ein grobkörniges, schlecht umformbares Gefüge.

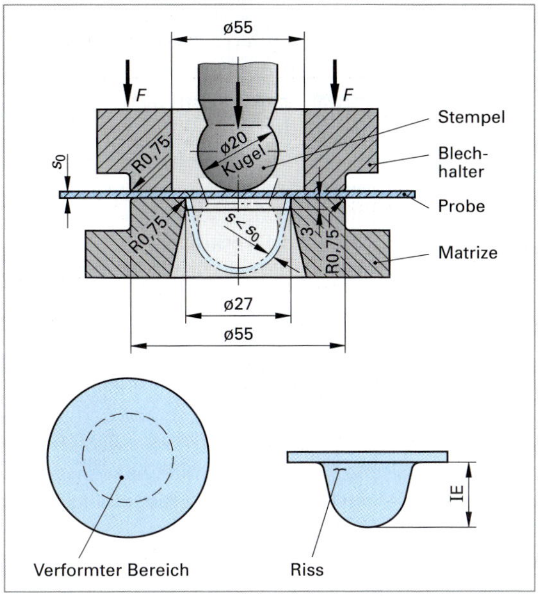

Bild 1: Tiefungsversuch nach Erichsen

> ⓘ **Information**
>
> **Textur und Isotropie**
>
> **Textur:** Die einzelnen Kristallite (Körner) des Werkstoffs sind weitgehend in eine Richtung ausgerichtet. Texturen können bei bestimmten Herstellungsprozessen, insbesondere bei Umformvorgängen entstehen (Kapitel 2.7).
>
> **Isotropie:** Der Werkstoff hat nach allen Richtungen gleiche Eigenschaften.

13.6.2 Näpfchen-Tiefziehprüfung (nach Swift)

Bei der Blechumformung treten nicht nur reine Zugspannungen auf, wie dies beim Tiefungsversuch nach Erichsen (Kapitel 13.6.1) bzw. allgemein bei Streckziehvorgängen der Fall ist. Vielmehr können beim Tiefziehen von Blechen Zug- und Druckspannungen in komplexer Weise zusammenwirken. Diese Verhältnisse können besser mit dem auch als **Näpfchenprobe** bezeichneten Näpfchen-Tiefziehversuch nach Swift geprüft werden. Er ist neben dem Tiefungsversuch nach Erichsen das bedeutendste Verfahren zur Prüfung der Umformbarkeit von Blechen und Bändern.

Die nicht genormte Näpfchen-Tiefziehprüfung dient zur Untersuchung der Eignung von Fein- und Feinstblechen für das **Tiefziehen** (Kapitel 5.5.2.4), während im Tiefungsversuch nach Erichsen eher die Eignung des Werkstoffs zum **Streckziehen** geprüft wird. Der Werkstoff wird bei der Näpfchen-Tiefziehprüfung in größerem Maße plastisch verformt als im Tiefungsversuch nach Erichsen.

Beim Näpfchen-Tiefziehversuch nach Swift werden kreisrunde Blechscheiben mit unterschiedlichem Durchmesser *D* zu zylinderförmigen Näpfchen mit einem Durchmesser $d < D$ gezogen (Bild 1, Seite 648). Durch den Versuch wird das Verhältnis des Durchmessers *D* der unverformten Ronde zum Durchmesser *d* des Näpfchens, bei dem gerade noch kein Anriss am Boden zu beobachten ist, ermittelt **(Grenzziehverhältnis)**.

Beim Tiefziehen zylindrischer Pressteile macht man häufig die Beobachtung, dass die Mantelfläche üblicherweise an vier um 90° gegeneinander versetzten Stellen eine stärkere Dehnung erfährt als dazwischen. Diese als **Zipfelbildung** (Kapitel 2.7) bekannte Erscheinung ist unerwünscht, da man (mit Rücksicht auf die sich weniger dehnenden Bereiche) die Ab-

> ⓘ **Information**
>
> **Tiefziehen**
>
> Tiefziehen ist die für die Praxis des Blechumformens wichtigste Untergruppe der Zugdruckumformverfahren. Durch Tiefziehen lassen sich auch komplizierte, dünnwandige Hohlteile (z. B. für den Karosseriebau) wirtschaftlich herstellen. Unter Tiefziehen versteht man definitionsgemäß das Zugdruckumformen eines Bleches in einen Hohlkörper oder auch einen Hohlkörper in einen Hohlkörper mit kleinerem Umfang ohne gewollte Veränderung der Blechdicke (siehe auch Kapitel 5.5.2.4).

messungen des Blechstücks größer wählen muss, um die vorgesehene Ziehtiefe zu erreichen (Bild 1). Ursache für die Zipfelbildung ist eine Textur des Bleches (Kapitel 2.7). Eine Textur des Werkstoffs kann beispielsweise durch ein vorangegangenes Walzen unterhalb der Rekristallisationstemperatur des Werkstoffs mit einem damit verbundenen Ausrichten der Kristallite (Körner) und einem Strecken der gegebenenfalls im Werkstoff vorhandenen nichtmetallischen Einschlüsse in Walzrichtung verursacht werden.

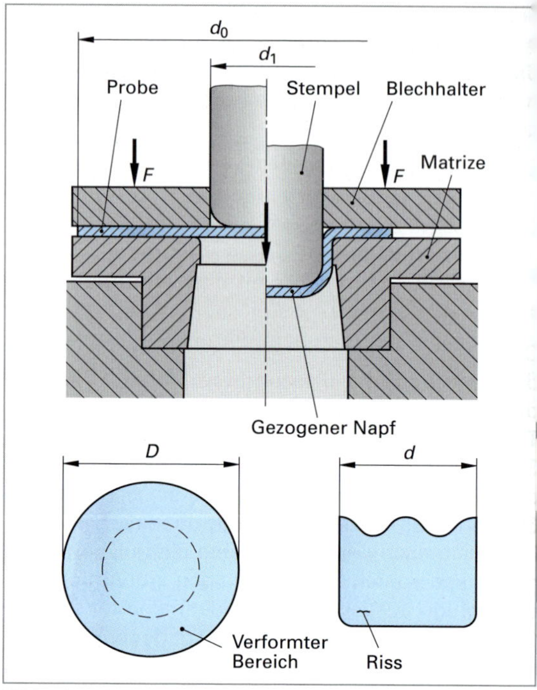

Bild 1: Näpfchen-Tiefziehversuch nach Swift (Näpfchenprobe)

13.6.3 Technologischer Biegeversuch

Der technologische Biegeversuch (Faltversuch) ist ein einfaches Verfahren zur Prüfung der Biegefähigkeit eines metallischen Werkstoffs. Der Versuch war in der zwischenzeitlich zurückgezogenen DIN 50 111 genormt. Er umfasst die folgenden Versuchsvarianten:

- Prüfung in einer Biegevorrichtung mit Biegestempel und Auflagerollen (Bild 2).
- Prüfung in einer Biegevorrichtung mit Biegestempel und Matrize.
- Prüfung in einer Versuchsanordnung zum Weiterbiegen der Probe bis 180°.

Mit dem Falt- oder technologischen Biegeversuch wird entweder der Biegewinkel ermittelt, bei dem das Umformvermögen des Werkstoffs erschöpft ist und die Probe auf der Zugseite anreißt, oder es wird das anrissfreie Erreichen eines bestimmten Biegewinkels α vorgeschrieben. Der Biegewinkel wird bei nicht beanspruchter Probe gemessen.

Der technologische Biegeversuch ist für Schweißnähte an metallischen Werkstoffen in DIN EN 910 beschrieben.

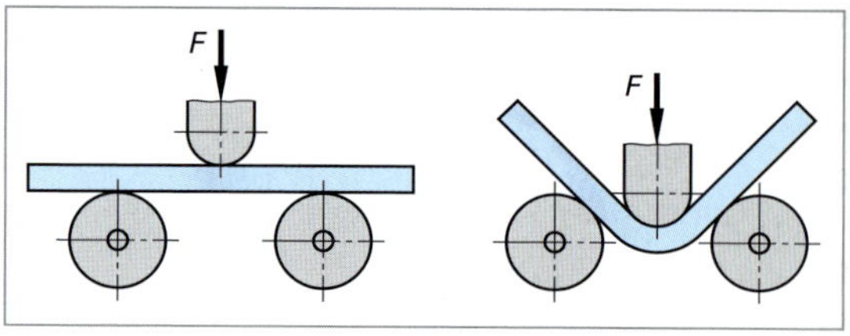

Bild 2: Biegevorrichtung zur Durchführung des technologischen Biegeversuchs

13.6.4 Stirnabschreckversuch nach Jominy

Der Stirnabschreckversuch nach Jominy (DIN EN ISO 642) ist das gebräuchlichste Verfahren zur Prüfung der **Härtbarkeit** und des Umwandlungsverhaltens eines Stahles.

Beim Stirnabschreckversuch wird eine allseitig bearbeitete, zylindrische Probe mit einem Durchmesser von 25 mm und einer Länge von 100 mm (Bild 1, Seite 649) auf die für den betreffenden Stahl festgelegte oder vereinbarte Härtetemperatur erwärmt (austenitisiert) und die Temperatur 30 bis 35 Minuten lang gehalten. Anschließend wird die erwärmte Probe aus dem Ofen genommen und in einer Vorrichtung entsprechend Bild 1 mit einem definierten Wasserstahl konstanten Drucks (freie Steighöhe: 65 ± 10 mm, Temperatur: 20 °C ± 5 °C) mindestens 10 Minuten lang abgeschreckt. Die auf Raumtemperatur abgekühlte Probe wird dann an zwei gegenüberliegenden Flächen auf eine Tiefe von 0,4 mm bis 0,5 mm nass angeschliffen. In festgelegten Abständen (DIN EN ISO 642) wird üblicherweise die Rockwell-C-Härte nach DIN EN ISO 6508-1 (Kapitel 13.5.6.2) ermittelt. Nach besonderer Vereinbarung kann jedoch auch die Vickershärte HV30 nach DIN EN ISO 6507-1 (Kapitel 13.5.6.2) gewählt werden.

Trägt man die gemessenen Härtewerte über dem Abstand von der abgeschreckten Stirnfläche auf, dann erhält man die auch als **Härteverlaufskurve** bezeichnete **Stirnabschreck-Härtekurve** (Bild 1, Seite 650, unteres Teilbild). Sie dient zur:

- Überprüfung der Härtbarkeit eines Stahles durch Vergleich mit vorgegebenen Härtbarkeitsstreubändern.
- Stahlauswahl nach definierten Rand- oder Kernhärtewerten.

Die Härteverlaufskurve zeigt, dass mit zunehmendem Abstand von der abgeschreckten Stirnfläche die Härte kontinuierlich abnimmt. Anhand des Zeit-Temperatur-Umwandlungs-Schaubildes (ZTU-Schaubild) für kontinuierliche Abkühlung lässt sich diese Beobachtung einfach erklären (Bild 1, Seite 650, oberes Teilbild). Während des Abschreckens laufen in den verschiedenen Stirnabständen aufgrund unterschiedlicher Abkühlgeschwindigkeiten verschiedene Gefügeumwandlungen ab. Jedem Stirnabstand entspricht dabei eine Abkühlkurve im kontinuierlichen ZTU-Schaubild. Je langsamer die Abkühlgeschwindigkeit, je weiter man also von der abgeschreckten Stirnfläche entfernt ist, desto geringer wird der Anteil an Martensit bzw. Bainit und damit auch die Härte des Gefüges.

Während die maximale Härte an der Probenoberfläche (Aufhärtbarkeit) im Wesentlichen nur von der Menge des im Austenit gelösten Kohlenstoffs (d.h. vom Kohlenstoffgehalt des Stahls und von den Austenitisierungsbedingungen wie Härtetemperatur und Aufheizgeschwindigkeit) sowie von den Abkühlbedingungen abhängt, nimmt mit zunehmendem Gehalt bestimmter im Austenit gelöster Legierungselemente wie Mn, Cr, Mo, Ni und V die Härte in einer bestimmten Tiefe (Einhärtbarkeit) deutlich zu (Bild 2). Bei den unlegierten Stählen fällt daher die Härte bereits wenige Millimeter von der abgeschreckten Stirnfläche entfernt stark ab, d. h. die Einhärtbarkeit ist gering. Durch Zusatz der genannten Legierungselemente wird die Diffusionsfähigkeit der Kohlenstoffatome deutlich vermindert und dadurch die zur Martensitbildung erforderliche kritische Abkühlgeschwindigkeit herabgesetzt. Somit werden auch in tieferen Werkstoffschichten noch relativ hohe Härtewerte und damit eine gute Einhärtbarkeit erreicht.

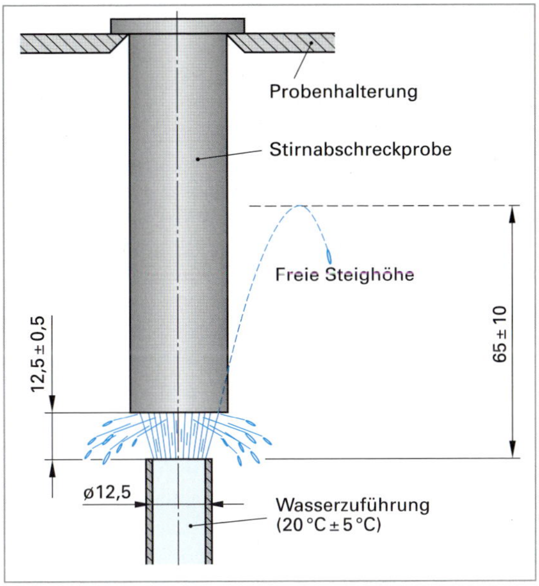

Bild 1: Stirnabschreckversuch nach Jominy (DIN EN ISO 642)

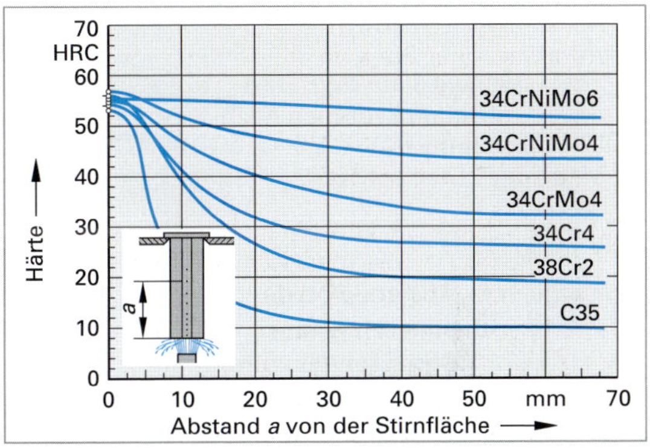

Bild 2: Härteverlaufskurven von Vergütungsstählen mit annähernd gleichem Kohlenstoffgehalt

ⓘ Information

Härtbarkeit

Unter **Härtbarkeit** versteht man die Fähigkeit eines (härtbaren) Stahles, sich durch eine Wärmebehandlung in Martensit und/oder Bainit umzuwandeln und dadurch bestimmte Härtewerte anzunehmen. Der Begriff Härtbarkeit beinhaltet sowohl die **Aufhärtbarkeit,** d. h. die höchste erreichbare Härte an bzw. in der Nähe der Probenoberfläche, als auch die **Einhärtbarkeit,** d. h. die größte erreichbare Einhärtungstiefe (zum Begriff der Einhärtungstiefe siehe Bild 1, Seite 259).

Werden mehrere Stirnabschreckversuche an demselben Stahl durchgeführt, dann erhält man nicht nur *einen* Härteverlauf, sondern aufgrund der Toleranz in der chemischen Zusammensetzung des Stahls, ein Streuband. **Härtbarkeitsstreubänder** finden sich beispielsweise in Normen für Vergütungsstähle (DIN EN 10 083), in Normen für Stähle, die für das Flamm- und Induktionshärten geeignet sind (DIN 17 212) oder in DIN 17 021 (Werkstoffauswahl aufgrund der Härtbarkeit).

Das Ergebnis des Stirnabschreckversuchs kann hierbei durch Aufzeichnen der Härteverlaufskurve oder durch Härteangabe an verschiedenen (z. B. an zwei besonders vereinbarten Messstellen) erfolgen (siehe auch DIN EN ISO 642). Die Codierung des Prüfergebnisses erfolgt dabei durch den Buchstaben **J**, den Zahlenwert der Rockwell-C-Härte (HRC) bzw. der Vickers-Härte HV30 und, durch einen Bindestrich getrennt, den Abstand von der abgeschreckten Stirnfläche, an dessen Stelle der Härtewert ermittelt wurde.

Beispiele:

J 40 – 15

- 15: Abstand von der abgeschreckten Stirnfläche (in mm)
- 40: Härtewert (Rockwell-C-Härte)
- J: Hinweis auf den Stirnabschreckversuch nach Jominy

JHV 400 – 15

- 15: Abstand von der abgeschreckten Stirnfläche (in mm)
- 400: Härtewert nach Vickers (HV30)
- JHV: Hinweis auf den Stirnabschreckversuch nach Jominy mit Angabe der Vickers-Härte

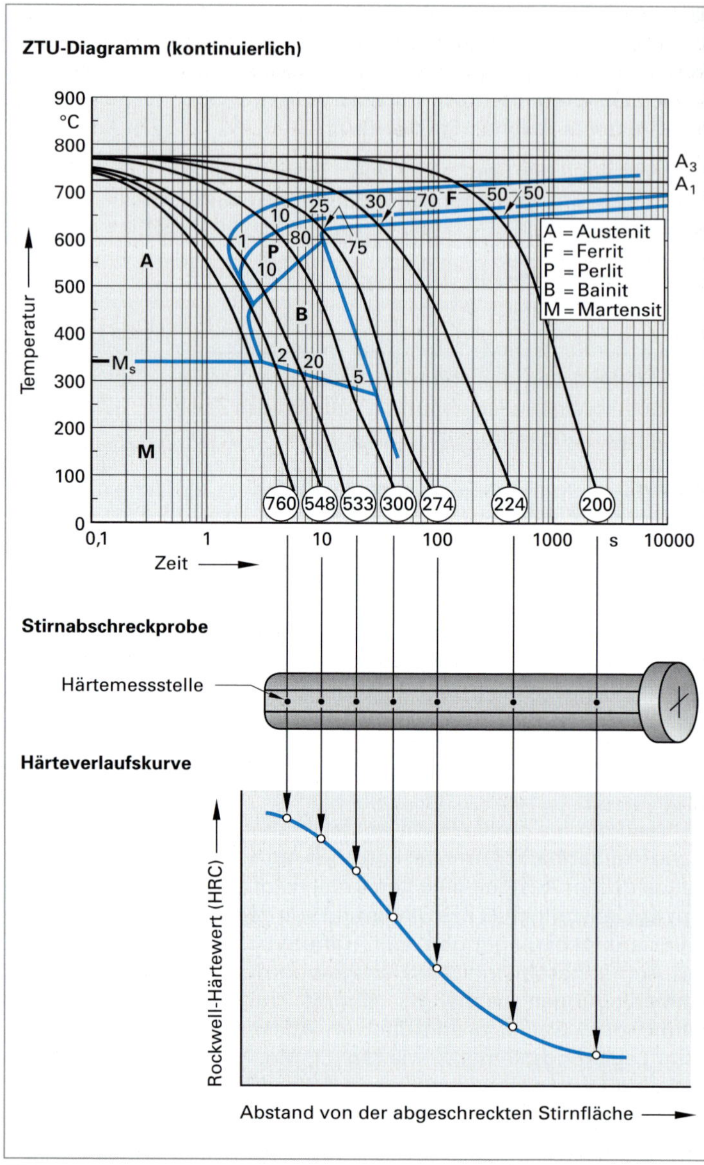

Bild 1: Zusammenhang zwischen Härteverlauf an einer Stirnabschreckprobe und den entsprechenden Abkühlverläufen im kontinuierlichen ZTU-Diagramm (Härteangaben in HV10)

Auf die weiteren in Bild 1, Seite 646, erwähnten technologischen Werkstoffprüfverfahren soll an dieser Stelle nicht näher eingegangen, sondern statt dessen auf die entsprechende Fachliteratur zur Werkstoffprüfung bzw. die zitierten Normen verwiesen werden.

13.7 Mechanische Prüfverfahren für Kunststoffe

Die Ermittlung der mechanischen Eigenschaften bei Kunststoffen ist prinzipiell mit den Metallen vergleichbar. Die Eigenarten der Kunststoffe führen jedoch zu einigen Besonderheiten bei der Begriffsbestimmung, der Durchführung der Prüfungen und der Beurteilung der Prüfergebnisse. Auch die Prüfmaschinen müssen hinsichtlich Belastungsbereich, Prüfgeschwindigkeit und Verformungswege an die Besonderheiten der Kunststoffe angepasst werden.

Da die Eigenschaften der Kunststoffe in hohem Maße von den Prüf- und Umgebungsbedingungen sowie den Herstellungsbedingungen der Proben abhängen, müssen diese Parameter bei der Prüfung exakt festgelegt (genormt) und eingehalten werden. Im Unterschied zu den Metallen können die aus den Prüfverfahren (z.B. Zugversuch) ermittelten Kennwerte nicht für die Dimensionierung von Kunststoff-Bauteilen herangezogen werden. Sie erlauben bestenfalls grobe Abschätzungen, da sich die Herstellungsbedingungen der Kunststoff-Erzeugnisse (Halbzeuge oder Formteile) sowie deren Gestaltung erheblich von den Probekörpern unterscheiden.

Wichtige mechanische Prüfverfahren für Kunststoffe sind in Tabelle 1 zusammengestellt. Nachfolgend sollen der Zugversuch, die Härteprüfung (Kugeleindruckversuch und Shore-Härte) und der Charpy-Schlagversuch nach ISO besprochen werden. Die weiteren Prüfverfahren werden in der entsprechenden Fachliteratur oder den genannten Normen beschrieben.

Tabelle 1: Wichtige mechanische Prüfverfahren für Kunststoffe

Prüfverfahren	Normung	Kennwerte (Auswahl)
Zugversuch	DIN EN ISO 527	• Streckspannung σ_y und Streckdehnung ε_y • Spannung bei x %-Dehnung σ_x • Bruchspannung σ_B (Reißfestigkeit σ_R) und Bruchdehnung ε_B (Reißdehnung ε_R) • Zugfestigkeit σ_M • Elastizitätsmodul E_t
Druckversuch	DIN EN ISO 604	• Druckfließspannung σ_y und nominelle Fließstauchung ε_{cy} • Druckspannung bei x % Stauchung σ_x • Druckspannung bei Bruch σ_B und nom. Stauchung bei Bruch ε_{cB} • Druckfestigkeit σ_M und nominelle Stauchung bei Druckfestigkeit ε_{cM} • Elastizitätsmodul aus dem Druckversuch E_c
Biegeversuch	DIN EN ISO 178	• Biegespannung σ_{fc} bei der konventionellen Durchbiegung s_c • Biegespannung beim Bruch σ_{fB} und Biegedehnung beim Bruch ε_{fB} • Biegefestigkeit σ_{fM} und Biegedehnung bei Biegefestigkeit ε_{fM} • Biege-Elastizitätsmodul E_f
Härteprüfung durch Kugel-eindruckversuch	DIN EN ISO 2039-1	• Kugeleindruckhärte *HB*
Härteprüfung nach Shore	DIN 53 505 DIN EN ISO 868	• Shore-A-Härte • Shore-D-Härte
Rockwellhärte	DIN EN ISO 2039-2	• Rockwellhärte (Skalen L, M und R) • Rockwellhärte α
Charpy-Schlag-versuch nach ISO	DIN EN ISO 179	• Charpy-Schlagzähigkeit a_{cU} • Charpy-Kerbschlagzähigkeit a_{cN}
Schlagversuche nach Izod	DIN EN ISO 180	• Izod-Schlagzähigkeit ungekerbt a_{iU} • Izod-Kerbschlagzähigkeit gekerbt a_{iN}
Schlagzugversuch	DIN EN ISO 8256	• Schlagzugzähigkeit von ungekerbten Proben a_{tU} • Schlagzugzähigkeit von gekerbten Proben a_{tN}
Zeitstand-Zugversuch	DIN EN ISO 899-1	• Zug-Kriech-Dehnung ε_t • Zeitstand-Zugfestigkeit $\sigma_{\varepsilon,t}$ • Zug-Kriechmodul E_t
Zeitstand-Biegeversuch	DIN EN ISO 899-2	• Biege-Kriechdehnung ε_t • Zeitstand-Biegefestigkeit $\sigma_{\varepsilon,t}$ • Biege-Kriechmodul E_t

Tabelle 1 (Fortsetzung): Wichtige mechanische Prüfverfahren für Kunststoffe

Prüfverfahren	Normung	**Kennwerte** (Auswahl)
Torsionsschwing-versuch	DIN EN ISO 6721-1 und -2	• Dynamischer Schubmodul G • Logarithmisches Dekrement Λ • Mechanischer Verlustfaktor D • Glasübergangstemperatur ϑ_g • Kristallitschmelztemperatur ϑ_m (Schmelzbereich) • Kälterichtwert ϑ_R
Biegeschwell-versuch	DIN 53 398	• Bruch-Schwingspielzahl • Wöhlerkurve
Dauerschwing-versuch im Biege-bereich	DIN 53 442	• Wöhlerkurve

13.7.1 Zugversuch an Kunststoffen

Der Zugversuch an Kunststoffen ist prinzipiell mit dem Zugversuch an metallischen Werkstoffen vergleichbar (Kapitel 13.5.1), wenngleich sich die Prüfbedingungen (Prüfkraftbereich, Abzugsgeschwindigkeit, Probengeometrie, Kennwerte usw.) deutlich unterscheiden. Der Zugversuch an Kunststoffen ist in DIN EN ISO 527 genormt.

13.7.1.1 Probengeometrie

Im Gegensatz zu den metallischen Rundzugproben (Bild 1, Seite 595) werden beim Zugversuch an Kunststoffen Flachzugproben eingesetzt. Die Proben werden eigens aus Formmassen unter Beachtung der für das jeweilige Erzeugnis geltenden Herstellungsbedingungen durch Spritzgießen hergestellt. Sie können aber auch dem Formteil durch Sägen oder Fräsen entnommen werden. Bei Folien werden die Proben ausgeschnitten. Bild 1 zeigt eine Auswahl wichtiger Zugproben. Die entsprechenden Abmessungen sind Tabelle 1, Seite 653, zu entnehmen.

Da bei den Kunststoffen neben den Prüf- auch die Verarbeitungsbedingungen einen wesentlichen Einfluss auf die ermittelten Kennwerte besitzen, müssen im Sinne der Vergleichbarkeit bereits für die Herstellung der Prüfkörper Festlegungen (z. B. Werkzeugtemperatur, Einspritzgeschwindigkeit und Nachdruck bei spritzgegossenen Proben) getroffen werden, die in den entsprechenden Formmasse- oder Erzeugnisnormen festgeschrieben sind.

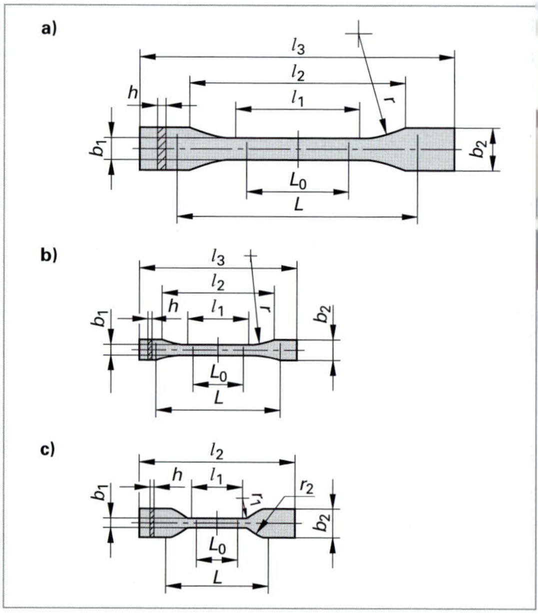

Bild 1: Probekörper nach DIN EN ISO 527 für die Prüfung von Kunststoffen (Auswahl)

a) Probekörper 1A (spritzgegossen) und 1B (spanend hergestellt)

b) Kleine Probekörper (1BA und 1BB)

c) Kleine Probekörper (5A und 5B), auch für die Elastomerprüfung

13.7.1.2 Versuchsdurchführung

Die Zugprüfung an Kunststoffen erfolgt auf genormten Zugprüfmaschinen (DIN 51 221), ähnlich den Prüfmaschinen für Metalle (Bild 1, Seite 594). Die Prüfbedingungen (z. B. Prüfgeschwindigkeit) sind in den entsprechenden Formmasse- oder Erzeugnisnormen festgeschrieben. Die Prüfung erfolgt, falls nicht anderes vereinbart, bei Normalklima (DIN 50 014 bzw. DIN EN 291). Analog zur Metallprüfung erhält man auch beim Zugversuch an Kunststoffen Spannungs-Dehnungs-Diagramme, denen wichtige Werkstoffkennwerte entnommen werden können. Geprüft werden jeweils mindestens 5 Probekörper je Entnahmerichtung und zu bestimmender Eigenschaft.

13.7.1.3 Kennwerte

Die Spannungs-Dehnungs-Diagramme der Kunststoffe können sich in Abhängigkeit der Kunststoffsorte, den Prüf- und Umgebungsbedingungen (Prüfdauer, Prüftemperatur) sowie den Bedingungen bei der Probenherstellung sehr stark voneinander unterscheiden. Dementsprechend definiert man bei Kunststoffen deutlich mehr Kennwerte im Vergleich zu den Metallen.

Die Fläche unter der Spannungs-Dehnungs-Kurve ist ein Maß für das Arbeitsaufnahmevermögen eines Kunststoffs. Je größer die Fläche (das Arbeitsaufnahmevermögen), desto zäher ist der Kunststoff.

Tabelle 1: Probekörperabmessungen für Zugversuche an Kunststoffen nach DIN EN ISO 527

Probekörper	1A	1B	1BA	1BB	5A	5B
Gesamtlänge l_3	≥ 150		≥ 75	≥ 30	–	–
Länge l_2	104 ... 113	106 ... 120	58 ± 2	23 ± 2	≥ 75	≥ 35
Länge l_1	80 ± 2	60 ± 0,5	30 ± 0,5	12 ± 0,5	25 ± 1	12 ± 0,5
Messlänge L_0	50 ± 0,5		25 ± 0,5	10 ± 0,2	20 ± 0,5	10 ± 0,2
Einspannlänge L	115 ± 1	l_2 + 5	l_2 + 2	l_2 +1	50 ± 2	20 ± 2
Breite b_2	20 ± 0,2		10 ± 0,5	4 ± 0,2	12,5 ± 1	6 ± 0,5
Breite b_1	10 ± 0,2		5 ± 0,5	2 ± 0,2	4 ± 0,1	2 ± 0,1
Dicke h	4 ± 0,2		≥ 2	≥ 2	≥ 2	≥ 1
Radius r	20 ... 25	≥ 60	≥ 30	≥ 12	–	–
Radius r_1	–	–	–	–	8 ± 0,5	3 ± 0,1
Radius r_2	–	–	–	–	12,5 ± 0,5	3 ± 0,1

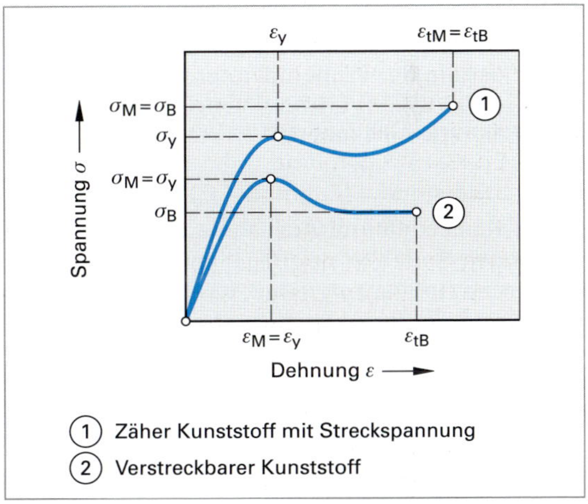

Bild 1: Spannungs-Dehnungs-Diagramme

a) Streckspannung und Streckdehnung

Die Streckspannung σ_y ist definiert als die Zugspannung, bei der die Steigung der Spannungs-Dehnungs-Kurve zum erstenmal Null wird (waagrechte Tangente). Hier beginnt die Verstreckung des Kunststoffs. Die zugehörige Dehnung wird als Streckdehnung ε_y bezeichnet (Bild 1). Es ist zu beachten, dass Dehnungen bei Kunststoffen als **Gesamtdehnung** (unter Last), bei Metallen hingegen als bleibende Dehnungen (nach Entlastung) ermittelt werden.

b) Spannung bei x%-Dehnung

Falls keine Streckspannung auftritt, wird (analog der Bestimmung von Dehngrenzen bei Metallen) ersatzweise die Spannung bei *x*%-Dehnung σ_x ermittelt (Bild 2, Kurve 2). Für „*x*" wird meist eine Gesamtdehnung von 0,5 % oder 1 % gewählt.

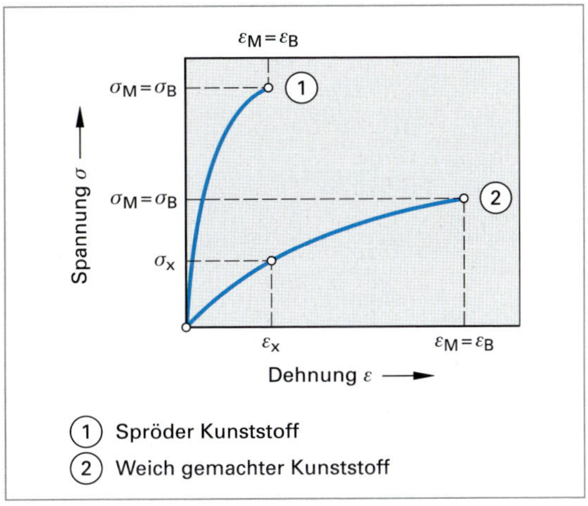

Bild 2: Spannungs-Dehnungs-Diagramme

c) Bruchspannung und Bruchdehnung

Die Bruchspannung σ_B ist die Spannung unmittelbar beim Bruch der Probe. Die zugehörige Gesamtdehnung wird als Bruchdehnung ε_B bezeichnet. Die Bruchspannung wurde nach der zurückgezogenen DIN 53 455 als **Reißfestigkeit** σ_R, die Bruchdehnung als **Reißdehnung** ε_R bezeichnet.

d) Zugfestigkeit

Die Zugfestigkeit σ_M (nach der zurückgezogenen DIN 53 455 als **Maximalspannung** bezeichnet) ist die Zugspannung bei Höchstkraft. Die Zugfestigkeit σ_M kann je nach Typ des Spannungs-Dehnungs-Diagramms mit der Streckspannung σ_y oder mit der Bruchspannung σ_B (Bild 1) identisch sein. Falls die Zugfestigkeit σ_M mit der Streckspannung σ_y zusammenfällt (Bild 1, Kurve 2), wird nur die Streckspannung σ_y als Kennwert angegeben.

Die zugehörige Dehnung bei Erreichen der Zugfestigkeit wird mit ε_M bezeichnet. Treten Zugfestigkeit σ_M oder Bruchspannung σ_B nach der Streckspannung σ_y auf (Bild 1, Seite 653), dann werden **nominelle Dehnungen** ε_t ermittelt (z. B. nominelle Dehnung bei der Zugfestigkeit ε_{tM} bzw. nominelle Bruchdehnung ε_{tB}). Nominelle Dehnungen werden nicht auf die Messlänge L_0, sondern auf die Einspannlänge L bezogen, also $\varepsilon_t = \Delta L/L$ (Bild 1, Seite 652).

Der Verlauf des Spannungs-Dehnungs-Diagramms ist nicht nur von der Art des Kunststoffs (Bild 1 und 2, Seite 653), sondern u. a. auch von der Verformungsgeschwindigkeit und von der Prüftemperatur abhängig. Die gleiche Kunststoffsorte, selbst der gleiche Typ innerhalb einer Sorte, kann unter veränderten Prüf- oder Umgebungsbedingungen ein völlig anderes Spannungs-Dehnungs-Verhalten mit veränderten Kennwerten zeigen.

Mit zunehmender Verformungsgeschwindigkeit oder Verminderung der Prüftemperatur wird die Streckspannung σ_y erhöht und die Verformungsfähigkeit vermindert (Bilder 1 und 2).

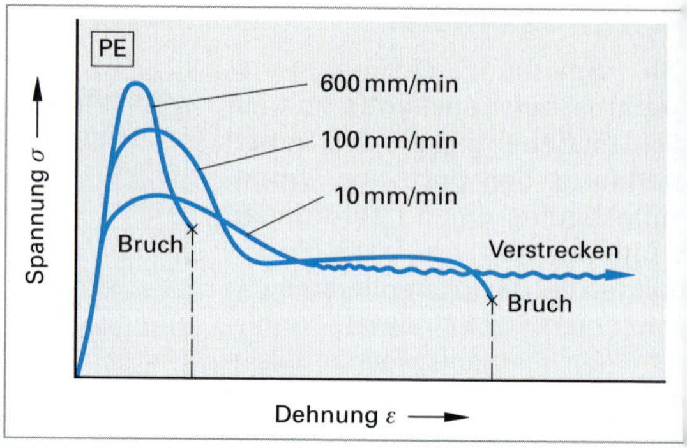

Bild 1: Veränderung des Spannungs-Dehnungs-Verhaltens in Abhängigkeit der Prüfgeschwindigkeit am Beispiel des Polyethylens (PE)

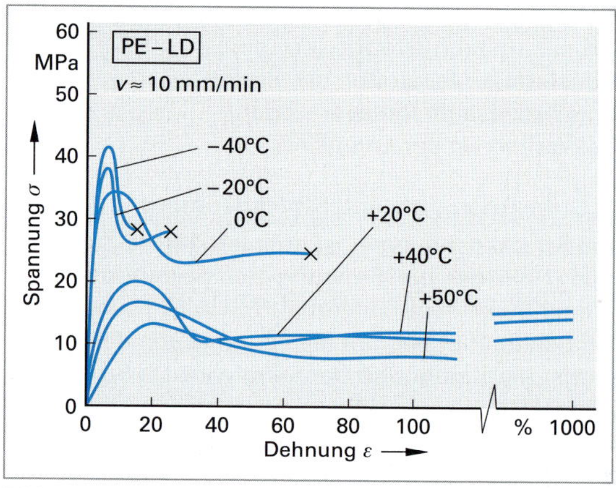

Bild 2: Veränderung des Spannungs-Dehnungs-Verhaltens in Abhängigkeit der Temperatur am Beispiel des PE-LD

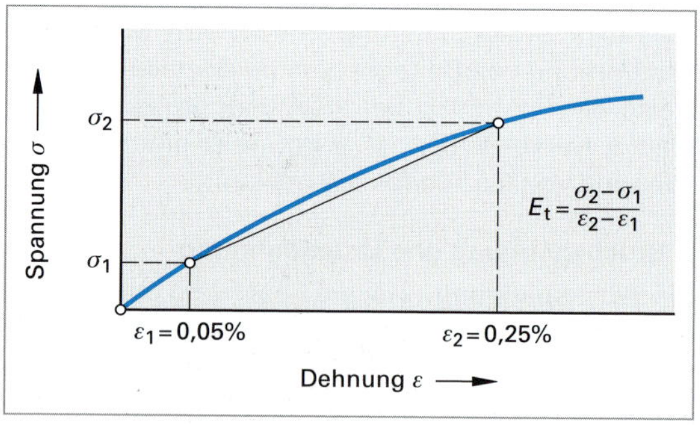

Bild 3: Ermittlung des E-Moduls im Zugversuch (außer Folien und Elastomere)

e) Elastizitätsmodul (Zugmodul E_t)

Da die Kunststoffe mit Ausnahme der harten oder verstärkten Sorten in der Regel keine ausgeprägte Hookesche Gerade aufweisen, wird der Elastizitätsmodul E_t in der Regel als **Sekantenmodul** ermittelt (Bild 3). Der Elastizitätsmodul kann jedoch auch im hier nicht besprochenen Druck- oder Biegeversuch bestimmt werden.

In Bild 1, Seite 655, sind Festigkeitskennwerte ausgewählter Thermoplaste und Duroplaste im Vergleich zu metallischen Werkstoffen dargestellt.

13.7.2 Härteprüfung an Kunststoffen

Bei der Härteprüfung werden nur Kennwerte ermittelt und keine allgemein gültigen Werkstoffeigenschaften. Von der Härteprüfung der Metalle (Kapitel 13.5.6) ist bereits bekannt, dass Härtewerte selbst bei gleichen Prüfverfahren nur bedingt und nur unter bestimmten Voraussetzungen miteinander vergleichbar sind. Diese Einschränkung gilt umso mehr für die Kunststoffe, da ihre Eigenschaften in einem noch höherem Maße von den Umgebungsbedingungen sowie vom Werkstoffzustand abhängen. Härtevergleiche unterschiedlicher Kunststoffe sind daher nur sehr eingeschränkt sinnvoll. Vergleiche der Härtewerte zwischen Kunststoffen und Stoffen mit anderer Struktur (z.B. Metalle) führen sogar zu völlig falschen Beurteilungen.

Die bei der Prüfung von Metallen häufig angewandte Härteprüfung nach Brinell oder Vickers ist für Kunststoffe nicht brauchbar, da der Härtewert bei diesen Verfahren aus der plastischen Verformung des Werkstoffs ermittelt wird. Kunststoffe verformen sich jedoch bei nicht zu langer Krafteinwirkung überwiegend elastisch. Würde man beispielsweise die Härte eines Elastomers mit Hilfe der Härteprüfung nach Brinell oder Vickers durchführen, so würde man nur einen sehr kleinen oder überhaupt keinen bleibenden Ein-

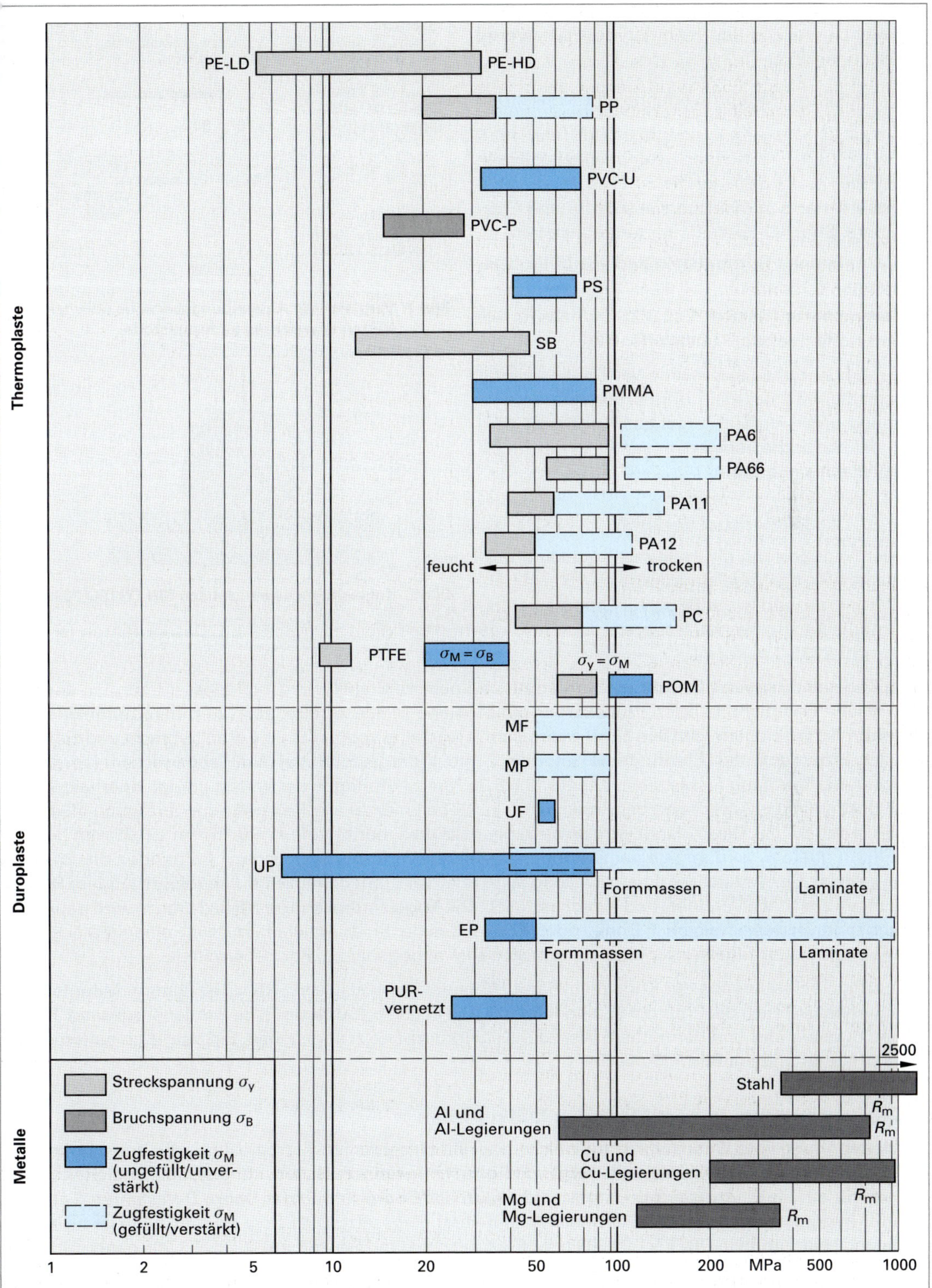

Bild 1: Festigkeit ausgewählter thermoplastischer und duroplastischer Kunststoffe bei 23 °C im Vergleich zu metallischen Werkstoffen (Anhaltswerte)

druck feststellen und Härte dieser Werkstoffe wäre dann (entsprechend der Definition der Härtewerte) nahezu unendlich.

Die wichtigsten Härteprüfverfahren für Kunststoffe sind (Bild 1):

- **Kugeleindruckversuch** für Thermoplaste und Duroplaste,
- **Shore-A-Härte** für weiche Kunststoffe und Elastomere. **Shore-D-Härte** für härtere Kunststoffe,
- **Internationaler Gummihärtegrad** (IRHD) für Elastomere,
- **Martenshärte** (Kapitel 13.5.6.2) für nahezu alle Werkstoffe (Metalle, Kunststoffe usw.).

Aufgrund der hohen elastischen Verformbarkeit der Kunststoffe wird bei allen Härteprüfverfahren eine Messung unter Prüfkraft durchgeführt. Damit wird auch der elastische Verformungsanteil in das Messergebnis mit einbezogen.

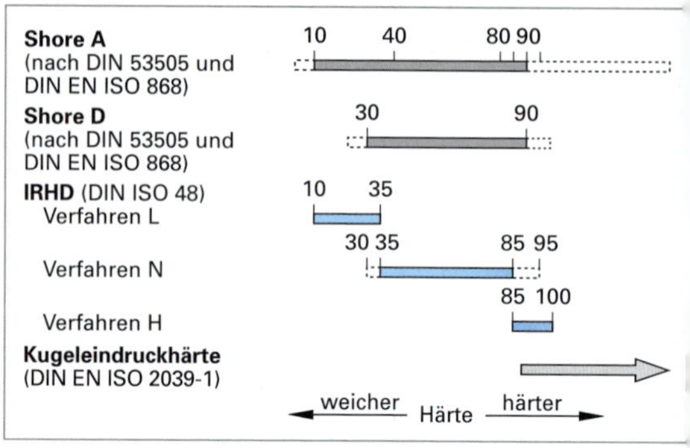

Bild 1: Vergleich der Anwendungsbereiche üblicher Härteprüfverfahren für Kunststoffe

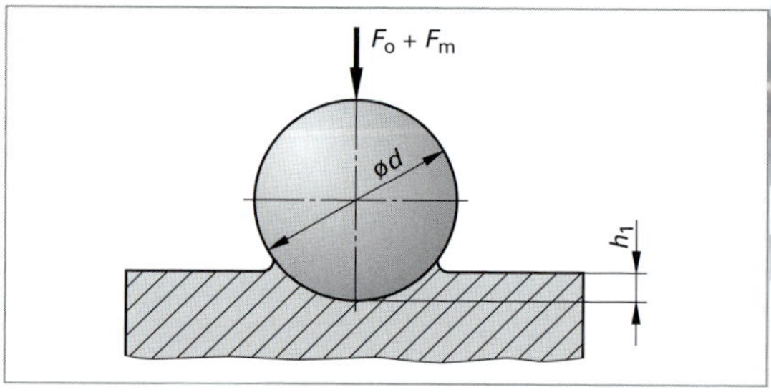

Bild 2: Kugeleindruckversuch nach DIN EN ISO 2039-1

13.7.2.1 Kugeleindruckversuch

Bei der Härteprüfung mit Hilfe des Kugeleindruckversuchs wird die Kugeleindruckhärte *HB* ermittelt. Das Verfahren wird in der Regel für Duroplaste und Thermoplaste angewandt, letztere jedoch nur, sofern diese nicht zu weich sind. Das Verfahren ist in DIN EN ISO 2039-1 genormt.

Beim Kugeleindruckversuch wird eine gehärtete und polierte Stahlkugel (Durchmesser 5 mm) in den ebenen, glatten und planparallelen Probekörper (empfohlene Mindestgröße: 20 × 20 mm, empfohlene Mindestdicke: 4 mm) eingedrückt (Bild 2). Im ersten Schritt wird eine Vorkraft $F_0 = 9{,}8$ N aufgebracht und die Messuhr zur Ermittlung der Eindringtiefe (in Bild 2 nicht dargestellt) auf Null abgeglichen (vergleiche Rockwell-Härteprüfung an Metallen, Kapitel 13.5.6.2). Nach Aufbringen der Vorlast erfolgt innerhalb von 25 ... 35 Sekunden das Aufbringen der Prüfkraft F_m. Es stehen hierbei vier Prüfkräfte zur Verfügung (49 N, 132 N, 358 N und 961 N). Die Prüfkraft wird so gewählt, dass die Eindringtiefe $h_1 = 0{,}15$ mm ... 0,35 mm beträgt. Die Eindringtiefe h_1 wird infolge der Zeitabhängigkeit der Verformung 30 s nach Aufbringen der Prüfkraft F_m abgelesen. Der Versuch wird bei 23 °C und 50 % relativer Luftfeuchtigkeit durchgeführt. Andere Prüfbedingungen sind nach Vereinbarung jedoch möglich. Die **Kugeleindruckhärte *HB*** (in N/mm²) wird dann, vergleichbar der Härteprüfung nach Brinell oder Vickers, aus der Eindringtiefe h_1 mit Hilfe einer in DIN EN ISO 2039-1 beigefügten Tabelle oder einer (hier nicht näher angegebenen) Formel ermittelt.

Die normgerechte Angabe der Kugeldruckhärte *HB* lautet beispielsweise: HB = 150 N/mm². Mitunter wird dem Symbol *HB* auch die Prüfkraft F_m angehängt (z. B. HB 358 = 150 N/mm²). Es werden insgesamt 10 Prüfungen durchgeführt und der mittlere Wert der Kugeldruckhärte *H* angegeben. Ein Vergleich typischer Kugeleindruckhärten zeigt Bild 1, Seite 657.

13.7.2.2 Härteprüfung nach Shore an Kunststoffen

Die Härteprüfung nach Shore wurde für weiche oder weich gemachte, entropieelastische Kunststoffe (z. B. PVC-P, Elastomere) entwickelt, die nicht mehr im Kugeleindruckversuch geprüft werden können. Im Hinblick auf die Eindringkörper unterscheidet man das **Shore-A-** und das **Shore-D-Verfahren.** Letzteres wird für härtere Kunststoffe (über 70 Shore-A-Einheiten) eingesetzt. Die Shore-Härteprüfung ist für Kunststoffe und Hartgummi in DIN EN ISO 868 bzw. für Kautschuk und Elastomere in DIN 53 505 genormt.

Bei der Härteprüfung nach Shore wird in den ebenen und planparallelen Probekörper (Mindestdicke 4 mm bei härteren Kunststoffen bzw. 6 mm bei weicheren Kunststoffen) ein Kegelstumpf (Shore-A) oder ein Kegel mit abgerundeter Spitze (Shore-D) als Eindringkörper verwendet und bevorzugt mit Hilfe einer Vorrichtung (Bild 1,

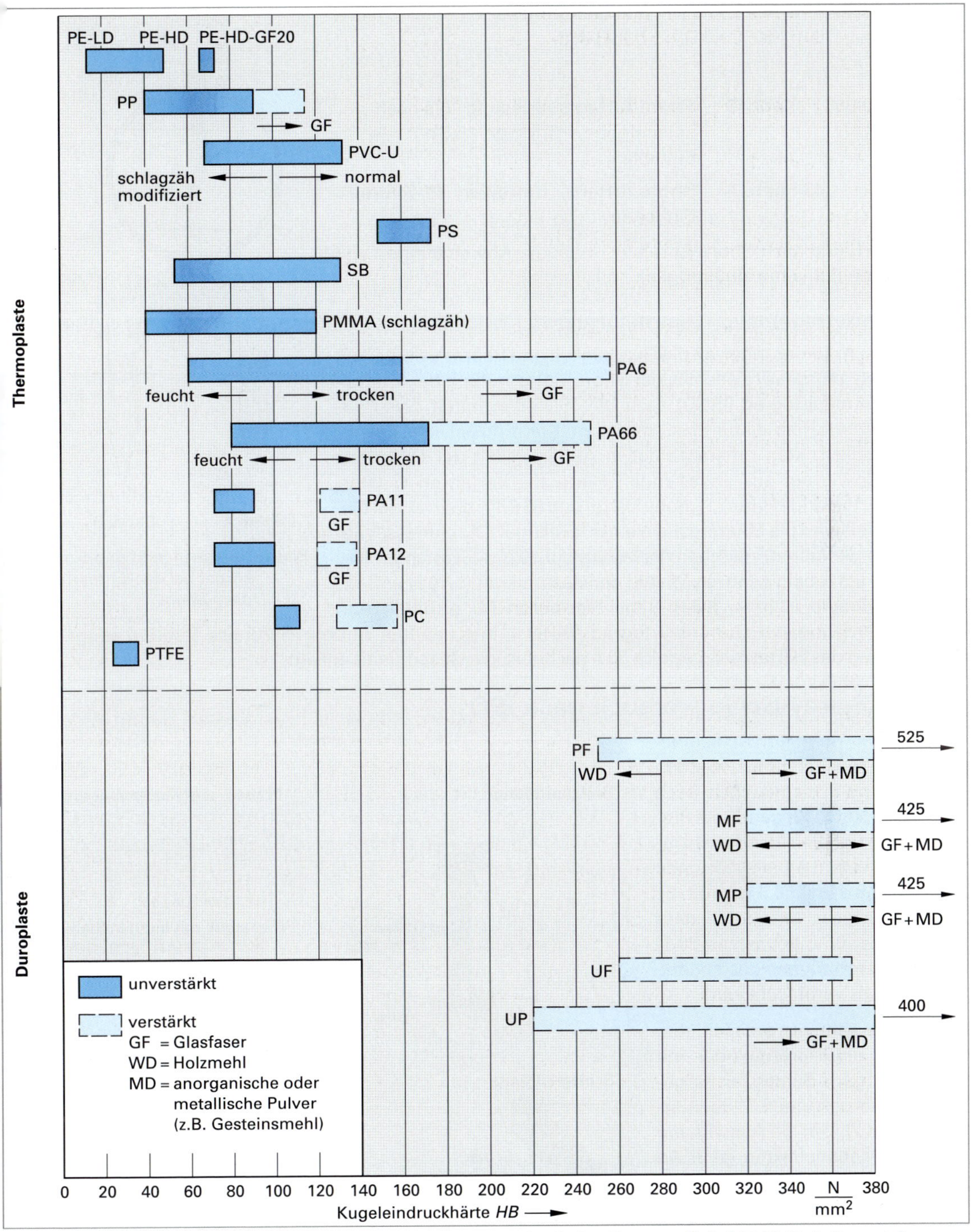

Bild 1: Vergleich der Kugeldruckhärten *H* ausgewählter thermoplastischer Kunststoffe bei 23 °C (Anhaltswerte)

Seite 658) eingedrückt. Die Anpresskraft beträgt nach DIN 53 505 12,5 N bei Shore-A bzw. 50 N bei Shore-D. Die Shore-Härte wird 3 s (DIN 53 505) bzw. 15 s (DIN EN ISO 868) nach Aufbringen der Anpresskraft in ganzzahligen Härteeinheiten (zwischen 0 und 100) direkt am Shore-Härteprüfgerät abgelesen. Es wird der Medianwert (in der Mitte stehender Zahlenwert bei steigender Anordnung einer ungeraden Anzahl von Einzelwerten) aus mindestens 3 Prüfungen angegeben. Die Prüfzeiten müssen infolge der Zeitabhängigkeit der Verformung exakt eingehalten werden. Die Angabe des Härtewertes unterscheidet sich zwischen DIN 53 505 und DIN EN ISO 868.

Beispiele:

DIN EN ISO 868:	A/15:45	Shore-A-Härte, Ablesung 15 s nach Lastaufgabe, Härtewert 45 Shore-A-Einheiten.
DIN 53 505:	45 Shore A	Shore-A-Härte, Härtewert 45 Shore-A-Einheiten.

Die Härteprüfung nach Shore ist relativ ungenau. Abweichungen von 2 bis 3 Shore-Einheiten sind möglich.

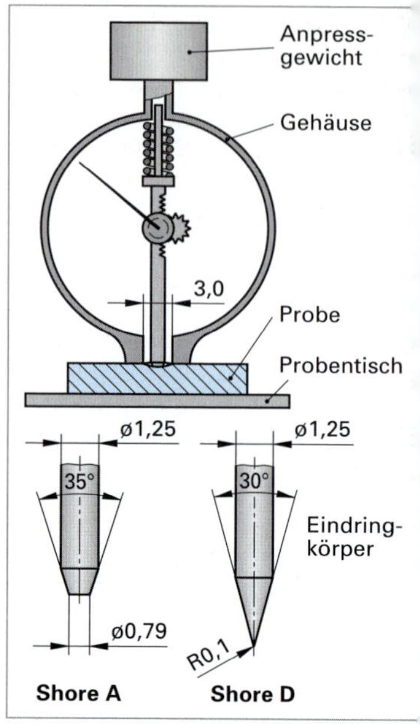

Bild 1: Härteprüfgerät und Eindringkörper bei der Härteprüfung nach Shore

13.7.2.3 Internationaler Gummihärtegrad (IRHD)

Bei höheren Anforderungen an die Genauigkeit und Reproduzierbarkeit der Messergebnisse wird anstelle der Shore-Härteprüfung der **Internationale Gummihärtegrad (IRHD)** nach DIN ISO 48 ermittelt. Das Prüfverfahren wurde speziell für Elastomere und thermoplastische Elastomere entwickelt. Man unterscheidet in Abhängigkeit der Dicke des Prüflings sowie der zur erwartenden Härte die Verfahren N (Normalhärte), L (niedrige Härte), H (hohe Härte) und M (Mikrohärte). Bei diesen Verfahren wird die Eindringstiefe einer Prüfkugel (Durchmesser abhängig vom Verfahren) zwischen der Vorkraft (0,30 N bei Verfahren N, L und H bzw. 8,3 N bei Verfahren M) und der Gesamtkraft (5,70 N bei Verfahren N, L und H bzw. 153,3 N bei Verfahren M) ermittelt und in den internationalen Gummihärtegrad (IRHD = International Rubber Hardness Degree) umgewertet. Die Ablesung des Härtewertes erfolgt 30 s nachdem die Gesamtkraft anliegt.

13.7.3 Charpy-Schlagversuch nach ISO

Vergleichbar dem Kerbschlagbiegeversuch (Kapitel 13.5.7) werden beim Charpy-Schlagversuch nach ISO (DIN EN ISO 179) genormte Proben auf geeigneten Pendelschlagwerken mit einem Arbeitsvermögen zwischen 0,5 J und 50 J geprüft. Es muss darauf geachtet werden, dass mindestens 10 %, höchstens 80 % des Arbeitsvermögens des Pendelschlagwerkes verbraucht wird.

Die Prüfung kann mit breitseitigem Schlag an ungekerbten oder mit schmalseitigem Schlag an ungekerbten und gekerbten Proben erfolgen (Bild 2). Um die Auswirkung von Oberflächeneffekten (z. B. Alterung) zu prüfen, können auch Probekörper mit Doppel-V-Kerbe verwendet werden. Die Probekörper können durch Pressen oder Spritzgießen nach festgelegten Bedingungen hergestellt werden. Eine spanende Fertigung (Aussägen, Fräsen) aus Formteilen ist ebenfalls zulässig.

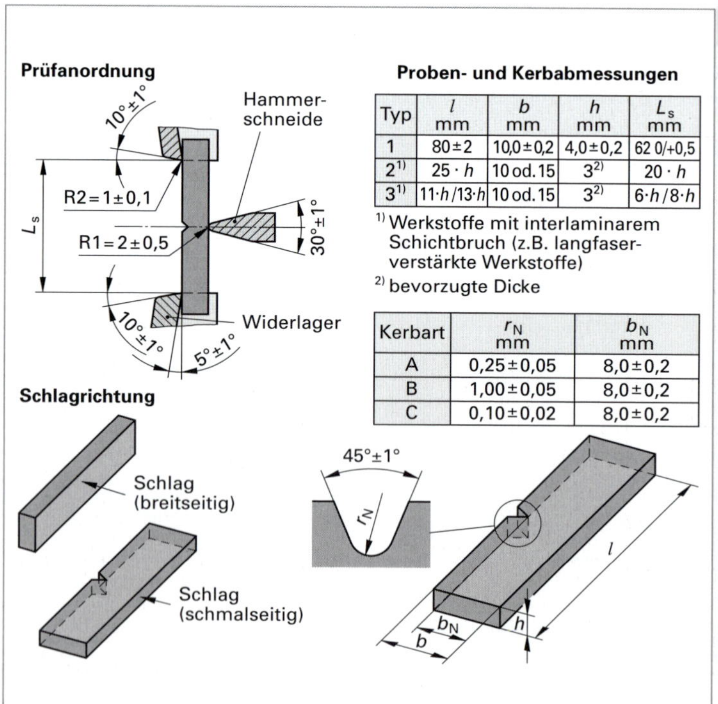

Proben- und Kerbabmessungen

Typ	l mm	b mm	h mm	L_s mm
1	80±2	10,0±0,2	4,0±0,2	62 0/+0,5
2[1)]	25 · h	10 od. 15	3[2)]	20 · h
3[1)]	11·h/13·h	10 od. 15	3[2)]	6·h/8·h

[1)] Werkstoffe mit interlaminarem Schichtbruch (z.B. langfaserverstärkte Werkstoffe)

[2)] bevorzugte Dicke

Kerbart	r_N mm	b_N mm
A	0,25±0,05	8,0±0,2
B	1,00±0,05	8,0±0,2
C	0,10±0,02	8,0±0,2

Bild 2: Prüfanordnung und Probenform bei Charpy-Schlagversuch nach ISO

Aus der verbrauchten Schlagarbeit wird bei ungekerbten Probekörpern die **Charpy-Schlagzähigkeit a_{cU}** und bei gekerbten Probekörpern die **Charpy-Kerbschlagzähigkeit a_{cN}** ermittelt. Die Berechnung der Schlagzähigkeiten erfolgt dabei gemäß DIN EN ISO 179:

Schlagzähigkeit (ungekerbte Proben):

$$a_{cU} = \frac{E_c}{h \cdot b} \cdot 10^3$$

Kerbschlagzähigkeit (gekerbte Proben):

$$a_{cN} = \frac{E_c}{h \cdot b_N} \cdot 10^3$$

a_{cU} = Charpy-Schlagzähigkeit, ungekerbt (kJ/m²)
a_{cN} = Charpy-Kerbschlagzähigkeit, gekerbt (kJ/m²)
E_c = verbrauchte Schlagarbeit (J)

h = Dicke des Probekörpers (mm)
b = Breite des Probekörpers (mm)
b_N = Breite des Probekörpers im Kerbgrund (mm)

Bild 1 zeigt einen Zähigkeitsvergleich ausgewählter, unverstärkter und glasfaserverstärkter thermoplastischer und duroplastischer Kunststoffe (Charpy-Kerbschlagzähigkeit, gekerbt).

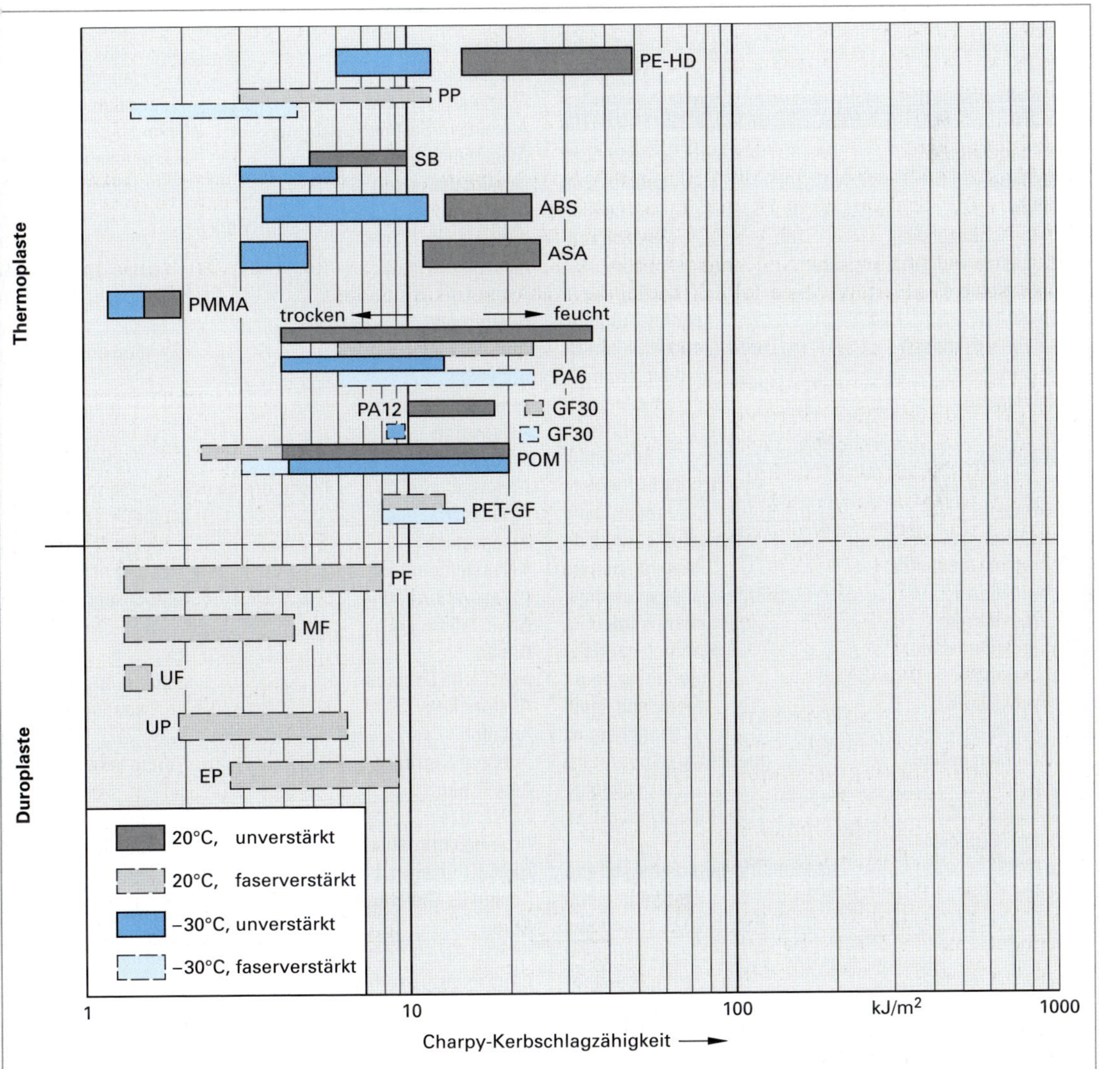

Bild 1: Zähigkeitsvergleich ausgewählter unverstärkter und glasfaserverstärkter thermoplastischer und duroplastischer Kunststoffe bei 20 °C und – 30 °C (gekerbte Proben)

Englische Fachausdrücke

ε-Carbid ... epsilon carbide
α-Eisen ... alpha iron
γ-Eisen ... gamma iron
δ-Eisen ... delta iron
α-Ferrit ... alpha ferrite
δ-Ferrit ... delta ferrite
α-Messing ... alpha brass
Θ-Phase ... sigma phase
α-Strahlen ... alpha rays
β-Strahlen ... beta rays
γ-Strahlen ... gamma rays
0,01 %-Dehngrenze ... 0,01 %-stretch limit, 0,01 %-proof limit
0,2 %-Dehngrenze ... yield strength
300 °C-Versprödung ... 500 °F-embrittlement
500 °C-Versprödung ... temper-embrittlement

A

Abkühlbedingungen ... cooling conditions
Abkühldauer ... cooling time
Abkühlen ... cooling
Abkühlgeschwindigkeit ... cooling rate
Abkühlgeschwindigkeit, kritische ... critical cooling rate
Abkühlungskurve ... cooling curve
Abkühlverlauf ... cooling function
Abkühlverlauf, kritisch ... critical cooling function
Abkühlvermögen ... quenching capacity
Abkühlversuch ... cooling test
Abrasion ... abrasion
Abscheidung ... deposition
Abschreckalterung ... quench embrittlement
Abschrecken ... quenching
Abschrecken, gebrochenes ... interrupted quenching
Abschrecken, gestuftes ... step quenching
Abschreckhärte ... hardness after quenching
Abschreckhärten ... quenching hardening
Abschreckintensität ... quenching intensity
Abschreckmittel ... quenching agent
Abschreckmittel ... quenching liquid
Abschrecköl ... quenching oil
Abschrecktemperatur ... quenching temperature
Abschirmung ... shielding
Abstichtemperatur ... tapping temperature
Acrylnitryl-Butadien-Styrol (ABS) ... acrylonitrile-butadiene-styrene
Actinoide ... actinide metal
Additiv ... additive
Adhäsion ... adhesion
Adhäsionsverschleiß ... adhesive wear
Aktivierungsenergie ... activation energy
Aktivierungsmittel ... energizer
Akzeptor ... acceptor
Alkalimetall ... alkaline metal
Alkan ... alkane
Alkydharz ... alkyd resi
Alleskleber ... all-purpose adhesiv
Al-Si-Eutektikum ... Al-Si-eutecti
Alterung ... agein
alterungsbeständiger Stahl ... non-ageing stee
Aluminieren ... aluminizin
Aluminium ... aluminium (BE), aluminum (AE
Aluminium-Gusslegierung ... aluminum cast allo
Aluminiumhydroxid ... aluminum hydroxid
Aluminium-Knetlegierung ... aluminum wrought allo
Aluminium-Kupfer-Legierung ... aluminum-copper-allo
Aluminium-Lithium-Legierung ... aluminum-lithium-allo
Aluminium-Magnesium-Legierung ... aluminum-magnesium-allo
Aluminiumnitrid ... aluminum nitride
Aluminiumoxid ... aluminum oxide
Aluminiumschaum ... aluminum foam
Aluminium-Silicium-Legierung ... aluminum-silicium-alloy
Aluminiumtitanat ... aluminum titanate
aluminothermisch ... aluminothermic
Amalgam ... amalgam
Aminoplaste ... aminoplast
amorphes Metall ... amorphous metal
Anion ... anion, negative ion
Anisotropie ... anisotropy
Anlassdauer ... duration of tempering
Anlassen ... tempering
Anlassfarbe ... temper colour
Anlassofen ... tempering furnace
Anlassöl ... tempering oil
Anlassschaubild ... tempering curve, tempering diagram
Anlasssprödigkeit ... temper embrittlement
Anlassstufe ... stage of tempering
Anlasstemperatur ... temperature of tempering
Anlassversprödung ... temper-embrittlement
Annihilation ... annihilation
Anode ... anode
anodische Oxidation ... anodization, anodizing
Anstreichen ... coating, painting
Antimon ... antimony
Antiphasengrenze ... antiphase boundary
Anwärmen ... pre-heating
Anwärmzeit ... pre-heating time
Arbeitstemperatur ... operating temperature
ARMCO-Eisen ... ARMCO-iron
Arrhenius-Gleichung ... Arrhenius equation
Arsen ... arsenic
Atmosphäre, endotherme ... endothermic atmosphere
Atmosphäre, exotherme ... exothermic atmosphere
Atom ... atom
Atomart ... atomic species
Atomaufbau ... atomic structure
Atombindung ... atomic bond
Atomdurchmesser ... atomic diameter

Atomhülle	atomic shell
Atomkern	atomic nucleus
Atommasse	atomic mass
Atommodell	atomic model
Ätzung	etching
Aufbauschneide	built-up edge
Aufdampfen	vapour deposition
Aufhärtbarkeit	maximum achievable hardness
Aufhärtungsriss	age-hardening crack
Aufkohlen	carburization
Aufkohlungsmedium	carburization medium
Aufkohlungsofen	carburizing furnace
Aufkohlungstiefe	carburization depth, case depth
Auflichtmikroskopie	reflected light microscopy
Aufschmelzriss	liquation cracking
Aufspaltungsweite	splitting width
Auftragschweißen	built-up welding, overlaying welding
Ausdehnungskoeffizient	coefficient of expansion
Ausfallwahrscheinlichkeit	failure probability
Ausglühen	annealing
Aushärten	precipitation hardening (treatment)
Aushärtung	precipitation hardening
Auslagerung	ageing treatment, storage
Ausscheidung, voreutektoidische	proeutectoid constituent
Ausscheidung	precipitation
Ausscheidungshärtung	precipitation hardening
Ausscheidungsriss	precipitation-induced crack
Austauschatom	exchange atom
Austauschmischkristall	exchange mixed crystal
Austenit	austenite
Austenitformhärten	ausforming
Austenitgebiet	austenite zone
austenitischer Chrom-Nickel-Stahl	austenitic chromium nickel steel
Austenitischer Stahl	austenitic steel
austenitischer Stahlguss	austenitic steel cast
austenitisches Gusseisen	austenitic cast iron
Austenitisieren	austenitizing
Austenitisierungstemperatur	austenitizing temperature
Austenitkornwachstum	austenite grain growth
Austenitrückbildung	austenite back-formation
Austenitumwandlung	austenite transformation
Austenitzerfall	austenite desintegration
Automateneinsatzstahl	machining steel for case-hardening purposes
Automatenlegierung	machining alloy, free-cutting alloy
Automatenmessing	free-cutting brass
Automatenstahl	machining steel, free-cutting steel
Automaten-vergütungsstahl	machining steel for quenching and temperingpurposes

B

Bain-Deformation	bain deformation
Bain-Deformation	bain distortion
Bainit	bainite
Bainitbildung	bainite formation
bainitischer Ferrit	bainitic ferrite
Bainitisches Gusseisen	bainitic cast iron
Bainitisieren	austempering
Bainitstufe	bainite region
Bake-Hardening-Stahl	bake-hardening steel
Bandgießen	strip casting
Bandgießverfahren	strip casting procedure
Barium	barium
Bariumsteatit	barium steatite
Bariumtitanat	barium titanate
Baukeramik	architectural ceramics, structural ceramics
Baumann-Abdruck	Baumann imprint
Bauschinger-Effekt	Bauschinger effect
Baustahl	structural steel, construction steel
Bauxit	bauxite
Bearbeitungs-eigenspannungen	residual stresses caused by machining
Begleitelement	accompanying element
Beizblase	etching bubble
Beizsprödigkeit	etching embrittlement
Belastung	loading
Benzol	benzol
Berylliose	berylliosis
Beryllium	beryllium
Berylliumoxid	beryllium oxide
Beschichten	coating, plating
Bessemer-Verfahren	Bessemer process
Bestrahlung	irradiation
Betriebsfestigkeitsversuch	(structural) durabilty text
Betriebslebensdauer	fatigue life cycle
Biegefestigkeit	bending strength
Biegen	bending
Biegeversuch	bending test
Biegewechselfestigkeit	bending fatigue strength
Bildgüteprüfkörper	image quality indicator
Bildgütezahl	image quality number
Bimetall	bimetal
Bindefehler	incomplete fusion
Bindemittel	binding agent
Bindung, chemische	chemical bond
Bindungsabstand	binding distance
Bindungsenergie	binding energy
Bismut	bismuth
Blankglühen	bright annealing
Blasverfahren	blow process
Blaubruch	blue shortness
Bläuen	blueing
Blausprödigkeit	blue brittleness
Blech	sheet
Blechumformung	sheet forming
Blei	lead
Bleiakkumulator	lead accumulator
Bleigewinnung	lead extraction
Bleilegierung	lead alloy
Bleititanat	lead titanate
Blindaufkohlen	blank carburizing
Blindnitrieren	blank nitriding

Bloch-Wand … Bloch-wall
Blockpolymerisation … bulk polymerization
Blockseigerung … ingot segregation, macrosegregation
Bohr'sches Atomodell … atomic model according to Bohr
Bor … boron
Borcarbid … boron carbide
Borid … boride
Borieren … boriding
Borierschicht … boriding layer
Borierverfahren … boriding process
Bornitrid (BN) … boron nitride
Boudouard-Gleichgewicht … Boudouard equilibrium
Boudouard-Reaktion … Boudouard reaction
Brandriss … fire crack
Bravais-Gitter … Bravais lattice
Brennen … calcination
Bridgman-Verfahren … Bridgman process
Brinell-Härteprüfung … Brinell hardness test
Bruch … fracture
Bruchdehnung … elongation at fracture
Brucheinschnürung … contraction at fracture
Bruchfläche … fracture surface
Bruchmechanik … fracture mechanics
Bruchspannung … failure stress
Bruchzähigkeit … fracture toughness
Brünieren … black-finishing, blacking
Buntmetall … non-ferrous metal
Burgers-Vektor … Burgers vector

C

Cadmium … cadmium
Calcium … calcium
Carbid … carbide
Carbidausscheidung … carbide precipitation
Carbidbildung … carbide formation
Carbonitrid … carbon nitride
Carbonitrieren … carbonitriding
Cer … cerium
Cermet … cermet
chemische Korrosion … chemical corrosion
Chloropren-Kautschuk (CR) … chloroprene rubber
Chrom … chromium
Chromatieren … chromalizing
Chromatierverfahren … chromalizing process
Chromcarbid … chromium carbide
Chrom-Gusseisen … chromium cast iron
Chromieren … chromizing
Chrom-Molybdän-Gusseisen … chromium molybdenum cast iron
Chrom-Nickel-Stahl, austenitisch … nickel chromium steel
Chromnitrid … chromium nitride
Chromstahl … (stainless) chromium steel
Chromverarmungstheorie … chromium depletion theory
Clusterbildung … cluster formation
Cobalt … cobalt
Complexphasen-Stahl … complex-phase steel
Cordierit … cordierite
Cordieritkeramik … cordierite ceramics
Curietemperatur … Curie temperature
CVD-Verfahren … chemical vapo(u)r deposition technique
Cyanat … cyanate
Cyanid … cyanide
Czochralski-Verfahren … Czochralski process

D

Dalton'sches Atommodell … atomic model according to Dalton
Dämpfungskörper … vibration compensator
Dauerfestigkeit … endurance limit
Dauerfestigkeitsschaubild … fatigue strength diagramm
Dehngeschwindigkeit … strain rate
Dehngrenze … yield strength
Dehnungsmessstreifen … strain gauge
Dekohäsionstheorie … decohesion theory
Dendrit … dendrite
Denitrierung … denitration
Desoxidation von Stählen … deoxidation
desoxidiertes Kupfer … deoxidized copper
Destabilisierung des Restaustenits … destabilization of retained austenite
Diamant … diamond
Diamantwerkzeug … diamond tool
Dichte … density
Dicke … thickness
Dielektrikum … dielectric
Diffusion … diffusion
Diffusionsbehandeln … diffusion treatment
Diffusionsglühen … homogenizing
Diffusionskoeffizient … diffusion coefficient
Diffusionskonstante … diffusion constant
Diffusionsschicht … diffusion layer, diffusion zone
Diffusionsstrom … diffusion current
Diffusionsverzinken … sheradizing
Diffusionszone … diffusion zone
Dilatometer … dilatometer
Dipol … dipole
Dipol-Dipol-Bindung … dipole-dipole bond
Dipol-Dipol-Kraft … dipole-dipole force
Dipol-Ion-Bindung … dipole-ion bond
Dipol-Ion-Kraft … dipole-ion force
Direktabschrecken … direct quenching
Direkthärten … direct hardening treatment
Direktreduktionsverfahren … direct reduction process
Dispersant … dispersant
Dispersionshärtung … dispersion hardening
Dispersionsschicht … dispersion layer
Donator … donor
Doppelcarbid … double carbide
Doppelhärten … double hardening
Doppelschicht … (electric) double layer
Dotieren … doping

reipunktbiegung .... three-point bending
reistoffsystem .... ternary system
ruckgießen .... diecasting
ruckguss .... diecast
ruckprobe .... hydraulic test, pressure test
Druckversuch .... compression test
Druckwasser-
toffbeständiger Stahl ..... pressure hydrogen resistant steel
Dualphasen-Stahl .... dual-phase steel
Duplexgefüge .... duplex microstructure
Duplexverfahren .... duplex process
Duraluminium .... duraluminum
Durchhärtung .... through-hardening
Durchmesser .... diameter
Durchmesser, gleichwertiger ...... equivalent ruling section
Durchmesser, kritischer.................. critical diameter
Durchschallungsverfahren ..... through-transmission method
Durchwärmen .... equalization
Durchwärmzeit .... equalization time
Durchziehen .... drawing under combinded tension and compression
Duroplast .... thermoset material

E

Edelgaskonfiguration .... inert-gas electron configuration
Edelmetall .... noble metal
Edelstahl .... high-grade steel
Effusionsglühen .... effusion annealing
Eigenabschreckung .... self-quenching
Eigenspannung .... residual stress
Eindringmittel .... penetrant
Eindringmittel, fluoreszierend .... fluorescent penetrant
Eindringprüfung .... penetrant testing
Eindringprüfung, fluoreszierend .... fluorescent dye test
Eindringtiefe .... penetration depth
Einfachhärten .... single quench hardening treatment
Einfärbung, elektrolytische .... electrolytic colo(u)ring
Einformung .... spheroidization
Einhärtung .... depth of transformation
Einhärtungsschicht .... quench hardened layer
Einhärtungstiefe nach Randschicht-härten ..... surface hardening depth after surface hardening
Einhärtungstiefe .... surface hardening depth
Einkristall .... monocrystal
Einlagerungsatom .... interstitial atom
Einlagerungsmischkristall .... interstitial solid solution
Einlagerungsphase .... interstitial phase
Einsatzhärten .... case hardening
Einsatzhärtungstiefe .... case hardening depth
Einsatzstahl .... case hardening steel
Einsatzstahlguss .... case hardening cast steel
Einschluss .... inclusion
Einschnürbruch .... contraction fracture
Einschnürdehnung .... percentage of elongation
Einsetzen .... carburization

Eisen .... iron
Eisengusswerkstoff .... cast iron
Eisen-Kohlenstoff-Zustandsdiagramm .. iron-carbon diagram
Eisen-Kohlenstoff-Legierung .... iron-carbon alloy
Eisenphosphidschicht .... iron-phosphide layer
Eisenschwamm .... sponge iron
Eisenwerkstoff .... ferrous material
Eisenzeit .... iron age
elastische Verformung .... elastic deformation
Elastizität, nichtlineare .... elasticity, non-linear
Elastizitätsgrenze .... elastic limit
Elastizitätsmodul .... elastic modulus, Young's modulus
Elastomer .... elastomer
ELC-Stahl .... ELC steel
elektrisch leitender Kunststoff ..... electroconductive plastics
elektrochemische Korrosion .... electrochemical corrosion
elektrochemische Spannungsreihe .... electrochemical series
Elektrokeramik .... electrical ceramics
Elektrolichtbogenofen .... electric arc furnace
elektromagnetisches Spektrum .... electromagnetic spectrum
Elektron .... electron
Elektronengas .... electron gas
Elektronenhülle .... electron shell
Elektronenpaarbindung .... covalent bond
Elektronenpolarisation .... electronic polarization
Elektronenstrahlhärten .... electron beam hardening
Elektroschlacke-umschmelzen (ESU) .... electroslag remelting
Element .... element
Elementarteilchen .... elementary particle, fundamental particle
Elementarzelle .... elementary cell
Element .... element
Emaillieren .... enameling
Empfindlichkeit .... sensitivity, susceptibility
Emulsionspolymerisation .... emulsion polymerization
endotherme Atmosphäre .... endothermic atmosphere
Energiedissipation .... energy dissipation
Entkohlen .... decarburizing
Entkohlung .... decarburization
Entkohlungstiefe .... depth of decarburization
Entmischung .... segregation
Entropieelastizität .... entropy elasticity
Entschwefelung .... desulfurization
Entzinkung .... dezincification
Epoxidharz .... epoxy resin
Erdmetall .... noble metal
Erholung .... recovery
Erholung, dynamische .... dynamic recovery
Erholungsglühen .... recovery (annealing)
Erstarrungsriss .... solidification crack
Erstarrungsschwindung .... mo(u)ld shrinkage
Erz .... ore
Ethan .... ethane
Ethylen-Propylen-Kautschuk (EPDM) .... ethylene propylene rubber

Eutektikum ... eutectic mixture
Eutektikum, entartetes ... degenerated eutectic mixture
eutektisch ... eutectic
eutektische Legierung ... eutectic alloy
eutektische Reaktion ... eutectic reaction
eutektische Rinne ... eutectic channel
eutektischer Punkt ... eutectic point
eutektisches Legierungssystem ... eutectic alloy system
mit Mischungslücke ... with miscibility gap
Eutektoid ... eutectoid
eutektoidische Umwandlung ... eutectoid transformation
exotherme Atmosphäre ... exothermic atmosphere
Extrudieren ... extruding
Extrusion ... extrusion

F

Fällungspolymersation ... precipitation polymerization
Farbeindringmittel ... dye penetrant
Faserstruktur ... fiber structure
Faserverbund-
werkstoff ... fiber-reinforced material, fiber composite
faserverstärkter Kunststoff ... fiber-reinforced plastics
Federstahl ... spring steel
Fehlerecho ... defect echo, flaw echo
Feinkeramik ... fine ceramics
Ferrit ... ferrite
Ferritbildner ... ferrite former
ferritisch-austenitischer
Stahlguss ... ferritic austenitic cast steel
ferritischer Stahl ... ferritic steel
ferritischer Chromstahl ... ferritic chromium cast steel
Ferritkorn ... ferrite grain
Ferrolegierung ... ferro alloy
Fertigungsverfahren ... manufacturing process
feste Lösung ... solid solution
Festigkeit ... strength, resistance
Festphasensintern ... solid-phase sintering
Festschmierstoff ... solid lubricant
Feueraluminieren ... aluminum coating
Feuerverbleien ... lead coating
Feuerverzinken ... hot dip galvanizing
Feuerverzinnen ... hot dip tinning
Fick'sches Gesetz ... Fick's law
Fischauge ... fish eye
Flächenkorrosion ... surface corrosion
Flachwalzen ... flat rolling
Flammhärten ... flame hardening
Flammspritzen ... flame spraying
Flammspritzen ... metal spraying, flame gunning
Fließen ... yielding
Fließpressen ... impact extrusion
Fließspan ... continuous chip, flow chip
Fließspannung ... yield stress
Fließtemperatur ... flow temperature
Fließvermögen ... plasticity
Flockenriss ... flake crack
Fluor-Silicon-Kautschuk (FMQ) ... fluor silicon rubber
Flüssigphasensintern ... liquid-phase sintering
Flussmittel ... flux
Formgedächtnislegierung ... shape memory alloy
Formguss ... dead-mo(u)ld cast
Formkasten ... mo(u)lding box
Formmasse ... dry sand, mo(u)lding compound
Formpressen ... compression mo(u)lding
Frank-Read-Mechanismus ... Frank-Read mechanism
Frank-Read-Quelle ... Frank-Read source
Freiformen ... free forming, hammer forming
Freiformschmieden ... hammer forging
Fremdatom ... foreign atom, impurity atom
Frischen ... refining
Fügen ... joining
Fülldruck, kapillarer ... capillary rise
Fulleren ... fullerene
Füllstoff ... filler material
Funktionskeramik ... functional ceramic
Furchung ... cleavage

G

Gallium ... gallium
galvanisches Element ... galvanic cell
Galvanisieren ... electroplating, galvanizing
Gammastrahlen ... gamma rays
Gammastrahler ... gamma emitter
Gangart ... lode stuff
Garschaum ... kish
Gas-Nitrieranlage ... gas nitriding device
Gasnitrieren ... gas nitriding
Gasnitrocarburieren ... gas nitrocarburizing
Gattierung ... composition, charge make-up
Gebrauchskeramik ... kitchen ware
gebrochenes Abschrecken ... interrupted quenching
gebrochenes Härten ... interrupted hardening
Gefüge ... microstructure
Gefüge, nadeliges ... acicular structure
Gefügebestandteil ... constituent
gemischte Versetzung ... mixed dislocation
Germanium ... germanium
Gesenkschmieden ... closed-die forging
gesinterter Schnellarbeitsstahl ... sintered high-speed steel
Gestell (Hochofen) ... hearth
gestuftes Abschrecken ... step quenching
Gicht ... blast furnace top
Gichtgas ... blast furnace gas
Gießen ... casting
Gießverfahren ... cast process
Gießwalzen ... direct strand reduction
Gitter ... lattice
Gitteratom ... lattice atom
Gitteraufbau ... lattice structure
Gitterbaufehler ... lattice defect
Gitterkonstante ... lattice constant
Gitterlücke ... vacancy

itterparameter . . . . . lattice parameter
ittertyp . . . . . type of lattice
lastemperatur . . . . . glass transition temperature
lattwalzen . . . . . finishing by rolling
leichgewichtspotenzial . . . . . equilibrium potential
leichmaßdehnung . . . . . elongation before reduction of area
leichspannungsgerät . . . . . DC voltage equipment
leichwertiger Durchmesser . . . . . equivalent ruling section
leitebene . . . . . slip plane
leitlinie . . . . . slip line
leitmittel . . . . . internal lubricant
leitrichtung . . . . . slip direction
leitstufe . . . . . slip step
leitsystem . . . . . slip system
lühen auf kugelige Carbide . . . . . spheroidizing
lühen . . . . . annealing
lühtemperatur . . . . . annealing temperature
old . . . . . gold
raphit . . . . . graphite
raphitischer Stahl . . . . . graphitic steel
raphitisieren . . . . . graphitizing
raphitisierung . . . . . graphitization
renzreibung . . . . . boundary friction, dry friction
renzziehverhältnis . . . . . maximum drawing ratio
robgleitung . . . . . coarse slip
robkeramik . . . . . coarse ceramic
robkorn . . . . . coarse grain
robkornglühen . . . . . grain coarsening
roßwinkelkorngrenze . . . . . wide angle grain bondary
rünbearbeitung . . . . . green machining
rünchromatieren . . . . . green chromalizing
rundstahl . . . . . tonnage steel
rundwerkstoff . . . . . base material, parent material
rünling . . . . . green body
rünspan . . . . . copper rust, green rust
uillet-Diagramm . . . . . Guillet diagram
uinier-Preston-Zone . . . . . Guinier-Preston-zone
ussbronze . . . . . cast bronze
usseigenspannungen . . . . . residual stress due to casting
usseisen . . . . . cast iron
usseisen mit Kugelgraphit . . . . ductile iron, nodular cast iron
usseisen mit Lamellengraphit . . . . . flake-graphite cast iron, lamellar graphite cast iron
usseisen mit ermiculargraphit . . . . . compacted graphite iron
usseisenwerkstoff . . . . . cast iron material
ussfehler . . . . . casting defect, casting flaw
ussgefüge . . . . . cast structure
usshaut . . . . . casting skin
usslegierung . . . . . cast alloy, casting alloy

H

abitusebene . . . . . crystal habitus
afnium . . . . . hafnium
afniumdioxid . . . . . hafnium dioxide
aftkleber . . . . . contact adhesive

halbferritischer Chromstahl . . . . semi-ferritic chromium steel
Halbleiter . . . . . semiconductor
Halbzeug . . . . . semi-finished product
Hall-Petch-Beziehung . . . . . Hall-Petch dependency
Halten . . . . . soaking
Haltepunkt . . . . . holding point
Haltezeit . . . . . holding time
Hardenit . . . . . hardenite
Harnstoffharz . . . . . urea-formaldehyde resin
Härtbarkeit . . . . . hardenability
Härtbarkeitsstreuband . . . . . hardenability scatter band
Hartblei . . . . . hard lead
Hartchromieren . . . . . hard chromizing
Härte . . . . . hardness
Härten . . . . . quench hardening (treatment)
Härten nach isothermer Umwandlung . . . . . hardening after isothermal transformation
Härteöl . . . . . hardening oil
Härteprüfgerät . . . . . durometer
Härteprüfung . . . . . hardness test
Härteprüfverfahren . . . . . hardness test method
Härterei . . . . . hardening plant
Härteriss . . . . . hardening crack
Härtesalz . . . . . hardening salt
Härteskala nach Mohs . . . . . hardness scale after Mohs
Härtespannung . . . . . hardening stress
Härtetemperatur . . . . . hardening temperature
Härteverfahren . . . . . hardening process
Härteverlaufskurve . . . . . curve of hardness
Härteverzug . . . . . hardening distortion
Hartlot . . . . . brazing alloy, brazing solder
Hartlöten . . . . . brazing, hard-soldering
hartmagnetischer Werkstoff . . . . . magnetically hard material
Hartmetall . . . . . hard metal
Hartschaumstoff . . . . . hard foam, rigid foam
Härtung . . . . . quench hardening (treatment)
Härtung, örtlich begrenzte . . . . . local hardening
Harz . . . . . resin
Hauptgruppe . . . . . main group
Hauptgüteklasse . . . . . main quality grade
Hauptquantenzahl . . . . . main quantum number
Hebelarm . . . . . lever arm
Hebelgesetz . . . . . lever principle
Heißbruch . . . . . hot fracture, hot shortness
heißisostatisches Pressen . . . . . hot isostatic pressing
Heißleiter . . . . . high-temperature conductor
Heißpressen . . . . . hot pressing
Heißriss . . . . . hot crack
Heißrissbildung . . . . . hot crack formation
Heizleiterwerkstoff . . . . . heating conductor material
Herstellverfahren . . . . . production methode
hitzebeständiger Stahl . . . . . heat-resisting steel
hitzebeständiger Stahlguss . . . . . heat-resisting cast steel
hitzebeständiges Gusseisen . . . . . heat-resisting cast iron
Hochdruckgasabschrecken . . . . . high pressure gas quenching
Hochdruck-Polyethylen . . . . . low density polyethylene
Hochdruckverfahren . . . . . high-pressure method

hochfester Stahl .... high-strength steel
hochfester Stahlguss .... high-strength cast steel
Hochfrequenzhärten............. high-frequency hardening
Hochfrequenz-
Impulshärten............ high-frequency impulse hardening
Hochgeschwindigkeitszerspanung........ hig-speed cutting
Hochglühen .... full annealing
Hochleistungs-
Automatenstahl .... high-performance machining steel
Hochleistungskeramik .... high-performance ceramics
Hochofen .... blast furnace
Hochofenmantel .... blast shell
Hochofenprozess .... blast furnace process
Hochofenschacht .... blast furnace stack
Hochofenschlacke...................... blast furnace slag
höchstfester Stahl................ super high-strength steel
höchstfester Vergütungs-
stahl........... high-strength quenched and tempered steel
Hochtemperatur-............... high-temperature chemical
CVD-Verfahren vapor deposition technique
Hochtemperatur-Diffusion .... high-temperature diffusion
Hochtemperaturkorrosion .... high-temperature corrosion
Hochtemperaturkriechen .... high-temperature creep
Hochtemperaturlöten............ high-temperature brazing, high-temperature soldering
Hochtemperatur-
supraleiter .... high-temperature superconductor
Hochtemperaturwerkstoff........ high-temperature material
hochwarmfester
Stahl .... high-temperature creep-resistant steel
höherfester Stahl,
mikrolegiert............. micro-alloyed high-strength steel
Holzmaserung .... wood grain
Homogenisierungsglühen .... homogenization
Hooke'sche Gerade .... Hooke's straight line
Hooke'sches Gesetz .... Hooke's law
Horizontalstrang-
gießverfahren .... horizontal continuous casting method
Hörschall................................. audible sound
HSD-Stahl .... HSD steel
HTSL-Werkstoff........................... HTSL material
Hume-Rothery-Phase .... Hume-Rothery phase
Hume-Rothery-Regel .... Hume-Rothery rule
Hüttenaluminium .... primary aluminum
hydrodynamischer
Schmierfilm .... hydrodynamic lubricating film
hydrostatischer Schmierfilm ...... hydrostatic lubricating film
Hysteresekurve .... hysteresis curve

I

Idealkristall .... perfect crystal
IF-Stahl...................... IF steel (IF = interstitial free)
Impfung... seeding
Impuls-Echo-Verfahren .... impulse reflection method
Impulshärten .... impulse hardening
Impulswärmen .... impulse heating
indirekte Reduktion .... indirect reductio
Indium .... indiu
Induktionshärten .... induction hardenin
Induktionsofen.......................... induction furnac
Induktor .... inductor, inductance co
Infraschall.................................... infrasoun
Ingenieurkeramik .... engineering ceramic
Innenlunker .... internal shrinkag
innere Oxidation .... internal oxidatio
interkristalline Korrosion............ intergranular corrosio
intermetallische Phase............. intermetallic compoun
Intrusion .... intrusio
Invarstahl.................................... Invar® ste
Ion.. io
Ionenbindung .... ion bon
Ionenplattieren .... ion platin
Iridium .... iridiu
Isoforming .... isoformin
ISO-Spitzkerbprobe .... ISO V-notch specime
isostatisches Pressen .... isostatic pressin
isotherme Umwandlung .... isothermic transformatio
isothermes Härten .... isothermic hardenin
isothermes Vergüten... isothermic quenching and temperin
isothermisches Umwandeln in der Bainitstufe .. austemperin
isothermisches Umwandeln
in der Perlitstufe .... isothermal annealin
Isotop.. isotropi
Isotropie .... isotrop
Isotropiegrad .... degree of isotrop

K

Kalandrieren.................................... calenderin
Kaliberwalzen .... caliber rollin
Kalium .... potassiu
Kaltarbeitsstahl...... cold forming tool steel, cold work ste
Kaltaushärtung .... precipitation hardenin
Kaltauslagerung .... cold storag
Kaltbandwalzwerk.................. cold strip (rolling) m
kaltgewalzt .... cold rolle
Kaltleiter .... PTC thermisto
Kaltriss .... cold crac
Kaltriss, wasserstoff-
induziert...................... hydrogen induced cold crac
Kaltumformung .... cold working, cold formin
Kaltverfestigung .... cold work hardenin
Kaltverformbarkeit .... cold formabili
Kaltverschweißung .... cold sh
kaltzäher Stahl........ low-temperature steel, cryogenic ste
kaltzäher Stahlguss............. low-temperature cast ste
Kaltziehen .... cold (wire) drawin
Kantenriss.................................... cold drawin
Kaolin........................... corner crack, edge crac
Kapillarwirkung .... capillary attractio
Karat.. car
Kation .... cation, katio
Katode .... cathod

atodenzerstäuben ... cathode sputtering
atodischer
orrosionsschutz ... cathodic corrosion protection
eimbildung ... nucleation, nucleus formation
eimwachstum ... nucleus growth
eramik ... ceramics
eramische Werkstoffe ... ceramic materials
erbriss ... toe-crack
erbschlagarbeit ... notch impact energy
erbschlagarbeit-
emperatur-Kurve .. notch impact energy-temperature-curve
erbschlag-
iegeprobe ... notched bending test, Charpy impact test
erbschlagbiegeversuch ... notched bar (impact) test
erbschlagzähigkeit ... notch toughness, (impact) toughness
ern ... core
ernhärten ... core hardening
ernladungszahl ... atomic number
irkendall-Effekt ... Kirkendall effect
leben ... bonding
lebstoffe ... adhesive
leinkrafthärte ... low load hardness
leinwinkelkorngrenze ... small angle grain boundary
lettern ... climbing
Knetlegierung ... wrought alloy
Knickpunkt ... inflection point
Kochphase ... boiling stage
Koerzitivfeldstärke ... coercive field strength, coercivity
Kohäsion ... cohesion
Kohlensack ... belly
Kohlenstoff ... carbon
Kohlenstoffaktivität ... carbon activity
Kohlenstoffäquivalent ... carbon equivalent
Kohlenstofffaser ... carbon fiber (AE), carbon fibre (BE)
Kohlenstofflöslichkeit ... carbon solubility
Kohlenstoffpegel ... carbon potential
Kohlenstoffträger ... carbon carrier
Kohlenstoff-
übergangszahl ... carbon mass transfer coefficient
Kohlenstoffverlauf ... carbon profile
Kohlenwasserstoff ... hydrocarbon
Kokillenguss ... die casting
Kolbenlegierung ... piston alloy
Konduktionshärten ... conductance hardening
Konode ... tie-line
Konstantan ... constantan
Konstruktionskeramik ... structural ceramics
Kontaktkleber ... contact adhesive
Konvektionsphase ... convection stage
Konversionsschicht ... conversion coating
Konverter ... converter
Konverter-Verfahren ... converter process
Konzentrat ... concentrate
Konzentrationsdreieck ... concentration triangle
Konzentrationselement ... concentration cell
Konzentrationsschnitt ... concentration cut
Konzentrations-Temperatur-
Diagramm ... concentration-temperature-diagram
Koordinationszahl ... coordination number
Korn ... grain
Kornerholung ... grain recovery
Kornfeinung ... grain refining
Korngrenze ... grain boundary
Korngrenzendiffusion ... grain boundary diffusion
Korngrenzenhärtung ... grain-boundary hardening
Korngrenzenverfestigung ... grain-boundary strengthening
Korngröße ... grain size
Korngrößenkennzahl ... grain size number
Kornvergröberung ... grain growth
Kornwachstum ... grain growth
Korrosion ... corrosion
korrosionsbeständiges
Gusseisen ... corrosion-resistant cast iron
Korrosionsriss ... corrosion crack
Korrosionsrissbildung ... corrosion cracking
Korrosionsschutz ... corrosion protection
Kraft-Verlängerungs-Diagramm ... load-elongation-diagram
Kriechen ... creep
Kriechfestigkeit ... creep resistance
Kriechgeschwindigkeit ... creep rate
Kriechkurve ... creep curve
Kristall ... grain, crystal
Kristallgitter ... crystal lattice
Kristallinitätsgrad ... degree of crystallinity
Kristallisation ... crystallization
Kristallisationskeim ... nucleation site
Kristallisationswärme ... crystallization heat
Kristallit ... crystallite, grain
Kristallseigerung ... microsegregation, grain segregation
kritische Abkühlgeschwindigkeit ... critical cooling rate
kritischer Abkühlverlauf ... critical cooling function
kritischer Durchmesser ... critical diameter
Kryolith ... cryolite, Greenland spar
kubisches Bornitrid ... cubic boron nitride
Kugeleindruckhärte ... ball indentation hardness
Kunststoff ... plastics
Kupfer ... copper
Kupfer-Aluminium-Legierung ... copper-aluminum-alloy
Kupfer-Blei-Legierung ... copper-lead-alloy
Kupfer-Mangan-Legierungen ... copper-manganese-alloy
Kupfer-Nickel-Legierungen ... copper-nickel-alloy
Kupfer-Silicium-Legierungen ... copper-silicium-alloy
Kupfer-Zink-Legierungen ... copper-zinc-alloy
Kupfer-Zinn-Legierungen ... copper-tin-alloy
Kurzzeitaustenitisieren ... short-time austenitizing

L

Lacke ... paint
Lackieren ... painting
Lagermetall ... bearing metal
Lambda-Sonde ... lambda sensor, oxygen sensor
Lanthanoid ... lanthanide
Laser ... laser

Deutsch	Englisch
Laserstrahlhärten	laser (beam) hardening
Laves-Phase	Laves phase
LDAC-Verfahren	LDAC-process
LD-Verfahren	LD-process
Ledeburit	ledeburite
ledeburitischer Stahl	ledeburitic steel
Leerstelle	void, vacancy
Leerstellendiffusion	vacancy diffusion
Leerstellenkondensation	vacancy concentration
legierbar	alloyable
Legieren	alloying
legierter Baustahl	alloy structural steel
legierter Stahl	alloy steel
Legierung	alloy
Legierungsbildung	forming of an alloy
Legierungselement	alloying component, alloying constituent
Legierungskomponente	alloying component
Legierungssystem	alloy system
Leichtmetall	light metal
Leidenfrost-Phänomen	Leidenfrost phenomenom
Leistungsdichte	power density
Leuchtschirm	fluorescent screen
Lichtbogenofen	(electric) arc furnace
Lichtbogenspritzen	arc spraying
Liquiduslinie	liquidus line
Lithium	lithium
Lithiumporzellan	lithium porcelain
Lochkorrosion	pitting corrosion
Löslichkeitslinie	segregation line
Lösungsbehandeln	solution treatment
Lösungspolymerisation	solution polymerisation
Lötbruch	liquid metal embrittlement
Löten	brazing, soldering
Löttemperatur	soldering temperature
Lötverfahren	soldering method
lufthärtender Stahl	air hardening steel
Luftvergütung	air quenching and tempering
Lunker	blowhole, contraction cavity

M

Deutsch	Englisch
Magnesium	magnesium
Magnesiumlegierung	magnesium alloy
Magnesiumoxid	magnesium oxide
magnetisches Streufeld	stray magnetic field
Magnetisieren	magnetization
Magnetisierungsmethode	magnetization method
Magnetographie	magnetography
Magnetpulverprüfung	magnetic particle inspection test
Makroeigenspannung	macro residual stress
Makrogefüge	macrostructure
Makrohärte	macrohardness
Makroriss	macrocrack
Makroseigerung	macrosegregation
Mangan	manganese
Mangan-Hartstahl	manganese steel
Manganhartstahlguss	manganese steel cast
Manganin	manganin
Manganstahl	manganese steel
Mangansulfid	manganese sulphide
Martensit	martensite
Martensitaushärten	maraging
martensitaushärtender Chromstahl	maraging chromium steel
martensitaushärtender Stahl	maraging steel
Martensitbildung	martensite formation
Martensit-Endtemperatur	martensite end temperature of formation
martensitische Umwandlung	martensitic transformation
martensitischer Chromstahl	martensitic chromium steel
martensitischer Stahlguss	martensitic chromium cast steel
Martensit-Starttemperatur	martensite start temperature of formation
Martensitstufe	martensite region
Martensitnadel	martensite needle
Massel	bloom
Massezahl	mass number, nuclear number
Maximalspannung	maximum stress
Medium	medium
Mehrfachgleitung	multiple slip
Mehrstoffsystem	multicomponent alloy
mehrstufiges Aufkohlen	boost-diffuse carburizing
Meissner-Ochsenfeld-Effekt	Meissner-Ochsenfeld effect
Melaminharz	melamine formaldehyde resin
Memory-Effekt	memory-effect
Metall Matrix Composites	metal matrix composite (MMC)
Metallbindung	metallic bond
Metall-Diffusionsverfahren	metal diffusion process
Metallgewinnung	extractive metallurgy
Metallhydrid	metal hydride
metallischer Einschluss	metallic inclusion
Metallisieren	metallization
Metallkunde	metals science, metallurgy
Metallschmelze	metal melt
Metallurgie	metallurgy
metastabil	metastable
Methan	methane
Methan-Reaktion	methane reaction
Mikrogefüge	microstructure
Mikrohärte	microhardness
Mikrokontaktfläche	micro area of contact
Mikroschliff	microsection
Mikroseigerung	microsegregation
Mindestrekristallisationstemperatur	minimum recrystallization temperature
Mindestverformungsgrad	minimum degree of deformation
Mischcarbid	composite carbide
Mischkristall	solid solution
Mischkristallverfestigung	solid solution strengthening
Mischreibung	mixed friction
Mischungslücke	miscibility gap
Mittel	medium
Mittelfrequenzhärten	medium frequency hardening
Möller	batch

Deutsch	Englisch
Molybdän	molybdenum
Muldenkorosion	cavity corrosion
Mullit	mullite
Mutterphase	parent phase

N

Deutsch	Englisch
nadelförmiges Gefüge	acicular structure
Nadelschicht	acicular layer
Nasspressen	wet moulding
Natrium	sodium
Natriumaluminat	sodium aluminate
Naturkautschuk	natural rubber
NDT-Temperatur	NDT-temperature
Nebengruppe	subgroup
Nelson-Diagramm	Nelson diagram
neutrale Faser	neutral axis
Neutron	neutron
Nichteisenmetall	non-ferrous metal
nichtmagnetisierbarer Stahl	non-magnetic steel
Nichtmetall-Diffusionsverfahren	non-metal diffusion
nichtmetallischer Einschluss	non-metal inclusion
nichtoxidkeramische Werkstoffe	non-oxide ceramic material
nichtrostender Stahl	stainless steel
nichtrostender Stahlguss	stainless cast steel
Nickel	nickel
Nickeläquivalent	nickel equivalent
Nickel-Chrom-Legierung	nickel-chromium-alloy
Nickel-Eisen-Legierung	nickel-iron-alloy
Nickel-Legierung	nickel alloy
Nickelstahl	nickel steel
Niederdruck-Polyethylen	high density polyethylene
Niedertemperaturkriechen	low-temperature creep
Niob	niobium
Nitrid	nitride
Nitrieren	nitriding
Nitrierhärtetiefe	nitriding hardness depth
Nitrierofen	nitriding furnace
Nitrierschicht	nitrided layer
Nitrierstahl	nitriding steel
Nitriertiefe	depth of nitriding
Nitrocarburieren	nitrocarburizing
nominelle Dehnung	nominal elongation
Normalglühen	normalizing
normalisierendes Umformen	normalizing forming
Normalpotenzial	standard electrode potential
Normalprüfkopf	normal probe
Normalsteatit	normal steatite
Normung	standardization
NTC-Widerstand	NTC resistor

O

Deutsch	Englisch
Oberfläche	surface
Oberflächendiffusion	surface diffusion
Oberflächenenergie	surface energy
Oberflächenhärten	surface hardening
Oberflächenrauigkeit	surface roughness
Oktaederebene	octahedron plane
Oktaederlücke	octahedron gap
Ölfarbe	oil-based paint
Öllack	varnish
Ölvergütung	oil quenching and tempering
Opferanode	sacrificial anode
Orbitalmodell	orbital model
Ordnungszahl	atomic number
örtliches Härten	local hardening
Osmium	osmium
Oxidation	oxidation
Oxidation, innere	internal oxidation
Oxidkeramik	oxide ceramics

P

Deutsch	Englisch
Packungsdichte	packing density
Palladium	palladium
passiver Korrosionsschutz	passive corrosion protection
Passivschicht	passive layer
Patentieren	patenting
Patina	patina
Peierls-Energie	Peierls energy
Peierls-Spannung	Peierls stress
Pellet	pellet
Pelletieren	pelletization
Pellini-Versuch	Pellini test
Pendelschlagwerk	pendulum impact testing machine
Penetration	penetration
Periode	period
Periodensystem der Elemente	periodic table of the elements
peritektische Reaktion	peritectic reaction
peritektische Temperatur	peritectic temperature
peritektischer Punkt	peritectic point
Peritektisches Legierungssystem	peritectic system
peritektisches Zustandsdiagramm	peritectic phase diagram
Perlitisieren	isothermal annealing
Perlit	pearlite, perlite
Perlitbildung	pearlite formation
perlitischer Hartguss	perlitic chill casting
Perlitisieren	isothermal annealing
Perlitkorn	pearlite grain
Perlitstufe	pearlite region
Permanentmagnet	permanent magnet
Permeabilität	permeability
Phase	phase
Phasenumwandlung	phase transformation
Phenoplast	phenolic plastic
Phosphatieren	bonderizing
Phosphideutektikum	phosphorous eutectic
Phosphor	phosphor
Phosphorbronze	phosphor bronze
Phosphorlegierter Stahl	phosphor-alloyed steel
piezoelektrischer Effekt	piezoelectric effect
Piezoelektrizität	piezoelectricity

Pigment	pigment
Pilgerschrittverfahren	back-step method
Plamanitrocarburieren	plasma nitrocarburizing
Plamastrahlhärten	plasma beam hardening
plasmaaktiviertes CVD-Verfahren	plasma enhanced chemical vapour deposition
Plasma-Nitrieranlage	plasma nitriding machine
Plasmanitrieren	plasma nitriding
Plasmaspritzen	plasma spraying
plastisch	plastic
plastische Verformung	plastic deformation
Plastizität	plasticity
Platin	platinum
Platinmetall	platinum metal
Platte	plate
Plattenmartensit	plate martensite
Plattieren	cladding
PM-Stahl	powder-metallurgical steel
Poisson'sche Zahl	Poisson's ratio
Poisson'sches Gesetz	Poisson's law
Polonium	polonium
Polyacrylnitril (PAN)	polyacrylonitrile
Polyaddition	polyaddition
Polyamid (PA)	polyamide
Polycarbonat (PC)	polycarbonate
Polyester	polyester
Polyethylen (PE)	polyethylene
Polyethylenterephthalat (PET)	polyethylene terephthalate
Polygonisation	polygonization
Polyimid	polyimide
Polykondensat	polycondensate
Polykondensation	condensation polymerization
Polymerisat	polymerizate
Polymerisation	polymerization
Polymerlösung	polymer solution
Polymethylmethacrylat (PMMA)	polymethylmethacrylate
polymorph	polymorphous
Polyoxymethylen (POM)	polyoxymethylene
Polypropylen (PP)	polypropylene
Polystyrol (PS)	polystyrene
Polysulfon (PESU)	polysulfone
Polytetrafluorethylen (PTFE)	polytetrafluorethylene
Polyurethan (PUR)	polyurethane
Polyvinylchlorid (PVC)	polyvinyl chloride
Porensaum	border of voids
Pressschweißen	pressure welding
primäres Kriechen	primary creep
Primärgefüge	primary microstructure
Primärkristallisation	primary crystallization
Primärzementit	primary cementite
Profilglattwalzen	smooth rolling of tubular shapes
Proportionalitätsgrenze	limit of proportionality
Proton	proton
Pseudo-Legierung	pseudoalloy
PTC-Widerstand	PTC resistor
Puddelverfahren	puddling
Pulvernitrocarburieren	powder nitrocarburizing
PVD-Verfahren	physical vapo(u)r deposition techniqu
Pyrolyse	pyrolys
Pyrometallurgie	pyrometallurg

Q

Qualitätsstahl	high-grade steel, quality stee
Quarzporzellan	quartz-enriched porcelai
Quecksilber	mercur
Quergleiten	cross sli
Querkontraktionszahl	Poisson's numbe
Querriss	transverse crac

R

Randentkohlung	surface decarburisatio
Randomversuch	random tes
Randschicht	exterior layer, peripheral laye
Randschichthärten	surface hardening treatmen
Randschichthärtungstiefe	surface hardening deptl
Randschichtschmelzplan	fusion treatment specificatio
Rast	bosh
Raumtemperatur	room temperature
Reaktionsklebstoff	reaction adhesive
Reaktionssintern	reaction sintering
reaktives Ionenplattieren	reactive ion plating
Realkristall	real crystal, imperfect crysta
Reckalterung	age hardening
Recycling	recycling
Reduktion	reduction
Reduktionsmittel	reducing agent
Regenerator	regenerator
Reibhärten	extreme fiber
Reibrost	fretting
Reibung	friction
Reibungszahl	coefficient of friction
Reinaluminium	pure aluminum
Reinstaluminium	super-purity aluminum
Reißdehnung	elongation at rupture
Reißfestigkeit	tensile strength
Reißlänge	tension length
Reißspan	tearing chip
Rekaleszenz	recalescence
Rekristallisation	recrystallization
Rekristallisationsdiagramm	recrystallization diagram
Rekristallisationsglühen	recrystallization annealing
Rekristallisationstemperatur	recrystallization temperature
Resistenzgrenze	parting limit
Resit	resite
Resitol	resitol
Resol	resol
Restaustenit	retained austenite
Rhodium	rhodium
Rissauffangversuch	crack arresting test
Robertson-Versuch	Robertson test
Rockwell-Härteprüfung	Rockwell hardness test
Rockwellskala	Rockwell hardness scale

oheisen ... iron ore
ohmetall ... crude metal
ohstahl ... crude steel
ohstoff ... raw material
öntgenbildverstärker ... radiographic image intensifier
öntgenprüfgerät ... radiographic testing device
öntgenprüfung ... radiographic examination
öntgenstrahl ... X-ray
ost ... rust
otbruch ... red brittleness, red shortness
otguss ... red brass
otschlamm ... red mud
ückbildung ... reconstitution
ückfederung ... rebound
ückwandecho ... bottom echo
uhepotenzial ... equilibrium rest potential
utherford'sches Atommodell ... Rutherford's atomic model

S

alzbadaufkohlen ... salt bath carburizing
alzbadcarbonitrieren ... cyaniding
alzbadnitrocarburieren ... salt bath nitrocarburizing
Salzbadofen ... salt bath furnace
Salzschmelze ... molten salt
Sandguss ... sand casting
Sauerstoffblasverfahren ... oxygen steelmaking process
sauerstoffhaltiges Kupfer ... oxygenic copper
Scandium ... scandium
Schaden ... damage
Schadenfall ... failure
Schaeffler-Diagramm ... Schaeffler diagram
Schalenhartguss ... chilled cast iron
Schall ... sound
Schallausbreitungsgeschwindigkeit ... sonic speed
Scherbruch ... shear fracture
Scheren ... shearing
Scherfestigkeit ... shearing strength
Scherspan ... shearing chip
Scherung ... shear
Scherversuch ... shearing test
Schichtverbundwerkstoff ... multilayer material
Schlackenzeile ... slag streak
Schleuderguss ... centrifugal casting
Schlicker ... engobe, slip
Schlickerguss ... slip casting
Schlupfzone ... slip zone
Schmelzflusselektrolyse ... fused-salt electrolysis
Schmelzhärtungstiefe ... fusion hardness depth
Schmelzkleber ... hot-melt adhesive
Schmelzlegierung ... fusible alloy
Schmelzschweißen ... fusion welding
Schmelztauchen ... hot dipping
Schmelztauchverzinken ... hot dipping zinc-plating
Schmelztemperatur ... melting temperature
Schmelzwärme ... latent heat of fusion
Schmieden ... forging
Schmierfett ... lubricating grease
Schmieröl ... lubricating oil
Schmierstoff ... lubricant
Schmierung ... lubrication
Schneidmechanismus ... cutting mechanism
Schneidstoff ... cutting material
Schnellarbeitsstahl ... high-speed steel
Schraubenversetzung ... screw dislocation
Schubspannung ... shear stress
Schulpe ... scab
Schwarzbruch ... black shortness
Schwefel ... sulphur
Schweißbarkeit ... weldability
Schweißeigenspannung ... residual welding stress
Schweißeignung ... weldability
Schweißen ... welding
schweißgeeigneter Feinkornbaustahl ... weldable fine-grained steel
Schweißgut ... weld deposit, weld metal
Schweißnaht ... welding seam
Schweißplattieren ... weld cladding
Schweißsicherheit ... weld reliability
Schwerkraftseigerung ... gravity segregation
Schwermetall ... heavy metal
Schwindmaß ... degree of shrinkage
Schwindung ... shrinkage
Schwingfestigkeitsversuch ... endurance test, fatigue test
Schwingprüfmaschine ... fatigue testing machine
Schwingrissausbreitung ... fatigue crack propagation
Schwingungsrisskorrosion ... corrosion fatigue
Seebeck-Effekt ... Seebeck effect
Seigerung ... segregation
Seigerungsriss ... segregation crack
Sekantenmodul ... modulus of elasticity in flexure
Sekundäraluminium ... secondary aluminum
sekundäres Kriechen ... secondary creep
Sekundärgefüge ... secondary microstructure
Sekundärhärtung ... secondary hardening
Sekundärmetallurgie ... secondary metallurgy
Selbstabschrecken ... self-quenching
Selbstanlassen ... auto-tempering
Selbstdiffusion ... self diffusion
Selen ... selenium
Seltenes Erdmetall ... rare earth metal
Sensibilisierung ... sensitization
Sheradisieren ... sherardizing
Sigma-Phase ... sigma-phase
Silber ... silver
Silicatkeramik ... silicate ceramic
Silicieren ... siliconizing
Silicium ... silicon
Siliciumcarbid ... silicon carbide
Siliciumnitrid ... silicon nitride
Silicone ... silicone elastomer
Sinter ... sinter
Sinterhilfsmittel ... sintering aid
Sintern ... sintering

Sintertemperatur	sintering temperature
Skineffekt	skin effect
Solarzelle	photovoltaic cell
Solidusfläche	solidus area
Soliduslinie	solidus line
Soliduspunkt	solidus point
Sorbit	sorbite
Spaltkorrosion	crevice corrosion
Spanform	chip shape
Spannungsarmglühen	stress relieving
Spannungs-Dehnungs-Diagramm	stress-strain-diagram
Spannungsrelaxation	stress relaxation
Spannungsrisskorrosion	stress corrosion cracking
Speiser	feeder head, sink head
spezifische Wärme	specific heat
Sphärolith	spherulite crystal
Sprengplattieren	explosive cladding
Spritzgießen	injection mo(u)lding
spröd	brittle
Sprödbruch	brittle fracture
Sprödbruchsicherheit	brittle fracture certainty
Sprungtemperatur	transition temperature
Spülgas	flushing gas
Stabilglühen	stabilizing annealing
Stabilisator	stabilizer
Stabilisieren	stabilizing
Stabilisierung des Restautensits	stabilization of retained austensite
Stabilisierung	stabilization
Stahl	steel
Stahl, ferritischer	ferritic steel
Stahl, austensitischer	austensitic steel
Stahl, graphitischer	graphitic steel
Stahl, ledeburitischer	ledeburitic steel
Stahl, lufthärtender	air-hardening steel
Stahl, martensitaushärtender	maraging steel
Stahl, übereutektoidischer	hypereutectoid steel
Stahl, untereutektoidischer	hypoeutectoid steel
Stahlerzeugung	steel production, steelmaking
Stahlguss	steel casting
Standardpotenzial	standard electrode potential
Stapelfehler	stacking fault
Stapelfehlerenergie	stacking fault energy
Stapelfolge	stacking sequence
Steatit	steatite, soapstone
Steilabfall	steep front
Steinzeit	stone age
Stellit	stellite
Stengelkristall	columnar crystal
Stickstoff	nitrogen
Stickstoffverlauf	nitrogen profile
Stirnabschreck-Härtekurve	end quench hardness curve
Stirnabschreckprobe	end quench specimen
Stirnabschreckversuch	end quench test, Jominy test
Stoff	agent, material
Strangguss	continuous casting
Strangpressen keramischer Werkstoffe	extrusion mo(u)ldin
Streckdehnung	elongation at yiel
Streckgrenze	yield stres
Streckspannung	tensile stress at yiel
Streckziehen	stretch drawin
Stribeck-Kurve	Stribeck curv
Strontium	strontiur
Strukturebene	structural leve
Stufenversetzung	edge dislocatio
Styrol-Acrylnitril (SAN)	styrene-acrylonitril
Styrol-Butadien-Kautschuk (SBR)	styrene-butadiene rubbe
Subkorn	subgrai
Subkorngrenze	subgrain boundar
Substitutionsatom	substitutional aton
Substitutionsmischkristall	exchange mixed crysta
Sulfonitrocarburieren	sulphidizin
Superlegierung	superallo
Superplastizität	superplasticit
Supraleiter	superconducto
Supraleitung	superconductivit
Suspensionspolymerisation	suspension polymerizatior
syntaktischer Schaum	syntactical foar

T

Taktizität	tacticity
Tantal	tantalum
Tantalcarbid	tantalum carbide
Tauchhärten	dip hardening
Tauchhärten	immersion hardening, dip hardening
technische Keramik	engineering ceramics
Teilaustenitisieren	inter-critical treatmant
Teilchenverfestigung	precipitation hardening
Teilchenwachstum	coalescence of a precipitation
Teilversetzung	partial dislocation
Teller-Tassen-Bruch	cup-cone-fracture
Tellur	tellurium
Temperatur	temperature
Temperguss	malleable cast iron
Temperkohle	temper carbon
Tempern	malleabilizing
Temperrohguss	white cast iron
Terrassenbruch	lamellar fracture
tertiäres Kriechen	tertiary creep
Tertiärzementit	tertiary cementite
Tetraederlücke	tetrahedron gap
Textur	texture
Thallium	thallium
thermisch aktivierter Vorgang	thermal activated process
thermische Analyse	thermal analysis
thermisches Spritzen	thermal spraying
thermochemische Behandlung	thermochemical treatment
Thermoelement	thermocouple
thermomechanische Behandlung	thermomechanical treatment

Thermoplast … thermoplastic
Thermoplastisches Elastomer … thermoplastic elastomer
Thixogießen … thixocasting
Thomas-Roheisen … Thomas pig iron
Thomas-Verfahren … Thomas process
Thorium … thorium
Thoriumdioxid … thorium dioxide
Tiefkühlen … sub-zero treating
Tieftemperaturbehandeln … sub-zero treating
Tiefungsversuch
nach Erichsen … cupping test according to Erichsen
Tiefziehen … cupping
Titan … titanium
Titancarbid … titanium carbide
Titanlegierung … titanium alloy
Titan-Lithium-Legierung … titanium-lithium-alloy
Titannitrid … titanium nitride
Ton … clay
Tonerdeporzellan … alumina porcelain
Torsion … torsion
Torsionsfestigkeit … torsional strength
Torsionsversuch … torsion test
Trennen … cutting
Tribochemische Reaktion … tribochemical reaction
Tribologie … tribology
Tribosystem … tribological system
TRIP-Effekt … TRIP-effect
TRIP-Stahl … TRIP steel
Trockenpressen … dry pressing
Troostit … troostite, hard pearlite
Tundish-Cover-Verfahren … tundish-cover process
TWIP-Stahl … TWIP steel

U

übereutektische Legierung … hypereutectic alloy
übereutektoider Stahl … hypereutectoid steel
Übergangstemperatur … (impact) transition temperature
Überhärtung … overcuring
Überhitzung … overheating
Überkohlung … overcarburizing
Überstruktur … superlattice
Überzeiten … oversoaking
Ugine-Séjournet-Verfahren … Ugine-Séjournet process
Ultraschall … ultrasound
Ultraschallprüfkopf … ultrasonic probe
Ultraschallprüfverfahren … ultrasonic inspection
Umfangsvorschubhärten … peripheral progressive hardening
Umformen, normalisierendes … normal forming
Umformperlitisieren … isoforming
Umformung … metal forming
Umkörnen … grain refining
Ummagnetisierungsverlust … cyclic magnetization loss
Umschmelzen … remelting
Umwandlung, eutektoidische … eutectoid transformation
Umwandlungsbereich … transformation range
Umwandlungsspannung … transformation stress
Umwandlungstemperatur … transformation temperature
Umwertung von
Härtewerten … reevaluation of hardness values
ungesättigtes Polyester (UP) … unsaturated polyester
Universalprüfmaschine … universal testing machine
unlegierter Baustahl … unalloyed constructional steel
unlegiertes Kupfer … unalloyed copper
untereutektische Legierung … hypoeutectic alloy
untereutektoider Stahl … hypoeutectoid steel
Unternahtriss … underbed crack, toe crack
Uran … uranium
Urformen … master forming

V

Vakuumbehandlung … vacuum treatment
Vakuumformen … vacuum forming
Vakuumverdampfen … vacuum evaporation
Valenzelektron … valency electron
Vanadieren … vanadizing
Vanadium … vanadium
Vanadiumnitrid … vanadium nitride
Verbindung, intermetallische … intermetallic compound
Verbindungsschicht … compound layer
Verbindungsschichtdicke … compound layer thickness
Verbrennung … burning
Verbundwerkstoff … composite material
Verchromen … chromium coating
Veredelung … dressing
Verfestigung … strain hardening,
Verfestigungsmechanismus … strengthening mechanism
Verformbarkeit … ductility, deformability
Verformung … deformation
Verformungsbruch … ductile fracture
Verformungsmartensit … strain-induced martensite
Verformungstextur … deformation texture
Verformungsverfestigung … work hardening
Vergolden … gold coating
Vergüten … quenching and tempering
Vergütungs-
gefüge … microstructure after quenching and tempering
Vergütungsschaubild … quenching and tempering diagram
Vergütungsstahl … quenched and tempered steel
Vergütungsstahlguss … quenched and tempered cast steel
Vergütungstiefe … quenching and tempering depth
Verkupfern … copper coating
Vernickeln … nickel coating
Versatz … misalignment
Verschleiß … wear, abrasion
verschleißbeständige Werkstoffe … wear-resistant materials
verschleißbeständiger Stahlguss … wear-resistant cast steel
verschleißbeständiges Gusseisen … wear-resistant cast iron
Verschleißbeständigkeit … wear-resistance
Verschleißmechanismen … wear mechanism
Versetzung … dislocation
Versetzungsannihilation … dislocation extinction
Versetzungsbewegung … dislocation movement

Versetzungsdichte ... dislocation density
Versetzungslinie ... dislocation line
Versetzungsquelle ... dislocation source
Versetzungsring ... dislocation loop
Versilbern ... silver coating
Verstärkungsstoff ... reinforcement material
Verstrecken ... stretching
Versuch ... test, experiment
Versuchsaufbau ... experimental setup
Verunreinigung ... impurity
Verweildauer ... floor to floor time
Verzerrungsdipol ... distortion dipole
Verzinken ... zinc coating
Verzug ... distortion
Vickers-Härteprüfung ... Vickers hardness test
Vickers-Mikrohärte ... Vickers microhardness
Vierpunktbiegung ... quarter-point flexure
Viskose Verformung ... viscous deformation
Volumendiffusion ... volume diffusion
Volumeneinfluss ... mass effect
voreutektoide Ausscheidung ... proeutectoid constituent
Vorlegierung ... master alloy
Vorschubhärten ... progressive quenching
Vorwärmen ... preheating
Vorwärmtemperatur ... preheat temperature

W

Wachsen ... expansion
Walzen ... rolling
Walzplattieren ... cladding by rolling
Warmarbeitsstahl ... hot-forming tool-steel
Warmaushärtung ... artificial aging
Warmauslagerung ... warm storage
Warmbadhärten ... martempering, hot-bath hardening
Warmbadhärteöl ... hot-bath hardening oil
Warmbreitband ... hot wide strip
Wärmdauer ... heating time
Wärmebehandlung ... heat treatment
Wärmebehandlung des Stahls ... heat treatment of steels
Wärmebehandlungsanweisung ... heat treatment order
Wärmebehandlungsplan ... heat treatment specification
Wärmebehandlungsriss ... thermal crack
Wärmedehnung ... thermal strain
Wärmeeinflusszone ... heat affected zone (HAZ)
Wärmegeschwindigkeit ... heating rate
Wärmekurve ... heating curve
Wärmen ... heating
Wärmespannung ... thermal stress
Wärmetönung ... heat of reaction
Wärmeverlauf ... heating function
warmfester Stahl ... heat-resistant steel
warmfester Stahlguss ... heat-resistant cast steel
Wärmgeschwindigkeit ... heating rate
Wärmkurve ... heating curve
Warmriss ... thermal crack
Warmumformung ... hot working
Warmumformverfahren ... hot working process
Warmverformung ... hot deformation
Warmwalzen ... hot rolling
Wassergasreaktion ... water-gas reaction
Wasserstoff ... hydrogen
Wasserstoffbrücke ... hydrogen bond
wasserstoffinduzierter Riss ... hydrogen-induced crack
Wasserstoffkorrosion ... hydrogen corrosion
Wasserstoffkrankheit ... hydrogen disease
Wasserstoffreduktion ... hydrogen reduction
Wasserstoffversprödung ... hydrogen embrittlement
Wasservergütung ... water quenching and tempering
Wechselfestigkeit ... endurance strength, fatigue strength
Weichblei ... soft lead
Weicheisen ... soft iron
Weichglühen ... softening
Weichlot ... tin-lead solder
Weichlöten ... soft-soldering
Weichmacher ... flexibilizer
weichmagnetischer Ferrit ... soft magnetic ferrite
weichmagnetischer Werkstoff ... soft magnetic material
Weichschaumstoff ... flexible foam
Weißblech ... tin foil
Weißeinstrahlung ... tendency to chilling
Weißmetall ... white metal
Werkstoff ... material
Werkstoffeigenschaft ... material property
Werkstoffkennwert ... material property
Werkstoffkunde ... materials science
Werkstoffnormung ... material standardization
Werkstoffprüfung ... testing of materials
Werkstoffverbund ... composit
Werkstoffverhalten ... behaviour of material
Werkzeugstahl ... tool-steel
Whisker ... whisker
Widmannstättensches Gefüge ... Widmannstaetten microstructure
Wiederaufkohlung ... carbon restoration
Winderhitzer ... cowper
Wirbelbetten ... fluid bed
Wirbelsintern ... fluidization coating
Wirbelstrom ... eddy current
Wirbelstromverfahren ... eddy current testing method
Wirktemperatur ... effective temperature
Wirkungsquerschnitt ... effective cross section
Wirtsgitter ... host lattice
Wöhlerkurve ... S-N-curve, Woehler curve
Wöhlerversuch ... Woehler test, fatigue test, endurance test
Wolfram ... wolfram
Wurzelriss ... root crack
Wüstit ... wustite

Y

Yttrium ... yttrium
Yttrium-Barium-Kupferoxid ... yttrium- barium-copper oxide
Yttriumoxid ... yttrium oxide, yttria

Z

Deutsch	Englisch
zäh	ductile, tough
Zähbruch	ductile fracture
Zähigkeit	toughness
Zähigkeitsprüfverfahren	toughness testing method
Zählnummer	sequence number
Zählrohr	counting tube, radiation counter
Zahngold	dental gold
Zeilengefüge	banded structure
Zeitbruchlinie	creep strength curve
Zeitdehngrenze	creep limit
Zeitstandbruch, interkristallin	intergranular creep-fracture
Zeitstandbruch, transkristallin	transgranular creep-fracture
Zeitstandfestigkeit	creep strength
Zeitstandschaubild	creep diagram
Zeitstandversuch	creep test
Zeit-Temperatur-Austenitisierungs-diagramm	time-temperature-transition diagram (TTT-diagram)
Zeit-Temperatur-Folge	thermal cycle
Zeit-Temperatur-Umwandlungsdiagramm	continuous-cooling-transition diagramm (CCT-diagram)
Zelle	cell
Zellengefüge	banded structure
Zellstruktur	cell structure
Zellwand	cell wall
Zementit	cementite
Zerorolling	zerorolling
Zersetzungstemperatur	decomposition temperature
Zerspanbarkeit	machinability
Zerspanen	machining, cutting
zerstörungsfreies Werkstoff-prüfverfahren	non-destructive testing method (NDT)
Zerteilen	fragmentation
Ziconium	zirconium
Ziconiumdioxid	zirconium dioxide, zirconia
Ziehen	drawing
Ziehverhältnis	drawing ratio
Zink-Gusslegierung	zinc cast alloy
Zink-Knetlegierung	zinc wrought alloy
Zinn	tin
Zintl-Phase	Zintl phase
Zipfelbildung	earing
Zircaloy	zircaloy
zirconiumverstärktes Aluminiumoxid (ZTA)	zirconia toughened aluminum oxide
Zug-Druck-Wechsel-festigkeit	alternating strength under tension and compression
Zugfestigkeit	tensile strength
Zugmodul	tensile modulus
Zugprobe	tensile specimen
Zugspannung	tensile stress
Zugversuch	tensile test
zunderbeständiger Stahl	non-scaling steel
Zuschlagstoff	additive
Zustandsdiagramm	phase diagramm
Zweistoffsystem	binary system
Zwillingsbildung	twin formation
Zwillingsgrenze	twin boundary
Zwischengitteratom	interstitial atom
Zwischengitterdiffusion	interstitial diffusion
Zwischenstufengefüge	bainite
Zwischenstufenvergüten	austempering

Sachwortverzeichnis

B

C

D

E

F

G

H

I

J

K

L

N

O

P

Q

R

T

U

V

Y

Z

Bildquellenverzeichnis

Autoren und Verlag bedanken sich bei den nachfolgend aufgeführten Firmen, Verlagen und Personen für die Erlaubnis zum Abdruck von Bildmaterial.

AgPU Arbeitsgemeinschaft PVC und Umwelt e.V.
Seite 455, Bild 1a

Aluminium-Verlag: Aluminium-Taschenbuch
Seite 88, Bild 1
Seite 157, Bild 2
Seite 358, Bild 2

Aluminium-Verlag: Magnesium-Taschenbuch
Seite 372, Bild 1

Aluminium Zentrale, Düsseldorf: Aluminium-Merkblatt W1
Seite 353, Bild 2
Seite 357, Bild 1

BASF Aktiengesellschaft, Ludwigshafen
Seite 452, Bild 2
Seite 454, Bild 1
Seite 455, Bild 3
Seite 461, Bild 1a
Seite 463, Bild 1a

Bayer AG, Leverkusen
Seite 462, Bild 2b

CeramTec AG, Plochingen/Neckar
Seite 512, Bild 2
Seite 516, Bild 1
Seite 516, Bild 2
Seite 517, Bild 1
Seite 527, Bild 1
Seite 535, Bild 1

Chemetall GmbH, Frankfurt/Main
Seite 550, Bild 1

DeguDent GmbH, Hanau
Seite 516, Bild 5

Deutsches Kupferinstitut (DKI), Düsseldorf
Seite 162, Bild 3
Seite 164, Bild 1
Seite 386, Bild 1a
Seite 386, Bild 1b
Seite 388, Bild 2a
Seite 388, Bild 2b

Dr. Fels Werkstoffanalytik, Stuttgart
Seite 520, Bild 4
Seite 521, Bild 2

Dr.-Ing. D. Liedtke, Ludwigsburg
Seite 267, Bild 1

Fischerwerke Artur Fischer GmbH & Co. KG, Waldachtal
Seite 459, Bild 1a

Forum PET, Bad Homburg
Seite 461, Bild 1b

Framatome ANP GmbH, Erlangen
Seite 414, Bild 1

H.C. Starck Ceramics GmbH & Co.KG, Selb
Seite 525, Bild 2
Seite 525, Bild 3

Henkel, Düsseldorf
Seite 463, Bild 1b

IGB Monforts Fluorkunststoffe GmbH & Co. KG, Mönchengladbach
Seite 454, Bild 2

Institut für Metallumformung (IMF), TU Bergakademie Freiberg
Seite 304, Bild 1
Seite 304, Bild 2
Seite 305, Bild 2

Institut für Raster-Elektronenmikroskopie, Dr.-Ing. H. Klingele, München
Seite 604, Bild 2
Seite 605, Bild 2
Seite 606, Bild 2
Seite 626, Bild 1
Seite 626, Bild 3
Seite 635, Bild 1

Institut für Werkstoffkunde, Schweißtechnik und Spanlose Formgebungsverfahren (IWS), TU Graz
Seite 176, Bild 2
Seite 177, Bild 1
Seite 339, Bild 1
Seite 344, Bild 1

ISS Schneidwaren, Solingen
Seite 516, Bild 4

J.F. Peraita Del Hoyo, São Paulo
Seite 459, Bild 1b

Kennametal HTM AG, Biel/Schweiz
Seite 319, Bild 2
Seite 319, Bild 3

Liebherr-Werk Ehingen GmbH, Ehingen/Donau
Seite 277, Bild 1

Menzolit-Fibron GmbH, Bretten
Seite 463, Bild 2

Rauschert Heinersdorf-Pressig GmbH, Pressig
Seite 511, Bild 1

Rheinzink, Datteln
Seite 401, Bild 1

Röhm GmbH, Darmstadt
Seite 453, Bild 1

Salzgitter AG, Salzgitter
Seite 275, Bild 1

Salzgitter-Mannesmann Forschung GmbH (aus: Projekt-Info 13/04, BINE-Informationsdienst, Bonn)
Seite 306, Bild 2

Skyspan Europe GmbH, Rimsting
Seite 455, Bild 1b

Verband der Chemischen Industrie (VCI), Frankfurt/Main
Seite 547, Bild 2
Seite 547, Bild 3
Seite 548, Bild 1

Verband der Keramischen Industrie e.V., Selb
Seite 510, Bild 1
Seite 510, Bild 2
Seite 511, Bild 2
Seite 512, Bild 1
Seite 513, Bild 1
Seite 513, Bild 2
Seite 515, Bild 3
Seite 516, Bild 3
Seite 516, Bild 6
Seite 517, Bild 2
Seite 522, Bild 3

Seite 523, Bild 1
Seite 523, Bild 2
Seite 523, Bild 3
Seite 523, Bild 4
Seite 524, Bild 1
Seite 525, Bild 1

Verlag Stahleisen: Stahlfibel
Seite 139, Bild 1

Verzinkerei Karger, Illertissen
Seite 551, Bild 1
(Foto: Guido Köninger)

Walter AG, Tübingen
Seite 521, Bild 4

Yxlon International X-Ray GmbH, Hamburg
Seite 587, Bild 1

Zentrale für Gussverwendung (ZGV), Düsseldorf
Seite 321, Bild 1
Seite 323, Bild 1
Seite 323, Bild 2
Seite 324, Bild 1
Seite 325, Bild 1
Seite 325, Bild 2
Seite 328, Bild 1
Seite 330, Bild 1
Seite 330, Bild 2
Seite 330, Bild 3
Seite 332, Bild 1
Seite 335, Bild 1a
Seite 335, Bild 2
Seite 335, Bild 3
Seite 337, Bild 2
Seite 341, Bild 1
Seite 341, Bild 4
Seite 341, Bild 5
Seite 345, Bild 2
Seite 346, Bild 1
Seite 346, Bild 2
Seite 347, Bild 1
Seite 347, Bild 2
Seite 350, Bild 2

Zwick GmbH & Co., Ulm
Seite 614, Bild 1

Fachkunde für gießereitechnische Berufe
Seite 402, Bild 1

Wärmebehandlung des Stahls
Seite 217, Bild 2
Seite 234, Bild 2
Seite 258, Bild 1

Werkstoffkunde für Elektroberufe
Seite 40, Bild 3
Seite 41, Bild 1

Werkstofftechnik für Metallbauer
Seite 464, Bild 1

Bildarchiv Dr. B. Drube, Eschweiler
Seite 29, Bild 1
Seite 29, Bild 2
Seite 30, Bild 1
Seite 30, Bild 2
Seite 30, Bild 3
Seite 32, Bild 1
Seite 42, Bild 2
Seite 58, Bild 1

Bildarchiv Prof. Dr. V. Läpple, Schorndorf
Seite 33, Bild 1
Seite 39, Bild 2
Seite 39, Bild 3b
Seite 99, Bild 1
Seite 166, Bild 2
Seite 179, Bild 1
Seite 181, Bild 2
Seite 181, Bild 3
Seite 194, Bild 1
Seite 214, Bild 1
Seite 249, Bild 1
Seite 294, Bild 1
Seite 327, Bild 3
Seite 333, Bild 1
Seite 335, Bild 1b
Seite 340, Bild 2
Seite 354, Bild 1
Seite 357, Bild 3
Seite 370, Bild 2
Seite 376, Bild 2
Seite 380, Bild 1
Seite 380, Bild 2
Seite 418, Bild 3´
Seite 626, Bild 2

Bildarchiv Prof. Dr. G. Wittke, Linden
Seite 453, Bild 2
Seite 458, Bild 1
Seite 462, Bild 1
Seite 462, Bild 2a

Bildarchiv Dr. C. Kammer, Goslar
Seite 70, Bild 2

Tabelle A1: Elektronenkonfigurationen der Elemente mit den Ordnungszahlen 1 bis 60

OZ	Name des Elements		Schale bzw. Unterschale																	
			K	L		M			N				O				P			Q
			1s	2s	2p	3s	3p	3d	4s	4p	4d	4f	5s	5p	5d	5f	6s	6p	6d	7s
1	Wasserstoff	H	1																	
2	Helium	He	2																	
3	Lithium	Li	2	1																
4	Beryllium	Be	2	2																
5	Bor	B	2	2	1															
6	Kohlenstoff	C	2	2	2															
7	Stickstoff	N	2	2	3															
8	Sauerstoff	O	2	2	4															
9	Fluor	F	2	2	5															
10	Neon	Ne	2	2	6															
11	Natrium	Na	2	2	6	1														
12	Magnesium	Mg	2	2	6	2														
13	Aluminium	Al	2	2	6	2	1													
14	Silicium	Si	2	2	6	2	2													
15	Phosphor	P	2	2	6	2	3													
16	Schwefel	S	2	2	6	2	4													
17	Chlor	Cl	2	2	6	2	5													
18	Argon	Ar	2	2	6	2	6													
19	Kalium	K	2	2	6	2	6		1											
20	Calcium	Ca	2	2	6	2	6		2											
21	Scandium	Sc	2	2	6	2	6	1	2											
22	Titan	Ti	2	2	6	2	6	2	2											
23	Vanadium	V	2	2	6	2	6	3	2											
24	Chrom	Cr	2	2	6	2	6	5	1											
25	Mangan	Mn	2	2	6	2	6	5	2											
26	Eisen	Fe	2	2	6	2	6	6	2											
27	Cobalt	Co	2	2	6	2	6	7	2											
28	Nickel	Ni	2	2	6	2	6	8	2											
29	Kupfer	Cu	2	2	6	2	6	10	1											
30	Zink	Zn	2	2	6	2	6	10	2											
31	Gallium	Ga	2	2	6	2	6	10	2	1										
32	Germanium	Ge	2	2	6	2	6	10	2	2										
33	Arsen	As	2	2	6	2	6	10	2	3										
34	Selen	Se	2	2	6	2	6	10	2	4										
35	Brom	Br	2	2	6	2	6	10	2	5										
36	Krypton	Kr	2	2	6	2	6	10	2	6										
37	Rubidium	Rb	2	2	6	2	6	10	2	6			1							
38	Strontium	Sr	2	2	6	2	6	10	2	6			2							
39	Yttrium	Y	2	2	6	2	6	10	2	6	1	2								
40	Zirkonium	Zr	2	2	6	2	6	10	2	6	2	2								
41	Niob	Nb	2	2	6	2	6	10	2	6	4	1								
42	Molybdän	Mo	2	2	6	2	6	10	2	6	5	1								
43	Technetium *	Tc	2	2	6	2	6	10	2	6	6	1								
44	Ruthenium	Ru	2	2	6	2	6	10	2	6	7	1								
45	Rhodium	Rh	2	2	6	2	6	10	2	6	8	1								
46	Palladium	Pd	2	2	6	2	6	10	2	6	10									
47	Silber	Ag	2	2	6	2	6	10	2	6	10		1							
48	Cadmium	Cd	2	2	6	2	6	10	2	6	10		2							
49	Indium	In	2	2	6	2	6	10	2	6	10		2	1						
50	Zinn	Sn	2	2	6	2	6	10	2	6	10		2	2						
51	Antimon	Sb	2	2	6	2	6	10	2	6	10		2	3						
52	Tellur	Te	2	2	6	2	6	10	2	6	10		2	4						
53	Iod	I	2	2	6	2	6	10	2	6	10		2	5						
54	Xenon	Xe	2	2	6	2	6	10	2	6	10		2	6						
55	Cäsium	Cs	2	2	6	2	6	10	2	6	10		2	6			1			
56	Barium	Ba	2	2	6	2	6	10	2	6	10		2	6			2			
57	Lanthan	La	2	2	6	2	6	10	2	6	10		2	6	1		2			
58	Cer	Ce	2	2	6	2	6	10	2	6	10	1	2	6	1		2			
59	Praseodym	Pr	2	2	6	2	6	10	2	6	10	3	2	6			2			
60	Neodym	Nd	2	2	6	2	6	10	2	6	10	4	2	6			2			

* Radioaktives Element

Fortsetzung Tabelle A1: Elektronenkonfigurationen der Elemente mit den Ordnungszahlen 61 bis 112

OZ	Name des Elements		Schale bzw. Unterschale [1]																	
			K	L		M			N				O				P			Q
			1s	2s	2p	3s	3p	3d	4s	4p	4d	4f	5s	5p	5d	5f	6s	6p	6d	7s
61	Prometium *	Pm	2	2	6	2	6	10	2	6	10	5	2	6			2			
62	Samarium	Sm	2	2	6	2	6	10	2	6	10	6	2	6			2			
63	Europium	Eu	2	2	6	2	6	10	2	6	10	7	2	6			2			
64	Gadolinium	Gd	2	2	6	2	6	10	2	6	10	7	2	6	1		2			
65	Terbium	Tb	2	2	6	2	6	10	2	6	10	9	2	6			2			
66	Dysprosium	Dy	2	2	6	2	6	10	2	6	10	10	2	6			2			
67	Holmium	Ho	2	2	6	2	6	10	2	6	10	11	2	6			2			
68	Erbium	Er	2	2	6	2	6	10	2	6	10	12	2	6			2			
69	Thulium	Tm	2	2	6	2	6	10	2	6	10	13	2	6			2			
70	Ytterbium	Yb	2	2	6	2	6	10	2	6	10	14	2	6			2			
71	Lutetium	Lu	2	2	6	2	6	10	2	6	10	14	2	6	1		2			
72	Hafnium	Hf	2	2	6	2	6	10	2	6	10	14	2	6	2		2			
73	Tantal	Ta	2	2	6	2	6	10	2	6	10	14	2	6	3		2			
74	Wolfram	W	2	2	6	2	6	10	2	6	10	14	2	6	4		2			
75	Rhenium	Re	2	2	6	2	6	10	2	6	10	14	2	6	5		2			
76	Osmium	Os	2	2	6	2	6	10	2	6	10	14	2	6	6		2			
77	Iridium	Ir	2	2	6	2	6	10	2	6	10	14	2	6	7		2			
78	Platin	Pt	2	2	6	2	6	10	2	6	10	14	2	6	9		1			
79	Gold	Au	2	2	6	2	6	10	2	6	10	14	2	6	10		1			
80	Quecksilber	Hg	2	2	6	2	6	10	2	6	10	14	2	6	10		2			
81	Thallium	Tl	2	2	6	2	6	10	2	6	10	14	2	6	10		2	1		
82	Blei	Pb	2	2	6	2	6	10	2	6	10	14	2	6	10		2	2		
83	Wismut	Bi	2	2	6	2	6	10	2	6	10	14	2	6	10		2	3		
84	Polonium *	Po	2	2	6	2	6	10	2	6	10	14	2	6	10		2	4		
85	Astatin *	At	2	2	6	2	6	10	2	6	10	14	2	6	10		2	5		
86	Radon *	Rn	2	2	6	2	6	10	2	6	10	14	2	6	10		2	6		
87	Francium *	Fr	2	2	6	2	6	10	2	6	10	14	2	6	10		2	6		1
88	Radium *	Ra	2	2	6	2	6	10	2	6	10	14	2	6	10		2	6		2
89	Actinium *	Ac	2	2	6	2	6	10	2	6	10	14	2	6	10		2	6	1	2
90	Thorium *	Th	2	2	6	2	6	10	2	6	10	14	2	6	10		2	6	2	2
91	Protactinium	Pa	2	2	6	2	6	10	2	6	10	14	2	6	10	2	2	6	1	2
92	Uran *	U	2	2	6	2	6	10	2	6	10	14	2	6	10	3	2	6	1	2
93	Neptunium *	Np	2	2	6	2	6	10	2	6	10	14	2	6	10	4	2	6	1	2
94	Plutonium *	Pu	2	2	6	2	6	10	2	6	10	14	2	6	10	6	2	6		2
95	Americium **	Am	2	2	6	2	6	10	2	6	10	14	2	6	10	7	2	6		2
96	Curium **	Cm	2	2	6	2	6	10	2	6	10	14	2	6	10	7	2	6	1	2
97	Berkelium **	Bk	2	2	6	2	6	10	2	6	10	14	2	6	10	9	2	6		2
98	Californium **	Cf	2	2	6	2	6	10	2	6	10	14	2	6	10	10	2	6		2
99	Einsteinium **	Es	2	2	6	2	6	10	2	6	10	14	2	6	10	11	2	6		2
100	Fermium **	Fm	2	2	6	2	6	10	2	6	10	14	2	6	10	12	2	6		2
101	Mendelevium**	Md	2	2	6	2	6	10	2	6	10	14	2	6	10	13	2	6		2
102	Nobelium **	No	2	2	6	2	6	10	2	6	10	14	2	6	10	14	2	6		2
103	Lawrencium **	Lr	2	2	6	2	6	10	2	6	10	14	2	6	10	14	2	6	1	2
104	Rutherfordium** [2]	Rf	2	2	6	2	6	10	2	6	10	14	2	6	10	14	2	6	2	2
105	Hahnium ** [3]	Ha	2	2	6	2	6	10	2	6	10	14	2	6	10	14	2	6	3	2
106	Seaborgium ** [4]	Sg	2	2	6	2	6	10	2	6	10	14	2	6	10	14	2	6	4	2
107	Nielsbohrium ** [5]	Ns	2	2	6	2	6	10	2	6	10	14	2	6	10	14	2	6	5	2
108	Hassium ** [6]	Ha	2	2	6	2	6	10	2	6	10	14	2	6	10	14	2	6	6	2
109	Meitnerium **	Mt	2	2	6	2	6	10	2	6	10	14	2	6	10	14	2	6	7	2
110	Eka-Platin ***	–	2	2	6	2	6	10	2	6	10	14	2	6	10	14	2	6	8	2
111	Eka-Gold ***	–	2	2	6	2	6	10	2	6	10	14	2	6	10	14	2	6	9	2
112	Eka-Quecksilber ***	–	2	2	6	2	6	10	2	6	10	14	2	6	10	14	2	6	10	2

* Radioaktives Element

** Radioaktives Element, nur künstlich erzeugt

*** Radioaktives Element, nur künstlich erzeugt, Name noch nicht festgelegt

[1] Die Elektronenkonfiguration der Elemente 104 bis 112 ist experimentell bisher nicht gesichert.

[2] Bisheriger Name. IUPAC-Empfehlung: Dubnium (Db). IUPAC = **I**nternational **U**nion of **P**ure and **A**pplied **C**hemistry

[3] Bisheriger Name. IUPAC-Empfehlung: Joliotium (Jl).

[4] Bisheriger Name. IUPAC-Empfehlung: Rutherfordium (Rf).

[5] Bisheriger Name. IUPAC-Empfehlung: Bohrium (Bh).

[6] Bisheriger Name. IUPAC-Empfehlung: Hahnium (Hn).

Tabelle A2: Atomare Konstanten technisch bedeutsamer Elemente

Element (Name und chemisches Symbol)		OZ[1]	rel. Atommasse u	Atomdurchmesser 10^{-10} m[2]	d_x/d_{Fe}[3] %	Gittertyp[4]	Gitterkonstanten 10^{-10} m[5] a	 b	 c bzw. α
Metalle									
Aluminium	Al	13	26,98	2,864	115,34	kfz	4,049	–	–
Barium	Ba	56	137,33	4,347	175,07	krz	5,014	–	–
Beryllium	Be	4	9,01	2,226	89,65	hdp[6]	2,286	–	3,584
Bismut	Bi	83	208,98	3,090	124,45	rhomboedrisch	4,748	–	57,24°
Blei	Pb	82	207,19	3,500	140,96	kfz	4,950	–	–
Cadmium	Cd	48	112,41	2,979	119,98	hdp[7]	2,979	–	5,617
Calcium	Ca	20	40,08	3,947	158,96	kfz (< 350 °C) hdp (350 °C...450 °C) krz (450 °C...ϑ_m)[8]	5,582 k.A. k.A.	– – –	– k.A. –
Chrom	Cr	24	51,99	2,498	100,60	krz	2,884	–	–
Cobalt	α-Co β-Co	27	58,93	2,507	100,97	hdp (< 417 °C) kfz (417 °C...ϑ_m)	2,508 3,560	– –	4,070 –
Eisen	α-Fe γ-Fe δ-Fe	26	55,85	2,483	100,00	krz (< 911 °C) kfz (911 °C...1392 °C) krz (1392 °C...ϑ_m)	2,867 3,646 2,932	– – –	– – –
Gallium	Ga	31	69,73	2,442	98,35	orthorhombisch	4,519	4,526	7,657
Gold	Au	79	196,97	2,884	116,15	kfz	4,078	–	–
Iridium	Ir	77	192,22	2,715	109,34	kfz	3,839	–	–
Kalium	K	19	39,09	4,540	182,84	krz	5,320	–	–
Kupfer	Cu	29	63,55	2,556	102,94	kfz	3,615	–	–
Lithium	Li	3	6,94	3,040	122,43	hdp (< –190 °C) krz (–190 °C...ϑ_m)	k.A. 3,510	– –	k.A. –
Magnesium	Mg	12	24,31	3,209	129,24	hdp	3,209	–	5,211
Mangan	α/β-Mn γ-Mn δ-Mn	25	54,94	2,731	109,99	kubisch-verzerrt[9] kfz (1079 °C...1143 °C) krz (1143 °C...ϑ_m)	8,914 k.A. k.A.	– – –	– – –
Molybdän	Mo	42	95,94	2,725	109,75	krz	3,147	–	–
Natrium	Na	11	22,99	3,716	149,66	krz	4,291	–	–
Nickel	Ni	28	58,69	2,492	100,36	kfz	3,524	–	–
Niob	Nb	41	92,91	2,858	115,10	krz	3,301	–	–
Osmium	Os	76	190,20	2,675	107,73	hdp	2,735	–	4,319
Palladium	Pd	46	106,42	2,751	110,79	kfz	3,891	–	–
Platin	Pt	78	195,08	2,775	111,76	kfz	3,923	–	–
Rhenium	Re	75	186,21	2,756	110,99	hdp	2,761	–	4,458
Rhodium	α-Rh β-Rh	45	102,91	2,690	108,34	krz (< 1030 °C) kfz (1030 °C...ϑ_m)	k.A 3,805	– –	– –
Silber	Ag	47	107,87	2,889	116,35	kfz	4,086	–	–
Strontium	Sr	38	87,62	4,303	173,29	kfz (< 248 °C) hdp (248 °C...614 °C) krz (614 °C...ϑ_m)	6,085 4,319 4,849	– – –	– 7,064 –
Tantal	Ta	73	180,95	2,860	115,18	krz	3,303	–	–
Titan	α-Ti β-Ti	22	47,88	2,896	116,63	hdp (< 882 °C) krz (882 °C...ϑ_m)	2,950 3,320	– –	4,679 –
Vanadium	V	23	50,94	2,628	105,84	krz	3,024	–	–
Wolfram	W	74	183,85	2,741	110,39	krz	3,165	–	–
Zink	Zn	30	65,39	2,665	107,33	hdp[7]	2,665	–	4,947
Zinn	α-Sn β-Sn	50	118,71	3,022	121,71	Diamant (< 13,2 °C) trz (13,2 °C...ϑ_m)	6,491 5,832	– –	– 3,182
Zirkonium	α-Zr β-Zr	40	91,22	3,179	128,03	hdp (< 862 °C) krz (862 °C...ϑ_m)	3,232 3,616	– –	5,148 –
Halbmetalle									
Antimon	Sb	51	121,75	2,900	116,79	rhomboedrisch[10]	4,567	–	57,12°
Arsen	As	33	74,92	2,490	100,28	rhomboedrisch[10]	4,131	–	54,17°
Bor	B	5	10,81	1,589	63,99	rhomboedrisch[11]	5,057	–	58,06°
Germanium	α-Ge	32	72,61	2,450	98,67	Diamantstruktur[12]	2,449	–	–
Silicium	Si	14	28,09	2,352	94,72	Diamantstruktur[13]	5,431	–	–
Nichtmetalle									
Kohlenstoff	C	6	12,01	1,545	62,22	Diamantstruktur Graphitstruktur	3,567 2,461	– –	– 6,708
Phosphor	P	15	30,97	2,180	87,80	orthorhombisch	3,317	4,389	10,522
Schwefel	α-S	16	32,07	1,887	75,99	orthorhombisch	10,437	12,846	24,370

[1] OZ = Ordnungszahl (siehe Periodensystem der Elemente).

[2] Für Sb, As, Ge, Si, C und P: Atomdurchmesser bei kovalenter Einfachbindung, für S und B: Atomdurchmesser bei kovalenter Doppelbindung. Bei den Metallen: Atomdurchmesser bei metallischer Bindung (Metallatomdurchmesser).

[3] d_x = Atomdurchmesser des Elements der entsprechenden Tabellenzeile, d_{Fe} = Atomdurchmesser von Eisen.

[4] krz = kubisch-raumzentriert, kfz = kubisch-flächenzentriert, trz = tetragonal-raumzentriert. Die Umwandlungstemperaturen hängen in hohem Maße von der Reinheit des Metalles ab. Unterschiedliche Temperaturangaben in der Literatur sind daher auf unterschiedliche Reinheiten der untersuchten Metalle zurückzuführen.

[5] Werte gültig für Raumtemperatur (20 °C). Für Hochtemperaturmodifikation(en) gültig bei der jeweiligen Umwandlungstemperatur.

[6] α-Be: hdp mit kovalenten Bindungsanteilen (Niedertemperaturmodifikation), β-Be: krz (Hochtemperaturmodifikation).

[7] Vom geometrisch gleichmäßigen Aufbau abweichend (gestreckt).

[8] ϑ_m = Schmelztemperatur.

[9] α-Mn (< 710 °C) kubisch mit 58 Atomen je Elementarzelle bzw. β-Mn 710 °C...1079 °C) mit 20 Atomen je Elementarzelle.

[10] Beständigste Modifikation (graues oder metallisches Antimon bzw. Arsen). Weitere Modifikationen siehe 10.

[11] Weitere Modifikationen: rotes, durchscheinendes α-rhomb. Bor, schwarzes, α-tetragonales Bor, rotes β-tetragonales Bor.

[12] Weitere Modifikationen: β-Ge bei sehr hohen Drücken (> 12000 MPa). Metastabile Modifikationen: γ-Ge und δ-Ge.

[13] Weitere Modifikationen: β-Si bei Drücken über 13000 MPa.

Tabelle A3: Physikalische und mechanische Eigenschaften technisch bedeutsamer Elemente

Element (Name und chem. Symbol)		OZ [1]	Dichte g/cm³	Schmelztemperatur °C	Wärmedehnung 10^{-6} K^{-1}	elektrische Leitfähigk. m/(Ω·mm²)	Zugfestigkeit MPa [2]	0,2%-Dehngrenze MPa [2]	Bruchdehnung % [2] [3]	max. Löslichkeit in α-Fe Masse-%	max. Löslichkeit in γ-Fe Masse-%
Metalle											
Aluminium	Al	13	2,69	660	23,8	37,8	60...230	40	50	37	1,0
Barium	Ba	56	3,58	725	16	–	–	–	–	–	–
Beryllium [4]	Be	4	1,85	1285	12	25,0	310...500	270	–	7,4	0,6
Bismut	Bi	83	9,80	271	13	0,9	13	–	–	–	–
Blei	Pb	82	11,35	327	29	4,8	10...15	7...8	50	≈ 0	≈ 0
Cadmium	Cd	48	8,64	321	30	14,6	68	10	50	–	–
Calcium [5]	Ca	20	1,56	840	23	25,6	11500	8500	7	–	–
Cer	Ce	58	6,78	799	–	–	–	–	–	0,4	0,4
Chrom	Cr	24	7,21	1860	6	7,8	170	–	–	100	12,5
Cobalt	Co	27	8,90	1495	12	16,0	130	–	–	76	100
Eisen	Fe	26	7,86	1536	12	10,3	200...300	50...120	40...50	–	–
Gallium	Ga	31	5,91	30	18	5,8	–	–	–	–	–
Gold	Au	79	19,32	1063	14	42,6	220	40	50	–	–
Iridium [6]	Ir	77	22,40	2450	6,5	18,9	385	–	35	–	–
Kalium	K	19	0,86	63	83	16,3	–	–	–	–	–
Kupfer	Cu	29	8,94	1083	16,5	59,8	200...250	40...80	60	3,5	8,5
Lithium	Li	3	0,53	180	50	11,7	115	–	–	–	–
Magnesium	Mg	12	1,74	649	25	22,5	80...180	–	12	–	–
Mangan	Mn	25	7,21	1244	23	0,5	700	–	–	3,5	100
Molybdän	Mo	42	10,22	2617	5,4	19,2	640	440	–	37,5	1,6
Natrium	Na	11	0,97	98	70	23,8	–	–	–	–	–
Nickel	Ni	28	8,90	1453	13	14,6	370...700	80	60	8,0	100
Niob [7]	Nb	41	8,57	2468	7,1	6,6	340...390	210	30	1,8	2,0
Osmium	Os	76	22,61	3045	5	10,5	–	–	–	–	–
Palladium	Pd	46	12,03	1554	12	9,2	200	50	35	–	–
Platin	Pt	78	21,48	1770	8,9	9,4	140	–	40	–	–
Rhenium	Re	75	21,04	3180	7	5,2	1130	310	24	–	–
Rhodium	Rh	45	12,41	1965	8,3	22,2	412	70	9	–	–
Silber	Ag	47	10,49	961	19	62,9	300	55	60	–	–
Strontium	Sr	38	2,58	769	22	4,3	–	–	–	–	–
Tantal [8]	Ta	73	16,68	2996	6,6	8,0	300...590	200...540	35	1,0	3,0
Titan	Ti	22	4,51	1670	8,6	2,4	300...700	185...580	30	6,3	0,8
Vanadium	V	23	6,09	1915	8	3,9	240...450	–	15	100	1,5
Wolfram [9]	W	74	19,26	3410	4,4	17,7	960...1170	–	750	33,0	3,2
Zink [5]	Zn	30	7,13	419	30	16,9	120...160	–	60	20,0	46,0
Zinn	Sn	50	7,31	232	27	8,8	15	–	55	17,9	2,5
Zirkonium	Zr	40	6,41	1852	5,5	2,5	350...450	150...250	45	0,3	–
Halbmetalle											
Antimon	Sb	51	6,69	630	9,5	2,6	–	–	–	< 8,0	2,0
Arsen	As	33	5,73	815	4,7	3,0	–	–	–	11,0	3,75
Bor	B	5	2,46	2300	2	$56 \cdot 10^{-12}$	–	–	–	0,005	0,02
Germanium	Ge	32	5,32	937	5,75	$2,1 \cdot 10^{-6}$	–	–	–	–	–
Silicium	Si	14	2,33	1411	2,5	10,0	–	–	–	14,4	2,15
Nichtmetalle											
Kohlenstoff	C	6	[10]	[10]	–	–	–	–	–	0,02	2,06
Phosphor	P	15	1,82	44	125	$1 \cdot 10^{-15}$	–	–	–	2,8	0,25
Sauerstoff	O	12	$1,43 \cdot 10^{-3}$	–219	–	–	–	–	–	≈ 0	≈ 0
Schwefel	S	16	2,09	113	63	$5 \cdot 10^{-22}$	–	–	–	0,02	0,05
Stickstoff	N	7	$1,25 \cdot 10^{-3}$	–210	–	–	–	–	–	0,10	2,80
Wasserstoff	H	1	$8,99 \cdot 10^{-5}$	–259	–	–	–	–	–	0,0006	0,0011

[1] OZ = Ordnungszahl
[2] Die Kennwerte sind von der chemischen Zusammensetzung (Reinheit) sowie vom Gefügezustand (geglüht, rekristallisiert, kaltverformt, usw.) abhängig. Die Angaben si daher nur als grobe Anhaltswerte im weichen Zustand zu verstehen.
[3] Maximal erreichbare Bruchdehnung. Abhängig vom Gefügezustand sind auch deutlich niedrigere Werte möglich.
[4] Zugfestigkeit für pulvermetallurgisch gewonnenes Beryllium.
[5] Mechanische Kennwerte für den gewalzten Zustand.
[6] Mechanische Kennwerte (R_m und A) bei 1000 °C.
[7] Mechanische Kennwerte (R_m, $R_{p0,2}$ und A) für den geglühten Zustand.
[8] Mechanische Kennwerte (R_m, $R_{p0,2}$ und A) für im Elektronenstrahlofen unter Hochvakuum erschmolzenem Material.
[9] Zugfestigkeit gültig für rekristallisierten Zustand.
[10] Graphit: Dichte: 2,27 g/cm³, Schmelztemperatur: 3550 °C
Diamant: Dichte: 3,51 g/cm³. Geht bei Erwärmung auf Temperaturen über 1500°C (unter Luftausschluss) in Graphit über.

abelle A4: Elementarzellen der 14 Bravais-Gitter

Kristallsystem	Bestimmungsgrößen	einfach	basisflächenzentriert	raumzentriert	flächenzentriert
Triklin	$a \quad b \quad c$ $\alpha \quad \beta \quad \gamma$	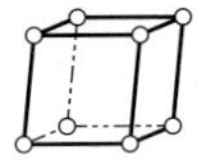			
Monoklin	$a \quad b \quad c$ $\alpha \quad 90°$ $\beta = \gamma = 90°$	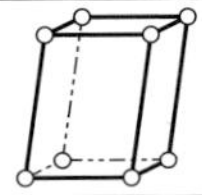	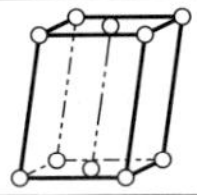		
Rhombisch (Orthorhombisch)	$a \quad b \quad c$ $\alpha = \beta = \gamma = 90°$	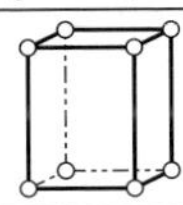	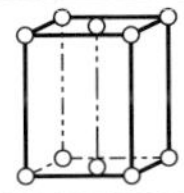	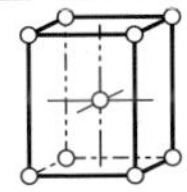	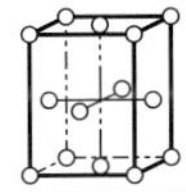
Tetragonal	$a = b \quad c$ $\alpha = \beta = \gamma = 90°$	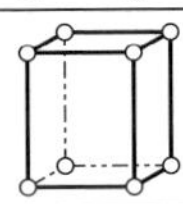		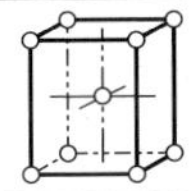	
Rhomboedrisch (Trigonal)	$a = b = c$ $\alpha = \beta = \gamma \quad 90°$	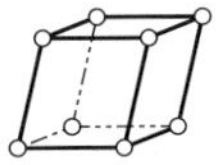			
Hexagonal	$a = b \quad c$ $\alpha = \beta = 90°$ $\gamma = 120°$		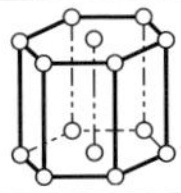		
Kubisch	$a = b = c$ $\alpha = \beta = \gamma = 90°$	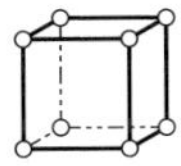		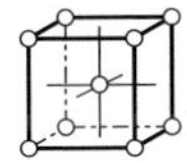	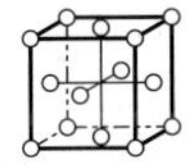